Alfred Kruft • Hans Lennert • Rolf Schiebel • Hermann Wellers

Christiani-Tabellenbuch
Mechatronik

3. Auflage 2014

Dr.-Ing. Paul Christiani GmbH & Co. KG

Hinweise auf DIN-Normen in diesem Werk entsprechen dem Stande der Normung bei Abschluss des Manuskriptes. Die Normen sind wiedergegeben mit Erlaubnis des DIN Deutsches Institut für Normung e.V. Maßgebend für das Anwenden der Norm ist deren Fassung mit dem neuesten Ausgabedatum, die bei der Beuth Verlag GmbH, Burggrafenstr. 6, 10787 Berlin erhältlich ist.

Umschlaggestaltung: Dr.-Ing. Paul Christiani GmbH & Co. KG, Konstanz
Umschlagfoto: Bosch Rexroth AG

Best.-Nr. **89800**
ISBN 978-3-86522-737-9

---

3. Auflage 2014

Inhalt

Grundlagen

Physikalische Größen und Einheiten

Schreibweise einer physikalischen Größe

Physikalische Größe = Zahlenwert · Maßeinheit

Beispiel

Zeitdauer = 6 Sekunden

$t = 6$ s (6 · 1 Sekunde)

Physikalische Gleichungen

Größengleichung	Zugeschnittene Größengleichung	Einheitengleichung	Zahlenwertgleichung
$n = \frac{f}{p}$	$n = \frac{f \cdot 60}{p}$	1 h = 3600 s 1 kg = 1000 g	$v = 3{,}6 \cdot \frac{s}{t}$ v in km/h s in m t in s

Basiseinheiten (Système International d´Unitès)

Physikalische Größe	Formelzeichen	Einheit	Kennzeichen der Einheit
Länge	l	Meter	m
Masse	m	Kilogramm	kg
Zeit	t	Sekunde	s
Stromstärke	I	Ampere	A
Temperatur [1]	T	Kelvin	K
Stoffmenge	n	Mol	mol
Lichtstärke	I_V	Candela	cd

[1] Thermodynamische Temperatur

Dezimale Teile und Vielfache von Einheiten

Vorsatz	Faktor	Zeichen	Vorsatz	Faktor	Zeichen	Vorsatz	Faktor	Zeichen
Piko	10^{-12}	p	Zenti	10^{-2}	c	Kilo	10^{3}	k
Nano	10^{-9}	n	Dezi	10^{-1}	d	Mega	10^{6}	M
Mikro	10^{-6}	µ	Deka	10^{1}	da	Giga	10^{9}	G
Milli	10^{-3}	m	Hekto	10^{2}	n	Tera	10^{12}	T

Hinweis:
Nach Möglichkeit nur Vorsätze verwenden, dass die Zahlenwerte zwischen 0,1 und 1000 liegen. Vorsätze mit ganzzahliger Potenz von Tausend ($10^{3 \cdot n}$) sind zu bevorzugen.

Römische Zahlen

I = 1	VII = 7	XXX = 30	XC = 90	D = 500
II = 2	VIII = 8	XL = 40	C = 100	DC = 600
III = 3	IX = 9	L = 50	CX = 110	DCC = 700
IV = 4	X = 10	LX = 60	CC = 200	DCCC = 800
V = 5	XI = 11	LXX = 70	CCC = 300	CM = 900
VI = 6	XX = 20	LXXX = 80	CD = 400	M = 1000

Physikalische Konstanten

Formelzeichen	Konstante	Wert und Einheit
m_u	Atommassenkonstante	$1{,}6605402 \cdot 10^{-27}$ kg
N_A	Avogardokonstante	$6{,}0221367 \cdot 10^{28}$ 1/mol
ε_0	elektrische Feldkonstante	$8{,}854187817 \cdot 10^{-12}$ As/Vm
μ_0	magnetische Feldkonstante	$1{,}2566370614 \cdot 10^{-6}$ Vs/Am
e	Elementarladung	$1{,}60217733 \cdot 10^{-19}$ As
F	Faradaykonstante	96485,309 As/mol
c_0	Lichtgeschwindigkeit (Vakuum)	299792458 m/s
k	Bolzmannkonstante	$1{,}380658 \cdot 10^{-23}$ J/K
h	Planckkonstante	$6{,}6260755 \cdot 10^{-34}$ Js
G	Gravitationskonstante	$6{,}67259 \cdot 10^{-11}$ Nm²/kg²
g_N	Normalfallbeschleunigung	9,80665 m/s²
m_e	Ruhemasse Elektron	$9{,}1093897 \cdot 10^{-31}$ kg
m_p	Ruhemasse Proton	$1{,}6726231 \cdot 10^{-27}$ kg
m_n	Ruhemasse Neutron	$1{,}6749286 \cdot 10^{-27}$ kg
T_0	absoluter Nullpunkt der thermodynamischen Temperatur	0 K (– 273,15 °C)

Griechisches Alphabet

Buchstabe klein	Buchstabe groß	Name	Zuordnung	Buchstabe klein	Buchstabe groß	Name	Zuordnung
α	A	*Apha*	*a*	ν	N	*Ny*	*n*
β	B	*Beta*	*b*	ξ	Ξ	*Xi*	*X*
γ	Γ	*Gamma*	*g*	o	O	*Omikron*	*O*
δ	Δ	*Delta*	*d*	π	Π	*Pi*	*p*
ε	E	*Epsilon*	*e*	ρ	P	*Rho*	*rh*
ζ	Z	*Zeta*	*z*	σ	Σ	*Sigma*	*s*
η	H	*Eta*	*e*	τ	T	*Tau*	*t*
ϑ	Θ	*Theta*	*th*	υ	Y	*Ypsilon*	*y*
ι	I	*Jota*	*i*	φ	Φ	*Phi*	*ph*
κ	K	*Kappa*	*k*	X	χ	*Chi*	*ch*
λ	Λ	*Lambda*	*l*	ψ	Ψ	*Psi*	*ps*
μ	M	*My*	*m*	ω	Ω	*Omega*	*O*

Werte von ε_r und μ_r → 943, 944

Formelzeichen und Einheiten

Größe	Zeichen	Einheit	Hinweis
Arbeit, Energie	*W*, *E*	Joule J Newtonmeter Nm Wattsekunde Ws Kilowattstunde kWh	1 kWh = 3 600 000 Ws = $3{,}6 \cdot 10^6$ J 1 kcal = 4186,6 Ws $1\ \text{J} = 1\ \text{Nm} = 1\ \text{Ws} = 1\ \frac{\text{kg} \cdot \text{m}^2}{\text{s}^2}$
Beschleunigung	*a*, *g*	$\frac{\text{m}}{\text{s}^2}$	Fallbeschleunigung $g = 9{,}81\ \frac{\text{m}}{\text{s}^2}$
Dichte	ρ	$\frac{\text{kg}}{\text{m}^3}$	$1\ \frac{\text{g}}{\text{cm}^3} = 0{,}001 \frac{\text{g}}{\text{mm}^3}$ $1\ \frac{\text{kg}}{\text{dm}^3} = 1\ \frac{\text{g}}{\text{cm}^3} = \frac{1\ \text{t}}{\text{m}^3}$ Bei *Fluiden* wird die Dichte in kg/l (Liter) angegeben.
Drehmoment	*M*	Nm Newtonmeter	1 Nm = 1 J = 1 Ws *r* $M = F \cdot r$ *F* rechtsdrehendes Moment linksdrehendes Moment $M = F \cdot r$ *F* *r*
Drehzahl, Umdrehungsfrequenz	*n*	$\frac{1}{\text{s}}, \frac{1}{\text{min}}$	1 min = 60 s $1460\ \frac{1}{\text{min}} = \frac{1460}{60}\ \frac{1}{\text{s}} = 24{,}3\ \frac{1}{\text{s}}$
Druck abs. Überdruck Atmosphärendruck Überdruck	*p* p_{abs} p_{amb} p_e	Pa Pascal	$1\ \text{Pa} = 1\ \frac{\text{N}}{\text{m}^2}$ $1\ \text{bar} = 10^5\ \text{Pa} = 100\,000\ \frac{\text{N}}{\text{m}^2} = 10\ \frac{\text{N}}{\text{cm}^2}$ 1 mbar = 1 h Pa
Energie	*E*	J Joule	
Feldstärke, elektrische	*E*	$\frac{\text{V}}{\text{m}}$ $\frac{\text{Volt}}{\text{Meter}}$	
Feldstärke, magnetische	*H*	$\frac{\text{A}}{\text{m}}$ $\frac{\text{Ampere}}{\text{Meter}}$	

Beziehung zwischen Einheiten → 938 f

Formelzeichen und Einheiten

Größe	Zeichen	Einheit	Hinweis
Flächeninhalt	A, S	m^2	$1\ m^2 = 100\ dm^2 = 10^2\ dm^2$ $1\ m^2 = 10\,000\ cm^2 = 10^4\ cm^2$ $1\ m^2 = 1\,000\,000\ mm^2 = 10^6\ mm^2$
Frequenz	f	Hz Hertz	$1\ Hz = 1\ \frac{1}{s} = 1\ s^{-1}$
Geschwindigkeit	v	$\frac{m}{s}$	$1\ \frac{m}{s} = 3{,}6\ \frac{km}{h}$ $1\ \frac{km}{h} = \frac{1}{3{,}6}\ \frac{m}{s}$
Kraft Gewichtskraft	F F_G	N Newton	$1\ N = 1\ \frac{kg \cdot m}{s^2} = 1\ \frac{Ws}{m} = 1\ \frac{J}{m}$ $1\ kN = 1000\ N = 10^3\ N$
Länge	l, L	m Meter	1 km = 1000 m 1 m = 1000 mm = 100 cm = 10 dm 1 mm = 1000 µm
Leistung	P	W Watt	$1\ W = 1\ V \cdot A$ $1\ W = 1\ \frac{J}{s} = 1\ \frac{Nm}{s}$
Leitfähigkeit, elektrische	γ, κ	$\frac{1}{\Omega \cdot m} = \frac{S}{m}$	S: Siemens $1\ S = 1\ \frac{1}{\Omega}$
Masse	m	kg	1 kg = 1000 g 1 g = 0,001 kg = 1000 mg 1 t = 1000 kg
Spannung, elektrische	U	V Volt	$1\ V = 1\ \frac{J}{C} = 1\ \frac{Nm}{As}$
Spannung, mechanische	σ, τ	$\frac{N}{m^2}$	$1\ \frac{N}{mm^2} = 1\ \frac{MN}{m^2} = 1\ \frac{kN}{cm^2}$
Strecke, Länge	s, l	m Meter	1 m = 10 dm = 100 cm = 1000 mm 1 km = 1000 m 1″ = 25,4 mm
Stromstärke	I	A Ampere	elektrische Stromstärke
Trägheitsmoment	J	$kg \cdot m^2$	Bezeichnung *Massenträgheitsmoment* ist nicht mehr üblich.
Volumen	V	m^3, l	$1\ m^3 = 1000\ dm^3 = 10^3\ dm^3 = 1000\ l$ $1\ m^3 = 10^6\ cm^3$ $1\ l = 1\ dm^3 = 1000\ cm^3 = 0{,}001\ m^3$ $1\ ml = 1\ cm^3 = 1000\ mm^3$ *Volumenangabe:* • Körper: m^3 • Flüssigkeiten l (Liter)
Widerstand	R	Ω Ohm	elektrischer Widerstand, $1\ \Omega = 1\ \frac{V}{A}$

Formelzeichen und Einheiten

Größe	Zeichen	Einheit		Hinweis
Winkel, ebener	α, β, γ	rad ° ′ ″	Radiant Grad Minute Sekunde	$1\ \text{rad} = \frac{180°}{\pi}$ 1° = 60′ 1′ = 60″
Winkel, Phasenverschiebung	φ	rad °	Radiant Grad	In *Wechselstromkreisen* mit *induktiven* und/oder *kapazitiven* Widerständen.
Winkelgeschwindigkeit	ω	$\frac{1}{s}$		In der Elektrotechnik *Kreisfrequenz* genannt. rad/s = 1/s
Zeit	t	s	Sekunde	1 min = 60 s 1 h = 60 min = 3600 s 1 d = 24 h =1440 min = 86400 s

Mathematische Zeichen

Zeichen		Erläuterung				
+	Plus	Addition	3 + 6	$a + b$		
−	minus	Subraktion	6 − 3	$b - a$		
·	mal	Multiplikation	6 · 3	$a \cdot b$	ab	
− /	durch	Division	$\frac{6}{3}$	6/3	$\frac{a}{b}$	a/b
=	gleich	Gleichheit	6 + 3 = 9		$a + b = c$	
≈	ungefähr	nahezu gleich	3,1214 ≈ 3			
≠	ungleich		6 ≠ 3	$a \neq b$		
>	größer als		6 > 3	$a > b$		
≥	größer oder gleich		$a \geq b$ a ist größer oder höchsten gleich b			
<	kleiner als		3 < 6	$b < a$		
≤	kleiner oder gleich		$b \leq a$ b ist kleiner oder höchstens gleich a			
≫	wesentlich größer		120 ≫ 20		$a \gg b$	
≪	wesentlich kleiner		20 ≪ 120		$b \ll a$	
~	proportional	verhältnisgleich; die Stromstärke I ist der Spannung U proportional ($I \sim U$)				
≙	entspricht	Zum Beispiel für *Maßstabsangaben*: 1 cm ≙ 10 V				
Σ	Summe	Summe aller Werte $\sum_{i=1}^{n} U_i = U_1 + U_2 + U_3 + \cdots + U_n$				
Π	Produkt	$\prod_{i=1}^{n} X_i = X_1 \cdot X_2 \cdot X_3 \cdot \cdots \cdot X_n$				

Zahlensysteme

Allgemeines

- Die *Anzahl der Ziffern* eines Zahlensystems (der Ziffernvorrat) ist gleich der *Basis* des Zahlensystems.
- Die Stelle vor und nach dem Komma wird (vom Komma ausgehend) ansteigend gezählt.
- Der *Wert* einer Ziffer hängt von der Stellung in der Zahl ab (Stellenwertigkeit).
- Der *Stellenwert* ist eine Potenz mit der Basis des Zahlensystems.
- Jede Ziffer wird mit der *Potenz* (dem Stellenwert) multipliziert.
- Die Zahl ergibt sich aus der Addition der Stellenwerte.
- Potenzen mit dem Exponenten Null haben den Wert 1 ($a^0 = 1$).

Dezimalsystem

Ziffernvorrat: 10
Basis: 10

Die einzelnen Ziffern werden mit ihrem Stellenwert multipliziert und einzelne Werte zur Zahl addiert.

Beispiel

$2460{,}67_{10}$

10^4	10^3	10^2	10^1	10^0	10^{-1}	10^{-2}
10000	1000	100	10	1	0,1	0,01
0	2	4	6	0	6	7

$2 \cdot 10^3 + 4 \cdot 10^2 + 6 \cdot 10^1 + 0 \cdot 10^0 + 6 \cdot 10^{-1} + 7 \cdot 10^{-2}$
$= 2460{,}67$

Dualsystem

Ziffernvorrat: 2
Basis: 2

Das Dualsystem besteht aus den Ziffern 0 und 1.
Die einzelnen Ziffern werden mit ihrem Stellenwert multipliziert und die einzelnen Werte zur Zahl addiert.

Beispiel

110101_2

2^5	2^4	2^3	2^2	2^1	2^0	2^{-1}	2^{-2}
32	16	8	4	2	1	0,5	0,25
1	1	0	1	0	1		

$1 \cdot 2^5 + 1 \cdot 2^4 + 0 \cdot 2^3 + 1 \cdot 2^2 + 0 \cdot 2^1 + 1 \cdot 2^0$
$1 \cdot 32 + 1 \cdot 16 + 0 \cdot 8 + 1 \cdot 4 + 0 \cdot 2 + 1 \cdot 1$
$32 + 16 + 4 + 1 = 53$

Sedezimalsystem

Ziffernvorrat: 16
Basis: 2

Das Sedezimalsystem besteht aus 16 Ziffern:

0, 1, 2, 3, 4, 5, 6, 7, 8, 9, A, B, C, D, E, F

Die einzelnen Ziffern werden mit ihrem Stellenwert multipliziert und die einzelnen Werte zur Zahl addiert.

Das Sedezimalsystem wird auch *Hexadezimalsystem* genannt.

Beispiel

$49AF_{16}$

16^4	16^3	16^2	16^1	16^0	16^{-1}	16^{-2}
65536	4096	256	16	1	0,0625	0,0039
	4	9	A	F		

$4 \cdot 16^3 + 9 \cdot 16^2 + A \cdot 16^1 + F \cdot 16^0$
$4 \cdot 4096 + 9 \cdot 256 + 10 \cdot 16 + 15 \cdot 1$
$16384 + 2304 + 160 + 15 = 18863$

Zahlensysteme

Umwandlung von Zahlensystemen

• Dezimalzahl in Dualzahl

Die umzuwandelnde Dezimalzahl wird durch die Basis (2) des Dualsystems fortlaufend geteilt.

Aus den Divisionsresten ergibt sich die Dualzahl.

Beispiel

27_{10} *(Dezimalzahl)*

$$\begin{array}{rl} 27 : 2 = 13 & \text{Rest } 1 \\ 13 : 2 = 6 & \text{Rest } 1 \\ 6 : 2 = 3 & \text{Rest } 0 \\ 3 : 2 = 1 & \text{Rest } 1 \\ 1 : 2 = 0 & \text{Rest } 1 \end{array} \uparrow$$

11011_2

• Dezimalzahl in Sedezimalzahl

Die umzuwandelnde Dezimalzahl wird durch die Basis (16) des Sedezimalsystems fortlaufend geteilt.

Aus den Divisionsresten ergibt sich die Sedezimalzahl.

Beispiel

3204_{10} *(Dezimalzahl)*

$$\begin{array}{rl} 3204 : 16 = 200 & \text{Rest } 4 \\ 200 : 16 = 12 & \text{Rest } 8 \\ 12 : 16 = 0 & \text{Rest } C \end{array} \uparrow$$

$C84_{16}$

• Sedezimalzahl in Dualzahl

Die einzelnen Sedezimalziffern werden in eine vierstellige Dualzahl umgewandelt.

Beispiel

$6FA_{16}$ *(Sedezimalzahl)*

6 : 0110
F : 1111
A : 1010

$0110\ 1111\ 1010_2$

• Dualzahl in Sedezimalzahl

Rechts beginnend, wird die umzuwandelnde Dezimalzahl in Vierergruppen eingeteilt.
Jeder Vierergruppe wird die zugehörige Sedezimalziffer zugeordnet.

Beispiel

1101011011_2 *(Dualzahl)*

$$\begin{array}{ccc} 0011 & 0101 & 1011 \\ 3 & 5 & B \end{array}$$

$35B_{16}$

Rechnen mit Dualzahlen

• Addition

$$\begin{array}{l} 0 + 0 = 0 \\ 0 + 1 = 1 \\ 1 + 0 = 1 \\ 1 + 1 = 10 \end{array}$$

Beispiel

$$\begin{array}{rl} 0011 & (3_{10}) \\ +\ 0101 & (5_{10}) \\ {\scriptstyle 1\,1\,1\ } & \\ \hline 1000 & (8_{10}) \end{array}$$

• Subtraktion

$$\begin{array}{l} 0 - 0 = 0 \\ 1 - 0 = 1 \\ 1 - 1 = 0 \\ 10 - 1 = 1 \end{array}$$

Beispiel

$$\begin{array}{rl} 1000 & (8_{10}) \\ -\ 0010 & (2_{10}) \\ {\scriptstyle 1\,1\ \ } & \\ \hline 0110 & (6_{10}) \end{array}$$

• Multiplikation

$$\begin{array}{l} 0 \cdot 0 = 0 \\ 0 \cdot 1 = 0 \\ 1 \cdot 0 = 0 \\ 1 \cdot 1 = 1 \end{array}$$

• Division

$$\begin{array}{l} 0 : 1 = 0 \\ 1 : 0 = 1 \end{array}$$

• Subtraktion durch Komplementbildung

Beispiel

$$\begin{array}{r} 1000 \\ -\ 0010 \\ {\scriptstyle 1\,1\ \ } \\ \hline 0110 \end{array}$$

Beispiel

$$\begin{array}{rl} 1000 & \\ +\ 1101 & \text{(Komplement)} \\ +\ \ \ \ \ 1 & \\ {\scriptstyle 1\ } & \\ \hline 0110 & \end{array}$$

Codes

Ein Vorrat an *Symbolen eines Zeichensatzes* wird den Symbolen eines anderen Zeichensatzes zugeordnet.

- **Einschrittiger Code**
  Nur *eine* Binärstelle ändert sich beim Übergang von einem Codewort zum folgenden Codewort.
- **Mehrschrittiger Code**
  Mehrere Binärstellen können sich beim Übergang von einem Codewort zum folgenden Codewort ändern.

BCD-Code

Jede Dezimalziffer wird durch eine *Tetrade* (4 Bit) dargestellt. Von den 16 möglichen Bitkombinationen der Tetrade werden für den BCD-Code nur 10 benötigt. Die nicht benötigten Tetraden werden *Pseudotetraden* genannt.

BCD-Code				Dezimalziffer
2^3	2^2	2^1	2^0	
0	0	0	0	0
0	0	0	1	1
0	0	1	0	2
0	0	1	1	3
0	1	0	0	4
0	1	0	1	5
0	1	1	0	6
0	1	1	1	7
1	0	0	0	8
1	0	0	1	9
1	0	1	1	Pseudotetraden
1	1	0	0	
1	1	0	1	
1	1	1	0	
1	1	1	1	

Beispiel

2160_{10}

0010 0001 0110 0000

2 1 6 0

	0	1	2	3	4	5	6	7	8	9
2^0										
2^1										
2^2										
2^3										

3-Exzess-Code

Die ersten und letzten drei Tetraden werden nicht verwendet (Pseudotetraden). Die Bitkombination 0000 wird nicht benötigt, die z. B. bei Spannungsausfall unerwünscht auftreten kann.

3-Exzess-Code				Dezimalziffer
2^3	2^2	2^1	2^0	
0	0	0	0	Pseudotetraden
0	0	0	1	
0	0	1	0	
0	0	1	1	0
0	1	0	0	1
0	1	0	1	2
0	1	1	0	3
0	1	1	1	4
1	0	0	0	5
1	0	0	1	6
1	0	1	0	7
1	0	1	1	8
1	1	0	0	9
1	1	0	1	Pseudotetraden
1	1	1	0	
1	1	1	1	

Beispiel

3614_{10}

0110 1001 0100 0111

3 6 1 4

	0	1	2	3	4	5	6	7	8	9
2^0										
2^1										
2^2										
2^3										

Codes

Aiken-Code

Es werden die ersten und letzten 5 Tetraden genutzt.

Aiken-Code				Dezimalziffer
2^3	2^2	2^1	2^0	
0	0	0	0	0
0	0	0	1	1
0	0	1	0	2
0	0	1	1	3
0	1	0	0	4
0	1	0	1	Pseudotetraden
0	1	1	0	
0	1	1	1	
1	0	0	0	
1	0	0	1	
1	0	1	0	
1	0	1	1	5
1	1	0	0	6
1	1	0	1	7
1	1	1	0	8
1	1	1	1	9

Beispiel

3614_{10}

0011 1100 0001 0100

3 6 1 4

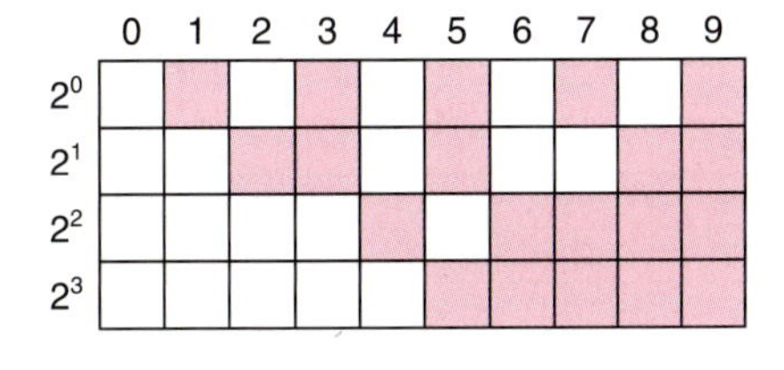

Gray-Code

Beim Gray-Code ändert sich beim Tetradenübergang immer nur *ein* Bit.

Gray-Code	Dezimalziffer
0000	0
0001	1
0011	2
0010	3
0110	4
0111	5
0101	6
0100	7
1100	8
1101	9

Nachteilig ist, dass sich beim Übergang von der Dezimalziffer 9 auf die Dezimalziffer 0 *drei* Bits ändern. Der Gray-Code ist nicht zyklisch.

Einen *zyklischen Gray-Code* erhält man, wenn sämtliche 15 Tetraden genutzt werden. Bei Übergang von 15 auf 0 ändert sich nur ein Bit.

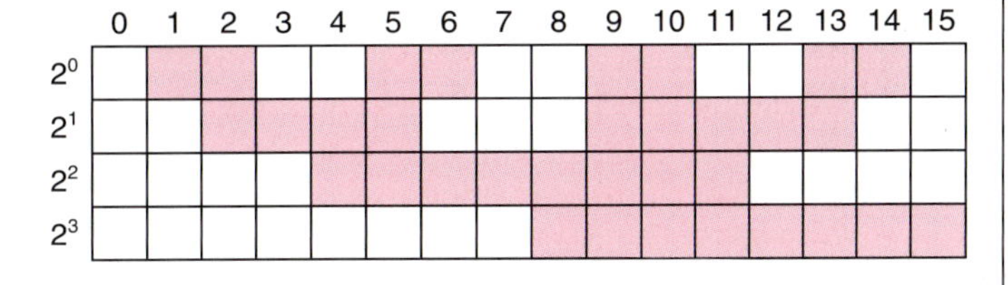

Gray-Code	Dezimalziffer
0000	0
0001	1
0011	2
0010	3
0110	4
0111	5
0101	6
0100	7
1100	8
1101	9
1111	10
1110	11
1010	12
1011	13
1001	14
1000	15

Codes

ASCII-Code American Standard Code of Information-Interchange

Dezimal	Zeichen	Sedezimal	Dezimal	Zeichen	Sedezimal	Dezimal	Zeichen	Sedezimal	Dezimal	Zeichen	Sedezimal
0	**NUL**	00	32	**SP**	20	64	**@**	40	96	**‘**	**60**
1	**SOH**	01	33	**!**	21	65	**A**	41	97	**a**	**61**
2	**STX**	02	34	**"**	22	66	**B**	42	98	**b**	**62**
3	**ETX**	03	35	**#**	23	67	**C**	43	99	**c**	**63**
4	**EOT**	04	36	**$**	24	68	**D**	44	100	**d**	**64**
5	**ENQ**	05	37	**%**	25	69	**E**	45	101	**e**	**65**
6	**ACK**	06	38	**&**	26	70	**F**	46	102	**f**	**66**
7	**BEL**	07	39	**’**	27	71	**G**	47	103	**g**	**67**
8	**BS**	08	40	**(**	28	72	**H**	48	104	**h**	**68**
9	**HT**	09	41	**)**	29	73	**I**	49	105	**i**	**69**
10	**LF**	0A	42	*****	2A	74	**J**	4A	106	**j**	**6A**
11	**VT**	0B	43	**+**	2B	75	**K**	4B	107	**k**	**6B**
12	**FF**	0C	44	**,**	2C	76	**L**	4C	108	**l**	**6C**
13	**CR**	0D	45	**-**	2D	77	**M**	4D	109	**m**	**6D**
14	**SO**	0E	46	**.**	2E	78	**N**	4E	110	**n**	**6E**
15	**SI**	0F	47	**/**	2F	79	**O**	4F	111	**o**	**6F**
16	**DLE**	10	48	**0**	30	80	**P**	50	112	**p**	**70**
17	**DC1**	11	49	**1**	31	81	**Q**	51	113	**q**	**71**
18	**DC2**	12	50	**2**	32	82	**R**	52	114	**r**	**72**
19	**DC3**	13	51	**3**	33	83	**S**	53	115	**s**	**73**
20	**DC4**	14	52	**4**	34	84	**T**	54	116	**t**	**74**
21	**NAK**	15	53	**5**	35	85	**U**	55	117	**u**	**75**
22	**SYN**	16	54	**6**	36	86	**V**	56	118	**v**	**76**
23	**ETB**	17	55	**7**	37	87	**W**	57	119	**w**	**77**
24	**CAN**	18	56	**8**	38	88	**X**	58	120	**x**	**78**
25	**EM**	19	57	**9**	39	89	**Y**	59	121	**y**	**79**
26	**SUB**	1A	58	**:**	3A	90	**Z**	5A	122	**z**	**7A**
27	**ESC**	1B	59	**;**	3B	91	**[**	5B	123	**{**	**7B**
28	**FS**	1C	60	**<**	3C	92	****	5C	124	**|**	**7C**
29	**GS**	1D	61	**=**	3D	93	**]**	5D	125	**}**	**7D**
30	**RS**	1E	62	**>**	3E	94	**^**	5E	126	**~**	**7E**
31	**US**	1F	63	**?**	3F	95	**_**	5F	127	**DEL**	**7F**

Steuerbefehle

Befehl	Funktion	Befehl	Funktion
ACK	Acknowledge (Bestätigung)	FS	File separator (Hauptgruppentrennung)
BEL	Bell (Klingel)	GS	Group separator (Gruppentrennung)
BS	Backspace (Rückwärtsschritt)	HT	Horizontal tabulation (Horizontaler Tabulator)
CAN	Cancel (ungültig)	LF	Line feed (Zeilenvorschub)
CR	Carriage return (Wagenrücklauf)	NAK	Negative acknowledge (Negativ-ACK)
DC	Device control 1 ... 4 (Steuerzeichen)	NUL	Null (Null)
DEL	Delete (Löschen)	RS	Record separator (Untergruppentrennung)
DLE	Data link escape (Kontrollinformation)	SI	Shift in (Dauerumschaltung)
EM	End of medium (Datenträgerende)	SO	Shift out (Rückschaltung)
ENQ	Enquiry (Anforderung)	SOH	Start of heading (Kopfzeilenbeginn)
EOT	End of transmission (Übertragungsende)	SP	Space (Leerzeichen)
ESC	Escape (Umschaltung)	STX	Start of text (Textanfang)
ETB	End of transmission block (Ende des Übertragungsblocks)	SUB	Substitute (Ersetzen)
		SYN	Synchronous idle (Synchronisierung)
ETX	End of text (Textende)	US	Unit separator (Teilgruppentrennung)
FF	Form feed (Formularvorschub)	VT	Vertical tabulation (vertikaler Tabulator)

Codes

Strichcodes-Barcodes

Binärcodes für die maschinelle Erkennung durch Lesestift bzw. Scanner. Die einzelnen Zeichen werden durch Balken (Bars) und Lücken gebildet. Die Zeichen stehen ohne Trennungszeichen nebeneinander. Barcodes stehen in unterschiedlicher Ausführung zur Verfügung.

Aufbau eines Strichcodes

freie Felder	Start	Daten	Test	Stopp	freie Felder
A	B	C	D	E	A

A Freie Felder sind weiß und dienen als Ankündigung für das Lesegerät
B Startzeichen: Muster aus Balken und Zwischenräumen
C Strichcodierte Daten
D Testfeld zwecks Sicherung der eingelesen Daten
E Stoppfeld zeigt das Ende eines Symbols an; Muster aus Balken und Zwischenräumen

Strichcodearten

Code	Zeichenvorrat	Verwendung
EAN-Code	Ziffern 0 – 9, Rand- und Trennzeichen	Warenidentifikation
Linearcode	Ziffern 0 – 9	Postleitzahlen
Code 2/5	Ziffern 0 – 9, Rand und Trennzeichen	Lagersysteme, Industrie
Code 39	Ziffern 0 – 9, 26 alphanumerische Zeichen, 7 Sonderzeichen	Codierung alphanumerischer Zeichen
Code 128	ASCII-Zeichensatz	Codierung alphanumerischer Zeichen

EAN-Code European Article Numbering

Ziffer	Satz A	Satz B	Satz C
0	0001101	0100111	1110010
1	0011001	0110011	1100110
2	0010011	0011011	1101100
3	0111101	0100001	1000010
4	0100011	0011101	1011100
5	0110001	0111001	1001110
6	0101111	0000101	1010000
7	0111011	0010001	1000100
8	0110111	0001001	1001000
9	0001011	0010111	1110100

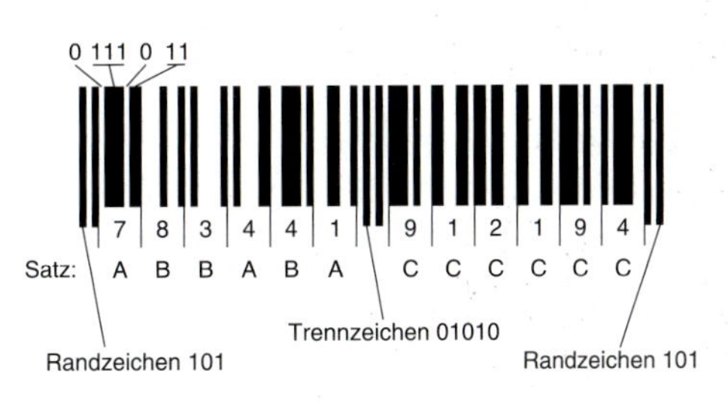

Zwei Hälften mit jeweils 6 Ziffern, verlängerte Rand- und Trennzeichen. Jede Ziffer wird durch 7 binäre Elemente gebildet (Balken: 1, Lücke 0). Drei Zeichensätze werden zur Codierung verwendet (A, B, C). In Abhängigkeit von der Nationalität werden beispielsweise die 6 linken Zeichen in der Folge ABBABA und die 6 rechten Zeichen im Satz C codiert.
Die beiden ersten Zeichensätze A und B haben links eine Null und rechts eine Eins.
Der Zeichensatz C hat links eine Eins und rechts eine Null.

Codes

Code 2/5

Ziffer	Code
0	00110
1	10001
2	01001
3	11000
4	00101
5	10100
6	01100
7	00011
8	10010
9	01010

Industrial:

Links beginnend, sind die Ziffern durch 5 Balken codiert.

- Breiter Balken: 1
- Schmaler Balken: 0

Die Lücken beinhalten keine Informationen.

Überlappend (interleaved)

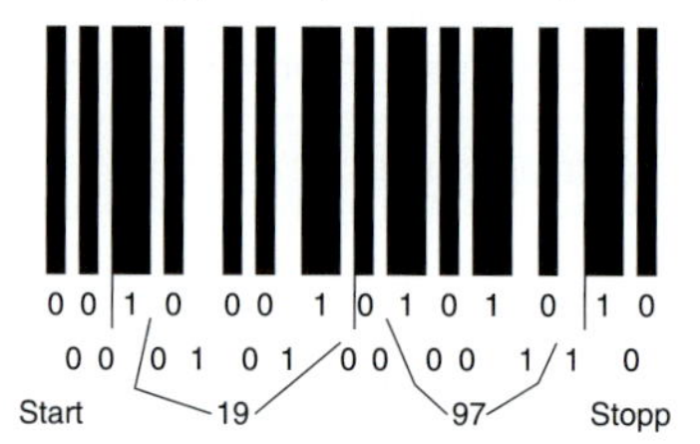

Links beginnend, sind die Ziffern abwechselnd durch 5 Balken und 5 Lücken codiert.

- Breiter Balken, breite Lücke: 1
- Schmaler Balken, schmale Lücke: 0

Zweidimensionaler Barcode (QR-Code)

Zweidimensionaler Matrix-Code (Data Matrix Code, *QR-Code*):
Die Codeinformationen werden kompakt in horizontaler und vertikaler Richtung verschlüsselt.
Der Code ist *in allen Richtungen* lesbar.

Mathematische Grundlagen

Dreisatzrechnung

Der *Dreisatz* besteht aus den Elementen *Aussagesatz*, *Zwischensatz* und *Schlusssatz*.

Beispiel
Für die Installation einer Werkhalle werden 620 m Leitung benötigt, die 475,00 Euro kosten. Für die Installation einer weiteren Halle werden 375 m Leitung benötigt.
Wie hoch ist der Preis?

Aussagesatz
620 m kosten 475,00 Euro
620 m → 475,00 Euro

Zwischensatz
1 m Leitung kostet

$$\frac{475{,}00\ \text{Euro}}{620\ \text{m}} = 0{,}77\ \frac{\text{Euro}}{\text{m}}$$

Schlusssatz
375 m Leitung kosten

$$\frac{475{,}00\ \text{Euro}}{620\ \text{m}} \cdot 375\ \text{m} = 288{,}75\ \text{Euro}$$

Der Preis steigt im gleichen Verhältnis wie die Leitungslänge. Der Preis ist der Leitungslänge proportional (verhältnisgleich).

Beispiel
Eine Baugrube wird mit zwei Baggern in 18 Stunden ausgeschachtet.
Welche Zeit wird bei Einsatz von drei Baggern benötigt?

Aussagesatz
2 Bagger → 18 Stunden

Zwischensatz
1 Bagger → 2 · 18 Stunden
= 36 Stunden

Schlusssatz

$$3\ \text{Bagger} \rightarrow \frac{2 \cdot 18\ \text{Stunden}}{3} = 12\ \text{Stunden}$$

Die Anzahl der eingesetzten Bagger und die benötigte Zeit sind umgekehrt proportional. Je mehr Bagger eingesetzt werden, umso kleiner ist die benötigte Zeit.

Mathematische Grundlagen

Prozentrechnung

Prozent bedeutet „von Hundert". Bei der *Prozentrechnung* wird von der *Gesamtgröße* 100 ausgegangen.

Beispiel
Elektrischer Widerstand: 470 Ω ± 10 %

Aussagesatz
100 % entsprechen 470 Ω

100 % → 470 Ω

Zwischensatz

1 % entspricht $\frac{470\ \Omega}{100} = 4{,}7\ \Omega$

1 % → 4,7 Ω

Schlusssatz

110 % entsprechen $\frac{470\ \Omega}{100} \cdot 110 = 517\ \Omega$

110 % → 517 Ω

90 % entsprechen $\frac{470\ \Omega}{100} \cdot 90 = 432\ \Omega$

90 % → 423 Ω

Der Widerstandswert darf zwischen 423 Ω und 517 Ω schwanken.

Beispiel
Für die Aufstellungsarbeiten einer Maschine ergibt sich für Lohn- und Materialkosten ein Nettopreis von 12.860,00 Euro.
Die Mehrwertsteuer beträgt 19 %.

Wie groß ist der Bruttopreis?

100 % → 12.860,00 Euro

1 % → $\frac{12.860{,}00\ \text{Euro}}{100} = 128{,}60\ \text{Euro}$

19 % → $\frac{12.860{,}00\ \text{Euro}}{100} \cdot 19 = 2.443{,}40\ \text{Euro}$

Mehrwertsteuer: 2.443,40 Euro

Bruttopreis:

12.860,00 Euro + 2.443,40 Euro
= 15.303,40 Euro

Allgemein

$$\text{Prozentwert } (W) = \frac{\text{Grundwert } (G) \cdot \text{Prozentsatz } (P)}{100\ \%}$$

$$W = \frac{G \cdot P}{100\ \%}$$

Grundwert: 470 Ω
Prozentsatz: ± 10 %
Prozentwert: ± 47 Ω

Potenzrechnung

Potenz = Basis^{Exponent}

10^3
- Exponent 3
- Basis 10

$10^3 = 10 \cdot 10 \cdot 10 = 1000$

10^3 ist also eine 1 mit 3 Nullen.

$10^3 = 1000$

Wenn 10 dreimal (3-mal) mit sich selbst malgenommen wird, ergibt sich der Wert 1000.

$10 \cdot 10 \cdot 10 = 10^3 = 1000$

Beachten Sie:
Der Exponent der Basis 10 gibt die Anzahl der Nullen nach der 1 an.

10^{-3}
- Exponent –3
- Basis 10

$10^{-3} = \frac{1}{10^3} = \frac{1}{1000} = 0{,}001$

10^{-3} bedeutet, dass 3 Nullen (einschließlich der Null vor dem Komma) geschrieben werden müssen.

1 mA = 10^{-3} A = 0,001 A

1 µm = 10^{-6} m = 0,000001 m

Beachten Sie:

$6\ \text{mA} = 6 \cdot 10^{-3}\ \text{A} = \frac{6}{10^3}\ \text{A} = \frac{6}{1000}\ \text{A}$

6 mA = 0,006 A

Mathematische Grundlagen

Satz des Pythagoras

Im rechtwinkligen Dreieck ist die Summe der Kathetenquadrate gleich dem Hypotenusenquadrat.

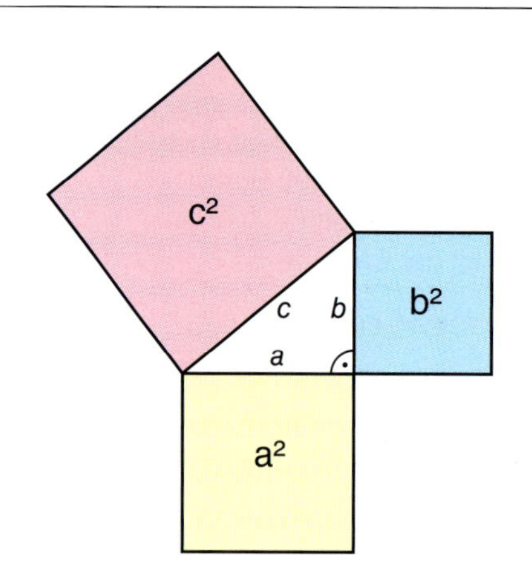

a, *b*: Katheten
c: Hypotenuse (längste Dreieckseite)

Die Katheten schließen den rechten Winkel ein.

$c^2 = a^2 + b^2$

$c = \sqrt{a^2 + b^2}$

Sind zwei Seiten eines rechtwinkligen Dreiecks bekannt, kann die dritte Seite berechnet werden.

Winkelfunktionen

Die Winkelfunktionen *gelten nur im rechtwinkligen* Dreieck.

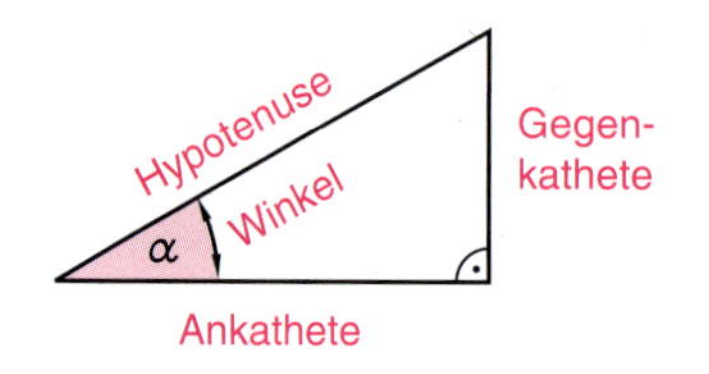

Hypotenuse, Winkel, α, Ankathete, Gegenkathete

$$\sin \alpha = \frac{\text{Gegenkathete}}{\text{Hypotenuse}} \qquad \cos \alpha = \frac{\text{Ankathete}}{\text{Hypotenuse}} \qquad \tan \alpha = \frac{\text{Gegenkathete}}{\text{Ankathete}} \qquad \cot \alpha = \frac{\text{Ankathete}}{\text{Gegenkathete}}$$

Beispiel

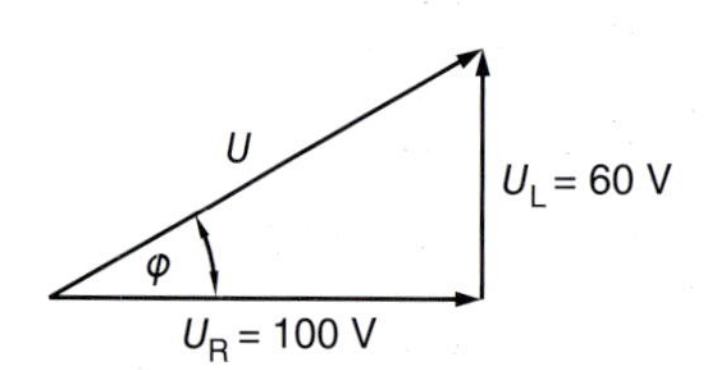

Wie groß sind *U* und *φ*?

Pythagoras

$U = \sqrt{U_R^2 + U_L^2}$

$U = \sqrt{(100\ \text{V})^2 + (60\ \text{V})^2} = 116{,}6\ \text{V}$

$\cos \varphi = \frac{\text{Ankathete}}{\text{Hypotenuse}} = \frac{U_R}{U}$

$\cos \varphi = \frac{100\ \text{V}}{116{,}6\ \text{V}} = 0{,}857$

$\varphi = 31°$

Dreieck → 465

Formelumstellung

1. $p = \frac{F}{A}$ soll nach F umgestellt werden.

Ausgangsformel:	$p = \frac{F}{A}$
Beide Gleichungsseiten mit A multiplizieren.	$p \cdot A = \frac{F}{A} \cdot A$
Auf der rechten Gleichungsseite kann A gekürzt werden.	$p \cdot A = \frac{F}{\cancel{A}} \cdot \cancel{A}$
Die gesuchte Größe F steht nun allein auf einer Seite vom Gleichheitszeichen.	$p \cdot A = F$
Übliche Schreibweise:	$F = p \cdot A$

2. $p = \frac{F}{A}$ soll nach A umgestellt werden.

Ausgangsformel:	$p = \frac{F}{A}$
Beide Gleichungsseiten mit A multiplizieren.	$p \cdot A = \frac{F}{A} \cdot A$
Auf der rechten Gleichungsseite kann A gekürzt werden.	$p \cdot A = \frac{F}{\cancel{A}} \cdot \cancel{A}$
Beide Gleichungsseiten werden durch p dividiert.	$p \cdot A = F$
	$\frac{p \cdot A}{p} = \frac{F}{p}$
Auf der linken Gleichungsseite kürzt sich p heraus.	$\frac{\cancel{p} \cdot A}{\cancel{p}} = \frac{F}{p}$
	$A = \frac{F}{p}$

3. $F = m \cdot a$ soll nach a umgestellt werden.

Ausgangsformel:	$F = m \cdot a$
Beide Gleichungsseiten durch m dividieren.	$\frac{F}{m} = \frac{\cancel{m} \cdot a}{\cancel{m}}$
Auf der rechten Gleichungsseite kürzt sich m heraus.	$\frac{F}{m} = a$
Übliche Schreibweise:	$a = \frac{F}{m}$

4. $U = \sqrt{U_1^2 + U_2^2}$ soll nach U_1 umgestellt werden.

Ausgangsformel:	$U = \sqrt{U_1^2 + U_2^2}$
Beide Gleichungsseiten quadrieren.	$U^2 = \left(\sqrt{U_1^2 + U_2^2}\right)^2$
Dadurch entfällt die Wurzel.	$U^2 = U_1^2 + U_2^2$
Von beiden Gleichungsseiten U_2^2 subtrahieren.	$U^2 - U_2^2 = U_1^2 + \cancel{U_2^2} - \cancel{U_2^2}$
Beachten Sie, dass $U_2^2 - U_2^2 = 0$.	$U^2 - U_2^2 = U_1^2$
Übliche Schreibweise:	$U_1^2 = U^2 - U_2^2$
Quadratwurzel ziehen:	$U_1 = \sqrt{U^2 - U_2^2}$

Formelumstellung

5. $R_2 = R_1 \cdot (1 + \alpha \cdot \Delta\vartheta)$ soll nach $\Delta\vartheta$ umgestellt werden.

Ausgangsformel:	$R_2 = R_1 \cdot (1 + \alpha \cdot \Delta\vartheta)$
Beide Gleichungsseiten durch R_1 dividieren.	$\frac{R_2}{R_1} = \frac{\cancel{R_1} \cdot (1 + \alpha \cdot \Delta\vartheta)}{\cancel{R_1}}$
	$\frac{R_2}{R_1} = 1 + \alpha \cdot \Delta\vartheta$
Von beiden Gleichungsseiten 1 subtrahieren.	$\frac{R_2}{R_1} - 1 = \cancel{1} + \alpha \cdot \Delta\vartheta \cancel{-1}$
$1 - 1 = 0$	$\frac{R_2}{R_1} - 1 = \alpha \cdot \Delta\vartheta$
Beide Gleichungsseiten durch α dividieren.	$\frac{\frac{R_2}{R_1} - 1}{\alpha} = \frac{\cancel{\alpha} \cdot \Delta\vartheta}{\cancel{\alpha}}$
Auf der rechten Gleichungsseite kürzt sich α heraus.	$\frac{\frac{R_p}{R_1} - 1}{\alpha} = \Delta\vartheta$
Übliche Schreibsweise:	$\Delta\vartheta = \frac{1}{\alpha} \cdot \left(\frac{R_2}{R_1} - 1\right)$

Flächenberechnung

Quadrat

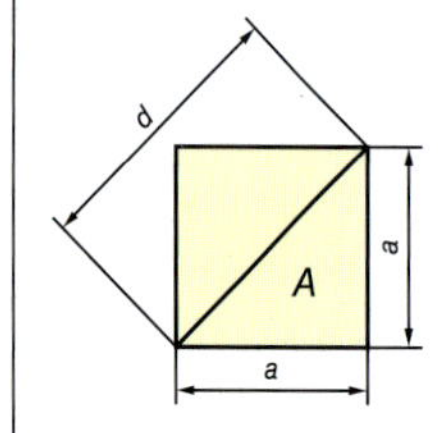

$A = a^2$

$U = 4 \cdot a$

$d = \sqrt{2} \cdot a$

Kreis

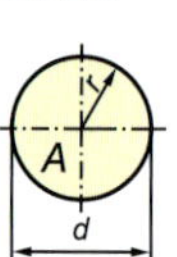

$A = \frac{d^2 \cdot \pi}{4} = d^2 \cdot 0{,}785$

$A = \pi \cdot r^2$

$U = \pi \cdot d$

Rechteck

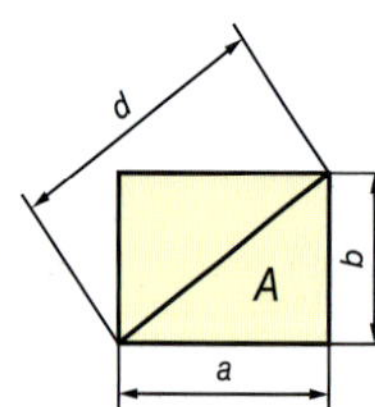

$A = a \cdot b$

$U = 2 \cdot a + 2 \cdot b$
$= 2 \cdot (a + b)$

$d = \sqrt{a^2 + b^2}$

Kreisring

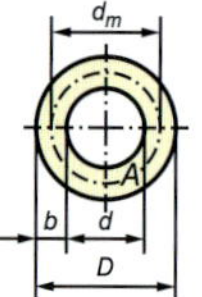

$d_m = \frac{d + D}{2}$

$d_m = d + b$

$d_m = D - b$

$L = \pi \cdot d_m$ (gestreckte Länge)

$A = \frac{\pi}{4} \cdot (D^2 - d^2)$

Parallelogramm

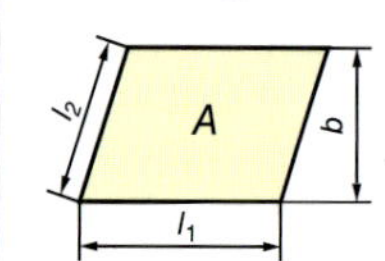

$A = l_1 \cdot b$

$U = 2 \cdot (l_1 + l_2)$

Kreisbogen

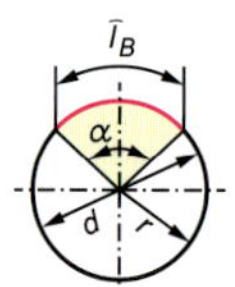

$l_B = \frac{\pi \cdot d \cdot \alpha}{360^\circ}$

$l_B = \frac{\pi \cdot r \cdot \alpha}{180^\circ}$

Flächenberechnung

Raute

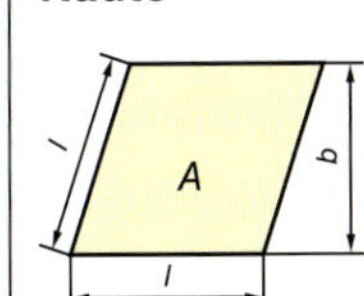

$$A = l \cdot b$$
$$U = 4 \cdot l$$

Trapez

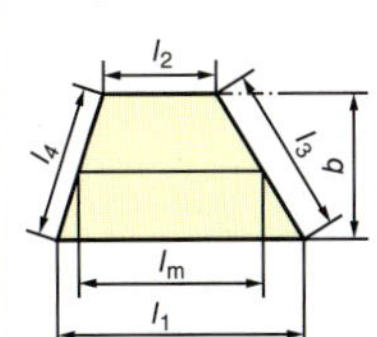

$$l_m = \frac{l_1 + l_2}{2}$$
$$A = \frac{l_1 + l_2}{2} \cdot b$$
$$A = l_m \cdot b$$
$$U = l_1 + l_2 + l_3 + l_4$$

Dreieck

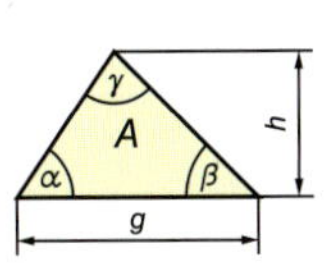

$$A = \frac{g \cdot h}{2}$$
$$\alpha + \beta + \gamma = 180°$$

Regelmäßiges Vieleck

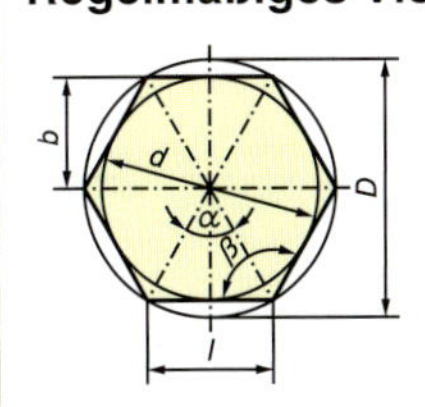

n = Eckenzahl

$$l = D \cdot \sin\left(\frac{180°}{n}\right)$$
$$d = \sqrt{d^2 + l^2}$$
$$\alpha = \frac{360°}{n}$$
$$\beta = 180° - \alpha$$
$$\beta = \frac{(n-2) \cdot 180°}{n}$$
$$A = \frac{l \cdot b}{2} \cdot n$$
$$A = \frac{l \cdot d}{4} \cdot n$$
$$U = l \cdot n$$

Volumenberechnung

Würfel

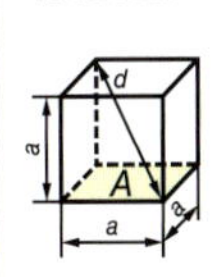

$$d = \sqrt{3} \cdot a$$
$$A = a^2$$
$$A_0 = 6 \cdot a^2$$
$$V = a^3$$

Zylinder

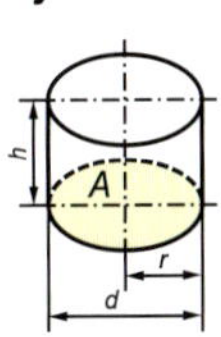

$$A = \frac{d^2 \cdot \pi}{4} = d^2 \cdot 0{,}785$$
$$A_M = d \cdot \pi \cdot h$$
$$A_0 = 2 \cdot A + A_M$$
$$V = A \cdot h$$
$$V = \frac{d^2 \cdot \pi}{4} \cdot h$$

Prisma

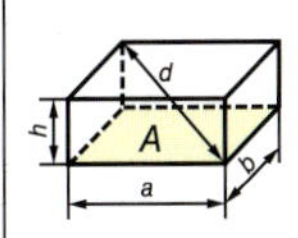

$$d = \sqrt{a^2 + b^2 + h^2}$$
$$A = a \cdot b$$
$$A_0 = 2 \cdot (ab + ah + bh)$$
$$V = A \cdot h = a \cdot b \cdot h$$

Hohlzylinder

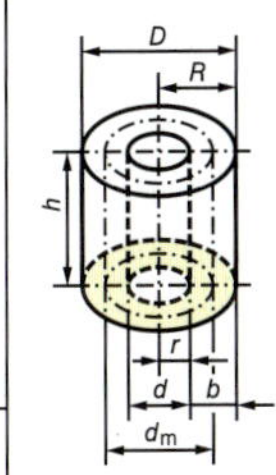

$$d_m = \frac{d + d}{2}$$
$$d_m = d + b \quad d_m = D - b$$
$$A_M = \pi \cdot h \cdot (D + d)$$
$$A_0 = \frac{\pi}{2} \cdot (D^2 - d^2) + \pi \cdot h \cdot (D + d)$$
$$A = \frac{\pi}{4} \cdot (D^2 - d^2)$$
$$A = \pi \cdot d_m \cdot b$$
$$V = \frac{\pi \cdot h}{4} \cdot (D^2 - d^2)$$
$$V = \pi \cdot h \cdot (R^2 - r^2)$$
$$V = A \cdot h$$
$$V = \pi \cdot d_m \cdot b \cdot h$$

Kugel

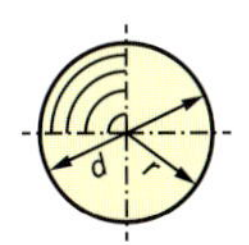

$$A_0 = \pi \cdot d^2$$
$$A_0 = 4\pi \cdot r^2$$
$$V = \frac{\pi}{6} \cdot d^3$$
$$V = \frac{4}{3} \cdot \pi \cdot r^3$$

Volumenberechnung

Pyramide

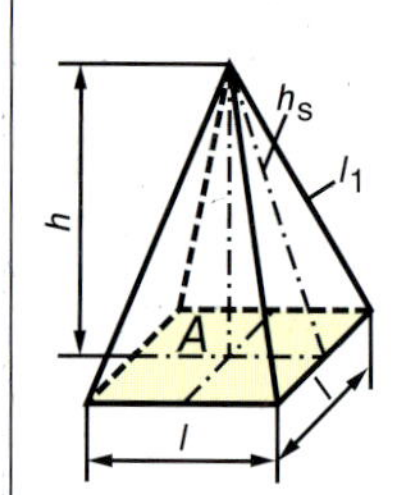

$h_s = \sqrt{h^2 + \frac{l^2}{4}}$

$l_1 = \sqrt{h_s^2 + \frac{l^2}{4}}$

$A_0 = l^2 + 2 \cdot l \cdot h_s$

$A_M = 2 \cdot l \cdot h_s$

$A = l^2$

$V = \frac{l^2 \cdot h}{3}$

$V = \pi \cdot r^2 \cdot h$

Kegel

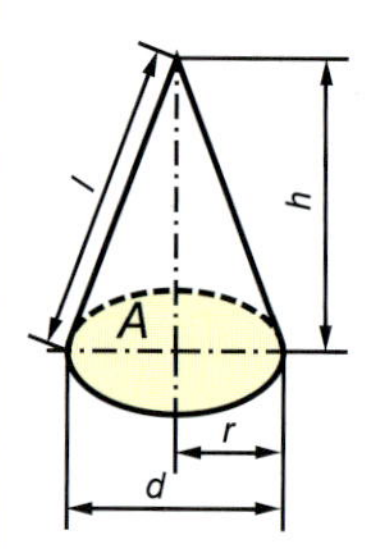

$l = \sqrt{r^2 + h^2}$

$A_0 = \pi \cdot r \cdot (\sqrt{r^2 + h^2} + r)$

$A_0 = \frac{\pi \cdot d}{2} \cdot \left(\frac{d}{2} + l\right)$

$A_M = \pi \cdot r \cdot (\sqrt{r^2 + h^2})$

$A_M = \frac{\pi \cdot d \cdot l}{2}$

$V = \frac{\pi \cdot d^2}{4} = \frac{h}{3}$

$V = \frac{A \cdot h}{3}$

Physikalische Formeln

Masse, Dichte

$m = \rho \cdot V \qquad \rho = \frac{m}{V}$

m Masse in kg
ρ Dichte in kg/dm³
V Volumen in dm³

1 dm = 0,1 m = 10 cm

Geschwindigkeit

$v = \frac{s}{t}$

$s = v \cdot t$

v Geschwindigkeit in m/s
s Weg in m
t Zeit in s

Beschleunigung

$a = \frac{v}{t}$

a Beschleunigung in m/s²
v Geschwindigkeit in m/s
t Zeit in in s

Umfangsgeschwindigkeit

$v = d \cdot \pi \cdot n$

v Umfangsgeschwindigkeit in m/s
d Durchmesser in m
n Umdrehungsfrequenz in 1/s

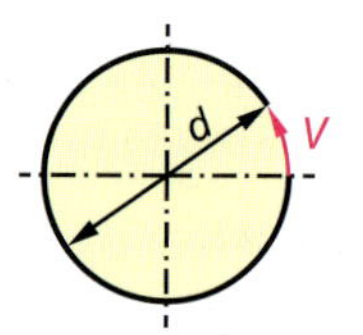

$1 \frac{m}{s} = 3{,}6 \frac{km}{h}$

Grundgesetz der Dynamik

$F = m \cdot a$

F Kraft in N
m Masse in kg
a Beschleunigung in m/s²

$1\ N = 1 \frac{kg \cdot m}{s^2}$

Gewichtskraft

$F_G = m \cdot g$

F_G Gewichtskraft in N
m Masse in kg
g Fallbeschleunigung in m/s²

$g = 9{,}81 \frac{m}{s^2}$

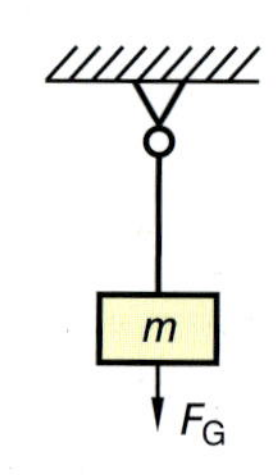

Drehmoment

$M = F \cdot r$

M Drehmoment in Nm
F Kraft in N
r wirksame Länge in m

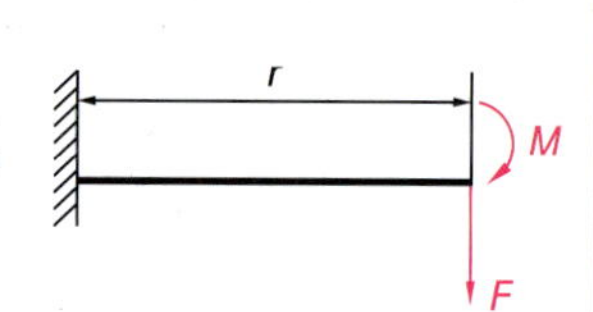

Arbeit, mechanische

$W = F \cdot s$

W Arbeit in Nm, Ws, J
F Kraft in N
s Kraftweg in m

1 Nm = 1 Ws = 1 J

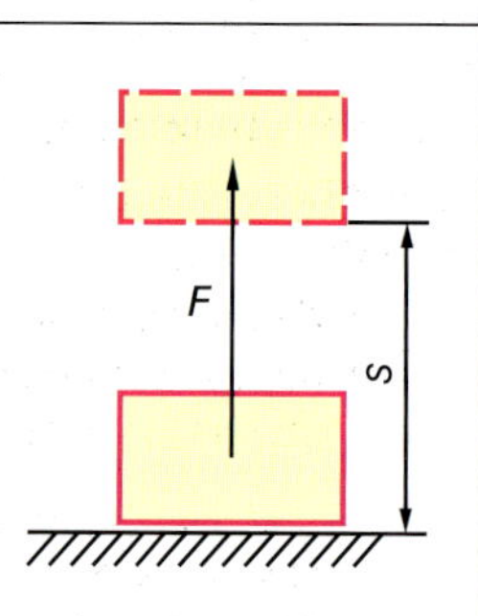

Physikalische Formeln

Leistung, mechanische

$P = \frac{W}{t} = \frac{F \cdot s}{t}$

$P = F \cdot v$

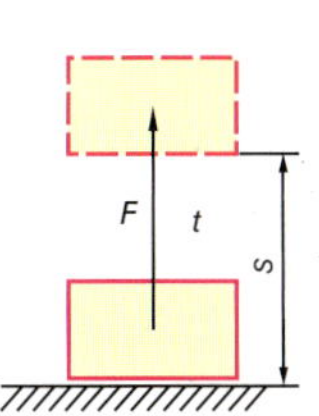

P Leistung in W
W Arbeit in Nm, J, Ws
F Kraft in N
s Weg in m
t Zeit in s
v Geschwindigkeit in m/s

Energie, potenzielle

$W_p = m \cdot g \cdot s$

$W_p = G \cdot s$

W_p potenzielle Energie in Nm, Ws, J
G Gewichtskraft in N
m Masse in kg
s Weg in m
g Fallbeschleunigung in m/s^2

$g = 9{,}81 \text{ m/s}^2$

Leistung bei Drehbewegung

$P = F \cdot v$

$P = \frac{F \cdot \pi \cdot d \cdot n}{60}$ (P in W)

$P = \frac{M \cdot n}{9550}$ (P in kW)

$P = 2\pi \cdot n \cdot M$ (n in $\frac{1}{s}$, P in W)

P Leistung in W
M Drehmoment in Nm
F Kraft in N
n Drehzahl in 1/min
d Durchmesser in m
v Umdrehungsgeschwindigkeit in m/s

Wirkungsgrad

$\eta = \frac{P_2}{P_1}$ $\eta = \frac{W_2}{W_1}$

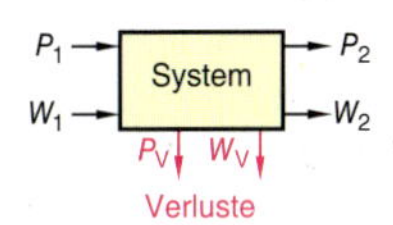

η Wirkungsgrad
P_1 zugeführte Leistung in W
P_2 abgegebene Leistung in W
W_1 zugeführte Arbeit in Ws
W_2 abgegebene Arbeit in Ws

Der Wirkungsgrad wird oft in Prozent angegeben:

$\eta = 0{,}82 \rightarrow 82\ \%$

Drehmoment bei Elektromotoren

$M = \frac{P}{2\pi \cdot n}$

M Drehmoment in Nm
P abgegebene Motorleistung in W
n Drehfrequenz in 1/s

1 min = 60 s $1500 \frac{1}{\text{min}} = 25 \frac{1}{\text{s}}$

Gesamtwirkungsgrad

$\eta_G = \eta_1 \cdot \eta_2 \cdot \cdots \cdot \eta_n$

η_G Gesamtwirkungsgrad
$\eta_1 \cdots \eta_n$ Einzelwirkungsgrade

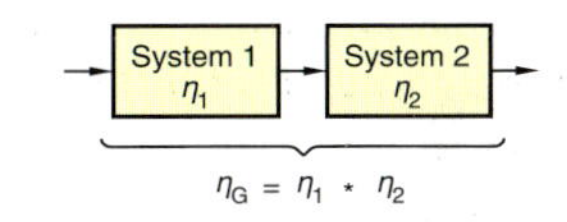

Mechanik

Addition von Kräften

$F = F_1 + F_2$

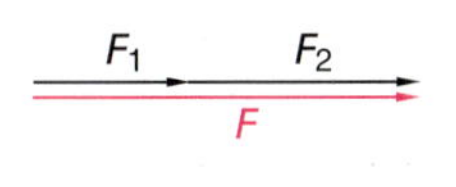

F resultierende Kraft in N
F_1, F_2 Teilkräfte in N

Subtraktion von Kräften

$F = F_1 - F_2$

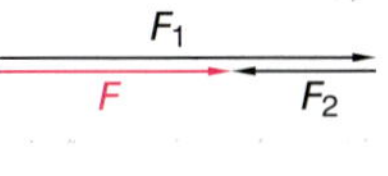

F resultierende Kraft in N
F_1, F_2 Teilkräfte in N

Zusammensetzung von Kräften

Zeichnerische Ermittlung

- Maßstab wählen
- Teilkräfte maßstäblich zeichnen
- Teilkräfte zum Parallelogramm ergänzen
- Diagonale zeigt Betrag und Richtung der resultierenden Kraft

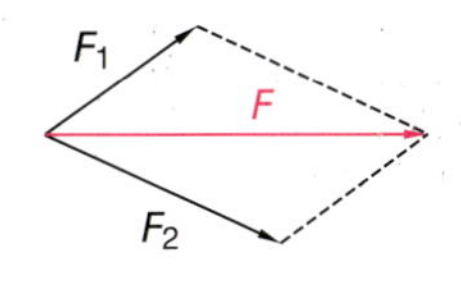

F resultierende Kraft in N
F_1, F_2 Teilkräfte in N

Mechanik

Zerlegung von Kräften

Zeichnerische Ermittlung

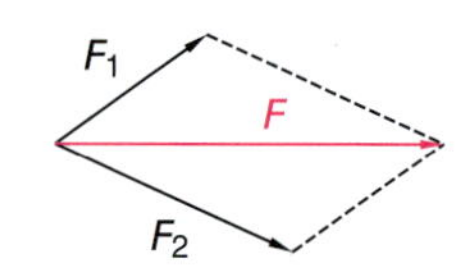

- Maßstab wählen
- Resultierende Kraft maßstäblich zeichnen
- Wirkungslinien der Teilkräfte zeichnen
- Die Parallelen ergeben Betrag und Richtung der Teilkräfte

F resultierende Kraft in N
F_1, F_2 Teilkräfte in N

Hebel, einseitig

$F_1 \cdot l_1 = F_2 \cdot l_2$

F_1, F_2 Kräfte am Hebel in N
l_1, l_2 wirksame Hebellängen in m

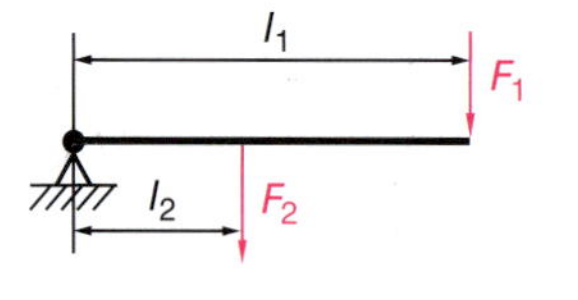

Hebel, zweiseitig

$F_1 \cdot l_1 = F_2 \cdot l_2$

F_1, F_2 Kräfte am Hebel in N
l_1, l_2 wirksame Hebellängen in m

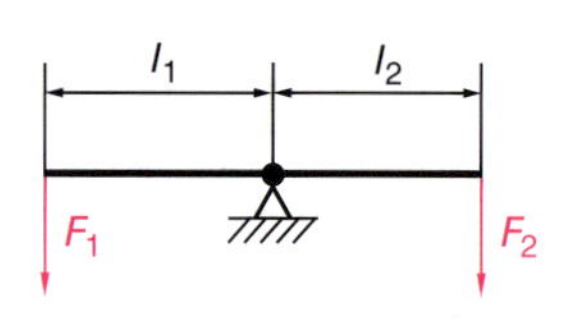

Winkelhebel

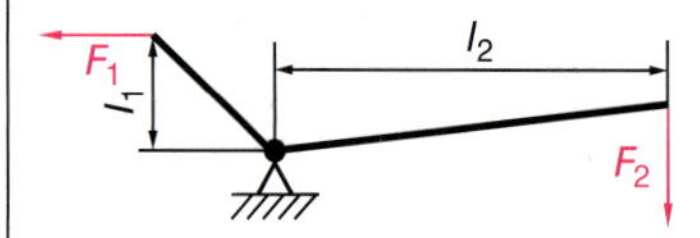

$F_1 \cdot l_1 = F_2 \cdot l_2$

F_1, F_2 Kräfte am Hebel in N
l_1, l_2 wirksame Hebellängen in m

Gleichgewichtsbedingung

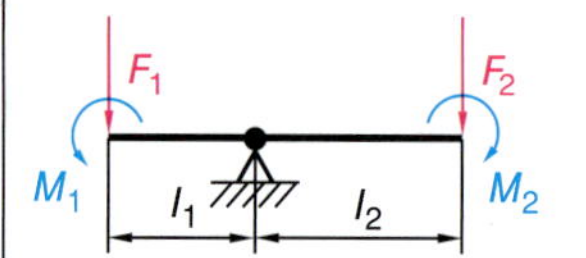

Hebel ist im Gleichgewicht, wenn

linksdrehendes Moment	=	rechtsdrehendes Moment
M_1	=	M_2
$F_1 \cdot l_1$	=	$F_2 \cdot l_2$

Schiefe Ebene

$F \cdot s = F_G \cdot h$

F Kraft in N
F_G Gewichtskraft in N
s Kraftweg in m
h Lastweg in m

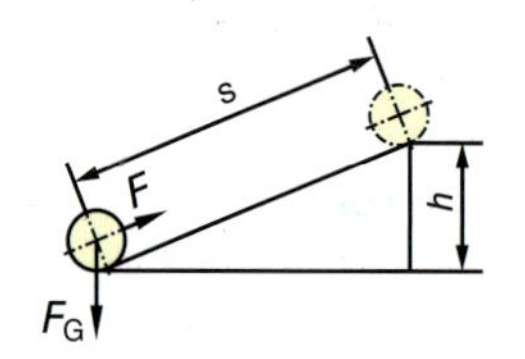

Feste Rolle

$F = F_G$

F Kraft in N
F_G Gewichtskraft in N
s Kraftweg in m
h Lastweg in m

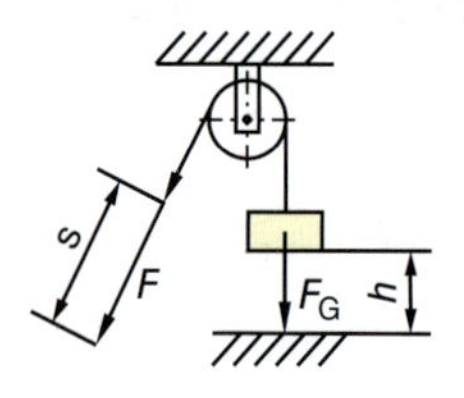

Lose Rolle

$F \cdot s = F_G \cdot h$

$s = 2 \cdot h$

$F = \frac{1}{2} \cdot F_G$

F Kraft in N
F_G Gewichtskraft in N
s Kraftweg in m
h Hubhöhe in m

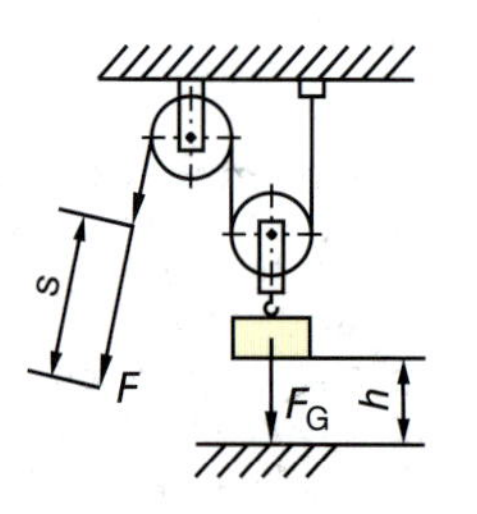

Zugspannung

$\sigma_z = \frac{F}{A}$

σ_z Zugspannung in $\frac{N}{m^2}$
F Zugkraft in N
A Querschnitt in mm^2

Auch möglich:

σ_z in $\frac{N}{mm^2}$, wenn A in mm^2 eingesetzt wird

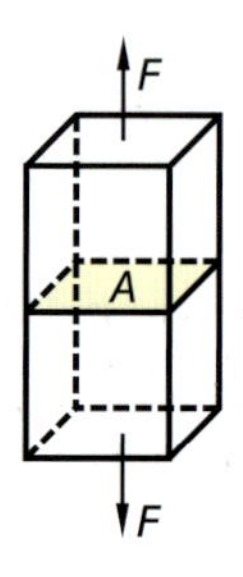

Mechanik

Druckspannung

$$\sigma_D = \frac{F}{A}$$

σ_D Druckspannung in $\frac{N}{m^2}$
F Druckkraft in N
A Querschnitt in mm^2

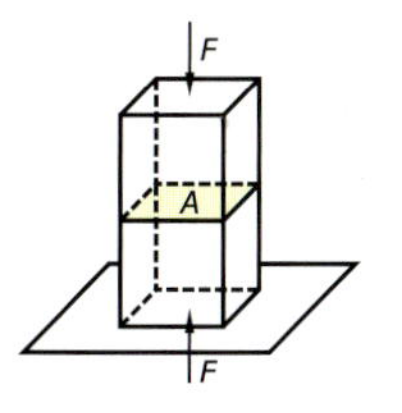

Längenausdehnung

$$\Delta l = l_1 \cdot \alpha \cdot (\vartheta_2 - \vartheta_1)$$
$$\Delta l = l_1 \cdot \alpha \cdot \Delta\vartheta$$
$$l_2 = l_1 + \Delta l$$
$$l_2 = l_1 \cdot (1 + \alpha \cdot \Delta\vartheta)$$
$$\Delta\vartheta = \vartheta_2 - \vartheta_1$$

Δl Längenausdehnung in m
l_1 Länge vor der Erwärmung in m
l_2 Länge nach der Erwärmung in m
$\Delta\vartheta$ Temperaturdifferenz in K
ϑ_1 Temperatur vor Erwärmung in °C
ϑ_2 Temperatur nach Erwärmung in °C
α Längenausdehnungskoeffizient in 1/K

Volumenausdehnung

$$\Delta V = V_1 \cdot \gamma \cdot (\vartheta_2 - \vartheta_1)$$
$$\Delta V = V_1 \cdot \gamma \cdot \Delta\vartheta$$
$$V_2 = V_1 \cdot (1 + \gamma \cdot \Delta\vartheta)$$
$$V_2 = V_1 + \Delta V$$
$$\gamma \approx 3 \cdot \alpha$$

ΔV Volumenausdehnung in m^3
V_1 Volumen vor Erwärmung in m^3
V_2 Volungen nach Erwärmung in m^3
$\Delta\vartheta$ Temperaturdifferenz in K
ϑ_1 Temperatur vor Erwärmung in °C
ϑ_2 Temperatur nach Erwärmung in °C
γ Volumenausdehnungskoeffizient in 1/K
α Längenausdehnungskoeffizient in 1/K

Temperatur

$$T = T_0 + \vartheta$$
$$T = 273\ K + \vartheta$$
$$\Delta\vartheta = \vartheta_2 - \vartheta_1 = \Delta T$$
$$\Delta T = T_2 - T_1$$

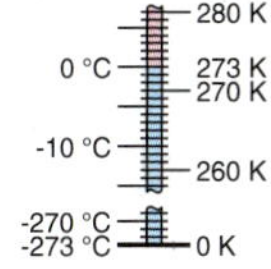

T Kelvintemperatur in K
T_0 Kelvintemperatur bei 0 °C in K
ϑ Celsiustemperatur
ΔT, $\Delta\vartheta$ Temperaturunterschied in K

Einfache Antriebe

Flachriementrieb, einfach

$$\frac{n_1}{n_2} = \frac{d_2}{d_1}$$
$$i = \frac{d_2}{d_1} = \frac{n_1}{n_2}$$
$$v = \frac{d_1 \cdot \pi \cdot n_1}{60 \cdot 1000}$$
$$v = \frac{d_2 \cdot \pi \cdot n_2}{60 \cdot 1000}$$

d_1 Durchmesser treibende Scheibe in mm
d_2 Durchmesser getriebene Scheibe in mm
n_1 Drehzahl treibende Scheibe in 1/min
n_2 Drehzahl getriebene Scheibe in 1/min
i Übersetzungsverhältnis
v Riemengeschwindigkeit in m/s

Flachriementrieb, doppelt

$$n_1 \cdot d_1 \cdot d_3 = n_4 \cdot d_2 \cdot d_4$$
$$i_1 = \frac{d_2}{d_1} = \frac{n_1}{n_2} \qquad i_2 = \frac{d_4}{d_3} = \frac{n_3}{n_4}$$
$$i = i_1 \cdot i_2 \qquad i = \frac{n_1}{n_4}$$
$$i = \frac{d_2 \cdot d_4}{d_1 \cdot d_3}$$

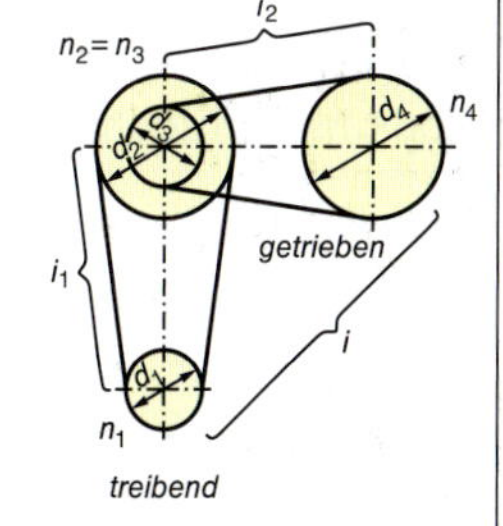

d_1, d_3 Durchmesser treibende Scheiben in mm
d_2, d_4 Durchmesser getriebene Scheiben in mm
n_1 Drehzahl, 1. treibende Scheibe in 1/min
n_2 Drehzahl, 1. getriebene Scheibe in 1/min
n_3 Drehzahl, 2. treibende Scheibe in 1/min
n_4 Drehzahl, 2. getriebene Scheibe in 1/min
i_1 1. Einzelübersetzung
i_2 2. Einzelübersetzung
i Gesamtübersetzung

Riementriebe → 890

Einfache Antriebe

Keilriementrieb, einfach

$$\frac{n_1}{n_2} = \frac{d_{w_2}}{d_{w_1}}$$

$$i = \frac{d_{w_2}}{d_{w_1}} = \frac{n_1}{n_2}$$

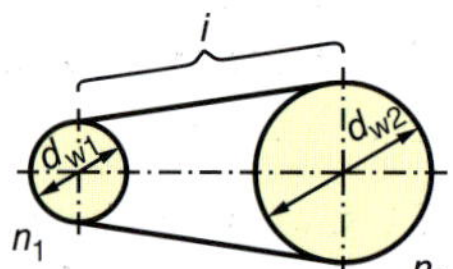

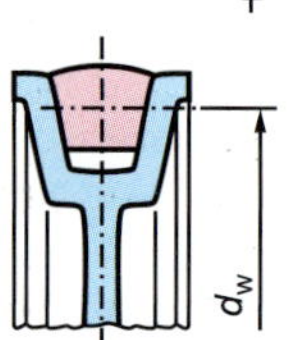

d_{w_1} Durchmesser treibende Scheibe in mm
d_{w_2} Durchmesser getriebene Scheibe in mm
n_1 Drehzahl treibende Scheibe in 1/min
n_2 Drehzahl getriebene Scheibe in 1/min
i Übersetzungsverhältnis

Zahnradtrieb, einfach

$$\frac{n_1}{n_2} = \frac{z_2}{z_1}$$

$$i = \frac{n_1}{n_2} = \frac{z_2}{z_1}$$

$$a = \frac{d_1 + d_2}{2}$$

$$a = \frac{m \cdot (z_1 + z_2)}{2}$$

Innenverzahnung

$$a = \frac{m \cdot (z_2 - z_1)}{2}$$

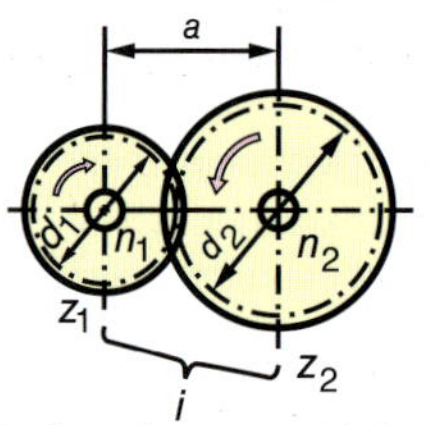

d_1 Teilkreisdurchmesser treibendes Rad in mm
d_2 Teilkreisdurchmesser getriebenes Rad in mm
z_1 Zähnezahl treibendes Rad
z_2 Zähnezahl getriebenes Rad
n_1 Drehzahl treibendes Rad in 1/min
n_2 Drehzahl getriebenes Rad in 1/min
a Achsabstand in mm
i Übersetzungsverhältnis

Schneckentrieb

$$\frac{n_1}{n_2} = \frac{z_2}{z_1}$$

$$i = \frac{n_1}{n_2} = \frac{z_2}{z_1}$$

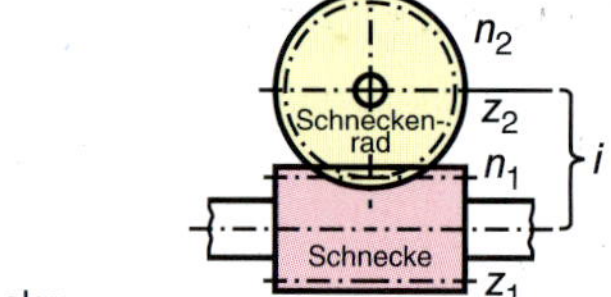

z_1 Gangzahl Schnecke
z_2 Zähnezahl Schneckenrad
n_1 Drehzahl Schnecke in 1/min
n_2 Drehzahl Schneckenrad in 1/min
i Übersetzungsverhältnis

Zahnradtrieb, Drehmoment

$$M_1 = \frac{M_2}{\eta \cdot i}$$

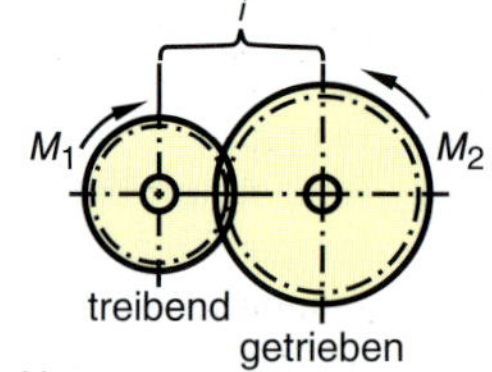

M_1 Eingangsdrehmoment in Nm
M_2 Ausgangsdrehmoment in Nm
η Wirkungsgrad
i Übersetzungsverhältnis

Formeln der Elektrotechnik

Gleichstromtechnik

Elektrische Ladung

$$Q = n \cdot e$$

Q Ladung in C
n Anzahl der Ladungsträger
e Elementarladung in C

$$e = -1{,}6 \cdot 10^{-19}\ \text{C}$$

1 C (Coulomb) = 1 As (Ampersekunden)

Elektrische Stromstärke

$$I = \frac{Q}{t}$$

$$Q = I \cdot t$$

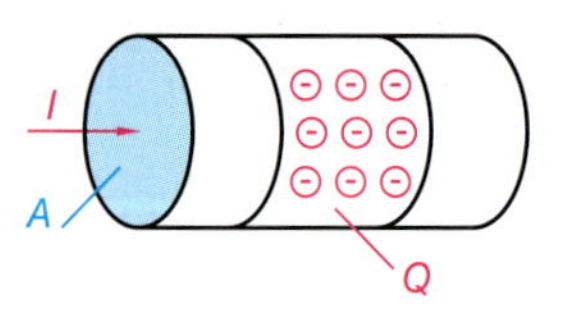

I Stromstärke in A
Q Ladung in C (As)
Z Zeit des Stromflusses in s

Stromdichte

$$J = \frac{I}{A}$$

$$I = J \cdot A$$

$$A = \frac{I}{J}$$

J Stromdichte in $\frac{\text{A}}{\text{mm}^2}$
I Stromstärke in A
A Querschnitt in mm²

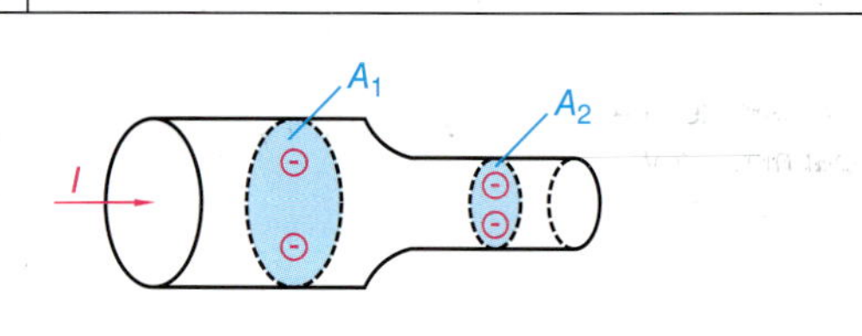

Formeln der Elektrotechnik

Gleichstromtechnik

Elektrische Spannung

$U = \frac{W}{Q}$

$W = Q \cdot U$

U Spannung in V
W Arbeit in Ws
Q Ladung in C (As)

Elektrisches Potenzial

$U_{12} = \varphi_1 - \varphi_2$

Spannung = Potenzialdifferenz

U_{12} Spannung zwischen den Punkten 1 und 2 in V
φ_1 Potenzial am Punkt 1 in V
φ_2 Potenzial am Punkt 2 in V

Potenzial = Spannung zwischen einem Messpunkt und einem Bezugspunkt.

Elektrische Arbeit

$W = P \cdot t = U \cdot I \cdot t$

W elektrische Arbeit in Ws
P elektrische Leistung in W
t Zeit in s
U Spannung in V
I Stromstärke in A

Elektrische Leistung

$P = \frac{W}{t}$ $\quad P = U \cdot I$

P elektrische Leistung in W
W elektrische Arbeit in Ws
t Zeit in s
U Spannung in V
I Stromstärke in A

Wirkungsgrad

$\eta = \frac{W_2}{W_1} = \frac{P_2}{P_1}$ $\quad W_2 = \eta \cdot W_1$ $\quad P_2 = \eta \cdot P_1$

η Wirkungsgrad
W_1 zugeführte Arbeit in Ws
W_2 abgeführte Arbeit in Ws
P_1 zugeführte Leistung in W
P_2 abgeführte Leistung in W

Leiterwiderstand

$R_L = \frac{\rho \cdot l}{A} = \frac{l}{\gamma \cdot A}$

$\rho = \frac{1}{\gamma}$

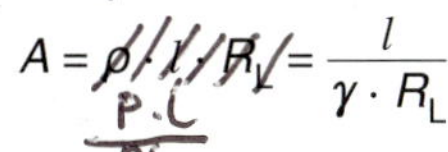

$A = \rho \cdot l / R_L = \frac{l}{\gamma \cdot R_L}$

R_L Leiterwiderstand in Ω
A Leiterquerschnitt in mm^2
l Leiterlänge in m
ρ spezifischer Widerstand in $\frac{\Omega \cdot mm^2}{m}$
γ spezifische Leitfähigkeit in $\frac{m}{\Omega \cdot mm^2}$

Werte für ρ und γ siehe Seite 937.

Ohmsches Gesetz

$I = \frac{U}{R}$

$U = I \cdot R$

$R = \frac{U}{I}$

I Stromstärke in A
U Spannung in V
R Widerstand in Ω

$1\,\Omega = 1\,\frac{V}{A}$

Elektrischer Leitwert

$G = \frac{1}{R}$ $\quad R = \frac{1}{G}$

Leitwert = Kehrwert des Widerstandes

hoher Leitwert → *geringer* Widerstand
geringer Leitwert → *hoher* Widerstand

G Leitwert in S (Siemens)
R Widerstand in Ω

$1\,S = 1\,\frac{1}{\Omega} = 1\,\frac{A}{V}$

Grund-lagen

Formeln der Elektrotechnik

Gleichstromtechnik

Temperaturabhängigkeit des Widerstandes

$$R_2 = R_1 \cdot (1 + \alpha \cdot \Delta\vartheta)$$

$$\Delta\vartheta = \vartheta_2 - \vartheta_1$$

$$R_1 = \frac{R_2}{1 + \alpha \cdot \Delta\vartheta} \qquad \Delta\vartheta = \frac{1}{\alpha} \cdot \left(\frac{R_2}{R_1} - 1\right)$$

R_1 Kaltwiderstand in Ω
R_2 Warmwiderstand in Ω
ϑ_1 Anfangstemperatur in °C
ϑ_2 Endtemperatur in °C
$\Delta\vartheta$ Temperaturdifferenz in K
α Temperaturbeiwert in 1/K

Werte für α siehe Seite 937.

Wärmewirkung des elektrischen Stromes

$$P = \frac{m \cdot c \cdot \Delta\vartheta}{\eta \cdot t}$$

P aufzuwendende elektrische Leistung in W
m Masse des zu erwärmenden Stoffs in kg
c spezifische Wärmekapazität in $\frac{\text{J}}{\text{kg} \cdot \text{K}}$
$\Delta\vartheta$ Temperaturunterschied in K
η Wirkungsgrad des Erwärmungsvorganges
t Zeitdauer der Erwärmung in s

Erster Kirchhoffscher Satz

In einem Knotenpunkt ist die Summe aller Ströme gleich Null.
Summe der zufließenden Ströme gleich Summe der abfließenden Ströme.

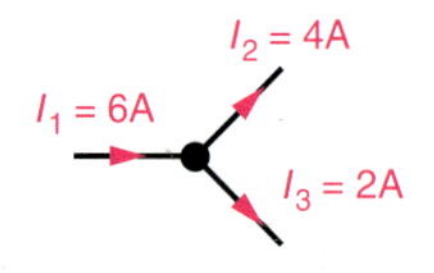

- Zufließender Strom: $I_1 = 6$ A
- Abfließende Ströme: $I_2 = 4$ A, $I_3 = 2$ A

6 A = 4 A + 2 A
6 A – 4 A – 2 A = 0 (Vorzeichen beachten!)

Allgemein gilt:

$$I = I_1 + I_2 + \cdots + I_n$$

Zufließende Ströme positiv, abfließende Ströme negativ.

Zweiter Kirchhoffscher Satz

In einer Netzmasche ist die Summe aller Spannungen gleich Null.

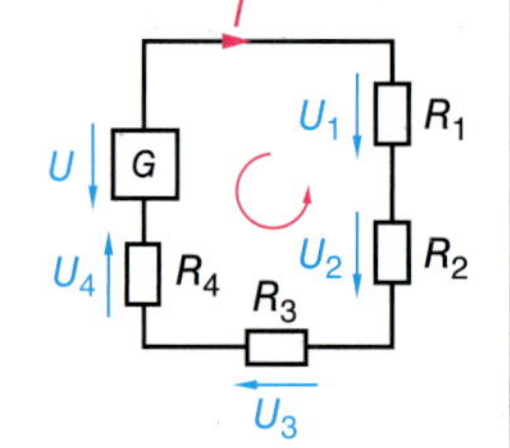

Vorzeichen beachten:

$$U - U_4 - U_3 - U_2 - U_1 = 0$$

$$U = U_1 + U_2 + U_3 + U_4$$

Parallelschaltung von Widerständen

An jedem Widerstand liegt die *gleiche Spannung*.

U = konstant

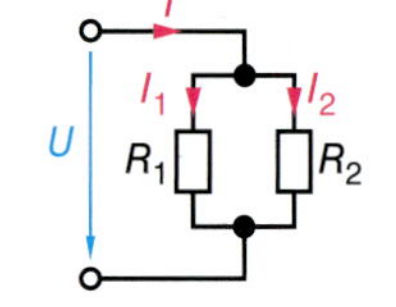

Der Gesamtstrom I teilt sich in die Teilströme I_1, I_2 auf:

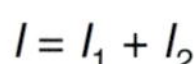

$$I = I_1 + I_2$$

Ersatzwiderstand

$$\frac{1}{R_E} = \frac{1}{R_1} + \frac{1}{R_2} + \frac{1}{R_3} + \cdots + \frac{1}{R_n}$$

Zwei Widerstände

$$R_E = \frac{R_1 \cdot R_2}{R_1 + R_2}$$

Gleiche Widerstände

$$R_E = \frac{R}{n}$$

n Anzahl der *gleichen*, parallel geschalteten Widerstände

Reihenschaltung von Widerständen

In allen Widerständen fließt der *gleiche Strom* (kein Knotenpunkt).

I = konstant

$$R_g = R_1 + R_2 + R_3 + \cdots + R_n$$

$$\frac{U_1}{U_2} = \frac{R_1}{R_2}$$

Reihenschaltung von Spannungsquellen

$$I = \frac{n \cdot U_0}{n \cdot R_i + R_B}$$

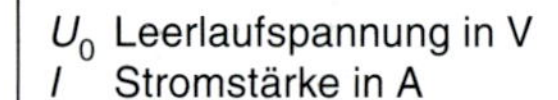

$$U_0 = I \cdot \left(R_i + \frac{R_B}{n}\right)$$

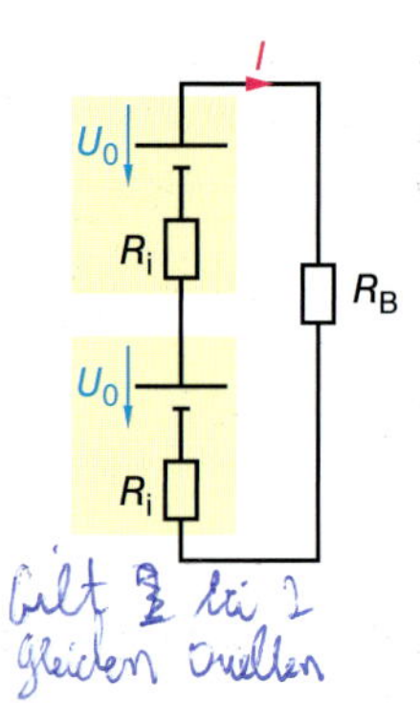

U_0 Leerlaufspannung in V
I Stromstärke in A
R_i Innenwiderstand der Spannungsquelle in Ω
R_B Belastungswiderstand in Ω
n Anzahl der in Reihe geschalteten Spannungsquellen

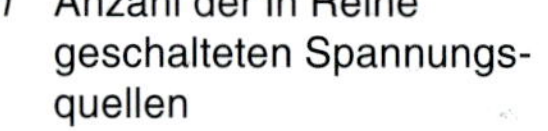

Reihenschaltung von Spannungsquellen: *Spannungserhöhung*

Formeln der Elektrotechnik

Gleichstromtechnik

Paralellschaltung von Spannungsquellen

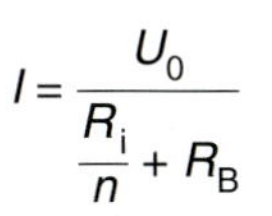

$$I = \frac{U_0}{\frac{R_i}{n} + R_B}$$

$$U_0 = I \cdot \left(\frac{R_i}{n} + R_B\right)$$

U_0 Leerlaufspannung in V
I Stromstärke in A
R_i Innenwiderstand in Ω
R_B Belastungswiderstand in Ω
n Anzahl der parallel geschalteten Spannungsquellen

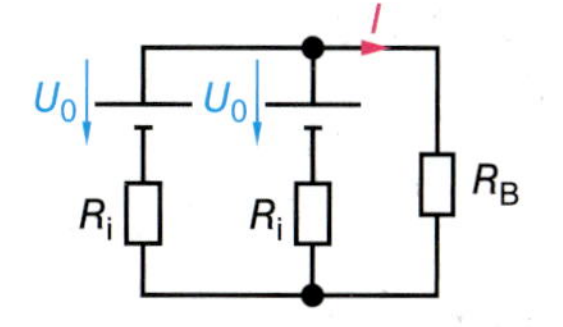

Parallelschaltung von Spannungsquellen:
Stromerhöhung

Spannungsquellen, Leerlaufspannung

$U_0 = U_K + U_i$
$U_K = U_0 - U_i$
$U_i = U_0 - U_K$

U_0 Leerlaufspannung in V
U_K Klemmenspannung in V
U_i Spannungsfall am Innenwiderstand in V

$\eta = \frac{P_L}{P_V + P_L} = \frac{R \cdot I}{R_i \cdot I + R \cdot I}$ (Wirkungsgrad)

$R_i = \frac{U_i}{I}$

Klemmenspannung

$U_K = U_0 - I \cdot R_i$
$U_0 = U_K + I \cdot R_i$

I Stromstärke in A

Kurzschlusstrom $I_K = \frac{U_0}{R_i}$

$R_i = \frac{U_{Kl1} - U_{Kl2}}{I_2 - I_1}$

Vorwiderstand

$$R_V = R_B \cdot \left(\frac{U_1}{U_2} - 1\right)$$

$$I = \frac{U_1}{R_V + R_B} = \frac{U_2}{R_B}$$

R_V Vorwiderstand in Ω
R_B Belastungswiderstand in Ω
U_1 Versorgungsspannung in V
U_2 Spannung am Lastwiderstand in V
I Stromstärke in A

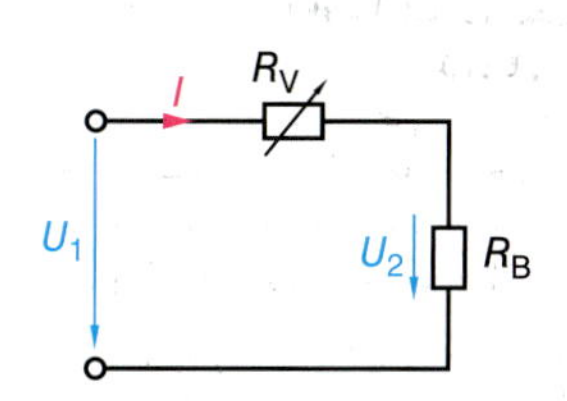

Spannungsteiler, unbelastet

$$U_2 = U_1 \cdot \frac{R_2}{R_1 + R_2}$$

$$I = \frac{U_1}{R_1 + R_2}$$

U_1 Eingangsspannung in V
U_2 Ausgangsspannung in V
R_1, R_2 Teilerwiderstände in Ω
I Stromstärke in A

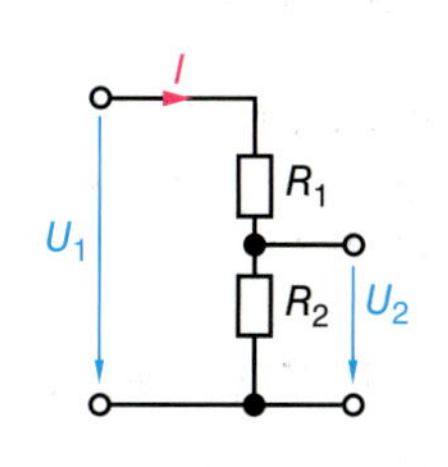

Am größeren Widerstand liegt die höhere Spannung an.

Spannungsteiler, belastet

$$I = \frac{U_1}{R_1 + \frac{R_2 \cdot R_B}{R_2 + R_B}}$$

$$U_2 = I \cdot \frac{R_2 \cdot R_B}{R_2 + R_B}$$

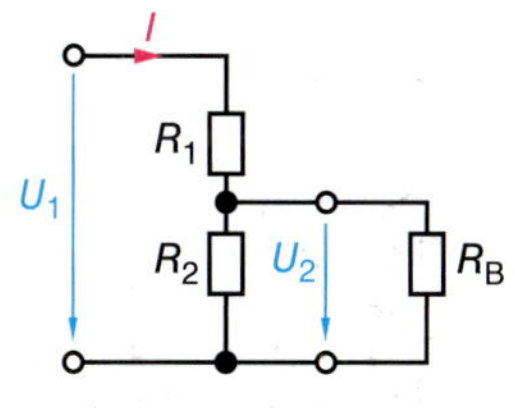

U_1 Eingangsspannung in V
U_2 Ausgangsspannung in V
R_1, R_2 Teilerwiderstände in Ω
R_B Belastungswiderstand in Ω
I Stromstärke in A

Brückenschaltung, abgeglichen

$$\frac{R_1}{R_2} = \frac{R_3}{R_4}$$

$U_{AB} = 0$ $\quad I_{AB} = 0$
$I_1 = I_2$ $\quad I_3 = I_4$
$U_1 = U_3$ $\quad U_2 = U_4$

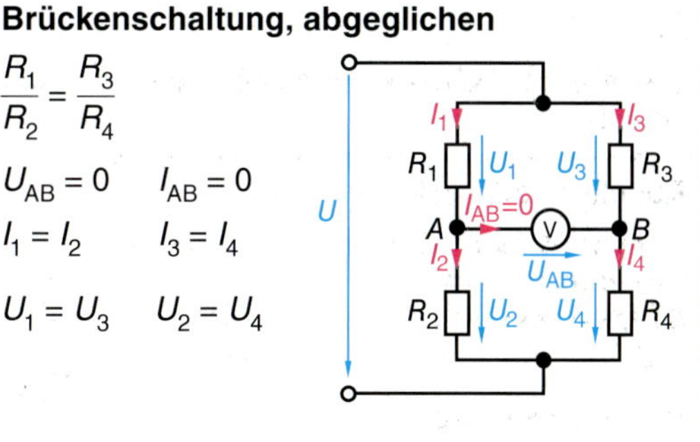

Reihen für Zahlenwertangaben → 64

Formeln der Elektrotechnik

Gleichstromtechnik

Brückenschaltung, nicht abgeglichen

$U_{AB} \neq 0 \qquad I_{AB} \neq 0$

$U_{AB} = U_2 - U_4$

$U_{AB} = U_3 - U_1$

$I_{AB} = I_1 - I_2$

$I_{AB} = I_4 - I_3$

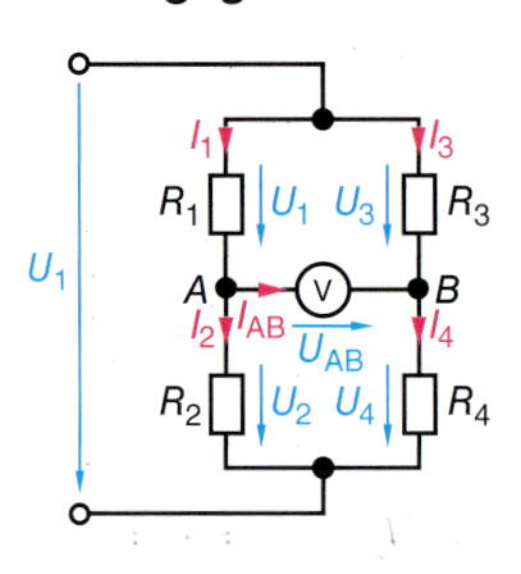

Messbereichserweiterung, Spannungsmesser

$$R_V = \frac{U - U_M}{U_M} \cdot R_i$$

- U Spannung bei Vollausschlag in V
- U_M Spannung am Messwerk in V
- R_i Innenwiderstand Messwerk in Ω
- R_V Vorwiderstand in Ω

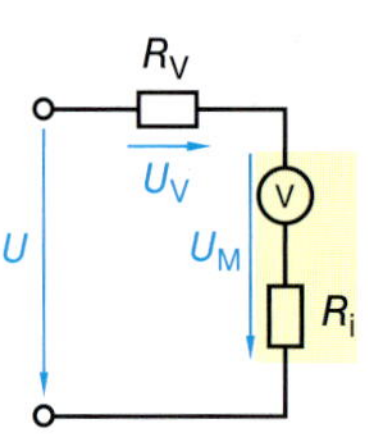

Messbereichserweiterung, Strommesser

$$R_P = \frac{I_M}{I - I_M} \cdot R_i$$

- I Strom bei Vollausschlag in A
- I_M Strom im Messwerk in A
- R_i Innenwiderstand Messwerk in Ω
- R_P Parallelwiderstand in Ω

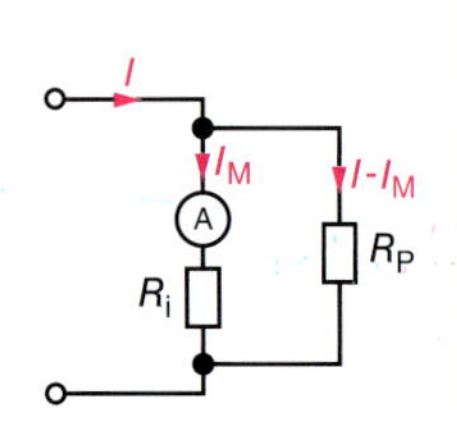

Dreieck-Stern-Umwandlung

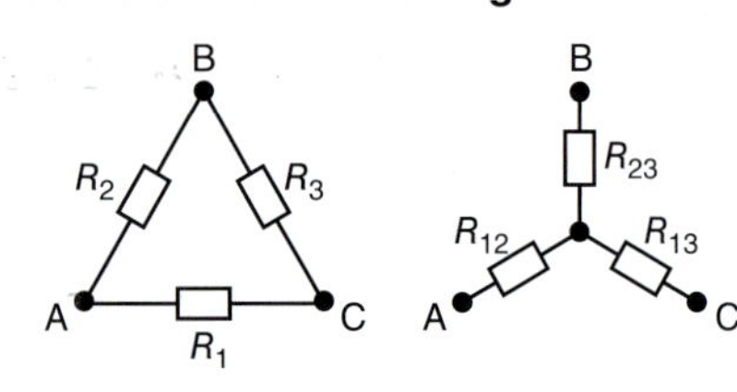

$$R_{12} = \frac{R_1 \cdot R_2}{R_1 + R_2 + R_3}$$

$$R_{13} = \frac{R_1 \cdot R_3}{R_1 + R_2 + R_3}$$

$$R_{23} = \frac{R_2 \cdot R_3}{R_1 + R_2 + R_3}$$

Elektrisches Feld

Elektrische Feldstärke

$$E = \frac{F}{Q}$$

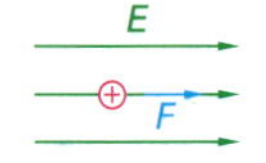

- E elektrische Feldstärke in V/m
- F Kraft in N
- Q Ladung in C (As)

Elektrische Feldstärke beim Plattenkondensator

$$E = \frac{U}{d}$$

- E elektrische Feldstärke in V/m
- U Spannung in V
- d Plattenabstand in m

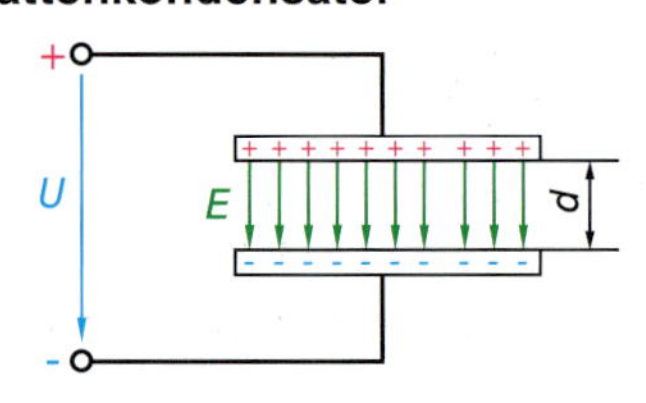

Kondensatorkapazität

$$C = \frac{Q}{U}$$

$$C = \frac{\varepsilon_0 \cdot \varepsilon_r \cdot A}{d}$$

- C Kondensatorkapazität in F
- Q Ladung in C (As)
- U Spannung in V
- ε_0 Dielektrizitätskonstante in $\frac{As}{Vm}$
- ε_r Dielektrizitätszahl
- A Plattenfläche (einer Platte) in m^2
- d Plattenabstand in m

$$\varepsilon_0 = 8{,}86 \cdot 10^{-12} \frac{As}{Vm}$$

$$1\ F = 1 \frac{As}{V}$$

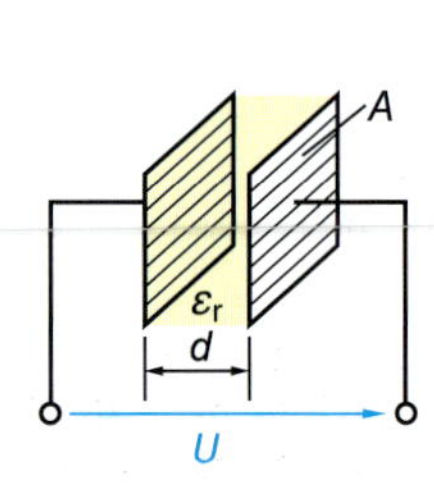

Formeln der Elektrotechnik

Elektrisches Feld

Schaltung von Kondensatoren

- *Reihenschaltung*

$Q_1 = Q_2 = Q_3 = \cdots = Q_n$

$U = U_1 + U_2 + U_3 + \cdots + U_n$

$\frac{1}{C} = \frac{1}{C_1} + \frac{1}{C_2} + \frac{1}{C_3} + \cdots + \frac{1}{C_n}$

$C = \frac{C_1 \cdot C_2}{C_1 + C_2}$

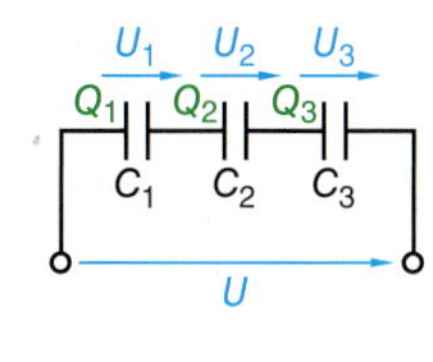

Q Ladungen in C (As)
U Spannungen in V
C Kapazitäten in F

- *Parallelschaltung*

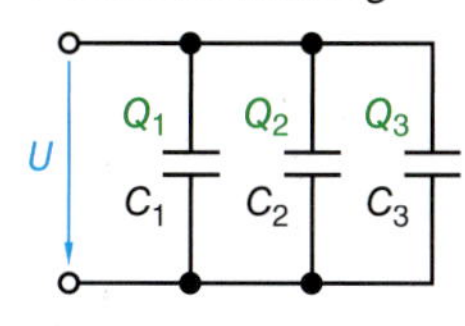

$U_1 = U_2 = U_3 = \cdots = U_n$

$Q = Q_1 + Q_2 + Q_3 + \cdots + Q_n$

$C = C_1 + C_2 + C_3 + \cdots + C_n$

Kondensator, Lade- und Entladevorgang

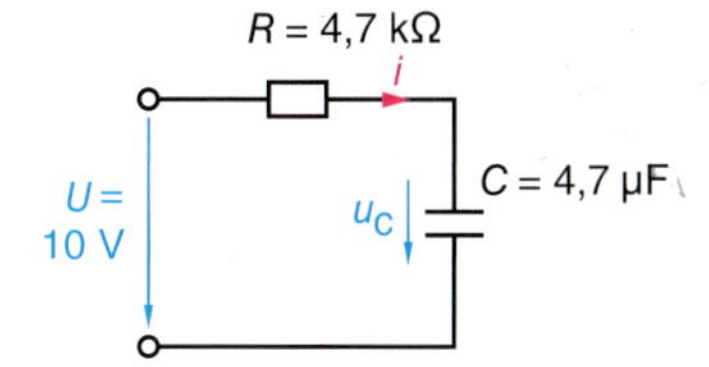

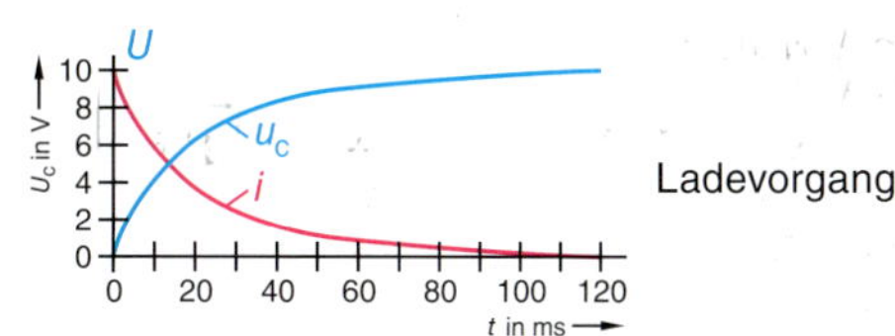

Ladevorgang

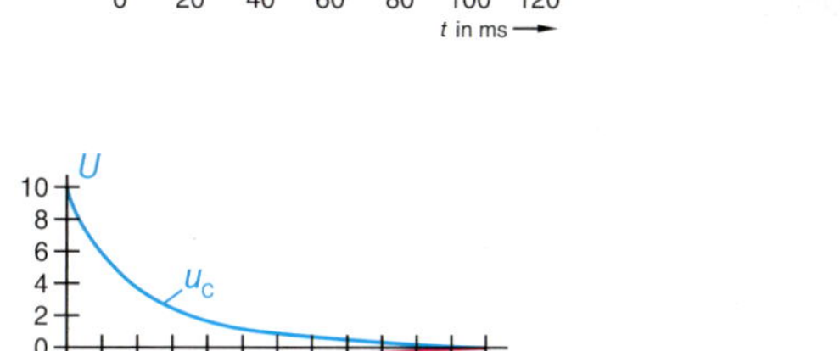

Entladevorgang

$$i = C \cdot \frac{\Delta u_C}{\Delta t} = \frac{\Delta q}{\Delta t}$$

i Stromstärke in A
C Kondensatorkapazität in F
$\frac{\Delta u_C}{\Delta t}$ zeitliche Änderung der Kondensatorspannung in V/s
$\frac{\Delta q}{\Delta t}$ zeitliche Ladungsänderung in $\frac{C}{s} = \frac{As}{s} = A$

Zeitkonstante

$\tau = R \cdot C$

τ Zeitkonstante in s
R Widerstand in Ω
C Kapazität in F

Die Zeitkonstante gibt an, nach *welcher Zeit* Spannung bzw. Stromstärke 63 % ihrer jeweiligen *Endwerte* erreicht haben. Nach Ablauf von *5 Zeitkonstanten* (5 · τ) sind diese Endwerte erreicht.

$t = 5 \cdot \tau$

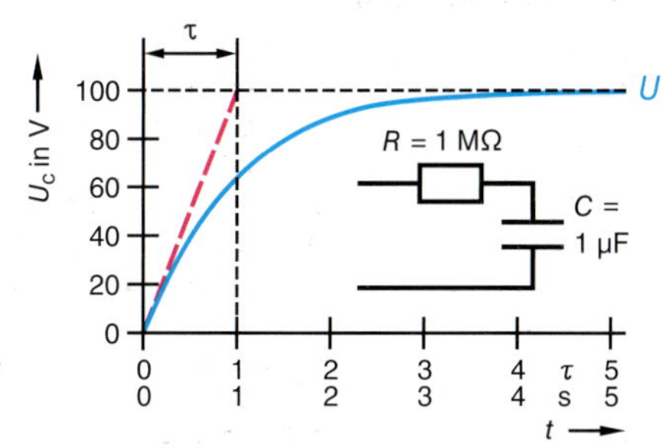

Formeln der Elektrotechnik

Magnetisches Feld

Magnetischer Fluss

Der magnetische Fluss ist die Summe aller Feldlinien.

Einheit: Vs (Voltsekunde)

1 Vs = 1 Wb (Weber)

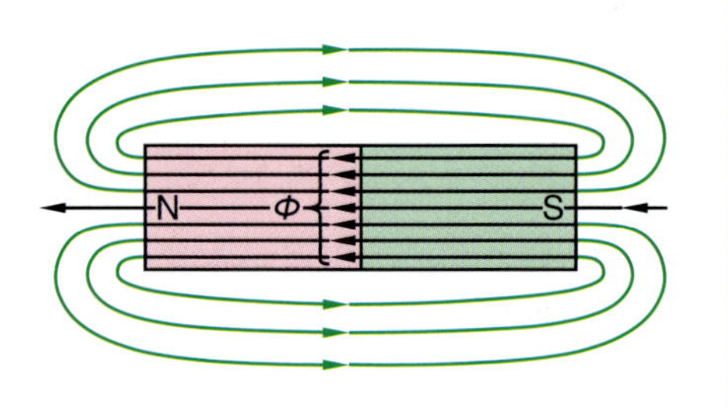

Magnetische Flussdichte

$$B = \frac{\Phi}{A}$$

B magnetische Flussdichte in $\frac{\text{Vs}}{\text{m}^2}$ (T) Tesla

Φ magnetischer Fluss in Vs

A von Feldlinien senkrecht durchsetzte Fläche in m^2

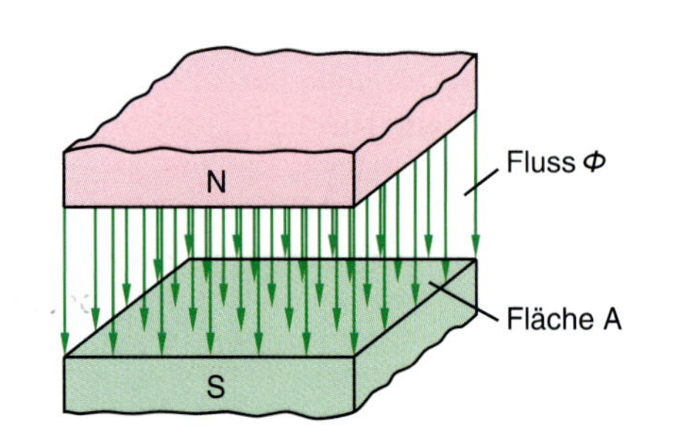

Magnetische Durchflutung

$$\Theta = I \cdot N$$

Θ Durchflutung in A

I Stromstärke in A

N Windungszahl

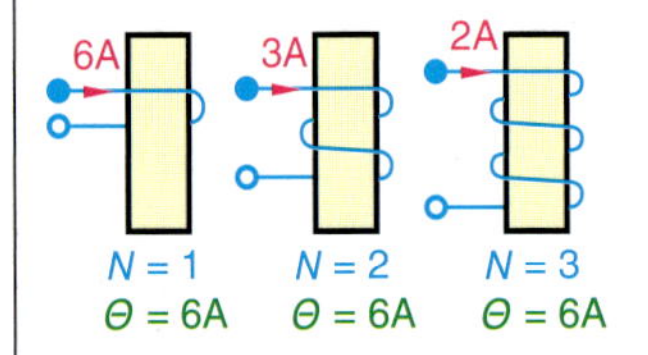

Magnetische Feldstärke

$$H = \frac{\Theta}{l_m} = \frac{I \cdot N}{l_m}$$

H magnetische Feldstärke in A/m

Θ magnetische Durchflutung in A

I Stromstärke in A

N Windungszahl

l_m mittlere Feldlinienlänge in m

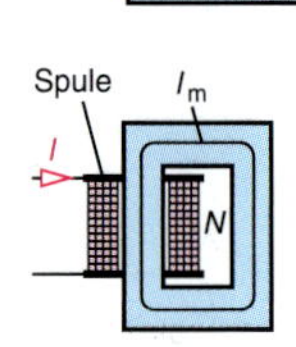

Magnetischer Kreis

$$\Phi = \frac{\Theta}{R_m}$$

$$R_m = \frac{l}{\mu \cdot A}$$

Φ magnetischer Fluss in Vs

Θ magnetische Durchflutung in A

R_m magnetischer Widerstand in $\frac{\text{A}}{\text{Vs}}$

l_{Fe} mittlere Feldlinienlänge des Eisens in m

l_L mittlere Feldlinienlänge Luftspalt in m

μ Permeabilität in $\frac{\text{Vs}}{\text{Am}}$ $(\mu = \mu_0 \cdot \mu_r)$

A Fläche in m^2

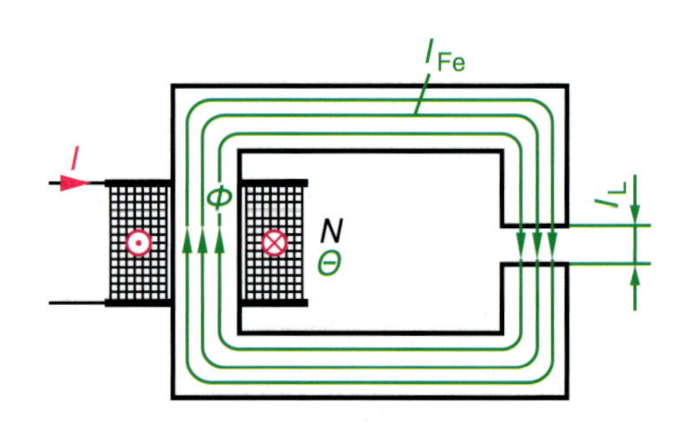

Formeln der Elektrotechnik

Magnetisches Feld

Permeabilität

$B = \mu \cdot H \qquad \mu = \mu_0 \cdot \mu_r$

$B = \mu_0 \cdot \mu_r \cdot H$

B magnetische Flussdichte in $\frac{\text{Vs}}{\text{m}^2}$ (T)
μ Permeabilität in $\frac{\text{Vs}}{\text{Am}}$
H magnetische Feldstärke in $\frac{\text{A}}{\text{m}}$
μ_0 magnetische Feldkonstante in $\frac{\text{Vs}}{\text{Am}}$
μ_r Permeabilitätszahl

$\mu_0 = 1{,}257 \cdot 10^{-6}\,\frac{\text{Vs}}{\text{Am}}$

Eisen verstärkt die magnetische Wirkung ganz wesentlich (μ_r).

Induktivität

$$L = N^2 \cdot \frac{\mu_0 \cdot \mu_r \cdot A}{l}$$

L Induktivität in H $\left(\frac{\text{Vs}}{\text{A}}\right)$

N Windungszahl der Spule
μ_0 magnetische Feldkonstante in Vs/m²
μ_r Permeabilitätszahl
A Querschnittsfläche der Spule in m²
l Länge der Spule in m

Bei einer vorgegebenen Spule ist die *Induktivität* eine Spulenkonstante. Speichervermögen der Spule für magnetische Energie.
Die Induktivität ist dann unveränderlich.

Rechtsschraubenregel

Dreht man eine Rechtsschraube so, dass ihr Vorschub in Richtung des Stromes weist, dann gibt die Drehrichtung der Schraube die Magnetfeldrichtung an.

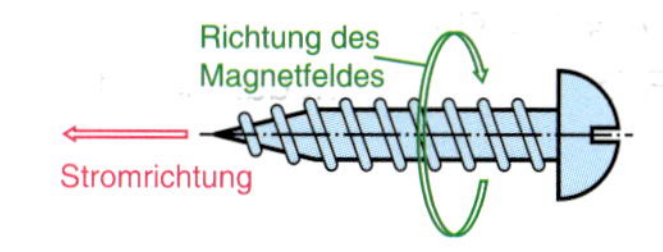

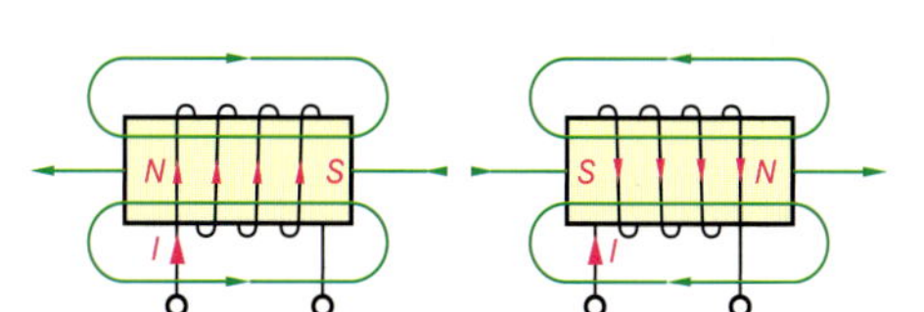

Induktionsgesetz

$u_i = N \cdot \frac{\Delta\Phi}{\Delta t}$

$u_i = N \cdot B \cdot l_W \cdot v$

$u_i = L \cdot \frac{\Delta i}{\Delta t}$

u_i Induktionsionsspannung in V
N Windungszahl
$\Delta\Phi/\Delta t$ Flussänderungsgeschwindigkeit in $\frac{\text{Vs}}{\text{s}} = \text{V}$
B magnetische Flussdichte in Vs/m²
l_W wirksame Länge im Feld in m
v Geschwindigkeit der Leiterbewegung in m/s
L Induktivität in H $\left(\frac{\text{Vs}}{\text{A}}\right)$
$\Delta i/\Delta t$ Stromänderungsgeschwindigkeit in A/s

Schaltung von Spulen

- *Reihenschaltung*

$L_g = L_1 + L_2 + L_3 + \cdots + L_n$

L_g Gesamtinduktivität in H
$L_1 \cdots L_n$ Einzelinduktivitäten in H

- *Parallelschaltung*

$$\frac{1}{L_E} = \frac{1}{L_1} + \frac{1}{L_2} + \frac{1}{L_3} + \cdots + \frac{1}{L_n}$$

L_E Ersatzinduktivität in H
$L_1 \cdots L_n$ Einzelinduktivitäten in H

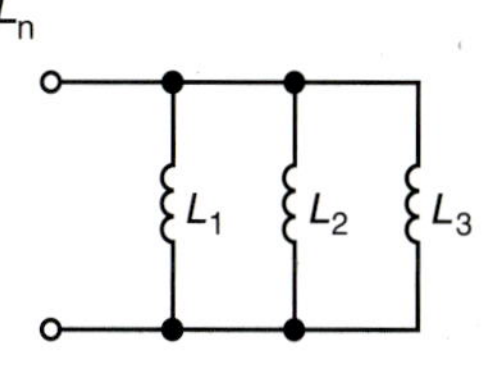

Kraftwirkung auf stromdurchflossenen Leiter

$F = B \cdot I \cdot l \cdot z$

F Kraft auf den Leiter in N
B magnetische Flussdichte in $\frac{\text{Vs}}{\text{m}^2}$ (T)
I Stromstärke in A
l Leiterlänge im Magnetfeld in m
z Anzahl der Leiter

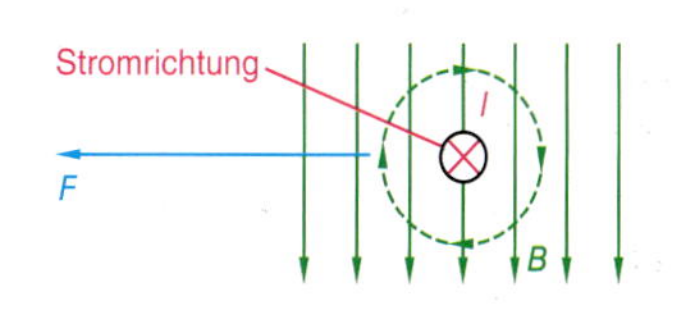

Werte für μ_r → 944

Formeln der Elektrotechnik

Magnetisches Feld

Kraftwirkung zwischen stromdurchflossenen Leitern

$$F = \mu_0 \cdot \frac{I_1 \cdot I_2}{2\pi \cdot a \cdot l}$$

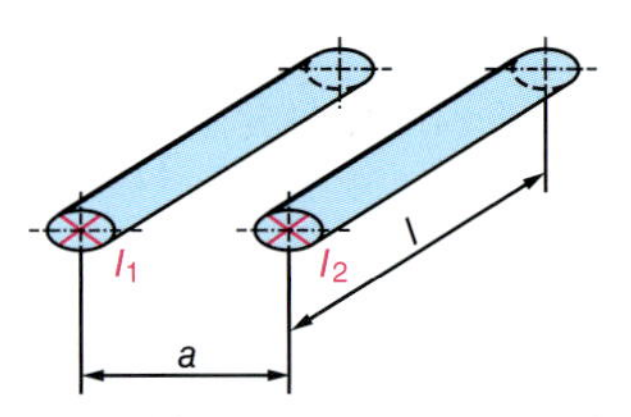

F Kraft in N
I_1, I_2 Stromstärke in A
l Leiterlänge in m
μ_0 magnetische Feldkonstante in $\frac{Vs}{Am}$
a Leiterabstand in m

Spule, Einschaltvorgang

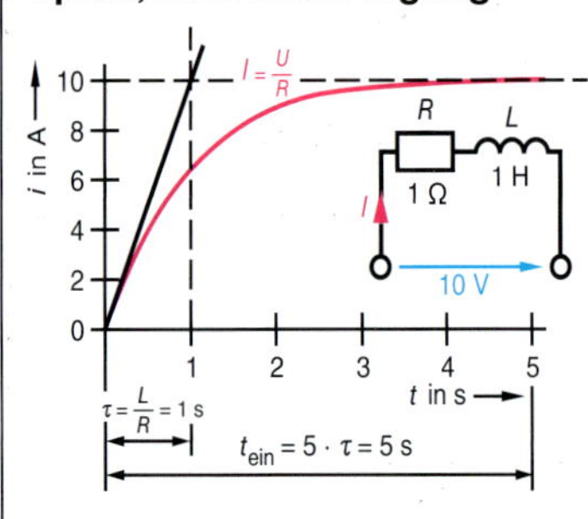

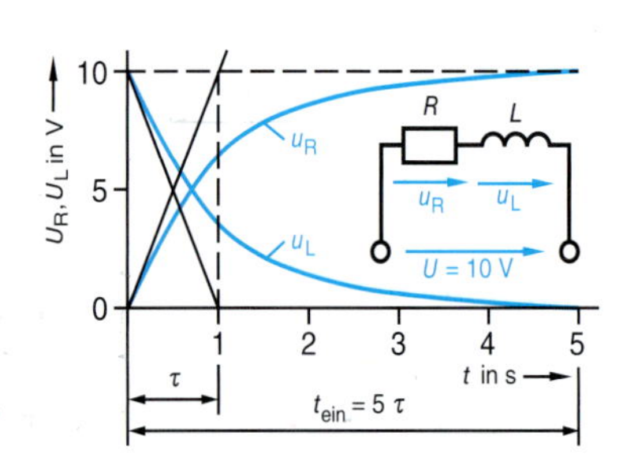

Zeitkonstante

$$\tau = \frac{L}{R}$$

τ Zeitkonstante in s
L Induktivität in H
R Widerstand in Ω

Einschaltzeit

$$t_{Ein} = 5 \cdot \tau$$

Spule, Ausschaltvorgang

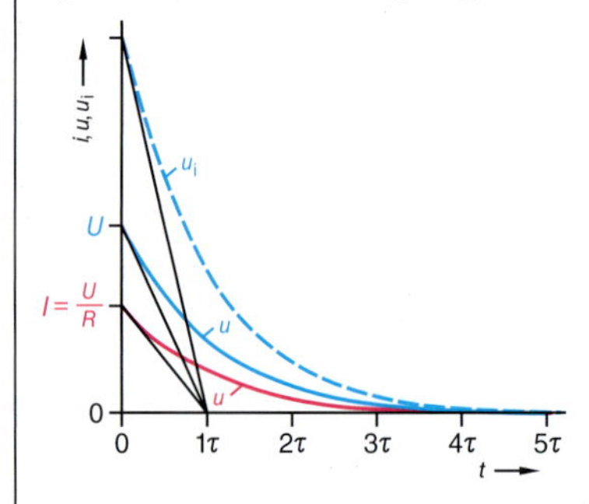

Wegen der hohen Stromänderung $\frac{\Delta i}{\Delta t}$ beim Abschalten wird die Induktionsspannung u_i sehr groß.

Wechselstromtechnik

Wechselspannung, sinusförmig

$$u = u_s \cdot \sin \omega t$$

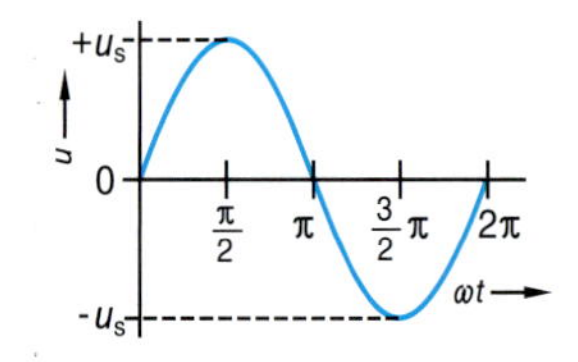

u Augenblickswert in V
u_s Spitzenwert in V
ω Kreisfrequenz in 1/s
t Zeit in s
ωt Winkel im Bogenmaß (rad)

Formeln der Elektrotechnik

Wechselstromtechnik

Wechselgröße

- Wechselgrößen sind *periodisch*.
- Wechselgrößen haben den *linearen Mittelwert* null: Fläche I = Fläche II.

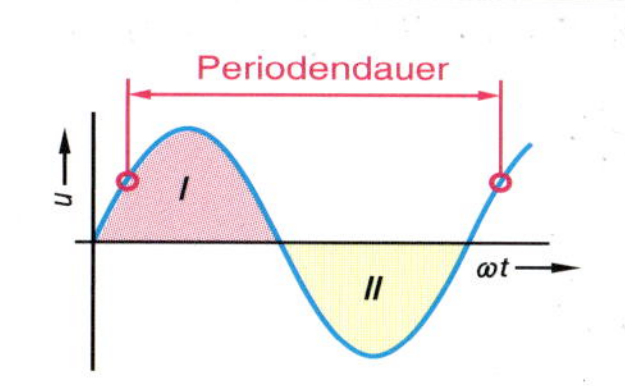

Periodendauer

Periodendauer ist die Zeit, die für eine Periode (positive und negative Halbwelle) benötigt wird.

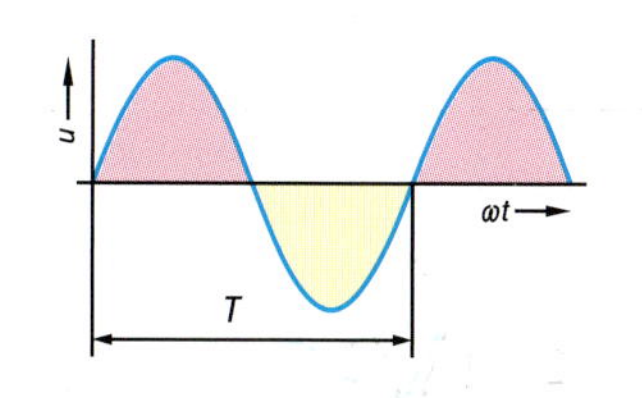

Frequenz

$f = 1/T$

f Frequenz in Hz $\left(\frac{1}{s}\right)$
T Periodendauer in s

$f = 50\ \text{Hz} \rightarrow T = \frac{1}{f} = 20\ \text{ms}$

Kreisfrequenz

Der Winkel zwischen zwei Radien im *Einheitskreis* (Kreis mit dem Radius $r = 1$) kann im Gradmaß und im Bogenmaß angegeben werden. Das *Bogenmaß* entspricht dem Kreisbogen des *Einheitskreises*, den die beiden Radien aufspannen.

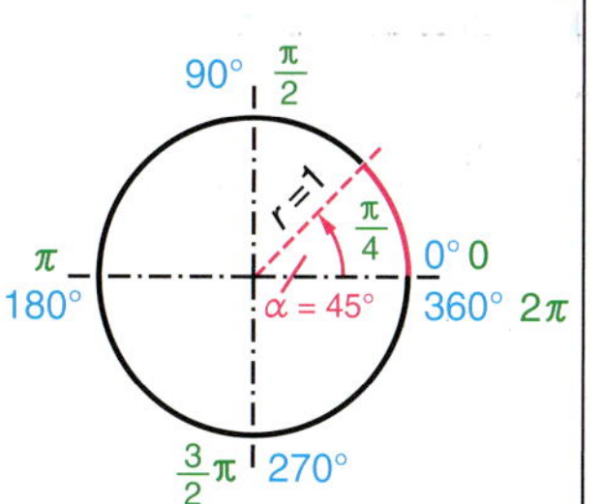

Umfang eines Kreises mit $r = 1$:

$U = 2\pi \rightarrow 360° \triangleq 2\pi$

$45° \triangleq \pi/4$

0°	90°	180°	270°	360°
0	$\frac{\pi}{2}$	π	$\frac{3}{2}\pi$	2π

$\omega = 2\pi \cdot f$

ω Kreisfrequenz in $\frac{1}{s}$

f Frequenz in Hz

$f = 50\ \text{Hz} \rightarrow \omega = 314\ \frac{1}{s}$

Effektivwerte

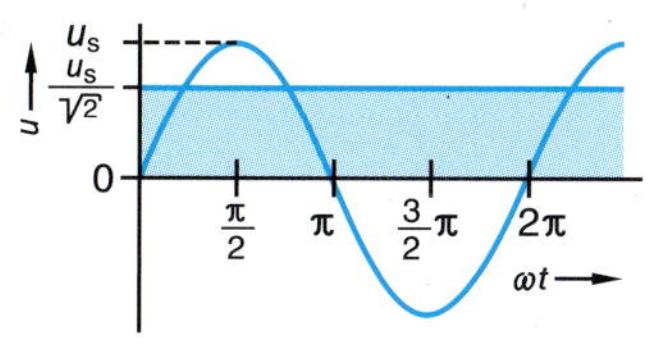

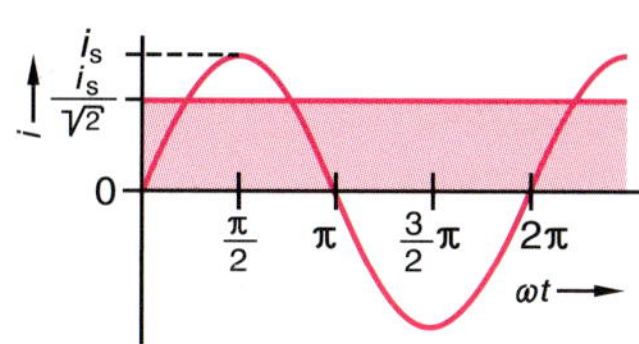

$U = \frac{u_s}{\sqrt{2}}$

$I = \frac{i_s}{\sqrt{2}}$

U Effektivwert der Spannung in V
I Effektivwert des Stromes in A
u_s Spitzenwert der Spannung in V
i_s Spitzenwert des Stromes in A

Die *Effektivwerte* setzen in einem Widerstand R die gleiche Leistung um, wie gleich große Gleichstromwerte.

$I_{DC} = 1\ \text{A}$ R $P = 230\ \text{W}$
DC $U_{DC} = 230\ \text{V}$

$I_{AC} = 1\ \text{A}$ R $P = 230\ \text{W}$
AC $U_{AC} = 230\ \text{V}$

Darstellung von Wechselgrößen mit dem Oszilloskop → 222

Formeln der Elektrotechnik

Wechselstromtechnik

Formfaktor

$$F = \frac{U_{RMS}}{U_{AV}}$$

$$F = \frac{I_{RMS}}{I_{AV}}$$

F Formfaktor
U_{RMS} Leistungsmittelwert Spannung in V
U_{AV} Linearer Mittelwert Spannung in V
I_{RMS} Leistungsmittelwert Strom in A
I_{AV} Linearer Mittelwert Strom in A

RMS: **R**oot **M**ean **S**quare
AV: **A**verage **V**oltage

Scheitelfaktor

$$F_{Cres} = \frac{u_s}{U_{RMS}}$$

$$F = \frac{i_s}{I_{RMS}}$$

F_{Cres} Scheitelfaktor
u_s Scheitelwert Spannung in V
U_{RMS} Leistungsmittelwert Spannung in V
i_s Scheitelwert Strom in A
I_{RMS} Leistungsmittelwert Strom in A

Cres: **Crest**-Faktor
RMS: **R**oot **M**ean **S**quare

Mischspannung

Eine Mischspannung besteht aus einem *Gleichspannungsanteil* und einem *Wechselspannungsanteil*.

Der *Mittelwert* der Mischspannung ist stets ungleich null.

$$u_{Misch} = U_{DC} + u_{AC}$$

u_{Misch} Mischspannung in V
U_{DC} Gleichspannungsanteil in V
u_{AC} Wechselspannungsanteil in V

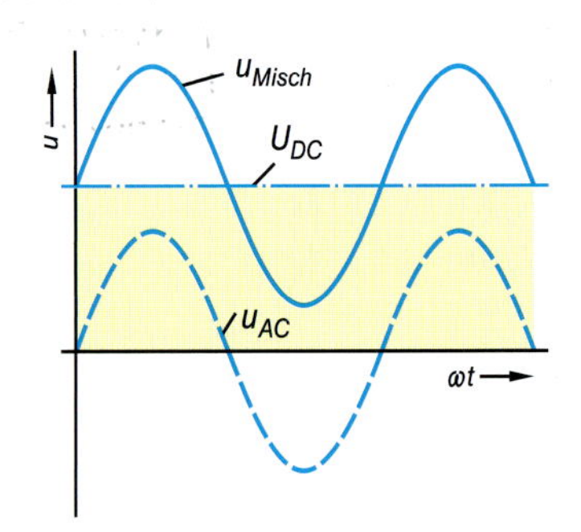

Rechteckspannung, unsymmetrisch

$$g = \frac{t_i}{T}$$

$$V = \frac{1}{g} = \frac{T}{t_i}$$

$$T = t_i + t_p$$

$$U_{AV} = \frac{U_i \cdot t_i + U_p \cdot t_p}{T}$$

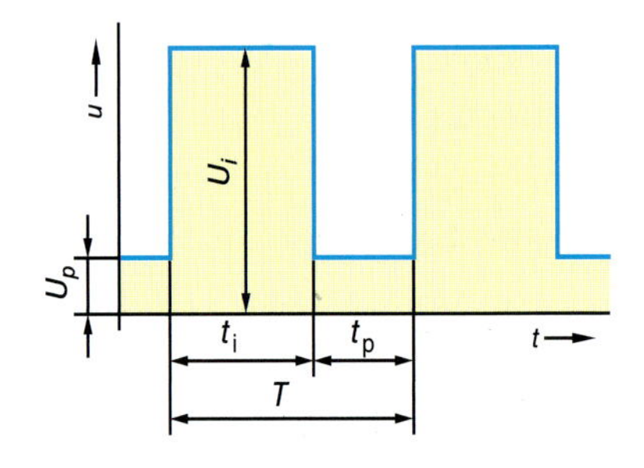

V Tastverhältnis
g Tastgrad
t_p Pausendauer in s
t_i Impulsdauer in s
T Periodendauer in s
U_{AV} Linearer Mittelwert Spannung in V
U_p Spannung Pausendauer in V
U_i Spannung Impulsdauer in V

Formeln der Elektrotechnik

Wechselstromtechnik

Zeigerdiagramm und Liniendiagramm

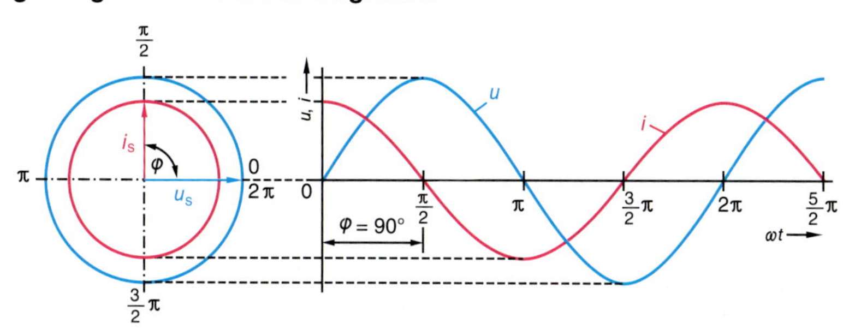

- Das *Liniendiagramm* stellt die Augenblickswerte von Wechselgrößen dar (Oszilloskop).
- Die Kurvenverläufe im Liniendiagramm sind eindeutig zu bezeichnen.
- Im *Zeigerdiagramm* werden die Wechselgrößen durch rotierende Zeiger beschrieben.
- Die Zeiger rotieren im *Gegenuhrzeigersinn*.
- Die *Zeigerlänge* entspricht dem *Scheitelwert* der Wechselgröße.
- Die *Lage des Zeigers* entspricht der *Phasenlage* der Wechselgröße.
- Im obigen Zeiger- und Liniendiagramm eilt der Strom i der Spannung u um 90° voraus (Drehrichtung Gegenuhrzeigersinn).
- Die *Phasenverschiebung* beträgt 90°. Der Phasenwinkel ist $\varphi = 90°$. Es handelt sich um einen Stromkreis mit Kondensator.

Leistung im Wechselstromkreis

- *Wirkleistung*

$P = U \cdot I \cdot \cos\varphi$

$P = S \cdot \cos\varphi$

$\cos\varphi = \frac{P}{S}$

P Wirkleistung in W
U Spannung in V
I Stromstärke in A
S Scheinleistung in VA
$\cos\varphi$ Leistungsfaktor (Wirkleistungsfaktor)

- *Blindleistung*

$Q = U \cdot I \cdot \sin\varphi$

$Q = S \cdot \sin\varphi$

$\sin\varphi = \frac{Q}{S}$

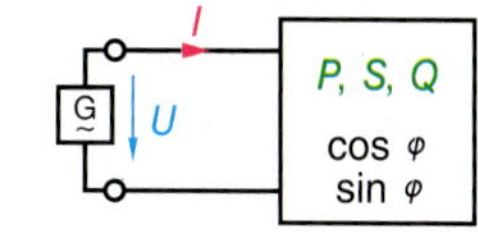

- *Scheinleistung*

$S = U \cdot I$

Q Blindleistung in var
U Spannung in V
I Stromstärke in A
S Scheinleistung in VA
$\sin\varphi$ Blindleistungsfaktor

Wechselstromkreis mit Wirk- und Blindwiderständen

Kreis mit ohmschem Widerstand

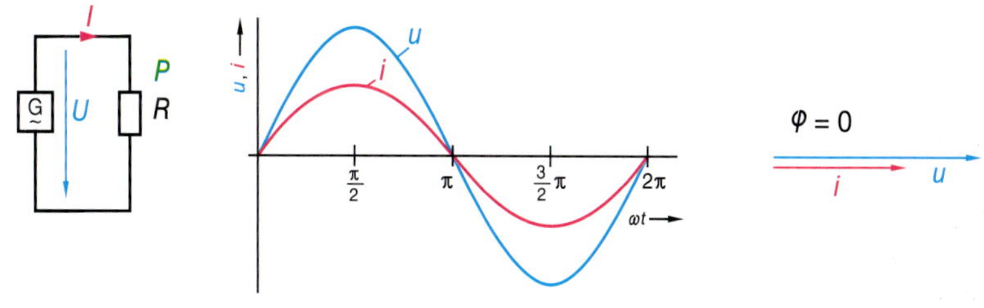

Strom und Spannung sind in Phase, $\varphi = 0 \rightarrow \cos\varphi = 1$. In der Schaltung wird nur Wirkleistung umgesetzt.

$I = \frac{U}{R}$ $\qquad P = U \cdot I$ $\qquad \cos\varphi = 1$

Formeln der Elektrotechnik

Wechselstromkreis mit Wirk- und Blindwiderständen

Kreis mit induktivem Blindwiderstand

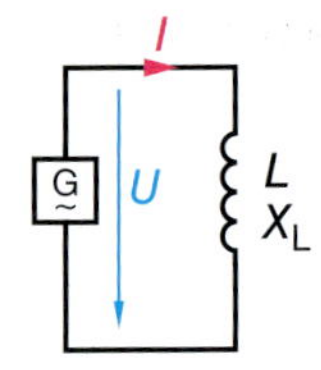

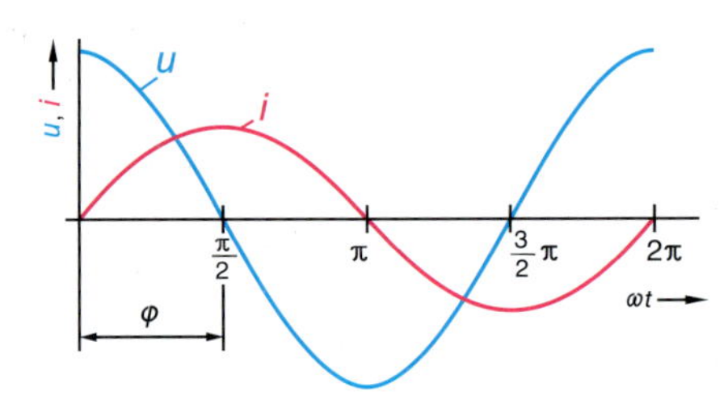

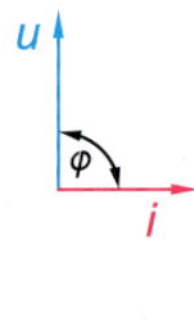

Der Strom eilt der Spannung um 90° nach, $\varphi = 90° \rightarrow \cos\varphi = 0$. In der Schaltung wird nur *induktive Blindleistung* umgesetzt.

$$I = \frac{U}{X_L} = \frac{U}{2\pi \cdot f \cdot L} = \frac{U}{\omega \cdot L} \qquad Q_L = U \cdot I$$

Induktiver Blindwiderstand

$$X_L = \omega \cdot L = 2\pi \cdot f \cdot L$$

X_L induktiver Blindwiderstand in Ω
ω Kreisfrequenz in $\frac{1}{s}$
L Induktivität in H
f Frequenz in Hz
Q_L induktive Blindleistung in var

Kreis mit kapazitivem Blindwiderstand

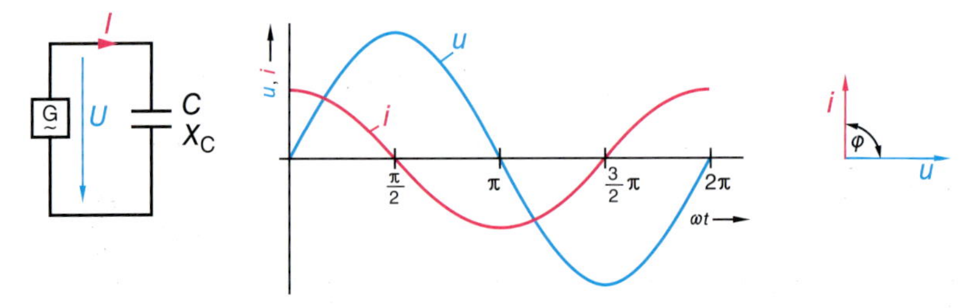

Der Strom eilt der Spannung um 90° voraus, $\varphi = 90° \rightarrow \cos\varphi = 0$. In der Schaltung wird nur *kapazitive Blindleistung* umgesetzt.

$$I = \frac{U}{X_C} = \frac{U}{\frac{1}{2\pi \cdot f \cdot C}} = U \cdot 2\pi \cdot f \cdot C = U \cdot \omega C \qquad Q_C = U \cdot I$$

Kapazitiver Blindwiderstand

$$X_C = \frac{1}{2\pi \cdot f \cdot C} = \frac{1}{\omega \cdot C}$$

X_C kapazitiver Widerstand in Ω
ω Kreisfrequenz in $\frac{1}{s}$
C Kondensatorkapazität in F
f Frequenz in Hz
Q_C kapazitive Blindleistung in var

Formeln der Elektrotechnik

Wechselstromkreis mit Wirk- und Blindwiderständen

RL-Reihenschaltung

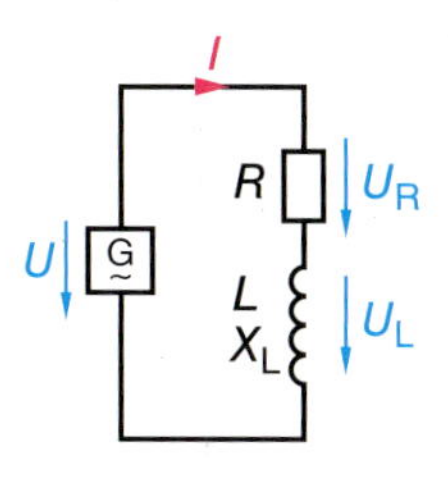

Spannungsdreieck

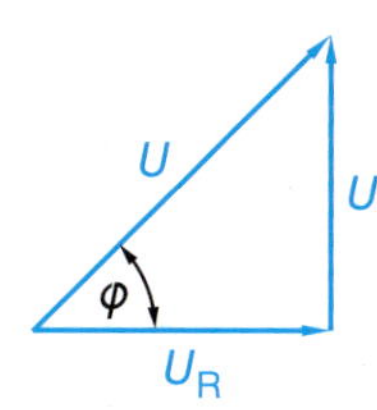

Widerstandsdreieck

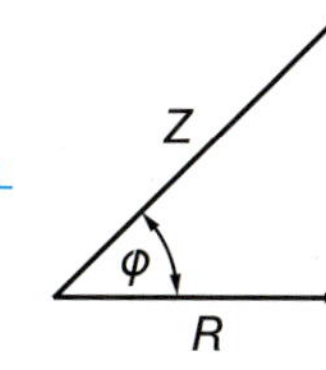

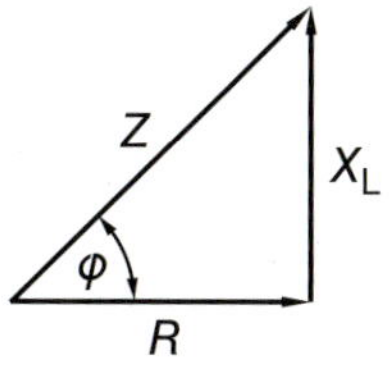

Leistungsdreieck

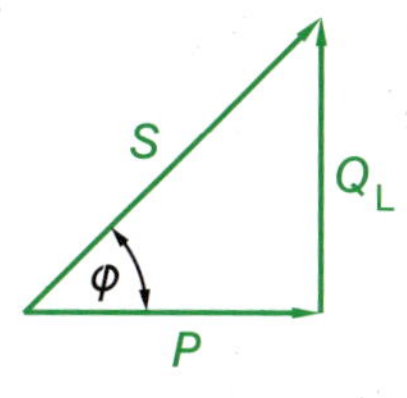

$$I = \frac{U}{Z}$$

Z Scheinwiderstand in Ω
$\cos\varphi$ Wirkleistungsfaktor
$\sin\varphi$ Blindleistungsfaktor

$$U = \sqrt{U_R^2 + U_L^2} \qquad \cos\varphi = \frac{U_R}{U} \qquad \sin\varphi = \frac{U_L}{U}$$

$$Z = \sqrt{R^2 + X_L^2} \qquad \cos\varphi = \frac{R}{Z} \qquad \sin\varphi = \frac{X_L}{Z}$$

$$S = \sqrt{P^2 + Q_L^2} \qquad \cos\varphi = \frac{P}{S} \qquad \sin\varphi = \frac{Q_L}{S}$$

(handschriftlich: $\tan\varphi = \frac{U_L}{U_R}$; $\tan\varphi = \frac{X_L}{R}$; $\tan\varphi = \frac{Q_L}{P}$)

RC-Reihenschaltung

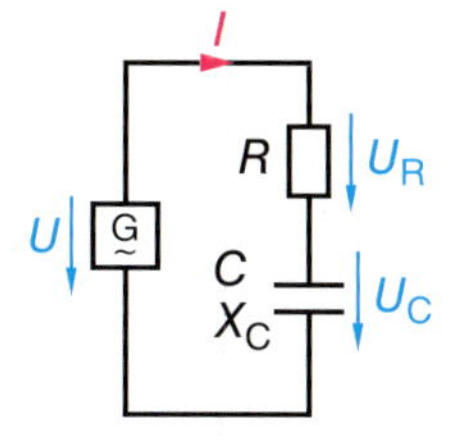

Spannungsdreieck

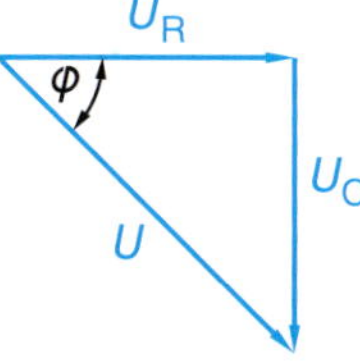

Widerstandsdreieck

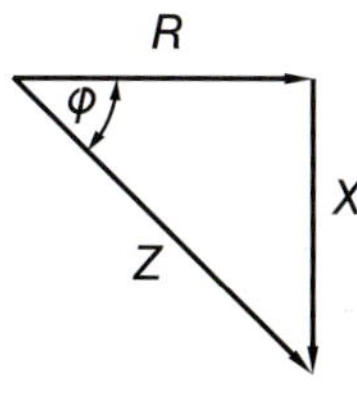

Leistungsdreieck

$$I = \frac{U}{Z}$$

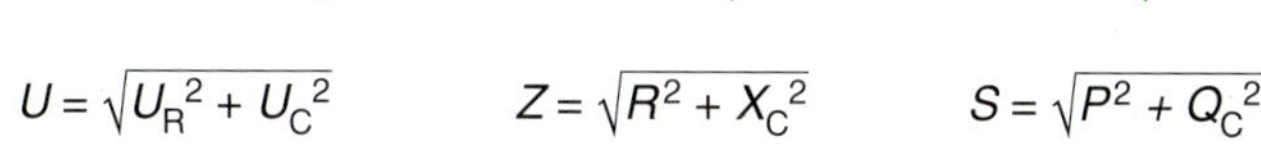

Z Scheinwiderstand in Ω
$\cos\varphi$ Wirkleistungsfaktor
$\sin\varphi$ Blindleistungsfaktor

$$U = \sqrt{U_R^2 + U_C^2} \qquad \cos\varphi = \frac{U_R}{U} \qquad \sin\varphi = \frac{U_C}{U}$$

$$Z = \sqrt{R^2 + X_C^2} \qquad \cos\varphi = \frac{R}{Z} \qquad \sin\varphi = \frac{X_C}{Z}$$

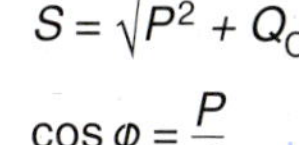

$$S = \sqrt{P^2 + Q_C^2} \qquad \cos\varphi = \frac{P}{S} \qquad \sin\varphi = \frac{Q_C}{S}$$

(handschriftlich: $\tan\varphi = \frac{U_R}{U_C}$; $\tan\varphi \left(= \frac{R}{X_C}\right)$; $\tan\varphi \left(= \frac{P}{Q_C}\right)$)

RL-Parallelschaltung

Stromdreieck

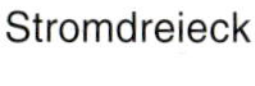

Leitwertdreieck

Leistungsdreieck

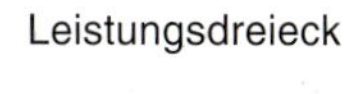

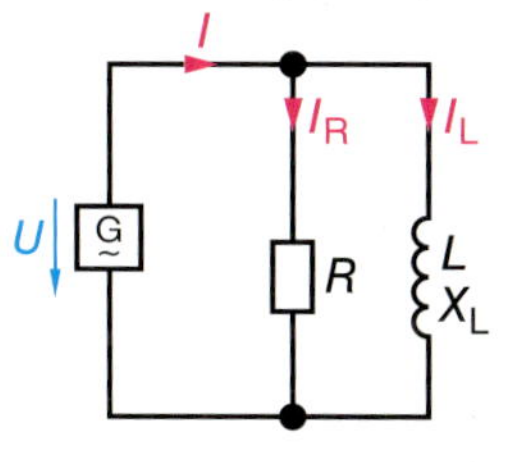

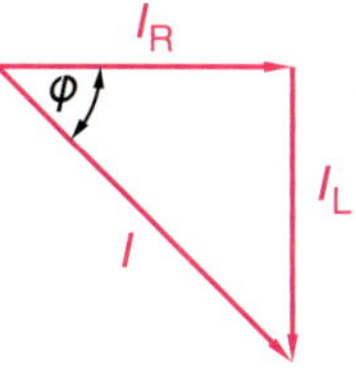

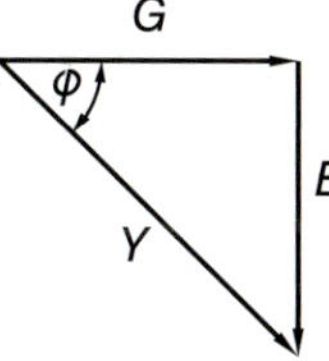

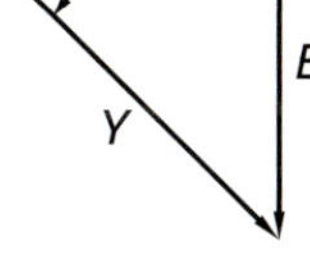

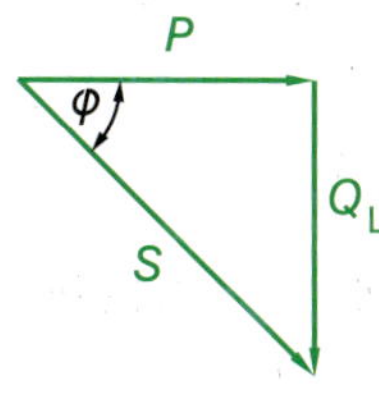

$$I = U \cdot Y$$

$G = \frac{1}{R}$ (Wirkleitwert)

$B_L = \frac{1}{X_L}$ (Blindleitwert)

$Y = \frac{1}{Z}$ (Scheinleitwert)

$$I = \sqrt{I_R^2 + I_L^2} \qquad \cos\varphi = \frac{I_R}{I} \qquad \sin\varphi = \frac{I_L}{I}$$

$$Y = \sqrt{G^2 + B_L^2} \qquad \cos\varphi = \frac{G}{Y} \qquad \sin\varphi = \frac{B_L}{G}$$

$$S = \sqrt{P^2 + Q_L^2} \qquad \cos\varphi = \frac{P}{S} \qquad \sin\varphi = \frac{Q_L}{S}$$

Satz des Pythagoras, Winkelfunktionen → 24

Formeln der Elektrotechnik

RC-Parallelschaltung

Stromdreieck | Leitwertdreieck | Leistungsdreieck

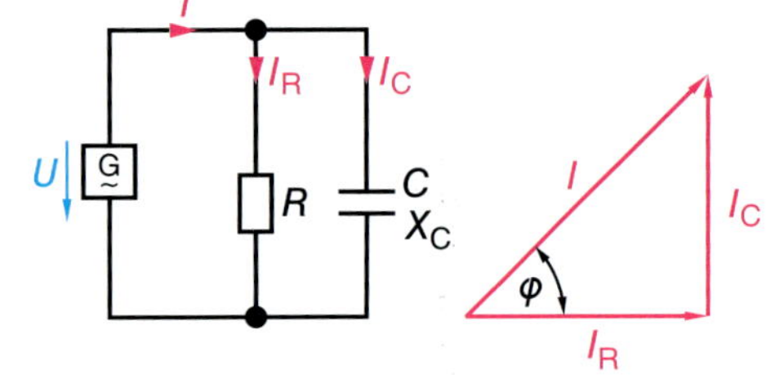

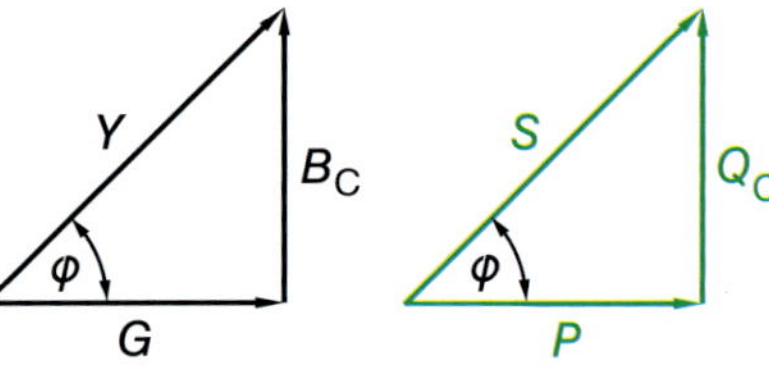

$$I = U \cdot Y$$

$G = \frac{1}{R}$ (Wirkleitwert)

$B_C = \frac{1}{X_C}$ (Blindleitwert)

$Y = \frac{1}{Z}$ (Scheinleitwert)

$I = \sqrt{I_R^2 + I_C^2}$ $\quad \cos\varphi = \frac{I_R}{I}$ $\quad \sin\varphi = \frac{I_C}{I}$

$Y = \sqrt{G^2 + B_C^2}$ $\quad \cos\varphi = \frac{G}{Y}$ $\quad \sin\varphi = \frac{B_C}{Y}$

$S = \sqrt{P^2 + Q_C^2}$ $\quad \cos\varphi = \frac{P}{S}$ $\quad \sin\varphi = \frac{Q_C}{S}$

RLC-Reihenschaltung

1. Möglichkeit: $X_C > X_L$

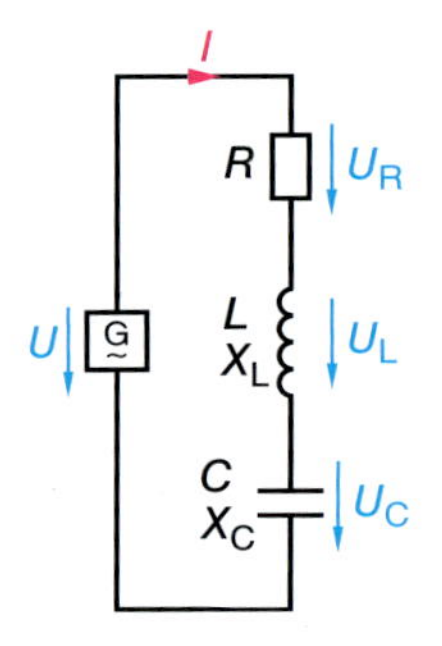

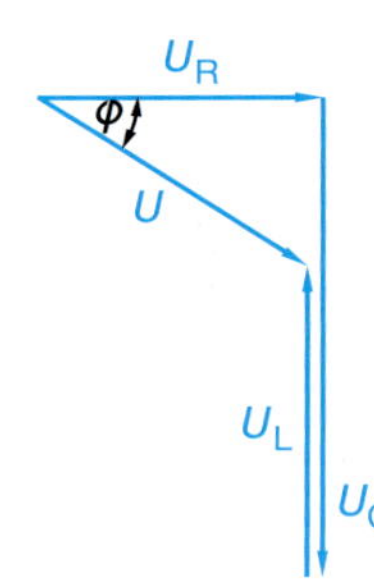

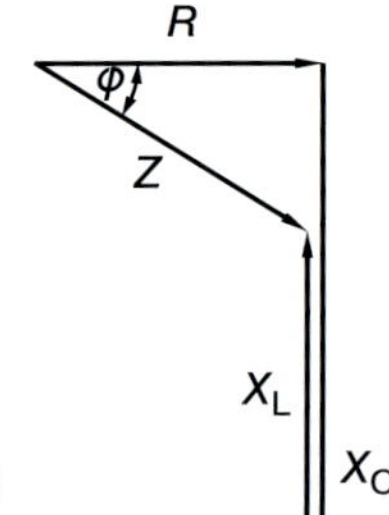

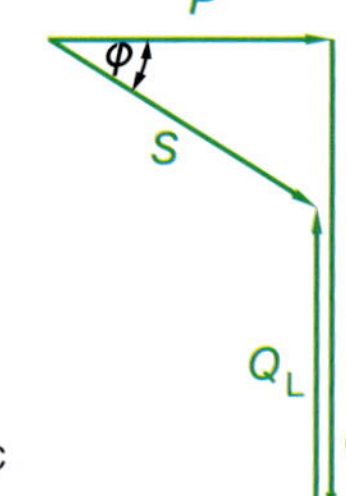

2. Möglichkeit: $X_L > X_C$

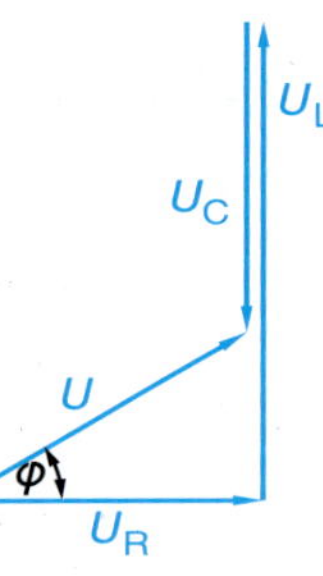

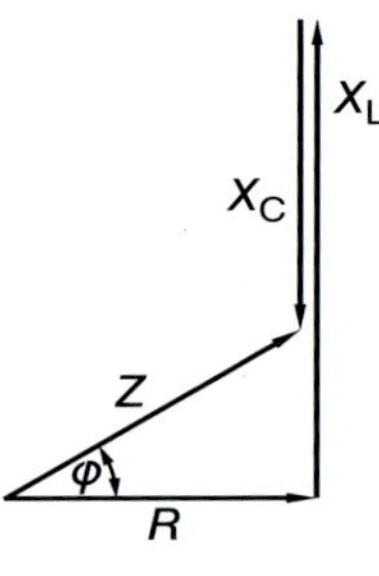

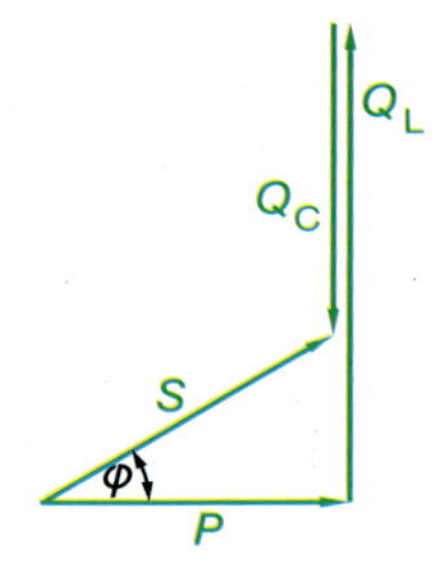

$$I = \frac{U}{Z}$$

$U_R = I \cdot R$

$U_L = I \cdot X_L$

$U_C = I \cdot X_C$

$X_L = \omega \cdot L$

$X_C = \frac{1}{\omega \cdot C}$

ω bei 50 Hz: 314 $\frac{1}{s}$

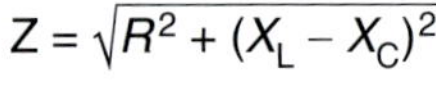

$U = \sqrt{U_R^2 + (U_L - U_C)^2}$ $\quad \cos\varphi = \frac{U_R}{U}$ $\quad \sin\varphi = \frac{U_L - U_C}{U}$

$Z = \sqrt{R^2 + (X_L - X_C)^2}$ $\quad \cos\varphi = \frac{R}{Z}$ $\quad \sin\varphi = \frac{X_L - X_C}{Z}$

$S = \sqrt{P^2 + (Q_L - Q_C)^2}$ $\quad \cos\varphi = \frac{P}{S}$ $\quad \sin\varphi = \frac{Q_L - Q_C}{S}$

Formeln der Elektrotechnik

RLC-Parallelschaltung

1. Möglichkeit: $X_L > X_C$

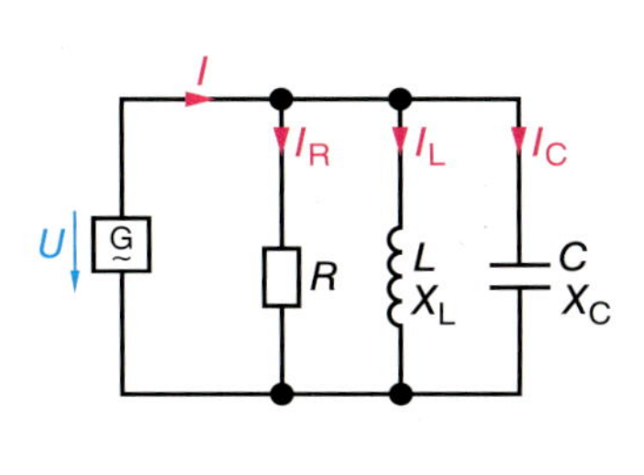

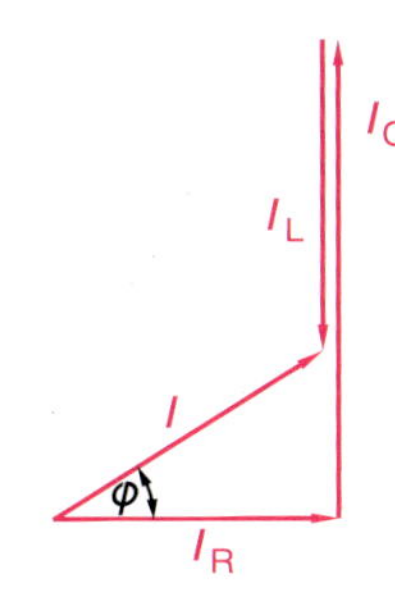

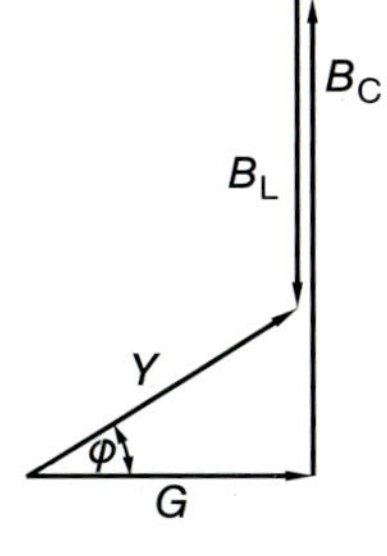

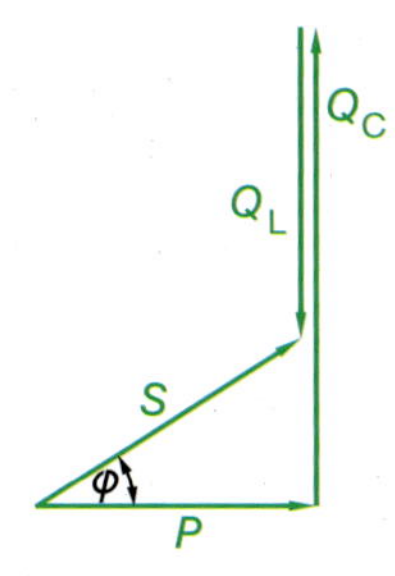

2. Möglichkeit: $X_C > X_L$

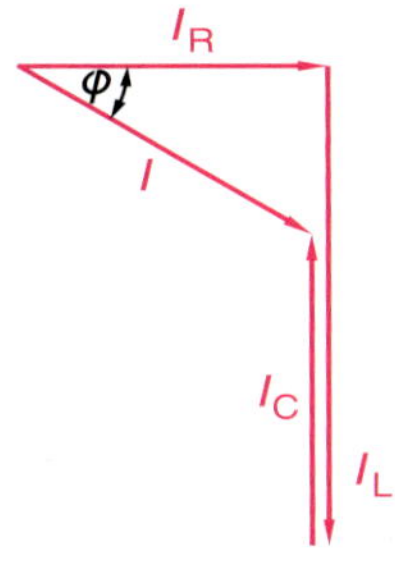

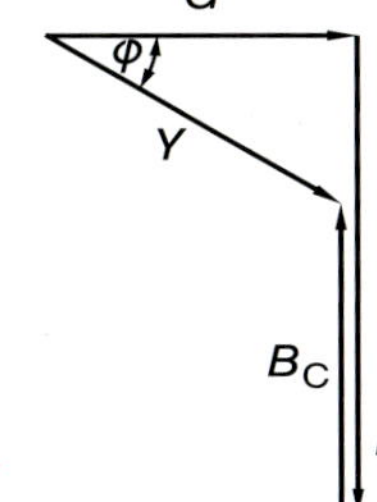

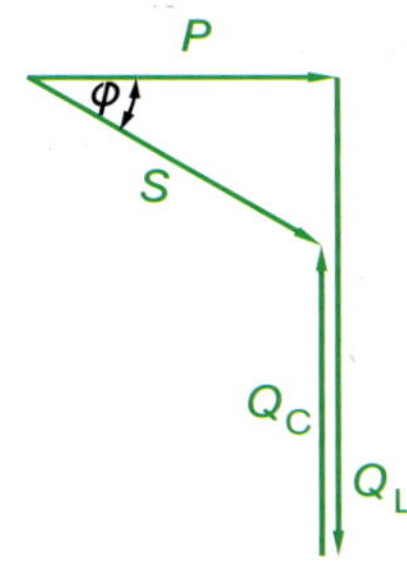

$I = U \cdot Y$

$I_R = \frac{U}{R}$

$I_L = \frac{U}{X_L}$

$I_C = \frac{U}{X_C}$

$X_L = \omega \cdot L$

$X_C = \frac{1}{\omega \cdot C}$

$G = \frac{1}{R}$

$B_L = \frac{1}{X_L}$

$B_C = \frac{1}{X_C}$

$Y = \frac{1}{Z}$

$I = \sqrt{I_R^2 + (I_C - I_L)^2}$	$Y = \sqrt{G^2 + (B_C - B_L)^2}$	$S = \sqrt{P^2 + (Q_C - Q_L)^2}$
$\cos\varphi = \frac{I_R}{I}$	$\cos\varphi = \frac{G}{Y}$	$\cos\varphi = \frac{P}{S}$
$\sin\varphi = \frac{I_C - I_L}{I}$	$\sin\varphi = \frac{B_C - B_L}{Y}$	$\sin\varphi = \frac{Q_C - Q_L}{S}$

Reihenschwingkreis

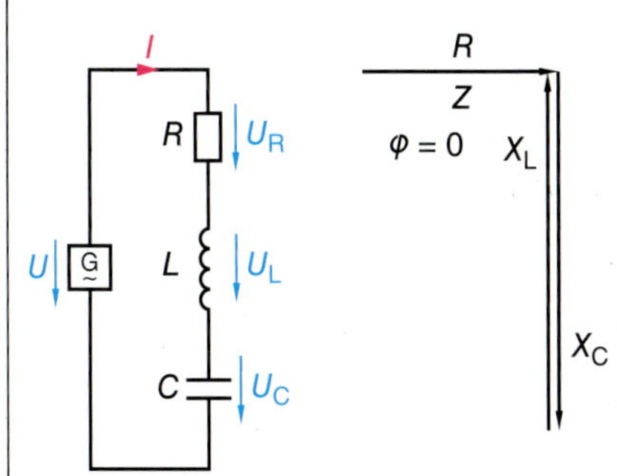

Resonanzfrequenz

$$f_0 = \frac{1}{2\pi \cdot \sqrt{L \cdot C}}$$

f_0 Resonanzfrequenz in Hz
L Induktivität in H
C Kapazität in F

Resonanz liegt vor, wenn $X_L = X_C$. Die Blindanteile heben sich auf.
Dies tritt bei der Resonanzfrequenz f_0 auf. Dann gilt: $U = U_R$, $Z = R$, $S = P$

Formeln der Elektrotechnik

Parallelschwingkreis

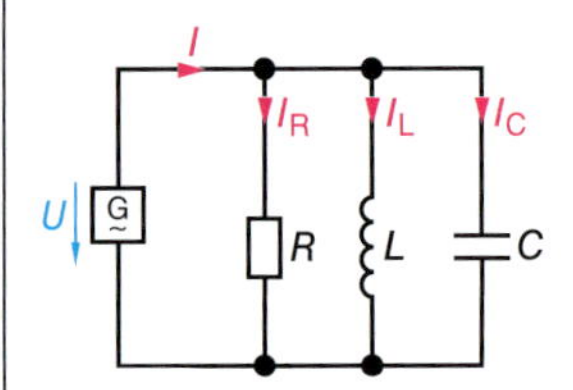

Resonanzfrequenz

$$f_0 = \frac{1}{2\pi \cdot \sqrt{L \cdot C}}$$

f_0 Resonanzfrequenz in Hz
L Induktivität in H
C Kapazität in F

Resonanz liegt vor, wenn $X_L = X_C$. Die Blindanteile heben sich auf.
Dies tritt bei der Resonanzfrequenz f_0 auf. Dann gilt: $I = I_R$, $Z = R$, $S = P$

RL-Tiefpass

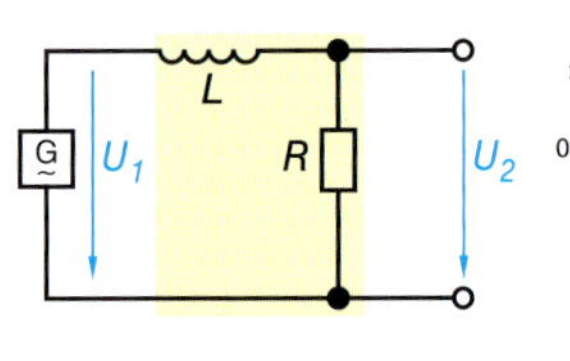

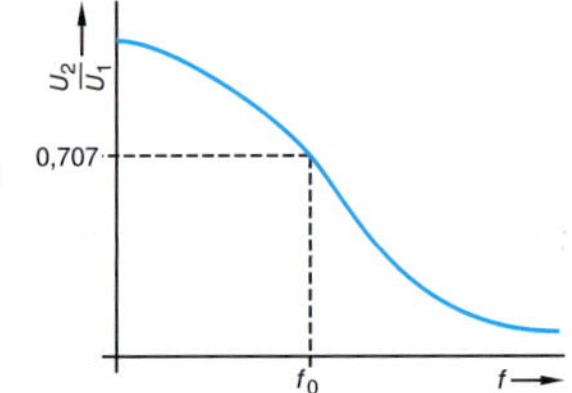

$$f_g = \frac{R}{2\pi \cdot L}$$

$$U_2 = \frac{U_1}{\sqrt{2}} = 0{,}707 \cdot U_1$$

f_g Grenzfrequenz in Hz

Definition der Grenzfrequenz für Phasenverschiebung $\varphi = +45°$. U_2 eilt U_1 nach.

RL-Hochpass

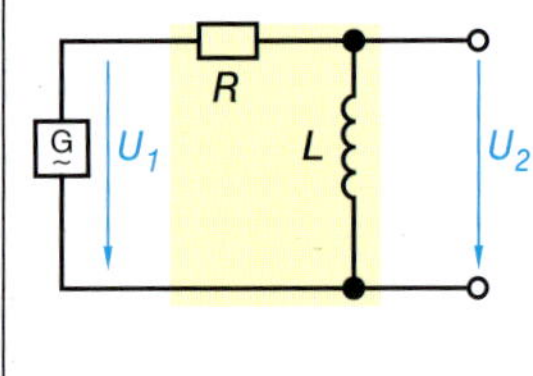

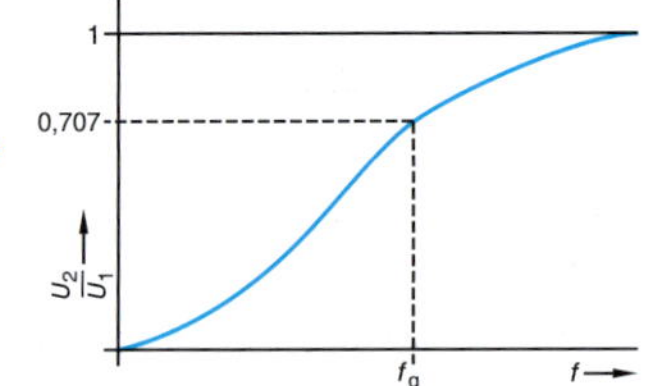

$$f_g = \frac{R}{2\pi \cdot L}$$

$$U_2 = \frac{U_1}{\sqrt{2}} = 0{,}707 \cdot U_1$$

f_g Grenzfrequenz in Hz

Definition der Grenzfrequenz für Phasenverschiebung $\varphi = +45°$. U_2 eilt U_1 voraus.

RC-Tiefpass

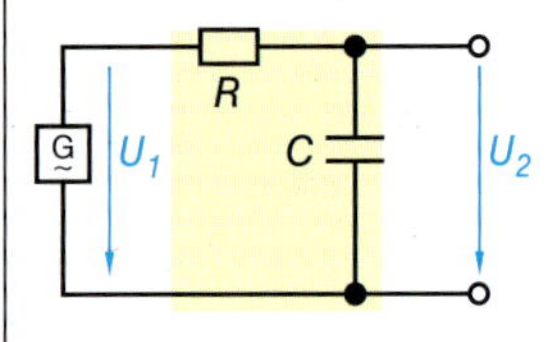

$$f_g = \frac{1}{2\pi \cdot R \cdot C}$$

$$U_2 = \frac{U_1}{\sqrt{2}} = 0{,}707 \cdot U_1$$

f_g Grenzfrequenz in Hz

Definition der Grenzfrequenz für Phasenverschiebung $\varphi = +45°$. U_2 eilt U_1 voraus.

Beispiel

Reihenschaltung: $R = 100\ \Omega$, $L = 1\ \text{H}$, $C = 10\ \text{n}$

Gesucht: Resonanzfrequenz f_0

$$f_0 = \frac{1}{2\pi \cdot \sqrt{L \cdot C}} \qquad f_0 = \frac{1}{2\pi \cdot \sqrt{1\ \text{H} \cdot 10 \cdot 10^{-9}\ \text{F}}} = 1{,}59\ \text{kHz}$$

Gesucht: Induktiver und kapazitiver Blindwiderstand bei Resonanz

$$X_L = 2\pi \cdot f_0 \cdot L$$

$$X_L = 2\pi \cdot 1590\ \text{Hz} \cdot 1\ \text{H} = 9985{,}2\ \Omega = 10\ \text{k}\Omega$$

$$X_C = \frac{1}{2\pi \cdot f_0 \cdot C} = \frac{1}{2\pi \cdot 1590\ \text{Hz} \cdot 10 \cdot 10^{-9}\ \text{F}} = 10\ \text{k}\Omega$$

Bei Resonanz ist $X_L = X_C$.

Formeln der Elektrotechnik

RC-Hochpass

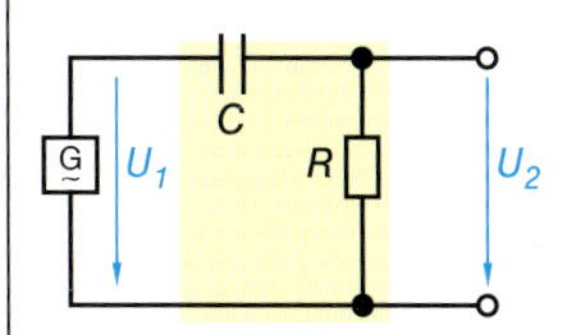

$$f_g = \frac{1}{2\pi \cdot R \cdot C}$$

$$U_2 = \frac{U_1}{\sqrt{2}} = 0{,}707 \cdot U_1$$

f_g Grenzfrequenz in Hz

Definition der Grenzfrequenz für Phasenverschiebung $\varphi = +\,45°$. U_2 eilt U_1 voraus.

Drehstromtechnik (Dreiphasen-Wechselspannung)

Dreiphasen-Wechselspannung

Zeigerdiagramm Liniendiagramm

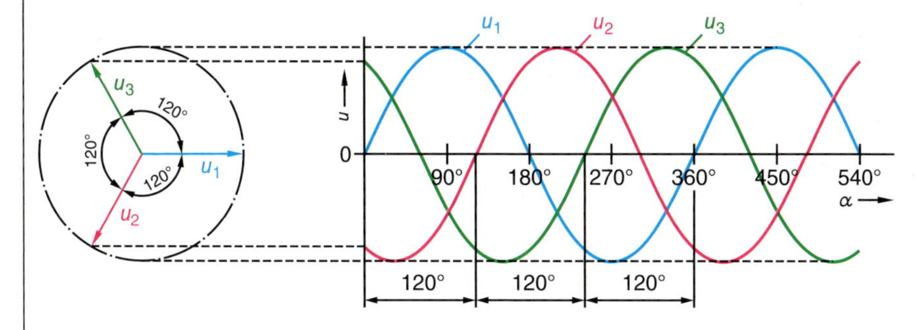

Drei Wechselspannungen gleicher Frequenz und gleicher Spannungshöhe sind um 120° gegeneinander phasenverschoben.
Ein solches System wird *Dreiphasen-Wechselspannungssystem* genannt.

Sternschaltung, symmetrische Belastung

$I = I_{Str}$

$U = \sqrt{3} \cdot U_{Str}$

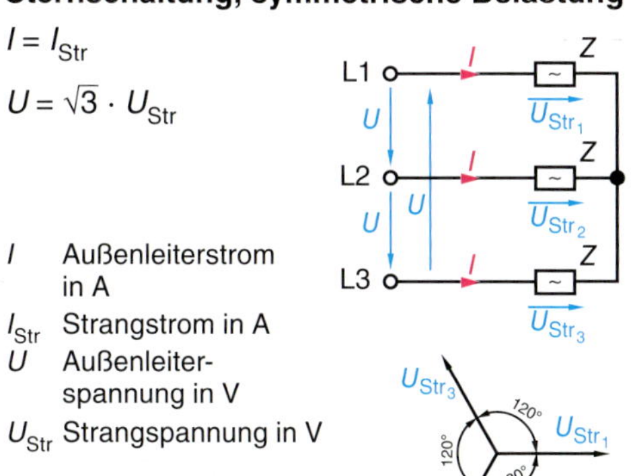

I Außenleiterstrom in A
I_{Str} Strangstrom in A
U Außenleiterspannung in V
U_{Str} Strangspannung in V

Bei der Sternschaltung ist der Strangstrom gleich dem Außenleiterstrom.

Die Außenleiterspannung ist um den Verkettungsfaktor $\sqrt{3}$ größer als die Strangspannung.

Dreieckschaltung, symmetrische Belastung

$U = U_{str}$

$I = \sqrt{3} \cdot I_{Str}$

U Außenleiterspannung in V
U_{Str} Strangspannung in V
I Außenleiterstrom in A
I_{Str} Strangstrom in A

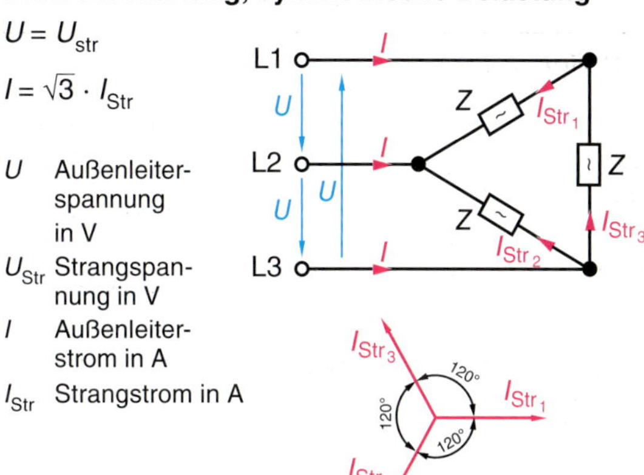

Bei der Dreieckschaltung ist die Strangspannung gleich der Außenleiterspannung.

Der Außenleiterstrom ist um den Verkettungsfaktor $\sqrt{3}$ größer als der Strangstrom.

Drehstromtechnik (Dreiphasen-Wechselspannung)

Leistung bei symmetrischer Stern- und Dreieckschaltung

$S = \sqrt{3} \cdot U \cdot I$

$P = \sqrt{3} \cdot U \cdot I \cdot \cos\varphi$

$Q = \sqrt{3} \cdot U \cdot I \cdot \sin\varphi$

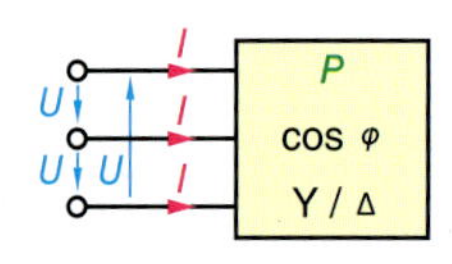

U Außenleiterspannung in V
I Außenleiterstrom in A
S Scheinleistung in VA
P Wirkleistung in W
Q Blindleistung in var

Umschaltung Stern-Dreieck

$P_\Delta = 3 \cdot P_Y$

$P_Y = \dfrac{P_\Delta}{3}$

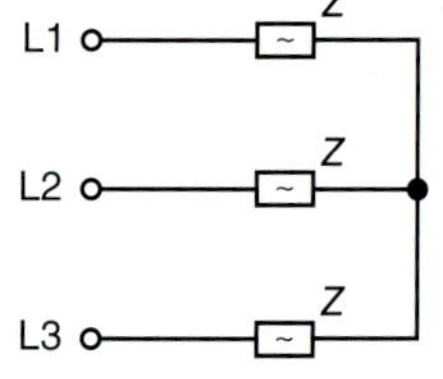

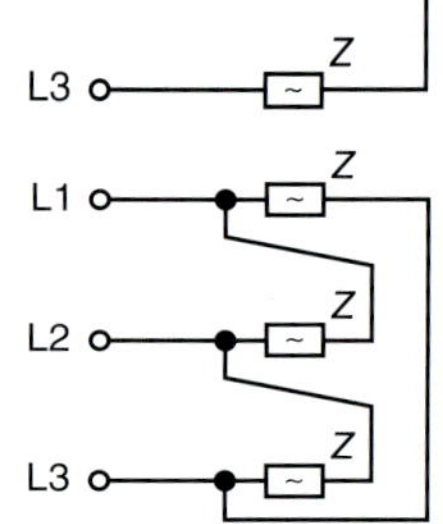

P_Δ Leistung bei Dreieckschaltung in W
P_Y Leistung bei Sternschaltung in W

Sternschaltung, unsymmetrische Belastung mit N-Leiter

An jedem Widerstand liegt die Strangspannung

$U_{Str} = \dfrac{U}{\sqrt{3}}$

Ströme:

$I_1 = \dfrac{U_{Str}}{R_1}$

$I_2 = \dfrac{U_{Str}}{R_2}$

$I_3 = \dfrac{U_{Str}}{R_3}$

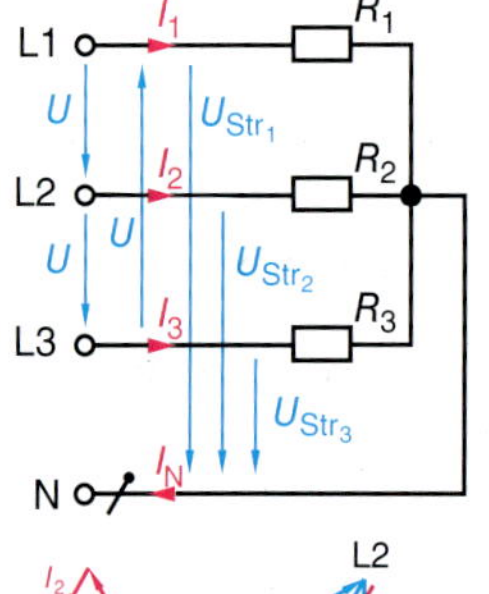

Der Strom I_N kann durch ein *maßstäbliches* Zeigerbild ermittelt werden.

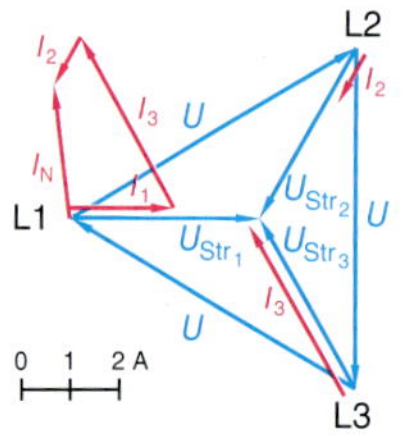

Die einzelnen Ströme werden bezüglich Betrag und Phasenlage zeichnerisch addiert.

Sternschaltung, unsymmetrische Belastung ohne N-Leiter

Die Außenleiterspannungen sind konstant. Die Strangspannungen sind abhängig von den Strangwiderständen und bei unsymmetrischer Belastung unterschiedlich groß.

Je größer der Strangwiderstand, umso größer ist die Strangspannung. Der *Sternpunkt* wird *verschoben*.

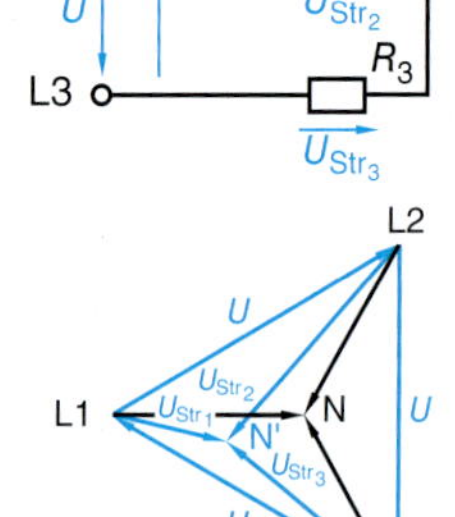

$S = S_{Str_1} + S_{Str_2} + S_{Str_3}$

S Scheinleistung in VA

Sternschaltung, Ausfall eines Außenleiters

$I_2 = \dfrac{U_{Str}}{R_2}$

$I_3 = \dfrac{U_{Str}}{R_3}$

$I_2 = I_3 = \dfrac{U}{R_2 + R_3}$

$P' = \dfrac{2}{3} \cdot P$

P' Leistung bei Ausfall eines Außenleiters in W
P Leistung bei Normalbetrieb in W

Bei Ausfall von *zwei* Außenleitern reduziert sich die Leistung auf

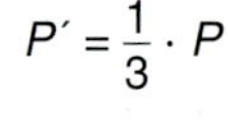

$P' = \dfrac{1}{3} \cdot P$

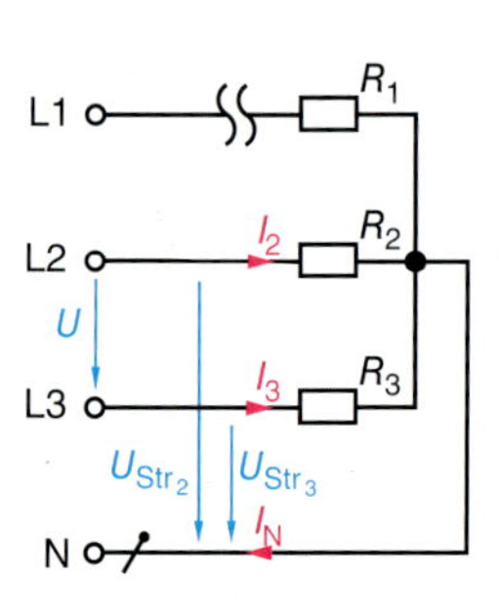

Drehstromtechnik (Dreiphasen-Wechselspannung)

Dreieckschaltung, unsymmetrische Belastung

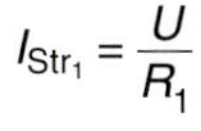

$$I_{Str_1} = \frac{U}{R_1}$$

$$I_{Str_2} = \frac{U}{R_2}$$

$$I_{Str_3} = \frac{U}{R_3}$$

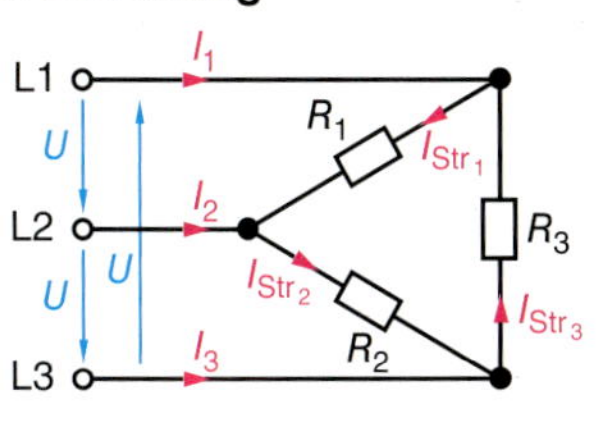

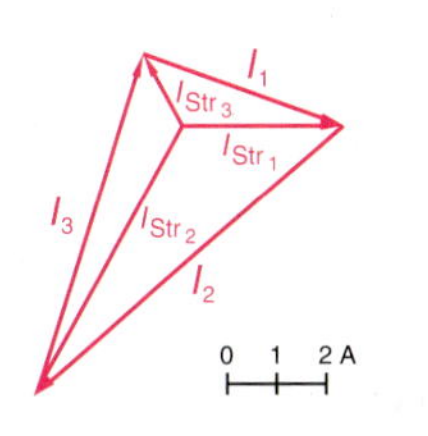

Die Außenleiterströme können aus den Strangströmen mithilfe eines *maßstäblichen* Zeigerbildes ermittelt werden.

Dreieckschaltung, Ausfall eines Außenleiters

$$I_{Str_2} = \frac{U}{R_2}$$

$$I_{Str_1} = I_{Str_3} = \frac{U}{R_1 + R_3}$$

$$P' = \frac{1}{2} \cdot P$$

P' Leistung bei Ausfall eines Außenleiter in W

P Leistung bei Normalbetrieb in W

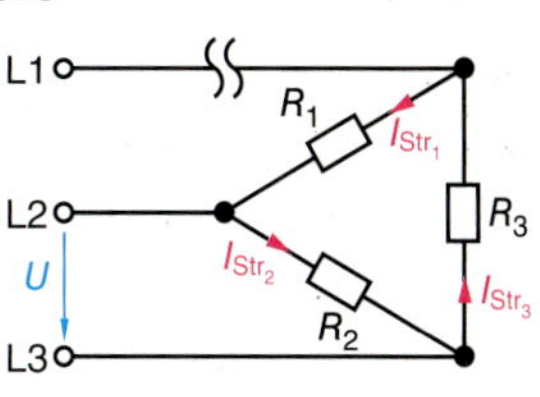

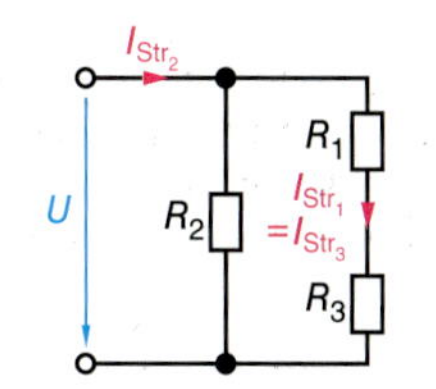

Kompensation

Kondensatoren in Sternschaltung

$$C_Y = \frac{P \cdot (\tan \varphi_1 - \tan \varphi_2)}{\omega \cdot U^2}$$

Kondensatoren in Dreieckschaltung

$$C_\Delta = \frac{P \cdot (\tan \varphi_1 - \tan \varphi_2)}{3 \cdot \omega \cdot U^2}$$

C_Y Kompensationskondensator (Stern) in F

C_Δ Kompensationskondensator (Dreieck) in F

φ_1 Winkel vor Kompensation

φ_2 Winkel nach Kompensation

P elektrische Leistung in W

ω Kreisfrequenz in $\frac{1}{s}$

U Außenleiterspannung in V

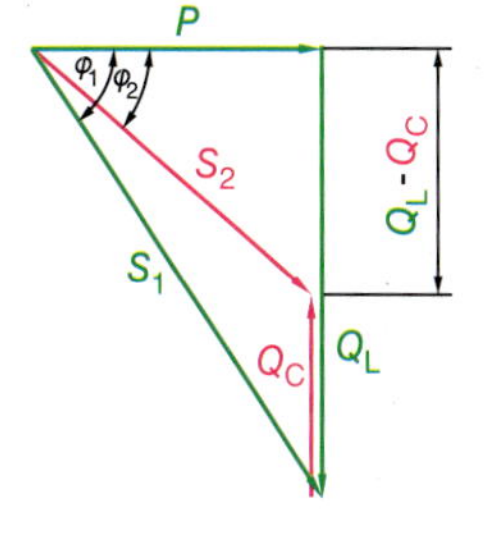

Elektrische Anlage: Aufgenommene elektrische Leistung $P = 125$ kW.
Der Leistungsfaktor beträgt $\cos \varphi_1 = 0{,}86$.
Der Leistungsfaktor soll auf $\cos \varphi_2 = 0{,}96$ verbessert werden.
Außenleiterspannung 400 V, Frequenz 50 Hz.
Welche Kondensatorkapazität ist erforderlich, wenn die Kompensationskondensatoren in Dreieck geschaltet werden?

$\cos \varphi_1 = 0{,}86 \rightarrow \varphi_1 = 30{,}7^\circ \rightarrow \tan \varphi_1 = 0{,}594$
$\cos \varphi_2 = 0{,}96 \rightarrow \varphi_2 = 16{,}3^\circ \rightarrow \tan \varphi_2 = 0{,}292$

$$C_\Delta = \frac{P \cdot (\tan \varphi_1 - \tan \varphi_2)}{3 \cdot \omega \cdot U^2} \qquad C_\Delta = \frac{125000\ \text{W} \cdot (0{,}594 - 0{,}292)}{3 \cdot 314\ \frac{1}{\text{s}} \cdot (400\ \text{V})^2} \qquad C_\Delta = 250{,}5\ \mu\text{F}$$

Es werden drei Kondensatoren von je 250 µF benötigt, die in Dreieck zu schalten sind.
Bei Sternschaltung der Kondensatoren wären drei Kondensatoren der Kapazität

$C_Y = 3 \cdot C_\Delta = 3 \cdot 250{,}5\ \mu\text{F} = 751{,}5\ \mu\text{F}$

erforderlich.

An den Kondensatorplatten liegt dann aber nur die Spitzenspannung von $\sqrt{2} \cdot 230\ \text{V} = 325\ \text{V}$, während bei Dreieckschaltung eine Spitzenspannung von $\sqrt{2} \cdot 400\ \text{V} = 566\ \text{V}$ anliegen würde. Die Kondensatoren müssen dafür bemessen sein.

Kompensation von Blindleistung → 157, Kondensatoren → 68

Symbole und Schaltzeichen der Elektrotechnik

Spannungen und Ströme

Symbol	Bedeutung
oder	Gleichstrom
50 HZ	Wechselstrom, hier 50 Hz
	Wechselstrom, niedrige Frequenz
	Wechselstrom, mittlere Frequenz
	Wechselstrom, hohe Frequenz
	Gleichgerichteter Strom mit Wechselstromanteil
3 ~ 50 Hz 400 V	Dreiphasennetz

Abhängigkeiten

Symbol	Bedeutung
	Thermische Wirkung
	Elektromagnetische Wirkung
	Magnetostriktive Wirkung
	Verzögerung
t 0	Einschaltverzögerung
0 t	Ausschaltverzögerung

Erde, Masse

Symbol	Bedeutung
	Erde
	Schutzerde
	Masse, Gehäuse

Antriebe

Symbol	Bedeutung
	Schaltschloss mit mechanischer Freigabe
	Schaltschloss mit elektrischer Freigabe
	Handantrieb, allgemein
	Betätigung durch Drehen
	Betätigung durch Ziehen
	Betätigung durch Drücken
	Betätigung durch Kippen
	Notschalter
	Handantrieb, abnehmbar
	Betätigung durch abnehmbaren Griff
	Betätigung durch Rolle
	Betätigung durch Schlüssel
	Betätigung durch Nocken
	Betätigung durch Annäherung
	Betätigung durch Berührung
	Betätigung durch elektromagnetischen Antrieb
M	Betätigung durch Motor
	Kraftantrieb, allgemein
	Betätigung durch pneumatische oder hydraulische Steuerung in Pfeilrichtung
	Betätigung durch Uhr

Stellteile

Symbol	Bedeutung
oder	Wirkverbindung, allgemein
	Verzögerte Wirkung
	Raste
	Selbsttätiger Rückgang
	Sperre, von Hand lösbar
	Sperre der Bewegung in beiden Richtungen
	Blockiereinrichtung
	Kupplung, gelöst
M	Motor mit Bremse

Veränderbarkeiten

Symbol	Bedeutung
	nicht inhärent
	nicht inhärent, nicht linear
	inhärent
	Einstellbarkeit
3	3-stufig, nicht inhärent
	Einstellbarkeit, stetig

Kraft- und Bewegungsrichtung

Symbol	Bedeutung
	geradlinig
	Drehung in beiden Richtungen
	periodisch

Symbole und Schaltzeichen der Elektrotechnik

Wirkungsrichtung	
	Übertragung in eine Richtung
	Empfangen
	Senden

Widerstände	
	Widerstand, allgemein
	Heizwiderstand
Z	Scheinwiderstand
	Widerstand mit Anzapfungen
	Veränderbarer Widerstand
U	Widerstand mit inhärenter nicht linearer Veränderbarkeit
	Widerstand mit Schleifkontakt
ϑ	NTC-Widerstand
ϑ	PTC-Widerstand

Kondensatoren	
	Kondensator, allgemein
+	Kondensator, gepolt; Elektrolytkondensator
	Kondensator, veränderbar
	Kondensator mit Anzapfung

Spulen	
	Spule, Induktivität, Wicklung, Drossel
	Spule mit Magneten
	Spule mit Luftspalt im Magneten
	Spule mit Magnetkern, stetig einstellbar
	Spule mit Anzapfungen
	Spule mit stufiger Veränderbarkeit
	Dauermagnet

Spannungsquellen	
	Primärzelle, Akkumulator
	Ideale Stromquelle
	Ideale Spannungsquelle

Halbleiter	
	Halbleiterdiode, allgemein
	Leuchtdiode, allgemein
	Diode für Betrieb im Durchbruchbereich; Z-Diode
	Zweirichtungsdiode, Triac
	Tunneldiode
	Unitunneldiode, Backward-Diode
	Thyristordiode, rückwärts sperrend
	Thyristordiode, rückwärts leitend
	Zweirichtungsthyristordiode
	Thyristor, Thyristortriode
	Thyristortriode, rückwärts sperrend, Anode gesteuert
	Thyristortriode, rückwärts sperrend, Kathode gesteuert
	Zweirichtungs-Thyristordiode
	PNP-Transistor
	NPN-Transistor
	Unijunction-Transistor, P-Typ
	Feldeffekttransistor (FET), N-Kanal
	FET, P-Kanal
	Isolierschicht-FET, Anreicherungstyp
	Isolierschicht-FET, Verarmungstyp

Symbole und Schaltzeichen der Elektrotechnik

Halbleiter	
	Isolierschicht-FET, Anreicherungstyp, Substratanschluss
	Substrat intern mit Source verbunden

Sensoren	
	Diode, lichtempfindlich
	Widerstand, lichtempfindlich
	Fotoelement, Fotozelle
	Optokoppler
	Hallgenerator
	Magnetempfindlicher Widerstand
	Ionisationskammer
	Halbleiterdetektor
	Peltierelement
	Piezoelektrischer Kristall

Schaltgeräte	
	Schließer, allgemein
	Öffner, allgemein
	Wechsler mit Unterbrechung
	Zweiwegschließer mit Mittelstellung AUS
	Schütz, Schließer
	Schütz, Öffner
	Schütz mit selbsttätiger Auslösung
	Handbetätigter Schalter, allgemein
	Trennschalter, Leerschalter
	Leistungsschalter
	Druckschalter
	Zugschalter
	Drehschalter
	Kippschalter
	Lasttrennschalter
	Erdungsschalter
	Schließer schließt bei Betätigung verzögert
	Öffner schließt bei Rückfall verzögert
	Schließer öffnet und schließt verzögert
	Wechsler ohne Unterbrechung (Form 1)
	Gasentladungsröhre mit Thermokontakt; Starter (Leuchtstoff)
	Schalter, betätigt (betätigter Schließer)
	Lasttrennschalter mit Selbstauslösung

Antriebe	
	Elektromechanischer Antrieb, allgemein
	Elektromechanischer Antrieb mit getrennten Wicklungen
	Elektromechanischer Antrieb mit zwei getrennten Wicklungen
	Elektromechanischer Antrieb mit Ansprechverzögerung
	Elektromechanischer Antrieb mit Rückfallverzögerung
	Elektromechanischer Antrieb eines Remanenzrelais
	Elektromechanischer Antrieb eines polarisierten Relais
	Elektromechanischer Antrieb eines schnell schaltenden Relais

Symbole und Schaltzeichen der Elektrotechnik

Symbol	Bedeutung
Antriebe	
	Elektromechanischer Antrieb, unempfindlich gegen Wechselstrom
	Elektromechanischer Antrieb eines Wechselstromrelais
	Elektromechanischer Antrieb eines Stützrelais
	Stromstoßrelais
	Elektromechanischer Antrieb eines Thermorelais
3	Elektromechanischer Antrieb mit drei Schaltstellungen
$I <$	Verriegelungsmagnet
Auslöser	
$I >$	Verzögerter Überstromauslöser
$I \leftarrow$	Rückstromrelais
I_d	Differentialstromrelais
$U <$	Unterspannungsauslöser
Besondere Schaltelemente	
	Schließer mit selbsttätigem Rückgang
	Schließer mit nicht selbsttätigem Rückgang
	Öffner mit selbsttätigem Rückgang
	Endschalter (hier Schließer)
	Schließer, temperaturabhängig
	Schließer betätigt dargestellt
	Öffner, betätigt dargestellt
4	Fehlerstromschutzschalter, vierpolig
	Leitungsschutzschalter
	Elektronischer Schalter
	Elektronisches Schütz
	Leistungsschalter
	Trennschalter
	Lasttrennschalter
	Ausschalter, (Taster)
	Ausschalter (Schalter)
	Serienschalter
	Wechselschalter
	Kreuzschalter
1 2 3 4	Mehrfachschalter mit vier Schaltstellungen
	Nockenschalter mit vier Schaltstellungen, fünfpolig
	Handbetätigter Schalter mit vier Schaltstellungen und vier Kontaktpaaren
1 2 3 4 2,3	Kennzeichnung der Schaltstellungen. Stellungen 2 und 3 sind Raststellungen
Schutzeinrichtungen	
	Sicherung, allgemeine Darstellung
	Sicherung mit Kennzeichnung des netzseitigen Anschlusses

Symbole und Schaltzeichen der Elektrotechnik

Schutzeinrichtungen

Schaltzeichen	Bedeutung
	Sicherung mit mechanischer Auslösemeldung
	Sicherung mit Meldekontakt
	Sicherungsschalter
	Sicherungstrennschalter
	Sicherungslasttrennschalter
	NH-Sicherung
	Funkenstrecke
	Überspannungsableiter
	Überspannungsableiter in Gasentladungsröhre

Messtechnik

Schaltzeichen	Bedeutung
	Messinstrument oder Messwerk, anzeigend
	Messgerät allgemein, insbesondere aufzeichnend
	Messgerät, integrierend, insbesondere Zähler
	Signalumformer, allgemein
	Messwerk mit Pfad
	Messwerk mit Summen- oder Differenzbildung
	Messwerk zur Produktbildung
	Messwerk zur Quotientenbildung
	Anzeige, allgemein
	Anzeige mit beidseitigem Anschlag
	Anzeige durch Vibration
	Digitale Anzeige
	schreibend, registrierend
	Minimumanzeige
	Maximumanzeige
A	Strommesser
V	Spannungsmesser
	Messinstrument, allgemein
	Messinstrument mit beidseitigem Anschlag
mA	Strommesser mit Angabe der Einheit
V-A-Ω	Mehrfachinstrument mit Angabe der Einheit
W-var	Zweifachlinienschreiber für Wirkleistung und Blindleistung
kWh	Dreileiter-Drehstromzähler
Ω	Widerstandsmessbrücke
	Messgerät zur Kurvenbildanzeige, Oszilloskop

Messrelais

Schaltzeichen	Bedeutung
	Der Punkt ist durch einen Buchstaben oder ein Kennzeichen zu ersetzen, wodurch die Eigenschaft angegeben wird.
U	Fehlerspannungen gegen Körper
U_{rsd}	Restspannung, Verlagerungsspannung
I ←	Rückstrom
I_d	Differentialstrom
I	Fehlerstrom gegen Erde
I_N	Strom im Neutralleiter
P_a	Leistung bei Phasenwinkel α
	Verzögerungszeit, invers abhängig
U < 70... 90V 120%	Unterspannungsrelais Ansprechbereich 70 ... 90 V, Rückfall bei 120 %

Symbole und Schaltzeichen der Elektrotechnik

Messrelais	
$I \, {}^{<2A}_{>1A}$	Stromrelais über 2 A und unter 1 A ansprechend
N <	Messrelais zur Windungsschlusserfassung
	Messrelais zur Erfassung von Windungsbrüchen
$U = 0$	Nullspannungsrelais
m<3	Phasenausfallrelais
$P <$	Minimalwirkleistungsrelais
$I >$	Verzögertes Überstromrelais
	Näherungsempfindliche Einrichtung, induktiv
O→I	Automatische Wiedereinschalteinrichtung

Sensoren	
Δl	Dehnungsmessstreifen
ϑ	Widerstandsthermometer
- +	Thermoelement
	Thermoelement mit isoliertem Heizelement
- +	Messzelle ph-Elektrode
	Magnetischer Geber
	Induktiver Differenzregler
	Winkelstellungsgeber
	Kraftmessdose
	Induktiver Aufnehmer
ϑ / I	Messumformer

Meldegeräte	
	Leuchtmelder, allgemein
	Leuchtmelder, blinkend
	Hupe, Horn
	Wecker, Klingel
	Gong, Einschlagwecker
	Sirene
	Schnarre, Summer
	Pfeife, elektrisch betätigt

Anlasser	
	Anlasser, allgemein
	Anlasser, stufig
	Stern-Dreieck-Anlasser
	Anlasser mit Spartransformator
	Anlasser mit Thyristoren, stetig veränderbar
	Anlasser für Motoren mit einer Drehrichtung
	Anlasser, automatisch
	Anlasser, teilautomatisch
8/4p	Anlasser für polumschaltbare Motoren
	Anlasser mit Widerständen
	Anlasser mit thermischen und magnetischen Auslösern

Leiter, Leitungen, Verbinder	
	Leiter, Gruppe von Leitern
3	Drei Leiter
	Leiter, beweglich
	Leiter, geschirmt

Symbole und Schaltzeichen der Elektrotechnik

Leiter, Leitungen, Verbinder

Symbol	Bedeutung
---------------	Leitung, geplant
— 110V 2 x 25 mm² Al	Gleichstromkreis, 110 V, zwei Aluminiumleiter mit 25 mm^2
3N ~ 50 Hz 400V 3 x 35 + 1 x 25	Dreiphasensystem mit drei Außenleitern und einem Neutralleiter; 50 Hz, 400 V, Außenleiter 35 mm^2, Neutralleiter 25 mm^2
N	Neutralleiter (N), Mittelleiter (M)
PE	Schutzleiter (PE)
PEN	Neutralleiter mit Schutzleiterfunktion (PEN)
	Drei Leiter und ein Schutzleiter
	Verbindung von Leitern
	Anschluss, z. B. Klemme
1 2 3 4	Reihenklemme mit festen und lösbaren Verbindungen ● fest ○ lösbar
	Abzweig von Leitern
	Doppelabzweig von Leitern
	Leiter-Verbindungsstück
	Steckverbindung mit Buchse und Stecker

Schaltungsarten von Wicklungen

Symbol	Bedeutung
	Eine Wicklung
3	Die getrennte Wicklung
n m ~	n-getrennte Wicklungen; m-Phasensystem
	L-Schaltung, Zweiphasenwicklung
	Dreieckschaltung, Dreiphasenwicklungen
m	Polygonschaltung mit m-Phasen
	Sternschaltung
6	Sternschaltung, Sechsphasensystem
	Sternschaltung, N-Leiter herausgeführt
	Zickzackschaltung
	Einzelstrang mit Hilfsphase
	Stern-Dreieckschaltung Dahlanderschaltung

Drosseln und Transformatoren

Symbol	Bedeutung
	Drossel
	Spartransformator, stetig verstellbar
	Transformator mit zwei Wicklungen
4	Drehstromtransformator mit 4 Anzapfungen, Stern-Stern-Schaltung
	Stromwandler
2 V V	Spannungswandler in V-Form

Motoren

Symbol	Bedeutung
M 3 ~	Drehstrom-Asynchronmotor mit Käfigläufer
M 3 ~	Drehstrom-Asynchronmotor mit Schleifringläufer
M 1 ~	Wechselstrom-Reihenschlussmotor, einphasig
M –	Gleichstrom-Reihenschlussmotor
M –	Gleichstrom-Nebenschlussmotor
M	Schrittmotor

Symbole und Schaltzeichen der Elektrotechnik

Motoren

Schaltzeichen	Bedeutung
M	Gleichstrom-Doppelschlussmotor
M	Linearmotor
M 3 ~	Drehstrom-Linearmotor
M 1 ~	Asynchronmotor, einphasig mit Käfigläufer; Enden für Anlaufwicklung herausgeführt

Elektroinstallation

Schaltzeichen	Bedeutung
	Leiter auf Putz
	Leiter im Putz
	Leiter unter Putz
	Leiter im Erdreich
	Leiter, oberirdisch, Freileitung
	Elektroinstallationsrohr, Kabelkanal, Trasse
	Neutralleiter (N), Mittelleiter (M)
	Schutzleiter (PE)
	Neutralleiter mit Schutzleiterfunktion (PEN)
	Drei Leiter, ein N-Leiter, ein Schutzleiter
	Leitung nach oben führend
	Leitung nach unten führend
	Leitung nach unten und oben führend
	Dose, allgemein; Leerdose allgemein
	Anschlussdose, Verbindungsdose
	Hausanschlusskasten, allgemein; mit Leitung
	Verteiler mit 5 Anschlüssen
	Steckdose, allgemein
3	Mehrfachsteckdose, hier dreifach
	Schutzkontaktsteckdose
	Steckdose, abschaltbar
	Steckdose mit verriegeltem Schalter
	Steckdose mit Trenntrafo
	Fernmeldesteckdose, allgemein
	Schalter, allgemein
	Schalter mit Kontrollleuchte
	Ausschalter, einpolig
	Wechselschalter, einpolig
	Ausschalter, zweipolig
	Serienschalter, einpolig
	Kreuzschalter
	Dimmer
	Taster
	Taster mit Kontrollleuchte
t	Zeitrelais
	Schaltuhr
	Leuchtenauslass mit Leitung
	Leuchte, allgemein
	Leuchtstofflampe, allgemein
5	Leuchte mit 5 Leuchtstofflampen
	Punktleuchte
	Sicherheitsleuchte, Notleuchte mit getrenntem Stromkreis
	Sicherheitsleuchte mit eingebauter Stromversorgung
	Türöffner
	Wechselsprechstelle; Haus- oder Torsprechstelle
	Hörer, allgemein

Symbole und Schaltzeichen der Elektrotechnik

Elektroinstallation	
	Mikrophon, allgemein
	Handapparat
	Lautsprecher, allgemein
	Lautsprecher, Mikrophon
E	Elektrogerät, allgemein
	Ventilator
	Heißwassergerät
	Heißwasserspeicher
	Durchlauferhitzer
	Elektroherd, allgemein
	Mikrowellenherd
	Backofen
	Waschmaschine
	Wäschetrockner
	Infrarotstrahler
	Geschirrspülmaschine
	Speicherheizgerät
***	Kühlgerät

Binäre Elemente	
	Eingang, nicht invertierend
	Eingang, invertierend
	Ausgang, invertierend
	Dynamischer Eingang, nicht invertierend
	Dynamischer Eingang, invertierend
	Verzögerter Ausgang
	Verbindung ohne binäres Signal
	Tristate-Ausgang; 3-State-Ausgang
	Offener Ausgang
&	UND-Element
1	NICHT-Element, Inverter
≥ 1	ODER-Element
&	NAND-Element
≥ 1	NOR-Element
= 1	Antivalenz, XOR, Exclusiv-ODER-Element
=	Äquivalenz, XNOR-Element, Exclusiv-NOR-Element
	Schmitt-Trigger, Schwellwert-Element
& ≥1	UND-ODER
t_1 t_2	Verzögerungselement, allgemein
t 0	Einschaltverzögerung
0 t	Ausschaltverzögerung
5s 0	Einschaltverzögerung 5 Sekunden
0 10s	Ausschaltverzögerung 10 Sekunden
1s 5s	Einschaltverzögerung 1 Sekunden Ausschaltverzögerung 5 Sekunden

Symbole und Schaltzeichen der Elektrotechnik

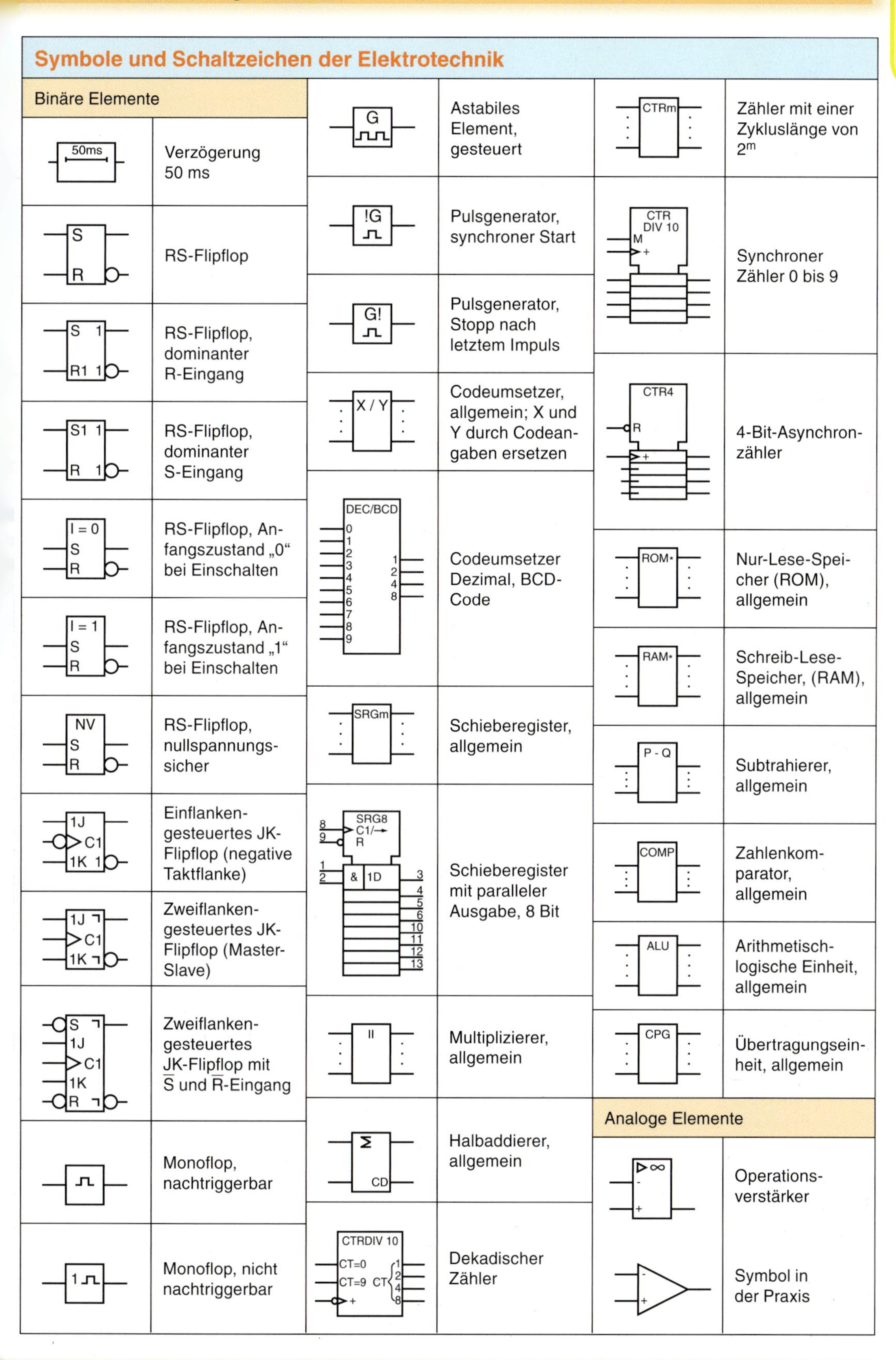

	Binäre Elemente
50ms	Verzögerung 50 ms
S, R	RS-Flipflop
S 1, R1 1	RS-Flipflop, dominanter R-Eingang
S1 1, R 1	RS-Flipflop, dominanter S-Eingang
I = 0, S, R	RS-Flipflop, Anfangszustand „0“ bei Einschalten
I = 1, S, R	RS-Flipflop, Anfangszustand „1“ bei Einschalten
NV, S, R	RS-Flipflop, nullspannungssicher
1J, C1, 1K 1	Einflankengesteuertes JK-Flipflop (negative Taktflanke)
1J ˥, C1, 1K ˥	Zweiflankengesteuertes JK-Flipflop (Master-Slave)
S ˥, 1J, C1, 1K, R ˥	Zweiflankengesteuertes JK-Flipflop mit $\overline{S}$ und $\overline{R}$-Eingang
⎍	Monoflop, nachtriggerbar
1⎍	Monoflop, nicht nachtriggerbar
G	Astabiles Element, gesteuert
!G	Pulsgenerator, synchroner Start
G!	Pulsgenerator, Stopp nach letztem Impuls
X / Y	Codeumsetzer, allgemein; X und Y durch Codeangaben ersetzen
DEC/BCD; 0, 1, 2, 3, 4, 5, 6, 7, 8, 9; 1, 2, 4, 8	Codeumsetzer Dezimal, BCD-Code
SRGm	Schieberegister, allgemein
SRG8, C1/→, R; 8, 9, 1, 2; &, 1D; 3, 4, 5, 6, 10, 11, 12, 13	Schieberegister mit paralleler Ausgabe, 8 Bit
Π	Multiplizierer, allgemein
Σ, CO	Halbaddierer, allgemein
CTRDIV 10; CT=0, CT=9, CT; +; 1, 2, 4, 8	Dekadischer Zähler
CTRm	Zähler mit einer Zykluslänge von 2^m
CTR DIV 10, M, +	Synchroner Zähler 0 bis 9
CTR4, R, +	4-Bit-Asynchronzähler
ROM*	Nur-Lese-Speicher (ROM), allgemein
RAM*	Schreib-Lese-Speicher, (RAM), allgemein
P - Q	Subtrahierer, allgemein
COMP	Zahlenkomparator, allgemein
ALU	Arithmetisch-logische Einheit, allgemein
CPG	Übertragungseinheit, allgemein

	Analoge Elemente
▷∞, -, +	Operationsverstärker
-, +	Symbol in der Praxis

Baue-lemente

Bauelemente der Elektrotechnik

Bauelemente der Elektrotechnik

Elektrische Widerstände

Schichtwiderstände

Schichtwiderstände bestehen aus einem nicht leitenden Trägerkörper, auf den eine leitende Schicht aus Grafit oder Metall aufgebracht ist. Die *Kennzeichnung* erfolgt durch *Farbringe*.

Technische Daten von Schichtwiderständen

	Kohle, C	Metall, Cr/Ni	Edelmetall, Au/Pt
Spezifischer Widerstand	$3000 \cdot 10^{-6}\ \Omega \cdot cm$	$\approx 100 \cdot 10^{-6}\ \Omega \cdot cm$	$\approx 40 \cdot 10^{-6}\ \Omega \cdot cm$
Schichtdicke	10 bis $30000 \cdot 10^{-9}$ m	10 bis $100 \cdot 10^{-9}$ m	10 bis $1000 \cdot 10^{-9}$ m
Flächenwiderstand	1 bis 5000 Ω	20 bis 1000 Ω	0,5 bis 100 Ω
Temperaturkoeffizient	$(-200$ bis $-800) \cdot 10^{-6}$ 1/K	$\pm 100 \cdot 10^{-6}$ 1/K	$(+250$ bis $+350) \cdot 10^{-6}$ 1/K
max. Schichttemperatur	125 °C	175 °C	155 °C
Anwendungen	Elektronik, Datentechnik	Messgeräte, Luft- und Raumfahrt	Hochlastwiderstände mit Sicherungswirkung

Farbkennzeichnung von Widerständen — DIN EN 60062 2005-11

Farbe der Ringe oder Punkte	Widerstandswert in Ω		Zulässige Abweichung des Wertes	Temperaturkoeffizient (10^{-6} 1/K)
	Zählziffer	Multiplikator		
silber	–	10^{-2}	± 10 %	
gold	–	10^{-1}	± 5 %	
schwarz	0	10^{0}	–	± 250
braun	1	10^{1}	± 1 %	± 100
rot	2	10^{2}	± 2 %	± 50
orange	3	10^{3}		± 15
gelb	4	10^{4}		± 25
grün	5	10^{5}	± 0,5 %	± 20
blau	6	10^{6}	± 25 %	± 10
violett	7	10^{7}	± 0,1 %	± 5
grau	8	10^{8}		± 1
weiß	9	10^{9}		–
keine	–	–	± 20 %	–

Hinweis

Nicht farbkodierte Widerstände werden nach dem **RKM-Code** beschriftet.

0,47 Ω	R47
4,7 Ω	4R7
47 Ω	47R
470 Ω	470R
4,7 kΩ	4K7
47 kΩ	47K
470 kΩ	470K
4,7 MΩ	4M7
47 MΩ	47M
470 MΩ	470M

Bauelemente der Elektrotechnik

Internationale Reihen für Zahlenwertangaben

E6	E12	E24	E48
1,0	1,0	1,0	1,00 1,05
		1,1	1,10 1,15
	1,2	1,2	1,21 1,27
		1,3	1,33 1,40
1,5	1,5	1,5	1,47 1,54
		1,6	1,62 1,69
	1,8	1,8	1,78 1,87
		2,0	1,96 2,05 2,15
2,2	2,2	2,2	2,26 2,37
		2,4	2,49 2,61
	2,7	2,7	2,74 2,87
		3,0	3,01 3,16
3,3	3,3	3,3	3,32 3,48
		3,6	3,65 3,83
	3,9	3,9	4,02 4,22
		4,3	4,42 4,64
4,7	4,7	4,7	4,87 5,11
		5,1	5,36 5,62
	5,6	5,6	5,90 6,19
		6,2	6,49 6,81
6,8	6,8	6,8	7,15 7,50
		7,5	7,87 8,25
	8,2	8,2	8,66 9,09 9,53
		9,1	
± 20 %	± 10 %	± 5 %	± 2 %

Reihen (Kopfzeile); Toleranz (Fußzeile)

Kennzeichnung der Werte durch Buchstaben

Kennbuchstabe	Multiplikator	Beispiel
p	Pico 10^{-12}	4µ7 = 4,7 µF
n	Nano 10^{-9}	m68 = 680 µF
µ	Mikro 10^{-6}	68m = 68 000 µF
m	Milli 10^{-3}	R68 = 0,68 Ω
R, F	10^{0}	6R8 = 6,8 Ω
K	Kilo 10^{3}	68K = 68 kΩ
M	Mega 10^{6}	M68 = 0,68 MΩ
G	Giga 10^{9}	
T	Tera 10^{12}	

Buchstaben der zulässigen Abweichung

zulässige Abweichung	Kennzeichen
Symmetrische Abweichung in Prozent	
± 0,1	B
± 0,25	C
± 0,5	D
± 1	F
± 2	G
± 5	J
± 10	K
± 20	M
± 30	N
Unsymmetrische Abweichung in Prozent	
+ 30 bis – 10	Q
+ 50 bis – 10	T
+ 50 bis – 20	S
+ 80 bis – 20	Z
Symmetrische Abweichung in Absolutwerten	
± 0,1	B
± 0,25	C
± 0,5	D
± 1	F

Bauelemente der Elektrotechnik

R-Reihen

Reihen	
R10	R20
1,00	1,00 1,12
1,25	1,25 1,40
1,60	1,60 1,80
2,00	2,00 2,24
2,50	2,50 2,80
3,15	3,15 3,55
4,00	4,00 4,50
5,00	5,00 5,60
6,30	6,30 7,10
8,00	8,00 9,00

Toleranzen der E-Reihen wählbar.

Drahwiderstände

Auf einem Keramikkörper ist Wickeldraht untergebracht.

- Toleranzen: ± 0,5 bis ± 10 %
- Bemessungsbelastung: 0,5 W bis 17 W
- Hochleistungswiderstände bis 500 W
- nicht induktionsfrei

Einstellbare Widerstände

Potenziometer

Stetige Widerstandsänderung durch Verdrehen eines Schleifers.
Das Widerstandsmaterial besteht aus Draht oder einem leitenden Widerstandswerkstoff.

Trimmer

Trimmer haben nur einen kurzen Achsenstummel und eine flache Drehscheibe.
Der Schleifer kann mithilfe eines Schraubendrehers verstellt werden.

Widerstandsverhalten von einstellbaren Widerständen

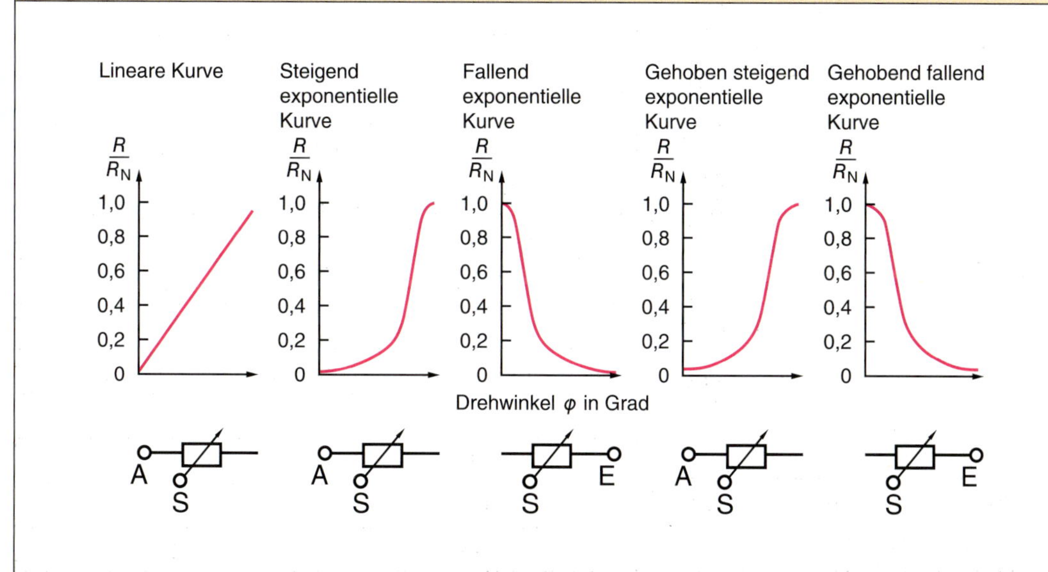

Spannungsteiler → 35

Bauelemente der Elektrotechnik

Nichtlineare Widerstände

Nichtlineare Widerstände sind Bauelemente, deren Widerstandswert durch Änderung einer physikalischen Größe (z. B. Temperatur, Spannung) in weiten Grenzen verändert werden kann.
Der Verlauf der Strom-Spannungskennlinie ist nicht linear.

Heißleiter (NTC-Widerstand, Negative Temperatur Coeffizient)

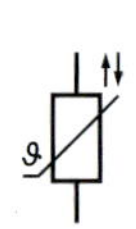

Temperaturabhängige Halbleiterwiderstände, deren Widerstandswerte sich mit zunehmender Temperatur verringern.

Polykristalline Mischoxidkeramik

Ein wichtiger Faktor der Berechnung des Heißleiterwiderstandes ist der **B-Wert**.

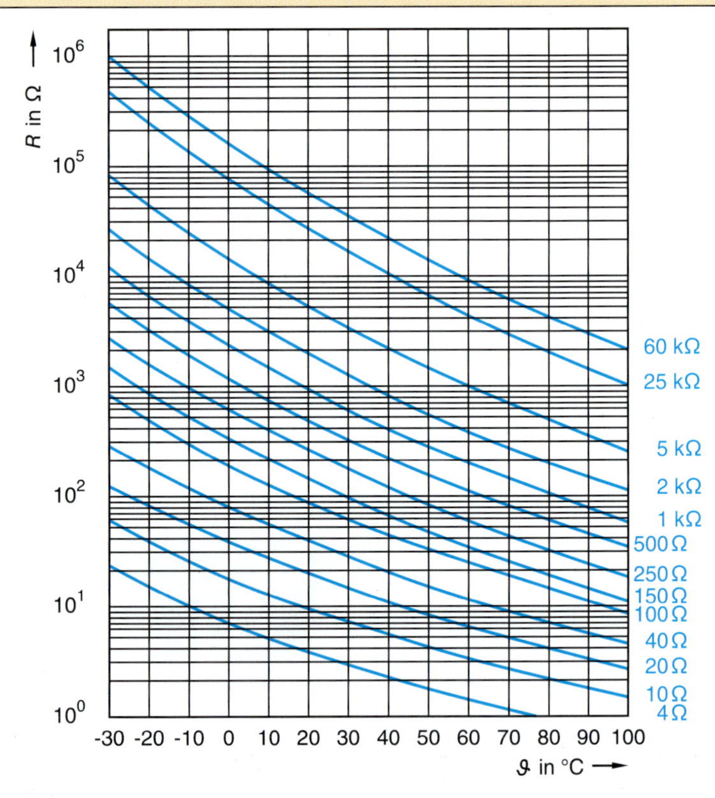

$$B = \frac{T_1 \cdot T_2}{T_2 - T_1} \cdot \ln \frac{R_1}{R_2} \text{ in K}$$

$$\alpha_R = \frac{-B}{T^2} \cdot 100 \text{ in } \frac{\%}{\text{K}}$$

R_1 Widerstandswert bei T_1 in K
R_2 Widerstandswert bei T_2 in K
B Maß für Temperaturabhängigkeit des Heißleiters in K

Anwendung
Temperaturfühler, Einschaltstrombegrenzung

Temperaturkoeffizienten
$-0{,}02$ bis $-0{,}06 \frac{1}{\text{K}}$

Bemessungswiderstände
4 Ω bis 470 Ω bei 20 °C

Temperaturabhängigkeit des Verhältnisses Widerstand R_ϑ zum Kaltwiderstand R_{25} für unterschiedliche B-Werte

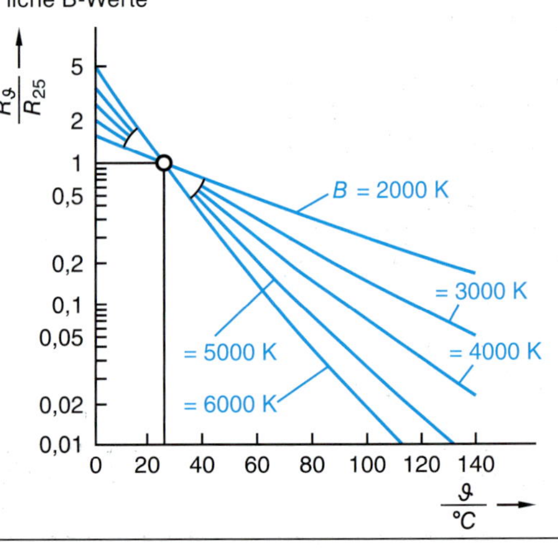

Bauelemente der Elektrotechnik

Kaltleiter (PTC-Widerstand, Positive Temperatur Coeffizient)

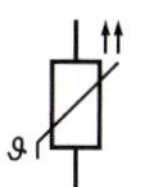

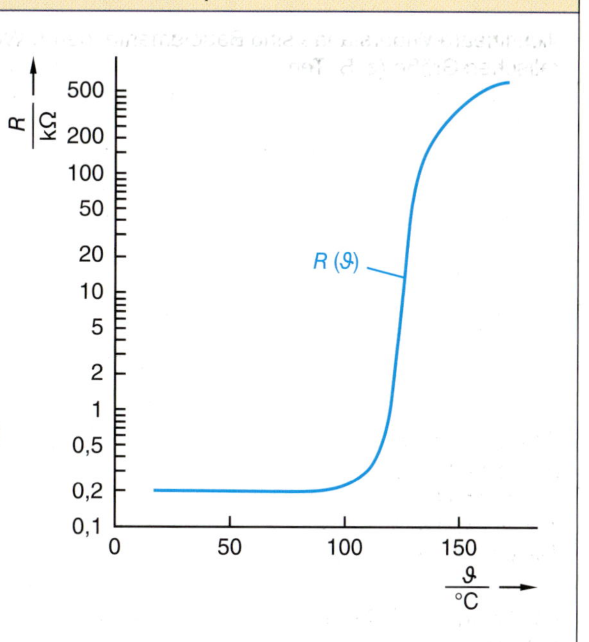

Temperaturabhängige Widerstände, deren Widerstandswert bei zunehmender Temperatur annähernd sprungförmig ansteigt, wenn eine bestimmte Temperatur überschritten wird.

Ferroelektrische Keramik (z. B. TiO_3)

Anwendung
Überlastschutz, Motorschutz, Stromregelung

Temperaturkoeffizienten
$+0{,}07$ bis $+0{,}6\ \frac{1}{K}$

Bemessungswiderstände
3,5 Ω bis 1,2 kΩ

Spannungsabhängige Widerstände (VDR-Widerstände)

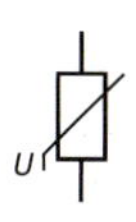

VDR-Widerstand
(**V**olt **D**ependent **R**esistor)
Varistor
(Variable Resistor)

Widerstände, deren Werte sich bei *ansteigender* Spannung *verringern*.

Siliziumkarbid, Zinkoxid

Anwendung
Überspannungsschutz

Bemessungsspannungen
ZnO-VDR: 60 bis 600 V
SiC-VDR: 8 bis 300 V

Maximalströme
ZnO-VDR: 400 bis 4500 A
SiC-VDR: 1 bis 10 A

U/V: 400, 300, 200, 100, 0; I: 0, 100, 200 mA; C = 560, β = 0,19, C = 390, C = 270, C = 180, C = 120

$U \approx C \cdot I^{\beta}$

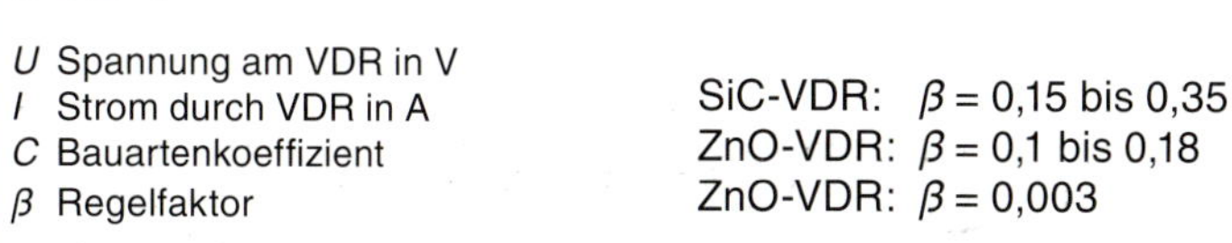

U Spannung am VDR in V
I Strom durch VDR in A
C Bauartenkoeffizient
β Regelfaktor

SiC-VDR: $\beta = 0{,}15$ bis $0{,}35$
ZnO-VDR: $\beta = 0{,}1$ bis $0{,}18$
ZnO-VDR: $\beta = 0{,}003$

Motorschutz → 198, Schutzbeschaltung → 253

Bauele-mente

Bauelemente der Elektrotechnik

Kondensatoren

Kennzeichnung von Kapazitätswerten (Beispiele)

Kapazitätswert	Kennzeichnung	Kapazitätswert	Kennzeichnung
0,10 pF	p10	1,0 nF	1n0
0,16 pF	p16	1,6 nF	1n6
0,274 pF	p274	2,74 nF	2n74
0,340 pF	p34	3,40 nF	3n4
1,0 pF	1p0	10 nF	10n
1,6 pF	1p6	16 nF	16n
2,74 pF	2p74	27,4 nF	27n4
3,40 pF	3p4	34 nF	34n
10 pF	10p	100 nF	100n
16 pF	16p	160 nF	160n
27,4 pF	27p4	274 nF	274n
34,0 pF	34p	340 nF	340n
100 pF	100p	1,0 µF [1]	1µ0
160 pF	160p	10 µF	10µ
274 pF	274p	100 µF	100µ
340 pF	340p	1,0 mF [1]	1m0

[1] Alle weiteren Werte im Mikro- und Millifarad-Bereich werden entsprechend den Werten im Pico- und Nanofarad-Bereich gebildet.

Beispiele für Kapazitäten, deren Wertangabe durch vier zählende Ziffern gebildet wird:

Wert	68,01 pF	680,1 pF	6,801 nF	68,01 nF
Kennzeichnung	68p01	680p1	6n8,01	68n01

Die Kennzeichnung durch das System von Buchstaben und Ziffern nach *DIN ICE 62* findet auch für Kondensatoren Anwendung.

Neben der Kennzeichnung durch Buchstaben und Zahlen wenden Hersteller auch *nicht genormte Farbkennzeichnungen* an.

Bemessungsgleichspannungen für Kondensatoren bis 1 kV (R5-Reihe)

Kondensatorart	Keramikkondensator	Kunststofffolienkondensator	MP-Kondensator	Papierkondensator	Aluminium-Elektrolytkondensator	Tantal-Elektrolytkondensator
Bemessungsspannung in V	40, 63, 100, 160, 250, 630, 1000	63, 100, 160, 250, 400, 630, 1000	63, 100, 160, 250, 400, 630, 1000	40, 63, 100, 160, 250, 400, 630, 1000	10, 25, 100, 250, 1000	6, 3, 10, 16, 25
Zulässige Abweichung in %	*ab 10 pF* ± 1 %, ± 2 % ± 5 %, 10 % ± 20 % + 50 bis – 20 + 80 bis – 20 + 100 bis – 20	± 0,3, ± 5 ± 1, ± 2 ± 2,5, ± 5 ± 10, ± 20	± 10, ± 20	± 5 %, 10 % ± 20 %	+ 20 bis 0 + 30 bis – 10 + 30 bis – 20 + 5 bis 0 + 50 bis – 10 + 5 bis – 20 + 80 bis – 10 + 100 bis – 10 + 100 bis – 20	± 5, ± 10, ± 20 + 50 bis – 10 + 50 bis – 20

Berechnung von Kondensatoren → 36

Bauelemente der Elektrotechnik

Werte der R5-Reihe: 6,3; 10; 16; 25; 40; 63; 100; 160; 250; 400; 630; 1000

Prozentuale zulässige Abweichung

B: ± 0,1	C: ± 0,3	D: ± 0,5	F: ± 1	G: ± 2	H: ± 2,5	J: ± 5	K: ± 10	M: ± 20
W: + 20 bis 0	Q: + 30 bis – 10	R: + 30 bis – 20	Y: + 50 bis 0	T: + 50 bis – 20	S: + 50 bis – 20	U: + 80 bis 0	Z: + 80 bis – 20	V: + 100 bis – 10

ohne: + 100 bis – 20

Einheiten für Kondensatoren

	Farad	Millifarad	Mikrofarad	Nanofarad	Picofarad
Farad	1 F	1 F = 10^3 mF	1 F = 10^6 µF	1 F = 10^9 nF	1 F = 10^{12} pF
Millifarad	1 mF = 10^{-3} F	1 mF	1 mF = 10^3 µF	1 mF = 10^6 nF	1 mF = 10^9 pF
Mikrofarad	1 µF = 10^{-6} F	1 µF = 10^{-3} mF	1 µF	1 µF = 10^3 nF	1 µF = 10^6 pF
Nanofarad	1 nF = 10^{-9} F	1 nF = 10^{-6} mF	1 nF = 10^{-3} µF	1 nF	1 nF = 10^3 pF
Picofarad	1 pF = 10^{-12} F	1 pF = 10^{-9} mF	1 pF = 10^{-6} µF	1 pF = 10^{-3} nF	1 pF

Keramikkondensatoren

Keramisches Dielektrikum mit temperaturabhängiger Dielektrizitätszahl.
Die Kapazitätswerte sind also temperaturabhängig.

NDK-Kondensator

ε_r = 13 bis 470

Temperaturbereich:
– 55/– 25 bis + 85/+ 125

Verlustfaktor:
1 MHZ: 0,4 bis 1

Anwendung:
Filterkondensatoren, Hochspannungskondensatoren, Impulskondensatoren

HDK-Kondensator

ε_r = 700 bis 50 000

Temperaturbereich:
– 55/+ 10 bis + 70/+ 125

Verlustfaktor:
1 kHZ: 10 bis 20

Anwendung:
Siebung, Kopplung, Impulskondensator

Wickelkondensatoren

Papier- oder Kunststoffdielektrikum, das als Folie zwischen zwei flächige Leiter gelegt ist.
Diese Anordnung wird aufgewickelt, vergossen oder in einem Behälter untergebracht.

Bezeichnung	Metall-Papier-kondensator (MP)	Polystyrol-kondensator (z. B. KS)	Polypropylen-kondensator (KP)	Polyester-kondensator (z. B. KT)	Polyester-kondensator (z. B. MKT)	Polykarbonat-kondensator (z. B. MKC)
Kapazitätsbereich (Richtwerte)	0,1 µF ... 50 µF	1 pF ... 50 nF	10 pF ... 50 nF	0,1 µF ... 1 µF	10 nF ... 50 µF	1 nF ... 10 µF
Bemessungs-gleichspannung (Richtwerte)	bis 1000 V	bis 600 V	bis 600 V	bis 400 V	bis 700 V	bis 1600 V
Temperaturbereich (Richtwerte)	– 40 °C ... + 85 °C	– 55 °C ... + 85 °C	– 25 °C ... + 85 °C	– 40 °C ... + 100 °C	– 55 °C ... + 100 °C	– 55 °C ... + 125 °C
Temperaturkoeffizient (in 10^{-6}/K)	+ 150 ... + 700	– 60 ... – 250	– 150 ... – 250	etwa + 250	+ 250 ... + 450	+ 50 ... + 200

Bauelemente der Elektrotechnik

Elektrolytkondensatoren

Bei Elektrolytkondensatoren bildet sich das *Dielektrikum* erst beim Anlegen von Spannung in Form einer dünnen Gasschicht.
Dadurch lassen sich große Kapazitätswerte bei relativ geringen Baugrößen erreichen.

Aluminium-Elektrolytkondensator

Kapazität: 0,1 bis 470 000 µF

Toleranz: ± 20 %

Temperaturbereich: – 55 bis + 125 °C

Bemessungsspannung: 6 bis 450 V DC

Anwendung:
Sieb- und Glättungskondensatoren, Koppelkondensatoren in Zeitschaltungen

Tantal-Elektrolytkondensator

Kapazität: 0,1 bis 2500 µF

Toleranz: ± 10 %, ± 20 %

Temperaturbereich: – 55 bis + 125 °C

Bemessungsspannung: 2,5 bis 600 V DC

Anwendung:
Wie Aluminium-Elko, aber bessere elektrische Eigenschaften, größere Temperaturbeständigkeit.
Polare und *unipolare* Ausführung möglich.

Doppelschichtkondensatoren, Speicherkondensatoren, UltraCap-Kondensatoren

Massekondensator für geringere Kapazitäten, Wickelkondensator für höhere Kapazitäten.
Module für hohe Spannungen und sehr große Kapazitäten durch Reihenschaltung und Parallelschaltung.
Module können z. B Akkumulatoren ersetzen.

Kapazität: 0,1 bis 50 F

Toleranz: – 20 % bis + 80 %

Temperaturbereich: – 25 bis + 70 °C

Bemessungsspannung: 2,5 V

Motorkondensatoren (z. B. für Kondensatormotoren)

Bemessungskapazität in µF

Betriebskondensator C_B	0,1					0,2	0,25	0,3		0,4		0,5	0,6		0,8	0,9
	1	1,2	1,4	1,6	1,8	2	2,5	3	3,5	4	4,5	5	6	7	8	9
	10	12	14	16	18	20	25	30	35	40	45	50	60	70	80	90
	100															
Anlasskondensator C_A												5				
	10			16		20	25	30		40		50	60		80	
	100			160		200	250	320		400		500				

Bemessungs-Wechselspannung in V

Betriebskondensator	125			220	240	260	280	320		400	450	480	560
Anlasskondensator		160	210		240		280	320	360	400			

Bauelemente der Elektrotechnik

Halbleiterbauelemente

Kennzeichnung von Halbleitern

1. Kennbuchstabe	Bedeutung	2. Kennbuchstabe	Bedeutung	3. Kennbuchstabe	Bedeutung
A	Germanium	A	Diode, allgemein	N	Optokoppler
B	Silizium	B	Kapazitätsdiode	P	Fotodiode, Fotoelement
C	z. B. Gallium-Arsenid	C	NF-Transistor	Q	z. B. Leuchtdiode
D	z. B. Indium-Antimonid	D	NF-Leistungstransistor	R	Thyristor
R	Fotohalbleiter- sowie Hallgeneratoren-Ausgangsmaterial	E	Tunneldiode	S	Schalttransistor
		F	Hochfrequenz-Transistor	T	z. B. steuerbarer Gleichrichter
		G	z. B. Oszillatordiode	U	Leistungs-Schalttransistor
		H	Hall-Feldsonde	X	Vervielfacherdiode
		K (M)	Hallgenerator	Y	Leistungsdiode
		L	Hochfrequenz-Leistungstransistor	Z	Z-Diode

Der 3. Kennbuchstabe (X, Y, Z) wird nur bei kommerziellen Bauelementen verwendet.

Beispiel: BD 130

Halbleitermaterial Silizium
NF-Leistungstransistor
130 Registriernummer
(2 oder 3 Ziffern)

a) $\vartheta_U = +25\ °C$

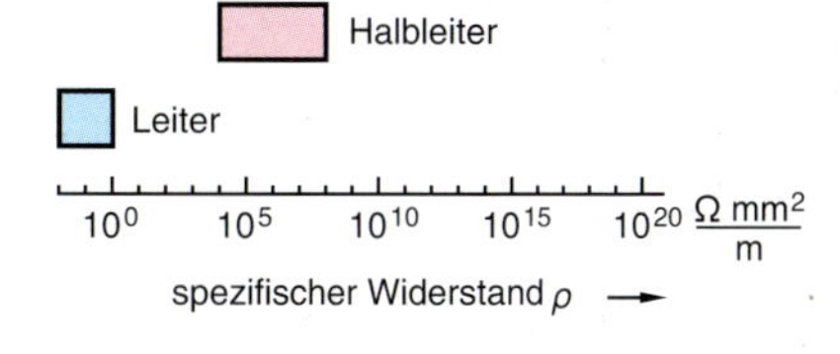

Der spezifische Widerstand eines Stoffes hängt von der Anzahl der in einem Werkstoff vorhandenen freien Elektronen ab.
Der spezifische Widerstand von Halbleitern ist sehr stark temperaturabhängig. Er nimmt mit steigender Temperatur ab.

b) $\vartheta_U = +300\ °C$

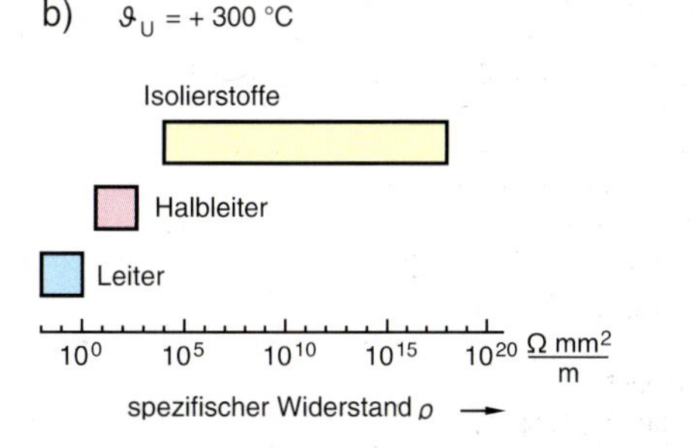

Im praktischen Betrieb liegen die Grenzwerte für Germanium bei 85 °C bis 100 °C und für Silizium bei 150 °C bis 200 °C.

Bauelemente der Elektrotechnik

Halbleiterbauelemente

Farbcodierung von Dioden

Pro Electron						Jedec	
1. Ring breit ≙ 1. und 2. Buchstabe		2. Ring breit		3. und 4. Ring schmal		Farbe	Ziffer
Braun	AA	Weiß	Z	Schwarz	0	Schwarz	0
Rot	BA	Grau	Y	Braun	1	Braun	1
		Schwarz	X	Rot	2	Rot	2
		Blau	W	Orange	3	Orange	3
		Grün	V	Gelb	4	Gelb	4
		Gelb	T	Grün	5	Grün	5
		Orange	S	Blau	6	Blau	6
				Violett	7	Violett	7
				Grau	8	Grau	8
				Weiß	9	Weiß	9

Beispiel Pro Electron

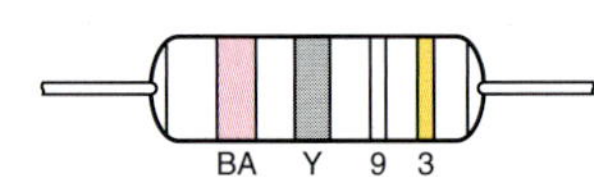

Beispiel Jedec

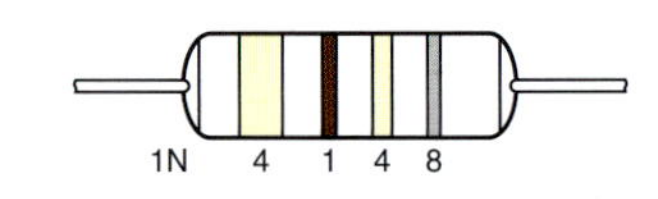

Es gibt auch Dioden, deren Kennzeichnung von den beiden angegebenen Typenschlüsseln abweicht. Sämtliche Farbringe können die gleiche Breite haben, jedoch deutlich erkennbar an einen Diodenanschluss (Kathode) herangerückt sein.

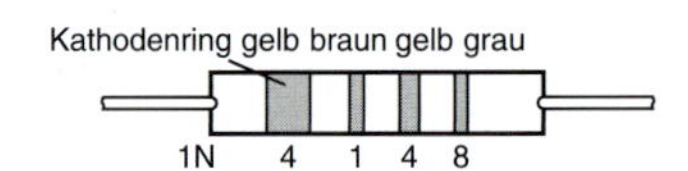

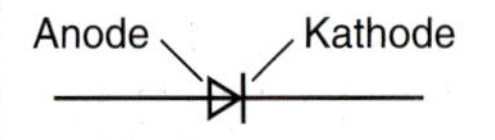

Pfeilrichtung des Diodensymbols ist identisch mit der Stromrichtung in Durchlassrichtung.

Diode in Durchlassrichtung

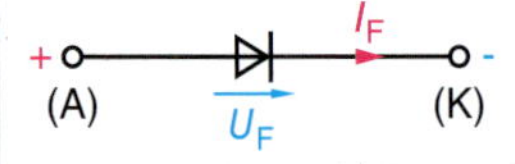

Diode in Sperrrichtung

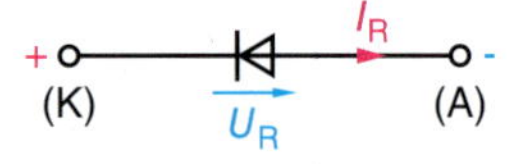

Wichtige Begriffe für Dioden

- U_F Durchlassspannung
- U_R Sperrspannung
- U_{RM} maximale Sperrspannung
- I_F Durchlassstrom
- I_R Sperrstrom
- U_Z Z-Spannung
- ϑ_u Umgebungstemperatur
- $R_{th_{JU}}$ thermischer Widerstand zwischen Sperrschicht und Umgebung

Bauelemente der Elektrotechnik

Halbleiterbauelemente

Dioden

Diode

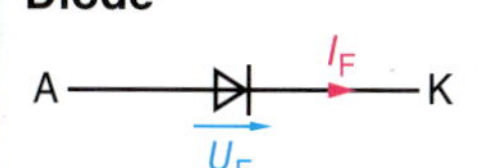

Siliziumdioden

U_{T0} = 0,6 bis 0,8 V
U_{RM} = 30 V bis 3,5 kV
I_F = 150 mA bis 750 A
I_R = 0,5 µA bis 50 mA
ϑ_U = −40 °C bis +150 °C

Germaniumdioden

U_{T0} = 0,2 bis 0,4 V
$U_{RM} \leq$ 100 V
$I_F \leq$ 150 mA
$I_R \leq$ 300 µA
ϑ_U = −55 °C bis +75 °C

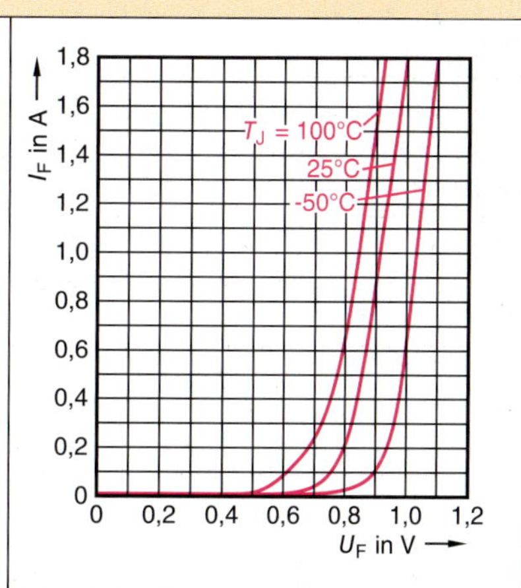

Z-Diode

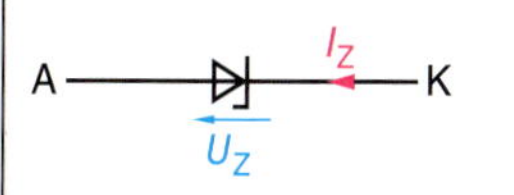

Betrieb in *Sperrrichtung*.
Bei Erreichen der Sperrspannung wird die Diode leitend.
Anwendung zur Spannungsbegrenzung oder Spannungsstabilisierung.

TAZ-Dioden zum Schutz vor hohen Spannungsspitzen.
(**T**ransient **A**bsorption **Z**ener)
Schaltzeichen wie bei Z-Diode

U_Z = 1,8 bis 200 V

$P_{tot} \leq$ 50 W

$\vartheta_u \leq$ 150 °C

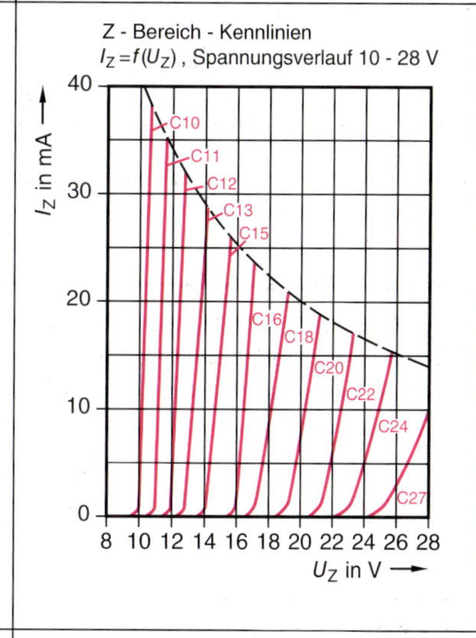

Kapazitätsdiode

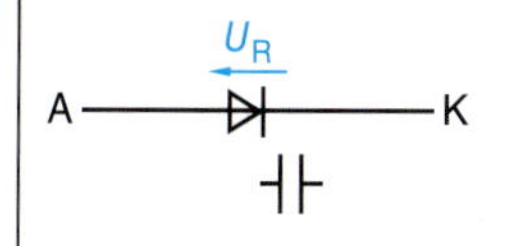

Funktion eines veränderbaren Kondensators, dessen Kapazität elektrisch steuerbar ist.
Die Kapazitätsdiode wird in *Rückwärtsrichtung* betrieben.
Die Sperrschicht wirkt wie eine Kapazität, deren Größe von der Spannung an der Diode abhängig ist. Es besteht ein nichtlinearer Zusammenhang.

Anwendung
Abstimmung von Schwingkreisen

$C_D \leq$ 60 pF

U_{R_M} = 30 V

I_F = 100 mA

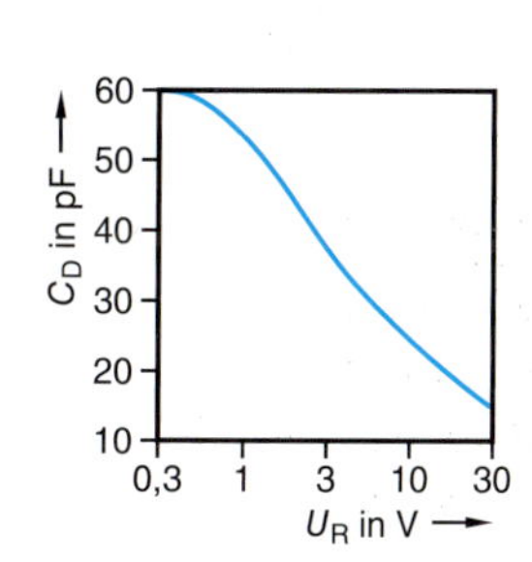

Bauelemente der Elektrotechnik

Halbleiterbauelemente

Dioden

TAZ-Suppressions-diode

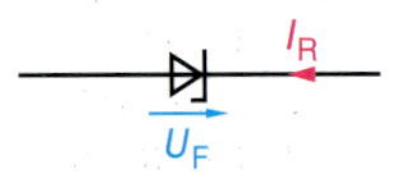

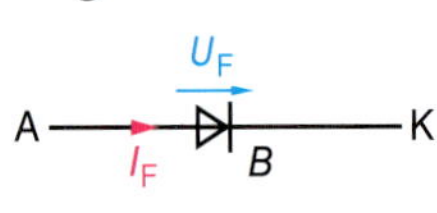

TAZ (**T**ransient **A**bsorption **Z**ener)

Zur *Spannungsbegrenzung* zwecks Schutz vor zu hohen Spannungsspitzen und Impulsen.

$P_{tot} \leq 1500$ W bei $t_p \leq 1$ ms

$U_R = 20$ bis 600 V

$I_R = 6$ bis 50 A

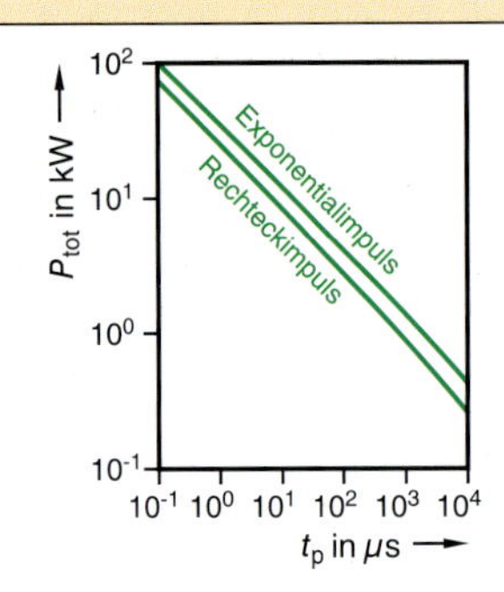

Magnetdiode

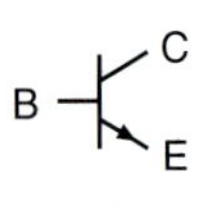

Der Widerstandswert der Diode kann durch die magnetische Flussdichte eines äußeren Magnetfeldes geändert werden.

Anwendung

Signalgeber bei der Drehzahlmessung sowie bei Schmitt-Triggern zwecks Auslösung von Schaltvorgängen.

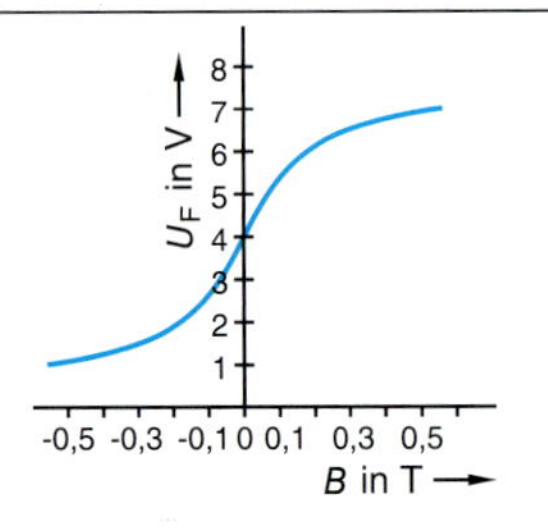

Bipolare Transistoren

NPN-Transistor

B C E

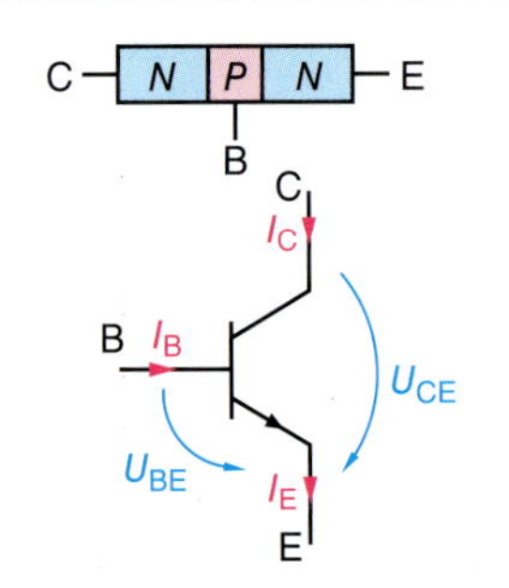

Technische Stromrichtung

PNP-Transistor

B C E

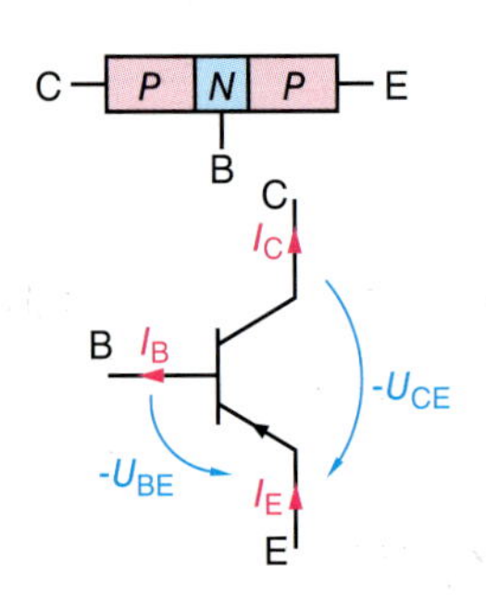

Technische Stromrichtung

$B = 50$ bis 700

$h_{21_e} = 100$ bis 500

NPN	**PNP**
$I_C = 10$ mA bis 30 A	$I_C = -10$ mA bis -30 A
$U_{BE} = 0{,}7$ V	$U_{BE} = -0{,}7$ V

Gehäuseformen

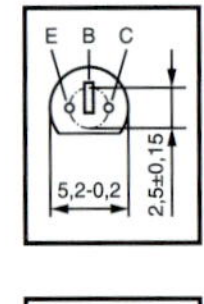

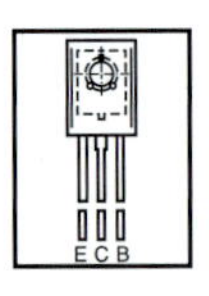

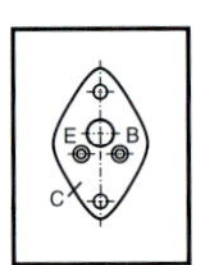

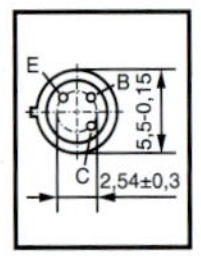

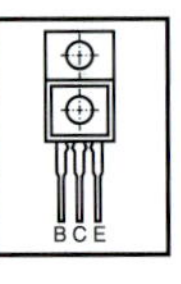

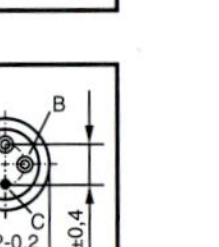

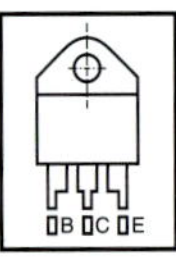

Bauelemente der Elektrotechnik

Halbleiterbauelemente

Bipolare Transistoren

Vierquadranten-Kennlinienfeld eines bipolaren Transistors, Beispiel

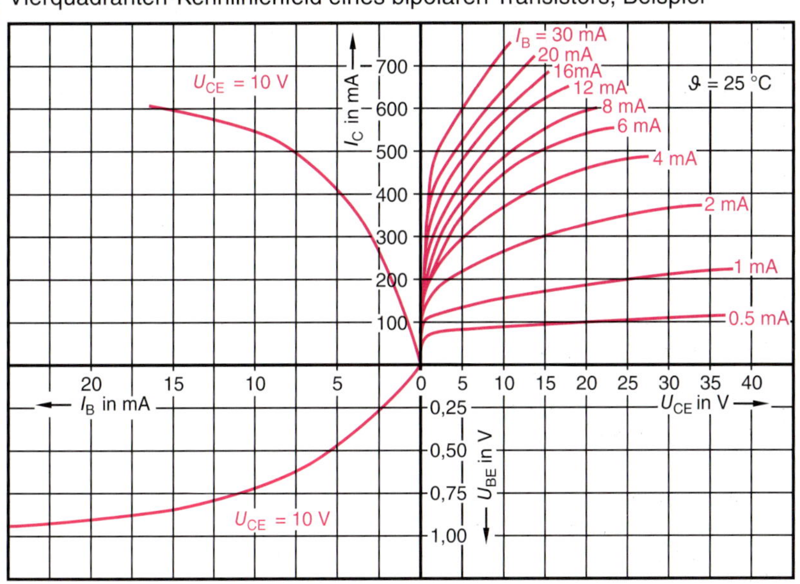

Anwendung
Verstärkerschaltungen, Oszillatoren, Leistungsstufen in Netzteilen

Fototransistor

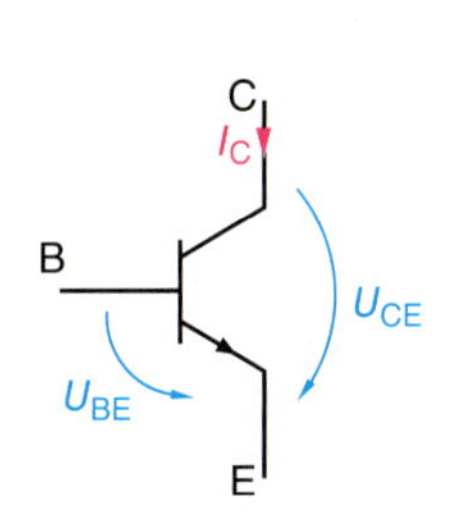

Bauformem mit und ohne Basisanschluss

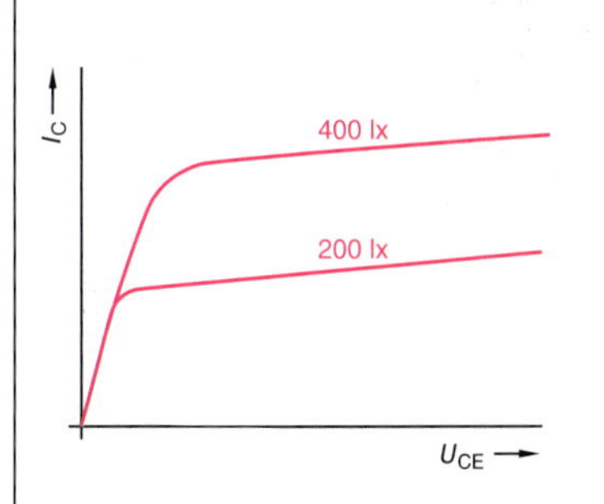

Anwendung
Optokoppler, Barcodeabtastung

Grundschaltungen bipolarer Transistoren

Emitterschaltung

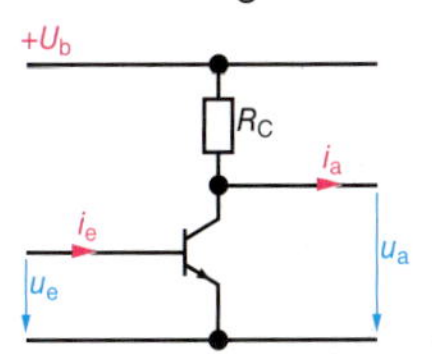

Basisschaltung

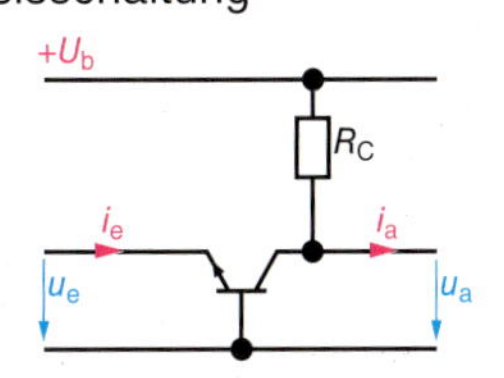

Kollektorschaltung

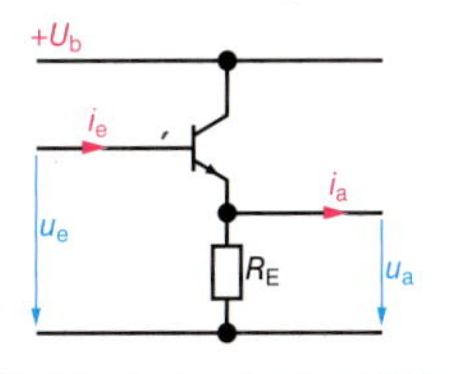

Bauelemente der Elektrotechnik

Halbleiterbauelemente

Grundschaltungen bipolarer Transistoren

Grundschaltung	Emitterschaltung	Basisschaltung	Kollektorschaltung
Eingangselektroden	Basis-Emitter	Basis-Emitter	Basis-Kollektor
Ausgangselektroden	Kollektor-Emitter	Kollektor-Basis	Kollektor-Emitter
Gemeinsame Elektrode für Ein- und Ausgang	Emitter	Basis	Kollektor
Eingangswiderstand	etwa 2 kΩ	etwa 25 Ω	etwa 130 kΩ
Ausgangswiderstand	etwa 40 kΩ	etwa 1 MΩ	etwa 1,5 kΩ
Anwendung	für große Leistungsverstärkung	zur Verstärkung von Wechselsignalen	als Trennstufe zur Widerstandsanpassung
Rückwirkungskapazität	hoch	gering	hoch

Feldeffekttransistoren

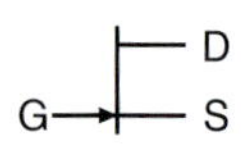

G: Gate (Gatter, Tor)
S: Source (Quelle)
D: Drain (Senke, Abfluss)

Die Steuerung des Stromflusses erfolgt in einem Kanal durch ein elektrisches Feld. Dabei wird der Strompfad verengt oder erweitert.

Das elektrische Feld wird durch die Spannung U_{GS} zwischen dem Gate- und dem Source-Anschluss angesteuert.

Die Ansteuerung erfolgt leistungslos. Feldeffekttransistoren haben einen hohen Eingangswiderstand.

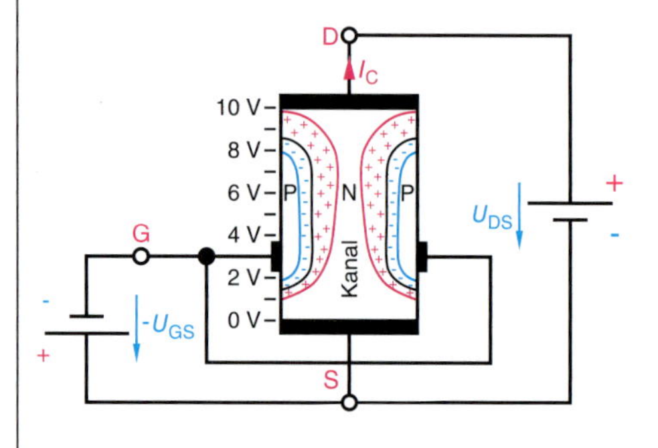

Sperrschicht-Feldeffekttransistoren (JFET)

Selbstleitender N-Kanal-Sperschicht-Feldeffektransistor

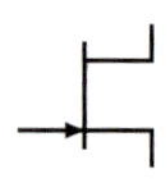

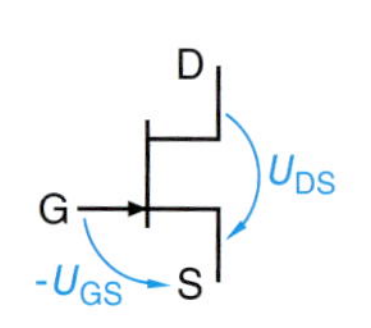

Anwendung
- Verstärkerschaltungen
- Oszillatoren
- Stellglieder bei Reglern

Bauelemente der Elektrotechnik

Halbleiterbauelemente

Sperrschicht-Feldeffekttransistoren (JFET)

Selbstleitender P-Kanal-Sperrschicht-Feldeffekt-transistor

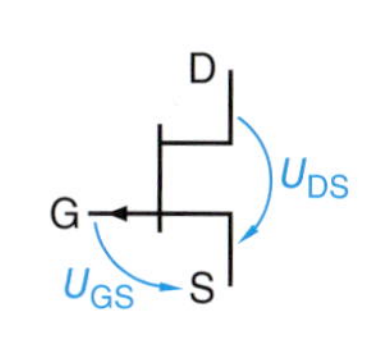

Anwendung
- Vorverstärker
- Regeleinrichtungen

Isolierschicht-Feldeffekttransistoren (JGFET)

Selbstleitender N-Kanal-Isolierschicht-Feldeffekt-transistor (Verarmungstyp)

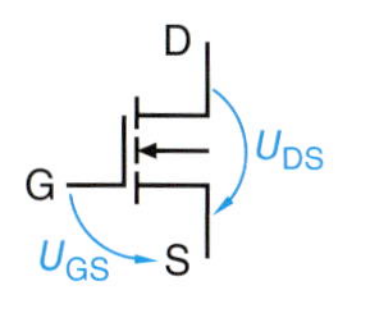

Anwendung
- Kommunikationselektronik

Selbstleitender P-Kanal-Isolierschicht-Feldeffekt-transistor (Verarmungstyp)

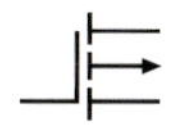

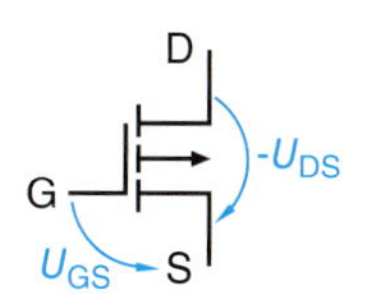

Anwendung
- Vorverstärker
- Verstärker
- Spannungsmesser

Selbstsperrender N-Kanal-Isolierschicht-Feldeffekt-transistor (Anreicherungsstyp)

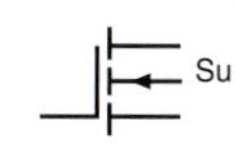

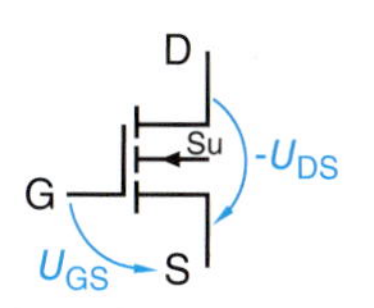

Anwendung
- Verstärker
- elektronische Schalter
- Oszillatoren
- Regeleinrichtungen

Selbstsperrender P-Kanal-Isolierschicht-Feldeffekt-transistor (Anreicherungsstyp)

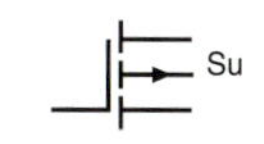

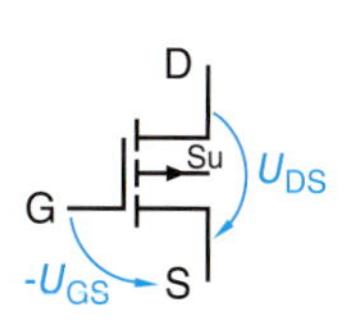

Anwendung
- Verstärker
- Oszillatoren
- Regeleinrichtungen

Bauelemente der Elektrotechnik

Halbleiterbauelemente

Power-MOS-Feldeffekttransistoren

IGBT (**I**nsulate **G**ate **B**ipolar **T**ransistor)	C, G, E, U_{CE}, U_{GE}	Niedrige Durchlassspannung, hohe Schaltgeschwindigkeit, kurzschlussfest *Anwendung* • Frequenzumrichter • Schaltnetzteile • KfZ-Zündung
Gehäuseformen	G, D, S; S, G, D, Su; E, C, B	

Grundschaltungen von Feldeffekttransistoren

Source-Schaltung	R_1, R_D, C_2, C_1, u_E, R_2, R_S, C_S, u_A	*Eingangswiderstand* 1 MΩ bis 10 MΩ *Ausgangswiderstand* 2 kΩ bis 20 kΩ *Phasenverschiebung* $\varphi = 180°$
Drain-Schaltung	R_1, C_1, C_2, u_E, R_2, R_S, u_A	*Eingangswiderstand* 5 MΩ bis 20 MΩ *Ausgangswiderstand* 0,1 kΩ bis 1 kΩ *Phasenverschiebung* $\varphi = 0°$
Gate-Schaltung	R_1, R_D, C_2, C_G, C_1, u_a, R_2, R_S, u_C	*Eingangswiderstand* 100 Ω bis 500 Ω *Ausgangswiderstand* 20 kΩ bis 2 MΩ *Phasenverschiebung* $\varphi = 0°$

Bauelemente der Elektrotechnik

Halbleiterbauelemente

Thyristoren

Der Thyristor besteht aus *vier Halbleiterschichten* der Folge PNPN. Im Betrieb ist die Speisespannung am Thyristor so gepolt, dass der positive Pol der Spannungsquelle am P-Anschluss und der negative Pol am N-Anschluss liegt.

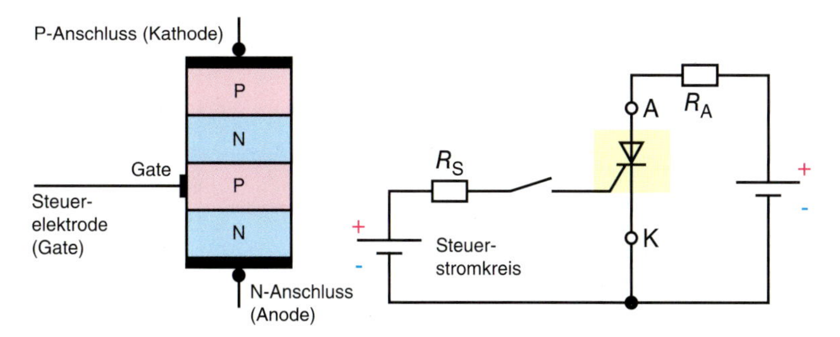

Bei *offenem Steuerstromkreis* fließt nur ein kleiner Strom durch den Thyristor. Wenn ein Steuerstrom fließt, wird bei ausreichendem Wert der Thyristor in den *leitenden Zustand* geschaltet. Stromlos wird der Thyristor erst wieder, wenn die Stromstärke den *Haltestrom* unterschreitet.

Thyristoren sind *elektronische Schalter* mit zwei Schaltzuständen:

- *Ein:* leitend
- *Aus:* gesperrt
- *Zünden:* Übergang vom gesperrten in den leitenden Zustand.
- *Löschen:* Übergang vom leitenden in den gesperrten Zustand.

Nichtsteuerbare Thyristoren

Rückwärts sperrende Thyristordiode 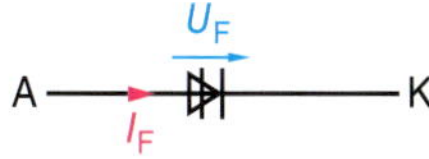 	Nach Überschreiten der Kippspannung $U_{(B0)}$ in Durchlassrichtung schaltet der Thyristor vom Sperrzustand in den Durchlasszustand. Nach Unterschreitung des Haltestromes wird der Thyristor hochohmig. $U_{(B0)}$ = 20 bis 200 V I_{Fm} = 30 A I_H = 15 bis 45 mA	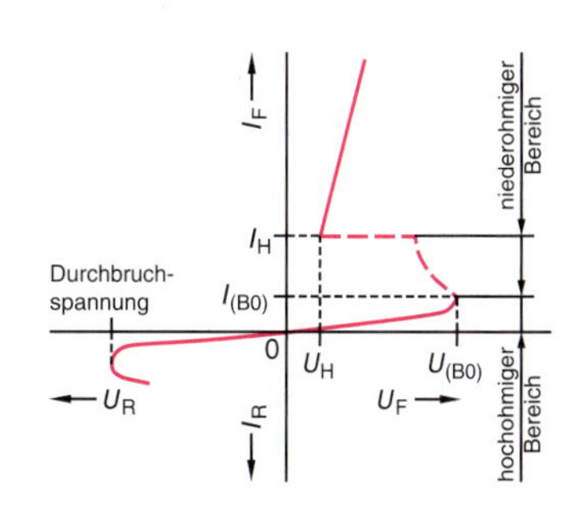
Zweirichtungs-Thyristordiode A1 A2 I U_{12}	DIACS lassen sich auch in Rückwärtsrichtung zünden (Anode negativ gegenüber Kathode). DIACS haben eine positive und eine negative Schaltspannung. Schaltspannung 35 V I_F = 1 mA $P_{tot} \approx$ 300 mW *Anwendung* Triggerdiode, beispielsweise für Triacs	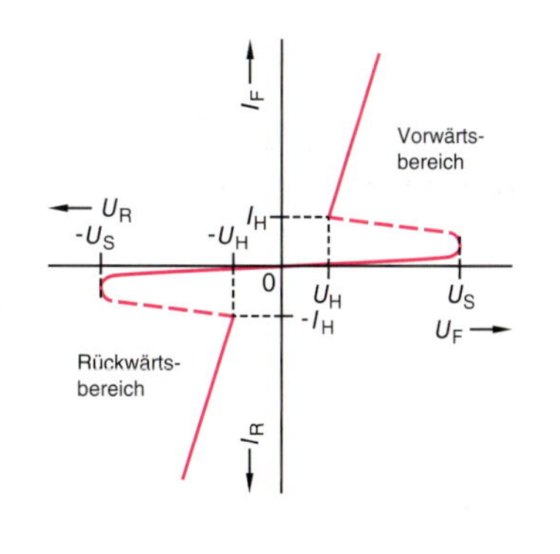

Bauelemente der Elektrotechnik

Halbleiterbauelemente

Steuerbare Thyristoren

P-Gate-Thyristor 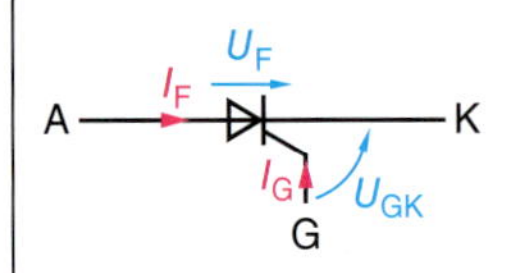	Der Thyristor schaltet durch positive Zündströme I_G vom Sperrzustand in den Durchlasszustand. Es ist ein steuerbarer Gleichrichter, ein kontaktloser Wechselstromschalter. *Anwendung* Leistungssteuerung in Stromrichterschaltungen bis in den höchsten Leistungsbereich. $U_{R_{RM}}$ = 100 V bis 8000 V I_F = 0,4 A bis 4000 A	$U_{BR,R}$ Durchbruchspannung (breakdown voltage); Spannung in Rückwärtsrichtung, bei der der Sperrstrom einen gewissen Wert überschreitet U_R negative Sperrspannung I_R negativer Sperrstrom U_D positive Sperrspannung I_D positiver Sperrstrom $U_{B0,O}$ Nullkippspannung (bei offenem Steueranschluss) I_H Haltestrom U_F Durchlassspannung I_F Durchlassstrom
N-Gate-Thyristor 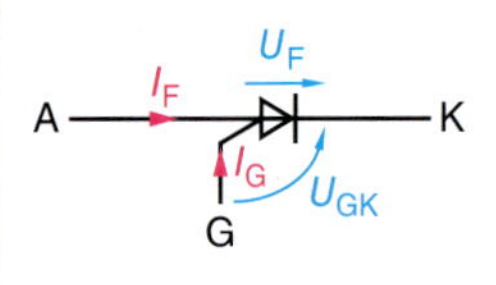	Der Thyristor schaltet durch negative Zündströme I_G vom Sperrzustand in den Durchlasszustand. *Anwendung* Wie P-Gate-Thyristor, allerdings für geringere Leistungen.	
Asymetrisch rückwärtssperrende Thyristortriode **ASCR** (**A**symmetric **S**ilicon **C**ontrolled **R**ectifier) 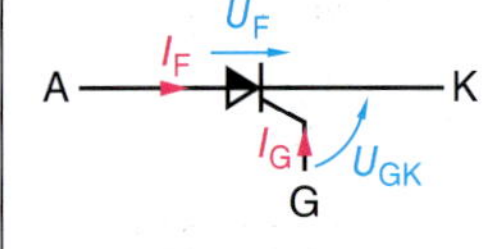	Vorwärtsverhalten wie bei einnem P-Gate-Thyristor. In Rückwärtsrichtung hat er ein asymmetrisches Sperrvermögen. Der Vorteil liegt in der deutlich verringerten Freiwerdezeit.	Herkömmliche Thyristoren werden zunehmend durch Thyristoren mit *asymmetrischem Sperrvermögen* ersetzt, da die Anzahl der benötigten Bauelemente im Leistungsteil von Drehstromumrichtern deutlich geringer ist.
Abschaltthyristor (GTO) **G**ate **T**urn **O**ff **T**hyristor 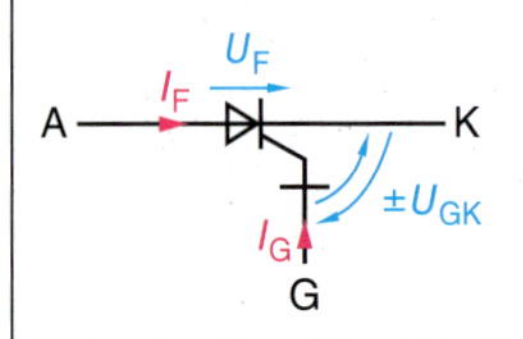	Der Thyristor schaltet in Durchlassrichtung durch positive Zündströme I_G vom Sperrbereich in den Durchlassbereich und durch negative Zündströme I_G vom Durchlassbereich in den Sperrbereich.	Gleichstromsteller im mittleren Leistungsbereich, Einsatz in Wechselrichterschaltungen.

Bauelemente der Elektrotechnik

Halbleiterbauelemente

Steuerbare Thyristoren

Abschaltthyristor

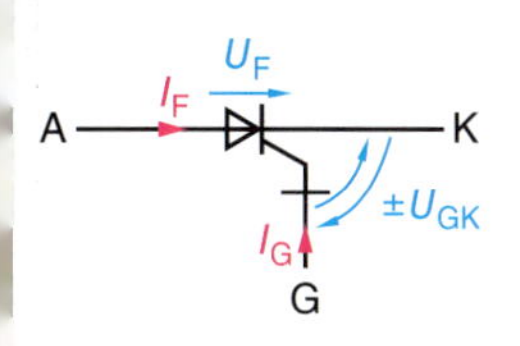

Der Thyristorstrom kann durch einen negativen Steuerimpuls am Gate gelöscht werden. Der Löschstrom muss mindestens 30 % des Laststromes betragen.

$U_F \leq 1200$ V
$I_F \leq 400$ A

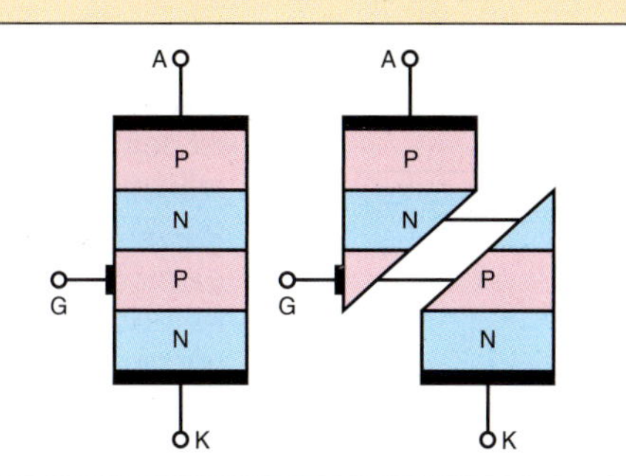

Zweirichtungs-thyristor (TRIAC)

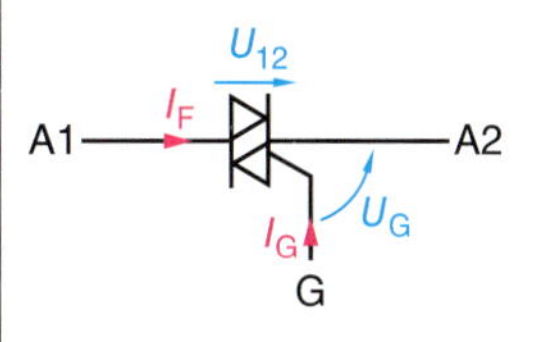

Der Thyristor wird durch *negative* und *positive* Zündströme I_G vom Sperrzustand in den Durchlasszustand geschaltet.

Anwendung
Wechselstromsteller bei Dimmern und Elektrowerkzeugen, kontaktloser Schalter zur Steuerung von Leistung im Wechselstromkreis.

$U_F \leq 1200$ V
$I_F \leq 400$ A

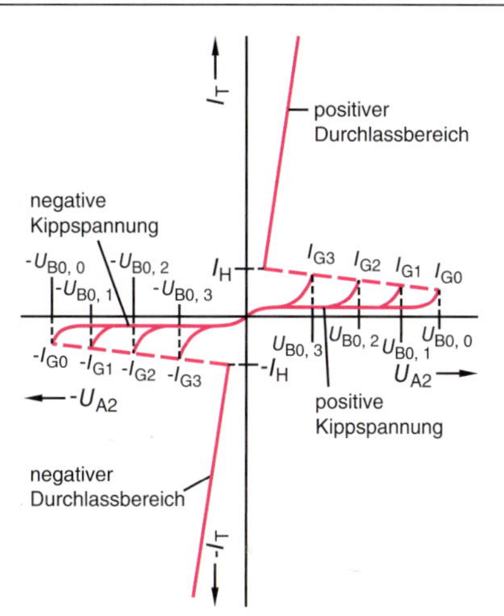

Optoelektronische Bauelemente

LDR
(**L**ight-**D**ependence-**R**esistor)
Fotowiderstand

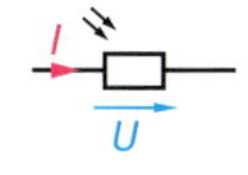

Bei Beleuchtung ändert sich der Widerstand des Bauelementes. Stromfluss in beiden Richtungen möglich. Höchste Lichtempfindlichkeit, sehr träge bei Änderungen der Helligkeit.

UV- bis IR-Bereich

Dunkelwiderstand > 10 MΩ
Hellwiderstand < 1 kΩ
Belastbarkeit max. 500 mW

Anwendung
Messung der Beleuchtungsstärke, Dämmerungsschalter

Einsetzbar in Gleich- und Wechselstromkreisen.

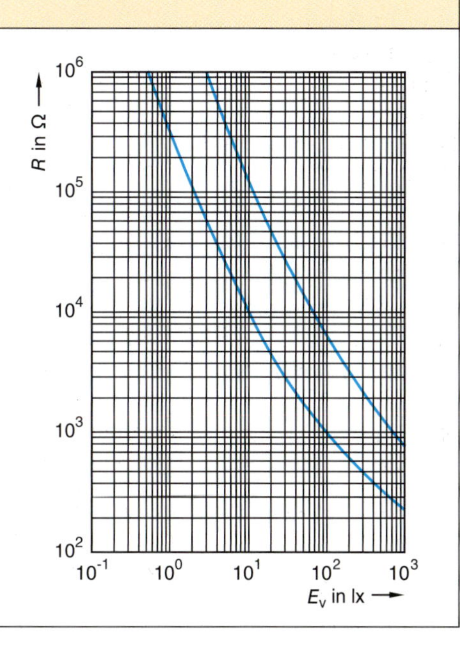

Bauelemente der Elektrotechnik

Halbleiterbauelemente

Optoelektronische Bauelemente

<table>
<tr>
<td>Fotodiode
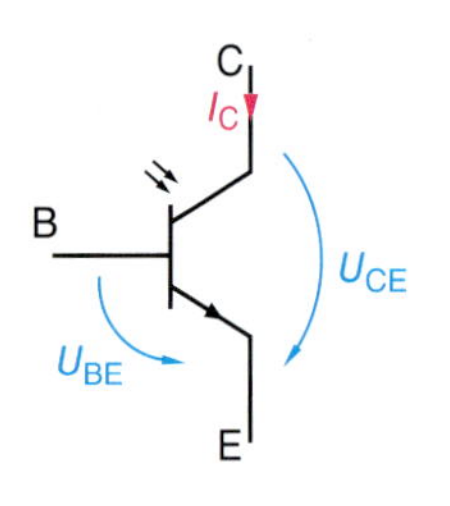</td>
<td>Wird in Sperrichtung betrieben. Die Stromstärke ist der Beleuchtungsstärke proportional.
Kurze Ansprechzeit aber geringe Lichtempfindlichkeit. Stark temperaturabhängig, Betriebsspannung bis 25 V, Verlustleistung bis 150 mW, Grenzfrequenz bis 10 MHz.
Anwendung
Optokoppler, Datenübertragung über Lichtwellenleiter.</td>
<td>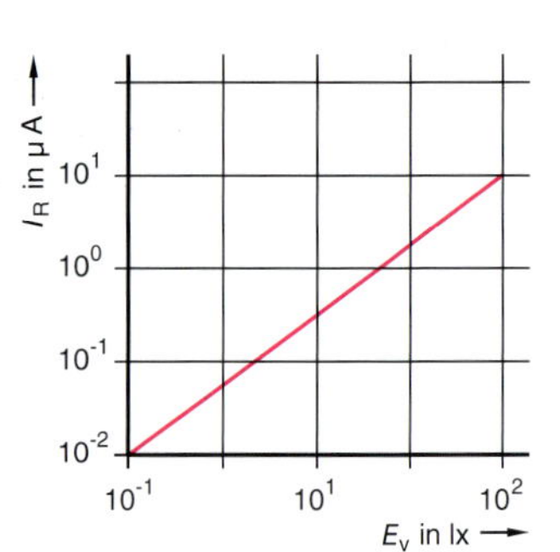</td>
</tr>
<tr>
<td>Fototransistor
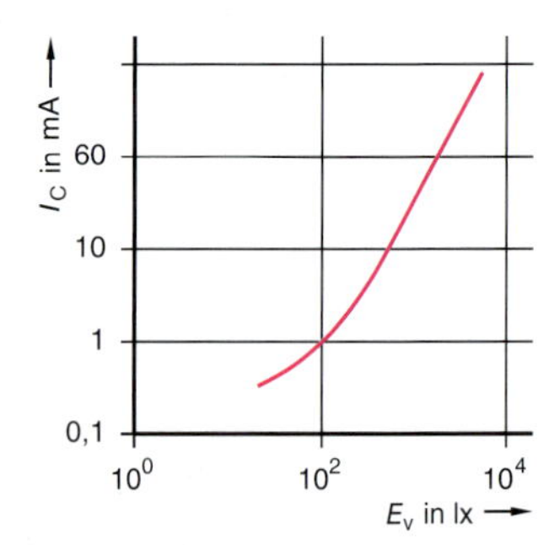</td>
<td>Empfindlichkeit um bis zu 500-mal größer als bei Fotodioden.
Sperrspannung: 30 V
Verlustleistung: 300 mW
Grenzfrequenz bis 0,5 MHz
Anwendung
Optokoppler, Lichtschranken, optische Signal- und Datenübertragung</td>
<td></td>
</tr>
<tr>
<td>Leuchtdiode (LED)
Light-Emitting-Diode
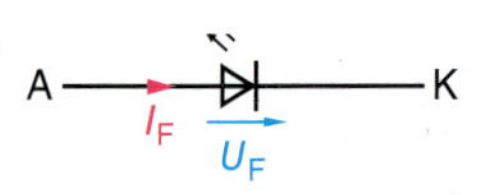</td>
<td>Leuchtdioden (LED) werden im Durchlassbereich betrieben. Sie senden dabei Licht aus.
Die Dotierung des Grundmaterials bestimmt die Wellenlänge des Lichts.</td>
<td>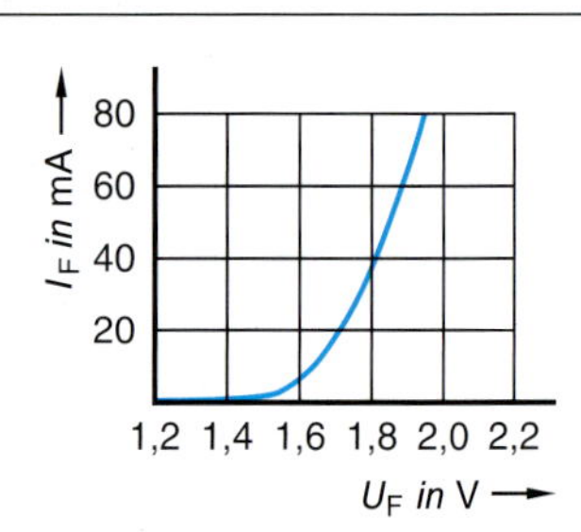</td>
</tr>
</table>

Bauelemente der Elektrotechnik

Halbleiterbauelemente

Optoelektronische Bauelemente

Leuchtdiode (LED)	*Vorteile:* Geringer Leistungsbedarf, lange Lebensdauer, kurze Lichtanstiegs- und Lichtabfallzeiten *Anwendung* Ziffernanzeige, Signal- und Anzeigelampen, Beleuchtung	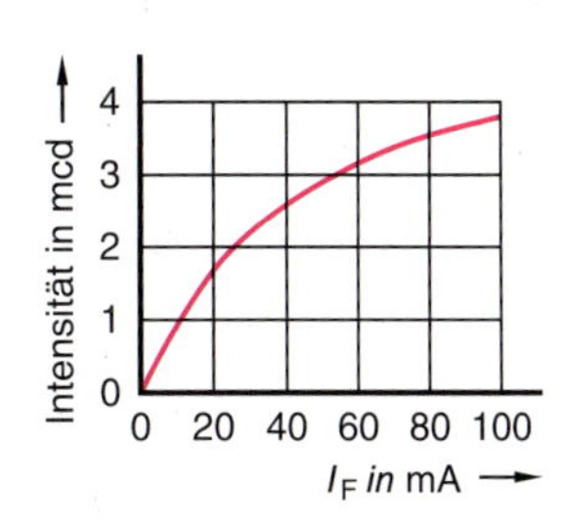
Optokoppler 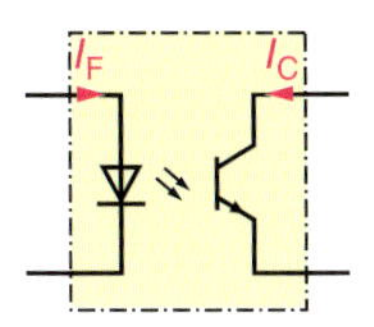	Lichtsender und Lichtempfänger in *einem* Gehäuse. Dadurch können Stromkreise *rückwirkungsfrei* (galvanisch) getrennt werden. Die Isolationsspannung beträgt mehrere kV. Der Koppelfaktor CTR (current transfer ratio) gibt das Stromübertragungsverhältnis zwischen Eingang- und Ausgangsstrom an. *Anwendung* *Potenzialtrennung* zwischen elektrischen Stromkreisen, beispielsweise bei SPS-Baugruppen. *Galvanische Trennung* zwischen Baugruppen. $\text{CTR} = \frac{I_C}{I_F} \cdot 100\ \%$ bei $I_F = 10$ mA und $U_{CE} = 5$ V	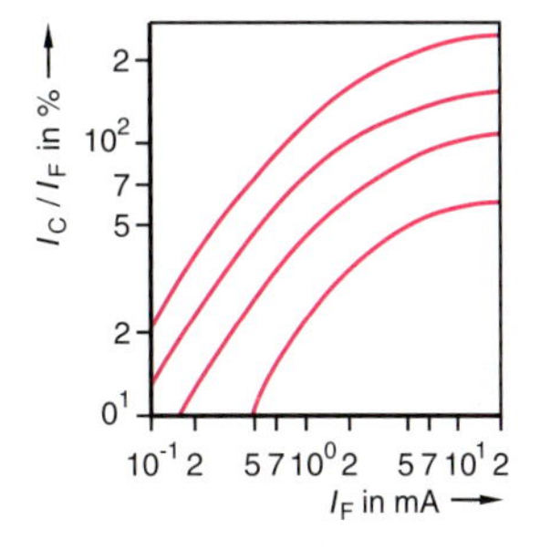
Siebensegment-anzeige 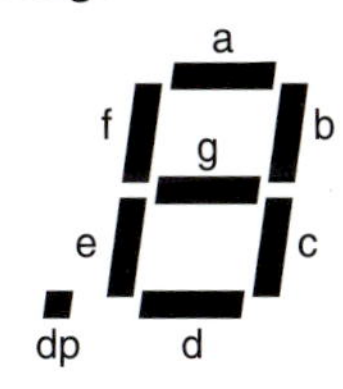	In Siebensegmentanzeigen mit Leuchtdioden sind diese als Balken ausgebildet und zu einem Zeichen zusammengefügt. *Höhe der Symbole* • Einstellig in mm: 7; 10; 11; 13,5; 14; 18; 20 • Mehrstellig in mm: 2,8; 3,8; 10	*Anschlüsse* 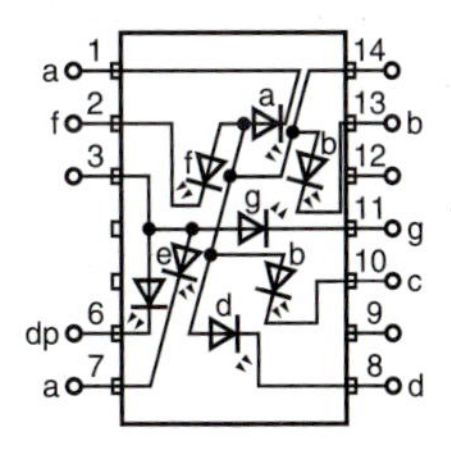 Bei manchen Anzeigen haben die Anoden bzw. Kathoden einen gemeinsamen Anschluss.

Bauele-
mente

Bauelemente der Elektrotechnik

Halbleiterbauelemente

Optoelektronische Bauelemente

Siebensegment-anzeige

Farbe	Durchlass-spannung	Strom-segment
rot	1,6 V	10 mA
gelb	1,9 V	5 mA
grün	1,9 V	5 mA
orange	1,9 V	5 mA

Gemeinsamer Anodenanschluss A

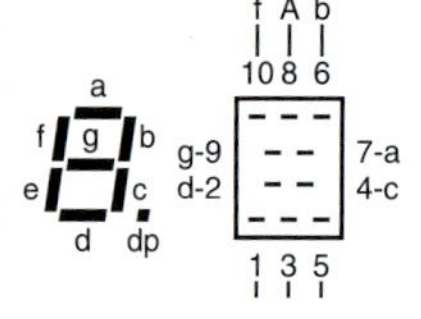

Gemeinsamer Kathodenanschluss C

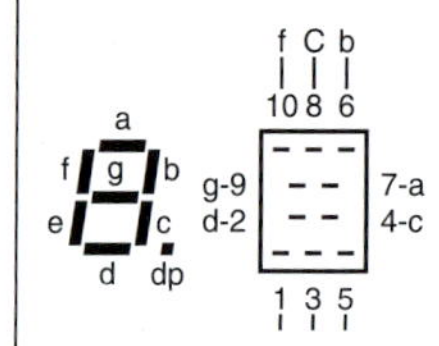

Hallgenerator

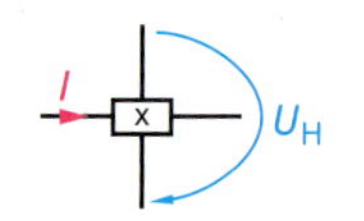

An eine sehr dünne Halbleiterplatte wird eine Spannung angelegt, sodass ein Strom fließt.

Wird die Halbleiterplatte *senkrecht* zum Strom von einem magnetischen Feld durchsetzt, so wirkt auf die Elektroden die Lorentzkraft. Die Elektronen werden zur Seite abgelenkt. Durch die entstehende Potenzialdifferenz kann an den beiden Querseiten eine elektrische Spannung U_H abgegriffen werden.

$$U_H = R_H \cdot \frac{I \cdot B}{d}$$

R_H Hallkonstante

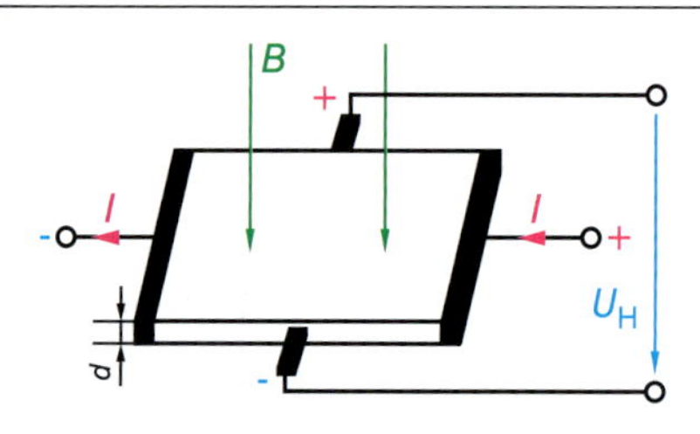

Anwendung
Magnetfeldmessung, potenzialfreie Strommessung

Feldplatten

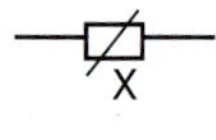

Feldplatten, auch als MDR (**M**agnetic **D**ependent **R**esistor) bezeichnet, bestehen aus Halbleiterwerkstoffen, deren Widerstand sich durch Anlegen eines Magnetfeldes verändert.

Auf einem Keramikträger ist mäanderförmig eine Indiumantimonidschicht aufgebracht. In dieser Schicht sind parallel angeordnete Nadeln aus elektrisch leitendem Nickelantimonid eingebettet.

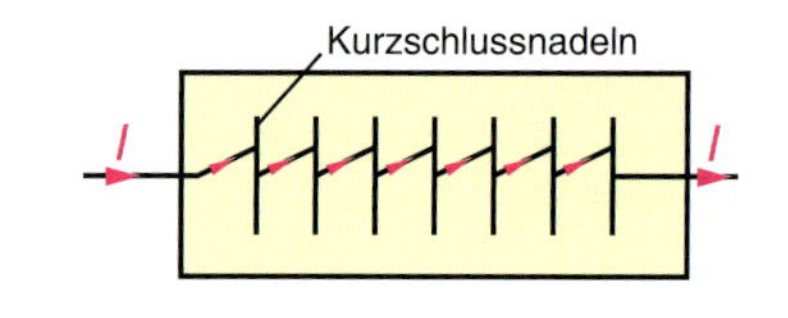

Bauelemente der Elektrotechnik

Halbleiterbauelemente

Optoelektronische Bauelemente

Feldplatten

Ohne Einfluss eines äußeren Magentfeldes fließt der Strom geradlinig durch die Bahnen der Feldplatte.

Durch Anlegen eines Magnetfeldes *senkrecht* zur Feldplatte werden die Elektronen aufgrund der Lorentzkraft seitlich abgelenkt und verlaufen in schrägen Bahnen von Kurzschlussnadel zu Kurzschlussnadel.

Je größer die magnetische Flussdichte ist, umso stärker ist die Auslenkung der Elektronen. Der Stromweg wird größer und der Widerstand der Feldplatte nimmt zu.

Anwendung
Kontaktlos steuerbare Widerstände, Magnetfeldmessung, Drehzahlerfassung, Drehrichtungserfassung, Feldplattenpotenziometer, lineare Weggeber

Operationsverstärker

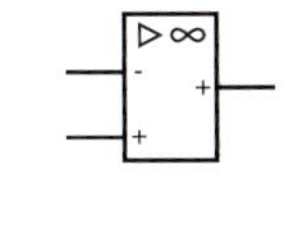

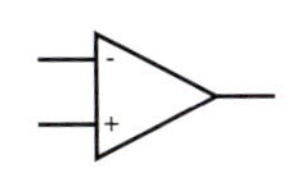

– invertierender Eingang
+ nichtinvertierender Eingang

Operationsverstärker sind Differenzverstärker mit sehr *hoher Spannungsverstärkung*. Verstärkt wird die *Differenz* der Eingangsspannung an den beiden Eingängen. Mit OPs lassen sich *Gleich*- und *Wechselspannungen* verstärken.

Der interne Aufbau eines OPs besteht im Wesentlichen aus einem *Differenzverstärker* als Eingangsstufe, einem *Spannungsverstärker* und einem *Gegentaktverstärker* in der Ausgangsstufe.

OPs haben eine *hohe Leerlaufverstärkung*, einen hohen Ausgangswiderstand und einen großen Frequenzbereich.

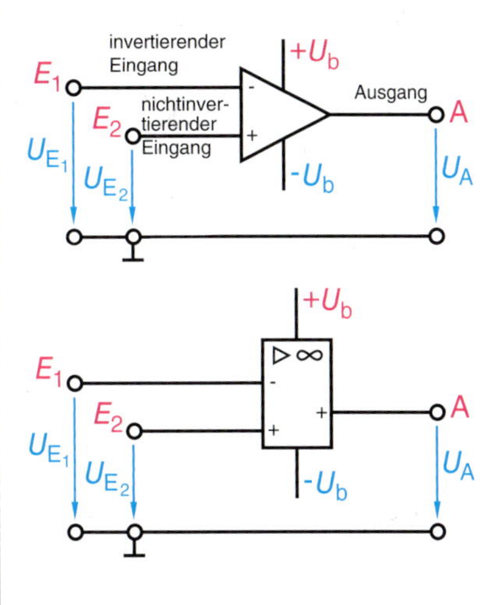

Wichtige Kenndaten des Operationsverstärkers

Kenndaten	Bedeutung
Eingangs-Nullspannung U_{I0}	Spannungsdifferenz an den Eingängen, damit die Ausgangsspannung den Wert null annimmt. $U_{I0} = U_{I1} - U_{I2}$ max. ± 6 mV

Offset
In der Praxis tritt bei Spannungsdifferenz null eine Ausgangsspannung von einigen Millivolt auf.

Stetige Regeleinrichtungen mit OPs → 285

Bauelemente der Elektrotechnik

Halbleiterbauelemente

Wichtige Kenndaten des Operationsverstärkers

Kenndaten	Bedeutung
Eingangs-Nullstrom I_{I0S}	Differenz der Eingangsströme, wenn die Ausgangsspannung null ist. $I_{I0S} = I_{I1} - I_{I2}$ 80 nA typ.
Eingangs-Ruhestrom I_I	Arithmetischer Mittelwert beider Eingangsströme, der für die Funktion erforderlich ist. $I_I = \frac{1}{2} \cdot (I_{I1} + I_{I2})$ 80 nA typ.
Gleichtakteingangsspannung U_{IC}	Arithmetischer Mittelwert der Eingangsspannungen, wenn die Ausgangsspannung den Wert null annimmt. $U_{IC} = \frac{1}{2} \cdot (U_{I1} + U_{I2})$
Differenz-Leerlaufverstärkung H_{UD0}	Verstärkung einer Spannungsdifferenz an den Eingängen ohne Gegenkopplung. $H_{UD0} = \frac{U_Q}{U_{ID}}$ 80 nA typ.
Gleichtakt-Leerlaufverstärkung	Verhältnis der Ausgangsspannung zur Gleichtakt-Eingangsspannung. $H_{UC0} = \frac{U_Q}{U_{IC}}$

Offsetkompensation
Die Abweichung der Ausgangsspannung vom Wert null ist zu kompensieren. Dazu wird an einen Eingang des OP eine zusätzliche Spannung angelegt.

Spannungen beim OP

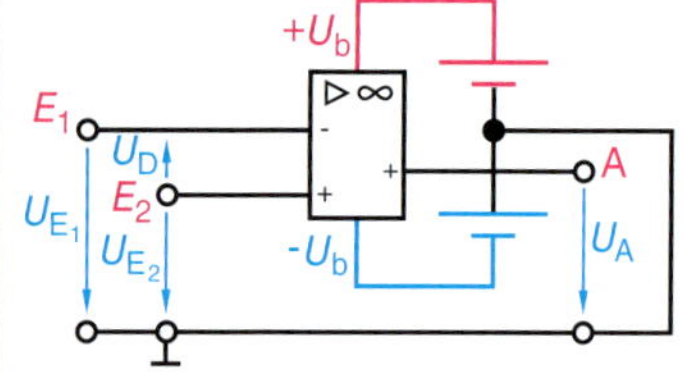

Übertragungskennlinie OP

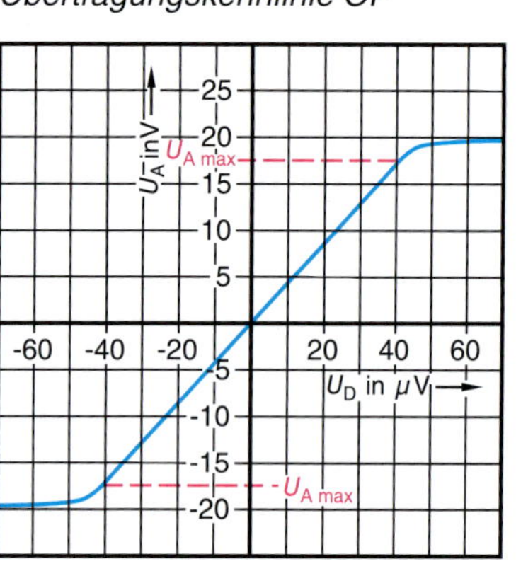

Grundschaltungen mit Operationsverstärkern

Invertierender OP

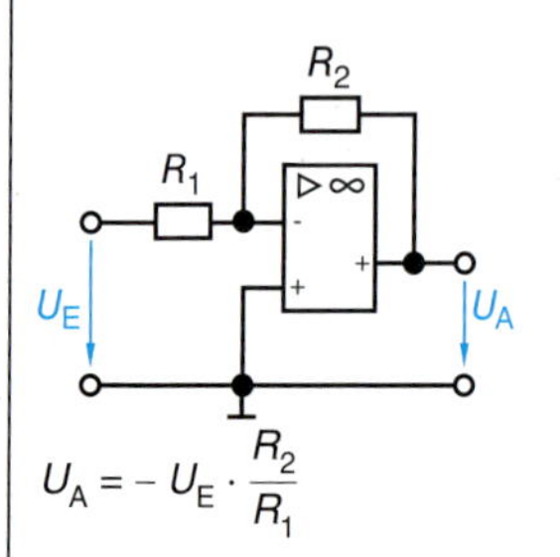

$U_A = -U_E \cdot \frac{R_2}{R_1}$

Nichtinvertierender OP

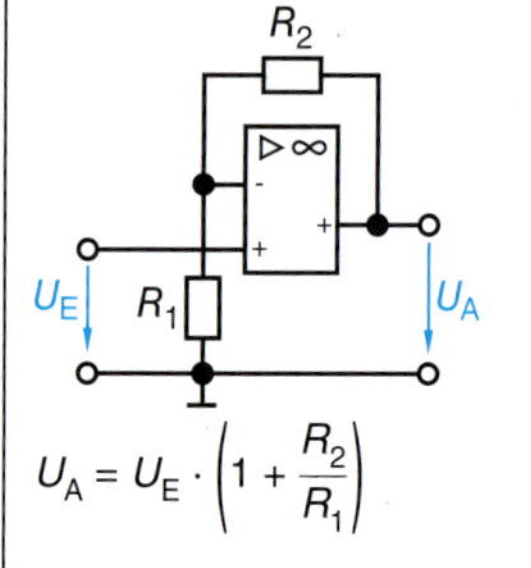

$U_A = U_E \cdot \left(1 + \frac{R_2}{R_1}\right)$

Impedanzwandler

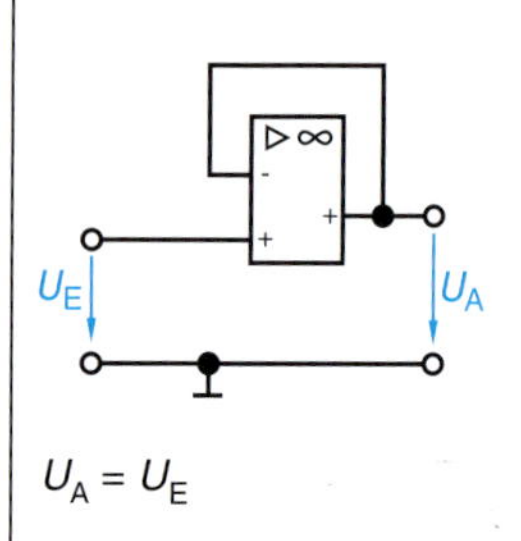

$U_A = U_E$

Bauelemente der Elektrotechnik

Halbleiterbauelemente

Grundschaltungen mit Operationsverstärkern

Invertierender OP

Spannungsverstärkung

$$V_U = \frac{U_A}{U_E} = -\frac{R_2}{R_1}$$

Nichtinvertierender OP

Spannungsverstärkung

$$V_U = \frac{U_A}{U_E} = 1 + \frac{R_2}{R_1}$$

Impedanzwandler

Spannungsverstärkung

$$V_U = \frac{U_A}{U_E} = 1$$

Differenzierer

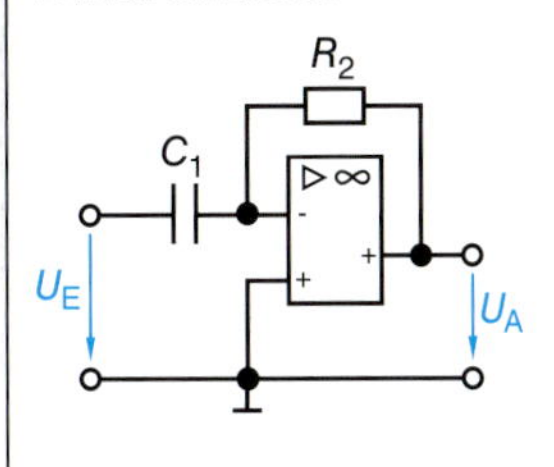

$$U_A = -U_E \cdot R_2 \cdot \omega \cdot C_1$$

ω Kreisfrequenz $(2\pi \cdot f)$

Integrierer

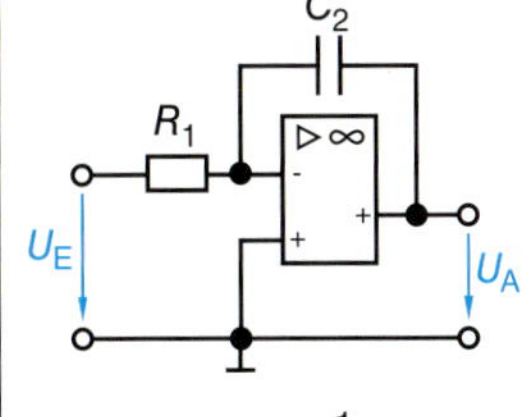

$$U_A = -U_E \cdot \frac{1}{R_1 \cdot \omega \cdot C_2}$$

ω Kreisfrequenz $(2\pi \cdot f)$

Komparator

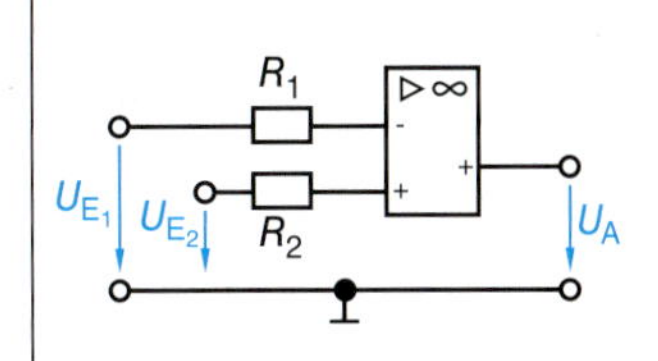

Summierer

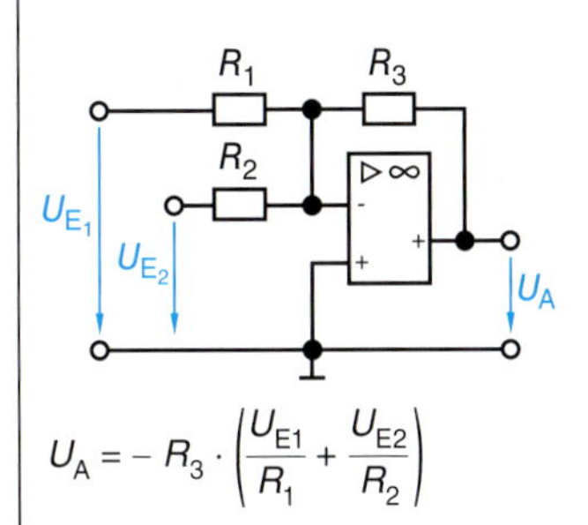

$$U_A = -R_3 \cdot \left(\frac{U_{E1}}{R_1} + \frac{U_{E2}}{R_2}\right)$$

Differenzverstärker

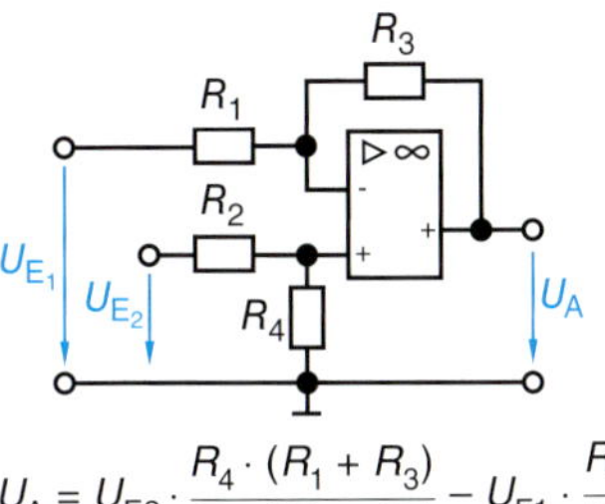

$$U_A = U_{E2} \cdot \frac{R_4 \cdot (R_1 + R_3)}{R_1 \cdot (R_2 + R_4)} - U_{E1} \cdot \frac{R_3}{R_1}$$

***I*-*U*-Wandler**

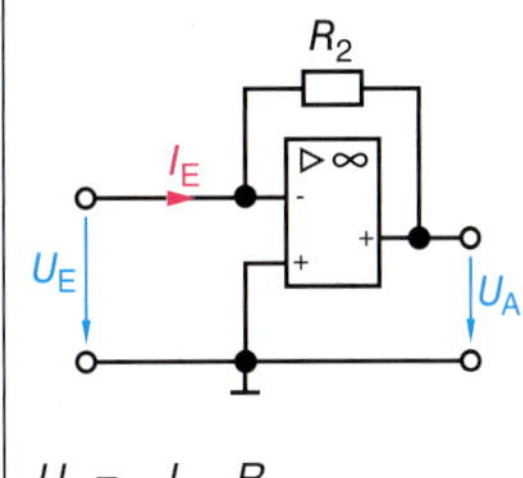

$$U_A = -I_E \cdot R_2$$

***U*-*I*-Wandler**

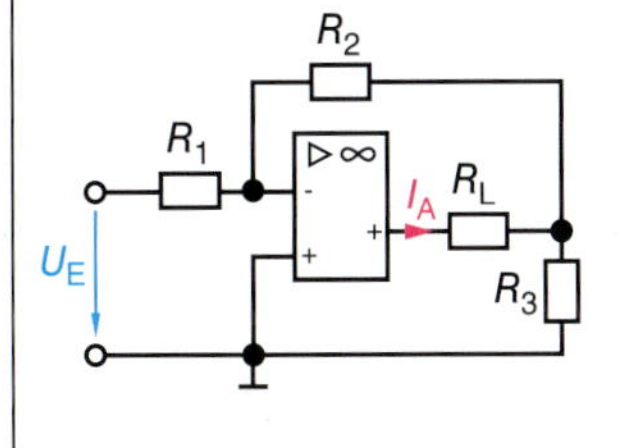

$$I_A = \frac{U_E}{R_1} \cdot \left(1 + \frac{R_2}{R_3}\right)$$

Astabile Kippstufe

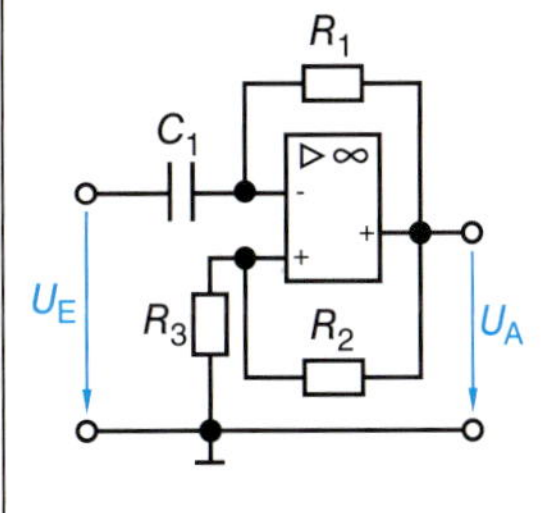

$$T = t_1 + t_2 \qquad R_1 = \frac{R_2 \cdot R_3}{R_2 + R_3}$$

$$T = 2 \cdot R_1 \cdot C_1 \cdot \ln\left(1 + \frac{2 \cdot R_3}{R_2}\right)$$

Bistabile Kippstufe

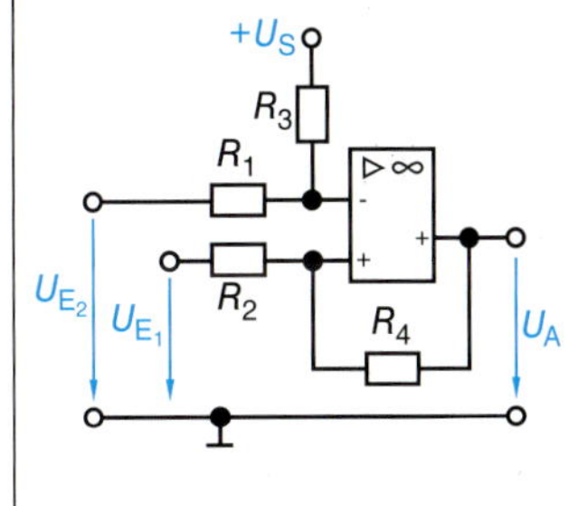

U_{E1} Setzen

U_{E2} Rücksetzen

Bauelemente

Baue-
lemente

Bauelemente der Elektrotechnik

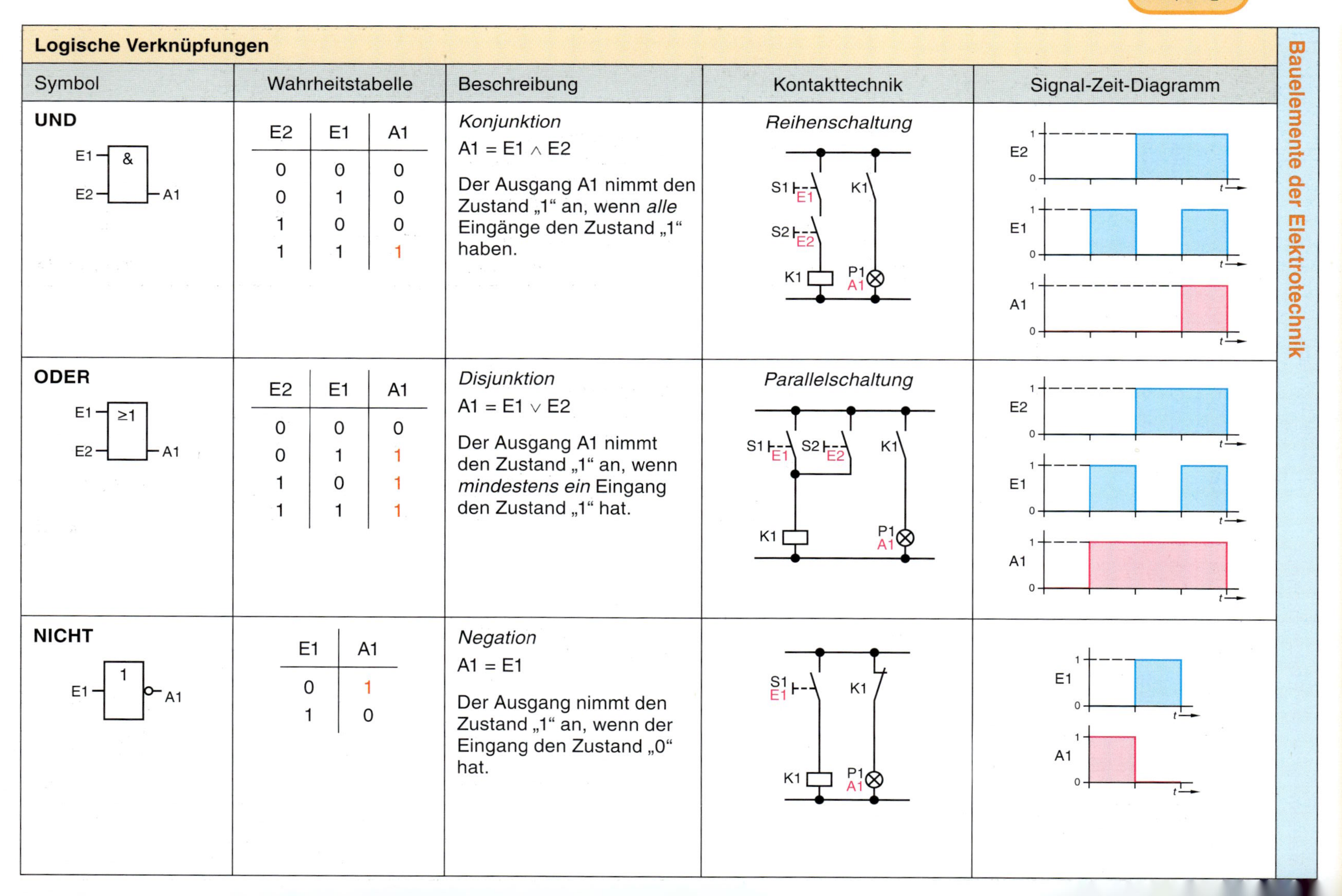

Logische Verknüpfungen

Symbol	Wahrheitstabelle	Beschreibung	Kontakttechnik	Signal-Zeit-Diagramm
UND		*Konjunktion* A1 = E1 ∧ E2 Der Ausgang A1 nimmt den Zustand „1“ an, wenn *alle* Eingänge den Zustand „1“ haben.	*Reihenschaltung*	
ODER		*Disjunktion* A1 = E1 ∨ E2 Der Ausgang A1 nimmt den Zustand „1“ an, wenn *mindestens ein* Eingang den Zustand „1“ hat.	*Parallelschaltung*	
NICHT		*Negation* A1 = E1 Der Ausgang nimmt den Zustand „1“ an, wenn der Eingang den Zustand „0“ hat.		

Wahrheitstabelle UND:

E2	E1	A1
0	0	0
0	1	0
1	0	0
1	1	1

Wahrheitstabelle ODER:

E2	E1	A1
0	0	0
0	1	1
1	0	1
1	1	1

Wahrheitstabelle NICHT:

E1	A1
0	1
1	0

Bauelemente der Elektrotechnik

Logische Verknüpfungen

Symbol | Wahrheitstabelle | Beschreibung | Kontakttechnik | Signal-Zeit-Diagramm

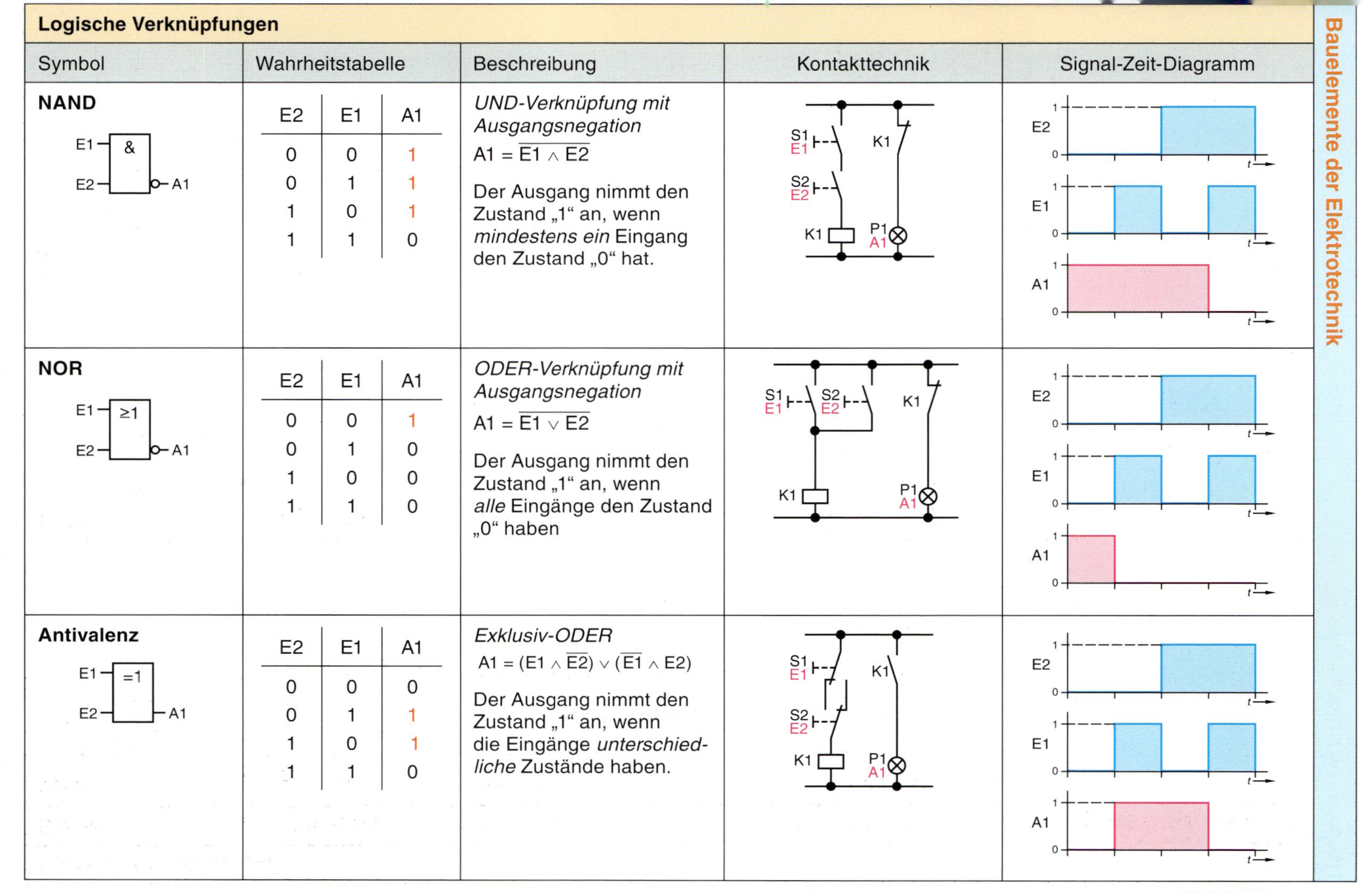

NAND

E2	E1	A1
0	0	1
0	1	1
1	0	1
1	1	0

UND-Verknüpfung mit Ausgangsnegation

$A1 = \overline{E1 \wedge E2}$

Der Ausgang nimmt den Zustand „1“ an, wenn *mindestens ein* Eingang den Zustand „0“ hat.

NOR

E2	E1	A1
0	0	1
0	1	0
1	0	0
1	1	0

ODER-Verknüpfung mit Ausgangsnegation

$A1 = \overline{E1 \vee E2}$

Der Ausgang nimmt den Zustand „1“ an, wenn *alle* Eingänge den Zustand „0“ haben

Antivalenz

E2	E1	A1
0	0	0
0	1	1
1	0	1
1	1	0

Exklusiv-ODER

$A1 = (E1 \wedge \overline{E2}) \vee (\overline{E1} \wedge E2)$

Der Ausgang nimmt den Zustand „1“ an, wenn die Eingänge *unterschiedliche* Zustände haben.

Bauelemente

Bauelemente der Elektrotechnik

Bauele-mente

Logische Verknüpfungen

Symbol	Wahrheitstabelle	Beschreibung	Kontakttechnik	Signal-Zeit-Diagramm
Äquivalenz (=)	E2 E1 A1: 0 0 1; 0 1 0; 1 0 0; 1 1 1	*Exclusiv-NOR* $A1 = (\overline{E1} \wedge \overline{E2}) \vee (E1 \wedge E2)$ Der Ausgang A1 nimmt den Zustand „1“ an, wenn alle Eingänge *den gleichen* Zustand haben.	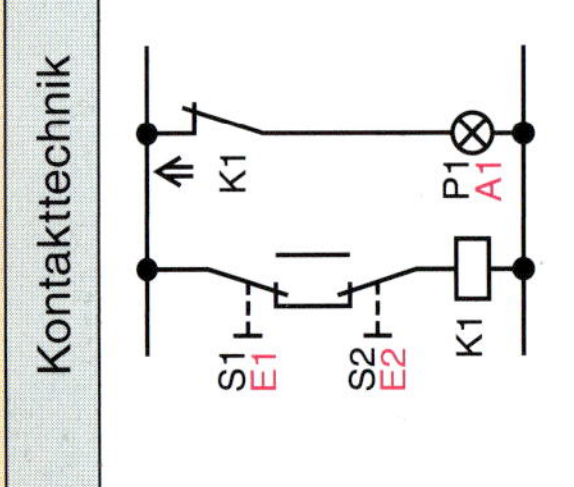	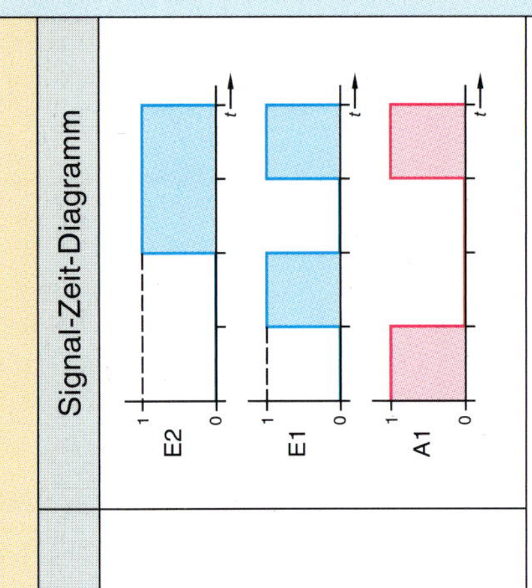

E2	E1	A1
0	0	1
0	1	0
1	0	0
1	1	1

Beispiel
Logische Schaltung

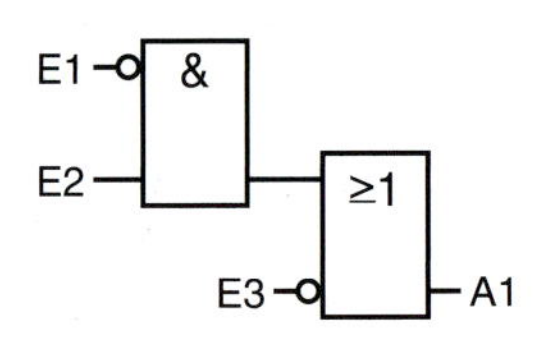

Wahrheitstabelle

E3	E2	E1	A1
0	0	0	1
0	0	1	1
0	1	0	1
0	1	1	1
1	0	0	0
1	0	1	0
1	1	0	1
1	1	1	0

Der Ausgang A1 nimmt den Signalzustand „1“ an, wenn

- der Eingang E3 = „0“ (ODER-Funktion und Negation),
- der Eingang E1 = „0“ (Negation beachten) und der Eingang E2 = „1“ (UND-Funktion).

Beispiel
Logische Schaltung

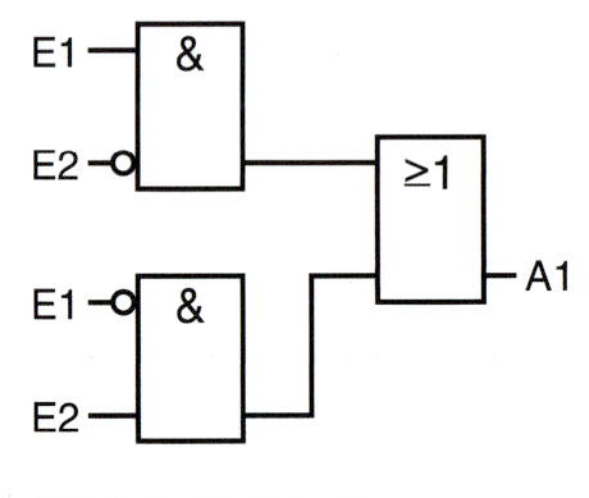

Wahrheitstabelle

E2	E1	A1
0	0	0
0	1	1
1	0	1
1	1	0

Wenn die Eingangssignale ungleich sind, nimmt der Ausgang A1 den Signalzustand „1“ an.
Bei der Schaltung handelt es sich um Antivalenz.

Bauelemente der Elektrotechnik

NAND- und NOR-Schaltungstechnik

Logische Grundverknüpfung mit NAND-Gliedern

NICHT mit NAND

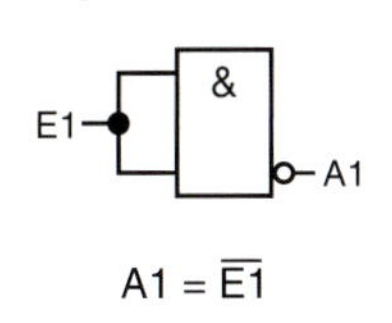

$A1 = \overline{E1}$

UND mit NAND

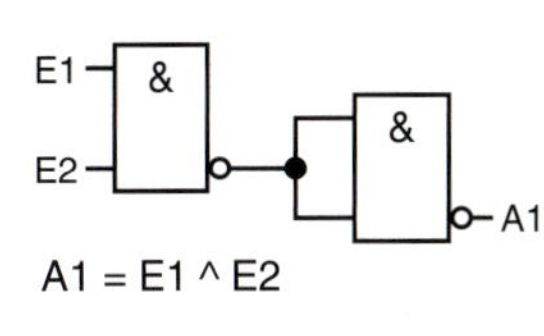

$A1 = E1 \wedge E2$

ODER mit NAND

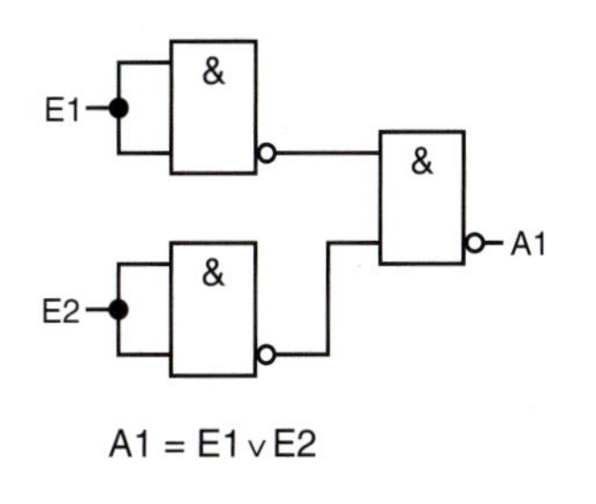

$A1 = E1 \vee E2$

Logische Grundverknüpfung mit NOR-Gliedern

NICHT mit NOR

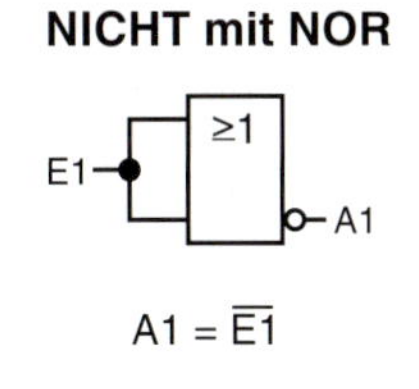

$A1 = \overline{E1}$

ODER mit NOR

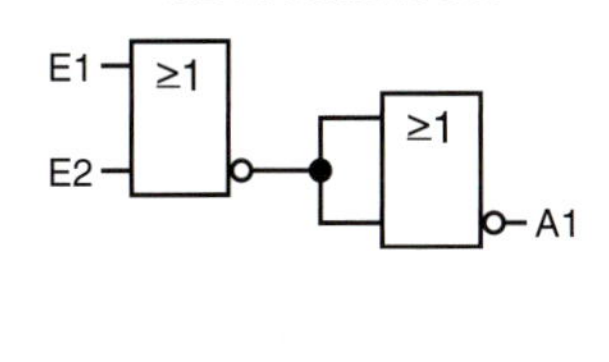

UND mit NOR

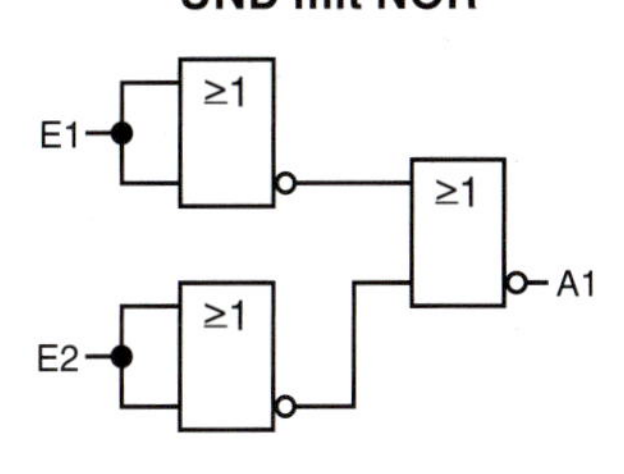

Bistabile Kippglieder

RS-Kippglied

S	R	Q	$\overline{Q}$
0	0	Speichern	
0	1	0	1
1	0	1	0
1	1	0[1]	0[1]

[1] Unzulässiger Zustand

Setzen durch Zustand „1“ am Eingang S. Rücksetzen durch Zustand „1“ am Eingang R. Speichern bei S = „0“ und R = „0“. S = 1 und R = 1 ist unzulässig.

$\overline{\text{RS}}$-Kippglied

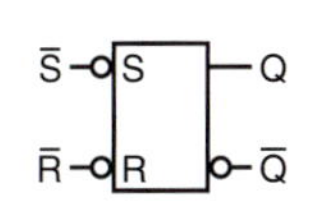

$\overline{S}$	$\overline{R}$	Q	$\overline{Q}$
0	0	1[1]	1[1]
0	1	1	0
1	0	0	1
1	1	Speichern	

[1] Unzulässiger Zustand

Setzen durch Zustand „1“ am Eingang $\overline{S}$. Rücksetzen durch Zustand „0“ am Eingang $\overline{R}$. Speichern, wenn beide Eingänge „1“. Beide Eingänge „0“ ist unzulässig.

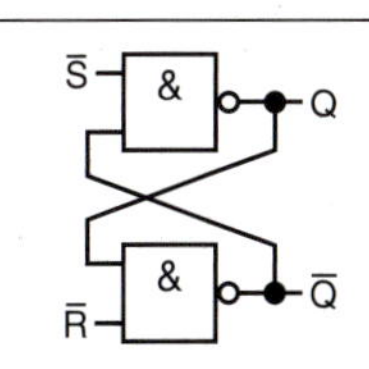

Speicher, vorrangiges Setzen

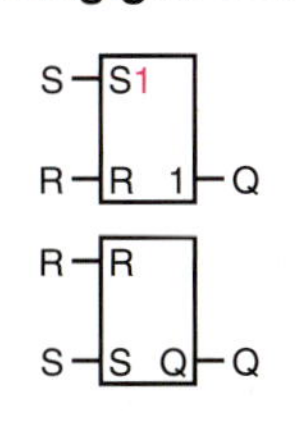

Wenn S = 1 und R = 1, wird der Speicherausgang Q gesetzt (Q = 1).

Vorrangiges Setzen, dominant Ein

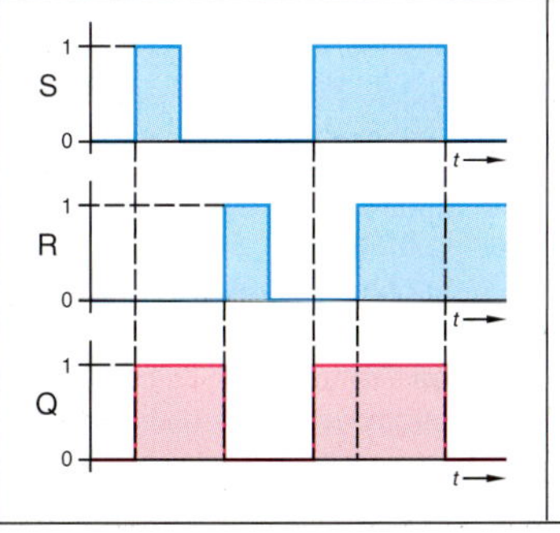

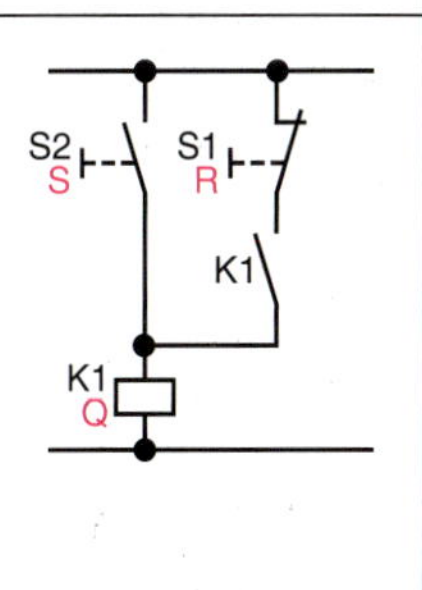

Bauelemente der Elektrotechnik

Bistabile Kippglieder

Speicher, vorrangiges Rücksetzen 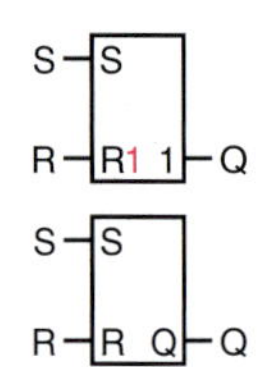	Wenn S = 1 und R = 1, wird der Speicherausgang zurückgesetzt (Q = 0). Vorrangiges Rücksetzen, dominant Aus	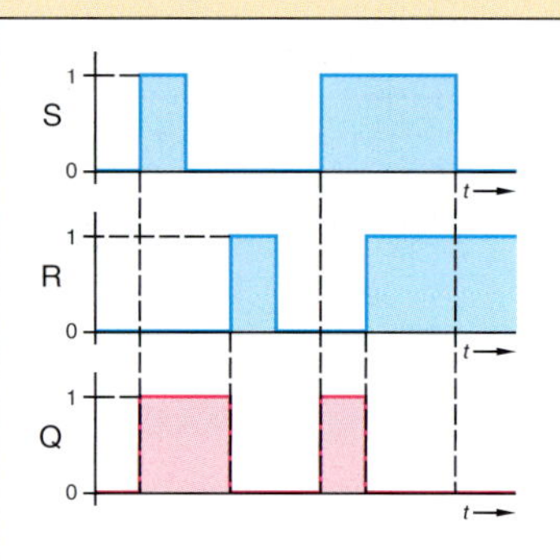	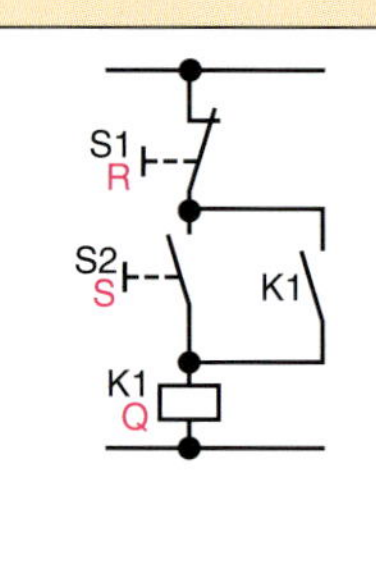
JK-Kippglied, einflankengesteuert 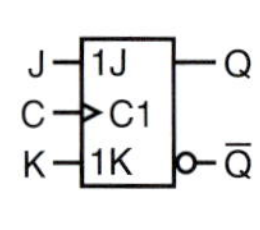	**Setzen**: Zustand „1“ an J-Eingang und positive Flanke an Takteingang C1. **Rücksetzen**: Zustand „1“ an K-Eingang und positive Flanke an Takteingang C1. *1J = „1“ und 1K = „1“:* Ausgangssignal wechselt mit jeder positiven Taktflanke.	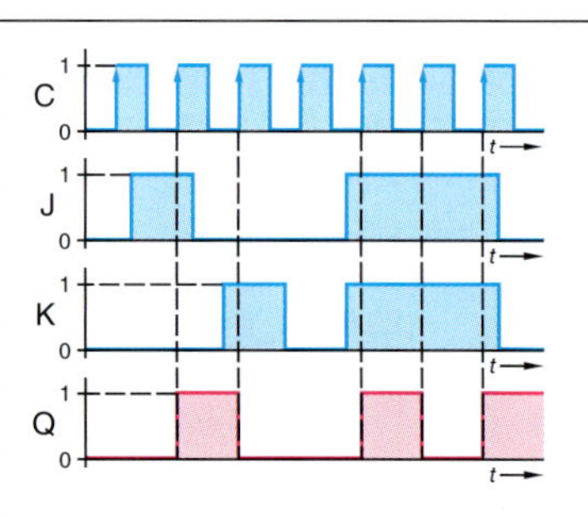	1J Q C1 1K Q̄ positive Taktflanke 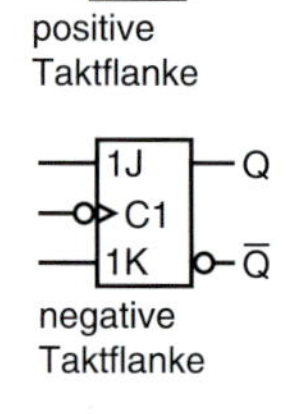 negative Taktflanke
JK-Kippglied, zweiflankengesteuert J 1J Q C C1 K 1K Q̄	Die Zustandsänderung an den Eingängen wird mit der positiven Taktflanke in das Master-Kippglied übernommen. Erst mit der negativen Taktflanke (Slave-Kippglied) wird die Zustandsänderung an den Ausgängen ausgegeben.	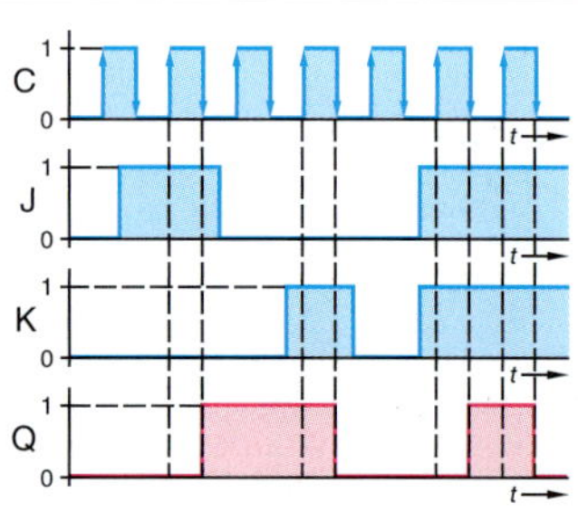	
Astabildes Kippglied 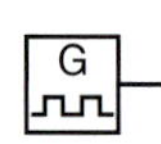	Kein stabiler Schaltzustand. Im Betriebszustand pendelt das astabile Kippglied ständig zwischen den beiden möglichen Zuständen hin und her. *Anwendung* z. B. als Frequenzgenerator oder Blinkgeber	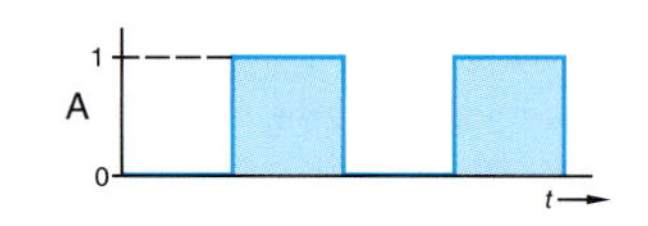	Das astabile Kippglied ist ein Taktgenerator. Erzeugt wird eine Rechteckspannung.

Bauelemente der Elektrotechnik

Bistabile Kippglieder, Schmitt-Trigger, Zeitverzögerung

Monostabiles Kippglied, nicht nachtriggerbar	Impulse, die während der Verweilzeit t_V auftreten, werden nicht berücksichtigt. Die Verweilzeit t_V verlängert sich nicht.	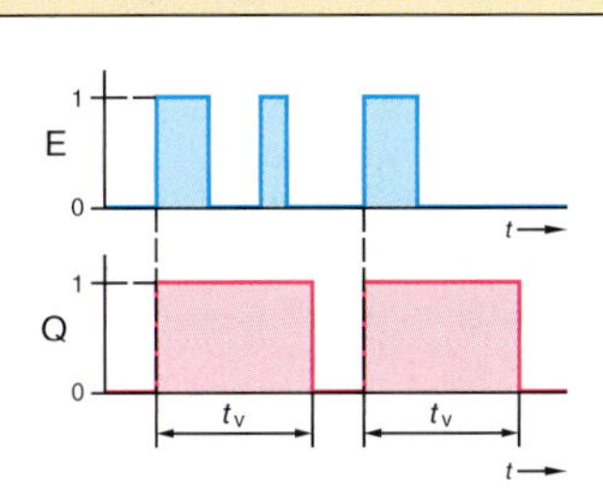	Bei monostabilen Kippgliedern kann ein Impuls mit wählbarer Impulsdauer erzeugt werden. Die Impulsdauer kann durch RC-Beschaltung bestimmt werden.
Monostabiles Kippglied, nachtriggerbar 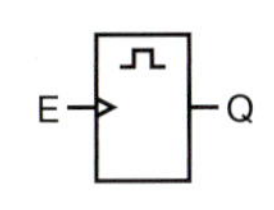	Impulse am Eingang, die während der Verweilzeit t_V auftreten, werden berücksichtigt. Dadurch verlängert sich die Verweilzeit.	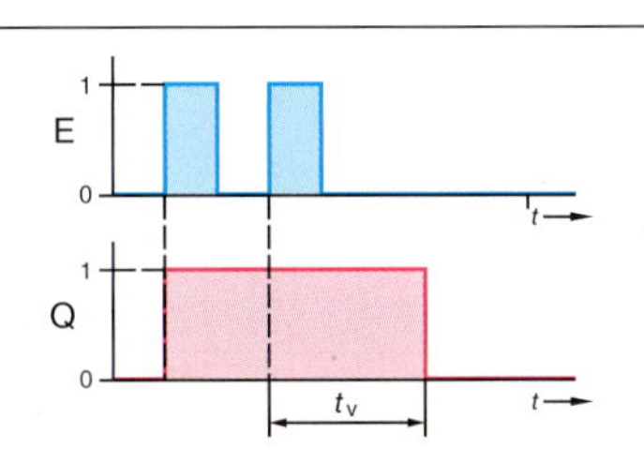	*triggern:* auslösen, starten $t_V = 0{,}7 \cdot R \cdot C$
Schmitt-Trigger 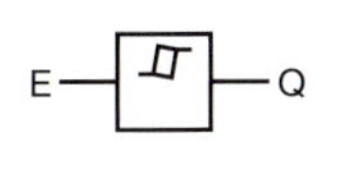	*Schwellwertschalter* Überschreitet das Eingangssignal einen vorgegebenen Schwellwert, so kippt der Trigger von der Ruhelage in die Arbeitsstellung. Wird der Schwellwert unterschritten, kippt der Trigger in Ruhelage zurück.	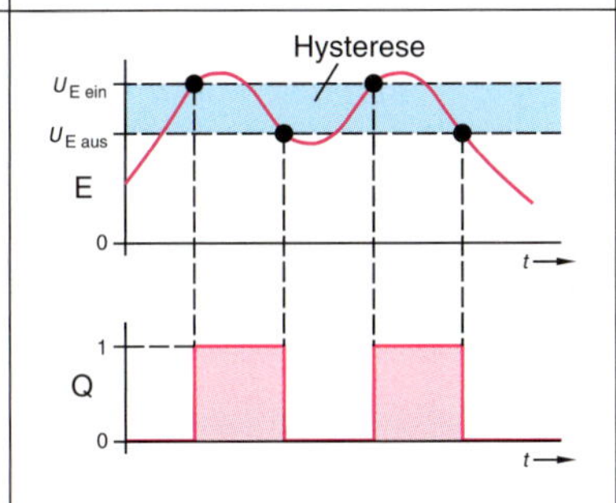	Der Kippvorgang erfolgt stets sprunghaft, sodass die Ausgangsspannung einen rechteckförmigen Verlauf hat. Der Schmitt-Trigger ist ein Impulsformer.
Einschaltverzögerung 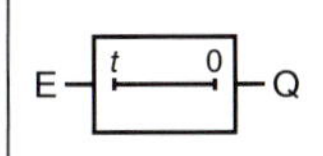	Wenn sich der Zustand am Eingang von „0“ nach „1“ ändert, nimmt der Ausgang nach Ablauf der Zeit t_V den Zustand „1“ an.	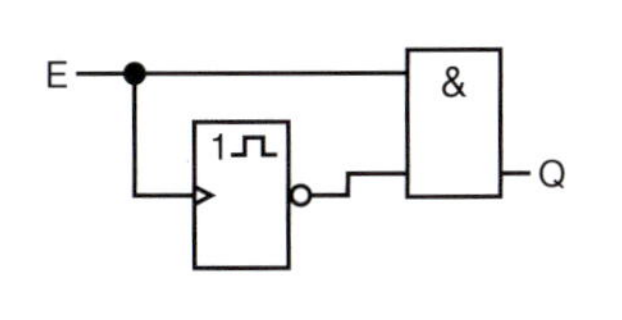 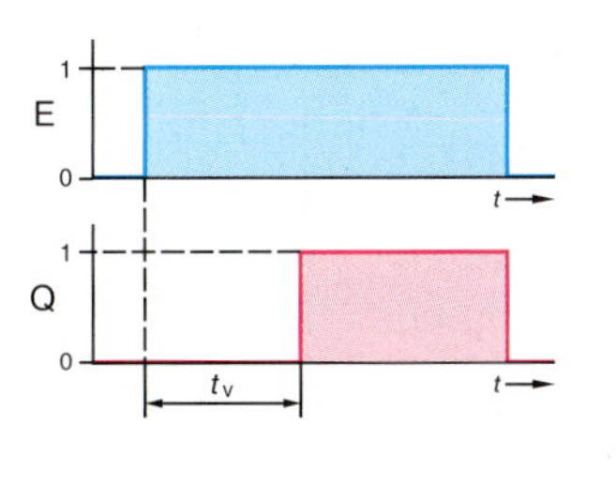	t_V wird von der Verweildauer des monostabilen Kippgliedes bestimmt.

Bauelemente der Elektrotechnik

Zeitverzögerung

Ausschaltverzögerung

Wenn am Eingang der Zustand von „0“ nach „1“ wechselt, wird Q unverzüglich den Zustand „1“ annehmen.

Wenn am Eingang der Zustand von „1“ nach „0“ wechselt, nimmt der Ausgang um die Zeit t_V verzögert wieder den Zustand „0“ an.

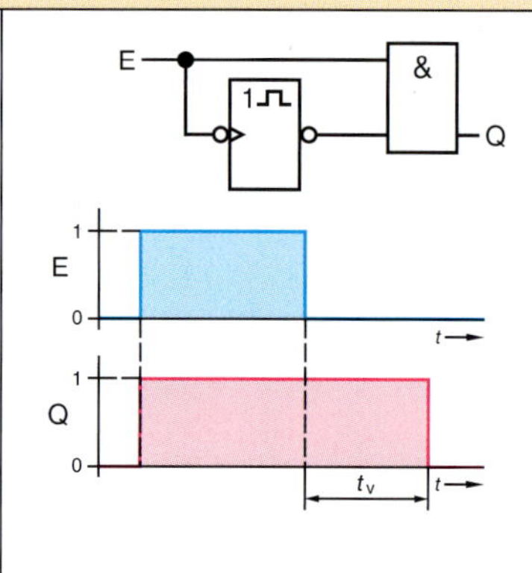

Die Zeitverzögerungsdauer entspricht der Verweilzeit t_V des monostabilen Kippgliedes.

Schaltalgebra

UND-Funktion (Konjunktion)		ODER-Funktion (Disjunktion)	
E1, 0 → & → A1	A1 = E1 ∧ 0 = 0 A1 immer 0	E1, 0 → ≥1 → A1	A1 = E1 ∨ 0 = E1 A1 immer E1
E1, 1 → & → A1	A1 = E1 ∧ 1 = E1 A1 immer E1	E1, 1 → ≥1 → A1	A1 = E1 ∨ 1 = 1 A1 immer 1
E1, E1 → & → A1	A1 = E1 ∧ E1 = E1 A1 immer E1	E1, E1 → ≥1 → A1	A1 = E1 ∨ E1 = E1 A1 immer E1
E1, $\overline{E1}$ → & → A1	A1 = E1 ∧ $\overline{E1}$ = 0 A1 immer 0	E1, $\overline{E1}$ → ≥1 → A1	A1 = E1 ∨ $\overline{E1}$ = E1 A1 immer 1
Vertauschungsgesetz (Kommutativgesetz)	A1 = E1 ∧ E2 = E2 ∧ E1 A1 = E1 ∨ E2 = E2 ∨ E1	**Verteilungsgesetz** (Distributivgesetz)	(E1 ∧ E2) ∨ (E1 ∧ E3) = E1 ∧ (E2 ∨ E3) (E1 ∨ E2) ∧ (E1 ∨ E3) = E1 ∨ (E2 ∧ E3)

Bauelemente der Elektrotechnik

UND-Funktion (Konjunktion)		ODER-Funktion (Disjunktion)
Verbindungsgesetz (Assoziativgesetz)	$E1 \wedge E2 \wedge E3$ $= E1 \wedge (E2 \wedge E3)$ $= E2 \wedge (E1 \wedge E3)$ $= E3 \wedge (E1 \wedge E2)$ $E1 \vee E2 \vee E3$ $= E1 \vee (E2 \vee E3)$ $= E2 \vee (E1 \vee E3)$ $= E3 \vee (E1 \vee E2)$	**Minimierung** $E1 \wedge (E1 \vee E2) = E1$ $E1 \vee (E1 \wedge E2) = E1$ $E1 \wedge (\overline{E1} \vee E2) = E1 \wedge E2$ $E1 \vee (\overline{E1} \wedge E2) = E1 \vee E2$ $(E1 \vee E2) \wedge (E1 \wedge \overline{E2}) = E1$ $(E1 \wedge E2) \vee (E1 \wedge \overline{E2}) = E1$

Gesetze von De Morgan

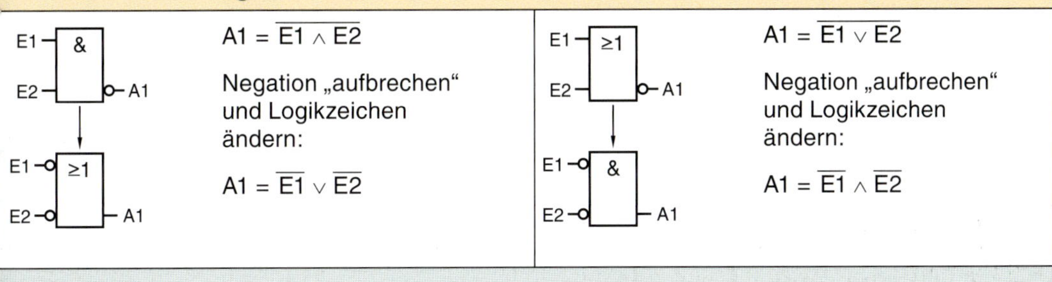

$A1 = \overline{E1 \wedge E2}$

Negation „aufbrechen" und Logikzeichen ändern:

$A1 = \overline{E1} \vee \overline{E2}$

$A1 = \overline{E1 \vee E2}$

Negation „aufbrechen" und Logikzeichen ändern:

$A1 = \overline{E1} \wedge \overline{E2}$

Beachten Sie:

- Die logischen Verknüpfungszeichen für UND bzw. ODER können wie folgt ersetzt werden:
  UND $\wedge \rightarrow \cdot$ (Multiplikationszeichen)
  ODER $\vee \rightarrow +$ (Additionszeichen)
- Es gelten die Regeln der herkömmlichen Algebra. Punktrechnung geht vor Strichrechnung.
  $A1 = (E1 \wedge E2) \vee (E1 \wedge \overline{E2})$
  $A1 = E1 \cdot E2 + E1 \cdot \overline{E2}$
  $A1 = E1 \cdot (E2 + \overline{E2})$
  $A1 = E1$ (da $E2 + \overline{E2} = 1$ bzw. $E1 \vee \overline{E2} = 1$)

Schaltkreisfamilien

Bezeichnung	Kennzeichnung	Wichtige Kenngrößen
Std-TTL	74 ...	*Standard-Transistor-Transistor-Logik* $U_b = 4{,}75 \cdots 5{,}25$ V, typ. 5 V $P_{typ} = 10$ mW
ALS-TTL	74ALS ...	*Advanced-Low-Power-Schottky-TTL* $U_b = 4{,}75 \cdots 5{,}25$ V, typ. 5 V $P_{typ} = 1$ mW
AS-TTL	74AS ...	*Advanced-Schottky-TTL* $U_b = 4{,}75 \cdots 5{,}25$ V, typ. 5 V $P_{typ} = 22$ mW
F-TTL	74F ...	*Fast-Schottky-TTL* $U_b = 4{,}75 \cdots 5{,}25$ V, typ. 5 V $P_{typ} = 4$ mW
LS-TTL	74LS ...	*Low-Power-Schottky-TTL* $U_b = 4{,}75 \cdots 5{,}25$ V, typ. 5 V $P_{typ} = 2$ mW

Bauelemente der Elektrotechnik

Schaltkreisfamilien

Bezeichnung	Kennzeichnung	Wichtige Kenngrößen	
CMOS	4 ...	*Complementary-Metal-Oxide-Semiconductor* $U_b = 3 \cdots 15$ V, typ. 5/10 V	$P_{typ} = 1$ µW
AC	74AC ...	*Advanced-CMOS* $U_b = 3 \cdots 5{,}5$ V, typ. 5 V	$P_{typ} = 1$ µW
HC	74HC	*High-Speed-CMOS* $U_b = 2 \cdots 6$ V, typ. 5 V	$P_{typ} = 10$ nW
HCT	74HCT	*HC TTL-Kompatibel* $U_b = 4{,}5 \cdots 5{,}5$ V, typ. 5 V	$P_{typ} = 10$ nW

Arbeitstabelle

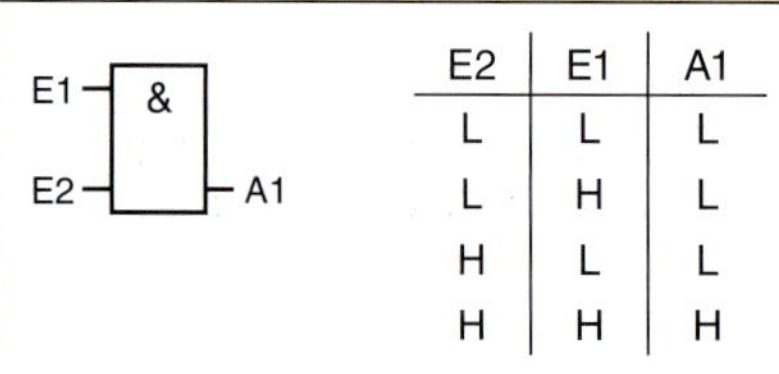

E2	E1	A1
L	L	L
L	H	L
H	L	L
H	H	H

L-Pegel
Low-Pegel: Pegelwert näher bei – ∞

H-Pegel
High-Pegel: Pegelwert näher bei + ∞

In der Arbeitstabelle sind die *Pegelzustände* am Ausgang in Abhängigkeit von den Pegelzuständen an den Eingängen dargestellt. Wenn ein Pegelzustand am Eingang keinen Einfluss auf den Ausgangspegel hat, dann wird der Zustand mit H/L oder X angegeben.

Wahrheitstabelle

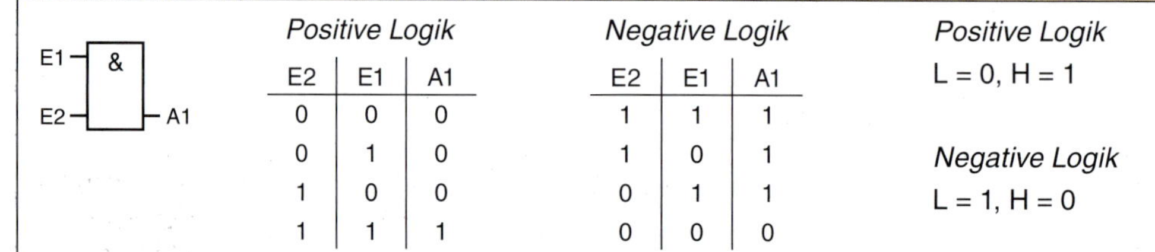

Positive Logik

E2	E1	A1
0	0	0
0	1	0
1	0	0
1	1	1

Negative Logik

E2	E1	A1
1	1	1
1	0	1
0	1	1
0	0	0

Positive Logik
L = 0, H = 1

Negative Logik
L = 1, H = 0

In der Wahrheitstabelle sind die *Logikzustände* am Ausgang in Abhängigkeit von den Logikzuständen an den Eingängen dargestellt.
Die Zuordnung der Pegel zu den Logikzuständen beruht auf Vereinbarung (positive bzw. negative Logik).

Pegel

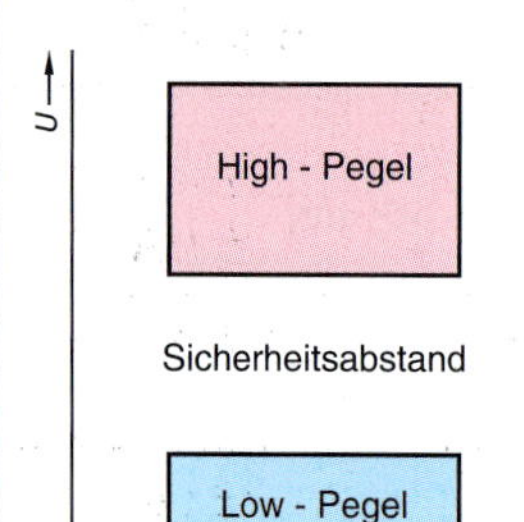

Störsicherheit
Je größer der *Sicherheitsabstand* zwischen L- und H-Pegel, umso größer die Störsicherheit, d. h. der Schutz vor den Auswirkungen eingekoppelter Störspannungen.

Statische Störsicherheit
Maximal zulässige *Eingangsspannungsänderung*, die noch keine Auswirkung auf das Ausgangssignal hat. Gilt für Störspannungen, die länger als die mittlere Signallaufzeit t_p anstehen.

Bauelemente der Elektrotechnik

Pegel

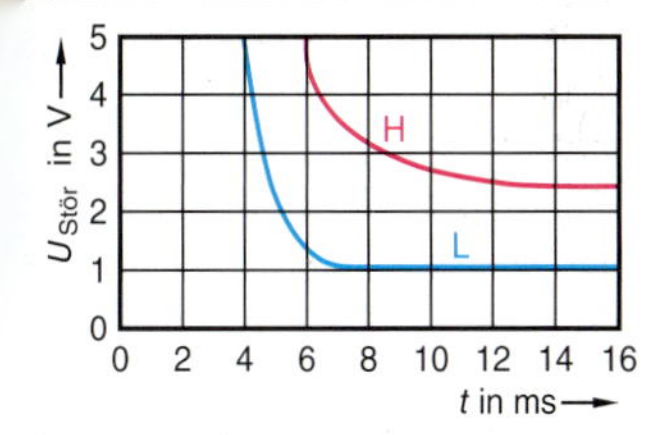

Dynamische Störsicherheit
Gibt an, *wie lange* eine Störspannung bestimmter Größe an den Eingängen anliegen darf, ohne eine Änderung des Ausgangssignals zu bewirken.
Gilt für Störspannungen, die nicht so lange wie die mittlere Signallaufzeit t_p wirksam sind.

Lastfaktor

Digitalschaltungen werden *nicht leistungslos* gesteuert. Zur Ansteuerung sind Spannungen und Ströme erforderlich. Die Ausgänge sind nicht beliebig belastbar, da bei *Überlastung* die Ausgangspegel unzulässig stark absinken.

Eingangs-Lastfaktor F_I (fan-in)
Der Eingang einer Digitalschaltung hat den Eingangs-Lastfaktor $F_I = 1$, wenn er die festgelegte *Normaleingangsbelastung* verursacht. Dies hängt von der Schaltkreisfamilie ab und beträgt z. B. für die TTL-Standard-Familie:

L-Niveau: 0,4 V; 1,6 mA
H-Niveau: 2,4 V; 40 µA

$F_I = 4$ bedeutet z. B. 4-fache Werte.

Ausgangs-Lastfaktor F_o (fan out)
F_o bestimmt, *wie viele Eingänge* maximal an den Ausgang einer Digitalschaltung angeschlossen werden dürfen. Zum Beispiel: $F_o = 30$.

Kenndaten TTL-Familie (4-fach-NAND)

Kennwerte	STANDARD 7400	Schottky 74 S 00	LOWER POWER Schottky 74 LS 00
Betriebsspannung U_b	4,75 ··· 5,25 V	4,75 ··· 5,25 V	4,75 ··· 5,25 V
typische Leistungsaufnahme (in Ruhe) bei $U_b = 5$ V	40 mW	76 mW	8 mW
Eingangsstrom HIGH-Zustand LOW-Zustand	 40 µA – 1,6 mA	 50 µA – 2 mA	 20 µA – 0,36 mA
Ausgangsstrom HIGH-Zustand LOW-Zustand	 – 0,4 mA 16 mA	 – 1 mA 20 mA	 – 0,4 mA 8 mA
mögliche Schaltschwelle LOW/HIGH (bei $U_b = 5$ V) im Bereich von ··· bis	0,8 ··· 2,0 V	0,8 ··· 2,0 V	0,8 ··· 2,0 V
typische Impulsverzögerungszeit bei $U_b = 5$ V	10 ns	3 ns	9,5 ns

Bauelemente der Elektrotechnik

Kenndaten CMOS-Familie (4-fach-NAND)

Kennwerte	HIGH SPEED C-MOS 74 HCT 00	HIGH SPEED C-MOS 74 HC 00	C-MOS 4011
Betriebsspannung U_b	4,5 ··· 5,5 V	2,0 ··· 6,0 V	3,0 ··· 18 V
typische Leistungsaufnahme (in Ruhe) bei $U_b = 5$ V	10 nW	10 nW	10 nW
Eingangsstrom HIGH-Zustand LOW-Zustand	 1 µA – 1 µA	 1 µA – 1 µA	 1 µA – 1 µA
Ausgangsstrom HIGH-Zustand LOW-Zustand	 – 4 mA 4 mA	 – 4 mA 4 mA	 – 1 mA 1 mA
mögliche Schaltschwelle LOW/HIGH (bei $U_b = 5$ V) im Bereich von ··· bis	0,8 ··· 2,0 V	0,9 ··· 3,6 V	1,5 ··· 3,5 V
typische Impulsverzögerungszeit bei $U_b = 5$ V	8,0 ns	8,0 ns	125 ns

Typenbezeichnungen nach dem Proelektron-Schlüssel
HEF 4000
Durch die ersten beiden Buchstaben wird die *Schaltungsfamilie* gekennzeichnet.
HE bedeutet C-MOS-Familie.
Der dritte Buchstabe kennzeichnet die *Temperatur*:
B: 0 ··· 70 °C
C: – 55 ··· 125 °C
D: – 25 ··· 70 °C
E: – 25 ··· 80 °C
F: – 40 ··· 85 °C

Unbenutzte C-MOS-Eingänge

- Können bei UND- und NAND-Gliedern entweder an *Betriebsspannung* gelegt oder mit benutzten Eingängen *desselben* Gliedes verbunden werden.
- Können bei ODER- oder NOR-Gliedern direkt an *Masse* gelegt oder mit den benutzten Eingängen *desselben* Gliedes verbunden werden.
- Zur Vermeidung statischer Aufladungen sind die Eingänge unbenutzter Glieder eines ICs über Widerstände (200 kΩ) an Masse zu legen.

Eingangspegel, Ausgangspegel, Übertragungskennlinie, Gehäuseformen

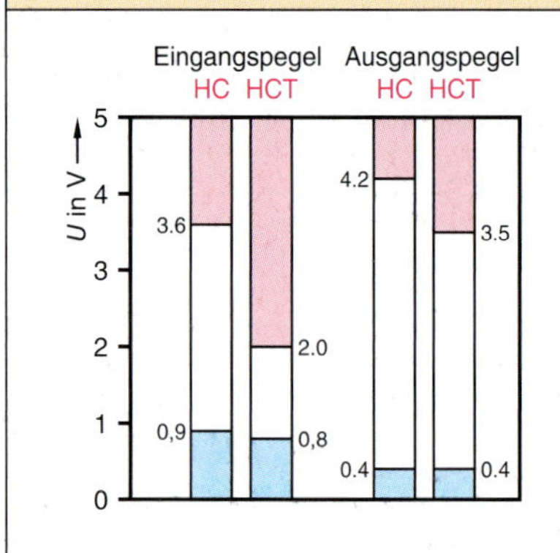

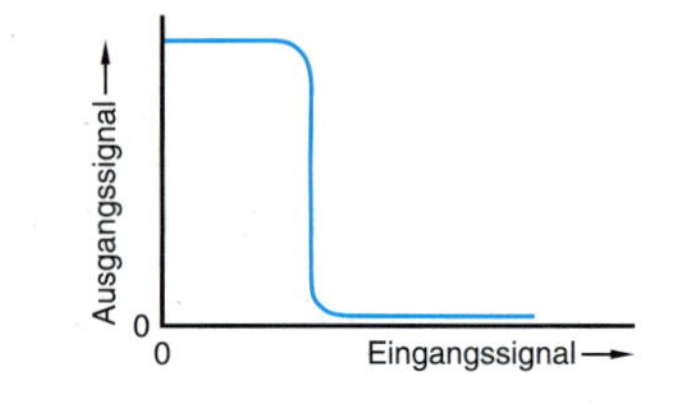

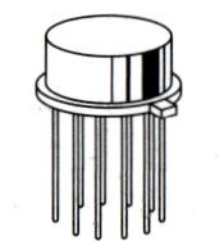
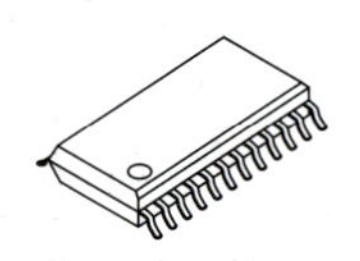
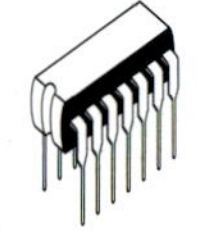
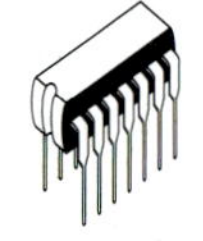

Bauelemente der Elektrotechnik

Kühlung von Halbleiterbauelementen

$$R_{th} = \frac{\Delta\vartheta}{P_V} \qquad R_{thJG} = \frac{\vartheta_j - \vartheta_G}{P_V} \qquad R_{thJU} = \frac{\vartheta_j - \vartheta_U}{P_V}$$

$$R_{thU} = R_{thG} + R_{thU} + R_{thK}$$

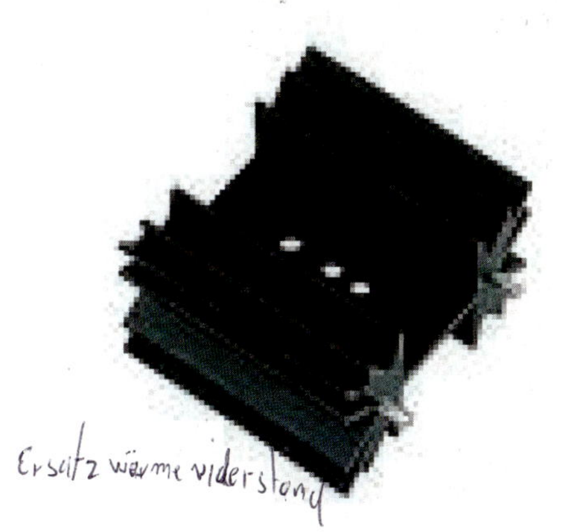

R_{th}	Wärmewiderstand in K/W (Kelvin/Watt)
P_V	Verlustleistung in W
$\Delta\vartheta$	Temperaturdifferenz in K
ϑ_j	Sperrschichttemperatur in °C
ϑ_G	Gehäusetemperatur in °C
ϑ_U	Umgebungstemperatur in °C
ϑ_K	Kühlkörpertemperatur °C
R_{thJG}	Wärmewiderstand Sperrschicht-Gehäuse in K/W
R_{thJU}	Wärmewiderstand Sperrschicht-Umgebung in K/W

Angaben in den Datenblättern

- *Bauelemente ohne Kühlkörper,* angegeben wird der gesamte Wärmewiderstand R_{thJU}
- *Bauelemente mit Kühlkörper,* angegeben wird nur der innere Wärmewiderstand R_{thJG}

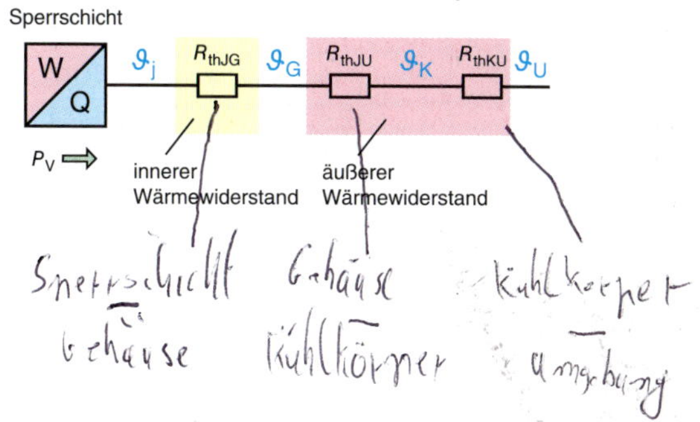

Beispiel

Profilkühlkörper	0,9 K/W
Wärmewiderstand	0,9 K/W
Oberflächenfinish	schwarz eloxiert
Material	Aluminium
Breite/Weite	120 mm
Länge/Höhe, außen	37 mm
Tiefe, außen	150 mm

Elektrochemische Spannungsquellen

Primärelemente

Primärelemente wandeln chemische Energie direkt in elektrische Energie um. Dabei wird die negative Elektrode verbraucht. Das Primärelement kann nicht wieder aufgeladen werden.

Technische Begriffe

Begriff	Erläuterung
Leerlaufspannung U_0	Klemmenspannung eines unbelasteten Elements
Nennspannung U_N	Klemmenspannung bei Belastung des Elementes
Innenwiderstand R_i	Innenwiderstand einer Zelle
Entladeendspannung	minimal zulässige Betriebsspannung ($0{,}5 \cdot U_N$)
Entladeschlussspannung	Klemmenspannung, bei der das Element als entladen anzusehen ist
Selbstentladung	Vorgang, der bei Lagerung die Betriebsdauer vermindert
Lecksicherheit	Maßnahme zur Vermeidung des Elektrolytaustritts

Bauelemente

Bauelemente der Elektrotechnik

Elektrochemische Spannungsquellen

Primärelemente

Elektrochemische Spannungsreihe

Erläuterung

Elektrochemische Spannungsreihe

U_o R_i U_K

Metall	Potenzial in V
Lithium	– 3,04
Kalium	– 2,94
Calcium	– 2,87
Natrium	– 2,71
Magnesium	– 2,37
Aluminium	– 1,66
Mangan	– 1,19
Zink	– 0,76
Chrom	– 0,74
Eisen	– 0,45
Cadmium	– 0,4
Cobalt	– 0,28
Nickel	– 0,26
Zinn	– 0,14
Blei	– 0,13
Eisen	– 0,04
Wasserstoff	± 0,00
Kupfer	+ 0,34
Kohle	+ 0,74
Silber	+ 0,8
Quecksilber	+ 0,85
Platin	+ 1,18
Gold	+ 1,40

Beispiel

Spannung zwischen einer Zinkelektrode und einer Kohleelektrode in einem Elektrolyten:

Zink: – 0,76 V
Kohle: + 0,74 V

$U_0 = +0{,}74\ \text{V} - (-0{,}76\ \text{V})$

$U_0 = +0{,}74\ \text{V} + 0{,}76\ \text{V}$

$U_0 = 1{,}5\ \text{V}$

Elektrolyte können sein: Säuren, Laugen, gelöste oder geschmolzene Salze.

In der Lösung enthalten sie Ionen.

Anführungen von Primärelementen

Element	Positive Elektrode	Negative Elektrode	Elektrolyt	U_N in V	Energiedichte in Wh/cm³
Zinkchlorid	MnO_2	Zn	$ZnCl_2$	1,5	0,1 – 0,25
Leclanché	MnO_2 + Kohle	Zn	NH_4Cl	1,5	0,08 – 0,15
Luftsauerstoff	NH_4Cl + Aktivkohle	Zn	$MnCl_2$	1,5	0,7
Alkali-Mangan	MnO_2	Zn-Pulver	KOH	1,5	0,15 – 0,4
Quecksilberoxid, Silberoxid	HgO Ag_2O	Zn Zn	KOH KOH	1,35 1,55	0,5 – 0,6 0,4 – 0,6
Lithium	$SOCl_2$ + C CoO, $FePO_4$	Li	$SOCl_2$, $LiAlCl_4$	3,5	0,68

Bauelemente der Elektrotechnik

Elektrochemische Spannungsquellen

Primärelemente

Bezeichnungen

IEC 60086-1

Zeichen	Bedeutung	Zeichen	Bedeutung
A	Luftsauerstoffelement	Zahl	Anzahl der in Reihe geschalteten Elemente
L	Alkalimanganelement	R	Rundzelle
M, N	Zinkquecksilberoxidelement	F	Flachzelle
S	Zinksilberoxidelement	S	rechteckige Zelle
P	Zinkluftelement	**R20: R**undzelle, Größe **20**	

Technische Daten von Primärelementen

Bezeichnung	IEC	Abmessungen in mm			Kapazität in Ah	Innenwiderstand R_i in Ω	Hinweis
		l	*d, b*	*h*			
Mikro	R03	–	10,5	44,5	0,41	0,4 – 0,6	Der E-Block mit U_N = 9 V besteht aus **6** in Reihe geschalteten Flachzellen je 1,5 V. **6** · 1,5 V = 9 V Bezeichnung: **6** F 22
Lady	R1	–	12	30	0,39	0,7 – 1,1	
Mignon	R6	–	14,5	50	1,16	0,3 – 0,5	
Normal	R12	–	21,5	60	1,97	2,0– 3,4	
Baby	R14	–	26,2	50	3,1	0,3 – 0,5	
Mono	R20	–	34,2	62	6,15	0,2 – 0,3	
E-Block	6F22	26,5	17,5	48,5	0,625	2 – 3	

l: Länge, *b*: Breite, *d*: Durchmesser, *h*: Höhe

Sekundärelemente

Sekundärelemente (Akkumulatoren) sind elektrochemische Speicher, die wiederholt aufgeladen werden können.

Technische Begriffe

Begriff	Erläuterung
Batterie	Verbund mehrerer elektrisch miteinander verbundenen Zellen (Reihenschaltung vorherrschend).
Zelle	Kleinste Einheit einer Batterie (positive und negative Elektrode, mit Trennschaltern, Zellgefäß und Elektrolyt).
Kapazität	Elektrizitätsmenge (elektrische Ladung): $K = I \cdot t$ Einem Akkumulator mit der Kapazität K= 65 Ah (Amperestunden) kann zum Beispiel t = 65 Stunden lang der Strom I = 1 A entnommen werden. K_5 ist die Bemessungskapazität bei 5-stündigem Entladestrom.

Schaltung von Spannungsquellen → 34

Bauelemente der Elektrotechnik

Elektrochemische Spannungsquellen

Sekundärelemente

Technische Begriffe

Begriff	Erläuterung
Laden	Elektrische Energie wird im Akkumulator als chemische Energie gespeichert.
Ladeverlauf	Zeitlicher Verlauf von Spannung und Stromstärke beim Laden.
Entladeschlussspannung	Akkumulatorspannung, die beim Entladen nicht unterschritten werden darf.
Gasungsspannung	Ladespannung, oberhalb derer ein Akkumulator Gase entwickelt.
Ladeverfahren	• *Normalladen:* Ladezeit zwischen 12 und 16 Stunden. Wegen der geringen Stromstärke besteht keine Gefahr der Überladung. • *Schnellladen:* Ladezeit zwischen 1 und 3 Stunden. Abschaltautomatik muss eine Überladung verhindern. • *Ultraschnellladen:* Ladezeit maximal 0,25 Stunden. Abschaltautomatik ist im Akkumulator integriert.
Memory-Effekt	Bei Nickel-Cadmium-Akkumulatoren: Aufladen des Akkus vor vollständigem Entladen verkürzt die Lebensdauer. Daher solche Akkus immer vollständig entladen, bevor der nächste Ladevorgang beginnt.
Lazy-Battery-Effekt	Ursache wie beim Memory-Effekt (Dauerüberladung bzw. Teilentladung). Spannung ein wenig niedriger als gewöhnlich, Lebensdauer des Akkus aber kaum betroffen.
Ladehinweis	• vor Erstinbetriebnahme vollständig aufladen • ca. monatlich vollständig entladen und neu laden • geeignetes Ladegerät verwenden

Akkumulatoren

Art	Aufbau	U_N/Zelle in V	Energiedichte in Wh/kg	Selbstentladung in % pro Monat	Anzahl Ladezyklen	Memoryeffekt	Bemerkung
Blei-Akkumulator	Bleioxid und Blei mit Schwefelsäure	2	30	6	1000	nein	Umweltproblematik: giftig
Nickel-Cadmium-Akkumulator NiCd	Oxi-Nickelhydroxid und Kadmium mit Kaliumhydrid	1,2	35	15	1000	ja	Umweltproblematik: giftig Darf nicht überall verwendet werden.
Nickel-Hydrid-Akkumulator NiMH	Nickel und eine Metalllegierung	1,2	60	30	800	nein	Umweltproblematik: gering
Lithium-Ionen-Akkumulator Li-Ion	Lithium-Ionen, Lithium-Polymere, Lithium-Metall	3,3 – 3,8	95 –190	5	800	nein	Umweltproblematik: keine

Bauelemente der Elektrotechnik

Elektrochemische Spannungsquellen

Sekundärelemente

Bleiakkumulatoren

Ausführung	Erläuterung
MF-Akkumulator (Maintenance Free)	Es handelt sich um eine *offene, wartungsfreie* Ausführung. Die Gasentwicklung wird durch konstruktive Maßnahmen gehemmt. Ein Entweichen der Gase ist nicht möglich. Die Flüssigkeit ist für die gesamte Lebensdauer ausreichend.
Hybrid-Akkumulator	Nur die negative Platte enthält eine Kalziumlegierung. Wasserverbrauch und Gasentwicklung sind reduziert.
Kalzium/Kalzium-Akkumulator	Beide Platten enthalten Kalziumlegierungen. 80 % geringerer Flüssigkeitsverlust mit kürzerer Selbstentladungszeit.
VRLA-Akku (Valve Regulated Lead Acid)	Akkumulator mit *ventilregulierter* Bleisäure. Das Batteriegehäuse ist ein mit *Sicherheitsventilen* ausgestattetes Druckgefäß. Sauerstoff und Wasserstoff reagieren miteinander und bilden wieder Wasser.
GEL-Akkumulator	Die Säure kann nicht auslaufen, relativ hoher Innenwiderstand des Akkumulators.
AGM-Akku (Absorbed Glass Mat)	Trennpapier als Glasfasermatte hält die Säure vor Ort, relativ geringer Innenwiderstand, hohe Leistungsdichte (hohe Leistung bei kleinem Volumen).

Säuredichte

Die Säuredichte ist ein Maß für den *Ladezustand* des Akkumulators und kann bei offenen Akkumulatoren gemessen werden.

Säuredichte bei 27 °C in kg/dm^3	Batterie-Ladezustand
1,25 – 1,28	Batterie ist geladen
1,20 – 1,24	Batterie ist halb geladen, Ladung ist notwendig
kleiner 1,19	Batterie ist ungenügend geladen, sofort laden

Ladeverfahren

Verfahren	Erläuterung
Normalladung	Vollständige Aufladung der vollständig oder teilweise entladenen Batterie. Ladestrom 0,05 – 0,1 der Kapazität, bei Erreichen der Gasungsspannung wird der Ladestrom reduziert.
Schnellladung	Der Ladestrom wird um den Faktor 3 – 5 erhöht, bei Erreichen der Gasungsspannung wird der Ladestrom verringert.
Ladung mit kleiner Stromstärke	Der Ladestrom kompensiert die Selbstentladung, Ladestrom ca. 0,1 A pro 100 Ah.
Pufferbetrieb	Batterie ist ständig mit dem Ladegerät verbunden. Der Ladestrom hält den Ladezustand der Batterie auf 100 %.

Bauelemente der Elektrotechnik

Elektrochemische Spannungsquellen

Sicherheitszeichen

Kinder von Säure und Batterien fernhalten	Feuer, Funken, offenes Licht und Rauchen verboten	Beim Laden entsteht hochexplosives Knallgasgemisch	Elektrolyt stark ätzend, Schutzhandschuhe tragen	Bei Arbeiten an Batterien Schutzkleidung u. Schutzbrille tragen

Wartung

Zeitraum	Maßnahmen
mind. alle 6 Monate	Batteriespannungen messen, Spannung einiger Zellen messen, Oberflächentemperatur einiger Zellen messen, Batterieraumtemperatur messen
jährlich	Spannung aller Zellen messen, Oberflächentemperatur aller Zellen messen, Isolationswiderstand messen, Batterieraumtemperatur messen
jährliche Besichtigung	Schraubverbindungen (Sauberkeit und auf festen Sitz prüfen), Aufstellung der Batterie, Belüftung und Entlüftung

Brennstoffzellen

Typ	Brenngase	Elektrolyt	Temperatur	Leistung
AFC Alkaline Fuel Cell	Wasserstoff Sauerstoff (Luft)	Kalilauge	50 bis 90°C	ca. 10 kW
MCFC Molten Carbonate Fuel Cell	Wasserstoff Methan Kohlegas Sauerstoff (Luft)	Alkalicarbonatschmelzen	600 bis 700°C	250 kW bis 2 MW
PAFC Phosphoric-Acid Fuel Cell	Wasserstoff Methan Sauerstoff (Luft)	Phosphorsäure	160 bis 220°C	50 kW bis 11 MW
PEMFC Proton Exchange Membrane Fuel Cell	Wasserstoff Methanol Methan Sauerstoff (Luft)	Polymermembran	20 bis 120°C	30 W bis 250 kW
SOFC Solid Oxid Fuel Cell	Wasserstoff Methan Sauerstoff (Luft)	keramischer Festelektrolyt	800 bis 1000°C	1 kW bis 100 kW

Fotovoltaik

Solarzellen

Zelle	Aufbau	Wirkungsgrad	Anwendung
Amorphe Zelle	Ein Halbleitermaterial (z. B. Silizium) wird auf eine Glasplatte aufgedampft.	bis ca. 10%	Solarmodule, Kleingeräte
Monokristalline Zelle	Silizium-Einkristalle	bis ca. 25 %	Solarmodule
Polykristalline Zelle	Wird aus mehreren Siliziumkristallen gegossen.	bis ca. 15%	

Bauelemente der Elektrotechnik

Fotovoltaik

Solarzellen

Solarzellen ermöglichen die fotovoltaische Umwandlung, indem sie zu *Solarmodulen* zusammengefasst werden.
Die dabei erzeugte elektrische Energie kann

- direkt vor Ort genutzt werden,
- in Akkumulatoren gespeichert werden (akkumulatorgepuffertes Inselsystem),
- in das Energieverteilungsnetz eingespeist werden.

Wenn die erzeugte elektrische Energie in das Energieverteilungsnetz eingespeist wird, dann wird die von den Solarzellen erzeugte Gleichspannung mithilfe eines *Wechselrichters* in Wechselspannung umgewandelt.

Bemessungsleistung

Die Bemessungsleistung der Fotovoltaikanlagen wird i. Allg. in W_P (Watt Peak) angegeben (*peak*: engl. Höchstwert, Spitzenwert). Diese Bemessungsleistung bezieht sich auf Testbedingungen von 1000 W/m² Sonneneinstrahlung, wobei das Solarmodul eine maximale Temperatur von 25 °C haben darf.

Solarzelle, Solarmodul

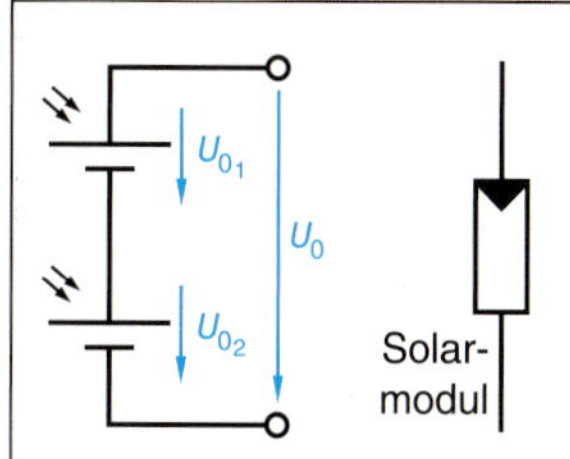

Die Spannung einer Solarzelle ist abhängig von der Beleuchtungsstärke und von der Zellentemperatur. Bei Silizium gilt ein Höchstwert von ca. 0,5 V.

Solarzellen werden zu *Solarmodulen* zusammengeschaltet.
Ein Solarmodul besteht i. Allg. aus 36 bis 40 in Reihe geschaltete Zellen. Die Spannungen der einzelnen Zellen addieren sich dann zur Gesamtspannung $U_0 = U_{0_1} + U_{0_2} + \cdots U_{0_n}$.

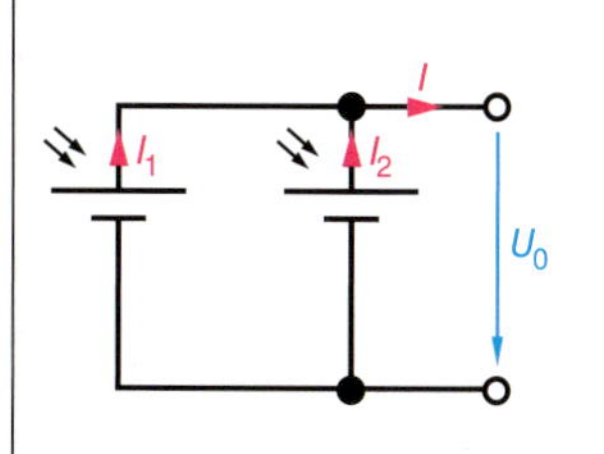

Solarzellen können parallel geschaltet werden. Dabei addieren sich die Ströme der einzelnen Zellen.

$I = I_1 + I_2 + \cdots + I_n$

Einer Zelle kann ein Strom von maximal 3 A entnommen werden.

Parallelschaltung von Reihensträngen (Strings)
Ermöglicht die Erzeugung **höherer Systemleistungen** von einigen Kilowatt bis in den Gigawatt-Bereich.

Schaltung von Solarmodulen

Solarmodule können *in Reihe* (Spannungserhöhung) bzw. *parallel* (Stromerhöhung) geschaltet werden. Bei Solargeneratoren sind auch Kombinationen von Reihen- und Parallelschaltungen möglich. Dabei werden dann Stränge von Solarmodulen (Reihenschaltung) parallel geschaltet.

- *Spitzenleistung eines Solarmoduls:*

  $P_M = G_N' \cdot \eta_M$

- *Spitzenleistung eines Solargenerators:*

  $P_G = G_N' \cdot A_G \cdot \eta_u$

- *Anzahl der Solarmodule:*

  $n = \frac{P_G}{P_M}$

P_M Spitzenleistung eines Solarmoduls
P_G Spitzenleistung eines Solargenerators
G_N' globale Bestrahlungsstärke $\left(1\ \frac{kW}{m^2}\right)$
η_M Wirkungsgrad des Solarmoduls
A_G Gesamtfläche des Solargenerators
n Anzahl der Solarmodule

Errichtung elektrischer Anlagen

Errichtung elektrischer Anlagen

Netzsysteme — DIN VDE 0100-100: 2009-06

Kurzzeichen

I Trennung aller aktiven Leiter von Erde. Der Sternpunkt ist isoliert oder über eine Impedanz mit Erde verbunden. (I: Isolation)

N Direkte Verbindung mit dem Sternpunkt des Netzes.

S Der PE-Leiter ist vom N-Leiter getrennt. (S: separated, getrennt)

T Direkte Erdung des Netzsternpunktes bzw. des Gerätegehäuses. (T: Terra, Erde)

C N-Leiter und PE sind zum PEN-Leiter zusammengefasst. (C: combined, kombiniert)

Systeme

TN-S-System

Neutralleiter und Schutzleiter im gesamten System *getrennt* verlegt

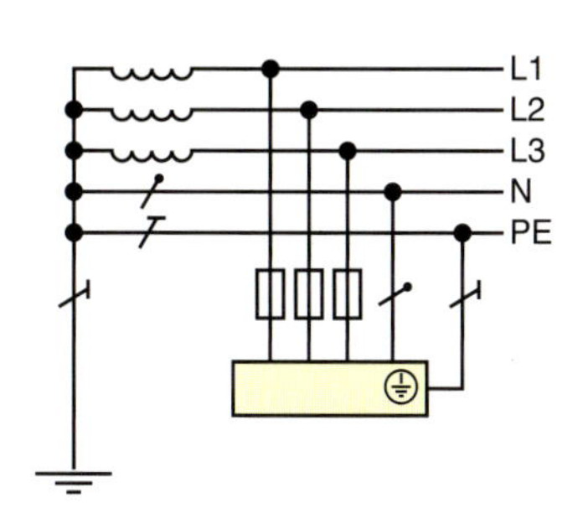

TN-C-System

Neutral- und Schutzleiter im *gesamten* System in einem PEN-Leiter *kombiniert*

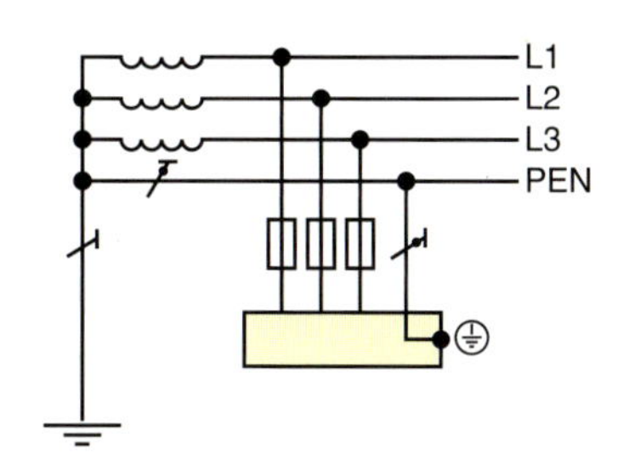

TN-C-S-System

Neutral- und Schutzleiterfunktionen in *einem Teil* des Systems *kombiniert*

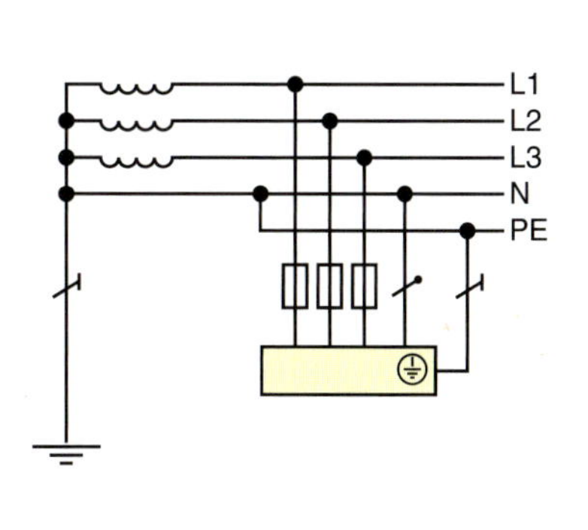

Schutzeinrichtungen

- Schmelzsicherungen
- Leitungsschutzschalter
- RCD (Fehlerstrom-Schutzeinrichtung)

Der Fehlerstrom wird zu einem Kurzschlussstrom und führt zur Abschaltung.

Abschaltbedingung

$Z_S \cdot I_a \leq U_0$

Abschaltung (TN-System)

- $U_0 = 230$ V: $t_a \leq 0{,}4$ s
- $U_0 = 400$ V: $t_a \leq 0{,}2$ s
- $U_0 > 400$ V: $t_a \leq 0{,}1$ s

RCD

$I_a = I_{\Delta n}$

Abschaltzeit $t_a \leq 0{,}2$ s, selektiver RCD $t_a \leq 0{,}5$ s

Drehstromtechnik → 49, RCD → 113, 120

Errichtung elektrischer Anlagen

Netzsysteme — DIN VDE 0100-100: 2009-06

Systeme

TT-System

Direkte Erdung eines Punktes sowie der einzelnen Körper

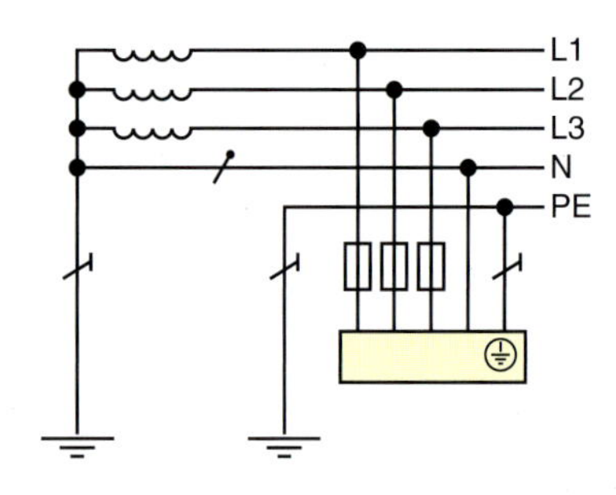

Schutzeinrichtungen
- Schmelzsicherungen
- Leitungsschutzschalter
- RCD

Der Fehlerstrom wird zu einem Erdschlussstrom und fließt über Erde (Erder).

Abschaltbedingung
$R_A \cdot I_a \leq U_L$

Abschaltung (TT-System)
- $t \leq 5$ s in allen Stromkreisen
- $t \leq 1$ s bei RCD-Einsatz

Da Fehlerstrom gering, praktisch Abschaltung nur über RCD möglich.

IT-System

Alle aktiven Teile von *Erde getrennt* oder Verbindung eines Punktes mit Erde über eine *Impedanz*

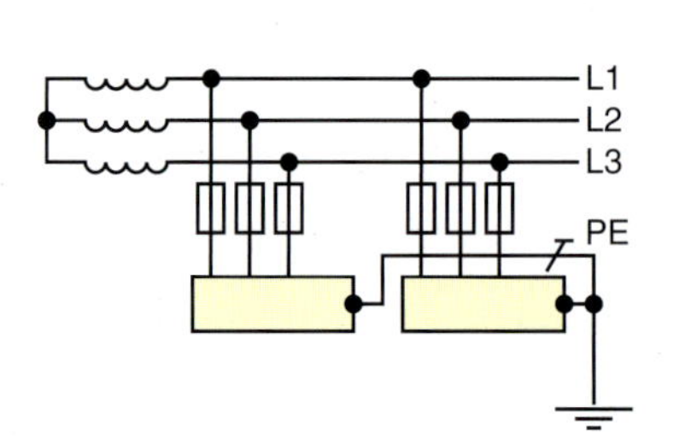

Mit Isolationsüberwachung

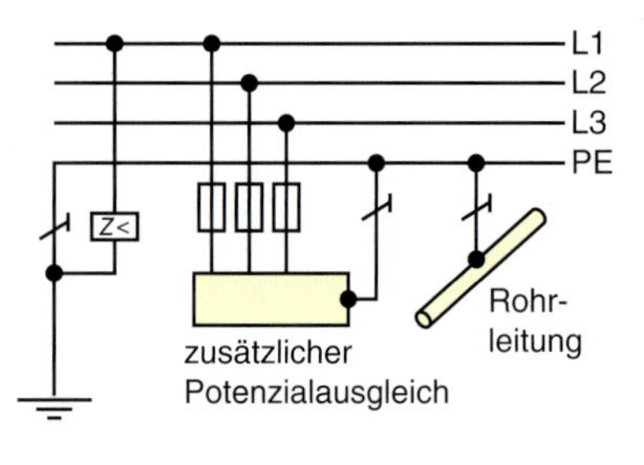

Schutzeinrichtungen
- Schmelzsicherungen
- Leitungsschutzschalter
- Isolationsüberwachungseinrichtung

Abschaltbedingung
$R_A \cdot I_d \leq U_L$

Abschaltung (IT-System)

Mit N-Leiter:
U = 400 V: 0,8 s
U = 690 V: 0,4 s
U = 1000 V: 0,2 s

Ohne N-Leiter
U = 400 V: 0,4 s
U = 690 V: 0,2 s
U = 1000 V: 0,1 s

Erster Fehler:
Fehleranzeige durch Meldung oder Abschaltung; I_d = Fehlerstrom (Ableitstrom)

Zweiter Fehler:
Abschaltung durch Überstromschutzorgane

Errichtung elektrischer Anlagen

Elektrische Anlagen bis 1000 V DIN VDE 0100-200: 2006-08

Wichtige Begriffe

Elektrische Betriebsmittel	Dienen zur Umwandlung, Übertragung, Verteilung und Anwendung der elektrischen Energie. Sie sind *ortsfest*, wenn sie während des Betriebs am Aufstellungsort verbleiben. Sie sind *ortsveränderlich*, wenn sie während des Betriebes bewegt werden können.
Körper	*Berührbare leitfähige Teile* von elektrischen Betriebsmitteln, die nur im *Fehlerfall* unter Spannung stehen können.
Aktive Teile	Unter Spannung stehende Teile oder Leiter bei normalen Betriebsbedingungen. Hierzu zählen N-Leiter, aber nicht PEN-Leiter.
Erde	Bezeichnung für das *leitfähige Erdreich*. Das Erdpotenzial wird zu null angenommen.
Erder	Leiter mit elektrisch leitender Verbindung zum Erdreich.
Bezugserde	Teil der Erde, dessen elektrisches Potenzial praktisch keine Abweichungen von dem mit null festgelegten Erdpotenzial hat.
Ausbreitungswiderstand	Widerstand zwischen Erder und Bezugserde.
Erdungswiderstand	Summe des Ausbreitungswiderstandes des Erders und dem Widerstand der Erdungsleitung.
Außenleiter	Verbindungsleitungen zwischen Stromquelle und Verbrauchsmittel.
Neutralleiter	Leiter, der mit dem Mittel- oder Sternpunkt verbunden ist.
Schutzleiter	Leiter, der Körper von Betriebsmitteln, leitfähige Teile, Haupterdungsklemme und Erde verbindet.
PEN-Leiter	Leiter, der die Funktionen von Schutz- und Neutralleiter vereinigt.
Fehlerarten	(1) **Kurzschluss** Durch *Fehler* hervorgerufene Verbindung zwischen gegeneinander unter Spannung stehenden Leitern oder aktiven Teilen. Es liegt dabei *kein Nutzwiderstand* im Fehlerstromkreis. Dabei fließt der *Kurzschlussstrom*. 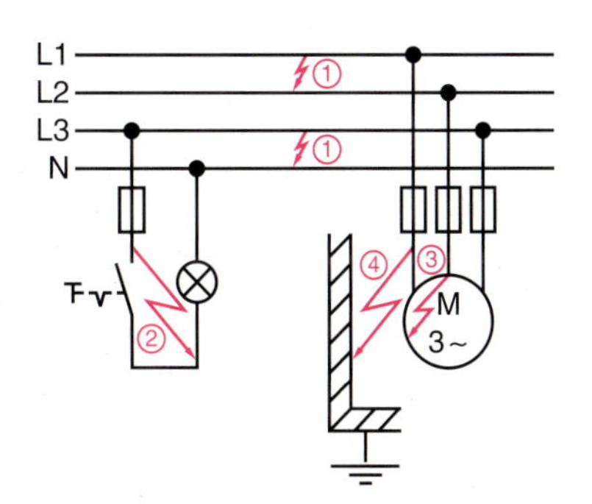 (2) **Leiterschluss** Durch Fehler entstandene Verbindung zwischen gegeneinander unter Spannung stehenden Leitern oder aktiven Teilen. Dabei liegt ein *Nutzwiderstand* im Fehlerstromkreis.

Elektr. Anlagen

Errichtung elektrischer Anlagen

Elektrische Anlagen bis 1000 V DIN VDE 0100-200: 2006-08

Wichtige Begriffe

Fehlerarten	(3) **Körperschluss** Durch *Fehler* hervorgerufene leitende Verbindung zwischen aktiven Teilen und Körper elektrischer Betriebsmittel. (4) **Erdschluss** Durch *Fehler* hervorgerufene leitende Verbindung eines Außenleiters oder Neutralleiters mit Erde oder geerdeten Teilen.
U_0	Wechselspannung (Effektivwert); zum Beispiel zwischen Außenleiter und N-Leiter bzw. Erde.
U_F Fehlerspannung	Spannung, die im *Fehlerfall* zwischen Körpern oder Körpern und Bezugserde auftritt.
U_B Berührungs-spannung	Teil der Fehlerspannung, die von Mensch bzw. Nutztier überbrückt werden kann.
U_L Höchstzulässige Berührungsspannung	50 V AC 120 V DC
I_F Fehlerstrom	Strom, der aufgrund eines *Isolationsfehlers* fließt.
I_K Kurzschlussstrom	Strom, der bei direkter Verbindung von zwei Außenleitern oder zwischen Außenleitern und Neutralleiter fließt.
I_N Bemessungs-strom (Nennstrom)	Strom eines Verbrauchsmittels bei *Bemessungsbedingungen* (Nennbedingungen).
Starkstromanlagen	Elektrische Anlagen mit Betriebsmitteln zur Erzeugung, Umwandlung, Speicherung, Fortleitung, Verteilung und Verbrauch von elektrischer Energie mit dem Ziel, Arbeit zu verrichten.
Verbraucher-anlagen	Gesamtheit sämtlicher Betriebsmittel hinter dem Hausanschluss.
Hausinstallationen	Starkstromanlagen mit Bemessungsspannungen bis 250 V gegen Erde für Wohnungen und in Art und Umfang entsprechenden Anlagen.
Hauptstromkreise	Stromkreise mit Betriebsmitteln zur Erzeugung, Umformung, Verteilung, Schaltung und Umwandlung elektrischer Energie.
Hilfsstromkreise	Stromkreise für zusätzliche Funktionen, zum Beispiel: Steuerung.

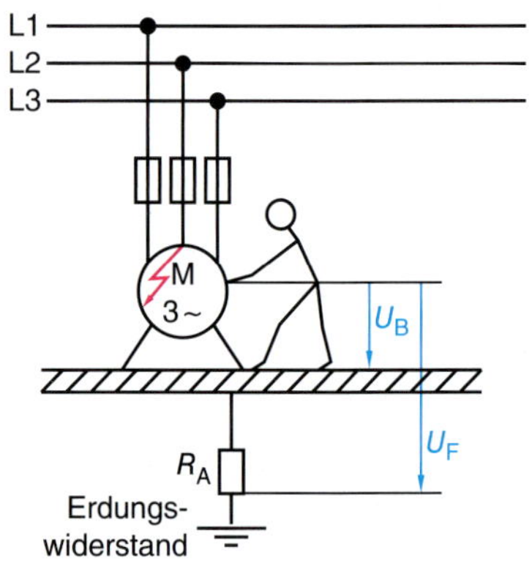

L1
L2
L3
M
3 ~
U_B
U_F
R_A
Erdungs-widerstand

Errichtung elektrischer Anlagen

Schutzmaßnahmen – Schutz gegen elektrischen Schlag DIN VDE 0100-410: 2007-06

Wirkung des elektrischen Stroms auf den menschlichen Körper

Wechselstrom 50/60 Hz

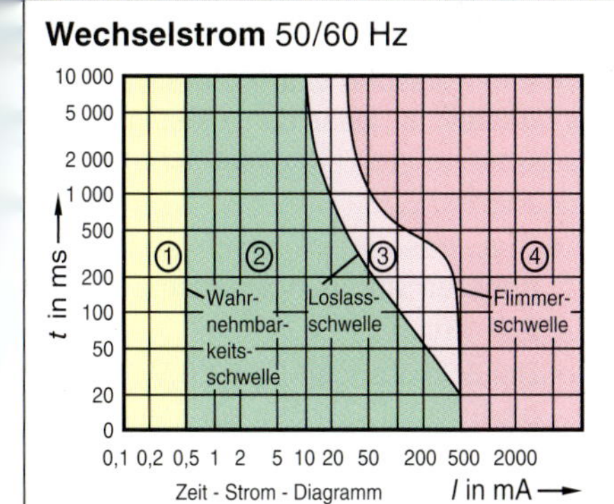

Stromweg: Linke Hand zu beiden Füßen (erwachsene Personen)

(1) Keine Reaktion
(2) Keine physiologisch gefährliche Wirkung
(3) Bei $t > 10$ s oberhalb der Loslassschwelle treten Muskelverkrampfungen auf
(4) Herzkammerflimmern, Herzstillstand

Gleichstrom

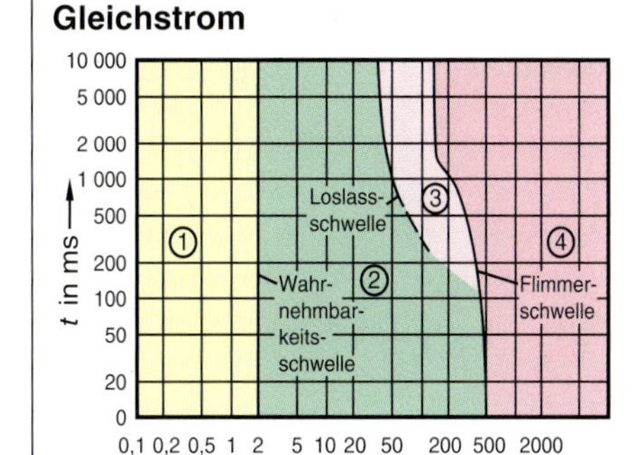

Stromweg: Linke Hand zu beiden Füßen (erwachsene Personen)

(1) Keine Reaktion
(2) Keine physiologisch gefährliche Wirkung
(3) Störungen durch Impulse im Herzen möglich
(4) Herzkammerflimmern, Verbrennungen

Widerstand des menschlichen Körpers

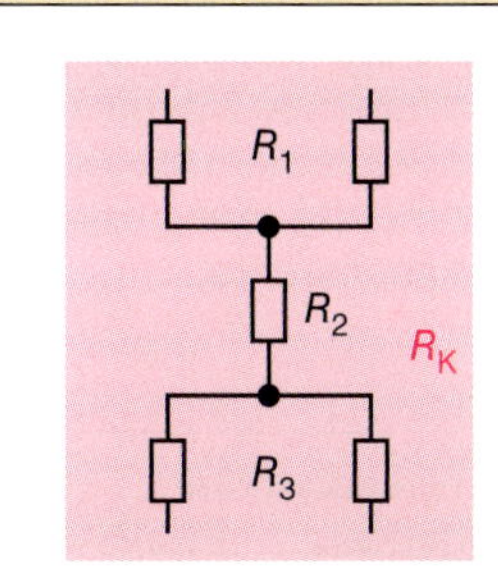

R_1 Hände/Arme
R_2 Rumpf
R_3 Beine/Füße
R_K innerer Körperwiderstand

Durchschnittswerte R_K

- 3250 Ω bei 25 V
- 2625 Ω bei 50 V
- 1350 Ω bei 230 V

Schutzmaßnahmen

- Schutz unter *normalen Bedingungen* (Basisschutz, Schutz gegen direktes Berühren)
- Schutz unter *Fehlerbedingungen* (Fehlerschutz, Schutz bei indirektem Berühren)
- Schutz sowohl gegen direktes als auch indirektem Berühren

Schutz sowohl gegen direktes als auch bei indirektem Berühren

Schutz durch Kleinspannung – SELV und PELV

SELV

Safety **E**xtra **L**ow **V**oltage

Keine Verbindung mit Erde, Schutzleiter oder aktiven Teilen anderer Stromkreise; sichere Trennung

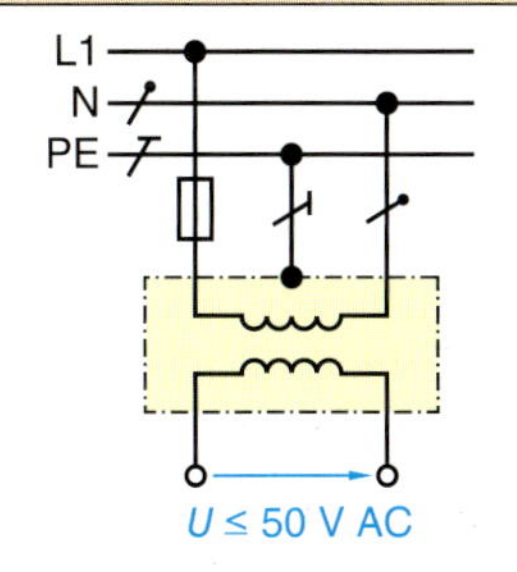

Bemessungsspannungen (SELV, PELV)

- ≤ 120 V DC
- ≤ 50 V AC

Mögliche Stromquellen

- Transformatoren mit sicherer Trennung nach EN 60742
- Generatoren mit gleichwertig getrennten Wicklungen
- elektrochemische Spannungsquellen

Elektrochemische Spannungsquellen → 99 f, Transformator → 205

Errichtung elektrischer Anlagen

Schutz sowohl gegen direktes als auch bei indirektem Berühren

Schutz durch Kleinspannung – SELV und PELV

SELV

Schutzklasse III

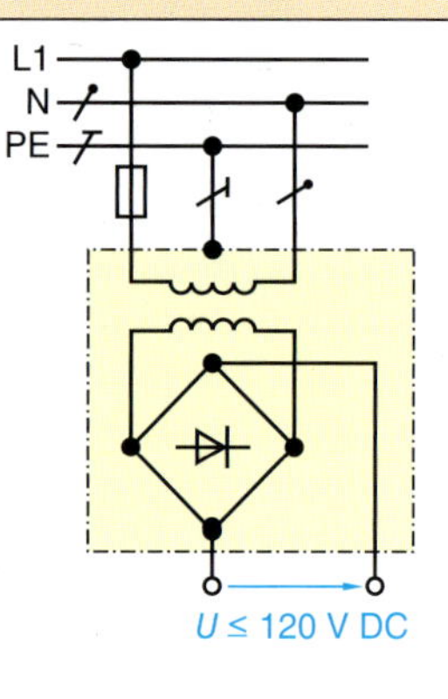

PELV

Protective **E**xtra **L**ow **V**oltage

Erdung und Verbindung mit Schutzleitern anderer Stromkreise zulässig; sichere Trennung

Schutzklasse III

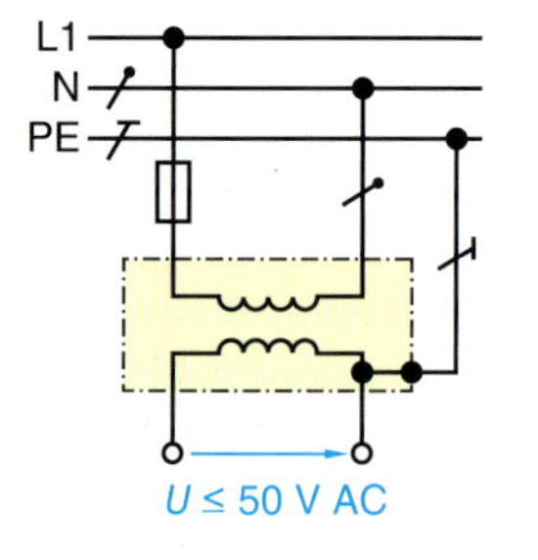

Mögliche Stromquellen

- Elektronische Geräte, wenn sichergestellt ist, dass die zulässigen Spannungen nicht überschritten werden.
- Steckdosen dürfen nicht zu denen anderer Spannungssysteme passen.
- Bei Spannungen über 25 V AC bzw. 60 V DC muss ein Schutz gegen direktes Berühren sichergestellt sein.
- SELV-Stromkreise dürfen nicht mit Erde verbunden sein, Stecker und Steckdosen dürfen keinen Schutzkontakt haben.
- PELV-Stromkreise dürfen geerdet sein, Stecker und Steckdosen dürfen Schutzkontakte haben.
- Leitungen für Kleinspannungsstromkreise dürfen mit Leitungen für Niederspannung (230 V/400 V) gemeinsam (nebeneinander) verlegt sein, wenn die Isolation für die höchste vorkommende Spannung bemessen ist. Außerdem möglich: Kabelwannen mit Trennung bzw. getrennte Isolationsrohre.

FELV

Functional **E**xtra **L**ow **V**oltage

FELV als eingenständige Schutzmaßnahme nicht anerkannt. Auch hier Kleinspannung erforderlich, im Gegensatz zu PELV werden nicht alle Bedingungen bei der Isolierung der Betriebsmittel erfüllt.

Schutz gegen elektrischen Schlag unter normalen Bedingungen

Schutz durch Isolierung aktiver Teile

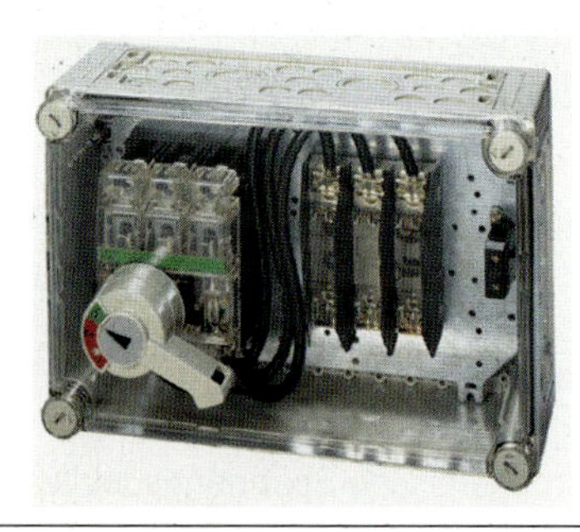

- Die aktiven Teile müssen *vollständig* von der Isolation umgeben sein. Die Isolation darf *nur durch Zerstörung* entfernt werden können.
- Abdeckungen/Umhüllungen müssen eine ausreichende Festigkeit und Haltbarkeit haben und sicher befestigt sein. Sie dürfen *nur mit Werkzeug* entfernt werden können und mindestens die Schutzart IP 4X haben.
- Basisisolierung (Grundisolierung) muss so hochwertig sein, dass der über die Isolation fließende Ableitstrom nicht wahrgenommen werden kann.

Errichtung elektrischer Anlagen

Schutz gegen elektrischen Schlag unter normalen Bedingungen

Schutz durch Hindernisse und durch Abstand

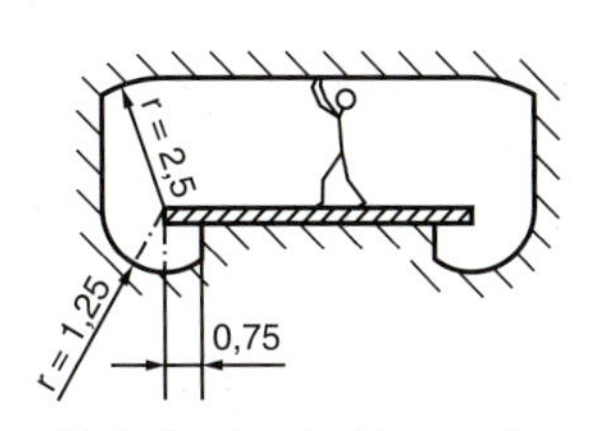

Schutz durch Abstand
Maße in m

- Hindernisse (z. B. Geländer, Schranken) müssen die *zufällige Annäherung* an aktive Teile verhindern. Hindernisse dürfen ohne Werkzeug abgenommen werden können, sind aber so zu befestigen, dass ein unbeabsichtigtes Entfernen nicht möglich ist.
- Beim Schutz durch Abstand dürfen sich im *Handbereich* keine gleichzeitig berührbaren Teile unterschiedlichen Potenzials befinden.

Zusätzlicher Schutz durch RCD

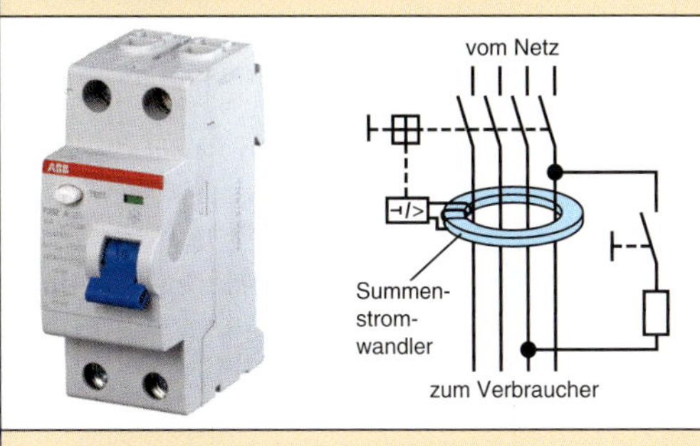

- Fehlerstrom-Schutzeinrichtungen (RCDs) mit einem Bemessungsdifferenzstrom $I_{\Delta n} \leq 30$ mA ermöglichen einen *Zusatzschutz* bei Berührung aktiver Teile.
- Der Zusatzschutz ist nur als Ergänzung von Schutzmaßnahmen gegen elektrischen Schlag unter normalen Bedingungen anzusehen.
- Das Foto zeigt eine *zweipolige* Fehlerstromschutzeinrichtung.

Fingersicherheit

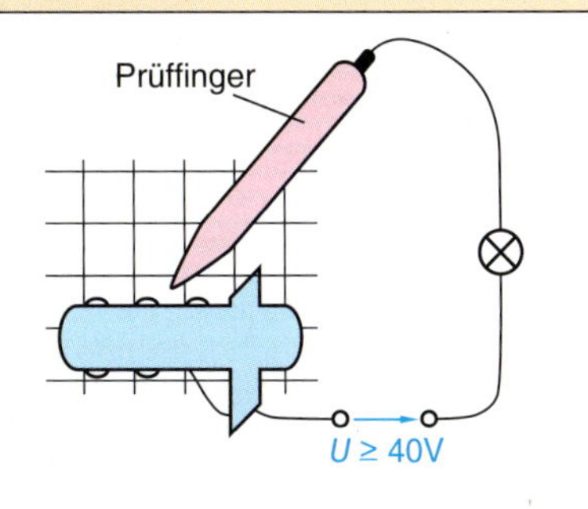

- Fingersicher ist ein elektrisches Betriebsmittel, dessen berührungsgefährliche Teile mit dem geraden *Prüffinger* unter festgelegten Bedingungen nicht berührt werden können.

  Der Prüffinger orientiert sich an den Abmessungen eines menschlichen Fingers:
  - Länge: 80 mm
  - Durchmesser: 12 mm
  - Winkel der Spitze: 32° ,Druck: 10 N

Schutz durch Schutzpotenzialausgleich

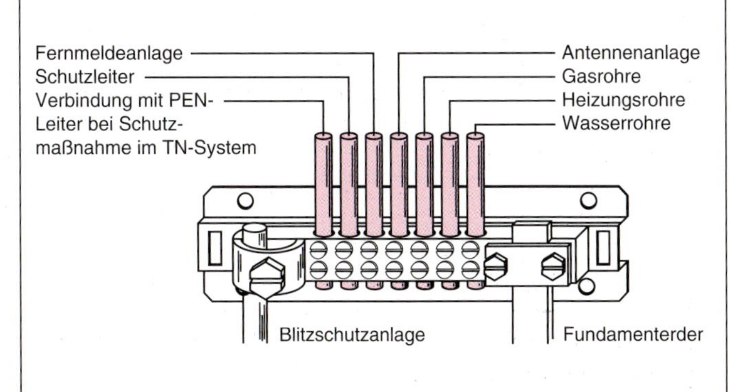

- Die wesentliche Aufgabe des *Potenzialausgleichs* besteht darin, die durch Fehler in elektrischen Anlagen bewirkten Spannungsunterschiede zu beseitigen bzw. nicht aufkommen zu lassen.
- Der Potenzialausgleich ist ebenfalls geeignet, *Spannungsverschleppungen* über metallische Rohr- und Konstruktionsteile (fremde leitfähige Teile) zu verhindern.

Elektr. Anlagen

Errichtung elektrischer Anlagen

Schutz gegen elektrischen Schlag unter normalen Bedingungen

Schutz durch Schutzpotenzialausgleich

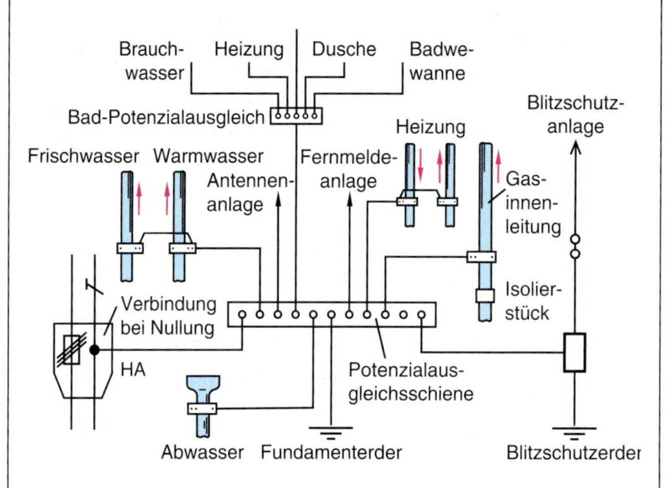

- An zentraler Stelle des Gebäudeanschlusses werden folgende Teile miteinander verbunden:
  - Hauptschutzleiter
  - Haupterdungsleitung
  - metallene Rohrleitungen
  - Metallteile der Gebäudekonstruktion, Heizung und Klimaanlage
  - metallische Umhüllungen von Fernmeldeleitungen (Betreiber muss zustimmen)
- Querschnitt des Schutzpotenzialausgleichsleiters muss mindestens halb so groß wie der Querschnitt des größten Schutzleiters der Anlage sein. Mindestens 6 mm², bei Cu höchstens 25 mm².
- Als größter Schutzleiter der Anlage gilt dabei der vom Hauptverteiler abgehende Schutzleiter.

Zusätzlicher Schutzpotenzialausgleich

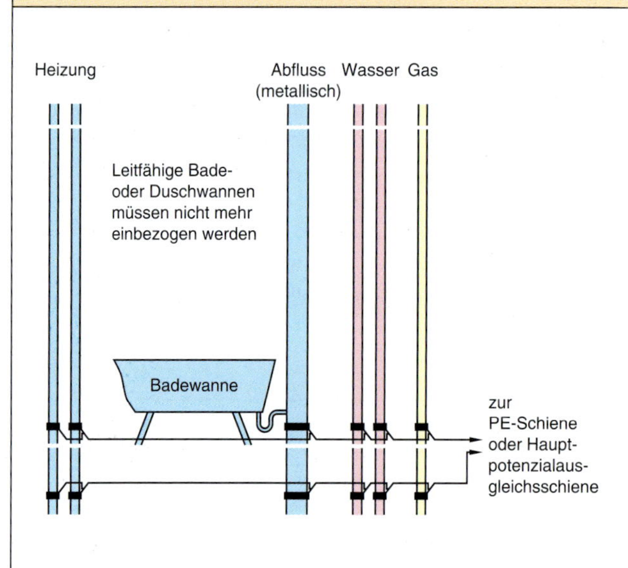

- Potenzialausgleichsleiter, die Körper verbinden, müssen einen Querschnitt haben, der mindestens halb so groß ist wie der Querschnitt des kleineren Schutzleiters der Körper.
- Potenzialausgleichsleiter, die einen Körper mit fremden leitfähigen Teilen verbinden, müssen einen Querschnitt haben, der mindestens dem halben Schutzleiterquerschnitt entspricht.
- Anwendung findet der zusätzliche Schutzpotenzialausgleich bei besonderer Gefährdung wegen der Umgebungsbedingungen und wenn die Abschaltbedingungen (Fehlerschutz) nicht eingehalten werden können.

Ohne zusätzlichen Schutzpotenzialausgleich könnten in Verbraucheranlagen, z. B. zwischen Rohrleitungen, Spannungsdifferenzen auftreten. Dies ist vorrangig bei *ausgedehnten* Anlagen zu erwarten und kann sich besonders in Räumen mit *erhöhter Stromempfindlichkeit* bemerkbar machen

Dies sind z. B. Baderäume. Die Stelle, an der der zusätzliche Schutzpotenzialausgleich durchgeführt wird, ist praktisch identisch mit dem Ort der erhöhten Stromempfindlichkeit.

Errichtung elektrischer Anlagen

Schutz gegen elektrischen Schlag unter normalen Bedingungen

Schutz durch verstärkte oder doppelte Isolierung (Schutzisolierung)

Schutzklasse II

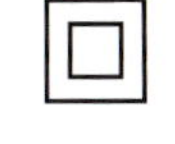

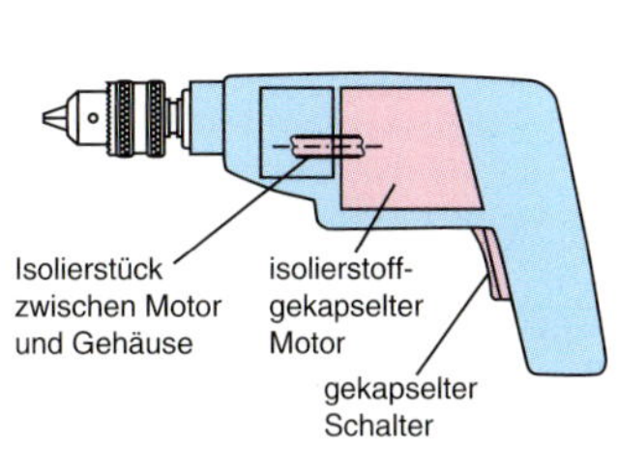

Durch eine *verstärkte* oder *zusätzliche* Isolierung zur Basisisolierung wird verhindert, dass bei einem Fehler eine gefährliche Spannung an berührbaren Teilen auftritt.

- Sämtliche leitfähigen Teile der *Basisisolierung* müssen von einer isolierenden Umhüllung (mindestens IP 2X) umschlossen sein.
- Leitfähige Teile innerhalb der Umhüllung dürfen nur dann an den Schutzleiter angeschlossen sein, wenn das von den Normen für das betreffende Betriebsmittel vorgesehen ist. Zum Zwecke des Durchschleifens sind Schutzleiteranschlüsse zulässig.
- Wenn die Anschlussleitung einen Schutzleiter enthält, so ist dieser im Stecker anzuschließen, nicht aber im Betriebsmittel.
- Zweckmäßig ist die Verwendung von Original-Ersatzteilen.

Schutz durch nichtleitende Räume

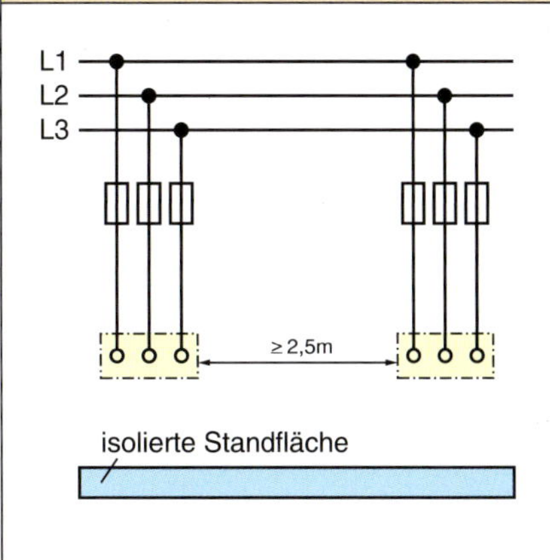

Das gleichzeitige Berühren von Teilen, die unterschiedliche Potenziale annehmen können, wird vermieden.
Im Fehlerfall kann nur *ein* potenzialbehaftetes Teil berührt werden.

- Nur in Sonderfällen als Notbehelf anzuwenden.
- An Betriebsmitteln der Schutzklasse I und an Steckdosen dürfen keine Schutzleiter angeschlossen werden.
- Betriebsmittel dürfen nur vom isolierten Standort aus berührt werden können. Abdeckungen sind fest mit dem Standort zu verbinden.
- Der Widerstand isolierender Fußböden und Wände hat folgende Mindestwerte:
  bis 500 V AC: 50 kΩ
  > 500 V AC: 100 kΩ

Schutz durch erdfreien, örtlichen Potenzialausgleich

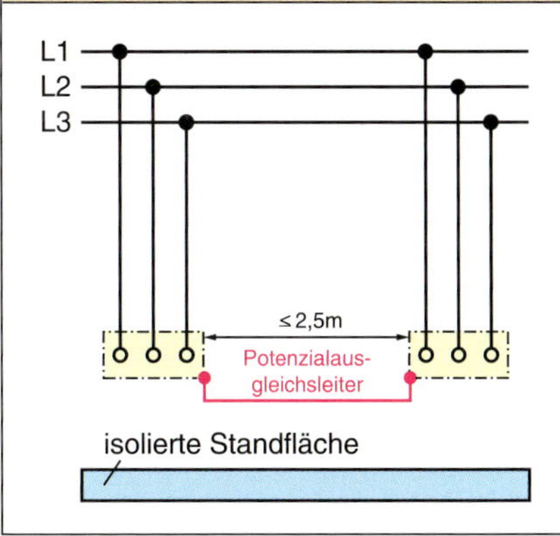

- Sämtliche gleichzeitig berührbaren Körper und fremde leitfähige Teile, die sich im Handbereich (≤ 2,5 m) befinden, müssen durch *Potenzialausgleichsleiter* miteinander verbunden werden.
- Die gleichzeitige Berührung eines Körpers und eines fremden leitfähigen Teils ist entweder zu verhindern oder es muss ein zusätzlicher *erdfreier Potenzialausgleich* vorgenommen werden.

Errichtung elektrischer Anlagen

Schutz gegen elektrischen Schlag unter normalen Bedingungen

Schutzklassen

Schutzklasse I	Schutzklasse II	Schutzklasse III
 *Schutzmaßnahme mit Schutzleiter* Zum Beispiel Betriebsmittel mit Metallgehäuse	 *Schutz durch verstärkte oder doppelte Isolierung (Schutzisolierung)* Zum Beispiel Betriebsmittel mit Kunststoffgehäuse	 *Schutzkleinspannung (SELV, PELV)* Betriebsmittel mit Bemessungsspannungen bis 50 V AC bzw. 120 V DC

Schutzmaßnahmen im TN-System

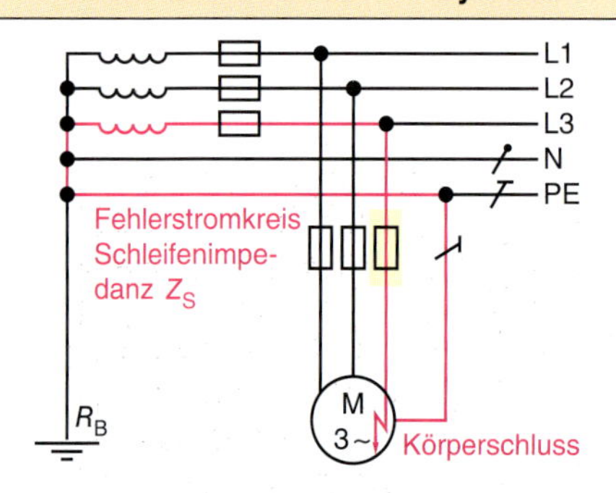

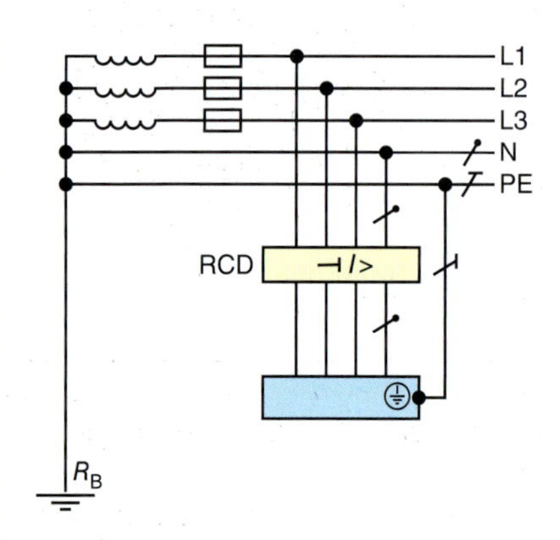

Zur Spannungsbegrenzung soll bei einem Erdschluss der Gesamtwiderstand aller Betriebserder möglichst gering sein.

$R_B \leq 2\ \Omega$ gilt als ausreichend. Wenn dieser Wert nicht erreicht werden kann, gilt:

$$\frac{R_B}{R_E} = \frac{U_L}{U_0 - U_L}$$

R_B Widerstand Betriebserder in Ω
R_E minimaler Widerstand bei Erdschluss in Ω
U_L höchstzulässige Berührungsspannung in V
U_0 Spannung gegen geerdete Leiter in V

Alle Körper werden durch *Schutzleiter* bzw. *PEN-Leiter* mit dem geerdeten Punkt des speisenden Netzes verbunden.
Ein *Fehlerstrom* bewirkt die *Abschaltung* durch eine Überstromschutzeinrichtung oder durch einen RCD.

Abschaltbedingung

Die Abschaltung erfolgt innerhalb der festgelegten Zeit, wenn die Abschaltbedingung eingehalten wird.

$$Z_s \cdot I_a \leq U_0$$

Z_s Impedanz der Fehlerschleife
U_0 Bemessungsspannung gegen Erde
I_a Strom, der das Abschalten innerhalb der festgelegten Zeit bewirkt

Abschaltzeit

- Verteilerstromkreise $t_a \leq 5$ s
- Stromkreise für ortsfeste Verbrauchsmittel $t_a \leq 5$ s
- Stromkreise zur Versorgung von Handgeräten der Schutzklasse I oder ortsveränderlichen Betriebsmitteln der Schutzklasse I:
  230 V: 0,4 s
  400 V: 0,2 s
- Bei Einsatz von Leitungsschutzschaltern mit B-Charakteristik kann für eine Abschaltzeit von ≤ 0,4 s mit $I_a = 5 \cdot I_n$ gerechnet werden.
- Bei Einsatz von RCDs ist $I_a = I_{\Delta n}$.
- Damit bei Unterbrechung des Schutzleiters (PEN-Leiters) im Fehlerfall keine unzulässig hohe Berührungsspannung auftritt, ist eine Erdung des PE- oder PEN-Leiters an folgenden Punkten erforderlich:
  – in der Nähe jedes Transformators oder Generators,
  – am Eintritt in Gebäuden.

Errichtung elektrischer Anlagen

Schutz gegen elektrischen Schlag unter normalen Bedingungen — DIN VDE 0100-410

Beispiel: Schutz durch Schmelzsicherung

Ein Elektromotor wird über 25-A-Schmelzsicherungen abgesichert.
Die Schleifenimpedanz beträgt $Z_s = 1\ \Omega$.
Wird die Abschaltbedingung eingehalten?

Fehlerstrom: $I_F = \frac{U_0}{Z_s} = \frac{230\ \text{V}}{1\ \Omega} = 230\ \text{A}$

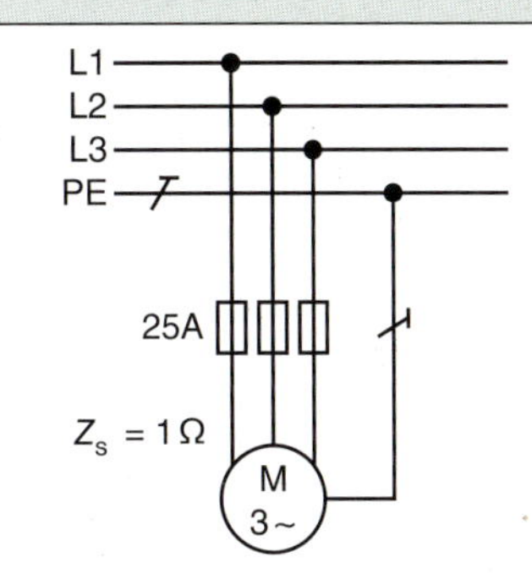

Zeit, in der ein Strom von 230 A die 25-A-Sicherung zum Ansprechen bringt:

Strom: 230 A → 25-A-Sicherung → $t_a = 0{,}4$ s

Ortsfestes Betriebsmittel $t_{a\max} = 5$ s

Die Abschaltbedingung wird eingehalten.

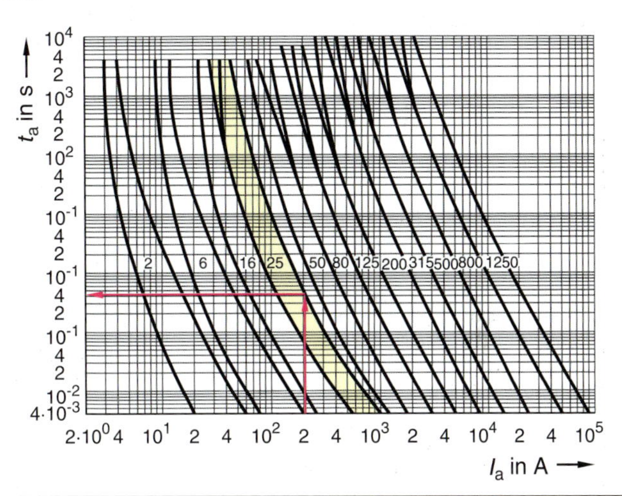

Schutzmaßnahmen im TT-System

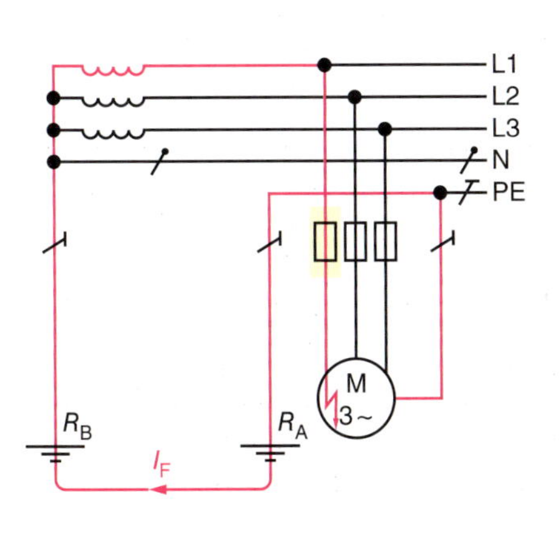

Sämtliche *Körper* werden durch einen *Schutzleiter* an einen *gemeinsamen Erder* angeschlossen.

Der *Fehlerstrom* I_F wird zu einem *Erdschlussstrom* und fließt über Erder (Erde) zur Stromquelle. Die Abschaltung erfolgt durch eine Überstrom-Schutzeinrichtung oder im Allgemeinen durch einen RCD.

Abschaltbedingung
Die Abschaltung erfolgt innerhalb der festgelegten Zeit, wenn die Abschaltbedingung eingehalten wird: $R_A \cdot I_a \leq U_L$

R_A Widerstand Anlagenerder und Schutzleiter
I_a Strom, der das Abschalten der Schutzeinrichtung bewirkt
U_L höchstzulässige Berührungsspannung

Errichtung elektrischer Anlagen

Schutz gegen elektrischen Schlag unter normalen Bedingungen

Schutzmaßnahmen im TT-System

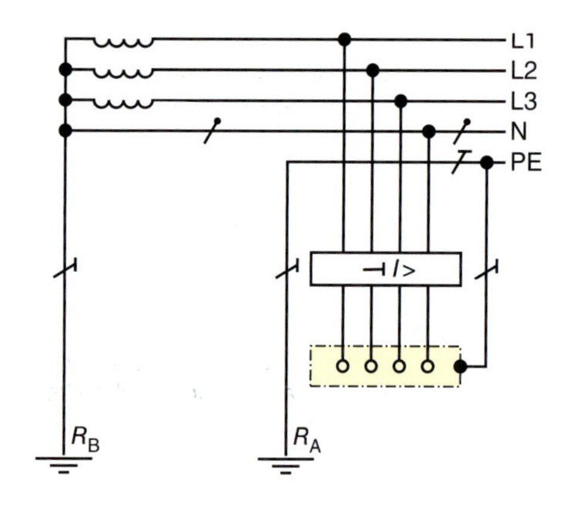

Die Verwendung von Überstrom-Schutzeinrichtungen ist problematisch, da dann praktisch nicht zu erreichende niedrige Erdungswiderstände notwendig wären.
Im Allgemeinen werden RCDs eingesetzt.

Bei Einsatz von Fehlerstromschutzeinrichtungen gilt: $I_a = I_{\Delta n}$.

Höchstzulässige Erdungswiderstände bei Einsatz von RCDs und U_L = 50 V:

$I_{\Delta n}$	0,03 A	0,1 A	0,3 A	0,5 A	1 A
R_A	1666 Ω	500 Ω	166 Ω	100 Ω	50 Ω

Schutzmaßnahmen im IT-System

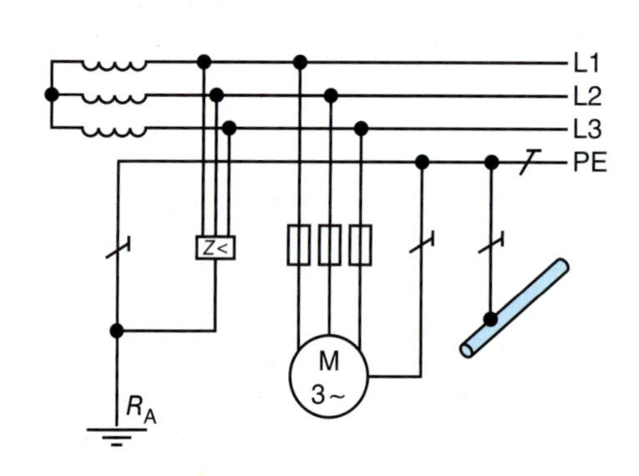

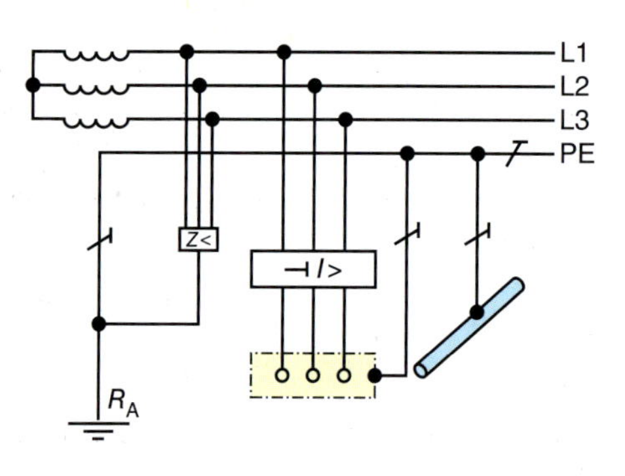

Die aktiven Leiter sind *gegen Erde isoliert* oder über eine ausreichend hohe *Impedanz* geerdet.

Bei *einem* Körperschluss oder Erdschluss kann dann keine gefährlich hohe Berührungsspannung auftreten. Bei einem *zweiten* Fehler wird abgeschaltet wie im TN- bzw. TT-System.

- Der Erdungswiderstand muss so gering sein, dass

  $R_A \cdot I_d \leq U_L$

R_A Erdungswiderstand aller geerdeten Körper
I_d Fehlerstrom beim ersten Fehler (i. Allg. sehr gering)
U_L höchstzulässige Berührungsspannung

- Eine *Isolationsüberwachung* meldet den ersten Fehler durch ein optisches und/oder akustisches Signal.
- Überstrom-Schutzeinrichtungen oder RCDs können als Schutzeinrichtungen verwendet werden.
- Wenn die Körper über einen gemeinsamen Schutzleiter geerdet sind, ist u. U. ein zusätzlicher Potenzialausgleich notwendig.
- IT-Systeme dienen der erhöhten Versorgungssicherheit.

Netzsysteme → 107

Errichtung elektrischer Anlagen

Schutz gegen elektrischen Schlag unter normalen Bedingungen

Schutzmaßnahmen im IT-System

IT-System, zulässige Abschaltzeiten

U_0/U	zul. Abschaltzeiten	
	ohne N	mit N
230/400 V	0,4 s	0,8 s
400/690 V	0,2 s	0,4 s
580/1000 V	0,1 s	0,2 s

Andere Stromkreise: $t_a = 5$ s

IT-System, zulässige Schleifenimpedanz

- *Ohne N-Leiter*

$$Z_s \leq \frac{U}{2 \cdot I_a}$$

- *Mit N-Leiter*

$$Z_s \leq \frac{U_0}{2 \cdot I_a}$$

U Außenleiterspannung
U_0 Spannung zwischen Außen- und Neutralleiter
Z_s Schleifenimpedanz
I_a Abschaltstrom

Zusätzlicher Potenzialausgleich
Sind die *Abschaltzeiten* nicht zu erreichen, ist ein *zusätzlicher Potenzialausgleich* durchzuführen. In diesen sind gleichzeitig berührbare fremde leitfähige Teile einzubeziehen.

Nachweis der Wirksamkeit:
Widerstand R zwischen gleichzeitig berührbaren Körpern: $R \leq \frac{U_L}{I_a}$.

Schutztrennung

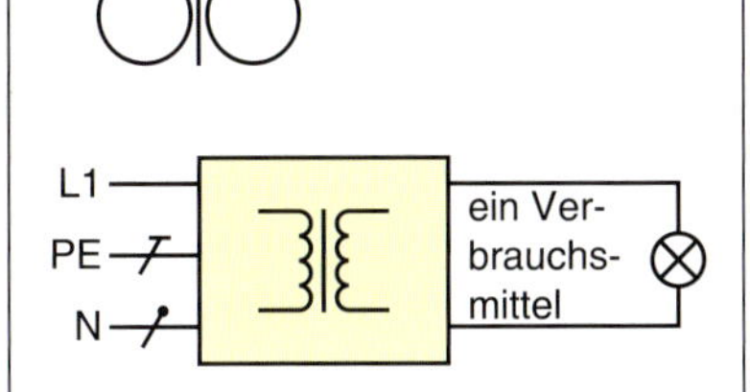

Das Verbrauchsmittel ist vom speisenden Netz *galvanisch getrennt*. Keine Potenzialdifferenz gegen Erde, ein gefährlicher Fehlerstrom kann *nicht* fließen.

Spannungsversorgung
- Transformator nach EN 60742
- Motorgenerator mit entsprechend isolierten Wicklungen

Forderungen
- Spannung ≤ 500 V (AC oder DC)
- Wenn Schutztrennung gefordert (z. B. in engen leitfähigen Räumen), nur *ein* Betriebsmittel anschließen.
- Der Trenntrafo hat *eine* Steckdose ohne Schutzkontakt.
- Ortsveränderliche Betriebsmittel müssen schutzisoliert sein.
- Hat die Verbraucherleitung einen Schutzleiter, darf dieser nicht mit dem Schutzleiter des Eingangskreises verbunden sein.

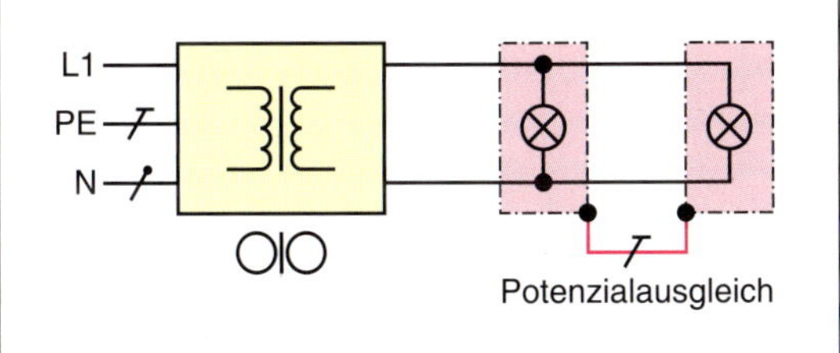

- Wenn die Schutztrennung *nicht zwingend vorgeschrieben* ist, dürfen *mehrere* Verbrauchsmittel an eine Spannungsquelle angeschlossen werden. Es müssen dabei Steckdosen *mit* Schutzkontakt verwendet werden.
- Die Schutzkontakte der Steckdosen sind über ungeerdete, isolierte Potenzialausgleichsleitungen miteinander zu verbinden.

- Schutzeinrichtungen müssen die Abschaltung bewirken, wenn *zwei* Körperschlüsse in verschiedenen Außenleitern auftreten. Abschaltzeit spannungsabhängig nicht größer als 0,1 bis 0,4 s.
- Da es sich bei *zwei* Fehlern um einen *Kurzschluss* handelt, werden Überstromschutzorgane eingesetzt.

Schutztrennung wird u. a. gefordert für:
- Verbrauchsmittel in engen leitfähigen Räumen,
- Handnassschleifmaschinen auf Baustellen.

Errichtung elektrischer Anlagen

Schutz gegen elektrischen Schlag unter normalen Bedingungen

Schutz durch RCD — DIN VDE 0664-101:2003-10

RCD

Residual **C**urrent Protective **D**evice

Typ A

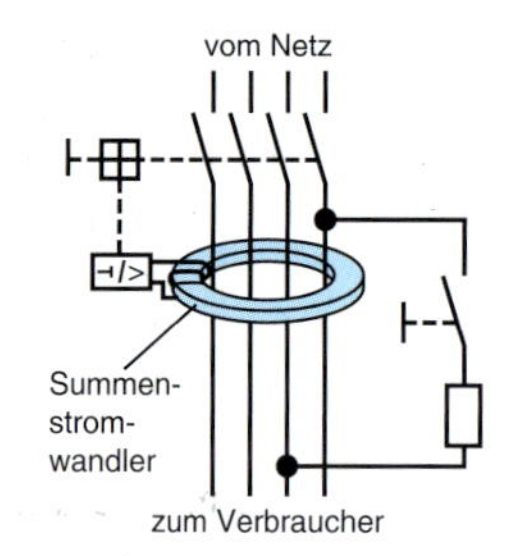

Typ B, B+

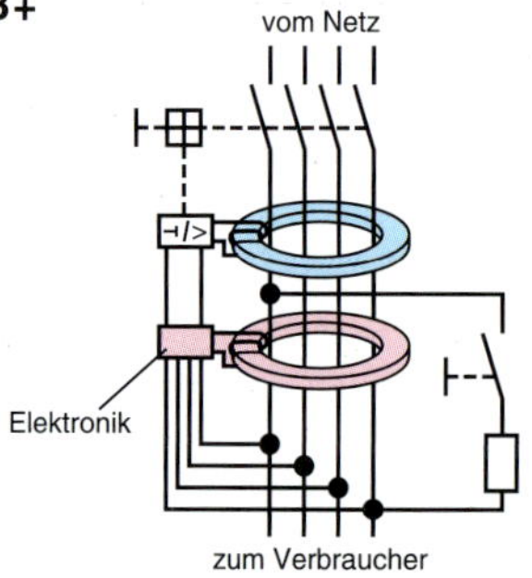

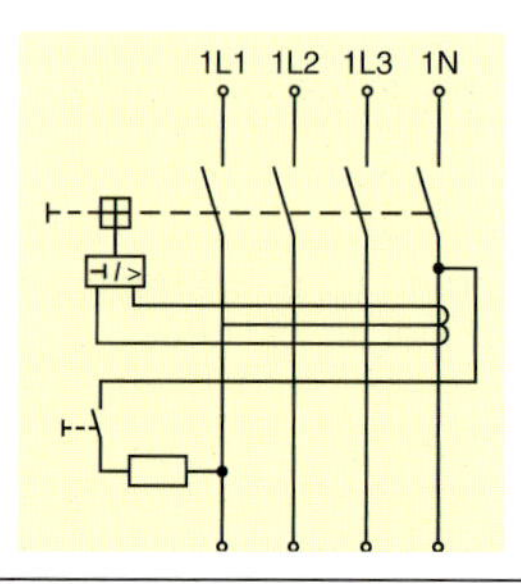

Der RCD überwacht die hinter ihm angeordneten Betriebsmittel ständig auf eventuelle Fehlerströme.

Wenn der *Fehlerstrom* einen bestimmten Wert erreicht, schaltet der RCD *allpolig* (einschließlich N) ab.

Ein **Summenstromwandler** überprüft, ob die *zufließenden* und *abfließenden* Ströme *übereinstimmen*. Wenn das nicht der Fall ist, löst die Fehlerstrom-Schutzeinrichtung bei einer bestimmten Fehlerstromstärke (spätestens bei $I_{\Delta n}$) aus.

- Der Fehlerstrom ist der *Bemessungsdifferenzstrom* $I_{\Delta n}$. Bei diesem Strom muss der RCD spätestens nach 200 ms auslösen.
  Bei sinusförmigen Wechselströmen liegt der Toleranzbereich für die Auslösung bei 0,5 bis $1 \cdot I_{\Delta n}$. Bis zu $0{,}5 \cdot I_{\Delta n}$ darf der RCD nicht auslösen.
- $I_{\Delta n}$: 10 mA, 30 mA, 100 mA, 300 mA, 500 mA
- Bemessungsstrom I_N: 16 A, 25 A, 40 A, 63 A, 80 A, 125 A, 160 A, 200 A

Hinweis: 10 mA nur bei Typ A.

Bei der Schutzmaßnahme *Automatisches Abschalten der Stromversorgung* in elektrischen Anlagen, die nicht durch geschultes Personal bedient und periodisch gewartet werden, muss die *Erfassung* und *Auswertung* des Fehlerstroms *netzspannungsunabhängig* erfolgen. Dies schreibt DIN VDE für Deutschland vor.

RCD-Typen

Typ/Zeichen	AC	A	B
Bezeichnung	wechselstromsensitiv	pulsstromsensitiv	allstromsensitiv
Eigenschaft	Nur anwendbar bei sinusförmigen Wechselströmen. In Deutschland nicht zugelassen.	Nur anwendbar bei Wechselströmen und pulsierenden Gleichströmen. Wenn im Fehlerfall keine glatten Gleichströme auftreten.	Bei sinusförmigen Wechselfehlerströmen und pulsierenden Gleichfehlerströmen der Bemessungsfrequenz und Wechselfehlerströmen bis mind. 1 kHz und bei glatten Gleichfehlerströmen.

Errichtung elektrischer Anlagen

Schutz gegen elektrischen Schlag unter normalen Bedingungen

RCD-Typen

Typ/Zeichen	B+ [~] [---] [kHz]	F [~] [WWW]
Eigenschaft	Wie B, jedoch bei Wechselfehlerströmen bis 20 kHz mit max. Auslösewert von 420 mA.	Bei sinusförmigen Wechselfehlerströmen und pulsierenden Gleichfehlerströmen der Bemessungsfrequenz und bei einem Gemisch von Wechselfehlerströmen unterschiedlicher Frequenzen. RCDs vom Typ F erfassen keine glatten Gleichfehlerströme und dürfen B bzw. B+ *nicht* ersetzen.
Kennzeichen	K	*RCD mit kurzverzögerter Abschaltung* Minimale Auslöseverzögerung von 10 ms; geeignet für Verbrauchsmittel, die beim Einschalten einen hohen Ableitstrom haben.
	S	*RCD mit selektiver Abschaltung* Die Auslösung erfolgt zeitverzögert. Dadurch lässt sich bei Reihenschaltung von RCDs Selektivität erreichen.

RCCB (**R**esidual **C**urrent **C**ircuit-**B**reaker)
Fehlerstromschutzschalter *ohne* integrierten Überstromschutz.

RCBO (**R**esidual **C**urrent operated Circuit-**B**reaker with integral **O**vercurrent Protection)
Fehlerstromschutzschalter *mit* integriertem Überstromschutz (LS-Schalter).

RCU (**R**esidual **C**urrent **U**nit)
Fehlerstromeinheit zum Anbau an LS-Schalter.

CBR (**C**ircuit-**B**reaker incorporating Residual current protection)
Leistungsschalter mit Fehlerstromschutz, Einsatz im Industriebereich, wenn wegen des hohen Bemessungsstromes ein RCCB nicht eingesetzt werden kann.

SRCD (fixed **S**ocket-outlet with **R**esidual **D**evice)
Ortsfeste Fehlerstromschutzeinrichtung in Steckdosenausführung zur Erhöhung des Schutzpegels nach E DIN VDE 0662.
Dürfen *nicht* zur *Automatischen Abschaltung der Stromversorgung* verwendet werden, da sie den Verbraucher *nicht* vom speisenden Netz *trennen*.

PRCD (**P**ortable **R**esidual **C**urrent **D**evice)
Ortsveränderliche Fehlerstromschutzeinrichtung ohne integrierten Überstromschutz.
Dienen nur der Schutzpegelerhöhung (s. SRCD) bei Anwendung ortsveränderlicher Verbrauchsmittel an einer fest installierten Steckdose.

Schutzpegelerhöhung ist ein *ergänzender Schutz*, der eine evtl. *geforderte* Schutzmaßnahme (z. B. Automatische Abschaltung der Stromversorgung) *nicht ersetzt.*

Trennereigenschaft
RCDs dürfen zum *Freischalten* von Stromkreisen eingesetzt werden. Keinesfalls aber zum *betriebsmäßigen Schalten* von Stromkreisen.

Errichtung elektrischer Anlagen

Leitungen und Kabel

Mindestquerschnitt	Strombelastbarkeit	Spannungsfall
Für Leitungen und Kabel gelten anwendungsbezogene Mindestquerschnitte.	Die Strombelastbarkeit darf nicht überschritten werden. Sie ist abhängig von der Verlegeart und der Umgebungstemperatur und den Umgebungsbedingungen. Niemals darf sich die Leitung oder das Kabel unzulässig erwärmen.	Der Spannungsfall soll bestimmte Grenzwerte nicht überschreiten. Vom Hausanschluss bis zu den Verbrauchsmitteln max. 4 % der Bemessungsspannung. Vom Zähler bis zu den Verbrauchsmitteln max. 3 % der Bemessungsspannung.

Leiterlänge 1x
Zuleitungslänge 2x

Leitungsberechnung

	Gleichstromleitung	Einphasen-Wechselstromleitung	Dreiphasen-Wechselstromleitung
Zeigerbild	$\Delta U = U_1 - U_2$; U_1; U_2; I	ΔU; φ; U_2; U_1; φ; I	$\frac{\Delta U}{\sqrt{3}}$; φ; $\frac{U_2}{\sqrt{3}}$; $\frac{U_1}{\sqrt{3}}$; φ; I
Spannungsfall $\Delta U = I \cdot R_L$ $R_L = \frac{\rho \cdot l}{A}$ $R_L = \frac{l}{\gamma \cdot A}$ $P = U_{no} \cdot J$	$\Delta U = \frac{2 \cdot l \cdot I}{\gamma \cdot A}$	$\Delta U = \frac{2 \cdot l \cdot I \cdot \cos\varphi}{\gamma \cdot A}$	$\Delta U = \frac{\sqrt{3} \cdot l \cdot I \cdot \cos\varphi}{\gamma \cdot A}$
Leistungsverlust $P_V = I^2 \cdot R_L$	$P_V = \frac{2 \cdot I^2 \cdot l}{\gamma \cdot A}$	$P_V = \frac{2 \cdot I^2 \cdot l}{\gamma \cdot A}$	$P_V = \frac{3 \cdot I^2 \cdot l}{\gamma \cdot A}$
Prozentualer Spannungsfall $\Delta U = U_1 - U_2$	$p_U = \frac{\Delta U}{U_1} \cdot 100\ \%$	$p_U = \frac{\Delta U}{U_1} \cdot 100\ \%$	$p_U = \frac{\Delta U}{U_1} \cdot 100\ \%$
Prozentualer Leistungsverlust	$p_P = \frac{P_V}{P} \cdot 100\ \%$	$p_P = \frac{P_V}{P} \cdot 100\ \%$	$p_P = \frac{P_V}{P} \cdot 100\ \%$
Hinweis	l: Leitungslänge	l: Leitungslänge	l: Leitungslänge

Errichtung elektrischer Anlagen

Verzweigte Leitung (gleicher Querschnitt)

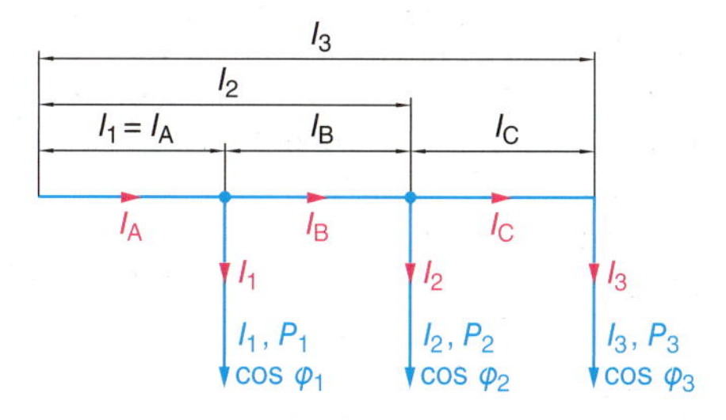

I_1, I_2 Zweigströme in A
l_1, l_2 Leitungslänge bis Abzweige in m
I_A, I_B Hauptabschnittsströme in A
l_A, l_B Hauptabschnittslängen in m
P_1, P_2 Wirkleistungen der Zweige in W
$\cos\varphi$ Leistungsfaktoren, bei Wechsel- und Drehstrom

	Gleichstromleitung	Wechselstromleitung	Drehstromleitung
Spannungsfall ΔU	$\Delta U = \frac{2}{\gamma \cdot A} \cdot \Sigma I \cdot l$ $\Delta U = \frac{2}{\gamma \cdot A \cdot U_1} \cdot \Sigma P \cdot l$	$\Delta U = \frac{2 \cdot \cos\varphi_m}{\gamma \cdot A} \cdot \Sigma I \cdot l$ $\Delta U = \frac{2}{\gamma \cdot A \cdot U_1} \cdot \Sigma P \cdot l$	$\Delta U = \frac{\sqrt{3} \cdot \cos\varphi_m}{\gamma \cdot A} \cdot \Sigma I \cdot l$ $\Delta U = \frac{1}{\gamma \cdot A \cdot U_1} \cdot \Sigma P \cdot l$
	$\Sigma I \cdot l = I_1 \cdot l_1 + I_2 \cdot l_2$	$\Sigma P \cdot l = P_1 \cdot l_1 + P_2 \cdot l_2$	$\cos\varphi_m$ mittlerer $\cos\varphi$
Prozentualer Spannungsfall	$p_U = \frac{\Delta U}{U} \cdot 100\ \%$		
Leistungsverlust P_v	$P_V = \frac{2}{\gamma \cdot A} \cdot \Sigma I^2 \cdot l$	$P_V = \frac{2}{\gamma \cdot q} \cdot \Sigma I^2 \cdot l$	$P_V = \frac{3}{\gamma \cdot A} \cdot \Sigma I^2 \cdot l$
	$I_A = I_1 + I_2 + I_3 + \cdots$ $I_B = I_2 + I_3 + \cdots$ $I_C = I_3 + \cdots$	$\Sigma I^2 \cdot l = I_A^2 \cdot l_A + I_B^2 \cdot l_B + I_C^2 \cdot l_C$	
Prozentualer Leistungsverlust	$p_P = \frac{P_V}{P} \cdot 100\ \%$		

ΔU Spannungsfall
U_1 Spannung am Leitungsanfang
U_2 Spannung am Leitungsende
R_L Leitungswiderstand
I Strom in der Leitung

γ spezifische Leitfähigkeit -> Al = 36,0
A Leiterquerschnitt Cu = 56,0
$\cos\varphi$ Leistungsfaktor AG = 60,0
P_V Verlustleistung AU = 45,7
P Leistung Verbrauchsmittel

Mindestquerschnitte von Kabeln und Leitungen

Feste Verlegung	Aderleitung Mantelleitung Kabel	Lichtstromkreise, Leistungsstromkreise	1,5 mm² Cu	16 mm² Al
		Meldestromkreise, Steuerstromkreise	0,5 mm² Cu (Elektronik 0,1 mm² Cu)	–
	Blanke Leiter	Leistungsstromkreise	10 mm² Cu	16 mm² Al
		Meldestromkreise, Steuerstromkreise	4 mm² Cu	
Bewegliche Verbindungen		Schutz- und Funktionskleinspannung für besondere Anwendungen	0,75 mm² Cu	
		Vieladrige flexible Leitungen mit mindestens 7 Adern	0,1 mm² Cu	

Elektr. Anlagen

Elektr. Anlagen

Errichtung elektrischer Anlagen

Aderfarben bei Niederspannungsleitungen und Kabeln

DIN VDE 0293-1:2006-10

Anzahl Adern	Mit grün-gelber Ader Kurzzeichen J bzw. G	Ohne grün-gelbe Ader Kurzzeichen O bzw. X	Mit konzentrischem Leiter
2	—	BU BK	BU BK
3	GNYE	BK BN GY	BK BN BY
4	GNYE BN BK GY	BU BN BK BY	BU BN BK BY
5	GNYE BU BN BK GY	BU BN BK GY BK	BU BN BK GY BK
6 und mehr	GNYE weitere Adern BK mit Ziffern	BK-Adern mit Ziffern	BK-Adern mit Ziffern

Aderfarben in mehradrigen Kabeln für feste Verlegung

Anzahl Adern	Mit grün-gelber Ader Kurzzeichen J bzw. G	Ohne grün-gelbe Ader Kurzzeichen O bzw. X	Mit konzentrischem Leiter
2	—	BU BK	BU BK
3	GNYE BK BU	BN BU BK	BK BU BN
4	GNYE BK BU BN	BK BY BN BK	BK BU BN BK
5	GNYE BK BU BN BK	BK BU BN BK BK	—
6 und mehr	GNYE weitere Adern BK mit Ziffern	BK-Adern mit Ziffern	BK-Adern mit Ziffern

Aderfarben in mehradrigen Kabeln für ortsveränderliche Verbraucher

Anzahl Adern	Mit grün-gelber Ader Kurzzeichen J bzw. G	Ohne grün-gelbe Ader Kurzzeichen O bzw. X	Mit konzentrischem Leiter
2	—	BU BN	—
3	GNYE BN BU	BN BU BK	—
4	GNYE BK BU BN	BK BU BN BK	—
5	GNYE BK BU BN BK	BN BU BN BK BK	—
6 und mehr	GNYE weitere Adern BK mit Ziffern	BK-Adern mit Ziffern	—

BK: Black (Schwarz), BN: Brown (Braun), BU: Blue (Blau), GNYE: Green-Yellow (Grün-Gelb), GY: Grey (Grau)

Spannungsangaben von Starkstromleitungen

Betriebsspannung	Spannung zwischen Außenleitern
U_0	Bemessungsspannung zwischen Außenleiter und Metallmantel bzw. Erde
U	Bemessungsspannung zwischen den Außenleitern
$\frac{U_0}{U} = \frac{1}{\sqrt{3}}$	Spannungsverhältnis bei Kabeln für Drehstromsysteme
$\frac{U_0}{U} = \frac{1}{2}$	Spannungsverhältnis bei Kabeln für Gleichstrom- und Einphasensysteme
$\frac{U_0}{U} = 1$	Spannungsverhältnis bei Kabeln für Gleichstrom- und Einphasensysteme, wenn der Außenleiter isoliert ist

Errichtung elektrischer Anlagen

Bauartkurzzeichen von Kabeln

	Kennzeichnung der Bestimmung
N	genormte Ausführung
	Leiterausführung
A	Leiter aus Aluminium
C	konzentrischer Leiter aus Kupfer
CE	konzentrischer Leiter aus Kupfer, bei dreiadrigen Kabeln über jeder Ader aufgebracht
CW	konzentrischer Leiter aus Kupfer, wellenförmig aufgebracht
	Isolierung
Y	Isolierung aus Polyvenylchlorid (PVC)
2X	Isolierung aus vernetztem Polyethylen (VPE)
2Y	Isolierung aus Polyethylen (PE)
	Schirmung
E	einzeln mit einem Metallmantel umgebene Adern (Dreimantelkabel)
H	Schirmung beim Hochstädter Kabel
S	Schirm aus Kupfer
SE	Schirm aus Kupfer, bei dreiadrigen Kabeln über jede Ader aufgebracht
	Mantel
K	Bleimantel
KL	gepresster, glatter Aluminiummantel
Y	Mantel aus Polyvenylchlorid (PVC)
YV	verstärkter PVC-Mantel
2Y	Mantel aus Polyethylen (PE)
	Bewehrung
B	Bewehrung aus Stahlban
	Bewehrung
F	Bewehrung aus Stahlflachdraht
FO	Bewehrung aus Stahlflachdraht, offen
R	Bewehrung aus Stahlrunddraht
Gb	Gegen- oder Haltewendel aus Stahlband
	Schützhülle
A	Schutzhülle aus Faserstoff
E	Schutzhülle mit eingebetteter Schicht aus Elastomerband oder Kunststofffolie
	Schutzleiter
–J	Kabel mit grün-gelb gekennzeichneter Ader für Kabel mit $U_0/U = 0{,}6$ kV/1 kV
–O	Kabel ohne grün-gelb gekennzeichneter Ader für Kabel mit $U_0/U = 0{,}6$ kV/1 kV
	Adernzahl
	Leiterquerschnitt in mm²
	Leiterform
RE	runder, eindrähtiger Leiter
RF	runder, feindrähtiger Leiter
RM	runder, mehrdrähtiger Leiter
SE	sektorförmiger, eindrähtiger Leiter
SM	sektorförmiger, mehrdrähtiger Leiter
	Schirmquerschnitt
	wird nach dem Kurzzeichen für den Außenleiter hinter einem Schrägstrich angegeben
	Bemessungsspannung

Höchste dauernd zulässige Betriebsspannung

Bemessungsspannung U_0/U in kV	Höchste dauernd zulässige Spannung in kV zwischen den Außenleitern: Einphasen-Wechselstrom, ein Außenleiter geerdet	Einphasen-Wechselstrom, beide Außenleiter isoliert	Dreiphasen-Wechselstrom
0,6/1	0,7	1,4	1,2
3,6/6	4,1	8,3	7,2
6/10	7,0	14,0	12,0
12/20	14,0	28,0	24,0
18/30	21,0	42,0	36,0

Bauartkurzzeichen für Starkstromkabel mit Kunststoffisolierung

	Ader
N	Normtyp
A	Aluminiumleiter (Kupferleiter sind nicht besonders gekennzeichnet)
Y	Isol. aus thermoplastischem Polyethylen (VPE)
	Leiter, Schirm, Bewehrung
C	konzentrischer Leiter aus Kupfer
CW	konzentr. Leiter aus Kupfer, bei dreiadrigen Kabeln über jeder einzelnen Ader aufgebracht
	Leiter, Schirm, Bewehrung
S	Schirm aus Kupfer
SE	Schirm aus Kupfer, bei dreiadrigen Kabeln über jeder einzelnen Ader aufgebracht
(F)	längswasserdichter Schirmbereich
F	Bewehrung aus verzinkten Stahlflachdrähten
G	Gegen- oder Haltewendel aus verzinktem Stahlband
R	Bewehrung aus Stahlrunddrähten

Errichtung elektrischer Anlagen

Bauartkurzzeichen für Starkstromkabel mit Kunststoffisolierung

	Mantel		**Nennquerschnitt in mm²**
			Leiterangaben
K	Bleimantel	RE	eindrähtiger Rundleiter
Y	PVC-Mantel	RM	mehrdrähtiger Rundleiter
2Y	PE-Mantel	SE	eindrähtiger Sektorleiter
	Kabel mit U_0 = 0,6/1 kV ohne konzentrischen Leiter werden zusätzlich gekennzeichnet	SM	mehrdrähtiger Sektorleiter
J	Kabel enthält grün-gelbe Ader		
O	Kabel enthält keine grün-gelbe Ader		

Bauartkurzzeichen für harmonisierte Leitungen

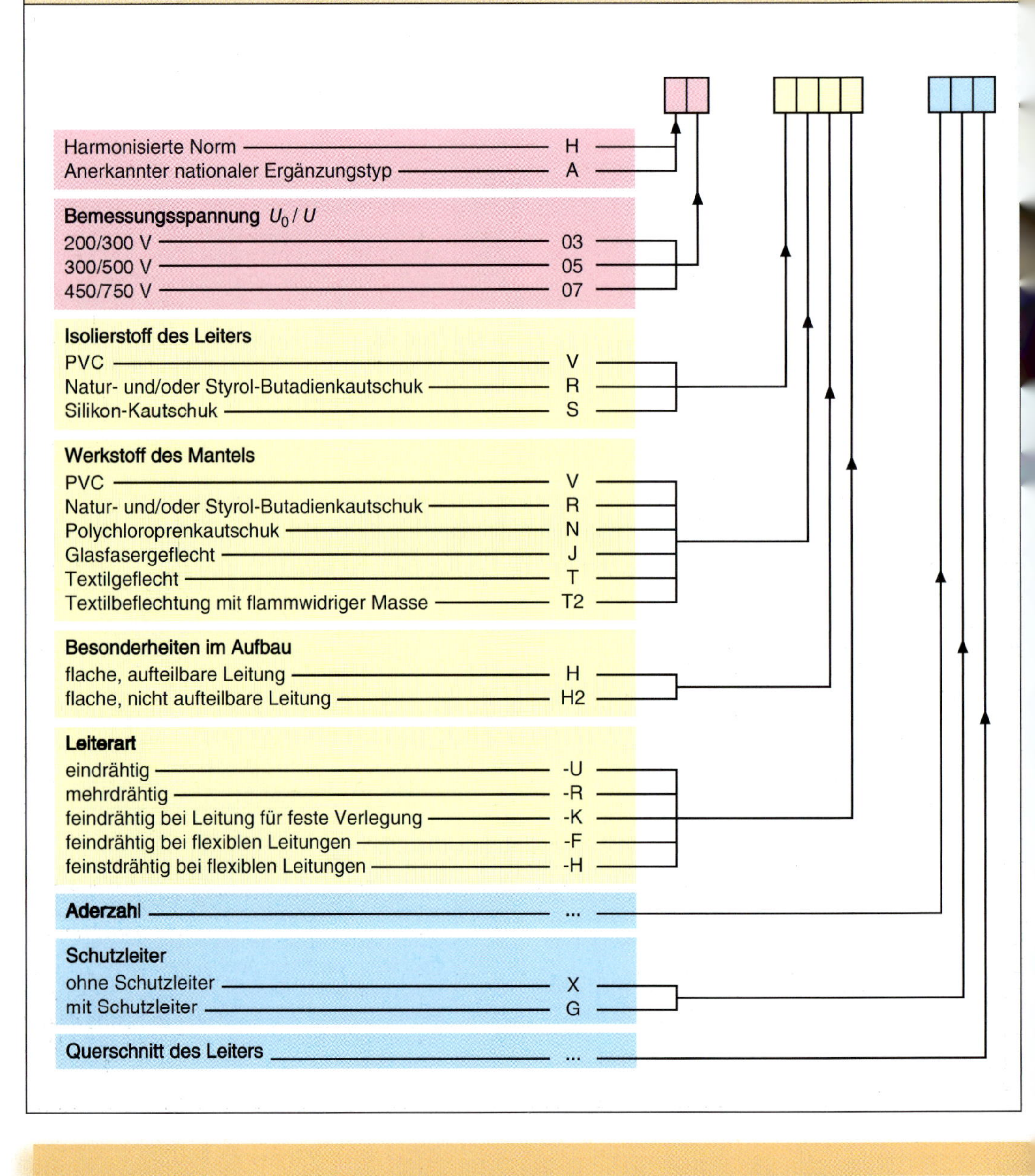

Harmonisierte Norm — H
Anerkannter nationaler Ergänzungstyp — A
Bemessungsspannung U_0 / U
200/300 V — 03
300/500 V — 05
450/750 V — 07
Isolierstoff des Leiters
PVC — V
Natur- und/oder Styrol-Butadienkautschuk — R
Silikon-Kautschuk — S
Werkstoff des Mantels
PVC — V
Natur- und/oder Styrol-Butadienkautschuk — R
Polychloroprenkautschuk — N
Glasfasergeflecht — J
Textilgeflecht — T
Textilbeflechtung mit flammwidriger Masse — T2
Besonderheiten im Aufbau
flache, aufteilbare Leitung — H
flache, nicht aufteilbare Leitung — H2
Leiterart
eindrähtig — -U
mehrdrähtig — -R
feindrähtig bei Leitung für feste Verlegung — -K
feindrähtig bei flexiblen Leitungen — -F
feinstdrähtig bei flexiblen Leitungen — -H
Aderzahl — ...
Schutzleiter
ohne Schutzleiter — X
mit Schutzleiter — G
Querschnitt des Leiters — ...

Errichtung elektrischer Anlagen

Isolierte Starkstromleitung für feste Verlegung

Bezeichung	Kurzzeichen (Grundtypen)	Bemessungs-spannung U_0/U V	Aderanzahl × Querschnitt[2] mm²	Leitungs-temperatur höchstens °C	Geeignet für Schutz-klasse II	Bestimmungs-gemäße Verlegung[1]
PVC-Verdrahtungs-leitungen	H05V-U H05V-K	300/500	1 × 0,5 ... 1e 1 × 0,5 ... 1f	70	nein	8, 10 8, 9, 10
PVC-Aderleitungen	H07V-U H07V-R H07V-K	450/750	1 × 1,5 ... 16e 1 × 6 ... 400m 1 × 1,5 ... 240f	70	nein	1, 6, 8, 10 1, 6, 8, 10 1, 6, 8, 9, 10
Stegleitungen	NYIF NYIFY	220/380	2 ... 5 × 1,5 ... 2,5e 2 und 3 × 4e	70	nein	3
PVC-Pendel-schnüre mit erhöhter Wärme-beständigkeit	NYPLYW	220/380	2 ... 4 × 0,75f	90	ja	für Schnur-pendel
Wetterfeste PVC-Leitungen	NFYW	0,6/1 kV	1 ... 6 × 50m	70	ja	12
PVC-Mantel-leitungen	NYM	300/500	1 × 1,5 ... 10e 1 × 16m 2 ... 5 × 1,5 ... 10e 2 ... 5 × 16 ... 35m 7 × 1,5 und 2,5e	70	ja	1, 2, 3, 5, 6 7, 8, 10, 11 4, wenn keine direkte Einbet-tung in verdich-teten Beton; 12, wenn vor direkter Sonne geschützt
PVC-Mantel-leitungen mit Traggeflecht	NYMZ	300/500	2 ... 5 × 1,5 ... 10e 2 ... 5 × 16m	70	ja	12, 13
PVC-Mantel-leitungen mit Tragseil	NYMT	300/500	2 ... 5 × 1,5 ... 10e 2 ... 5 × 16 ... 35m	70	ja	12, 13
Umhüllte Rohrdrähte für Räume mit Hochfrequenz-anlagen	NHYRUZY	300/500	2 ... 4 × 1,5 ... 10e 2 ... 4 × 16 ... 25m 5 × 1,5 ... 6e	70	ja	2, 3, 11
Bleimantel-leitungen	NYBUY	300/500	2 ... 4 × 1,5 ... 10e 2 ... 4 × 16 ... 35m 5 × 1,5 ... 6e	70	ja	2, 3, 11 12
PVC-Leuchtröhren-leitungen	NYL	4/4 kV 8/8 kV	5 × 1,5f	70	–	in Leuchtröhren-anlagen gemäß DIN VDE 0128 1, 6, 8, 11
PVC-Leuchtröhren-leitungen mit Metallum-hüllung	NYLRZY	4/4 kV 8/8 kV	5 × 1,5f	70	–	in Leuchtröhren-anlagen gemäß DIN VDE 0128 2, 11, 12

Errichtung elektrischer Anlagen

Isolierte Starkstromleitung für feste Verlegung

Bezeichung	Kurzzeichen (Grundtypen)	Bemessungs-spannung U_0/U V	Aderanzahl × Querschnitt[2] mm²	Leitungs-temperatur höchstens °C	Geeignet für Schutz-klasse II	Bestimmungs-gemäße Verlegung[1]
Silikon-Aderleitungen mit erhöhter Wärmebeständigkeit	H05SJ-K A05SJ-K A05SJ-U	300/500	1 × 0,5 ... 16f 1 × 25 ... 95f 1 × 1 ... 16e	180	nein	1, 6,8, 10 1, 6, 8, 9, 10 1, 6, 8, 10
Sondergummiaderleitungen	NSGAÖU	0,6/1 kV	1 × 1,5 ... 10e 1 × 16 ... 300m	90	nein	für Schienenfahrzeuge und O-Busse sowie in trockenen Räumen
	NSGAFCMÖU	3,6/6 kV	1 × 1,5 ... 185f		–	
Gummi-Pendelschnüre	NPL	220/380	2 u. 3 × 0,75f	60	nein	für Schnur- und Zugpendelleuchten
Illuminationsflachleitungen	NIFLÖU	300/500	2 × 1,5f	60	nein	12, 13 außerhalb des Handbereichs zum Anschluss von Illuminationsfassungen bei geringen mechanischen Beanspruchungen (Zugbelastung der Leitung höchstens 50 N)

[1] Kurzzeichen für die bestimmungsgemäße Verlegung:
1 = in Rohren; 2 = auf der Wand; 3 = im und unter Putz; 4 = im Beton; 5 = auf Rosten, Pritschen, Wannen; 6 = in geschlossenen Installationskanälen; 7 = in begehbaren Kanälen; 8 = Geräteverdrahtung; 9 = zum Anschluss bewegter Teile; 10 = gebündelt; 11 = in feuchten und nassen Räumen; 12 = im Freien; 13 = selbsttragend

[2] e = eindrähtiger Leiter; f = feindrähtiger Leiter; ff = feinstdrähtiger Leiter; m = mehrdrähtiger Leiter

Leiterform und Leiteraufbau

Abbildung	Kurzzeichen	Erklärung	Abbildung	Kurzzeichen	Erklärung
	SM	sektorförmiger Leiter, mehrdrähtig		RM	runder Leiter, mehrdrähtig
	SE	sektorförmiger Leiter, eindrähtig		RE	runder Leiter, eindrähtig bei 10 mm²

Errichtung elektrischer Anlagen

Kennzeichnung isolierter und blanker Leiter

Leiterbezeichnung		Kennzeichnung		
		alphanumerisch	Bildzeichen	Farbe
W	Außenleiter 1 Außenleiter 2 Außenleiter 3 Mittelleiter	L1 L2 L2 N		[1] [1] [1] hellblau
G	Positiv Negativ Mittelleiter	L+ L– M	+ –	[1] [1] hellblau
Schutzleiter		PE		grün-gelb
PEN-Leiter (Mittelleiter mit Schutzfunktion)		PEN		grüngelb
Erdungsleiter		E		[1]

[1] Farbe nicht festgelegt; empfohlen: schwarze Farbe

W = Wechselstromnetz G = Gleichstromnetz

Zuordnung der Rohrweiten von Elektroinstallationsrohren zu PVC-Aderleiterungen

Leiterquerschnitt in mm^2	Anzahl der Leitungen in Elektroinstallationsrohren				
	2	3	4	5	6
1,5 re[1]	11	11	13,5	13,5	16
2,5 re	11	13,5	16	16	23
4 re	13,5	16	16	23	23
6 re	16	16	23	23	23
10 re	23	23	23	29	29
10 rm[2]	23	23	23	29	29
16 re	23	23	29	29	36
16 rm	23	23	29	29	36
25 re	29	29	36	36	48
25 rm	29	29	36	36	48
35 rm	29	36	36	48	48
50 rm	36	36	48	48	–

[1] **re** = rund, eindrähtig; [2] **rm** = rund, mehrdrähtig

Beispiel

Bemessungsstrom von drei Drehstromverbrauchern jeweils $I_N = 19$ A, Verlegeart B2, drei belastete Adern. Drei Leitungen in einem Elektro-Installationsrohr, Umgebungstemperatur 30 °C.

Gesucht: Leiterquerschnitt, Überstromschutz

Gewählter Querschnitt: $A = 6\ mm^2$

Tabelle Seite 131/132: $A = 6\ mm^2 \rightarrow I_Z = 36$ A

Tabellen Seite 132: Häufung: $k_1 = 0{,}7$; Temperatur: $k_2 = 0{,}94$

$I_Z' = k_1 \cdot k_2 \cdot I_Z = 0{,}7 \cdot 0{,}94 \cdot 36\ A = 23{,}7\ A$

$I_n = 20$ A

Errichtung elektrischer Anlagen

Leitungsverlegung

DIN VDE 0298-4:2013-06

Verlegeart	Anwendung
A1 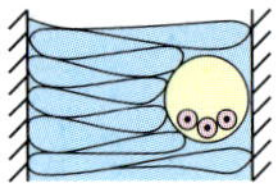	**In wärmegedämmten Wänden** • Aderleitungen im Elektroinstallationsrohr oder in Formleisten oder Formteilen • Ein- oder mehradrige Kabel oder Mantelleitung in Türfüllungen der Fensterrahmen
A2 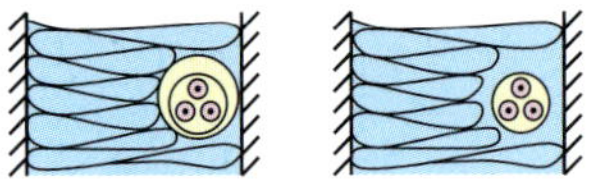	**In wärmegedämmten Wänden** • Mehradrige Kabel oder mehradrige Mantelleitung im Elektroinstallationsrohr oder direkt in wärmegedämmten Wänden
B1 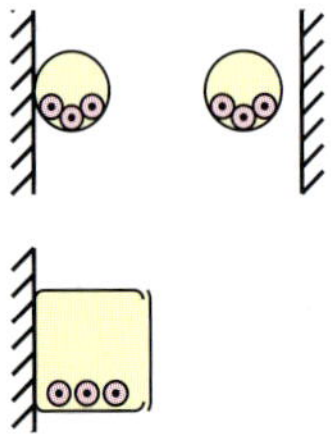	**Verlegung in Elektroinstallationsrohren** • Aderleitungen im Elektroinstallationsrohr im belüfteten Kabelkanal im Fußboden • Ein- oder mehradrige Kabel oder Mantelleitung im offenen oder belüfteten Kabelkanal • Aderleitungen, einadrige Kabel oder Mantelleitung
B2 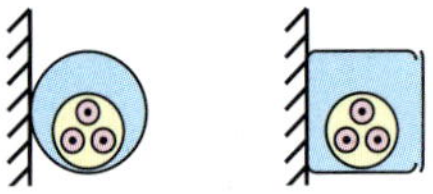	**Verlegung in Elektroinstallationsrohren** • Mehradrige Kabel oder mehradrige Mantelleitung im Elektroinstallationsrohr auf einer Wand – direkt auf Wand oder im Abstand $a < 0{,}3 \cdot d$ – im Elektroinstallationskanal – im Fußbodenleistenkanal – Unterflurverlegung im Kanal *d*: Außendurchmesser des Elektroinstallationsrohres
C 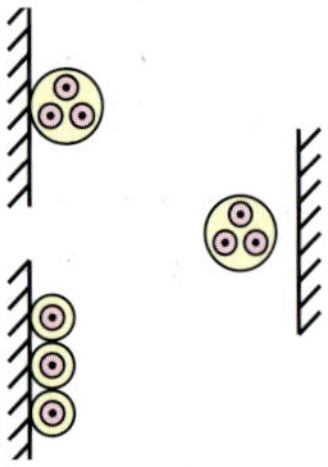	**Verlegung auf einer Wand** • Ein- oder mehradrige Kabel oder Mantelleitung – auf Wand oder im Abstand $a < 0{,}3 \cdot d$ – unter Decke oder mit Abstand von der Decke – auf ungelochter Kabelwanne – direkt im Mauerwerk oder Beton – Stegleitung im und unter Putz
E 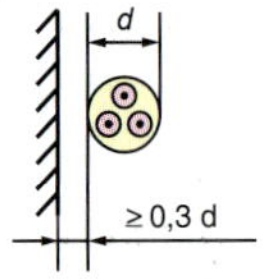 *d* ≥ 0,3 d	**Frei in Luft** • Ein- oder mehradrige Kabel oder Mantelleitung – auf Wand oder im Abstand von $a > 0{,}3 \cdot d$ – auf gelochter Kabelwanne, Kabelpritsche oder an einem Tragseil abgehängt
F 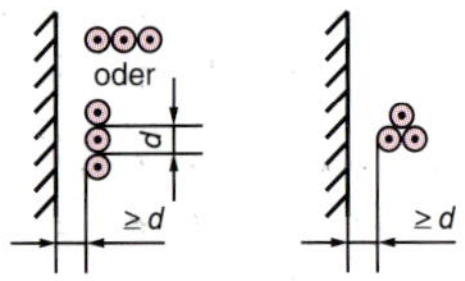 oder *d* ≥ *d* ≥ *d*	**Frei in Luft** • Einadrige Kabel oder Mantelleitung – mit Berührung, frei in Luft mit einem Abstand zur Wand $a \geq 1 \cdot d$ – auf Kabelkonsolen oder gelochter Kabelwanne

Errichtung elektrischer Anlagen

Leitungsverlegung

DIN VDE 0298-4:2013-06

Verlegeart	Anwendung
G 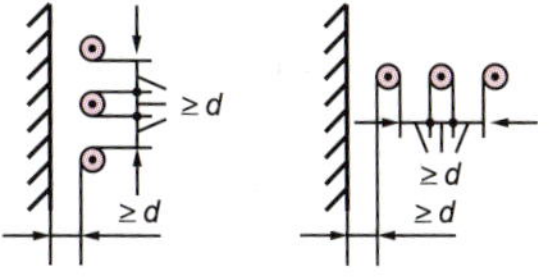	**Frei in Luft** • Einadrige Kabel oder Mantelleitung ohne Berührung mit Abstand zueinander und zur Wand $a \geq 1 \cdot d$

Schutz von Leitungen

DIN VDE 0100-430:2010-10

Wichtige Kenngrößen

Betriebsstromstärke I_B der Leitung

Bemessungsstromstärke I_n des Überstromschutzorgans

$I_n \geq I_B$

Leiterquerschnitt A

Strombelastbarkeit I_z der Leitung

$I_n \leq I_z$

Auslösestromstärke des Schutzorgans

$I_a \leq 1{,}45 \cdot I_z$

Beispiel

$I_B = 19$ A

$I_n = 20$ A (B2)

$A = 2{,}5$ mm²

$I_z = 21$ A

19 A ≤ 20 A ≤ 21 A

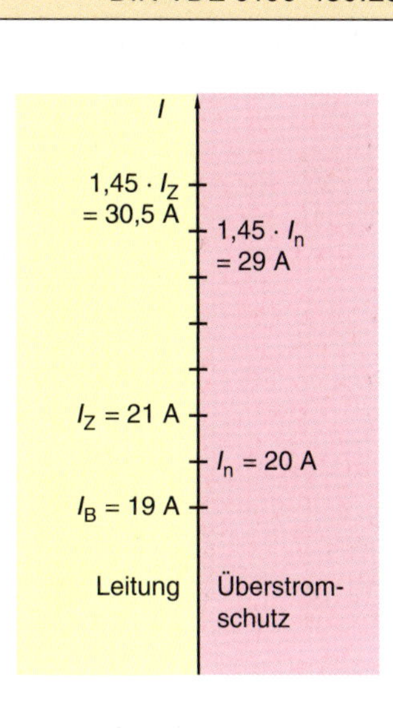

Strombelastbarkeit von Leitungen und Zuordnung von Überstromschutzorganen

Strombelastbarkeit von Leitungen für *feste Verlegung* bei einer *Umgebungstemperatur von 25 °C,* Strombelastbarkeit I_z in A für Kabel und Leitungen mit dem Isolierstoff PVC (zulässige Betriebstemperatur 70 °C) mit Zuordnung von Überstrom-Schutzeinrichtungen (I_n)

Querschnitt *A* in mm²	Verlegeart											
	A1		A2		B1		B2		C		E	
	Anzahl der belasteten Adern											
	2	3	2	3	2	3	2	3	2	3	2	3
1,5	16,5 16	14,5 13	16,5 16	14 13	18,5 16	16,5 16	17,5 16	16 16	21 20	18,5 16	23 20	19,5 16
2,5	21 20	19 16	19,5 16	18,5 16	25 25	22 20	24 20	21 20	29 25	25 25	32 32	27 25
4	28 25	25 25	27 25	24 20	34 32	30 25	32 32	29 25	38 35	34 32	42 40	36 35

Errichtung elektrischer Anlagen

Strombelastbarkeit von Leitungen und Zuordnung von Überstromschutzorganen

Querschnitt A in mm²	Verlegeart											
	A1		A2		B1		B2		C		E	
	Anzahl der belasteten Adern											
	2	3	2	3	2	3	2	3	2	3	2	3
6	36 35	33 32	34 32	31 25	43 40	38 35	40 40	36 35	49 40	43 40	54 50	46 40
10	49 40	45 40	46 40	41 40	60 50	53 50	55 50	50 50	67 63	63 63	74 63	64 63
16	65 63	59 50	60 50	55 50	81 80	72 63	73 63	66 63	90 80	81 80	100 100	85 80
25	85 80	77 63	80 80	72 63	107 100	94 80	95 80	85 80	119 100	102 100	126 125	107 100
35	105 100	94 80	98 80	88 80	133 125	117 100	118 100	105 100	146 125	126 125	157 125	134 125
50	126 125	114 100	117 100	105 100	160 160	142 125	141 125	125 125	178 160	153 125	191 160	162 160
70	160 160	144 125	147 125	133 125	204 200	181 160	178 160	159 125	226 200	195 160	246 200	208 200
95	193 160	174 160	177 160	159 125	246 200	219 200	213 200	190 160	273 250	236 200	299 250	252 250

Bei Leitungsverlegung auf Holz oder einer Unterlage mit ähnlich schlechtem Wärmeleitwert ist die Strombelastbarkeit um 1 A bis 2 A zu verringern.

Umrechnungsfaktoren für Häufung
Anzahl der mehradrigen Kabel oder Leitungen (Faktoren)

1	2	3	4	5	6	7	8	9	10
1,0	0,8	0,7	0,65	0,6	0,57	0,54	0,52	0,5	0,48

Umrechnungsfaktoren für Umgebungstemperatur
von Kabeln und Leitungen (Faktoren)

10 °C	15 °C	20 °C	25 °C	30 °C	35 °C	40 °C	45 °C	50 °C
1,15	1,1	1,06	1,0	0,94	0,89	0,82	0,75	0,67

Umrechnungsfaktoren für aufgewickelte Leitungen

Anzahl der Lagen	1	2	3	4
Umrechnungsfaktor	0,8	0,61	0,49	0,42

Errichtung elektrischer Anlagen

Strombelastbarkeit von Leitungen und Zuordnung von Überstromschutzorganen

Berücksichtigung von mehr als 3 belasteten Adern

Anzahl der belasteten Adern	3	5	7	10	14	19	24	40
Umrechnungsfaktor	1,0	0,75	0,65	0,55	0,50	0,45	0,40	0,35

Auswirkungen von Oberschwingungen

Umrechnungsfaktoren zur Berücksichtigung von Verbrauchern, die 3./6./9. Oberschwingungen hervorrufen

Leistungsanteil in %	Umrechnungsfaktor für Verteilerstromkreise	
0 ... 15	1,0	Die Werte geben an, wie viel Prozent aller an die Verteilung angeschlossenen Verbrauchsmittel eine besonders hohe Oberschwingungsbelastung hervorrufen; z. B. Frequenzumrichterantriebe.
> 15 ... 25	0,95	
> 25 ... 35	0,90	
> 35 ... 45	0,85	
> 45 ... 55	0,80	
> 55 ... 65	0,75	
> 67 ... 75	0,70	
> 75	0,65	

Zum Schutz bei Überlast sind folgende *Bedingungen* zu erfüllen:

$I \leq I_n \leq I_z$

$I_a \leq 1{,}45 \cdot I_z$

I Betriebsstrom
I_n Bemessungsstrom der Schutzeinrichtung
I_z Strombelastbarkeit der Leitung
I_a Auslösestrom der Überstrom-Schutzeinrichtung

Der *Bemessungsstrom* I_n darf gleich der *Strombelastbarkeit* I_z sein, wenn $I_a \leq 1{,}45 \cdot I_n$.

Kurzschlussschutz

$$t = \left(\frac{k \cdot A}{I_K}\right)^2$$

t zulässige Ausschaltzeit in s
A Leiterquerschnitt in mm^2
I_K Kurzschlussstrom in A
k Faktor, leistungsspezifisch

Isolation aus	Kupferleiter	Aluminiumleiter
Gummi	135	87
Polyvinylchlorid (PVC)	115	74
Polyethylen, vernetzt (VDE)	143	94
Ethylenpropylen-Kautschuk (EPR)	143	94
Butyl-Kautschuk (IIK)	135	87

Errichtung elektrischer Anlagen

Strombelastbarkeit von Leitungen und Zuordnung von Überstromschutzorganen

Beispiel

Betriebsstrom: 26 A, Verlegeart B2, 3 belastete Adern, Häufung 3, Temperatur 35 °C

1. Annahme: $A = 10\ \text{mm}^2$

Tabelle: $I_z = 50$ A Faktor Häufung: 0,7 Faktor Temperatur: 0,89

$I_z' = 0{,}7 \cdot 0{,}89 \cdot I_z = 0{,}7 \cdot 0{,}89 \cdot 50\ \text{A} = 31{,}15\ \text{A}$

Darf mit max. $I_n = 25$ A abgesichert werden. Allerdings ist der Betriebsstrom größer als 25 A.

2. Annahme: $A = 16\ \text{mm}^2$

Tabelle: $I_z = 66$ A $I_z' = 0{,}7 \cdot 0{,}89 \cdot 66\ \text{A} = 41\ \text{A}$

Gewählt wird: Überstromschutzorgan $I_n = 35$ A

35 A ist *größer* als der Betriebsstrom (26 A) und *kleiner* als die Strombelastbarkeit der Leitung (41 A).

Strombelastbarkeit flexibler Leitungen bei 30 °C

Strombelastbarkeit I_z in A für flexible Leitungen mit Kupferadern und Bemessungsspannungen bis 1000 V

a	b	c	f	e	f	g	h
Querschnitt in mm²	Leitungsarten						
	A05RN-F H07RN-F	H03RT-F, H05RR-F A05RR-F, A05RRT-F H05RN-F, A05RN-F H07RN-F, A07RN-F		NMHVÖU NSHTÖU H07RN-F A07RN-F	H03VH-H H03VV-F H05VV-F H03VVH2-F u. ä.	H03VV-F H05VV-F	NYMHYV NYSLYÖ H05VVH6-F u. ä.
	Isolierwerkstoff: NR/SR, zulässige Betriebstemperatur 60 °C				Isolierwerkstoff: PVC, zulässige Betriebstemperatur 70 °C		
	Anzahl der belasteten Adern						
	1	2	3	2 oder 3	2	3	2 oder 3
0,5	–	3	3	–	3	3	–
0,75	15	6	6	12	6	6	12
1	19	10	10	15	10	10	15
1,5	24	16	16	18	16	16	18
2,5	32	25	20	26	25	20	26
4	42	32	25	34	–	–	34
6	54	40	–	44	–	–	44
10	73	63	–	61	–	–	61
16	98	–	–	82	–	–	82
25	129	–	–	108	–	–	108

Spalte b: Frei in Luft gespannte Leitungen **Spalten c bis h:** Aufliegende Leitungen

Elektr. Anlagen

Errichtung elektrischer Anlagen

Umrechnungsfaktoren Strombelastbarkeit

Umrechnungsfaktoren für abweichende Umgebungstemperaturen

Umgebungstemperatur in °C	10	15	20	25	30	35	40	45	50	55	60
Faktor für Isolierwerkstoff NR/SR zul. Betriebstemperatur 60 °C	1,29	1,22	1,15	1,08	1,0	0,91	0,82	0,71	0,58	0,41	–
Faktor für Isolierwerkstoff PVC zul. Betriebstemperatur 70 °C	1,22	1,17	1,12	1,06	1,0	0,94	0,87	0,79	0,71	0,61	0,50

Umrechnungsfaktoren für Leitungen mit Leiternennquerschnitten bis 10 mm²

Anzahl der belasteten Adern	5	7	10	14	19	24	40	61
Umrechnungsfaktor	0,75	0,65	0,55	0,50	0,45	0,40	0,35	0,30

Umrechnungsfaktoren für Häufung

Anordnung der Leitungen	Anzahl der mehradrigen Leitungen oder Anzahl der Wechsel- oder Drehstromkreise aus einadrigen Leitungen								
	1	2	3	4	5	6	7	8	9
Gebündelt direkt auf der Wand, dem Fußboden, im Installationsrohr oder -kanal, auf oder in der Wand	1,00	0,80	0,70	0,65	0,60	0,57	0,54	0,52	0,50
Einlagig mit Berührung auf der Wand oder dem Fußboden, unter der Decke	1,00 0,95	0,85 0,81	0,79 0,72	0,75 0,68	0,73 0,66	0,72 0,64	0,72 0,63	0,71 0,62	0,70 0,61

Schmelzsicherungen DIN VDE 0636-2:2011-09

Niederspannungssicherungen

Bauart	Bezeichnung	Bereiche	Komponenten
SIEMENS 5SB2 61 Original DIAZED 16A 500V gL/gG	**D-System** Diazed-Sicherungssystem	**AC** und **DC** bis 100 A und 500 V	Sicherungsunterteil Sicherungseinsatz Sicherungseinsatzhalter Unverwechselbarkeitseinrichtung
5SE2 202 NEOZED D01 2A	**DO-System** Neozed-Sicherungssystem	**AC** bis 100 A und 400 V **DC** bis 100 A und 250 V	Bei Schraubsicherungen die netzseitige Anschlussleitung stets auf den Fußkontakt des Sicherungsunterteils auflegen.
SIEMENS 400V 125A	**NH-**Sicherungssystem	**AC** bis 1250 A und 500 V bzw. 690 V **DC** bis 1250 A und 440 V	Fußkontakt – vom Netz Schraubkontakt – zum Verbraucher

Errichtung elektrischer Anlagen

Betriebsklassen

Buchstabe 1: **Funktionsklasse**	Buchstabe 2: **Schutzobjekt**
g Ganzbereichssicherungen Ströme können bis zum Bemessungsstrom I_n dauernd geführt werden und vom kleinsten Schmelzstrom bis zum Bemessungs-Ausschaltstrom ausgeschaltet werden. **a Teilbereichssicherungen** Ströme können bis zum Bemessungsstrom I_n dauernd geführt werden und oberhalb eines bestimmten Vielfachen von I_n bis zum Bemessungs-Ausschaltstrom ausgeschaltet werden.	**G** allgemeine Anwendung **L** Kabel und Leitungen **M** Schaltgeräte **R** Halbleiter **B** Bergbau **Tr** Transformatoren

Beispiele
gL: Ganzbereichs-Kabel und Leitungsschutz
gTr: Ganzbereichs-Transformatorschutz
aR: Teilbereichs-Halbleiterschutz

D- und DO-Sicherungssysteme

Sicherung und Unverwechselbarkeitseinrichtung I_n (A)	Kennfarbe	Bemessungsstrom Sockel A	Gewinde Diazed	Gewinde Neozed
2	rosa	25	DII (E27)	DO1 (E14)
4	braun			
6	grün			
10	rot			
13	schwarz			
16	grau			
20	blau			DO2 (E18)
25	gelb			
35	schwarz	63	DIII (E33)	
50	weiß			
63	kupfer			
80	silber	100	DIV (R 1/4″)	DO3 (M 30 × 2)
100	rot			

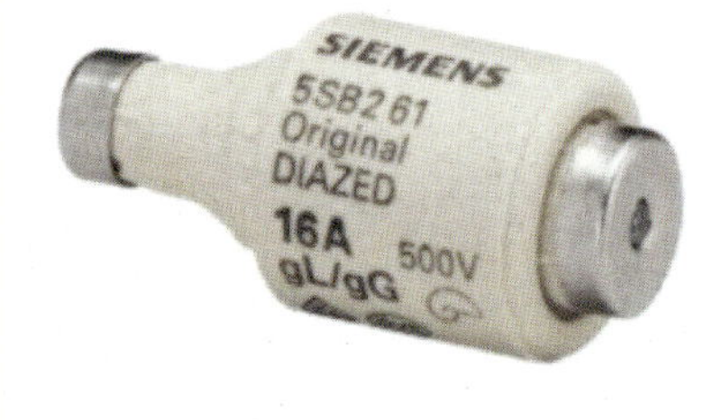

Selektivität
Bei einem Fehler in der elektrischen Anlage spricht nur das dem Fehler *unmittelbar vorgeschaltete* Überstrom-Schutzorgan an.
Die *Selektivität* hängt vom Auslöseverhalten des Überstromschutzorgans und der Höhe des Überstroms ab.

Errichtung elektrischer Anlagen

NH-Sicherungssysteme

Größe	Unterteil I_N in A	Einsatz I_n in A	Gesamtlänge in mm	Bemessungs-Verlustleistung zul. in W gG AC 500 V	gG AC 690 V	aM AC 500 V	aM AC 690 V
00	160	6 – 160	78	7,5/12	12	7,5	12
0	160	6 – 160	125	16	25	16	25
1	250	80 – 250	135	23	32	23	32
2	400	125 – 400	150	34	45	34	45
3	630	315 – 630	150	48	60	48	60
4	1000	500 – 1000	200	90	90	90	90
4a	1250	500 – 1250	200	110	110	110	110

Geräteschutzsicherungen (Feinsicherungen)

Auslöseverhalten	
FF	superflink
F	flink
M	mittelträge
T	träge
TT	superträge

Schaltvermögen		Strombereiche I_n in A	Abmessungen
H	groß, 1500 A AC	0,05 – 6,3 (F)	5 · 20 mm
L	klein, 10 · I_n, mind. 35 A AC	1,6 – 6,3 (T)	5 · 20 mm
E	erhöht, 150 A AC	0,05 – 2 (F)	6,3 · 20 mm

Verwechselbar

Unverwechselbar

Strom-Zeit-Bereiche für Leitungsschutzsicherungen gG/gL

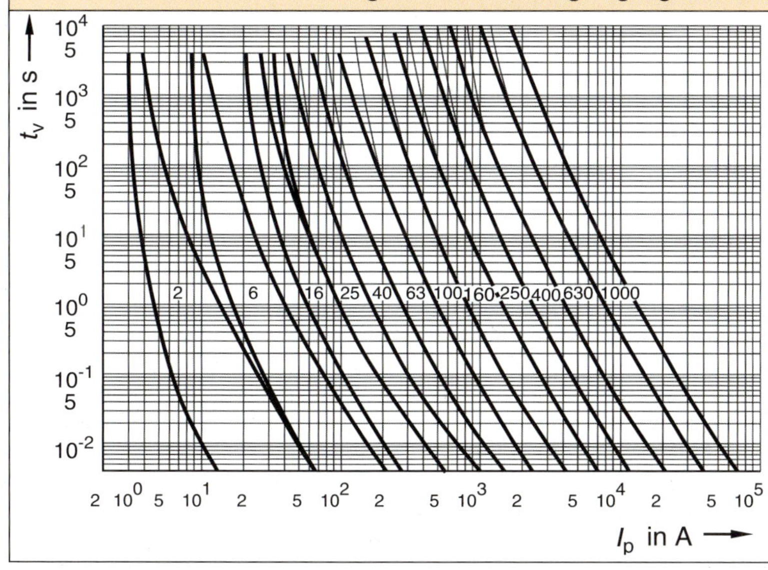

Für jeden Bemessungsstrom sind *zwei* Kennlinien dargestellt.

Linke Kennlinie
Verlauf der *Schmelzzeit* (kleinste Zeit)

Rechte Kennlinie
Verlauf der *Ausschaltzeit* (größte Zeit)

Auslösekennlinien von LS-Schaltern → 139

Errichtung elektrischer Anlagen

Strom-Zeit-Bereiche für Leitungsschutzsicherungen gG/gL

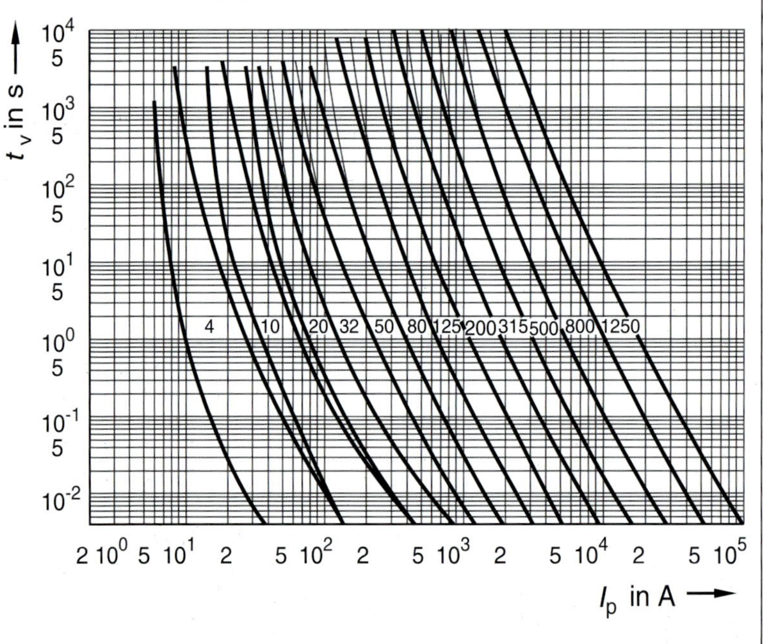

Selektivität
Wird zwischen zwei Sicherungen *etwa bei jeder zweiten* Stufe erreicht.

Sicherungen *eines Herstellers* mit Bemessungsströmen ab 16 A verhalten sich auch selektiv, wenn das *Verhältnis der Bemessungsströme* mindestens 1 : 1,6 beträgt.

Zum Beispiel:
16 A – 35 A – 63 A

Leitungsschutzschalter (LS-Schalter) DIN VDE 0641-12:2007-03

Wichtige Daten

Auslöse-charakteristik	Anwendung	I_n in A	Hinweise
Z	Leitungsschutz, Schutz von Halbleitern und Messkreisen	0,5; 1; 1,6; 2; 3; 4; 6; 8; 10; 13; 16; 20; 25; 32; 40; 50; 63	**Polzahl:** 1, 2, 3, 4
B	Leitungsschutz	6, 10, 13, 16, 20, 25, 32, 40, 50, 63	**Bemessungs-schaltvermögen:** 6 kA, 10 kA, 25 kA
C	Leitungsschutz, wenn Verbrauchsmittel Stromspitzen verursachen	0,5; 1; 1,6; 2; 3; 4; 6; 8; 10; 13; 16; 20; 25; 32; 40; 50; 63	**Bemessungs-spannungen** U_N = 230 V AC, 400 V AC
K	Kraftstromkreise, Lampen, Motoren, Transformatoren, Leitungsschutz	0,2; 0,3; 0,5; 0,75; 1; 1,6; 2; 3; 4; 6; 8; 10; 13; 16; 20; 25; 32; 40; 50; 63	**Schutzart:** IP 20, mit Frontabdeckung IP 40

Auslöseverhalten von LS-Schaltern

Typ	Überstromschutz, thermisch	Zeit	Kurzschlussschutz, elektromagnetisch	Zeit
Z 1)	$1{,}05 \cdot I_n - 1{,}2 \cdot I_n$	< 2 h	$2 \cdot I_n - 3 \cdot I_n$	< 0,2 s
B 2)	$1{,}13 \cdot I_n - 1{,}45 \cdot I_n$	< 1 h	$3 \cdot I_n - 5 \cdot I_n$	< 0,1 s
C 2)	$1{,}13 \cdot I_n - 1{,}45 \cdot I_n$	< 1 h	$5 \cdot I_n - 10 \cdot I_n$	< 0,1 s
K 3)	$1{,}05 \cdot I_n - 1{,}2 \cdot I_n$	< 2 h	$8 \cdot I_n - 12 \cdot I_n$	< 0,2 s
K 4)	$1{,}05 \cdot I_n - 1{,}5 \cdot I_n$	< 2 min	$10 \cdot I_n - 14 \cdot I_n$	< 0,2 s

1) 0,5 – 63 A
2) 6 – 40 A
3) 0,2 – 8 A
4) 10 – 63 A

Errichtung elektrischer Anlagen

Leitungsschutzschalter (LS-Schalter) DIN VDE 0641-12:2007-03

Auslösebedingungen

1. $I_b \le I_n \le I_z$ 2. $I_2 = 1{,}45 \cdot I_n$	I_2 ist der Strom, bei dem der LS-Schalter *spätestens nach einer Stunde* abschalten muss. I_b: Betriebsstrom I_z: Strombelastbarkeit I_n: Bemessungsstrom LS-Schalter

Auslösekennlinien LS-Schalter

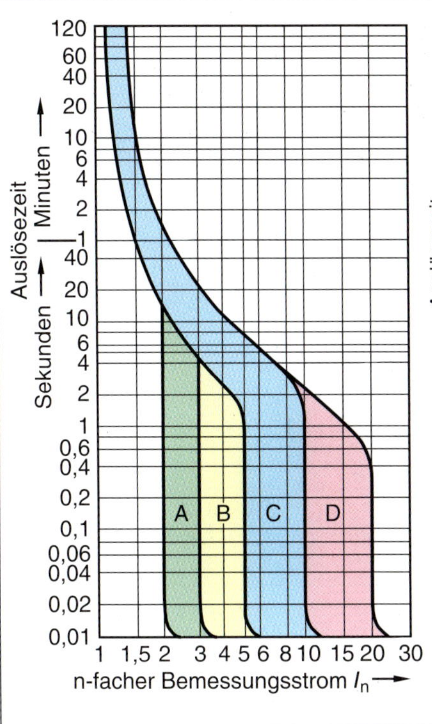

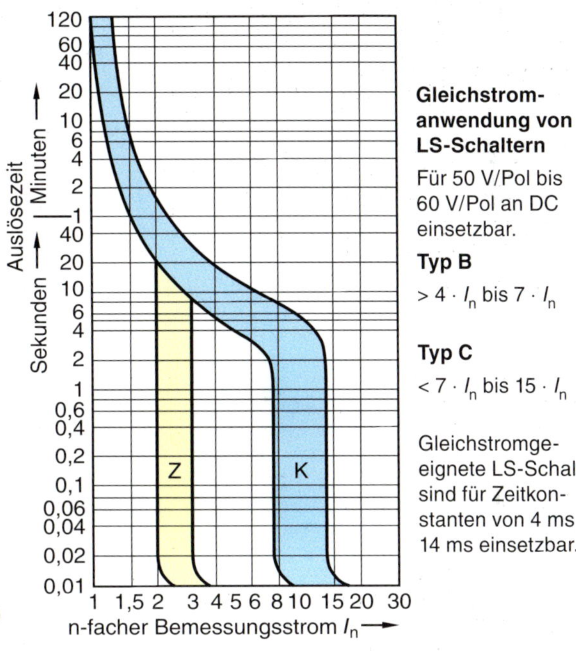

Gleichstromanwendung von LS-Schaltern

Für 50 V/Pol bis 60 V/Pol an DC einsetzbar.

Typ B

> $4 \cdot I_n$ bis $7 \cdot I_n$

Typ C

< $7 \cdot I_n$ bis $15 \cdot I_n$

Gleichstromgeeignete LS-Schalter sind für Zeitkonstanten von 4 ms bis 14 ms einsetzbar.

Höchstzulässige Leitungslänge bei $\cos\varphi = 1$ in Abhängigkeit vom prozentualen Spannungsfall p_U für die Bemessungsströme der Überstromschutzeinrichtungen

Querschnitt mm²	p_U %	zulässige max. Leitungslänge bei p_U % in m					
		Wechselstrom 230 V	Drehstrom 400 V	Wechselstrom 230 V	Drehstrom 400 V	Wechselstrom 230 V	Drehstrom 400 V
		10 A		16 A		20 A	
1,5	0,5	4,8	9,5	2,9	6,0	2,4	4,8
	1,5	14,3	28,6	9,0	18,0	7,2	14,4
	3	28,7	57,4	18,0	36,0	14,3	28,6
	5	47,9	95,6	29,9	59,8	24,0	48,1
		16 A		20 A		25 A	
2,5	0,5	5,0	9,9	4,0	7,9	3,1	6,4
	1,5	14,9	29,9	11,9	23,8	9,5	19,1
	3	29,9	59,7	23,9	47,9	19,1	38,3
	5	49,9	99,5	39,9	78,8	31,9	63,8

Errichtung elektrischer Anlagen

Leitungslänge

Höchstzulässige Leitungslänge bei $\cos \varphi = 1$ in Abhängigkeit vom prozentualen Spannungsfall p_U für die Bemessungsströme der Überstromschutzeinrichtungen

Querschnitt mm²	p_U %	zulässige max. Leitungslänge bei p_U % in m					
		Wechselstrom 230 V	Drehstrom 400 V	Wechselstrom 230 V	Drehstrom 400 V	Wechselstrom 230 V	Drehstrom 400 V
4		20 A		25 A		35 A	
	0,5	6,4	12,8	5,1	10,2	**3,7**	7,3
	1,5	19,1	38,3	15,4	30,7	11,0	22,0
	3	38,3	76,4	30,7	61,5	22,0	43,9
	5	63,9	127,4	51,2	102,5	36,6	73,2
6		25 A		35 A		50 A	
	0,5	7,6	15,3	5,4	10,9	3,8	7,6
	1,5	23,0	45,9	16,4	32,8	11,4	22,9
	3	46,0	91,8	32,8	65,7	22,9	45,8
	5	76,6	152,9	54,8	109,6	38,3	76,5
10		35 A		50 A		63 A	
	0,5	9,1	18,2	6,4	12,8	5,0	10,1
	1,5	27,4	54,6	19,1	38,3	15,2	30,4
	3	54,7	109,2	38,3	76,6	30,4	60,8
	5	91,2	182,0	63,9	127,8	50,7	101,4
16		50 A		63 A		80 A	
	0,5	10,2	20,4	8,0	16,2	6,4	12,8
	1,5	30,6	61,2	24,3	48,6	19,1	38,3
	3	61,3	122,3	48,6	97,2	38,3	76,5
	5	102,1	203,9	81,0	162,0	63,8	127,5
25		63 A		80 A		100 A	
	0,5	12,6	25,3	9,9	20,0	7,9	15,9
	1,5	37,9	75,9	29,9	59,9	23,9	47,9
	3	76,0	151,7	59,9	119,8	47,9	95,8
	5	126,6	252,9	99,8	199,7	79,9	159,7
35		10 A		16 A		20 A	
	0,5	14,0	27,9	11,2	22,4	8,9	17,9
	1,5	41,9	83,6	33,5	67,0	26,8	53,6
	3	83,7	167,3	67,0	134,0	53,6	10,73
	5	139,6	278,8	111,8	223,5	89,4	178,8
50		100 A		125 A		160 A	
	0,5	16,0	31,9	12,8	25,5	9,9	19,9
	1,5	47,9	95,6	38,3	76,5	29,9	59,9
	3	95,8	191,2	76,5	153,1	59,9	119,8
	5	159,5	318,7	127,5	256,1	99,8	199,7
70		125 A		160 A		200 A	
	0,5	17,9	35,6	13,9	27,9	11,2	22,3
	1,5	53,6	107,1	41,8	83,7	33,6	66,9
	3	107,3	214,1	83,7	168,3	67,0	133,8
	5	178,7	356,8	142,8	279,3	111,7	223,0

Errichtung elektrischer Anlagen

Prüfung von Anlagen und Verbrauchsmitteln

Prüfungen sind vor der *ersten Inbetriebnahme, vor der Wiederinbetriebnahme*, nach *Änderung* oder *Instandsetzung* sowie in *wiederkehrenden Zeitabständen* notwendig. Aufgedeckt werden sollen Mängel, die beim Errichten oder beim Betrieb entstanden sind. Die Prüfung umfasst die Punkte *Besichtigen*, *Erproben* und *Messen*. Es ist ein *Prüfbericht* zu erstellen.

Erstprüfung — DIN VDE 0100-600:2008-06

- **Besichtigen**

  Kontrolliert wird, ob die errichtete elektrische Anlage den *Errichtungsbestimmungen* genügt. Wenn der Prüfer die Anlage selbst errichtet hat, beginnt die Besichtigung bereits bei der Auswahl des Materials und begleitet die gesamten Arbeiten.

  Wesentliche *Prüfkriterien* sind:

  - *Ist der Schutz gegen direktes Berühren (Basisschutz) gegeben?* (Isolation, Abdeckung, Hindernisse, Abstand)
  - *Ist der Schutz bei Überlast und Kurzschluss gegeben?* (Überstromschutzeinrichtungen, Motorschutzeinrichtungen vorhanden und richtig eingestellt? Ausschaltvermögen ausreichend und Selektivität gegeben? Neutralleiter durch Oberschwingungen nicht überlastet?)
  - *Leitungen richtig ausgewählt und eindeutig gekennzeichnet?* (Leitungstyp geeignet, Querschnitt ausreichend, Farbgebung korrekt, Verlegung einwandfrei?)
  - *Entsprechen die eingesetzten Betriebsmittel den Anforderungen?* (Schutzart, Abstände gegen entzündliche Stoffe, Eignung für den jeweiligen Einsatz)
  - *Schutzleiter Potenzialausgleichsleiter, PEN-Leiter fachgerecht bemessen, verlegt und gekennzeichnet?* (Leiter einzeln angeschlossen? Verbindungen gegen Selbstlockern gesichert? Schutzkontakte sauber und unbeschädigt? Keine Verwechselung der Leiter? Schutzpotenzialausgleich wirksam?)
  - *Sicherheitseinrichtungen vorhanden, fachgerecht ausgewählt und installiert?* (Not-Aus-Einrichtungen, Verriegelungen, Melde- und Anzeigeeinrichtungen, Isolationsüberwachungseinrichtungen)
  - *Dokumentation vorhanden und aktuell?* (Sämtliche Schaltungsunterlagen vorhanden und auf dem aktuellen Stand? Sicherheitszeichen vorhanden?)

- **Erproben**

  Sämtliche *sicherheitstechnischen Einrichtungen* sind zu erproben.

  - Not-Aus-Einrichtungen
  - Schutzeinrichtungen
  - Melde- und Anzeigeeinrichtungen
  - Verriegelungen
  - Isolationsüberwachungseinrichtungen
  - Alarmierungseinrichtungen
  - Fehlerstromschutzeinrichtungen
  - Gefahrenmeldeeinrichtungen

  Die Erprobung von Fehlerstromschutzeinrichtungen und Isolationsüberwachungseinrichtungen erfolgt durch Betätigung der *Prüfeinrichtungen* (z. B. Prüftaste).

- **Messen**

  Nach der Besichtigung und Erprobung sind ergänzende Messungen notwendig, um den Zustand der elektrischen Anlage beurteilen zu können.

Messung der Durchgängigkeit des Schutzleiters – niederohmige Widerstandsmessung

Gemessen werden kann die Niederohmigkeit von Schutzleitern, Potenzialausgleichsleitern und Erdungleitern, die niederohmige Verbindung von Körpern mit anderen Körpern sowie mit den Schutzleitern und den Erdern.

Errichtung elektrischer Anlagen

Prüfung von Anlagen und Verbrauchsmitteln

Messung der Durchgängigkeit des Schutzleiters – niederohmige Widerstandsmessung

Messgerät	Messvorgang
Gemäß DIN EN 61557 (VDE 0413-4) Messspannung mindestens 4 V, maximal 24 V, Messstrom ≥ 0,2 A. Ein Multimeter ist für diese Messung nicht geeignet! Ist der Widerstand von nicht fest angeschlossenen Messleitungen als *Vorwegabzug* bereits einkalkuliert, muss dies nach DIN EN 61557-4 erkennbar sein. *Betriebsmessabweichung:* max. ± 30 % (bezogen auf den abgelesenen Wert).	• Messung von Schutzleitern zwischen den Schutzleiteranschlussklemmen bzw. Körpern der Betriebsmittel. • Messung der Durchgängigkeit der Verbindungen des Schutzpotenzialausgleichs und des zusätzlichen Potenzialausgleichs zwischen fremden leitfähigen Teilen untereinander und dem Schutzleiter. • Messung in Erdungsleitern zwischen Erder und Potenzialausgleichsschiene des Schutzpotenzialausgleichs.

Durchführung der Messung

Benötigt wird eine 10 m lange Messleitung, deren Widerstand vom Messgerät berücksichtigt wird oder ansonsten bei der Messung berücksichtigt werden muss.

- Eine Messleitung mit der Schutzleiterschiene des Stromkreisverteilers verbinden.
- Mit der anderen Messleitung die Schutzkontakte oder Körper der zu prüfenden Anlage kontaktieren.
- Nach diesem Prinzip nach und nach die Anlage messen.
- Vor Beginn der Messung die Funktion des Messgerätes prüfen.

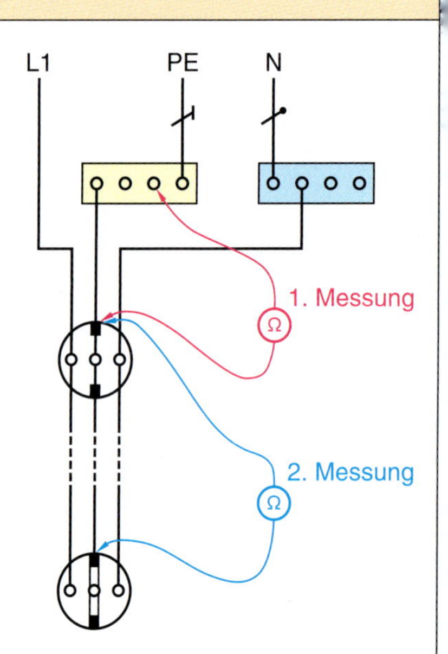

Bei Messung im TN-System die Verbindung PE–N öffnen.

Anwendung der niederohmigen Widerstandsmessung

Schutzpotenzialausgleich	Durchgängigkeit der Verbindungen messen.
Zusätzlicher Potenzialausgleich	Durchgängigkeit der Verbindungen des zusätzlichen Potenzialausgleichs messen.
TN-System, TT-System, IT-System	Durchgängigkeit der Schutzleiter, Verwechselung von Schutz- und Neutralleitern messen.
TN-/TT-/IT-System mit RCD	Richtige Zuordnung der Neutralleiter zu den jeweiligen RCD-Stromkreisen? Sind alle zu schützenden Anlagenteile mit der Messstelle verbunden, an der die Auslösung des RCD erfolgte?

Errichtung elektrischer Anlagen

Prüfung von Anlagen und Verbrauchsmitteln

Messung der Durchgängigkeit des Schutzleiters – niederohmige Widerstandsmessung

Messergebnis

Der sich ergebende Messwert muss *plausibel* sein.

Beispiel
Schutzleiter: 1,5 mm², Länge 26 m

Theoretischer Widerstandsmesswert

$$R_L = \frac{l}{\gamma \cdot A} = \frac{26\ \text{m}}{56\ \frac{\text{m}}{\Omega \cdot \text{mm}^2} \cdot 1{,}5\ \text{mm}^2} = 0{,}31\ \Omega$$

Wenn der Messwert deutlich größer ist, liegt ein Fehler vor (eventuell eine mangelhafte Klemmverbindung).

Beachten Sie:
Klemmverbindungen haben einen Übergangswiderstand. Dieser darf nicht größer sein, als der Widerstand von 1 Meter der angeschlossenen Leitungen (mit dem geringsten Querschnitt).

Praxis: Messwerte zwischen 0,8 Ω und 1 Ω sind üblich.

Messung des Isolationswiderstandes

Mindestwerte des Isolationswiderstandes

Bemessungs-spannung	Messspannung in V	Isolations-widerstand
SELV, PELV	250	≥ 0,5 MΩ
≤ 500 V, FELV	500	≥ 1 MΩ
> 500 V	1000	≥ 1 MΩ

Messgeräte

Gemessen wird mit *Gleichspannung* (DC), um kapazitive Einflüsse zu vermeiden.

Messgeräte müssen den Anforderungen von DIN EN 61557-2 (VDE 0413-2) genügen.

Maximale Betriebsmessabweichung: ± 30 %
Umgebungstemperatur zwischen 0 °C und + 35 °C

Durchführung der Messung

- Gemessen wird zwischen jedem aktivem Leiter (L1, L2, L3, N) und dem mit Erde verbundenen Schutzleiter.
  Bei der Messung dürfen auch alle aktiven Leiter miteinander verbunden werden.
- Vor der Messung müssen Neutral- und Schutzleiter getrennt werden.
- Gemessen wird bei geschlossenen Schaltern und ohne elektrische Verbrauchsmittel.
- Das zu prüfende Anlagenteil muss vom speisenden Netz getrennt und spannungsfrei sein.
- Vor Beginn der Messung die Funktion des Messgerätes prüfen.

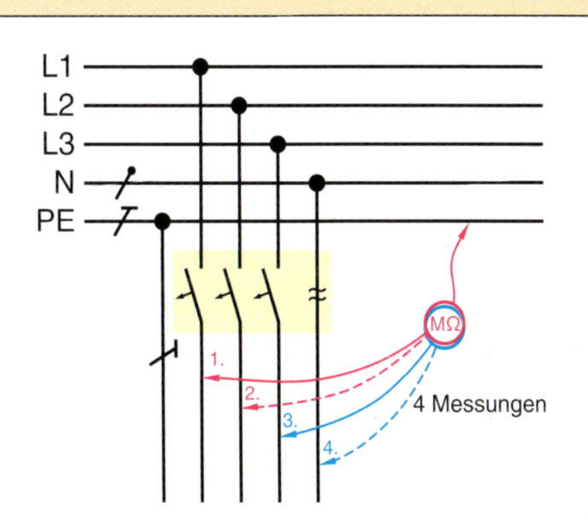

An einfachsten kann die Messung im *Speisepunkt* der Anlage durchgeführt werden (Verteilung).

Errichtung elektrischer Anlagen

Prüfung von Anlagen und Verbrauchsmitteln

Messung des Isolationswiderstandes

Isolationswiderstandsmessung bei SELV, PELV, Schutztrennung

- Bei SELV und Schutztrennung ist die sichere Trennung der aktiven Teile unterschiedlicher Stromkreise voneinander und von Erde nachzuweisen.
- Bei PELV muss die sichere Trennung der aktiven Teile von unterschiedlichen Stromkreisen nachgewiesen werden.

Beachten Sie:

- Bei SELV/PELV und 250-V-DC- Messspannung darf der Isolationswiderstand 500 kΩ nicht unterschreiten.
- Bei Schutztrennung und $U_N \leq 500$ V und 500-V-DC-Messspannung darf der Isolationswiderstand 1 MΩ nicht unterschreiten.

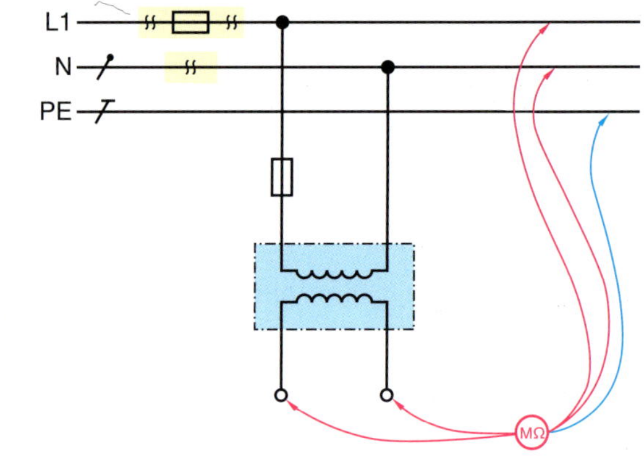

Isolationswiderstandsmessung von Fußböden und Wänden

Bei „Schutz durch nichtleitende Umgebung" darf der Widerstand von isolierenden Wänden und Fußböden an keiner Stelle kleiner sein als:

- 50 kΩ bei U_N bis 500 V
- 100 kΩ bei U_N über 500 V

Messung mit Bemessungsspannung an mindestens 3 Stellen im Raum.

$$Z_{iso} = \frac{U_P}{I}$$

Z_{iso} Isolationswiderstand in Ω
U_P Spannung an der Prüfelektrode in V
I Stromstärke in A

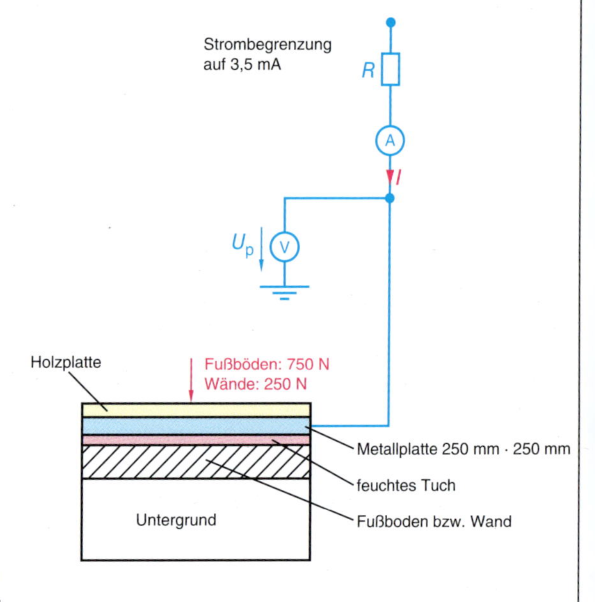

Beachten Sie:

- Wenn *zusätzlich* eine *Isolationsprüfung* durchgeführt wird, kann die Messung auch mit einer Spannung von 25 V AC durchgeführt werden.
- Bei Gleichstromsystemen ist eine Isolationsprüfung ausreichend.
- Prüfspannung bei Isolationsprüfungen:
  500 V DC bei U_N bis 500 V
  1000 V DC bei U_N über 500 V

Errichtung elektrischer Anlagen

Prüfung von Anlagen und Verbrauchsmitteln

Schleifenimpedanzmessung

Bei Kurzschluss begrenzt die *Schleifenimpedanz* den Kurzschlussstrom. Dabei muss der Kurzschlussstrom I_K am *entferntesten* Punkt des Netzes mindestens den erforderlichen Abschaltstrom I_a der vorgeschalteten Überstrom-Schutzeinrichtung erreichen.

$$I_K = \frac{U_0}{Z_S}$$

I_K Kurzschlussstrom
U_0 Bemessungsspannungen gegen Erde
Z_S Schleifenimpedanz

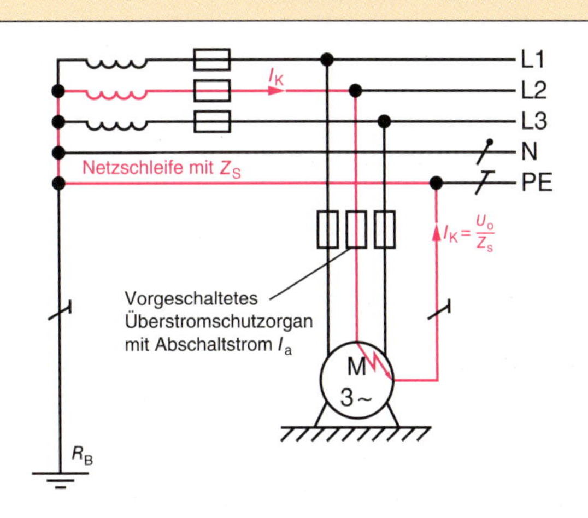

Abschaltbedingung

$$Z_S \leq \frac{U_0}{I_a}$$

I_a Abschaltstrom des Überstrom-Schutzorgans

Die Abschaltbedingung wird durch *Schleifenimpedanzmessung* überprüft.

Schleifenimpedanz im TN-System

- Die Schleifenimpedanz Z_S lässt sich durch Messung ermitteln. Dabei sollen mehrere Messungen durchgeführt werden (Gerät nach DIN EN 61557-3, VDE 0413-3), aus denen der Mittelwert zu bilden ist.
- Wurde die Durchgängigkeit des Schutzleiters nachgewiesen, kann die Schleifenimpedanz bei bekannten Daten auch berechnet werden.

Messung der Schleifenimpedanz

Die Schleifenimpedanz wird bei vielen Messgeräten nicht direkt angezeigt, sie wird vielmehr auf eine Messung des Spannungsfalls ΔU an der Schleifenimpedanz Z_S zurückgeführt.

Der Spannungsfall ΔU ergibt sich aus der Leerlaufspannung U_0 des Netzes an der Messstelle und der Spannung bei Belastung U_1 mit einem Prüfwiderstand R_P.

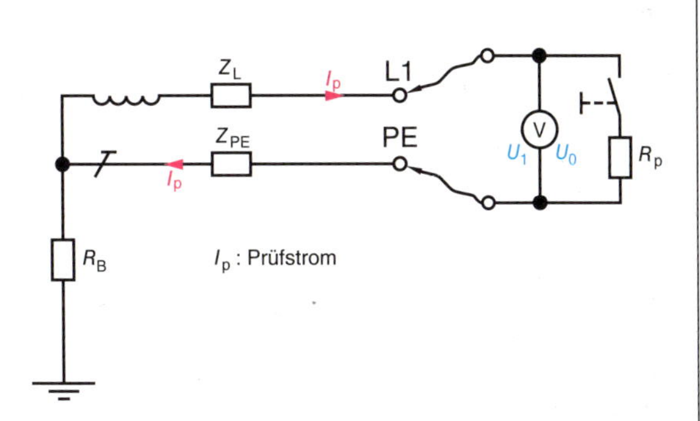

$$Z_S = \frac{U_0 - U_1}{I_P} \qquad \Delta U = U_0 - U_1$$

Z_S Schleifenimpedanz in Ω
U_0 Spannung gegen Erde in V
U_1 gemessene Spannung in V
I_P Stromfluss über Schleifenimpedanz in A
ΔU Spannungsfall an der Schleifenimpedanz in V

Die Messung ist mit Geräten nach DIN EN 61557-3 (VDE 0413-3) durchzuführen.
Betriebsmessabweichung: ± 30 %

Errichtung elektrischer Anlagen

Prüfung von Anlagen und Verbrauchsmitteln

Schleifenimpedanzmessung

Schleifenimpedanz und Abschaltstrom – Beispiel

Wie groß darf die Schleifenimpedanz *maximal* sein, damit die *Abschaltbedingung* eingehalten wird?

Es handelt sich um ein TN-C-S-System.
Die maximal zulässige Abschaltzeit beträgt 5 s (ortsunveränderliches Verbrauchsmittel).

Bei einem Strom von 70 A spricht das Überstromschutzorgan in 5 s an. Dies wäre bei einer Schleifenimpedanz von

$$Z_S = \frac{U_0}{I_a} = \frac{230\ \text{V}}{70\ \text{A}} = 3{,}3\ \Omega$$

der Fall. Die Schleifenimpedanz muss also zwecks Einhaltung der Abschaltbedingung $Z_S \leq 3{,}3\ \Omega$ sein.

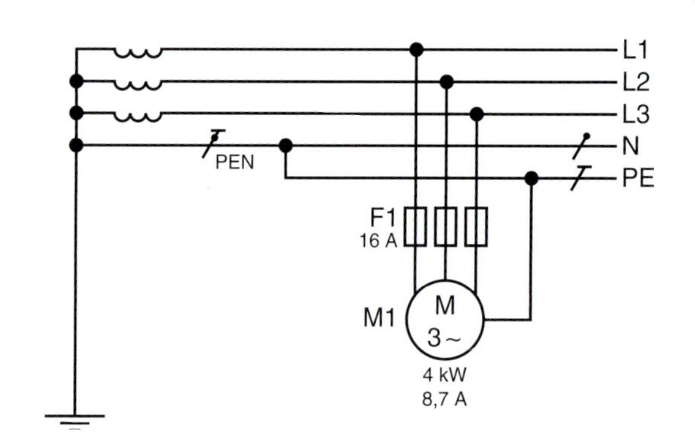

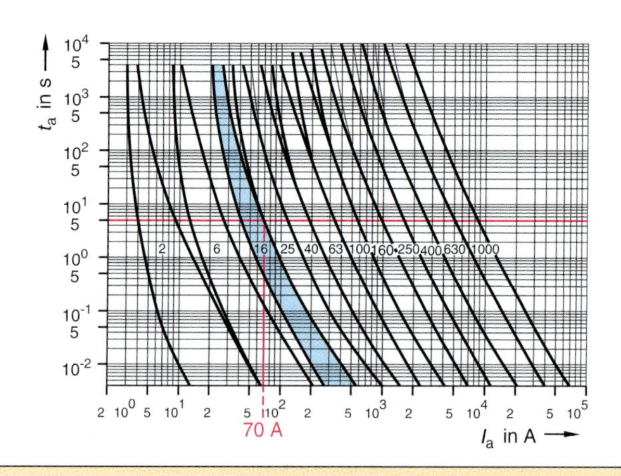

Messung des Erdungswiderstandes

Durch Messung ist festzustellen, ob die dem jeweiligen Netzsystem entsprechenden Grenzwerte für die Schutz- und Funktionserder eingehalten werden. Im Allgemeinen wird beim Messen von Erdungswiderständen ein Stromfluss über den zu messenden Erder einen Spannungsfall zwischen dem Erder und einem neutralen Punkt hervorrufen. Aus den Werten Strom und Spannung kann dann der Erdungswiderstand ermittelt werden.

Zu beachten ist, dass weder R_B noch R_X bei der Messung eine Spannung über 50 V annehmen dürfen.

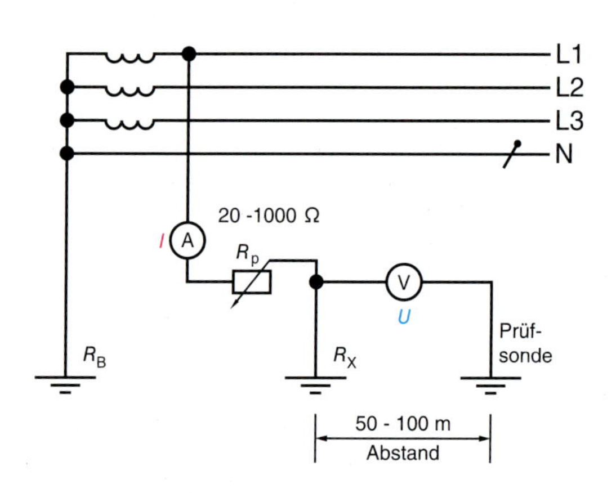

Elektr. Anlagen

Errichtung elektrischer Anlagen

Prüfung von Anlagen und Verbrauchsmitteln

Messung des Erdungswiderstandes

Näherungsverfahren zur Ermittlung des Erdungswiderstandes

Gemessen wird die *Schleifenimpedanz* Z_S über einen Außenleiter und Erder. Darin ist der zu messende Erdungswiderstand R_X eingeschlossen. Da aber R_X und Z_L nur geringe Werte haben, kann die dadurch bedingte Erhöhung des Messwertes akzeptiert werden. Der Messfehler wird nicht zu groß.

Der gemessene Spannungsfall am Prüfwiderstand R_P sollte 180 V nicht überschreiten, damit das Neutralleiterpotenzial nicht auf unzulässig hohe Werte angehoben wird.

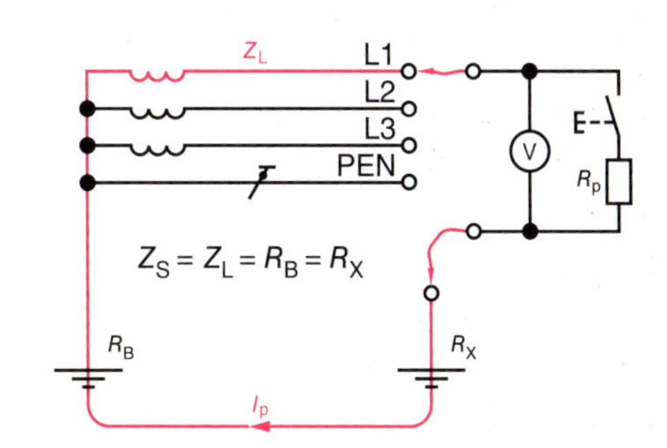

Erdungswiderstände im TT- und IT-System

- **TT-System**

$$R_A \leq \frac{50\ \text{V}}{I_{\Delta n}}$$

- **IT-System**

$$R_A \leq \frac{50\ \text{V}}{I_d}$$

R_A Erdungswiderstand der Anlage in Ω
$I_{\Delta n}$ Bemessungsdifferenzstrom des RCD
I_d Ableitstrom

- **Erdungswiderstände im TT-System**

$I_{\Delta n}$	max. Erdungswiderstand
10 mA	5000 Ω
30 mA	1666 Ω
100 mA	500 Ω
300 mA	166 Ω
500 mA	100 Ω

Prüfung des Drehfeldes

Es muss überprüft werden, ob ein *Rechtsdrehfeld* vorliegt. Dies ist insbesondere bei Drehstrom-Steckvorrichtungen von Bedeutung. Verwendung findet für die Messung ein *Drehfeldrichtungsanzeiger*, der Phasenfolge, Drehrichtung und Phasenausfall anzeigt.

Prüfung von Fehlerstrom-Schutzeinrichtungen (RCDs)

RCD: **R**esidual **C**urrent Protective **D**evice

- **Besichtigung**
  Durchzuführen im spannungslosen Zustand: Leichte Zugänglichkeit des RCD zwecks Bedienung und Wartung, richtige Auswahl des RCD (Bemessungs-Differenzstrom, Zeitverhalten).
  Im IT-System muss geprüft werden, ob die Körper der Verbrauchsmittel einzeln oder gemeinsam geerdet sind.
- **Erprobung**
  Betätigung der Prüftaste des RCD. Dadurch ist gewährleistet, dass der RCD elektromechanisch einwandfrei arbeitet. Bei Betätigung der Prüftaste kann ein Strom von bis zu $2{,}5 \cdot I_{\Delta n}$ fließen.
- **Messung**
  Es ist der Nachweis zu erbringen, dass die Fehlerstrom-Schutzeinrichtung (RCD) *spätestens* bei Erreichen des *Bemessungsdifferenzstromes* $I_{\Delta n}$ auslöst und dabei die *vereinbarte Grenze der Berührungsspannung* U_L nicht überschritten wird.
  – Nachweis: $I_D \leq I_{\Delta n}$

Elektr. Anlagen

Errichtung elektrischer Anlagen

Prüfung von Anlagen und Verbrauchsmitteln

Prüfung von Fehlerstrom-Schutzeinrichtungen (RCDs)

- **Messung**

  Bei der *Methode mit ansteigendem Prüfstrom* wird der Auslösestrom I_{Δ} durch Messung eines ansteigenden Prüfstroms ermittelt.

  Bei der *Impulsmessung* wird $I_{\Delta n}$ der zu prüfenden Fehlerstrom-Schutzeinrichtung fest eingestellt. Dann wird ein Impuls von maximal 200 ms erzeugt.

  – Nachweis: $U_B \leq U_L$

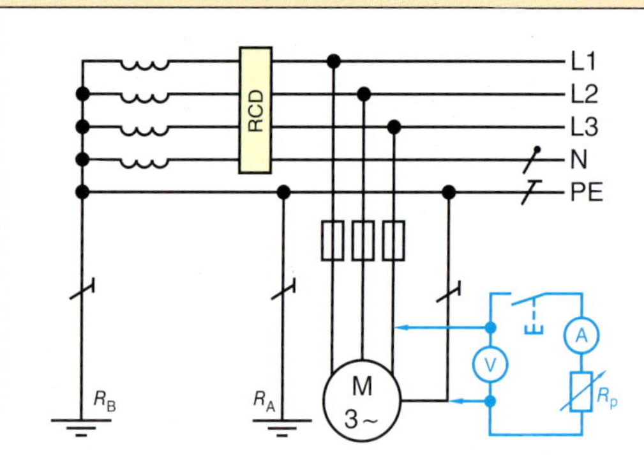

Bei der *Methode mit ansteigendem Prüfstrom* wird die auftretende Berührungsspannung U_B beim Auslösestrom I_{Δ} gemessen.

Bei der *Impulsmessung* wird die auftretende Berührungsspannung U_B mit einem *fest eingestellten Prüfstrom* während der Impulsdauer gemessen. Wenn die Höhe des Stromimpulses unterhalb der Auslöseschwelle des RCD liegt, kommt es zu keiner Auslösung. Übliche Prüfstromwerte sind 0,3 bis 0,5 · $I_{\Delta n}$.

Beachten Sie:

- Die angezeigte Berührungsspannung U_B ist im TN-System nur der durch $I_{\Delta n}$ bewirkte Spannungsfall am Schutzleiter. Der Wert ist sehr klein, sodass oftmals keine Anzeige erfolgt.
- Im TN- und TT-System muss die Wirksamkeit der Schutzmaßnahme nur an einer Stelle des Stromkreises nachgewiesen werden.
  Es reicht aus, zu prüfen, ob die übrigen Anlagenteile über den Schutzleiter mit der Messstelle niederohmig verbunden sind.
- Zu verwenden sind Messgeräte nach DIN EN 61557-6 (VDE 0413-6).

Auslösezeit

Manche Messgeräte ermöglichen es, die Auslösezeit der Fehlerstrom-Schutzeinrichtung anzuzeigen. Dadurch kann der Zustand der Fehlerstrom-Schutzeinrichtung während des Anlagenbetriebs beurteilt werden. Im TN-System sind die Fehlerströme wesentlich höher als 5 · $I_{\Delta n}$.

Auslösezeiten herkömmlicher RCDs (Baubestimmungen) Netzsystem beachten!

Wechselfehlerstrom I_{Δ}	Gleichfehlerstrom, pulsierend I_{Δ}	Auslösezeit t_A
$I_{\Delta n}$	1,4 · $I_{\Delta n}$	≤ 300 ms
5 · $I_{\Delta n}$	5 · 1,4 · $I_{\Delta n}$	≤ 40 ms

Auslösezeit selektiver RCDs

Wechselfehlerstrom I_{Δ}	Gleichfehlerstrom, pulsierend I_{Δ}	Auslösezeit t_A
$I_{\Delta n}$	1,4 · $I_{\Delta n}$	130 – 500 ms
2 · $I_{\Delta n}$	2 · 1,4 · $I_{\Delta n}$	60 – 200 ms
5 · $I_{\Delta n}$	5 · 1,4 · $I_{\Delta n}$	50 – 150 ms

Selektive Fehlerstromschutzeinrichtungen (S) müssen bei der Auslösung eine *Mindestverzögerung* haben. Bei $I_{\Delta n}$ müssen sie innerhalb von 0,5 s abgeschaltet haben. Die Auslösezeit von 0,2 s wird erst bei einem Fehlerstrom von 2 · $I_{\Delta n}$ gewährleistet.

Errichtung elektrischer Anlagen

Prüfung von Anlagen und Verbrauchsmitteln

Spannungsprüfung

Die Prüfung dient der Feststellung von *unzureichenden Luftstrecken*. Die verbauten Betriebsmittel werden nicht geprüft. Die Prüfspannung (2 · U_N; mindestens 1000 V) muss 1 Sekunde zwischen den Leitern sämtlicher Stromkreise und dem Schutzleitersystem angelegt werden. Die Leistung muss mindestens 500 VA betragen.

Schutz gegen Restspannung

Auch nach Trennung der elektrischen Ausrüstung vom Netz können Kondensatoren noch Spannung führen. Dies trifft u. a. auch bei elektronischen Motorsteuergeräten zu. Prüfungen zum Schutz gegen Restspannung sind durchzuführen, wenn aktive Teile nach Ausschalten der Versorgungsspannung noch eine *Restspannung von über 60 V* aufweisen.
Bauteile, die eine gespeicherte Ladung von nicht mehr als 60 mC (Milli-Coulomb) haben, sind von dieser Anforderung ausgenommen.

Prüfung elektrischer Geräte — DIN VDE 0701-702:2008:06

Begriffe

- **Elektrisches Gerät**
  Gerät, das über einen Stecker oder fest an einen Endstromkreis angeschlossen ist.
- **Elektrofachkraft**
  Aufgrund fachlicher Ausbildung, Kenntnisse, Weiterbildung und Erfahrung sowie Kenntnisse der örtlichen Bestimmungen kann die *Elektrofachkraft* die übertragenen Arbeiten beurteilen und mögliche Gefahren erkennen.
- **Elektrotechnisch unterwiesene Person**
  Wurde durch eine Elektrofachkraft über die ihr übertragenden Arbeiten, die möglichen Gefahren bei unsachgemäßem Verhalten unterrichtet und erforderlichenfalls angelernt, hat Kenntnisse über die Gefahren des elektrischen Stromes nachgewiesen.
- **Elektrische Sicherheit**
  Ein Gerät gilt als elektrisch sicher, wenn durch den elektrischen Strom keine Gefahren für Anwender und Dritte bestehen.
- **Prüfen**
  Prüfen ist die Anwendung von Maßnahmen zur Bestimmung der elektrischen Sicherheit von Geräten.
- **Prüfungen**
  sind so durchzuführen, dass eine Gefährdung der prüfenden Person oder anderer Personen durch geeignete Schutzmaßnahmen reduziert wird.
  Zum Beispiel dadurch, dass Mess- und Prüfmittel den Prüfling bei erhöhten Ableitströmen spannungsfrei schalten. Sie sind in der Umgebung durchzuführen, in der man den Prüfling vorfindet.
- **Prüfschritte**
  Ob ein Prüfschritt durchgeführt wird oder nicht, entscheidet die Elektrofachkraft unter Beachtung der Herstellerangaben.
- **Ändern**
  Norm nicht mehr für Änderungen verwendbar, da diese der Produktnorm unterliegen.
- **Wiederholungsprüfung**
  Prüfung in bestimmten Zeitabständen, die den Nachweis erbringt, dass das Gerät die erforderliche elektrische Sicherheit hat.
- **Instandsetzung**
  Maßnahmen zur Wiederherstellung des Sollzustandes.

Errichtung elektrischer Anlagen

Prüfung von Anlagen und Verbrauchsmitteln

Prüfung der Wirksamkeit der Schutzmaßnahmen elektrischer Geräte

Begriffe

- **Berührungsstrom**
  Strom, der beim Berühren von Teilen eines Körpers, die nicht mit dem Schutzleiter verbunden sind, über die berührende Person zur Erde fließt.
- **Schutzleiterstrom**
  Summe der Ströme, die über die Isolierungen eines Gerätes zum Schutzleiter fließen.
- **Endstromkreis**
  Stromkreis, der ein Gerät oder eine Steckdose direkt versorgt.
- **Effektivwerte**
  Alle gemessenen Ströme und Spannungen sind Effektivwerte.
- **Festangeschlossene Geräte**
  Die Norm darf ersatzweise auch zur Prüfung von fest angeschlossenen Geräten verwendet werden.
- **Polarität der Netzversorgung**
  Prüfung in Deutschland nur für CEE-Stecker relevant.

Prüfung der Wirksamkeit der Schutzmaßnahmen gegen elektrischen Schlag

Wiederholungsprüfungen

- Der einwandfreie Zustand der Schutzleiterverbindung zu allen leitfähigen berührbaren Teilen, die mit dem Schutzleiter verbunden sind, ist nachzuweisen.

Instandsetzung

- Der einwandfreie Zustand der Schutzleiterverbindung zu allen leitfähigen berührbaren Teilen, die mit dem Schutzleiter verbunden sind, ist nachzuweisen. Außerdem ist der Nachweis bei allen Teilen zu erbringen, die bei der Instandsetzung zugänglich werden.

Instandsetzung, Wiederholungsprüfungen

- Nachweis des einwandfreien Zustandes der Isolierungen zwischen aktiven Teilen und leitfähigen berührbaren Teilen
  - die mit dem Schutzleiter verbunden sind (Geräte der Schutzklasse I),
  - die durch doppelte und verstärkte Isolierung geschützt sind (Geräte der Schutzklasse II).
- Nachweis der Einhaltung der zulässigen Grenzwerte für den Ableitstrom und des einwandfreien Zustandes der Isolation durch
  - Messung des Schutzleitstroms,
  - Messung des Berührungsstromes, der an leitfähigen berührbaren, nicht mit dem Schutzleiter verbundenen Teilen auftreten kann.
- Nachweis der Einhaltung der Vorgaben für die Schutzmaßnahme SELV/PELV, wenn diese bei berührbaren äußeren Anschlussstellen zur Anwendung kommt.

Sichtprüfung

- Hat das Gerät äußerlich erkennbare Mängel?
- Ist das Gerät für Einsatzort und Einsatzzweck geeignet?
- Von außen zugängliche Überstromschutzorgane müssen mit den Herstellerangaben übereinstimmen.
- Sicherheitsangaben sind vollständig und lesbar.

Errichtung elektrischer Anlagen

Prüfung der Wirksamkeit der Schutzmaßnahmen elektrischer Geräte

Sichtprüfung

- Keine mechanischen Schäden erkennbar, die sicherheitsrelevant sind.
- Zubehör (z. B. abnehmbare Netzleitungen) mit dem Gerät prüfen.
- *Beispiele für die Sichtprüfung*
  - Isolation schadhaft?
  - Anschlussleitung schadhaft?
  - Zugentlastung und Biegeschutz schadhaft?
  - Leitungen und Anschlussstecker schadhaft?
  - Korrosion, Verschmutzung, Alterung erkennbar?
  - Wurden äußere Eingriffe vorgenommen?
  - Sind Anzeichen von unsachgemäßer Anwendung bzw. Überlastung erkennbar?

Hinweise:
- Bei der Wiederholungsprüfung ist ein Gerät nur zu öffnen, wenn ein vermuteter Sicherheitsmangel nur so geklärt werden kann.
- Mangehafte Geräte müssen der weiteren Benutzung entzogen und entsprechend gekennzeichnet werden.

Schutzleiterprüfung

DIN VDE 0701-702

Prüfgegenstand
Einwandfreier Zustand der elektrischen Verbindung zwischen der Schutzleiteranschlussstelle des Gerätes (evtl. Schutzkontakt des Netzsteckers) und allen mit dem Schutzleiter verbundenen berührbaren Teilen.

Nachweis durch:
Besichtigung des Schutzleiters und Widerstands messung.

Vorgehensweise und Grenzwerte

- Bei der Messung muss die Leitung abschnittsweise sowie an den Einführungsstellen bewegt werden.
- Leitungen bis 5 m Länge und bis zu einem Querschnitt von 1,5 mm² dürfen einen maximalen Schutzleiterwiderstand von 0,3 Ω nicht überschreiten.
- Bei längeren Leitungen bis zu einem Querschnitt von 1,5 mm² darf der Grenzwert des Schutzleiterwiderstandes je 7,5 m zusätzlicher Länge um 0,1 Ω erhöht werden. Der Maximalwert von 1 Ω darf jedoch nicht überschritten werden.
- Bei größeren Querschnitten gilt der errechnete Widerstandswert $R_L = \frac{l}{\gamma \cdot A} + 0{,}1\ \Omega$ (Kontaktübergangswiderstand) als Grenzwert.
- Die Leerlaufspannung des Messgerätes darf nicht kleiner als 4 V und nicht größer als 24 V AC oder DC sein. Im Messbereich 0,2 Ω – 1,99 Ω muss der Messstrom mindestens 0,2 A betragen.

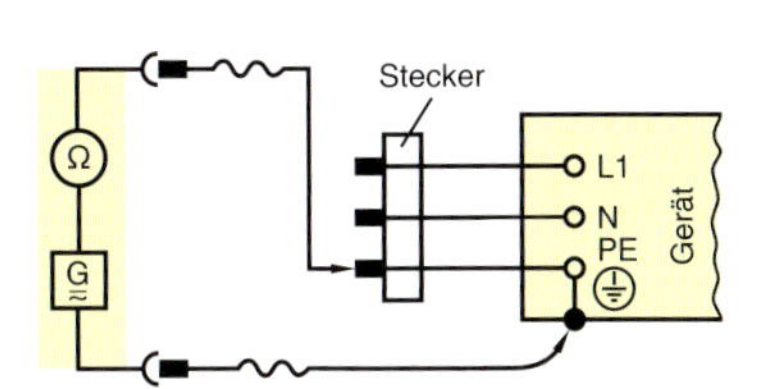

Gerät mit Schutzleiter und Steckeranschluss

Wenn das Prüfgerät eine Verbindung zwischen dem Schutzkontakt und dem netzseitigen Schutzleiter herstellt, ist das zu prüfende Gerät *isoliert* aufzustellen.

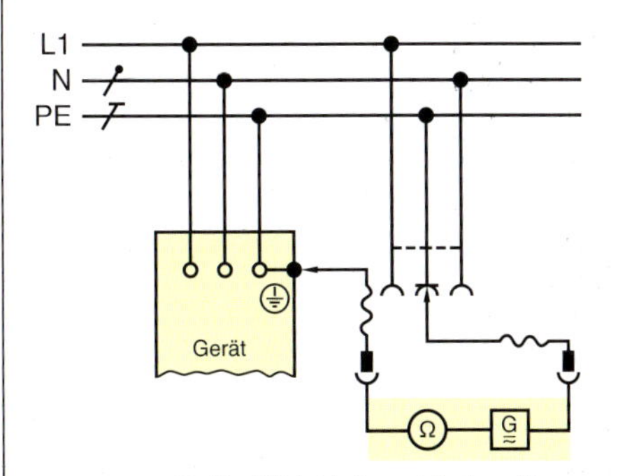

Gerät mit Schutzleiter und Festanschluss
Vorsicht! Messbedingungen beachten!

Es kann notwendig sein, den Schutzleiter an den Netzanschlussstellen abzutrennen.

Elektr. Anlagen

Errichtung elektrischer Anlagen

Prüfung der Wirksamkeit der Schutzmaßnahmen elektrischer Geräte

Schutzleiterprüfung

Beachten Sie:

- Bei der Bewertung des Widerstandswertes sind auch die Übergangswiderstände an den Steckkontakten zu berücksichtigen.
- Paralle Erdverbindungen (beispielsweise über den Aufstellungsort) können das Messergebnis beeinflussen oder einen Schutzleiter vortäuschen.
- Um Übergangswiderstände zu minimieren, sollte die Messstelle gesäubert werden. Vor allem bei kleinen Messströmen.
- Wenn der Grenzwert überschritten wird, ist darauf zu achten, ob durch Herstellerangaben oder Produktnormen andere Grenzwerte gelten.

Zur Prüfung des Schutzleiters wird *keine* Schutzleiterverbindung gelöst und *keine* Abdeckung entfernt.
Ein eventueller Fehler durch *parallele Erdverbindungen* wird in Kauf genommen, da das Risiko einer Auftrennung von Schutzleiterverbindungen als größer betrachtet wird.

Messung des Isolationswiderstandes

Der Isolationswiderstand muss zwischen den aktiven Teilen, die berührbar sind, einschließlich des Schutzleiters (außer bei PELV) gemessen werden.

Bei *Instandsetzung* muss der Isolationswiderstand zwischen den aktiven Teilen eines SELV/PELV-Stromkreises und den aktiven Teilen des Primärstromkreises gemessen werden.

Die angegebenen Grenzwerte dürfen dabei nicht unterschritten werden.

Grenzwerte (min) des Isolationswiderstandes

Zu prüfendes Gerät		Grenzwert (min.)
Aktive Teile, die nicht Bestandteil von SELV- oder PELV-Stromkreisen sind, gegen den Schutzleiter und die mit dem Schutzleiter verbundenen berührbaren leitfähigen Teile.	Allgemein	1 MΩ
	Geräte mit Heizelementen	0,3 MΩ
	Geräte mit Heizelementen mit einer Leistung $P > 3{,}5$ kW	0,3 MΩ[1]
Akitve Teile gegen nicht mit dem Schutzleiter verbundene berührbare leitfähige Teile (Schutzklasse II; auch Schutzklasse I).		2 MΩ
Aktive Teile, die nicht zu SELV- bzw. PELV-Stromkreisen gehören, gegen berührbare leitfähige Teile der Schutzmaßnahme SELV, PELV sowie in Geräte der Schutzklassen I oder II.		
Aktive Teile eines SELV- bzw. PELV-Stromkreises gegen aktive Teile des Primärstromkreises bei Instandsetzung bzw. Änderung.		
Aktive Teile mit der Schutzmaßnahme SELV bzw. PELV gegen berührbare leitfähige Teile.		0,25 MΩ

[1] Wenn der Wert bei Heizelementen > 3,5 kW Gesamtleistung nicht erreicht wird, so gilt das Gerät dennoch als einwandfrei, wenn der Schutzleiterstrom 1 mA/kW Heizleistung nicht überschreitet.

Errichtung elektrischer Anlagen

Prüfung der Wirksamkeit der Schutzmaßnahmen elektrischer Geräte

Grenzwerte (min) des Isolationswiderstandes

Beachten Sie:
- Bei verschmutzten oder nassen Geräten sollte die Prüfung nach Reinigung und Trocknung wiederholt werden.
- Bei informationstechnischen Geräten darf die Messung entfallen (Schutzleiter- oder Berührungsstrom messen).
- Geräte, die mit Schutzimpedanzen zwischen den aktiven Teilen und dem Schutzleiter ausgestattet sind, haben den Widerstandswert dieser Impedanzen als Grenzwert.
- Messung darf entfallen, wenn das Gerät dadurch beschädigt werden könnte oder bei elektronischen Schaltern nur bis zum Schalter durchgeführt werden kann.
- Bei Drehstromgeräten dürfen alle Versorgungsleitungen parallel geschaltet werden.

Messschaltung zur Isolationswiderstandsmessung

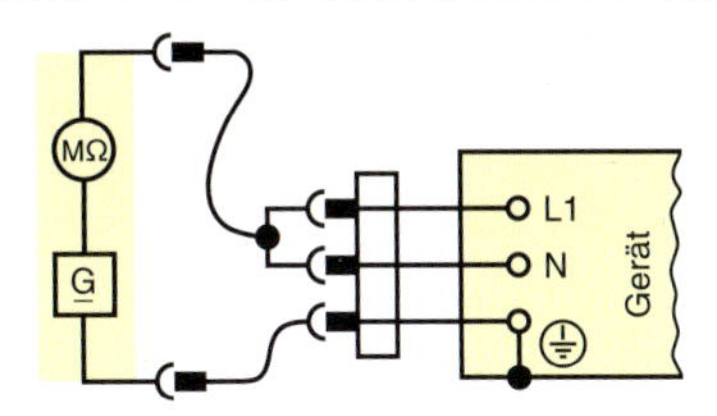

Gerät mit Schutzleiter und Steckeranschluss

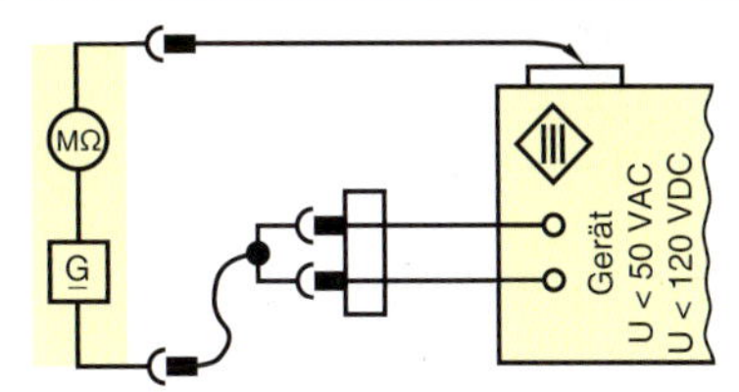

Gerät mit SELV bzw. PELV und Steckeranschluss

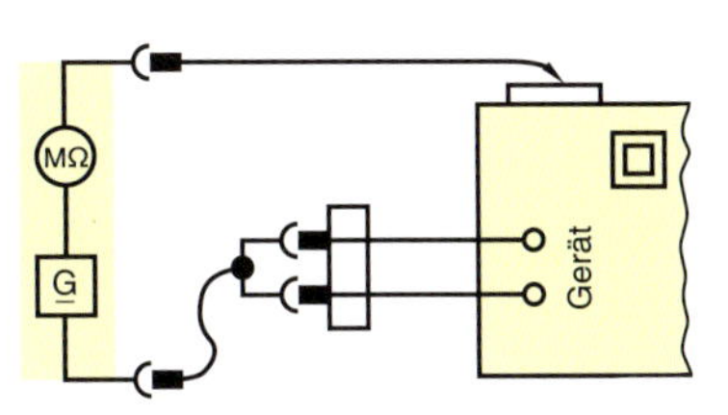

Gerät mit Schutzisolierung und Steckeranschluss

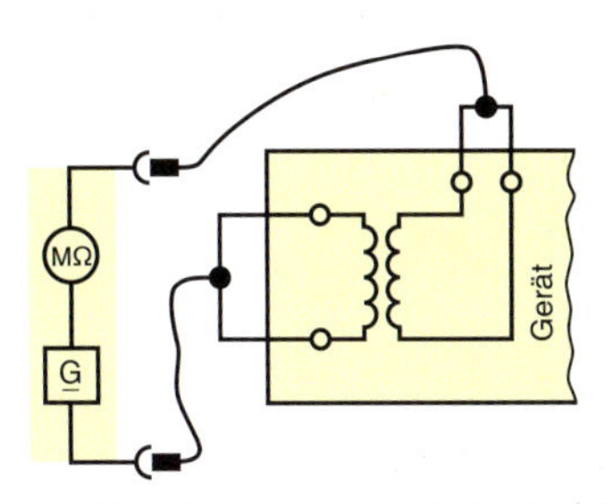

Sicherheitstransformator, Feststellung der sicheren Trennung

Messung des Schutzleiterstromes

Diese Messung ist bei allen Geräten mit Schutzleiter notwendig.
Zur Anwendung kommen folgende Messverfahren:
- direkte Messung,
- Differenzstrommessverfahren,
- Ersatz-Ableitstrommessverfahren (wenn zuvor eine Isolationswiderstandsmessung durchgeführt wurde und das Gerät über keine netzspannungsabhängigen Schalteinrichtungen verfügt).

Beachten Sie:
- Der höchste Messwert ist als Messergebnis anzusetzen.
- Bei Verlängerungsleitungen, mobilen Mehrfachsteckdosen ohne elektronische Bauelemente zwischen aktiven Leitern und Schutzleiter sowie abnehmbaren Geräteanschlussleitungen darf diese Messung entfallen.
- Bei ungepolten Anschlusssteckern sowie Anschlussleitungen ohne Stecker ist die Schutzleiterstrommessung in allen Positionen des Steckers bzw. der Anschlussleitungen durchzuführen.
- Sämtliche Schalter und Regler müssen geschlossen sein, damit alle aktiven Teile erfasst werden.

Errichtung elektrischer Anlagen

Prüfung der Wirksamkeit der Schutzmaßnahmen elektrischer Geräte

Messung des Schutzleiterstromes

Folgende Grenzwerte dürfen nicht überschritten werden:

Höchstwerte für den Schutzleiterstrom	
Gerät	Grenzwert (Höchstwert)
Geräte, allgemein	3,5 mA
Geräte mit Heizelementen $P > 3{,}5$ kW	1 mA/kW bis maximal 10 mA

Strom	Isolationswiderstand
0,5 mA	460 kΩ
3,5 mA	66 kΩ
10 mA	23 kΩ

Werden die angegebenen Grenzwerte überschritten, ist zu prüfen, ob durch Herstellerangaben oder Produktnormen andere Grenzwerte gelten.

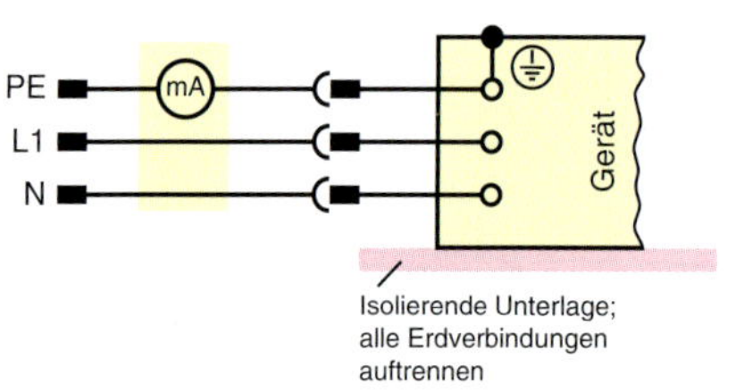

Schutzleiterstrommessung, direktes Messverfahren

Geräte müssen in allen Funktionen, die den Schutzleiterstrom beeinflussen, geprüft werden. Der höchst Wert ist zu dokumentieren und die Bedingungen sind anzugeben.

Messung des Schutzleiterstromes

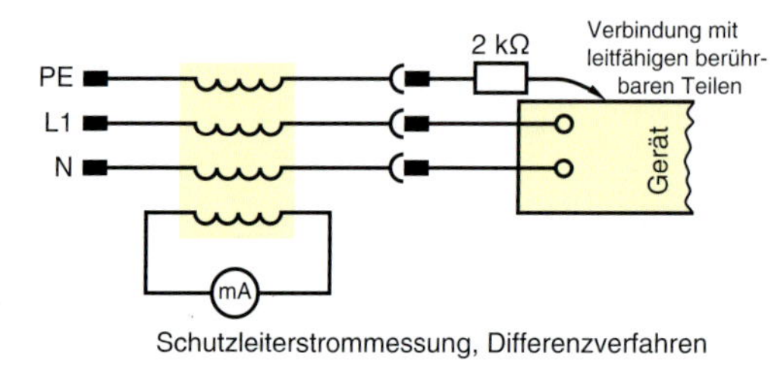

Schutzleiterstrommessung, Differenzverfahren

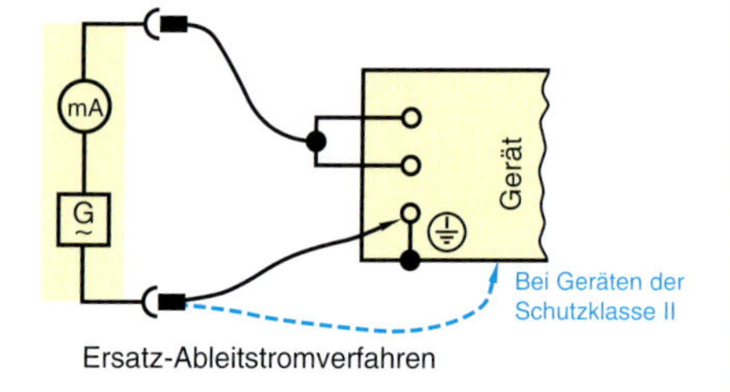

Ersatz-Ableitstromverfahren

Bei der Messung muss der Netzstecker *umgepolt* werden, alle Stromkreise müssen *eingeschaltet* sein. Eventuell sind die Messungen in *mehreren Schalterstellungen* durchzuführen.

Eine Messung des Schutzleiterstromes ist auch mit einer *Leckstromzange* und den entsprechenden Messadaptern möglich.

Nicht verwechselt werden dürfen *Ersatz-Ableitstrom* oder *Schutzleiterstrom* bzw. *Differenzstrom.*

I. Allg. ist der Ersatz-Ableitstrom *doppelt so groß* wie der Schutzleiterstrom bzw. „echter" Ableitstrom.

Messung des Berührungsstromes

Der Berührungsstrom ist an jedem berührbaren leitfähigen, nicht mit dem Schutzleiter verbundenen Teil des Gerätes zu messen. Zur Anwendung kommen folgende Messverfahren:

- direkte Messung,
- Differenzstrommessverfahren,
- Ersatz-Ableitstrommessverfahren (wenn zuvor eine Isolationswiderstandsmessung durchgeführt wurde und das Gerät über keine netzspannungsabhängigen Schalteinrichtungen verfügt).

Errichtung elektrischer Anlagen

Prüfung der Wirksamkeit der Schutzmaßnahmen elektrischer Geräte

Messung des Berührungsstromes

Beachten Sie:

- Der höchste Messwert ist als Messergebnis anzusehen.
- Bei der direkten Messung Gerät von Erdpotenzial trennen.
- Bei Messung mit dem *Differenzstromverfahren* ist bei einem Gerät mit Schutzleiter im Messergebnis ein anteiliger Schutzleiterstrom enthalten. Wird dann der Grenzwert überschritten, kann das *direkte Messverfahren* angewendet werden, wenn keine Erdverbindungen vorhanden sind. Oder das *Ersatz-Ableitstrommessverfahren*, wenn keine spannungsabhängigen Beschaltungen existieren und zuvor eine Isolationswiderstandsmessung durchgeführt wurde.
- Bei ungepolten Anschlusssteckern sowie Anschlussleitungen ohne Stecker ist die Messung des Berührungsstroms in allen Positionen des Steckers bzw. der Anschlussleitung durchzuführen.
- Sämtliche Schalter und Regler müssen geschlossen sein, damit alle aktiven Teile erfasst werden.

Höchstwerte für den Berührungsstrom	
Gerät	Grenzwert (Höchstwert)
Berührbare leitfähige Teile, die nicht mit dem Schutzleiter verbunden sind	0,5 mA
Geräte der Schutzklasse III	Messung nicht notwendig

Wenn berührbare leitfähige Teile unterschiedlichen Potenzials gemeinsam mit einer Hand berührt werden können, dann ist der Messwert die *Summe* ihrer Berührungsströme.

Messschaltungen (Berührungsstrommessung)

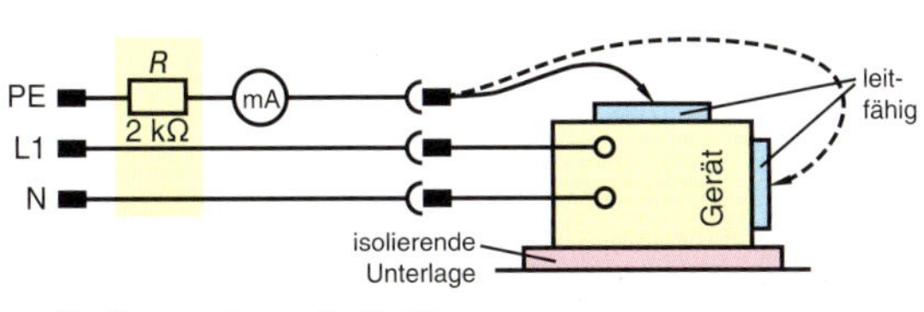

Berührungsstrom, direkte Messung

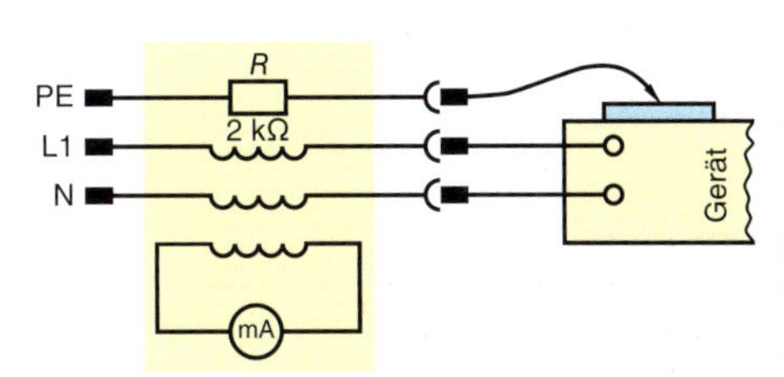

Berührungsstrom, Differenzstromverfahren

Nachweis der sicheren Trennung vom Versorgungsstromkreis bei SELV und PELV

Notwendig bei Geräten, die durch einen Sicherheitstransformator oder ein Schaltnetzteil eine SELV- bzw. PELV-Spannung erzeugen.

Prüfung durch:

- Nachweis der Übereinstimmung der Bemessungsspannung mit den Vorgaben für SELV bzw. PELV,
- Messung des Isolationswiderstandes zwischen Primär- und Sekundärseite der Spannungsquelle,
- Messung des Isolationswiderstandes zwischen aktiven Teilen des SELV- bzw. PELV-Ausgangsstromkreises und berührbaren leitfähigen Teilen.

Errichtung elektrischer Anlagen

Prüfung der Wirksamkeit der Schutzmaßnahmen elektrischer Geräte

Funktionsprüfung

Nach durchgeführter *Instandsetzung* ist eine Funktionsprüfung des Gerätes durchzuführen. Dabei kann eine Teilprüfung ausreichend sein. Bei der *Wiederholungsprüfung* muss eine Funktionsprüfung des Gerätes bzw. Teilen davon nur insoweit durchgeführt werden, wie es zum Nachweis der Sicherheit notwendig ist.

Beurteilung, Dokumentation

- Sicherheitsrelevante Aufschriften sind nach Abschluss der Einzelprüfungen zu kontrollieren.
- Wurden alle Einzelprüfungen erfolgreich durchgeführt (bestanden), gilt die Prüfung als bestanden. Das Gerät sollte dann entsprechend gekennzeichnet werden.
- Wurde die Prüfung nicht bestanden, muss das Gerät als unsicher gekennzeichnet werden, der Betreiber des Gerätes ist zu informieren.
- Sämtliche Prüfungen sind zu dokumentieren (z. B. durch Prüfplakette oder elektronische Aufzeichnung).

Inhalt eines Prüfberichts
Verwendete Prüfeinrichtungen und Messwerte, Datum und Uhrzeit der Prüfung, Name des Prüfers, Angaben des Prüfers zur Prüfung bei abweichendem Prüfablauf, Ergebnis der Prüfung und Zeitpunkt der nächsten Prüfung.

Wiederkehrende Prüfungen

Zweck:	Den ordnungsgemäßen Zustand elektrischer Anlagen zu erhalten, Prüfung in festgelegten Zeitabständen.
Prüfung:	• **Besichtigung** • **Erprobung** • **Messung** Durchführung durch Elektrofachkräfte, die über Erfahrungen von Prüfungen vergleichbarer Anlagen verfügen.
Verantwortung:	In gewerblichen Anlagen der Unternehmer (Betreiber).
BGV A3:	Elektrische Anlagen müssen entweder ständig durch eine Elektrofachkraft überwacht werden oder es müssen die festgelegten Prüffristen eingehalten werden.
Notwendige Messungen:	Die Messungen beurteilen die Wirkung der Schutzmaßnahmen. Von besonderer Bedeutung ist dabei die Messung des Isolationswiderstandes zwischen den aktiven Leitern und Erde. Beachten Sie dabei die Mindestwerte.

Isolationswiderstand, Mindestwerte bei wiederkehrenden Messungen

Anlage	Mindestwert des Isolationswiderstandes
Normale Räume bei ausgeschalteten Verbrauchsmitteln	300 Ω/V
Normale Räume bei eingeschalteten Verbrauchsmitteln	1000 Ω/V
Anlagen im Freien, Räume in denen Wände und Fußböden bespritzt werden, eingeschaltete Verbrauchsmittel	150 Ω/V
Anlagen im Freien, Räume in denen Wände und Fußböden bespritzt werden, ausgeschaltete Verbrauchsmittel	500 Ω/V
IT-System	50 Ω/V
SELV/PELV	Bei Messspannung 250 V DC: 250 Ω/V

Errichtung elektrischer Anlagen

Prüfung von Anlagen und Verbrauchsmitteln

Prüffristen

RCD bei nicht stationären Anlagen	An jedem Arbeitstag durch den Benutzer (Prüftaste). Monatlich durch Elektrofachkraft (Messung)
RCD bei stationären Anlagen	Halbjährlich (6 Monate) durch Benutzer (Prüftaste).
Anschluss- und Verlängerungsleitungen einschließlich Steckverbindern	Bei Benutzung halbjährlich (6 Monate) durch eine Elektrofachkraft; auf Baustellen alle 3 Monate.
Anlagen und ortsfeste Betriebsmittel	Mind. alle 4 Jahre einschließlich Messungen (Elektrofachkraft).
Räume und Anlagen besonderer Art	jährlich (12 Monate); Elektrofachkraft
Benutzte ortsveränderliche Betriebsmittel	**Richtwert:** 6 Monate; auf Baustellen 3 Monate; wenn die Fehlerquote unter 2 % liegt, kann die Prüffrist verlängert werden. **Maximalwert:** 1 Jahr auf Baustellen, in Fertigungsstätten und Werkstätten; 2 Jahre in Büros.

Blindleistungskompensation

Die Kompensation *induktiver Blindleistung* entlastet Spannungserzeuger und Leitungen. Die geringe Stromstärke der kompensierten Anlage ermöglicht eine Verringerung der Leitungsquerschnitte, ohne dass die Wirkleistung verringert werden müsste. Außerdem ist die Blindleistung für den industriellen Kunden nicht kostenfrei.

Kompensationsarten

Einzelkompensation	Gruppenkompensation	Zentralkompensation
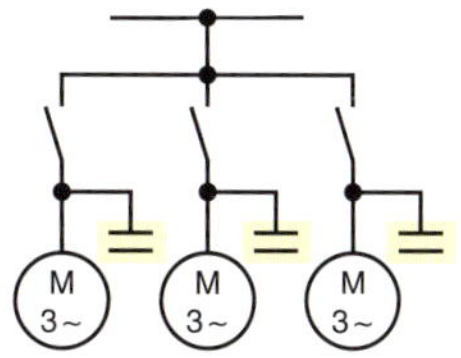 M 3~ M 3~ M 3~	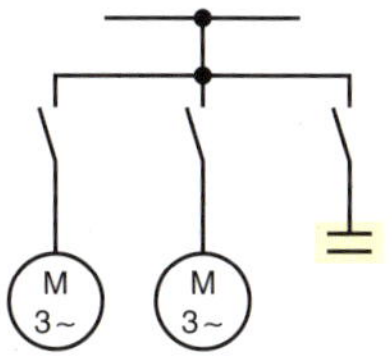 M 3~ M 3~	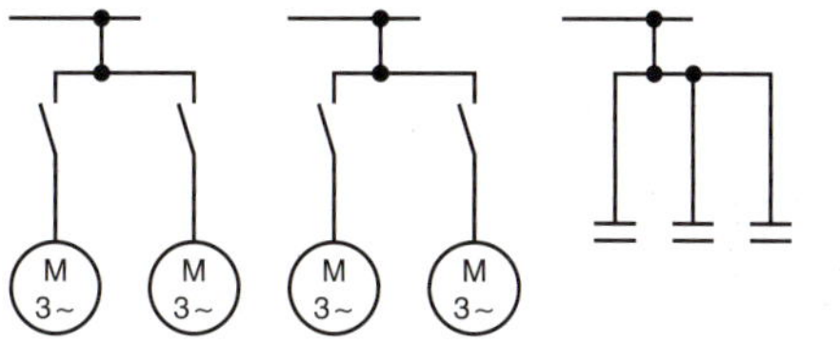 M 3~ M 3~ M 3~ M 3~
Induktive Blindleistung wird am Ort ihrer Entstehung kompensiert Bei konstanter Belastung einsetzbar. Verringerung der Verluste und des Spannungsfalls. Keine Blindleistungsregelung notwendig. Zuleitung ist von Blindstrom entlastet. Hoher Kondensatoraufwand notwendig.	Mehrere Verbraucher werden einem Kondensator zugeordnet. Geringere Kondensatorkosten als bei Einzelkompensation. Verteilungsleitung ist von Blindstrom entlastet. Relativ hoher Kondensatoraufwand.	Zentral installierte Einzelkondensatoren oder Kondensatorgruppen werden abhängig vom Bedarf zugeschaltet. Die kapazitive Blindleistung wird an einem Punkt erzeugt. Die Kondensatorleistung wird gut ausgenutzt. Gute Möglichkeit zur Überwachung und zur Regelung. Die Blindleistung kann an den tatsächlichen Bedarf angepasst werden. Zuleitungen und Verteilungsleitungen sind nicht von Blindstrom entlastet.

Elektr. Anlagen

Errichtung elektrischer Anlagen

Blindleistungskompensation

Berechnung der Kompensationskondensatoren

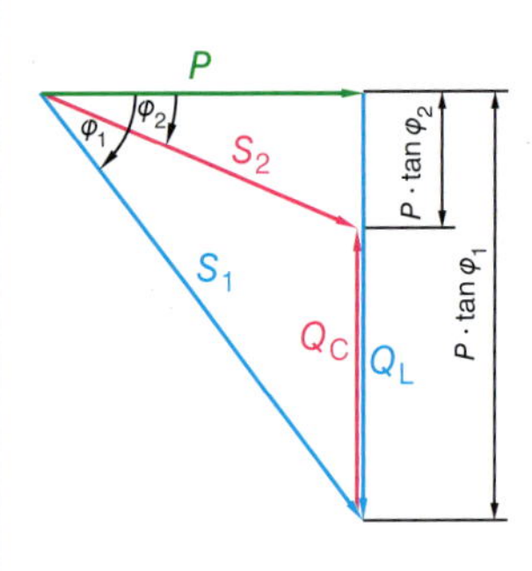

Beachten Sie:
Zur Kompensation werden jeweils drei der mit C_Δ bzw. C_Y errechneten Kondensatoren benötigt

Kondensatoren in Dreieck geschaltet:

$$C_\Delta = \frac{P \cdot (\tan \varphi_1 - \tan \varphi_2)}{3 \cdot \omega \cdot U^2}$$

Kondensatoren in Stern geschaltet:

$$C_Y = \frac{P \cdot (\tan \varphi_1 - \tan \varphi_2)}{\omega \cdot U^2} = 3 \cdot C_\Delta$$

P aufgenommene Wirkleistung in W
φ_1 Phasenverschiebung vor Kompensation
φ_2 Phasenverschiebung nach Kompensation
ω Kreisfrequenz in 1/s
U Außenleiterspannung in V

Blindleistungsregler

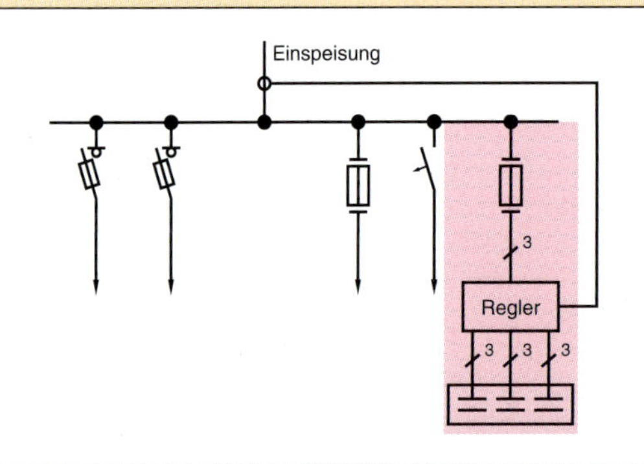

Der Blindleistungsregler schaltet die Kondensatoren *automatisch* zu und ab. Dabei wird die Kondensatorkapazität abhängig von der induktiven Blindleistung *stufig* angepasst.

Kompensationsanlage (6-stufig)

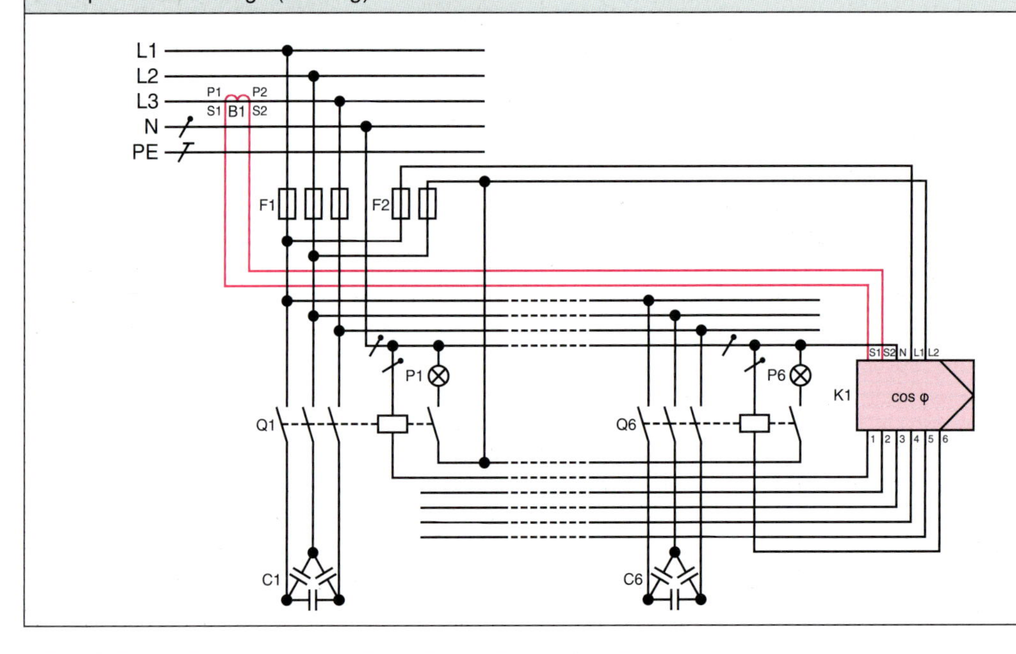

Errichtung elektrischer Anlagen

Blindleistungskompensation

Kompensationsanlage (6-stufig)

Kondensatorstufe kvar	Schaltstufe 0	1	2	3	4	5	6	7
10		X	X	X	X	X	X	X
10			X	X	X	X	X	X
10				X	X	X	X	X
10					X	X	X	X
10						X	X	X
10							X	X
10								X
Stufenleistung kvar	0	10	20	30	40	50	60	70

Kondensatorstufe kvar	Schaltstufe 0	1	2	3	4	5	6	7
10		X		X		X		X
20			X	X			X	X
40					X	X	X	X
Stufenleistung kvar	0	10	20	30	40	50	60	70

Wichtige Hinweise

- Die Kondensatoren sind so aufzustellen, dass eine maximale Gehäusetemperatur von 70 °C nicht überschritten wird. Daher sollten sie gegenseitig und zur Wand einen Mindestabstand von 100 mm haben.
- Wenn die Kondensatoranlagen eine Entladezeit von mehr als 1 Minute haben, ist ein Schild anzubringen:

  „Entladezeit länger als 1 Minute. Vor Berührung der Kondensatoren müssen diese geerdet und kurzgeschlossen werden."
- Bei Einschalten des Kondensators muss mit einem Mehrfachen des Bemessungsstromes gerechnet werden. Überstrom-Schutzorgange müssen mindestens dem 1,5 – 2-fachen Wert des Kondensatorstromes entsprechen. Geeignet sind LS-Schalter und träge Schmelzsicherungen.
- Schaltgeräte müssen die hohen Einschaltströme sicher beherrschen. Eingesetzt werden Kondensatorschütze bzw. Kondensatorschalter oder normale Schaltgeräte der nächstgrößeren Baureihe.
- Kühlluftwege sind freizuhalten, Schaltkontakte auf Kontaktabbrand hin zu überwachen.
- In Netzen mit Stromrichtern müssen die Kondensatoren verdrosselt werden. *Verdrosselte Kondensatoren* vermeiden mögliche Resonanzerscheinungen mit Oberschwingungen.

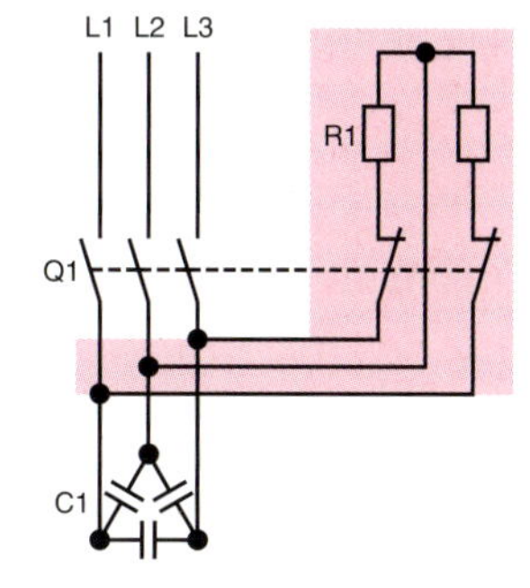

Kondensatoren mit Entladewiderständen

Gewählt werden i. Allg. Drosseln, deren induktiver Blindwiderstand etwa 6 – 7 % des kapazitiven Blindwiderstandes der Kondensatoren beträgt (Verdrosselungsfaktor 6 – 7 %).

Kondensatoren (Beispiele)

Kapazität in µF	Leistung in kvar	Sicherung in A	Entladewiderstand in kΩ an 230 V	Entladewiderstand in kΩ an 400 V
3 × 13,3	2	10	680	1500
3 × 26,5	4	10	270	680
3 × 33,2	5	16	240	560
3 × 49,8	7,5	20	160	430
3 × 66,3	10	25	120	300

Errichtung elektrischer Anlagen

Blindleistungskompensation

Kompensation von Transformatoren

Transformatoren werden nach der *Blindleistungsaufnahme* (und nicht nach dem maximalen Blindleistungsbedarf) ausgelegt.

$$Q_{T_r} \approx S_0 = \frac{I_0}{100} \cdot S_N$$

Q_{T_r} Leerlaufblindleistung Trafo in kvar
S_0 Leerlaufscheinleistung Trafo in kVA
I_0 Leerlaufstrom Trafo in A
S_N Bemessungsleistung Trafo

Kompensation von Asynchronmotoren

Praktisch beträgt die Kondensatorleistung maximal 90 % der Leerlauf-Motorleistung.

Im Allgemeinen sind Motorleistung und Leistungsfaktor bekannt. Dann kann die Berechnung mit der Motor-Bemessungsleistung P_{r_M} erfolgen.

$$Q_C = \frac{P_{r_M}}{\eta} \cdot (\tan \varphi_1 - \tan \varphi_2)$$

- Motoren bis 40 kW: 40 % von P_N
- Motoren ab 40 kW: 35 % von P_N

P_N Bemessungsleistung in kW
P_{r_M} 40 % bis 35 % von P_N in kW
η Wirkungsgrad des Motors
φ_1 Phasenwinkel vor Kompensation
φ_2 Phasenwinkel nach Kompensation

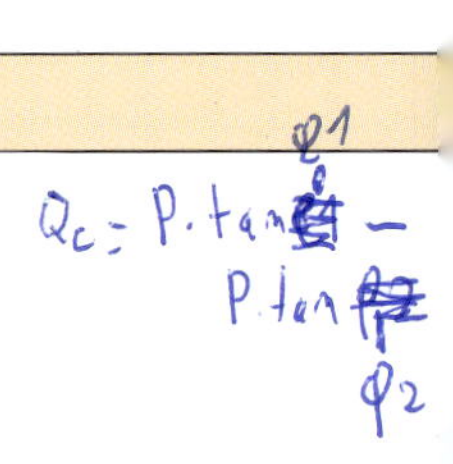

Kompensation von Entladungslampen

Bei induktiven Vorschaltgeräten (KVG, VVG) liegt der Leistungsfaktor zwischen 0,3 und 0,6.

Bei elektronischen Vorschaltgeräten (EVG) beträgt der Leistungsfaktor ca. 0,95.

Die Gruppenkompensation von Entladungslampen ist möglich.

Bei *symmetrischer Belastung* durch die Leuchtengruppen wird nur *ein Drittel* der Kondensatorleistung benötigt.

$Q_C = (P_L + P_V) \cdot (\tan \varphi_1 - \tan \varphi_2)$

Kondensatorkapazität:

$$C = \frac{Q_C}{\omega \cdot U^2}$$

Strangkapazität:

$$C_{Str} = \frac{Q_C}{3 \cdot \omega \cdot U^2}$$

Q_C Blindleistung Kondensator in var
P_L Lampenleistung in W
P_V Verlustleistung Vorschaltgeräte in W
φ_1 Phasenwinkel vor Kompensation
φ_2 Phasenwinkel nach Kompensation
ω Kreisfrequenz in 1/s
U Spannung in V
C, C_{str} Kondensatorkapazität in F

Überspannungsschutz

Überspannungen, die aus Schalthandlungen in elektrischen Anlagen oder aus Blitzentladungen entstehen, zerstören oder beschädigen elektronische Einrichtungen.

Schädliche Überspannungen sind Spannungserhöhungen, die zur Überschreitung der oberen Toleranzgrenze der Bemessungsspannungen führen.

Überspannungsschäden können verhindert werden, indem die Leiter, an denen solch hohe Spannungen auftreten, in sehr kurzer Zeit (aber nur für den Augenblick, in dem die Überspannung ansteht) kurzgeschlossen werden.

Während eines solchen Ableitvorganges können Ableitströme von vielen tausend Ampere auftreten. Dabei soll die Spannung auf einen möglichst niedrigen Wert begrenzt werden.

Hierzu können Bauelemente wie *Luftfunkenstrecken*, *gasgefüllte Überspannungsableiter*, *Varistoren* und *Suppressor-Dioden* eingesetzt werden.

Auch Kombinationen dieser Bauelemente sind sinnvoll, da jedes Bauelement spezifische Eigenschaften hat, die sich nach den folgenden Kriterien unterscheiden:

– *Ableitvermögen*
– *Ansprechverhalten*
– *Löschverhalten*
– *Spannungsbegrenzung*

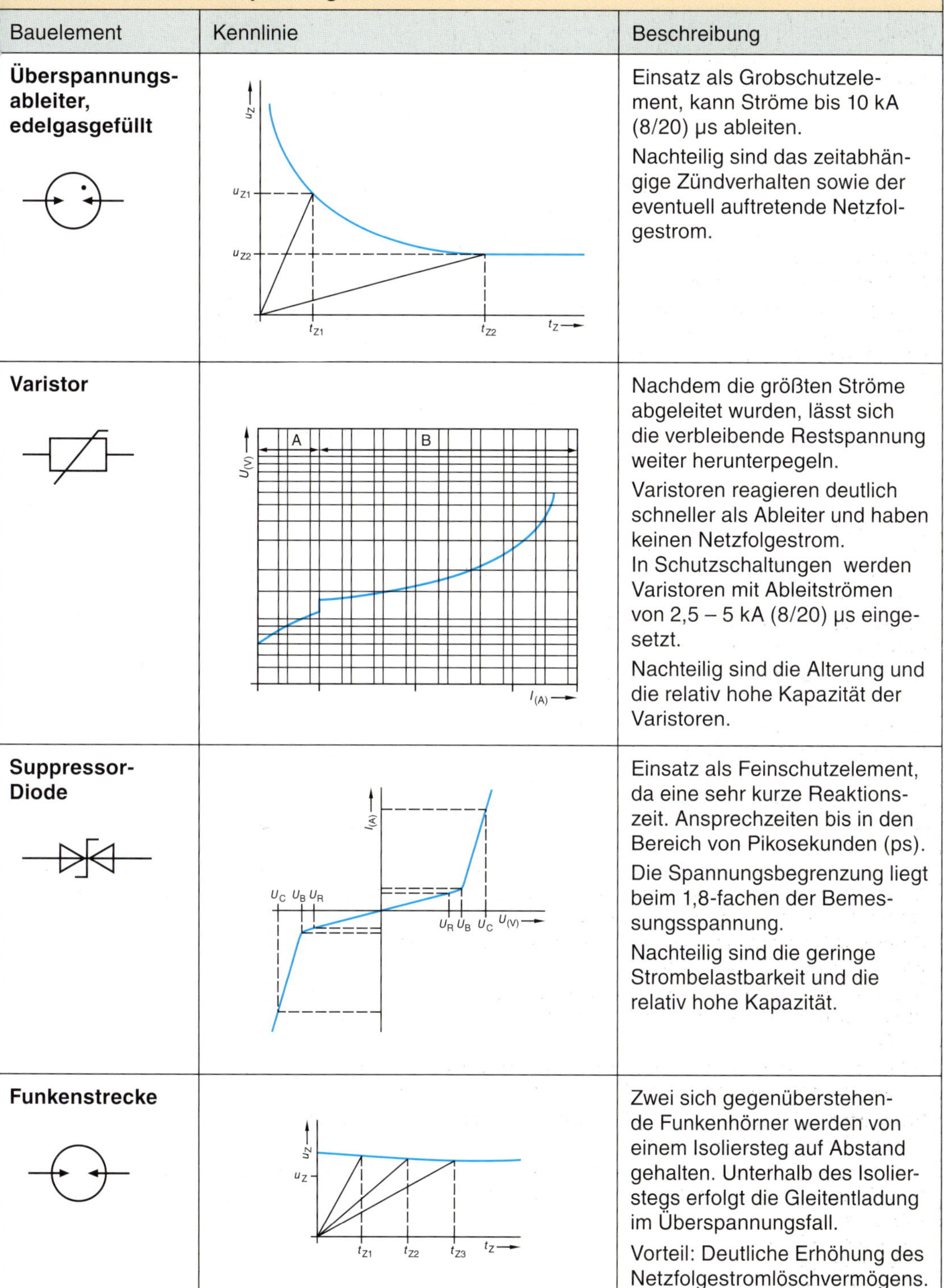

Errichtung elektrischer Anlagen

Überspannungsschutz

Bauelemente des Überspannungsschutzes

Bauelement	Kennlinie	Beschreibung
Überspannungs-ableiter, edelgasgefüllt	u_Z, u_{Z1}, u_{Z2}, t_{Z1}, t_{Z2}, t_Z	Einsatz als Grobschutzelement, kann Ströme bis 10 kA (8/20) µs ableiten. Nachteilig sind das zeitabhängige Zündverhalten sowie der eventuell auftretende Netzfolgestrom.
Varistor	A, B, $U_{(V)}$, $I_{(A)}$	Nachdem die größten Ströme abgeleitet wurden, lässt sich die verbleibende Restspannung weiter herunterpegeln. Varistoren reagieren deutlich schneller als Ableiter und haben keinen Netzfolgestrom. In Schutzschaltungen werden Varistoren mit Ableitströmen von 2,5 – 5 kA (8/20) µs eingesetzt. Nachteilig sind die Alterung und die relativ hohe Kapazität der Varistoren.
Suppressor-Diode	$I_{(A)}$, U_C, U_B, U_R, $U_{(V)}$	Einsatz als Feinschutzelement, da eine sehr kurze Reaktionszeit. Ansprechzeiten bis in den Bereich von Pikosekunden (ps). Die Spannungsbegrenzung liegt beim 1,8-fachen der Bemessungsspannung. Nachteilig sind die geringe Strombelastbarkeit und die relativ hohe Kapazität.
Funkenstrecke	u_Z, t_{Z1}, t_{Z2}, t_{Z3}, t_Z	Zwei sich gegenüberstehende Funkenhörner werden von einem Isoliersteg auf Abstand gehalten. Unterhalb des Isolierstegs erfolgt die Gleitentladung im Überspannungsfall. Vorteil: Deutliche Erhöhung des Netzfolgestromlöschvermögens.

Errichtung elektrischer Anlagen

Überspannungsschutz

Bauelemente des Überspannungsschutzes

Bauelement	Kennlinie	Beschreibung
Kombinierte Schutzschalltung	ΔU, IN, U_G, U_S, OUT	Um die Vorteile der einzelnen Bauelemente ausnutzen zu können, arbeitet man mit indirekten Parallelschaltungen der Bauelemente unter Verwendung von Entkopplungsimpedanzen. Beim Auftreten einer Überspannung spricht die Suppressordiode als schnellstes Bauelement zuerst an. Bevor die Suppressordiode zerstört wird, kommutiert der Ableitstrom auf den Gasableiter. $u_s + \Delta u \geq u_G$ u_s Spannung Suppressordiode Δu Differenzspannung über Entkopplungsinduktivität u_G Ansprechspannung des Gasableiters *Vorteil der Schaltung:* Schnelles Ansprechen des Ableiters bei niedriger Spannungsbegrenzung und hohem Ableitvermögen.

Überspannungs-Schutzkonzept

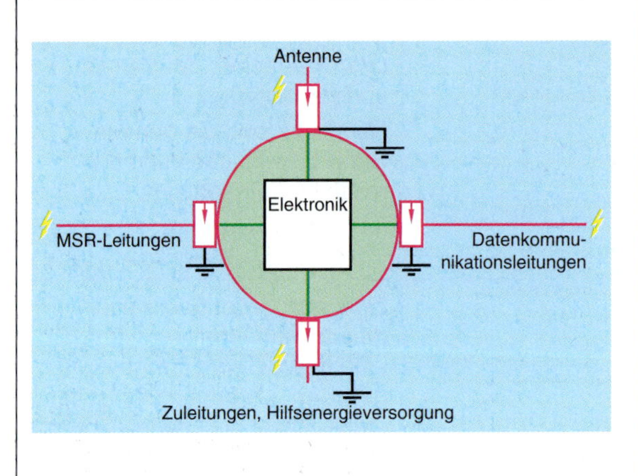

Schutzkreis

1. Erfassung aller schutzbedürftigen Geräte und Anlagenteile.
2. Bewertung des erforderlichen Schutzniveaus der Geräte.
3. Alle in eine Überspannungsschutzzone eintretenden elektrischen Stromkreise müssen durch Beschaltung mit geeigneten Ableitern in den Potenzialausgleich einbezogen werden.

Zum Beispiel:
- Stromversorgungsleitungen
- Leitungen der Mess-, Steuer- und Regelungstechnik
- Netzwerke und Datenleitungen
- Telekommunikationsleitungen
- Antennenleitungen

Errichtung elektrischer Anlagen

Überspannungsschutz

Auswahl der Ableiter

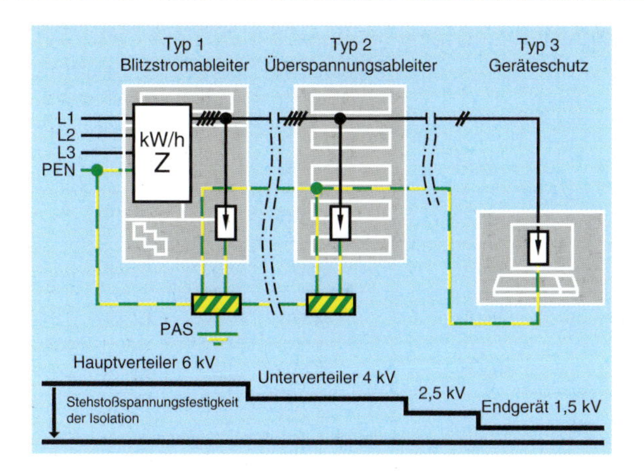

Blitzstromableiter (Typ 1)

Wird parallel, d. h. zwischen Außenleiter (bzw. Neutralleiter) und dem Potenzialausgleich in der Netzeinspeisung angeordnet. Das System wird also nicht vom Betriebsstrom durchflossen.

Anordnung unmittelbar an der Gebäudeeinspeisung (vor der Zähleinrichtung).

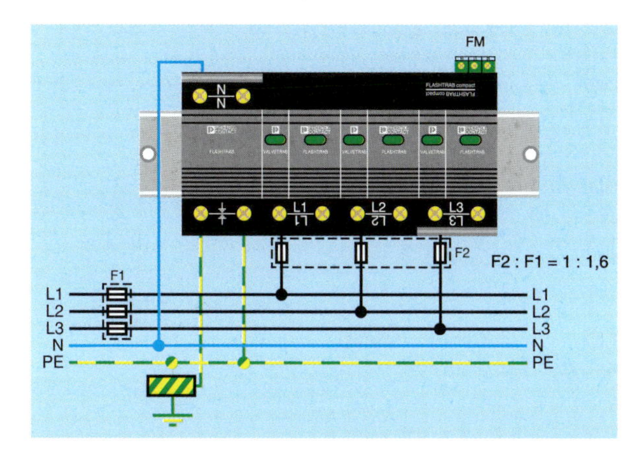

Überspannungsableiter (Typ 2)

Wird parallel, d. h. zwischen Außenleiter bzw. Neutralleiter und Erde in das Energieversorgunssystem geschaltet.

Im TN-C-System ist die Installation nur für L1, L2, und L3 notwendig.

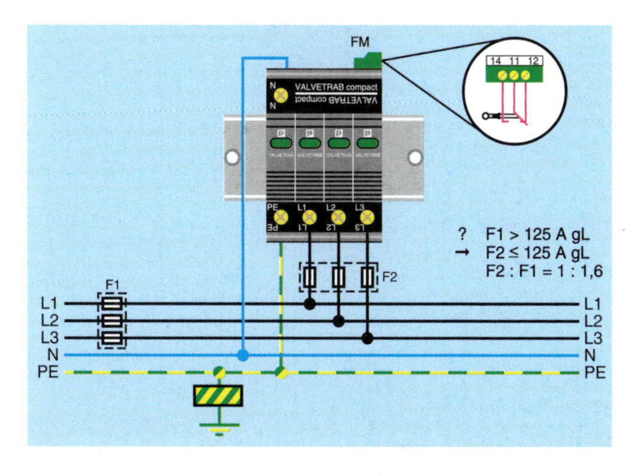

Geräteschutz (Typ 3)

Der Geräteschutz soll die verbleibende Restspannung weiter reduzieren.

Im Allgemeinen wird er in Reihe in die Stromversorgung geschaltet.

Die Ableiter sind so konzipiert, dass die Ableitbauelemente sowohl zwischen Außenleiter und Neutralleiter und Erde (PE) als auch zwischen den aktiven Adern L und N angeordnet sind.

Elektr. Anlagen

Errichtung elektrischer Anlagen

Überspannungsschutz

Auswahl der Ableiter

Spannungen Leiter–Erde in V	Bemessungs-Stoßspannungen in V (1, 2/50) Überspannungsklassen			
	I	II	III	IV
50	330	500	800	1500
100	500	800	1500	2500
150	800	1500	2500	4000
300	1500	2500	4000	6000
600	2500	4000	6000	8000
1000	4000	6000	8000	12000

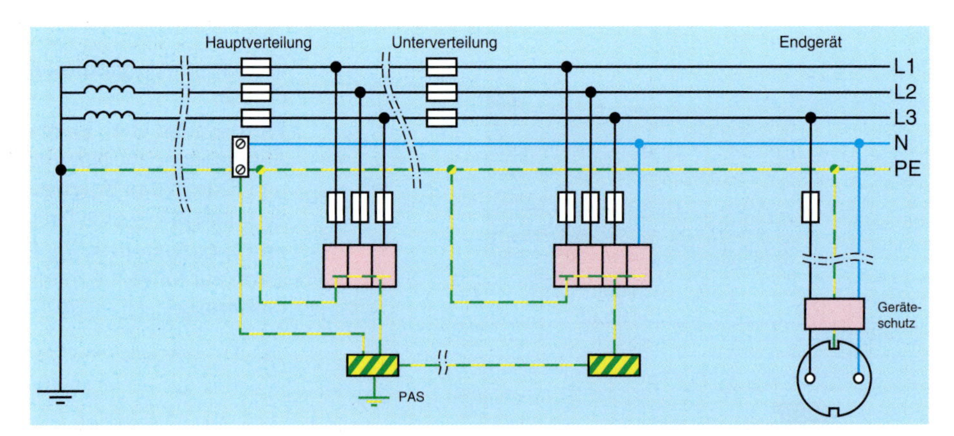

TN-C-S-System mit PEN-Leiter und getrenntem N/PE-Leiter

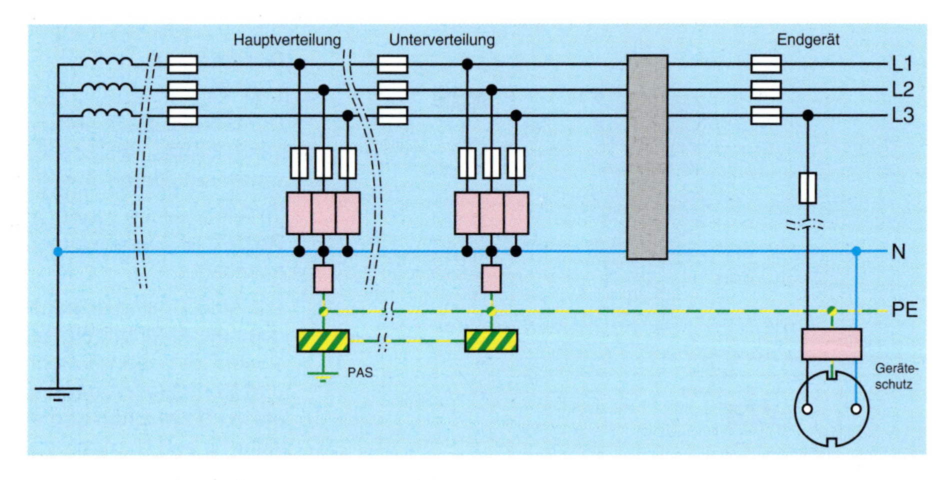

TT-System als Schutzeinrichtung

Errichtung elektrischer Anlagen

Starkstromkabel

Kurzzeichen	Aufbau	Anwendungsbeispiel
Mantel und Isolation besteht aus Kunststoff		
NYY	Isolation und Schützhülle besteht aus PVC	Verlegung im Erdreich
NAYY	Wie NYY, allerdings bestehen die Leiter aus Aluminium	Schaltanlagen in Kraftwerken etc.
NYCY	Wie NYY, allerdings mit konzentrischem Mittelleiter unter der Schutzhülle	Hausanschlüsse
NYCWY	Wie NYY, allerdings mit mehrdrähtigem Kupferleiter und wellenförmig aufgebrachtem konzentrischen Leiter	Ortsverteilungsnetze
NYSY	Wie NYY, allerdings mit Kupferschirm unter der Schutzhülle	Seekabel, Schachtanlagen
NYFGbY	Wie NYY, allerdings mit Flachdrahtbewehrung und Gegenwendel aus Stahlband	Seekabel, Schachtanlagen
2XFGY	Kabel mit vernetzter PE-Isolierung und PVC-Schutzhülle	Seekabel bei rauen Bedingungen
NA2XS(F)2Y	Kabel mit Abschirmung	Industrienetze
Mantel besteht aus Aluminium		
NKLY	Kabel mit Aluminiummantel und Kunststoffschutzhülle	Niederspannungs-Ortsnetze
NKLDEY	Wie NKLY, allerdings Aluminiummantel mit Dehnungselementen und Kunstofffolie	Niederspannungs-Ortsnetze
NAKLDEY	Wie NKLDEY, allerdings mit Aluminiumleitern	Niederspannungs-Ortsnetze
NHEKLY	Dreimantel-H-Kabel mit Aluminiummantel und Schutzhülle aus Kunststoff	Niederspannungs-Ortsnetze
Isolation aus Kunststoff und Mantel aus Blei		
NYK	Kabel mit Kunststoffisolation und blankem Bleimantel	Schaltanlagen, Kraftwerke
NYKA	Wie NYK, allerdings mit äußerer Schutzhülle	Schaltanlagen, Kraftwerke
NYKY	Wie NYK, allerdings mit äußerer Schutzhülle aus Kunststoff	Schaltanlagen, Kraftwerke
NYKFGbY	Wie NYKY, allerdings mit Flachdrahtbewehrung und Gegenwendel aus Stahlband	Raffinerien, Tankstellen

Errichtung elektrischer Anlagen

Starkstromkabel

Kabelarten

Art	Erläuterung
Papierisolierte Kabel für Niederspannung	Aderisolation aus Papier mit Massetränkung (Massekabel)
Kunststoffisolierte Kabel für Niederspannungs- und Mittelspannungsanlagen	Aderisolation besteht aus: • PVC, PE und VPE • Gummi mit Gummimantel nach DIN VDE 0261
Hochspannungskabel	Gasisolierte Übertragungsleitung • bis 800 kV • bis 3000 MVA • Verlegung in Erde, im Kanal, im Tunnel möglich

Kennzeichnung der Adern in Kabeln

Anzahl der Adern	Kabel mit Schutzleiter	Kabel ohne Schutzleiter	Kabel mit konzentischem Leiter
2	gnge/sw [1)]	bl/br	bl/br
3	gnge/bl/br	bl/sw/gr	br/sw/gr
4	gnge/br/sw/gr	bl/br/sw/gr	bl/br/sw/gr
5	gnge/bl/br/sw/gr	bl/br/sw/gr/sw	bl/br/sw/gr/sw
6 und mehr	gnge/weitere Adern sw mit Zahlenaufdruck	sw mit Zahlenaufdruck	sw mit Zahlenaufdruck

[1)] Nur zulässig ab 10 mm² Cu oder 16 mm² Al

Erläuterungen

Farbkurzzeichen

gnge: grün-gelb, **bl**: blau, **br**: braun, **sw**: schwarz, **gr**: grau

Bei Kabeln mit massegetränkter Papierisolisation gilt *naturfarben* als *braun* und *grün-naturfarben* als *grün-gelb*.

Niederspannung: bis 1 kV, *Mittelspannung:* 1 kV bis 36 kV, *Hochspannung:* > 110 kV

Steckvorrichtungen

Schutzkontakt-Steckverbindung	Geräte-Steckverbindung
• 2-polig + Schutzleiter • maximal 250 V AC • maximal 16 A • nicht verpolungssicher (L1 und N vertauschbar)	• 2-polig mit und ohne Schutzkontakt für Bemessungsspannungen bis 250 V AC • Bemessungsstromstärke bis 16 A • Meist verwendet in Verbindung mit einer flexiblen Netzanschlussleitung zur Versorgung von Geräten oder anderen elektrischen Einrichtungen von 50 Hz bzw. 60 Hz

Errichtung elektrischer Anlagen

Steckvorrichtungen

Ausführung von Geräte-Steckverbindungen (Beispiele)

Kontur							
Bemessungsstrom bei 250 V AC	2,5 A	10 A	10 A	10 A	16 A	2,5 A	10 A

System	Schuko	Perilex		Industriesteckvorrichtungen (IEC, CEE)			
Steckdosenform							
Kennfarbe (empfohlen)	–	–	–	Violett	Blau	Rot	Rot
Phasen	1	3N	3N	1	1	3N	3
Bemessungsstrom	16 A	16 A	25 A	16 oder 32 A	16 oder 32 A	16 – 125 A	16 – 125 A
Polzahl	2P + PE	3P+ N + PE	3P+ N + PE	2P	2P + PE	3P+ N + PE	3P+ N + PE
Bemessungsspannung bei 50 Hz	250 V	400 V/230 V	400 V/230 V	max. 50 V	230 V	400 V/230 V	400 V

Ausführungsbeispiele von Industriesteckvorrichtungen

- Steckvorrichtungen mit Bemessungsspannungen über 50 V müssen mit einem *Schutzkontakt* ausgerüstet sein.
- *Steckdosen* sind mit einer *Nut* und Stecker mit einer *Nase* auszurüsten, damit *Unverwechselbarkeit* gegeben ist.
- Falsches Zusammenstecken wird dadurch verhindert, dass der Schutzkontaktstift einen größeren Durchmesser als die übrigen Kontaktstifte hat. Der Schutzleiter kann dadurch nicht in die Kontaktbuchsen der Außenleiter eingeführt werden.
- Ein Steckereinsatz darf nicht in ein Kupplungs- oder Steckdosengehäuse eingesetzt werden können.
- Bei Steckvorrichtungen bis 50 V (ohne Schutzkontakt) wird eine *Grundnase* und eine zusätzliche *Hilfsnase* eingesetzt. *Grundnase* in Uhrzeigerstellung 6h, die *Hilfsnase* ist je nach Spannung und Frequenz angeordnet.

Errichtung elektrischer Anlagen

Steckvorrichtungen

Industriesteckvorrichtung CEE

Lage (Uhrzeigerstellungen) der Schutzkontaktbuchse zur Unverwechselbarkeitsnut

										Polzahl
Frequenz Hz Spannung V	50, 60 110 bis 130	50, 60 220 bis 240	50, 60 380 bis 415	50, 60 500	50, 60 750	50, 60 1)	Gleichstrom > 50 bis 250	Gleichstrom > 250		3
Lage der Schutz-kontakt-buchse	4 h	6 h	9 h	7 h	5 h	12 h	3 h	8 h		
Kennfarbe	gelb	blau	rot	schwarz	schwarz		blau			
Frequenz Hz Spannung V	50, 60 110 bis 130	50, 60 220 bis 240	50, 60 380 bis 415	60 440	50, 60 500	50, 60 750	50, 60 1)	100 bis 300 50 bis 440	> 300 bis 500 50 bis 440	4
Lage der Schutz-kontakt-buchse	4 h	9 h	6 h	11 h für Schiffe	7 h	5 h	12 h	10 h nicht für 63 A und 125 A	2 h	
Kennfarbe	gelb	blau	rot	rot	schwarz	schwarz		grün	grün	
Frequenz Hz Spannung V	50, 60, 110 bis 130	50, 60 127/220 bis 138/240	50, 60 220/380 bis 240/415	50, 60 500	50, 60 750	60 250/440				5
Lage der Schutz-kontakt-buchse	4 h	9 h	6 h	7 h	5 h	11 h für Schiffe				
Kennfarbe	gelb	blau	rot	schwarz	schwarz	rot				

1) Alle Spannungen nach Trenntransformatoren.

Elektr. Anlagen

Elektrische Maschinen und Antriebe

Elektrische Maschinen und Antriebe

Betriebsarten elektrischer Maschinen — DIN EN 60034-1:2011-02

Betrieb
Festlegung der *Belastung* für die Maschine einschließlich ihrer zeitlichen Dauer und Reihenfolge sowie gegebenenfalls einschließlich Anlauf, elektrisches Bremsen, Leerlauf und Pausen.

Betriebsart

- *Dauerbetrieb*, *Kurzzeitbetrieb* oder *periodischer Betrieb*, der durch eine oder mehrere Belastungen gekennzeichnet ist und während einer bestimmten Dauer unverändert bleibt oder
- *nicht periodischer Betrieb*, bei dem sich i. Allg. Belastungen und Drehzahl innerhalb des zulässigen Betriebsbereiches ändern.

Die Betriebsart wird durch Kurzzeichen angegeben. Trägt das Leistungsschild einer Maschine keine Angabe der Betriebsart, so gilt: S1.

t_a Anlaufzeit
t_b Belastungszeit
t_{br} Bremszeit
t_l Leerlaufzeit
t_{st} Stillstandszeit
t_s Spieldauer
t_r relative Einschaltdauer
P Leistung
ϑ Temperatur
ϑ_{max} höchste Temperatur
J Trägheitsmoment

Elektrische Maschinen müssen so bemessen sein, dass die *zulässigen Wicklungstemperaturen* nicht überschritten werden. Um die Maschine auch bei Schaltbetrieb voll ausnutzen zu können, wird für die Bemessungsleistung die *mittlere quadratische Leistung* eingesetzt.

Mittlere quadratische Leistung

$$P_{mitt} = \sqrt{\frac{P_1^2 \cdot t_1 + P_2^2 \cdot t_2}{t_1 + t_2}}$$

P_{mitt} mittlere quadratische Leistung
P_1, P_2 Leistungen
$t_1 + t_2$ Belastungsdauer
t_{st} Stillstandszeit
$t + t_{st}$ Spieldauer

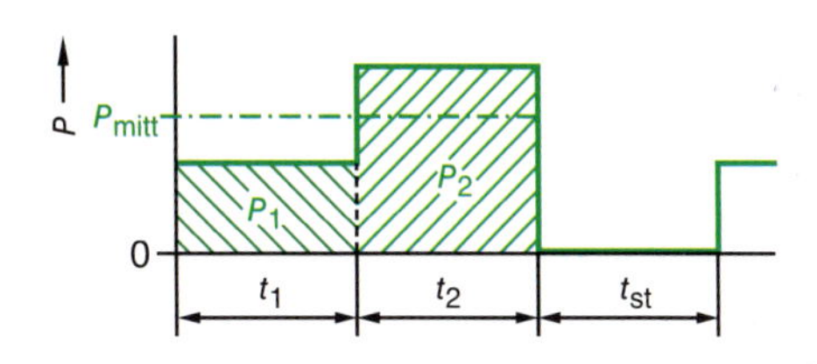

Relative Einschaltdauer
Verhältnis von Belastungsdauer und Spieldauer:

$$t_r = \frac{\text{Belastungsdauer}}{\text{Spieldauer}}$$

Betriebsart	Definition	Kennlinien
S1 Dauerbetrieb Oder keine Angabe auf dem Leistungsschild.	Maschine kann ihre Bemessungsleistung dauerhaft abgeben. Die Erwärmung erreicht ihre Endtemperatur. Eine Beharrungstemperatur wird erreicht. Bezeichnung: S1 oder DB.	P, 0, t; ϑ, 0, t; Beharrungstemperatur

Elektrische Maschinen und Antriebe

Betriebsarten elektrischer Maschinen — DIN EN 60034-1:2011-02

Betriebsart	Definition	Kennlinien
S2 **Kurzzeitbetrieb**	Die Maschine darf ihre Bemessungsleistung nur für die auf dem Leistungsschild angegebene Zeit abgeben; sonst würde sie sich zu stark erwärmen. Eine Beharrungstemperatur wird nicht erreicht. Während der Pause kühlt sich der Motor auf Ausgangstemperatur ab. *Zum Beispiel:* S2 – 30 min	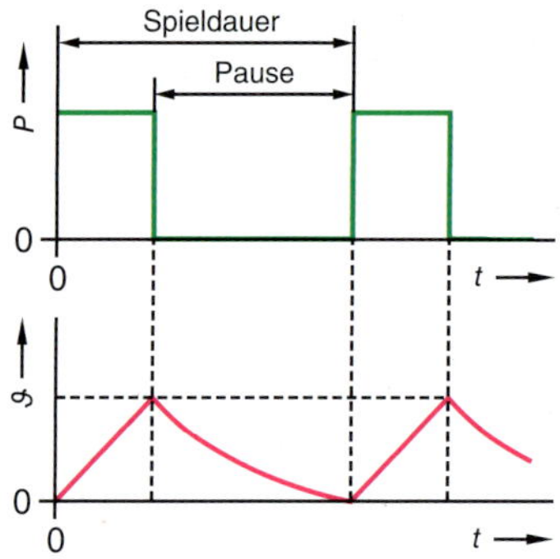 Spieldauer, Pause; P, ϑ, t
S3 **Aussetzbetrieb, periodisch**	Die Maschine wird in einer Folge gleichartiger Belastungs- und Ausschaltvorgänge betrieben. Der Anlaufstrom beeinflusst dabei die Erwärmung nicht merklich. *Zum Beispiel:* S3 50 % 60 min	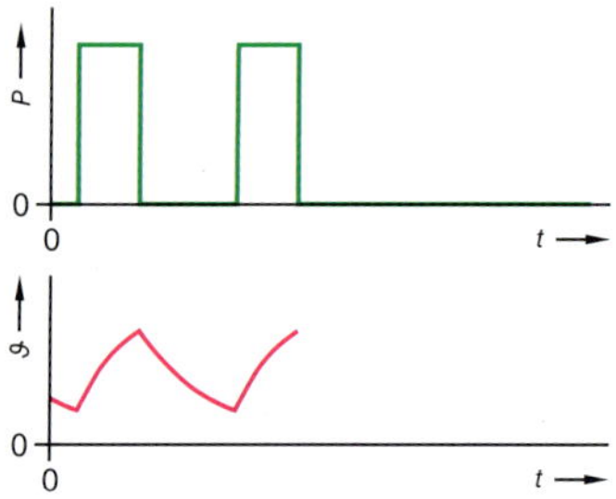 P, ϑ, t
S4 **Aussetzbetrieb, periodisch mit Einfluss des Anlaufvorganges**	Die Maschine wird in einer Folge gleichartiger Belastungs- und Ausschaltvorgänge betrieben. *Zum Beispiel:* S4 40 % $J_M = 0{,}3$ kg m^2 $J_{ext} = 0{,}6$ kg m^2 Angegeben werden die Trägheitsmomente von Motor (J_M) und Last (J_{ext}).	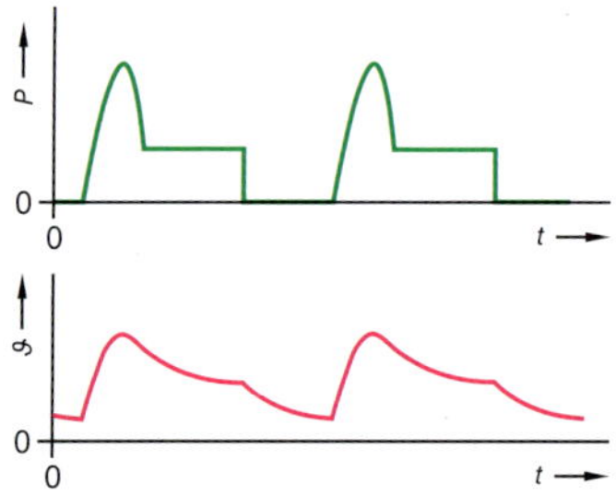 P, ϑ, t
S5 **Aussetzbetrieb, periodisch mit elektrischer Bremsung**	Die Maschine wird in einer Folge gleichartiger Belastungs- und Ausschaltvorgänge betrieben. Anlauf und Bremsung verursachen eine merkliche Erwärmung. *Zum Beispiel:* S5 40 % $J_M = 1$ kg m^2 $J_{ext} = 6$ kg m^2	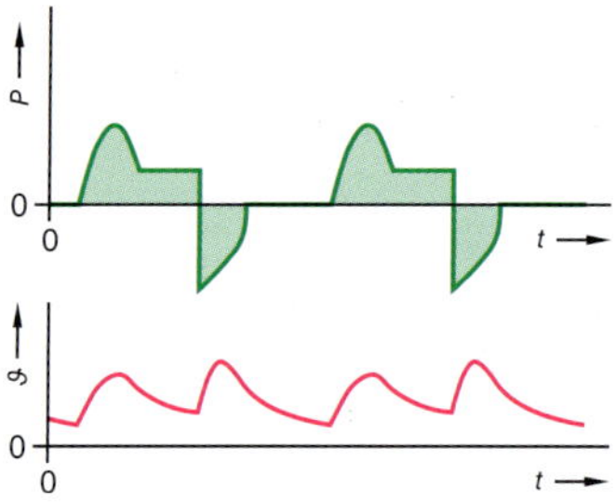 P, ϑ, t

Elektrische Maschinen und Antriebe

Betriebsarten elektrischer Maschinen DIN EN 60034-1:2011-02

Betriebsart	Definition	Kennlinien
S6 Unterbrochener periodischer Betrieb	Maschine wird in einer Folge gleichartiger Spiele betrieben, von denen jedes eine Anlaufzeit, eine Zeit konstanter Belastung, eine Zeit schneller elektrischer Bremsung und eine Pause umfasst. *Zum Beispiel:* S5 30 % 30 min	P, 0, t; ϑ, 0, t

Weitere Betriebsarten sind:

- **S7** Ununterbrochener periodischer Betrieb mit Anlauf und Bremsung
- **S8** Ununterbrochener periodischer Betrieb mit Last-/Drehzahländerungen
- **S9** Betrieb mit nicht periodischen Last-/Drehzahländerungen
- **S10** Betrieb mit einzelnen konstanten Belastungen

Bauformen und Aufstellung DIN EN 60034-7:2001:12

Die **Bauform** beschreibt die Anordnung der Maschinenbauteile in Bezug auf Befestigung, Lageranordnung und Wellenende.

Die **Aufstellung** beschreibt die Lage der Maschine als Ganzes am Aufstellungsort in Bezug auf Befestigung und Wellenausrichtung.

Zur Beschreibung wird der **IM-Code** (**I**nternational **M**ounting) verwendet.

Code I	Code II
Das Kurzzeichen besteht aus den Buchstaben IM, denen ein weiterer Buchstabe und eine Zahl folgt. *Code I* betrifft nur umlaufende elektrische Maschinen mit Lagerschildern und einem Wellenende.	*Code II* besteht ausschließlich aus Ziffern für einen größeren Bereich der Maschinen unter Einschluss von Code I. Bezeichnung: IM und 4 Folgeziffern.

Buchstabe	Bedeutung
A	ohne Lager, waagerechte Anordnung (überholt)
B	mit Lagerschilden, waagerechte Anordnung
C	mit Lagerschilden und Stehlagern, waagerechte Anordnung (überholt)
D	mit Stehlagern, waagerechte Anordnung (überholt)

Ziffer 1	Bedeutung
1	Fußanbau, mit Schildlager
2	Fuß- und Flanschanbau, Schildlager
3	Flanschanbau, Schildlager, Flansch am Lagerschild
4	Flanschanbau, Schildlager, Flansch am Gehäuse
5	ohne Lager
6	Schildlager und Stehlager

Betriebswerte von Motoren → 179

Elektrische Maschinen und Antriebe

Bauformen und Aufstellung

DIN EN 60034-7:2001-2

Buchstabe	Bedeutung	Ziffer 1	Bedeutung
V	mit Lagerschilden, senkrechte Anordnung	7	nur Stehlager
		8	vertikal, nicht durch 1 – 4 beschrieben
W	ohne Lagerschilde, senkrechte Anordnung (überholt)	9	mit besonderer Aufstellung

Die nachstehende **Zahl** gibt an:
- Lagerungsart
- Befestigung
- Art des Wellenendes

- Ziffer **2**: Befestigung und Lagerung
- Ziffer **3**: Lage des Wellenendes
- Ziffer **4**: Art des Wellenendes

Beispiel

IM B3

2 Lagerschilde, freies Wellenende, Gehäuse mit Füßen, Aufstellung auf Unterbau

Beispiel

IM 3001

2 Schildlager, Flanschanbau, mit Flansch, horizontale Welle

Lage des Klemmkastens

Sicht auf die Wellenstirn und
- bei **Fußausführung**: relativ zu den Füßen in der 6-Uhr-Stellung,
- bei **Flanschausführung**: relativ zur Entwässerungsöffnung in der 6-Uhr-Stellung.

Der Kennbuchstabe wird dem IM-Code angehängt.

Kennbuchstabe	Klemmkastenlage	
R	rechts	3 Uhr
B	unten	6 Uhr
L	links	9 Uhr
T	oben	12 Uhr

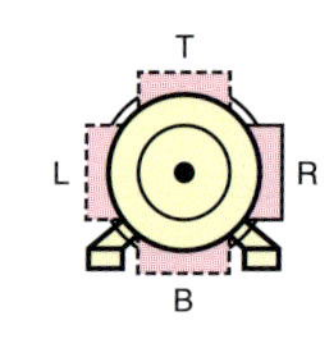

Bauformen, Beispiele

Kurzzeichen	Bild	Erklärung
Waagerechte Anordnung		
IM B3 IM 1001		2 Lagerschilde, freies Wellenende, Gehäuse mit Füßen, Aufstellung auf Unterbau
IM B35 IM 2001		2 Lagerschilde, freies Wellenende. Gehäuse mit Füßen, Befestigungsflansch in Lagernähe, Zugang von Gehäuseseite, Aufstellung auf Unterbau mit zusätzlichem Flansch
IM B5 IM 3001		2 Lagerschilde, freies Wellenende, Gehäuse ohne Füße, Befestigungsflansch in Lagernähe, Zugang von Gehäuseseite, Flanschanbau
IM B6 IM 1051		2 Lagerschilde, freies Wellenende, Gehäuse ohne Füße, wie Bauform B3, nötigenfalls Lagerschilde um 90° gedreht, Befestigung an der Wand, Füße auf Antriebsseite gesehen links

Elektrische Maschinen und Antriebe

Bauformen und Aufstellung DIN EN 60034-7:2001-2

Bauformen, Beispiele

Kurzzeichen	Bild	Erklärung
Waagerechte Anordnung		
IM B7 IM 1061		wie Bauform 6, Füße jedoch auf Antriebsseite gesehen rechts
IM B8 IM 1071		2 Lagerschilde, freies Wellenende, Gehäuse mit Füßen, wie Bauform B3, nötigenfalls Lagerschilde um 180° gedreht, Befestigung an der Decke
IM B9 IM 9101		1 Lagerschild, freies Wellenende, Gehäuse ohne Füße, wie Bauform B5 oder B14, jedoch ohne Lagerschild und ohne Wälzlager auf Antriebsseite, Anbau an Gehäusestirnfläche auf Antriebsseite
IM B10 IM 4001		2 Lagerschilde, freies Wellenende, Gehäuse ohne Füße, Befestigungsflansch in Gehäusenähe auf Antriebsseite, Zugang von Gehäuseseite, Flanschanbau
IM B20 IM 1101		2 Lagerschilde, freies Wellenende, Gehäuse mit hochgezogenen Füßen, zum Einlassen in den Unterbau

Kurzzeichen	Bild	Erklärung
Senkrechte Anordnung		
IM V1 IM 3011		2 Lagerschilde, freies Wellenende unten, Gehäuse ohne Füße, Befestigungsflansch in Lagernähe auf Antriebsseite, Zugang von Gehäuseseite, Flanschanbau unten
IM V15 IM 2011		2 Lagerschilde, freies Wellenende unten, Gehäuse mit Füßen, Befestigungsflansch in Lagernähe auf Antriebsseite, Zugang oder kein Zugang von Gehäuseseite, Befestigung an der Wand und zusätzlicher Flansch unten
IM V2 IM 3231		2 Lagerschilde, freies Wellenende oben, Gehäuse ohne Füße, Befestigungsflansch in Lagernähe entgegen der Antriebsseite, Zugang von Gehäuseseite, Flanschanbau unten
IM V3 IM 3031		2 Lagerschilde, freies Wellenende oben, Gehäuse ohne Füße, Befestigungsflansch in Lagernähe auf Antriebsseite, Zugang von Gehäuseseite, Flanschanbau oben

Betriebswerte von Motoren → 179

Elektrische Maschinen und Antriebe

IP-Schutzarten

DIN VDE 0470-1:2009-09

Durch den **IP-Code** (**I**nternational **P**rotection) wird die *Schutzart* (der Schutzgrad) des Gehäuses festgelegt. Dies hinsichtlich *Personenschutz*, *Fremdkörperschutz* und *Wasserschutz*.
Der Code besteht aus *Kennziffern* und *ergänzenden Buchstaben*.

- *1. Kennziffer:* Personen- und Fremdkörperschutz
- *2. Kennziffer:* Wasserschutz
- *Zusätzlicher Buchstabe:* Zusätzlicher Berührungsschutz
- *Ergänzender Buchstabe:* Ergänzende Information

Die zusätzlichen und ergänzenden Angaben erfolgen nur, wenn
- der Personenschutz *höher* als durch die 1. Ziffer angegeben,
- *nur* der Personenschutz angegeben wird.

Beispiel

IP 45
- Schutz gegen Eindringen von Fremdkörpern ≥ 1 mm Durchmesser
- Strahlwasserschutz

1. Ziffer: Berührungs- und Fremdkörperschutz

Kennziffer	Schutzumfang	Erläuterung
0	Kein Schutz	Kein Personenschutz gegen zufälliges Berühren unter Spannung stehenden oder sich bewegenden Teilen. Kein Betriebsmittelschutz gegen Eindringen von festen Fremdkörpern.
1	Schutz gegen große Fremdkörper	Schutz gegen zufälliges, großflächiges Berühren unter Spannung stehender und innerer, sich bewegender Teile. Kein Schutz bei absichtlichem Zugang. Schutz gegen Eindringen von großen Fremdkörpern (Durchmesser ≥ 50 mm).
2	Schutz gegen mittelgroße Fremdkörper	Schutz gegen Berühren mit den Fingern von unter Spannung stehenden oder inneren, sich bewegenden Teilen. Schutz gegen Eindringen von mittelgroßen Fremdkörpern (Durchmesser ≥ 12 mm).
3	Schutz gegen kleine Fremdkörper	Schutz gegen Berühren mit Werkzeugen, Drähten usw. von unter Spannung stehenden Teilen oder inneren, sich bewegenden Teilen. Schutz gegen Eindringen von kleinen Fremdkörpern (Durchmesser ≥ 2,5 mm).
4	Schutz gegen kornförmige Fremdkörper	Schutz gegen Berühren mit Werkzeugen, Drähten usw. von unter Spannung stehenden Teilen oder inneren, sich bewegenden Teilen. Schutz gegen Eindringen von Fremdkörpern (Durchmesser ≥ 1 mm).
5	Schutz gegen Staubablagerungen, vollständiger Berührungsschutz	Vollständiger Schutz gegen Berühren von unter Spannung stehenden oder inneren, sich bewegenden Teilen. Schutz gegen schädliche Staubablagerungen.
6	Schutz gegen Eindringen von Staub, vollständiger Berührungsschutz	Wie bei 5, allerdings wird das Eindringen von Staub völlig verhindert.

Elektrische Maschinen und Antriebe

IP-Schutzarten

DIN VDE 0470-1:2009-09

2. Ziffer: Wasserschutz

Kennziffer	Schutzumfang	Erläuterung
0	Kein Schutz	Kein Schutz gegen das Eindringen von Wasser.
1	Schutz gegen Tropfwasser, senkrecht fallend	Keine schädliche Wirkung von senkrecht fallendem Tropfwasser.
2	Schutz gegen Tropfwasser, senkrecht fallend 15°	Keine schädliche Wirkung von Tropfwasser, das unter einem Winkel bis 15° zur Senkrechten einfällt
3	Schutz gegen Sprühwasser 60°	Keine schädliche Wirkung von Wasser, das in einem Winkel bis zu 60° zur Senkrechten einfällt.
4	Schutz gegen Spritzwasser	Keine schädliche Wirkung von Wasser, das aus allen Richtungen gegen das Betriebsmittel spritzt.
5	Schutz gegen Strahlwasser	Keine schädliche Wirkung von Wasser, das aus einer Düse spritzt und gegen das Betriebsmittel gerichtet ist.
6	Schutz gegen schwere See oder starken Wasserstrahl	Bei vorübergehender Überflutung treten keine schädlichen Mengen Wasser in das Betriebsmittel ein.
7	Schutz beim Eintauchen	Bei kurzzeitigem Eintauchen des Betriebsmittels in Wasser unter festem Druck treten keine schädlichen Mengen Wasser ein.
8	Schutz beim Untertauchen	Bei längerem Eintauchen unter festem Druck treten keine schädlichen Mengen Wasser in das Betriebsmittel ein.

Elektrische Maschinen und Antriebe

IP-Schutzarten

DIN VDE 0470-1:2009-09

Bildzeichen für Schutzarten

staubgeschützt

staubdicht

tropfwassergeschützt

schrägwassergeschützt

spritzwassergeschützt

strahlwassergeschützt

wasserdicht

druckwasserdicht

Zusätzliche und ergänzende Buchstaben

Zusätzlicher Buchstabe

- **A** Schutz gegen Zugang mit dem Handrücken
- **B** Schutz gegen Zugang mit dem Finger
- **C** Schutz gegen Zugang mit Werkzeug
- **D** Schutz gegen Zugang mit Draht

Ergänzender Buchstabe

- **H** Hochspannungsbetriebsmittel
- **M** Auf Wassereintritt in bewegliche Teile im Betrieb geprüft
- **S** Auf Wassereintritt in bewegliche Teile bei Stillstand geprüft
- **W** Bei festgelegten Wetterbedingungen geeignet

Wirkungsgradklassen

Gültig für *Käfigläufermotoren* mit Leistungen von 1,1 kW bis 90 kW.

EFF1
Motoren mit hohem Wirkungsgrad

EFF2
Motoren mit verbessertem Wirkungsgrad

EFF3
Motoren mit niedrigem Wirkungsgrad

EN 60034-30: Motoren mit Leistungen von 0,75 bis 200 kW

IE1
Standard Wirkungsgrad (vergl. EFF2)

IE2
Hoher Wirkungsgrad (vergl. EFF1)

IE3
Premium Wirkungsgrad

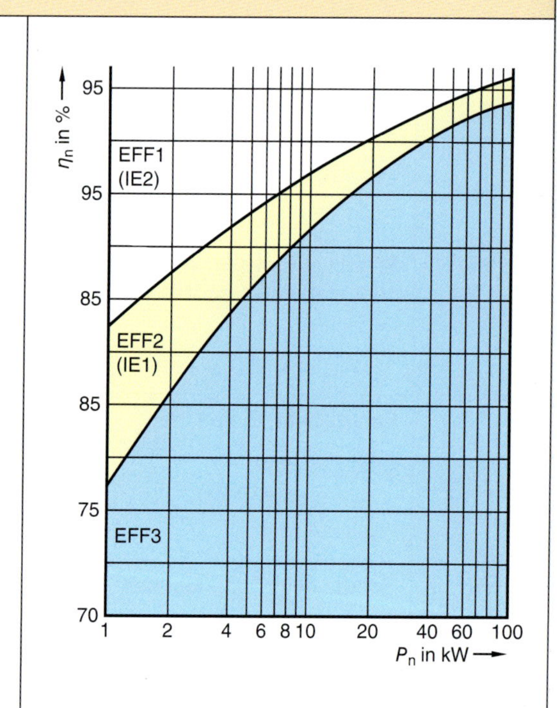

Elektrische Maschinen und Antriebe

Erwärmung elektrischer Maschinen

Übertemperatur von Wicklungen

Übertemperatur einer Wicklung ist der Unterschied zwischen der *Wicklungstemperatur* nach der Erwärmung (am Prüfungsende) und der *Kühlmitteltemperatur* am Prüfungsende.

Berechnung der Übertemperatur $\vartheta_2 - \vartheta_a$

$$\frac{\vartheta_2 + 235\ \text{K}}{\vartheta_1 + 235\ \text{K}} = \frac{R_2}{R_1}$$

$$\vartheta_2 - \vartheta_a = \frac{R_2 - R_1}{R_1} \cdot (235\ \text{K} + \vartheta_1) + \vartheta_1 - \vartheta_a$$

ϑ_2 Wicklungstemperatur am Prüfungsende in °C
ϑ_1 Wicklungstemperatur vor der Prüfung in °C
ϑ_a Kühlmitteltemperatur am Prüfungsende in °C
R_1 Wicklungswiderstand vor der Prüfung in Ω
R_2 Wicklungswiderstand am Prüfungsende in Ω

Wärmeklassen

Wärme-klasse	Grenztem-peratur in °C	Grenzübertemperatur in K			Isolierstoff
		A	B	C	
Y	90	–	–	–	Seide, Zellwolle, Baumwolle, Papier, Holz, Polyethylen
A	105	60	65	60	Seide, Baumwolle, Zellwolle, Papier, Holz, Drahtlacke auf Ölharzbasis
E	120	75	75	–	Drahtlacke auf Epoxid- oder Polyamid-Harzbasis, Pressteile
B	130	80	85	80	Asbest, Glimmer, Glasfaser, Drahtlacke auf Polyterephthalatbasis
F	155	105	110	100	Asbest, Glimmer, Glasfaser, Drahtlacke auf Basis von Imid-Polyester
H	180	125	130	125	Asbest, Glimmer, Glasfaser, Drahtlacke auf reiner Polyamidbasis
C	> 180	–	–	–	Glas, Glimmer, Porzellan, Quarz, Keramik, Polyetrafluorethylen

Betriebswerte von oberflächengekühlten Drehstrommotoren mit Käfigläufer

Bau-größe	P_N in kW	n_N in 1/min	I_N in A	I_A/I_N	M_N in Nm	M_A/M_N	M_K/M_N	$\cos\varphi$	η in %
n_1 = 3000 1/min, U_N = 400 V, f_N = 50 Hz									
63	0,18	2750	0,46	3,9	0,62	2,1	2,2	0,82	68
63	0,25	2750	0,63	4,5	0,87	2,4	2,6	0,82	69
71	0,37	2750	0,94	3,8	1,3	1,8	2,1	0,84	68
71	0,55	2730	1,28	4,8	1,9	2,5	2,4	0,85	74
80	0,75	2760	1,72	4,6	2,5	1,8	2,0	0,86	73
80	1,1	2800	2,45	5,6	3,7	2,3	2,4	0,86	76
90S	1,5	2810	3,25	5,8	5,1	2,3	2,7	0,86	77

Drehmoment → 13, 28, 187, Drehstrom-Asynchronmotor → 187

Elektrische Maschinen und Antriebe

Elektromotoren

Betriebswerte von oberflächengekühlten Drehstrommotoren mit Käfigläufer

Baugröße	P_N in kW	n_N in 1/min	I_N in A	I_A/I_N	M_N in Nm	M_A/M_N	M_K/M_N	$\cos\varphi$	η in %
n_1 = 3000 1/min, U_N = 400 V, f_N = 50 Hz									
90L	2,2	2820	4,7	6,5	7,4	2,9	3,1	0,85	80
100L	3	2840	6,1	7,0	10,0	3,1	3,1	0,86	82
112M	4	2870	7,9	7,2	13,3	3,0	3,3	0,87	84
132S	5,5	2890	10,8	6,7	18,2	2,6	3,0	0,86	86
132S	7,5	2910	14,3	7,0	24,6	2,7	2,9	0,86	88
160M	11	2930	20,5	7,3	35,8	2,5	3,1	0,87	89
160M	15	2930	27,5	7,4	48,9	2,5	3,0	0,88	90
160L	18,5	2930	33,5	7,7	60,3	2,5	3,1	0,88	91
180M	22	2930	39,0	7,7	71,7	2,5	3,3	0,88	92
200L	30	2945	53,0	7,6	97,3	2,1	2,8	0,89	93
200L	37	2950	65,0	7,6	120,0	2,2	2,8	0,88	93
225M	45	2950	78,0	7,9	146,0	2,5	3,4	0,89	93
Baugröße	P_N in kW	n_N in 1/min	I_N in A	I_A/I_N	M_N in Nm	M_A/M_N	M_K/M_N	$\cos\varphi$	η in %
n_1 = 1500 1/min, U_N = 400 V, f_N = 50 Hz									
63	0,18	1300	0,63	2,7	1,32	2,0	2,0	0,72	57
71	0,25	1350	0,83	3,1	1,77	1,6	1,8	0,73	60
71	0,37	1370	1,1	3,7	2,58	2,1	2,2	0,73	66
80	0,55	1390	1,55	3,6	3,78	1,6	2,0	0,75	68
80	0,75	1400	2,0	4,4	5,12	1,9	2,2	0,75	71
90S	1,1	1380	2,65	4,6	7,6	2,0	2,1	0,83	73
90L	1,5	1390	3,5	5,1	10,3	2,3	2,5	0,82	76
100L	2,2	1390	4,9	5,1	15,1	2,3	2,5	0,83	78
112M	4	1410	8,7	5,8	27,1	2,3	2,5	0,81	82
132S	5,5	1440	11,3	7,2	36,5	2,7	3,2	0,82	86
132M	7,5	1445	14,8	7,5	49,5	2,6	3,2	0,84	87
160M	11	1460	21,5	6,7	71,9	2,4	2,6	0,83	89
160L	15	1460	29,0	7,2	98,1	2,4	2,7	0,84	90
180M	18,5	1460	35,0	7,5	121	2,8	3,1	0,84	90

Drehmoment → 13, 28, 187, Drehmomentkennlinie → 189

Elektrische Maschinen und Antriebe

Elektromotoren

Betriebswerte von oberflächengekühlten Drehstrommotoren mit Käfigläufer

Baugröße	P_N in kW	n_N in 1/min	I_N in A	I_A/I_N	M_N in Nm	M_A/M_N	M_K/M_N	cos φ	η in %
n_1 = 1500 1/min, U_N = 400 V, f_N = 50 Hz									
180L	22	1465	42	7,7	143	3,2	3,3	0,83	91
200L	30	1465	56,5	7,0	195	2,4	2,6	0.84	92
225S	37	1475	68	7,5	239	2,2	2,9	0,85	92
225M	45	1475	80,5	7,7	291	2,3	2,9	0,86	93

Baugröße	P_N in kW	n_N in 1/min	I_N in A	I_A/I_N	M_N in Nm	M_A/M_N	M_K/M_N	cos φ	η in %
n_1 = 1000 1/min, U_N = 400 V, f_N = 50 Hz									
71	0,18	850	0,73	3,0	1,9	1,9	2,2	0,63	56,5
71	0,25	910	0,94	3,1	2,6	2,0	2,3	0,63	61,5
80	0,37	880	1,26	3,1	4,0	1,7	2,0	0,67	62,5
80	0,55	885	1,81	3,1	5,9	1,9	2,1	0,67	65,5
90S	0,75	910	2,05	4,1	7,8	2,3	2,4	0,73	71,5
90L	1,1	905	2,95	4,3	11,6	2,5	2,6	0,73	73
100L	1,5	905	3,95	4,2	15,8	2,4	2,5	0,73	75
112M	2,2	915	5,8	4,1	22,9	1,9	2,1	0,73	75
132S	3	965	7,1	6,2	29,7	2,5	2,7	0,73	83,5
132M	4	955	9,3	6,3	39,9	2,5	2,9	0,74	84
132M	5,5	960	12,5	6,3	54,7	2,5	2,8	0,75	85
160M	7,5	965	15	6,0	74,2	1,9	2,5	0,82	87
160L	11	965	21,5	6,1	108	2,0	2,6	0,84	88
180L	15	970	28,5	6,6	147	2,1	2,7	0,85	89
200L	18,5	970	36	5,3	182	2,2	2,3	0,82	90
200L	22	975	42,5	5,7	215	2,2	2,3	0,82	91
225M	30	975	57	5,7	293	2,3	2,3	0,83	91

Baugröße	P_N in KW	n_N in 1/min	I_N in A	I_A/I_N	M_N in Nm	M_A/M_N	M_K/M_N	cos φ	η in %
n_1 = 750 1/min, U_N = 400 V, f_N = 50 Hz									
80	0,18	670	0,91	2,5	2,5	1,5	1,8	0,58	49
80	0,25	665	1,22	2,5	3,5	1,6	1,9	0,58	51

Elektrische Maschinen und Antriebe

Elektromotoren

Betriebswerte von oberflächengekühlten Drehstrommotoren mit Käfigläufer

Baugröße	P_N in kW	n_N in 1/min	I_N in A	I_A/I_N	M_N in Nm	M_A/M_N	M_K/M_N	cos φ	η in %
n_1 = 750 1/min, U_N = 400 V, f_N = 50 Hz									
90S	0,37	690	1,28	3,4	5,1	1,8	2,1	0,65	63
90L	0,55	685	1,83	3,4	7,6	1,8	2,1	0,66	65
100L	0,75	690	2,5	3,4	10,3	1,9	2,1	0,65	66
100L	1,1	680	3,6	3,6	15,4	2,0	2,2	0,66	67
112M	1,5	700	4,15	3,9	20,5	1,4	2,0	0,70	73
132S	2,2	700	5,8	4,4	30,0	1,8	2,1	0,70	78
132M	3	700	7,7	4,2	40,9	1,8	2,0	0,71	79
160M	4	725	9,4	5,1	52,6	1,7	2,3	0,73	84
160M	5,5	725	12,9	5,0	72,4	1,7	2,3	0,72	85
160L	7,5	725	17,4	5,1	98,7	1,8	2,4	0,72	86
180L	11	725	25	4,6	144	2,1	1,9	0,72	87
200L	15	730	32	5,3	196	2,3	2,5	0,76	88
225S	18,5	730	39	5,2	242	2,3	2,2	0,77	89

Polumschaltbare Drehstrom-Asynchronmotoren

Baugröße	P_N in kW	n_N in 1/min	I_N in A	I_A/I_N	M_N in Nm	M_A/M_N	cos φ	η in %
Dahlander Δ/YY, 1500/3000 1/min, U_N = 400 V, f_N = 50 Hz								
80	0,8 1,2	1420 2780	2,3 2,7	4,6 4,9	5,3 4,1	1,8 1,5	0,71 0,90	70 71
90S	1,1 1,4	1410 2800	2,7 3,3	4,9 5,0	7,4 4,7	2,1 2,0	0,81 0,85	72 72
100L	1,8 2,2	1400 2800	4,2 5,1	4,7 4,9	12,2 7,5	1,9 1,9	0,85 0,86	73 72
100L	2,4 3,0	1410 2830	5,5 6,6	5,1 5,5	16,2 10,1	2,2 2,2	0,81 0,85	77 77
112M	3,2 4,0	1430 2870	7,3 8,3	5,6 6,2	21,4 13,3	2,1 2,0	0,80 0,88	79 79
132S	4,7 6,0	1430 2860	9,6 12,0	5,4 5,7	31,4 20,0	2,0 2,0	0,85 0,88	83 82
132M	6,4 7,8	1450 2930	13,3 16,5	7,0 8,0	42,1 25,4	2,6 2,4	0,81 0,80	86 85

Drehmoment → 13, 28, 187

Elektrische Maschinen und Antriebe

Polumschaltbare Drehstrom-Asynchronmotoren

Baugröße	P_N in kW	n_N in 1/min	I_N in A	I_A/I_N	M_N in Nm	M_A/M_N	$\cos\varphi$	η in %
Dahlander Δ/YY, 1500/3000 1/min, U_N = 400 V, f_N = 50 Hz								
160M	8,6 10,7	1465 2910	18,0 19,6	6,4 7,3	56,0 35,1	2,0 2,2	0,78 0,89	88 89

Baugröße	P_N in kW	n_N in 1/min	I_N in A	I_A/I_N	M_N in Nm	M_A/M_N	$\cos\varphi$	η in %
Dahlander Δ/YY, 750/1500 1/min, U_N = 400 V, f_N = 50 Hz								
80	0,3 0,55	685 1380	1,5 1,3	2,4 3,7	4,2 3,8	1,6 1,3	0,58 0,87	50 70
90	0,5 1,0	700 1370	1,9 2,3	3,5 4,1	6,8 7,0	1,9 1,2	0,66 0,93	57 67
100L	0,7 1,3	700 1380	2,6 2,9	3,4 4,1	9,5 8,9	1,8 1,3	0,66 0,92	59 70
112M	1,3 2,6	710 1410	4,8 5,6	3,9 5,0	17,5 17,6	1,7 1,0	0,60 0,89	65 75
132M	2,3 4,4	725 1420	7,3 8,8	4,6 5,5	30,3 29,6	2,2 1,6	0,59 0,87	77 83
160M	4,0 7,5	725 1455	10,2 14,2	5,4 5,8	52,6 49,2	2,0 1,5	0,69 0,89	82 85
160M	5,5 9,0	725 1455	13,7 17,1	5,3 6,0	72,4 59,1	1,9 1,6	0,70 0,88	83 86
160L	7,5 12,5	725 1455	18,4 23,3	5,3 6,0	98,7 82,0	2,0 1,6	0,70 0,89	84 87

Kondensatormotoren

Baugröße	P_N in kW	n_N in 1/min	I_N in A	I_A/I_N	M_N in Nm	M_A/M_N	C_B in µF	$\cos\varphi$	η in %
n_1 = 3000 1/min, U_N = 230 V, f_N = 50 Hz									
56	0,12	2800	0,95	2,7	0,41	0,47	5	0,98	56
63	0,18	2800	1,3	3,1	0,61	0,54	6	0,96	63
63	0,25	2800	1,8	3,5	0,85	0,49	8	0,93	65
71	0,37	2870	2,6	4,2	1,23	0,40	10	0,92	67
71	0,55	2870	3,8	4,3	1,83	0,39	16	0,93	68
80	0,75	2890	4,7	4,7	2,48	0,34	20	0,98	71
80	1,1	2890	7,0	4,8	3,6	0,22	25	0,95	72

Antriebe Maschinen

Kondensatoren → 70

Elektrische Maschinen und Antriebe

Kondensatormotoren

Baugröße	P_N in kW	n_N in 1/min	I_N in A	I_A/I_N	M_N in Nm	M_A/M_N	C_B in µF	cos φ	η in %
n_1 = 1500 1/min, U_N = 230 V, f_N = 50 Hz									
56	0,09	1350	0,9	2,0	0,63	0,50	3	0,90	48
63	0,12	1350	1,26	2,3	0,85	0,55	4	0,83	50
63	0,18	1350	1,6	2,4	1,27	0,60	6	0,87	56
71	0,25	1430	2,3	3,3	1,67	0,38	8	0,80	59
71	0,37	1430	3,0	3,6	2,47	0,44	12	0,85	63
80	0,55	1450	4,5	3,8	3,62	0,33	16	0,82	65
80	0,75	1440	6,0	4,0	4,97	0,30	20	0,81	67

Anlasskondensator: $C_A \approx 3 \cdot C_B$

Wichtige Elektromotoren

Stromart	Bezeichnung	Eigenschaften	Steuerbarkeit	Anwendungsbeispiele
Einphasen-Wechselstrom	Universalmotor	Großes Anzugsmoment, hohe Drehzahl, für Gleich- und Wechselstrom	1. Veränderung der Motorspannung 2. Erregerwicklungsanzapfung 3. Ankerparallelwiderstand	Haushaltsgeräte: Staubsauger Kaffeemühle Nähmaschine
	Induktionsmotor	Geräusch- und wartungsarmer, sehr preiswerter Motor	Drehzahlsteuerung schwierig und kaum angewandt	Kühlschrank, Kreissäge, Waschmaschine, Lüfter
Drehstrom	Dreiphaseninduktionsmotor (Asynchronmotor)	Sehr robust und preisgünstig, wartungsarm Gute Drehzahlkonstanz bei Belastungsschwankungen Größere Käfigläufer werden über Y/Δ-Schalter, Schleifringläufer mit Läuferanlasser angefahren	1. Schlupfwiderstände im Läuferkreis verursachen Absinken der Drehzahl. *Nachteile*: Kennlinie wird weicher; es entstehen Verluste 2. Frequenzänderung durch Frequenzumformer oder Thyristorwechselrichter 3. Polumschaltung für 2, seltener für 3 und mehr Drehzahlen	Der am häufigsten verwendete Elektromotor: Werkzeugmaschinen, Pumpen, Verdichter, Fördermaschinen, Lüfter, Zentrifugen, Rührwerke, Hebezeuge
	Synchronmotor	Kein Selbstanlauf, daher asynchroner Hochlaufkäfig oder Anwurfmotor Erregergleichspannung notwendig, Motor kann Blinkleistung abgeben	Drehzahl starr an die Netzfrequenz gebunden	Dort angewandt, wo Drehzahlsteuerung nicht nötig und Leistungsfaktorverbesserung erwünscht: Leonardumformer, Pumpen und Verdichter

Drehmoment → 13, 28, 187, Kondensatoren → 70

Elektrische Maschinen und Antriebe

Wichtige Elektromotoren

Stromart	Bezeichnung	Eigenschaften	Steuerbarkeit	Anwendungsbeispiele
Gleichstrom	Nebenschlussmotor	Harte Kennlinie, geringe Drehzahlschwankungen bei Belastungsänderungen Gut steuerbar, aber empfindlicher und etwa doppelt so teuer wie Asynchronmotor	1. Ankerspannungssteuerung: Drehzahl ist durch Veränderung der Ankerspannung vom Stillstand bis zur Nenndrehzahl stufenlos steuerbar 2. Feldsteuerung: Durch Feldschwächung wird Drehzahl über die Nenndrehzahl gesteigert	Für hochwertige Antriebe mit gesteuerter oder geregelter Drehzahl: Werkzeugmaschinen, Walzwerke, Papiermaschinen usw.
	Reihenschlussmotor	Weiche Kennlinie, hohes Anzugsmoment Motor geht bei völliger Entlastung durch, Riementrieb verboten	1. Ankerspannungssteuerung 2. Feldschwächung über Wicklungsanzapfungen 3. Ankerparallelwiderstand 4. Bei mehreren Motoren Reihen-Parallelschaltung	Antriebe für: Straßenbahnen, U- und S-Bahnen, O-Busse, Akkumulatorenfahrzeuge, Seilbahnen, Hebezeuge

Normmaße von Drehstrommotoren

DIN EN 50347:2003-09

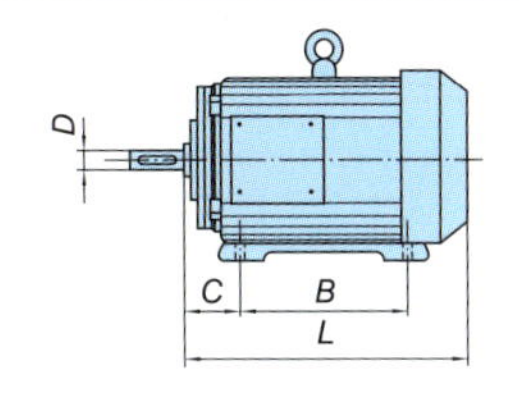

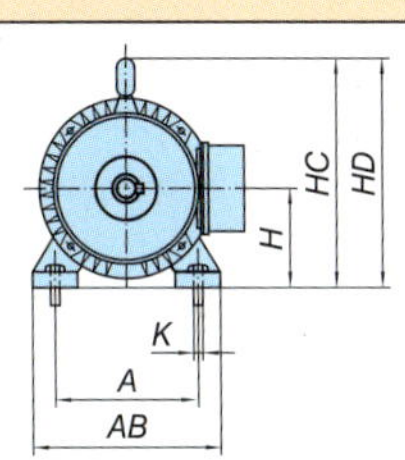

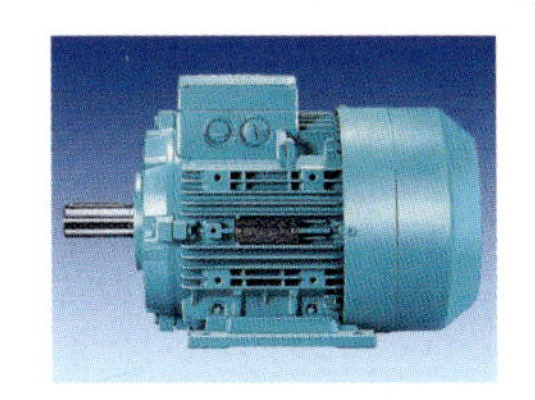

Angaben für Maschinen mit Füßen

<table>
<tr><th>Baugröße</th><th>A in mm</th><th>AB in mm</th><th>H in mm</th><th>B in mm</th><th>C in mm</th><th>D in mm</th><th>L in mm</th></tr>
<tr><td>56M</td><td>90</td><td>112</td><td>56</td><td>71</td><td>36</td><td>9</td><td>174</td></tr>
<tr><td>63M</td><td>100</td><td>128</td><td>63</td><td>80</td><td>40</td><td>11</td><td>210</td></tr>
<tr><td>71M</td><td>112</td><td>138</td><td>71</td><td>90</td><td>45</td><td>14</td><td>224</td></tr>
<tr><td>80M</td><td>125</td><td>157</td><td>80</td><td rowspan="2">100</td><td>50</td><td>19</td><td>256</td></tr>
<tr><td>90S</td><td rowspan="2">140</td><td rowspan="2">175</td><td rowspan="2">90</td><td rowspan="2">56</td><td rowspan="2">24</td><td>286</td></tr>
<tr><td>90L</td><td>125</td><td>298</td></tr>
<tr><td>100L</td><td>160</td><td>198</td><td>100</td><td rowspan="3">140</td><td>63</td><td rowspan="2">28</td><td>342</td></tr>
<tr><td>112M</td><td>190</td><td>227</td><td>112</td><td>70</td><td>372</td></tr>
<tr><td>132S</td><td rowspan="2">216</td><td rowspan="2">262</td><td rowspan="2">132</td><td rowspan="2">89</td><td rowspan="2">38</td><td>406</td></tr>
<tr><td>132M</td><td>178</td><td>440</td></tr>
</table>

Betriebswerte von Motoren → 179

Elektrische Maschinen und Antriebe

Normmaße von Drehstrommotoren DIN EN 50347:2003-09

Angaben für Maschinen mit Füßen

Baugröße	*A* in mm	*AB* in mm	*H* in mm	*B* in mm	*C* in mm	*D* in mm	*L* in mm
160M	254	320	160	210	108	42	542
160L				254			562
180M	279	355	180	241	121	48	602
180L				279			632
200M	318	395	200	267	133	55	680
200L				305			
225S	356	435	225	286	149	60	764
225M				311			
250S	406	490	250		168	65	874
250M				349			
280S	457	550	280	368	190	75	984
280M				419			1036
315S	508	635	315	406	216	80	1050
315M				457			1100

Vergleich Bemaßung nach DIN 42673-1 und DIN EN 50347

Bemessungsleistungen in kW

Baugröße	3000 min^{-1}	1500 min^{-1}	1000 min^{-1}	750 min^{-1}	Baugröße	3000 min^{-1}	1500 min^{-1}	1000 min^{-1}	750 min^{-1}
56M	0,09/0,12	0,06/0,09	–	–	180M	22	18,5	–	–
63M	0,18/0,25	0,12/0,18	–	–	180L	–	22	15	11
71M	0,37/0,55	0,25/0,37	–	–	200M	30	–	18,5	–
80M	0,75/1,1	0,55/0,75	0,37/0,55	–	200L	37	30	22	15
90S	1,5	1,1	0,75	–	225S	–	37	–	18,5
90L	2,2	1,5	1,1	–	225M	45	45	30	22
100L	3	2,2/3	1,5	0,75/1,1	250S				–
112M	4	4	2,2	1,5	250M	55	55	37	30
132S	5,5/7,5	5,5	3	2,2	280S	75	75	45	37
132M	–	7,5	4/5,5	3	280M	90	90	55	45
160M	11/15	11	7,5	4/5,5	315S	110	110	75	55
160L	18,5	15	11	7,5	315M	132	132	90	75

Normmaße von Drehstrommotoren

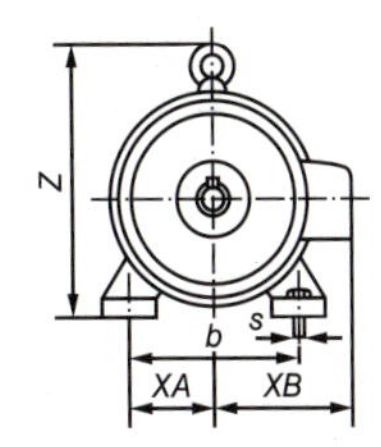

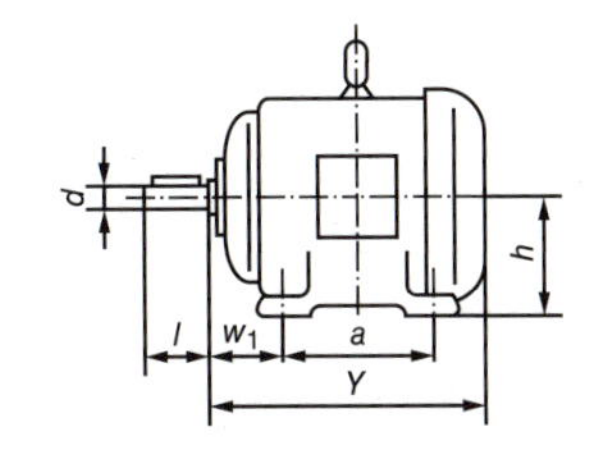

Vergleich Bemaßung nach DIN 42673-1 und DIN EN 50347								
DIN 42673-1	b	XA+XB	a	w1	d	h	s	y
DIN EN 50347	A	AB	B	C	D	H	K	L

Drehstrom-Asynchronmotoren

Drehfelddrehzahl

$$n_1 = \frac{f \cdot 60}{p}$$

n_1 Drehfelddrehzahl in $\frac{1}{\text{min}}$
f Frequenz in Hz
p Polpaarzahl

Schlupfdrehzahl, Schlupf

$$n_S = n_1 - n_2$$

$$s = \frac{n_1 - n_2}{n_1} \cdot 100\ \%$$

$$s = \frac{n_S}{n_1} \cdot 100\ \%$$

n_S Schlupfdrehzahl in $\frac{1}{\text{min}}$
n_1 Drehfelddrehzahl in $\frac{1}{\text{min}}$
n_2 Läuferdrehzahl in $\frac{1}{\text{min}}$
s Schlupf in %

Drehmoment

$$M = \frac{P}{2\pi \cdot n}$$

M Drehmoment in Nm
P Wellenleistung in W
n Drehfrequenz in 1/s

Läuferfrequenz

$$f_2 = s \cdot f_1$$

f_2 Läuferfrequenz in Hz
s Schlupf
f_1 Frequenz in Hz

Elektrische Leistung (zugeführt)

$$P_{zu} = \sqrt{3} \cdot U \cdot I \cdot \cos\varphi$$

P_{zu} zugeführte Leistung in W
U Netzspannung in V
I Stromaufnahme in A
$\cos\varphi$ Leistungsfaktor

Wirkungsgrad

$$\eta = \frac{P_{ab}}{P_{zu}}$$

η Wirkungsgrad
P_{ab} abgegebene Wellenleistung in W
P_{zu} zugeführte elektrische Leistung in W

Leistungsschild

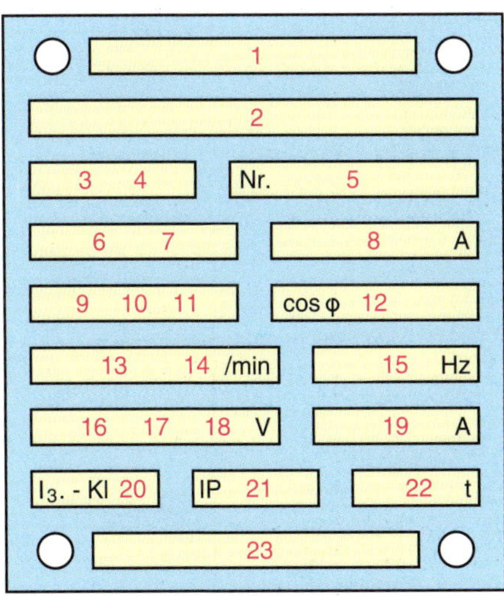

Erläuterung auf Seite 188.

Elektrische Maschinen und Antriebe

Drehstrom-Asynchronmotoren

Nr.	Bedeutung
1	Hersteller
2	Typenbezeichnung
3	Stromart
4	Motor/Generator
5	Maschinennummer
6	Schaltungsart der Ständerwicklung

Phasen	Zeichen	Schaltung
1~	I	offen
	⊥	mit Hilfsstrang
3~	III	unverkettet
3~ verkettet	Y	Stern
	Δ	Dreieck

Nr.	Bedeutung
7	Bemessungsspannung U_N
8	Bemessungsstrom I_N
9	Bemessungsleistung P_N
10	Einheit: W, kW, VA, kVA
11	Betriebsart (entfällt bei S1)
12	Bemessungs-Leistungsfaktor $\cos\varphi$

Nr.	Bedeutung
13	Drehrichtung (auf Antriebsseite gesehen) ⟶ Rechts ⟵ Links
14	Bemessungsdrehzahl n_N
15	Bemessungsfrequenz
16	*Läufer* bzw. *Lfr.* bei Schleifringläufer *Erreger* bzw. *Err.* bei Gleichstrommaschine
17	Schaltungsart, wenn keine 3-AC-Schaltung
18	Läuferstillstandsspannung bei Schleifringläufer Bemessungserregerspannung bei Gleichstrommaschine
19	Läuferstrom bzw. Erregerstrom; Angabe nur, wenn Ströme ≥ 10 A
20	Isolierstoffklasse (Wärmeklasse); bei Unterschieden zuerst Klasse Ständer, danach Klasse Läufer
21	Schutzart
22	Gewicht
23	Zusätzliche Angaben

Beispiel

Leistungsschildangaben Käfigläufermotor:

7,5 kW 1450 1/min 14,8 A $\cos\varphi = 0{,}85$ 400 V

- Wellenleistung 7,5 kW (P_{ab})
- Elektrische Leistung (P_{zu})

$$P_{zu} = \sqrt{3} \cdot U \cdot I \cdot \cos\varphi$$

$$P_{zu} = \sqrt{3} \cdot 400\ \text{V} \cdot 14{,}8\ \text{A} \cdot 0{,}85 = 8{,}7\ \text{kW}$$

- Wirkungsgrad

$$\eta = \frac{P_{ab}}{P_{zu}} = \frac{7{,}5\ \text{kW}}{8{,}7\ \text{kW}} = 0{,}86$$

- Drehmoment

$$M = \frac{P_{ab}}{2\pi \cdot n} = \frac{7500\ \text{W}}{2\pi \cdot 24{,}2\ \frac{1}{\text{s}}} = 49\ \text{Nm}$$

Elektrische Maschinen und Antriebe

Käfigläufermotor

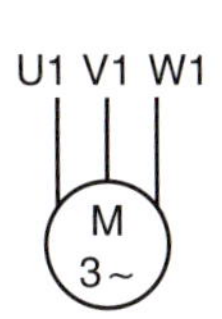

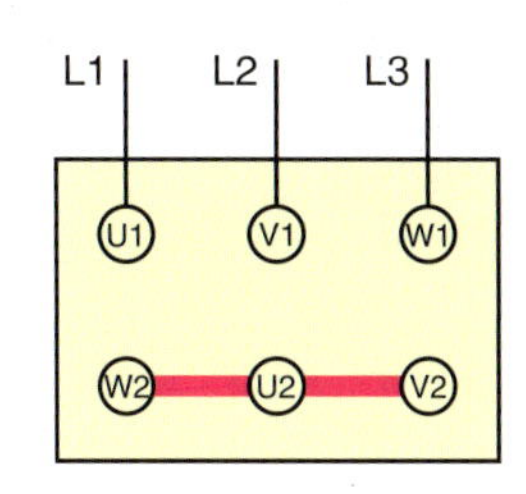

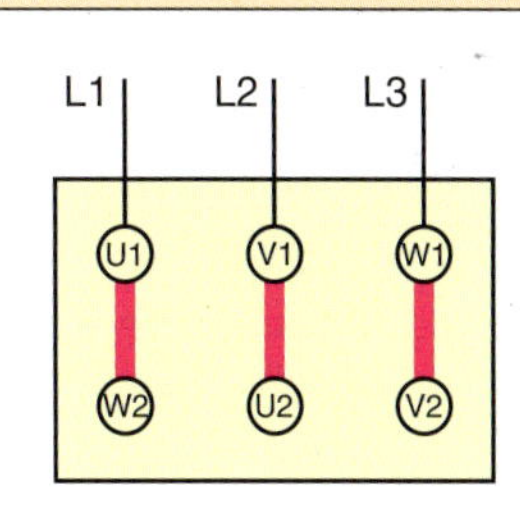

- **Sternschaltung**

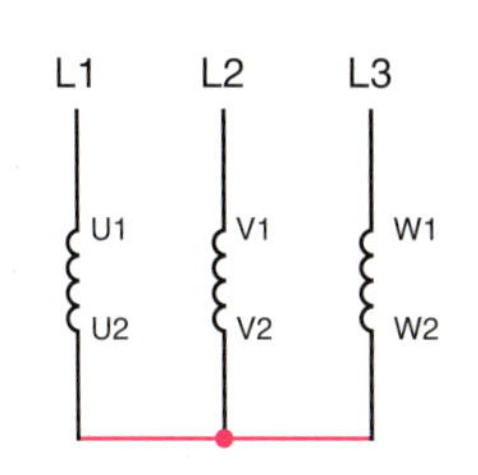

- **Dreieckschaltung**

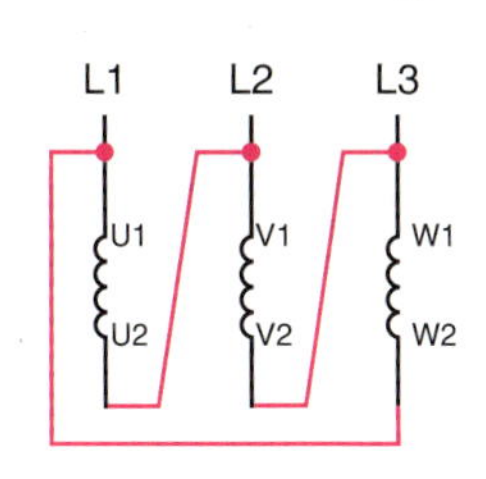

Drehrichtungsänderung durch Vertauschung von zwei Außenleitern.
Rechtsdrehfeld: L1 → U1, L2 → V1, L3 → W1

- **Drehmomentkennlinie**

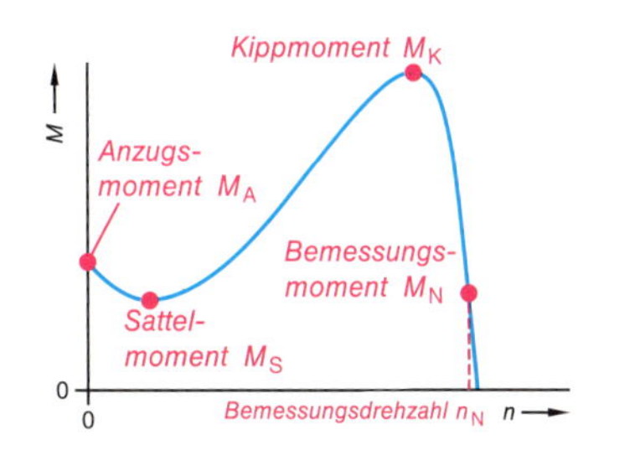

- **Einfluss der Läuferart**

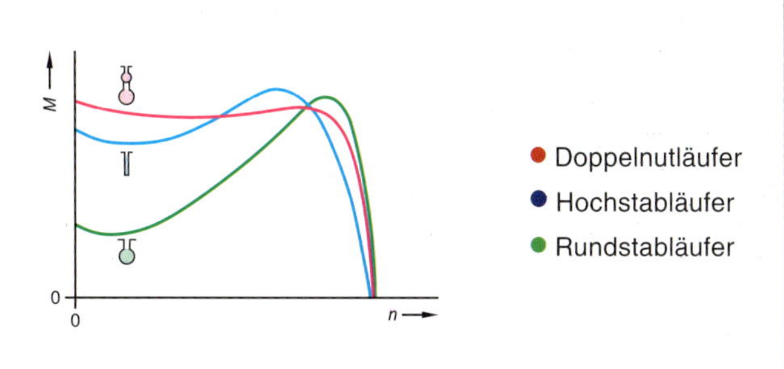

- **Regelanwendung**
  Direktes Einschalten
- **Kenndaten**

  $\frac{M_A}{M_N} = 0{,}4$ bis 2

  $\frac{I_A}{I_N} = 3$ bis 7

  Überlastbarkeit (kurzzeitig)
  1,6- bis 3-fach

- **Drehzahlsteuerung**
  Polumschaltung
  Frequenzsteuerung

- **Stellbereich Drehzahl**
  Bei *Polumschaltung* mit 4 Stufen bis 1 : 8

  Bei *Frequenzumschaltung* mit Umrichter bis 1 : 100

- **Elektrische Bremsung**
  Nutzbremsung bei Generatorbetrieb (besonders bei Polumschaltung): Gegenstrombremsung, Speisung des Ständers mit Gleichstrom bzw. Einphasenwechselstrom

- **Leistungsverhältnis**

  $P_\Delta / P_Y = 3$

Elektrische Maschinen und Antriebe

Kondensatormotor

Der Ständer trägt eine *Hauptwicklung* (U1, U2) und eine *Hilfswicklung* (Z1, Z2), mit der ein *Betriebskondensator* C_B in Reihe geschaltet ist.

Der optionale *Anlasskondensator* C_A wird nach dem Hochlaufen abgeschaltet.

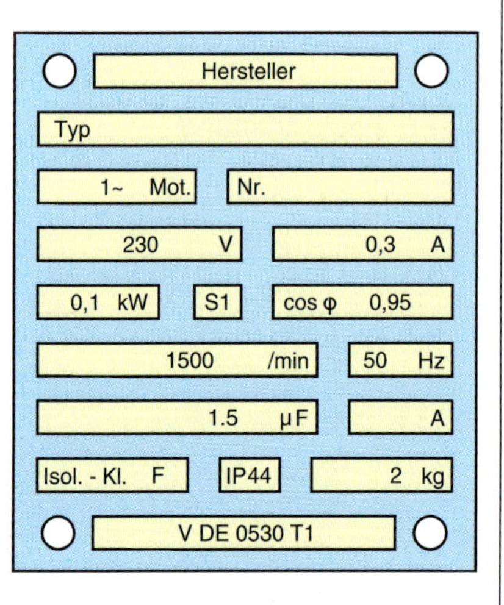

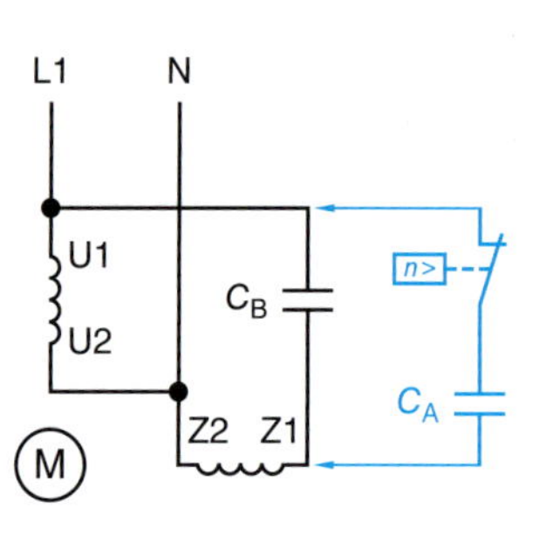

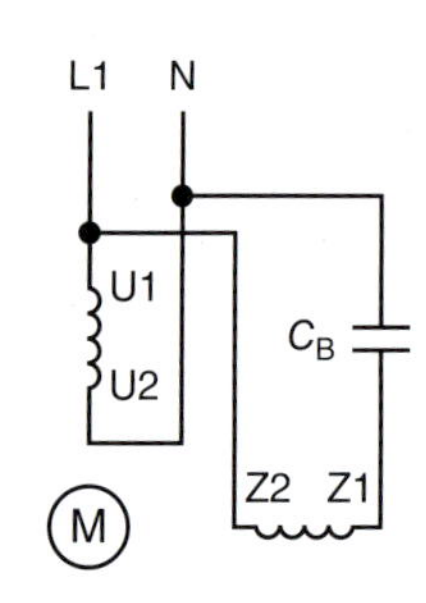

- **Rechtslauf**

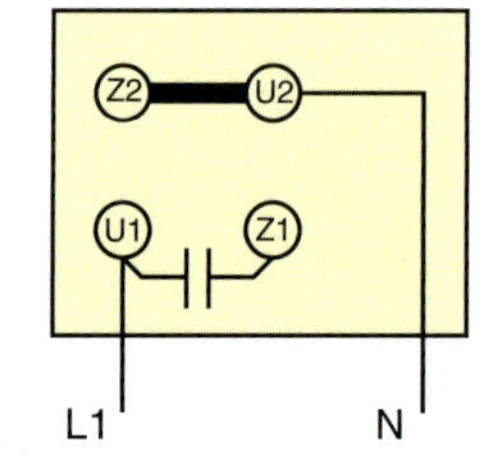

- **Linkslauf**

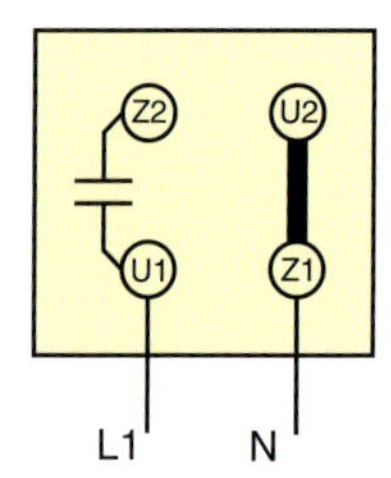

- **Drehmomentkennlinie**

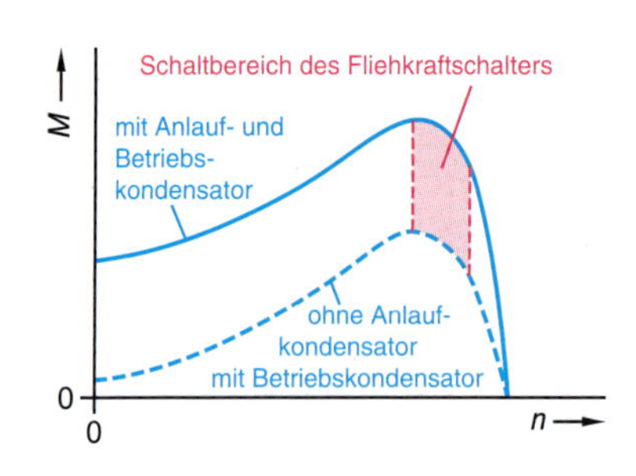

$$Q_{CB} = 1\ \frac{\text{kvar}}{\text{kW}} \cdot P$$

$$C_A \approx 1 - 3 \cdot C_B$$

- **Anwendung**
  Maschinen aller Art

- **Anzugsstrom**

  $$\frac{I_A}{I_N} \approx 5$$

- **Anzugsmoment**

  $$\frac{M_A}{M_N} \approx 2$$

  Mit C_A bis $5 \cdot C_B$

- **Drehzahlsteuerung**
  Polumschaltung
  Frequenzsteuerung

- **Elektrische Bremsung**
  Gegenstrombremsung

- **Eigenschaften**
  Robust und wartungsarm, ohne Anlaufkondensator geringes Drehmoment

Bei Reparaturen Betriebs- und Anlaufkondensator stets durch gleiche Kapazitätswerte ersetzen.

Elektrische Maschinen und Antriebe

Drehstrom-Käfigläufer am Einphasennetz (Steinmetzschaltung)

Ein Drehstrommotor, dessen Ständerwicklung für 230/400 V ausgelegt ist, kann mit verminderter Leistung am Einphasennetz betrieben werden. Die Ständerwicklungen werden in Dreieck geschaltet. Ein *Betriebskondensator* ermöglicht den selbsttätigen Anlauf.

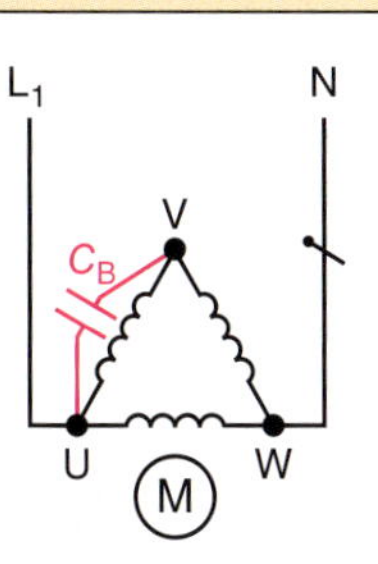

- **Linkslauf**
- **Rechtslauf**

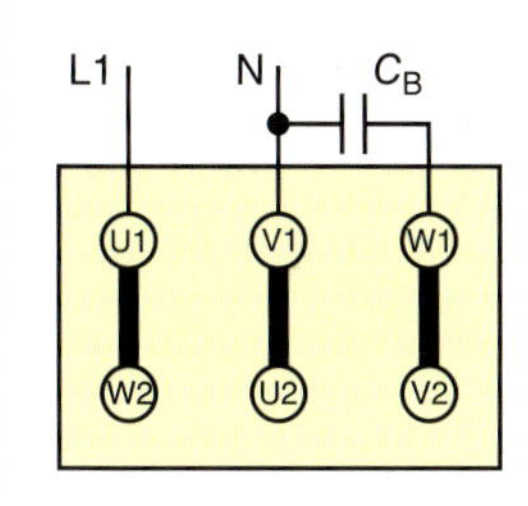

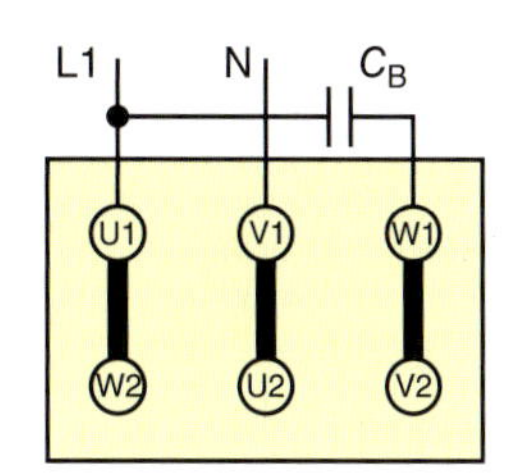

- **Drehmomentkennlinie**

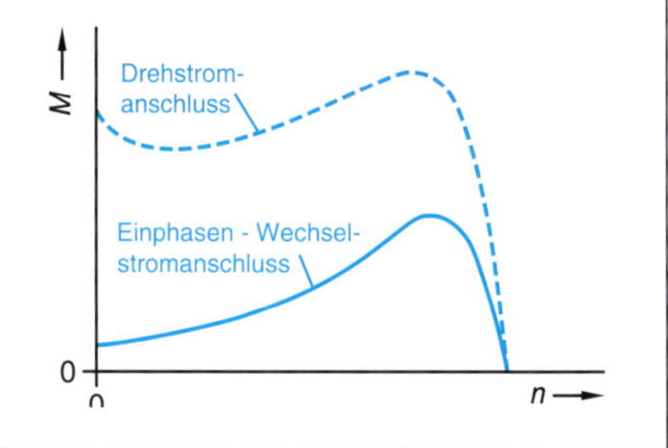

- **Anwendung**
  Ölbrenner,
  Umwälzpumpen
- **Kenndaten**
  $\frac{M_A}{M_N} \approx 0{,}3$ bis $0{,}7$
  $\frac{I_A}{I_N} \approx 2$ bis 5

- **Drehzahlsteuerung**
  Polumschaltung
  Frequenzsteuerung
- **Elektrische Bremsung**
  Gegenstrombremsung
- **Leistungsverhältnis**
  $P_{1\sim} = \frac{P_{3\sim}}{3}$

Universalmotor

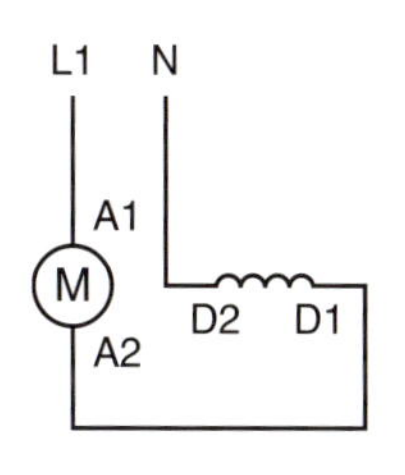

Anwendung bei Haushalts- und Büromaschinen sowie Elektrowerkzeugen.

- **Kenndaten**

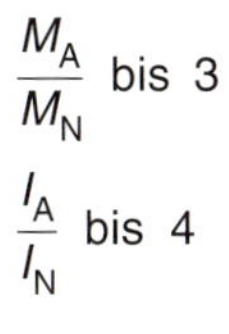

$\frac{M_A}{M_N}$ bis 3

$\frac{I_A}{I_N}$ bis 4

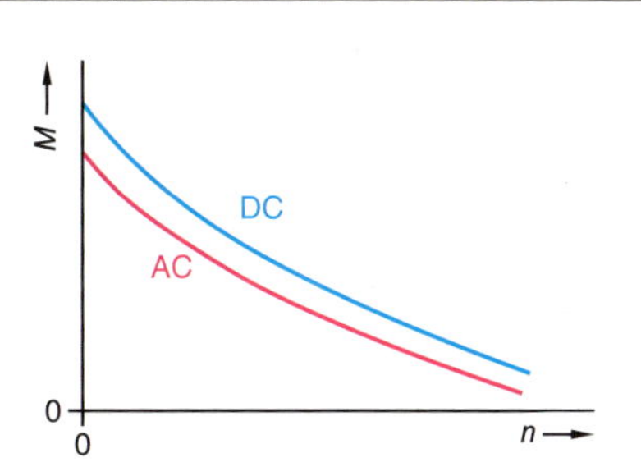

- **Drehrichtungsänderung**
  Umpolung des Ankers A1, A2 oder der Erregerwicklung D1, D2
- **Drehzahlsteuerung**
  Ankerparallelwiderstand

Elektrische Maschinen und Antriebe

Spaltpolmotor

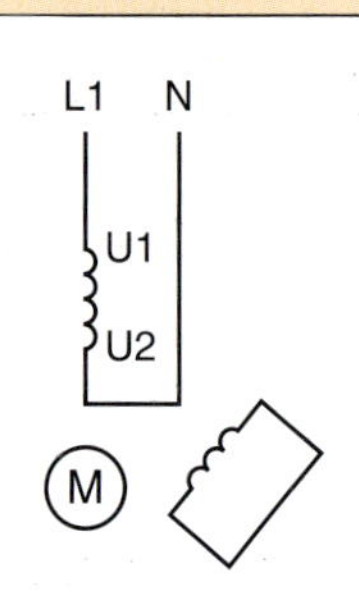

Ständer mit Wechselstromwicklung und Kurzschlussring.

Robuster, einfacher Motor für Lüfter und Kleinmaschinen.

Motor nur für geringe Leistungen verwendbar.

- **Kenndaten**

$\frac{M_A}{M_N}$ 0,2 bis 1

$\frac{I_A}{I_N}$ bis 2

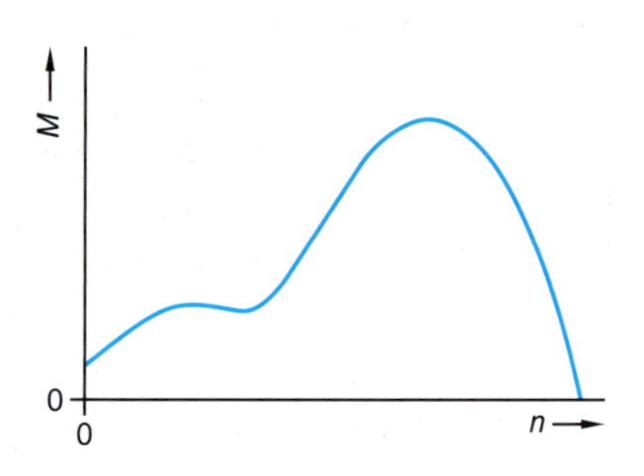

- **Drehrichtungsänderung**
  nur mechanisch möglich, Läufer ausbauen und in umgekehrter Richtung wieder einbauen

Gleichstrommotoren

Gleichstrom-Reihenschlussmotor

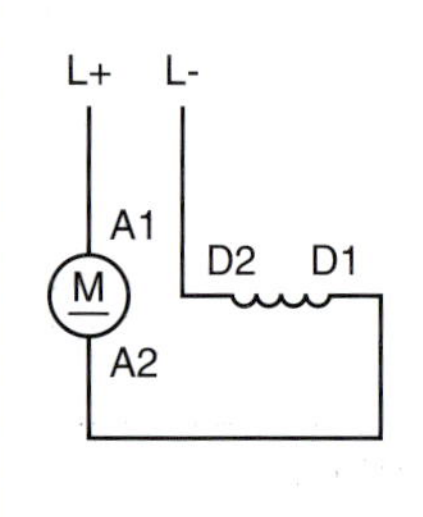

Mit Wendepole

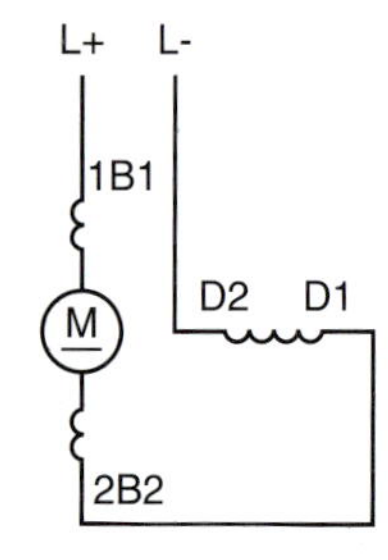

Anker- und Erregerwicklung sind in Reihe geschaltet.

- **Drehrichtungsänderung**
  Änderung der Stromrichtung im Anker oder in der Erregerwicklung.

Rechtslauf

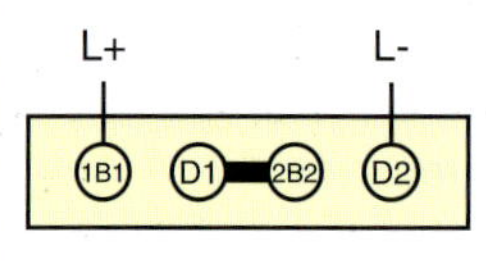

Linkslauf

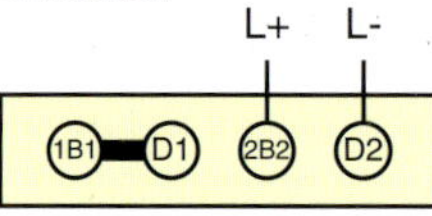

- **Anzugsmoment**
  Bis $2{,}5 \cdot M_N$
- **Drehzahlsteuerung**
  - *unterhalb n_N*: Verringerung der Ankerspannung
  - *oberhalb n_N*: Verringerung der Erregerspannung

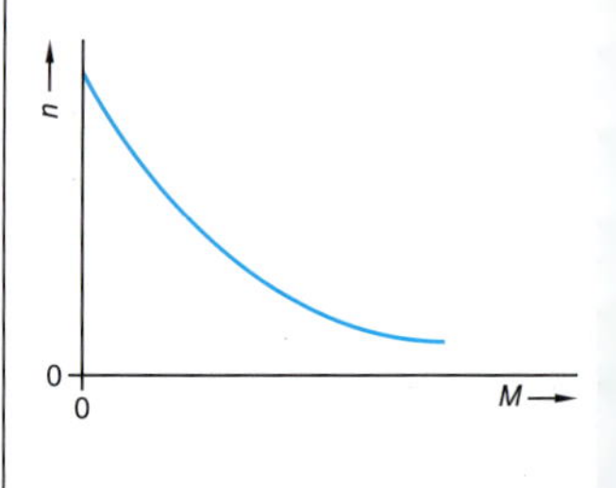

Die Drehzahl ist stark lastabhängig (Reihenschlussverhalten).

Die Drehzahlsteuerung erfolgt i. Allg. durch die Ankerspannung.

Anwendung
- Fahrzeugantriebe
- Kfz-Anlasser
- Hebezeuge

Elektrische Maschinen und Antriebe

Gleichstrommotoren

Gleichstrom-Nebenschlussmotor

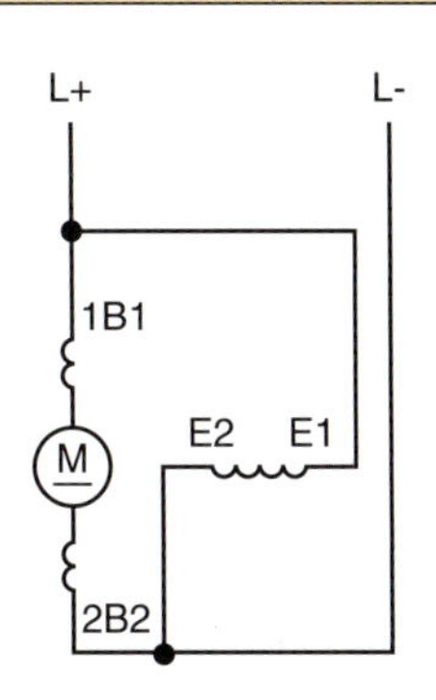

Anker- und Erregerwicklung sind *parallel* geschaltet.

- **Drehrichtungsänderung**
  Änderung der Stromrichtung im Anker oder in der Erregerwicklung.

Rechtslauf

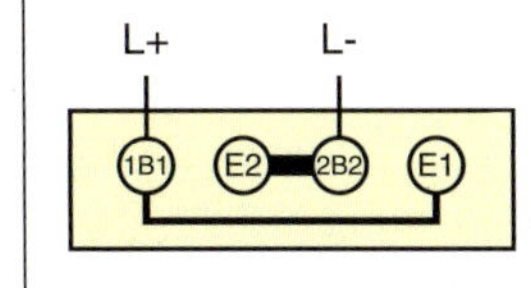

Linkslauf

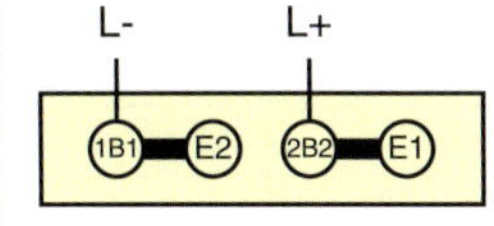

- **Anzugsmoment**
  Bis 2,5 · M_N

- **Drehzahlsteuerung**
  – *unterhalb* n_N: Verringerung der Ankerspannung
  – *oberhalb* n_N: Verringerung der Erregerspannung (Feldschwächung)

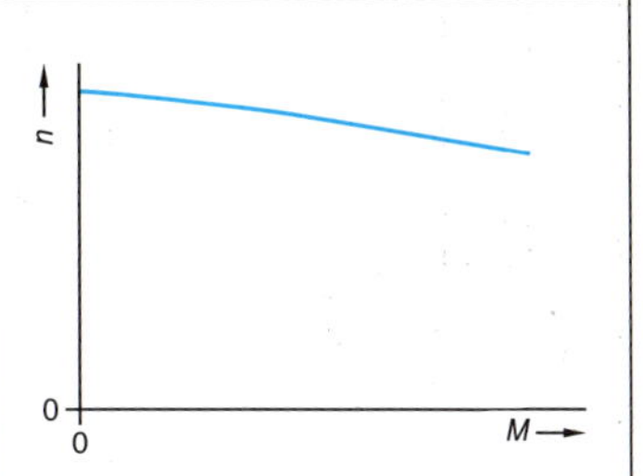

Bei Belastung geringer Drehzahlabfall (Nebenschlussverhalten).

Anwendung
- Werkzeugmaschinen
- Förderanlagen

Gleichstrommotor, fremderregt

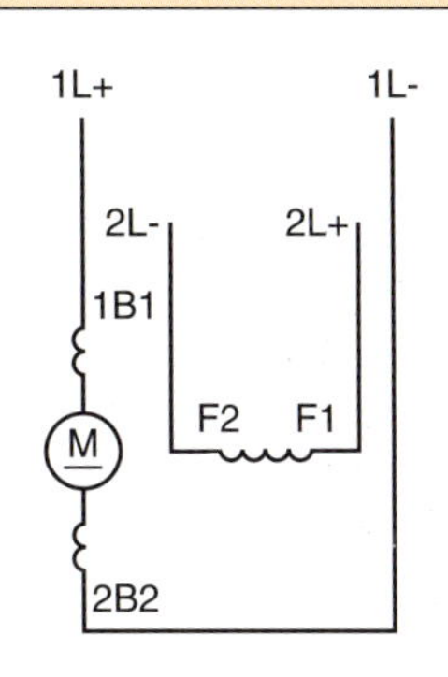

Anker- und Erregerwicklung von unterschiedlichen Spannungsquellen versorgt.

- **Drehrichtungsänderung**
  Änderung der Stromrichtung im Anker oder in der Erregerwicklung.

Rechtslauf

1L+ 2L- 1L- 2L+

1B1 F2 2B2 F1

Linkslauf

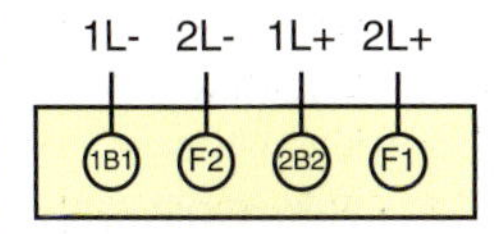

Drehzahl-Drehmoment-Verhalten und technische Daten wie Nebenschlussmotor.

Elektrische Maschinen und Antriebe

Gleichstrommotoren

Klemmenbezeichnung	
Anker	A1 – A2
Wendepolwicklung	B1 – B2
Kompensationswicklung	C1 – C2
Reihenschlusswicklung	D1 – D2
Nebenschlusswicklung	E1 – E2
Fremderregung	F1 – F2

Bemessungsspannungen

GS-Motoren für Stromrichterantriebe
150 V, 170 V, 260 V, 300 V, 400 V, 460 V, 520 V, 600 V, 700 V, 800 V

Speisung mit reinem Gleichstrom
220 V, 440 V

Empfohlene Erregerspannungen
180 V, 310 V, 360 V, 420 V

Antriebe Maschinen

Drehrichtung

Der Motor hat Rechtslauf, wenn Erregerwicklung und Ankerwicklung in der Reihenfolge der Ziffern vom Strom durchflossen werden (entweder 1 → 2 oder 2 → 1).

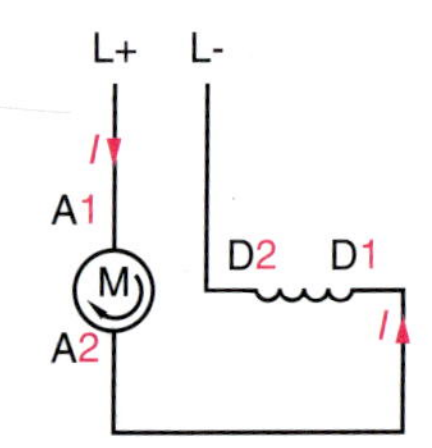

Strom: 1 → 2
Rechtslauf

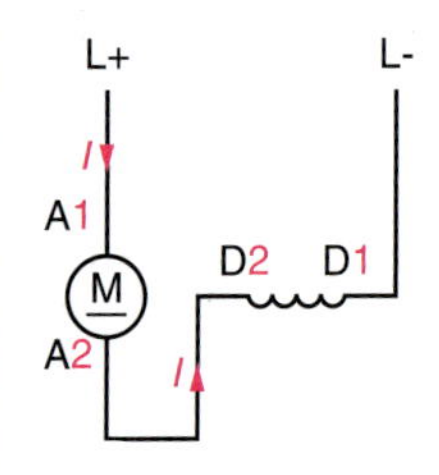

Erregerwicklung;
Strom: 2 → 1
Linkslauf

Rechtsdrehung

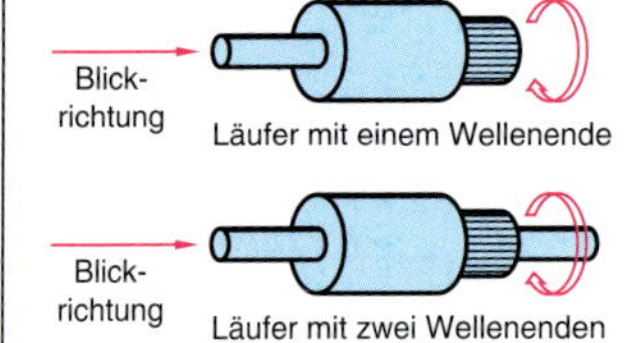

Leistungsschild, Berechnung

• *Leistungsschild, Nebenschlussmotor*

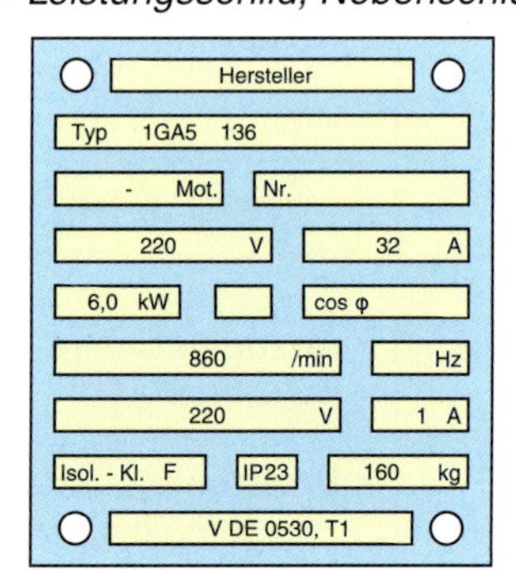

Hersteller
Typ 1GA5 136
- Mot.
Nr.
220 V
32 A
6,0 kW
cos φ
860 /min
Hz
220 V
1 A
Isol. - Kl. F
IP23
160 kg
V DE 0530, T1

Zugeführte Leistung

$P_{zu} = U \cdot I$

U Klemmenspannung in V
I Stromstärke in A

Gegenspannung

$U_0 = U - I \cdot R_a$

U_0 Gegenspannung in V
U Klemmenspannung in V
I Stromstärke in A
R_a Ankerwiderstand in Ω

Anlasswiderstand

$R_{anl} = \frac{U}{I_{anl}} - R_a$

R_{anl} Anlasswiderstand in Ω
U Klemmenspannung in V
I_{anl} Anzugsstrom in A
R_a Ankerwiderstand in Ω

Drehmoment

$M = c_M \cdot \Phi \cdot I_a$

M Drehmoment in Nm
c_M Maschinenkonstante in $\frac{Nm}{VAs}$
Φ magnetischer Fluss in Vs
I_a Ankerstrom in A

Elektrische Maschinen und Antriebe

Gleichstrommotoren

Feldstellanlasser	Periodische Drehrichtungsänderung
L: Netzanschluss A: Anker E: Erregerwicklung	Bei periodischer Drehrichtungsänderung von Gleichstrommotoren die Stromrichtung stets in der Wicklung mit der geringeren Induktivität (Windungszahl) ändern. Anderenfalls können hohe Induktionsspannungen hervorgerufen werden, die die Dreh-richtungsänderung verzögern und zu Motorschäden führen.

Schrittmotor

Das Drehmoment wird durch wechselweise Ansteuerung der Statorwicklung durch Polaritätsänderung hervorgerufen.

Die Ansteuerung erfolgt durch eine elektronische Steuerung.

Bei jedem Impuls dreht sich der Motor um einen Schnittwinkel weiter.

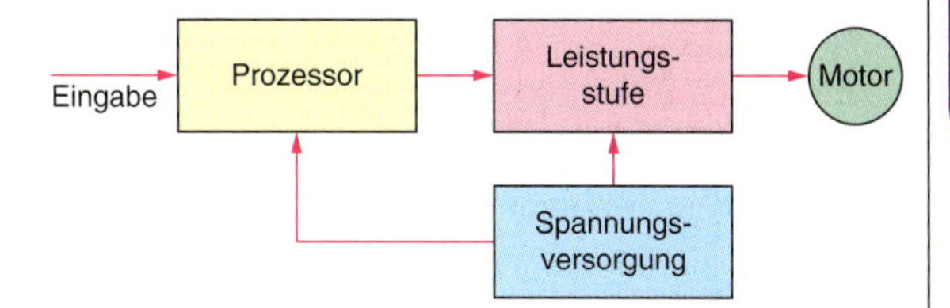

Jede Strangwicklung kann unipolar oder (seltener) bipolar ausgeführt sein.

- **unipolar**
  Strom im Wicklungsstrang fließt in gleicher Richtung.
- **bipolar**
  Strom im Wicklungsstrang fließt in wechselnden Richtungen.

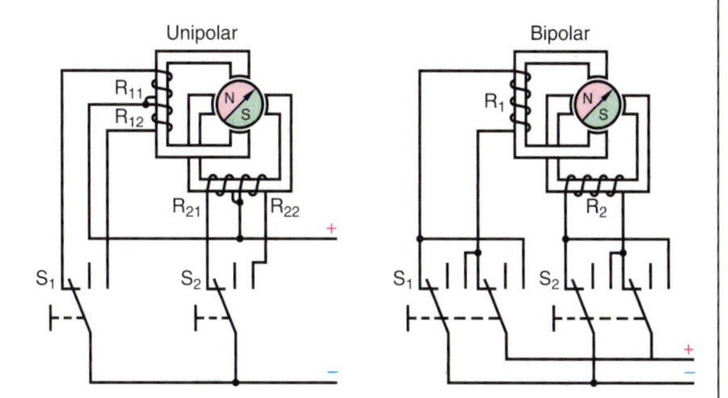

- **Vollschrittbetrieb**

$$\alpha = \frac{360^\circ}{2p \cdot m} \qquad z_u = 2p \cdot m \qquad n = \frac{f_{schr}}{2p \cdot m}$$

- **Halbschrittbetrieb**

$$\alpha = \frac{180^\circ}{2p \cdot m} \qquad z_u = 2 \cdot 2p \cdot m \qquad n = \frac{f_{schr}}{2 \cdot 2p \cdot m}$$

α Schrittwinkel
$2p$ Polpaarzahl
m Strangzahl
n Drehzahl
z_u Schritte pro Umdrehung
f_{schr} Schrittfrequenz

Bipolare Schrittmotorsteuerung

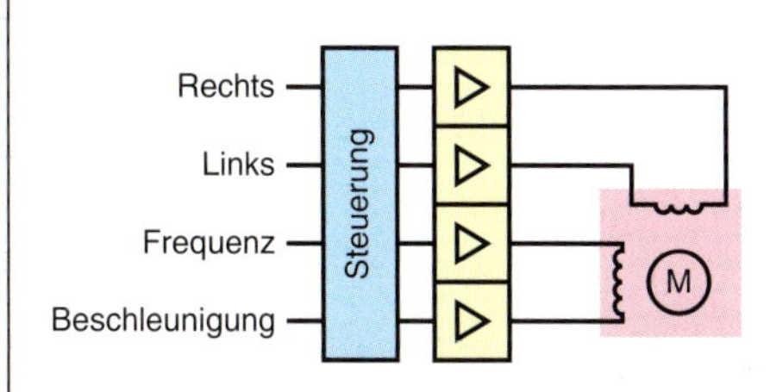

Elektrische Maschinen und Antriebe

Schrittmotor

Ansteuerung von Schrittmotoren

Art	Eigenschaften
unipolar	Einfache Leistungsschaltstufen (Umschalter)
bipolar	Höheres Drehmoment und höhere Schaltfrequenz
Konstantspannungssteuerung	Höhere Schrittfrequenz, einfache Stromstärkebegrenzung
Konstantstromsteuerung	Hohe Schrittfrequenz, großes Drehmoment, guter Wirkungsgrad
Halbschrittbetrieb	Doppelte Anzahl der Schritte, geringeres Überschwingen
Vollschrittbetrieb	Höheres Drehmoment

Bremsen von Elektromotoren

Ein Elektromotor kommt nicht unmittelbar nach dem Ausschalten zum Stillstand. Zuvor muss die mechanische Energie des Antriebssystems umgewandelt werden.

Die mechanische Energie wird durch Reibung in Wärme umgewandelt.
Zum Einsatz kommt z. B. eine Scheibenbremse.

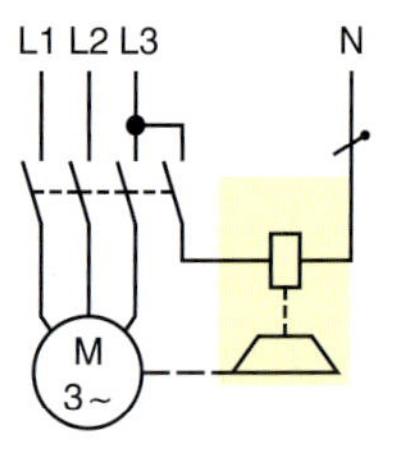

- *Motorspannung einschalten:* Bremse öffnet (lüftet) elektromagnetisch.
- *Motorspannung ausschalten:* Bremse fällt durch Federkraft selbsttätig ein.
- Bremsmotoren werden auch aus Sicherheitsgründen eingesetzt. Haltebremse bei Hubantrieben, Nothalt bei Netzspannungsausfall.

Ein solches Bremssystem besteht z. B. aus einer *Beschleunigerspule* und einer *Teilspule*.

Mit dem Stromstoß wird beim Lüften zuerst die Beschleunigerspule eingeschaltet, danach die Teilspule. Dadurch wird eine kurze Reaktionszeit beim Lösen der Bremse erreicht.

Der Motor wird durch den Bremsvorgang nicht thermisch beansprucht.

Gleichstrombremsung

Nach Abschalten des Motors wird die Wicklung an Gleichspannung angeschlossen. Der Induktionsstrom erzeugt ein Magnetfeld, der Motor wird abgebremst (Wirbelstrombremsung).

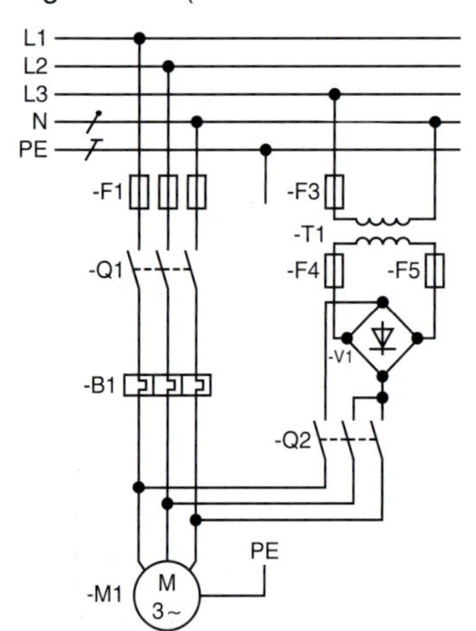

- *Motor ausschalten:* Gleichspannung an Wicklungen.
- *Eingestellte Bremszeit abgelaufen:* Gleichspannung abschalten.

Hohe thermische Beanspruchung des Motors.

Keine Haltebremsung möglich.

Elektrische Maschinen und Antriebe

Bremsen von Elektromotoren

Gegenstrombremsung

Unmittelbar nach dem Abschalten wird der Motor mit *entgegengesetzter Drehrichtung* wieder eingeschaltet. Ein Wiederanlaufen in Gegendrehrichtung muss dabei verhindert werden.	• *Motor ausschalten:* Gegendrehrichtung wird eingeschaltet (wie Wendeschaltung). • *Drehzahl ist null (Drehzahlwächter):* Motor wird komplett ausgeschaltet, Bremsvorgang ist beendet.	Hohe mechanische Beanspruchung und große auftretende Kräfte. Hohe Motorströme und damit hohe thermische Belastung des Motors. Keine Haltebremsung möglich.

Antriebe Maschinen

Servomotoren

Servomotoren werden als *Stell-* bzw. *Hilfsantriebe* in der Automatisierungstechnik eingesetzt. Sie eignen sich für *Positionieraufgaben* mit hoher Genauigkeit. Zur Verkettung mehrerer Antriebe mit hohen Anforderungen an Winkelgleichlauf.

Bei schnellen Anfahr- und Bremsbewegungen sind hohe Drehmonmente notwendig. Oftmals muss die angefahrene Position festgehalten werden (Haltemoment).

Blockschaltbild

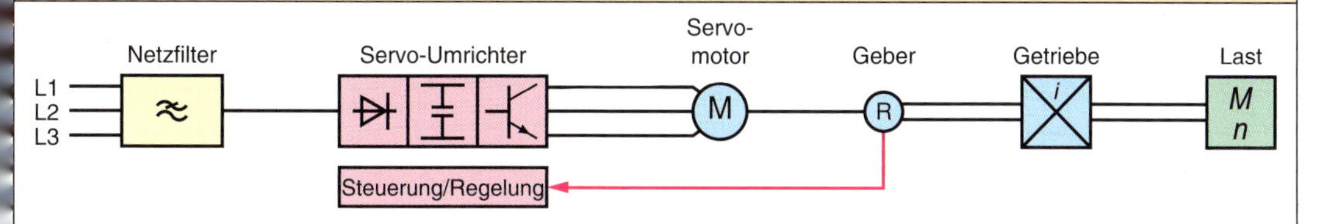

Drehstrom-Servomotor

Sind im Allgemeinen mit einem dauermagneterregten Läufer ausgerüstet. Drehzahl und Drehrichtung werden durch Pulsweitenmodulation (Steuergerät) eingestellt.
Die Frequenz wird beim Anlauf des Motors rasch vom Wert null bis zum Sollwert erhöht.

Anwendung

- Vorschubantriebe
- Positionierungsantriebe

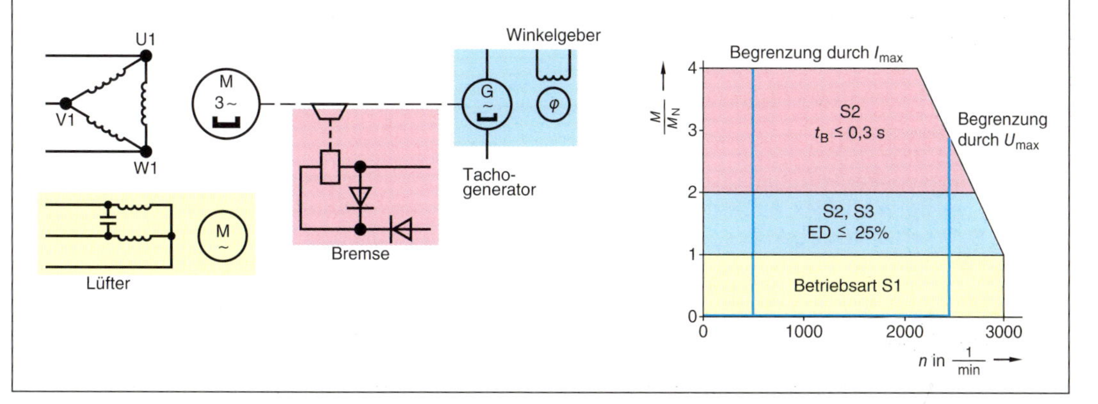

Elektrische Maschinen und Antriebe

Servomotoren

Gleichstrom-Servomotor

Fremderregte Gleichstrommotoren modifizierter Bauart mit Kompensationswicklung und nahezu verzögerungsfreier Ansteuerung (Transistor- oder Thyristor-Stellglieder). Besonders reaktionsschnelle Antriebe lassen sich mit eisenlosen Läufern erreichen.

Daten und Anwendung

- Großer Stellbereich der Drehzahl (0,01 bis 10000 $\frac{1}{\text{min}}$)
- Großes Drehmoment und hohe Dynamik
- Hohe Kurzzeitüberlastbarkeit
- Hohe Positioniergenauigkeit
- Positionieraufgaben mit hoher Genauigkeit
- Antriebe mit mehreren zu koordinierenden Bewegungen

Geber

Encoder
Eine Codescheibe enthält Winkelinformationen in Hell-Dunkel-Feldern. Lichtschranken dienen zur Auswertung der Codescheibe und ergeben den momentanen Winkel. Es handelt sich um einen Absolutwertgeber.

- **Resolver**
  - Drehwinkel zwischen 0° und 360° absolut bestimmbar.
  - Zwei Statorwicklungen um 90° gegeneinander versetzt.
  - u_1 und u_2 haben eine 90°-Phasenverschiebung.
  - Abhängig vom Drehwinkel ergibt sich eine Phasenlage zwischen u_R und u_1, die ausgewertet wird.

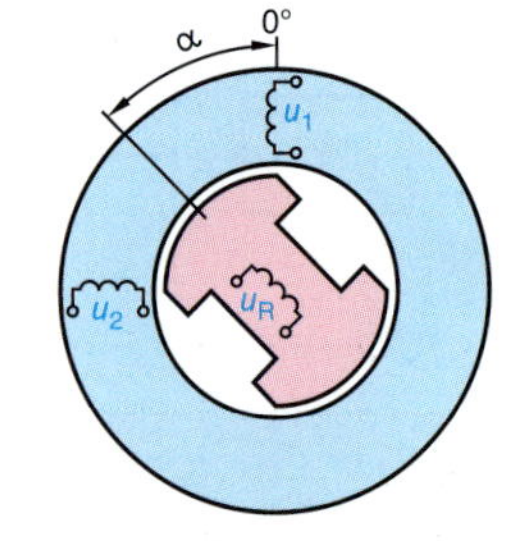

Für die Ansteuerung des Servomotors benötigt der Servoverstärker ständig Informationen über die Drehrichtung, die Drehzahl und die Winkellage des Rotors.
Diese Aufgabe übernimmt der *Resolver*. Er arbeitet nach dem *Drehtransformatorprinzip*. Die Höhe der in der Sekundärspule induzierten Spannung ist von der Stellung der Spulen abhängig.
Es handelt sich um einen Absolutwertgeber.

- **Inkrementalgeber**
  Eine Lochblende unterbricht eine Lichtschranke. Jeder Lichtimpuls entspricht einem definierten Winkelschritt. Eine zweite Spur ist versetzt angeordnet. Drehrichtungserkennung möglich. Nicht nullspannungssicher.

Motorschutz

Motorschutzschalter

Motorschutzschalter verfügen über einen *thermischen Auslöser* (Bimetallauslöser), der bei Überlastung *verzögert* auslöst. Außerdem haben sie einen *elektromagnetischen Auslöser*, der bei hohen Strömen *unverzögert* anspricht. Sie können als *Schutzgerät* und/oder als *Schaltgerät* eingesetzt werden.

Eigensichere Motorschutzschalter (Bemessungs-Ausschaltvermögen mindestens 6000 A) übernehmen die Aufgabe von Überstrom-Schutzorganen mit. Schmelzsicherungen bzw. LS-Schalter sind dann im Stromkreis nicht erforderlich.

Elektrische Maschinen und Antriebe

Motorschutz

Motorschutzschalter

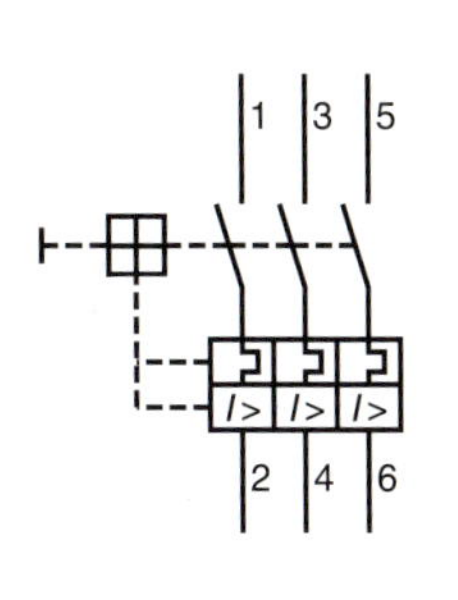

• *Motorschutzschalter*

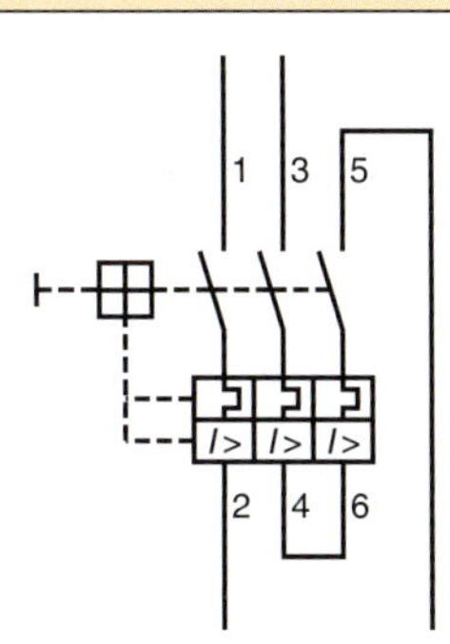

• *Zweipolige Belastung*

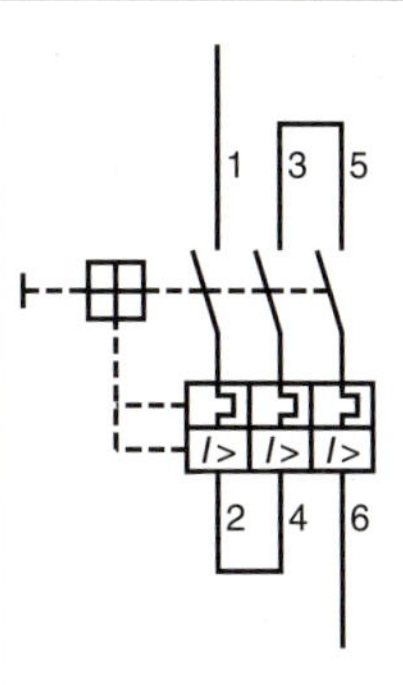

• *Einpolige Belastung*

- Schutz des Motors vor Nichtanlauf, Überlastung, Netzspannungseinbruch, Ausfall eines Außenleiters.
- Motorschutzschalter sind mit einer *Freiauslösung* ausgestattet, Wiedereinschaltung erst nach Abkühlung des Bimetalls möglich.
- Sie sind im Allgemeinen auf den *Bemessungsstrom* des Motors einzustellen.
- Sie können mit Zusatzausrüstungen wie Hilfsschalter, Unterspannungsauslöser, Ausgelöstmelder sowie Schaltantrieb ausgestattet werden.

Motorschutzrelais

Werden im Allgemeinen in Verbindung mit Schützsteuerungen eingesetzt.

Können direkt am Hauptschütz angebaut werden und schalten nur Steuerstromkreise.
Da sie nur eine *thermische Überstromauslösung* haben, muss der Kurzschlussschutz durch Überstrom-Schutzorgane erfolgen.

- *Betriebsart* **Hand**: Durch eine *Rückstelltaste* wird der Motorschutz wieder betriebsbereit geschaltetet.
- *Betriebsart* **Auto**: Nach Abkühlung der Bimetallstreifen stellt sich der Steuerkontakt *automatisch* in Ruhelage zurück.

Vorsicht! Nicht in allen Anwendungsfällen sinnvoll! Unfallgefahr!

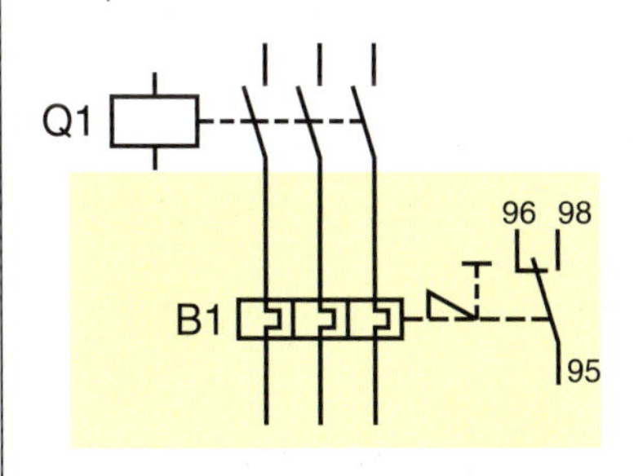

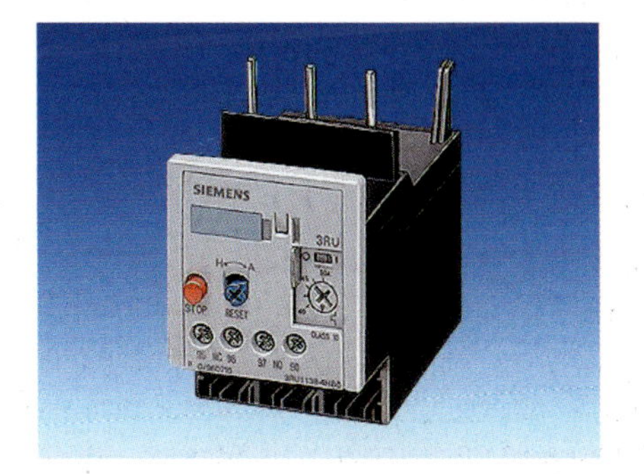

Elektrische Maschinen und Antriebe

Motorschutz

Motorschutz bei Stern-Dreieck-Anlauf

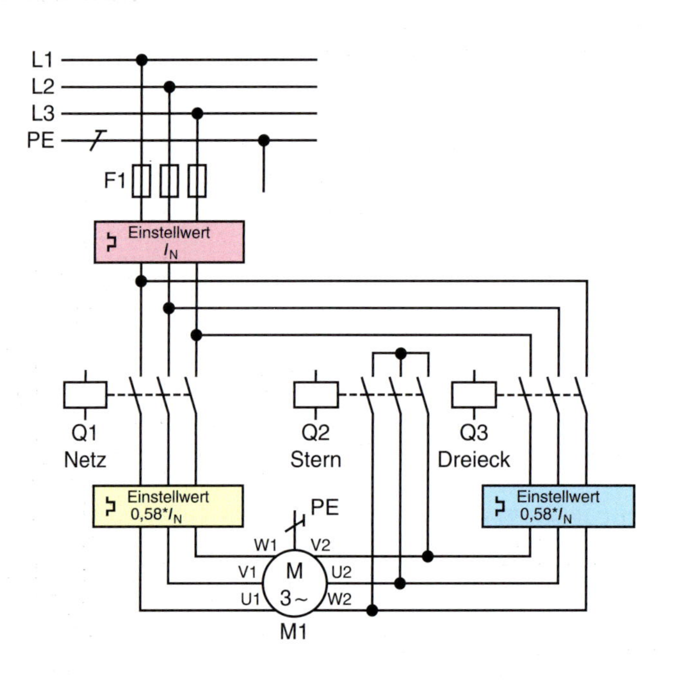

Einstellwert beachten

Wenn der Motoschutz in den Strängen liegt, wird er vom *Strangstrom* durchflossen.
Dieser ist um den Faktor 0,58 (= 1/√3) geringer als der Außenleiterstrom.

$$I_{Str} = \frac{I_L}{\sqrt{3}}$$

Der Motorschutz ist dann auf den Wert 0,58 · I_N einzustellen.

Dies ist die Ausnahme von der Regel, dass der Motorschutz auf den *Bemessungsstrom* I_N des Motors einzustellen ist.

Motorvollschutz

Nur bei Motoren mit *Temperaturfühlern* möglich. Diese Halbleiter-Temperaturfühler, die in die Motorwicklung eingebaut sind, wirken auf das Auslösegerät ein, wodurch das Motorschütz geschaltet wird. Damit können auch eine *hohe Umgebungstemperatur*, *Reibungsverluste* und *mangelhafte Kühlung* des Motors erfasst werden.

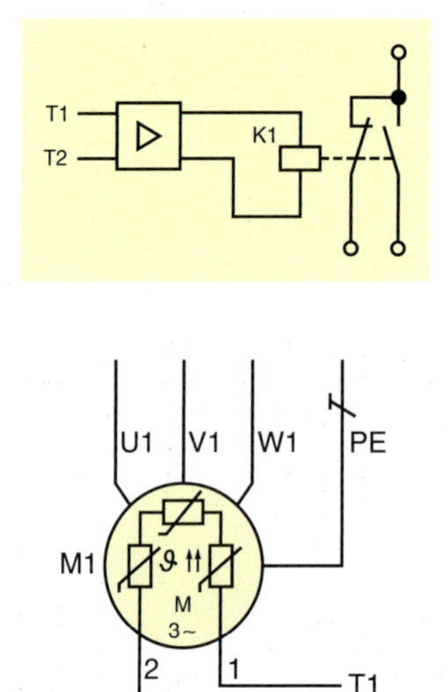

Die Ansprechtemperatur der Thermistoren ist auf die Wicklungsisolation abgestimmt.

Statt der Thermistoren können auch **Bimetallschalter** in die Motorwicklung eingebaut werden.

Elektrische Maschinen und Antriebe

Motorschutz

Elektronischer Motorschutz

Hochwertiger Motorschutz durch *Sensorsysteme* und *Auslösegerät*. Geeignet auch für schwierige Anlaufsituationen. Schutz für jede Motorsituation optimal einstellbar.

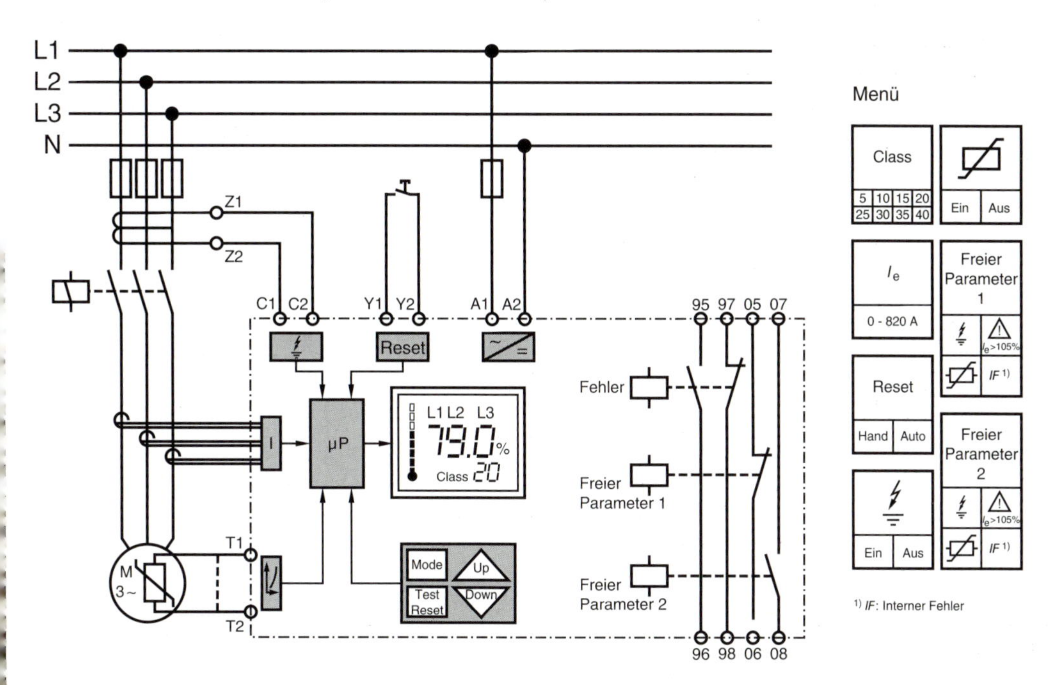

Eingänge		Ausgänge	
A 1/A 2	Bemessungssteuerspeisespannung	95/96	Öffner Überlast/Thermistor
T 1/T 2	Thermistorfühler	97/98	Schließer Überlast/Thermistor
C 1/C 2	Summenstromwandler SSW	05/06	Öffner frei zuzuordnen
Y 1/Y 2	Fernreset	07/08	Schließer frei zuzuordnen

Auslösezeiten für elektronisches Motorschutzrelais ZEV

Auslöseklasse, umschaltbar	CLASS	5	10	15	20	25	30	35	40
Auslösezeit in s (± 10 %)		bei 3-poliger symmetrischer Belastung aus kaltem Zustand							
Einstellstrom I_E	× 3	11,3	22,6	34	45,3	56,6	67,9	79,2	90,5
	× 4	8	15,9	23,9	31,8	39,8	47,7	55,7	63,6
	× 5	6,1	12,3	18,4	24,6	30,7	36,8	43,0	49,1
	× 6	5	10	15	20	25	30	35	40
	× 7,2	4,1	8,2	12,3	16,4	20,5	24,5	28,6	32,7
	× 8	3,6	7,3	10,9	14,6	18,2	21,9	25,5	29,2
	× 10	2,9	5,7	8,6	11,5	14,4	17,2	20,1	23

Elektrische Maschinen und Antriebe

Motorschutz

Elektronischer Motorschutz

Wiederbereitschaftszeiten nach Überlastauslösung
(Übersicht der Wiedereinschaltzeiten in min)

	CLASS	5	10	15	20	25	30	35	40
	$t_{\text{wiederein[min]}}$	5	6	7	8	9	10	11	12

Bei *Asymmetrie* > 50 % und bei *Phasenausfall* erfolgt Auslösung in 2,5 s.

Thermistorauslösung:

– Nennauslösewiderstand $R = 3000\ \Omega \pm 10\ \%$
– Wiedereinschaltwiderstand $R = 1500\ \Omega + 10\ \%$
– Summenkaltleiterwiderstand $\Sigma R_K \leqq 1500\ \Omega$

Bei $R_K \leqq 250\ \Omega$ pro Fühler: 6 Fühler
Bei $R_K \leqq 100\ \Omega$ pro Fühler: 9 Fühler

Wiederbereitschaft nach Auslösung bei 5 K unter Ansprechtemperatur.

Auslösezeit Testtaste: 5 s

Schütze im *Normal*- und *Überlastbetrieb* auf CLASS 10 ausgelegt.
Damit die Schütze bei längeren Auslösezeiten nicht thermisch überlastet werden, muss der maximale Bemessungsbetriebsstrom I_e des Schützes je nach CLASS-Einstellung *reduziert* werden.

$I_{e_{CLASS5}} = I_{e_{CLASS10}} = I_e$ $I_{e_{CLASS15}} = 0{,}82 \cdot I_e$

$I_{e_{CLASS20}} = 0{,}71 \cdot I_e$ $I_{e_{CLASS25}} = 0{,}63 \cdot I_e$ $I_{e_{CLASS30}} = 0{,}58 \cdot I_e$

$I_{e_{CLASS35}} = 0{,}53 \cdot I_e$ $I_{e_{CLASS40}} = 0{,}5 \cdot I_e$

Schutzfunktionen des elektronischen Motorschutzes

Symbol	Funktion	Erläuterung
	Thermischer Schutz	Simulation der Maschinenerwärmung durch Kupfer- und Eisenverluste, Ansprechen bei Überschreiten des Temperaturgrenzwertes.
	Phasenausfall-schutz	Ansprechen innerhalb von 2 Sekunden; unabhängig von der Belastung.
	Blockier-schutz	Bei einem Ansprechstrom von 1 bis 4 · Stellwert. Auslösung innerhalb einer Zeit von 0,1 bis 1 Sekunde.
	Drehrichtungs-schutz	Ansprechen innerhalb von 0,5 Sekunden.
	Unterlast-schutz	Wenn die Ansprechschwelle von 0 bis 1,1 · Stromeinstellwert unterschritten wird, spricht das System innerhalb von 5 bis 20 Sekunden an.
	Erdschluss-schutz	Ein Erdschluss kann durch Erfassung des Nullstroms in der Sternpunktverbindung der drei Hauptstromwandler oder durch einen Summenstromwandler erfasst werden.

Elektrische Maschinen und Antriebe

Standardschaltungen mit Elektromotoren

Direktes Einschalten

Drehrichtungsänderung (Wendeschaltung)

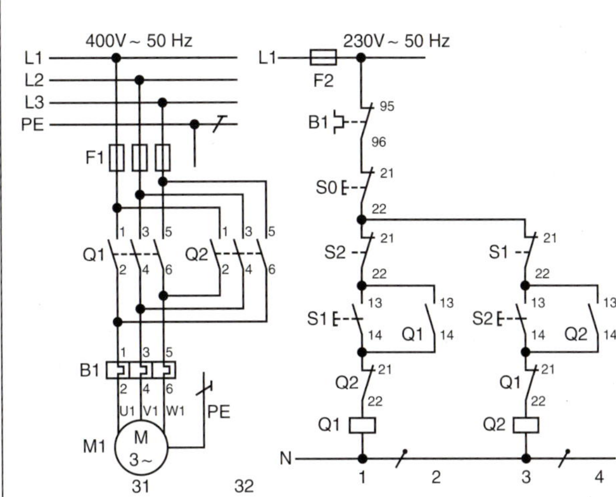

Stern-Dreieck-Anlasser

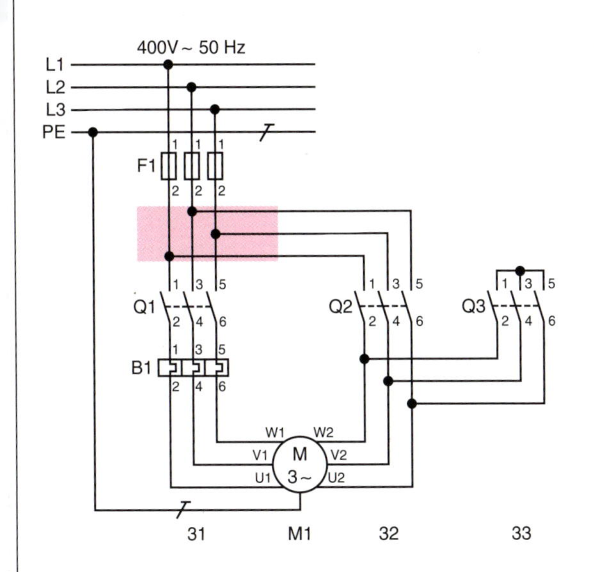

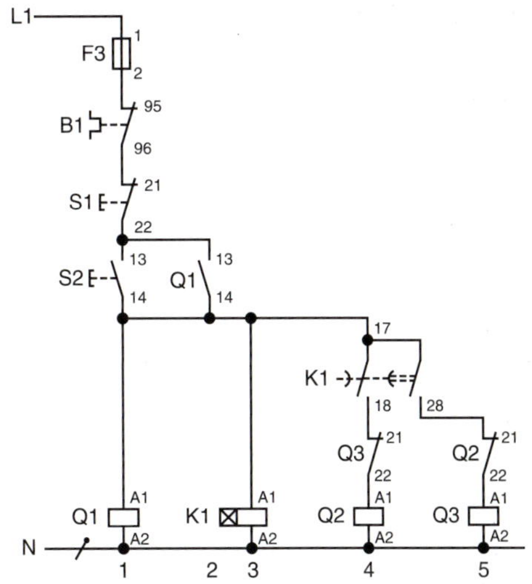

Vorsicht bei Anschluss des Dreieckschützes Q2!

Folgende Verbindungen müssen hergestellt werden:

U2 → V1, V2 → W1, W2 → U1

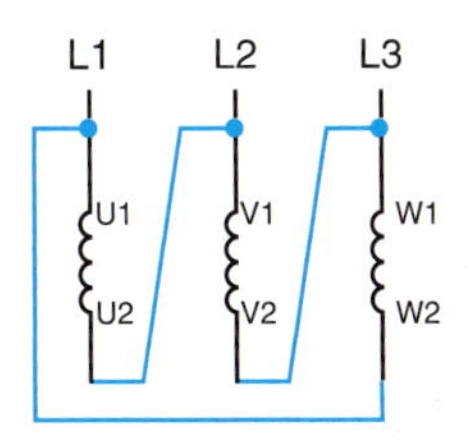

Drehstrom-Asynchronmotoren → 187

Elektrische Maschinen und Antriebe

Standardschaltungen mit Elektromotoren

Dahlanderschaltung (2 Drehzahlen)

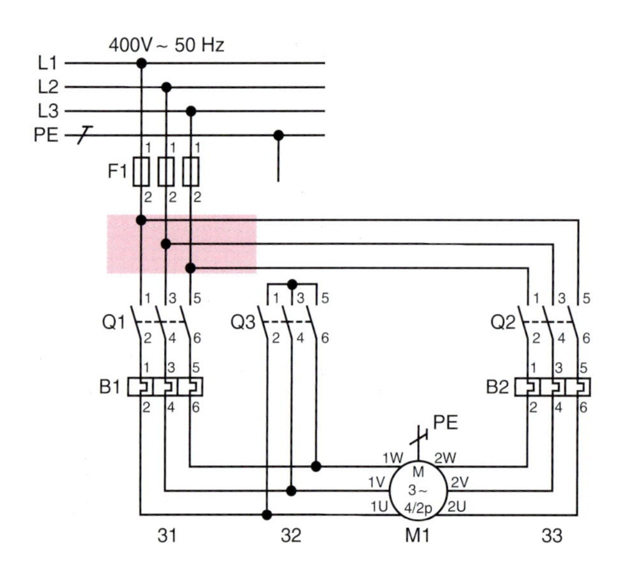

Vorsicht bei Anschluss von Q2 (Drehrichtung beachten)!

Dahlanderschaltung (2 Drehzahlen)

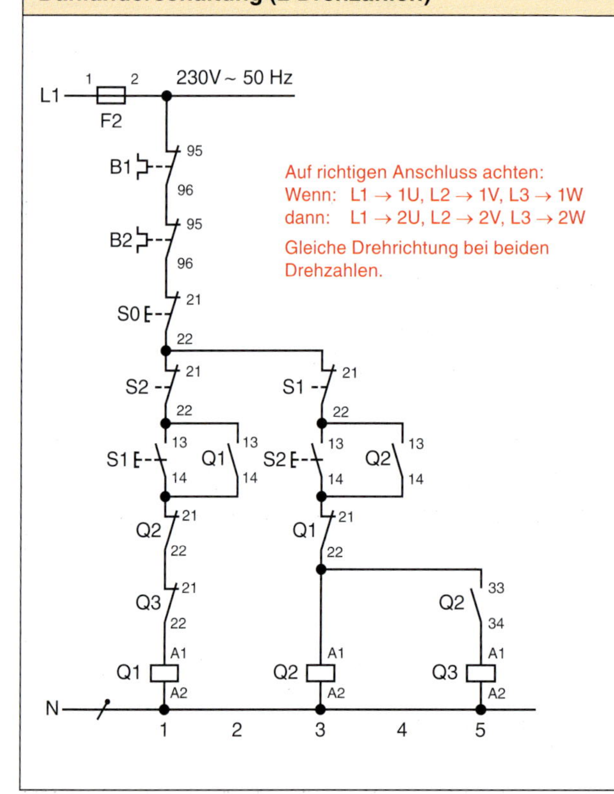

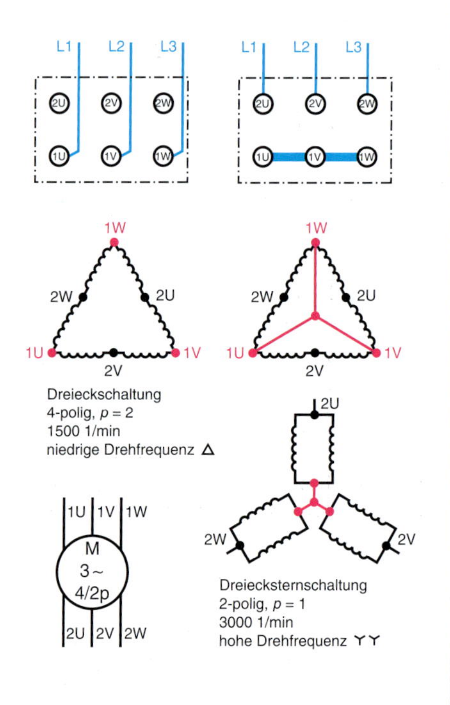

Elektrische Maschinen und Antriebe

Standardschaltungen mit Elektromotoren

Polumschaltbarer Motor mit zwei Wicklungen

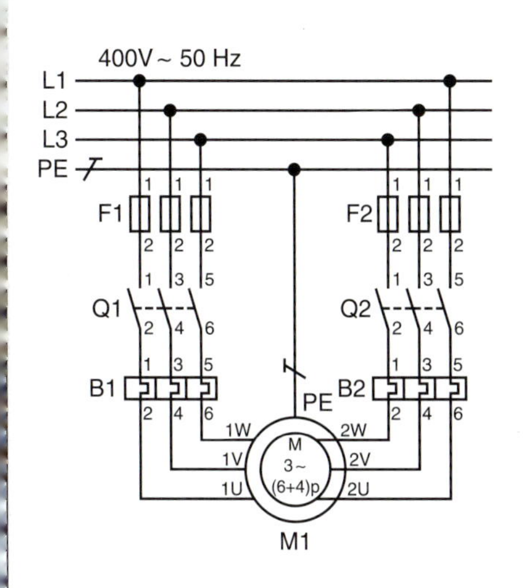

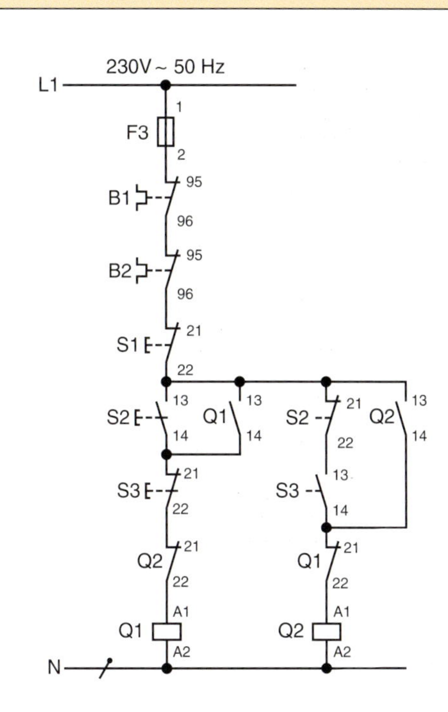

Polumschaltbarer Motor mit zwei Wicklungen

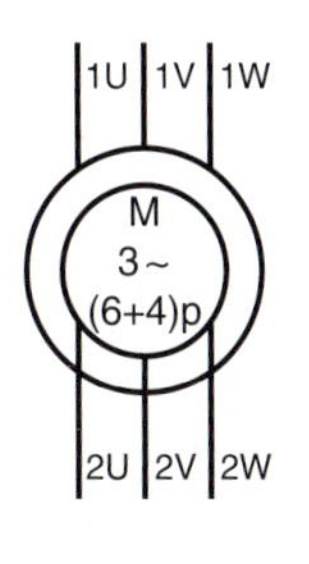

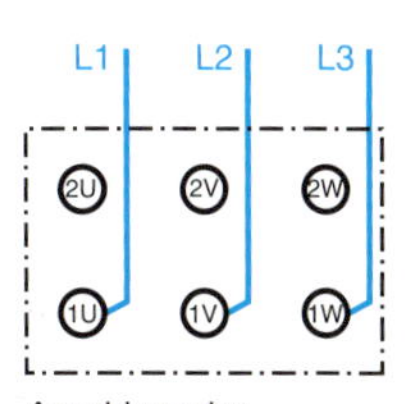

Anschluss der 6-poligen Wicklung
$p = 3$ → 1000 1/min
niedrige Drehzahl

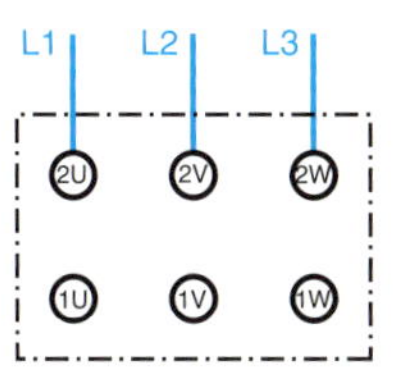

Anschluss der 4-poligen Wicklung
$p = 2$ → 1500 1/min
hohe Drehzahl

Transformator

Der Transformator besteht prinzipiell aus zwei voneinander *galvanisch getrennten* Wicklungen, die auf einen *gemeinsamen Eisenkern* aufgebracht sind.

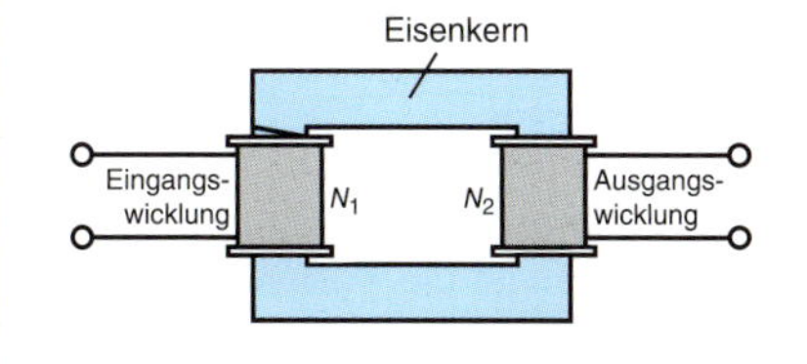

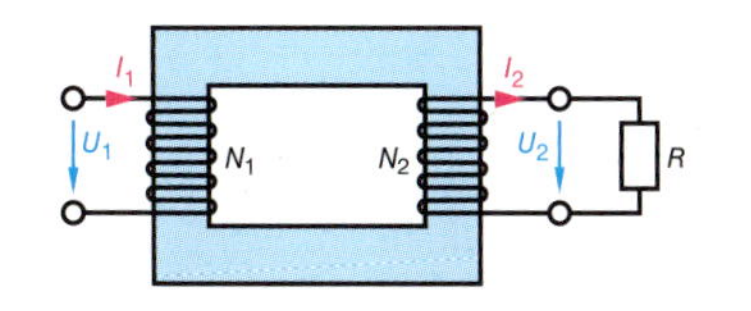

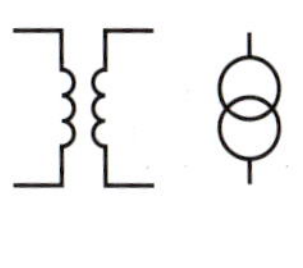

Elektrische Maschinen und Antriebe

Transformator

Wichtige Größen des Transformators

Einphasentransformator	$\frac{U_1}{U_2} = \frac{N_1}{N_2}$ $\quad \frac{I_2}{I_1} = \frac{N_1}{N_2}$ $ü = \frac{N_1}{N_2} = \frac{U_1}{U_2}$	U_1 Eingangsspannung in V U_2 Ausgangsspannung in V I_1 Eingangsstrom in A I_2 Ausgangsstrom in A N_1 Windungszahl Eingangswicklung N_2 Windungszahl Ausgangswicklung $ü$ Übersetzungsverhältnis
Kurzschlussspannung Kurzschlussstrom	$u_K = \frac{U_K}{U_N} \cdot 100\ \%$ $I_{K_d} = \frac{I_N}{u_K} \cdot 100\ \%$	u_K relative Kurzschlussspannung in % U_K Kurzschlussspannung in V U_N Bemessungsspannung in V I_{K_d} Dauerkurzschlussstrom in A I_N Bemessungsstrom in A
Bemessungsleistung	*Einphasentrafo* $S_N = U_N \cdot I_N$ *Drehstromtrafo* $S_N = \sqrt{3} \cdot U_N \cdot I_N$	S_N Bemessungsleistung in VA U_N Bemessungsspannung in V I_N Bemessungsstrom in A
Verluste und Wirkungsgrad	$P_V = P_{V_{Fe}} + P_{V_{Cu}}$ $\eta = \frac{P_{ab}}{P_{ab} + P_V}$	P_V Verlustleistung in W $P_{V_{Fe}}$ Eisenverluste in W $P_{V_{Cu}}$ Kupferverluste in W P_{ab} abgegebene Wirkleistung in W η Wirkungsgrad

Bemessungsgrößen des Transformators

- **Bemessungsspannung**
  Spannung, die zwischen den Anschlüssen einer Wicklung angelegt werden muss bzw. im Leerlauf auftritt. Bei Drehstromtransformatoren die Spannung zwischen den Leiteranschüssen.
- **Bemessungsstrom**
  Strom, der sich aus Bemessungsspannung und Bemessungsleistung ergibt und über einen Leiteranschluss des Transformators abfließt.
- **Bemessungsleistung**
  Scheinleistung in VA bzw. kVA, die der Transformator bei Bemessungsspannung und Bemessungsstrom abgibt.
- **Bemessungsfrequenz**
  Frequenz, für die der Transformator ausgelegt ist.
- **Bemessungsübersetzungsverhältnis**
  Das Verhältnis der Bemessungsspannung einer Wicklung zur niedrigeren oder gleichen Bemessungsspannung einer anderen Wicklung. Bei Drehstromtransformatoren ist die Außenleiterspannung einzusetzen.

Elektrische Maschinen und Antriebe

Transformator

Anschlussbezeichnungen beim Transformator

1. Ziffer (Wicklung)
1 Wicklung 1 (z. B. Oberspannung)
2 Wicklung 2 (z. B. Unterspannung)
3 Wicklung 3

Buchstabe (Leiteranschluss)
U Außenleiter L1
V Außenleiter L2
W Außenleiter L3
N Neutralleiter

2. Ziffer (Wicklungsenden)
1 Wicklungsanfang
2 Wicklungsende
3 Anzapfung
4 Anzapfung

Einphasentransformator

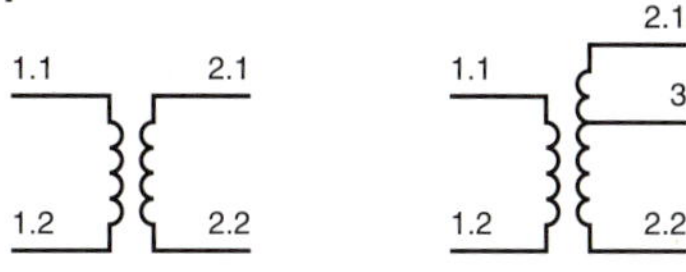

Drehstromtransformator

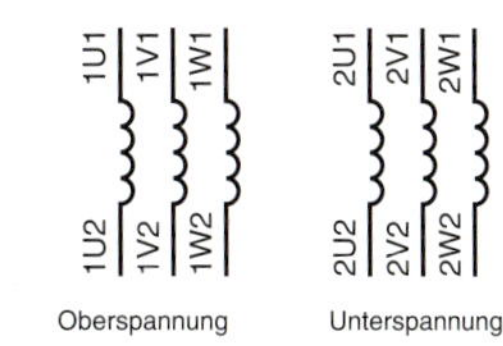

Kurzschlussspannung

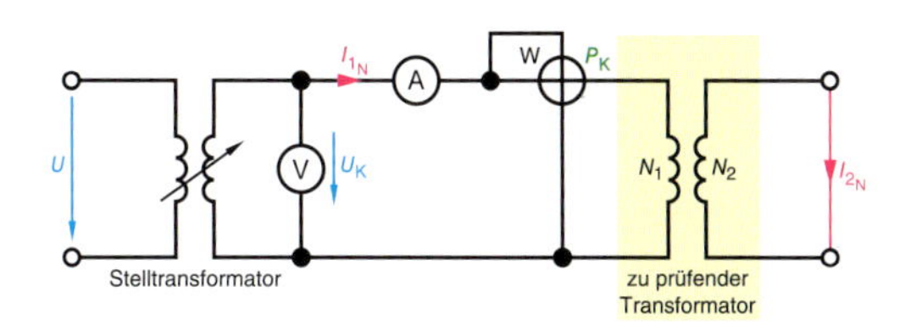

- Ausgangswicklung des zu prüfenden Transformators kurzschließen.
- Mit Stelltrafo die Spannung U_K so einstellen, dass der Bemessungsstrom I_{1_N} fließt.
- Die gemessene Spannung U_K ist die Kurzschlussspannung in Volt.
- **Relative Kurzschlussspannung:**

$$u_K = \frac{U_K}{U_{1_N}} \cdot 100\ \%$$

Die *Kurzschlussspannung* ist ein Maß für den *Innenwiderstand* des Transformators:
Kleine Kurzschlussspannung → *geringer* Innenwiderstand
Hohe Kurzschlussspannung → *großer* Innenwiderstand

Transformator mit kleiner Kurzschlussspannung

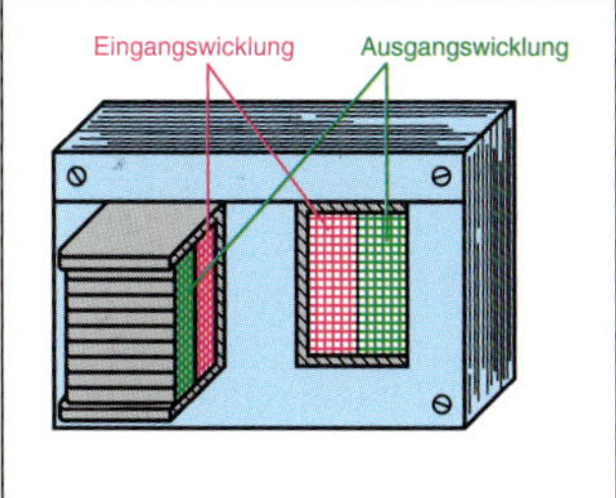

- Die Ein- und Ausgangswicklung sind *übereinander* angeordnet, um die magnetische Streuung gering zu halten.
- Die Ausgangsspannung ändert sich bei Belastung relativ geringfügig.
- Der Transformator ist *spannungssteif*.
- Hohe Kurzschlussströme sind möglich.

Transformator mit hoher Kurzschlussspannung

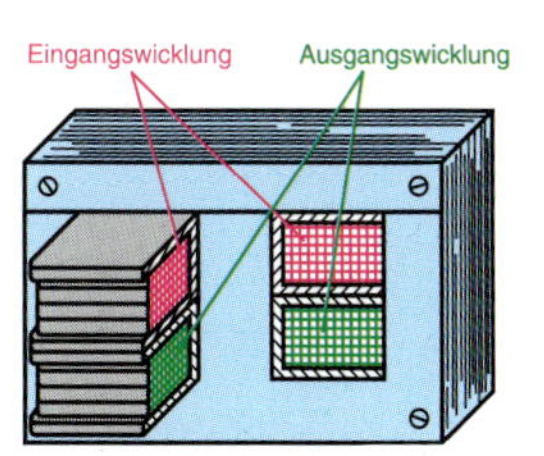

- Ein- und Ausgangswicklung sind *nebeneinander* angeordnet, um eine große magnetische Streuung zu bewirken.
- Die Ausgangsspannung ist stark belastungsabhängig.
- Der Transformator ist *spannungsweich*.
- Die Kurzschlussströme werden durch den hohen *Innenwiderstand* des Transformators begrenzt.

Elektrische Maschinen und Antriebe

Transformator

Drehstromtransformator

Die **Oberspannungsseite** besteht aus drei Wicklungssträngen, die in Stern oder Dreieck geschaltet werden können. Die drei Wicklungsstränge der **Unterspannungsseite** können in Stern, Dreieck oder Zickzack geschaltet sein.

Die Ober- und Unterspannungswicklung eines Stranges sind auf einem *gemeinsamen* Schenkel des Eisenkerns untergebracht.

Schaltungen von Drehstromtransformatoren (Beispiele)

- Stern-Stern mit N-Leiteranschluss

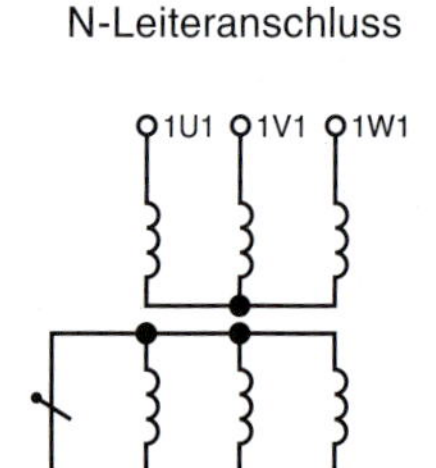

- Stern-Stern ohne N-Leiteranschluss

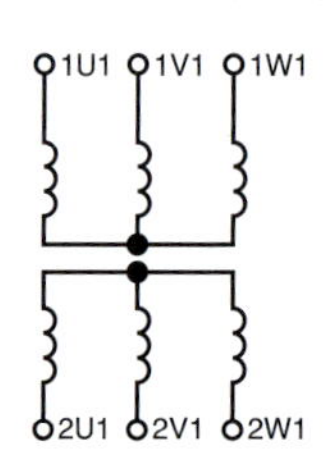

- Dreieck-Stern mit N-Leiteranschluss

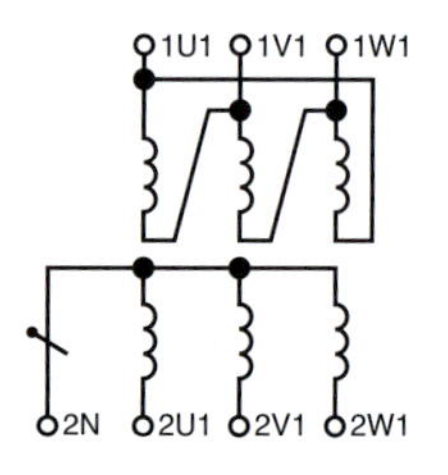

- Zickzack (nur Unterspannungsseite)

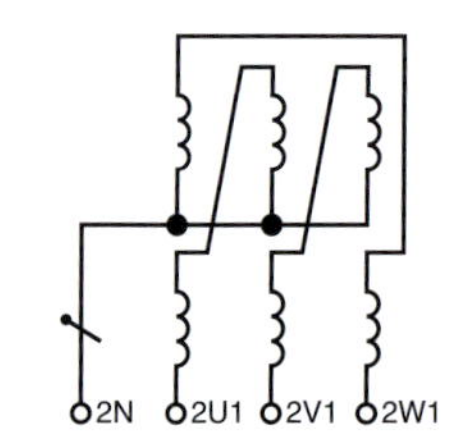

Dreieckschaltung:

Sternschaltung:

Zickzackschaltung

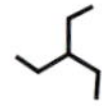

Schaltgruppen von Drehstromtransformatoren

Die Möglichkeiten der Schaltung von Drehstromtransformatorwicklungen sind in *Schaltgruppen* geordnet. *Oberspannungswicklung*: Großbuchstaben, *Unterspannungswicklung*: Kleinbuchstaben.

D: Dreieckschaltung, **Y**: Sternschaltung

d: Dreieckschaltung, **y**: Sternschaltung, **z**: Zickzackschaltung

Den beiden Buchstaben folgt eine **Kennziffer**, die (mit 30° multipliziert) die Nacheilung der Unterspannung gegenüber der Oberspannung angibt.
Nach DIN VDE 0532 sind die Kennziffern 0(0°), 5(150°), 6 (180°), 11 (330°) möglich.

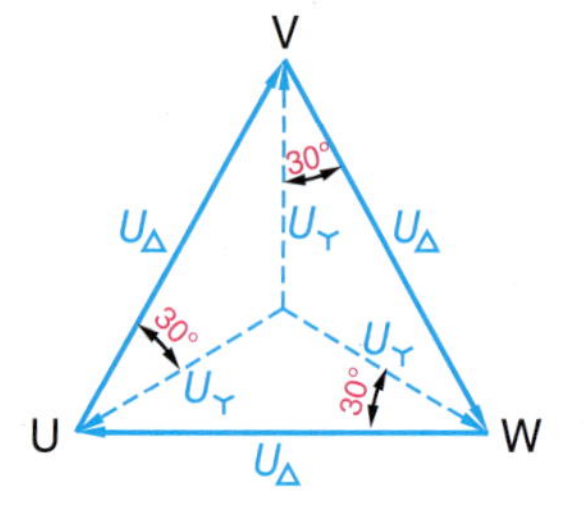

Die Kennziffer wird ermittelt, indem das Spannungszeigerbild der Oberspannungswicklung mit dem Zifferblatt einer Uhr so zur Deckung gebracht wird, dass der Zeiger der Klemme 1V1 auf die Ziffer 12 zeigt.

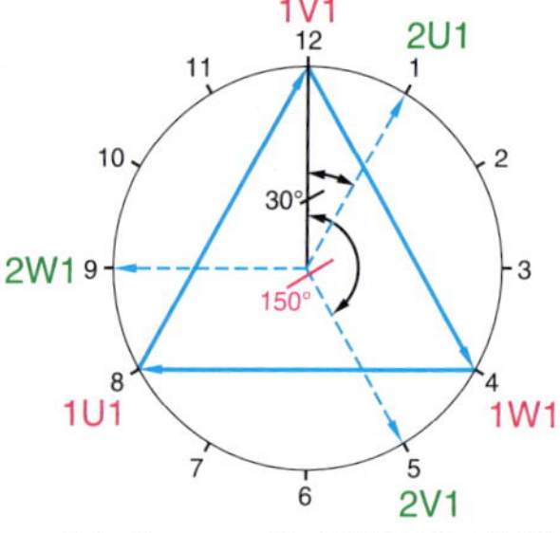

Schaltgruppe Dy5 (5*30°=150°)

Mit dem Spannungszeiger der Klemme 2V1 der Unterspannungswicklung ist dann die *Schaltgruppe* feststellbar.

Elektrische Maschinen und Antriebe

Transformator

Schaltgruppen von Drehstromtransformatoren

Kennziffer	Schaltgruppe	Zeigerbild Oberspannung	Zeigerbild Unterspannung	Schaltung Oberspannung	Schaltung Unterspannung	Übersetzungsverhältnis
0	D d 0	1V 1U 1W	2V 2U 2W	1U 1V 1W	2U 2V 2W	$\frac{N_1}{N_2}$
	Y y 0	1V 1U 1W	2V 2U 2W	1U 1V 1W	2U 2V 2W	$\frac{N_1}{N_2}$
	D z 0	1V 1U 1W	2V 2U 2W	1U 1V 1W	2U 2V 2W	$\frac{2 \cdot N_1}{3 \cdot N_2}$
5	D y 5	1V 1U 1W	2U 2W 2V	1U 1V 1W	2U 2V 2W	$\frac{N_1}{\sqrt{3} \cdot N_2}$
	Y d 5	1V 1U 1W	2U 2W 2V	1U 1V 1W	2U 2V 2W	$\frac{\sqrt{3} \cdot N_1}{N_2}$
	Y z 5	1V 1U 1W	2U 2W 2V	1U 1V 1W	2U 2V 2W	$\frac{2 \cdot N_1}{\sqrt{3} \cdot N_2}$
6	D d 6	1V 1U 1W	2W 2U 2V	1U 1V 1W	2U 2V 2W	$\frac{N_1}{N_2}$
	Y y 6	1V 1U 1W	2W 2U 2V	1U 1V 1W	2U 2V 2W	$\frac{N_1}{N_2}$
	D z 6	1V 1U 1W	2W 2U 2V	1U 1V 1W	2U 2V 2W	$\frac{2 \cdot N_1}{3 \cdot N_2}$
11	D y 11	1V 1U 1W	2V 2W 2U	1U 1V 1W	2U 2V 2W	$\frac{N_1}{\sqrt{3} \cdot N_2}$
	Y d 11	1V 1U 1W	2V 2W 2U	1U 1V 1W	2U 2V 2W	$\frac{\sqrt{3} \cdot N_1}{N_2}$
	Y z 11	1V 1U 1W	2V 2W 2U	1U 1V 1W	2U 2V 2W	$\frac{2 \cdot N_1}{\sqrt{3} \cdot N_2}$

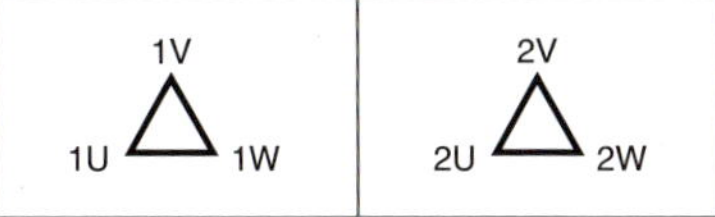

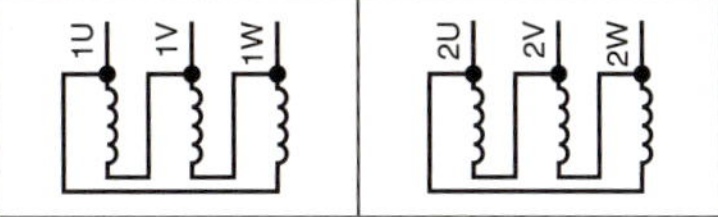

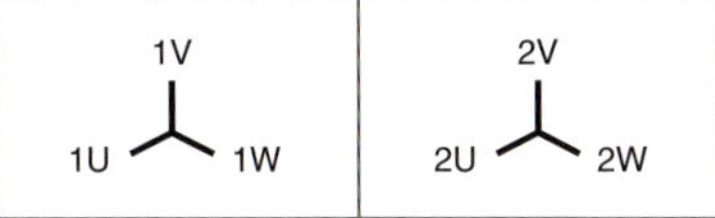

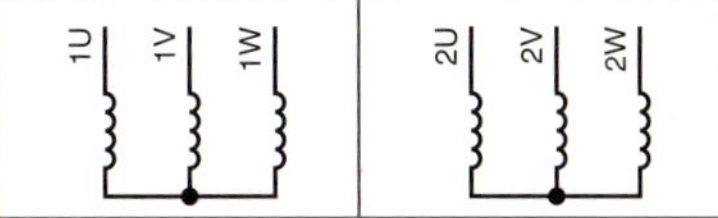

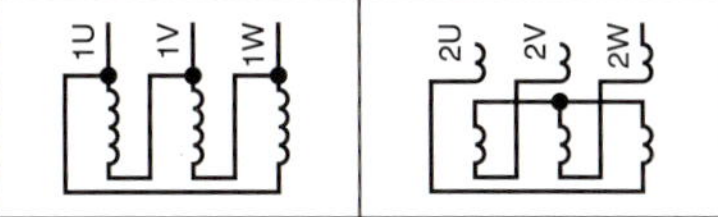

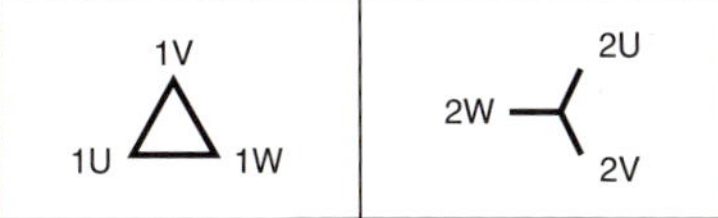

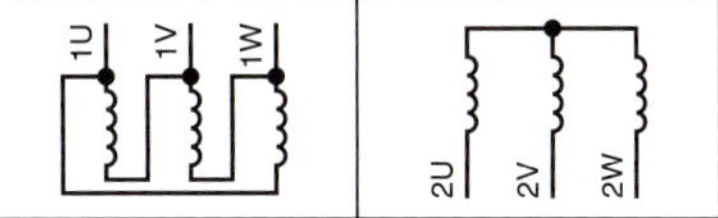

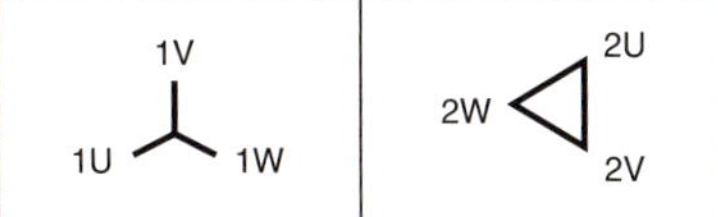

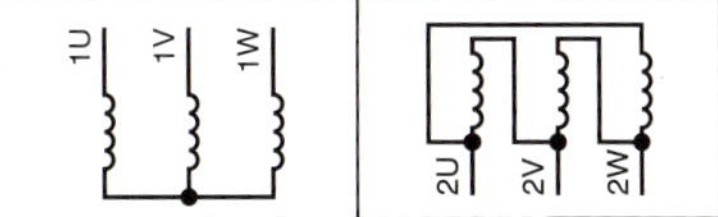

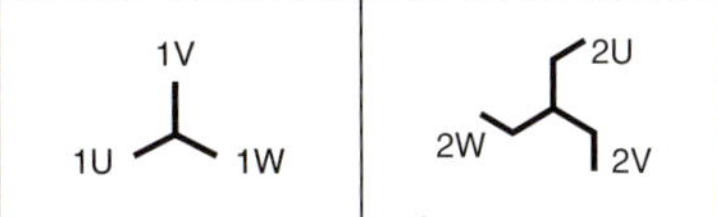

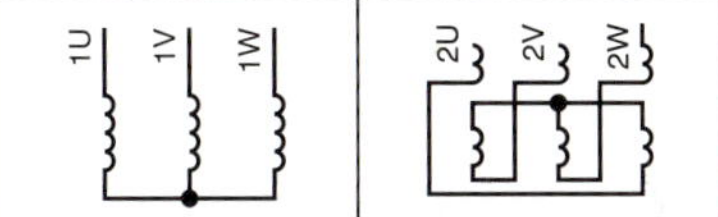

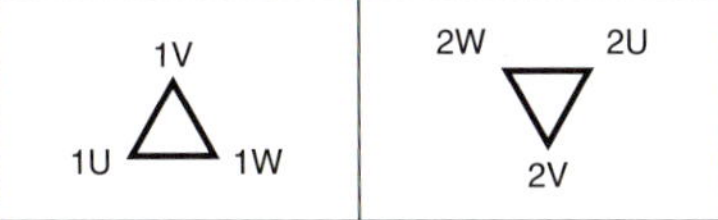

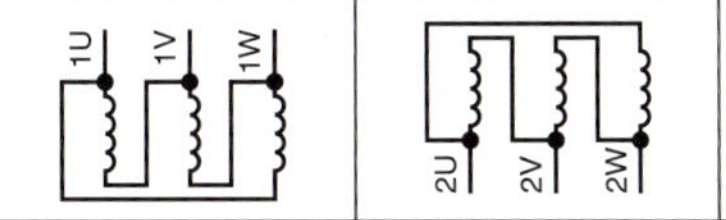

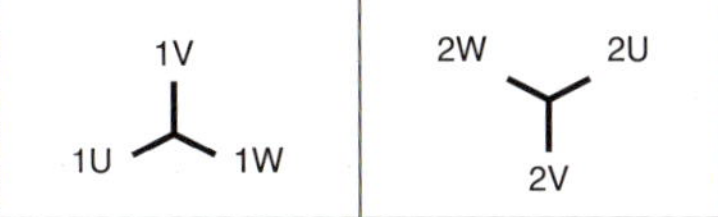

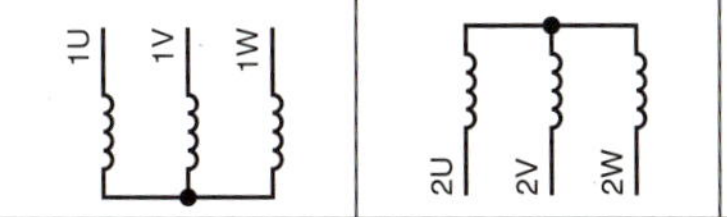

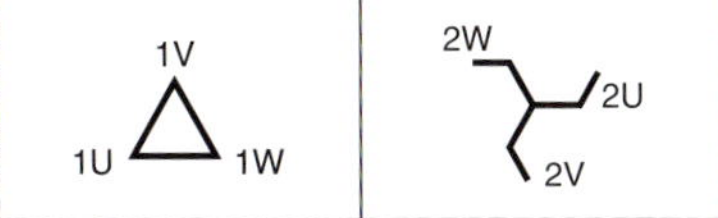

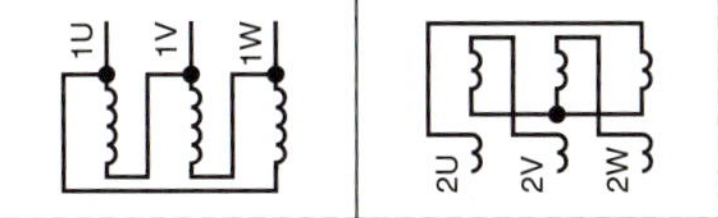

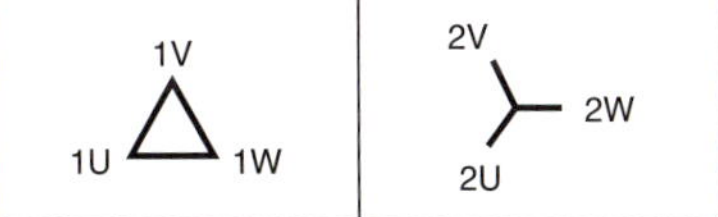

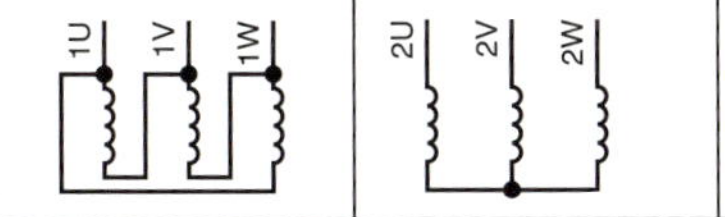

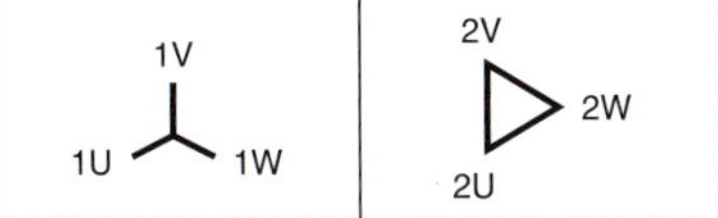

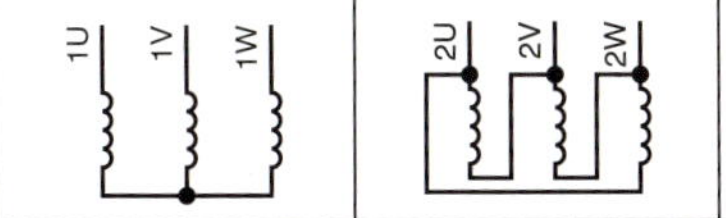

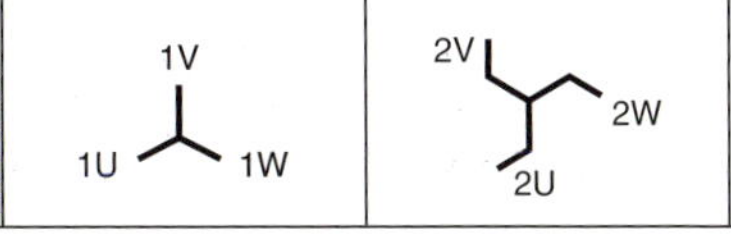

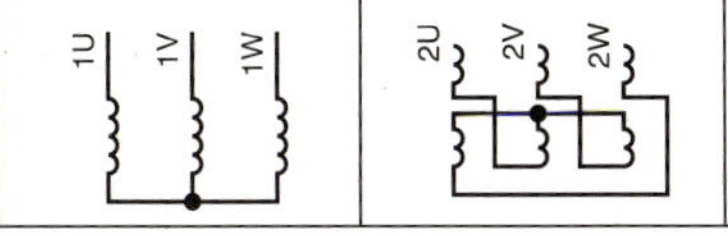

Elektrische Maschinen und Antriebe

Transformator

Leistungsschild

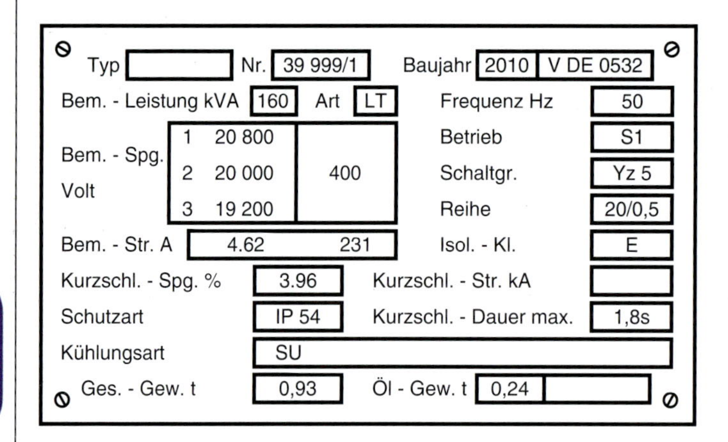

Typ
Nr. 39 999/1
Baujahr 2010 V DE 0532
Bem. - Leistung kVA 160
Art LT
Frequenz Hz 50
Bem. - Spg. Volt
1 20 800
2 20 000
3 19 200
400
Betrieb S1
Schaltgr. Yz 5
Reihe 20/0,5
Bem. - Str. A 4.62 231
Isol. - Kl. E
Kurzschl. - Spg. % 3.96
Kurzschl. - Str. kA
Schutzart IP 54
Kurzschl. - Dauer max. 1,8s
Kühlungsart SU
Ges. - Gew. t 0,93
Öl - Gew. t 0,24

LT: Leistungstransformator
ZT: Zusatztransformator
S1: Dauerbetrieb
S2: Kurzzeitbetrieb

Auf dem Leistungsschild ist die abgegebene *Bemessungs-Scheinleistung* angegeben.

Sondertransformatoren

Spartransformator

Eingangs- und Ausgangswicklung sind nicht galvanisch getrennt. Unterschieden wird zwischen **Durchgangsleistung** und **Bauleistung**. Teilweise wird die Leistung des Spartransformators nach dem Spannungsteilerprinzip und teilweise induktiv übertragen.

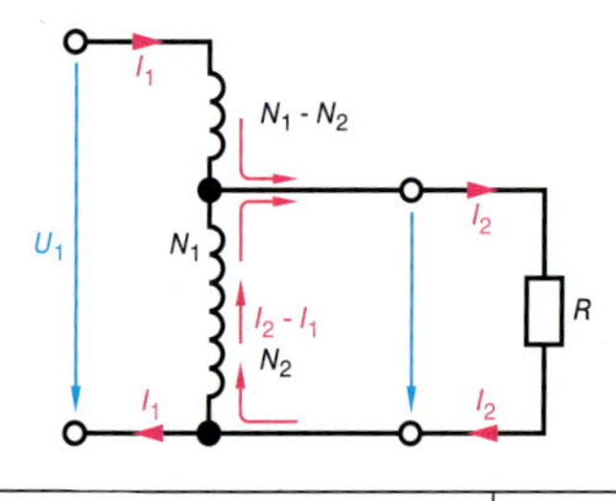

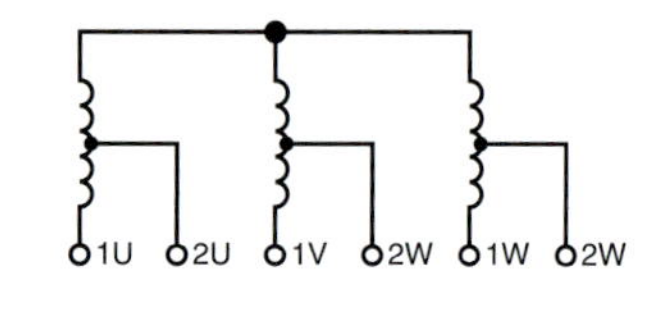

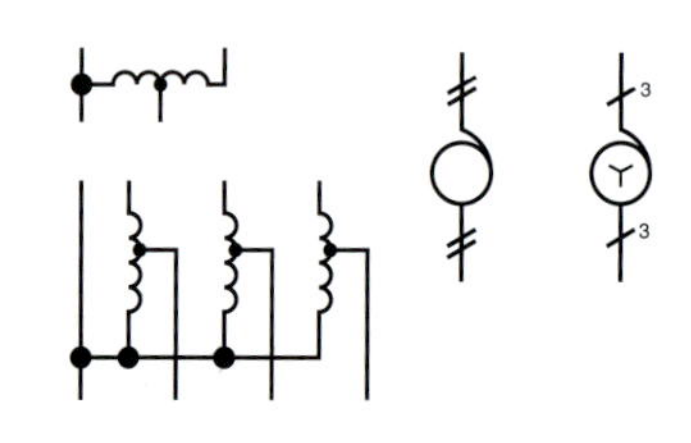

Bauleistung

- $U_2 < U_1$:

$$S_B = S_D \cdot \left(1 - \frac{U_2}{U_1}\right)$$

- $U_2 > U_2$:

$$S_B = S_D \cdot \left(1 - \frac{U_1}{U_2}\right)$$

Durchgangsleistung

$$S_D = U_2 \cdot I_2$$

S_B Bauleistung in VA
S_D Durchgangsleistung in VA
U_1 Eingangsspannung in V
U_2 Ausgangsspannung in V
I_2 Ausgangsstrom in A

Sicherheitshinweis
Spartransformatoren dürfen nicht zur Transformation von Schutzkleinspannung verwendet werden, da bei einer Leitungsunterbrechung nahezu die gesamte Eingangsspannung an den Ausgangsklemmen anliegen kann.

Weiterhin gelten die Gesetzmäßigkeiten des *galvanisch getrennten* Transformators:

$$\ddot{u} = \frac{N_1}{N_2} = \frac{U_1}{U_2} = \frac{I_2}{I_1}$$

Elektrische Maschinen und Antriebe

Transformator

Sondertransformatoren

Streufeldtransformator

Streufeldtransformatoren sind *kurzschlussfest* und *spannungsweich*. Sie haben eine hohe Kurzschlussspannung und damit einen hohen Transformatorinnenwiderstand. Dadurch wird der Kurzschlussstrom begrenzt.
Anwendung: Klingeltransformator, Schweißtransformator, Zündtransformator
Streufeldtransformatoren dürfen *dauernd mit ausgangsseitigem Kurzschluss* betrieben werden.

Kurzschlussfestigkeit

Symbol	Bedeutung
	Fail-Safe-Sicherheitstransformator; fällt im Fehlerfall dauerhaft aus und stellt damit dann keine Gefahr dar.
	Nicht kurzschlussfest.
	Kurzschlussfest Bedingt kurzschlussfeste Transformatoren schalten Eingangs- oder Ausgangsstrom mit eigener Schutzeinrichtung ab.

Sicherheitstransformator

Transformatoren für SELV und PELV

- $S_N \leq 10$ kVA, einphasig
- $S_N \leq 16$ kVA, dreiphasig
- $U_{1_N} \leq 1000$ V
- $U_{20} \leq 50$ V AC bzw. ≤ 120 V DC

- *Sicherheitstransformator*
- *Kurzschlussfestigkeit*

Besondere Sicherheitstransformatoren

Klingeltransformator		• $U_{2_N} \leq 24$ V AC ≤ 33 V DC • ortsfeste Transformatoren • $S_N \leq 100$ VA	Bei Hausinstallationen als kurzschlussfeste Spannungsversorgung für Signalanlagen.
Spielzeugtransformator		• $U_{2_N} \leq 24$ V AC ≤ 33 V DC • $U_{1_N} \leq 250$ V • $S_N \leq 200$ VA • $I_{2_N} \leq 10$ A • Schutzklasse II	Für elektrisch betriebenes Spielzeug mit Schutzkleinspannung.
Geräte- oder Netztransformator	F	• $U_{1_N} \leq 1000$ V • $U_{2_N} \leq 1000$ V • $U_{2_N} \leq 1415$ V (gleichgerichtet) • $S_N \leq 10$ kVA (einphasig) • $S_N \leq 16$ kVA (dreiphasig) • $f_N \leq 1$ MHz	Zur Spannungsversorgung elektronischer Geräte.
Steuertransformator		• $U_{1_N} \leq 1000$ V • $U_{2_N} \leq 1000$ V • $U_{2_N} \leq 1415$ V (gleichgerichtet) • $f_N \leq 500$ Hz	Zur Spannungsversorgung von Steuerstromkreisen zwecks Begrenzung der Kurzschlussleistung u. a.
Transformator für medizinische Zwecke	med	• $U_{2_N} \leq 24$ V In Sonderfällen • $U_{2_N} \leq 6$ V • Schutzklasse II	Für die Spannungsversorgung von medizinischen Geräten, max. 6 V bei Geräten, die in den menschlichen Körper eingeführt werden.

Elektrische Maschinen und Antriebe

Messwandler

Stromwandler

In *Hochspannungsanlagen* sind aus Gründen der Isolation grundsätzlich Stromwandler notwendig. In *Niederspannungsanlagen* sollten bei Strommessungen ab 50 A Stromwandler verwendet werden, um den Messleitungsquerschnitt in Grenzen zu halten.

Stromwandler sind Transformatoren, die nahezu im *Kurzschluss* betrieben werden.

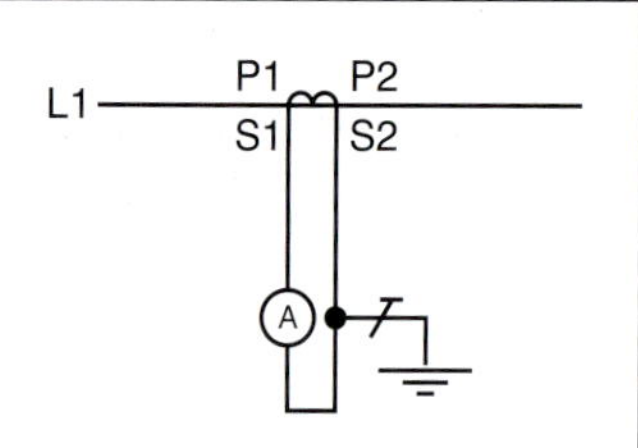

Der Stromwandler darf nicht im Leerlauf betrieben werden. Eine Absicherung des Messkreises ist daher nicht vorgesehen.

Vor dem Ausbau des an den Stromwandler angeschlossenen Messgerätes sind die Ausgangsklemmen S1, S2 kurzzuschließen.

- **Technische Daten**
  - *Stromübersetzungsverhältnis* (z. B. 300 A/5 A)
  - *Ausgangsseitige Scheinleistung* (Scheinleistung, die der Wandler bei Einhaltung der Fehlergrenzen abgeben kann).
  - $n = 5$ (Messwandler, der bei 5-fachem Bemessungsstrom einen Messfehler von mindestens 5 % hat).
  - *Eingangsseitiger thermischer Grenzstrom* (Strom in der Eingangswicklung, den der Messwandler 1 Sekunde lang aushalten muss, ohne sich unzulässig zu erwärmen).
  - Die Sekundärstromstärke beträgt bei Stromwandlern 1 A oder 5 A.

Spannungswandler

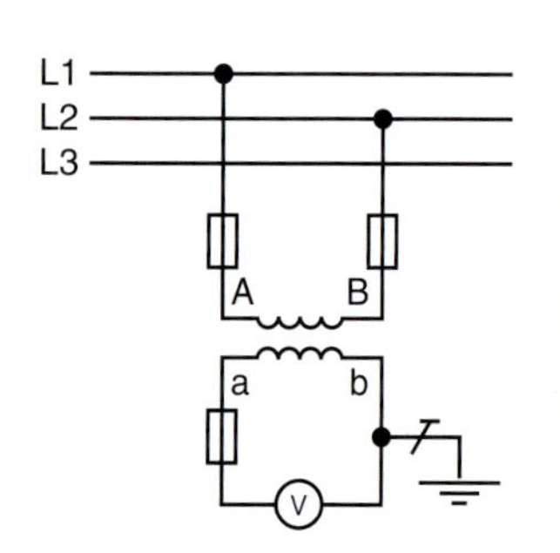

Die Ausgangsklemmen des Spannungswandlers dürfen nicht kurzgeschlossen werden.

- *Technische Daten*
  - Bemessungsspannungen (z. B. 10000 V/100 V)
  - Höchste, dauernd zulässige Betriebsspannung der Eingangsseite sowie die Prüfspannungen
  - Bemessungsleistung (z. B. 180 VA)
  - Klasse (z. B. 1)
  - Thermischer Grenzstrom (höchstzulässiger Strom in der Ausgangswicklung)
  - Eingangsspannungen 100 V, 220 V, 380 V, 500 V, 1 kV, 3 kV, 5 kV, 6 kV, 10 kV, 15 kV, 20 kV, 25 kV, 35 kV, 45 kV
  - Ausgangsspannung 100 V bzw. 100 V/$\sqrt{3}$

Auswahl des Antriebsmotors

Bei der Auswahl eines Antriebsmotors sind folgende Punkte zu berücksichtigen:

- *Stromart, Netzspannung, Netzfrequenz*
- *Bemessungsleistung*
- *Drehzahl und Drehrichtung*
- *Schalthäufigkeit*
- *Aufstellungsort und Aufstellungsart*
- *Betriebsart*
- *Anlassen, Bremsen*
- *Anzutreibendes System*
- *Verbindung zwischen Motor und anzutreibendem System*

Elektrische Maschinen und Antriebe

Auswahl des Antriebsmotors

Baugröße	Netzfreqeunz	Leistung
Die Baugröße des Elektromotors wird wesentlich durch das *Drehmoment* bestimmt. **Drehmoment** $M = \frac{P}{2\pi \cdot n}$ M Drehmoment in Nm P abgegebene Motorleistung in W n Drehfrequenz in 1/s Für eine bestimmte Leistung wird bei höheren Drehzahlen eine geringere Baugröße notwendig als bei niedrigen Drehzahlen.	Die Drehzahl von Drehstrom- und Einphasen-Motoren ist frequenzabhäng. $f = 50$ Hz, $p = 1 \rightarrow n = 3000 \frac{1}{\text{min}}$ Wenn ein Motor mit zu hoher oder zu niedriger Frequenz betrieben wird, erwärmt er sich unzulässig. Je höher die Frequenz, umso kleiner und preiswerter können Motoren hergestellt werden.	Eine möglichst genaue Anpassung der Motorleistung an den Leistungsbedarf der Arbeitsmaschine ist anzustreben. Dann arbeitet der Motor mit optimalem Leistungsfaktor und Wirkungsgrad.
Drehzahl	**Drehsinn**	**Bauform/Betriebsart**
Die Drehzahl sollte so groß wie möglich gewählt werden, weil der Preis des Motors mit sinkender Drehzahl zunimmt. Die elektrischen Eigenschaften schnell laufender Motoren sind ebenfalls besser.	Drehrichtung: • *Gleichstrommaschinen* Von der dem Stromwender gegenüberliegenden Seite aus. • *Drehstrommaschinen* Von der Antriebsseite (Riemenscheibe) aus.	• *Bauform* Siehe Seite 173 • *Betriebsart* Siehe Seite 171

Kühlung

- **Selbstkühlung**
  Kühlung durch Luftbewegung und Strahlung (kein Lüfter).
- **Eigenkühlung**
  Kühlung durch einen am Läufer angebrachten oder von ihm angetriebenen Lüfter. Die Kühlung ist dadurch drehzahlabhängig.
- **Fremdkühlung**
  Kühlung durch einen nicht vom Motor angetriebenen Lüfter oder durch ein anderes fremdbewegtes Kühlmittel als Luft.
- **Innenkühlung**
  Wärmeabgabe an durchströmende Kühlluft.
- **Oberflächenkühlung**
  Wärmeabgabe von der Maschinenoberfläche an das Kühlmittel.
- **Flüssigkeitskühlung**
  Die Maschinenteile werden von einer Flüssigkeit durchströmt oder darin eingetaucht.
- ***Direkte Flüssigkeitskühlung***

Anpassung an die Arbeitsmaschine

Der Antriebsmotor muss den *Leistungsbedarf der Arbeitsmaschine* in jedem Drehzahlbereich decken. Auf der anderen Seite sollte er *nicht überdimensioniert* werden, da sich dann Leistungsfaktor und Wirkungsgrad verschlechtern.

Betriebswerte von Motoren → 179

Elektrische Maschinen und Antriebe

Auswahl des Antriebsmotors

Anpassung an die Arbeitsmaschine

- **Widerstandsmomente von Arbeitsmaschinen**
  Der Motor wird mit dem Widerstandsmoment der Arbeitsmaschine belastet.

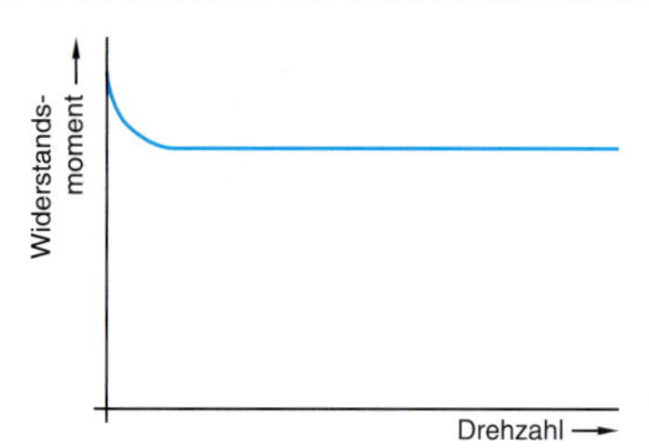

Antriebe, die unter *Volllast* anlaufen, entwickeln beim Hochlaufen ein praktisch *gleichbleibendes* Widerstandsmoment.
Z. B. Aufzüge, Kolbenpumpen, Kräne

Das Widerstandsmoment nimmt mit steigender Drehzahl zu.
Z. B. Ventilatoren, Kreiselpumpen

- **Antriebsmotor und Maschine**

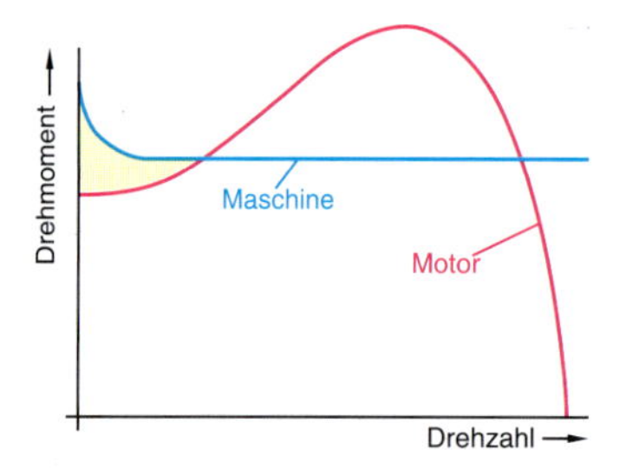

Im gelb markierten Drehzahlbereich ist das Widerstandsmoment *größer* als das Drehmoment des Antriebsmotors.
Der Antrieb kann *nicht* hochlaufen.

Das Widerstandsmoment ist *geringer* als das Drehmoment des Antriebmotors.
Der Motor kann *problemlos* hochlaufen.

Inbetriebnahme elektrischer Maschinen

- Stimmen die Bemessungsdaten des Antriebsmotors mit den Anforderungen der Arbeitsmaschine überein?
- Sind die Wellen bei Riemenscheiben parallel und waagerecht ausgerichtet?
- Sind bei Kupplungen gleiche Achshöhen und fluchetende Ausrichtungen gegeben?
- Ist eine ausreichende Belüftung gegeben? Bleiben die Belüftungsöffnungen dauerhaft frei?
- Sind Antriebsmotor und Arbeitsmaschine ausgerichtet?

Vier Ausrichtgrößen bei Wellen

- *Parallelversatz, vertikal*

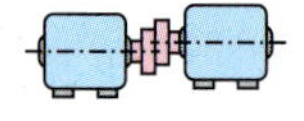

- *Parallelversatz, horizontal*

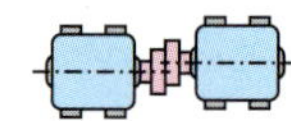

Normmaße von Motoren → 185

Elektrische Maschinen und Antriebe

Auswahl des Antriebsmotors

Inbetriebnahme elektrischer Maschinen

Vier Ausrichtgrößen bei Wellen

- *Winkelversatz, vertikal*

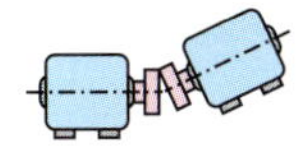

- *Winkelversatz, horizontal*

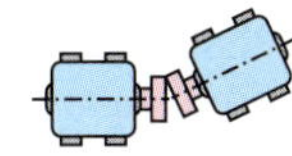

Falsche Ausrichtung kann zur Maschinenüberlastung und zu Schwingungen führen.
Die Lebensdauer von Lagern, Wellen und Dichtungen kann sich verkürzen. Selbst über flexible Kupplungen werden die Kräfte der Fehlausrichtung übertragen.

Messung des Isolationswiderstandes

Isolationsfehler beim Motor: *Körperschluss*, *Strangschluss*, *Windungsschluss*

Fehlerursache: Wicklungsisolation
Die Beständigkeit der Wicklungsisolation hängt von der Temperatur ab. Wenn die max. zulässige Temperatur um 10 K überschritten wird, kann sich die Lebensdauer halbieren.

- **Isolationswiderstand messen**
  - Maschinen mit $U_N \leq 500$ V werden mit einem ISO-Messer DC 500 V gemessen.
  - Eine Messung zwischen Wicklungssträngen und dem Maschinenkörper.
  - Drei Messungen zwischen den einzelnen Wicklungssträngen.
  - Größere Abweichungen der Messergebnisse deuten auf mangelhafte Isolation hin.
    Werte ≤ 1 MΩ sind als zu gering zu werten, mehrere 100 MΩ sind die Regel.
  - Vor der Messung die Funktion des Messgerätes prüfen.

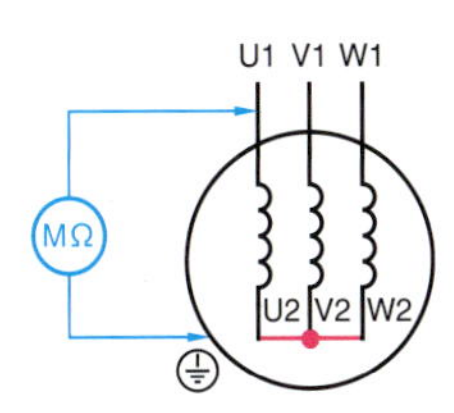

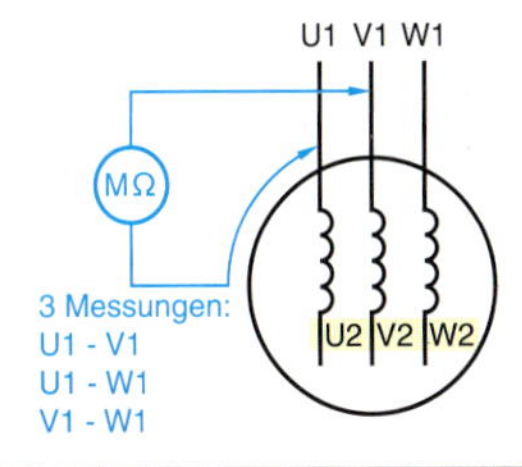

Störungen bei Elektromotoren

Wirkung	Möglicher Fehler	Maßnahmen
Motor läuft nicht an, kein Geräusch	keine Spannung	Schutzorgane und Zuleitung prüfen
Motor brummt stark, läuft nicht an	ein Außenleiter unterbrochen Lagerschaden zu hohes Gegendrehmoment	Schutzorgane und Zuleitung prüfen Lager kontrollieren Abkuppeln und im Leerlauf prüfen
Motor läuft bei normalem Geräusch unter Last nicht hoch	zu hohes Gegedrehmoment zu geringe Netzspannung	Im Leerlauf prüfen Spannung messen
Motor läuft unter Last nicht hoch, arbeitet aber im Leerlauf einwandfrei	ein Außenleiter unterbrochen (nach Anlauf des Motors) Läuferstäbe defekt	Zuleitung prüfen Läufer überprüfen
Starke Erwärmung des Motors im Betriebszustand	Überlastung, Spannung zu hoch oder zu gering, Motor läuft einphasig, Kühlung unzureichend	Stromstärke messen Spannung messen Zuleitung prüfen Kühlung prüfen
Starke Erwärmung des Motors im Leerlauf	Falsche Schaltung der Ständewicklung, zu hohe Netzspannung, unzureichende Kühlung	Schaltung prüfen, Netzspannung und Leerlaufstrom messen, Kühlung prüfen

Bauformen von Motoren → 173

Messtechnik und Sensorik

Messtechnik und Sensorik

Grundbegriffe der Messtechnik

Basisgrößen und Basiseinheiten

Basisgröße	Basiseinheit	Einheitenzeichen
Länge	Meter	m
Masse	Kilogramm	kg
Zeit	Sekunde	s
Elektrische Stromstärke	Ampere	A
Temperatur	Kelvin	K
Lichtstärke	Candela	cd
Stoffmenge	Mol	mol

Abgeleitete Einheiten

Abgeleitete Größe	Abgeleitete Einheit	Einheiten-zeichen	Einheiten-gleichung
Frequenz	Hertz	Hz	1/s
Energie, Arbeit	Joule	J	$N \cdot m$
Leistung	Watt	W	$\frac{J}{s}$
Elektr. Ladung	Coulomb	C	$A \cdot s$
Elektr. Spannung	Volt	V	$\frac{W}{A}$
Elektr. Kapazität	Farad	F	$\frac{C}{V}$
Elektr. Widerstand	Ohm	Ω	$\frac{V}{A}$
Elektr. Leitwert	Siemens	S	Ω^{-1}
Magnet. Fluss	Weber	Wb	$V \cdot s$
Magnet. Induktion	Tesla	T	$Wb \cdot m^{-2}$
Induktivität	Henry	H	$\frac{Wb}{A}$
Lichtstrom	Lumen	lm	$cd \cdot sr$
Beleuchtungsstärke	Lux	lx	$\frac{lm}{m^2}$

Messung	Tätigkeit zum *quantitativen Vergleich* einer physikalischen Größe mit einer Einheit. (7 A = 7 · 1 A)
Messgröße	Die physikalische Größe, der die Messung gilt, z. B. Länge, Widerstand.
Messwert	Größenwert, der zur Messung gehört.

Messen Sensoren

Messtechnik und Sensorik

Grundbegriffe der Messtechnik

Messobjekt	Träger der Messgröße.
Prüfung	Feststellung, ob das zu prüfende Objekt eine Forderung erfüllt.
Messgerät	Gerät für die Messung einer physikalischen Größe.
Messeinrichtung	Sämtliche für eine Messung notwendigen Mess- und Hilfsgeräte.
Messkette	Elemente eines Messgerätes oder einer Messeinrichtung, die ein Messsignal vom Aufnehmer zur Ausgabe durchläuft.
Aufnehmer	Teil eines Messgerätes oder einer Messeinrichtung, der auf die Messgröße unmittelbar anspricht.
Messergebnis	Auf der Basis von Messwerten und Messabweichungen geschätzter wahrer Wert der Messgröße.
Messbereich	Bereich, in dem die Messabweichung des Messgerätes innerhalb der Fehlergrenzen bleibt.

Messen Sensoren

Darstellung von Messgrößen

- **Analoge Messgeräte**
  Messwertdarstellung *direkt* am
  – Messgerät
  – Schreiber
  – Oszilloskop
  Messwertdarstellung *indirekt*
  – auf einen Datenträger

- **Digitale Messgeräte**
  Messwertdarstellung *direkt*
  – als Ziffernanzeige
  – mit einem Drucker
  – auf einem Bildschirm
  Messwertdarstellung *indirekt*
  – in einem Speicher

Genauigkeitsklasse

Die Genauigkeit eines analogen Messgerätes wird durch die *Genauigkeitsklasse* angegeben. Sie gibt die größte Abweichung des angezeigten Messwertes *bezogen auf den Messbereichsendwert* an und wird in Prozent angegeben.

- *Feinmessgeräte*: Genauigkeitsklasse: 0,1/0,2/0,5
- *Betriebsmessgeräte*: Genauigkeitsklasse: 1/1,5/2,5/5/10

Beispiel
Messgerät: Genauigkeitsklasse 1,5; Messbereichsendwert 100 V; Messwert 75 V
Fehler: ± 1,5 % von 100 V = ± 1,5 V
Wenn 75 V angezeigt werden, darf der *tatsächliche Messwert* im Bereich 75 V – 1,5 V = 73,5 V und 75 V + 1,5 V = 76,5 V liegen.

Sinnbilder zur Beschriftung von Messgeräten

Bezeichnung	Sinnbild	Bezeichnung	Sinnbild	Bezeichnung	Sinnbild
Drehspulmesswerk mit Dauermagnet, allgemein		Dreheisen-messwerk		Elektrodynamisches Netzwerk, eisengeschlossen	
Drehspulquotienten-messwerk		Elektrodynamisches Netzwerk, eisenlos		Elektrodynamisches Quotientenmesswerk, eisenlos	

Messtechnik und Sensorik

Sinnbilder zur Beschriftung von Messgeräten — DIN VDE 0410

Bezeichnung	Sinnbild	Bezeichnung	Sinnbild	Bezeichnung	Sinnbild
Elektrodynamisches Quotientenmesswerk, eisengeschlossen		Drehspulinstrument mit eingebautem Gleichrichter		Waagerechte Gebrauchslage	
Bimetallmesswerk		Magnetische Schirmung		Schräge Gebrauchslage, Neigungswinkel z. B. 60°	60°
Elektronisches Messwerk		Genauigkeitsklasse, z. B. 1,5	1,5	Gleichstrom	
Vibrationsmesswerk		Erdungsanschluss		Wechselstrom	
Thermoumformer, nicht isoliert		Prüfspannung 500 V		Gleich- und Wechselstrom	
Thermoumformer, isoliert		Prüfspannung 2 kV, Zahl gibt Prüfspannung in kV an	2	Drehstrominstrument mit einem Messwerk	
Drehspulinstrument mit eingebautem, isoliertem Thermoumformer		Keine Spannungsprüfung	0	Drehstrominstrument mit zwei Messwerken	
Gleichrichter		Senkrechte Gebrauchslage		Drehspulmesswerk mit drei Messwerken	

Zeichen		2	5	10
Prüfspannung	500 V	2000 V	5000 V	10000 V
verwendbar bis	40 V	650 V	1500 V	3000 V

Zeigermessgeräte, technische Daten

- **Drehspulmesswerk**

Gemessen wird der arithmetische Mittelwert.
Genauigkeitsklasse: 0,1 bis 1,5
Gleichstrom
Eigenverbrauch < 5 mW

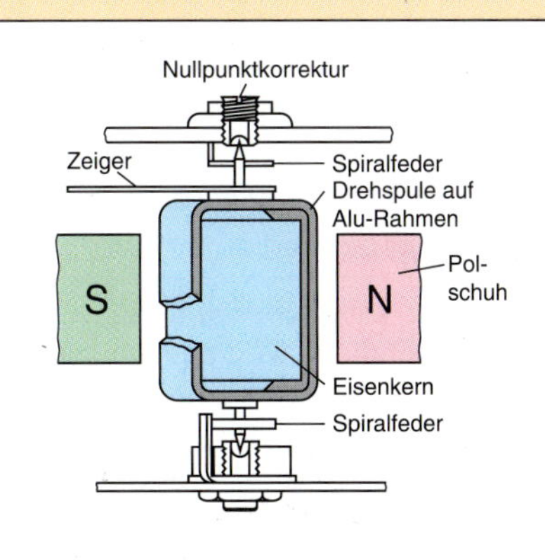

Messtechnik und Sensorik

Zeigermessgeräte, technische Daten

- **Dreieisenmesswerk**
Gemessen wird der Effektivwert (RMS).
Genauigkeitsklasse: 0,5 bis 2,5
Frequenzbereich: 0 bis 100 Hz
Eigenverbrauch: 0,5 bis 5 VA

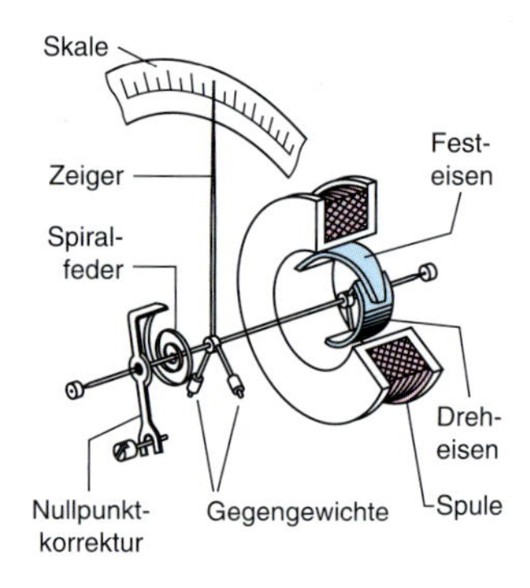

- **Elektrodynamisches Messwerk**
Gemessen wird Gleichspannung und Wechselspannung.
Genauigkeitsklasse: 0,5 bis 2,5
Frequenzbereich: 0 bis 10 kHz
Eigenverbrauch: 0,5 VA je Messpfad

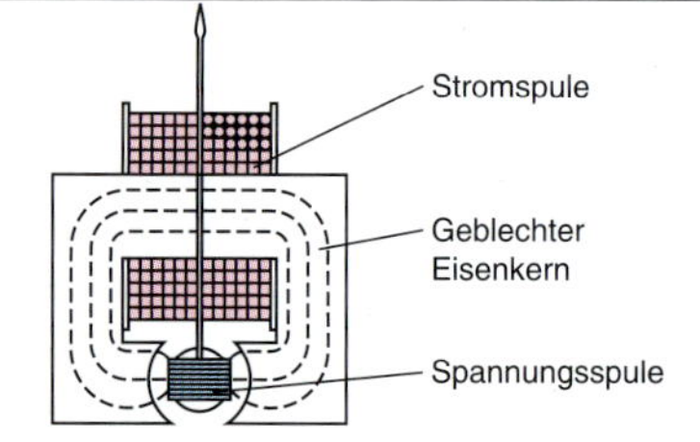

Digitale Multimeter

Digitale Multimeter messen Spannungen, Ströme, Widerstände, Frequenzen und Kapazitäten. Ein Ablesefehler kann dabei nicht auftreten. Angewendet wird das *Dual-Slope-Verfahren.* Die Anzahl der Impulse ist dabei der Messspannung proportional.

Digitale Messgeräte haben einen *sehr großen Eingangswiderstand.* Eine Zerstörung des Messgerätes durch Anlegen einer hohen Spannung ist daher nahezu ausgeschlossen.

Eine Genauigkeitsklasse wird nicht angegeben. Die Angabe der möglichen *prozentualen Abweichung* erfolgt in *Digits.* Dabei ist ein Digit der kleinste anzuzeigende Messschritt (z. B. 0,1 V).

Funktionstasten eines digitalen Multimeters

EXTR	Speicherung von Minimal- und Maximalwert während der Messung.	**TIME**	Messwertspeicherung in definierten Zeitintervallen.
REL	Ein vorgegebener Wert dient als Referenzwert, die Abweichung wird angezeigt.	**BEEP**	Summer ein-/ausschalten.
HOLD	Der Messwert wird in der Digitalanzeige gespeichert.	**AUT/ MAN**	Bereichsumschaltung automatisch oder manuell.
LIM	Vorgabe eines Grenzwertes, Überschreitung wird optisch und akustisch gemeldet.	**STO**	Speicherung von Messwerten.
BLANK	Displayschaltung von $4\frac{1}{2}$ - auf $3\frac{1}{2}$ -stellige Anzeige	(Diodensymbol)	Halbleitermessung

Messtechnik und Sensorik

Messfehler bei Digitalmultimetern

Anzeige: 4 Stellen

- *Messbereich* 1000 V (max. Anzeige: 999.9 V)
- *Anzeigenumfang*: 9999 Digits (10000 Messschritte von je 0,1 V)
- *Fehler*: ± 0,5 %, ± 4 Digits (0,4 V)
- *Anzeige*: 400 V
- *Höchstmöglicher Messwert:* $400\ \text{V} + 400\ \text{V} \cdot \frac{0{,}5}{100} + 0{,}4\ \text{V} = 402{,}4\ \text{V}$
- *Kleinstmöglicher Messwert:* $400\ \text{V} - 400\ \text{V} \cdot \frac{0{,}5}{100} - 0{,}4\ \text{V} = 397{,}6\ \text{V}$

Messschaltungen

In der Praxis werden vorherrschend *Spannung*, *Stromstärke* und *elektrischer Widerstand* gemessen. Diese drei Messgrößen gestatten i. Allg. wesentliche Aussagen über die Funktion und den Zustand eines Gerätes oder einer Schaltung.

- **Spannungsmessung**
  Spannung wird immer zwischen zwei Punkten gemessen. Die beiden Anschlussleitungen des Messgerätes können mit der Messstelle verbunden werden, ohne das Gerät oder die Schaltung zu ändern.

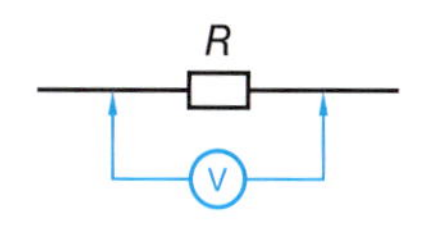

- **Strommessung**
  Die Messstelle im Stromkreis ist aufzutrennen.

Unter Umständen kann besser die Spannung an einem *bekannten Widerstand* gemessen und der Strom berechnet werden.

$R = 10\ \Omega$, I, $U = 46\ \text{V}$

$$I = \frac{U}{R}$$

$$I = \frac{46\ \text{V}}{10\ \Omega} = 4{,}6\ \text{A}$$

- **Widerstandsmessung**
  Das Bauelement oder das Geräteteil, dessen Widerstand gemessen werden soll, muss aus der Schaltung *herausgenommen* oder zumindest an einem Anschlusspol *abgetrennt* werden.

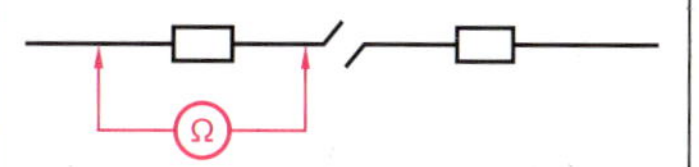

Widerstandsmessungen nur im spannungslosen Zustand durchführen.

Leistungsmessung

Produktbildung der Messwerte von *Strom* und *Spannung* (DC und ohmsche Verbrauchsmittel im AC-Bereich) oder *direkte Messung* mit einem *Leistungsmesser*. Messwerke von Leistungsmessern haben eine Strom- und eine Spannungsspule.

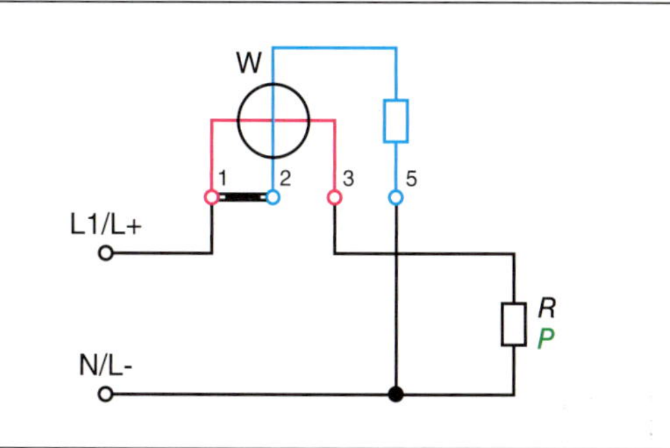

Die Stromspule nennt man *Strompfad* (rot), die Spannungsspule *Spannungspfad* (blau).

Gemessen wird die *Wirkleistung*.

Leistung im Wechselstromkreis → 43

Messen Sensoren

Messtechnik und Sensorik

Leistungsmessung

Messvorgang

- Anlage freischalten
- Im Strompfad auf kleine Übergangswiderstände achten
- Messwerte mit Strombereichs- und Spannungsbereichsschalter einstellen
- Messartschalter auf AC bzw. DC einstellen
- Anlage einschalten
- Messung durchführen
- Anlage freischalten
- Messgerät abklemmen

Vorsicht!

- Strom- und Spannungspfad dürfen nicht überlastet werden.
- Vor der Messung müssen Stromstärke und Spannung (annähernd) bekannt sein.

Beispiel

Einstellung Leistungsmesser:

Messbereich 900 W (300 V, 3 A)

Zu messende Leistung: 850 W bei 230 V

Stromstärke: $I = \frac{P}{U} = \frac{850\ \text{W}}{230\ \text{V}} = 3{,}7\ \text{A}$

Überlastung des Strompfades!

Leistungsmessung im Drehstromnetz

- **Symmetrische Belastung**

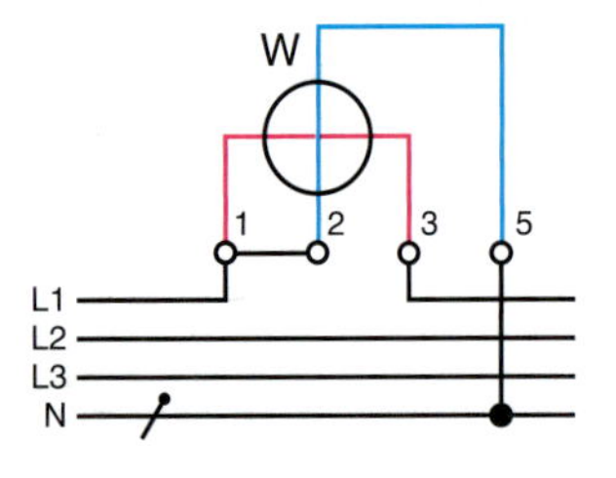

Leistungsmesser in einen der symmetrisch belasteten Außenleiter schalten und Messwert mit dem Faktor 3 multiplizieren.

Bei Spannungen über 650 V darf die Leistungsmessung nur über Strom- und Spannungswandler erfolgen.

- **Unsymmetrische Belastung**

– *Vierleiternetz*

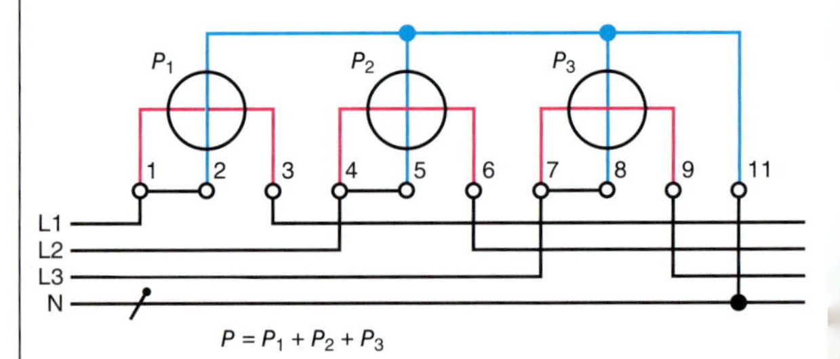

– *Dreileiternetz*

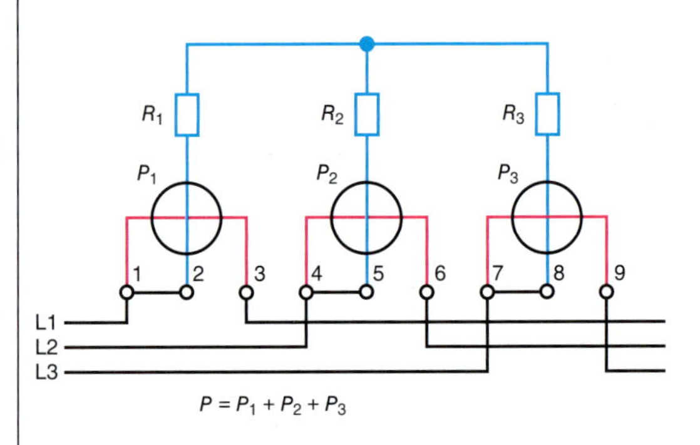

Messen mit dem Oszilloskop

Ein Oszilloskop ermöglicht die Darstellung periodisch sich wiederholender Signale und Gleichspannungen. Oszilloskope sind *Spannungsmessgeräte*.
Dabei können *Amplitude*, *Periodendauer* und *Phasenverschiebung* direkt gemessen werden.

Leistung im Drehstromkreis → 50

Messtechnik und Sensorik

Bedienfeld eines Oszilloskops

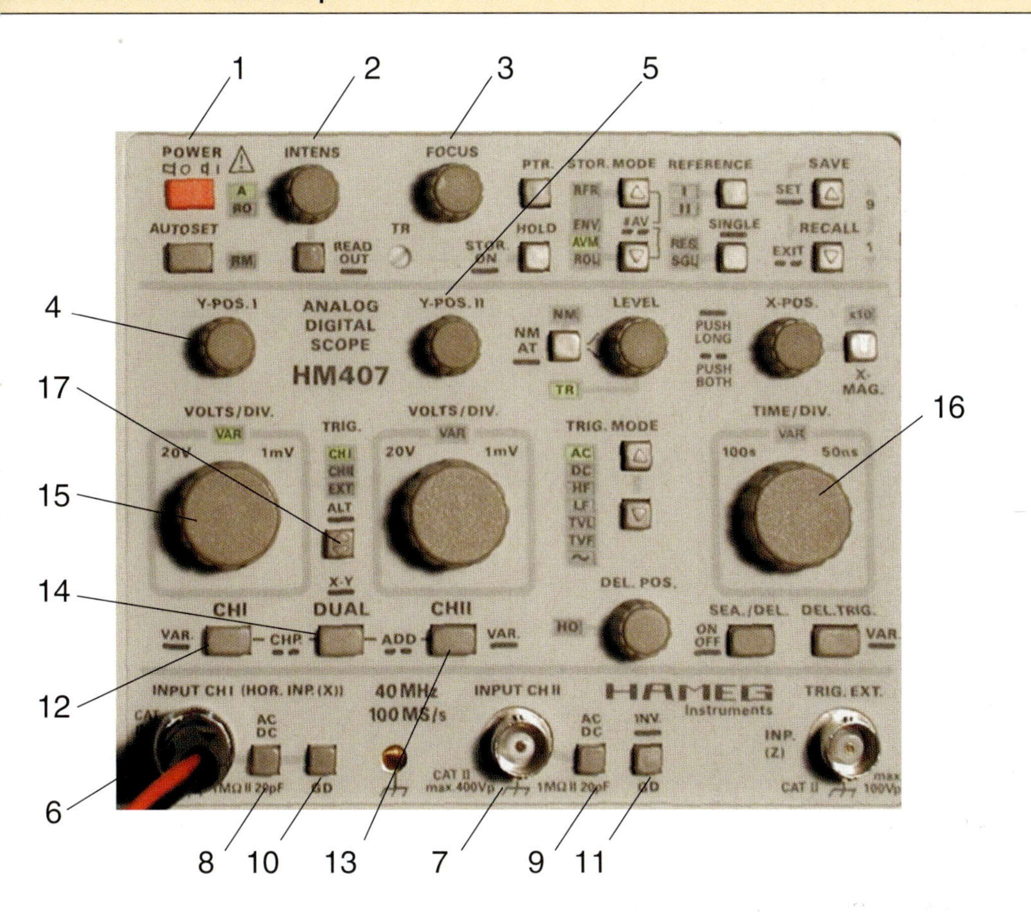

Nr.	Funktion	Erklärung	Nr.	Funktion	Erklärung
1	Ein/Aus	Netzspannung Oszilloskop	10	GD	Drucktaste GROUND schaltet den Eingang ab, Y ohne Signal
2	Intensität	Einstellung der Helligkeit	11	GD	Einstellung einer Bezugslinie für 0 V
3	Focus	Schärfe, Elektronenstrahlbündelung	12	CH I	Kanal I wird an Kanal Y gelegt
4	Y-Position I	Senkrechte Strahlposition für Kanal 1	13	CH II	Kanal II wird an Kanal Y gelegt
5	Y-Positon II	Senkrechte Strahlposition für Kanal 2	14	DUAL	Beide Kanäle werden dargestellt
6	Input CH I	Masseeingang Kanal 1	15	VOLTS/DIV	Einstellung der Ablenkung in senkrechter Richtung
7	Input CH II	Signaleingang Kanal 2	16	TIME/DIV	Geschwindigkeit des Strahls in waagerechter Richtung
8	AC/DC	Umschalter: AC/DC-Signalkoppelung	17	TRIG	Einstellung, welcher Kanal den Triggervorgang auslösen soll
9	AC/DC	Gleichspannungsanteil der Signalspannung wird gesperrt			

Messtechnik und Sensorik

Messungen mit dem Oszilloskop

- **Spannungsmessung, Periodendauer, Frequenz**

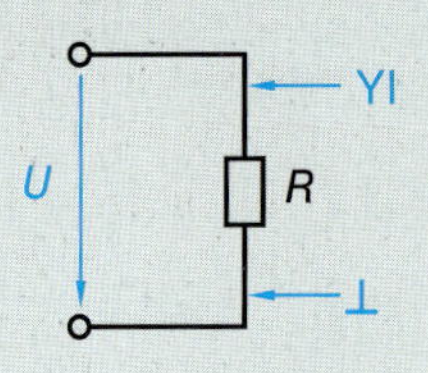

- Zeitablenkung einstellen (X), z. B. 5 ms/DIV
- Empfindlichkeit einstellen (Y), z. B. 10 V/DIV
- Oszilloskop einschalten
- Helligkeit einstellen (INTS)
- Strahl scharf stellen (FOCUS)
- Eingang auf Masse (GND) schalten
- Eingang auf AC schalten
- Messspannung anschließen

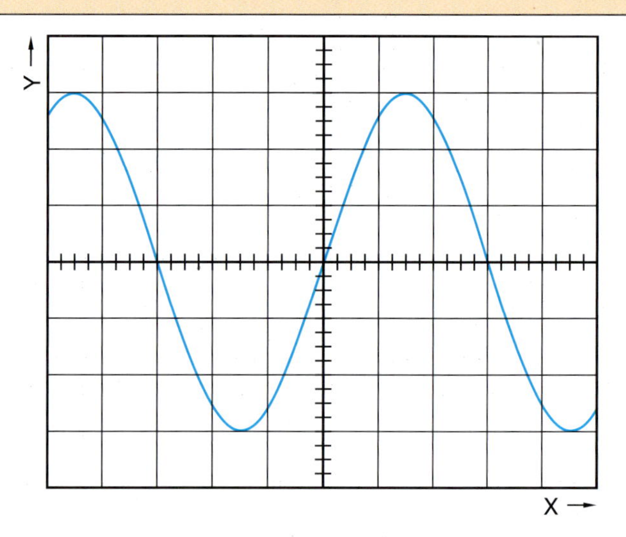

Beispiel

Y = 10 V/DIV X = 5 ms/DIV

Scheitelwert der Spannung: 3 DIV
3 DIV · 10 V/DIV = 30 V → u_s = 30 V
Effektivwert: 30 V/$\sqrt{2}$ = 21,2 V

Periodendauer: 6 DIV
6 DIV · 5 ms/DIV = 30 ms → T = 30 ms
Frequenz: $f = 1/T$ = 1/30 ms = 33,3 Hz

- **Strommessung**
  Die Strommessung ist mit dem Oszilloskop nur *indirekt* möglich. Gemessen wird dabei der Spannungsfall an einem Messwiderstand (z. B. $R_M = 1\ \Omega$).

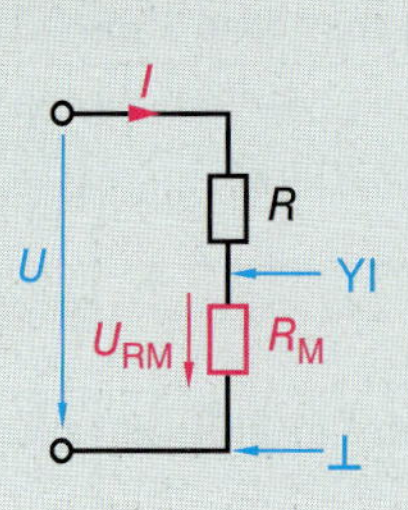

Der dargestellte Spannungsfall entspricht dem Verlauf des Stromes.
Stromstärke: $I = \frac{U_{RM}}{R_M}$

(hier Effekitvwerte)

- **Phasenverschiebung**
  Zweikanalbetrieb, Signalspannungen an Y1 und Y2
  Stehendes Bild im Chopperbetrieb

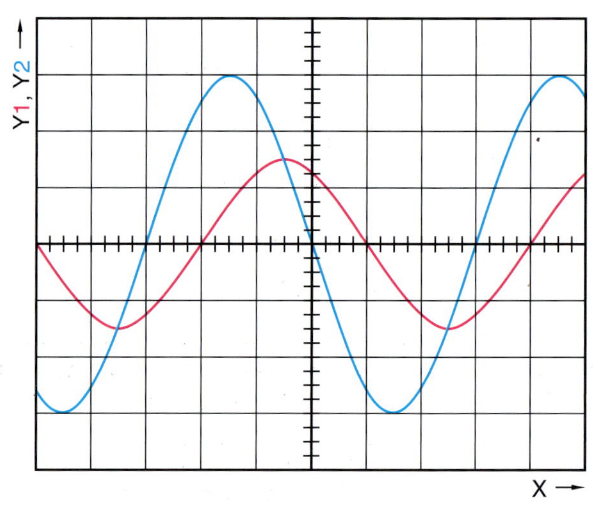

1 Periode = 6 DIV = 360°
Phasenverschiebung 1 DIV = 60°
$\varphi = 60°$

Messtechnik und Sensorik

Sensoren

Sensoren erfassen physikalische Größen, die der Signalverarbeitung (Steuerung, Regelung) zugeführt werden.

Sie bestimmen entscheidend die Leistungsfähigkeit von Steuerungen und Regelungen.

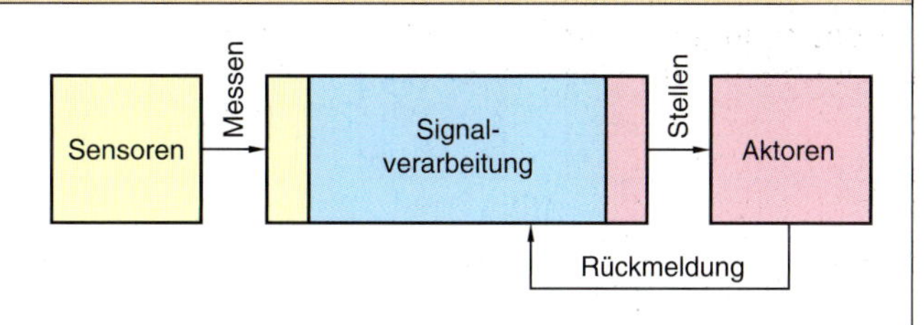

Aktive Sensoren

Erzeugen in Abhängigkeit von einer physikalischen Größe eine Spannung. Sie wandeln nichtelektrische Größen *direkt* in elektrische Größen um.

Beispiele
- Temperatur → elektrische Spannung (Thermoelement)
- Kraft → elektrische Ladung (Piezokristall)

Passive Sensoren

Zur Umwandlung der nichtelektrischen Größe in eine elektrische Größe benötigt der passive Sensor elektrische Energie.

Beispiele
- Dehnungsmessstreifen
- Thermistoren
- Fotowiderstände

Ausgenutzte Effekte

- **Widerstandsänderung**
  Längen- oder Durchmesseränderung des Widerstandsmaterials.
  Einfluss von Magnetfeldern, Wärme, Strahlung
- **Thermoelektrischer Effekt**
  Temperaturänderung
- **Feldeffekt/Halleffekt**
  Magnetfeldänderung
- **Fotoelektrischer Effekt**
  Lichtstrahlung
- **Piezoelektrischer Effekt**
  Längenänderung, Formänderung
- **Elektrodynamischer Effekt**
  Feldänderung, Bewegung
- **Kapazitätsänderung**
  Plattenabstand, Plattenfläche, Dielektrikum

Messen Sensoren

Messkette

Messketten bestehen aus Messkettengliedern: *Aufnehmer*, *Anpasser* und *Anzeige*.

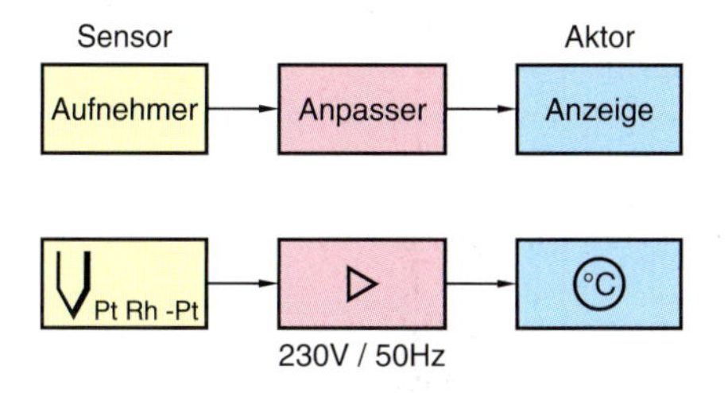

Wenn das Messsignal von einem Rechner erfasst werden soll, um dort weiter verarbeitet zu werden, dann wird die *Messkette* durch digital arbeitende Systeme erweitert.

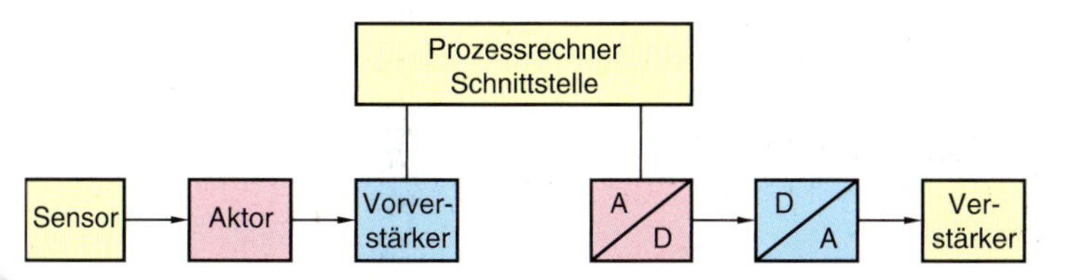

Messtechnik und Sensorik

Digitales Sensorsystem

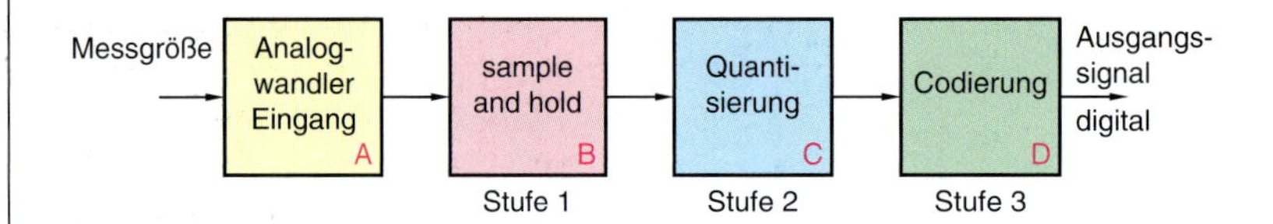

A: Die nichtelektrische Messgröße wird in ein analoges elektrisches Signal umgesetzt

B: Messwertabtastung in der Zeit t_{ab}, Messwerterhaltung für die Zeit t_{hold}

C: Messbereichsunterteilung in eine endliche Zahl von Teilbereichen, bestimmt Auflösung und Messfehler

D: Teilbereichsumwandlung in bestimmte Codes, Anzeige und Weiterleitung

Übertragung des Sensorsignals

• **Konventionell**

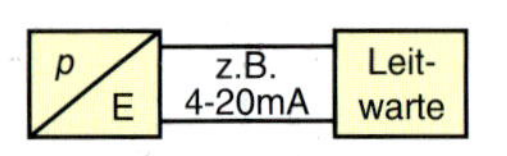

Ein digitales Sensorsignal wird in ein normiertes Analogsignal (z. B. 4–20 mA) umgewandelt und übertragen.

• **Feldbus**

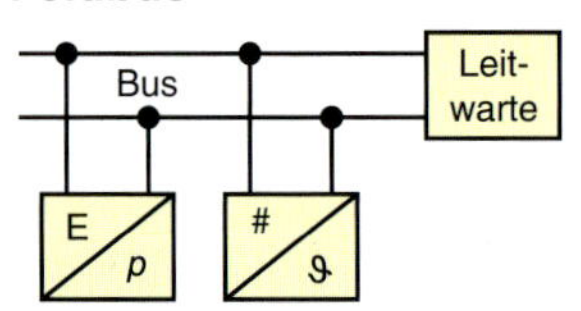

Digitale Kommunikation zwischen Sensoren und Aktoren.

• **Intelligent**

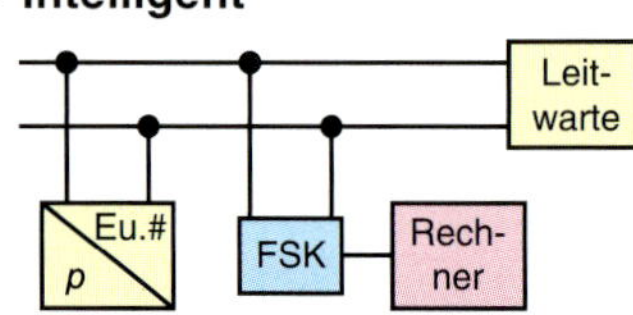

Einem analog modulierten Signal wird ein frequenzmoduliertes Signal überlagert (Frequenzy Shift Keying). Werte und Ereignisse können zur Prozessoptimierung gespeichert werden.

Schaltzeichen von Messkettengliedern

Schaltzeichen	Beschreibung
Aufbauglieder und Grundarten	
(Kreis mit *)	Messgerät, anzeigend, allgemein
(Quadrat mit *)	Messgerät, aufzeichnend, allgemein
(Rechteck mit *)	Messgerät, integrierend, allgemein; Elektrizitätszähler, allgemein

Der Stern in den Schaltzeichen muss durch eine der folgenden Angaben ersetzt werden: z. B. chemische Zeichen, Kennzeichen, z. B. Pfeil beim Galvanometer.

Schaltzeichen	Beschreibung
Thermoelemente	
Form 1 -⋁+	Thermoelement, dargestellt mit Kennzeichen für die Polarität
Form 2 ⋁	Thermoelement, dargestellt mit einer breiteren Linie für den negativen Pol
Vereinfachte Darstellung	Thermoelement mit nicht isoliertem Heizelement
Vereinfachte Darstellung	Thermoelement mit isoliertem Heizelement
Messwerke und Registrierwerke	
(Kreis)	Messwerk, allgemein
(Kreis mit waagerechter Linie)	Messwerk mit einem Spannungspfad

Messtechnik und Sensorik

Schaltzeichen von Messkettengliedern

Schaltzeichen	Beschreibung
Messwerke und Registrierwerke	
	Messwerk mit einem Strompfad
	Messwerk mit Anzapfung
	Messwerk zur Summen- oder Differenzbildung
	Messwerk zur Produktbildung
	Messwerk zur Quotientenbildung
	Kreuzzeigerinstrument
	Registrierwerk, allgemein Linienschreibwerk

Schaltzeichen	Beschreibung
Kennzeichen für Anzeige und Registrierung	
	Anzeige, allgemein
000	Anzeige, digital Anzeige, numerisch
	Registrierung, schreibend
	Registrierung, punktschreibend
	Drehfeldrichtung
Umformer	
Δ*l*	Dehnungsmessstreifen
ϑ	Widerstandsthermometer
- +	Messzelle, galvanisch, ph-Elektrode
	Leitfähigkeitselektrode

Schaltzeichen	Beschreibung
	Aufnehmer mit veränderbarem Widerstand, Kraftmessdose mit Dehnungsmessstreifen
	Aufnehmer, magnetoelastisch
ϑ / *I*	Messumformer, Umformer von Temperatur in elektrischen Strom
I~ 1A / *U*- 10V	Signalumsetzer mit galvanischer Trennung, dargestellt ist Umsetzung von Wechselstrom 1 A auf Gleichspannung 10 V
∩ / #	Analog-Digital-Umsetzer
	Gleichspannungs-Pulsphasen-Umsetzer, dargestellt mit galvanischer Trennung

Temperatursensoren

Widerstandsmessfühler

- Normierte Platin-Temperatursensoren (DIN EN 60751)
- Bemessungswert bei 0 °C angegeben (z. B. PT100: 100 Ω bei 0 °C)
- PT100: 0,4 Ω/K
- PT1000: 4 Ω/K

Die Messwiderstände sind in einem *Schutzrohr* untergebracht, das in verschiedenen Bauformen angeboten wird.

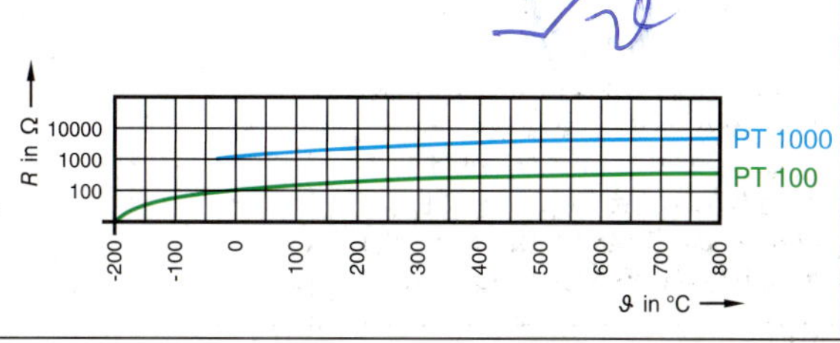

Messtechnik und Sensorik

Temperatursensoren

Widerstandsmessfühler

Bauform	Bedeutung
A	Emailliertes Rohr, Befestigung mit unterschiedlichen Anschlagflanschen
B	Rohr mit angeschweißtem Gewinde G 1/2 A
C	Rohr mit angeschweißtem Gewinde G 1 A
D	Dickwandiges, druckfestes Rohr zum Einschweißen
E	Am Ende verjüngtes Rohr für schnell ansprechendes Verhalten; Befestigung durch verschiebbaren Anschlagflansch
F	Rohr wie bei E; angeschweißter Flansch
G	Rohr wie bei E; angeschweißtes Gewinde G 1 A

- **Zeitverhalten von Widerstandsthermometern**

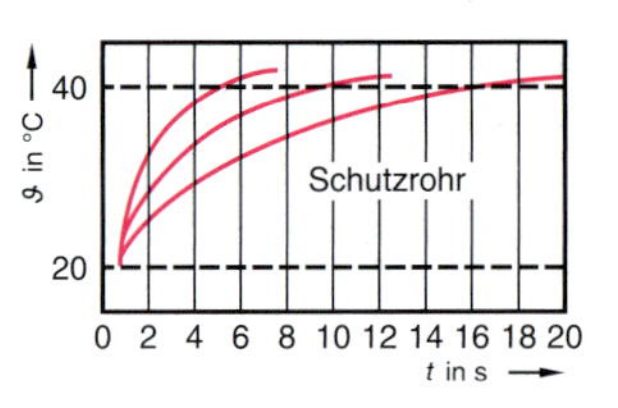

- **Zweileiterschaltung**

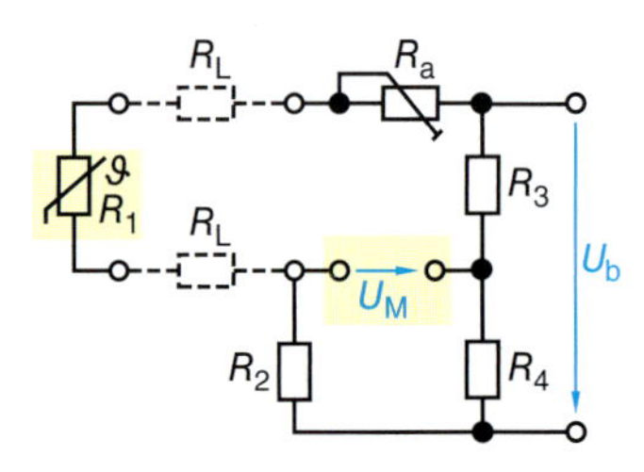

Messwertverfälschung, da Sensor und Leitungswiderstand in Reihe liegen (Kompensation notwendig).

- **Dreileiterschaltung**

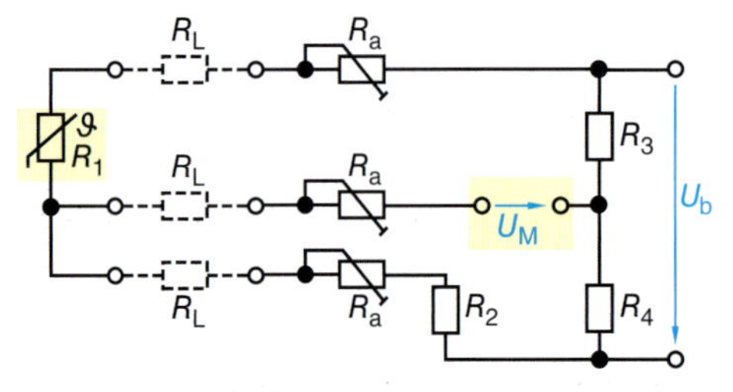

Zwei Messkreise, Leitungswiderstand ist kompensierbar.

- **Vierleitertechnik**
  Der Sensor wird von einem Konstantstrom durchflossen. Der Spannungsfall am Sensor wird an den Eingang einer hochohmigen Auswerteschaltung gelegt. Leitungswiderstände sind praktisch ohne Einfluss.

Thermoelemente

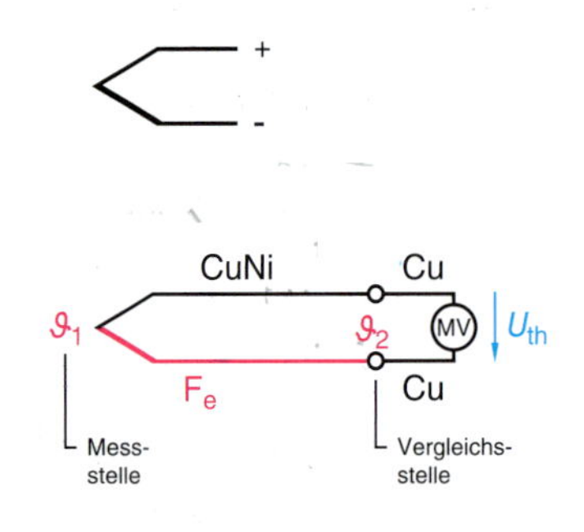

Leitende Verbindungsstelle zweier Metalle, die eine *temperaturabhängige Spannung* (Thermospannung) liefert. Mit zunehmendem Temperaturunterschied zwischen *Messstelle* und *Vergleichsstelle* wird die Thermospannung U_{th} größer.
Die Thermospannung ist der Temperaturdifferenz von Messstelle und Vergleichsstelle proportional.

$$U_{th} \sim \vartheta_1 - \vartheta_2$$

$$U_{th} = k \cdot (\vartheta_1 - \vartheta_2)$$

U_{th} Thermospannung in V
ϑ_1 Messstellentemperatur in °C
ϑ_2 Vergleichsstellentemperatur in °C
k Materialkonstante (Thermodrähte) in V/K

Messen Sensoren

Brückenschaltung → 35

Messtechnik und Sensorik

Thermoelemente

- **Kennzeichnung von Thermoelementen**

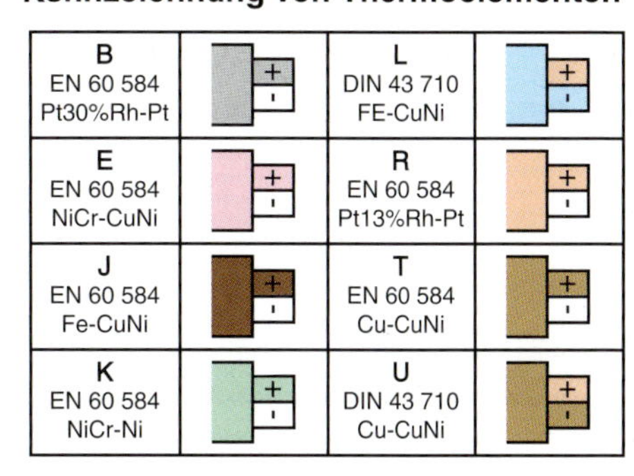

Typ	Kennzeichnung	Typ	Kennzeichnung
B EN 60 584 Pt30%Rh-Pt	+ / -	L DIN 43 710 FE-CuNi	+ / -
E EN 60 584 NiCr-CuNi	+ / -	R EN 60 584 Pt13%Rh-Pt	+ / -
J EN 60 584 Fe-CuNi	+ / -	T EN 60 584 Cu-CuNi	+ / -
K EN 60 584 NiCr-Ni	+ / -	U DIN 43 710 Cu-CuNi	+ / -

- **Kennlinie**

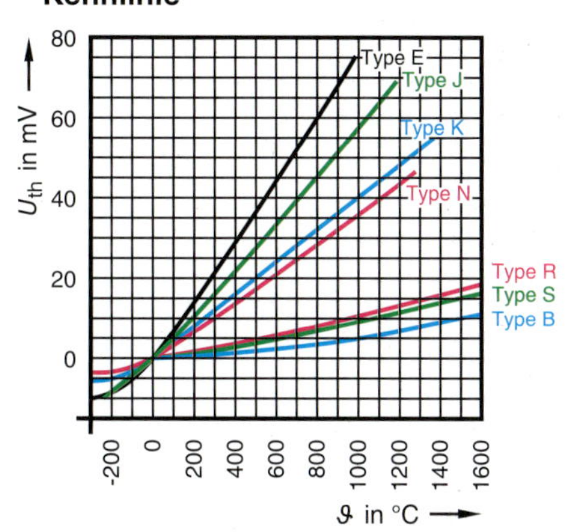

Weg- und Winkelmessung

- **Ohmscher Wegaufnehmer (Potenziometer)**

  Durch Weg- oder Winkeländerung wird der Schleifer eines Potenziometers bewegt. Die dadurch hervorgerufene Ausgangsspannungsänderung ist dem Weg oder Winkel proportional.

  Bereich: 20 bis 2000 mm; 350°

  Auflösung: 0,01 mm; 0,01°

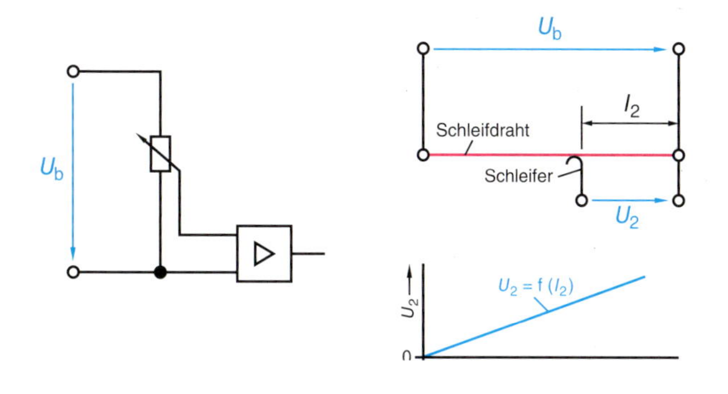

- **Leitplastik-Weggeber**

  Wirkungsprinzip wie Potenziometer. Der leitfähige Kunststoff wird als Film auf einen Träger aufgebracht.

  Widerstandswerte: 100 Ω bis 100 kΩ *Längen:* 5 bis 4000 mm

  Genauigkeit: bis 0,012 mm *Schleifergeschwindigkeit:* bis 1,5 m/s

- **Induktiver Wegaufnehmer**

  In eine von Wechselstrom durchflossene Spule wird ein Tauchanker durch Weg- oder Winkeländerung bewegt.

  Dabei ändert sich der induktive Blindwiderstand X_L proportional mit dem Weg oder dem Winkel.

  Bereich: 1 bis 2000 mm

  Auflösung: < 0,1 µm

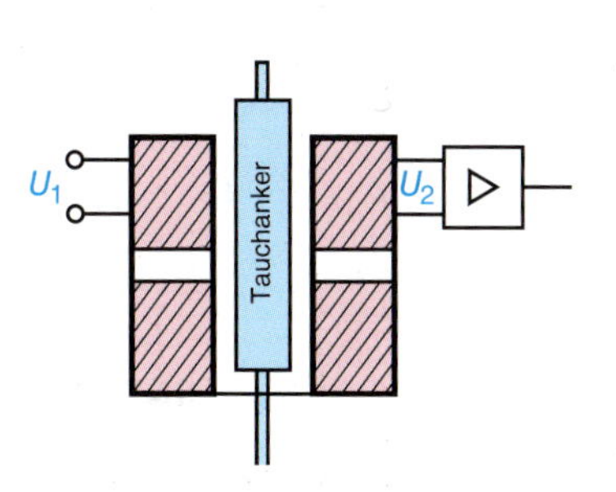

Tauchankergeber in Brückenschaltung

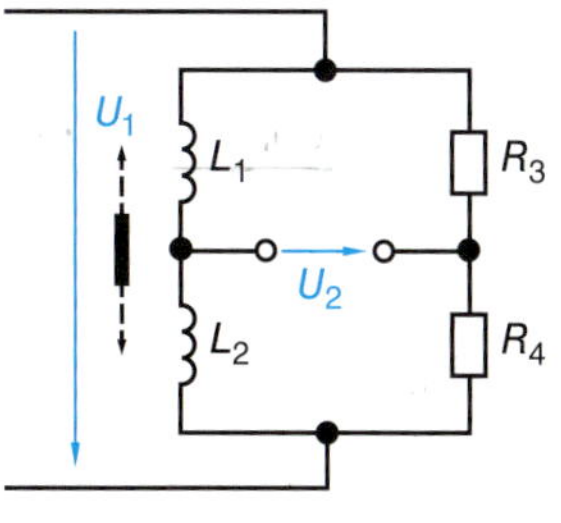

Spannungsteiler → 35, induktiver Widerstand → 44

Messtechnik und Sensorik

Weg- und Winkelmessung

• Induktiver Wegsensor

Ein Aluminiumrohr taucht in eine Zylinderspule ein. Die Spule ist von einem Ferritmantel umgeben. Im Inneren befindet sich eine Hülse aus Edelstahl.
Betrieben wird der Sensor mit Konstantstromquelle mit ca. 100 kHz.

Eine Verlagerung des Aluminiumkerns bewirkt eine Änderung des induktiven Widerstandes X_L.

Der Spannungsfall an der Spule ist das Sensorsignal, das gleichgerichtet werden muss.

Auch geeignet für den Einbau in Hydraulikzylindern.

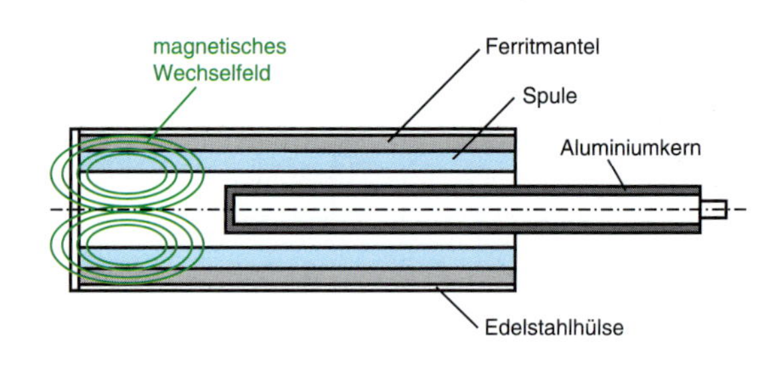

• Kapazitiver Wegsensor

Die Kapazität ist von Fläche, Abstand und Dielektrikum abhängig. Allerdings sind die Kapazitätsänderungen dabei sehr gering. Ein nachgeschalteter *Verstärker* ist daher unverzichtbar.

Vorteile:
- elektrische Felder können abgeschirmt werden,
- magnetische Felder haben keinen Einfluss,
- direkte Umwandlung in elektrische Größe.

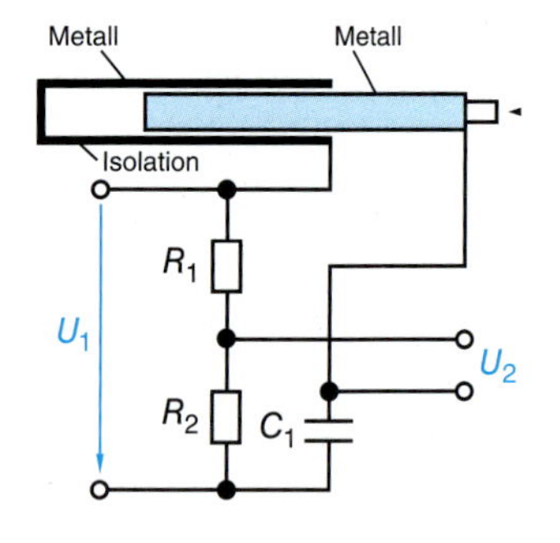

• Optische Wegaufnehmer

– *Inkrementale Aufnehmer*
Bewegung eines optischen Sensors über ein Rasterlineal.
Die dabei gezählten Impulse entsprechen der Wegänderung.

Bereich: bis 3000 mm; 360°
Auflösung: < 0,5 µm

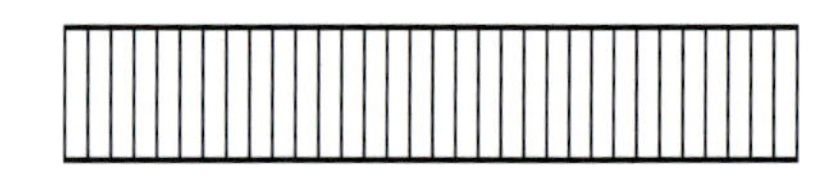

– *Absolute Aufnehmer*
Ein codiertes Rasterlineal (Dualcode, Graycode) wird von einem optischen System abgetastet. Dadurch kann der Weg bzw. Winkel direkt bestimmt werden.

Bereich: bis 3000 mm; 360°
Auflösung: < 0,5 µm

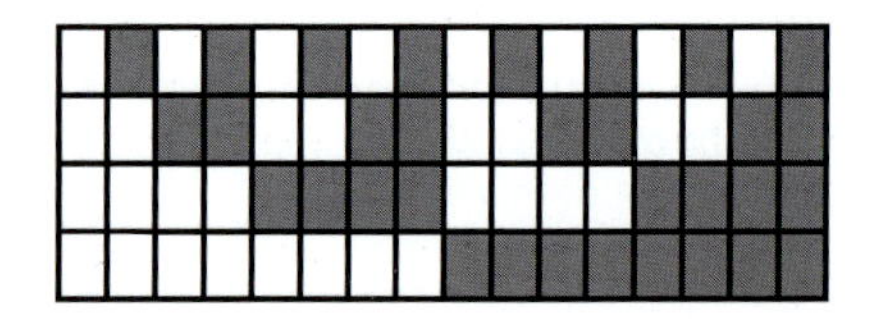

Code → 18, Kapazität → 36, induktiver Widerstand → 44

Messtechnik und Sensorik

Drehzahlmessung

- **Analoge Drehzahlmessung**
  Nach dem Generatorprinzip wird eine der Drehzahl proportionale Spannung erzeugt.

Vorteil: Gut geeignet für dynamische Drehzahlverläufe (z. B. bei Anwendungen der Reglungstechnik).

Nachteil: Die Rückwirkung auf das Messobjekt ist nicht immer vernachlässigbar.

Bei **Tachogeneratoren** ist eine hohe Linearität zwischen Drehzahl und Messspannung wichtig.

Unterschieden wird zwischen:
- *Wechselstromgeneratoren*
- *Drehstromgeneratoren*
- *Gleichstromgeneratoren*

Kennlinie eines Tachogenerators

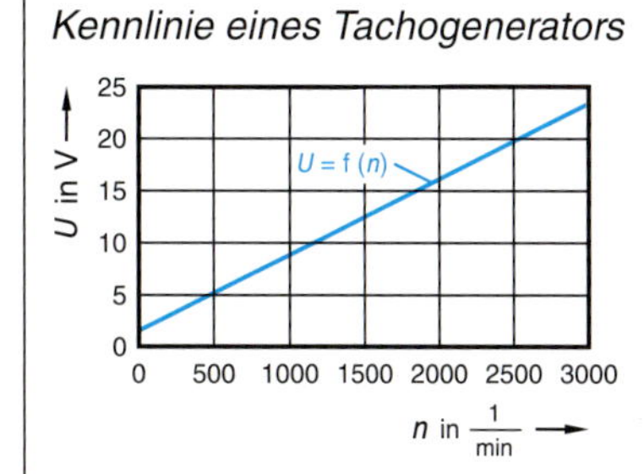

- **Digitale Drehzahlmessung**
  Über die Zeit t werden N Impulse gezählt und als Frequenz $n = N/t$ ausgegeben.

Vorteil: Sehr genaue Messung des Mittelwertes von n. Keine Rückwirkung auf das Messobjekt.

Nachteil: Der augenblickliche Wert von n kann nicht gemessen werden, daher vorzugsweise für stationäre Messungen geeignet.

Aufnehmer: *Induktiv* bei metallischem Werkstoff, *optisch* bei reflektierendem Werkstoff, *kapazitiv* bei nicht metallischem Werkstoff.

Prinzip der digitalen Drehzahlmessung

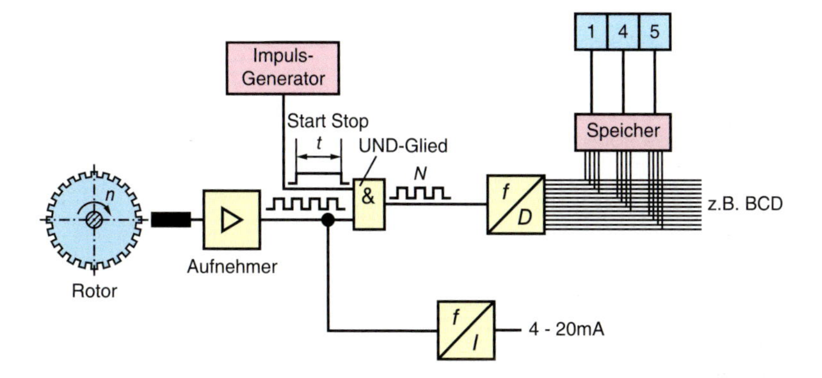

- **Induktive/kapazitve Aufnehmer**
  Ein induktiver oder kapazitiver Näherungsschalter wird vom Rotor angesteuert. Die Impulsanzahl ist der Drehzahl proportional. Mit zwei Näherungsschaltern ist eine *Drehrichtungserkennung* möglich.

- **Optische Aufnehmer**
  Abtastung mit Reflexlichttaster oder Schlitzinitiatoren; sonst wie oben.

Messtechnik und Sensorik

Drehgeber

Drehgeber wandeln die Drehbewegung in einen direkt zu verarbeitenden Messwert um. Sie ermöglichen eine genaue *Positionierung*. Unterschieden wird zwischen

- *inkrementalen Drehgebern,*
- *absoluten Drehgebern.*

Beide Systeme haben eine *verschleißfreie optoelektrische Abtastung* einer fest mit der Welle verbundenen Impulsscheibe, Auflösung 0,01 mm.

- **Inkrementale Drehgeber**
  Bei jeder Umdrehung wird eine bestimmte Anzahl von Impulsen abgegeben. Diese ist ein Maß für den zurückgelegten Weg. Die maximale Schaltfrequenz liegt bei 300 Hz.

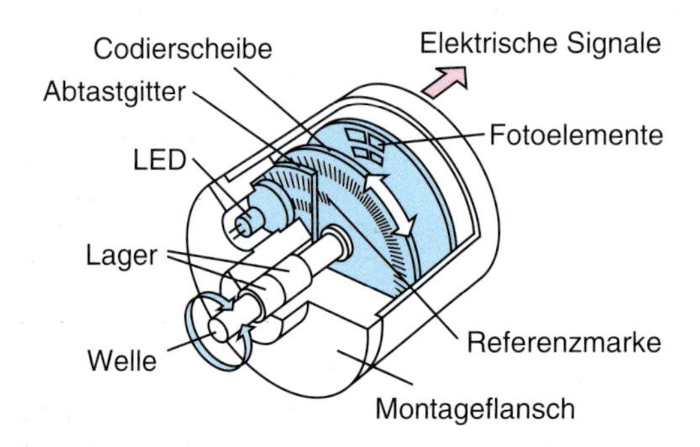

Auf einer Welle ist eine *Codierscheibe* montiert. Die einzelnen Segmente der Scheibe sind abwechselnd lichtdurchlässig und lichtundurchlässig.

Eine LED strahlt ein parallel ausgerichtetes Lichtbündel aus. Damit werden die Segmente durchleuchtet. Das Licht wird von *Fotoelementen* empfangen. Eine Elektronik gibt dann *Rechteckimpulse* aus.

- **Absoluter Drehgeber**
  In jeder Winkelstellung wird ein definierter *codierter Zahlenwert* abgegeben. Dieser Codewert steht unmittelbar nach dem Einschalten zur Verfügung.
  - *Singleturn-Drehgeber*
    Nach einer Umdrehung wiederholen sich die Messwerte.
  - *Multiturn-Drehgeber*
    Diese erfassen nicht nur Winkelpositionen, sondern auch mehrere Umdrehungen.

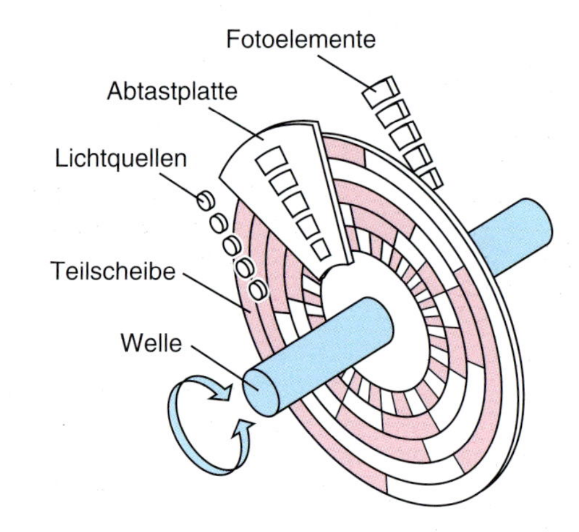

- **Rotationsdrehgeber**
  Zur Erfassung von mechanischen Positionen, beispielsweise bei Werkzeugrevolvern. Hohe mechanische Sicherheit, optische Grundstellungsanzeige zur Nullstellungsdefinition, hohe Positioniergeschwindigkeit.

Messen Sensoren

Code → 18

Messtechnik und Sensorik

Dehnungsmessstreifen DMS

Wirkungsprinzip: Die Widerstandsänderung ΔR proportional zur Dehnung ε durch Längenzunahme Δl, Querschnittsabnahme ΔA und Änderung des spezifischen Widerstandes $\Delta\rho$.

$$\frac{\Delta R}{R_0} = k \cdot \varepsilon \qquad \varepsilon = \frac{\Delta l}{l}$$

ΔR Widerstandsänderung durch Verformung in Ω
R_0 Widerstand vor der Verformung in Ω
ε Dehnung
l_0 Länge vor der Verformung in m
Δl Längenänderung in m

Übliche Werte für R_0 sind:
120 Ω, 350 Ω, 600 Ω, 700 Ω

Beachten Sie: $1\ \mu D = 1\ \frac{\mu m}{m} = 10^{-6}$

Längenänderung $\Delta l = 1\ \mu m$ bei einer Ausgangslänge $l_0 = 1$ m nennt man 1 µD.

Technische Daten von DMS

Typ	Folien-DMS	Draht-DMS	Halbleiter-DMS
R_0	120 Ω, 300 Ω, 350 Ω, 600 Ω	120 Ω, 600 Ω	120 Ω, 600 Ω
$\Delta R / R_0$	0,2 %	0,25 bis 0,5 %	0,5 %
Messlänge	0,6 mm, 30 mm	3 mm, 6 mm, 150 mm	1 mm, 5 mm
Empfindlichkeit	2	2	100 bis 160
Messstrom	20 bis 40 mA	10 bis 40 mA	10 bis 20 mA
max. Drehung in µD	80000	50000	5000

DMS werden zur Messung von Kräften und Materialbeanspruchungen direkt am Messobjekt aufgeklebt. Ebenso sind sie ein wesentliches Funktionselement von Messwertaufnehmern.

DMS-Bauformen für unterschiedliche Spannungszustände

Bauform	Anwendung	Messschaltung
	Für **einachsigen Spannungszustand** bei bekannter Richtung (Zug/Druck).	Viertelbrücke
	Für **2-achsigen Spannungszustand** bei **bekannten** Hauptrichtungen.	Viertelbrücke mit Messstellenumschalter
a b c	Für **2-achsigen Spannungszustand** bei **unbekannten** Hauptrichtungen. Verfahren mit 0°/45°/90°-Rosette	Viertelbrücke mit Messstellenumschalter

Messen Sensoren

Messschaltungen → 234

Messtechnik und Sensorik

DMS-Bauformen für unterschiedliche Spannungszustände

Bauform	Anwendung	Messschaltung
	Für die Messung von *Torsions- oder Scherspannungen* durch Messung der Dehnungen unter 45°.	Halbbrücke
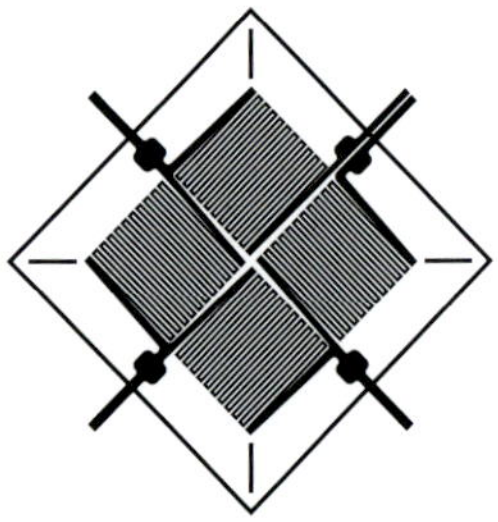		Vollbrücke

DMS-Messschaltungen

Messschaltung	Lastfall	Anwendung
Viertelbrücke 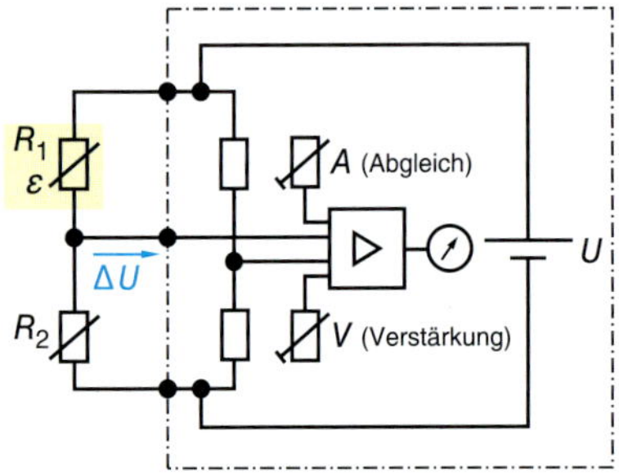 R_1, ε; R_2; ΔU; A (Abgleich); V (Verstärkung); U	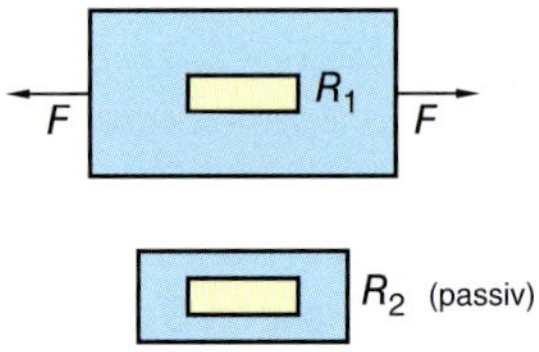 F, R_1, F R_2 (passiv) $\Delta U = \frac{U}{4} \cdot k \cdot \varepsilon$ $k \cdot \varepsilon = \frac{\Delta R}{R}$	Dehnung in Gitterrichtung
Halbbrücke 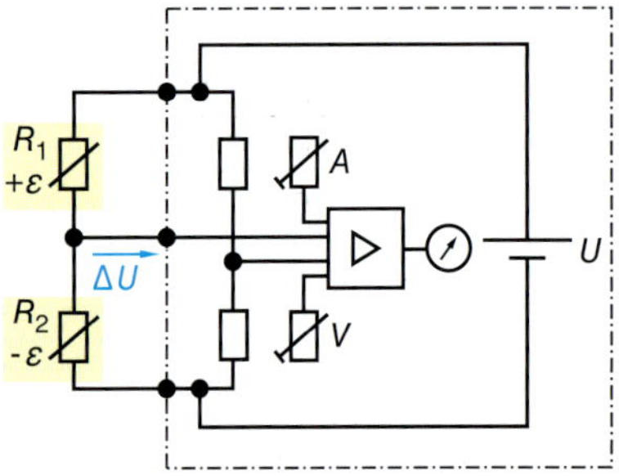 R_1, $+\varepsilon$; R_2, $-\varepsilon$; ΔU; A; V; U	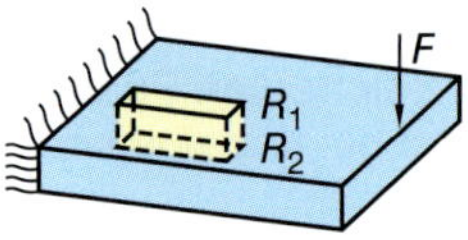 F, R_1, R_2 $\Delta U = \frac{U}{2} \cdot k \cdot \varepsilon$	Dehnung in Hauptrichtung bei symmetrischer, gegensinniger Lastverteilung

Brückenschaltung → 35 f

Messtechnik und Sensorik

DMS-Messschaltungen

Messschaltung	Lastfall	Anwendung
2/4-Brücke 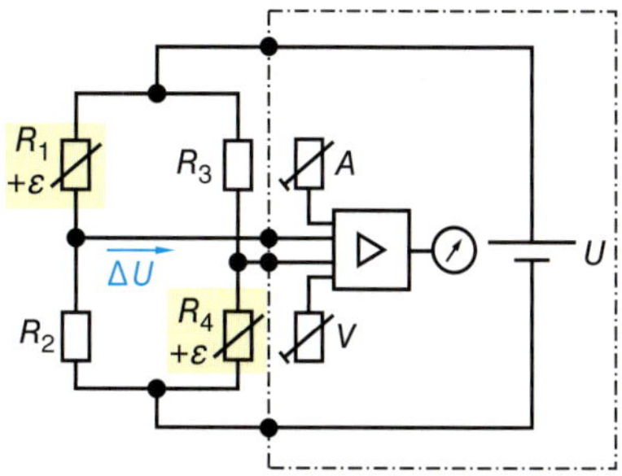	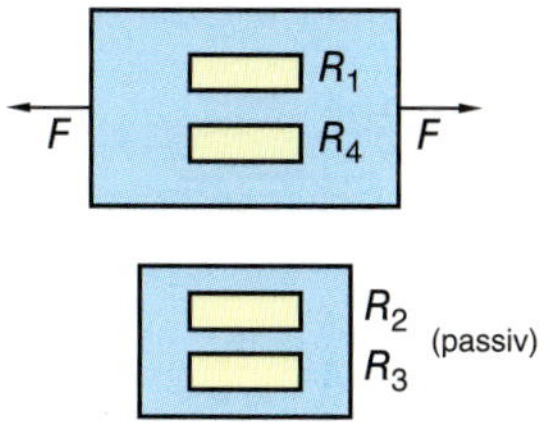 (passiv) $\Delta U = \frac{U}{2} \cdot k \cdot \varepsilon$	Dehnung in Hauptrichtung bei symmetrischer, gleichsinniger Lastverteilung
Vollbrücke 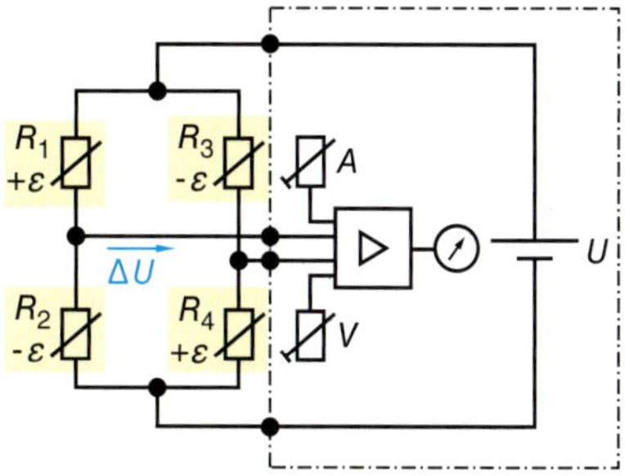	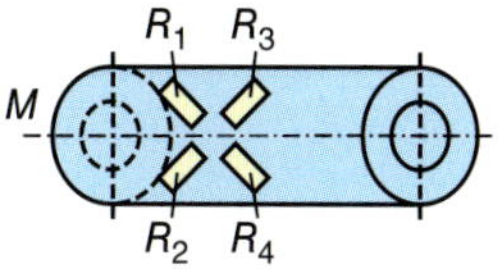 $\Delta U = U \cdot k \cdot \varepsilon$ 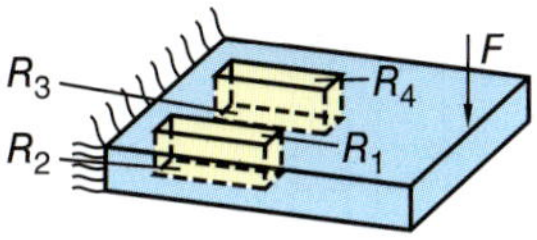	Dehnung in Hauptrichtung bei symmetrischer Lastverteilung

Erfassung von Kraft Moment und Beschleunigung

Zur Erfassung werden Aufnehmer auf DMS-Basis, piezoelektrischer Basis und magnetoelastischer Basis eingesetzt.

Aufnehmereignung zur Erfassung statischer und dynamischer Anteile von Kräften, Momenten und Beschleunigungen

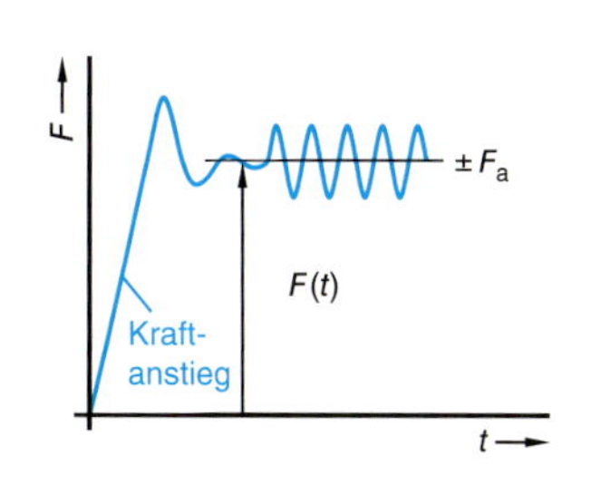

	DMS-Aufn.	Piezo-Aufn.	Magneto-elast. Aufn.
Kraftverlauf $F(t)$	1	2	2
Kraftanstieg	2	1	2
dynamischer Anteil +/− F_a	3	1	3
1 gut geeignet	2 geeignet		3 ungeeignet

Messtechnik und Sensorik

Erfassung von Kraft Moment und Beschleunigung

Aufnehmer auf DMS-Basis

Prinzip und Anwendung	Aufbau
Biegebalken für wechselnde Kraftrichtung, Vollbrückenschaltung	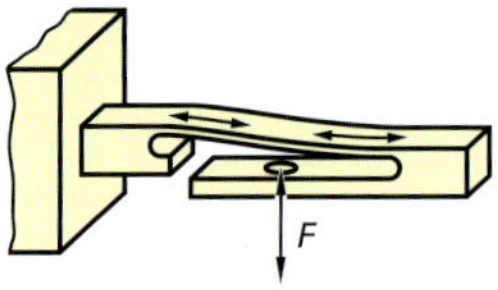
Scherstab für wechselnde Kraftrichtung, Vollbrückenschaltung	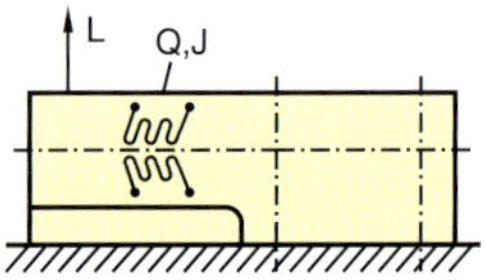
Spezielle Verformungskörper, z. B. ringförmig, Vollbrückenschaltung Einbau als querkraftfreie Pendelstütze für Zug und Druck	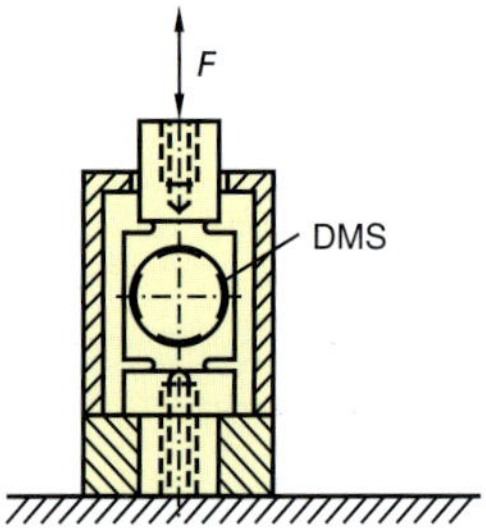
Torsionswelle stehend oder umlaufend, in diesem Fall Signalübertragung über Schleifringe oder berühungslos induktiv	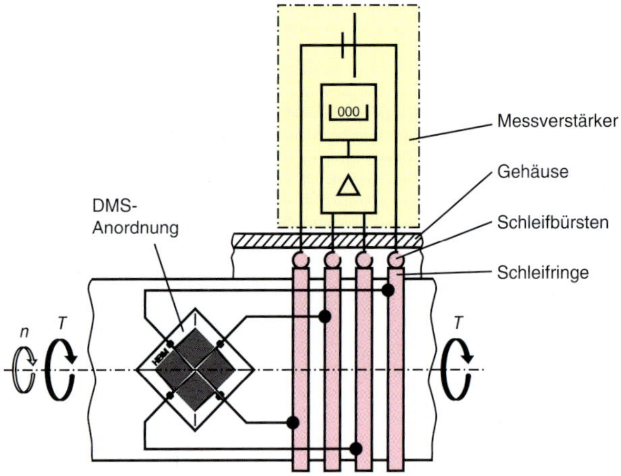

Brückenschaltung → 35 f

Messtechnik und Sensorik

Erfassung von Kraft Moment und Beschleunigung

Anwendung von Aufnehmern auf DMS-Basis: Kraft- und Momentenmessung in der Wägetechnik und in der Verschraubungstechnik.

Aufnehmer auf magnetoelastischer Basis

Durch mechanische Spannungen wird die *Permeabilität* ferromagnetischer Werkstoffe geändert.

Die Senderspule des ortsfesten Sensorkopfes durchsetzt den Werkstoff mit magnetischen Feldlinien.

Die in den Aufnehmerspulen induzierten Spannungen werden entsprechend der mechanischen Spannung verändert, die durch Kraft oder Drehmoment auftreten.

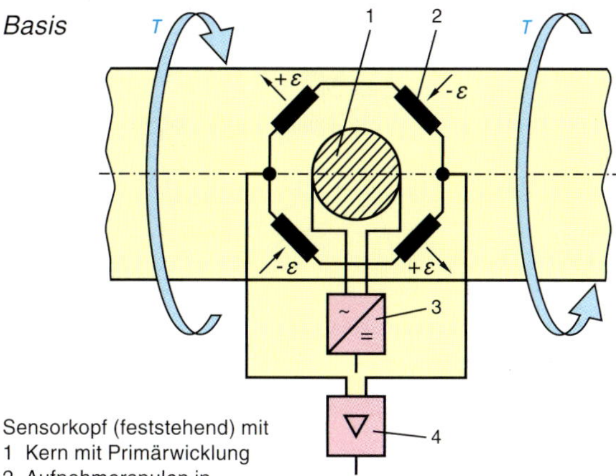

Sensorkopf (feststehend) mit
1 Kern mit Primärwicklung
2 Aufnehmerspulen in Brückenschaltung
3 Oszillator
4 Verstärker

Drucksensoren

Drucksensoren auf *piezoresistiver*, *induktiver* oder *DMS-Basis* dienen zur Erfassung von *statischen* und *dynamischen* Druckverläufen sowie von Überdruck, Differenzdruck und Absolutdruck.

Bei der Überdruck- oder Unterdruckerfassung ist eine Seite des Messelements mit dem atmosphärischen Druck beaufschlagt.

Bei der **Differenzdruckerfassung** sind beide Seiten des Messelements mit dem jeweiligen Druck p_1 und p_2 beaufschlagt. Bei der **Absolutdruckerfassung** muss eine Seite des Messelementes evakuiert oder mit konstantem Referenzdruck versehen werden.

Druckaufnehmer

Prinzip	Messbereich Messunsicherheit	Eigenschaften Anwendung
Auf **DMS oder piezoresistiver** (Halbleiter-DMS) Basis p	Messbereich von p_{max} = 10 bar bis 4000 bar Bei piezoresistiver Basis ab p_{max} = 0,1 bar ab Kl 0,1	Universelle Druckgeber für den ganzen Druckbereich. Für sehr kleine Drücke piezoresistive Aufnehmer. Eigenfrequenzen zwischen 4 kHz und > 100 kHz sind zu beachten. *Messschaltung:* Vollbrücke *Verstärkerausgang:* eingeprägter Strom oder Spannung

Messtechnik und Sensorik

Druckaufnehmer

Prinzip	Messbereich Messunsicherheit	Eigenschaften Anwendung
Folien-DMS Halbleiter-DMS, piezoresistive Messzelle		
Auf **induktiver Basis** Differenzialdrossel	Im Vergleich zu DMS-Aufnehmern wegen der größeren Empfindlichkeit des induktiven Prinzips auch für kleine Messbereiche ab p_{max} = 0,1 bar geeignet. Kl 0,5	Universelle Druckgeber mit z. T. niedriger Eigenfrequenz ab 0,5 kHz durch niedrige Federkonstante und relativ große Masse der Membrane. *Messschaltung:* Halbbrücke mit Trägerfrequenzmessverstärker
Auf **piezoelektrischer Basis**	Messbereich bis p_{max} = 1000 bar. Messunsicherheit ca. ± 1 % vom Messwert. Besondere Eignung für die Messung dynamischer Druckanteile auf beliebigem statischen Niveau (< p_{max}).	Für die Messung sehr steiler Druckspitzen, z. B. Druckstöße in hydraulischen Anlagen. Für die Messung von Drücken bei höheren Temperaturen (bis 350 °C ungekühlt), z. B. Zylinderdruck von Kolbenmaschinen (Indizierung). *Messschaltung:* Ladungsverstärker Spannungsausgang Hohe Eigenfrequenz

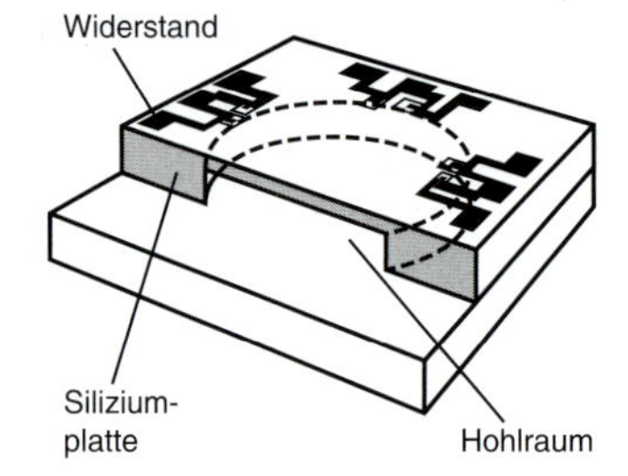

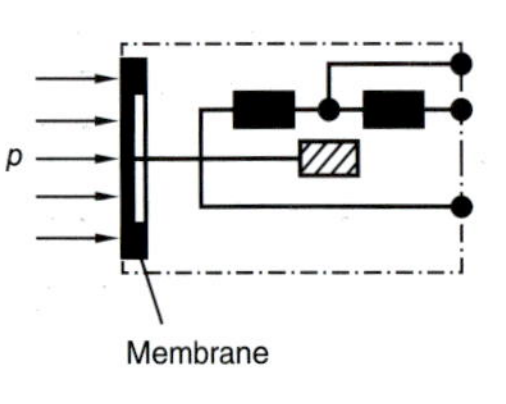

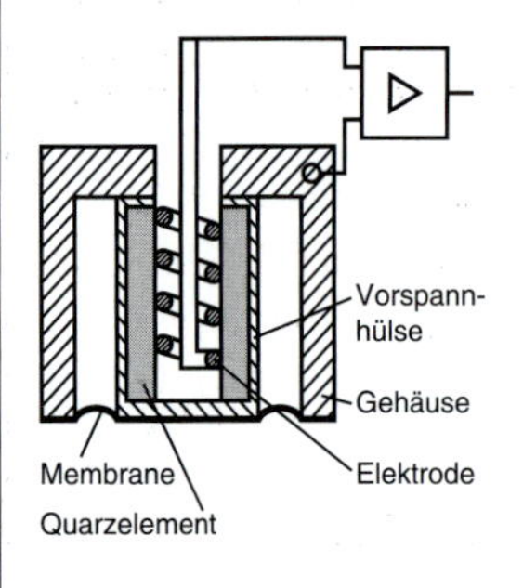

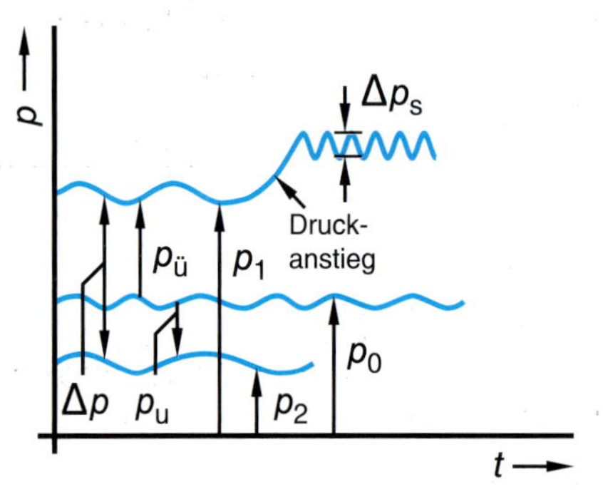

Eignungstabelle

	DMS-Aufn.	Indukt. Aufn.	Piezo-Aufn.
p athm. Druck	1	2	3
p_1 absoluter Druck	1	2	2
p_2 absoluter Druck	1	2	2
$p_ü$ Überdruck	1	1	2
p_u Unterdruck	1	1	2
Δp Differenzdruck	2	1	2
Δp_s dynamischer Anteil	2	2	1
Druckanstieg	2	2	1
1 gut geeignet	2 geeignet		3 ungeeignet

Messtechnik und Sensorik

Induktive Näherungsschalter

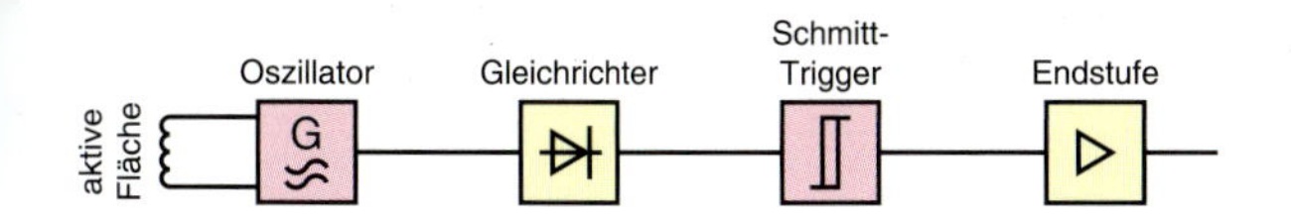

Der *Oszillator* bewirkt ein hochfrequentes elektromagnetisches Feld, das an der *aktiven Fläche* des Sensors austritt.

Gelangen elektrisch leitfähige Materialien in den Einflussbereich des Feldes, wird der Oszillator *bedämpft* und der *Schmitt-Trigger* (Schwellwertschalter) schaltet.

Bemessungsschaltabstand

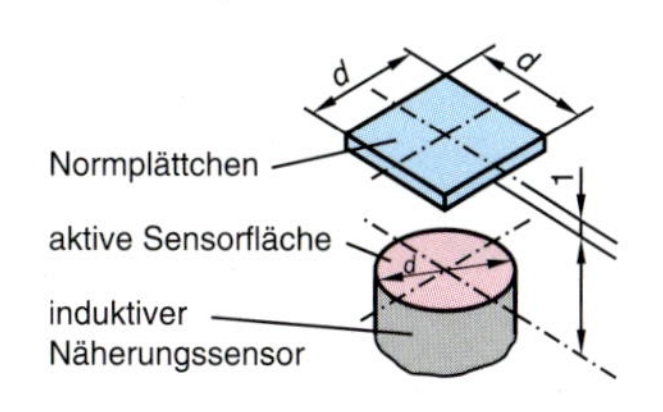

Bestimmt, wie weit der elektrisch leitende Stoff von der *aktiven Fläche* des Sensors entfernt sein darf, um einen einwandfreien Schaltvorgang hervorzurufen

Induktive Näherungssensoren arbeiten berührungslos und verschleißfrei.
Sie erfüllen hohe Anforderungen an

- *Zuverlässigkeit*
- *Schaltpunktgenauigkeit*
- *Betätigungsgeschwindigkeit*

Schaltabstand

$a = k \cdot S_N$

a tatsächlicher Schaltabstand
k Materialfaktor
S_N Bemessungs-Schaltabstand

Kupfer	0,45	Edelstahl	0,7
Alum.	0,5	Messing	0,55

Daten und Anschlüsse

Ausführungen	Code	Symbol	Prinzipschaltung/Daten
Gleichspannung 10 V – 60 V	Zweidraht Z Z0, Z1, Z2 kurzschlussfest, verpolsicher	L+ L- Beispiel: Schließer Z/ZO Schließer; NO oder Öffner, NC	Basisreihe 5 V/4 – 100 mA Standardreihe 4 V/2 – 200 mA Reststrom 0,7 mA
Basisreihe 10 V – 63 V 100 mA Standardreihe 10 V – 60 V 200 mA	Dreidraht E, E0, E1, E2, E3 kurzschlussfest, verpolsicher	6 S VENTIL Start & VENTIL 7 N PUMPE Schließer; NO oder Öffner, NC	L+ npn Bürde/Last Ausgang L- L+ Ausgang pnp Bürde/Last L- Daten wie Typ A
	Vierdraht A A2 kurzschlussfest, verpolsicher	L+ L- Beispiel: Öffner und Schließer A2 Öffner; NC und Schließer, NO	Spannungsfall 2,5 V Reststrom 0,3 mA Betriebsstrom 0 mA – 200 mA Leerlaufstrom 20 mA

Messen Sensoren

Schmitt-Trigger → 93

Messtechnik und Sensorik

Daten und Anschlüsse

Ausführungen	Code	Symbol	Prinzipschaltung/Daten
Wechsel-spannung 20 V – 250 V	WS WÖ W W3	L+ / L- Beispiel: Öffner WÖ oder UÖ Öffner; NC und Schließer, NO	Spannungsfall „ein" 5 V Reststrom 1 mA Betriebsstrom 5 mA – 500 mA
Allstrom 20 V –250 V AC 45 Hz – 65 Hz 30 V – 300 V DC	US UÖ		Spannungsfall „ein" 5 V Reststrom 1,5 mA Betriebsstrom 5 mA – 500 mA
Gleichspannung 8 V	NAMUR N 1N SN S1N EN50227	L+ / L- Beispiel: N/NO oder SN Öffner; NC und Schließer, NO	Bemessungsspannung 8 V Ausgangsstrom < 1 mA betätigt > 3 mA unbetätigt

NAMUR: Normenanschluss für Mess- und Regelungstechnik.

Aderfarbe/Steckerbelegung

Typ	Funktion	Aderfarbe	Anschlussziffer
2 Anschlüsse AC und 2 Anschlüsse DC Polung frei	Schließer	je Farbe [1] außer Gelb, Grün oder Grün/Gelb	3 4
	Öffner		1 2
2 Anschlüsse DC Polung beachten	Schließer	+ Braun (BN) – Blau (BU)	1 4
	Öffner	+ Braun (BN) – Blau (BU)	1 2
3 Anschlüsse DC Polung beachten	Schließer Ausgang	+ Braun (BN) – Blau (BU) Schwarz (BK)	1 3 4
	Öffner Ausgang	+ Braun (BN) – Blau (BU) Schwarz (BK)	1 3 2
4 Anschlüsse DC Polung beachten	Wechsler (öffnen, schließen) Schließer-Ausgang Öffner-Ausgang	+ Braun (BN) – Blau (BU) Schwarz (BK) Weiß (WH)	1 3 4 2

[1] Es wird empfohlen, dass beide Drähte die gleiche Farbe haben.

Messen Sensoren

Messtechnik und Sensorik

Kapazitive Näherungsschalter

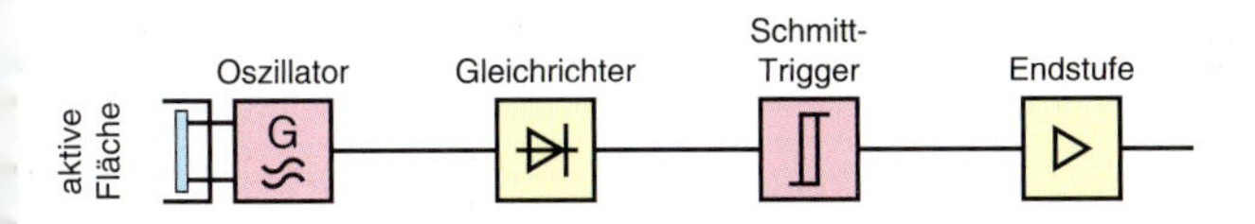

Die *Schwingkreiskapazität* wird unter dem Einfluss von Materialien vor der aktiven Fläche verändert. Der *Oszillator* wird bedämpft und der *Schmitt-Trigger* schaltet.

Der **Bemessungs-Schaltabstand** wird i. Allg. auf eine Wasseroberfläche bezogen.

Schaltabstand in mm bei 80 % Empfindlichkeit

PVC	20	Metall	35
Holz	25	Metall, geerdet	50

Der Schaltabstand kann mit einem *Einstellpotenziometer* verändert werden.

Den Sensor nicht mit max. Empfindlichkeit betreiben, da der Störgrößeneinfluss mit der Empfindlichkeit zunimmt.

Technische Daten
DC-Ausführung, 3-Leiteranschluss für 10 bis 60 V (NPN- oder PNP-Ausgang)
AC-Ausführung mit 2-Leiteranschluss für 20 bis 250 V

- *Beeinflussung durch Nichtleiter*
  Nur die *Änderung* des Dieelektrikums vor der aktiven Fläche wird erfasst. Der dadurch erreichbare Schaltabstand ist relativ gering.
- *Beeinflussung durch Leiter*
  Neben der Änderung des Dielektrikums in der aktiven Zone tritt noch zusätzlich eine *Störung des Rauschfeldes* durch den leitfähigen Stoff auf. Dadurch wird der Schaltabstand größer.
- *Beeinflussung durch Leiter mit Erdung*
  Neben den oben genannten Einflüssen tritt noch eine *Absorption* auf. Dadurch wird der große Schaltabstand erreicht.

Die Verschmutzung der aktiven Fläche kann zu einer Veränderung des Schaltabstandes führen.

Ultraschallsensoren

Ein *piezokeramischer Wandler* sendet Ultraschallimpulse aus. Wenn die Impulse von einem Objekt *reflektiert* werden, kann der Wandler das Echo empfangen und ein auswertbares Signal umsetzen.

Die Reichweite liegt zwischen 6 und 600 cm. Erfasst werden aller Materialien, die Ultraschallwellen reflektieren können. Dabei dürfen die zu erfassenden Objekte aus jeder Richtung in die *Schallkeule* geführt werden.

Die *Schalllaufzeit* hängt von der Lufttemperatur und von der Luftfeuchtigkeit ab.

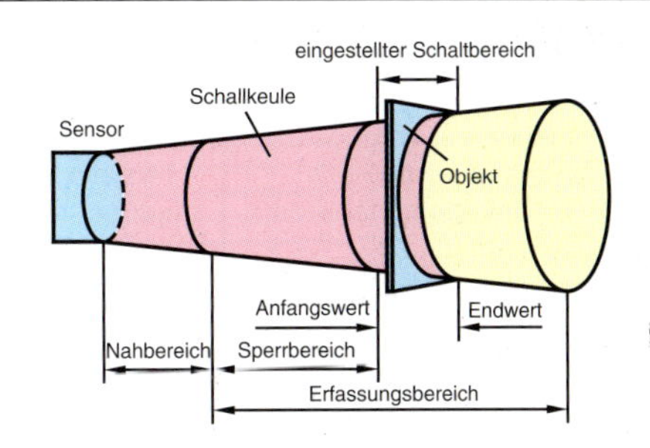

- **Kompakt-Näherungsschalter**
  - Mit separaten Ausgängen für den Sperr- und Schaltbereich verfügbar, Betrieb als *Reflexlichtschranke* möglich
  - Mit einem Potenziometer kann der Objekterfassungsbereich eingestellt werden
  - Schaltausgang in 3-Leiter-Schaltung
  - Sensor und Auswerteschaltung bilden eine Einheit

- **Ultraschallsensor mit Auswertegerät**
  - Entfernung von 6 bis 99 cm mit Auflösung 1 cm
  - Entfernung von 80 bis 600 cm mit Auflösung von 10 cm
  - Schaltausgang (Schütz oder SPS)
  - Digitalausgang im BCD-Code oder als 8-Bit-Binärzahl zur Abstandsmessung
  - Analogausgang (4 – 20 mA) zur Abstandserfassung

Schmitt-Trigger → 93, Code → 18

Messen Sensoren

Messtechnik und Sensorik

Optoelektronische Sensoren

Optoelektronische Sensoren bestehen prinzipiell aus einem Lichtsender und einem Empfänger. Sie reagieren auf *Helligkeitsänderungen* des empfangenen Lichts, die durch Objekte im Lichtstrahl hervorgerufen werden.
Die Auswertung der Helligkeitsänderung bewirkt ein Schaltsignal.

- **Hellschaltend:** Ausgang bei *Lichteinfall* aktiv
- **Dunkelschaltend**: Ausgang bei *Strahlungsunterbrechung* aktiv

Optoelektronische Sensoren arbeiten mit *moduliertem Licht*. Fremdeinflüsse durch Sonnenlicht und Lichtquellen sind ausgeschlossen.

Bauarten, Betriebsarten

- **Einwegsystem**
  Lichtsender und Lichtempfänger sind in *zwei getrennte* Gehäuse eingebaut.
  Objekte, die den Lichtstrahl unterbrechen, werden erfasst.
  Anwendung z. B. bei großen Reichweiten.

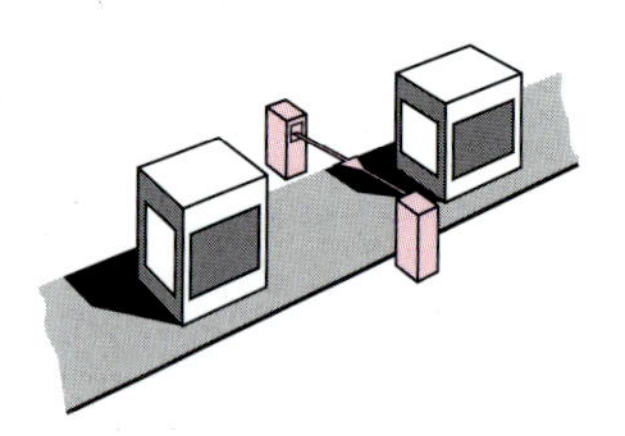

- **Reflexionssystem**
  Lichtsender und Lichtempfänger sind *im gleichen Gehäuse* untergebracht.
  Ein Reflektor wirft den Lichtstrahl zurück.
  Objekte, die diese Lichtreflexion unterbrechen, werden erfasst.
  Anwendung z. B. bei kurzen und mittleren Reichweiten.

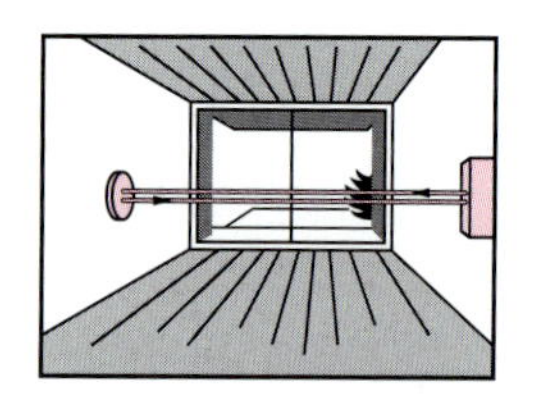

- **Tastersystem**
  Sender und Empfänger sind *im gleichen Gehäuse* untergebracht. Wenn der ausgesandte Lichtstrahl auf eine Fläche trifft, kommt es zu einer vom Empfänger erkannten Reflexion.
  Anwendung bei relativ kurzen Tastweiten.

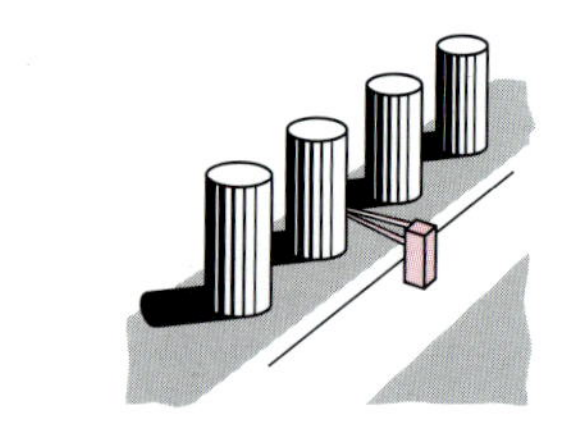

- **Reflexionslichttaster für den Nahbereich**
  Innerhalb einer fest vorgegebenen *Tastweite* werde helle und dunkle Objekte annähernd gleich gut erkannt.
  Umwelteinflüsse sind i. Allg. unproblematisch.

- **Reflexionslichttaster mit Vordergrundausblendung**
  Bevorzugt bei *gut reflektierendem Hintergrund* und weniger gut reflektierenden Objekten einsetzbar. Sie werden auf den Hintergrund abgeglichen.
  Reflexionen aus dem Vordergrundbereich werden wie eine Lichtstrahlunterbrechung ausgewertet.

- **Reflexionslichttaster mit Hintergrundausblendung**
  Ein Sender und zwei Empfänger *in einem Gehäuse*. Die Empfängeroptik ist so ausgelegt, dass mit zunehmender Entfernung des Objektes die von Empfänger 1 erfasste Lichtmenge immer größer und von Empfänger 2 erfasste Lichtmenge immer kleiner wird.
  Die maximale Tastweite ist der Punkt, an dem die beiden Lichtmengen gleich groß sind. Entferntere Objekte werden nicht erkannt, auch wenn sie viel Licht reflektieren.
  Anwendung der Lichttaster dort, wo dunkle Objekte vor einem hellen Hintergrund erfasst werden sollen.

- ***Reflexionslichttaster mit Hintergrundausblendung***

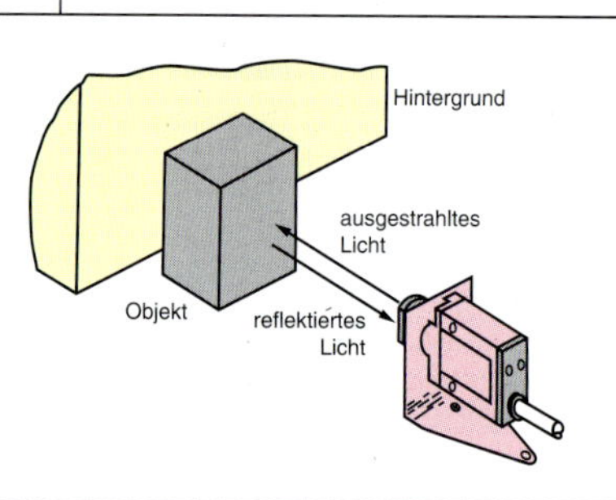

Messtechnik und Sensorik

Bauarten, Betriebsarten

- **Lichtwellenleiter**

  Besonders geeignet bei engen Einbaubedingungen oder hohen Temperaturen, bei Detektion kleiner Objekte unter dem Einfluss starker elektromagnetischer Felder. Das Licht wird vom Sensor zu einem entfernten Objekt geleitet.

  Lichtwellenleiter sind flexibel und können wie elektrische Leitungen gebogen und verlegt werden.

  In den Glasfasern pflanzt sich das Licht mit geringer Dämpfung fort. An den Sensorköpfen tritt das Licht aus und das Empfangssignal wird aufgenommen.

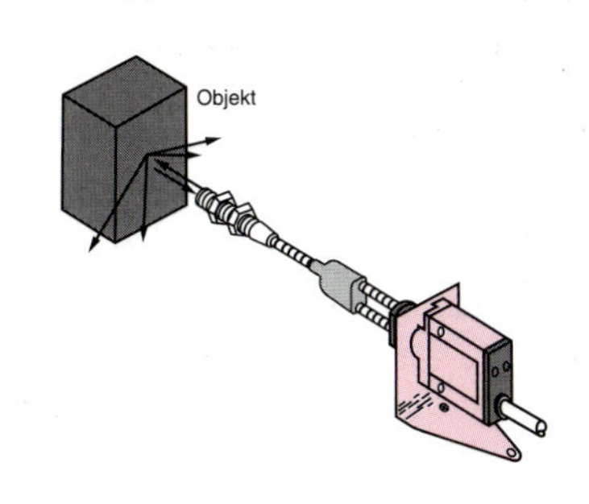

Ermittlung der Tastweite

Zu berücksichtigen sind das Reflexionsvermögen des Objektes sowie die Umweltbedingungen.

Material	Reflexions-vermögen	Reichweiten-faktor
Kodak-Testkarte	90 %	1,0
weißes Papier	80 %	1,1
Zeitung, bedruckt	55 %	1,6
Toilettenpapier	47 %	1,9
Pappkarton	70 %	1,3
Pinienholz, sauber	75 %	1,2
Holzpalette, sauber	20 %	4,5
Bierschaum	70 %	1,3
klare Plastikflasche	40 %	2,3
transparente braune Plastikflasche	60 %	1,5
undurchsichtiges weißes Plastik	87 %	1,0
undurchsichtiges schwarzes Plastik	14 %	6,4
Neopren, schwarz	4 %	22,5
schwarzer Teppich-Schaumrücken	2 %	45,0
Autoreifen	1,5 %	60,0
Aluminium, unbehandelt	140 %	0,6
Aluminium, gebürstet	105 %	0,9
Aluminium, schwarz eloxiert	115 %	0,8
Aluminium, schwarz eloxiert, gebürstet	50 %	1,8
Edelstahl, rostfrei, poliert	400 %	0,2
Kork	35 %	2,9

Korrekturfaktor	Umweltbedingungen
1,5	Sauberste Umgebung, keine Schmutzeinwirkung auf Linsen und Reflektor.
5	Leichte Verschmutzung durch Dunst, Staub, Ölfilm auf Linsen und Reflektor (Linsen werden regelmäßig gereinigt).
10	Mäßige Verschmutzung durch Dunst, Staub, Ölfilm auf Linsen und Reflektor (Linsen werden nur gelegentlich oder bei Bedarf gereinigt).
50	Starke Verschmutzung durch dichten Dunst, Staub, starken Rauch oder dichten Ölfilm (Linsen werden selten oder nicht gereinigt).

Beispiel

Abzutastendes Objekt: Zeitung, bedruckt, leicht verschmutzte Umgebung

Reflexionsvermögen: 55 %, Faktor 1,6

Verschmutzungsfaktor: 5

$1{,}6 \cdot 5 = 8 \rightarrow 80$ cm

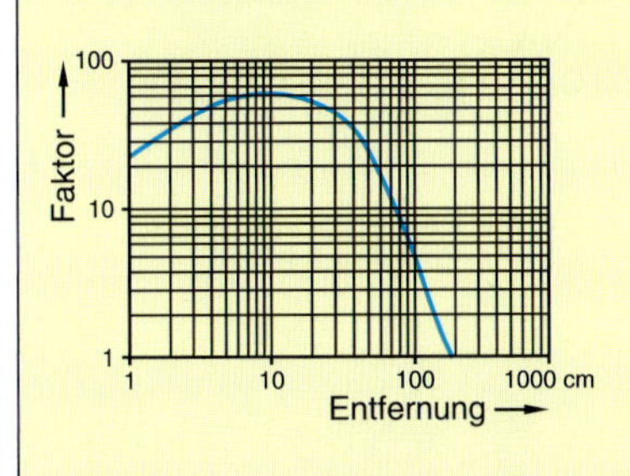

Messtechnik und Sensorik

Anschlussbild und technische Daten (Beispiel)

Anschlussbild		bn, wh, bk, bu, +, -
Reichweite		500 mm
Lichtart		IR
Wellenlänge	[mm]	880
Hell-/Dunkelschaltung		•
programmierbar Empfindlichkeit einstellbar		•
Betriebsspannung	[V]	10 ··· 30 V DC
Restwelligkeit	[%]	≤ 10
Eigenstromaufnahme	[mA]	≤ 20
Ausgang		Schließer (pnp, npn)
Dauerstrom	[mA]	≤ 250
Stoßstrom	[A]	—
Reststrom	[mA]	< l
Spannungsfall (bei I_{Nenn})	[V]	< l
Verpolschutz		•
Kurzschlussschutz		•
Überstromauslösung	[mA]	—
Schaltfrequenz	[Hz]	≤ 150
Werkstoff Gehäuse		Valox®
Werkstoff Linse		Acryl®
Werkstoff Endkappe/Klemmenraum		—
Schutzart (DIN 40 050)		IP 67
Zul. Umgebungstemperatur	[°C]	– 20 ··· + 70
Anziehdrehmoment	[Nm]	—
Anschlussleitung/Klemmvermögen	[mm²]	PVC, 4 × 0,5
Schaltzustandsanzeige/Funktion	LED	rot
Betriebsspannungsanzeige	LED	—
Reichweitenkurve (Faktor / Entfernung)		100, 10, 1; 1, 10, 100, 1000 cm

Messtechnik und Sensorik

Füllstandsmessung

Prinzip	Verwendung
• **Schwimmerschalter** Der Schwimmer schwimmt auf der Oberfläche der Flüssigkeit und löst bei Erreichung eines eingestellten Füllstandes ein Schaltsignal aus.	• Grenzwerterfassung in Flüssigkeiten
• **Lotsystem** Der Unterschied zwischen Silohöhe und geloteter Distanz ist der Füllstand. Ein Motor lässt ein mit einem Fühlgewicht beschwertes Messband in das Silo hinab. Wenn das Fühlgewicht die Oberfläche erreicht, wird die Drehrichtung des Motors umgeschaltet. Das Fühlgewicht wird in seine Ausgangslage zurückgezogen. Aus der Messbandlänge wird der Füllstand berechnet.	• Messung von Schüttgütern in hohlen Silos
• **Drehflügelschalter** Ein Flügel wird von einem Elektromotor angetrieben und rotiert mit gleichbleibender Drehzahl. Bei Erreichen des Mediums wird der Flügel abgebremst. Dadurch kann sich der Motor verdrehen und ein Schaltsignal auslösen.	• Grenzwerterfassung in zähen Flüssigkeiten sowie pulverförmigen Schüttgütern
• **Kapazitive Füllstandsmessung** Der Kondensator wird durch eine Sonde und eine Gegenelektrode gebildet. Eine Änderung des Füllstandes bewirkt eine Kapazitätsänderung, die ausgewertet wird.	• für Flüssigkeiten und Schüttgüter • geeignet für aggressive Medien • Grenzwerterfassung • kontinuierliche Messung
• **Konduktive Füllstandsmessung** Der elektrische Widerstand zwischen zwei Messelektroden ändert sich in Abhängigkeit der Füllstandshöhe.	• für leitfähige Flüssigkeiten • im Allgemeinen zur Grenzwerterfassung
• **Hydrostatische Füllstandsmessung** Auf einen Messaufnehmer übt die Flüssigkeit einen hydrostatischen Druck aus. Dieser wird von einem Druckaufnehmer erfasst und ist ein Maß für die Füllhöhe.	• für Flüssigkeiten und Pasten ohne Einfluss von Schaumbildung • Volumen, Gewicht und Dichte lassen sich ebenfalls ermitteln
• **Mikrowellen-Füllstandsmessung** Ein Sender strahlt ein Mikrowellensignal ab. Der gegenüberliegende Empfänger detektiert dieses Signal und erzeugt ein Schaltsignal am Auswertegerät.	• für Schüttgüter aller Art • auch Einsatz bei Rohrleitungen, Schächten, Freifallschächten
• **Ultraschall-Füllstandsmessung** Es handelt sich hier um eine Laufzeitmessung. Der Sensor sendet Ultraschallimpulse aus, die von der Oberfläche des Mediums reflektiert und wieder vom Sensor erfasst werden. Der Weg wird aus der benötigten Laufzeit ermittelt. Wenn dieser Weg von der Behälterhöhe abgezogen wird, ergibt sich der Füllstand.	• kontinuierliche Messung von Flüssigkeiten und Schüttgütern • die Messung erfolgt berührungslos

Durchflussmessung

Prinzip	Verwendung
• **Elektromagnetische Durchflussmessung** Das Medium entspricht einem bewegten Leiter im Magnetfeld. In diesem Medium wird eine elektrische Spannung induziert, die der Durchflussgeschwindigkeit proportional ist. Bei bekanntem Bohrquerschnitt kann das Durchflussvolumen berechnet werden.	• unabhängig von Temperatur, Druck und Viskosität • keine bewegten Teile • hohe Zuverlässigkeit
• **Wirbel-Durchflussmessung** Hinter einem angeströmten Staukörper bilden sich abwechselnd beidseitig Wirbel. Diese erzeugen einen Unterdruck, der erfasst wird.	• geringe Kosten • hohe Genauigkeit • für flüssige und gasförmige Medien
• **Thermische Durchflussmessung** Das Medium strömt an zwei Pt100 vorbei. Ein Messwiderstand erfasst die Temperatur des Mediums, der andere wird auf eine konstante Temperaturdifferenz gehalten. Nimmt der über das aufgeheizte Widerstandsthermometer geführte Massestrom zu, erhöht sich die Abkühlung und die Stromstärke, die für eine gleichbleibende Differenztemperatur notwendig ist. Der Heizstrom ist dem Massestrom proportional.	• direkte Massenmessung • hohe Genauigkeit

Automatisierungstechnik

Automatisierungstechnik

Steuerungstechnik

Grundbegriffe

Begriff	Erläuterung
Prozess	Vorgang zur Umformung oder zur Umformung von Material, Energie oder Information.
Steuern	• Eingangssignale aus dem Prozess entgegennehmen und anpassen. • Angepasste Signale verarbeiten. • Ergebnisse der Signalverarbeitung anpassen und an den Prozess ausgeben. 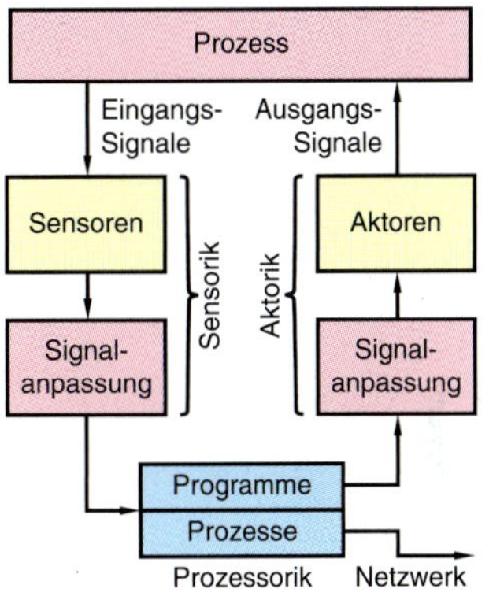
Komponenten eines gesteuerten Prozesses	• Sensorik • Signalanpassung (Eingang) • Prozessorik (Hardware, Software) • Signalanpassung (Ausgang) • Aktorik
Steuerung	• Eine Eingangsgröße beeinflusst auf Grund einer Gesetzmäßigkeit eine Ausgangsgröße. • Die Ausgangsgröße wirkt nicht auf die Eingangsgröße zurück. • Steuerungskette, offener Wirkungsablauf. 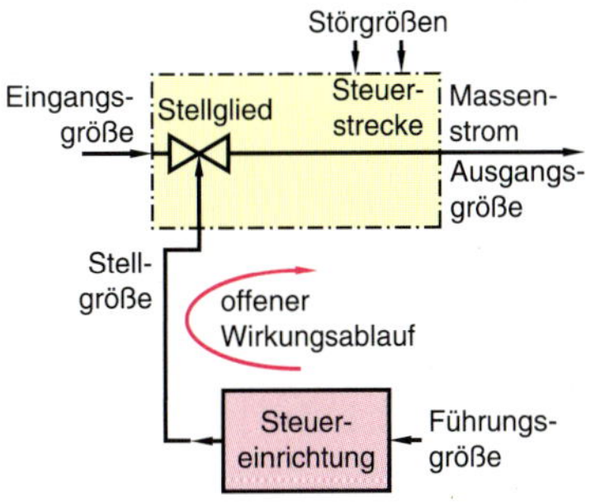
Steuerstrecke	Teil des Wirkungswegs, der den zu beeinflussenden Teil der Anlage darstellt. Zum Beispiel: Motor bei Drehzahlsteuerung
Stellgröße y	Größe, die als Ausgangsgröße der Steuereinrichtung die Steuerstrecke beeinflusst.
Führungsgröße w	Größe, der innerhalb einer Steuerkette die Ausgangsgröße folgen soll.
Ausgangsgröße x_a	Größe, die in einer Steuerstrecke nach einer festgelegten Gesetzmäßigkeit beeinflusst werden soll.

Automatisierungstechnik

Steuerungstechnik

Grundbegriffe

Begriff	Erläuterung
Störgröße z	Vor außen wirkende Größe, durch die die Ausgangsgröße unerwünscht beeinflusst wird.
Wann Steuern?	• Wenn nur *eine* Störgröße auftritt, die nach Art und Verlauf bekannt ist. • Wenn zwar Störgrößen auftreten, diese sich aber nur selten ändern. • Wenn die Auswirkungen von Störgrößenänderungen vernachlässigbar gering sind.
Synchrone Steuerung	Die Signalverarbeitung erfolgt synchron zu einem Taktsignal, z. B.: mikrocomputergesteuerter Vorschubantrieb (CNC). 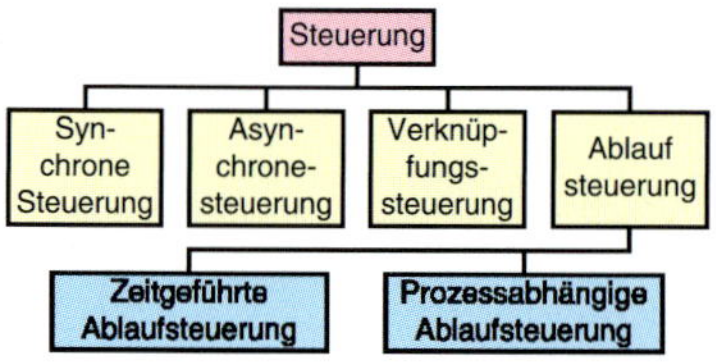
Asynchrone Steuerung	Steuerung arbeitet ohne Taktsignal. Signaländerungen werden nur durch Eingangssignaländerungen ausgelöst.
Verknüpfungssteuerung	Den Signalzuständen der Eingangssignale werden bestimmte Signalzustände der Ausgangssignale zugeordnet. 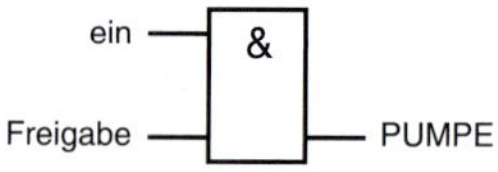
Ablaufsteuerung	Das Weiterschalten von einem Schritt auf den nächsten Schritt erfolgt zwangsläufig. 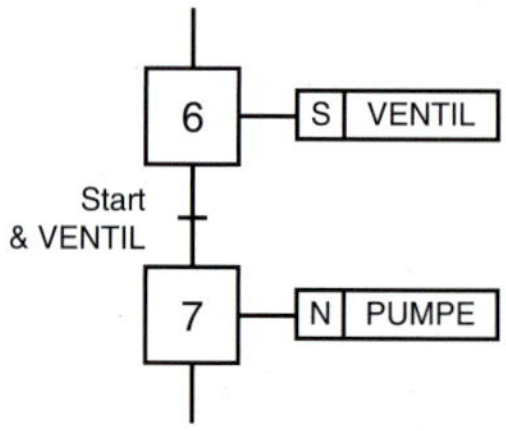
Zeitgeführte Ablaufsteuerung	Das Weiterschalten von einem Schritt auf den nächsten Schritt erfolgt zeitgeführt, z. B. Ampelsteuerung.
Prozessgeführte Ablaufsteuerung	Das Weiterschalten von einem Schritt auf den nächsten Schritt hängt von den Signalen des gesteuerten Prozesses ab.
Signal	Physikalische Darstellung einer Information, z. B. Darstellung einer Temperatur durch eine elektrische Spannung.
Signalformen	Unterschieden wird zwischen *analogen*, *binären* und *digitalen* Signalen.
Binäres Signal	Zur Signaldarstellung werden zwei Zustände unterschieden. Signal vorhanden → Zustand 1 Signal nicht vorhanden → Zustand 0

Automatisierungstechnik

Steuerungstechnik

Grundbegriffe

Begriff	Erläuterung
Digitales Signal	Informationsdarstellung durch eine Anzahl von Binärsignalen nach einem bestimmten Code.
Analoges Signal	Die Steuerungsgröße wird nach Betrag und Vorzeichen in Abhängigkeit von der Zeit kontinuierlich nachgebildet.
Sensorik/Aktorik	*Sensorik* ist der Teil des Steuerungssystems, das die Prozesszustandsdaten *erfasst*, *aufbereitet* und zur *Verarbeitung* weiterleitet. *Aktorik* ist der Teil des Steuerungssystems, das • *die verarbeiteten Signale aufnimmt und verstärkt,* • *wichtige Prozesszustände rückmeldet.* Die Aktorik führt die Stellaktionen aus. Physikal. Größe → Sensor → Steuereinrichtung → Aktor → Steuerungsprozess

Schütze

Schütze sind elektromagnetische Schalter. Wird die *Schützspule* vom Steuerstrom durchflossen, zieht sie einen Eisenanker an. Die *Schaltglieder* des Schützes werden dann betätigt: Schließer werden geschlossen, Öffner werden geöffnet.

Vorzugswerte für die *Steuerspannung* sind: **24 V**, 48 V, 110 V, **230 V**

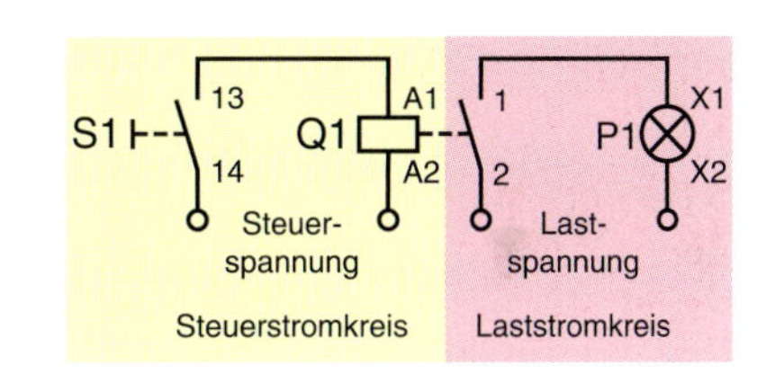

Hauptschütze

Hauptschütze (Lastschütze) eignen sich für das *direkte Schalten von Lastströmen* (z. B. bei Elektromotoren).
Sie verfügen dazu über drei *Hauptschaltglieder*.
Im Allgemeinen sind sie zusätzlich mit *Hilfsschaltgliedern* ausgestattet (z. B. für die Selbsthaltung).

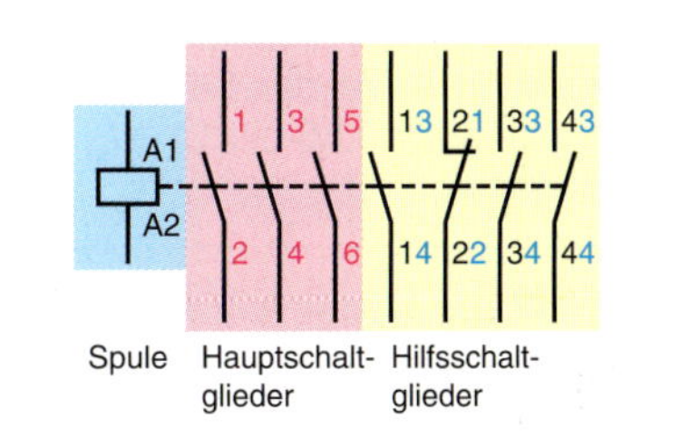

Hilfsschütze

Hilfsschütze sind grundsätzlich wie Hauptschütze aufgebaut. Allerdings verfügen sie nur über *Hilfsschaltglieder*, die nur relativ gering belastbar sind (10 A, 16 A). Hilfsschütze werden für *Verriegelungs-* und *Verknüpfungsfunktionen* eingesetzt.

Außerdem werden Hilfsschütze zur *Kontaktvervielfachung* eingesetzt.

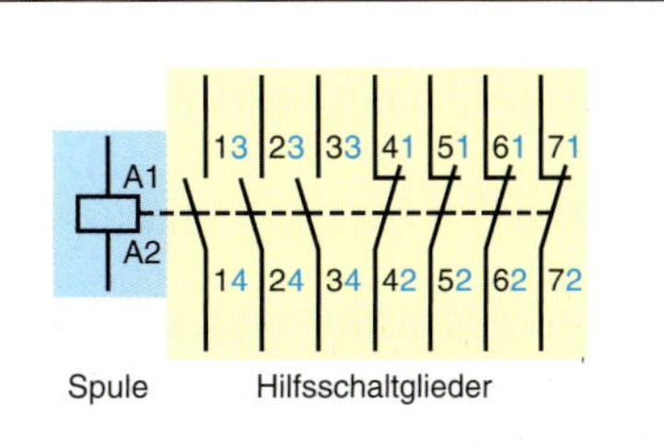

Code → 18, Halbleiterschütz → 329

Automatisierungstechnik

Steuerungstechnik

Anschlussbezeichnung

- Spule: A1, A2
- **Hauptschaltglieder**: 1 – 2, 3 – 4, 5 – 6
- **Hilfsschaltglieder**: Zwei Ziffern; zum Beispiel 13 – 14 für eine Schließer und 21 – 22 für einen Öffner.

1. Ziffer (Ordnungsziffer):
Klemmenreihenfolge von links nach rechts

2. Ziffer (Funktionsziffer):
1 – 2 für Öffner und 3 – 4 für Schließer

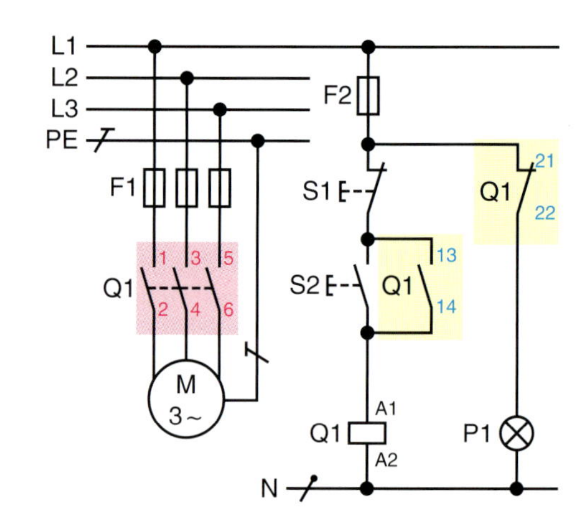

Schützkontakte

Schützkontakte haben eine **Doppelunterbrechung**.

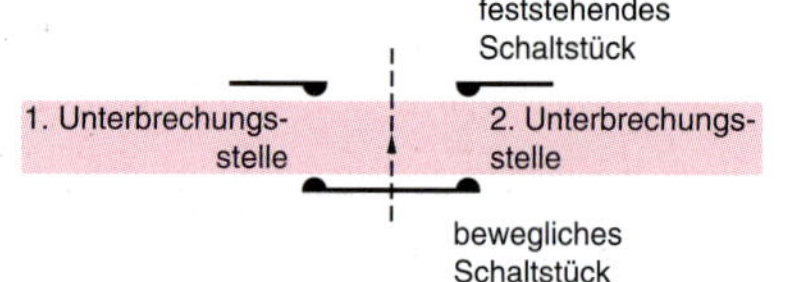

Kennzahlen

1. Ziffer: Anzahl Schließer
2. Ziffer: Anzahl Öffner
(bezogen auf die Hilfsschaltglieder)

31: 3 Schließer, 1 Öffner

Schwankende Steuerspannung

Aus Gründen der *Betriebssicherheit* muss ein sicheres Anziehen des Schützes im Spannungsbereich 0,85 bis $1{,}1 \cdot U_N$ gewährleistet sein.

Lebensdauer

Die Lebensdauer wird in *Schaltspiele* angegeben. Dabei ist ein *Schaltspiel* ein Ein- und Ausschaltvorgang.

$1 \cdot 10^6$ Schaltspiele = 1 000 000 Schaltspiele

Schaltwege

Der *Magnetantrieb* bewegt die Schaltstücke beim Ein- und Ausschalten um einige Millimeter. Der genaue *Schaltpunkt* wird durch das **Schaltfolgediagramm** verdeutlich.

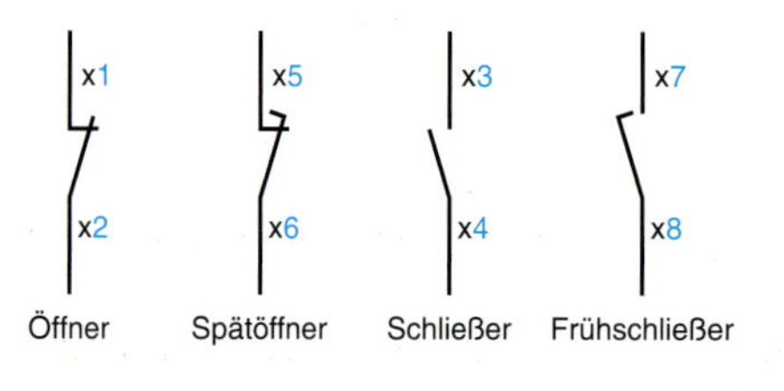

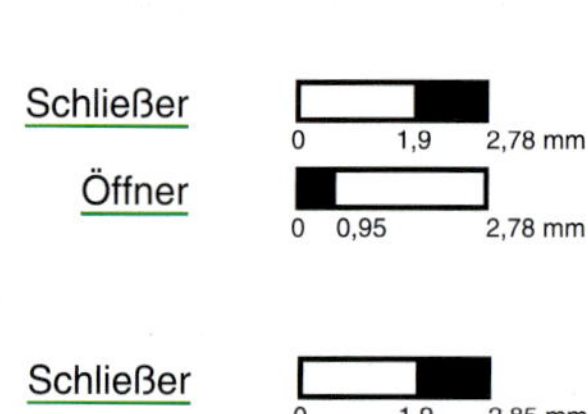

Schutzbeschaltung → 253

Automatisierungstechnik

Steuerungstechnik

Schaltwege

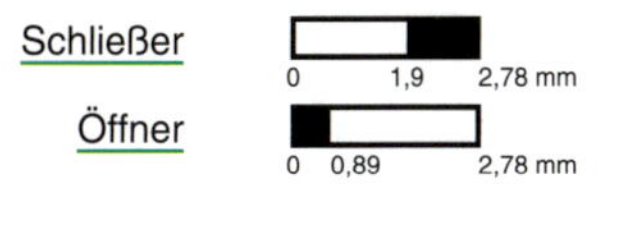

Frühschließer
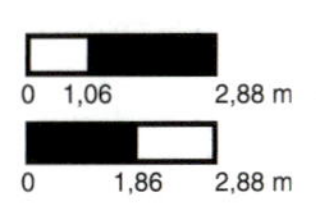

Spätöffner

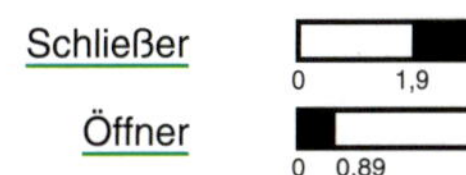

Gebrauchskategorie von Schützen und Motorstartern

DIN EN 60947-3:2012-12

Gebrauchs-kategorie	Anwendung	I_A/I_N	U_r/U_N	$\cos\varphi$	L/R	I
AC1	ohmsche oder schwach induktive Last	1,5	1,05	0,8	–	–
AC2	Schleifringläufer, Anlassen, Ausschalten	4,0	1,05	0,65	–	–
AC3	Käfigläufer, Anlassen, Ausschalten, gelegentliches Tippen oder Gegenstrombremsen	8,0	1,05	0,45	–	< 100 A
				0,35		> 100 A
AC4	Käfigläufer, Anlassen, Ausschalten, Tippen, Reversieren, Gegenstrombremsen	10,0	1,05	0,45	–	< 100 A
				0,35		> 100 A
DC1	ohmsche oder schwach induktive Last	1,5	1,05	–	1,0 ms	–
DC3	Nebenschlussmotoren, sämtliche Betriebsarten	4,0	1,05	–	2,5 ms	–
DC5	Reihenschlussmotoren, sämtliche Betriebsarten	4,0	1,05	–	15,0 ms	–

I_A Einschaltstrom
I_N Bemessungsstrom
U_r wiederkehrende Spannung
U_N Bemessungsspannung
L/R Zeitkonstante

Relais

Relais sind elektromagnetische Schalter mit einer geringeren Schaltleistung als Schütze. Sie werden für Gleich- und Wechselspannungen angeboten.

Ihre Kontakte sind **einfachunterbrechend** und häufig als *Wechsler* ausgeführt. Beim Abschalten des Spulenstromes kehren die Kontakte durch *Federkraft* in ihre Ruhelage zurück.

Zeitkonstante → 40

Automatisierungstechnik

Steuerungstechnik

Relaiskontakte

Benennung	Kontaktbild	Schaltzeichen
Schließer		
Öffner		
Wechsler		
Wechsler		
Brücken-schließer		
Doppel-schließer		
Folge-schließer		
Brückenöffner		
Doppelöffner		

Aufbaubeispiel

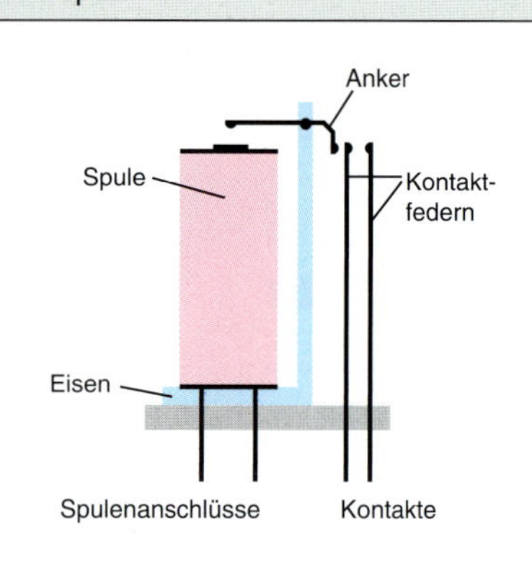

Kontaktprellen

Beim Schalten von Kontakten entsteht stets ein *Kontaktprellen*. Für eine kurze Zeit schließt und öffnet der Schalter.

Unter Umständen sind elektronische *Entprelleinrichtungen* einzusetzen, die die kurzzeitigen Signalunterbrechungen überbrücken.

Schutzarten EN 116000 – 3

RT O	unenclosed relay	offenes, ungeschütztes Relais
RT I	dust protection relay	staubgeschützt mit Kapselung, die beweglichen Teile sind geschützt
RT II	flux protection relay	bei Lötarbeiten gegen Flussmittel geschützt
RT III	wash tight relay	waschdicht, für Verarbeitung im Lötbad mit anschließendem Waschverfahren
RT IV	sealed relay	Relais ist so gekapselt, dass keine Umgebungsatmosphäre eindringen kann
RT V	hermetically sealed relay	hermetisch dichtes Relais

Relaisarten, Beispiele

Relais	Beschreibung
Monostabiles Relais	Relais fällt nach Abschalten des Spulenstromes durch Federkraft in die Ruhelage zurück. (K1, A1, A2, 12, 14, 11)

Automatisierungstechnik

Steuerungstechnik

Relaisarten, Beispiele

Relais	Beschreibung
Bistabiles Relais	Durch den *Restmagnetismus* des Eisenkerns behalten bistabile Relais ihren Schaltzustand nach einem Ansteuerimpuls bei. *Eine Spule:* Umschalten mit Impuls entgegengesetzer Polarität. *Zwei Spulen:* Eine Spule übernimmt das Einschalten, die andere Spule das Ausschalten.
Reed-Relais	*Kontaktzungen* sind *paarweise* in Glasröhrchen (Vakuum oder Edelgas) eingeschmolzen. Das Glasröhrchen ist von einer zylindrischen Magnetspule umschlossen. Die Spule magnetisiert die *Kontaktfedern*, die sich gegenseitig anziehen und damit den Kontakt schließen.

Schutzbeschaltung

Schutz vor hohen Induktionsspannungen $\left(u_i = -L \cdot \frac{\Delta i}{\Delta t}\right)$, Verringerung der Kontaktbelastung.

Zu beachten ist die Beeinflussung des *Zeitverhaltens* der Schaltung durch die Schutzbeschaltung.

• Freilaufdiode

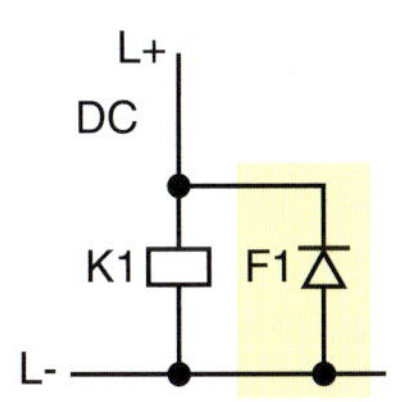

- nur einsetzbar in Gleichstromkreisen
- Abschaltspannung 0,7 V bei Si-Dioden
- preisgünstig
- platzsparend

• RC-Glied

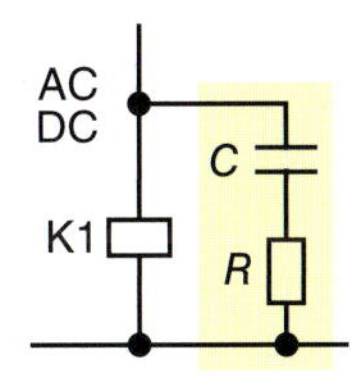

- hohe Stromspitzen
- hoher Platzbedarf
- einsetzbar bei DC und AC

• Varistor

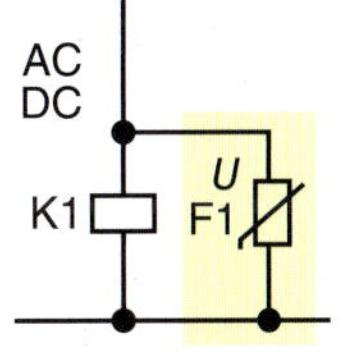

- große Überspannung
- hoher Platzbedarf
- einsetzbar bei DC und AC

Automatisierungstechnik

Steuerungstechnik

Befehls- und Meldegeräte

Farben für Drucktaster, Leuchtdrucktaster und Anzeigen

Farbe	Drucktaster/Leuchtdrucktaster		Anzeige (Leuchte)	
	Bedeutung	Beispiele	Bedeutung	Beispiele
● ROT	Gefahr	Not-Aus	Gefahr	Notfall, sofort ausschalten
● GRÜN	Normal	Vorbereiten, Bestätigen Start/Ein	Normal	Anlage im Normalbetrieb
● GELB	Anormal	Beseitigung anormaler Zustände	Anormal	Anlage nicht im Normalbetrieb, Eingriff
● BLAU	Zwingend	Rückstellfunktion	Zwingend	Handlung notwendig
○ WEISS ● GRAU ● SCHWARZ	Keiner besonderen Bedeutung zugeordnet	Start/Ein Stopp/Aus	Neutral	Start, Ein

Befehlsgeber

- **Drucktaster**

- **Wahltaster**

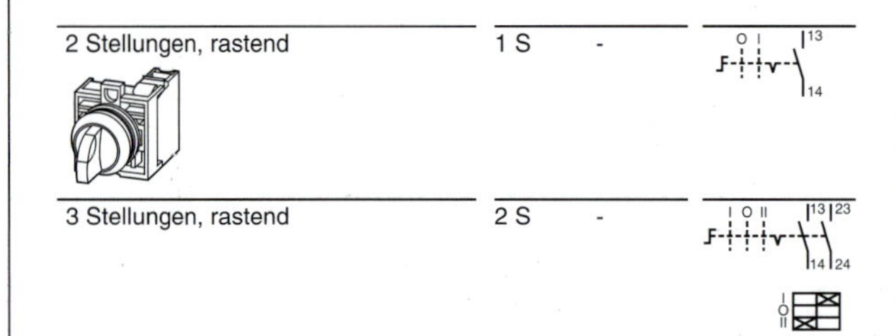

- **Schlüsseltaster**

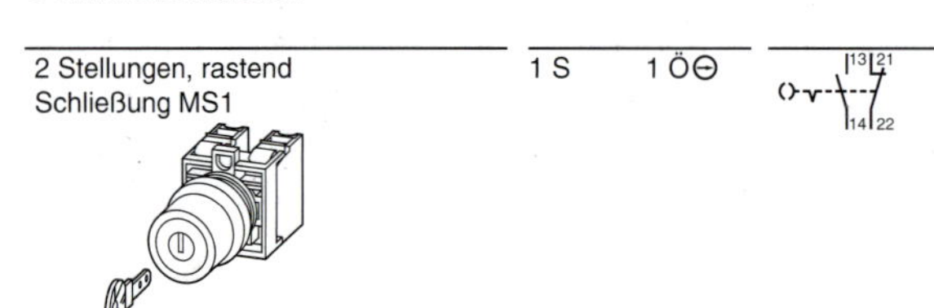

Hinweise

Sicherheitsfunktion durch *Zwangsöffnung* nach IEC/IEN 60947-5-1

Zwangsöffnung
ist eine *Öffnungsbewegung*, die sicherstellt, dass die Hauptkontakte eines Schaltgerätes die Offenstellung erreicht haben, wenn das Bedienteil in Aus-Stellung steht.

Zwangsführung
(IEC/EN 60947-1)
Zwangsgeführte Hilfskontakte eines Schaltgerätes befinden sich stets in der Schaltstellung, die der offenen oder geschlossenen Stellung der Hauptkontakte entspricht.

Schützkontakte sind *zwangsgeführt*, wenn sie mechanisch so miteinander verbunden sind, dass Öffner und Schließer *niemals gleichzeitig* geschlossen sein können. Dabei muss sichergestellt sein, dass auch bei gestörtem Zustand Kontaktabstände von mindestens 0,5 mm vorhanden sind.

Automatisierungstechnik

Steuerungstechnik

Leuchtmelder

Durch Aufleuchten oder Erlöschen eines Lichtsignals geben Leuchtmelder eine Information. Es gilt die auf Seite 254 dargestellte Farbkennzeichnung.

Leuchtmelder mit Glühlampe

Glühlampen werden für unterschiedliche Spannungen angeboten.

- 6 V/2 W 5000 h
- 12 V/2 W 5000 h
- 24 V/2 W 5000 h
- 48 V/2 W 5000 h
- 60 V/2 W 5000 h
- 110 – 130 V/2,4 W 2000 h

Leuchtmelder mit Glimmlampe

- 110 – 130 V AC 0,1 W 20000 h
- 220 – 240 V AC 0,33 W 20000 h

Leuchtmelder mit LED

- 12 – 30 V AC/DC 8 – 15 mA 0,26 W 100000 h
- 85 – 264 V AC/50/60 Hz 5 – 15 mA 0,33 W 100000 h

Farben: weiß, rot, grün, blau

- **LED-Widerstandselement**

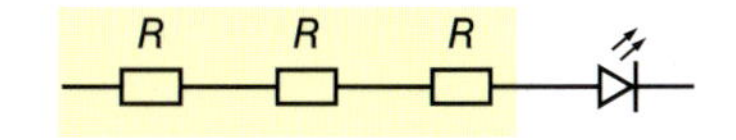

1×	2×	3×	4×	5×	6×	7×
60 V	90 V	120 V	150 V	180 V	210 V	240 V

Grenztaster

Grenztaster (Positionsschalter) sind mechanisch betätigte Befehlsgeber beim Steuern oder bei der Signalisierung von Bewegungsabläufen. Sie bestehen aus einem *Antriebskopf* und einem *Schaltglied*.

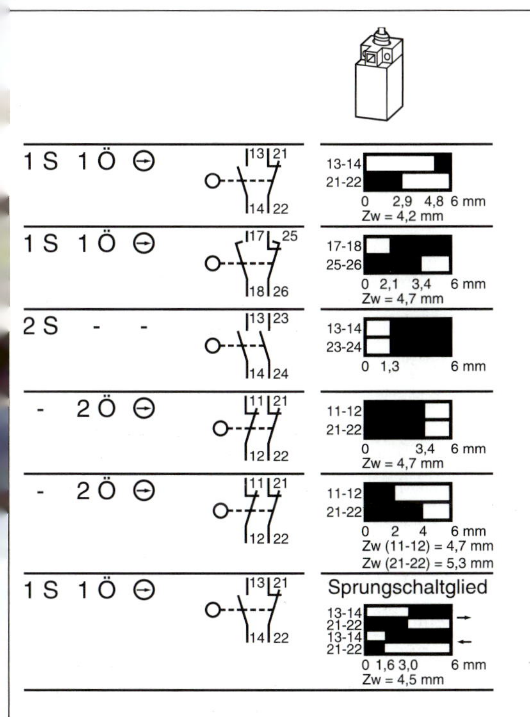

Die technische Ausführung des Antriebskopfes des Antriebsgliedes richtet sich nach geometrischer Form des Betätigungselements und der Anfahrgeschwindigkeit.
Bei niedrigen Anfahrgeschwindigkeiten werden Schaltglieder mit Sprungkontakten verwendet.

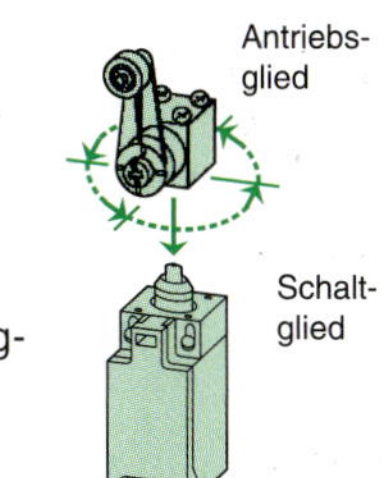

In Sicherheitsstromkreisen müssen die Positionsschalter mit Öffnerkontakten ausgerüsten sein, die zwangsläufig öffnen.
In Arbeitsstellung müssen die Kontakte wegen Drahtbruchsicherheit[1] geöffnet sein.

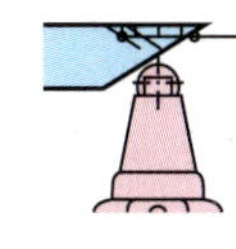

[1] Ein betätigter Öffner unterbricht den Stromkreis wie eine unterbrochene Leitungsverbindung.

Automatisierungstechnik

Steuerungstechnik

Speicherprogrammierbare Steuerungen (SPS)

Aufbau einer SPS

- **Kompaktsteuerung**
  Eingabe, Verarbeitung und Ausgabe in einem kompakten Gehäuse
  Es wird zusätzlich nur noch eine Spannungsversorgung benötigt

- **Modulare Steuerung**
  Aus einzelnen Modulen aufgebaut
  Wird bei den meisten Steuerungen angewendet
  Hohe Flexibilität bei Erweiterungen

Eingänge
Speicher Prozessabbild der Eingänge
Prozessor zyklische Programm-bearbeitung
Speicher Prozessabbild der Ausgänge
Ausgänge
Pro-grammier-gerät
Programmspeicher Anwender-programm
Merker, Zeitgeber, Zähler
Spannungsversorgung

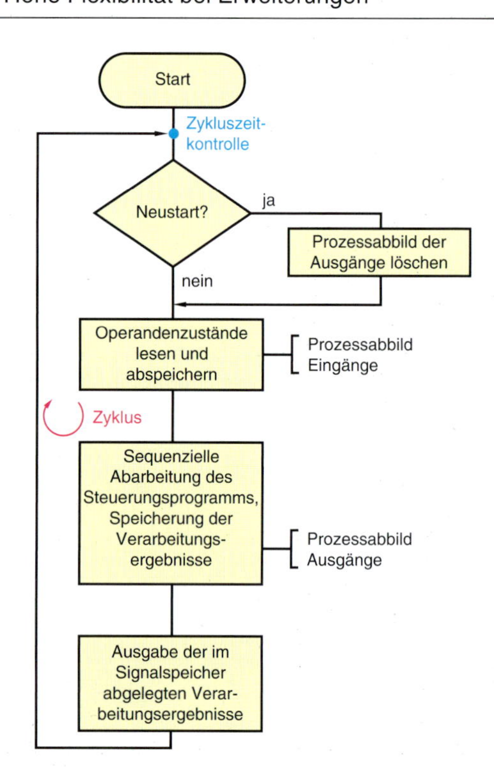

Betriebsarten von Steuerungen

Handbetrieb	Steuerungsablauf erfordert Eingriffe des Bedienpersonals, Verriegelungen sind wirksam.	Tippbetrieb	Der nächste Steuerungsschritt wird durch das Bedienpersonal ausgelöst.
Automatik-betrieb	Steuerungsablauf ohne Eingriff des Bedienpersonals (nach Startbefehl).	Einrichtbetrieb	Stellglieder können einzeln und bei Umgehung der Verrie-gelung gesteuert werden.
Teilautomatik-betrieb	Nur Teile des Steuerungsab-laufs arbeiten ohne Eingriff des Bedienpersonals. Folgeabläufe sind von Hand zu starten.	Schritt setzen	Das Bedienpersonal kann einen beliebigen Schritt einer Ablaufkette setzen.

Automatisierungstechnik

Steuerungstechnik

Binäre Verknüpfungen

- **Operandenstatus**
  Entspricht dem *Signalzustand*, den der Operand führt. Ein Operand hat den *Status* „1", wenn er den Signalzustand „1" führt. Der *Operandenstatus* wird durch eine *Steueranweisung* abgefragt, die auch eine *Verknüpfungsvorschrift* umfasst.

  Beispiel

  U E0.6 //Der Eingang E0.6 wird auf den Signalzustand „1" abgefragt; der abgefragte //Signalzustand wird UND-verknüpft

- **Abfrageergebnis**
  Grundsätzlich wird nicht der Signalzustand des abgefragten Operanden verknüpft, es wird zunächst das *Abfrageergebnis* gebildet.

  Abfrage auf Signalzustand „1": Das Abfrageergebnis und der Signalzustand sind gleich.
  Abfrage auf Signalzustand „0": Das Abfrageergebnis ist die Negation des Signalzustandes.

  Beispiel

  Am Eingang E1.0 liegt der Signalzustand „1" (Schließer betätigt)
  U E1.0: Status „1", Abfrageergebnis „1"
  UN E1.0: Status „1", Abfrageergebnis „0"

- **Verknüpfungsergebnis**
  Das Verknüpfungsergebnis (VKE) ist der Signalzustand der CPU, der für die weitere binäre Signalverarbeitung verwendet wird. Das VKE hat die Aufgabe, binäre Operanden zu setzen oder zurückzusetzen.

  Verknüpfungsergebnis erfüllt: VKE = „1" *Verknüpfungsergebnis nicht erfüllt:* VKE = „0"

- **Erstabfrage**
  Auf eine bedingte Operation *folgende* Abfrageoperation. Dabei übernimmt die CPU das Abfrageergebnis direkt als Verknüpfungsergebnis. Die *Verknüpfungsvorschrift* **U**ND bzw. **O**DER hat bei der Erstabfrage keine Bedeutung.

  U E1.1 Erstabfrage
  U E1.2 Abfrageoperation
  = A4.0 Bedingte Operation

- **Abfrageoperation**
  Die Abfrageoperation bildet das Verknüpfungsergebnis. Durch Abfrageoperationen wird der *Signalzustand eines Binäroperanden* abgefragt und dessen logische Verknüpfung vorgenommen.
  Das Ergebnis wird in der CPU als neues Ergebnis gespeichert.

Steueranweisungen

Eine Steueranweisung besteht aus Operationsteil und Operandenteil.
Eine Folge von Steueranweisungen bildet das SPS-Programm.

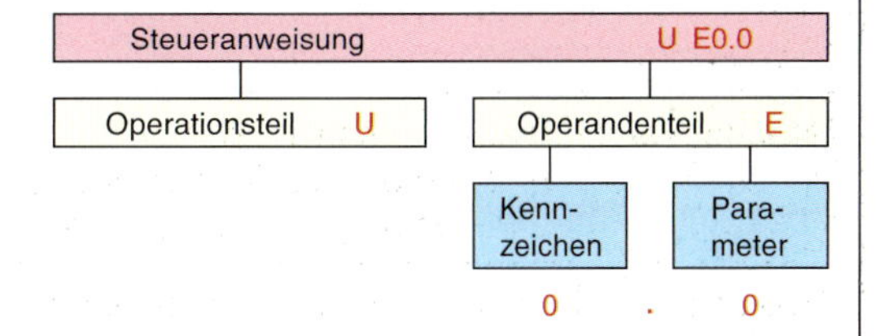

- **Operationsteile von Steueranweisungen (AWL)**

U	UND-Verküpfung	**=**	Ergebniszuweisung, nicht speichernd
O	ODER-Verknüpfung	**S**	Setzen, speichernd
N	Negation	**R**	Rücksetzen

Automatisierungstechnik

Steuerungstechnik

Steueranweisungen

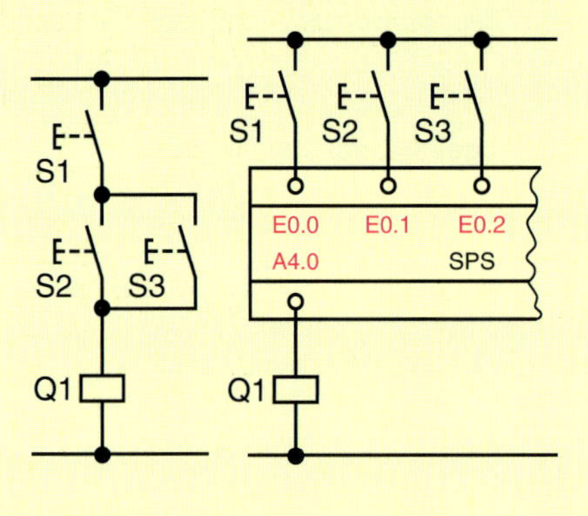

O E0.1
O E0.2
U E0.0
= A4.0

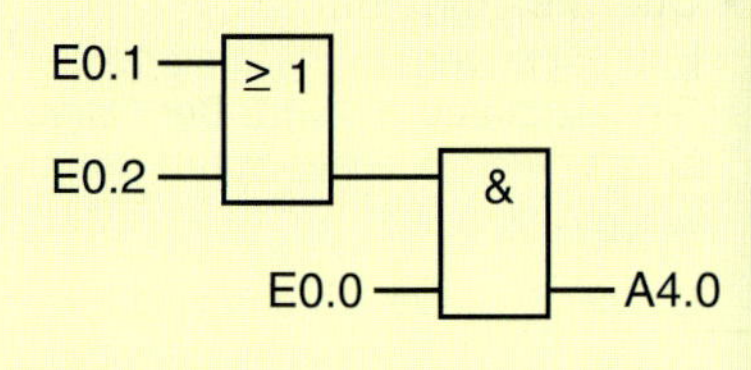

E0.1 E0.0 A4.0
E0.2

Operanden/Zuordnungsliste

E	Eingang
A	Ausgang
M	Merker
T	Timer
Z	Zähler

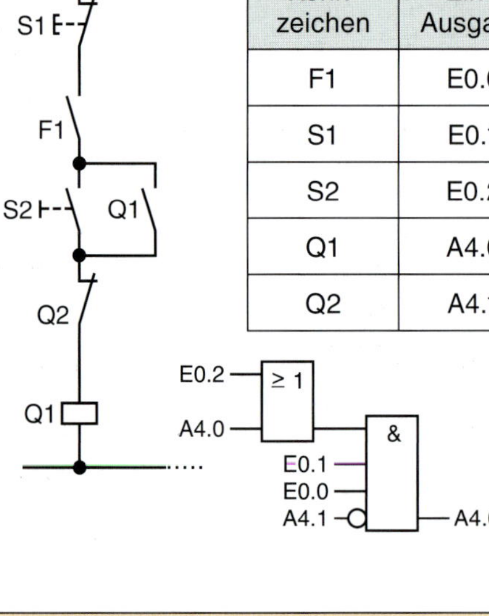

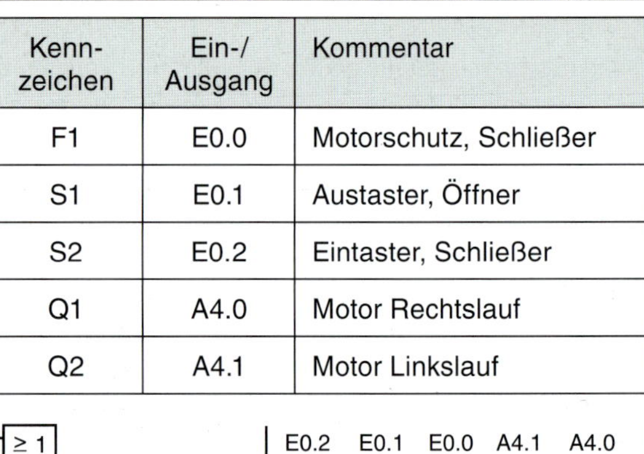

Kenn-zeichen	Ein-/Ausgang	Kommentar
F1	E0.0	Motorschutz, Schließer
S1	E0.1	Austaster, Öffner
S2	E0.2	Eintaster, Schließer
Q1	A4.0	Motor Rechtslauf
Q2	A4.1	Motor Linkslauf

E0.2 E0.1 E0.0 A4.1 A4.0
A4.0

Programmiersprachen AWL, FUP, KOP

- **UND-Funktion**

U E0.0
U E0.1
= A4.0

E0.0 & E0.1 A4.0

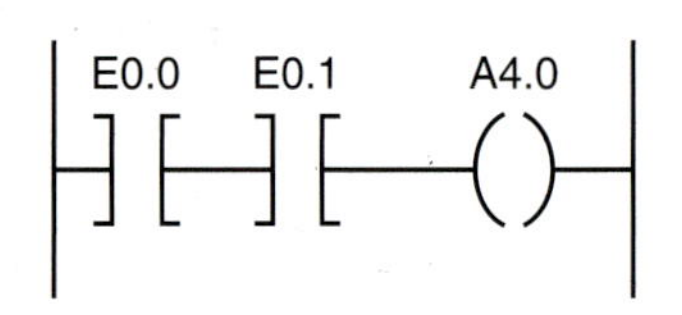

Automatisierungstechnik

Steuerungstechnik

Programmiersprachen AWL, FUP, KOP

- **UND-Funktion mit Negation**

U E0.0
UN E0.1
= A4.0

E0.0 & E0.1 A4.0

E0.0 E0.1 A4.0

- **ODER-Funktion**

O E0.0
O E0.1
= A4.0

E0.0 ≥ 1 E0.1 A4.0

E0.0 A4.0 E0.1

- **ODER-Funktion mit Negation**

O E0.0
ON E0.1
= A4.0

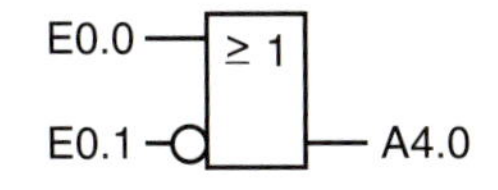

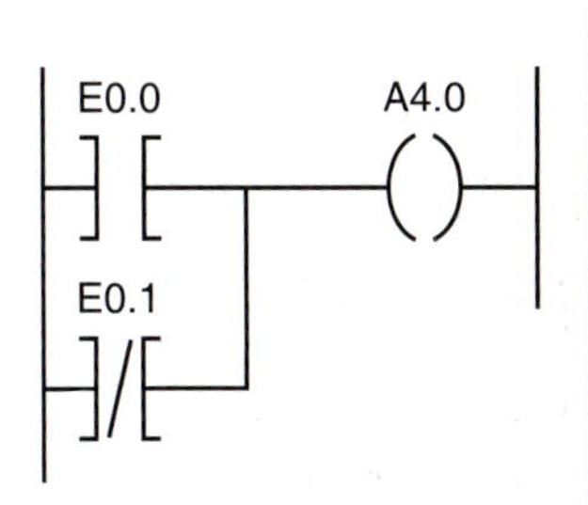

- **UND vor ODER**

Zwei Merker	*Ein Merker*
U E0.0	U E0.0
U E0.1	U E0.1
= M0.0	= M0.0
U E1.0	U E1.0
U E1.1	U E1.1
= M0.1	O M0.0
O M0.0	= A4.0
O M0.1	
= A4.0	

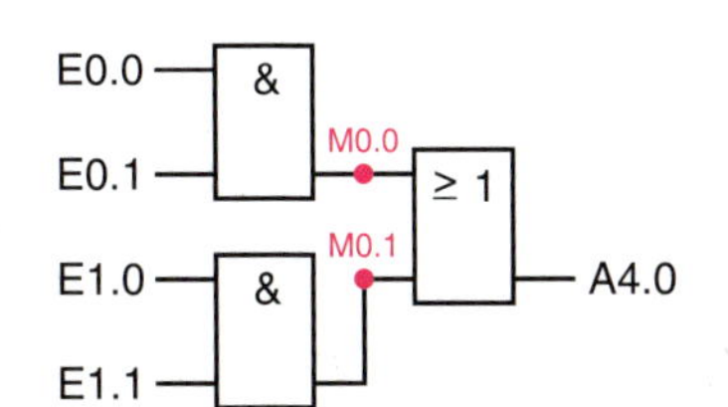

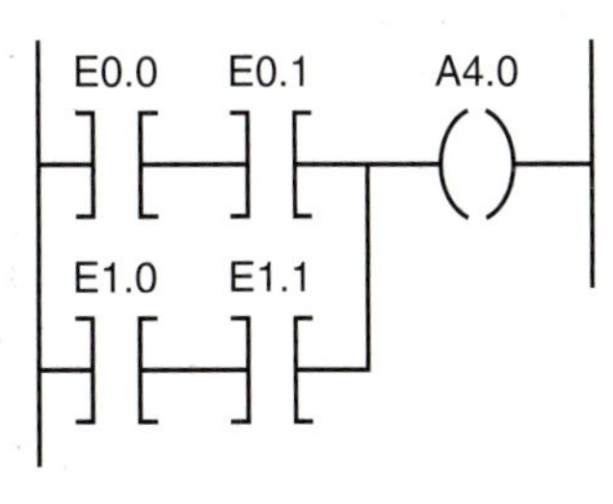

- **ODER vor UND**

Zwei Merker	*Ein Merker*
O E0.0	O E0.0
O E0.1	O E0.1
= M0.0	= M0.0
O E1.0	O E1.0
O E1.1	O E1.1
= M0.1	U M0.0
U M0.1	= A4.0
U M0.2	
= A4.0	

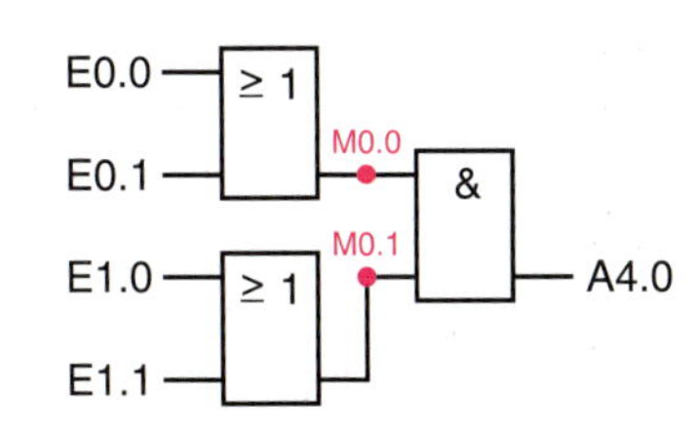

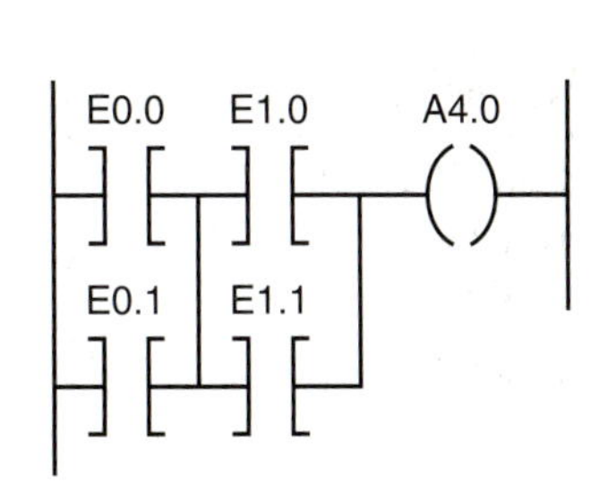

Automa-tisierung

Merker → 260

Automatisierungstechnik

Steuerungstechnik

Merker-Klammern

Merker sind 1-Bit-Speicher, die die Signalzustände „0" bzw. „1" speichern können (Bitmerker).

Remanente Merker *(Haftmerker)* sind batteriegepuffert und damit nullspannungssicher.

Merker können wie Eingänge abgefragt und wie Ausgänge gesetzt werden.

Klammeroperationen bestimmen die Bearbeitungsreihenfolge der binären Verknüpfungen.

- *Operation „Klammer auf"* (U(, O( )
  Das aktuelle VKE wird intern abgespeichert.
  Der Klammerausdruck wird bearbeitet.
- *Operation „Klammer zu"* ( ))
  Das VKE des Klammerausdrucks wird mit dem vorher gespeicherten VKE logisch verknüpft.

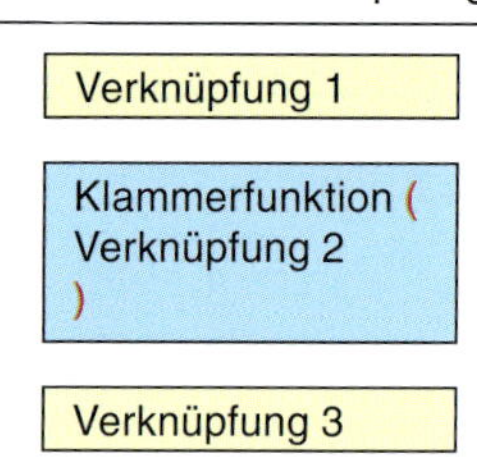

Beispiel

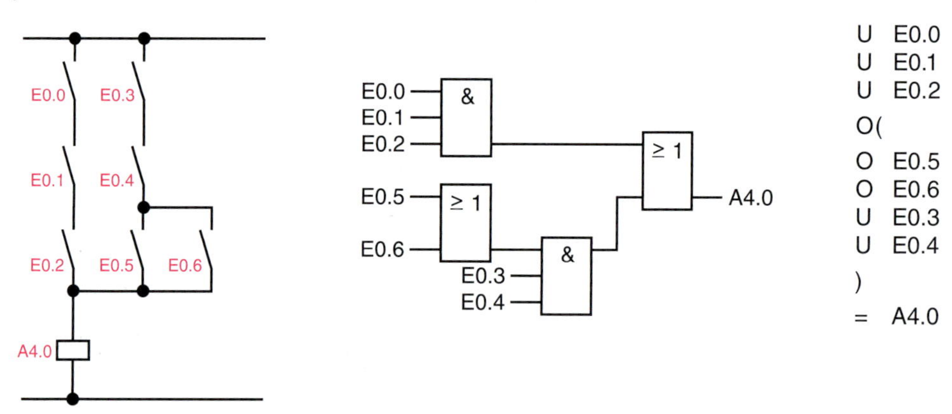

Abfrage von Öffnern

Für *sicherheitsrelevante* Ausschaltvorgänge müssen *Öffner* eingesetzt werden (Drahtbruchsicherheit). Ein betätigter Öffner liefert den Signalzustand „0" an die Steuerung.

Bei der binären Signalverarbeitung kann die SPS nur zwischen den Signalzuständen „0" und „1" an ihren Eingängen unterscheiden.

Wenn also ein Steuerungsvorgang (z. B. Stopp) mit einem *Öffner* ausgelöst werden soll, so ist der entsprechende Eingang zu *negieren*.

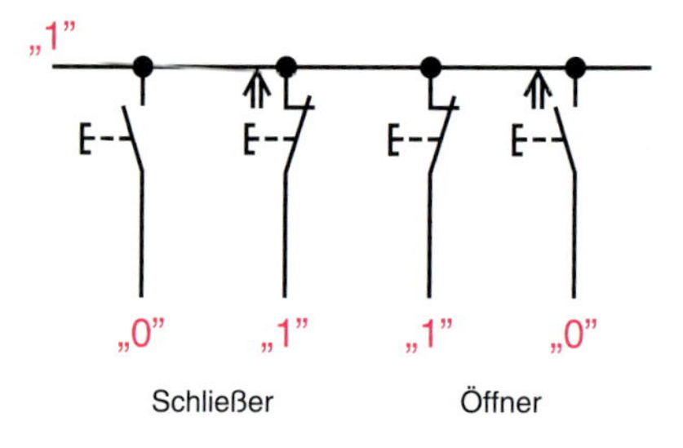

Ein *Steuerungsvorgang* soll:

- mit dem *Signalzustand „1"* ausgelöst werden: Abfrage auf den Signalzustand „1"; *keine Negation*.
- mit dem *Signalzustand „0"* ausgelöst werden: Abfrage auf den Signalzustand „0"; *Negation*.

Automatisierungstechnik

Steuerungstechnik

Speicher

Wenn die Dauer der *Befehlsausführung* die Dauer der *Befehlsgabe* überschreitet, werden *Speicher* benötigt.

- **Speicher in Schütztechnik** (Selbsthaltung)

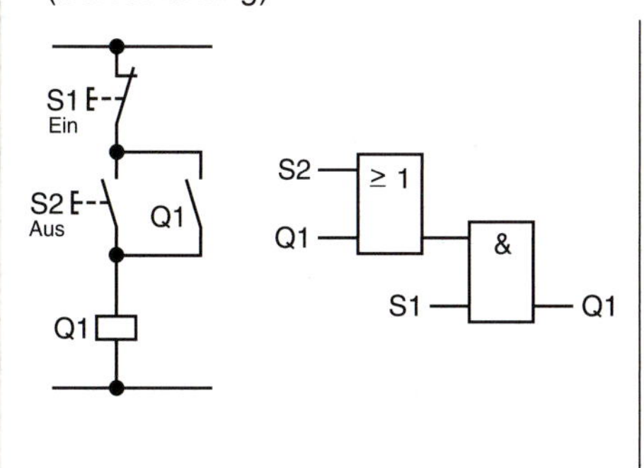

- **SR-Speicher**

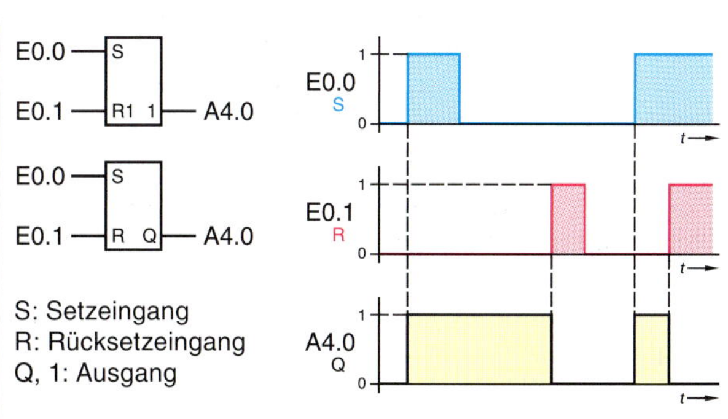

Vorrangiges Rücksetzen und Setzen

- **Vorrangiges Rücksetzen**

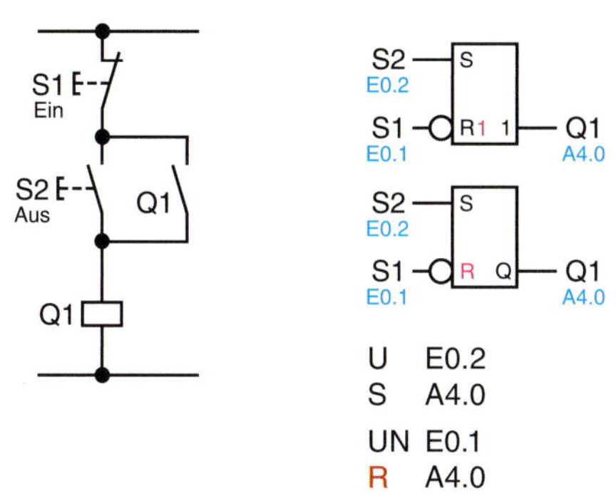

R steht näher am Programmende als S

Bei *gleichzeitiger* Betätigung von S1 und S2 ist das Schütz *abgefallen.*

- **Vorrangiges Setzen**

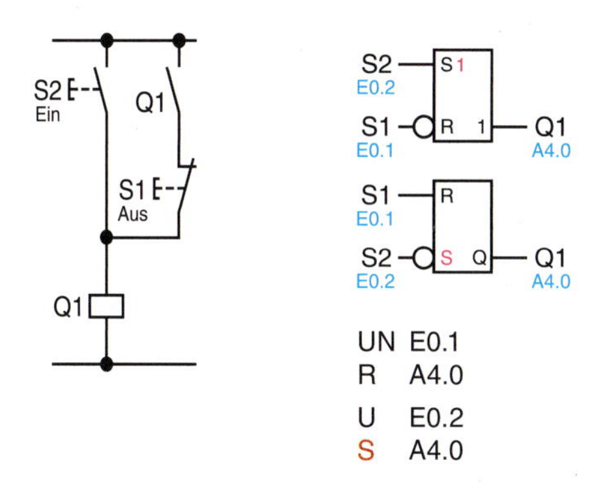

S steht näher am Programmende als R

Bei *gleichzeitiger* Betätigung von S1 und S2 ist das Schütz *angezogen.*

Kontaktplandarstellung

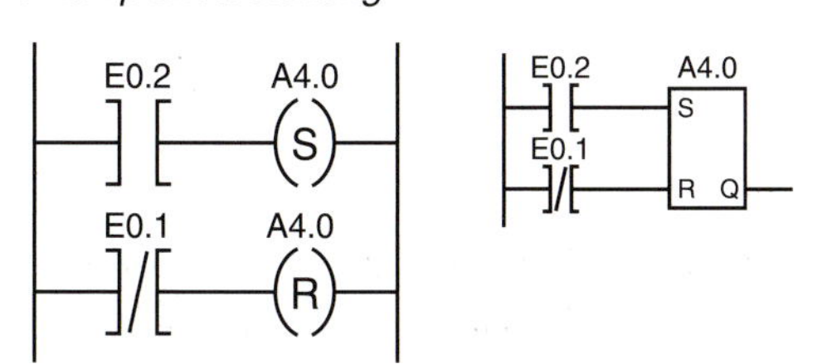

Kontaktplandarstellung

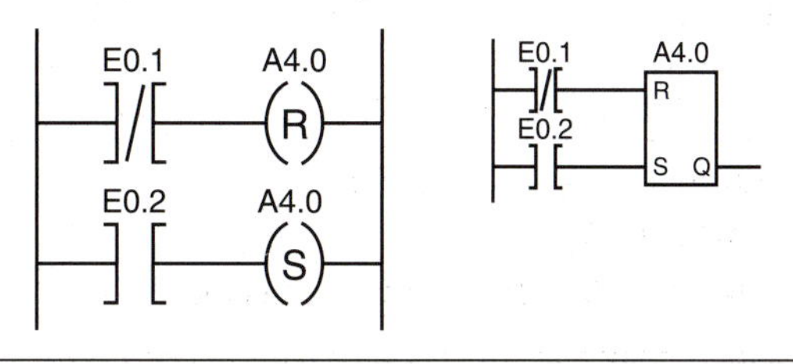

Automatisierungstechnik

Steuerungstechnik

Zeitfunktionen

• **Einschaltverzögerung SE**

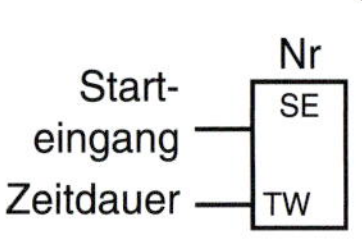

Wenn das VKE am Starteingang von „0“ nach „1“ wechselt, wird die Zeit gestartet.

Nach Verstreichen der programmierten Zeitdauer (und Starteingang immer noch „1“) ergibt die Abfrage des Timers den Signalzustand „1“.

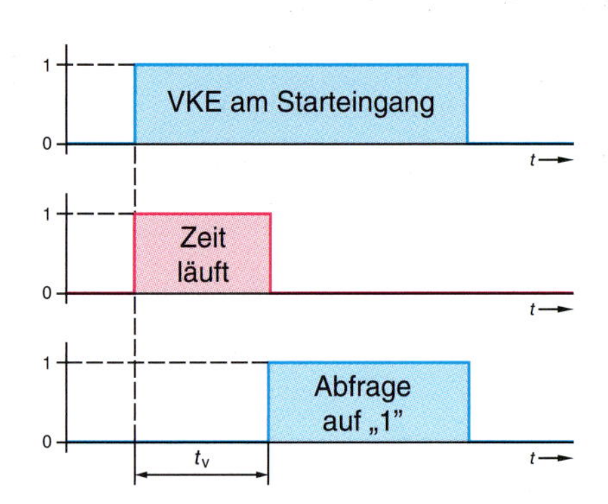

Beispiel

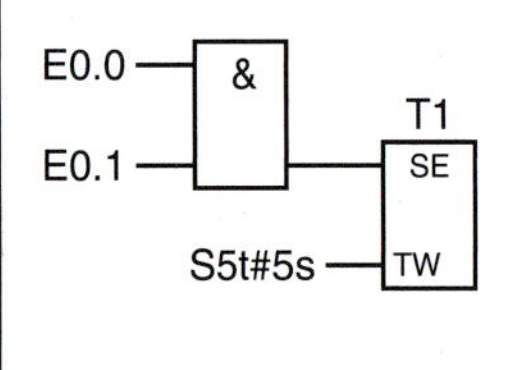


```
U   E0.0     //Zeitglied starten
U   E0.1
L   S5t#5s   //Zeitdauer 5 Sekunden laden
SE  T1       //Zeitglied T1
U   T1       //Wenn Zeit abgelaufen,
=   A4.0     //A4.0 = „1“, sonst „0“
UN  T1       //Wenn Zeit nicht abgelaufen,
=   A4.1     //A4.1 = „1“, sonst „0“
```

Allgemeine Darstellung der Einschaltverzögerung

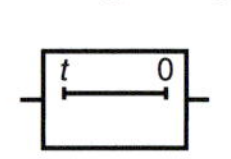

• **Speichernde Einschaltverzögerung SS**

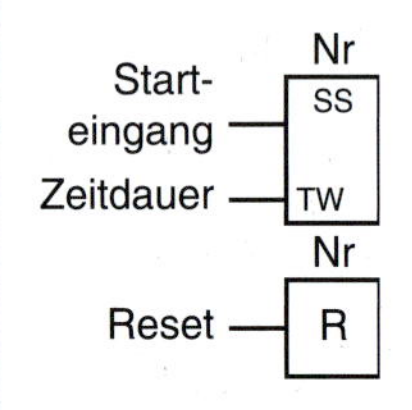

Wenn das VKE am Starteingang von „0“ nach „1“ wechselt, wird die Zeit gestartet.

Es ist nicht notwendig, dass das VKE am Starteingang *ständig* den Signalzustand „1“ führt. Hierin liegt der Unterschied zu SE.

Nach Verstreichen der programmierten Zeit lautet das Abfrageergebnis (unabhängig vom VKE am Starteingang) „1“.

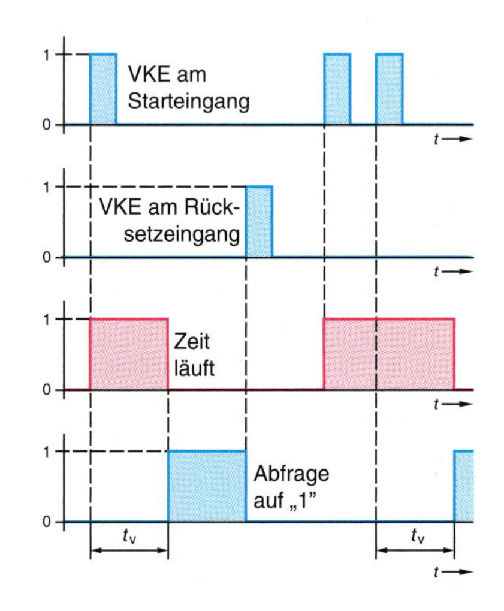

Beispiel

T1

```
U   E0.0     //Zeitglied starten
L   S5t#2s   //Zeitdauer 2 Sekunden
             //laden
SS  T1       //Zeitglied T1
U   E0.1     //Rücksetzeingang Timer
R   T1       //T1 zurücksetzen
```

E0.0 — SS; SSt#2s — TW; T1; E0.1 — R

Speichernde Einschaltverzögerung mit SE

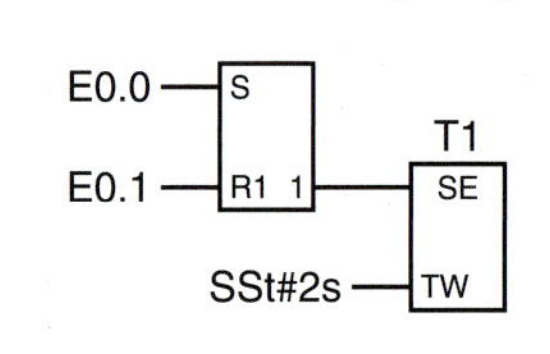

Automatisierungstechnik

Steuerungstechnik

Zeitfunktionen

- **Ausschaltverzögerung**

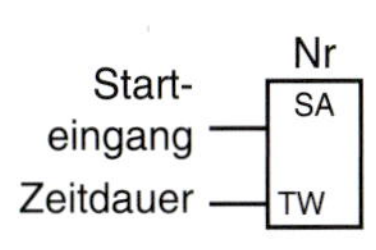

Beim Wechsel des VKE am Starteingang von „1“ nach „0“ wird die Zeitfunktion gestartet.

Hat das VKE am Starteingang den Signalzustand „1“ oder die programmierte Zeit ist noch nicht verstrichen, lautet das Abfrageergebnis „1“.

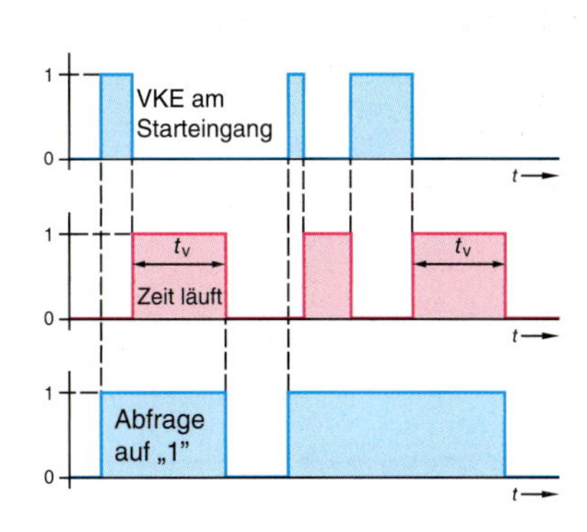

Beispiel

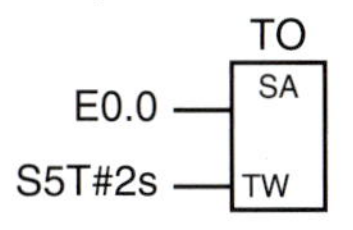


```
U   E0.0      //Starteingang
L   S5t#2s    //Zeitdauer laden
SA  T0        //Ausschaltverzögerung
```

Abfrage Zeitglied siehe Einschaltverzögerung Seite 262.

Allgemeine Darstellung der Ausschaltverzögerung

Zähler

ZW	Zählerwert vorgeben; Wert wird mit Operation S übernommen; z. B. L C#10 oder *anzahl*
ZV	Vorwärts zählen; jeder Signalwechsel an ZV von „0“ nach „1“ erhöht dem aktuellen Zählwert um 1 (inkrementieren)
ZR	Rückwärts zählen; jeder Signalwechsel an ZR von „0“ nach „1“ erniedrigt den aktuellen Zählwert um 1 (dekrementieren)
S	Anfangswert des Zählers setzen (bei Signalwechsel von „0“ nach „1“)
R	Zähler rücksetzen bei VKE = „0“
Q	Zählerstatus: Q = „1“, wenn der programmierte Zählwert nicht erreicht ist; Q = „0“, wenn der programmierte Zählwert erreicht ist
DUAL	Zählwert in dual-codierter Form
DEZ	Zählwert in BCD-codierter Form

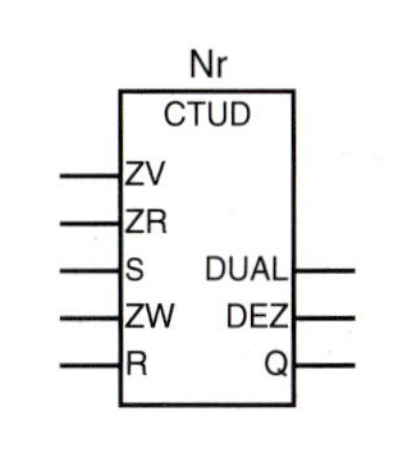

Vorwärts-/Rückwärtszähler
CTUD:
CounTer Up and Down

Beispiel

Z1 ZAEHLER: E1.0 – ZV, E1.1 – ZR, E1.2 – S, C#10 – ZW, E1.3 – R; DUAL – MW20, DEZ – MW22, Q – A4.0

```
U   E1.0    //vorwärts
ZV  Z1      //zählen

U   E1.1    //rückwärts
ZR  Z1      //zählen

U   E1.2    //Zähleranfangs-
L   C#10    //wert setzen
S   Z1      //hier 10

U   E1.3    //Zähler
R   Z1      //rücksetzen

U   Z1      //Wenn Zählerendwert
            //nicht
=   A4.0    //erreicht, A4.0 = 1

L   Z1      //Aktueller Zählerstand,
T   MW20    //dual-codiert

LC  Z0      //Aktueller Zählerstand,
T   MW22    //BCD-Format
```

Automatisierung

Automatisierungstechnik

Steuerungstechnik

Programmsprung

• Bedingter Programmsprung

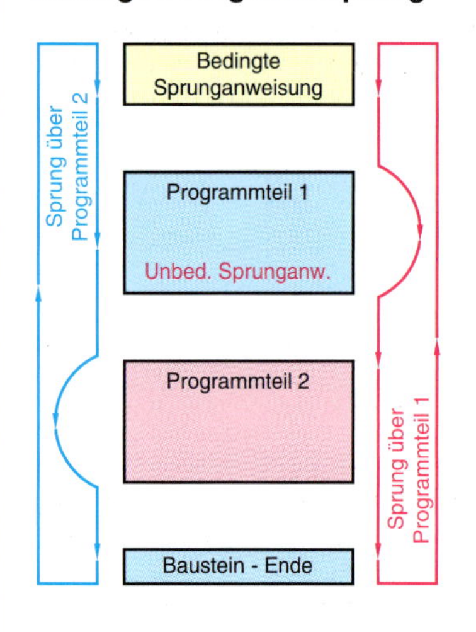

SPB Sprung bei VKE = „1“
SPBN Sprung bei VKE = „0“
SPZ Sprung bei Ergebnis gleich 0
SPN Sprung bei Ergebnis ungleich 0
SPP Sprung bei Ergebnis größer 0
SPPZ Sprung bei Ergebnis größer oder gleich 0

• Unbedingter Programmsprung

Sprung wird *bedingungsunabhängig* durchgeführt. Das Programm wird unbedingt an der angegebenen Marke fortgesetzt.

SPA m001

Das Programm wird *unbedingt* an der Marke (Label) m001 fortgesetzt.

Beispiele

SPB	m001	//Programm wird bei VKE = „1“ //an der Marke m001 fortgesetzt
SPBN	m010	//Programm wird bei VKE = „0“ //an der Marke m010 fortgesetzt

SPA	m006	//Programm wird unabhängig
		//vom VKE (unbedingt) an
		//der Marke m006 fortgesetzt

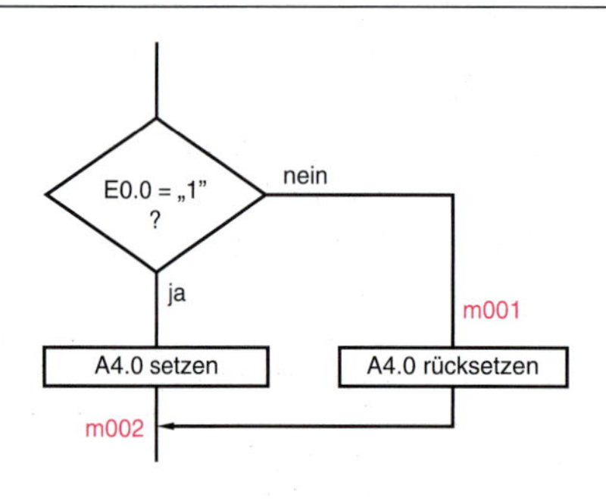


```
       U     E0.0
       SPBN  m001
       S     A4.0
       SPA   m002
m001:  R     A4.0
m002:  BE
```

E0.0 = „0“ → VKE = „0“
Sprung nach Marke m001;
A4.0 rücksetzen!

E0.0 = „1“ → VKE = „1“
Sprung nach Marke m001;
A4.0 setzen!
Unbedingter Sprung nach Marke m002

Flankenauswertung

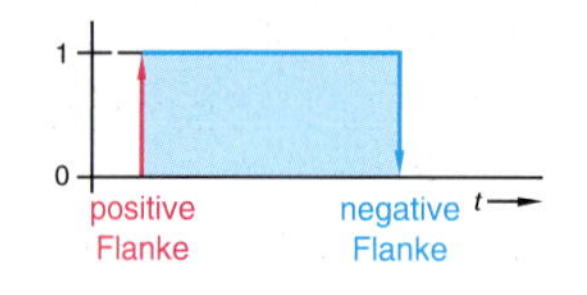

- Positive Flanke *(ansteigende Flanke)* Signal wechselt von „0“ nach „1“.
- Negative Flanke *(fallende Flanke)* Signal wechselt von „1“ nach „0“.

Programmierung der positiven Flanke

```
U   E0.0
UN  M0.0
=   M0.1
U   E0.0
=   M0.0
```

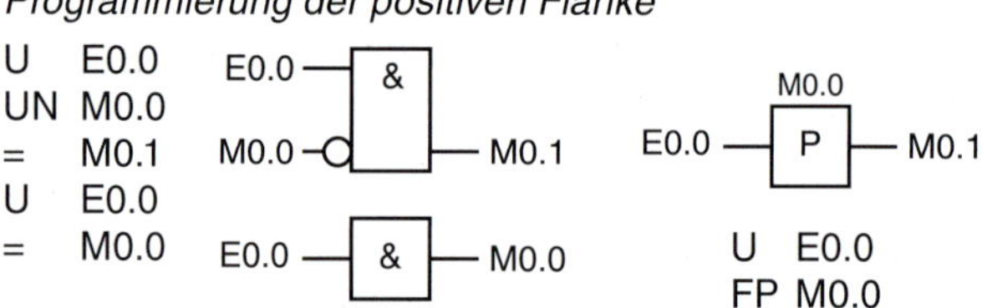


```
U   E0.0
FP  M0.0
=   M0.1
```

M0.1 = Flankenmerker
M0.0 = Hilfsmerker

Programmablaufplan → 371

Automatisierungstechnik

Steuerungstechnik

Flankenauswertung

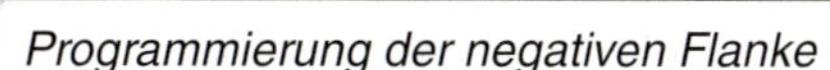

Programmierung der negativen Flanke

UN E0.0
UN M0.0
= M0.1
UN E0.0
= M0.0

E0.0 –o[&]
M0.0 –o[&]– M0.1

E0.0 –o[&]– M0.0

M0.0
E0.0 –[N]– M0.1

U E0.0
FN M0,0
= M0.1

M0.1 = Flankenmerker
M0.0 = Hilfsmerker

Die Flankenauswertung kann auch kurzzeitige Signalzustandsänderungen steuerungstechnisch erfassen.

Ablaufsteuerung, Schrittsteuerung

Schritt

Durch den Schritt (step) wird ein *Beharrungszustand* der Steuerung beschrieben.
Ein Schritt hat *Speicherverhalten*. Zu einem bestimmten Zeitpunkt kann *ein* Schritt gesetzt oder nicht gesetzt sein.

[5] Schritt mit Nr. 5

[8•] Schritt 8 gesetzt

[[1]] Anfangsschritt

Wirkverbindung

Durch Wirkverbindungen (Wirkungslinien) werden die einzelnen Schritte miteinander verbunden.

Verlauf: Von oben nach unten oder von links nach rechts.

Abweichungen müssen durch Pfeile gekennzeichnet werden.

Wirkungslinie mit Ablauf von oben nach unten.

Wirkungslinie mit Ablauf von unten nach oben.

Übergang, Transition

Der Übergang (die Transition) verbindet zwei Schritte miteinander.

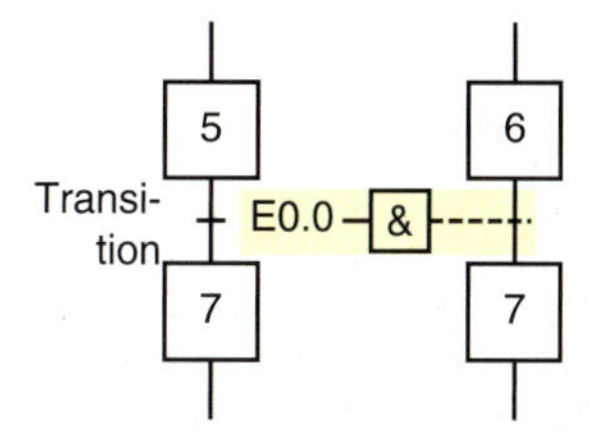

Durch die **Übergangsbedingung** wird bestimmt, wann ein Schritt gesetzt wird.

E0.0 = „0“: Übergangsbedingung nicht erfüllt

E0.0 = „1“: Übergangsbedingung erfüllt

Anfangsschritt

[[1]] Anfangsschritt, Initialisierungsschritt (initial step)
Der Anfangsschritt wird bei Programmaufruf aktiviert.

Er ermöglicht den Ersteinstieg in die Schrittkette.

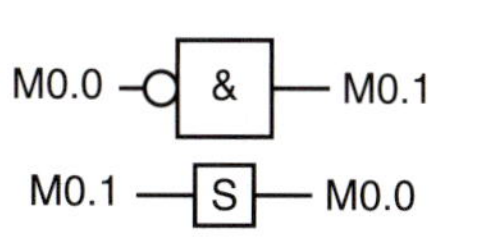

M0.1 liefert einen *Impuls* zum Setzen des Anfangsschrittes.

Schrittkettenprinzip

- Im Allgemeinen ist immer nur *ein* Schritt aktiv.
- Beim Setzen des Nachfolgeschrittes muss der Vorgängerschritt zurückgesetzt werden.
- Der Nachfolgeschritt wird aktiviert, wenn der Vorgängerschritt bereits gesetzt ist und die zugehörige Transition den booleschen Wert TRUE hat.
- Der 1. Schritt ist der Nachfolger des letzten Schrittes (Kette ist geschlossen).

Schrittkettenablauf

1. Vorgängerschritt ist gesetzt?
2. Zugehörige Übergangsbedingung (Transition) ist erfüllt?
3. Dann Nachfolgeschritt setzen!
4. Nachfolgeschritt ist gesetzt?
5. Dann Vorgängerschritt zurücksetzen!

Automatisierung

GRAFCET → 269

Automatisierungstechnik

Steuerungstechnik

Befehle, Aktionen

Befehle bewirken i. Allg. *Aktionen* und werden durch ein grafisches Symbol dargestellt.

Pumpe einschalten

Befehl
Ein steuerndes System gibt einen Befehl aus:
Pumpe einschalten!

Pumpe läuft

Aktion
Ein gesteuertes System führt eine Aktion aus:
Pumpe läuft

Befehlssymbol, Befehlsart

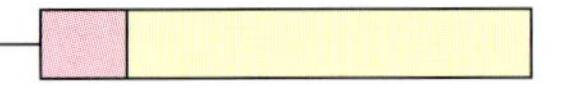

In das linke Feld des Befehlssymbols wird die Befehlsart eingetragen.

Für die Darstellung der Befehlsart sind genormte Bestimmungszeichen zu verwenden.

Bestimmungszeichen

N oder kein	nicht gespeichert
S	gespeichert
R	rückgesetzt
D	zeitverzögert
L	zeitbegrenzt
C	bedingt
P	Puls, Flanke

Wenn der zugeordnete Schritt aktiv ist, wird der Befehl ausgegeben.
Ist dieser Schritt nicht mehr aktiv, wird der Befehl:

- nicht mehr ausgegeben (N)

oder

- weiterhin ausgegeben (S).

Befehlswirkung

- **N-Befehl (nicht gespeichert, not stored)**

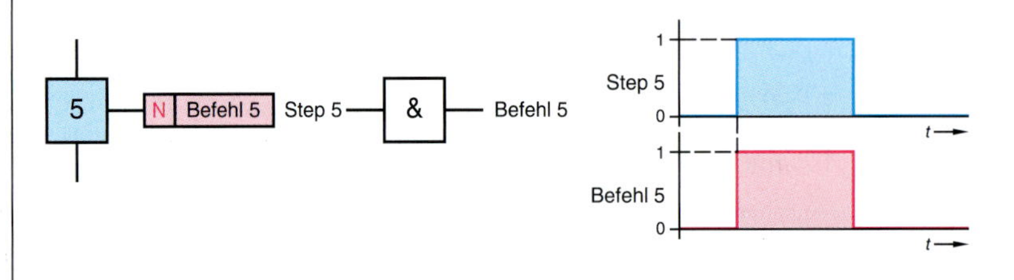

Ein N-Befehl wird nur ausgegeben, solange der zugehörige Schritt aktiv ist.

Wenn der zugehörige Schritt rückgesetzt wird, dann wird die Befehlsausgabe beendet.

- **S-Befehl (gespeichert, stored)**

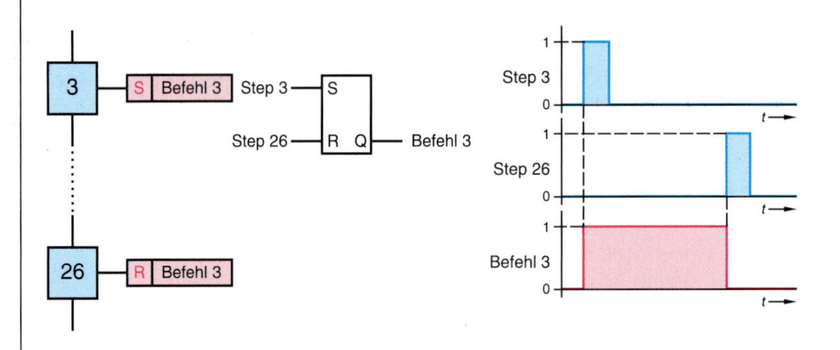

Ein S-Befehl kann bei mehreren Schritten ausgegeben werden.

Er wird von einem Schritt speichernd gesetzt und von einem anderen Schritt zurückgesetzt.

Automatisierungstechnik

Steuerungstechnik

Befehlswirkung

- **D-Befehl (zeitverzögert, delayed)**

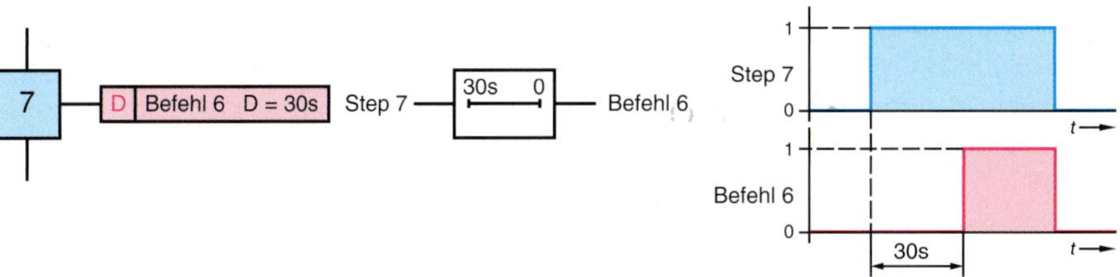

Einschaltverzögerung
Verzögerter, nicht speichernder Befehl. Befehl wird um die angegebene Zeit verzögert ausgegeben. Befehlsausgabe endet mit dem Rücksetzen des Schrittes.

- **L-Befehl (zeitbegrenzt, limited)**

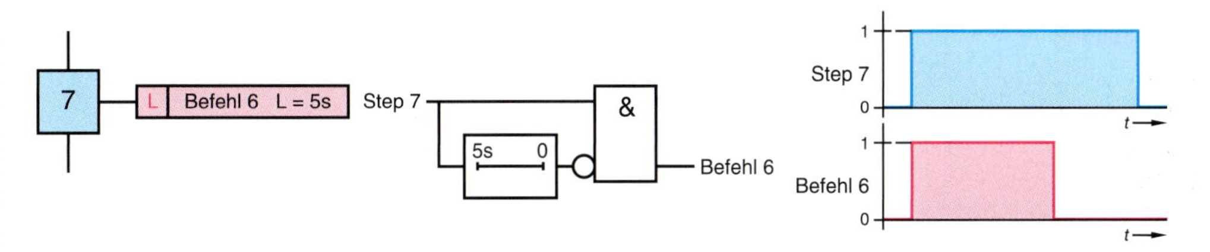

Zeitlich begrenzter, nicht speichernder Befehl. Die Befehlsausführungszeit ist kürzer als die Schrittaktivierungszeit.

- **C-Befehl (bedingt, conditional)**

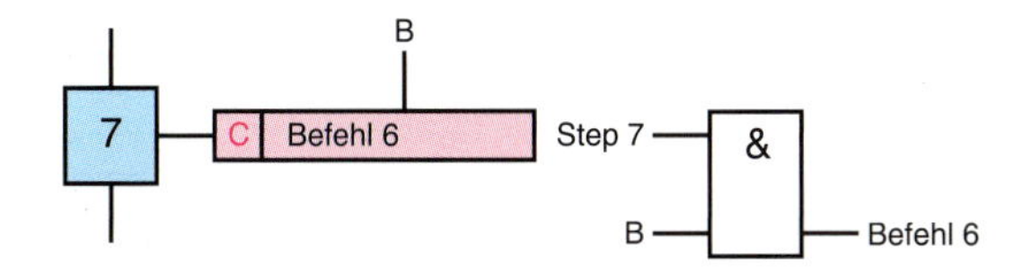

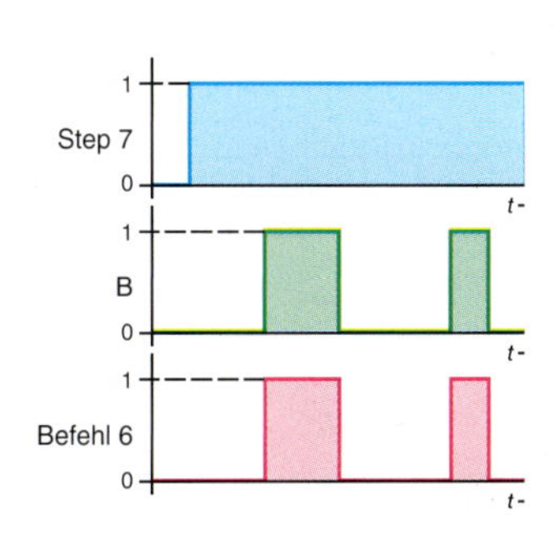

Der C-Befehl wird nur ausgegeben, wenn der zugehörige Schritt aktiv ist und eine zusätzliche Bedingung B den booleschen Wert TRUE (den Signalzustand „1") hat.

Kombination von Bestimmungszeichen (Beispiel)

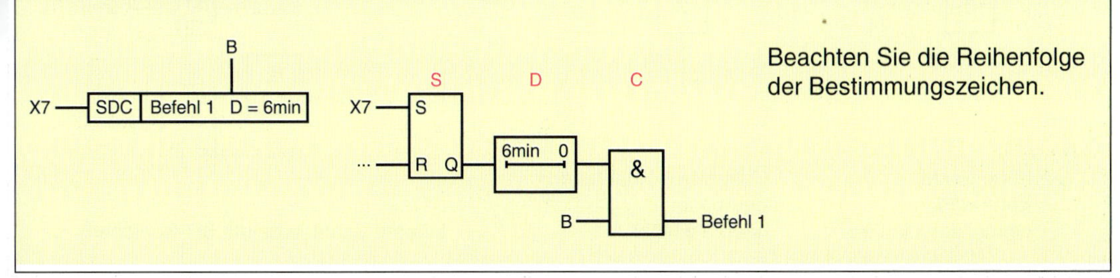

Beachten Sie die Reihenfolge der Bestimmungszeichen.

Automatisierungstechnik

Steuerungstechnik

Befehlsfreigabe, Befehlsrückmeldung

- **Befehlsfreigabe**
  Ist ein bedingter Befehl von mehr als einer Bedingung abhängig, sind unterschiedliche Bestimmungszeichen zu verwenden:

N Nicht gespeichert, nicht freigabebedingt
F Freigabebedingt
R Rücksetzen

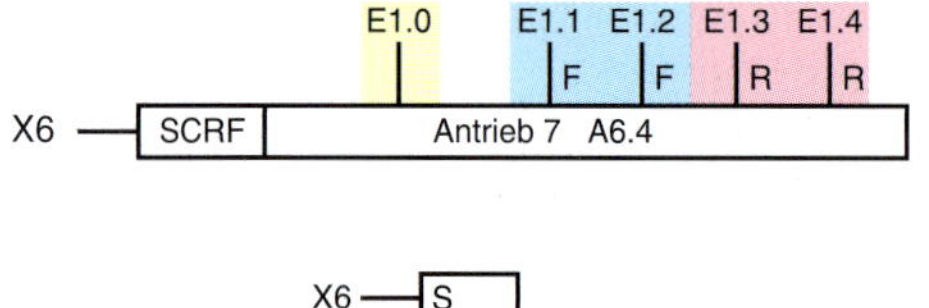

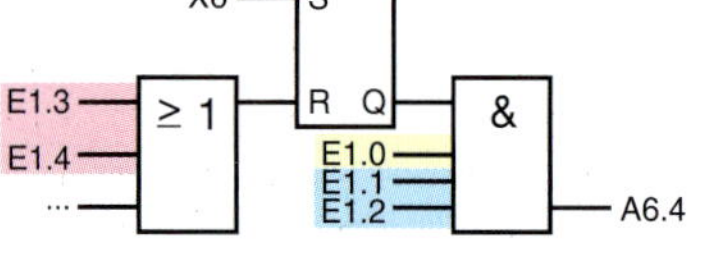

Wenn nichts anderes angegeben:
- R: Rücksetzeingänge sind ODER-verknüpft
- F: Freigabeeingänge sind UND-verknüpft

Freigabe erteilt: Befehlsausführung
Freigabe entzogen: Befehlsausführung wird unterbrochen
Freigabe wieder erteilt: Befehlsausführung fortgesetzt

- **Befehlsrückmeldung**
  Verwendete Bestimmungszeichen:

A Befehl ausgegeben
R Befehl ausgeführt
X Befehlswirkung nicht erreicht

A: SPS-Ausgang „1", Lastschütz angezogen, Befehl wird ausgegeben.

R: Befehl hat Aktion im Steuerungsprozess bewirkt, was durch Sensorik und Rückmeldung nachzuweisen ist.

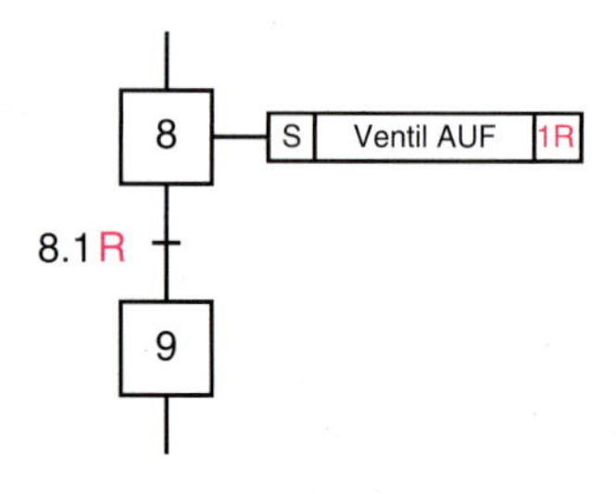

1: Erster (oberer) Befehl am Schritt
R: Befehlswirkung erreicht

X: Die Befehlswirkung wurde *nicht* erreicht; *keine* entsprechende Aktion im Steuerungsprozess. Gegebenenfalls ist eine *Störungsbehandlung* einzuleiten.

Lineare Schrittkette

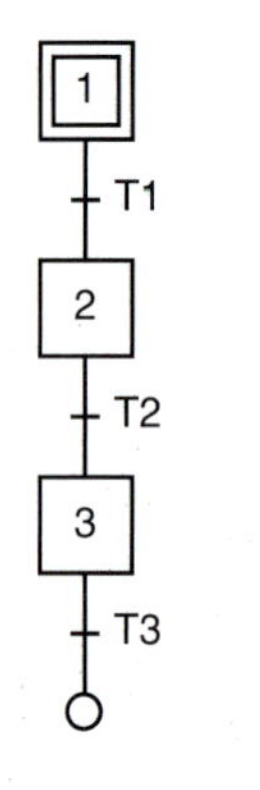

Kettenende; Kette wird nur einmal durchlaufen

Kette wird fortlaufend bearbeitet; nach 3 wieder 1

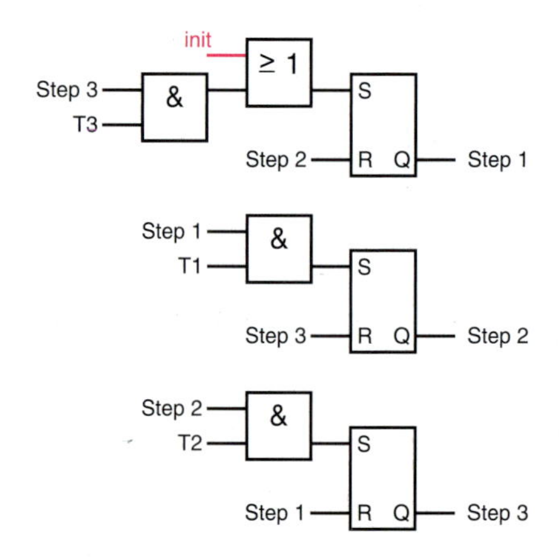

Lineare Schrittkette mit SR-Speichern

Automatisierungstechnik

Steuerungstechnik

Alternativverzweigung

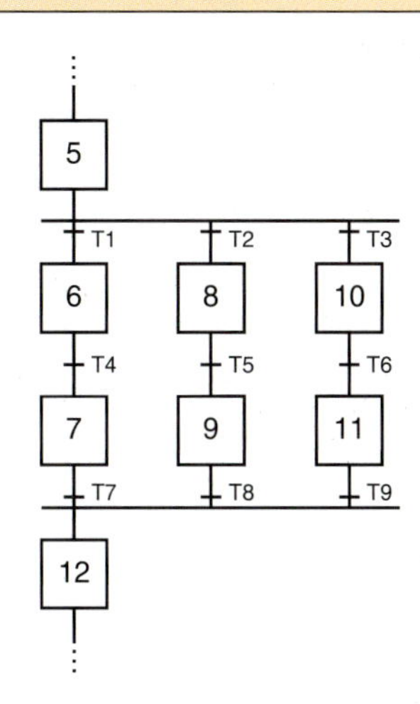

Nur *einer* von mehreren parallelen Zweigen (hier 3 Zweige) wird durchlaufen. Dies wird durch die Transitionen T1 bis T3 bestimmt.

Simultanverzweigung

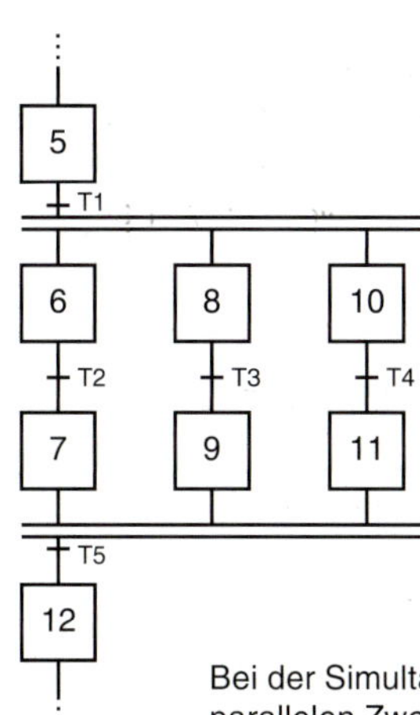

Bei der Simultanverzweigung werden alle parallelen Zweige *gleichzeitig* durchlaufen. Erst wenn *alle* letzten Schritte der Zweige (hier 7, 9, 11) aktiv sind, kann die Transition T5 das Verlassen der Verzweigung bewirken.

Programmsprung

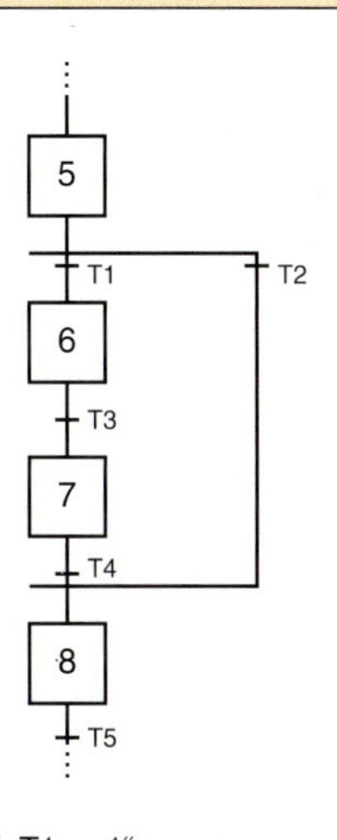

T2 = „0", T1 = „1":
Kein Sprung, Schritte 6 und 7 werden bearbeitet

T2 = „1", T1 = „0":
Sprung, die Schritte 6 und 7 werden nicht bearbeitet

Programmschleife

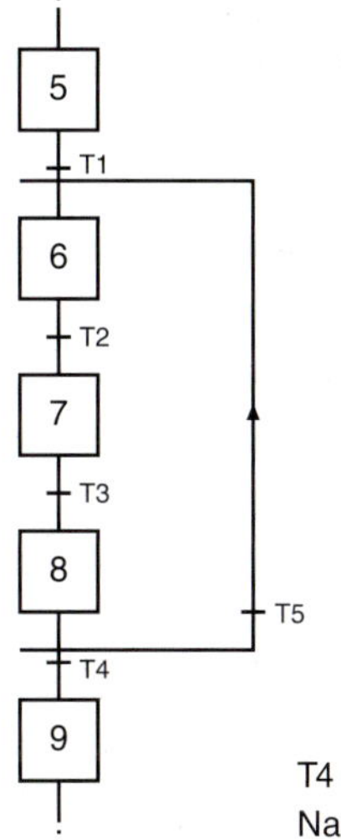

T4 = „0", T5 = „1":
Nach Schritt 8 folgt wieder Schritt 6 (Schleife)

T4 = „1", T5 = „0":
Nach Schritt 8 folgt Schritt 9 (Schleife wird verlassen)

GRAFCET

DIN EN 60848:2002-12

Grafische Entwurfsprache, durch die der *Ablaufteil* eines Steuerungssystem beschrieben werden kann. Dabei ist GRAFCET von der *technischen Realisierung* der Steuerung *unabhängig*.

Automatisierungstechnik

Steuerungstechnik

GRAFCET (GRAphe Fonctionnel de Commande Etapes Transitions)

Darstellung der Steuerungsfunktion mit Schritten und Weiterschaltbedingungen für die systemunabhängige Darstellung von Abläufen in der Automatisierungstechnik.

Symbole von GRAFCET

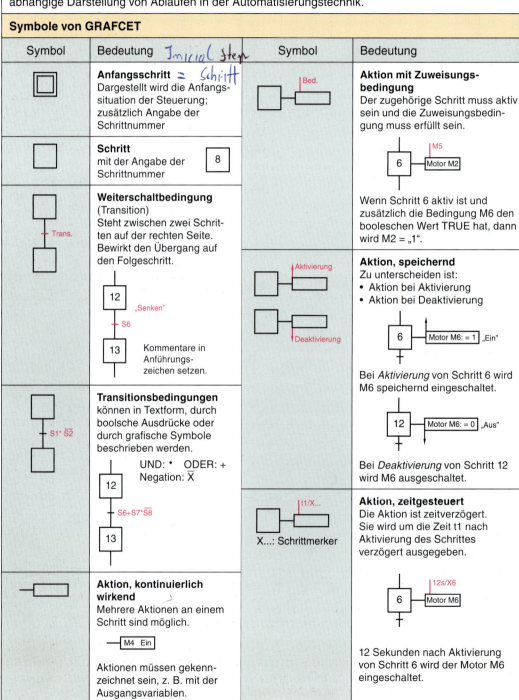

Symbol	Bedeutung
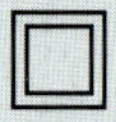	**Anfangsschritt** Dargestellt wird die Anfangssituation der Steuerung; zusätzlich Angabe der Schrittnummer
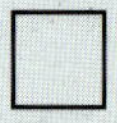	**Schritt** mit der Angabe der Schrittnummer 
	**Weiterschaltbedingung** (Transition) Steht zwischen zwei Schritten auf der rechten Seite. Bewirkt den Übergang auf den Folgeschritt. 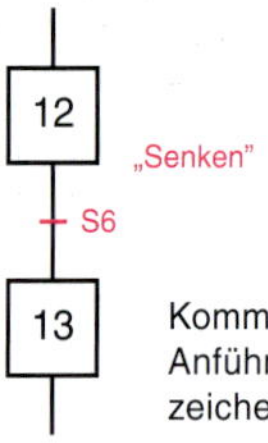 Kommentare in Anführungszeichen setzen.
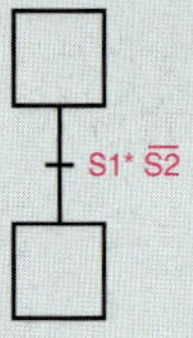	**Transitionsbedingungen** können in Textform, durch boolsche Ausdrücke oder durch grafische Symbole beschrieben werden. UND: • ODER: + Negation: $\overline{X}$ 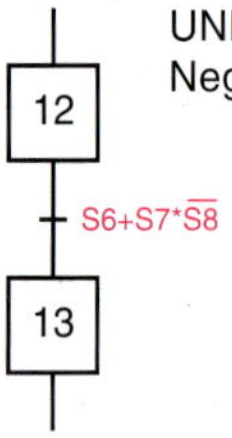
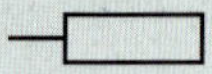	**Aktion, kontinuierlich wirkend** Mehrere Aktionen an einem Schritt sind möglich. 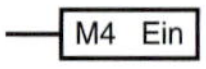 Aktionen müssen gekennzeichnet sein, z. B. mit der Ausgangsvariablen.

Symbol	Bedeutung
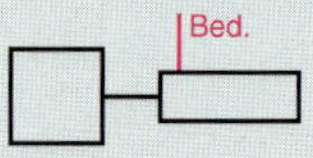	**Aktion mit Zuweisungsbedingung** Der zugehörige Schritt muss aktiv sein und die Zuweisungsbedingung muss erfüllt sein. 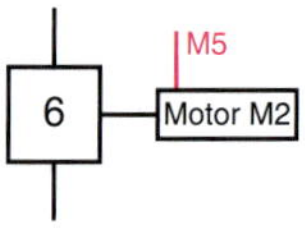 Wenn Schritt 6 aktiv ist und zusätzlich die Bedingung M6 den booleschen Wert TRUE hat, dann wird M2 = „1".
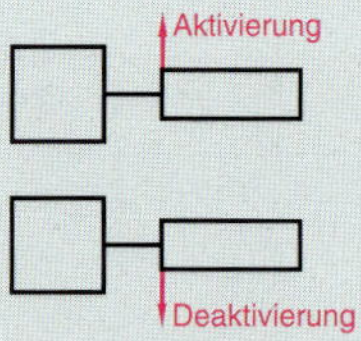	**Aktion, speichernd** Zu unterscheiden ist: • Aktion bei Aktivierung • Aktion bei Deaktivierung 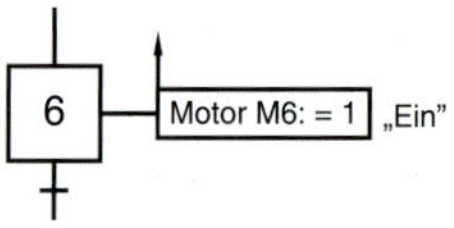 Bei *Aktivierung* von Schritt 6 wird M6 speichernd eingeschaltet. 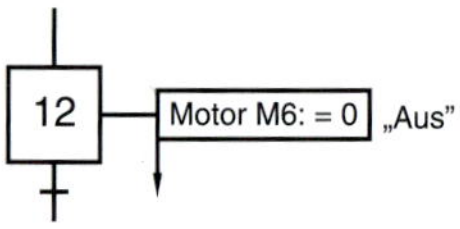 Bei *Deaktivierung* von Schritt 12 wird M6 ausgeschaltet.
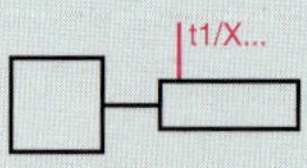 X...: Schrittmerker	**Aktion, zeitgesteuert** Die Aktion ist zeitverzögert. Sie wird um die Zeit t1 nach Aktivierung des Schrittes verzögert ausgegeben. 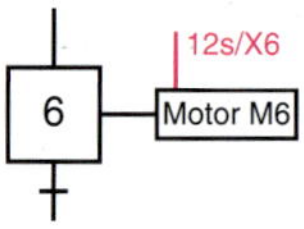 12 Sekunden nach Aktivierung von Schritt 6 wird der Motor M6 eingeschaltet.

Ablaufsteuerung → 265

Automatisierungstechnik

Steuerungstechnik

Symbole von GRAFCET

Symbol	Bedeutung
$\overline{t1/X...}$ X...: Schrittmerker	**Aktion, zeitbegrenzt** Negation der zeitverzögerten Aktion. Befehlsausgabe zeitlich begrenzen (bei weiter aktivem Schritt). $\overline{4s/X6}$ 6 Ventil M1 Nach Schrittaktivierung wird das Ventil für 4 s geöffnet.
	Einschließender Schritt; ein solcher Schritt beinhaltet andere Schritte.
M	*Makroschritt*; durch Expansion ergibt sich die Feinstruktur.

Symbol	Bedeutung
	Operatoren von GRAFCET
*	**UND-Funktion** (S1 * S2)
+	**ODER-Funktion** (S1 + S2)
$\overline{X}$	**Negation** ($\overline{S1}$)
:=	**Zuweisung**, speichernd (M6 := 1)
/	**Zeitverzögerung, Zeitbegrenzung** (6 s/X12)
(...)	**Klammern** S3 · (S1 + S2)
↑	**Aktion** bei Schrittbeginn
↓	**Aktion** am Schrittende
┐	**Aktion** während eines Ereignisses bei steigender Flanke

Strukturierte Programmierung

Programmstruktur

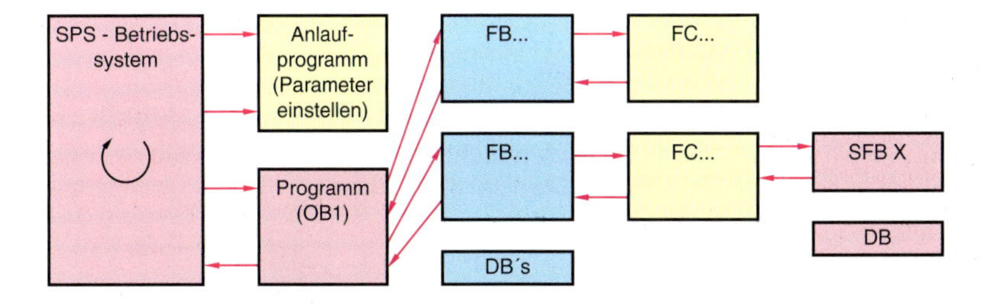

Programmbausteine

Bausteinart	Bedeutung
Organisations-baustein (OB)	Schnittstelle zwischen Anwenderprogramm und Betriebssystem. Steuerung der zyklischen Programmbearbeitung und der Alarmbehandlung. Der OB1 beinhaltet das Hauptprogramm und wird vom Programm zuerst aufgerufen.
Funktionsbaustein (FB)	Aufruf des FB über Bausteinparameter parametrierbar. FBs verfügen über einen eigenen Variablenspeicher, der dem Bausteinaufruf zugeordnet ist (Instanz-Datenbaustein).

Automatisierungstechnik

Steuerungstechnik

Programmbausteine

Bausteinart	Bedeutung
Funktion (FC)	Funktionen sind *parametrierbar* und liefern *Rückgabewerte* an den aufrufenden Baustein. Die Rückgabewerte werden *Funktionswerte* genannt. Funktionen speichern *keine* Informationen. Die während des Programmlaufs erzeugten Daten gehen nach dem Programmlauf verloren.
Datenbaustein (DB)	Datenbausteine speichern *Daten* des Anwenderprogramms. Man unterscheidet zwischen *Instanz-Datenbausteinen* und *globalen Datenbausteinen*. Der globale DB ist keinem anderen Baustein zugeordnet, während der Instanz-DB fest zugeordnet ist.
Systembausteine	Systembausteine sind Bestandteile des *Betriebssystems*. Sie ermöglichen dem Anwender den Zugang zu wichtigen *Systemfunktionen*. Systemfunktionen können vom Anwender nicht geändert, nur aufgerufen werden.
Systemfunktionsbausteine (SFB)	Vom Hersteller mitgeliefert und vom Anwender aufrufbar, zum Beispiel für den Datenaustausch mit externen Geräten.
Systemfunktionen (SFC)	Vom Hersteller mitgeliefert und vom Anwender aufrufbar, zum Beispiel zum Kopieren von Daten, Aktualisierung von Uhrzeiten.
Systemdatenbausteine (SDB)	Werden nur vom SPS-Betriebssystem ausgewertet, enthalten beispielsweise die Zuordnungsliste und Parameterlisten von Baugruppen mit ihren Voreinstellwerten.

Automatisierung

Sprachelemente, Datentypen, Variabeln

- **Sprachelemente**
  Bezeichner sind *alphanumerische Zeichenfolgen* zur Variablenbenennung. Sie müssen mit einem *Buchstaben* oder einem einzelnen *Unterstrich* (_) beginnen und dürfen keine Leerzeichen enthalten.

  Beispiele
  anlage_ein **motor_1_ein** **temp_zu_hoch** **NETZ_EIN** **_Lampe_1**

  Schlüsselworte sind verbindlich definiert und dürfen nicht für andere Zwecke (wie die Bezeichnung von Variablen) verwendet werden. Es sind **Standardbezeichner**.

  Beispiele
  Alle Operatoren der Programmiersprache AWL, VAR_INPUT, END_VAR

- **Datentypen**
  Die in einem Programm verarbeiteten Daten müssen zuvor hinsichtlich ihrer möglichen Werte und zugelassener Verarbeitungsoperationen festgelegt sein. Daher ist zu Programmbeginn eine *Wahl der Datentypen* notwendig.

Elementare Datentypen

Datentyp	Bits	Erläuterung	Datentyp	Bits	Erläuterung
BOOL	1	TRUE bzw. FALSE	**DWORD**	32	Dualzahl, Hex-Zahl, Dezimalzahl
BYTE	8	Hex-Zahl	**LWORD**	64	
WORD	16	Dualzahl, Hex-Zahl, Dezimalzahl	**INT**	16	Ganze Zahl – 32768 bis + 32767

Zahlensysteme → 16

Automatisierungstechnik

Steuerungstechnik

Elementare Datentypen

Datentyp	Bits	Erläuterung	Datentyp	Bits	Erläuterung
DINT	32	Double Integer	**S5TIME**	16	Simatic, zum Beispiel S5T#2H_6M_50S_36MS
REAL	32	Gleitpunktzahl, zum Beispiel 3.628	**DATE**	16	IEC-Datum, zum Beispiel D#2011-6-2
TIME	32	IEC-Zeit, zum Beispiel T#0D_6H_12M_6S_68MS	**TIME_OF_DAY**	32	Uhrzeit (1ms-Schritte), z. B. TOD#17:36:47:48

Variablen

Variablen haben einen veränderlichen Inhalt. Sie werden zur *Speicherung* und *Verarbeitung* von Informationen genutzt. Die *Variableneigenschaft* wird durch den zugeordneten Datentyp bestimmt.

Variablendeklaration

Schlüsselwort	Variablenverwendung	Einsetzbar bei ...
VAR_INPUT	*Eingangsparameter:* von außen kommend, innerhalb des Programms nicht änderbar.	FC, FB
VAR_OUTPUT	*Ausgangsparameter:* vom Programm nach außen geliefert.	FC, FB
VAR_IN_OUT	*Durchgangsparameter:* von außen kommend, innerhalb des Programms änderbar und nach außen geliefert.	FC, FB
VAR	*Statische Lokaldaten:* Wert bleibt erhalten, bis er durch das Programm geändert wird.	FB
VAR_TEMP	*Temporäre Lokaldaten:* zur Speicherung von Zwischenergebnissen, die während der aktuellen Programmbearbeitung benötigt werden.	FC, FB, OB

Globale Variablen

- Sind im gesamten Anwenderprogramm gültig, für alle Bausteine verfügbar.
- Werden in der Symboltabelle deklariert und dürfen maximal 24 Zeichen umfassen (alle druckbaren Zeichen erlaubt).
- Globale Variablen werden im Programm in Anführungszeichen dargestellt:
  „start_taster“

Lokale Variablen

- Gelten nur in dem Baustein, für den sie deklariert wurden.
- Werden im Baustein deklariert. In unterschiedlichen Bausteinen können gleiche Variablennamen verwendet werden.
- Lokale Variablen werden im Programm durch ein vorangestelltes Nummernzeichen gekennzeichnet:
  #start_pumpe

Automatisierungstechnik

Steuerungstechnik

Strukturierter Text

Operatoren

Schlüsselwort	Bedeutung	Erläuterung
AND	UND-Funktion	start_merk := steuer_ein AND start_taster; bzw. start_merk := steuer_ein & start_taster;
OR	ODER-Funktion	PUMPE := start_1 OR start_2;
NOT	NICHT-Funktion (Negation)	aus := NOT stop;
XOR	Exklusiv ODER	var_1 := var_2 XOR var_3;
+, −, *, /	Grundrechenarten	wert_6 := wert_1 + wert_2 − wert_3;
**	Potenzieren	wert_1 := wert_2**2;
< > <= >= = <>	kleiner als größer als kleiner oder gleich als größer oder gleich als gleich ungleich	wert_1 >= wert_2 ...

Anweisungen

Schlüsselwort	Erläuterung	AWL
IF... THEN... END_IF	Wert > 17 ? / nein / ja / BAND einsch. / m01 IF wert > 17 THEN BAND := 1; END_IF; Wenn die Variable *wert* einen größeren Wert als 17 hat, wird das Band speichernd eingeschaltet	L wert L 17 >I SPBN m01 S BAND m01: BE
IF... THEN... ELSE... END_IF	Wert > 17 ? / nein / m01 / ja / Lampe_gruen / Lampe_rot / m01 IF wert > 17 THEN Lampe_gruen := 1; ELSE Lampe_rot := 1; END_IF;	L wert L 17 >I SPBN m01 S Lampe_gruen SPA end m01: Lampe_rot end: BE

Automatisierungstechnik

Steuerungstechnik

Anweisungen

Schlüsselwort	Erläuterung	AWL
IF... THEN... ELSIF... END_IF	IF wahl = 1 THEN wert := 10; ELSIF wahl = 2 THEN wert := 15; ELSIF wahl = 3 THEN wert := 20; END_IF;	L wahl L 1 ==I SPBN m01 L 10 T wert SPA end m01: L wahl L 2 ==I SPBN m02 L 15 T wert SPA end m02: L wahl L 3 SPBN end L 20 T wert end: BE
CASE... OF... END_CASE	Anweisungen für Fallunterscheidungen. Es wird überprüft, ob der Wert des Auswahlausdrucks in einer Liste enthalten ist. Wenn Übereinstimmung gegeben ist, wird der zugeordnete Anweisungsteil ausgeführt. Ein *ELSE-Zweig* ist möglich. Er wird bearbeitet, wenn der Vergleichsvorgang keine Übereinstimmung ergibt. • Werte müssen vom Datentyp Integer (INT) sein. • Jeder Wert darf nur einmal vorkommen. • Werte müssen in aufsteigender Folge geordnet sein.	CASE wert OF 1: A := 1; B := 0; 2: A := 0; C := 1; 3...5: D := 1; 6, 7: A := 0; B := 0; ELSE D := 0; END_CASE;

**FOR... TO...
END_FOR**
	Zählschleife; Anfangswert 1, Endwert 10, Schrittweite 2
	Auch *negative Schrittweiten* (BY –2) sind möglich. Wenn keine Schrittweite angegeben ist, beträgt sie 1.
		FOR wert := 1 TO 10 BY 2 DO
		var:6 [wert] := true;
		END_FOR;

**WHILE... DO...
END_WHILE**
	Schleife mit Bedingungsprüfung am Schleifenanfang.	wert := 1;
		WHILE wert < 60 DO
		wert := wert + 5;
		END_WHILE;

REPEAT... UNTIL... END_REPEAT	Schleife mit Bedingungsprüfung am Schleifenende.	wert := 1; REPEAT wert := wert + 5; UNTIL wert = 60; END_REPEAT;

Automatisierung

Automatisierungstechnik

Wortverarbeitung

Operationen

Operation	Erläuterung	Beispiel
Laden (L)	Besteht aus der *Operation* L und einem *Operanden*, dessen Inhalt *in Akkumulator 1* der CPU geladen werden soll. Sie ist unabhängig vom VKE und beeinflusst das VKE nicht.	**L EB0** Wert von Eingangsbyte 0 (E0.0 bis E0.7) in Akku 1 laden **L 20** Konstante 20 in Akku 1 laden
Transferieren (T)	Besteht aus der *Operation* T und einem Operanden, der den Inhalt *von Akkumulator 1* aufnehmen soll. Die Transferoperation ist unabhäng vom VKE und beeinflusst das VKE nicht.	**T AB4** Akku 1-Inhalt wird zum Ausgangsbyte 4 (A4.0 bis A4.7) transferiert **T startwert** Akku 1-Inhalt wird in die Variable *startwert* transferiert

Hinweis

Operand einer Lade- oder Transferfunktion kann sein:

- *Byte (8 Bit)*: Inhalt steht rechtsbündig in Akku 1.
- *Wort (16 Bit)*: Inhalt steht rechtsbündig in Akku 1. Das höher adressierte Byte steht rechts, daneben das niedriger adressierte Byte.
- *Doppelwort (32 Bit)*: Das am höchsten adressierte Byte steht ganz rechts, das am niedrigsten adressierte Byte ganz links im Akku.

Operanden

Operand	Erläuterung	Beispiel
Merkerbyte (MB)	8-Bit-Datenwort	**MB 60** Besteht aus dem Bitmerker M60.0 bis M60.7
Merkerwort (MW)	16-Bit-Datenwort; besteht aus zwei Merkerbytes	**MW 60** Besteht aus MB60 und MB61
Merkerdoppelwort (MD)	32-Bit-Datenwort; besteht aus zwei Merkerworte und vier Merkerbytes	**MD 60** Besteht aus MW60 und MW62 bzw. MB60 bis MB63
Eingänge (EB, EW, ED)	Siehe Merker	**EW 1** Besteht aus den Eingangsbytes EB1 und EB2, also den Eingängen E1.0 bis E2.7
Ausgänge (AB, AW, AD)	Siehe Merker	**AW 4** Besteht aus den Ausgangsbytes AB4 und AB5, also den Ausgängen A4.0 bis A5.7
Peripherie (PAB, PAW, PAD)	Ansprechbar sind nur Adressen, die auch mit Ausgangsbaugruppen belegt sind	**PAW 256** Angesprochen wird ein Analogausgang
Peripherie (PEB, PEW, PED)	Geladen wird der aktuelle Wert, der nicht mit dem Wert des Zyklusbeginns übereinstimmen muss	**PEW 256** Gelesen wird ein Analogeingang

Verknüpfungesergebnis (VKE) → 257

Automatisierungstechnik

Wortverarbeitung

Arithmetische Funktionen

Grundprinzip

Die beteiligten Operanden werden geladen, die Operation wird ausgeführt und das Ergebnis abgelegt.

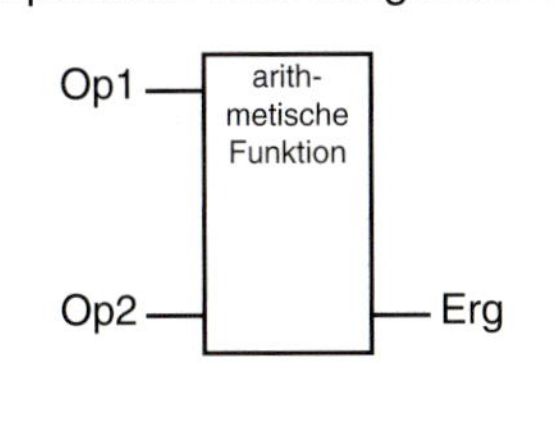

L Operand 1
L Operand 2
arithm. Funktion
T Ergebnis

• Addition	+I	+R
• Subtraktion	–I	–R
• Multiplikation	*I	*R
• Division	/I	/R

I: Integer
R: Real

```
L  zaehlwert
L  1
+I
T  zaehlwert
```

```
zaehlwert :=
zaehlwert + 1;
```

Vergleichsfunktionen

Grundprinzip

Die beteiligten Operanden werden geladen, die Vergleichsoperation wird ausgeführt. Das Vergleichsergebnis (im VKE abgelegt) ist vom Datentyp BOOL.

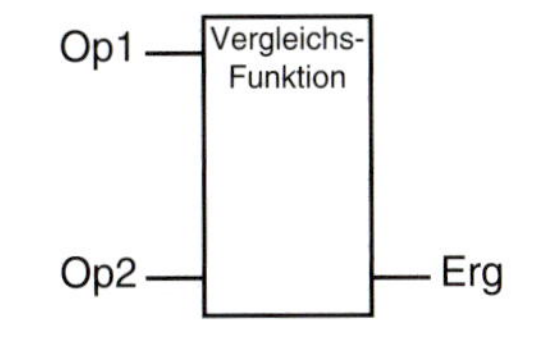

L Operand 1
L Operand 2
Vergleichsfunktion
= Ergebnis (VKE)

• Gleichheit	==I	==R
• Ungleichheit	<>I	<>R
• Größer oder gleich	>=I	>=R
• Kleiner	<I	<R
• Kleiner oder gleich	<=I	<=R

I: Integer
R: Real

```
L      wert
L      20
>I
SPBN   m01
 :
```

```
IF wert > 20 THEN...
```

Analogwertverarbeitung

Innerhalb technischer Grenzen können *analoge Signale* nahezu jeden Wert annehmen.
Wie viele Bereichswerte technisch möglich sind, ist abhängig von der **Auflösung**.

Wenn die Auflösung 10 Bit beträgt, dann sind 2^{10} = 1024 Zwischenwerte möglich.
Eine höhere Auflösung erhöht die Anzahl der Zwischenwerte und steigert damit die Genauigkeit.

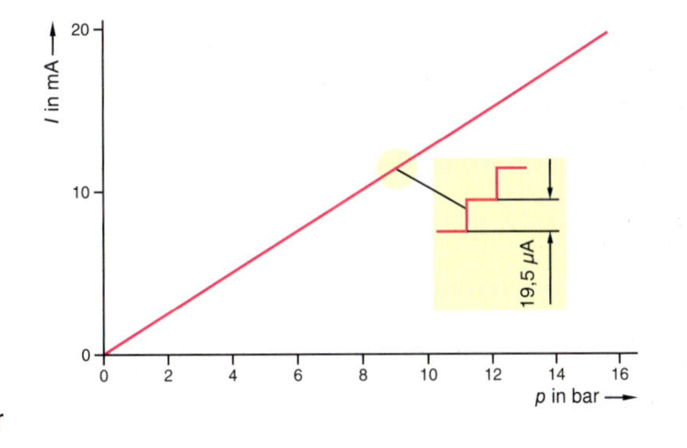

- Analogeingang: 0 – 20 mA
  Auflösung 10 Bit
- Analogsignal von Druckwächter: 0 – 16 bar

Darstellbare Zwischenwerte:

$$\frac{20\text{ mA}}{2^{10}} = 19{,}5\ \mu\text{A}$$

2^{10} = 1024 Zwischenwerte im Bereich 0–20 mA möglich.
Abstand von zwei unterscheidbaren Werten: 19,5 µA.

Datentypen → 272

Automa-
tisierung

Automatisierungstechnik

Wortverarbeitung

Prinzip

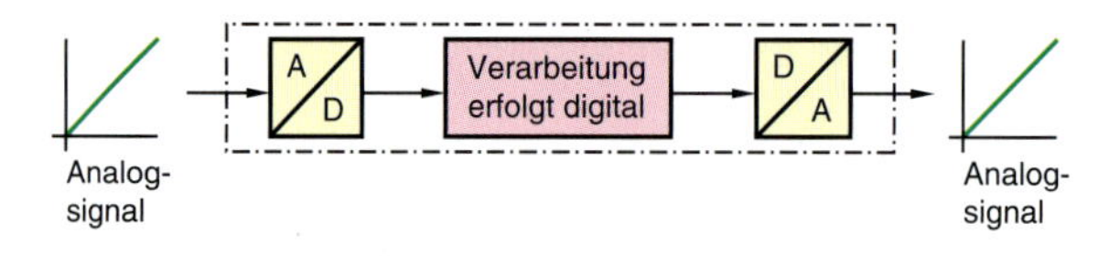

Strom- und Spannungsbereiche (Nennbereich)

± 10 V	± 10 mA	± 20 mA	Digitalwert	1 – 5 V	0 – 20 mA	4 – 20 mA	Digitalwert
10,000	10,000	20,000	27648	5,000	20,000	20,000	27648
0,000	0,000	0,000	0	3,000	10,000	12,000	13824
–10,000	–10,000	–20,000	–27648	1,000	0,000	4,000	0

Digitalisierter Analogwert (Digitalwert)

Bei Umrechnung müssen stets der Maximalwert bzw. Minimalwert des Nennbereiches verwendet werden.

Beispiel

Analogbaugruppe 0 – 20 mA, Messwert 12 mA

$$\text{Digitalwert} = \frac{12\ \text{mA}}{20\ \text{mA}} \cdot 27648 = 16589$$

Analogwert

Beispiel

Analogbaugruppe 0 – 20 mA,

Digitalwert 9626

$$\text{Analogwert} = \frac{9626}{27648} \cdot 20\ \text{mA} = 6{,}96\ \text{mA}$$

Programmbeispiele

```
L  2460      //Konstante in Akku 1 laden
T  PAW256    //Akkuinhalt über Analog-
             //ausgang ausgeben
```

- Bei einem Analogausgang 0 – 20 mA wird der Strom

  $$\frac{2640}{27648} \cdot 20\ \text{mA} = 1{,}91\ \text{mA}$$

  ausgegeben.

- Bei einem Analogausgang 0 – 10 V wird die Spannung

  $$\frac{2640}{27648} \cdot 10\ \text{V} = 0{,}95\ \text{V}$$

  ausgegeben.

```
L  PEW256    //Analogeingang einlesen
L  4         //Konstante laden
*I           //Multiplikation
T  MW60      //Ergebnis in Merkerwort 60
             //transferieren
```

Selbstverständlich können für PEW256 und MW60 auch *Variablennamen* verwendet werden.

Kleinsteuerung

Kleinsteuerungen ermöglichen eine vereinfachte Programmierung gegenüber speicherprogrammierbaren Steuerungen bei leicht erlernbarer Bedienung.
Ein Programmiergerät mit Programmiersoftware ist nicht zwingend erforderlich, da Kleinsteuerungen unmittelbar über ein kleines Display programmierbar sind.

Automatisierungstechnik

Kleinsteuerung

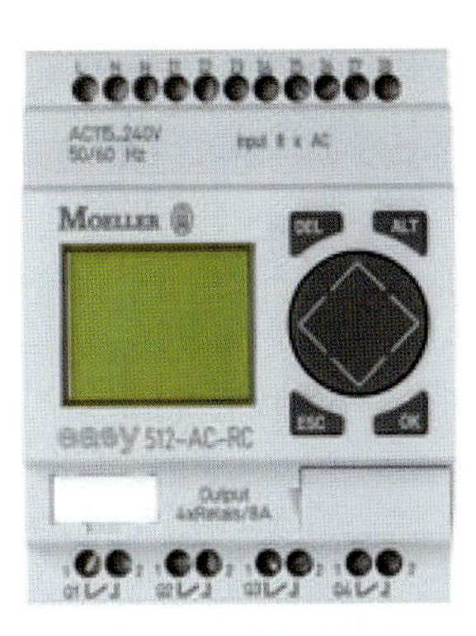

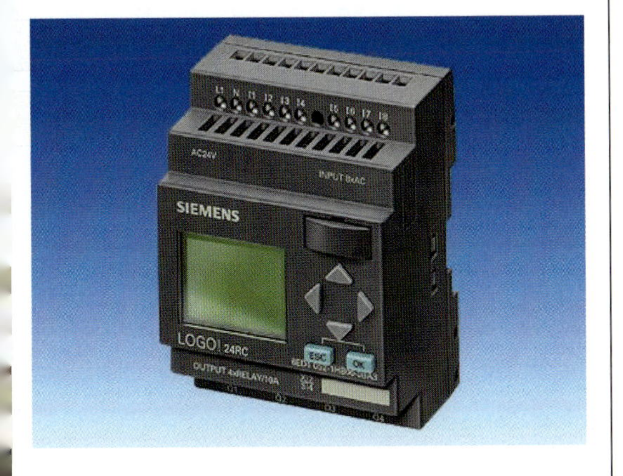

Technische Daten

- Betriebsspannung 230 V AC bzw. 24 V DC
- 24-V-DC-Eingänge
- 230-V-AC-Eingänge
- Transistor- (24 V) oder Relaisausgänge
- Erweiterbar durch Zusatzmodule
- Logikfunktionen
- Zeit- und Zählfunktionen
- Funktionen der Installationstechnik
- Schaltfunktionen
- Analogwertverarbeitung
- Arithmetische Funktionen
- Busankopplung optional

Anschluss einer Kleinsteuerung (230 V AC) und Programmdarstellung

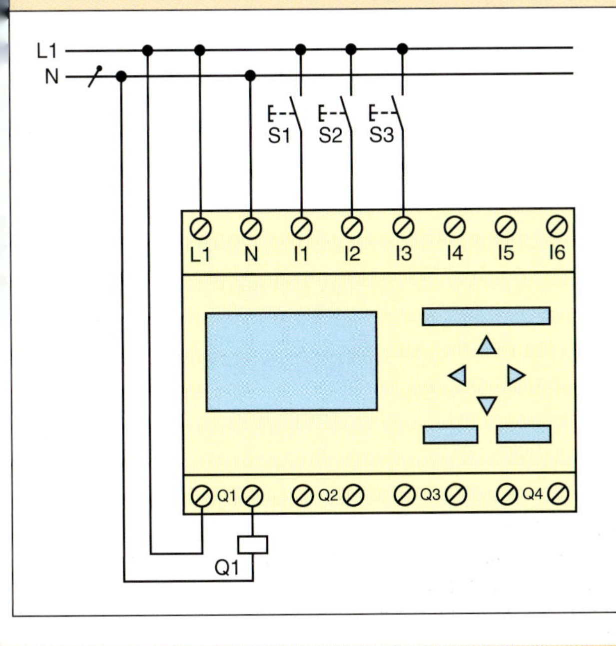

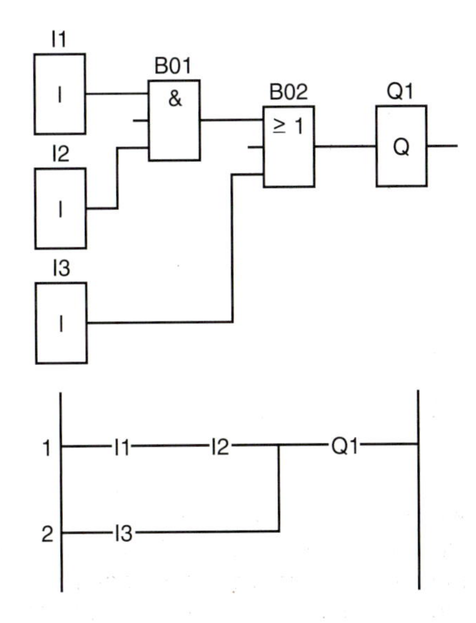

Automatisierungstechnik

Anschluss einer Kleinsteuerung (24 V DC)

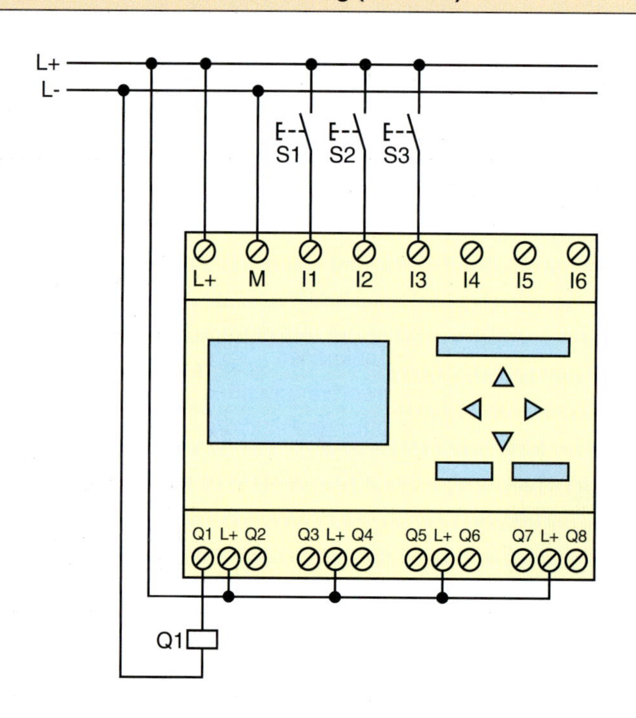

Programmdarstellung wie auf Seite 279.

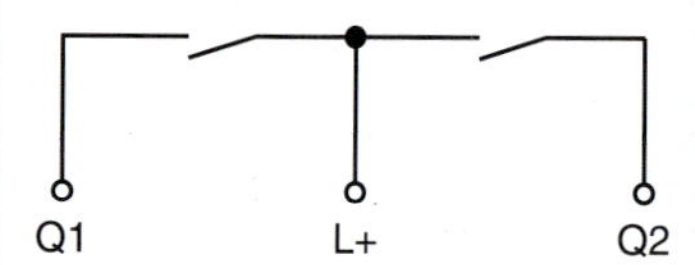

Gemeinsame Spannungsversorgung für jeweils zwei Ausgänge.

Hinweise*:*

- Der für die Spannungsversorgung verwendete Außenleiter ist auch für die Eingänge zu verwenden (230 V-AC-Geräte).
- Wird die Belastungsfähigkeit der Ausgänge überschritten, müssen Schütze eingesetzt werden.
- Bei DC-Typen sind *zwei* Eingänge *analog* einsetzbar.

Regelungstechnik

Regelkreis

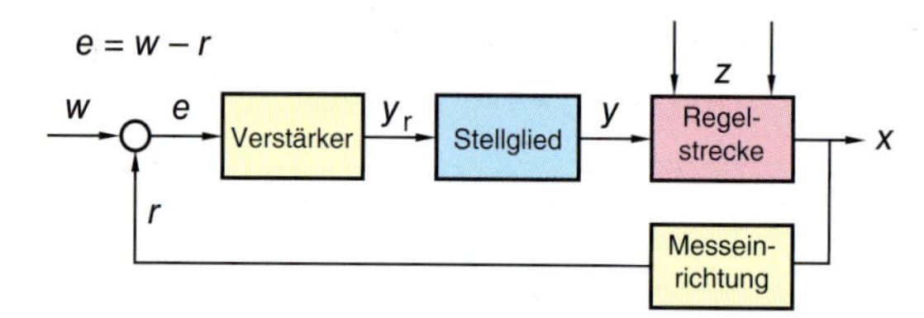

Größe	Erläuterung
w	*Führungsgröße*: Sollwert, dieser Größe soll die Ausgangsgröße *x* der Regelung folgen.
x	*Regelgröße*: Istwert, wird zum Zwecke der Regelung erfasst und der Regeleinrichtung zugeführt.
r	*Rückführgröße*: entspricht der Regelgröße *x*; ist aus der Messung der Regelgröße hervorgegangen und wird dem Vergleichsglied zugeführt.
e	*Regeldifferenz*: Differenz von Führungsgröße und Rückführgröße; $e = w - r$.
y_r	*Ausgangsgröße des Reglers*, wird dem Eingang des Stellgliedes zugeführt.
y	*Stellgröße*: Ausgangsgröße der Regeleinrichtung und Eingangsgröße der Regelstrecke.
z	*Störgröße*: wirkt von außen auf die Regelung ein und beeinträchtigt das Ergebnis.

Automatisierungstechnik

Regelungstechnik

Elemente einer Regelstrecke

Regeleinrichtung	Bewirkt die Beeinflussung der Regelstrecke über das Stellglied.
Regler	Besteht aus Vergleichsglied und Regelglied.
Stelleinrichtung	Einheit, die aus Steller und Stellglied besteht.
Steller	Dient zur Bildung der Stellgröße *y*.
Stellglied	Element der Regelstrecke, das den Massen- oder Energiestrom im Regelkreis beeinflusst.
Vergleichsglied	Dient zur Bildung der Regeldifferenz *e* aus der Führungsgröße *w* und der Rückführgröße *r*.
Regelglied	Bildet aus der Regeldifferenz *e* die Ausgangsgröße y_r des Reglers.
Messeinrichtung	Dient der Aufnahme, Anpassung, Weitergabe und Ausgabe von Größen.
Regelstrecke	Der zu beeinflussende Teil des Systems. Eingangsgröße ist die Stellgröße, Ausgangsgröße die Regelgröße. Die Störgrößen wirken auf die Regelstrecke ein.

Blockschaltbild einer Drehzahlregelung

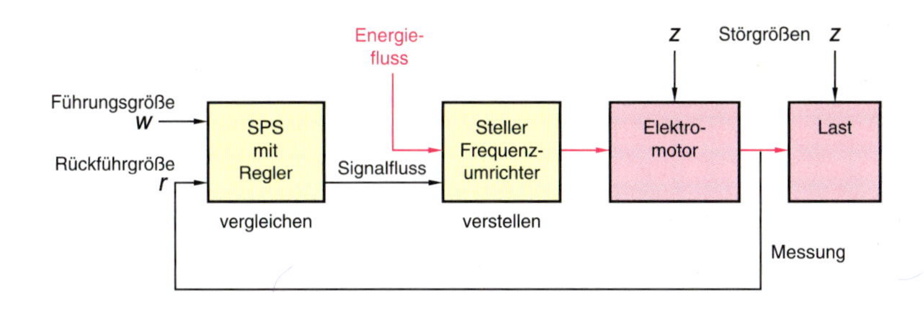

Regeln erfolgt in einem ständigen Kreisprozess:

- *Messung der Istdrehzahl*
- *Vergleichen der Solldrehzahl mit der Istdrehzahl*
- *Verstellen des Frequenzumrichters zum Ausgleichen von Ist- und Solldrehzahl*

Zeitverhalten von Führungsgrößen

Begriff	Bedeutung	Beispiel
Folgeregelung	Die Regelgröße folgt der von außen vorgegebenen zeitlich veränderlichen Führungsgröße.	Heizungsregelung, witterungsgeführt
Zeitplanregelung	Die Führungsgröße wird durch einen Zeitplan vorgegeben.	Heizungsregelung mit Nachtabsenkung
Festwertregelung	Die Führungsgröße ist auf einen festen Wert eingestellt oder innerhalb eines Führungsbereiches einstellbar.	Drehzahlregelung

Automatisierungstechnik

Regelungstechnik

Zeitverhalten von Regelkreisgliedern

Verfahren	Erläuterung	Kennlinien
Sprungantwort	Welcher zeitliche Verlauf der Ausgangsgröße ergibt sich nach einer *sprungartigen* Änderung der Eingangsgröße?	y, x, t_o, t
Impulsantwort	Welcher zeitliche Verlauf der Ausgangsgröße ergibt sich bei einem *Nadelimpuls* der Eingangsgröße?	y, x, t_o, t
Anstiegsantwort	Welcher zeitliche Verlauf der Ausgangsgröße ergibt sich, wenn die Eingangsgröße mit definierter *Anstiegsgeschwindigkeit* zunimmt?	y, x, t_o, t

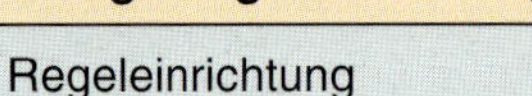

Stetige Regeleinrichtungen

Regeleinrichtung	Beschreibung	Gleichungen, Kenngrößen
P-Regeleinrichtung (proportional) 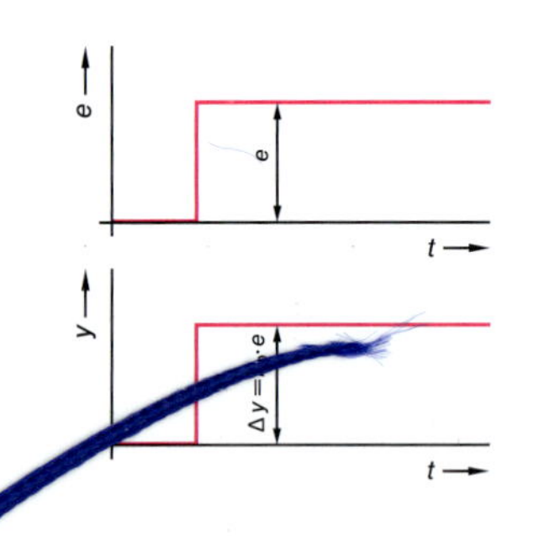 *Beispiel* 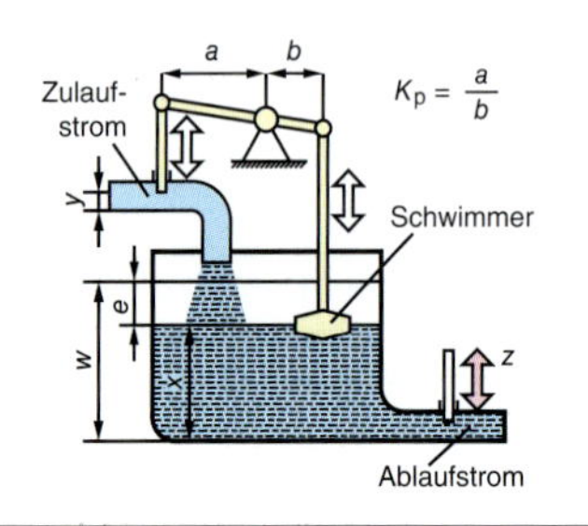	Jeder Regelabweichung ist ein bestimmter Wert der Stellgröße zugeordnet. Die Stellgrößenänderung Δy ist der Regelabweichung *e proportional.* *Vorteil:* Schnelle Reaktion auf Änderung der Eingangsgröße *Nachteil:* Bleibende Regelabweichung 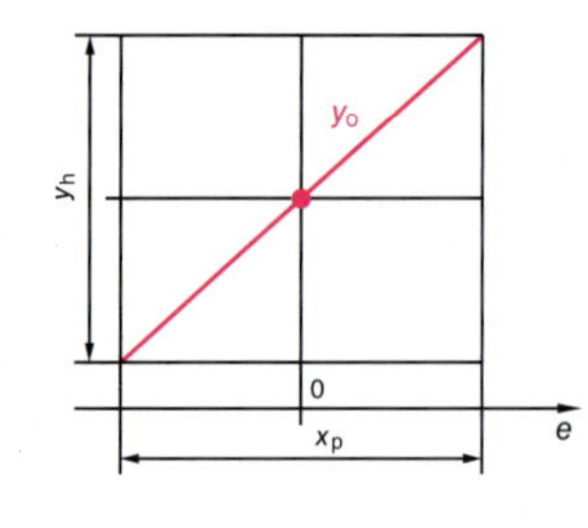	$\Delta y = K_P \cdot e$ $e = w - r$ *Proportionalbeiwert* $K_p = \frac{\Delta y}{e}$ *Proportionalbereich* $X_p = \frac{1}{K_p} \cdot 100\ \%$ Y_h Stellbereich

Automatisierung

Automatisierungstechnik

Regelungstechnik

Stetige Regeleinrichtungen

Regeleinrichtung	Beschreibung	Gleichungen, Kenngrößen
I-Regeleinrichtung (integral) 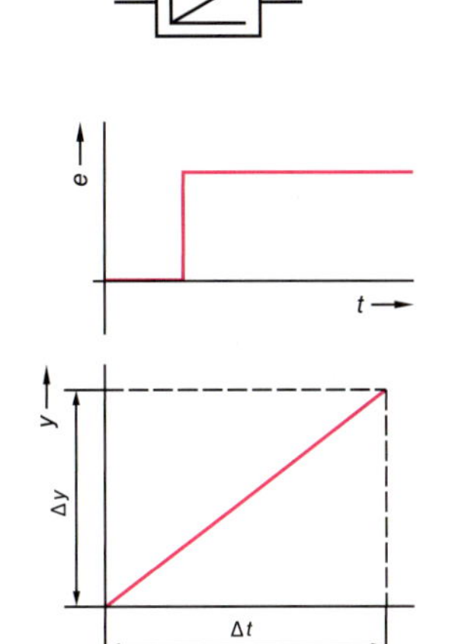	Jeder Regelabweichung ist eine bestimmte *Stellgeschwindigkeit* Δy/Δt zugeordnet. Die Stellgeschwindigkeit ist der Regelabweichung proportional. *Vorteil:* Keine bleibende Regelabweichung *Nachteil:* Langsamere Reaktion auf Eingangsgrößenänderung als beim P-Regler. Der Sollwert wird beim Ausregeln mindestens einmal über- oder unterschritten.	$\frac{\Delta y}{\Delta t} = K_I \cdot e$ $y - y_0 = K_i \cdot e \cdot t$ y_0 Anfangswert der Stellgröße bei $t = 0$ K_I Integrierbeiwert $K_I = \frac{1}{e} \cdot \frac{\Delta y}{\Delta t}$
Beispiel 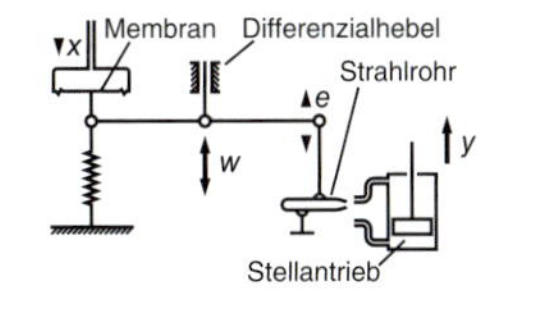	*Zum Beispiel* Der Druck (Regelgröße *x*) betätigt eine Membran, die über einen Differenzialhebel ein Stahlrohr verstellt. Die Strahlrohrstellung bestimmt den Fluidstrom zum Stellantrieb. Die Stellgeschwindigkeit Δy/Δt ist dem Druck proportional.	
D-Regeleinrichtung (differenzial) 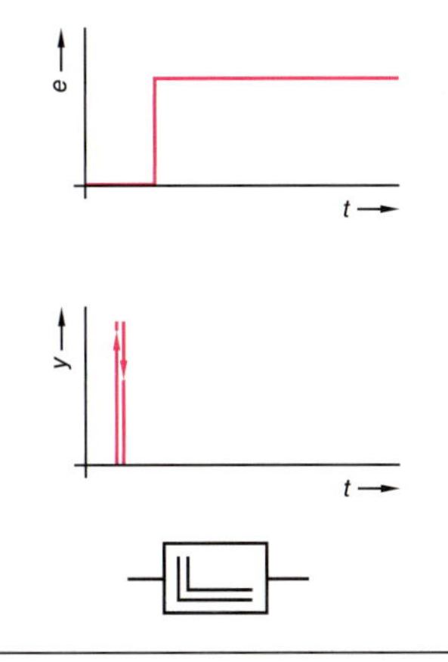	Jeder Änderungsgeschwindigkeit der Regelabweichung ist ein bestimmter Stellgrößenwert zugeordnet. Die Stellgrößenänderung Δy ist der Änderungsgeschwindigkeit der Regelabweichung proportional. Eine D-Regeleinrichtung ist allein nicht ausreichend, um die Regelgröße an die Führungsgröße anzugleichen.	$\Delta y = K_D \cdot \Delta e / \Delta t$ K_D Differenzierbeiwert 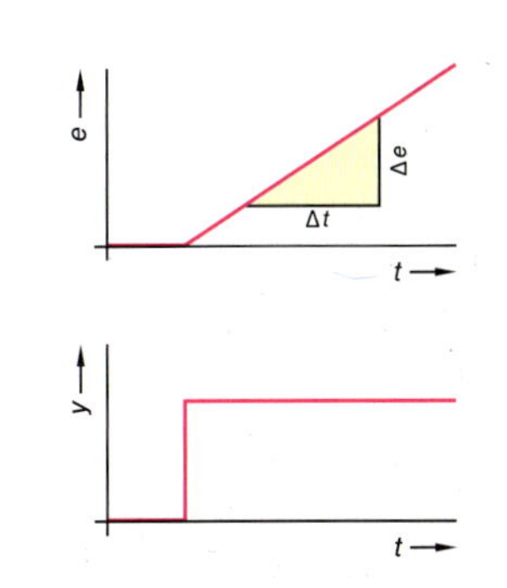

Automatisierungstechnik

Regelungstechnik

Stetige Regeleinrichtungen

Regeleinrichtung	Beschreibung	Gleichungen, Kenngrößen
PI-Regeleinrichtung 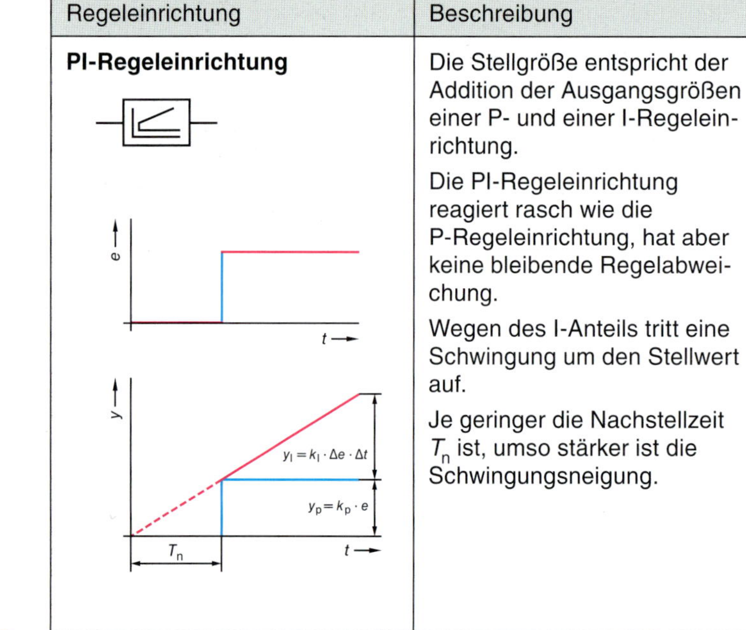	Die Stellgröße entspricht der Addition der Ausgangsgrößen einer P- und einer I-Regeleinrichtung. Die PI-Regeleinrichtung reagiert rasch wie die P-Regeleinrichtung, hat aber keine bleibende Regelabweichung. Wegen des I-Anteils tritt eine Schwingung um den Stellwert auf. Je geringer die Nachstellzeit T_n ist, umso stärker ist die Schwingungsneigung.	$y = y_P + y_I = K_P \cdot e + K_I \cdot \Delta e \cdot \Delta t$ $K_P = \frac{y_P}{e}$ $K_I = \frac{K_P}{T_n}$ T_n Nachstellzeit Zeit, in der eine Regelabweichung e zur selben Stellgröße y führt, wie dies durch den P-Anteil erfolgt.
PD-Regeleinrichtung 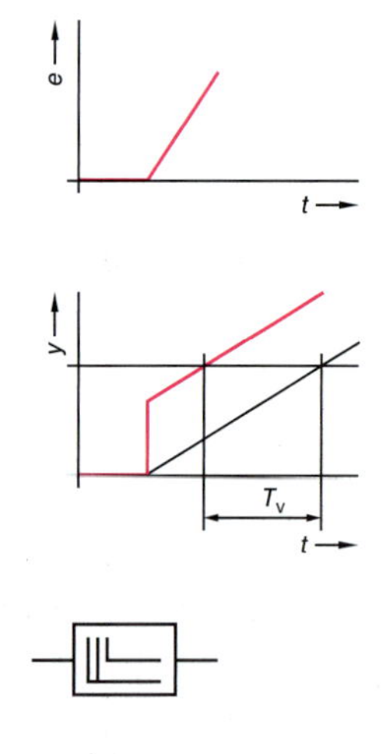	Der D-Anteil reagiert auf die Geschwindigkeit, mit der sich die Regelabweichung ändert. Der Istwert schwingt nicht über den Sollwert hinaus. Es tritt jedoch eine bleibende Regelabweichung auf.	$y = K_P \cdot e + K_D \cdot \frac{\Delta e}{\Delta t}$ $K_P = \frac{K_D}{T_V}$ T_V Vorhaltezeit Die PD-Regeleinrichtung erreicht eine bestimmte Stellgröße um die Vorhaltezeit früher als eine P-Regeleinrichtung allein.
PID-Regeleinrichtung 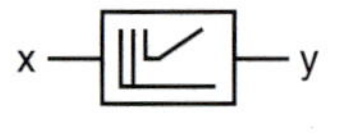	Beim PID-Regler wird die bleibende Regelabweichung durch den I-Anteil aufgehoben. Schnelle Reaktion und vollständige Ausregelung auf $e = 0$.	$y = K_P \cdot e + K_I \cdot \Delta e \cdot \Delta t + K_D \cdot \frac{\Delta e}{\Delta t}$ $T_n = \frac{K_P}{K_I}$ Nachstellzeit $T_V = \frac{K_D}{K_P}$ Vorhaltezeit

Automatisierungstechnik

Regelungstechnik

Stetige Regeleinrichtungen

Regeleinrichtung	Beschreibung	Gleichungen, Kenngrößen
PID-Regeleinrichtung (Fortsetzung)	Eine große Nachstellzeit T_n ergibt einen geringeren I-Anteil, eine große Vorhaltezeit ergibt einen hohen D-Anteil. Günstige Verhältnisse bei $T_n = 4 - 5 \cdot T_V$	• P-Anteil sorgt für schnelle Ausregelung. • I-Anteil regelt die Regeldifferenz völlig aus. • D-Anteil greift sehr stark in die Ausregelung bei plötzlichen Störeinflüssen ein.

Stetige Regeleinrichtungen mit Operationsverstärkern

• P-Regler

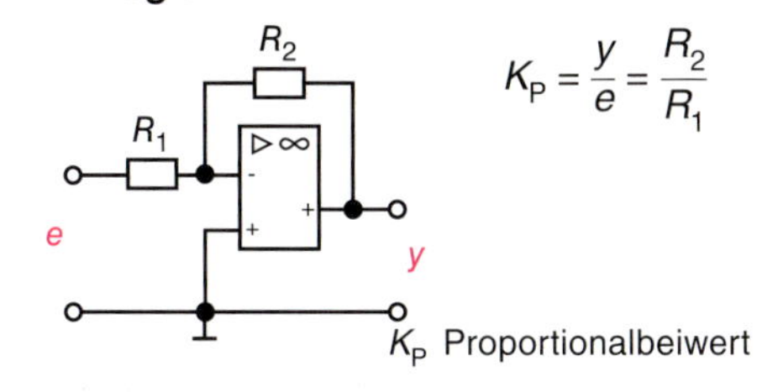

$$K_P = \frac{y}{e} = \frac{R_2}{R_1}$$

K_P Proportionalbeiwert

Regeldifferenz *e* bewirkt proportionale Stellgröße *y*.

• D-Regler

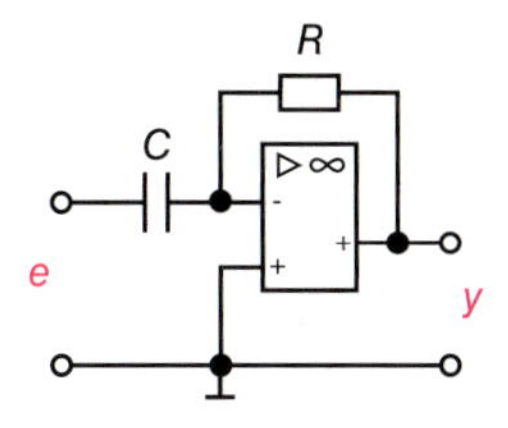

$$K_D = R \cdot C = T_D$$

K_D Differenzierbeiwert
T_D Differenzierzeit

Änderungsgeschwindigkeit der Regeldifferenz bewirkt einen bestimmten Wert der Stellgröße.

• I-Regler

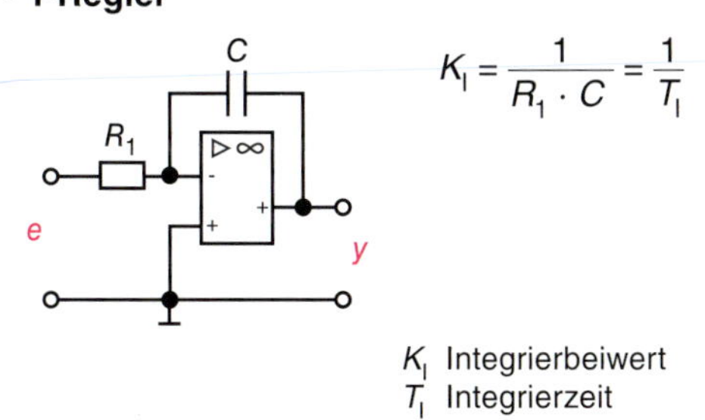

$$K_I = \frac{1}{R_1 \cdot C} = \frac{1}{T_I}$$

K_I Integrierbeiwert
T_I Integrierzeit

Die Regeldifferenz bewirkt eine bestimmte Änderungsgeschwindigkeit der Stellgröße.

• PD-Regler

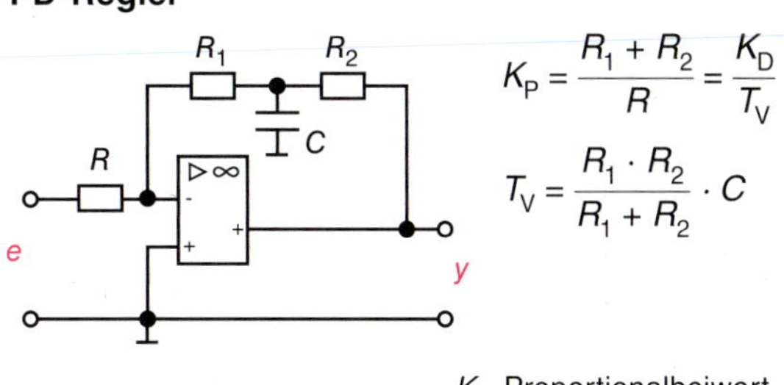

$$K_P = \frac{R_1 + R_2}{R} = \frac{K_D}{T_V}$$

$$T_V = \frac{R_1 \cdot R_2}{R_1 + R_2} \cdot C$$

K_P Proportionalbeiwert
T_V Vorhaltzeit

Automatisierungstechnik

Regelungstechnik

Stetige Regeleinrichtungen mit Operationsverstärkern

- **PI-Regler**

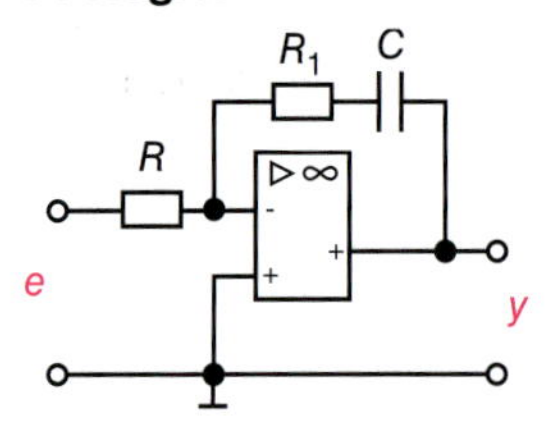

$T_n = R_1 \cdot C$

$T_I = R \cdot C$

$K_P = \frac{R_1}{R}$

$K_I = \frac{1}{R \cdot C}$

T_I Integrierzeit
T_n Nachstellzeit

- **PID-Regler**

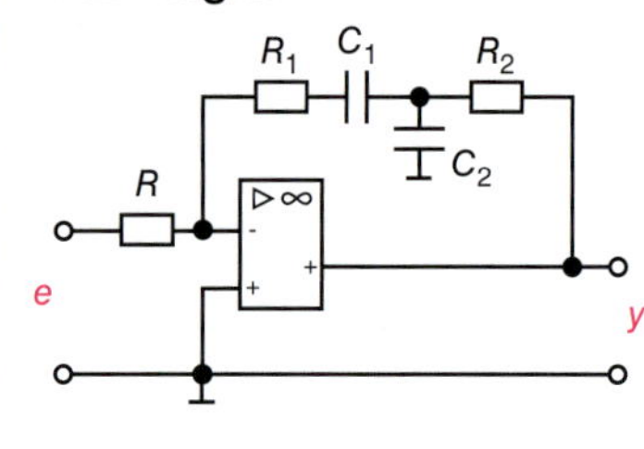

$K_P = \frac{R_1 + R_2}{R}$

$T_V = \frac{R_1 \cdot R_2}{R_1 + R_2} \cdot C_2$

$T_n = (R_1 + R_2) \cdot C_1$

T_V Vorhaltezeit
T_n Nachstellzeit

Regelstrecken

Regelstrecken sind der *zu beeinflussende Teil* eines Regelkreises.
Eingangsgröße ist die *Stellgröße y*, Ausgangsgröße die *Regelgröße x*.
Störgrößen z wirken auf die Regelstrecke ein und machen die Regelung erforderlich.

Verhalten von Regelstrecken

- **Stellverhalten:** Übertragunsverhalten der Regelstrecke bei Stellgrößenänderung.

y — Regel-strecke — x

- **Störverhalten:** Übertragungsverhalten der Regelstrecke bei Störgrößenänderung.
- *Proportionalbeiwert Strecke*: $K_{PS} = \frac{\Delta x}{\Delta y}$
- *Ausgleichswert Strecke*: $Q = \frac{1}{K_{PS}}$

Strecken ohne Ausgleich

Nach Zuschalten der Stellgröße *y* nimmt die Regelgröße *x ständig weiter zu* und erreicht *keinen definierten Endzustand*.

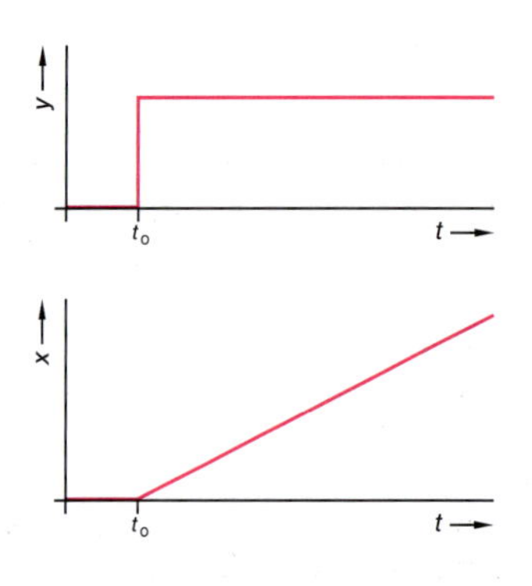

Beispiel: Durchfluss-Regelstrecke (I_0)

Integrierbeiwert: $K_I = \frac{\Delta x}{\Delta y \cdot \Delta t}$

Strecken mit Ausgleich

Diese Regelstrecken erreichen einen natürlichen *Beharrungswert* bzw. *Endwert*.
Nach einer Stellgrößenänderung nimmt die Regelgröße einen *neuen Beharrungswert* an.

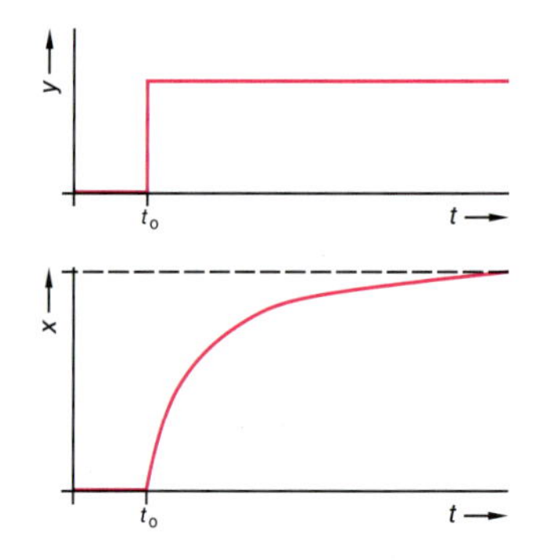

Beispiel: RC-Glied (P-T_1)

Streckenverstärkung: $K_{PS} = \frac{\Delta x}{\Delta y}$

Automatisierungstechnik

Regelungstechnik

Zeitverhalten von Regelstrecken

Bezeichnung	Sprungantwort	Erläuterung
Regelstrecke mit Totzeit	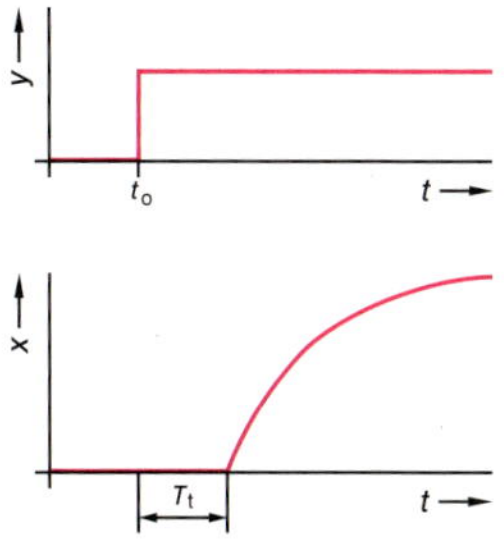	Die Ausgangsgröße der Strecke reagiert mit einer *Zeitverzögerung* (Totzeit T_t) auf die Sprungfunktion.
Regelstrecke mit Verzugszeit	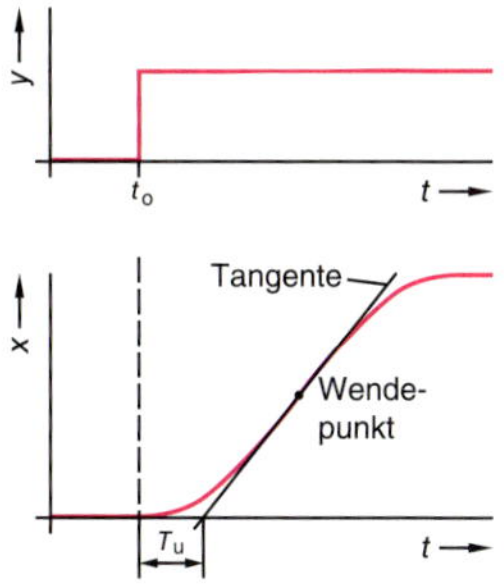	Die Strecke reagiert zunächst (Verzugszeit T_U) mit *geringfügiger Änderung* der Ausgangsgröße.
P_0-Strecke	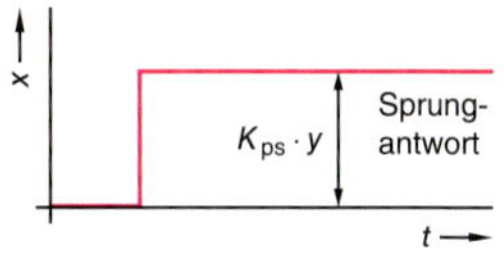	Die Regelgröße x folgt *proportional und unverzögert* der Stellgröße y. Proportionalbeiwert: $K_{PS} = \frac{x}{y}$
PT_1-Strecke	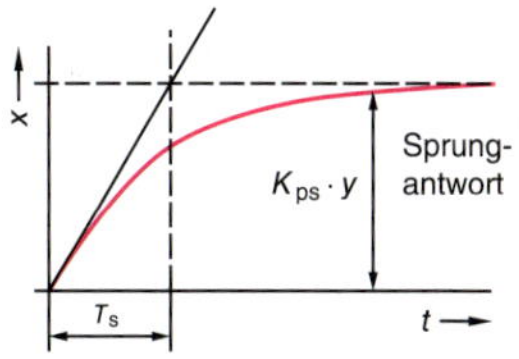	Die Regelgröße folgt nach einer *e-Funktion* der Stellgröße y. Proportionalbeiwert: $K_{PS} = \frac{x_\infty}{y}$ T_S Zeitkonstante
PT_2-Strecke	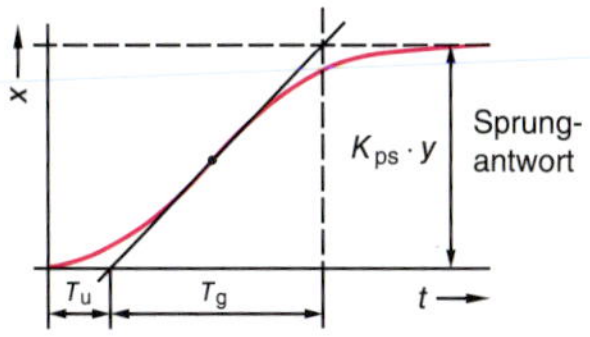	Die Regelgröße x folgt (verzögert mit zwei Zeitkonstanten) der Stellgröße y *proportional*. Proportionalbeiwert: $K_{PS} = \frac{x_\infty}{y}$ T_U Verzugszeit T_g Ausgleichszeit
PT_t-Strecke	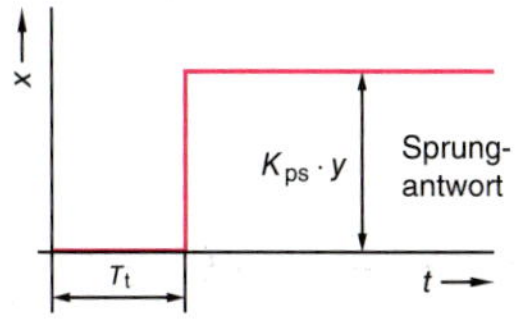	Um die Totzeit T_t verzögert, folgt die Regelgröße x *proportional* der Stellgröße y. Proportionalbeiwert: $K_{PS} = \frac{x}{y}$

Automatisierungstechnik

Regelungstechnik

Zeitverhalten von Regelstrecken

Bezeichnung	Sprungantwort	Erläuterung
PT_t-T_1-Strecke		Die Regelgröße *x* folgt (mit *Totzeit* T_t und einer *e-Funktion* verzögert) der Stellgröße *y*. Proportionalbeiwert: $K_{PS} = \frac{x}{y}$ T_t Totzeit T_S Zeitkonstante

Einstellung von Reglern

- **Sprungantwort einer Regelstrecke**

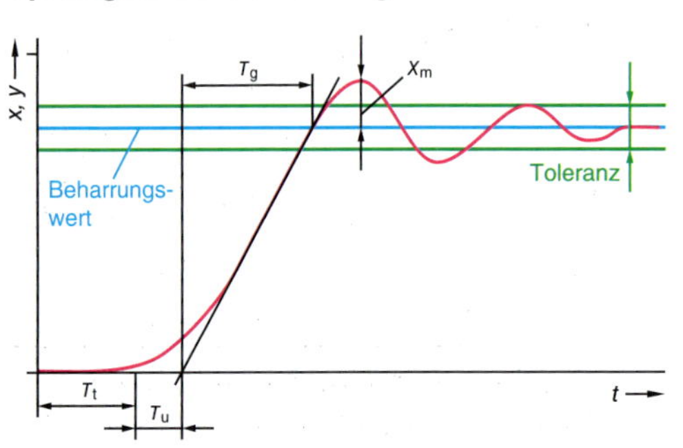

- **Voraussetzungen für eine optimal eingestellte Regeleinrichtung**
  - minimale bleibende Regeldifferenz,
  - kurze Einschwingzeit,
  - minimale Überschwingweite x_m.

Verlauf eines Regelvorganges

- instabil

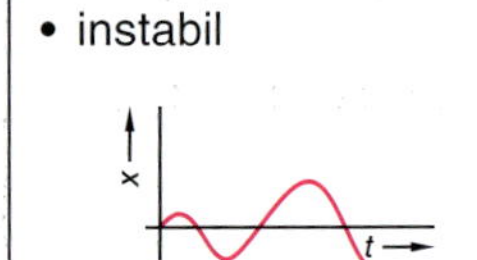

- Stabilitätsgrenze

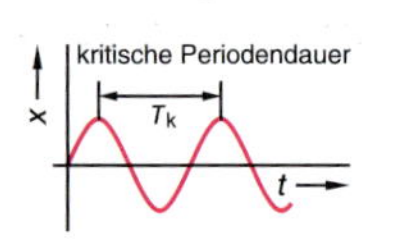

- stabil, periodisch

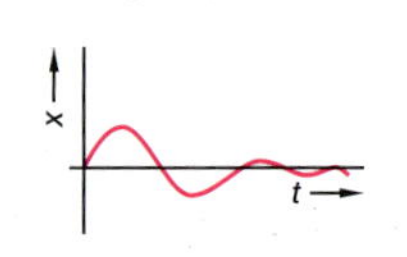

- stabil, aperiodisch

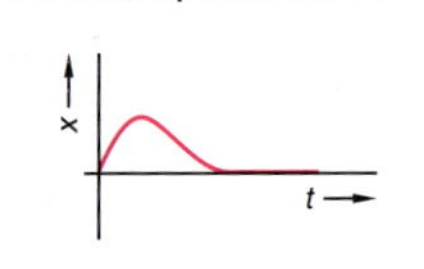

Reglereinstellung nach Ziegler und Nichols

Das Verfahren ist besonders gut anwendbar, wenn die Kennwerte der Regelstrecke (Verzugszeit, Ausgleichszeit und Totzeit) nicht bekannt sind.

Regler	P-Wert K_{PR}	Vorhaltezeit T_V	Nachstellzeit T_n
P	$0{,}5 \cdot K_{PRK}$	–	–
PD	$0{,}8 \cdot K_{PRK}$	$0{,}12 \cdot T_K$	–
PI	$0{,}45 \cdot K_{PRK}$	–	$0{,}85 \cdot T_K$
PID	$0{,}6 \cdot K_{PRK}$	$0{,}12 \cdot T_K$	$0{,}5 \cdot T_K$

Vorgehensweise

- PID-Regler so einstellen, dass er nur als P-Regler arbeitet ($T_n = \infty$, $T_V = 0$).
- K_{PR} so klein wählen, das Regelkreis stabil ist.
- K_{PR} dann vergrößern, bis ungedämpfte Schwingung mit kleinster Amplitude auftritt. Regelkreis an Stabilitätsgrenze; kritische Proportionalverstärkung K_{PRK}.
- Schwingungen aufzeichnen und kritische Periodendauer T_K ermitteln.
- Einstellung des Reglers mit Tabellenwerten.

Automatisierungstechnik

Regelungstechnik

Reglereinstellung nach Chien, Hrones und Reswick

Regler	Führungsverhalten		Störungsverhalten	
	Regelvorgang aperiodisch	Regelvorgang periodisch 20 % Überschwingen	Regelvorgang aperiodisch	Regelvorgang periodisch 20 % Überschwingen
P	$K_{PR} = 0{,}3 \cdot \frac{T_g}{K_{PS} \cdot T_U}$	$K_{PR} = 0{,}7 \cdot \frac{T_g}{K_{PS} \cdot T_U}$	$K_{PR} = 0{,}3 \cdot \frac{T_g}{K_{PS} \cdot T_U}$	$K_{PR} = 0{,}7 \cdot \frac{T_g}{K_{PS} \cdot T_U}$
PI	$K_{PR} = 0{,}35 \cdot \frac{T_g}{K_{PS} \cdot T_U}$ $T_n = 1{,}2 \cdot T_g$	$K_{PR} = 0{,}6 \cdot \frac{T_g}{K_{PS} \cdot T_U}$ $T_n = T_g$	$K_{PR} = 0{,}6 \cdot \frac{T_g}{K_{PS} \cdot T_U}$ $T_n = 4 \cdot T_U$	$K_{PR} = 0{,}7 \cdot \frac{T_g}{K_{PS} \cdot T_U}$ $T_n = 2{,}3 \cdot T_U$
PD	$K_{PR} = 0{,}6 \cdot \frac{T_g}{K_{PS} \cdot T_U}$ $T_V = 0{,}5 \cdot T_U$	$K_{PR} = 0{,}95 \cdot \frac{T_g}{K_{PS} \cdot T_U}$ $T_V = 0{,}5 \cdot T_U$	$K_{PR} = 0{,}95 \cdot \frac{T_g}{K_{PS} \cdot T_U}$ $T_V = 0{,}4 \cdot T_U$	$K_{PR} = 1{,}2 \cdot \frac{T_g}{K_{PS} \cdot T_U}$ $T_V = 0{,}4 \cdot T_U$
PID	$K_{PR} = 0{,}6 \cdot \frac{T_g}{K_{PS} \cdot T_U}$ $T_V = 0{,}5 \cdot T_U$ $T_n = T_g$	$K_{PR} = 0{,}95 \cdot \frac{T_g}{K_{PS} \cdot T_U}$ $T_V = 0{,}47 \cdot T_U$ $T_n = 1{,}35 \cdot T_g$	$K_{PR} = 0{,}95 \cdot \frac{T_g}{K_{PS} \cdot T_U}$ $T_V = 0{,}42 \cdot T_U$ $T_n = 2{,}4 \cdot T_U$	$K_{PR} = 1{,}2 \cdot \frac{T_g}{K_{PS} \cdot T_U}$ $T_V = 0{,}42 \cdot T_U$ $T_n = 2 \cdot T_U$

Ziel ist es, die Dauer des *Ausregelvorganges* zu minimieren. Die Nennwerte der Regelstrecke können z. B. durch *Sprungantwort* ermittelt werden. *Totzeit* und *Verzugszeit* beeinträchtigen die Regelbarkeit der Strecke, wenn sie groß im Verhältnis zur Ausgleichszeit sind.

Beachten Sie:

- Wenn statt des Proportionalbeiwertes K_{PR} der Proportionalbereich X_{PR} am Regler eingestellt wird, kann der Wert mit $X_{PR} = 1/K_{PR}$ umgerechnet werden.
- Wenn bei einem Regler der auf den Stellbereich Y_h und den Regelbereich X_h bezogene Proportionalbereich x_P einzustellen ist, dann gilt:

$$x_P = K_{PS} \cdot Y_h \cdot \frac{T_U}{T_g} \text{ bzw. } x_P = K_{PS} \cdot \frac{Y_h}{X_n} \cdot \frac{T_U}{T_g} \cdot 100\ \text{h}$$

Zweipunktregeleinrichtung

Bei diesen Regeleinrichtungen kann die Stellgröße nur *zwei Zustände* annehmen: Ein und Aus. *Zweipunktregler* sind einsetzbar, wenn Schwankungen zwischen einem oberen und unteren Grenzwert zulässig sind. Dazu müssen die Regelstrecken aber ein ausreichendes *Energiespeichervermögen* haben (Temperaturregelstrecken).

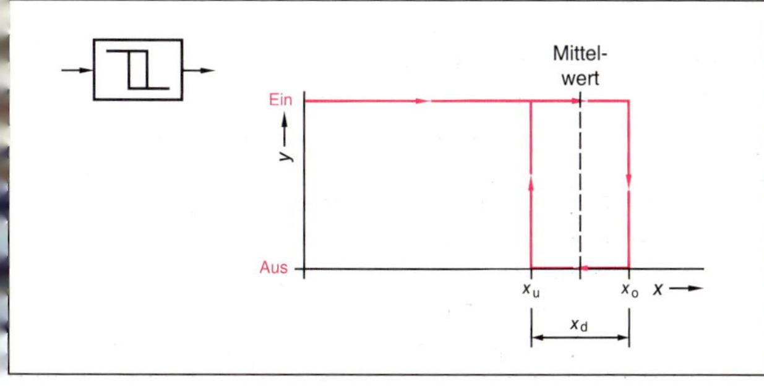

Zweipunktregler sind **schaltende Regler** (Ein und Aus). Die Regelgröße x schwingt um die Führungsgröße w.

Amplitude und Schwingungsdauer wachsen mit dem Verhältnis T_U/T_g der Regelstrecke und der Schaltdifferenz x_d des Reglers.

Automatisierungstechnik

Regelungstechnik

Zweipunktregeleinrichtung

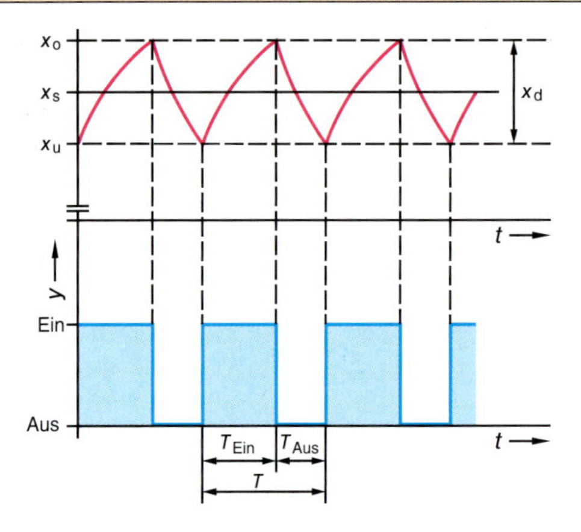

Zykluszeit des Reglers

$$T = T_{EIN} + T_{AUS}$$

Schaltfrequenz

$$f = \frac{1}{T} = \frac{1}{T_{EIN} + T_{AUS}}$$

Industriebussysteme

Die seriell arbeitenden Industriebussysteme werden oftmals auch als **Feldbussysteme** bezeichnet. Dabei sind vor allem folgende Kriterien von Bedeutung:

- *Geschwindigkeit des Bussystems*
- *Antwortzeit der Busteilnehmer*
- *Antwortzeit bei binären und analogen I/O-Signalen*
- *Zykluszeit des Bussystems*
- *Einfache Kopplung an Leitsysteme*

Wesentliche *Vorteile* der Bustechnik sind:

- *Dezentralisierung der Automatisierungstechnik*
- *Reduzierung von Installationskosten*
- *Flexibilisierung*
- *Einbindung in Prozessführung und Prozessüberwachung*

Wichtige Begriffe

- **Offenes Feldbussystem**
  Herstellerunabhängig, teilweise genormt oder zur Normung vorgeschlagen.
- **Geschlossenes Feldbussystem**
  Herstellerabhängig unter Verwendung von Komponenten *eines* Herstellers.
- **Übertragung**
  Zwei- oder Mehr-Drahtleitung (9,6–12 MBit/s), Lichtwellenleiter (100–1000 MBit/s).
- **Topologie**
  Linienstruktur (willkürliche Adressierung), Ringstruktur (physikalische Erkennung).
- **Geschwindigkeit**
  Buszykluszeit: Zeit, die bei einer bestimmten Anzahl von Busteilnehmern für die Übertragung der Ein- und Ausgangsdaten für einen Zyklus erforderlich ist, sie ist wesentlich von der Anzahl der Busteilnehmer und von der Datenübertragungsrate abhängig.
- **Architektur**
  Master-Slave-Struktur: Mehrere Slaves sind als passive Teilnehmer an einen Master angeschlossen. Der Master sendet und empfängt Daten von diesen Slaves, die mit den Sensoren und Aktoren verbunden sind.

Automatisierungstechnik

Industriebussysteme

Wichtige Begriffe

Multi-Master-Struktur: Das Bussystem umfasst *mehrere* Master. Dabei ist dann festzulegen, welcher Master zu einem bestimmten Zeitpunkt die *Berechtigung* zum Senden und Empfangen von Daten hat. Dieser berechtigte Master hat das so genannte **Token**. Mit dem Token wird die Berechtigung an den nächsten Master weitergegeben.

Hierarchie

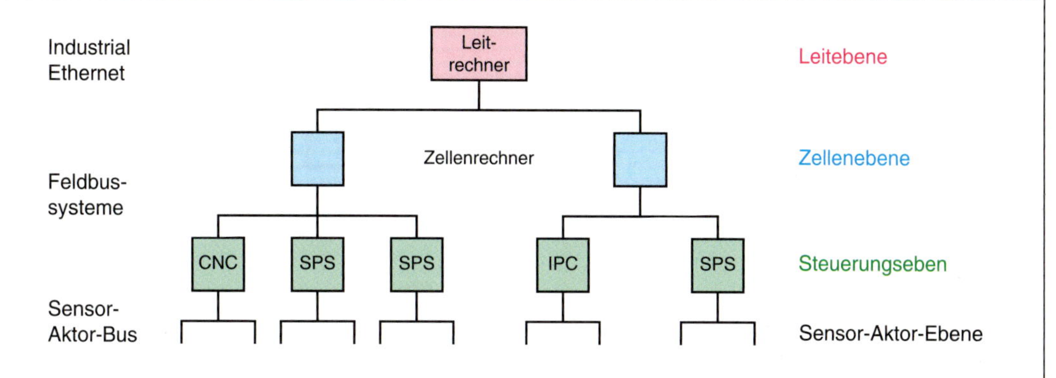

ASI-Bus (Aktor-Sensor-Interface)

Bussystem im untersten Feldbereich zur Verknüpfung von Sensoren und Aktoren mit der ersten Steuerungsebene *Aufbau:* stern-, baum- oder busförmig, **Single-Master-System**.
Die Besonderheit von ASI ist, dass über eine *zweiadrige* Flachleitung (1,5 mm^2) Energie und Daten übertragen werden können. Die Leitung ist ungeschirmt.

Technische Daten (ASI)

- Ungeschirmte profilierte Flachleitung 2 × 1,5 mm^2 für Daten- und Energietransport.
- Anschluss und Montage der ASI-Komponenten in Durchdringungstechnik.
- Maximal 62 Slaves an einem Master.
- Maximale Zykluszeit 5 ms bei 31 Slaves und 10 ms bei 62 Slaves.
- Versorgungsspannung 30 V DC, zusätzliche Einspeisung der Hilfsenergie mit 24 V DC möglich.
- Fehlersicherung: Identifikation und Wiederholung gestörter Telegramme.
- Maximale Leitungslänge 100 m oder 300 m (mit Repeater).
- Zugriffsverfahren mit zyklischem Polling im Master-Slave-Verfahren.
- ASI-Datenleitung: Farbe gelb.
- ASI-Netzleitung für Hilfsenergie: Farbe schwarz.

ASI-Nachricht

Masteraufruf														Master-pause	Slaveantwort							Slavepause
0	SB	A4	A3	A2	A1	A0	I4	I3	I2	I1	I0	PB	1		0	I3	I2	I1	I0	PB	1	
ST													EB		ST						EB	

ST: Startbit
SB: Steuerbit
PB: Paritätsbit
EB: Endebit

A4–A0 Adresse des Slaves
I4–I0 Informationsteil des Masters an Slave
I3–I0 Informationsteil des Slaves an Master

Automatisierungstechnik

Industriebussysteme

ASI-Bus (Aktor-Sensor-Interface)

ASI-Konfigurationsbeispiel

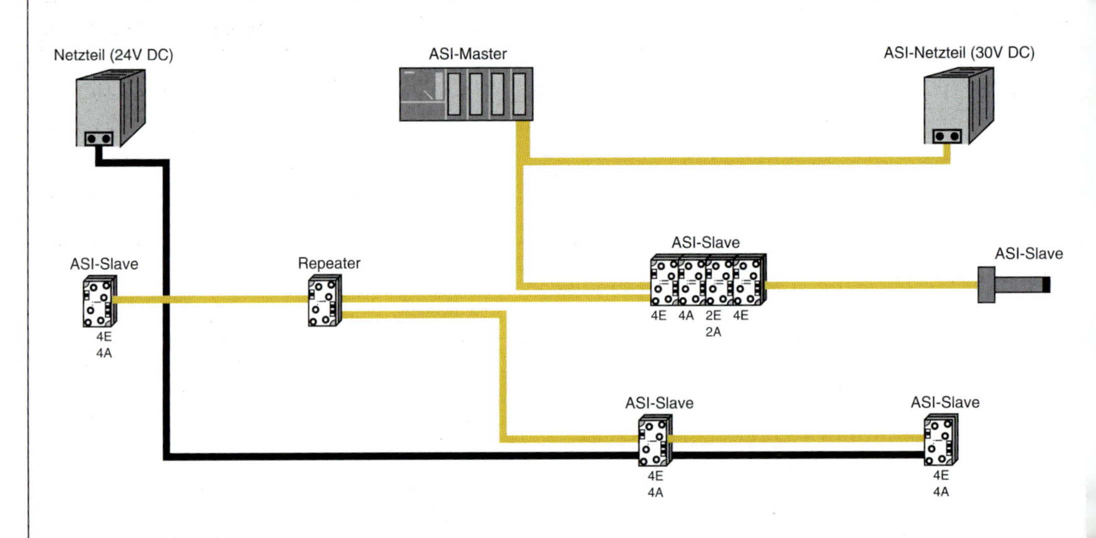

Inbetriebnahme

- Sämtlichen Slaves sind *eindeutige Adressen* zuzuweisen (Projektierungsgerät).
- Verlegung der gelben Datenleitung und Anschluss aller Slaves, der Energieversorgung (30 V DC) und des Masters (eventuell Repeater) in Durchdringungstechnik. Dabei ist das Profil der Datenleitung zu berücksichtigen.
- Wird eine zusätzliche *Hilfsenergieversorgung* (24 V DC) benötigt, kann diese nun mit der schwarzen ASI-Netzzuleitung an die ASI-Slaves angeschlossen werden. Das Profil der Leitung ist beim Anschluss zu beachten.
- Sensoren an die M12-Stecker für die ASI-Slaves anschließen und diese auf die Slaves montieren.
- Nun ist der ASI-Strang bereit und der CP342-2 kann *eingerichtet* und *parametriert* werden.
- Die CPU in den Stopp-Modus bringen.
- Den CP 342-2 in den Projektierungsmodus durch Betätigung des SET-Tasters bringen. Die erkannten Slaves werden angezeigt.
- Im Projektierungsmodus können auch nachträglich Slaves an die ASI-Leitung hinzugefügt oder entfernt werden. Hinzugefügte Slaves werden sofort erkannt und aktiviert.
- Erneut den SET-Taster betätigen, die CM-LED erlischt.
- Die CPU in den RUN-P-Modus bringen.

Adresszuordnung der Slaves

- Der CP 342-2 wird über die Hardware-Konfiguration einem Steckplatz zugeordnet.
- Die CPU stellt pro Steckplatz einen Speicherbereich von 16 Byte zur Verfügung.
- Wenn beispielsweise der CP 342-2 auf Steckplatz 6 konfiguriert ist, dann werden ab der Adresse 288 16 Byte für den Datenaustausch verwendet.
- Ein Slave hat maximal 4 Eingänge und 4 Ausgänge, darum werden im Speicher der CP 342-2 nur 4 Bit pro Slave zugeordnet. Die Zuordnung der einzelnen Slaves zu den Adressbereichen ist wie nachstehend festgelegt.

Automatisierungstechnik

Industriebussysteme

ASI-Bus (Aktor-Sensor-Interface)

Adresszuordnung der Slaves

Eingänge	IN/OUT				IN/OUT				Adresse	Ausgänge
PAE	**7**	**6**	**5**	**4**	**3**	**2**	**1**	**0**	CP 342-2 (PE/PA)	PAA
	In4	In3	In2	In1	In4	In3	In2	In1		
	Out4	Out3	Out2	Out1	Out4	Out3	Out2	Out1		
24	Reserviert für Diagnose				Slave01				288	64
25	Slave02				Slave03				289	65
26	Slave04				Slave05				290	66
27	Slave06				Slave07				291	67
28	Slave08				Slave09				292	68
29	Slave10				Slave11				293	69
30	Slave12				Slave13				294	70
31	Slave14				Slave15				295	71
32	Slave16				Slave17				296	72
33	Slave18				Slave19				297	73
34	Slave20				Slave21				298	74
35	Slave22				Slave23				299	75
36	Slave24				Slave25				300	76
37	Slave26				Slave27				301	77
38	Slave28				Slave29				302	78
39	Slave30				Slave31				303	79

Die Zuordnung gilt bei den ASI-Slaves, wenn für die Eingänge die Adressen ab E24.0 und für die Ausgänge die Adressen ab A64.0 verwendet werden.

Durch die Programmbefehle „Laden" und „Transferieren" kann die Zuordnung im OB1 vorgenommen werden. Zum Beispiel:

- **L PED 288, T ED 24** für die Eingänge
- **L AD 64, T PAD 288** für die Ausgänge

Um die Adressen für den zweiten Ausgang am ASI-Slave 2 (Slave 2, Out2) zu ermitteln, ist folgende Vorgehensweise notwendig:

- Byteadresse für Slave 02 aus dem PAA: **65**
- Bitadresse für Out2: **5**
- Resultierende Adresse **A65.5**

Für den dritten Eingang am ASI-Slave 7 (Slave 7, In3) gilt die Adresse **E27.2**.

Automatisierungstechnik

Industriebussysteme

ASI-Bus (Aktor-Sensor-Interface)

Erweiterung auf 62 Slaves

	Version 2.0	Version 2.1
Anzahl Slaves	max. 31	max 62
Signalumfang	124 E + 124 A	248 E + 186 A
Übertragung	Daten und Energie bis 8 A	Daten und Energie bis 8 A
Medium	Ungeschirmte Leitung 2 × 1,5 mm²	Ungeschirmte Leitung 2 × 1,5 mm²
Max. Zykluszeit	5 ms	10 ms
Analogwertübertragung	mit Funktionsbaustein	im Master integriert
Anzahl Analogwerte	16 Byte für Digital- und Analogwerte	124 Analogwerte möglich
Zugriff-Methode	Master/Slave	Master/Slave
Leitungslänge	100 m, Erweiterung mit Repeater auf 300 m	100 m, Erweiterung mit Repeater auf 300 m

- 2 Slaves pro Adresse mit **A-** oder **B-Kennung**
  A/B-Slaves (max. 4E/3A)
- Die Adressen der Slaves können auf die Werte **1** bis **31** (bzw. **1 A** bis **31 A** und **1 B** bis **31 B**) eingestellt werden.
- Kommunikationszyklus:
  1. Abfrage aller Single-Slaves und aller A-Slaves
  2. Abfrage aller Single-Slaves und aller B-Slaves
  Bisherige Slaves werden als *Single-Slaves* bezeichnet.

Profibus (Process Field Bus)

Vernetzung von Automatisierungssystemen der *unteren Feldebene* bis hin zu Prozesssteuerungen in der *Zellenebene*.

Profibus ist ein **offener** (herstellerunabhängiger) **Feldbusstandard**. Man unterscheidet:

- **Profibus-FMS**
- **Profibus-PA**
- **Profibus-DP**

Profibus-FMS (Fieldbus Message Spezification)

Brücke zwischen dem *Zellen-* und *Feldbereich*. Geeignet für anspruchsvolle Kommunikationsaufgaben, z. B. für den Datenaustausch der intelligenten Automatisierungssysteme untereinander. Dabei ist zwischen *aktiven Teilnehmern* und *passiven Teilnehmern* zu unterscheiden, die unter Verwendung von **Token-Passing** mit unterlagertem **Master-Slave-Verfahren** zyklisch oder azyklisch Daten austauschen.

- Das *Token-Passing-Verfahren* garantiert die Zuteilung der Buszugriffsberechtigung innerhalb eines fesgelegten Zeitrahmens.
- Das *Master-Slave-Verfahren* ermöglicht es dem Master (der gerade über die Sendeberechtigung verfügt), die ihm zugeordneten Slaves anzusprechen.

Profibus-FMS arbeitet *objektorientiert* und ermöglicht den *standardisierten* Zugriff auf Variablen, Programme und große Datenbereiche.

Automatisierungstechnik

Industriebussysteme

Profibus (Process Field Bus)

Profibus-PA (Prozess Automation)

Zur Prozessautomatisierung in der *Verfahrenstechnik*, *Eigensicherheit* und *Fernspeisung* der Busteilnehmer. Während des laufenden Betriebes können Feldgeräte angeklemmt oder abgeklemmt werden. Ein nicht *eigensicherer* Feldbus müsste dazu komplett abgeschaltet werden.

- Digitale bitsynchrone Datenübertragung
- Fernspeisung über Signaldaten
- Linien-, Stern- und Baumtopologie
- Energieübertragung DC
- Länge Leitungssegment bis zu 1900 m (ohne Repeater)
- Bus mit max. 4 Repeatern in Reihe erweiterbar

Profibus-DP (Dezentrale Peripherie)

Verlagerung der Peripherie in die Feldebene ermöglicht eine wesentliche Einsparung bei der Verkabelung.

- Die Buszuteilung erfolgt nach dem *Token-Passing-Verfahren* mit unterlagertem *Master-Slave*.
- Typische Zykluszeiten 5 bis 10 ms; bei 12 MBit/s < 2 ms.
- Datenübertragung über verdrillte und geschirmte Zweidrahtleitung oder Lichtwellenleitung (Multimode oder Singlemode).
- Die verdrillte und geschirmte *Zweidrahtleitung* (Twisted Pair) hat einen Mindestquerschnitt von 0,22 mm^2 und muss an den Enden mit dem *Wellenwiderstand* abgeschlossen werden.
- Standard-Übertragungsraten: 9,6 KBit/s; 19,2 KBit/s; 93,75 KBit/s; 187,5 KBit/s; 500 KBit/s; 1,5 MBit/s; 3 MBit/s; 6 MBit/s; 12 MBit/s.
- Buskonfiguration modular ausbaubar, wobei die Peripherie- und Feldgeräte im Betriebszustand an- und abkoppelbar sind.
- Eine flächendeckende Vernetzung erfolgt beim Profibus-DP durch Aufteilung des Bussystems in *Bussegmente*, die wiederum über *Repeater* verbunden werden können.
- Die *Topologie* der einzelnen Bussegmente ist die *Linienstruktur* mit kurzen *Stichleitungen* (< 0,3 m). Mithilfe von Repeatern kann auch eine Baumstruktur aufgebaut werden.

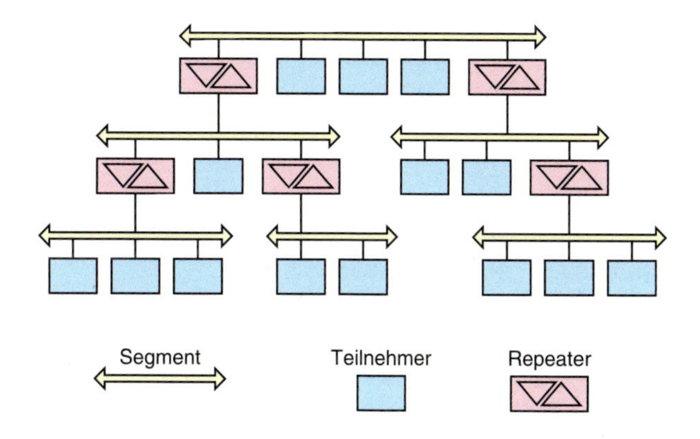

- Die maximale Anzahl der Teilnehmer pro Bussegment bzw. Linie ist 32. Mehrere Linien können untereinander verbunden werden (Repeater). Dabei zählt jeder *Repeater* als *Busteilnehmer*. Maximal können 126 Busteilnehmer angeschlossen werden (über alle Bussegmente).

Automatisierungstechnik

Industriebussysteme

Profibus (Process Field Bus)

Profibus-DP (Dezentrale Peripherie)

Übertr.-Rate in KBit/s	9,6	19,2	93,75	187,5	500	1500	3000	6000	12000
Länge pro Segment in m	1200	1200	1200	1000	400	200	100	100	100
max. Länge in m	12000	12000	12000	10000	4000	2000	400	400	400
Anzahl Bussegmente	10	10	10	10	10	10	4	4	4

- Übertragungsstrecken bei elektrischem Aufbau bis 12 km, bei optischem Aufbau bis 23,8 km möglich (abhängig von der Übertragungsrate).

DP-Master Klasse 1 (DPM1)

Zentrale Steuerung, die in einem festgelegten Nachrichtenzyklus Informationen mit den dezentralen Stationen (DP-Slaves) austauscht.

- *Erfassung von Diagnoseinformationen der DP-Slaves*
- *Zyklischer Nutzdatenbetrieb*
- *Parametrierung und Konfiguration der DP-Slaves*
- *Steuerung der DP-Slaves mit Steuerkommandos*

Die Funktionen werden vom DPM1 eigenständig bearbeitet. Typische Geräte sind SPS, CNC oder Robotersteuerungen.

DP-Master Klasse 2 (DPM2)

Hierunter versteht man *Programmier-*, *Projektierungs-* oder *Diagnosegeräte*, die bei der Inbetriebnahme eingesetzt werden. Festlegung der Konfiguration des DP-Systems, Zuordnung zwischen den Teilnehmeradressen am Bus, E/A-Adressen sowie Angabe über Datenkonsistenz, Diagnoseformat und Busparameter.

Zwischen dem DP-Slave und dem DP-Master Klasse 2 sind neben den Master-Slave-Funktionen des DP-Masters Klasse 1 weiter möglich:

- *Lesen der DP-Slave Konfiguration*
- *Lesen der Ein-/Ausgabewerte*
- *Adresszuweisung an DP-Slaves*

Zwischen dem DP-Master Klasse 2 und dem DP-Master Kasse 1 stehen die folgenden (zumeist azyklisch ausgeführten) Funktionen zur Verfügung:

- *Erfassung der im DP-Master Klasse 1 vorhandenen Diagnoseinformationen der zugeordneten DP-Slaves.*
- *Upload und Download von Datensätzen*
- *Aktivierung des Busparametersatzes*
- *Aktivierung und Deaktivierung von DP-Slaves*
- *Einstellung der Betriebsart des DP-Masters Klasse 1*

DP-Slave

Ein DP-Slave ist ein *Peripheriegerät* (Sensor/Aktor), das Eingangsdaten einliest und Ausgangsdaten an die Peripherie abgibt. Typische DP-Slaves sind Geräte mit binären Ein- und Ausgängen, analogen Ein- und Ausgängen sowie zum Beispiel:

- *pneumatische Ventilinsel*
- *Codelesegerät*
- *Näherungsschalter*
- *Messwertaufnehmer*
- *Antriebssteuerung*

Automatisierungstechnik

Industriebussysteme

Profibus (Process Field Bus)

Profibus-DP (Dezentrale Peripherie)

Systemkonfiguration

Realisierbar sind *Mono-* oder *Multi-Master-Systeme*, wodurch eine hohe Flexibilität bei der Systemkonfiguration erreicht werden kann.

- **Mono-Master-System**
  In der Betriebsphase des Bussystems ist nur *ein* Master am Bus aktiv. Die SPS ist die zentrale Steuerungskomponente, die DP-Slaves sind dezentral an die SPS gekoppelt; reines *Master-Slave-Zugriffsverfahren*. Diese Konfiguration ermöglicht die kürzeste Buszykluszeit.

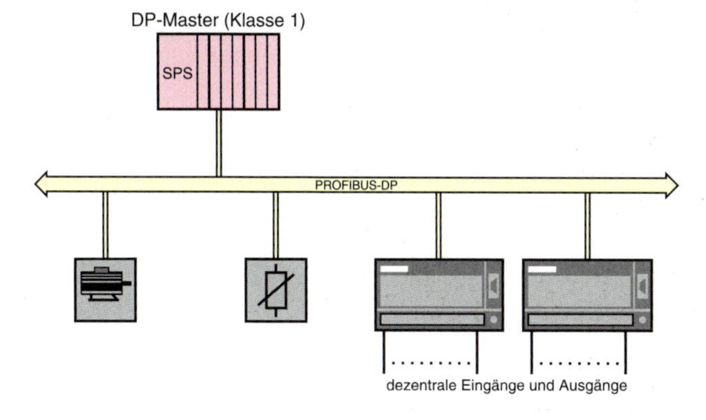

- **Multi-Master-System**
  An *einem* Bus sind *mehrere* Master aktiv. Sie können entweder voneinander unabhängige Subsysteme bilden oder als zusätzliches Projektierungs- oder Diagnosegerät arbeiten.
  Die Ein- und Ausgangsabbilder der Slaves können von allen Mastern gelesen werden.
  Das Beschreiben der Ausgänge ist jedoch nur für *einen* Master Klasse 1 möglich.
  Auch untereinander können die Master Datentelegramme austauschen.

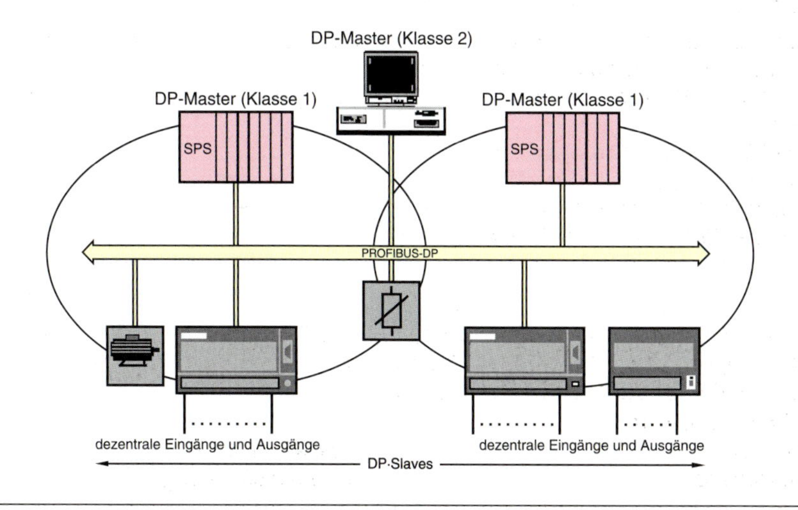

Automa-
tisierung

Automatisierungstechnik

Industriebussysteme

Interbus

Offenes Feldbussystem für schnelle und komplexe Kommunikationsaufgaben, speziell für den Einsatz in *Maschinensystemen* und *schnellen Prozessen*. Daher wird dieses Bussystem auch in der Fertigungsebene auf der Systemebene, sowie als objektnaher Feldbus zum Einsatz kommen.

- *Ringstruktur mit aktiver Kopplung der Teilnehmer*
- *Fernbus mit maximal 512 Teilnehmern*
- *Maximaler Abstand 400 m*
- *Maximale Gesamtausdehnung: 13 km (Kupfer), 100 km Glasfaser*
- *Lokalbus mit maximal 8 Busteilnehmern; max. Abstand 1,5 m; max. Gesamtausdehnung 10 m*

Der Bus ist als *Ring* aufgebaut und arbeitet nach dem **Master-Slave-Verfahren**. Sämtliche Busteilnehmer sind *aktiv* in den Übertragungsweg eingebunden. Sämtliche Teilnehmer regenerieren das ankommende Signal und leiten es dann weiter. Die *Datenübertragungsrate* beträgt 500 KBit/s.

Jeder *Fernbusteilnehmer* ist mit einer *eigenständigen Hilfsenergieversorgung* versehen und wirkt wegen seiner aktiven Kopplung gleichzeitig als *Repeater*. Über *Buskoppler* besteht die Möglichkeit, einen *Lokalbus* oder einen *Interbus-Loop* als speziellen Aktor-Sensor-Bus einzubinden.

- Interbus-Struktur

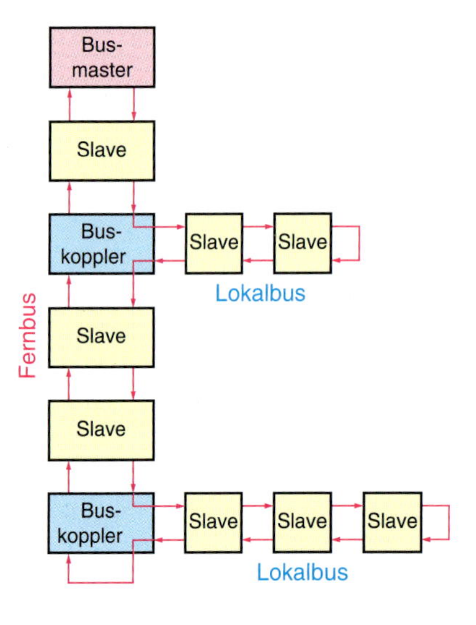

- Maximale Länge Lokalbus: 10 m
- Abstand zwischen zwei Lokalbusteilnehmern: max. 1,5 m
- Datenübertragungsrate: 300 KBits/s
- Datenübertragung mit TTL-Pegeln über 4 Adernpaare

CAN-Bus (Control Area Network)

Ehemals für den Automobilbau entwickelt, wird der CAN-Bus auch im industriellen Bereich eingesetzt. Es handelt sich dabei um ein Multi-Master-System nach dem CSMA/CA-Verfahren.
Es ist ein offenes Bussystem.

- *Linienstruktur mit passiver Buskopplung*
- *Ausdehnung: 40 m bei 1 MBit/s, 1000 bei 50 KBit/s*
- *Anzahl der Busteilnehmer nur durch Leistungsfähigkeit der Treiberbausteine beschränkt*
- *Verdrillte Zweidrahtleitung mit Abschlusswiderständen sowie Lichtwellenleiter*
- *Echtzeitfähig für Nachrichten mit hoher Priorität*
- *sehr hohe Datensicherheit mit Fehlererkennung und Fehlersignalisierung*
- *automatische Abschaltung defekter Stationen*

Automatisierungstechnik

Industriebussysteme

CAN-Bus (Control Area Network)

- CAN-Bus-Struktur

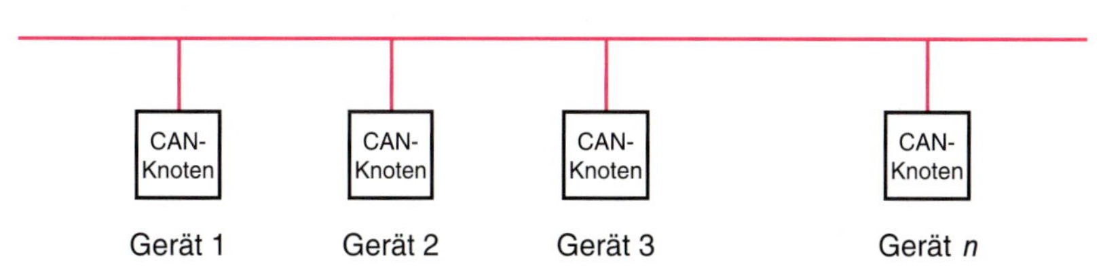

Hauptmerkmal von CAN ist die *objektorientierte Datenübertragung*. Dabei werden keine Busteilnehmer (Knoten) adressiert, sondern jede zu übertragende Größe (z. B. Temperatur, Druck, Drehzahl) wird durch einen festgelegten **Identifier** gekennzeichnet.
Durch den Identifier wird auch die *Priorität* der jeweiligen Größe festgelegt.

Im CAN-Protokoll werden im Unterschied zu anderen Bussystemen keine direkten Quittierungen von dem Empfänger verwendet, weil mehrere Empfänger gleichzeitig angesprochen werden. Man spricht von **Multicasting**.

Fehler werden ermittelt und signalisiert:

- **Cyclic-Redundancy-Check (CRC)**
  Die 15-Bit-Prüfsumme ermöglicht eine sehr hohe Wahrscheinlichkeit der Erkennung von *Telegrammverfälschungen*.
- **Frame-Check**
  Das CAC-Protokoll umfasst einige fest vorgegebene Bits innerhalb des Telegramms. Sämtliche Teilnehmer überwachen die Bits durch den *Messageframe-Check*.
- **ACK-Fehler**
  Jedes Telegramm muss von *mindestens einem* Empfänger als fehlerfrei bestätigt werden. Eine fehlende Bestätigung wird vom Sender als Fehler interpretiert.
- **Monitoring**
  Bitüberwachung; jeder Sender empfängt das von ihm gesendete Bit wieder zurück. Bei Abweichungen wird ein *Bitfehler* erkannt.
- **Bit-Stuffing**
  Die Einhaltung der Bitcodierungsregel wird von jedem Busteilnehmer überwacht; danach muss spätestens nach *5 gleichen Bits ein verschiedenartiges Bit* folgen.

Profinet-Industrial Ethernet

Offenes Kommunikationssystem für Automatisierungsaufgaben auf der Grundlage von Industrial Ethernet.

- Nutzung von IT-Standars und TPC/IP zur Übertragung großer Datenmengen auf der Prozessebene
- Auf Feldebene schneller Datenaustausch durch Echtzeitkommunikation
- Problemlose Einbindung von Feldbussystemen (z. B. Profibus, CAN-Bus)
- *Topologie:* Stern, Linie, Baum, Ring (wie bei Ethernet)
- *Übertragung:* Kupferleiter (Twisted Pair), Lichtwellenleiter
- *Buszykluszeiten:*

Real-Time-Modus:	ca. 10 ms
Isochrone-Real-Time-Modus:	0,25 bis 1 ms
Ethernet-Standard-Modus TCP/IP:	ca. 100 ms

Automatisierungstechnik

Maschinensicherheit

Definitionen

- **Gefahrenbereich**
  Bereich innerhalb und/oder im Umkreis einer Maschine, in dem die Sicherheit bzw. die Gesundheit einer Person gefährdet ist.
- **Gefährdete Person**
  Person, die sich ganz oder teilweise in einem Gefahrenbereich befindet.
- **Bedienungspersonal**
  Personen, die für die Installation, Betrieb, Wartung, Reinigung, Störungsbeseitigung und Transport einer Maschine zuständig sind.
- **Sicherheit von Steuerungen**
  Steuerungen müssen sicher und zuverlässig funktionieren, sodass keine gefährlichen Situationen entstehen können. Sie müssen den zu erwartenden Betriebsbeanspruchungen und Fremdeinflüssen standhalten. Fehler in der Logik dürfen keine gefährlichen Situationen hervorrufen.
- **Ingangsetzen einer Maschine**
  Darf nur durch absichtliche Betätigung einer hierzu vorgesehenen Befehlseinrichtung möglich sein, gilt auch für Wiedereinschalten nach einem Stillstand.
- **Stillsetzen einer Maschine**
  Hierzu ist eine Befehlseinrichtung notwendig, die im Normalfall zum sicheren Stillsetzen der gesamten Maschine führen muss. Jeder Arbeitsplatz ist mit einer solchen Einrichtung auszurüsten. Der Befehl „Stillsetzen" muss dem Befehl „Ingangsetzen" übergeordnet sein. Wenn die Maschine und ihre gefährlichen Teile stillgesetzt sind, ist die Energieversorgung des Antriebs zu unterbrechen.
- **Stillsetzen im Notfall**
  Hierfür ist die Maschine mit einer oder mehreren Notbefehlseinrichtungen auszurüsten, die das möglichst rasche Stillsetzen des gefährlichen Bewegungsvorgangs bewirken, ohne dass dadurch zusätzliche Gefahren auftreten.
  Wird die Notbefehlseinrichtung nach Auslösung nicht mehr betätigt, muss der Befehl bis zur Erteilung der Freigabe bestehen bleiben.
- **Hauptbefehlseinrichtung**
  Jede Maschine ist mit Einrichtungen auszurüsten, mit denen sie von jeder einzelnen Energiequelle getrennt werden kann. Diese Einrichtungen müssen abschließbar sein, wenn eine unbefugte Wiedereinschaltung Gefahren hervorrufen kann oder das Bedienungspersonal die ständige Trennung vom Arbeitsplatz aus nicht überwachen kann.
  Auch eine *Steckverbindung* gilt als Einrichtung zur Trennung.

- **CE-Kennzeichen**

Das CE-Zeichen kennzeichnet die *Konformität* mit den europäischen Richtlinien. Die *Mindestvorschriften* der geltenden europäischen Richtlinien in Bezug auf *Sicherheit* und *Gesundheitsschutz* werden erfüllt.
Das CE-Zeichen muss sichtbar, lesbar und dauerhaft angebracht werden.

- **GS-Zeichen**

„Geprüfte Sicherheit": Beruht auf *freiwilliger* Prüfung und *Zertifizierung*. Prüfung auf Einhaltung der vorgeschriebenen sicherheitstechnischen Anforderung (Baumusterprüfung). Jährliche Überwachung der Fertigungsstätten durch die *Zertifizierungsstelle*. Das GS-Zeichen richtet sich an den Verbraucher.

Automatisierungstechnik

Maschinensicherheit

Definitionen

- **Europäische Richtlinien**

Europäische Richtlinien für Maschinen

Maschinenrichtlinie 98/37/EG	EMV-Richtlinie 89/336/EWG	Niederspannungsrichtlinie 73/23/EWG	Mitgeltende Richtlinien
Bau und Ausrüstung; elementare Sicherheits- und Gesundheitsanforderungen	Ungestörte Funktion der Geräte unter dem Einfluss elektromagnetischer Felder	Gefahren durch den elektrischen Strom; Sicherheits- und Gesundheitsanforderungen	Zum Beispiel: Pressensteuerungen, Druckbehälter, Explosionsschutz

Sicherheitskategorien

- **Kategorie B**

Sicherheitsbezogene Teile von Maschinensteuerungen und/oder ihre *Schutzeinrichtungen* müssen in Übereinstimmung mit den zutreffenden Normen so gestaltet, gebaut, ausgewählt und kombiniert werden, dass sie den zu erwartenden Einflüssen standhalten können.
Ein *Fehler* kann zum *Verlust der Sicherheitsfunktion* führen und ist überwiegend durch den *Ausfall* von Bauteilen charakterisiert.

Kategorie	Anforderungen	Systemverhalten
1	Die Anforderungen von Kategorie B müssen erfüllt sein. Anwendung von bewährten Bauteilen und bewährten Sicherheitsprinzipien.	Ein Fehler kann zum Verlust der Sicherheitsfunktion führen. Die Fehlereintrittswahrscheinlichkeit ist geringer als bei Kategorie B.
2	In geeigneten Zeitabständen muss die Sicherheitsfunktion durch die Maschinensteuerung geprüft werden.	Der mögliche Verlust der Sicherheitsfunktion wird durch die Prüfung erkannt.
3	Die sicherheitsbezogenen Teile der Steuerung müssen so gestaltet sein, dass • *ein einzelner Fehler in jedem der Teile nicht zum Verlust der Sicherheitsfunkton führt.* • *der einzelne Fehler – wann immer durchführbar – erkannt wird.*	Bei einem einzelnen Fehler bleibt die Sicherheitsfunktion erhalten. Einige (aber nicht alle) Fehler werden erkannt. Eine Häufung unerkannter Fehler kann zum Verlust der Sicherheitsfunktion führen.
4	Die sicherheitsbezogenen Teile der Steuerung müssen so gestaltet sein, dass • *ein einzelner Fehler in jedem der Teile nicht zum Verlust der Sicherheitsfunktion führt.* • *ein Fehler bei oder vor der nächsten Anforderung an die Sicherheitsfunktion erkannt wird.* Wenn das nicht möglich ist, darf eine *Häufung* von Fehlern *nicht* zum Verlust der Sicherheitsfunktion führen.	Bei Fehlern bleibt die Sicherheitsfunktion immer erhalten. Fehler werden rechtzeitig erkannt, um den Verlust der Sicherheitsfunktionen zu verhindern.

Hinweise
- Bei Kategorie 1 müssen die Anforderungen von Kategorie B erfüllt sein.
- Bei Kategorie 2, 3 und 4 müssen die Anforderungen von B und die Einhaltung bewährter Sicherheitsprinzipien erfüllt sein.

Automatisierungstechnik

Maschinensicherheit

Risikobeurteilung, Performance Level

Das **Risiko** ist eine Wahrscheinlichkeitsaussage über die zu erwartenden Häufigkeiten des Auftretens einer Gefährdung und der damit verbundenen Schwere der Verletzung.
Das geforderte *Sicherheitsniveau* wird erreicht, wenn das *zu erwartende Risiko* durch geeignete Maßnahmen verringert wird.

Erläuterung

S Schwere der Verletzung
S1 Leichte (reversible) Verletzung
S2 Schwere (irreversible) Verletzung, Tod

F Häufigkeit und/oder Dauer der Gefährdungsexposition
F1 Selten bis öfter und/oder kurze Dauer
F2 Häufig bis dauernd und/oder lange Dauer

P Gefährdungsvermeidungsmöglichkeit
P1 Unter bestimmten Bedingungen möglich
P2 Kaum möglich

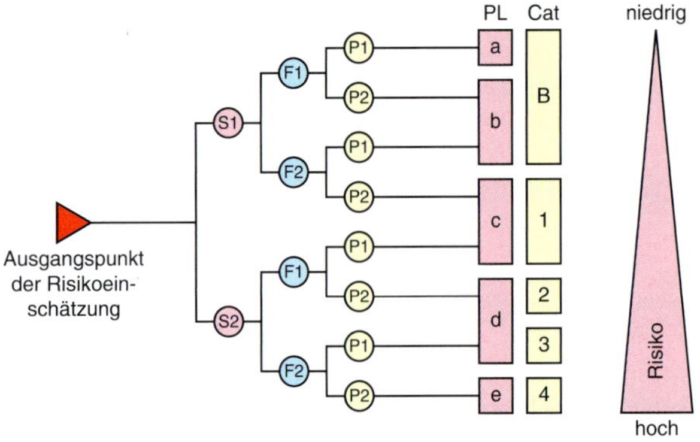

Ausgangspunkt der Risikoeinschätzung
S1 – F1 – P1 / P2
S1 – F2 – P1 / P2
S2 – F1 – P1 / P2
S2 – F2 – P1 / P2
PL: a, b, c, d, e
Cat: B, 1, 2, 3, 4
niedrig – Risiko – hoch

Kategorie

- Bevorzugte Kategorie für Bezugspunkte von Steuerungen
- Mögliche Kategorien, die zusätzliche Maßnahmen erfordern
- In Bezug auf das Risiko überdimensionierte Maßnahmen

Wichtige Begriffe

PL – **Performance Level** (Gütepegel); von a bis e. Fähigkeit der sicherheitsbezogenen Teile einer Steuerung zur Ausführung einer Sicherheitsfunktion.

SIL – **Safety Integrity Level** (Sicherheits-Integritäts-Pegel); höchste praktisch vorkommende Stufe ist SIL 3.

PL	a	b	c	d	e
SIL	–	1	1	2	3

Risikoelemente: Wie häufig wird die Anlage betreten? Wie wahrscheinlich und vermeidbar sind Verletzungen?

Kategorie Cat – Zur Beurteilung der Leistungsfähigkeit sicherheitsbezogener Steuerungsteile beim Auftreten von Fehlern, Fehlerwiderstand und Verhalten im Falle eines Fehlers.
B ist die Basiskategorie.

SRP/CS – **Safety-Related Parts of Control Systems** (sicherheitsbezogene Teile von Steuerungen); Teil einer Steuerung, das auf sicherheitsbezogene Eingangssignale reagiert und sicherheitsbezogene Ausgangssignale hervorruft.

FMEA – **Failure Mode Effect Analysis** (Fehlermöglichkeits- und Einflussanalyse); Methode zur vollständigen und systematischen Erfassung möglicher Fehler und Ausfallzuständen von System-Komponenten und deren Auswirkungen.

Automatisierungstechnik

Maschinensicherheit

Wichtige Begriffe

$MTTF_d$	**Mean Time To Dangerous Failure** (mittlere Zeit bis zum gefahrbringenden Ausfall eines Systems, Angabe als Wahrscheinlichkeit). • *niedrig:* 3 bis 10 Jahre • *mittel:* 10 bis 30 Jahre • *hoch:* 30 bis 100 Jahre
Diversität	Höhere Zuverlässigkeit durch Redundanz; Umsetzung mit ungleichen Mitteln.
CCF	**Common Cause Failure** (Anteil der Fehler mit gemeinsamer Ursache).
DC	**Diagnostic Coverage** (Diagnosedeckungsgrad); Steuerungen können einzelne gefährliche Ausfälle selbsttätig erkennen. Bewertung, wie viele der gefährlichen Ausfälle erkannt werden. • *DC < 60 %: ohne* • *DC 90 % bis < 99 %: mittel* • *DC 60 % bis < 90 %: gering* • *DC ≥ 99 %: hoch*
HFT	**Hardware Fehlertoleranz** (Fähigkeit eines System auch bei Auftreten eines oder mehrerer Fehler die geforderte Funktion auszuführen).
PFH_D	**Probability of dangerous failure per hour** (Wahrscheinlichkeit gefährlicher ausfälle pro Stunde).
SFF	**Safe Failure Fraction** (Anteil sicherer Ausfälle)

Risikoabschätzung

Die Addition von **W**, **F** und **P** ergibt die **Risikoklasse**.
Aus der Risikoklasse und möglicher Gefahrenauswirkungen ergibt sich **SIL**.

F Häufigkeit und/oder Aufenthaltsdauer		**W** Eintritts-wahrscheinlichkeit		**P** Vermeidungs-möglichkeit		*Klasse:* $K = F + W + P$
≤ 1 Stunde	5	sehr hoch	5	nicht möglich	5	
> 1 Stunde bis ≤ 1 Tag	5	wahrscheinlich	4	selten	3	
> 1 Tag bis ≤ 2 Wochen	4	möglich	3	wahrscheinlich	1	
> 2 Wochen bis ≤ 1 Jahr	3	selten	2			
> 1 Jahr	2	zu vernachlässigen	1			

Folge	Tod, Verlust Auge oder Arm	Permanent, Verlust von Fingern	Reversibel, med. Behandlung	Reversibel Erste Hilfe
Schadensausmaß	4	3	2	1
Klasse				
4	SIL 2			
5 bis 7	SIL 2			
8 bis 10	SIL 2	SIL 1		
11 bis 13	SIL 3	SIL 2	SIL 1	
14 bis 15	SIL 3	SIL 3	SIL 2	SIL 1

Automatisierungstechnik

Maschinensicherheit

SIL-Einstufung oder Steuerung

Anforderung an Zuverlässigkeit		Begrenzung der SIL-Einstufung			
SIL	Wahrscheinlichkeit eines Gefahr bringenden Ausfalls pro Stunde	SFF	Hardware-Fehlertoleranz 0	1	2
3	$\geq 10^{-8}$ bis 10^{-7}	< 60 %		SIL 1	SIL 2
2	$\geq 10^{-7}$ bis 10^{-6}	60 % bis < 90 %	SIL 1	SIL 2	SIL 3
1	$\geq 10^{-6}$ bis 10^{-5}	90 % bis < 99 %	SIL 2	SIL 3	SIL 3
		99 %	SIL 3	SIL 3	SIL 3

SIL-Einstufung

PFH_D	Cat	SFF	HFT	DC	SIL
$\geq 10^{-6}$	≥ 2	≥ 60 %	≥ 0	≥ 60 %	1
$\geq 2 \cdot 10^{-7}$	≥ 3	≥ 0	≥ 1	≥ 60 %	1
$\geq 2 \cdot 10^{-7}$	≥ 3	≥ 60 %	≥ 1	≥ 60 %	2
$\geq 3 \cdot 10^{-8}$	≥ 4	≥ 60 %	≥ 2	≥ 60 %	3
$\geq 3 \cdot 10^{-8}$	≥ 4	≥ 90 %	≥ 1	≥ 90 %	3

Sicherheitsbeurteilung von Steuerungen

1. *Gefährdung identifizieren*
2. *Risiko einschätzen*
3. *Risiko bewerten*
4. *Risikominderung durch eigensichere Konstruktion*
   Schutzeinrichtungen
   Informationen für den Benutzer
5. *Notwendige Sicherheitsfunktionen identifizieren*
   Performance-Level PL bestimmen
   Technische Realisierung
   Sicherheitsrelevante Teile identifizieren
   PL für die Sicherheitsfunktion prüfen
6. *Überprüfung der erzielten Ergebnisse,*
   Funktionen mit der Risikoanalyse in Schritt 1

Sicherheitsbezogener Steuerungsaufbau

- **Cat B, PL a, b**

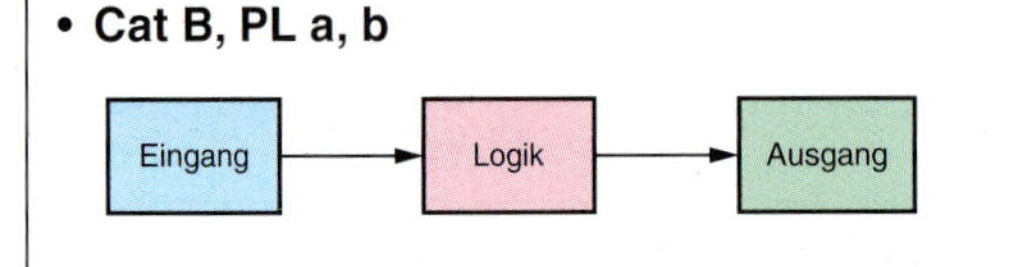

Sicherheit durch Auswahl geeigneter Bauteile; Zwangsführung der Kontakte.

Das Auftreten eines Fehlers darf zum Verlust der Sicherheitsfunktion führen.

- **Cat 1, PL c**
  Steuerungsaufbau wie Cat B (siehe oben). Anzuwenden sind bewährte Bauteile und bewährte Sicherheitsprinzipien. Die Ausfallwahrscheinlichkeit ist geringer als bei Cat B, PL a, b.

Automatisierungstechnik

Maschinensicherheit

Sicherheitsbezogener Steuerungsaufbau

- **Cat 2, PL a, b, c, d**

Eingang → Logik → Ausgang
Test-einrichtung → Ausgang d. Testeinr.
--- wenn gewünscht

Wie Cat 1 mit folgenden Zusätzen:
In bestimmten Zeitabständen wird die Sicherheitsfunktion durch die Steuerung selbst überprüft. Dadurch wird ein Verlust der Sicherheitsfunktion erkannt.

- **Cat 3, PL b, c, d, e**

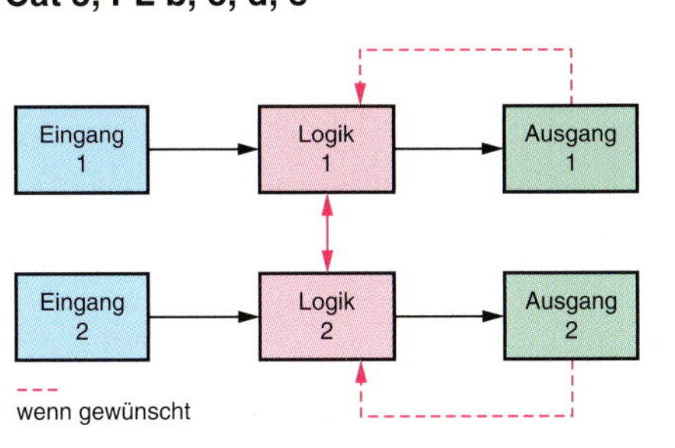

Wie bei Cat 1 mit folgenden Zusätzen:
Die sicherheitsbezogenen Teile der Steuerung sind zweifach ausgeführt. Die Steuerungslogik überwacht sich gegenseitig.
Ein einzelner Fehler in einem Teil führt nicht zum Verlust der Sicherheitsfunktion.
Ein einzelner Fehler muss mit geeigneten Mitteln (Stand der Technik) erkennbar sein, wenn die Prüfung in angemessener Weise durchführbar ist.
Eine Häufung von Fehlern darf zum Verlust der Sicherheitsfunktion führen.

- **Cat 4, PL e**

Eingang 1 → Logik 1 → Ausgang 1
Eingang 2 → Logik 2 → Ausgang 2
--- wenn gewünscht

Wie bei Cat 3, zusätzlich:
Ein einzelner Fehler sicherheitsbezogener Teile muss vor oder bei der nächsten Anforderung der Sicherheitsfunktion erkannt werden.

Eine Häufung von Fehlern darf nicht zum Verlust der Sicherheitsfunktion führen.

Abhängigkeit Cat, PL und $MTTF_d$

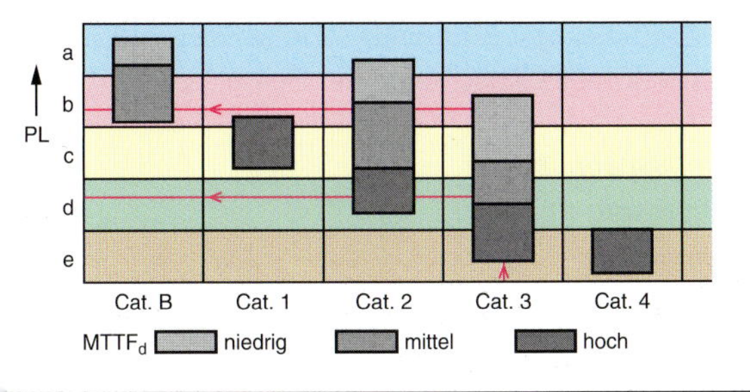

Bei gleichem Aufbau ändert sich PL je nach Qualität der verwendeten Bauteile.

- Wenn $MTTF_d$ niedrig ist, kann bei Cat 2 bestenfalls ein PL von b erreicht werden.
- Bei Cat 3 ist bei niedrigem $MTTF_d$ so eben ein PL von b zu erreichen. Bei mittlerem $MTTF_d$ jedoch ein PL von d.
- Bei Cat, 2, 3, 4 muss ein Fehler erkannt werden, bevor ein Schadensfall eintritt.

Automatisierungstechnik

Maschinensicherheit

Not-Befehlseinrichtung

Not-Befehlseinrichtungen haben die Aufgabe, gefahrbringende Zustände *schnellstmöglich* zu beseitigen. Dabei dürfen keine zusätzlichen Gefahren hervorgerufen werden.

Die **Stellteile** von Not-Befehlseinrichtungen müssen rot, die Flächen hinter oder unter den Stellteilen gelb sein. Als Stellteile sind *Pilz-Drucktaster* und *Reißleine* zulässig.

Bei Betätigung müssen Not-Befehlseinrichtungen *mechanisch* so einrasten, dass eine erneute Inbetriebnahme erst wieder möglich ist, wenn von Hand *entriegelt* wurde.

Der *Not-Aus-Befehl* erfordert immer die *Mitwirkung von Personen*, er ist kein automatischer Befehl.

DIN EN 60204-1, VDE 0113 Teil 1

Für jede Maschine einschließlich ihrer elektrischen Ausrüstung ist eine **Risikobetrachtung** anzustellen. Hieraus ergeben sich die Anforderungen, die der der *Sicherheit* dienende Steuerstromkreis erfüllen muss.

Je höher die Risikostufe, umso höher der Steuerungsaufwand.

Not-Befehlseinrichtungen

- *Stillsetzen im Notfall*
  Prozess oder Bewegung willkürlich anhalten, der (die) gefahrbringend ist oder werden könnte.
- *Ingangsetzen im Notfall*
  Prozess oder Bewegung starten, um gefahrbringende Situationen zu beseitigen, zu begrenzen oder zu verhindern.
- *Ausschalten im Notfall*
  Handlung, die dazu bestimmt ist, im Notfall die elektrische Energieversorgung auszuschalten.
- *Einschalten im Notfall*
  Handlung, die dazu bestimmt ist, die elektrische Energieversorgung zu einem Teil der Maschine oder Anlage einzuschalten.

Stoppkategorie	Bedeutung
0	Gesteuertes Stillsetzen durch sofortiges Abschalten der Energie zu den Abtriebselementen. – *Ausschalten der Versorgungsspannung* – *Auslösen ungesteuerter Bremsen* – *Stillsetzung durch Gegenmomente*
1	Gesteuertes Stillsetzen, wobei die Energie zu den Antriebselementen beibehalten wird, um das Stillsetzen zu erreichen. – *Anlage bleibt an Spannung, bis Stillsetzen erreicht wurde* – *Zum Beispiel durch Gegenstrombremsen*
2	Gesteuertes Stillsetzen, wobei die Energie zu den Antriebselementen ansteht. Nicht für Handlungen im Notfall zugelassen, nur für betriebsmäßiges Stillsetzen.

Automatisierungstechnik

Maschinensicherheit

Not-Aus, Not-Halt, Drahtbruchsicherheit, Zweihandverriegelung

Alle gefahrbringenden Ausgänge sind vom speisenden Netz zu trennen. Wenn Ausgänge zur Vermeidung einer Gefahr notwendig sind (sowie Meldeeinrichtungen), dürfen diese nicht abgeschaltet werden.

Nach *Entriegelung* der Not-Aus-Befehlseinrichtung darf die Maschine nicht automatisch wieder starten.

Ein *Drahtbruch* (bzw. gelöste Klemmenverbindung) darf die Maschine nicht starten oder ihre Stillsetzung verhindern. AUS-Funktionen durch Öffner, EIN-Funktionen durch Schließer.

Not-Aus durch Abschalten der Energieversorgung durch elektromechanische Schaltgeräte (Stopp-Kategorie 0)

Not-Halt entspricht der Stopp-Kategorie 0 oder 1 und hat Vorrang gegenüber allen anderen Funktionen. Entweder wird die Energiezufuhr zu den Antrieben unterbrochen oder der Antrieb wird schnellstmöglich gestoppt.

- **Drahtbruchsicherheit (DIN VDE 0113)**
  Ausschalten muss im Allgemeinen *Vorrang* vor dem Einschalten haben.

  Drahtbruchsicher:
  Einschalten erfolgt durch *Schließer* (Arbeitsprinzip)
  Ausschalten erfolgt durch *Öffner* (Ruhestromprinzip)

  Einschalten durch *„1"-Signal*
  Ausschalten durch *„0"-Signal*

- **Zweihandverriegelung**
  Wenn *unbeabsichtigte Wiederholung* eines Arbeitszyklus zur Gefährdung des Bedienpersonals führen kann.

  Start: Befehlsgabe mit beiden Händen; Taster müssen während der gesamten Dauer des Arbeitszyklus betätigt sein.

  Die Drucktaster müssen innerhalb einer kurzen Zeit (0,5 s) gemeinsam betätigt sein.

  Vor dem Beginn des nächsten Arbeitszyklus müssen beide Taster losgelassen und erneut betätigt werden.

Beschaltung einer SPS

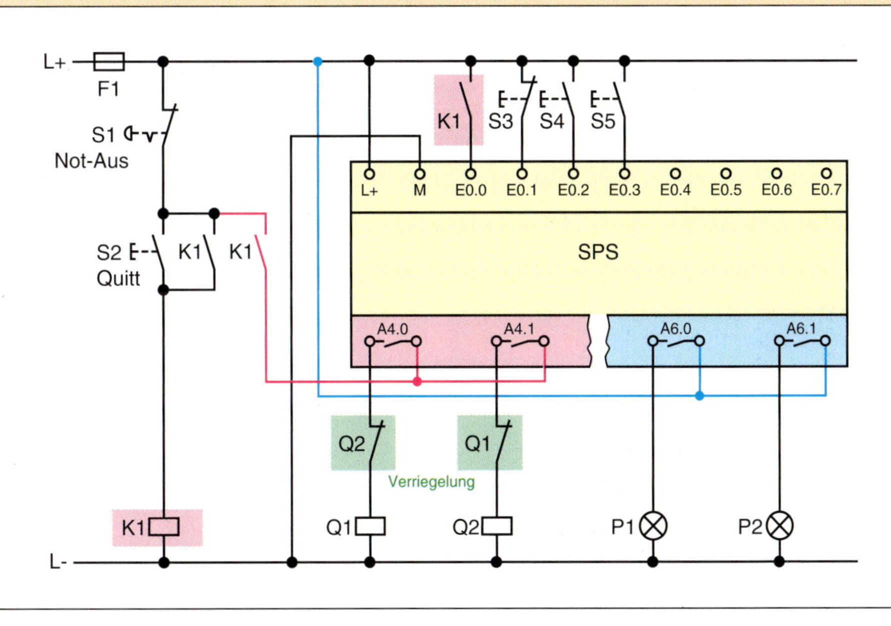

Automatisierungstechnik

Maschinensicherheit

Selbstüberwachende Sicherheitsschaltung

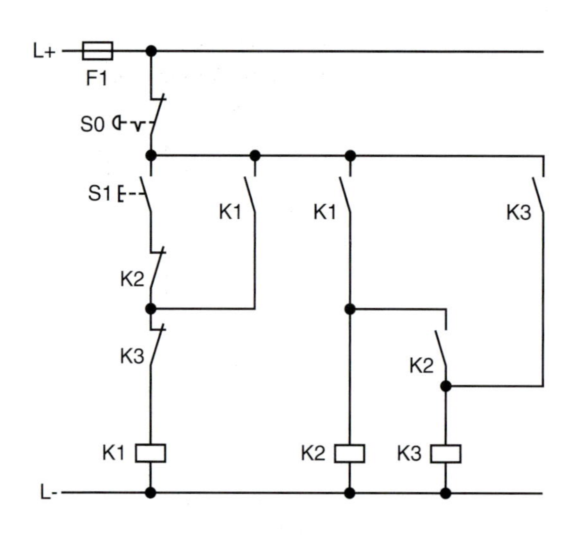

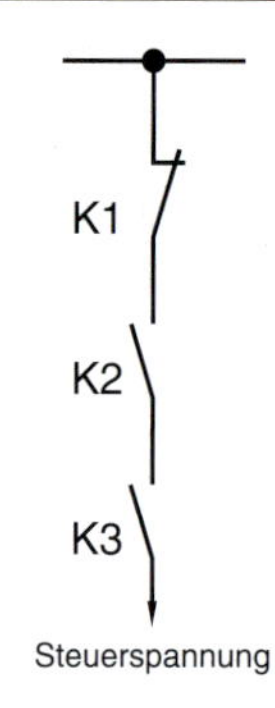

- Steuerspannung liegt nur an, wenn K2 und K3 angezogen haben.
- Ausschalten möglich, wenn K2 oder K3 abgefallen sind.
- Wenn eines der beiden Schütze (K2, K3) nicht abfällt, kann K1 nicht anziehen.

Not-Aus-Schaltgerät

Innenschaltbild eines Not-Aus-Schaltgerätes

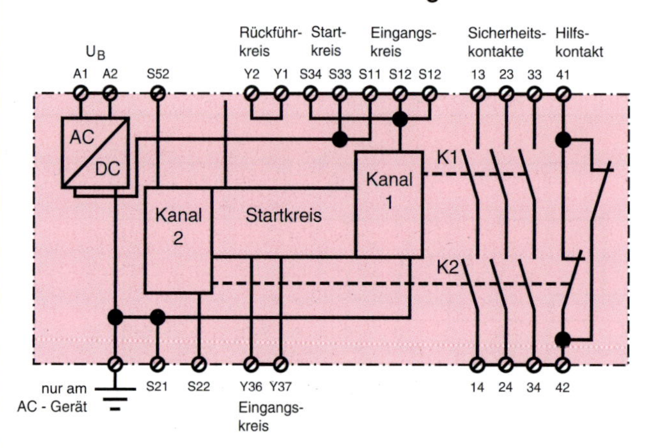

Kontaktvervielfachung

Die Ausgangskontakte können bei Bedarf durch externe Schütze mit zwangsgeführten Kontakten verstärkt bzw. vervielfacht werden.

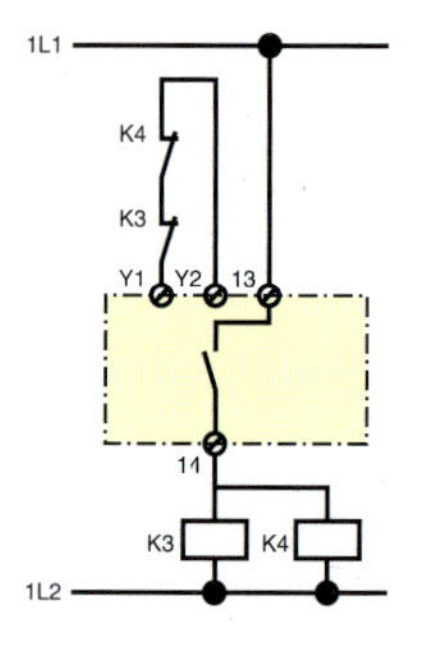

Einkanalige NOT-AUS-Beschaltung mit automatischem Start

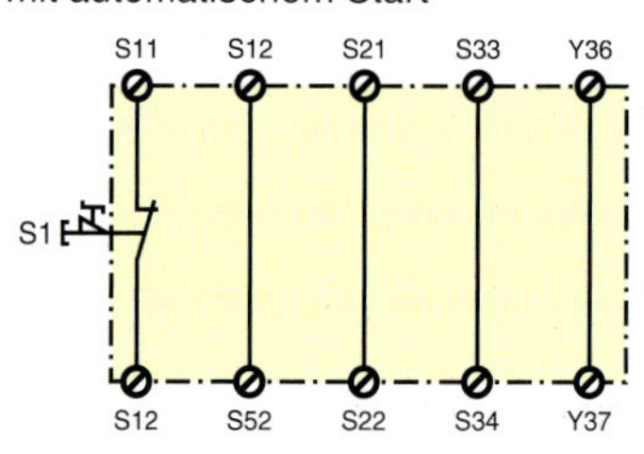

Einkanalige NOT-AUS-Beschaltung mit manuellem Start

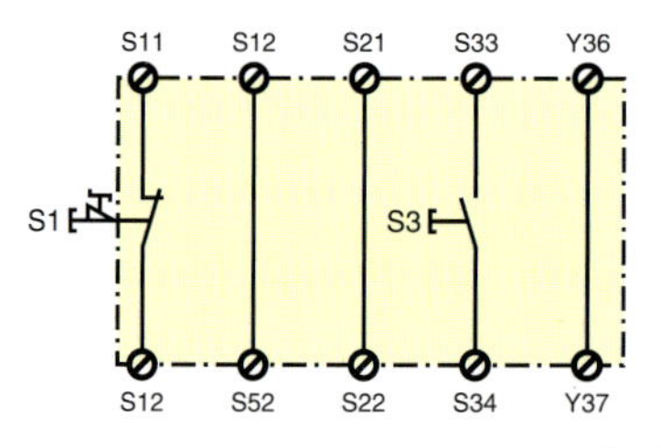

Automatisierungstechnik

Maschinensicherheit

Not-Aus-Schaltgerät

Innenschaltbild eines Not-Aus-Schaltgerätes

Zweikanalige NOT-AUS-Beschaltung ohne Querschlusserkennung mit überwachtem Start

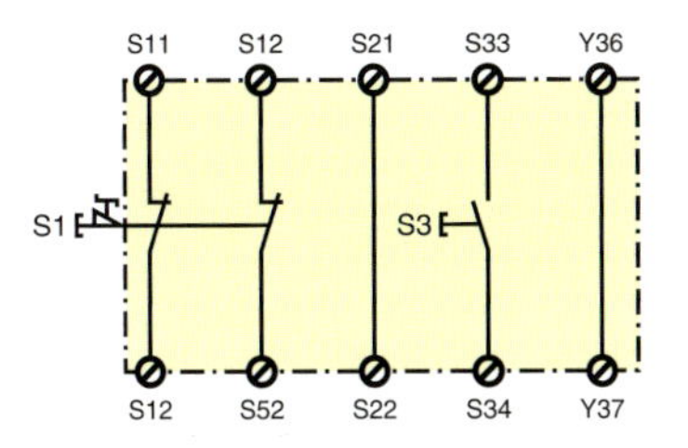

Zweikanalige Schütztürsteuerung ohne Querschlusserkennung mit automatischem Start

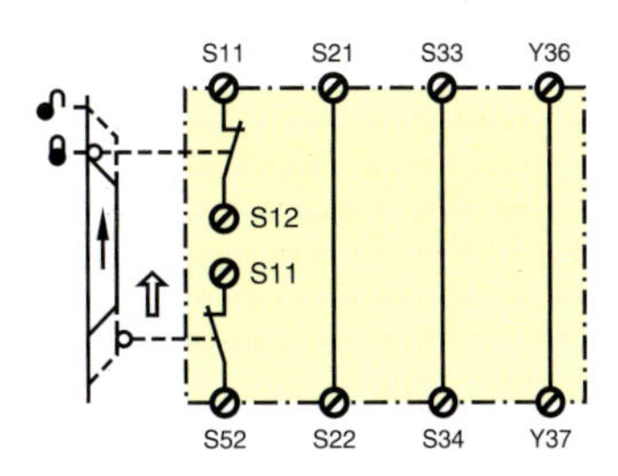

Einkanalige Schütztürsteuerung mit manuellem Start

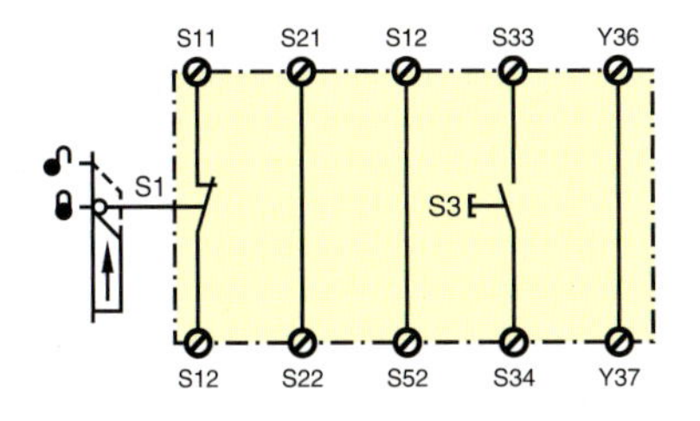

S1/S2:	NOT-AUS- bzw. Schutztürschalter
S3:	Starttaster
⇧	betätigtes Element
🔓	Tür nicht geschlossen
🔒	Tür geschlossen

Erdschlusssicherheit

Erdschlüsse in Steuerstromkreisen dürfen nicht zum *unbeabsichtigten Anlaufen* bzw. zu *gefährlichen Maschinenbewegungen* führen.

Das *Stillsetzen* von Maschinen darf ebenfalls durch Erdschlüsse nicht verhindert werden.

Ungeerdeter Betrieb

- Zwei Erdschlüsse an S0 verhindern das Stillsetzen.
- Zwei Erdschlüsse an S1 können zum ungewollten Einschalten führen.

Geerdeter Betrieb

- Ein *einziger* Erdschluss führt zu einem *Kurzschluss* und damit zum Abschalten der Spannungsversorgung.

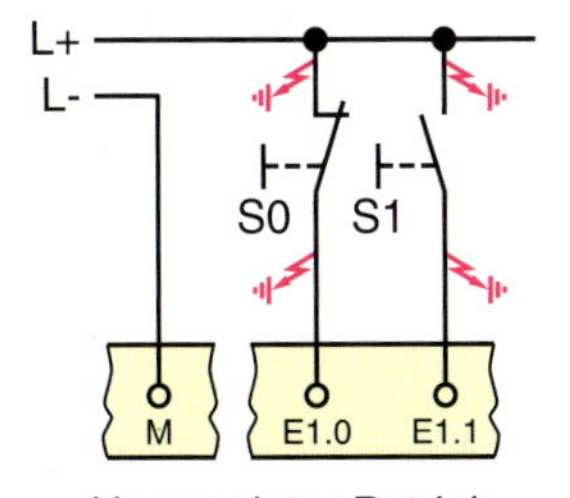

Ungeerdeter Betrieb

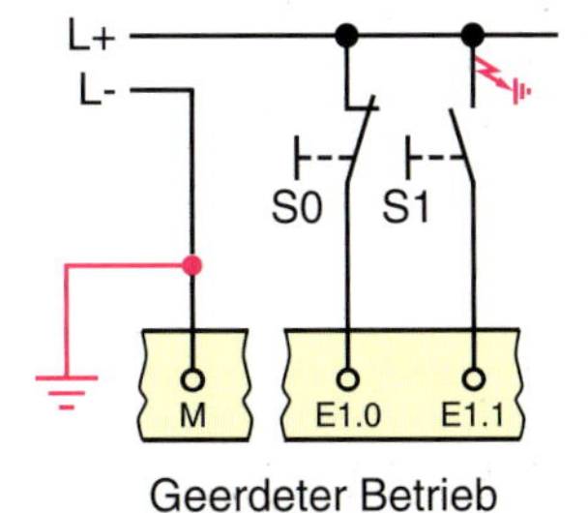

Geerdeter Betrieb

Automatisierungstechnik

Maschinensicherheit

Steuertransformator

Steuerstromkreise sind galvanisch von den Hauptstromkreisen zu trennen.
Bei Wechselstromkreisen erfolgt dies durch einen Steuertransformator mit getrennten Wicklungen.
Bei Gleichstromkreisen durch einen Gleichrichter, der von einem Steuertransformator mit getrennten Wicklungen gespeist wird.

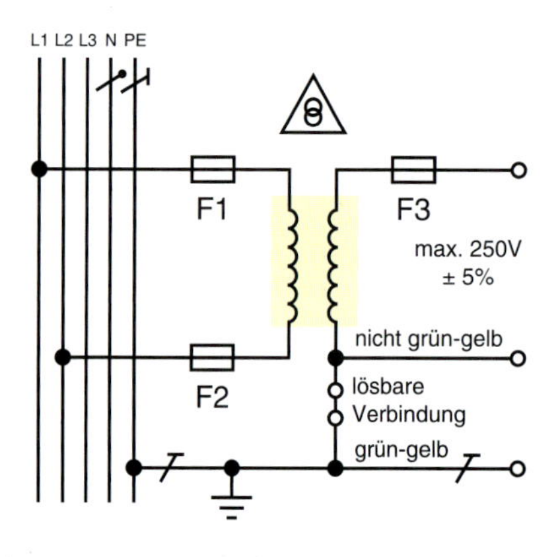

Auf einen Steuertransformator darf verzichtet werden:

- Bei kleinen, einfachen Ausrüstungen (P_N < 3 kW), ein Motorstarter mit maximal zwei äußeren Steuergeräten
- Bei Haushaltsmaschinen
- Bei Maschinen für Gebäudeausrüstung

Vorteile des Steuertransformators

- Begrenzung der Kurzschlussströme
- Dämpfung von Spannungsspitzen
- Anpassung der Steuerspannung (Wicklungsanzapfungen)
- Erhöhter Schutz gegen elektrischen Schlag

Scheinleistung des Steuertransformators

$$S \approx 0{,}8 \cdot (S_H + S_{AM} + P_R)$$

S Scheinleistung in VA
S_H Halteleistung aller Schütze in VA
S_{AM} Anzugsleistung des größten Schützes in VA
P_R Leistung aller restlichen Verbraucher in W

Netzanschluss

Die elektrische Ausrüstung einer Maschine sollte nur einen Netzanschluss haben (Hauptschalter oder Steckvorrichtung).

- *Hauptschalter*
  - *Die Handhabe darf nur eine Aus- und eine Ein-Stellung haben, die mit 0 und 1 gekennzeichnet sein muss.*
  - *Eine Stellungsanzeige oder eine sichtbare Trennstelle ist zwingend.*
  - *Die Stellteile müssen in Aus-Stellung verschließbar sein.*
  - *Die Stellteile müssen von außen betätigt werden können.*
  - *Wenn der Hauptschalter gleichzeitig als Not-Befehlseinrichtung verwendet wird, müssen rote Stellteile gelb unterlegt sein.*
- *Steckvorrichtungen*
  Sind als Hauptschalter zulässig. Dabei ist unzulässiges Ziehen unter Last zu vermeiden.
  Dies gilt bei kleinen Maschinen, die über eine 16-A-Steckvorrichtung mit 230/400 V AC versorgt werden und eine maximale Bemessungsleistung von 3 kW haben. Die Steckvorrichtung muss der Maschine unmittelbar zugeordnet sein.

Automatisierungstechnik

Maschinensicherheit

Toleranzbereich der Versorgungsspannung

	AC	DC	
Dauerbetriebsspannung	$0{,}9 - 1{,}1 \cdot U_N$	Batteriebetrieb $0{,}85 - 1{,}15 \cdot U_N$ Fahrzeug $0{,}7 - 1{,}2 \cdot U_N$ Umrichter $0{,}9 - 1{,}1 \cdot U_N$	
Frequenz, dauernd	$0{,}99 - 1{,}01 \cdot f_N$		
Frequenz, kurzzeitig	$0{,}98 - 1{,}02 \cdot f_N$		

Die Oberschwingungsspannungen bis zur 5. Teilschwingung dürfen maximal 10 % des Effektivwertes betragen.

Bei DC-Betrieb darf die Welligkeit maximal 15 % der Bemessungsspannung betragen.

Mindestquerschnitte von Kupferleitern

Leitung	Normal in mm²		Stromkreise $I < 2$ A		Anschluss von sich bewegenden Teilen in mm²
	Innen	Außen	Innen	Außen	
einadrig, flexibel	0,75	1,0	0,2	1,0	1,0
einadrig, starr	0,75	1,5	0,2	1,5	–
zweiadrig	0,75	0,75	0,2	0,5	1,0
zweiadrig, abgeschirmt	0,75	0,75	0,2	0,3	1,0
mehradrig	0,75	0,75	0,2	0,3	1,0

Farben

Grün-Gelb:	Schutzleiter
Hellblau:	N-Leiter
Schwarz:	Hauptstromkreis
Rot:	Steuerstromkreis AC
Blau:	Steuerstromkreis DC
Orange:	Verriegelungsstromkreis mit externer Spannungsversorgung

Strombelastbarkeit von PVC-isolierten Cu-Leitungen bei 40 °C

Leitung	Querschnitt in mm²	Verlegeart			
		B1	B2	C	E
Einadrige Leitungen im Drehstromsystem	0,75	7,6	–	–	–
	1,0	10,4	9,6	11,7	11,5
	1,5	13,5	12,2	15,2	16,1
	2,5	18,3	16,5	21	22
	4,0	25	23	28	30
	6,0	32	29	36	37
	10,0	44	40	50	52

- *Umgebungstemperatur*
  30° C: 1,15
  40° C: 1,0
  50° C: 0,82
  60° C: 0,58
- *Viele belastete Adern*
  B1, B2:
  2 Adern: 0,8
  4 Adern: 0,6
  6 Adern: 0,57
  9 Adern: 0,5
- E, mehrlagig:
  2 Adern: 0,86
  4 Adern: 0,76
  6 Adern: 0,72
  9 Adern: 0,68

Elektromagnetische Verträglichkeit (EMV)

Definitionen

Fähigkeit eines Systems, in seiner elektromagnetischen Umgebung einwandfrei zu funktionieren, ohne in diese Umgebung elektromagnetische Störungen einzubringen.

Elektromagnetische Störung
Beeinträchtigung durch eine elektromagnetische Störgröße.

Elektromagnetische Störgröße
Elektromagnetische Größe, die den bestimmungsgemäßen Betrieb eines Systems beeinträchtigen kann.

Funktionsbeeinträchtigung
Abweichung des Betriebsverhaltens eines Systems vom Sollzustand (vorübergehend oder andauernd).

Elektromagnetische Umgebung
Sämtliche elektromagnetischen Erscheinungen an einem Ort.

Störwirkungen auf die elektrische Ausrüstung lassen sich durch folgende Maßnahmen verringern:

- *Erzeugte Störsignale werden an der Störquelle unterdrückt.*
- *Empfindliche Ausrüstungsteile werden durch Trennung oder Abschirmung geschützt.*
- *Sämtliche Masseverbindungen werden so kurz wie möglich gehalten und zu einem gemeinsamen Punkt geführt.*
- *Signalleitungen mit niedrigem Pegel werden abgeschirmt, verdrillt und getrennt von Steuer- und Hauptstromkreisen verlegt.*

EMV-Normen

Fachgrundnormen

Die *Fachgrundnormen* beschreiben die EMV-Anwendungen einschließlich Prüfmethoden und Festlegung von Grenzwerten.

Dies gilt für Produkte, die in einer *bestimmten Umgebung* (Industrie, Wohnen) betrieben werden. Die Fachgrundnormen verweisen bezüglich *Prüf- und Messmethoden* auf die Grundnormen.

Grundnormen

Inhalt der *Grundnormen* sind allgemeine *Festlegungen*, *Begriffsdefinitionen*, *Mess-* und *Prüfmethoden*. Sie enthalten *keine* Festlegung von Grenzwerten und keine produktspezifische Festlegungen.

Produktnormen

Produktnormen nehmen Bezug auf ein *spezielles Produkt* oder auf eine *Produktfamilie*.
Dabei werden die *besonderen Eigenschaften* des Produktes berücksichtigt.
Prüf- und Messmethoden verweisen auch auf diese Normen. Dabei haben sie *Vorrang* vor den Fachgrundnormen.

Verträglichkeitspegel

DIN VDE 0839-2-2 DIN VDE 0839-2-4

$$\text{Verträglichkeitspegel} = \frac{\text{Effektivwert der n. Oberschwingung}}{\text{Effektivwert der Netzspannung}} \qquad VP = \frac{U_n}{U}$$

Im Allgemeinen wird *VP* in Prozent (%) angegeben.

Netz- und Gerätefilter → 355, Schaltschrank und Leitungsführung → 355

Automatisierungstechnik

Elektromagnetische Verträglichkeit (EMV)

Umgebungsklassen

Klasse 1
Geschützte Versorgung (EDV, Automatisierung, Labor)

Klasse 2
Verknüpfungspunkte mit dem öffentlichen Netz.

Klasse 3
Anlageninterne Anschlusspunkte (z. B. Stromrichteranlagen)

Wichtige Begriffe

EMC	Electromagnetical Compatibility; elektromagnetische Verträglichkeit
EME	Electromagnetical Emission; elektromagnetische Abstrahlung
EMI	Electromagnetical Interference; elektromagnetische Störung
EMR	Electromagnetical Radiation; elektromagnetische Strahlung
EMS	Electromagnetical Susceptibility; elektromagnetische Empfindlichkeit

Störquellen

Jedes elektrische Gerät kann prinzipiell als *Störquelle* angesehen werden, das *elektromagnetische Störungen* aussendet. Diese Störungen können *leitungsgebunden* übertragen oder in den umgebenden Raum *abgestrahlt* werden.

Dadurch können andere Geräte in ihrer Funktion beeinträchtigt werden. Daher muss die Aussendung der *Störenergie* auf ein Minimum beschränkt werden, ohne dadurch die Gerätefunktion zu beeinträchtigen.

In diesem Sinne ist EMV die Fähigkeit einer elektrischen Einrichtung, in ihrer elektromagnetischen Umgebung zufriedenstellend zu funktionieren, ohne die Umgebung, zu der auch andere Einrichtungen gehören, unzulässig zu beeinflussen.

Beispiele für Störquellen

Störquelle	Frequenzbereich	Auswirkung
Schaltkontakte	50 kHz bis 25 MHz	Rückzündung, Transienten
Schützspulen	1 MHz bis 25 MHz	Transienten, Burst
Lichtbogen	20 MHz bis 300 MHz	Transienten, Störung der Funktion
Leuchtstofflampen	100 kHz bis 5 MHz	Oberschwingungen, Phasenverschiebung
Motoren	10 kHz bis 400 kHz	Oberschwingungen, Phasenverschiebung
Schaltnetzteile	100 kHz bis 30 MHz	Oberschwingungen, Störungen der Funktion
Stromrichter	10 kHz bis 200 MHz	Oberschwingungen, Störungen der Funktion
Leitungen (Energie)	50 kHz bis 4 MHz	Transienten

Transienten: impulsförmige Überspannungen

Automatisierungstechnik

Elektromagnetische Verträglichkeit (EMV)

Störquellen

Einteilung von Störquellen

- *Natürliche Störquellen*
  Atmosphärische und elektrostatische Entladungen, Rauschen
- *Künstliche Störquellen*
  Elektromagnetische Vorgänge, die mit einem Energieumsatz verbunden sind.
- *Schmalbandige Störquellen*
  HF-Generatoren, Rundfunksender
- *Breitbandige Störquellen*
  Blitzentladungen

Filtereinsatz

Ein Filter wirkt stets in *beiden* Richtungen: Die Störfestigkeit wird erhöht und die Störausendung auf der gefilterten Leitung wird vermindert.

- Filter können direkt an der Durchführung der gefilterten Leitung in das Metallgehäuse eingebaut werden.
- Filter können direkt am zugehörigen Gerät eingebaut werden.
- Filter verwenden Ableitkondensatoren gegen Erde.
  Daher ist eine einwandfreie Erdung wichtig für die Filterwirkung. Eine gemeinsame metallische Montageplatte oder eine geschirmte Leitung zwischen Filter und Störer sind sehr wirkungsvoll.
- Gefilterte und ungefilterte Leitungen sind in größtmöglicher Entfernung zueinander zu verlegen.

Oberschwingung	Prozentualer Verträglichkeitspegel (*VP* in %)			
	Verteilungsnetz	Industrieanlagen		
		Klasse 1	Klasse 2	Klasse 3
5.	6,0	3,0	6,0	8,0
7.	5,0	3,0	5,0	7,0
11.	3,5	3,0	3,5	5,0
13.	3,0	3,0	3,0	4,5
17.	2,0	2,0	2,0	4,0
19.	1,7	1,7	1,7	3,5
23.	1,4	1,4	1,4	2,8
25.	1,3	1,3	1,3	2,6
3.	6,0	3,0	5,0	6,0
9.	1,5	1,5	1,5	2,5
15.	0,4	0,3	0,4	2,0
21.	0,2	0,2	0,3	1,75
2.	2	2,0	2,0	3,0
4.	1	1,0	1,0	1,5
6.	0,5	0,5	0,5	1,0
8.	0,5	0,5	0,5	1,0
10.	0,5	0,5	0,5	1,0

Stromrichter

Stromrichter

Stromrichter sind Funktionsgruppen zur *Umformung* oder *Steuerung* elektrischer Energie. Typische Bauelemente dieser Funktionsgruppen sind Dioden, Transistoren oder Thyristoren.

Gleichrichter	Wechselrichter	Wechselstromumrichter	Gleichstromumrichter
U_{AC} ~/– U_{DC}; I_{AC}, I_{DC}; Energie →	U_{DC} –/~ U_{AC}; I_{DC}, I_{AC}; Energie →	U_{1AC}, f_1 ~/~ U_{2AC}, f_2; I_{1AC}, f_1, I_{2AC}, f_2; Energie ↔	U_{1DC} –/– U_{2DC}; I_{1DC}, I_{2DC}; Energie ↔
Wechselstrom wird in Gleichstrom umgeformt. *Eine* Energieflussrichtung: Vom Wechselstrom zum Gleichstrom.	Gleichstrom wird in Wechselstrom umgeformt. *Eine* Energieflussrichtung: Vom Gleichstrom zum Wechselstrom.	Wechselstrom mit vorgegebener Frequenz, Spannung und Phasenzahl wird in einen Wechselstrom mit abweichender Frequenz, Spannung und Phasenzahl umgewandelt. Energiefluss in *beiden* Richtungen.	Gleichstrom mit vorgegebener Spannung wird in einen Gleichstrom mit abweichender Spannung umgewandelt. Dabei kann die Spannungspolarität verändert werden. Energiefluss in *beiden* Richtungen.

Ungesteuerter Stromrichter	Gesteuerter Stromrichter	4-Quadranten-System
Konstantes Verhältnis von Eingangs- und Ausgangsspannung.	Die Ausgangsspannung ist einstellbar.	Die Energieflussrichtung ist bei Stromrichtern unter Umständen umkehrbar.

Kennzeichnung von Stromrichtern

Schaltung	Benennung	Kennbuchstabe	Kennzahl
Einwegschaltung	Mittelpunktschaltung	M	Pulszahl p
Zweiwegschaltung	Brückenschaltung Verdopplerschaltung	B D	
	Wechselwegschaltung Parallelschaltung	W P	Phasenzahl m

Ergänzende Kennzeichnung

Kennzeichen	Bedeutung	Kennzeichen	Bedeutung
U	ungesteuert	**A (K)**	(anoden-, kathodenseitige) Zusammenfassung der Hauptzweige
C	vollgesteuert		
H	halbgesteuert	**Q**	Löschzweig
HA (HK)	halbgesteuert (anodenseitige, kathodenseitige) Zusammenfassung der gesteuerten Ventile	**R**	Rücklaufzweig
		F	Freilaufzweig
HZ	Zweigpaar halbgesteuert	**FC**	gesteuerter Freilaufzweig

Stromrichter

Bezeichnungsbeispiel

Bezeichnung der Anschlüsse

Zeichen	Bedeutung
A (K)	Anodenseitiger (kathodenseitiger) Anschluss vor Stromrichterzweigen
AM (KM)	Anodenseitiger (kathodenseitiger) Zusammenschluss zum Gleichstromanschluss
AK	Mittelanschluss (wechselstromseitig) von Zweig- und Wechselwegpaaren
G (H)	Steueranschluss (Hilfskathode, Kathode)
E, F	Eingangsanschlüsse (Impulsübertrager), Potenzial von E positiv gegen G
U, V (U, N)	Wechselstromanschlüsse von Hauptkreisen auf der Ein- und Ausgangsseite
C, D	Gleichstromanschlüsse der Hauptkreise (C: positiv, D: negativ)

Ungesteuerte Stromrichter (Gleichrichter)

Bedeutung der Formelzeichen:

U_1 Anschlussspannung (Effektivwert)
U_{di} ideelle Leerlaufgleichspannung (ohne Diodenverluste)
I_d Lastgleichstrom
P_d Gleichstromleistung
P_T Bauleistung des Transformators
I_Z Strom im Diodenzweig
I_V Wechselstrom
I_{FAV} Durchlasswert (Mittelwert)
I_{FRMS} Durchlasswert (Effektivwert)
p Pulszahl

Tabelle siehe Seite 319.

Gesteuerte Stromrichter

Werden die Dioden der Gleichrichterschaltung ganz oder teilweise durch *Thyristoren* ersetzt, kann die Ausgangsspannung durch Wahl des *Zündzeitpunktes* verändert werden.
Wenn der *Zündwinkel* $\alpha = 0$ beträgt, entspricht die Ausgangsspannung der ungesteuerten Schaltung.

Tabelle siehe Seite 320 bis 323.

Stromrichter

Ungesteuerte Stromrichter (Gleichrichter)

Bezeichnung	Schaltung	Spannungsverlauf	p	$\frac{U_{di}}{U_1}$	$\frac{I_V}{I_d}$	$\frac{I_{FAV}}{I_d}$	$\frac{I_{FRMS}}{I_d}$	I_Z	$\frac{P_r}{P_d}$	Hinweis
Einpuls-Mittelpunktschaltung M1	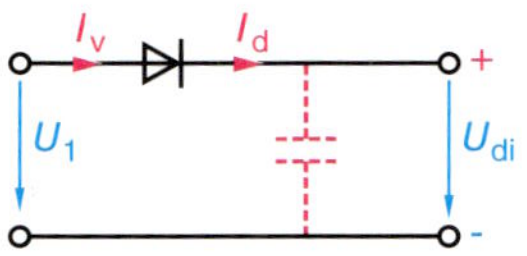	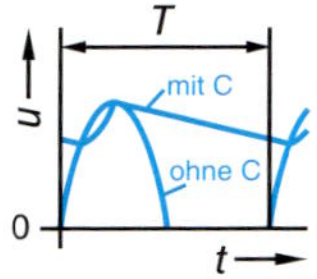	1	0,45 (ohne C) 1,41 (mit C)	1,57	1,0	1,57	I_d	3,1	Belastung mit Gegenspannung beansprucht den Gleichrichter mit doppelter Sperrspannung.
Zweipuls-Mittelpunktschaltung M2	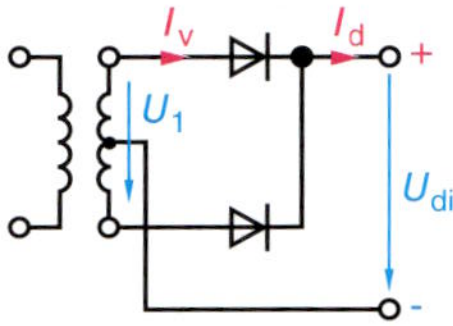	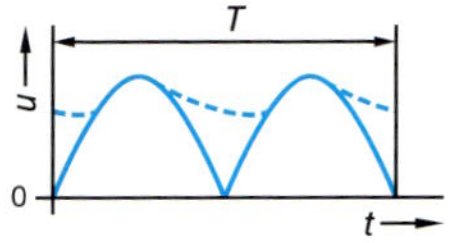	2	0,45	0,785	0,5	0,785	$0{,}5 \cdot I_d$	1,5	Mittelanzapfung des Transformators erforderlich.
Zweipuls-Brückenschaltung B2	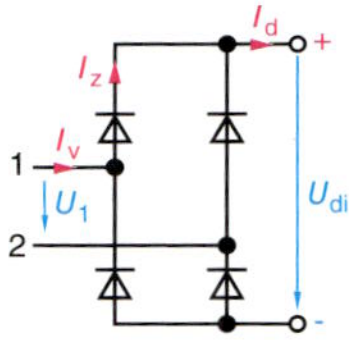	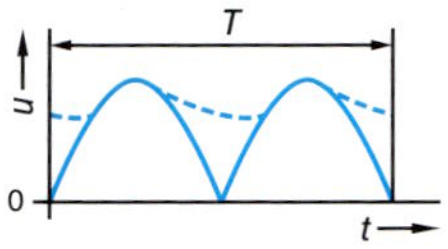	2	0,9	1,11	0,5	0,785	$0{,}5 \cdot I_d$	1,23	Verbreitete Schaltung bei Anschluss an Einphasensys-temen.
Dreipuls-Mittelpunktschaltung M3	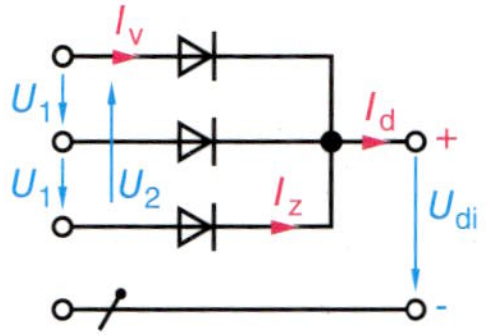	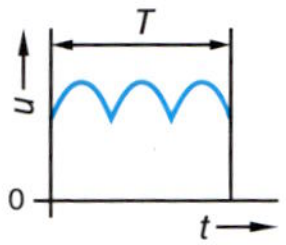	3	0,675	0,588	0,333	0,588	$\frac{I_d}{3}$	1,5	Anschluss an Drehstromtransformator.
Sechspuls-Brückenschaltung B6	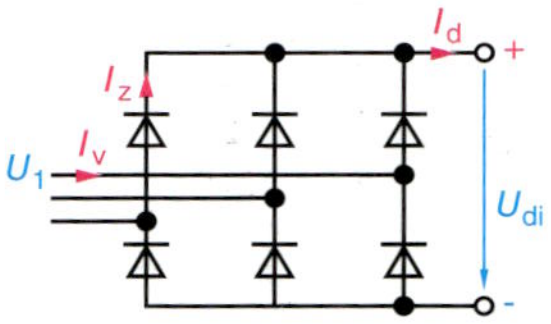	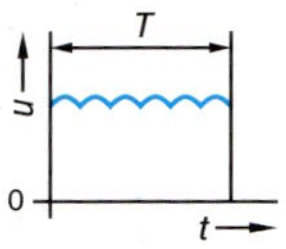	6	1,35	0,82	0,333	0,58	$\frac{I_d}{3}$	1,1	Verbreitete Schaltung bei Drehstromanschluss.

Strom-richter

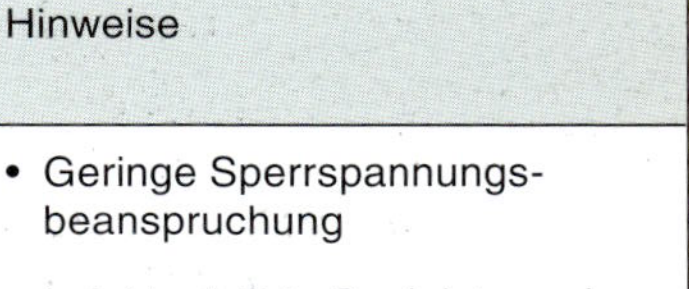

Stromrichter

Gesteuerte Stromrichter

Bezeichnung	Schaltung	Kennlinien	Hinweise
Zweipuls-Brückenschaltung B2C	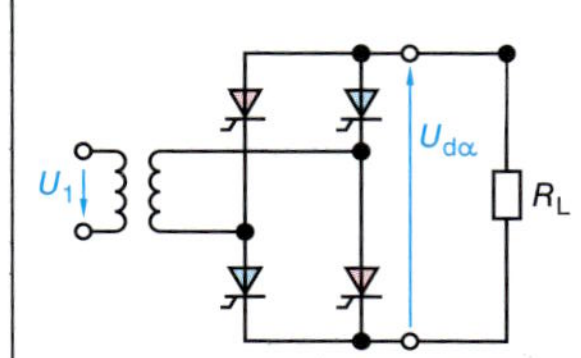 	• *Steuerkennlinie (ohmsche Last)* 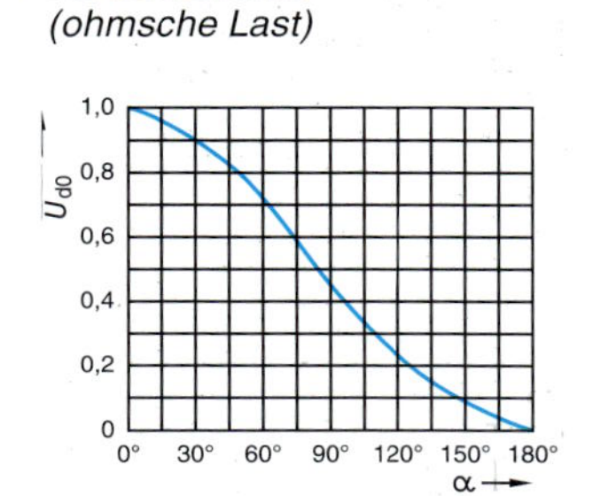 • *Steuerkennlinie (induktive Last)* 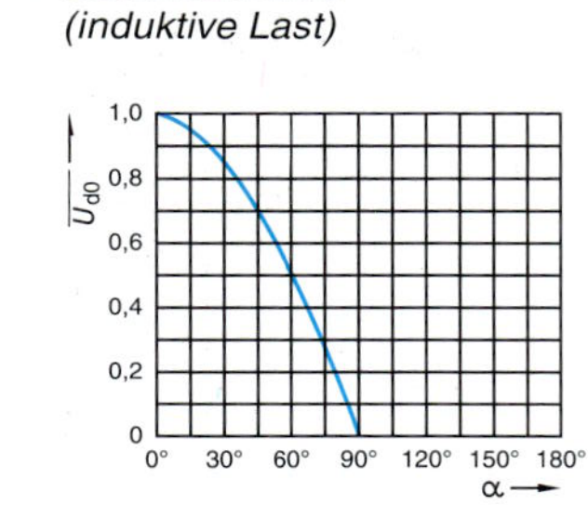 • Steuerkennlinie (aktive Last) 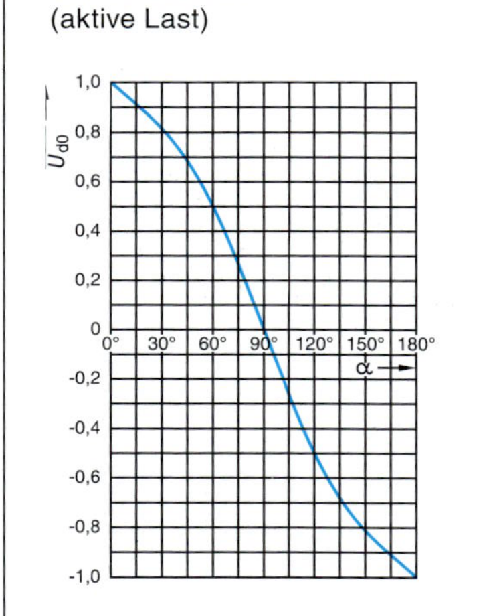 • *Ohmsche Last* 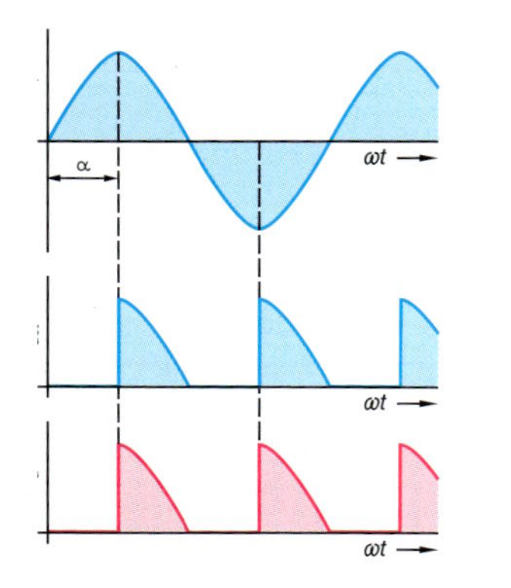	• Geringe Sperrspannungsbeanspruchung • Leicht erhöhte Bauleistung des Transformators • Einsatz bis etwa 10 kW, bei geringen Anforderungen an die Spannungswelligkeit • *Ohmsche Last* $U_{d\alpha} = 0{,}5 \cdot U_{d_0} \cdot (1 + \cos\alpha)$ $U_{d_0} = 0{,}9 \cdot U_1$ • *Induktive Last* $U_{d\alpha} = U_{d_0} \cdot \cos\alpha$ $U_{d_0} = 0{,}9 \cdot U_1$ U_{d_0} Spannung bei $\alpha = 0$ $U_{d\alpha}$ Spannung bei Steuerwinkel α

Stromrichter

Gesteuerte Stromrichter

Bezeichnung	Schaltung	Kennlinien	Hinweise
 **Dreipuls-Mittelpunktschaltung M3C**	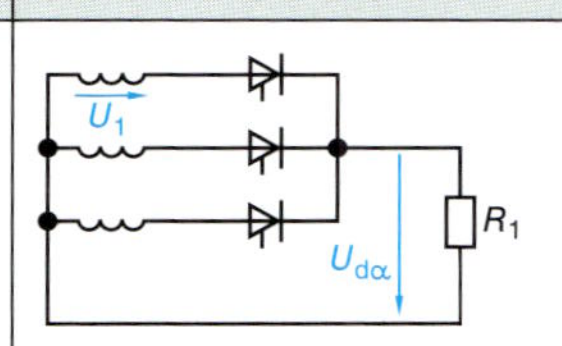	• *Steuerkennlinien* • *Ohmsch-Induktive Last* 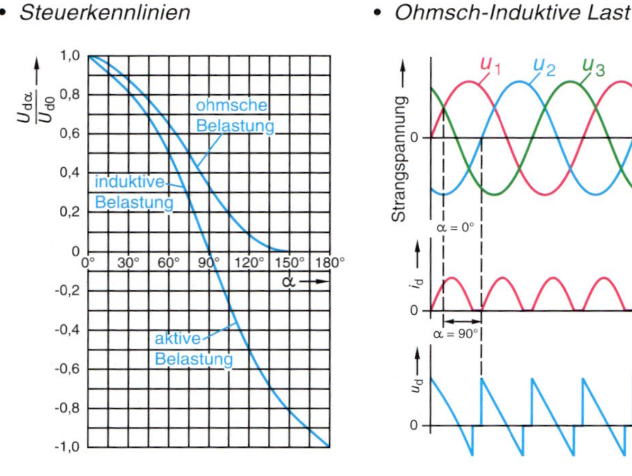	• Hohe Sperrspannungsbeanspruchung • Lückbetrieb erst ab $\alpha \geq 30°$ möglich • Sternpunkt muss voll belastbar sein • Teilstromrichter bei Umkehrstromrichtern • Gleichspannung bis $\alpha = 30°$ $U_{d\alpha} = U_{d_0} \cdot \cos\alpha$ $U_{d_0} = 0{,}676 \cdot U_1$ • Bei induktiver Last gilt obige Gleichung für den Steuerbereich 0 bis 90° • Bei Steuerwinkeln $\alpha > 30°$ tritt bei ohmscher Last Lückbetrieb auf $U_{d\alpha} = 0{,}577 \cdot U_{d_0} \cdot [1 + \cos(30° + \alpha)]$ $U_{d_0} = 0{,}676 \cdot U_1$ Im Bereich $\alpha = 30°$ bis 150°
Sechspuls-Brückenschaltung B6C	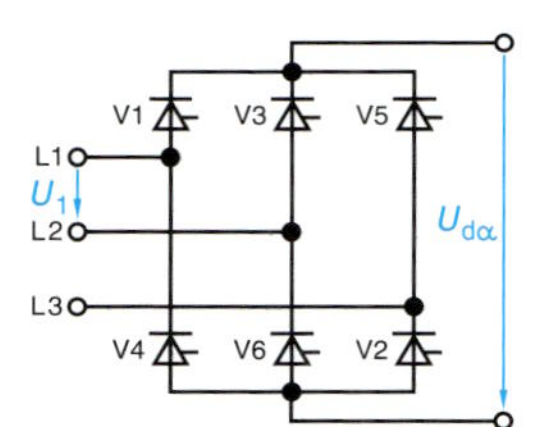	• *Steuerkennlinien* 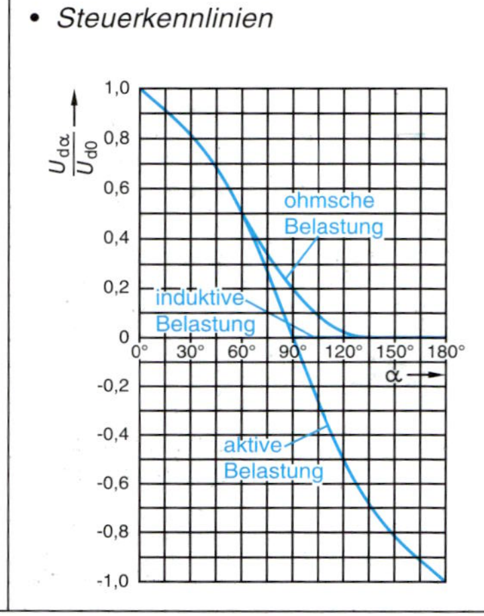 • *Ohmsche Last ($\alpha = 75°$)* 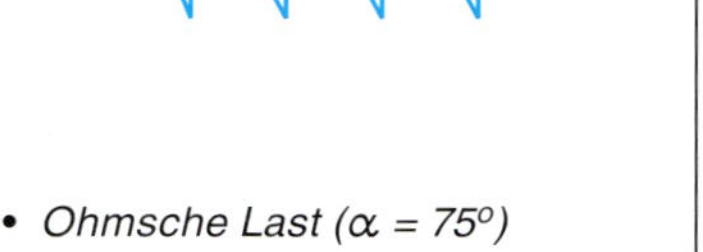 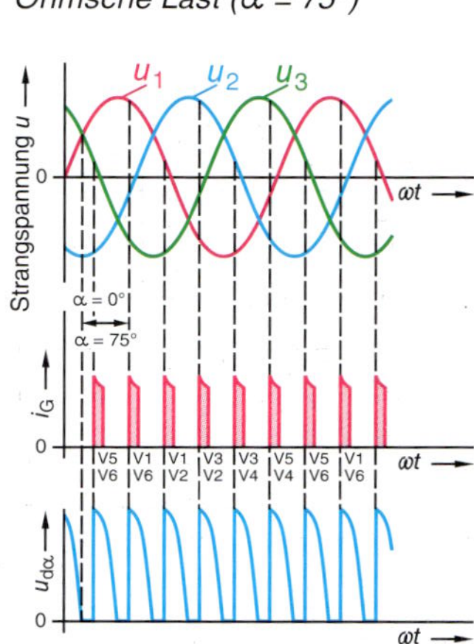	• Erst ab $\alpha \geq 60°$ ist Lückbetrieb möglich • Transformatorbauleistung relativ gering • Bedeutung vor allem bei Gleichstromantrieben $U_N > 300$ V • *Steuerwinkel $\alpha = 0$* $U_{d_0} = 1{,}35 \cdot U_1$ • *Steuerwinkel $\alpha = 60°$ bis 120°* $U_{d\alpha} = 0{,}5 \cdot U_{d_0} \cdot [1 + 1{,}154 \cdot \cos(30° + \alpha)]$

Strom-richter

Stromrichter

Gesteuerte Stromrichter

Bezeichnung	Schaltung	Kennlinien	Hinweise
Halbgesteuerte Brückenschaltung B2HZ 	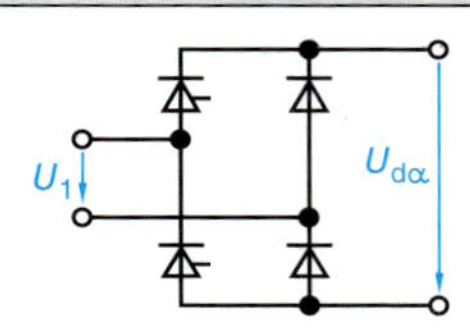 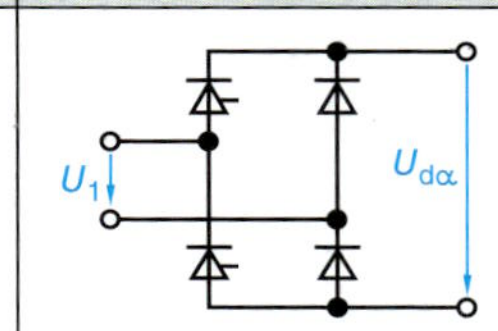	• *Steuerkennlinien* 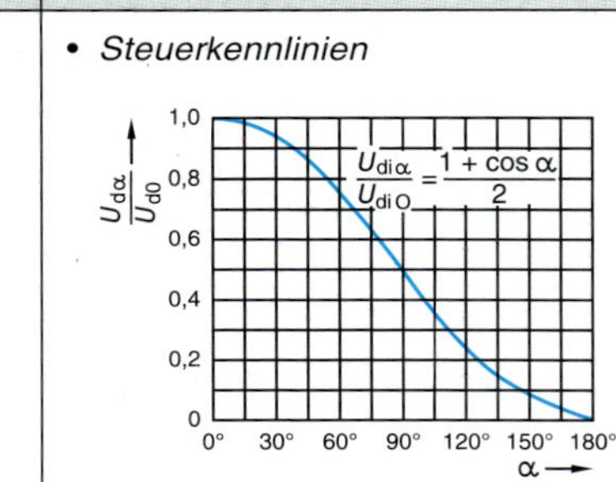	• Beide Thyristoren sind in einem Stromrichterzweig angeordnet (B2 HZ) • Leistung bis etwa 10 kW • Interner Freilaufkreis (Entlastung der Stromrichter bei Teilansteuerung) • $U_{d_{i0}} = 0{,}9 \cdot U_1$ • $\frac{U_{d\alpha}}{U_{d_0}} = \frac{1+\cos\alpha}{2}$
Halbgesteuerte Zweipuls-Brückenschaltung B2HK	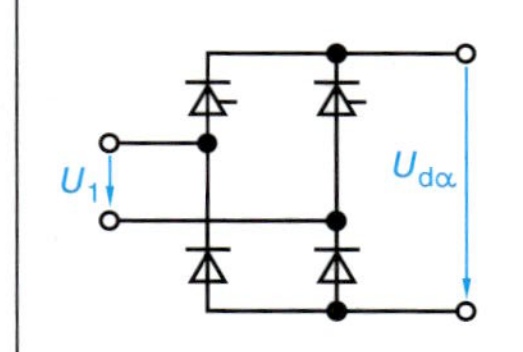	• *Steuerkennlinien* 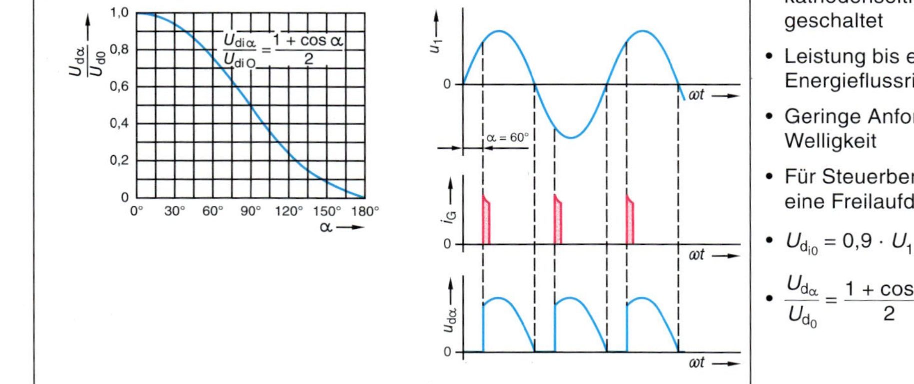	• Die beiden Thyristoren sind kathodenseitig zusammengeschaltet • Leistung bis etwa 10 kW, *eine* Energieflussrichtung • Geringe Anforderungen an die Welligkeit • Für Steuerbereich bis Null ist eine Freilaufdiode notwendig • $U_{d_{i0}} = 0{,}9 \cdot U_1$ • $\frac{U_{d\alpha}}{U_{d_0}} = \frac{1+\cos\alpha}{2}$

leichrichter-Schaltungen

ättung:

von der Gleichrichterschaltung gelieferte puls-
nige Spannung (**Bild 1**) ist die Summe aus der
ichspannung U_d und der Wechselspannung U_p
der Pulsfrequenz. Diese Wechselspannung
nt man Brummspannung. Durch den Glättungs-
densator C_G wird U_d vergrößert und U_p ver-
nert.

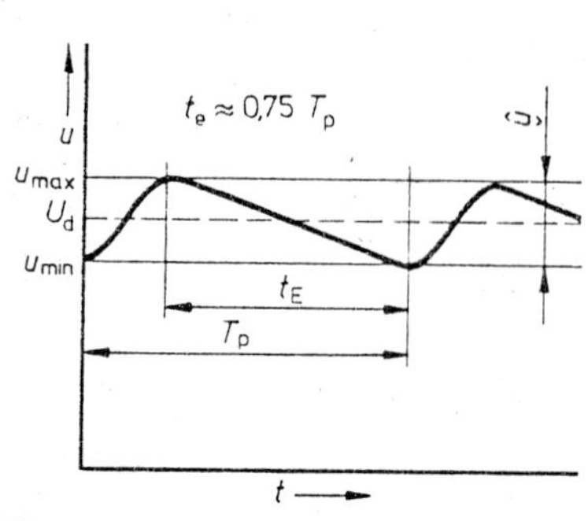

Bild 1: Glättung der gleichgerichteten Spannung

$\hat{\check{u}}_p$	Brummspannung (Spitze-Tal-Wert)
I_d	Laststrom
t_E	Entladezeit ($t_E \approx 0,75\ T_p$)
T_p	Periodendauer der Brummspannung
f_p	Brummfrequenz (Pulsfrequenz)
C_G	Kapazität des Glättungskondensators
U_p	Brummspannung (Effektivwert)

$$Q = C_G \cdot \hat{\check{u}}_p \approx t_E \cdot I_d$$

$$\hat{\check{u}}_p \approx \frac{t_E \cdot I_d}{C_G}$$

$$\hat{\check{u}}_p \approx \frac{0,75 \cdot T_p \cdot I_d}{C_G}$$

$$U_p \approx \frac{\hat{\check{u}}_p}{2 \cdot \sqrt{3}}$$

$$\hat{\check{u}}_p \approx \frac{0,75 \cdot I_d}{f_p \cdot C_G}$$

den Gleichrichterschaltungen M1 bis B6 bedeutet die Ziffer das Verhältnis von Pulsfrequenz f_p zur
:frequenz f.

spiel: Eine Gleichrichterschaltung B2 mit Halbleiterdioden für das Netz von 50 Hz liefert den Lastgleichstrom $I_d = 150$ mA. Der Glättungskondensator hat die Kapazität $C_G = 500\ \mu F$. Berechnen Sie die Brummspannung $\hat{\check{u}}_p$!

ung: $\hat{\check{u}}_p \approx \frac{0,75 \cdot I_d}{f_p \cdot C_G} = \frac{0,75 \cdot I_d}{2 \cdot f \cdot C_G} = \frac{0,75 \cdot 150\ mA}{2 \cdot 50\ Hz \cdot 500\ \mu F} = \mathbf{2,25\ V}$

Stromrichter

Gesteuerte Stromrichter

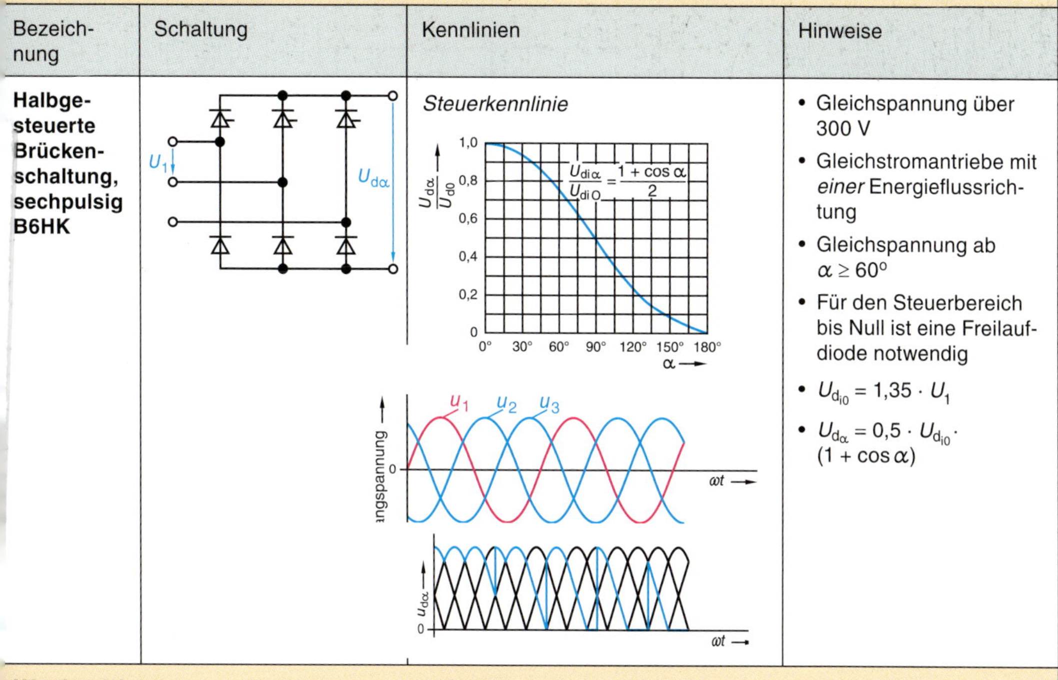

Bezeichnung	Schaltung	Kennlinien	Hinweise
Halbgesteuerte Brückenschaltung, sechpulsig B6HK		Steuerkennlinie	• Gleichspannung über 300 V • Gleichstromantriebe mit *einer* Energieflussrichtung • Gleichspannung ab $\alpha \geq 60°$ • Für den Steuerbereich bis Null ist eine Freilaufdiode notwendig • $U_{d_{i0}} = 1{,}35 \cdot U_1$ • $U_{d\alpha} = 0{,}5 \cdot U_{d_{i0}} \cdot (1 + \cos\alpha)$

Wechselrichter

- **U-Umrichter:** Eingeprägte Spannung am Eingang
- **I-Umrichter:** Eingeprägter Strom am Eingang
- Am Ausgang rechteckförmiger Strom- und Spannungsverlauf
- Glättung durch Lastinduktivitäten und Lastkapazitäten bei hohen Schaltfrequenzen
- Energiefluss in beiden Richtungen möglich
- 4-Quadrantenantrieb möglich

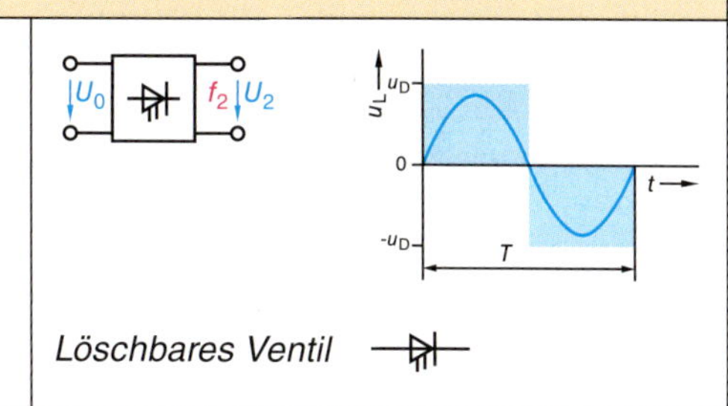

Wechselrichter – Übersicht

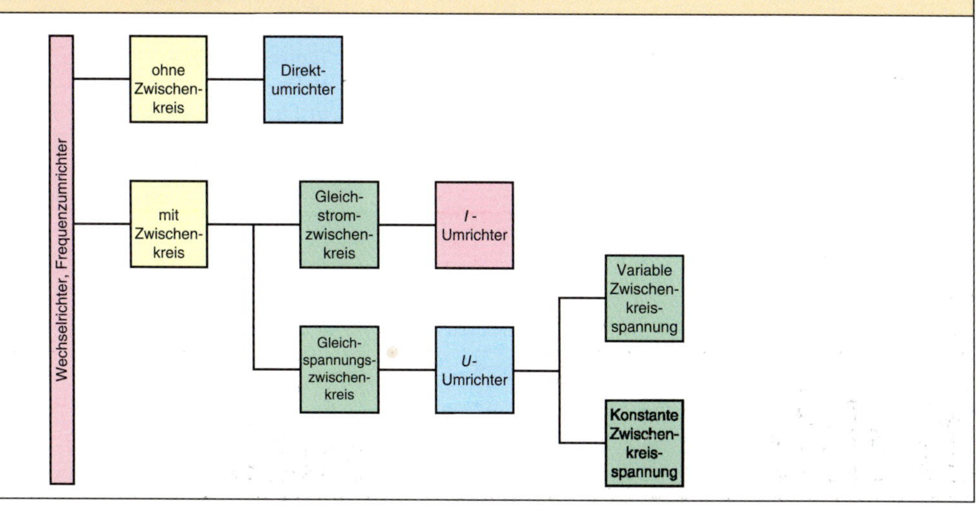

Stromrichter

Stromrichter

Direktumrichter

Zwei Teilstromrichter in Antiparallelschaltung erzeugen die Ausgangsspannung mit abweichender Frequenz.

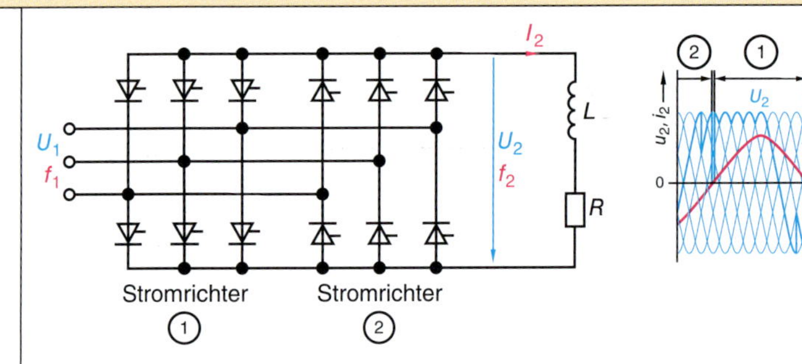

Zwischenkreisumrichter

Zwischenkreisumrichter bestehen aus *Gleichrichter*, *Zwischenkreis* und *Wechselrichter*.

Durch *Pulsbreitensteuerung* können Amplitude und Frequenz der Ausgangsspannung verändert werden.

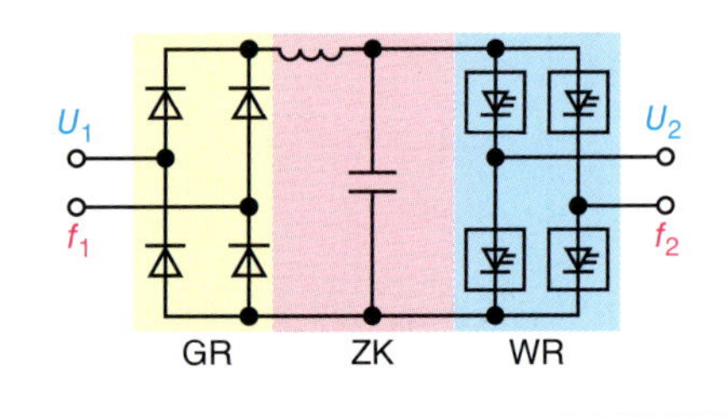

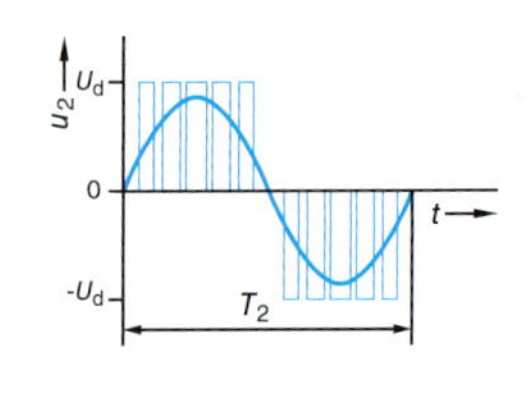

Drehzahlsteuerung von Drehfeldmaschinen

Steuerung direkt aus dem Drehstromnetz

Bezeichnung	Schaltung	Hinweise
Drehstromsteller	3 f_1 U_1 f_2 U_2 M 3~	Bei sich verringernder Ständerspannung nimmt der magnetische Fluss ab. Der zunehmende Schlupf erzwingt einen höheren Läuferstrom. Bei niedriger Drehzahl ergibt sich ein konstantes Drehmoment. *Anwendung* • Lüfterantriebe • Kreiselpumpenantriebe bis etwa 10 kW
Gepultster Läuferwiderstand	f_2 3 U_2 M 3~ 3 Gleichrichter Gleichstromsteller	Der Läuferwiderstand wird durch einen pulsgesteuerten Widerstand beeinflusst. Wenn der Schlupf zunimmt, sinkt die Drehzahl ab, bis das Drehmoment wieder erreicht ist. *Anwendung* • Schleifringläuferantriebe bis etwa 20 kW

Halbleiterbaulemente → 79

Stromrichter

Drehzahlsteuerung von Drehfeldmaschinen

Steuerung direkt aus dem Drehstromnetz

Bezeichnung	Schaltung	Hinweise
Untersynchrone Stromrichterkaskade	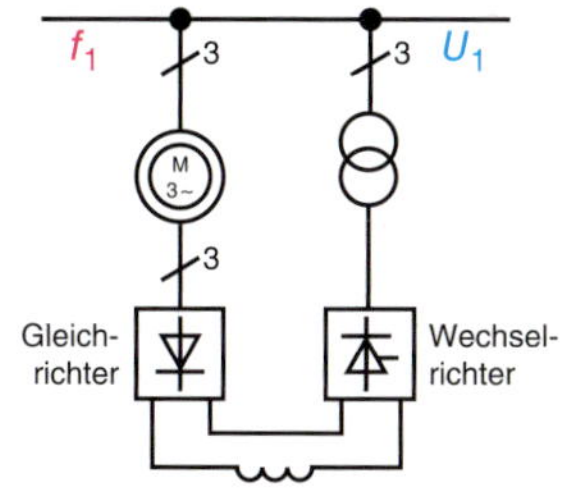 f_1, 3, 3, U_1, M 3~, 3, Gleichrichter, Wechselrichter	Die Schlupfleistung wird in das Netz zurückgeführt. Der Steller arbeitet im Wechselrichterbetrieb. *Anwendung* • Schleifringläuferantriebe bis etwa 20 MW
Umrichtergesteuerte Drehstromantriebe		
Direktumrichter	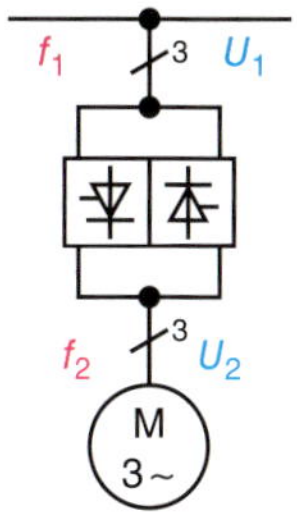 f_1, 3, U_1, f_2, 3, U_2, M 3~	Wechselspannung und Wechselströme mit veränderlicher Ständerfrequenz *Anwendung* • Rohrmühlenantrieb bis in den Megawatt-Bereich
Umrichter mit Stromzwischenkreis	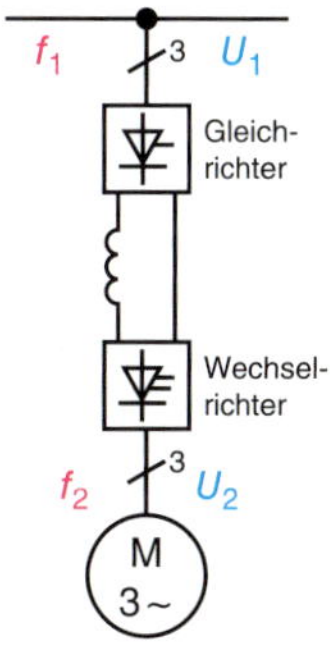 f_1, 3, U_1, Gleichrichter, Wechselrichter, f_2, 3, U_2, M 3~	Der Umrichter arbeitet nur bei eingeschalteter Last. Der Stromrichteraufwand ist gering. Bevorzugter Einsatz bei Einmotorenantrieben, da Stromgrenzwerte von Last und Umrichter aufeinander abgestimmt werden müssen. *Anwendung* • Einmotorenantriebe bis 1 MW • Drehzahlstellbereich 1 : 20
Umrichter mit Spannungszwischenkreis	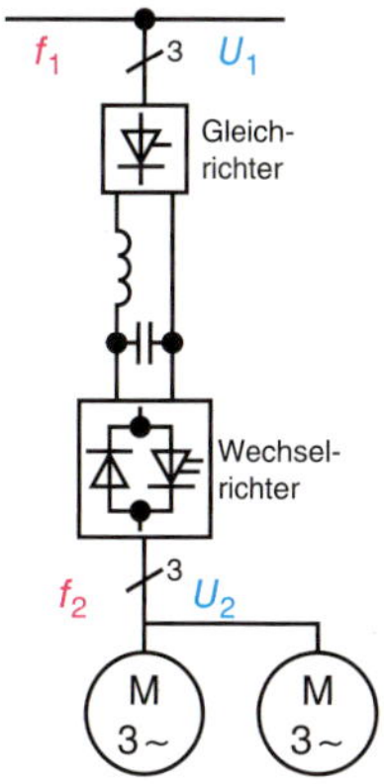 f_1, 3, U_1, Gleichrichter, Wechselrichter, f_2, 3, U_2, M 3~, M 3~	• Kondensator im Gleichspannungszwischenkreis • Zwischenkreisspannung kann konstant oder veränderlich sein • Das Netz wird durch Steuerblindleistung belastet *Anwendung* • Gruppenantriebe mit Gleichlaufanforderung; z. B. Werkzeugmaschinen • $f_2 \leq 600$ Hz

Stromrichter

Drehzahlsteuerung von Drehfeldmaschinen

Umrichtergesteuerte Drehstromantriebe

Bezeichnung	Schaltung	Hinweise
Pulsumrichter	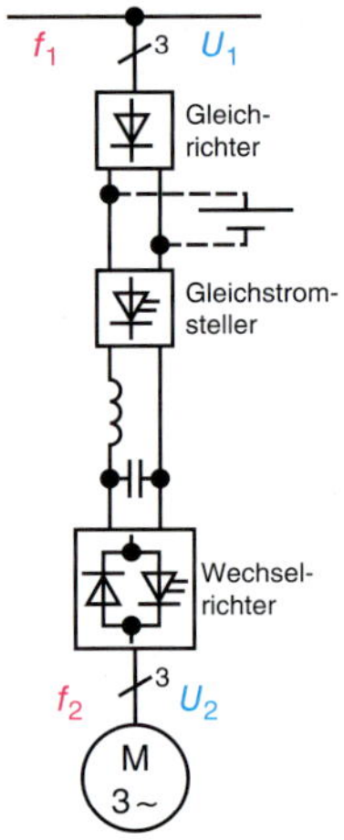 f_1, 3, U_1; Gleichrichter; Gleichstromsteller; Wechselrichter; f_2, 3, U_2; M 3~	• Verhindert Steuerblindleistung • Oberschwingungsarme gepulste Ausgangsspannung • Bis 10 kW als Transistorumrichter ausgeführt
Stromrichtermotor	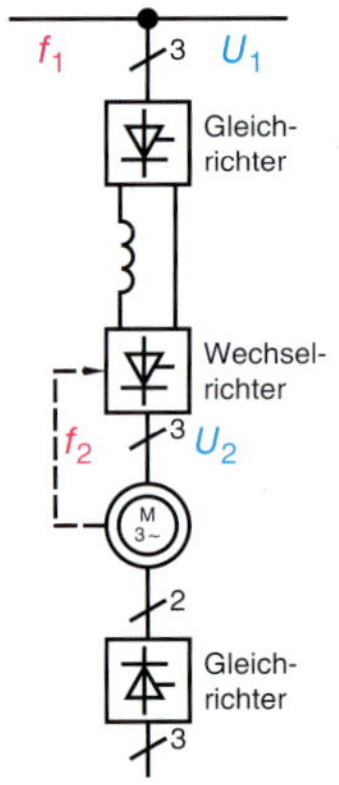 f_1, 3, U_1; Gleichrichter; Wechselrichter; f_2, 3, U_2; M 3~; 2; Gleichrichter; 3	• Vierquadrantenantrieb bis zum Megawatt-Bereich • Die Last ist ein Drehstrom-Synchronmotor • Der Stromrichter wird von der Polradstellung getaktet *Anwendung* • Pumpen, Verdichter, Gebläse

Betriebsdiagramm von Stromrichterantrieben

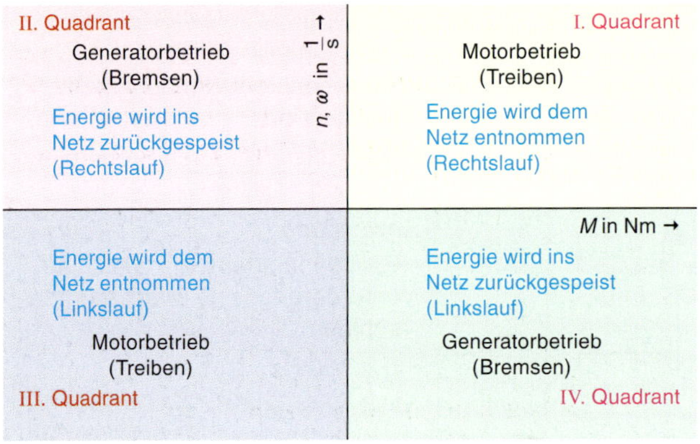

I. Quadrant
Der Motor *treibt* im *Rechtslauf* die Arbeitsmaschine an.

II. Quadrant
Der Motor *bremst* im *Rechtslauf* die Arbeitsmaschine. Entweder Energierücklieferung oder Verlustbremsung.

III. Quadrant
Der Motor *treibt* im *Linkslauf* die Arbeitsmaschine an.

IV Quadrant
Der Motor *bremst* im *Linkslauf* die Arbeitsmaschine. Entweder Energierücklieferung oder Verlustbremsung.

Strom-richter

Stromrichter

Drehzahlsteuerung von Drehfeldmaschinen

Gleichstromsteller, Chopper, Pulswandler

Pulsbreitensteuerung

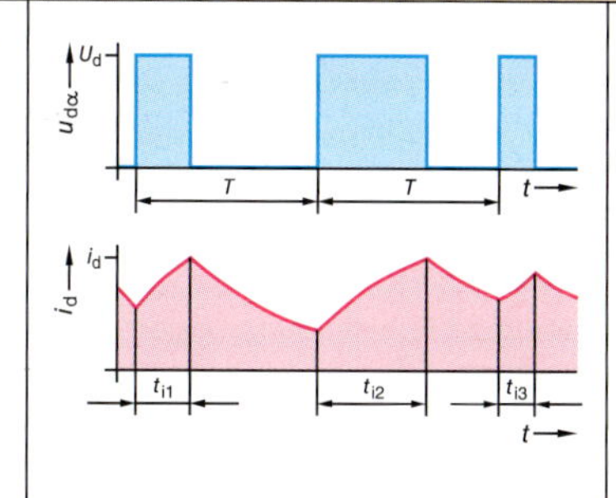

- Die Einschaltdauer t_i ist bei konstanter Periodendauer T veränderlich.
- Das Verhältnis von Zeitkonstante des Lastkreises $\tau = L/R$ und Periodendauer T ist konstant.
- $U_{d\alpha\,min} = t_{min} \cdot \frac{U_{d\alpha}}{T}$

Anwendung

- Fahrzeugmotoren
- Spannungsregler für bürstenlose Drehstromgeneratoren
- Anlagen, bei denen veränderliche Frequenzen zu Störungen führen

Pulsfolgesteuerung

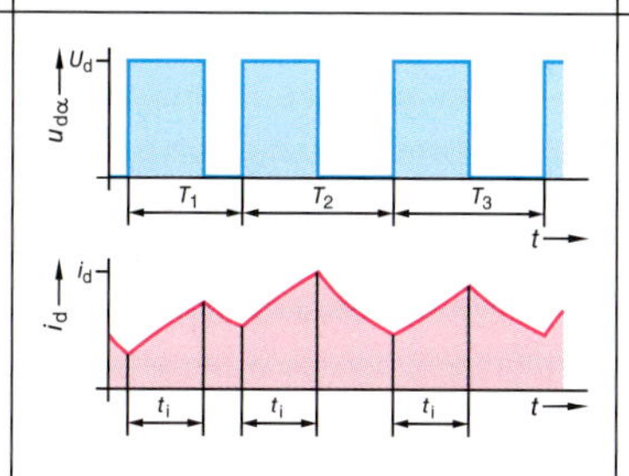

- Die Periodendauer T ist variabel.
- Die Einschaltdauer ist konstant.
- Hoher Glättungsaufwand bei geringen Arbeitsfrequenzen.

Anwendung

- Speisung von Gleichstrommaschinen
- Gepulster Widerstand
- Kreise mit geringen Anforderungen an die Welligkeit

Zweipunktregelung

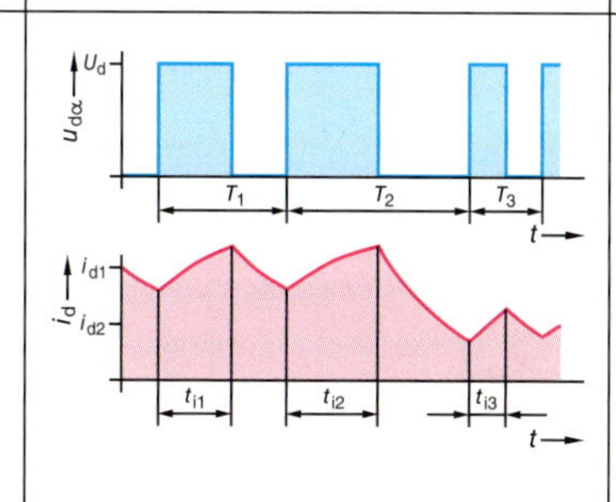

- Periodendauer und Einschaltdauer sind variabel.
- Im Lastkreis ist ein Energiespeicher notwendig.

Anwendung

- Antriebe mit Laststrom- und Drehzahlregelungen bei zulässiger Restwelligkeit des Laststromes

Wechselstromsteller

Phasenanschnittssteuerung

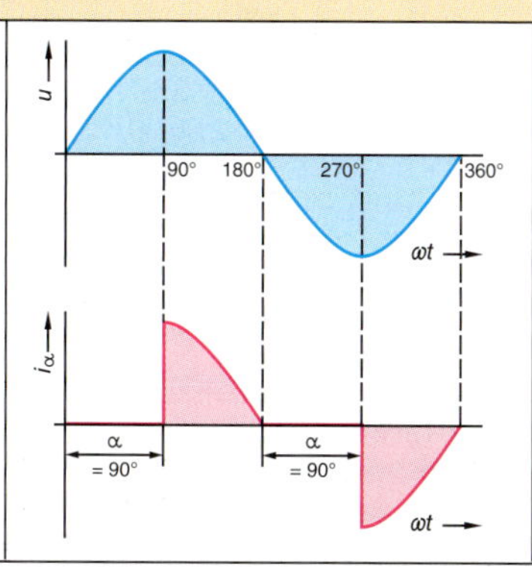

- Erst bei Erreichen des Steuerwinkels α wird die Netzspannung zugeschaltet.
- Der Effektivwert der Spannung ist zwischen 0 und 100 % einstellbar.
- Leistungsstarke Verbrauchsmittel dürfen nur mit Sondergenehmigung des Versorgungsnetzbetreibers betrieben werden.

Anwendung

- Dimmer
- Stellglied von Gleichstrommotoren
- Zwischenkreiseinspeisung bei Frequenzumformern

Stromrichter

Drehzahlsteuerung von Drehfeldmaschinen

Wechselstromsteller

Null-spannungs-schalter	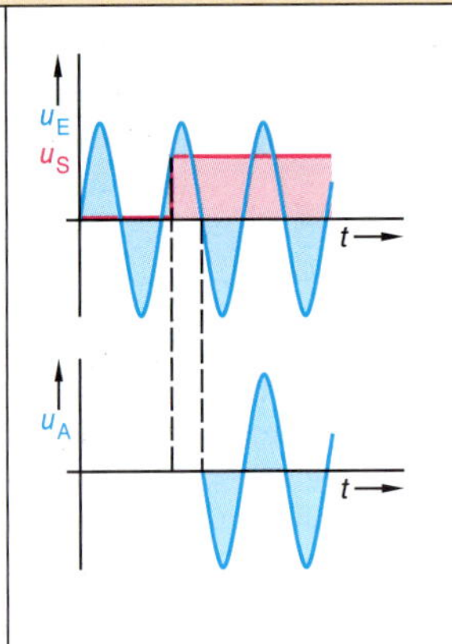	• Die Einschaltung erfolgt stets beim nächsten Nulldurchgang der Spannung. • Die Ausschaltung erfolgt nach Nulldurchgang des Stromes. • Prellfreies Schalten bei hohen Schaltgeschwindigkeiten. • Geringe Funktionsstörungen und Netzrückwirkungen. *Anwendung* • Elektronisches Lastrelais *Hinweis* Wenn die Ansteuerung über Optokoppler erfolgt, wird der Nullspannungsschalter als *Solid-State-Relais* bezeichnet.
Schwingungs-paketsteuerung	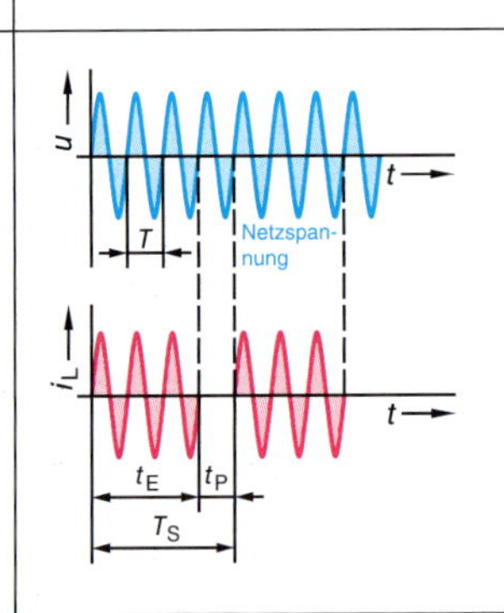	• Eine einstellbare Anzahl von Wechselspannungsperioden wird zur Last geschaltet. • Die mittlere Leistungsaufnahme kann zwischen 0 und 100 % betragen. • Wegen der Sinusform keine Oberwellen im Netz. • Es tritt keine Steuerblindleistung auf. • Verursacht optisch wahrnehmbare Schwankungen der Beleuchtungsstärke. *Anwendung* • Heizungs- und Temperaturregelung

Schutz von Halbleitern und Stromrichtern

Die Bauelemente und Funktionsgruppen sind vor unzulässig hohen Stromstärken im Durchlassbetrieb zu schützen. Solche *Überstrom-Schutzeinrichtungen* sind:

- *Magnetische und thermische Überstromauslöser als Überstromschutz*
- *Superflinke Sicherungen oder superflinke Sicherungsautomaten als Kurzschlussschutz*

Schutz	Schaltung	Eigenschaften
Strangschutz-sicherungen	U_1 L1 L2 L3 $U_{d\alpha}$	• Geringe Kosten. • Der zulässige Ventilüberstrom kann nicht voll genutzt werden. • Leistungsbereich bis ca. 20 kW.
Zellen-sicherungen	U_1 L1 L2 L3 $U_{d\alpha}$	• Höhere Kosten in Bezug auf Strangsicherungen. • Bessere Ausnutzung. • Anwendung bei Gegenspannungsbetrieb und bei parallel geschalteten Zweigventilen. Die Schmelzkennlinie der Sicherungen muss im gesamten Bereich unter der Grenzstromkennlinie des Ventils liegen.

Stromrichter

Schutz von Halbleitern und Stromrichtern

Schutz	Schaltung	Eigenschaften
Kombinierter Schutz	U_1 L1 L2 L3 $U_{d\alpha}$	• Hohe Kosten. • Optimale Anpassung der Auslösekennlinie an die Grenzstromkennlinie. • Leistungsbereich ab ca. 20 kW.
Avalanche-Diode		• Überspannungsbegrenzung von Ventilen in Anlagen ab ca. 100 kW. • Thyristoren mit geringer Spannungssteilheit benötigen zusätzlich eine TSE-Beschaltung.
Kippdiode		• Die Kippspannung von Kippdioden liegt im Bereich 500 V bis 4000 V; sie sind für Überkopfzündungen geeignet. • Schutz von Leistungsthyristoren in Blockierrichtung. • Nur geeignet, wenn Schutzzündung erlaubt ist.
Schutz gegen zu hohe Stromanstiegsgeschwindigkeiten		• Schutz von Thyristoren durch Reihenschaltung mit einer Induktivität und Parallelschaltung von RC-Gliedern.

Halbleiterschütz

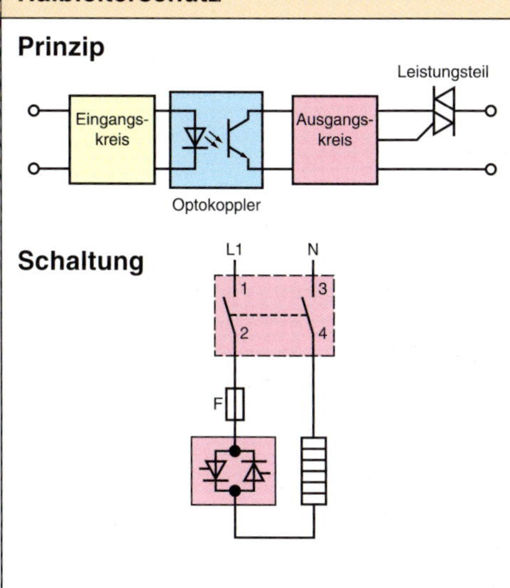

Eingangskreis
Anpassung des Steuersignals

Optokoppler
Potenzialtrennung der Steuerspannung

Ausgangskreis
Erzeugung der Steuerspannung für die Thyristoren (Nullspannungsschalter)

Leistungsteil
Steuerung der Last mithilfe von Thyristoren; Überspannungsableiter zum Schutz eingebaut

Anwendung und Merkmale

- Kontaktloses Schalten von ohmschen und induktiven Lasten
- Hohe Anzahl von Schaltspielen bei langer Lebensdauer
- Keine Schaltgeräusche
- Hohe Wiederholgenauigkeit
- Geringe Ansprechzeit (< 10 ms)

Stromrichter

Leistungselektronik in der Antriebstechnik

Halbleiterschütz

Schaltung

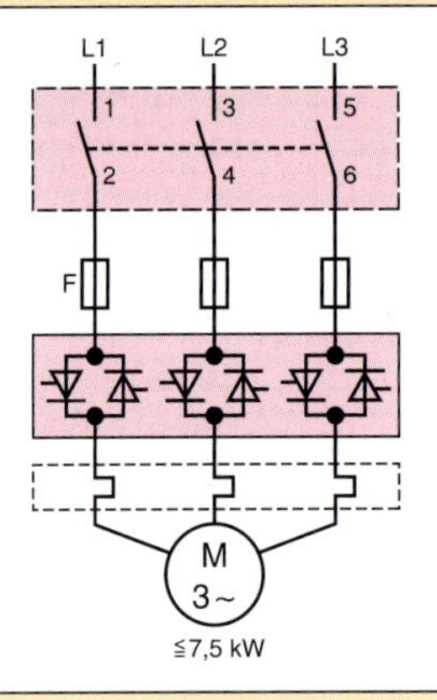

Anwendung und Merkmale (Fortsetzung)

- Direkte Ansteuerung von einer SPS ist möglich
- Steuerspannung 10 bis 240 V (AC, DC)
- Bei kleiner Leistung ist kein Kühlkörper notwendig
- Keine sichere Trennung vom Netz, daher zusätzlich trennende Schalter notwendig
- Wegen der Überstromempfindlichkeit sind Überstrom-Schutzorgane vom Typ Z und i. Allg. getrennte Bimetallrelais notwendig

Softstarter

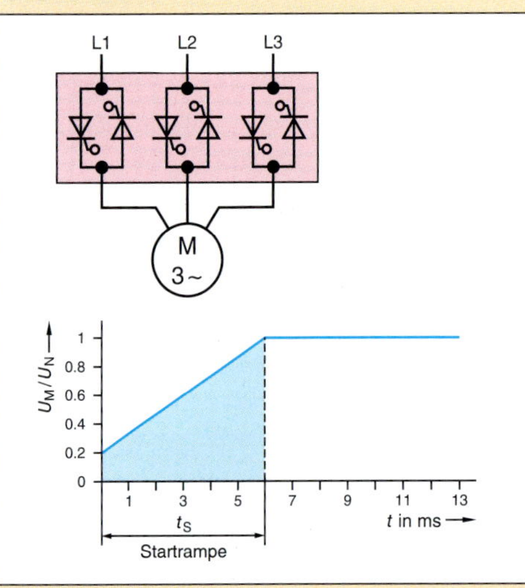

Die wesentliche Funktionsgruppe des Softstarters ist ein *vollgesteuerter Drehstromsteller*, der aus drei Wechselwegschaltungen besteht.

Für den *Sanftanlauf* wird durch Phasenanschnitt die Motorspannung verringert.

Ausgehend von einer parametrierbaren *Startspannung* (z. B. $0{,}2 \cdot U_N$) wird durch Verstellung des Phasenanschnittswinkels in einer parametrierbaren *Rampenzeit* die Motorspannung auf U_N erhöht.

Merkmale des Softstarters

- Strombegrenzung
- Hohe Überlastfähigkeit
- Großer Leistungsbereich
- Parametersätze voreingestellt
- Sämtliche Parameter individuell einstellbar
- Relais- und Analogausgänge programmierbar
- Softstarter sind vernetzbar

Hochlaufzeit

- *Normalanlauf* 0,5 bis 10 s
- *Schweranlauf* 10 bis 60 s

Anwendung

- Pumpenantriebe zwecks Vermeidung von Druckschlägen
- Lüfterantriebe, Kompressoren zur Vermeidung des Durchrutschens von Riementrieben
- Transportbänder zur Vermeidung von Kippmomenten des Transportgutes
- Kreis- und Bandsägen zur Vermeidung von Stromspitzen
- Rührwerke, Mischer
- Mühlen, Brecher
- Heizungslasten
- Lichtsteuerung

Strom-richter

Stromrichter

Leistungselektronik in der Antriebstechnik

Anschluss (nach Herstellerunterlagen)

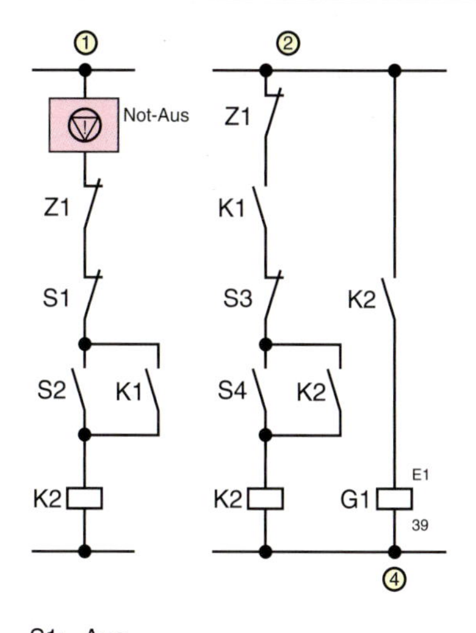

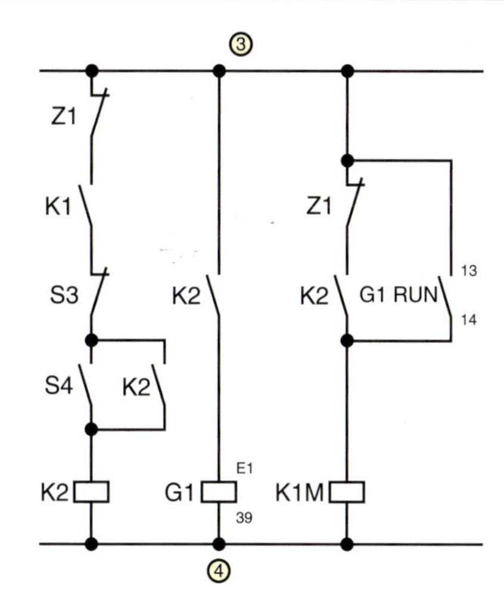

S1: Aus
S2: Ein
G1: Freigabe (E2 = „1")

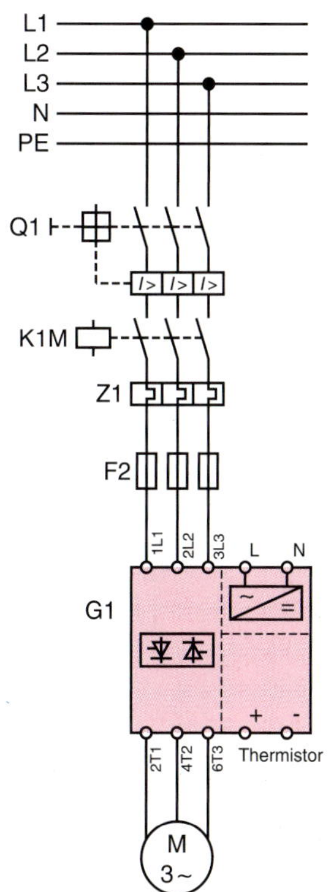

① Meldekontakte des Motorschutzrelais werden in den Ein-/Aus-Kreis eingebunden.
Im Fehlerfall sofortige Sperrung des Softstarters; der Motor läuft aus. Das Netz K1M fällt ab, wenn das Run-Relais abfällt.

② Meldekontakte des Motorschutzrelais werden in den Softstart-/Stoppkreis eingebunden.
Im Fehlerfall wird der Softstarter an der Rampe heruntergefahren. Der Softstarter schaltet ab, das Netzschütz bleibt jedoch eingeschaltet.

③ Wenn das Netzschütz ebenfalls abgeschaltet werden soll, muss zusätzlich zu ② ein weiterer Kontakt des Motorschutzrelais in den Zweig des Netzschützes K1M eingebunden werden.
Nach Ende des Softstopps fällt das Run-Relais ab und hebt dadurch den Haltekreis von K1M auf.

④ Soft-Stopp, Soft-Start

Strom-richter

Stromrichter

Softstarter mit Netzschütz (nach Herstellerunterlagen)

Ansteuerung

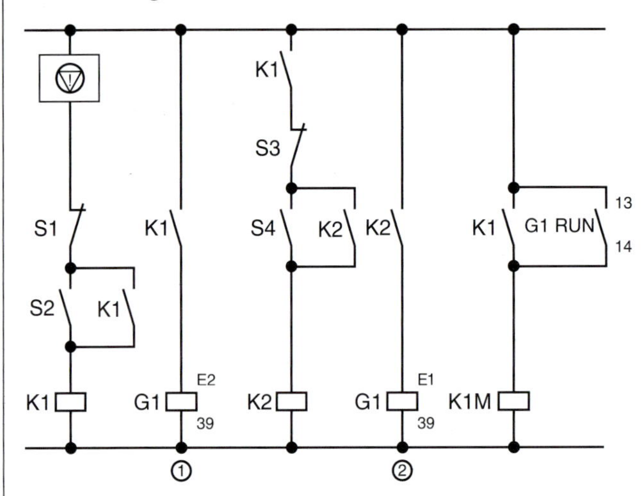

S1: Aus
S2: Ein
S3: Soft-Stopp
S4: Soft-Start
①: Freigabe
②: Soft-Stopp
Soft-Start

Verdrahtung

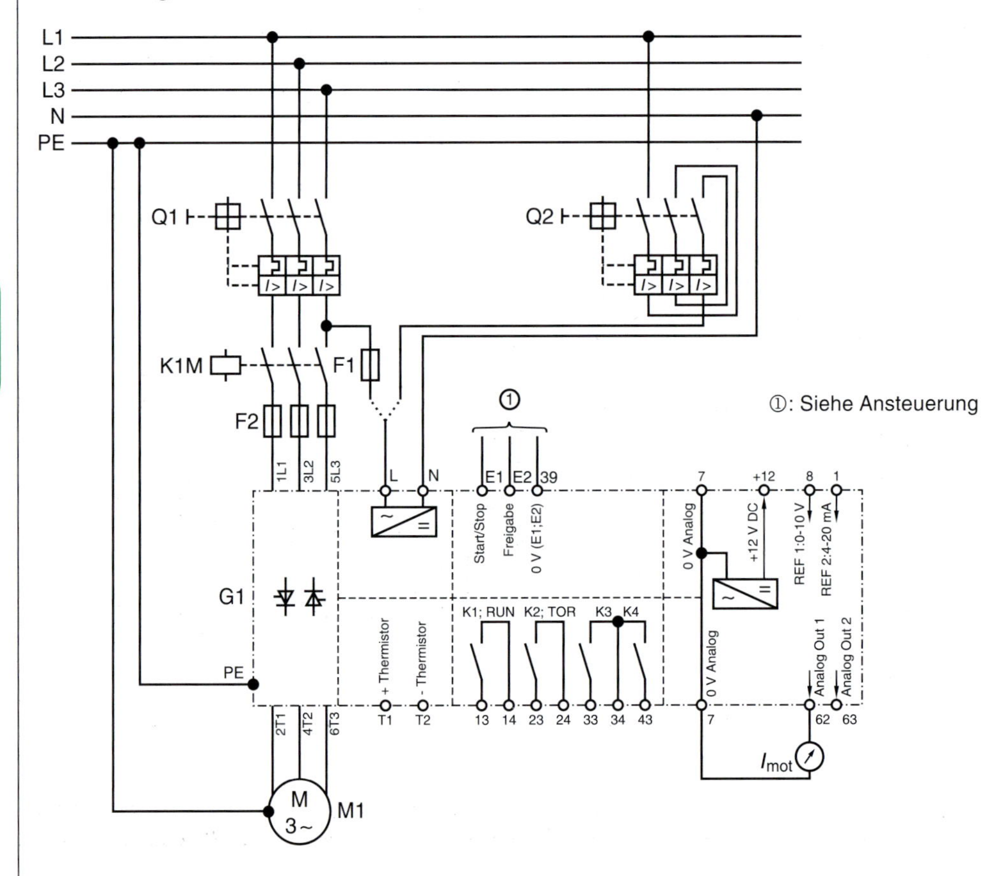

Strom-
richter

Stromrichter

Softstarter mit Bypass und Netzschütz (nach Herstellerangaben)

Ansteuerung

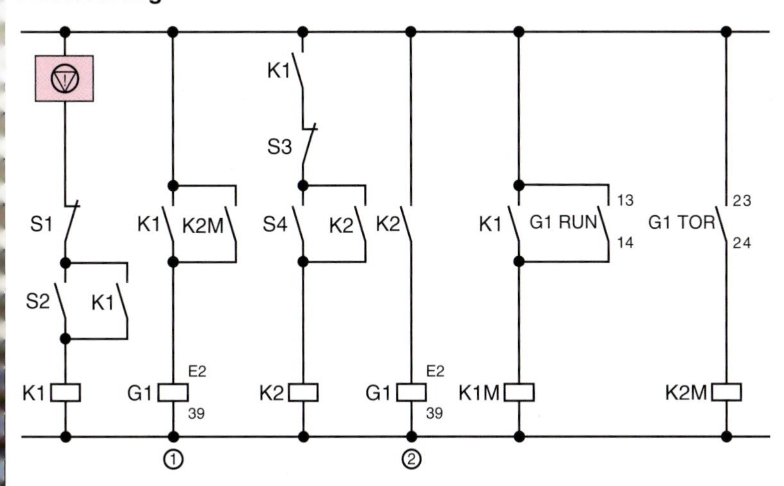

S1: Aus
S2: Ein
S3: Soft-Stopp
S4: Soft-Start
①: Freigabe
②: Soft-Stopp
Soft-Start

Verdrahtung

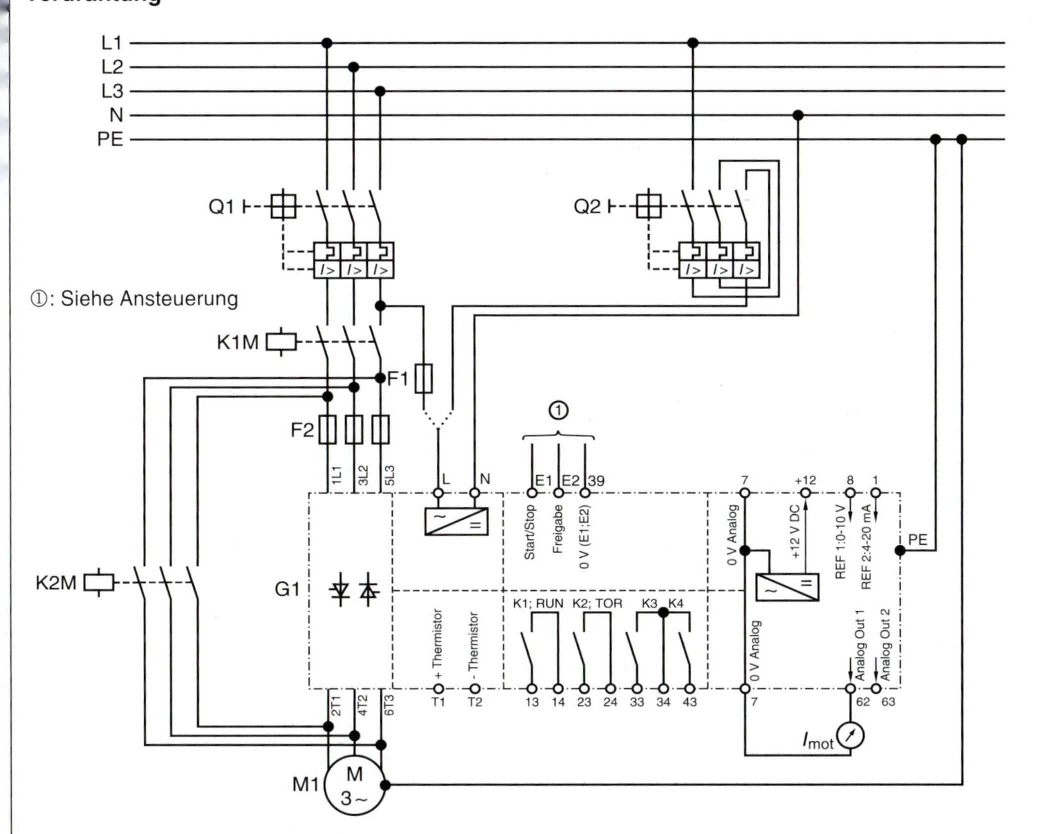

Das **Bypassschütz** K2M überbrückt den Softstarter. K2M wird nach Beendigung des Hochlaufens geschaltet. Dies muss im stromlosen Zustand erfolgen. Zweck: Vermeidung der Verlustleistung des Softstarters.

Stromrichter

Kaskadenschaltung (nach Herstellerunterlagen)

Ein Softstarter kann mehrere Motoren *nacheinander* starten. Der Parametrierung von Rampen- und Pausenzeiten ist besondere Beachtung zu schenken, da bei den Motorstarts eine hohe Verlustleistung hervorgerufen wird.

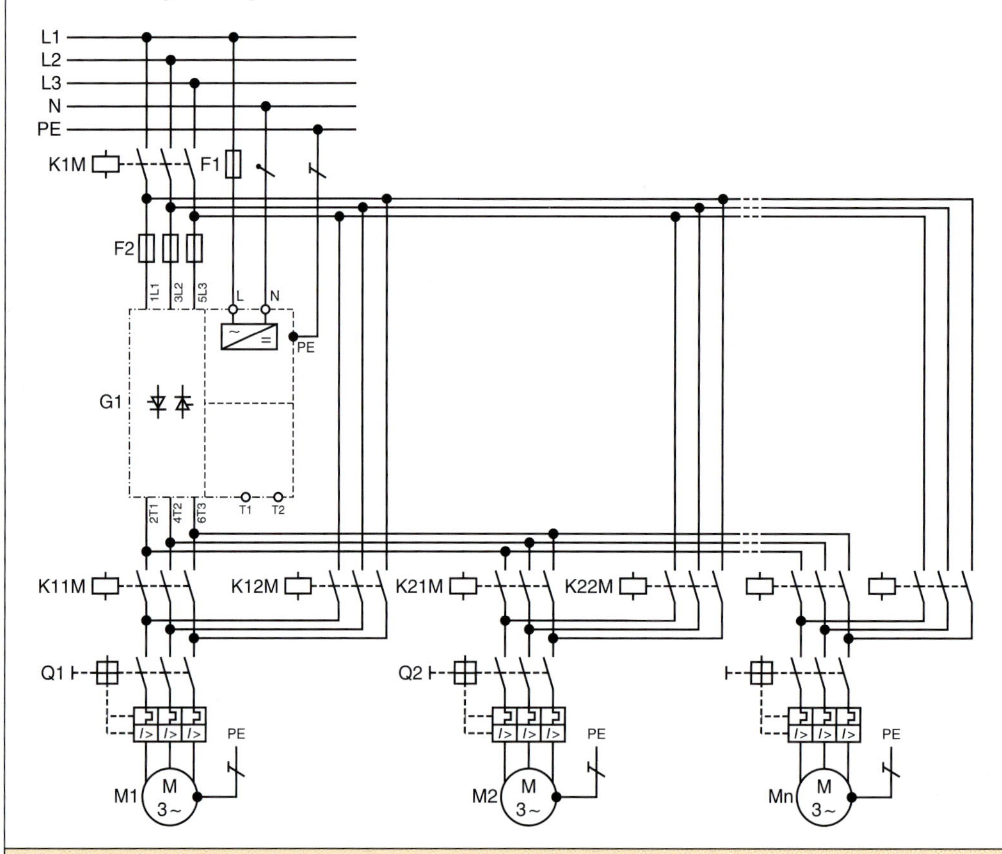

Werkseinstellung für Softstarter (nach Herstellerunterlagen)

Anschlussklemme/Funktion	Werkseinstellung
E1	Start und Stopp
E2	Freigabe
Startspannung	20 % mit automatischer Lastanpassung
Rampenzeiten	Start: 5 s; Stopp: 0 s
Relais K1	Run
Relais K2	Rampenzeit beendet, Netzspannung wurde erreicht
Relais K3	Alarm
Relais K4	Überlastbetrieb
Analogausgang 1	Motorstrom
Analogausgang 2	Zündwinkel

Stromrichter

Frequenzumrichter

Funktionseinheiten des Frequenzumrichters sind:

- **Gleichrichter**
  Umwandlung der Wechselspannung in eine pulsierende Gleichspannung.
- **Zwischenkreis**
  Glättung und Stabilisierung der pulsierenden Gleichspannung.
- **Wechselrichter**
  Umwandlung der Gleichspannung in eine in Frequenz und Spannung variable Wechselspannung.

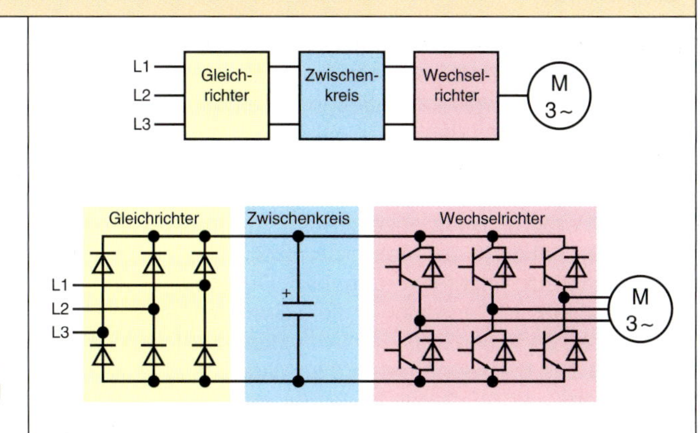

Anschluss eines Frequenzumrichters (nach Herstellerunterlagen)

- Hohes Drehmoment bei relativ geringer Stromstärke.
- Einstellbares Anlaufverhalten

Hochlaufzeit

- *Normal*anlauf
  0,5 bis 10 s
- *Schweranlauf*
  5 bis 60 s

Ansteuerung

S0: NOT-AUS
S1: Aus
S2: Ein/Start
K0: NOT-AUS
K1M: Ein/Aus
Start/Stopp

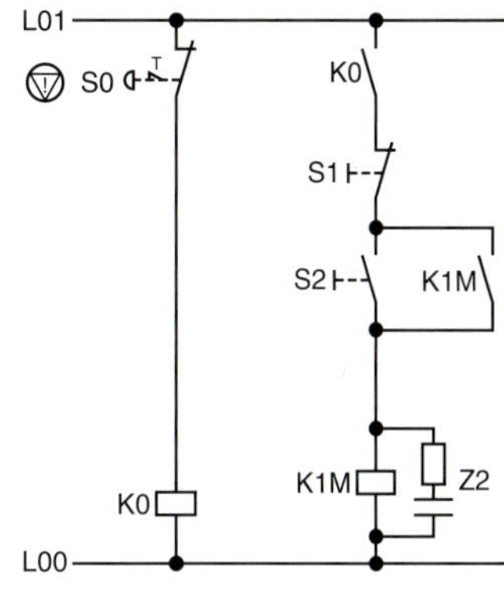

Leistungsteil

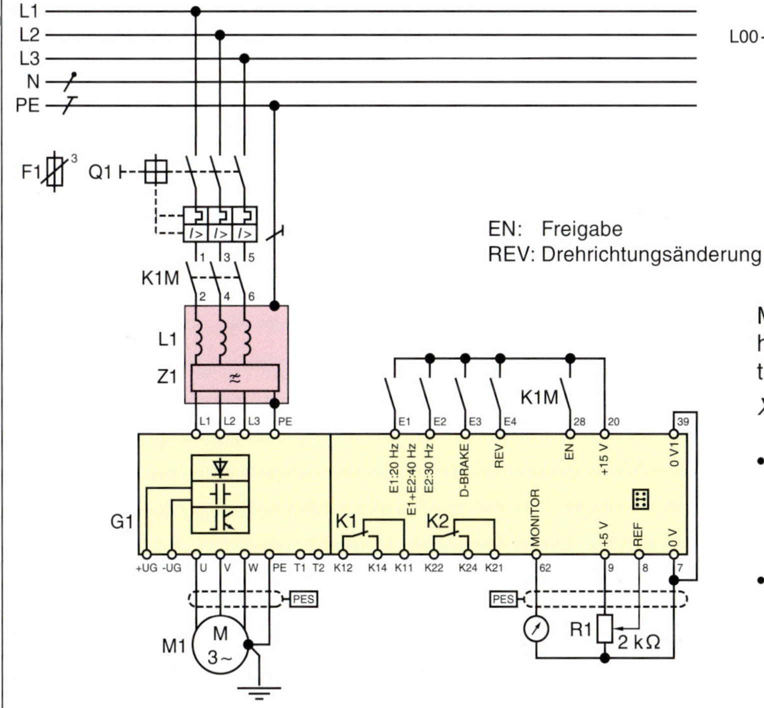

EN: Freigabe
REV: Drehrichtungsänderung

Motor ist ein frequenzabhängiges induktives Betriebsmittel.

$X_L = 2 \cdot \pi \cdot f \cdot L$

- Bei Absenkung der Frequenz muss der FU die Motorspannung absenken.
- Bei Anhebung über Bemessungsfrequenz muss der FU die Motorspannung anheben.

Stromrichter

Stromrichter

Bremsmodul

Mit einem Frequenzumrichter können Drehstrom-Asynchronmotoren abgebremst werden. Dazu wird über zwei Motorzuleitungen eine Gleichspannung an den Motor gelegt.

Der Frequenzumrichter setzt die Ausgangsfrequenz herab (50 Hz → 0 Hz), was in einer parametrierbaren Rampenzeit erfolgt. Während der Bremszeit dreht der Motor schneller, als vom Frequenzumrichter vorgegeben. Der Motor arbeitet dann als Generator und die Bremsenergie wird in den Zwischenkreis des Umrichters zurückgespeist. Die Bremsenergie wird im Widerstand umgesetzt.

Bei größeren Motorleistungen kann ein **externer Bremswiderstand** an die entsprechenden Klemmen des Frequenzumrichters angeschlossen werden.

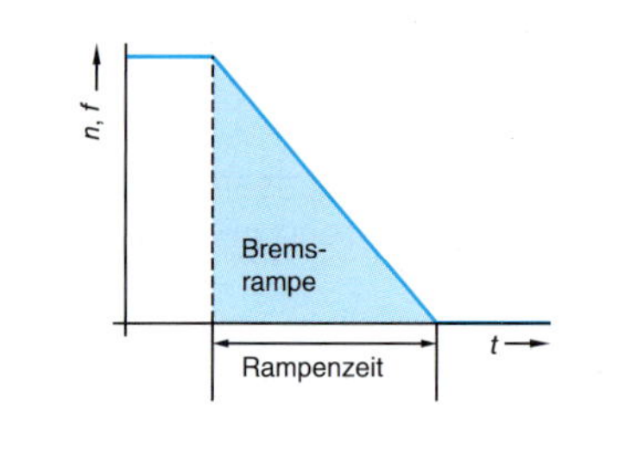

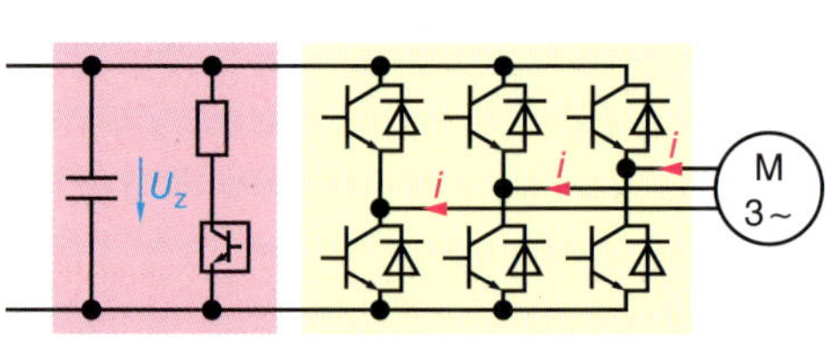

Bremsmodul (nach Herstellerangaben)

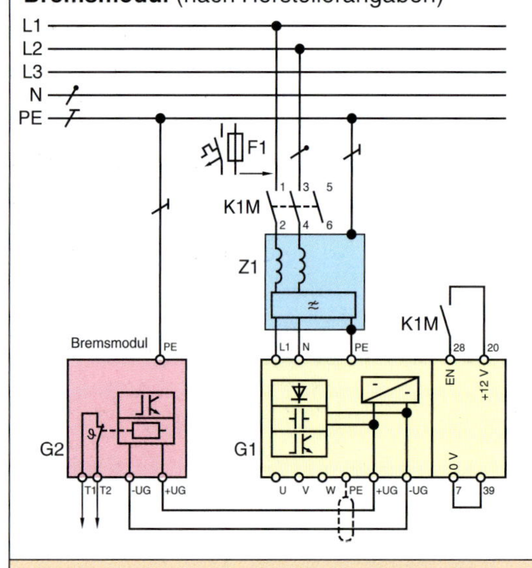

Technische Daten (Beispiel)

- Netzspannung 400 V
- Bremswiderstand 270 Ω (min)
- Bremsstrom 2,7 A (max)
- Dauerbremsleistung 70 W

Der eingebaute **Bremstransistor** schaltet den **Bremswiderstand** automatisch ein, wenn die Schaltschwelle der Zwischenkreisspannung überschritten wird. Dadurch werden Überspannungen im Zwischenkreis vermieden.

Technische Daten von Bremswiderständen

	Widerstand R Ω	Bemessungs-Bremsleistung P_{DB} W	Spitzen-Bremsleistung P_{Peak} W
Bremswiderstände[1]	82	245	1700
	100	200	1400
	200	100	700
	240	285	2000
	370	215	1500
	470	50	300
	470	140	1000

[1] Die Bremswiderstände sind ausgelegt für einen *Lastzyklus* von:

- max. 15 s Bremsen mit Spitzenbremsleistung,
- min. 150 s Erholzeit nach dem Bremsen.

Stromrichter

Netz- und Geräteventile

Filter haben die Aufgabe, Störungen von einer Anlage oder einem Gerät fernzuhalten bzw. zu verhindern, dass Störungen von einem Gerät ausgehen.
Die Störungen werden über das Filtergehäuse oder den Masseanschluss zur Masse hin abgeleitet. Die *Masseanbindung* muss *niederohmig* und *großflächig* erfolgen.

Netzfilter müssen unmittelbar nach dem Gehäuseeintritt der Netzleitung angeordnet werden. Bei *Geräteschutzfiltern* ist die Leitungslänge zwischen Filter und Gehäuse so kurz wie möglich zu halten.

Wenn der *Kabelschirm auf Masse* gelegt wird, sind folgende Regeln einzuhalten:

- *Die Kabelschirme bis zum zentralen Massepunkt getrennt verlegen und großflächig, niederimpedant mit der Masse verbinden.*
- *Die Verbindung Kabelschirm mit Masse-Bezugspotenzial ist mit entsprechenden Hilfsmitteln, z. B. Metallkabelschellen oder hierfür vorgesehene federnde Klemmbügel, rundum kontaktierend, niederohmig herzustellen.*
- *Kabelschirm bis unmittelbar an die Geräteklemme heranführen.*
- *Abgeschirmte Leitungen nicht über Klemmen führen.*
- *Schirmzöpfe (Pig-Tails) sind zu vermeiden, da sie nur bei niederfrequenten Störungen wirksam sind. Sind diese Pig-Tails länger als max. 5 cm, wirken diese wie Antennen.*
- *Nichtbenutzte Adern einer abgeschirmten Leitung beidseitig auf Masse legen.*
- *Kabelschirm von Analogleitungen (niederfrequente Signalleitung) nur einseitig auf Massepotenzial legen, wenn kein genügender Potenzialausgleich zwischen Leitungsanfang und -ende vorhanden ist, sonst beidseitig.*
- *Kabelschirm von Busleitungen (hochfrequente Signalleitung) immer beidseitig auf Massepotenzial legen.*
- *Niederohmige Verbindung des Kabelschirms von extern kommenden Kabeln direkt nach dem Eintritt in das System (Schaltschrank, Schaltgerüst, Montageplatte) mit dem lokalen Masse-Bezugspotenzial herstellen.*
- *Gebäudeübergreifende Signalleitungen sind im Hinblick auf den Blitzschutz immer abgeschirmt zu verlegen.*
- *Gebäudeübergreifende Leitungen, die in den Potenzialausgleich einbezogen werden, müssen in Metallrohre verlegt werden, Metallrohre sind dann beidseitig zu erden. Die Mindestquerschnitte der Blitzschutz-Potenzialausgleichsleitung betragen:*
  - *16 mm^2 bei Kupfer,*
  - *25 mm^2 bei Aluminium,*
  - *50 mm^2 bei Eisen.*
- *Der Kabelschirm darf nicht als Potenzialausgleichsleitung zwischen zwei Erdungsstellen dienen. Weisen die beiden Erdungsstellen unterschiedliches Potenzial auf, ist eine zusätzliche Potenzialausgleichsleitung mit einem Querschnitt von mindestens 10 mm^2 Kupfer zu verlegen; oder Leitungen mit doppeltem Schirm zu verwenden, wobei ein Schirm stromtragfähig sein muss.*
- *Für den Blitzschutz gemäß ENV 50142 sind geeignete Schutzelemente einzusetzen.*

Schaltschrank und Leitungsführung

Alle metallischen Teile sind großflächig und sehr gut leitend miteinander zu verbinden. Mehrere Montageplatten miteinander und die Schaltschranktüren mit dem Schrank sind über großflächig kontaktierte und über kurze Leitungen miteinander zu verbinden.

- *Metallische Schaltschränke verwenden*[1)]
- *Verzinkte Montageplatten verwenden*
- *Eventuelle Lackschichten großflächig entfernen*

Stromrichter

Schaltschrank und Leitungsführung

- Geeignetes elektrisch leitendes Fett zur Verhinderung von Korrosion an den Verbindungsstellen verwenden.
- Schirm von abgeschirmten Leitungen mit geeignetem Befestigungsmaterial niederohmig mit der Bezugspotenzialfläche verbinden.

[1] Bei Kunststoffgehäusen eine verzinkte Metallmontageplatte verwenden, die mit dem Massebezugspotenzial zu verbinden ist.

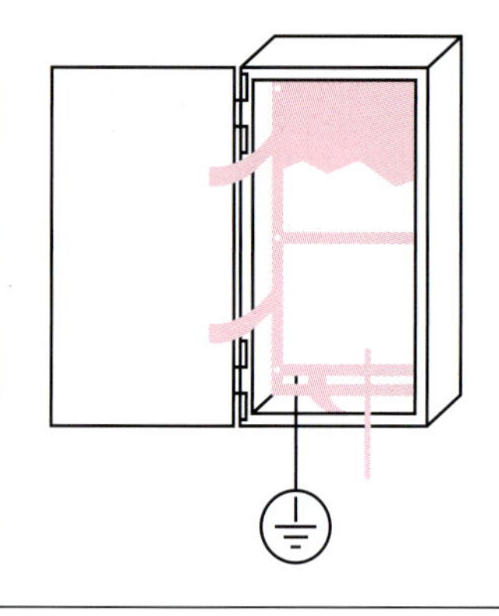

- *Gleich- und Wechselspannungsleitungen getrennt verlegen*
- *Starkstrom- und digitale Signalleitungen in mindestens 10-cm-Abstand verlegen*
- *Starkstrom- und analoge Signalleitungen in mindestens 30 cm Abstand verlegen*
- *Hin- und Rückleitungen evtl. verdrillen*
- *Abgeschirmte Leitungen verwenden*

- *Die Leitungsabschirmung auf Masse legen*
- *Schirme bis zum zentralen Massepunkt getrennt verlegen*
- *Leitungsschirm bis unmittelbar an die Geräteklemme heranführen*
- *Abgeschirmte Leitungen nicht über Klemmen führen*
- *Unbenutzte Adern einer abgeschirmten Leitung beidseitig auf Masse legen*
- *Schirm von Busleitungen beidseitig auf Masse legen*
- *Schirm von Analogleitungen nur einseitig auf Masse legen, sofern kein ausreichender Potenzialausgleich zwischen Leitungsanfang und Leitungsende besteht*
- *Leitungsschirm nicht als Potenzialausgleichsleitung benutzen*
- *Wenn zwei Erdungsstellen unterschiedliches Potenzial aufweisen, ist eine zusätzliche Potenzialausgleichsleitung mit $A_{min} \geq 10\ mm^2$ Cu zu verlegen*

Spannungsversorgung von Betriebsmitteln

Neben einer *Gleichrichtung* ist auch eine *Glättung* und *Stabilisierung* erforderlich. Solche Spannungsversorgungen werden z. B. zum Betrieb von elektronischen Schaltungen (z. B. SPS) am Netz benötigt.

Kenndaten von Gleichrichterschaltungen zur Spannungsversorgung

Schaltung	Gleichspannung	Brummspannung	Brummfrequenz	Welligkeit	Diodenstrom	Gleichstromanteil des Ausgangsstromes	minimale Diodensperrspannung		Bauleistungsfaktor	Wirkungsgrad
	U_{dAV}	U_{Breff}	f_{Br}	w			ohmsche Last	Kondensatorlast	k	η
M1	$0{,}45 \cdot U_\sim$	$1{,}21 \cdot U_{dAV}$	50 Hz	1,21	I_d	$0{,}318 \cdot I_{ds}$	$\sqrt{2} \cdot U_\sim$	$2 \cdot \sqrt{2} \cdot U_\sim$	2,5	≈ 0,28
M2	$0{,}90 \cdot U_\sim$	$0{,}49 \cdot U_{dAV}$	100 Hz	0,485	$0{,}5 \cdot I_d$	$0{,}637 \cdot I_{ds}$	$2 \cdot \sqrt{2} \cdot U_\sim$	$2 \cdot \sqrt{2} \cdot U_\sim$	1,48	≈ 0,80
B2	$0{,}90 \cdot U_\sim$	$0{,}49 \cdot U_{dAV}$	100 Hz	0,485	$0{,}5 \cdot I_d$	$0{,}637 \cdot I_{ds}$	$\sqrt{2} \cdot U_\sim$	$\sqrt{2} \cdot U_\sim$	1,23	≈ 0,80
M3	$1{,}17 \cdot U_\sim$	$0{,}18 \cdot U_{dAV}$	150 Hz	0,18	$0{,}333 \cdot I_d$	$0{,}826 \cdot I_{ds}$	$2{,}45 \cdot U_\sim$	–	1,5	≈ 0,66
B6	$2{,}34 \cdot U_\sim$	$0{,}04 \cdot U_{dAV}$	300 Hz	0,04	$0{,}333 \cdot I_d$	$0{,}955 \cdot I_{ds}$	$2{,}45 \cdot U_\sim$	–	1,05	≈ 0,95
M6	$1{,}35 \cdot U_\sim$	$0{,}04 \cdot U_{dAV}$	300 Hz	0,04	$0{,}167 \cdot I_d$	$0{,}955 \cdot I_{ds}$	$2{,}45 \cdot U_\sim$	–	1,55	≈ 0,78

Stromrichter

Kenndaten von Gleichrichterschaltungen zur Spannungsversorgung

Hinweise zur Tabelle

- U_{Br} Brummspannung; Wechselspannungsanteil der pulsierenden Gleichspannung
- U_{d_i} ideelle Gleichspannung; unter Vernachlässigung des Spannungsfalls am Gleichrichter
- $U_{d_{AV}}$ arithmetischer Mittelwert der pulsierenden Gleichspannung; unter Vernachlässigung des Spannungsfalls am Gleichrichter

Welligkeit

$$w = \frac{U_{Br}}{U_{d_i}}$$

Bauleistungsfaktor

$$k = \frac{P_{Tr}}{P_d} = \frac{\text{Transformatorleistung}}{\text{Gleichstromleistung}}$$

Wirkungsgrad

$$\eta = \frac{P_d}{P_1} = \frac{\text{Gleichstromleistung}}{\text{Wechselstromleistung}}$$

Siebschaltungen und Spannungsstabilisierung

Die Ausgangsspannung von Gleichrichterschaltungen ist lastabhängig und von einer Brummspannung überlagert. Elektronische Geräte benötigen jedoch eine *stabilisierte* Betriebsspannung, zumindest aber eine **Glättung** der Gleichspannung.

Benennung	Schaltung	Erläuterung
RC-Siebschaltung	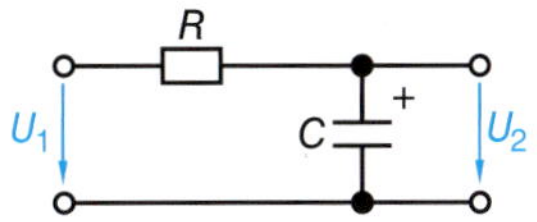	Ausreichend zur Spannungsversorgung von Elektronikschaltungen mit geringem Strombedarf.
LR-Siebschaltung	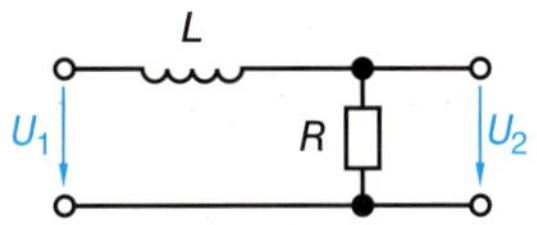	Drosseln (L) sind nur bei kleinen Strömen sinnvoll (Vormagnetisierung des Eisenkerns). *Ausnahme:* Schaltnetzteile mit Zweipulsgleichrichtung
LC-Siebschaltung	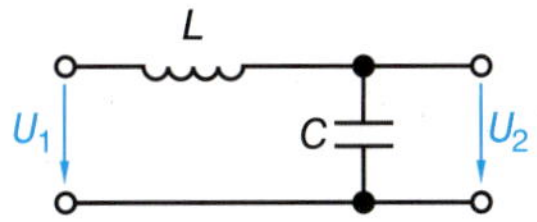	Durch diese Schaltung wird eine optimale Siebwirkung erreicht. L setzt dem Wechselspannungsanteil einen hohen Widerstand entgegen. C schließt den Wechselspannungsanteil kurz. U_2 ist dann eine nahezu ideale Gleichspannung.
Stabilisierungsschaltung mit Z-Diode $R_{V min} = \frac{U}{I} = \frac{U_{e max} - U_Z}{I_{Z max} + I_{L min}}$ $R_{V max} = \frac{U}{I} = \frac{U_{e min} - U_Z}{I_{Z min} + I_{L max}}$	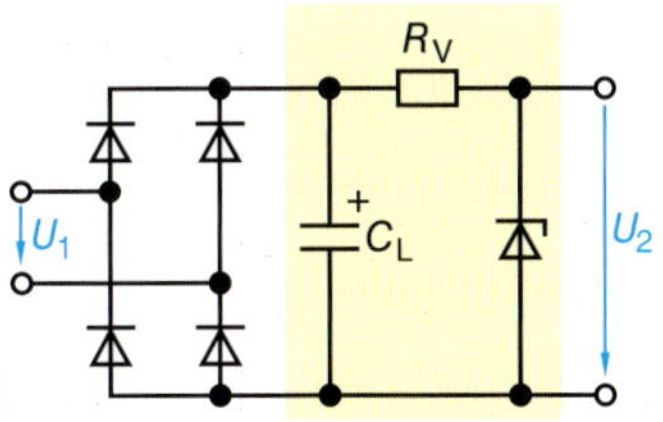	Die Z-Diode nimmt den Strom auf, den das Verbrauchsmittel gerade nicht benötigt. Bei abgeschaltetem Verbraucher fließt der gesamte Strom über die Z-Diode. Das Netzteil arbeitet also ständig unter voller Belastung. Verlustleistung in Vorwiderstand und Z-Diode. Die Schaltung ist nicht mehr zeitgemäß.

Stromrichter

Stabilisiertes Netzteil mit Regel-IC

Schaltung	Bockschaltbild

Das Stellglied ist ein Leistungstransistor, der als *Regelwiderstand* arbeitet. Bei geringer Belastung ist der Widerstand hochohmig, bei hoher Belastung niederohmig.

Netzteil mit einstellbarer stabilisierter Ausgangsspannung

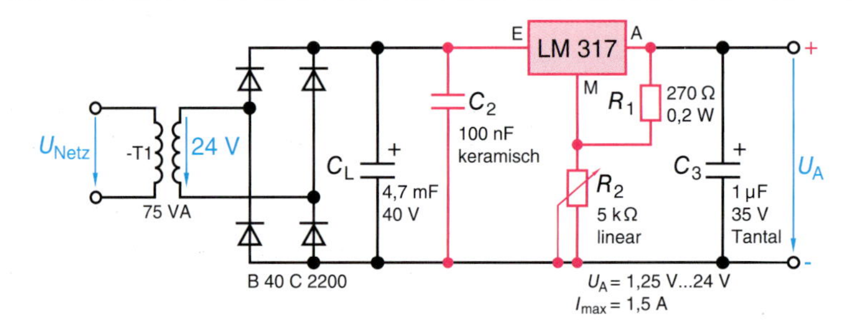

Ausgangsspannung

$$U_A = 1{,}25 \cdot \left(1 + \frac{R_2}{R_1}\right)$$

Schaltnetzteile

Schaltnetzteile zeichnen sich durch eine geringe Baugröße und damit geringes Gewicht aus. Bei hohen Frequenzen kann der Kernquerschnitt des Transformators nämlich sehr viel kleiner gewählt werden. Schaltnetzteile finden heute vielfältigen Einsatz (z. B. als Steckernetzgerät).

Arbeitsprinzip

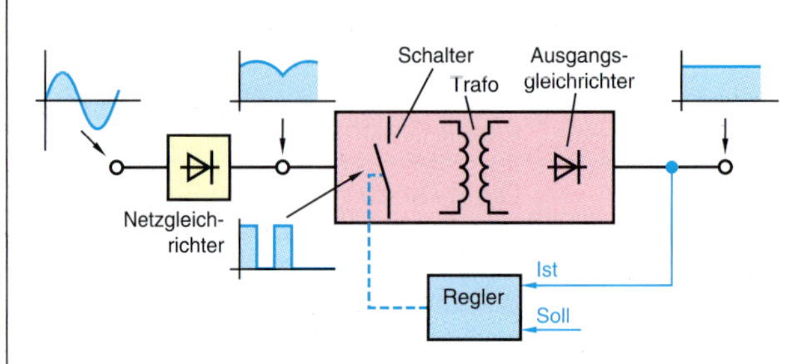

Funktionsgruppen von Schaltnetzteilen

- *Netzgleichrichter*
  Gleichrichtung und Siebung der Netzspannung; Netzentstörung durch Filter (Grenzfrequenz 100 kHz)
- *Schalter*
  Umwandlung der Gleichspannung in eine Rechteckwechselspannung. Geschaltet wird i. Allg. durch Feldeffekttransistoren mit einer Schaltleistung von 50 bis 200 W.
- *Transformator*
  Trafo mit Ferritkern (Spannungsübersetzung, galvanische Trennung); Frequenz bis 200 kHz, Leistung bis 1000 W.
- *Ausgangsgleichrichter*
  Die hochfrequente Ausgangsspannung des Transformators wird gleichgerichtet und gesiebt.

Stromrichter

Schaltnetzteile

Arbeitsprinzip

Funktionsgruppen von Schaltnetzteilen

- *Regler*
  Die Ausgangsspannung wird einer vorgegebenen Führungsgröße nachgeführt.
- *Potenzialtrennung*
  Kann zum Beispiel durch Optokoppler erfolgen.

Kennzeichen von Schaltnetzteilen

- Arbeitsfrequenz von 15 bis 50 kHz
- Wirkungsgrad von 0,65 bis 0,9
- Spannungsänderung kleiner als 1 bis 2 %
- Geringer Siebaufwand

Schaltung	Erläuterung
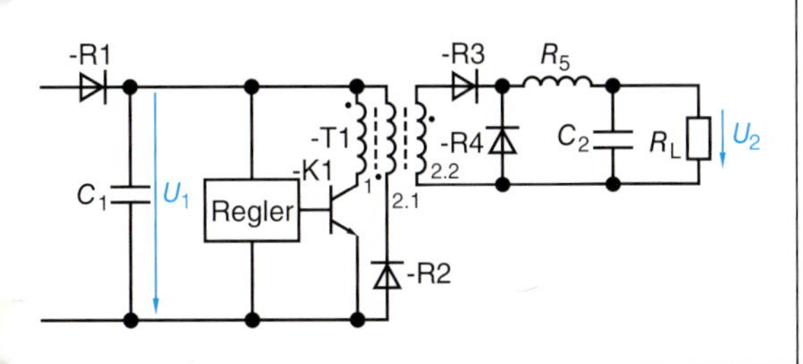	**Durchflusswandler** • K1 und R2 bilden eine Konstantstromquelle. • Wenn K1 sperrt, gibt der Trafo seine Energie über Diode R3 an Last ab; ebenso an den Ladekondensator. • Wenn R3 sperrt, dann entnimmt die Last die Energie dem Ladekondensator.
-R1, -R3, R_5, -T1, -R4, C_2, R_L, U_2, -K1, 2.2, C_1, U_1, Regler, 1, 2.1, -R2	**Sperrwandler** • Wenn K1 durchschaltet, erhält die Last ihre Energie über die Wicklung 2.2. • Wenn K1 sperrt, wird die Energie über die Diode R2 auf den Wandlereingang zurückgeführt. • Wenn K1 sperrt, bewirken R1 und R4 einen Stromfluss durch den Lastwiderstand.

Schaltnetzteil (Sperrwandlerprinzip), nach Herstellerangaben

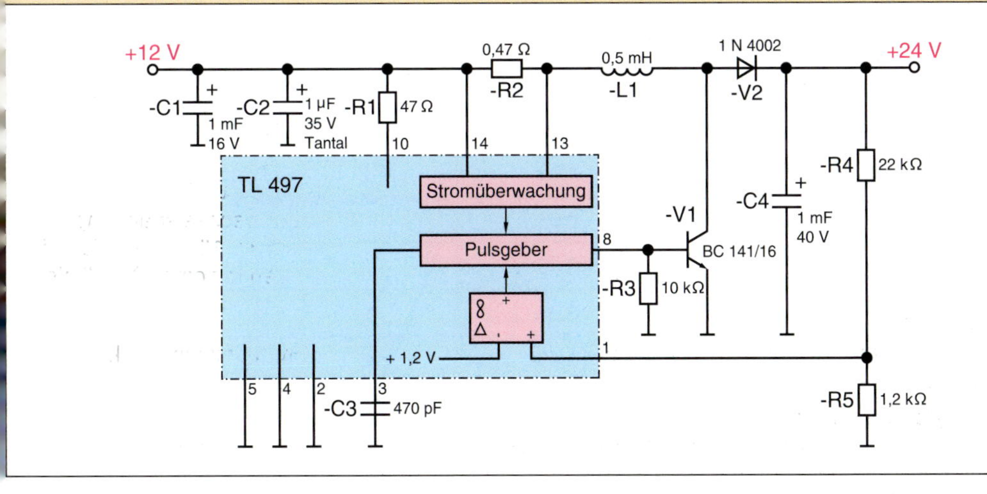

Strom-
richter

Stromrichter

Oberschwingungen

Definition

Nichtlineare Lasten (nichtsinusförmige Ströme, periodisch ein- und ausschaltender Stromfluss) z. B. bei Frequenzumrichtern rufen **Oberschwingungsströme** hervor.
Folge dieser Oberschwingungsströme sind Stromstärkezunahmen im N-, PE- bzw. PEN-Leiter sowie Funktionsstörungen bei Steuerungen.
Der Gesamtstrom besteht aus einer **Grundschwingung** (50-Hz-Sinusschwingung) und **ganzzahligen Vielfachen** dieser Grundschwingung, den sogenannten **Harmonischen**.
Oberschwingungen von Strömen verursachen Oberschwingungen der Netzspannung.
Je mehr die Wechselgröße *von der Sinusform abweicht*, umso mehr Oberschwingungen treten auf.

- **Ordnungszahlen**
  Die Ordnungszahl ist ein *ganzzahliges Vielfaches* der Grundschwingung.
  - *Bei Einphasen-Wechselspannung sind Teilschwingungen mit den Ordnungszahlen 1, 3, 5, 7 ... möglich.*
  - *Bei Dreihphasen-Wechselspannung ohne N-Leiter-Anschluss sind die Ordnungszahlen von Einphasen-Wechselspannung möglich, aber nicht 3, 6, 9 ...*
  - *Wenn Gleichspannungsanteile vorhanden sind, treten zusätzlich die Ordnungszahlen 2, 4, 6 ... auf.*

- **Ordnungszahl υ**
  $\upsilon = k + 1$ bei Einphasen-Wechselspannung
  $\upsilon = 3 \cdot k + 1$ bei Dreiphasen-Wechselspannung
  $k = 0, 2, 4, 6, 8 \ldots$
  Mit steigender Ordnungszahl nimmt die Stärke der Harmonischen ab. $\upsilon > 7$ bleibt i. Allg. unberücksichtigt.

- **Verzerrungsfaktor v**
  Der Verzerrungsfaktor $v < 1$ bewirkt eine Verringerung des Leistungsfaktors $\lambda < \cos\varphi$ und damit einen Anstieg von Stromstärke und Scheinleistung.
  $v = \frac{\lambda}{\cos\varphi}$ $\quad S = \frac{P}{\lambda} = \frac{P}{v \cdot \cos\varphi}$

Geräteklassen

A	Symmetrische Drehstromverbraucher, Elektrowerkzeuge, Haushaltsgeräte, Dimmer	C	Beleuchtungseinrichtungen
B	Tragbare Elektrowerkzeuge, Lichtbogenschweißeinrichtungen	D	Geräte mit $P \leq 600$ W

Ordnungszahl υ		max. Oberschwingungsstrom				
		Klasse A in A	Klasse B in A	Klasse C I_N/I in %	in mA/W Klasse D[1] in A	
geradzahlig	2	1,08	1,62	2	–	
	4	0,43	0,65	–	–	
	6	0,3	0,45	–	–	
	8 ... 40	$0{,}23 \cdot 8/n$	$0{,}35 \cdot 8/n$	–	–	
ungeradzahlig	3	2,3	3,45	30 λ	3,4	2,3
	5	1,14	1,71	10	1,9	1,14
	7	0,72	1,16	7	1,0	0,7

Stromrichter

Oberschwingungen

Geräteklassen

Ordnungszahl υ		max. Oberschwingungsstrom				
		Klasse A in A	Klasse B in A	Klasse C I_N/I in %	in mA/W	Klasse D[1] in A
ungeradzahlig	9	0,4	0,6	5	0,5	0,4
	11	0,33	0,5	–	0,35	0,33
	13	0,21	0,32	–	0,3	0,21
	15 ... 39	0,15 · 15/*n*	0,23 · 15/*n*	3	3,85/n	0,15 · 15/*n*

[1] Der kleinere der beiden Grenzwerte ist gültig.

Oberschwingungsspannungen

Grenzwerte der Oberschwingungsspannungen sind für Industrieanlagen und öffentliche Netze festgelegt.

- **Klasse 1**: Empfindliche Geräte
- **Klasse 2:** Verknüpfungspunkte (anlagenintern und mit öffentlichem Netz)
- **Klasse 3:** Anlageninterner Anschlusspunkt mit indurstrieller Umgebung

Gesamtverzerrungsfaktor, Grenzwerte,
Ordnungszahlen 2 bis 40

- **Kasse 1:** 5 %
- **Klasse 2:** 8 %
- **Klasse 3:** 10 %

υ	Industrienetz der Klasse 1	2	3	Öffentliche Netze
2	3	2	3	2
4	2	1	1,5	1
6	0,5	0,5	1	0,5
8	0,5	0,5	1	0,5
10	0,5	0,5	1	0,5
3	3	5	6	5
9	1,5	1,5	2,5	1,5
15	0,3	0,4	2	0,4
21	0,2	0,3	1,75	0,3
> 21 ... < 45	0,2	0,2	1	0,2
5	3	6	8	6
7	3	5	7	5
11	3	3,5	5	3,5
13	3	3	3,5	3
17	2	2	4	–

Neutralleiterstrom im 50-Hz-Vierleiternetz

I_{11}, I_{13}, I_{31}:
Grundschwingung der Außenleiterströme (50 Hz)

I_{31}, I_{32}, I_{33}:
3. Teilschwindung der Außenleiterströme (150 Hz)

I_{3N}:
Strom im Neutralleiter

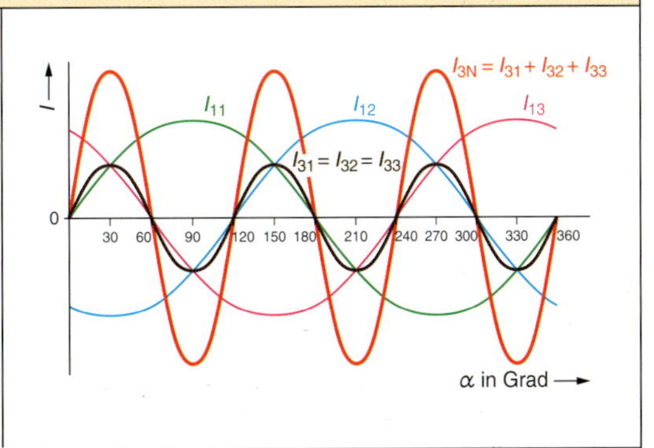

Installationstechnik

Installationstechnik

Sicherheitsregeln

Regel	Erläuterung
1. Freischalten	Zuverlässiges *allpoliges* Abschalten und Abtrennen aller nicht geerdeten Leiter; z. B. durch Leitungsschutzschalter bzw. RCDs. Installationsschalter sind ungeeignet!
2. Gegen Wiedereinschalten sichern	Ein Wiedereinschalten muss verhindert werden. Zum Beispiel durch Heraus- und Mitnahme der Sicherungen oder Abschließen. Außerdem soll ein Warnschild **„Nicht Schalten, es wird gearbeitet"** angebracht werden.
3. Spannungsfreiheit feststellen	An der *Arbeitsstelle* muss die *Spannungsfreiheit* festgestellt werden. Dies geschieht mithilfe eines zweipoligen Spannungsprüfers. Die verwendeten Messgeräte sind vorher zu überprüfen.
4. Erden und kurzschließen	Zuerst erden, dann kurzschließen! Dies ist bei Anlagen bis 1000 V AC bzw. 1500 V DC nur bei Freileitungen und Kabelnetzen notwendig.
5. Benachbarte unter Spannung stehende Teile abdecken	Notwendig, wenn benachbart zur Arbeitsstelle unter Spannung stehende Teile anderer Stromkreise oder andere Spannungsquellen vorhanden sind. Verwendet werden können Gummitücher oder Formstücke.

Arbeiten unter Spannung

Arbeiten unter Spannung dürfen nur von Elektrofachkräften ausgeführt werden.

Ort/Anlage	Bestimmungen
Trockene Räume	(1) Bis AC 50 V, DC 120 V zulässig. (2) Ab AC 50 V bis AC 250 V und ab DC 120 V nur zur Gefahrenabwendung, wenn Abschalten nicht wirtschaftlich möglich ist. (3) Bis AC 1000 V, DC 1500 V nur zur Abwendung von Lebensgefahr, Brandgefahr. (4) Ab AC 1000 V, DC 1500 V nur zulässig durch Elektrofachkraft mit AUS-Ausbildung, wenn eine weitere Elektrofachkraft anwesend ist und spezielle Ausrüstung verwendet wird.
Feuchte Räume	Wie „Trockene Räume" mit folgender Ausnahme: (3) Bis AC 1000 V, DC 1500 V verboten.
Industriebetriebe	Wie „Trockene Räume" mit folgender Ausnahme: (2) Im Spannungsbereich von AC 50 V bis AC 500 V zulässig zur Gefahrenabwehr, wenn Abschalten nicht möglich ist. Bei höheren Spannungen verboten!
Feuer- und explosionsgefährdete Räume	Verboten!

AUS: *Ausbildung für Arbeiten unter Spannung*

Elektrofachkraft, evtl. unterwiesene Person, Alter mindestens 18 Jahre, Ausbildung in Erster Hilfe, Nachweis durch AUS-Pass.

Installationstechnik

Grundlagen

Zulässiger Spannungsfall (TAB)

- Leitungen vom Hausanschluss bis zu den Messeinrichtungen bei $S < 100$ kVA (siehe TAB): **0,5%**
- Leitungen zwischen Messeinrichtungen und Verbrauchsmittel: **3%**

Leitungsverlegung

Verlegung auf Putz

Verlegung im Putz

Verlegung unter Putz

Leitungen stets senkrecht oder waagerecht führen, wenn Wandinstallation angewendet wird.

Abstände von Befestigungsschellen

Die Abstände zwischen zwei Befestigungsschellen sollen nach DIN VDE 0298, Teil 300 *250 mm* nicht überschreiten.

Mindestbiegeradien bei fester Verlegung

Leitungsdurchmesser	Mindestbiegeradius
bis 8 mm	$4 \cdot d$
von 8 bis 12 mm	$5 \cdot d$
von 12 bis 20 mm	$6 \cdot d$

Installationsrohre

Unterschieden werden starre und flexible Kunststoffrohre, Stahlpanzerrohre und flexible Stahlrohre. Die Auswahl hängt von der Beanspruchung am Einbauort ab.

Auswahl von Installationsrohren

- **Mechanische Eigenschaften**
  - Widerstand gegen Druckbelastung
  - Schlagbeanspruchung
  - Biegung
- **Elektrische Eigenschaften**
  - Isolationseigenschaften
  - Leiteigenschaften
- **Widerstand gegen äußere Einflüsse**
  - Schutz gegen Eindringen von Fremkörpern und Wasser
  - Korrosionsschutz
- **Widerstand gegen Flammausbreitung**
  - flammenausbreitend
  - nicht flammenausbreitend

Installationsrohre – wichtige Hinweise

- Die Rohre müssen den *Namen* oder das *Warenzeichen* des Herstellers tragen und mit einem *Produktkennungszeichen* versehen sein.
- Die Rohre tragen mindestens 4 Ziffern eines *Klassifizierungscodes* (siehe Tabelle).
- Rohre aus flammenausbreitenden Materialien müssen *orange* eingefärbt sein.
- Rohre aus PVC dürfen nur in einem Temperaturbereich von –15 °C bis +50 °C eingesetzt werden.

Kennzeichnung von Installationsrohren

Druckfestigkeit	Scherfestigkeit	Temperatur min.	Temperatur max.
1 sehr leicht	1 sehr leicht	1 + 5 °C	1 + 60 °C
2 leicht	2 leicht	2 – 5 °C	2 + 90 °C
3 mittel	3 mittel	3 – 15 °C	3 + 105 °C

Installationstechnik

Installationsrohre

Kennzeichnung von Installationsrohren

Druckfestigkeit	Scherfestigkeit	Temperatur min.	Temperatur max.
4 schwer	4 schwer	4 – 25 °C	4 + 120 °C
5 sehr schwer	5 sehr schwer	5 – 45 °C	5 + 150 °C

Beispiel: 3323; Druck- und Scherfestigkeit mittel; Temperaturbereich –5 °C bis +105 °C

Nenndurchmesser in Millimeter von Kunststoffrohren für PVC-Aderleitungen

Anzahl Leiter	Dickwandrohr						Dünnwandrohr					
	Querschnitt in mm²						Querschnitt in mm²					
	1,5	2,5	4	6	10	16	1,5	2,5	4	6	10	16
1	16	16	16	16	20	20	16	16	16	16	16	20
2	20	25	25	32	32	32	16	16	16	20	25	25
3	20	25	25	32	32	40	16	20	20	20	25	32
4	25	25	32	32	40	50	20	20	20	25	32	40
5	25	25	32	32	40	50	20	20	25	25	32	40

Innen- und Außendurchmesser von Installationsrohren

Außendurchmesser mm	Innendurchmesser in mm								
	Kunststoffrohre						Stahlpanzerrohre		
	starr			biegsam			starr		biegsam
	320N leicht	750N mittel	1250N schwer	320N leicht	750N mittel	1250N schwer	1250N schwer	4000N sehr schwer	1250N schwer
16	1,37	13,0	12,2	10,7	10,5	10,7	14,0	13,0	10,7
20	17,4	16,9	15,8	14,1	13,5	13,0	18,0	16,8	14,1
25	22,1	21,4	20,6	18,3	17,4	16,9	22,6	21,8	18,3
32	–	27,8	26,6	24,3	23,5	21,4	30,6	28,8	24,3
40	–	35,4	34,4	31,2	30,1	31,2	37,6	36,8	31,2
50	–	44,3	43,2	39,6	37,7	39,6	47,6	46,8	39,6
63	–	55,6	54,8	50,6	50,1	50,6	60,0	59,4	50,6

Technische Dokumentation

Technische Dokumentation

Normung

DIN
Deutsches **I**nstitut für **N**ormung e. V.

Die **DIN-Normen** haben *empfehlenden* Charakter. Durch *Gesetze* und *Verordnungen* werden DIN-Normen *rechtsverbindlich*. Europäische Normen sind auch DIN-Normen.

VDE
Technisch-wissenschaftlicher **V**erband **d**er **E**lektrotechnik Elektronik Informationstechnik e. V.

Die **VDE-Bestimmungen** gelten als allgemeine anerkannte Regeln der Technik.
Die **VDE-Prüfzeichen** verdeutlichen die Einhaltung der VDE-Bestimmungen.

Deutsche Elektrotechnische Kommission (DEK)
In der DKE werden von DIN und VDE gemeinsam Sicherheitsnormen erarbeitet, die das *VDE-Vorschriftenwerk* bilden.

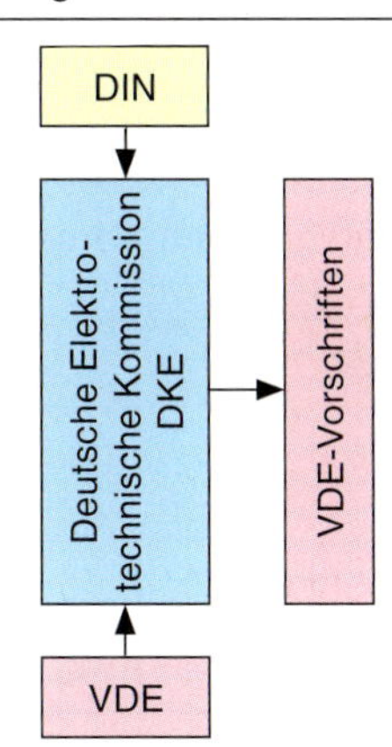

VDE-Vorschriftenwerk (Gruppen)

0 Allgemein
1 Starkstromanlagen
2 Starkstromleitungen/Starkstromkabel
3 Isolierstoffe
4 Messen und Prüfen
5 Maschinen, Transformatoren, Umformer
6 Installationsmaterial, Schaltgeräte, Hochspannungsgeräte
7 Verbrauchsgeräte
8 Fernmelde- und Rundfunkanlagen

CEN
Comité **E**uropéen de **N**ormalisation

CENELEC
Comité **E**uropéen de **N**ormalisation **E**lectrotechnique

Mitglieder sind die nationalen Normenausschüsse der Europäischen Union(EU).

EN
Europäische **N**ormen
Zielsetzung ist die Übereinstimmung der nationalen Normen der EU-Mitglieder.

ISO
International **O**rganization for **S**tandardization

IEC
International **E**lectrotechnical **C**ommission
Mitglieder dieser beiden Institutionen sind die nationalen Normungsinstitute.

Technisches Zeichnen

Papierformate

ISO-A-Reihe (Hauptreihe)		ISO-B-Reihe (Zusatzreihe)	
Größe	Seitenlängen in mm	Größe	Seitenlängen in mm
A0	841 · 1189	B0	1000 · 1414
A1	594 · 841	B1	707 · 1000
A2	420 · 594	B2	500 · 707
A3	297 · 420	B3	353 · 500
A4	210 · 297	B4	250 · 353
A5	148 · 210	B5	176 · 250
A6	105 · 148	B6	125 · 176

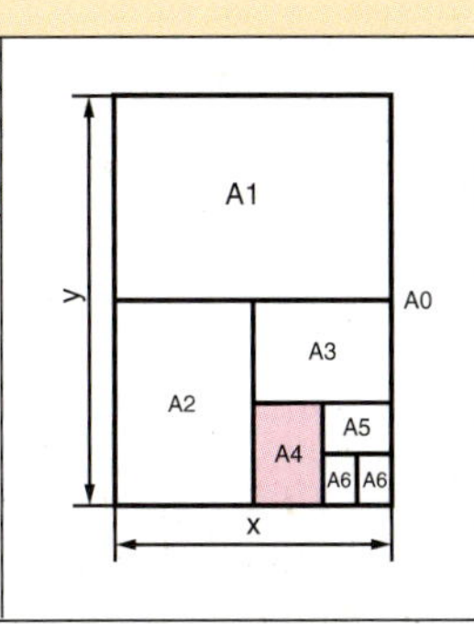

Technische Dokumentation

Normung

Technisches Zeichnen

Beschriftung technischer Zeichnungen (Schriftzeichen)

A B C D E F G H I J K L M N O P Q R S T U V W X Y Z Ä Ö Ü

a b c d e f g h i j k l m n o p q r s t u v w x y z ä ö ü ß

[(! ? : ; " - = + · ·: √ % &)] Ø 1 2 3 4 5 6 7 8 9 0 I V X

Schrift darf auch um 15° nach rechts geneigt werden.

Maßstäbe

Natürliche Größe	Vergrößerung			Verkleinerung		
1 : 1	2 : 1	5 : 1	10 : 1	1 : 2	1 : 5	1 : 10
	20 : 1	50 : 1	100 : 1	1 : 20	1 : 50	1 : 100
				1 : 200	1 : 500	1 : 1000
				1 : 2000	1 : 5000	1 : 10 000

Bei Wahl eines anderen Maßstabes als der Hauptmaßstab ist dieser in der Nähe der Darstellung anzugeben.

Linien

Linienart	Darstellung	Liniengruppe 0,5	0,7	1,4	Anwendung
Volllinie, breit	———	0,5	0,7	1,4	Sichtbare Kanten
Volllinie, schmal	———	0,25	0,35	0,7	Maß- und Hilfslinien
Strichlinien	- - - - - - - -	0,35	0,5	1,0	Verdeckte Kanten
Strichpunktlinie, breit	-·-·-·-·-·-	0,5	0,7	1,4	Schnittverlauf
Strichpunktlinie, schmal	-·-·-·-·-·-	0,25	0,35	0,7	Mittellinien
Freihandlinie	∼∼∼	0,25	0,35	0,7	Bruchlinien

Projektionen

- **Isometrische Projektion**

$$\frac{\text{Seitenkante}}{\text{Durchmesser}} = \frac{1}{0{,}82}$$

Ellipse E1: große Achse waagerecht
Ellipse E2: große Achse rechtwinklig zu 30°
Ellipse E3: große Achse rechtwinklig zu 30°

Achsenverhältnis bei den Ellipsen 1 : 1,7

- **Dimetrische Projektion**

$$\frac{\text{Seitenkante}}{\text{Durchmesser}} = \frac{1}{0{,}94}$$

Ellipse E1, E2: Achsenverhältnis 1 : 3
Ellipse E3: Achsenverhältnis 9 : 10
Vereinfachung: Verhältnis 1 : 1, Kreis

Technische Dokumentation

Normung

Technisches Zeichnen

Projektionen

- **Isometrische Projektion**

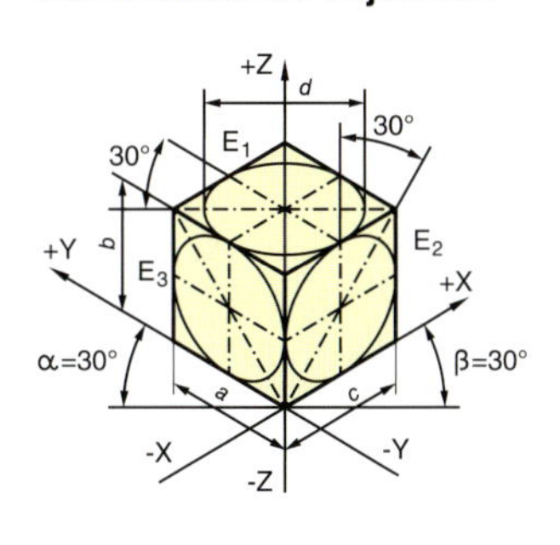

$\alpha = \beta = 30°$
a : b : c = 1 : 1 : 1

- **Dimetrische Projektion**

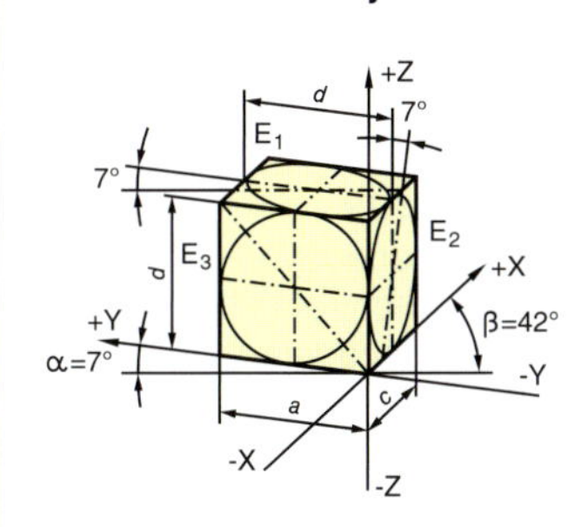

$\alpha = 7°$,
$\beta = 42°$
a : b : c = 1 : 1 : 0,5

- **Kavalier-Projektion**

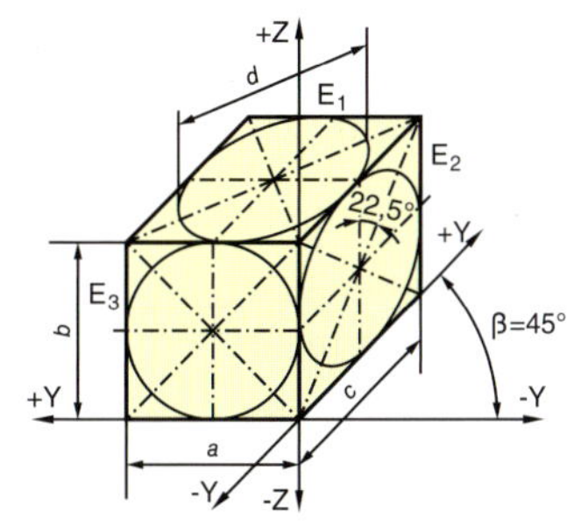

$\alpha = 0°$,
$\beta = 45°$
a : b : c = 1 : 1 : 2

- **Kabinett-Projektion**

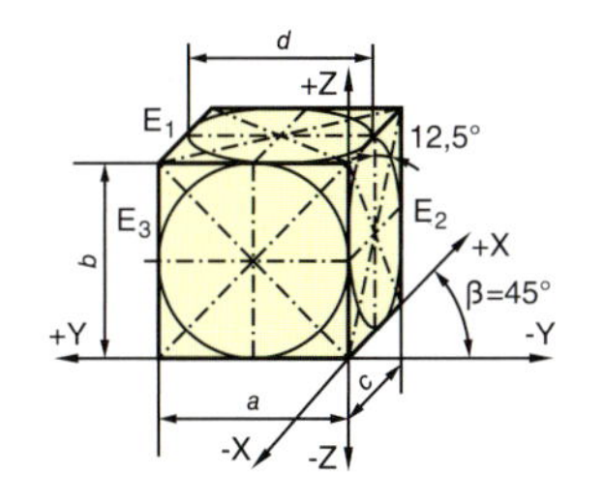

$\alpha = 45°$,
$\beta = 45°$
a : b : c = 1 : 1 : 0,5

Körperansichten

- Die verwendete *Projektionsmethode* ist im *Schriftfeld* der Zeichnung anzugeben.
- Die Zahl der Ansichten ist so zu *beschränken*, dass eine exakte Darstellung des Werkstückes möglich ist.
- Die **Vorderansicht** (Hauptansicht) ist so zu wählen, dass möglichst viele Informationen über das Werkstück enthalten sind.
- **Verdeckte Kanten** werden nur gezeichnet, wenn sie zum besseren Verständnis beitragen.

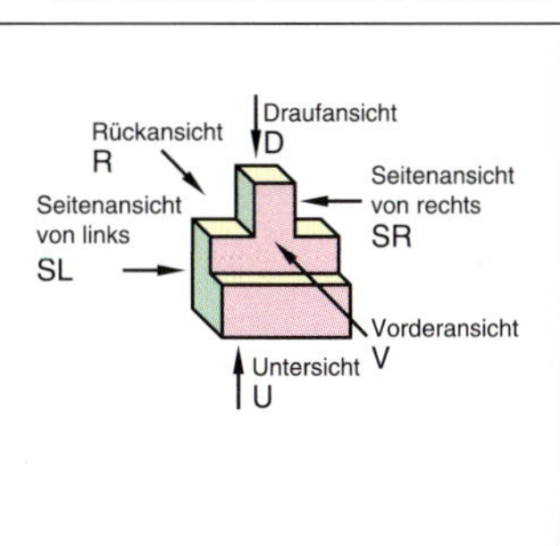

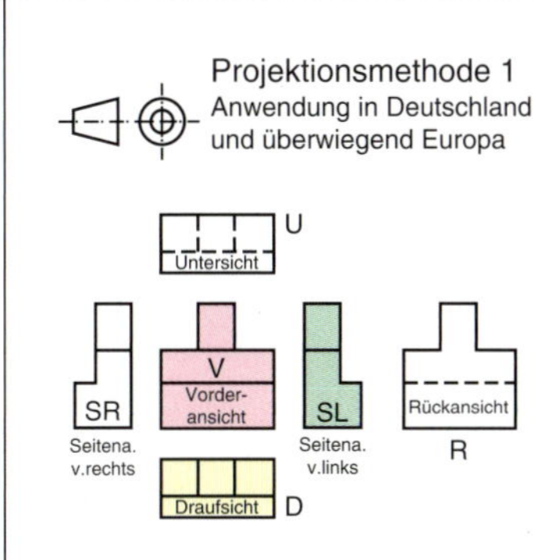

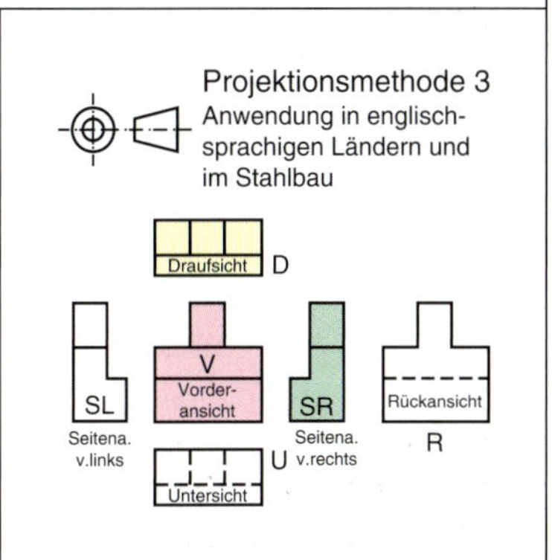

Technische Dokumentation

Normung

Technisches Zeichnen

Bemaßung

Maßpfeile	Schrägstriche	Schreibrichtung
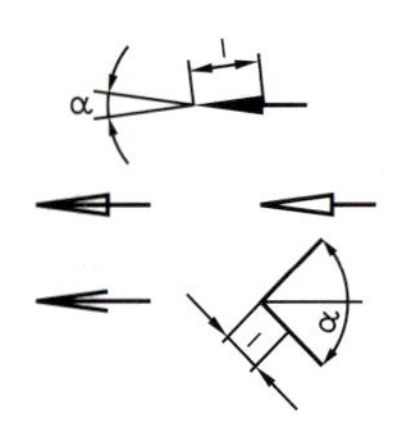 Ausgefüllt: $\alpha = 15°$ $l = 10 \cdot d$ Nicht ausgefüllt; offen $\alpha = 15°$ bis $90°$ $l = 3$ bis $5 \cdot d$ *d* Linienbreite	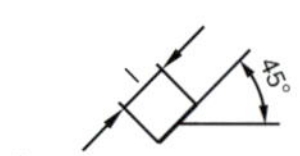 $l = 12 \cdot d$ Verlauf von links unten nach rechts oben (bezogen auf die Maßlinie) **Punkte** 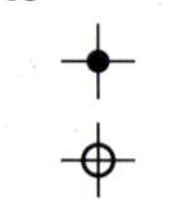 Sollen nur bei Platzmangel verwendet werden. Ausgefüllt: $5 \cdot d$ Nicht ausgefüllt: $8 \cdot d$ *d* Linienbreite	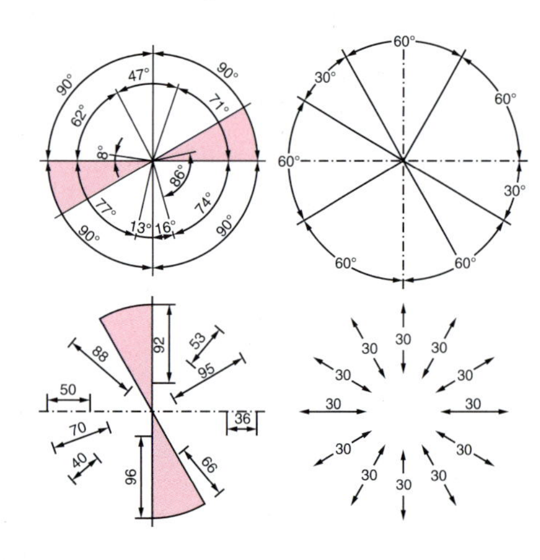 *Vorzugsleserichtung*: von unten und von rechts Auch Leselage des Schriftfeldes

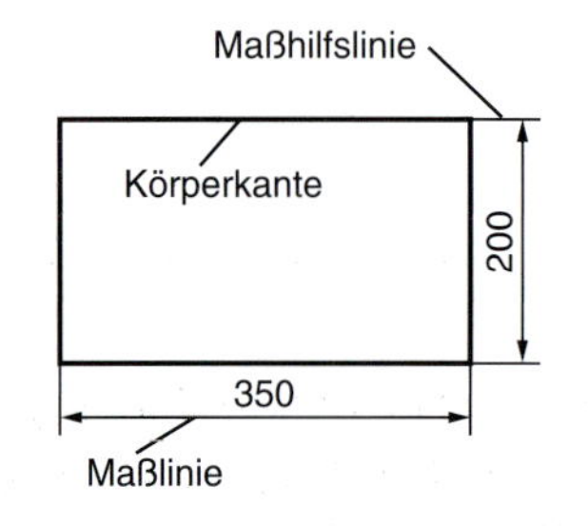

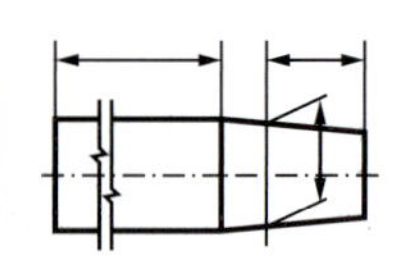

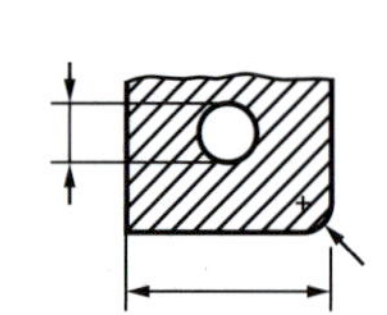

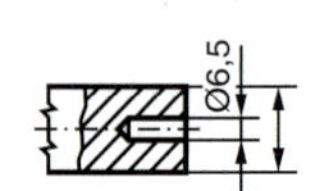

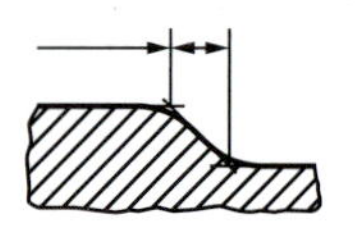

- Maßhilfslinien werden als schmale Volllinien gezeichnet.
- Maßhilfslinien dürfen nicht parallel zu Schraffurlinien eingetragen werden.
- Die Maßlinienbegrenzung an Maßhilfslinien erfolgt meist mit geschwärzten Pfeilen. Aber auch andere Möglichkeiten sind denkbar.
- Kanten und Mittellinien dürfen nicht als Maßlinien verwendet werden.
- Nach Möglichkeit sollen Maß- und Maßhilfslinien keine anderen Linien schneiden.
- Maßhilfslinien stehen parallel zueinander und im Allgemeinen unter 90° zur Maßlinie.

Technische Dokumentation

Normung

Technisches Zeichnen

Bemaßung

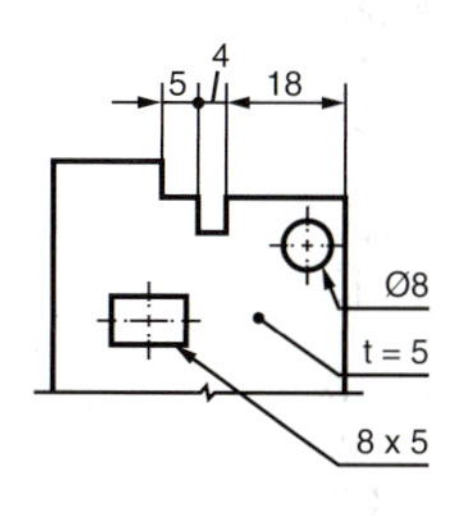

- Hinweislinien werden schräg aus der Darstellung herausgezogen.
- Die Begrenzung kann erfolgen:
  - mit einem Pfeil an einer Körperkante
  - mit einem Punkt/Kreis in einer Fläche
  - ohne Begrenzungszeichen an allen anderen Linien

Anordnung von Maßen

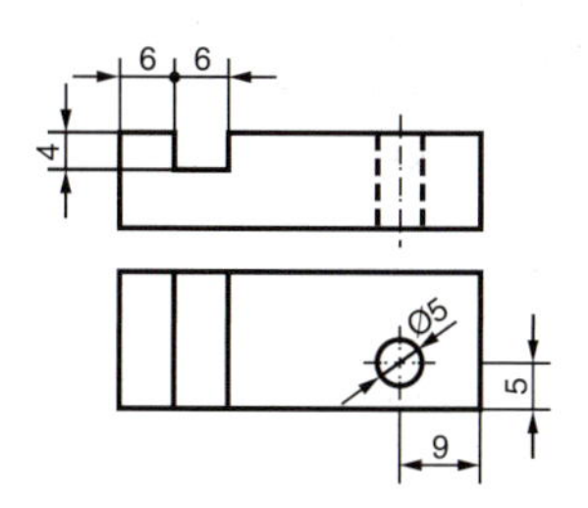

- Die Maße für die Innen- und Außenform werden nach Möglichkeit in *einer* Ansicht eingetragen und nach ihrer Zusammengehörigkeit gruppiert.
- An verdeckte Kanten sollen möglichst keine Maße eingetragen werden.
- Geschlossene Maßketten sind zu vermeiden. Eventuell
  - bleibt ein Maß offen oder
  - wird die Maßzahl als Hilfsmittel in Klammern gesetzt.

Bemaßung von Durchmessern

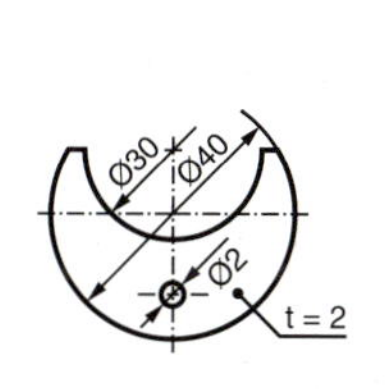

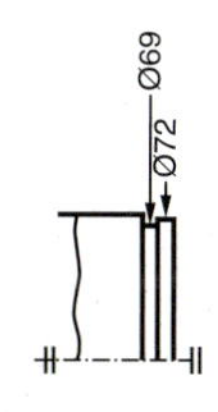

- Vor die Maßzahl wird ein Durchmesserzeichen ∅ gesetzt.
- Durchmesserangaben dürfen bei Platzmangel von außen an die Formelemente gesetzt werden.

Bemaßung von Quadraten

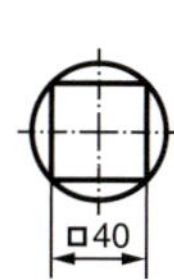

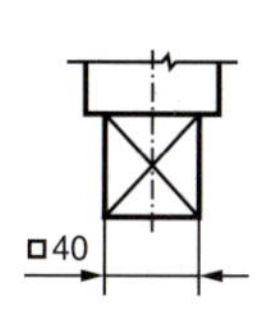

- Der Maßzahl ist das Quadratzeichen □ voranzustellen.

Technische Dokumentation

Normung

Technisches Zeichnen

Bemaßung von Radien

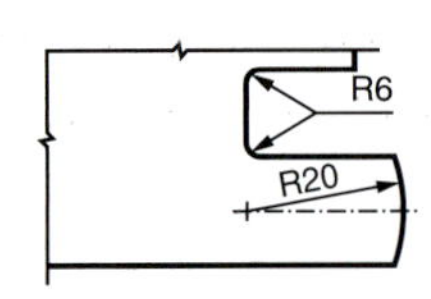

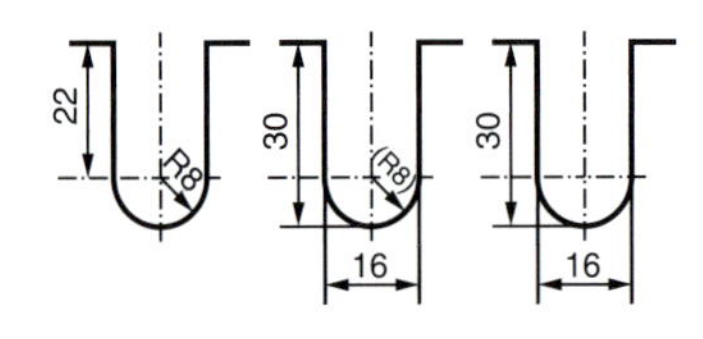

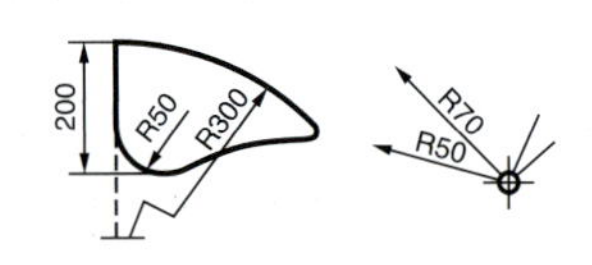

- Bei der Angabe von Radien wird immer ein R vor die Maßzahl geschrieben.
- Die Maßlinien von Radien sind auf den geometrischen Mittelpunkt ausgerichtet.
- Maßlinien haben nur einen Pfeil am Kreisbogen.
- Bei großen Radien wird die Maßlinie rechtwinklig geknickt gezeichnet.
- Maßlinien an Radien dürfen abgebrochen gezeichnet werden.

Bemaßung von Schlüsselweiten

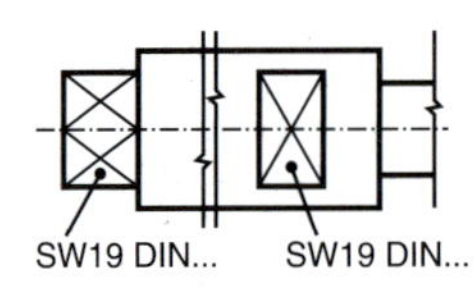

- Der Maßzahl sind die Buchstaben SW voranzustellen, wenn der Abstand der Schlüsselflächen nicht bemaßt werden kann.
- Nach der Maßzahl wird die entsprechende DIN-Norm angegeben.

Systeme der Maßeintragung

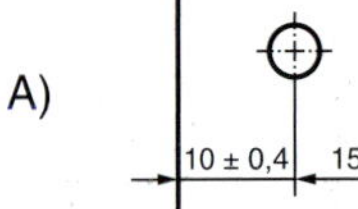
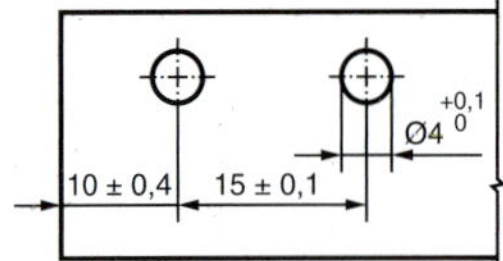

A) **Funktionsbezogene Maßeintragung**

Zielsetzung ist die reibungslose Funktion aller Bauteile. Fertigungs- und Prüfbedingungen bleiben unberücksichtigt.

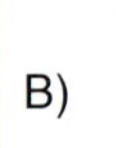
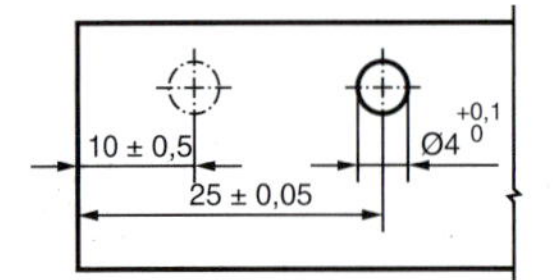

B) **Fertigungsbezogene Maßeintragung**

Zielsetzung ist die rationelle Herstellung von Werkstücken. Das jeweilige Fertigungsverfahren bestimmt die Maßeintragung.

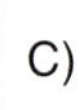
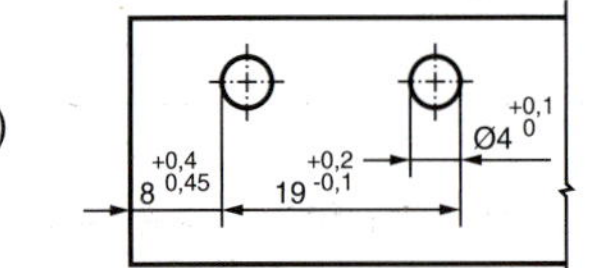

C) **Prüfbezogene Maßeintragung**

Die Maßeintragung erfolgt entsprechend der vorgesehenen Prüfung, wird also durch das Prüfverfahren bestimmt.

Technische Dokumentation

Normung

Technisches Zeichnen

Gewinde

Außengewinde

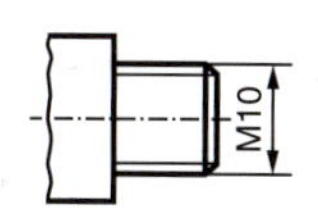

Innengewinde

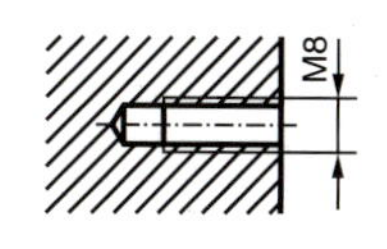

Gewindebohrung

Gewindeauslauf

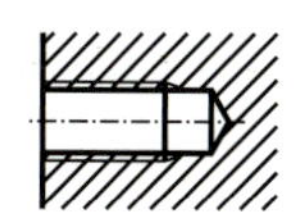

- Die Darstellung verdeckter Kanten ist zu vermeiden.
- Die Kurzbezeichnung von Normgewinden bezieht sich stets auf den Nenndurchmesser.
- Der Gewindeauslauf wird nur dargestellt, wenn er das Maß der nutzbaren Gewindelänge einbezieht.

Metrisches Gewinde – Gewindeabmessungen

Gewinde	Kernlochbohrer	Kerndurchmesser Bolzen	Kerndurchmesser Mutter	Durchgangslochdurchmesser	Schlüsselweite SW	Eckenmaß $e \approx 1{,}8 \cdot d$	Mutternhöhe $0{,}8 \cdot d$
M 1	0,75	0,69	0,73	1,2	3	1,8	0,8
M 2	1,6	1,51	1,57	2,4	4	3,6	1,6
M 3	2,5	2,39	2,46	3,4	5,5	5,4	2,4
M 4	3,3	3,14	3,24	4,5	7	7,2	3,2
M 5	4,2	4,02	4,13	5,5	8	9	4
M 6	5,0	4,77	4,92	6,6	10	10,8	4,8
M 8	6,7	6,47	6,45	9	13	14,4	6,4
M10	8,5	8,16	8,38	11	17	18	8
M12	10,2	9,85	10,11	14	19	21,6	9,6
M16	14	13,55	13,84	18	24	28,8	12,8
M20	17,5	16,93	17,29	22	30	36	16
M24	21	20,32	20,75	26	36	43,2	19,2
M30	26,5	25,71	26,21	33	46	54	24
M36	32	31,09	31,67	39	55	64,8	28,8
M48	43	41,87	42,59	52	75	86,4	38,4
M64	58	56,64	57,51	70	95	115,2	25,6

Kennzeichnung von Schaltplänen

Leiter und Leiteranschlüsse

Leiter	Kennzeichnung			Leiter	Kennzeichnung
Wechselstromnetz	Außenleiter 1, 2, 3	L1, L2, L3		Schutzleiter	PE
	Neutralleiter	N			
Gleichstromnetz	Positiv	L+	+	PEN-Leiter	PEN
	Negativ	L–	–		
	Mittelleiter	M			

Technische Dokumentation

Normung

Kennzeichnung von Schaltplänen

Leiter und Leiteranschlüsse

Leiter	Kennzeichnung	Leiter	Kennzeichnung
Schutzpotenzialausgleichsleiter	PB PBE PBU	Masse	GND, GD, MM
Erder	E	PE Protection Earth E earthed U unearthed	

Kennzeichnung elektrischer Betriebsmittel

Beachten Sie: Die DIN 40719-2 wurde durch DIN EN 61346-2 ersetzt. Die hier dargestellte Betriebsmittelkennzeichnung ist also *veraltet*. Da sie in vielen bestehenden Schaltungsunterlagen aber noch vorzufinden ist, hat sie dennoch Bedeutung.

Anlage (Vorzeichen =)
Angegeben wird die Beziehung zu anderen Anlagenteilen in Bezug auf Funktion und Ort.

Ort (Vorzeichen +)
Angegeben wird der *Ort* des Betriebsmittels.

3A: Art; 3B: Zählnummer; 3C: Funktion (Vorzeichen –)
Hierdurch wird das Betriebsmittel mit *Art*, *Zählnummer* und *Funktion* identifiziert. Im Allgemeinen reicht der Kennzeichnungsblock 3 aus.

Anschluss (Vorzeichen :)
Leiter- und Anschlussbezeichnungen werden angegeben.

Beispiel

Kennbuchstaben (Kennzeichnungsblock 3A)

Kennbuchstabe	Betriebsmittel	Beispiele	Kennbuchstabe	Betriebsmittel	Beispiele
A	Baugruppen	Steckkarten, Einschübe	**C**	Kondensatoren	Kompensationskondensator
B	Umsetzer	Messumformer, Sensor	**D**	Binäre Elemente	Verknüpfungsglieder

Technische Dokumentation

Normung

Kennzeichnung von Schaltplänen

Kennbuchstaben (Kennzeichnungsblock 3A)

Kennbuchstabe	Betriebsmittel	Beispiele	Kennbuchstabe	Betriebsmittel	Beispiele
E	Verschiedenes	Beleuchtung, Heizung	**R**	Widerstand	Potenziometer
F	Schutzeinrichtungen	Sicherungen	**S**	Schalter, Wähler	Taster, Drehwähler
G	Generatoren, Stromversorgung	Oszillator, Batterien, Ladegeräte	**T**	Transformator	Wandler
			U	Modulator	Frequenzwandler
H	Meldeeinrichtungen	Optische und akustische Melder	**V**	Halbleiter, Röhren	Dioden, Transistoren
K	Relais, Schütze	Hilfsschütz, Leistungsschütz	**W**	Übertragungswege	Kabel, Sammelschienen
L	Induktivitäten	Spulen			
M	Motoren	Antriebsmotoren	**X**	Klemmen	Klemmleiste, Steckdose
N	Verstärker, Regler	Operationsverstärker			
P	Messgeräte	Spannungsmesser	**Y**	Elektrisch betätigte Mechanik	Ventil, Bremse
Q	Starkstromschaltgeräte	Leistungsschalter	**Z**	Filter, Begrenzer	Hochpass, Funkentstörglieder

Kennzeichnung der Funktion (Kennzeichnungsblock 3C)

Kennbuchstabe	Funktion	Kennbuchstabe	Funktion	Kennbuchstabe	Funktion
A	Hilfsfunktion, AUS	**I**	Integration	**S**	Speichern, Aufzeichnen
B	Bewegungsrichtung	**K**	Tastbetrieb		
C	Zählung	**L**	Leiterkennzeichnung	**T**	Zeitmessung, Verzögerung
D	Differenzierung	**M**	Hauptfunktion	**V**	Geschwindigkeit
E	EIN	**N**	Messung	**W**	Addition
F	Schutz	**P**	Proportional	**X**	Multiplikator
G	Prüfung	**Q**	Zündstand	**Y**	Analog
H	Meldung	**R**	Löschen, Rückstellen	**Z**	Digital

Technische Dokumentation

Normung

Kennbuchstaben der Objekte (Betriebsmittel)

DIN EN 81346-2:2010-05

Kenn-buchstabe	Zweck, Aufgabe des Objektes	Beispiele
A	Mehrere Aufgaben oder Zwecke; nur verwenden, wenn kein Hauptzweck zu erkennen ist	Touch-Screen
B	Umwandlung einer Variablen in ein zur Weiterverarbeitung bestimmtes Signal	Messwandler, Messumformer, Fühler, Näherungssensor, Positionsschalter, Bimetallrelais
C	Speichern von Energie, Information, Material	Kondensator, Pufferbatterie, Speicher (RAM, ROM), Festplatte, Magnetband, Chipkarte
E	Wärmeenergie und Strahlung	Lampe, Heizung, Wärmeerzeuger, Kühlschrank, Laser
F	Schutz von Energie- und Signalflüssen vor unerwünschten Zuständen incl. der Ausrüstung für Schutzzwecke	Schmelzsicherung, Leitungsschutzschalter, Überspannungsableiter, RCD, Abschirmung
G	Erzeugung von Signalen, Initiierung von Energie- oder Materialfluss, Produzieren	Batterie, Generator, Netzgerät, Lüfter, Solarzelle, Hebezeuge
K	Verarbeitung von Informationen und Signalen (außer Objekte für Schutzzwecke)	Hilfsschütz, Transistor, Zeitrelais, Binärerkennung, Regler, Filter, Mikroprozessor, Zähler, Computer
M	Bereitstellung von mechanischer Energie für Antriebszwecke	Elektromotor, Stellantrieb, Hubmagnet, Turbine
P	Darstellung von Informationen	Signallampe, Klingel, Lautsprecher, LED, LCD, Drucker, Messinstrumente, Uhr, Bildschirmgerät, Durchflussmesser
Q	Kontinuierliche Beeinflussung von Energie-, Signal- oder Materialfluss	Leistungsschütz, Leistungsschalter, Motoranlasser, Leistungstransistor, Thyristor, Trennschalter, Bremse, Kupplung
R	Begrenzung oder Stabilisierung von Energie-, Signal- oder Materialfluss	Widerstand, Drosselspule, Begrenzer, Diode, Rückschlagventil, Stabilisierungsschaltungen
S	Umwandlung einer manuellen Betätigung in ein weiterzuverarbeitendes Signal	Steuerschalter, Taster, Maus, Tastatur, Wahlschalter
T	Energieumwandlung ohne Veränderung der Energieart	Leistungstransformator, Gleichrichter, AC-, DC-Umsetzer, Frequenzumformer, Verstärker, Strom- und Spannungswandler, Telefon
U	Halten von Objekten in einer definierten Lage	Isolator, Kabelwanne, Montagegestell, Träger, Fundament

Technische Dokumentation

Normung

Kennbuchstaben der Objekte (Betriebsmittel) DIN EN 81346-2:2010-05

Kennbuchstabe	Zweck, Aufgabe des Objektes	Beispiele
V	Verarbeitung von Materialien und Produkten	Staubsauber, Waschmaschine, Drehmaschine, Verpackungsmaschine
W	Leiten und Führen von Energie und Signalen	Leitung, Kabel, Leiter, Sammelschiene, Busleitung
X	Verbinden von Objekten	Steckdose, Stecker, Klemmleiste, Lötleiste

Hinweis:

Die nicht verwendeten Buchstaben sind für spätere Normung reserviert.

Maßgebend für den zu verwendenden Kennbuchstaben ist der *Verwendungszweck*.
Wenn ein Objekt je nach Betrachtung unterschiedlich bewertet werden kann, so kann dem Kennbuchstaben ein Vorzeichen vorangestellt werden.

= Funktionsbezogenheit

– Produktbezogenheit

+ Ortsbezogenheit

Unterklassen für Aufgaben von Objekte DIN EN 81346-2:2010-05

Hauptklasse	Unterklasse	Zweck der Unterklasse
B Umwandlung einer Eingangsvariablen in ein Signal zwecks Weiterverarbeitung	BA	Eingangsvariable für Schutzzwecke
	BE	Elektrische Größe (z. B. Stromwandler)
	BF	Durchfluss und Durchsatz
	BP	Druck, Vakuum
C Speicherung von Energie, Information und Material	CA	Speichern, kapazitiv
	CB	Speicher, induktiv
	CC	Speichern, chemisch
	CF	Speichern, Information
	CP	Speichern, thermische Energie
E Bereitstellung von Strahlung oder Wärmeenergie	EA	Elektromagnetische Strahlung
	EB	Wärmeenergie
	EC	Kälteenergie
K Verarbeitung von Signalen (nicht für Schutzzwecke)	KF	Elektrische Signale
	KG	Optische und akustische Signale
	KK	Unterschiedliche Informationsträger (Umformer)

Technische Dokumentation

Normung

Unterklassen für Aufgaben von Objekten DIN EN 81346-2:2010-05

Hauptklasse	Unterklasse	Zweck der Unterklasse
Q Schalten von Energie oder Signalen	QA	Schalten oder Variieren elektrischer Energie
	QB	Trennen elektrischer Energie
	QC	Erdung elektrischer Energiekreise
	QD	Überbrücken von Energiekreisen
R Begrenzen oder Stabilisieren von Energie, Information oder Material	RA	Begrenzung des elektrischen Energieflusses
	RF	Stabilisierung von Signalen
S Umwandlung manueller Betätigung in ein Verarbeitungssignal	SF	Umwandlung in ein elektrisches Signal
	SG	Umwandlung in ein elektromagnetisches, optisches oder akustisches Signal
T Energieumwandlung (gleiche Energieart), Signalumwandlung (gleicher Informationsinhalt)	TA	Elektrische Energie, Beibehaltung von Energieart und Energieform
	TB	Wie TA, aber Veränderung der Energieform
	TF	Signale, Beibehaltung des Informationsinhaltes

Kennbuchstaben für gemessene Variablen

Kennbuchstabe	Variable	Kennbuchstabe	Variable
D	Dichte	**P**	Vakuum, Druck
E	Elektrische Variable	**Q**	Qualität
F	Durchfluss	**R**	Strahlung
G	Maß, Länge, Lage	**S**	Geschwindigkeit, Frequenz
H	Manuell	**T**	Temperatur
J	Leistung	**U**	Mehrfachvariable
K	Zeit	**V**	Auswahl durch Anwender
L	Stand, Niveau	**W**	Kraft, Gewicht
M	Feuchtigkeit	**X**	–
N	Auswahl durch Anwender	**Y**	Auswahl durch Anwender
O	Auswahl durch Anwender	**Z**	Menge, Anzahl der Ereignisse

Technische Dokumentation

Normung

Stromlaufpläne

Stromlaufplan in zusammenhängender Darstellung	Stromlaufplan in aufgelöster Darstellung
Sämtliche Teile des Betriebsmittels werden zusammenhängend gezeichnet, allerdings nicht in ihrer tatsächlichen Anordnung dargestellt. 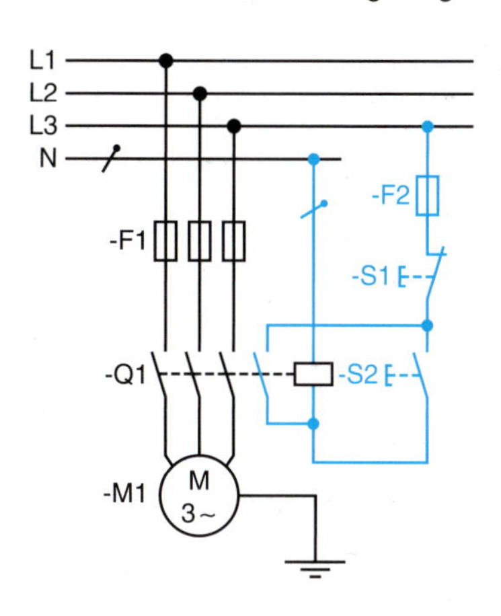	Die Schaltung wird in Stromwege, Planabschnitte oder Planquadrate aufgelöst. Auf die Zusammengehörigkeit und die räumliche Lage der Betriebsmittel wird keine Rücksicht genommen. Die Stromwege werden senkrecht und ohne Kreuzungen gezeichnet. 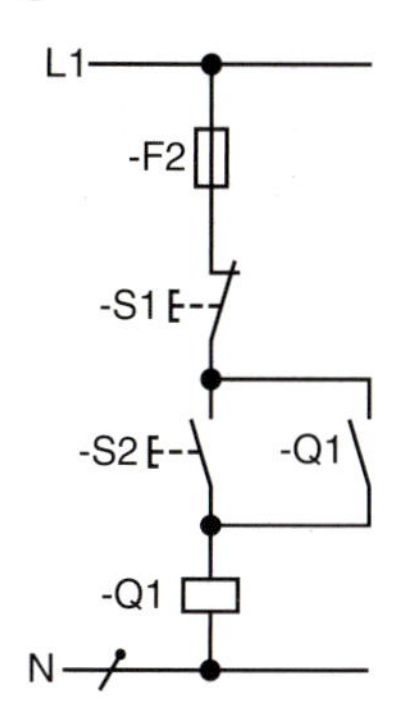

Regeln für Stromlaufpläne

- Die elektrischen Betriebsmittel werden in der Energietechnik i. Allg. im *ausgeschalteten* Zustand dargestellt.
- Die einzelnen Strompfade werden *senkrecht* und fortlaufend *von links nach rechts* dargestellt.
- Betriebsmittel sollen mit Typenbezeichnungen, technischen Daten und Hinweisen zum Auffinden von Schaltzeichen und Zielorten versehen sein.
- Die Anschlüsse der Betriebsmittel sind zu kennzeichnen.
- Hauptstromkreise und Hilfsstromkreise werden in *aufgelöster Darstellung* getrennt dargestellt.
- Alle Betriebsmittel sind durch normgerechte Schaltzeichen dargestellt. Jedes Einzelteil eines Schaltzeichens erhält die *gleiche* Kennzeichnung.

Übersichtsschaltplan

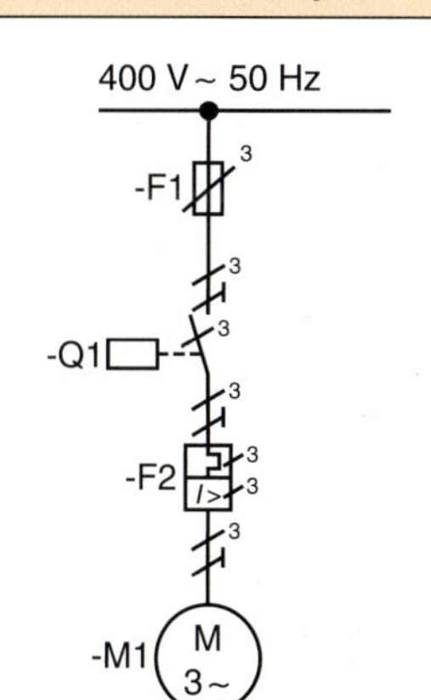

- Die Schaltung wird vereinfacht ohne Hilfsstromkreise dargestellt.
- Wichtige Zusammenhänge zwischen Hauptfunktion und Betriebsmittel werden aufgezeigt.
- Die Energieflussrichtung muss erkennbar sein.
- Lageangaben sind möglich.

Technische Dokumentation

Normung

Stromlaufpläne

Betriebsmittelanschlüsse

DIN EN 60445

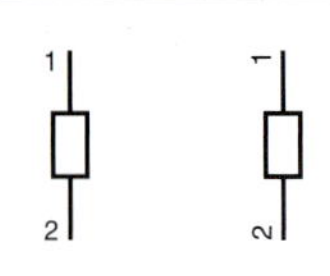

Die Enden eines Elementes werden mit 1 und 2 bezeichnet.

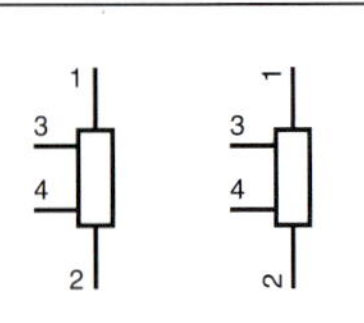

Anzapfungen werden durch aufsteigende Zahlen gekennzeichnet.

Schütze (Leistungsschütze, Hauptschütze)

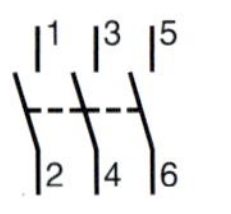

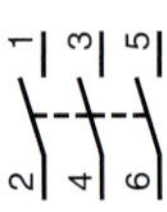

Befehlsgeber

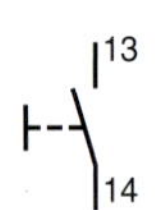

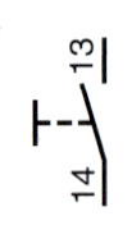

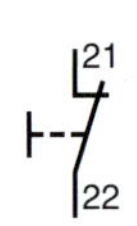

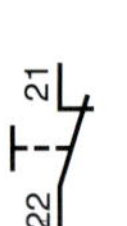

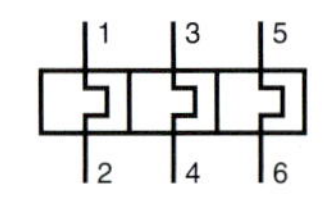

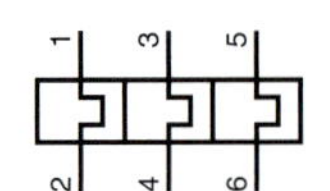

Mehrere Elemente einer *Gruppe* werden durch vorangestellte Buchstaben oder Zahlen oder verschiedene Zahlen unterschieden.
Ähnliche Elemente mit gleichen Buchstaben durch vorangestellte Zahlen kennzeichnen.

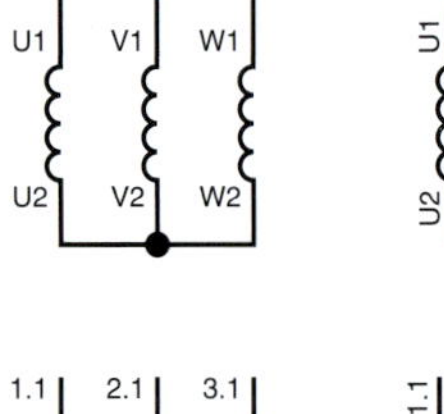

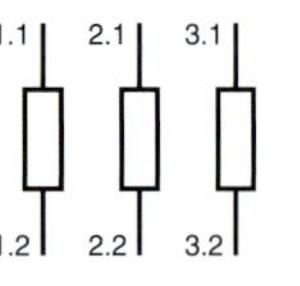

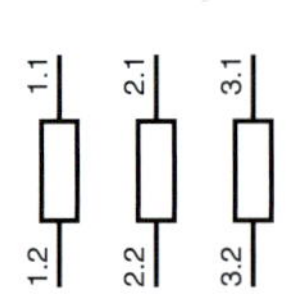

Zeichnungen werden CAD-unterstützt erstellt. Die Darstellung richtet sich nach dem verwendeten CAD-System. Die Aufgabe der Fachkraft beschränkt sich im Wesentlichen darauf, normgerechte Vorlagen (evtl. Handskizzen) zu erstellen oder Änderungen in bestehende Zeichnungen einzutragen.

Darstellung mit Betriebsmittelanschlüssen

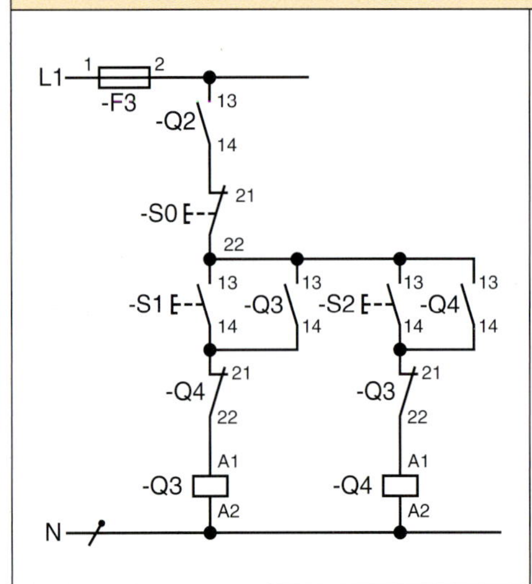

- Bezüglich der Position der Anschlussbezeichnungen beachten Sie obige Darstellungen.
- Die Spulenanschlüsse A2 werden mit dem N-Leiter verbunden.
- Die Position der Beschriftung ist systemabhängig.

Technische Dokumentation

Normung

Stromlaufpläne

Leitungsverbindungen

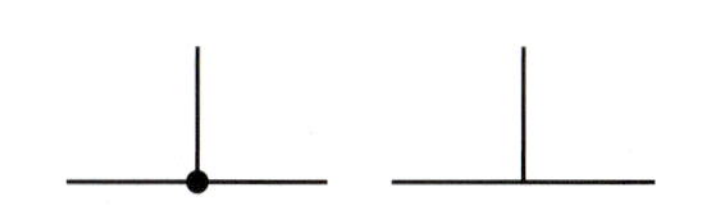

Auf den *Verbindungspunkt* kann verzichtet werden, wenn dadurch keine Missverständnisse entstehen.

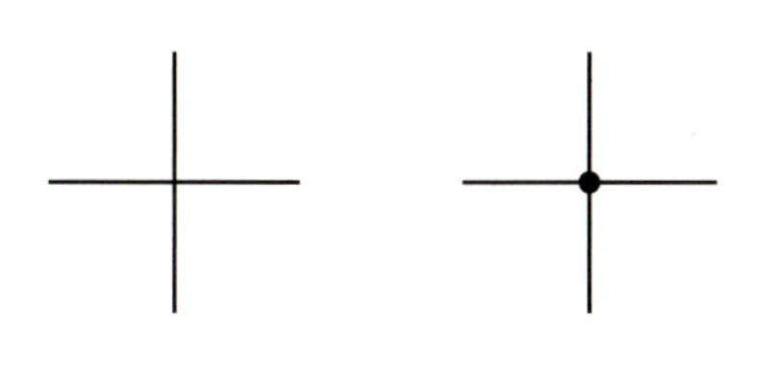

Leitungskreuzung Leitungsverbindung

Technische Daten und Fertigungshinweise

Technische Daten und *Fertigungshinweise* können in die Zeichnung eingetragen werden.

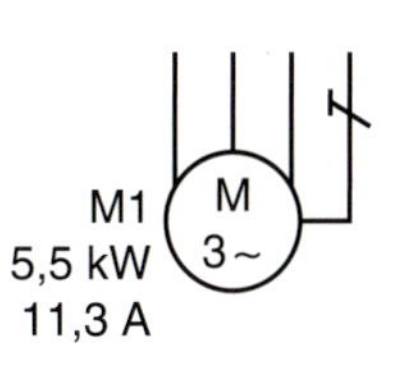

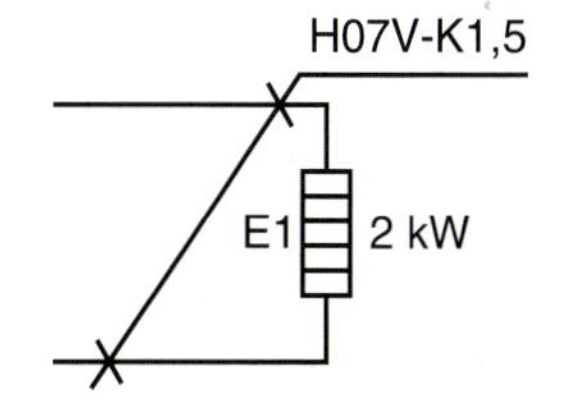

Die technischen Daten der Stromversorgung werden oberhalb der ersten Leiterdarstellung eingetragen.

400/230 V ~ 50 Hz
L1
L2
L3
N
PE

Öffner und Schließer

Arbeitsrichtung der Schaltglieder von links nach rechts. Schaltglieder werden i. Allg. in *Ruhestellung* dargestellt.
Bei Abweichung hiervon muss dies besonders gekennzeichnet werden.

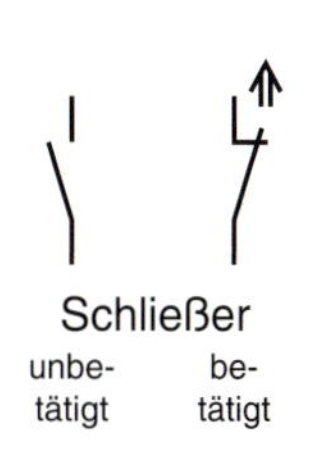

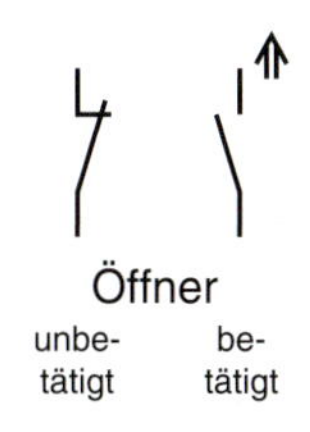

Klemmen

- Klemmleiste mit 5 Klemmen. Die Anschlussbezeichnung ist eine *Zielangabe*.
  (Wohin führt die Leitung?)

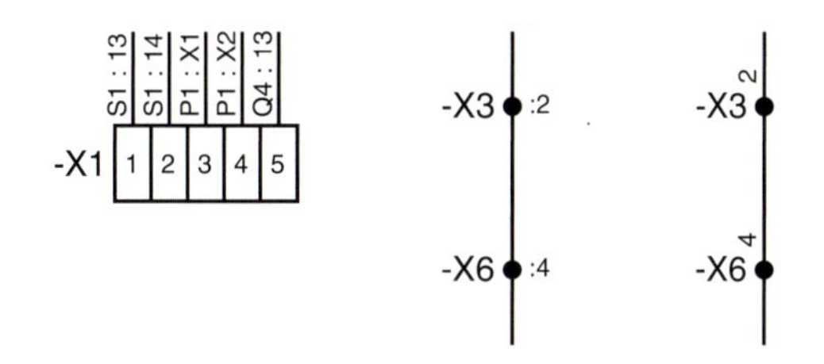

- Verbindungen an Klemmleisten werden im Stromlaufplan in aufgelöster Darstellung mit den *Klemmstellenbezeichnungen* versehen.

Klemmverbindungen

- Die Klemmleistenbezeichnung wird nur *einmal* angegeben, wenn benachbarte Anschlussbezeichnungen auf gleicher Höhe liegen.

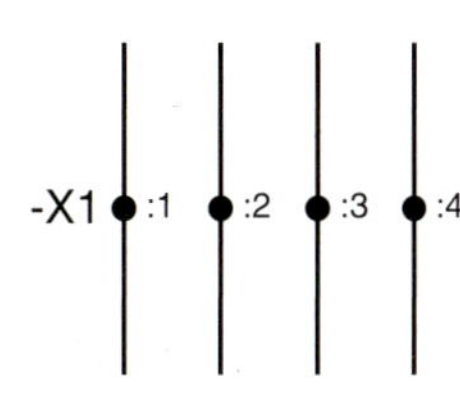

Technische Dokumentation

Normung

Stromlaufpläne

Klemmverbindungen

- Bei mehreren Klemmleisten werden die abgehenden Leitungen mit *Zielbezeichnungen* versehen (Wohin führt die abgehende Leitung?)

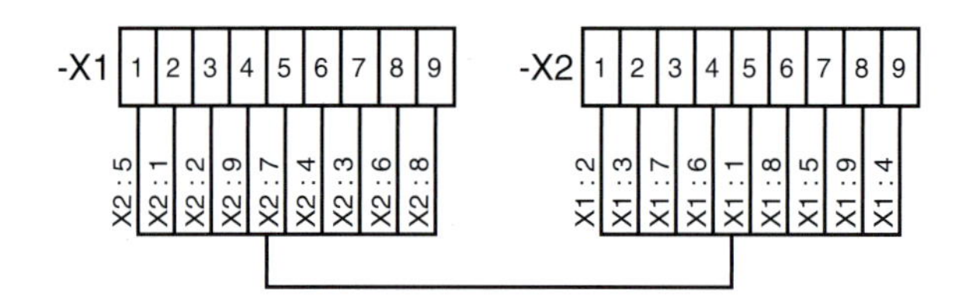

- Die Klemmen werden im Stromlaufplan in aufgelöster Darstellung angegeben.

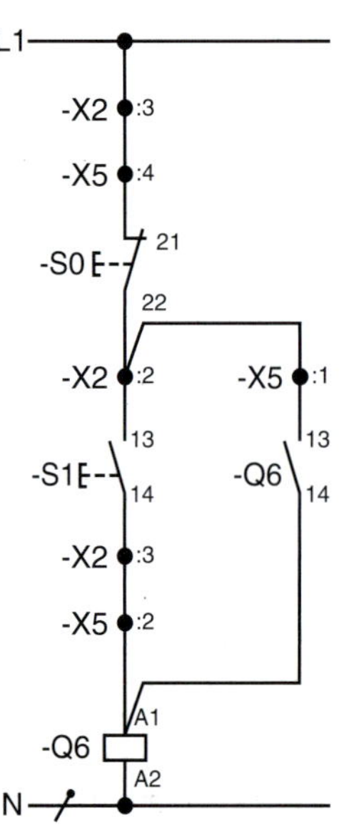

- Führen Leitungen *innerhalb eines Gerätes* zu einer Klemmleiste, werden die Betriebsmittelanschlüsse mit der Nummer der Anschlussklemme beschriftet.

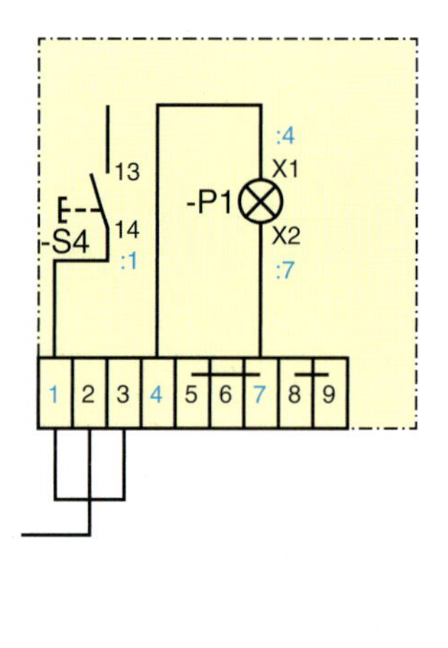

Übergangswiderstand von Klemmen

Der Übergangswiderstand von Klemmverbindungen soll so *gering* wie möglich sein. Keinesfalls darf er größer sein, als der Leiterwiderstand von einem Meter der angeschlossen Leitung mit dem geringsten Querschnitt.

Beispiel

Klemmverbindung von zwei 1,5-mm²-Cu-Leitern:

1 m Widerstand:

$$R_L = \frac{l}{\gamma \cdot A} = \frac{1\ \text{m}}{56\ \frac{\text{m}}{\Omega \cdot \text{mm}^2} \cdot 1{,}5\ \text{mm}^2} = 0{,}0119\ \Omega = 11{,}9\ \text{m}\Omega$$

Maximaler Übergangswiderstand der Klemmverbindung: 11,9 mΩ

Spannungsfall an der Klemmverbindung bei 16 A:

$\Delta U = I \cdot R = 16\ \text{A} \cdot 0{,}0119\ \Omega = 0{,}19\ \text{V} = 190\ \text{mV}$

Verlustleistung bei 16 A:

$P_V = \Delta U \cdot I = 0{,}19\ \text{V} \cdot 16\ \text{A} = 3\ \text{W}$

Technische Dokumentation

Normung

Stromlaufpläne

Beispiel

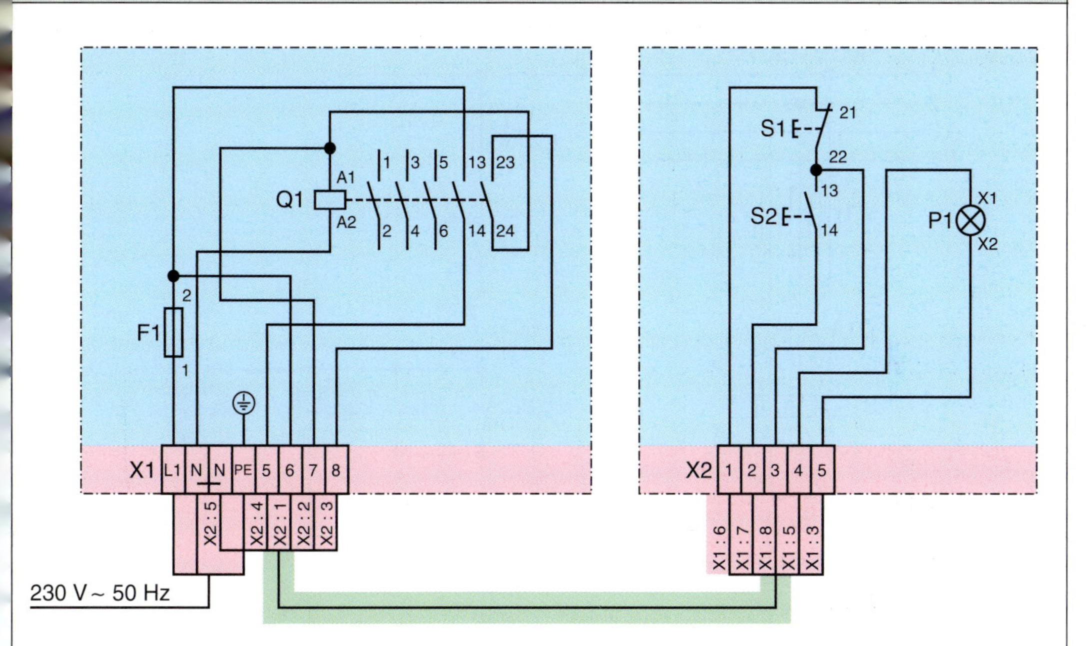

- **Geräteverdrahtungsplan**
  Gibt die *Innenverbindung* von Geräten an. Hinweise zu äußeren Verbindungen dürfen hinzugefügt werden.
- **Anschlussplan**
  Gibt *innere* und *äußere Verbindungen* (beispielsweise an Klemmleisten) an. Hinweise auf Anordnungspläne oder Stromlaufpläne sind möglich.
- **Verbindungsplan**
  Gibt Verbindungen zwischen Geräten und Baugruppen *ohne* interne Verbindungen an. Hinweise auf Stromlaufpläne sind möglich.

Lage der Betriebsmittel

Bei aufgelöster Darstellung muss die *Lage der Betriebsmittel* erkennbar sein. Ferner sind Hilfsmittel zum *Auffinden der Betriebsmittel* unverzichtbar.

Kontakttabellen (nicht genormt)

- Die einzelnen Stromwege werden fortlaufend nummeriert.
- Bei den Stromwegen des Hauptstromkreises werden zusätzlich die Anzahl der Hautschaltglieder angegeben.
- Die Stromwege des Steuerstromkreises werden ohne Zusatzangabe nummeriert.
- Die Kontakttabellen stehen unterhalb der Spulensymbole.
- **H:** Hauptstrompfad; **S:** Schließer; **Ö:** Öffner

Technische Dokumentation

Normung

Stromlaufpläne

Kontakttabellen (nicht genormt)

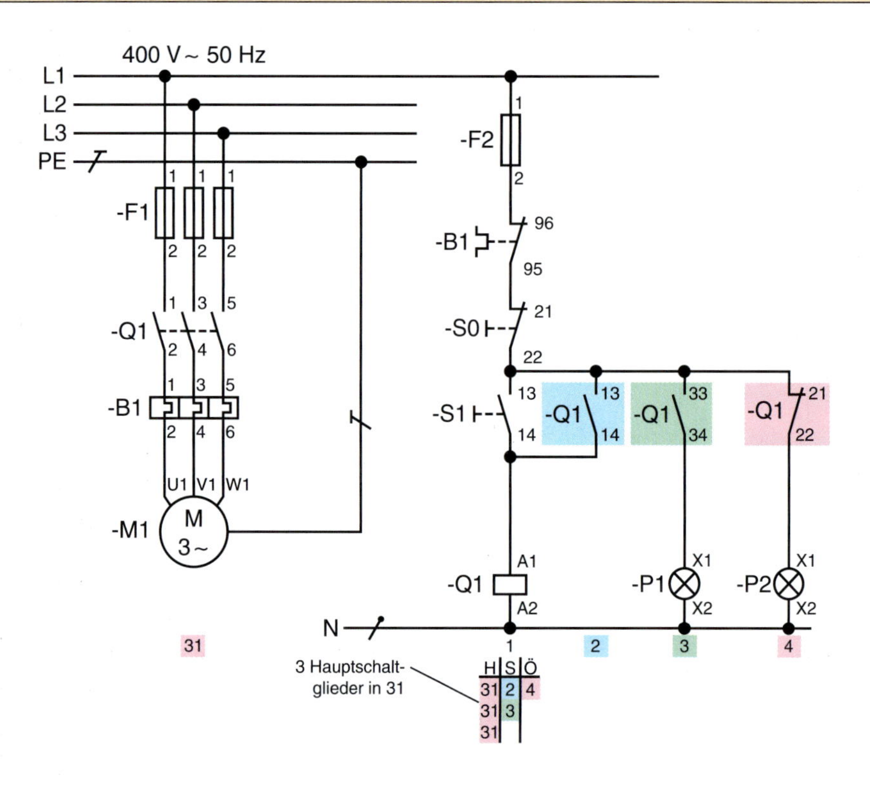

- Das Schütz Q1 hat 3 Hauptschaltglieder im Stromweg 31.
- Das Schütz Q1 hat Schließer in den Stromwegen 2 und 3.
- Das Schütz Q1 hat einen Öffner im Stromweg 4.

Hinweise

- Möglicherweise soll die *Anzahl der nicht verwendeten Kontakte* in der Kontakttabelle ersichtlich sein.
  Für jeden nicht benutzten Kontakt wird ein Strich (–) eingetragen.

H	S	Ö
31	6	4
31	–	–
31	–	

- Die Kontakte der Befehlsgeräte werden so verbunden, dass der Aufwand für die Verdrahtung gering ist.
  Auf die Reihenfolge der Zahlen wird dann keine Rücksicht genommen.
  Wegen der Doppelunterbrechung der Kontakte spielt das technisch auch keine Rolle.
- EN 61082 sieht vor, dass die Kontakte Anschlussbezeichnungen erhalten, die von rechts lesbar eingetragen werden. Im Einzelfall hängt das aber vom verwendeten CAD-System ab.
  Entscheidend sind Eindeutigkeit und Lesbarkeit.

Technische Dokumentation

Normung

Stromlaufpläne

Hauptstromkreis in aufgelöster Darstellung

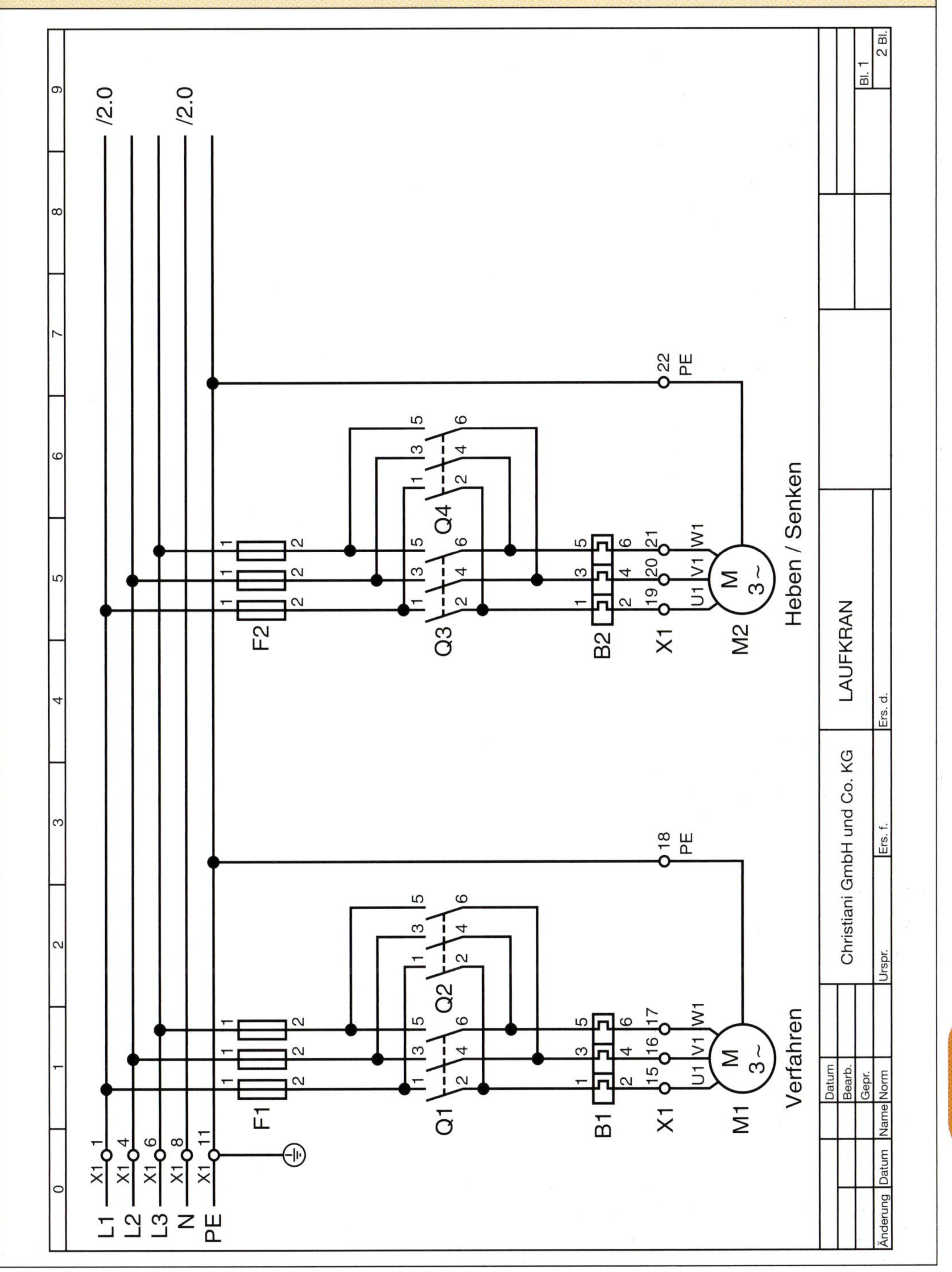

Technische Dokumentation

Normung

Stromlaufpläne

Steuerstromkreis in aufgelöster Darstellung

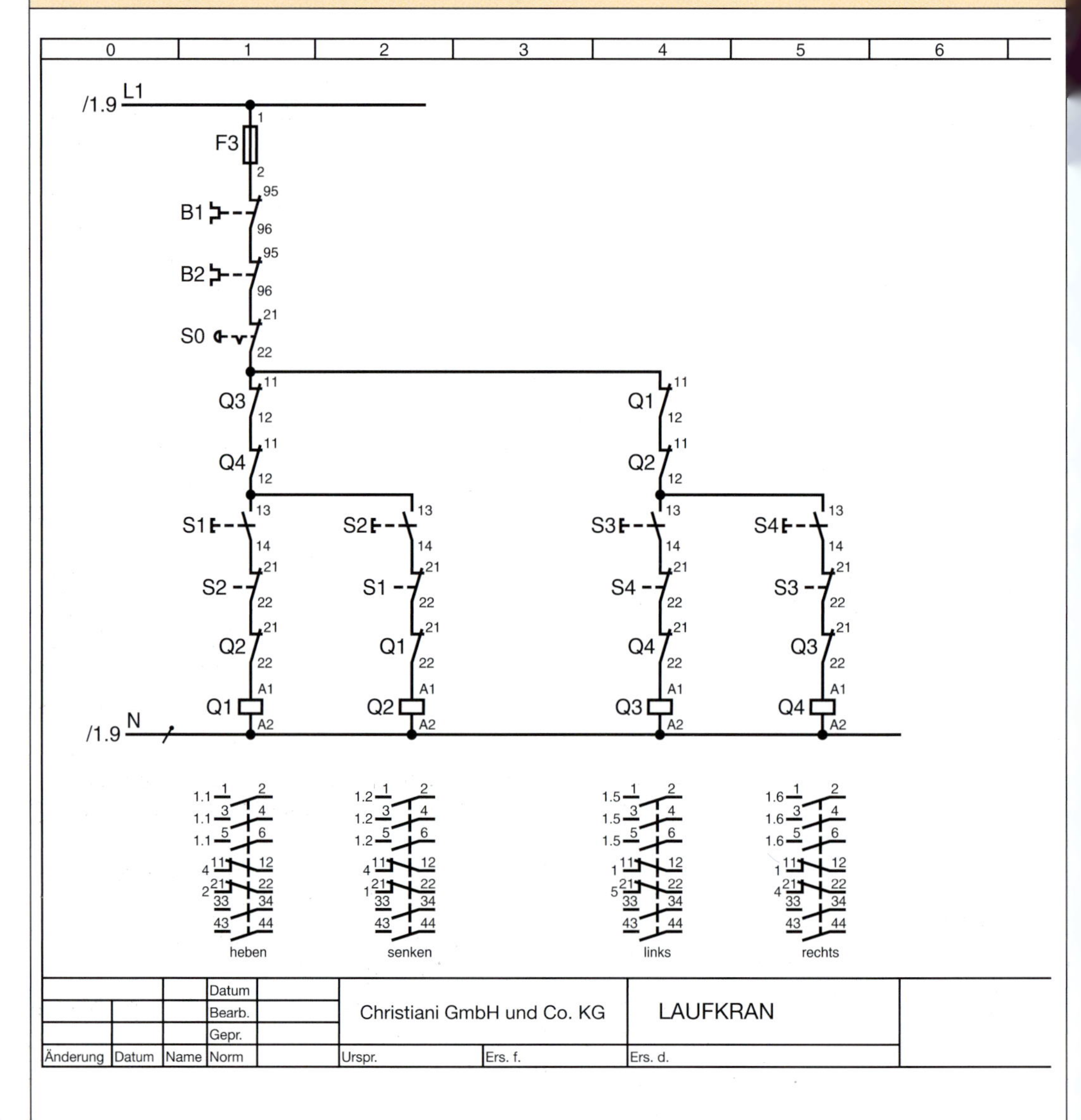

- Die Stromlaufpläne werden in Koordinaten eingeteilt (hier 0 bis 9); vertikal ist auch noch eine Einteilung mit Buchstaben A, B, C usw. möglich.
- Unter die Schützspulen wird das vollständige Schaltzeichen des Schützes gezeichnet.
- In das Schaltzeichen werden die Anschlusskennzeichnungen aller Schützkontakte eingetragen.
- Der Stromweg wird ebenfalls angegeben, in dem der entsprechende Kontakt liegt. So bedeutet z. B. eine **4**, dass der Kontakt im Stromweg **4** liegt. **1.4** bedeutet, dass der Kontakt auf Blatt **1** in Stromweg **4** zu finden ist.

Doku-mentation

Technische Dokumentation

Normung

Stromlaufpläne

Anschlusstabelle (Klemmenplan)

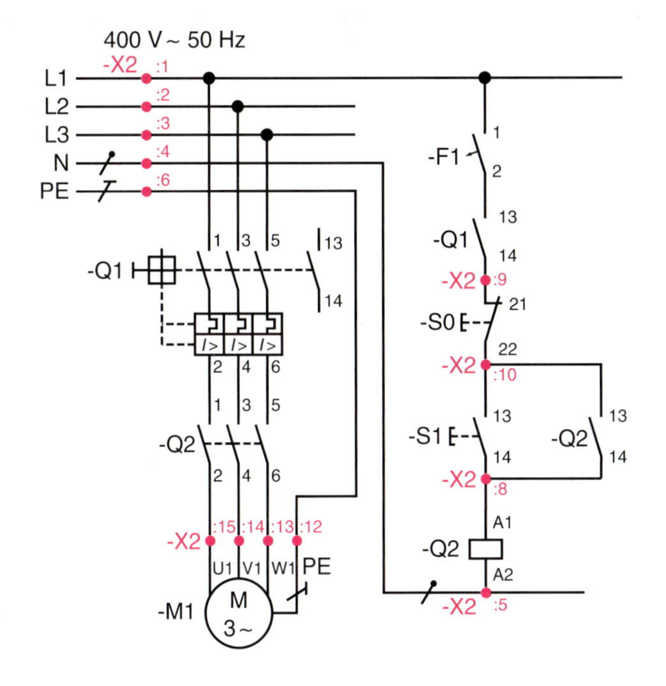

Klemmleiste X2			
Ziel	Klemme	Brücke	Ziel
Q1 1	1		X1 L1
Q1	2		X1 L2
Q1 5	3		X1 L3
X2 5	4	▮	X1 N
Q2 A2	5		
X2 12	6		X1 PE
	7		
Q2 A1	8		S1 14
Q1 14	9		S0 21
Q2 13	10		S1 13
	11		
X1 6	12		M1 PE
Q2 6	13		M1 W1
Q2 4	14		M1 V1
Q2 2	15		M1 U1

Anordnungsplan

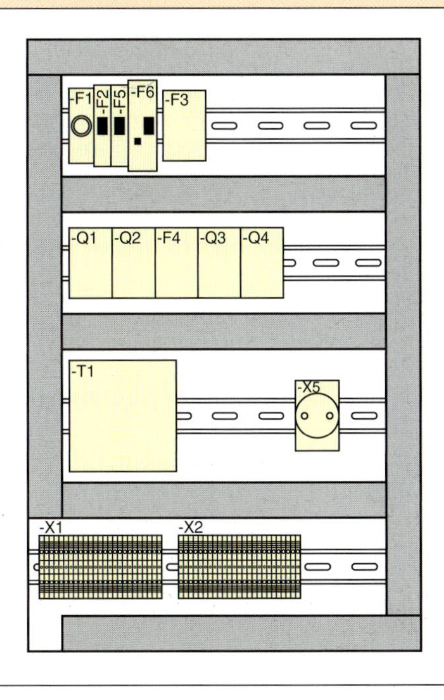

- Darstellung der Betriebsmittel in *vereinfachter bildhafter* Form, allerdings in der richtigen Anordnung.
- Die Darstellung ist *nicht maßstäblich*, Maßangaben sind nicht notwendig.
- Die elektrischen Betriebsmittel sind normgerecht zu bezeichnen.
- Zusätzliche Kennzeichnungen der Betriebsmittel sind zulässig.

Technische Dokumentation

Normung

Stromlaufpläne

Stromkreisverteiler (Übersichtsplan)

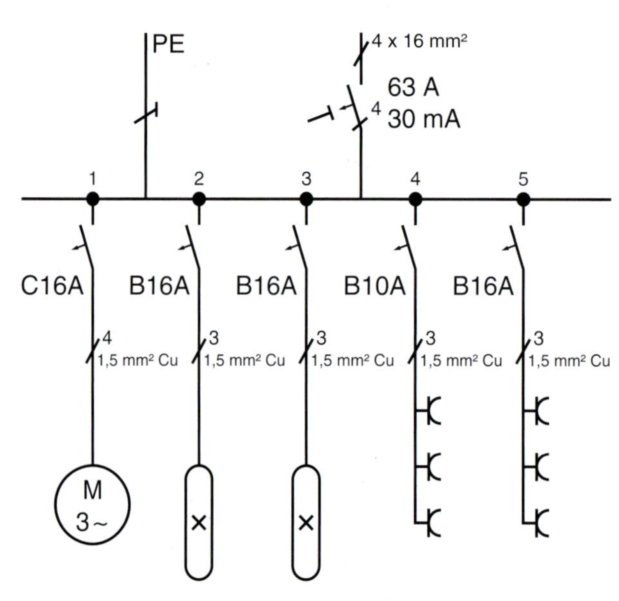

- Unter Umständen müssen die Pläne *lagerichtig* ausgeführt werden oder *Lageangaben* enthalten.
- Betriebsmittelsymbole sind nach Pfaden gegliedert einzuzeichnen.

Anordnungsplan

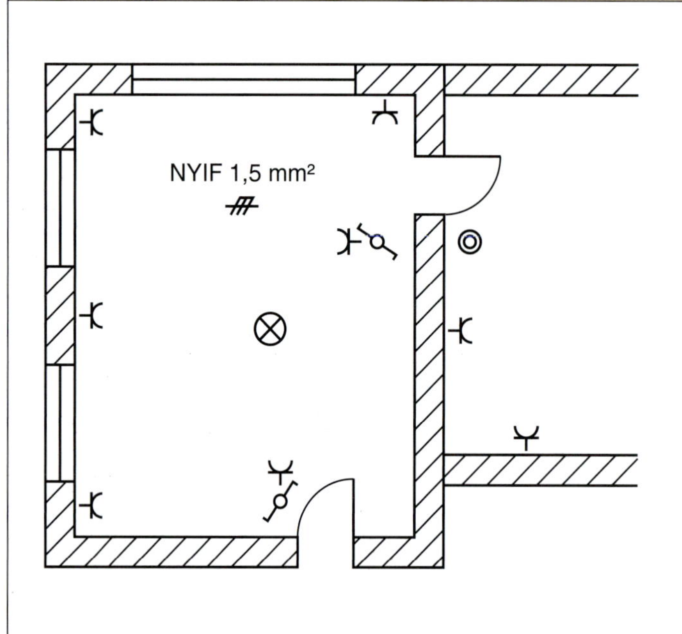

- Verwendet werden *einpolige* Schaltzeichen.
- Schutzarten und Schutzmaßnahmen *sollen* angegeben werden.
- Verlegeart und Typ der Leitungen *kann* angegeben werden.
- Bei eindeutigem Verlauf *muss* der Verlauf der Leitungswege nicht angegeben werden.
- Bei Leuchten wird die *Bauart* angegeben.

Technische Dokumentation

Normung

Programmablaufplan (Flussdiagramm) DIN 66001

Sinnbilder für die Darstellung

Sinnbild	Bedeutung	Beispiel eines Programmablaufplans
	Grenzstelle; beispielsweise Beginn und Ende eines Programms	Beginn → Eingabe U, I → $R = \frac{U}{I}$ (ohmsches Gesetz) → $R \geq 1000?$ ja: $R = \frac{R}{1000}$ → Ausgabe in Kiloohm (kΩ); nein: Ausgabe in Ohm (Ω) → Ende
	Verarbeitung einschließlich Eingabe und Ausgabe	
	Bedingung, Verzweigung	
	Übergangsstelle oder Abbruch	
----[	Bemerkung, Kommentar	
	Ablauflinie zur Verbindung	

Elementare Programmstrukturen

Programmablaufplan	Struktogramm	Bemerkung
Bearbeitungsfolge Verarbeitung 1 Verarbeitung 2 Verarbeitung 3 Verarbeitung	Verarbeitung 1 Verarbeitung 2 Verarbeitung 3	• Folge mehrerer Aufgaben, die aufeinander folgend bearbeitet werden. • Bearbeitung von Unterprogrammen.

Technische Dokumentation

Normung

Programmablaufpläne (Flussdiagramm)

Elementare Programmstrukturen

Programmablaufplan	Struktogramm	Bemerkung
Bedingte Verarbeitung (Verzweigung) 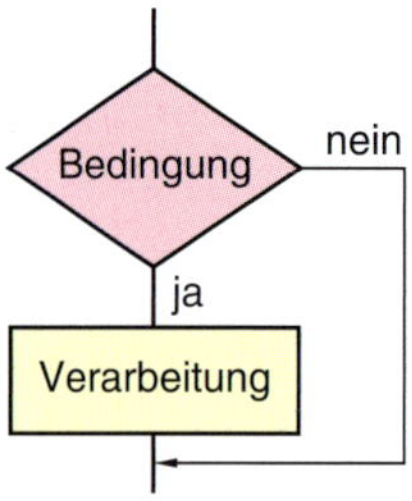 Bedingung – nein – ja – Verarbeitung	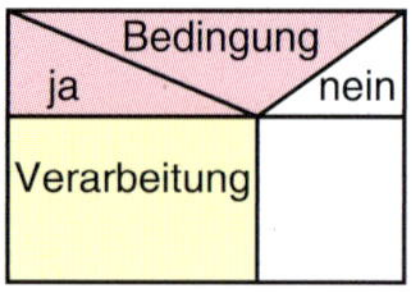 Bedingung – ja – nein – Verarbeitung	• Verarbeitung nur, wenn die Bedingung erfüllt ist („ja"-Fall).
Einfache Alternative (Verzweigung) 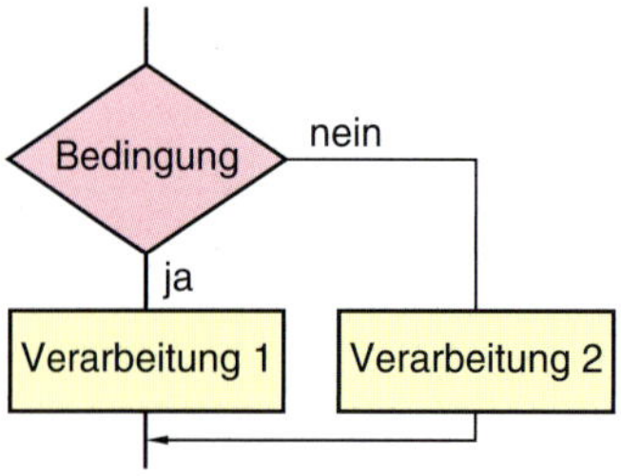 Bedingung – nein – ja – Verarbeitung 1 – Verarbeitung 2	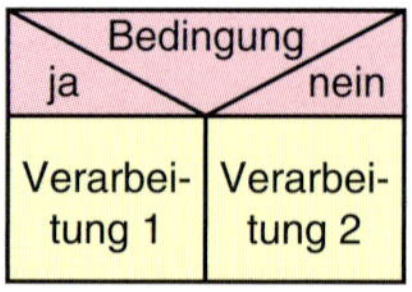 Bedingung – ja – nein – Verarbei-tung 1 – Verarbei-tung 2	• Unabhängig vom Abfrageergebnis erfolgt eine Verarbeitung (entweder 1 oder 2).
Abweisende Schleife 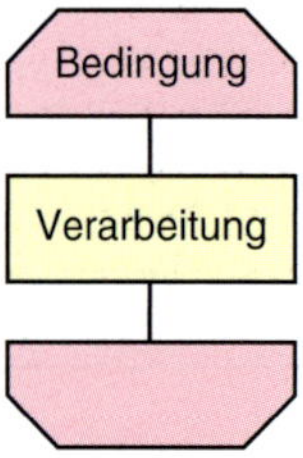 Bedingung – Verarbeitung	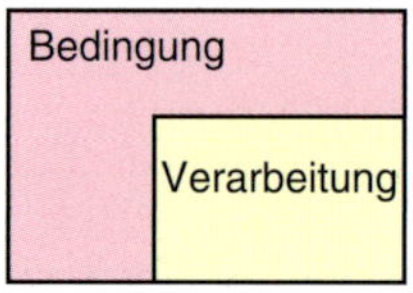 Bedingung – Verarbeitung	• Solange die Bedingung erfüllt ist, wird die Anweisung wiederholt. • Wenn die Bedingung schon bei der ersten Anweisung nicht erfüllt ist, erfolgt keine Verarbeitung (abweisende Schleife).
Nichtabweisende Schleife 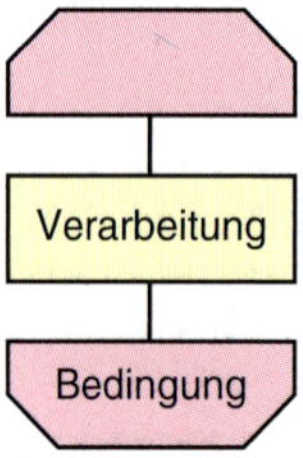 Verarbeitung – Bedingung	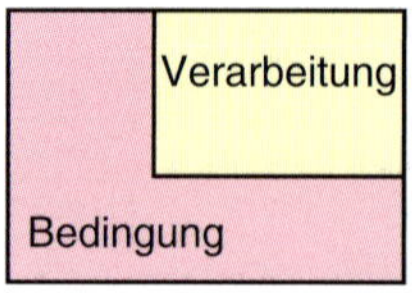 Verarbeitung – Bedingung	• Solange die Bedingung erfüllt ist, wird die Verarbeitung wiederholt. • Unabhängig von der Bedingung wird die Verarbeitung mindestens *einmal* durchlaufen.

Technische Dokumentation

Normung

Technisches Zeichnen

Bemaßung von Kugeln

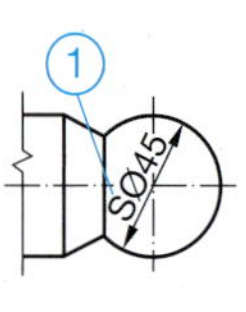

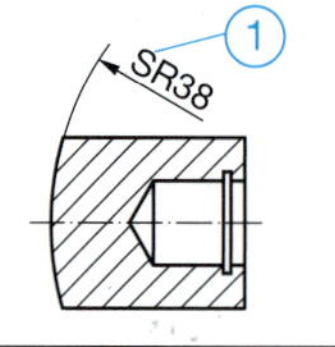

1. Der Großbuchstabe S steht immer *vor* der Durchmesser- bzw. Radienbemaßung eines kugelförmigen Werkstückes.

Bemaßung von Bögen

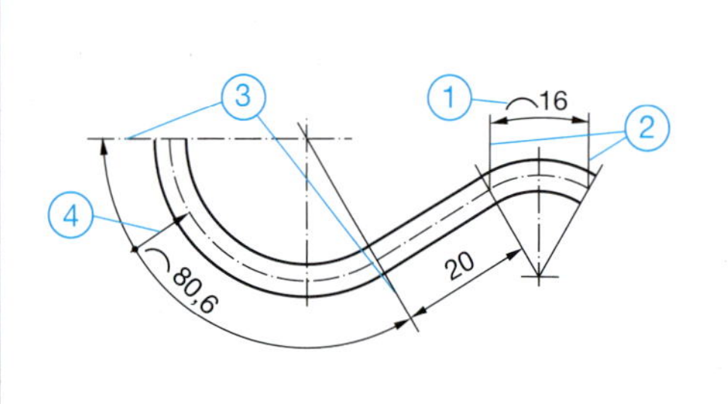

1. Das Zeichen ⌒ steht *vor* der Maßzahl. Bei manuell erstellten Zeichnungen darf das Zeichen ⌒ *über* der Maßzahl stehen.
2. Bei Winkeln bis 90° verlaufen die Maßhilfslinien parallel zur Winkelhalbierenden.
3. Bei Winkeln über 90° werden die Maßhilfslinien zum Bezugsmittelpunkt gezeichnet.
4. Bei nicht eindeutigem Bezug ist die Zuordnung durch einen *Pfeil mit Punkt* zwischen Maßlinie und Bogen anzugeben.

Bemaßung von Rechtecken

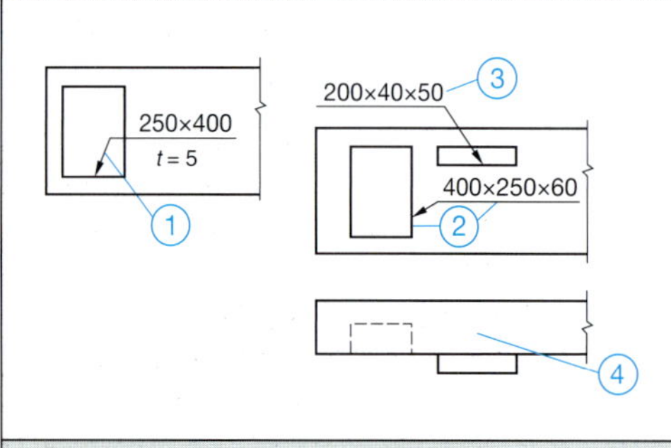

1. Seitenlängen *rechtwinkliger* Formelemente können auf abgewinkelten Hinweispfeilen angetragen werden.
2. Die Pfeilspitze weist auf die Kante, deren Maßzahl an erster Stelle auf dem Hinweispfeil steht.
3. Eine Maßkombination von Länge × Breite × Tiefe/Höhe ist zulässig.
4. Dazu ist eine weitere Ansicht zu zeichnen.

Bemaßung von Teilungen

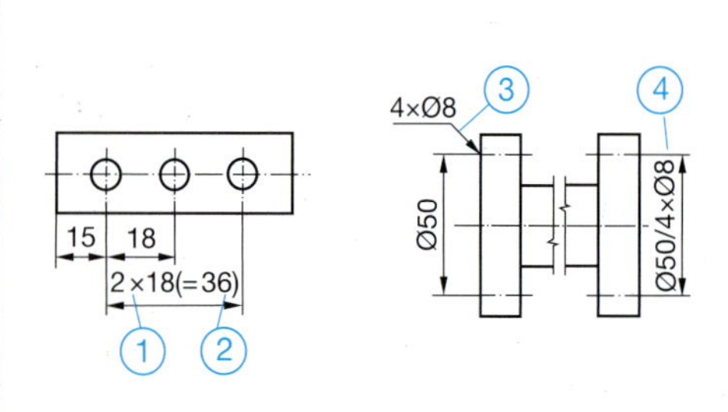

1. Längenmaße für *gleiche* Formelemente mit *gleichen* Abständen werden durch Angabe der Anzahl und des Abstandes gekennzeichnet.
2. Das Gesamtmaß der Teilungen wird als Hilfsmaß ohne zusätzliche Kennzeichnung eingetragen.

Gleichmäßig auf einem zylindrischen Umfang angeordnete Formelemente werden mit

3. Hinweispfeilen oder
4. Angabe des Teilkreisdurchmessers, Anzahl und Abmessungen der Formelemente angegeben.

Doku-mentation

Technische Dokumentation

Normung

Technisches Zeichnen

Bemaßung von Fasen und Senkungen

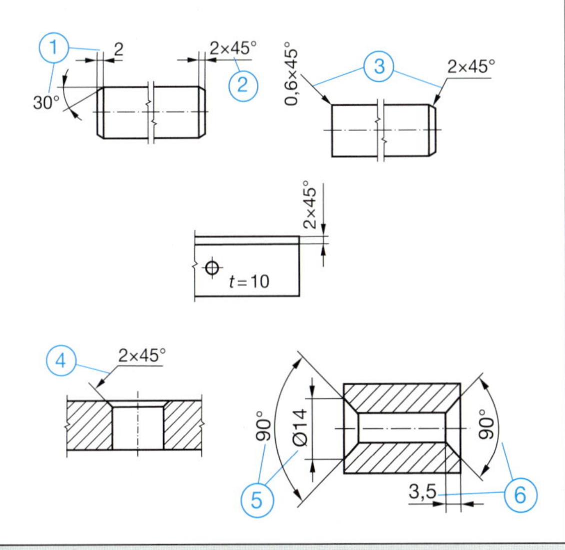

① Maße von Fasen mit einem von 45° abweichendem Winkel werden mit Fasenbreite und Winkelangabe angetragen.

② Maße von 45°-Fasen werden vereinfacht durch Fasenbreite × 45° angegeben.

③ Maße von 45°-Fasen dürfen bei dargestellten und nicht dargestellten Fasen mittels einer Hinweislinie eingetragen werden.

Kegelige 90°-Senkungen werden gekennzeichnet durch:

④ Hinweispfeil und 45°-Fase,

⑤ Senkdurchmesser und Senkwinkel,

⑥ Senktiefe und Senkwinkel.

Bemaßung von Neigungen

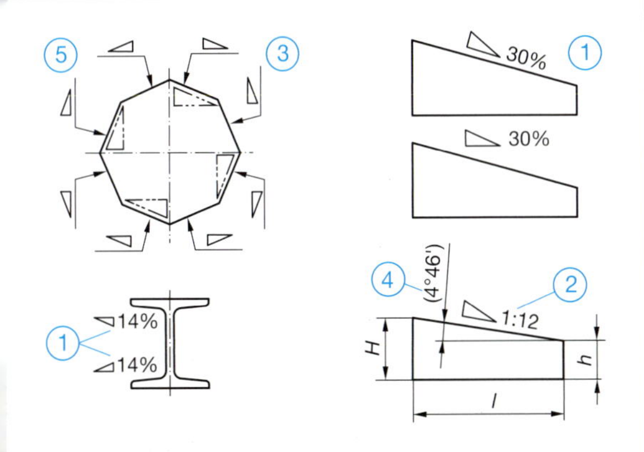

Das Zeichen ⊿ steht in allen Fällen vor

① Maßzahl der Neigung in Prozent,

② Verhältniszahl der Neigung.

③ Das Zeichen ⊿ wird vorzugsweise auf einer abgewinkelten Hinweislinie angetragen.

④ Der Neigungswinkel darf aus fertigungstechnischen Gründen zusätzlich zum Hilfsmaß angegeben werden.

⑤ Durch die Lage des Zeichens wird die Neigungsrichtung angegeben.

Bemaßung von Verjüngungen

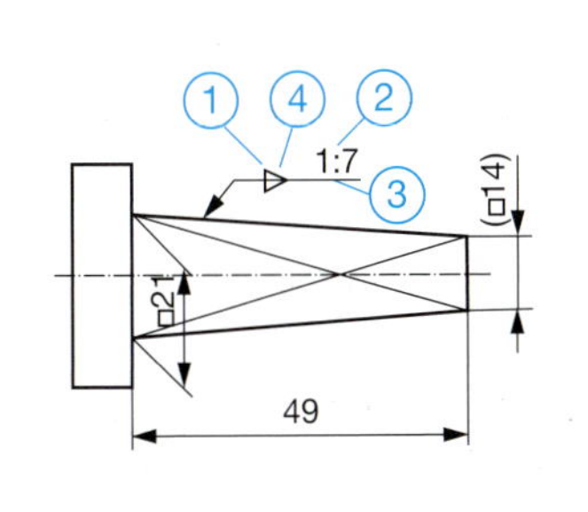

① Das Zeichen ▷ wird vor der Maßzahl angegeben.

② Die Verjüngung wird als Verhältniszahl oder Prozentangabe angetragen.

③ Die Verjüngung ist vorzugsweise auf einer abgeknickten Hinweisline anzutragen.

④ Die Richtung des Zeichens ▷ muss mit der Verjüngungsrichtung übereinstimmen.

Technische Dokumentation

Normung

Technisches Zeichnen

Bemaßung von Abwicklungen (gestreckte Längen)

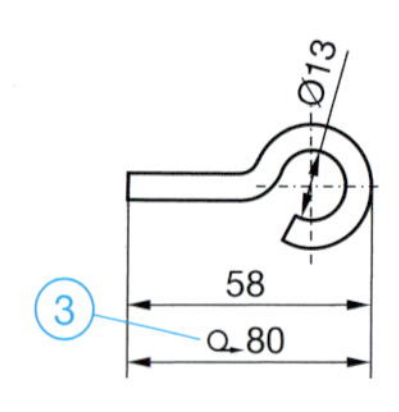

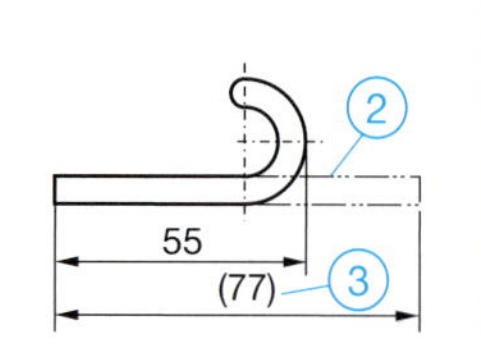

1. Das Zeichen ⌒ steht vor der Maßzahl nicht dargestellter gestreckter Längen.
2. Die gestreckte Länge wird mit einer Strich-Zweipunktlinie dargestellt.
3. Die Bemaßung gestreckter Längen erfolgt als Hilfsmaß.

Bemaßung von Nuten und Einstichen

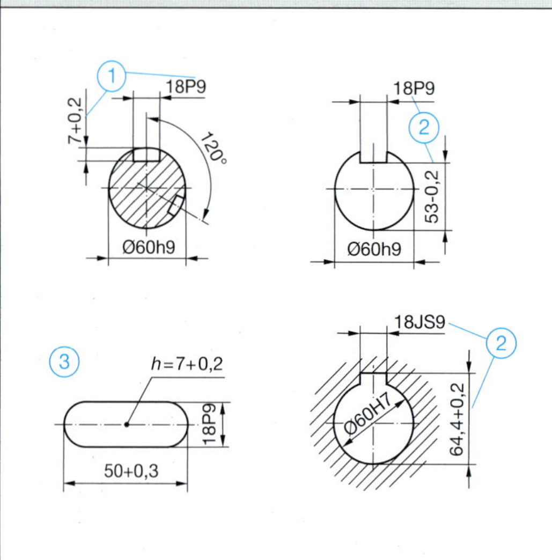

Nuten werden parallel zum Nutgrund bemaßt.

1. Geschlossene Nuten werden durch Angabe von Nutbreite und Nuttiefe bemaßt.
2. Durchgehende bzw. einseitig offene Nuten werden mit der Nutbreite und dem Abstand von der gegenüberliegenden Zylinderfläche (Stichmaß) bemaßt.
3. Die Nuttiefe wird mit dem vorangestellten Buchstaben h gekennzeichnet.

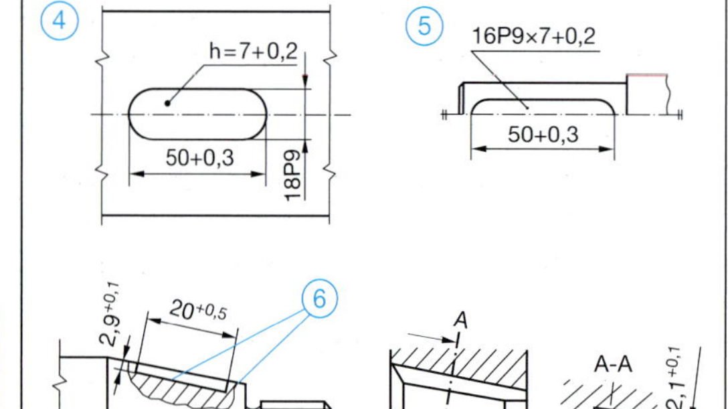

Passfedernuten können vereinfacht in der Ansicht von oben bemaßt werden.

4. Buchstabe h steht vor der Tiefenmaßzahl, zusätzliche Angabe von Nutenbreite (Passung) und Nutenlänge.
5. Kombination von Nutenbreite (Passung) x Nuttiefe und Nutenlänge.

Passfedernuten in kegelförmigen Werkstücken können mit dem Nutengrund

6. parallel zum Kegelmantel oder
7. parallel zur Kegelachse verlaufen.
   Sie werden parallel zum Nutgrund bemaßt.

Zeichnung 7 siehe Seite 377.

Technische Dokumentation

Normung

Technisches Zeichnen

Bemaßung von Nuten und Einstichen

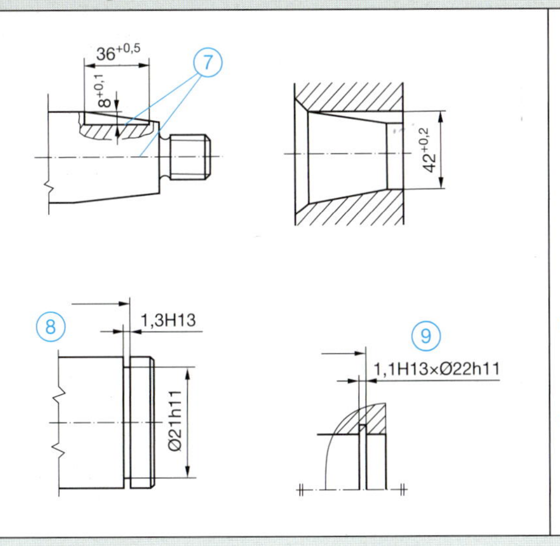

⑧ Bei umlaufenden Nuten bzw. Einstichen werden Nutbreite und Nutengrunddurchmesser bemaßt.

⑨ Vereinfachte Bemaßung von Nuten bzw. Einstichen für Halteringe, Sicherungsringe usw. Breite (Passung) x Nutgrunddurchmesser (Passung).

Spezielle Maße

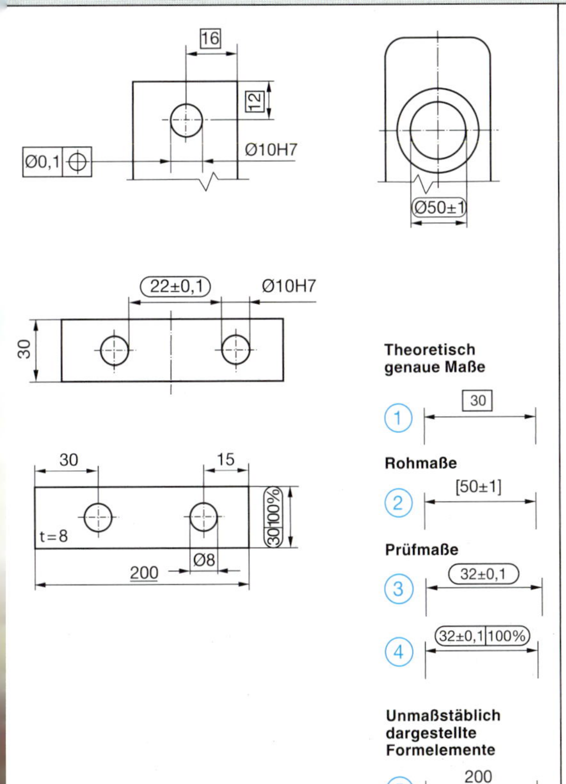

① *Theoretisch genaue Maße* werden auch in Tabellen und Listen durch einen rechteckigen Rahmen gekennzeichnet und ohne Toleranzen eingetragen.

② Wenn keine Rohteilzeichnung erstellt wird, werden in der Fertigungszeichnung *Rohmaße* in eckige Klammern gesetzt. Die Bedeutung dieser Klammern ist über dem Schriftfeld der Zeichnung zu erklären.

Prüfmaße werden in Rahmen mit zwei Halbkreisen gesetzt. In der Nähe des Schriftfeldes sind die Bedeutung und der Prüfumfang zu erklären, zum Beispiel

③ Maße werden vom Besteller (Empfänger) bei der Abnahme besonders geprüft oder

④ Maße werden vom Besteller (Empfänger) bei der Abnahme zu 100 % geprüft. Keine Stichprobenprüfung!

⑤ Nicht maßstäblich dargestellte Formelemente sind durch *Unterstreichen* der Maßzahlen zu kennzeichnen.

Hinweis:
Bei CAD-Zeichnungen ist diese Kennzeichnung unzulässig.

Technische Dokumentation

Normung

Technisches Zeichnen

Maßeintragung, Arten

• *Parallelbemaßung*

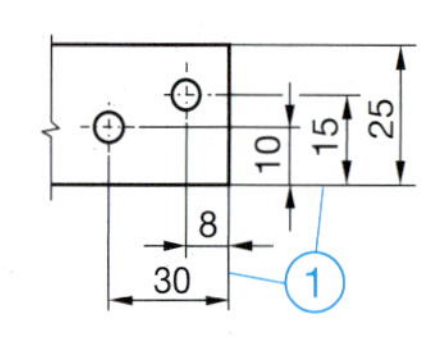

① Maßlinien werden parallel in eine, zwei bzw. drei senkrecht zueinander stehenden Richtungen eingetragen.

• *Steigende Bemaßung*

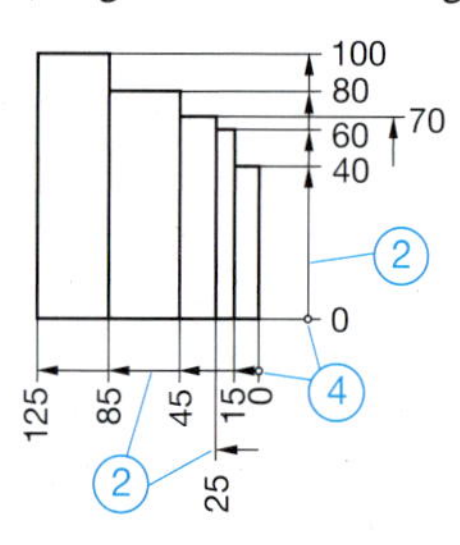

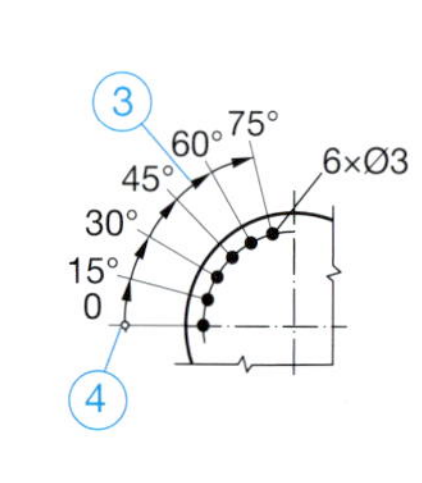

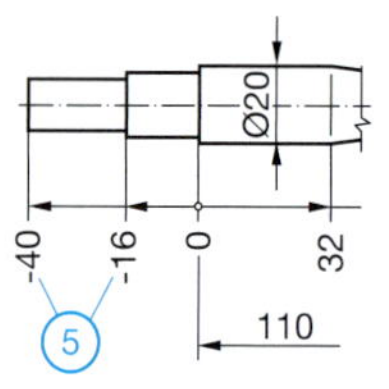

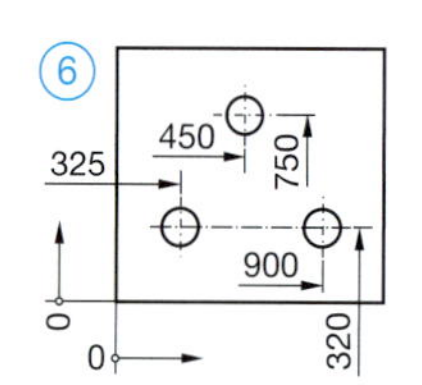

② Ausgehend vom Ursprung 0 wird in jeder der möglichen senkrecht zueinander stehenden Richtungen im Regelfall nur eine Maßlinie eingetragen und an den Maßhilfslinien mit einer Maßlinienbegrenzung abgeschlossen. Bei Platzmangel dürfen mehrere Maßlinien angetragen werden.

③ Bei kreisförmigen Werkstücken werden die Maßlinien parallel zum Außendurchmesser angeordnet.

④ Der Ursprung wird durch einen offenen Kreis gekennzeichnet.

⑤ Ausgehend vom Ursprung können Maße auch in Gegenrichtung eingetragen werden. Diese Maßzahlen erhalten ein *negatives* Vorzeichen.

⑥ Steigende Bemaßung in *zwei* Richtungen kann mit abgebrochenen Maßlinien angegeben werden.

• *Bemaßung mit Maßtabellen*

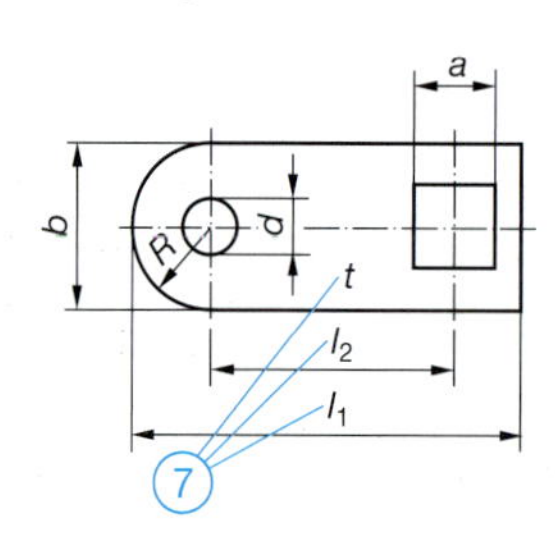

⑦ Für Werkstücke ähnlicher Form werden in Sammelzeichnungen Variablen statt Maßzahlen eingetragen.

⑧ Jedes Werkstück erhält eine Identnummer.

⑨ Vereinfacht können Polarkoordinaten in Tabellen eingetragen werden.

Nr.	*a* + 1	*b* ± 2	*d*	l_1 + 2	l_2 ± 0,2	*R*	*t*
1	□ 12	32	Ø 10	80	50	(16)	2
2	□ 16	40	M12	100	64	(R20)	16

⑧ ⑨

Technische Dokumentation

Normung

Technisches Zeichnen

Koordinatenbemaßung

- *Kartesische Koordinaten*

Pos.	*x*	*y*	*d*
1	20	20	∅19H7
2	60	70	∅15

②

Pos.	*x*	*y*	*d*
1	10	20	–
2	80	40	–
3	75	80	–
4	20	60	–
5	24	42	∅10

Kartesische Koordinaten werden ausgehend vom Ursprung durch Längenmaße in zwei (im Winkel von 90° verlaufenden Richtungen) festgelegt. Maßlinien und Maßhilfslinien werden nicht gezeichnet.

① Der Koordinatenursprung liegt an einer Werkstückkante.

② Die Koordinaten werden in eine Tabelle eingetragen.

③ Der Koordinatenursprung kann außerhalb des Werkstückes liegen.

④ Koordinatenwerte und Maße von Formelementen dürfen auch direkt an den Koordinatenpunkten angetragen werden.

⑤ Bei Platzmangel darf der Koordinatenpunkt durch eine Hinweislinie mit den Maßzahlen/Koordinaten verbunden werden.

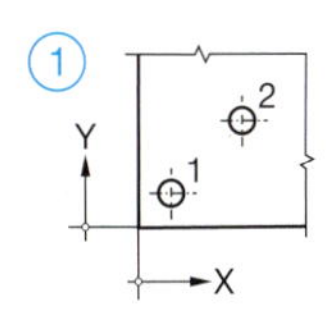

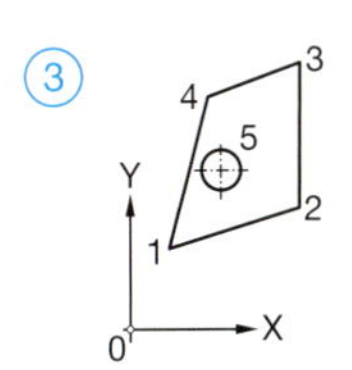

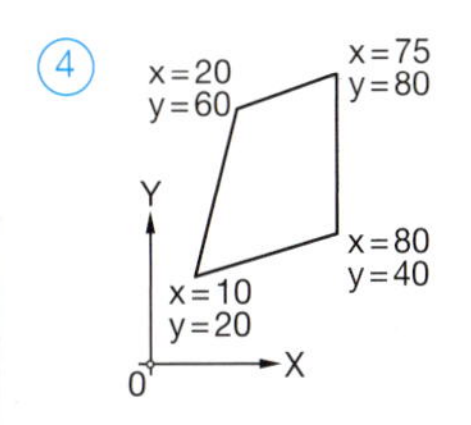

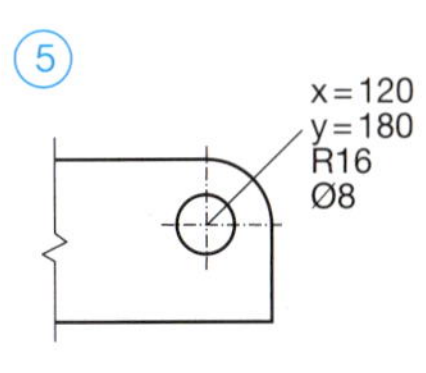

- *Polkoordinaten*

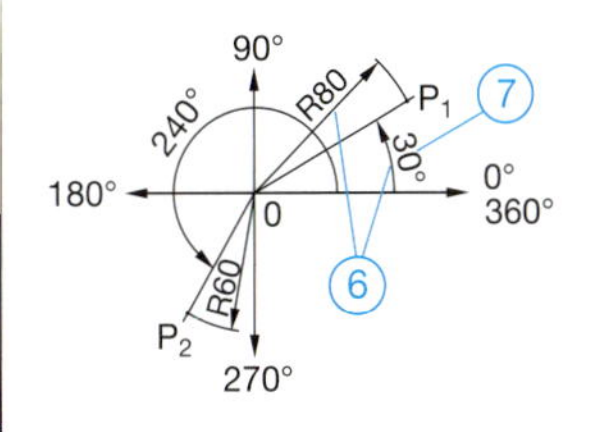

⑧

Punkt	*r*	*φ*
P1	80	30°
P2	60	240°

⑥ Polkoordinaten werden von einem Ursprung 0 ausgehend gemessen und durch einen Radius und dazugehörigem Winkel festgelegt.

⑦ Polkoordinaten werden gegen den Uhrzeigersinn gemessen. Sie sind immer positiv (mathematisch-positiver Drehsinn).

⑧ Vereinfacht können Polkoordinaten in Tabellen eingetragen werden.

Technische Dokumentation

Normung

Technisches Zeichnen

Maßeintragung in Zeichnungen

DIN 406-11-12

Maßeintragung mithilfe von Tabellen

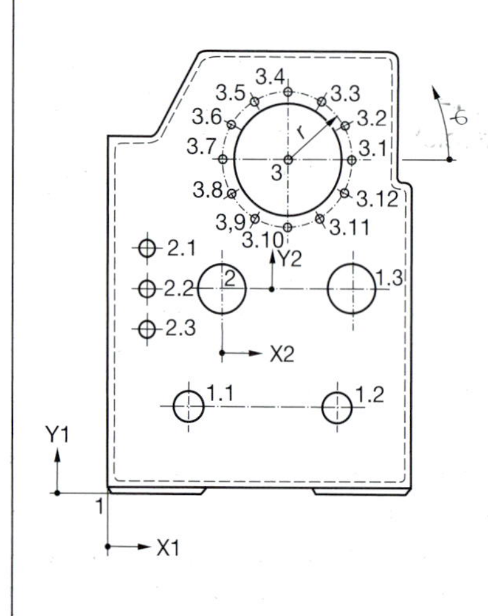

Koordinaten-sprung	Pos.	Maße in mm Koordinaten X1 X2	Y1 Y2	r	φ	d
1	1	0	0			–
1	1.1	325	320			∅ 120H7
1	1.2	900	320			∅ 120H7
1	1.3	950	750			∅ 200H7
1	2	450	750			∅ 200H7
1	3	700	1225			∅ 400H8
2	2.1	– 300	150			∅ 50H11
2	2.2	– 300	0			∅ 50H11
2	2.3	– 300	– 150			∅ 50H11
3	3.1			250	0°	∅ 26
3	3.2			250	30°	∅ 26
3	3.3			250	60°	∅ 26
3	3.4			250	90°	∅ 26
3	3.5			250	120°	∅ 26
3	3.6			250	150°	∅ 26
3	3.7			250	180°	∅ 26
3	3.8			250	210°	∅ 26
3	3.9			250	240°	∅ 26
3	3.10			250	270°	∅ 26
3	3.11			250	300°	∅ 26
3	3.12			250	330°	∅ 26

Toleranzen

DIN 406-12 DIN ISO 2768-1 DIN ISO 2768-2

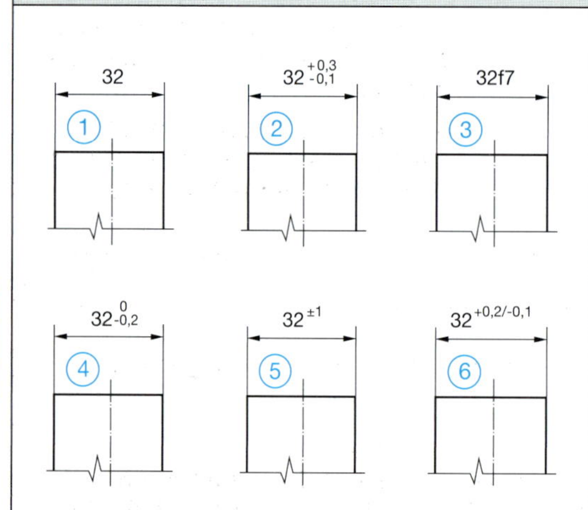

① Für Maße ohne Toleranzangeben gelten die *Allgemeintoleranzen* (Seite 384).

② Abmaße werden hinter dem Nennmaß angegeben.

③ Das Kurzzeichen der *Toleranzklasse* wird hinter dem Nennmaß angegeben.

④ Wenn eines der beiden Abmaße null ist, darf dies durch die Ziffer 0 angegeben werden.

⑤ Wenn *oberes* und *unteres Abmaß* gleich sind, so ist deren Wert nur einmal mit dem Zeichen ± anzugeben.

⑥ Es ist zulässig, Nennmaß und Abmaße in derselben Zeile einzutragen. Dabei sind dann oberes und unteres Abmaß durch Schrägstriche zu trennen.

Allgemeintoleranzen → 384

Technische Dokumentation

Normung

Technisches Zeichnen

Toleranzen

DIN 406-12 DIN ISO 2768-1 DIN ISO 2768-2

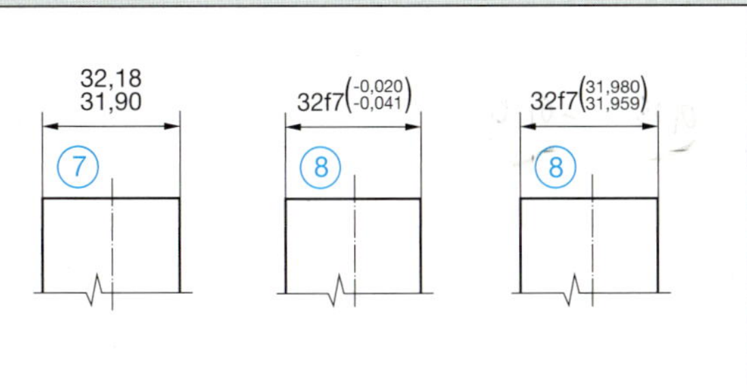

(7) *Grenzmaße* dürfen als Höchstmaß und Mindestmaß angegeben werden. Das Höchstmaß steht über dem Mindestmaß.

(8) Zusätzlich dürfen Werte für *Abmaße* oder *Grenzmaße* hinter dem Toleranzkurzzeichen in Klammern hinzugesetzt oder in Tabellenform angegeben werden.

- *Gefügt dargestellte Teile*

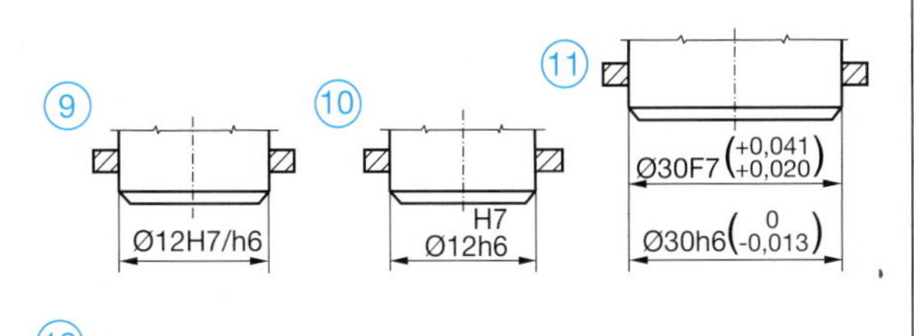

12
1 Ø30 +0,3 +0,1
2 Ø30 -0,1 -0,2

Bei gefügt dargestellten Teilen wird das Kurzzeichen der *Toleranzklasse* des Innenmaßes (Bohrung)

(9) *vor* oder

(10) *über* dem Außenmaß (Welle) angeordnet.

(11) Wenn Abmaße erforderlich sind, wird jedes Bauteil einzeln bemaßt. Das untere Maß steht für das Außenmaß, das obere für das Innenmaß.

(12) Vereinfacht darf auch mithilfe einer Maßlinie bemaßt werden. Die Nenn- und Abmaße werden hinter die Positionsnummer gesetzt.

- *Winkelmaße*

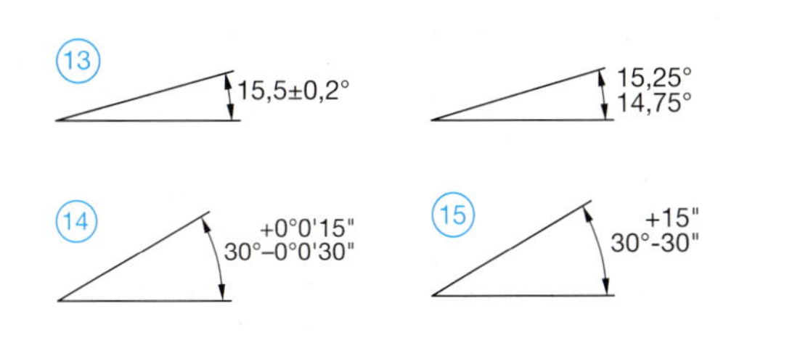

(13) Toleranzen für *Winkelmaße* werden wie Toleranzen für Längenmaße eingetragen.

(14) Einheiten der Winkelnennmaße und der Abmaße müssen immer angegeben werden.

(15) Sind die Einheiten *Winkelminuten* oder *Winkelsekunden*, dürfen die Nullen der Zahlenwerte entfallen.

Grundbegriffe, Toleranzen

- **Nennmaß**
  Maß, das in der Zeichnung angegeben wird (ideales Sollmaß). Hierauf werden die *Abmaße* bezogen.

- **Istmaß**
  Das durch Messung an *einem* Werkstück und an *einer* Stelle des Werkstücks ermittelte Maß. Es ist stets mit einer *Messunsicherheit* behaftet, die vom Messgerät und der Person abhängig ist, die das Messgerät bedient.

Technische Dokumentation

Normung

Technisches Zeichnen

Grundbegriffe, Toleranzen

- **Passmaß**

  In einer Zeichnung sind die *Grenzen* angegeben, innerhalb derer das *Istmaß* (z. B. 25) liegen muss.
  Die Grenzen werden durch die *Grenzabmaße* +15 und −10 festgelegt.

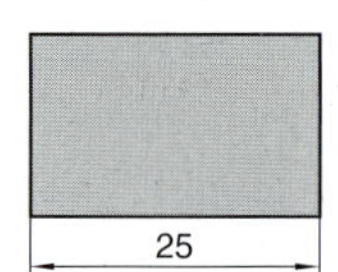

  Oberes Abmaß (+0,15) kennzeichnet die obere Grenze (oberes Grenzabmaß) und *unteres Abmaß* (−10) die untere Grenze (unteres Grenzabmaß).

  Die gesamte Maßangabe

  $25^{+0,15}_{-0,10}$

  wird *Passmaß* genannt.

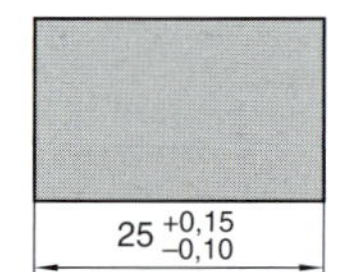

  Das *Passmaß* ist ein *Nennmaß*, das mit einem *ISO-Kurzzeichen* oder mit *Grenzabmaßen* versehen ist.
  Zum Beispiel: 25f7 oder 25H8 oder $25^{+0,15}_{-0,10}$.

- **Grenzmaße**

  Zwei Längenmaße (z. B. 25,15 und 24,90), zwischen denen das *Istmaß* des Werkstückes liegen muss.

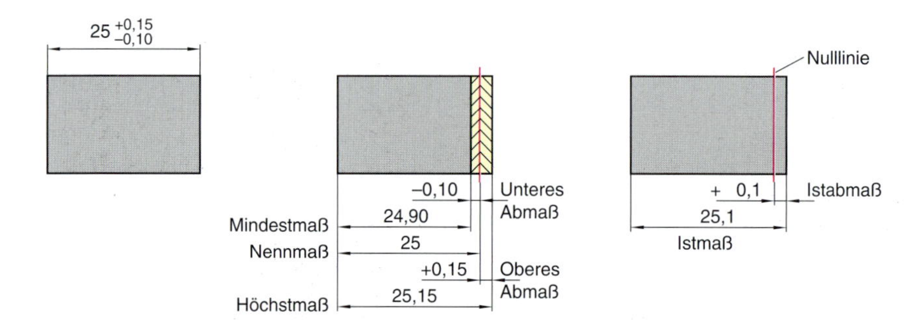

  Auf der linken Zeichnung steht das *Passmaß*. Aus dem Passmaß ergeben sich *Höchstmaß*, *Mindestmaß*, *oberes* und *unteres Abmaß*. Am fertigen Werkstück wird festgestellt, ob das *Istmaß zulässig* ist.

- **Grenzabmaße**

  Allgemein versteht man unter *Abmaß* die Differenz zwischen einem Maß (Istmaß, Grenzmaß) und dem zugehörigen Nennmaß.
  Grenzabmaße sind die Grenzwerte der *zulässigen* Abweichungen. Grenzabmaße sind *oberes* und *unteres Abmaß*.

  Das *obere Abmaß* ist der Unterschied zwischen dem Höchstmaß und dem Nennmaß. Das *untere Abmaß* ist der Unterschied zwischen Mindestmaß und dem Nennmaß.
  Die *Nulllinie* ist eine Bezugslinie, die in der bildlichen Darstellung verwendet wird. Sie entspricht dem Nennmaß, also dem Abmaß null. Auf die Nulllinie werden die *Grenzabmaße* bezogen.

Doku-
mentation

Technische Dokumentation

Normung

Technisches Zeichnen

Grundbegriffe, Toleranzen

Wenn *beide Abmaße gleich sind* und sie symmetrisch zur Nulllinie liegen, wird das *Passmaß* vereinfacht geschrieben, z. B. 25 ± 0,2. Ist eines der Abmaße Null, wird es im Passmaß nicht angegeben.

Unteres Abmaß null: Zum Beispiel $25^{+0,2}$
Oberes Abmaß null: Zum Beispiel $25_{-0,2}$

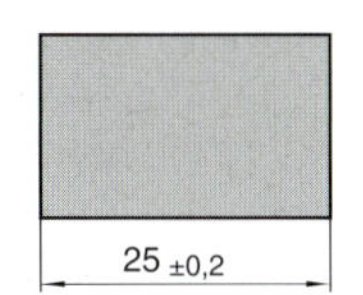

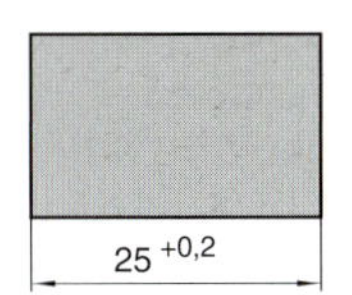

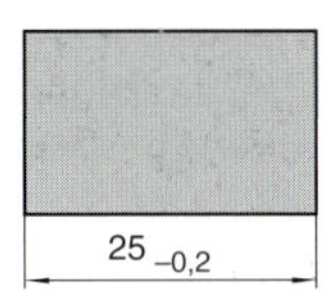

Allgemein ist die *Toleranz* die Differenz zwischen dem Höchstwert und dem Mindestwert einer *messbaren Eigenschaft* (z. B. Länge). Die Toleranz ist auch ein *Fertigungsspielraum*, der zugelassen, geduldet, toleriert wird, weil ohne Abweichung vom Nennmaß nicht gefertigt werden kann. Für das Passmaß $25\,^{+0,15}_{-0,10}$ beträgt die *Maßtoleranz* 0,25. Sie ergibt sich aus der *Differenz* zwischen dem *Höchstmaß* und dem *Mindestmaß*.

Die *Maßtoleranz* ergibt sich aus der Differenz von Höchstmaß und Mindestmaß. Dargestellt sind die möglichen Lagen des *Toleranzfeldes* (schraffiert) zur Nulllinie.

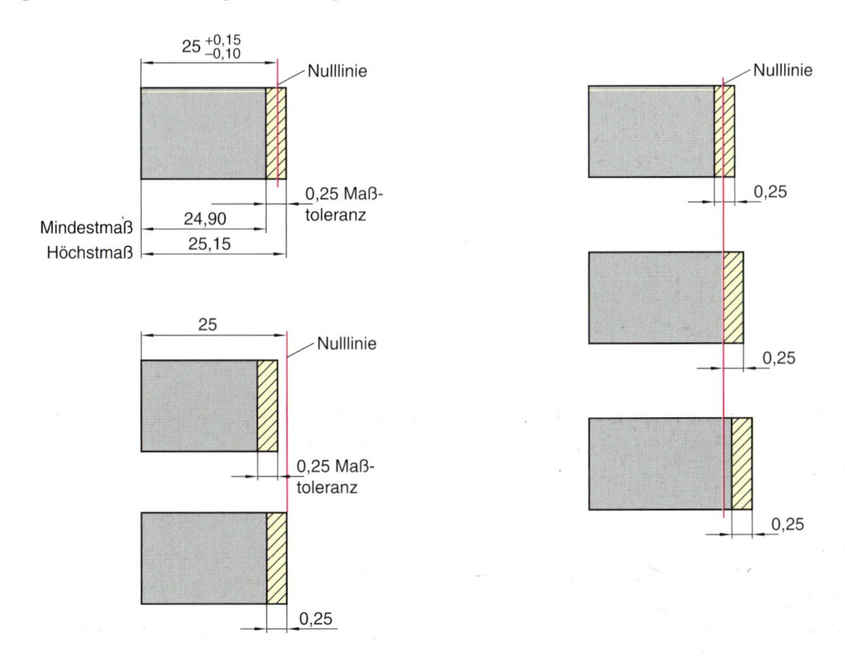

Das **Toleranzfeld** ist das Intervall zwischen dem Mindestmaß und dem Höchstmaß. In der bildlichen Darstellung ist es das Feld, das durch die Linien für das Höchstmaß und das Mindestmaß begrenzt wird. Es gibt die *Toleranz* in ihrer **Größe** und ihrer **Lage zur Nulllinie** (zum Nennmaß) an. Das Toleranzfeld kann *beliebig* zur Nulllinie liegen.

Technische Dokumentation

Normung

Technisches Zeichnen

Allgemeintoleranzen

Allgemeintoleranzen entsprechen in ihren *Toleranzklassen* der *werkstattüblichen* Genauigkeit. Die geeignete Toleranzklasse ist auszuwählen und in der Zeichnung anzugeben.

Die *Allgemeintoleranzen* gelten, wenn neben dem Zeichnungsschriftfeld in einer Eintragung darauf hingewiesen wird. *Zum Beispiel:* DIN ISO 2768 - m

Toleranzangaben in Zeichnungen

Das *obere Grenzabmaß* steht ohne Rücksicht auf das Vorzeichen *höher*, das *untere Grenzabmaß tiefer* als die Maßzahl. Die **Lage des Toleranzfeldes** wird so gewählt, dass bei der Bearbeitung zunächst das Nennmaß erreicht und erst bei *fortschreitender Bearbeitung* (Spanabnahme) die Toleranz beansprucht wird.

In den Fertigungszeichnungen werden i. Allg. *Lage* und *Größe* des Toleranzfeldes angegeben. Bei *Außenmaßen* ist das Grenzabmaß *negativ* und bei *Innenmaßen positiv.*

Die *Toleranzfeldlage* wird allgemein entsprechend der *Richtung der Werkstoffabnahme* gewählt. Bei Innenmaßen wird das Nennmaß zum Mindestmaß und bei Außenmaßen wird es zum Höchstmaß gemacht.

Allgemeintoleranzen, Übersicht

Toleriertes Maß mit Grenzabmaßen, Nennmaßen

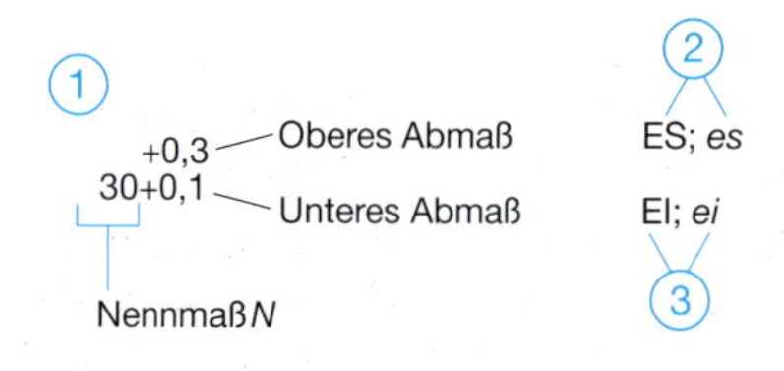

① Ein *toleriertes Maß* besteht aus dem Nennmaß und den Grenzabmaßen oder aus dem Nennmaß mit Toleranzklasse. Zwei zu einer Passung gehörende Werkstücke (Bohrung/Welle) haben das gleiche Nennmaß.

② *Obere Abmaße* werden mit den Buchstaben *ES* für Bohrungen und *es* für Wellen gekennzeichnet.

③ *Untere Abmaße* werden mit den Buchstaben *EI* für Bohrungen und *ei* für Wellen gekennzeichnet.

Grenzmaße (Höchstmaß, Mindestmaß), Istmaß, Toleranz, Nulllinie

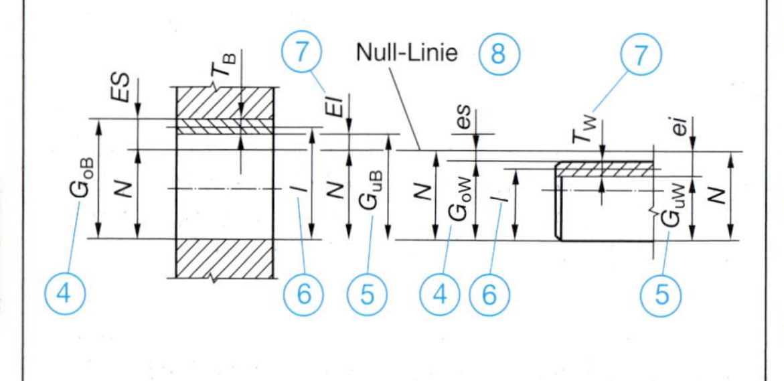

④ *Höchstmaß* = Nennmaß + oberes Abmaß
Bohrung: $G_{oB} = N + ES$
Welle: $G_{oW} = N + es$

⑤ *Mindestmaß* = Nennmaß + unteres Abmaß
Bohrung: $G_{uB} = N + EI$
Welle: $G_{uW} = N + ei$

⑥ Das *Istmaß* (*I*) ist das Maß des gefertigten Werkstückes, es muss zwischen den Grenzmaßen G_u und G_o liegen.

⑦ Toleranz = Höchstmaß – Mindestmaß
Toleranz = oberes Abmaß – unteres Abmaß
Bohrung: $T_B = G_{oB} - G_{uB} = ES - EI$
Welle: $T_W = G_{oW} - G_{uW} = es - ei$

Technische Dokumentation

Normung

Technisches Zeichnen

Allgemeintoleranzen, Übersicht

Beispiel:
Berechnung von Höchst- und Mindestmaß

Toleriertes Maß	Höchstmaß für Bohrung $G_{oB} = N + ES$	Mindestmaß für Bohrung $G_{uB} = N + EI$
$30^{+0,3}_{+0,1}$	$G_{oB} = 30 + 0,3$ $G_{oB} = 30,3$	$G_{uB} = 30 + 0,1$ $G_{uB} = 30,1$
$30^{-0,1}_{-0,2}$	$G_{oB} = 30 + (-0,1)$ $G_{oB} = 29,9$	$G_{uB} = 30 + (-0,2)$ $G_{uB} = 29,8$

(8) Zur Darstellung von Grenzabmaßen benutzt man vorzugsweise die obere Begrenzungslinie des Nennmaßes als Bezugslinie.
Diese gedachte Linie wird Null-Linie genannt.

Toleriertes Maß mit Toleranzklasse

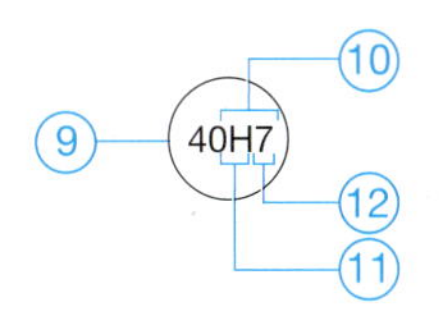

(9) Nach ISO-Norm setzt sich ein toleriertes Maß aus dem Nennmaß und der Toleranzklasse zusammen.

(10) Das Kurzzeichen der Toleranzklasse besteht

(11) aus einem Buchstaben H für das Grundmaß und

(12) einer Zahl 7 des Toleranzgrades.

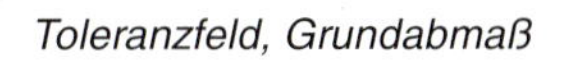

Toleranzfeld, Grundabmaß

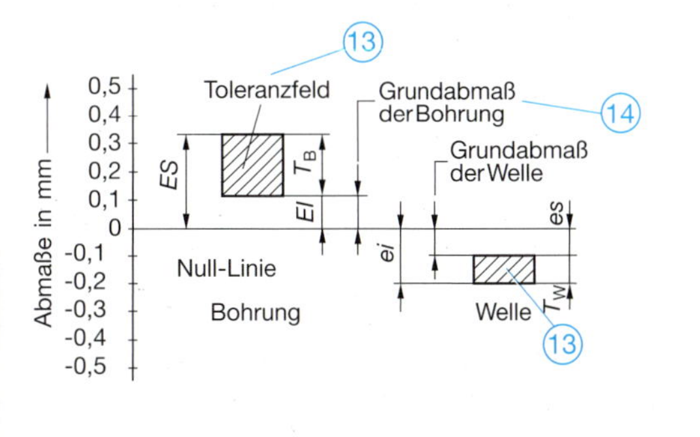

(13) Toleranzfeld ist der Abstand zwischen Mindestmaß und Höchstmaß.

(14) Das Grundabmaß legt die Lage des Toleranzfeldes zur Nulll-Linie fest. Es ist das Abmaß, das am nächsten zur Nulll-Linie liegt.

Formtoleranzen DIN EN ISO 1101

Tolerierte Eigenschaft Sinnbild	Toleranzzone	Beispiele	
Geradheit —	Øt	– Ø0,04; l	Die tolerierte Achse des Bolzens muss auf der Länge *l* innerhalb eines Zylinders vom Durchmesser *t* = 0,04 mm liegen.
Ebenheit ▱	t	▱ 0,08; l_1; l_2	Die tolerierte gekennzeichnete Fläche mit den Maßen l_1 und l_2 muss zwischen zwei parallelen Ebenen vom Abstand *t* = 0,08 mm liegen.

Technische Dokumentation

Normung

Technisches Zeichnen

Formtoleranzen DIN EN ISO 1101

Tolerierte Eigenschaft, Sinnbild	Toleranzzone	Beispiele	
Rundheit ○	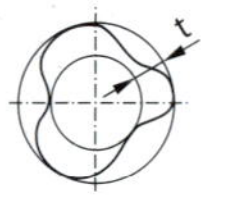	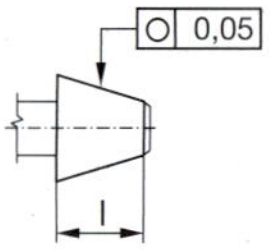	Die Umfangslinie muss in jedem Querschnitt innerhalb eines Kreisringes von t = 0,05 mm Breite liegen.
Zylinderform ⌭	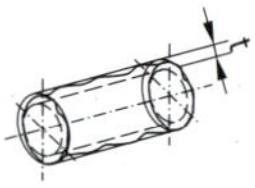	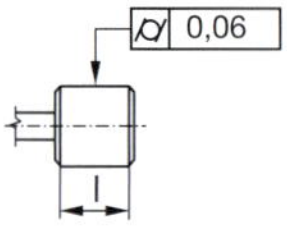	Die Zylinderoberfläche muss auf der Länge l innerhalb eines Zylindermantels von t = 0,06 mm Wanddicke liegen.
Linienform ⌒	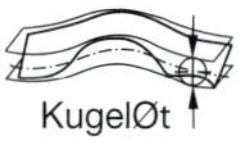	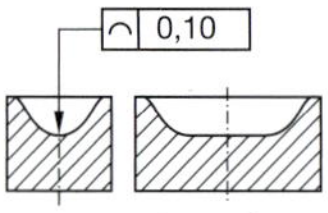	Das tolerierte Profil muss zwischen zwei Hülllinien liegen, deren Abstand durch Kreise von t = 0,10 mm Durchmesser (Kreismittelpunkt auf der Ideallinie des Profils) begrenzt werden.
Flächenform ⌓	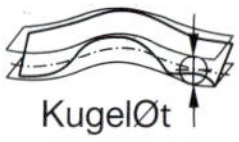	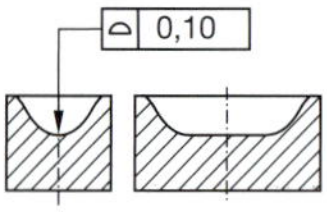	Die tolerierte Fläche muss zwischen zwei Hüllflächen liegen. Der Abstand der Hüllflächen ist durch Kugeln von t = 0,1 mm (Kugelmittelpunkt auf der Ideallinie des Profils) begrenzt.

Lagetoleranzen DIN EN ISO 1101

Tolerierte Eigenschaft Symbol		Toleranzzone	Beispiele	
Richtungstoleranzen	**Parallelität** //	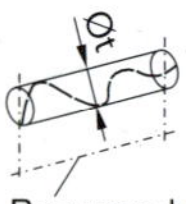	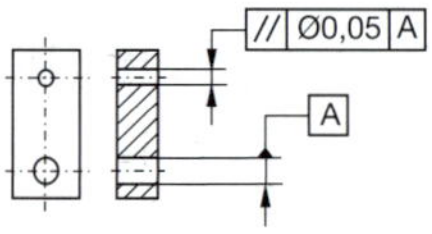	Die tolerierte Achse der kleinen Bohrung muss innerhalb eines parallel zur Bezugsachse liegenden Zylinders vom Durchmesser t = 0,05 mm liegen.
		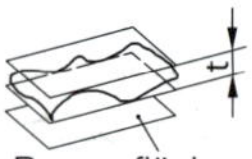	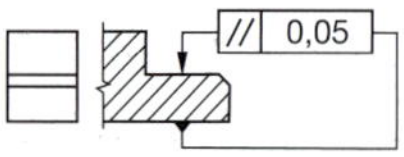	Die tolerierte Fläche muss zwischen zwei zur Bezugsfläche parallelen Ebenen liegen, Abstand t = 0,05 mm.
	Rechtwinkligkeit ⊥	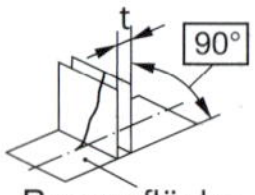	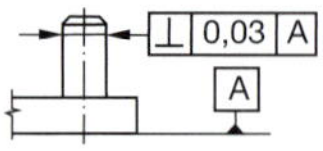	Die tolerierte Achse muss innerhalb von zwei zur Bezugsfläche parallelen Ebenen im Abstand t = 0,03 mm liegen. Die Ebenen stehen rechtwinklig zur Bezugsfläche.
	Neigung ∠	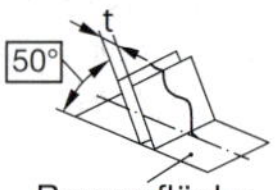	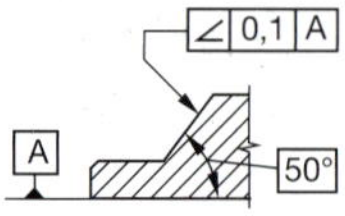	Die tolerierte Achse muss innerhalb von zwei parallelen Ebenen im Abstand t = 0,03 mm liegen. Die Ebenen stehen im Winkel von 50° geneigt zur Bezugsfläche.

Technische Dokumentation

Normung

Technisches Zeichnen

Lagetoleranzen

DIN EN ISO 1101

Tolerierte Eigenschaft Symbol		Toleranzzone	Beispiele	
Ortstoleranzen	Position ⌖	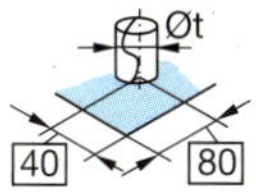	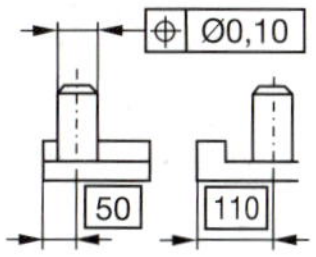	Die Achse des Bolzens muss innerhalb eines Zylinders von t = 0,10 mm liegen, dessen Mittellinie sich am geometrisch idealen Ort befindet.
	Symmetrie ⌯	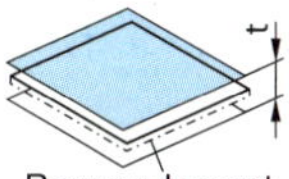 Bezugselement	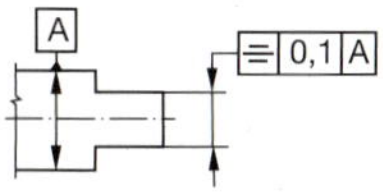	Die Mittelebene des Ansatzes muss zwischen zwei parallelen Ebenen liegen, die t = 0,10 mm Abstand haben und parallel zur Bezugsebene liegen.
	Koaxialität Konzentrität ◎	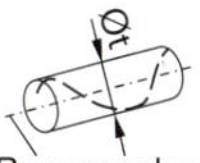 Bezugsachse	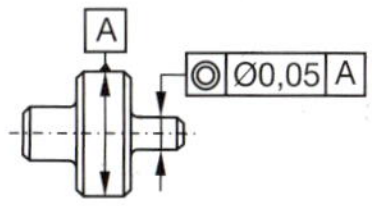	Die Achse des tolerierten Zapfens muss innerhalb eines Zylinders von t = 0,05 mm liegen. Dieser Zylinder muss mit der Achse des mit A gekennzeichneten Elements fluchten.
Lauftoleranzen	Planlauf ↗	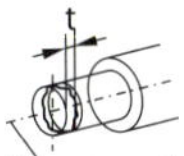 Bezugsachse	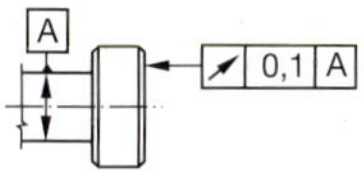	Die Planlaufabweichung, bezogen auf die gekennzeichnete Achse A, darf t = 0,10 mm nicht überschreiten.
	Rundlauf ↗	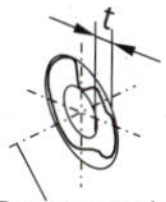 Bezugsachse	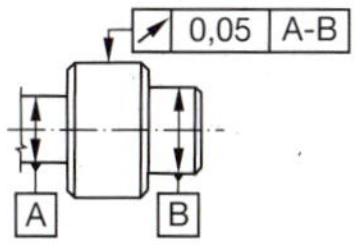	Die Rundlaufabweichung, bezogen auf die Achse A–B, darf t = 0,05 mm nicht überschreiten.
Gesamtlauftoleranzen	Planlauf ⌰	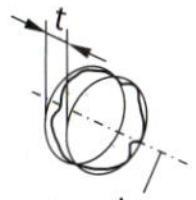 Bezugsachse	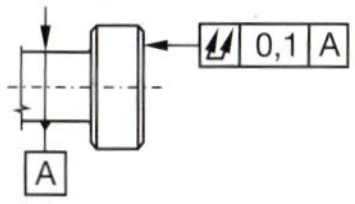	Die Gesamtplanlaufabweichung, bezogen auf die gekennzeichnete Achse A, darf t = 0,10 mm nicht überschreiten.
	Rundlauf ⌰	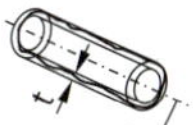 Bezugsachse	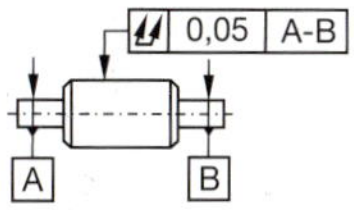	Die Gesamtplanlaufabweichung, bezogen auf die gekennzeichnete Achse A–B, darf t = 0,05 mm nicht überschreiten.

Technische Dokumentation

Normung

Technisches Zeichnen

Allgemeintoleranzen — DIN ISO 2768-1

Längenmaße außer gebrochene Kanten (Rundungsdurchmesser, Fasenhöhen)

Toleranzklasse	**Grenzabmaße für Nennbereiche** (mm)							
	ab 0,5 bis 3	über 3 bis 6	über 6 bis 30	über 30 bis 120	über 120 bis 400	über 400 bis 1000	über 1000 bis 2000	über 2000 bis 4000
fein (f)	± 0,05	± 0,05	± 0,1	± 0,15	± 0,2	± 0,3	± 0,5	–
mittel (m)	± 0,1	± 0,1	± 0,2	± 0,3	± 0,5	± 0,8	± 1,2	± 2,0
grob (c)	± 0,2	± 0,3	± 0,5	± 0,8	± 1,2	± 2,0	± 3,0	± 4,0
sehr grob (v)	–	± 0,5	± 1,0	± 1,5	± 2,5	± 4,0	± 6,0	± 8,0

Allgemeintoleranzen — DIN ISO 2768-1

Winkelmaße

Toleranzklasse	**Grenzabmaße für Längenbereich des kürzeren Winkelschenkels**				
	bis 10	über 10 bis 50	über 50 bis 120	über 120 bis 400	über 400
fein (f), mittel (m)	± 1°	± 0° 30′	± 0° 20′	± 0° 10′	± 0° 5′
grob (c)	± 1° 30′	± 1°	± 0° 30′	± 0° 15′	± 0° 10′
sehr grob (v)	± 3°	± 2°	± 1°	± 0° 30′	± 0° 20′

Rundungshalbmesser und Fasenhöhen, gebrochene Kanten

Toleranzklasse	**Grenzabmaße für Rundungshalbmesser und Fasenhöhen** (mm)				
	ab 0,5 bis 5	über 5 bis 6	über 6 bis 30	über 30 bis 120	über 120 bis 400
fein (f), mittel (m)	± 0,2	± 0,5	± 1,0	± 2,0	± 4,0
grob (c), sehr grob (v)	± 0,4	± 1,0	± 2,0	± 4,0	± 8,0

Allgemeintoleranzen für Form und Lage — DIN ISO 2768-2

Allgemeintoleranzen für Geradheit und Ebenheit

Toleranzklasse	**Allgemeintoleranzen für Geradheit und Ebenheit für Nennmaßbereiche** (mm)					
	bis 10	über 10 bis 30	über 30 bis 100	über 100 bis 300	über 300 bis 1000	über 1000 bis 3000
H	0,02	0,05	0,1	0,2	0,3	0,4
K	0,05	0,1	0,2	0,4	0,6	0,8
L	0,1	0,2	0,4	0,8	1,2	1,6

Allgemeintoleranzen für Rechtwinkligkeit

Toleranzklasse	**Rechtwinkligkeitstoleranzen für Nennmaßbereiche des kürzeren Winkelschenkels** (mm)			
	bis 100	über 100 bis 300	über 300 bis 1000	über 1000 bis 3000
H	0,2	0,3	0,4	0,5
K	0,4	0,6	0,8	1,0
L	0,6	1,0	1,5	2,0

Technische Dokumentation

Normung

Technisches Zeichnen

Allgemeintoleranzen für Form und Lage — DIN EN ISO 286-1

Allgemeintoleranzen für Symmetrie und Lauf

Toleranzklasse	Symmetrietoleranzen für Nennmaßbereiche (mm)				Allgemeintoleranzen für Lauf (mm)
	bis 100	über 100 bis 300	über 300 bis 1000	über 1000 bis 3000	
H	0,5				0,1
K	0,6		0,8	1,0	0,2
L	0,6	1,0	1,5	2,0	0,5

Passungen — DIN EN ISO 286-1

- *Passung* ist die Beziehung zwischen Passfläche der zu paarenden oder gepaarter Passteile. Passung ist das Maß der Innenpassfläche(n) *minus* Maß der Außenpassfläche(n) vor der Paarung.
- *Passteile* sind die Teile mit einer oder mehreren Passflächen, die für eine Passung bestimmt sind.
- *Passfläche* ist jede mit einem Passmaß versehene Fläche, mit denen sich Passteile bei der Paarung berühren können.
- *Innenpassfläche* ist die Passfläche am inneren Formelement (z. B. Bohrung), *Außenpassfläche* am äußeren Formelement (z. B. Welle).
- Das *Passtoleranzfeld* gibt die *Größe* der Passtoleranz und auch ihre *Lage* zur Null-Linie an.
- Die *Toleranzfeldlage* ergibt sich aus dem *Abstand* des Toleranzfeldes gegenüber der Null-Linie. Sie wird bei den *ISO-Toleranzen* durch *Buchstaben* gekennzeichnet.

Passungsbegriffe — DIN EN ISO 286-1

Spielpassung

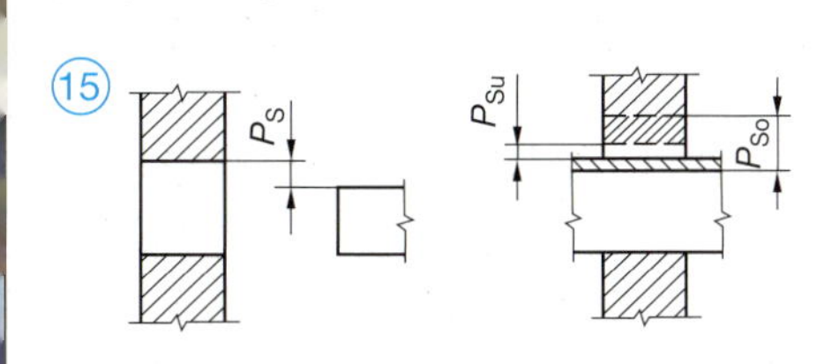

(15) Bei *Spiel* ist die Bohrung größer als die Welle. Die Passung ist *positiv*.

Spiel: P_S
Höchstspiel: $P_{So} = G_{oB} - G_{uW}$
Mindestspiel: $P_{Su} = G_{uB} - G_{oW}$

Übergangspassung

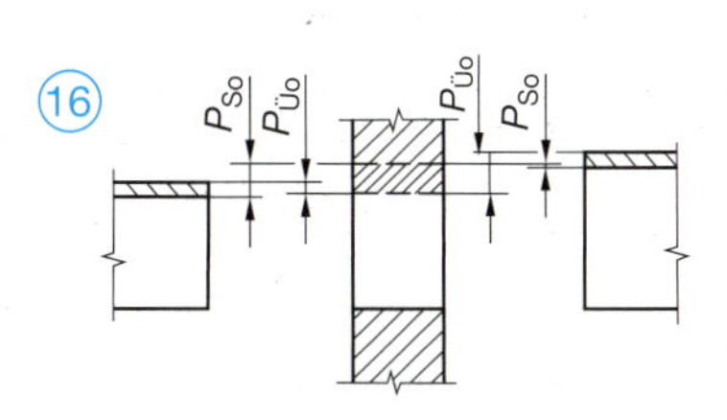

(16) Je nach Istmaß von Bohrung und Welle kann sich bei der Übergangspassung nach dem Fügen der beiden Teile sowohl ein *Spiel* als auch ein *Übermaß* ergeben.

Höchstspiel: $P_{So} = G_{oB} - G_{uW}$
Höchstübermaß: $P_{Üo} = G_{uB} - G_{oW}$

Technische Dokumentation

Normung

Technisches Zeichnen

Passungsbegriffe

Übermaßpassung

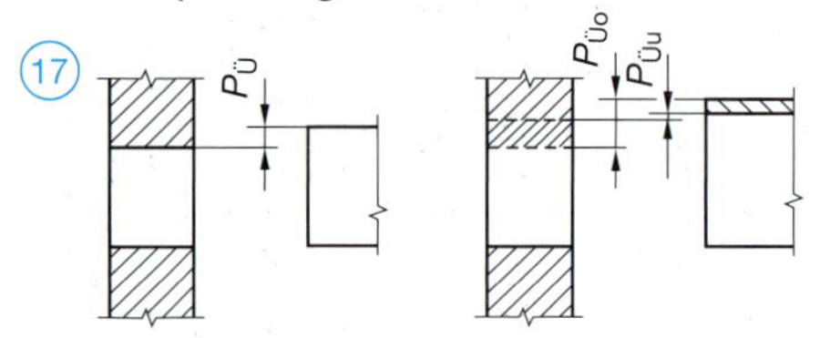

(17) Bei *Übermaß* ist die Welle größer als die Bohrung. Die Passung ist *negativ*.

Übermaß: $P_Ü$

Höchstübermaß: $P_{Üo} = G_{uB} - G_{oW}$

Mindestübermaß: $P_{Üu} = G_{oB} - G_{uW}$

Passungssystem Einheitsbohrung

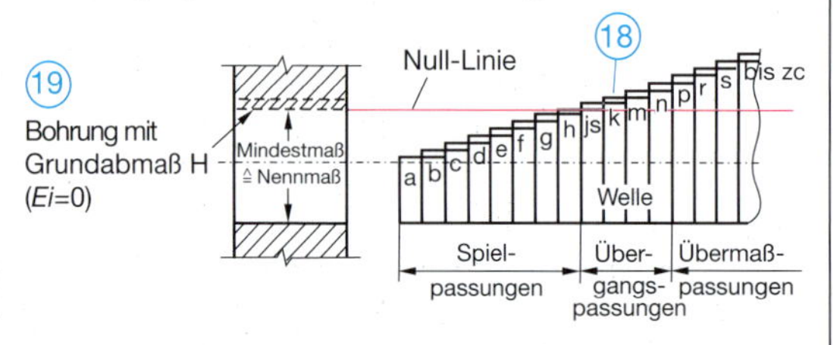

(18) Die Lage der Grundabmaße zur Nulllinie wird für *Wellen* mit einem *Kleinbuchstaben* gekennzeichnet.

(19) Beim Passungssystem *Einheitsbohrung* hat die *Bohrung* das Grundabmaß H. Gewünschte Passungen werden durch die Auswahl der Grundabmaße der *Welle* erreicht.

Passungssystem Einheitswelle

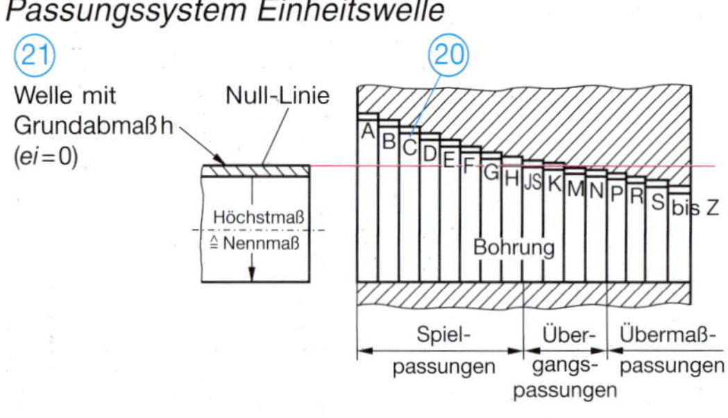

(20) Die Lage der Grundabmaße zur Nulllinie wird für *Bohrungen* mit einem *Großbuchstaben* gekennzeichnet.

(21) Beim Passungssystem *Einheitswelle* hat die Welle immer das Grundabmaß h. Gewünschte Passungen erreicht man durch die Auswahl von Grundabmaßen für die *Bohrung*.

Auswahl von Passungen

	Einheits-bohrung	Einheits-welle	Eigenschaft	Anwendung
Spiel-passung	H7/h6; H8/h9	H7/h6; H8/h9	noch gleitfähig durch Handkraft	Führungen an Werkzeug-maschinen
	H8/f7	F8/h6	geringes Spiel, leicht verschiebbar	Gleitlager, Kolben, Schieberäder
		C11/h9	großes Spiel	Baumaschinen
Übergangs-passung	H7/n6	N7/h6	fügbar mit geringer Presskraft, Verdrehsicherung notwendig	Zahnräder, Lagerbuchsen, Kupplungen
	H7/m6		Fügen und Lösen möglich, Verdrehsicherung notwendig	Passstifte, Kugellagerringe
Übermaß-passung	H8/x8; H8/n8	S7/h6	fügbar mit sehr großer Presskraft, schrumpfbar	Kurbeln auf Wellen, Laufringe auf Radkörpern
	H7/r6		fügbar mit großer Presskraft	Buchsen in Radnaben, Lagerbuchsen

Auswahl von Passungen

DIN EN ISO 286-1

Grundtoleranzen

In den Kurzzeichen für die *Toleranzklassen* nach ISO stehen hinter den Buchstaben Zahlen. Diese Zahlen geben den *Grundtoleranzgrad* an.
Der Grundtoleranzgrad und das Nennmaß bestimmen den Wert der Grundtoleranz.
Es stehen 20 Grundtoleranzgrade zur Verfügung, die mit den Buchstaben IT und einer Zahl gekennzeichnet werden (z. B. IT7).
In Zusammenhang mit einem *Grundabmaß* entfallen die Buchstaben IT (z. B. h7 statt IT7).

Nennmaß mm		Grundtoleranzangabe																	
		IT1	IT2	IT3	IT4	IT5	IT6	IT7	IT8	IT9	IT10	IT11	IT12	IT13	IT14	IT15	IT16	IT17	IT18
über	bis	**Grundtoleranzen** in µm																	
0	**3**	0,8	1,2	2	3	4	6	10	14	25	40	60	100	140	250	400	600	1000	1400
3	**6**	1	1,5	2,5	4	5	8	12	18	30	48	75	120	180	300	480	750	1200	1800
6	**10**	1	1,5	2,5	4	6	9	15	22	36	58	90	150	220	360	580	900	1500	2200
10	**18**	1,2	2	3	5	8	11	18	27	43	70	110	180	270	430	700	1100	1800	2700
18	**30**	1,5	2,5	4	6	9	13	21	33	52	84	120	210	330	520	840	1300	2100	3300
30	**50**	1,5	2,5	4	7	11	16	25	39	62	100	160	250	390	620	1000	1600	2500	3900
50	**80**	2	3	5	8	13	19	30	46	74	120	190	300	460	740	1200	1900	3000	4600
80	**120**	2,5	4	6	10	15	22	35	54	87	140	220	350	540	870	1400	2200	3500	5400
120	**180**	3,5	5	8	12	18	25	40	63	100	160	250	400	630	1000	1600	2500	4000	6300
180	**250**	4,5	7	10	14	20	29	46	72	115	185	290	460	720	1150	1850	2900	4600	7200
250	**315**	6	8	12	16	23	32	52	81	130	210	320	520	810	1300	2100	3200	5200	8100
315	**400**	7	9	13	18	25	36	57	89	140	230	360	570	890	1400	2300	3600	5700	8900
400	**500**	8	10	15	20	27	40	63	97	155	250	400	630	970	1550	2500	4000	6300	9700
Qualität		**sehr fein**				**fein**			**mittel**			**grob**			**sehr grob**				
Anwendung		**Lehrenbau**							**Maschinenbau**						**Umformverfahren**				

Die Grundtoleranzgrade IT14 bis IT18 sind für Nennmaße bis einschließlich 1 mm nicht anzuwenden.

Doku-
mentation

Technische Dokumentation

Normung

Technisches Zeichnen

Passungen

DIN EN ISO 286-2

System Einheitsbohrung

Nennmaß in mm		Bohrung H6	Welle					Bohrung H7	Welle							
			Spielpass.	Übergangspassung			Übermaß		Spielpassung			Übergangspassung				Übermaß
			h5	j6	k6	n5	r5		f7	g6	h6	j6	k6	m6	n6	r6
über	bis	Grenzabmaße in µm														
0	3	+ 6 0	0 − 4	+ 4 − 2	+ 6 0	+ 8 + 4	+ 14 + 10	+ 10 0	− 6 − 16	− 2 − 8	0 − 6	+ 4 − 2	+ 6 0	+ 8 + 2	+ 10 + 4	+ 16 + 10
3	6	+ 8 0	0 − 5	+ 6 − 2	+ 9 + 1	+ 13 + 8	+ 20 + 15	+ 12 0	− 10 − 22	− 4 − 12	0 − 8	+ 6 − 2	+ 9 + 1	+ 12 + 4	+ 16 + 8	+ 23 + 15
6	10	+ 9 0	0 − 6	+ 7 − 2	+ 10 + 1	+ 16 + 10	+ 25 + 19	+ 15 0	− 13 − 28	− 5 − 14	0 − 9	+ 7 − 2	+ 10 + 1	+ 15 + 6	+ 19 + 10	+ 28 + 19
10	14	+ 11 0	0 − 8	+ 8 − 3	+ 12 + 1	+ 20 + 12	+ 31 + 23	+ 18 0	− 16 − 34	− 6 − 17	0 − 11	+ 8 − 3	+ 12 + 1	+ 18 + 7	+ 23 + 12	+ 34 + 23
14	18															
18	24	+ 13 0	0 − 9	+ 9 − 4	+ 15 + 2	+ 24 + 15	+ 37 + 28	+ 21 0	− 20 − 41	− 7 − 20	0 − 13	+ 9 − 4	+ 15 + 2	+ 21 + 8	+ 28 + 15	+ 41 + 28
24	30															
30	40	+ 16 0	0 − 11	+ 11 − 5	+ 18 + 2	+ 28 + 17	+ 45 + 34	+ 25 0	− 25 − 50	− 9 − 25	0 − 16	+ 11 − 5	+ 18 + 2	+ 25 + 9	+ 33 + 17	+ 50 + 34
40	50															
50	65	+ 19 0	0 − 13	+ 12 − 7	+ 21 + 2	+ 33 + 20	+ 54 + 41	+ 30 0	− 30 − 60	− 10 − 29	0 − 19	+ 12 − 7	+ 21 + 2	+ 30 + 11	+ 39 + 20	+ 60 + 41
65	80						+ 56 + 43									+ 62 + 43
80	100	+ 22 0	0 − 15	+ 13 − 9	+ 25 + 3	+ 38 + 23	+ 66 + 51	+ 35 0	− 36 − 71	− 12 − 34	0 − 22	+ 13 − 9	+ 25 + 3	+ 35 + 13	+ 45 + 23	+ 73 + 51
100	120						+ 69 + 54									+ 76 + 54
120	140	+ 25 0	0 − 18	+ 14 − 11	+ 28 + 3	+ 45 + 27	+ 81 + 63	+ 40 0	− 43 − 83	− 14 − 39	0 − 25	+ 14 − 11	+ 28 + 3	+ 40 + 15	+ 52 + 27	+ 88 + 63
140	160						+ 83 + 65									+ 90 + 65
160	180						+ 86 + 68									+ 93 + 68
180	200	+ 29 0	0 − 20	+ 16 − 13	+ 33 + 4	+ 51 + 31	+ 97 + 77	+ 46 0	− 50 − 96	− 15 − 44	0 − 29	+ 16 − 13	+ 33 + 4	+ 46 + 17	+ 60 + 31	+ 106 + 77
200	225						+ 100 + 80									+ 109 + 80
225	250						+ 104 + 84									+ 113 + 84
250	280	+ 32 0	0 − 23	± 16	+ 36 + 4	+ 57 + 34	+ 117 + 94	+ 52 0	− 56 − 108	− 17 − 49	0 −32	± 16	+ 36 + 4	+ 52 + 20	+ 66 + 34	+ 126 + 94
280	315						+ 121 + 98									+ 130 + 98
315	355	+ 36 0	0 − 25	± 18	+ 40 + 4	+ 62 + 37	+ 133 + 108	+ 57 0	− 62 − 119	− 18 − 54	0 − 36	± 18	+ 40 + 4	+ 57 + 21	+ 73 + 37	+ 144 + 108
355	400						+ 139 + 114									+ 150 + 114
400	450	+ 40 0	0 − 27	± 20	+ 45 + 5	+ 67 + 40	+ 153 + 126	+ 63 0	− 68 − 131	− 20 − 60	0 − 40	± 20	+ 45 + 5	+ 63 + 23	+ 80 + 40	+ 166 + 126
450	500						+ 159 + 132									+ 172 + 132

Damit die Zahl der Werkz. sowie der Prüf- und Messgeräte beschränkt werden kann, ist die Auswahl der farbig unterlegten Toleranzkl. nach Reihe I und der Reihe II vorzuziehen.

Doku-mentation

Technische Dokumentation

Normung

Technisches Zeichnen

Passungen

DIN EN ISO 286-2

System Einheitsbohrung

Nennmaß in mm		Bohrung H8	Welle Spielpassung					Welle Übermaß			Bohrung H11	Welle Spielpassung					Übermaß
über	bis		d9	e8	**f7**	f8	**h9**	s8	**u8**	x8		a11	c11	d9	**h9**	**h11**	x 10
		Grenzabmaße in µm															
0	**3**	+ 14 0	− 20 − 45	− 14 − 28	− 6 − 16	− 6 − 20	0 − 25	+ 28 + 14	+ 32 + 18	+ 34 + 20	+ 60 0	− 270 − 330	− 60 − 120	− 20 − 45	0 − 25	0 − 60	+ 60 + 20
3	**6**	+ 18 0	− 30 − 60	− 20 − 38	− 10 − 22	− 10 − 28	0 − 30	+ 37 + 19	+ 41 + 23	+ 46 + 28	+ 75 0	− 370 − 345	− 70 − 145	− 30 − 60	0 − 30	0 − 75	+ 76 + 28
6	**10**	+ 22 0	− 40 − 76	− 25 − 47	− 13 − 28	− 13 − 35	0 − 36	+ 45 + 23	+ 50 + 28	+ 56 + 34	+ 90 0	− 280 − 370	− 80 − 170	− 40 − 76	0 − 36	0 − 90	+ 92 + 34
10	**14**	+ 27 0	− 50 − 93	− 32 − 59	− 16 − 34	− 16 − 43	0 − 43	+ 55 + 28	+ 60 + 33	+ 67 + 40	+ 110 0	− 290 − 400	− 95 − 205	− 50 − 93	0 − 43	0 − 110	+ 110 + 40
14	**18**									+ 72 + 45							+ 115 + 45
18	**24**	+ 33 0	− 65 − 117	− 40 − 73	− 20 − 41	− 20 − 53	0 − 52	+ 68 + 35	+ 74 + 41	+ 87 + 54	+ 130 0	− 300 − 430	− 110 − 240	− 65 − 117	0 − 52	0 − 130	+ 138 + 54
24	**30**								+ 81 + 48	+ 97 + 64							+ 148 + 64
30	**40**	+ 39 0	− 80 − 142	− 50 − 89	− 25 − 50	− 25 − 64	0 − 62	+ 82 + 43	+ 99 + 60	+ 119 + 80	+ 160 0	− 310 − 470	− 120 − 280	− 80 − 142	0 − 62	0 − 160	+ 180 + 80
40	**50**								+ 109 + 70	+ 136 + 97		− 320 − 480	− 130 − 290				+ 197 + 97
50	**65**	+ 46 0	− 100 − 174	− 60 − 106	− 30 − 60	− 30 − 76	0 − 74	+ 99 + 53	+ 133 + 87	+ 168 + 122	+ 190 0	− 340 − 530	− 140 − 330	− 100 − 174	0 − 74	0 − 190	+ 242 + 122
65	**80**							+ 105 + 59	+ 148 + 102	+ 192 + 146		− 360 − 550	− 150 − 340				+ 266 + 146
80	**100**	+ 54 0	− 120 − 207	− 72 − 126	− 36 − 71	− 36 − 90	0 − 87	+ 125 + 71	+ 178 + 124	+ 232 + 178	+ 220 0	− 380 − 600	− 170 − 390	− 120 − 207	0 − 87	0 − 220	+ 318 + 178
100	**120**							+ 133 + 79	+ 198 + 144	+ 264 + 210		− 410 − 630	− 180 − 400				+ 350 + 210
120	**140**	+ 63 0	− 145 − 245	− 85 − 148	− 43 − 83	− 43 − 106	0 − 100	+ 155 + 92	+ 233 + 170	+ 311 + 248	+ 250 0	− 460 − 710	− 200 − 450	− 145 − 245	0 − 100	0 − 250	+ 408 + 248
140	**160**							+ 163 + 100	+ 253 + 190	+ 343 + 280		− 520 − 770	− 210 − 460				+ 440 + 280
160	**180**							+ 171 + 108	+ 273 + 210	+ 373 + 310		− 580 − 830	− 230 − 480				+ 470 + 310
180	**200**	+ 72 0	− 170 − 285	− 100 − 172	− 50 − 96	− 50 − 122	0 − 115	+ 194 + 122	+ 308 + 236	+ 422 + 350	+ 290 0	− 660 − 950	− 240 − 530	− 170 − 285	0 − 115	0 − 290	+ 535 + 350
200	**225**							+ 202 + 130	+ 330 + 258	+ 457 + 385		− 740 − 1030	− 260 − 550				+ 570 + 385
225	**250**							+ 212 + 140	+ 356 + 284	+ 497 + 425		− 820 − 1110	− 280 − 570				+ 610 + 425
250	**280**	+ 81 0	− 190 − 320	− 110 − 191	− 56 − 108	− 56 − 137	0 − 130	+ 239 + 158	+ 396 + 315	+ 556 + 475	+ 320 0	− 920 − 1240	− 300 − 620	− 190 − 320	0 − 130	0 − 320	+ 685 + 475
280	**315**							+ 251 + 170	+ 431 + 350	+ 606 + 525		− 1050 − 1370	− 330 − 650				+ 735 + 525
315	**355**	+ 89 0	− 210 − 350	− 125 − 214	− 62 − 119	− 62 − 151	0 − 140	+ 279 + 190	+ 479 + 390	+ 679 + 590	+ 360 0	− 1200 − 1560	− 360 − 720	− 210 − 350	0 − 140	0 − 360	+ 820 + 590
355	**400**							+ 297 + 208	+ 524 + 435	+ 749 + 660		− 1350 − 1710	− 400 − 760				+ 890 + 660
400	**450**	+ 97 0	− 230 − 385	− 135 − 232	− 68 − 131	− 68 − 165	0 − 155	+ 329 + 232	+ 587 + 490	+ 837 + 740	+ 400 0	− 1500 − 1900	− 440 − 840	− 230 − 385	0 − 155	0 − 400	+ 990 + 740
450	**500**							+ 349 + 252	+ 637 + 540	+ 917 + 820		− 1650 − 2050	− 480 − 880				+ 1070 + 820

Damit die Zahl der Werkzeuge sowie der Prüf- und Messgeräte beschränkt werden kann, ist die Auswahl der farbig unterlegten Toleranzkl. nach Reihe I und der Reihe II vorzuziehen.

Technische Dokumentation

Normung

Technisches Zeichnen

Passungen

DIN EN ISO 286-2

System Einheitswelle

Nennmaß in mm		Welle h5	Bohrung Spielpass.	Bohrung Übergangspassung			Bohrung Übermaß	Welle h6	Bohrung Spielpassung			Bohrung Übergangspassung				Bohrung Übermaß	
über	bis		G6	J6	M6	N6	P6		F7	F8	G7	J7	K7	M7	N7	R7	S7
		Grenzabmaße in µm															
0	3	0 −4	+8 +2	+2 −4	−2 −8	−4 −10	−6 −12	0 −6	+16 +6	+20 +6	+12 +2	+4 −6	0 −10	−2 −12	−4 −14	−10 −20	−14 −24
3	6	0 −5	+12 +4	+5 −3	−1 −9	−5 −13	−9 −17	0 −8	+22 +10	+28 +10	+16 +4	+6 −6	+3 −9	0 −12	−4 −16	−11 −23	−15 −27
6	10	0 −6	+14 +5	+5 −4	−3 −12	−7 −16	−12 −21	0 −9	+28 +13	+35 +13	+20 +5	+8 −7	+5 −10	0 −15	−4 −19	−13 −28	−17 −32
10	18	0 −8	+17 +6	+6 −5	−4 −15	−9 −20	−15 −26	0 −11	+34 +16	+43 +16	+24 +6	+10 −8	+6 −12	0 −18	−5 −23	−16 −34	−21 −39
18	30	0 −9	+20 +7	+8 −5	−4 −17	−11 −24	−18 −31	0 −13	+41 +20	+53 +20	+28 +7	+12 −9	+6 −15	0 −21	−7 −28	−20 −41	−27 −48
30	50	0 −11	+25 +9	+10 −6	−4 −20	−12 −28	−21 −37	0 −16	+50 +25	+64 +25	+34 +9	+14 −11	+7 −18	0 −25	−8 −33	−25 −50	−34 −59
50	65	0 −13	+29 +10	+13 −6	−5 −24	−14 −33	−26 −45	0 −19	+60 +30	+76 +30	+40 +10	+18 −12	+9 −21	0 −30	−9 −39	−30 −60	−42 −72
65	80															−32 −62	−48 −78
80	100	0 −15	+34 +12	+16 −6	−6 −28	−16 −38	−30 −52	0 −22	+71 +36	+90 +36	+47 +12	+22 −13	+10 −25	0 −35	−10 −45	−38 −73	−58 −93
100	120															−41 −76	−66 −101
120	140	0 −18	+39 +14	+18 −7	−8 −33	−20 −45	−36 −61	0 −25	+83 +43	+106 +43	+54 +14	+26 −14	+12 −28	0 −40	−12 −52	−48 −88	−77 −117
140	160															−50 −90	−85 −125
160	180															−53 −93	−93 −133
180	200	0 −20	+44 +15	+22 −7	−8 −37	−22 −51	−41 −70	0 −29	+96 +50	+122 +50	+61 +15	+30 −16	+13 −33	0 −46	−14 −60	−60 −106	−105 −151
200	225															−63 −109	−113 −159
225	250															−67 −113	−124 −169
250	280	0 −23	+49 +17	+25 −7	−9 −41	−25 −57	−47 −79	0 −32	+108 +56	+137 +56	+69 +17	+36 −16	+16 −36	0 −52	−14 −66	−74 −126	−138 −190
280	315															−78 −130	−150 −202
315	355	0 −25	+54 +18	+29 −7	−10 −46	−26 −62	−51 −87	0 −36	+119 +62	+151 +62	+75 +18	+39 −18	+17 −40	0 −57	−16 −73	−87 −144	−169 −226
355	400															−93 −150	−187 −244
400	450	0 −27	+60 +20	+33 −7	−10 −50	−27 −67	−55 −95	0 −40	+131 +68	+165 +68	+83 +20	+43 −20	+18 −45	0 −63	−17 −80	−103 −166	−209 −272
450	500															−109 −172	−229 −290

Damit die Zahl der Werkzeuge sowie der Prüf- und Messgeräte beschränkt werden kann, ist die Auswahl der farbig unterlegten Toleranzkl. nach Reihe I und der Reihe II vorzuziehen.

Doku-mentation

Technische Dokumentation

Normung

Technisches Zeichnen

Passungen

DIN EN ISO 286-2

System Einheitswelle

Nennmaß in mm		Welle h9	Bohrung Spielpassung				Bohrung Übermaß			Welle h11	Bohrung Spielpassung				Bohrung Übermaß	
			C11	D10	E9	F8	X9	ZA9	ZC9		A11	C10	D9	D11	X8	ZC11
über	bis	Grenzabmaße in µm														
0	3	0 – 25	+ 120 + 60	+ 60 + 20	+ 39 + 14	+ 20 + 6	– 20 – 45	– 32 – 57	– 60 – 85	0 – 60	+ 330 + 270	+ 100 + 60	+ 45 + 20	+ 80 + 20	– 20 – 34	– 60 – 120
3	6	0 – 30	+ 145 + 70	+ 78 + 30	+ 50 + 20	+ 28 + 10	– 28 – 58	– 42 – 72	– 80 – 110	0 – 75	+ 345 + 270	+ 118 + 70	+ 60 + 30	+ 105 + 30	– 28 – 46	– 80 – 155
6	10	0 – 36	+ 170 + 80	+ 98 + 40	+ 61 + 25	+ 35 + 13	– 34 – 70	– 52 – 88	– 97 – 133	0 – 90	+ 370 + 280	+ 138 + 80	+ 76 + 40	+ 130 + 40	– 34 – 56	– 97 – 187
10	14	0 – 43	+ 205 + 95	+ 120 + 50	+ 75 + 32	+ 43 + 16	– 40 – 83	– 64 – 107	– 130 – 173	0 – 110	+ 400 + 290	+ 165 + 95	+ 93 + 50	+ 160 + 50	– 40 – 67	– 130 – 240
14	18						– 45 – 88	– 77 – 120	– 150 – 193						– 45 – 72	– 150 – 260
18	24	0 – 52	+ 240 + 110	+ 149 + 65	+ 92 + 40	+ 53 + 20	– 54 – 106	– 98 – 150	– 188 – 240	0 – 130	+ 430 + 300	+ 194 + 110	+ 117 + 65	+ 195 + 65	– 54 – 87	– 188 – 318
24	30						– 64 – 116	– 118 – 170	– 218 – 270						– 64 – 97	– 218 – 348
30	40	0 – 62	+ 280 + 120	+ 180 + 80	+ 112 + 50	+ 64 + 25	– 80 – 142	– 148 – 210	– 274 – 336	0 – 160	+ 470 + 310	+ 220 + 120	+ 142 + 80	+ 240 + 80	– 80 – 119	– 274 – 434
40	50		+ 290 + 130				– 97 – 159	– 180 – 242	– 325 – 387		+ 480 + 320	+ 230 + 130			– 97 – 136	– 325 – 485
50	65	0 – 74	+ 330 + 140	+ 220 + 100	+ 134 + 60	+ 76 + 30	– 122 – 196	– 226 – 300	– 405 – 479	0 – 190	+ 530 + 340	+ 260 + 140	+ 174 + 100	+ 290 + 100	– 122 – 168	– 405 – 595
65	80		+ 330 + 150				– 146 – 220	– 274 – 348	– 480 – 554		+ 550 + 360	+ 270 + 150			– 146 – 192	– 480 – 670
80	100	0 – 87	+ 390 + 170	+ 260 + 120	+ 159 + 72	+ 90 + 36	– 178 – 265	– 335 – 422	– 585 – 672	0 – 220	+ 600 + 380	+ 310 + 170	+ 207 + 120	+ 340 + 120	– 178 – 232	– 585 – 805
100	120		+ 400 + 180				– 210 – 297	– 400 – 487	– 690 – 777		+ 630 + 410	+ 320 + 180			– 210 – 264	– 690 – 910
120	140	0 – 100	+ 450 + 200	+ 305 + 145	+ 185 + 85	+ 106 + 43	– 248 – 348	– 470 – 570	– 800 – 900	0 – 250	+ 710 + 460	+ 360 + 200	+ 245 + 145	+ 395 + 145	– 248 – 311	– 800 – 1050
140	160		+ 460 + 210				– 280 – 380	– 535 – 635	– 900 – 1000		+ 770 + 520	+ 370 + 210			– 280 – 343	– 900 – 1150
160	180		+ 480 + 230				– 310 – 410	– 600 – 700	– 1000 – 1100		+ 830 + 580	+ 390 + 230			– 310 – 373	– 1000 – 1250
180	200	0 – 115	+ 530 + 240	+ 355 + 170	+ 215 + 100	+ 122 + 50	– 350 – 465	– 670 – 785	– 1150 – 1265	0 – 290	+ 950 + 660	+ 425 + 240	+ 285 + 170	+ 460 + 170	– 350 – 422	– 1150 – 1440
200	225		+ 550 + 260				– 385 – 500	– 740 – 855	– 1250 – 1365		+ 1030 + 740	+ 445 + 260			– 385 – 457	– 1250 – 1540
225	250		+ 570 + 280				– 425 – 540	– 820 – 935	– 1350 – 1465		+ 1110 + 820	+ 465 + 280			– 425 – 497	– 1350 – 1640
250	280	0 – 130	+ 620 + 300	+ 400 + 190	+ 240 + 110	+ 137 + 56	– 475 – 605	– 920 – 1050	– 1550 – 1680	0 – 320	+ 1240 + 920	+ 510 + 300	+ 320 + 190	+ 510 + 190	– 475 – 556	– 1550 – 1870
280	315		+ 650 + 330				– 525 – 655	– 1000 – 1130	– 1700 – 1830		+ 1370 + 1050	+ 540 + 330			– 525 – 606	– 1700 – 2020
315	355	0 – 140	+ 720 + 360	+ 440 + 210	+ 265 + 125	+ 151 + 62	– 590 – 730	– 1150 – 1290	– 1900 – 2040	0 – 360	+ 1560 + 1200	+ 590 + 360	+ 350 + 210	+ 570 + 210	– 590 – 679	– 1900 – 2260
355	400		+ 760 + 400				– 660 – 800	– 1300 – 1440	– 2100 – 2240		+ 1710 + 1350	+ 630 + 400			– 660 – 749	– 2100 – 2460
400	450	0 – 155	+ 840 + 440	+ 480 + 230	+ 290 + 135	+ 165 + 68	– 740 – 895	– 1450 – 1605	– 2400 – 2555	0 – 400	+ 1900 + 1500	+ 690 + 440	+ 385 + 230	+ 630 + 230	– 740 – 837	– 2400 – 2800
450	500		+ 880 + 480				– 820 – 975	– 1600 – 1755	– 2600 – 2755		+ 2050 + 1650	+ 730 + 480			– 820 – 917	– 2600 – 3000

Damit die Zahl der Werkzeuge sowie der Prüf- und Messgeräte beschränkt werden kann, ist die Auswahl der farbig unterlegten Toleranzkl. nach Reihe I und der Reihe II vorzuziehen.

Technische Dokumentation

Normung

Technisches Zeichnen

Passungen — DIN EN ISO 286-2

Grenzabmaße für Bohrungen

Nennmaß in mm		H				JS				J	K	M	N	P
		5	9	10	12	6	8	10	12	8	8	8	9	9
über	bis	Grenzabmaße in µm												
0	**3**	+ 4 0	+ 25 0	+ 40 0	+ 100 0	± 3	± 7	± 20	± 50	+ 6 − 8	0 − 14	− 2 − 16	− 4 − 29	− 6 − 31
3	**6**	+ 5 0	+ 30 0	+ 48 0	+ 120 0	± 4	± 9	± 24	± 60	+ 10 − 8	+ 5 − 13	+ 2 − 16	0 − 30	− 12 − 42
6	**10**	+ 6 0	+ 36 0	+ 58 0	+ 150 0	± 4,5	± 11	± 29	± 75	+ 12 − 10	+ 6 − 16	+ 1 − 21	0 − 36	− 15 − 51
10	**18**	+ 8 0	+ 43 0	+ 70 0	+ 180 0	± 5,5	± 13,5	± 35	± 90	+ 15 − 12	+ 8 − 19	+ 2 − 25	0 − 43	− 18 − 61
18	**30**	+ 9 0	+ 52 0	+ 84 0	+ 210 0	± 6,5	± 16,5	± 42	± 105	+ 20 − 13	+ 10 − 23	+ 4 − 29	0 − 52	− 22 − 74
30	**50**	+ 11 0	+ 62 0	+ 100 0	+ 250 0	± 8	± 19,5	± 50	± 125	+ 24 − 15	+ 12 − 27	+ 5 − 34	0 − 62	− 26 − 88
50	**80**	+ 13 0	+ 74 0	+ 120 0	+ 300 0	± 9,5	± 23	± 60	± 150	+ 28 − 18	+ 14 − 32	+ 5 − 41	0 − 74	− 32 − 106
80	**120**	+ 15 0	+ 87 0	+ 140 0	+ 350 0	± 11	± 27	± 70	± 175	+ 34 − 20	+ 16 − 38	+ 6 − 48	0 − 87	− 37 − 124
120	**180**	+ 18 0	+ 100 0	+ 160 0	+ 400 0	± 12,5	± 31,5	± 80	± 200	+ 41 − 22	+ 20 − 43	+ 8 − 55	0 − 100	− 43 − 143
180	**250**	+ 20 0	+ 115 0	+ 185 0	+ 460 0	± 14,5	± 36	± 92,5	± 230	+ 47 − 25	+ 22 − 50	+ 9 − 63	0 − 115	− 50 − 165
250	**315**	+ 23 0	+ 130 0	+ 210 0	+ 520 0	± 16	± 40,5	± 105	± 260	+ 55 − 26	+ 25 − 56	+ 9 − 72	0 − 130	− 56 − 186
315	**400**	+ 25 0	+ 140 0	+ 230 0	+ 570 0	± 18	± 44,5	± 115	± 285	+ 60 − 29	+ 28 − 61	+ 11 − 78	0 − 140	− 62 − 202
400	**500**	+ 27 0	+ 155 0	+ 250 0	+ 630 0	± 20	± 48,5	± 125	± 315	+ 66 − 31	+ 29 − 68	+ 11 − 86	0 − 155	− 68 − 223

Grenzabmaße für Wellen

Nennmaß in mm		h				js				j	k	m	n	p
		7	8	10	12	6	8	10	12	7	8	7	7	8
		Grenzabmaße in µm												
0	**3**	0 − 10	0 − 14	0 − 40	0 − 100	± 3	± 7	± 20	± 50	+ 6 − 4	+ 14 0	+ 12 + 2	+ 14 + 4	+ 20 + 6
3	**6**	0 − 12	0 − 18	0 − 48	0 − 120	± 4	± 9	± 24	± 60	+ 8 − 4	+ 18 0	+ 16 + 4	+ 20 + 8	+ 30 + 12
6	**10**	0 − 15	0 − 22	0 − 58	0 − 150	± 4,5	± 11	± 29	± 75	+ 10 − 5	+ 22 0	+ 21 + 6	+ 25 + 10	+ 37 + 15
10	**18**	0 − 18	0 − 27	0 − 70	0 − 180	± 5,5	± 13,5	± 35	± 90	+ 12 − 6	+ 27 0	+ 25 + 7	+ 30 + 12	+ 45 + 18
18	**30**	0 − 21	0 − 33	0 − 84	0 − 210	± 6,5	± 16,5	± 42	± 105	+ 13 − 8	+ 33 0	+ 29 + 8	+ 36 + 15	+ 55 + 22
30	**50**	0 − 25	0 − 39	0 − 100	0 − 250	± 8	± 19,5	± 50	± 125	+ 15 − 10	+ 39 0	+ 34 + 9	+ 42 + 17	+ 65 + 26
50	**80**	0 − 30	0 − 46	0 − 120	0 − 300	± 9,5	± 23	± 60	± 150	+ 18 − 12	+ 46 0	+ 41 + 11	+ 50 + 20	+ 78 + 32
80	**120**	0 − 35	0 − 54	0 − 140	0 − 350	± 11	± 27	± 70	± 175	+ 20 − 15	+ 54 0	+ 48 + 13	+ 58 + 23	+ 91 + 37
120	**180**	0 − 40	0 − 63	0 − 160	0 − 400	± 12,5	± 31,5	± 80	± 200	+ 22 − 18	+ 63 0	+ 55 + 15	+ 67 + 27	+ 106 + 43
180	**250**	0 − 46	0 − 72	0 − 185	0 − 460	± 14,5	± 36	± 92,5	± 230	+ 25 − 21	+ 72 0	+ 63 + 17	+ 77 + 31	+ 122 + 50
250	**315**	0 − 52	0 − 81	0 − 210	0 − 520	± 16	± 40,5	± 105	± 260	± 26	+ 81 0	+ 72 + 20	+ 86 + 34	+ 137 + 56
315	**400**	0 − 57	0 − 89	0 − 230	0 − 570	± 18	± 44,5	± 115	± 285	+ 29 − 28	+ 89 0	+ 78 + 21	+ 94 + 37	+ 151 + 62
400	**500**	0 − 63	0 − 97	0 − 250	0 − 630	± 20	± 48,5	± 125	± 315	+ 31 − 32	+ 97 0	+ 86 + 23	+ 103 + 40	+ 165 + 68

Technische Dokumentation

Normung

Technisches Zeichnen

Passungen DIN EN ISO 286-2

Anwendungsbeispiele für empfohlene Passungsauswahl

Passung Vorzugsreihe (1)	Passung Vorzugsreihe (2)	Anwendungsbeispiele	Erläuterung
H7/r6	**H7/s6**	Lagerbuchse in Gehäuse; Kupplung auf Welle; festsitzender Zapfen; Radkranz auf Radkörper	Zusammenbau durch Pressen oder Schrumpfen; Verdrehsicherung nicht notwendig
H7/n7		Lagerbuchse in Gehäuse; Bohrbuchse in -platte; Kupplung auf Welle, Zahn- und Schneckenräder auf Wellen	Zusammenbau durch leichtes Pressen oder Schrumpfen; bei ausgesprochener Verdrehbeanspruchung Sicherung mit Keil oder dgl. notwendig
H7/h6 **H7/h9**		Fräser auf Fräserdorn; Buchsen für Kolbenbolzen; Indexstifte für genaue Fixierungen	Bei Schmierung meist ohne Hilfsmittel von Hand noch verschiebbar
H8/h9	**H7/g6**	Ziehkeilschaltungen, verschiebbare Kupplungen, Schleifspindellagerungen	Nur verwenden, wenn bei guter Beweglichkeit präzise Rundführung unbedingt erforderlich ist; kaum merkliches Spiel
H7/f7		Lagerungen von Wellen, die in zwei Lagern verlaufen; Hauptlager der Werkzeugmaschinen; Getriebewellen; Hülsen und Gleitmuffen	Oft verwendete Passung mit sehr kleinem Spiel
F8/h9 **E9/h9**		Lagerung von Wellen, die mehr als zweimal gelagert sind; Lagerung von blanken Stahlwellen (DIN EN 20278); Kolben in Zylindern; Lager für Zahnradpumpen; Seilrollen	Blanke Stahlwellen werden mit der Toleranz h9 geliefert; Bearbeitung der Welle also nicht notwendig; verhältnismäßig kleines merkliches Spiel
D10/h9	**E9/h11**	Lagerung von blanken Stahlwellen (DIN EN 10278); Lagerung für Landmaschinen; Stopfbuchsenteile	Blanker Rundstahl wird mit der Toleranz h11 geliefert; Bearbeitung der Welle also nicht notwendig; entsprechend der Größe des Toleranzfeldes h11 wenig oder viel Spiel
C11/h9		verhältnismäßig kleines bis reichliches Spiel; Lagerung von Wellen aus blankem Rundstahl (DIN EN 10278); Hebellager für Schmutzbetrieb	Blanke Stahlwellen mit Toleranz h9; Bearbeitung nicht notwendig; reichliches Spiel; verhältnismäßig große Bohrungstoleranzen
	H11/h11	Gleitsitz bis sehr weiter Laufsitz für Teile, die zusammengeschweißt, gestiftet oder verschraubt werden; Bau- und Landmaschinen	Die Teile lassen sich in jedem Fall ohne Hilfsmittel zusammenfügen; auftretendes Spiel kann sehr klein bis reichlich sein

Technische Dokumentation

Normung

Technisches Zeichnen

Oberflächenangaben — DIN EN ISO 1302

Symboldarstellung

Lage der Oberflächenangaben am Symbol

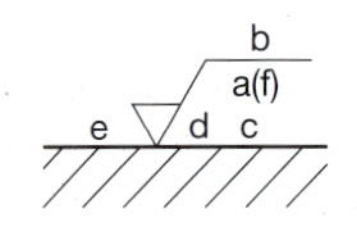

- a Rauheitswert R_a in µm hinter dem Kurzzeichen R_a oder andere Kurzzeichen für die Rauheit mit dem entsprechendern Wert in µm
- b Fertigungsverfahren, Oberflächenbehandlung oder Überzug
- c weitere notwendige Oberflächenanforderungen
- d Rillenrichtung
- e Bearbeitungszugabe in mm
- f andere Rauheitswerte als R_a in µm (z. B. R_z 1,6)

Symbolmaße

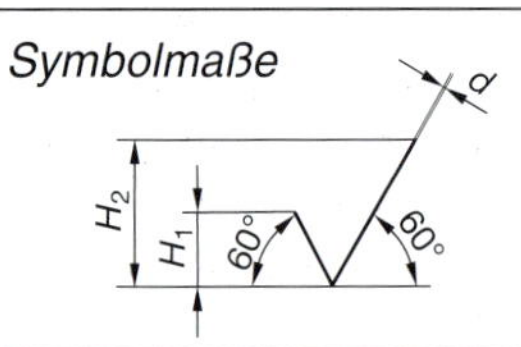

Höhe der Ziffern in Großbuchstaben in mm		3,5	5	7	10	14	20
Linienbreite d		0,35	0,5	0,7	1	1,4	2
H Höhe	1	5	7	10	14	20	28
	2	11	15	21	30	42	60

Bedeutung der Symbole

Sinnbild	Bedeutung	Abtrennen von Material ist ...	Beispiel	
Grundsinnbild	Allein nicht aussagefähig, wird nur verwendet, wenn seine Bedeutung durch eine zusätzliche Angabe erklärt wird.	freigestellt	freigestelltes Fertigungsverfahren (spanend oder spanlos) mit höchstzulässigem R_a-Wert 6,3 µm	Ra6,3
Grundsinnbild mit Querlinie	Kennzeichnung für eine materialtrennend bearbeitete Oberfläche ohne nähere Angaben.	gefordert (spanabhebend)	spanend gefertigte Oberfläche mit $R_{a\,max}$ = 6,3 µm und $R_{a\,min}$ = 1,6 µm	Ra6,3 Ra1,6
Grundsinnbild mit Kreis	Materialtrennende Bearbeitung der Oberfläche nicht zulässig. Ohne Zusatzangaben auch zulässig, wenn der Oberflächenzustand vom vorgesehenen Fertigungsverfahren unverändert bleiben soll.	unzulässig (spanlos)	spanlos gefertigte Oberfläche mit größter gemittelter Rautiefe R_z 25 µm	Rz25
Grundsinnbild mit waagerechter Linie	Die Symbole werden um eine waagerechte Linie erweitert, wenn bestimmte Zusatzfunktionen anzufügen sind.	je nach Grundsymbol freigestellt, gefordert bzw. unzulässig	spanend durch Fräsen und Schleifen gefertigte Oberfläche	gefräst geschliffen
Grundsinnbild mit waagerechter Linie und Kreis	Den Symbolen mit waagerechter Linie wird ein Kreis zugefügt, wenn dieselbe Oberflächenbeschaffenheit für alle Oberflächen des Werkstückes erforderlich ist.	je nach Grundsymbol freigestellt, gefordert bzw. unzulässig	allseitig spanlos gefertigte Oberflächen mit R_z 1 µm	Rz1

Technische Dokumentation

Normung

Technisches Zeichnen

Oberflächenangaben DIN EN ISO 1302

Eintragung in Zeichnungen

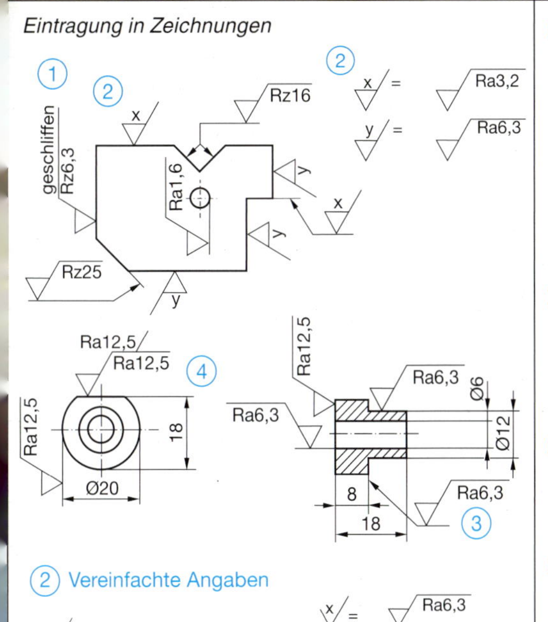

(2) Vereinfachte Angaben

(1) Symbole und Zusatzangaben sind so anzuordnen, dass sie von *unten* oder von *rechts* lesbar sind. Dazu kann das Symbol mit der Oberfläche durch eine Bezugslinie mit Hinweispfeil verbunden werden.

Das Symbol oder der Hinweispfeil sollen von *außen* (Bearbeitungsseite) auf die Fläche zeigen, entweder direkt auf die Werkstückkante oder auf deren Verlängerung.

(2) Bei umfangreichen Angaben oder bei Platzmangel kann eine *vereinfachte* Eintragung der Oberfläche vorgenommen werden, deren Bedeutung in der Nähe des Schriftfeldes angegeben wird.

(3) Das Symbol ist bei Teilen mit mehreren Ansichten nur *einmal* einzutragen, möglichst bei der Ansicht, in der die betreffende Fläche bemaßt ist.

(4) Bei Drehkörpern sind die Oberflächenangaben für Mantelflächen nur an *einer* Mantellinie einzutragen.

Kennzeichnung der Rillenrichtung (Bearbeitungsrichtung) DIN EN ISO 1302

Symbol	Zeichnungseintragung	Rillenrichtung	Erklärung
=	=	parallel zur Projektionsebene	
⊥	⊥	senkrecht zur Projektionsebene	
X	X	gekreuzt in zwei schrägen Richtungen	
M	M	viele Richtungen	
C	C	zentrisch zum Mittelpunkt	

Technische Dokumentation

Normung

Technisches Zeichnen

Oberflächenangaben

Kennzeichnung der Rillenrichtung (Bearbeitungsrichtung) DIN EN ISO 1302

Symbol	Zeichnungseintragung	Rillenrichtung	Erklärung
R	R	radial zum Mittelpunkt	
P	P	nichtrillige Oberfläche, ungerichtet oder muldig	

Hinweis: Wenn es notwendig ist, eine Oberflächenstruktur festzulegen, die nicht eindeutig durch diese Symbole erfasst ist, dann muss dies durch eine zusätzliche Bemerkung in der Zeichnung beschrieben werden.

Fertigungsverfahren und Oberflächenbeschaffenheit DIN 4766-1

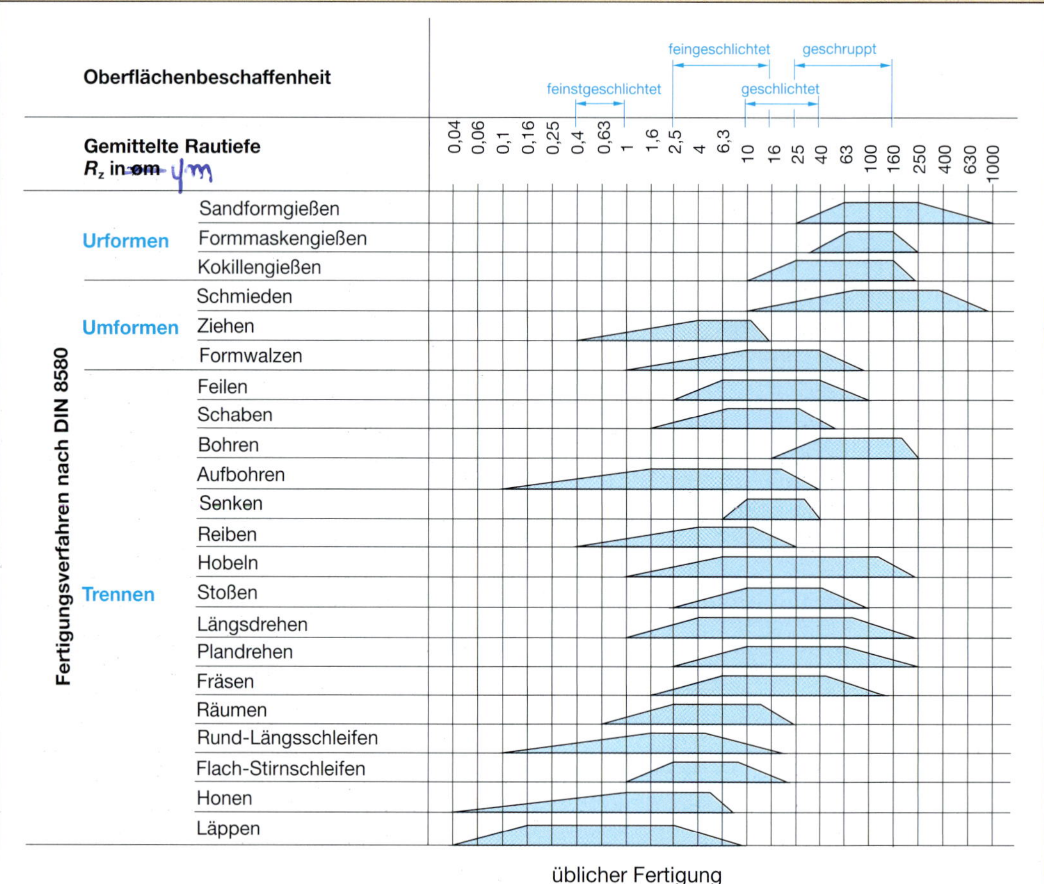

Technische Dokumentation

Normung

Technisches Zeichen

Oberflächenangaben DIN EN ISO 1302

Stufung der Rauheitsmessgrößen

Oberflächenbeschaffenheit	gemittelte Rautiefe R_z in µm				Mittenrauwert R_a in µm			
	R1	R2	R3 [1]	R4	R1	R2	R3 [1]	R4
geschruppt Riefen fühlbar und mit bloßem Auge sichtbar	160	100	63	25	25	12,5	6,3	3,2
geschlichtet Riefen mit bloßem Auge noch sichtbar	40	25	16	10	6,3	3,2	1,6	0,8
feingeschlichtet Riefen mit bloßem Auge nicht mehr sichtbar	16	6,3	4	2,5	1,6	0,8	0,4	0,2
feinstgeschlichtet	–	1	1	0,4	–	0,1	0,1	0,025

[1] Die Werte von Reihe 3 sind zu bevorzugen.

Fertigungsverfahren und Oberflächenbeschaffenheit DIN 4766-1

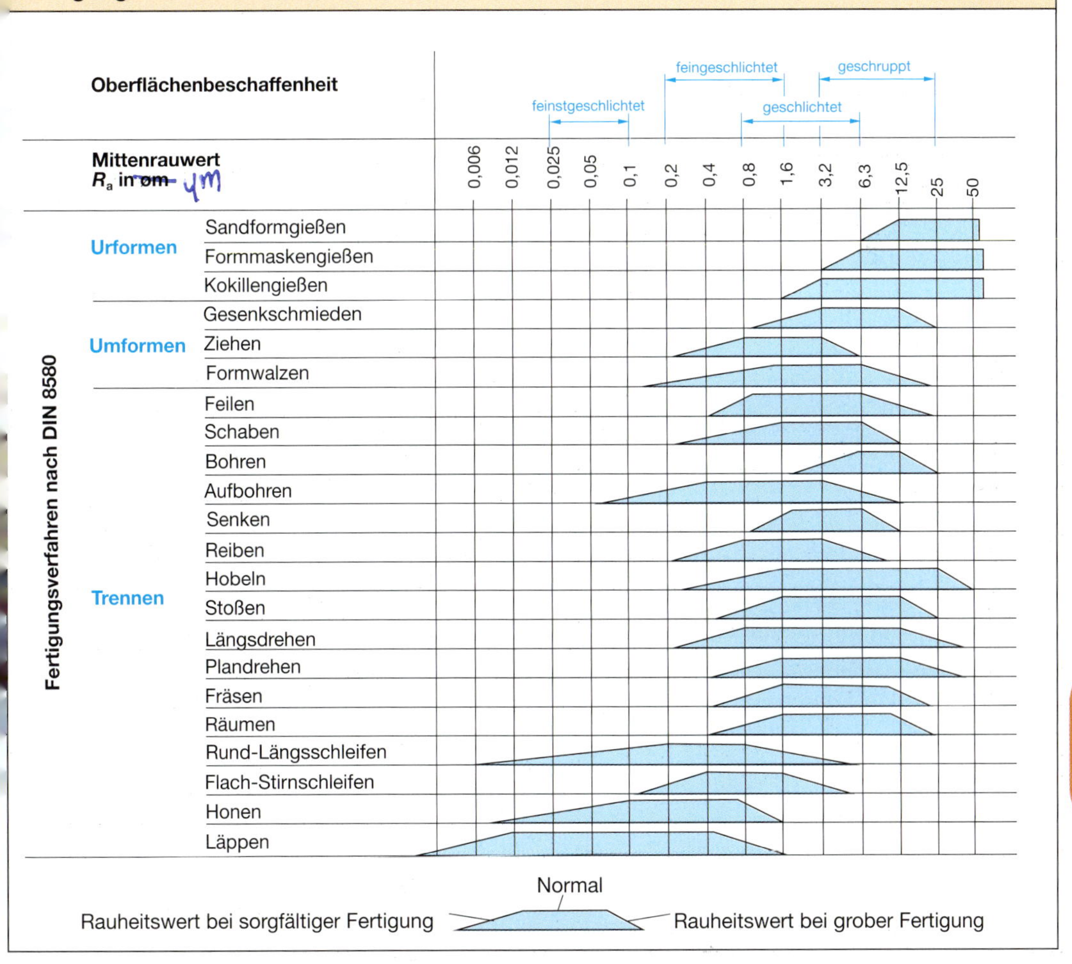

Technische Dokumentation

Normung

Technisches Zeichnen

Oberflächenangaben DIN EN ISO 1302

Härteangaben, beschichtete Oberflächen

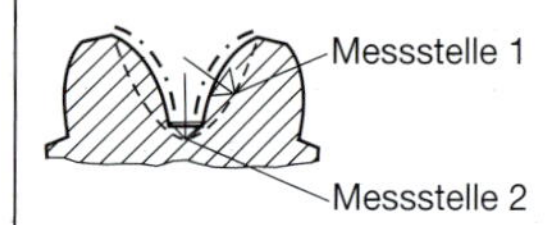

randschichtgehärtet
ganzes Teil angelassen
52+6 HRC
Messstelle 1: Rht 150 = 1,6 + 1,3
Messstelle 2: Rht 150 = 1 + 1

52	+	6	HRC	
Rht	150	=	1,6	+1,3

- +1,3: Toleranzbereich
- 1,6: Einhärtungstiefe
- 150: Vorgeschriebene Grenzhärte
- Rht: Kurzzeichen für Randschichthärten

Wärmebehandelte Werkstücke in Zeichnungen DIN ISO 15787

Werkstückzustand		Härteangaben		Hinweise/ Ergänzungen
gehärtet, vergütet	Härteprüfverfahren	HRC	Rockwell	Die Zeichnung muss neben den Angaben über den gewünschten Endzustand des Werkstückes weitere Hinweise erhalten. – gehärtet, vergütet – angelassen etc. – Oberflächenhärte (HRC, HB, HV) – Wärmebehandlungstiefe (SHD, NHD, CHD) – Messstellennummerierung – Verbindungsschichtdicke – Wärmebehandlungsplan (WBP)
		HB	Brinell	
		HV	Vickers	
gehärtet und angelassen	Härtetiefe	SHD	Einhärtungstiefe	
		NHD	Nitrierhärtungstiefe	
		CHD	Einsatzhärtungstiefe	
geglüht		CD CLT	Aufkohlungstiefe Verbindungsschichtdicke	
nitriert	alle Angaben erfolgen mit Plus-Toleranzen			

Kennzeichnung örtlich begrenzter Oberflächenbereiche

Wärmebehandlung des Werkstückes in diesem Bereich	muss	darf	darf nicht

Messstellen

Angabe zur Wärmebehandlung von Werkstücken in Zeichnungen DIN ISO 15787

Werkstückzustand, Benennung	Wärmebehandlung und Härtewert des gesamten Werkstückes		
	gleich	unterschiedlich	örtlich begrenzt
vergütet, gehärtet **gehärtet und angelassen**	vergütet 350 + HBW 2,5/187,5 80	gehärtet und angelassen 50 + 5 HRC, (1) 58 + 4 HRC 80^{+5}_{0} (1)	gehärtet und gesamtes Werkstück angelassen 60 + 4 HRC 100^{+5}_{0}

Technische Dokumentation

Normung

Technisches Zeichnen

Oberflächenangaben DIN EN ISO 1302

Angabe zur Wärmebehandlung von Werkstücken in Zeichnungen DIN ISO 15787

Werkstückzustand, Benennung	Wärmebehandlung und Härtewert des gesamten Werkstückes		
	gleich	unterschiedlich	örtlich begrenzt
nitriert	nitriert 500 + 50 HV 10, NHD = 0,3 + 0,1	*einsatzgehärtet und angelassen*	
Einsatzhärtung		① 50 + 4 HRC, CHD = 0,8+ 0,4 ② 48 + 4 HRC, CHD = 0,5 + 0,3	55 +100 HV 30, SHD 450 = 0,6 + 0,4
Randschicht-härtung	48 + 4,0 HRC SHD 400 = 1,3 + 1,1 10^{+2}_{0} Bereich ausgenommen	*randschichtgehärtet und angelassen*	
		randschichtgehärtet und ganzes Teil angelassen 52+6 HRC Messstelle 1: SHD150 = 1,6 + 1,3 Messstelle 2: SHD150 = 1 + 1 Messstelle 1 Messstelle 2	randschichtgehärtet und ganzes Teil angelassen 525 + 100 HV 10 SHD425 = 0,4 + 0,4 30^{+5}_{0} 12^{0}_{-4}

Prüfverfahren zur Festlegung der Härteangaben DIN ISO 15787

Mindesthärtetiefe SHD, CHD, NHD	Oberflächen-Mindesthärte in Vickershärte HV						
	200 – 300	300 – 400	400 – 500	500 – 600	600 – 700	700 – 800	über 800
0,05	–	–	–	HV 0,5	HV 0,5	HV 0,5	HV 0,5
0,07	–	HV 0,5	HV 0,5	HV 0,5	HV 0,5	HV 1	HV 1
0,08	HV 0,5	HV 0,5	HV 0,5	HV 0,5	HV 1	HV 1	HV 1
0,09	HV 0,5	HV 0,5	HV 0,5	HV 1	HV 1	HV 1	HV 1
0,1	HV 0,5	HV 1	HV 1	HV 1	HV 1	HV 1	HV 3
0,15	HV 1	HV 1	HV 3	HV 3	HV 3	HV 3	HV 5
0,2	HV 1	HV 3	HV 5	HV 5	HV 5	HV 5	HV 5
0,25	HV 3	HV 5	HV 5	HV 5	HV 10	HV 10	HV 10
0,3	HV 3	HV 5	HV 10	HV 10	HV 10	HV 10	HV 30
0,4	HV 5	HV 10	HV 10	HV 10	HV 10	HV 30	HV 30

Technische Dokumentation

Normung

Technisches Zeichnen

Oberflächenangaben DIN EN ISO 1302

Prüfverfahren zur Festlegung der Härteangaben

Mindesthärtetiefe SHD, CHD, NHD	Oberflächen-Mindesthärte in Vickershärte HV						
	200 – 300	300 – 400	400 – 500	500 – 600	600 – 700	700 – 800	über 800
0,45	HV 5	HV 10	HV 10	HV 10	HV 30	HV 30	HV 30
0,5	HV 10	HV 10	HV 10	HV 30	HV 30	HV 30	HV 50
0,55	HV 10	HV 10	HV 30	HV 30	HV 30	HV 50	HV 50
0,6	HV 10	HV 10	HV 30	HV 30	HV 50	HV 50	HV 50
0,65	HV 10	HV 30	HV 30	HV 50	HV 50	HV 50	HV 50
0,7	HV 10	HV 30	HV 50	HV 50	HV 50	HV 50	HV 100
0,75	HV 30	HV 30	HV 50	HV 50	HV 50	HV 100	HV 100
0,8	HV 30	HV 30	HV 50	HV 50	HV 100	HV 100	HV 100
0,9	HV 30	HV 30	HV 50	HV 100	HV 100	HV 100	HV 100
1,0	HV 30	HV 50	HV 100	HV 100	HV 100	HV 100	HV 100
1,5	HV 30	HV 50	HV 100	HV 100	HV 100	HV 100	HV 100
2,0	HV 30	HV 50	HV 100	HV 100	HV 100	HV 100	HV 100
2,5	HV 30	HV 50	HV 100	HV 100	HV 100	HV 100	HV 100

Grenzhärten und Oberflächen-Mindesthärten DIN ISO 15787

Grenzhärte	HV	200	250	275	300	325	350	375	400	425	450	475	500	525	550	600	700	800
Oberflächen-Mindesthärten HV	von bis	250 300	300 330	335 350	360 385	390 420	425 455	460 480	485 515	520 545	550 575	580 605	610 635	640 665	670 705	735 765	870 890	900 925
Vergleichshärte ≈	HRC	28	33	35	38	41	44	47	49	51	53	54	56	57	59	62	65	68
Grenzhärte	Entspricht etwa 0,8 x Oberflächen-Mindesthärte HV																	

Einhärtungstiefen und Toleranzen in mm (Auswahl) DIN ISO 15787

Randschichthärten	SHD	0,1 +0,1	0,2 +0,2	0,4 +0,4	0,6 +0,4	0,8 +0,8	1,0 +1,0
Einsatzhärten	CHD	0,05 +0,03	0,07 +0,05	0,09 +0,07	0,1 +0,1	0,3 +0,2	0,5 +0,3
Nitrierhärten	NHD	0,05 +0,02	0,1 +0,05	0,15 +0,05	0,2 +0,1	0,25 +0,01	0,3 +0,1
Randschichthärten	SHD	1,3 +1,1	1,6 +1,3	2 +1,6	2,5 +1,8	3 +2	5 +3
Einsatzhärten	CHD	0,8 +0,4	1,2 +0,5	1,6 +0,6	–	–	–
Nitrierhärten	NHD	0,35 +0,15	0,4 +0,2	0,5 +0,3	–	–	–

Technische Dokumentation

Normung

Technisches Zeichnen

Oberflächenangaben DIN EN ISO 1302

Beschichtete Oberflächen DIN 406-11

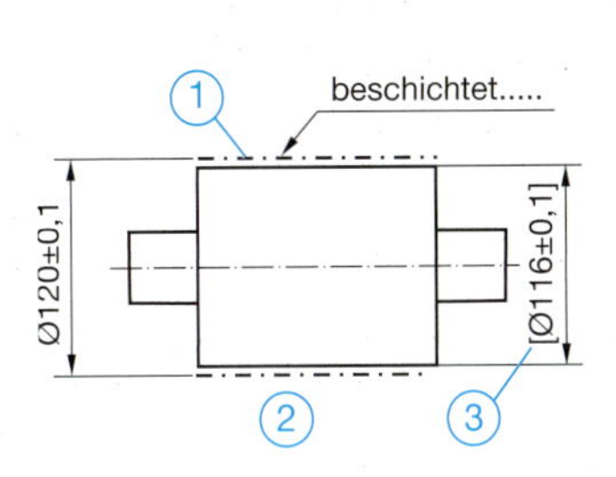

① *Beschichtungsangaben* erfolgen mittels Linien:

—·—·—	Beschichtung erforderlich
– – – – – –	Beschichtung möglich
—··—··—	keine Beschichtung

② Für Gegenstände mit beschichteten Oberflächen können die Maße *vor* oder *nach* der Beschichtung angegeben werden.

③ Bei einer *nach der Beschichtung* erforderlichen Bearbeitung darf das Beschichtungsmaß zusätzlich in eckigen Klammern angegeben werden.

Schweißen und Löten

Darstellung von Schweißnähten DIN EN 22553

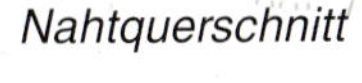

Nahtquerschnitt

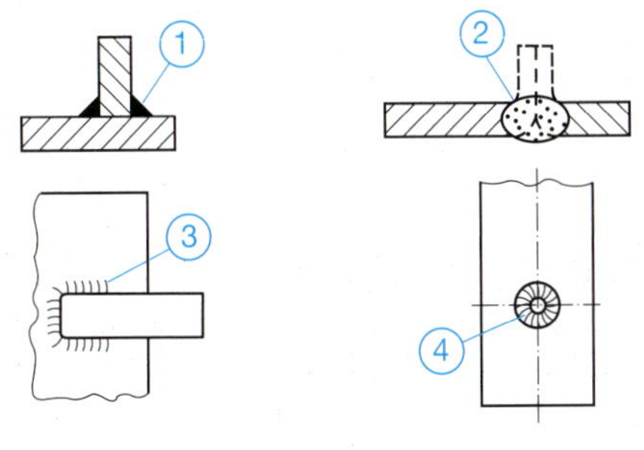

Die bildliche Darstellung von Schweißnähten in Zeichnungen kann

① geschwärzt oder

② durch ein Punktraster erfolgen.

In der Ansicht wird die Schweißnaht durch

③ kurze, gerade oder

④ sternförmig angelegte, der Naturform angepasste Querstriche dargestellt.

Bezugszeichen

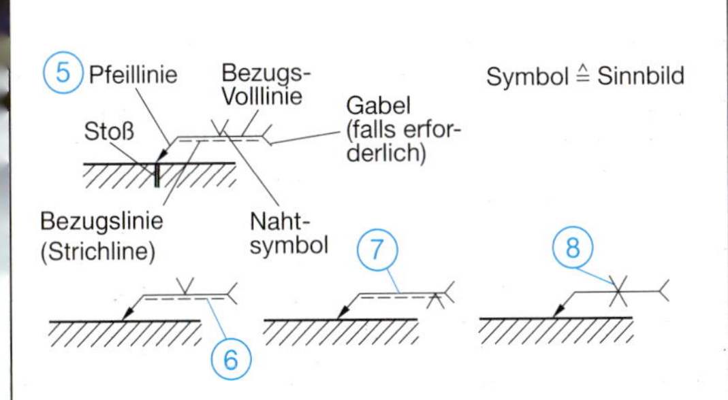

⑤ In der Zeichnung wird für Schweiß- bzw. Lötverbindungen ein *Bezugszeichen* eingetragen.

Die *Lage* der Bezugs-Strichlinie gibt an, *von welcher Seite* die Schweiß- bzw. Lötnaht auszuführen ist.

⑥ Ausführung von der Pfeilseite

⑦ Ausführung von der Gegenseite

⑧ Bei beidseitig auszuführenden Nähten entfällt die Bezugsstrichline (hier: Doppel-V-Naht).

Dokumentation

Technische Dokumentation

Normung

Technisches Zeichnen

Schweißen und Löten

Darstellung von Schweißnähten — DIN EN 22553

Angaben auf dem Bezugszeichen

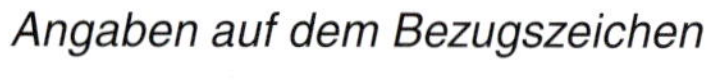

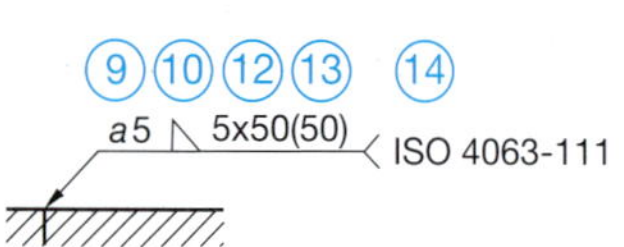

9. Nahtdicke bzw. Schenkellänge
10. Nahtsymbol
11. Nahtbreite, falls erforderlich
12. Anzahl der Nähte x Nahtlänge (bei unterbrochenen Nähten)
13. Nahtabstand (bei unterbrochenen Nähten)
14. Zusätzliche Angaben in folgender Reihenfolge:
    - Verfahren (111 Lichtbogenhandschweißen)
    - Bewertungsgruppe nach DIN EN ISO 4063
    - Schweißposition nach DIN EN 756
    - Schweißzusatzwerkstoff, z. B. DIN EN ISO 18273, DIN EN ISO 4063

Ergänzenden Angaben

15 16 17 A 18 A ↔ B 19

15. Baustellennaht
16. Ringsumnaht, umlaufende Naht
17. spezielle Anweisung (z. B. Fertigungsunterlage: Schweißplan A)
18. Naht zwischen zwei Punkten
19. versetzte, unterbrochene Naht

Sammelangaben

20. Bei *gleichen Angaben für alle Nähte* können diese vereinfacht dargestellt und nur einmal in Schriftfeldnähe erläutert werden.

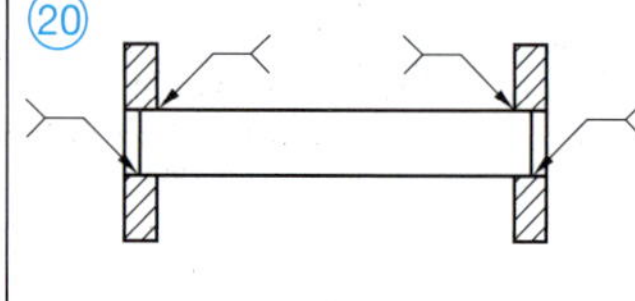

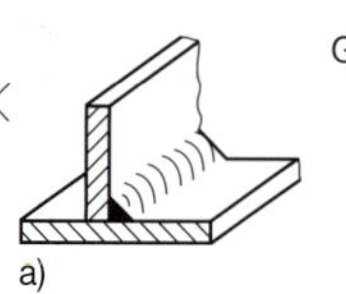

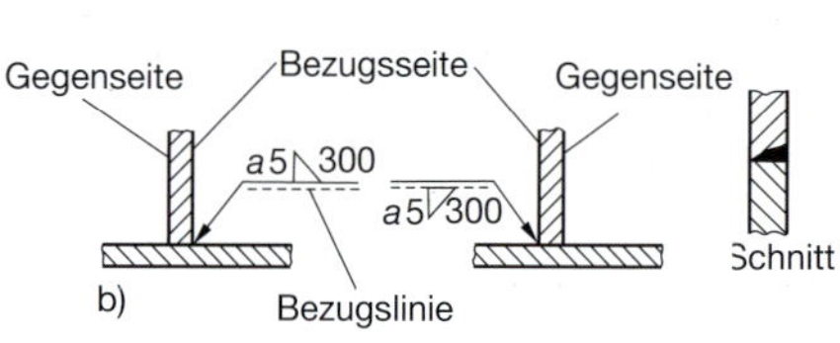

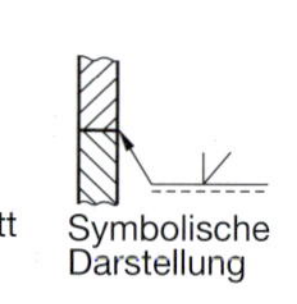

Stellung des grafischen Symbols für Kehlnähte
a) Illustration, b) symbolische Darstellung

Bemaßung

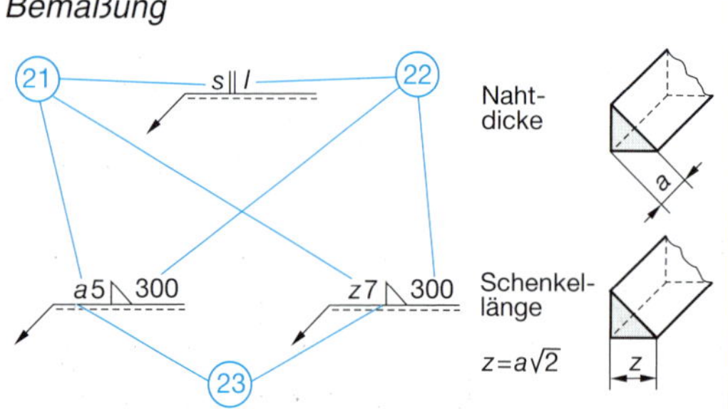

21. Die *Hauptmaße* der Nahtdicke werden auf der linken Seite des Symbols eingetragen.
22. *Längenmaße* werden auf der rechten Seite des Symbols eingetragen.
23. Bei *Kehlnähten* ist der jeweilige Buchstabe
    a für Nahtdicke oder
    z für Schenkellänge
    stets *vor* das entsprechende Maß zu setzen.

Technische Dokumentation

Normung

Technisches Zeichnen

Schweißen und Löten

Bemaßung von Schweißnähten, Beispiel

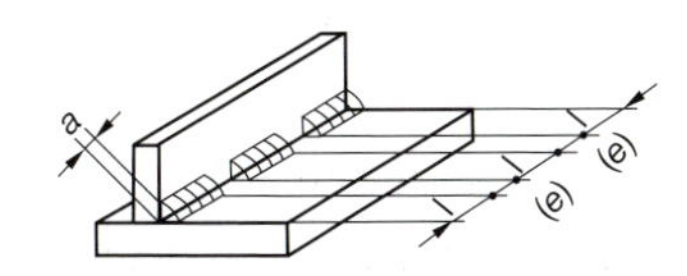

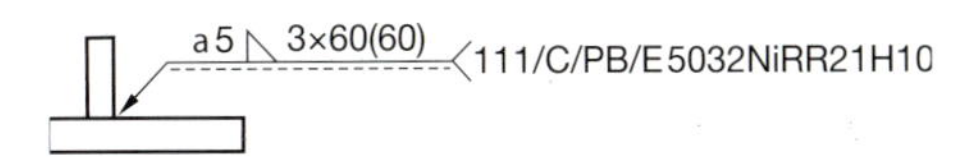

Beschreibung: Ununterbrochene Kehlnaht mit Nahtdicke $a = 5$ mm, Anzahl der Einzelnähte $n = 3$, Länge der Einzelnähte $l = 60$ mm, Abstand der Einzelnähte $e = 60$ mm, hergestellt durch Lichtbogenhandschweißen (Kennzahl 111 nach DIN EN ISO 4063), Bewertungsgruppe C nach DIN EN ISO 13919-1, Schweißposition PB nach DIN EN 22553 und Stabelektrode E 50 32Ni RR 21H10 nach DIN EN ISO 2560.

Stoßarten — DIN EN ISO 17659

Stoßart	Lage der Teile	Beschreibung	Stoßart	Lage der Teile	Beschreibung
Stumpfstoß		Teile liegen in einer Ebene und stoßen stumpf gegeneinander.	Schrägstoß		Ein Teil stößt schräg gegen ein anderes Teil.
Parallelstoß	1 Bsp. 2 Bsp.	Teile liegen parallel aufeinander.	Eckstoß		Zwei Teile stoßen unter Winkel > 30° aneinander Ecke).
T-Stoß		Teile stoßen rechtwinklig (T-förmig) aufeinander.	Kreuzungsstoß		Zwei Teile liegen kreuzend übereinander.
Doppel-T-Stoß		Zwei Teile stoßen rechtwinklig (doppelt-T-förmig) auf ein drittes Teil.	Überlappstoß		Teile liegen parallel aufeinander und überlappen sich.
Stirnstoß		Zwei Teile stoßen unter einem Winkel von 0° bis 30° gegeneinander	Mehrfachstoß		Drei oder mehr Teile stoßen unter beliebigem Winkel aneinander.

Nahtarten — DIN EN ISO 2553

Benennung, Symbol	Darstellung	Symbolische Darstellung	Benennung, Symbol	Darstellung	Symbolische Darstellung
Stumpfnaht Bördel-V-Naht			V-Naht		
I-Naht			U-Naht		

Dokumentation

Technische Dokumentation

Normung

Technisches Zeichnen

Schweißen und Löten

Nahtarten

DIN EN ISO 2553

Benennung, Symbol	Darstellung	Symbolische Darstellung	Benennung, Symbol	Darstellung	Symbolische Darstellung
Kehlnaht	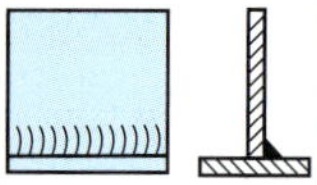	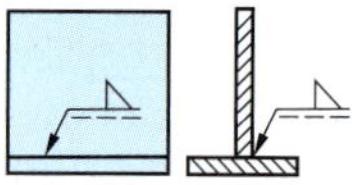	Y-Naht	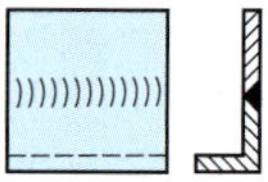	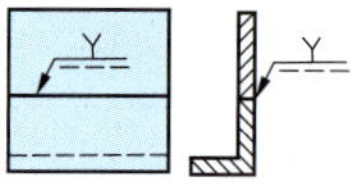
HV-Naht	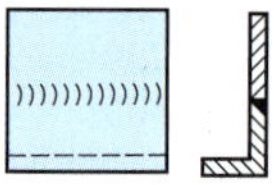	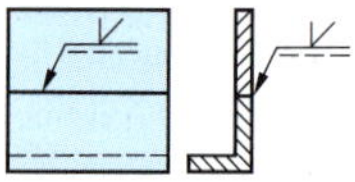	HY-Naht	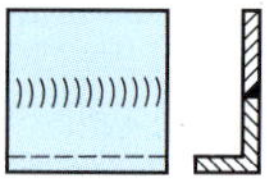	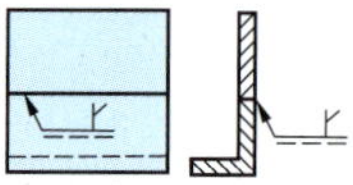
Punktnaht 	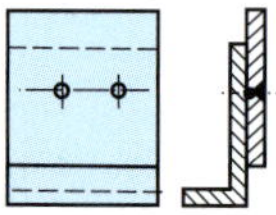	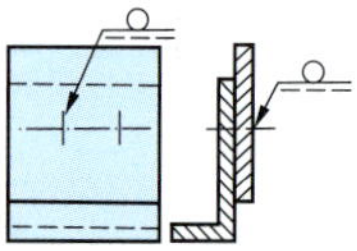	Liniennaht, schmelzgeschweißte 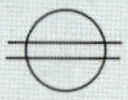	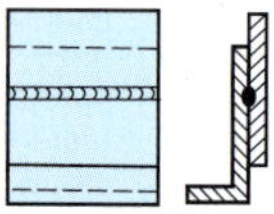	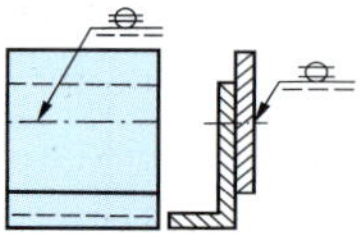

Zusatzsymbole

DIN EN 22553

Symbol	Nahtform	Symbol	Nahtform	Symbol	Nahtform
	flach (nachbearbeitet)		konkav (hohl)	M	verbleibende Beilage benutzt
	konvex (gewölbt)		Nahtübergänge kerbfrei	MR	Unterlage benutzt

Kombination von Grund- und Zusatzsymbolen

DIN EN 22553

Benennung, Symbol	Darstellung	Symbolische Darstellung	Benennung, Symbol	Darstellung	Symbolische Darstellung
Bördelnaht mit Gegenlage	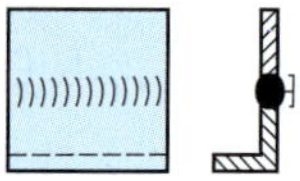	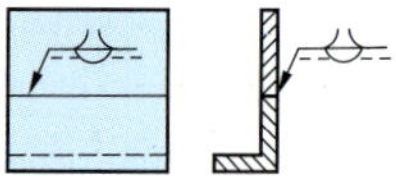	Flache V-Naht mit Gegenlage	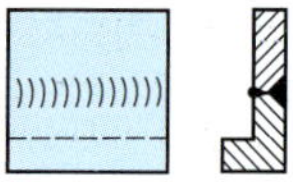	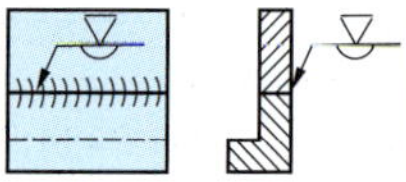
Doppel-V-Naht (X-Naht)	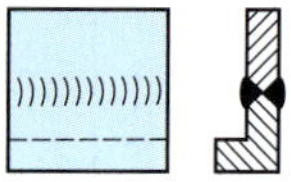	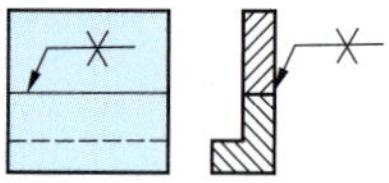	Gewölbte Doppel-I-Naht 	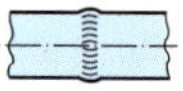	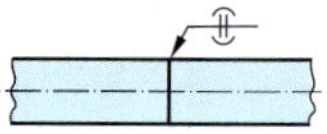
Flache Bördelnaht mit Gegenlage	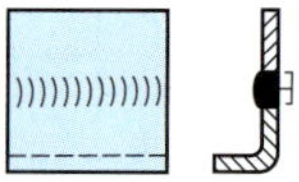	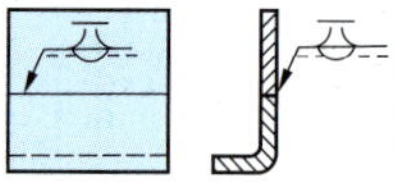	Flache V-Naht	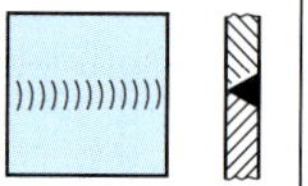	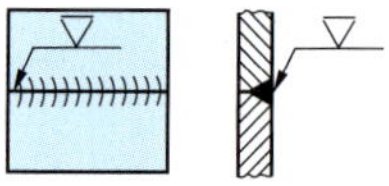

Technische Dokumentation

Normung

Technisches Zeichnen

Schweißen

Kennzahlen für Schweiß- und Lötverfahren DIN EN ISO 4063

Kennzahl	Verfahren	Kennzahl	Verfahren
1	**Lichtbogenschmelzschweißen (Lichtbogenschweißen)**	**4**	**Pressschweißen**
101	Metall-Lichtbogenschweißen	41	Ultraschallschweißen
11	Metall-Lichtbogenschweißen ohne Gasschutz	42	Reibschweißen (FR)
111	Lichtbogenhandschweißen (E)	45	Diffusionsschweißen
12	Unterpulverschweißen (UP)	**5**	**Strahlschweißen**
112	Schwerkraftlichtbogenschweißen (SK)	51	Elektronenstrahlschweißen
13	Metall-Schutzgasschweißen	52	Laserstrahlschweißen
131	Metall-Inertgasschweißen (MIG)		
135	Metall-Aktivgasschweißen (MAG)		
136	MAG mit Fülldrahtelektrode	**7**	**Andere Schweißverfahren**
137	MIG mit Fülldrahtelektrode	73	Elektrogasschweißen (MSGG)
14	Wolfram-Schutzgasschweißen (WSG)	74	Induktionsschweißen
141	Wolfram-Inertgasschweißen (WIG)	75	Lichtstrahlschweißen (LI)
15	Wolfram-Plasmagasschweißen (WP)	751	Laserstrahlschweißen (LA)
151	Plasma-WIG-Schweißen	78	Bolzenschweißen (BS)
		781	Lichtbogen-Bolzenschweißen
2	**Widerstandspressschweißen**	**8**	**Schneiden**
21	Widerstandspunktschweißen (RP)	81	Brennschneiden, autogen
22	Rollennahtschweißen	82	Lichtbogenschneiden
23	Buckelschweißen	83	Plasmaschneiden
24	Abbrennstumpfschweißen	84	Laserstrahlschneiden
25	Pressstumpfschweißen		
3	**Gasschmelzschweißen (G)**	**9**	**Löten** (**hart**, **weich**)
311	Gasschmelzschweißen unter Sauerstoff-Acetylenflamme	91	Hartlöten
312	Gasschmelzschweißen unter Sauerstoff-Propanflamme	912	Flammlöten
		914	Lötbadlöten
		915	Salzbadlöten
		94	Weichlöten
		942	Flammlöten
		944	Lötbadlöten
		946	Induktionslöten
		947	Ultraschalllöten
		952	Kolbenlöten

Dokumentation

Schweißen →, Löten →

Technische Dokumentation

Normung

Technisches Zeichnen

Schweißen

Schweißpositionen

DIN EN ISO 6947

Kennzeichen DIN EN 22553	Kennzeichen ISO 6947	Beschreibung		Darstellung
w	PA	Wannenposition	waagerecht, Decklage oben	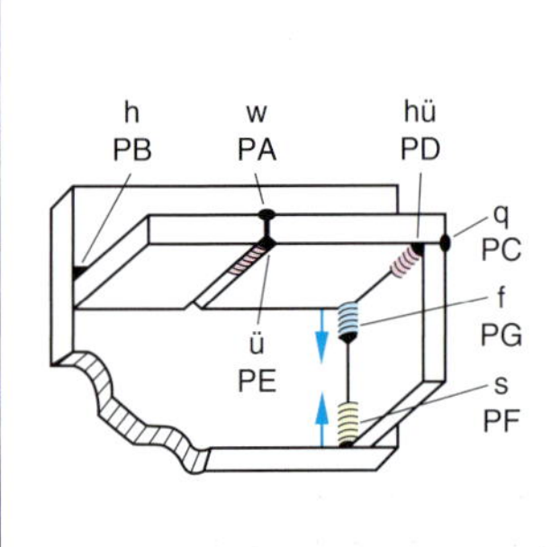
h	PB	Horizontalposition		
q	PC	Querposition	waagerecht, von der Seite	
hü	PD	Horizontal-Überkopfposition	Decklage von unten	
ü	PE	Überkopfposition		
s	PF	Steigposition	senkrecht von oben bzw. von unten	
f	PG	Fallposition		

Allgemeintoleranzen für Schweißkonstruktionen

DIN EN ISO 13920

Grenzabmaße für Längenmaße

Toleranzklasse	Nennmaßbereiche in mm: bis 30	über 30 bis 120	über 120 bis 400	über 400 bis 1000	über 1000 bis 2000
	Grenzabmaße in mm				
A	± 1	± 1	± 1	± 2	± 3
B		± 2	± 2	± 3	± 4
C		± 3	± 4	± 6	± 8
D		± 4	± 7	± 9	± 12

Geradheits-, Ebenheits- und Parallelitätstoleranz

Toleranzklasse	bis 30	über 30 bis 120	über 120 bis 400	über 400 bis 1000	über 1000 bis 2000
E	–	0,5	1,0	1,5	2,0
F	–	1,0	1,5	3,0	4,5
G	–	1,5	3,0	5,5	9,0
H	–	2,0	5,0	9,0	14,0

Grenzabmaße für Winkelmaße

Toleranzklasse	Nennmaßbereich (Länge des kürzeren Schenkels) in mm: bis 400		über 400 bis 1000		über 1000	
	in Grad/Min.	in mm/m	in Grad/Min.	in mm/m	in Grad/Min.	in mm/m
A	± 20′	± 6	± 15′	± 4,5	± 10′	± 3
B	± 45′	± 13	± 30′	± 9	± 20′	± 6
C	± 1°	± 18	± 45′	± 13	± 30′	± 9
D	± 1°30′	± 26	± 1°15′	± 22	± 1°	± 18

Technische Dokumentation

Normung

Technisches Zeichnen

Gewinde — DIN ISO 6410-1

Zeichnerische Darstellung

Ansicht

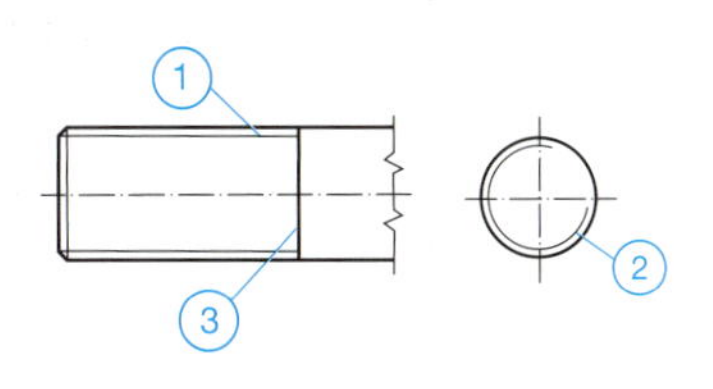

1. Der *Gewindegrund* wird durch eine schmale Volllinie gezeichnet.
2. In Achsrichtung wird der Gewindegrund durch einen Dreiviertelkreis dargestellt; Öffnung vorzugsweise rechts.
3. Der *Gewindeabschluss* wird durch eine breite Volllinie gekennzeichnet.

Schnitt

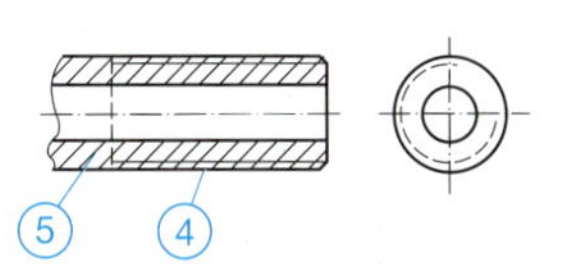

4. Bei im Schnitt dargestellten Gewinden wird die Schraffur bis zu den Gewindespitzen ausgezogen.
5. Der Gewindeabschluss wird als Strichlinie dargestellt.

Außengewinde (Bolzengewinde), Innengewinde (Muttergewinde)

Außengewinde

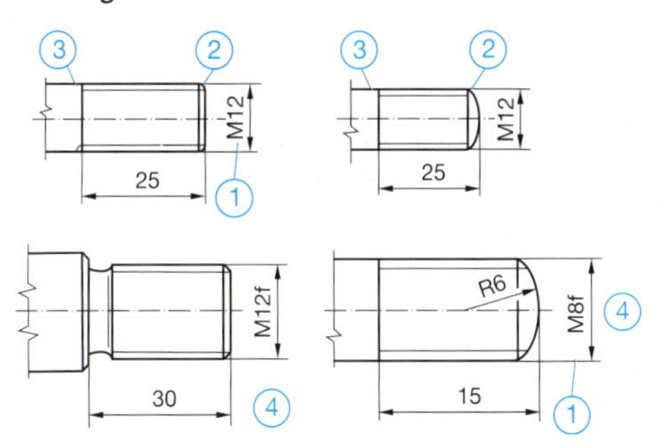

1. Bei Außengewinden werden Nenndurchmesser und nutzbare Gewindelänge bemaßt.
2. Gewindeenden, übliche Darstellung und Maßeintragung, Kegelkuppe, Linsenkuppe
3. Der Gewindeauslauf wird in der Regel nicht gezeichnet. Er liegt außerhalb der nutzbaren Gewindelänge.
4. Angabe eines Kurzzeichens für Gewindetoleranz (Gütegrad fein).

Innengewinde

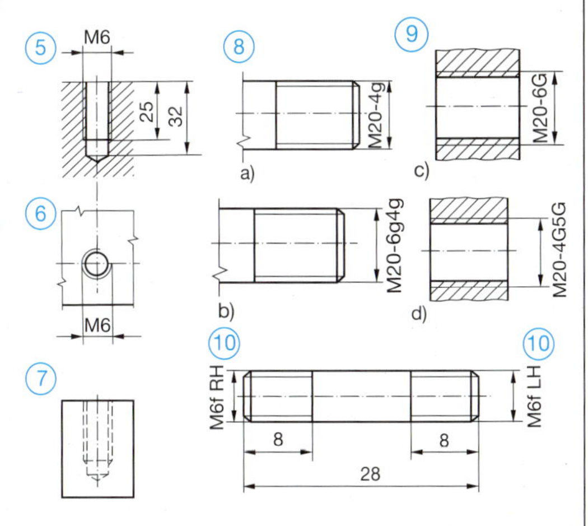

5. Bei *Innengewinden* werden Nenndurchmesser und nutzbare Gewindelänge bemaßt. Zusätzlich wird bei Gewindegrundlöchern die Lochtiefe bemaßt.
6. Der Nenndurchmesser kann auch am Dreiviertelkreis angetragen werden.
7. Bei *verdeckten Gewinden* werden alle Kanten und Begrenzungslinien durch Strichlinien dargestellt.
8. Angabe von *Toleranzklassen* für das metrische Gewinde:
   a) **Bolzengewinde:** Toleranzklasse 4g für Flanken und Außendurchmesser
   b) **Bolzengewinde:** Toleranzklasse 6g für Flanken und 4g für Außendurchmesser
9. c) **Muttergewinde:** 6G sinngemäß wie bei a)
   d) **Muttergewinde:** 4G und 5G sinngemäß in der Reihenfolge wie b)
10. Links- und Rechtsgewinde an einem Teil (**RH**: right hand, rechts, **LH**: left hand, links)

Dokumentation

Technische Dokumentation

Normung

Technisches Zeichnen

Gewinde — DIN ISO 6410-1

Gewindedarstellung

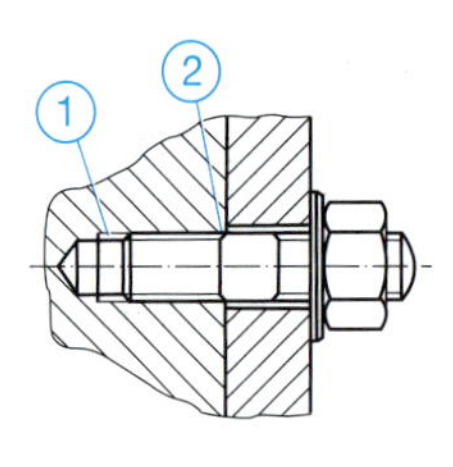

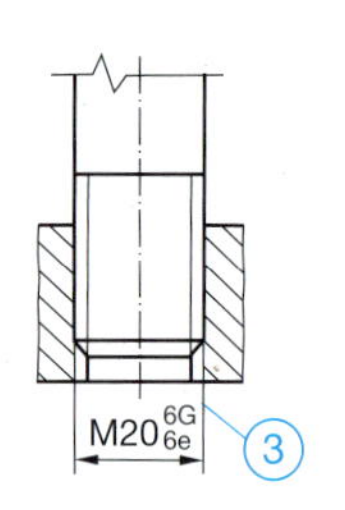

1. Gewindeteile mit Außengewinde werden so dargestellt, dass sie Teile mit Innengewinde verdecken.
2. Bei *Stiftschraubenverbindungen* wird der Gewindeauslauf der Stiftschraube in die nutzbare Gewindelänge mit einbezogen. Passungen zwischen Gewindeteilen (zusammengeschraubt dargestellt)
3. Für das Muttergewinde wird die Toleranzklasse 6G hoch und für das Bolzengewinde 6e tief gestellt.

Ausführliche Darstellung

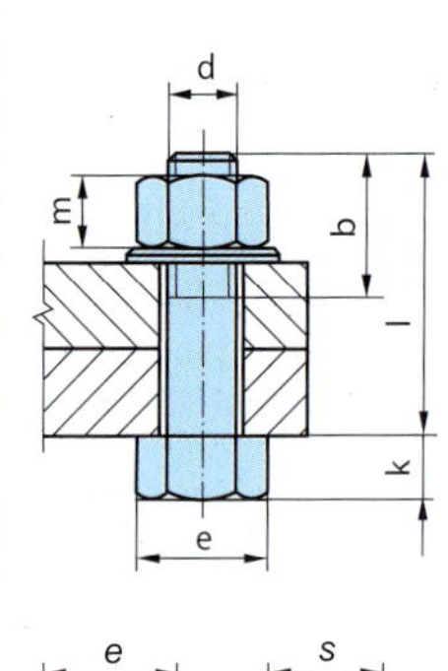

d Gewinde-Nenndurchmesser
b nutzbare Gewindelänge
l Schrauben-Lieferlänge
k Schrauben-Kopfhöhe
e Eckenmaß
m Mutternhöhe
s Schlüsselweite SW

$e = 1{,}16 \cdot s$
$r_1 = 3/4 \cdot e$
$r_2 = 1/2 \cdot m$
$r_2 = 1/2 \cdot k$
$r_3 = 1/2 \cdot e$

Vereinfachte Darstellung

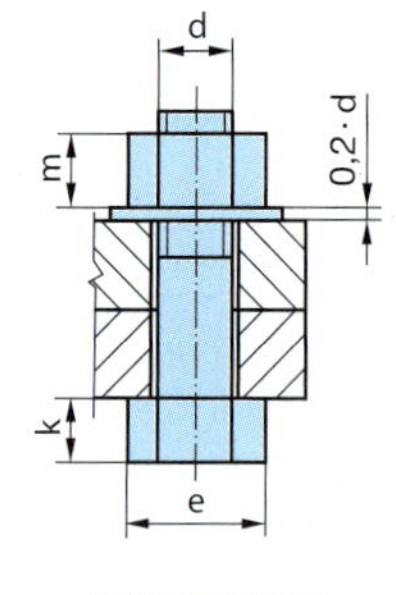

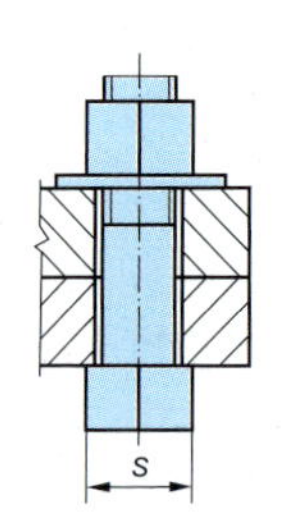

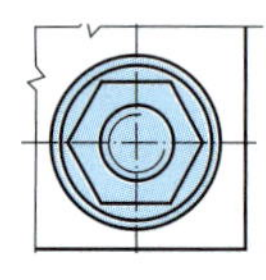

Richtmaße

$m \approx 0{,}8 \cdot d$
$k \approx 0{,}7 \cdot d$
$e \approx 2 \cdot d$
$s \approx 0{,}87 \cdot e$

Vereinfachte Darstellungen

Gewinde — DIN ISO 6410-3

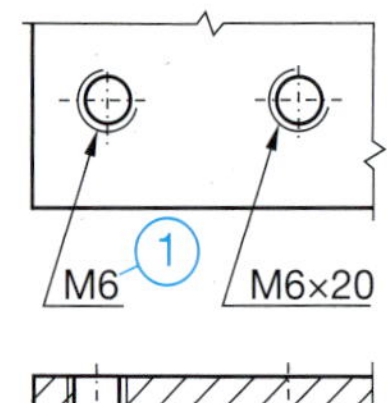

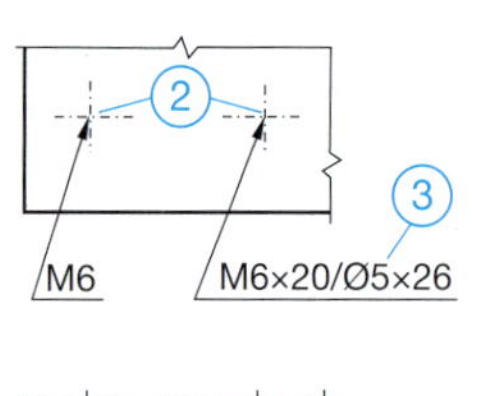

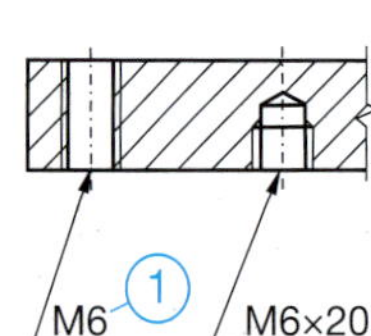

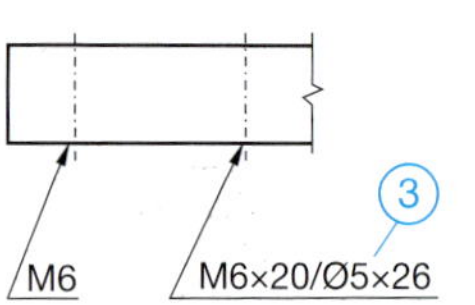

Darstellung und Maßangaben dürfen *vereinfacht* erfolgen, wenn

1. der Durchmesser ≤ 6 mm ist oder
2. eine regelmäßige Anordnung von Bohrungen oder Gewinden gleicher Art und Größe vorliegt.
3. Alle notwendigen Hinweise (Durchmesser, Tiefe, Anzahl, Gewinde) werden auf einer Hinweislinie, die zum Bohrungsmittelpunkt weist, eingetragen.

Technische Dokumentation

Normung

Technisches Zeichnen

Vereinfachte Darstellungen

Löcher, Schrauben und Niete

Symbolische Darstellung von Löchern senkrecht zur Zeichenebene

Senkung oder Niet [1] Element	ohne Senkung	Senkung auf der Vorderseite	Senkung auf der Rückseite	Senkung auf beiden Seiten
in der Werkstatt gebohrt und eingebaut				
in der Werkstatt gebohrt und auf der Baustelle eingebaut				
auf der Baustelle gebohrt und eingebaut				

Symbolische Darstellung von Löchern parallel zur Zeichenebene

Senkung oder Niet [1] Element	ohne Senkung	Senkung auf einer Seite	Senkung auf beiden Seiten
in der Werkstatt eingebaut			
auf der Baustelle eingebaut			

[1] Zur Unterscheidung von Schrauben und Nieten von Löchern muss die genaue Bezeichnung der Löcher oder Verbindungselemente nach den jeweiligen internationalen Normen angegeben werden.

Symbolische Darstellung von in die Löcher passenden Schrauben oder Nieten

Senkung oder Niet [1] Element	ohne Senkung (Schraube/Niet)	Senkung auf einer Seite (Schraube/Niet)	Senkung auf beiden Seiten (Niet)	Schraube mit Lageangabe der Mutter
in der Werkstatt eingebaut				
auf der Baustelle eingebaut				
Loch auf der Baustelle gebohrt und Schraube oder Niet auf der Baustelle eingebaut				

Beispiele

Ø15 — Bemaßung und Bezeichnung Durchgangsloch, Ø 15, in der Werkstatt gebohrt. Senkung auf Rückseite.

Schraube, metrisches Gewinde, M8x20; in der Werkstatt eingebaut, nicht gesenkt.

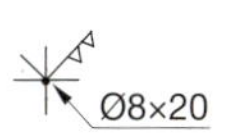

Niet, 8x20; auf der Baustelle gebohrt und eingebaut. Senkung auf der Vorderseite.

Technische Dokumentation

Normung

Technisches Zeichnen

Vereinfachte Darstellungen

Beispiele für Darstellung und Bemaßung von Löchern DIN 6780

Nr.	Vollständige Darstellung und Bemaßung	Vollständige Darstellung und vereinfachte Bemaßung	Vereinfachte Darstellung und vereinfachte Bemaßung	Erläuterung
1	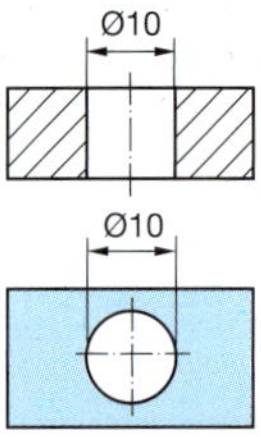 Ø10; Ø10	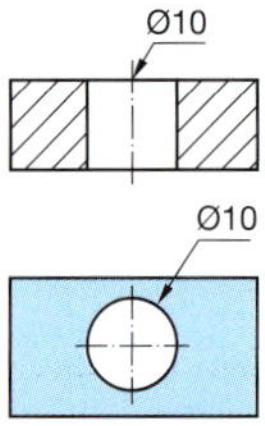 Ø10; Ø10	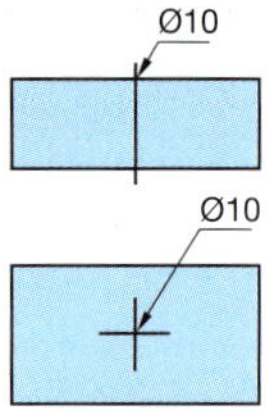 Ø10; Ø10	Durchgangsloch Ø10 mm
2	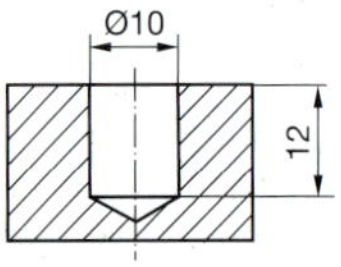 Ø10; 12	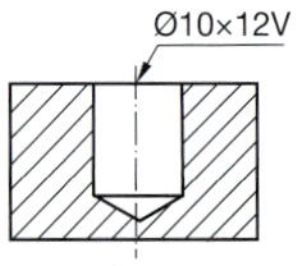 Ø10×12V	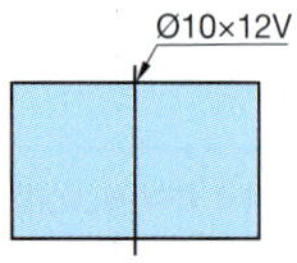 Ø10×12V	Grundloch Ø10 mm, 12 mm tief (keine Vorgabe an den Lochgrund)
3	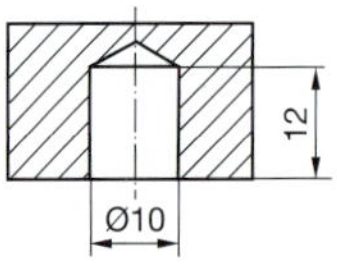 12; Ø10	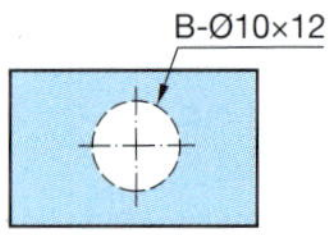 B-Ø10×12	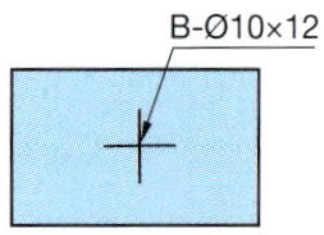 B-Ø10×12	Grundloch Ø10 mm, 12 mm tief, von der Gegenseite (Rückseite) gebohrt
4	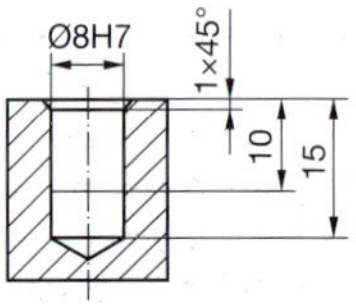 Ø8H7; 1×45°; 10; 15	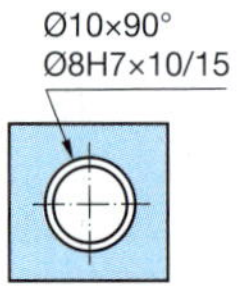 Ø10×90° Ø8H7×10/15	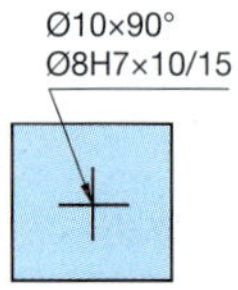 Ø10×90° Ø8H7×10/15	Passgrundloch Ø8 H7, 10 mm tief, Bohrungstiefe 15 mm, mit Fase 1x45°
5	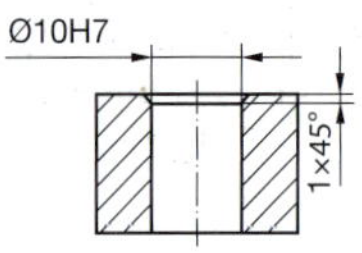 Ø10H7; 1×45°	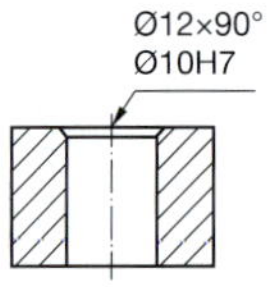 Ø12×90° Ø10H7	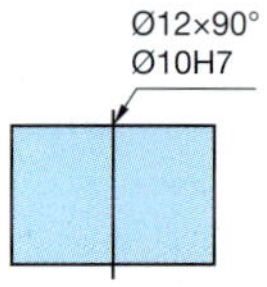 Ø12×90° Ø10H7	Passloch Ø10 H7 durchgehend mit Fase 1x45°
6	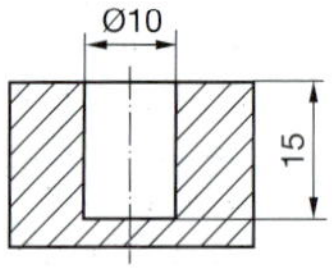 Ø10; 15	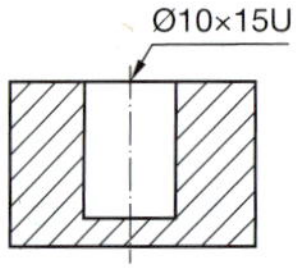 Ø10×15U	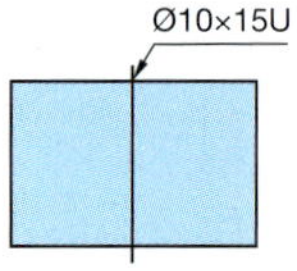 Ø10×15U	Grundloch Ø10 mm, 15 mm tief mit flachem Lochgrund
7	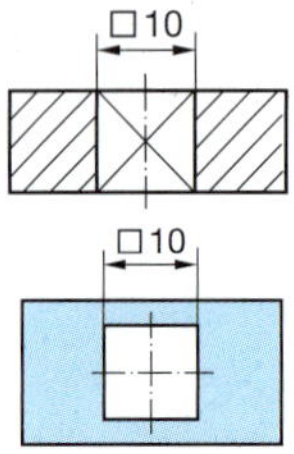 □10; □10	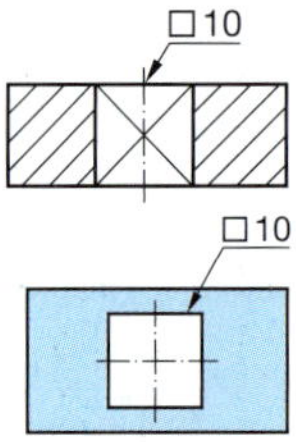 □10; □10	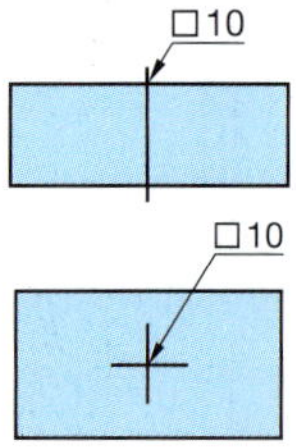 □10; □10	quadratisches Durchgangsloch 10x10 mm

Doku-mentation

Technische Dokumentation

Normung

Technisches Zeichnen

Vereinfachte Darstellungen

Beispiele für die Darstellung und Bemaßung von Innengewinden DIN 6780

Nr.	Vollständige Darstellung und Bemaßung	Vollständige Darstellung und vereinfachte Bemaßung	Vereinfachte Darstellung und Bemaßung	Erläuterung
8	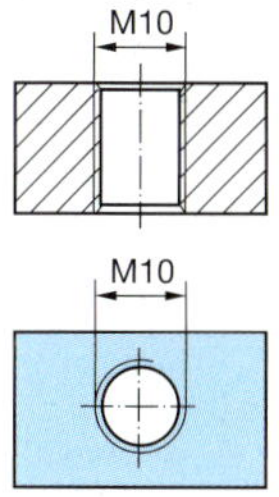 M10 M10	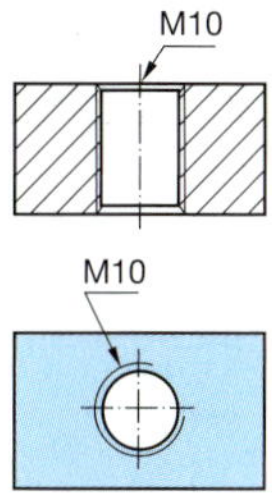 M10 M10	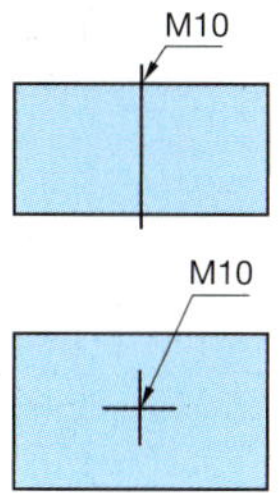 M10 M10	Durchgangsgewinde M10
9	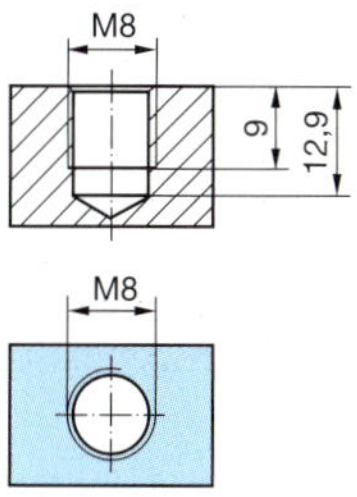 M8, 9, 12,9 M8	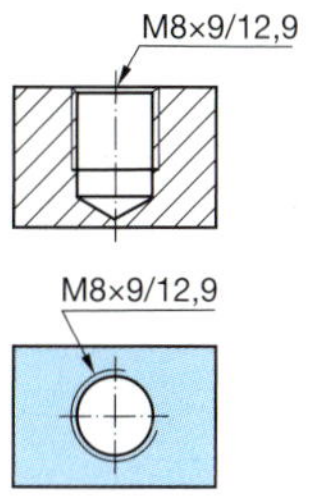 M8×9/12,9 M8×9/12,9	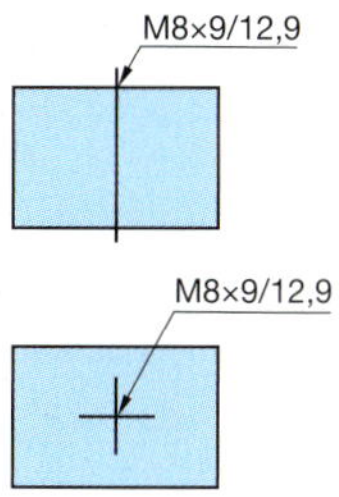 M8×9/12,9 M8×9/12,9	Gewinde M8 mit Gewindelänge 9 mm, Kernlochtiefe 12,9 mm
10	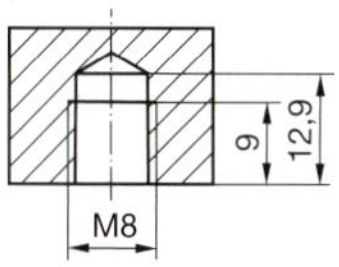 9, 12,9 M8	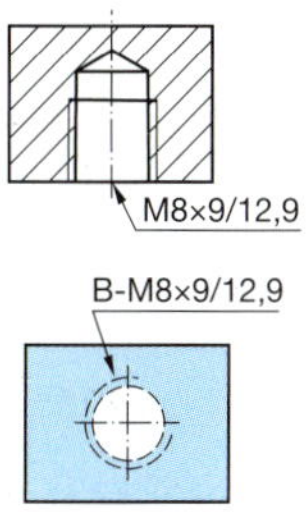 M8×9/12,9 B-M8×9/12,9	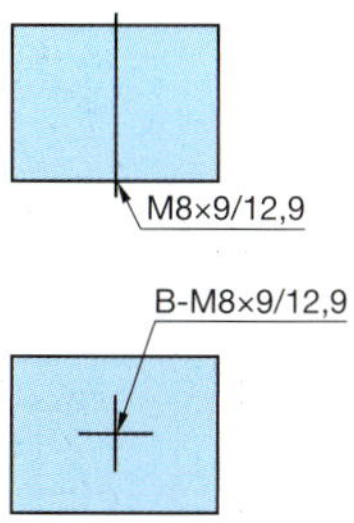 M8×9/12,9 B-M8×9/12,9	Gewinde M8 mit Gewindelänge 9 mm, Kernlochtiefe 12,9 mm, von der Planseite gebohrt Gewinde M8 mit Gewindelänge 9 mm, Kernlochtiefe 12,9 mm, von der Rückseite (Gegenseite) gebohrt
11	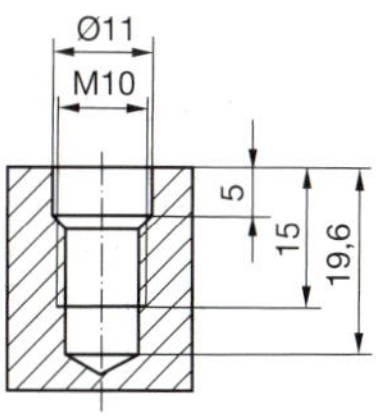 Ø11 M10 5, 15, 19,6	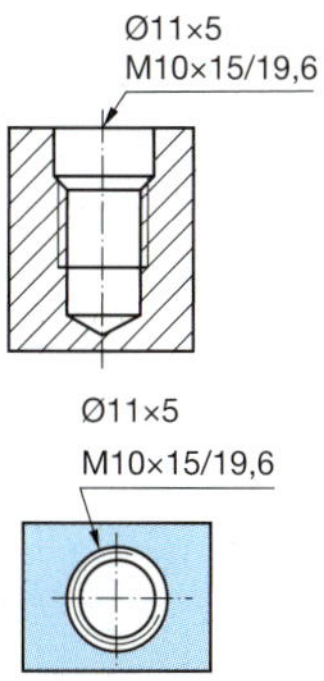 Ø11×5 M10×15/19,6 Ø11×5 M10×15/19,6	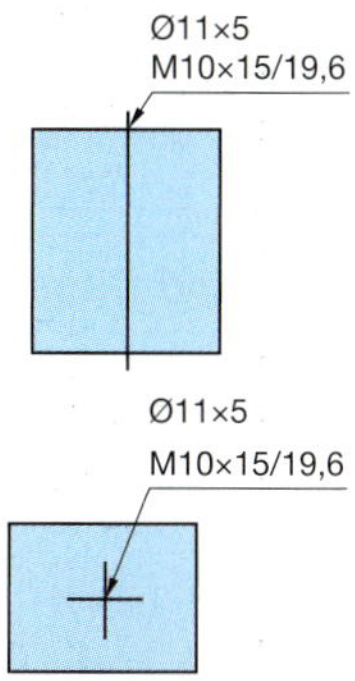 Ø11×5 M10×15/19,6 Ø11×5 M10×15/19,6	Gewinde M10 mit Freisenkung Ø11 mm, 5 mm tief, Gewindetiefe 15 mm und Kernlochtiefe 19,6 mm (von der Ausgangsseite bemaßt)

Technische Dokumentation

Normung

Technisches Zeichnen

Vereinfachte Darstellungen

Beispiele für die Darstellung und Bemaßung von Gewinden usw. DIN 6780

Nr.	Vollständige Darstellung und Bemaßung	Vollständige Darstellung und vereinfachte Bemaßung	Vereinfachte Darstellung und vereinfachte Bemaßung	Erläuterung
12	M10-LH; 15	M10-LH×15; M10-LH×15	M10-LH×15; M10-LH×15	Linksgewinde M10 mit Gewindelänge 15 mm, Kernloch durchgebohrt
13	20°; M10; 15; 19,6	Ø10×20° M10×15/19,6; Ø10×20° M10×15/19,6	Ø10×20° M10×15/19,6; Ø10×20° M10×15/19,6	Gewinde M10 mit 20°-Ansenkung bis auf Kernlochdurchmesser, Gewindelänge 15 mm und Kernlochtiefe 19,6 mm
14	M10×1; 10; 17,3; Ø9	M10×1×10 Ø9×17,3U; M10×1×10 Ø9×17,3U	M10×1×10 Ø9×17,3U; M10×1×10 Ø9×17,3U	Feingewindebohrung M10x1 mit Gewindetiefe 10 mm und Kernlochdurchmesser 9 mm, Kernlochtiefe 17,3 mm, mit flachem Lochgrund

Beispiele für die Darstellung und Bemaßung von Senkungen usw. DIN 6780

Nr.	Vollständige Darstellung und Bemaßung	Vollständige Darstellung und vereinfachte Bemaßung	Vereinfachte Darstellung und vereinfachte Bemaßung	Erläuterung
15	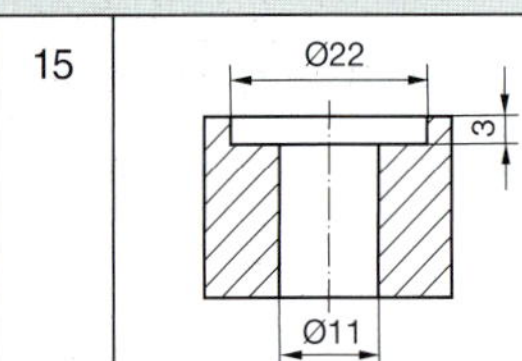	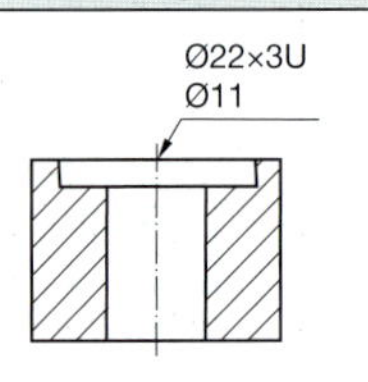	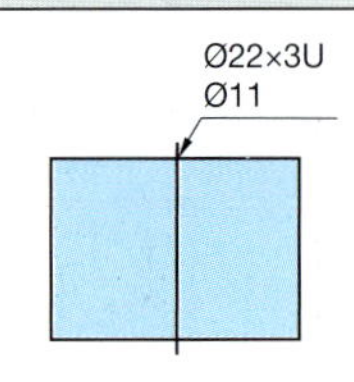	Durchgangsloch ∅11 mm mit flacher Ansenkung ∅22 mm, Senkungstiefe 3 mm

Doku-mentation

Technische Dokumentation

Normung

Technisches Zeichnen

Vereinfachte Darstellungen

Beispiele für die Darstellung und Bemaßung von Senkungen usw. DIN 6780

Nr.	Vollständige Darstellung und Bemaßung	Vollständige Darstellung und vereinfachte Bemaßung	Vereinfachte Darstellung und vereinfachte Bemaßung	Erläuterung
16	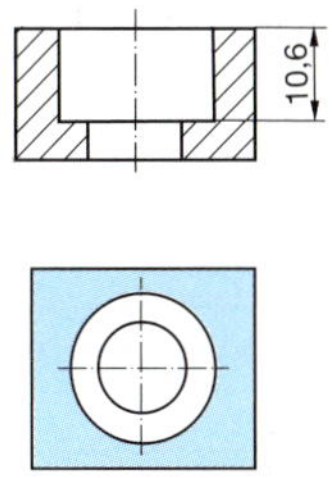 10,6	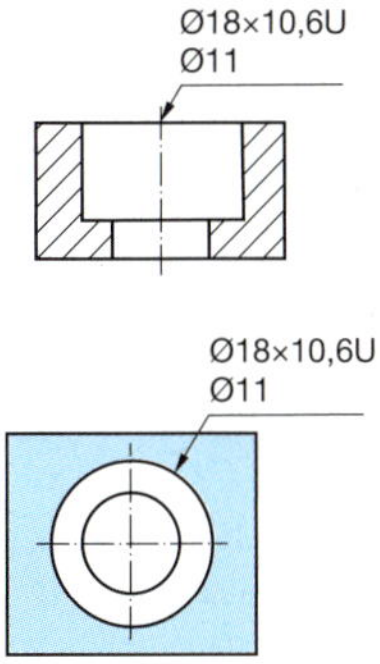 Ø18×10,6U Ø11 Ø18×10,6U Ø11	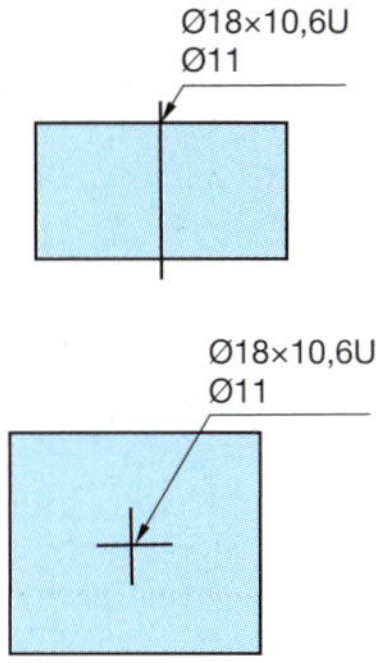 Ø18×10,6U Ø11 Ø18×10,6U Ø11	Senkung für Zylinderschraube M10, Senkdurchmesser 18 mm, Senktiefe 10,6 mm, Durchgangsloch ∅11 mm
17	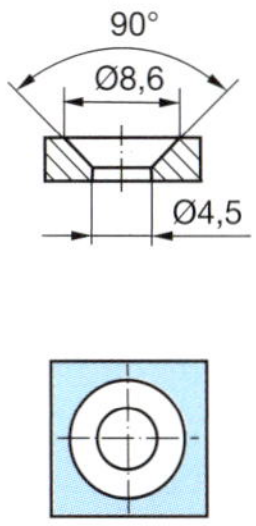 90° Ø8,6 Ø4,5	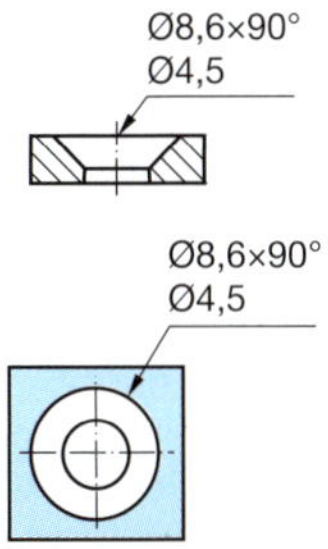 Ø8,6×90° Ø4,5 Ø8,6×90° Ø4,5	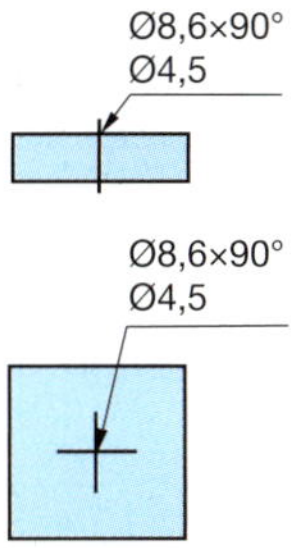 Ø8,6×90° Ø4,5 Ø8,6×90° Ø4,5	Durchgangsloch ∅4,5 mm mit kegeliger Ansenkung von 90° und Senkdurchmesser 8,6 mm
18	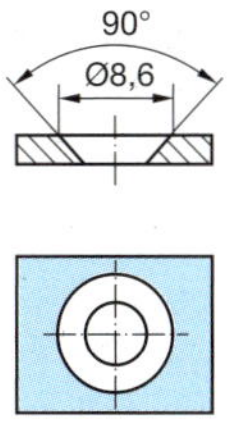 90° Ø8,6	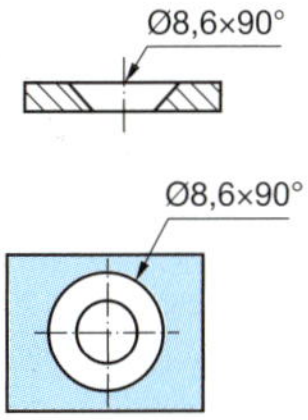 Ø8,6×90° Ø8,6×90°	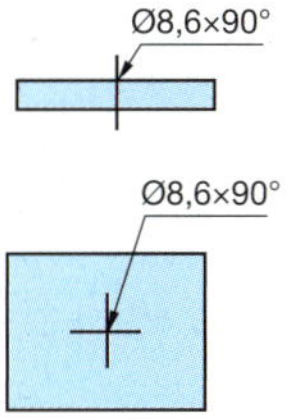 Ø8,6×90° Ø8,6×90°	Kegelige Ansenkung von 90° und Senkdurchmesser 8,6 mm
19	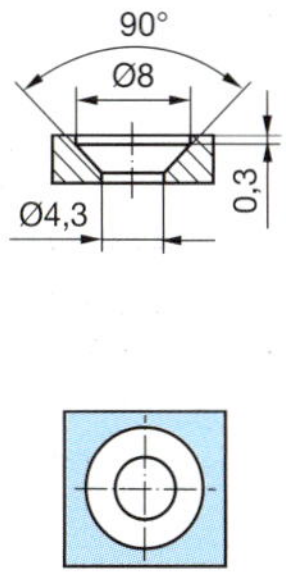 90° Ø8 Ø4,3 0,3	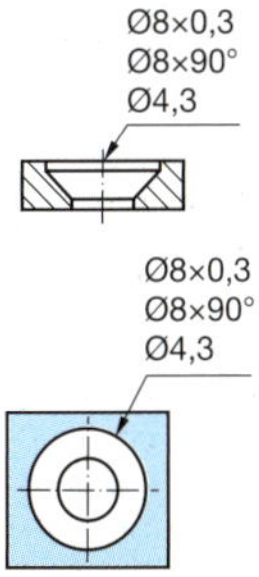 Ø8×0,3 Ø8×90° Ø4,3 Ø8×0,3 Ø8×90° Ø4,3	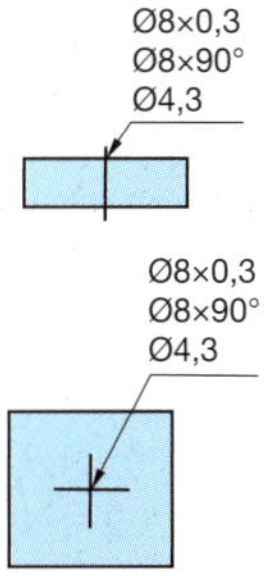 Ø8×0,3 Ø8×90° Ø4,3 Ø8×0,3 Ø8×90° Ø4,3	Zylindrische Ansenkung ∅8 mm mit Senktiefe 0,3 mm, Durchgangsloch ∅4,3 mm mit kegeliger Ansenkung von 90° und Senkdurchmesser 8 mm

Technische Dokumentation

Normung

Technisches Zeichnen

Vereinfachte Darstellungen

Beispiele für die Darstellung und Bemaßung von Löchern usw. DIN 6780

Lochgrund: Die Form des Lochgrundes wird über die grafischen Symbole „V", „U" oder „W" dargestellt. Erfolgt *keine Angabe* über die Form des Lochgrundes, so ist die Fertigungsart des Loches freigestellt.

Folgende **grafische Symbole** sind festgelegt:

Nr.	Symbol	Benennung	Beispiel	Bild
1	∅	Durchmesser	∅ 10	1, 2, 3, 4, 5, 6
2	□	Quadrat, Vierkant	□ 10	7
3	x	Trennzeichen zwischen Nennmaß und Tiefen- bzw. Winkelangabe oder Anzahl für Formelemente/Gruppen	M10 x 25	2, 3, 4, 5, 9 – 19
4	/	Trennzeichen zwischen Tiefenangaben z. B. Gewindelänge und Grundlochtiefe	M10 x 25/30	4, 9 – 11, 13, 14
5	U	zylindrische Senkung, flacher Lochgrund	∅ 10 x 25 U	6, 14
6	V	werkstoffabhängige Bohrerspitze (Spitzenwinkel des Lochgrundes)	∅ 10 x 25 V	2, 3, 9 – 11, 13
7	W	Wendeschneidplattenbohrerspitze (Lochgrund)	∅ 10 x 25 W	
8	V̲	Maßangabe bis Bohrerspitze	∅ 10 x 28 V̲	
9	B-	von der Rückseite gefertigt	B-∅ 11 x 10	3

Anzahl der Löcher und Lochgruppen

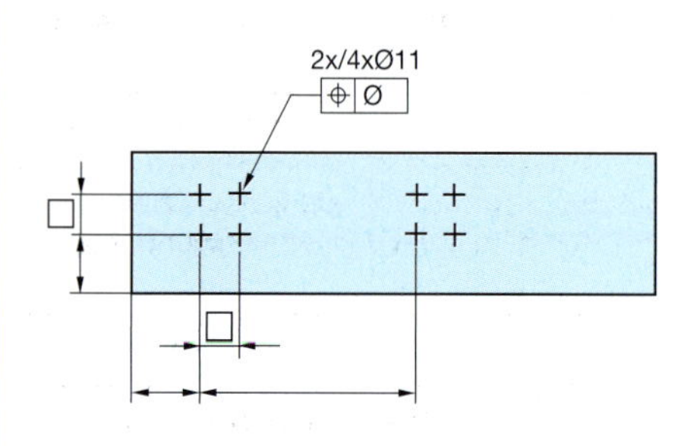

Gruppen gleicher Löcher (Senkungen/Bohrungen) werden nur in *einer* Gruppe bemaßt und toleriert. Für die anderen Gruppen werden nur die zur Festlegung der Lage notwendigen Maße eingetragen.

Die Anzahl der Gruppen und Löcher je Gruppe muss vor dem größten Durchmesser angegeben werden.
Die Anzahl der Löcher wird mit dem x-Zeichen angegeben; z. B. 5x∅10 oder 6xM20.

Die Anzahl der Lochgruppen wird mit dem x-Zeichen, durch einen Schrägstrich getrennt, von der Anzahl der Löcher je Gruppe angegeben, z. B. 2x/4x∅11 oder 4x/6xM10.

In Ausnahmefällen können die Gruppen und Elemente mit Wortangaben beschrieben werden, z. B. 3 Gruppen/5 Löcher ∅10 oder 4 Gruppen/6 Gewinde M10.

Form- und Lagetoleranzen (Positionstolerierung)

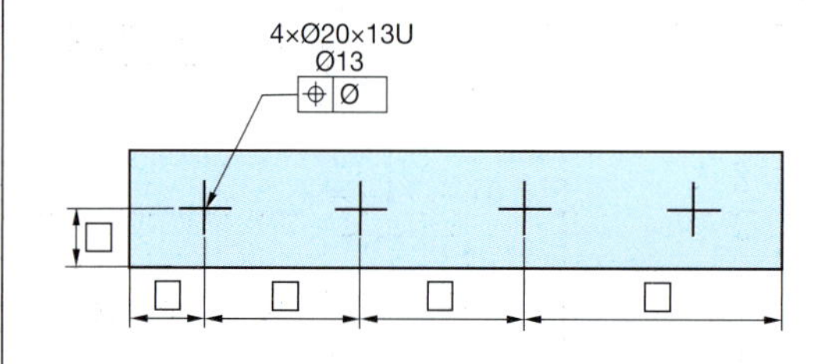

Bei Angabe von *Form- und Lagetoleranzen* nach DIN EN

ISO 1101 und DIN ISO 5458 erfolgt die Eintragung der **Lochdaten** über dem Toleranzrahmen.

Doku-
mentation

Technische Dokumentation

Normung

Technisches Zeichnen

Vereinfachte Darstellungen

Beispiele für die Darstellung und Bemaßung von Löchern usw. — DIN 6780

Aufbau und Reihenfolge der Beschreibungselemente für die einfache Bemaßung
Es sind jeweils nur die für ein Geometrieelement notwendigen Angaben in einer Zeile der vereinfachten Bemaßung einzutragen. Die Angaben haben den gezeigten Aufbau in der angegebenen Reihenfolge.

Beispiel

B - 4× / 8× Ø 40 H 7 (E) Ra 1,6 x 30 + 0,3/0 U Ra 6,3

B -	von der Rückseite gefertigt (Backside)
4×	4 Lochgruppen
8×	8 Löcher
Ø 40	Nennmaß
H 7	Toleranzklasse
(E)	Hüllbedingung
Ra 1,6	Rauheitsparameter, -wert
30	Tiefe
0,3/0	Grenzabmaße der Tiefe
U	flacher Lochgrund
Ra 6,3	Rauheitsparameter, -wert für Lochgrund

Die ersten drei Angaben (Loch von der Rückseite gefertigt, Anzahl der Gruppen und Anzahl der Löcher) gelten für alle Geometrieelemente eines Loches, wenn sie nur in der *ersten Zeile ausgerückt* angegeben werden.

Senkungen — DIN 74-1-2

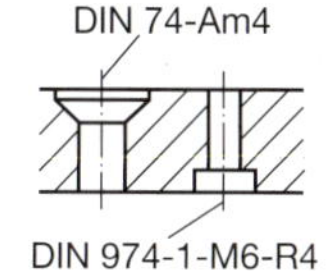

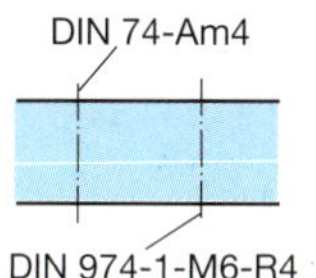

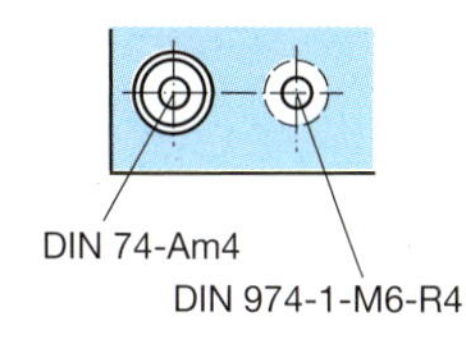

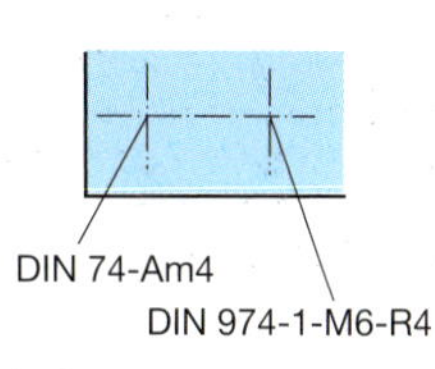

Vereinfachte Darstellung von Zentrierbohrungen — DIN ISO 6411

Die vereinfachte Darstellung kann besonders dann angewendet werden, wenn es nicht notwendig ist, die genaue Form und Größe darzustellen und die Bezeichnung der genormten Zentrierbohrung als Information ausreichend ist.

Grundsymbole der vereinfachten Darstellung

Anforderung	Darstellung	Erläuterung der Angabe
Zentrierbohrung, **ist** am fertigen Teil erforderlich		ISO 6411-B 2,5/5,3
Zentrierbohrung, **darf** am fertigen Teil vorhanden sein		ISO 6411-B 2,5/5,3
Zentrierbohrung, **darf** am fertigen Teil **nicht** verbleiben		ISO 6411-B 2,5/5,3

Technische Dokumentation

Normung

Technisches Zeichnen

Vereinfachte Darstellungen

Vereinfachte Darstellung von Zentrierbohrungen DIN ISO 6411

Erläuterung der Bezeichnungen

Form der Zentrierbohrung	Bezeichnungsbeispiel	Erläuterung
R mit Radiusform (Zentrierbohrer nach ISO 2541)	ISO6411-R3,15/6,7	d_1=3,15 d_2=6,7
A ohne Schutzsenkung (Zentrierbohrer nach ISO 866)	ISO6411-A4/8,5	d_1=4 d_2=8,5
B mit Schutzsenkung (Zentrierbohrer nach ISO 2540)	ISO6411-B2,5/8	d_1=2,5 d_3=8

Rändel DIN 82

Benennung	Rändel mit achsparallelen Riefen	Linksrändel	Rechtsrändel	Links-Rechts-Rändel	Kreuzrändel
Form/Profil	RAA	RBL	RBR	RGE/RGV	RKE/RKV
90°, t, d_2 Ausgangs-Ø, d_1 Nenn-Ø d_2=d_1-0,5 t		30°	30°	30° 30°	
	$d_2 = d_1 - 0{,}5 \cdot t$ Rändel DIN 82 - RAA 0,8 Zeichnungseintrag			Spitzen erhöht (Form RGE/RGK) $d_2 = d_1 - 0{,}67 \cdot t$ Spitzen vertieft (Form RGV/RKV) $d_2 = d_1 - 0{,}33 \cdot t$	
Riefenteilung t	0,5; 0,6; 0,8; 1; 1,2; 1,6				

Bezeichnungsbeispiel: **Rändel DIN 82 - RAA 0,8**
Rändel nach DIN 82, Form RAA (achsparallele Riefen), Riefenteilung 0,8 mm

Technische Dokumentation

Normung

Technisches Zeichnen

Vereinfachte Darstellungen

Freistiche an Drehteilen oder Bohrungen — DIN 509

Vereinfachte Darstellung **X 5 : 1**

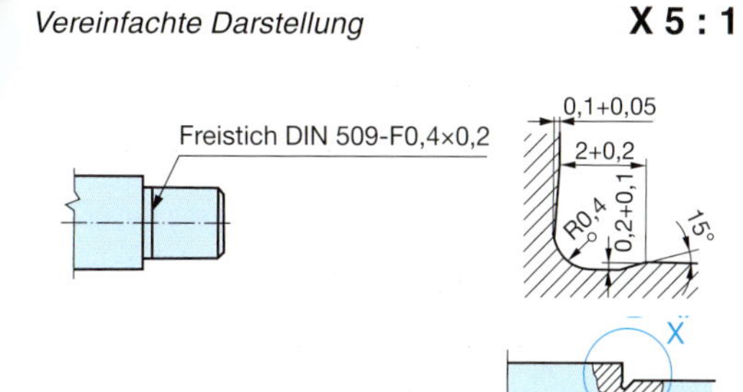

Vollständige Darstellung

Vereinfachte Darstellung **Y 5 : 1**

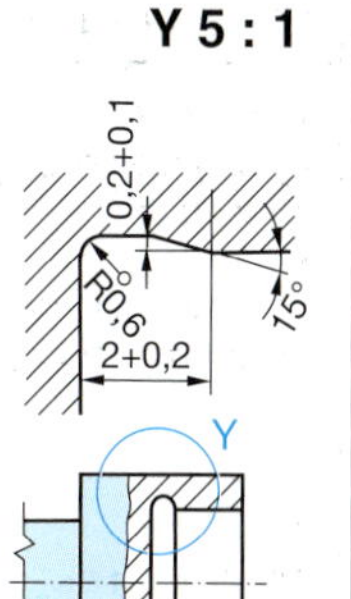

Vollständige Darstellung

Schraffuren, Werkstückkanten

Schraffuren — DIN ISO 128-50

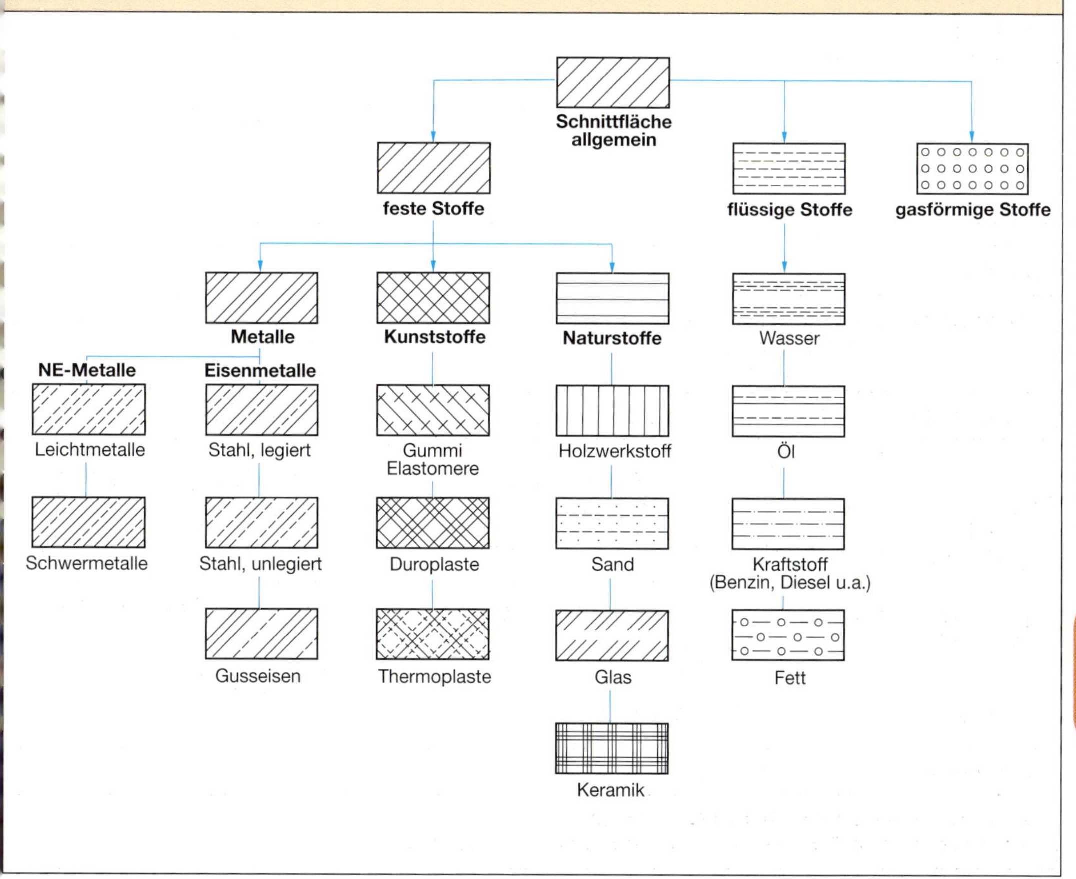

Technische Dokumentation

Normung

Technisches Zeichnen

Schraffuren, Werkstückkanten

Werkstückkanten DIN ISO 13715

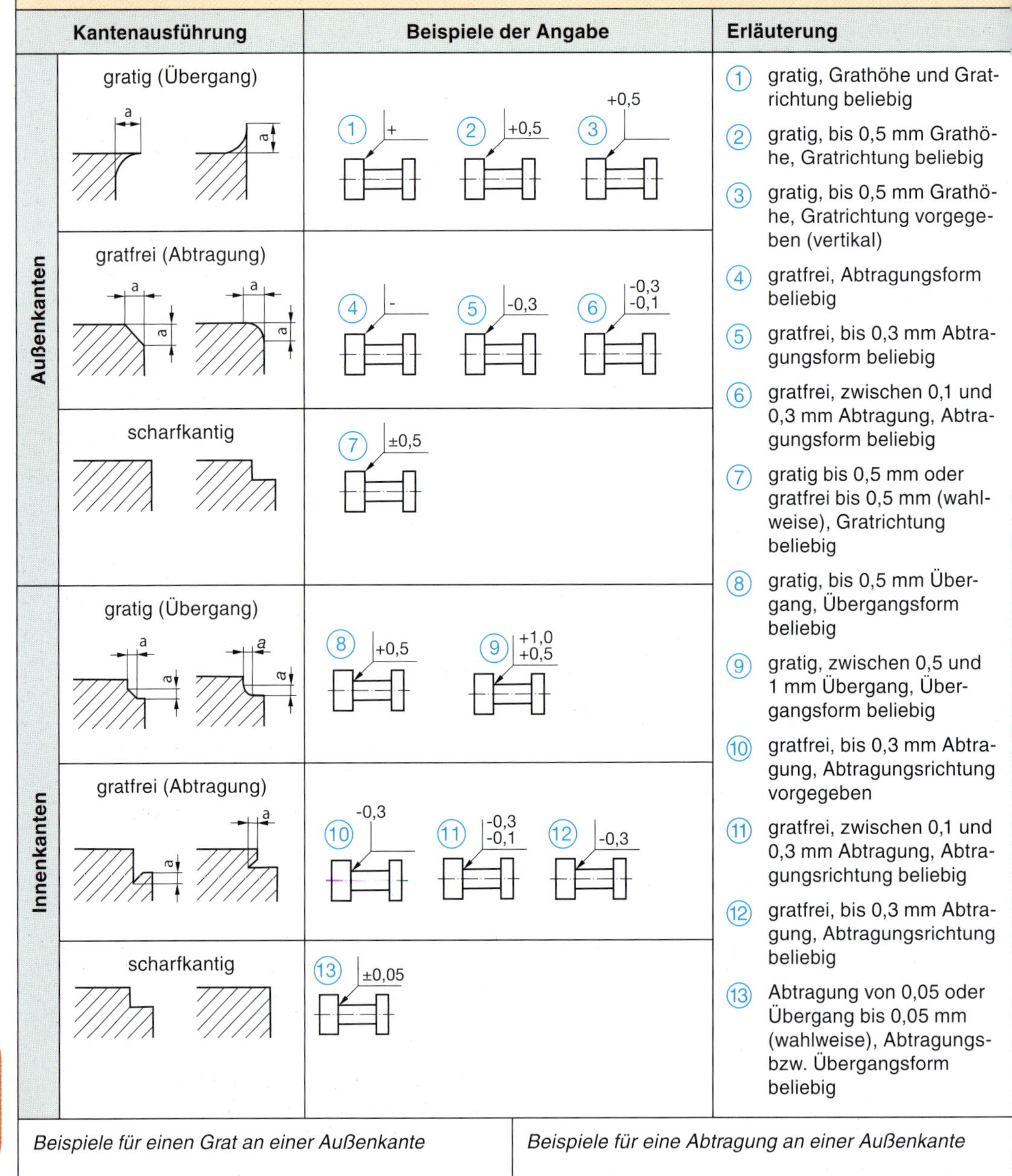

	Kantenausführung	Beispiele der Angabe	Erläuterung
Außenkanten	gratig (Übergang)	① + ② +0,5 ③ +0,5	① gratig, Grathöhe und Gratrichtung beliebig ② gratig, bis 0,5 mm Grathöhe, Gratrichtung beliebig ③ gratig, bis 0,5 mm Grathöhe, Gratrichtung vorgegeben (vertikal)
	gratfrei (Abtragung)	④ - ⑤ -0,3 ⑥ -0,3 -0,1	④ gratfrei, Abtragungsform beliebig ⑤ gratfrei, bis 0,3 mm Abtragungsform beliebig ⑥ gratfrei, zwischen 0,1 und 0,3 mm Abtragung, Abtragungsform beliebig
	scharfkantig	⑦ ±0,5	⑦ gratig bis 0,5 mm oder gratfrei bis 0,5 mm (wahlweise), Gratrichtung beliebig
Innenkanten	gratig (Übergang)	⑧ +0,5 ⑨ +1,0 +0,5	⑧ gratig, bis 0,5 mm Übergang, Übergangsform beliebig ⑨ gratig, zwischen 0,5 und 1 mm Übergang, Übergangsform beliebig
	gratfrei (Abtragung)	⑩ -0,3 ⑪ -0,3 -0,1 ⑫ -0,3	⑩ gratfrei, bis 0,3 mm Abtragung, Abtragungsrichtung vorgegeben ⑪ gratfrei, zwischen 0,1 und 0,3 mm Abtragung, Abtragungsrichtung beliebig ⑫ gratfrei, bis 0,3 mm Abtragung, Abtragungsrichtung beliebig
	scharfkantig	⑬ ±0,05	⑬ Abtragung von 0,05 oder Übergang bis 0,05 mm (wahlweise), Abtragungs- bzw. Übergangsform beliebig

Beispiele für einen Grat an einer Außenkante

Beispiele für eine Abtragung an einer Außenkante

Technische Dokumentation

Normung

Technisches Zeichnen

Schraffuren, Werkstückkanten

Werkstückkanten DIN ISO 13715

Beispiele für einen Übergang an einer Innenkante

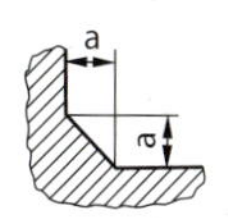

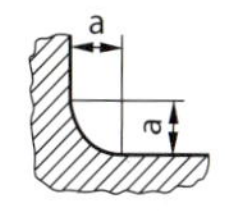

Beispiele für eine Abtragung an einer Innenkante

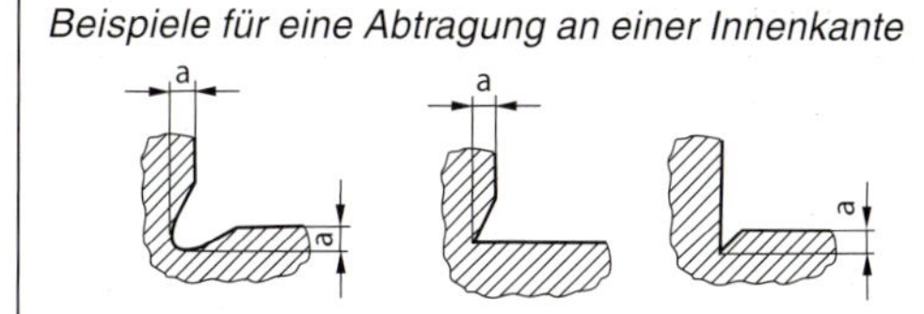

Zusatzangaben

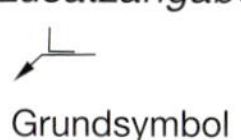

Grundsymbol

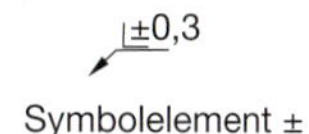

Symbolelement ±

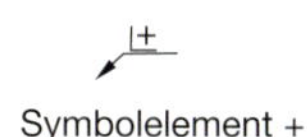

Symbolelement +

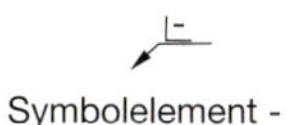

Symbolelement -

ISO 13715

Hinweis auf internationale Norm

Grat und Abtragungsrichtung

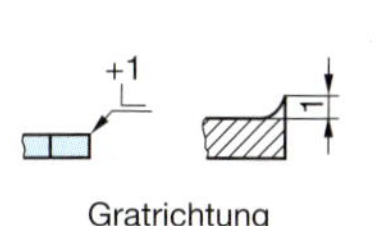

Gratrichtung

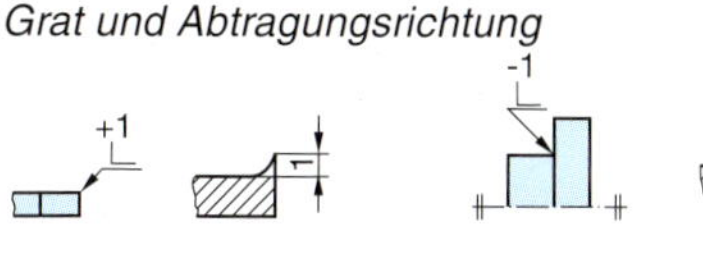

Abtragungsrichtung

Symbolelemente für Kantenzustände

Symbol-element	Bedeutung Außenkante	Bedeutung Innenkante
+	Grat zugelassen, Abtragung nicht zugelassen	Übergang zugelassen, Abtragung nicht zugelassen
–	Abtragung gefordert, Grat nicht zugelassen	Abtragung gefordert, Übergang nicht zugelassen
± [1]	Grat und Abtragung zugelassen	Abtragung oder Übergang zugelassen

[1] Nur mit einer Maßangabe zulässig.

Beispiele für Kantenzustände

+1 +0,5   +1 -0,5   +0,2 -0,5   -1 -2,5

Wenn für das Kantenmaß ein *oberes* und ein *unteres Grenzmaß* festzulegen ist, dann sind *beide* Werte anzugeben. Dabei wird das obere Grenzabmaß über dem unteren Grenzabmaß hinter den Symbolelementen geschrieben.

Wenn eine bestimmte Grat- oder Abtragungsrichtung erforderlich ist, ist die Angabe der entsprechenden Stelle einzutragen.

Die eingetragenen Grenzabmaße gelten als *Höchstmaße*.

Kantenzustand nur für Außenkanten

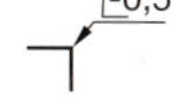

nur für Innenkanten

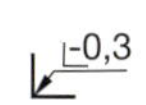

Empfohlene Kantenmaße in mm

a	Anwendung	
a + 2,5 + 1 + 0,5 + 0,3 + 0,1		Werkstückkanten mit zugelassenem Grat oder Übergang, Abtragung nicht zugelassen
+ 0,05 + 0,02	scharfkantig	
– 0,02 – 0,05		Werkstückkanten mit zugelassener Abtragung, Grat oder Übergang nicht zugelassen
– 0,1 – 0,3 – 0,5 – 1 – 2,5 a		

[a] zusätzliches Erfordernis

Kantenzustände in Verbindung mit einer Sammelangabe

-0,3   +0,3 (+0,02)   -0,3 (+0,02)

Wenn es notwendig ist, innerhalb einer Sammelangabe darauf hinweisen, dass in der Darstellung weitere Kantenzustände eingetragen sind, werden diese Angaben in der Sammelangabe rechts in Klammern wiederholt.

Vereinfachte Darstellung von zusätzlichen Kantenzuständen in Verbindung mit einer Sammelangabe

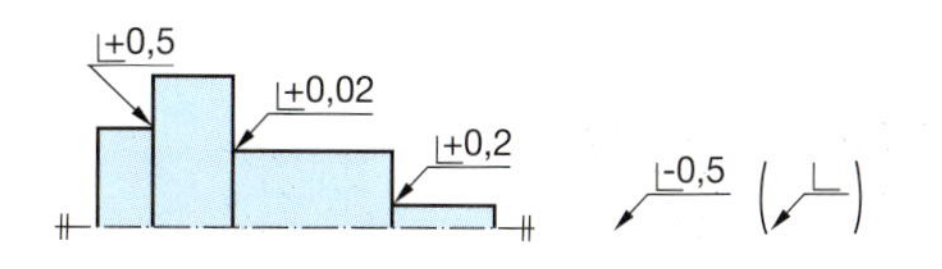

Doku-mentation

Technische Dokumentation

Normung

Technisches Zeichnen

Schraffuren, Werkstückkanten

Werkstückkanten DIN ISO 13715

Beispiele für Kantenangaben

Nr.	Angabe	Bedeutung	Erläuterung	Nr.	Angabe	Bedeutung	Erläuterung
5.1	+0,3		Außenkante mit zugelassenem Grat von 0 bis 0,3 mm, Gratrichtung unbestimmt	5.9	+0,3 -0,1	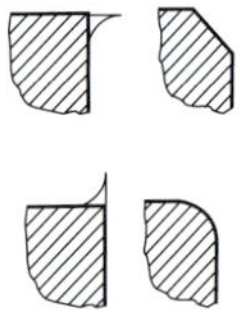	Außenkante mit zugelassenem Grat von 0 bis 0,3 mm oder zugelassener Abtragung von 0 bis 0,1 mm, Gratrichtung unbestimmt
5.2	+		Außenkante mit zugelassenem Grat; Grathöhe und Richtung unbestimmt	5.10	-0,3	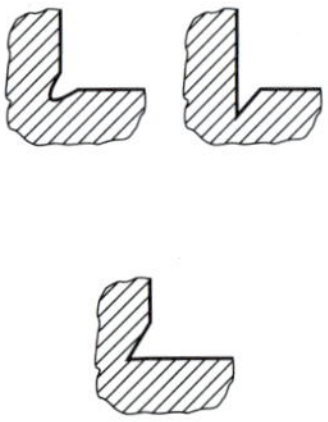	Innenkante mit zugelassener Abtragung von 0 bis 0,3 mm, Abtragungsrichtung unbestimmt
5.3	+0,3		Außenkante mit zugelassenem Grat von 0 bis 0,3 mm, Gratrichtung bestimmt	5.11	-0,1 -0,5		Innenkante mit zugelassener Abtragung von 0,1 mm bis 0,5 mm, Abtragungsrichtung unbestimmt
5.4	+0,3	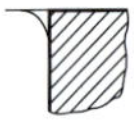		5.12	-0,3		Innenkante mit zugelassener Abtragung von 0 bis 0,3 mm, Abtragungsrichtung bestimmt
5.5	-0,3	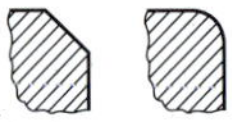	Außenkante ohne Grat, Abtragung von 0 bis 0,3 mm, Gratrichtung unbestimmt	5.13	+0,3	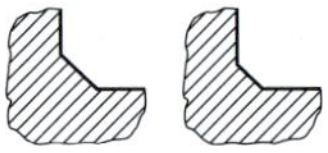	Innenkante mit zugelassenem Übergang bis 0,3 mm, Abtragungsrichtung unbestimmt
5.6	-0,5 -0,1		Außenkante ohne Grat, Abtragung im Bereich von 0,1 bis 0,5 mm, Gratrichtung unbestimmt	5.14	+1 +0,3		Innenkante mit zugelassenem Übergang im Bereich von 0,3 bis 1 mm, Abtragungsrichtung unbestimmt
5.7	-		Außenkante ohne Grat, Größe der Abtragung unbestimmt	5.15	±0,05	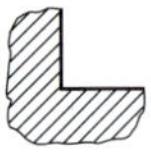	Innenkante mit zugelassener Abtragung von 0 bis 0,05 mm oder mit zugelassenem Übergang bis 0,05 mm (scharfkantig), Abtragungsort unbestimmt
5.8	±0,05		Außenkante mit zugelassenem Grat von 0 bis 0,05 mm oder zugelassener Abtragung von 0 bis 0,05 mm (scharfkantig), Richtung des Grates unbestimmt	5.16	+0,1 -0,3	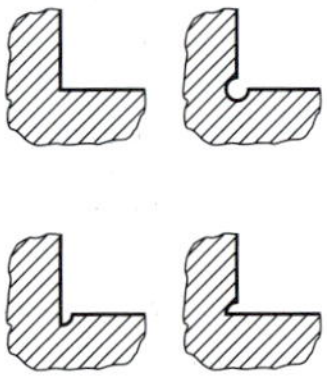	Innenkante mit zugelassenem Übergang von 0,1 mm oder mit zugelassener Abtragung von 0 bis 0,3 mm, Richtung der Abtragung unbestimmt

Technische Dokumentation

Normung

Technisches Zeichnen

Schraffuren, Werkstückkanten

Werkstückkanten — DIN ISO 13715

Beispiele für Zeichnungseintragungen

Kantenzustände senkrecht zur Projektionsebene und eines Geometrieelementes

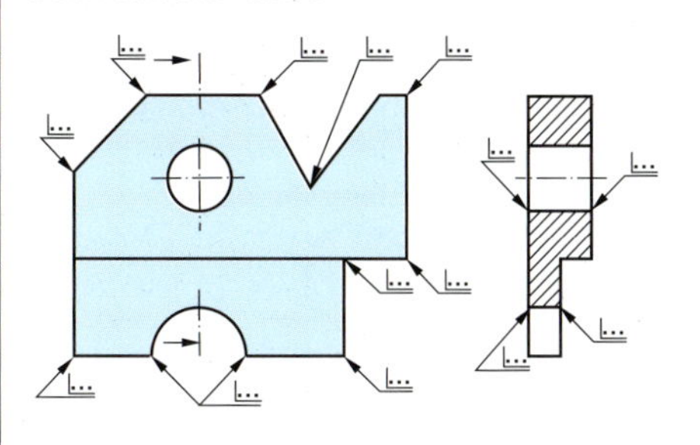

Kantenzustände für begrenzte Bereiche

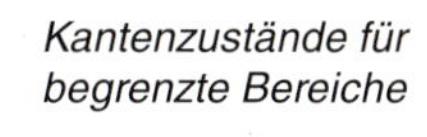

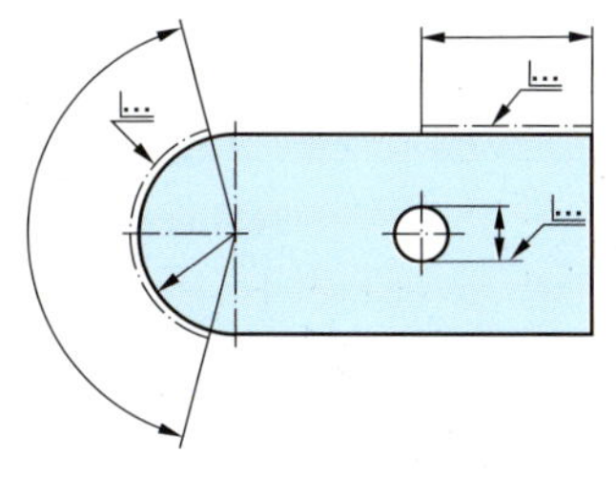

Kantenzustände rund um die Kontur des Profils

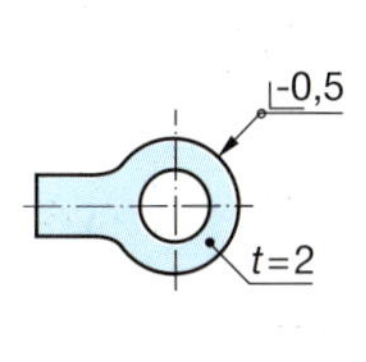

Zahnräder, Sinnbilder für Getriebepläne

Darstellung von Zahnrädern — DIN ISO 2203

Stirnrad

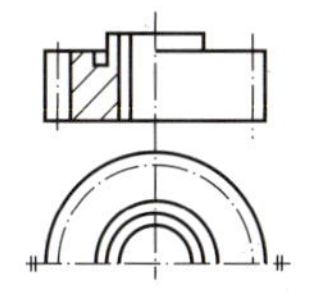

Kegelrad

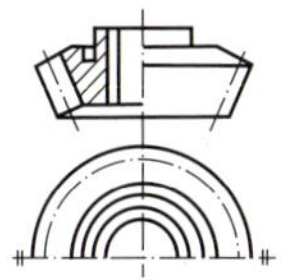

Stirnrad mit außenliegendem Gegenrad

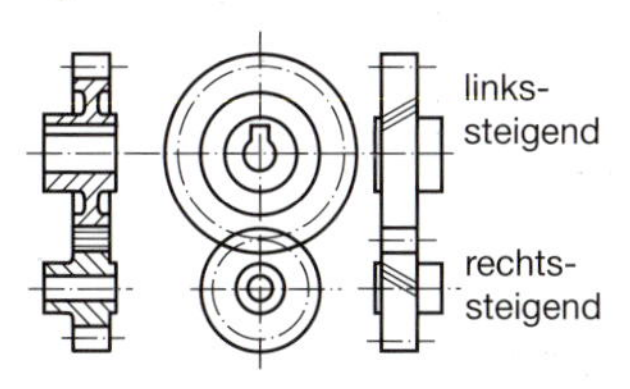

Kegelradpaar (90°-Achsenwinkel)

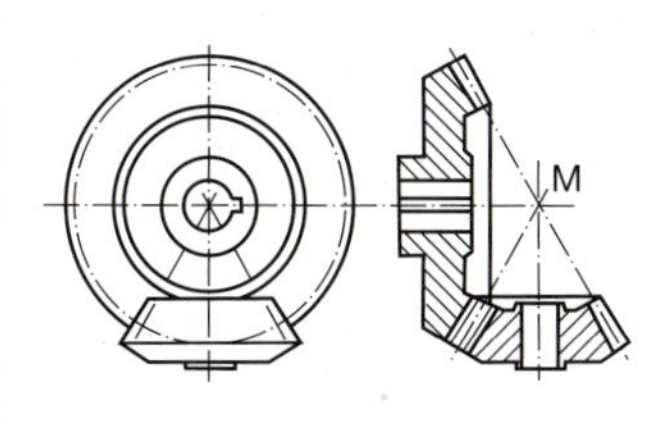

Stirnrad mit Zahnstange

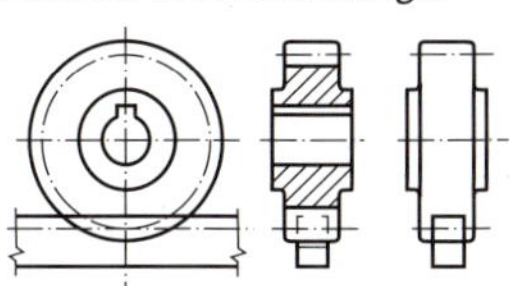

Zahnräder werden ohne Zähne im Halb- oder Vollschnitt gezeichnet. Der Teilkreisdurchmesser wird durch eine Strichpunktlinie dargestellt. Der Fußkreisdurchmesser wird nur in Schnittzeichnungen dargestellt.
In der Ansichtszeichnung von Kegelrädern wird der hintere, größere Teilkreisdurchmesser berücksichtigt.

Stirnrad mit innenliegendem Gegenrad

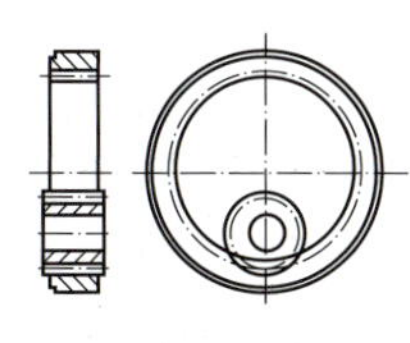

Schnecke und Schneckenrad

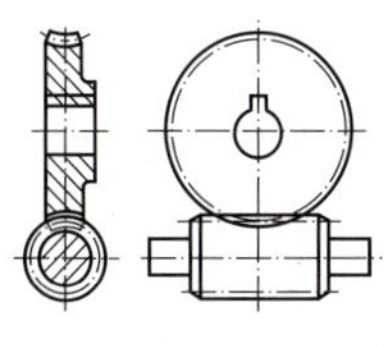

Schneckenrad

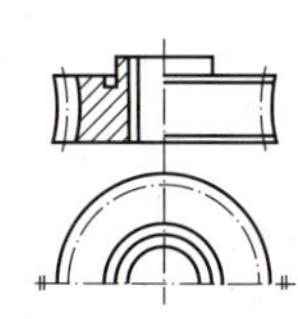

Zahnriemen

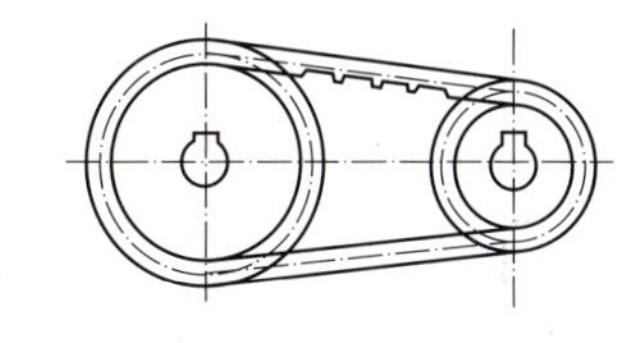

Flankenrichtung: Bei Zahnradpaarungen kann die Flankenrichtung durch drei schmale Volllinien an einem Zahnrad dargestellt werden.

Zahnradtrieb → 889

Technische Dokumentation

Normung

Technisches Zeichnen

Zahnräder, Sinnbilder für Getriebpläne

Zahnräder

DIN ISO 2203

Verzahnungsart	Schrägzahnrad			
	rechtssteigend	linkssteigend	pfeilverzahnt	Schneckenrad
Darstellung der Flankenrichtung				

Sinnbilder für Getriebepläne

DIN 37

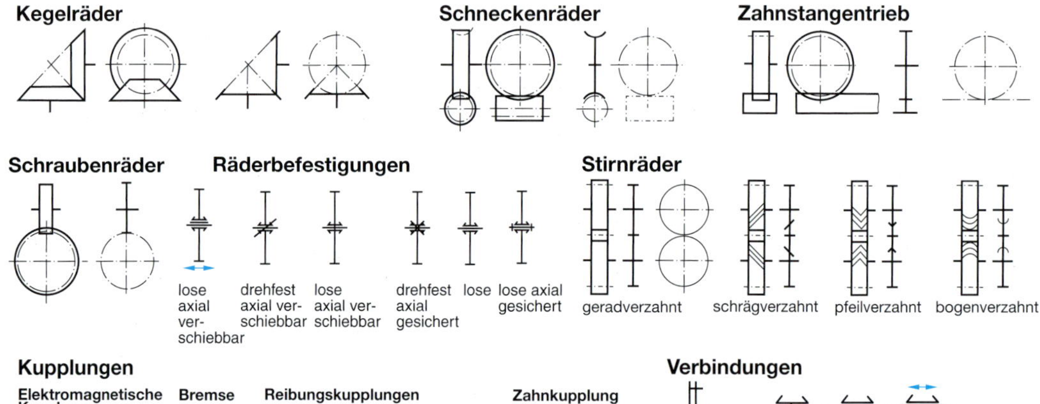

Kupplungen

Elektromagnetische Kupplung

Bremse

Reibungskupplungen

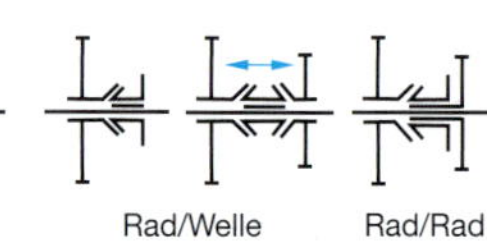

Zahnkupplung

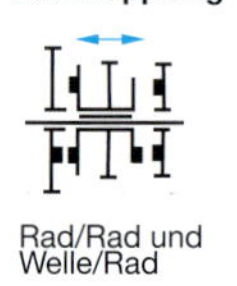

Verbindungen

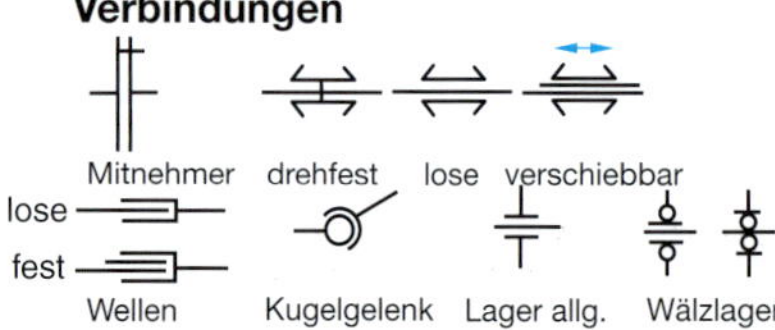

Dichtelemente

DIN ISO 9222-1

Vereinfachte Darstellung

① 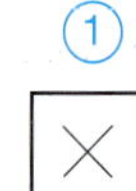

② 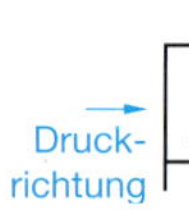

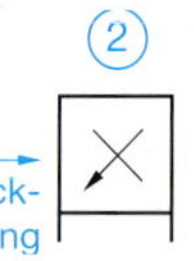

(1) Dichtelemente werden vereinfacht durch ein schräggestelltes, freistehendes Kreuz (breite Volllinie) in der Mitte eines Quadrates dargestellt.

(2) Die Dichtrichtung kann durch eine Pfeilspitze angegeben werden.

Detaillierte, vereinfachte Darstellung	Anwendung	Detaillierte, vereinfachte Darstellung	Anwendung

Technische Dokumentation

Normung

Technisches Zeichnen

Dichtelemente

Anwendungsbeispiele

Radial-Wellendichtung (Dichtring entgegen der Strömung von Flüssigkeiten) mit Wälzlager

Radial-Wellendichtring mit Staublippe (mit Wälzlager)

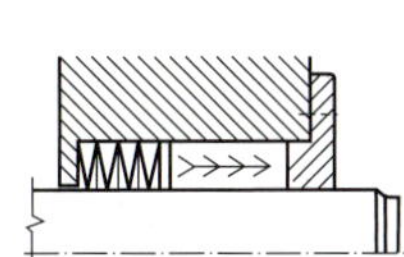

Packungssatz

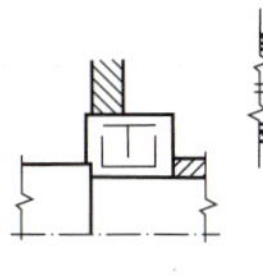

Labyrinthdichtung

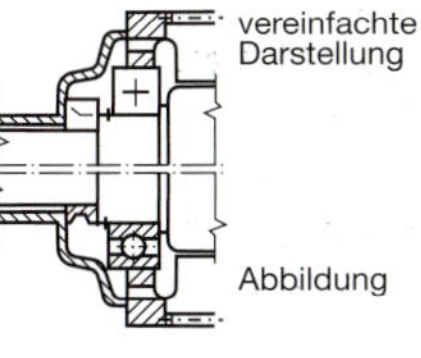

V-Ring (mit Wälzlager)

Darstellung von Dichtelementen

Die Darstellung besteht aus einem Quadrat oder Rechteck, das den vorgegebenen Einbauraum umschließt und einem in dessen Mitte dargestellten freiliegenden Kreuz.

In den detaillierten, vereinfachten Darstellungen können Dichtelemente, Lippen, Abstreifringe, Labyrinthe usw. in das Quadrat oder Rechteck eingezeichnet werden.

Allgemeine, vereinfachte Darstellung für Dichtungen	Angabe der Dichtrichtung	Dichtung im Schnitt	Schwärzung statt Schraffur

Beschreibung der Elemente von Dichtungen

Nr.	Element	Beschreibung		Anwendung
1		lange, gerade Volllinie (parallel zur Dichtfläche)		Das statische (fest eingepresste) Dichtelement, Dichtung oder Teil einer Dichtung oder Funktion
2		lange gerade Volllinie (diagonal zu den Umrisslinien)		Das dynamische Dichtelement (Lippe) oder die Funktion (Teil der Dichtung) In Verbindung mit Element 1 zeigt es die Lage der dynamischen Dichtseite, Dichtrichtung entgegen der Strömung von Flüssigkeiten, Gasen oder festen Stoffen.
3		kurze, gerade Volllinie (diagonal zu den Umrisslinien und unter 90° zum Element 2)		In Kombination mit Element 2 Staublippen, Abstreifringe usw.
4		kurze, gerade Volllinie, die zum Mittelpunkt des Quadrates zeigt		Dichtlippen von U-Dichtungen, V-Ringe, Packungssätze usw.
5		kurze, gerade Volllinie, die zum Mittelpunkt des Quadrates zeigt		Für U-Dichtungen, V-Ringe, Packungssätze usw.
6		T (männlich)	(T in U)	Berührungsfreie Dichtungen, z. B. Labyrinthdichtungen
7		U (weiblich)		

Dokumentation

Technische Dokumentation

Normung

Technisches Zeichnen

Dichtelemente

Beispiele für vereinfachte Darstellungen, grafische Symbole, grafische Darstellungen

detaillierte, vereinfachte Darstellung	Drehbewegung	internationale Norm	geradlinige Bewegung	internationale Norm	Abbildung
	Radial-Wellendichtringe ohne Staublippe, mechanische Dichtungen	ISO 6194-1	Kolbenstangendichtungen ohne Abstreifer	ISO 5597	DIN ISO 6194-1, Form 1 gummiummantelt
	Radial-Wellendichtringe mit Staublippe, mechanische Dichtungen	–	Kolbenstangendichtung mit Abstreifer	–	
	Radial-Wellendichtringe ohne Staublippe, doppelt wirkend, mechanische Dichtungen	–	doppelt wirkende Kolbenstangendichtungen	ISO 6547	metallgefasst, Doppellippe; gummiummantelt, Doppellippe

Detaillierte Darstellung von U-Dichtungen, Packungssätzen und V-Ringen

detaillierte, vereinfachte Darstellung	Anwendung	detaillierte, vereinfachte Darstellung	Anwendung

Wälzlager

DIN ISO 8826-1-2

Beschreibung der Darstellungselemente von Wälzlagerteilen

Element	Beschreibung	Anwendung
——— [1]	Lange, gerade Volllinie	Linie, die die Achsen des Wälzlagerelementes darstellt, ohne Einstellmöglichkeit
⌒ [1]	Lange, gebogen Volllinie	Linie, die die Achsen des Wälzlagerelementes darstellt, mit Einstellmöglichkeit
|	Kurze, gerade Volllinie, die die lange Volllinie (identisch mit der Mittellinie) jedes Wälzelementes Nr. 11 oder 12 unter einem 90°-Winkel kreuzt (bevorzugte vereinfachte Angabe)	Anzahl der Reihen und die Länge der Wälzelemente

Doku-mentation

Technische Dokumentation

Normung

Technisches Zeichnen

Wälzlager

DIN ISO 8826-1

Beschreibung der Darstellungselemente von Wälzlagerteilen

Element	Beschreibung	Anwendung
Alternative Angabe (Beispiel)		
○ [2]	Kreis	Kugel
□ [2]	breites Rechteck	Rolle
▭ [2]	schmales Rechteck	Nadel

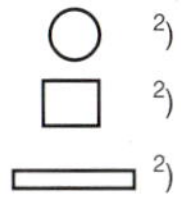

[1] Dieses Element darf schräg dargestellt werden, abhängig von der Art des Wälzlagers.
[2] Anstelle der kurzen, geraden Volllinie darf dieses Element angewendet werden, um das Wälzelement darzustellen.

Beispiele für die Kombination von Darstellungselementen

Wälzteile / Lastrichtung	zwei Ringe		drei Ringe	
	einreihig	zweireihig	einreihig	zweireihig
radial, mit Einstellmöglichkeit		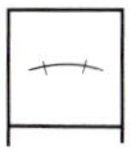	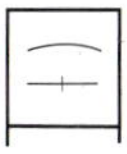	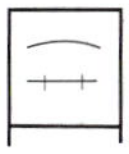
axial, ohne Einstellmöglichkeit	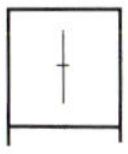	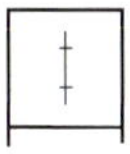	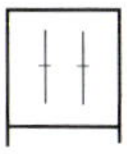	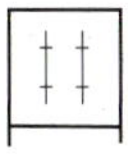
radial und axial, ohne Einstellmöglichkeit	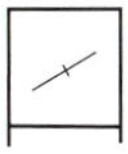		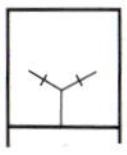	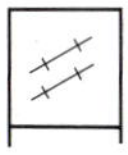

Beispiele für detaillierte, vereinfachte Darstellung

detaillierte, vereinfachte Darstellung	Anwendung und Hinweise
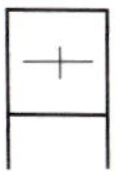 einreihig 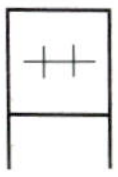 / zweireihig	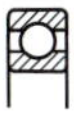 Radial-Rillenkugellager, einreihig ISO 15, ISO 8443 Spannlager ISO 9628;  Zylinder-Rollenlager einreihig ISO 15; Radial-Rilllenkugellager, Zylinder-Rollenlager, zweireihig
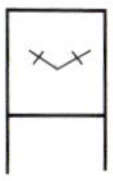 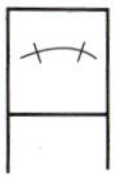	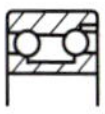 Schrägkugellager, zweireihig, selbsthaltend; 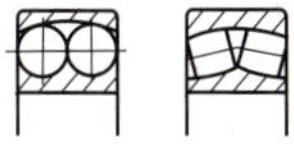 Pendelkugellager, Radial-Pendelrollenlager, zweireihig
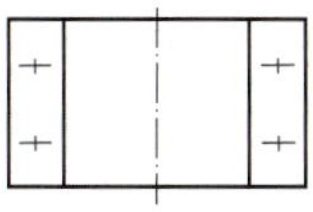	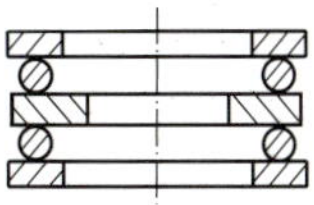 zweiseitig wirkende Axialkugellager ISO 104

Doku-
mentation

Technische Dokumentation

Normung

Technisches Zeichnen

Wälzlager DIN ISO 8826-1

Beispiele für detaillierte, vereinfachte Darstellung

detaillierte, vereinfachte Darstellung	Anwendung und Hinweise
	Schrägkugellager, Kegelrollenlager, einreihig; Kegelrollenlager, zweireihig, mit geteiltem Innenring ISO 355
	Rillenkugellager, zweiseitig wirkend, mit kugeligen Gehäusescheiben
	Axial-Pendelrollenlager mit asymetrischen Rollen ISO 104
	Nadellager, zweireihig; Nadellager mit gezogenem Außenring, ohne Innenring zweireihig; zweireihiger Nadelkranz ISO 3031
	Axial-Rillenkugellager Axial-Rollenlager; Kombiniertes Radial-Nadellager/ Axial-Kugellager ohne Innenring

Einbaubeispiele

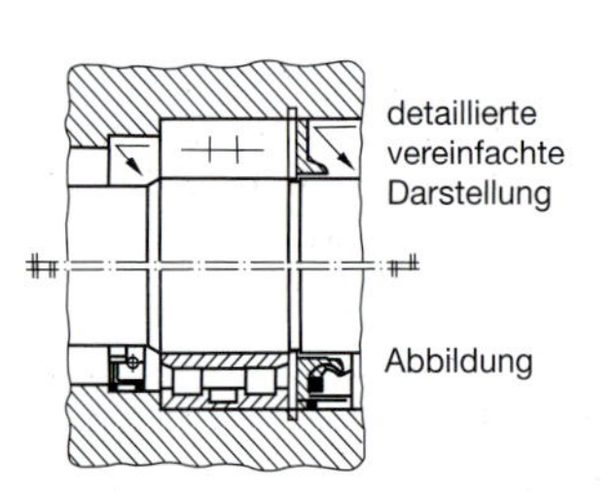

Zweireihiges Radialrollenlager, nicht einstellbar, mit beidseitigen Radialwellendichtring und angegebener Dichtrichtung

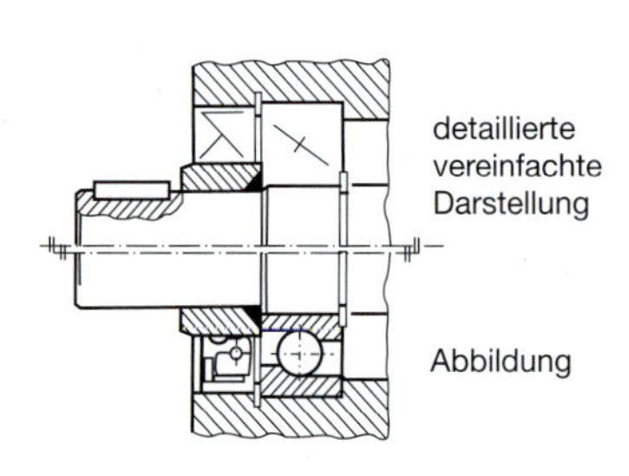

Einreihiges Schrägkugellager, nicht einstellbar, mit Radialwellendichtring und Staublippe

Federn DIN ISO 2162-1

Ansicht	Schnitt	Sinnbild	Benennung
		Ø	**Zylindrische Schrauben-Druckfeder** aus Draht mit rundem Querschnitt (Ausführung auch mit quadratischen Querschnitten möglich)

Doku-mentation

Technische Dokumentation

Normung

Technisches Zeichnen

Federn DIN ISO 2162

Ansicht	Schnitt	Sinnbild	Benennung
			Zylindrische Schrauben-Zugfeder aus Draht mit rundem Querschnitt
			Zylindrische Schrauben-Drehfeder aus Draht mit rundem Querschnitt (Wickelrichtung rechts)
			Tellerfeder, einfach
			Tellerfederpaket Teller ist gleichsinnig geschichtet
			Tellerfederpaket Teller ist wechselsinnig geschichtet

Gewindeausläufe, Gewindefreistiche

Metrische ISO-Gewinde DIN 76-1

Gewindeauslauf

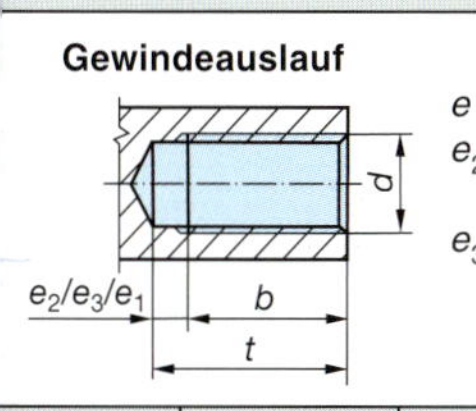

e Regelfall
e_2 kurzer Auslauf
e_3 langer Auslauf

Gewindefreistich

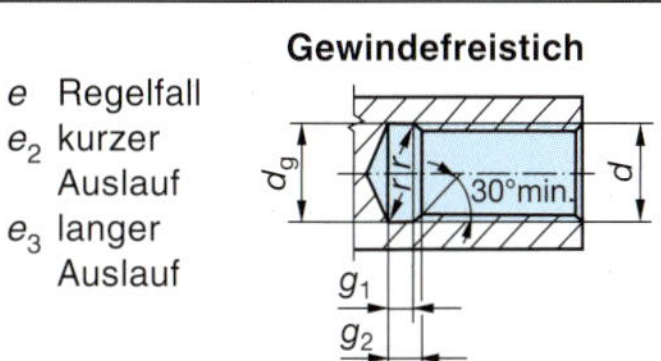

Form C Regelfall
Form D kurzer Auslauf

Bezeichnungsbeispiel:
Gewindefreistich DIN 76–C:
Gewindefreistich nach DIN 76
Form C ≙ Regelfall

Nenndurchmesser d	Steigung P	Gewindeauslauf e_1	e_2	e_3	Gewindefreistich g_1 min. Form C	g_1 min. Form D	g_2 max. Form C	g_2 max. Form D	d_g H13	r
M5	0,8	4,2	2,7	6,8	3,2	2	4,2	3	$d + 0,3$	0,4
M6	1,0	5,1	3,2	8,2	4	2,5	5,2	3,7	$d + 0,5$	0,6
M8	1,25	6,2	3,9	10	5	3,2	6,7	4,9	$d + 0,5$	0,6
M10	1,5	7,3	4,6	11,6	6	3,8	7,8	5,6	$d + 0,5$	0,8
M12	1,75	8,3	5,2	13,3	7	4,3	9,1	6,4	$d + 0,5$	1
M14	2	9,3	5,8	14,8	8	5	10,3	7,3	$d + 0,5$	1
M16	2	9,3	5,8	14,8	8	5	10,3	7,3	$d + 0,5$	1
M18	2,5	11,2	7	17,9	10	6,3	13	9,3	$d + 0,5$	1,2
M20	2,5	11,2	7	17,9	10	6,3	13	9,3	$d + 0,5$	1,2
M30	3,5	15,2	9,5	24,3	14	9	17,7	12,7	$d + 0,5$	1,6
M36	4	16,8	10,5	26,9	16	10	20	14	$d + 0,5$	2

Technische Dokumentation

Normung

Technisches Zeichnen

Gewindeausläufe, Gewindefreistiche

Metrische ISO-Außengewinde DIN 76-1

Gewindeauslauf

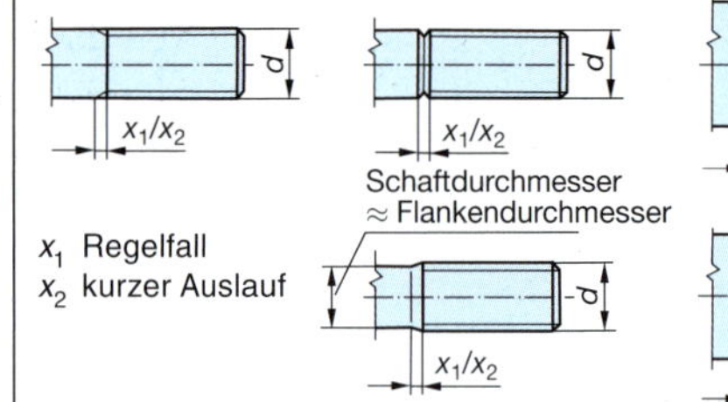

x_1 Regelfall
x_2 kurzer Auslauf

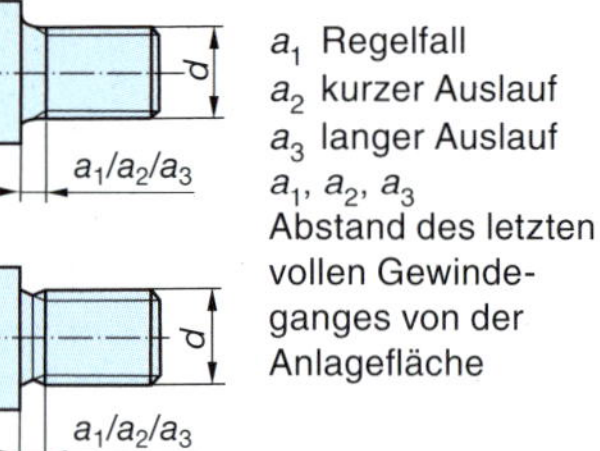

a_1 Regelfall
a_2 kurzer Auslauf
a_3 langer Auslauf
a_1, a_2, a_3
Abstand des letzten vollen Gewindeganges von der Anlagefläche

Gewindefreistich

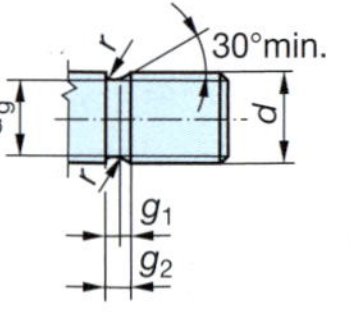

Form A
Regelfall

Form B
kurzer Auslauf

Bezeichnungsbeispiel:

Gewindefreistich DIN 76–A:
Gewindefreistich nach DIN 76
Form A ≙ Regelfall

Nenndurchmesser d	Steigung P	Gewindeauslauf					Gewindefreistich					
		x_1 max.	x_2 max.	a_1 max.	a_2 max.	a_3 max.	g_1 min. Form A	g_1 min. Form B	g_2 max, Form C	g_2 max, Form D	d_g H13	r
M5	0,8	2	1	2,4	1,6	3,2	1,7	0,9	2,8	2	$d-1{,}3$	0,4
M6	1	2,5	1,25	3	2	4	2,1	1,1	3,5	2,5	$d-1{,}6$	0,6
M8	1,25	3,2	1,6	3,75	2,5	5	2,7	1,5	4,4	3,2	$d-2$	0,6
M10	1,5	3,8	1,9	4,5	3	6	3,2	1,8	5,2	3,8	$d-2{,}3$	0,8
M12	1,75	4,3	2,2	5,25	3,5	7	3,9	2,1	6,1	4,3	$d-2{,}6$	1
M14	2	5	2,5	6	4	8	4,5	2,5	7	5	$d-3$	1
M16	2	5	2,5	6	4	8	4,5	2,5	7	5	$d-3$	1
M18	2,5	6,3	3,2	7,5	5	10	5,6	3,2	8,7	6,3	$d-3{,}6$	1,2
M20	2,5	6,3	3,2	7,5	5	10	5,6	3,2	8,7	6,3	$d-3{,}6$	1,2
M30	3,5	9	4,5	10,5	7	14	7,7	4,7	12	9	$d-5$	1,6
M36	4	10	5	12	8	16	9	5	14	10	$d-5{,}7$	2

Freistiche, Zentrierbohrungen

Freistiche DIN 509

Form E

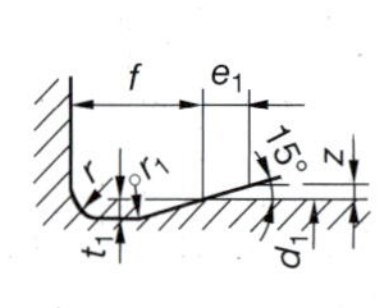

eine Bearbeitungsfläche
d_1 Fertigmaß
z Bearbeitungszugabe

Form F

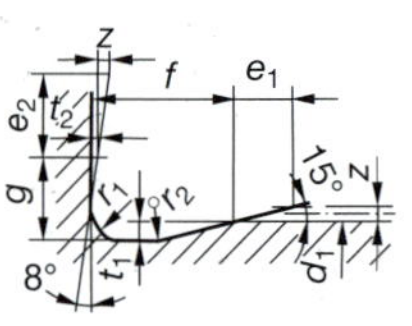

zwei rechtwinklig angeordnete Bearbeitungsflächen

Senkung am Gegenstück

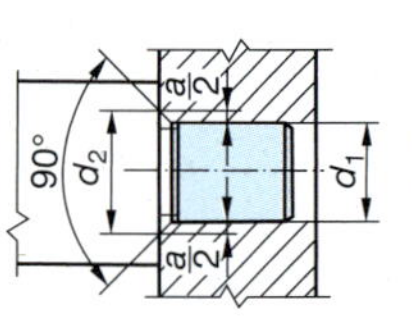

für Freistiche Form E und F
$d_2 = d_1 + a$

$r \pm 0{,}1$ Reihe 1	$r \pm 0{,}1$ Reihe 2	t_1 +0,1 0	f +0,2 0	g	t_2 +0,05 0	Zuordnung zum Durchmesser d_1[2] für Werkstücke: mit üblicher Beanspruchung	Wechselfestigkeit	nachformbar	Senkung am Gegenstück a_{min} Form E	Form F
–	**0,2**	0,1	1	(0,9)	0,1	über 1,6 bis 3	–	nein	0,2	0
0,4	–	0,2	2	1,1	0,1	über 3 bis 18			0,4	0
–	**0,6**	0,2	2	(1,4)	0,1	über 10 bis 18	–	ja	0,8	0,2
–	**0,6**	0,3	2,5	(2,1)	0,2	über 18 bis 80			0,6	0
0,8	–	0,3	2,5	(2,4)	0,2	über 18 bis 80	–		–	–

Technische Dokumentation

Normung

Technisches Zeichnen

Freistiche, Zentrierbohrungen

Freistiche

DIN 509

r [1] ± 0,1 Reihe 1	Reihe 2	t_1 +0,1 0	f +0,2 0	g	t_2 +0,05 0	Zuordnung zum Durchmesser d_1 [2] für Werkstücke: mit üblicher Beanspruchung	Wechselfestigkeit	nachformbar	Senkung am Gegenstück a_{min}: Form E	Form F
R 1,2	**R 1**	0,2	2,5	1,8	0,1	–	über 18 bis 50	ja	1,6	0,8
R 1,2	**R 1**	0,4	4	3,2	0,3	über 80	–		1,2	0
R 1,2	–	0,2	2,5	2	0,1	–	über 18 bis 50		2,0	0,5
R 1,2		0,4	4	3,4	0,3	über 80	–		1,6	0
R 1,6	–	0,3	4	3,1	0,2	–	über 50 bis 80	ja	2,6	1,1
R 2,5		0,4	5	4,8	0,3		über 80 bis 125		4,0	1,7
R 4		0,5	7	6,4	0,3		über 125		7,0	4,0

[1] Freistiche mit Radien der Reihe 1 nach DIN 250 sind zu bevorzugen.

[2] Die Zuordnung zum Durchmesserbereich gilt nicht bei kurzen Ansätzen und dünnwandigen Teilen. Es kann zweckmäßig sein, an einem Werkstück mit unterschiedlichen Durchmessern mehrere Freistiche in gleicher Form und Größe auszuführen.

Auswirkungen der Bearbeitungszugabe z auf die Maße e_1 und e_2

z	0,1	0,15	0,2	0,25	0,3	0,4	0,5	0,6	0,7	0,8	0,9	1
e_1	0,37	0,56	0,75	0,93	1,12	1,49	1,87	2,24	2,61	2,99	3,36	3,73
e_2	0,71	1,07	1,42	1,78	2,14	2,85	3,56	4,27	4,98	5,69	6,40	7,12

Zentrierbohrungen

DIN ISO 6411

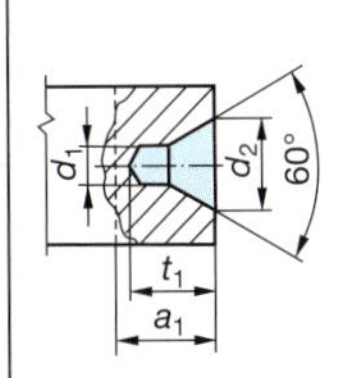

Form A
ohne Schutzsenkung
gerade Laufflächen

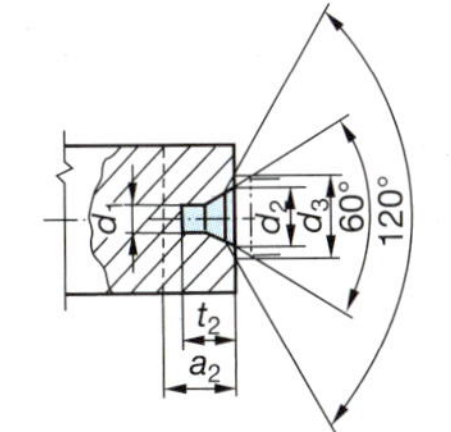

Form B
kegelförmige Schutzsenkung, gerade Laufflächen

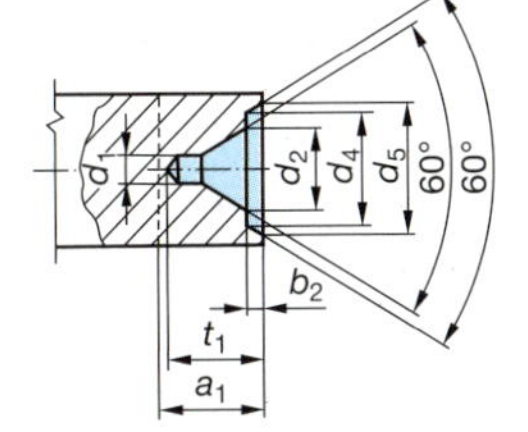

Form C
kegelstumpfförmige Schutzsenkung, gerade Laufflächen

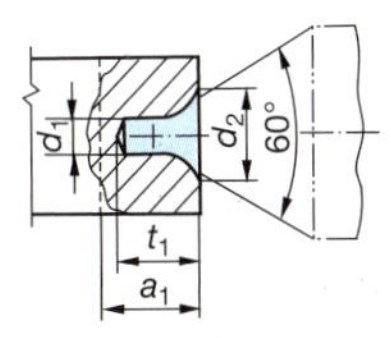

Form R
ohne Schutzsenkung
gewölbte Laufflächen

d_1	d_2	Form A, C, R: t_1	a_1	Form B: t_2	a_2	b_1	d_3	Form C: t_3	a_3	b_2	d_4	d_5
1,25	2,65	2,3	4	2,7	4,5	0,4	4	2,3	4,5	0,6	5,3	6
1,6	3,35	2,9	5	3,4	5,5	0,5	5	2,9	5,5	0,7	6,3	7,1
2	4,25	3,7	6	4,3	6,6	0,6	6,3	3,7	6,6	0,9	7,5	8,5
2,5	5,3	4,6	7	5,4	8,3	0,8	8	4,6	8,3	0,9	9	10
3,15	6,7	5,9	9	6,8	10	0,9	10	5,9	10	1,1	11,2	12,5
4	8,5	7,4	11	8,6	12,7	1,2	12,5	7,4	12,7	1,7	14	16
5	10,6	9,2	14	10,8	15,6	1,6	16	9,2	15,6	1,7	18	20
6,3	13,2	11,5	18	12,9	20	1,4	18	11,5	20	2,3	22,7	25
8	17	14,8	22	16,4	25	1,6	22,4	14,8	25	3	28	31,5
10	21,2	18,4	28	20,4	31	2	28	18,4	31	3,9	35,5	40

Technische Dokumentation

Normung

Technisches Zeichnen

Senkungen

Senkungen für Senkschrauben mit Einheitsköpfen DIN EN ISO 15065

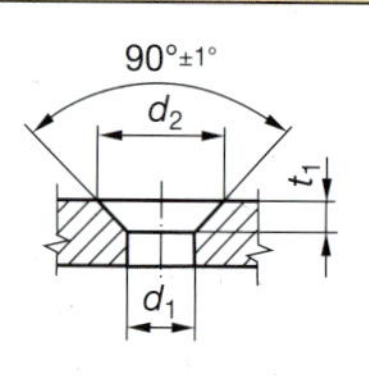

Bezeichnungsbeispiel

Senkung
DIN EN ISO 15065
Nenngröße 10
(M10 oder ST9,5)

Gewinde-∅	Schrauben metrisch	Schrauben für Blech	d_1 H13	d_2	+ Grenzabmaß	t_1
3	M3	ST2,9	3,4	6,3	+0,2	1,55
4	M4	ST4,2	4,5	9,4		2,55
5	M5	ST4,8	5,5	10,4	+0,25	2,58
6	M6	ST6,3	6,6	12,6		3,13
8	M8	ST8	9	17,4		4,28
10	M10	ST9,5	11	20	+0,3	4,7
12	M12		13,5	24		5,4
14	M14		15,5	28		6,4
16	M16		17,5	32	+0,4	7,5
18	M18		20	36		8,2
20	M20		22	40		9,2

Senkungen für Senkschrauben DIN 74-1

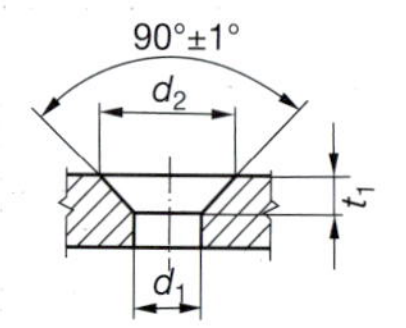

Senkung Form A

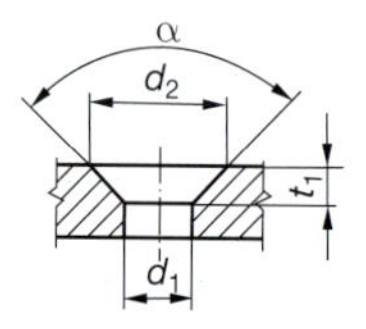

Form E

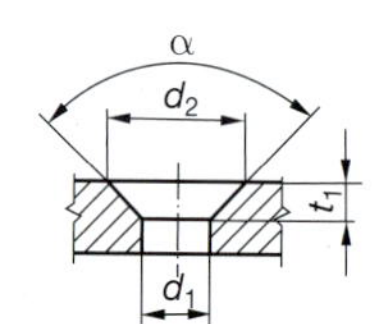

Form F Ausführung mittel

Maße und Bezeichnungen von Senkungen für
– Senk-Holzschrauben nach DIN 97 und 7997
– Linsensenk-Holzschrauben nach DIN 95 und 7995

Nicht für Senkschrauben mit Köpfen nach DIN EN 27721 vorgesehen

Form A
für Schrauben DIN 7513, 7516. DIN EN 2009, DIN EN 2010,

Form B
für Schrauben DIN EN ISO 10642

Maße für Senkung Form A

Gewinde		3	4	5	6	8	10
Ausführung	d_1 H13	3,4	4,5	5,5	6,6	9	11
	d_2 H13	6,5	8,6	10,4	12,4	16,4	20,4
	$t_1 \approx$	1,6	2,1	2,5	2,9	3,7	4,7

Senkung Form E (für Stahlkonstruktionen)

Gewinde		10	12	16	20	22	24
Ausführung	d_1 H13	10,5	13	17	21	23	25
	d_2 H13	19	24	31	34	37	40
	$t_1 \approx$	5,5	7	9	11,5	12	13
	$\alpha \pm 1°$	75°			60°		

Technische Dokumentation

Normung

Technisches Zeichnen

Senkungen

Senkungen für Senkschrauben DIN 74-1

Senkung Form F

Gewinde		3	4	5	6	8	10	12	14	20
Ausführung	d_1 H13	4,5	4,5	5,5	6,6	9	11	13,5	15,5	6,6
	d_2 H13	7,5	10	12,5	14,5	19	23,5	28	35	12,4
	$t_1 \approx$	1,8	2,4	3,1	3,6	4,6	6	7	8,5	2,9
	$\alpha \pm 1^\circ$	90°								

Beispiel
Senkung DIN 74-F 16
Senkung Form F, Gewindedurchmesser 16 mm

Einheitsköpfe DIN EN 27721

Schraubenart		Norm	
Senkung	Schlitz	DIN EN ISO	2009
	Kreuzschlitz		7046
Linsen-Senkschrauben	Schlitz		2010
	Kreuzzschlitz		7047
Senk-Blechschrauben	Schlitz	DIN EN ISO	1482
	Kreuzschlitz	DIN EN ISO	7050
Linsen-Blechschrauben	Schlitz	DIN EN ISO	1483
	Kreuzschlitz	DIN EN ISO	7051

Für alle anderen Senkschrauben gelten Senkungen nach DIN 74-1.

Senkungen für Schraubenköpfe DIN 974-1-2

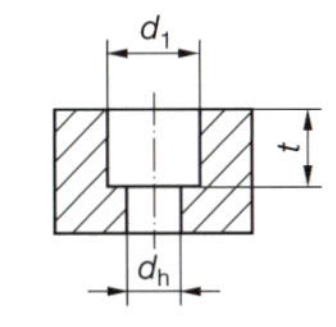

Senkung für Zylinderkopfschrauben
nach DIN 974-1

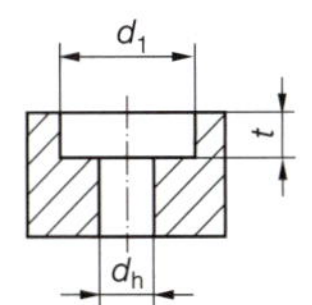

Senkung für Sechskantschrauben und Muttern
nach DIN 974-2

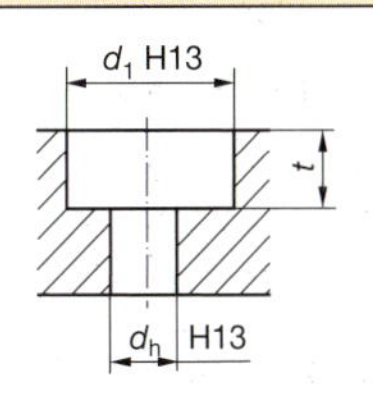

Senkdurchmesser für Schrauben mit Zylinderkopf DIN 974-1

Nenndurchmesser Gewinde	Durchgangsloch DIN EN 20273 Reihe m	Unterlegteile für Zylinderkopfschrauben ohne		Unterlegteile für Zylinderkopfschrauben mit			
		Senkdurchmesser d_1 H13					
		Reihe					
d	d_h H13	1	2	3	4	5	6
3	3,4	6,5	7	6,5	7	9	8
4	4,5	8	9	8	9	10	10
5	5,5	10	11	10	11	13	13

Technische Dokumentation

Normung

Technisches Zeichnen

Senkungen

Senkdurchmesser für Schrauben mit Zylinderkopf

DIN 974-1

Nenndurchmesser Gewinde	Durchgangsloch DIN EN 20273 Reihe m	Unterlegteile für Zylinderkopfschrauben ohne		Unterlegteile für Zylinderkopfschrauben mit			
		Senkdurchmesser d_1 H13					
		Reihe					
d	d_h H13	1	2	3	4	5	6
6	6,6	11	13	11	13	15	15
8	9	15	18	15	16	18	20
10	11	18	24	18	20	24	24
12	13,5	20	–	20	24	26	33
16	17,5	26	–	26	30	33	43
18	20	30	–	30	33	36	46
20	22	33	–	33	36	40	48
22	24	36	–	36	40	43	54
24	26	40	–	40	43	48	58
30	33	50	–	50	54	61	73
36	39	58	–	58	63	69	–

Reihe 1:
Schrauben nach DIN EN ISO 1207, DIN EN ISO 4762, DIN 6912 und DIN 7984 ohne Unterlegscheibe

Reihe 2:
Schrauben nach DIN EN ISO 1580 und DIN EN ISO 7045 ohne Unterlegscheibe

Reihe 3:
Schrauben nach DIN EN ISO 1207, DIN EN ISO 4762, DIN 6912 und DIN 7984 mit Federringen nach DIN 7980

Reihe 4:
Schrauben mit Zylinderkopf und Unterlegteilen:
Scheiben nach DIN EN ISO 7092 und DIN EN ISO 106736902 Form C
Federscheiben nach DIN 137 Form A
Federringe nach DIN 128 Zahnscheiben nach DIN 6797
Fächerscheiben nach DIN 6798

Reihe 5:
Schrauben mit Zylinderkopf mit folgenden Unterlegteilen:
Scheiben nach DIN EN ISO 7089, 7090 und DIN EN ISO 10673
Federscheiben nach DIN 137 Form B und DIN 6904

Reihe 6:
Schrauben mit Zylinderkopf mit Spannscheiben nach DIN 6796 und DIN 6908

Technische Dokumentation

Normung

Technisches Zeichnen

Senkungen

Senkungen für Schraubenköpfe — DIN 974-1-2

Senkungen für Sechskantschrauben und Sechskantmuttern — DIN 974-2

Nenndurchmesser Gewinde d	Durchgangsloch DIN EN 20273 Reihe m d_h H13	Senkdurchmesser d_1 H13 Reihe 1	Reihe 2	Reihe 3	Schlüsselweite s
3	3,4	11	11	9	5,5
4	4,5	13	15	10	7
5	5,5	15	18	11	8
6	6,6	18	20	13	10
8	9	24	26	18	13
10	11	28	32	22	16
12	13,5	33	36	26	18
16	17,5	40	46	33	24
18	20	43	50	36	27
20	22	46	54	40	30
22	24	54	61	46	34
24	26	58	73	48	36
30	33	73	82	61	46
36	39	82	93	73	55
42	45	98	107	82	65

Reihe 1:
Steckschlüssel nach DIN 659, 896, 3112, Steckschlüsseleinsatz DIN 3124

Reihe 2:
Ringschlüssel nach DIN 838, 897, Steckschlüsseleinsatz nach DIN 3129

Reihe 3:
Ansenkungen bei beengten Platzverhältnissen

Senktiefe für bündigen Abschluss — DIN 974-1-2

Zugabe *z*		0,4	0,6	0,8	1,0
Gewindedurchmesser *d*	über	1,4	6	20	27
	bis	6	20	27	100

Bestimmung der Senktiefe:

$t = k_{max} + h_{max} + z$

t Senktiefe
k_{max} maximale Kopfhöhe
h_{max} maximale Höhe der Unterlegscheibe
z Zuschlag für bündigen Abschluss des Schraubenkopfes

Dokumentation

Informationstechnik

Informationstechnik

Anschlüsse eines Personalcomputers (PC)

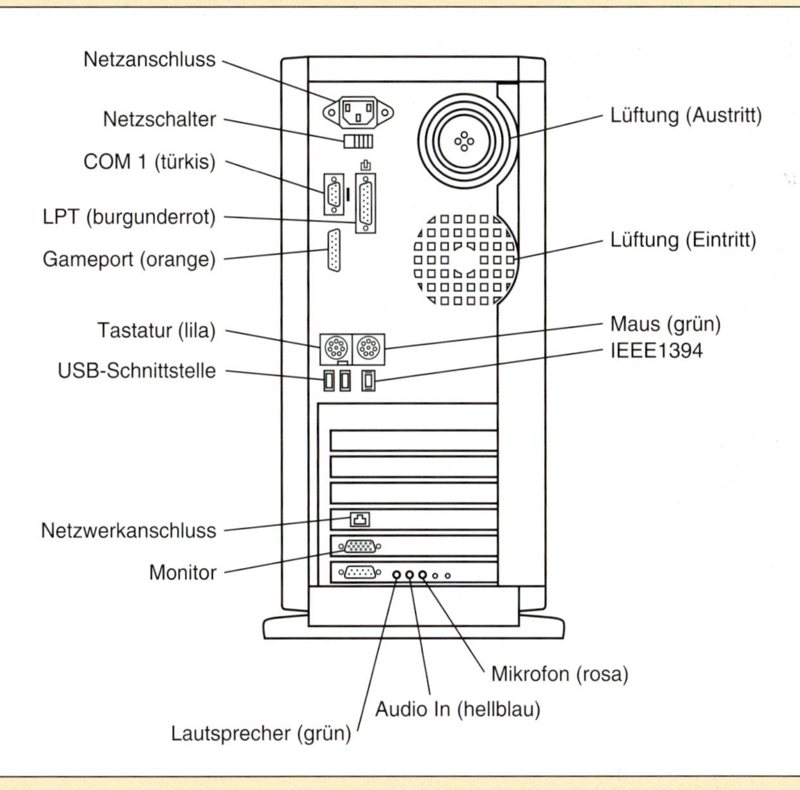

Schnittstellen

Parallele Schnittstelle

PC-Anschluss	Drucker-Anschluss (IBM)	Drucker-Anschluss (Centronics)
Strobe 1 Data 1...8 2–9 Acknowledge 10 Busy 11 Paper Empty 12 Select 13 14 (Auto Feed) 15 Fault 16 Reset 17 (Select in) 18–25 Gnd	Strobe 1 Data 1...8 2–9 Acknowledge 10 Busy 11 Paper Empty 12 Select 13 14 (Auto Feed) 15 Fault 16 Reset 17 (Select in) 18–25 Gnd	Strobe 1 Data 1...8 2–9 Acknowledge 10 Busy 11 Paper Empty 12 Select 13 (Auto Feed) 14 Gnd/NC 15 Gnd/NC 16 Chassis Gnd 17 (+5V) 18 19–30 Gnd 31 Reset 32 Fault 33 Gnd 34 NC 35 ("High") 36 (Select in)

Klammerangaben werden nicht von allen Druckern ausgewertet.

- Gleichzeitige (parallele) Datenübertragung von *mehreren* Bit (beispielsweise 8 Bit über 8 Leitungen), Übertragung mit TTL-Pegeln.
- Wird auch **LPT** (Line Printer) oder **Centronics-Schnittstelle** genannt.
- Die maximale *Datenübertragungsrate* beträgt 2 MBit/s.
- Vorteilhaft ist die *schnellere* Datenübertragung (gegenüber serieller Schnittstelle).
- Nachteilig sind die *begrenzte* Kabellänge und die *höhere* Anzahl der Adern.

Informationstechnik

Schnittstellen

Anschluss	Bedeutung	Anschluss	Bedeutung
$\overline{\text{Strobe}}$	Datenübergabe bei „0"-Signal	Auto feet	Zeilenvorschub, automatisch
Data 1 – 8	Datensignale	$\overline{\text{Fault}}$	Fehlermeldung
$\overline{\text{Acknowledge}}$	Quittierungssignal, empfangsbereit bei „0"-Signal	$\overline{\text{Reset}}$	Drucker initialisieren
Busy	Wartesignal, Drucker nicht empfangsbereit	Gnd	Ground (Masse) 0 V
Paper Empty	Druckermeldung, kein Papier	NC	not connected, nicht angeschlossen
Select	Drucker online	High	+ 5 V, geliefert vom Drucker
		Select in	Druckerauswahl

Serielle Schnittstelle V.24

Einsetzbar bei größeren Entfernungen. Bei der *seriellen Datenübertragung* wird der Inhalt eines 8-Bit-Speichers *bitweise* ausgegeben. Zuerst Bit D0, dann D1 und zuletzt D7.

Vor Ausgabe eines Bytes wird ein *Startbit* gesendet, an das Ende werden ein oder zwei *Stoppbits* angehängt.

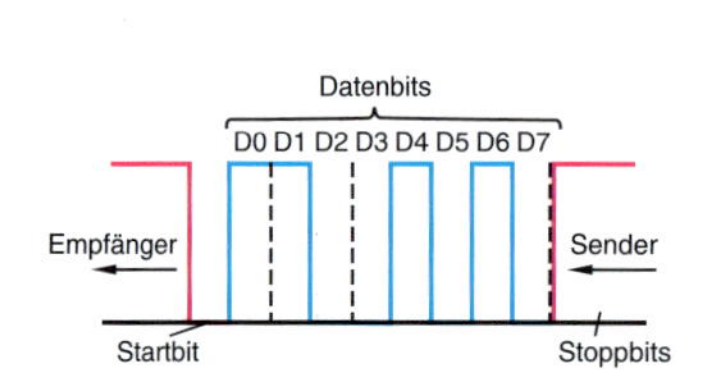

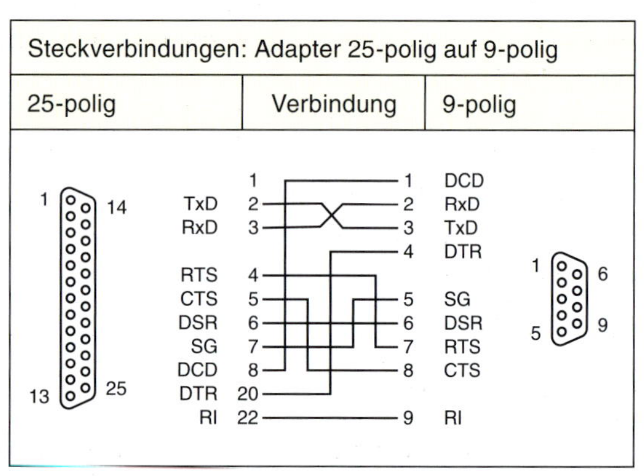

Der Vorteil besteht in den geringen Kosten, da nur vergleichsweise *wenig* Adern erforderlich sind. Es sind relativ *lange* Übertragungswege möglich.

Nachteilig sind die *geringe* Übertragungsrate (max. 115, 2 KBit/s) und die zuvor notwendige Vereinbarung von *Übertragungsrate* und *Übertragungslänge*.

Anschlussbezeichnungen

9polig	25polig	Bezeichnung	Bedeutung
1	8	DCD	Data Carrier Detect; Empfangsleitungssignal erkannt
2	3	RxD	Received Data; Empfangsdaten
3	2	TxD	Transmitted Data; Sendedaten

Informationstechnik

Anschlussbezeichnungen

9polig	25polig	Bezeichnung	Bedeutung
4	20	DTR	Data Terminal Ready; DEE-Betriebsbereitschaft
5	7	SG	Signal Ground; Signalerde, Betriebserde
6	6	DSR	Data Set Ready; DÜE-Betriebsbereitschaft
7	4	RTS	Request To Send; Sendeteil einschalten
8	5	CTS	Clear To Send; Bereitschaft zum Senden
9	22	RI	Ring Indicator: Modem, ankommender Ruf

USB-Schnittstelle

USB: **U**niversal **S**erial **B**us

Datenübertragungsraten:

- USB 1.x (Low Speed) : 1,5 MBit/s
- USB 1.1 (Full Speed) : 12 MBit/s
- USB 2.0 (High Speed) : 480 MBit/s
- USB 3.0 (Super Speed) : 5 GBit/s

- Stecker und Buchse sind für *sämtliche* USB-Geräte gleich.
- Es können bis zu 127 Geräte angeschlossen werden.
- USB-Geräte können *während des Betriebes* hinzugefügt bzw. entfernt werden.
- Windows erkennt die Geräte unmittelbar nach dem Einschalten und macht die Hardware betriebsbereit.

USB 3.0 mit 2 zusätzlichen Adern

- 5 Gbit/s, abwärtskompatibel
- 900 mA für Endgeräte
- 10 GByte in 30 Sekunden

Typ A

Typ B

IEEE – 1394 (Fire Wire)

Serielle Schnittstelle (auch i-Link genannt) für Computer und Videogeräte zur *digitalen Datenübertragung* mit einer Übertragungsrate bis zu 3,2 GBit/s.

- Bis zu 63 Geräte können angeschlossen werden.
- Direkter Datenaustausch der Teilnehmer möglich.
- Hinzufügung und Entfernung der Geräte während des Betriebes möglich.

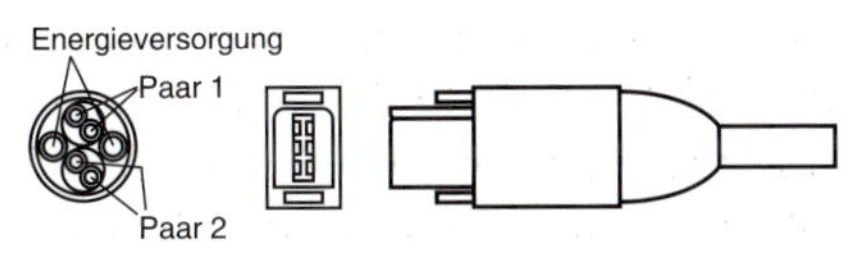

Bluetooth

Funkverbindung über kurze Strecken zwecks Aufbau und Betrieb von *drahtlosen Netzwerken*. Es handelt sich um ein *lokales Netz*, in dem mehrere Komponenten gleichzeitig miteinander kommunizieren können. Eine Sichtverbindung zwischen den Komponenten ist dabei nicht notwendig.

- *Übertragungsgeschwindigkeit:* max. 1 MBit/s
- *Entfernung:* max. 10 m, bei Verstärkung max. 100 m
- *Frequenz des Funksignals:* 2,4 GHz

Informationstechnik

Speichermedien

Speicherbausteine

Bezeichnung	Erklärung
ROM	**R**ead **O**nly **M**emory: Nur-Lese-Speicher, kann nur einmal beschrieben und danach nur noch gelesen werden.
RAM	**R**andom **A**ccess **M**emory: Schreib-Lese-Speicher mit freiem Zugriff, kann gelesen und wiederholt beschrieben werden.
DRAM	**D**ynamic **R**andom **A**ccess **M**emory: Der Speicherinhalt muss nach kurzer Zeit wieder aufgefrischt werden. Man bezeichnet das als *Refresh*.
SRAM	**S**tatic **R**andom **A**ccess **M**emory: Schnellere Zugriffszeit als beim DRAM, da kein Refresh notwendig ist.
Dual-Port-RAM	**RAM** mit zwei voneinander unabhängigen Ports, also unabhängigen Zugängen zu den Speicherzellen.
EDO-RAM	**E**xtended **D**ata **O**ut **R**AM: Bevor die CPU die Daten abruft, werden die Daten zwischengespeichert; daher kann der Prozessor die nächste Speicherzelle bereits adressieren, was einen Geschwindigkeitsvorteil bedeutet. Ein Refresh ist nicht notwendig.
PROM	**P**rogrammable **R**ead **O**nly **M**emory: Programmierbarer Nur-Lese-Speicher, ein Löschen ist nicht möglich.
EPROM	**E**rasable **PROM**: Löschbarer und programmierbarer Nur-Lese-Speicher, der gesamte Speicher kann mit UV-Licht gelöscht werden.
EEPROM	**E**lectrically **E**rasable **PROM**: Elektrisch byteweise löschbar und neu programmierbarer Speicher.
FEEPROM	**F**lash **EEPROM**: Sehr schnell elektrisch löschbarer und programmierbarer Nur-Lese-Speicher.
NVRAM	**N**on **V**olatile **RAM**: Kombination aus SRAM und EEPROM, die Daten können vom SRAM in das EEPROM kopiert werden (oder umgekehrt).

Speicherkarten

Hierbei handelt es sich um *nichtflüchtige* Wechselspeicher. Die Daten bleiben nach dem Herausnehmen der Speicherkarte dauerhaft gespeichert.

Typ	Maße in mm (L × B × A)	Kapazität	Bemerkungen
CFI Compact Flash I	42,8 × 36,4 × 3,3	bis 4 GByte	PDA, MP3-Player, Kamera
CFII Compact Flash II	42,8 × 36,4 × 5,0	bis 16 GByte	PDA, MP3-Player, Kamera
Dual Pro Memory Stick Pro	31,0 × 20,0 × 1,6	bis 8 GByte	Sony-Endgeräte
MSP Memory Stick Pro	50,0 × 21,45 × 2,8	bis 4 GByte	Sony-Endgeräte

Informationstechnik

Speichermedien

Speicherkarten

Typ	Maße in mm (L × B × A)	Kapazität	Bemerkungen
MMC Multi Media Card	32,0 × 24,0 × 1,4	bis 8 GByte	PDA, Handy, Kamera
SD Secure Digital	32,0 × 24,0 × 2,1	bis 4 GByte	PDA, Handy, Kamera
mini SD Secure Dgital mini	21,5 × 20,0 × 1,4	bis 2 GByte	Handy, Kamera
XD XD-Picture Card	25,0 × 20,0 × 1,7	bis 2 GByte	Kamera

USB-Stick

Speicherbaustein, der als Stecker an einen USB-Port angeschlossen werden kann. Sehr gut geeignet für den mobilen Datenaustausch und auch zur (vorübergehenden) Datensicherung. Unter Umständen können die Daten beim Speichern auf dem USB-Stick automatisch komprimiert werden.
Speicherkapazität: 2 – 64 GByte

Optische Speicher

Compact Disc (CD)

Typ	Erläuterung
CD-ROM	**C**ompact **D**isc **R**ead **O**nly **M**emory; die CD kann nur gelesen, aber nicht beschrieben werden. Beschreibung erfolgt bei der Herstellung. Speicherkapazität: 640 MByte
CD-R	**C**ompact **D**isc **R**ecordable; die CD kann mit einem CD-Brenner einmal beschrieben und dann auf einem CD-ROM-Laufwerk gelesen werden. Speicherkapazität: 640 MByte
CD-RW	**C**ompact **D**isc **ReW**ritable; die CD kann etwa 1000-mal beschrieben werden. Speicherkapazität: 640 MByte

Digital Versatile Disk (DVD)

DVD-5	einseitig, einschichtig, Speicherkapazität 4,7 GByte
DVD-9	einseitig, zweischichtig, Speicherkapazität 8,5 GByte
DVD-10	beidseitig, einschichtig, Speicherkapazität 9,4 GByte
DVD-18	beidseitig, zweischichtig, Speicherkapazität 17 GByte

LAN/WLAN

LAN: **L**ocal **A**rea **N**etwork: Lokales Netzwerk

Netzwerk, das mehrere Computer und Peripheriegeräte in einem Gebäude oder in benachbarten Gebäuden miteinander verbindet.

Informationstechnik

LAN/WLAN

Topologien

Topologie	Aufbau	Beschreibung
Stern	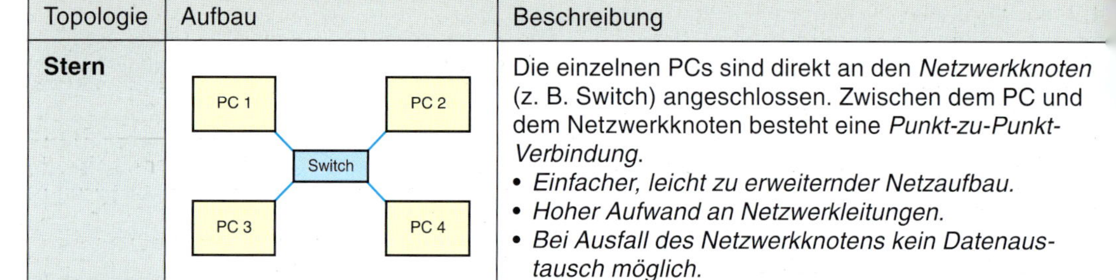	Die einzelnen PCs sind direkt an den *Netzwerkknoten* (z. B. Switch) angeschlossen. Zwischen dem PC und dem Netzwerkknoten besteht eine *Punkt-zu-Punkt-Verbindung*. • *Einfacher, leicht zu erweiternder Netzaufbau.* • *Hoher Aufwand an Netzwerkleitungen.* • *Bei Ausfall des Netzwerkknotens kein Datenaustausch möglich.*
Ring	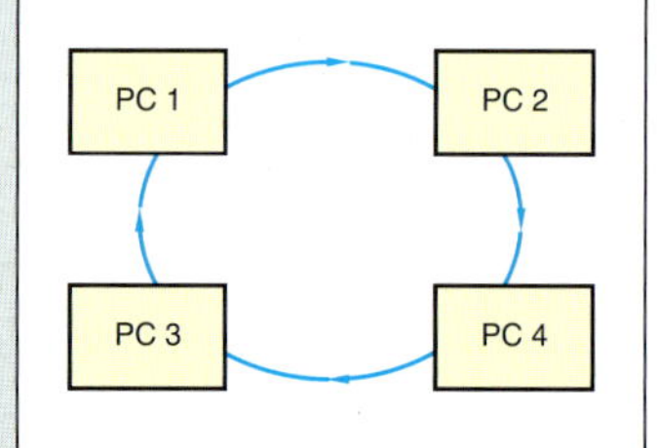	Die einzelnen PCs sind zu einem *Ring* verbunden. Jeder PC prüft, ob die Daten im Ring für ihn bestimmt sind. • *Geringer Aufwand an Netzwerkleitungen.* • *Sämtliche PCs sind gleichrangig.* • *Die Übertragungsdauer nimmt der Anzahl der Personalcomputer zu.* • *Probleme im Netzwerk schwer lokalisierbar.*
Baum	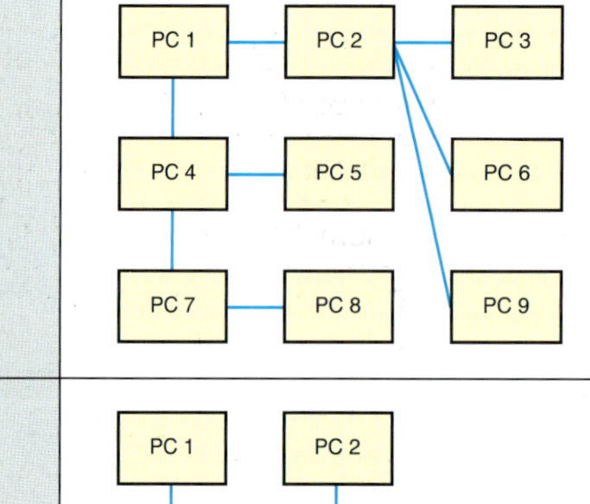	Kombination unterschiedlicher Topologien, direkter Datenaustausch zwischen den einzelnen Teilnehmern. • *Flexibel und leicht erweiterbar.* • *Komplexe Netzwerke möglich.* • *Relativ schwierige Fehlersuche.*
Bus	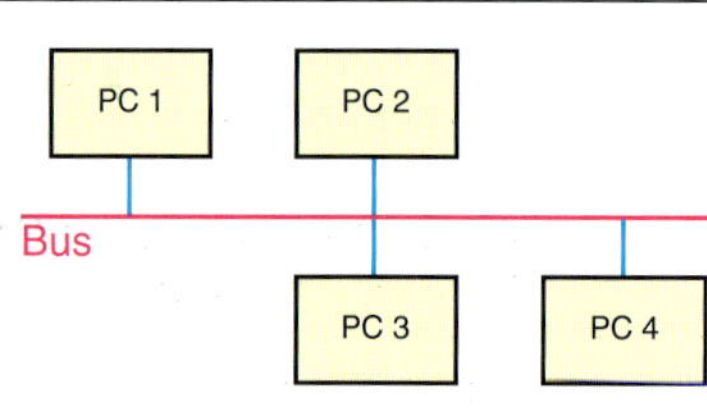	Sämtliche PCs sind an einem Bus angeschlossen, direkter Datenaustausch zwischen einzelnen Teilnehmern. • *Sehr einfacher Aufbau des Netzwerkes.* • *Einfache Erweiterung ist möglich.* • *Bei Busunterbrechung fallen ein oder mehrere PCs aus.*

Wireless LAN (Funk-LAN)

Drahtloses, lokales Funknetzwerk (WLAN), der Aufbau ist mit geringem Aufwand möglich.
Daten werden vor unerlaubtem Abhören verschlüsselt.
Geeignet, um mobile Geräte wie Notebook, Drucker, PDA usw. in ein Netzwerk zu integrieren.

Betriebsarten WLAN

- *Ad-hoc-Modus*
  Das Netzwerk besteht aus gleichberechtigten Teilnehmern, die direkt miteinander kommunizieren.
- *Infrastruktur-Modus*
  Die Teilnehmer kommunizieren über eine Basisstation (Access Point) miteinander bzw. in ein weiteres Netzwerk.

Informationstechnik

LAN/WLAN

Wireless LAN (Funk-LAN)

Übertragungsdaten

Standard	Übertragungsrate	Frequenz	Erläuterung
IEEE802.11	max. 2 MBit/s	2,4 GHz	—
IEEE802.11a	max. 54 MBit/s	5,6 GHz	Reichweite 15 – 25 m; einsetzbar im Innenbereich
IEEE802.11b	max. 11 MBit/s	2,4 GHz	Reichweite bis 300 m
IEEE802.11e	max. 30 MBit/s	—	Zum Beispiel für IP-Telefonie
IEEE802.11g	max. 54 MBit/s	2,4 GHz	Abwärtskompatibel zu 802.11b
IEEE802.11h	max. 54 MBit/s	5,0 GHz	Einsetzbar im Innenbereich

PC-Netzwerke

Netzwerkleitungen

Kupferleitungen (Twisted Pair)

Kategorie	Typ	Datenrate max.	Frequenz max.	Erläuterung
Kat. 1	UTP	1 MBit/s	100 kHz	Analoge Sprachübertragung
Kat. 2	UTP	4 MBit/s	1 MHz	ISDN, kleine Token Ringnetzwerke
Kat. 3	UTP STP	10 MBit/s	16 MHz	Ethernet 10 Base-T (bis 100 m)
Kat. 4	UTP STP	20 MBit/s	20 MHz	Token Ring, 10 Base-T; bei größeren Entfernungen als Kat. 3
Kat. 5	S/FTP	20 MBit/s	100 MHz	100 Base-T
Kat. 5e	S/FTP	1 GBit/s	100 MHz	1000 Base-T
Kat. 6	S/FTP	1 GBit/s	250 MHz	Zur Übertragung von Sprache, Daten, Multimedia
Kat. 6a	S/FTP	10 GBit/s	500 MHz	10 GBase-T
Kat. 7	S/FTP	10 GBit/s	600 MHz	ATM-Bereich
Kat. 7a	S/FTP	10 GBit/s	1 GHz	10-GByte-Ethernet, Breitband-Kabelnetze für TV

Glasfaserleitungen

Typ	Bandbreite (1 km)	Erläuterung
Multimode mit Stufenprofil	100 MHz	Entfernung < 1 km
Multimode mit Gradientenprofil	1 GHz	LAN, Backbone
Monomode mit Stufenprofil	100 GHz	Telefon

Informationstechnik

PC-Netzwerke

Bezeichnung von Lichtwellenleitern

Art

A	Außenleitung
AT	Innenleitung
I	Innenleitung

Faserschutz

B	Bündelfaser, trocken
D	Bündelfaser, Gelfüllung
F	Faser mit 250 µm Buffer
H	Hohlader (trocken)
V	Vollader
W	Hohlader (Gelfüllung)

Zentralelement

S	Seele aus Metall

Füllung

F	Verseilungs-hohlräume mit Gelfüllung

Bewehrung

B	allg. Bewehrung
BY	zusätzliche PVC-Hülle
B2Y	zusätzliche PE-Hülle
Q	Quellflies-umwicklung

Faseranzahl

a	Anzahl der Volladern
a × b	Anzahl der Bündeladern × Faserzahl

Faserart

E	Singlemode
G	Gradientenindex
K	Stufenindex (Glas/Plastik)
P	Plastikfaser
S	Stufenindex (Glas/Glas)

Faserkern

Faserdurchmesser in µm

Fasermantel

Manteldurchmesser in µm

Dämpfung

Angabe in dB/km

Wellenlänge

B	850 nm
F	1300 nm (Monomode) 1310 nm (Singlemode)
H	1550 nm (Singlemode)

Dispersion

LG	Lagen-verseilung
SZ	SZ-Verseilung

Außenmaterial

2YPE	Polyethelen
4Y	Polyamid
11Y	Polyurethan
(D) 2yPE	Polyurethan mit Kunst-stoffsperr-schicht
(L) 2YPE	Schichten-mantel
H	halogenfrei

Kupferleitung

Bezeichnung	Bedeutung	Aufbau
UTP	Unshielded Twisted Pair (keine Schirmung)	Leiteraufbau massiv oder 7-drähtig
STP	Shielded Twistet Pair (Einzelschirm)	Zwei Adern bilden ein symmetrisches Paar (Paarverseilung)
S/UTP	Screened UTP (Gesamtschirm)	Leiterquerschnitt in AWG (**A**merican **W**ire **G**auge):
S/STP	Screened STP (Einzel- und Gesamtschirm)	Massiver Leiter: 24/1 bis 23/1 (0,5 – 0,6 mm^2) 7-drähtiger Leiter: 27/7 bis 24/7 (0,08 – 0,22 mm^2)

Ethernet (IEEE-Standard)

Standard	Benennung	Datenrate	Erläuterung
802.3	10 Base-5	10 MBit/s	Koaxialkabel (DIX/AUI), 500 m
802.3a	10 Base-2	10 MBit/s	Koaxialkabel (BNC), 185 m
802.3i	10 Base-T	10 MBit/s	Twisted Pair (RJ-45), 100 m, Kat. 3 oder Kat. 5
802.3j	10 Base-FL	10 MBit/s	Glasfaser, Multimode 2 km, Singlemode 5 km

Informationstechnik

PC-Netzwerke

Ethernet (IEEE-Standard)

Standard	Benennung	Datenrate	Erläuterung
802.3u	100 Base-TX	100 MBit/s	Twisted Pair (RJ-45), 100 m, Kat. 2
802.3u	100 Base-FX	100 MBit/s	Glasfaser, Multimode 2 km, Singlemode 120 km
802.3z	100 Base-SX	1 GBit/s	Glasfaser, Multimode 550 m
802.3ab	1000 Base-T	1 GBit/s	Twisted Pair (RJ-45), 100 m, Kat. 5e
802.3ae	10 GBase-SR	10 GBit/s	Glasfaser, Multimode 300 m
802.3ae	10 GBase-LX4	10 GBit/s	Glasfaser, Multimode 300 m, Singlemode 10 km
802.3ae	10 GBase-ER	10 GBit/s	Glasfaser, Singlemode 40 km
802.3an	10 GBase-T	10 GBit/s	Twisted Pair (RJ-45), 100 m

Server

Computer, der Rechenleistung, Daten und Speicher zur Verfügung stellt und Zugriffsrechte verwaltet. Die auf dem Server laufenden Anwendungen können vom Benutzer des Netzwerkes angefordert und genutzt werden.

Netzwerkkomponenten

Komponente	Erläuterung
Bridge	(engl.: Brücke) Mehrere Netzwerke gleichen Typs können durch eine Bridge miteinander verbunden werden. Dadurch wird eine Entkopplung der Netzwerke erreicht, sodass Störungen in einem Netzwerk nicht in anderen Netzwerken wirken können. Bridges sind protokollunabhängig.
Ethernet-Switch	Übernimmt die Daten und versendet sie paketweise zur Zieladresse. Ihren Adressen entsprechend, werden Sender und Empfänger durchgeschaltet.
HDSL-Modem	High Bitrate Digital Subscriber Loop (digitale Übertragungsschleife mit hoher Bitrate); über vorhandene Kupferleitungen werden Breitbanddienste ohne Verwendung eines Repeaters ermöglicht.
Hub	(engl.: Mittelpunkt) Angeschlossen werden können mehrere PCs oder PC-Netzwerke. Die Daten werden (ungefiltert) an alle angeschlossenen Teilnehmer gesendet.
Modem	Modulator/Demodulator; digitale Geräte können über ein Modem an das analoge Telefonnetz angeschlossen werden.
Multiplexer	Ermöglichen den Anschluss von vielen Kanälen über eine einzige Leitung (Zeitmultiplexverfahren).
Netzwerkkarte	Steckkarte für einen PC, wodurch der Anschluss an ein Netzwerk ermöglicht wird; zusätzlich sind Software-Treiber notwendig, Bindeglied zwischen Netzwerk und PC.
Router	(route; engl: Weg) Router verbinden unterschiedliche LANs. Sie analysieren die Datenpakete und sorgen für die Wiederherstellung bei Fehlern.
Repeater	(repeat; engl.: wiederholen) Der Repeater regeneriert Signale und bildet sie so um, dass die Kommunikation von Netzsegmenten miteinander ermöglicht wird. Ohne Einsatz eines Repeaters sind Netzsegmente in ihrer Ausdehnung begrenzt.

Informationstechnik

PC-Netzwerke

Netzwerkprotokolle

Genaue Vereinbarung für den Datenaustausch zwischen Computern (Endgeräten).

- *Der Verbindungsaufbau muss sicher und zuverlässig erfolgen.*
- *Die Datenpakete müssen an den gewünschten Empfänger transportiert werden.*
- *Bei vollständiger Übertragung sind die Datenpakete zu wiederholen.*
- *Prüfsummenverfahren der gesendeteten Daten.*
- *Beim Empfänger müssen die gesendeten Daten in die richtige Reihenfolge gebracht werden.*
- *Eine Verschlüsselung der Daten ist eventuell erforderlich.*

Datenpaket und Netzwerkprotokoll

Ein **Datenpaket** besteht aus *Steuerdaten* und *Nutzdaten.*

- *Adresse von Sender und Empfänger*
- *Pakettyp (Verbindungsaufbau, Verbindungsabbau bzw. Nutzdaten)*
- *Paketlänge*
- *Prüfsumme*

Netzwerkprotokolle

- *Teilnehmeranzahl (Unicast: ein Teilnehmer, Multicast: mehrere Teilnehmer)*
- *Kommunikationsrichtung (Simplex: nur eine Richtung, Halb-Duplex: wechselweise in beide Richtungen, Vollduplex: gleichzeitig in beide Richtungen)*
- *Wertigkeit der Teilnehmer (Peer-to-Peer: gleichberechtigt, Client-Server: hierarchisch)*
- *Response (synchrone Kommunikation: Warten auf Antwort, asynchrone Kommunikation: auf Antwort wird nicht gewartet)*
- *Kommunikationsart (paketorientiert, kontinuierlicher Datenstrom)*

Ethernet

Das Ethernet ist das am weitesten verbreitete Kommunikationssystem und wird auch bei industriellen Automatisierungslösungen eingesetzt. Die Datenübertragungsraten liegen zwischen 10 MBit/s und 10 GBit/s.

Kennzeichen des Ethernet:

- *Alle Teilnehmer haben die gleichen Rechte.*
- *Die Teilnehmer überwachen das Netzwerk und senden, wenn dieses frei ist.*
- *Wenn das Netzwerk nicht frei ist, stoppt der Teilnehmer die Sendung und versucht es nach einer gewissen Zeit erneut.*
- *Die Datenverschickung erfolgt paketweise. Der Paketkopf beinhaltet die Quell- und Zieladresse der Nutzdaten.*
- *Alle Teilnehmer am Netzwerk lesen die gesendeten Daten. Der Teilnehmer mit der passenden Adresse kann die Daten verarbeiten (Ausnahme: Switched Ethernet, Sternstruktur mit Hub).*
- *Es erfolgt keine Überprüfung, ob der Empfänger die Daten tatsächlich erhalten hat. Es wird ausschließlich ein Übertragungsweg zur Verfügung gestellt.*
- *Ethernet-Teilnehmer senden nach dem CSMA/CD-Verfahren (**C**arrier **S**ense **M**ultiple **A**cces/ **C**ollision **D**etection). Das bedeutet: Träger für Vielfachzugriff mit Kollisionserkennung.*
  Wenn ein Netzwerk-Teilnehmer Daten übertragen möchte, stellt er zunächst fest, ob ein anderer Teilnehmer Daten überträgt (Carrier Sense). Wenn das zutrifft, wird der Vorgang abgebrochen und in unregelmäßigen Zeitabständen wiederholt.
  Wenn das Netzwerk frei ist, werden die Daten übertragen. Datenkollisionen werden also vermieden. Danach überprüft der Netzwerk-Teilnehmer den Kopf des Datenpaketes darauf hin, ob er adressiert wurde. Wenn das der Fall ist, werden die Daten empfangen.

Informationstechnik

PC-Netzwerke

Ethernet

Sollte sich dabei ein anderer Netzwerk-Teilnehmer Zugriff zum Netzwerk verschaffen, kommt es zu einer *Datenkollision*. Der sendende Teilnehmer bricht seine Sendung ab und sendet eine Kollisionsinformation. Innerhalb von zufällig gebildeten Zeitabständen werden die *Senderversuche wiederholt*.

Ethernet-Telegramm

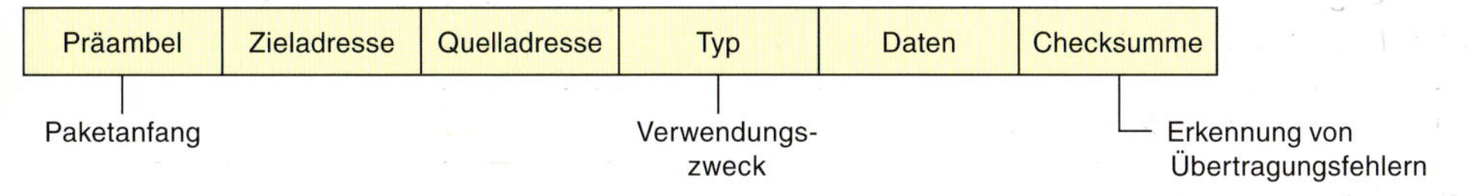

Echtzeit-Ethernet

Für jeden Netzwerkteilnehmer werden festgelegte *Zeitschlitze* zur Verfügung gestellt. Damit kann eine *Zykluszeit* garantiert werden, die allerdings von der Anzahl der Teilnehmer abhängig ist.

Das CSMA/CD-Verfahren ermöglicht *kein* Echtzeitverhalten. Wenn **Echtzeitverhalten** erreicht werden soll, können folgende Verfahren zum Einsatz kommen:

- **Hub**
  Zentraler Punkt bei sternförmigen Netzwerken. Alle Netzteilnehmer sind mit dem Hub verbunden, nicht unmittelbar mit einem anderen Teilnehmer.
- **Switched Ethernet**
  Ein Switch ist ein Sternkoppler, der Sender und Empfänger miteinander verbindet. Sternförmig werden die Netzwerk-Teilnehmer angeschlossen. Für die jeweils aufgebaute Verbindung stellt das Netzwerk dann seine volle Leistung zur Verfügung.
  Der Switch trennt den Teil des Ethernet vom Rest des Netzwerkes ab, das die Daten in Echtzeit transportieren soll.
- **Zeitstempel**
  Die Echtzeit-Teilnehmer haben synchron laufende Uhren, die von einer Mutteruhr im Switch synchronisiert werden.
  Jedes Datenpaket wird von den Netzwerk-Teilnehmern mit einem Zeitstempel versehen. Dies ist eine Information darüber, zu welchem Zeitpunkt das Datenpaket entstanden ist. Dadurch wird eine definierte Abarbeitungsreihenfolge möglich.

Industrial Ethernet

Konzipiert für die Verarbeitung von *EA-Signalen* in der Automatisierungstechnik. Ermöglicht wird eine *Vernetzung* zwischen *Produktionsbereich* und *Verwaltungsbereich*. Im Verwaltungsbereich (Bürobereich) können Anlagenzustände überprüft werden.

EA-Daten lassen sich wesentlich schneller als beim Ethernet übertragen. Ermöglicht wird auch die *Ferndiagnose* über das Internet.

- **Profinet**
  Vollduplexe Industrial-Ethernet-Variante. Geräte für das Profinet haben einen Anschluss für das Industrial-Ethernet und i. Allg. auch einen Anschluss für den Profibus.

– **Profinet IO**
IO: Input/Output

Ermöglicht den Anschluss von Feldgeräten an das Ethernet. Die Feldgeräte sind einer Steuerung (z. B. SPS) zugeordnet. Sie übertragen zyklisch ihre Nutzdaten.

Informationstechnik

PC-Netzwerke

Industrial Ethernet

– **Profinet CbA**
CbA: Component based Automation
Anwendung beim Anschluss von programmierbaren Feldgeräten und Automatisierungsgeräten.
Die Funktionen werden modular programmiert und als Komponenten ausgeführt.

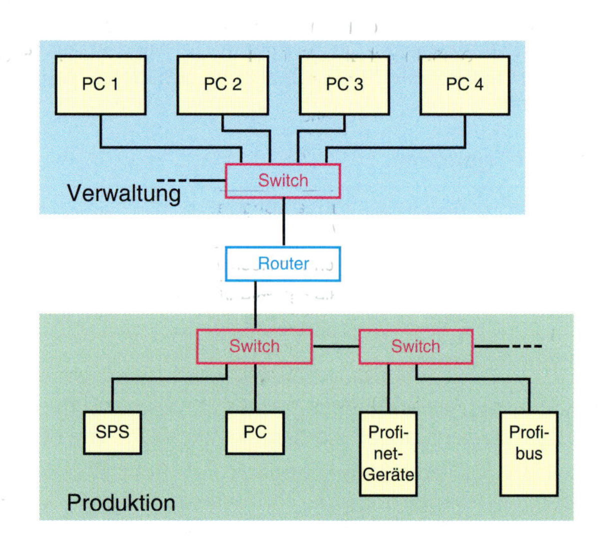

Datensicherheit

Die Datensicherheit (Datensicherung) umfasst alle Verfahren, die den Verlust von einzelnen Daten, ganzen Datenbeständen, Datenträgern sowie deren Verfälschung durch menschliches Versagen, technische Ursachen oder Sabotage verhindern sollen.

Grundsätzlich ist **Datensicherung** der Schutz von Hardware, Software und Datenbeständen gegen Verlust, Missbrauch und Beschädigung. Ziel der Datensicherung ist z. B., die durch einen Datenträgerdefekt verlorengegangenen Daten schnellstmöglich und in möglichst aktueller Form wieder herzustellen.

Verfahren der Datensicherung

- **Software**
  Schreibschutz
  Virenschutz
  Passwort
  Firewall
- **Hardware**
  Brandschutz
  Schutz vor Spannungsausfall
  Schutz vor Überspannungen
- **Mitarbeiter**
  Zugriffsberechtigung
  Schulung
  Datenschutzbeauftrage
- **Organisation**
  Zutrittskontrolle
  Daten duplizieren
  Revision

Kontinuierliche Datensicherung: Spiegelfestplatten, Spiegelserver
Periodische Datensicherung: Vollsicherung, Differenzsicherung

Datenschutzstrategie

- Wie muss die Datensicherung erfolgen?
- Wer trägt die Verantwortung für die Datensicherung?
- Wann muss die Datensicherung erfolgen?
- Welche Daten müssen gesichert werden?
- Welche Speichermedien finden Verwendung?
- Wo wird die Datensicherung aufbewahrt?
- Wie wird die Datensicherung vor Diebstahl geschützt?
- Wie lange muss die Datensicherung aufbewahrt werden?
- Wie und in welchem Zeitraum wird die Datensicherung auf Wiederherstellbarkeit überprüft?

Informationstechnik

Datensicherheit

Virenschutz

Computerviren sind Programme, die sich über externe Datenträger oder über das Internet in die Computersysteme einschleichen. Dort können sie dann Daten, Programme und Hardware zerstören.

Dateiviren	Ausführbare Programmdateien werden von ihnen befallen. Sie werden mit den Programmen gestartet und infizieren andere Programmdateien.
Systemviren	Werden in den Systembereich (Bootsektor) von Datenträgern geschrieben und kopieren sich auf andere Datenträger.
Makroviren	Sind in systemunabhängigen Programmiersprachen geschrieben und verbreiten sich als Anhang besonders über E-Mails.
Würmer	Übertragen sich von Rechner zu Rechner über Netze, beispielsweise als E-Mail-Anhang.
Trojaner	Programme, die getarnte Viren einschmuggeln. Dann werden die Viren gesondert aktiviert.
Backdoor	„Hintertür" in einem Programm (für eine später beabsichtigte Manipulation).

Virenschutz kann durch Virenscanner, Sperrung von Laufwerken und organisatorische Maßnahmen erfolgen. Stets ein aktuelles Virenschutzprogramm einsetzen, das ständig im Hintergrund arbeitet.

Datenschutz

Der Datenschutz hat die Aufgabe, eine Schädigung von Personen oder Personengruppen zu verhindern, die durch Weitergabe *personenbezogener Daten* hervorgerufen werden kann (Bundesdatenschutzgesetz BDGS).

Personenbezogene Daten sind Einzelangaben über persönliche oder sachliche Verhältnisse einer *bestimmten* oder *bestimmbaren Person* (§3 BDSG).

Bundesdatenschutzgesetz (BDSG)

Im BDSG werden Rechte der Betroffenen formuliert.

- **Recht auf Auskunft**, wenn die gespeicherten Daten falsch sind (§35).
- **Recht auf Benachrichtigung** des Betroffenen über Speicherung, Datenart, Erhebung, Zweck, Verarbeitung, Nutzung, Identität der verantwortliche Stelle (Ausnahmen durch Rechtsvorschriften oder Gesetze); §33.
- **Recht auf Auskunft** über gespeicherte Daten, deren Herkunft und dem Zweck ihrer Speicherung (§34).
- **Recht auf Sperrung**, wenn die Daten falsch sind, schutzwürdige Interessen beeinträchtigt werden könnten, die Richtigkeit von Betroffenen bestritten wird oder die Datenlöschung zu aufwändig wäre (§35).
- **Recht auf Löschung**, wenn die Speicherung unzulässig ist, die Richtigkeit der Daten nicht beweisbar ist oder die Speicherung nicht mehr erforderlich ist (§35).

Maßnahmen zum Datenschutz

- **Zutrittskontrolle**
  Unbefugten wird der Zutritt zur Datenverarbeitungsanlage verwehrt.
- **Zugangskontrolle**
  Die Datennutzung durch Unbefugte wird verhindert, zum Beispiel über Passwörter.
- **Zugriffskontrolle**
  Nur berechtigte Personen haben Zugriff auf die Daten ihre Arbeitsbereiches.
- **Weitergabekontrolle**
  Bei der Weitergabe dürfen Daten nicht unbefugt gelesen, kopiert oder verändert werden.
- **Eingabekontrolle**
  Es muss festgestellt werden, welche Daten zu welcher Zeit und von welcher Person eingegeben, verändert oder gelöscht wurden.
- **Auftragskontrolle**
  Es ist sicherzustellen, dass Daten nur den Weisungen des Auftraggebers entsprechen und verarbeitet werden können.

Schaltzeichen

kapazitiver

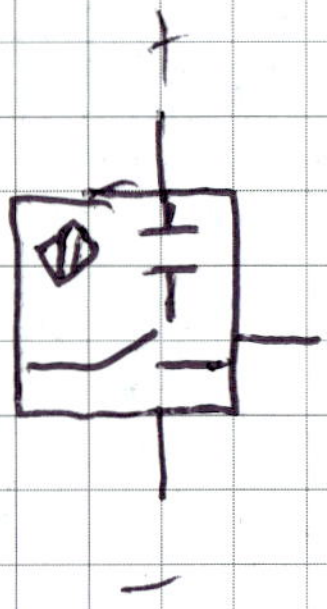

indaktiver

+

−

Schließer

+

schließer

Reedkontakt

2 Draht

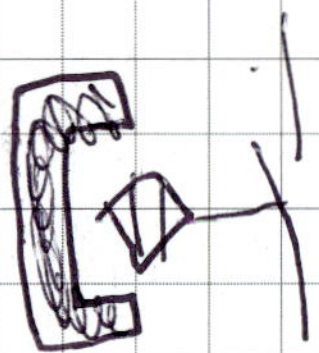

3 Draht

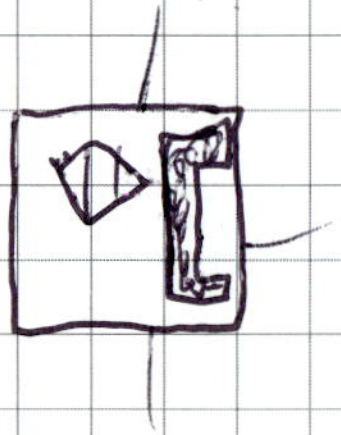

Inhalt

Grundlagen

Flächenberechnung

Dreieck, stumpfwinklig

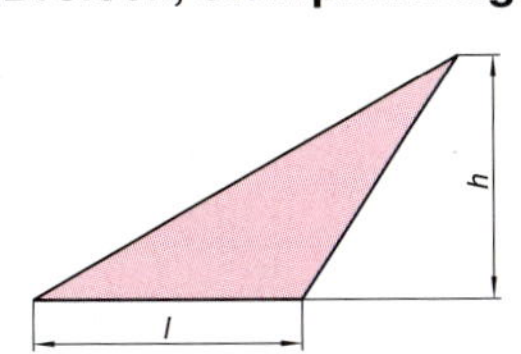

$$A = \frac{l \cdot h}{2}$$

Dreieck, spitzwinklig

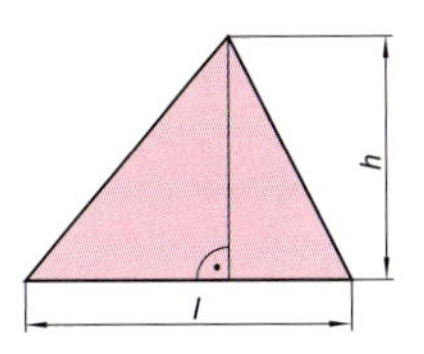

$$A = \frac{l \cdot h}{2}$$

$$l = \frac{2 \cdot A}{h}$$

$$h = \frac{2 \cdot A}{l}$$

Vieleck, unregelmäßig

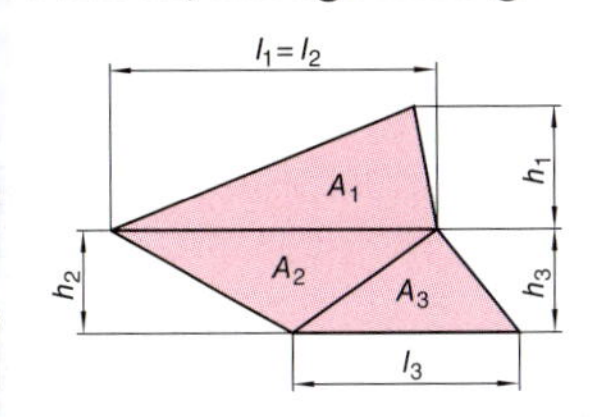

$$A = A_1 + A_2 + A_3 + \cdots + A_n$$

$$A = \frac{l_1 \cdot h_1}{2} + \frac{l_2 \cdot h_2}{2} + \frac{l_3 \cdot h_3}{2}$$

$$A = \frac{1}{2} \cdot (l_1 \cdot h_1 + l_2 \cdot h_2 + l_3 \cdot h_3)$$

Vieleck, regelmäßig

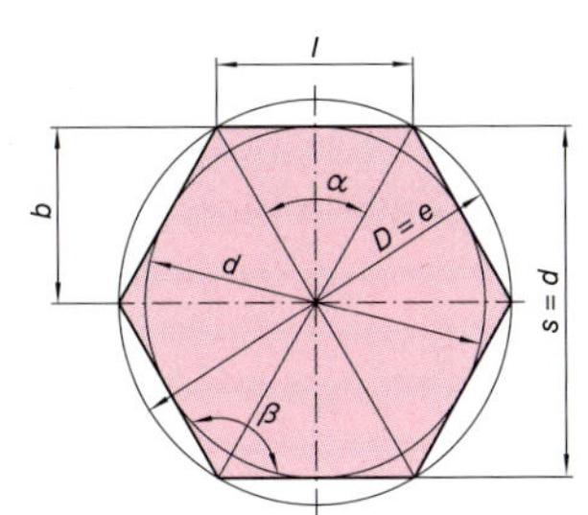

$$A = \frac{d \cdot l \cdot n}{4}$$

$$l = D \cdot \sin\left(\frac{180°}{n}\right)$$

$$A = \frac{l \cdot b}{2} \cdot n$$

$$d = \sqrt{D^2 - l^2}$$

$$\alpha = \frac{360°}{n} \qquad \beta = 180° - \alpha$$

$$U = l \cdot n \qquad \beta = \frac{(n-2) \cdot 180°}{n}$$

$$D = \frac{d}{\sqrt{1 - \sin^2\left(\frac{180°}{n}\right)}} \qquad D = \sqrt{d^2 + l^2}$$

A	Fläche in mm²
l	Seitenlänge in mm
h	Höhe in mm
n	Anzahl der Ecken
D, e	Außendurchmesser, Eckenmaß in mm
d, s	Innendurchmesser, Schlüsselweite bei $2 \cdot n$ in mm
α	Mittelpunktswinkel in Grad
β	Eckenwinkel in Grad

Anzahl der Ecken	Außendurchmesser Eckenmaß $D = e$		Innendurchmesser Schlüsselweite $d = s$		Seitenlänge l		Fläche A		
3	$1{,}154 \cdot l$	$2{,}000 \cdot d$	$0{,}578 \cdot l$	$0{,}500 \cdot D$	$0{,}867 \cdot D$	$1{,}732 \cdot d$	$0{,}325 \cdot D^2$	$1{,}299 \cdot d^2$	$0{,}433 \cdot l^2$
4	$1{,}414 \cdot l$	$1{,}414 \cdot d$	$1{,}000 \cdot l$	$0{,}707 \cdot D$	$0{,}707 \cdot D$	$1{,}000 \cdot d$	$0{,}500 \cdot D^2$	$1{,}000 \cdot d^2$	$1{,}000 \cdot l^2$
5	$1{,}702 \cdot l$	$1{,}236 \cdot d$	$1{,}376 \cdot l$	$0{,}809 \cdot D$	$0{,}588 \cdot D$	$0{,}727 \cdot d$	$0{,}595 \cdot D^2$	$0{,}908 \cdot d^2$	$1{,}721 \cdot l^2$
6	$2{,}000 \cdot l$	$1{,}155 \cdot d$	$1{,}732 \cdot l$	$0{,}866 \cdot D$	$0{,}500 \cdot D$	$0{,}577 \cdot d$	$0{,}649 \cdot D^2$	$0{,}866 \cdot d^2$	$2{,}598 \cdot l^2$
8	$2{,}614 \cdot l$	$1{,}082 \cdot d$	$2{,}414 \cdot l$	$0{,}924 \cdot D$	$0{,}383 \cdot D$	$0{,}414 \cdot d$	$0{,}707 \cdot D^2$	$0{,}829 \cdot d^2$	$4{,}828 \cdot l^2$
10	$3{,}236 \cdot l$	$1{,}052 \cdot d$	$3{,}078 \cdot l$	$0{,}951 \cdot D$	$0{,}309 \cdot D$	$0{,}325 \cdot d$	$0{,}735 \cdot D^2$	$0{,}812 \cdot d^2$	$7{,}694 \cdot l^2$
12	$3{,}864 \cdot l$	$1{,}035 \cdot d$	$3{,}732 \cdot l$	$0{,}966 \cdot D$	$0{,}259 \cdot D$	$0{,}268 \cdot d$	$0{,}750 \cdot D^2$	$0{,}804 \cdot d^2$	$11{,}196 \cdot l^2$

Zusammengesetzte Fläche

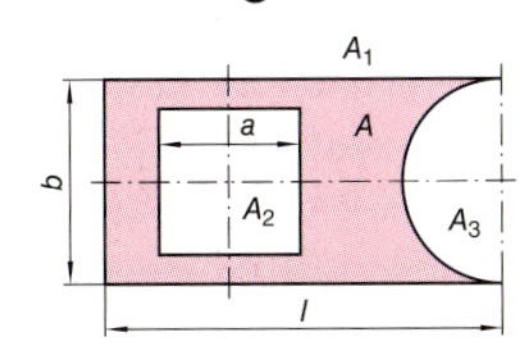

$$A = A_1 - A_2 - A_3 \qquad A_1 = l \cdot b \qquad A_2 = a^2 \qquad A_3 = \frac{\pi \cdot b^2}{8}$$

Grund-lagen

Flächenberechnung

Kreis

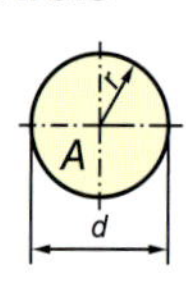

$$A = \frac{d^2 \cdot \pi}{4} = d^2 \cdot 0{,}785$$
$$A = \pi \cdot r^2$$
$$U = \pi \cdot d$$
$$U = 2 \cdot \sqrt{\pi \cdot A}$$

Kreisring

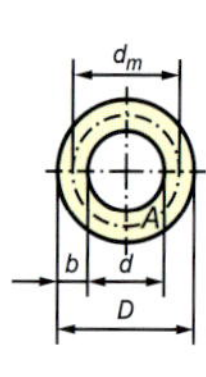

$$d_m = \frac{d + D}{2} \qquad d_m = d + b$$
$$d_m = D - b$$
$$L = \pi \cdot d_m \text{ (gestreckte Länge)}$$
$$A = \frac{\pi}{4} \cdot (D^2 - d^2)$$

Kreisbogen

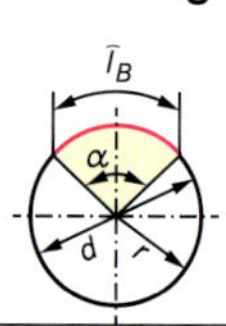

$$l_B = \frac{\pi \cdot d \cdot \alpha}{360°}$$
$$l_B = \frac{\pi \cdot r \cdot \alpha}{180°}$$

Kreisausschnitt

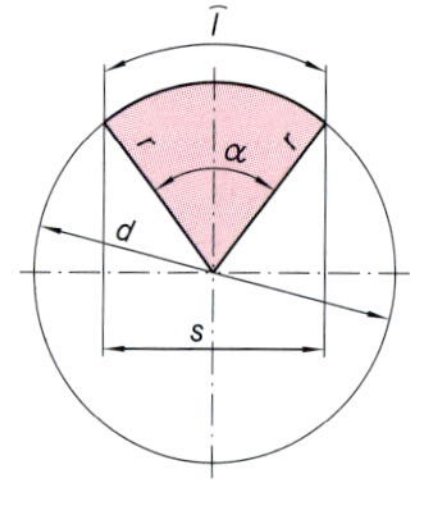

$$A = \frac{\pi \cdot d^2}{4} \cdot \frac{\alpha}{360°}$$
$$A = \pi \cdot r^2 \cdot \frac{\alpha}{360°}$$
$$\alpha = \frac{4 \cdot A}{\pi \cdot d^2} \cdot 360°$$

$$d = \sqrt{\frac{4 \cdot A}{\pi} \cdot \frac{360°}{\alpha}} \qquad r = \sqrt{\frac{A}{\pi} \cdot \frac{360°}{\alpha}}$$

$$\widehat{l} = d \cdot \pi \cdot \frac{\alpha}{360°} = 2 \cdot r \cdot \pi \cdot \frac{\alpha}{360°}$$

$$A = \frac{\widehat{l} \cdot r}{2} \qquad \widehat{l} = \frac{2 \cdot A}{r} \qquad s = 2 \cdot r \cdot \sin\frac{\alpha}{2}$$

Kreisabschnitt

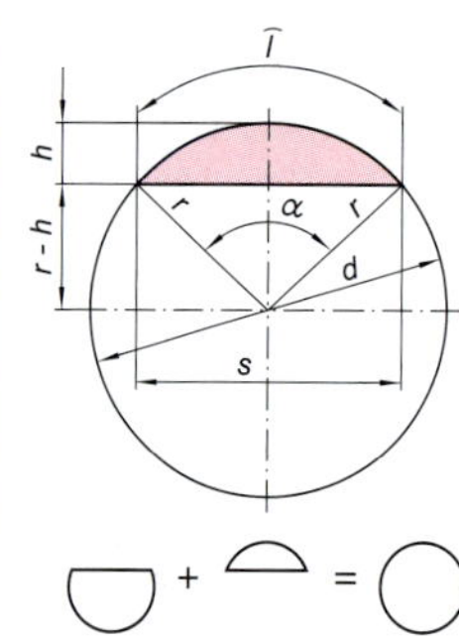

$$A = \frac{r \cdot \widehat{l} - s\,(r - h)}{2}$$
$$A \approx \frac{2}{3} \cdot s \cdot h$$

$$A = d^2 \cdot \frac{\pi}{4} \cdot \frac{\alpha}{360°} - \frac{s \cdot (r - h)}{2}$$

$$d = \sqrt{\frac{A + \frac{s \cdot (r - h)}{2}}{\frac{\pi}{4} \cdot \frac{\alpha}{360°}}} \qquad \alpha = \frac{A + \frac{s \cdot (r - h)}{2}}{d^2 \cdot \frac{\pi}{4} \cdot \frac{1}{360°}}$$

$$s = \frac{d^2 \cdot \frac{\pi}{4} \cdot \frac{\alpha}{360°} - A}{\frac{1}{2} \cdot (r - h)}$$

$$r = 2 \cdot \left(\frac{d^2 \cdot \frac{\pi}{4} \cdot \frac{\alpha}{360°} - A}{s} + \frac{1}{2} \cdot h\right)$$

$$A = \pi \cdot r^2 \cdot \frac{\alpha}{360°} - \frac{s \cdot (r - h)}{2}$$

$$s = d \cdot \sin\frac{\alpha}{2} = 2 \cdot \sqrt{h \cdot (2r - h)}$$

$$h = r \cdot \left(1 - \cos\frac{\alpha}{2}\right) = r - \sqrt{r^2 - \frac{s^2}{4}}$$

$$h = r + \left(A - \frac{d^2 \cdot \pi}{4} \cdot \frac{\alpha}{360°}\right) \cdot \frac{2}{s}$$

$$\widehat{l} = d \cdot \pi \cdot \frac{\alpha}{360°} \qquad \alpha = \frac{\widehat{l} \cdot 360°}{d \cdot \pi}$$

$$d = \frac{\widehat{l} \cdot 360°}{\pi \cdot \alpha} \qquad A \approx \frac{2}{3} \cdot s \cdot h$$

Kreisringausschnitt

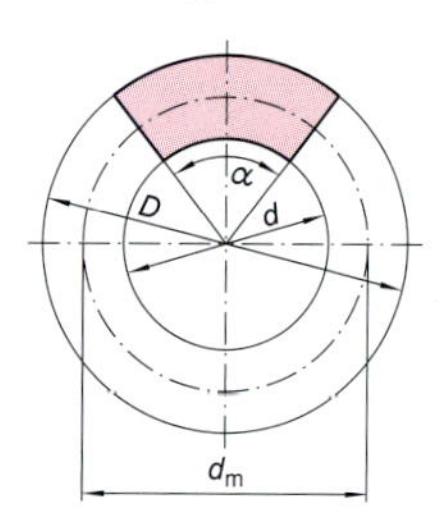

$$A = \frac{\pi}{4} \cdot (D^2 - d^2) \cdot \frac{\alpha}{360°}$$
$$d_m = \frac{d + D}{2}$$
$$D = \sqrt{d^2 + \frac{4 \cdot A \cdot 360°}{\pi \cdot \alpha}}$$
$$d = \sqrt{D^2 - \frac{4 \cdot A \cdot 360°}{\pi \cdot \alpha}}$$
$$\alpha = \frac{4 \cdot A \cdot 360°}{\pi \cdot (D^2 - d^2)}$$

Ellipse

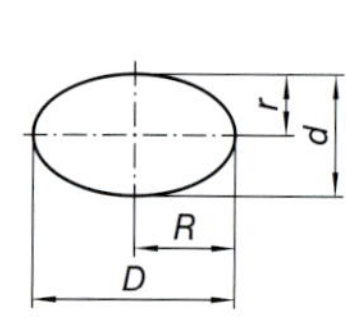

$$A = \frac{\pi \cdot d \cdot D}{4}$$
$$A = \pi \cdot r \cdot R$$
$$U \approx \pi \cdot \frac{D + d}{2}$$
$$U \approx \pi \cdot (r + R)$$

Rechtwinkliges Dreieck

Winkelfunktionen

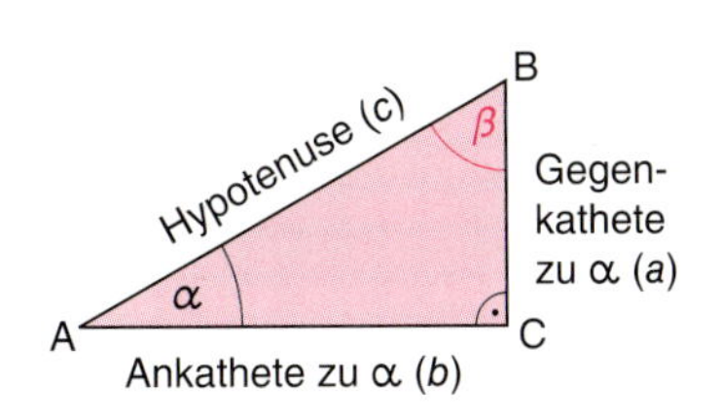

Bezogen auf α

$\sin\alpha = \frac{a}{c}$ $\cos\alpha = \frac{b}{c}$

$a = c \cdot \sin\alpha$ $b = c \cdot \cos\alpha$

$c = \frac{a}{\sin\alpha}$ $c = \frac{b}{\cos\alpha}$

$\tan\alpha = \frac{a}{b}$ $\cot\alpha = \frac{b}{a}$

$a = b \cdot \tan\alpha$ $b = a \cdot \cot\alpha$

$b = \frac{a}{\tan\alpha}$ $a = \frac{b}{\cot\alpha}$

Bezogen auf β

$\sin\beta = \frac{b}{c}$ $\cos\beta = \frac{a}{c}$

$\tan\beta = \frac{b}{a}$ $\cot\beta = \frac{a}{b}$

Höhensatz

Im rechtwinkligen Dreieck ist das aus der Höhe gebildete Quadrat mit dem Rechteck aus den beiden Hypotenusenabschnitten flächengleich.

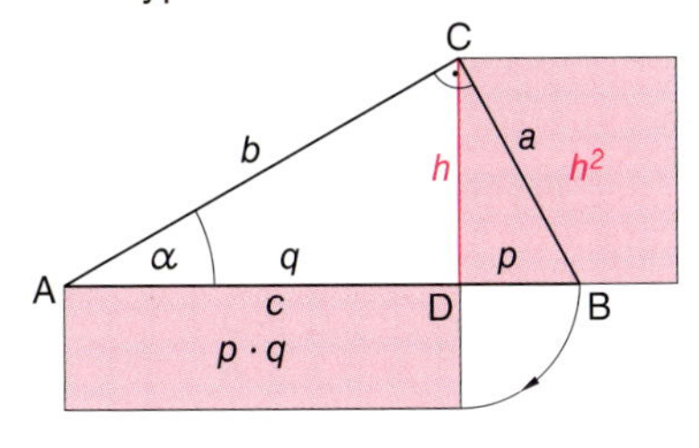

$h^2 = p \cdot q$ $h = \sqrt{p \cdot q}$

$q = \frac{h^2}{p}$ $p = \frac{h^2}{q}$

Kathetensatz

$a^2 = p \cdot c$ $b^2 = q \cdot c$

$A = \frac{c \cdot h}{2} = \frac{a \cdot b}{2}$

Winkelsumme

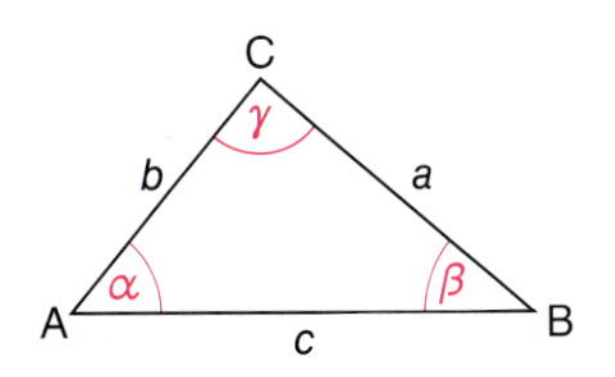

$\alpha + \beta + \gamma = 180°$

Sinussatz

$a : b : c = \sin\alpha : \sin\beta : \sin\gamma$

$\frac{a}{b} = \frac{\sin\alpha}{\sin\beta}$ $\frac{b}{c} = \frac{\sin\beta}{\sin\gamma}$ $\frac{a}{c} = \frac{\sin\alpha}{\sin\gamma}$

$\frac{a}{\sin\alpha} = \frac{b}{\sin\beta} = \frac{c}{\sin\gamma}$

Cosinussatz

$a^2 = b^2 + c^2 - 2 \cdot b \cdot c \cdot \cos\alpha$

$b^2 = a^2 + c^2 - 2 \cdot a \cdot c \cdot \cos\beta$

$c^2 = a^2 + b^2 - 2 \cdot a \cdot b \cdot \cos\gamma$

$\cos\alpha = \frac{b^2 + c^2 - a^2}{2 \cdot b \cdot c}$

$\cos\beta = \frac{a^2 + c^2 - b^2}{2 \cdot a \cdot c}$

$\cos\gamma = \frac{a^2 + b^2 - c^2}{2 \cdot a \cdot b}$

1. Strahlensatz

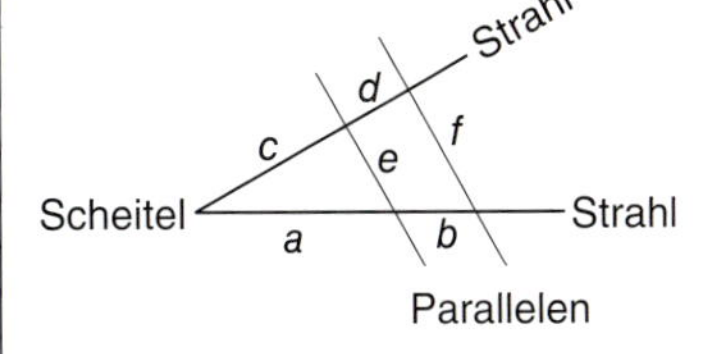

$\frac{a}{b} = \frac{c}{d}$

$a = \frac{c \cdot b}{d}$ $b = \frac{a \cdot d}{c}$ $c = \frac{a \cdot d}{b}$ $d = \frac{c \cdot b}{a}$

Rechtwinkliges Dreieck

2. Strahlensatz

$$\frac{a}{a+b} = \frac{e}{f}$$

$$a = \frac{e \cdot (a+b)}{f}$$

$$a + b = \frac{a \cdot f}{e}$$

$$e = \frac{a \cdot f}{a+b}$$

$$f = \frac{e \cdot (a+b)}{a}$$

Wenn zwei von einem Punkt ausgehende Strahlen von Parallelen geschnitten werden, so bestehen zwischen Parallelabschnitten und Strahlenabschnitten gleiche Verhältnisse.

Steigung, Neigung

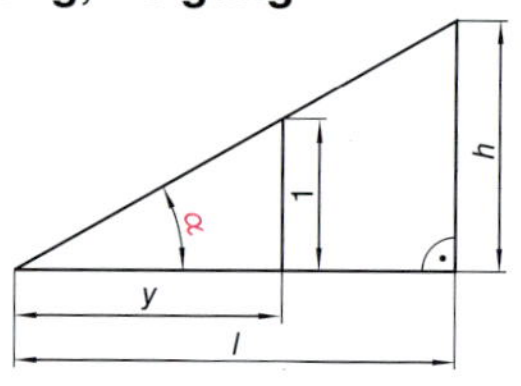

$$\tan\alpha = \frac{1}{y} = \frac{h}{l}$$

$$y = \frac{l}{h} \qquad h = \frac{l}{y} \qquad l = y \cdot h \qquad x = \tan\alpha \cdot 100\,\% \qquad \tan\alpha = \frac{x}{100\,\%}$$

$$x = \frac{h}{l} \cdot 100\,\% \qquad l = \frac{h}{x} \cdot 100\,\% \qquad h = \frac{x \cdot l}{100\,\%}$$

α Steigungs-/Neigungswinkel in Grad
$\frac{1}{y}$ Steigungs-/Neigungsverhältnis in 1/m, 1/cm, 1/mm
h Höhe in m, cm, mm
l Länge der Waagerechten in m, cm, mm
x Steigung in %
y Länge der Waagerechten bei Höhe $h = 1$ in m, cm, mm

Längen

Teilungen

Endabstand durch Teilung P

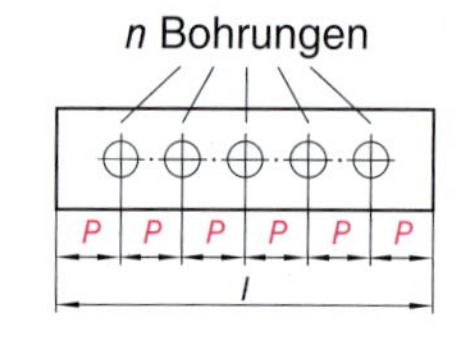

$$l = z \cdot P \qquad z = n + 1 \qquad l = (n+1) \cdot P$$

$$P = \frac{l}{n+1} \qquad n = \frac{l}{P} - 1$$

Endabstand ungleich ($l_1 \neq l_2 \neq P$)

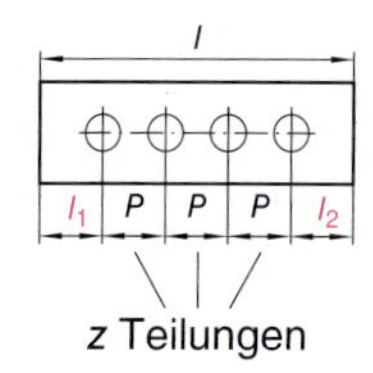

$$l = z \cdot P + l_1 + l_2 \qquad z = n - 1$$

$$l = (n-1) \cdot P + l_1 + l_2$$

$$P = \frac{l - (l_1 + l_2)}{n-1} \qquad n = \frac{l - (l_1 + l_2)}{P} + 1$$

$$l_1 = l - l_2 - P \cdot (n-1) \qquad l_2 = l - l_1 - P \cdot (n-1)$$

l Werkstücklänge in mm
l_1, l_2 Endabstände in mm
P Teilung in mm
z Anzahl der Teilungen
n Anzahl der Bohrungen

Gestreckte Länge

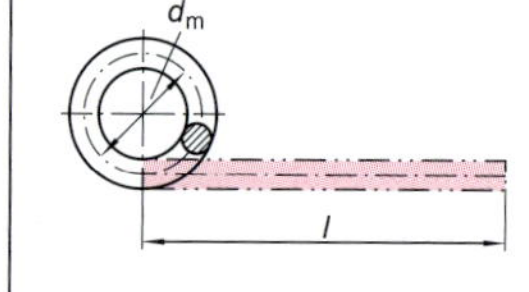

$$l = \pi \cdot d_m \qquad d_m = \frac{l}{\pi}$$

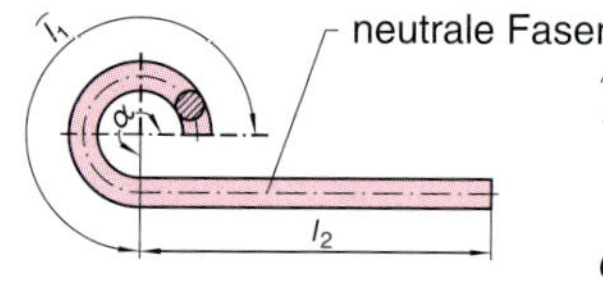

$$\hat{l}_1 = d_m \cdot \pi \cdot \frac{\alpha}{360°}$$

$$d_m = \frac{\hat{l}_1 \cdot 360°}{\pi \cdot \alpha}$$

$$\alpha = \frac{\hat{l}_1 \cdot 360°}{\pi \cdot d_m} \qquad L = \hat{l}_1 + l_2$$

$\hat{l}$ gestreckte Länge im mm
d_m Durchmesser der Schwerpunktlinie (neutrale Faser) in mm
α Biegewinkel in Grad
$\hat{l}_1$, l_2 Teillängen in mm
L Werkstücklänge in mm

Volumenberechnung

Würfel

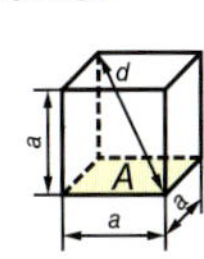

$d = \sqrt{3} \cdot a$ $\qquad A = a^2$

$A_0 = 6 \cdot a^2$ $\qquad V = a^3$

Prisma

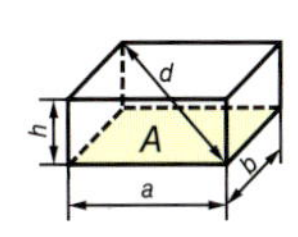

$d = \sqrt{a^2 + b^2 + h^2}$

$A = a \cdot b$

$A_0 = 2 \cdot (ab + ah + bh)$

$V = A \cdot h = a \cdot b \cdot h$

Pyramide

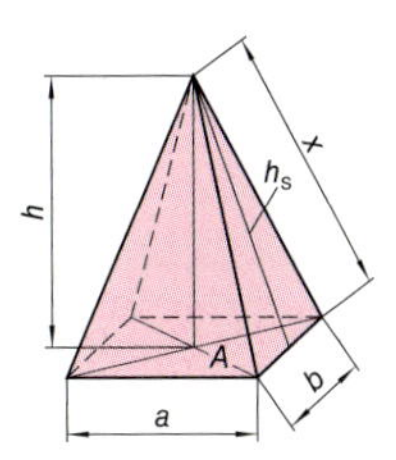

$$V = \frac{1}{3} \cdot a \cdot b \cdot h$$

$$a = \frac{3 \cdot V}{b \cdot h}$$

$$b = \frac{3 \cdot V}{a \cdot h}$$

$$h = \frac{3 \cdot V}{a \cdot b}$$

$$A_M = h_s \cdot (a + b) \qquad h_s = \frac{A_M}{a + b}$$

$$a = \frac{A_M - b \cdot h_s}{h_s} \qquad b = \frac{A_M - a \cdot h_s}{h_s}$$

$$A_O = h_s \cdot (a + b) + a \cdot b \qquad h_s = \frac{A_O - a \cdot b}{a + b}$$

$$h_s = \sqrt{x^2 - \left(\frac{b}{2}\right)^2} = \sqrt{h^2 + \frac{a^2}{4}} \qquad x = \sqrt{h_s^2 + \left(\frac{b}{2}\right)^2}$$

$$x = \sqrt{h^2 + \left(\frac{\sqrt{a^2 + b^2}}{2}\right)^2}$$

- V Volumen in mm³
- a Kantenlänge in mm
- b, x Kantenlänge in mm
- A Grundfläche in mm²
- h Höhe in mm
- A_M Mantelfläche in mm²
- A_O Oberfläche in mm²
- h_s Höhe der Seitenfläche in mm (wahre Höhe)

Pyramidenstumpf

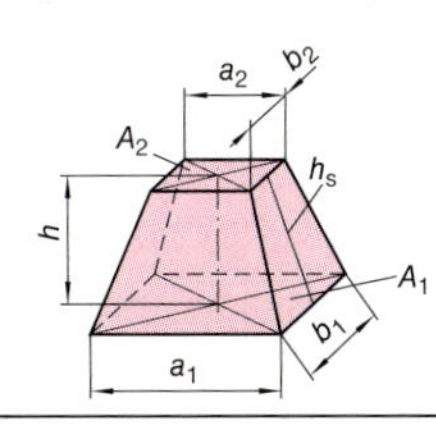

$$V = \frac{h}{3}\left(A_1 + A_2 + \sqrt{A_1 \cdot A_2}\right)$$

$$A_1 = a_1 \cdot b_1 \qquad A_2 = a_2 \cdot b_2$$

$$a_1 = \frac{A_1}{b_1} \qquad a_2 = \frac{A_2}{b_2}$$

$$b_1 = \frac{A_1}{a_1} \qquad b_2 = \frac{A_2}{a_2}$$

$$h = \frac{3 \cdot V}{A_1 + A_2 + \sqrt{A_1 \cdot A_2}}$$

$$h = \sqrt{h_s^2 + \left(\frac{a_1 - a_2}{2}\right)^2}$$

$$A_M = h_s \cdot (a_1 + a_2 + b_1 + b_2)$$

$$h_s = \frac{A_M}{a_1 + a_2 + b_1 + b_2} = \sqrt{\frac{(b_1 - b_2)^2}{4} - h^2}$$

$$A_O = h_s \cdot (a_1 + a_2 + b_1 + b_2) + a_1 \cdot b_1 + a_2 \cdot b_2$$

$$h_s = \frac{A_O - a_1 \cdot b_1 - a_2 \cdot b_2}{a_1 + a_2 + b_1 + b_2}$$

$$h_s = \sqrt{h^2 + \frac{1}{4}\left(a_1^2 - 2 \cdot a_1 \cdot a_2 + a_2^2\right)}$$

Zylinder

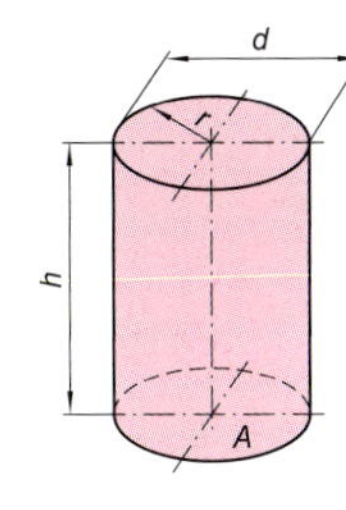

$$V = \frac{\pi \cdot d^2}{4} \cdot h$$

$$d = \sqrt{\frac{4 \cdot V}{\pi \cdot h}} \qquad h = \frac{4 \cdot V}{\pi \cdot d^2}$$

$$V = \pi \cdot r^2 \cdot h \qquad r = \sqrt{\frac{V}{\pi \cdot h}}$$

$$A_M = \pi \cdot d \cdot h = 2 \cdot \pi \cdot r \cdot h$$

$$d = \frac{A_M}{\pi \cdot h} \qquad r = \frac{A_M}{2 \cdot \pi \cdot h}$$

$$h = \frac{A_M}{\pi \cdot d} \qquad h = \frac{A_M}{2 \cdot \pi \cdot r}$$

$$A_O = \pi \cdot d \cdot h + 2 \cdot \frac{\pi \cdot d^2}{4} \qquad h = \frac{A_O - 2 \cdot \frac{\pi \cdot d^2}{4}}{\pi \cdot d}$$

$$A_O = 2 \cdot \pi \cdot r \cdot h + 2 \cdot \pi \cdot r^2$$

$$h = \frac{A_O + 2 \cdot \pi \cdot r^2}{2 \cdot \pi \cdot r}$$

- V Volumen in mm³
- A Grundfläche mm²
- d Durchmesser in mm
- r Radius mm
- h Höhe in mm
- A_O Oberfläche mm²
- A_M Mantelfläche mm²

Volumen, Oberflächen

Hohlzylinder

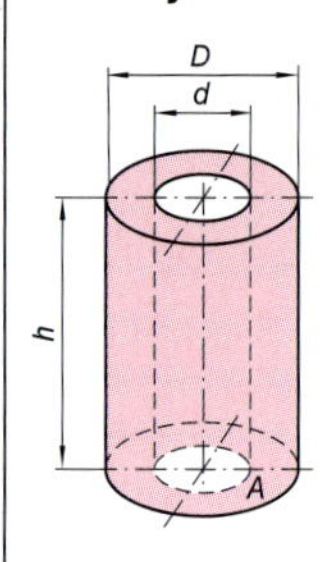

$$V = \frac{\pi}{4} \cdot h \cdot (D^2 - d^2)$$

$$D = \sqrt{\frac{4 \cdot V}{\pi \cdot h} + d^2}$$

$$d = \sqrt{D^2 - \frac{4 \cdot V}{\pi \cdot h}}$$

$$h = \frac{4 \cdot V}{\pi \cdot (D^2 - d^2)}$$

$$A_M = \pi \cdot h \cdot (D + d)$$

$$D = \frac{A_M}{\pi \cdot h} - d \qquad h = \frac{A_M}{\pi \cdot (D + d)}$$

$$d = \frac{A_M}{\pi \cdot h} - D$$

$$A_O = \pi \left[\frac{D^2 - d^2}{2} + h \cdot (D + d)\right]$$

$$h = \frac{A_O - \pi \cdot \frac{D^2 - d^2}{2}}{\pi \cdot (D + d)}$$

Kegel

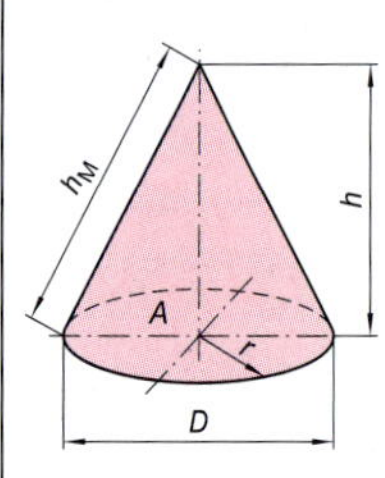

$$V = \frac{1}{3} \cdot h \cdot \frac{\pi \cdot D^2}{4}$$

$$h = \frac{12 \cdot V}{\pi \cdot D^2} \qquad D = \sqrt{\frac{12 \cdot V}{\pi \cdot h}}$$

$$A_M = \frac{\pi \cdot D}{2} \cdot h_M = \pi \cdot r \cdot h_M$$

$$D = \frac{2 \cdot A_M}{\pi \cdot h_M} \qquad h_M = \frac{2 \cdot A_M}{\pi \cdot D}$$

$$A_O = \frac{\pi \cdot D}{2} \cdot \left(h_M + \frac{D}{2}\right) \qquad h_M = \sqrt{\left(\frac{D}{2}\right)^2 + h^2}$$

$$D = 2\sqrt{h_M^2 - h^2} \qquad h = \sqrt{h_M^2 - \left(\frac{D}{2}\right)^2}$$

V Volumen in mm^3
A Grundfläche, Kreis in mm^2
d Durchmesser, klein in mm
D Durchmesser, groß in mm
r Radius in mm
h Höhe in mm
h_M Höhe der Mantelfläche in mm
A_O Oberfläche in mm^2
A_M Mantelfläche in mm^2

Kegelstumpf

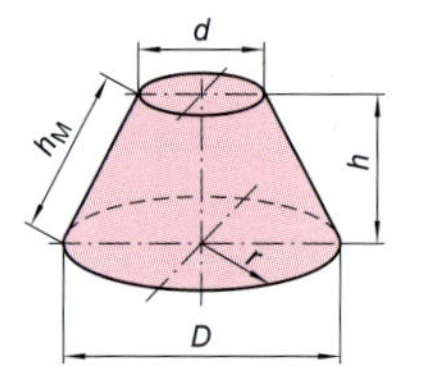

$$V = \frac{1}{12} \pi \cdot h \cdot (D^2 + d^2 + D \cdot d)$$

$$A_M = \frac{\pi}{2} \cdot h_M (D + d)$$

$$D = \frac{2 \cdot A_M}{\pi \cdot h_M} - d \qquad d = \frac{2 \cdot A_M}{\pi \cdot h_M} - D$$

$$h_M = \frac{2 \cdot A_M}{\pi \cdot (D + d)}$$

$$h_M = \sqrt{h^2 + \left(\frac{D - d}{2}\right)^2}$$

$$h = \sqrt{h_M^2 - \left(\frac{D - d}{2}\right)^2}$$

$$A_O = \frac{\pi}{2}\left[(D + d) \cdot h_M + \frac{D^2 + d^2}{2}\right]$$

Kugel

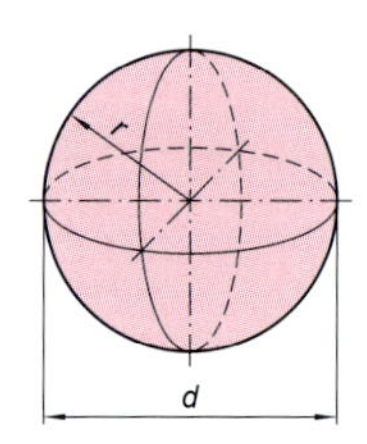

$$V = \frac{\pi}{6} d^3 = \frac{4}{3} \pi \cdot r^3$$

$$d = \sqrt[3]{\frac{6 \cdot V}{\pi}}$$

$$A_O = \pi \cdot d^2 = 4 \cdot \pi \cdot r^2 \qquad d = \sqrt{\frac{A_O}{\pi}}$$

V Volumen in mm^3
d Durchmesser, Kugel in mm
d_1 Durchmesser, Kugelabschnitt in mm
r Radius in mm
h Höhe, Kugelabschnitt in mm
A_O Oberfläche in mm^2
A_M Mantelfläche in mm^2
A Grundfläche in mm^2

Volumen, Oberflächen

Kugelabschnitt (Kalotte)

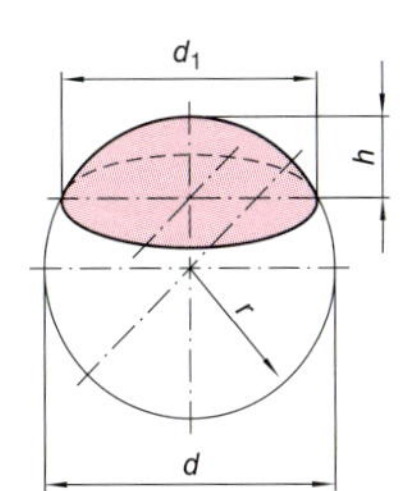

$$V = \pi \cdot h^2 \left(\frac{d}{2} - \frac{h}{3}\right)$$

$$d = 2\left(\frac{V}{\pi \cdot h^2} + \frac{h}{3}\right)$$

$$A_M = \pi \cdot d \cdot h$$

$$d = \frac{A_M}{\pi \cdot h} \qquad h = \frac{A_M}{\pi \cdot d}$$

$$A_O = \pi \cdot h\,(2d - h)$$

$$d = \frac{A_O}{2 \cdot \pi \cdot h} + \frac{h}{2} \qquad A = \frac{\pi \cdot d_1^2}{4}$$

$$d_1 = \sqrt{\frac{4 \cdot A}{\pi}} \qquad d_1 = 2\sqrt{h\,(d - h)}$$

Kugelausschnitt

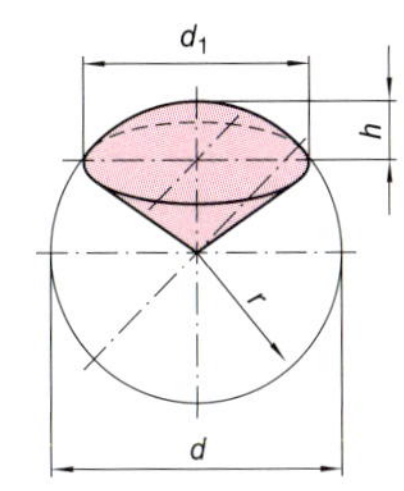

$$V = \frac{\pi}{6}\, d^2 \cdot h$$

$$d = \sqrt{\frac{6 \cdot V}{\pi \cdot h}} \qquad h = \frac{6 \cdot V}{\pi \cdot d^2}$$

$$A_O = \frac{\pi}{4} \cdot d \cdot (4 \cdot h + d_1)$$

$$d = \frac{4 \cdot A_O}{\pi \cdot (4 \cdot h + d_1)}$$

$$d_1 = \frac{4 \cdot A_O}{\pi \cdot d} - 4 \cdot h$$

Kugelzone, Kugelschicht

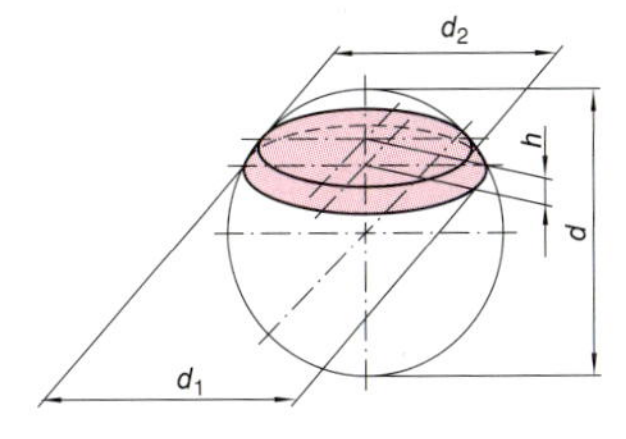

$$V = \frac{\pi}{24} \cdot h \cdot \left(3d_1^2 + 3d_2^2 + 4h^2\right)$$

$$d_1 = \sqrt{\frac{8 \cdot V}{\pi \cdot h} - d_2^2 - \frac{4}{3}h^2}$$

$$d_2 = \sqrt{\frac{8 \cdot V}{\pi \cdot h} - d_1^2 - \frac{4}{3}h^2}$$

$$A_M = \pi \cdot d \cdot h$$

$$d = \frac{A_M}{\pi \cdot h} \qquad h = \frac{A_M}{\pi \cdot d}$$

$$A_O = \frac{\pi}{4}\left(4 \cdot d \cdot h + d_1^2 + d_2^2\right)$$

$$d = \left(\frac{4 \cdot A_O}{\pi} - d_1^2 - d_2^2\right) \cdot \frac{1}{4 \cdot h}$$

$$d_2 = \sqrt{\frac{4 \cdot A_O}{\pi} - 4 \cdot d \cdot h - d_1^2}$$

$$d_1 = \sqrt{\frac{4 \cdot A_O}{\pi} - 4 \cdot d \cdot h - d_2^2}$$

$$h = \left(\frac{A_O}{\pi} - \frac{d_1^2}{4} - \frac{d_2^2}{4}\right) \cdot \frac{1}{d}$$

V Volumen in mm^3
d Durchmesser, Kugel in mm
d_1 Durchmesser, groß in mm
d_2 Durchmesser, klein in mm
h Höhe in mm
A_O Oberfläche in mm^2
A_M Mantelfläche in mm^2

Guldinsche Regel, Mantelfläche

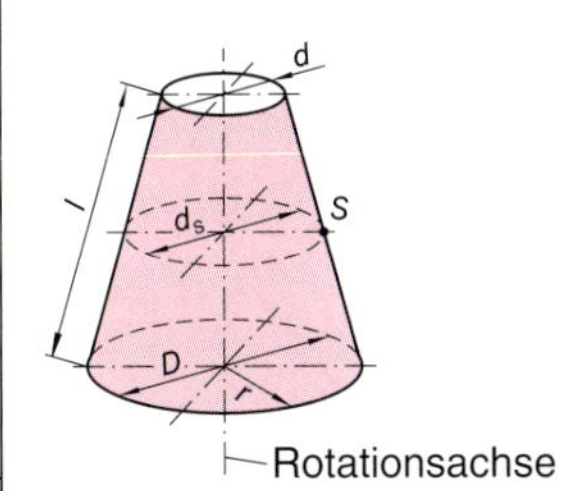

Die Mantelfläche eines Kegelstumpfes entsteht durch die Rotation einer Linie l um eine Rotationsachse. Dabei legt der Schwerpunkt S einen kreisförmigen Weg l_S zurück.

$$A_M = l \cdot l_S \qquad l_S = d_S \cdot \pi$$

$$A_M = \frac{l}{2} \cdot \pi \cdot (D + d) \qquad d_S = \frac{D + d}{2}$$

$$l = \frac{2 \cdot A_M}{\pi \cdot (D + d)}$$

$$D = \frac{2 \cdot A_M}{\pi \cdot l} - d \qquad d = \frac{2 \cdot A_M}{\pi \cdot l} - D$$

A_M Mantelfläche in mm^2
l Länge der erzeugenden Mantellinie in mm
l_S Länge des Schwerpunktweges in mm
d_S Durchmesser des Schwerpunktweges in mm
d, D Durchmesser in mm
S Linienschwerpunkt

Volumen, Oberflächen

Guldinsche Regel, Oberfläche

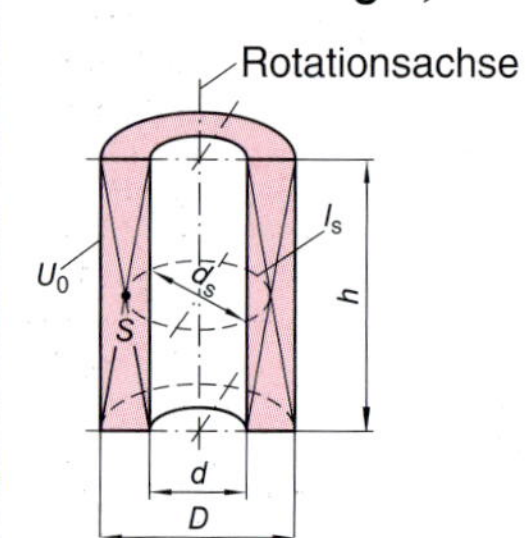

Durch die Rotation eines rechteckigen Querschnittes um eine Rotationsachse entsteht ein zylindrischer Hohlkörper. Dabei legt der Flächenschwerpunkt S den kreisförmigen Weg l_S zurück.

$$A_O = U_0 \cdot l_S \qquad l_S = d_S \cdot \pi$$

$$d_S = \frac{D+d}{2} \qquad U_0 = 2 \cdot h + (D - d)$$

$$A_O = \pi \cdot (2 \cdot h + D - d) \cdot \left(\frac{D+d}{2}\right)$$

A_O Oberfläche in mm²
U_0 Umfang der Rotationsfläche in mm
l_S Länge des Schwerpunktweges in mm
d_S Durchmesser des Schwerpunktweges in mm
d, D Durchmesser in mm
h Höhe in mm
S Flächenschwerpunkt

Guldinsche Regel, Volumen

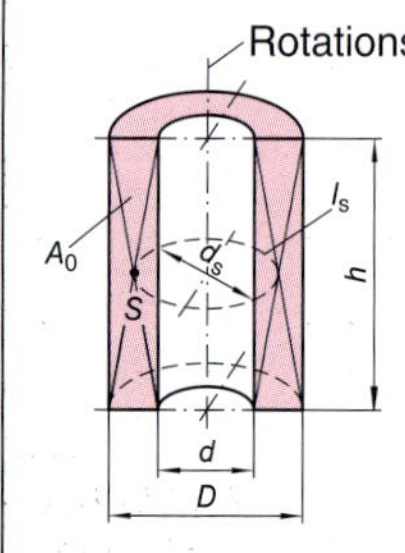

$$V = A_O \cdot l_S \qquad l_S = d_S \cdot \pi$$

$$A_O = \frac{V}{l_S} = \frac{V}{d_S \cdot \pi}$$

$$d_S = \frac{V}{A_O \cdot \pi}$$

$$d_S = \frac{D+d}{2}$$

$$A_O = \frac{D-d}{2} \cdot h \qquad V = \frac{D-d}{2} \cdot h \cdot \frac{D+d}{2} \cdot \pi$$

$$V = \frac{h \cdot \pi}{4} \cdot (D^2 - d^2) \qquad D = \sqrt{1{,}273 \cdot \frac{V}{h} + d^2}$$

$$d = \sqrt{D^2 - 1{,}273 \cdot \frac{V}{h}} \qquad h = \frac{4 \cdot V}{\pi \cdot (D^2 - d^2)}$$

V Volumen in mm³
A_O Rotationsfläche in mm²
l_S Länge des Schwerpunktweges in mm
d_S Durchmesser des Schwerpunktweges in mm
d, D Durchmesser in mm
h Höhe in mm
S Linienschwerpunkt

Masse zusammengesetzer Körper

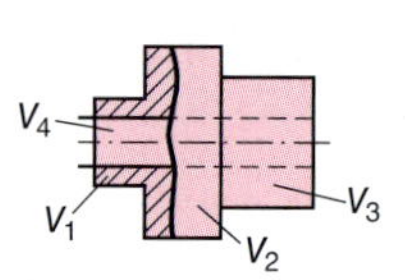

$$m = V \cdot \rho \qquad \rho = \frac{m}{V}$$

$$V = \frac{m}{\rho}$$

$$V = V_1 + V_2 + V_3 - V_4$$

$$m = \rho \cdot (V_1 + V_2 + V_3 - V_4)$$

m Masse in kg
V Gesamtvolumen in dm³
V_1, V_2 ... V_n Teilvolumen in dm³
ρ Dichte in kg/dm³

Dichte γ in $\frac{kg}{dm^3}, \frac{g}{cm^3}, \frac{t}{m^3}$

V in	dm³	cm³	m³
γ in	$\frac{kg}{dm^3}$	$\frac{g}{cm^3}$	$\frac{t}{m^3}$
m in	kg	g	t

Längenbezogene Masse
(Rohre, Drähte, Profilstäbe)

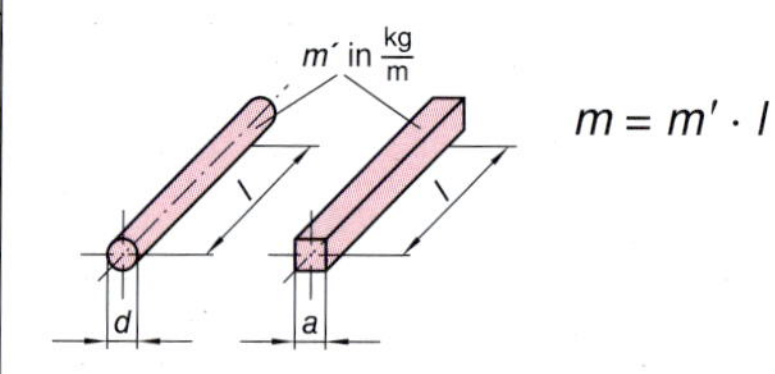

$$m = m' \cdot l$$

m Masse in kg
m' längenbezogene Masse in kg/m
d Durchmesser in m
a Seitenlänge in m
l Länge in m

Flächenbezogene Masse
(Tafeln, Bleche, Bänder)

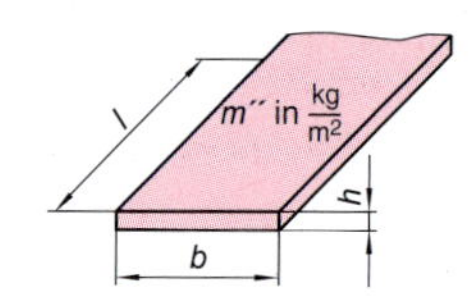

$$m = m'' \cdot A$$

$$A = l \cdot b$$

m Masse in kg
m'' flächenbezogene Masse in kg/m²
l Länge in m
b Breite in m
h Höhe in m
A Fläche in m²

Dichte von Stoffen

Feste Stoffe

Stoff	Dichte ρ kg/dm³	Stoff	Dichte ρ kg/dm³	Stoff	Dichte ρ kg/dm³
Aluminium (Al)	2,70	Grafit (C)	2,24	Platin (Pt)	21,45
Antimon (Sb)	6,69	Gusseisen	7,25	Polystrol	≈ 1,05
Asbest	2,1 ... 2,8	Hartmetall (K 20)	14,8	Porzellan	2,3 ... 2,5
Beryllium (Be)	1,85	Holz (luftgetrocknet)	0,20 ... 0,72	Quarz, Flint (SiO_2)	2,1 ... 2,5
Beton	1,8 ... 2,45	Irdium (Ir)	22,50	Schaumgummi	0,06 ... 0,25
Bismut (Bi)	9,8	Jod (I)	4,94	Schwefel (S)	2,07
Blei (Pb)	11,40	Kohlenstoff (C)	3,51	Selen, rot (Se)	4,8
Cadmium (Cd)	8,64	Koks	1,6 ... 1,9	Silber (Ag)	10,5
Chrom (Cr)	7,19	Konstantan	8,8	Silicium (Si)	2,33
Cobalt (Co)	8,9	Kork	≈ 0,5	Siliciumkarbid (SiC)	2,4
CuAl-Legierungen	7,4 ... 7,7	Korund (Al_2O_3)	3,9 ... 4,0	Stahl, unlegiert	7,85
CuSn-Legierungen	7,4 ... 8,9	Kupfer (Cu)	8,92	Stahl, hoch legiert	7,9
CuZn-Legierungen	8,4 ... 8,7	Magnesium (Mg)	1,74	Steinkohle	1,35
Eis	0,92	Magnesium-Leg.	≈ 1,8	Tantal (Ta)	16,65
Eisen, rein (Fe)	7,87	Mangan (Mn)	7,43	Titan (Ti)	4,5
Eisenoxid (Rost)	5,1	Molybdän (Mo)	10,22	Uran (U)	19,05
Fette	0,92 ... 0,94	Natrium (Na)	0,971	Vanadium (V)	6,12
Gips	2,3	Nickel (Ni)	8,90	Wolfram (W)	19,27
Glas (Quarzglas)	2,4 ... 2,7	Niob (Nb)	8,57	Zink (Zn)	7,13
Gold (Au)	19,32	Phosphor, gelb (P)	1,82	Zinn (Sn)	7,29

Flüssige Stoffe

Stoff	Dichte bei 20 °C ρ kg/m³
Äthyläther ($C_4H_{10}O$)	0,71
Benzin	0,72 ... 0,75
Dieselkraftstoff	0,81 ... 0,85
Heizöl EL	≈ 0,83
Maschinenöl	0,91
Petroleum	0,76 ... 0,86
Quecksilber (Hg)	13,55
Spiritus 95 %	0,81
Wasser, destilliert	1,00

Gasförmige Stoffe

Stoff	Dichte bei 0 °C und 1,013 bar ρ kg/m³	Stoff	Dichte bei 0 °C und 1,013 bar ρ kg/m³
Acetylen (C_2H_2)	1,17	Luft	1,293
Ammoniak (NH_3)	0,771	Methan (CH_4)	0,72
Butan (C_4H_{10})	2,70	Propan (C_3H_8)	2,01
Frigen (CF_2Cl_2)	5,51	Sauerstoff (O_2)	1,43
Kohlenmonoxid (CO)	1,25	Stickstoff (N_2)	1,251
Kohlendioxid (CO_2)	1,98	Wasserstoff (H_2)	0,09

Schwerpunkt

Schwerpunktabstand

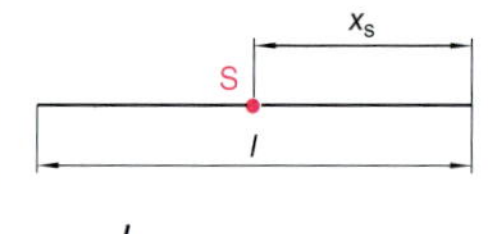

$x_s = \frac{l}{2}$ $\quad l = 2 \cdot x_s$

x_s Schwerpunktabstand in x-Richtung in mm
y_s Schwerpunktabstand in y-Richtung in mm
r Radius in mm
l Länge (Sehne) in mm
$\widehat{l}$ Bogenlänge in mm
α Mittelpunktswinkel in Grad
S Schwerpunkt

Zusammengesetzter Linienzug

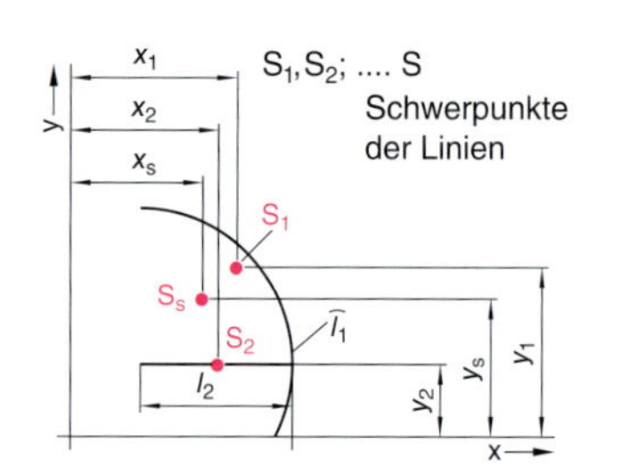

$x_s = \frac{\widehat{l}_1 \cdot x_1 + l_2 \cdot x_2}{\widehat{l}_1 + l_2}$ $\quad y_s = \frac{\widehat{l}_1 \cdot y_1 + l_2 \cdot y_2}{\widehat{l}_1 + l_2}$

Kreisbogen

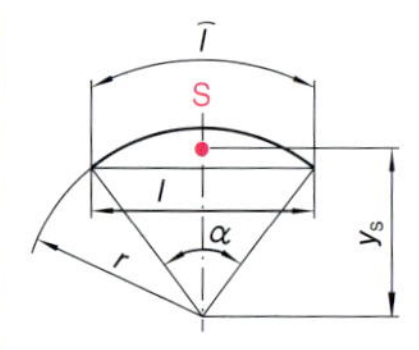

$y_s = \frac{r \cdot l}{\widehat{l}}$ $\quad l = 2 \cdot r \cdot \sin\left(\frac{\alpha}{2}\right)$

$\widehat{l} = \pi \cdot r \cdot \left(\frac{\alpha}{360°}\right) \cdot 2$

$y_s = \frac{l \cdot 180°}{\pi \cdot d} = \frac{r \cdot \sin\frac{\alpha}{2} \cdot 360°}{\pi \cdot \alpha}$

Kreisausschnitt

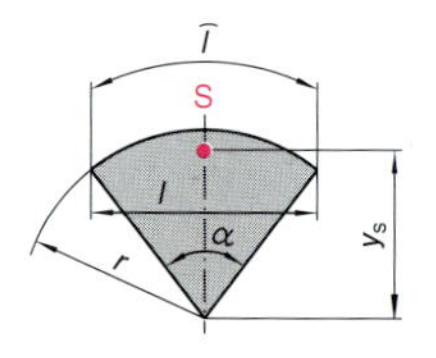

$y_s = \frac{2 \cdot l}{3 \cdot \widehat{l}} \cdot r$ $\quad l = \frac{y_s \cdot 3 \cdot \widehat{l}}{2 \cdot r}$

$r = \frac{y_s \cdot 3 \cdot \widehat{l}}{2 \cdot l}$ $\quad \widehat{l} = \frac{2 \cdot l}{3 \cdot y_s} \cdot r$

$l = 2 \cdot r \cdot \sin\left(\frac{\alpha}{2}\right)$ $\quad r = \frac{l}{2 \cdot \sin\left(\frac{\alpha}{2}\right)}$ $\quad \sin\left(\frac{\alpha}{2}\right) = \frac{l}{2r}$

$\widehat{l} = \pi \cdot r \cdot \left(\frac{\alpha}{180°}\right)$ $\quad r = \frac{\widehat{l}}{\pi \cdot \left(\frac{\alpha}{180°}\right)}$ $\quad \left(\frac{\alpha}{180°}\right) = \frac{\widehat{l}}{\pi \cdot r}$

Halbkreisbogen

$y_s = \frac{2 \cdot r}{\pi} \approx 0{,}637 \cdot r$

$r = \frac{\pi \cdot y_s}{2}$

Viertelkreisbogen

$y_s = \frac{2 \cdot r \cdot \sqrt{2}}{\pi} \approx 0{,}9 \cdot r$

$r = \frac{\pi \cdot y_s}{2 \cdot \sqrt{2}}$

Sechstelkreisbogen

$y_s = \frac{3 \cdot r}{\pi} \approx 0{,}955 \cdot r$

$r = \frac{\pi \cdot y_s}{3}$

Halbkreisfläche

$y_s = \frac{4 \cdot r}{3 \cdot \pi} \approx 0{,}4244 \cdot r$ $\quad r = \frac{3 \cdot \pi \cdot y_s}{4}$

Viertelkreisfläche

$y_s = \frac{4 \cdot \sqrt{2} \cdot r}{3 \cdot \pi} \approx 0{,}60 \cdot r$ $\quad r = \frac{3 \cdot \pi \cdot y_s}{4 \cdot \sqrt{2}}$

Sechstelkreisfläche

$y_s = \frac{2 \cdot r}{\pi} \approx 0{,}637 \cdot r$ $\quad r = \frac{\pi \cdot y_s}{2}$

Schwerpunkt

Kreisabschnitt

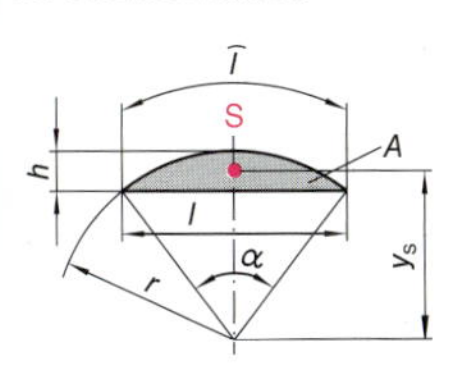

$$y_s = \frac{l^3}{12 \cdot A}$$

$$l = \sqrt[3]{y_s \cdot 12 \cdot A}$$

$$A = \frac{l^3}{12 \cdot y_S}$$

$$l = 2 \cdot r \cdot \sin\left(\frac{\alpha}{2}\right) \qquad r = \frac{l}{2 \cdot \sin\left(\frac{\alpha}{2}\right)}$$

$$\widehat{l} = \pi \cdot r \cdot \left(\frac{\alpha}{180°}\right) \qquad r = \frac{\widehat{l}}{\pi \cdot \left(\frac{\alpha}{180°}\right)}$$

$$A = \frac{\widehat{l} \cdot r - l \cdot (r - h)}{2}$$

Trapez

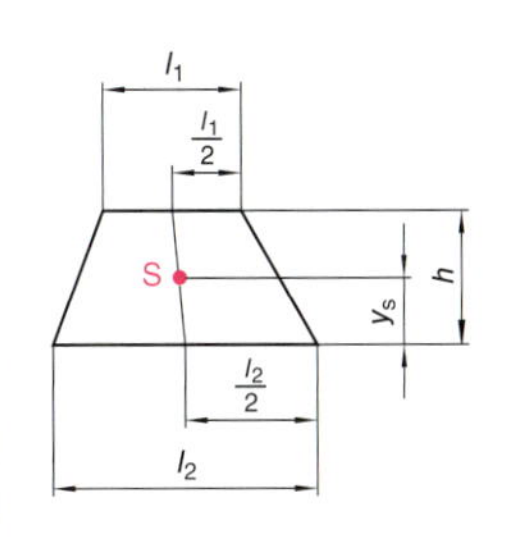

$$y_s = \frac{h}{3} \cdot \frac{l_1 + 2 \cdot l_2}{l_1 + l_2}$$

y_s Schwerpunktabstand in y-Richtung in mm
h Höhe in mm
l_1, l_2 Seitenlängen in mm
S Schwerpunkt

Parallelogramm

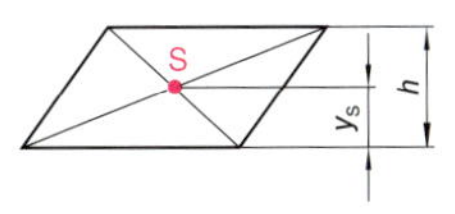

$$y_s = \frac{h}{2}$$

$$h = 2 \cdot y_s$$

y_s Schwerpunktabstand in y-Richtung in mm
h Höhe in mm
S Schwerpunkt

Dreieck

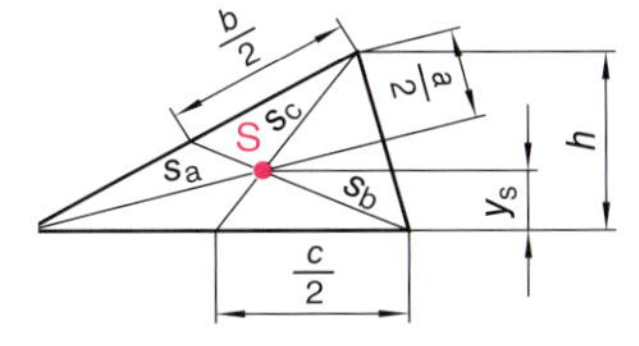

$$y_s = \frac{h}{3}$$

$$h = 3 \cdot y_s$$

y_s Schwerpunktabstand in y-Richtung in mm
h Höhe in mm
s_a, s_p, s_c Seitenhalbierende in mm
S Schwerpunkt

Zusammengesetzte Fläche

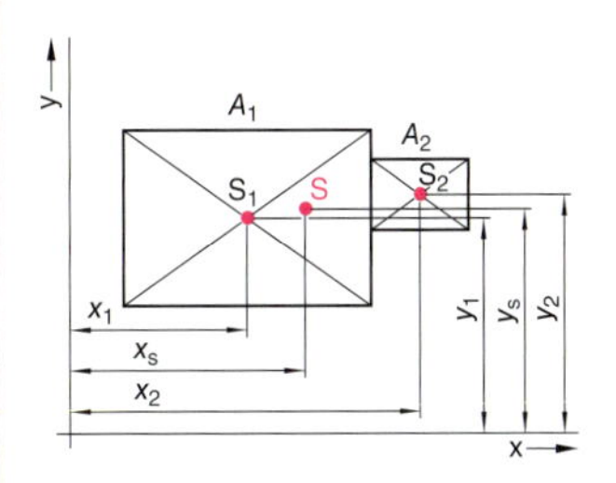

$$x_s = \frac{A_1 \cdot x_1 + A_2 \cdot x_2}{A_1 + A_2} \qquad y_s = \frac{A_1 \cdot y_1 + A_2 \cdot y_2}{A_1 + A_2}$$

S, S_1, S_2 Flächenschwerpunkte
S Flächenschwerpunkt Gesamtfläche
$A_{1,2}$ Teilflächen
$x_{1,2}$ Schwerpunktabstände in x-Richtung in mm
$y_{1,2}$ Schwerpunktabstände in y-Richtung in mm

Kraft, Bewegung

Kraftpfeil (Vektor)

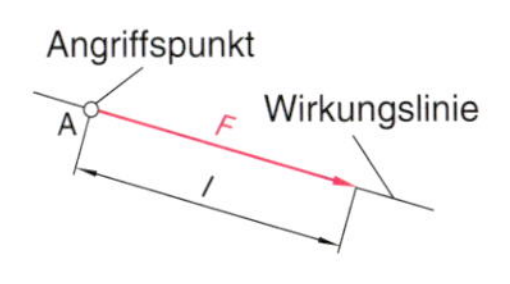

F Kraft in N
l Länge des Kraftpfeils in mm
KM Kräftemaßstab in N/mm

$$F = l \cdot KM \qquad l = \frac{F}{KM}$$

Resultierende Kraft F_R in N

1)

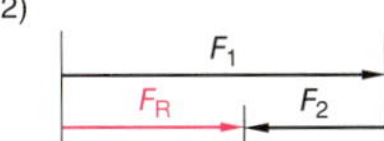

2)

F_1
F_R
F_2

1) $F_R = F_1 + F_2 + F_3$

$F_1 = F_R - F_2 - F_3$

$F_2 = F_R - F_1 - F_3$

$F_3 = F_R - F_1 - F_2$

2) $F_R = F_1 - F_2$; $F_1 > F_2$

$F_1 = F_R + F_2 \qquad F_2 = F_1 - F_R$

Grund-lagen

Kraft, Bewegung

Kräfteparallelogramm

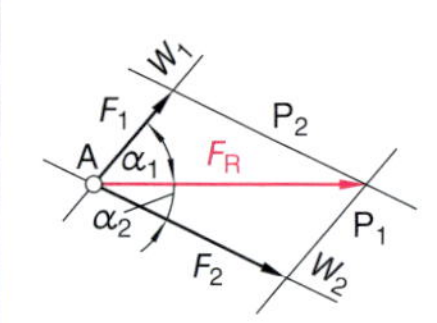

F_1, F_2 Teilkräfte in N
α Winkel zwischen den Kräften in Grad
A Angriffspunkt aller Kräfte
w Wirkungslinien

$$F_R = \sqrt{F_1^2 + F_2^2 - 2 \cdot F_1 \cdot F_2 \cdot \cos\alpha}$$

$$\alpha = \alpha_1 + \alpha_2$$

Krafteck

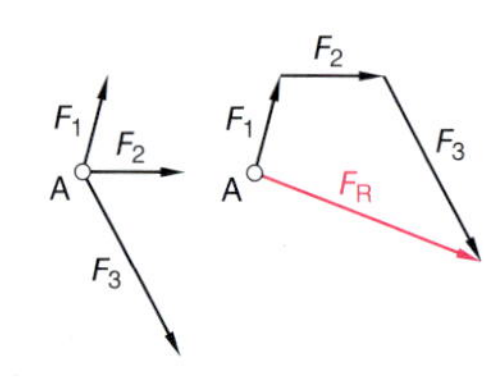

$\vec{F} = \vec{F_1} + \vec{F_2} + \vec{F_3}$ (zeichnerische Addition)

Gewichtskraft

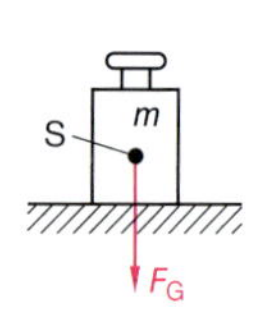

$F_G = m \cdot g \qquad m = \frac{F_G}{g}$

F_G Gewichtskraft in N
m Masse in kg
g Fallbeschleunigung in m/s² $\quad g = 9{,}81\ \frac{\text{m}}{\text{s}^2}$

Beschleunigungskraft

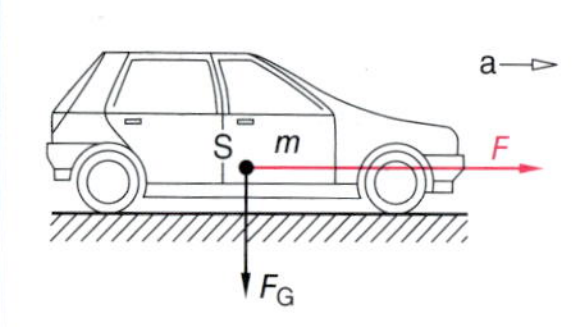

$F = m \cdot a \quad m = \frac{F}{a} \quad a = \frac{F}{m}$

F Beschleunigungskraft in N
m Masse in kg
a Beschleunigung in m/s²

Federkraft

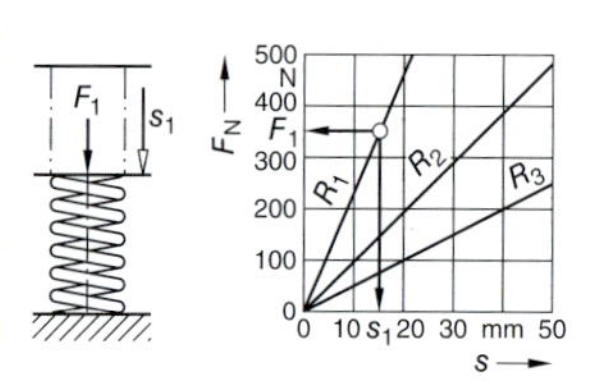

Hookesches Gesetz
Im elastischen Bereich ist die Längenänderung einer Feder proportional (verhältnisgleich) zur Größe der von außen auf die Feder einwirkenden Kraft.

$F_G = F = s \cdot R \qquad s = \frac{F}{R} \qquad R = \frac{F}{s}$

F_G Gewichtskraft in N
F Federkraft in N
s Federweg in mm
R Federrate in N/mm (Federkonstante)

$R_1 = 20$ N/mm $\quad R_2 = 10$ N/mm $\quad R_3 = 5$ N/mm

Fliehkraft

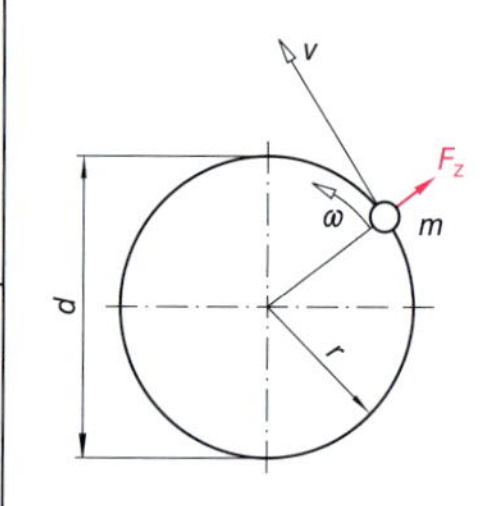

$F_Z = m \cdot r \cdot \omega^2 \qquad \omega = \frac{v}{r}$

$m = \frac{F_Z}{r \cdot \omega^2} \qquad r = \frac{F_Z}{m \cdot \omega^2}$

$\omega = \sqrt{\frac{F_Z}{m \cdot r}}$

$F_Z = \frac{m \cdot v^2}{r}$

$m = \frac{F_Z \cdot r}{v^2} \qquad r = \frac{m \cdot v^2}{F_Z} \qquad v = \sqrt{\frac{F_Z \cdot r}{m}}$

F_Z Fliehkraft in N
m Masse in kg
r Radius in m
ω Winkelgeschwindigkeit in 1/s
v Umfangsgeschwindigkeit in m/s

Gleichförmige, geradlinige Bewegung

Weg-Zeit-Diagramm

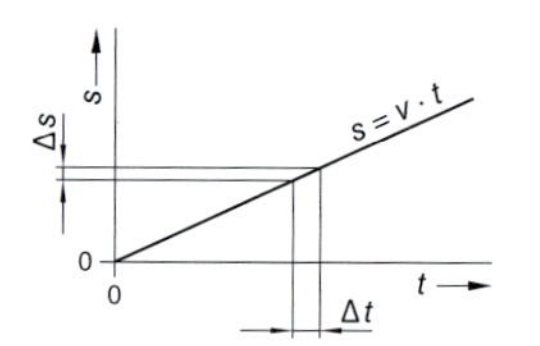

$v = \frac{s}{t}$

$s = v \cdot t$

$t = \frac{s}{v}$

v Geschwindigkeit in m/s
Δs Wegdifferenz in m
s Weg in m
t Zeit in s
Δt Zeitdifferenz in s

Kraft, Bewegung

Gleichförmige, geradlinige Bewegung

Geschwindigkeits-Zeit-Diagramm

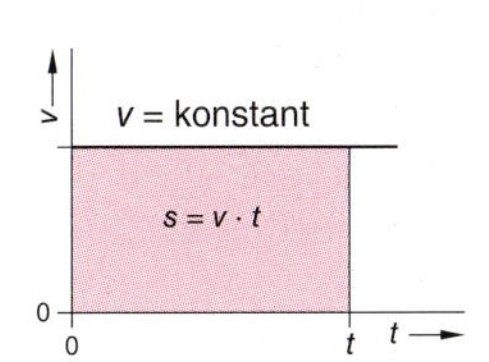

Die Fläche im Geschwindigkeits-Zeit-Diagramm ist ein Maß für den in der Zeit *t* zurückgelegten Weg *s*.

$$\frac{\text{m}}{\text{s}} = \frac{60\ \text{m}}{\text{min}} \qquad \frac{\text{km}}{\text{h}} \approx 0{,}28\ \frac{\text{m}}{\text{s}} \qquad \frac{\text{km}}{\text{h}} \approx 16{,}7\ \frac{\text{m}}{\text{min}}$$

Gleichförmige, beschleunigte, geradlinige Bewegung

Weg-Zeit-Diagramm

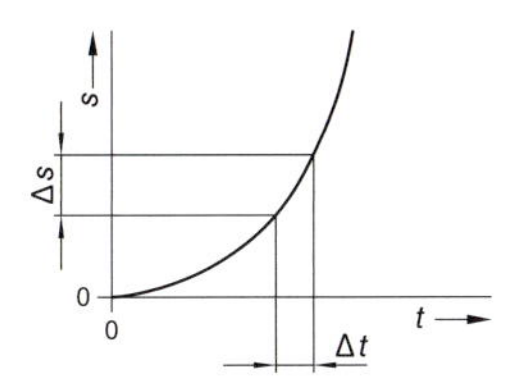

$$s = \frac{1}{2} a \cdot t^2 \qquad a = \frac{2 \cdot s}{t^2}$$

$$t = \sqrt{\frac{2 \cdot s}{a}}$$

Fallweg: $s = \frac{1}{2} g \cdot t^2$

- Δs Wegdifferenz in m
- s Weg in m
- Δt Zeitdifferenz in s
- t Zeit in s
- v Geschwindigkeit in m/s
- v_0 Anfangsgeschwindigkeit in m/s
- v_1 Endgeschwindigkeit nach der Zeit t in m/s
- a Beschleunigung in m/s²
- g Fallbeschleunigung in m/s² (9,81 m/s²)

Geschwindigkeits-Zeit-Diagramm

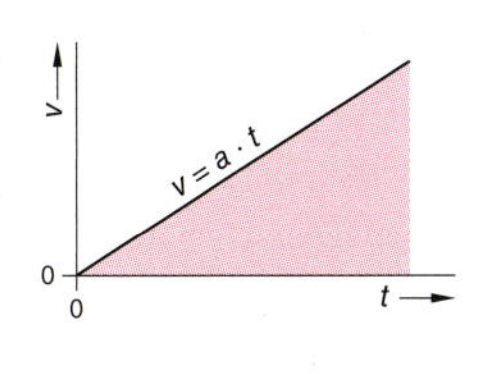

Beschleunigungs-Zeit-Diagramm

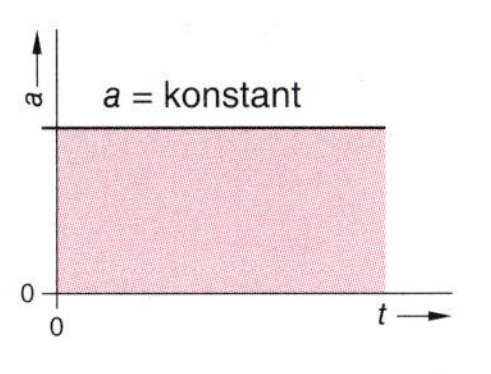

$$v = a \cdot t \qquad t = \frac{v}{a} \qquad a = \frac{v}{t}$$

- Δs Wegdifferenz in m
- s Weg in m
- Δt Zeitdifferenz in s
- t Zeit in s
- v Geschwindigkeit in m/s
- v_0 Anfangsgeschwindigkeit in m/s
- v_1 Endgeschwindigkeit nach der Zeit t in m/s
- a Beschleunigung in m/s²
- g Fallbeschleunigung in m/s² (9,81 m/s²)

Geschwindigkeits-Zeit-Diagramm

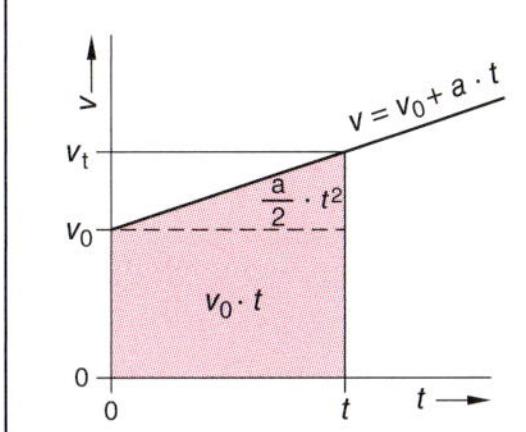

$$s = \frac{1}{2} \cdot v \cdot t \qquad v = \frac{2 \cdot s}{t}$$

$$t = \frac{2 \cdot s}{v}$$

$$v = \sqrt{2 \cdot a \cdot s}$$

$$a = \frac{v^2}{2 \cdot s} \qquad s = \frac{v^2}{2 \cdot a}$$

$v =$	$a \cdot t$	$\frac{2s}{t}$	$\sqrt{2as}$	
$t =$	$\frac{v}{a}$	$\frac{2 \cdot s}{v}$		$\sqrt{\frac{2s}{a}}$
$a =$	$\frac{v}{t}$		$\frac{v^2}{2s}$	$\frac{2s}{t^2}$
$s =$		$\frac{v \cdot t}{2}$	$\frac{v^2}{2a}$	$\frac{a \cdot t^2}{2}$

Freier Fall

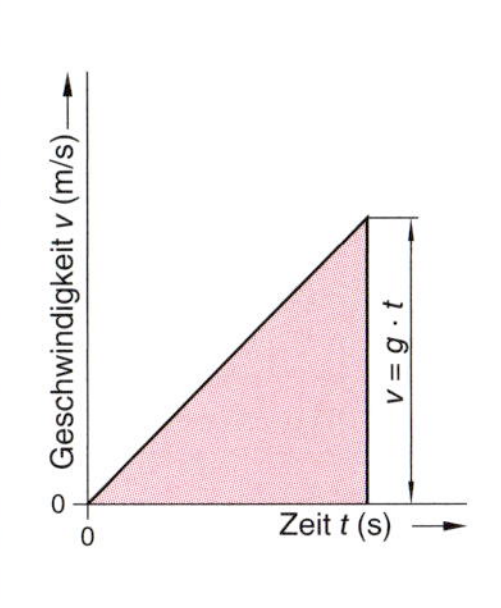

- v Geschwindigkeit in m/s
- g Fallbeschleunigung in m/s²
- h Fallhöhe, Wurfhöhe in m
- t Zeit in s

$v =$	$g \cdot t$	$\frac{2s}{t}$	$\sqrt{2gh}$	
$t =$	$\frac{v}{g}$	$\frac{2h}{v}$		$\sqrt{\frac{2h}{g}}$
$h =$		$\frac{vt}{2}$	$\frac{v^2}{2g}$	$\frac{g \cdot t^2}{2}$

Kraft, Bewegung

Umfangsgeschwindigkeit (Schnittgeschwindigkeit)

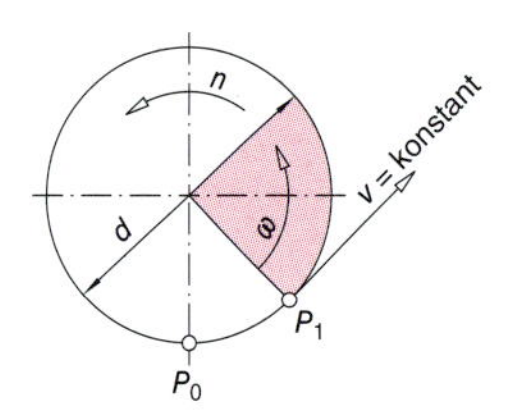

$$v = \pi \cdot d \cdot n$$

$$n = \frac{v}{\pi \cdot d}$$

$$d = \frac{v}{\pi \cdot n}$$

v Umfangsgeschwindigkeit in m/s
d Durchmesser in m
n Umdrehungsfrequenz (Drehzahl) in 1/s
r Radius in m

ω Winkelgeschwindigkeit in 1/s
S Strahl
$1\ \text{min}^{-1} = 60\ \text{s}^{-1}$

Winkelgeschwindigkeit

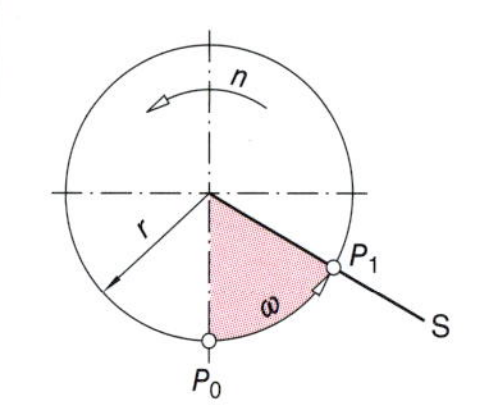

$$\omega = 2 \cdot \pi \cdot n \qquad n = \frac{\omega}{2 \cdot \pi}$$

$$v = \omega \cdot r \qquad r = \frac{v}{\omega} \qquad \omega = \frac{v}{r}$$

Reibung

Reibungskraft (Haftreibung, Gleitreibung)

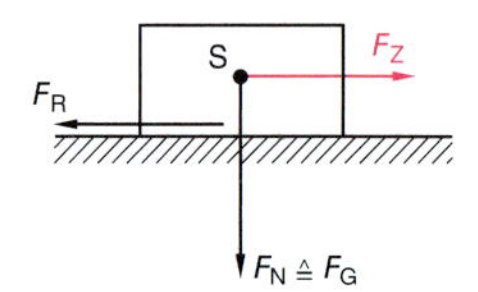

$$F_Z = F_R \qquad F_Z = F_N \cdot \mu$$

$$\mu = \frac{F_Z}{F_N} \qquad F_N = \frac{F_Z}{\mu}$$

F_Z Zugkraft in N
F_R Reibungskraft in N
F_N Normalkraft in N

F_G Gewichtskraft in N
μ Gleitreibungszahl (bei Haftreibung μ_0)
S Massenschwerpunkt

Zylindrisches Gleitlager

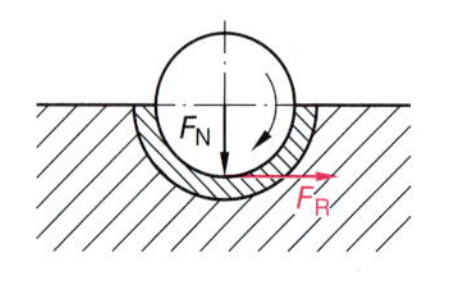

$$F_R = F_N \cdot \mu$$

$$F_N = \frac{F_R}{\mu}$$

$$\mu = \frac{F_R}{F_N}$$

Rollreibung

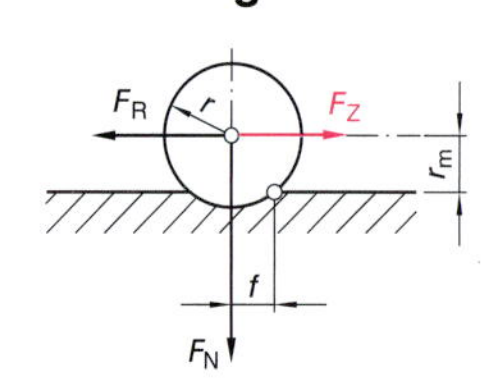

$$F_Z = F_R \qquad F_Z \cdot r = F_N \cdot f \qquad F_Z = F_N \cdot \frac{f}{r}$$

$$F_Z = F_N \cdot \mu_r \qquad f = \frac{F_Z \cdot r}{F_N} \qquad F_N = \frac{F_Z \cdot r}{f}$$

$$r = \frac{F_N \cdot f}{F_Z}$$

F_N Normalkraft in N
r_M Wirkradius in mm
f Rollreibungsbeiwert in mm
μ_r Rollreibungszahl

F_Z Zugkraft in N
F_R Reibungskraft in N

Reibungszahlen μ, μ_0, μ_r (Richtwerte)

Werkstoffpaarung (glatte Oberflächen)	Beispiel	Haftreibungszahl μ_0		Gleitreibungszahl μ	
		trocken	geschmiert	trocken	geschmiert
Stahl/Stahl	Schraubstockführung	0,30	0,15	0,15	0,05
Gummi/Gusseisen	Riemen auf Riemenscheibe	0,55	0,30	0,40	0,20
Bremsbelag/Stahl	Scheibenbremse	–	–	0,30 ... 0,55	0,15 ... 0,30
Rollreibungszahl μ_r					
Stahl/Stahl	Wälzlager	j. n. Bauart 0,0005 ... 0,001, j. n. Größe 0,015 ... 0,025			
Gummi/Asphalt	Reifen auf Straßenbelag	0,15 ... 0,5			
Stahl	Rad auf Schiene	0,01 ... 0,03			
Rollreibungsbeiwert f (mm)					
Stahl/Stahl (hart ... weich)		0,15 ... 0,5			
Reifen auf Straßenbelag		... 4,5			

Hebel, Drehmoment

Einseitiger Hebel

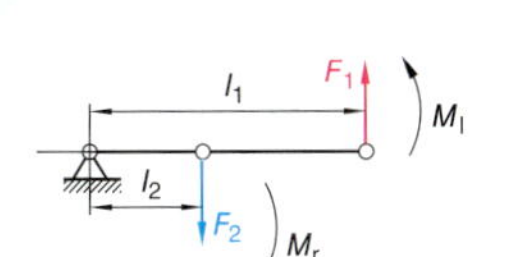

Im Gleichgewichtsfall gilt:

$\Sigma M_l = \Sigma M_r \qquad M = F \cdot l$

$F_1 \cdot l_1 = F_2 \cdot l_2$

$$F_1 = \frac{F_2 \cdot l_2}{l_1} \qquad l_1 = \frac{F_2 \cdot l_2}{F_1}$$

$$F_2 = \frac{F_1 \cdot l_1}{l_2} \qquad l_2 = \frac{F_1 \cdot l_1}{F_2}$$

M	Drehmoment in Nm
M_l	Drehmoment (linksdrehend) in Nm
M_r	Drehmoment (rechtsdrehend) in Nm
F	Kraft in N
F_1, F_2	Hebelkräfte in N
l	Länge in m
l_1, l_2	Hebelarmlängen (effektive Hebellängen)
l_{01}, l_{02}	Längen der Hebelstangen in m
Σ	Zeichen der Summe

Zweiseitiger Hebel

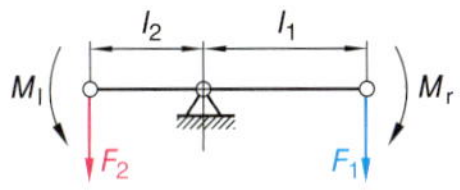

$$F_1 \cdot l_1 = F_2 \cdot l_2 \qquad F_1 = \frac{F_2 \cdot l_2}{l_1} \qquad l_1 = \frac{F_2 \cdot l_2}{F_1}$$

$$F_2 = \frac{F_1 \cdot l_1}{l_2} \qquad l_2 = \frac{F_1 \cdot l_1}{F_2}$$

Winkelhebel

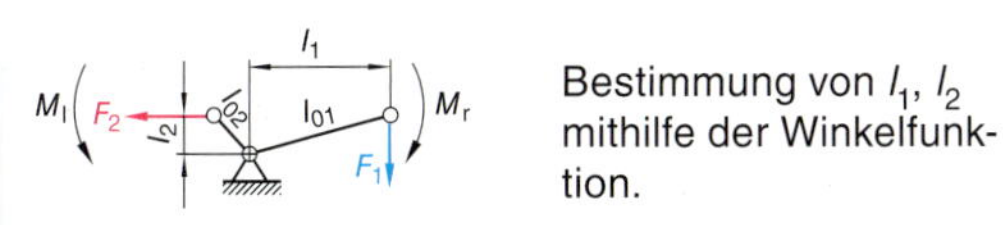

Bestimmung von l_1, l_2 mithilfe der Winkelfunktion.

Bei Winkelhebeln ist nur die tatsächlich wirksame (effektive) Hebellänge an der Erzeugung eines Drehmoments beteiligt.

$F_1 \cdot l_1 = F_2 \cdot l_2$

$$F_1 = \frac{F_2 \cdot l_2}{l_1} \qquad l_1 = \frac{F_2 \cdot l_2}{F_1}$$

$$F_2 = \frac{F_1 \cdot l_1}{l_2} \qquad l_2 = \frac{F_1 \cdot l_1}{F_2}$$

Mehrfacher Hebel

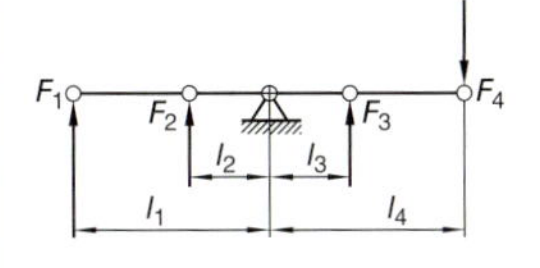

$\Sigma M_r = \Sigma M_l$

$F_1 \cdot l_1 + F_2 \cdot l_2 + F_4 \cdot l_4 = F_3 \cdot l_3$

Auflagerkräfte

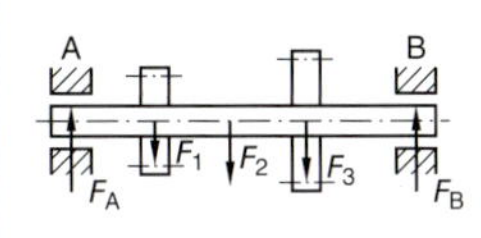

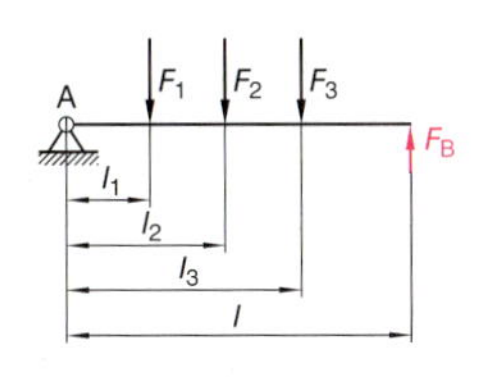

$\Sigma M_l = \Sigma M_r$

Drehpunkt Lager A:

$F_B \cdot l = F_1 \cdot l_1 + F_2 \cdot l_2 + F_3 \cdot l_3$

$$F_B = \frac{F_1 \cdot l_1 + F_2 \cdot l_2 + F_3 \cdot l_3}{l}$$

$$l = \frac{F_1 \cdot l_1 + F_2 \cdot l_2 + F_3 \cdot l_3}{F_B}$$

Drehpunkt Lager B:

$F_A \cdot l = F_1 \cdot (l - l_1) + F_2 \cdot (l - l_2) + F_3 \cdot (l - l_3)$

$$F_A = \frac{F_1 \cdot (l - l_1) + F_2 \cdot (l - l_2) + F_3 \cdot (l - l_3)}{l}$$

$$l = \frac{F_1 \cdot (l - l_1) + F_2 \cdot (l - l_2) + F_3 \cdot (l - l_3)}{F_A}$$

M_l	Drehmoment (linksdrehend) in Nm
M_r	Drehmoment (rechtsdrehend) in Nm
F_A, F_B	Auflagerkräfte in N
F_1, F_2, F_3	Kräfte in N
l	Lagerabstand in m
l_1, l_2, l_3	Hebelängen in m

Hebel, Drehmoment

Zahnradgetriebe

$$\Sigma M_l = \Sigma M_r \qquad \frac{M_2}{M_1} = \frac{r_2}{r_1} = \frac{n_1}{n_2}$$

$$i = \frac{M_2}{M_1} = \frac{z_2}{z_1} = \frac{d_2}{d_1}$$

$$M_1 = \frac{M_2}{i} \qquad M_2 = M_1 \cdot i \qquad M_1 = F_1 \cdot \frac{d_1}{2} \qquad M_2 = F_2 \cdot \frac{d_2}{2}$$

$$F_1 = \frac{2 \cdot M_1}{d_1} \qquad F_2 = \frac{2 \cdot M_2}{d_2} \qquad d_1 = \frac{2 \cdot M_1}{F_1} \qquad d_2 = \frac{2 \cdot M_2}{F_2}$$

mit Wirkungsgrad η

$$M_2 = i \cdot M_1 \cdot \eta \qquad M_1 = \frac{M_2}{i \cdot \eta} \qquad i = \frac{M_2}{M_1 \cdot \eta} \qquad \eta = \frac{M_2}{M_1 \cdot i}$$

M_l	Drehmoment (linksdrehend) in Nm
M_r	Drehmoment (rechtsdrehend) in Nm
M_1, M_2	Drehmomente in Nm
r_1, r_2	Radien in mm
n_1, n_2	Umdrehungsfrequenzen in 1/min
z_1, z_2	Zähnezahlen
i	Übersetzungsverhältnis
F_1, F_2	Hebelkräfte in N
d_1, d_2	Teilkreisdurchmesser in mm
η	Wirkungsgrad

Rolle, Flaschenzug, Winde

Feste Rolle $s = h$

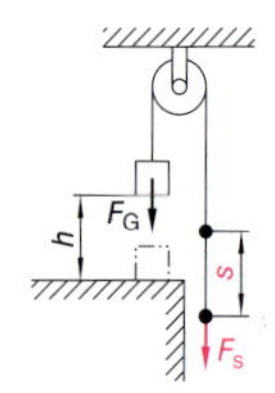

$$F_S = \frac{F_G}{\eta}$$

$$F_S = \frac{F_G \cdot h}{s \cdot \eta} \qquad F_G = \frac{F_S \cdot s \cdot \eta}{h}$$

$$\eta = \frac{F_G \cdot h}{F_S \cdot s} \qquad h = \frac{F_S \cdot s \cdot \eta}{F_G}$$

$$s = \frac{F_G \cdot h}{F_S \cdot \eta} \qquad W = F_S \cdot s = F_G \cdot h \cdot \frac{1}{\eta}$$

Lose Rolle $s = 2 \cdot h$

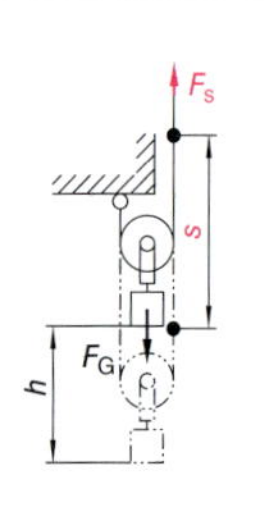

$$F_S = \frac{F_G}{2 \cdot \eta}$$

$$F_G = F_S \cdot 2 \cdot \eta$$

$$F_S = \frac{F_G \cdot h}{s \cdot \eta} = \frac{F_G \cdot h}{2 \cdot h \cdot \eta} = \frac{F_G}{2 \cdot \eta}$$

$$W = F_S \cdot s = F_G \cdot h \cdot \frac{1}{\eta}$$

Rollenflaschenzug $s = n \cdot h$

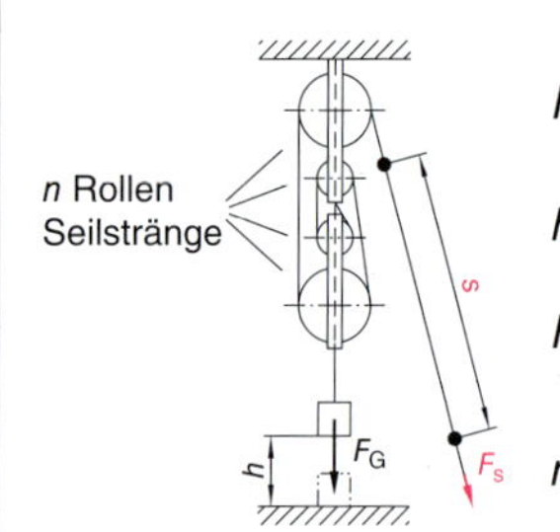

$$F_S = \frac{F_G}{n \cdot \eta}$$

$$h = \frac{s}{n}$$

$$F_S = n \cdot h = F_G \cdot h \cdot \frac{1}{\eta}$$

$$n = \frac{F_G}{F_S \cdot \eta}$$

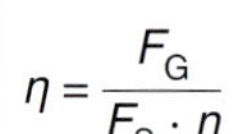

$$\eta = \frac{F_G}{F_S \cdot n}$$

$$F_G = F_S \cdot n \cdot \eta$$

$$W = F_S \cdot s = F_G \cdot h \cdot \frac{1}{\eta}$$

W	Arbeit in Nm
F_S	Seilkraft in N
F_G	Gewichtskraft in N
s	Seilweg in m
h	Hubweg in m
n	Anzahl der Rollen (Flaschen)
R	Radius in m
r	Radius in m
η	Wirkungsgrad

Wirkungsgrad η	
Seilwinden	0,70
Räderwinden	0,85
Flaschenzüge	0,65
Zahnradtrieb	0,97
Drehmaschine	0,70

Zahnradtrieb → 32, 480, 889

Rollen, Flaschenzug, Winde

Differenzialflaschenzug

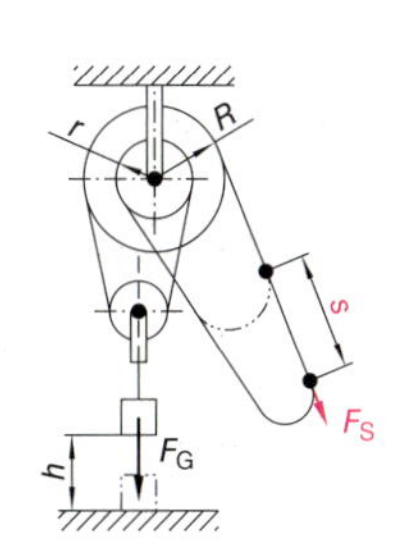

$$F_S = \frac{F_G \cdot h}{s \cdot \eta}$$

$$s = 2 \cdot h \cdot \frac{R}{R - r}$$

$$F_S = \frac{F_G}{2 \cdot \frac{R}{R - r} \cdot \eta}$$

$$F_G = F_S \cdot 2 \cdot \frac{R}{R - r} \cdot \eta \qquad r = R - \frac{F_S \cdot 2 \cdot R \cdot \eta}{F_G}$$

$$\eta = \frac{F_G}{F_S \cdot 2 \cdot \frac{R}{R - r}} \qquad W = F_S \cdot s = F_G \cdot h \cdot \frac{1}{\eta}$$

Winde ≙ Seilwinde

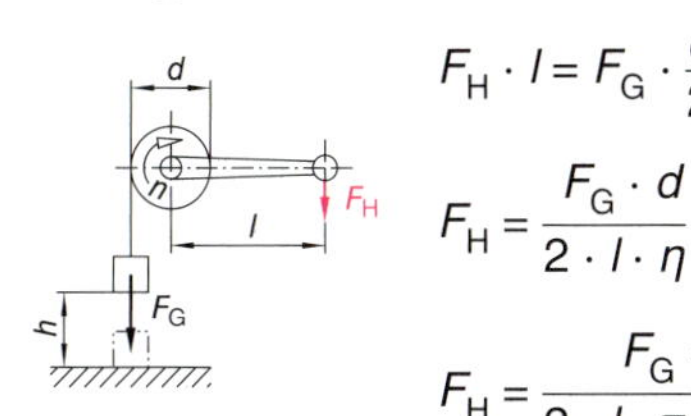

$$F_H \cdot l = F_G \cdot \frac{d}{2} \cdot \frac{1}{\eta}$$

$$F_H = \frac{F_G \cdot d}{2 \cdot l \cdot \eta}$$

$$F_H = \frac{F_G \cdot h}{2 \cdot l \cdot \pi \cdot n \cdot \eta}$$

$$F_G = \frac{F_H \cdot 2 \cdot l \cdot \eta}{d}$$

$$l = \frac{F_G \cdot d}{2 \cdot F_H \cdot \eta}$$

$$h = \pi \cdot d \cdot n$$

$$d = \frac{h}{\pi \cdot n} \qquad d = \frac{F_H \cdot 2 \cdot l \cdot \eta}{F_G}$$

$$n = \frac{h}{\pi \cdot d} \qquad W = F_H \cdot 2 \cdot l \cdot \pi \cdot n = F_G \cdot h \cdot \frac{1}{\eta}$$

W Arbeit in Nm
F_H Handkraft in N
F_G Gewichtskraft in N
l Kurbellänge in m
h Hubweg in m
n Anzahl der Kurbelumdrehungen
d Durchmesser der Trommel in m
i Übersetzungsverhältnis
z_1, z_2 Zähnezahlen
η Wirkungsgrad

Räderwinde

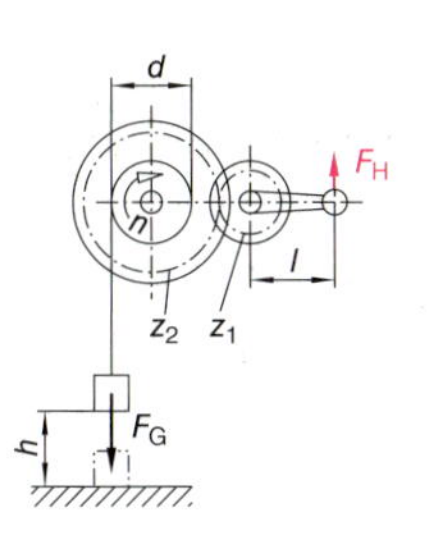

$$F_H \cdot l \cdot i = F_G \cdot \frac{d}{2} \cdot \frac{1}{\eta}$$

$$F_H = \frac{F_G \cdot d}{2 \cdot l \cdot i \cdot \eta} \qquad i = \frac{z_2}{z_1} = \frac{r_2}{r_1}$$

$$F_H = \frac{F_G \cdot h}{2 \cdot l \cdot i \cdot \pi \cdot n \cdot \eta} \qquad i = \frac{F_G \cdot d}{F_H \cdot 2 \cdot l}$$

$$F_G = \frac{F_H \cdot 2 \cdot l \cdot i \cdot \eta}{d} \qquad d = \frac{h}{\pi \cdot n}$$

$$l = \frac{F_G \cdot d}{2 \cdot F_H \cdot i \cdot \eta} \qquad h = \pi \cdot d \cdot n$$

$$d = \frac{F_H \cdot 2 \cdot l \cdot i \cdot \eta}{F_G} \qquad n = \frac{h}{\pi \cdot d}$$

$$W = F_H \cdot 2 \cdot l \cdot i \cdot \pi \cdot n = F_G \cdot h \cdot \frac{1}{\eta}$$

Arbeit

Arbeit, Ebene

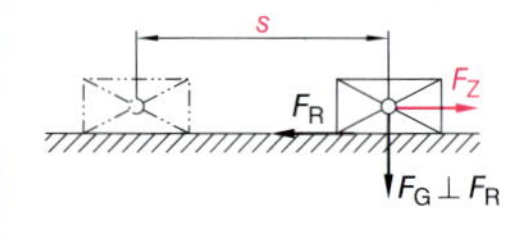

$$W = F_Z \cdot s \qquad F_Z = \frac{W}{s}$$

$$s = \frac{W}{F_Z} \qquad F_Z = \mu \cdot F_G$$

$$F_G = \frac{F_Z}{\mu} \qquad \mu = \frac{F_Z}{F_G} \qquad W = \mu \cdot F_G \cdot s \qquad F_Z = F_R$$

W	Arbeit in Nm
F_Z	Zugkraft in N
F_G	Gewichtskraft in N
F_H	Hangabtriebskraft in N
F_N	Normalkraft in N
F_R	Reibungskraft in N
s	Weg in m
h	Höhe in m
α	Neigungswinkel in Grad
μ	Gleitreibungszahl

$$1\ \text{J} = 1\ \text{Nm} = 1\ \frac{\text{kg} \cdot \text{m}^2}{\text{s}^2} = 1\ \text{Ws}$$

Mit Reibung

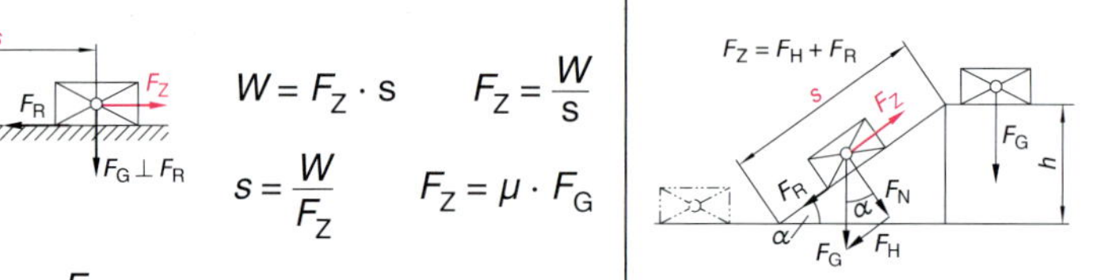

$$W = F_Z \cdot s = F_G \cdot h$$

$$W = \left(F_H + F_R\right) \cdot s$$

$$F_H = F_G \cdot \sin\alpha$$

$$F_R = F_G \cdot \mu \cdot \cos\alpha$$

$$W = F_G \cdot s \cdot (\sin\alpha + \mu \cdot \cos\alpha)$$

Arbeit, geneigte Ebene ohne Reibung

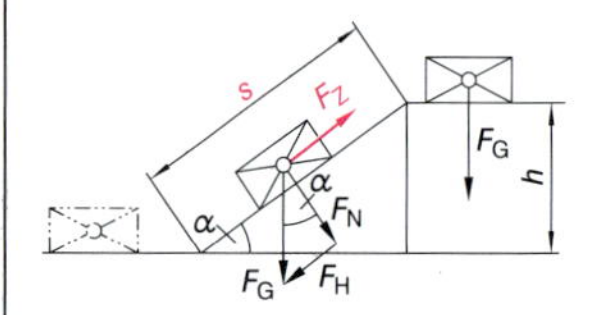

$$W = F_Z \cdot s = F_G \cdot h$$

$$s = \frac{F_G \cdot h}{F_Z} \qquad F_G = \frac{F_Z \cdot s}{h} \qquad h = \frac{F_Z \cdot s}{F_G}$$

$$F_Z = \frac{W}{s} \qquad s = \frac{W}{F_Z} \qquad F_Z = \frac{F_G \cdot h}{s}$$

$$F_G = \frac{W}{h} \qquad h = \frac{W}{F_G}$$

$$F_H = \frac{W}{s} \qquad W = F_H \cdot s$$

$$F_H = F_G \cdot \sin\alpha$$

$$F_N = F_G \cdot \cos\alpha$$

$$W = F_G \cdot s \cdot \sin\alpha = F_G \cdot h$$

Stellkeil

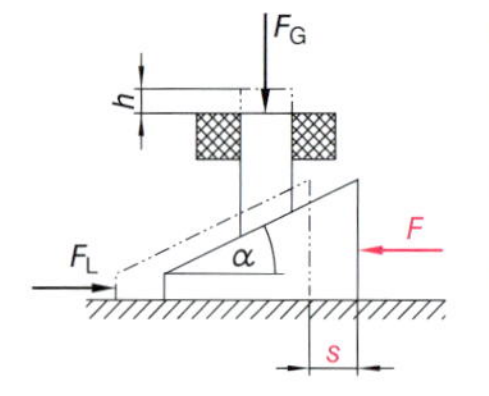

$$\rho_{\text{trocken}} \approx 8{,}53^\circ$$

$$\rho_{\text{gefettet}} \approx 6{,}30^\circ$$

$$\tan\alpha = \frac{h}{s}$$

$$h = s \cdot \tan\alpha$$

$$s = \frac{h}{\tan\alpha}$$

$$W = F \cdot s = F_G \cdot h \qquad F = \frac{F_G \cdot h}{s} \qquad s = \frac{F_G \cdot h}{F}$$

$$F_G = \frac{F \cdot s}{h} \qquad h = \frac{F \cdot s}{F_G}$$

$$s = \frac{W}{F} \qquad F = \frac{W}{s} \qquad F_G = \frac{W}{h} \qquad h = \frac{W}{F_G}$$

ohne Reibung: $F = F_G \cdot \frac{h}{s}$

mit Reibung: $F = F_G \cdot \tan(\alpha + 2\rho)$, treiben
$F_L = F_G \cdot \tan(\alpha - 2\rho)$, lösen

Selbsthemmung bei $\alpha \geq 2 \cdot \rho$ $\quad \tan\rho = \mu$

W	Arbeit in Nm
F	Treibkraft in N
F_G	Gewichtskraft in N
F_L	Kraft zum Lösen des Keils in N
s	Treibkraftweg in m
h	Hubweg in m
α	Keilwinkel in Grad
ρ	Reibungswinkel in Grad
μ	Gleitreibungszahl

Reibungszahlen μ, μ_0 (Richtwerte)

Werkstoffpaarung (glatte Oberflächen)	Beispiel	Haftreibungszahl μ_0		Gleitreibungszahl μ	
		trocken	geschmiert	trocken	geschmiert
Stahl/Stahl	Schraubstockführung	0,30	0,15	0,15	0,05
Gummi/Gusseisen	Riemen auf Riemenscheibe	0,55	0,30	0,40	0,20
Bremsbelag/Stahl	Scheibenbremse	–	–	0,30 ... 0,55	0,15 ... 0,30

Arbeit

Schraube (Bolzen-Mutter)

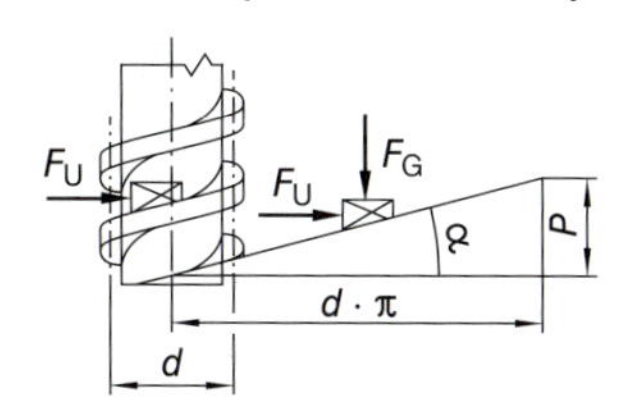

Arbeit:

$$W = F_U \cdot d \cdot \pi = F_G \cdot P \cdot \frac{1}{\eta}$$

Umfangskraft:

$$F_U = \frac{W}{d \cdot \pi} \quad F_U = \frac{F_G \cdot P}{d \cdot \pi \cdot \eta} \quad d = \frac{W}{F_U \cdot \pi} \quad P = \frac{F_U \cdot d \cdot \pi \cdot \eta}{F_G}$$

Gewichtskraft:

$$F_G = \frac{W \cdot \eta}{P} \quad F_G = \frac{F_H \cdot 2 \cdot l \cdot \pi \cdot \eta}{P} \quad P = \frac{W \cdot \eta}{F_G}$$

$$F_G = \frac{F_U \cdot d \cdot \pi \cdot \eta}{P}$$

$$\eta = \frac{F_G \cdot P}{W}$$

$$d = \frac{F_G \cdot P}{\eta \cdot F_U \cdot \pi} \quad \eta = \frac{F_G \cdot P}{F_U \cdot \pi \cdot d}$$

Handkraft:

$$F_H = \frac{F_G \cdot P}{2 \cdot l \cdot \pi \cdot \eta}$$

$$P = \frac{F_H \cdot 2 \cdot l \cdot \pi \cdot \eta}{F_G} \quad l = \frac{F_G \cdot P}{F_H \cdot 2 \cdot \pi \cdot \eta}$$

$$\eta = \frac{F_G \cdot P}{F_H \cdot 2 \cdot \pi \cdot l}$$

Selbsthemmung bei $\rho < 6^\circ$

W Arbeit in Nm
F_U Umfangskraft in N
F_G Gewichtskraft in N
F_H Handkraft in N
d Gewinde-Ø in mm
P Steigung in mm
l Schlüssellänge in mm
η Wirkungsgrad

Energieerhaltungssatz
(Goldene Regel der Mechanik)

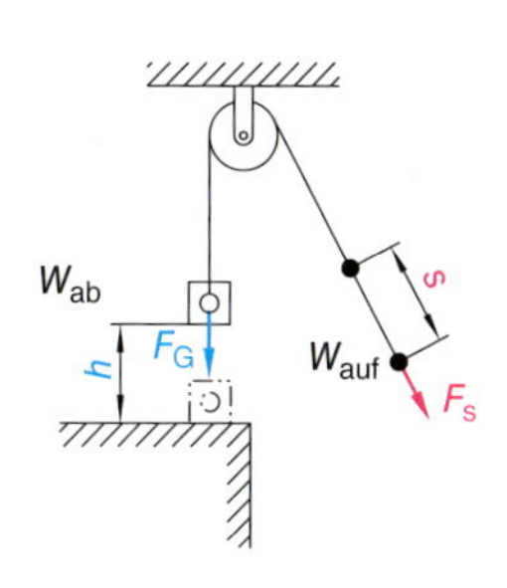

Ohne Berücksichtigung der Reibung gilt, dass der gesamte zugeführte Arbeitsaufwand vollständig in für den Menschen nutzbare Arbeit umgewandelt werden kann (theoretischer Ansatz).

$$W_{auf} = W_{ab}$$

$$F_S \cdot s = F_G \cdot h$$

$$F_S \cdot s = G \cdot h$$

Unter Einfluss von Reibung gilt:

$$W_{auf} = W_{ab} \cdot \frac{1}{\eta}$$

W_{auf} aufgewendete Arbeit in Nm
W_{ab} abgegebene Arbeit in Nm
F_S Seilkraft in N
F_G, G Gewichtskraft in N
s Seilweg in m
h Hubweg in m
η Wirkungsgrad

Wirkungsgrad η	
Seilwinden	0,70
Räderwinden	0,85
Flaschenzüge	0,65
Zahnradtrieb	0,97
Drehmaschine	0,70
Hobelmaschine	0,70
Bewegungsgewinde	0,30
Schneckentrieb	0,60
Hydrogetriebe	0,80

Arbeit

Potenzielle Energie

Lageenergie

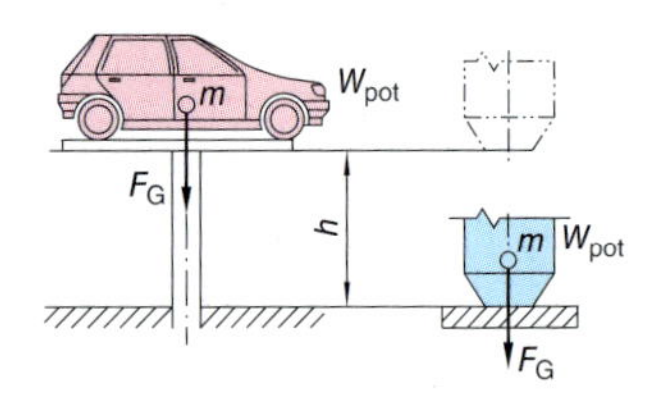

$W_{pot} = F_G \cdot h$ $\quad F_G = m \cdot g$

$F_G = \frac{W_{pot}}{h}$ $\quad h = \frac{W_{pot}}{F_G}$

W_{pot} potenzielle Energie in Nm
F_G Gewichtskraft in N
h Fallhöhe, Hubhöhe in m
m Masse in kg
g Erdbeschleunigung (9,81 m/s²)

Spannenergie

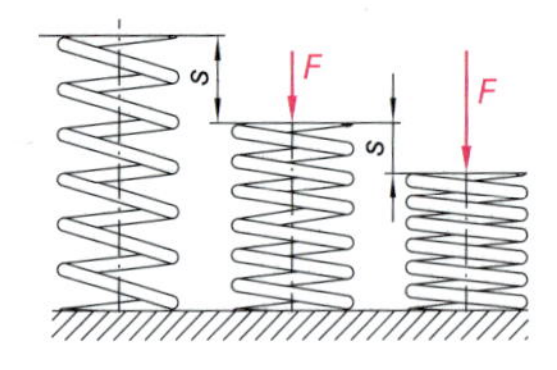

$W_F = \frac{R \cdot s^2}{2}$ $\quad R = \frac{F}{s}$

$s = \sqrt{\frac{W_F \cdot 2}{R}}$ $\quad R = \frac{2 \cdot W_F}{s^2}$

$F = \frac{2 \cdot W_F}{s}$

W_F Spannenergie in Nm
s Federweg in mm
F Federkraft in N
R Federrate in N/mm

Kinetische Energie

Geradlinie Bewegung

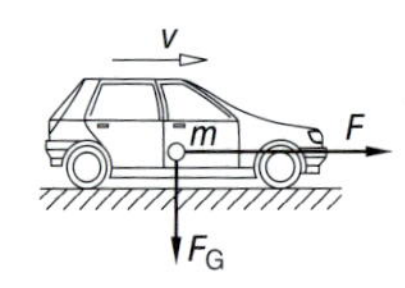

$W_{kin} = \frac{m \cdot v^2}{2}$

$m = \frac{2 \cdot W_{kin}}{v^2}$

$v = \sqrt{\frac{2 \cdot W_{kin}}{m}}$

$m = \frac{F_G}{g}$ $\quad W_{kin} = \frac{F_G \cdot v^2}{2g}$

$F_G = \frac{W_{kin} \cdot 2 \cdot g}{v^2}$ $\quad v = \sqrt{\frac{W_{kin} \cdot 2 \cdot g}{F_G}}$

W_{kin} kinetische Energie in Nm
m Masse in kg
v Geschwindigkeit in m/s
F_G Gewichtskraft in N
g Fallbeschleunigung in m/s²
J Trägheitsmoment (Massenträgheitsmoment) 2. Grades in kg m²
ω Winkelgeschwindigkeit in 1/s
n Umdrehungsfrequenz in 1/s
g Erdbeschleunigung (9,81 m/s²)

Kreisförmige Bewegung

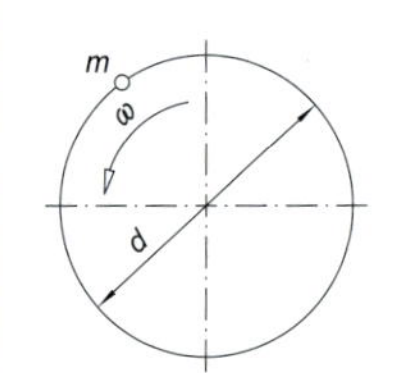

$W_{kin} = \frac{J \cdot \omega^2}{2}$ $\quad J = \frac{2 \cdot W_{kin}}{\omega^2}$

$\omega = \sqrt{\frac{2 \cdot W_{kin}}{J}}$ $\quad \omega = 2 \cdot \pi \cdot n$

$W_{kin} = 2 \cdot J \cdot (\pi \cdot n)^2$

$J = \frac{W_{kin}}{2 \cdot (\pi \cdot n)^2}$ $\quad n = \sqrt{\frac{W_{kin}}{2 \cdot J}} \cdot \frac{1}{\pi}$

Druckbehälter

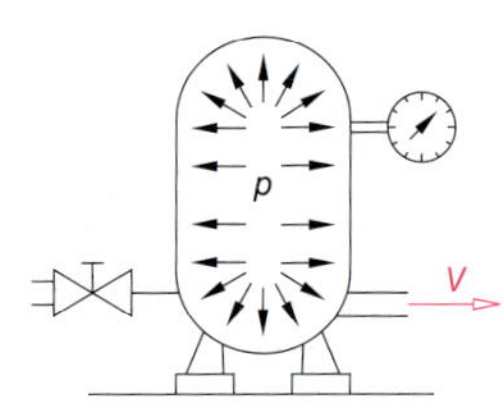

$W_{Druck} = p \cdot V$

$p = \frac{W_{Druck}}{V}$

$V = \frac{W_{Druck}}{p}$

W_{Druck} Druckenergie in Nm
p Druck in N/m²
V Volumen des ausströmenden Gases in m³

Leistung

Leistung, Arbeit pro Zeit

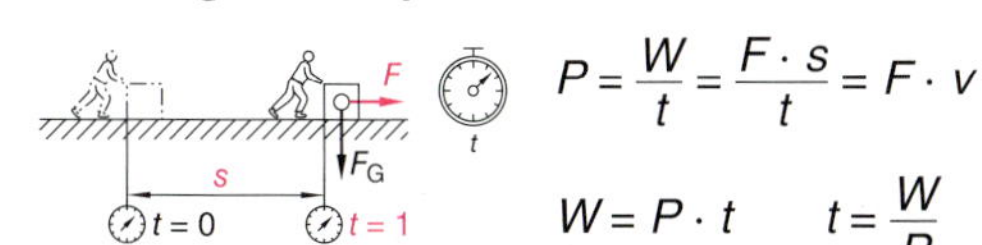

$$P = \frac{W}{t} = \frac{F \cdot s}{t} = F \cdot v$$

$$W = P \cdot t \qquad t = \frac{W}{P}$$

$$F = \frac{P}{v} = \frac{P \cdot t}{s} \qquad v = \frac{P}{F}$$

$$s = \frac{P \cdot t}{F} \qquad t = \frac{F \cdot s}{P}$$

P Leistung in W
W Arbeit in Ws
F Kraft in N
s Weg in m
t Zeit in s
v Geschwindigkeit in m/s $\qquad 1\ \text{W} = 1\ \frac{\text{Nm}}{\text{s}} = 1\ \frac{\text{J}}{\text{s}}$

Hubleistung

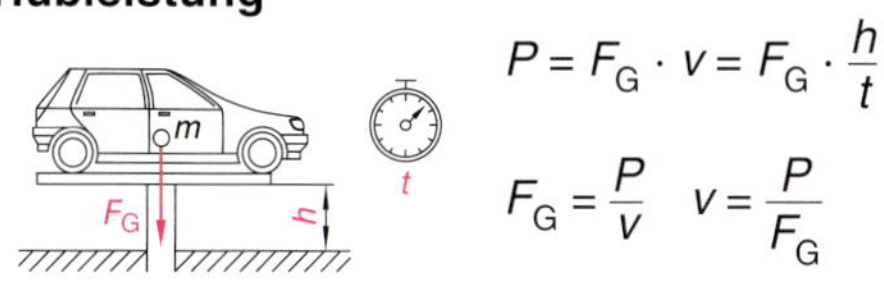

$$P = F_G \cdot v = F_G \cdot \frac{h}{t}$$

$$F_G = \frac{P}{v} \qquad v = \frac{P}{F_G}$$

$$P = \frac{m \cdot g \cdot h}{t} = m \cdot g \cdot v \qquad m = \frac{P \cdot t}{g \cdot h} \qquad h = \frac{P \cdot t}{m \cdot g}$$

$$t = \frac{m \cdot g \cdot h}{P} \qquad v = \frac{P}{m \cdot g} \qquad m = \frac{P}{g \cdot v}$$

P Leistung in W
F_G Gewichtskraft in N
h Hubweg in m
t Zeit in s
v Geschwindigkeit in m/s
m Masse in kg
g Fallbeschleunigung in m/s² $\quad (g = 9{,}81\ \text{m/s}^2)$

Zugleistung

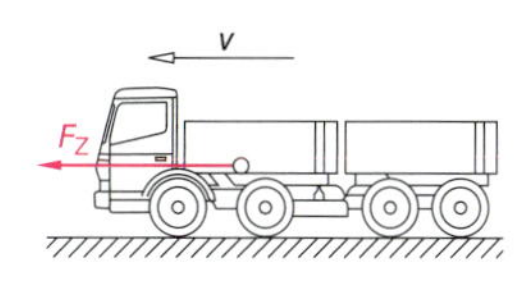

$$P = F_Z \cdot v \qquad P = F_Z \cdot \frac{s}{t}$$

$$F_Z = \frac{P \cdot t}{s} \qquad s = \frac{P \cdot t}{F_Z}$$

$$t = \frac{F_Z \cdot s}{P}$$

P Leistung in W
F_Z Zugkraft in N
v Geschwindigkeit in m/s
s Weg in m
t Zeit in s

Getriebeleistung

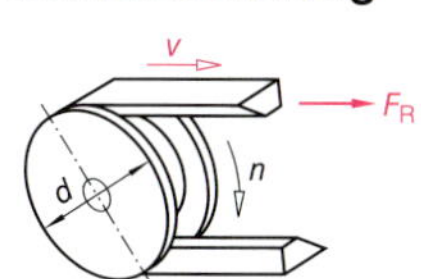

$$P = F_R \cdot v$$

$$F_R = \frac{P}{v} \qquad v = \frac{P}{F_R}$$

$$P = F_R \cdot d \cdot \pi \cdot n$$

$$F_R = \frac{P}{d \cdot \pi \cdot n} \qquad d = \frac{P}{F_R \cdot \pi \cdot n} \qquad n = \frac{P}{F_R \cdot \pi \cdot d}$$

$$P = M \cdot \omega = M \cdot 2 \cdot \pi \cdot n \qquad M = \frac{P}{W} = \frac{P}{2 \cdot \pi \cdot n}$$

$$\omega = \frac{P}{M} \qquad \omega = 2 \cdot \pi \cdot n \qquad n = \frac{P}{M \cdot 2 \cdot \pi}$$

P Leistung in W
F_R Riemenkraft in N
v Geschwindigkeit in m/s
d Durchmesser in m
r Radius in m
n Drehfrequenz Drehzahl in 1/s
M Drehmoment in Nm
ω Winkelgeschwindigkeit in 1/s

Pumpenleistung

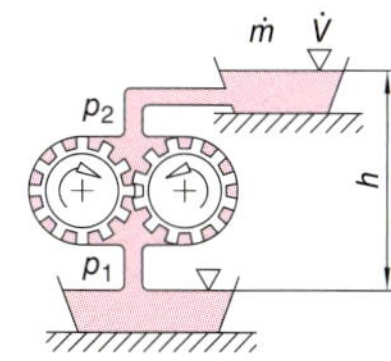

$$P = \dot{m} \cdot g \cdot h$$

$$\dot{m} = \frac{P}{g \cdot h} \qquad h = \frac{P}{\dot{m} \cdot g}$$

$$P = \dot{V} \cdot \rho \cdot g \cdot h$$

$$\dot{V} = \frac{P}{\rho \cdot g \cdot h}$$

$$h = \frac{P}{\dot{V} \cdot \rho \cdot g} \qquad \rho = \frac{P}{\dot{V} \cdot g \cdot h}$$

$$P = \frac{V}{t} \cdot (p_2 - p_1) = \frac{V \cdot \Delta p}{t} \qquad V = \frac{P \cdot t}{\Delta p}$$

$$\Delta p = \frac{P \cdot t}{V} \qquad t = \frac{V \cdot \Delta p}{P}$$

P Leistung in W
$\dot{m}$ Massenstrom in kg/s
$\dot{V}$ Volumenstrom in dm³/s
g Fallbeschleunigung in m/s²
h Förderhöhe in m
ρ Dichte in kg/dm³
V Fördervolumen in m³
t Zeit in s
p_1, p_2 Pumpendruck in N/m²

Leistung

Schnittleistung

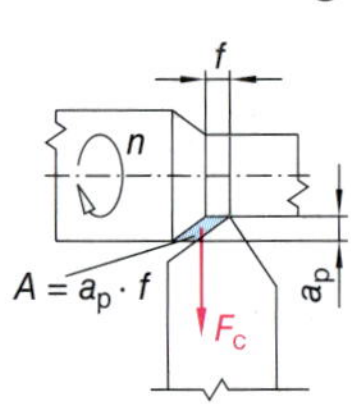

$P_c = F_c \cdot v_c$ $F_c = A \cdot k_c$ $P_c = A \cdot k_c \cdot v_c$ $P_c = f \cdot a_p \cdot k_c \cdot v_c$

$f = \dfrac{P_c}{a_p \cdot k_c \cdot v_c}$ $a_p = \dfrac{P_c}{f \cdot k_c \cdot v_c}$ $k_c = \dfrac{P_c}{f \cdot a_p \cdot v_c}$ $v_c = \dfrac{P_c}{f \cdot a_p \cdot k_c}$

P_c Schnittleistung in W
F_c Schnittkraft in N
v_c Schnittgeschwindigkeit in m/s
A Spanungsquerschnitt in mm²
a_p Schnitttiefe in mm
f Vorschub in mm
k_c spezifische Schnittkraft in N/mm²

Wirkungsgrad

Einzelwirkungsgrad

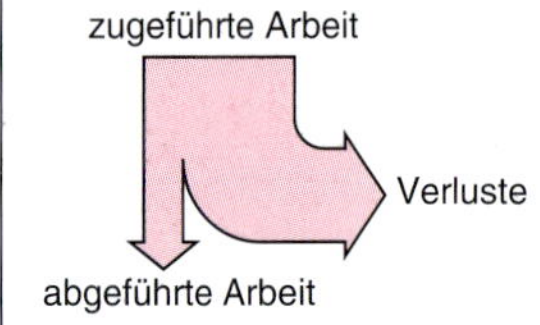

$\eta = \dfrac{W_{ab}}{W_{zu}} < 1$

$W_{ab} = W_{zu} \cdot \eta$

$W_{zu} = \dfrac{W_{ab}}{\eta}$

$\eta = \dfrac{P_{ab}}{P_{zu}} < 1$ $P_{ab} = P_{zu} \cdot \eta$ $P_{zu} = \dfrac{P_{ab}}{\eta}$

η Wirkungsgrad
W_{ab} abgegebene Arbeit (Energie) in Nm, kWh, Ws
W_{zu} zugeführte Arbeit (Energie) in Nm, kWh, Ws
P_{ab} abgegebene Leistung in W, kW
P_{zu} zugeführte Leistung in W, kW

Gesamtwirkungsgrad technischer Systeme

$P_{M\,ab} = P_{G\,zu}$

$\eta_{ges} = \dfrac{P_{G\,ab}}{P_{M\,zu}}$ $\eta_G = \dfrac{P_{G\,ab}}{P_{G\,zu}}$ $\eta_M = \dfrac{P_{M\,ab}}{P_{M\,zu}}$

$\eta_{ges} = \eta_M \cdot \eta_G$

η_{ges} Gesamtwirkungsgrad
η_M Motorwirkungsgrad
η_G Gesamtwirkungsgrad
$P_{M\,zu}$, $P_{G\,zu}$ zugeführte Leitung (Motor, Getriebe) in W, kW
$P_{M\,ab}$, $P_{G\,ab}$ abgeführte Leitung (Motor, Getriebe) in W, kW

Wirkungsgrad η

Seilwinden	0,70	Drehmaschine	0,70	Hydrogetriebe	0,80	Gasturbine	0,28
Räderwinden	0,85	Hobelmaschine	0,70	Otto-Motor	0,27	Dampfturbine	0,23
Flaschenzüge	0,65	Bewegungsgewinde	0,30	Diesel-Motor	0,33	Wasserturbine	0,85
Zahnradtrieb	0,97	Schneckenantrieb	0,60	Drehstrommotor	0,85	Kraftwerk	0,30 ... 0,50

Fluidtechnik

Druck, Überdruck

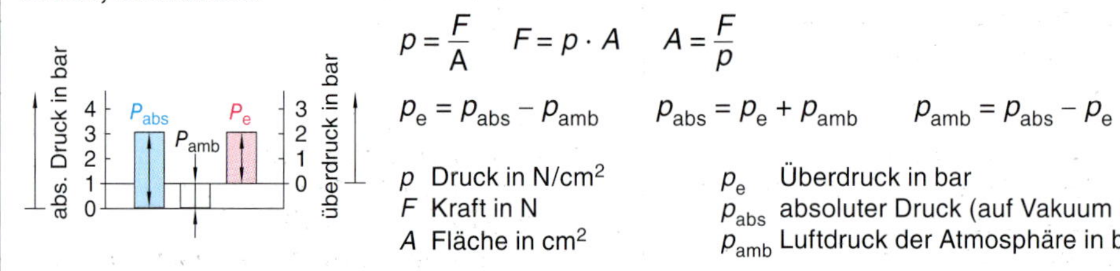

$p = \dfrac{F}{A}$ $F = p \cdot A$ $A = \dfrac{F}{p}$

$p_e = p_{abs} - p_{amb}$ $p_{abs} = p_e + p_{amb}$ $p_{amb} = p_{abs} - p_e$

p Druck in N/cm²
F Kraft in N
A Fläche in cm²
p_e Überdruck in bar
p_{abs} absoluter Druck (auf Vakuum bez.) in bar
p_{amb} Luftdruck der Atmosphäre in bar

e $\hat{=}$ exceed (Überschreitung)
amb $\hat{=}$ ambient (Umgebung)

1 mbar = 100 Pa = 0,01 N/cm² = 100 N/m²
1 bar = 100 000 Pa = 10 N/cm² = 100 000 N/m²

Fluidtechnik

Auftrieb

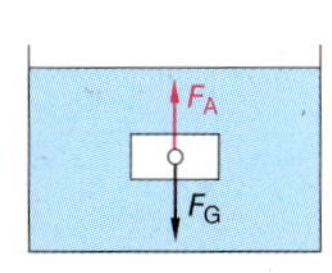

$$F_A = V \cdot \rho_{Fl} \cdot g$$

$$V = \frac{F_A}{\rho_{Fl} \cdot g} \qquad \rho_{Fl} = \frac{F_A}{V \cdot g}$$

$F_A = F_G$ Schweben

$F_A > F_G$ Schwimmen

$F_A < F_G$ Sinken

F_A Auftriebskraft in N
F_G Gewichtskraft in N
V eingetauchtes Volumen im m^3
ρ_{Fl} Dichte Flüssigkeit in kg/m^3
g Fallbeschleunigung ($9{,}81\ m/s^2$)

Dichte in ρ in kg/m^3			
Benzin	750	Petroleum	800
Diesel	830	Spiritus	800
Heizöl	830	Wasser, destilliert	1000
Quecksilber	13530	Maschinenöl	900

Hydrostatischer Druck

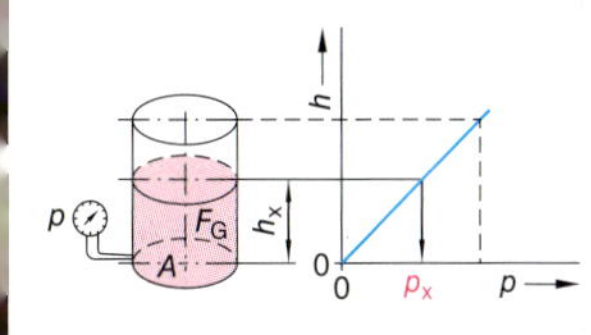

Hinweis:
Der hydrostatische Druck ist nur von der Höhe und Dichte der Flüssigkeitssäule und der Fallbeschleunigung abhängig.

$$p = \frac{F_G}{A} \qquad F_G = p \cdot A \qquad A = \frac{F_G}{p}$$

$$p_x = h_x \cdot \rho_{Fl} \cdot g \qquad h_x = \frac{p_x}{\rho_{Fl} \cdot g} \qquad \rho_{Fl} = \frac{p_x}{h_x \cdot g}$$

p hydrostat. Druck (Boden-/Seitendruck) in Pa
p_x hydrostat. Druck in der Höhe h_x in Pa
F_G Gewichtskraft in N
A Bodenfläche in m^2
h Höhe der Flüssigkeitssäule in m
h_x beliebige Höhe zw. Boden und Oberfläche in m
ρ_{Fl} Dichte Flüssigkeit in kg/m^3
g Fallbeschleunigung ($9{,}81\ m/s^2$)

$$100000\ Pa = 100000\ \frac{kg}{m \cdot s^2} = 1\ bar$$

Seitendruckkraft

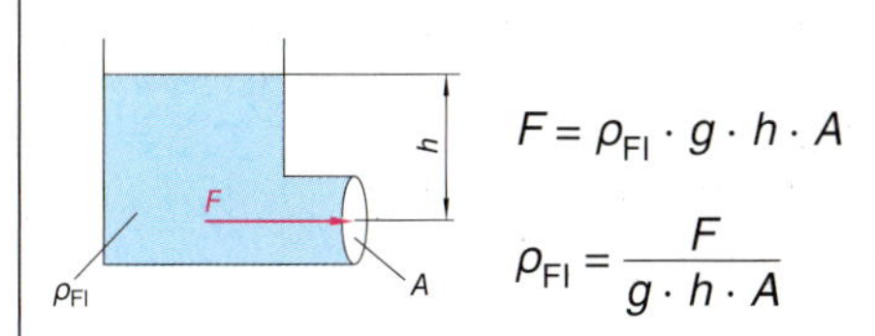

$$F = \rho_{Fl} \cdot g \cdot h \cdot A$$

$$\rho_{Fl} = \frac{F}{g \cdot h \cdot A}$$

$$h = \frac{F}{\rho_{Fl} \cdot g \cdot A} \qquad A = \frac{F}{\rho_{Fl} \cdot g \cdot h}$$

p hydrostatischer Druck in Pa
ρ_{Fl} Dichte Flüssigkeit in kg/m^3
A Fläche Öffnung in m^2
h Höhe der Flüssigkeit in m
F Kraft in N

Flüssigkeitspresse

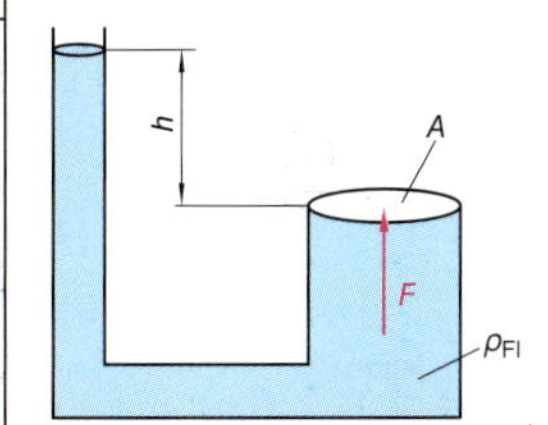

$$F = \rho_{Fl} \cdot g \cdot h \cdot A \qquad \rho_{Fl} = \frac{F}{g \cdot h \cdot A}$$

$$h = \frac{F}{\rho_{Fl} \cdot g \cdot A} \qquad A = \frac{F}{\rho_{Fl} \cdot g \cdot h}$$

Gasgleichungen

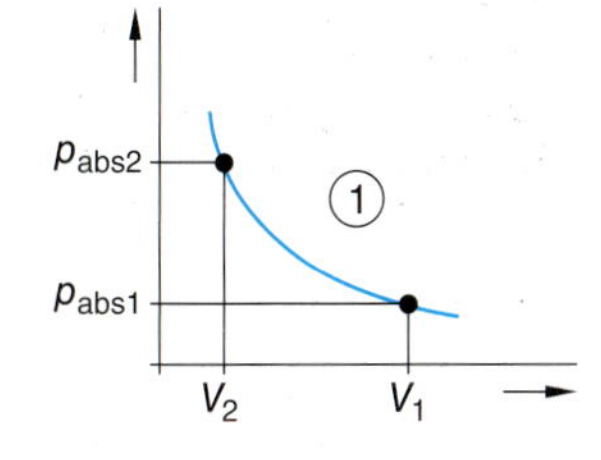

Formeln siehe Seite 487.

p Gasdruck in bar
$p_{abs\,1}$ Gasdruck (absolut) in bar
$p_{abs\,2}$ bezogen auf den Zustand 1 bzw. 2
V Volumen m^3, dm^3, cm^3
V_1, V_2 Volumen im Zustand 1 bzw. 2 in m^3, dm^3, cm^3
T Temperatur in K
T_1, T_2 Temperatur im Zustand 1 bzw. 2 in K

Fluidtechnik

Allgemeine Gasgleichung

$$\frac{p_{abs1} \cdot V_1}{T_1} = \frac{p_{abs2} \cdot V_2}{T_2}$$

$$p_{abs1} = \frac{p_{abs2} \cdot V_2 \cdot T_1}{V_1 \cdot T_2} \qquad p_{abs2} = \frac{p_{abs1} \cdot V_1 \cdot T_2}{T_1 \cdot V_2}$$

$$V_1 = \frac{p_{abs2} \cdot V_2 \cdot T_1}{p_{abs1} \cdot T_2} \qquad V_2 = \frac{p_{abs1} \cdot V_1 \cdot T_2}{p_{abs2} \cdot T_1}$$

$$T_1 = \frac{p_{abs1} \cdot V_1 \cdot T_2}{p_{abs2} \cdot V_2} \qquad T_2 = \frac{p_{abs2} \cdot V_2 \cdot T_1}{p_{abs1} \cdot V_1}$$

Gesetz von Boyle-Mariotte

① Isothermischer Vorgang:

$T_1 = T_2$ konst. Temperatur

$$\frac{p_{abs2}}{p_{abs1}} = \frac{V_1}{V_2}$$

$$p_{abs1} = \frac{p_{abs2} \cdot V_2}{V_1} \qquad p_{abs2} = \frac{p_{abs1} \cdot V_1}{V_2}$$

$$V_1 = \frac{p_{abs2} \cdot V_2}{p_{abs1}} \qquad V_2 = \frac{p_{abs1} \cdot V_1}{p_{abs2}}$$

② Isochorer Vorgang:

$V_1 = V_2$ konst. Volumen

$$\frac{p_{abs2}}{p_{abs1}} = \frac{T_2}{T_1}$$

$$p_{abs1} = \frac{p_{abs_2} \cdot T_1}{T_2} \qquad p_{abs2} = \frac{p_{abs1} \cdot T_2}{T_1}$$

$$T_1 = \frac{p_{abs_1} \cdot T_2}{p_{abs_2}} \qquad T_2 = \frac{p_{abs2} \cdot T_1}{p_{abs1}}$$

Gesetz von Gay-Lussac

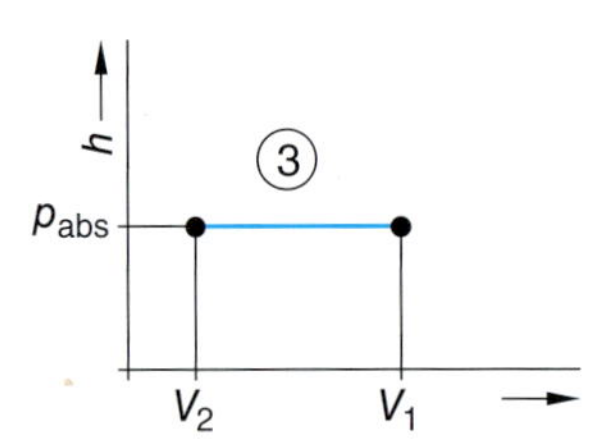

③ Isobarer Vorgang:

$p_{1_{abs}} = p_{2_{abs}}$ konst. Druck

$$\frac{V_2}{V_1} = \frac{T_2}{T_1}$$

$$V_1 = \frac{V_2 \cdot T_1}{T_2} \qquad V_2 = \frac{V_1 \cdot T_2}{T_1}$$

$$T_1 = \frac{V_1 \cdot T_2}{V_2} \qquad T_2 = \frac{V_2 \cdot T_1}{V_1}$$

p Gasdruck in bar
$p_{1_{abs}}$ Gasdruck (absolut) in bar
$p_{2_{abs}}$ bezogen auf den Zustand 1 bzw. 2 in bar
V Volumen m^3, dm^3, cm^3
V_1, V_2 Volumen im Zustand 1 bzw. 2 in m^3, dm^3, cm^3
T Temperatur in K
T_1, T_2 Temperatur im Zustand 1 bzw. 2 in K

Kolbenpressung

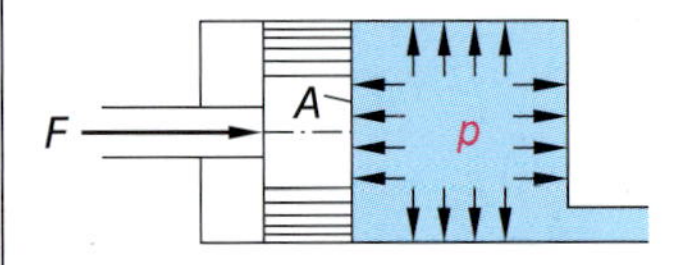

$$p = \frac{F}{A} \qquad A = d^2 \cdot \frac{\pi}{4} \qquad p = \frac{F \cdot 4}{d^2 \cdot \pi}$$

$$F = \frac{p \cdot d^2 \cdot \pi}{4} \qquad d = \sqrt{\frac{4 \cdot F}{p \cdot \pi}}$$

$$F = p \cdot A \cdot \eta$$

p Druck in N/cm^2
F Kolbenkraft in N
A Kolbenfläche in cm^2
d Kolbendurchmesser in cm
η Wirkungsgrad des Zylinders

Fluidtechnik

Hydraulische Presse

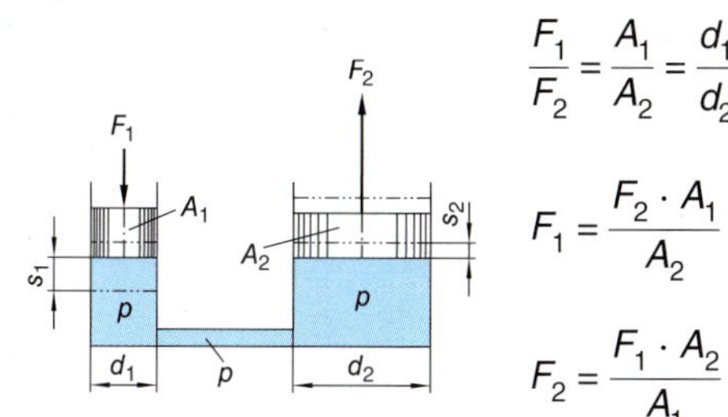

$$\frac{F_1}{F_2} = \frac{A_1}{A_2} = \frac{d_1^2}{d_2^2}$$

$$F_1 = \frac{F_2 \cdot A_1}{A_2}$$

$$F_2 = \frac{F_1 \cdot A_2}{A_1}$$

$$F_1 = \frac{F_2 \cdot d_1^2}{d_2^2} \qquad F_2 = \frac{F_1 \cdot d_2^2}{d_1^2} \qquad A_1 = \frac{F_1 \cdot A_2}{F_2}$$

$$A_2 = \frac{F_2 \cdot A_1}{F_1} \qquad d_1 = \sqrt{\frac{F_1 \cdot d_2^2}{F_2}} \qquad d_2 = \sqrt{\frac{F_2 \cdot d_1^2}{F_1}}$$

$$\frac{F_1}{F_2} = \frac{s_2}{s_1} \qquad F_1 \cdot s_1 = F_2 \cdot s_2 \qquad F_1 = \frac{F_2 \cdot s_2}{s_1}$$

$$s_1 = \frac{F_2 \cdot s_1}{F_1} \qquad F_2 = \frac{F_1 \cdot s_1}{s_2} \qquad s_2 = \frac{F_1 \cdot s_1}{F_2}$$

$$i = \frac{F_1}{F_2} = \frac{s_2}{s_1} = \frac{A_1}{A_2} \qquad F_2 = \frac{F_1}{i} \qquad F_1 = i \cdot F_2$$

$$s_1 = \frac{s_2}{i} \qquad s_2 = s_1 \cdot i \qquad A_2 = \frac{A_1}{i} \qquad A_1 = A_2 \cdot i$$

F_1, F_2 Kolbenkräfte in N
A_1, A_2 Kolbenflächen in cm²
d_1, d_2 Kolbendurchmesser in cm
s_1, s_2 Kolbenwege (Hub) in cm
i Übersetzungsverhältnis

Druckübersetzer

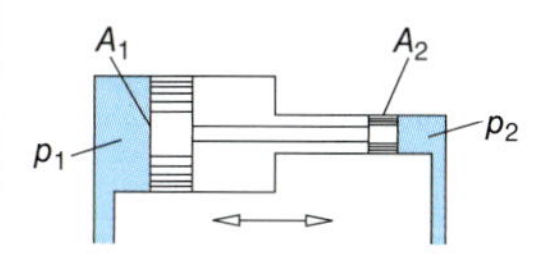

$$\frac{p_1}{p_2} = \frac{A_2}{A_1} \qquad p_1 \cdot A_1 = p_2 \cdot A_2 \qquad p_1 = \frac{A_2 \cdot p_2}{A_1}$$

$$p_2 = \frac{A_1 \cdot p_1}{A_2} \qquad A_1 = \frac{A_2 \cdot p_2}{p_1} \qquad A_2 = \frac{A_1 \cdot p_1}{p_2}$$

p_1, p_2 Druck in N/cm²
A_1, A_2 Kolbenfläche in cm²

Strömung in Rohren

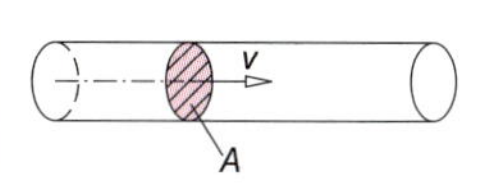

Veränderte Querschnitte

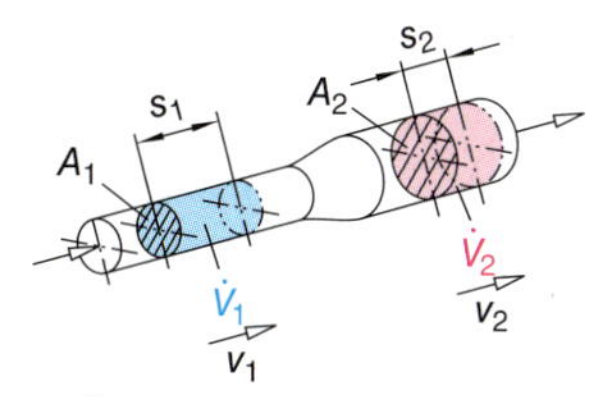

$$v = \frac{\dot{V}}{A} \qquad \dot{V} = v \cdot A \qquad A = \frac{\dot{V}}{v} \qquad v_1 = \frac{\dot{V}_1}{A_1}$$

$$v_2 = \frac{\dot{V}_2}{A_2} \qquad \dot{V}_1 = v_1 \cdot A_1 \qquad A_1 = \frac{\dot{V}_1}{v_1} \qquad \frac{v_1}{v_2} = \frac{A_2}{A_1}$$

Gase (kompressibel):

$$\dot{m}_1 = \dot{m}_2 \qquad A_1 \cdot v_1 \cdot \rho_1 = A_2 \cdot v_2 \cdot \rho_2$$

Kontinuitätsgleichung

$$v_1 \cdot A_1 = v_2 \cdot A_2 \qquad A_1 = \frac{A_2 \cdot v_2}{v_1} \qquad A_2 = \frac{A_1 \cdot v_1}{v_2}$$

$$v_1 = \frac{A_2 \cdot v_2}{A_1} \qquad v_2 = \frac{A_1 \cdot v_1}{A_2}$$

v Strömungsgeschwindigkeit in cm/s
v_1, v_2 Strömungsgeschwindigkeiten in den Querschnitten A_1, A_2 in cm/s
$\dot{V}$ Volumenstrom in cm³/s
$\dot{V}_1$, $\dot{V}_2$ Volumenströme in den Querschnitten in cm³/s
A Querschnittsfläche in cm²
A_1, A_2 Querschnittsflächen in cm²
s_1, s_2 Wege in cm

Kolbengeschwindigkeit

Kolben einseitig beaufschlagt

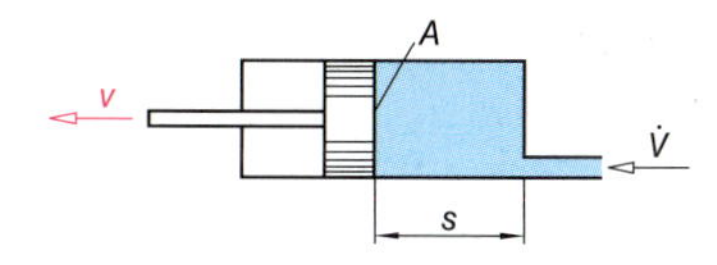

Kolben beidseitig beaufschlagt

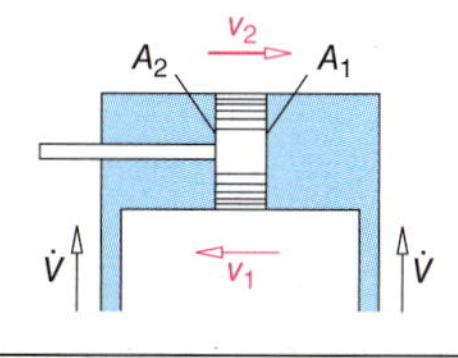

Formeln auf Seite 490.

Fluidtechnik

Kolbengeschwindigkeit

$v = \frac{s}{t}$ $\quad s = \frac{V}{A}$ $\quad v = \frac{V}{A \cdot t}$

$\dot{V} = \frac{V}{t} = \frac{A \cdot s}{t}$ $\quad v = \frac{\dot{V}}{A}$ $\quad v_1 = \frac{\dot{V}}{A_1}$

$v_2 = \frac{\dot{V}}{A_2}$ $\quad \dot{V} = v_1 \cdot A_1$ $\quad A_1 = \frac{\dot{V}}{v_1}$

$\dot{V} = v_2 \cdot A_2$ $\quad A_2 = \frac{\dot{V}}{v_2}$

$v_1 \cdot A_1 = v_2 \cdot A_2$ $\quad \dot{V} = \dot{V}_1 = \dot{V}_2$

$A_1 > A_2 \rightarrow v_1 < v_2$

v	Kolbengeschwindigkeit in cm/s
v_1, v_2	Kolbengeschwindigkeiten (Vorhub, Rückhub) in cm/s
V	Volumen in m^3
$\dot{V}$	Volumenstrom in cm^3/s
A, A_1, A_2	Kolbenflächen in cm^2
t	Zeit in s
s	Wege in cm

Einfach wirkender Zylinder

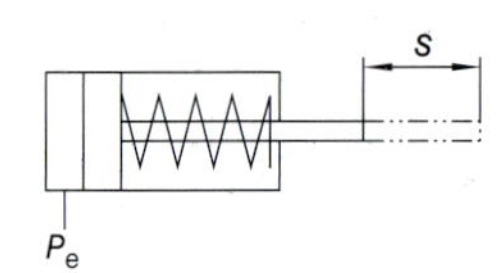

$Q = q \cdot s \cdot n$ $\quad Q = A \cdot s \cdot n \cdot \frac{p_e + p_{pamb}}{p_{amb}}$

$s = \frac{Q}{n \cdot q}$ $\quad n = \frac{Q}{s \cdot q}$ $\quad q = \frac{Q}{s \cdot n}$

$s = \frac{Q}{n \cdot A \cdot \frac{p_e + p_{pamb}}{p_{amb}}}$ $\quad n = \frac{Q}{s \cdot A \cdot \frac{p_e + p_{pamb}}{p_{amb}}}$

$A = \frac{Q}{s \cdot n \cdot \frac{p_e + p_{pamb}}{p_{amb}}}$

Q	Luftverbrauch in l/min
q	spezifischer Luftverbrauch pro cm Kolbenweg in l/cm
A	Kolbenfläche im mm^2
s	Kolbenweg, Hub in mm
n	Anzahl der Kolbenwege in 1/min
p_{amb}	Luftdruck in bar
p_e	Arbeitsdruck in bar

Doppelt wirkender Zylinder

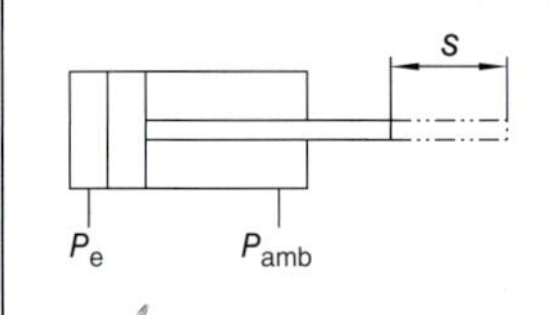

$$Q = 2 \cdot q \cdot s \cdot n \approx 2 \cdot A \cdot s \cdot n \cdot \frac{p_e + p_{pamb}}{p_{amb}}$$

$$s = \frac{Q}{2 \cdot n \cdot q}$$

$$n = \frac{Q}{2 \cdot s \cdot q}$$

$$q = \frac{Q}{2 \cdot s \cdot n}$$

$$s = \frac{Q}{2 \cdot n \cdot A \cdot \frac{p_e + p_{pamb}}{p_{amb}}}$$

$$n = \frac{Q}{2 \cdot s \cdot A \cdot \frac{p_e + p_{pamb}}{p_{amb}}}$$

$$A = \frac{Q}{2 \cdot s \cdot n \cdot \frac{p_e + p_{pamb}}{p_{amb}}}$$

Spezifischer Luftverbrauch

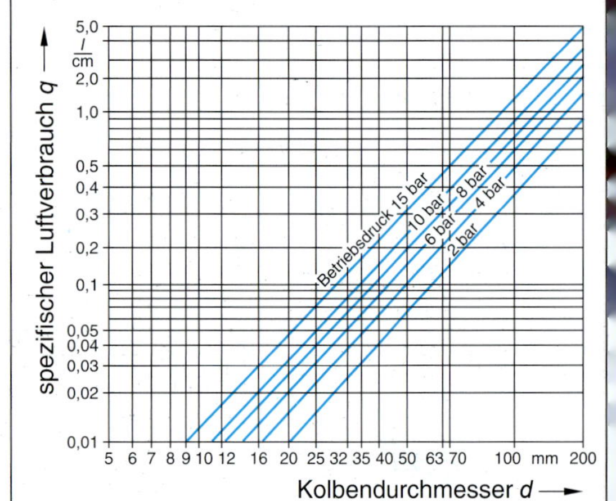

Fluidtechnik

Kolbenkräfte, Pneumatikzylinder

Einfach wirkender Zylinder

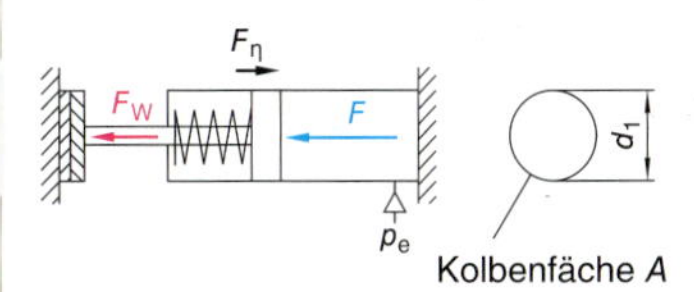

F Kolbenkraft in N
F_W wirksame Kolbenkraft in N

Unter Berücksichtigung der Federkraft F_F

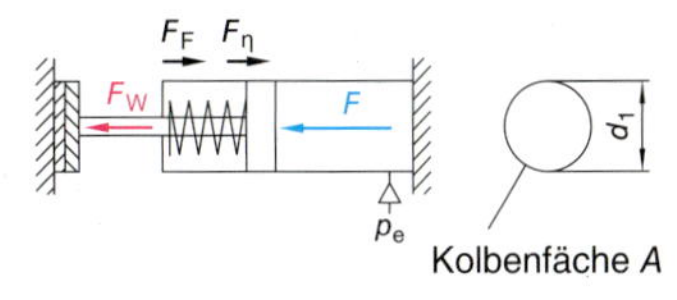

F_F Federkraft in N
F_V Verlustkraft (Reibung) in N
$F_{Rück}$ Rückkraft in N
F_{Vor} Vorschubkraft in N

Ohne Federkraft

$F = p_e \cdot A$

$F_W = F - F_V$

A Kolbenfläche in mm², cm²
A_1 Kolbenfläche, Kolbenseite in mm², cm²
A_2 Kolbenfläche, Stangenseite in mm², cm²

Mit Federkraft

$F_W = F - F_V - F_F$

$F_W = 0{,}75 \cdot F$ (0,75 = η)

d_1 Kolbendurchmesser in mm
d_2 Stangendurchmesser in mm

Doppelt wirkender Zylinder (Vorhub)

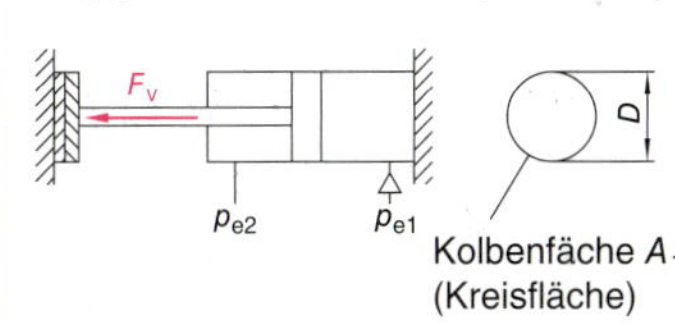

p_e Arbeitsdruck in N/mm², N/cm²
p_{e1} Arbeitsdruck, Kolbenseite in N/mm², N/cm²
p_{e2} Arbeitsdruck, Stangenseite in N/mm², N/cm²

Doppelt wirkender Zylinder (Rückhub)

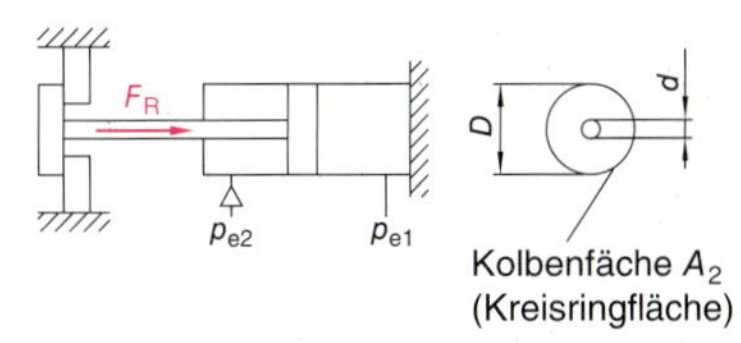

η Wirkungsgrad
η_1 Wirkungsgrad, Kolbenseite
η_2 Wirkungsgrad, Stangenseite

Vorhub:

$$F_{vor} = p_{e1} \cdot A_1 \cdot \eta_1 - \frac{p_{e2} \cdot A_2}{\eta_2}$$

$$F_{vor} = 0{,}8 \cdot p_{e1} \cdot d_1^2 \cdot \frac{\pi}{4}$$

$$A_1 = \frac{\pi \cdot d_1^2}{4} \qquad A_2 = \frac{\pi \cdot (d_1^2 - d_2^2)}{4}$$

Rückhub:

$$F_{Rück} = p_{e2} \cdot A_2 \cdot \eta_2 - \frac{p_{e1} \cdot A_1}{\eta_1}$$

$$F_{Rück} = 0{,}8 \cdot p_{e2} \cdot \frac{\pi}{4} \cdot (d_1^2 - d_2^2)$$

$$\eta_1 \approx 0{,}9 \ldots 0{,}95$$

$$\eta_2 \approx 0{,}85 \ldots 0{,}9$$

Bestimmung der Kolbenkraft

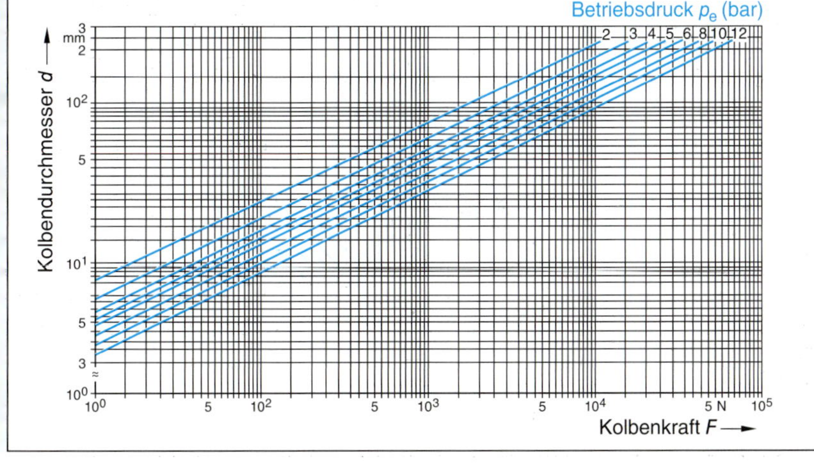

Fluidtechnik

Hydraulische Leistung

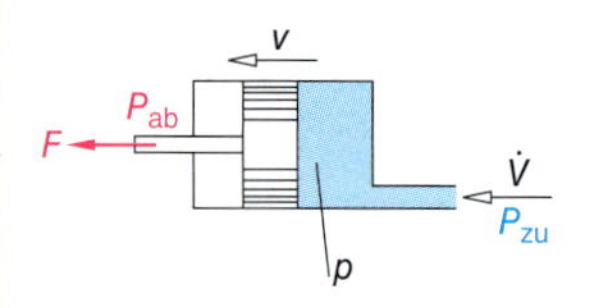

$$P_{ab} = \dot{V} \cdot p \cdot \eta = v \cdot A \cdot p \cdot \eta$$

$$P_{ab} = F \cdot v \cdot \eta$$

$$F = \frac{P_{ab}}{v \cdot \eta} \qquad \dot{V} = \frac{P_{ab}}{p \cdot \eta}$$

$$v = \frac{P_{ab}}{F \cdot \eta} \qquad p = \frac{P_{ab}}{\dot{V} \cdot \eta}$$

$$P_{zu} = \frac{\dot{V} \cdot p}{\eta} = \frac{v \cdot A \cdot p}{\eta} = \frac{F \cdot v}{\eta}$$

$$F = \frac{P_{zu} \cdot \eta}{v} \qquad \dot{V} = \frac{P_{zu} \cdot \eta}{p}$$

$$v = \frac{P_{zu} \cdot \eta}{F} \qquad p = \frac{P_{zu} \cdot \eta}{\dot{V}}$$

P Leistung in W
$\dot{V}$ Volumenstrom in m^3/s
p Druck in N/m^2
F Kraft in N
v Kolbengeschwindigkeit in m/s
η Wirkungsgrad

Pneumatikmotor, Leistung

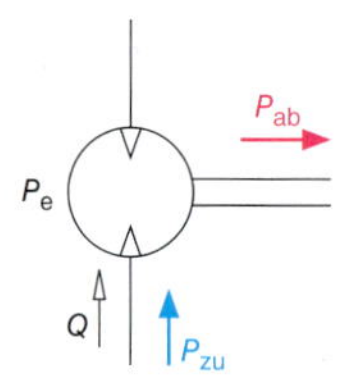

$$P_{ab} = Q \cdot p_e \qquad p_e = \frac{P_{ab}}{Q}$$

$$Q = \frac{P_{ab}}{p_e} \qquad \eta = \frac{P_{ab}}{P_{zu}}$$

$$P_{zu} = \frac{P_{ab}}{\eta} \qquad P_{ab} = P_{zu} \cdot \eta$$

$$P_{zu} = \frac{Q \cdot p_e}{600 \cdot \eta} \qquad P_{ab} = \frac{Q \cdot p_e}{600}$$

$$Q = \frac{P_{zu} \cdot 600 \cdot \eta}{p_e} \qquad p_e = \frac{P_{zu} \cdot 600 \cdot \eta}{Q}$$

$$\eta = \frac{Q \cdot p_e}{600 \cdot P_{zu}}$$

P_{zu} zugeführte Leistung in kW
P_{ab} abgegebene Leistung in kW
Q Volumenstrom, auch mit q_v bezeichnet in l/min
p_e Überdruck, Arbeitsdruck in bar
η Wirkungsgrad

Wärme

Temperatur

0 K	273 K	373 K
-273 °C	0 °C	100 °C

$T = t + 273$ °C
$t = T - 273$ °C

0 K = – 273 °C
(absoluter Nullpunkt)

T Kelvin-Temperatur in K
t Celsius-Temperatur in °C

Längenausdehnung

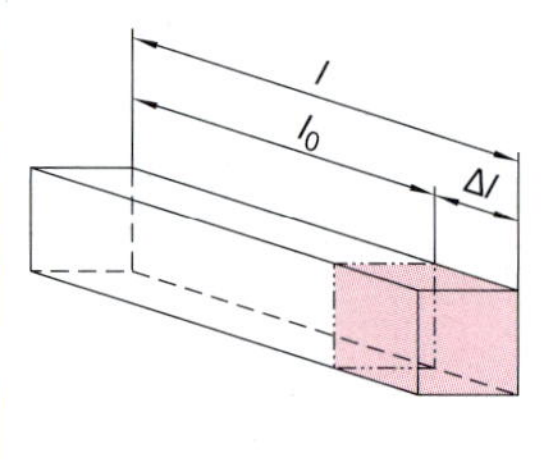

Erwärmung: $l = l_0 + \Delta l$
Abkühlung: $l = l_0 - \Delta l$ $\qquad \Delta l = \alpha \cdot l_0 \cdot \Delta T$

$$\Delta T = T_2 - T_1 \qquad l_0 = \frac{\Delta l}{\alpha \cdot \Delta T} \qquad \alpha = \frac{\Delta l}{l_0 \cdot \Delta T}$$

$$\Delta T = \frac{\Delta l}{\alpha \cdot l_0} \qquad l = l_0 \cdot (1 \pm \alpha \cdot \Delta T)$$

l Länge nach Erwärmung bzw. Abkühlung in mm
l_0 Ausgangslänge in mm
Δl Längenänderung in mm
α Längenausdehnungskoeffizient in 1/K
ΔT Temperaturänderung in K
T_1 Temperatur vor Erwärmung in K
T_2 Temperatur nach Erwärmung in K

Wärme

Volumenausdehnung

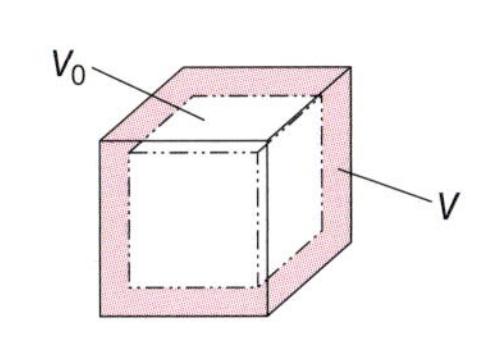

Für Gase gilt: $\Delta V = V_0 \cdot \frac{\Delta T}{273\ \text{K}}$

Erwärmung: $V = V_0 + \Delta V$

Abkühlung: $V = V_0 - \Delta V$

$\Delta V = V_0 \cdot \gamma \cdot \Delta T \quad \gamma = 3 \cdot \alpha \quad V_0 = \frac{\Delta V}{\gamma \cdot \Delta T} \quad \Delta T = \frac{\Delta V}{\gamma \cdot V_0} \quad \gamma = \frac{\Delta V}{V_0 \cdot \Delta T}$

$V = V_0 \cdot (1 \pm \gamma \cdot \Delta T) \quad \Delta T = T_2 - T_1$

V Volumen nach Erwärmung bzw. Abkühlung in cm
V_0 Ausgangsvolumen in cm^3
ΔV Volumenänderung in cm^3
α Längenausdehnungskoeffizient in 1/K
γ Längenausdehnungskoeffizient $\gamma = 3 \cdot \alpha$ in 1/K
ΔT Temperaturänderung in K
T_1 Temperatur vor Erwärmung bzw. Abkühlung in K
T_2 Temperatur vor Erwärmung bzw. Abkühlung in K

Flüssige Stoffe

Stoff	Volumenausdehnungskoeffizient γ in 1/K	Stoff	Volumenausdehnungskoeffizient γ in 1/K	Stoff	Volumenausdehnungskoeffizient γ in 1/K
Äthyläther ($C_4H_{10}O$)	0,0016	Heizöl EL	0,00096	Quecksilber (Hg)	0,00018
Benzin	0,0011	Maschinenöl	0,00093	Spiritus 95 %	0,0011
Dieselkraftstoff	0,00096	Petroleum	0,001	Wasser, destilliert	0,00018

Feste Stoffe

Stoff	Längenausdehnungskoeffizient α zwischen 0 ... 100 °C α in 1/K	Stoff	Längenausdehnungskoeffizient α zwischen 0 ... 100 °C α in 1/K	Stoff	Längenausdehnungskoeffizient α zwischen 0 ... 100 °C α in 1/K
Aluminium (Al)	0,0000238	CuAl-Legierungen	0,0000195	Hartmetall (K 20)	0,000005
Antimon (Sb)	0,0000108	CuSn-Legierungen	0,0000175	Holz (luftgetrocknet)	0,00004
Beryllium (Be)	0,0000123	CuZn-Legierungen	0,0000185	Irdium (Ir)	0,0000065
Beton	0,00001	Eis	0,000051	Kohlenstoff (C)	0,00000118
Bismut (Bi)	0,0000125	Eisen, rein (Fe)	0,000012	Konstantan	0,0000152
Blei (Pb)	0,000029	Glas (Quarzglas)	0,000009	Korund (Al_2O_3)	0,0000065
Cadmium (Cd)	0,00003	Gold (Au)	0,0000142	Kupfer (Cu)	0,0000168
Chrom (Cr)	0,0000084	Grafit (C)	0,0000078	Magnesium (Mg)	0,000026
Cobalt (Co)	0,0000127	Gusseisen	0,0000105	Magnesium- Leg.	0,0000245

Wärme

Feste Stoffe

Stoff	Längenausdehnungskoeffizient α zwischen 0 ... 100 °C α in 1/K	Stoff	Längenausdehnungskoeffizient α zwischen 0 ... 100 °C α in 1/K	Stoff	Längenausdehnungskoeffizient α zwischen 0 ... 100 °C α in 1/K
Mangan (Mn)	0,000023	Polystyrol	0,00007	Stahl, legiert	0,0000161
Molybdän (Mo)	0,0000052	Porzellan	0,000004	Tantal (Ta)	0,0000065
Natrium (Na)	0,000071	Quarz, Flint (SiO_2)	0,000008	Titan (Ti)	0,0000082
Nickel (Ni)	0,000013	Silber (Ag)	0,0000193	Wolfram (W)	0,0000045
Niob (Nb)	0,0000071	Silicium (Si)	0,0000042	Zink (Zn)	0,000029
Platin (Pt)	0,000009	Stahl, unlegiert	0,0000119	Zinn (Sn)	0,000023

Schwindung

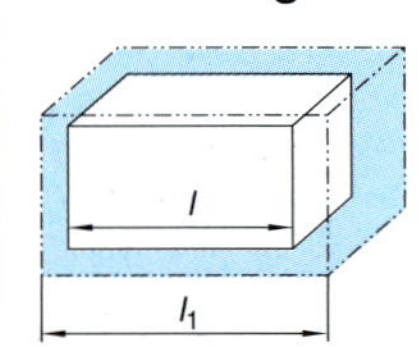

$$l_1 = \frac{l \cdot 100\,\%}{100\,\% - S} \qquad l = \frac{l_1 \cdot (100\,\% - S)}{100\,\%} \qquad S = 100\,\% - \frac{l \cdot 100\,\%}{l_1}$$

S Schwindmaß in %
l_1 Modelllänge in mm
l Werkstücklänge in mm

Schwindmaße

DIN EN 12890

Gusswerkstoff	Schwindmaß in %	Gusswerkstoff	Schwindmaß in %	Gusswerkstoff	Schwindmaß in %
Gusseisen mit Lamellengrafit	1,0	Stahlguss	2,0	Al, Mg, Cu-Zn	1,2
mit Kugelgrafit, geglüht	0,5	Manganhartstahlguss	2,3	Cu-Sn-Zn, Zn	1,3
mit Kugelgrafit, ungeglüht	1,2	Temperguss, entkohlend geglüht	1,6	Cu-Sn	1,5
Austenitisches Gusseisen	2,5	Temperguss, nicht entkohlend geglüht	0,5	Cu	1,9

Wärmemenge

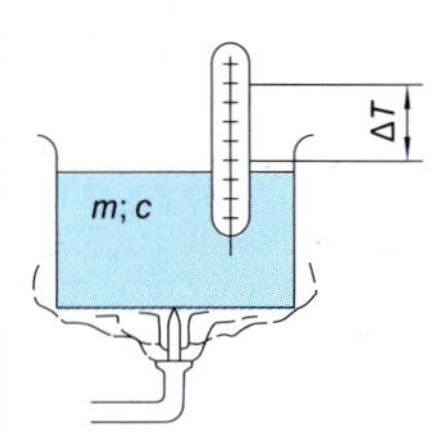

Q Wärmemenge in J
m Masse in kg
c spezifische Wärmekapazität in J/(kg · K)
ΔT Temperaturänderung in K
T_1 Temp. vor Erwärmung bzw. Abkühlung in K
T_2 Temp. nach Erwärmung bzw. Abkühlung in K

$$1\ \text{J} = 1\ \text{Ws} = 1\ \text{Nm} = 1\ \frac{\text{kg} \cdot \text{m}}{\text{s}^2} \cdot \text{m}$$

$$1\ \text{kWh} = 3600000\ \text{J}$$

Hinweis:
Die spezifische Wärmekapazität c eines Stoffes ist die Wärmemenge Q, die benötigt wird, um eine Masse von 1 kg um 1 Kelvin zu erwärmen. Bei Abkühlung wird diese Wärmemenge wieder abgeführt.

$$Q = m \cdot c \cdot \Delta T \qquad \Delta T = T_2 - T_1 \qquad m = \frac{Q}{c \cdot \Delta T} \qquad c = \frac{Q}{m \cdot \Delta T}$$

Wärme

Feste Stoffe

Stoff	Mittlere spezifische Wärmekapazität bei 0 ... 100 °C c kJ/kg · K	Stoff	Mittlere spezifische Wärmekapazität bei 0 ... 100 °C c kJ/kg · K	Stoff	Mittlere spezifische Wärmekapazität bei 0 ... 100 °C c kJ/kg · K
Aluminium (Al)	0,94	Grafit (C)	0,71	Platin (Pt)	0,13
Antimon (Sb)	0,21	Gusseisen	0,50	Polystyrol	1,3 ... 1,7
Asbest	0,81	Hartmetall (K 20)	0,80	Porzellan	1,2
Beryllium (Be)	1,02	Holz (luftgetrocknet)	2,1 ... 2,9	Quarz, Flint (SiO_2)	0,8
Beton	0,88	Irdium (Ir)	0,13	Schaumgummi	–
Bismut (Bi)	0,12	Jod (J)	0,23	Schwefel (S)	0,70
Blei (Pb)	0,13	Kohlenstoff (C)	0,52	Selen, rot (Se)	0,33
Cadmium (Cd)	0,23	Koks	0,83	Silber (Ag)	0,23
Chrom (Cr)	0,46	Konstantan	0,41	Silicium (Si)	0,75
Cobalt (Co)	0,43	Kork	1,7 ... 2,1	Siliciumkarbid (SiC)	1,05
CuAl-Legierungen	0,44	Korund (Al_2O_3)	0,96	Stahl, unlegiert	0,49
CuSn-Legierungen	0,38	Kupfer (Cu)	0,39	Stahl, legiert	0,51
CuZn-Legierungen	0,39	Magnesium (Mg)	1,04	Steinkohle	1,02
Eis	2,09	Magnesium- Leg.	–	Tantal (Ta)	0,14
Eisen, rein (Fe)	0,47	Mangan (Mn)	0,48	Titan (Ti)	0,47
Eisenoxid (Rost)	0,67	Molybdän (Mo)	0,26	Uran (U)	0,12
Fette	–	Natrium (Na)	1,3	Vanadium (V)	0,50
Gips	1,09	Nickel (Ni)	0,45	Wolfram (W)	0,13
Glas (Quarzglas)	0,83	Niob (Nb)	0,273	Zink (Zn)	0,4
Gold (Au)	0,13	Phosphor, gelb (P)	0,80	Zinn (Sn)	0,24

Gasförmige Stoffe

Stoff	Spezifische Wärmekapazität bei 20 °C und 1,013 bar		Stoff	Spezifische Wärmekapazität bei 20 °C und 1,013 bar	
	c_p [1)] kJ/kg · K	c_v [2)] kJ/kg · K		c_p [1)] kJ/kg · K	c_v [2)] kJ/kg · K
Acetylen (C_2H_2)	1,64	1,33	Luft	1,005	0,716
Ammoniak (NH_3)	2,06	1,56	Methan (CH_4)	2,19	1,68
Butan (C_4H_{10})	–	–	Propan (C_3H_6)	–	–
Frigen (CF_2CL_2)	–	–	Sauerstoff (O_2)	0,91	0,65
Kohlenoxid (CO)	1,05	0,75	Stickstoff (N_2)	1,04	0,74
Kohlendioxid (CO_2)	0,82	0,63	Wasserstoff (H_2)	14,24	10,10

[1)] bei konstantem Druck [2)] bei konstantem Volumen

Wärme

Flüssige Stoffe

Stoff	Mittlere spezifische Wärmekapazität bei 20 °C c kJ/kg · K	Stoff	Mittlere spezifische Wärmekapazität bei 20 °C c kJ/kg · K	Stoff	Mittlere spezifische Wärmekapazität bei 20 °C c kJ/kg · K
Äthyläther ($C_4H_{10}O$)	2,28	Heizöl EL	2,07	Quecksilber (Hg)	0,14
Benzin	2,02	Maschinenöl	2,09	Spiritus 95 %	2,43
Dieselkraftstoff	2,05	Petroleum	2,16	Wasser, destilliert	4,18

Mischungstemperatur

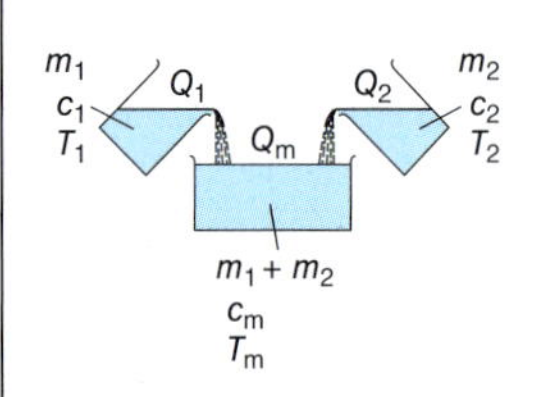

Stoffe unterschiedlicher Wärmekapazität

$$Q_m = Q_1 + Q_2$$

$$Q_m = m_1 \cdot c_1 \cdot T_1 + m_2 \cdot c_2 \cdot T_2$$

$$T_m = \frac{m_1 \cdot c_1 \cdot T_1 + m_2 \cdot c_2 \cdot T_2}{m_1 \cdot c_1 + m_2 \cdot c_2}$$

Stoffe gleicher Wärmekapazität

Für Wasser gilt: $c_1 = c_2 = c_m$

$$T_m = \frac{m_1 \cdot T_1 + m_2 \cdot T_2}{m_1 + m_2}$$

Q_m Wärmemenge nach Mischung in J
Q_1, Q_2 Wärmemengen in J
m_1, m_2 Massen in kg
c_m spezifische Wärmekapazität nach Mischung in J/(kg · K)
c_1, c_2 spezifische Wärmekapazität in J/(kg · K)
T_m Mischungstemperatur in K
T_1, T_2 Temperaturen in K

$$1\ \text{J} = 1\ \text{Ws} = 1\ \text{Nm} = 1\ \frac{\text{kg} \cdot \text{m}}{\text{s}^2} \cdot \text{m}$$

$$3600\ \text{J} = 1\ \text{Wh}$$

Wärme beim Schmelzen und Verdampfen

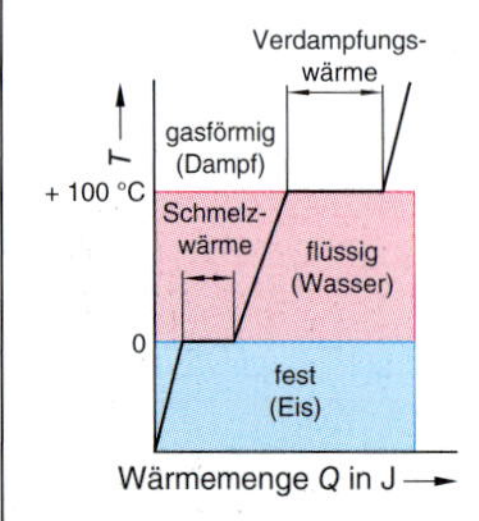

Schmelzwärme

$$Q_s = q \cdot m \qquad m = \frac{Q}{q} \qquad q = \frac{Q}{m}$$

Verdampfungswärme

$$Q_v = r \cdot m \qquad m = \frac{Q}{r} \qquad r = \frac{Q}{m}$$

Q_s, Q_v Schmelz- oder Verdampfungswärme in kJ
q_s spez. Schmelzwärme in kJ/kg
r spez. Verdampfungswärme in kJ/kg
m Masse in kg

Feste Stoffe

Stoff	Spezifische Schmelzwärme bei 1,013 bar q_s kJ/kg	Stoff	Spezifische Schmelzwärme bei 1,013 bar q_s kJ/kg	Stoff	Spezifische Schmelzwärme bei 1,013 bar q_s kJ/kg
Aluminium (Al)	396	Bismut	52	CuAl-Leg.	–
Antimon (Sb)	163	Blei (Pb)	23	CuSn-Leg.	–
Barium	56	Cadmium (Cd)	57	CuZn-Leg.	167
Beryllium (Be)	1387	Chrom (Cr)	281	Eis	332
Beton	–	Cobalt (Co)	268	Eisen, rein (Fe)	276

Wärme

Feste Stoffe

Stoff	Spezifische Schmelzwärme bei 1,013 bar q_s kJ/kg	Stoff	Spezifische Schmelzwärme bei 1,013 bar q_s kJ/kg	Stoff	Spezifische Schmelzwärme bei 1,013 bar q_s kJ/kg
Eisenoxid (Rost)	–	Kupfer (Cu)	213	Silber (Ag)	105
Fette	–	Magnesium (Mg)	368	Silicium (Si)	1658
Gips	–	Magnesium- Leg.	–	Siliciumkarbid (SiC)	– [1]
Glas (Quarzglas)	–	Mangan (Mn)	265	Stahl, unlegiert	205
Gold (Au)	65	Molybdän (Mo)	287	Stahl, legiert	–
Grafit (C)	16750	Natrium (Na)	113	Steinkohle	–
Gusseisen	125	Nickel (Ni)	303	Tantal (Ta)	172
Hartmetall (K 20)	–	Niob (Nb)	288	Titan (Ti)	323
Holz (luftgetrocknet)	–	Phosphor, gelb (P)	21	Uran (U)	356
Irdium (Ir)	135	Platin (Pt)	113	Vanadium (V)	343
Jod (J)	62	Polystrol	–	Wasser	334
Kohlenstoff (C)	–	Porzellan	–	Wolfram (W)	191
Koks	–	Quarz, Flint (SiO_2)	–	Zink (Zn)	111
Konstantan	–	Schaumgummi	–	Zinn (Sn)	59
Kork	–	Schwefel (S)	49	[1] zerfällt über 3000 °C in C und Si	
Korund (Al_2O_3)	–	Selen, rot (Se)	83		

Flüssige Stoffe

Stoff	Spezifische Verdampfungswärme bei 1,013 bar q_v kJ/kg	Stoff	Spezifische Verdampfungswärme bei 1,013 bar q_v kJ/kg	Stoff	Spezifische Verdampfungswärme bei 1,013 bar q_v kJ/kg
Äthyläther $C_4H_{10}O$	377	Heizöl EL	628	Quecksilber (Hg)	285
Benzin	419	Maschinenöl	–	Spiritus 95 %	854
Dieselkraftstoff	628	Petroleum	314	Wasser, destilliert	2256

Verbrennungswärme

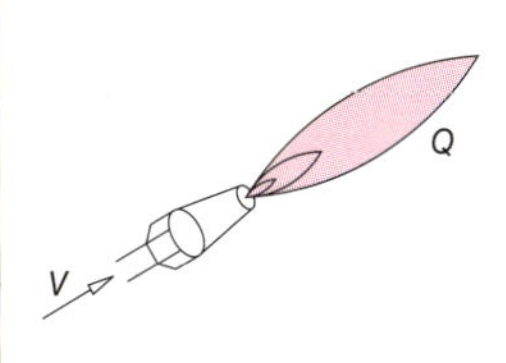

Feste und flüssige Stoffe:

$$Q = m \cdot H_U \qquad m = \frac{Q}{H_U} \qquad H_U = \frac{Q}{m}$$

Gasförmige Stoffe:

$$Q = V \cdot H_U \qquad V = \frac{Q}{H_U} \qquad H_U = \frac{Q}{V}$$

Q Wärmemenge in kJ, kWh
m Masse Brennstoff in kg, l
V Volumen Brenngas in m^3
H_U spezifischer Heizwert in kJ/kg, kJ/m^3

Belastungsarten

Belastungsart	Statische Belastung	Dynamische Belastung	
	Belastungsfall I - ruhend	Belastungsfall II - schwellend	Belastungsfall III - wechselnd
Zeitlicher Verlauf	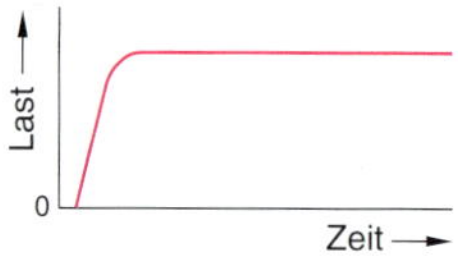 Last, 0, Zeit → Die Spannung bleibt nach dem Aufbringen der Last konstant, z. B. in einer Säule eines Gebäudefundamentes	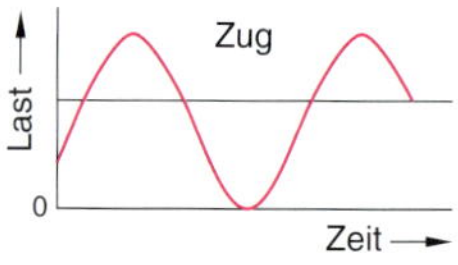 Last, 0, Zug, Zeit → Die Spannung ändert sich zwischen einem Mindestwert und einem Höchstwert, z. B. bei Kranseilen	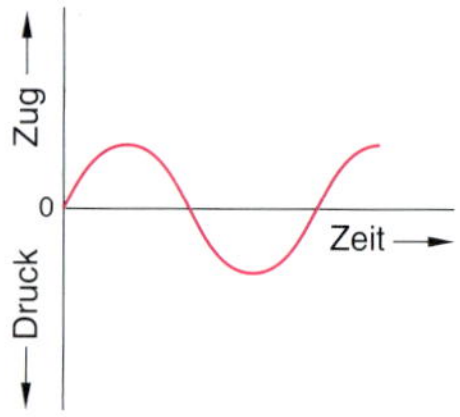 Zug, 0, Druck, Zeit → Die Spannung ändert sich zwischen einem positiven und einem negativen Höchstwert, z. B. bei umlaufenden Achsen, Pleuelstangen

Beanspruchungsarten

Beanspruchungsart	Belastungsart: statische Belastung Fall I - ruhend	dynamische Belastung Fall II - schwellend	dynamische Belastung Fall III - wechselnd
Zug 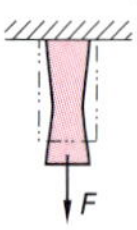 (F)	Zugspannung σ_z Zugfestigkeit R_m Streckgrenze R_e, R_{eH} 0,2-Grenze [1] $R_{p0,2}$	Zug-Schwellfestigkeit σ_{zsch}	Zug-Wechselfestigkeit σ_{zw}
Druck 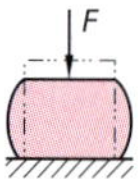 (F)	Druckspannung σ_d Druckfestigkeit σ_{dB} Quetschgrenze σ_{dF} 0,2-Grenze [1] $\sigma_{d0,2}$	Druck-Schwellfestigkeit σ_{dsch}	Druck-Wechselfestigkeit σ_{dw}
Biegung 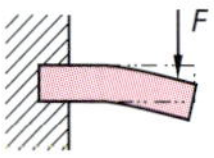 (F)	Biegespannung σ_b Biegefestigkeit σ_{bB} Biegegrenze σ_{bF}	Biege-Schwellfestigkeit σ_{bsch}	Biege-Wechselfestigkeit σ_{bw}
Scherung 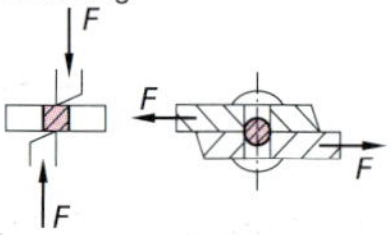 (F)	Scherspannung τ_a Scherfestigkeit τ_{ab}	–	–
Verdrehung (Torsion) 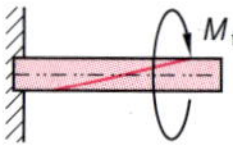 (M_t)	Torsionsspannung τ_t Torsionsfestigkeit τ_{tB} Torsionsgrenze τ_{tF}	Torsions-Schwellfestigkeit τ_{tsch}	Torsions-Wechselfestigkeit τ_{tw}
Knickung 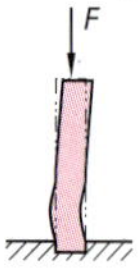 (F)	Knickspannung σ_k Knickfestigkeit σ_{kB}	–	–

[1] 0,2 %-Dehngrenze für Werkstoffe ohne ausgeprägte Streckgrenze R_E

Festigkeitslehre

Zugspannung

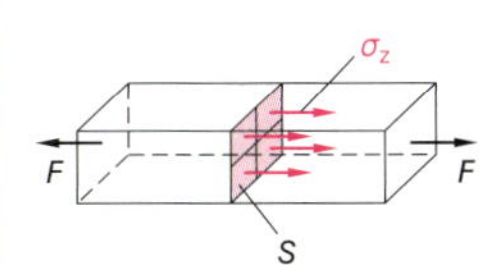

$$\sigma_z = \frac{F}{S} \qquad \sigma_{zzul} = \frac{F}{S \cdot \upsilon}$$

$$F = \sigma_z \cdot S \qquad S = \frac{F}{\sigma_z}$$

$$S_{erf} = \frac{F_{max}}{\sigma_{zzul}}$$

Bleibende Dehnung nicht zulässig

$$\sigma_{zzul} = \frac{R_e}{\upsilon} \qquad R_e = \sigma_{zzul} \cdot \upsilon$$

$$\upsilon = \frac{R_e}{\sigma_{zzul}} \qquad R_e = R_{p0,2}\ (\sigma_s,\ \sigma_{0,2})$$

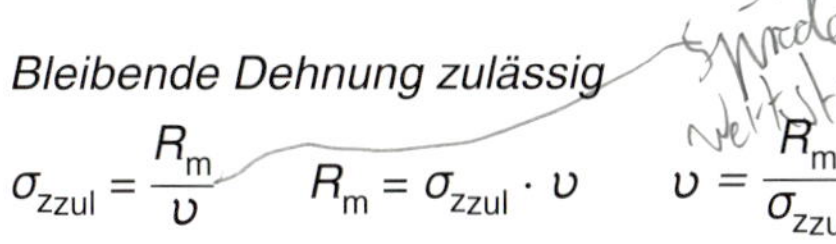

Bleibende Dehnung zulässig

$$\sigma_{zzul} = \frac{R_m}{\upsilon} \qquad R_m = \sigma_{zzul} \cdot \upsilon \qquad \upsilon = \frac{R_m}{\sigma_{zzul}}$$

σ_z Zugspannung in N/mm²
σ_{zzul} zul. Zugspannung in N/mm²
F Zugkraft in N
F_{max} größte Zugkraft in N
S beanspr. Querschnitt in mm²
S_{erf} erforderlicher Querschnitt in mm²
υ Sicherheitszahl
R_e Streckgrenze (St) in N/mm²
R_m Zugfestigkeit (GG) in N/mm²

Druckspannung

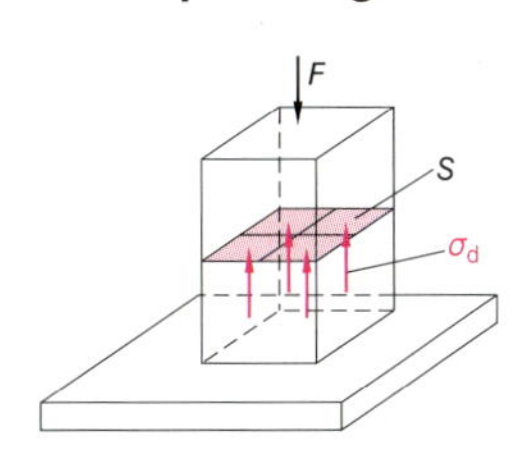

$$\sigma_d = \frac{F}{S} \qquad \sigma_{dzul} = \frac{F}{S \cdot \upsilon}$$

$$F = \sigma_d \cdot S \qquad S = \frac{F}{\sigma_d}$$

$$S_{erf} = \frac{F_{max}}{\sigma_{dzul}}$$

$$\sigma_{dzul} = \frac{\sigma_{dF}}{\upsilon} \text{ für Stahl} \qquad \sigma_{dzul} = \frac{4R_m}{\upsilon} \text{ für Gusseisen}$$

σ_d Druckspannung in N/mm²
σ_{dzul} zul. Druckspannung in N/mm²
F Druckkraft in N
F_{max} größte Druckkraft in N
S beanspr. Querschnitt in mm²
S_{erf} erforderlicher Querschnitt in mm²
υ Sicherheitszahl
S_{df} Quetschgrenze (Stahl)[1] in N/mm²

$$\sigma_d \mathrel{\hat{=}} p_{zul}$$

[1] 0,2 %-Dehnungsgrenze für Werkstoffe ohne ausgeprägte Streckgrenze R_e

Sicherheitszahlen υ im Maschinenbau

Aus Gründen der Sicherheit dürfen Bauteile nur so weit beansprucht werden, dass die zulässige Spannung stets kleiner als die Grenzspannung bleibt.

Sicherheitszahlen υ[1)]

$$\sigma_{zul} = \frac{R_{eH}}{\upsilon} = \frac{\sigma_{lim}}{\upsilon}$$

σ_{zul} zulässige Spannung
σ_{lim} zulässige Grenzspannung
R_{eH} Streckgrenze (Spannungshöchstwert)
υ Sicherheitszahl

Werkstoff[2)]	Belastungsart		
	Statische Belastung Fall I - ruhend	**Dynamische Belastung Fall II - schwellend**	**Dynamische Belastung Fall III - wechselnd**
Stahl, Gussstahl, Aluminium (zäh-hart)	1,2 ... 1,6	1,8 ... 2,5	3 ... 4
Grauguss, Gusseisen mit Kugelgrafit Temperguss (spröde)	2 ... 4	3 ... 5	5 ... 6

[1)] In der Konstruktionspraxis sind die einschlägigen Vorschriften zu beachten.

[2)] Bei Werkstoffen, die keine ausgeprägte Streckgrenze (R_e) (Quetschgrenze σ_{dF}) besitzen, wird mit der 0,2 %-Dehngrenze (0,2 %-Stauchgrenze $\sigma_{d0,2}$) gerechnet.

Festigkeitslehre

Zulässige Spannungen im Maschinenbau (Richtwerte)

Beanspruchungsart	Zug/Druck			Biegung			Verdrehung			Scherung
Grenzspannung σ_{lim} in N/mm²	R_e, $R_{p0,2}$, σ_{dP}, $\sigma_{d0,2}$	σ_{zSch} σ_{dSch}	σ_{zW} σ_{dW}	σ_{bF}	σ_{bSch}	σ_{bW}	τ_{tF}	τ_{tSch}	τ_{tW}	τ_{aB}
Belastungsfall	I	II	III	I	II	III	I	II	III	I
S235JR	235		150	260		170	140		120	290
S275JR	275		180	310		240	160		140	340
S355JR	355		220	470		300	180		160	390
E295	295		210	420		250	170		150	400
E335	335		250	470		280	190		160	470
E360	360		300	510		330	210		190	550
C10,C10E	300		180	420		300	280		300	200
C22, C22E	340		220	490		280	250		170	400
C45, C45E	490		280	640		320	350		210	560
41Cr2, 41CrS2	800	700	410	1100	740	450	550	500	330	720
46Cr2,46CrS2	650	630	370	920	650	380	480	450	270	600
25CrMo4	700	650	380	1150	750	420	560	480	290	810
50CrMo4	900	750	450	1250	830	480	640	550	320	880
30CrNiMo8	1050	880	520	1450	950	550	740	640	470	1000
GS38	200		160	260		150	110		90	300
GS45	230		190	300		170	140		110	360
GS52	260		210	340		210	150		120	420
GS60	300		240	390		240	180		140	480
EN-GJS-400-15U	250	240	140	350	340	220	200	190	110	400
EN-GJS-500-7U	320	290	160	420	380	240	240	233	130	500
EN-GJS-600-3U	370	340	190	500	470	280	290	270	160	600
EN AC-AlSi11	150	100	70	120	70	50	80	50	30	150
CuZn40	420	340	150	350	250	250	200	150	150	200

Die angegebenen Werte sind Richtwerte bei der Verwendung zylindrischer Probenstäbe Ø ≤ 16 mm. Maßgeblich sind in der Regel Stäbe mit polierter Oberfläche. Bei zähen Werkstoffen (ohne ausgeprägte Streckgrenze) sind gleiche Werte für die jeweilig betrachtete Grenzspannung sinnvoll und zulässig.

Prüfbedingungen der Baustähle sind der normalgeglühte Zustand, Nitrierstähle weichgeglüht und ca. max. 250 HB, bei Vergütungsstählen der vergütete Zustand.

Bei Gusseisen mit Kugelgrafit werden die mechanischen Eigenschaften aus angegossenen bzw. getrennt gegossenen Proben mechanisch ermittelt. Proben angegossen bei Werkstückmassen größer 2000 kg oder Wanddicken $30 \leq t$ 200 mm. Die Druckfestigkeit bei Gusseisen mit Lamellengrafit beträgt etwa $\sigma_{dB} = 4 \cdot R_m$.

Festigkeitslehre

Zulässige Flächenpressung ruhender Bauteile (Richtwerte)

Werkstoff-bezeichnung		S235JR S335JR	E295 E360	GS-45 GS-60	EN-GJL-150 (GG15) EN-GJL-300 (GG30)	EN-GJS-400 (GGG-40) EN-GJMW-400 (GTW-40)
	a) b)					
p_{zul} in N/mm²	a) b)	140 ... 160 210 ... 240	210 ... 240 240 ... 280	120 ... 160 150 ... 220	150 ... 200 300 ... 400	200 ... 250 200 ... 230

Flächenpressung gleitender Bauteile (Richtwerte für gefettetes Lager)

Werkstoff-bezeichnung		CuSn10/PTFE CuSn10/POM	SNSb8Cu4	PbSb15Sn10 PbSb10Sn6	CuSn11Pb2-C CuSn12-C	EN-GJL-200 (GG20) EN-GJL-300 (GG30)
p_{zul} in N/mm²	Fall I	15 ... 20	20 ... 30	10 ... 25	30 ... 50	10 ... 25
	II/III	5	10 ... 15	5 ... 10	25	5 ... 10

Alte Werkstoffbezeichnungen in Klammern.

Flächenpressung

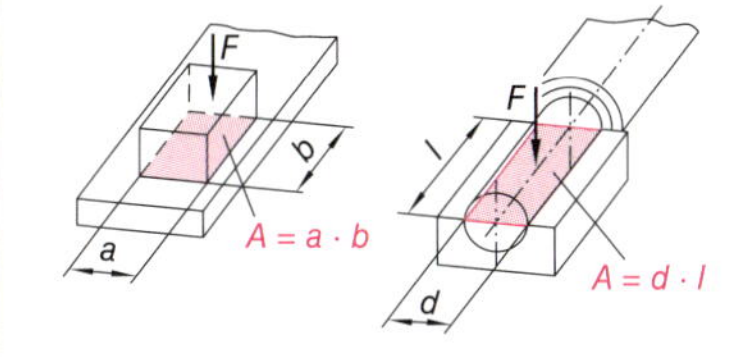

$$p_{zul} = \frac{F}{A} \qquad p_{zul} \mathrel{\hat{=}} \sigma_d$$

$$F_{zul} = A \cdot p_{zul} \qquad A_{erf} = \frac{F_{max}}{p_{zul}}$$

- p_{zul} zul. Flächenpressung in N/mm²
- F Auflagekraft in N
- F_{zul} zulässige Auflagekraft in N
- A Auflagefläche bzw. Projetionsfläche in mm²
- A_{erf} erforderliche Auflagefläche in mm²
- a Breite in mm
- b Länge der Fläche in mm
- d Durchmesser des Zapfens in mm
- l Länge des Zapfens in mm

Scherung

$$S_{erf} = \frac{F_{max}}{\tau_{azul} \cdot n}$$

$$F_{max} = S_{erf} \cdot \tau_{azul} \cdot n$$

$$\tau_{azul} = \frac{F_{max}}{S_{erf} \cdot n}$$

St: $\tau_{aB} \approx 0{,}8 \cdot R_m$

GG: $\tau_{aB} \approx 1{,}1 \cdot R_m$

Scherung einschnittig

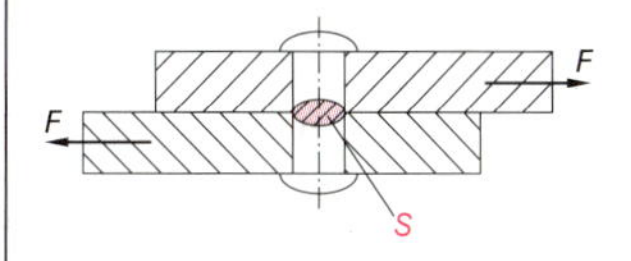

Scherung mehrschnittig

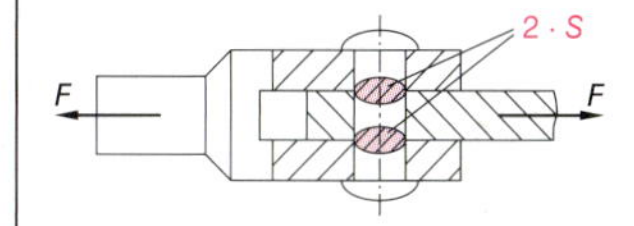

$$\tau_a = \frac{F}{S \cdot n} \qquad F = \tau_a \cdot S \cdot n$$

$$n = \frac{F}{S \cdot \tau_a} \qquad S = \frac{F}{n \cdot \tau_a}$$

$$\tau_{azul} = \frac{\tau_{aB}}{\upsilon}$$

$$\tau_{aB} = \tau_{azul} \cdot \upsilon \qquad \upsilon = \frac{\tau_{aB}}{\tau_{azul}}$$

- τ_a Scherspannung in N/mm²
- τ_{aB} Scherfestigkeit in N/mm²
- τ_{azul} zul. Scherspannung in N/mm²
- F Scherkraft in N
- F_{max} größte Scherkraft in N
- S beanspruchter Querschnitt in mm²
- S_{erf} erforderl. Querschnitt in mm²
- R_m Zugfestigkeit in N/mm²
- υ Sicherheitszahl
- n Anzahl der Scherquerschnitte

$\tau_{aB} \approx 0{,}8 \cdot R_m$

Festigkeitslehre

Biegung

Elastizitätsmodul und Schubmodul in kN/mm^2

Werkstoff-bezeich-nung	St	GS	Al-Leg.	a) EN-GJL-150 (GG 15) b) EN-GJL-300 (GG 30)	EN-GJS-400 (GGG 40) EN-GJMW 400 (GT 40)	Cu	Ni	Zn	Cu-Ni-Zn-Leg.
Elastizitäts-modul E	210	210	60 – 80	a) 80 – 90 b) 110 – 140	170 – 190	125	110	60	110 – 145
Schub-modul G	80	80	30	a) 40 b) 60	60 – 70	45	80	20	40 – 55

Biegung allgemein

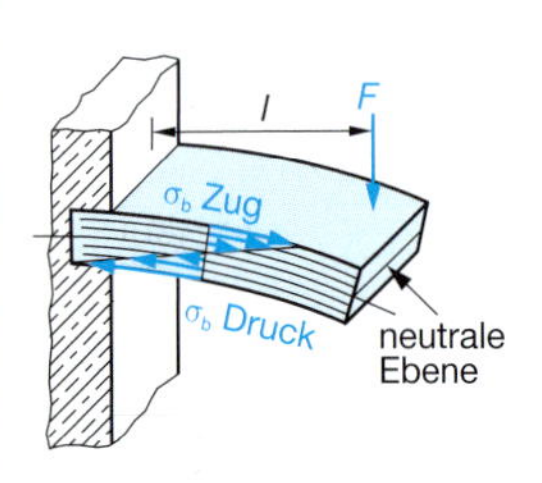

$$\sigma_b = \frac{M_b}{W}$$

$$M_b = F \cdot l$$

$$\sigma_b = \frac{F \cdot l}{W}$$

$$W_{erf} = \frac{M}{\sigma_{b_{zul}}}$$

$$\sigma_{b_{zul}} = \frac{\sigma_{bB}}{\upsilon}$$

$$W_{erf} = \frac{F \cdot l \cdot \upsilon}{\sigma_{bB}}$$

σ_b Biegespannung in N/mm^2
M_b Biegemoment in Nm
F Kraft in N
l Hebellänge in mm
W axiales Widerstandsmoment in mm^3

Tabelle siehe Seite 504.

W_{erf} erforderliches Widerstandsmoment in mm^3
$\sigma_{b_{zul}}$ zul. Biegespannung in N/mm^2
σ_{bB} Biegefestigkeit in N/mm^2
υ Sicherheitszahl

Biegung von Trägern, einseitig eingespannt

A, B, Lagerstellen (Auflager)

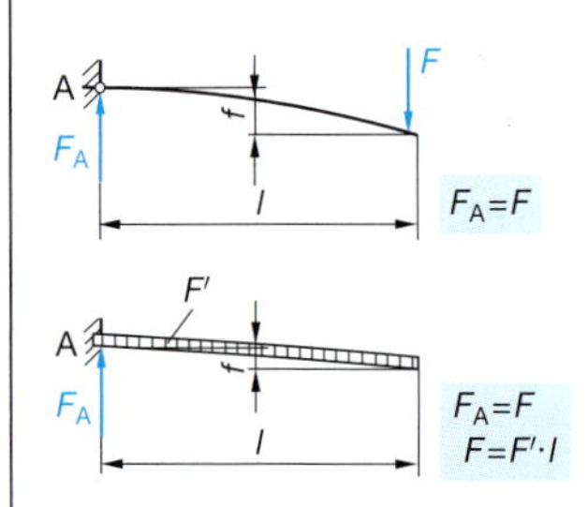

$$M_{b_{max}} = F \cdot l$$

$$f = \frac{F \cdot l^3}{3 \cdot E \cdot I}$$

$$M_{b_{max}} = \frac{F' \cdot l}{2}$$

$$f = \frac{F' \cdot l^3}{8 \cdot E \cdot I}$$

$M_{b_{max}}$ größtes Biegemoment in Nm
F Kraft in N
l Länge in mm
f Biegung in mm
E Elastizitätsmodul in N/mm^2
I axiales Flächenträgheitsmoment in mm^4

Tabelle siehe Seite 504.

F' Streckenlast in N
F_A, F_B Lagerkräfte in N

beidseitig frei aufliegend

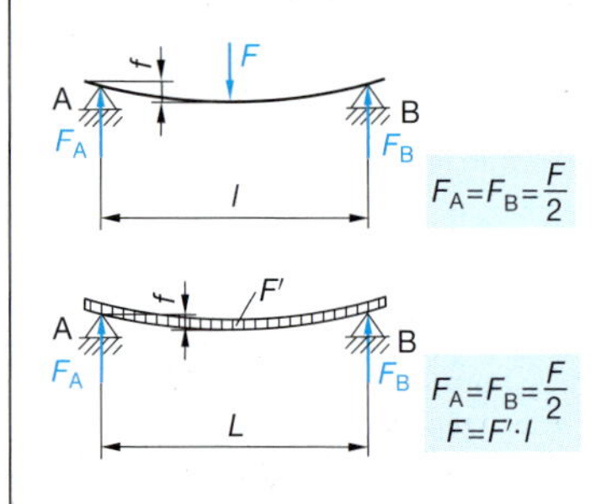

$$M_{b_{max}} = \frac{F \cdot l}{4}$$

$$f = \frac{F \cdot l^3}{48 \cdot E \cdot I}$$

$$M_{b_{max}} = \frac{F' \cdot l}{8}$$

$$f = \frac{F' \cdot l^3}{384 \cdot E \cdot I}$$

Festigkeitslehre

Biegung

beidseitig eingespannt

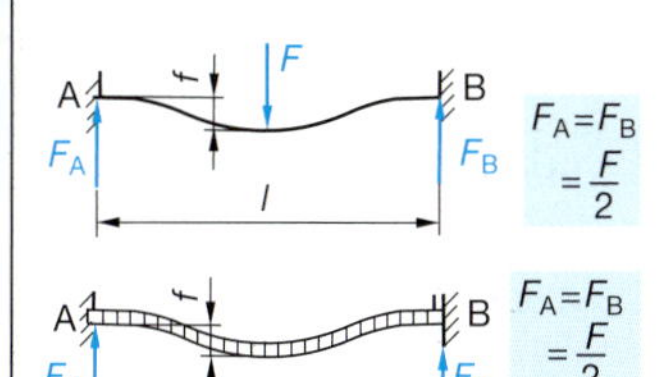

$$M_{b_{max}} = \frac{F \cdot l}{8}$$

$$f = \frac{F \cdot l^3}{192 \cdot E \cdot I}$$

$$M_{b_{max}} = \frac{F' \cdot l}{12}$$

$$f = \frac{5 \cdot F' \cdot l^3}{384 \cdot E \cdot I}$$

$M_{b_{max}}$	größtes Biegemoment in Nm
F	Kraft in N
l	Länge in mm
f	Biegung in mm
E	Elastizitätsmodul in N/mm²
I	axiales Flächenträgheitsmoment in mm⁴
f'	Streckenlast in N
F_A, F_B	Lagerkräfte in N

Torsion, Kerbwirkung

Verdrehung (Torsion)

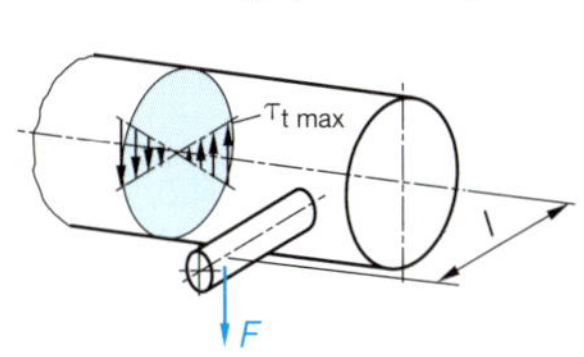

$$\tau_t = \frac{M_T}{W_P}$$

$$M_T = f \cdot l$$

bei kreisförmigem Querschnitt:

$$\tau_T = \frac{M_T \cdot 16}{d^3 \cdot \pi}$$

$$W_P = \frac{d^3 \cdot \pi}{16}$$

$$W_{p_{erf}} = \frac{M_T}{\tau_{t_{zul}}}$$

$$W_{p_{erf}} = \frac{M_T \cdot \upsilon}{\tau_{t_{max}}}$$

τ_t	Torsionsspannung in N/mm²
$\tau_{t_{zul}}$	zul. Torsionsspannung in N/mm²
$\tau_{t_{max}}$	größte Torsionsspannung in N/mm²
M_T	Torsionsmoment in N · mm
W_P	polares Flächenwiderstandmoment in mm³

Tabelle siehe Seite 504.

$W_{p_{erf}}$	erforderliches polares Flächenwiderstandsmoment in mm³
$W_{p_{max}}$	max. erforderliches Flächenwiderstandsmoment in mm³
F	Kraft in N
l	Länge in mm
d	Durchmesser in mm
υ	Sicherheitszahl

Kerbwirkung

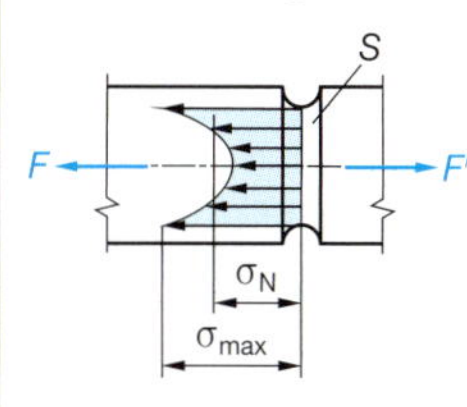

Spannungsverteilung

$$\sigma_N = \frac{F}{S}$$

$$\sigma_{zul} = \frac{\sigma_D \cdot b_1 \cdot b_2}{\beta_k \cdot \upsilon}$$

σ_N	Nennspannung in N/mm²
σ_{zul}	zul. Spannung in N/mm²
σ_D	Dauerfestigkeit des Bauteils ohne Kerbe in N/mm²
F	Kraft in N
S	Kerbquerschnitt in mm²
b_1	Oberflächenbeiwert
b_2	Größenbeiwert
υ	Sicherheitszahl
β_k	Kerbwirkungszahl

Oberflächenbeiwert b_1, für Bauteile aus Stahl

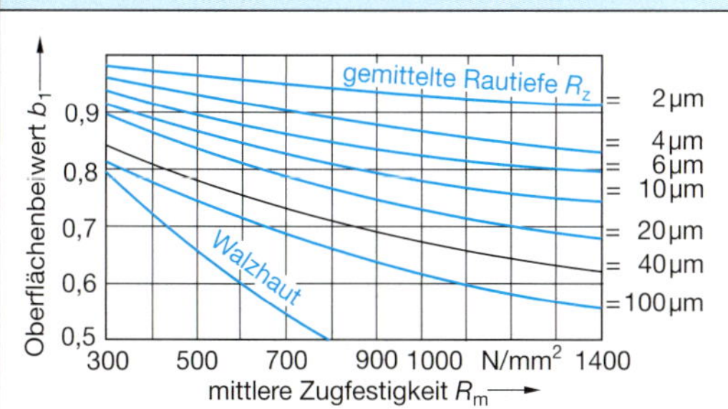

Größenbeiwert b_2, für Bauteile aus Stahl

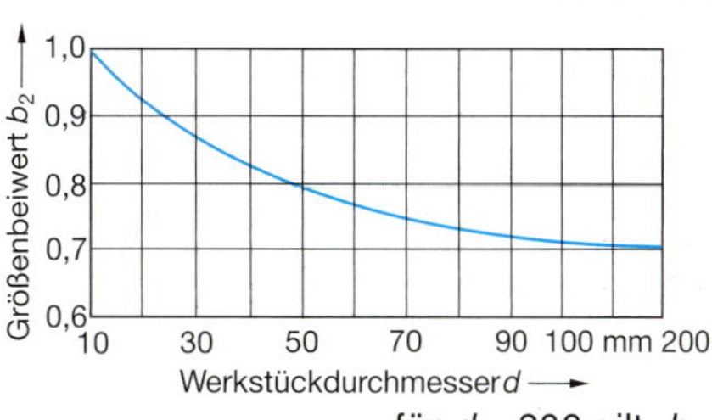

für $d > 200$ gilt: $b_2 = 0,7$

Festigkeitslehre

Kerbwirkung

Kerbwirkungszahl β_k für Stahl S 235 JR bis E 335

Kerbform	Belastungsart	Kerbwirkungszahl β_k	Kerbform	Belastungsart	Kerbwirkungszahl β_k
Welle mit Rundkerbe	Biegung Torsion	1,5 – 2,5 1,3 – 1,8	Welle mit Passfedernut	Biegung Torsion	1,9 – 2,4 1,6 – 1,9
Welle mit Lagerzapfen	Biegung Torsion	1,5 – 2 1,3 – 1,8	Welle mit Querbohrung	Biegung Torsion	1,4 – 1,7 1,4 – 1,7
Welle mit Nut für Sicherungsring	Biegung Torsion	2,5 – 3 2,5 – 3	Flachstab mit Bohrung	Biegung Torsion	1,3 – 1,5 1,6 – 1,8

Axiale und polare Trägheits- und Widerstandsmomente

Querschnittsform	Biegung, Knickung: axiales Trägheitsmoment	Biegung, Knickung: axiales Widerstandsmoment	Verdrehung, Torsion: polares Trägheitsmoment	Verdrehung, Torsion: polares Widerstandsmoment
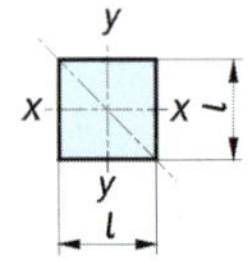	$I_x = I_y = \frac{l^4}{12}$ $I_x = I_y = I_e$	$W_x = W_y = \frac{l^3}{6}$	$I_p = 0{,}141 \cdot l^4$	$W_p = 0{,}208 \cdot l^3$
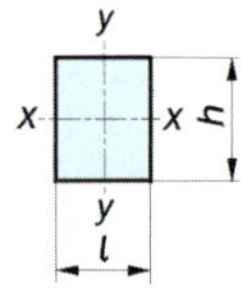	$I_x = \frac{l \cdot h^3}{12}$ $I_y = \frac{l^3 \cdot h}{12}$	$W_x = \frac{l \cdot h^2}{6}$ $W_y = \frac{l^2 \cdot h}{6}$	$I_p = c_1 \cdot h \cdot l^3$	$W_p = \frac{c_1}{c_2} \cdot h \cdot l^2$ wobei $c_1 = \frac{1}{3}\left(1 - \frac{0{,}63}{h/l} + \frac{0{,}052}{(h/l)^5}\right)$ $c_2 = 1 - \frac{0{,}65}{1 + (h/l)^3}$
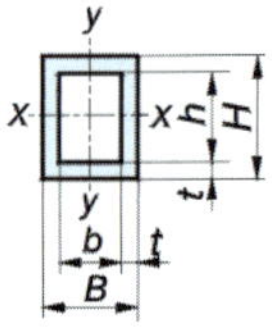	$I_x = \frac{B \cdot H^3 - b \cdot h^3}{12}$ $I_y = \frac{B^3 \cdot H - b^3 \cdot h}{12}$	$W_x = \frac{B \cdot H^3 - b \cdot h^3}{6 \cdot H}$ $W_y = \frac{B^3 \cdot H - b^3 \cdot h}{6 \cdot B}$	–	$W_p = \frac{t}{2} \cdot [(H + h) \cdot (B + b)]$ t Wandstärke
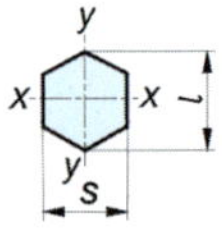	$I_x = I_y = 0{,}06014 \cdot s^4$	$W_x = 0{,}1203 \cdot s^3$ $W_x = 0{,}1042 \cdot s^3$	$I_p = 0{,}1154 \cdot s^4$ $I_p = 0{,}065 \cdot l^4$	$W_p = 0{,}19 \cdot s^3$ $W_p = 0{,}123 \cdot l^3$
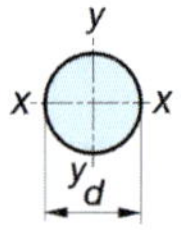	$I = \frac{\pi}{64} \cdot d^4$	$W = \frac{\pi}{32} \cdot d^3$	$I_p = \frac{\pi}{32} \cdot d^4$	$W_p = \frac{\pi}{16} \cdot d^3$
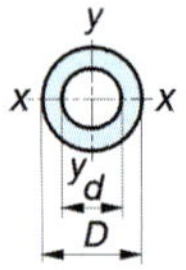	$I = \frac{\pi}{64} \cdot (D^4 - d^4)$	$W = \frac{\pi}{32} \cdot \frac{D^4 - d^4}{D}$	$I_p = \frac{\pi}{32} \cdot (D^4 - d^4)$	$W_p = \frac{\pi}{16} \cdot \frac{D^4 - d^4}{D}$
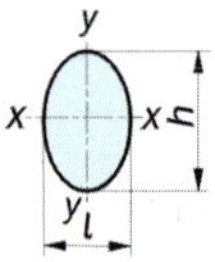	$I_x = \frac{\pi}{64} \cdot (l \cdot h^3)$ $I_y = \frac{\pi}{64} \cdot (l^3 \cdot h)$	$W_x = \frac{\pi}{32} \cdot (l \cdot h^2)$ $W_y = \frac{\pi}{32} \cdot (l^2 \cdot h)$	$I_p = \frac{\pi}{16} \cdot (l \cdot h^2)$	$W_p = \frac{\pi}{16} \cdot (l^2 \cdot h)$

Festigkeitslehre

Verschiebesatz nach Steiner

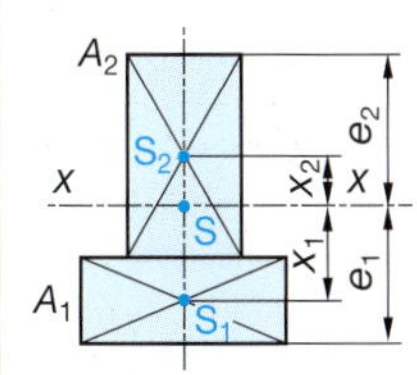

Flächenmomente und Widerstandsmomente beliebig geformter Querschnittsflächen lassen sich berechnen.
Flächemomente 2. Grades und die axialen Widerstandsmomente können für beliebig geformte Flächen berechnet werden.

$$I_1 = I_{A1} + A_1\, x_1^2$$
$$I_2 = I_{A2} + A_1\, x_2^2$$

$$I_x = I_1 + I_2$$

Für die Biegeachse x–x gilt:

$$W_{x1} = \frac{I_x}{e_1} \text{ oder } W_{x2} = \frac{I_x}{e_2}$$

A Fläche, gesamt in mm^2
$A_{1,2}$ Teilflächen 1, 2 in mm^2
x–x Biegeachse
$x_{1,2}$ Schwerpunktabstand der Teilflächen zur Biegeachse x–x in mm
$e_{1,2}$ Randabstand zu Biegeachse in mm
S Schwerpunkt, Gesamtfläche
$S_{1,2}$ Schwerpunkte der Teilfächen A_1, A_2
I_x Flächenmoment 2. Grades bezogen auf die Biegeachse in mm^4
$I_{1,2}$ Flächenmoment der Teilfläche bezogen auf die Biegeachse im mm^4
$I_{A1,2}$ Flächenmoment der bekannten Teilflächen $A_{1,2}$ in mm^4

Tabelle siehe Seite 504.

W_x Widerstandsmoment bezogen auf die Biegeachse in mm^3

Scherschneiden (Lochen)

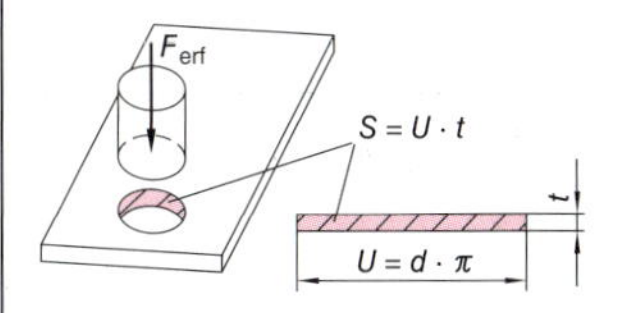

$$\tau_{aB} = \frac{F_{erf}}{S} \qquad S = d \cdot \pi \cdot t$$

$$\tau_{aB} = \frac{F_{erf}}{d \cdot \pi \cdot t} = \frac{F}{S}$$

$$F_{erf} = \tau_{aB} \cdot d \cdot \pi \cdot t = S \cdot \tau_{aB}$$

$$d = \frac{F_{erf}}{\tau_{aB} \cdot \pi \cdot t} \qquad t = \frac{F_{erf}}{\tau_{aB} \cdot d \cdot \pi}$$

τ_{aB} Scherfestigkeit in N/mm^2
F_{erf} erforderliche Scherkraft in N
S Scherfläche in mm^2
d Durchmesser in mm
t Dicke in mm
l Länge der Scherfläche in mm
U Umfang der Scherfläche in mm

max. Scherfestigkeit: $\tau_{aBmax} \approx 0{,}8\, R_{mmax}$

Knickung (nach Euler)

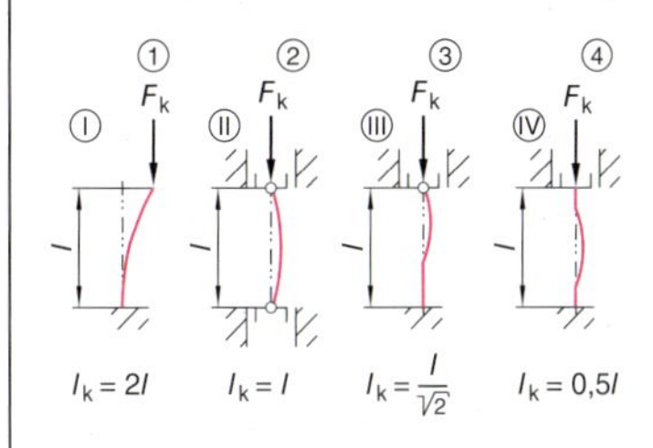

$$\sigma_k = \frac{F_k}{S} \qquad F_k = \sigma_k \cdot S \qquad S = \frac{F_k}{\sigma_k}$$

$$F_k = \frac{E \cdot I \cdot \pi^2}{l_k^2} \qquad F_{kzul} = \frac{E \cdot I \cdot \pi^2}{l_k^2 \cdot \upsilon}$$

$$I = \frac{F_{kzul} \cdot l_k^2 \cdot \upsilon}{E \cdot \pi^2} \qquad l_k = \sqrt{\frac{E \cdot I \cdot \pi^2}{F_{kzul} \cdot \upsilon}}$$

σ_k Knickspannung in N/mm^2
F_k Knickkraft (Euler) in N
S Querschnittsfläche in mm^2
F_{kzul} zulässige Knickkraft in N
E Elastizitätsmodul in N/mm^2
l_k freie Knicklänge in mm
υ Sicherheitszahl
I axiales Flächenträgheitsmoment in mm^4

Symbole der Metalltechnik

Funktionssymbole

Symbol	Bedeutung
	Druckluft Luftstrom
	Hydraulik Hydrostrom
	Strömungsrichtungen
	Drehrichtungen
	Verstellbarkeit, Veränderbarkeit
	Funktionslinie, schmal Zustand der Ausgangsstellung
	Funktionslinie, breit Von Ausgangsstellung abweichender Zustand

Arbeitsbewegungen

Symbol	Bedeutung
	Bewegung, geradlinig, Vorschub
	Schwenkbewegung
	Drehbewegung Ein

Leerbewegungen

Symbol	Bedeutung
	Bewegung, geradlinig, Eilgang
	Schwenkbewegung
	Drehbewegung Ein

Begrenzungen

Symbol	Bedeutung
	Arbeitsweg
	Leerweg
	Wegbegrenzung über Signalglied
	Wegbegrenzung durch einstellbaren mech. Festanschlag
	Wegbegrenzung über Wegmesssteuerung

Funktionslinien

Symbol	Bedeutung
	Wegbegrenzung, allgemein
	Wegbegrenzung über Signalglied
	Wegbegrenzung durch mech. Festanschlag

Signalglieder

Symbol	Bedeutung
	Mechanisch betätigt
p 8 bar	Durch Druck betätigt
t 2 s	Zeitglied

Signalverknüpfungen

Symbol	Bedeutung
	Signalverzweigung
	UND-Verknüpfung
	ODER-Verknüpfung
S̄	NICHT-Verknüpfung des Signals S

Signale

Symbol	Bedeutung
	Sign. zu einer anderen Maschine
	Sign. von einer anderen Masch.
	Signalausgang, allgemein

Funktionsbildzeichen

Symbol	Bedeutung
	Elektrischer Vorgang
	Pneumatischer Vorgang
	Hydraulischer Vorgang
	mechanischer Vorgang

Energieübertragung

Symbol	Bedeutung
	Hydraulik-Druckquelle
	Pneumatik-Druckquelle
	Arbeitsleitungen, Rücklauf und Zuführung
	Steuerleitung, Abflussleitung, Leckleitung
	Flexible Leitungsverbindung
	Elektrische Leitungen
	Rohrleitungsverbindungen
	Kreuzungen, keine Verbindungen
	Energieabnahmestelle mit Stopfen
	Schnellkupplung, verbunden, ohne mechanisch öffnendes Rückschlagventil
	Schnellkupplung, entkuppelt, mit offenem Ende
	Schnellkupplung, entkuppelt, durch federloses Rückschlagventil gesperrtes Ende
	Geräuschdämpfer
	Druckbehälter
	Hydrospeicher
	Behälter offen, mit der Atmosphäre verbunden

Symbole der Metalltechnik

Energieübertragung

Symbol	Bezeichnung
	Behälter mit Rohrende über dem Flüssigkeitsspiegel
	Auslassöffnung ohne Vorrichtung für einen Anschluss
	Auslassöffnung mit Gewinde für einen Anschluss
	Filter, Sieb
	Wasserabscheider, handbetätigt
	Öler
	Lufttrockner
	Kühler
	Temperaturregler
	Aufbereitungseinheit,

Motoren/Pumpen/Kompressoren

Symbol	Bezeichnung
	Drehrichtung, 1-Weg-Achse
	Welle, Stange
	Kupplung
	Elektromotor
	Hydromotor mit einer Stromrichtung
	Hydromotor mit zwei Stromrichtungen
	Pneumatikmotor mit einer Stromrichtung
	Pneumatikmotor mit zwei Stromrichtungen
	Pumpe oder Motor, je nach Stromrichtung
	Pumpe oder Motor mit veränderbarem Verdrängungsvolumen
	Drehmomentwandler
	Schwenkmotor, hydraulisch
	Schwenkmotor, pneumatisch

Sperrventile

Symbol	Bezeichnung
	Rückschlagventil, unbelastet
	Rückschlagventil, federbelastet
	Wechselventil
	Schnellentlüftungsventil
	Drosselrückschlagventil
	Zweidruckventil, UND-Funktion
	Wechselventil ODER-Funktion

Druckventile

Steuerkanäle intern extern	
	Druckventil in Nullstellung, offen Druckventil in Nullstellung, geschlossen
	Druckbegrenzungsventil, evtl. als Folgeventil
	Folgeventil
	Druckregelventil oder Druckreduzierventil
	Druckbegrenzungsventil, direktwirkend
	Folgeventil, einstufig, federbelastet
	Druckreduzierungsventil, direktwirkend
	Druckreduzierventil, vorgesteuert

Stromventile

Symbol	Bezeichnung
	Drosselventil, fest
	Drosselventil, verstellbar
	Stromregelventil, verstellbar
	Stromregelventil, verstellbar; mit Entlastung zum Behälter
	Stromteilventil, 2 Ströme im festen Verhältnis
	Absperrventil

Wegeventile

Symbol	Bezeichnung
	Grundsymbol, 2-Stellungs-Wegeventil; Anschlüsse werden mit kurzen Linien markiert
	1 Durchflussweg
	2 Sperranschlüsse
	2 Durchflusswege
	2 Durchflusswege, verbunden

Symbole der Metalltechnik

Wegeventile

Symbol	Bezeichnung
2 a b 1 3	Bezeichnung: hier 3/2-Wegeventil 3 Anschlüsse (1-3) 2 Schaltst. (a, b)
	2/2-Wegeventil, Durchfluss-Ruhestellung
	2/2-Wegeventil, Sperr-Ruhestellung
	3/2-Wegeventil, Sperr-Ruhestellung
	3/2-Wegeventil, Durchfluss-Ruhestellung
	4/3-Wegeventil, Durchfluss-Ruhestellung
	4/2-Wegeventil
	4/3-Wegeventil mit Sperrmittelstellung
	4/3-Wegeventil mit Schwimmer-Mittelstellung
	5/2-Wegeventil
	5/3-Wegeventil mit Sperr-Mittelstellung
	Drosselndes Wegeventil mit 2 äußeren Endstellungen
	Drosselndes Wegeventil mit neutraler Mittelst.

Betriebszustände von Ventilen

Symbol	Bezeichnung
	Sperrruhestellung
	Durchflussruhest.

Betätigungsarten

Symbol	Bezeichnung
	Muskelkraft, allgemein
	Druckknopf, Taster
	Hebel
	Pedal
	Stößel, Taster
	Rolle, nur in einer Richtung arbeitend
	Rolle
	Feder
	Druckbeaufschlagung, hydraulisch
	Druckbeaufschl., pneumatisch
	Druckbeaufschl., indirekt hydraulisch
	Druckbeaufschl., indirekt pneumatisch
	Indirekte Betätigung durch Druckentlastung
	Elektromagnet und Vorsteuer-Wegeventil
	Elektromagnet
M	Elektromotor

Sonstige Geräte

Symbol	Bezeichnung
t 2 s	Zeitglied, einstellbar
	Leuchte

Wegeventile, Kurzbezeichnung und Anschlusskennzeichnung

Kurzbezeichnung

Bezeichnungsbeispiel

Rohranschluss
Durchflussrichtung
2
a, b Schaltstellungen
a b
1
3
Sperrzeichen
Symbol für Abluft
Rohranschluss

3 / 2 - Wegeventil
2 Schaltstellungen
3 Anschlüsse

Anschlusskennzeichnung

Anschluss	alte Norm	für 2/2-Wegeventil handbetätigt	für 3/2-Wegeventil pneumatisch betätigt	für 5/2-Wegeventil pneumatisch betätigt
Druckversorgung	P	1	1	1
Arbeitsleitung	A	2	2	2
Arbeitsleitung	B	–	–	4
Entlüftung	R	–	3	3
Entlüftung	S	–	–	5
Steueranschluss	Y	–	12	12
Steueranschluss	Z	–	–	14

Anwendungsbeispiele

2/2-Wegeventil
1
2 3

3/2-Wegeventil
2
12
1 3

5/2-Wegeventil
4 2
14 12
5 3
1

Symbole der Metalltechnik

Sonstige Geräte

	Leuchtdiode, LED
	Temperaturmessgerät
	Überdruckmessgerät
	Drehzahlmessgerät
	Volumenstrommessgerät

Wälzlager

	Achsdarstellung bei Lagern ohne Einstellmöglichkeit
	Achsdarstellung bei Lagern mit Einstellmöglichkeit
	Lage und Anzahl der Reihen von Wälzelementen
	Wälzelemente, die rechtwinklig zu ihrer Achse dargestellt sind
	Wälzlager, allgemeine Darstellung
	Radial-Rillenkugellager, Zylinderrollenlager, einreihig
	Radial-Pendelrollenlager, einreihig
	Schrägkugellager, Kegelrollenlager, einreihig
	Nadellager, Nadelkranz, einreihig
	Axial-Rillenkugellager, Axial-Rollenlager, einreihig
	Axial-Pendelrollenlager einreihig
	Radial-Rillenkugellager, Zylinderrollenlager, zweireihig
	Pendelkugellager, Radial-Pendelrollenlager, zweireihig
	Schrägkugellager, zweireihig
	Nadellager, Nadelkranz, zweireihig
	Axial-Rillenkugellager, zweiseitig
	Axialrillenkugellager mit kugeligen Gehäusescheiben, zweiseitig
	Radial-Nadellager mit Schrägkugellager, kombiniert
	Axial-Kugellager mit Radial-Nadellager, kombiniert

Dichtungen

	Linie parallel zur Dichtfläche für das fest sitzende Dichtelement
	Diagonale Linie für das bewegliche Dichtelement, Angabe der Dichtrichtung durch Pfeil
	Kurze diagonale Linie für Staublippen, Abstreifringe
	Statischer Teil von U- und V-Ringen, Packungen
	Dichtlippen von U- und V-Ringen, Packungen
	Berührungsfreie Dichtungen

Federn

	Schrauben-Druckfeder, zylindrisch aus rundem Drahtquerschnitt
	Schrauben-Drehfeder aus rundem Drahtquerschnitt
	Schrauben-Zugfeder aus rundem Drahtquerschnitt
	Tellerfederpaket

Schweißen

	Bördelnaht
	I-Naht
	V-Naht
	Kehlnaht
	HV-Naht
	Y-Naht
	HY-Naht
	U-Naht
	HU-Naht
	Punktnaht
	Liniennaht

Symbole der Metalltechnik

Schweißen

Symbol	Bedeutung
=	Flächennaht
	V-Naht mit Gegenlage
	Doppel-V-Naht
	Doppel-U-Naht
	Doppel-Kehlnaht

Werkzeugmaschinen

Symbol	Bedeutung
	Datenträger
	Speicher
	Satz
	Funktionspfeil
	Korrektur
	Bezugspunkt
	Wechsel
	Änderung
	Programm ohne Maschinenfunktion
	Kontinuierlich vorwärts, Daten lesen ohne Maschinenfunktion
	Kontinuierlich vorwärts, Daten lesen mit Maschinenfunktion
N	Satznummernsuche, rückwärts, ohne Maschinenfunktion
	Satzweise vorwärts, Daten lesen mit Maschinenfunktion
	Eingabe von Hand
%	Programmanfang
	Programm ändern
	Unterprogramm
	Speicher für Unterprogramm
	Programmspeicher
	Dateneingabe in Speicher
	Datenausgabe aus Speicher
	Zwischenspeicher
	Änderung von Speicherdaten
	Programmierter Halt
	Koordinaten-Nullpunkt
	Werkstück Nullpunkt
	Referenzpunkt
	Nullpunktverschiebung
	Werkzeugkorrektur
	Werkzeuglängenkorrektur
	Kontur erneut anfahren
	Absolute Maßangaben
	Inkrementale Maßangaben

Handhabungsfunktionen

Symbol	Bedeutung
	Teilen
	Vereinigen
	Verschieben
	Drehen
	Halten
	Lösen
	Sortieren
	Verzweigen
	Zusammenführen
	Fördern
	Führen
	Ordnen
	Schwenken
	Positionieren
	Orientieren
	Spannen
	Entspannen
	Prüfen
	Form prüfen
	Position prüfen
	Anwesenheit prüfen

Symbole der Metalltechnik

Handhabungsfunktionen

Symbol	Benennung
	Identität prüfen
	Orientierung prüfen
	Größe prüfen
	Farbe prüfen
	Gewicht prüfen
	Messen
n	Zählen
	Orientierung messen
	Position messen
	Geordnetes Speichern
	Teilgeordnetes Speichern
	Ungeordnetes Speichern

Verfahrenstechnik

Symbol	Benennung
1 mm	Leitung, Hauptprodukt
0,5 mm	Leitung, Nebenprodukt
0,25 mm	Steuerleitung
	Leitungsabzweig
	Leitungskreuzung
	Doppelabzweig
	Fließrichtung, allgemein
	Absperrarmatur, allgemein
	Absperrarmatur, Eckform
	Absperrarmatur, Dreiwegeform
	Absperrschieber
	Absperrklappe
	Pumpe, allgemein
	Verdichter, Vakuumpumpe allg.
	Stetigförderer, allgemein
	Schneckenförderer
	Behälter, allgemein
	Kugelbehälter
	Kolonne mit Einbauten, allgemein
	Heizen, Kühlen, allgemein
	Wärmetauscher, gekreuzte Fließlinien
	Wärmetauscher, ohne Kreuzung
	Wärmetauscher, ohne Kreuzung
	Doppelrohr-Wärmetauscher
	Filter, allgemein
	Gasfilter, Luftfilter, allgemein
	Abscheider, allgemein
	Zentrifuge, allgemein
	Trockner, allgemein

Prozessleittechnik

Symbol	Benennung
F	Aufnehmer für Durchfluss
F	Induktiver Durchflussaufnehmer
FQ	Aufnehmer für Volumen, Masse
20 °C T	Temperaturschalter
T	Thermoelement
P	Membranaufnehmer für Druck
L	Kapazitiver Aufnehmer für Stand
L	Schwimmeraufnehmer für Stand
W	Waage, anzeigend
(n) S	Drehzahl mit Impusgeber
G	Widerstandsgeber für Abstand, Länge, Stellung
T	Temperaturmessumformer mit elektr. Signalausgang und galvanischer Trennung
A	Messumf. mit pneumatischem Signalausgang
A L	Messumformer für Stand mit pneumatischen Signalausgang
	Analog-Digitalumsetzer
	Signalspeicher, allgemein
	Verstärker
	Analoganzeiger
	Digitalanzeiger

Werkstofftechnik

Periodensystem der Elemente

Zeichen	Element	Periode	Gruppe	Z	relative Atommasse	Art
H	Wasserstoff	1	I	1	1,007	G
He	Helium		VIII	2	4,002	EG
Li	Lithium	2	I	3	6,941	M
Be	Beryllium		II	4	9,012	M
B	Bor		III	5	10,811	N
C	Kohlenstoff		IV	6	12,011	N
N	Stickstoff		V	7	14,006	G
O	Sauerstoff		VI	8	15,999	G
F	Flour		VII	9	18,998	G
Ne	Neon		VIII	10	20,179	EG
Na	Natrium	3	I	11	22,989	M
Mg	Magnesium		II	12	24,305	M
Al	Aluminium		III	13	26,981	M
Si	Silicium		IV	14	28,086	N
P	Phosphor		V	15	30,974	N
S	Schwefel		VI	16	32,064	N
Cl	Chlor		VII	17	35,453	G
Ar	Argon		VIII	18	39,948	EG
K	Kalium	4	I	19	39,102	M
Ca	Calcium		II	20	40,080	M
Sc	Scandium		IIIa	21	44,956	M
Ti	Titan		IVa	22	47,88	M
V	Vanadium		Va	23	50,942	M
Cr	Chrom		VIa	24	51,996	M
Mn	Mangan		VIIa	25	54,938	M
Fe	Eisen		VIIIa	26	55,847	M
Co	Cobalt		VIIIa	27	58,933	M
Ni	Nickel		VIIIa	28	58,69	M
Cu	Kupfer		Ib	29	63,546	M
Zn	Zink		IIb	30	65,390	M
Ga	Gallium		III	31	69,723	M
Ge	Germanium		IV	32	72,590	M
As	Arsen		V	33	74,922	M
Se	Selen		VI	34	78,960	M
Br	Brom		VII	35	79,904	N
Kr	Krypton		VIII	36	83,800	EG
Rb	Rubidium	5	I	37	85,468	M
Sr	Strontium		II	38	87,620	M
Y	Yttrium		IIIa	39	88,905	M
Zr	Zirkonium		IVa	40	91,220	M
Nb	Niob		Va	41	92,906	M
Mo	Molybdän		VIa	42	95,940	M
Tc	Technetium		VIIa	43	98,910	M
Ru	Ruthenium		VIIIa	44	101,070	EM
Rh	Rhodium		VIIIa	45	102,905	EM
Pd	Palladium	5	VIIIa	46	106,400	EM
Ag	Silber		Ib	47	107,868	EM
Cd	Cadmium		IIb	48	112,400	M
In	Indium		III	49	114,820	M
Sn	Zinn		iV	50	118,710	M
Sb	Antimon		V	51	121,750	M
Te	Tellur		VI	52	127,600	M
I	Iod (Jod)		VII	53	126,905	N
Xe	Xenon		VIII	54	131,300	EG
Cs	Caesium	6	I	55	132,905	M
Ba	Barium		II	56	137,340	M
–	Lanthanoide		IIIa	57	138,906	M
Hf	Hafnium		IVa	72	178,490	M
Ta	Tantal		Va	73	180,948	M
W	Wolfram		VIa	74	183,850	M
Re	Rhenium		VIIa	75	186,207	M
Os	Osmium		VIIIa	76	190,200	EM
Ir	Iridium		VIIIa	77	192,200	EM
Pt	Platin		VIIIa	78	195,090	EM
Au	Gold		Ib	79	196,967	EM
Hg	Quecksilber		IIb	80	200,590	M
Tl	Thallium		III	81	204,383	M
Pb	Blei		IV	82	207,200	M
Bi	Bismut		V	83	208,981	M
Po	Polonium		VI	84	208,982	M
At	Astat		VII	85	209,987	M
Rn	Radon		VIII	86	222,018	EG
Fr	Francium	7	I	87	223,020	M
Ra	Radium		II	88	226,03	M
Ac	Actinium		IIIa	89	227,028	M
Th	Thorium		IIIa	90	232,04	M
Pa	Protactinium		IIIa	91	231,036	M
U	Uran		IIIa	92	238,03	M
Np	Neptinium		IIIa	93	237,048	TU
Pu	Plutonium		IIIa	94	244,064	TU
Am	Americum		IIIa	95	243,061	TU
Cm	Curium		IIIa	96	247,070	TU
Bk	Berkelium		IIIa	97	247,070	TU
Cf	Californium		IIIa	98	251,08	TU
E	Einsteinium		IIIa	99	252,083	TU
Fm	Fermium		IIIa	100	257,095	TU
Mv	Mendelevium		IIIa	101	258,099	TU
No	Nobelium		IIIa	102	259,1	TU
Lr	Lawrentium		IIIa	103	260,105	TU
Ku	Kurchaorium		IVa	104	261,109	TU

Periode: Anzahl der Elektronenschalen
Gruppe: Ordnungsgruppe; Elemente der gleichen Gruppe haben ähnliche Eigenschaften
Z: Ordnungszahl; Kernladungszahl (Protonenzahl)
Relative Atommasse: Im Verhältnis zu 1/12 der Masse des häufigsten Kohlenstoffatoms (Klammerwerte: zerfällt radioaktiv)
Art: **M**: Metall, **N**: Nichtmetall, **G**: Gas, **EG**: Edelgas, **EM**: Edelmetall, **TU**: künstliches Transuran
[1] 57 – 71

Werkstofftechnik

Stoffwerte chemischer Elemente

Element	Kurzzeichen	Ordnungszahl	Dichte ρ bei Gasen kg/dm³	Schmelzpunkt °C bei 1,013 bar	Siedepunkt °C bei 1,013 bar	spez. Wärmekapazität *c* $\frac{J}{kg \cdot K}$	spez. Schmelzwärme *q* $\frac{kJ}{kg}$	Längenausdehnungskoeffizient α $\frac{1}{10^6 \cdot K}$	Stoffart [1]	Gitteraufbau der Metalle (Regelfall) [2]
Feste Stoffe										
Aluminium	Al	13	2,7	660,3	2519	900	398	23.9	Metall	kfz
Antimon	Sb	51	6,69	630,7	1750	210	165	10,8	[3]	rhom
Barium	Ba	56	3,51	726	1696	204	–	18,4	Metall	krz
Beryllium	Be	4	1,85	1285	2970	1880	877	12,3	Metall	hex
Bismut	Bi	83	9,8	271,5	1560	120	55	13.5	Metall	rhom
Blei	Pb	82	11,34	327,5	1750	130	24	29	Metall	kfz
Bor	B	5	2,34	2300	2550	1043	–	8,5	H-Metall	rhom
Cadmium	Cd	48	8,64	321	767	230	54	29.5	Metall	hex
Calcium	Ca	20	1,55	839	1484	647	213	22,5	Metall	kfz
Chrom	Cr	24	7,2	1857	2672	455	404	8,5	Metall	krz
Cobalt	Co	27	8,9	1492	2870	437	275	13	Metall	krz
Eisen (rein)	Fe	26	7,87	1539	3070	470	250	12	Metall	krz
Gold	Au	79	19,32	1063	2750	130	63	14,3	E-Metall	kfz
Jod	I	53	4,93	113,7	184,5	225	62	–	N-Metall	–
Iridium	Ir	77	22,45	2454	4527	130	214	6,6	E-Metall	kfz
Kohlenstoff	C	6	3,51	3700	4830	510	–	–	N-Metall	hex
Kupfer	Cu	29	8,96	1083	2563	385	205	16,8	Metall	kfz
Lanthan	La	57	6,2	920	3470	180	81	–	Metall	hex
Lithium	Li	3	0,5	179	1340	–	670	5,8	Metall	krz
Magnesium	Mg	12	1,74	650	1105	950	350	24,8	Metall	hex
Mangan	Mn	25	7,43	1244	2095	480	235	23	Metall	krz
Molybdän	Mo	42	10,22	2650	4639	265	280	5,5	Metall	krz
Natrium	Na	11	0,97	97,8	881,3	1250	113	71	Metall	krz
Nickel	Ni	28	8,91	1453	2910	445	305	13	Metall	krz
Niob	Nb	41	8,55	2415	4744	275	290	7,1	Metall	krz
Phosphor	P	15	1,82	44,4	280	760	21	–	N-Metall	–
Platin	Pt	78	21,45	1769	3830	130	110	9	E-Metall	kfz
Schwefel	S	16	2,07	119	444,6	733	42	–	N-Metall	–
Silber	Ag	47	10,5	960,5	2200	235	105	19,5	E-Metall	kfz
Silizium	Si	14	2,33	1423	2355	740	141,5	7,6	H-Metall	kfz
Strontium	Sr	38	2,54	771	1385	74	135	–	Metall	kfz
Tantal	Ta	73	16,65	2990	5425	139	173	6,5	Metall	krz
Thallium	Tl	81	11,86	302,5	1457	–	–	–	Metall	kfz
Thorium	Th	90	11,7	1755	4788	115	67	11,5	Metall	kfz
Titan	Ti	22	4,5	1668	3262	580	89	8,5	Metall	hex
Uran	U	92	19,05	1132	3930	120	350	–	Metall	kfz
Vanadium	V	23	6,12	1890	3380	500	340	8,3	Metall	krz
Wolfram	W	74	19,27	3410	5500	140	195	4,5	Metall	krz
Zink	Zn	30	7,13	419,5	908,5	388	105	29	Metall	hex
Zinn	Sn	50	7,29	231,9	2602	230	59	22	Metall	tet
Zirkonium	Zr	40	6,5	1855	4409	278	215	5,8	Metall	hex

[1] **E**-Metall: Edelmetall; **H**-Metall: Halbmetall; **N**-Metall: Nichtmetall
[2] **hex**: hexagonal; **kfz**: kubisch-flächenzentriert; **krz**: kubisch-raumzentriert; **rhom**: rhomboedrisch; **tet**: tetragonal
[3] verschiedene Modifikationen

Werkstofftechnik

Stoffwerte chemischer Elemente

Element	Kurzzeichen	Ordnungszahl	Dichte ρ in g/cm³ bei Gasen mg/cm³ kg/dm³	Schmelzpunkt °C bei 1,013 bar	Siedepunkt °C bei 1,013 bar	spez. Wärmekapazität c $\frac{kJ}{kg \cdot K}$	spez. Schmelzwärme $\frac{kJ}{kg}$	Volumenausdehnungskoeff. α $\frac{1}{10^6 \cdot K}$	Stoffart [1]	Gitteraufbau der Metalle (Regelfall) [2]
Flüssige Stoffe										
Benzin	–	–	0,72 –0,75	30 bis – 50	25–210	2,02	–	1100	–	–
Brom	Br	35	3,12	– 7,3	58,8	–	–	1150	H-Metall	–
Diesel	–	–	0,8–0,85	– 30	150...360	2,05	–	950	–	–
Heizöl EL	–	–	≈ 0,83	– 10	> 175	2,07	–	950	–	–
Petroleum	–	–	0,76–0,86	– 70	> 150	2,16	–	1000	–	–
Quecksilber	Hg	80	13,53	– 38,84	356,6	0,14	–	–	Metall	–
Wasser, dest.	–	–	1	0	100	4,18	–	–	–	–
Gasförmige Stoffe										
Acethylen	C_2H_2	–	1,17	– 84	– 82	1,64	–	–	Gas	–
Ammoniak	NH_3	–	0,77	– 78	– 33	2,06	–	–	Gas	–
Argon	Ar	18	1,78	– 189,4	– 186	0,54	–	–	Gas	–
Butan	C_4H_{10}	–	2,70	– 135	– 0,5	–	–	–	Gas	–
Chlor	Cl	17	3,21	– 102,4	– 34	0,48	–	–	Gas	–
Flour	F	9	1,69	– 219,6	– 188,1	0,82	–	–	Gas	–
Frigen 12	CCl_2F_2	57	5,51	– 140	– 30	–	–	–	Gas	–
Helium	He	2	0,18	– 272,1	– 269	5,2	–	–	Edelgas	–
Kohlenmonoxid	CO	–	1,25	– 205	– 190	1,05	–	–	Gas	–
Kohlendioxid	CO_2	–	1,98	– 57	– 78	0,82	–	–	Gas	–
Krypton	Kr	36	3,7	– 157,2	– 152,9	–	–	–	Edelgas	–
Luft	–	–	1,293	– 220	– 191	1,005	–	–	Gas	–
Methan	CH_4	–	0,72	– 183	– 162	2,19	–	–	Gas	–
Neon	Ne	10	0,9	– 248,6	– 246	1,03	–	–	Edelgas	–
Propan	C_3H_8	–	2,00	– 185,3	– 47,7	1,6	–	–	Gas	–
Sauerstoff	O_2	8	1,43	– 219	– 183	0,91	–	–	Gas	–
Stickstoff	N_2	–	1,25	– 210	– 196	1,04	–	–	Gas	–
Wasserstoff	H_2	1	0,09	– 259	– 253	14,24	–	–	–	

[1] [2] Siehe Fußnoten auf Seite 516.

ph-Wert

Art der wässerigen Lösung	zunehmend sauer							neutral	zunehmend basisch						
pH-Wert	0	1	2	3	4	5	6	7	8	9	10	11	12	13	14
Konzentration H^+ in mol/l	10^{-0}	10^{-1}	10^{-2}	10^{-3}	10^{-4}	10^{-5}	10^{-6}	10^{-7}	10^{-8}	10^{-9}	10^{-10}	10^{-11}	10^{-12}	10^{-13}	10^{-14}

Werk-
stofftechnik

Werkstofftechnik

Stoffwerte wichtiger Werk- und Hilfsstoffe

Stoff	Dichte ρ $\frac{g}{cm^3}$	Schmelz-punkt °C	Siede-punkt °C	spez. Wärme-kapazität c $\frac{J}{kg \cdot K}$	spez. Schmelz-wärme q $\frac{kJ}{kg}$	Längen-ausdehnungs-koeffizient α $\frac{1}{K}$
Feste Stoffe						
Eis	0,9	0	100	4200	334	$51 \cdot 10^{-6}$
Fett	≈ 0,9	25...180	≈ 280	–	–	–
Gips	2,25	≈ 1250	–	1100	–	–
Grafit	2,2	≈ 3800	≈ 4300	700	–	$7{,}9 \cdot 10^{-6}$
Gusseisen	≈ 7,3	≈ 1200	≈ 2500	540	125	$10{,}5 \cdot 10^{-6}$
Koks	≈ 1,8	–	–	850	–	–
Kork	≈ 0,2	–	–	–	–	–
Polystyrol	1,1	–	–	1300	–	$75 \cdot 10^{-6}$
Porzellan	≈ 2,4	≈ 1700	–	1200	–	$5 \cdot 10^{-6}$
Stahl, allg.	7,85	≈ 1500	≈ 2500	500	210	$11{,}5 \cdot 10^{-6}$
Flüssige Stoffe						
Benzin	0,75	– 40	20 – 200	2020	420	$11 \cdot 10^{-4}$
Dieselöl	0,83	– 30	150 – 350	2100	650	$9{,}5 \cdot 10^{-4}$
Heizöl	0,83	– 30	150 – 350	2100	650	$9{,}5 \cdot 10^{-4}$
Wasser [1]	1,0	0	100	4200	2250	$1{,}8 \cdot 10^{-4}$
Maschinenöl	≈ 0,9	– 25	200 – 350	2100	650	$9{,}5 \cdot 10^{-4}$
Petroleum	≈ 0,8	– 70	100 – 200	2150	315	$10 \cdot 10^{-4}$
Spiritus, ca. 95 %	0,82	– 110	80	2450	850	$11 \cdot 10^{-4}$

[1] chemisch rein bei 4 °C

Gasförmige Stoffe

Stoff	Dichte ρ $\frac{g}{cm^3}$	Schmelz-punkt °C	Siede-punkt °C	spez. Wärmekapazität c $\frac{J}{kg \cdot K}$ c_p [1]	c_v [2]	Volumen-ausdenungs-koeffizient γ $\frac{1}{K}$
Ammoniak	0,75	– 78	– 34	2,1	1,6	$3{,}7 \cdot 10^{-3}$
Kohlendioxid	1,98	– 58	– 78	0,0	0,65	$3{,}7 \cdot 10^{-3}$
Luft	1,3	– 220	– 195	≈ 195	0,72	$3{,}7 \cdot 10^{-3}$
Methan	0,72	– 180	– 160	2,2	1,7	$3{,}7 \cdot 10^{-3}$
Propan	2,02	– 190	– 40	–	–	$3{,}7 \cdot 10^{-3}$

[1] spezifische Wärmekapazität bei konst. Gasdruck
[2] spezifische Wärmekapazität bei konst. Gasvolumen

Spezifische Heizwerte für Brennstoffe

Feste Brennstoffe	H_U in MJ/kg	Flüssige Brennstoffe	H_U in MJ/kg	Gasförmige Brennstoffe	H_U in MJ/kg
Holz	15 – 17	Spiritus	27	Wasserstoff	10
Biomasse	14 – 18	Benzol	40	Erdgas	34 – 36
Braunkohle	16 – 20	Benzin	43	Acetylen	57
Koks	30	Diesel	41 – 43	Propan	93
Steinkohle	30 – 34	Heizöl EL	40 – 43	Butan	123

Werkstofftechnik

Chemische Stoffe und Formeln

Bezeichnung umgangssprachlich	Bezeichnung chemisch	Chemische Formel	Bezeichnung umgangssprachlich	Bezeichnung chemisch	Chemische Formel
Aceton	Propanon	CH_2COCH_3	Kohlenmonoxid	Kohlenstoff-monoxid	CO
Acetylen	Ethin	C_2H_2	Kohlendioxid	Kohlenstoff-dioxid	CO_2
Alkohol	Ethanol	C_2H_5OH	Korund	Aluminiumoxid	Al_2O_3
Äther	Äthyläther	$(C_2H_5)_2O$	Kupfervitriol	Kupfersulfat-pentahydrat	$CuSO_4{\cdot}5H_2O$
Ätzkalk, gelöscht	Calcium-hydroxid	$Ca(OH)_2$	Mennige	Bleioxid	Pb_3O_4
Blausäure	Zyanwasserstoff	HCN	Natron	Natrium-bicarbonat	$NaCO_3$
Borax	Natrium-tetraborat	$Na_2B_4O_7 10H_2O$	Pottasche	Kalcium-carbonat	K_2CO_3
Chlorkalk	Calciumchlorid-hypochlorit	CaC(OCl)	Salmiakgeist	Aluminium-hydroxid	NH_4OH
Chlorsäure	Hydrochlorat	$HClO_3$	Salpetersäure	Hydronitrat	HNO_3
Eisenrost	Eisenoxid-hydrat	$Fe{\cdot}Fe_2O_2{\cdot}2H_2O$	Salzsäure	Chlorwasser-stoffsäure	HCl
Flusssäure	Flourwasser-stoffsäure	HF	Sauerstoff	Qxygenium	O_2
Gips	Calcium-sulfatdihydrat	$CaSO_4{\cdot}10H_2O$	Schwefelsäure	Schwefelsäure	H_2SO_4
Glaubersalz	Calciumsulfat-decahydrat	$NaSO_4{\cdot}10H_2O$	Soda, kristallin	Natriumcarbo-natdecahydrat	$Na_2CO_3{\cdot}10H_2O$
Glycerin	Propantriol	$C_3H_5(OH)_3$	Stickstoff	Nitrogenium	N_2
Kalk, gebrannt	Calciumoxid	CaO	Spiritus	Ethanol	C_2H_5OH
Kalk, gelöscht	Calcium-hydroxid	$Ca(OH)_2$	Tetra	Tetrachlorkoh-lenwasserstoff	CCl_4
Karbid	Calciumcarbid	CaC_2	Tonerde	Aluminiumoxid	Al_2O_3
Karborund	Siliciumcarbid	SiC	Tri	Trichlorethylen	C_2HCl_3
Kochsalz	Natriumchlorid	NaCl	Wasserstoff	Hydrogenium	H_2
Königswasser	–	1 Teil HNO_3 + 3 Teile HCl	Zyankali	Kaliumzyanid	KNC

Längenausdehnungszahlen (Wärmeausdehnungskoeffizienten) α in 10^{-6}/K

Werkstoff	α	Werkstoff	α	Werkstoff	α
Aluminium	23,9	Fensterglas	≈ 8	Silber	19,7
Al-Legierungen	21–24	Gold	14,2	Stahl, unleg.	11,5
Blei	29	Gusseisen	10,5	Stahl, rostfrei	16
Bronze $CuSn_6$	17,5	Kupfer	17	Thermoplaste	70–250
Chrom	8,4	Magnesium-Leg.	24,5	Titan	8,2
Diamant	1,1	Messing	18,5	Widerstandsleg.	15
Duroplaste	15–80	Molybdän	5,2	Wolfram	4,5
Eis	51	Nickel	13	Zinn	23
Eisen, rein	12	Platin	9	Zink	29

Werkstofftechnik

Werk-stofftechnik

Werkstofftechnik

Bezeichnung für Stähle — DIN EN 10027-1

Für die **Kurzbezeichnung von Stählen** wird ein *Bezeichnungssystem* verwendet, das in der Norm DIN EN 10027-1 festgelegt ist.

Der *Kurzname* besteht aus **Hauptsymbolen** und **Zusatzsymbolen**. Bei den Zusatzsymbolen wird zwischen dem Stahl selbst und den daraus **hergestellten Erzeugnissen** unterschieden.

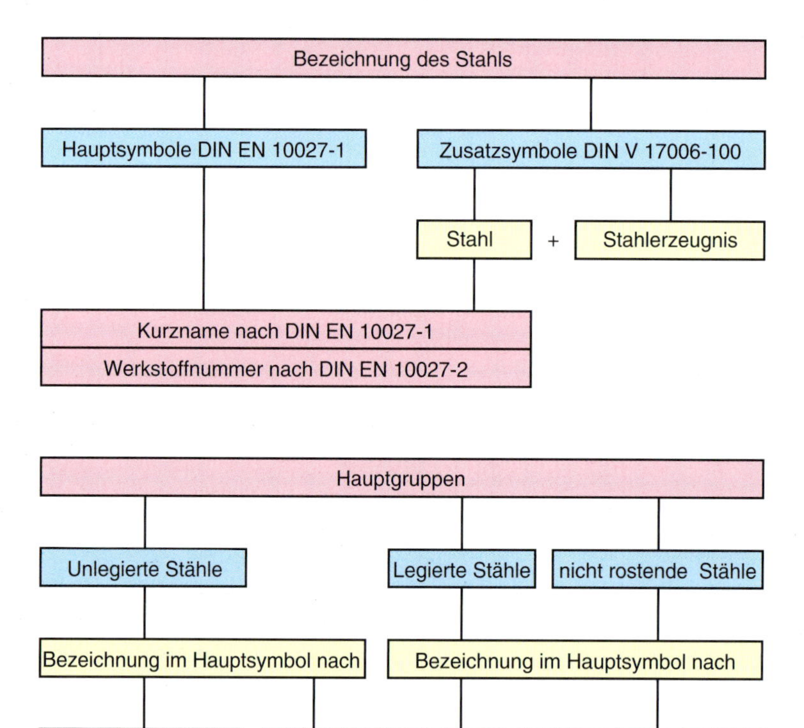

Kurzname nach Verwendung und mechanischen und physikalischen Eigenschaften

	Grund-stahl (BS)	unlegierter Qualitätsstahl (UQS)	unlegierter Edelstahl (UES)	legierter Qualitätsstahl (LQS)	legierter Edelstahl (LES)
G Stahlguss, unlegiert	■	■	■		
S Stähle für Stahlbau	■	■	■	■	■
P Stähle für Druckbehälterbau	■	■	■	■	■
L Stähle für Rohrleitungsbau		■		■	■
E Maschinenbaustähle		■	■		
B Betonstähle		■			
Y Spannstähle			■		
R Schienenstähle		■		■	

Werkstofftechnik

Bezeichnung für Stähle

Kurzname nach Verwendung und mechanischen und physikalischen Eigenschaften

	BS	UQS	UES	LQS	LES
H Flacherzeugnisse aus höherfesten Stählen zum Kaltumformen				■	
D Flacherzeugnisse zum Kaltumformen	■	■		■	
T Verpackungsblech und -band		■			
M Elektroblech und -band		■	■		

Kurzname nach chemischer Zusammensetzung

	BS	UQS	UES	LQS	LES
G Stahlguss, legiert				■	■
C Kohlenstoff		■	■	■	■
X mittlerer Gehalt mindestens eines Legierungselementes ≥ 5 %					■
HS Schnellarbeitsstahl					■

Vorgeschriebene Elemente (für legierte und unlegierte Stähle)		Grenzgehalt Massenanteil in %
Al	Aluminium	0,30
B	Bor	0,0008
Bi	Bismuth	0,10
Co	Kobalt	0,30
Cr	Chrom [1]	0,30
Cu	Kupfer [1]	0,40
La	Lanthanide	0,10
Mn	Mangan	1,65 [2]
Mo	Molybdän [1]	0,08
Nb	Niob [1]	0,06
Ni	Nickel [1]	0,30
Pb	Blei	0,40
Se	Selen	0,10
Si	Silizium	0,60
Te	Tellur	0,10
Ti	Titan [1]	0,05
V	Vanadium [1]	0,10
W	Wolfram	0,30
Zr	Zirkon [1]	0,05
Sonstige (außer C, P, S, N)		0,10

[1] Wenn für Stahl 2, 3, 4 Elemente mit dieser Fußnote gekennzeichnet sind und deren Gehalt < als in der Tabelle angegebenen Grenzgehalt ist, so ist ein Grenzgehalt in Betracht zu ziehen, der 70 % der Summe aus den 2, 3, 4 Elementen beträgt.

[2] Ist für Mn nur ein Höchstwert angegeben, gilt als Grenzgehalt 1,8 Gewichtsprozent.

Anforderungen Grundstähle	Dicken in mm	Grenzwert
Mindestzugfestigkeit	≤ 16	$R_m \leq 690$ N/mm²
Mindeststreckgrenze	≤ 16	$R_e \leq 360$ N/mm²
Mindestbruchdehnung	≤ 16	$A_5 \leq 26$ %
Mindestdurchmesser	> 3	≥ d
Mindestenergieverbrauch bei Kerbschlagversuch (bei 20 °C)	≥ 10 bis 16	≤ 27 Joule
höchstzulässiger C-Gehalt		≥ 0,1 %
höchstzulässiger P-Gehalt		≥ 0,045 %
höchstzulässiger S-Gehalt		≥ 0,045 %

Vorgeschriebene Elemente für schweißgeeignete leg. Feinkornbaustähle		Grenzgehalt Massenanteil in %
Cr	Chrom [1]	0,50
Cu	Kupfer [1]	0,50
La	Lanthanide	0,06
Mn	Mangan	1,80
Mo	Molybdän [1]	0,10
Nb	Niob [2]	0,08
Ni	Nickel [1]	0,50
Ti	Titan [2]	0,12
V	Vanadium [2]	0,12
Zr	Zirkon	0,12

Werkstofftechnik

Bezeichnung für Stähle

Kurzname nach Verwendung und mechanischen und physikalischen Eigenschaften nach DIN EN 10027-1

Aufbau des Bezeichnungssystems

Beispiele	Hauptsymbole [1]						Zusatzsymbole für Stähle [1]	Zusatzsymbole für Stahlerzeugnisse [1]
	a	a	n	n	n	n1	an...	+an + an...
	s		3	5	5		J2	+N
	D	X	5	2			D	+ZF

GS = Stahlguss (wenn erforderlich)
S = Stähle für den Stahlbau
P = Druckbehälter-Stähle
L = Stähle für den Rohrleitungsbau
E = Maschinenbau-stähle [4]
B = Betonstahl
Y = Spannstähle
R = Schienenstähle
H = Kaltgewalzte Flacherzeugnisse aus höherfesten Ziehgüten, Stählen zum Kaltumformen
D = Flacherzeugnisse aus weichen Stählen zum Kalt-umformen
T = Verpackungsblech und -band
M = Elektroblech und -band

Für Buchstabe (S, P, L, E)
n n n = Mindeststreckgrenze (R_e) in N/mm²
Für (B)
n n n = Charakteristische Streckgrenze R_e in N/mm²
Für (Y, R)
n n n n1 = Mindestzugfestigkeit [5] für (R_m) in N/mm²
Für (H)
n n n = Mindeststreckgrenze (R_e) in N/mm²
T n n n = Mindestzugfestigkeit für (R_m) in N/mm²
Für (D)
C n n = Kaltgewalzt, gefolgt von einer zweistelligen Kennzahl n n
D n n = Warmgewalzt, bestimmt für unmittelbare Kaltumformung, gefolgt von einer zweistelligen Kennzahl n n
X n n = Art des Walzens (warm oder kalt) nicht vorgeschrieben, gefolgt von einer zweistelligen Kennzahl n n
Für (T)
H n n = Vorgeschriebener mittlerer Härtewert für einfach reduzierte Erzeugnisse
n n n = Nennstreckgrenze (R_e) in N/mm² für doppelt reduzierte Erzeugnisse

Für Buchstabe (S)

Kerbschlag-zähigkeit in Joule			Prüf-tem-pera-tur in °C
27 J	40 J	60 J	
JR	KR	LR	+ 20
JO	KO	LO	0
J2	K2	L2	– 20
J3	K3	L3	– 30
J4	K4	L4	– 40
J5	K5	L5	– 50
J6	K6	L6	– 60

A = Ausscheidungs-härtend
Für (S, F, L)
M = Thermomechanisch gewalzt
N = Normalgeglüht oder normalisierend gewalzt
Q = Vergütet
Für (P)
B = Gasflaschen
S = Einfache Druck-behälter
T = Rohre
Für (B)
a = Duktilitätsklasse, falls erforderlich mit einer oder zwei nachfolgenden Kennziffern
Für (Y)
C = Kaltgezogener Draht
H = Warmgezogene oder behandelte Stäbe
Q = Vergüteter Draht
S = Litze

Für (R)
MN = Hoher Mn-Gehalt
Cr = chromlegiert
Für (H)
C = Komplexphase
I = Isotroper Stahl
LA = Niedrig legiert
M = Thermomechanisch gewalzt oder kaltgewalzt
T = **TRIP**-Stahl (**TR**ansformation **I**nduced **P**lasticity)
G = Andere Merkmale, wenn erforderlich mit 1 oder 2 Ziffern.
B = Bake hardening
P = Phosphorlegiert
X = Dualphase
Y = Interstitialfree steel
Für (D)
D = Für Schmelz-tauchüberzüge
EK = Für konventionelle Emaillierung
ED = Für Direkt-emaillierung
H = Hohlprofile
T = Für Rohre
Für (S, D)
an = Chemische Symbole für vorgeschriebene zusätzliche Elemente, falls erforderlich, zusammen mit einer einstelligen Zahl, die den mit 10 multiplizierten Mittelwert der vorgeschriebenen Spanne des Gehaltes (auf 0,1 % gerundet) des Elementes angibt.
Für (S, P, L, E, Y, R, H, D, T)
G = Andere Merkmale, wenn erforderlich mit 1 oder 2 nachfolgende Ziffern nach Gütenorm (Technische Lieferbedingungen).

Für Buchstabe (S)
C = Mit besonderer Kaltumformbarkeit
D = Für Schmelz-tauchüberzüge
E = Für Emaillierung
F = Zum Schmieden
H = Hohlprofile
L = Für tiefere Temperaturen
M = Thermomechanisch gewalzt
N = Normalgeglüht o. normalisierend gewalzt
O = Für Offshore
P = Spundwandstahl
Q = Vergütet
S = Für Schiffbau
T = Für Rohre
W = Wetterfest
a = Anforderungs-klassen, falls erforderlich mit einer nachfolgenden Ziffer nach Gütenorm (Technische Lieferbedingungen)
an = Chemische Symbole für vorgeschriebene zusätzliche Elemente, falls erforderlich zusammen mit einer einstelligen Zahl, die den mit 10 multiplizierten Mittelwert der vorgeschriebenen Spanne des Gehaltes (auf 0,1 % gerundet) des Elementes angibt.

Für (P)
H = Hochtemperatur
L = Tieftemperatur
R = Raumtemperatur
X = Hoch- und Tieftemperatur
a = Anforderungsklassen, falls erforderlich mit einer nachfolgenden Ziffer nach Gütenorm (Technische Lieferbedingungen)
Für (L)
a = Anforderungsklassen, falls erforderlich mit einer nachfolgenden Ziffer nach Gütenorm (Technische Lieferbedingungen)
Für (E)
C = Eignung zum Kaltziehen
Für (R)
Q = Vergütet
Für (H)
D = Für Schmelz-tauchüberzüge

Beispiele für Bestellbezeichnungen
Blech EN 10029 – 20A × 2000 Stahl EN 10025 – S355J2G3+N
Band EN 10143 – 2,5 × 500 Stahl EN 10346 – DX52D+ZF

[1] a = Buchstabe, n = Ziffer, an = alphanumerisch
[2] Symbole M, N und Q in der Gruppe 1 gelten für Feinkornbaustähle.
[3] Zwecks Unterscheidung zwischen zwei Stahlsorten der betreffenden Gütenorm können, mit Ausnahme bei den Symbolen für chemische Elemente, an die Zusatzsymbole der Gruppe 1 oder 2 ein oder zwei Ziffern angehängt werden.
[4] Ohne besondere Anforderungen an Zähigkeit oder Schweißeignung.
[5] Bei 3-stelligen Angaben für die Zugfestigkeit ist eine Null voranzusetzen.

Werkstofftechnik

Grenzgehalte für die Einteilung der Stähle

- **Stahl** sind alle Werkstoffe, deren Massenanteil an Eisen größer ist als der jedes anderen Elementes und die i. Allg. weniger als 2,06 % Kohlenstoff haben und andere Elemente enthalten. Der Wert von 2,06 % gilt als Unterscheidung zwischen **Stahl** und **Gusseisen**.
- **Unlegierte Stähle:** Ein Stahl gilt als unlegiert, wenn die in nachstehender Tabelle genannten Gehalte der einzelnen Elemente in keinem Fall erreicht werden (mittlerer Mn-Gehalt < 1 %).
- **Legierte Stähle**: Man spricht von einem legierten Stahl, wenn die Grenzgehalte einzelner Legierungselemente (Tabelle) erreicht oder überschritten werden. Mittlerer Gehalt einzelner Leg.-Elemente unter 5 %.
- **Nicht rostende Stähle** sind Stähle mit einem Massenanteil Cr $\geq$ 10,5 % und C $\leq$ 1,2 %.
- **Andere legierte Stähle** sind Stahlsorten, die nicht der Definition für nicht rostende Stähle entsprechen und bei denen zumindest einer der Grenzwerte nach A/B erreicht wird.

Vorgeschriebene Elemente	Grenzgehalt Massenanteil in %		Vorgeschriebene Elemente	Grenzgehalt Massenanteil in %	
	A	B		A	B
Aluminium	0,30	–	Nickel	0,30	0,50
Bor	0,0008	–	Blei	0,40	–
Bismut	0,10	–	Selen	0,10	–
Cobalt	0,30	–	Silizium	0,60	–
Chrom	0,30	0,50	Tellur	0,10	–
Kupfer	0,40	0,50	Titan	0,05	0,12
Lanthanide	0,10	0,06	Vanadium	0,10	0,12
Mangan	1,65	1,80	Wolfram	0,10	–
Molybdän	0,08	0,10	Zirkonium	0,05	0,12
Niob	0,06	0,08	Sonstige	0,10	–

A: Grenzgehalt für die Einteilung in **unlegierte** und **legierte** Stähle (angeglichen an das harmonisierte System der WCO).

B: Grenzgehalt für die Unterteilung der legierten schweißgeeigneten Feinkornbaustähle in **Qualitäts-** und **Edelstähle**.

Einfluss der Legierungselemente auf Stähle

Technologische Eigenschaften und Wärmebehandlung	Legierungselemente										Technologische Eigenschaften und Wärmebehandlung	Legierungselemente									
	Al	Cr	Ni	Mn	Mo	P	S	Si	V	W		Al	Cr	Ni	Mn	Mo	P	S	Si	V	W
Härtbarkeit Vergütbarkeit Nitrierbarkeit	○ ○ +	+ + +	+ + ○	+ + +	+ + +	○ ○ ○	○ ○ ○	+ + –	+ + +	+ + +	Schweißbarkeit	+	–	–	–	–	–	–	○	+	○
Härte- bzw. Vergütungstemperatur	○ ○	+ +	○ ○	– –	+ +	○ ○	○ ○	+ +	+ +	+ +	Streckgrenze	○	+	+	+	+	+	○	+	+	+
Kaltumformbarkeit Warmumformbarkeit	○ –	○ –	○ +	– +	– +	– ○	– –	– –	○ +	– –	Verschleißfestigkeit	○	+	–	–	+	○	○	–	+	+
Korrosionsbeständigkeit	○	+	○	○	○	○	–	○	+	○	Zerspanbarkeit	○	○	–	–	–	+	+	–	○	–
Kerbschlagzähigkeit	–	–	○	○	+	–	–	–	+	○	Zugfestigkeit	○	+	+	+	+	+	○	+	+	+

Erläuterung: + Zunahme, – Abnahme, ○ keine oder nur geringe Wirkung

Werkstofftechnik

Kurznamen von Stählen DIN EN 10027-1

Aufbau des Kurznahmens nach dem Verwendungszweck und den mechanischen Eigenschaften

Bezeichnungsbeispiel: S 355 J2 W

Hauptsymbole Kennbuchstaben	Mechanische Eigenschaften Kennzahl	Zusatzsymbole Gruppe 1	 Gruppe 2
S ≙ Stahl	355 ≙ Mindeststreckgrenze für kleinste Erzeugnisdicke R_e in N/mm²	J2 ≙ Zusatzsymbol für die Kerbschlagarbeit, 27 Joule bei Prüftemperatur −20 °C	W ≙ wetterfest

Hauptsymbol	Verwendung der Stähle	Mechanische Eigenschaften Kennzahl	Zusatzsymbole[1] DIN EN 10027-1 Gruppe 1	 Gruppe 2[2]	Bezeichnungsbeispiele
S **GS**	Stähle für den allgemeinen Stahlbau	Mindeststreckgrenze für die kleinste Erzeugnisdicke R_e in N/mm²	M; N; Q; G; A	C; D; E; F; H: L; M; N; Q; P; Q; S; T; W	S185 S355NL S235J2W
P	Stähle für den Druckbehälterbau		M; N; Q; B; T; S; G	L; H; X; R	P265B P355NH
L	Stähle für den Rohrleitungsbau		M; N; Q; G	a[1]	L360N
E	Maschinenbaustähle		G1, G2, G3, G4[3]	C	E335
B	Betonstahl	charakt. Streckgrenze R; R_e in N/mm²	a[4]	–	B500N
Y	Spannstahl	Mindestzugfestigkeit R; R_e in N/mm²	Q; C; H; S; G	–	Y1770C
R	Stähle für oder in Form von Schienen		Mn; Cr; G	Q	R0900Mn
H	Kaltgewalzte Flacherzeugnisse in höherfesten Ziehgüten	Mindeststreckgrenze R_e in N/mm²	M; B; P; G; X	D	H420M
H T	Bis RT mit ger. Streckgrenzen	Mindestzugfestigkeit R; R_e in N/mm²	–	–	HT
D	Flacherzeugnisse aus weichen Stählen zum Kaltumformen	C kaltgewalzt D warmgewalzt X kalt- oder warmgewalzt Kennziffer, zweistellig	D; EK; ED; H; T; G		DC04 DC03+ZE
C	Kaltgewalzte Flacherzeugnisse, unlegiert	Leg.-Elemente geordnet nach abnehmenden Gehalt	E; R; D; C; S; U; W; G		C45E
X	Flacherzeugnisse, deren Walzart nicht vorgegeben ist	Zahlen: Mittlerer prozentualer Gehalt der Elemente			X22CrMoV 12-1
T	Verpackungsblech und -band	Mindeststreckgrenze R_e H: kontinuierlich geglühte Sorten S: losweise geglühte Sorten	–	–	T550
ohne	unleg. Stähle, Mn-Gehalt ≤ 1 % leg. Stähle, Gehalt einzelner Leg.-Elemente < 5 %	100× mittlerer C-Gehalt Leg.-Elemente, geordnet nach abnehmendem Gehalt			28Mn6 42CrMo4
HS **HSS** **HSS-E**	Schnellarbeitsstahl	Zahlen, proz. Gehalt der Legierungselemente			HS7-4-2-5
M	Elektroblech und -band	höchstzulässige Ummagnetisierungsverluste	A; D; E; N; S; P		M400-50A M390-50E M140-30S

[1] Die Zusatzsymbole können zur Kennzeichnung des Behandlungszustands an das Hauptsymbol angehängt werden.

[2] Kennzeichnung gemeinsam mit Gruppe 1.

[3] G1: unberuhigt vergossen G2: beruhigt vergossen G3: vollberuhigt vergossen G4: vollberuhigt vergossen und vorgeschriebener Anlieferungszustand [4] a = Duktilitätsklasse, falls erforderlich eine oder zwei Ziffern.

Kurznamen von Stählen

DIN EN 10027-1

Aufbau des Kurznamens nach der chemischen Zusammensetzung

In der DIN EN 10027 sind beim Aufbau des Kurznamens nach der chemischen Zusammensetzung gegenüber den alten Bezeichnungssystemen nur geringe Änderungen eingetreten.

Bezeichnungsbeispiel:

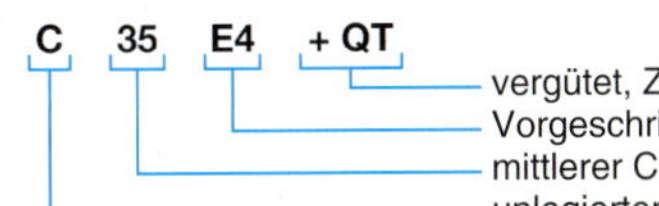

Stahlgruppen	**Haupt-symbole** Kennbuch-staben	Chemische Zusammensetzung: C-Gehalt Kennzahl	Chemische Zusammensetzung: Legierungsanteile chemischer Symbole, Kennzahlen	Zusatzsymbole[2)] DIN EN 10027-1
Unlegierte Stähle (ausgenommen Automatenstähle), mittlerer Mangangehalt < 1 %	**C** **GC**[1)]	mittlerer %-C-Gehalt × 100	–	E, R D, C, S, U, W
Unlegierte Stähle mittlerer Mangangehalt >1 % **Unlegierte Automatenstähle, niedrig legierte Stähle** (ausgenommen Schnellarbeitsstähle)	**G**[1)]		*Chemische Symbole* geordnet nach abnehmendem Gehalt der Elemente *Kennzahlen* ≙ %-Anteil der Legierungselemente × Faktor Faktor – Legierungselement: 1000 – B 100 – P, S, N, Ce, C 10 – Al, Cu, Mo, Ta, Ti, V, Be, Pb, Nb, Zr 4 – Si, Co, Cr, W, Ni, Mn	–
Hochlegierte Stähle (ausgenommen Schnellarbeitsstähle), Gehalt an einem Legierungselement ≥ 5 %	**X** **GX**[1)]		*Chemische Symbole* geordnet nach abnehmendem Gehalt der Elemente. *Kennzahlen* ≙ %-Anteil der Legierungselemente außer C-Gehalt $= \frac{\text{Kennzahl}}{100}\,\%$	–

[1)] Für Gussstähle ist dem Kurznamen der Kennbuchstabe G voranzustellen.
[2)] Die Zusatzsymbole können bei Bedarf an das Hauptsymbol angehängt werden.

Bezeichnungsbeispiele:

Aufbau nach Verwendungszweck und mechanischen Eigenschaften

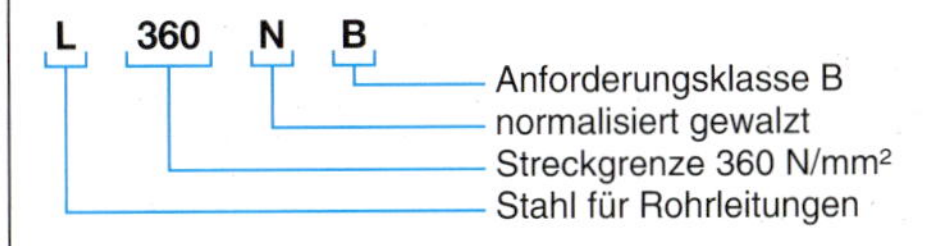

Aufbau nach chemischer Zusammensetzung, unlegierter Stahl

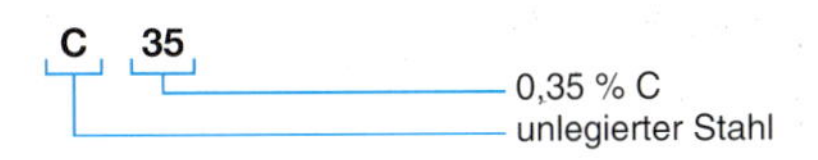

Aufbau nach chemischer Zusammensetzung, niedriglegierter Stahl

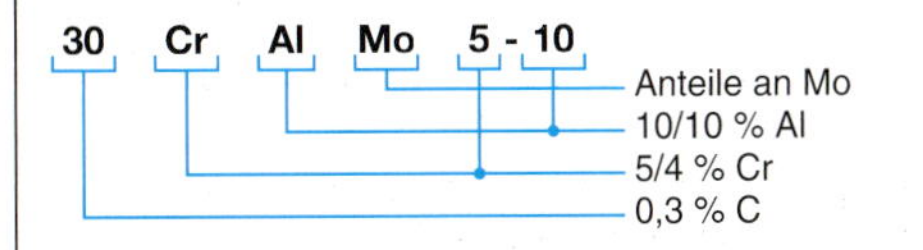

Aufbau nach chemischer Zusammensetzung; hochlegierter Stahl

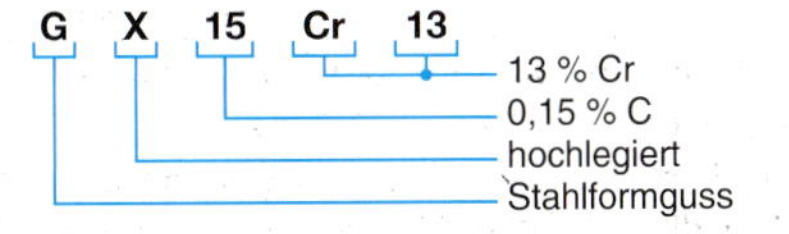

Werkstofftechnik

Zusatzsymbole der Stähle

DIN EN 10027-1

Die Symbole werden durch **+**-Zeichen von den voranstehenden Zeichen getrennt. Um Verwechselungen zu vermeiden, kann für die Symbole „Art des Trennungszustandes" der Buchstabe **T** vorangestellt werden, für die „Art des Überzuges" der Buchstabe **S**, z. B. + SA oder + TA.

Art des Behandlungszustandes

+ AR	wie gewalzt – ohne bes. Bedingungen	**+ N**	normalgeglüht, normalisierend gewalzt
+ A	weichgeglüht	**+ NT**	normalgeglüht und angelassen
+ AC	geglüht zur Erzielung kugliger Karbide	**+ Q**	abgeschreckt
+ AT	lösungsgeglüht	**+ QA**	luftgehärtet
+ C	kaltverfestigt	**+ QO**	ölgehärtet
+ C*nnn*	kaltverfestigt auf eine Mindestzugfestigkeit von *nnn* N/mm^2	**+ QT**	vergütet
+ CR	kaltgewalzt	**+ QW**	wassergehärtet
+ DC	Lieferzustand dem Hersteller überlassen	**+ S**	behandelt auf Kaltscherbarkeit
+ FP	behandelt auf Ferrit-Perlit-Gefüge und Härtespanne	**+ SR**	spannungsarm geglühlt
+ HC	warm-kalt-geformt	**+ T**	angelassen
+ LC	leicht kalt nachgewalzt-gezogen	**+ TH**	behandelt Härtespanne
+ M	thermomechanisch gewalzt	**+ U**	unbehandelt
		+ WW	warmverfestigt

Besondere Anforderungen

+ H	mit besonderer Härtbarkeit	**+ Z25**	Mindestbrucheinschnürung senkrecht zur Oberfläche 25 %
+ Z15	Mindest-Brucheinschnürung senkrecht zur Oberfläche 15 %	**+ Z35**	Mindestbrucheinschnürung senkrecht zur Oberfläche 35 %

Art des Überzuges

+ A	feueraluminiert	**+ S**	feuerverzinnt
+ AR	Aluminium-walzplattiert	**+ SE**	elektrolytisch verzinnt
+ AZ	mit Al-Zn-Leg. überzogen	**+ T**	schmelztauchveredelt, mit Pb-Sn-Leg.
+ CE	elektrolytisch spezialverchromt	**+ Z**	feuerverzinkt
+ Cu	Kupferüberzug	**+ ZE**	elektrolytisch verzinkt
		+ ZF	diffusionsgeglühte Zinküberzüge

Elektroblech und Elektroband (Hauptsymbol M)

Für eine magnetische Induktion bei 50 Hz von 1,5 Tesla		Für eine magnetische Induktion bei 50 Hz von 1,7 Tesla	
A	nicht kornorientiert	**S**	kornorientiert, mit eingeschränkten Ummagnetisierungsverlusten
D	unlegiert, nicht schlussgeglüht		
E	legiert, nicht schlussgeglüht	**P**	kornorientiert, mit niedrigen Ummagnetisierungsverlusten
N	kornorientiert, mit normalen Ummagnetisierungsverlusten		

Zusatzsymbole der Stähle

DIN EN 10027-1

Symbol	Bedeutung
E	vorgeschriebener maximaler S-Gehalt, eventuell mit einer Ziffer für den S-Gehalt x 100
R	vorgeschriebener Bereich des S-Gehaltes, eventuell mit einer Ziffer für den S-Gehalt x 100
D	zum Drahtziehen geeignet
C	besondere Kaltumformbarkeit
S	für Federn
U	für Werkzeuge
W	für Schweißdraht

Gruppe 1		Gruppe 2 [1]	
Kennzeichnung der Kerbschlagarbeit bei Mindestwerten und Wärmebehandlung	zum Hauptsymbol	Kennzeichnung der Verwendung bzw. Einsatzbereiche, Wärmebehandlung, Umformbarkeit	zum Hauptsymbol
A ausscheidungshärtend	**S**	**C** mit besonderer Kaltumformbarkeit	**S, E**
M thermomechanisch gewalzt	**S, P, L H**	**C** Eignung zum Kaltziehen	**M**
N normalgeglüht oder normalisierend gewalzt	**S, P, L**	**D** für Schmelzüberzüge	**S, H**
Q vergütet	**S, P, L, Y**	**E** für Emallierung	**S**
B für Gasflaschen	**P**	**F** zum Schmieden	**S**
S für einfache Druckbehälter	**P**	**H** Hohlprofile	**S, D**
T für Rohre	**P, D**	**H** Hochtemperaturverwendung	**P**
C zum Kaltziehen	**Y**	**B** für tiefe Temperaturen	**P, S**
H warmgezogene oder vorgespannte Stähle für Hohlprofile	**Y**	**M** thermomechanisch gewalzt	**S**
S Litze für einfache Druckbehälter	**Y**	**N** normalgeglüht oder normalisierend gewalzt	**S**
Mn hoher Mn-Gehalt	**R**	**O** für Offshore	**S**
Cr chromlegiert	**R**	**P** Spundwandstahl	**S**
B Bake hardening	**H**	**Q** vergütet	**S, R**
P phosphorlegiert	**H**	**R** für Raumtemperatur	**P**
X Dualphase	**H**	**S** für Schiffsbau	**S**
Y interstitial free steel	**H**	**T** für Rohre	**S**
D Schmelztauchüberzug	**D**	**W** wetterfest	**S**
EK für konventionelle Emallierung	**D**	**X** Hoch- und Tieftemperatur	**P**
ED für Direktemallierung	**D**		
H für Hohlprofile	**D**		
G andere Merkmale, evtl. mit 1 oder 2 Ziffern	**S, P, L, E, Y, R, H, D**		

[1] Kennzeichnung nur *gemeinsam* mit Gruppe 1

Werk-
stofftechnik

Werkstofftechnik

Werkstoffnummern DIN EN 10027-2

Aufbau der Werkstoffnummern (siebenstellig) X . XXXX . XX

1. Stelle	**Werkstoff-Hauptgruppe**	
2. bis 5. Stelle	**Sortennummer** Stelle 2 und 3 **Stahlgruppennummer** Stelle 4 und 5 **Zählnummer**	
6. und 7. Stelle	**Anhängezahlen** Stelle 6 **Herstellungsverfahren** Stelle 7 **Behandlungsart**	

Die Stelle 6 und 7 werden meist nicht angeggeben.

Bezeichnungsbeispiele:

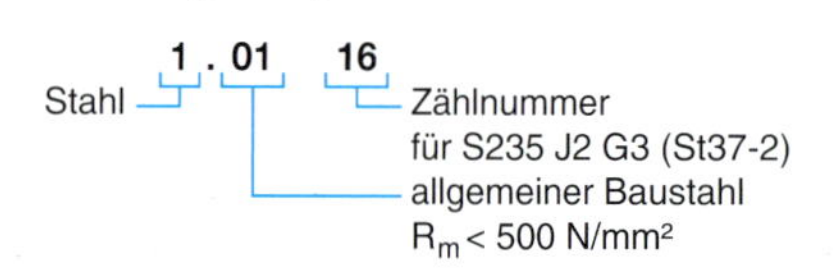

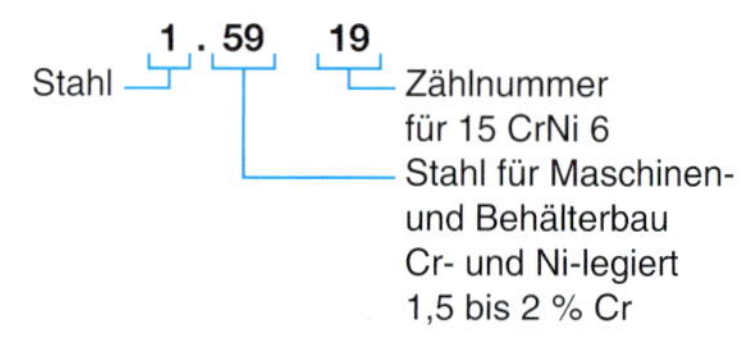

Werkstoff-Hauptgruppe (1. Stelle)

0	Roheisen, Ferrolegierung	**2**	Nichteisen-Schwermetalle (außer Eisen)	**4 – 8**	Nichtmetallische Werkst.
1	Stahl, Stahlguss	**3**	Leichtmetalle	**9**	frei verfügbar (int. Nutzung)

Sortennummer (2. bis 5. Stelle)
Die Sortennummer ist eine vierstellige Zahlengruppe. Sie gibt im Wesentlichen die **chemische Zusammensetzung** des Werkstoffes an.

Stahlgruppennummer (2. und 3. Stelle)
Die Bedeutung der zweistelligen Stahlgruppennummer nach DIN EN 10027-2 entspricht grundsätzlich denen der Stahlgruppennummern nach DIN 17007 T1.

Zählnummer (4. und 5. Stelle)
Die 4. und 5. Stelle der Sortennummer ist eine reine Zählnummer. Die Ziffern lassen keine Rückschlüsse auf die Zusammensetzung zu.

Anhängezahlen (6. und 7. Stelle)
Die Anhängezahlen sind nicht in DIN EN 10027 enthalten.

Ziffer	Herstellungs-verfahren (6. Stelle)	Behandlungsart (7. Stelle)	Ziffer	Herstellungs-verfahren (6. Stelle)	Behandlungsart (7. Stelle)
0	unbestimmt oder ohne Bedeutung	keine oder beliebige Behandlung	**5**	unberuhigter Siemens-Martin-Stahl	vergütet
1	unberuhigter Thomasstahl	normalgeglüht	**6**	beruhigter Siemens-Martin-Stahl	hartvergütet
2	beruhigter Thomasstahl	weichgeglüht	**7**	unberuhigter Sauerstoffaufblasstahl	kaltverformt
3	sonstige Erschmelzungsart, unberuhigt	wärmebehandelt auf gute Zerspanbarkeit	**8**	beruhigter Sauerstoffaufblasstahl	federhart, kaltverformt
4	sonstige Erschmelzungsart, beruhigt	zähvergütet	**9**	Elektrostahl	behandelt nach besonderen Angaben

Werkstofftechnik

Stahlgruppennummern [1) 2)]

DIN EN 10027-2

Unlegierte Stähle				Legierte Stähle								
Grundstähle		**Qualitätsstähle**	**Edelstähle**	**Qualitätsstähle**	**Edelstähle** **Werkzeugstähle**	**Verschiedene Stähle**	**chemisch beständige Stähle**	**Bau-, Maschinen- und Behälterstähle**			
00	**90**		**10** Stähle mit besonderen physikalischen Eigenschaften		**20** Cr	**30** frei	**40** Nicht rostende Stähle mit < 2,5 % Ni ohne Mo, Nb und Ti	**50** Mn, Si, Cu	**60** Cr-Ni mit ≥ 2 % < 3 % Cr	**70** Cr Cr-B	**80** Cr-Si-Mo Cr-Si-Mn-Mo Cr-Si-Mo-V Cr-Si-Mn-Mo-V
		01 oder **91** Allgemeine Baustähle mit $R_m < 500$ N/mm²	**11** Bau-, Maschinenbau, Behälterstähle mit < 0,5 % C		**21** Cr-Si Cr-Mn Cr-Mn-Si	**31** frei	**41** Nicht rostende Stähle mit < 2,5 % Ni mit Mo ohne Nb und Ti	**51** Mn-Si Mn-Cr	**61**	**71** Cr-Si Cr-Mn Cr-Mn-B Cr-Si-Mn	**81** Cr-Si-V Cr-Mn-V Cr-Si-Mn-V
		02 oder **92** Sonstige, nicht für Wärmebehandlung bestimmte Baustähle mit $R_m < 500$ N/mm²	**12** Maschinenbaustähle mit ≥ 0,5 % C		**22** Cr-V Cr-V-Si Cr-V-Mn Cr-V-Mn-Si	**32** Schnellarbeitsstähle mit Co	**42**	**52** Mn-Cu Mn-V Si-V Mn-Si-V	**62** Ni-Si Ni-Mn Ni-Cu	**72** Cr-Mo mit < 0,35 % Mo Cr-Mo-B	**82** Cr-Mo-W Cr-Mo-W-V
		03 oder **93** Stähle mit im Mittel < 0,12 % C, $R_m < 400$ N/mm²	**13** Bau-, Maschinenbau- und Behälterstähle mit besonderen Anforderungen		**23** Cr-Mo Cr-Mn-V Mo-V	**33** Schnelarbeitsstähle ohne Co	**43** Nicht rostende Stähle mit ≥ 2,5 % Ni ohne Mo, Nb und Ti	**53** Mn-Ti Si-Ti	**63** Ni-Mo Ni-Mo-Mn Ni-Mo-Cu Ni-Mo-V Ni-Mn-V	**73** Cr-Mo mit ≥ 0,35 % Mo	**83**
		04 oder 94 Stähle mit im Mittel 0,12…0,25 % C oder R_m 400…500 N/mm²	**14** frei		**24** W Cr-W	**34** frei	**44** Nicht rostende Stähle mit ≥ 2,5 % Ni mit Mo, ohne Nb und Ti	**54** Mo Nb, Ti, V W	**64**	**74**	**84** Cr-Si-Ti Cr-Mn-Ti Cr-Si-Mn-Ti

Hinweis: Für Aluminium und Aluminiumlegierungen werden in DIN EN 573-1 neue Werkstoffnummern für Halbzeuge festgelegt, in DIN EN 1780-1 für Masseln, Vorlegierungen und Gussstücke.

Werkstofftechnik

Stahlgruppennummern[1) 2)]

DIN EN 10027-2

Unlegierte Stähle				Legierte Stähle							
Grundstähle		Qualitätsstähle	Edelstähle	Qualitätsstähle	Edelstähle						
					Werkzeugstähle	Verschiedene Stähle	Chemisch beständige Stähle	Bau-, Maschinen- und Behälterstähle			
00	**90**	**05** oder **95** Stähle mit im Mittel 0,25 % bis 0,55 % C oder R_m 500 bis 700 N/mm²	**15** Werkzeugstähle		**25** W-V Cr-W-V	**35** Wälzlagerstähle	**45** Nicht rostende Stähle mit Sonderzusätzen	**55** B Mn-B < 1,65 % Mn	**65** Cr-Ni-Mo mit < 0,4 % Mo + < 2 % Ni	**75** Cr-V mit < 2 % Cr	**85** Nitrierstähle
		06 oder **96** Stähle mit im Mittel ≥ 0,55 % C oder R_m ≥ 700 N/mm²	**16** Werkzeugsstähle		**26** W außer Klassen 24, 25 und 27	**36** Werkstoff mit besonderen magnetischen Eigenschaften ohne Co	**46** Chemisch beständige und hochwarmfeste Ni-Legierungen	**56** Ni	**66** Cr-Ni-Mo mit < 0,4 % Mo + 2 % bis 3,5 % Ni	**76** Cr-V mit > 2 % Cr	**86**
		07 oder **97** Stähle mit höherem P- oder S-Gehalt	**17** Werkzeugstähle		**27** mit Ni	**37** Werkstoff mit besonderen magnetischen Eigenschaften mit Co	**47** Hitzebeständige Stähle mit < 2,5 % Ni	**57** Cr-Ni mit < 1 % Cr	**67** Cr-Ni-Mo mit < 0,4 % Mo + 3,5 % bis 5 % Ni oder ≥ 0,4 % Mo	**77** Cr-Mo-V	**87 ... 89** Nicht für eine Wärmebehandlung beim Verbraucher bestimmte Stähle
			18 Werkzeugstähle	**08/98** Stähle mit besonderen physikalischen Eigenschaften	**28** sonstige	**38** Werkstoff mit besonderen magnetischen Eigenschaften ohne Ni	**48** Hitzebeständige Stähle mit ≥ 2,5 % Ni	**58** Cr-Ni mit 1 % ... 1,5 % Cr	**68** Cr-Ni-V Cr-Ni-W Cr-Ni-V-W	**78**	
			19 frei	**09/99** Stähle für verschiedene Anwendungsbereiche	**29** frei	**39** Werkstoff mit besonderen magnetischen Eigenschaften mit Ni	**49** Hochwarmfeste Werkstoffe	**59** Cr-Ni mit 1,5 % ... 2 % Cr	**69** Cr-Ni außer Klassen 57 bis 68	**79** Cr-Mn-Mo Cr-Mn-Mo-V	**88, 89** Hochfeste schweißgeeignete Stähle

[1)] Die Einteilung der Stahlgruppen entspricht der Einteilung der Stähle nach EN 10020.
[2)] In den Tabellenfeldern sind folgende Angaben enthalten: a) **Stahlgruppennummer** (oben links), b) die **kennzeichnenden Merkmale** der unter den Nummer erfassten Stahlgruppe, c) die **Zugfestigkeit**.

Die für die **chemische Zusammensetzung** und die **Zugfestigkeit** angegebenen Grenzwerte gelten als Anhalt.

Werkstofftechnik

Werkstofftechnik

Erzeugnisse aus unlegiertem Baustahl — DIN EN 10025-2

Verwendung	Stahlsorte: Kurzname nach DIN EN 10027-1	Stahlsorte: Werkstoffnummer DIN EN 10027-2	Stahlart[1]	max. Massenanteile in %: C für Nenndicken in mm ≤ 16	C > 16 ≤ 40	C > 40	P	S	Mn	Streckgrenze R_{eH} in N/mm², mind. für Nenndicken ≤ 16	> 16 ≤ 40	> 40 ≤ 100	Zugfestigkeit R_m in N/mm² für Nenndicken < 3	≥ 3 ≤ 100	> 100 ≤ 250	Bruchdehnung[2] in % mind. $L_0 = 5{,}65 \cdot \sqrt{S_0}$ für Nenndicken ≥ 3 ≤ 40	> 40 ≤ 63	> 63 ≤ 100
Stähle für den Stahlbau	**S185**	**1.0035**	BS	–	–	–	–	–	–	185	175	175	310 bis 540	290 bis 510	–	18 16	–	–
	S235JR	**1.0037**	BS	0,17	0,20	–	0,035	0,035	1,40	235	225	215	360 bis 510	340 bis 470	340 bis 470	26 24	25 23	24 22
	S235JRG1	**1.0036**	BS	0,17	0,20	–	0,045	0,045	1,40	235	225	215						
	S235JRG2	**1.0038**	BS	0,17	0,17	0,20	0,045	0,045	1,40	235	225	215						
	S235J0	**1.0114**	QS	0,17	0,17	0,17	0,030	0,030	1,40	235	225	215						
	S235JRG3	**1.0116**	QS	0,17	0,17	0,17	0,040	0,040	1,40	235	225	215						
	S275JR	**1.0044**	BS	0,21	0,21	0,22	0,035	0,035	1,50	275	265	235	430 bis 580	410 bis 560	400 bis 540	23 20	21 19	20 18
	S275J0	**1.0143**	QS	0,18	0,18	0,18	0,030	0,030	1,50	275	265	235						
	S275J2G3	**1.0144**	QS	0,18	0,18	0,18	0,035	0,035	1,50	275	265	235						
	S355J0	**1.0553**	QS	0,20	0,20	0,22	0,030	0,030	1,60	355	345	315						
	S355J2G3	**1.0570**	QS	0,20	0,20	0,22	0,040	0,040	1,60	355	345	315	510 bis 680	490 bis 630	470 bis 630	22 20	21 19	20 18
Maschinenbaustähle	**E295**	**1.0050**	BS	–	–	–	0,045	0,045	–	295	285	255	490 bis 660	470 bis 610	450 bis 610	20 18	19 17	18 16
	E335	**1.0060**	BS	–	–	–	0,045	0,045	–	335	325	295	590 bis 770	570 bis 710	550 bis 710	16 14	15 13	14 12
	E360	**1.0070**	BS	–	–	–	0,045	0,045	–	360	355	325	690 bis 900	670 bis 830	650 bis 830	11 10	10 9	9 8

[1] **BS**: Grundstahl, **QS**: Qualitätsstahl [2] Größerer Wert für Längsprobe, kleinerer Wert für Querprobe

Werkstofftechnik

Werk-
stofftechnik

Werkstofftechnik

Wichtige Stahlsorten

- **Stähle für den Stahlbau**
  Grund- und Qualitätsstähle, die im warm verformten Zustand bei klimatischen Temperaturen (ca. –30 bis +80 °C) verwendet werden.

- **Maschinenbaustähle**
  Grundstähle, bei denen keine besonderen Anforderungen an die *Zähigkeit* und *Kaltverformbarkeit* gestellt werden.

  Bei unlegierten Baustählen ist die *Streckgrenze* für die Verwendung maßgebend. Die *mechanischen* und *technologischen* Eigenschaften hängen weitgehend vom **Kohlenstoffgehalt** ab. Je höher der *Kohlenstoffgehalt*, umso größer ist aber auch die *Sprödigkeit*. Außerdem nehmen mit wachsendem C-Gehalt *Kaltverformbarkeit*, *Schweißbarkeit* und *Spanbarkeit* ab.

Verwendung unlegierter Baustähle

S235	Üblicher Stahl im Stahlbau bei mäßiger Beanspruchung
S275	Stahl für den Stahlbau bei höheren Anforderungen an Umformbarkeit, Zähigkeit und Schweißbarkeit
E295	Maschinenbaustahl für Achsen, Wellen, Bolzen und Spindeln bei mittlerer Beanspruchung
E335	Maschinenbaustahl für höher beanspruchte verschleißfeste Teile, Passfedern, Zahnräder
E360	Maschinenbaustahl für höchst beanspruchte, naturharte, verschleißfeste Teile wie Werkzeuge, Walzen, Nocken, Steuerungsteile

Automatenstähle

DIN EN 10087

Gekennzeichnet durch gute *Zerspanbarkeit* und gute *Spanbrüchigkeit*.

Stahlsorte		Chemische Zusammensetzung Massenanteil in %			Mechanische Eigenschaften [1]	
Kurzname	Werkstoff-Nr.	C	Mn	S	Härte HB	Zugfestigkeit in N/mm²
Üblicherweise nicht für Wärmebehandlung bestimmt						
11SMn30	1.0715	≤ 0,14	0,9 – 1,3	0,27 – 0,33	–	380 – 570
11SMn37	1.0736	≤ 0,15	1,0 – 1,5	0,34 – 0,40	112 – 169	390 – 580
Automaten-Einsatzstähle						
15SMn13	1.0725	0,12 – 0,18	0,90 – 1,30	0,08 – 0,18	128 – 171	430 – 600
10S20	1.0721	0,07 – 0,13	0,70 – 1,10	0,18 – 0,25	107 – 156	360 – 530
Automaten-Vergütungsstähle						
35S20	1.0726	0,32 – 0,39	0,70 – 1,10	0,15 – 0,25	154 – 201	520 – 680
46S20	1.0727	0,42 – 0,50	0,70 – 1,10	0,15 – 0,25	175 – 225	650 – 800
44SMn28	1.0762	0,40 – 0,48	1,30 – 1,70	0,24 – 0,33	187 – 242	630 – 820

[1] Dicke 16 – 40 mm, Behandlungszustand: unbehandelt oder geschält

Werkstofftechnik

Einsatzstähle

Stahlsorte		Festigkeitseigenschaften[1)]				Temperaturen für Wärmebehandlung[2)] in °C		
Kurzname	Werkstoff-Nr.	Brinellhärte weichgeglüht höchstens	Streckgrenze in N/mm² mindestens	Zugfestigkeit in N/mm²	Bruchdehnung ($L_0 = 5 \cdot d$) % mind.	Aufkohlen	Härten Kern	Härten Rand
C10E **C10R**	**1.1121** **1.1207**	131	300	500 – 650	16	880 bis 980	880 bis 920	780 bis 820
C15E **C15R**	**1.1141** **1.1140**	143	350	600 – 800	14			
17Cr3	**1.7016**	174	450	750 – 1050	11		860 bis 900	
16MnCr5	**1.7131**	217	600	800 – 1100	10			
20MoCr4	**1.7321**	207	600	800 – 1100	10			
20NiCrMo2-2	**1.6523**	212	590	780 – 1080	10			
18CrNiMo7-6	**1.6587**	229	780	1050 – 1350	8		830 bis 870	

1) Blindgehärteter Rundstab ⌀30   2) Anlassen: 150 bis 200 °C

Verwendung von Einsatzstählen DIN EN 10084

C10E, C10R **C15E, C15R**	Kleinteile mit niedriger Kernfestigkeit, hoher Zähigkeit (z. B. Hebel, Gelenke, Buchsen, Bolzen, Zapfen, Pendelachsen)
17Cr3	Messzeuge, Kolbenbolzen, Spindeln, Steuerwellen
16MnCr5	Teile bis 60-mm-Durchmesser bzw. Dicke (z. B. Nockenwellen, Zahnräder, Schnecken, Kunstharzpressformen)
20MoCr4	Teile mit hoher Kernfestigkeit, Zähigkeit und Dauerfestigkeit (z. B. Zahnräder, Achsen)
18CrNiMo7-6	Große Teile höchster Kernfestigkeit und hoher Dauerfestigkeit (z. B. Wellen, Achsen, Zahnräder)

Einsatzstähle werden als warm gewalzter oder warm geschmiedeter Stabstahl, Breitflachstahl, als Blech, Band, Rohr und Schmiedestück geliefert.

Der **C-Gehalt** der Einsatzstähle ist nicht höher als 0,2 %. Aus Einsatzstahl werden durch *Einsatzhärten* Werkstücke mit harter Oberfläche und zähem, ungehärtetem Kern hergestellt.

Vergütungsstähle DIN EN 10083-2 DIN EN 10083-3

Maschinenbaustähle, die sich wegen ihrer chemischen Zusammensetzung zum *Härten* eignen. Sie haben im vergüteten Zustand eine *hohe Festigkeit* und eine *gute Zähigkeit.*

Die Zahl hinter dem C gibt das *Hundertfache* des *mittleren Kohlenstoffgehalts* an.

Verwendung von Vergütungsstählen

C35 **C35E**	Hebel, Pleulstangen, Radnaben, Press- und Stanzteile	**28Mn6**	Bolzen, Spindeln, Achsen, warmfeste Schrauben und Muttern, Läufer und Turbinentrommeln, Kurbelwellen, Kolbenstangen
C45 **C45E**	Achsen, Wellen, Kolben, Zahnstangen		
C60 **C60E**	Teile höherer Festigkeit, z. B. Achsen, Wellen, Spindeln, Federn, Getriebeteile, Kolben	**34Cr4** **34CrS4**	Zylinder im Motorenbau, größere Querschnitte, Wellen
		50CrMo4	hohe Beanspruchung, sehr große Querschnitte, Kurbelzapfen, Kurbelwellen, Einlassventilkegel, Hinterachsenwellen, Pleuel, Kugelbolzen

Werkstofftechnik

Vergütungsstähle — DIN EN 10083-3

Arten von Vergütungsstählen

Stahlsorte		Mechanische Eigenschaften[1] im vergüteten Zustand für 16 mm < $d \leq$ 40 mm oder 8 mm < $t \leq$ 20 mm					Wärmebehandlung (Anhaltswerte)			
Kurzname	Werkstoff-Nr.	R_e mind. in N/mm²	R_m in N/mm²	A mind. in %	Z mind. in %	KV mind. in J	Härten °C	Abschreckmittel	Anlassen Dauer ≥ 60 min °C	Normalglühen Dauer ≥ 30 min °C
Qualitätsstähle										
C25	**1.0406**	320	500 – 650	21	50	–	860 – 900	Wasser	550 – 700	880 – 920
C35	**1.0501**	380	600 – 750	19	45	–	840 – 880	Wasser oder Öl		860 – 900
C45	**1.0503**	430	650 – 800	16	40	–	820 – 860			840 – 880
C60	**1.0601**	520	800– 950	13	30	–	800 – 840	Öl oder Wasser		820 – 860
Edelstähle										
C25E	**1.1158**	320	500 – 650	21	50	45	860 – 900	Wasser	550 – 700	880 – 920
C35E	**1.1181**	380	600 – 750	19	45	35	840 – 880	Wasser oder Öl	550 – 700	860 – 900
C45E	**1.1191**	430	650 – 800	16	40	25	820 – 860			840 – 880
C60E	**1.1221**	520	800 – 950	13	30	–	800 – 840	Öl oder Wasser		820 – 860
28Mn6	**1.1170**	490	700 – 850	15	45	40	830 – 870	Wasser oder Öl	540 – 720	850 – 890
34Cr4 **34CrS4**	**1.7033** **1.7037**	590	800 – 950	14	40	40	830 – 870	Öl oder Wasser		–
50CrMo4	**1.7228**	780	1000 – 1200	10	45	30	820 – 860	Öl		–
36CrNiMo4	**1.6511**	800	1000 – 1200	11	50	40	820 – 850	Öl oder Wasser		–
30CrNiMo8	**1.6580**	1050	1250 – 1450	9	40	30	830 – 860	Öl		–

[1] R_e: Obere Streckgrenze oder (falls keine ausgeprägte Streckgrenze auftritt) 0,2 %-Dehngrenze $R_{p0,2}$

R_m: Zugfestigkeit

A: Bruchdehnung (Anfangsmesslänge $L_0 \approx 0{,}6 \cdot \sqrt{S_0}$; S_0 ist der Anfangsquerschnitt)

Z: Brucheinschnürung

KV: Kerbschlagarbeit

Baustähle für spezielle Verwendungszwecke

Hierzu gehören zum Beispiel Feinkornbaustähle, Schraubenstähle, Federstähle, Druckbehälterstähle und Rohrstähle.

Schweißgeeignete Feinkornbaustähle nach DIN EN 10025 sind normal geglüht oder normalisierend gewalzt. Dadurch wird ein *feinkörniges Gefüge* mit einer Mindeststreckgrenze zwischen 275 N/mm² und 460 N/mm² erreicht. Diese Stähle behalten ihre hohe Zähigkeit auch bei tiefen Temperaturen.

Die **Feinkornbaustähle** S275 NL, S355 NL, S420 NL und S460 NL haben bei –50 °C noch einen Mindestwert der Kernschlagarbeit von 27 J. Feinkornbaustahl wird z. B. zur Herstellung geschweißter Werkzeugmaschinengestelle verwendet.

Werkstofftechnik

Schweißgeeignete Feinkornbaustähle DIN EN 10113

Stahlsorte		Chemische Zusammensetzung Massenanteil in %			Zugfestigkeit	Obere Streckgrenze R_{eH} in N/mm² für Nenndicke in mm				Bruchdehnung
Kurzname	Werkstoff-Nr.	C max.	Si max.	Mn	R_m in N/mm²	≤ 16	> 16 ≤ 40	> 40 ≤ 63	> 63 ≤ 80	in %
S275N	**1.0490**	0,18	0,40	0,5 – 1,4	370 – 510	275	265	255	245	24
S275NL	**1.0491**	0,16	0,40							
S355N	**1.0545**	0,20	0,50	0,9 – 1,65	470 – 630	355	345	335	325	22
S355NL	**1.0546**	0,18	0,50							
S420N	**1.8902**	0,20	0,60	1,0 – 1,70	520 – 680	420	400	390	370	19
S420NL	**1.8912**	0,20	0,60							
S460N	**1.8901**	0,20	0,60	1,0 – 1,70	550 – 720	460	440	430	410	17
S460NL	**1.8903**	0,20	0,60							

Kohlenstoffarme, unlegierte Stähle für Schrauben, Muttern und Niete DIN EN 10025

Stahlsorte		Desoxidationsart	Bestandteile		Zugfestigkeit[1]	Streckgrenze[1) 2)]
Kurzname	Werkstoff-Nr.		C	Mn	in N/mm²	in N/mm² mindestens
USt36 **UQSt36** **RSt36**	**1.0203** **1.0204** **1.0205**	U U R	≤ 0,14	0,25 – 0,50	330 – 430	205
USt38 **UQSt38** **RSt38**	**1.0217** **1.0224** **1.0223**	U U R	≤ 0,19	0,25 – 0,50	370 – 460	225
U 7S6 **U10S10**	**1.0708** **1.0702**	U U	≤ 0,10 ≤ 0,15	0,30 – 0,60	(310 – 440) (340 – 470)	(205) (225)

[1] Die eingeklammerten Werte dienen nur zur Unterrichtung.

[2] Gültig für Dicken bis 16 mm. Für Dicken über 16 mm bis 40 mm sind um 10 N/mm² niedrigere Mindestwerte zulässig.

Warmgewalzte Stähle für vergütbare Federn DIN EN 10089

Bei warm gewalzten Stählen für vergütbare Federn (Federstähle) nach DIN EN 10089 ist der Hauptlegierungsbestandteil Silizium. Dadurch wird die Elastizität des Stahls erhöht.

Stahlsorte		Massenanteil in %		Behandlungszustand				
				warmgewalzt	weichgeglüht	vergütet		
Kurzname	Werkstoff-Nr.	C	Si	Härte HB	Härte HB	Zugfestigkeit R_m in N/mm²	Dehngrenze $R_{p0,2}$ in N/mm²	Bruchdehnung A in %
38Si7	**1.5023**	0,35 – 0,42	1,50 – 1,80	240	217	1180 – 1370	1030	6
54SiCr6	**1.7102**	0,51 – 0,59	1,20 – 1,60	270	248	1320 – 1570	1130	
61SiCr7	**1.7108**	0,57 – 0,65	1,50 – 1,80	310		1320 – 1570		
55Cr3	**1.7176**	0,52 – 0,59	0,25 – 0,50			1320 – 1720	1175	
51CrV4	**1.8159**	0,47 – 0,55	0,15 – 0,40			1370 – 1620		
52CrMoV4	**1.7701**	0,48 – 0,56	0,15 – 0,40			1370 – 1670		

Die Festigkeitswerte gelten für Proben mit 10 mm Durchmesser.
Der Elastizitätsmodul beträgt $E = 200\,000$ N/mm², der Gleitmodul $G = 80\,000$ N/mm².

Werkstofftechnik

Federstahldraht, unlegiert, gezogen
DIN EN 10270-1

Runder, patentiert gezogener, unlegierter *Federstahldraht* nach DIN 10270-1 wird für Schraubenfedern (Zug-, Druck- und Drehfedern) und sonstigen Drahtfedern verwendet. Die Drahtsorten A, B, C und D sind durch ihre mechanischen und technologischen Eigenschaften gekennzeichnet. Bei der Sorte D sind zusätzlich besondere Gütewerte für die Oberflächenbeschaffenheit festgelegt.

Mindestzugfestigkeit R_m in N/mm² für Nenndurchmesser d in mm

Draht-sorte	0,5	0,8	1	1,2	1,6	2	2,5	3	4	6	8	10
SL			1720	1670	1590	1520	1460	1410	1320	1210	1120	1060
SM	2200	2050	1980	1920	1830	1760	1690	1630	1530	1400	1310	1240
SH	2480	2310	2230	2170	2060	1980	1900	1840	1740	1590	1490	1410
DH	2480	2310	2230	2170	2060	1980	1900	1840	1740	1590	1490	1410

SL: statisch leicht, **SM:** statisch mittel, **SH:** statisch hoch, **DH:** dynamisch hoch

Nicht rostende Stähle

Anwendung

X6Cr3	Beschläge und Verkleidungen, geeignet für Kaltumformung, schlecht zerspanbar und schlecht schweißbar
X12Cr13	Essbestecke, Sport- und Fischereigeräte, Bauteile unter dauerndem Wasserdampfangriff (Ventile, Wellen, Rohre, Turbinenschaufeln)
X20Cr13	Bei starker mechanischer Belastung (Wellen, Bolzen, Turbinenschaufeln, Druckgussformen)
X5CrNi18-10	Seewasserbeständig, Bauteile für Molkereien, Hefe-, Stärke- und Papierfabriken
X10CrNi18-8	Armaturen in Molkereien, Zellstoff- und Salpetersäureindustrie, beständig gegen Fruchtsäuren und andere organische Säuren, Bleche, Federn

Nicht rostende Chromstähle
DIN EN 10088-2

Werte für Flacherzeugnisse ≤ 25 mm Dicke

Stahlsorte		Härte	Zugfestigkeit	Dehngrenze	Bruchdehnung	Behandlungszustand	Eigenschaften
Kurzname	Werkstoff-Nr.	HB	R_m in N/mm²	$R_{p0,2}$ in N/mm²	A in %		
Ferritische Stähle, begrenzt korrosionsbeständig							
X6Cr13 **X6CrAl13**	**1.4000** **1.4002**	185 –	400 – 630 550 – 700	250 400	20 18	geglüht verhütet	Kalt umformbar, schlecht zerspanbar, bedingt schweißbar, Haushaltsgeräte, Ventile
X6Cr17 **X6CrTi17**	**1.4016** **1.4510**	185 185	450 – 630 450 – 600	240 270	20 20	geglüht geglüht	
Martensitische Stähle, große Härte							
X12Cr13	**1.4006**	200 –	450 – 650 600 – 850	250 450	20 18	geglüht vergütet	Härtbar, gut zerspanbar, teilweise nicht schweißbar, geeignet für Teile mit hoher Festigkeit, Zierleisten, Radkappen
X20Cr13	**1.4021**	230 –	≤ 740 650 – 850	– 500	– 14	geglüht vergütet	
X39Cr13 **X50CrMoV15**	**1.4031** **1.4116**	250 280	≤ 800 ≤ 900	– –	– –	geglüht geglüht	

Druckbehälterstähle

Druckbehälterstähle nach DIN EN 10028 aus unlegiertem Stahl (z. B. P275NH und P355NH) oder aus legiertem Stahl (z. B. 16Mo3) sind warmfest bis ca. 500 °C und gut *schweißbar*. Verwendung z. B. zum Bau von Dampferzeugern und Druckbehältern.

Werkstofftechnik

Warmfeste Druckbehälterstähle und warmfeste Rohrstähle

	Stahlsorte		Chemische Zusammensetzung in %			Zugfestigkeit	0,2 %-Dehngrenze in N/mm² bei *t* in °C						Temperaturen in °C für	
	Kurzname	Werkstoff-Nr.	C	Si	Mn	R_m N/mm²	200	250	300	350	400	500	Normalglühen	Spannungsarmglühen
	Druckbehälterstähle (nach DIN EN 10028, Erzeugnisdicke ≤ 60 mm)													
Unleg. Stähle	**P235GH**	**1.0345**	max. 0,16	≤ 0,35	0,40 – 1,20	360 – 480	170	150	130	120	110	–	890 – 950	–
	P265GH	**1.0425**	max. 0,20	≤ 0,40	0,50 – 1,40	410 – 530	195	175	155	140	130	–		–
	P295GH	**1.0481**	0,08 – 0,20	≤ 0,40	0,90 – 1,50	460 – 580	225	205	185	170	155	–		–
	P355GH	**1.0473**	0,10 – 0,22	≤ 0,60	1,00 – 1,70	510 – 650	255	205	185	170	155	–		–
Legierte Stähle	**16Mo3**	**1.5415**	0,12 – 0,20	≤ 0,35	0,40 – 0,90	440 – 590	215	200	170	160	150	140		–
	13CrMo4-5	**1.7335**	0,08 – 0,18	≤ 0,35	0,40 – 1,00	440 – 600	230	220	205	190	180	165	–	–
	10CrMo 9-10	**1.7380**	0,08 – 0,14	≤ 0,50	0,40 – 0,80	480 – 630	245	230	220	210	200	180	–	–
	11CrMo9-10	**1.7273**	0,08 – 0,15	≤ 0,50	0,40 – 0,80	520 – 670	–	255	235	225	215	195	–	–
	Rohrstähle (nach DIN EN 100216-2, Wanddicke ≤ 40 mm)													
	St 35.8	**1.0305**	≤ 0,17	0,10 – 0,35	0,40 – 0,80	360 – 480	180	160	135	120	110	–	900 – 930	520 – 600
	St 45.8	**1.0405**	≤ 0,21		0,40 – 1,20	410 – 530	195	175	155	135	130	–	870 – 900	520 – 600
	15Mo3	**1.5415**	0,12 – 0,20		0,40 – 0,80	450 – 600	225	205	180	170	160	150	910 – 940	530 – 620
	13CrMo4-5	**1.7335**	0,10 – 0,18		0,40 – 0,70	440 – 590	240	230	215	200	190	175	–	550 – 650
	10CrMo9-10	**1.7380**	0,08 – 0,15	≤ 0,50	0,40 – 0,70	450 – 600	245	240	230	215	205	185	–	550 – 650

Werkstofftechnik

Nicht rostende Chrom-Nickel-Stähle

DIN EN 10088

Werte für Flacherzeugnisse ≤ 3 ≤ 75 mm Dicke, geglüht

Stahlsorte		Zugfestigkeit in	0,2-Grenze mindestens in	Bruchdehnung $L_0 = 5 \cdot d_0$ längs	Kerbschlagarbeit (ISO-V-Probe)	Besondere Merkmale
Kurzname	Werkstoff-Nr.	N/mm²	N/mm²	mind. in %	in J	
X 5 CrNi18-10	**1.4301**	500 – 700	195	45	55	Besonders gut schweißbar, hohe Zähigkeit
X 8 CrNiS18-9	**1.4305**	500 – 700	195	35		Sehr gut zerspanbar
X 2 CrNi19-11	**1.4306**	460 – 680	180	45		Gut schweißbar, beständig gegen interkristalline Korrosion
X 6 CrNiTi18-10	**1.4541**	500 – 730	200	40		Beständig gegen interkristalline Korrosion geschweißter Teile
X 6 CrNiNb18-10	**1.4550**	510 – 740	205	30		Beständig gegen interkristalline Korrosion geschweißter Teile
X 5 CrNiMo17-12-2	**1.4401**	510 – 710	205	40		Erhöhte Korrosionsbeständigkeit
X 2 CrNiMo17-13-2	**1.4404**	490 – 690	190	40		Verbesserte Schweißbarkeit, beständig gegen interkristalline Korrosion
X 6 CrNiMoTi17-12-2	**1.4571**	500 – 730	210	40		Erhöhte Korrosionsbeständigkeit, beständig gegen interkristalline Korrosion geschweißter Teile
X 6 CrNiMoNb17-12-2	**1.4580**	510 – 740	215	35		Erhöhte Korrosionsbeständigkeit, beständig gegen interkristalline Korrosion geschweißter Teile
X 3 CrNiMo17-13-3	**1.4436**	510 – 710	205	40		Besonders korrosionsbeständig
X 2 CrNiMoN17-13-5	**1.4439**	580 – 800	280	35		Auch gute Schweißbarkeit dicker Bleche
X 2 CrNiMo18-15-4	**1.4438**	490 – 700	195	40		Besonders korrosionsbeständig, keine interkristalline Korrosion geschweißter Teile
X 17 CrNi16-2	**1.4057**	750 – 950	550	10	–	Martensitischer Stahl, härtbar, hohe Kaltverfestigung

Werkzeugstähle

DIN EN ISO 4957

Werkzeugstähle sind **Edelstähle**, aus denen Werkzeuge zum Spanen, Zerteilen und Umformen hergestellt werden. Sie sind nach DIN 17350 genormt und werden unterteilt in *unlegierte Kaltarbeitsstähle, legierte Kaltarbeitsstähle, Warmarbeitsstähle, Schnellarbeitsstähle.*

Unlegierte Kaltarbeitsstähle

Haben einen Kohlenstoffgehalt zwischen 0,4 % und 1,1 %. Sie enthalten etwas Silizium (unter 0,4 %) und etwas Mangan (bis 0,8 %). Unlegierte Kaltarbeitsstähle lassen sich gut schmieden (umso besser, je geringer ihr Kohlenstoffgehalt ist). Weil sie beim Härten mit Wasser abgeschreckt werden, bezeichnet man sie als **Wasserhärter**. Sie verlieren schon bei einer Arbeitstemperatur von etwa 200 °C ihre Härte und Schneidfähigkeit. Sie *härten nicht durch* und *verziehen* sich leicht.

Entsprechend ihrem Höchstgehalt an Phosphor und Schwefel werden sie in *drei* **Gütegruppen** eingeteilt:

Kurzzeichen W P und S jeweils max. 0,035 %
Kurzzeichen W2 P und S jeweils max. 0,030 %
Kurzzeichen W1 P und S jeweils max. 0,020 %

Beispiel
Werkzeugstahl C 80 W1
Unlegierter Kaltarbeitsstahl mit 0,8 % Kohlenstoff und maximal 0,02 % Phosphor und 0,02 % Schwefel

Legierte Kaltarbeitsstähle

Verwendung für hoch beanspruchte Werkzeuge zum Zerteilen und Umformen, bei denen die *Arbeitstemperatur 200 °C* nicht überschreitet. Der *Kohlenstoffgehalt* liegt zwischen 0,4 % und 2,3 %. Wesentliche Legierungszusätze sind Chrom, Nickel, Wolfram, Mangan, Vanadium, Molybdän und Silizium. Kaltarbeitsstähle werden vorwiegend in Öl gehärtet; man nennt sie daher auch **Ölhärter**.

Legierte Warmarbeitsstähle

Verwendung für hoch beanspruchte Umformwerkzeuge, die außer starker mechanischer Beanspruchung noch Temperaturen weit *oberhalb 300 °C* ausgesetzt sind. Warmarbeitstähle müssen warmfest, verschleißfest, hart und zäh sowie gut wärmeleitfähig sein. Diese Eigenschaften werden durch die Legierungsbestandteile Mangan, Chrom, Molybdän, Nickel und Vanadium erreicht.

Schnellarbeitsstähle

DIN EN ISO 4957

Stahlsorte		Härte-tempe-ratur	Anlass-tempe-ratur	Härte nach dem Anlassen HRC	Hauptsächlicher Verwendungszweck
Kurzname	Werkstoff-Nr.	°C	°C	min.	
S6-5-2	**1.3343**	1210	560	64	Räumnadeln, Spiralbohrer, Fräser, Reibahlen, Gewindebohrer, Senker, Hobelwerkzeuge, Kreissägen, Umformwerkzeuge, Schneid- und Feinschneidwerkzeuge, Einsenkpfaffen
SC6-5-2	**1.3342**	1200	560	65	Räumnadeln, Spiralbohrer, Fräser, Reibahlen, Gewindebohrer, Senker, Umformwerkzeuge, Schneid- und Feinschneidwerkzeuge
S6-5-3	**1.3344**	1220	560	64	Gewindebohrer und Reibahlen
S6-5-2-5	**1.3243**	1220	560	64	Fräser, Spiralbohrer und Gewindebohrer
S7-4-2-5	**1.3246**	1200	540	66	Fräser, Spiralbohrer, Gewindebohrer, Formstähle
S10-4-3-10	**1.3207**	1230	560	66	Drehmeißel und Formstähle
S12-1-4-5	**1.3202**	1230	560	65	Drehmeißel und Formstähle
S18-1-5	**1.3255**	1280	560	64	Dreh-, Hobelmeißel und Fräser

Werkstofftechnik

Werk-
stofftechnik

Schnellarbeitsstähle

DIN EN ISO 4957

Schnellarbeitsstähle werden vorwiegend für *spanende Werkzeuge* verwendet. Es sind *hoch legierte* Stähle mit hoher Verschleißfestigkeit, die Temperaturen bis 600 °C aushalten können, ohne ihre Härte und Schneidhaltigkeit zu verlieren.

Diese Eigenschaften werden durch eine feine Abstimmung der Legierungszusätze Chrom, Wolfram, Molybdän, Vanadium und Cobalt aufeinander und auf den Kohlenstoff erreicht.

Der *Kurzname* der Schnellarbeitsstähle wird wie folgt gebildet: Vorangestellt wird der Buchstabe S, darauf folgen drei oder vier durch Bindestrich getrennte Ziffern, die den Gehalt der Legierungsbestandteile in Prozent angeben.

1. Ziffer: Wolframgehalt, **2. Ziffer:** Molybdängehalt, **3. Ziffer:** Vanadiumgehalt, **4. Ziffer:** Cobaltgehalt (falls vorhanden)

Schnellarbeitsstähle werden beim *Härten* meist im *Salzbad* auf 1200 °C bis 1300 °C erwärmt und anschließend im Druckluftstrom abgekühlt. Schnellarbeitsstähle sind **Lufthärter**.

Unlegierte und legierte Kaltarbeitsstähle, Warmarbeitsstähle, Schnellarbeitsstähle

Stahlsorte		Härte-temperatur	Anlass-temperatur	Härte nach dem Anlassen HRC	Hauptsächlicher Verwendungszweck
Kurzname	Werkstoff-Nr.	°C	°C	min.	
Unlegierte Kaltarbeitsstähle					
C60W	**1.1740**	810	180	52	Handwerzeuge, landwirtschaftliche Werkzeuge, Schäfte und Körper von Schnellarbeitsstahl- oder Hartmetall-Verbundwerkzeugen, Aufbauteile für Werkzeuge
C70W2	**1.1620**	800	180	57	Drucklufteinsteckwerkzeuge im Berg- und Straßenbau
C80W1	**1.1525**	790	180	59/58	Gesenke mit flachen Gravuren, Kaltschlagmatrizen, Messer, Handmeißel, Spitzeisen
C85W	**1.1830**	810	180	57	Gatter- und Kreissägen sowie Bandsägen für die Holzverarbeitung, Handsägen für Forstwirtschaft
C105W1	**1.1545**	780	180	60/61	Gewindeschneidwerkzeuge, Kaltschlagmatrizen, Prägewerkzeuge, Endmaße
Legierte Kaltarbeitsstähle					
X210CrW12	**1.2436**	960	180	60/62	Schnittwerkzeuge, Scherenmesser, Räumnadeln, Tiefziehwerkzeuge, Presswerkzeuge
X153CrMoV12	**1.2379**	1030	180	59/61	Hochleistungsschnittstahl, Metallsägen, Biegestanzen, Scherenmesser, Gewindewalzwerkzeuge, hochbeanspruchte Holzbearbeitungswerkzeuge
115CrV3	**1.2210**	790	180	60	Gewindebohrer, Auswerfer, Stempel, Senker, Zahnbohrer, Stemmeisen

Unlegierte und legierte Kaltarbeitsstähle, Warmarbeitsstähle, Schnellarbeitsstähle

Stahlsorte		Härte-temperatur	Anlass-temperatur	Härte nach dem Anlassen HRC min.	Hauptsächlicher Verwendungszweck
Kurzname	Werkstoff-Nr.	°C	°C		
Legierte Kaltarbeitsstähle					
90MnCrV8	**1.2842**	800	180	58/60	Stanzen, Schnitte, Tiefziehwerkzeuge, Schneidwerkzeuge, Kunststoffformen, Schnittplatten und Stempel, Industriemesser, Messzeuge
Warmarbeitsstähle					
55NiCrMoV6	**1.2713**	850	500	40	Hammergesenke für mittlere und kleinere Abmessung
56NiCrMoV7	**1.2714**	850	500	44/42	Hammergesenke bis zu größten Abmessungen, besonders auch bei schwierigen Gravuren, Teilpressgesenke, Matrizenhalter, Pressstempel für Strangpressen
X38CrMoV51	**1.2343**	1020	550	50/48	Gesenke und Gesenkeinsätze, Werkzeuge für Schmiedemaschinen, Druckgießformen für Leichtmetalle
X40CrMoV51	**1.2344**	1030	550	51/50	Gesenke und Gesenkeinsätze, Werkzeuge für Schmiedemaschinen, Druckgießformen für Leichtmetalle

Eisen-Gusswerkstoffe DIN EN 1560

Benennung mit Buchstaben und Zahlen:

EN	Europäische Norm	**M**	Temperkohle (**B** = black, **W** = white)
G	Guss	**S**	Kugelgrafit
J	Eisen	**150**	Mindestzugfestigkeit in N/mm²
L	Lamellengrafit	**350-10**	Zugfestigkeit min. in N/mm², zus. Bruchdehnung min. in %

Gusseisen mit Lamellengrafit, Grauguss DIN EN 1561

Kennzeichnende Eigenschaft: Zugfestigkeit R_m					Kennzeichnende Eigenschaft: Härte HB				
Sorte		Wanddicke in mm		R_m in	Sorte		Wanddicke in mm		Brinellhärte HB
Kurzname	Werkstoff-Nr.	von	bis	N/mm²	Kurzname	Werkstoff-Nr.	von	bis	
EN-GJL-100	**EN-JL 1010**	2,5	40	100 – 200	**EN-GJL-HB155**	**EN-JL 2010**	40	80	155 max.
EN-GJL-150	**EN-JL 1020**	2,5	300	150 – 250	**EN-GJL-HB175**	**EN-JL 2020**	40	80	100 – 175
EN-GJL-200	**EN-JL 1030**	2,5	300	200 – 300	**EN-GJL-HB195**	**EN-JL 2030**	40	80	120 – 195
EN-GJL-250	**EN-JL 1040**	5	300	250 – 350	**EN-GJL-HB215**	**EN-JL 2040**	40	80	145– 215
EN-GJL-300	**EN-JL 1050**	10	300	300 – 400	**EN-GJL-HB235**	**EN-JL 2050**	40	80	165 – 235
EN-GJL-350	**EN-JL 1060**	10	300	350 – 450	**EN-GJL-HB255**	**EN-JL 2060**	40	80	185 – 255

Bezeichnungsbeispiele:

EN-GJL-200: Gusseisen mit Lamellengrafit, Mindestzugfestigkeit R_m = 100 N/mm²

EN-GJL-HB195: Gusseisen mit Lamellengrafit, max. Brinellhärte 195 HB

Werkstofftechnik

Stahlguss für Druckbehälter

DIN EN 10213

Bezeichnung		Dicke [1] in mm	Raumtemperatur [2]				erhöhte Temperatur [3] $R_{p0,2}$ in N/mm²							Einsatzbereiche, Verwendung
			$R_{p0,2}$	R_m	A	KV	100 °C	200 °C	300 °C	350 °C	400 °C	450 °C	500 °C	
Kurzname	W-Nr	max.	N/mm² min.	N/mm²	% min.	J min.								
GP240GR	**1.0621**	100	240	420 – 600	22	+ N27 + QT40	210	175	145	135	130	125	–	Hochwarmfeste Bauteile für Kraftwerke, Turbinenanlagen, Sicherheitspumpen bis 600 °C
GP240GH	**1.0619**	100	240	420 – 600	22	+ N27 + QT40	210	175	145	135	130	125	–	
GP280GH	**1.0625**	100	280	480 – 640	22	+ N27 + QT35	250	220	190	170	160	150	–	
G20Mo5	**1.5419**	100	245	440 – 590	22	27	–	190	165	155	150	145	135	
C17CrMo5-5	**1.7357**	100	315	490 – 690	20	27	–	250	230	215	200	190	175	
G12MoCrV5-2	**1.7720**	150	440	510 – 660	18	27	–	380	360	350	330	320	300	
G17CrMo9-10	**1.7379**	150	400	590 – 740	18	40	–	355	345	330	315	305	280	
G17CrMoV5-10	**1.7706**	150	440	590 – 780	27	27	–	385	365	350	335	320	300	
GX8CrNi12 [4]	**1.4107**	300	355	540 – 690	18	45	–	275	265	–	255	–	–	
GX4CrNi13-4	**1.4317**	150	550	760 – 960	15	27	–	430	400	390	350	320	290	
GX23CrMoV12-1	**1.4931**	150	540	740 – 880	15	27	–	450	430	410	390	370	340	

[1] Die Werte der 0,2 % Dehngrenze und die Zugfestigkeit gelten auch für das Gussstück bis zur maximalen Dicke.

[2] $R_{p0,2}$ = 0,2 %-Dehngrenze, R_m = Zugfestigkeit, A = Bruchdehnung, KV = Kerbschlagarbeit

[3] Mindestwerte, Nachweis nur nach Vereinbarung

[4] Für diese Gussorte gibt es eine alternative Wärmebehandlung (Normblätter).

Werkstofftechnik

Temperguss DIN EN 1562

Bezeichnung DIN EN 1560[1] Kurzzeichen (DIN 1692)	W-Nr (DIN 1692)	Durchmesser Probe[3] d in mm	Zugfestigkeit R_m N/mm² min.	Dehnung A[3) 4)] % min.	0,2 %-Dehngrenze[5] $R_{p0,2}$ N/mm² min.	Brinellhärte (informativ)[5] HB max.	Verwendung, Einsatzbereiche
Entkohlend geglühter Temperguss (weißer Temperguss)							
EN-GJMW-350-4[1] **(GTW-35-04)**	**EN-JM1010 (0.8035)**	6 9 12 15	270 310 **350** 360	10 5 **4** 3	– – – –	230	Gute Zerspanbarkeit, Schweißbarkeit, günstig für dünnwandige Gussteile (Kettenglieder, Bremstrommeln, Schraubzwingen). Schweißbar ohne Wärmebehandlung. Günstige Fließeigenschaften beim Gießen (Urformen).
EN-GJMW-360-12[2] **(GTW-S38-12)**	**EN-JM1020 (0.8038)**	6 9 12 15	280 320 **360** 370	16 15 **12** 7	– 170 190 200	200	
EN-GJMW-400-5 (GTW-40-05)	**EN-JM1030 (0.8040)**	6 9 12 15	300 360 **400** 420	12 8 **5** 4	– 200 220 230	220	
EN-GJMW-450-7 (GTW-45-07)	**EN-JM1040 (0.8045)**	6 9 12 15	330 400 **450** 480	12 10 7 4	– 230 260 280	220	
EN-GJMW-550-4 (–)	**EN-JM1050 (–)**	6 9 12 15	– 490 **550** 570	– 5 **4** 3	– 310 340 350	250	
Nicht entkohlend geglühter Temperguss (schwarzer Temperguss)							
EN-GJMB-300-6[1] **(–)**	**EN-JM1110 (–)**	12 oder 15	300	6	–	150 max.	Gute Zerspanbarkeit, Werkstücke mit großer Wanddicke (Kurbelwellen, Achsgehäuse, Bremstrommeln, Ventilkolben).
EN-GJMB-350-10 (GTS-35-04)	**EN-JM1130 (0.8135)**		350	10	200	150 max.	
EN-GJMB-450-6 (GTS-45-06)	**EN-JM1140 (0.8145)**		450	6	270	150 – 200	
EN-GJMB-500-5 (–)	**EN-JM1150 (–)**		500	5	300	165 – 215	
EN-GJMB-550-4 (GTS-55-04)	**EN-JM1160 (0.8155)**		550	4	340	180 – 230	
EN-GJMB-600-3 (–)	**EN-JM1170 (–)**		600	3	390	195 – 245	
EN-GJMB-650-2 (GTS-65-02)	**EN-JM1180 (0.8165)**		650	2	430	210 – 260	
EN-GJMB-700-2 (GTS-70-02)	**EN-JM1190 (0.8170)**		700	2	530	240 – 290	
EN-GJMB-800-1 (–)	**EN-JM1200 (–)**		800	1	600	270 – 320	

[1] Bezeichnung nach DIN EN 1560. Die Klammerangaben sind die früheren Werkstoffbezeichnungen nach DIN 1692.

[2] Der Werkstoff ist am geeignesten zum Schweißen.

[3] Die mech. Eigenschaften sind bei weißem Temperguss wegen ungleichmäßigem Gefügeaufbau wanddickenabhängig.

[4] Werkstoff besonders für Anwendungen bestimmt, wenn Druckdichtheit wichtiger als hohe Festigkeit und Verformbarkeit ist.

[5] 0,2 %-Dehngrenze und Brinellhärte werden nur bestimmt, wenn der Kunde dies fordert.

Werkstofftechnik

Gusseisen mit Lamellengrafit DIN EN 1561

Werkstoffbezeichnung[1] DIN EN 1560		Maßgebende Wanddicke t		Brinellhärte HB 30[3]		Verwendung, Einsatzbereiche
Kurzzeichen	W-Nr	> mm	≤ mm	min.	max.	
EN-GJL-HB155 **(GG-150HB)**	**EN-JL2010** **(0.6012)**	40[2]	80	–	**155**	Bauteile mit hoher Beanspruchung der Verschleißfestigkeit bei guter Zerspanbarkeit und hohen Schnittparametern.
EN-GJL-HB175 **(GG-170HB)**	**EN-JL2020** **(0.6017)**	40[2]	80	**100**	**175**	
EN-GJL-HB195 **(GG-190HB)**	**EN-JL2030** **(0.6022)**	40[2]	80	**120**	**195**	
EN-GJL-HB215 **(GG-220HB)**	**EN-JL2040** **(0.6027)**	40[2]	80	**145**	**215**	
EN-GJL-HB235 **(GG-240HB)**	**EN-JL2050** **(0.6032)**	40[2]	80	**165**	**235**	
EN-GJL-HB255 **(GG-260HB)**	**EN-JL2060** **(0.6037)**	40	80	**185**	**255**	

[1] Bezeichnung nach DIN EN 1560. Klammerangaben sind die früheren Werkstoffbezeichnungen nach DIN 1691.
[2] Maßgebende Referenzwanddicke für die Sorte.
[3] Wenn zwischen Hersteller und Kunde vereinbart, darf für eine vereinbarte Sorte des Gussstückes einem engeren Härtebereich zugestimmt werden (aber nicht enger als 40 Brinellhärteeinheiten).

Bezeichnungsbeispiel:
EN-GJL-HB195 Gusseisen mit Lamellengrafit, $HB_{max} = 195$

Gusseisen mit Kugelgrafit DIN EN 1563

Werkstoffbezeichnung[2] DIN EN 1560		Maßgebende Wanddicke t	Zugfestigkeit R_m min.	0,2 %-Dehngrenze $R_{p0,2}$ min.	Dehnung A min.	Verwendung, Einsatzbereiche
Kurzzeichen	W-Nr	mm	N/mm²	N/mm²	%	
EN-GJS-350-22-LT[3] **(GGG-35.3)**	**EN-JS1015** **(0.7033)**	$t \leq 30$ $30 < t \leq 60$ $60 < t \leq 200$	350 330 320	220 210 200	22	gute Bearbeitung, wenig verschleißfest Gehäuse, Deckel
EN-GJS-400-18U-LT[3] **(GGG-40.3)**	**EN-JS1049** **(0.7043)**	$t \leq 30$ $30 < t \leq 60$ $60 < t \leq 200$	400 390 370	250 250 240	18 15 12	
EN-GJS-400-15U **(GGG-40)**	**EN-JS1072** **(0.7040)**	$t \leq 30$ $30 < t \leq 60$ $60 < t \leq 200$	400 390 370	250 250 240	15 14 11	
EN-GJS-500-7U **(GGG-50)**	**EN-JS1082** **(0.7050)**	$t \leq 30$ $30 < t \leq 60$ $60 < t \leq 200$	500 450 420	320 300 290	7 7 5	gute Bearbeitung, verschleißfest, stoßunempfindlich Maschinenständer, Pleuelstangen, Fittings
EN-GJS-600-3U **(GGG-60)**	**EN-JS1092** **(0.7060)**	$t \leq 30$ $30 < t \leq 60$ $60 < t \leq 200$	600 600 550	370 360 340	3 2 1	
EN-GJS-700-2U **(GGG-70)**	**EN-JS1102** **(0.7070)**	$t \leq 30$ $30 < t \leq 60$ $60 < t \leq 200$	700 700 660	420 400 380	2 2 1	
EN-GJS-800-2 **(GGG-80)**	**EN-JS1080** **(0.7080)**	$t \leq 30$ $30 < t \leq 60$ $60 < t \leq 200$	800	480	2	sehr gute Härte und hohe Verschleißfestigkeit Zahnräder, Kurbelwellen

[1] Mechanische Eigenschaften, ermittelt an Proben, die aus angegossenen Probestücken durch mechanische Bearbeitung hergestellt wurden. Angegossene Probestücke sind zu verwenden, wenn die Masse der Gussstücke ≥ 2000 kg ist oder wenn die maßgebende Wanddicke zwischen 30 mm und 200 mm liegt. Mechanische Eigenschaften, die an getrennt gegossenen Probestücken ermittelt wurden.
[2] Bezeichnung nach DIN EN 1560. Klammerangaben sind frühere Werkstoffbezeichnungen nach DIN 1693-1.
[3] LT für tiefe Temperatur

Bezeichnungsbeispiel:
EN-GJS-400-15U Gusseisen mit Kugelgrafit, $R_m \triangleq 400$ N/mm², $A \triangleq 15$ %, U ≙ angegossenes Probestück

Werkstofftechnik

Bainitisches Gusseisen [1]

DIN EN 1564

Werkstoffbezeichnung [2] DIN EN 1560 Kurzzeichen	W-Nr.	Zugfestigkeit R_m min. N/mm²	0,2 %-Dehngrenze $R_{p0,2}$ min. N/mm²	Dehnung A min. %	Brinellhärtebereich [3] HB (informativ)	Verwendung, Einsatzbereiche
EN-GJS-800-8	**EN-JS1100**	800	500	8	260 – 320	Geeignet für Wärmebehandlung zur Steigerung von Festigkeit und Zähigkeit.
EN-GJS-1000-5	**EN-JS1110**	1000	700	5	300 – 360	
EN-GJS-1200-2	**EN-JS1120**	1200	850	2	340 – 440	
EN-GJS-1400-1	**EN-JS1130**	1400	1100	1	380 – 480	

[1] Mechanische Eigenschaften, gemessen an Proben, die aus getrennt gegossenen Probestücken durch mechanische Bearbeitung hergestellt wurden.

[2] Bezeichnung nach DIN EN 1560

[3] Die Härteprüfung erfolgt an Proben oder an vereinbarten Prüfflächen an den Gussstückflächen. Die Härtebereiche zeigen für jede Sorte den Einfluss der Wanddicke. Kaltverfestigung kann eine wesentlich höhere Oberflächenhärte verursachen.

Bezeichnungsbeispiel:
EN-GJS-800-8 Bainitisches Gusseisen, $R_m \triangleq 800$ N/mm², $A \triangleq 8$ %, *HB*: 260 – 320

Austenitisches Gusseisen

DIN EN 13835

Kurzzeichen	Werkstoffnummer	Gefüge	Zugfestigkeit R_m min. N/mm²	Dehngrenze $R_{p0,2}$ N/mm²	Bruchdehnung A %	Verwendung
GGG-NiMn 13 7	**0.7652**	zunehmend austenitisch	390 – 470	210 – 260	15 – 18	unmagnetisierbar, Generatorengehäuse, Schaltanlagen, Pumpen, Ventile
GGG-NiCr 20 2	**0.7660**		370 – 380	210 – 250	7 – 20	korrosionsbeständig, wärmebeständig, gute Gleiteigenschaften, Pumpengehäuse, Bohrer, Ventile, Turboladergehäuse
GGG-Ni 22	**0.7670**		370 – 450	170 – 250	20 – 40	
GGG-Ni 35	**0.7683**		370 – 420	210 – 240	20 – 40	maßbeständige Teile für Werkzeugmaschinen, Instrumente

Form und Maßnormen von Stahlerzeugnissen

Warmgewalzter blanker Quadrat-, Rund- und Sechskantstahl (Fortsetzung auf Seite 544)

Maße *a, d, s* mm	Längenbezogene Masse *m´* kg/m (Quadrat *a*)	(Rund *d*)	(Sechskant *s*)	Maße *a, d, s* mm	Längenbezogene Masse *m´* kg/m (Quadrat *a*)	(Rund *d*)	(Sechskant *s*)	Maße *a, d, s* mm	Längenbezogene Masse *m´* kg/m (Quadrat *a*)	(Rund *d*)	(Sechskant *s*)
2,5	–	0,038	0,042	12	1,13	0,888	0,979	25	4,91	3,85	4,42
3	0,07	0,055	0,061	13	1,33	1,04	1,15	26	5,31	4,17	–
3,5	0,096	0,075	0,083	14	1,54	1,21	1,33	27	(5,72)	4,49	4,96
4	0,126	0,098	0,109	15	(1,77)	1,39	1,53	28	6,15	4,83	5,52
4,5	0,159	0,125	0,138	16	2,01	1,58	1,74	29	–	5,19	–
5	0,196	0,154	0,17	17	(2,27)	1,78	1,96	30	(7,07)	5,55	6,12

Form und Maßnormen von Stahlerzeugnissen (Fortsetzung von Seite 543)

Warmgewalzter blanker Quadrat-, Rund- und Sechskantstahl DIN EN 10060/10059/10061

Maße a, d, s	Längenbezogene Masse m´ kg/m			Maße a, d, s	Längenbezogene Masse m´ kg/m			Maße a, d, s	Längenbezogene Masse m´ kg/m		
mm	a	d	s	mm	a	d	s	mm	a	d	s
5,5	0,237	0,187	0,206	18	2,54	2	2,20	35	(9,62)	7,55	8,56
6	0,283	0,222	0,245	19	(2,83)	2,223	2,45	40	12,6	9,86	10,6
7	0,385	0,302	0,333	20	3,14	2,47	2,86	50	19,6	15,4	17
8	0,502	0,395	0,435	21	–	2,72	3	60	(28,3)	22,2	24,5
9	0,636	0,499	0,551	22	3,8	2,98	3,29	80	50,2	39,5	43,5
10	0,785	0,617	0,68	23	–	3,26	–	100	78,5	61,7	68
11	0,95	0,746	0,823	24	(4,52)	3,55	3,9	120	113	88,8	98

Klammerwerte: Diese Profilabmessungen sollen möglichst *nicht* verwendet werden.

Warmgewalzter blanker Flachstahl DIN EN 10058

Breite b	Längenbezogene Masse m´ in kg/m bei Dicke h in mm – Toleranzklasse h11											Toleranzklasse h12		
mm	2	2,5	3	4	5	6	8	10	12	16	20	25	32	40	50
5	0,079	0,098	0,118	0,157	–	–	–	–	–	–	–	–	–	–	–
6	0.094	0,118	0,141	0,188	0,236	–	–	–	–	–	–	–	–	–	–
8	0,126	0,157	0,188	0,251	0,314	0,377	–	–	–	–	–	–	–	–	–
10	0,157	0,196	0,236	0,314	0,393	0,471	0,628	–	–	–	–	–	–	–	–
12	0,188	0,236	0,283	0,377	0,471	0,565	0,754	0,942	–	–	–	–	–	–	–
14	0,220	0,275	0,330	0,440	0,55	0,659	0,879	1,099	1,319	–	–	–	–	–	–
16	0,251	0,314	0,377	0,502	0,628	0,754	1,005	1,256	1,507	2,010	–	–	–	–	–
18	0,283	0,353	0,424	0,565	0,707	0,848	1,130	1,413	1,696	2,261	–	–	–	–	–
20	0,314	0,393	0,471	0,628	0,785	0,942	1,256	1,570	1,884	2,512	3,140	–	–	–	–
22	0,345	0,432	0,518	0,691	0,864	1,036	1,382	1,727	2,072	2,763	3,454	–	–	–	–
25	0,393	0,491	0,589	0,785	0,981	1,178	1,570	1,963	2,355	3,140	3,925	–	–	–	–
28	0,440	0,550	0,659	0,879	1,099	1,319	1,758	2,198	2,638	3,517	4,396	–	–	–	–
32	0,502	0,628	0,754	1,005	1,256	1,507	2,010	2,512	3,014	4,019	5,024	6,280	–	–	–
36	0,556	0,707	0,848	1,130	1,413	1,696	2,261	2,826	3,391	4,552	5,652	–	–	–	–
40	0,628	–	0,942	1,256	1,570	1,884	2,512	3,140	3,768	5,024	6,280	7,850	10,048	–	–
45	0,695	–	1,060	1,413	1,766	2,120	2,826	3,533	4,239	5,652	7,065	8,831	11,304	–	–
50	0,785	–	1,178	1,570	1,963	2,355	3,140	3,925	4,710	6,280	7,850	9,813	12,560	–	–
63	0,989	–	1,484	1,978	2,473	2,967	3,956	4,946	5,935	7,913	9,891	12,364	15,826	19,782	–
80	1,256	–	1,884	2,512	3,140	3,768	5,024	6,280	7,536	10,048	12,560	15,700	20,096	25,120	31,400
100	1,570	–	2,355	3,140	3,925	4,710	6,280	7,850	9,420	12,560	15,700	19,625	25,120	31,400	39,250
125	–	–	–	–	4,906	5,888	7,850	9,813	11,775	15,700	19,625	24,531	31,400	39,250	49,063

Beispiel

Umrechnung längenbezogener Massen: $m'_{\text{Aluminium}} = m'_{\text{Stahl}} \cdot \frac{\rho'_{\text{Aluminium}}}{\rho'_{\text{Stahl}}}$ in kg/m

$\rho \triangleq$ Dichte kg/dm^3
$\rho_{St} \triangleq 7{,}85$ kg/dm^3
$\rho_{Al} \triangleq 2{,}7$ kg/dm^3

Die Formel gilt sinngemäß auch für andere Werkstoffe.

Warmgewalzter Stabstahl

Vierkantstahl	Rundstahl	Sechskantstahl	Flachstahl	Hohlprofile
a, a	d	s	b, t	a, a; a, b
DIN EN 10059	DIN EN 10060	DIN EN 10061	DIN EN 10058	DIN EN 10210-2

Werkstofftechnik

Form und Maßnormen von Stahlerzeugnissen

Warmgewalzter Stabstahl

Gleichschenkliger T-Stahl		Winkelstahl			U-Stahl
	scharfkantig	gleichschenklig	ungleichschenklig	scharfkantig	
DIN EN 10055		DIN EN 10056-1		DIN 1022	DIN 1026-1

Z-Stahl	Schmale und mittelbreite I-Träger		Breite I-Träger		
	schmal	mittelbreit	IPB-Reihe	IPBI-Reihe	IPBV-Reihe
DIN 1027	DIN 1025-1	DIN 1025-1	DIN 1025-2	DIN 1025-3	DIN 1025-4

Warmgewalzter Vierkantstahl — DIN EN 10059

Vierkantstahl				
	Kantenlänge *a* (mm)	bis 70	70 bis 120	120 bis 150
	Lieferlänge *l* (m)	6 bis 13 ± 100 mm		
	Werkstoff	Baustahl DIN EN 10025 Vergütungsstahl DIN EN 10083		

Zulässige Abmaße und Kantenrundungen

Kantenlänge *a* (mm) zulässige Abmaße	*a*	+/–	*a*	+/–	*a*	+/–	*Beispiel*
	8, 10, 12, 14	0,4	30, 32, 35	0,6	60, 70, 80	1,0	**Vierkant 12 DIN EN 10059-S235 JR**
	16, 18, 20, 22, 25	0,5	40, 50	0,8	100	1,3	Vierkantstahl, warmgewalzt, Kantenlänge *a* = 12 mm, 235 JR

Kantenlänge *a*	8 bis 12	12 bis 20	20 bis 30	30 bis 50	50 bis 100	100 bis 150
Rundungen *r*	≤ 1	≤ 1,5	≤ 2	≤ 2,5	≤ 3	≤ 4

Warmgewalzter Rundstahl — DIN EN 10060

Rundstahl				
	Durchmesser *d* (mm)	bis 70	70 bis 120	120 bis 250
	Lieferlänge *l* (m)	6 bis 13 ± 100 mm		
	Werkstoff	Baustahl DIN EN 10025 Vergütungsstahl DIN EN 10083		

Zulässige Abmaße

Durchmesser und Abmaße	*d*	+/–	*d*	+/–	*d*	+/–	*Beispiel*
	10, 12, 14, 15	0,4	38, 40, 42, 44, 50	0,8	110, 120	1,5	**Rund 12 DIN EN 10060-S235 JR**
	16, 18, 20, 22, 24, 25	0,5	52, 60, 70, 80	1	140, 150, 160	2	Rundstahl, warmgewalzt, Durchmesser *d* = 12 mm, 235 JR
	28, 30, 32, 35	0,6	90, 100	1,3	180, 200	2,5	
					220	3,0	
					250	4,0	

Werkstofftechnik

Form und Maßnormen von Stahlerzeugnissen

Warmgewalzter Flachstäbe

Flachstahl	Breite *b* mm	Dicke *t* mm	Breite *b* mm	Dicke *t* mm
	10	5	30, 35	5 – 10, 12, 15, 20
	12	5, 6	40, 45	5 – 10, 12, 15, 20, 25, 30
	15	5, 6, 10	50	5 – 15, 20, 25, 30, 60, 70
zugeordnete Abmessungen *b* x *t*	16	5 – 10	80, 90	5 – 8, 10, 12, 15 – 40, 50, 60
	20	5 – 10, 12, 15	100	5 – 16, 20, 25, 30 – 60
	25	5 – 8, 10, 12, 15	120	6, 8 ,10, 12, 15, 20, 25, 30 – 60
			150	6, 8 ,10, 12, 15, 20, 25, 30 – 60, 80
Werkstoff, Lieferlänge	Baustahl DIN EN 10025, Vergütungsstahl DIN EN 10083, 3 bis 12 m			

Beispiel

Flachstab 20x12 DIN EN 10058-S235 JR

Flachstab warmgewalzt, Breite *b* = 20 mm, Dicke *t* = 12 mm, 235 JR

Warmgewalzter Flachstahl DIN EN 10058

Dicke *t* mm	Breite *b* mm					
	+/–	+/– 0,75	+/– 1	+/– 1,5	+/– 2	+/– 2,5
Maße und zulässige Abweichungen						
5	0,5	10 – 40	45 –80	90, 100	–	–
6	0,5	12 – 40	45 – 80	90, 100	120	150
8	0,5	15 – 40	45 – 80	90, 100	120	150
10	0,5	15 – 40	45 – 80	90, 100	120	150
12	0,5	20 – 40	45 – 80	90, 100	120	150
15	0,5	20 – 40	45 – 80	90, 100	120	150
20	0,5	30 – 40	45 – 80	90, 100	120	150
25	1	40	45 – 80	90, 100	120	150
30	1	40	45 – 80	90, 100	120	150
35	1	–	60 – 80	90, 100	120	150
40	1	–	60 – 80	90, 100	120	150
50	1,5	–	80	90, 100	120	150
60	1,5	–	80	90, 100	120	150
80	1,5	–	–	90, 100	120	150

Werkstofftechnik

Form und Maßnormen von Stahlerzeugnissen

Warmgewalzter gleichschenkliger, scharfkantiger L-Stahl — DIN 1022

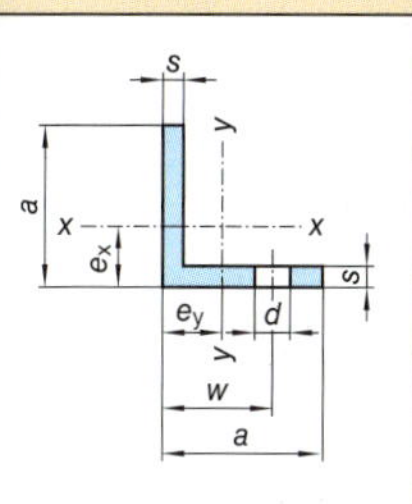

Grenzabmaße:

$a = +1{,}2/-0{,}5$

$s = +0{,}6/-0{,}25$

Kurzzeichen LS Abmessungen $a \times s$ mm	Querschnittsfläche S cm²	für die Biegeachsen x $W_x = W_y$ cm³	Abstand y-Achse $e_x = e_y$ cm	längenbezogene Masse m' kg/m	Anreißmaße w (mm)	d (mm)
L 20x3	1,11	0,28	0,60	0,87	12	4,3
L 20x4	1,44	0,37	0,64	1,13	12	4,3
L 25x3	1,41	0,47	0,73	1,11	15	6,4
L25x4	1,84	0,60	0,77	1,44	15	6,4
L 30x3	1,71	0,68	0,86	1,34	18	8,4
L 30x4	2,24	0,88	0,90	1,76	18	8,4
L 35x4	2,65	1,22	1,02	2,07	18	11
L40x4	3,04	1,62	1,15	2,39	22	11
L 40x5	3,75	1,97	1,18	2,94	22	11
L 45x5	4,25	2,53	1,31	3,34	25	13
L 50x5	4,75	3,15	1,43	3,73	30	13

Bezeichnungsbeispiel: **LS-Profil DIN 1022-LS40x4-S235JR**

Schenkelbreite $a = 40$ mm, Schenkeldicke $s = 4$ mm,
Querschnitt $S = 3{,}04$ cm²

Warmgewalzter rundkantiger U-Stahl — DIN 1026-1

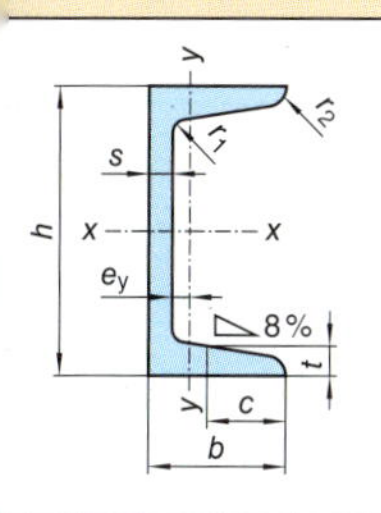

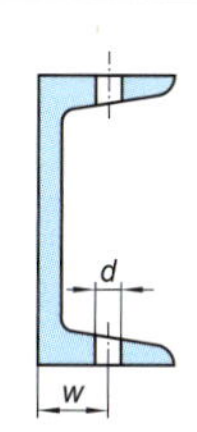

Anreißmaße
nach DIN 997

$r_1 = t \qquad r_2 \approx \frac{t}{2}$

$c = \frac{b}{2}$ bei $h \leq 300$ mm

$c = \frac{b-s}{2}$ bei $h > 300$ mm

Bezeichnungsbeispiel:

U-Profil DIN 1026-U80-S235JR

Höhe	$h = 80$ mm
Breite	$b = 45$ mm
Querschnittsfläche	$S = 10{,}0$ cm²
Trägheitsmoment	$I_x = 106$ cm⁴
Widerstandsmoment	$W_x = 26{,}5$ cm³

Werkstoff: S235JR, DIN EN 10025

Kurzzeichen Abmessungen $U, h \times b$ mm	Abmessungen b mm	s mm	t mm	Querschnittsfläche S cm²	für die Biegeachsen $x-x$: I_x cm⁴	W_x cm³	$y-y$: I_y cm⁴	W_y cm³	Abstand y-Achse e_y cm	längenbezogene Masse m' kg/m	Anreißmaße w mm	d mm
U 30 x 15	15	4	4,5	2,21	2,53	1,69	0,38	0,39	0,52	1,74	10	4,3
U 30	33	5	7	5,44	6,39	4,26	5,33	2,68	1,31	4,27	20	8,4
U 40 x 20	20	5	5,5	3,66	7,58	3,79	1,14	0,86	0,67	2,87	11	6,4
U 40	35	5	7	6,21	14,1	7,05	6,68	3,08	1,33	4,87	20	11
U 50 x 25	25	5	6	4,92	16,8	6,73	2,49	1,48	0,81	3,86	16	8,4
U 50	38	5	7	7,12	26,4	10,6	9,12	3,75	1,37	5,59	20	11
U 60	30	6	6	6,46	31,6	10,5	4,51	2,16	0,91	5,07	18	8,4
U 65	42	5,5	7,5	9,03	57,5	17,7	14,1	5,07	1,42	7,09	25	11
U 80	45	6	8	11	106	26,5	19,4	6,36	1,45	8,46	25	13
U 100	50	6	8,5	13,5	206	41,2	29,3	8,49	1,55	10,6	30	13
U 120	55	7	9	17,0	364	60,7	43,2	11,0	1,60	13,4	30	17
U 140	60	7	10	20,4	605	86,4	62,7	14,8	1,75	16,0	35	17
U 160	65	7,5	10,5	24	925	116	85,3	18,3	1,89	18,8	35	17
U 180	70	8	11	28	1350	150	114	22,4	1,92	22,0	40	21
U 200	75	8,5	11,5	32,2	1910	191	148	27,0	2,01	25,3	40	23
U 240	85	9,5	13	43,2	3600	300	248	39,6	2,23	32,2	45	25
U 260	90	10	14	48,3	4820	371	317	47,7	2,36	37,9	50	25
U 280	95	10	15	53,3	6280	448	399	57,2	2,53	41,8	50	25
U 300	100	10	16	58,8	8020	535	495	67,8	2,70	46,2	55	28
U 350	100	14	16	77,3	12840	734	570	75,0	2,40	60,6	55	28
U 400	110	14	18	91,5	20350	1020	846	102	2,65	71,8	60	28

Form und Maßnormen von Stahlerzeugnissen

Warmgewalzter gleichschenkliger rundkantiger Winkelstahl — DIN EN 10056-1

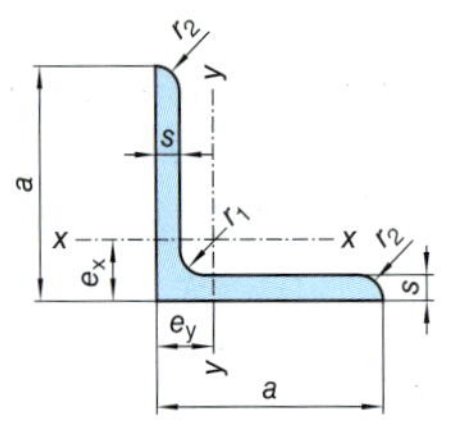

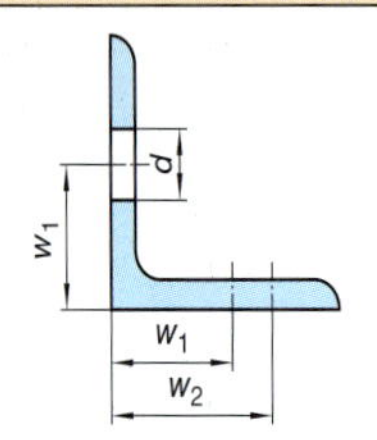

Anreißmaße nach DIN 997

$r_1 \approx s$

$r_2 \approx \frac{s}{2}$

Bezeichnungsbeispiel:

L-Profil DIN EN 10056-1 - 40 x 40 x 4 - S235JR

Schenkelbreite $a = 40$ mm
Schenkeldicke $s = 4$ mm
Querschnittsfläche $S = 3{,}08$ cm²
Trägheitsmoment $I_x = I_y = 4{,}47$ cm⁴
Widerstandsmoment $W_x = W_y = 1{,}55$ cm³

Werkstoff: S235JR, DIN EN 10025

Kurzzeichen Abmessungen	Querschnitts-fläche	für die Biegeachsen		Abstand x-y-Achse	längenbezogene Masse	Anreißmaße	
L, a x s mm	S cm²	$I_x = I_y$ cm⁴	$W_x = W_y$ cm³	$e_x = e_y$ cm	m´ kg/m	w[1)] mm	d mm
L 20x20x3	1,12	0,39	0,28	0,60	0,88	12	4,3
L 25x25x3	1,42	0,80	0,45	0,73	1,12	15	6,4
L 30x30x3	1,74	1,40	0,65	0,84	1,36	17	8,4
L 35x35x4	2,67	2,95	1,18	1	2,10	18	11
L 40x40x4	3,08	4,47	1,55	1,12	2,42	22	11
L 45x45x4,5	3,90	7,14	2,20	1,25	3,06	25	13
L 50x50x5	4,80	11,0	3,05	1,40	3,77	30	13
L 60x60x6	6,91	22,8	5,29	1,69	5,42	35	17
L 70x70x7	9,40	42,2	8,41	1,97	7,38	40	21
L 80x80x8	12,3	72,3	12,6	2,26	9,63	45	23
L 90x90x9	15,5	116,0	18,0	2,54	12,20	50	25
L 100x100x10	19,2	177,0	24,6	2,82	15	55	25
L 120x120x12	27,5	368	42,7	3,40	21,6	50/80	25
L 130x130x12	30,0	472	50,4	3,64	23,6	50/90	25
L 150x150x15	43,0	898	83,5	4,25	33,8	60/105	28

1) ab L120 w_1/w_2

Warmgewalzter gleichschenkliger rundkantiger T-Stahl — DIN EN 10055

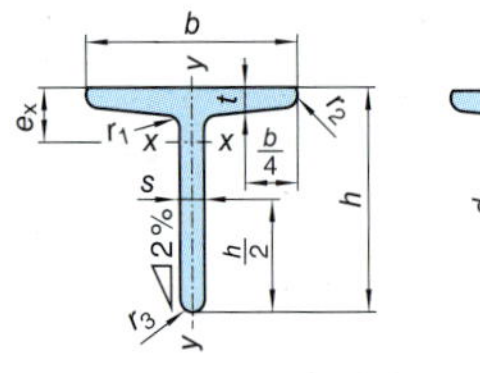

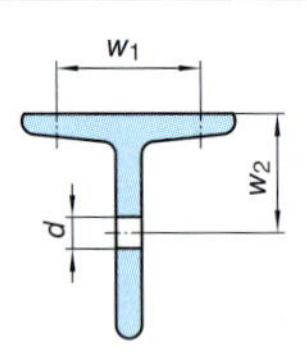

Anreißmaße nach DIN 997

$r_1 = s$

$r_2 \approx \frac{s}{2}$

$r_3 \approx \frac{s}{4}$

Bezeichnungsbeispiel:

T-Profil DIN EN 10055 - T35 - S235JR

Höhe $h = 35$ mm
Breite $b = 35$ mm
Querschnittsfläche $S = 2{,}97$ cm²
Trägheitsmoment $I_x = 3{,}1$ cm⁴
Widerstandsmoment $W_x = 1{,}23$ cm³

Werkstoff: S235JR, DIN EN 10025

Kurzzeichen Abmessungen	Quer-schnitts-fläche	Abmessungen			für die Biegeachsen x – x		y – y		Abstand x-Achse	längen-bezogene Masse	Anreißmaße		
h mm	S cm²	b mm	s mm	t mm	I_x cm⁴	W_x cm³	I_y cm⁴	W_y cm³	e_x cm	m´ kg/m	w_1 mm	w_2 mm	d mm
T 30	2,26	30	4	4	1,72	0,8	0,87	0,58	0,85	1,77	17	17	4,3
T 35	2,97	35	4,5	4,5	3,1	1,23	1,57	0,9	0,99	2,33	19	19	4,3
T 40	3,77	40	5	5	5,28	1,84	2,58	1,29	1,12	2,96	21	22	6,4
T 50	5,66	50	6	6	12,1	3,36	6,06	2,42	1,39	4,44	30	30	6,4
T 60	7,94	60	7	7	23,8	5,48	12,2	4,07	1,66	6,23	34	35	8,4
T 80	13,6	80	9	9	73,7	12,8	37	9,25	2,22	10,7	45	45	11
T 100	20,9	100	11	11	179	24,6	88,3	17,7	2,74	16,4	60	60	13
T 120	29,6	120	13	13	366	42	178	29,7	3,28	23,2	70	70	17

Werkstofftechnik

Form und Maßnormen von Stahlerzeugnissen

Warmgewalzter ungleichschenkliger rundkantiger Winkelstahl DIN EN 10056-1

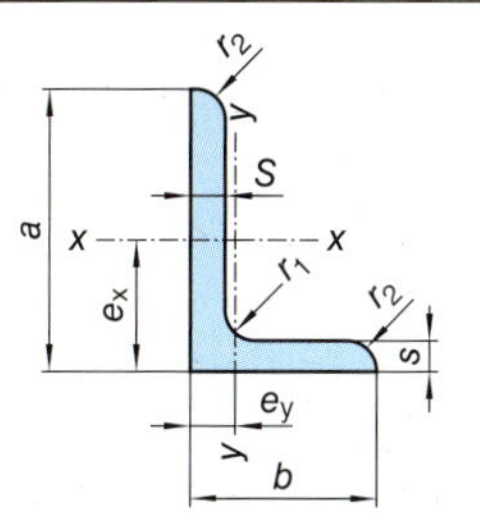

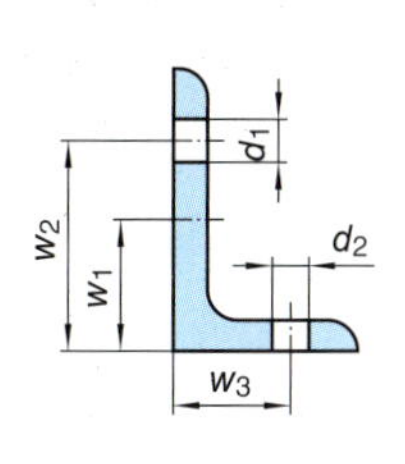

Anreißmaße
nach DIN 997

$r_1 \approx s$

$r_2 \approx \frac{s}{2}$

Bezeichnungsbeispiel:

L-Profil DIN EN 10056-1 - 80x40x8 - S235JR

Höhe	a = 80 mm
Breite	b = 40 mm
Dicke	s = 8 mm
Querschnittsfläche	S = 9,01 cm²
Trägheitsmoment	I_x = 57,6 cm⁴
Widerstandsmoment	W_x = 11,4 cm³

Werkstoff: S235JR, DIN EN 10025

Kurzzeichen Abmessungen	Querschnittsfläche	für die Biegeachsen x – y		y – y		Abstand x-Achse, y-Achse		längenbezogene Masse	Anreißmaße				
a x b x s	S	I_x	W_x	I_y	W_y	e_x	e_y	m'	w_1	w_2	w_3	d_1	d_2
mm	cm²	cm⁴	cm³	cm⁴	cm³	mm	mm	kg/m	mm	mm	mm	mm	mm
L 30x20x3	1,42	1,25	0,62	0,44	0,29	0,99	0,5	1,11	17	–	12	8,4	4,3
L 30x20x4	1,85	1,59	0,81	0,55	0,38	1,03	0,54	1,45	17	–	12	8,4	4,3
L 40x20x4	2,25	3,59	1,42	0,6	0,39	1,47	0,48	1,77	22	–	12	11	4,3
L 45x30x4	2,87	5,78	1,91	2,05	0,91	1,48	0,74	2,25	25	–	17	13	8,4
L 50x30x5	3,78	9,36	2,86	2,51	1,11	1,73	0,74	2,96	30	–	17	13	8,4
L 60x30x5	4,29	15,6	4,04	2,6	1,12	2,15	0,68	3,37	30	–	22	13	11
L 60x40x6	5,68	20,1	5,03	7,12	2,38	2	1,01	4,46	35	–	22	17	11
L 80x40x8	9,01	57,6	11,4	9,61	3,16	2,94	0,95	7,07	45	–	22	23	11
L 80x65x8	11	68,1	12,3	40,1	8,41	2,47	1,73	8,66	45	–	35	23	11
L 100x50x8	11,5	116	18	19,5	5,04	3,59	1,13	8,99	55	–	30	25	13
L 100x65x10	15,6	154	23,2	51	10,5	3,36	1,63	12,3	55	–	35	25	13
L 120x80x10	19,1	276	34,1	98,1	16,2	3,92	1,95	15	50	80	45	25	23
L 120x80x12	22,7	323	40,4	114	19,1	4	2,03	17,8	50	80	45	25	23
L 150x100x10	24,2	553	54,1	199	25,8	4,8	2,34	19	60	105	55	28	25
L 200x100x10	29,2	1220	93,2	210	26,3	6,93	2,01	23	65	150	55	28	25
L 200x100x12	34,8	1440	111	247	31,3	7,03	2,1	27,4	65	150	55	28	25

Warmgewalzte breite I-Träger mit parallelen Flanschflächen DIN 1025-2

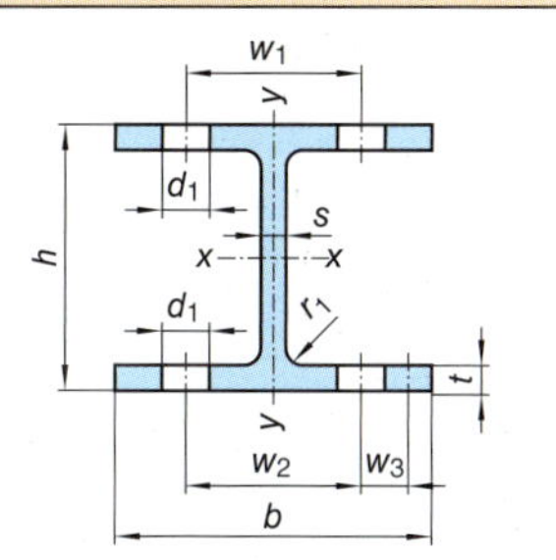

Anreißmaße
nach DIN 997

$r_1 \approx 2s$

$h = b$

Bezeichnungsbeispiel:

I-Profil DIN 1025 - IPB200 - S235JR

Höhe	h = 200 mm
Breite	b = 200 mm
Querschnittsfläche	S = 78,1 cm²
Trägheitsmoment	I_x = 5700 cm⁴
Widerstandsmoment	W_x = 570 cm³

Werkstoff: S235JR, DIN EN 10025

Kurzzeichen Abmessungen	Querschnittsfläche	Abmessungen			für die Biegeachsen x–x		y–y		längenbezogene Masse	Anreißmaße			
h	S	b	s	t	I_x	W_x	I_y	W_y	m'	w_1	w_2	w_3	d
mm	cm²	mm	mm	mm	cm⁴	cm³	cm⁴	cm³	kg/m	mm	mm	mm	mm
IPB 100	26	100	6	10	450	89,9	167	33,5	20,4	56	–	–	13
IPB 120	34	120	6,5	11	864	144	318	52,9	26,7	66	–	–	17
IPB 140	43	140	7	12	1510	216	550	78,5	33,7	76	–	–	21

Werkstofftechnik

Form und Maßnormen von Stahlerzeugnissen

Warmgewalzte breite I-Träger mit parallelen Flanschflächen DIN 1025-2

Kurzzeichen Abmessungen	Querschnittsfläche	Abmessungen			für die Biegeachsen x–x		y–y		längenbezogene Masse	Anreißmaße			
h	S	b	s	t	I_x	W_x	I_y	W_y	m'	w_1	w_2	w_3	d
mm	cm²	mm	mm	mm	cm⁴	cm³	cm⁴	cm³	kg/m	mm	mm	mm	mm
IPB 160	54,3	160	8	13	2490	311	889	111	42,6	86	–	–	23
IPB 180	65,3	180	8,5	14	3850	426	1360	151	51,2	100	–	–	25
IPB 200	78,1	200	9	15	5700	570	2000	200	61,3	110	–	–	25
IPB 260	118	260	10	17,5	14920	1150	5130	395	93	–	106	40	25
IPB 300	149	300	11	19	25170	1680	8560	571	117	–	120	45	28
IPB 340	171	340	12	21,5	36660	2160	9690	646	134	–	120	45	28
IPB 400	198	400	13,5	24	57680	2880	10820	721	155	–	120	45	28
IPB 500	239	500	14,5	28	107200	4290	12620	842	187	–	120	45	28

Warmgewalzte mittelbreite I-Träger mit parallelen Flanschflächen DIN 1025-5

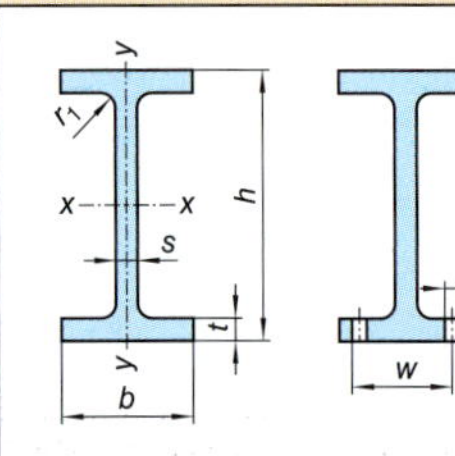

Anreißmaße nach DIN 997

Bezeichnungsbeispiel:

I-Profil DIN 1025 - IPB80 - S235JR

Höhe	h = 80 mm
Breite	b = 46 mm
Querschnittsfläche	S = 7,64 cm²
Trägheitsmoment	I_x = 80,1 cm⁴
Widerstandsmoment	W_x = 20 cm³

Werkstoff: S235JR, DIN EN 10025

Kurzzeichen Abmessungen	Querschnittsfläche	Abmessungen			für die Biegeachsen x–x		y–y		längenbezogene Masse	Anreißmaße	
h	S	b	s	t	I_x	W_x	I_y	W_y	m'	w	d
mm	cm²	mm	mm	mm	cm⁴	cm³	cm⁴	cm³	kg/m	mm	mm
IPE 80	7,64	46	3,8	5,2	80,1	20	8,49	3,69	6	26	6,4
IPE 100	10,3	55	4,1	5,7	171	34,2	15,9	5,79	8,1	30	8,4
IPE 120	13,2	64	4,4	6,3	318	53	27,7	8,65	10,4	36	8,4
IPE 140	16,4	73	4,7	6,9	541	77,3	44,9	12,3	12,9	40	11
IPE 160	20,1	82	5	7,4	869	109	68,3	16,7	15,8	44	13
IPE 180	23,9	91	5,3	8	1320	146	101	22,2	18,8	50	13
IPE 200	28,5	100	5,6	8,5	1940	194	142	28,5	22,4	56	13
IPE 270	45,9	135	6,6	10,2	5790	429	420	62,2	36,1	72	21
IPE 300	53,8	150	7,1	10,7	8360	557	604	80,5	42,2	80	23
IPE 330	62,5	160	7,5	11,5	11770	713	788	98,5	49,1	86	25
IPE 400	84,5	180	8,6	13,5	23130	1160	1320	146	66,3	96	28

Warmgewalzte schmale I-Träger DIN 1025-1

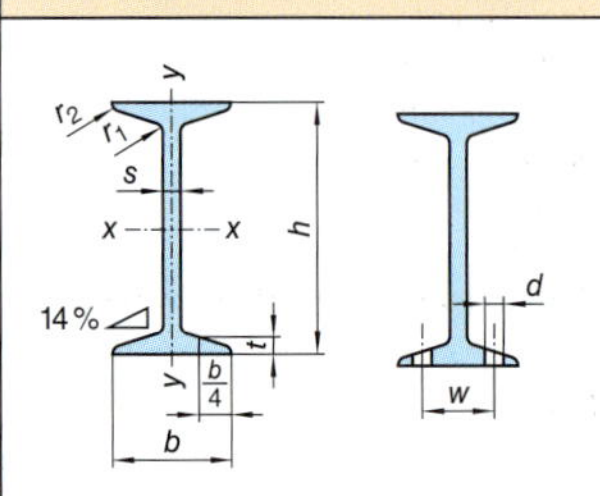

Anreißmaße nach DIN 997

$r_1 = s$

$r_2 = 0{,}6 \cdot s$

Bezeichnungsbeispiel:

I-Profil DIN 1025 - I100 - S235JR

Höhe	h = 100 mm
Breite	b = 50 mm
Querschnittsfläche	S = 10,6 cm²
Trägheitsmoment	I_x = 171 cm⁴
Widerstandsmoment	W_x = 34,2 cm³

Werkstoff: S235JR, DIN EN 10025

Werkstofftechnik

Form und Maßnormen von Stahlerzeugnissen

Warmgewalzte schmale I-Träger DIN 1025-1

Kurzzeichen Abmessungen	Quer-schnitts-fläche	Abmessungen			für die Biegeachsen x – x		y – y		längen-bezogene Masse	Anreißmaße	
h	S	b	s	t	I_x	W_x	I_y	W_y	m´	w	d
mm	cm²	mm	mm	mm	cm⁴	cm³	cm⁴	cm³	kg/m	mm	mm
I 80	7,57	42	3,9	5,9	77,8	19,5	6,29	3	5,94	22	6,4
I 100	10,6	50	4,5	6,8	171	34,2	12,2	4,88	8,34	28	6,4
I 120	14,2	58	5,1	7,7	328	54,7	21,5	7,41	11,1	32	8,4
I 140	18,2	66	5,7	8,6	573	81,9	35,2	10,7	14,3	34	11
I 160	22,8	74	6,3	9,5	935	117	54,7	14,8	17,9	40	11
I 180	27,9	82	6,9	10,4	1450	161	81,3	19,8	21,9	44	13
I 200	33,4	90	7,5	11,3	2140	214	117	26	26,2	48	13
I 260	53,3	113	9,4	14,1	5740	442	288	51	41,9	60	17
I 300	69	125	10,8	16,2	9800	653	451	72,2	54,2	64	21

Warmgewalzter rundkantiger Z-Stahl DIN 1027

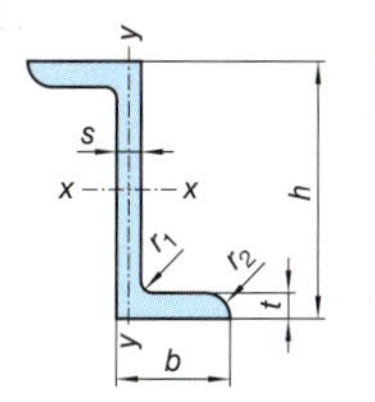

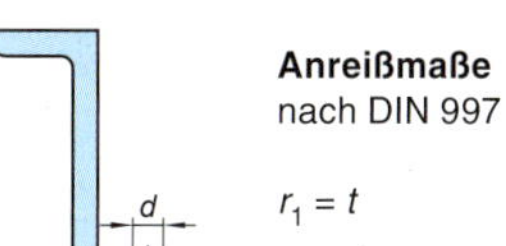

Anreißmaße
nach DIN 997

$r_1 = t$

$r_2 = \frac{t}{2}$

Bezeichnungsbeispiel:

Z-Profil DIN 1027 - Z50 - S235JR

Höhe	h = 50 mm
Breite	b = 43 mm
Querschnittsfläche	S = 6,77 cm²
Trägheitsmoment	I_x = 26,3 cm⁴
Widerstandsmoment	W_x = 10,5 cm³

Werkstoff: S235JR, DIN EN 10025

Kurzzeichen Abmessungen	Quer-schnitts-fläche	Abmessungen			für die Biegeachsen x – x		y – y		längen-bezogene Masse	Anreißmaße	
h	S	b	s	t	I_x	W_x	I_y	W_y	m´	w	d
mm	cm²	mm	mm	mm	cm⁴	cm³	cm⁴	cm³	kg/m	mm	mm
Z 30	4,32	38	4	4,5	5,96	3,97	13,7	3,8	3,39	20	11
Z 40	5,43	40	4,5	5	13,5	6,75	17,6	4,66	4,26	22	11
Z 50	6,77	43	5	5,5	26,3	10,5	23,8	5,88	5,31	25	11
Z 60	7,91	45	5	6	44,7	14,9	30,1	7,09	6,2	25	13
Z 80	11,1	50	6	7	109	27,3	47,4	10,1	8,71	30	13
Z100	14,5	55	6,5	8	222	44,4	72,5	14	11,4	30	17
Z120	18,2	60	7	9	402	67	106	18,8	14,3	35	17
Z140	22,9	65	8	10	676	96,6	148	24,3	18	35	17
Z160	27,5	70	8,5	11	1060	132	204	31	21,6	35	21

Stahlrohre, mittelschwere Gewinderohre DIN EN 10255

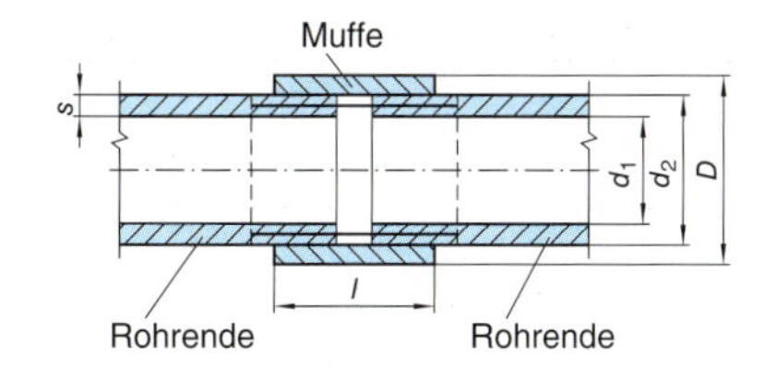

Oberflächenbehandlung:
schwarz (–), geeignet zur Verzinkung (A), verzinkt (B), nichtmetallischer Schutzüberzug (C außen, D innen)

Ausführung: nahtlos oder geschweißt

Lieferlänge: 6 m

Bezeichnungsbeispiel:

Gewinderohr DIN EN 10255 - DN 10 - nahtlos B, Muffe DIN EN 10241

Gewinderohr:

Nennweite DN	d_1 = 10 mm
Rohrgewinde	R = 3/8 Zoll
Außendurchmesser	d_2 = 17,2 mm
Wanddicke	s = 2,35 mm
Länge Muffe	l = 26 mm
Ausführung:	nahtlos
Oberflächenbehandlung:	B (verzinkt) nach DIN EN 10240

Werkstoff:
S195T (St 33-2) DIN EN 10025

Werkstofftechnik

Form und Maßnormen von Stahlerzeugnissen

Stahlrohre, mittelschwere Gewinderohre — DIN EN 10255

Nennweite DN ≈ d_1	Whitworth-Rohrgewinde	d_2 mm	s mm	längenbezogene Masse m' kg/m	Muffen DIN EN 10241 D mm	Muffen DIN EN 10241 l mm	Nennweite DN ≈ d_1	Whitworth Rohrgewinde	d_2 mm	t mm	längenbezogene Masse m' kg/m	Muffen DIN EN 10241 D mm	Muffen DIN EN 10241 l mm
6	R 1/8	10,2	2	0,407	14	17	25	R 1	33,7	3,25	2,44	39,5	43
8	R 1/4	13,5	2,35	0,65	18,5	25	32	R 1 1/4	42,4	3,25	3,14	48,3	48
10	R 3/8	17,2	2,35	0,85	21,3	26	40	R 1 1/2	48,3	3,25	3,61	54,5	48
15	R 1/2	21,3	2,65	1,22	26,4	34	50	R 2	60,3	3,65	5,1	66,3	56
20	R 3/4	26,9	2,65	1,58	31,8	36	80	R 3	88,9	4,05	8,47	95	71

Kaltgefertigte geschweißte Hohlprofile für den Stahlbau — DIN EN 10219-2

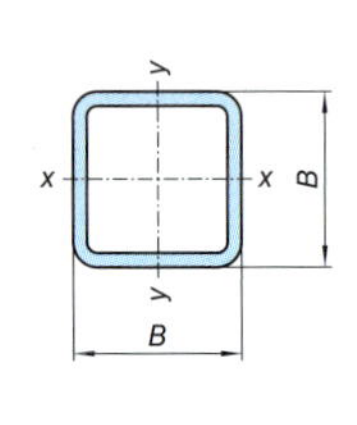

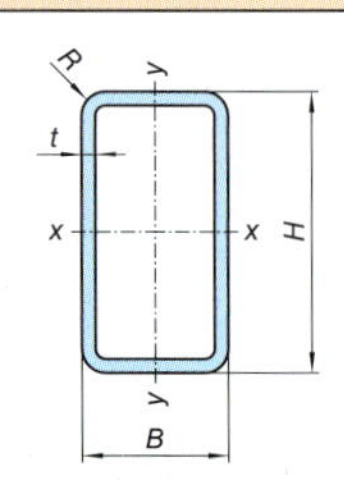

Kurzzeichen
CFRHS: kaltgefertigtes quadratisches oder rechteckiges Hohlprofil

Bezeichnungsbeispiel:
Hohlprofil DIN EN 10219 - 50x50x3 - S235JRG3
oder
CFRHS - EN 10219 - 50x50x3 - S235JRG3

Nennmaß a mm	Wanddicke t mm	für die Biegeachsen x–x = y–y I_x cm⁴	W cm³	Querschnitt S cm²	Masse m' kg/m	Nennmaß a mm	Wanddicke t mm	für die Biegeachsen x–x = y–y I_x cm⁴	W cm³	Querschnitt S cm²	Masse m' kg/m
Quadratische Hohlprofile											
20	2	0,692	0,692	1,34	1,05	**60**	3 4 5	35,1 43,6 50,5	11,7 14,5 16,8	6,61 8,55 10,4	5,19 6,71 8,13
25	2	1,48	1,19	1,74	1,36	**70**	3 4 5	57,5 72,1 84,6	16,4 20,6 24,2	7,81 10,1 12,4	6,13 7,97 9,70
30	2 2,5 3	2,72 3,16 3,50	1,81 2,10 2,34	2,14 2,59 3,01	1,68 2,03 2,36	**80**	4 6 8	111 149 168	27,8 37,3 42,1	11,7 16,8 20,8	9,22 13,2 16,4
40	2 3 4	6,94 9,32 11,1	3,47 4,66 5,54	2,94 4,21 5,35	2,31 3,30 4,20	**90**	4 6 8	162 220 255	36,0 49,0 56,6	13,3 19,2 24,0	10,5 15,1 18,9
50	2 3 4	14,1 19,5 23,7	5,66 7,79 9,49	3,74 5,41 6,95	2,93 4,25 5,45	**100**	4 6 8	226 311 366	45,3 62,3 73,2	14,9 21,6 27,2	11,7 17,0 21,4

Nennmaß $a \times b$ mm	Wanddicke t mm	x – x I_x cm⁴	x – x W_x cm³	y – y I_y cm⁴	y – y W_y cm³	Querschnitt S cm²	Masse m' kg/m	Nennmaß $a \times b$ mm	Wanddicke t mm	x – x I_x cm⁴	x – x W_x cm³	y – y I_y cm⁴	y – y W_y cm³	Querschnitt S cm²	Masse m' kg/m
Rechteckige Hohlprofile															
40x20	2 3	4,05 5,21	2,02 2,60	1,38 1,68	1,34 1,68	2,14 3,01	1,68 2,36	**90x50**	3 4 5	81,9 103 121	18,2 22,8 26,8	32,7 40,7 47,4	13,1 16,3 18,9	7,81 10,1 12,4	6,13 7,97 9,70
50x30	2 3 4	9,54 12,8 15,3	3,81 5,13 6,10	4,29 5,70 6,69	2,85 3,80 4,46	2,94 4,21 5,35	2,31 3,30 4,20	**100x50**	3 4 5	106 134 158	21,3 26,8 31,6	36,1 44,9 52,5	14,4 18,0 21,0	8,41 10,9 13,4	6,60 8,59 10,5

Werkstofftechnik

Form und Maßnormen von Stahlerzeugnissen

Kaltgefertigte geschweißte Hohlprofile — DIN EN 10219-2

Nennmaß	Wanddicke	für die Biegeachsen x – x		x – y		Querschnitt	Masse
a x b mm	t mm	I_x cm⁴	W_x cm³	I_y cm⁴	W_y cm³	S cm²	m´ kg/m
Rechteckige Hohlprofile							
60x40	2	18,4	6,14	9,83	4,92	3,74	2,93
	3	25,4	8,46	13,4	6,72	5,41	4,25
	4	31,0	10,3	16,3	8,14	6,95	5,45
80x40	3	52,3	13,1	17,6	8,78	6,61	5,19
	4	64,8	16,2	21,5	10,7	8,55	6,17
	5	75,1	18,8	24,6	12,3	10,4	8,13

Nennmaß	Wanddicke	für die Biegeachsen x – x		y – y		Querschnitt	Masse
a x b mm	t mm	I_x cm⁴	W_x cm³	I_y cm⁴	W_y cm³	S cm²	m´ kg/m
100x80	4	189	37,9	134	33,5	13,3	10,5
	5	226	45,2	160	39,9	16,4	12,8
	6	258	51,7	182	45,5	19,2	15,1

Rundungen und Wanddicken

r	(1,6 – 2,4) · t	(2 – 3) · t	(2,4 – 3,6) · t
t	≤ 6	6 < t ≤ 10	> 10

Warmgefertigte Hohlprofile für den Stahlbau — DIN EN 10210-2

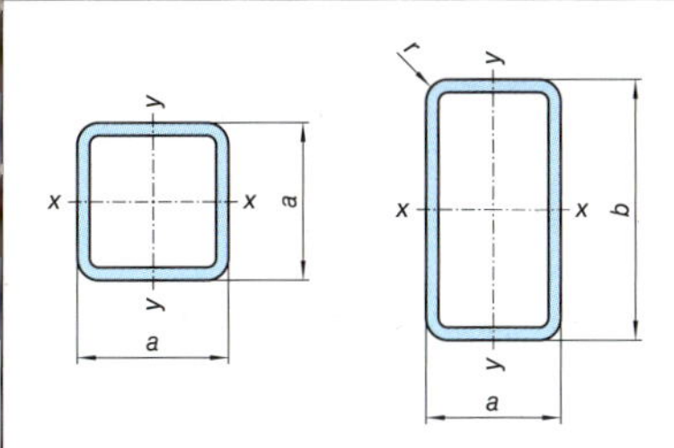

Kurzzeichen

HFRHF: warmgefertigtes quadratisches oder rechteckiges Hohlprofil

Bezeichnungsbeispiel:

Hohlprofil DIN EN 10210 - 50x30x4 - S235JRG2

oder

HFRHF - EN 10210 - 50x30x4 - S235JRG2

Nennmaß	Wanddicke	für die Biegeachsen x – x = y – y		Querschnitt	Masse
a mm	t mm	I_x cm⁴	W_x cm³	S cm²	m´ kg/m
quadratische Hohlprofile					
40	3	9,78	4,89	4,34	3,41
	4	11,8	5,91	5,59	4,39
50	3	20,2	8,08	5,54	4,34
	4	25,0	9,99	7,19	5,65
60	4	45,4	15,1	8,79	6,90
	6	59,9	20	12,6	9,87
	8	69,7	23,2	16	12,50
70	4	74,7	21,3	10,4	8,15
	6	101	28,7	15	11,8
	8	120	34,2	19,2	15
80	4	114	28,6	12	9,41
	6	156	39,1	17,4	13,6
	8	189	47,3	22,4	17,5
90	4	166	37	13,6	10,7
	6	230	51,1	19,8	15,5
	8	281	62,6	25,6	20,1
100	6	323	64,6	22,2	17,4
	8	400	79,9	28,8	22,6
	10	462	92,4	34,9	27,4

Nennmaß	Wanddicke	für die Biegeachsen x – x		y – y		Querschnitt	Masse
a x b mm	t mm	I_x cm⁴	W_x cm³	I_y cm⁴	W_y cm³	S cm²	m´ kg/m
rechteckige Hohlprofile							
50x30	3	13,6	5,43	5,94	3,96	4,34	3,41
	4	16,5	6,60	7,08	4,72	5,59	4,39
	5	18,7	7,49	7,89	5,26	6,73	5,28
60x40	3	26,5	8,82	13,9	6,95	5,54	4,35
	4	32,8	10,9	17	8,52	7,19	5,64
	5	38,1	12,7	19,5	9,77	8,73	6,85
80x40	4	68,2	17,1	22,2	11,1	8,79	6,90
	6	90,5	22,6	28,5	14,2	12,6	9,87
	8	106	26,5	32,1	16,1	16	12,5
90x50	4	107	23,8	41,9	16,8	10,4	8,15
	6	145	32,2	55,4	22,1	15	11,8
	8	174	38,6	64,6	25,8	19,2	15
100x50	4	140	27,9	46,2	18,5	11,2	8,78
	6	190	38,1	61,2	24,5	16,2	12,7
	8	230	46	71,7	28,7	20,8	16,3
100x60	4	158	31,6	70,5	23,5	12	9,41
	6	217	43,4	95	31,7	17,4	13,6
	8	264	52,8	113	37,8	22,4	17,5

Werk-
stofftechnik

Werkstofftechnik

Werkstoffkurzzeichen und Werkstoffnummern DIN EN 1560

Das normativ festgelegte Bezeichnungssystem ist im Wesentlichen für **Gusswerkstoffe** anwendbar, die in einer Europäischen Norm (EN) festgelegt sind.

Die Bezeichnung mit *Kurzzeichen* darf maximal 6 Positionen haben. Dabei müssen nicht alle Positionen belegt werden. Zwischen den Positionen dürfen keine Zwischenräume erkennbar sein.

Gesamtaufbau der Bezeichnung von Gusseisenwerkstoffen durch Kurzzeichen nach DIN EN 1560

1	2	3	4	5 (entweder / oder)		6
Vorsilbe	**Metallart**	**Grafitstruktur** [1]	**Mikro-/Makrostruktur** [1]	**mechanische Eigenschaften**	**chemische Eigenschaften**	**zusätzliche Anforderungen** [1]
EN	**GJ** G = Guss J = Eisen	**L** lamellar **S** kugelig **B** Temperkohle [3] **V** vermikular [4] **N** grafitfrei (Hartguss) **Y** Sonderstruktur	**A** Austenit **F** Ferrit **P** Perlit **M** Martensit **L** Ledeburit **Q** abgeschreckt **T** vergütet **B** nicht entkohlend geglüht [2] **W** entkohlend geglüht [2]	z. B. **350** Zugfestigkeit, Mindestwert für R_m in N/mm² z. B. **–19** Bindestrich und Mindestwert für A in Prozent (%), der Angabe für R_m folgend	**X** Buchstabensymbol, das die Bezeichnung der chemischen Zusammensetzung anzeigt	**D** Rohgussstück **H** wärmebehandeltes Gussstück **W** Schweißeignung für Verbindungsschweißungen **Z** In der Bestellung festgelegte zusätzliche Anforderungen
				S getrennt gegossenes Probestück **U** angegossenes Probestück **C** einem Gussstück entnommenes Probestück	z. B. **300** C-Gehalt in % mal 100 z. B. **Cr** Symbol der Legierungselemente z. B. **9-5-2** Prozentwert der Legierungselemente durch Bindestrich getrennt	
				Schlagzähigkeit: Bindestrich, zwei Buchstaben für die Prüftemperatur **RT** Raumtemperatur	**LT** Tieftemperatur	
				z. B. **HB155** Härte, zwei Buchstaben und Härtewert **HB** Brinell	**HV** Vickers	

[1] wahlfrei
[2] nur für Temperguss: B: schwarz, W: weiß
[3] einschließlich entkohlend geglühter Temperguss
[4] Übergangsform zwischen Lamellen- und Kugelgrafit

Werkstoffnummern für Gusseisenwerkstoffe DIN EN 1560

Das Nummernsystem der Gusseisenwerkstoffe besteht aus 9 Positionszeichen ohne Zwischenräume.

1	2	3	4	5	6	7	8	9	Gusseisenwerkstoff mit	Bezeichnung [1] (alt) DIN 17006-4
E	**N**	–	**J**	**S**	1	0	1	5	Kugelgrafit	GGG-35.3
E	**N**	–	**J**	**S**	1	0	3	0	Kugelgrafit	GGG-40
E	**N**	–	**J**	**L**	1	0	3	0	Lamellengrafit	GG-20
E	**N**	–	**J**	**M**	1	0	4	0	Temperguss	GTW-45-07
E	**N**	–	**J**	**M**	1	0	2	0	entkohlend geglühter Temperguss	GTW-S 38-12
E	**N**	–	**J**	**N**	3	0	2	9	vorwiegend perlitisches Gefüge (gratfrei), verschleißbeständige Gusseisen	G-X300CrMo 15-3

[1] Siehe Seite 555.

Werkstoffnummern für Gusseisenwerkstoffe — DIN EN 1560

Bezeichnung
In zahlreichen Produktnormen werden noch die herkömmlichen Werkstoffbezeichnungen nach DIN 17006-4 geführt. Dabei wird das Gusszeichen durch einen Bindestrich von den nachstehenden Angaben getrennt:

G-		gegossen (allgemein)	GT-	EN-GJM-	Temperguss	allgemein
GG-	EN-GJL-	Gusseisen mit Lamellengrafit	GTS-	EN-GJMB-		schwarz
GGG-	EN-GJS-	Gusseisen mit Kugelgrafit	GTW-GS-	EN-GJMW-		weiß
GH-		Hartgusss	GS-		Stahlguss	
angehängte Zeichen	K, Z		GGK-Kokillenguss, GSZ-Schleuderguss			
Erschmelzungsart	E		GS-E-Elektrostahlguss			

Die vollständige Benennung erfolgt entweder nach der **Mindestzugfestigkeit** R_m oder nach der **chemischen Zusammensetzung**.

Werkstoffbezeichnung für Gusseisenwerkstoffe — DIN EN 1560

Das Bezeichnungssystem der Gusseisenwerkstoffe besteht aus max. 6 Positionszeichen ohne Zwischenräume.

Positionsnummern und Werkstoffbezeichnung

1	2	3 [1]	4 [1]	5	6 [1]	Gusseisen mit
EN- EN-	GJ GJ	S S		-350-19-LT -400-18-RT	-D	Kugelgrafit, tiefe Temperaturen, Rohgussstück Kugelgrafit, Raumtemperatur
EN-	GJ	L		-200	-S	Lamellengrafit, getrennt gegossenes Probestück
EN- EN-	GJ GJ	M M	W W	-450-7 -360-12	-W -W	Temperguss entkohlend geglüht, Schweißeignung für Verbindungsschweißen
EN-	GJ	N	P	-JV520	-C	vorwiegend perlitisches Gefüge, einem Gussstück entnommenes Probestück
EN-	GJ	L	A	X300CrMo15-3		legiertes, verschleißfestes Gusseisen

[1] Die Angabe ist freigestellt.

Stoffeigenschaftsänderung von Stahl

Wärmebehandlungsverfahren — DIN EN 10052

Glühen

Langsames **Erwärmen** des Werkstücks auf eine bestimmte Glühtemperatur, kurzzeitiges **Halten** auf dieser Temperatur und langsames **Abkühlen** in Luft.

Diffusionsglühen
Glühen dicht unter der Solidustemperatur (1100 °C bis 1300 °C), längeres Halten und anschließendes langsames Abkühlen, um eine gleichmäßige Gefügeverteilung zu erzielen.

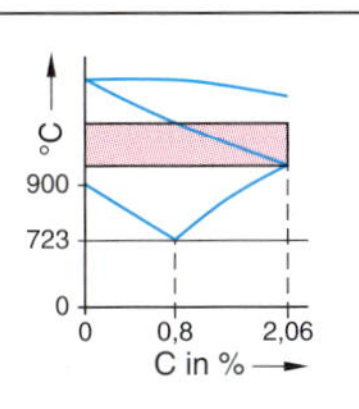

Weichglühen
Beim Glühvorgang um 773 °C formt sich der Zementitanteil (Fe_3C) um.
Nach langsamer Abkühlung sinken Festigkeit und Härte.

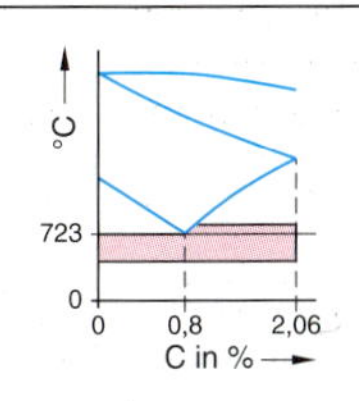

Rekristallisationsglühen
Nach einer Kaltverfestigung durch Kaltumformung glüht man das Werkstück auf 400 °C bis 600 °C.
Dabei tritt eine Kornneubildung (Rekristallisation) auf.

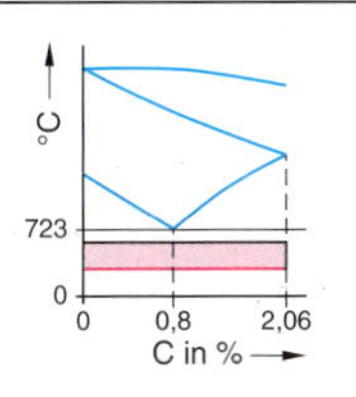

Normalglühen
Kurzzeitiges Glühen des Werkstückes im Austenitbereich und anschließendem Abkühlen in Luft.

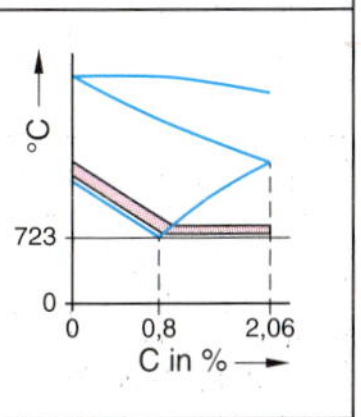

Werkstofftechnik

Stoffeigenschaftsänderung von Stahl

Wärmebehandlungsverfahren DIN EN 10052

Glühen

Spannungsarmglühen

Spannungsarmglühen erfolgt bei Temperaturen zwischen 500 °C und 650 °C über mehrere Stunden. Dadurch werden Eigenspannungen im Werkstück abgebaut.

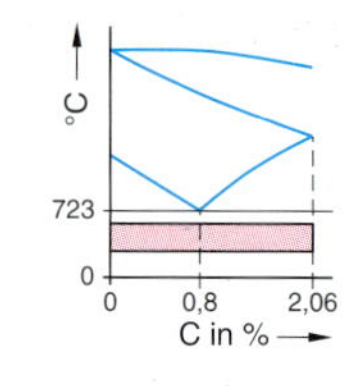

Zwischenglühen

Glühphasen zwischen einzelnen Bearbeitungsschritten. Begriff ist nicht genormt.

Grobkornglühen

Temperatur 1050 – 1300 °C, langes Halten → grobes Korn, bessere Zerspanbarkeit

Härten

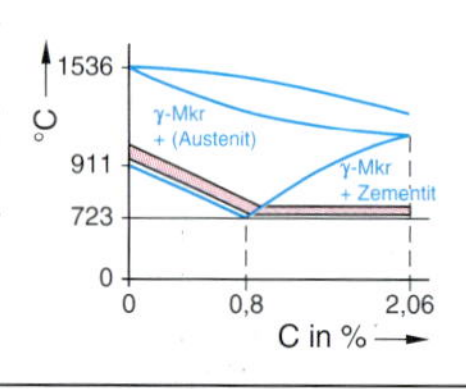

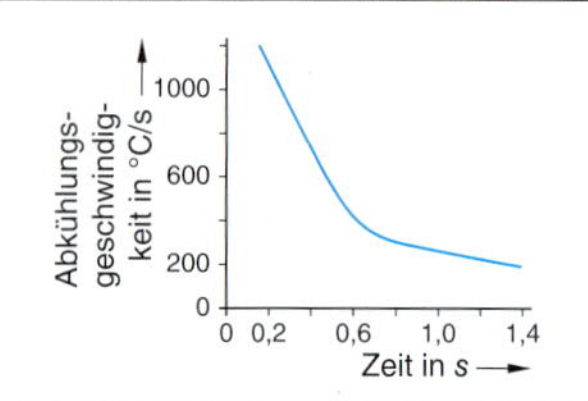

Abschreckhärten

Das Werkstück wird erwärmt, bis das Gefüge ausschließlich aus Austenit besteht und dann mit hoher Abschreckungsgeschwindigkeit auf Raumtemperatur abgekühlt *(Abschreckmittel*: Luft, Öl- oder Wasserbad).

Flammhärten

Erwärmung des Werkstücks mit einer Brennerflamme (oberflächliche Erwärmung) und anschließendem Abschrecken.

Induktionshärten

Das Werkstück wird elektrisch-induktiv oberflächlich erwärmt und dann abgeschreckt.

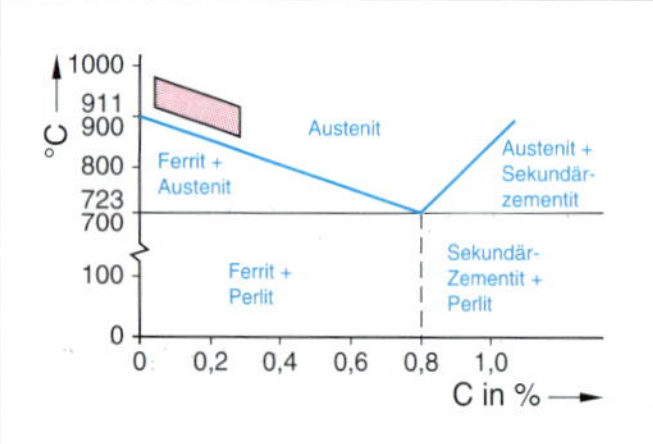

Einsatzhärten

Aufkohlen (Einsetzen)

Aufkohlen (Einsetzen) erfolgt durch Glühen in pulverförmigen, flüssigen oder gasförmigen Reaktionsmedien (Anreicherung der Randzonen mit Kohlenstoff), die leicht Kohlenstoff abgeben. Die Einsatztemperatur wird unabhängig vom Verfahren so gewählt, dass der Stahl während des Einsetzens Austenitgefüge aufweist. Das anschließende Abschrecken erfolgt im Warmbad oder im Ölbad.

Nitrieren (Aufsticken)

Beim Nitrieren wird durch Einbringung von Stickstoff in die Randschicht des Werkstückes eine harte, verschleißfeste Schicht aus Nitriden der Legierungselemente (Al, Cr, V, Mo) des Eisens gebildet. Nitrieren erfolgt in einer Gasatmosphäre, im Plasma oder im Salzbad.

Gasnitrieren erfolgt in einer Ammoniakatmosphäre bei ca. 550 °C.

Beim **Plasma-Nitrieren** wird durch Glimmentladung im Teilvakuum Stickstoff in die Randschicht eingebracht.

Beim **Carbo-Nitrieren** wird die Randschicht mit Kohlenstoff und Stickstoff angereichert. Beide Elemente bilden dann Austenitgefüge in einer festen Lösung.

Vergüten

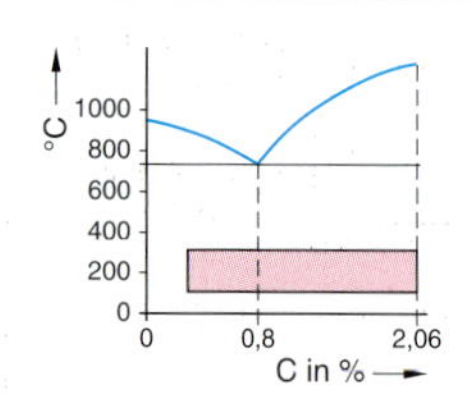

Vergüten ist *Härten mit anschließendem Anlassen* auf höhere Temperaturen (450 °C bis 650 °C).
Härte und Sprödigkeit nehmen ab, Dehnbarkeit und Zähigkeit nehmen zu.

Wirkung beim Anlassen mit niedrigen Anlasstemperaturen (180 °C bis 250 °C):

– *geringer Abfall der Härte*
– *deutlicher Anstieg der Zähigkeit*
– *starke Abnahme der Rissneigung*

Stoffeigenschaftsänderung von Stahl

Wärmebehandlungsverfahren DIN EN 10052

Vergüten

Anwendungsbeispiele: **Abläufe beim Einsatzhärten (Doppelhärten)**

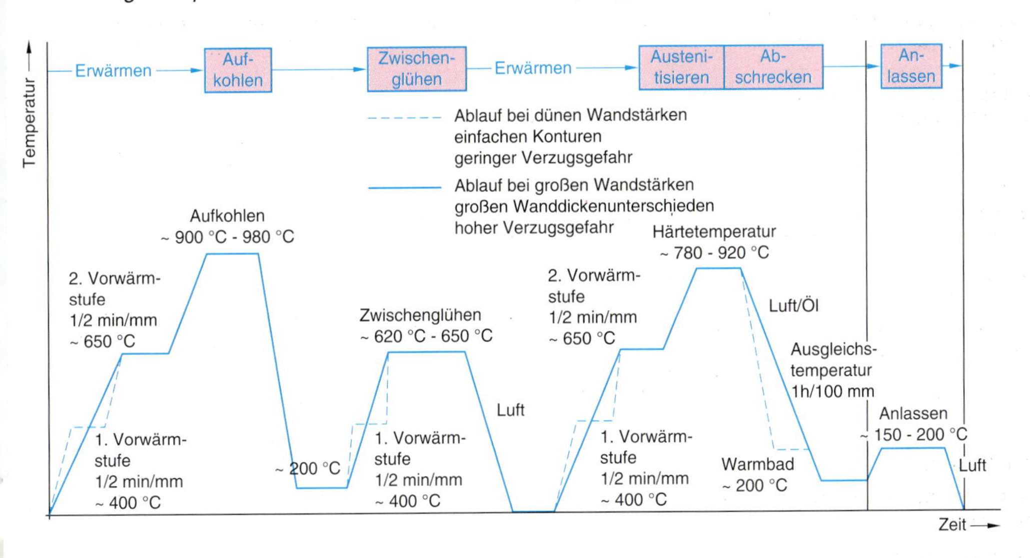

Eisen-Kohlenstoff-Diagramm (Ausschnitt: Stahlbereich)

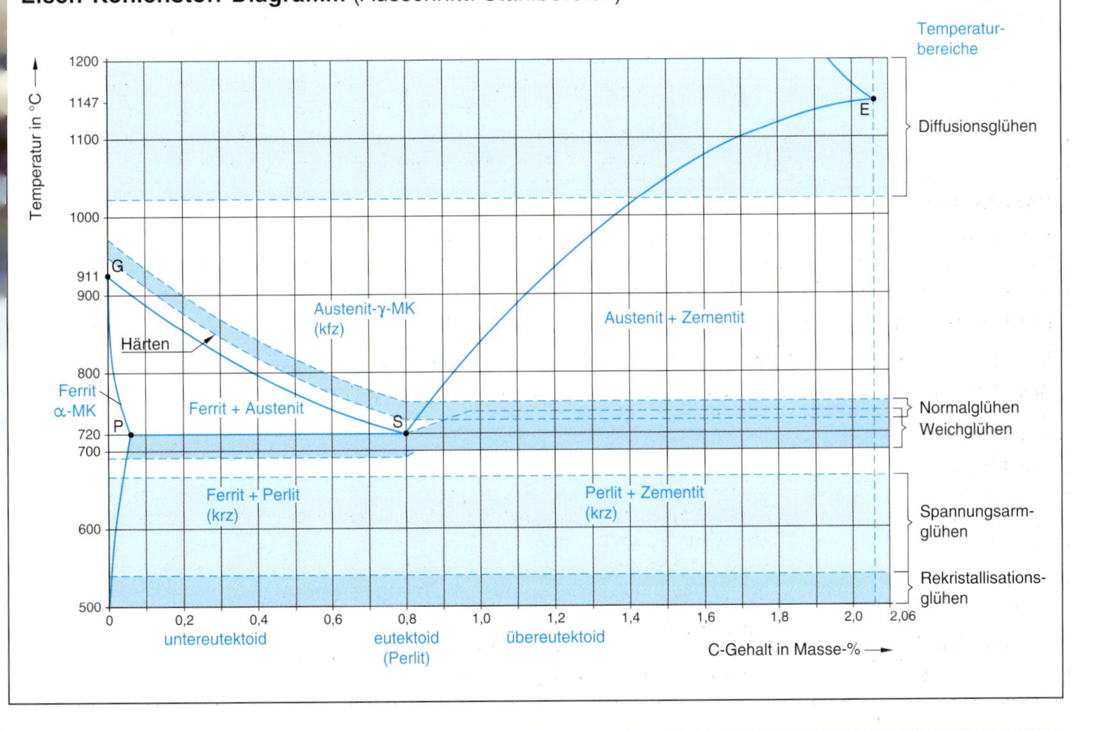

Werk-stofftechnik

Werkstofftechnik

Stoffeigenschaftsänderung von Stahl

Vergütungsstähle

DIN EN 10083

Kurzname	Werkstoff-nummer	Weichglühen		Normalglühen	Härten	Vergüten	Härte	Anlassen[2]
		Temperatur °C	Härte HB_{max}	Temperatur °C	Temperatur °C	Abkühlmittel	HV_{min}	Temperatur °C
Qualitätsstähle [1]								
C22	**1.0402**	650 – 700	–	880 – 920	860 – 900	Wasser	–	550 – 660
C35	**1.0501**	650 – 700	–	860 – 900	840 – 880	Öl oder Wasser	–	550 – 660
C45	**1.0503**	650 – 700	207	840 – 880	820 – 860	Wasser oder Öl	560	550 – 660
C60	**1.0601**	650 – 700	241	820 – 860	800 – 840	Öl oder Wasser	670	550 – 660
Edelstähle								
28Mn6	**1.1170**	650 – 700	223	850 – 890	830 – 870	Wasser oder Öl	–	540 – 680
38Cr2	**1.7003**	650 – 700	207	850 – 880	830 – 870	Öl oder Wasser	–	540 – 680
34Cr4	**1.7033**	680 – 720	223	850 – 890	830 – 870	Wasser oder Öl	510	540 – 680
37Cr4	**1.7034**	680 – 720	235	845 – 885	825 – 865	Öl oder Wasser	530	540 – 680
25CrMo4	**1.7218**	680 – 720	212	860 – 900	840 – 880	Wasser oder Öl	630	540 – 680
50CrMo4	**1.7228**	680 – 720	248	840 – 880	820 – 860	Öl	680	540 – 680
30CrMoV9	**1.7707**	680 – 720	248	860 – 900	840 – 870	Wasser oder Öl	680	540 – 680
51CrV4	**1.8159**	680 – 720	248	840 – 880	820 – 860	Öl	680	540 – 680
30CrNiMo8	**1.6580**	650 – 700	248	850 – 880	830 – 860	Öl	–	550 – 660
34CrNiMo6	**1.6582**	650 – 700	248	850 – 880	830 – 860	Öl	–	540 – 660

[1] Diese Werte gelten auch für Edelstähle mit eingeschränktem (E) bzw. vorgeschriebenem (R) Schwefelgehalt nach DIN EN 10083-1, z. B. C22E, C22R, ... C60E, C60R.

[2] Mindestanlassdauer ca. 1 Stunde

Nicht rostende Stähle

DIN EN 10088

Kurzname	Werkstoff-nummer	Warm-umformen	Weichglühen		Vergüten			Stahlart
		Temperatur °C	Temperatur °C	Härte HB_{max}	Härten Temperatur °C	Abkühl-mittel	Anlassen Temperatur °C	
X6Cr17	**1.4016**	800 – 1100	750 – 850	185	–	–	–	ferritische Stähle
X6CrMoS17	**1.4105**	800 – 1100	750 – 850	200	–	–	–	
X50CrMoV15	**1.4116**	800 – 1100	750 – 850	280	980 – 1030	Luft	100 – 200	marten-sitische Stähle
X14CrMoS17	**1.4104**	800 – 1100	750 – 850	230	980 – 1050	Öl oder Luft	550 – 630	
X5CrNi18-10	**1.4301**	900 – 1200	1000 – 1100	215	1000 – 1100	Wasser oder Luft	–	auste-nitische Stähle
X2CrNiMo18-14-3	**1.4435**	900 – 1200	1020 – 1120	215	1050 – 1100	Wasser oder Luft	–	

Werkstofftechnik

Stoffeigenschaftsänderung von Stahl

Einsatzstähle

DIN EN 10084

Kurzname	Werkstoffnr.	alte Bezeichnung EURONORM 84	alte Bezeichnung DIN 17210	Werkstoffnr.	Aufkohlen Temperatur °C	Vergüten – Härten: Kernhärte Temperatur °C	Vergüten – Härten: Randhärte Temperatur °C	Vergüten – Härten: Abkühlmittel Temperatur °C	Vergüten – Anlassen: Temperatur °C	Härte HB[2)]
Qualitätsstähle										
C10E	**1.1121**	–	C10	1.0301	880 – 980	880 – 920	780 – 820	Wasser, Öl 150 – 250	150 – 200	131
–	–	–	C15[1)]	1.0401	880 – 980	880 – 920	780 – 820	Wasser, Öl 150 – 250	150 – 200	143
Edelstähle										
–	–	2C10	Ck10[1)]	1.1131	880 – 980	880 – 920	780 – 820	Wasser, Öl 150 – 250	150 – 200	143
C15R	**1.1140**	–	Cm15	1.1140	880 – 980	880 – 920	780 – 820	Wasser, Öl 150 – 250	150 – 200	143
C15E	**1.1141**	2C15	Ck15	1.1141	880 – 980	880 – 920	780 – 820	Wasser, Öl 150 – 250	150 – 200	143
–	–	–	20Cr4[1)]	1.7027	880 – 980	860 – 900	780 – 820	Öl, Wasser 150 – 250	150 – 200	197
16MnCr5	**1.7131**	16MnCr5	16MnCr5	1.7131	880 – 980	860 – 900	780 – 820	Öl, Wasser 150 – 250	150 – 200	210
–	–	–	20MnCr5[1)]	1.7147	880 – 980	860 – 900	780 – 820	Öl, Wasser 150 – 250	150 – 200	217
20MoCr4	**1.7321**	20MoCr4	20MoCr4	1.7321	880 – 980	860 – 900	780 – 820	Öl, Wasser 150 – 250	150 – 200	207
–	–	16CrNi6	15CrNi6[1)]	1.5919	880 – 980	830 – 880	780 – 820	Öl, Wasser 150 – 250	150 – 200	215
18CrNiMo7-6	**1.6587**	17CrNiMo7	17CrNiMo6	1.6587	880 – 980	830 – 870	780 – 820	Öl, Wasser 150 – 250	150 – 200	230

1) Kurznamen und Werkstoffnummern nicht mehr in DIN EN 10084 enthalten.

2) Weichgeglüht bei 650 °C bis 700 °C

Werkstofftechnik

Werkstofftechnik

Stoffeigenschaftsänderung von Stahl

Druckbehälterstähle

DIN EN 10028-2

Stahlsorte[1] Kurzname	W-Nr.	Erzeugnisdicke über mm	bis mm	0,2 %-Dehngrenze in N/mm² bei einer Temperatur in °C 20° RT	200	250	300	400
0,2 %-Dehngrenze bei erhöhten Temperaturen für Stähle								
P235GH (H I)	**1.0345**		60	235	170	150	130	110
		60	100		160	140	125	105
P265GH (H II)	**1.0425**		60	265	195	175	155	130
		60	100		175	160	145	125
P295GH (17Mn4)	**1.0481**		60	295	225	205	185	155
		60	100		210	195	180	145
P355GH (19Mn6)	**1.0473**		60	355	255	205	185	155
		60	100		240	220	200	165
16Mo3 (15Mo3)	**1.5415**		60	275	215	200	170	150
		60	100		200	185	165	145
13CrMo4-5 (13CrMo44)	**1.7335**		60	300	230	220	205	180
		60	100		220	210	195	175
10CrMo9-10	**1.7380**		60	310	245	230	220	200
		60	100		225	220	210	185
11CrMo9-10	**1.7283**		100	310	–	255	235	215

(Temperaturwerte in N/mm²)

[1] Klammerangaben sind die früheren Stahlsorten nach DIN 17155 (Kesselblech)

Stahlsorte[1] Kurzname	W-Nr.	Streckgrenze R_{eH}[2] 16	16 40	40 60	60 100	Zugfestigkeit R_m für Erzeugnisdicken in mm[2] 16 60	16 100	60 100
Mechanische Eigenschaften der unlegierten Qualitätsstähle								
P235GH (H I)	**1.0345**	235	225	215	200	–	360 – 480	–
P265GH (H II)	**1.0425**	265	255	145	215	–	410 – 530	–
P295GH (17Mn4)	**1.0481**	295	290	285	280	–	460 – 580	–
P355GH (19Mn6)	**1.0473**	355	345	335	315	510 – 650	–	490 – 630

[1] Klammerangaben sind die früheren Stahlsorten nach DIN 17155 (Kesselblech)
[2] Statt R_{eH} kann auch $R_{p0,2}$ bestimmt werden. Es gelten dann um 10 N/mm² geringere Mindestwerte.

Nitrierstähle

Nitrierstähle sind vergütete Stähle, die wegen der vorhandenen Nitridbildner für das *Nitrieren* und *Nitrocarbonieren* besonders geeignet sind.

Erzeugnisformen:
- *warmgewalzter Draht*
- *warmgewalzter, warmgeschmiedeter oder blanker Stabstahl*
- *warmgewalzter Breitflachstahl*
- *warm- oder kaltgewalztes Blech oder Band, Freiform- und Gesenkschmiedestücke*

Stoffeigenschaftsänderung von Stahl

Nitrierstähle

Stahlbezeichnung		Nitrierbilder	Durchmesser	Streckgrenze (0,2 %-Dehngrenze)	Zugfestigkeit	Bruchdehnung A_5	Kerbschlagarbeit	
							DVM	ISO-V
Kurzname	W-Nr.	Gew.-%	mm	N/mm² min.	N/mm²	% min.	J min.	
Mechanische Eigenschaften der Nitrierstähle im vergüteten Zustand [1) 2)]								
31CrMo12	**1.8515**	Cr = 2,8–3,3	< 100 > 100 ≤ 250	800 700	1000 – 1200 900 – 1100	11 12	40 50	35 40
31CrMoV9	**1.8519**	Cr = 2,3–2,7	≤ 100 > 100 ≤ 250	800 700	1000 – 1200 900 – 1100	11 12	40 50	35 45
15CrMoV59	**1.8521**	Cr = 1,2–1,5	≤ 100 > 100 ≤ 250	750 700	900 – 1100 850 – 1050	10 12	35 40	30 35
34CrAlMo5	**1.8507**	Cr = 1,0–1,3 Al = 0,8–1,2	≤ 70	600	800 – 1000	14	40	35
34CrAlNi7	**1.8550**	Cr = 1,5–1,8 Al = 0,8–1,2	≤ 100 > 100 ≤ 250	650 600	850 – 1050 800 – 1000	12 13	35 40	30 35

1) Für alle Stähle beträgt die Brinellhärte im Zustand **G** (weichgeglüht) max. 248 HB.

2) Für Stähle 31CrMo12, 31CrMoV9 und 15CrMoV59 liegt die Härte bei etwa 800 HV1; für die Stähle 34CrAlMo5 und 34CrAlNi7 bei etwa 950 HV1.

Stahlbezeichnung		Weichglühen		Vergüten			Nitrieren	
				Härten	Anlassen			
Kurzname	W-Nr.	Temperatur °C	Härte HB	Temperatur °C	Abkühlmittel	Temperatur °C	Temperatur °C	Härte HV
Wärmebehandlung vor dem Nitrieren								
31CrMo12	**1.8515**	650 – 700	248	870 – 910	Öl, Wasser	570 – 700	a) Gasnitrieren: 500–520 b) Gasnitrieren oder Salzbad: 570–580 c) Pulverbad oder Plasma: ab 580	800
31CrMoV9	**1.8519**	680 – 720	248	840 – 880	Öl, Wasser	570 – 680		800
15CrMoV59	**1.8521**	680 – 740	248	940 – 980	Öl, Wasser	600 – 700		800
34CrAlMo5	**1.8507**	650 – 700	248	900 – 940	Öl, Wasser	570 – 650		950
34CrAlNi7	**1.8550**	650 – 700	248	850 – 890	Öl	570 – 660		950

Werkzeugstähle — DIN EN ISO 4957

Die Norm gilt für unlegierte und legierte **Kaltarbeitsstähle**, **legierte Warmarbeitsstähle** und **Schnellarbeitsstähle**. Sie ersetzt DIN 17350.

Werkzeugstähle: Zum Be- und Verarbeiten von Werkstoffen sowie zum Handhaben und Messen von Werkstücken geeignete Edelstähle, die für diese Verwendung *hohe Härte*, *hohen Verschleißwiderstand* und/oder *hohe Zähigkeit* aufweisen.

Kaltarbeitsstähle: Unlegierte oder legierte Werkzeugstähle für Verwendungszwecke, bei denen die *Oberflächentemperatur* i. Allg. *unter* 200 °C liegt.

Warmarbeitsstähle: Legierte Werkzeugstähle für Verwendungszwecke, bei denen die *Oberflächentemperatur* i. Allg. *über* 200 °C liegt.

Schnellarbeitsstähle: Stähle, die hauptsächlich zum *Zerspanen* und *Umformen* eingesetzt werden und die wegen ihrer chemischen Zusammensetzung die *höchste Warmhärte* und *Anlassbeständigkeit* bis ca. 600 °C aufweisen. Mit Ausnahme der Stähle C45U, 35CrMo7, X38CrMo16, 40CrMnNiMo8-6-4 und 55NiCoMoV7 werden die Stähle dieser Norm (wenn nicht anders vereinbart) im *geglühten Zustand* (+A) geliefert.

Weitere Wärmebehandlungszustände: Unbehandelt (+U), geglüht und kaltgezogen (+A+C), vergütet(+QT), nur Schnellarbeitsstähle auch geglüht und kaltgewalzt (+A+CR).

Werk-
stofftechnik

Werkstofftechnik

Stoffeigenschaftsänderung von Stahl

Werkzeugstähle DIN EN ISO 4957

Härte im geglühten und angelassenen Zustand

Stahlsorte			Härte[2]	Härten		
Kurzname DIN EN ISO 4957	Kurzname	W-Nr. [1]	+A (geglüht) HB max.	Temperatur °C (±10 °C)	Abschreck-mittel[3]	Härte HRC min.
Unlegierte Kaltarbeitsstähle[4] [5]						
C45U	**C45W**	1.1730	207[6]	810	Wasser	54
C70U	**C70W2**	1.1520	183	800	Wasser	57
C80U	**C80W1**	1.1525	192	790	Wasser	58
C90U	–	1.1535	207	780	Wasser	60
C105U	**C105W1**	1.1545	212	780	Wasser	61
C120U	–	1.1555	217	770	Wasser	62
Legierte Kaltarbeitsstähle[4]						
105V	–	1.2834	212	790	Wasser	61
50WCrV8	–	1.2549	229	920	Öl	56
60WCrV8	**60WCrV7**	1.2550	229	910	Öl	58
102Cr6	**100Cr6**	1.2067	223	840	Öl	60
21MnCr5	**21MnCr5**	1.2162	217	[8]	[8]	[8]
70MnMoCr8	–	1.2824	248	835	Luft	58
90MnCrV8	**90MnCrV8**	1.2842	229	790	Öl	60
95MnCrW5	–	1.2825	229	800	Öl	60
X100CrMoV5	–	1.2363	241	970	Luft	60
X153CrMoV12	–	1.2379	255	1020	Luft	61
X210Cr12	**X210Cr12**	1.2080	248	970	Öl	62
X210CrW12	**X210CrW12**	1.2436	255	970	Öl	62
35CrMo7	–	1.2302	[7]	–	–	–
40CrMnNiMo8-6-4	–	1.2738	[7]	–	–	–
45NiCrMo16	**X45NiCrMo4**	1.2767	285	850	Öl	52
X40Cr14	–	1.2083	241	1010	Öl	52
X38CrMo16	**X36CrMo17**	1.2316	[7]	–	–	–
Warmarbeitsstähle[9]						
55NiCrMoV7	**56NiCrMoV7**	1.2714	248[10]	850	Öl	42[11]
32CrMoV12-28	**X32CrMoV33**	1.2365	229	1040	Öl	46
X37CrMoV5-1	**X38CrMoV51**	1.2343	229	1020	Öl	48
X38CrMoV5-3	–	1.2367	229	1040	Öl	50
X40CrMoV5-1	**X40CrMoV51**	1.2344	229	1020	Öl	50
50CrMoV13-15	–	1.2355	248	1010	Öl	56

Fußnoten siehe Seite 563.

Werkstofftechnik

Stoffeigenschaftsänderung von Stahl

Werkzeugstähle DIN EN ISO 4957

Härte im geglühten und angelassenen Zustand

Stahlsorte			Härte [2]	Härten		
Kurzname DIN EN ISO 4957	Kurzname	W-Nr. DIN 17350 [1]	+A (geglüht) HB max.	Temperatur °C (± 10 °C)	Abschreck-mittel [3]	Härte HRC min.
Warmarbeitsstähle [9]						
X30XCrV9-3	–	**1.2581**	241	1150	Öl	48
X35CrWMoV5	–	**1.2605**	229	1020	Öl	48
38CrCoWV18-17-17	–	**1.2661**	260	1120	Öl	48
Schnellarbeitsstähle [4]						
HS0-4-1	–	**1.3325**	262	1120	–	60
HS1-4-2	–	**1.3326**	262	1180	–	63
HS18-0-1	–	**1.3355**	269	1260	–	63
HS2-9-2	**S2-9-2**	**1.3348**	269	1200	–	64
HS1-8-1	–	**1.3327**	262	1190	–	63
HS3-3-2	**S3-3-2**	**1.3333**	255	1190	–	62
HS6-5-2	**S6-5-2**	**1.3339**	262	1220	–	64
HS6-5-2C	–	**1.3343**	269	1210	–	64
HS6-5-3	**S6-5-3**	**1.3344**	269	1200	–	64
HS6-5-3C	–	**1.3345**	269	1180	–	64
HS6-6-2	–	**1.3350**	262	1200	–	64
HS6-5-4	–	**1.3351**	269	1210	–	64
HS6-5-2-5	**S6-5-2-5**	**1.3243**	269	1210	–	64
HS6-5-3-8	–	**1.3244**	302	1180	–	65
HS10-4-2-10	**S10-4-3-10**	**1.3207**	302	1230	–	66
HS2-9-1-8	**S210-1-8**	**1.3247**	277	1190	–	66

[1] Informativ, Werkstoffnummern entsprechend DIN EN 10027-2 sind noch nicht vergeben.

[2] Die Härte im geglühten und kaltgezogenen Zustand (+A+C) darf 20 HB höher sein als im geglühten Zustand (+A).
Schnellarbeitsstähle: Die Härte im geglühten und kaltgezogenen Zustand (+A+C) darf 50 HB höher sein und die Härte im geglühten und kaltgewalzten Zustand (+A+CR) darf 70 HB höher sein als im geglühten Zustand (+A).
HB: Härte nach Brinell, **HRC**: Härte nach Rockwell.

[3] **Schnellarbeitsstähle**: Für den Referenzhärteversuch entweder Öl- oder Salzbad; in Schiedsfällen jedoch nur Öl. Übliche Abschreckmittel in der Praxis sind Luft, Gas oder Salzbad. **Abschreckmittel**: A: Luft, O: Öl, W: Wasser

[4] Für alle Stähle: Phosphor ≤ 0,03 % und Schwefel ≤ 0,03 %.

[5] Die Stahlsorten C70U bis C120U sind wegen ihrer chemischen Zusammensetzung schalenhärtende Stähle, d. h. geringe Einhärtbarkeit bei vergleichsweise hoher Aufhärtbarkeit (harte Oberfläche bei zähem Kern).
Für Durchmesser bis 30 mm beträgt die Einhärtungstiefe ca. 3 mm. Bei Durchmessern bis 10 mm kann Durchhärtung erreicht werden.

[6] Diese Stahlsorte wird nicht im wärmebehandelten Zustand eingesetzt.

[7] Dieser Stahl wird üblicherweise im vergüteten Zustand mit einer Härte von ca. 300 HB geliefert.

[8] Nach Aufkohlen, Anschrecken und Anlassen sollte dieser Werkstoff eine Oberflächenhärte von 60 HCR erreichen.

[9] Für alle Stähle: Phosphor ≤ 0,03 % und Schwefel ≤ 0,02 % (soweit nicht anders festgelegt).

[10] Der Stahl wird für größere Abmessungen üblicherweise im vergüteten Zustand mit einer Härte von ca. 380 HB geliefert.

[11] Dieser Wert gilt nur für kleine Abmessungen.

Werkstofftechnik

Stoffeigenschaftsänderung von Stahl

Automatenstähle DIN EN 10087

Kurzname	W-Nr.	Normalglühen Temp. °C	Einsatzhärten Aufkohlen Temp. °C	Einsatzhärten Härten Temp. °C	Einsatzhärten Anlassen Temp. °C	Vergüten Härten Temp. °C	Vergüten Anlassen Temp. °C
11SMn30	**1.0715**	890 – 920	Diese Stahlsorten sind nicht zur Einsatzhärtung und Vergütung geeignet. Kleine Werkstücke, Verwendung für Bolzen, Zapfen, Stifte, Schrauben				
11SMnPb30	**1.0718**	890 – 920					
11SMnPb37	**1.0737**	890 – 920					
Empfehlung zur Wärmebehandlung der direkt härtenden Automatenstähle							
						Einsatzhärtung	
10S20	**1.0721**	890 – 920	880 – 980	Kernhärtung 880 – 920 bei Randhärtung ca. 100 °C weniger	150 – 200	Verwendung für verschleißfreie Kleinteile wie Bolzen, Zapfen, Stifte, Wellen	
10SPb20	**1.0722**	890 – 920	880 – 980		150 – 200		

Kurzname	W-Nr.	Abschrecken[1) °C	Abschrecken[1) Abkühlmittel	Anlassen[2) °C	C-Gehalt Massen-%	S-Gehalt Massen-%	direkthärtend
35S20 **35SPb20**	**1.0726** **1.0756**	860 – 890	Wasser oder Öl	540 – 680	0,32 – 0,39	0,15 – 0,25	Verwendung für größere Werkstücke mit hoher Beanspruchung, Getriebeteile, Wellen, Zahnräder
36SMn14 **36SMnPb14**	**1.0764** **1.0765**	850 – 880	Wasser oder Öl			0,10 – 0,18	
38SMn28 **38SMnPb28**	**1.0760** **1.0761**	850 – 880	Wasser oder Öl		0,35 – 0,40	0,24 – 0,33	
44SMn28 **44SMnPb28**	**1.0762** **1.0763**	840 – 870	Öl oder Wasser		0,40 – 0,48		
46S20 **46SPb20**	**1.0727** **1.0757**	840 – 870	Öl oder Wasser		0,42 – 0,50	0,15 – 0,25	

1) Austenitisierungsdauer mindestens 30 Minuten
2) Anlassdauer mindesten 1 Stunde

Kurzname	W-Nr.	Durchmesser d (mm) von	Durchmesser d (mm) bis unter	unbehandelt (N/mm²) Härte HB	unbehandelt (N/mm²) Zugfestigkeit N/mm²	Zugfestigkeit R_e min. N/mm²	Zugfestigkeit R_m N/mm²	Zugfestigkeit A min. %
Mechanische Eigenschaften[1) von direkthärtenden Automatenstählen								
35S20 **35SPb20**	**1.0726** **1.0756**	5 10 16	10 16 40	– – 154 – 201	550 – 720 550 – 700 520 – 680	430 430 380	630 – 780 630 – 780 600 – 750	15 15 16
36SMn14 **36SMnPb14**	**1.0764** **1.0765**	5 10 16	10 16 40	– – 166 – 222	580 – 770 580 – 770 560 – 750	480 460 420	700 – 800 700 – 800 670 – 820	14 14 15
38SMn28 **38SMnPb28**	**1.0760** **1.0761**	5 10 16	10 16 40	– – 166 – 216	580 – 780 580 – 750 530 – 730	480 460 420	700 – 850 700 – 850 700 – 850	15 15 15
44SMn28 **44SMnPb28**	**1.0762** **1.0763**	5 10 16	10 16 40	– – 187 – 242	630 – 900 630 – 850 630 – 790	520 480 420	700 – 850 700 – 850 700 – 850	16 16 16
46S20 **46SPb20**	**1.0727** **1.0757**	5 10 16	10 16 40	– – 175 – 225	590 – 800 590 – 780 590 – 760	490 490 420	700 – 850 700 – 850 650 – 800	12 12 12

1) R_e =Streckgrenze (0,2 %-Dehngrenze), R_m = Zugfestigkeit, A = Bruchdehnung ($L_0 = 5 \cdot d_0$)

Werkstofftechnik

Stoffeigenschaftsänderung von Stahl

Federstahl, warmgewalzt, vergütet

DIN EN 10089

Kurzname	W-Nr.	Weichglühen		Normalglühen	Vergüten			
					Härten		Anlassen	
		Temp. °C	Härte HB max.	Temp. °C	Temp. °C	Abkühlmittel	Härte [1] HRC min.	Temp. °C
38Si7	**1.5023**	630 – 680	218	830 – 860	820 – 880	Wasser	≥ 47	350 – 450
61SiCr7	**1.7108**	630 – 680	218	830 – 860	820 – 860	Öl	≥ 55	350 – 450
51CrMoV4	**1.7701**	630 – 680	218	850 – 880	820 – 860	Öl	≥ 55	350 – 450

[1] Die Werte beziehen sich auf die Kernhärte nach dem Härten.
Elastizitätsmodul der Stähle ≈ 196130 N/mm², **Schubmodul** ≈ 78455 N/mm²

Angaben über genormte Federstähle

	DIN EN 10085	DIN EN 10151	DIN EN 10132-4
Behandlungszustand [1]	U, SH, C, GKZ, G, V	K+A, K, K1, K2	+A, +LC, +CR, AC
in Abmessungen (Halbzeuge) nach	DIN EN 10278, 10017, 10092-1, 10060, 10048, 10058, 10092	DIN EN 10218-2 Genauigkeitsklasse C DIN EN ISO 9445-1	DIN EN 10140
Anwendungsbeispiele	vergütete Blatt-, Drehstab-, Kegel-, Schrauben- und Tellerfedern, Federringe	Federn unter korrodierenden Einflüssen	Hochbeanspruchte Zugfedern für Uhren etc.

[1] Das Kennzeichen des Behandlungszustandes wird dem Kurznamen der Stahlsorte beigefügt, z. B. 65Si7U oder 65Si7H+A. **SH**: geschält oder geschliffen, **C**: kalt scherbar, **U**: unbehandelt, **G**: weichgeglüht, **G+K**: weichgeglüht und kaltgewalzt, **H+A**: gehärtet und angelassen, **GKZ**: geglüht auf kugelige Carbide, **V**: vergütet, **K, K1, K2**: Erhöhung der Zugfestigkeit durch Anlassen bzw. Warmauslagern, **+A**: weichgeglüht, **+LC**: kaltgewalzt, **+CR**: nachgewalzt, **+AC**: geglüht

Stähle für Flamm- und Induktionshärten

DIN EN 10083-1

Kurzname	W-Nr.	Warmumformung	Weichglühen		Normalglühen	Vergüten			Oberflächenhärte HRC
		Temp. °C	Temp. °C	Härte HB max.	Temp. °C	Härten	Abkühlmittel	Anlassen	
Cf35	**1.1183**	1100 – 850	650 – 700	183	860 – 890	840 – 870	Wasser	550 – 660	51 – 57
						850 – 880	Öl	550 – 660	
Cf45	**1.1193**	1100 – 850	650 – 700	207	840 – 870	820 – 850	Wasser	550 – 660	55 – 61
						830 – 860	Öl	550 – 660	
Cf70	**1.1249**	1000 – 800	650 – 700	223	820 – 850	790 – 820	Wasser	550 – 660	60 – 64
45Cr2	**1.7005**	1100 – 850	650 – 700	207	840 – 870	820 – 850	Wasser	550 – 660	55 – 61
						830 – 860	Öl	550 – 660	
42CrMo4	**1.7045**	1050 – 850	680 – 720	217	840 – 880	830 – 850	Wasser	540 – 680	54 – 60
						830 – 860	Öl	540 – 680	
49CrMo4	**1.7238**	1050 – 850	680 – 720	235	840 – 880	820 – 850	Wasser	540 – 680	56 – 61
						830 – 860	Öl	540 – 680	

Werkstofftechnik

Nichteisenmetalle

Systematische Bezeichnung DIN 1700

Diese Norm gilt für alle *Nichteisenmetalle*, mit *Ausnahme* von Aluminium und Aluminium-Legierungen. Das **Kurzzeichen** eines NE-Metalls in einer NE-Legierung gliedert sich in 3 Teile.

Bezeichnungsbeispiel:

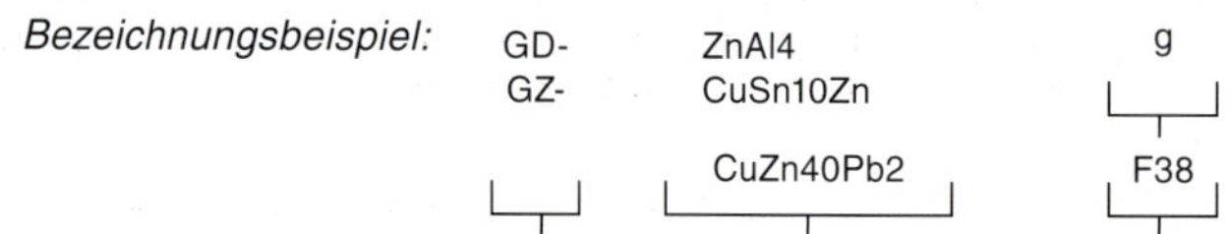

Teil 1
Herstellung und Verwendung
G- Guss **GD**-Druckguss **GK**-Kokillenguss **GZ**-Schleuderguss **GC**-Strangguss **GL**-Gleitmetall, Lagermetall **S**- Schweißzusatz **L**- Lot **V**- Vor- und Verschnittlegierung

Teil 2 (wird immer angegeben	
Zusammensetzung	
Hauptbestandteil Elemente	Legierungselemente in Prozentanteil
Chemisches Symbol z. B. Al, Cu, Fe, Mg, Ni, Ti, Pb, Sn, Zn	Chemische Symbole + Zahlenwert der Prozentangabe, z. B. CuSn Kupferlegierung Sn10 $\hat{=}$ 10 % Zinn CuZn Kupferlegierung Zn40 $\hat{=}$ 40 % Zink Pb2 $\hat{=}$ 2 % Blei ZnAl Zinklegierung Al4 $\hat{=}$ 4 % Aluminium

Teil 3	
Behandlung und besondere Eigenschaften	
Behandlungszustand	Zugfestigkeit
a ausgehärtet **ka** kalt ausgehärtet **wa** warm ausgehärtet **g** geglüht **ku** kaltumgeformt **wu** warmumgeformt **ho** homogenisiert **wh** gewalzt, walzhart **zh** gezogen, ziehhart **p** gepresst	**F** mit Kennzahl für Mindestzugefestigkeit R_m = 10 · Kennzahl 38 $\hat{=}$ 380 N/mm²

Zustandsbezeichnung für Kupfer/Kupferlegierungen DIN EN 1173

In DIN EN 1173 wird ein System zur Bezeichnung von **Materialzuständen** festgelegt. Diese Bezeichnungen gelten für Produkte aus **Knet-** und **Gusswerkstoffen**, aus **Kupfer** und **Kupferlegierungen**. Ausgenommen sind Blockmetalle. In der Produktbezeichnung muss die *Zustandsbezeichnung* auf die Werkstoffbezeichnung folgen und durch einen Bindestrich von ihr getrennt sein.

Bezeichnungsbeispiele:

Draht	**EN...-Cu-OF-A007-...**	(sauerstofffreies Kupfer, Mindestbruchdehnung A = 7 %)
Band	**EN 1654...-CuSn8-B410-...**	(B410 = Federbiegegrenze = 410 N/mm²)
Blech	**EN 1652-CuZn37-H150-...**	(Härte)
Stange	**EN 12164-CuZn39Pb3-R500-...**	(Zugfestigkeit)
Band	**EN 1654-CuZn30-Y460-...**	(Y460: Mindestwert für die 0,2 %-Dehngrenze = 460 N/mm²)

Diese Bezeichnung besteht in der Regel aus vier Zeichen. An erster Stelle steht ein Buchstabe. Kombinationen von mehreren verbindlichen Eigenschaften sind möglich.

Buchstaben zur Kennzeichnung verbindlicher Eigenschaften (1. Stelle)

Buchstabe	Verbindliche Eigenschaft [1]
A	Bruchdehnung in Prozent
B	Federbiegegrenze in N/mm²
D	gezogen, ohne vorgeschriebene mechnische Eigenschaften
G	Korngröße
H	Härte (Brinell HB oder Vickers HV)
M	wie gefertigt, ohne vorgeschriebene mechanische Eigenschaften
R	Zugfestigkeit in N/mm²
Y	0,2 %-Dehngrenze in N/mm²

[1] *Herstell-* und *Wärmebehandlungsverfahren* werden durch diese Buchstabenfolge *nicht* angezeigt.

Werkstofftechnik

Nichteisenmetalle

Zustandsbezeichnung für Kupfer/Kupferlegierungen DIN EN 1173

Buchstaben zur Kennzeichnung verbindlicher Eigenschaften (1. Stelle)

Die *Stellen 2 bis 4* bestehen aus einer 3-stelligen Zahl zur Bezeichnung des **Mindestwertes** der Eigenschaft. Ausnahmen: Auf die Bezeichnungen *D* und *M* folgen keine weiteren Zeichen. Bei der *Bezeichnung G* bestehen die *Stellen 2 bis 4* aus einer 3-stelligen Zahl zur Bezeichnung des **mittleren Wertes** der Eigenschaft. Freie Stellen sind durch vorgesetzte Nullen aufzufüllen.

Die *5. Stelle* kann zusätzlich verwendet werden, wenn eine *4-stellige Zahl* angegeben werden muss. Dies kann bei der Angabe der **sehr hohen Zugfestigkeit** wärmebehandelter Legierungen der Fall sein. Wenn eine *zusätzliche Behandlung* zum Zwecke der *Entspannung* eines Produktes zutrifft, wird der *Anhang „S“* an der Stelle 5 oder 6 hinzugefügt.

Europäisches Werkstoffnummernsystem für Kupfer und Kupferlegierungen DIN EN 1412

Das in dieser Norm beschriebene Nummernsystem ist anwendbar bei allen *in Europa hergestellten* Kupferwerkstoffen. Die **Werkstoffnummer** besteht aus 6 Zeichen.

Position	1	2	3	4	5	6
Zeichen	**C**	**L**	**n**	**n**	**n**	**L**

Für „L“ sind Großbuchstaben, für „n“ arabische Ziffern einzusetzen.

Position 1: Kennzeichnung des Kupferwerkstoffes durch den Buchstaben „C“

Position 2: Diese Position ist mit einem der folgenden Buchstaben zu besetzen:

B	Werkstoff in Blockform zum Umschmelzen	**C**	Gusserzeugnisse
F	Schweißzusatzwerkstoffe und Hartlote	**M**	Vorlegierungen
R	raffiniertes Kupfer in Rohformen	**S**	Werkstoffe in Form von Schrott
W	Knetwerkstoffe	**X**	nicht genormte Werkstoffe

Positionen 3–5: Zahl zwischen 000 und 999. Dabei ist der Bereich 000–799 den **genormten Kupferwerkstoffen** vorbehalten. Eine bestimmte Bedeutung kann dieser Zeichenfolge *nicht* entnommen werden.

Position 6: Mit einem Buchstaben in Klammern wird die **Werkstoffgruppe** bezeichnet:
- Kupfer (A oder B)
- niedriglegierte Kupferlegierungen mit Legierungselementen weniger als 5 % (C oder D)
- Kupfersonderlegierungen mit Legierungselementen von wenigstens 5 % (E oder F)
- Kupfer-Aluminium-Legierungen (G)
- Kupfer-Nickel-Legierungen (H)
- Kupfer-Nickel-Zink-Legierungen (J)
- Kupfer-Zinn-Legierungen (K)
- Kupfer-Zink-Legierungen und Zweistofflegierungen (L oder M)
- Kupfer-Blei-Zink-Legierungen (N oder P)
- Kupfer-Zink-Legierungen und Mehrstofflegierungen (R oder S)

Bezeichnungsbeispiele:

CW024A

C: Kupfer
W: Knetwerkstoff
024: genormter Kupferwerkstoff als Zählnummer
A: Werkstoffgruppe Kupfer

Werkstoffnummern – Systematik Hauptgruppen 2 und 3 DIN 17007-4

Nach DIN 17007-4 sind folgende Bereiche der **Sortennummer** den NE-Grundmetallen zum Unterteilen in **Legierungsgruppen** zugeordnet (**2** für Schwermetall außer Eisen, **3** für Leichtmetall).

Werkstofftechnik

Werk-stofftechnik

Werkstofftechnik

Nichteisenmetalle

Werkstoffnummern – Systematik Hauptgruppen 2 und 3 DIN 17007-4

Sortennummern

2.0000 – 2.1799 2.2500 – 2.2999 2.4000 – 2.4999 2.6000 – 2.6999	Cu Reserve Ni, Co hochschm. Met.	2.1800 – 2.1999 2.3000 – 2.3499 2.5000 – 2.5999	Reserve Pb Edelmetalle	2.2000 – 2.2499 2.3500 – 2.3999 2.7000 – 2.9999	Zn, Cd Sn Reserve
3.0000 – 3.4999 3.7000 – 3.7999	Al Ti	3.5000 – 3.5999 3.8000 – 3.9999	Mg Reserve	3.6000 – 3.6999	Reserve

Die für alle NE-Metalle einheitlichen Anhängezahlen geben den *Zustand* an. Verwendet werden die Ziffern 0, 1, 2 bis 9. Sie kennzeichnen in der 6. Stelle der *Werkstücknummer* die **Zustandsgruppe** (Dekade) und in der 7. Stelle den **Zustand** im Einzelnen.

Dekaden und Zustände

0	unbehandelt — 01 weich	2	kaltverfestigt (Zwischenhärten)
3	kaltverfestigt („hart" und darüber)	4	lösungsgeglüht ohne mechanische Nacharbeit
5	lösungsgeglüht, kalt nachbearbeitet	6	warm ausgehärtet ohne mechanische Nacharbeit
7	warm ausgehärtet, kalt nachbearbeitet	8	entspannt, ohne vorherige Kaltverfestigung
9	Sonderbehandlung (z. B. Stabilisierungsglühen)		

Anhängezahlen

Dekade 0 (unbehandelt)		Dekade 2 (kaltverfestigt, Zwischenhärten)		Dekade 3 (kaltverfestigt, hart und darüber)	
.00	Masseln usw., unbehandelt	.20	gewalzt, gezogen	.30	hart
.01	Sandguss, unbehandelt	.21	gewalzt, entspannt/gezogen, entspannt	.31	hart, entspannt
.02	Kokillenguss, unbehandelt	.22	achtelhart, einschl. der Zwischenhärten, die als partielles Entfestigungsglühen (letzter Arbeitsgang) erzielt werden	.32	federhart
.03	Schleuderguss, unbehandelt			.33	federhart, entspannt
.04	Strangguss, unbehandelt			.34	doppelfederhart
.05	Druckguss, unbehandelt	.23	achtelhart, entspannt	.35	doppelfederhart, entspannt
.06	Sintermetall, unbehandelt	.24	viertelhart (wie .22)	.36	überdoppelfederhart
.07	warmgewalzt, warmgezogen	.25	viertelhart, entspannt	.37	überdoppelfederhart, entspannt
.08	stranggepresst, warmgeschmiedet	.26	halbhart (wie .22)	.38	Reserve
.09	Sonderfälle	.27	halbhart, entspannt	.39	Sonderfälle
		.28	dreiviertelhart (wie .22)		
		.29	Sonderfälle		

Kurzzeichen von Aluminium und Aluminium-Knetlegierungen DIN EN 573-1 DIN EN 515

Bei Werkstoffangaben für NE-Metalle können die Bezeichnungssysteme wahlweise oder kombiniert verwendet werden.

Für **Aluminium** *und* **Aluminiumlegierungen** werden in DIN EN 573-1 **Werkstoffnummern** für Halbzeuge festgelegt, in DIN EN 1780-1 für Masseln, Vorlegierungen und Gussstücke.

Bezeichnung von Aluminium und Aluminium-Knetlegierungen

Bezeichnung mittels ...	DIN EN	Geltungsbereich
numerischem Bezeichnungssystem	573-1	chemische Zusammensetzung und Formen von Halbzeugen
chemischen Symbolen	573-2	
Werkstoffzustände	515	Halbzeuge, 5 Basiszustände definiert

Bezeichnungssysteme von Aluminium und Aluminiumlegierungen

Bezeichnungssysteme		DIN EN		Geltungsbereiche	
– numerisch		7180-1		legiert oder unlegiert, Masseln (B), Vorlegierungen (M) und Gussstücke (C)	
– chemische Symbole		7180-2			
EN	AB	1	0	97	
EN	AC	4	5	000	

Werkstofftechnik

Nichteisenmetalle

Kurzzeichen von Aluminium und Aluminium-Knetlegierungen DIN EN 573

Bezeichnungsbeispiele:

EU-Norm	Aluminium	Halbzeug	Legierungs-gruppe	Legierungs-abwandlung	Seriennummer, Aluminiumanteil	Nationale Varianten
EN	A	W	5	0	52	
	A	W	5	1	54	A

Legierungs-gruppe, Serie		Legierungs-abwandlung		Seriennummer, Aluminiumanteil	Nationale Varianten
1	Al ≥ 99 %	0	Original-legierung	Diese beiden Ziffern beschreiben die Zuordnung zur Serie 1.000, Aluminium-anteil Ohne Bedeutung für andere Serien	Kennzeichen für nationale Varianten
2	Cu				
3	Mn	1 bis 9	Legie-rungs-abwand-lungen		
4	Si				
5	Mg				
6	Mg + Si				
7	Zn				
8	sonstige				

Legierungsgruppen, chemische Zusammensetzung

Serie	1000	2000	3000	4000	5000	6000	7000	8000	9000
Legierungs-gruppe	1xxx	2xxxx	3xxx	4xxx	5xxx	6xxx	7xxx	8xxx	9xxx
Zusammen-setzung	Aluminium und Legierungselemente								
	Al ≥ 99 %	Cu	Mn	Si	Mg	Mg + Si	Zn	sonstige	nicht verwen-dete Gruppe

Legierungsgruppe 1

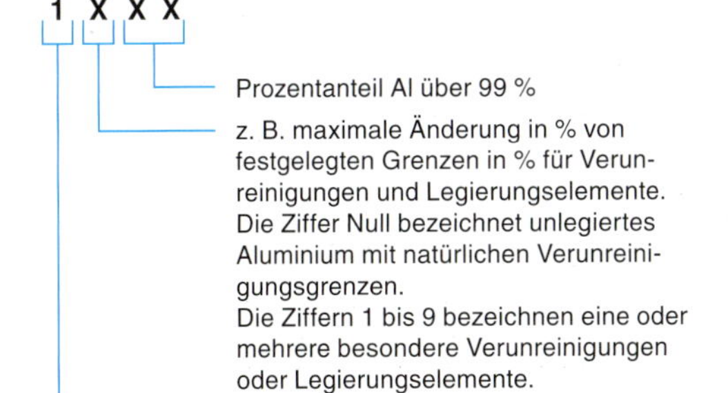

1 X X X
Prozentanteil Al über 99 %
z. B. maximale Änderung in % von festgelegten Grenzen in % für Verun-reinigungen und Legierungselemente. Die Ziffer Null bezeichnet unlegiertes Aluminium mit natürlichen Verunreini-gungsgrenzen.
Die Ziffern 1 bis 9 bezeichnen eine oder mehrere besondere Verunreinigungen oder Legierungselemente.
Serie 1000, Aluminium

Legierungsgruppen 2 – 8

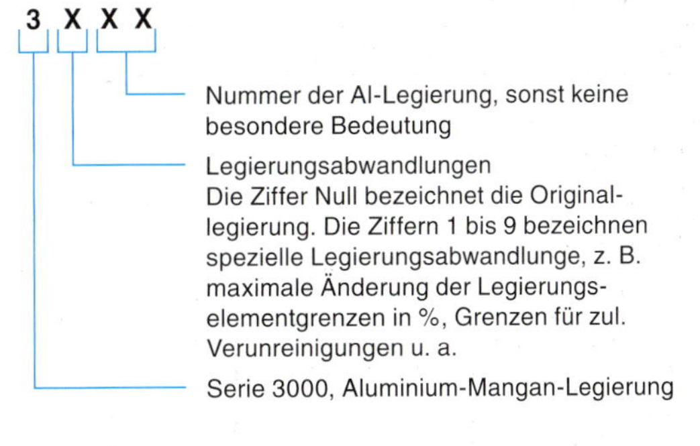

3 X X X
Nummer der Al-Legierung, sonst keine besondere Bedeutung
Legierungsabwandlungen
Die Ziffer Null bezeichnet die Original-legierung. Die Ziffern 1 bis 9 bezeichnen spezielle Legierungsabwandlunge, z. B. maximale Änderung der Legierungs-elementgrenzen in %, Grenzen für zul. Verunreinigungen u. a.
Serie 3000, Aluminium-Mangan-Legierung

Werkstofftechnik

Werkstofftechnik

Nichteisenmetalle

Bezeichnung von Aluminium und Aluminium-Knetlegierungen (chemische Zusammensetzung)

Diese Norm ergänzt das numerische Bezeichnungssystem. Die Ergänzungen werden den Werkstoffnummern in eckigen Klammern hinzugefügt.

Bezeichnungsbeispiele:

EN	**AW**	–	**1199**	**[Al99,99]**	
EN	**AW**	–	**5052**	**[AlMg2,5]**	
EN	**AW**	–	**3005**	**[AlMn1Mg0,5]**	**01**

Chemische Zusammensetzung

[Al99,9]	Reinaluminium 99,9 %	[AlMgSi]	Al – Mg < Si
[AlMg2,5]	Al – 2,5 % Mg	[AlMg4,5Mn0,7]	Al – Mg 4,5 % – Mn 0,7 %
[AlMn1Mg0,5]	Al – 1 % Mn – 0,5 % Mg	[AlCu4SiMg]	Al – Cu 4 % – Si 0,5 ... 1,2 % – Mg 0,2 ... 0,8 %

Werkstoffzustand

DIN EN 515

Herstellungszustand			
F	keine festgelegten Grenzwerte mechanischer Eigenschaften		
Weichgeglüht, Ziel: geringere Festigkeiten			
O	weichgeglüht, Warmumformung zur Erhöhung der Festigkeitswerte		
O1	Lösungsglühen, schrittweise Abkühlung bis auf RT		
O2	Thermomechanische Behandlung, sehr hohe Umformbarkeit		
O3	homogenisiert		
Kaltverfestigt, Ziel: vereinbarte und festgelegte mechanischen Eigenschaften			
H111	geringfügig kaltverfestigt	geglüht, gedehnt, gestreckt, gerichtet	
H112		Warmumformung, Kaltumformung	
H12	kaltverfestigt	1/4-hart	
H14		1/2-hart	
H16		3/4-hart	
H18		4/4-hart	
H19		extrahart	
Lösungsgeglüht, Ziel: ausgeglichene Werkstoffzustände			
W	lösungsgeglüht, instabil		
Wärmebehandelt, Ziel: andere Werkstoffzustände als F, O oder H			
T1	abgeschreckt aus Warmumformungstemperatur,		kaltausgelagert
T2	T2 auch kaltumgeformt		
T3	lösungsgeglüht	kaltumgeformt	
T4	lösungsgeglüht	kaltausgelagert	
T6	lösungsgeglüht		warmausgelagert
T8	lösungsgeglüht	kaltumgeformt	warmausgelagert
T9	lösungsgeglüht	kaltumgeformt	warmausgelagert

Werkstofftechnik

Nichteisenmetalle

Aluminium und Aluminium-Knetlegierungen DIN EN 573-2 DIN EN 515

Bezeichnungssystem auf Grundlage chemischer Symbole DIN EN 573-2

Dieser Teil der DIN EN 573 legt einen Bezeichnungsschlüssel fest, dessen Grundlage vorrangig die **chemischen Symbole** sind. Dieser Bezeichnungsschlüssel dient hauptsächlich als **Ergänzung** des aus 4 Ziffern gebildeten numerischen Bezeichnungssystems nach DIN EN 573-1. Diese Angaben werden in eckigen Klammern gesetzt und der numerischen Bezeichnung nachgestellt.

Bezeichnungsbeispiele:

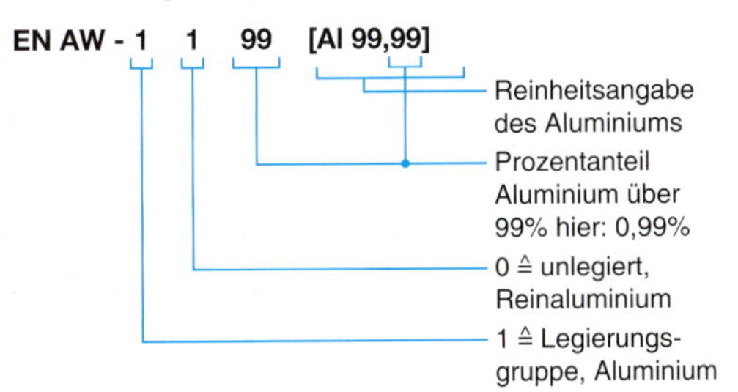

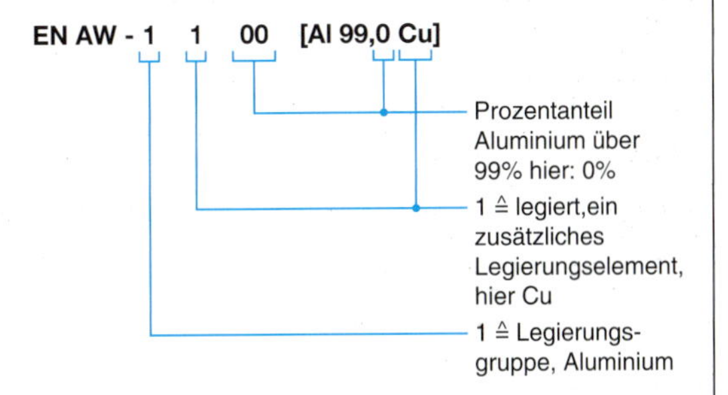

Numerisches Bezeichnungssystem DIN EN 573-1

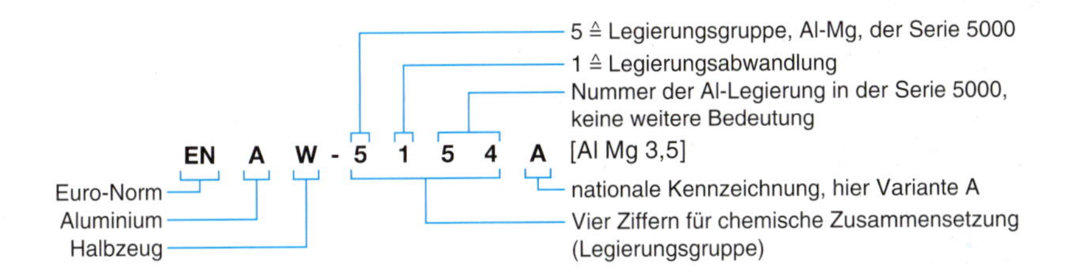

Chemische Zusammensetzung, Erzeugnisformen von Aluminium und Aluminiumlegierungen DIN EN 573-3 DIN EN 573-4

Diese Norm ist Bestandteil des „EN-Normpaketes“, bestehend aus EN 484-1 bis EN 485-4, EN 515 und EN 573-1 bis EN 573-4. Die hier behandelten Teile 3 und 4 ersetzen die bisher geltende nationale Norm DIN 1725-1.

Für die Bezeichnung der Werkstoffe wurde die **Systematik der Kurzzeichen** vollständig überarbeit und in DIN EN 573-2 neu festgelegt. Bei der Kennzeichnung ist das aus vier Ziffern bestehende numerische Bezeichnungssystem, das in DIN EN 573-1 beschrieben ist, zu bevorzugen.

Diese numerische Bezeichnung entspricht der internationalen Registernummer der *Aluminium Association* in DIN 1725-1.

In der nachfolgenden Tabelle sind für eine Auswahl von Legierungen Angaben über die Grenzen der chemischen Zusammensetzung sowie die zurzeit lieferbaren Erzeugnisformen bzw. Hauptanwendungsgebiete zusammengefasst.

Die Norm unterteilt die Aluminiumwerkstoffe nach den Gesichtspunkten der Beschaffbarkeit und der weiterführenden Normung in zwei Klassen:

Klasse **A** Auswahl
Klasse **B** (s. Norm).

Die in DIN 1725-1 aufgeführten besonderen Eigenschaften sowie Angaben zur Dichte wurden hier nicht mehr berücksichtigt.

Mit DIN EN 573-1 und DIN 573-4 wird die Norm DIN 1712-3 ersetzt.

Werkstofftechnik

Nichteisenmetalle

Aluminium und Aluminium-Knetlegierungen DIN EN 573-3, 573-4

Chemische Zusammensetzung, Erzeugnisformen von Aluminium und Aluminiumlegierungen

Kurzzeichen [1) 2)]	W-Nr.	Chemische Zusammensetzung [3)]	Anwendungen und Erzeugnisformen [4)]	Eignung fü Lebensmittelkontakt
Aluminium (Serie 1000)				
Al99,98	**EN AW-1098**	Si0,010; Fe0,006; Cu0,003; Zn0,015	a f n e l	ja
Al99,98(A)	**EN AW-1098A**	Si0,01; Fe0,006; Cu0,006; Mn0,006; Zn0,015; Ga0,006; Ti0,03	a h l	
Al99,7	**EN AW-1070A**	Si0,2; Fe0,25; Cu0,03; Mn0,03; Mg0,03; Zn0,07: Ti0,03	a b f g l n	
Al99,5	**EN AW-1050A**	Si0,25; Fe0,40; Cu0,05; Mn0,05; Mg0,05; Zn0,07; Ti0,05	a b c e f g h k l m n	
EAl99,5	**EN AW-1350**	Si0,10; Fe0,40; Cu0,05; Mn0,01; Cr0,01; Zn0,05; Ga0,03; B0,05; V+Ti0,02	b d g	
Al99,0	**EN AW-1200**	1,00Si + Fe; Cu0,05; Mn0,05; Zn0,10; Ti0,05	a b f g h k l n	
Aluminiumlegierungen mit Hauptlegierungselement Kupfer (Serie 2000) aushärtbar				
AlCu4PbMgMn	**EN AW-2007**	Si0,8; Fe0,8; Cu3,3…4,6; Mn0,5…1,0; Mg0,4…1,8; Cr0,1; Ni 0,2; Zn0,8; Ti0,2	b g	nein
AlCu6BiPb	**EN AW-2011**	Si0,4; Fe0,7; Cu5,0…6,0; Zn0,3	b c f g n	
AlCu4SiMg	**EN AW-2014**	Si0,5…1,2; Fe0,7; Cu3,9…5,0; Mn0,4…1,2; Mg0,2…0,8; Cr0,1; Zn0,25; Ti0,15	a b c g l	
AlCu4MgSi(A)	**EN AW-2017A**	Si0,2…0,8; Fe0,7; Cu3,5…4,5; Mn0,4…1,0; Cr0,1; Zn0,25; Mg0,4...1,0; 0,25Zr+Ti	a b c f g l	
AlCu4Mg1	**EN AW-2024**	Si0,5; Fe0,5; Cu3,8…4,9; Mn0,3…0,9; Mg1,2…1,8; Cr0,1; Zn0,25; Ti0,15	a b c f g l	
Aluminiumlegierungen mit Hauptlegierungselementen Mangan (Serie 3000)				
AlMn1Cu	**EN AW-3003**	Si0,6; Fe0,7; Cu0,05…0,2; Mn1,0…1,5; Zn0,1	a b f g h k l m o	ja
AlMn1	**EN AW-3103**	Si0,5; Fe0,7; Cu0,1; Mn0,9…1,5; Mg0,3; Cr0,1;Zn0,2, Zr+Ti0,1	a b e f g h k l m n o	
AlMn1Mg1	**EN AW-3004**	Si0,3; Fe0,7; Cu0,25; Mn1,0…1,5; Mg0,8…1,3; Zn0,25	a k l m o	
AlMn1Mg0,5	**EN AW-3005**	Si0,6;Fe0,7; Cu0,3; Mn1,0…1,5; Mg0,2…0,6; Cr0,1; Zn0,25; Ti0,1	a h l m o	
AlMn0,5Mg0,5	**EN AW-3105**	Si0,6; Fe0,7; Cu0,3; Mn0,3…0,8; Mg0,2…0,8; Cr0,2; Zn0,4; Ti0,1	a l h k o	nein
Aluminiumlegierungen mit Hauptlegierungselement Silizium (Serie 4000)				
AlSi1Fe	**EN AW-4006**	Si0,8…1,2; Fe0,5…0,8; Cu0,1; Mn0,05; Mg0,01; Cr0,2; Zn0,05	a l	ja
AlSi1,5Mn	**EN AW-4007**	Si1,0…1,7; Fe0,4…1,0; Cu0,2; Mn0,8…1,5; Mg0,2; Cr0,05…0,25; Ni0,15…0,7; Zn0,1; Ti0,1	a l	

Fußnoten siehe Seite 574.

Nichteisenmetalle

Aluminium und Aluminium-Knetlegierungen DIN EN 573-2 DIN EN 515

Chemische Zusammensetzung, Erzeugnisformen von Aluminium und Aluminiumlegierungen

Kurzzeichen [1) 2)]	W-Nr.	Chemische Zusammensetzung [3)]	Anwendungen und Erzeugnisformen [4)]	Eignung für Lebensmittelkontakt
Aluminiumlegierungen mit Hauptlegierungselement Magnesium (Serie 5000)				
AlMg1(B)	**EN AW-5005**	Si0,3; Fe0,7; Cu0,2; Mn0,2; Mg0,5…1,1; Cr0,1; Zn0,25	a b f g k l o	ja
AlMg5	**EN AW-5019**	Si0,4; Fe0,5; Cu0,1; Mn0,1…0,6; Mg4,5…5,6; Cr0,2; Zn0,2; Ti0,2	b c f g	
AlMg1,5Mn	**EN AW-5040**	Si0,3; Fe0,7; Cu0,25; Mn0,9…1,4; Mg1,0…1,5;Cr0,1…0,3; Zn0,25	a l o	
AlMg2Mn0,8	**EN AW-5049**	Si0,4; Fe0,5; Cu0,1; Mn0,5…1,1; Mg1,6…2,5; Cr0,3; Zn0,2; Ti0,1	a l o	
AlMg1,5(C)	**EN AW-5050**	Si0,4; Fe0,7; Cu0,2; Mn0,1; Mg1,1…1,8; Cr0,1; Zn0,25	a l m	
AlMg2(B)	**EN AW-5051A**	Si0,3; Fe0,45; Cu0,05; Mn0,25; Mg1,4…2,1; Cr0,3,; Zn0,2; Ti0,1	b f g	
AlMg2	**EN AW-5251**	Si0,4; Fe0,5; Cu0,15; Mn0,1…0,5; Mg1,7…2,4; Cr0,15; Zn0,15; Ti0,15	a b f g l m o	
AlMg2,5	**EN AW-5052**	Si0,25; Fe0,4; Cu0,1; Mn0,1; Mg2,2…2,8; Cr0,15…0,35; Zn0,1	a b f g l m o	
AlMg3,5(A)	**EN WA-5154A**	Si0,5; Fe0,5; Cu0,1; Mn0,5; Mg3,1…3,9; Cr0,25; Zn0,2; Ti0,2	a b e f g l	
AlMg3Mn	**EN WA-5454**	Si0,25; Fe0,4; Cu0,1; Mn0,5…1,0; Mg2,4…3,0; Cr0,05…0,2; Zn0,25; Ti0,2	a b c g l o	
AlMg3	**EN WA-5754**	Si0,4; Fe0,4; Cu0,1; Mn0,5; Mg2,6…3,6; Cr0,3; Zn0,2; Ti0,15	a b c e f g l n o	
AlMg4,5Mn0,4	**EN WA-5182**	Si0,2; Fe0,35; Cu0,15; Mn0,20…0,50; Mg4,0…5,0; Cr0,1; Zn0,25; Ti0,1	a l m	
AlMg4,5Mn0,7(A)	**EN WA-5083**	Si0,4; Fe0,4; Cu0,10; Mn0,4…1,0; Mg4,0…4,9;Cr0,05…0,25; Zn0,25; Ti0,15	a b c g l o	
AlMg4	**EN WA-5086**	Si0,4; Fe0,5; Cu0,1; Mn0,2…0,7; Mg3,5…4,5; Cr0,05…0,25; Ti0,15, Zn0,25	a b f g l o	
Aluminiumlegierungen mit Hauptlegierungselement Magnesium und Silizium (Serie 6000)				
EAlMgSi	**EN WA-6101**	Si0,3…0,7; Fe0,5; Cu0,1; Mn0,03; Mg0,35…0,8; Cr0,03; Zn0,1	d	nein
EAlMg0,7Si	**EN WA-6201**	Si0,5…0,9; Fe0,5; Cu0,1; Mn0,03; Mg0,6…0,9; Cr0,03; Zn0,1	d	
AlMgSi	**EN WA-6060**	Si0,3…0,6; Fe0,1…0,3; Cu0,1; Mn0,1; Mg0,35…0,6; Cr0,05; Ti0,1, Zn0,15	a b c f g k n	ja

Fußnoten siehe Seite 574.

Werkstofftechnik

Nichteisenmetalle

Aluminium und Aluminium-Knetlegierungen

DIN EN 485-2 DIN EN 754-2, 755-2

Chemische Zusammensetzung, Erzeugnisformen von Aluminium und Aluminiumlegierungen

Kurzzeichen [1) 2)]	W-Nr.	Chemische Zusammensetzung [3)]	Anwendungen und Erzeugnisformen [4)]	Eignung für Lebensmittelkontakt
Aluminiumlegierungen mit Hauptlegierungselement Magnesium und Silizium (Serie 6000)				
AlMg1SiCu	**EN WA-6061**	Si0,4…0,8; Fe0,7; Cu0,15…0,4; Mn0,15; Mg0,8…1,2; Cr0,04…0,35; Zn0,25; Ti0,15	a b c f g l n	ja
AlMg1SiPb	**EN WA-6262**	Si0,4…0,8; Fe0,7; Cu0,15…0,4; Mn0,15; Mg0,8…1,2; Cr0,04…0,14; Zn0,25; Ti0,15	b g	nein
AlMg0,7Si	**EN WA-6063**	Si0,2…0,6; Fe0,35; Cu0,1; Mn0,1; Mg0,45…0,9; Cr0,1; Zn0,1; Ti0,1	a b f g k l	ja
AlSi1MgMn	**EN WA-6082**	Si0,7…1,3; Fe0,5; Cu0,1; Mn0,4…1,0; Mg0,6…1,2; Cr0,25; Zn0,2; Ti0,1	a b c f g l n o	
Aluminiumlegierungen mit Hauptlegierungselement Zink (Serie 7000) aushärtbar				
AlZn4,5Mg1	**EN WA-7020**	Si0,35; Fe0,4; Cu0,2; Mn0,05…0,5; Mg1,0…1,4; Cr0,1…0,35; Zn4,0…5,0	a b c f g l	nein
AlZn5,5Mg1,5	**EN WA-7021**	Si0,25; Fe0,4; Cu0,25; Mn0,1; Mg1,2…1,8; Cr0,05; Zn5,0…6,0; Ti0,1	a l	
AlZn5Mg3Cu	**EN WA-7022**	Si0,5; Fe0,5; Cu0,5…1,0; Mn0,1…0,40; Mg2,6…3,7; Cr0,1…0,3; Zn4,3…5,2	a b g l	
AlZn5,5MgCu	**EN WA-7075**	Si0,4; Fe0,5; Cu1,2…2,0; Mn0,3; Mg2,1…2,9; Cr0,18…0,28; Zn5,1…6,1; Ti0,2	a b c f g l o	
Aluminiumlegierung mit sonstigen Elementen (Serie 8000)				
AlFe1,5Mn	**EN WA-8006**	Si0,4...0,8; Fe1,2…2,0; Cu0,3; Mn0,3…1,0; Mg0,1; Zn0,1	a h k l	ja
AlFeSi(A)	**EN WA-8011A**	Si0,4...0,8; Fe0,5…1,0; Cu0,1; Mn0,1; Mg0,1; Cr0,1; Zn0,1; Ti0,05	a h k l m	
AlFe1Si	**EN WA-8079**	Si0,05…0,3; Fe0,7…1,3; Cu0,05; Zn0,1	a h k l	

[1)] Zur vollständigen Legierungsbezeichnung werden die Abkürzungen EN **A** für Aluminium, **W** für Halbzeug vorangestellt.

[2)] **Kurzzeichen:** Das Hauptlegierungselement wird durch den Mittelwert des Nenngehaltes unterschieden, wobei auf die nächste ganze Zahl (in Ausnahmefällen auch das nächste 5/10 bzw. 1/10) gerundet wird. Mit den zweithöchsten Legierungselementen wird entsprechend verfahren.
Reichen die Festlegungen nach DIN EN 573-2 zur Unterscheidung der Legierungen nicht aus, wird in Klammern ein weiterer Buchstabe der Bezeichnung zugefügt.

[3)] Wenn nicht anders angegeben, handelt es bei den Angaben um maximale Massenanteile in Prozent.

[4)] **a**: Walzbarren
b: Pressbarren
c: Schmiedestück und Vormaterial, Draht und Vordraht
d: elektrotechnische Anwendung
e: schweißtechnische Anwendung
f: mechanische Anwendung
g: Press- und Ziehprodukte
h: Folie
k: Vormaterial für Wärmetauscher
l: Bleche, Bänder und Platten
m: Vormaterial für Dosen, Deckel und Verschlüsse
n: Butzen
o: HF-geschweißte Rohre

Werkstofftechnik

Werkstofftechnik

Nichteisenmetalle

Aluminium- und Aluminiumlegierungen DIN EN 485-2 DIN EN 754-2, 755-2

Kurzname	W-Nr.	Zugfestigkeit R_m N/mm²	Dehngrenze $R_{p0,2}$ N/mm²	Bruchdehnung A %	Härte Brinell HB	Verwendung
Aluminium, Hütten- bzw. Reinstaluminium						
Al99	**3.0205**	75 – 180	–	40 – 4	–	Stangen, Stangenpressprofile, Rohre
Al99,8H	**3.0280**	60 – 150	15 – 120	40 – 4	18 – 40	Hüttenaluminium, Bleche, Behälter, Bänder, Platten für Lebensmittelkontakt geeignet
Al99,98R	**3.0385**	40 – 120	–	25 – 5	–	Reinstaluminium, Bleche, Behälter, Bänder, Folien, Platten für Lebensmittelkontakt geeignet
Aluminium-Knetlegierungen (nicht aushärtbar)						
AlMn1	**3.0515**	90 – 200	40 – 180	28 – 6	30 – 60	Schrauben, Nieten, Fassaden, Dächer
AlMg1	**3.3315**	100 – 190	40 – 165	24 – 3	30 – 60	Schiffbau, Fahrzeugbau, Verpackungsindustrie, Konserven, Drehteile, Schrauben, Verkehrszeichen
AlMg5	**3.3555**	230 – 350	100 – 180	16 – 8	70 – 110	
Aluminium-Knetlegierungen (aushärtbar, kalt-warm)						
AlMgSiPb	**3.0615**	200 – 310	100 – 260	12 – 8	50 – 110	Drehteile, Maschinenbau
AlCuMg1	**3.1325**	350 – 400	250 – 270	13	50 – 100	Maschinenbau, Kfz, Niete
AlMgSi1	**3.2315**	200 – 310	100 – 260	18 – 10	35 – 90	Baubeschläge, Maschinenbau, Elektrotechnik, Nahrungsmittelindustrie
AlZn4,5Mg1	**3.4335**	bis 350	bis 280	10	100	Kfz, Maschinenbau, Apparatebau, Fließpressteile
AlZnMgCu1,5	**3.4365**	bis 510	bis 430	7	110	Kfz, Maschinenbau, Aerotechnik, hochfeste Leichtbauwerkstoffe
Aluminium-Gusslegierungen						
G-AlSi6Cu4	**3.2151.01**	160 – 230	100 – 160	3 – 1	65 – 115	Gussteile, warmfest; Maschinenbau, Kfz
G-AlSi10Mg	**3.2381.01**	160 – 210	80 – 110	6 – 2	50 – 90	Motorengehäuse, dünnwandige Gussteile, hohe Festigkeit und Steifigkeit
G-AlSi12	**3.2581.01**	150 – 210	70 – 115	10 – 5	50 – 65	dünnwandige Gussteile, druck- und schwingungsfest
G-AlMg3Si	**3.3241.01**	140 – 230	80 – 150	10 – 3	50 – 90	Baubeschläge, Armaturen, chemische Apparate, warmfeste Teile
G-AlMg9	**3.3292.05**	200 – 300	140 – 210	5 – 2	70 – 110	Haushaltsgeräte, Büromaschinen, optische Industrie

Werkstofftechnik

Nichteisenmetalle

Profile aus Aluminium, Aluminium-Knetlegierungen

Rund- und Vierkantstangen, gezogen

DIN EN 754-3, 754-4

S Querschnittsfläche
m′ längenbezogene Masse
W axiales Widerstandsmoment
I axiales Flächenträgheitsmoment

d, a in mm	*S* in cm² ○	*S* in cm² □	$W_x = W_y$ in cm³ ○	$W_x = W_y$ in cm³ □	$I_x = I_y$ in cm⁴ ○	$I_x = I_y$ in cm⁴ □	*m′* in kg/m ○	*m′* in kg/m □
10	0,79	1,00	0,21	0,27	0,10	0,17	0,05	0,08
12	1,13	1,44	0,31	0,39	0,17	0,29	0,10	0,17
16	2,01	2,56	0,54	0,69	0,40	0,68	0,32	0,55
20	3,14	4,00	0,85	1,08	0,79	1,33	0,79	1,33
25	4,91	6,25	1,33	1,69	1,53	2,60	1,77	3,26
30	7,07	9,00	1,91	2,43	2,65	4,50	3,98	6,75
35	9,62	12,25	2,60	3,31	4,21	7,15	7,37	12,51
40	12,57	16,00	3,40	4,32	6,28	10,68	12,37	21,33
45	15,90	20,25	4,30	5,47	8,95	15,19	20,13	34,17
50	19,65	25,00	5,30	6,75	12,28	20,83	30,69	52,08
55	23,76	30,25	6,42	8,17	16,33	27,73	44,98	76,26
60	28,27	36,00	7,63	9,72	21,21	36,00	63,62	108,00

Werkstoffe: Aluminium-Knetlegierungen

Rechteckstangen, gezogen

DIN EN 754-5

S Querschnittsfläche
m′ längenbezogene Masse
W axiales Widerstandsmoment
I axiales Flächenträgheitsmoment

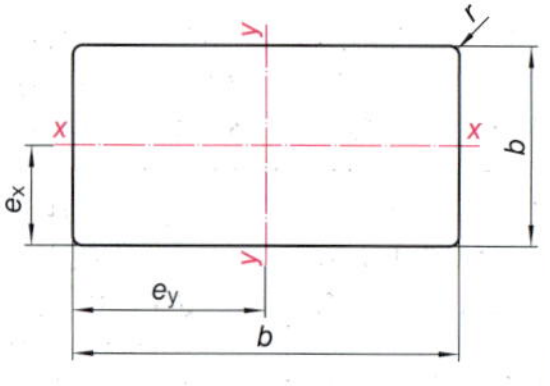

Kantenradien *r*	
h mm	r_{max} mm
≤ 10	0,6
> 10 – 30	1,0
> 30 – 60	2,0

b x *h* in mm	*S* in cm²	e_x in cm	e_y in cm	W_x in cm³	W_y in cm³	I_x in cm⁴	I_y in cm⁴	*m′* in kg/m
10 x 3	0,30	0,08	1,15	0,5	0,015	0,002	0,05	0,025
10 x 6	0,60	0,16	0,3	0,5	0,060	0,018	0,100	0,050
10 x 8	0,80	0,22	0,4	0,5	0,106	0,042	0,133	0,066
15 x 3	0,45	0,12	0,15	0,75	0,022	0,003	0,112	0,084
15 x 5	0,75	0,24	0,25	0,75	0,063	0,016	0,188	0,141
15 x 8	1,20	0,32	0,4	0,75	0,160	0,064	0,300	0,225
20 x 5	1,00	0,27	0,25	1,0	0,083	0,020	0,333	0,333
20 x 8	1,60	0,43	0,4	1,0	0,213	0,085	0,533	0,533
20 x 10	2,00	0,54	0,5	1,0	0,333	0,166	0,666	0,666
20 x 15	3,00	0,81	0,75	1,0	0,750	0,562	1,000	1,000
25 x 5	1,25	0,34	0,25	1,25	0,104	0,026	0,520	0,651
25 x 8	2,00	0,54	0,4	1,25	0,266	0,106	0,833	1,041
25 x 10	2,50	0,67	0,5	1,25	0,416	0,208	1,0414	1,302
25 x 15	3,75	1,01	0,75	1,25	0,937	0,703	1,562	1,953
25 x 20	5,00	1,35	1,0	1,25	1,666	1,666	2,083	2,604
30 x 10	3,00	0,81	0,5	1,5	0,500	0,250	1,500	2,250
30 x 15	4,50	1,22	0,75	1,5	1,125	0,843	2,250	3,375
30 x 20	6,00	1,62	1,0	1,5	2,000	2,000	3,000	4,500
40 x 10	4,00	1,08	0,5	2,0	0,666	0,333	2,666	5,333
40 x 15	6,00	1,62	0,75	2,0	1,500	1,125	4,000	8,000
40 x 20	8,00	2,16	1,0	2,0	2,666	2,666	5,333	10,666
40 x 25	10,00	2,70	1,25	2,0	4,166	5,208	6,666	13,333
40 x 30	12,00	3,24	1,5	2,0	6,000	9,000	8,000	16,000
40 x 35	14,00	3,78	1,75	2,0	8,166	14,291	9,333	18,666

Werkstofftechnik

Nichteisenmetalle

Rechteckstangen, gezogen

DIN EN 754-5

S Querschnittsfläche
m′ längenbezogene Masse
W axiales Widerstandsmoment
I axiales Flächenträgheitsmoment

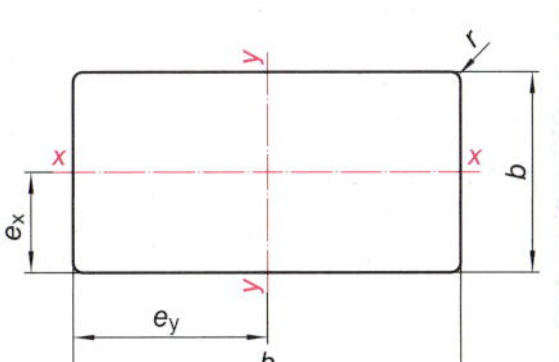

Kantenradien *r*	
h mm	r_{max} mm
≤ 10	0,6
> 10 – 30	1,0
> 30 – 60	2,0

b x *h* in mm	*S* in cm²	e_x in cm	e_y in cm	W_x in cm³	W_y in cm³	I_x in cm⁴	I_y in cm⁴	*m′* in kg/m
50 x 10	5,00	1,35	0,5	2,5	0,833	0,416	4,166	10,416
50 x 15	7,50	2,03	0,75	2,5	1,875	1,406	6,250	15,625
50 x 20	10,00	2,70	1,0	2,5	3,333	3,333	8,333	20,833
50 x 25	12,50	3,37	1,25	2,5	5,208	6,510	10,416	26,041
50 x 30	15,00	4,05	1,5	2,5	7,500	11,250	12,500	31,250
50 x 35	17,50	4,73	1,75	2,5	10,208	17,864	14,583	36,458
50 x 40	20,00	5,40	2,0	2,5	13,333	26,666	16,666	41,668
60 x 10	6,00	1,62	0,5	3,0	1,000	0,500	6,000	18,000
60 x 15	9,00	2,43	0,75	3,0	2,250	1,687	9,000	27,000
60 x 20	12,00	3,24	1,0	3,0	4,000	4,000	12,000	36,000
60 x 25	15,00	4,05	1,25	3,0	6,250	7,812	15,000	45,000
60 x 30	18,00	4,86	1,5	3,0	9,000	13,500	18,000	54,000
60 x 35	21,00	5,67	1,75	3,0	12,250	21,437	21,000	63,000
60 x 40	24,00	6,48	2,0	3,0	16,000	32,000	24,000	72,000
80 x 10	8,00	2,16	0,5	4,0	1,333	0,666	10,666	42,666
80 x 15	12,00	3,24	0,75	4,0	3,000	2,250	16,000	64,000
80 x 20	16,00	4,52	1,0	4,0	5,333	5,333	21,333	85,333
80 x 25	20,00	5,40	1,25	4,0	8,333	10,416	26,666	106,66
80 x 30	24,00	6,48	1,5	4,0	12,000	18,000	32,000	128,00
80 x 35	28,00	7,56	1,75	4,0	16,333	28,583	37,333	149,33
80 x 40	32,00	8,64	2,0	4,0	21,333	42,666	42,666	170,66

Rundrohre, nahtlos gezogen

DIN EN 754-7

d Außendurchmesser
s Wanddicke
S Querschnittsfläche
m′ längenbezogene Masse
W axiales Widerstandsmoment
I axiales Flächenträgheitsmoment

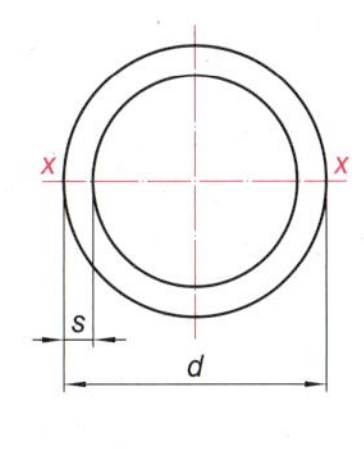

d x *s* mm	*S* cm²	W_x cm³	I_x cm⁴	*m′* kg/m	*d* x *s* mm	*S* cm²	W_x cm³	I_x cm⁴	*m′* kg/m
10 x 1	0,281	0,076	0,058	0,029	35 x 3	3,016	0,814	2,225	3,894
10 x 1,5	0,401	0,108	0,075	0,037	35 x 5	4,712	1,272	3,114	5,449
10 x 2	0,503	0,136	0,085	0,043	35 x 10	7,854	2,121	4,067	7,118
12 x 1	0,346	0,093	0,088	0,053	40 x 3	3,487	0,942	3,003	6,007
12 x 1,5	0,495	0,134	0,116	0,070	40 x 5	5,498	1,484	4,295	8,590
12 x 2	0,628	0,170	0,136	0,082	40 x 10	9,425	2,545	5,890	11,781
16 x 1	0,471	0,127	0,133	0,133	50 x 3	4,430	1,196	4,912	12,281
16 x 2	0,880	0,238	0,220	0,220	50 x 5	7,069	1,909	7,245	18,113
16 x 3	1,225	0,331	0,273	0,273	50 x 10	12,566	3,393	10,681	26,704
20 x 1,5	0,872	0,235	0,375	0,375	55 x 3	4,901	1,323	6,044	16,201
20 x 3	1,602	0,433	0,597	0,597	55 x 5	7,854	2,110	9,014	24,789
20 x 5	2,356	0,636	0,736	0,736	55 x 10	14,137	3,817	13,655	37,552
25 x 2	1,445	0,390	0,770	0,963	60 x 5	8,639	2,333	10,979	32,938
25 x 3	2,073	0,560	1,022	1,278	60 x 10	15,708	4,241	17,017	51,051
25 x 5	3,142	0,848	1,335	1,669	60 x 16	22,117	4,890	20,200	60,600
30 x 2	1,759	0,475	1,155	1,733	70 x 5	10,210	2,757	15,498	54,242
30 x 4	3,267	0,882	1,884	2,826	70 x 10	18,850	5,089	24,908	87,179
30 x 6	4,524	1,220	2,307	3,461	70 x 16	27,143	7,331	30,750	107,62

Werkstoffe

z. B. Aluminium-Legierungen, nicht aushärtbar

z. B. Aluminium-Legierungen, aushärtbar

Werkstofftechnik

Nichteisenmetalle

Profile aus Aluminium, Aluminium-Knetlegierungen

Profilform	Kurzzeichen Abmessungen $h \times b \times s \times t$ mm	Querschnitt S mm²	für die Biegeachsen[1] x – x: I_x cm⁴	x – x: W_x cm³	y – y: I_y cm⁴	y – y: W_y cm³	Abstand x-Achse e_x cm	Abstand y-Achse e_y cm	Masse m kg/m
L-Profil DIN 1771									
	10 x 10 x 1,5	0,283	0,025	0,082	0,025	0,082	0,305	0,305	0,076
	10 x 10 x 2	0,366	0,031	0,098	0,031	0,098	0,322	0,322	0,099
	20 x 10 x 2	0,57	0,226	0,305	0,158	0,158	0,743	0,243	0,153
	20 x 20 x 2	0,77	0,288	0,502	0,288	0,502	0,574	0,574	0,207
	30 x 15 x 2	0,87	0,806	0,749	0,142	0,43	1,08	0,327	0,234
	30 x 15 x 2,5	1,06	0,981	0,896	0,169	0,488	1,1	0,346	0,292
	30 x 30 x 3	1,72	1,46	1,69	1,46	1,69	0,86	0,86	0,464
	40 x 20 x 3	1,72	2,83	1,95	0,49	1,09	1,45	0,448	0,464
	40 x 40 x 4	3,05	4,61	4,01	4,61	4,01	1,15	1,15	0,825
	50 x 50 x 5	4,78	11,2	7,84	11,2	7,84	1,43	1,43	1,29
	60 x 60 x 5	5,79	19,9	11,8	19,9	11,8	1,68	1,68	1,561
	80 x 80 x 8	12,24	73,7	32,2	73,7	32,2	2,29	2,29	3,3
U-Profil DIN 9713									
	20 x 20 x 3 x 3	1,62	0,945	0,945	0,628	0,805	1	0,78	0,437
	35 x 20 x 2 x 2	1,42	2,68	1,53	0,552	0,909	1.75	0,607	0,385
	40 x 20 x 2 x 2	1,53	3,7	1,85	0,57	0,995	2	0,574	0,414
	40 x 20 x 3 x 3	2,25	5,17	2,59	0,795	1,3	2	0,61	0,608
	40 x 40 x 4 x 4	4,51	11,6	5,8	7,12	4,8	2	1,49	1,22
	50 x 30 x 4 x 4	4,11	15,5	6,2	3,66	3,8	2,5	0,965	1,11
	60 x 30 x 4 x 4	4,51	23,7	7,9	3,69	4,12	3	0,896	1,22
	60 x 40 x 4 x 4	5,31	30,3	10,1	8,2	6,35	3	1,29	1,432
	80 x 40 x 6 x 6	8,95	82,4	20,6	12,9	10,6	4	1,22	2,425
T-Profil DIN 9714									
	20 x 30 x 2	0,96	0,32	0,68	0,46	0,308	0,475	1,5	0,262
	30 x 30 x 3	1,74	1,44	1,67	0,68	0,452	0,861	1,5	0,47
	30 x 60 x 3	2,65	1,76	2,9	5,41	1,8	0,613	3	0,713
	30 x 60 x 5	4,32	2,7	3,91	9,03	3,01	0,689	3	1,17
	40 x 40 x 4	3,07	4,58	3,98	2,15	1,08	1,15	2	0,829
	40 x 40 x 5	3,82	5,55	4,73	2,7	1,35	1,17	2	1,03
	50 x 50 x 5	4,82	10,7	7,33	5,25	2,1	1,46	2,5	1,3
	60 x 60 x 5	5,82	19,6	11,6	9,05	3,02	1,69	3	1,57
Werkstoffe	AlMgSi1, AlMgSi0,5, AlZn4,5Mg1								
Dichte	ρ_{Al} = 2,7 kg/dm³, ρ_{Mg} = 1,8 kg/dm³								
Kantenform	lieferbar mit runden (R) oder scharfen (S) Kanten								

[1] I_x, I_y Flächenträgheitsmoment 2. Grades; W_x, W_y axiales Widerstandsmoment

Radien t mm	r_1 mm	r_2 mm
1,5 – 2	1,6	0,4
2,5 – 4	2,5	
5 – 6	4	0,6
> 6	6	

Bezeichnungsbeispiele:

U-Profil DIN 9713 – R50 × 30 × 4 × 4 – AlMgSi 1 F22

Höhe	h = 50 mm
Breite	b = 30 mm
Stegbreite	s = 4 mm
Flanschdicke	t = 4 mm
Querschnittsfläche	S = 4,91 cm²

T-Profil DIN 9714 – R30 × 30 × 3 – EN AW-6060[AlMgSiT6]
T-Profil DIN 9714 – R30 × 30 × 3 – EN AW-6060T6

Werkstofftechnik

Nichteisenmetalle

Magnesium-Knetlegierungen

DIN 9715

Kurzzeichen [1]	W-Nr.	Lieferformen	kennzeichnende Eigenschaften [2]	Verwendung
MgMn2	**3.3520**	Rohre, Stangen, Strangpressprofile	korrosionsbeständig, gut schweißbar, leicht verformbar	Verkleidungen, Kraftstoffbehälter, Anoden
MgAl3Zn	**3.5312**	wie vorstehend, außerdem Gesenkschmiedestücke	mittlere Festigkeit, schweißbar, verformbar	Bauteile mittlerer mechanischer Beanspruchung bei noch guter chemischer Beständigkeit
MgAl6Zn	**3.5612**	Rohre, Stangen, Strangpressprofile, Gesenkschmiedestücke	mittlere bis hohe Festigkeit, beschränkt schweißbar	Bauteile mittlerer bis hoher Beanspruchung
MgAl8Zn	**3.5812**	Stangen, Strangpressprofile, Gesenkschmiedestücke	höchste Festigkeit	Bauteile hoher mechanischer Beanspruchung

[1] Legierungsbestandteile, deren Gehalt (in Massen-%) nicht aus der Kennzahl beim chemischen Symbol im Kurzzeichen ersichtlich ist.

[2] Alle Knetlegierungen haben ausgezeichnete Zerspanungseigenschaften.

Magnesium- und Titanlegierungen

Kurzzeichen	W-Nr.	Zugfestigkeit R_m N/mm²	Dehngrenze $R_{p0,2}$ N/mm²	Bruchdehnung A %	Härte HB	Verwendung
Magnesium-Gusslegierungen						DIN EN 1753
G-MgAl6	**3.5662.01**	180 – 240	80 – 110	12 – 8	50 – 60	stoßfeste und warmfeste Werkstücke, Autofelgen, Motorblöcke, Getriebegehäuse
GD-MgAl6Zn1	**3.5662.05**	190 – 230	120 – 150	8 – 4	55 – 70	
GD-MgAl4Si1	**3.5470.05**	200 – 250	120 – 150	12 – 3	60 – 75	Motorengehäuse, Zylinderköpfe, Pleuelstangen
G-MgAl8Zn1	**3.5812.01**	160 – 220	90 – 110	6 – 2	50 – 65	sehr hohe Festigkeit, gute Gleiteigenschaften, schweißbar, sehr gut gießbar, Druckgussteile
GD-MgAl8Zn1	**3.5812.05**	200 – 240	140 – 160	3 – 1	60 – 85	
G-MgAl9Zn1	**3.5912.01**	160 – 220	90 – 120	5 – 2	50 – 65	sehr hohe Festigkeit, gute Gleiteigenschaften, schweißbar, Druckgussteile, Fahrzeug- u. Flugzeugbau, Armaturen
GD-MgAl9Zn1	**3.5912.05**	200 – 250	150 – 170	3 – 0,5	65 – 80	
Magnesium-Knetlegierungen						DIN EN 1753
MgMn2	**3.5200**	200 – 230	150 – 170	3 – 1,5	–	schweißbar, korrosionsbeständig, leicht verformbar, Fahrzeugbau, Maschinenbau, Flugzeugbau
MgAl8Zn	**3.5812**	300	210	10 – 6	–	höchste Festigkeit, nicht schweißbar, Profilstäbe, Behälter, Schmiedeteile, aushärtbar
Titan-Knetlegierungen						DIN 17851
TiAl5Sn2,5	**3.7115**	820	780	8	–	gut schweiß-, kleb-, löt- und zerspanbar, korrosionsfest, warm- und kaltverformbar, Luft- und Raumfahrttechnik
TiAl6V4	**3.7165**	920	820	10	–	

Werkstofftechnik

Nichteisenmetalle

Verbundwerkstoffe (Gleitlagerwerkstoffe) DIN ISO 4381

Kurzzeichen	W-Nr.	Dehngrenze $R_{p0,2}$ N/mm²	Brinellhärte Lager HB	Brinellhärte Welle HB_{min}	Verwendung Temperaturbereich: 20 °C – 150 °C
Blei-Zinn-Gusslegierungen für Verbundwerkstoffe					**DIN ISO 4383**
PbSb15Sn10	**2.3391**	27 – 40	21 – 10	160	einfache Beanspruchung, geringe bis mittlere Belastung u. Gleitgeschwindigkeit, Getriebelager
PbSb10Sn6	**2.3393**	30 – 43	16 – 8	160	Pleuellager, mittlere Gleitgeschwindigkeit, geringe Belastung
SnSb12CuPb6	**2.3790**	36 – 60	25 – 8	160	hohe Gleitgeschwindigkeit, mittlere bis hohe Belastung, Elektromaschinen, Turbinen, Gleitlager, Getriebe
SnSb8Cu4Cd	**2.3792**	30 – 62	28 – 13	160	hohe Gleitgeschwindigkeit, hohe Belastung, Schwermaschinenbau, Walzwerke

Blei-Druckgusslegierungen DIN 17640-1

Kurzzeichen	W-Nr.	Legierungsbestandteile in Massen-% [1]	Dichte ρ in kg/dm³ ≈	Zugfestigkeit [2] R_m in N/mm²	Bruchdehnung [2] A_5 in %	Brinellhärte [2] HB 2,5/31,25	Verwendung
GD-Pb95Sb	**2.3350**	Sb 4,0 – 6,0	11,0	50	15	10	kleine, sehr maßgenaue Druckgussstücke für Schwing- und Ausgleichsgewichte, Pendel, Teile für Messgeräte, Feinmechanik und Elektrotechnik
GD-Pb87Sb	**2.3351**	Sb 12,0 – 14,0	10,1	60	10	14	
GD-Pb85SbSn	**2.3252**	Sb 9,0 – 11,0 Sn 4,0 – 6,0	9,8	70	8	18	
GD-Pb80SbSn	**2.3353**	Sb 14,5 – 15,5 Sn 4,5 – 5,5	10,4	74	8	18	

[1] Nicht aufgeführt sind Legierungsbestandteile, deren Gehalt aus der dem chemischen Symbol beigefügten Kennzahl ersichtlich sind.

[2] Ermittelt an gesondert gegossenen Proben. Mit diesen Werten kann aber nicht immer gerechnet werden, weil u. a. die Gestalt und die Wanddicke des Gussstückes von Einfluss sind.

Bleilegierungen für allgemeine Verwendung DIN 17640-1

Die Norm gilt *nicht* für die Zusammensetzung von Bleilegierungen in Barren und Blöcken, die als Vormaterial zur Herstellung von Halbzeugen und Gussteilen dienen. Sie gilt *nicht* für die Zusammensetzung von Legierungen, die zur Herstellung von Loten, Lagermetallen und Druckgussteilen Verwendung finden.

Kurzzeichen	W-Nr.	Benennung	Hinweise für die Verwendung
Pb99,985Cu	**2.3021**	Kupferfeinblei	korrosionsbeständiger Werkstoff für den chemischen Apparatebau
Pb99,94Cu	**2.3035**	Kupferhüttenblei	Halbzeug für das Bauwesen
PBSb0,25 Pb(Sb)	**2.3202**	Blei-Antimon-Legierungen (Rohrblei)	Bleirohre, Geruchsverschlüsse
PbSb1As (R-Pb)	**2.3201**		Hartbleirohre für Druckleitungen [1]
PbSb1	**2.3209**	Blei-Antimon-Legierungen (Hartblei)	Formguss für Strahlenschutz, chemische Industrie, Halbzeuge PbSb1 und PbSb4 sind nicht immer gut schweiß- und gießbar
PbSb4	**2.3207**		
PbSb6	**2.3206**		
PbSb8	**2.3208**		
PbSb12	**2.3212**		Basislegierungen zur Legierungsherstellung
PbSb18	**2.3210**		

[1] nicht für Trinkwasser geeignet

Gleitlagerwerkstoffe

Kurzzeichen	W-Nr.	Dehngrenze $R_{p0,2}$ N/mm² 20 – 100 °C	Brinellhärte[1] Lager bei 20 – 100 °C	Brinellhärte[1] Welle HB_{min}	Verwendung Gleitgeschwindigkeit im hydrodynamischen Bereich
Verbundgleitlager, Blei-Zinn-Gusslegierungen					DIN ISO 4381
PbSb15SnAs	**2.3390**	25 – 39	10 – 18	160 HB	einfache Beanspruchung, geringe bis mittlere Gleitgeschwindigkeit, einfache Getriebelager
PbSb10Sn6	**2.3393**	27 – 39	8 – 16		
PbSb15Sn10	**2.3391**	30 – 43	10 – 21		mittlere Gleitgeschwindigkeit, mittlere Beanspruchung
SnSb12Cu6Pb	**2.3790**	38 – 61	8 – 25		hohe Gleitgeschwindigkeit, mittlere Beanspruchung, Elektromaschinen, Turbinen
SnSb8Cu4	**2.3791**	22 – 27	8 – 25		
SnSb8Cu4Cd	**2.3792**	30 – 62	13 – 28		hohe Gleitgeschwindigkeit, hohe Beanspruchung, Schwermaschinenbau, Walzwerke

[1] Härte Brinell HB 10/250/180 gemäß DIN ISO 4384

Bezeichnungsbeispiel:

Lagermetall ISO 4381 - PbSb15Sn10 Lagermetall Bleilegierung, 15 % Antimon, 10 % Zinn

Kurzzeichen	W-Nr.	Dehngrenze	Lager	Welle	Verwendung
Verbund- und Massivgleitlager, Kupfer-Gusslegierungen					DIN ISO 4381-1
CuSn8Pb	**2.1810**	200 – 270[2]	60 – 85[2]	300 HB	allgemeine Beanspruchung, geringere Belastung bei guter Schmierung der Lagerung
CuSn7Pb7Zn3	**2.1820**	210 – 260	65 – 70	160 HB	
CuPb5Sn5Zn5	**2.1813**	200 – 250	60 – 65	250 HB	mittlere Beanspruchung, mittlere bis höhere Gleitgeschwindigkeit, gute Notlaufeigenschaften
CuPb9Sn5	**2.1815**	160 – 230	55 – 60		
CuPb15Sn8	**2.1817**	170 – 220	60 – 65		
CuPb20Sn5	**2.1818**	150 – 180	45 – 50	200 HB	gehärtete Wellen erforderlich
CuSn10Pb	**2.1811**	220 – 260	70 – 95	55 HRC	hohe Beanspruchung, hohe Gleitgeschwindigkeit, gehärtete Wellen erforderlich
CuSn12Pb2	**2.1812**	240 – 280	80 – 90		
CuAl10Fe5Ni5	**2.1819**	600 – 690	140		sehr harte Legierung, gehärtete Wellen erforderlich

[2] Zunehmende Werte für die Gussarten von GS (250) ... GM ... GZ ... bis GC (270), GS (60) ... bis ... GC (85) hierbei bedeuten: **GS**-Sandguss, **GM**-Kokillenguss, **GZ**-Schleuderguss, **GC**-Strangguss.

Bezeichnungsbeispiel:

Lagermetall ISO 4382 - GM - CuSn8Pb2: Lagermetall Kupferlegierung, 8 % Zinn, 2 % Blei, Kokillenguss

Kurzzeichen	W-Nr.	Dehngrenze	Lager	Welle	Verwendung
Massivgleitlager, Kupfer-Knetlegierung					DIN ISO 4382-2
CuSn8P	**2.1830**	400 – 580[3]	80 – 160	55 HRC	hohe Beanspruchung und Gleitgeschwindigkeit, gehärtete Wellen
CuZn37Mn2Al2Si	**2.1832**	300 – 600	150		hoher Verschleißwiderstand, Einsatz auch bei Mangelschmierung
CuAl9Fe4Ni4	**2.1833**	400 – 700	160		sehr harte Legierung, nur für gehärtete Wellen

[3] Härte Brinell HB 2,5/62,5/10 gemäß DIN ISO 4384

Bezeichnungsbeispiel:

Lagermetall ISO 4382 - CuSn8P-HB 120: Lagermetall Kupferlegierung, 8 % Zinn, Brinellhärte 120 (min.)

Werk-stofftechnik

Werkstofftechnik

Sinterwerkstoffe

Kurznamen von Sintermetallen DIN 30910-1

Sint - D 3 0 dampfbehandelt

- Sint: Kennwert für das Verfahren
- D: Werkstoffklasse bzw. Raumfüllung R_x
- 3: 1. Kennziffer chemische Zusammensetzung
- 0: 2. Kennziffer als fortlaufende Nummerierung
- dampfbehandelt: Werkstoffbehandlung bzw. Oberflächenzustand[1]

Werkstoffklasse			Chemische Zusammensetzung (1. Kennziffer)		
Kenn-buch-stabe	**Raum-erfüllung R_x %**	**Einsatzbereich**	**Kenn-ziffer**	**Bezeichnung**	**Massenanteil %**
AF	< 73	Filter	**0**	Sintereisen, Sinterstahl	Cu < 1 %, mit/ohne C
A	75 ± 2,5	Gleitlager	**1**	Sinterstahl	1–5 % Cu, mit/ohne C
B	80 ± 2,5	Gleitlager, ölgetränkt, Formteile	**2**	Sinterstahl	Cu > 5 %, mit/ohne C
C	85 ± 2,5	Gleitlager, Formteile	**3**	Sinterstahl	mit oder ohne C und Cu, andere Legierungselemente ≤ 6 %
D	90 ± 2,5	Formteile	**4**	Sinterstahl	mit/ohne C und Cu, andere Legierungselemente > 6 %
E	94 ± 1,5	Formteile	**5**	Sinterlegierung	Cu > 60 %, Messing, Bronze
F	> 95,5	sintergeschmiedete Formteile, warmgepresst	**6**	Sinterbuntmetall	Sinterbuntmetalle, außer Ziffer 5
G	> 92	Formteile, infiltriert	**7**	Sinterleichtmetall	–
S	>90	Gleitlager, warmgepresst, Gleitelemente	**8/9**	Reserve	–

Werkstoffbehandlung[1]	Oberflächenzustand[1]
gesintert, wärmebehandelt, dampfbehandelt, kalibriert, sintergeschmiedet, isostatisch gepresst	sinterglatt, kalibrierglatt, sintergeschmiedet glatt, mechanisch bearbeitet, oberflächenbehandelt

[1] Bei Bedarf werden diese Hinweise der Bezeichnung hinzugefügt.

Kurznamen von Sintermetallen DIN 30910-2 – 6

Kurzname	Zugfestigkeit R_m N/mm²	Chemische Zusammensetzung	Verwendung
Sint-AF 40	10 – 150	Sinterstahl, Cr-Ni-haltig	Filter für Gase und Flüssigkeiten
Sint-A 00	> 60	Sintereisen	Gleitlager mit ausgeprägten Notlaufeigenschaften
Sint-A 50	20 – 140	Sinterbronze, G-CuSn	
Sint-B 00	> 80	Sintereisen	Gleitlager mit sehr guten Notlaufeigenschaften, ölgetränkt
Sint-B 10	> 150	Sinterstahl, Cu-haltig	
Sint-C 00	> 150	Sintereisen	Gleitlager, Formteile mit Gleiteigenschaften
Sint-C 30	> 260	Sinterstahl, Cu-Ni-haltig	
Sint-D 30	> 550	Sinterstahl, Cu-Ni-haltig	verschleißfeste Formteile
Sint-D 50	> 220	Sinterlegierung mit C, Cu, Ni, Ms, Bronze, Cu > 60 %	korrosionsfeste Formteile
Sint-E 10	> 350	Sinterstahl, Cu-haltig, 1-5 %	Formteile der Feinmechanik und Elektrotechnik mittlerer Festigkeit
Sint-E 71	> 100	Sinterleichtmetall, Al-Mg-Cu-haltig	
Sint-S 11	> 45	Sinterstahl, C- und Cu-haltig, 1–5 % mit MoS_2	Gleitlager, warmgepresst, Gleitelemente

Werkstofftechnik

Schneidstoffe

DIN ISO 513

Hartmetalle

HW	Korngröße > 1 µm	Unbeschichtetes Hartmetall, Härteträger WC (Wolframcarbid), Bindemittel Co	Warmhärte bis 1000 °C, hohe Verschleiß- und Druckfestigkeit, schwingungsdämpfend	Wendeschneidplatten (Bohren, Drehen, Fräsen) auch für Vollhartmetallwerkzeuge
HF	Korngröße < 1 µm			
HT	unbeschichtetes Hartmetall aus Titancarbid, Titannitrid, W, Nb oder aus beiden Bestandteilen (Cermet), Bindemittel Ci, Co, Mo		wie HW, große Schneidkantenstabilität und chemische Beständigkeit	Wendeschneidplatten (Schlichten) bei hohen Schnittgeschwindigkeiten
HC	HW und HT, beschichtet mit Titankarbonitrid		bei gleichbleibender Zähigkeit wird die Verschleißfestigkeit erhöht	zunehmender Einsatz statt unbeschichteter Hartmetalle

Schneidkeramik

CA	vorwiegend aus Aluminiumoxid	wichtigster Grundwerkstoff Al_2O_3, feinkörnig, sehr verschleißfest mit guter thermischer Standfestigkeit bis 1200 °C	Bearbeitung von Grauguss, Qualitätsstählen mit sehr hohen Schnittgeschwindigkeiten
CM	Mischkeramik auf Grundlage von Aluminiumoxid und anderen Oxiden	wichtigster Grundwerkstoff Al_2O_3, sehr verschleißfest mit guter thermischer Standfestigkeit	Bearbeitung von Hartguss, hartem Stahl, hohen Schnittgeschwindigkeiten
CN	Siliziumnitridkeramik, vorwiegend aus Siliziumnitrid	wichtigster Grundwerkstoff Si_3N_4, thermisch beständig, hohe Zähigkeit	Bearbeitung von unterbrochenen Schnitten an Gussteilen mit hohen Schnittgeschwindigkeiten
CR	Hauptbestandteil Aluminiumoxid, verstärkt	zäher als Reinkeramik, verbesserte Temperaturwechselbeständigkeit	Hartdrehen wie gehärteten Stahl, Zerspanen mit hohen Schnittgeschwindigkeiten
CC	wie CA, CM, CN, beschichtet mit Titankarbonitrid	Erhöhung der Verschleißfestigkeit ohne Herabsetzung der Zähigkeit	werden zunehmend statt unbeschichteten Schneidkeramiken eingesetzt

Bornitrid

Kubisch kristallines Bornitrid; CBN, PKS oder „hochharte Schneidstoffe“

BL	niedriger Bornitridgehalt	sehr große Härte und Warmhärte bis 2000 °C, hohe Verschleißfestigkeit, chemische Beständigkeit	Schlichtbearbeitung harter Werkstoffe (HRC > 48) bei hoher Oberflächenqualität
BH	hoher Bornitridgehalt		
BC	BL, BH; aber beschichtet		

Diamant

Schneidstoff auf Kohlenstoff, CBN, PKB oder „hochharte Schneidstoffe“

DP	polykristalliner Diamant (PKD)	sehr spröde, hohe Verschleißfestigkeit, Temperaturbeständigkeit bis 600 °C, reagiert mit Legierungselementen	Zerspanen von Nichteisenmetallen sowie Al-Legierungen mit hohem Siliziumgehalt
DM	monokristalliner Diamant		

Werkzeugstahl

HS	Hochleistungsschnellarbeitsstahl mit Legierungselementen Wolfram, Molybdän, Vanadium, Cobalt, i. Allg. beschichtet mit Titannitrid	hohe Zähigkeit und Biegefestigkeit, geringe Härte, Temperaturbeständigkeit bis 600 °C	stark wechselnde Schnittkraft, Kunststoffbearbeitung, Al- und Cu-Legierungen

Werkstofftechnik

Schneidwerkstoffe DIN ISO 513

Hartmetalle

Vergleich der technologischen Eigenschaften wichtiger Schneidwerkstoffe

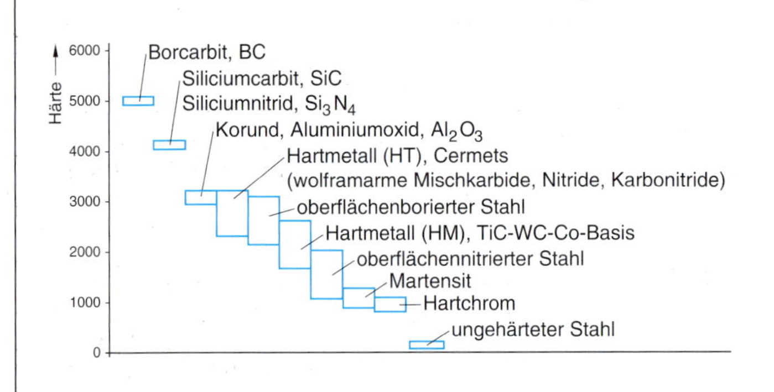

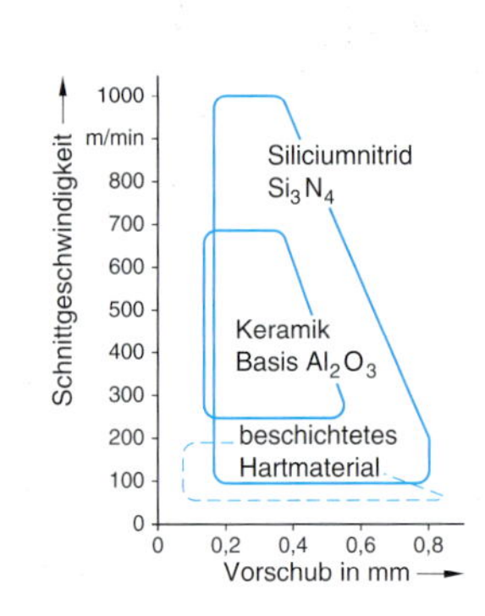

Klassifizierung und Anwendung harter Schneidstoffe

Kennbuchstabe/ Farbe	Anwendungsgruppen		Werkstoff
P Kennfarbe blau	P01 P10 P20 P30 P40 P50	P05 P15 P25 P35 P45	Alle Arten von Stahl und Stahlguss, ausgenommen nicht rostender Stahl mit austenitischem Gefüge
M Kennfarbe gelb	M01 M10 M20 M30 M40	M05 M15 M25 M35	Nicht rostender austenitischer austenitisch-ferritischer Stahl und Stahlguss
K Kennfarbe rot	K01 K10 K20 K30	K05 K15 K25 K35	Gusseisen mit Lamellengrafit oder Kugelgrafit, Temperguss
N Kennfarbe grün	N01 N10 N20 N30	N05 N15 N25	Aluminium und andere Nichteisenmetalle, Nichtmetallwerkstoffe
S Kennfarbe braun	S01 S10 S20 S30	S05 S15 S25	Hochwarmfeste Speziallegierungen auf Grundlage von Eisen, Nickel und Kobalt, Titan und Titanlegierungen
H Kennfarbe grau	H01 H10 H20 H30	H05 H15 H25	Gehärteter Stahl, gehärtete Gusseisenwerkstoffe, Gusseisen für Kokillenguss

↑ Verschleißfestigkeit und Schnittgeschwindigkeit steigend

↓ Vorschub und Zähigkeit steigend

Werkstofftechnik

Schmierstoffe

Kühlschmierstoffe für die spanende Formgebung

Arten und Anwendung DIN 51385

Wirkung	Art	Erläuterung		
Schmierung zunehmend ↓ Kühlwirkung zunehmend ↑	**SESW** Kühlschmierlösungen	Lösungen, Dispersionen	anorganische Stoffe in Wasser	Schleifen
			organische oder synthetische Stoffe in Wasser	Spanen mit großer Schnittgeschwindigkeit
	SEMW Kühlschmieremulsionen, Öl in Wasser	Emulsion	2 – 20 % lösbarer Kühlschmierstoff in Wasser	hohe Kühlwirkung, geringe Schmierwirkung, Drehen, Fräsen, Bohren mit hoher Schnittgeschwindigkeit bei leicht zu bearbeiteten Werkstoffen, hohe Arbeitstemperaturen
	SN nicht wassermischbare Kühlschmierstoffe	Schneidöl	Mineralöle mit Zusätzen zur Erhöhung der Schmierfähigkeit	niedrige Schnittgeschwindigkeiten, hohe Oberflächengüte, schwer zerspanbare Werkstoffe, optimale Schmier- und Korrosionsschutzwirkung

Auswahl von Kühlschmierstoffen

Werkstoff	Drehen		Fräsen	Bohren	Reiben	Sägen	Räumen	Gewindeschneiden	Gewindeschleifen	Schleifen	Walzfräsen, Walzstoßen	Honen, Läppen
	Schruppen	Schlichten										
Stahl	E, L	E, S	E, L, S	E, S	S, E	E	S, E	S	S	E, L, S	S	S
Gusseisen, Temperguss	tr.	E, S	tr., E	tr. E	tr., S	tr., E	E	S, E	S	L, E	S, E	S
Cu, Cu-Leg.	tr.	tr., E	tr., E, S	tr., S, E	tr., S	tr., S	S	S	–	E, L	–	–
Al, Al-Leg.	E, S	tr., S	S, E	S, E	S	S, E	S	S	–	E	–	–
Mg-Leg.	tr., S	tr., S	tr., S	tr., S	S	tr., S	S	S, tr.	–	–	–	–

E: Emulsion **S**: Schneidöl **L**: Lösung **tr**: trocken

Ökologische Aspekte von Kühlschmierstoffen (KSS)

Kühlschmierstoffe können *gesundheitsgefährdend* sein und werden deshalb nur in geringen Mengen eingesetzt. Sie müssen vor der *Entsorgung* gesondert behandlet werden, Wasserhaushaltsgesetz (WHG) und Abwasserverordnung (AbwV).

Minimalmengen-Kühlschmierung: ca. 20 – 50 ml/h

Werkstück, Späne und Maschine bleiben trocken und müssen nicht gereinigt werden. Die aufzubereitende Kühlschmiermittelmenge ist sehr gering.

Werkstofftechnik

Schmierstoffe

Abfallarten nach dem europäischen Abfallverzeichnis (AVV)

Benennung	Kennbuchstabe nach DIN 51385	Abfall-Schlüssel-nummer nach AVV	Beispiele
Bohröle, Schneidöle, Schleiföle	SN	120 106 (halogenhaltig)	nicht wassermischbares KSS
	SEM	120 107 (halogenfrei)	wassermischbares MSS ohne Öl-Wasser-Gemische
Synthetische Bearbeitungsöle	SES	120 110	KSS auf synthetischer Basis ohne Öl-Wasser-Gemische
Feinbearbeitungsöle	SN	120 106 (halogenhaltig) 120 107 (halogenfrei)	Honöle, Läppöle, Finishöle
Biogene Öle	SN	130 207	Pflanzenöle
Bohr- und Schleifemulsionen, Emulsionsgemische oder andere Öl-Wasser-Gemische	SEMW	120 108 (halogenhaltig) 120 109 (halogenfrei)	Kühlschmiermittel-Emulsionen
	SESW		Kühlschmierlösungen
Öl aus Öl- oder Wasserabscheidern		130 506	KSS-Pflegeanlagen (Filter, Zentrifugen, Magnetabscheider)
Hon-, Läpp- und ölhaltige Schleifschlämme		120 111 120 202	
Schlämme aus Öltrennanlagen, Ölabscheiderinhalte		130 502	

Behandlung der Kühlschmierstoffe (KSS)

Wassergemischte KSS

- Behandlung mit organischen Spaltmitteln und Trennung in Ölphase und Wasserphase (Dauer. ca. 1 Tag).
- Membranfiltration in Reihenfolge steigendem Rückhaltververmögens (Dauer: ca. 1 Woche).
- Verdampfung in einem Vakuumverdampfer (ca. 35 °C); Dauer: einige Stunden.
- Nachbehandlung nicht verdampfbarer Rückstände durch Verbrennung und Nanofiltration und Umkehrosmose.

Nicht wassergemischte KSS

- Entfernung der metallischen Feststoffe durch geeignete Reinigungsverfahren.
- Bei Vermischung mit Wasser: Prüfen, ob der KSS ohne Vorbehandlung entsorgt werden kann oder eine Trennung in Ölphase und Wasserphase notwendig ist.

Ölhaltige Rückstände

- Entölung und Entwässerung in Zentrifugen und Pressen.
- Wiederverwendung der abgetrennten Kühlschmierstoffe.
- Sammlung der nicht mehr verwendbaren ölhaltigen Abfälle und bestimmungsgemäße Entsorgung nach dem Kreislaufwirtschaft- und Abfallgesetz.

Werkstofftechnik

Korrosion und Korrosionsschutz

Behandlung von Metalloberflächen

Werkstoff	Beschichtungsverfahren, Überzug	Behandlungsfolge, Kennziffern
Aluminium, rein	Anodisieren	10 – 1 – 22 – 1 – 26 – 1 – 5
Al-Legierung (AlMg)	Anodisieren Galvanisieren	11 – 12 – 1 – 22 – 1 – 26 – 1 – 5 10 – 1 – 12 – 1 – 23 – 1 – 32 – 1
Al-Legierung (AlSi)	Anodisieren Galvanisieren	11 – 13 – 1 – 25 – 1 – 5 10 – 1 – 12 – 1 – 25 – 1 – 32 – 1
Kupfer, rein	Lack, farblos	11 – 21 – 1 – 2 – 5
Cu-Legierung (CuSn, CuZn)	Lack, farblos Chrom, Nickel	11 – 24 – 1 – 2 – 5 10 – 1 – 13 – 1 – 21 – 1 – 31 – 1
Stahl	Farbe, Lacke, Chrom, Nickel, Cadmium, Zink	11 – 20 – 1 – 30 – 1 – 3 – 5 – 33 10 – 1 – 12 – 20 – 1 – 31 – 1 10 – 1 – 12 – 1 – 20 – 1 – 4 – 1
Zink	Galvanisieren	10 – 1 – 12 – 1 – 25 – 1 – 31 – 1

Kennziffer der Behandlungsverfahren

Ziffer	Verfahren	Ziffer	Verfahren
1	Spülen in Kaltwasser	**21**	Beizen in 5–25 %-iger Schwefelsäure, 40 – 80 °C
2	Spülen in Heißwasser	**22**	Beizen in 10 %-iger Natronlauge, 80 – 90 °C
3	Spülen in 0,2 – 1 %-iger Sodalösung (Passivieren)	**23**	Beizen in 3 %-iger Salpetersäure, 80 °C
4	Spülen in 10 %-iger Cyanidlösung	**24**	Gelbbrennen mit konzentrierter Salpeter- und Schwefelsäure, 1 : 1
5	Trocknen in Warmluft	**25**	Beizen in verdünnter Flusssäure (3 – 10 %)
10	Kochentfetten in alkalischen Entfettungsbädern	**26**	Beizen in 30 %-iger Salpetersäure
11	Entfetten durch organische Lösungsmittel (Per, Tri, Tetra) durch Abwaschen, Tauchen, Dampfbad	**30**	Phosphatieren, Chromatieren
12	katodische Entfettung in alkalischer Lösung	**31**	Vorverkupfern als Zwischenschicht
13	anodische Entfettung in alkalischer Lösung	**32**	Zinkatbeize (Ausfällen von Zink)
20	Beizen mit 10 %-iger Salzsäure, 20 °C, evtl. mit Zusatz von Phosphorsäure und Reaktionshemmern	**33**	Grundieren mit Rostschutzfarbe

Verfahren	Beschreibung
Anodisieren	Auf metallischen Werkstückoberflächen (vorzugsweise aus Aluminium, Mg, Zn) werden elektrochemisch mehrere Oxidschichten (etwa 20 µm) aufgebracht. Eine Einfärbung der Oxidschicht ist möglich.
Galvanisieren	Mithilfe einer katodischen Metallabscheidung (Werkstück = Katode) wird in einem elektrochemischen Verfahren eine dünne Metallschicht auf die Werkstückoberfläche aufgetragen. Es lassen sich dadurch sehr gleichmäßige Überzüge erreichen. Überzugsmetalle sind zum Beispiel Chrom, Zink, Kupfer, Messing und Gold.
Kunststoffbeschichten – Wirbelsintern	Metallische Werkstücke werden erwärmt und in ein Kunststoff-Pulverbad getaucht. Die Kunststoffpartikel werden aufgeschmolzen und bilden einen haftenden festen Schutzüberzug.
– Flammspritzen	Mit einer Spritzpistole wird die Beschichtung auf die Werkstückoberfläche aufgetragen. Es bildet sich ein gut haftender Schutzüberzug.
weitere Verfahren:	Bitumen/Teer, Farbe/Lacke, Phosphatieren, Brünieren, Chromatieren, Aufspritzen, Diffundieren, Tauchen

Werkstofftechnik

Korrosion und Korrosionsschutz

Behandlung von Metalloberflächen

Behandlungsverfahren

Verfahren	Beschreibung
Kugelplattieren	Auf die zu schützende Metalloberfläche wird Metallpulver in Trommeln aufgebracht und aufgehämmert. Besonders geeignet für Kleinteile aus Stahl.
Aufdampfen	Überzug durch Kondensation des im Vakuum verdampften Metalls oder oberflächenkatalytische chemische Reaktion mit gasförmigen Verbindungen des Metalls. Kondensationsverfahren (PVD): physical vapour deposition Chemisches Verfahren (CVD): chemical vapour deposition
Email-Überzug	Wässrige Suspensionen der Email-Komponenten (Schlicker) werden aufgebracht und bei hoher Temperatur (650 – 1000 °C) eingebrannt. Es entstehen glasartige Überzüge.
Elektrochemisch erzeugter oxidischer Überzug	In Elektrolytlösungen entstehen auf Aluminium und Aluminiumlegierungen Oxidüberzüge. Diese lassen sich auch auf anderen Metallen (z. B. nicht rostender Stahl, Titan, Magnesium) erzeugen. Solche Überzüge können farbig sein oder eingefärbt werden.
Nitrierüberzug	Glühen des Metalls in stickstoffabgebender Chemiekalie.
Borier-Überzug	Hergestellt mit pulver-, granulat- oder pastenförmigen Stoffen, die Bor abgeben.
Silicier-Überzug	Hergestellt durch Glühen in Gasen oder Salzschmelzen, die Silizium abgeben.

Oberflächenvorbereitung

Mechanische Oberflächenvorbereitung

Bürsten	Die Metalloberfläche wird mit Bürsten mit einer Besteckung aus Metalldraht, Naturborsten oder Kunststoffborsten vorbereitet.
Strahlen	Ein Strahlmittel wird mit kinetischer Energie durch einen Gasstrom, durch einen Flüssigkeitsstrom oder durch Schleuderräder auf der Metalloberfläche zum Aufprall gebracht.
Schleifen	Die Metalloberfläche wird durch körnige Schleifmittel, durch Schleifvliese oder durch Stahlwolle vorbereitet.
Schaben	Die Metalloberfläche wird manuell mit einer gehärteten Stahlschneide vorbereitet.
Reinigen mit Drahtnadeln	Insbesondere zur Entfernung von Verunreinigungen aus Ecken und Winkeln wird die Metalloberfläche mit einer Drahtnadel-Druckluftpistole vorbereitet. Verwandte Verfahren sind das Meißel-, Fräs- und Klopfverfahren.

Thermische Oberflächenvorbereitung

Flammstrahlen	Zur Entfernung unerwünschter Stoffe (z. B. Rost, Zunder) wird die Metalloberfläche kurzzeitig mit einem Flammstrahlbrenner bei reduzierend eingestellter Flamme erwärmt.
Blankglühen	Beim Blankglühen werden durch reduzierende Gase bei hohen Temperaturen dünne Oxidschichten von der Metalloberfläche entfernt.

Chemische und elektrochemische Oberflächenvorbereitung

Entfetten	Der Werkstoff wird in flüssigen Medien behandelt: • Löse- oder Emulgiermittel, auch unter Anwendung von Ultraschall • saure, neutrale oder alkalische wässerige Medien, auch unter Anwendung von Ultraschall sowie kathodischer und/oder anodischer Polarisation • tensidhaltige Reizlösungen • alkalische wässrige Medien mit ölverzehrenden Bakterien

Werkstofftechnik

Korrosion und Korrosionsschutz

Behandlung von Metalloberflächen

Oberflächenvorbereitung

Chemische und elektrochemische Oberflächenvorbereitung

Beizen	• Chemische oder elektrolytische Behandlung der Oberfläche zur Entfernung von Oxiden (z. B. Rost, Zunder) und anderen Metallverbindungen. • Beizen von Kupferwerkstoffen mit salpeterhaltigen Lösungen wird als Brennen bezeichnet. Organische Beschichtungen werden hierbei nicht entfernt.
Dekapieren	• Zum Aktivieren wird die zu bearbeitende Metalloberfläche kurzzeitig chemisch behandelt.

Korrosionsschutzschichten DIN EN ISO 1461

Bauteile		Oberflächenbeschichtung				Oberflächenbeschaffenheit	
Werkstoff	Dicke mm	Schichtdicken soll[1]	min.	Flächenbezogene Masse g/m²	Rostgrade	Gemäß DIN EN ISO 12944 für Neukonstruktionen	
Stahl	– 1	50	45	360	A	Stahloberflächen	Zunder fest haftend, sonst noch frei von Rost
	1 – 3	55	50	400	B		Zunder bereits abblätternd, leichter Rostangriff
	3 – 6	70	60	500	C		Zunder abgeblättern, wenige leichte Rostnarben sichtbar
	über 6	85	75	610	D		Zunder bereits weggerostet, zahlreiche sichtbare Rostnarben
Guss	–	70	60	500			
Kleinteile	– 1	55	50	400			

[1] Ohne Beeinträchtigung der Verwendung der Bauteile ist die Schichtdicke nach oben nicht begrenzt.

Korrosionsschutz von Metallen, galvanische Überzüge DIN EN 1403

Symbole und Bezeichnungen galvanischer Überzüge (Feuerverzinken DIN EN ISO 1461)

Grundmetalle		Symbole der galvanischen Überzüge		Symbole der Chromat-Umwandlungsüberzüge	
Fe	Eisen und Stahl	**Zn**	Zink	**A**	klar
		Cd	Cadmium	**B**[1]	gebleicht
Zn	Zink	**Ni**	Nickel	**C**	irisierend
CU	Kupfer	**Cu**	Kupfer	**D**	undurchsichtig
Al	Aluminium	**Cr**	Chrom	**F**	schwarz
		Sn	Zinn		
		Pb	Blei		
		Ag	Silber		
		Au	Gold		

Beanspruchungsstufen und zugeordnete Beanspruchungen

Beanspruchungsstufe	Stärke der Beanspruchung
0	Dekorative Anwendung (ohne Beanspruchung)
1	Innenraumbeanspruchung in warmer und trockener Atmosphäre
2	Innenraumbeanspruchung in Räumen, in denen Kondensation auftreten darf
3	Freibewitterung unter gemäßigten Bedingungen
4	Freibewitterung unter schweren korrosiven Bedingungen, See- oder Industrieklima

Werkstofftechnik

Korrosion und Korrosionsschutz

Behandlung von Metalloberflächen

Korrosionsschutz von Metallen, galvanische Überzüge — DIN EN 1403

Zusätzliche Behandlungen (ausgenommen Umwandlungsüberzüge)

Symbol	Art der Behandlung	
T1	Anwendung von Farben, Lacken, Pulverbeschichtungen oder ähnlichen Beschichtungsstoffen	*Bezeichnungsbeispiel:* **Galvanischer Überzug EN ISO 2081 – Fe/HT (190)2/Zn12/D/T2:** Galvansicher Überzug gemäß DIN EN 12329, Wirkstoff Fe, Wärmebehandlung (HT), 2-stündig, Mindesttemperatur 190 °C (vor einer elektrolytischen Metallabscheidung), 12 µm Zink, (D) undurchsichtiger Chromatierüberzug, (T2), Oberflächenversiegelung Der doppelte Schrägstrich (//) zeigt eine fehlende Bearbeitungsstufe an. Es hat keine weitere Wärmebehandlung (nach der elektrolytischen Metallabscheidung) stattgefunden. Sofern eine zusätzliche Behandlung vorgeschrieben wird (keine Umwandlungsüberzüge), ist diese Behandlungsart mit den Symbolen T1 – T5 anzugeben.
T2	Anwendung von anorganischen oder organischen Versiegelungsmitteln	
T3	Färben	
T4	Anwendung von Fetten, Ölen oder anderen Schmiermitteln	
T5	Anwendung von Wachsen	

Korrosionsarten — DIN EN ISO 8044

- **Flächenkorrosion**

Die Werkstückoberfläche wird durch Umwelteinflüsse (Verwitterung, Verschmutzung) geschädigt und abgetragen. Dadurch verringert sich der Materialquerschnitt und verursacht so eine Schwächung tragender Bauteile.

- **Transkristallinie Korrosion**

Bei wechselbeanspruchten Bauteilen treten häufig quer zur Spanungsrichtung Risse auf. Diese verlaufen über die Korngrenzen hinweg durch die Körner. Es entsteht eine gefährliche Bauteilschwächung, die mit bloßem Auge nicht erkennbar ist.

- **Interkristallinie Korrosion**

Elektrolyt
Austenitisches Gefüge
Korrosionsspalt

Elektrochemische Korrosion, die bei Legierungen mit Konzentrationsunterschieden an Korngrenzen und bei Anwesenheit eines Elektrolyten auftritt. Es können Bauteilschwächungen auftreten, die äußerlich nicht erkennbar sind.

- **Lochkorrosion** (Lochfraß)

Tiefere Werkstoffzerstörungen durch starke, örtliche Korrosionswirkung. Erhebliche Bauteilschwächung, mit bloßem Auge oft nur schwer erkennbar.

- **Kontaktkorrosion**

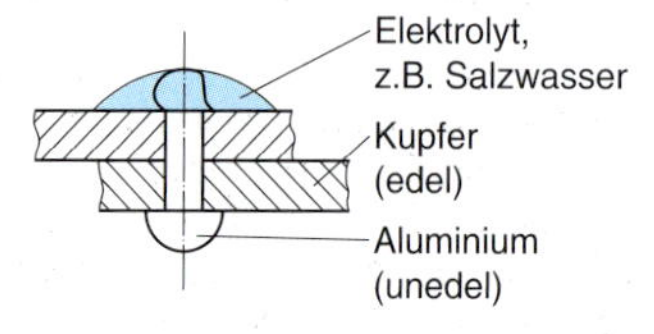

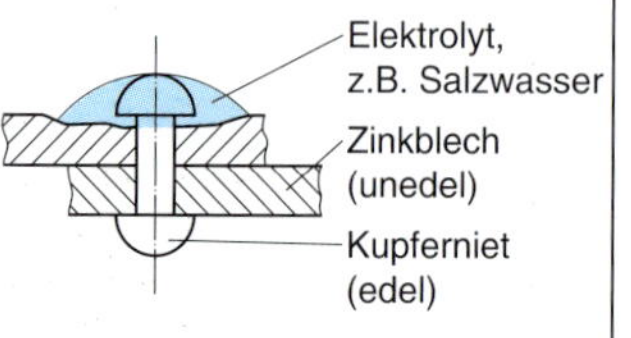

Elektrochemische Korrosion beim Fügen verschiedener Metalle und bei Anwesenheit eines Elektrolyten. Das unedle Metall wird aufgelöst und verbindet sich mit dem Elektrolyten. Die Folgen dieser Korrosionsart sind mit bloßem Auge gut erkennbar.

Werkstofftechnik

Korrosion und Korrosionsschutz

Korrosionsverhalten wichtiger Metalle

Werkstoff	Kurz-zeichen	Natürlicher Überzug	Normal-potenzial (V)	Korrosionsverhalten
Aluminium	Al	Aluminiumoxid	– 1,67	Unter Sauerstoffeinwirkung bildet sich eine dichte Schutzschicht, die weitere Korrosion verhindert. Alkoholische Laugen und Salze greifen das Metall an und zerstören die schützende Oxidschicht.
Blei	Pb	Bleicarbonat	– 0,125	Bleisalze schützen die Oberfläche vor weiterer Korrosion. Blei ist gegen Schwefelsäure, Salzsäure und feuchte Luft beständig. Laugen und Salpetersäure greifen das Metall an und zerstören die schützende Carbonatschicht.
Chrom	Cr	Chromoxid	– 0,71	Unter Sauerstoffeinwirkung bildet sich eine dichte Schutzschicht. Chrom ist auch bei höheren Temperaturen sehr beständig gegen Luft, Salpetersäure und Wasser. Unbeständig gegen Laugen, Salz- und Schwefelsäure.
Eisen, rein	Fe	Eisenoxid (Rost)	– 0,44	Unter der Einwirkung von Feuchtigkeit bildet sich eine stetig fortschreitende Rostschicht. Feuchte Luft, Salzsäure, Schwefelsäure und Laugen greifen das Metall stark an.
Gold	Au	–	+ 1,42	Sehr gute Korrosionsbeständigkeit gegen chemische Einflüsse. Ausnahme: Königswasser und einige Cyanidverbindungen.
Kupfer	Cu	Kupfersulfat und Kupfercarbonat	+ 0,345	In der Regel korrosionsbeständig gegen feuchte Luft, Wasser, Dampf und Laugen. Schwefelsäure, Salpetersäure und Salzsäure greifen das Metall an.
Magnesium	Mg	Magnesiumoxid	– 2,34	Unter Sauerstoffeinwirkung bildet sich eine dichte Schutzschicht, die eine weitere Korrosion verhindert. Säuren, Meerwasser und Salze greifen das Metall stark an. Beständig gegen Fette, Öle, Treibstoff.
Nickel	Ni	Nickelhydroxid	– 0,25	Beständig gegen Laugen, Salze, Nahrungsmittel, Feuchtigkeit und schwache Säuren. Schwefelsäure, Salzsäure, Acetylen und Chlor greifen das Metall stark an.
Silber	Ag	Silberoxid	+ 0,8	Gute Korrosionsbeständigkeit, unter Sauerstoffeinfluss läuft Silber an. Salpetersäure und Schwefelsäure greifen das Metall an.
Titan	Ti	Titanoxid	– 1,75	Unter Sauerstoffeinfluss bildet sich eine dichte Schutzschicht. Gegen Meerwasser und Salpetersäure ist das Metall beständig. Salzsäure und Schwefelsäure greifen das Metall an.
Zink	Zn	Zinkoxid oder Zinkcarbonat	– 0,76	Unter Sauerstoffeinwirkung bildet sich eine dichte Schutzschicht. Sehr beständig gegen Feuchtigkeit. Salze, Heißwasser, Dampf und Säuren greifen das Metall an.
Zinn	Sn	Zinnoxid	– 0,14	Unter Sauerstoffeinwirkung bildet sich eine Oxidschicht. Gegen Korrosion durch Meerwasser, organische Fruchtsäuren, Fette und Öle ist Zinn sehr beständig. Starke Laugen und Säuren sowie Schwefeldioxid greifen das Metall stark an.

Werkstofftechnik

Kunststoffe

Einteilung von Kunststoffen

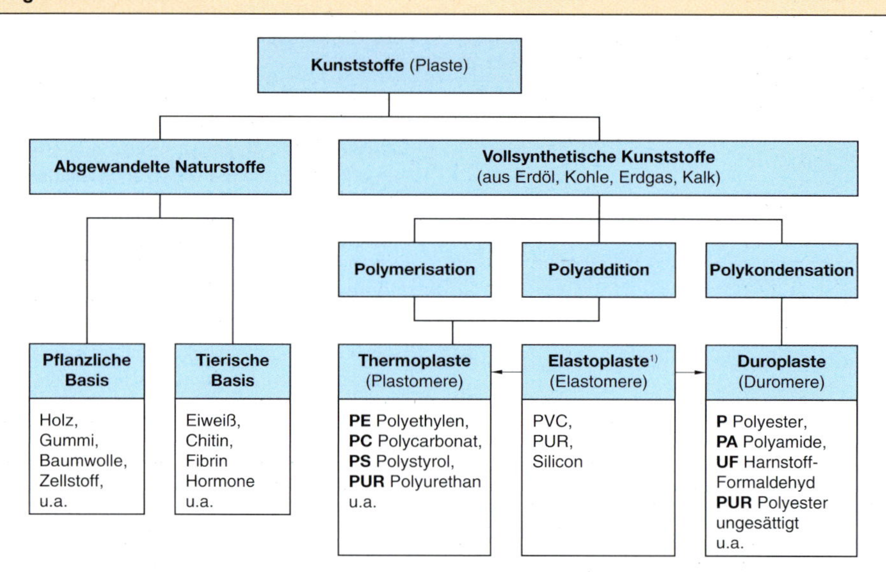

[1] Je nach Vernetzungsgrad der Makromoleküle werden Kunststoffe als **Elastoplaste (Elastomere)** bezeichnet.

Kennbuchstaben und Kurzzeichen von Kunststoffen — DIN EN ISO 1043-1

Kurzzeichen für Hochpolymere, Copolymere und natürliche Polymere

Kurzzeichen	Bezeichnung	Kurzzeichen	Bezeichnung
ABAK	Acrylnitril-Butadien-Acrylat	**EMA**	Ethylen-Methaacrylsäure
ABS	Acrylnitril-Butadien-Styrol	**EP / E/P**	Epoxid/Ethylen-Propylen
ACS	Acrylnitrilchloriertes Polyethylen Styrol	**ETFE**	Ethylen-Tetrafluorethylen
		EVAC	Ethylen-Vinylacetat
AEPDS	Acrylnitril/Ethylen-Propylen-Dien/Styrol	**EVOH**	Ethylen-Vinylalkohol
		FF	Furan-Formaldehyd
AMMA	Acrylnitril-Methylmethacrylat	**LCP**	Flüssigkristall-Polymer (Liquid-Crystal-Polymer)
ASA	Acrylnitril-Styrol-Arcylat		
CA	Celluloseacetat	**MBS**	Methacrylat-Butadien-Styrol
CAB	Celluloseacetatbutyrat	**MC**	Methylcellulose
CAP	Celluloseacetatpropionat	**MF**	Melamine-Formaldehyd
CF	Cresol-Formaldehyd	**MMABS**	Methylmethaacryl-Arcylnitril-Butadien-Styrol
CMC	Carboxymethylcellulose		
CN	Cellulosenitrat	**MPF**	Melamin-Phenol-Formaldehyd
CP	Cellulosepropionat	**PA**	Polyamid
CSF	Casein-Formaldehyd	**PAEK**	Polyacryletherketon
CTA	Cellulosetriacetat	**PAI**	Polyamidimid
EC	Ethylcellulose	**PAK**	Polyacrylat
EEAK	Ethylen-Ethylacrylat	**PAN**	Polyacrylnitril

Werkstofftechnik

Kunststoffe

Kennbuchstaben und Kurzzeichen von Kunststoffen DIN EN ISO 1043-1

Kurzzeichen für Hochpolymere, Copolymere und natürliche Polymere

Kurzzeichen	Bezeichnung	Kurzzeichen	Bezeichnung
PAR	Polyacrylat	PP	Polypropylen
PB	Polybuten	PPE	Polyphenylenether
PBAK	Polybutylarcylat	PPOX	Polypropylenoxid
PBT	Polybuthylenterephtalat	PPS	Polyphenylensulfid
PC	Polycarbonat	PPSU	Polyphenylsulfon
PCTFE	Polychlortrifluorothylen	PS	Polystyrol
PDAP	Polydiallylphtalat	PSU	Polysulfon
PDCPD	Polydicyclopentadien	PTFE	Polytetrafluor
PE	Polyethyalen	PUR	Polyurethan
PEBA	Polyether-block-Amid	PVAC	Polyvinylacetat
PEEK	Polyetheretherketon	PVAL	Polyvinylalkohol
PEEKK	Polyetheretherketonketon	PVB	Polyvinylbutyrat
PEEST	Polyetherester	PVC	Polyvinylchlorid
PEI	Polyetherimid	PVDC	Polyvinylidenchlorid
PEK	Polyetherketon	PVDF	Polyvinylidenfluorid
PEKEKK	Polyetherketonetherketonketon	PVF	Polyvinylfluorid
PEKK	Polyetherketonketon	PVFM	Polyvinylformal
PEOX	Polyethylenoxid	PVK	Polyvinylcarbazol
PESU	Polyethersulfon	PVP	Polyvinylpyrrolidon
PESTUR	Polyesterurethan	SAN	Styrol-Arcylnitril
PET	Polyethylenterephtalat	SB	Styrol-Butadien
PEUR	Polyetherurethan	SI	Silikon
PF	Phenol-Formaldehyd	SMAH	Maleinsäureanhydrid
PFA	Perflouralkoxylalkanpolymer	SMS	Styrol-α-Methylstyrol
PFEP	Perfluorethylen-Propylen	UF	Urea-Formaldehyd
PI	Polyimid	UP	Ungesättigter Polyester
PIB	Polyisobuten	VCE	Vinylchlorid-Ethylen
PIR	Polyisocyanurat	VCEMAK	Vinylchlorid-Ethylen-Methylacrylat
PMI	Polymethacrylimid	VCEVAC	Vinylchlorid-Ethylen-Vinylacetat
PMMA	Polymethylmethacrylat	VCMAK	Vinylchlorid-Methylacrylat
PMMI	Poly-N-Methylmethacrylimid	VCMMA	Vinylchlorid-Methylmethacrylat
PMP	Poly-4-Methylpenten-(1)	VCOAK	Vinylchlorid-Oktylacrylat
PMS	Poly-α-Methylstyrol	VCVAC	Vinylchlorid-Vinylacetat
POM	Polyoxymethylen, Polyformaldehyd	VCVDC	Vinylchlorid-Vinylidenchlorid

Werkstofftechnik

Kunststoffe

Kennbuchstaben und Kurzzeichen von Kunststoffen DIN EN ISO 1043-1

Kennbuchstaben zur Kennzeichnung besonderer Eigenschaften von Kunststoffen

Kennbuchstabe	Bedeutung	Kennbuchstabe	Bedeutung
B	block, bromiert	O	orientiert
C	chloriert	P	weichmacherhaltig
D	Dichte	R	erhöht, Resol
E	verschäumt, verschäumbar, expandiert, expandierbar	S	gesättigt, sulfoniert
F	fexibel, flüssig	T	Temperatur (beständig), thermoplastisch, duroplastisch, zähmodifiziert
H	hoch	U	ultra, weichmacherfrei, ungesättigt
I	schlagzäh	V	sehr
L	linear, niedrig	W	Gewicht
M	mittel, molekular	X	vernetzt, vernetzbar
N	normal, Novolak		

Kennbuchstaben für die Komponentenbegriffe

Kennbuchstabe	Bedeutung	Kennbuchstabe	Bedeutung
A	Acetat, Acryl, Acrylat, Acrylnitril, Alkoxy, Alkan, Allyl, Amid	IR	Isocyanurat
AC	Acetat	K	Carbazol, Keton
AH	Anhydrid	L	flüssig
AI	Amidimid	M	Malein, Melamin, Meth, Methacryl, Methacrylat, Methyl, Methylen
AK	Acrylat	MA	Mothacrylat, Methacrylsäure
AL	Alkohol	N	Nitrat
AN	Acrylnitril	O	Octyl, Oxy
AR	Arylat	OH	Alkohol
B	Block, Butadien, Buten, Butylen, Butyl, Butyral, Butyrat	OX	Oxid
C	Carbonat, Carboxy, Cellulose, Chlorid, Cyclochloriert, Chlor, Cresol, Kristall	P	Penta, Penten, Per, Phenol, Phenylen, Phthalat, Poly, Polyester, Polymer, Propionat, Propylen, Pyrrolidon
CS	Casein	S	Styrol, Sulfid
D	Di, Dien	SI	Silicon
E	Ether, Ethyl, Ethylen	SU	Sulfon
EP	Epoxide	T	Terephthalat, Tera, Tri
EST	Ester	U	ungesättigt, Urea
F	Fluorid, Fluor, Formaldehyd, Furan	UR	Urethan
FM	Formal	V	Vinyl
I	Imid, Iso	VD	Vinyliden

Füll-/Verstärkungsstoffe: DIN EN ISO 1043-2 *Weichmacher:* DIN EN ISO 1043-3
Flammschutzmittel: DIN EN ISO 1043-4 *Kautschuk:* ISO 1629

Werkstofftechnik

Kunststoffe

Kennbuchstaben und Kurzzeichen von Kunststoffen DIN EN ISO 1043-1

Kurzzeichen für Kunststoffe

Kurzzeichen	Bedeutung	Kunststoffart [1]	Kurzzeichen	Bedeutung	Kunststoffart [1]
A/B/A	Acrylnitril/Butadien/Acrylat	1	**PE**	Polyethylen	1
ABS	Acrylnitril-Butadien-Styrol	1	**PMMA**	Polymethylmetharcylat	1
CA	Celluloseacetat	1	**POM**	Polyoxymethylen, Polyformaldehyd	1
CN	Cellulosenitrat	4	**PP**	Polypropylen	1
EA	Ethylacrylat	3	**PS**	Polystrol	1
EP	Epoxid	2	**PTFE**	Polytetraflourethylen	1
E/P	Ethylen/Propylen	1	**PUR**	Polyurethan	3
E/VA	Ethylen/Vinylacetat	1	**PVC**	Polyvinylchlorid (hart, weich)	1
FEP	Tetraflourethylen/Hexaflourpropylen	1	**SI**	Silicon	3
MC	Methylcellulose	2	**SP**	Polyester, gesättigt	2
MF	Melamin-Formaldehyd-Harz	2	**UF**	Harnstoff-Formaldehyd	2
P	Polyester	2	**UP**	Polyester, ungesättigt	2
PA	Polyamid	1	**VC/E**	Vinylchlorid/Ethylen	1
PC	Polycarbonat	1	**VC/MA**	Vinylchlorid/Metylarcylat	1

[1] **1** Thermoplaste, **2** Duroplaste, **3** Elastomere, **4** Naturstoffverbindungen

Thermoplastische Kunststoffe für Gleitlager DIN ISO 6691

Werkstoff	Kurzzeichen	Technische Merkmale und Verwendung: Eigenschaften – beständig bei Einwirkung von	Eigenschaften – unbeständig bei Einwirkung von	Einsatzbereiche
Polyamid	**PA6** **PA66** **PA11** **PA12** **PA46**	Benzin, Mineralölen, Fett, Laugen, Lösungsmittel	Säuren bzw. Mineralsäuren	Besonders beanspruchte Lagerungen in Stahl- und Walzwerken. Einsatz im Schwer- und Landmaschinenbau. Hohe Stoß- und Schwingungsbeanspruchung. Verschleißfest bei geringen bis mittleren Gleitgeschwindigkeiten.
Polyethylen	**PE-HD** **PE-HMW**	Wasser, niedrige Betriebstemperatur, kältefest bis – 40 °C	bei hoher Dauerbelastung	Einsatz bei kurzzeitigen Hochbelastungen im Tief-, Hoch- und Straßenbau, Landmaschinen, Chemieanlagen, Verpackungen, E-Technik.
Polyalkylenterephtalat	**PET** **PBT**	Wasser, Temperaturen bis 70 °C	Säuren, Laugen, Lösungsmittel	Führungen im leichten Maschinenbau, Feinwerktechnik, Feuchtraumanlagen, bei Mangelschmierung.
Polyoxymethylen	**POM**	Schmierstoffmangel, trockene Lagerstellen, bis – 50 °C hart, zäh		Lagerung mit relativ hoher Druckbelastung mit ruhigen, stoßfreien Betriebsbedingungen im Bereich des leichten Maschinenbaus und der Feinwerktechnik, Armaturen.
Polytetraflourethylen	**PTFE**	höheren oder niedrigen Betriebstemperaturen, 250 °C bis – 90 °C hart, zäh		Lagerungen mit hohen Belastungen, geringer Gleitgeschwindigkeit, Ausgleichslager in Bauwerken, Brückenlager, Hochtemperaturlager, Einsatz auch in Kühllagern möglich.
Polymid	**PI**	hohen Betriebstemperaturen	fehlende Schmierung, hohe Reibungsverluste	Lagerungen mit hohen Betriebstemperaturen, geringer Verschleiß des Lagerwerkstoffs bei ausgeprägter Härte, Hochtemperaturlager, geringe Feuchtigkeitsaufnahme.

Bezeichnungsbeispiel:

Thermoplast ISO 6691 - PA6, G, 27-120N, GF 30

Lagerwerkstoff Polyamid 6, allgemeine Verwendung (G), Kennzahl der Viskosität 27, Elastizitätsmodul 120000 N/mm^2, (N) schnell erstarrend, (G) Glas, (F30) Füllstoffanteil 30 %

Werkstofftechnik

Kunststoffe

Kennbuchstaben und Kurzzeichen von Kunststoffen DIN EN ISO 1043-1

Kennbuchstaben für Kunststoffe

Kennbuchstabe	Besondere Eigenschaften DIN EN ISO 1043-1	Füllstoffe, Verstärkungsstoffe DIN ISO 1043-1	Form und Struktur der Füllstoffe DIN ISO 1043-2
B	bromiert	Bor	Kugel, Perlen
C	chloriert	Kohlenstoff	Chips, Schnitzel
D	Dichte	Aluminiumtrihydroxid	Pulver, Feingut
E	verschäumt, expandiert	Ton	–
F	flexibel, zäh, flüssig	–	Fasern
G	–	Glas	Mahlgut
H	hoch	–	Whisker
I	schlagzäh	–	–
K	–	Calciumcarbonat	Wirkwaren
L	linear, niedrig	Cellulose, Baumwolle	Lagen
M	mittel, moleklar	Mineral	Matte, dick
N	normal, Novolak	–	–
P	weichmacherhaltig	Glimmer	Vlies, dünn
Q	–	Füllstoff, silikathaltig	–
R	erhöht, Repol	Aramid, Recycling-Material	Roving
S	gesättigt, sulfoniert	synthetisch	Schalen, Flocken, Schuppen
T	Temperatur, thermoduroplastisch, zähmodifiziert	Talkum	Cord
U	ultra, weichmacherfrei	–	–
V	sehr	–	Furnier
W	Gewicht	Holz	Gewebe, Matten
X	vernetzt	frei	frei
Y	–	–	Garn
Z	–	andere	andere

Verhalten von Kunststoffen unter Temperatureinfluss

Kunststoff	Kurzzeichen	urspr. Farbe des Kunststoffes	Brennprobe				Schmelzverfahren
			Flammenfärbung	Geruch der Gase	Reaktion der Gase	sonstige Merkmale	
Polyethylen	PE	milchig, weiß	bläulich	paraffinartig	–	tropft	schmilzt
Polystrol	PS		gelb	süßlich	–	rußt	
Polyvinylchlorid	PVC		gelblich	salzsäureartig	sauer	tropft selten	
Polyamid	PA		bläulich	hornartig	basisch	zieht Fäden, wird klar	
Polyester	GFK-UP	farblos bis gelblich	gelblich	süßlich	–	rußt, bildet Rückstand	nicht schmelzend
Polyurethane	PUR	gelb-braun	gelblich	stechend	–	zieht Fäden	schmilzt
Polyoxymethylen	POM	milchig, weiß	bläulich	stechend	–	tropft nach Erweichen	
Polymethylmethacrylat	PMMA	glasklar	hellgelb, am Rand bläulich	süßlich, fruchtig	–	brennt nach Entflammung selbstständig, knistert	schmilzt, zersetzt sich
Polypropylen	PP	milchig, weiß	bläulich	paraffinartig, süßlich	–	brennt tropfend, wird klar	schmilzt, tropft, zersetzt sich
Polycarbonat	PC	glasklar	gelblich	phenolartig	–	rußt	nicht schmelzend
Cellulosenitrate	CN	matt	hell, braune Dämpfe	stechend	–	brennt nach Entzündung selbstständig und heftig	tropft

Werkstofftechnik

Kunststoffe

Eigenschaften, Verwendung und Verarbeitung von Kunststoffen

Kunststoff	Handelbezeichnung	Eigenschaften	Verwendung	Verarbeitung
Polyaddukte				
Polyurethane PUR	Desmodur, Moltopren, Desmophen, Vulkolan, Bayflex, Contilan, Lycra	*lineare Polyurethane:* wie Polyamide, sehr hart, zäh, alterungsbeständig *schwach vernetzte PUR:* gummielastisch, höhere Festigkeit als Gummi, hoch verschleißfest	Dichtungen, Isolierungen gegen Feuchtigkeit, Wärme und elektrischen Strom, Polsterschäume, Kleber, Lacke, Zahnräder, Klebeharze	Pressen Spritzgießen Gießen Aufschäumen
Epoxidharze EP	Lekutherm, Araldit, Epoxin, Uhu-Plus, Epikote	hohe Härte, hohe Zugfestigkeit, nicht schwindend, hohe Haftfähigkeit, sehr gute Chemikalienbeständigkeit, sehr teuer, glasklar	ähnlich Polyester (UP), Metallkleber, Lacke	Gießen, Spritzen, Auftragen, Laminieren
Polykondensate				
Polyester P	*lineare Polyester:* Trevira, Hostadur, Diolen, Hostphan	hohe Zugfestigkeit und Dehnbarkeit, transparent, beständig gegen Säuren und Basen, unbeständig gegen organische Lösungsmittel	Faserstoffe, Folien, Gehäuse für kleine elektrische Anlagen	Extrudieren Spritzen
	ungesättigte Polyester (UP): Albertol, Falatal, Leguval, Vestopal	sehr hohe Festigkeit bei Glasfaserarmierung, transparent, gut einfärbbar, chemisch sehr beständig	Boots- und Karosseriebau, Schwimmbecken, Dachabdeckungen, Sichtblenden	Pressen Auftragen Vergießen
Polyamide PA	Perlon, Nylon, Ultramid, Vestamid, Supramid, Durethan	hohe Festigkeit und Zähigkeit, hygroskopisch, beständig gegen fast alle Chemikalien, außer gegen starke Säuren, abriebfest, gleitfähig, maßbeständig	Maschinenteile, Faserstoffe, Seile, Netze, Triebriemen, Druckschläuche, Lager	Extrudieren Strangpressen Spritzgießen Hohlkörperblasen
Aminoplaste	*Harnstoffharze:* Albamit, Resamin, Beckamin, Pollpas	hohe Festigkeit, hart, spröde, gute elektrische Isoliereigenschaften, beständig gegen verdünnte Säuren, Laugen und organische Lösungsmittel, bis 130 °C	Formteile im Elektroapparatebau, Schilder	Pressen
	Melaminharze: Albamit, Resopal, Resamin, Ultrapas, Resipas		Schichtpressstoffe, Isolierteile, Essgeschirr	Pressen
Phenoplaste	Beckophan, Asplit, Luphen, Bakelite, Pertinax, Obo-Pressholz	preiswert, hart, hohe Festigkeit, spröde, dunkelfarben, beständig gegen organische Lösungsmittel, Säuren und Laugen	*reine Harze:* Lacke, Leime; Pressmatten mit Füllstoffen: Griffe, Lagerschalen, Zahnräder, Gehäuse; *Schichtpressstoffe:* Isolierplatten, Stuhlsitze, Schichtholz	Walzen Pressen Spritzgießen Gießen

Werkstofftechnik

Kunststoffe

Eigenschaften, Verwendung und Verarbeitung von Kunststoffen

Polymerisate

Kunststoff	Handelbezeichnung	Eigenschaften	Verwendung	Verarbeitung
Polyethylen PE	Hostalen, Lupolen, Vestolen, Trolen	*Hart-PE:* hart, steif, einsetzbar bis 100 °C, beständig gegen Säuren, Laugen, Öle, witterungsbeständig, gebräuchliche Lösungsmittel, empfindlich gegen heiße Öle *LD-PE:* weicher und flexibler als HD-PE, einsetzbar bis 80 °C, sonst wie HD-PE, geruchsfrei	Haushaltsartikel, Schutzhelme, Rohre Verpackungsfolien, Hohlkörper, Isolationen, Dichtungen	Extrudieren Spritzgießen Hohlkörperblasen Walzen
Polyvinylchlorid PVC	Acella, Hostalit, Mipolam, Vinoflex, Pegulan, Vestolit, Skay, Trocal, Trosiplast	*Weich-PVC* (enthält Weichmacher): weich, elastisch, abriebfest, hornartig, zäh *Hart-PVC:* spröde, besonders bei niedrigen Temperaturen *Hart- und Weich-PVC:* beständig gegen Alkali, Säuren, Alkohol, unbeständig gegen organische Lösungen	Fußbodenbeläge, Kunstleder, Vorhänge, keine Wasseraufnahme Rohre, Platten, Folien, Apparate, Hohlkörper	Extrudieren Spritzgießen Hohlkörperblasen Walzen
Polystrol PS	Hostyren, Luran, Trolitul, Styropor, Vestyran, Vestypor	preiswert, farblos, transparent, spröde, wasserabweisend, beständig gegen Alkali, Öle, Säuren, unbeständig gegen organische Lösungsmittel, geringe Dichte	Isolierteile der Elektrotechnik, Werkzeuggriffe, kleine Behälter, Schall- und Wärmedämmung	Spritzgießen Aufschäumen
Polyvinylacetat PVAC	Appretan, Vinopas, Mowolith	farblos, löslich in Alkohol, unlöslich in Wasser, Ölen, Benzin	Kleber, Lacke, Kitte, Spachtelmasse	
Polypropylen PP	Hostalen PP, Lupolen, Vestolen P, Novolen	steif, hart, elastisch, hohe Festigkeit, beständig bis 130 °C, beständig gegen Öle, Wasser, Alkali, Säure außer H_2SO_4 und HNO_3, geruchs- und geschmacksfrei	Spulenkörper, Klemmenleisten, Apparatebau, Gewebe	Extrudieren Spritzgießen
Polymethylmethachlorid PMMA	Plexiglas, Plexigum, Adronal, Resartglas, Degulan	glasklar, hart, elastisch, hohe Festigkeit, beständig gegen Wasser, verdünnte Säuren und Laugen, bis 90 °C verwendbar, unbeständig gegen organische Lösungsmittel, alterungsbeständig	Fenster, Beleuchtungskörper, Brillengläser, Isoliermaterial	Spritzgießen Pressen
Polyvinylidenchlorit PVDC	Diofan, Harlon, Cryovac-Folie	ähnlich PVC, geruchs- und geschmacklos	Lacke, Beschichtungen, Fäden, Borsten, Taue	Extrudieren Walzen
Polytetrafluorethylen PTFE	Hostflon, Teflon, Fluon	hohe Chemikalien- und Wasserbeständigkeit (bis 250 °C, Zersetzung oberhalb 400 °C), kältebeständig bis – 90 °C, hart, zäh, sehr gute Gleiteigenschaften und elektrische Eigenschaften	chemischer Apparatebau, Flugzeugbau, Raumfahrt, wartungsfreie Lager, Dichtungen, Isolierfolien	Sintern Form- und Strangpressen

Werkstofftechnik

Verbundwerkstoffe

Verbundwerkstoffe nutzen die vorteilhaften Eigenschaften ihrer Komponenten bei gleichzeitiger Überdeckung der schwachen Eigenschaften. Der *Matrixwerkstoff* aus Kunststoff, Keramik oder Metall wird optimiert.

Kunststoffe: geringe Dichte, chemische Beständigkeit und Zähigkeit
Keramik: geringe Dichte, Härte, chemische Beständigkeit, Warmfestigkeit
Metalle: Zugfestigkeit, Dehnbarkeit, Zeitstandsfestigkeit

Teilchenverbund	Faserverbund	Schichtverbund
Hartmetalle, Oxidkeramik, Pressmassen aus Kunststoff, Schleifscheiben, Tränkwerkstoffe	Faserverstärkter Kunststoff (Metall, Keramik, Glas), Drahtglas, hartfaserverstärktes Aluminium	Hartpapier, Kunstharzpressholz, Sicherheitsglas, Bimetalle, Korrosions- und Verschleiß-Schutzschichten

Kurzzeichen für glasfaserverstärkte Kunststoffe DIN EN ISO 1043-2

Zeichen	Verstärkungsfaser	Zeichen	Verstärkungsfaser	Zeichen	Verstärkungsfaser
AFK	Asbest	**GFK**	Glas	**SFK**	Polyamid, Glas, Kohlenstoff
BFK	Bor	**MFK**	Metall		
CFK	Kohlenstoff	**MWK**	Metallwhisker	**PFK**	Aramid

Eigenschaften von faserverstärkten und unverstärkten Metallen und Legierungen

Werkstoff		Zugfestigkeit R_m N/mm²	Druckfestigkeit σ_{db} N/mm²	E-Modul E N/mm²	Dauerschwingfestigkeit σ_D N/mm²	Längenausdehnungskoeffizient α $10^{-6} \cdot 1/K$	Wärmeleitfähigkeit λ W/mK	E-Modul bei 260 °C N/mm²	Dichte ρ g/cm³
faserverstärkt	**SiC-Faser/Al**	1800	3000	200000	1000	5,8	90	200000	2,8
	C-Faser/Al	1100	610	200000	700	0	90	220000	2,5
	Al_2O_3-Faser/Al	850	3000	230000	400	7,2	–	–	3,2
unverstärkt	**hochfester Stahl**	1230	1200	200000	590	12	39	190000	7,9
	hochfeste Al-Legierung	460	390	70000	140	23	130	55000	2,8

Eigenschaften einseitig gerichteter C-Faser-Laminate

Matrixwerkstoff [1]	Kurzzeichen	Kunststofffaseranteil Vol.-%	Zugfestigkeit R_m N/mm²	Biegefestigkeit σ_B N/mm²	Scherfestigkeit τ_{aB} N/mm²
Polyphenylensulfid	**PPS**	56	1517	1551	68,95
Polyarcyletherketon	**PEEK**	56	1792	1496	80
Epoxyd	**EP**	62	1792	1979	96,53
Polyamid	**PI**	62	1930	1675	124,1

[1] Die zusammenhängenden Teilchen des Grundwerkstoffes werden als *Matrix* bezeichnet.

Werkstofftechnik

Verbundwerkstoffe

Eigenschaften von Schichtverbundwerkstoffen auf Polykondensatbasis

Werkstoff	Kurzzeichen, Formmasse DIN 7708	Dichte ρ g/cm³	Zugfestigkeit R_m N/mm²	Bruchdehnung A %	Längenausdehnungskoeffizient α $10^{-6} \cdot 1/K$
Polyester mit Glasgewebe	**Hm 2471/2472**	1,7 – 1,9	180 – 350	–	10
Polyamide	**AF**	1,07 – 1,13	60 – 90	40 – 230	90 – 100
Aminoplaste Harnstoffharz mit Hohlmehl	**MF**	1,45 – 1,5	40	0,4	15 – 50
Melaminharz mit Asbestfaser		1,2 – 1,7	40 – 50	0,4	20 – 45
Phenoplaste reines Pressharz	**PF**	1,27 – 1,35	42 – 63	0,7	23 – 96
mit Holzmehl		1,3 – 1,4	40	0,5	30 – 60
mit Gewebeschnitzel		1,36 – 1,4	40	0,4	10 – 40
mit Papierbahnen		1,35 – 1,45	120 – 150	0,4	10 – 25
mit Holzfurnierbahnen		1,35 – 1,45	250	1,3	–

Eigenschaften von Verbundwerkstoffen

Werkstoff	Grundwerkstoff	Faseranteil %	Dichte ρ g/cm³	Reißdehnung ε_r %	E-Modul E N/mm²	Zugfestigkeit τ_B N/mm²	Temperatur °C max.	Verwendung
GFK glasfaserverstärkter Kunststoff	EP	60	–	3,5	–	365	–	Gelenke, Wellen
	UP	35	1,5	3,5	10800	130	50	Rohre, Behälter
	PA66	35	1,4	5 [1)]	5000	160 [2)]	190	steife Gehäuseteile
	PC	30	1,42	3,5 [1)]	6000	90 [2)]	145	Gehäuse
	PPS	30	1,56	3,5	11200	140	260	Lampenfassungen
	PAI	30	1,56	7	11700	205	280	Lager, Dichtungen
	PEEK	30	1,44	2,2	10300	155	315	Metallersatz
CFK kohlenstofffaserverstärkter Kunststoff	PPS	30	1,45	2,5	17150	190	260	Lampenfassungen
	PAE	30	1,42	6	11700	205	180	Lager, Dichtungen
	PEEK	30	1,44	1,3	13000	210	315	Metallersatz

1) Dehnung bei Streckspannung 2) Streckspannung

EP: Epoxid, **UP**: ungesättigter Polyester, **PA66**: Polyamid 66, teilkristallin, **PC**: Polycarbonat, **PPS**: Polyphenylensulfid, **PAI**: Polyamidimit, **PEEK**: Polyetheretherketon

Werkstofftechnik

Werkstoffprüfung

Werkstoffprüfung von Metallen

Spannungs-Dehnungs-Diagramm

DIN EN ISO 6892-1

Auf einer Zugmaschine werden genormte Werkstoffproben einer zunehmenden Belastung bis zum *Bruch* ausgesetzt. Dabei werden **Zugfestigkeit** und genormte **Dehnung** eines Werkstoffes ermittelt.
Ein *Kraft-Verlängerungs-Schaubild* wird aufgezeichnet. Durch Umrechnung der Kraft- und Verlängerungswerte ergibt sich das *Spannungs-Dehnungs-Diagramm* des geprüften Werkstoffes.

Mit ausgeprägter Streckgrenze (z. B. weicher Stahl)	**Ohne ausgeprägte Streckgrenze** (z. B. vergüteter Stahl)
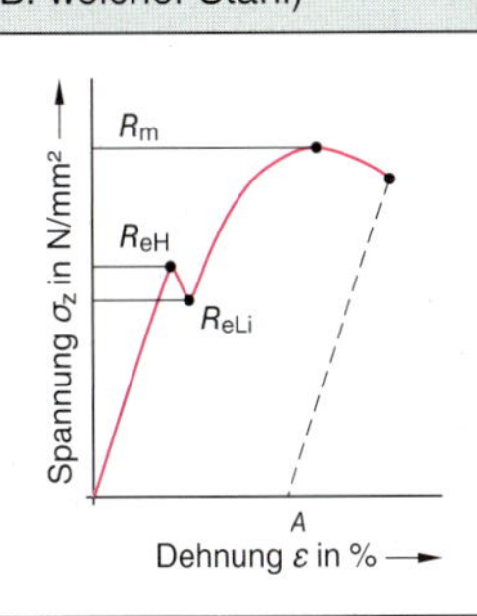	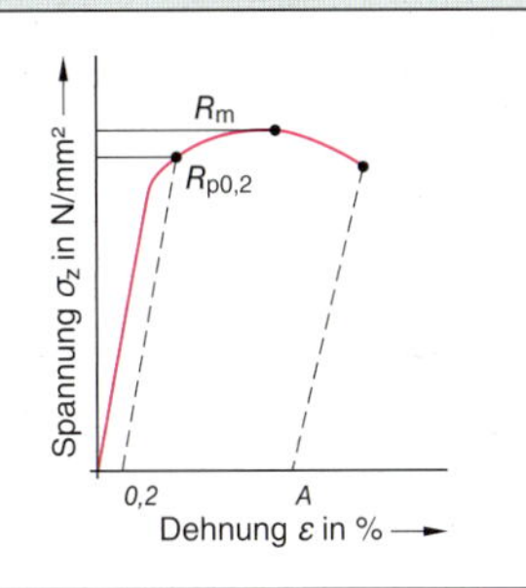

Zugspannung
$$\sigma_z = \frac{F}{S_0}$$

Zugfestigkeit
$$R_m = \frac{F_m}{S_0}$$

Dehnung
$$\varepsilon = \frac{L - L_0}{L_0} \cdot 100\ \%$$

Bruchdehnung
$$A = \frac{L_U - L_0}{L_0} \cdot 100\ \%$$

Brucheinschnürung
$$Z = \frac{S_0 - S_U}{S_0} \cdot 100\ \%$$

Elastizitätsmodul
Belastung im elastischen Bereich
$$E = \frac{\sigma_z}{\varepsilon} \cdot 100\ \%$$

F Zugkraft in N
F_m Höchstzugkraft in N
R_m Zugfestigkeit in N/mm²
σ_z Zugspannung in N/mm²
R_{eH} obere Streckgrenze in N/mm²
R_{eL} untere Streckgrenze in N/mm²
$R_{p0,2}$ 0,2 %-Dehngrenze in N/mm²
S_0 Anfangsquerschnitt (Probe) in mm²
L_0 Anfangsmesslänge (Probe) in mm
S_u Probenquerschnitt nach Bruch in mm²
L_u Messlänge nach Bruch in mm
A Bruchdehnung in %
Z Brucheinschnürung in %
ε Dehnung in %
E Elastizitätsmodul in N/mm²

Im elastischen Bereich sind Spannung und Dehnung einander proportional.
Es gilt das **Hookesche Gesetz**.

Zugproben

DIN 50125

Für den **Zugversuch** werden **Rund-** und **Flachproben** verwendet. Ausschnitte aus dickwandigen Werkstücken und Gussteilen werden zu **Rundproben** gedreht. Aus Blechen werden **Flachproben** gefertigt.

Runde Zugprobe	**Flache Zugprobe**
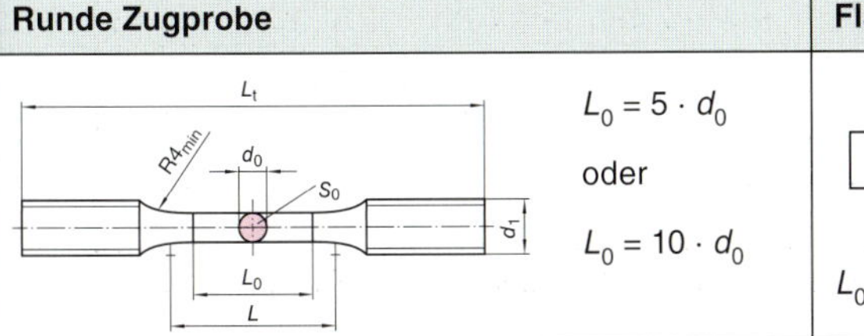 $L_0 = 5 \cdot d_0$ oder $L_0 = 10 \cdot d_0$	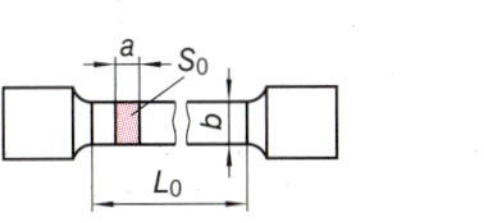 $L_0 = 5{,}65\sqrt{S_0}$ oder $L_0 = 11{,}3\sqrt{S_0}$

Werkstofftechnik

Werkstoffprüfung

Werkstoffprüfung von Metallen

Zugproben

Beispiel

Zugprobe: L_0 = 80 mm, d_0 = 16 mm, F_{eH} = 74 kN, F_m = 180 kN, L_U = 89 mm

$$S_0 = \frac{d_0^2 \cdot \pi}{4} = \frac{(16\text{ mm})^2 \cdot \pi}{4} = 201{,}1\text{ mm}^2$$

$$R_{eH} = \frac{F_{eH}}{S_0} = \frac{74\,000\text{ N}}{201{,}1\text{ mm}^2} = 368\,\frac{\text{N}}{\text{mm}^2}$$

$$R_m = \frac{F_m}{S_0} = \frac{180\,000\text{ N}}{201{,}1\text{ mm}^2} = 895{,}1\,\frac{\text{N}}{\text{mm}^2}$$

$$A = \frac{L_U - L_0}{L_0} \cdot 100\,\% = \frac{89\text{ mm} - 80\text{ mm}}{80\text{ mm}} \cdot 100\,\% = 11{,}25\,\%$$

Baustahlsorte: Masch. Baustahl E360

Druckversuch DIN 50106

Mit einer *stetig wachsenden Druckbelastung* (Baustoffprüfung) werden Werkstoffproben bis zum Auftreten erster Risse, Bruch oder einer vereinbarten Verformung ausgesetzt. Dabei werden die *Werkstoffkenndaten* ermittelt.

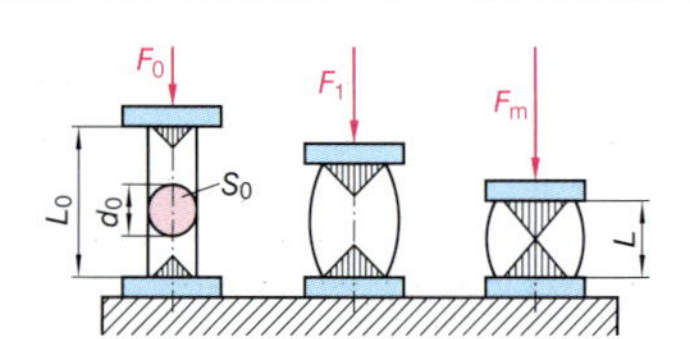

Bei Stahl: 10 mm ≤ d_0 ≤ 30 mm

$$\sigma_{dB} = \frac{F_m}{S_0}$$

$$\varepsilon_{dB} = \frac{L_0 - L}{L_0} \cdot 100\,\%$$

σ_{dB} max. Druckfestigkeit in N/mm²
ε_{dB} größte Stauchung bei Bruch, Riss in %
F_0 Anfangsdruckkraft in N
F_m größte Druckkraft bei Druck, Riss in N
d_0 Anfangsdurchmesser in mm
L_0 Anfangslänge in mm
L gemessene Länge bei Bruch, Riss in mm
S_0 Anfangsquerschnitt in mm²

Kerbschlag-Biegeversuch nach Charpy DIN EN ISO 148-1

Ermittlung des Werkstoffverhaltens unter *mechanisch-dynamischer Belastung*. Eine gekerbte Probe liegt zwischen zwei Widerlagern. Sie wird auf einem Pendelschlagwerk mit einem einzigen Schlag entweder durchbrochen oder durch die Widerlager gezogen.

Die dabei aufgewendete Schlagarbeit wird **Kerbschlagarbeit** genannt.

Pendelschlagwerk (Schema)	**Auftreffen der Hammerschneide auf die Probe**	**Kerbschlagarbeit in Abhängigkeit von der Prüftemperatur**
Pendelhammer; Schleppzeiger; F_G; h_1; h_2; Probe	v; Hammerschneide; Probe; Widerlager	Kerbschlagarbeit in J; Prüftemperatur in °C; Hochlage (Verformungsbrüche); Steilabfall (Mischbrüche); Tieflage (Trennbrüche)

$$K = F_G \cdot (h_1 - h_2)$$

K Kerbschlagarbeit in J
F_G Gewichtskraft des Hammers in N
h_1 Fallhöhe in mm
h_2 Steighöhe in mm

Bezeichnungsbeispiel

KU = 120 J: Kerbschlagarbeit an einer Charpy-U-Probe = 120 Joule

Werkstofftechnik

Werkstoffprüfung

Werkstoffprüfung von Metallen

Kerbschlag-Biegeversuch DIN EN ISO 148-1

Probenabmessungen DIN 50115

Benennung	Abmessungen	Benennung	Abmessungen
DVM-Probe DIN 50115	55±1; 27,5±0,5; R1±0,05; 10±0,1; 10±0,1; 7±0,11; Kerbe gefräst	**Kleinstprobe KLST** DIN 50115	27±0,6; 13,5±0,3; R0,1±0,025; 4±0,1; 3±0,1; 3±0,1; Kerbe gefräst; 60°±2°
Charpy-V-Probe DIN EN ISO 148-1	Fehlende Maße s. DVM-Probe; R0,25; □10; 8; 45°	**Charpy-U-Probe** DIN EN ISO 148-1	Fehlende Maße s. DVM-Probe; R1±0,05; □10; 5±0,1; Kerbe gefräst

Scherversuch DIN 50141

Zwei zylindrische Probenquerschnitte werden durch Scherkräfte gleichzeitig belastet und abgesichert. Die dabei auftretende größte Scherkraft wird gemessen. Sie ist der Nennwert für die **Scherfestigkeit** des zu prüfenden Werkstoffes.

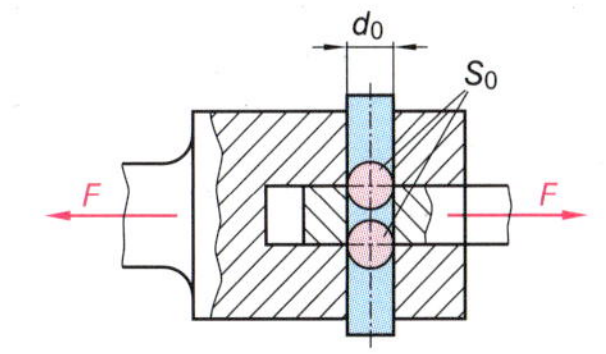

$$\tau_{aB} = \frac{F_m}{2 \cdot S_0}$$

$$S_0 = d_0^2 \cdot \frac{\pi}{4}$$

τ_{aB} Scherfestigkeit in N/mm²
F_m größte Scherkraft bei Bruch in N
S_0 Anfangsquerschnitt in mm²
d_0 Anfangsdurchmesser in mm

Scherproben: d_0: 3, 4, 5, 6, 8, 10, 12, 16 mm

Dauerschwingversuch DIN 50100

Zweck ist die Ermittlung von Nennwerten über das mechanische Verhalten von Werkstoffen und Werkstücken bei *wechselnder oder schwellender (dynamische) Belastung.*

Begriffe der Dauerschwingbeanspruchung

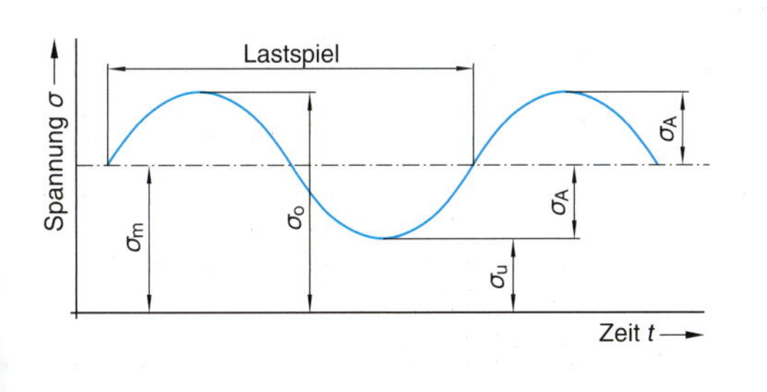

Unter der Dauerschwingfestigkeit (Dauerfestigkeit) eines Werkstoffes versteht man diejenige Belastung, die eine Probe unendlich oft ohne Bruch oder unzulässige Verformung erträgt.

σ_o Oberspannung
σ_u Unterspannung
σ_m Mittelspannung
σ_A Spannungsausschlag
σ_D Dauerfestigkeit
t Zeit

Werkstofftechnik

Werkstoffprüfung

Werkstoffprüfung von Metallen

Dauerschwingversuch DIN 50100

Beispiele der Dauerschwingbeanspruchungen

Dauerfestigkeit	Wechselfestigkeit	Schwellfestigkeit

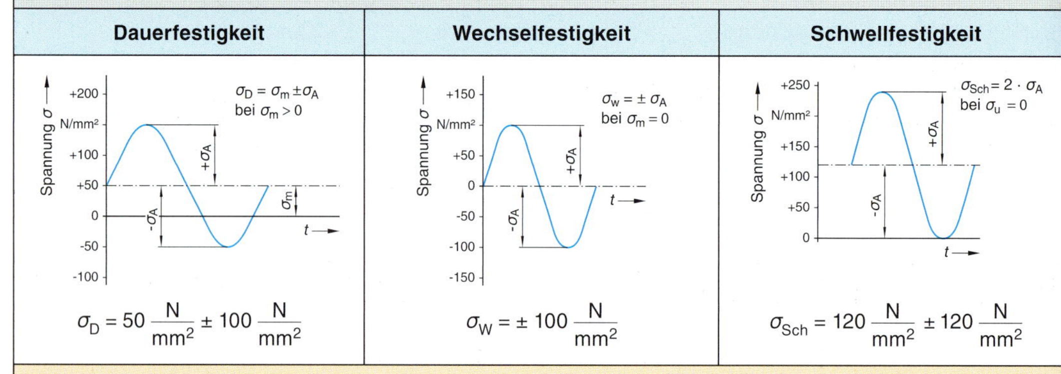

$\sigma_D = 50\,\frac{N}{mm^2} \pm 100\,\frac{N}{mm^2}$ | $\sigma_W = \pm\,100\,\frac{N}{mm^2}$ | $\sigma_{Sch} = 120\,\frac{N}{mm^2} \pm 120\,\frac{N}{mm^2}$

Wöhlerverfahren

Bei diesem Verfahren werden 6 bis 10 identische Proben einer großen Anzahl von **Lastspielen** ausgesetzt. Die Belastungen werden so eingestellt, dass mindestens eine Probe bei hoher Lastspielzahl (Lastspielzahl = Häufigkeit der Wechsel) bricht und mindestens eine weitere Probe die **Grenzlastspielzahl** durchläuft. Als Grenzspiellastzahl bezeichnet man die Lastspielzahl, bei der erfahrungsgemäß unter entsprechender Belastung kein Dauerbruch mehr eintritt.

Die **Grenzspiellast** beträgt für Stahl 10^7 Lastspiele, für Leichtmetall 10^8 Lastspiele.
Aus den ermittelten Werten von Belastung und Lastspiel bis zum Bruch wird die **Wöhlerkurve** gezeichnet.

Wöhlerkurve (Beispiel)

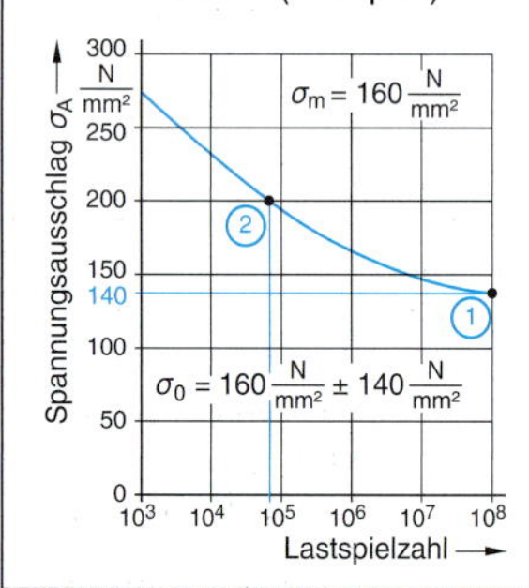

① Hier besteht eine Dauerschwingbelastung von 300 N/mm² (160 N/mm² + 140 N/mm²) zu 20 N/mm² (160 – 140 N/mm²).

Bis zu 10^8 Lastspiele übersteht der Werkstoff sicher (ohne Bruch).

② Hier besteht eine Dauerschwingbelastung von 360 N/mm² (160 N/mm² + 200 N/mm²) zu – 40 N/mm² (160 N/mm² – 200 N/mm²).
Dabei entspricht – 40 N/mm² einer Druckspannung.

Die Anzahl der Lastspiele, bis zu der dieser Werkstoff nicht zu Bruch geht, verringert sich auf weniger als 10^5 Lastspiele.

Härteprüfung nach Brinell DIN EN ISO 6506-1

Eine Stahl- (bis HBS 350) oder Hartmetallkugel (bis HBW 650) wird in die Oberfläche einer Probe eingedrückt. Der *Durchmesser des Eindrucks* (nach Wegnahme der Prüfkraft) wird gemessen. Die **Brinellhärte** ist dem Quotienten aus Prüfkraft und Oberfläche des Eindrucks proportional. *Übliche Einwirkungsdauer:* 10 bis 15 Sekunden.

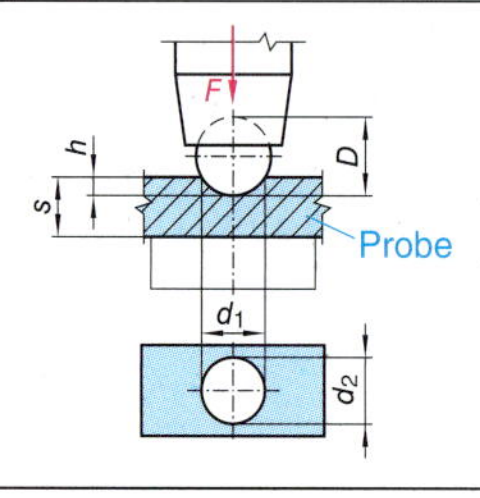

$BG = 0{,}102 \cdot \frac{F}{D^2}$ $\quad BG = 0{,}102 \cdot \frac{2 \cdot F}{D \cdot \pi \cdot \left(D - \sqrt{D^2 - d^2}\right)}$

$A = D \cdot \pi \cdot h$ $\quad h = \frac{1}{2} \cdot \left(D - \sqrt{D^2 - d^2}\right)$

$A = \frac{D \cdot \pi \cdot \left(D - \sqrt{D^2 - d^2}\right)}{2}$ $\quad d = \frac{d_1 + d_2}{2}$

$s = 8 \cdot h$ genau $s_{min} = 17 \cdot \frac{BG \cdot D}{\pi \cdot HB}$

Werkstoffprüfung

Werkstoffprüfung von Metallen

Härteprüfung nach Brinell DIN EN ISO 6506-1

BG Beanspruchungsgrad
F Prüfkraft in N
A Oberfläche des bleibenden Eindrucks (Kalotte) in mm²
h Eindringtiefe in mm
D Durchmesser der Prüfkugel in mm (i. Allg. 10mm)
d mittlerer Durchmesser des Eindruckes im mm
s Probendichte in mm
0,102 Konstante

Für allgemeine Baustähle gilt:
$R_m = \mu \cdot \text{HB}$

μ für St 3,5
GG 1,0
Al.-Leg. 3,5
Al.-Gussleg. 2,6
Cu weich 4,0

$R_m = 3{,}5 \cdot \text{HB N/mm}^2$

Ermittlung des Belastungsgrades BG

Kugel *D* mm	*F* (N) für BG 30	*F* (N) für BG 10	*F* (N) für BG 5	*F* (N) für BG 2,5	*F* (N) für BG 1,25
10	29420	9807	4903	2452	980,7
5	7355	2452	1226	613	245,2
2,5	1840	613	306,5	153,2	61,3
1	294,2	98,1	49	24,5	9,8

Belastungsgrade und bevorzugte Anwendung bei Härteprüfung

Belastungsgrad	BG 30	BG 10	BG 5	BG 2,5	BG 1,25
erfassbarer Härtebereich HB	140 – 650	35 – 200	35 – 80	< 35	3 – 39
Bevorzugte Anwendung bei der Härteprüfung	Eisenwerkstoffe, hochfeste Legierungen, Weicheisen, Stahl, Stahlguss, Temperguss, Titan-legierung, hochwarmfeste Nickellegierung, Kobaltlegierung, Cu und Cu-Legierung	Nichteisenmetalle, Leichtmetalle, Gusslegierungen, Knetlegierungen, Spritzgusslegierungen, Kupfer, Messing, Bronze, Nickel, Cu-Legierung	Nichteisenmetalle, Reinaluminium, Magnesium, Zink, Gussmessing, Cu und Cu-Legierung, Leichtmetalle	Nichteisenmetalle, Lagermetall	Nichteisenmetalle, Blei, Zinn, Weichmetall

Prüfkörper	Messwert	Einwirkzeit	Anwendung
gehärtete Stahlkugel: **HBS** Hartmetallkugel: **HBW** Kugel-Ø = 1; 2,5; 5; 10 mm	Durchmesser des bleibenden Eindrucks *d*, Eindruck-Oberfläche (Kalotte) wird berechnet	10 s (Stahl), 30 s (NE-Metalle), oder Vereinbarung anderer Einwirkzeit	geeignet für alle Werkstoffe, z. B. St (ungehärtet), GG, Al, Cu, Cu-Leg., Pb, Sn, Ni-Leg., Ti-Leg. Sintermetalle, Al-Leg.

Bezeichnungsbeispiel:

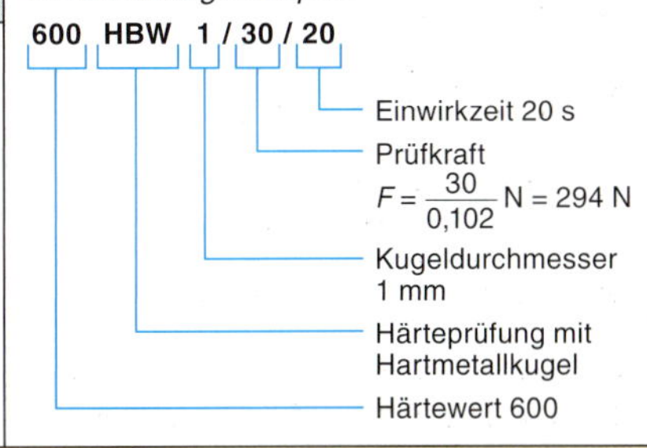

Härteprüfung nach Rockwell DIN EN ISO 6508-1

In *zwei Stufen* wird ein Eindringkörper in eine Probe gedrückt.

- **1. Stufe:** Prüfvorkraft $F_0 = 98$ N
- **2. Stufe:** F_0 + Prüfkraft $F_{1,2,3}$

Nach Wegnahme von F_1 wird die **Eindringtiefe** t_b gemessen und daraus die **Rockwellhärte** abgeleitet.

Zur Anwendung kommen *4 Prüfverfahren*:
A und *C* mit *Diamant-Kegel (120°)*,
B und *F* mit *gehärteter Stahlkugel (∅ 1/16 inch)*.

Prüfkraft

F_1 = 1373 N (HRC)
F_2 = 490 N (HRA und HRF)
F_3 = 883 N (HRB)

Werkstoffprüfung

Werkstoffprüfung von Metallen

Härteprüfung nach Rockwell — DIN EN ISO 6508-1

Rockwellhärte

$$\text{HRA, HRC} = 100 - \frac{t_b}{0{,}002\ \text{mm}}$$

$$\text{HRB, HRF} = 130 - \frac{t_b}{0{,}002\ \text{mm}}$$

F_0 Prüfvorkraft 98,7 ± 1,96 N
F_1 Prüfkraft in N
t_b verbleibende Eindringtiefe in mm
s Mindestdicke der Probe, abhängig von HR in mm

Einwirkdauer: 2 bis 15 Sekunden

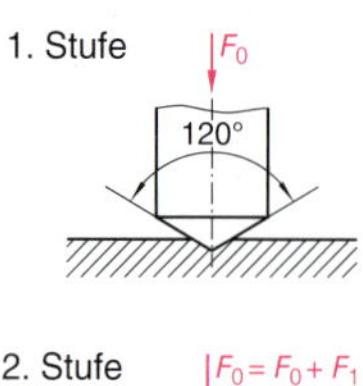

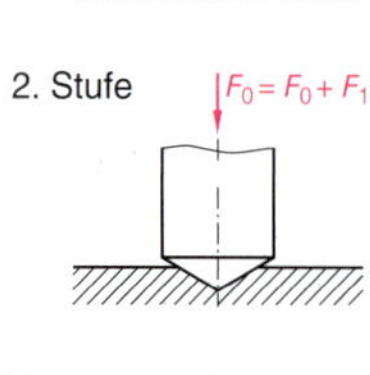

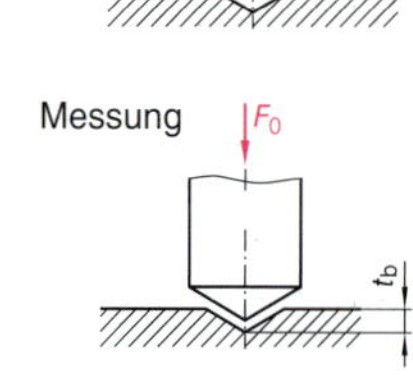

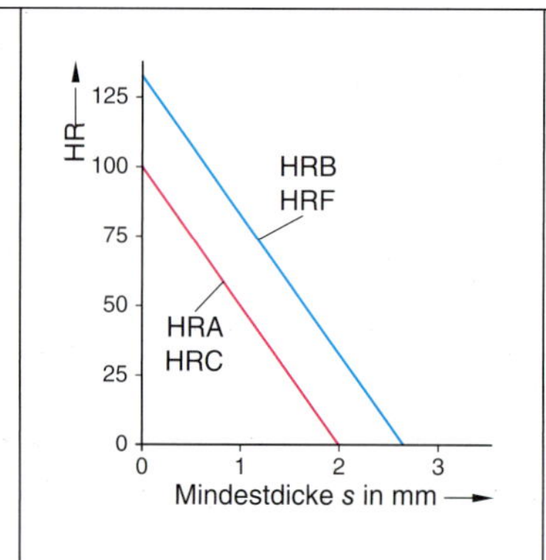

Angabe der Rockwellhärte

Beispiel

65 HRC

Härtewert und Bezeichnung des Verfahrens

Anwendungsbereiche der Rockwellprüfverfahren

	Eindringkörper	Härtebereich	Anwendungsbeispiele	Prüfkraft
HRC	Diamantkegel Spitzenwinkel 120°	20 bis 70 HRC	gehärtete Stähle, gehärtete und angelassene Legierungen	1373 N
HRA		20 bis 88 HRA	sehr harte Werkstoffe, z. B. Hartmetall	490,3 N
HRB	gehärtete Stahlkugel Durchmesser 1/16" = 1,5875 mm	20 bis 100 HRB	Werkstoffe mittlerer Härte, ungehärtete Stähle, Cu-Zn-Legierungen	882,6 N
HRF		60 bis 115 HRF	kalt gewalzte Feinbleche aus Stahl, geglättete Cu-Zn-Legierungen	490,3 N

Vergleich verschiedener Härteskalen

Vergleich verschiedener Härteskalen	
HV	100 200 300 400 500 600 700 800
HB	100 200 300 400 500 600 640
HRB	50 60 70 80 90 100
HRF	40 60 80 100 115
HRC	20 25 30 35 40 45 50 55 60 65
HRA	60 65 70 75

Werkstofftechnik

Werkstofftechnik

Werkstoffprüfung

Werkstoffprüfung von Metallen

Härteprüfung nach Vickers — DIN EN ISO 6507-1

Ein Diamant-Endringkörper in *pyramidischer Form* mit quadratischer Grundfläche und einem 136°-Winkel zwischen zwei gegenüberliegenden Flächen wird in die Oberfläche einer Probe eingedrückt.

Die Diagonalen d_1 und d_2 des *Eindrucks* werden nach Wegnahme der Prüfkraft F gmessen. Aus ihrem Mittelwert d wird die **Vickershärte** HV bestimmt. Besonders geeignet für *dünne Proben*.

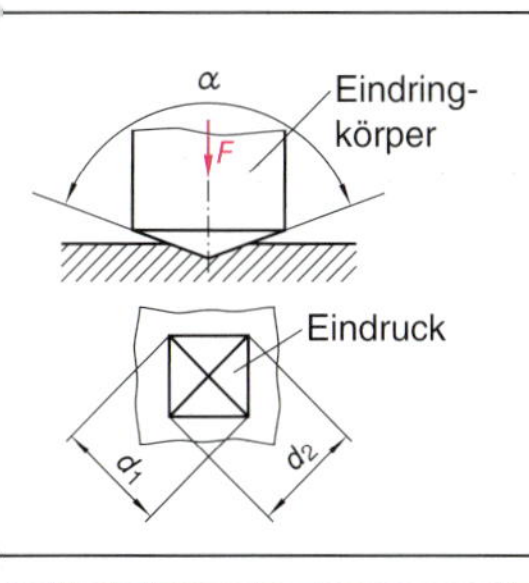

$$d = \frac{d_1 + d_2}{2} \qquad s \leq 1{,}5 \cdot d$$

$$\text{HV} \approx 0{,}1891 \cdot \frac{F}{d^2}$$

$$\text{HV} = 0{,}102 \cdot \frac{F}{A}$$

$$A = \frac{d^2}{2 \cdot \text{EIN}\,\frac{136°}{2}} = \frac{d^2}{1{,}854}$$

F Prüfkraft in N
d Diagonale des Eindrucks in mm
s Mindestdicke der Probe
A Eindruckoberfläche in mm²

Aufzuwendende Prüfkräfte *F* in N

Makrobereich		Kleinlastbereich		Mikrobereich	
HV 5	49,3	HV 0,2	1,961	HV 0,01	0,09807
HV 10	98,07	HV 0,3	2,942	HV 0,015	0,147
HV 20	196,1	HV 0,5	4,903	HV 0,02	0,1961
HV 30	294,2	HV 1	9,807	HV 0,025	0,2452
HV 50	490,3	HV 2	19,61	HV 0,05	0,4903
HV 100	980,7	HV 3	29,42	HV 0,1	0,9807

Angabe des Härtewertes

Beispiel

500 HV 30/20

Vickershärte: 500

Prüfkraft: 30 = 0,102 · 294,2 N

Einwirkdauer 20 s

Wenn Einwirkdauer 10 bis 15 s, keine Angabe

Einwirkzeit:

10 s Stahl (hart, weich)

30 s NE-Metalle (Kunststoffe)

Umwertungstabelle für Vickers-, Brinell-, Rockwellhärte und Zugfestigkeit — DIN EN ISO 18265

Die Vergleichswerte gelten für unlegierte und niedriglegierte Stähle und Stahlguss. Einflüsse von Legierungselementen führen zu starken Abweichungen.

Zugfestigkeit R_m N/mm²	Vickershärte ($F \geq 98$ N) HV	Brinellhärte HB[1]	Rockwellhärte HRB	Rockwellhärte HRC	Zugfestigkeit R_m N/mm²	Vickershärte ($F \geq 98$ N) HV	Brinellhärte HB[1]	Rockwellhärte HRB	Rockwellhärte HRC
255	80	76	–	–	**900**	280	266	(104)	27,1
270	85	80,7	41	–	**1030**	320	304	–	32,2
285	90	85,5	48	–	**1290**	400	380	–	41
320	100	95	56,2	–	**1555**	480	456[2]	–	47,7
350	110	105	62,2	–	**1630**	500	475[2]	–	49,1
400	125	119	–	–	**1740**	530	504[2]	–	51,1
450	140	133	75	–	**1775**	540	513[2]	–	51,7
510	160	152	82	–	**1845**	560	533[2]	–	53
575	180	171	87	–	**1995**	600	570[2]	–	55,3
610	190	181	89,5	–	**2180**	650	620[2]	–	57,8
660	205	195	92,5	–	**–**	670	640[2]	–	59
705	220	209	95	–	**–**	690		–	60
770	240	228	98	20,3	**–**	720	–	–	61
800	250	238	99,5	22,2	**–**	800	–	–	64
850	265	252	–	24,8	**–**	880	–	–	67
					–	940	–	–	68

[1] **HB = 0,95 · HV,** Belastungsgrad 30   [2] Richtwerte, nicht genormt

Werkstofftechnik

Werkstoffprüfung

Werkstoffprüfung von Metallen

Martenshärte durch Eindringprüfung — DIN EN ISO 14577

Universelle Härteprüfung für alle Metalle, Kunststoffe, Hartmetalle und keramische Werkstoffe.
Mikro- und Nanobereich: Dünnschichtmessung, Gefügebestandteile.

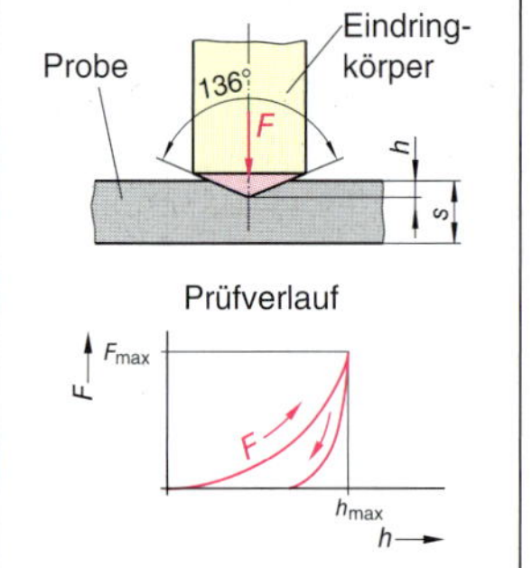

$$HM = \frac{F}{26{,}43 \cdot h^2}$$

F Prüfkraft in N
h Eindringtiefe in mm
s Probendicke in mm

Probenoberflächen			
Werkstoff	Mittenrauwert R_a bei Kraft F		
	0,1 N	2 N	100 N
Aluminium	0,13	0,55	4,0
Stahl	0,08	0,30	2,2
Hartmetall	0,03	0,1	0,8

Prüfbereich

Makrobereich: $2\ N \leq F \leq 30\ kN$

Mikrobereich: $F < 2$ N oder $h > 0{,}2$ µm

Nanobereich: $h \leq 0{,}2$ µm

Zerstörungsfreie Prüfverfahren

- **Eindringprüfung**
  Nach Vorreinigung des Prüfobjektes dringt durch Kapillarwirkung von Oberflächenrissen eine farbige benetzende Flüssigkeit ein. Im Anschluss daran wird die Oberfläche gereinigt und ein Entwickler saugt die Prüfflüssigkeit heraus.
  Anwendung: Oberflächen-Haarrissprüfung für alle Werkstoffe, Risse über 0,25 µm. Überlappungen, Falten, Poren.

- **Magnetpulverprüfung**
  Auf das Prüfobjekt werden trocken oder in Suspensionen magnetisierbare Teilchen farbig oder fluoreszierend aufgebracht.
  An den Schadstellen wird das Magnetfeld nach außen abgelenkt, was zu einer Pulveranhäufung führt.
  Jochmagnetisierung: Querrisse (Kraftfeldlinien längs) werden erkannt.
  Stromdurchflutung: Längsrisse (Kraftfeldlinien konzentrisch) werden erkannt.
  Anwendung: Materialfehler über 1 µm an der Oberfläche und bis zu einer Tiefe von 3 mm bei ferromagnetischen Werkstoffen.

- **Wirbelstromprüfung**
  Im Prüfobjekt werden durch Induktion Wirbelströme hervorgerufen. Dadurch wird das Magnetfeld der Spule beeinflusst. Die Wirbelströme hängen vom elektrischen Widerstand des Prüfobjektes und damit vom Aufbau des Prüfobjektes ab.
  Anwendung: Gleichmäßigkeitsprüfung metallischer Werkstoffe, Durchlaufprüfung von Halbzeugen, Dickenmessung von Schichten, Erkennung von Härte- und Zusammensetzungsunterschieden.

- **Ultraschallprüfung**
  Bei Übergang auf ein anderes Medium (Fehler) wird der Ultraschall gestört und der Schall reflektiert.
  Es werden nur quer zu Schallrichtung liegende Fehler erfasst.
  Anwendung: Für beliebige Werkstoffe zur Haarrisserkennung, Erkennung breiter Risse, Lunkern, Bindefehlern an Guss- und Schmiedeteilen, Achsen und Wellen.

- **Röntgen- und Gammastrahlprüfung**
  Diese Strahlen dringen in beliebige Werkstoffe ein, pflanzen sich geradlinig fort und werden ihrer Energie und der Werkstoffdichte entsprechend abgeschwächt.
  Bei Fehlstellen werden die Strahlen weniger gebremst, was durch stärkere Schwärzung erkennbar wird.
  Anwendung: Erkennung von Rissen, Poren, Lunkern, Bildefehlern, Oberflächenrisse sind nicht erkennbar.

Werkstofftechnik

Werkstoffprüfung von Kunststoffen

Zugversuch, Kraft-Längenänderungsdiagramm

Der Zugversuch dient zur Feststellung der Festigkeits- und Formänderungseigenschaften von Kunststoffen. Er wird in gleicher Weise wie bei Metallen durchgeführt. Bei Kunststoffen wird eine Probe bei 20° C und 65 % Luftfeuchtigkeit auf einer Zerreißmaschine bis zum Bruch gedehnt. Kraft und Verlängerung werden im Längenänderungsdiagramm aufgezeichnet.

Kraft-Längenänderungsdiagramm für

Kunststoff, hart, spröde

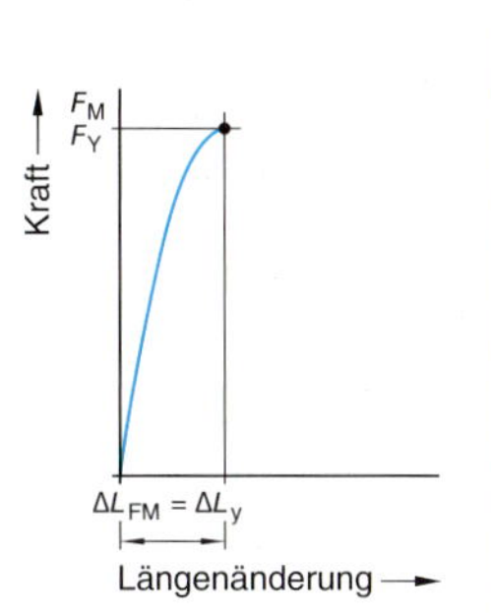

Kunststoff *mit* ausgeprägter Streckspannung, zäh-elastisch

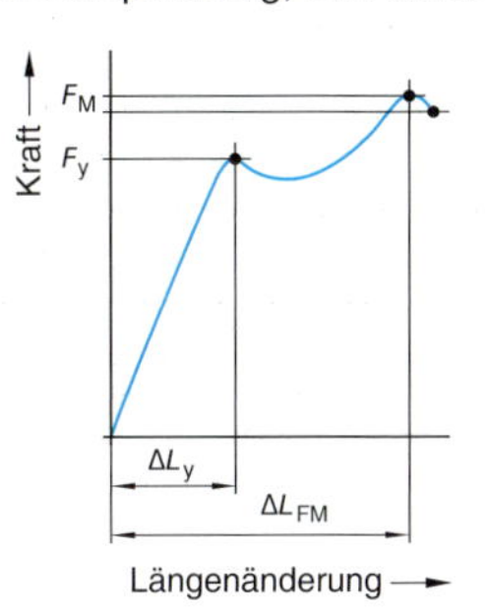

Kunststoff *ohne* ausgeprägte Streckspannung, weich-elastisch

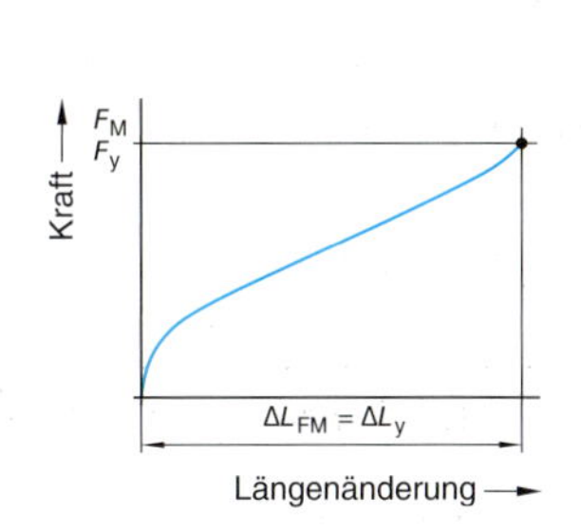

$$\sigma_M = \frac{F_M}{S_0} \qquad \sigma_Y = \frac{F_Y}{S_0}$$

$$\varepsilon_M = \frac{\Delta L_{FM}}{L_0} \cdot 100\ \%$$

$$\varepsilon_Y = \frac{\Delta L_Y}{L_0} \cdot 100\ \%$$

F_M größte Zugkraft in N
F_Y Kraft bei Streckspannung in N
L_0 Messlänge bzw. Anfangsmesslänge in mm
L_1 Länge des engen parallelen Teils in mm
L_2 Abstand zwischen den breiten parallelen Teilen in mm
L_3 Probenlänge in mm
L Einspannlänge in mm

ΔL_{FM} Längenänderung bei F_M in mm
ΔL_Y Längenänderung bei F_Y in mm
h Probendicke in mm
b Probenbreite in mm
S_0 Anfangsquerschnitt in mm^2
σ_M Zugfestigkeit bei F_M in N/mm^2
σ_Y Streckspannung in N/mm^2
ε_M Höchstdehnung (Dehnung bei F_M) in %
ε_Y Streckdehnung (Dehnung bei F_Y) in %

Probenabmessungen und Prüfgeschwindigkeit DIN EN ISO 527-1

Kennziffer	1	1a	2	3	4	5	6	7	8
Prüfgeschwindigkeit *v* in mm/min	1 ± 20 %	2 ± 20 %	5 ± 20 %	10 ± 20 %	20 ± 10 %	50 ± 10 %	100 ± 10 %	200 ± 10 %	500 ± 10 %

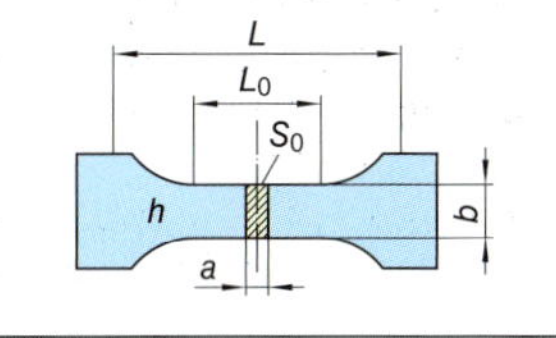

Proben für

	Folien DIN EN ISO 527-3			**Formmassen** DIN EN ISO 527-2			
Typ	**2**	**4**	**5**	**1A**	**1b**	**5A**	**5B**
L_0 **in mm**	50 ± 0,5	25 ± 0,25	50 ± 0,5	50 ± 0,5	50 ± 0,5	20 ± 0,5	10 ± 0,2
***a* in mm**	≤ 1	≤ 3	0,5 – 2	4 ± 0,2	3–4 ± 0,2	≥ 2	≥ 1
***b* in mm**	10 – 25	6 ± 0,4	10 – 25	10 ± 0,2	10 ± 0,2	4 ± 0,1	2 ± 0,1
L_1 **in mm**	–	80 ± 5	120	–	115	–	–

Werkstofftechnik

Werkstoffprüfung von Kunststoffen

Eindruckversuch für Kunststoffe — DIN EN ISO 2039-1

Verwendet wird eine Kugel aus gehärtetem Stahl mit einem Durchmesser von 5 mm.
Als Ausgleich für Spiel und Unebenheiten beträgt die *Vorkraft* F_0 = 9,81 N.
Die Prüfkraft F_m wird so gewählt, dass die Eindringtiefe h = 0,15 bis 0,35 mm beträgt. F_m = 49/132/358/961 N.
Zeitdauer der Prüfung t = 30 s. Gemessen wird die Eindringtiefe h unter Einwirkung der Gesamtkraft $F_0 + F_m$.

Kugeldruckhärte

$$H = \frac{0{,}21}{0{,}21 - h_r + h} \cdot \frac{F_m}{5\pi \cdot h_r}$$

Reduzierte Eindringtiefe: h_r = 0,25 mm

Ermittlung der Kugeldruckhärte von Kunststoffen:
H132/30 = 35 N/mm², Kugeldruckhärte 35 N/mm² mit einer Prüfkraft von 132 N und einer Einwirkzeit von 30 s.

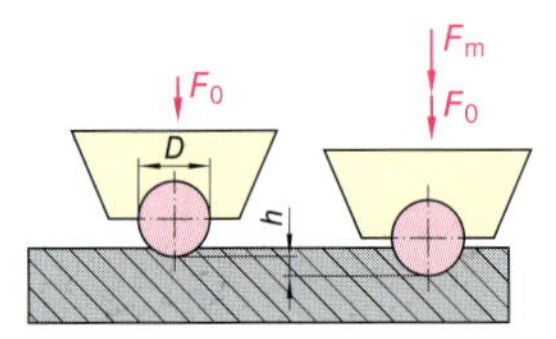

Bezeichnungsbeispiel:
DIN ISO 2039-7411358
7411 ≙ Kugeldruckhärte in N/mm²
358 ≙ Pufferkraft F_m in N bei einer Eindringtiefe von h = 0,3 mm

Prüfkraft F_m in N	Kugeldruckhärte H in N/mm² bei Eindrucktiefe h in mm									
	0,16	**0,18**	**0,20**	**0,22**	**0,24**	**0,26**	**0,28**	**0,30**	**0,32**	**0,34**
49	22	19	16	15	13	12	11	10	9	9
132	59	51	44	39	35	32	30	27	24	24
358	160	137	120	106	96	87	80	**74**	68	64
961	430	370	320	290	260	234	214	198	184	171

Fertigungstechnik

Fertigungstechnik

Fertigungsverfahren

Hauptgruppen

DIN 8580

Hauptgruppe 1 **Urformen**	Fertigung eines *festen Körpers* aus *formlosem Stoff* durch Schaffen des Zusammenhaltens. Dabei treten die *Stoffeigenschaften* bestimmbar in Erscheinung. *Zum Beispiel:* Gießen von Metallen und Kunststoffmassen, Pulverpressen und Sintern. *Formlose Stoffe* sind Gase, Flüssigkeiten, Pulver, Fasern, Späne, Granulat usw., auch eine Menge loser Teilchen mit geometrisch bestimmbarer Form. Der *Zusammenhalt* bezieht sich sowohl auf die Teilchen eines festen Körpers als auch auf die Bestandteile eines zusammengesetzten Körpers.
Hauptgruppe 2 **Umformen**	Fertigen durch bildsames (plastisches) *Ändern der Form* eines festen Körpers unter Beibehaltung von Masse und Zusammenhalt. *Beispiele:* Biegen, Schmieden, Stauchen, Walzen.
Hauptgruppe 3 **Trennen**	Fertigen durch *Änderung der Form* eines festen Körpers, wobei der *Zusammenhalt örtlich aufgehoben* wird. Dabei ist die Endform in der Ausgangsform enthalten. Das Zerlegen zusammengesetzter Körper zählt auch dazu. *Beispiele:* Schneiden, Stanzen, Drehen, Schleifen, Demontieren.
Hauptgruppe 4 **Fügen**	Das auf *Dauer angelegte Verbinden* oder sonstiges *Zusammenbringen* von zwei oder mehr Werkstücken geometrisch bestimmbarer fester Form oder von ebensolchen Werkstücken mit formlosem Stoff. Dabei wird der *Zusammenhalt örtlich geschaffen* und im Ganzen vermehrt. *Beispiele:* Schweißen, Löten, Kleben, Schrauben, Nieten.
Hauptgruppe 5 **Beschichten**	Aufbringen einer festhaftenden Schicht aus formlosem Stoff auf ein Werkstück. *Beispiele:* Aufdampfen, Anstreichen, Auftragschweißen, Pulveraufspritzen.
Hauptgruppe 6 **Stoffeigenschaft ändern**	Fertigen durch Veränderung der *Eigenschaft des Werkstoffes*, aus dem ein Werkstück besteht. Im Allgemeinen erfolgt dies durch Veränderungen im *submikroskopischen* bzw. *atomaren* Bereich; zum Beispiel durch Diffusion von Atomen, Erzeugung und Bewegung von Versetzungen im Atomgitter, chemische Reaktionen. *Beispiele:* Härten, Anlassen, Magnetisieren, Auf- und Entkohlen.

Begriffe des Spanens

Geometrie am Schneidkeil

Dargestellt sind *Flächen*, *Schneiden* und *Schneidenecken am Schneidkeil* des Werkzeuges am Beispiel des *Dreh- oder Hobelmeißels*, *Spiralbohrers* und *Walzenstirnfräsers*.

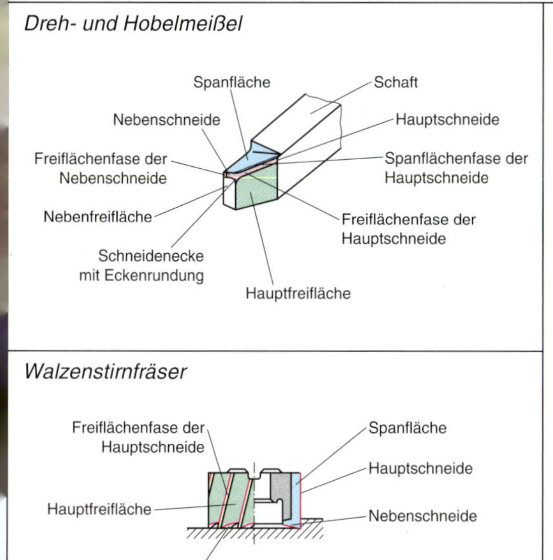

Spiralbohrer

Ansicht Y
Hauptschneide
Hauptfreifläche
Fase der Nebenfreifläche
Querschneide abgeknickter Teil der Hauptschneide
Nebenfreifläche
Nebenfreifläche
Spanfläche
Schneidenecke
Nebenschneide
Schneidenecke
Hauptschneide
Werkzeugachse
Y

Fertigungstechnik

Fertigungsverfahren

Begriffe des Spanens

Geometrie am Schneidkeil

Schneidkeil

Der Teil des Werkzeuges, an dem durch Relativbewegung zwischen Werkzeug und Werkstück der Span entsteht. Die Schnittlinien der den Keil begrenzenden Flächen sind **Schneiden**. Die Schneiden können gerade, gekrümmt oder geknickt sein.

Flächen am Schneidkeil

Freiflächen sind den entstehenden Schnittflächen zugekehrt. **Schnittflächen** sind die am Werkstück von den Schneiden momentan erzeugten Flächen.

Unterschieden wird zwischen den **Hauptfreiflächen** an den Hauptschneiden und den **Nebenfreiflächen** an den Nebenschneiden.

Die **Spanfläche** ist die Fläche am Schneidkeil, auf der der Span abläuft.

Schneiden am Schneidkeil

Die **Hauptschneiden** sind Schneiden, deren Schneidwinkel bei Betrachtung in der Arbeitsebene *in Vorschubrichtung* weist.

Die **Nebenschneiden** sind Schneiden, deren Schneidkeil bei Betrachtung in der Arbeitsebene *nicht in Vorschubrichtung* weist.

An der **Schneidenecke** treffen eine Hauptschneide und eine Nebenschneide mit gemeinsamer Spanfläche zusammen.

Winkel am Schneidkeil

Angewendet wird ein *rechtwinkliges Bezugssystem*. Es besteht aus *Werkzeugbezugsebene*, der *Schneidenebene* und der *Keilmessebene*. Diese drei Ebenen bilden das **Werkzeugbezugssystem** für das *nicht im Einsatz befindliche* Werkzeug.

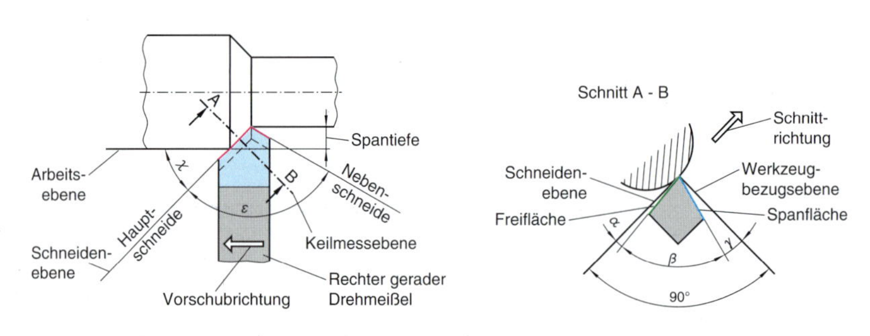

Die Werkzeugbezugsebene liegt parallel zur Auflagefläche. Die Scheidenebene steht senkrecht auf der Werkzeugsbezugsebene. Die Keilmessebene steht senkrecht auf Werkzeugsbezugs- und Schneidenebene.

Werkzeugwinkel (Werkzeugbezugssystem) am Schneidkeil

Benennung	Formelzeichen	Gemessen in der	Erläuterung
Einstellwinkel	κ (Kappa)	Werkzeug-bezugsebene	Winkel zwischen Schneidenebene und Arbeitsebene
Eckenwinkel	ε (Epsilon)	Werkzeug-bezugsebene	Winkel zwischen Haupt- und Nebenschneide
Neigungswinkel	λ (Lambda)	Schneidenebene	Winkel zwischen Schneide und Werkzeugbezugsebene
Freiwinkel	α (Alpha)	Keilmessebene	Winkel zwischen Freifläche und Schneidenebene
Keilwinkel	β (Beta)	Keilmessebene	Winkel zwischen Freifläche und Spanfläche
Spanwinkel	γ (Gamma)	Keilmessebene	Winkel zwischen Spanfläche und Werkzeugbezugsebene

Fertigungstechnik

Fertigungsverfahren

Begriffe des Spanens

Geometrie am Schneidkeil

Bewegungen zwischen Werkstück und Werkzeugschneide	Die Bewegungen bei einem Zerspanungsvorgang sind *Relativbewegungen* zwischen Werkstück und Werkzeugschneide. Sie werden auf das *ruhend* gedachte Werkstück bezogen. **Nur das Werkzeug bewegt sich!**
Schnittbewegung	Bewegung zwischen Werkstück und Werkzeug, die *ohne Vorschubbewegung* nur *eine einmalige Spanabnahme* während einer Umdrehung oder eines Hubes bewirken würde.
Vorschubbewegung	Bewegung zwischen Werkstück und Werkzeug, die zusammen mit der Schnittbewegung eine *Spanabnahme während mehrerer Umdrehungen oder Hübe* ermöglicht. Sie kann *schrittweise* oder *stetig* erfolgen.
Wirkbewegung	Resultierende Bewegung aus Schnittbewegung und gleichzeitig ausgeführter Vorschubbewegung.
Anstellbewegung	Bewegung zwischen Werkstück und Werkzeug, mit der das Werkzeug vor dem Zerspanen an das Werkstück herangeführt wird.
Zustellbewegung	Bewegung zwischen Werkstück und Werkzeug, durch die die Spandicke bestimmt wird.
Nachstellbewegung	Korrekturbewegung zwischen Werkstück und Werkzeug, zum Beispiel zum Ausgleich von Werkzeugverschleiß.
Schnittgeschwindigkeit v_c	Momentane Geschwindigkeit des betrachteten Schneidenpunktes in Schnittrichtung (Richtung der Schnittbewegung).
Vorschubgeschwindigkeit v_f	Momentane Geschwindigkeit des Werkzeuges in Vorschubrichtung (Richtung der Vorschubbewegung).

Werkzeug-Anwendungsgruppen DIN 1836

Werkzeug-Anwendungsgruppen, allgemein		Werkzeug-Anwendungsgruppen für Schruppfräser	
Gruppe	**Anwendungsbereich**	**Gruppe**	**Anwendungsbereich**
N	Zerspanen von Werkstücken mit normaler Festigkeit und Härte	**NF**	Spanteiler mit flachem, feinen Profil
H	Zerspanen von harten, zähharten und/oder kurzspanenden Werkstoffen	**HF**	Spanteiler mit flachem, groben Profil
W	Zerspanen von weichen, zähen und/oder langspanenden Werkstoffen	**NR**	Spanteiler mit rundem Profil
		HR	Spanteiler mit rundem, feinem Profil

Schneidstoffe

Kennbuchst.	Schneidstoffgruppe
HW **HT** **HC**	unbeschichtetes Hartmetall, vorwiegend aus Wolframcarbid (WC) unbeschichtetes Hartmetall, vorwiegend aus Titancarbid (TiC) oder Titannitrit (TiN); Cermet beschichtetes Hartmetall
CA **CM** **CN** **CC**	Qxidkeramik, unbeschichtet, vorwiegend aus Aluminiumoxid (Al_2O_3) Mischkeramik, unbeschichtet, auf Grundlage von Aluminiumoxid (Al_2O_3) und anderen oxidischen Bestandteilen Nitridkeramik, unbeschichtet, überwiegend Siliziumnitrid (Si_3N_4) beschichtete Schneidkeramik
DP **BN**	polykristalliner Diamant (hochhart) kubisch monokristallines Bornitrid (hochhart)

Fertigungstechnik

Fertigungsverfahren

Schneidstoffe

Anwendung der harten Schneidstoffe zur Zerspanung DIN ISO 513

Kennbuchstabe, Kennfarbe	Kategorie des Werkstück-Werkstoffes	Kurzzeichen	Werkstückwerkstoff	Anwendungen und Arbeitsbedingungen
P	langspanende Eisenmetalle	P01	Stahl, Stahlguss	Feindrehen und Feinbohren, hohe Schnittgeschwindigkeiten, kleine Spanquerschnitte, hohe Maßgenauigkeit und Oberflächengüte, schwingungsfreies Arbeiten
		P10	Stahl, Stahlguss	Drehen, Kopierdrehen, Gewindeherstellung und Fräsen, hohe Schnittgeschwindigkeiten, kleine bis mittlere Spanquerschnitte
		P20	Stahl, Stahlguss, langspanender Temperguss	Drehen, Kopierdrehen, Fräsen, mittlere Schnittgeschwindigkeiten und Spanquerschnitte, Hobeln bei kleinen Vorschüben
		P30	Stahl, Stahlguss, langspanender Temperguss	Drehen, Fräsen, Hobeln, mittlere bis niedrige Schnittgeschwindigkeiten, mittlere bis große Spanquerschnitte
		P40	Stahl, Stahlguss mit Sandeinschlüssen und Lunkern	Drehen, Hobeln, Stoßen, niedrige Schnittgeschwindigkeiten, große Spanquerschnitte
		P50	Stahl, Stahlguss mittlerer oder niedriger Festigkeit mit Sandeinschlüssen und Lunkern	Wenn ein sehr zäher Schneidstoff erforderlich ist: Drehen, Hobeln, Nutenfräsen, kleine Schnittgeschwindigkeiten, große Spanquerschnitte, große Spanwinkel
M	lang- oder kurzspanende Eisenmetalle sowie Nichteisenmetalle	M10	Stahl, Stahlguss, Manganhartstahl, Gusseisen, legiertes Gusseisen	Drehen, mittlere bis hohe Schnittgeschwindigkeiten, kleine bis mittlere Spanquerschnitte
		M20	Stahl, Stahlguss, austenitische Stähle, Manganhartstahl, Gusseisen	Drehen, Fräsen, mittlere Schnittgeschwindigkeiten und Spanquerschnitte
		M30	Stahl, Stahlguss, austenitische Stähle, Gusseisen, hochwarmfeste Legierungen	Drehen, Fräsen, Hobeln, mittlere Schnittgeschwindigkeiten, mittlere bis große Spanquerschnitte
		M40	Automatenweichstahl, Stähle niedriger Festigkeit, Nichteisenmetalle und Weichmetalle	Drehen, Abstechen, besonders auf Automaten
K	kurzspanende Eisenmetalle sowie Nichteisenmetalle und nichtmetallische Werkstoffe	K01	Gusseisen hoher Härte, Kokillen-Hartguss mit Härte über 85 Shore, Aluminiumlegierungen mit hohem Siliziumgehalt, gehärteter Stahl, stark verschleißend wirkende Kunststoffe, Hartpapier, keramische Werkstoffe	Drehen, Schlichtaußendrehen, Innendrehen, Fräsen, Schaben
		K10	Gusseisen mit HB ≥ 220, kurzspanender Temperguss, gehärteter Stahl, siliziumhaltige Aluminiumlegierungen, Kunststoff, Glas, Hartgummi, Porzellan, Gestein	Drehen, Fräsen, Bohren, Innendrehen, Räumen, Schaben
		K20	Gusseisen mit HB ≥ 220, Nichteisenmetalle: Kupfer, Kupfer-Zink-Legierung, Aluminium	Drehen, Fräsen, Hobeln, Innendrehen, Räumen, wenn eine sehr hohe Zähigkeit des Hartmetalls erforderlich ist
		K30	Gusseisen niedriger Härte, Stahl niedriger Festigkeit, Schichthölzer	Drehen, Fräsen, Hobeln, Stoßen, Nutenfräsen, große Spanwinkel möglich
		K40	Weichhölzer oder Harthölzer, Nichteisenmetalle	Drehen, Fräsen, Hobeln, Nutenfräsen, große Spanwinkel möglich

Fertigungstechnik

Fertigungsverfahren

Schneidstoffe

Anwendung beschichteter Hartmetalle

Hartmetall-grundkörper	Beschichtung	Werkstück-werkstoffe	Fertigungsverfahren und Anwendungsbedingungen
P10 bis P20	TiC	Stahl, Stahlguss	Drehen, Bohren, Schruppen bis Schlichten bei hohen Schnittgeschwindigkeiten
P10 bis P25 M10 bis M20	TiC	Stahl, Stahlguss, langspanender Temperguss	Drehen, Bohren, Schruppen bis Schlichten bei erhöhten Schnittgeschwindigkeiten, ergibt eine bessere Oberflächengüte
P20 bis P40 M15 bis M30	TiC	Stahl, Stahlguss	Drehen, Bohren, Schruppen bis Vorschlichten bei hohen Schnittgeschwindigkeiten unter weniger günstigen Arbeitsbedingungen
K05 bis K10	TiN	Gusseisen, Nichteisenmetalle	Drehen, Bohren, Vorschlichten und Schlichten bei hohen Schnittgeschwindigkeiten
K05 bis K20	TiC	Gusseisen, Nichteisenmetalle	Drehen, Bohren, Fräsen, Schruppen bis Schlichten bei erhöhten Schnittgeschwindigkeiten

Anwendung keramischer Schneidstoffe

Schneidstoff	Zusammensetzung	Anwendungsbereiche
Oxidkeramik	$Al_2O_3 > 90$ % $ZrO_2 < 10$ %	Schruppen und Schlichten von Gusseisen und Temperguss
	$Al_2O_3 > 80$ % $ZrO_2 < 20$ %	Schruppen und Schlichten von Stahl
Mischkeramik	$Al_2O_3 > 80$ % TiC < 20 %	Feinschlichten von Gusseisen, Temperguss und Stahl
	$Al_2O_3 > 60$ % TiC < 40 %	Bearbeitung von gehärteten Stählen und Hartguss
Cermet	Metallische und keramische Komponenten. Keramische Hartstoffe, die in eine metallische Bindephase (Nickel) eingebettet sind. Carbide: Wolframcarbid (WC), Titancarbid (TiC) und Tantalcarbid (TaC) Hartstoff: Titannitrid (TiN).	Höhere Warmhärte und Kantenfestigkeit als Hartmetalle. Zur kompletten Fertigbearbeitung von Drehteilen in eine Einspannung mit geringem Aufmaß eingesetzt.

Kühlschmierstoffe

Benennung	Kennbuchstaben	Richtlinien
Kühlschmierstoffe	S	Stoff, der beim Trennen von Werkstoffen zum Kühlen und Schmieren eingesetzt wird.
Nichtwassermischbare Kühlschmierstoffe	SN	S1 mit Fettstoffzusätzen S2 mit mild wirkenden EP-Zusätzen (Extreme Pressure) S3 mit Fettstoff- und EP-Zusätzen S4 mit aktiven EP-Zusätzen, besser als S2 S5 mit Fettstoffzusätzen und aktiven EP-Zusätzen
Wassermischbare Kühlschmierstoffe	SE	E 1–10 %; Emulsion mit 1–10 % Öl in Wasser, wo intensive Kühlung aber geringe Schmierung verlangt wird, z. B. bei hohen Schnittgeschwindigkeiten.
Wassergemischte Kühlschmierstoffe	SEW	mit Wasser gemischt
Kühlschmierlösungen	SESW	L1 Lösungen von organischen Stoffen in Wasser L2 Lösungen von anorganischen Stoffen in Wasser, gute Kühlwirkung, geringe Schmierwirkung

Kühlschmierstoffe → 585

Fertigungstechnik

Fertigungsverfahren

Kühlschmierstoffe

Auswahl von Kühlschmierstoffen

Verfahren	Stahl	Gusseisen	Cu-Legierungen	Al-Legierungen
Sägen	E 2–5 %, L1	trocken, E	S1, S2, S3	S1, S2, S3
Bohren	E 2–5 %, S	trocken, E	trocken	E 2–5 %, S
Drehen (Schruppen)	E 2–5 %, L1	trocken	trocken, L1, S1	trocken
Drehen (Schlichten)	E 2–5 %, S3	E,S	trocken	trocken
Fräsen	E 5–10 %, L, S	trocken, E	trocken, E, S	S1, S2, S3, E

Drehzahldiagramm

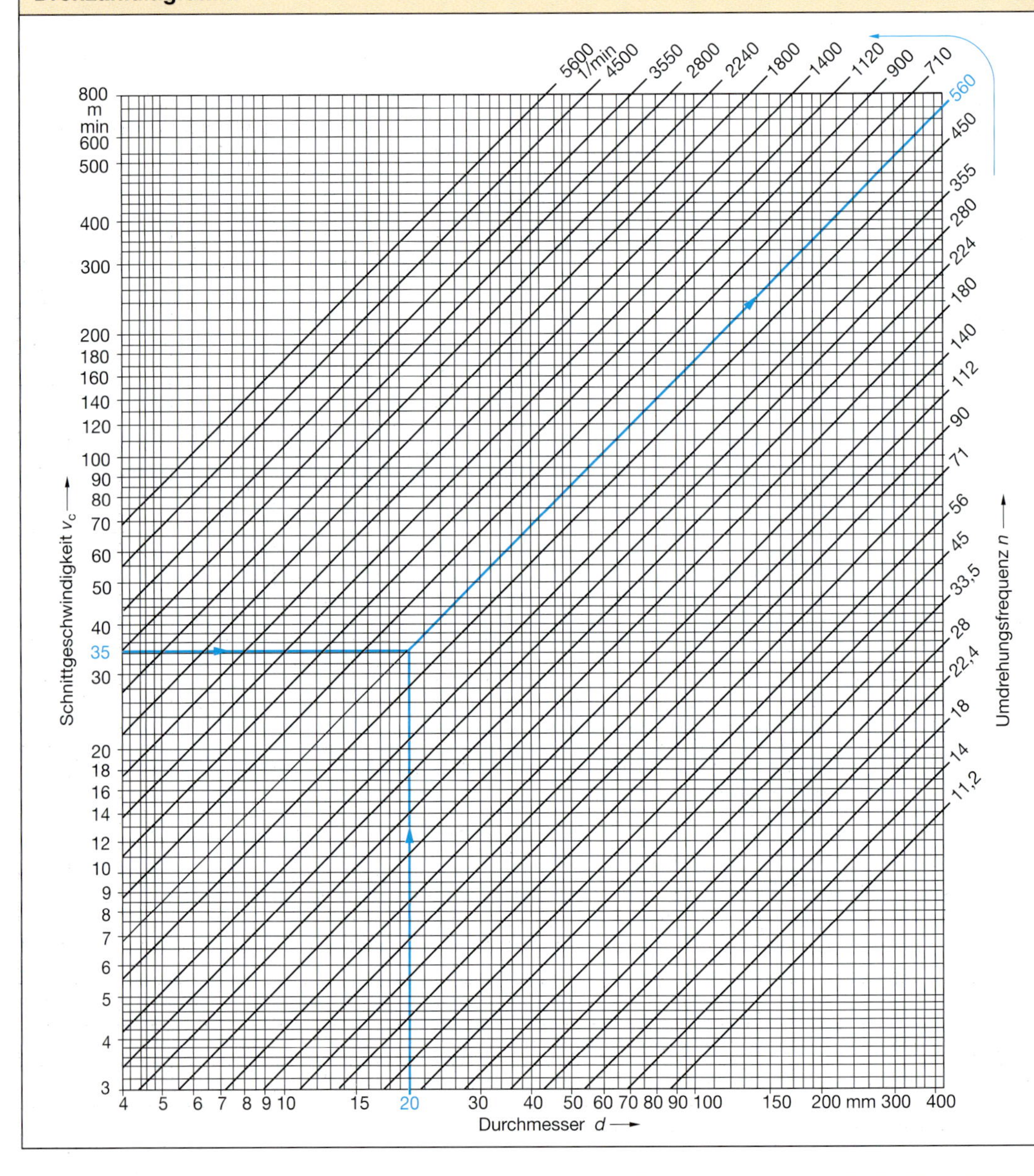

Fertigungstechnik

Fertigungsverfahren

Drehzahldiagramm

Die **Ermittlung der Drehzahl** *n* einer Werkzeugmaschine kann aus dem Werkstückdurchmesser *d* (z. B. Drehen) bzw. dem *Werkzeugdurchmesser d* (z. B. Bohren) und der gewählten *Schnittgeschwindigkeit* v_c

mithilfe der Formel **berechnet**

oder

zeichnerisch aus dem *Drehzahldiagramm* ermittelt werden.

Drehzahl

$$n = \frac{v_c}{\pi \cdot d}$$

Beispiel

Werkstückdurchmesser $d = 20$ mm
Schnittgeschwindigkeit $v_c = 35$ m/min
Die Drehzahl kann dann dem Diagramm (Seite 618) entnommen werden: $n = 560 \frac{1}{\text{min}}$

Anwendungsrichtlinien

Zu spanender Werkstoff		Zugfestigkeit R_m in N/mm² oder Brinellhärte HB	Werkzeug-Anwendungsgruppe						
			N	H	W	NF	NR	HF	HR
Automatenstahl		370 – 600	x		○	x	x		
		550 – 1000	x	○		x	x	○	○
allgemeiner Baustahl		– 600	x		○	x	x		
		500 – 900	x			x	x		
Einsatzstahl		– 600	x		○	x	x		
		550 – 800	x			x	x		
Vergütungsstahl	weich oder normalgeglüht	500 – 750	x			x	x		
	unlegiert vergütet	700 – 1000	x			x	x		
	legiert vergütet	700 – 1000	x			x	x		
		900 – 1250	x	○		x	x		
Werkzeugstahl	legiert vergütet	900 – 1250	x	○		x	x	x	x
	unlegiert oder legiert, weichgeglüht	180 – 240 HB	x			x	x	○	○
	hochgekohlt und/oder hochlegiert, weichgeglüht	220 – 300 HB	○	x		○	○	x	x
Gusseisen	mit Kugelgrafit oder Lamellengrafit	100 – 240 HB	x			x	x		○
		230 – 320 HB	○	x		x		x	x
Temperguss		150 – 250	x			x	○	○	○
Al-Legierungen	weniger als 11 % Si	–	○		x				
Cu-Sn-Legierungen		–	○		x				

x im Regelfall einzusetzen ○ im Sonderfall einzusetzen

Fertigungsverfahren

Spezifische Schnittkraft k_c

Zu spanender Werkstoff	$k_{c1,1}$ [2] N/mm²	m_c [3]	spezifische Schnittkraft k_c [1] in N/mm² auf die Spanungsdicke h in mm									
			0,08	0,1	0,16	0,2	0,31	0,5	0,8	1	1,6	2,5
S235JR (St37-2)	1600	0,33	3800	3500	3000	2780	2370	2040	1740	1600	1370	1180
E295 (St50-2)	1800	0,27	3460	3260	2870	2700	2380	2120	1860	1750	1540	1370
E360 (St70-2)	1950	0,30	4180	3910	3400	3180	2760	2410	2100	1990	1700	1490
C35	1550	0,28	3270	3060	2670	2500	2190	1930	1680	1580	1360	1200
C60	1690	0,22	2950	2810	2530	2420	2190	1970	1775	1700	1530	1490
C60E (Ck60)	1840	0,18	3000	3050	2750	2620	2360	2145	1930	1850	1660	1510
15CrMo5	1800	0,22	3140	2990	2660	2550	2280	2060	1850	1770	1570	1420
16MnCr5	1700	0,28	3325	3130	2750	2595	2290	2030	1785	1655	1480	1315
18CrNi8	1750	0,25	3140	2970	2660	2520	2250	2050	1800	1710	1530	1375
34CrMo4	1770	0,23	3150	2990	2680	2550	2290	2070	1850	1760	1570	1430
37MnSi5	1700	0,22	3100	2920	2610	2490	2240	2020	1805	1735	1540	1395
42CrMo4	1950	0,25	3580	3390	3030	2870	2565	2300	2060	1980	1745	1570
50CrV6	1890	0,25	3550	3350	2980	2820	2510	2245	1990	1895	1680	1500
55NiCrMoV6	1800	0,25	3290	3120	2785	2640	2350	2110	1890	1780	1600	1450
EN-GJL-200	830	0,25	1900	1770	1520	1410	1220	1040	890	830	710	525
EN-GJL-250	1140	0,26	2200	2100	1840	1735	1540	1370	1210	1100	1010	900
EN-GJL-300	1200	0,28	2600	2360	1950	1750	1470	1210	995	900	750	570
GS45	1580	0,17	2410	2325	2145	2070	1900	1770	1630	1550	1450	1345
GAlSi12	620	0,25	1100	850	780	670	620	550	500	450	400	380
CuZn40Pb2	770	0,18	1300	1200	1100	950	800	650	550	500	450	400

[1] Die Tabellenwerte gelten für HM-Werkzeuge mit den Spanwinkeln: $\gamma_0 = +6°$ für **Stähle**, $\gamma_0 = +2°$ für **Gusseisenwerkstoffe**, $\gamma_0 = +8°$ für **Kupferlegierungen**

[2] Hauptwert der spezifischen Schnittkraft, entspricht einem Spanungsquerschnitt von 1 mm² (Spanungsbreite b = Spanungsdicke h = 1 mm)

[3] Exponent, der die Spanungsdicke h berücksichtigt

Bohren

Spiralbohrer, Benennungen und Winkel — DIN 6581 DIN 1412

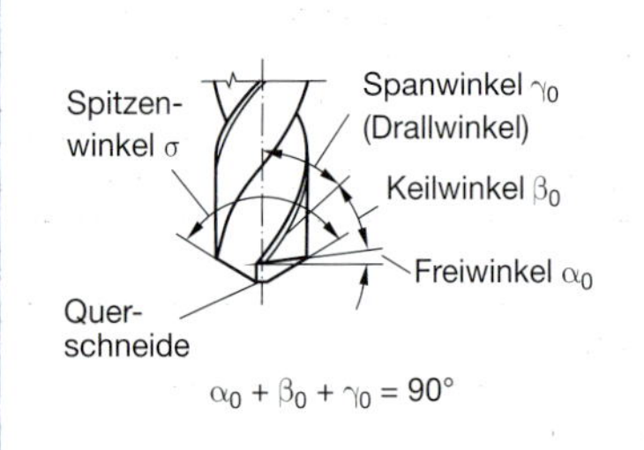

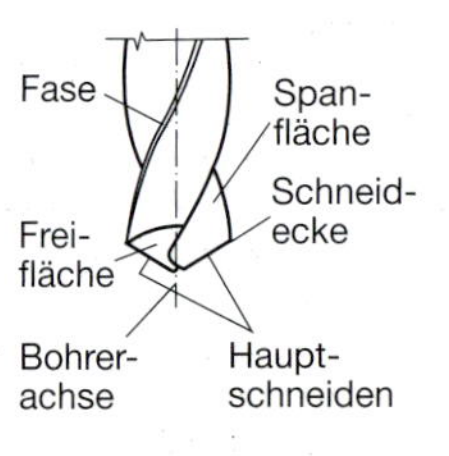

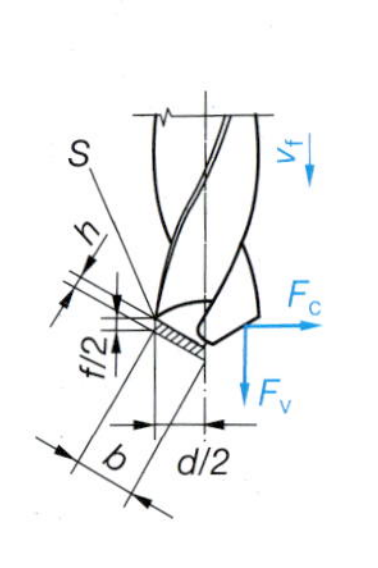

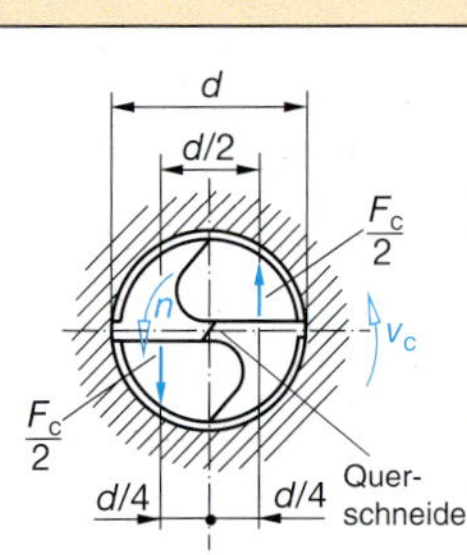

Fertigungstechnik

Fertigungsverfahren

Bohren

Berechnungen zum Bohren (zwei Schneiden im Eingriff)

A	Spanungsquerschnitt	mm²	P_c	Schnittleistung Werkzeugschneide	kW	η	Wirkungsgrad	
d	Bohrerdurchmesser	mm	P_M	Motorleistung (Antrieb)	kW	v_c	Schnittgeschwindigkeit, Mittelwert	m/min
f	Vorschub pro Umdrehung	mm	P_{zu}	zugeführte Motorleistung	kW	c_1	Korrekturfaktor für den Schneidenverschleiß	
n	Drehzahl	1/min	m_c	Exponent für Spanungsdicke		c_2	Korrekturfaktor für Werkstoffeigenschaften	
F_c	Schnittkraft	N	Q	Spanvolumen pro Zeit, Spanleistung	mm³/min	c_3	Korrekturfaktor für den Schneidstoff	
h	Spanungsdicke	mm	k_c	spezifische Schnittkraft	N/mm²	v_f	Vorschubgeschwindigkeit	mm/min
b	Spanungsbreite	mm						
F_v	Vorschubkraft	N						
M_c	Schnittmoment	Nm						

Formeln

Schnittkraft

$$F_c = k_c \cdot A$$

$$F_c = \frac{d}{2} \cdot f \cdot k_c$$

Mit Korrekturfaktoren:

$$F_c = \frac{d}{2} \cdot f \cdot k_c \cdot c_1 \cdot c_2 \cdot c_3$$

Schnittmoment

$$M_c = \frac{d}{4} \cdot F_c$$

$$M_c = \frac{d^2}{8} \cdot f \cdot k_c$$

Spanleistung

$$\dot{Q} = \frac{v_c}{2} \cdot A$$

$$\dot{Q} = \frac{v_c}{4} \cdot d \cdot f$$

Wirkungsgrad

$$\eta = \frac{P_c}{P_{zu}} = \frac{P_c}{P_M}$$

Schnittleistung

$$P_c = \frac{v_c}{2} \cdot F_c$$

$$P_c = \frac{v_c}{2} \cdot \frac{d}{2} \cdot f \cdot k_c$$

$$P_c = d^2 \cdot \frac{\pi}{4} \cdot f \cdot k_c \cdot n$$

Spanungsquerschnitt

$$A = b \cdot h$$

$$A = \frac{d}{2} \cdot f$$

Vorschubgeschwindigkeit

$$v_f = f \cdot n$$

Korrekturfaktoren

c_1	Schneidenverschleiß		1,2 – 1,45
c_2	Werkstoffeigenschaften		1 – 1,25
c_3	Schneidstoff des Bohrwerkzeuges	SS	1,5
		HSS	1,12
		HM	1

Bohrertypen und Einsatzgebiete

Typ	Seitenspanwinkel γ_x	Spitzenwinkel σ	Einsatzgebiet
N	19° – 40° normal	118°	Für normale Werkstoffe mittlerer Festigkeit bis 700 N/mm² (Stahl, Gusseisen, Messing)
		130° –140°	Stahl und Stahlguss bis 1200 N/mm², Al, nichtrostende Stähle
H	10° – 19° lang gedrallt	80°	Marmor, Schiefer, Kohle, Hartgummi, Kunststoff, Pressstoff
		118°	Kupfer-Zink-Legierungen, Mg-Legierungen
		140°	Magnesium-Legierungen, austenit. Stähle, Cu, Al, Hartguss
W	27° – 45° kurz gedrallt	80°	Formpressstoffe bei Dicke $s > d$
		118°	Zinklegierung, Weißmetall
		140°	Aluminiumlegierung, Kupfer, Zelluloid

Spanenende Kunststoffbearbeitung → 653

Fertigungstechnik

Fertigungsverfahren

Bohren

Bohrertypen und Einsatzgebiete

Winkel und Flächen am Spiralbohrer

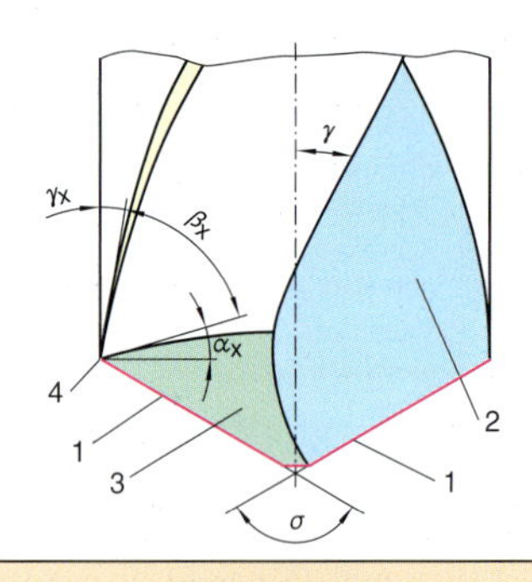

α_x Seitenfreiwinkel
β_x Seitenkeilwinkel
γ_x Seitenspanwinkel
γ Drallwinkel
σ Spitzenwinkel

1 Hauptschneiden
2 Spanfläche
3 Hauptfreifläche
4 Schneidenecke

Bohren mit Spiralbohrern aus Schnellarbeitsstahl, Schnittdaten

Werkstoff	Zugfestigkeit R_m in N/mm²	Härte HB	Schnittgeschwindigkeit v_c in m/min		Vorschub *f* in mm/Umdrehung bei Bohrerdurchmesser *d* in mm					Kühlschmierstoff
			unbeschichtet	TiN-beschichtet	2 – 3	> 3 – 6	> 6 – 12	> 12 – 25	> 25 – 50	
Bau- und Automatenstähle	≤ 850	≤ 250	30	40	0,06 – 0,10	0,13 – 0,16	0,20 – 0,25	0,32 – 0,50	0,50 – 0,8	E
Einsatzstähle, unlegiert	≤ 750	≤ 220	35	45						
Einsatzstähle, legiert	850 – < 1000 1000 – 1200	250 – < 300 300 – 360	18 14	20 16	0,04 – 0,06	0,08 – 0,10	0,13 – 0,16	0,20 – 0,32	0,32 – 0,50	Öl
Vergütungsstähle, unlegiert	≤ 700 700 – 850	≤ 210 210 – 250	36 30	45 32	0,05 – 0,08	0,10 – 0,13	0,16 – 0,20	0,25 – 0,40	0,40 – 0,63	E
	850 – 1000	250 – 300	–	18	0,04 – 0,06	0,08 – 0,10	0,13 – 0,16	0,20 – 0,32	0,32 – 0,50	E
Vergütungsstähle, legiert	850 – < 1000	250 – < 300	–	22						
	1000 – 1200	300 – 360	–	20	0,03 – 0,05	0,06 – 0,08	0,10 – 0,13	0,16 – 0,25	0,25 – 0,40	E
Gusseisen	– –	≤ 240 ≤ 300	36 28	45 36	0,04 – 0,06	0,08 – 0,10	0,20 – 0,25	0,32 – 0,50	0,50 – 0,80	E, L
Kugelgrafit- und Temperguss	– –	≤ 240 ≤ 300	32 23	40 28	0,06 – 0,10	0,13 – 0,16	0,20 – 0,25	0,32 – 0,50	0,50 – 0,80	E
Al-Knetlegierungen	≤ 450	–	90	–	0,08 – 0,13	0,16 – 0,20	0,25 – 0,32	0,40 – 0,63	0,63 – 1,0	E
Al-Gusslegierungen	≤ 600	–	70	90						
			55	80	0,06 – 0,10	0,13 – 0,16	0,20 – 0,25	0,32 – 0,50	0,50 – 0,80	E
Kupfer-Zink-Legierungen	≤ 600	–	45–100	55	0,05 – 0,08	0,10 – 0,13	0,16 – 0,20	0,25 – 0,40	0,40 – 0,63	E
Thermoplaste Duroplaste	–	–	20–40	–	0,04	0,12	0,15	0,20	0,25	L
Kunststoff, faserverstärkt	–	–	15–20	–	0,04	0,12	0,20	0,30	0,40	L

Schnittgeschwindigkeiten weiterer Kunststoffe → 653

Fertigungstechnik

Fertigungsverfahren

Bohren

Bohren mit Spiralbohrern aus Hartmetall, Schnittdaten

Werkstoff	Zugfestigkeit R_m in N/mm²	Härte HB	Schnittgeschwindigkeit v_c in m/min		Vorschub f in mm/Umdrehung bei Bohrerdurchmesser d in mm					Kühlschmierstoff
			unbeschichtet	TiN-beschichtet	2 – 3	> 3 – 6	> 6 – 12	> 12 – 25	> 25 – 50	
Baustähle, Einsatzstähle, Vergütungsstähle	≤ 850	≤ 250	70–100		0,04 – 0,06	0,08 – 0,10	0,13 – 0,16	0,20 – 0,32	0,32 – 0,50	E
Gusseisen, Kugelgrafit- und Temperguss	–	≤ 300	70							Öl, L
Al-Knetlegierungen	≤ 450	–	200		0,08 – 0,13	0,16 – 0,2	0,25 – 0,32	0,40 – 0,63	0,63 – 1,0	E
Al-Gusslegierungen	≤ 600	–	150 120		0,063 – 0,10	0,13 – 0,16	0,20 – 0,25	0,32 – 0,50	0,50 – 0,80	E
Kupfer-Zink-Legierung	≤ 600	–	180		0,05 – 0,08	0,10 – 0,13	0,16 – 0,20	0,25 – 0,40	0,40 – 0,63	E
Kupfer-Zinn-Legierung	≤ 850	–	120							

Hinweis:
Die Werte beziehen sich auf eine Standzeit von ca. 15 min, die Bohrtiefe ≤ 3 · *d* (HSS) bzw. ≤ 5 · *d* (HM).
Kühlschmierstoffe: E: Emulsion, **L**: Luft

Probleme und deren Abhilfe beim Bohren

Werkstückverhärtung	Querschneidenverschleiß	Hauptschneidenverschleiß	Gratbildung Bohrungsausgang	Bohrerspitze zerstört	Verschleiß am Außendurchmesser	Übermaß der Bohrung	Spänestau in den Spannuten	Ausbröckelung der Kanten	Bohrung unrund	Geringe Standzeit	Vibration	
•	•	•	•	•	•	•		•		•	•	Schneidengeometrie überprüfen
•	•	•					•			•		Kühlschmierstoffzufuhr erhöhen
•					•	•	•		•	•	•	Vorschub verkleinern
•	•	•	•	•	•	•			•		•	Vorschub vergrößern
							•	•				Schnittgeschwindigkeit vergrößern
•	•		•	•	•			•		•		Schnittgeschwindigkeit verkleinern
•			•	•	•		•			•	•	Auskraglänge verkleinern
•	•	•	•	•	•	•	•			•	•	Schnittwerte überprüfen
				•	•			•		•		Hartmetallsorte prüfen

Reiben und Gewindebohren

Reiben mit Maschinenreibahlen aus Schnellarbeitsstahl, Schnittdaten

Werkstoff	Zugfestigkeit R_m in N/mm²	Härte HB	Schnittgeschwindigkeit v_c in m/min		Vorschub f in mm/Umdrehung bei Bohrerdurchmesser d in mm					Reibzugabe	
			unbeschichtet	TiN-beschichtet	2 – 3	> 3 – 6	> 6 – 12	> 12 – 25	> 25 – 50	≤ 20 mm	≤ 50 mm
Stähle, unlegiert und legiert	≤ 500	≤ 150	14	18	0,05 – 0,08	0,10 – 0,13	0,16 – 0,2	0,25 – 0,4	0,4 – 0,63	0,15 – 0,25	0,3 – 0,35
Baustähle, Einsatzstähle, Vergütungsstähle	> 500 – 850	> 150 – 250	11	15	0,04 – 0,063	0,08 – 0,1	0,13 – 0,16	0,20 – 0,32	0,32 – 0,50		

Fertigungstechnik

Fertigungstechnik

Fertigungsverfahren

Bohren

Reiben und Gewindebohren

Reiben mit Maschinenreibahlen aus Schnellarbeitsstahl, Schnittdaten (Standzeit 60 min)

Werkstoff	Zugfestigkeit R_m in N/mm²	Härte HB	Schnittgeschwindigkeit v_c in m/min		Vorschub f in mm/Umdrehung bei Bohrerdurchmesser d in mm					Reibzugabe	
			unbeschichtet	TiN-beschichtet	2 – 3	> 3 – 6	> 6 – 12	> 12 – 25	> 25 – 50	≤ 20 mm	≤ 50 mm
Vergütungsstähle, Werkzeugstähle	> 850 – 1000	> 250 – 300	8	10	0,04 – 0,063	0,08 – 0,1	0,13 – 0,16	0,20 – 0,32	0,32 – 0,50	0,15 – 0,25	0,3 – 0,35
Gusseisen Gusseisen, Temperguss	– –	> 240 > 300	14 12	16 14	0,05 – 0,08	0,10 – 0,13	0,16 – 0,2	0,25 – 0,4	0,4 – 0,63		
AL-Knetlegierungen	≤ 450	–	20	26	0,08 – 0,13	0,16 – 0,20	0,25 – 0,32	0,40 – 0,63	0,63 – 1,0	0,2 – 0,35	0,5 – 0,7
Al-Gusslegierungen < 10 % Si	170 – 280	–	18	22	0,063 – 0,1	0,13 – 0,16	0,20 – 0,25	0,32 – 0,50	0,50 – 0,80		
Kupfer-Zink-Legierungen	≤ 600	–	20	26							
Duroplaste	–	–	8	12	0,1 – 0,16	0,2 – 0,25	0,32 – 0,40	0,50 – 0,8	0,8 – 1,25		
Thermoplaste	–	–	12	14							

Reiben und Gewindebohren

Reiben mit Maschinenreibahlen aus beschichtetem Hartmetall, Schnittdaten (Standzeit 60 min)

Werkstoff	Zugfestigkeit R_m in N/mm²	Härte HB	Schnittgeschwindigkeit v_c in m/min		Vorschub f in mm/Umdrehung bei Bohrerdurchmesser d in mm					Reibzugabe	
			unbeschichtet	TiN-beschichtet	2 – 3	> 3 – 6	> 6 – 12	> 12 – 25	> 25 – 50	≤ 20 mm	≤ 50 mm
Stähle, unlegiert und legiert	≤ 500	≤ 150	18		0,08 – 0,13	0,16 – 0,2	0,25 – 0,32	0,4 – 0,63	0,63 – 1,0	0,15 – 0,25	0,3 – 0,35
Einsatzstähle, Vergütungsstähle	> 550 – 1200	> 360 – 550	13		0,05 – 0,08	0,10 – 0,13	0,16 – 0,2	0,25 – 0,4	0,4 – 0,63		
Werkzeugstähle	750 – 1000	220 – 300	10		0,04 – 0,06	0,08 – 0,1	0,13 – 0,16	0,20 – 0,32	0,32 – 0,50		
Gusseisen Gusseisen, Temperguss	– –	≤ 240 ≤ 300	30 25		0,08 – 0,13	0,16 – 0,20	0,25 – 0,32	0,40 – 0,63	0,63 – 1,0		
Al-Knetlegierungen	≤ 450	–	30		0,10 – 0,16	0,20 – 0,25	0,32 – 0,40	0,50 – 0,80	0,80 – 1,25	0,2 – 0,3	0,4 – 0,5
Al-Gusslegierungen < 10 % Si > 10 % Si	 170 – 280 180 – 300	 – –	 30 25								
Cu-Zn-Legierungen	–	–	20								
Duroplaste	–	–	30								
Thermoplaste	–	–	20								

Maschinelles Gewindebohren und Gewindeformen, Schnittdaten

Werkstoff	Zugfestigkeit R_m in N/mm²	Härte HB	Schnellarbeitsstahl Schnittgeschwindigkeit v_c in m/min		Kühlschmierstoff	Hartmetall Schnittgeschwindigkeit v_c in m/min		Kühlschmierstoff
			unbeschichtet	TiN-beschichtet		unbeschichtet	TiCN-beschichtet	
Unlegierte Stähle	≤ 700 ≤ 850	≤ 200 ≤ 250	20 15	30 20	E, S	20 15	40 35	E, S
Legierte Stähle	≤ 1200	≤ 350	8 – 12	12		10	20	

Hauptnutzungszeit Reiben und Gewindebohren → 657

Fertigungstechnik

Fertigungsverfahren

Bohren

Maschinelles Gewindebohren und Gewindeformen, Schnittdaten

Werkstoff	Zugfestigkeit R_m in N/mm²	Härte HB	Schnellarbeitsstahl Schnittgeschwindigkeit v_c in m/min		Kühlschmierstoff	Hartmetall Schnittgeschwindigkeit v_c in m/min		Kühlschmierstoff
			unbeschichtet	TiN-beschichtet		unbeschichtet	TiCN-beschichtet	
Gusseisen	– –	≤ 150 > 150	20 15	40 30	E, T, S	40 15	60 30	E, T
Cu-Zn-Legierungen	≤ 550	–	20	40	S, E	35	70	E
Al-Legierungen	≤ 300	–	20	40	E, P	40	80	
Duroplaste	–	–	12	30	E, T	20	50	E, T
Themoplaste	–	–	25	30	E, S, T	40	80	

Im Einzelfall die Hinweise der Werkzeughersteller beachten.
Die Richtwerte der Schnittdaten sind den jeweiligen Einsatzbedingungen anzupassen.
Kühlschmierstoffe: **E**: Emulsion, **T**: trocken, **L**: Luft, **S**: Schneidöl, **P**: Petroleum

Zulässige Abweichungen beim Bohren

Nennmaß in mm	6 – 10	> 10 – 18	> 18 – 30	> 30 – 50	> 50 – 80
zulässige Abweichung in µm	+ 150	+ 180	+ 210	+ 250	+ 300

Bohrungsarten

Bohrungsart	Erzeugung	Einsatz
Grundbohrung	Bohren mit Spiralbohrer gegen Anschlag	Halten von Stiften und Bolzen
Durchgangsbohrung	Bohren mit Spiralbohrer, geringe Genauigkeit (grobe Toleranz)	Verbinden von Teilen
Gewindebohrung	Bohren mit Spiralbohrer und anschließendem Gewindeschneiden mit Gewindebohrern	Befestigung von Elementen
Passbohrung	Vorbohren mit Spiralbohrer, anschließend Reiben der Bohrung mit Reibahle	Lagesicherung von Elementen, Lagerung von Wellen
Kegelbohrung	Bohren mit Spiral- oder Stiftlochbohrer, anschließend Reiben mit konischer Reibahle	Lagesicherung von Elementen oder Befestigung eines Anzugskegels
Senkbohrung	Vorbohren mit Spiralbohrer und anschließendem Senken mit Flachsenker oder Bohren mit Stufenbohrer	Aufnahme der Köpfe von Zylinderkopfinnensechskant- oder Senkkopfschrauben

Bohr- und Senkverfahren

Verfahren	Werkzeug	Anwendung
Bohren ins Volle	Spiralbohrer	Bohren von Grundlöchern (Sacklöchern) und Durchgangsbohrungen, Vorbohren von Werkstücken.
Aufbohren	Spiralbohrer, Aufbohrer, Aufsteck-Aufbohrer	Aufbohren von vorgebohrten oder vorgegossenen Bohrungen. Bei größeren Werkstücken mit Spiralsenker oder Aufstecksenker.
Planansenken	Flachsenker mit oder ohne Führungszapfen	Erzeugung von am Werkstück hervorstehenden ebenen Flächen senkrecht zur Drehachse der Schnittbewegung.
Planeinsenken	Flachsenker mit oder ohne Führungszapfen	Erzeugung von vertieften, senkrecht zur Drehachse liegenden ebenen Flächen.
Profilsenken	Kegelsenker mit Spitzenwinkel von 60°, 90° oder 120°	Erzeugung kegelförmiger Senkungen für Senkkopfschrauben und Senkniete sowie zum Entgraten.
	Formsenker	Erzeugung beliebiger rotationssymmetrischer Formen, Einsatz nur bei großen Stückzahlen.
Profilbohren ins Volle	kombinierte Bohrwerkzeuge, z. B. Stufenbohrer	Erzeugung von rotationssymmetrischen, profilierten Bohrungen, die durch das Hauptschneidenprofil des Bohrwerkzeuges bestimmt sind.

Hauptnutzungszeit Senken → 657

Fertigungstechnik

Fertigungsverfahren

Bohren

Aufbohren und Senken

Vorgefertigte oder beim Gießen ausgesparte Löcher mit kreisförmigem Querschnitt müssen häufig noch weiter bearbeitet werden. Dies erfolgt durch einem dem Bohren ähnlichem Verfahren, das unter dem Sammelbegriff „Senken" bekannt ist. Es ist allerdings zwischen „Aufbohren" und „Senken" zu unterscheiden, was auch in der Bezeichnung der hierzu benötigten Werkzeuge verdeutlicht wird.

Aufbohren ist ein Bohren zur Erweiterung eines vorgefertigten Loches. **Senken** ist Bohren zur Erzeugung von senkrecht zur Drehachse liegenden Planflächen oder symmetrisch zur Drehachse liegenden Kegelflächen.

Der **Aufbohrer** erzeugt ein zylindrisches Loch („Spiralsenker"). Der **Senker** hat eine bestimmte, auf seinen Verwendungszweck zugeschnittene Form. Seine Schneiden sind z. B: so geformt, dass ein *stufenförmiges* oder *kegeliges* Loch entsteht.

Schnittgeschwindigkeit und Vorschub beim Senken

Werkstoff	Zugfestigkeit R_m in N/mm²	Schnellarbeitsstahl (HS) v_c in m/min	f in mm bei Ø in mm Ø10	Ø25	Ø40	Ø63
Stahl, unlegiert	≤ 700	25 – 28	0,1	0,16	0,2	0,25
Stahl, legiert	≤ 950	18 – 25	0,06	0,12	0,16	0,2
	≤ 1400	3 – 8	0,03	0,08	0,1	0,12
Stahl, hochlegiert	≤ 950	4 – 10	0,03	0,08	0,1	0,12
Gusseisen	≤ 400	15 – 25	0,12	0,2	0,25	0,25
Cu-Legierung	≤ 700	50 – 80	0,12	0,2	0,25	0,3
Mn-Legierung	≤ 300	60 – 100	0,14	0,25	0,32	0,38
Al-Legierung, langspanend	≤ 500	40 – 80	0,12	0,2	0,25	0,3
kurzspanend	≤ 400	25 – 50	0,1	0,16	0,2	0,25
Duroplast	≤ 40	20 – 40	0,06	0,12	0,16	0,2

Werkstoff	Zugfestigkeit R_m in N/mm²	Hartmetall v_c in m/min	f in mm bei Ø in mm Ø10	Ø25	Ø40	Ø63
Stahl, unlegiert	≤ 700	40 – 80	0,08	0,14	0,2	0,3
Stahl, legiert	≤ 950	30 – 50	0,04	0,08	0,14	0,2
	≤ 1400	20 – 40	0,03	0,07	0,1	0,15
Stahl, hochlegiert	≤ 950	25 – 30	0,05	0,05	0,08	0,08
Gusseisen	≤ 400	40 – 80	0,08	0,16	0,2	0,35
Cu-Legierung	≤ 700	50 – 120	0,1	0,18	0,3	0,4
Mn-Legierung	≤ 300	80 – 140	0,1	0,18	0,25	0,4
Al-Legierung, langspanend	≤ 500	50 – 120	0,1	0,18	0,3	0,4
kurzspanend	≤ 400	40 – 100	0,1	0,2	0,25	0,4
Duroplast	≤ 40	50 – 90	0,1	0,18	0,25	0,4

Bohrungen, Grenzabmaße → 396

Fertigungstechnik

Fertigungsverfahren

Gewindescheiden

Innengewindeschneiden

Das *Innengewinde*, auch *Muttergewinde* genannt, wird mit dem **Gewindebohrer** geschnitten. Der Kernlochdurchmesser des Muttergewindes erhält das richtige Maß, wenn zum Bohren des Kernloches die in DIN 336 festgelegten Bohrerdurchmesser verwendet werden. Der **Kernlochdurchmesser** ergibt sich aus

$D_{LK} = D - P$ $\quad$ *D:* Gewinde-Außendurchmesser, *P:* Steigung

Kernlochbohrer für metrisches ISO-Regelgewinde DIN 336

Gewinde	M2	M2,5	M3	M4	M5	M6	M7	M8	M10	M12
Bohrerdurchmesser in mm	1,6	2,0	2,5	3,3	4,2	5	6	6,8	8,5	10,2
Gewinde	M14	M16	M18	M20	M22	M24	M30	M36	M42	M48
Bohrerdurchmesser in mm	12	14	15,5	17,5	19,5	21	26,5	32	37,5	43

Metrisches-ISO-Regelgewinde: Satzgewindebohrer, bestehend ais Vorschneider (einen Ring), Mittelschneider (zwei Ringe) und Fertigschneider (keinen Ring).

Metrisches-ISO-Feingewinde: Zweiteiliger Gewindebohrersatz, Vorschneider (einen Ring) und Fertigschneider (keinen Ring).

Muttergewindebohrer: Vor-, Mittel- und Fertigschneider sind in einem einzigen Schneidteil vereinigt; besonders langer Anschnitt, der über etwa 20 Gewindegänge geht.

Innengewindeschneiden mit dem Maschinengewindebohrer – Richtwerte

Werkstoff	Zugfestigkeit R_m in N/mm² Eigenschaften	Schnittgeschwindigkeit in m/min	Kühl- und Schmiermittel
Stahl	bis 500 über 500 bis 700 über 700 bis 900 über 900	15 – 20 10 – 15 5 – 10 3 – 5	Bohrölemulsion, Schneidöl
Gusseisen	bis 250 über 250	8 – 15 4	trocken, Druckluft, Schneidöl
Stahlguss		6 – 8	trocken, Druckluft
Temperguss		10 – 15	Bohrölemulsion
Messing	spröde zäh	20 – 40 14 – 20	trocken, Schneidöl
Leichtmetall	lang spanend kurz spanend	25 – 30 12 – 20	Schneidöl, Bohremulsion
Kupfer		20 – 25	Schneidöl, Talg
Thermoplaste	weich	8 – 15	trocken
Duroplaste	hart	3 – 5	Druckluft

Außengewindeschneiden

Gewindeschneiden mit dem **Schneideisen** oder der **Schneidkluppe**. Der Außendurchmesser des zum Gewindeschneiden vorbereiteten Bolzens darf etwas kleiner als der Gewinde-Nenndurchmesser sein. Die Stirnseite des Bolzens wird unter 45° angefast.

Mit dem Schneideisen können Bolzengewinde in *einem Arbeitsgang* fertiggeschnitten werden. Ab M30 und ab einer Steigung von 4 mm dürfen sie jedoch nur als **Nachschneideeisen** verwendet werden.

Hauptnutzungszeit Gewindebohren → 657

Fertigungstechnik

Fertigungsverfahren

Drehen

Benennungen und Winkel am Drehmeißel

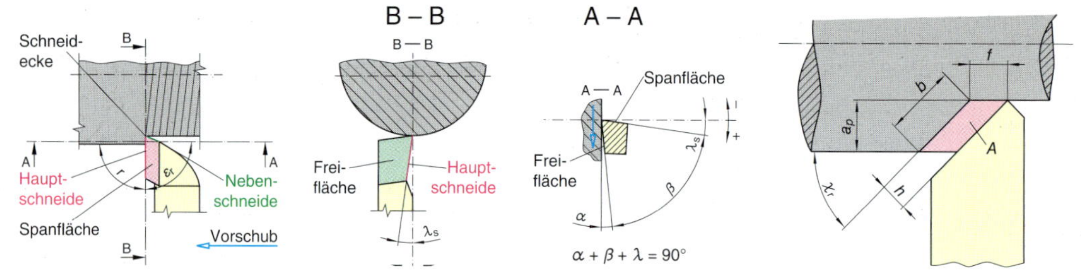

Bezeichnung	Kurzzeichen	Winkel an der
Keilwinkel	β_0	Spanfläche und Freifläche
Spanwinkel	γ_0	Spanfläche und einer waagerechten Bezugsfläche
Freiwinkel	α_0	Freifläche und einer senkrechten Bezugsfläche
Eckenwinkel	ε_r	Haupt- und Nebenschneide
Einstellwinkel	χ_r	Hauptschneide und Schubrichtung
Neigungswinkel	λ_s	Hauptschneide und einer waagerechten Bezugsebene

Berechnungen zum Drehen

- A Spanungsquerschnitt in mm²
- a_p Schnitttiefe in mm
- d Durchmesser in mm
- d_1 Durchmesser in mm
- d_m mittlerer Durchmesser in mm
- f Vorschub/Umdrehung in mm
- n Drehzahl in 1/min
- F_c Schnittkraft in N
- F_p Passivkraft, Rückkraft in N
- F_v Vorschubkraft in N
- h Spanungsdicke in mm
- b Spanungsbreite in mm
- P_c Schnittleistung in kW
- P_{zu} zugeführte Motorleistung in kW
- k_c spezifische Schnittkraft in N/mm²
- $k_{c1,1}$ Hauptwert der spezifischen Schnittkraft in N/mm²
- m_c Exponent zur Berücksichtigung der Spanungsdicke
- $\dot{Q}$ Spanvolumen pro Zeit, Spanleistung in mm³/min
- v_c Schnittgeschwindigkeit in m/min
- v_f Vorschubgeschwindigkeit in mm/min
- η Wirkungsgrad
- c_1 Korrekturfaktor Spanwinkel γ_o
- c_2 Korrekturfaktor Neigungswinkel λ_0
- c_3 Korrekturfaktor Spanverfahren
- c_4 Korrekturfaktor Kühlung bzw. Schmierung

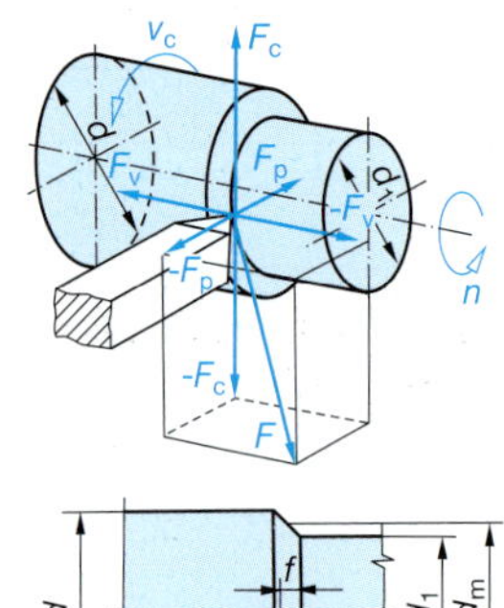

Schnittkraft

$$F_c = k_c \cdot A$$

$$k_c = \frac{k_{c1,1}}{h^{mc}} \cdot c_1 \cdot c_2 \cdot c_3 \cdot c_4$$

Schnittleistung

$$P_c = F_c \cdot v_c$$

$$P_c = A \cdot k_c \cdot d_m \cdot \pi \cdot n$$

$$P_c = a_p \cdot f \cdot k_c \cdot d_m \cdot \pi \cdot n$$

$$d_m = \frac{d + d_1}{2}$$

Spanungsquerschnitt

$$A = b \cdot h = a_p \cdot f \qquad a_p = \frac{d - d_1}{2}$$

$$b = \frac{a_p}{\sin \chi_r} \qquad h = f \cdot \sin \chi_r$$

Spanleistung

$$\dot{Q} = A \cdot v_c$$

$$\dot{Q} = a_p \cdot f \cdot v_c$$

$$\dot{Q} = \frac{P_c}{k_c}$$

Wirkungsgrad

$$\eta = \frac{P_c}{P_{zu}} \qquad \eta = \frac{F_c \cdot v_c}{P_{zu}}$$

Spanende Kunststoffbearbeitung → 653, Hauptnutzungszeit Drehen → 658

Fertigungstechnik

Fertigungsverfahren

Drehen

Korrekturfaktoren

c_1	Spanwinkel γ_0	$c_1 = \frac{c_x}{100} - 0{,}012 \cdot \gamma_0$	c_x für Stahl: ca. 108	c_x für ENGJM: ca. 102 bis 105
c_2	Neigungswinkel λ_0	$c_2 = 0{,}95 - 0{,}015 \cdot \lambda_0$	λ_0 für Stahl: 0 bis – 4°	λ_0 für Al, Cu: + 4°
c_3	Spanverfahren	Innendrehen HSS: $c_3 = 1{,}2$ HM Sk: $c_3 = 1{,}3$	Außendrehen HSS: $c_3 = 1{,}05$ Sk: $c_3 = 0{,}95$	
c_4	Kühlung/Schmierung	ohne, trocken: $c_4 = 1$	Schneidemulsion auf Wasserbasis: $c_4 \approx 0{,}94$	Schneidöle: $c_4 = 0{,}80$

Drehmeißel [1] mit gelöteten Hartmetallschneidplatten — DIN ISO 1 bis 9 — DIN 4971 – 4981

Gerader Drehmeißel
DIN 4971 ISO 1

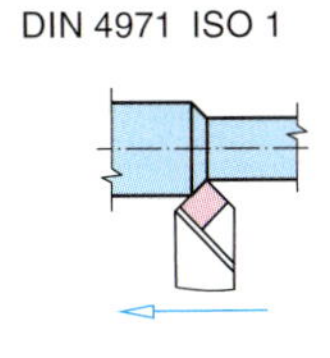

Gebogener Drehmeißel
DIN 4972 ISO 2

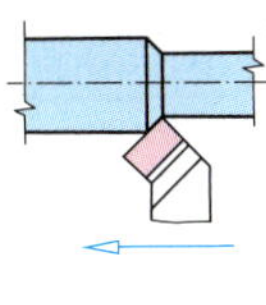

Abgesetzter Eckdrehmeißel
DIN 4978 ISO 3

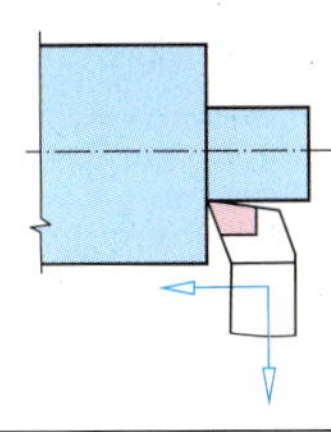

Breiter Drehmeißel
DIN 4976 ISO 4

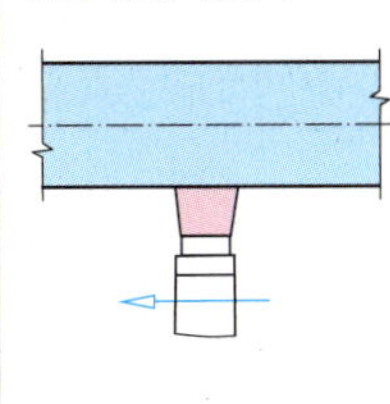

Abgesetzter Drehmeißel
DIN 4977 ISO 5

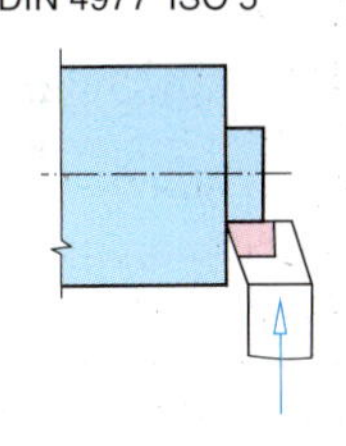

Abgesetzter Seitendrehmeißel
DIN 4980 ISO 6

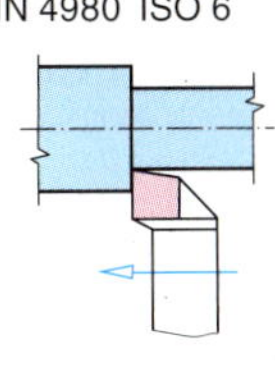

Stechdrehmeißel
DIN 4981 ISO 7

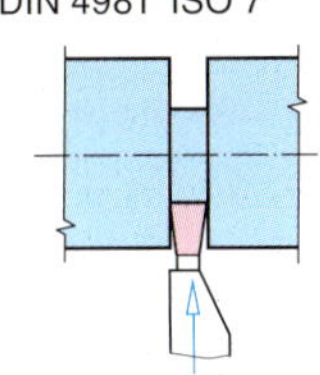

Innendrehmeißel
DIN 4973 ISO 8

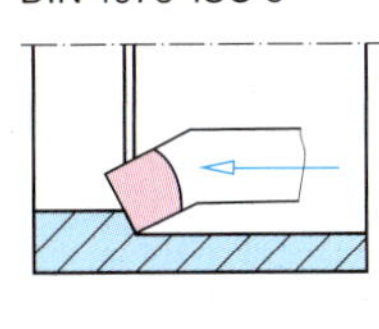

Inneneckdrehmeißel
DIN 4974 ISO 9

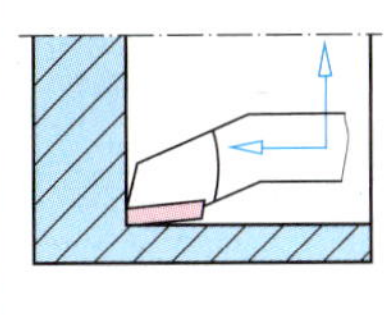

Spitzer Drehmeißel
DIN 4975

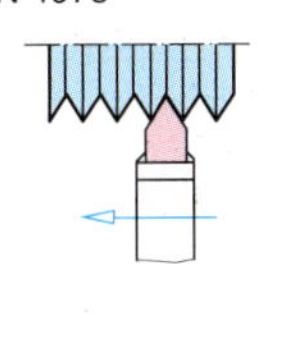

[1] Dargestellt sind *rechte Ausführungsformen* der Drehmeißel. *Linke Ausführungsformen* sind spiegelbildlich ausgeführt.

Kennzeichnung von Drehmeißeln mit gelöteten Hartmetallschneidplatten

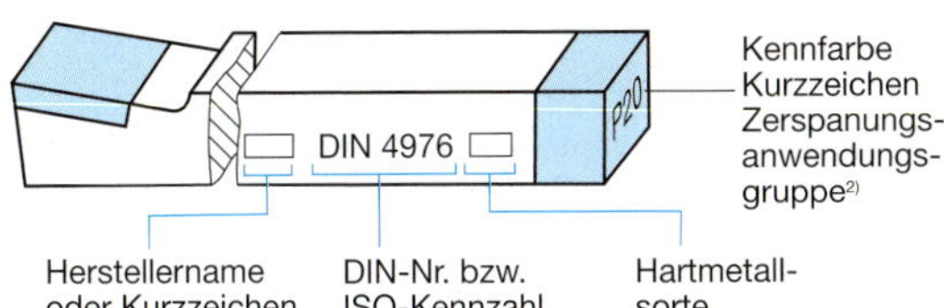

Beispiel

Drehmeißel DIN 4976 – G2020 – P20

DIN 4976: breiter Drehmeißel
G: gerader Drehmeißel
Schaftabmessungen: 20 mm x 20 mm
P20: Drehen von Stahl, Stahlguss, Temperguss, Schaftende blau eingefärbt

Wendeschneidplatten für verschiedene Dreharbeiten

Außenlängsdrehen

v_f

Außenplandrehen

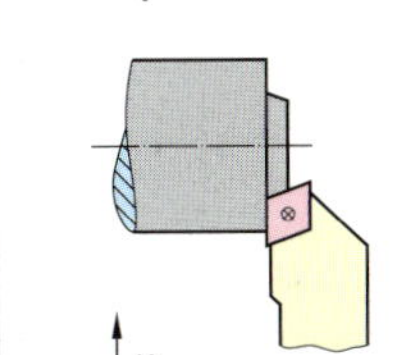

Innenlängsdrehen

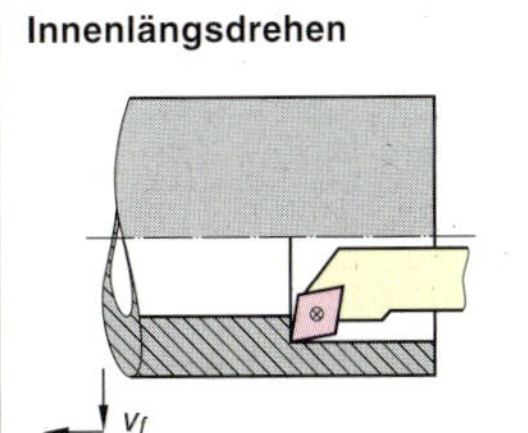

Fertigungstechnik

Fertigungsverfahren

Trennen, Drehen

Wendeschneidplatten für verschiedene Dreharbeiten

Außenkonturdrehen	Einstechdrehen	Außengewindedrehen
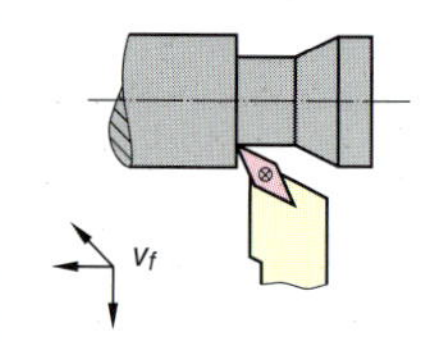	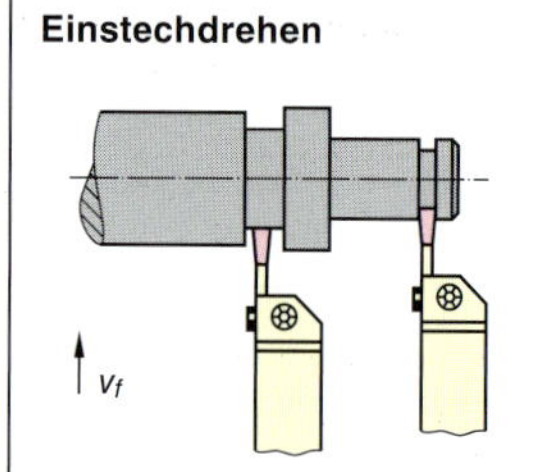	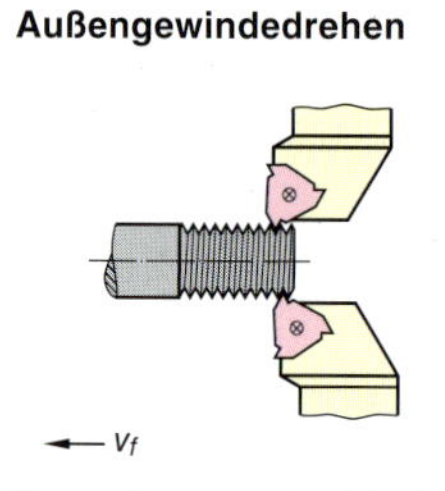

Anwendung der Werkstück-Spannmittel beim Drehen

Spannmittel	Anwendung
Drehfutter	Zum Spannen kurzer symmetrischer Teile.
Planschneiden	Zum Spannen unsymmetrischer Teile (Platten, Lagerblöcke usw.).
Spannzangen	Zum Spannen von gezogenem Stangenmaterial oder Stangenabschnitten in automatisierten Maschinen.
Drehdorne	Zum Spannen von Drehteilen mit Bohrung; gespannt wird die Bohrung.
Stirnseitenmitnehmer	Für Arbeiten zwischen Spitzen, wenn die Welle auf der ganzen Länge überdreht werden soll.
Mitnehmerscheibe mit Drehherz	Für Arbeiten zwischen Spitzen, wenn die Welle nicht auf der ganzen Länge überdreht werden muss.

Rautiefe in Abhängigkeit von Vorschub und Eckenradius

$$R_z = \frac{f^2}{8 \cdot r}$$

R_z gemittelte Rautiefe
r Radius an der Schneidenecke
f Vorschub

Radius r in mm	Vorschub f in mm/Umdrehung für Schruppen		Schlichten		Feindrehen	
	R_z 100 µm	R_z 63 µm	R_z 25 µm	R_z 16 µm	R_z 6,3 µm	R_z 4 µm
0,4	0,57	0,45	0,28	0,2	0,14	0,1
0,8	0,8	0,63	0,4	0,3	0,2	0,16
1,2	1	0,8	0,5	0,4	0,25	0,2
1,6	1,13	0,9	0,6	0,5	0,3	0,25
2,4	1,4	1,3	0,7	0,6	0,4	0,3

Schnittgeschwindigkeit, Vorschub, Schnitttiefe für Drehmeißel aus HSS

Werkstückwerkstoff	Zugfestigkeit R_m N/mm² Brinellhärte HB	Schnittgeschwindigkeit v_c m/min	Vorschub f mm	Schnitttiefe a_p mm	Schneidwerkstoff	Freiwinkel α	Spanwinkel γ	Neigungswinkel λ_s
Stahl, unlegiert	< 500	65 ... 50	0,1 ... 0,5	3	S 10-4-3-10	8°	18°	0 ... + 4°
		50 ... 40	0,2 ... 1	6	S 18-1-2-10	8°	18°	0 ... – 4°
Stahl, legiert	500 ... 900	30 ... 22	0,1 ... 0,5	3	S 10-4-3-10	8°	18°	0 ... + 4°
		22 ... 18	0,2 ... 1	6	S 18-1-2-10	8°	18°	0 ... – 4°
Vergütungsstahl	... 900	22 ... 18	0,5 ... 1	3 ... 6	S 18-1-2-10	8°	18°	0 ... – 4°
Stahlguss, GS	... 700	22 ... 15	0,5 ... 1	3 ... 6	S 10-4-3-10	8°	14°	0 ... – 4°
Gusseisen, EN-GJL Temperguss, EN-GJM	150 ... 250	40 ... 15	0,3 ... 0,6	3 ... 6	S 12-1-4-5	8°	0° ... 10°	0 ... – 4°
Al-Legierungen	–	180 ... 120	0,1 ... 0,6	3 ... 6	S 10-4-3-10	10°	18° ... 30°	+ 4

Fertigungstechnik

Fertigungsverfahren

Trennen, Drehen

Schnittgeschwindigkeit, Vorschub, Schnitttiefe für Drehmeißel aus HSS

Werkstückwerkstoff	Zugfestigkeit R_m N/mm² Brinellhärte HB	Schnittgeschwindigkeit v_c m/min	Vorschub f mm	Schnitttiefe a_p mm	Schneidwerkstoff	Freiwinkel α	Spanwinkel γ	Neigungswinkel λ_s
Cu-Zn-Legierungen – Messing	–	120 ... 80	0,1 ... 0,3	6	S 10-4-3-10	10°	18° ... 30°	+ 4
– Bronze		150 ... 100	0,1 ... 0,6	3	S 10-4-3-10	10°	18° ... 30°	+ 4
Kunststoff – Thermoplaste	–	400 ... 200	0,1 ... 0,5	bis 6	S 14-1-4-5	10°	0° ... 5°	+ 4
– Duroplaste ohne Füllstoffe		250 ... 80	0,1 ... 0,5	bis 6	S 14-1-4-5	10°	0°	+ 4

Schnittgeschwindigkeit, Vorschub für Wendeschneidplatten aus HM

Werkstückwerkstoff	Zugfestigkeit R_m N/mm² Brinellhärte HB	Vorschub f mm	Schnittgeschwindigkeit[1] v_c in m/min – Schneidwerkstoff **beschichtetes** Hartmetall			Schneidwerkstoff **unbeschichtetes** Hartmetall		
			P15C	**P25C**	**P35C**	**P10**	**P40**	**K10**
Stahl, unlegiert	< 500	0,1 ... 0,5	260 ... 230	... 190	... 120	... 250		–
Automatenstahl		0,5 ... 1,5						
Stahl, legiert	500 ... 900	0,1 ... 0,5				... 210		
Einsatzstahl		0,5 ... 1,5	220 ... 200	200 ...170	140 ... 110	140 ... 115	80 ... 65	–
Vergütungsstahl	900 ... 1200	0,1 ... 0,5	230 ... 205	180 ... 150	140 ... 120	125 ... 110	90 ... 70	–
		0,5 ... 1,5	205 ... 180	150 ... 130	120 ... 90	110 ... 90	70 ... 60	–
Stahlguss, GS	< 900	0,1 ... 0,5	200 ... 150	140 ... 120	110 ... 90	115 ... 90	80 ... 65	–
		0,5 ... 1,5	150 ... 120	120 ... 100	90 ... 75	90 ... 80	65 ... 55	–
Gusseisen, EN-GJL	150 ... 250	0,1 ... 0,5	230 ... 180	200 ... 150	140 ... 125	–	–	145 ... 125
Temperguss, EN-GJM		0,5 ... 1,5	180 ... 140	150 ... 110	125 ... 95	–	–	125 ... 105
Al-Legierungen	–	0,1 ... 0,6	600 ... 400	–	–	–	–	600 ... 200
Cu-Zn-Legierungen	–	0,1 ... 0,6	–	–	–	–	–	500 ... 200

[1] Die Richtwerte beziehen sich auf eine Standzeit von 15 Minuten für Stahl, 30 Minuten für NE-Metalle.

Schnitttiefe a_p und Vorschub f

Bearbeitungsbereich	a_p in mm	f in mm	Bearbeitungsbereich	a_p in mm	f in mm
Feinschlichten	0,25 ... 2,0	0,05 ... 0,1	mittlere Bearbeitung	> 2,0 ... 4,0	> 0,3 ... 0,4
Schlichten	0,5 ... 2,0	> 0,1 ... 0,3	Schruppen	> 6,0 ... 12	> 0,6 ... 1,5

Richtwerte für Winkel am Werkzeug, Drehen (in Grad)

Werkstoff	HSS α	HSS γ	HSS λ_s	HM α	HM γ	HM λ_s
Baustahl	8	12 ... 14	+ 4 ... – 4	6 ... 8	12 ... 18	0 ... – 4
Vergütungsstahl	8	6 ... 10	0 ... – 4	6 ... 8	8 ... 12	– 4 ... – 8
Automatenstahl	8	≤ 20	0 ... – 4	8 ... 10	0 ... 8	+ 8 ... – 0
Gusseisen	8	10	0	6 ... 8	6 ... 12	0 ... – 4
Al-Leg. < 10 % Si	10	25 ... 35	+ 4 ... 0	8 ... 10	12 ... 20	0 ... – 4
Al-Leg. > 10 % Si	10	12 ... 25	0 ... – 4	8 ... 10	6 ... 12	0 ... – 4

Schnittgeschwindigkeiten weiterer Kunststoffe → 653

Fertigungstechnik

Fertigungsverfahren

Trennen, Drehen

Richtwerte für Winkel am Werkzeug, Drehen (in Grad)

Werkstoff	HSS			HM		
	α	γ	λ_s	α	γ	λ_s
Cu, Cu-Leg.	10	12 ... 30	+ 4	8 ... 10	8 ... 12	0 ... – 4
Mg, Mg-Leg.	10	20 ... 25	0 ... – 4	10	15 ... 25	0
Titanlegierung	–	–	–	8	12 ... 18	0
Duroplaste	5 ... 10	0 ... 25	+ 4	5 ... 10	0 ... 15	0 ... – 4
Thermoplaste	5 ... 10	0 ... 5	+ 4	10	0	+ 4 ... 0

Hartdrehen mit kubischem Bornitrid (CBN)

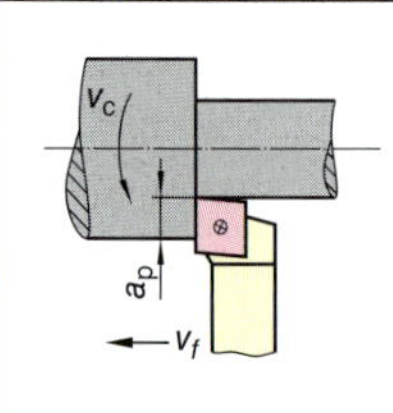

Drehverfahren	Werkstoff gehärteter Stahl HRC	Schnittgeschwindigkeit v_c in m/min	Vorschub f in mm/Umdr.	Schnitttiefe a_p in mm
Außendrehen	45 – 58	60 – 220	0,05 – 0,3	0,05 – 0,5
Innendrehen		60 – 180	0,05 – 0,2	0,05 – 0,2
Außendrehen	> 58 – 65	50 – 190	0,05 – 0,25	0,05 – 0,4
Innendrehen		50 – 150	0,05 – 0,2	0,05 – 0,2

Richtwerte für das Drehen von Kunststoffen

Kunststoffkennzeichen	Schneidstoff	Vorschub f in mm	Schnittgeschwindigkeit v in m/min
PMMA, AMMA	SS	0,1 – 0,2	200 – 300
PS, SAN		0,1 – 0,2	50 – 60
POM		0,1 – 0,5	200 – 500
PC, PTFE		0,1 – 0,5	200 – 300
PVC, CA, CAB		0,1 – 0,2	200 – 500
PE, PP, PA		0,1 – 0,5	200 – 500
Duroplaste, org. gefüllt		0,05 – 5	20 – 40
Duroplaste, anorg. gefüllt	K10	0,05 – 5	20 – 40

Drehen mit beschichteten Hartmetall-Wendeschneidplatten, Schnittdaten

Werkstoff	Zugfestigkeit R_m in N/mm²	Härte HB	Schnittgeschwindigkeit v_c in m/min	Vorschub f in mm	Schnitttiefe a_p in mm	Hauptgruppe	Bedingungen
Baustahl, Einsatzstahl, Vergütungsstahl, Nitrier- und Werkzeugstahl, unlegiert und legiert	630	180	350 300 240	0,07 – 0,3 0,1 – 0,3 0,2 – 0,5	0,3 – 1,5 0,4 – 5,5 0,7 – 7,5	P	leicht mittel schwer
Automatenstahl, nicht rostender Stahl, Titanlegierungen, warmfeste Legierungen	630	180	245 180 160	0,15 – 0,4 0,2 – 0,45 0,3 – 0,45	0,5 – 4,0 1,0 – 6,0 2,0 – 8,0	M	leicht mittel schwer
Gusseisen, Kugelgrafitguss, kurzspanender Temperguss	240	260	200 170	0,1 – 0,4 0,15 – 0,6	0,2 – 4,0 0,3 – 8,0	K	leicht schwer
Al-Knetlegierung, gewalzt Al-Knetlegierung, ausgehärtet	– –	60 100	1800 600	0,1 – 0,6	0,3 – 8,0 0,3 – 6,0	K	mittel
Al-Gussleg., nicht ausgehärtet Al-Gussleg., ausgehärtet	– –	75 90	500 350		0,3 – 8,0 0,3 – 6,0		
Kupferlegierung	–	90	300	0,1 – 0,6	0,3 – 8,0	K	mittel

Die Daten beziehen sich auf eine Standzeit von 15 Minuten. Schnittunterbrechungen sowie Guss- oder Schmiedehärte beeinflussen die Schnittdaten. Im Einzelfall sind die Angaben der Werkzeughersteller zu beachten.

Fertigungstechnik

Fertigungsverfahren

Trennen, Drehen

Schnittgeschwindigkeit und Standzeit

Die Schnittgeschwindigkeit kann nicht beliebig hoch gewählt werden, sondern in Abhängigkeit von der Standzeit.
Die **Standzeit** ist die Zeit, die das Werkzeug von einem Anschliff bis zum nächsten Anschliff im Einsatz bleiben darf.

Standzeit

Werkstoff	Stahl, unlegiert; Stahl, legiert; Einsatzstahl; Vergütungsstahl; Stahlguss; GS; Gusseisen; EN-GJL; Temperguss; EN-GJM	Al-Legierungen	Cu-Zn-Legierungen	Kunststoffe
Standzeit	60 min	240 min	120 min	≤ 8 h

Korrekturfaktoren der Schnittgeschwindigkeit bei veränderter Standzeit

Standzeit in min	10	15	20	25	30	45	60
Korrekturfaktor k	1,1	1,0	0,95	0,9	0,87	0,8	0,75

Schnittgeschwindigkeitsanpassung an unterschiedliche Werkstückhärten

Hauptgruppe	Härte HB	Faktoren für Schnittgeschwindigkeit bei Abweichung vom Härtewert um ...								
		geringere Härte					größere Härte			
		– 80 HB	– 60 HB	– 40 HB	– 20 HB	0	+ 20 HB	+ 40 HB	+ 60 HB	+ 80 HB
P	180	1,26	1,18	1,12	1,05	1	0,94	0,91	0,86	0,83
M	180	–	–	1,21	1,10	1	0,91	0,85	0,79	0,75
K	260	–	–	1,25	1,10	1	0,92	0,86	0,80	–

Kegeldrehen

C	Kegelverjüngung	d	Kegeldurchmesser in mm	V_R	Reitstockverstellung in mm
$\frac{C}{2}$	Kegelneigung	l	Kegellänge in mm	$V_{R_{max}}$	Reitstockverstellung, max. in mm
$1 : x$	Kegelverjüngung	α	Kegelwinkel in Grad (°)	L	Werkstücklänge in mm
D	Kegeldurchmesser in mm	$\frac{\alpha}{2}$	Einstellwinkel in Grad (°)		

Geometrische Grundlagen

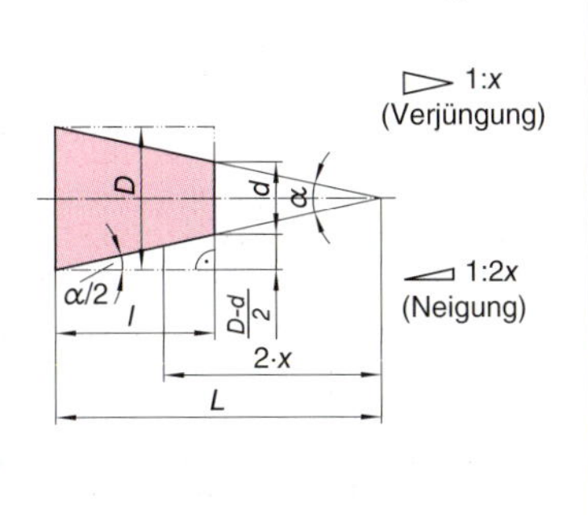

Oberschlittenverstellung

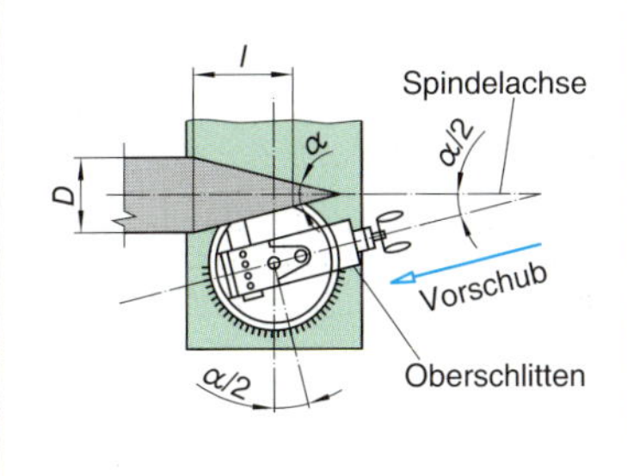

Reitstockverstellung

Spindelachse

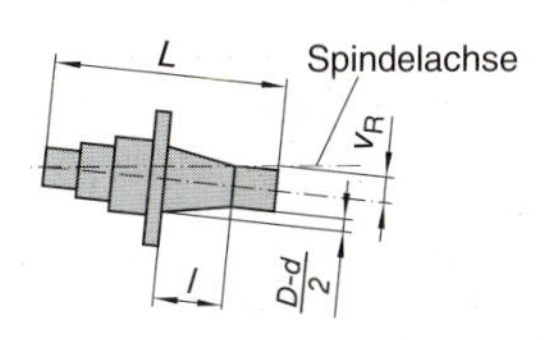

Nach Strahlensatz

$$\frac{2 \cdot x}{1} = \frac{L}{D} \qquad \frac{1}{2 \cdot x} = \tan\frac{\alpha}{2}$$

$$x = \frac{L}{D} \qquad \frac{D}{2 \cdot l} = \tan\frac{\alpha}{2}$$

Spitzkegel, Kegelneigung

$$C = \frac{1}{x} = \frac{D}{L}$$

$$\frac{C}{2} = \frac{D}{2 \cdot l} = \tan\frac{\alpha}{2}$$

Kegelstumpf, Kegelneigung

$$C = \frac{1}{x} = \frac{D-d}{l}$$

$$\frac{C}{2} = \frac{D-d}{2 \cdot l} = \tan\frac{\alpha}{2}$$

Für kleine Kegelwinkel $\alpha \leq 6°$ gilt die Näherungsformel:

$$\frac{\alpha}{2} = 28{,}57 \cdot \frac{D-d}{l}$$

Reitstockverstellung $V_R = \frac{D-d}{2} \cdot \frac{L}{l} \qquad V_{R_{max}} \leq \frac{L}{50}$

Fertigungstechnik

Fertigungsverfahren

Trennen, Drehen

Gewindedrehen, Wechselräderberechnung

P Gewindesteigung in mm P_l Gewindesteigung Leitspindel in mm m Modul in mm	g Gangzahl, Zähnezahl der Schnecke z_t Zähnezahl, treibendes Rad z_g Zähnezahl, getriebenes Rad	$z_1 \dots z_n$ Zähnezahl der Wechselräder

Einfache Übersetzung

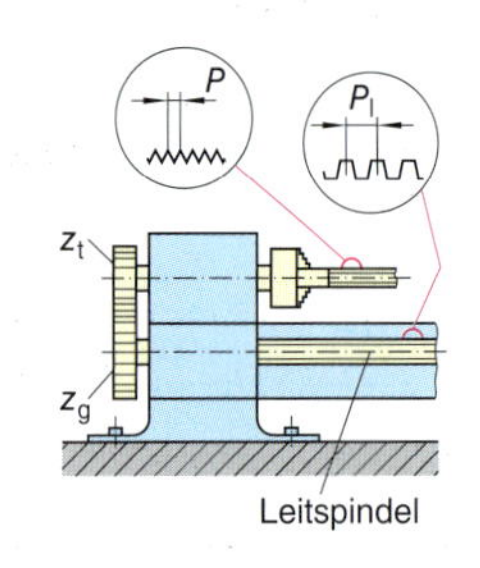

$$\frac{P}{P_l} = \frac{z_t}{z_g}$$

$\frac{P}{P_1} \triangleq$ Verhältnis der Zahnräder

Doppelte Übersetzung

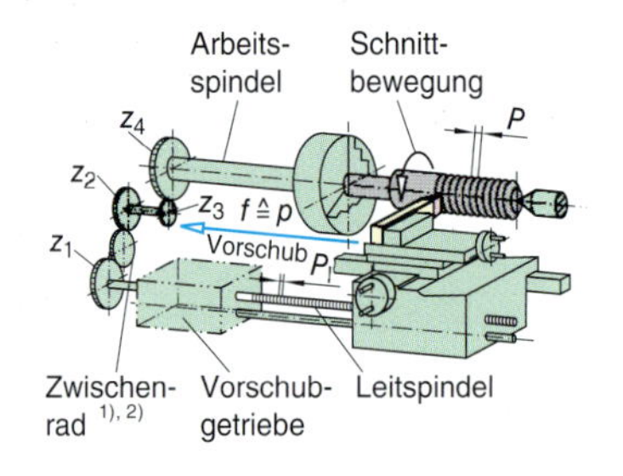

$$\frac{P}{P_l} = \frac{z_1 \cdot z_3}{z_2 \cdot z_4} = \frac{z_t}{z_g}$$

Schneckentrieb

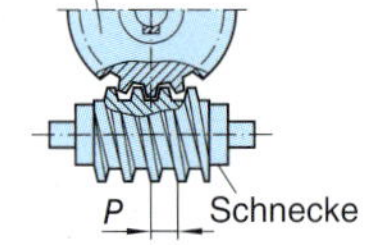

eingängig $P = m \cdot \pi$

mehrgängig $P = m \cdot \pi \cdot g$

1) Zwischenräder haben keinen Einfluss auf das Übersetzungsverhältnis. Sie bewirken ausschließlich eine Drehrichtungsänderung und überbrücken größere Achsabstände.

2) Regeln für Zähnezahlen: $z_1 + z_2 > z_3 + 15$; $z_3 + z_4 > z_2 + 15$

Klassifizierung und Anwendung harter Schneidstoffe

Kennbuchstabe	Anwendungsgruppen		Werkstoff
P Kennfarbe blau	P01 P10 P20 P30 P40 P50	P05 P15 P25 P35 P45	Alle Arten von Stahl und Stahlguss, ausgenommen nicht rostender Stahl mit austenitischem Gefüge
M Kennfarbe gelb	M01 M10 M20 M30 M40	M05 M15 M25 M35	Nicht rostender austenitischer und austenitisch-ferritischer Stahl und Stahlguss
K Kennfarbe rot	K01 K10 K20 K30 K40	K05 K15 K25 K35	Gusseisen mit Lamellengraphit, Gusseisen mit Kugelgraphit, Temperguss
N Kennfarbe grün	N01 N10 N20 N30	N05 N15 N25	Aluminium und andere Nichteisenmetalle, Nichtmetallwerkstoffe
S Kennfarbe braun	S01 S10 S20 S30	S05 S15 S25	Hochwarmfeste Speziallegierungen auf der Basis von Eisen, Nickel und Kobalt, Titan und Titanlegierungen
H Kennfarbe grau	H01 H10 H20 H30	H05 H15 H25	Gehärteter Stahl, gehärtete Gusseisenwerkstoffe, Gusseisen für Kokillenguss

↑ Verschleißfestigkeit steigend, Schnittgeschwindigkeit steigend

↓ Vorschub steigend, Zähigkeit steigend

Fertigungstechnik

Fertigungsverfahren

Trennen, Drehen

Weitere harte Schneidstoffe

Kennbuchstabe	Bestandteile	Eigenschaften
HT, HF, HW **HC**	unbeschichtetes Hartmetall beschichtetes Hartmetall	hohe Warmhärte, hohe Druck- und Verschleißfestigkeit, schwingungsdämpfend
BL, BH **BC**	kubisch-kristallines Bornitrid, unbeschichtet kubisch-kristallines Bornitrid, beschichtet	sehr große Härte, Verschleißfestigkeit chemische Beständigkeit
CA, CN, CR **CM** **CC**	Schneidkeramik, unbeschichtet Mischkeramik, unbeschichtet Schneidkeramik, beschichtet	große Härte, Verschleißfestigkeit, empfindlich gegen starke Temperaturwechsel teilweise hohe Schneidkantenstabilität
DP **DM**	Polykristalliner Diamant Monokristalliner Diamant	sehr spröde, hohe Verschleißfestigkeit, reagiert mit Legierungselementen

Bezeichnungsbeispiele: HW-P10, HC-K20

Bezeichnung von Wendeschneidplatten DIN ISO 1832

Bezeichnungsbeispiele:

Wendeschneidplatte DIN ISO 6987 - **T N G B 16 05 AD N - P10**

Wendeschneidplatte DIN 6590 - **S P A N 20 08 10 S - P30**

1 2 3 4 5 6 7 8 9 - 10

1	**Grundform (Eckenwinkel) ε_r**	**H 120°**	**O 135°**	**P108°**	**R**	**S 90°**	**T 60°**
		C 80°, D 55°, E 75°, M 86°, V 35°	**W 80°**	**L 90°**	**A 85°, B 82°, K 55°**		

Form T: 60°±30'; d; l; r; m; s; α_n

Form S: 45°±30'; 90°±15'; d; l; m; s; α_n

		A	B	C	D	E	F	G	N	P	O
2	**Normal-Freiwinkel α_n**	3°	5°	7°	15°	20°	25°	30°	0°	11°	besondere Hinweise erforderlich

3	**Toleranzklassen** Zul. Abw. für	A	F	C	H	E	G	J	K	L	M	N	U
	Plattendicke *s* in mm	± 0,025					± 0,05 ± 0,13	± 0,025			± 0,05 ± 0,13	0,025	0,13
	Prüfmaß *m* in mm	± 0,005		± 0,013		± 0,025		± 0,005	± 0,013	± 0,025	± 0,08 ± 0,20		± 0,13 – ± 0,38
	Durchmesser *d* in mm	± 0,025	± 0,013	± 0,025	± 0,013	± 0,025		± 0,05 – 0,025					

d; m

Fertigungs-technik

Fertigungstechnik

Fertigungsverfahren

Trennen, Drehen

Bezeichnung von Wendeschneidplatten — DIN ISO 1832

Nr.	Merkmal	Angabe
4	Ausführung der Spanflächen und der Befestigungsmerkmale	A, B, C, F, G, H, J, M, N, Q, R, T, U, W; **X** Besondere Hinweise erforderlich
5	Plattengröße	Bei ungleichseitigen Platten wird die längste Seite als Hauptschneidenlänge in mm angegeben. Bei runden Platten wird der Durchmesser *d* angegeben. Bei Abmessungen unter 10 mm wird eine Null vorangestellt (05 ≙ 5 mm).
6	Plattendicke	Angabe der Schneidenplattendicke in mm. Bei Abmessungen unter 10 mm wird eine Null vorangestellt (05 ≙ 55 mm).

7 Ausführung der Schneidenecke

Kennzahl		Eckenradius r_E = 0,1 × (Ziffer der 7. Stelle)						
Eckenrundungen an Platten ε_r in mm		00	02	04	08	12	16	M0
		scharfkantig	0,2	0,4	0,8	1,2	1,6	Runde Schneidplatten
Kennbuchstaben	1.	Einstellwinkel der Hauptschneide χ_r	A	D	E	F	P	
			45°	60°	75°	85°	90°	
	2.	**Normal-Freiwinkel** α_n der Schneidplatte; siehe Ziffer 2						
Bezeichnung		siehe Abbildung						

Nebenschneide, Hauptschneide, ε_r, Vorschub, χ_r, Planschneide, Fase, Bearbeitungsfläche

Nr.	Merkmal						
8	Schneide	**E** gerundet	**F** scharf	**K** doppelt gefast	**P** doppelt gefast und gerundet	**S** gerundet und gefast	**T** gefast
9	Schneidrichtung	**L** linksschneidend		**R** rechtsschneidend		**N** links- und rechtsschneidend	
10	Schneidwerkstoff	Auswahl gemäß DIN ISO 513 o. a.					

Klemmhalter mit Vierkantschaft für Wendeschneidplatten — DIN 4983

Bezeichnungsbeispiel: **Klemmhalter DIN 4983 - S T S N R 20 20 R 25**

1 2 3 4 5 6 7 8 9

Nr.	Merkmal	C	M	P	S
1	Befestigungsart der Wendeschneidplatte	Ohne Bohrung, von oben geklemmt	Mit Bohrung und von oben geklemmt	Mit Bohrung, geklemmt	Mit Bohrung, über Befestigungssenkung geschraubt
2	Grundform	Grundform der Wendeschneidplatte → Seite 635			

Fertigungstechnik

Fertigungsverfahren

Trennen, Drehen

Klemmhalter mit Vierkantschaft für Wendeschneidplatten — DIN 4983

3 Form des Klemmhalters Einstellwinkel

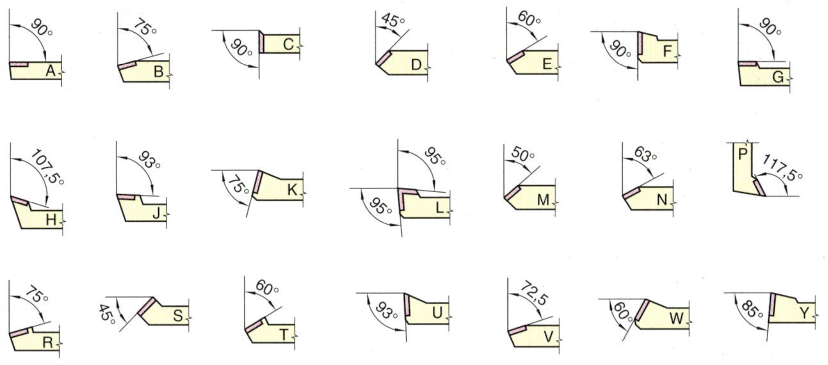

4	**Freiwinkel**	Normal-Freiwinkel α_n → Seite 635		
5	**Halter-ausführung**	**R** rechter Halter	**L** linker Halter	**N** neutral beidseitig
6	**Höhe**	Höhe der Schneidenecke h_1 ($h_1 = h_2$) in mm		
7	**Breite**	Breite des Schaftes b in mm		

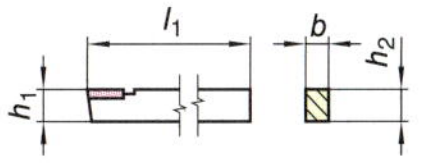

8 Länge l_1 des Halters in mm

A	B	C	D	E	F	G	H	J	K	L	M	N	P
32	40	50	60	70	80	90	100	110	125	140	150	160	170
Q	**R**	**S**	**T**	**U**	**V**	**W**	**Y**	**X**					
180	200	250	300	350	400	450	500	für Sonderlängen					

9	**Plattengröße**	Schneidplattengröße → Seite 636

Klemmhalter mit Zylinderschaft für Wendeschneidplatten zum Innendrehen — DIN 8024/8025-1

Bezeichnungsbeispiel **Klemmhalter DIN 8025[1)] - S 25 M-CSKCR16 - MR**

S = 1, 25 = 2, M = 3, C = 4, S = 5, K = 6, C = 7, R = 8, 16 = 9, MR = 10

1 Konstruktionsmerkmal

S	A	B	D	C	E	F	G	H	J
–	K[2)]	V[3)]	K[2)] + V[3)]	–	K[2)]	V[3)]	K[2)] + V[3)]	–	K[2)]
Vollstahl				**Hartmetallschaft mit Stahlkopf**				**Sinterlegierung mit Dämpfwirkung**	

2	**Schaftdurchmesser**	Schaftdurchmesser d_1 in mm, Ziffern hinter dem Komma bleiben unberücksichtigt. Bei einstelliger Zahl wird eine Null vorangestellt, z. B. d_1 = 8 mm: „08“.

3 Werkzeuglänge l_1 in mm

A	B	C	D	E	F	G	H	J	K	M	N
32	40	50	60	70	80	90	100	110	125	150	160
P	**Q**	**R**	**S**	**T**	**U**	**V**	**W**	**Y**	**X**		
170	180	200	250	300	350	400	450	500	Sonderlänge		

Fertigungstechnik

Fertigungsverfahren

Drehen

Klemmhalter, mit Zylinderschaft für Wendeschneidplatten zum Innendrehen — DIN 8024/8025-1

Nr.	Merkmal	C	M	P	S
4	**Befestigungsart der Wende-Schneidplatte**	Ohne Bohrung, von oben geklemmt	Mit Bohrung und von oben geklemmt	Mit Bohrung, geklemmt	Mit Bohrung über Befestigungssenkung geschraubt
5	**Grundform**	Grundform der Wendeschneidplatte → Seite 635			

Nr.	Merkmal		P	Q	L	U	F	Y	K	W	S
6	**Form des Klemmhalters Einstellwinkel χ_r**	abgesetzt									
		κ_r	117,5°	107,5°	95°	93°	90°	85°	75°	60°	45°

7	**Freiwinkel**	**Normal-Freiwinkel** α_n → Seite 635
8	**Halteraus-führung**	**R** rechter Halter; **L** linker Halter
9	**Plattengröße**	Schneidplattengröße → Seite 636
10	**Besonderheiten**	Angabe möglich; firmeneigene Angaben nach dem Trennstrich, z. B. Spannelement, Plattendicke, Spanformrille

[1] Angabe nur bei genormten Haltern [2] mit innerer Kühlschmierstoffzufuhr [3] mit Vibrationsdämpfer

Probleme und deren Abhilfe beim Drehen

Verfahren und Probleme – Drehen

Schlechte Oberflächengüte	Kolkverschleiß	Hoher Verschleiß (Frei- u. Spanfläche)	Deformation der Schneidkante	Bildung von Aufbauschneiden	Risse senkrecht zur Schneidkante (Kammrisse)	Ausbröckelung der Schneidkanten	Bruch der Wende-schneidplatte	Lange Spiralspäne	Vibration	Abhilfe-Maßnahmen
•	•				•		•		•	Schnitttiefe verringern
•	•	•	•							verschleißfestere Hartmetallsorte wählen
					•	•	•			zähere Hartmetall-Sorte wählen
		•		•		•			•	positive Schneidengeometrie wählen
	•	•	•		•				•	Schnittgeschwindigkeit v_c verkleinern
•				•		•				Schnittgeschwindigkeit v_c vergrößern
•	•		•		•		•			Vorschub verkleinern
		•		•				•	•	Vorschub vergrößern
	•	•		•	•					Erhöhung des Freiwinkels
•			•	•	•					Kühlung, Spanabfuhr

Fertigungstechnik

Fertigungsverfahren

Hobeln und Stoßen

Hobeln ist ein Zerspanungsverfahren, bei dem das *Werkstück die Schnittbewegung* und das *Werkzeug die Vorschubbewegung* ausführt (Langhobelmaschine).

Stoßen heißt das Hobelverfahren, wenn das *Werkzeug die Schnittbewegung* und das *Werkstück die Vorschubbewegung* ausführt. Die Schnittbewegung des Werkzeugs kann in *waagerechter* oder *senkrechter Richtung* ausgeführt werden (Waagerecht-Stoßmaschine, Senkrecht-Stoßmaschine).

Hobelmeißel

Im Allgemeinen haben die **Hobelmeißel** eine ähnliche Form wie die Drehmeißel. Für die *Form des Schneidkeils* gelten die gleichen Gesichtspunkte wie beim Drehmeißel.
Der Schneidkeil wird durch die gleichen Flächen, Schneiden und Winkel beschrieben.

Winkel am Hobelmeißel
Freiwinkel: $\alpha = 6^\circ$ bis 8°, *Spanwinkel:* $\gamma = 10^\circ$ (harte Werkstoffe) und γ bis 20° (weiche Werkstoffe)

Ausführungsformen von Hobelmeißeln

Linker gerader Hobelmeißel	Linker gebogener Hobelmeißel	Kopfhobelmeißel	Hobelmeißel für T-Nuten	Spitzhobelmeißel	Linker Seitenhobelmeißel	Stechhobelmeißel
Schruppen		Schlichten	Zum Herstellen von T-Nuten	Schlichten	Für senkrechte Flächen und scharfkantige Absätze	Zum Einstechen von Nuten

Richtwerte für Hobeln und Stoßen

Werkstoff	Schneidstoff	Schnittgeschwindigkeit in m/min für Vorschub *f* in mm					
		0,25	0,4	0,6	1,0	1,6	2,5
S235 bis S355 **C10 bis C22**	**SS**	25	22	18	14	12	10
	P30	82	75	65	60	50	–
E295 bis E360 **C35 bis C 60**	**SS**	16	12	10	8	6	5
	P30	48	40	35	30	25	–
Legierte Stähle	**SS**	8	6	5	4	3	–
	P30	30	25	20	17	15	–
Stahlguss	**SS**	16	12	10	9	7	6
	P30	40	35	30	25	20	–

Hauptnutzungszeit Hobeln und Stoßen → 657

Fertigungstechnik

Fertigungsverfahren

Hobeln und Stoßen

Richtwerte für Hobeln und Stoßen

Werkstoff	Schneid-stoff	Schnittgeschwindigkeit in m/min für Vorschub *f* in mm					
		0,25	0,4	0,6	1,0	1,6	2,5
EN-GJL-100 bis EN-GJL-400	SS	20	18	16	14	12	10
	K10	42	36	30	25	18	–
EN-GJL-300 bis EN-GJL-400 EN-GJS-400-15 bis EN-GJS-800-2	SS	13	12	11	9	8	7
	K10	36	32	28	25	20	–
Aluminium und Aluminiumlegierungen	SS	40	32	25	20	18	16
	K22	180	160	140	125	112	100

Wegen der Umkehrung der Bewegungsrichtung kann bei Stoß- und Hobelmaschinen nur mit einer begrenzten Schnittgeschwindigkeit gefahren werden. Deshalb werden vorwiegend Werkzeuge aus Schnellarbeitsstahl eingesetzt.

Hartmetalle erfordern für glatte Oberflächen Mindestgeschwindigkeiten, die bei den Stoß- und Hobelmaschinen nicht immer erreicht werden können.

Fräsen

Fräsen ist ein Zerspanungsverfahren zur *Erzeugung ebener und gekrümmter Flächen*, bei dem das auf dem Fräsmaschinentisch gespannte *Werkstück die Vorschub- und Einstellbewegung* und das *Werkzeug die Schnittbewegung* ausführt.

Benennungen und Winkel am Fräser

Umfangsplanfräsen

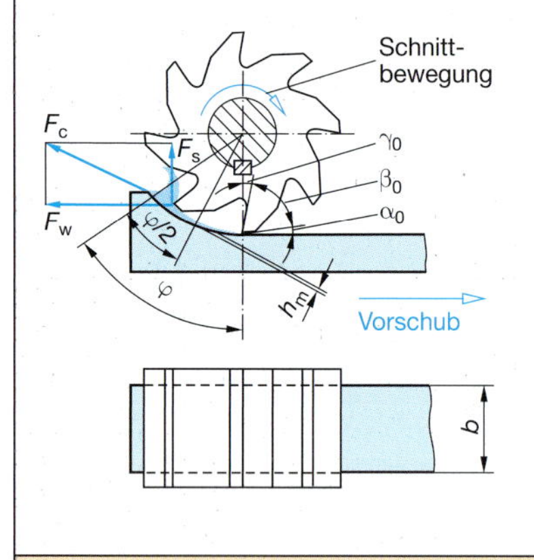

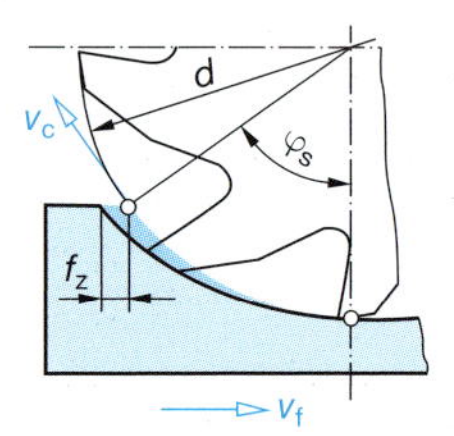

F_c Schnittkraft
F_w waagerechter Anteil der Schnittkraft
F_s senkrechter Anteil der Schnittkraft
α_0 Freiwinkel
β_0 Keilwinkel
γ_0 Spanwinkel

Stirnplanfräsen

Schnitt-bewegung

Vorschub

Abmessungen am Spanungsquerschnitt

Walzenfräsen

Stirnfräsen

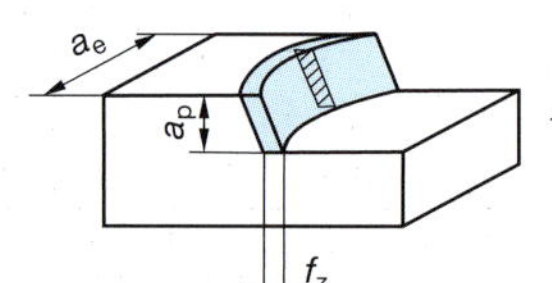

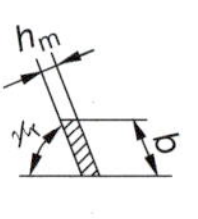

$$b = \frac{a_p}{\sin \chi_r}$$

Fertigungstechnik

Fertigungsverfahren

Fräsen

Berechnungen zum Fräsen

f	Vorschub/Umdrehung in mm	a_e	Arbeitseingriff, quer zur Werkzeugachse gemessen in mm	v_c	Schnittgeschwindigkeit in m/min
f_z	Vorschub/Zahn in mm	F_c	Schnittkraft in N	v_f	Vorschubgeschwindigkeit in mm/min
z	Zähnezahl des Fräsers	k_c	spezifische Schnittkraft in N/mm²	$\dot{Q}$	Spanvolumen/Zeit, Spanleistung in mm³/min
z_e	Zähnezahl im Eingriff	$k_{c1,1}$	Hauptwert der spezifischen Schnittkraft in N/mm²	φ_s	Eingriffswinkel in Grad
h_m	Spanungsdicke, Mittelwert in mm	m_c	Exponent zur Berücksichtigung der Spanungsdicke	λ	Drallwinkel der Werkzeugschneide in Grad
d	Fräserdurchmesser in mm	n	Drehzahl in 1/min	χ_r	Werkzeugeinstellwinkel in Grad
b	Werkstückbreite bzw. Spanungsbreite in mm				
A	Spanungsquerschnitt in mm²				
a_p	Schnittbreite, Schnitttiefe, in Achsrichtung gemessen in mm				

Schnittkraft

$F_c = A \cdot k_c$

$k_c = \frac{k_{c1,1}}{h^{m_c}}$

Schnittgeschwindigkeit

$v_c = d \cdot \pi \cdot n$

Vorschubgeschwindigkeit

$v_f = f \cdot n = f_z \cdot z \cdot n$

Für *spiralverzahnte* Fräser gilt:

$\lambda \neq 0°,\ b = \frac{a_e}{\cos \lambda}$

Spanungsquerschnitt

$A = a_p \cdot h_m \cdot z_e$

$A = 0{,}9 \cdot f_z \cdot a_p \cdot z_e$

Eingriffswinkel

$\sin \frac{\varphi_s}{2} = \frac{a_e}{d}$

Schnittleistung

$P_c = F_c \cdot v_c$

$P_c = A \cdot k_c \cdot v_c$

$P_c = \dot{Q} \cdot k_c$

Spanleistung

$\dot{Q} = \frac{P_c}{k_c}$

$\dot{Q} = a_p \cdot a_e \cdot v_f$

Schneidenzahl im Eingriff

$z_e = z \cdot \frac{\varphi_s}{360°}$

Schnittgeschwindigkeit, Vorschub, Eingriffsgrößen für Fräser aus HSS

Werkstückwerkstoff	Zugfestigkeit R_m in N/mm² / Brinellhärte HB	Walzenfräser				Walzenstirnfräser				Schaftfräser			
			Eingriffsgröße a_e mm				Schnitttiefe a_p mm			Durchmesser d bis 20 mm		über 20 mm	
			1	4	8		1	4	8				
		f_z mm/Zahn	v_c m/min			f_z mm/Zahn	v_c m/min			f_z mm/Zahn	v_c m/min	f_z mm/Zahn	v_c m/min
allgem. Baustahl	< 500	0,25 0,10	28 36	22 30	20 25	0,20 0,10	26 34	22 30	20 27	0,20 0,10	16 25	0,08 0,05	19 23
	500 – 700	0,16 0,08	22 30	18 22	15 20	0,15 0,08	20 26	18 23	16 21	0,03 0,01	20 25	0,05 0,03	15 18
Vergütungsstahl	700	0,18 0,10	28 36	22 30	19 25	0,16 0,08	26 34	22 30	21 27	0,1 0,05	22 24	0,05 0,03	18 20
Stahlguss, GS	500	0,20 0,10	22 29	17 22	15 20	0,16 0,08	22 29	20 25	18 23	0,2 0,05	19 22	0,09 0,06	17 20
Gusseisen, EN-GJL **Temperguss, ENGJM**	150 – 250	0,14 0,07	20 26	16 20	14 18	0,12 0,06	18 23	15 20	14 18	0,3 0,1	18 22	0,06 0,04	13 17
Cu-Zn-Legierungen – Messing	–	0,22 0,11	60 80	50 64	42 55	0,20 0,10	60 80	50 68	46 60	– 0,09	60 74	– 0,12	45 55
– Bronze	–	0,18 0,09	55 72	44 58	38 50	0,16 0,08	55 72	48 63	44 58	– 0,09	55 66	– 0,12	40 52
Al-Legierungen – zäh	–	0,12 0,06	300 390	240 300	200 270	0,12 0,06	360 390	250 330	230 310	0,03 0,01	300 360	0,05 0,03	220 280
– spröde	–	0,14 0,07	220 280	175 230	150 200	0,14 0,07	230 280	190 246	170 230	0,03 0,01	220 270	0,05 0,03	170 200
Duroplaste	– 150	– 0,12	25	15	5	– 0,12	100	80	60	– 0,09	90	– 0,12	90
Thermoplaste	– 100	– 0,15	15	10	5	– 0,15	170	150	130	– 0,09	150	– 0,12	150

Spanende Kunststoffbearbeitung → 653

Fertigungstechnik

Fertigungstechnik

Fertigungsverfahren

Trennen: Fräsen

Mindestwerte des Vorschubes bei Scheibenfräsern

Damit bei der Verwendung von Scheibenfräsern eine mittlere Spanungsdicke von 0,01 mm nicht unterschritten wird, sind *Mindestwerte des Vorschubes* unbedingt zu beachten.

Verhältnis a_e/d	0,01	0,02	0,04	0,06	0,10	0,30
Mindestvorschub pro Zahn	0,10	0,08	0,05	0,04	0,03	0,02

Schnittgeschwindigkeit, Vorschub, Schnitttiefe für hartmetallbestückte Messerköpfe

Werkstück-werkstoff	Zugfestigkeit R_m in N/mm² Brinellhärte HB	Vorschub je Zahn f_z mm	Schnitttiefe a_p mm	Schneidwerk-stoff	Schnitt-geschwindigkeit v_c m/min
Stahl, unlegiert	< 500	0,1	17 15	P40	200 – 150 150 – 120
		0,3	5 10		170 – 116 110 – 88
		0,8	5 10		130 – 100 100 – 70
Stahl, unlegiert legiert	500 – 900	0,1	3 7	P30	180 – 160 160 – 140
		0,2	3 7		160 – 140 140 – 120
		0,5	1 5		140 – 120 120 – 100
Stahl, rost- und säure-beständig	– 750	0,1	0,5 3	P30	130 – 100 99 – 70
		0,3	0,5 3		110 – 96 95 – 75
Gusseisen EN-GJL Temperguss EN-GJM	150 – 250	0,1	0,5 3	M10	155 – 124 145 – 116
		0,3	3 7		130 – 104 120 – 96
		0,5	3 7		125 – 100 115 – 92
Al-Legie-rungen	–	0,05 – 0,3	beliebig	K20	1000 – 300
		0,01 – 0,15	beliebig	M10	2000 – 1000

Schnittgeschwindigkeitsanpassung an unterschiedliche Werkstückhärten

Haupt-gruppe	Härte HB	Faktoren für Schnittgeschwindigkeit bei Abweichung vom Härtewert um ...								
		geringere Härte					größere Härte			
		– 80 HB	– 60 HB	– 40 HB	– 20 HB	0	+ 20 HB	+ 40 HB	+ 60 HB	+80 HB
P	180	1,26	1,18	1,12	1,05	1	0,94	0,91	0,86	0,83
M	180	–	–	1,21	1,10	1	0,91	0,85	0,79	0,75
K	260	–	–	1,25	1,10	1	0,92	0,86	0,80	–

Fertigungstechnik

Fertigungsverfahren

Trennen: Fräsen

Bezeichnung von Werkzeugen mit Wendeschneidplatten — DIN ISO 11529-2

Bezeichnungsbeispiel: **Fräskopf ISO 11529 - S A 75 S 80 R 010 A 10 S 32**

(S = 1, A = 2, 75 = 3, S = 4, 80 = 5, R = 6, 010 = 7, A = 8, 10 = 9, S = 10, 32 = 11)

Nr.	Merkmal							
1	**Befestigungsart der Wendeschneidplatten**	**C**	**P**	**S**	**T**	**V**	**W**	**X**
		Ohne Bohrung, von oben geklemmt	Mit Bohrung, geklemmt	Mit Senkbohrung, geklemmt	Mit Bohrung, tangential geklemmt	Ohne Bohrung, tangential geklemmt	Mit Keil geklemmt	Sonderkonstruktion
2	**Bauart des Werkzeugs**	**A**	**B**	**C**	**D**	**E**	**F**	**G**
		Stirnfräser Eckfräser Fräskopf 1	Stirnfräser Eckfräser Fräskopf 2	Scheibenfräser, dreiseitig schneidend	Schlitz- und Trennfräser	Einseitiger Scheibenfräser	T-Nutenfräser	Schaftfräser, umfangschneidend; Walzenfräser
		H	**J**	**K**	**L**	**M**	**P**	**T**
		Schaftfräser, umfang- und zentrumschneidend	Schaftfräser, umfangschneidend und schräg eintauchend	Rund-Profilfräser, zentrumschneidend	Walzenstirn-Schaftfräser, umfang- und zentrumschneidend; kegeliger Rund-Profilfräser	Senkfräser	Scheibenfräser	Gewindefräser

Nr.	Merkmal	
3	**Einstellwinkel**	Größe des Einstellwinkels χ_r in %
4	**Grundform (Eckenwinkel ε_r)**	Grundform der Wendeschneidplatte Seite 635
5	**Durchmesser**	Fräsendurchmesser d_1 in mm; Ziffern hinter dem Komma bleiben unberücksichtigt.

Nr.	Merkmal			
6	**Schneidrichtung**	**R** rechtsschneidend	**L** linksschneidend	**N** neutral (beidseitig)

Nr.	Merkmal	
7	**max. Schnitttiefe a_p**	Ganzzahliges a_p als dreistellige Angabe. Bei a_p > 10 mm Angabe in 1/10 mm, z. B. a_p = 8,5 mm

Nr.	Merkmal		A	B	C	D
8	**Lage der Sitze für Wendeschneidplatten**	Orthogonal-Spanwinkel γ	0° oder positiv	0° oder positiv	negativ	negativ
		Schneiden-Neigungswinkel λ_s	0° oder positiv	negativ	0° oder positiv	negativ

Nr.	Merkmal	
9	**Schneidenzahl**	Anzahl der wirksamen Schneiden (für die Berechnung des Vorschubes je Zahn). Bei einstelliger Zahl wird eine Null vorangestellt.

Nr.	Merkmal			
10	**Form des Schaftes**	**A** Glatter Zylinderschaft	**B** Zylinderschaft mit seitlicher Mitnahmefläche	**C** Zylinderschaft mit geneigter Spannfläche
		D Zylinderschaft mit Gewinde	**E** Morsekegelschaft Form A	**F** Morsekegelschaft mit Mitnehmer
		G Steilkegelschaft	**H** Steilkegelschaft automatischer Werkzeugwechsel	**J** Kegeliger Schaft mit Gewinde
		K Zylinderschaft mit seitlicher Mitnahme, Gewinde	**L** Zylinderschaft mit seitlicher Mitnahme, Spannfläche	**M** Steilkegelschaft, verkürzt
		N Kegel-Hohlschaft A	**Q** Kegel-Hohlschaft C	**X** Andere Formen
	Form der Bohrung	**P** Bohrung Form A ISO 6462	**S** Bohrung Form B ISO 6462	**T** Bohrung Form V ISO 6462
		U Bohrung Form C ISO 6462	**V** Bohrung mit Mitnehmernut ISO 240	**Y** Andere Formen

Nr.	Merkmal		
11	**Größe des Schaftes bzw. Bohrung**	Fräswerkzeuge mit Bohrung	= Nenndurchmesser der Bohrung in mm
		Fräswerkzeuge mit Zylinderschaft	= Nenndurchmesser in mm
		Fräswerkzeuge mit Morsekegel	= Nummer des Morsekegels
		Fräswerkzeuge mit Steilkegelschäfte	= Nummer des Schaftes
		Fräswerkzeuge mit HSK	= Nenndurchmesser in mm

Fertigungstechnik

Fertigungsverfahren

Trennen: Fräsen

Richtwerte für Winkel am Werkzeug in °

		HSS			HM		
		α	γ	λ_s	α	γ	λ_s
Fräsen	**Walzenstirnfräser**				Die Winkel sind die Summe aus den Winkeln der Plattenform und den Winkeln der Plattenaufnahmefläche im Werkzeugträger; häufige Werte: α_0 = 11 – 15 %, γ_0 = 10° λ_s = keine Angabe		
	Bau, Vergütungsstahl	6	12	40			
	Gusseisen	6	12	40			
	Al, Al-Legierungen	8	25	50			
	Cu, Cu-Legierung	6	15	45			
	Duroplaste	≤ 15	15 ... 25				
	Thermoplaste	2 ... 10	1 ... 10				
	Scheiben, Schaftfräser				Abhängigkeit von Plattenform und Plattenaufnahmeflächen; häufige Werte: Scheibenfräser: α_0 = 11°, γ_0 = 0°, λ_s = 3 ... 5° Schaftfräser: α_0 = 11°, γ_0 = –14 ... 0°, λ_s = –5 ... 5°		
	Stahl, Gusseisen	6	12	15			
	Al, Al-Legierung < 10 % Si	8	25	30			
	Al, Al-Legierung > 10 % Si	10	25	40			
	Cu, Cu-Legierung	6	15	20			
	Fräskopf						
	Stahl, Gusseisen	7	12	15	8 ... 12	5 ... 10	– 8
	Al, Al-Legierung				8 ... 12	12 ... 20	+ 4 ... –4

Hartfräsen mit beschichteten Vollhartmetall-(VHM-)Werkzeugen

Werkstoff gehärteter Stahl HRC	Schnittgeschwindigkeit v_c m/min	Arbeitseingriff $a_{e_{max}}$ mm	Schnitttiefe $a_{p_{max}}$ mm	Vorschub je Zahn f_z in mm bei Fräserdurchmesser d in mm		
				2 ... 8	> 8 ... 12	> 12 ... 20
bis 35	80 ... 90	0,05	1,5	0,04	0,05	0,06
36 ... 45	60 ... 70	0,05	1,5	0,08	0,1	0,12
46 ... 54	50 ... 60	0,05	1,5	0,04	0,05	0,06

Probleme und deren Abhilfe beim Fräsen

Verfahren und Probleme – **Fräsen**

Kolkverschleiß	Hoher Verschleiß Frei- u. Spanfläche	Deformation der Schneidkante	Bildung von Aufbauschneiden	Risse senkrecht zur Schneidkante (Kammrisse)	Ausbröckelung der Schneidkanten	Bruch der Wendeschneidplatte	Schlechte Oberflächengüte	Vibration, Rattern	Abhilfe-Maßnahmen
•	•	•	•	•			•		Kühlung, Späneabfuhr
					•	•	•	•	Schnitttiefe anpassen
•	•	•	•				•		verschleißfestere Hartmetall-Sorte wählen
				•	•	•			zähere Hartmetall-Sorte wählen
								•	Fräser mit weiter Teilung verwenden
		•				•	•	•	Fräserposition ändern
			•	•	•				trocken fräsen
•	•	•		•					Schnittgeschwindigkeit v_c verkleinern
			•		•		•		Schnittgeschwindigkeit v_c vergrößern
		•		•	•	•	•		Vorschub f verkleinern
	•		•					•	Vorschub f vergrößern
•			•	•			•	•	Einstellwinkel anpassen
•		•	•		•	•	•	•	Spanwinkel anpassen

Fertigungstechnik

Fertigungsverfahren

Trennen: Fräsen

Teilen mit dem Teilkopf

n	Lochzahl der Teilscheibe	$z_1 \ldots z_n$	Zähnezahl der Wechselräder	α	Steigungswinkel der Wendelnut in Grad (°)
n_L	Lochzahl bei einem Teilschritt	d	Werkstückdurchmesser in mm	β	Einstellwinkel des Tisches in Grad (°)
n_k	Anzahl der Kurbelumdrehungen pro Teilschritt	N	Anzahl der Teillungen	i	Übersetzungsverhältnis des Wechselradgetriebes
T	Teilung, gewünscht in mm	P_T	Steigung der Tischspindel in mm	i_z	Gesamtübersetzungsverhältnis
T_H	Hilfsteilung in mm	P_W	Steigung der Wendelnut in mm		

Direktes Teilen

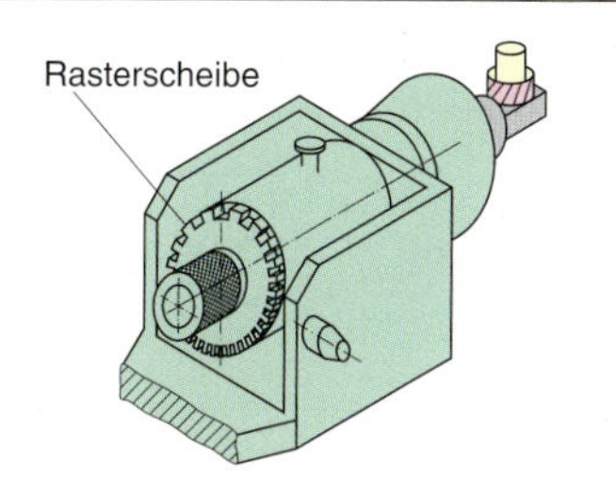

Anzahl der Rasten		Anzahl der Teilungen		Anzahl der zu verstellenden Rasten
24	:	2	=	12
24	:	3	=	8
24	:	4	=	6
24	:	6	=	4
24	:	8	=	3
24	:	12	=	2
24	:	24	=	1

Beim direkten Teilen wird die Werkstückteilung unmittelbar von der 24er-Teilscheibe der Teilspindel auf das Werkstück übertragen.

Lochzahl bei einem Teilschritt:

$$n_L = \frac{n}{T} = n \cdot \frac{\alpha}{360°}$$

Indirektes Teilen

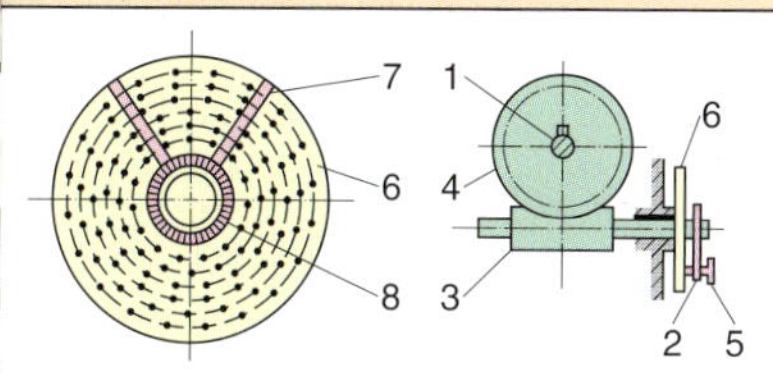

Lochscheibe **Antriebsschema**

1 Teilspindel
2 Handkurbel
3 Schnecke
4 Schneckenrad } $i = \frac{40}{1}$
5 Raststift
6 Lochscheibe (steht fest)
7 Schrittzeiger
8 Nabenskala = 200 Striche/Umdr.

Einstellvorgang

Teilschritt begrenzen durch Zeiger 7. Teilspindel 1 durch Kurbel 2 über 3 und 4 drehen. Stift 5 nach Zurücklegen des Teilschrittes auf gewählten Lochkreis der Lochscheibe 6 einrasten lassen.

Anzahl der Kurbelumdrehungen

$$n_k = \frac{i}{N} = \frac{40}{N}$$

$$n_k = 40 \cdot \frac{\alpha}{360°}$$

Differenzialteilen oder Ausgleichsteilen

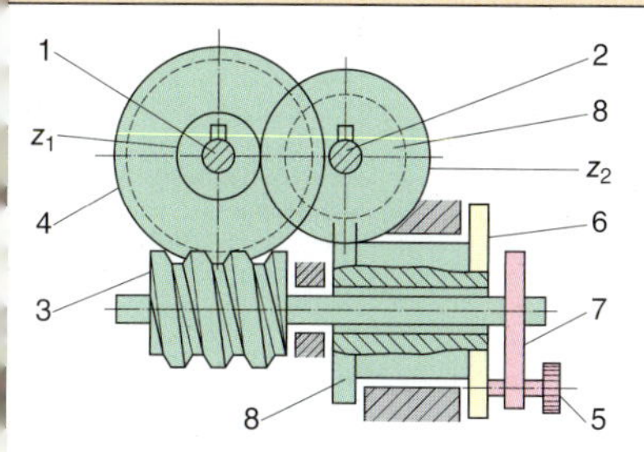

1 Teilspindel
2 Triebspindel
z_1, z_2 Wechselräder für einfache Übersetzung
3 Schnecke
4 Schneckenrad } $i = \frac{40}{1}$
5 Raststift
6 Lochscheibe, Antrieb über $z_1 \ldots z_4$
7 Handkurbel
8 Triebteile für Lochscheibe

Das Gesamtübersetzungsverhältnis i_z der Zahnräder muss so gewählt werden, dass bei $(T_H - T) \cdot n_k$ Umdrehungen der Lochscheibe die Teilspindel (Werkstück) eine Umdrehung ausführt.

Gesamtübersetzungsverhältnis

$$i_z = \frac{i}{T_H} \cdot (T_H - T)$$

$T_H > T$ muss gleichen Drehsinn von Teilkurbel und Lochscheibe ergeben.

$T_H < T$ muss gegenläufige Drehbewegung durch Lochscheibe ergeben; i_z wird Minuswert.
Die Regulierung des Drehsinns erfolgt durch Zwischenräder.

Fertigungs-technik

Fertigungstechnik

Fertigungsverfahren

Trennen: Fräsen

Teilen mit dem Teilkopf

Fräsen von Wendelnuten

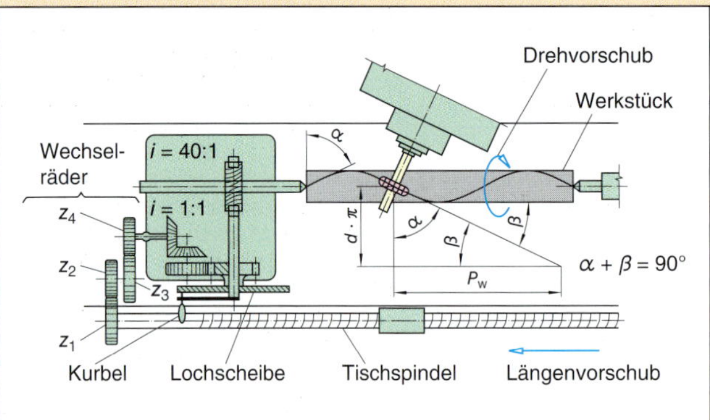

Übersetzungsverhältnis

Wechselradgetriebe

$$i = \frac{z_2}{z_1} \cdot \frac{z_4}{z_3}$$

Schneckentrieb

$$i = \frac{40}{1}$$

Übersetzungsverhältnis des gesamten Getriebes

$$\frac{P_W}{P_T} = i \cdot 40 \qquad \frac{P_W}{P_T \cdot 40} = \frac{z_2}{z_1} \cdot \frac{z_4}{z_3}$$

Steigungswinkel

$$\tan \alpha = \frac{P_W}{d \cdot \pi}$$

Einstellwinkel

$$\tan \beta = \frac{d \cdot \pi}{P_W}$$

Lochzahlen der Teilscheiben

Auswahl A:

Scheibe	Lochzahlen
1	15 16 17 18 19
2	20 21 23 27 29
3	31 33 37 39 41
4	43 47 49

Auswahl B:

Scheibe	Lochzahlen
1	15 16 17 18 19 20
2	21 23 27 29 31 33
3	37 39 41 43 47 49
4	51 53 57 59 61 63

Zähnezahl der Wechselräder 24 28 32 36 40 44 48 56 64 72 80 84 86 96 100

Schleifen

Berechnungen zum Schleifen

- v_c Schnittgeschwindigkeit in m/min
- v_f Vorschubgeschwindigkeit in m/min
- v_{fL} Vorschubgeschwindigkeit, Längsvorschub in m/min
- v_{fP} Vorschubgeschwindigkeit, Planvorschub in m/min
- d Werkstückdurchmesser in mm
- d_s Schleifscheibendurchmesser in mm
- n Drehzahl des Werkstücks in 1/min
- n_s Drehzahl der Schleifscheibe in 1/min
- q Geschwindigkeitsverhältnis
- f Vorschub pro Umdrehung in mm
- L Werkzeugweg, Vorschubweg einschließlich Überlauf, Anlauf in mm
- n_H Hubzahl in 1/min

Außen-Längsrundschleifen

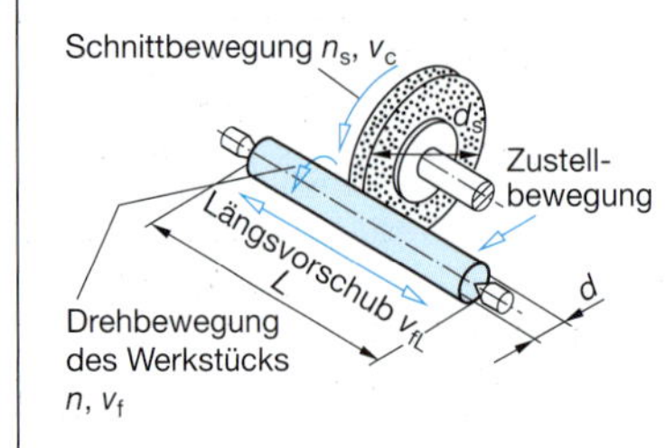

Vorschubgeschwindigkeit

$v_f = d \cdot \pi \cdot n \qquad v_{fL} = n \cdot f$

$Q = A \cdot v_f$ Zeitspanungsvolumen in $\frac{cm^3}{min}$

Umfangs-Planschleifen

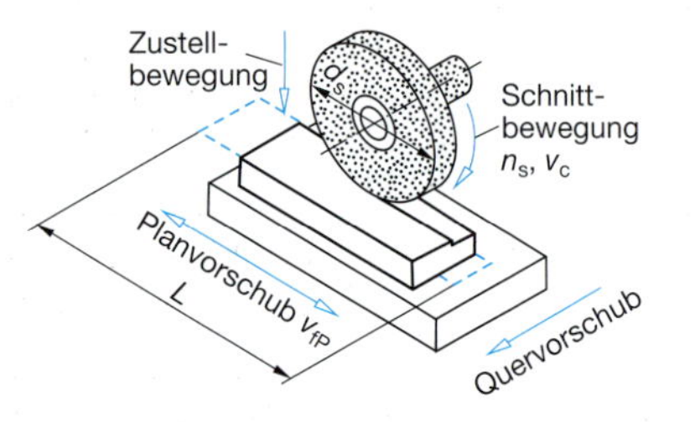

Vorschubgeschwindigkeit

$v_{fP} = L \cdot n_H$

$A = a_p \cdot a_e$ Spanungsquerschnitt

a_p: Schnitttiefe

a_e: Arbeitseingriff

Geschwindigkeitsverhältnis

$$q = \frac{v_c}{v_{fL}} \triangleq \frac{v_c}{v_{fp}} = \frac{d_s \cdot n_s}{d \cdot n}$$

Richtwerte

siehe Seite 648.

Schnittgeschwindigkeit

$v_c = d_s \cdot \pi \cdot n_s$

Fertigungstechnik

Fertigungsverfahren

Schleifen

Schleifmittel — DIN ISO 525

Schleifmittel	Kennbuchstabe	Farbe des Schleifmittels	Zusammensetzung	Anwendung
Normalkorund	A	schwarzbraun, grau	Aluminiumoxid Al_2O_3, SiO_2-, Fe_2O_3-Anteile	Baustähle mit geringer bis mittlerer Festigkeit, Stahl, Temperguss
Edelkorund	A	weiß oder rot	Aluminiumoxid Al_2O_3	Baustähle hoher Festigkeit, legierte, gehärtete Stähle
Siliziumcarbid	C	grün oder schwarz	Siliziumcarbid SiC, Karborundum	Gusseisen, Hartguss, Messing, Bronze, Aluminium, Hartmetalle, keram. Werkstoffe, Cu, Kunststoffe
Diamant	D	gelb	Kohlenstoff in kristalliner Form	Hartmetalle, Glas, zum Abrichten von Schleifscheiben

Eigenschaften der Schleifkörper

Körnung			Härte			Gefüge	
Körnungs-Nr.	**Bezeichnung**	**Art der Bearbeitung**	**Kennbuchstabe**	**Eigenschaft**	**Anwendung**	**Kennziffer**	**Gefüge**
10 – 24	grob	Schrupp-schleifen	A – D	äußerst weich	harte Schleifkörper für weiche Werkstoffe, weiche Schleifkörper für harte Werkstoffe	0 – 3	dicht
30 – 60	mittel						
70 – 120	fein	Fein-schleifen	E – K	weich		4, 5	mittel
150 – 240	sehr fein						
300 – 1200	staubfein	Feinst-schleifen	L – O	mittel		6, 7	offen
Diamantschleifmittel			P – S	hart		8, 9	sehr offen
Korngröße	Bezeichnung		T – W	sehr hart			
0,05 – 300 µm	D 0,5 – D 300		X – Z	äußerst hart			

Eigenschaften der Schleifkörper — DIN ISO 525

Bindung

Bindung	Kennbuchstabe	Eigenschaften	Anwendung
keramische Bindung	V	unelastisch, porös, unempfindlich gegen Wärme, Wasser und Öl, empfindlich gegen Schlag, Stoß und seitlichen Druck	Geeignet für alle Werkstoffe, gebräuchliche Bindung bei maschinellen Schleifverfahren
Kunstharzbindung (Bakalit)	B	sehr elastische Bindung von hoher Festigkeit, geringe Stoßempfindlichkeit	Bindung für dünnere Schleifscheiben zum Feinstschleifen harter Werkstoffe
Kunstharzbindung (faserverstärkt)	BF	hohe Elastizität und hohe Zähigkeit	Bindung für Trennscheiben
Metallbindung	M	sehr hohe Festigkeit, stoßunempfindlich, hohe Standzeit	Bindung für Diamantscheiben zum Schleifen von Hartmetallen

Fertigungstechnik

Fertigungsverfahren

Schleifen

Bindung

R	Gummibindung
RF	Gummibindung, faserverstärkt
E	Schnellbindung
MG	Magnesitbindung, v_{max} = 25 m/s, Kennzeichnung mit weißem Farbstreifen
PL	Plastikbindung

Geschwindigkeitsverhältniszahl q (Richtwerte)

Werkstoff	Planschleifen (Flachschleifen) mit		Rundschleifen	
	gerade Scheibe	Topfscheibe	außen	innen
Stahl, gehärtet oder ungehärtet	80	50	125	80
Gusseisen	63	40	100	63
Kupfer, Cu-Leg.	50	32	80	50
Leichtmetalle (Al, Al-Leg.)	32	20	50	32

Umfangsgeschwindigkeiten der Schleifkörper

Farbcodierung der zulässigen Umfangsgeschwindigkeit BGV D12

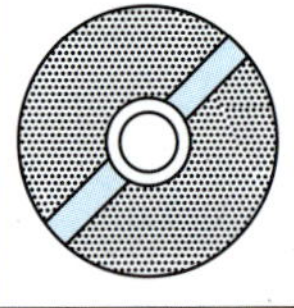

Farbstreifen	blau	gelb	rot	grün	blau-gelb	blau-rot	blau-grün
Umfangs-geschwindig-keit v_u in m/s	50	63	80	100	125	140	160
	gelb-rot	**gelb-grün**	**rot-grün**	**blau-blau**	**gelb-gelb**	**rot-rot**	**grün-grün**
	180	200	225	250	280	320	360

Zulässige Umfangsgeschwindigkeit der Schleifkörper DIN EN 12413

Werkstoff	Umfangsgeschwindigkeit v_u in m/s		
	Umfangs-Planschleifen	Außen-Längsrundschleifen	Trennschleifen
Stahl	25 – 35	25 – 40	45 – 100
Gusseisen	20 – 35	20 – 30	45 – 80
Messing	25 – 30	20 – 35	–
Leichtmetall	15 – 20	15 – 20	–

Schnitt- und Vorschubgeschwindigkeit beim Schleifen

Werkstück-Werkstoff	Umfangs-Planschleifen						Außen-Längsrundschleifen						
	Umfangsschleifen			Seitenschleifen			Außenschleifen			Innenschleifen			Trennschl.
	v_c m/s	v_f m/min	q	v_c m/s	v_f m/min	q	v_c m/s	v_f m/min	q	v_c m/s	v_f m/min	q	v_c m/s
Stahl	30	10 – 35	180	25	5 – 25	50	30 – 35	10	125	25	19 – 23	80	45 – 80
Gusseisen	30	10 – 35	65	25	6 – 30	40	25	11	100	25	23	65	
Hartmetall, HM	10	≈ 5	120	8 – 25	≈ 5	110	8 – 12	4	100	8	8	60	45
Al-Legierung	18	15 – 40	100	18	24 – 45	20	18	24 – 30	50	16	30 – 40	30	–
Cu-Legierung	25	15 – 40	100	20	20 – 45	60	25 – 35	16	100	25	25	50	45 – 80

Fertigungstechnik

Fertigungsverfahren

Trennen: Schleifen

Schnitttiefe und Vorschub

Werkstück-werkstoff	Bearbeitung	Umfangs-Planschleifen		Außen-Längsrundschleifen		
		Schnitttiefe a_e mm	Vorschub f seitlich mm/Hub	Schnitttiefe a_e außen mm	Schnitttiefe a_e innen mm	Vorschub f Längsrichtung mm/Umdreh.
Stahl	Schruppen	0,03 – 0,1	$\frac{2}{3}$ bis $\frac{4}{5} \cdot b_s$	0,025 – 0,04	0,01 – 0,03	$\frac{2}{3}$ bis $\frac{3}{4} \cdot b_s$
	Schlichten	0,0025 – 0,01	$\frac{1}{2}$ bis $\frac{2}{3} \cdot b_s$	0,0025 – 0,015	0,002 – 0,005	$\frac{1}{4}$ bis $\frac{1}{2} \cdot b_s$
Gusseisen	Schruppen	0,06 – 0,25	$\frac{2}{3}$ bis $\frac{4}{5} \cdot b_s$	0,05 – 0,08	0,02 – 0,06	$\frac{2}{3}$ bis $\frac{3}{4} \cdot b_s$
Temperguss	Schlichten	0,004 – 0,025	$\frac{1}{2}$ bis $\frac{2}{3} \cdot b_s$	0,004 – 0,025	0,004 – 0,01	$\frac{1}{4}$ bis $\frac{1}{2} \cdot b_s$

Bezeichnung von Schleifscheiben

DIN ISO 525

Bezeichnungsbeispiel: **Schleifscheibe ISO 603-1 1A 300 x 20 x 127-A / F36 O - 5V - 35**

Schleifscheibe (1) ISO 603-1 (2) 1 (3) A (4) 300 (5) x 20 (6) x 127 (7) - A (8) / F36 (9) O (10) - 5 (11) V (12) - 35 (13)

1	**Benennung**							
2	**DIN ISO Norm**							
3	**Schleif-scheiben-formen**	**Form 1**	**Form 3**	**Form 4**	**Form 5**	**Form 6**	**Form 7**	**Form 11**	**Form 12**
		Gerade Schleifscheibe	Einseitig konische Schleif-scheibe	Zweiseitige konische Schleif-scheibe	Einseitig ausgesparte Schleif-scheibe	Zylin-drischer Schleifkopf	Zweiseitige ausgesparte Schleif-scheibe	Kegeliger Schleifkopf	Schleifteller
		Form 21/22	**Form 27**	**Form 31**	**Form 41**	**Form 42**	**Form 52**		
		Einseitig/zwei-seitig verjüngte Schleifscheibe	Gekröpfte Schleif-scheibe	Schleif-segmente	Gerade Trennschleif-scheibe	Gekröpfte Trennschleif-scheibe	Schleifstift		
4	**Rand-formen, Schleif-scheiben**	**A**	**B**	**C**	**D**	**E**	**F**	**G**	**H**
		T	65°, T	45°, T	0,3T, 60°, T	60°, T	0,5T, T	0,13T, 65°, T	0,13T, 85°, T
		I	**J**	**K**	**L**	**M**	**N**	**P**	
		0,13T, 60°, T/3, T	0,7T, u, u, T	23°, T	T, T	30°, T	X, 90°, T	45°, T	

Fertigungstechnik

Fertigungsverfahren

Trennen: Schleifen

Bezeichnung von Schleifscheiben

5	**Außendurchmesser der Schleifscheibe**	
6	**Breite der Schleifscheibe**	
7	**Bohrungsdurchmesser der Schleifscheibe**	

8		Kennbuchstabe A		BK	C	CBN	D	Z
Schleifmittel	Name	Normalkorund (Al_2O_3) + Beimengungen	Edelkorund (Al_2O_3) in kristalliner Form	Borkarbid (B_4C) in kristalliner Form	Siliziumkarbid (SiC) in kristalliner Form	Bornitrid (BN) in kristalliner Form	Diamant (C) in kristalliner Form	Zirkonkorund $Al_2O_3 + ZrO_2$
	Anwendung	Zähe Werkstoffe, unleg. Stahl, Stahl-, Temperguss, ungehärteter Stahl	harte Werkstoffe (leg. Stähle, Titan, Glas, geh. Stähle)	loses Schleifmitte zum Läppen von Hartmetall	weiche Werkstoffe (Cu, Al, Kunststoffe), harte Werkstoffe (GG, HM, Glas)	Werkzeugstahl über 60 HRC, Schnellarbeitsstahl	HM, Glas, Ferro-TiC, GG, Abrichten von Schleifscheiben	nicht rostender Stahl
	Mohshärte	9	9,3	9,6	9,5	–	10	–
	Farbe des Schleifmittels	schwarzbraun, grau	weiß, rot	schwarz, grau	grün, schwarz	–	gelb	–

9	**Körnung**
10	**Härtegrat**
11	**Gefüge**
12	**Bindung**
13	**max. zulässige Umfangsgeschwindigkeit**

Verwendungseinschränkungen — BGV D12 DIN EN 12413

VE1	Nicht zulässig für Freihand- und handgeführtes Schleifen
VE2	Nicht zulässig für Freihandtrennschleifen
VE3	Nicht zulässig für Nassschleifen
VE4	Nur zulässig für geschlossene Arbeitsbereiche (z. B. für ortsfeste Maschinen mit besonderen Schutzeinrichtungen)
VE5	Nicht zulässig ohne Absaugung
VE6	Nicht zulässig für Seitenschleifen
VE7	Nicht zulässig für Freihandschleifen
VE8	Nur zulässig mit Stützteller
VE10	Nicht zulässig für Trockenschleifen
VE11	Nicht zulässig für Freihand- und handgeführtes Trennschleifen

Fehlt die Einschränkung, ist das Schleifwerkzeug für alle Einsatzzwecke geeignet.

Schleifmittel

Einflussgröße	Auswirkung	Anwendung
Körnung gröber	Größere Zerspanleistung, größere Rautiefe am Werkstück. Schleifkörper wirkt weicher, größere Formfehler. Schleifkorn bricht früher aus, geringere Erwärmung des Werkstückes.	Vor- und Schruppschleifen
Härte härter	Kleinere Zerspanleistung, kleinere Rautiefe am Werkstück. Schleifkorn bricht später aus, größere Erwärmung des Werkstückes (Schleifrisse), kleinere Formfehler.	Für weiche Werkstoffe, kleine Berührungszone

Fertigungstechnik

Fertigungsverfahren

Trennen: Schleifen

Schleifmittel

Einflussgröße	Auswirkung	Anwendung
Gefüge dichter	Kleinere Rautiefe am Werkstück, kleinere Formfehler, Schleifkörper wirkt härter	Für spröde Werkstoffe, Feinschleifen, Formschleifen
Gefüge offener	–	Für schleifrissempfindliche Stähle, dünnwandige Werkstücke
Umfangsgeschwindigkeit der Schleifscheibe v_c größer	Schleifkörper wirkt härter, kleinere Rautiefe am Werkstück	
Werkstückgeschwindigkeit v_w größer	Schleifkörper wirkt weicher	

Biegen

Biegeradien

Biegeradius in mm	0,2	0,4	0,6	1	1,6	2,5	4	5	6	10	16	20	25	32	40	50	63	80	100	125

Kleinster zulässiger Biegeradius *r* für Biegewinkel bis 120°

Werkstoff	Mindestzugfestigkeit R_m N/mm²	Kleinster zulässiger Biegeradius *r* in mm für Werkstoffdicke *s* in mm												
		0,5	0,8	1	1,5	2	2,5	3	4	5	6	8	10	12
Stahl	bis 390	0,6	0,8	1	1,6	2	2,5	3	5	6	8	12	16	20
	390 – 490	0,8	1,0	1,2	2	2,5	3	4	5	8	10	16	20	25
	490 – 640	1	2,5	2,5	2,5	3,3	4	5	6	8	10	16	20	25
EN AW-AlMg5F25	≈ 250	1,6	2,5	2,5	4	6	6	10	–	–	–	–	–	–
EN AW-AlMgSiF30 ausgehärtet	≈ 300	1,6	2,5	2,5	4	6	6	10	–	–	–	–	–	–
EN AW-Al99,5F12	≈ 120	0,8	1	1	1,6	1,6	2,5	2,5	4	5	6	–	–	–

Berechnung der Zuschnittlängen

- l Teillängen in mm
- l_s gestreckte Länge des gebogenen Werkstückbereichs in mm
- L gestreckte Länge in mm
- s Werkstückdicke in mm
- r_x Radius unter Berücksichtigung der Verschiebung der neutralen Ebene in mm
- r Biegeradius, Innenmaß in mm
- α Biegewinkel, Außenmaß in Grad
- β Öffnungswinkel, Innenmaß in Grad
- x Korrekturfaktor zur Berücksichtigung der Verschiebung der neutralen Ebene
- k_R Rückfederungsfaktor
- v Ausgleichswert für die Verkürzung in der Biegestelle

Gestreckte Länge für Biegewinkel α = 90°

$\alpha = \beta = 90°$

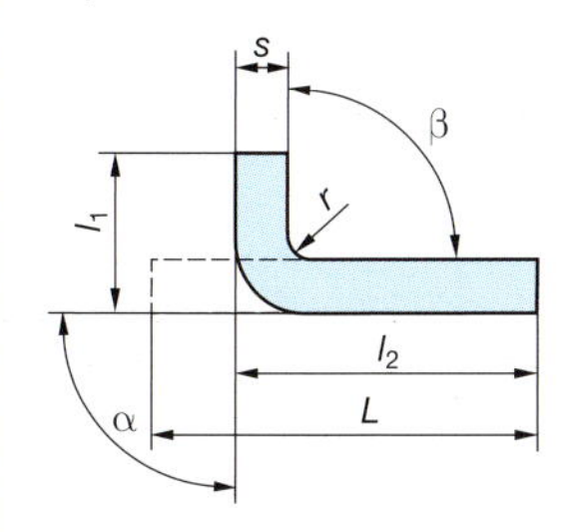

Gestreckte Länge für *eine* Biegestelle

$L = l_1 + l_2 - v$

Gestreckte Länge für *n* Biegestellen

$L = l_1 + l_2 + l_3 + \ldots - n \cdot v$

Fertigungstechnik

Fertigungsverfahren

Biegen

Ausgleichswert *v* für Biegewinkel α = 90°

Biegeradius *r* in mm	Ausgleichswert *v* für Biegewinkel *α* = 90° je Biegestelle in mm für Werkstückdicke (Blechstärke) *s* in mm														
	0,4	0,6	0,8	1	1,5	2	2,5	3	3,5	4	4,5	5	6	8	10
1	1	1,3	1,7	1,9	2,1	–	2,4	–	–	3,0	–	–	3,8	–	5,5
1,6	1,3	1,6	1,8	2,1	2,9	–	3,2	–	–	3,7	–	–	4,5	–	6,1
2,5	1,6	2	2,2	2,4	3,2	4	4,8	–	–	5,2	–	–	5,9	–	7,4
4	–	2,5	2,8	3	3,7	4,5	5,2	6	6,9	–	–	–	8,3	–	9,6
6	–	–	3,5	3,8	4,5	5,2	5,9	6,7	7,5	8,3	9	9,9	–	–	–
10	–	–	–	5,5	6,1	6,7	7,4	8,1	8,9	9,6	10,4	11,2	12,7	–	–
16	–	–	–	8,1	8,7	9,3	9,9	10,5	11,2	11,9	12,6	13,3	14,8	17,8	21
20	–	–	–	9,8	10,4	11	11,6	12,2	12,8	13,4	14,1	14,9	16,3	19,3	22,3
25	–	–	–	11,9	12,6	13,2	13,8	14,4	15	15,6	16,2	16,8	18,2	21,1	24,1
32	–	–	–	15	15,6	16,2	16,8	17,4	18	18,6	19,2	19,8	21	23,8	26,7
40	–	–	–	18,4	19	19,6	20,2	20,8	21,4	22	22,6	23,2	24,5	26,9	29,7
50	–	–	–	22,7	23,3	23,9	24,5	25,1	25,7	26,3	26,9	27,5	28,8	31,2	33,6

Berechnung der Zuschnittlängen

Gestreckte Länge für *eine* Biegestelle

$\alpha > 90°$, $\beta < 90°$

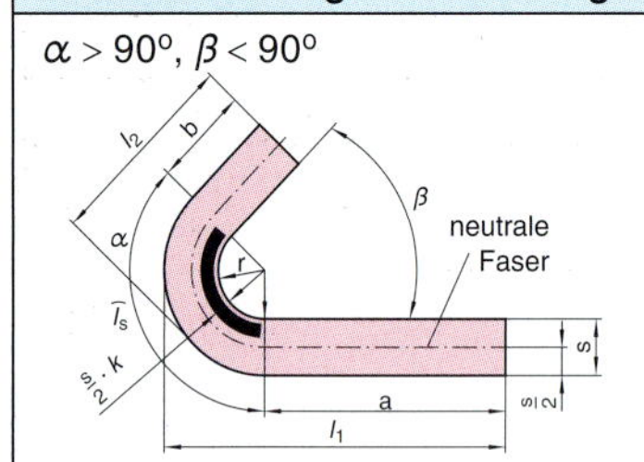

$\alpha < 90°$, $90 > \beta \leq 165°$

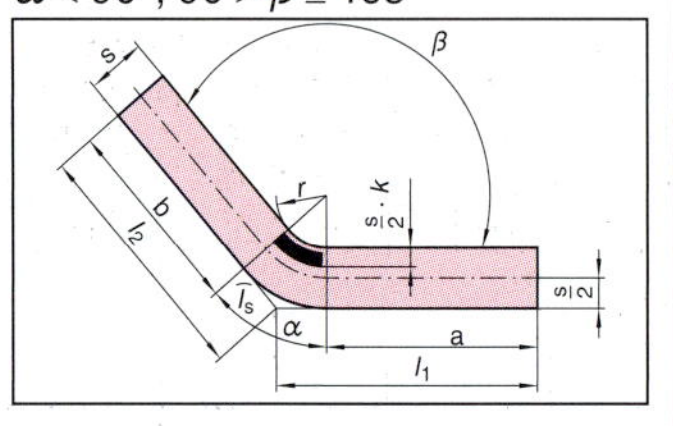

Gestreckte Länge für *eine* Biegestelle

$L = l_1 + l_2 - v$

Ausgleichswert

$$v = 2 \cdot (r + s) - \pi \cdot \left(\frac{180° - \beta}{180°}\right) \cdot \left(r + \frac{s}{2} \cdot k_R\right)$$

$$L = a + b + l_s \qquad l_s = \pi \cdot \frac{\alpha}{180°} \cdot r_x \qquad r_x = r + \frac{s}{2} \cdot x \qquad \alpha = 180° - \beta$$

$$L = a + b + \pi \cdot \frac{\alpha}{180°} \cdot \left(r + \frac{s}{2} \cdot x\right)$$

Ausgleichswert für $\beta = 0°$ bis $90°$

$$v = 2 \cdot (r + s) - \pi \cdot \frac{180° - \beta}{180°} \cdot \left(r + \frac{s}{2} \cdot k_R\right)$$

Ausgleichswert für β über $90°$ bis $165°$

$$v = 2 \cdot (r + s) \cdot \tan \frac{180° - \beta}{2} - \pi \cdot \left(\frac{180° - \beta}{180°}\right) \cdot \left(r + \frac{s}{2} \cdot k_R\right)$$

Für $165° < \beta < 180°$ gilt: $v \approx 0$.

Korrekturfaktor *x*

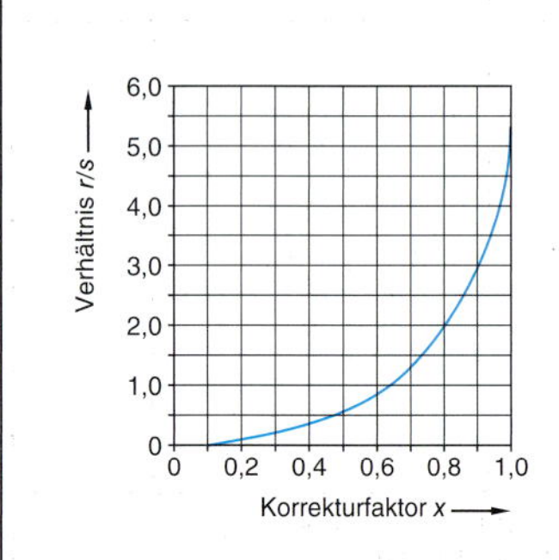

Rückfederungsfaktor k_R

Verhältnis $\frac{r}{s}$	Rückfederungsfaktor k_R für Werkstoff						
	AlMgSi1	AlCuMg1	CuZn33	S235JR	S275JR	C15	X12CrNi 18-8
1	0,97	0,97	0,97	0,98	0,98	0,98	0,99
1,6	0,96	0,97	0,97	0,98	0,98	0,98	0,98
2,5	0,95	0,96	0,96	0,98	0,98	0,98	0,97
4	0,92	0,96	0,95	0,97	0,98	0,96	0,95
6,3	0,89	0,95	0,94	0,96	0,98	0,94	0,83
10	0,84	0,93	0,93	0,94	0,97	0,91	0,89
16	0,77	0,91	0,89	0,91	0,96	0,86	0,85
25	0,69	0,88	0,86	0,87	0,94	0,78	0,76
40	0,59	0,84	0,83	0,82	0,92	0,67	0,63
63	0,47	0,79	0,77	0,74	0,87	0,51	–
100	0,35	0,73	0,73	0,64	0,84	0,25	–

Fertigungstechnik

Fertigungsverfahren

Biegen

Biegerückfederung

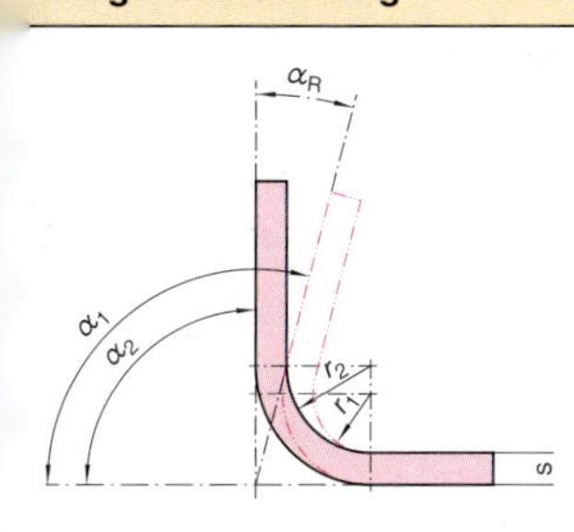

Rückfederungsfaktor

$$k_R = \frac{\alpha_2}{\alpha_1}$$

Rückfederungswinkel

$$\alpha_R = \alpha_1 - \alpha_2$$

Radius am Biegewerkzeug

$$r_1 = k_R \cdot \left(r_2 + \frac{s}{2}\right) - \frac{s}{2}$$

k_R Rückfederungsfaktor
α_R Rückfederungswinkel in Grad
α_1 Biegewinkel am Biegewerkzeug in Grad
α_2 Biegewinkel am Biegeteil nach Rückfederung in Grad
s Werkstückdicke in mm
r_1 Radius am Biegewerkzeug in mm
r_2 Radius am Biegeteil am Werkstück in mm

Biegeteile aus NE-Metallen – kleinster zulässiger Biegewinkel (Biegewinkel α = 90°) DIN 5520

Werkstoff DIN EN 485-2	Zustand des Werkstoffs	Dicke s in mm über							
		0,8	1	1,5	2	3	4	5	6
		Mindest-Biegeradius in mm							
AlMg3W19	weichgeglüht	0,6	1	2	3	4	6	8	10
AlMg3F22	kaltverfestigt	1,6	2,5	4	6	10	14	18	–
AlMg3G22	kaltverfestigt und geglüht	1	1,5	3	4,5	6	8	10	–
AlMg4,5MnW28	weichgeglüht gerichtet	1	1,5	2,5	4	6	8	10	14
AlMg4,5MnG31	kaltverfestigt und geglüht	1,6	2,5	4	6	10	16	20	25
AlMgS1F32	lösungsgeglüht und warm ausgelagert	4	5	8	12	16	23	28	36
CuZn37-R600	hart	2,5	4	5	8	10	12	18	24

Spanende Kunststoffbearbeitung

Bohren und Sägen

Werkstoff Art	Kurzzeichen	Bezeichnung	Schneidstoff	Bohren: Schnittgeschwindigkeit v_c m/min	Bohren: Spitzenwinkel σ Grad	Sägen, Kreissäge: Schnittgeschwindigkeit v_c m/min	Sägen, Kreissäge: Spanwinkel γ Grad	Sägen, Bandsäge: Schnittgeschwindigkeit v_c m/min	Sägen, Bandsäge: Spanwinkel γ Grad
Duroplaste	PF, EP MF, UF Hp, Hgw	Pressstoffe und Schichtstoffe mit organischen Füllstoffen	HSS HC	30 – 40 100 – 120	110 110	≤ 3000 ≤ 5000	7 5	≤ 2000 –	7 –
	PF, EP MF, UF Hp, Hgw	Pressstoffe und Schichtstoffe mit anorganischen Füllstoffen	HC D	20 – 40 ≤ 1500	90 Hohlbohrer	– ≤ 2000	– –	– ≤ 3000	– –
Thermoplaste	PA PE, PP	Polyamid Polyolefine		50 – 100					
	PC	Polycarbonat		50 – 120					
	PMMA	Polymethylmetharcylat		20 – 60	75				
	POM	Polyoximethylen	HSS	50 – 100		≤ 3000	7	≤ 3000	4
	PS, ABS SAN, SB	Polystyrol, Styrol-Copolymere		20 – 80					
	PTFE	Polytetraflourethylen		100 – 300	130				
	PVC	Polyvinylchlorid		30 – 80	95				

Der *Seitenspanwinkel von Spiralbohrern* beträgt 12 – 16°. Bei dünnwandigen Teilen finden Hohlbohrer (Kronenbohrer) Verwendung.
Beim Sägen finden *feingezahnte Sägen mit ausreichendem Feinschnitt* (geschränkt oder hinterschliffen) Verwendung.
Bei *Duroplasten mit anorganischen Füllstoffen* wird *Diamant* verwendet.

Fertigungstechnik

Fertigungsverfahren

Spanende Kunststoffbearbeitung

Drehen und Fräsen

Werkstoff Art	Kurzzeichen	Bezeichnung	Schneidstoff	Drehen: Schnittgeschwindigkeit v_c m/min	Drehen: Freiwinkel α Grad	Drehen: Spanwinkel γ Grad	Drehen: Einstellwinkel χ Grad	Fräsen: Schnittgeschwindigkeit v_c m/min	Fräsen: Freiwinkel α Grad	Fräsen: Spanwinkel γ Grad
Duroplaste	PF, EP MF, UF Hp, Hgw	Pressstoffe und Schichtstoffe mit organischen Füllstoffen	HSS HC	≤ 80 ≤ 400	7 7	17 12	45 – 60 45 – 60	≤ 80 ≤ 1000	≤ 15 ≤ 10	20 10
	PF, EP MF, UF Hp, Hgw	Pressstoffe und Schichtstoffe mit anorganischen Füllstoffen	HC D	≤ 40 –	8 –	6 –	45 – 60 –	≤ 1000 ≤ 1500	≤ 10 –	10 –
Thermoplaste	PA PE, PP	Polyamid Polyolefine	HSS	200 – 500	5	5	45 – 60	≤ 1000	10	≤ 15
	PC	Polycarbonat		200 – 300	3	3	45 – 60	≤ 1000	7	≤ 10
	PMMA	Polymethylmetharcylat			2	2	15	≤ 2000	6	3
	POM	Polyoximethylen			3	3	45 – 60	≤ 400	7	≤ 10
	PS, ABS SAN, SB	Polystorol, Styrol-Copolymere		50 – 60	1	1	15	≤ 2000	6	3
	PTFE	Polytetraflourethylen		100 – 300	18	18	9 – 11	≤ 1000	7	≤ 15
	PVC	Polyvinylchlorid		200 – 500	3	3	45 – 60	≤ 1000	7	≤ 15

Vorschub beim Drehen: Bis zu 0,5 mm, bei Polystyrol und seinen Copolymeren bis zu 0,2 mm. Spanabnahme möglichst in einem Schnitt.
Vorschub beim Fräsen: Bis zu 0,5 mm/Zahn. Bevorzugt wird Stirnfräsen mit Werkzeugen geringer Schneidenzahl.

Arbeitsvorbereitung

Ermittlung der Vorgabezeit nach REFA

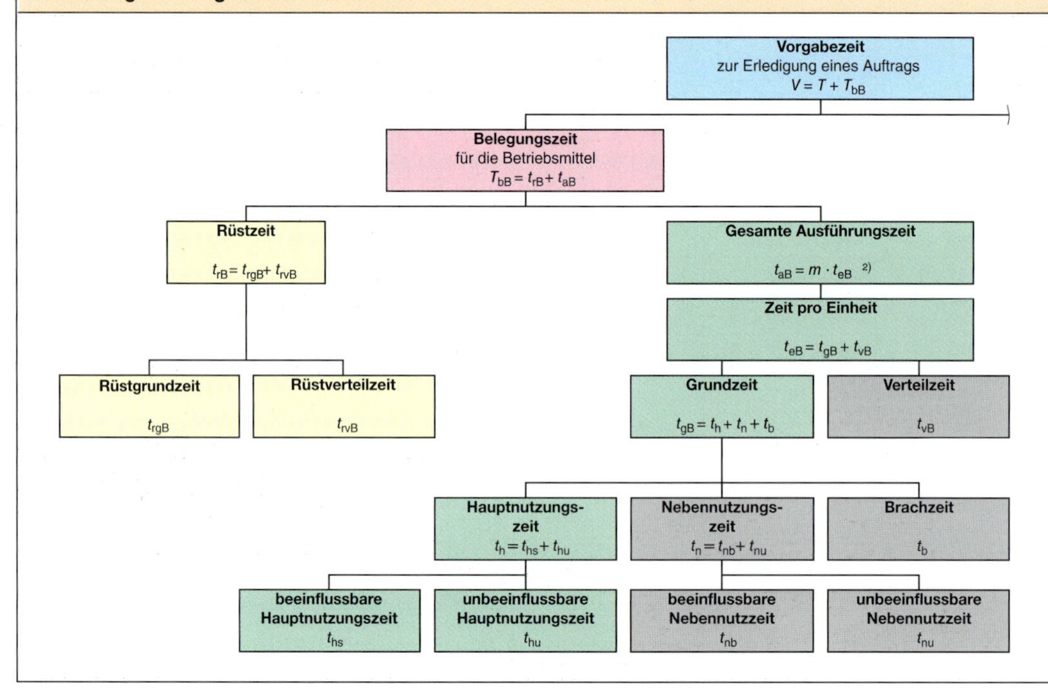

Fertigungstechnik

Fertigungsverfahren

Arbeitsvorbereitung

Ermittlung der Vorgabezeit nach REFA[1]

Belegungszeit für Betriebsmittel, Begriffe

Bezeichnung		Beschreibung
Belegungszeit	T_{bB}	Zeit, während der die Betriebsmittel wie Anlagen, Maschinen und Geräte zur Herstellung von Werkstücken in Betrieb sind.
Rüstzeit	t_{rB}	Zeit, in der die Betriebsmittel so vorbereitet werden, dass anschließend der Auftrag bearbeitet werden kann.
Ausführungszeit	t_{aB}	Notwendige Zeit zur Ausführung des gesamten Auftrages.
Grundzeit	t_{gB}	Zeit, die zusätzlich zur planmäßigen Ausführung einer Auftragseinheit erforderlich ist.
Verteilzeit	t_{vB}	Zeit, die zusätzlich zur planmäßigen Ausführung einer Auftragseinheit erforderlich ist. Da sie unregelmäßig auftritt, wird sie der Grundzeit häufig prozentual zugeschlagen.
Hauptnutzungszeit	t_h	Zeit, in der die Betriebsmittel unmittelbar zur Ausführung einer Auftragseinheit genutzt werden.
Neben-nutzungszeit	t_n	Zeit, während der die Betriebsmittel planmäßig auf die Hauptnutzungszeit vorbereitet werden; zum Beispiel Werkzeugwechsel oder Schmiermittelerneuerung, Programmierung.
Brachzeit	t_b	Zeit, in der das Betriebsmittel still steht, also weder vorbereitet noch genutzt wird.

Auftragszeit für den Menschen, Begriffe

Bezeichnung		Beschreibung
Auftragszeit	T	Zeit zur Erledigung eines Auftrages innerhalb eines Unternehmens bis zur Produktauslieferung.
Rüstzeit	t_r	Zeit zur Auftragsvorbereitung (z. B. Lesen vor Arbeitsunterlagen, Pläne, Zeichnungen), Bereitstellung der Werkzeuge, Einrichtung von Maschinen, Anlagen und Geräten.
Ausführungszeit	t_a	Zeit für die gesamte Auftragsausführung.
Grundzeit	t_g	Summe der Tätigkeitszeiten und Wartezeiten bei der Auftragserledigung.
Erholungszeit[3]	t_{er}	Zeit zur Erholung des arbeitenden Menschen (Nachtruhe); keine Pausen.
Verteilzeit[3]	t_v	Zeit, die zusätzlich zur planmäßigen Ausführung erforderlich ist. Da sie unregelmäßig auftritt, wird sie der Grundzeit häufig prozentual zugeschlagen.
Tätigkeitszeit	t_t	Zeit, die zur planmäßigen Ausführung eines Auftrags erforderlich ist.
Wartezeit	t_w	Zeit zwischen zwei Arbeitszyklen, Aufträgen oder zum Beispiel bei automatischem Vorschub.
sachliche Verteilzeit	t_s	Zeit für zusätzliche Tätigkeiten und störungsbedingte Unterbrechungen bzw. Zeit für technische oder organisatorische Störungen.
persönliche Verteilzeit	t_p	Zeit für persönlich bedingte Unterbrechungen.

[1] **REFA:** REFA-Verband für Arbeiszeitstudien und Betriebsorganisation e. V.
[2] m ist die Stückzahl eines Auftrags (die Losgröße)
[3] Meist als Zuschlagswert (bezogen auf Grundzeit oder Rüstgrundzeit).

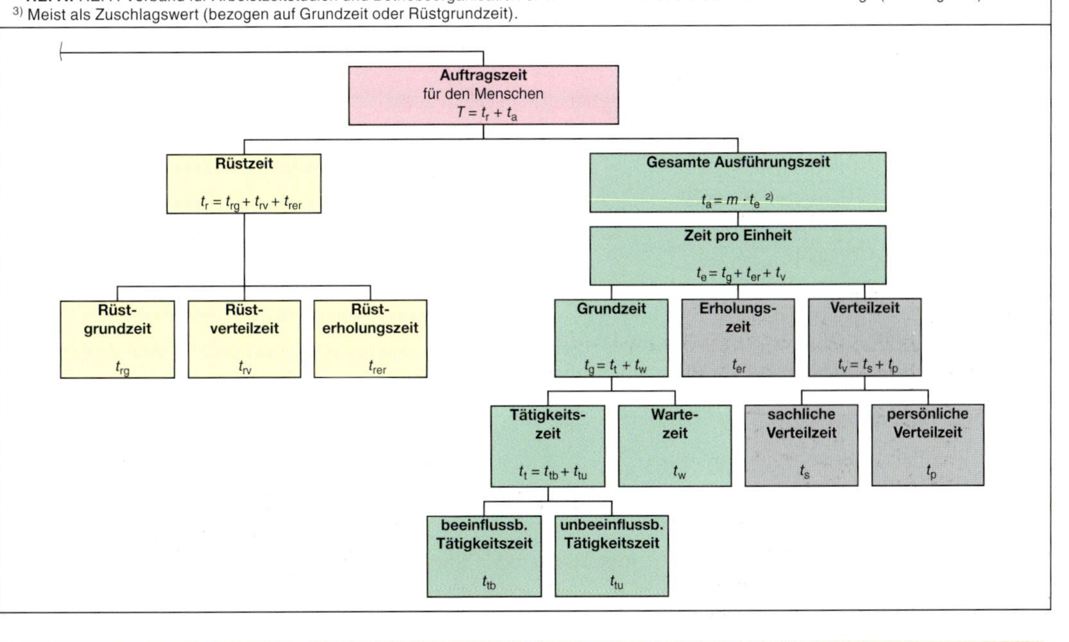

Fertigungs-technik

Fertigungstechnik

Fertigungsverfahren

Arbeitsvorbereitung

Kostenkalkulation

Formel	Zeichen	Bedeutung	Einheit
Stückkosten StK = MK + FK + VVGK + G StK = HK + VVGK + G StK = SK + G	StK MK FK HK VVGK G SK	Stückkosten Materialkosten Fertigungskosten Herstellkosten Verwaltungs- und Vertriebsgemeinkosten Gewinn Selbstkosten	Euro/Stück Euro/Stück Euro/Stück Euro/Stück Euro/Stück Euro/Stück Euro/Stück
Arbeitsplatzkosten APK = LK + MSS + RGK	APK LK MSS RGK	Arbeitsplatzkosten Lohnkosten Maschinenstundensatz Restgemeinkosten	Euro/h Euro/h Euro/h Euro/h
Beschaffungskosten BK = P + VK + TK + MAK	BK P VK TK MAK	Beschaffungskosten Kaufpreis Verpackungskosten Transportkosten Montage- und Aufstellkosten	Euro Euro Euro Euro Euro
Fertigungsgemeinkosten FGK = AK + EBK + RIK + ZK	FGT AK EBK RIK RGK ZK	Fertigungsgemeinkosten Abschreibungskosten Energie- und Betriebskosten Reparatur- und Instandhaltungskosten Raum- und Gebäudekosten Zinskosten	Euro/Jahr Euro/Jahr Euro/Jahr Euro/Jahr Euro/Jahr Euro/Jahr

Abschreibungskosten (AK) in Euro/Jahr (Euro/a)

$$\text{AK} = \frac{\text{Beschaffungskosten (BK) in } \frac{\text{Euro}}{\text{Jahr}}}{\text{jährliche Nutzungsdauer}}$$

Energie- und Betriebskosten (EBK) in Euro/Jahr

$$\text{EBK} = \text{Maschinenleistung in kW} \cdot \text{Nutzungsfaktor} \cdot \text{Stromkosten in } \frac{\text{Euro}}{\text{kWh}} \cdot \text{Laufzeit pro Jahr}$$

Reparatur- und Instandhaltungskosten (RIK) in Euro/Jahr (Euro/a)

$$\text{RIK} = \text{Beschaffungskosten (BK) in } \frac{\text{Euro}}{\text{Jahr}} \cdot \frac{\frac{\text{Instandhaltungsprozentsatz}}{\text{Jahr}}}{100}$$

Zinskosten (ZK) in Euro/Jahr (Euro/a)

$$\text{ZK} = \frac{\text{BK in } \frac{\text{Euro}}{\text{Jahr}} \cdot \text{Zinssatz } \frac{p}{\text{Jahr}}}{2 \cdot 100}$$

Raum- und Gebäudekosten (RGK) in Euro/Jahr (Euro/a)

RGK = Miet-/Leasingkosten in Euro/(m^2 · Jahr · Arbeitsfläche in m^2)

Maschinenstundensatz (MSS) in Euro/Stunde (Euro/h)

$$\text{MSS} = \frac{\text{Fertigungsgemeinkosten (FGK) in } \frac{\text{Euro}}{\text{Jahr}}}{\text{Maschinenlaufzeit } t_J \text{ in } \frac{\text{Stunden}}{\text{Jahr}}}$$

Maschinenlaufzeit t_J in Stunden/Jahr: t_J = Arbeitszeit/Tag in Stunden · Arbeitstage/Jahr – Ausfallzeiten/Jahr in Stunden

Fertigungstechnik

Fertigungsverfahren

Hauptnutzungszeit

Bohren, Reiben, Senken, Gewindebohren

t_h Hauptnutzungszeit in min
L Vorschubweg in mm
l Werkstücklänge, die bearbeitet wird in mm
l_a Werkzeuganlauf in mm
l_e Anschnitt in mm

$l_ü$ Werkzeugüberlauf in mm
d Werkzeugdurchmesser in mm
P Steigung in mm
g Gangzahl
n Drehzahl in 1/min

i Anzahl der Werkzeugschnitte
γ Anschnittwinkel in Grad
σ Spitzenwinkel in Grad
f Vorschub je Umdrehung in mm
v_f Vorschubgeschwindigkeit in mm/min

Bohren

für Grundloch $l_ü = 0$

$l_s = \frac{d}{2} \cdot \frac{1}{\tan\left(\frac{\sigma}{2}\right)}$

$l_a = l_ü \approx 2$ mm

Reiben

für Grundloch $l_ü = 0$

$l_a = l_ü \approx 2$ mm

Senken

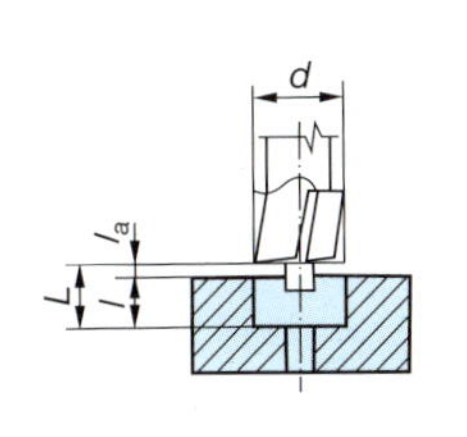

$l_ü = 0$

$l_s = 0$

$l_a \approx 2$ mm

Gewindebohren

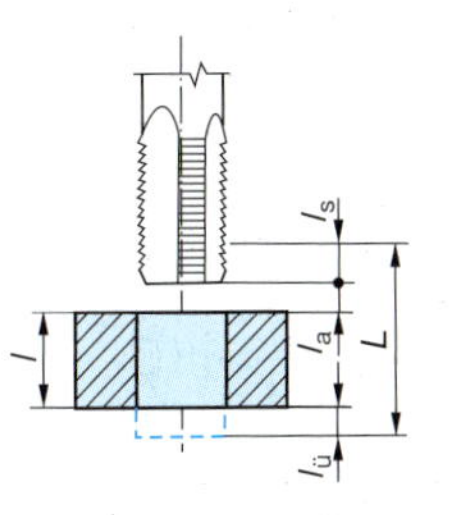

für Grundloch $l_ü = 0$

$l_s = g \cdot P$

$l_a = l_ü \approx 2$ mm

Anschnitt l_s beim Bohren:

Spitzenwinkel σ	80°	90°	118°	130°	140°
Anschnitt l_s	$0{,}6 \cdot d$	$0{,}5 \cdot d$	$0{,}3 \cdot d$	$0{,}23 \cdot d$	$0{,}18 \cdot d$

Vorschubweg

$L = l_a + l_s + l + l_ü$

Vorschubgeschwindigkeit

$v_f = n \cdot f$

Hauptnutzungszeit

$t_h = \frac{L}{v_f} \cdot i$

Hobeln, Stoßen

t_h Hauptnutzungszeit in min
L Vorschubweg in mm
l Werkstücklänge, die bearbeitet wird in mm
l_a Werkzeuganlauf in mm
b Werkstückbreite in mm

b_1 Bearbeitungsbreite in mm
b_a Anlaufbreite in mm
$b_ü$ Überlaufbreite in mm
v_c Schnittgeschwindigkeit in m/min
v_r Rückhubgeschwindigkeit in m/min

f Vorschub pro Doppelhub
n Doppelhubzahl
i Anzahl der Werkzeugschnitte

mit Ansatz

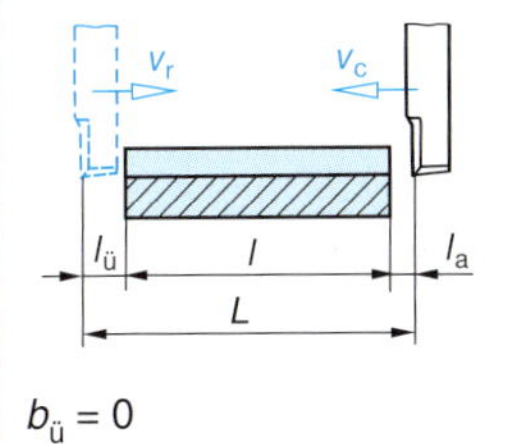

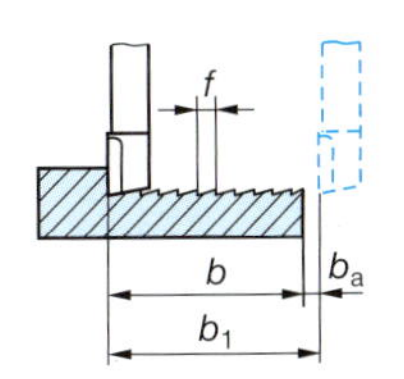

$b_ü = 0$

ohne Ansatz

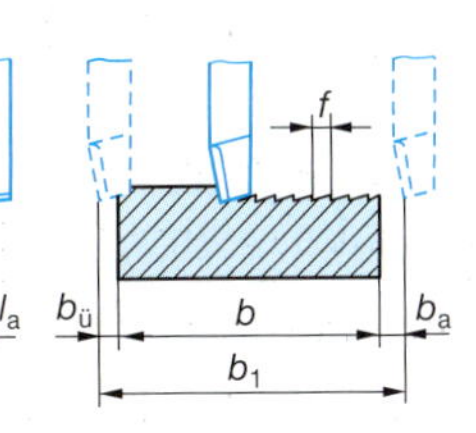

Bearbeitungsbreite

$b_1 = b_a + b + b_ü$

Vorschubweg

$L = l_a + l + l_ü$

Hauptnutzungszeit

$t_h = \frac{b_1}{n \cdot f} \cdot i = \frac{b_1}{f} \cdot \left(\frac{L}{v_c} + \frac{L}{v_r}\right) \cdot i$

Fertigungstechnik

Fertigungstechnik

Fertigungsverfahren

Hauptnutzungszeit

Drehen

t_h Hauptnutzungszeit in min	d_1 Werkstückinnendurchmesser in mm	i Anzahl der Werkzeugschnitte
L Vorschubweg in mm	d_m mittlerer Werkstückdurchmesser in mm	g Gangzahl
l Werkstücklänge, die bearbeitet wird in mm	d_2 Kerndurchmesser in mm	P Steigung in mm
l_a Werkzeuganlauf in mm	n Drehzahl in 1/min	h Gewindetiefe in mm
$l_ü$ Werkzeugüberlauf in mm	v_c Schnittgeschwindigkeit in m/min	a_p Schnitttiefe, Zustellung in mm
d Werkstückaußendurchmesser in mm	f Vorschub pro Umdrehung in mm	

Längs-Runddrehen

ohne Ansatz — *mit Ansatz*

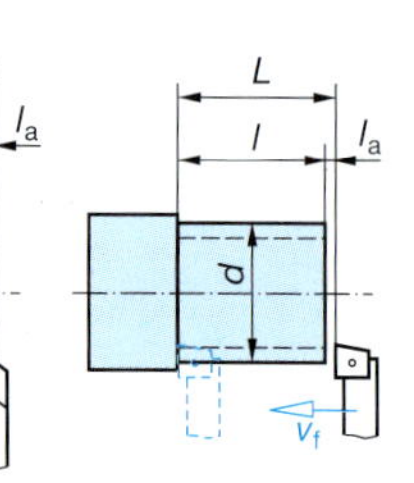

ohne Ansatz: $l_a = l_ü \approx 2$ mm

mit Ansatz: $l_ü = 0$, $l_a \approx 2$ mm

Vorschubweg

$L = l_a + l + l_ü$

Schnittgeschwindigkeit

$v_c = d \cdot \pi \cdot n$

Hauptnutzungszeit

$t_h = \frac{L}{n \cdot f} \cdot i$ [1)]

$t_h = \frac{d \cdot \pi \cdot L}{v_c \cdot f} \cdot i$ [2)]

Quer-Plandrehen

Vollzylinder *ohne Ansatz* — *mit Ansatz* — **Hohlzylinder/Rohr**

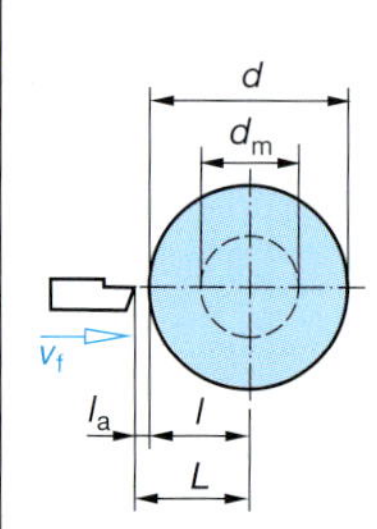

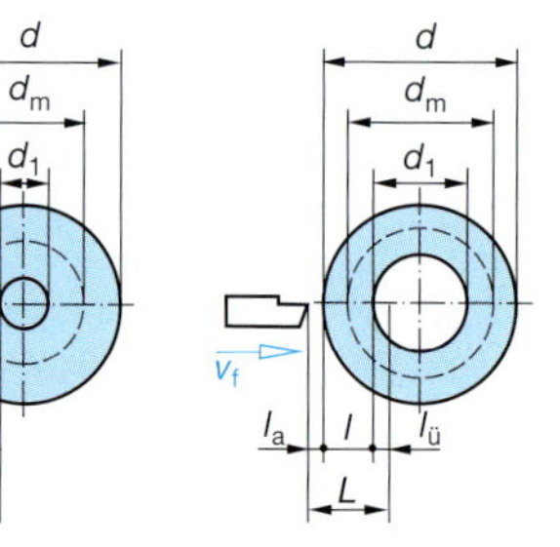

Vollzylinder ohne Ansatz: $l = \frac{d}{2}$, $l_ü = 0$, $l_a \approx 2$ mm

Vollzylinder mit Ansatz: $l = \frac{d - d_1}{2}$, $l_ü = 0$, $l_a \approx 2$ mm

Hohlzylinder/Rohr: $l = \frac{d - d_1}{2}$, $l_a = l_ü \approx 2$ mm

Vorschubweg

$L = l_a + l + l_ü$

Schnittgeschwindigkeit

$v_c = d_m \cdot \pi \cdot n$

Hauptnutzungszeit

$t_h = \frac{L}{n \cdot f} \cdot i$ [1)]

$t_h = \frac{d_m \cdot \pi \cdot L}{v_c \cdot f} \cdot i$ [2)]

1) Für **feste** Drehzahleinstellung — 2) Für **stufenlose** Drehzahleinstellung

Gewindedrehen

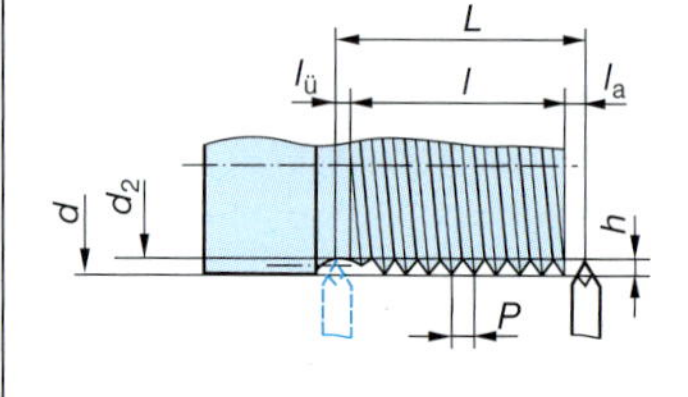

$l_a \approx 2$ mm

$l_ü = 0$

mit Gewindefreistich: $l_ü \approx 1$ mm

Gewindetiefe

$h = \frac{d - d_2}{2}$

Anzahl der Werkzeugschnitte

$i = \frac{h}{a_p}$

Schnittgeschwindigkeit

$v_c = d \cdot \pi \cdot n$

Vorschubweg

$L = l_a + l + l_ü$

Hauptnutzungszeit

$t_h = \frac{L \cdot g}{P \cdot n} \cdot i$

$t_h = \frac{L \cdot g \cdot h \cdot d \cdot \pi}{P \cdot v_c \cdot a_p}$

Fertigungstechnik

Fertigungsverfahren

Hauptnutzungszeit

Fräsen

t_h Hauptnutzungszeit in min
L Vorschubweg in mm
l Werkstücklänge, bearbeitet in mm
l_a Werkzeuganlauf in mm
$l_ü$ Werkzeugüberlauf in mm
l_s Anschnitt in mm

a_e Arbeitseingriff, quer zur Werkzeugachse in mm
b Werkstückbreite in mm
t Nuttiefe in mm
v_f Vorschubgeschwindigkeit in mm/min

f Vorschub pro Umdrehung in mm
f_z Vorschub pro Zahn in mm
d Werkzeugdurchmesser in mm
n Drehzahl in 1/min
z Schneidenzahl des Fräsers
i Anzahl der Werkzeugschnitte

Umfangs-Planfräsen

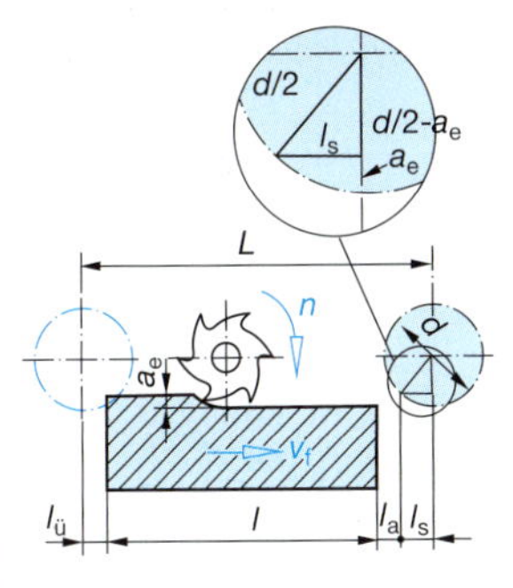

$l_a = l_ü \approx 2$ mm

Anschnitt

$l_s = \sqrt{d \cdot a_e - a_e^2}$

Vorschubweg beim Schruppen und Schlichten

$L = l_a + l_s + l + l_ü$

Stirn-Umfangs-Planfräsen

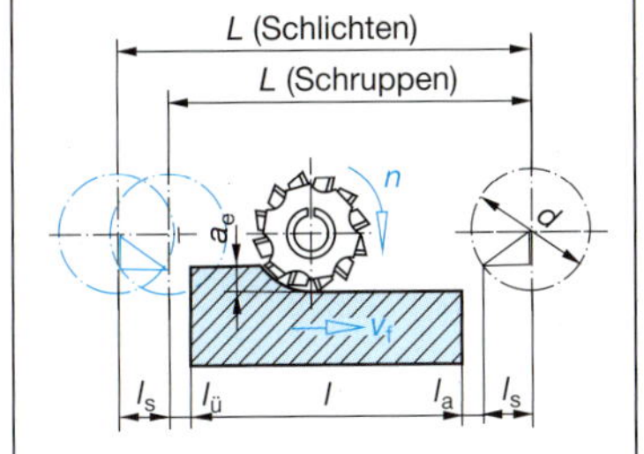

$l_a = l_ü \approx 2$ mm

Anschnitt

$l_s = \sqrt{d \cdot a_e - a_e^2}$

Vorschubweg beim Schruppen

$L = l_a + l_s + l + l_ü$

Vorschubweg beim Schlichten

$L = l_a + 2 \cdot l_s + l + l_ü$

Stirn-Planfräsen (mittig)

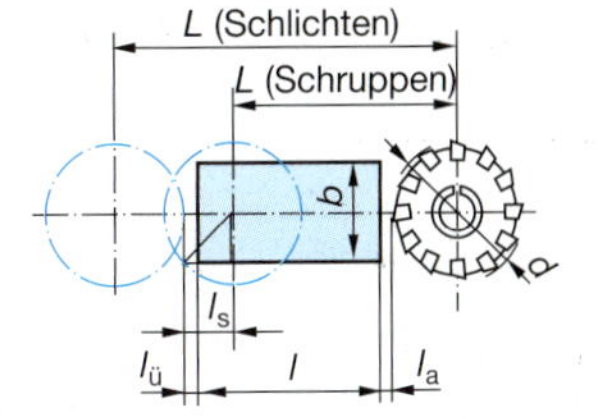

$l_a = l_ü \approx 2$ mm

Anschnitt

$l_s = 0{,}5 \cdot \sqrt{d^2 - b^2}$

Vorschubweg beim Schruppen

$L = l_a - l_s + l + \frac{d}{2} + l_ü$

Vorschubweg beim Schlichten

$L = l_a + l + d + l_ü$

Nutenfäsen (Nut einseitig offen)

$l_a = l_ü \approx 2$ mm

Vorschubweg $L = l - \frac{d}{2} + l_ü$

Anzahl der Werkzeugschnitte $i = \frac{l_a + t}{a_e}$

Nutenfräsen (Nut geschlossen)

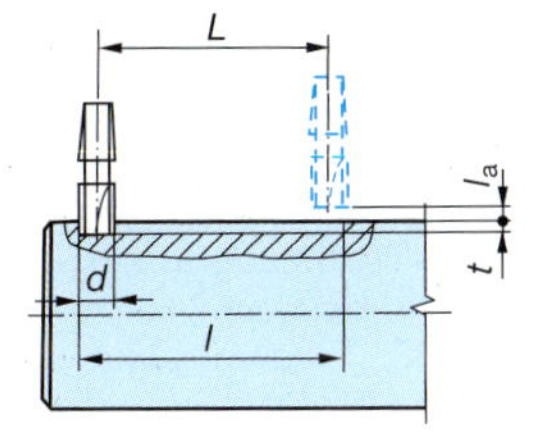

$l_a \approx 2$ mm

Vorschubweg $L = l - d$

Anzahl der Werkzeugschnitte $i = \frac{l_a + t}{a_e}$

Vorschubgeschwindigkeit

$v_f = n \cdot f_z \cdot z$

Hauptnutzungszeit

$t_h = \frac{L \cdot i}{v_f} = \frac{L \cdot i}{n \cdot f_z \cdot z}$

Fertigungstechnik

Fertigungsverfahren

Hauptnutzungszeit

Fräsen

Werkzeuganschnitt

Arbeitseingriff a_e in mm	Werkzeuganschnitt l_s bei Werkzeugdurchmesser d													
	40	50	63	75	90	100	110	125	150	160	200	250	300	400
Umfangs-Planfräsen und Stirn-Umfangs-Planfräsen														
1	6	7	8	9	9	10	10	11	12	13	14	16	17	20
2	9	10	11	12	13	14	14	15	17	17	19	22	24	28
3	10	11	13	14	16	17	17	19	21	21	24	27	29	34
4	12	13	15	16	18	19	20	22	24	24	28	31	34	39
5	13	15	17	18	20	21	22	25	26	27	31	35	38	44
8	16	18	20	23	25	27	28	31	33	34	39	44	48	56
10	17	20	23	25	28	30	31	34	37	38	43	48	53	62
12	18	21	24	27	30	32	34	37	40	42	47	53	58	68
15	19	22	26	30	33	35	37	41	45	46	53	59	65	75
18	19	24	28	32	36	38	40	44	48	50	57	64	71	82
20	20	24	29	33	37	40	42	46	50	52	60	67	74	87
25	–	25	30	35	40	43	46	51	55	58	66	75	82	96
Stirn-Planfräsen														
30	13	20	28	34	42	48	53	61	73	79	99	124	149	199
40	–	15	24	32	40	46	51	59	72	77	98	123	148	198
50	–	–	19	28	37	43	49	57	71	76	97	122	147	198
60	–	–	10	22	33	40	46	55	69	74	95	121	146	197
70	–	–	–	13	28	36	42	52	66	72	94	120	145	196
80	–	–	–	–	21	30	38	48	63	69	92	118	144	195
100	–	–	–	–	–	–	23	38	56	62	87	114	140	193
125	–	–	–	–	–	–	–	–	41	50	78	108	136	189
150	–	–	–	–	–	–	–	–	–	28	66	100	130	185
200	–	–	–	–	–	–	–	–	–	–	–	75	110	173

Zähnezahl (für Werkzeug-Anwendungsgruppe N)

Frästertypen	Zähnezahl z bei Werkzeugdurchmesser d für													
	Werkzeug aus HSS								Werkzeug aus HM					
	50	63	80	100	125	160	200	300	≤ 10	≤ 16	≤ 25	40	63	100
Walzenfräser	6	6	8	8	10	10	–	–	–	–	–	6	8	10
Walzen-stirnfräser	8	8/10	10	12	14	16	–	–	–	–	–	6	8	10
Scheiben-fräser N	12	12	12	14	16	18	–	–	–	–	–	6	8	10
Schaftfräser	8	–	–	–	–	–	–	–	2/3/4	2/3/4	3/4/5	6	6	10
Plan-Fräskopf	–	–	–	–	–	–	–	–	–	–	–	3	4	6

Fertigungstechnik

Fertigungsverfahren

Hauptnutzungszeit

Schleifen

t_h Hauptnutzungszeit in min
L Vorschubweg in mm
l bearbeitete Werkstücklänge in mm
l_a Werkzeuganlauf in mm
$l_ü$ Werkzeugüberlauf in mm
d Fertigteildurchmesser in mm
d_1 Rohteildurchmesser in mm
b Werkstückbreite in mm
b_s Schleifscheibenbreite in mm
$b_ü$ Überlaufbreite in mm
b_1 Bearbeitungsbreite in mm
d_s Schleifscheibendurchmesser in mm
a_e Schnitttiefe, Arbeitseingriff in mm
v_f Vorschubgeschwindigkeit in mm/min
v_{fL} Vorschubgeschwindigkeit Längsvorschub in mm/min
v_{fP} Vorschubgeschwindigkeit Planvorschub in mm/min
n Drehzahl in 1/min
n_H Hubzahl des Werkzeuges bzw. Tisches in 1/min
f Längsvorschub/Umdrehung in mm
f_p Quervorschub, Planvorschub/Hub in mm
i Anzahl der Schleifgänge, Überläufe
t Schleifaufmaß Planschleifen in mm
$\frac{t}{2}$ Schleifaufmaß Rundschleifen in mm

Außen-Längsrundschleifen

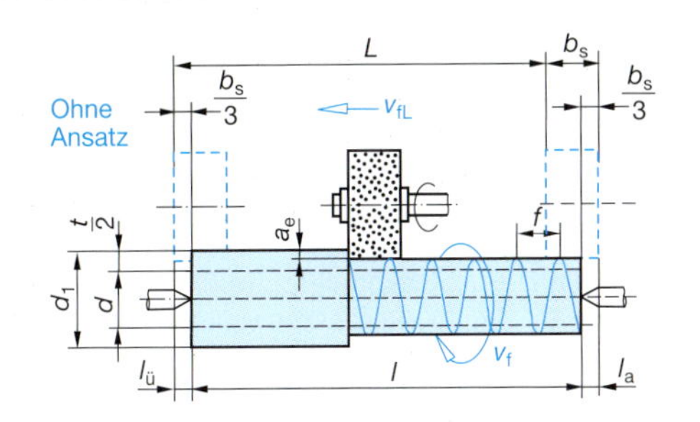

$$l_a = l_ü \approx \frac{b_s}{3}$$

Vorschubweg $L = l - \frac{1}{3} \cdot b_s$

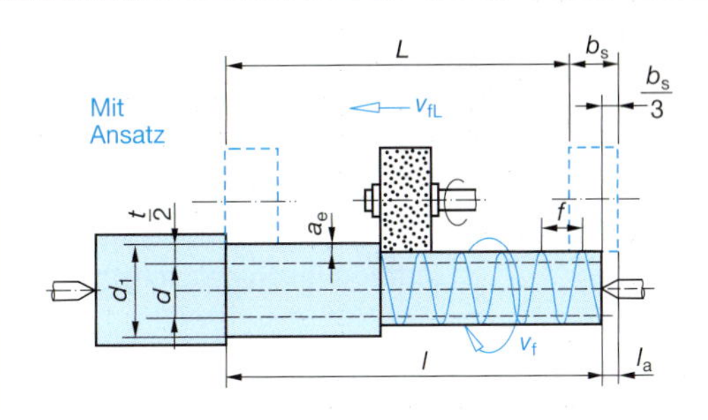

$$l_a = \frac{b_s}{3} \qquad l_ü = 0$$

Vorschubweg $L = l - \frac{2}{3} \cdot b_s$

Anzahl der Werkzeugschnitte

$$i = \frac{d_1 - d}{2 \cdot a_e} + 8\ ^{1)}$$

Vorschubgeschwindigkeit

$$v_f = d_1 \cdot \pi \cdot n$$

Hauptnutzungszeit

$$t_h = \frac{L}{n \cdot f} \cdot i \qquad t_h = \frac{L \cdot d_1 \cdot \pi}{v_f \cdot f} \cdot i$$

[1] 8 Vorschubwege ohne Zustellung zum Ausfeuern

Umfangs-Planschleifen (Flachschleifen)

ohne Ansatz

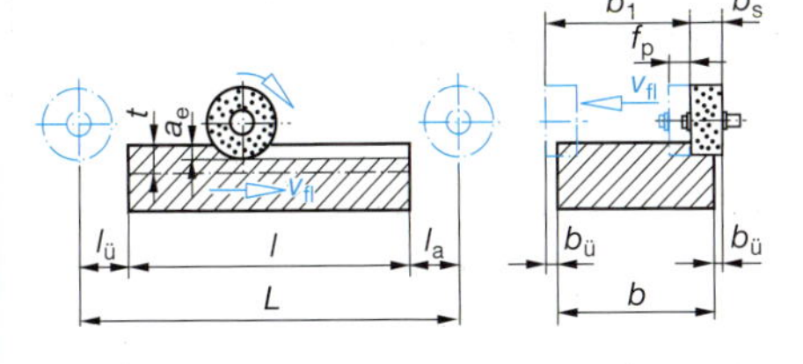

$$b_1 = b - \frac{1}{3} \cdot b_s \qquad b_ü = \frac{b_s}{3} \qquad l_a = l_ü \approx 2\ \text{mm}$$

mit Ansatz

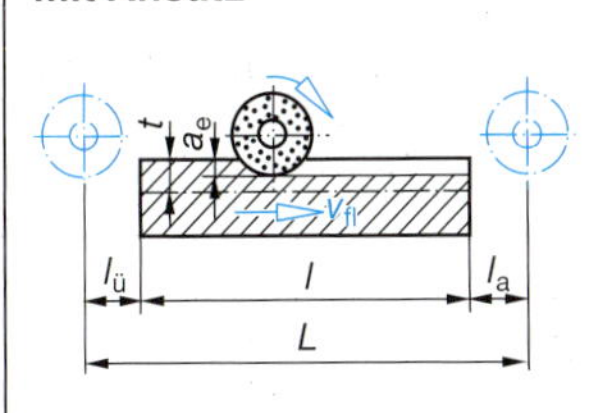

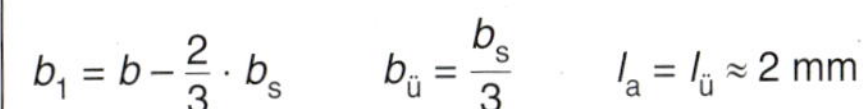

$$b_1 = b - \frac{2}{3} \cdot b_s \qquad b_ü = \frac{b_s}{3} \qquad l_a = l_ü \approx 2\ \text{mm}$$

Vorschubweg

$$L = l_a + l + l_ü$$

Anzahl der Werkzeugschnitte

$$i = \frac{t}{a_e} + 8\ ^{1)}$$

Hubzahl

$$n_H = \frac{v_{fL}}{L}$$

Hauptnutzungszeit

$$t_h = \frac{i}{n_H} \cdot \left(\frac{b_1}{f_p} + 1\right)$$

Fertigungstechnik

Fertigungsverfahren

Hauptnutzungszeit

Schleifen

Seiten-Planschleifen (Stirnschleifen)

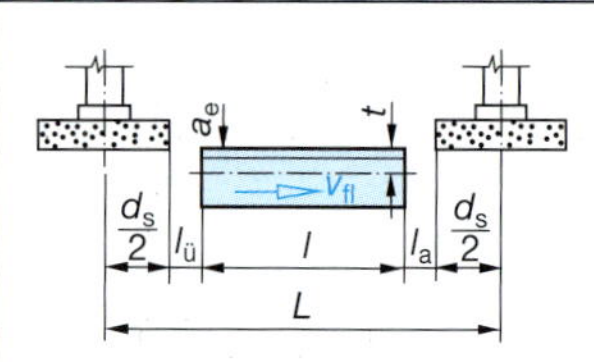

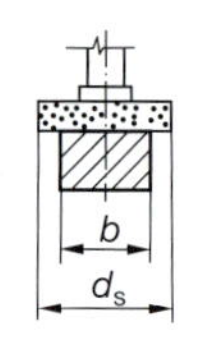

$l_a = l_ü = 8$ bis 10 mm

Vorschubweg $L = l_a + l + l_ü + d_s$

Anzahl der Werkzeugschnitte $i = \frac{t}{a_e} + 8$ [1)]

Hubzahl $n_H = \frac{v_{fL}}{L}$

Hauptnutzungszeit $t_h = \frac{i}{n_H}$

[1)] 8 Vorschubwege ohne Zustellung zum Ausfeuern

Schweißen und Löten

Kennzahlen für Schweiß- und Lötverfahren

DIN EN ISO 4063

Kennzahl	Kurzzeichen	Verfahren
1		**Lichtbogenschmelzschweißen** (Lichtbogenschweißen)
101		Metall-Lichtbogenschweißen
11		Metall-Lichtbogenschweißen ohne Gasschutz
111	E	Lichtbogenhandschweißen
12	UP	Unterpulverschweißen
112	SK	Schwerkraftlichtbogenschweißen
13	(M)SG	Metall-Schutzgasschweißen
131	MIG	Metall-Inertgasschweißen
135	MAG	Metall-Aktivgasschweißen
136		MAG mit Fülldrahtelektrode
137		MIG mit Fülldrahtelektrode
14	WSG	Wolfram-Schutzgasschweißen
141	WIG	Wolfram-Inertgasschweißen
15	WP	Wolfram-Plasmagasschweißen
151		Plasma-WIG-Schweißen
2		**Widerstandspressschweißen**
21	RP	Widerstandspunktschweißen
22	RR	Rollennahtschweißen
23	RB	Buckelschweißen
24	RA	Abbrennstumpfschweißen
25	RPS	Pressstumpfschweißen
3	G	**Gasschmelzschweißen**
311		Gasschmelzschweißen unter Sauerstoff-Acetylen-Flamme
312		Gasschmelzschweißen unter Sauerstoff-Propan-Flamme
4		**Pressschweißen**
41	US	Ultraschallschweißen
42	FR	Reibschweißen
45	D	Diffusionsschweißen
47	GP	Gaspressschweißen
48	KP	Kaltpressschweißen
5		**Strahlschweißen**
512		Elektronenstrahlschweißen
52	LA	Laserstrahlschweißen
7		**Andere Schweißverfahren**
72	RES	Elektroschlackeschweißen
73	MSGG	Elektrogasschweißen
74	RI	Induktionsschweißen
75	LI	Lichtstrahlschweißen
751	LA	Laserstrahlschweißen
76	EB	Elektronenstrahlschweißen
78	BS	Bolzenschweißen
781	B	Lichtbogen-Bolzenschweißen
788		Reibbolzenschweißen
8		**Schneiden**
81		Brennschneiden, autogen
82		Lichtbogenschneiden
83		Plasmaschneiden
84		Laserstrahlschneiden
9		Löten (hart, weich)
91		Hartlöten
912		Flammlöten
914		Lötbadlöten
915		Salzbadlöten
924		Vakuumhartlöten
94		Weichlöten
942		Flammlöten
944		Lötbadlöten
946		Induktionslöten
947		Ultraschalllöten
952		Kolbenlöten

Schweißen → 405

Fertigungstechnik

Fertigungsverfahren

Schweißen und Löten

Schweißpositionen

DIN EN ISO 6947

Position	Hauptpositionen – Beschreibung	Kurzzeichen ISO 6947 (neu)	Kurzzeichen DIN 1912 (alt)
Wannenposition	waagerechtes Arbeiten, Nahtmittellinie senkrecht, Decklage oben	PA	w
Horizontalposition	horizontales Arbeiten, Decklage oben	PB	h
Steigposition	steigendes Arbeiten, von unten nach oben	PF	s
Fallposition	fallendes Arbeiten, von oben nach unten	PG	f
Querposition	waagerechtes Arbeiten an senkrechter Wand, Nahtmittellinie horizontal	PC	q
Überkopfposition	waagerechtes Arbeiten, Überkopf, Nahtmittellinie senkrecht, Decklage unten	PE	ü
Horizontal-Überkopfposition	horizontales Arbeiten, Überkopf, Decklage unten	PD	hü

Bildliche Darstellung

Allgemeintoleranzen für Schweißkonstruktionen

Grenzabmaße für Längenmaße

Toleranzklasse	Nennmaßbereich in mm: bis 30	über 30 bis 120	über 120 bis 400	über 400 bis 1000	über 1000 bis 2000
	Grenzabmaße in mm				
A	± 1	± 1	± 1	± 2	± 3
B		± 2	± 2	± 3	± 4
C		± 3	± 4	± 6	± 8
D		± 4	± 7	± 9	± 12
Geradheits-, Ebenheits- und Parallelitätstoleranz					
E	–	0,5	1,0	1,5	2,0
F	–	1,0	1,5	3,0	4,5
G	–	1,5	3,0	5,5	9,0
H	–	2,0	5,0	9,0	14,0

Fertigungs-
technik

Fertigungstechnik

Fertigungsverfahren

Schweißen und Löten

Allgemeintoleranzen für Schweißkonstruktionen

Grenzabmaße für Winkelmaße

Toleranzklasse	Nennmaßbereich (Länge des kürzeren Schenkels) in mm					
	bis 400		über 400 bis 1000		über 1000	
	in Grad/Minuten	in mm/m	in Grad/Minuten	in mm/m	in Grad/Minuten	in mm/m
A	± 20´	± 6	± 15´	± 4,5	± 10´	± 3
B	± 45´	± 13	± 30´	± 9	± 20´	± 6
C	± 1°	± 18	± 45`	± 13	± 30´	± 9
D	± 1° 30´	± 26	± 1° 15´	± 22	± 1°	± 18

Schmelzschweißverfahren – Übersicht

Schweißart	Werkstoff	Blechstärke in mm	Bevorzugte Fugenform
Gasschmelz	unlegierte, niedriglegierte Stähle, GG, GS, NE-Metalle	0,5 – 10	Bördel-, I- und V-Naht
Lichtbogen-hand	Stahl, GG, GS, Ti-Legierungen	1 – 40	Bördel, I-, V-, Y-Naht, Kehlnaht
Laser	Metalle, Nichtmetalle	0,05 – 20	I-Naht, Stumpfstoß
MAG C	unlegierte und niedriglegierte Stähle	ab 0,8	I-, V-, Y-Naht
MAG M	alle Stähle	ab 0,8	I-, V-Y-Naht
MIG	niedriglegierte Stähle, GS, GG, Al- und Cu-Leg.	ab 2	I-, V-, Kehlnaht
WIG	Stahl, Al-, Cu- und Ni-Legierungen	0,5 – 10	Bördelnaht, I-, V-, Kehlnaht

Bewerten von Schweißnähten an Stahl — DIN EN ISO 5817

Unregelmäßigkeit	Darstellung	Beschreibung
Risse		Alle Arten von Risse – außer Mikrorisse – sind nicht zulässig
Poren und Porennester		–
Feste Einschlüsse		Schlackeeinschluss, metallischer Einschluss
Bindefehler		Kurze Unregelmäßigkeiten zulässig; aber nicht bis zur Oberfläche
Ungenügende Durchschweißung		Lange Unregelmäßigkeiten nicht zulässig

Fertigungstechnik

Fertigungsverfahren

Schweißen und Löten

Bewerten von Schweißnähten an Stahl

DIN EN ISO 5817

Unregelmäßigkeit	Darstellung	Beschreibung
Einbrandkerbe	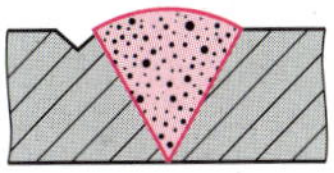	Weicher Übergang akzeptabel
Nahtdicken-Über- oder Unterschreitung	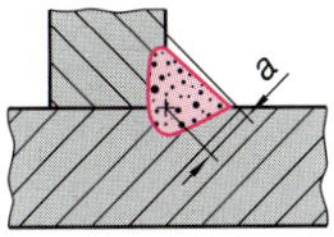 a	Lange Unregelmäßigkeiten nicht zulässig, Überschreitung ist für viele Anwendungen sekundär, eine Zurückweisung erfolgt im Regelfall nicht
Nahtüberhöhung	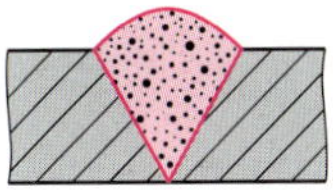	–
Wurzelüberhöhung	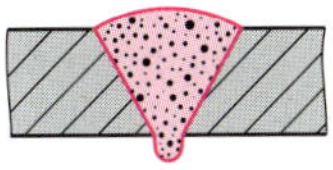	–
Kantenversatz	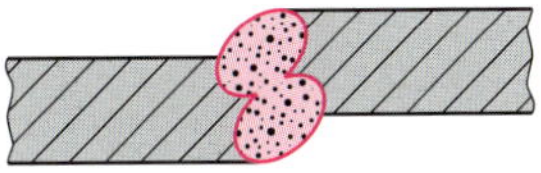	–
Decklagen-unterwölbung	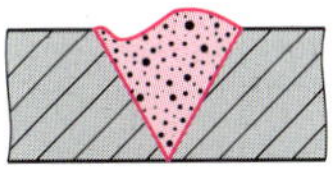	Weicher Übergang akzeptabel
Ungleichschenkeligkeit bei Kehlnähten	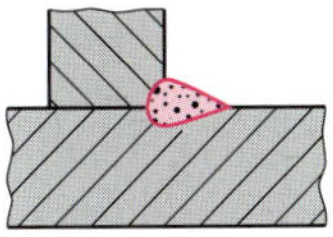	–
Wurzelkerbe	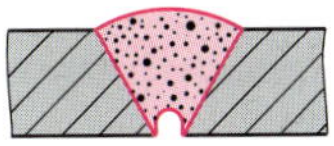	–
Schweißgut-überlauf	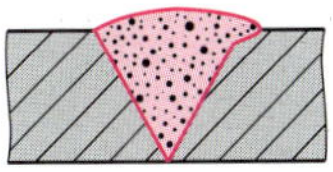	Kurze Unregelmäßigkeiten zulässig
Schweißspritzer	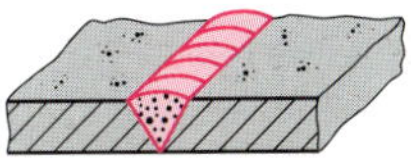	Zulässigkeit abhängig von Anwendung

Fertigungsverfahren

Schweißen und Löten

Schweißnahtvorbereitung für Stahl

DIN EN ISO 9692-1

Benennung	Blechdicke s in mm	Spalt b in mm	Empfohlenes Schweißverfahren	Hinweise
Bördelnaht	$s \leq 2$	0	G, E, WIG, Elektronenstrahlschweißen	Dünnblechschweißung, meist ohne Zusatzwerkstoff
I-Naht	$s \leq 4$	$b = s$	G, E, WIG	wenig Zusatzwerkstoff, keine Nahtvorbereitung
	$3 < s \leq 8$	$b \approx s/2$	MIG, MAG, E	
	$s \leq 15$	$b \leq 1$	WIG	beidseitig geschweißt
V-Naht	$3 < s \leq 10$ $8 < s \leq 12$	$b \leq 4$ –	G, E, MIG, MAG, WIG, Laserstrahlschweißen	ein- oder mehrlagig geschweißt, mit Gegenlage (dynamische Beanspruchung)
Y-Naht	$5 < s \leq 40$	$1 \leq b \leq 4$	E, MIG, MAG, WIG	beidseitig geschweißt, ab $s > 10$ mm mit Wurzel- und Gegenlage
HV-Naht	$3 < s \leq 10$	$2 < b \leq 4$		einseitig oder beidseitig geschweißt mit Gegenlage, $s > 10$ mm
Doppel-V-Naht	$s > 10$	$1 < b \leq 3$		symmetrische Fugenform beachten, beidseitig geschweißt
Doppel-HV-Naht	$s > 10$	$1 < b \leq 4$		
Kehlnaht	$s > 2$	$b \leq 2$	E, G, MIG, MAG, WIG	T-Stoß
Doppel-Kehl-Naht	$2 < s \leq 4$ $s > 4$	$b \leq 2$ 0		Eckstoß

Kurzzeichen: G: Gasschmelzschweißen (3), **E:** Lichtbogenhandschweißen (111), **MAG:** Metallaktivgasschweißen (135), **MIG:** Metallinertgasschweißen (131), **WIG:** Wolframinertgasschweißen (141)

Farbkennzeichnung von Gasflaschen

DIN EN ISO 7225

① Risiko- und Sicherheitszusätze	④ Produktbezeichnung des Herstellers	⑦ Herstellerhinweis
② Gefahrzettel mit Nummer der Gefahrgutklasse	⑤ EWG-Nummer bei Einzelstoffen oder das Wort „Gasgemisch"	⑧ Name, Anschrift und Telefonnummer des Herstellers
③ Zusammensetzung des Gases bzw. Gasgemisches	⑥ Vollständige Gasbenennung nach GGVS, zum Beispiel: Sauerstoff, verdichtet	

Fertigungstechnik

Fertigungsverfahren

Schweißen und Löten

Farbkennzeichnung von Gasflaschen

DIN EN ISO 7225

Gefahrgutaufkleber für technischen Sauerstoff O_2

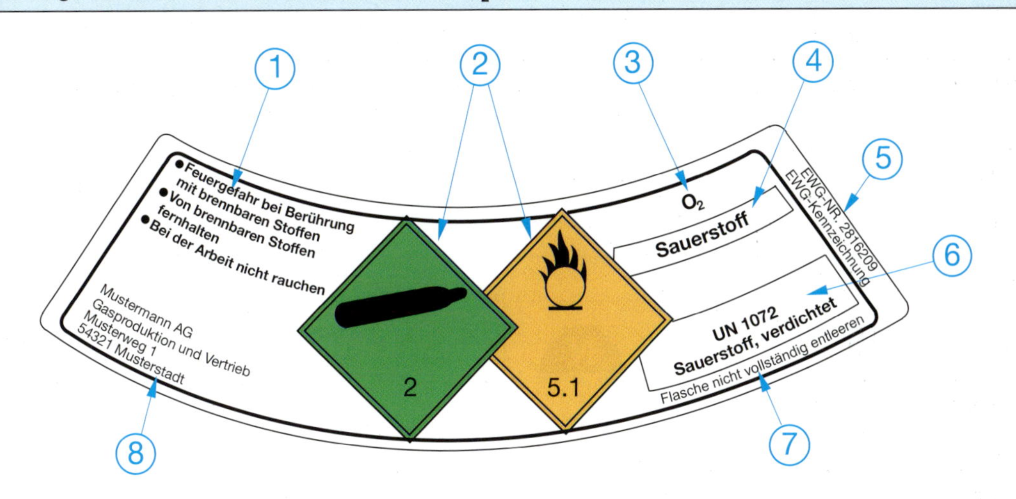

Die einzig verbindliche Kennzeichnung des Gasinhaltes erfolgt auf dem Gefahrgutaufkleber.
Der Großbuchstabe **N** weist auf die Farbkennzeichnung gemäß Norm hin. Die Farbkennzeichnung dient als zusätzliche Information über die Gaseigenschaften (brennbar, oxidierend, giftig usw.).

Durch die Markierung der Farbkennzeichnung mit dem Großbuchstaben **N** (Neu, New, Nouveau) auf der Gasflaschenschulter und durch die unterschiedlichen Ventilanschlüsse nach DIN 477-1 für verschiedene Gasarten sind Verwechselungen praktisch ausgeschlossen.

N wird zweimal, gegenüberliegend versetzt, auf der Flaschenschulter aufgebracht. Die Farbe N-Kennzeichnung ist weiß, schwarz oder blau, je nach Schulterfarbe und Kontrast. Bei Flaschen zur Inhalation (Atemgase), deren Kennzeichnungsfarbe sich nicht ändert (z. B. H_2, CO_2), ist der Buchstabe N nicht notwendig.

Darstellung der bestehenden und neuen Flaschenfarben an Beispielen

Reingase/Gasgemische für den industriellen Einsatz

bisher	DIN EN 1089-3	bisher	DIN EN 1089-3
technischer Sauerstoff		**Xenon, Krypton, Neon**	
blau blau	weiß blau (grau) N	grau grau (schwarz)	leuchtend grün grau (leuchtend grün) N
Acetylen		**Propan, Wasserstoff**	
gelb gelb (schwarz)	kastanienbraun kastanienbraun (schwarz, gelb) N	rot rot	rot rot

Fertigungstechnik

Fertigungsverfahren

Farbkennzeichnung von Gasflaschen

DIN EN ISO 7225

Darstellung der bestehenden und neuen Flaschenfarben an Beispielen
Reingase/Gasgemische für den industriellen Einsatz

Gas	bisher	DIN EN 1089-3
Argon	grau / grau	dunkelgrün (N) / grau (dunkelgrün)
Formiergas (Gemisch Stickstoff/Wasserstoff)	rot / rot (dunkelgrün)	rot (N) / grau
Stickstoff	dunkelgrün / dunkelgrün	schwarz (N) / grau (dunkelgrün, schwarz)
Gemisch Argon/Kohlendioxid	grau / grau	leuchtend grün (N) / grau
Kohlendioxid	grau / grau	grau / grau
Druckluft	grau / grau	leuchtend grün (N) / grau
Helium	grau / grau	braun (N) / grau

Beachten Sie:
Der zylindrische Flaschenmantel kann verschiede Farben haben, von denen eine farbig dargestellt ist und die andere(n) in Klammern erwähnt ist (sind).

Gasverbrauch beim Schweißen von Stahl

Werkstück-dicke in mm	Schweiß-einsatzgröße	Schweißstab-durchmesser	Sauerstoffverbrauch ≈ Acytelenverbrauch		Schweiß-zusatz	Schweiß-geschwindigkeit
		mm	l/h	l/m	min/m	mm/min
0,5 – 1	1	bis 1,5	80	15	10	100
1 – 2	2	2	160	35	12	80
2 – 4	3	3	315	80	15	65
4 – 6	4	4	500	170	20	50
6 – 9	5	5	800	300	25	40
9 – 14	6	6	1250	500	30	30

Fertigungstechnik

Fertigungsverfahren

Gasflaschen DIN EN 1089-3

Gasart	Farbkennzeichnung nach DIN EN 1089-3		Gewinde am Flaschenanschluss DIN 477-1	Flaschenvolumen in l		Fülldruck in bar		Nutzbares Gasvolumen in l	
				V_N	V_L	p_N	p_L	V_{GN}	V_{GL}
Sauerstoff O_2	blau	weiß	R3/4	40	50	150	200	6000	10000
Acytelen C_2H_2	kastanienbraun	kastanienbraun	Spannbügel	40		18[1]	19[1]	6,3 kg	10 kg
Wasserstoff H_2	rot	rot	W21,80 x 1/14	10		200	200	1800	8900
Argon Ar	grau	dunkelgrün		10		200	200	2000	10000
Helium He		braun		10		200	200	2000	10000
Argon-Kohlendioxid-Gemisch $ArCO_2$		leuchtend grün		20		200	200	4000	10000
Kohlendioxid CO_2		grau		10		57,3	57,3	10 kg	30 kg
Stickstoff N_2		schwarz	W24,32 x 1/14	40		150	200	6000	10000

[1] Einschließlich p_{amb} = 1 bar, V_N: Volumen der Normalflasche, V_L: Volumen der Leichtflasche

Schweißstäbe DIN EN 12536

Zuordnung der Schweißstabklassen

Werkstoff	Schweißstabklassen neu/(alt) O I (G I)	O II (G II)	O III (G III)	O IV (G IV)	O V (G V)	O VI (G VI)
S235JR	■	■	■	■		
S275JR		■	■	■		
S355JR			■	■		
17Mn4				■		
16Mo3				■		
13CrMo4-5					■	
10CrMo9-10						■

Lieferformen: ∅ 2; 2,5; 3; 4; 5; l = 1000 mm

Schweißverhalten der Schweißstäbe

Schweißverhalten	Schweißstabklassen neu/(alt) O I (G I)	O II (G II)	O III (G III)	O IV (G IV)	O V (G V)	O VI (G VI)
Fließverhalten	dünnfließend		zähfließend			
Porenneigung	vorhanden		gering	keine		
Spritzer	viel	wenig	keine			

Bezeichnungsbeispiel: **Schweißstab EN 12536-O III**

Lichtbogenschmelzschweißen

Stabelektroden DIN EN ISO 2560

Stromeignung

Gleich- und Wechselstrom Leerlaufspannung bei Wechselstrom 50 V	70 V	80 V	Gleichstrom	Polung der Stabelektrode
1	4	7	0	jede
2	5	8	0 –	negativ
3	6	9	0 +	positiv

Einsatz der verschiedenen Kernstabdurchmesser

Materialdicke ⟶ mm (0, 5, 10, 15, 20)

Kernstabdurchmesser ⟶ mm (0, 1, 1,5, 2, 2,5, 3,25, 4, 5, 6, 8, 10)

Fertigungstechnik

Fertigungsverfahren

Lichtbogenschmelzschweißen

Schweißbetriebsart

Betriebsart	Einschaltdauer in %	max. Schweißstrom in A
Dauerschweißbetrieb	100	270
Nennhandschweißbetrieb	60	350
Handschweißbetrieb	35	425

Abmessungen umhüllter Stabelektroden nach DIN EN ISO 2560

Durchmesser in mm	Länge in mm			
2,0	225	250	**300**	350
2,5	–	250	300	**350**
3,2	300	**350**	400	450
4,0	–	**350**	450	450
5,0	350	400	**450**	
6,0				

Stabelektroden

DIN EN ISO 2560

Bezeichnungsbeispiel: **Stabelektrode EN 499 – E 50 3 2Ni R 2 1 H10**

(1 = Stabelektrode; 2 = EN 499; 3 = E; 4 = 50; 5 = 3; 6 = 2Ni; 7 = R; 8 = 2; 9 = 1; 10 = H10)

1 Benennung
2 EN-Hauptnummer
3 Kurzzeichen Lichtbogenhandschweißen

4 Mechanische Eigenschaften des Schweißgutes

Kennziffer	35	38	42	46	50
Streckgrenze $R_{e\,min}/R_{p0,2\,min}$ in N/mm²	355	380	420	460	500
Zugfestigkeit $R_{m\,min}$ in N/mm²	440 – 570	470 – 600	500 – 640	530 – 680	560 – 720
Bruchdehnung $A_{5\,min}$ in %	22	20			18

5 Kerbschlagarbeit des Schweißgutes

Kennziffer	Z	A	0	2	3	4	5	6
Temperatur in °C für die Mindest-Kerbschlagarbeit 47 J_{min}	keine	+ 20	0	– 20	– 30	– 40	– 50	– 60

6 Chemische Zusammensetzung des Schweißgutes in %

Kurzzeichen	–	Mo	MnMo	1Ni	2Ni	3Ni	Mn1Ni	1NiMo	Z
Mn	≤ 2,0	≤ 1,4	1,4 – 2	≤ 1,4			1,4 – 2	≤ 1,4	nach Vereinbarung
Mo	–	0,3 – 0,6		–			–	0,3 – 0,6	
Ni	–	–	–	0,6 – 1,2	1,8 – 2,6	2,6 – 3,8	0,6 – 1,2		

7 Schweißgutkennzeichnung für den Umhüllungstyp

Kurzzeichen	A	B	C	R	RR	RA	RB	RC
Art der Umhüllung	sauer umhüllt	basisch umhüllt	zellulose umhüllt	rutil umhüllt	dick rutil umhüllt	rutil sauer umhüllt	rutil basisch umhüllt	rutil zellulose umhüllt

Fertigungstechnik

Fertigungsverfahren

Lichtbogenschmelzschweißen

Stabelektroden

DIN EN ISO 2560

8 Kennziffer für Stromart und Ausbringung

Kennziffer	1	2	3	4	5	6	7	8
Stromart AC: Wechselstrom DC: Gleichstrom	AC DC	DC	AC DC	DC	AC DC	DC	AC DC	DC
Zugfestigkeit $R_{m\,min}$ in N/mm²	≤ 105 %		105 – 125 %		125 – 160 %		> 160 %	

9 Kennziffer für Schweißpositionen

Kennziffer	1	2	3	4	5
Schweißpositionen	alle	alle, außer Fallnaht	*Kehlnähte:* Wannen- und Horizontalpositionen *Stumpfnaht:* Wannenposition	Wannenposition: Stumpf- und Kehlnähte	Fallnähte, sonst wie Kennziffer 3

10 Kennzeichen für den max. Wasserstoffgehalt (H_2) in ml/100 g Schweißgut

Kennzeichen	H5	H10	H15

Elektrodenbedarf

- a Nahtdicke in mm
- b Spaltbreite in mm
- c_1 Nahtformfaktor
- c_2 Ausbringungsfaktor
- d Elektrodendurchmesser in mm
- i Anzahl der benötigten Elektroden
- l Elektrodenlänge in mm
- L Nahtlänge in mm
- s Werkstückdicke in mm
- α Kehlwinkel, Öffnungswinkel in Grad
- A_K Nahtquerschnitt, Kehlnaht in mm²
- A_V Nahtquerschnitt der V-Naht in mm²
- A_X Nahtquerschnitt der X-Naht in mm²
- V_s Schweißnahtvolumen in mm³
- V_{sK} Schweißnahtvolumen der Kehlnaht in mm²
- V_{sV} Schweißnahtvolumen der V-Naht in mm³
- V_{sX} Schweißnahtvolumen der X-Naht in mm³
- V_E Elektrodenvolumen in mm³

Schweißnahtvolumen

Kehlnaht

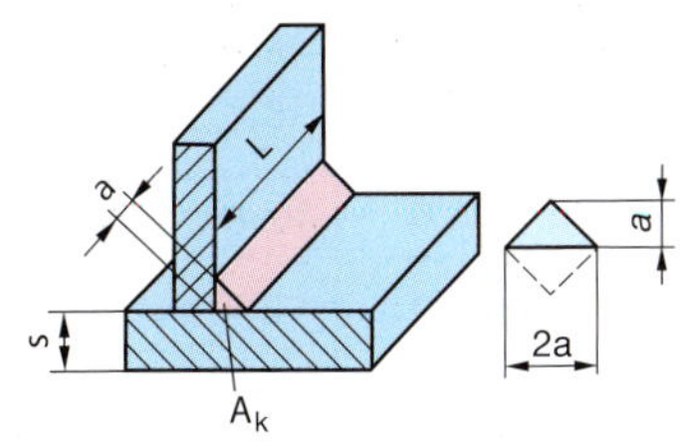

$V_s = A_K \cdot L$

$V_s = a^2 \cdot L$

V-Naht

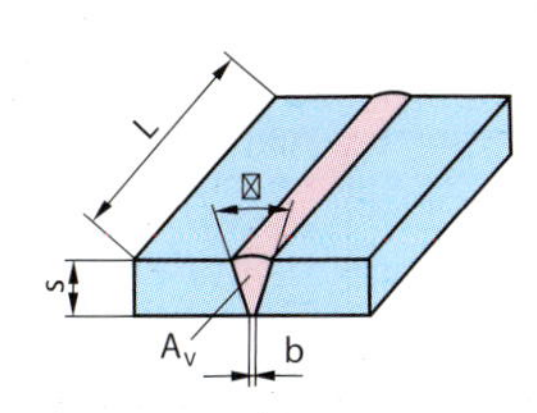

$V_s = A_V \cdot L$

$V_s = L \cdot (s \cdot b + s^2 \cdot \tan \frac{\alpha}{2})$

Fertigungstechnik

Fertigungsverfahren

Lichtbogenschmelzschweißen

Nahtquerschnitt

Kehlnaht

$A_K = a^2$

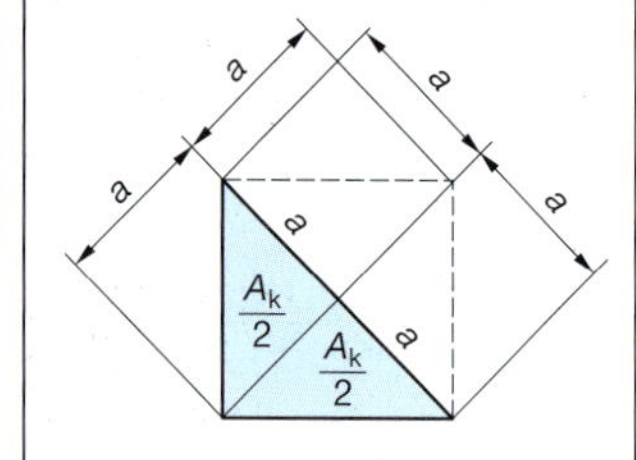

V-Naht

$A_V = s^2 \cdot \tan \frac{\alpha}{2}$

Segmentfläche wird vernachlässigt

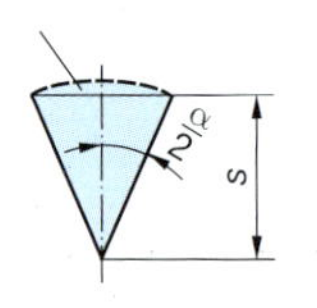

Näherungsformel für V- und X-Nähte

$A \approx s \cdot (b + c_1 \cdot s)$

Bei V- bzw. X-Nähten ist zur Bestimmung von A_V, A_X die Näherungsformel anwendbar.

Nahtformfaktor c_1		
Kehlwinkel	**X-Naht**	**V-Naht**
60°	0,3	0,6
70°	0,35	0,7
90°	0,5	1,0

Elektrodenbedarf

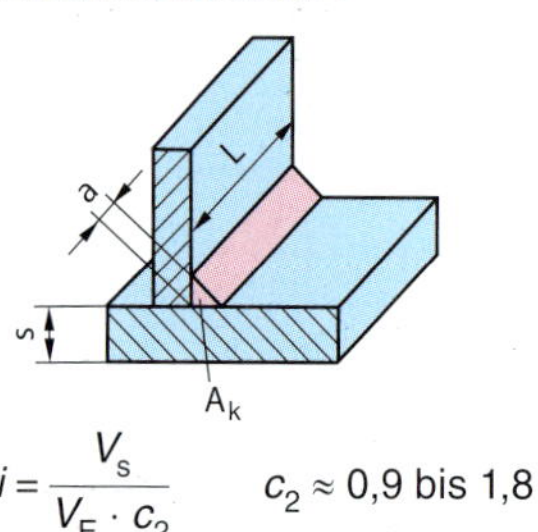

$i = \frac{V_s}{V_E \cdot c_2}$ $\quad c_2 \approx 0{,}9$ bis $1{,}8$

Bei Elektrodenummantelung mit Materialeinlagerungen ist $c_2 > 1$.

Elektrodenabmessungen							
Elektoden-∅ in mm	1,5	2,0	2,5	3,25	4,0	5,0	6,0
Elektrodenlänge *l* in mm	200	250	350	450	450	450	450
Elektrodenvol. V_E in mm³	300	690	1580	2580	4250	8250	11900

Schutzgasschweißen

Eigenschaften der Schutzgase (Schweißgase) zum Lichtbogenschweißen DIN EN ISO 14175

Gasart	Farbkennzeichnung nach DIN EN 1089-3		chem. Zeichen	Dichte bei 0° C und 1,013 bar	Siedetemperatur bei 1,013 bar	Reaktionsverhalten beim Schweißen
	Mantel	Schulter		kg/m³	°C	
Argon	grau	dunkelgrün	Ar	1,784	– 185,9	inert
Helium	grau	braun	He	0,178	– 268,9	inert
Kohlendioxid	grau	grau	CO_2	1,977	– 78,5[1)]	oxidierend
Sauerstoff	blau	weiß	O_2	1,429	– 183,0	oxidierend
Stickstoff	grau	schwarz	N_2	1,251	– 195,8	reaktionsträge[2)]
Wasserstoff	rot	rot	H_2	0,090	– 252,8	reduzierend
Acetylen	kastanienbraun	kastanienbraun	C_2H_2	1,17	– 82,0	–
Propan	rot	rot	C_3H_8	2,0	– 43,0	–

[1)] Übergangstemperatur vom festen in den gasförmigen Zustand
[2)] Das Verhalten von Stickstoff verändert sich je nach Werkstoff. Mögliche negative Einflüsse sind zu beachten.

Fertigungstechnik

Fertigungsverfahren

Schutzgasschweißen

Anwendung von Lichtbogenformen

Lichtbogenform	Langlichtbogen	Kurzlichtbogen	Sprühlichtbogen	Impulsbogen
Verfahren	MAG	MAG	MIG oder MAG	MIG oder MAG
Schutzgas	CO_2	Mischgase	Argon oder Argon + CO_2	Argon oder argonreiche Mischgase
Stromstärke Spannung	18 – 250 A 24 – 30 V	70 – 160 A 16 – 19 V	180 – 250 A 24 – 30 V	– –
Tropfenübergang	grobtropfig, nicht kurzschlussfrei	feintropfig im Kurzschluss	feinsttropfig, kurzschlussfrei	impulsgesteuerter Tropfenübergang
Anwendung	Positionen PA[1] und PB[2], mittlere und dicke Bleche, St mit tiefem, schmalem Einbrand	Dünnbleche, mittlere und dicke Bleche in Zwangslagen	Positionen PA[1] und PB[2], mittlere und dicke Bleche	Zwangslagen, dünne Bleche mit dicken Drähten, Al-, Cu- und CrNi-Stähle

[1] **PA:** Wannenposition [2] **PB:** Horizontalposition

Beispiel:
Schutzgas DIN EN ISO 14175 – M 24 + 2,5 NE
Schutzgasgruppe H 2, Kennzahl 4, schwach oxidierendes Schutzgas, 5–25 %-CO_2, 3–8 %-O_2, Argon, 2,5 %-Neon, übliche Anwendung MAG

Einteilung der Schutzgase DIN EN ISO 14175

Kurzbezeichnung		Zusammensetzung, Komponenten in Volumen-%						Anwendung	Bemerkung
Gruppe	Kennzahl	oxidierend		inert		reduzierend	reaktionsträge		
		CO_2	O_2	Ar	He	H_2	N_2		
R	1 2	–	–	Rest Rest	–	> 0 – 15 > 15 – 35	–	WIG Plasmaschweißen Plasmaschneiden Wurzelschutz	reduzierend
I	1 2 3	–	–	100 – Rest	– 100 > 0 – 95	–	–	MIG, WIG Plasmaschweißen Wurzelschutz	inert
M1	1 2 3 4	> 0 – 5 > 0 – 5 – > 0 – 5	– – > 0 – 3 > 0 – 3	Rest Rest Rest Rest	Rest Rest Rest Rest	> 0 – 5	–	MAG	schwach oxidierend
M2	1 2 3 4	> 5 – 25 – > 0 – 5 > 5 – 25	– > 3 – 10 > 3 – 10 > 3 – 8	Rest Rest Rest Rest	Rest Rest Rest Rest	–	–	MAG	zunehmend ↓
M3	1 2 3	> 25 – 50 – > 5 – 50	– > 10 – 15 > 8 – 15	Rest Rest Rest	Rest Rest Rest	–	–	MAG	
C	1 2	100 Rest	– > 0 – 30	–	–	–	–	MAG	stark oxidierend
F	1 2	– –	– –	– –	– –	– > 0 – 50	100 Rest	Plasmaschneiden Wurzelschutz	reaktionsträge reduzierend

Schweißen und Löten → 405

Fertigungs-
technik

Fertigungstechnik

Fertigungsverfahren

Schutzgasschweißen

Kennzahlen für Gase in den Gruppen R und M (die Helium enthalten)

Kennzahl	Helium-Mischgehalt in Vol.-%
1	> 0 – 33
2	> 33 – 66
3	> 66 – 95

Kurzzeichen nach dem Reaktionsverhalten

Gruppe	Erläuterung
R	reduzierende Mischgase
I	inerte Gase und inerte Mischgase
M	oxidierende Mischgase auf Argonbasis die O_2, C oder beide enth.
C	stärker oxidierende Gase und Mischgase
F	reaktionsträges Gas oder reduzierende Mischgase

Gruppe	Werkstoff, Anwendung
R	hochlegierte Stähle, Nickel, Nickellegierungen
I	Aluminium, Aluminiumlegierungen, Kupfer, Kupferlegierungen
M1	legierte Chromnickelstähle, rost- und säurebeständige Stähle
M2	niedriglegierte und mittellegierte Stähle
M3	unlegierte und niedriglegierte Stähle, Grobbleche
C	unlegierte Stähle
F	hochlegierte und niedriglegierte Stähle

WIG-Schweißen

Strombelastbarkeit der Wolframelektrode und Auswahl der Gasdüse

Elektrodendicke in mm	Gasdüse Größe	Gasdüse Durchmesser in mm	Gleichstrom in A Minuspol W [1]	Gleichstrom in A Minuspol WT [2]	Gleichstrom in A Pluspol W	Gleichstrom in A Pluspol WT	Wechselstrom in A W	Wechselstrom in A WT
1,6	4 – 6	6,5 – 9,5	70	150	10	20	50 – 100	70 – 150
2,4	6 – 8	9,5 – 11,2	150	250	15	30	100 – 160	140 – 235
3,2	7 – 8	11,2 – 12,7	250	400	25	40	150 – 210	225 – 325
4,0	8 – 10	12,7 – 15,9	400	500	40	55	200 – 275	300 – 425

[1] Wolfram [2] Wolfram-Thoriumoxid

WIG-Schweißen, technische Daten

Werkstoff	Werkstoffdicke mm	Schweißstabdurchmesser mm	Schutzgasverbrauch l/min	Stromstärke A
Aluminium	2,0 5,0	2,4 3,2	12 16	130 – 150 250 – 320
Kupfer	2,0 5,0	2,4 3,2	9 12	130 – 150 250 – 320
Gusseisen	6,0 25,0	5,0 6,0	8 12	150 – 170 310 – 370
unlegierter Stahl	1,2 2,2	1,6 1,6	4 5	100 – 125 140 – 170
legierter Stahl	1,5 5,0	1,6 3,2	5 6	80 – 120 150 – 275

MAG-Schweißen unlegierter Baustähle

Schweißposition	Nahtdicke mm	Drahtdurchmesser mm	Schutzgasverbrauch l/min	Stromstärke A
Wannen- bzw. Horizontallage	2 – 4	0,8 – 1,0	10	100 – 220
	5 – 8	1,0 – 1,2	15	bis 300

Fertigungstechnik

Fertigungsverfahren

Schutzgasschweißen

MIG-Schweißen von Al und Al-Knetlegierungen

Wannen- bzw. Horizontallage	4 – 6	1,2 – 1,6	12 – 20	150 – 180
	6 – 10	1,6	20	180 – 230
	10 – 12	1,6 – 2,4	20 – 25	230 – 280

Drahtelektroden und Schweißgut zum MAG- und MIG-Schweißen DIN EN ISO 14143

Kurzzeichen	chemische Zusammensetzung in Masse-%			sonstige Elemente
	Si	Mn	C	
G0				
G2Si1	0,5 – 0,8	0,9 – 1,3	0,06 – 0,14	
G3Si1	0,7 – 1,0	1,3 – 1,6	0,06 – 0,14	
G4Si1	0,8 – 1,2	1,6 – 1,9	0,06 – 0,14	
G3Si2	1,0 – 1,3	1,3 – 1,6	0,06 – 0,14	
G2Ti	0,4 – 0,8	0,9 – 1,4	0,04 – 0,14	0,05 – 0,2 Al, 0,05 – 0,25 Ti und Zr
G3Ni1	0,5 – 0,9	1,0 – 1,6	0,06 – 0,14	0,8 – 1,5 Ni
G2Ni2	0,4 – 0,8	0,8 – 1,4	0,06 – 0,14	2,1 – 2,7 Ni
G2Mo	0,3 – 0,7	0,9 – 1,3	0,08 – 0,12	0,4 – 0,6 Mo
G4Mo	0,5 – 0,8	1,7 – 2,1	0,06 – 0,14	0,4 – 0,6 Mo
G2Al	0,3 – 0,5	0,9 – 1,3	0,08 – 0,14	0,35 – 0,75 Al

Drahtelektroden und Schweißgut zum MAG- und MIG-Schweißen DIN EN ISO 143141

Drahtelektrodendurchmesser und Stromstärke

Werkstückdicke in mm	bis 1	1 bis 7	7 bis 15
genormter Drahtelektrodendurchmesser in mm	0,8	1,0	1,2
Stromstärke in A	bis 140	bis 220	bis 300

Thermisches Schneiden

Autogenes Brennschneiden

Einstellwerte: Brennschneiden von Stahl, Acetylendruck ≈ 0,2 bar

Werkstückdicke *a* mm	Düsen-Nr.	Fugenbreite mm	Acetylenverbrauch l/min	Sauerstoff Gesamtverbrauch l/min	Sauerstoff Druck Heizen bar	Sauerstoff Druck Brennschneiden bar	Schneidgeschwindigkeit Trennschnitt mm/min	Schneidgeschwindigkeit Konstruktionsschnitt mm/min
3 – 10	1; 2	1,5	4 – 6	27,5 – 36	2	2 – 3	870 – 750	720 – 600
10 – 25	3	1,8	6 – 7	41 – 53,5	2,5	2,5 – 4	750 – 600	620 – 400
25 – 40	4	2	7 – 7,5	57 – 64	2,7	4 – 5	600 – 530	400 – 330
40 – 60	5	2,2	7,7 – 8,8	83 – 97	3	4 – 5	540 – 460	340 – 310

Schweißen und Löten → 405

Fertigungstechnik

Fertigungsverfahren

Thermisches Schneiden

Plasmaschneiden

Einstellwerte einer Plasmaschneidanlage

Werkstoff	Werkstückdicke mm	Stromstärke A Trennschnitt	Stromstärke A Konstruktionsschnitt	Düsenbohrung mm	Vorschubgeschwindigkeit mm/min Trennschnitt	Vorschubgeschwindigkeit mm/min Konstruktionsschnitt	Volumenstrom des Plasmagases l/min
Stahl unlegiert und niedrig legiert	0,8 – 8 8 – 12 12 – 20	70	120	1,0 1,4 1,4	> 7000 4500 – 2500 2500 – 1300	> 4500 3000 – 1100 1100 – 700	12 – 18 16 – 20 20 – 24
Cr-Ni-Stahl rost- und säurebeständig	0,8 – 2 2 – 8 8 – 18	70	120	1,0 1,4 1,4	> 2800 2800 – 950 950 – 450	> 1800 1800 – 800 800 – 250	12 – 18 16 – 20 20 – 24
Aluminium und Al-Legierungen	0,8 – 2 2 – 6 6 – 12	70	120	1,0 1,4 1,4	> 7000 7000 – 4000 4000 – 1300	> 4500 4500 – 1300 1300 – 800	12 – 18 16 – 20 20 – 24

Plasmagas: Argon-Wasserstoff, Druckluft 5 – 7 bar, Vorschub von Hand

Laserschneiden

Einstellwerte einer Lasertrennanlage, Laserleistung ≈ 550 W

Werkstoff	Werkstoffdicke mm	Sauerstoff-Schneidgas bar	Vorschubgeschwindigkeit m/min
Stahl, allgemein **Werkzeugstahl** **Chrom-Nickel-Stahl**	1 – 4 2,5 – 5,5 1 – 4	1,5 – 3,5 2,5 – 3,5 3,5	1 – 5 0,8 – 2,5 0,6 – 4,0
Chrom-Nickel-Mangan-Stahl **AlMg** **CuSn**	≈ 1,5 0,5 – 1,5 0,15	≈ 3 2,0 2,5	≈ 4,5 0,4 – 5,0 3,0
CuZn **Zink**	0,5 – 1,2 1,0	2,5 2,0	0,4 – 5,0 3,0

Güte, Maßtoleranzen und Rautiefen ISO 9013

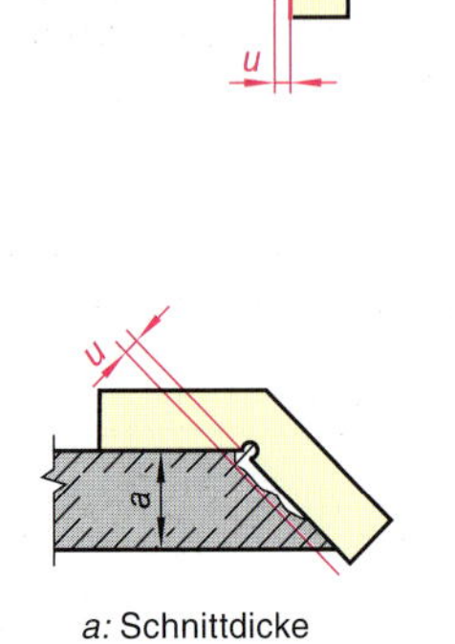

a: Schnittdicke

Qualität der Schnittfläche	Bereich 1	2	3	4	5
Rechtwinkligkeits- bzw. Neigungstoleranz *u* in mm	$u \le 0{,}05 + 0{,}003 \cdot a$	$u \le 0{,}15 + 0{,}007 \cdot a$	$u \le 0{,}4 + 0{,}01 \cdot a$	$u \le 0{,}8 + 0{,}02 \cdot a$	$u \le 1{,}2 + 0{,}035 \cdot a$
Gemittelte Rautiefe R_z in µm	$R_z \le 10 + 0{,}6 \cdot a$	$R_z \le 40 + 0{,}8 \cdot a$	$R_z \le 70 + 1{,}2 \cdot a$	$R_z \le 110 + 1{,}8 \cdot a$	–

Fertigungstechnik

Fertigungsverfahren

Thermisches Schneiden

Grenzabmaße für Nennmaße beim thermischen Schneiden[1] **und Kennzeichnung nach DIN EN ISO 9013**[2] (alle Maße in mm)

Werkstückdicke in mm		> 0 bis 1		> 1 bis 3,15		> 3,15 bis 6,3		> 6,3 bis 10		> 10 bis 50	
Toleranzklasse		**1**	**2**	**1**	**2**	**1**	**2**	**1**	**2**	**1**	**2**
Grenzabmaße für Nennmaße	**> 0 bis < 3**	± 0,04	± 0,1	± 0,1	± 0,2	± 0,3	± 0,5	–	–	–	–
	≥ 3 bis < 10	± 0,1	± 0,3	± 0,2	± 0,4	± 0,3	± 0,7	± 0,5	± 1	± 0,6	± 1,8
	≥ 10 bis < 35	± 0,1	± 0,4	± 0,2	± 0,5	± 0,4	± 0,8	± 0,6	± 1,1	± 0,7	± 1,8
	≥ 35 bis < 125	± 0,2	± 0,5	± 0,3	± 0,7	± 0,4	± 0,9	± 0,6	± 1,3	± 0,7	± 1,8
	≥ 125 bis < 315	± 0,2	± 0,7	± 0,3	± 0,8	± 0,5	± 1,1	± 0,7	± 1,4	± 0,8	± 1,9
	≥ 315 bis < 1000	± 0,3	± 0,8	± 0,4	± 0,9	± 0,5	± 1,2	± 0,7	± 1,5	± 1	± 2,3
	≥ 1000 bis < 2000	± 0,3	± 0,9	± 0,4	± 1	± 0,5	± 1,3	± 0,7	± 1,6	± 1,6	± 3
	≥ 2000 bis < 4000	± 0,3	± 0,9	± 0,4	± 1,1	± 0,6	± 1,3	± 0,8	± 1,7	± 2,5	± 4,2

Kennzeichnung

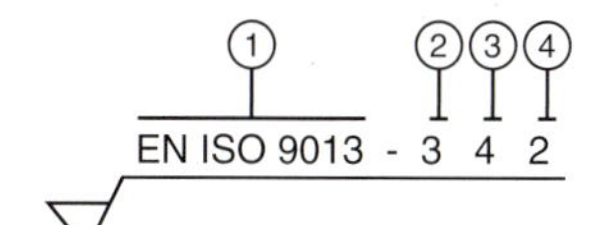

① Angabe der EN-ISO Hauptnummer dieser Norm
② Qualität: Bereich 3 für u (0,4 + 0,01 a)
③ Qualität: Bereich 4 für R_{z5} [110 + (1,8 a : mm)]
④ Toleranzklasse 2 für die Grenzabmaße der Nennmaße

[1] Diese Norm ist anzuwenden für **autogene Brennschnitte** (a = 3 mm bis 300 mm), **Plasmaschnitte** (a = 1 mm bis 150 mm) und **Laserstrahlschnitte** (a = 0,5 mm bis 40 mm).

[2] Nachfolgenorm von DIN 2310-5

Löten

Einteilung der Lötverfahren

Lötverfahren	Energiequelle	Werkstoff	Lötwerkstoff-Hilfsmittel
Weichlöten < **450 °C**	Lötkolben, Lötpistole, Lötbad, elektrischer Widerstand	Cu-, Ag-, Al-, Ni-Legierungen, nicht rostender Stahl, St	Sn-, Pb-Lote + Flussmittel
Hartlöten > **450 °C**	Flamme, Ofen	Stahl, Hartmetalle	Cu-, Ag-Lote + Flussmittel, Vakuum
Hochtemperaturlöten > **450 °C**	Flamme, Laserstrahl, elektrische Induktion	Stahl, Hartmetalle	Ni-Cr-Lote, Ag-Al-Pd-Lote + Vakuum, Schutzgas

Lötspaltbreite

Lötverfahren	**Lötspaltbreite** in mm			
	Stahl, unlegiert	Stahl, legiert	Cu, Cu-Legierungen	Hartmetalle
Weichlöten	0,05 – 0,2	0,1 – 0,25	0,05 – 0,2	–
Hartlöten mit				
Silberlote	0,05 – 0,2	0,1 – 0,25	0,05 – 0,25	0,3 – 0,5
Messinglote	0,1 – 0,3	0,1 – 0,35	–	–
Kupferlote	0,05 – 0,15	0,1 – 0,2	–	0,3 – 0,5

Schweißen und Löten → 405

Fertigungstechnik

Fertigungsverfahren

Löten

Einteilung der Lötverfahren

Gestaltungsregeln

Vorbereitung	• Ideale Lötspaltbreite beachten; Flussmittel und Lot füllen durch die Kapilarwirkung den Lötspalt vollständig. • Die Lötflächen müssen parallel sein.
Herstellung	• Lötposition entsprechend der Gestaltung der zu verlötenden Werkstücke wählen. • Die Lötnaht sollte auf Abscherung belastet werden, nicht auf Zug oder Schälung. • Lötspaltbreite ≈ 5 · *s*, damit der Spalt zuverlässig gefüllt wird. Die Belastbarkeit wird durch eine größere Spalttiefe nicht erhöht. • Durch konstruktive Maßnahmen (z. B. Falzen) kann die Belastbarkeit erhöht werden.

Beispiele von Lötverbindungen

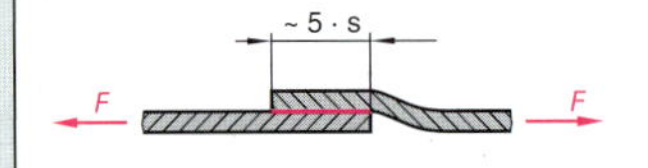

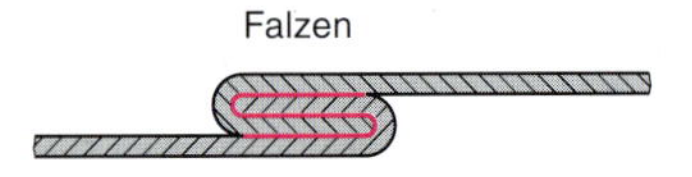

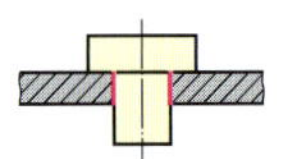

Weichlote

DIN EN ISO 9453

Legierungsgruppe	Legierungs-Nr.	Legierungskurzzeichen DIN EN ISO 9453[1)	Legierungskurzzeichen altes Kurzzeichen	Schmelztemperatur °C[2)	Anwendung
Zinn-Blei	101	S-Sn63Pb37	L-Sn63Pb	183	gedruckte Schaltungen, E-Technik
	102	S-Sn63Pb37E	L-Sn63Pb	183	feinwerktechn. Miniaturisierungen
	103	S-Sn60Pb40	L-Sn60Pb	183 – 190	elektr. Schaltungen, Verzinnung
	111	S-Pb50Sn50	L-Sn50Pb	183 – 215	Elektroindustrie, Verzinnung
	114	S-Pb60Sn40	L-PbSn40	183 – 235	Metallverpackungen
	116	S-Pb70Sn30	L-PbSn30	183 – 255	Feinlötungen, Klempnerarbeiten,
	118	S-Pb90Sn10	L-PbSn10	268 – 302	Metallwaren, Klempnerarbeiten
	122	S-Pb92Sn8	L-PbSn8	280 – 305	Thermoelemente
	124	S-Pb98Sn2	L-PbSn2	320 – 325	Kühlerbau
Zinn-Blei, antimonhaltig	132	S-Sn60Pb40Sb	L-Sn60Pb	183 – 190	Elektro-/Feinwerktechnik
	134	S-Pb58Sn40Sb2	L-PbSn40Sb	185 – 231	Kühlerbau, Schmierlot
	136	S-Pb74Sn25Sb1	L-PbSn25Sb	185 – 263	Bleilötungen, Schmierlot
Zinn-Antimon	18	S-Sn95Sb5	L-SnSb5	230 – 240	Kälteindustrie
Zinn-Blei-Wismuth	141	S-Sn60Pb38Bi2	–	180 – 185	Feinwerktechnik, –lötung
		S-Bi57Sn43	–	138	Niedertemperatur-Lot
Zinn-Blei-Cadmium	151	S-Sn50Pb32Cd18	L-SnPbCd18	145	Thermosicherung
Zinn-Blei-Kupfer	402	S-Sn97Cu3	L-SnCu3	230 – 250	Klempnerarbeiten
	162	S-Sn50Pb49Cu1	L-Sn50PbCu	183 – 215	Elektrogerätebau
Zinn-Blei-Silber	170	S-Sn60Pb36Ag4	L-Sn60PbAg	178 – 180	E-Technik, Kupferrohrinstallation,
	182	S-Pb95Ag5	L-PbAg	304 – 365	für höhere Betr.-Temp. zulässig

1) In der Norm sind cadmium- und zinkhaltige Weichlote sowie Weichlote für Al-Verbindungen nicht mehr enthalten.

2) Unterer Wert der Solidustemperatur, oberer Wert der Liquidustemperatur

Fertigungstechnik

Fertigungsverfahren

Löten

Flussmittel zum Weichlöten

DIN EN 29454-1

Hauptbestandteile von Weichlötflussmitteln				Typ-Kurzzeichen		Chemische Reaktion von Rückständen
Flussmittel-typ	Flussmittelbasis	Flussmittel-aktivator	Fluss-mittelart	DIN EN 29454	alte Bezeichnung [1]	
1 Harz	**1** Kolophonium (Harz)	**1** ohne Aktivator	**A** flüssig	3.2.2. 3.1.1. 3.2.1.	F-SW-11 F-SW-12 F-SW-13	Flussmittel, deren Rückstände Korrosion hervorrufen
	2 ohne Kolophonium (Harz)	**2** mit Halogenen aktiviert		3.1.1. 3.1.2. 2.1.3. 2.1.1. 2.1.2. 1.1.2. 1.1.3. 1.2.2.	F-SW-21 F-SW-22 F-SW-23 F-SW-24 F-SW-25 F-SW-26 F-SW-27 F-SW-28	Flussmittel, deren Rückstände bedingt korrodierend wirken können
2 organisch	**1** wasserlöslich	**3** ohne Halogene aktiviert				
	2 nicht wasserlöslich					
3 anorganisch	**1** Salze	**1** mit Ammoniumchlorid **2** ohne Ammoniumchlorid	**B** fest	1.1.1. 1.1.3. 1.2.3. 2.2.3.	F-SW-31 F-SW-32 F-SW-33 F-SW-34	Flussmittel, deren Rückstände nicht korrodierend wirken
	2 Säuren	**1** Phosphorsäure **2** ander Säuren				
	3 alkalisch	**1** Amine und/oder Ammoniak	**C** Paste	3.1.1. 2.3.1. 2.1.2.	F-LW1 F-LW2 F-LW3	Flussmittel, deren Rückstände korrodierend wirken

[1] **F**: Flussmittel, **L**: Leichtmetall, **S**: Schwermetall, **W**: Weichlöten

Bezeichnungsbeispiel:

Flussmittel ISO 9454 – 2.1.3. C

2: Flussmitteltyp = organisch
1: Flussmittelbasis = wasserlöslich
3: Flussmittelaktivator = ohne Halogen aktiviert
C: Pastenform

Hartlote

DIN EN ISO 17672

Kurz-zeichen	Werkstoff-nummer	Schmelz-bereich °C	Arbeits-temperatur °C	Dichte kg/dm³	Hinweise zur Anwendung: Grundwerkstoff	Form der Lötstelle	Art der Lotzuführung
Kupferhartlote (Auswahl)							
CU 104	2.0091	1083	1100	8,9	Stahl, unlegiert	Spalt	eingelegt
CU 301	2.0431	880 – 890	900	8,3	Stahl, Temperguss, Cu und Cu-Leg., Ni und Ni-Leg.	Spalt, Fuge	eingelegt und angesetzt
CU 305	2.0711	870 – 900	910	–	Gusseisen	Fuge	angesetzt
					Stahl, Temperguss, Ni und Ni-Leg.	Spalt, Fuge	angesetzt und eingelegt
CP 202	2.1463	680 – 710	720	–	Cu, Fe-freie und Ni-freie Cu-Leg.	Spalt	angesetzt und eingelegt

Fertigungstechnik

Fertigungstechnik

Fertigungsverfahren

Löten

Hartlote

DIN EN ISO 17672

Kurzzeichen	Werkstoffnummer	Schmelzbereich °C	Arbeitstemperatur °C	Dichte kg/dm³	Hinweise zur Anwendung: Grundwerkstoff	Form der Lötstelle	Art der Lotzuführung
Silberhaltige Lote (Auswahl)							
AG 207	2.1207	800 – 830	840	8,5	Stahl, Temperguss, Cu und Cu-Leg., Ni und Ni-Leg.	Spalt	angesetzt und eingelegt, Silbergehalt unter 20 %
AG 208	2.1205	820 – 850	860	8,4		Spalt, Fuge	
AG 301	2.5142	610 – 630	640	9,5	Stahl, Edelmetalle, Cu-Leg.	Spalt	Ag-Cu-Cd-Zn-Hartlote, angesetzt und eingelegt
AG 302	2.5146	605 – 620	640	9,4	Stahl, Edelmetalle, Cu-Leg.	Spalt	
AG 306	2.2145	600 – 690	700	9,2	Stahl, Temperguss, Cu und Cu-Leg., Ni und Ni-Leg.	Spalt	
AG 104	2.5158	630 – 660	670	9,2	Stahl, Temperguss, Cu und Cu-Leg., Ni und Ni-Leg.	Spalt	AG-Cu-Zn-Sn-Hartlote, angesetzt und eingelegt
AG 205	2.1216	740 – 770	780	8,7		Spalt	
AG 351	2.5160	635 – 655	665	9,5	Hartmetall auf Stahl, Cu-Leg.	Spalt	Sonderhartlote, angesetzt und eingelegt
Nickelhartlote zum Hochtemperaturlöten (Auswahl)							
Ni 101	2.4140	980 – 1060	1070	–	Ni und Ni-Legierungen	Spalt	angesetzt und eingelegt
Ni 105	2.4148	1080 – 1160	1170	–	legierte Stähle	Spalt	
Aluminiumhartlote (Auswahl)							
Al 102	3.2280	560 – 600	610	2,7	Al- und Al-Legierungen	Spalt	angesetzt und eingelegt
Al 104	3.2285	550 – 585	595	2,7			

Flussmittel zum Hartlöten

DIN EN 1045

Kurzzeichen[1]	Wirktemperatur °C	Hauptbestandteile	Wirkung der Rückstände	Anwendung
FH10 **FH11** **FH12**	550 – 800 550 – 800 550 – 850	Borverbindungen, einfache oder komplexe Fluoride, evtl. Chloride	Korrodierende Rückstände sind abzuwaschen oder zu beizen	Klempnerarbeiten
FH20 **FH21**	700 – 1000 750 – 1100	Borverbindungen	Rückstände im Allgemeinen nicht korrosiv; sind mechanisch oder durch Abbeizen zu entfernen	Klempnerarbeiten
FH30	1000 – 1250	Borverbindungen, Phosphate, Silikate	Im Allgemeinen keine korrodierenden Flussmittelrückstände; mechanisch oder durch Abbeizen entfernen	Elektrotechnik, Elektronik
FH40	600 – 1000	Chloride, Fluoride		Reaktorbau
FL10	550 – 700	Lithiumverbindungen, Chloride, Fluoride (hygroskopisch)	Flussmittelrückstände müssen mit heißem Wasser oder verdünnter Salpetersäure abgewaschen werden	Leichtmetallverbindungen
FL20	500 – 600	Fluoride (nicht hygroskopisch)	Rückstände wirken in trockener Umgebung nicht korrosiv; Lötstelle vor Nässe schützen	

[1] **F:** Flussmittel, **L:** Leichtmetall, **S:** Schwermetall, **W:** Hartlöten

Fertigungstechnik

Fertigungsverfahren

Kleben

Kleberart, Werkstoffe

Kleberart		Zusammensetzung	zu verklebende Werkstoffe[1]	Abbindemechanismus	Beispiele
Physikalisch abbindende Klebstoffe (Komponentenkleber)					
Nasskleber	**Dispersionskleber**	Kunststoffe in feinster Verteilung im Wasser (z. B. Vinylacetat-Kunststoffe)	poröse Werkstoffe untereinander (z. B. Holz-Hartschaum) poröse Werkstoffe mit dichtem nichtmetallischen Werkstoff (z. B. Holz mit Phenolharz-Hartpapier)	Das Dispersionsmittel Wasser verdunstet, der Kunststoff haftet an den Bauteilen	Ponal® Bindulin® EM-Holz®
	Lösungsmittelkleber	Kunststoffe in organischem Lösungsmittel gelöst, z. B. PVC in Methylenchlorid, Zelluloseacetat in Aceton	anlösbare Kunststoffe untereinander (z. B. PVC mit PVC) anlösbare Kunststoffe mit porösen, nicht lösbaren Werkstoffen (z. B. PVC mit PU-Schaum)	Die zu verklebenden Flächen werden angelöst, der Kunststoff im Kleber überbrückt kleine Fugen, das Lösungsmittel verdampft	Tangit® für PVC Gummilösung
Kontaktkleber		gummiartige Kunststoffe in organischen Lösungsmitteln gelöst	poröse, nicht anlösbare plattenförmige Werkstoffe miteinander poröse, nicht anlösbare plattenförmige Werkstoffe mit dichtem Werkstoff	Die zu verklebenden Flächen werden beidseitig eingestrichen; nach einer Ablüftzeit werden die scheinbar trockenen Klebeflächen unter Druck vereinigt	Pattex®
Aktivkleber (Schmelzkleber)		thermoplastische Kunststoffe (z. B. Polyamid)	alle verklebbaren Werkstoffe einschließlich Metall (nach guter Vorwärmung)	Erstarren des Klebers beim Abkühlen	–
Chemisch abbindende Klebstoffe (Reaktionskleber)					
Polymerisationskleber		Polyesterharze + Härter (Peroxide)	Metalle, Duroplaste, Keramik, Holz, Glas, keine weichelastischen Werkstoffe (z. B. PVC, Gummi)	Vernetzen des Polyesters, nicht für hochfeste Verbindungen	Stabilit®
Polyadditionskleber		Epoxidharze + Härter		Kettenbildung, Vernetzung des Klebers, beste Flexibilität, gute Kapilarwirkung	Araldit® Redux® Uhu-plus®
		Polyurethanharze + Härter			Desmocoll®

[1] Die Oberflächenbehandlung richtet sich nach den Angaben der Klebemittelhersteller.

Abbindebedingungen

Abbindebedingung	Nasskleber: Dispersionskleber Kunststoff in Wasser	Nasskleber: Lösungsmittelkleber Kunststoff in Lösemittel	Kontaktkleber	Aktivkleber (Schmelzkleber)	Polymerisationskleber	Polyadditionskleber: EP + Härter	Polyadditionskleber: PU + Härter
Reaktionstemperatur in °C	20	140 – 200	20	120 – 210	10 – 30	20 – 180	180
Grenztemperatur in °C	< 50	< 80	< 50	< 120	< 80	100 – 150	< 120
Abbindezeit in min	10 – 15	10 – 30	10 – 15	ca. 5	ca. 10	> 60	ca. 60
Kontaktdruck	ja	ja	ja	ja	ja	ja	ja
Endfestigkeit nach (in h)	ca. 12	ca. 24	ca. 24	ca. 1	ca. 1	25 °C: 36 40 °C: 8 60 °C: 2	ca. 24

Fertigungstechnik

Fertigungsverfahren

Kleben

Vorbehandlung der Klebeflächen

Werkstoffe	Behandlungsart der Oberfläche						
	Reinigen von Schmutz, Oberfläche blank machen	Entfetten mit Lösungsmittel	Spülen mit destiliertem Wasser	Trocknen mit Warmluft (Al-Teile max. 65 °C)	Entfetten und Beizen	Oberfläche aufrauen	Beizen
St, GG	B, C	B, C	B, C	B, C	B	B, C	–
St verzinkt	A, B, C	A, B, C	A, B, C	A, B, C		–	–
St phosphatiert	B, C	B, C	B, C	B, C		C	–
Al, Al-Leg.	B, C	C	B, C	B, C		B, C	C
Mg, Mg-Leg.	A, B	A, B	A, B	A, B		B, C	C
Ti, Ti-Leg.	B, C	B, C	B, C	B, C		B	C
Cu, Cu-Leg.	A, B, C	A, B, C	A, B, C	A, B, C		B, C	–
Titan	B, C	B, C	B, C	B, C		B, C	C
übr. Metalle	A, B, C	A, B, C	A, B, C	A, B, C		B, C	–

Beanspruchungsart:

A: niedrig, Zugfestigkeit < 5 N/mm², trockene Umgebung, Elektrotechnik, Feinmechanik
B: mittel, Zugfestigkeit < 10 N/mm², feuchte Luft, Kontakt mit Öl, Maschinen- und Fahrzeugbau, Reparaturen
C: hoch, Zugfestigkeit < 15 N/mm², direkte Berührung mit Flüssigkeiten, Fahrzeug-, Schiffs- und Behälterbau

Behandlungsarten

1 Reinigen von Schmutz, Oberfläche blank machen
2 Entfetten mit Lösungsmittel
3 Spülen mit (destilliertem) Wasser
4 Trocknen mit Warmluft (Al-Teile max. 65 °C)
5 Entfetten und Beizen
6 Oberfläche aufrauen
7 Beizen

Kunststoffkleben – Beanspruchung auf Druck oder Scherung

Schäftung	Überlappung	Einfachlasche	Doppellasche	T-Stoß
$l_ü \approx 5 \cdot s$	$l_ü \approx 3–5 \cdot s$ $l_{ü\,min} = 10$ mm	$s_1 = s$ $l_ü \approx 3–5 \cdot s$	$s_1 = 0{,}5 \cdot s$ $l_ü \approx 3–5 \cdot s$	F

Metallkleben

Überlappungslänge $l_ü = 20–30 \cdot l_{ü\,min}$

Beispiel: Rohrverbindung

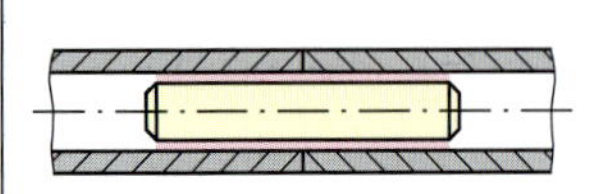

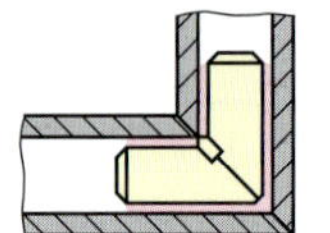

Beispiel:
Maximale Zugkraft bei verklebten Al-Blechen 12 mm x 2 mm

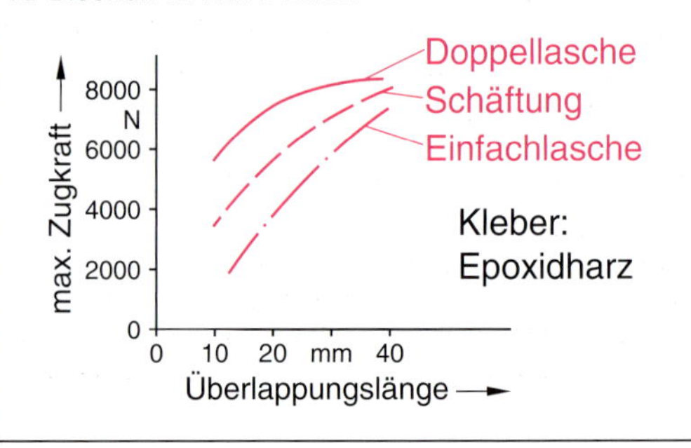

Fertigungstechnik

Fertigungsverfahren

Kunststoffschweißen

Nahtformen

Nahtform	Schweißspaltbreite *b* in mm	Werkstückdicke *s* in mm
I- Naht	b 0,5	bis 1,5
V-Naht	≈ 60°...70°, b 0,5 bis 1,0	1,5–8
X-Naht	≈ 60°...70°, b 0,5 bis 1,0	über 8
V-Naht am Eckstoß	≈ 60°...70°, b 0,5 bis 1,0	1,5–8
K-Stegnaht	45°, >1	ab 8
Überlappnaht	b ≈ 15 · t	bis 1,5

Die Erwärmung erfolgt über elektrische Heizelemente. Die Temperaturverteilung an den Heizflächen (Aufsätze/Wechselplatten meist aus PTFE) muss gleichmäßig sein.

Folgende **Erwärmungsarten** kommen zum Einsatz:
- Kontakterwärmung 180 – 270 °C
- Hochtemperaturschweißen max. 400 °C
- Strahlungserwärmung max. 600 °C

Schweißverfahren:
- Heizelementschweißen mit Kontakterwärmung
- Infrarotschweißen mit kontaktloser Anwärmung
- Gasschweißen mit kontaktloser Anwärmung
- Reibschweißen mit linearer Vibration oder Rotation
- Laserdurchstrahlschweißen
- Ultraschallschweißen
- Wärmeimpulsschweißen
- Hochfrequenzschweißen über Molekularreibung

Fertigungstechnik

Fertigungsverfahren

Fügen: Kunststoffschweißen

Heizelementschweißen, Warmgasschweißen DIN 1910-3

Kennwerte für das Heizelementschweißen				Warmgastemperatur in Abhängigkeit vom Werkstoff	
Werkstoff	**Schweiß-temperatur** in °C	**Schweiß-druck** in N/mm²	**Mindestab-kühlzeit** in min	**Werkstoff**	**Warmgas-temperatur** in °C
Polyethylen niederer Dichte (LD-PE)	180	5	0,5 · *s*	**Polyethylen niederer Dichte** (LD-PE)	200
Polyethylen hoher Dichte (HD-PE)	200	20	0,7 · *s*	**Polyethylen hoher Dichte** (HD-PE)	230
Polypropylen (PP)	220	20	0,8 · *s*	**Polypropylen** (PP)	240
Hart-Polyvinylchlorid (PVC-hart)	230	40	0,8 · *s*	**Hart-Polyvinylchlorid** (PVC-hart)	200

Schmierstoffe DIN 51502

Benennung von Schmierstoffen

Benennung

DIN-Hauptnummer

Kennbuchstaben für Schmierstoff und Hydraulikflüssigkeit

Zusatzkennbuchstaben

Kennbuchstaben für Synthese- oder Teilsyntheseflüssigkeiten

API-Klassifikation für Motoren- und Kfz-Schmieröle

Kennzahl der Viskosität bzw. Konsistenz

Zusatzkennbuchstabe bei Schmierfetten

Zusatzkennzahl bei Schmierstoffen

Bezeichnungsbeispiel:

Schmieröl DIN 51517-CL 100

Umlaufschmieröl mit Zusätzen zur Erhöhung des Korrosionsschutzes und zur Reibungsminderung der Viskositätsklasse VG 100

Schmieröle, Sonderöle, Hydraulikflüssigkeiten, Syntheseflüssigkeiten DIN 51502

Stoffart	Kenn-buchstabe	DIN-Nummer	Stoffgruppe Symbol	Verwendung
Schmieröle, Sonderöle	AN	51501	Mineralöle	Normalschmieröle
	ATF	–		Öle ATF (Automatic Transmission Fluid)
	B	51513		bitumenhaltige Schmieröle
	C	51517		Umlaufschmieröle
	CG	8659-2		Gleitbahnöle
	D	–		Druckluftöle
	K	51503		Kältemaschinen

Fertigungstechnik

Fertigungsverfahren

Schmierstoffe DIN 51502

Schmieröle, Sonderöle, Hydraulikflüssigkeiten, Syntheseflüssigkeiten DIN 51502

Stoffart	Kennbuchstabe	DIN-Nummer	Stoffgruppe Symbol	Verwendung
Schmieröle, Sonderöle	T	51506	Mineralöle	Turbinen, Dampfturbinen
	V	51506		Verdichter, Luftverdichter
	H, HV	51524		Hydrauliköle
	L	–		Härte- und Vergüteöle, Anlassen
Öl- in-Wasser-Emulsion	HFA	24230	Hydraulikflüssigkeiten (schwer entflammbar)	Emulsionen, Arbeitstemperatur 5 °C bis 55 °C
Wasser- in-Öl-Emulsion	HFB	–		
Wässerige Polymerlösungen	HFC	–		Hydrauliksteuerungen, Maschinenbau, Bergbau, Betriebstemperatur –20 °C bis 55 °C
Wasserfreie synthetische Flüssigkeit	HFD	–		Hydraulikanlagen, Betriebstemperatur –20 °C bis 150 °C
Esteröle	E	–	Syntheseflüssigkeiten	Lagerschmierung bei starken Temperaturschwankungen
Fluorierte Öle	FK	–		Lager mit besonderen Notlaufeigenschaften
Polyglykolöle	PG	–		Gleitlager mit starken Drehzahlschwankungen
Silikonöle	SI	–		Lagerschmierung für extreme Temperaturen

Zusatzkennbuchstaben für Schmierstoffe nach DIN 51502

D	Schmierstoffe mit hautschonenden Zusätzen, Erhöhung der Alterungsbeständigkeit und Schmierfähigkeit	**M**	wassermischbare Kühlschmierstoffe mit Mineralölanteilen, z. B. SEM
E	wassermischbare Schmierstoffe, Kühlschmierstoffe	**S**	wassermischbare Kühlschmierstoffe auf synthetischer Basis, z. B. SES
F	Schmierstoffe mit Festschmierstoffzusätzen (z. B. Grafit, Molybdänsulfit, $CiMoS_2$)	**P**	Schmieröle mit Zusätzen zur Reibungs- und Verschleißminderung im Mischreibungsgebiet und/oder zur Erhöhung der Belastbarkeit
L	Schmieröle mit Zusätzen zur Erhöhung des Korrosionsschutzes und/oder der Alterungsbeständigkeit	**V**	mit Lösungsmittel verdünnte Schmierstoffe (eventuell Kennzeichnung nach der Gefahrstoffverordnung)

Motorenschmieröle – API-Klassifikation

Zusatzkennbuchstabe	Beschreibung
SE	Entspricht den US-Garantiebedingungen für die Schmierung von Benzinmotoren
SF	Wie SE, jedoch mit Zusätzen gegen Verschleiß und Korrosion
SG	Erhöhte Anforderungen im Hinblick auf Oxidationsstabilität und Verschlammung
CC	Entspricht den Anforderungen von Diesel-Saugmotoren; Korrosionszusätze
CD	Entspricht den Anforderungen aufgeladener Dieselmotoren; Zusätze gegen Verschleiß und Korrosion
CE	Entspricht den Anforderungen für Hochleistungs-Dieselmotoren

Fertigungstechnik

Fertigungsverfahren

Schmierstoffe DIN 51502

Kennzahlen für die Viskositätsklassen DIN ISO 3548

ISO-Viskositäts-klasse	Kinematische Viskosität in mm²/s bei 20 °C	40 °C	50 °C	Dynamische Viskosität in mPa · s bei 40 °C
VG 2	≈ 3,3	2,2	≈ 1,3	≈ 2,0
VG 3	≈ 5	3,2	≈ 2,7	≈ 2,9
VG 5	≈ 8	4,6	≈ 3,7	≈ 4,1
VG 7	≈ 13	6,8	≈ 5,2	≈ 6,2
VG 10	≈ 21	10	≈ 7	≈ 9,1
VG 15	≈ 34	15	≈ 11	≈ 13,5
VG 22	–	22	≈ 15	≈ 18
VG 32	–	32	≈ 20	≈ 29
VG 46	–	46	≈ 30	≈ 42
VG 68	–	68	≈ 40	≈ 61
VG 100	–	100	≈ 60	≈ 90
VG 150	–	150	≈ 90	≈ 135
VG 220	–	220	≈ 130	≈ 200
VG 320	–	320	≈ 180	≈ 290
VG 460	–	460	≈ 250	≈ 410
VG 680	–	680	≈ 360	≈ 620
VG 1000	–	1000	≈ 510	≈ 900
VG 1500	–	1500	≈ 740	≈ 1350

Die *kinematische Viskosität* wird aus der Durchlaufzeit eines Öles durch eine Kapillare berechnet.

Die *dynamische Viskosität* wird aus dem Bewegungswiderstand ermittelt, der sich ergibt, wenn zwei mit Schmieröl benetzte Flächen gegeneinander bewegt werden. Dynamische Viskosität ist das Produkt von kinematischer Viskosität und Dichte.

SAE-Viskositätsklassen für Motoren-Schmieröle

SAE-Viskositäts-klasse	Maximale scheinbare Viskosität in mPa · s bei einer Temperatur von	Maximale Grenz-temperatur	Kinematische Viskosität bei 100 °C in mm²/s min.	max.
0 W	3250 bei – 30 °C	– 35 °C	3,8	–
5 W	3500 bei – 25 °C	– 30 °C	3,8	–
10 W	3500 bei – 20 °C	– 25 °C	4,1	–
15 W	3500 bei – 15 °C	– 20 °C	5,6	–
20 W	4500 bei – 10 °C	– 15 °C	5,6	–
25 W	6000 bei – 5 °C	– 10 °C	9,3	–
20	–	–	5,6	< 9,3
30	–	–	9,3	< 12,6
40	–	–	12,5	< 16,3
50	–	–	16,3	< 21,9

Fertigungstechnik

Fertigungsverfahren

Schmierstoffe DIN 51502

Kennbuchstaben und Symbole für Schmierfette DIN 51502

Symbol	Kennbuchstabe	Verwendung
Schmierfette auf Mineralölbasis △	K	Gleit- und Wälzlager, Gleitflächen; – 20 °C bis 140 °C
	KH	Einsatztemperaturen von 140 °C
	KP	Hohe Druckbelastung; – 20 °C bis 140 °C
	KTC	Tiefe Temperaturen bis – 55 °C
	G	Geschlossene Gehäuse
	OG	Offene Gehäuse
	M	Dichtungen und Gleitlager
Schmierfette auf Syntheseölbasis ◇	St	Bezeichnung der Grundeigenschaften wie bei Schmierfette auf Mineralölbasis

Eigenschaften und Einsatz von Schmierfetten

Dickungsmittel	Symbol, Basis	Einsatz
Kalkseifenfett	Mineralöl △	dichtet gegen Wasser, kein Korrosionsschutz, allgemeines Abschmierfett, – 40 °C bis 60 °C
Natronseifenfett	Mineralöl △	wasserlöslich, mäßiger Korrosionsschutz, Wälzlager und Gleitlagerfett, Getriebefett
Lithiumseifenfett	Mineralöl △	Mehrzweckfett für Wälzlager und Gleitlager, wasserbeständig, mit Zusätzen guter Korrosionsschutz, – 20 °C bis 120 °C
Komplexseifenfett	Mineralöl △	Mehrzweckfett für Maschinen, wasserbeständig, gute Langzeitschmierung, – 60 °C bis 160 °C
Polypropylen	Syntheseöl ◇	gute Langzeitschmierung, wasserbeständig, Kältetechnik, Luftfahrt, Maschinenbau, NC-Maschinen, – 60 °C bis 200 °C
Gel		für hohe Ansprüche, Belastungen, Drehzahlen, – 20 °C bis 160 °C, wasserbeständig

Zusatz-Kennbuchstaben für Schmierfette

Zusatz-Kennbuchstabe	Obere Gebrauchstemperatur in °C [1]	Verhalten gegenüber Wasser nach DIN 51807-1 Bewertungstufe DIN 51807 [2]
C	+ 60	0 – 40 oder 1 – 40
D		2 – 40 oder 3 – 40
E	+ 80	0 – 40 oder 1 – 40
F		2 – 40 oder 3 – 40

Fußnoten auf Seite 688

Fertigungstechnik

Fertigungsverfahren

Schmierstoffe DIN 51502

Zusatz-Kennbuchstaben für Schmierfette

Zusatz-Kennbuchstabe	Obere Gebrauchstemperatur in °C [1]	Verhalten gegenüber Wasser nach DIN 51807-1 Bewertungstufe DIN 51807 [2]
G	+ 100	0 – 90 oder 1 – 90
H		2 – 90 oder 3 – 90
K	+ 120	0 – 90 oder 1 – 90
M		2 – 90 oder 3 – 90
N	+ 140	nach Vereinbarung
P	+ 160	
R	+ 180	
S	+ 200	
T	+ 220	
U	über + 220	

[1] Obere Grenztemperatur für Dauerschmierung entspricht der höchsten Prüftemperatur bei Prüfung nach DIN 51821-2, sofern die Prüfabläufe bestanden werden.

[2] **0**: keine Veränderung, **1**: geringe Veränderung, **2**: mäßige Veränderung, **3**: starke Veränderung

Konsistenzkennzahlen für Schmierfette

Konsistenzkennzahl (GLGI-Klassen nach DIN 51818) [1]			Walkpenetration nach ISO 2137 Einheiten [2]
sehr weich bis weich	000	Getriebefett	445 – 475
	00		400 – 430
	0		355 – 385
	1		310 – 340
salbenartig	2	Wälz-Gleitlagerfette	265 – 295
	3		220 – 250
	4		175 – 205
sehr fest	5	Blockfett	130 – 160
	6		85 – 115

Zusatzkennzahlen für Schmierfette

Zusatzkennzahl	Untere Gebrauchstemperatur
– 10	– 10 °C
– 20	– 20 °C
– 30	– 30 °C
– 40	– 40 °C
– 50	– 50 °C
– 60	– 60 °C

[1] NLGL: **N**ational **L**ubricating **G**rease **I**nstitute

[2] Eindringtiefe in 1/10 mm gemessen, die ein genormter Konus in gewalktes Schmierfett eindringt.

Mindestanforderungen an Hydraulikflüssigkeiten DIN 51524-1

Öltyp [1]	ISO-Viskositätsklasse	Kinematische Viskosität in mm²/s bei – 20 °C	0 °C	40 °C	100 °C	Pourpoint in °C [2]	Flammpunkt in °C
HL10 HLP10	VG10	≤ 600	≤ 90	9 – 11	≥ 2,4	≤ – 30	> 125
HL22 HLP22	VG22	–	≤ 300	19,9 – 24,2	≥ 4,1	≤ – 21	> 165
HL32 HLP32	VG32	–	≤ 420	28,8 – 35,2	≥ 5	≤ – 18	> 175
HL46 HLP46	VG46	–	≤ 780	41,4 – 50,6	≥ 6,1	≤ – 15	> 185
HL68 HLP68	VG68	–	≤ 1400	61,2 – 74,8	≥ 7,8	≤ – 12	> 195
HL100 HPL100	VG100	–	≤ 2560	90 – 110	≥ 9,9	≤ – 22	> 200

[1] Bezeichnung nach DIN 51502

[2] Pourpoint ist die Temperatur, bei der das Hydrauliköl unter dem Einfluss der Schwerkraft gerade noch fließt.

Fertigungstechnik

Fertigungsverfahren

Schmierstoffe DIN 51502

Festschmierstoffe

Kurzzeichen	Schmierstoff	Verwendung
C	Grafit	Gute Schmierwirkung in feuchter Luft, geringe Schmierwirkung in Sauerstoff- oder Stickstoffatmosphäre, keine Schmierwirkung im Vakuum, hohe elektrische und thermische Leitfähigkeit, – 180 °C bis 450 °C
MoS_2	Molybdändisulfit	Für höchste Belastbarkeit geeignet, auch im Vakuum, keine elektrische Leitfähigkeit, nicht geeignet für Kupfer- und Aluminiumwerkstoffe, – 180 °C bis 400 °C
PTFE	Polyetrafluorethylen	Schmierwirkung unabhängig von Gasen und Dämpfen, auch im Ultra-vakuum, – 250 °C bis 260 °C

Eigenschaften von Grafit und Molybdänsulfid

Eigenschaften	Grafit	MoS_2	Eigenschaften, Verwendung
Dichte (g/cm³)	2,4	4,8	Festschmierstoffe weisen Blättchenstruktur auf und haben eine gute Haftung an der Schmierfläche. Sie werden eingesetzt, wenn eine Flüssigkeitsreibung nicht ausreicht, z. B. bei stoßartigen Belastungen, extremen Temperaturen, senkrechten Gleitbahnen.
Reibwert bei Trockenem Stahl auf Stahl	0,1 – 0,2	0,04 – 0,08	
Temperaturgrenzen an Luft (°C)	– 180 bis + 450	– 180 bis + 450	
Zersetzungsprodukt	Co_2-Gas	MoO_3-Teilchen	
Schmierfähigkeit im Vakuum	versagt	gut	
Kosten	niedrig	hoch	

Symbole

Symbol	Bedeutung	Symbol	Bedeutung	Symbol	Bedeutung
	Füllstand kontrollieren, nachfüllen		mit Öl abschmieren		Schmierstoff wechseln
	mit Fett abschmieren		Filter wechseln		Filter reinigen

Entsorgung von Schmierstoffen

Abfall-schlüssel	Art des Abfalls	Herkunft des Abfalls	Entsorgung		
			CPS	HMV	SAV
54112	Getriebeöle	Altöl aus Kompressoren, Motoren, Getrieben	■		■
54202	Fettabfälle	Getriebebau			■
54209	Feste fett- und ölverstärkte Betriebsmittel	Putzlappen, Pinsel, Behälter		■	■
54404	Synthetische Kühl- und Schmierstoffe	Metallbearbeitung	■		■

CPB: Chemisch/physikalische, biologische Behandlungsanlage
HMV: Hausmüllverbrennungsanlage
SAV: Verbrennungsanlage für besondere überwachungsbedürftige Abfälle
■ Entsorgung ist in diesen Anlagen nur bedingt möglich

Fertigungs-technik

Fertigungstechnik

CNC-Werkzeugmaschinen

CNC-Werkzeugmaschinen sind Grundbestandteile *flexibler Fertigungssysteme*, aus denen sich durch Verkettung über den *Stoff- und Informationsfluss* rechnerintegrierte Produktionsanlagen aufbauen lassen.

CNC-Werkzeugmaschinen sind *programmierbare Fertigungseinrichtungen*, die schnell auf wechselnde Bearbeitungsaufgaben umstellbar sind. Die Bearbeitungsfolge wird durch ein Programm (mithilfe einer numerischen Steuerung, der CNC-Steuerung) schrittweise abgearbeitet.

Blockschaltbild einer CNC-Steuerung (vereinfacht)

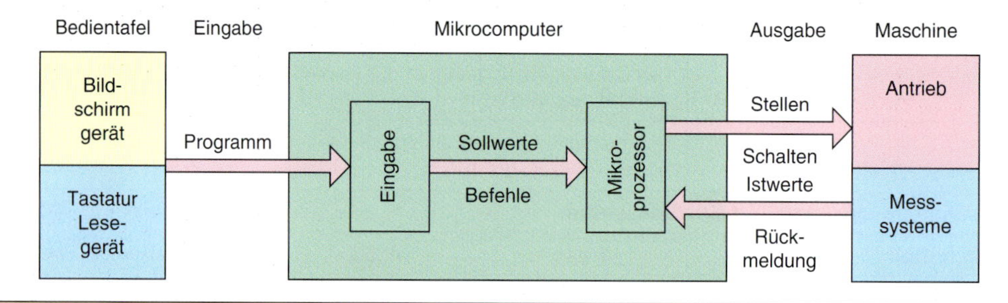

Koordinatenachsen und Bewegungsrichtungen DIN 66217

Kartesisches Koordinatensystem

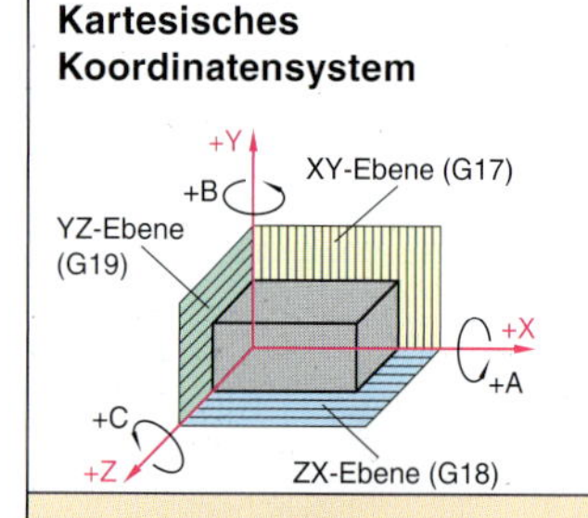

Rechte-Hand-Regel

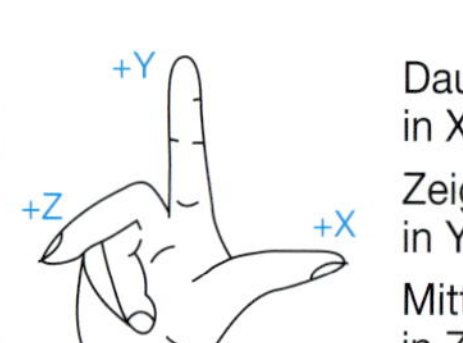

Daumen in X-Richtung
Zeigefinger in Y-Richtung
Mittelfinger in Z-Richtung

Drehwinkel

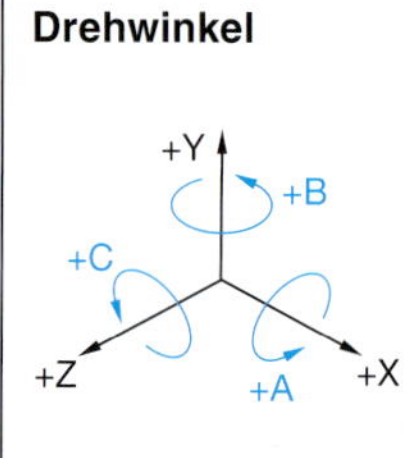

Wenn man bei einer Achse in die positive Richtung blickt, dann ist die Drehrichtung im Uhrzeigersinn die positive Drehrichtung.

Bewegungsrichtungen

Drehmaschinen		Fräsmaschinen	
Meißel vor Drehmitte	Meißel hinter Drehmitte	Senkrecht-Fräsmaschine	Waagerecht-Fräsmaschine
+C, +Z, +X	+C, +X, +Z	+Z, +Y, +X	+Z, +Y, +X

Bezugspunkte

Zeichen	Bezugspunkt	Beschreibung	Beispiele
M	Maschinen-nullpunkt	Ursprung des Maschinenkoordinaten-systems, Schnittpunkt der Arbeits-spindelachse mit dem Werkstück-träger; vom Hersteller festgelegt.	*Bezugspunkte an einer Drehmaschine* (R, M, A, W)

Fertigungstechnik

CNC-Werkzeugmaschinen

Bezugspunkte

Zeichen	Bezugspunkt	Beschreibung	Beispiele
W	Werkstück-nullpunkt	Ursprung der Werkstückkoordinaten; vom Programmierer nach fertigungstechnischen Gesichtspunkten festgelegt.	*Werkzeugeinstellpunkt am Drehmeißel* (Querablage Q, T, Z, Werkzeughalter, Schneidenträger, Schneidplatte, P0, Länge L, X)
R	Referenz-punkt	Ursprung des inkremental messenden CNC-Systems mit exaktem Abstand zum Maschinennullpunkt. Der Referenzpunkt wird zum Nullsetzen des Messsystems angefahren.	
P0	Programm-nullpunkt	Gibt die Koordinaten des Punktes an, an dem sich das Werkzeug vor Beginn des Programmstarts befindet.	
T	Werkzeugträger-Bezugspunkt	Liegt mittig an der Anschlagfläche der Werkzeugaufnahme. Fräsmaschinen: Stirnfläche Werkzeugspindel, Drehmaschinen: Anschlagfläche des Werkzeughalters am Revolver.	*Bezugspunkte an einer Fräsmaschine* (E, R, P0, W, M)
A	Anschlagpunkt	Anlagepunkt des Drehwerkstückes	
Ww	Werkzeug-Wechselpunkt		
E	Werkzeug-Einstellpunkt		**Hinweis:** *Zur Vereinfachung der Programmierung wird angenommen, dass sich nur das Werkzeug bewegt. Das Werkstück steht still.*
N	Werkzeug-Aufnahmepunkt		
F	Schlitten-Bezugspunkt		
P	Werkzeug-Schneidenpunkt		

Aufbau von CNC-Programmen DIN 66025-1

Satzbau, Reihenfolge der Wörter

Ein *Programm* besteht aus mehreren Sätzen, ein *Satz* aus mehreren Wörtern, ein *Wort* aus einem Adressbuchstaben und einer Ziffernfolge.

Beispiel: **Hauptsatz N20**

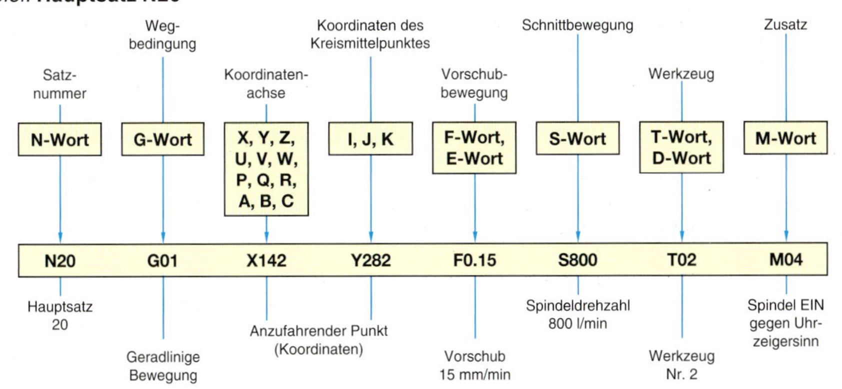

Aufbau von CNC-Programmen

Adressbuchstaben, Sonderzeichen

DIN 66025-1

Buchstabe, Zeichen	Bedeutung	Buchstabe, Zeichen	Bedeutung
A	Drehbewegung um X-Achse	R	Bewegung im Eilgang in Richtung der Z-Achse oder dritte Bewegung parallel zur Z-Achse [1) 2)]
B	Drehbewegung um Y-Achse	S	Spindeldrehzahl
C	Drehbewegung um Z-Achse	T	Werkzeug
D	Werkzeugkorrekturspeicher [1)]	U	zweite Bewegung parallel zur X-Achse [1)]
E	zweiter Vorschub [1)]	V	zweite Bewegung parallel zur Y-Achse [1)]
F	Vorschub	W	zweite Bewegung parallel zur Z-Achse [1)]
G	Wegbedingung	X	Bewegung in Richtung der X-Achse
H	frei verfügbar	Y	Bewegung in Richtung der Y-Achse
I	Interpolationsparameter oder Gewindesteigung parallel zur X-Achse	Z	Bewegung in Richtung der Z-Achse
J	Interpolationsparameter oder Gewindesteigung parallel zur Y-Achse	%	Programmanfang, unbedingter Sprung beim Programmrücksetzen
K	Interpolationsparameter oder Gewindesteigung parallel zur Z-Achse	( )	Beginn und Ende einer Anmerkung
L	frei verfügbar	+	plus
M	Zusatzfunktion	–	minus
N	Satznummer	,	Komma
O	frei verfügbar	.	Dezimalpunkt
P	dritte Bewegung parallel zur X-Achse [1) 2)]	/	Satzunterdrückung
Q	dritte Bewegung parallel zur Y-Achse [1) 2)]	:	Hauptsatz

[1)] Die Belegung dieser Adressbuchstaben kann geändert werden. Die Bedeutungen und ggf. die geänderte Reihenfolge sind anzugeben (steuerungsabhängig).

[2)] Diese Adressbuchstaben können für spezielle Berechnungen verwendet werden, z. B.: R für Radius bei der Programmierung mit konstanter Schnittgeschwindigkeit.

Programmaufbau

% ... Hauptprogramm
L ... Unterprogramm
M17 Unterprogramm-Ende

Beispiel Unterprogrammaufruf

L 52 03

- 03 — Zahl der Durchläufe: 3
- 52 — Unterprogrammnummer: 52
- L — Unterprogrammaufruf

Die Nummer des Unterprogramms und die Anzahl der Durchläufe des Unterprogramms muss zweidekadig angegeben werden.

Fertigungstechnik

Aufbau von CNC-Programmen DIN 66025-1

Wegbedingungen, Adressbuchstabe G DIN 66025-2

G-Wort	Bedeutung	Wirksamkeit gespeichert [1]	Wirksamkeit satzweise [2]
G00	Anfahren eines programmierten Punktes im Eilgang	■	
G01	Geraden-Interpolation im programmierten Vorschub	■	
G02	Kreis-Interpolation im Uhrzeigersinn	■	
G03	Kreis-Interpolation im Gegenuhrzeigersinn	■	
G04	Verweilzeit, zeitlich vorbestimmte Programmunterbrechung, automatische Programmfortsetzung		■
G06	Parabel-Interpolation	■	
G08, G09	Gesteuerte Zunahme bzw. Abnahme der Vorschubgeschwindigkeiten bei der Annäherung an einen Zielpunkt [3]		■
G17	Ebenenauswahl: X-Y-Ebene	■	
G18	Ebenenauswahl: X-Z-Ebene	■	
G19	Ebenenauswahl: Y-Z-Ebene	■	
G33	Gewindeschneiden: gleichbleibende Steigung	■	
G34	Gewindeschneiden: konstant zunehmende Steigung	■	
G35	Gewindeschneiden: konstant abnehmende Steigung	■	
G40	Werkzeugkorrektur: Aufheben Befehle G41 bis G44	■	
G41	Werkzeugbahnkorrektur: links	■	
G42	Werkzeugbahnkorrektur: rechts	■	
G43	Werkzeugbahnkorrektur: positiv [3]	■	
G44	Werkzeugbahnkorrektur: negativ [3]	■	
G53	Aufhebung der Bahnpunktverschiebung [3]	■	
G54–G59	Bezugspunktverschiebung 1 bis 6, Berücksichtigung von Spindelversatz [3] [4]	■	
G63	Gewindebohren, Position mit Stillstand der Arbeitsspindel [3]		■
G70, G71	Maßangaben: G70 in inch, G71 in mm [3]	■	
G74	Referenzpunkt gemäß der programmierten Adressbuchstaben anfahren [3]		■
G80	Aufhebung des Arbeitsszyklus	■	
G81–G89	Arbeitszyklen 1 bis 9	■	
G90, G91	Maßangaben: G90 absolut, G91 inkremental	■	
G92	Speicher setzen oder ändern, keine Bewegung in den Achsen		■
G93	Vorschubverschlüsselung (zeitreziprok)	■	
G94	Vorschubgeschwindigkeit in mm/min oder inch/min, abhängig von G70 bzw. G71	■	
G95	Vorschub in mm/Umdreh. oder inch/Umdreh., abhängig von G70 bzw. G71	■	
G96	Konstante Schnittgeschwindigkeit in m/min	■	
G97	Konstante Spindeldrehzahl in 1/min, Aufhebung von G96	■	

[1] Wegbedingung bleibt wirksam, bis sie durch eine geänderte Bedingung aufgehoben bzw. ersetzt wird.
[2] Wegbedingung nur innerhalb eines programmierten Satzes wirksam.
[3] Sind diese Funktion nicht in der Steuerung vorhanden, so sind sie vorläufig frei programmierbar.
[4] Diesen Funktionen wurden früher Verschiebungen in bestimmten Achsrichtungen zugeordnet (herstellerabhängig).

Nicht aufgelistete G-Wörter sind vorläufig frei verfügbar. Die G-Wörter G36–G39 sind ständig frei verfügbar.

Fertigungstechnik

Aufbau von CNC-Programmen — DIN 66025-1

Zusatzfunktionen, Adressbuchstabe M — DIN 66025-2

M-Wort	Bedeutung	Wirksamkeit				M-Wort	Bedeutung	Wirksamkeit			
		sofort[1]	später[2]	gespeichert[3]	satzweise[4]			sofort[1]	später[2]	gespeichert[3]	satzweise[4]
Klasse 0: Universelle Zusatzfunktionen (in allen Klassen gültig)											
M00	programmierter Halt		■		■	M11	Lösen	5)	5)	■	
M01	wahlweiser Halt		■		■	M30	Programmende mit Rücksetzen		■		■
M02	Programmende		■		■	M48	Überlagerungen wirksam		■	■	
M06	Werkzeugwechsel	5)	5)		■	M49	Überlagerungen unwirksam	■		■	
M10	Klemmen	5)	5)	■		M60	Werkstückwechsel		■		■
Klasse 1: Fräsmaschinen, Bohrmaschinen, Lehrenbohrwerke, Bearbeitungszentren											
M03	Spindel im Uhrzeigersinn	■		■		M34	Spanndruck normal	■		■	
M04	Spindel im Gegenuhrzeigersinn	■		■		M35	Spanndruck reduziert	■		■	
M05	Spindel Halt		■	■		M40	automatische Getriebeschaltung	■		■	
M07	Kühl(schmier)mittel Nr. 2 EIN	■		■		M41 bis M45	Getriebestufe 1 bis 5	■		■	
M08	Kühl(schmier)mittel Nr. 1 EIN	■		■		M50	Kühl(schmier)mittel Nr. 3 EIN	■		■	
M09	Kühl(schmier)mittel AUS		■	■		M51	Kühl(schmier)mittel Nr. 4 EIN	■		■	
M19	Spindel Halt mit definierter Endstellung		■	■		M71 bis M78	Indexpositionen des Drehtisches	■		■	
Klasse 2: Spitzen-, Futter-Drehmaschinen, Senkrecht-Drehmaschinen, Dreh-Bearbeitungszentren											
M03	Spindel im Uhrzeigersinn	■		■		M41 bis M45	Getriebsstufe 1 bis 5	■		■	
M04	Spindel im Gegenuhrzeigersinn	■		■		M50	Kühl(schmier)mittel Nr. 3 EIN	■		■	
M05	Spindel Halt		■	■		M51	Kühl(schmier)mittel Nr. 4 EIN	■		■	
M07	Kühl(schmier)mittel Nr. 2 EIN	■		■		M54 M55	Reitstock-Pinole zurück, vor	■		■	
M08	Kühl(schmier)mittel Nr. 1 EIN	■		■		M56 M57	Reitstock Mitschleppen Aus, Ein	■		■	
M09	Kühl(schmier)mittel AUS		■	■		M58 M59	konstante Spindeldrehzahl Aus, Ein	■		■	
M19	Spindel Halt mit def. Endstellung		■	■		M80 M81	Lünette 1 öffnen, schließen	■		■	
M34	Spanndruck normal	■		■		M82 M83	Lünette 2 öffnen, schließen	■		■	
M35	Spanndruck reduziert	■		■		M84 M85	Lünette Mitschleppen Aus, Ein	■		■	
M40	automatische Getriebeschaltung	■		■							

Fertigungstechnik

Fertigungstechnik

Aufbau von CNC-Programmen — DIN 66025-1

Zusatzfunktionen, Adressbuchstabe M — DIN 66025-2

Klasse 4: Maschinen zum Brenn-, Plasma-, Laser-, Wasserstrahlschneiden, Drahterodiermaschinen

M-Wort	Bedeutung	Wirksamkeit				M-Wort	Bedeutung	Wirksamkeit			
		sofort[1]	später[2]	gespeichert[3]	satzweise[4]			sofort[1]	später[2]	gespeichert[3]	satzweise[4]
M03	Schneiden Aus		■	■		M26	Mittelbrenner Aus		■	■	
M04	Schneiden Ein	■		■		M27	Mittelbrenner Ein	■		■	
M14	Höhenregelung Aus		■	■		M28	automatische Tangentialsteuerung für Schrägbrenner	■		■	
M15	Höhenregelung Ein	■		■		M29	programmierbare Winkelstellung für Schrägbrenner	■		■	
M16	Schneidkopf zurück		■	■		M33	Zeitglied Eckenverzögerung	■			
M17	Powder Marker Swirl Off		■	■		M63	Hilfsgas Luft	■		■	
M18	Signaleinrichtung Aus		■	■		M64	Hilfsgas Sauerstoff	■		■	
M19	Signaleinrichtung Ein	■		■		M80	Aufheben M81, M82, M83	■			
M20	Plasmabrenner Aus		■	■		M90	Vorheizen Links Aus		■	■	
M21	Plasmabrenner Ein	■		■		M91	Vorheizen Links Ein	■		■	
M22	linker Schrägbrenner Aus		■	■		M92	Vorheizen Mitte Aus		■	■	
M23	linker Schrägbrenner Ein	■		■		M93	Vorheizen Mitte Ein	■		■	
M24	rechter Schrägbrenner Aus		■	■		M94	Vorheizen Rechts Aus		■	■	
M25	rechter Schrägbrenner Ein	■		■		M95	Vorheizen Rechts Ein	■		■	

Klasse 6: Masch. mit Mehrfachschlitten, mehreren Spindeln und zugeord. Handhabungsausrüstung

M-Wort	Bedeutung	sofort[1]	später[2]	gespeichert[3]	satzweise[4]	M-Wort	Bedeutung	sofort[1]	später[2]	gespeichert[3]	satzweise[4]
M12	Synchronisation		■	5)	5)	M88	Status-Anzeige „Ruhestellung“		■		■
M70	unbedingter Start aller Systeme	■			■	M89	Status-Anzeige „Ruhestellung“ für alle Systeme		■		■
M71 bis M79	unbedingter Start von System 1 bis 9	■			■	M90	Bed. Start, Abfrage aller Systeme		■		■
M87	Status-Anzeige „Bearbeitung“	■			■	M91 bis M99	Bed. Start, Abfrage von System 1 bis 9		■		■

[1] Zusatzfunktion wird zusammen mit anderen Satzangaben wirksam.
[2] Zusatzfunktion wird nach der Ausführung der anderen Angaben des Satzes wirksam.
[3] Zusatzfunktion bleibt wirksam, bis sie durch eine geänderte Bedingung aufgehoben bzw. ersetzt wird.
[4] Zusatzfunktion ist nur innerhalb eines programmierten Satzes wirksam.
[5] Zusatzfunktion ohne feste Zuordnung.

Fertigungstechnik

Aufbau von CNC-Programmen — DIN 66025-1

Befehlscodierung nach DIN

Kreisförmige Arbeitsbewegungen

Drehen	Fräsen

Kreisbewegung im Uhrzeigersinn – G02 (allgemein)

Drehen: G02 X... Z... I... K...

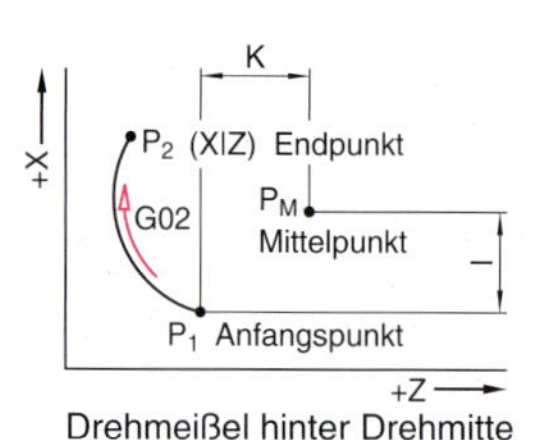

Drehmeißel hinter Drehmitte

Drehmeißel vor Drehmitte

Fräsen: G02 X... Y... I... J...

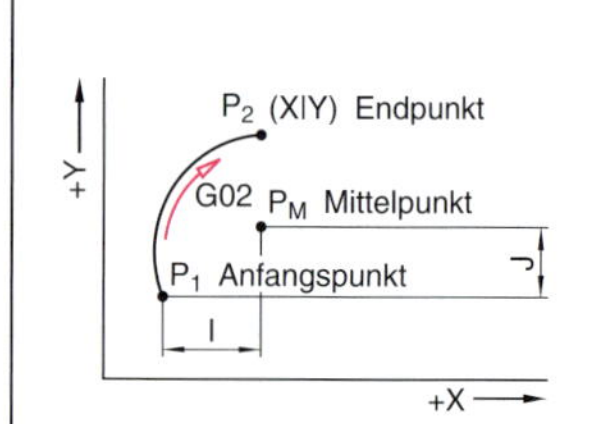

Kreisbewegung im Gegenuhrzeigersinn – G03 (allgemein)

Drehen: G03 X... Z... I... K...

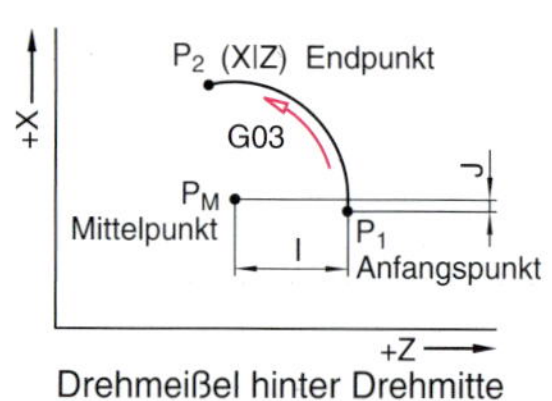

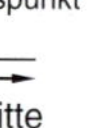
Drehmeißel hinter Drehmitte

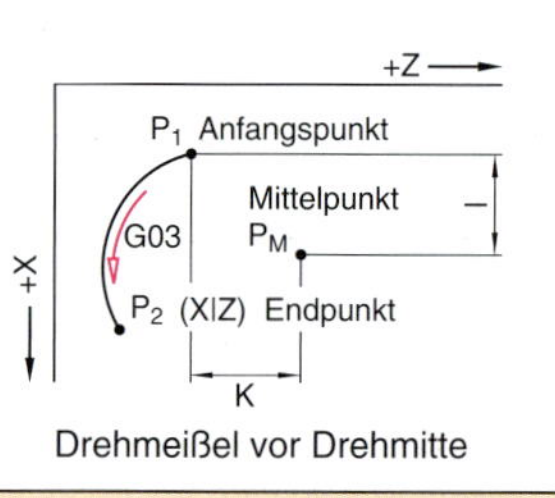

Drehmeißel vor Drehmitte

Fräsen: G03 X... Y... I... J...

Werkzeugbahnkorrekturen

Drehen (Schneidenradiuskompensation, SRK), Drehmeißel hinter Spindelachse

Werkzeugbahnkorrektur	links (**G41**), G40 hebt Korrektur auf.	rechts (**G42**), G40 hebt Korrektur auf.
Drehmeißel hinter Spindelachse		
Drehmeißel vor Spindelachse		

T... X... Y... B... A...

Drehmeißel hinter der Drehmitte

Drehmeißel vor der Drehmitte

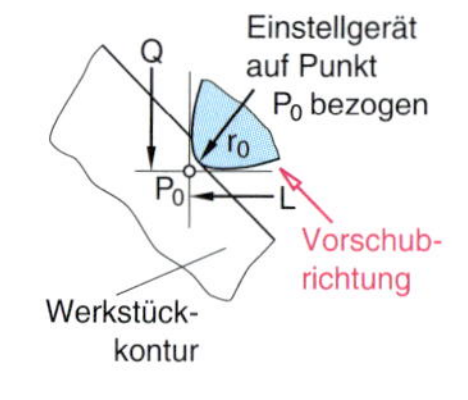

Q Längenkorrektur X-Achse
L Längenkorrektur Z-Achse
r_0 Schneidenradius

Zusätzlich muss die Lage der theoretischen Schneidenspitze P_0 zum Schneidenradiusmittelpunkt S durch eine spezifische Kennzeichnung für den Arbeitsquadranten in den Werkzeugkorrekturspeicher eingegeben werden.

T Werkzeugkorrekturspeicher
X, Y Werkzeuggeometrie
B Schneidenradius
A Arbeitsquadrant

Fertigungstechnik

Aufbau von CNC-Programmen DIN 66025-1

Befehlscodierung nach DIN

Werkzeugbahnkorrekturen

Fräsen (Fräserradiuskorrektur, FRK)

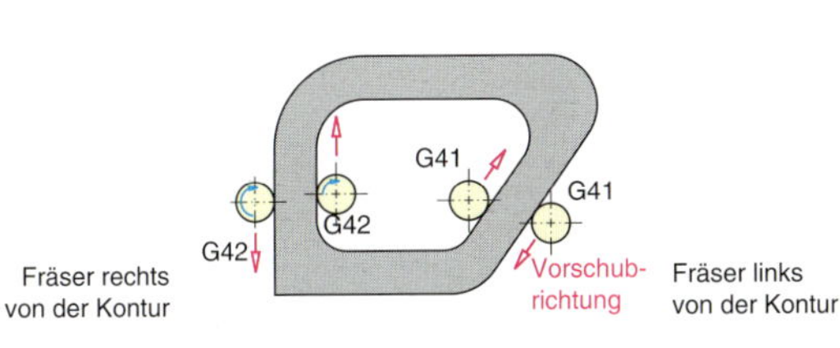

G41 korrigiert das Werkzeug in Vorschubrichtung links von der Kontur,

G42 rechts von der Kontur,
G40 hebt die Korrekturen auf.

Bei Fräsern mit der Schnittrichtung rechts führt **G42** immer zu **Gegenlauffräsen** und **G41** zu **Gleichlauffräsen**.

Befehlscodierung von PAL-CNC-Drehmaschinen

Wegbedingungen, Adressbuchstabe G

Identisch mit DIN 66025-2:
G00 G01 G02 G03 G04 G09 G33 G40 G41 G42 G53 G54 G59 G90 G91 G94 G95 G96 G97
Nur bei PAL: G92 Begrenzung der Drehzahl

Programmierung von PAL-CNC-Drehmaschinen

G00 **Verfahren im Eilgang**

G01 **Linearinterpolation im Arbeitsgang** (Auswahl)

X / Z	Koordinateneingabe (gesteuert durch G00/G91)
XA / ZA	Absolutmaße
XI / ZI	Inkrementalmaße
RN+	Verrundungsradius zum nächsten Konturelement
RN–	Fasenbreite zum nächsten Konturelement
D	Länge der Verfahrstrecke
AS	Anstiegswinkel der Verfahrstrecke
E	Feinkonturvorschub auf Übergangselementen

G01 AS150 X60 oder G01 AS150 D40, 415

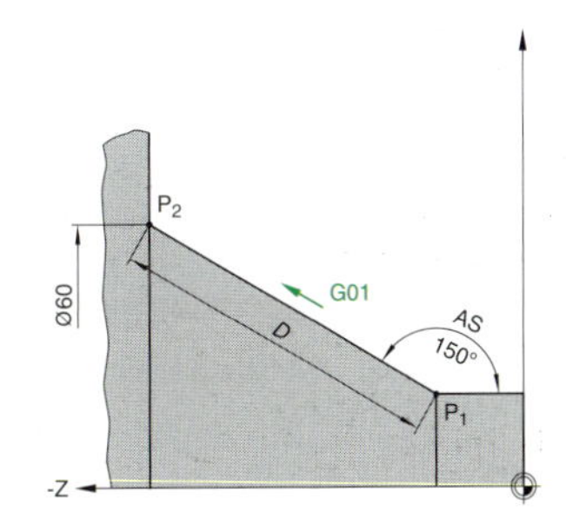

G01 AS150 Z-45 RN+15

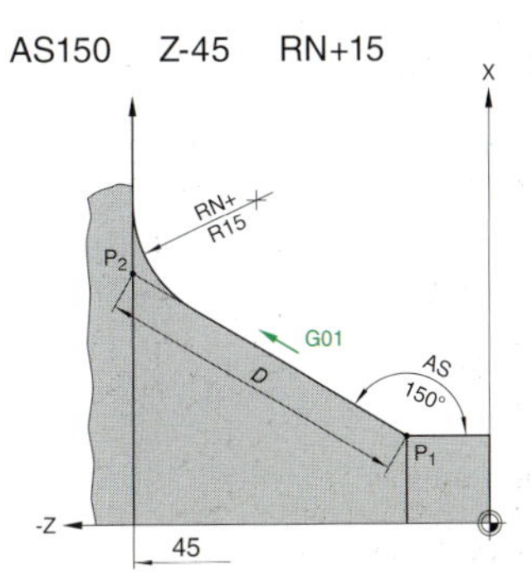

Fertigungstechnik

Befehlscodierung von PAL-CNC-Drehmaschinen

Programmierung von PAL-CNC-Drehmaschinen

G01

Linearinterpolation im Arbeitsgang (Auswahl)

G01 AS150 Z-45 RN-15

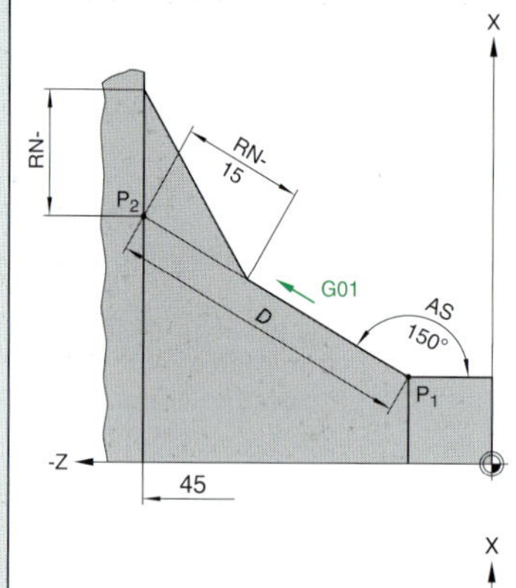

G01 XI20 ZI-35 ;P2

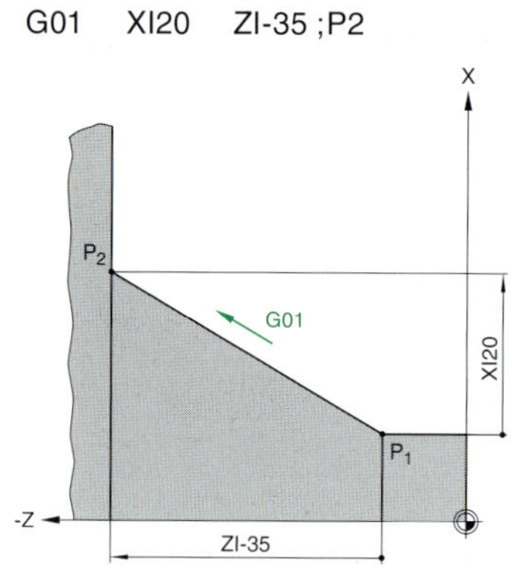

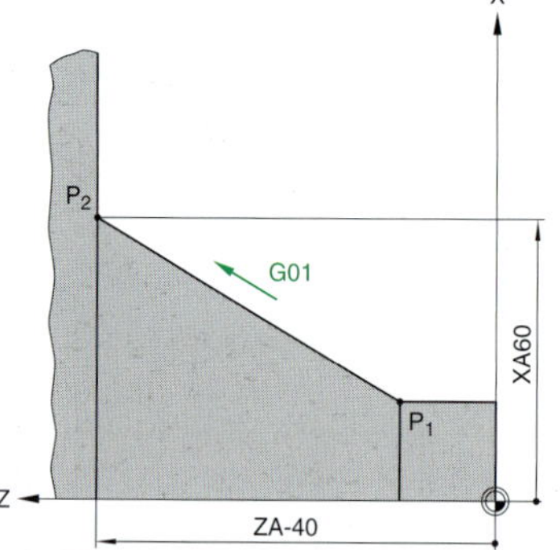

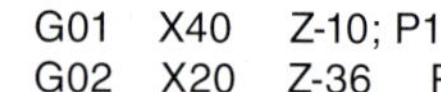
G01 XA60 ZA-40;P2

G02

Kreisinterpolation im Uhrzeigersinn (Auswahl)

X / Z	Koordinateneingabe (gesteuert durch G90/G91)
XA / ZA	Absolutmaße
XI / ZI	Inkrementalmaße
I / IA	X-Mittelpunktkoordinate (inkremetell / absolut)
K / KA	Z-Mittelpunktkoordinate (inkremetell / absolut)
R	Radius
AO	Öffnungswinkel
RN+	Verrundungsradius zum nächsten Konturelement
RN–	Fasenbreite zum nächsten Konturelement
E	Feinkonturvorschub auf Übergangselementen
O	Bogenkriterium (O1: kurzer Kreisbogen, O2: längerer Kreisbogen)

G01 X40 Z-10; P1
G02 X20 Z-36 R+15; P2
oder
G02 X20 Z-36 R15O1; P2

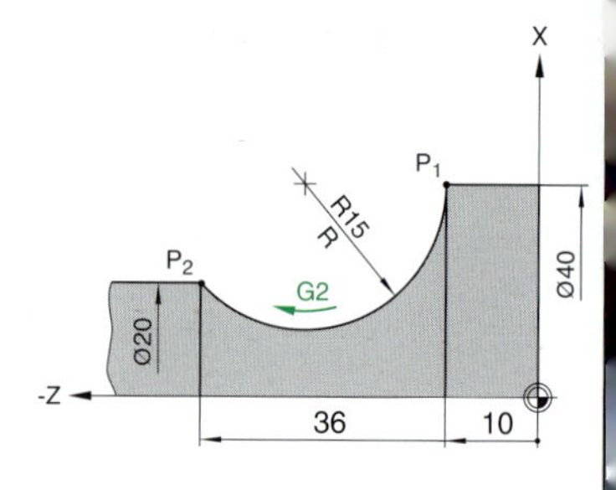

Fertigungstechnik

Befehlscodierung von PAL-CNC-Drehmaschinen

Programmierung von PAL-CNC-Drehmaschinen

G02 **Kreisinterpolation im Uhrzeigersinn** (Auswahl)

G02 X20 Z-36 R15 RN+5

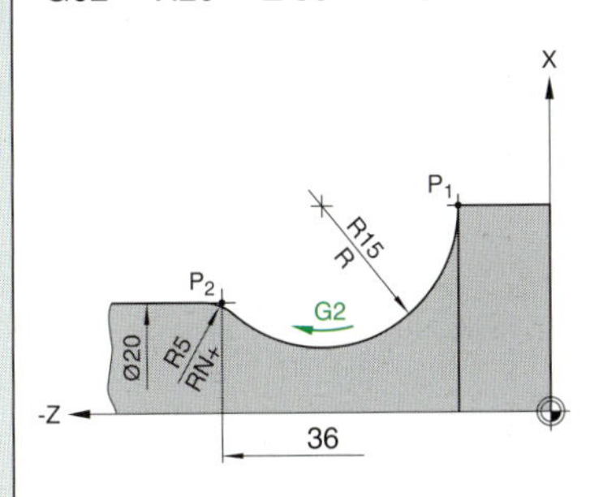

G02 X30 Z-39,142 R15 RN-5

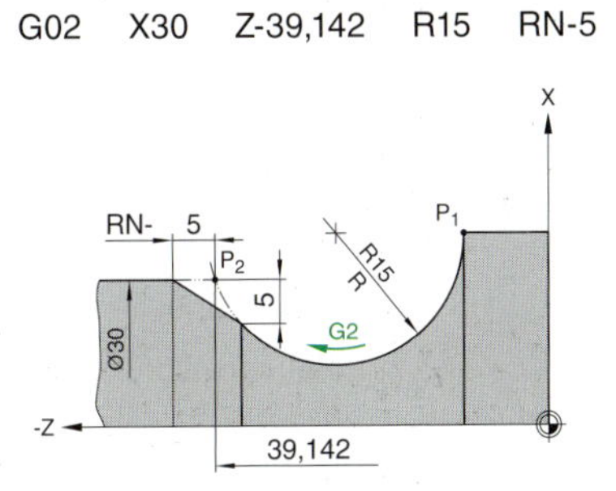

G03 **Kreisinterpolation entgegen dem Uhrzeigersinn** (Auswahl)

X / Z	Koordinateneingabe (gesteuert durch G90/G91)
XA / ZA	Absolutmaße
XI / ZI	Inkrementalmaße
I / IA	X-Mittelpunktkoordinate (inkremetell / absolut)
K / KA	Z-Mittelpunktkoordinate (inkremetell / absolut)
R	Radius
AO	Öffnungswinkel
RN+	Verrundungsradius zum nächsten Konturelement
RN–	Fasenbreite zum nächsten Konturelement
E	Feinkonturvorschub auf Übergangselementen
O	Bogenkriterium (O1: kurzer Kreisbogen, O2: längerer Kreisbogen)

G01 X+40 Z-10; P1

G03 X20 Z-36 R+15; P2

oder

G03 X20 Z-36 R15 O1; P2

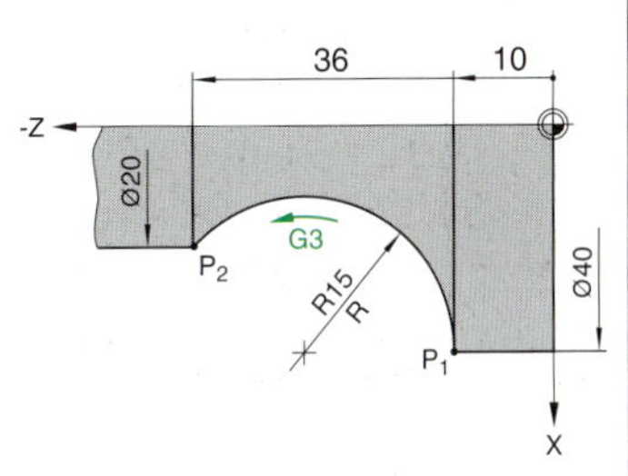

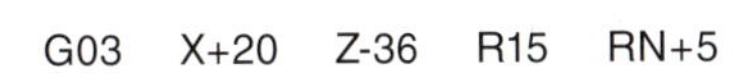

G03 X+20 Z-36 R15 RN+5

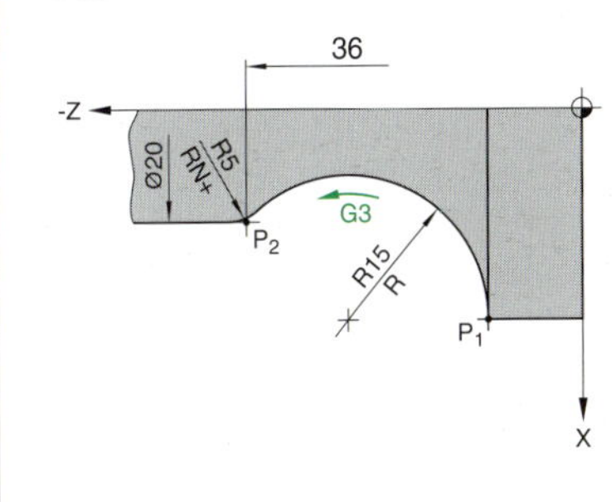

G03 X+30 Z-39,142 R15 RN-5

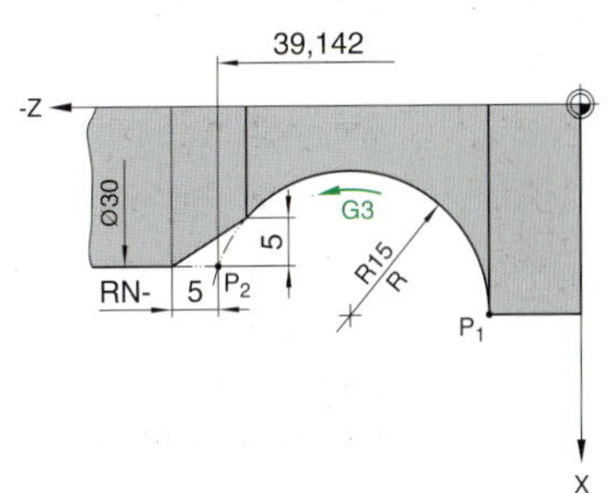

Fertigungs-
technik

Fertigungstechnik

Befehlscodierung von PAL-CNC-Drehmaschinen

Programmierung von PAL-CNC-Drehmaschinen

G14 — **Werkzeugwechselpunkt (WWP) anfahren**

H0	Schräg (diagonal) wegfahren
H1	Erst X-Achse, dann Z-Achse wegfahren
H2	Erst Z-Achse, dann X-Achse wegfahren

G17 — **Stirnseitenbearbeitungsebene**

HS	Hauptspindelbearbeitung
GSU	Gegenspindelbearbeitung mit Drehung des XYZ-Koordinatensystems um 180° um die X-Achse
H2	Erst Z-Achse, dann X-Achse wegfahren

G18 — **Drehebenenanwahl**

HS	Hauptspindelbearbeitung
GS	Gegenspindelbearbeitung
GSU	Gegenspindelbearbeitung mit Drehung des XYZ-Koordinatensystems um 180° um die X-Ache

G19 — **Mantelflächen-/Sehnenflächenbearbeitungsebene**

B	Neigungswinkel der Sehnenfläche, bezogen auf die positive Z-Achse
C	Ohne Adresswert, kennzeichnet das direkte Programmieren der C-Achse
C	Mit Adresswert, legt den C-Achswert fest, auf dem diese Achse festgehalten wird
X	Der Adressewert gibt den Durchmesser an, für den die abgewickelte Mantelfläche erzeugt wird
Y	Ohne Adresswert, kennzeichnet das Vorhandensein einer Y-Achse

G22 — **Unterprogrammaufruf**

L	Nummer des Unterprogramms
H	Anzahl der Wiederholungen H1 voreingestellt

N20 G22 L10 H1

G23 — **Programmteilwiederholung**

N	Startsatznummer
N	Endsatznummer
H	Anzahl der Wiederholungen

```
N20 G91
N21 G1 ...
N22 G1 ...
N23 G1 ...
N24 G90 ...
N25 G23 N20 N24 H2
```

G30 — **Umspannen**

Q1	Umspannen des Werkstückes auf der Hauptspindel
DE	Einspannposition der Spannmittelvorderkante zum aktuellen ungedrehten Werkstückkoordinatensystem der Hauptspindel

Fertigungstechnik

Befehlscodierung von PAL-CNC-Drehmaschinen

Programmierung vonn PAL-CNC-Drehmaschinen

G31	**Gewindezyklus** XA / ZA Gewindeendpunkt, Absolutmaß XI / ZI Gewindeendpunkt, Inkremetalmaß ZS Gewindestartpunkt absolut in Z XS Gewindestartpunkt absolut in X D Gewindetiefe F Steigung in Richtung Z-Achse Q Anzahl der Schnitte O Anzahl der Leerdurchläufe H 14 Zustellart und Restschnittauswahl: Versatz R/L wechselweise G0 G1 D XI X XA XS Z ZA ZS ZI
G45	**Lineares tangentiales Anfahren an einer Kontur**
G46	**Lineares tangentiales Abfahren von einer Kontur**
G47	**Tangentiales Anfahren an eine Kontur im Viertelkreis**
G48	**Tangentiales Abfahren von einer Kontur im Viertelkreis**
G50	**Aufheben von inkrementellen Nullpunktverschiebungen und Drehungen**
G53	**Alle Nullpunktverschiebungen und Drehungen aufheben**
G54 bis G57	**Einstellbare absolute Nullpunkte**
G59	**Inkrementelle Nullpunktverschiebung kartesisch und Drehung**
G76	**Mehrfachzyklusaufruf auf einer Geraden (Lochreihe)** AS Winkel der Zyklusaufrufpunktrichtung AR Drehwinkel D Abstand der Zyklusaufrufpunkte O Anzahl der Zyklusaufrufpunkte X / XA / XI X-Koordinate des Punktes (absolut / inkr.) Y / YA / YI Y-Koordinate des Punktes (absolut / inkr.) Z / ZA / ZI Materialoberfläche in der Zustellachse Y YA YI AR D D 03 02 01 AS YA YI XI XA XI XA X
G79	**Zyklusaufruf an einem Punkt** AR Drehwinkel X / Y / Z Koordinateneingabe (gesteuert G90/G91) XA / YA / ZA Absolutmaße XI / YI / ZI Inkrementalmaße zur aktuellen Werkzeugposition

Fertigungstechnik

Befehlscodierung von PAL-CNC-Drehmaschinen

Programmierung von PAL-CNC-Drehmaschinen

G77 – **Mehrfachzyklusaufruf auf einem Lochkreis** (nur gültig bei angewählter G17-Ebene)

R	Radius des Lochkreises
AN	Polarer Winkel der ersten Zyklusaufrufposition
AI	Inkrementalwinkel
O	Anzahl der Objekte
I / IA	X-Mittelpunktkoordinate
J / JA	Y-Mittelpunktkoordinate
Z	Koordinateneingabe (gesteuert durch G90/G91)
ZA	Absolutmaß
ZI	Inkrementalmaß zur aktuellen Werkzeugposition

G81 – **Längsschruppzyklus**

D	Zustellung
AX	Aufmaß in X-Richtung
AZ	Aufmaß in Z-Richtung
H1	Nur Schruppen, unter 45° abheben
H2	Stufenweise auswinkeln entlang der Kontur
H3	Wie H1, mit zusätzlichem Konturschnitt am Ende
H24	Schruppen mit H2 und anschließendem Schlichten
H4	Kontur schlichten

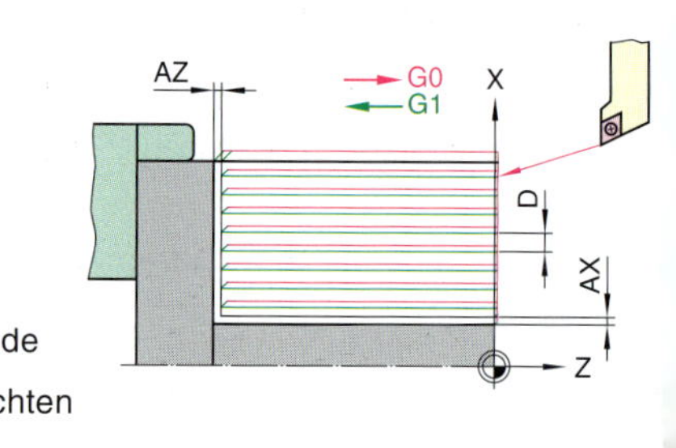

G82 – **Planschruppzyklus**

D	Zustellung
AX	Aufmaß in X-Richtung
AZ	Aufmaß in Z-Richtung
H1	Nur Schruppen, unter 45° abheben
H2	Stufenweise auswinkeln entlang der Kontur
H3	Wie H1, mit zusätzlichem Konturschnitt am Ende
H24	Schruppen mit H2 und anschließendem Schlichten
H4	Kontur schlichten

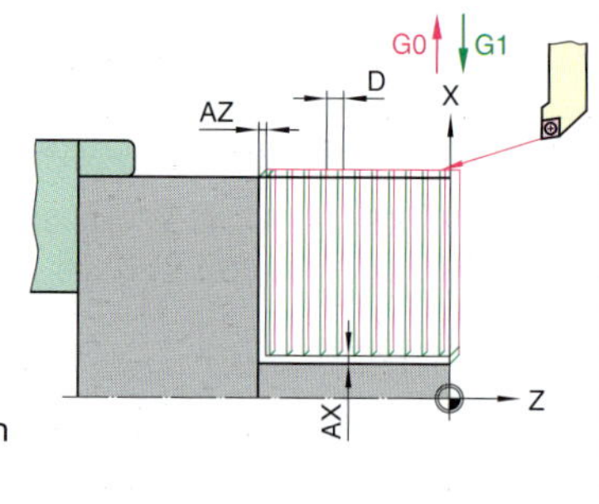

Fertigungstechnik

Befehlscodierung von PAL-CNC-Drehmaschinen

Programmierung von PAL-CNC-Drehmaschinen

G84 Bohrzyklus (Drehmitte)

ZA	Tiefe der Bohrung (absolut)
ZI	Tiefe der Bohrung (inkremental)
DA	Anbohrtiefe
D	Zustelltiefe
DR	Reduzierwert der Zustelltiefe
DM	Mindestzustellung ohne Vorzeichen
U	Verweilzeit am Bohrgrund
V	Sicherheitsabstand
VB	Sicherheitsabstand vor Bohrgrund
R	Rückzugsabstand

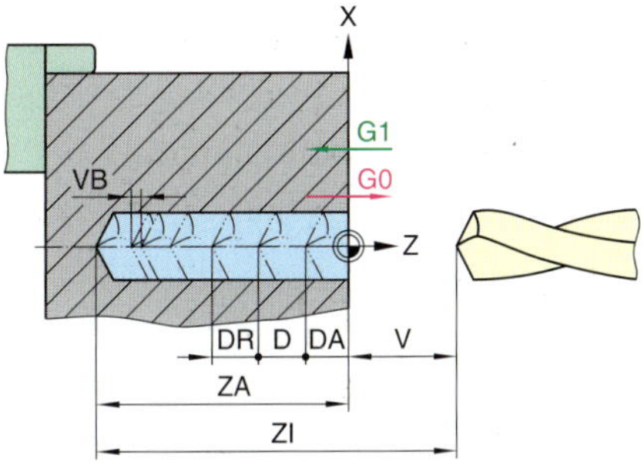

G85 Freistichzyklus

XA / ZA	Freistichposition (Absolutmaß)
XI / ZI	Freistichposition (Inkrementalmaß)
I	Freistichtiefe für DIN 76
K	Freistichbreite für DIN 76
H1	DIN 76
H2	DIN 509 E
H3	DIN 509 F
SX	Bearbeitungszugabe (Schleifaufmaß)
E	Eintauchvorschub
RN	Eckradius, wenn abweichend von DIN

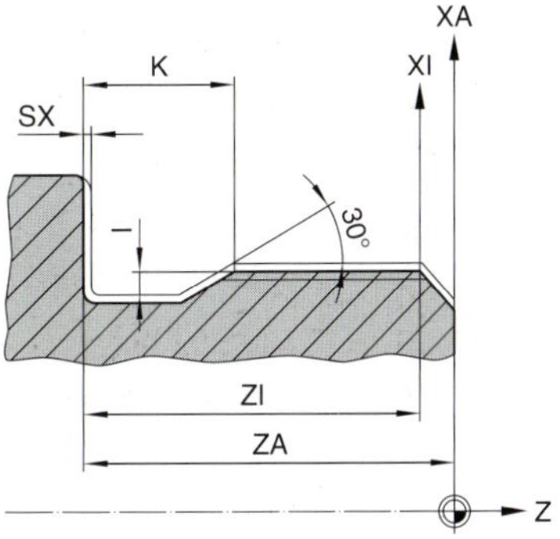

G86 Radialer Stechzyklus

XA / ZA	Einstichsetzposition (Absolutmaß)
XI / ZI	Einstichsetzposition (Inkrementalmaß)
ET	Durchmesser (Absolutmaß)
EB	Breite des Einstichs EB positiv: Einstich in Richtung Z+ v. d. Einstichpos. EB negativ: Einstich in Richtung Z– v. d. Einstichpos.
D	Zustelltiefe
RO	Verrundung (+) oder Fase (-) der oberen Ecke
RU	Verrundung (+) oder Fase (-) der unteren Ecke
AK	Konturparalleles Aufmaß auf der Kontur
V	Sicherheitsabstand über Einstichöffnung (Überfahrung im Vorschub)
H14	Schruppen und anschließendes Schlichten
EP	Setzpunktfestlegung EP1: bei Einstichöffnung, EP2: am Einstichgrund
AE	Flankenwinkel des Einstichs am Endpunkt
AS	Flankenwinkel des Einstichs am Startpunkt

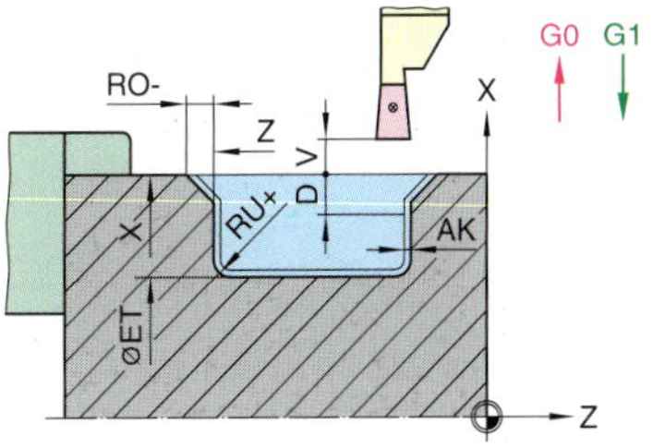

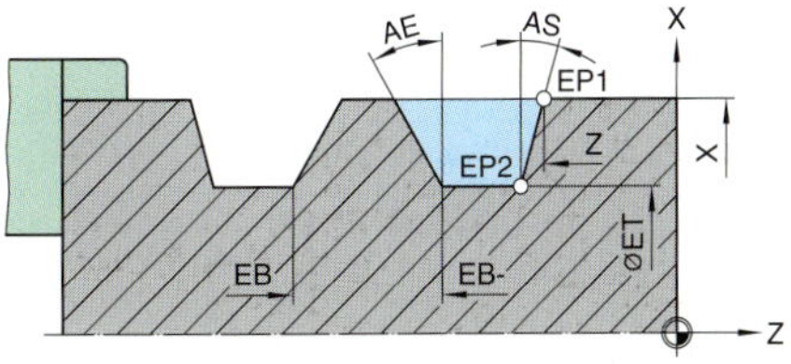

Fertigungstechnik

Befehlscodierung von PAL-CNC-Drehmaschinen

Programmierung von PAL-CNC-Drehmaschinen

G88 **Axialer Stechzyklus**

XA / ZA	Einstechsetzposition (Absolutmaß)
XI / ZI	Einstechsetzposition (Inkrementalmaß)
ET	Stechgrund oder Einstichöffnung in Z-Achse
EB	Breite des Einstichs EB positiv: Einstich in Richtung X+ v. d. Einstichpos. EB negativ: Einstich in Richtung X– v. d. Einstichpos.
D	Zustelltiefe
RO	Verrundung (+) oder Fase (-) der oberen Ecke
RU	Verrundung (+) oder Fase (-) der unteren Ecke
AK	Konturparalleles Aufmaß
V	Sicherheitsabstand über der Einstichöffnung (Überfahrung im Vorschub)
H14	Schruppen und anschließendes Schlichten (gleiches Werkzeug)
EP	Setzpunktfestlegung EP1: bei Einstichöffnung, EP2: am Einstichgrund

Zusatzfunktionen – Adressbuchstabe M (Auswahl)

M0	Programmierter HALT
M3	Spindel dreht im Uhrzeigersinn
M4	Spindel dreht im Gegenuhrzeigersinn
M5	Spindel HALT
M8	Kühlschmiermittel EIN
M9	Kühlschmiermittel AUS
M10	Reitstock-Pinole lösen
M11	Reitstock-Pinole setzen
M17	Unterprogrammende
M30	Programmende mit Rücksetzung auf Programmanfang
M60	Konstanter Vorschub

Werkzeugnummer im Magazin – Adressbuchstabe T (Auszug)

T	Werkzeugspeicherplatz
TC	Korrekturwert-Speichernummer
TR	Inkrementelle Veränderung des Werkzeugradiuswertes
TL	Inkrementelle Veränderung der Werkzeuglänge
TX	Inkrementelle Veränderung des X-Korrekturwertes im angewählten Korrekturwertspeicher
TZ	Inkrementelle Veränderung des Z-Korrekturwertes im angewählten Korrekturwertspeicher für konturparallele Aufmaße

Fertigungstechnik

Befehlscodierung von PAL-CNC-Drehmaschinen

PAL-Funktionen bei Drehmaschinen

G-Funktionen

Interpolationsarten	
G0	Verfahren im Eilgang
G1	Linearinterpolation im Arbeitsgang
G2	Kreisinterpolation im Uhrzeigersinn
G3	Kreisinterpolation im Gegenuhrzeigersinn
G4	Verweildauer
G9	Genauhalt
G14	Konfigurierten Wechselpunkt anfahren
G45	Lineares tangentiales Anfahren an eine Kontur
G46	Lineares tangentiales Abfahren von einer Kontur
G47	Tangentiales Anfahren an eine Kontur im Viertelkreis
G48	Tangentiales Abfahren von einer Kontur im Viertelkreis
G61	Linearinterpolation für Konturzüge
G62	Kreisinterpolation im Uhrzeigersinn für Konturzüge
G63	Kreisinterpolation entgegen dem Uhrzeigersinn für Konturzüge
Werkzeugkorrekturen	
G40	Abwahl der Schneidenradiuskorrektur SRK
G41	Schneidenradiuskorrektur (SRK) links von der programmierten Kontur
G42	Schneidenradiuskorrektur (SRK) rechts von der programmierten Kontur
Vorschübe und Drehzahlen	
G92	Drehzahlbegrenzung
G94	Vorschub in mm pro Minute
G95	Vorschub in mm pro Umdrehung
G96	Konstante Schnittgeschwindigkeit
G97	Konstante Drehzahl
Nullpunkte	
G50	Aufheben der inkrementellen Nullpunktverschiebungen und Drehungen
G53	Alle Nullpunktverschiebungen und Drehungen aufheben
G54 bis G57	Einstellbare absolute Nullpunkte
G59	Inkrementelle Nullpunktverschiebung kartesisch und Drehung
Programmtechniken	
G22	Unterprogrammaufruf
G23	Programmteilwiederholung
G29	Bedingte Programmsprünge

Befehlscodierung von PAL-CNC-Drehmaschinen

PAL-Funktionen bei Drehmaschinen

Zyklen	
G31	Gewindezyklus
G32	Gewindebohrzyklus
G33	Gewindestrehlgang
G80	Abschluss eines Bearbeitungszyklus-Konturbeschreibung
G81	Längsschruppzyklus
G82	Planschruppzyklus
G83	Konturparalleler Schruppzyklus
G84	Bohrzyklus
G85	Freistichzyklus
G86	Radialer Einstechzyklus
G87	Radialer Konturstechzyklus
G88	Axialer Einstechzyklus
G89	Axialer Konturstechzyklus
Bearbeitungsebenen und Umspannen	
G17	Stirnseiten-Bearbeitungsebenen
G18	Drehebenenanwahl
G19	Mantelflächen-/Sehnenflächen-Bearbeitungsebene
G30	Umspannen/Gegenspindelübernahme
Maßangaben	
G70	Umschalten auf Maßeinheit Zoll (Inch)
G71	Umschalten auf Maßeinheit Millimeter (mm)
G90	Absolute Maßangabe
G91	Kettenmaßeingabe

Befehlscodierung von PAL-CNC-Fräsmaschinen

Wegbedingungen – Adressbuchstabe G

Identisch mit DIN 66025-2:

G00 G01 G02 G03 G04 G09 G40 G41 G42 G53 G54 G59 G90 G91 G94 G95 G97

Fertigungs-technik

Fertigungstechnik

Befehlscodierung von PAL-CNC-Fräsmaschinen

Programmierung von PAL-CNC-Fräsmaschinen

G1 **Linearinterpolation im Arbeitsgang**

X / Y / Z	Koordinateneingabe (gesteuert durch G90/G91)
XA / YA / ZA	Absolutmaße
XI / YI / ZI	Inkrementalmaße
RN+	Verrundungsradius zum nächsten Konturelement
RN-	Fasenbreite zum nächsten Konturelement
D	Länge der Verfahrstrecke
AS	Anstiegswinkel der Verfahrstrecke, bezogen auf die X-Achse

G01 XI35 YI20, P2

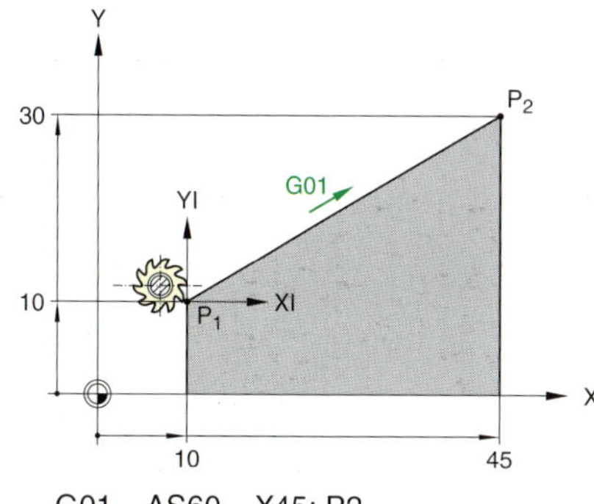

G01 XA45 YA30; P2

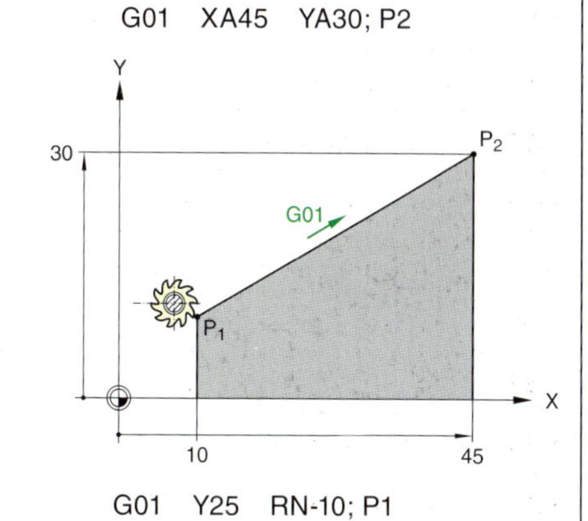

G01 AS60 X45; P2
G01 AS300 Y0; P3

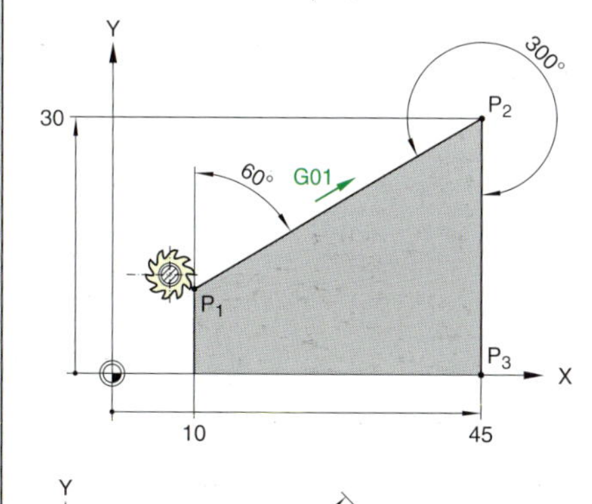

G01 Y25 RN-10; P1
G01 X45 RN+15; P2

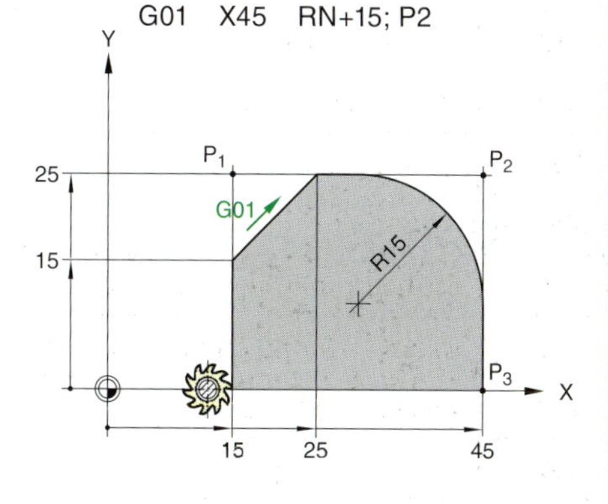

G01 AS45 D44; P2

Fertigungs-technik

Fertigungstechnik

Befehlscodierung von PAL-CNC-Fräsmaschinen

Programmierung von PAL-CNC-Fräsmaschinen

G2 **Kreisinterpolation im Uhrzeigersinn**

X / Y / Z	Koordinateneingabe (gesteuert durch G90/G91)
XA / YA / ZA	Absolutmaße
XI / YI / ZI	Inkrementalmaße
I / IA	X-Mittelpunktkoordinate
J / JA	Y-Mittelpunktkoordinate
R	Radius
AO	Öffnungswinkel
RN+	Verrundungsradius zum nächsten Konturelement
RN-	Fasenbreite zum nächsten Konturelement
O	Bogenkriterium O1: kurzer Kreisbogen, O2: längerer Kreisbogen

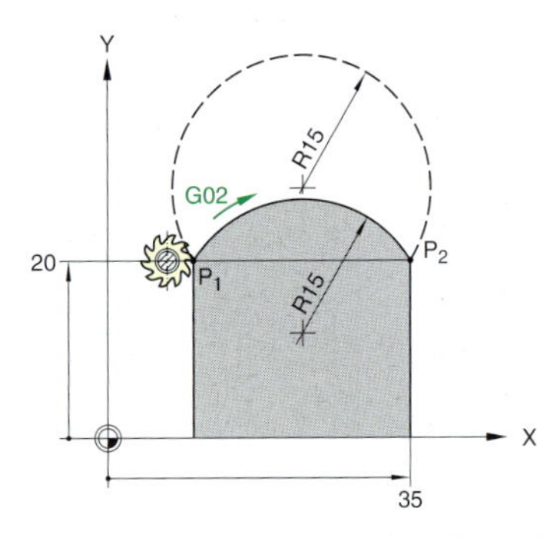

G02 X25 Y25 I+15 J0; P2 oder
G02 X25 Y25 R15; P2

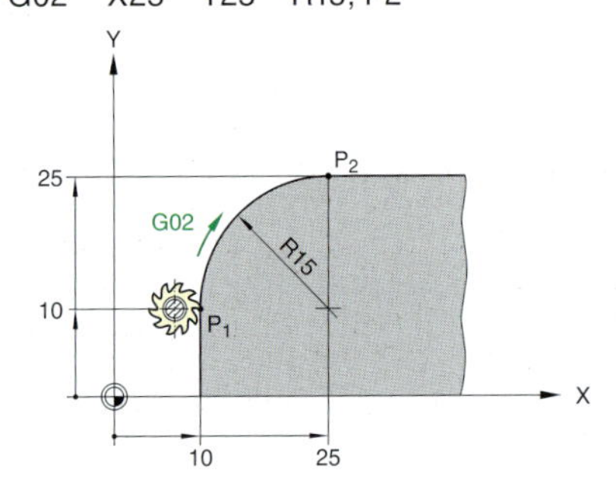

G3 **Kreisinterpolation entgegen dem Uhrzeigersinn**

X / Y / Z	Koordinateneingabe (gesteuert durch G90/G91)
XA / YA / ZA	Absolutmaße
XI / YI / ZI	Inkrementalmaße
I / IA	X-Mittelpunktkoordinate
J / JA	Y-Mittelpunktkoordinate
R	Radius
AO	Öffnungswinkel
RN+	Verrundungsradius zum nächsten Konturelement
RN-	Fasenbreite zum nächsten Konturelement
O	Bogenkriterium O1: kurzer Kreisbogen O2: längerer Kreisbogen

G03 X20 Y25 I-15 J0; P2 oder
G03 X20 Y25 R15; P2

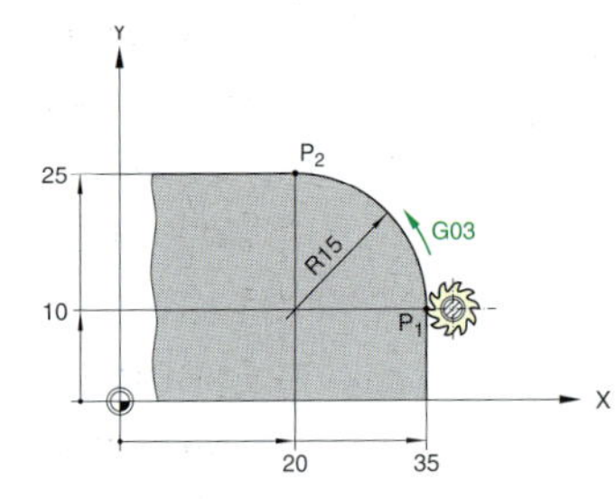

G03 X10 Y20 R15 O1; P2

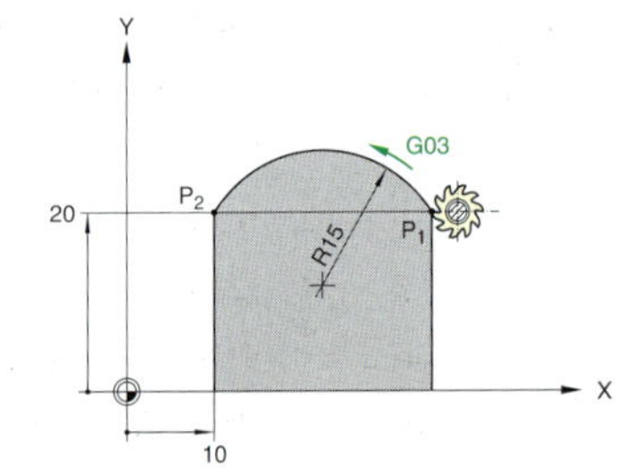

Fertigungstechnik

Befehlscodierung von PAL-CNC-Fräsmaschinen

Programmierung von PAL-CNC-Fräsmaschinen

G16	**Inkrementelle Drehung der aktuellen Bearbeitungseben** AR Drehung um die X-Achse des aktuellen Werkstückkoordinatensystems BR Drehung um die Y-Achse des aktuellen Werkstückkoordinatensystems CR Drehung um die Z-Achse des aktuellen Werkstückkoordinatensystems
G17 **G18** **G19**	**WM Ebenenauswahl mit maschinenfesten Raumwinkeln** AM Drehwinkel um die X-Achse des Maschinenkoordinatensystems BM Drehwinkel um die Y-Achse des Maschinenkoordinatensystems CM Drehwinkel um die Z-Achse des Maschinenkoordinatensystems 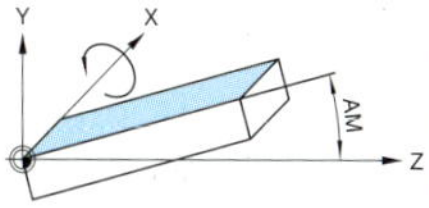
G45	Lineares tangentiales Anfahren an einer Kontur
G46	Lineares tangentiales Abfahren von einer Kontur
G47	Tangentiales Anfahren an eine Kontur im Viertelkreis
G48	Tangentiales Abfahren an eine Kontur im Viertelkreis
G50	Aufheben von inkrementellen Nullpunktverschiebungen und Drehungen
G53	Alle Nullpunktverschiebungen und Drehungen aufheben
G54 bis G57	Einstellbare absolute Nullpunkte
G59	Inkrementelle Nullpunktverschiebung kartesisch und Drehung
G72	**Rechtecktaschenfräszyklus** ZA Tiefe absolut ZI Inkrementell ab Materialoberfläche LP Länge der Tasche in X-Richtung BP Breite der Tasche in Y-Richtung D Zustelltiefe V Abstand der Sicherheitsebene von der Materialoberfläche RN Eckenradius AK Aufmaß auf den Taschenrand AL Aufmaß auf den Taschenboden EP Setzpunktfestlegung für den Taschenzyklus E Vorschub beim Eintauchen H1 Schruppen H4 Schlichten (Abfräsen des Aufmaßes, zuerst Rand, dann Boden) H14 Schruppen und anschließendes Schlichten (gleiches Werkzeug) W Höhe der Rückzugsebene absolut in Werkstückkoordinaten *Zeichnungen auf Seite 710*

Fertigungstechnik

Befehlscodierung von PAL-CNC-Fräsmaschinen

Programmierung von PAL-CNC-Fräsmaschinen

G72 **Rechtecktaschenfräszyklus**

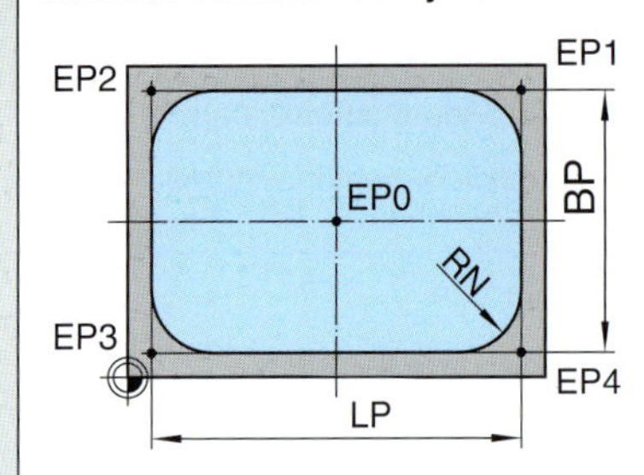

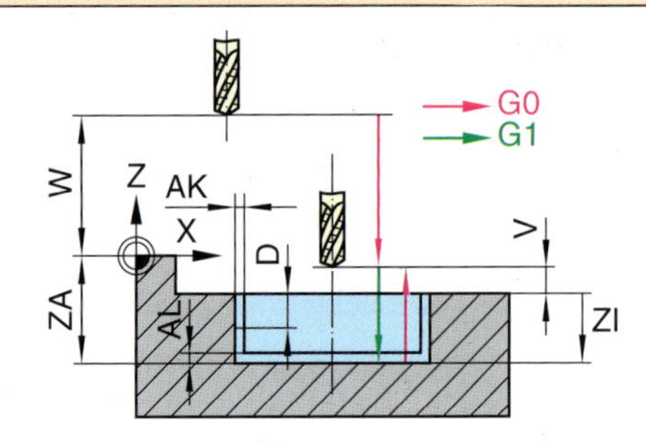

G73 **Kreistaschen- und Zapfenfräszyklus**

ZA	Tiefe absolut
ZI	Inkremental ab Materialoberfläche
R	Radius der Kreistasche
D	Zustelltiefe
V	Abstand der Sicherheitsebene von der Materialoberfläche
RZ	Radius des optionalen Zapfens
AK	Aufmaß auf den Taschenrand
AL	Aufmaß auf den Taschenboden
E	Vorschub beim Eintauchen
H1	Schruppen
H4	Schlichten (Abfräsen der Aufmaße; zuerst Rand, dann Boden)
H14	Schruppen und anschließendes Schlichten (gleiches Werkzeug)
W	Höhe der Rückzugsebene absolut in Werkstückkoordinaten

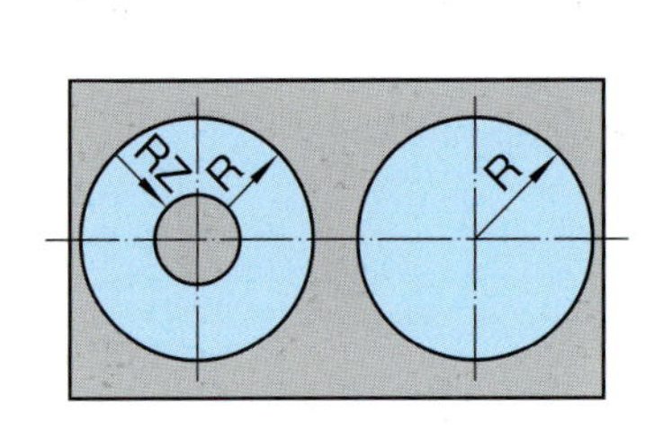

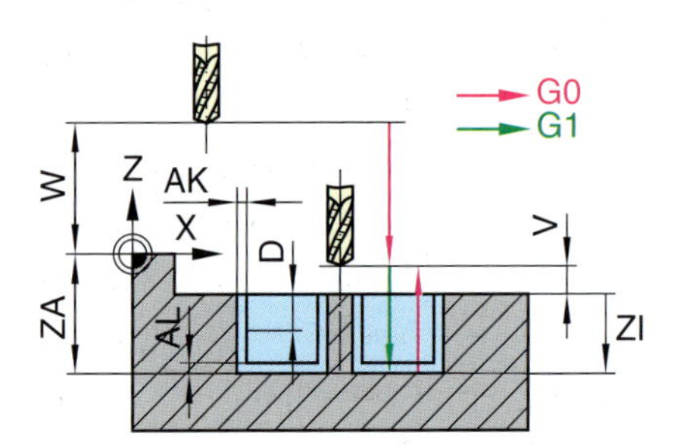

G74 **Nutenfräszyklus**

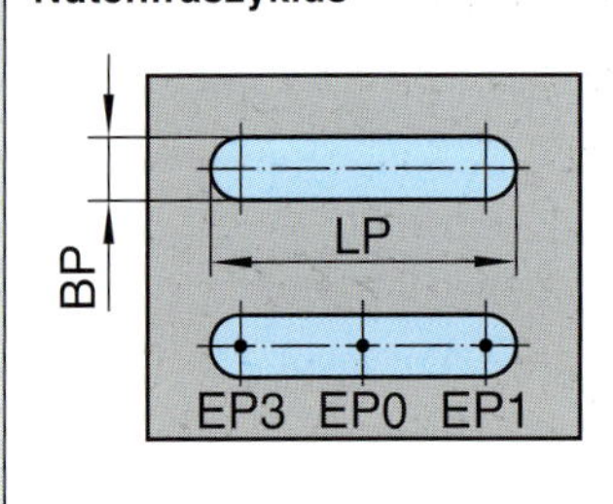

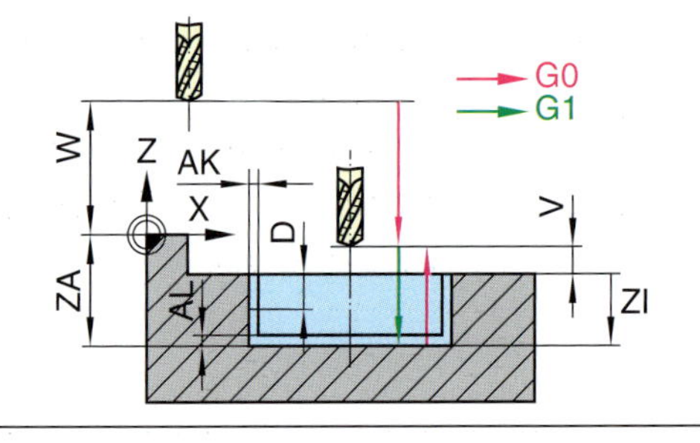

Fertigungstechnik

Befehlscodierung von PAL-CNC-Fräsmaschinen

Programmierung von PAL-CNC-Fräsmaschinen

G74	**Nutenfräszyklus**
	ZA Tiefe absolut
	ZI Inkremetal ab Materialoberfläche
	LP Länge der Nut
	BP Breite der Nut
	D Zustelltiefe
	V Abstand Sicherheitsebene von der Materialoberfläche
	EP Setzpunktfestlegung
	AK Aufmaß auf den Taschenrand
	AL Aufmaß auf den Taschenboden
	E Vorschub beim Eintauchen
	H1 Schruppen
	H4 Schlichten (Abfräsen des Aufmaßes in einem Arbeitsgang)
	H14 Schruppen und anschließendes Schlichten (gleiches Werkzeug)
	W Höhe der Rückzugsebene absolut in Werkstückkoordinaten
G75	**Kreisbogennut-Fräszyklus**
	ZA Tiefe absolut
	ZI Inkremetal ab Materialoberfläche
	BP Breite der Nut
	RP Radius der Nut
	AN Polarer Startwinkel, bezogen auf die X-Achse
	AO Polarer Öffnungswinkel
	AP Polarer Endwinkel des Nutenkreismittelpunktes, bezogen auf die X-Achse
	D Zustelltiefe
	V Abstand der Sicherheitsebene von der Materialoberfläche
	EP Setzpunktfestlegung
	AK Aufmaß auf die Berandung
	AL Aufmaß auf den Nutboden
	E Vorschub beim Eintauchen
	H1 Schruppen
	H4 Schlichten (Abfräsen d. Aufmaße in einem Arbeitsgang)
	H14 Schruppen und anschließendes Schlichten (gleiches Werkzeug)
	W Höhe der Rückzugsebene absolut in Werkstückkoordinaten
	Q Q1: Gleichlauffräsen, Q2: Gegenlauffräsen
	Zeichnungen auf Seite 712

Fertigungstechnik

Befehlscodierung von PAL-CNC-Fräsmaschinen

Programmierung von PAL-CNC-Fräsmaschinen

G75 **Kreisbogenut-Fräszyklus**

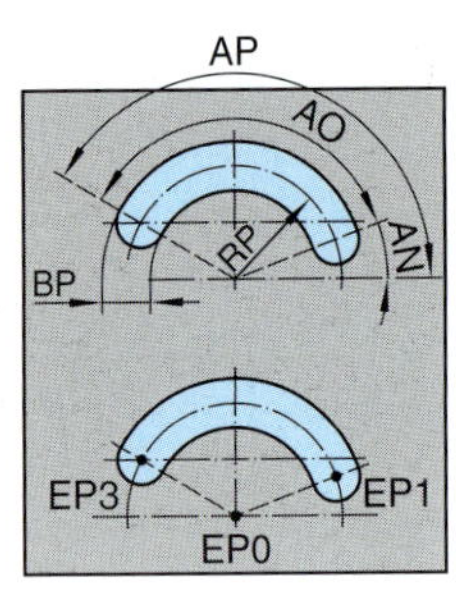

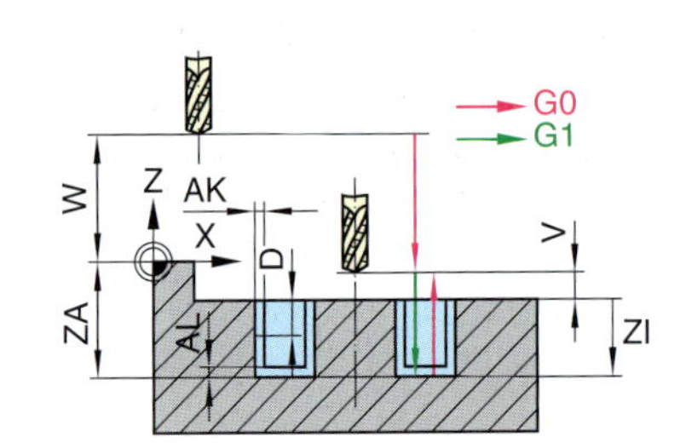

G77 **Mehrfachzyklusaufruf auf einem Lochkreis**

R	Radius des Lochkreises
AN	Polarer Winkel des ersten Objektes
AI	Inkrementalwinkel
AP	Polarer Winkel des letzten Objektes
AR	Drehwinkel des Objektes
O	Anzahl der Objekte
I / IA	X-Mittelpunktkoordinate
J / JA	Y-Mittelpunktkoordinate
Z	Koordinateneingabe (gesteuert durch G90/G91)
ZA	Absolutmaß
ZI	Inkrementalmaß zur aktuellen Werkzeugposition
H	Rückfahrposition
H1	Sicherheitsebene wird zwischen zwei Positionen angefahren und Rückzugsebene nach der letzten Position
H3	Es wird wie bei H1 angefahren, jedoch wird die nächste Position nicht linear, sondern im Teilkreis angefahren

G79 **Zyklusaufruf an einem Punkt** (kartesische Koordinaten)

AR	Drehwinkel des Objektes
X / Y / Z	Koordinateneingabe (gesteuert durch G90/G91)
XA / YA / ZA	Absolutmaße
XI / YI / ZI	Inkrementalmaße zur aktuellen Werkzeugposition
W	Höhe der Rückzugsebene absolut in Werkstückkoordinaten

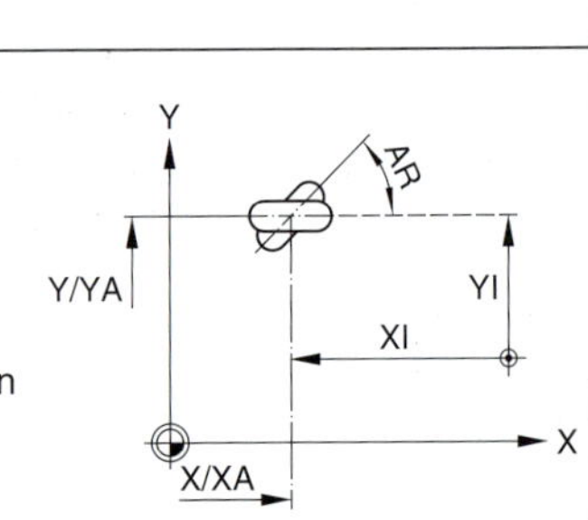

Fertigungstechnik

Befehlscodierung von PAL-CNC-Fräsmaschinen

Programmierung von PAL-CNC-Fräsmaschinen

G81 **Bohrzyklus**

ZA	Tiefe der Bohrung (absolut)
ZI	Inkrementell ab Materialoberfläche
V	Abstand der Sicherheitsebene v. d. Materialoberfläche
W	Höhe der Rückzugsebene absolut in Werkstückkoordinaten

G82 **Tiefbohrzyklus mit Spanbruch**

ZA	Tiefe absolut
ZI	Inkrementell ab Materialoberfläche
D	Zustelltiefe
V	Abstand der Sicherheitsebene v. d. Materialoberfläche
DR	Reduzierwert der letzten Zustelltiefe
E	Anbohrvorschub
W	Höhe der Rückzugsebene (absolut) in Werkstückkoordinaten
VB	Sicherheitsabstand vor Bohrgrund
U	Vereilzeit in Sekunden am Bohrgrund (zum Spanbruch)

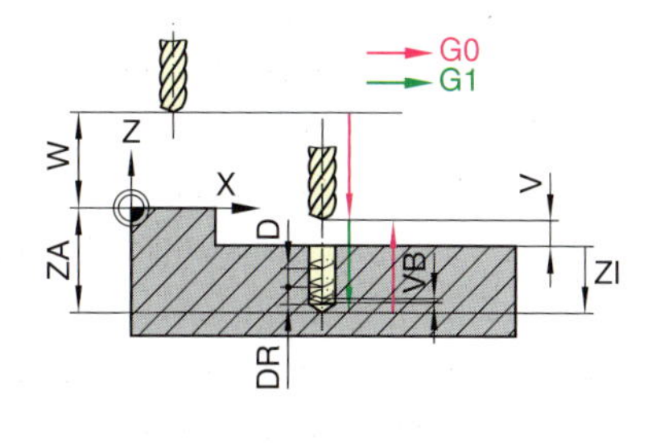

G84 **Gewindebohrzyklus**

ZA	Tiefe absolut
ZI	Inkrementell ab Materialoberfläche
F	Gewindesteigung (mm/U)
M	Drehrichtung M3: Rechtsgewinde M4: Linksgewinde
V	Abstand der Sicherheitsebene v. d. Materialoberfläche
W	Höhe der Rückzugsebene (absolut) in Werkstückkoordinaten

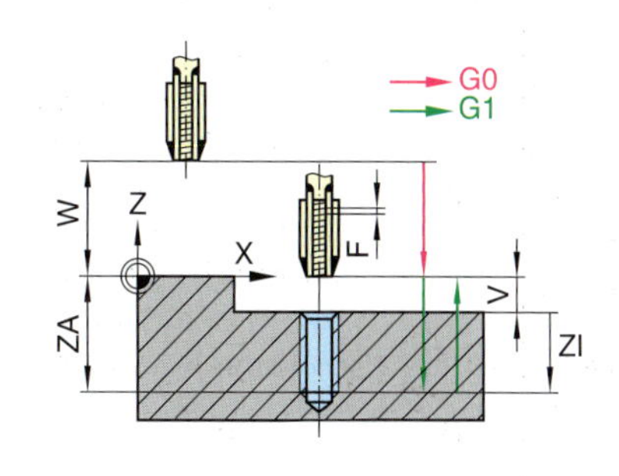

Fertigungstechnik

Fertigungstechnik

Befehlscodierung von PAL-CNC-Fräsmaschinen

Programmierung von PAL-CNC-Fräsmaschinen

G85 **Reibzyklus**

ZA	Tiefe absolut
ZI	Inkrementell ab Materialoberfläche
V	Abstand der Sicherheitsebene v. d. Materialoberfläche
E	Rückzugsvorschub (mm/min)
W	Höhe der Rückzugsebene (absolut) in Werkstückkoordinaten

G88 **Innengewindefräszyklus**

ZA	Tiefe absolut
ZI	Inkrementell ab Materialoberfläche
DN	Nenndurchmesser des Innengewindes
D	Gewindesteigung (Zustellung pro Helixumdrehung)
D+	Bearbeitung von oben nach unten
D-	Bearbeitung von unten nach oben
Q	Gewinderillenzahl des Werkzeuges
BG	Bewegungsrichtung des Fräsers
BG2	Bearbeitungsrichtung im Uhrzeigersinn
BG3	Bearbeitungsrichtung entgegen dem Uhrzeigersinn
V	Sicherheitsebene von der Materialoberfläche aus
W	Höhe der Rückzugsebene (absolut) in Werkstückkoordinaten

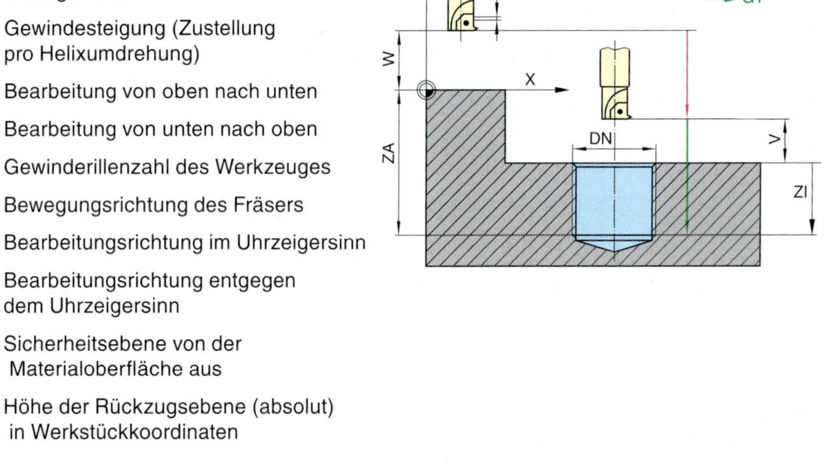

G90	Absolutmaßangabe einschalten
G91	Kettenmaßangabe einschalten
G94	Vorschub in mm/min
G95	Vorschub in mm/U
G97	Konstante Drehzahl in 1/min

Fertigungstechnik

Befehlscodierung von PAL-CNC-Fräsmaschinen

Zusatzfunktionen – Adressbuchstabe M (Auszug)

Identisch mit DIN 66025-2 Klasse 0, Klasse 1:
M00 M03 M04 M06 M08 M09 M30

Nur bei PAL: M17 Unterprogrammende

Zusatzfunktionen (PAL) – Adressbuchstabe M (Auszug)

M0	Programmierter Halt
M3	Spindel dreht im Uhrzeigersinn
M4	Spindel dreht im Gegenuhrzeigersinn
M6	Werkzeugwechsel
M8	Kühlschmiermittel EIN
M9	Kühlschmiermittel AUS
M13	Spindeldrehung rechts und Kühlmittel ein
M14	Spindeldrehung links und Kühlmittel ein
M15	Spindel aus, Kühlmittel aus
M17	Unterprogrammende
M30	Programmende mit Rücksetzung auf Programmanfang
M60	Konstanter Vorschub

Werkzeugnummer im Magazin – Adressbuchstabe T (Auszug)

TC	Korrekturwertspeichernummer
TR	Inkrementelle Veränderung des Werkzeugradiuswertes
TL	Inkrementelle Veränderung der Werkzeuglänge

PAL-Funktonen bei Fräsmaschinen

G-Funktionen

Interpolationsarten, Konturen

G0	Verfahren im Eilgang
G1	Linearinterpolation im Arbeitsgang
G2	Kreisinterpolation im Uhrzeigersinn
G3	Kreisinterpolation gegen den Uhrzeigersinn
G4	Verweildauer
G9	Genauhalt
G10	Verfahren im Eilgang in Polarkoordinaten
G11	Linearinterpolation mit Polarkoordinaten
G12	Kreisinterplation im Uhrzeigersinn mit Polarkoordinaten

Befehlscodierung von PAL-CNC-Fräsmaschinen

PAL-Funktionen bei Fräsmaschinen

Interpolationsarten, Konturen	
G13	Kreisinterpolation gegen den Uhrzeigersinn mit Polarkoordinaten
G45	Lineares tangentiales Anfahren an eine Kontur
G46	Lineares tangentiales Abfahren von einer Kontur
G47	Tangentiales Anfahren an eine Kontur im 1/4-Kreis
G48	Tangentiales Abfahren von einer Kontur im 1/4-Kreis
G61	Linearinterpolation für Konturzüge
G62	Kreisinterpolation im Uhrzeigersinn für Konturzüge
G63	Kreisinterpolation entgegen dem Uhrzeigersinn für Konturzüge
Werkzeugkorrekturen	
G40	Abwahl der Fräserradiuskorrektur
G41 G42	Anwahl der Fräserradiuskorrektur, links Anwahl der Fräserradiuskorrektur, rechts
Vorschübe und Drehzahlen	
G94	Vorschub in mm/min
G95	Vorschub in mm/Umdrehung
G96	Konstante Schnittgeschwindigkeit
G97	Konstante Drehzahl
Nullpunkte, Drehen, Spiegeln, Skalieren	
G50	Aufheben der inkrementellen Nullpunktverschiebungen und Drehungen
G53	Alle Nullpunktverschiebungen und Drehungen aufheben
G54 bis G57	Einstellbare absolute Nullpunkte
G58	Inkrementelle Nullpunktverschiebung, polar und Drehung
G59	Inkrementelle Nullpunktverschiebung, kartesisch und Drehung
G66	Spiegeln an der X- und/oder Y-Achse, Spiegelung aufheben
G67	Skalieren (Vergrößern bzw. Verkleinern oder Aufheben)
Programmtechniken	
G22	Unterprogrammaufruf
G23	Programmteilwiederholung
G29	Bedingte Programmsprünge

Fertigungstechnik

Befehlscodierung von PAL-CNC-Fräsmaschinen

PAL-Funktionen bei Fräsmaschinen

Ebenenanwahl, Maßangaben	
G17 bis G19	Ebenenanwahl, 2 1/2-D-Bearbeitung – XY, XZ, YZ
G70	Umschaltung auf Maßeinheit Zoll (Inch)
G71	Umschaltung auf Maßeinheit Millimeter (mm)
G90	Absolute Maßangaben
G91	Kettenmaßeingabe
Zyklen	
G34	Eröffnung eines Konturtaschenzyklus
G35	Schrupptechnologie des Konturtaschenzyklus
G36	Restmaterial-Technologie des Konturtaschenzyklus
G37	Schlichttechnologie des Konturtaschenzyklus
G38	Konturbeschreibung des Konturtaschenzyklus
G80	Abschluss des G38-Zyklus
G39	Aufruf des Konturtaschenzyklus mit konturparalleler oder mäanderförmiger Ausräumstrategie
G72	Rechtecktaschenfräszyklus
G73	Kreistaschen- und Zapfenfräszyklus
G74	Nutenfräszyklus
G75	Kreisbogennut-Fräszyklus
G76	Mehrfachzyklusaufruf auf einer Geraden (Lochreihe)
G77	Mehrfachzyklusaufruf auf einem Teilkreis (Lochreihe)
G78	Zyklusaufruf an einem Punkt (Polarkoordinaten)
G79	Zyklusaufruf an einem Punkt (kartesische Koordinaten)
G81	Bohrzyklus
G82	Tiefbohrzyklus mit Spanbruch
G83	Tiefbohrzyklus mit Spanbruch und Entspänen
G84	Gewindebohrzyklus
G85	Reibzyklus
G86	Ausdrehzyklus
G87	Bohrfräszyklus
G88	Innengewindefräszyklus
G89	Außengewindefräszyklus

Fertigungstechnik

Programmierverfahren

- **Manuelle Programmierung**

Zumeist eine **Werkstattprogrammierung** mit Unterstützung durch menügeführte Programmierhilfen und Bildschirmgrafik. Programmiert wird auf der Steuerungsebene in der Programmiersprache nach DIN 66025.

Die Programmierung kann auch in der *Arbeitsvorbereitung* durchgeführt werden. Dabei werden die geometrischen und technologischen Daten aus Arbeitsplan und Werkstückzeichnung als Anweisungen in die Steuerung eingegeben (direkt über Tastatur oder über Datenträger).

- **Werkstattprogrammierung (WOP)**

Statt der praxisfernen Programmiersprache nach DIN 66025 werden *grafische Symbole und Dialoge im Klartext* für Werkstatt und Arbeistvorbereitung verwendet.
Der Programmierer überträgt die Fertigteilkontur mit Rechnerunterstützung auf den Bildschirm oder ruft die Geometriedaten aus dem CAD-System ab.

Die grafische Darstellung der Konturelemente auf dem Bildschirm und die getrennt dazu eingegebenen Bearbeitungsdaten (Technologie) werden vom Programmiersystem der Steuerung automatisch in maschinenlesbare Weg- und Schaltinformationen umgesetzt. Der programmierte Bearbeitungsablauf kann zum Schluss durch grafisch-dynamische Prozesssimulation (GPS) auf dem Bildschirm kontrolliert werden.

WOP ist *grafisch-interaktives Programmieren* ohne geometrische Berechnungen und ohne Beherrschung von DIN 66025.

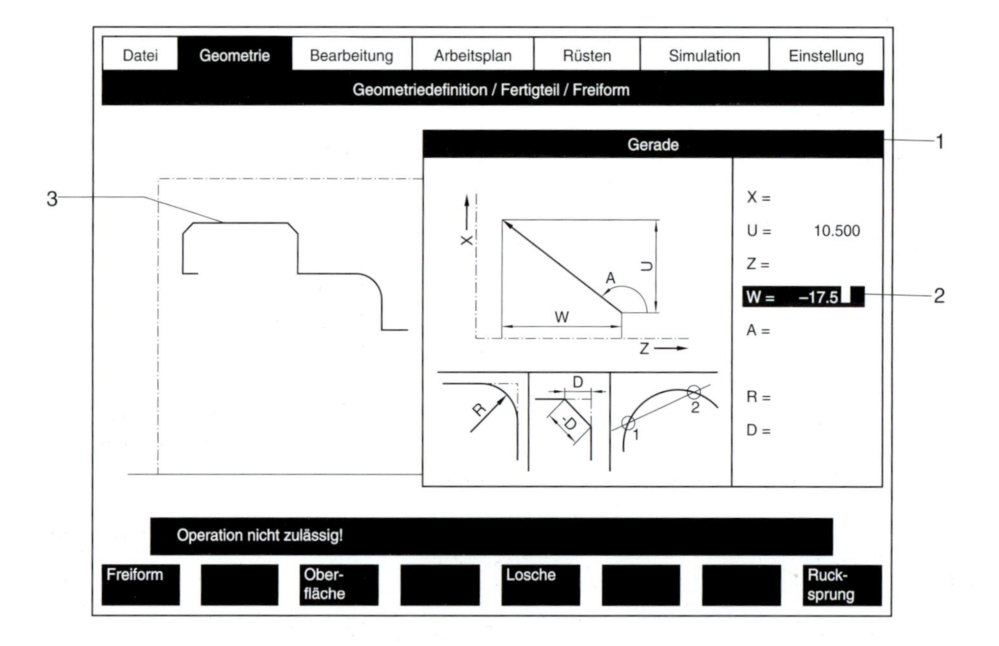

Beispiel für die Beschreibung der Fertigkontur auf dem Bildschirm:
Für jedes Konturelement wird ein **Eingabefenster** vorgelegt Der Geometrieprozessor des Rechners ermittet aus den eingegebenen Konturelementen die Verfahrwege.

1 *Eingabefenster für Konturelemente*

2 *Eingabefeld für Maße*

3 *Fertigteilkontur*

WOP-Systeme sind teurer als komfortable, werkstattprogrammierbare CNC-Steuerungen, die in gewissem Maße auch grafisch-interaktives Programmieren und grafisch-dynamische Prozesssimulation ermöglichen. WOP-Systeme sind *maschinenabhängig*.

Fertigungstechnik

Programmierverfahren

- **Maschinelle Programmierung**

Die manuelle und werkstattorientierte Programmierung eignen sich hauptsächlich für die Bearbeitung *einfacher*, nicht dreidimensional gekrümmter Konturen (2D und 2 1/2D-Programmierung).

Komplexe räumliche Konturen erfordern einen zu hohen Rechenaufwand zur Bestimmung der Verfahrwege. Hierzu wird die *maschinelle Programmierung* eingesetzt, die *außerhalb* der Werkstatt mithilfe eines geeigneten Programmiersystems vorgenommen wird.

Bei maschineller Programmierung werden die geometrischen und technologischen Daten als *maschinenneutrales* Programm in einer höheren, problemorientierten Programmiersprache eingegeben.

Der Rechner übersetzt dieses Programm in ein NC-Programm, das die jeweilige CNC-Steuerung abarbeiten kann.

Dargestellt ist ein Ausschnitt aus einem NC-Programm. Es enthält die Fertigteilbeschreibung des dargestellten Drehteils in der problemorientierten Programmiersprache **EXAPT**.

Eine **problemorientierte Programmiersprache** verlangt nur die Eingabe der *Werkstückmaße* und zusätzlicher *Technologiedaten*. Alle notwendigen geometrischen und technologischen Berechnungen werden automatisch vom Rechner des Programmiersystems durchgeführt.

Drehteilprogrammierung in EXAPT

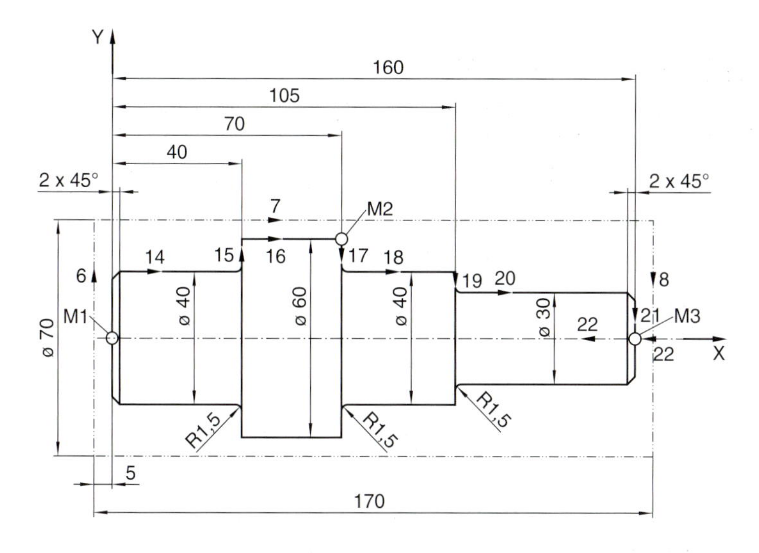

M1, M2, M3 Konturmarken

Haupt-gruppe	Anweisung	Kommentar
Fertigteilbeschreibung	11 SURFIN/FINE	Oberflächengüte (surface finish)
	12 Contur/PARTCO	Beginn der Fertigteilkonturbeschreibung
	13 M1/BEGIN/0.0, YLARGE, PLAN,0,BEVEL,2	Beginn bei Punkt M1 (X=0; Y=0) in positiver Y-Richtung mit Planfläche bei X=0 Am Ende des Konturelementes befindet sich eine Fase (BEVEL) von 2 mm Breite
	14 RTG/DIA,40,ROUND, 1.5	nach rechts; Zylinder mit Durchmesser 40. Am Ende des Konturelementes befindet sich ein Radius (ROUND) von 1,5 mm
	15 LFT/PLAN,40	nach links; Planfläche bei X=40

Fertigungstechnik

Programmierverfahren

Hauptgruppe	Anweisung	Kommentar
Fertigteilbeschreibung	16 RGT/DIA,60	nach rechts; Zylinder mit Durchmesser 60
	17 M2,RGT/PLAN,70,ROUND, 1.5	nach rechts bei Punkt M2; Planfläche bei X=70 mit Radius von 1,5 mm am Ende
	18 LFT/DIA40	nach links; Zylinder mit Durchmesser 40
	19 RGT/PLAN,105,ROUND, 1.5	nach rechts; Planfläche bei X=105 mit Radius von 1,5 mm am Ende
	20 LFT/DIA,30,BEVEL,2.0	nach links; Zylinder mit Durchmesser 30 mit Fase von 2 mm am Ende
	21 RGT/PLAN,160	nach rechts; Planfläche bei X=160
	22 M3, RGT/DIA,0	nach rechts bei Punkt M3; Zylinder mit Durchmesser 0, schließen des Konturenzuges
	23 TRMCO	Ende der Konturbeschreibung des Fertigteils

In dieser problemorientierten Programmiersprache werden Drehteile nicht wie üblich in der XZ-Ebene, sondern in der XY-Ebene beschrieben.

Flexible Fertigungssysteme

Ein **flexibles Fertigungssystem (FFS)** ist eine Gruppe numerisch gesteuerter Fertigungseinrichtungen, die über ein gemeinsames Werkstücktransportsystem und ein zentrales Steuerungssystem verkettet sind.

Ermöglicht wird dadurch die automatisierte Bearbeitung unterschiedlicher Werkstücke einer Teilefamilie in unterschiedlicher Stückzahl und Reihenfolge oder Unterbrechung durch manuelle Bedienvorgänge.

Grundbausteine flexibler Fertigungssysteme sind **Bearbeitungszentren** und **Drehzentren**, die durch Steigerung des Automatisierungsgrades aus CNC-Maschinen entstanden sind.

Durch stufenweise Erhöhung des Automatisierungsgrades werden aus diesen Grundbausteinen folgende **Konzepte flexibler Fertigungseinrichtungen** entwickelt:

- *Flexible Fertigungszelle*
- *Flexible Fertigungsinsel*
- *Flexibles Fertigungssystem*
- *Flexible Fertigungsstraße*

Konzepte flexibler Fertigungseinrichtungen

Stufe	Einsatz	Maschinentyp	Steuerung	Handhabung
CNC-Werkzeugmaschine	Einzel- und Kleinserienfertigung	Fräsmaschine Bohrmaschine Drehmaschine	CNC und SPS	manueller Werkstück- und Werkzeugwechsel
Bearbeitungszentrum	breites Teilespektrum, Fertigbearbeitung in einer oder zwei Aufspannungen	Fräs- und Bohrzentren, Drehzentren	CNC mit erweiterten Funktionen, weitere Achsen	automatischer Werkzeug- und Werkstückwechsel, Werkzeugmagazin, Palettenwechsler
Flexible Fertigungszelle	begrenztes Teilespektrum, mittlere Losgröße, Serienfertigung, zeitweise bedienerloser Betrieb	Fräs- und Bohrzellen, Drehzellen	CNC mit großem Programmspeicher und Überwachungseinrichtungen	Palettenbahnhof oder sortierter Werkstückvorrat

Fertigungstechnik

Flexible Fertigungssysteme

Konzepte flexibler Fertigungseinrichtungen

Stufe	Einsatz	Maschinentyp	Steuerung	Handhabung
Flexible Fertigungsinsel	verschiedene Maschinen zur Bearbeitung ähnlicher Teile	unterschiedliche, sich ergänzenden Werkzeugmaschinen	CNC und SPS unterschiedlicher Konfiguration	Werkstückwechsel manuell oder mit einfachen Transportmitteln
Flexibles Fertigungssystem	Teilefamilien in mittleren Stückzahlen	mehrere gleiche oder unterschiedliche Maschinen zur Fertigbearbeitung	CNC, DNC, Leitrechner	Werkstück- und Werkzeug-Transportsystem, ungetaktete Fertigung
Flexible Transferstraße	größere Serien, Teilevielfalt	Sondermaschinen mit CNC-Maschinen verkettet	CNC, SPS, Leitsystem	getaktete Fertigung mit Umgehungsmöglichkeiten

Handhabungs- und Robotertechnik

Der Begriff **Handhabungstechnik** fasst Vorgänge und Geräte zur **Werkstückhandhabung** und **Werkzeughandhabung** zusammen. Die Handhabungstechnik spielt in der automatisierten Fertigung bei der *Verkettung von Einzelmaschinen* zu *flexiblen Fertigungssystemen* durch den *Materialfluss* sowie bei der *flexiblen Montage* eine große Rolle. **Handhabungsgeräte** sind Automatisierungsmittel, die die Handarbeit beim Materialfluss ersetzen oder erleichtern.

Industrieroboter sind Handhabungsgeräte mit *freiprogrammierbarer Steuerung*, deren Bewegungsablauf durch ein Programm festgelegt ist. Das Programm enthält die *Weg-* und *Schaltbefehle* zum Bewegen der *Roboterachsen*. Eine *Umprogrammierung* des Bewegungsablaufs ist *ohne* Hardwareänderung möglich.

Einteilung der Handhabungsgeräte

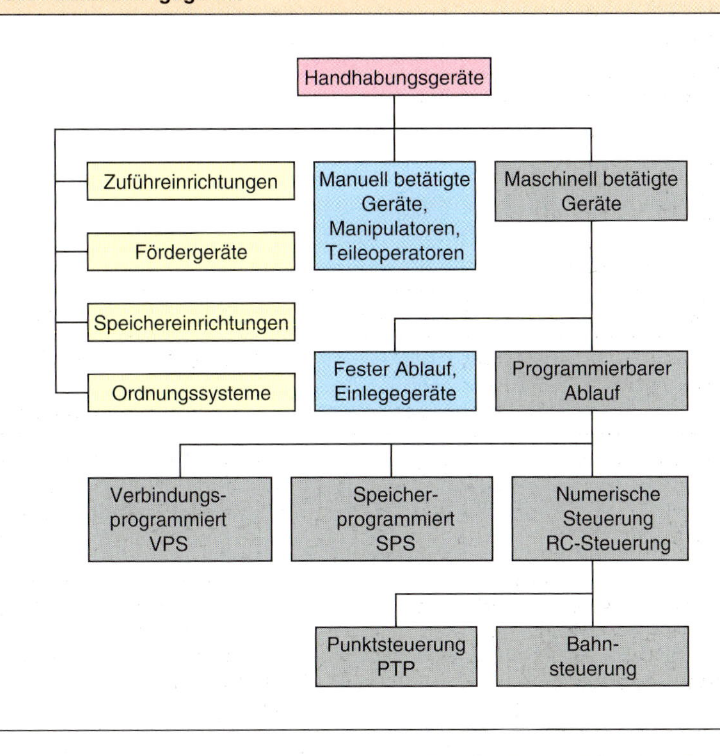

Fertigungstechnik

Flexible Fertigungssysteme

Handhabungs- und Robotertechnik

Freiheitsgrade

Beispiel

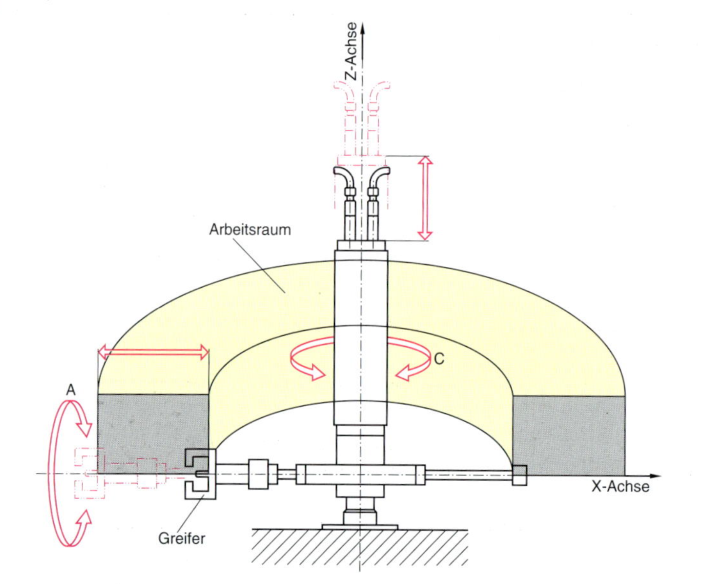

Die *Freiheitsgrade* kennzeichnen die Bewegungsmöglichkeiten von Handhabungsgeräten.
Die notwendige *Anzahl* der Freiheitsgrade ist abhängig von der *Handlungsaufgabe*.

Freiheitsgrade sind selbstständige, von anderen Bewegungen unabhängige Bewegungsmöglichkeiten, die von den zugeordneten Baugruppen des Handhabungsgerätes (Bewegungsachsen oder kurz Achsen genannt) realisiert werden.

4 Freiheitsgrade, die einen zylindrischen Arbeitsraum beschreiben:

1. Horizontale Linearbewegung in der X-Achse
2. Drehbewegung in der X-Achse
3. Vertikale Linearbewegung in der Z-Achse
4. Drehbewegung um die Z-Achse

Industrieroboter

Industrieroboter sind nicht nur Handhabungsgeräte, sondern auch **Fertigungsautomaten** (z. B. zum Schweißen, Spritzen, Schrauben, Kleben, Beschichten).
Industrieroboter (IR) sind automatische, mit Greifern oder Werkzeugen ausgestattete Arbeitsmaschinen zur *Handhabung* oder zur *Bearbeitung* von Werkstücken, die in **mehreren Bewegungsachsen** arbeiten. Bewegunsgablauf und Bewegungsgeschwindigkeit sowie Position und Winkellage des gehandhabten Werkstückes im Raum sind frei programmierbar.

Aufgaben von Industrierobotern

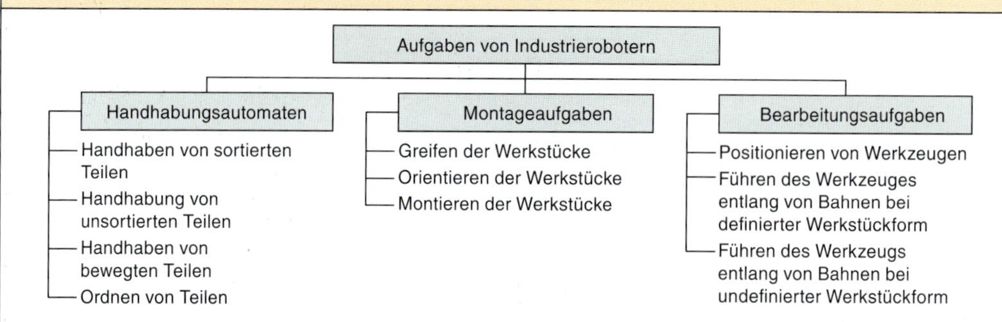

Gegenüber CNC-Maschinen bestehen bei Industrierobotern folgende Unterschiede:

- *geringere mechanische Steifigkeit*
- *größere Abhängigkeit* von Sensoren
- *geringere übertragbare Arbeitskräfte*

Fertigungstechnik

Flexible Fertigungssysteme

Handhabungs- und Robotertechnik

Industrieroboter

Kinematischer Aufbau und Bauarten

Die **Kinematik** eines Industrieroboters ist durch Art, Anordnung und Zahl der **Bewegungseinheiten** (Achsen) festgelegt. Achsen können Schubglieder oder Drehglieder (Gelenke) sein.

Das **kinematische System** legt fest, welche Bewegungen die Achsen ausführen müssen, damit das Objekt eine bestimmte *Position* und eine bestimmte *Orientierung* (Richtung) im Arbeitsraum einnimmt.

Die **Achsenanzahl** entspricht der Anzahl der **Freiheitsgrade** eines festen Körpers im Raum:

- *3 Achsen für die Positionierung (Hauptachsen)*
- *3 Achsen für die Orientierung (Nebenachsen)*

C W B V A R U Z Y X

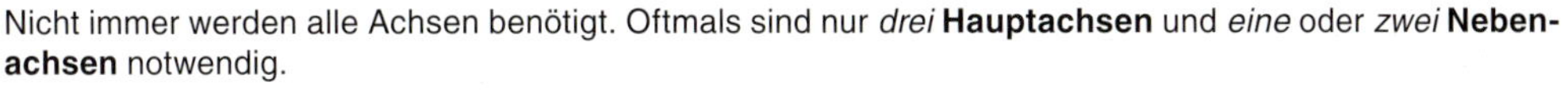

Nicht immer werden alle Achsen benötigt. Oftmals sind nur *drei* **Hauptachsen** und *eine* oder *zwei* **Nebenachsen** notwendig.

- *Einstellung einer Position (Ortsvektor R) durch Verschiebung des Objektes in Richtung X, Y und Z.*
- *Einstellung einer Orientierung des Objektes durch Drehung A, B, C um dessen Achsen U, V, W parallel zu X, Y und Z*
- *Kombinationsmöglichkeiten für die Hauptachsen mit dem sich daraus ergebenden Koordinatensystem des Arbeitsraumes*

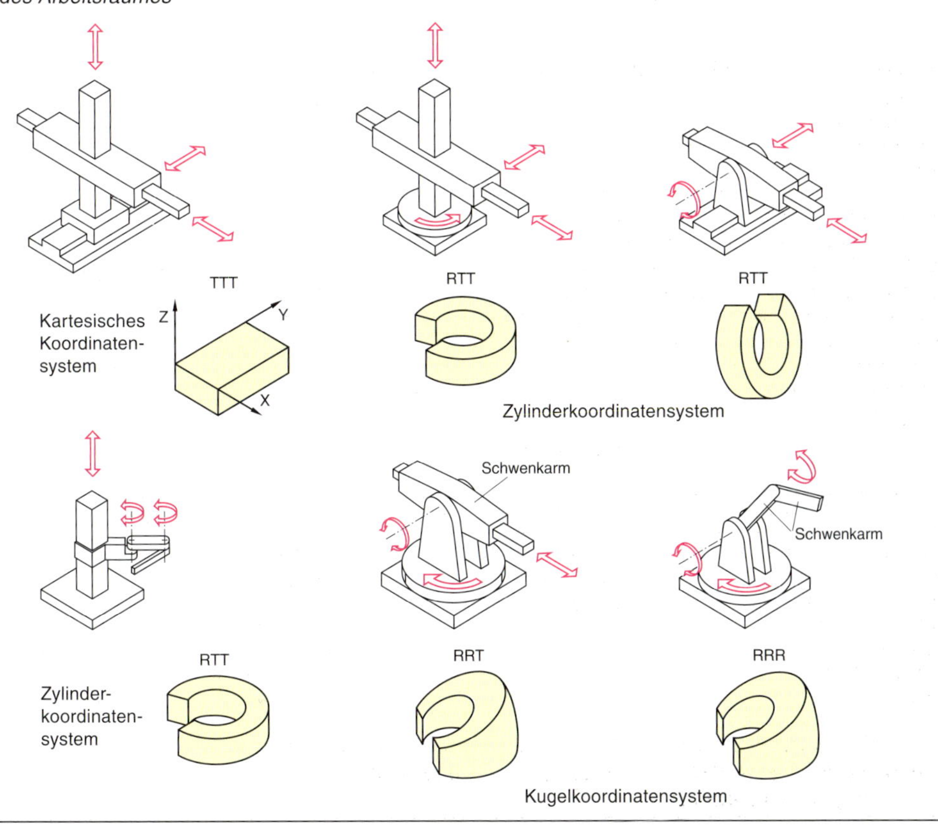

Fertigungstechnik

Flexible Fertigungssysteme

Handhabungs- und Robotertechnik

Industrieroboter

Kinematischer Aufbau und Bauarten

Zur Erzeugung einer *mathematisch definierten Bahn* der Roboterhand müssen mehrere Achsen *gleichzeitig* angetrieben werden.

Jede Achse kann von anderen Achsen unabhängige Bewegungen ausführen. Jeder Achse der Kinematik entspricht ein *Freiheitsgrad*.
Die Kinematik wird durch die *Achsenkurzzeichen R* und *T* beschrieben.

TTT-Kinematik

Drei senkrecht aufeinander stehende translatorische Achsen bilden einen **quaderförmigen Arbeitsraum**. Bei Portalbauweise ergibt sich ein großer Arbeitsraum bei geringem Platzbedarf. Oftmals sind nur die drei Hauptachsen erforderlich.

Anwendungen

- *Transport von Werkstücken*
- *Werkstückzuführung und Werkstückentnahme an Werkzeugmaschinen*
- *Laserstrahlführung bei der Blechbearbeitung*

RTT-Kinematik

Eine horizontale oder vertikale rotatorische Achse und zwei translatorische Achsen bilden einen **zylinderförmigen Arbeitsraum**.

Robuste Bauweise bei großem Platzbedarf. Oftmals sind nur die drei Hauptachsen erforderlich.

Anwendung

- *Werkstückhandhabung in Fertigungsinseln mit rundum aufgestellten Bearbeitungsmaschinen*

RTT-Kinematik 1

Zwei rotatorische Achsen und eine vertikale translatorische Achse bilden einen **zylinderförmigen Arbeitsraum**. Meist werden die drei Hauptachsen durch eine Nebenachse zur Werkstückdrehung ergänzt (4 Achsen).

Diese Kinematik ergibt eine steife Bauweise. Es können **große Vertikalkräfte** ausgeübt werden, da diese Kräfte nicht von Gelenkeinheiten aufgenommen werden müssen.

Anwendungen

- *Montage durch senkrechtes Fügen*
- *Palettieren*

RTT-Kinematik 2

Zwei rotatorische Achsen und eine horizontale translatorische Achse bilden einen **kugelförmigen Arbeitsraum**. Meist werden die drei Hauptachsen durch zwei Nebenachsen ergänzt (5 Achsen). Es ergibt sich eine robuste Bauform mit großen Armlängen.

Anwendungen

- *Werkstückhandhabung an Druckgussmaschinen*
- *Punktschweißen an Karosserien*

RRR-Kinematik

Drei rotatorische Achsen bilden einen **kugelförmigen Arbeitsraum**.

Die drei Hauptachsen werden durch drei Nebenachsen ergänzt. Man bezeichnet diese Bauform als **Knickarmroboter**.

Vorteile sind der geringe Platzbedarf und die universelle Anwendbarkeit.

Fertigungstechnik

Flexible Fertigungssysteme

Handhabungs- und Robotertechnik

Industrieroboter

Kinematischer Aufbau und Bauarten

RRR-Kinematik

Anwendungen
- *Punktschweißen, Kleben*
- *Handhaben, Montieren*
- *Entgraten, Polieren*

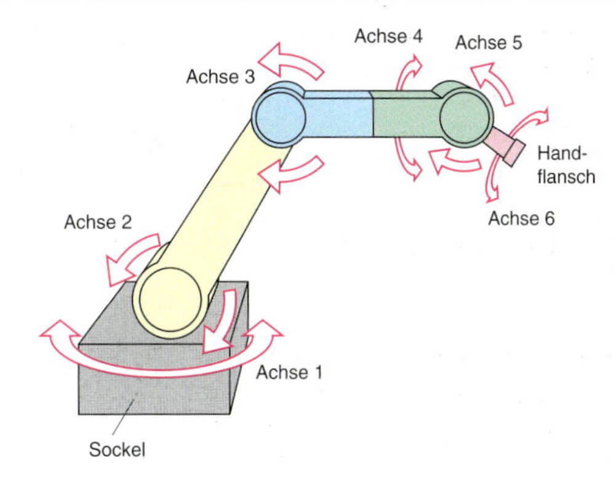

Koordinatensysteme, Orientierung

Zur Steuerung der Roboterbewegung müssen *Lage* und *räumliche Ausrichtung* (Orientierung) von Greifer oder Werkzeug im Arbeistraum in Bezug auf das zu handhabende oder zu bearbeitende Werkstück exakt definiert werden.

Diese Definition erfolgt mithilfe rechtwinkliger (kartesischer) Koordinatensysteme, die **Anwenderkoordinatensysteme** genannt werden. Wichtig für den Anwender sind:

- *Roboterkoordinatensystem*
- *Flanschkoordinatensystem*
- *Werkzeugkoordinatensystem*

Basiskoordinatensystem und Flanschkoordinatensystem eines Knickarmroboters

Das **Basiskoordinatensystem** ist *ortsfest*. Es ist mit dem Sockel verbunden und maßgebend für die korrekte Ausrichtung des Roboters. Das **Flanschkoordinatensystem** ist *beweglich*. Es bezieht sich auf die letzte Roboterachse, an der Greifer oder Werkzeugträger angeflanscht sind.

Die XY-Ebene liegt in der Flanschfläche und die Z-Achse in der Flanschmitte. Nach diesem *Koordinatensystem* werden *Greifer* und *Werkzeuge* ausgerichtet.

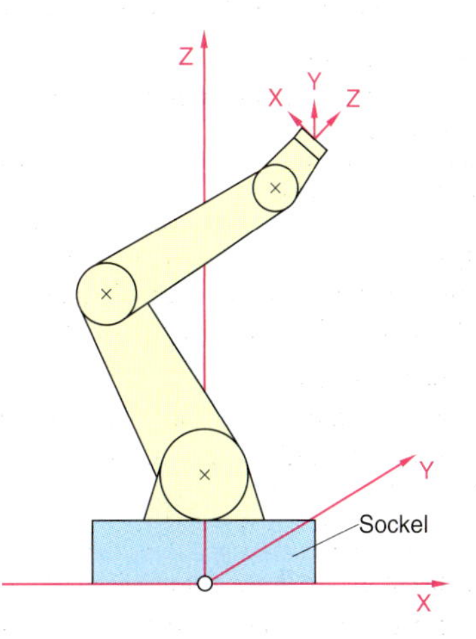

Das **Werkzeugkoordinatensystem** wird vorwiegend für bearbeitende Industrieroboter benötigt. Es hat seinen Ursprung (Nullpunkt) im **Werkzeugbezugspunkt TCP** (Tool Center Point) und bezieht sich auf das Flanschkoordinatensystem.

Der Weg des TCP stellt die **Bewegungsbahn** dar. Die Geschwindigkeit des TCP ist die **Bahngeschwindigkeit**. Die räumliche Ausrichtung des Werkzeugkoordinatensystems ist die **Orientierung**.

Die **Bahnpunkte des TCP** werden programmiert durch

- *die Koordinatenwerte X, Y, Z für die Position,*
- *die Drehwinkel A, B, C um die Koordinatenachsen für die Orientierung.*

Fertigungstechnik

Flexible Fertigungssysteme

Handhabungs- und Robotertechnik

Industrieroboter

Koordinatensysteme, Orientierung

Werkzeugkoordinatensystem mit Werkzeugbezugspunkt TCP

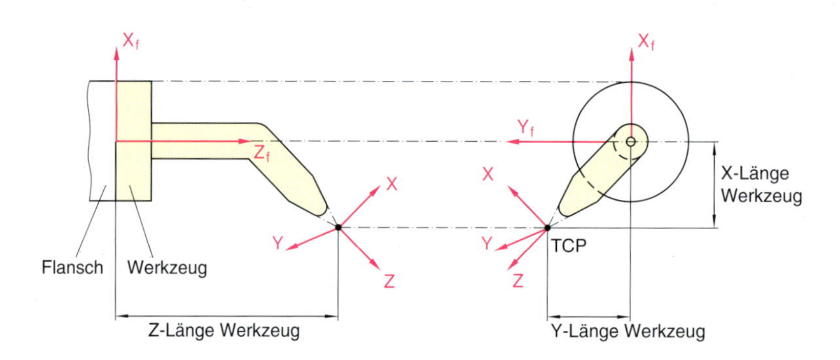

Position *und* Orientierung des TCP bezeichnet man als **Pose**. Die Koordinatenwerte und Drehwinkel werden auf das **Roboter-Basiskoordinatensystem** bezogen.

Bei der Definition der *Orientierung* durch die drei Orientierungswinkel A, B, C verwenden die Hersteller *unterschiedliche Festlegungen*. Häufig wird die **Eulerkonvention** Z, X´, Y´´ getroffen.

Objektorientierung nach der Eulerkonvention

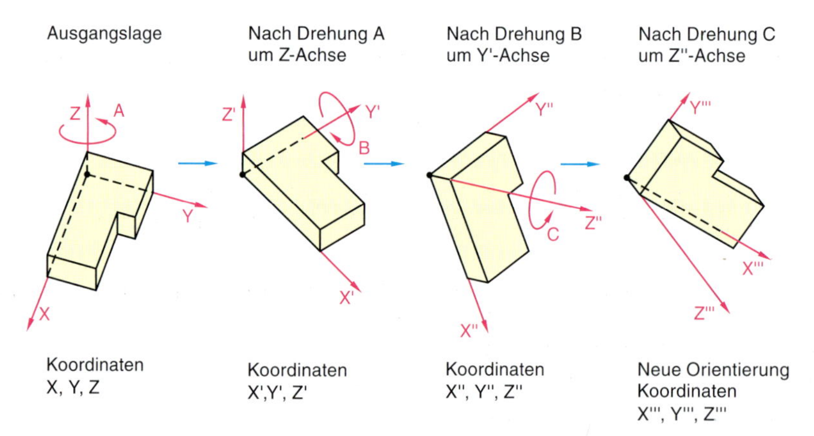

- Der Winkel A definiert eine Drehung des Objektes um eine zur Z-Achse parallele Achse durch den TCP. Es ergibt sich das neue Koordinatensystem X´, Y´, Z´.
- Der Winkel B definiert eine Drehung des Objektes um eine zur nun vorhandenen Y´-Achse parallele Achse durch den TCP. Es entsteht das neue Koordinatensystem X´´, Y´´, Z´´.
- Der Winkel D definiert eine Drehung des Objektes zu eine zur nun vorhandenen X´´-Achse parallele Achse durch den TCP. Es entsteht das neue Koordinatensystem X´´´, X´´´, Z´´´.

Für die Steuerung der Roboterachsen ist ein eigenes Achskoordinatensystem maßgebend, mit dem die Armlängen und Gelenkwinkel auf die im Anwender-Koordinatensystem definierte Lage und Orientierung eingestellt werden.

Fertigungstechnik

Flexible Fertigungssysteme

Handhabungs- und Robotertechnik

Industrieroboter

Koordinatensysteme, Orientierung

Achskoordinatensystem eines Industrieroboters

Position und Orientierung des Objektes hängen von den Gelenkwinkeln und Armlängen ab.

Die **Pose** des TCP wird durch die Gelenkwinkel α, β, γ, δ, ε, φ eingestellt.

Zur Steuerung der rotatorischen Achsen ist eine ständige Umrechnung der kartesischen Koordinatenwerte des TCP in Winkelwerte der Roboterachsen notwendig (Koordinatentransformation).

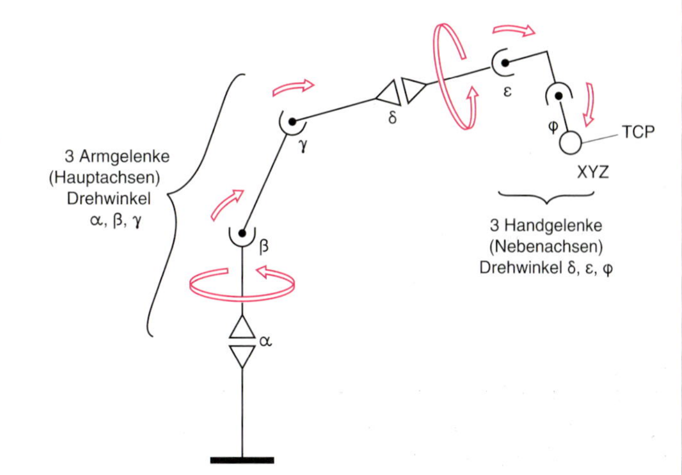

Betriebsarten und Programmierung

Möglich sind die Betriebsarten *Handbetrieb*, *Automatikbetrieb* und *Programmierbetrieb*.

Handbetrieb
Verfahren der Roboterachsen einzeln oder gleichzeitig durch Tastendruck am Bedienteil zwecks

- *Anfahren des Referenzpunktes (bei inkrementalen Messsystemen)*
- *Fahrten längerer Wege im jeweiligen Koordinatensystem*
- *Tippen, d. h. Verfahren in kleinsten Schritten*
- *Test des RC-Programms im Einzelsatz, in Satzfolge, Test der Ein- und Ausgänge*
- *Suchlauf, d. h. interner Programmablauf bis zum gesuchten Satz ohne Roboterbewegung*

Automatikbetrieb
Automatisches Abfahren des RC-Programms in ständiger Wiederholung mit Programmunterbrechung und Programmfortsetzung. Folgende Funktionen können dabei erfüllt werden:

- *Das RC-Programm läuft ständig (zyklisch) durch*
- *Das RC-Programm wird nach jedem Bewegungssatz neu gestartet*
- *Das RC-Programm wird extern über einen Rechner gestartet*

Programmierbetrieb
Über ein *Programmierhandgerät* können Anweisungen vor Ort angewählt, eingegeben und als Programm gespeichert werden. Programmteile können geändert, eingefügt und gelöscht werden. Positionen und Orientierungen (Posen) können übernommen werden. Sämtliche Achsen können mit Achs-Verfahrtasten bewegt werden.

Programmierverfahren

Play-back-Programmierung
Teach-in-Programmierung
Off-line-Programmierung

Fertigungstechnik

Flexible Fertigungssysteme

Handhabungs- und Robotertechnik

Industrieroboter

Betriebsarten und Programmierung

Bei der **Play-back-Programmierung** (engl.: zurückspielen) wird die Bewegung direkt manuell festgelegt, indem man die Roboterhand in der vorgesehenen Bahn und Orientierung von Hand führt.
Die Steuerung speichert die Koordinatenwerte und wiederholt die „vorgespielte" Bahn.

Nachteile:

- *geringe Genauigkeit*
- *Belastung und Gefährdung des Programmierers durch Aufenthalt im Arbeitsraum des Roboters*

Diese Programmierung wird nur selten angewendet.

Die **Teach-in-Programmierung** (engl.: einlernen) wird online vom Programmierer vor Ort durchgeführt. Positionen und Orientierungen werden Punkt für Punkt mithilfe des Programmiergerätes im Handbetrieb eingelernt.
Im Automatikbetrieb werden dann die gespeicherten Bahnpunkte mit aufsteigender Satznummer abgefahren. Die übrigen Anweisungen werden offline eingegeben.

Bei der **Off-Line-Programmierung** werden alle Daten und Anweisungen des Arbeitsprogramms grafisch interaktiv erzeugt. Dies gilt auch für die Positions- und Orientierungsdaten.

Sicherheitsmaßnahmen und Schutzeinrichtungen

Ein arbeitender Industrieroboter stellt eine erhebliche **Gefahrenquelle** dar. Deshalb müssen nach dem Maschinenschutzgesetz und den allgemeinen Sicherheitsbestimmungen Industrieroboter mit **Schutzeinrichtungen** versehen sein, welche die im Arbeitsbereich Beschäftigten vor Unfällen schützen.

- Vor Beginn und während der Roboterbewegung müssen die Schutzeinrichtungen zwangsläufig wirksam werden.
- Beim Entfernen oder bei Störung der Schutzeinrichtungen muss die Roboterbewegung zwangsläufig gestoppt werden.

Die VDI-Richtlinien VDI 2853, 2856 bis 3231 sowie die DIN VDI 1000 geben Hinweise für die *sicherheitstechnische Gestaltung* von Industrierobotern und Werkzeugmaschinen.

Eine übliche Schutzmaßnahme sind **Sicherheitsabsperrungen**, die den Arbeitsbereich des Roboters umgeben. Werden die Absperrungen geöffnet, dann setzt eine Sicherheitsschaltung alle Roboterantriebe still.

Es können auch softwaremäßig **Schutzräume** als Quader definiert werden, die den Arbeitsraum umgeben. Dringt der Roboter mit dem TCP oder mit seinen Armen in einen Schutzraum ein, dann wird die Bewegung gestoppt und Alarm ausgelöst.

Der **Robotergefahrenbereich** kann auch durch berührungslos arbeitende Schutzeinrichtungen gesichert werden, z. B. durch Lichtschranken.
Bei manueller Werkstückversorgung des Arbeitsplatzes kann ein *Drehtisch* die Übergabeseite vom Gefahrenbereich trennen. Es werden auch **Trittplatten** oder **Kontaktmatten** verwendet, die beim Betreten den Roboter stillsetzen.

Arbeiten mehrere Roboter in einem Fertigungssystem nebeneinander, dann muss die gegenseitige Kollision infolge Fehlbedienung oder Systemversagen verhindert werden. Drucksensoren oder optische Sensoren z. B. können dafür sorgen, dass gefahrbringende Roboterbewegungen gestoppt werden.

Beim **Teach-in-Programmieren** und **Einrichten** muss sich jedoch das Bedienpersonal im **Gefahrenbereich** aufhalten.
Hierfür sind z. B. folgende **Sicherheitsmaßnahmen** vorgesehen:

- *Reduzierung der Antriebsleistungen und damit Verminderung der Antriebsmomente der Bewegungsachsen.*
- *Zustimmungsschalter am Programmierhandgerät, der nur solange er gedrückt wird, Roboterbewegungen zulässt.*
- *Not-Aus-Schalter am Programmierhandgerät zur sofortigen Stillsetzung des Roboters im Gefahrenfall.*

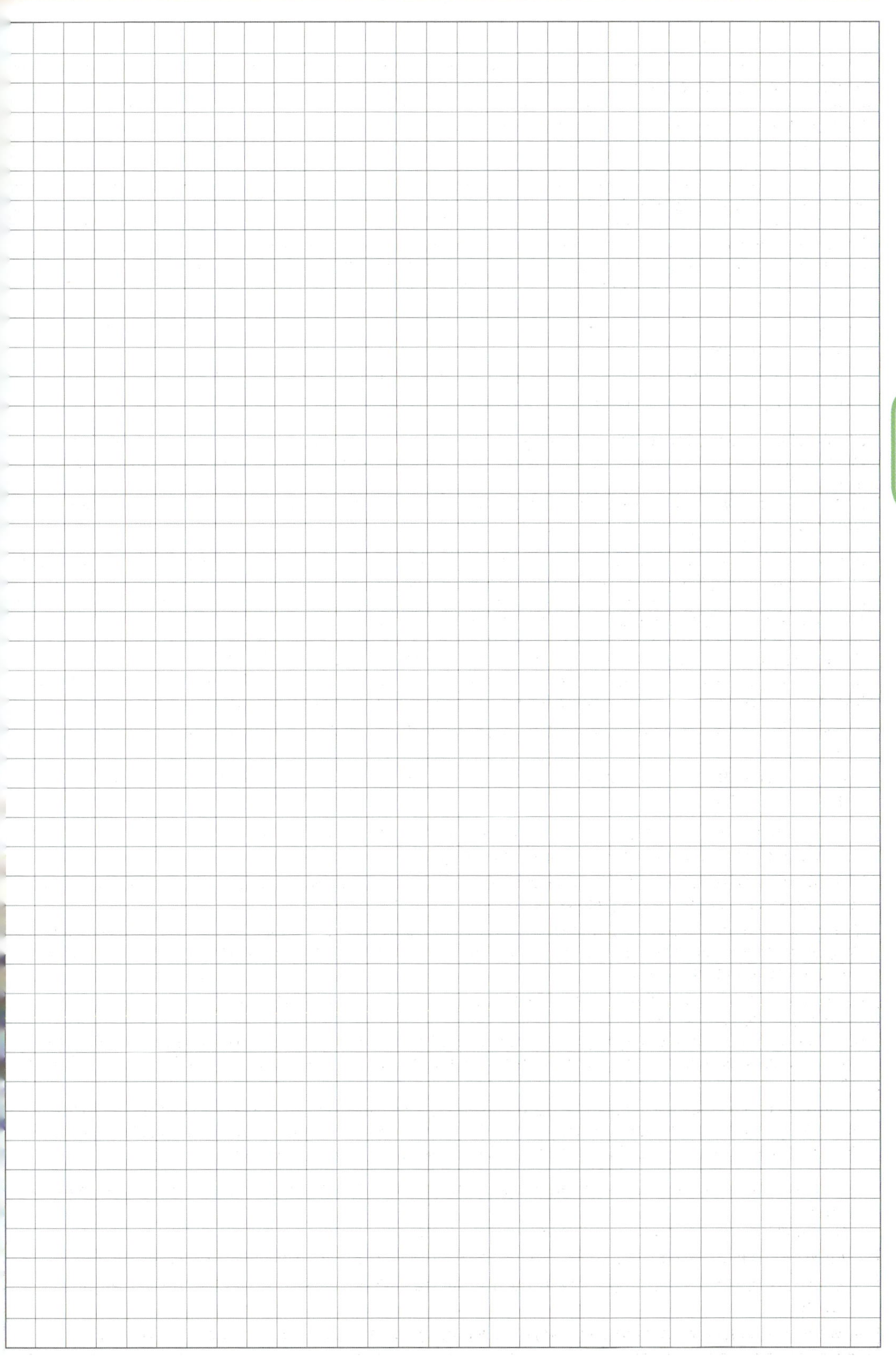

Mess- und Prüftechnik

Mess- und Prüftechnik

Längenprüftechnik

Begriffe und Definitionen DIN 1319-1

Ansprechschwelle	Kleinste Änderung des Wertes der Eingangsgröße, die zu einer erkennbaren Änderung des Wertes der Ausgangsgröße eines Messgerätes führt.
Auflösung	Kleinste unterscheidbare Differenz zweier Anzeigen einer Anzeigeeinrichtung. Angabe zur quantitativen Kennzeichnung der Eigenschaft eines Messmittels, zwischen nahe beieinander liegenden Messwerten eindeutig zu unterscheiden.
Ausgabe	Durch ein Messgerät oder eine Messeinrichtung bereitgestellte und in einer vorgesehenen Form ausgegebene Information über den Wert einer Messgröße.
Ausgangsgröße eines Messgerätes	Größe, die am Ausgang eines Messgerätes, einer Messeinrichtung oder einer Messkette als Antwort auf die erfasste Eingangsgröße vorliegt.
Berichtigen	Beseitigen der im unbeabsichtigten Messergebnis enthaltenen bekannten systematischen Messabweichung.
Brauchbarkeit	Die Brauchbarkeit eines Messverfahrens ist dann gegeben, wenn das Verhältnis v aus Messunsicherheit (bezogen auf die Fertigungstoleranz für Bauteile $v = 0{,}1$ bis 0,2 und für Lehren und Messgeräte $v \leq 1{,}0$) eingehalten wird.
Eichen	Die Eichung eines Messgerätes umfasst die nach den Eichvorschriften vorzunehmenden Qualitätsprüfungen und Kennzeichnungen. Das Wort „Eichen“ sollte nur in diesem Sinne verwendet werden und nicht – wie vielfach üblich – Kalibrierung und Justierung.
Empfindlichkeit	Änderung der Ausgangsgröße eines Messgerätes dividiert durch die zugehörige Änderung der Eingangsgröße.
Einflussgröße	Größe, die nicht Gegenstand der Messung ist, jedoch die Messgröße oder die Ausgabe beeinflusst.
Einstelldauer	Zeitspanne zwischen dem Zeitpunkt einer sprunghaften Änderung des Wertes der Eingangsgröße eines Messgerätes und dem Zeitpunkt, ab dem der Wert der Ausgangsgröße dauernd innerhalb vorgegebener Grenzen bleibt.
Erwartungswert	Wert, der zur Messgröße gehört und dem sich das arithmetische Mittel der Messwerte der Messgröße mit steigender Anzahl der Messwerte nähert, die aus Einzelmessungen unter gleichen Bedingungen gewonnen werden können.
Erweiterte Vergleichspräzision	Ausmaß der gegenseitigen Annäherung zwischen Messergebnissen derselben Messgröße, gewonnen unter veränderten Messbedingungen.
Fehler	Nichterfüllung einer festgelegten Forderung.
Freigabekriterien	Quantitative und/oder qualitative Kriterien zur Einschätzung der Fähigkeit und/oder Eignung von Prüfmitteln.
Genauigkeit	Abweichung zwischen dem wahren Wert und dem Mittelwert einer Messreihe unter Wiederholbedingungen, der sich beim wiederholten Messen eines Normals ergibt. Der Begriff „Richtigkeit“ wird synonym verwendet.
Justieren	Einstellen und Abgleichen eines Messgerätes, um systematische Messabweichungen so weit zu beseitigen, wie es für die vorgesehene Anwendung erforderlich ist.
Kalibrieren	Tätigkeiten zur Ermittlung des Zusammenhanges zwischen den ausgegebenen Werten eines Messgerätes oder einer Messeinrichtung oder den von einer Maßverkörperung oder von einem Referenzmaterial dargestellten Werten und den zugehörigen, durch Normale festgelegten Werten einer Messgröße unter vorgegeben Bedingungen. Ermitteln der systematischen Messabweichung einer Messeinrichtung ohne Veränderung der Messeinrichtung.

Mess- und Prüftechnik

Längenprüftechnik

Begriffe und Definitionen — DIN 1319-1

Begriff	Definition
Konformität	Erfüllung festgelegter Forderungen.
Linearität	Konstant bleibender Zusammenhang zwischen der Ausgangsgröße und der Eingangsgröße eines Messmittels bei deren Änderung; konstante Empfindlichkeit.
Maßverkörperung	Gerät, mit dem in stets gleichbleibender Weise während seines Gebrauchs ein oder mehrere Werte einer Größe wiedergegeben oder geliefert werden sollen.
Merkmal	Eine Eigenschaft zum Erkennen oder zum Unterscheiden von Einheiten. *Quantitatives Merkmal:* Merkmal, dessen Werte einer Skala mit definierten Abständen zugeordnet sind. *Qualitatives Merkmal:* Merkmal, dessen Werte einer Skala zugeordnet sind, auf der keine Abstände definiert sind. *Merkmalswert:* Wert eines quantitativen oder qualitativen Merkmals.
Messabweichung	Abweichung eines aus Messungen gewonnenen und der Messgröße zugeordneten Wertes vom wahren Wert. *Zufällige Messabweichung* Abweichung des unberichtigten Messergebnisses vom Erfahrungswert. *Systematische Messabweichung* Abweichung des Erfahrungswertes vom wahren Wert.
Messbereich	Bereich derjenigen Werte der Messgröße, für den gefordert ist, dass die Messabweichung eines Messgerätes innerhalb geforderter Grenzen bleibt.
Messbeständigkeit	Fähigkeit eines Messgerätes, seine metrologischen Merkmale zeitlich unverändert beizubehalten.
Messeinrichtung	Gesamtheit aller Messgeräte und zusätzlicher Einrichtungen (z. B. Lupe) zur Erzielung eines Messergebnisses.
Messergebnis	Aus Messungen gewonnener Schätzwert für den wahren Wert einer Messgröße.
Messgenauigkeit	Ausmaß der Übereinstimmung zwischen dem Messergebnis und einem wahren Wert der Messgröße.
Messgerät	Gerät, das allein oder in Verbindung mit anderen Einrichtungen für die Messung einer Messgröße vorgesehen ist.
Messgerätedrift	Langsame zeitliche Änderung des Wertes eines messtechnischen Merkmals eines Messgerätes.
Messgröße	Physikalische Größe, der die Messung gilt.
Messgrößenaufnehmer	Teil eines Messgerätes oder einer Messeinrichtung, der auf eine Messgröße unmittelbar anspricht.
Messkette	Folge von Elementen eines Messgerätes oder einer Messeinrichtung, die den Weg des Messsignals von der Aufnahme der Messgröße bis zur Bereitstellung der Ausgabe bildet.
Messmethode	Spezielle, vom Messprinzip unabhängige Art des Vorgehens bei der Messung.
Messmittel	Alle Messgeräte, Normale, Referenzmaterialien, Hilfsmittel und Anweisungen, die für die Durchführung einer Messung notwendig sind. Messmittel für Prüfzwecke und für die Kalibrierung.
Messobjekt	Träger der Messgröße.
Messprinzip	Physikalische Grundlage der Messung.

Mess- und Prüftechnik

Längenprüftechnik

Begriffe und Definitionen DIN 1319-1

Messsignal	Größe in einem Messgerät oder einer Messeinrichtung, die der Messgröße eindeutig zuzuordnen ist.
Messung	Ausführen von geplanten Tätigkeiten zum quantitativen Vergleich der Messsgröße mit einer Einheit.
Messung, dynamische	Messung, wobei die Messgröße entweder zeitlich veränderbar ist, oder ihr Wert sich abhängig vom gewählten Messprinzip wesentlich aus zeitlichen Änderungen anderer Größen ergibt.
Messverfahren	Praktische Anwendung eines Messprinzips und einer Messmethode.
Messwert	Wert, der zur Messgröße gehört und der Ausgabe eines Messgerätes oder einer Messeinrichtung eindeutig zugeordnet ist.
Messunsicherheit	Dem Messergebnis zugeordneter Parameter, der die Streuung der Werte kennzeichnet, die vernünftigerweise der Messgröße zugeordnet werden könnte.
Normale	*Nationales Normal* Normal, das in einem Land als Basis zur Festlegung des Wertes aller anderen Normale der betreffenden Größe anerkannt ist. *Normal* Messgerät, Messeinrichtung oder Referenzmaterial, die den Zweck haben, eine Einheit oder einen oder mehrere bekannte Werte einer Größe darzustellen, zu bewahren oder zu reproduzieren, um diese an andere Messgeräte durch Vergleich weiterzugeben. *Bezugsnormal* Normal von der höchsten örtlich verfügbaren Genauigkeit, von dem an diesem Ort vorgenommene Messungen abgeleitet werden. *Gebrauchsnormal* Normal, das unmittelbar oder über einen oder mehrere Schritte mit einem Bezugsnormal kalibriert und routinemäßig benutzt wird, um Maßverkörperungen oder Messgeräte zu kalibrieren oder zu prüfen.
Prüfen	Feststellung, inwieweit ein Prüfobjekt eine Forderung erfüllt.
Prüfung	Tätigkeit wie Messen, Untersuchen, Ausmessen bei einem oder mehreren Merkmalen einer Einheit und Vergleichen der Ergebnisse mit festgelegten Forderungen, um festzustellen, ob Konformität für jedes Merkmal erzielt ist.
Prüfmittel	Messmittel, die zur Darlegung der Konformität von Produkten bezüglich festgelegter Qualitätsanforderungen benutzt werden.
Qualitätsaudit	Systematische und unabhängige Untersuchung, um festzustellen, ob die qualitätsbezogenen Tätigkeiten und damit zusammenhängende Ergebnisse den geplanten Anforderungen entsprechen, und ob diese Anforderungen tatsächlich verwirklicht und geeignet sind, die Ziele zu erreichen.
Qualitätsanforderung	Formulierung und Erfordernisse oder deren Umsetzung in eine Serie von quantitativ oder qualitativ festgelegten Forderungen an die Merkmale einer Einheit zur Ermöglichung ihrer Realisierung und Prüfung.
Referenzbedingungen	Vorgeschriebene Betriebsbedingungen für die Prüfung eines Messgerätes oder für den Vergleich von Messergebnissen.
Richtigkeit	Fähigkeit eines Messgerätes, Anzeigen ohne systematische Messabweichung zu liefern.
Richtiger Wert	Bekannter Wert für Vergleichszwecke, dessen Abweichung vom wahren Wert für den Vergleichszweck als vernachlässigbar betrachtet wird.

Mess- und Prüftechnik

Längenprüftechnik

Begriffe und Definitionen

DIN 1319-1

Begriff	Definition
Rückverfolgbarkeit	Eigenschaften eines Messergebnisses oder des Wertes eines Normals, durch eine ununterbrochene Kette von Vergleichsmessungen mit angegebenen Messunsicherheiten auf geeignete Normale, im Allgemeinen nationale oder internationale Normale, bezogen zu sein.
Rückwirkung eines Messgerätes	Einfluss eines Messgerätes bei seiner Anwendung, der bewirkt, dass sich die vom Messgerät zu erfassende Größe von derjenigen Größe unterscheidet, die am Eingang des Messgerätes tatsächlich vorliegt.
Statische Messung	Messung, wobei eine zeitlich unveränderliche Messgröße nach einem Messprinzip gemessen wird, das nicht auf der zeitlichen Änderung anderer Größen beruht.
Systematische Messabweichung	Mittelwert, der sich aus einer unbegrenzten Anzahl von Messungen derselben Messgröße ergeben würde, die unter Wiederholbedingungen ausgeführt wurden, abzüglich des wahren Wertes der Messgröße.
Übertragungsverhalten eines Messgerätes	Beziehung zwischen den Werten der Eingangsgröße und den zugehörigen Werten der Ausgangsgröße eines Messgerätes unter Bedingungen, die Rückwirkung des Messgerätes ausschließen.
Unberichtigtes Messergebnis	Aus Messungen gewonnener Schätzwert für den Erwartungswert.
Validierung	Bestätigen aufgrund einer Untersuchung und durch Bereitstellung eines Nachweises, dass die besonderen Forderungen für einen speziellen beabsichtigten Gebrauch erfüllt worden sind.
Verifizierung	Bestätigen aufgrund einer Untersuchung und durch Bereitstellung eines Nachweises, dass festgelegte Forderungen erfüllt sind.
Wahrer Wert	Wert der Messgröße als Ziel der Auswertung von Messungen der Messgröße.
Wiederholbarkeit	Ausmaß der gegenseitigen Annäherung zwischen Ergebnissen aufeinander folgender Messungen der Messgröße, ausgeführt unter denselben Messbedingungen.
Wiederholbedingung	Bedingungen, unter denen wiederholt einzelne Messwerte für dieselbe spezielle Messgröße unabhängig voneinander so gewonnen werden, dass die systematische Messabweichung für jeden Messwert die gleiche bleibt.
Wiederholpräzision	Fähigkeit eines Messgerätes, bei wiederholtem Anlegen derselben Messgröße unter denselben Messbedingungen, nahe beieinander liegende Anzeigen zu liefern.
Zählen	Ermitteln des Wertes der Messgröße „Anzahl der Elemente einer Menge".
Zertifizierung	Verfahren, in dem ein unparteiischer Dritter schriftlich bestätigt, dass ein Erzeugnis, ein Verfahren oder eine Dienstleistung vorgeschriebene Forderungen erfüllt.
Zufällige Messabweichung	Messergebnis minus dem Mittelwert, der sich aus einer unbegrenzten Anzahl von Messungen derselben Messgröße ergeben würde, die unter Wiederholbedingungen ausgeführt wurden.

Messtechnische Begriffe

Längen und Längenverhältnisse	Längen und Längenverhältnisse sind zum Beispiel Außenmaße, Innenmaße, Absatzmaße, Maße für Durchmesser, Breiten, Dicken, Lochmittenabstände, Winkel, Radien. Dazu gehören auch Maße für *Form* und *Lage* sowie *Oberflächenmaße*. Längen- und Winkelmaße werden mit *Zahlenwert* und *Einheit* angegeben. Alle Maßangaben gelten für die *Bezugstemperatur* 20°C. Bezugstemperatur ist die Temperatur, bei der Prüfmittel und Prüfgegenstände die vorgeschriebenen Maße haben sollen.

Mess- und Prüftechnik

Messtechnische Begriffe

Längeneinheit	Die **Si-Basiseinheit** der Länge ist das *Meter* mit dem Zeichen m. Bevorzugte dezimale Teile des *Meter:* 1 dm (Dezimeter) = 10^{-1} m = 0,1 m 1 cm (Zentimeter) = 10^{-2} m = 0,01 m 1 mm (Millimeter) = 10^{-3} m = 0,001 m 1 µm (Mikrometer) = 10^{-6} m = 0,000001 m = 10^{-3} mm = 0,001 mm 1 nm (Nanometer) = 10^{-9} m = 0,000000001 m = 10^{-6} mm = 0,000001 mm = 10^{-3} µm = 0,001 µm
Winkeleinheit	Die Einheit des *ebenen Winkels* ist derjenige Winkel, für den das Längenverhältnis Kreisbogen zu Kreisradius den Zahlenwert 1 hat. Diese Einheit wird *Radiant* (rad) genannt. Bevorzugte dezimale Teile des *Radiant:* 1 mrad (Milliradiant) = 10^{-3} rad = 0,001 rad 1 µrad (Mikroradiant) = 10^{-6} rad = 0,000001 rad Der Grad (Zeichen °) ist gleich dem 360. Teil des Vollwinkels. $1^\circ = \frac{\pi}{180}$ rad $1\ \text{rad} = \frac{180^\circ}{\pi} = 57{,}296^\circ$ Teile des Grades: $1'\ (\text{Minute}) = \left(\frac{1}{60}\right)^\circ = 60''$ Minuten ′ / Sekunden ″ $1''\ (\text{Sekunde}) = \left(\frac{1}{60}\right)' = \left(\frac{1}{3600}\right)^\circ$ Bei Angabe eines Winkels in der Einheit Grad kann dieser entweder sexagesimal (z. B. 50°, 7′, 30″) oder dezimal (z. B. 50, 125°) unterteilt angegeben werden.
Prüfen	*Prüfen in der Längenprüftechnik* ist das Feststellen, ob ein Prüfgegenstand den geforderten Maßen und der geforderten Gestalt entspricht. Das Prüfen kann *subjektiv* durch Sinneswahrnehmung oder *objektiv* durch Messen oder Lehren erfolgen. 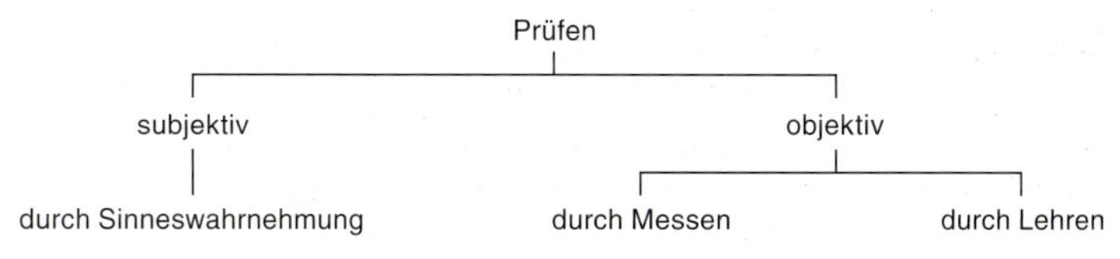
Messen	Messen ist das Ermitteln des Messwertes einer Länge oder eines Winkels durch Vergleich mit einem Normal, z.B. mit der Maßverkörperung eines Messgerätes.
Lehren	Lehren ist das Feststellen, ob bestimmte Längen, Winkel oder Formen eines Prüfgegenstandes gegebene Genzen einhalten oder in welcher Richtung sie diese überschreiten. Der *Betrag* der Abweichung wird *nicht* festgestellt. Die Grenzen werden durch Maß- oder Formverkörperungen, Lehren genannt, festgelegt. Eine *Grenzlehrung* erfordert *zwei* Maßverkörperungen, die den beiden Grenzmaßen entsprechen.

Mess- und Prüftechnik

Messtechnische Begriffe

Prüfmittel	Prüfmittel können nach folgendem Schema gegliedert werden: Prüfmittel anzeigende Messgeräte – Maßverkörperungen und Lehren – Hilfsmittel Aus einem oder mehreren anzeigenden Messgeräten, Maßverkörperungen und Hilfsmitteln lassen sich Messeinrichtungen (Messanordnungen, Messvorrichtungen) zusammenstellen.
Anzeigendes Messgerät	Ein anzeigendes Messgerät ist ein Messgerät mit einer Anzeigeeinrichtung, z. B. Messschieber, Bügelmessschraube, Messuhr, Feinzeiger. Einfache anzeigende Messgeräte wie z. B. Messschieber oder Messschraube werden auch Messzeuge genannt.
Maßverkörperung	Eine Maßverkörperung in der Längenprüftechnik stellt Längen bzw. Winkel durch die festen Abstände bzw. Winkel zwischen Flächen oder Strichen dar. Einstellnormale (z. B. Einstellringe oder Einstelldorne) sind Maßverkörperungen.
Lehre	Eine Lehre verkörpert Maße oder Formen, die in der Regel auf Grenzmaße bezogen sind.
Hilfsmittel	Hilfsmittel in der Längenprüftechnik sind Geräte oder Teile, mit denen Prüfgegenstände, anzeigende Messgeräte, Maßverkörperungen oder Lehren in bestimmte, für die Ausführung der Messungen erforderliche Position gebracht werden können. Hilfsmittel haben Bezugsflächen, Aufnahmeflächen, Führungen usw. in der für die Messungen erforderlichen Beschaffenheit, z. B. Messtische, Messstative, Spannprismen.
Messgröße	Die Messgröße in der Längenprüftechnik ist die zu messende Länge bzw. der zu messende Winkel.
Anzeigende Messgeräte	Die Anzeige ist die unmittelbar erfassbare Information über den Messwert. Sie kann optisch, akustisch oder auf andere Weise vermittelt werden. Bei anzeigenden Messgeräten werden die Skalenanzeige, die Ziffernanzeige und sonstige Anzeigen unterschieden. Die Anzeige kann auch durch Drucker oder Schreiber dargestellt werden. Bei Maßverkörperungen entspricht die Aufschrift der Anzeige. Ansteigende Messgeräte können mit einer Strichskale oder mit einer Ziffernskale ausgestattet sein.
Strichskale	Eine Strichskale (Teilung) ist die Aufeinanderfolge einer Anzahl von Teilstrichen auf einem Skalenträger. Die Teilstriche der Skale können beziffert sein. Im Allgemeinen entspricht die Bezifferung den verwendeten Einheiten.
Skalenteil	Als Skalenteil bezeichnet man den Teilstrichabstand; er ist die Zähleinheit für die Anzeige. Der Skalenwert ist gleich der Änderung der Messgröße, die einem Skalenteil entspricht. Der Skalenwert wird in der Einheit der Messgröße angegeben. Er beträgt z. B. bei einer Messuhr 0,01 mm.
Ziffernskale	Eine Ziffernskale ist eine Folge von Ziffern (meist 0 bis 9) auf einem Skalen- oder Ziffernträger, wobei meist nur die abzulesende Ziffer sichtbar ist. Eine mehrstellige Ziffernskale besteht aus mehreren, nebeneinander angeordneten einstelligen Ziffernskalen mit z. B. hinter Schauöffnungen ablesbaren Ziffern; meist sind hier die einzelnen Ziffernskalen dezimal abgestuft.

Mess- und Prüftechnik

Messtechnische Begriffe

Ziffernskale	**Strichskale** Skalenhülse, Skalenanzeige, Bezugslinie, Skalentrommel, Spindelfeststelleinrichtung (75 80, 5, 0, 45)	**Ziffernskale** Ziffernanzeige (85.00)
Messwert	Der Messwert in der Längenprüftechnik ist der spezielle, durch eine Messung ermittelte Wert der zu messenden Länge bzw. des zu messenden Winkels. Er wird auf der Anzeige eines Messgeräts ermittelt und als Produkt aus Zahlenwert und Einheit angegeben. Gegebenenfalls ist das Vorzeichen zu beachten. Jeder Messwert ist mit einer Messunsicherheit behaftet. Die Messunsicherheit ergibt sich aus den zufälligen Fehlern sowie aus nicht erfassten systematischen Fehlern.	
Messergebnis	Das Messergebnis wird aus einem oder mehreren Messwerten gebildet und stellt unter Berücksichtigung der Messunsicherheit das Istmaß dar.	
Anzeigebereich	Der Anzeigebereich eines anzeigenden Messgeräts ist der Bereich zwischen größter und kleinster Anzeige eines Messgeräts. Der Messbereich ist ein Teil des Anzeigebereiches, er kann auch den ganzen Anzeigebereich umfassen. Er ist meist derjenige Bereich von Messwerten, in dem vorgegebene oder vereinbarte Fehlergrenzen nicht überschritten werden.	
Messspanne	Die Differenz zwischen Endwert und Anfangswert des Messbereiches ist die Messspanne. Die Messwertumkehrspanne eines anzeigenden Messgeräts ist der Unterschied der Anzeige für denselben Wert der Messgröße, wenn einerseits bei steigenden und andererseits bei fallenden Werten der Anzeige gemessen wird.	
Messgerät mit Skalenanzeige	Bei Messgeräten mit Skalenanzeige ist die Empfindlichkeit E gleich dem Verhältnis der Anzeigenänderung ΔL zu der sie verursachenden Änderung ΔM der Messgröße. $E = \frac{\Delta L}{\Delta M}$ Bei Längenmessgeräten ist die Empfindlichkeit gleich dem Verhältnis des Weges der Ablesemarke, z. B. der Zeigerspitze, zum Weg des messenden Elements, z. B. des Messbolzens. Hier wird anstelle von Empfindlichkeit (E) auch von Vergrößerung (V) oder Übersetzung ($\ddot{U}$) gesprochen.	
Messgerät mit Ziffernanzeige	Bei Messgeräten mit Ziffernanzeige ist die Empfindlichkeit E gleich dem Verhältnis der Anzahl ΔZ der Ziffernschritte zu der sie verursachenden Änderung ΔM der Messgröße. $E = \frac{\Delta Z}{\Delta M}$ Der Ziffernschritt ist die Differenz zweier aufeinander folgender Ziffern der letzten Stelle einer Ziffernskale.	

Grundsätze der Längenprüftechnik und Messgeräte

Abbescher Grundsatz	Die zu messende Strecke am Prüfgegenstand und die Vergleichsstrecke an der Maßverkörperung bzw. dem zu messenden Element in der Messrichtung sollen *fluchtend* angeordnet sein. Hierdurch werden Messabweichungen, die infolge von geringen Kippungen bei Messbewegungen auftreten, vernachlässigbar klein. Bei Parallelversatz von Messstrecke und Vergleichsstrecke, also Nichteinhaltung des Abbeschen Grundsatzes, verursachen geringe Kippungen bei Messbewegungen eine Messabweichung, die meist nicht mehr vernachlässigbar klein ist.

Mess- und Prüftechnik

Grundsätze der Längenprüftechnik und Messgeräte

Abbescher Grundsatz

Bild a: Abbescher Grundsatz *nicht* erfüllt, Parallelversatz

Bild b: Abbescher Grundsatz erfüllt, fluchtende Anordnung von Messgegenstand und Vergleichsmaß

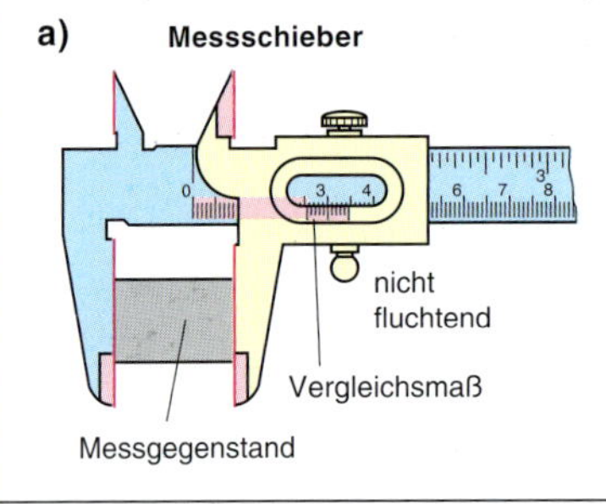

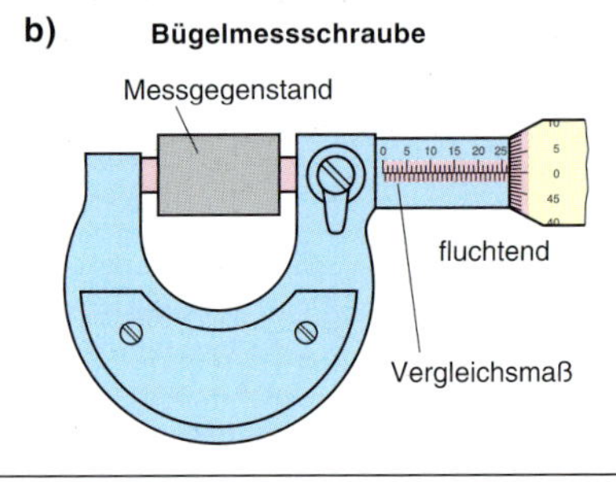

Taylorscher Grundsatz

Der Taylorsche Grundsatz bezieht sich auf die Gestaltung und Anwendung von Lehren zur Prüfung von Passteilen.

Gutlehre

Die **Gutlehre**, die man mit jedem als „gut" zu bezeichnenden Prüfgegenstand paaren kann, muss jedem Element der zu prüfenden Werkstückoberfläche ein eigenes Flächenelement gegenüberstellen. Damit werden sowohl die **Form** als auch die **Maße** geprüft.
Die Gutlehre muss so ausgebildet sein, dass sie die zu prüfende Form in ihrer *Gesamtwirkung* prüft.

Ausschusslehre

Anwendung des Taylorschen Grundsatzes beim Grenzlehrdorn

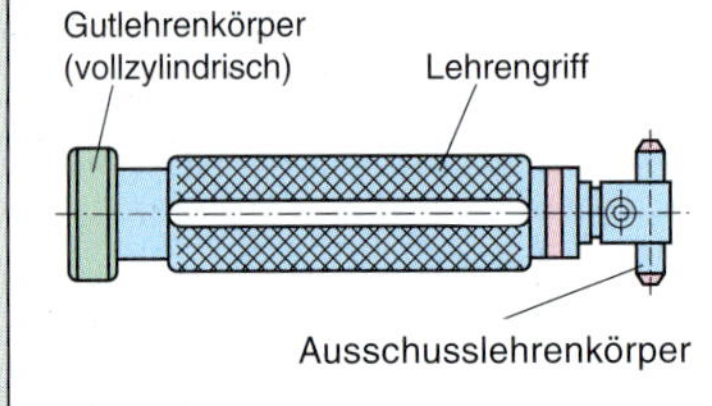

Die **Ausschusslehre**, die man mit einem als „gut" zu bezeichnenden Prüfgegenstand nicht paaren kann, soll hingegen so kleine Flächenelemente besitzen, dass sie durch Paarung mit sehr kleinen Elementen der zu prüfenden Werkstückoberfläche das *Nichteinhalten des geforderten Grenzmaßes* anzeigt. Damit werden nur einzelne Maße des Prüfgegenstandes geprüft.

Die **Gutlehre** soll so ausgebildet sein, dass sie die geometrische Form in ihrer Gesamtwirkung prüft. Die **Ausschusslehre** hingegen soll nur einzelne Bestimmungsstücke der geometrischen Form prüfen (z. B. den Durchmesser).

Beim **Grenzlehrdorn** wird der Taylorsche Grundsatz realisiert.

Prüfmittel

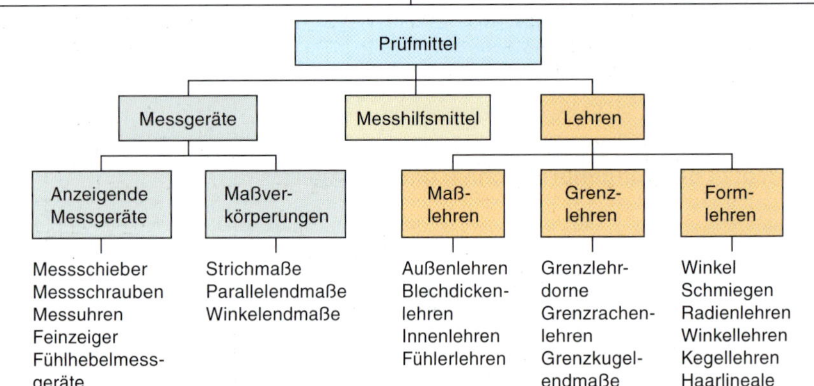

Mess- und Prüftechnik

Grundsätze der Längenprüftechnik und Messgeräte

Messschieber DIN 862

Der Messschieber ist ein anzeigendes Längenmessgerät zum Messen von Außen-, Innen- und Tiefenmaßen, bei dem die Messwerte an Hauptteilungen und Noniusstellungen, an Ziffernanzeigen oder an Rundskalen abgelesen werden.
1A und 2A sind *Taschenmessschieber*, üblicherweise mit Messbereich bis 160 mm. Die Formen B, C, D und F sind *Werkstattmessschieber*.

Messschieberformen

a) Messschieber zum Messen von Innen-, Außen- und Tiefenmaßen

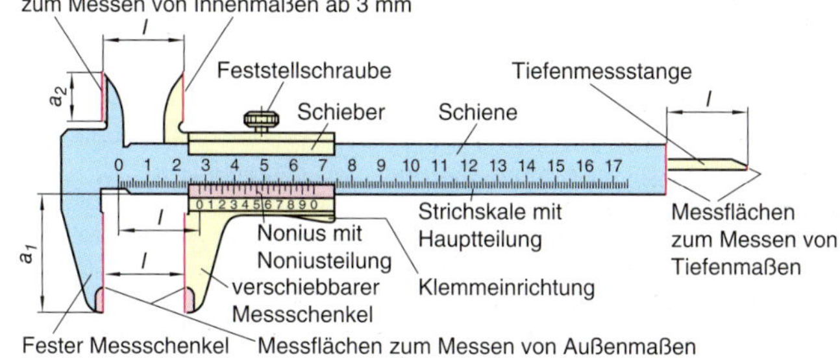

b) Messschieber zum Messen von Innen- und Außenmaßen

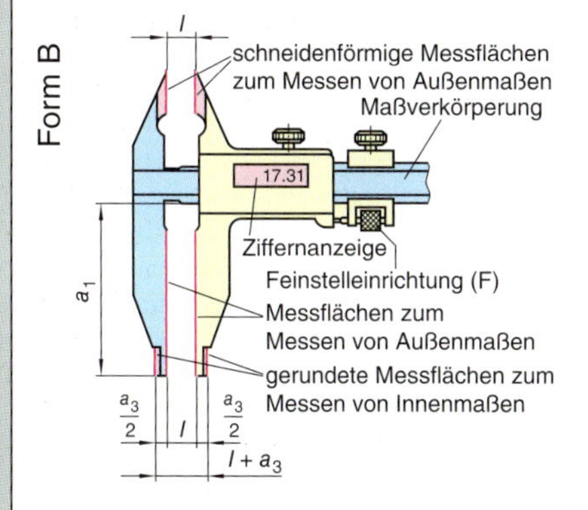

c) Wie b), jedoch mit sich kreuzenden schneidenförmigen Messflächen

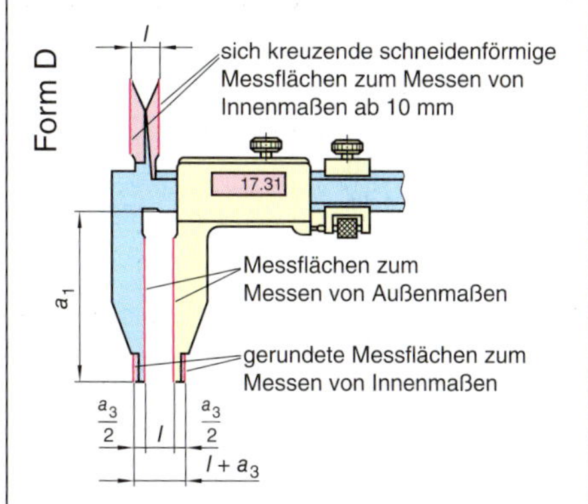

d) Messschieber zum Messen von Innen- und Außenmaßen ohne schneidenförmige Messflächen

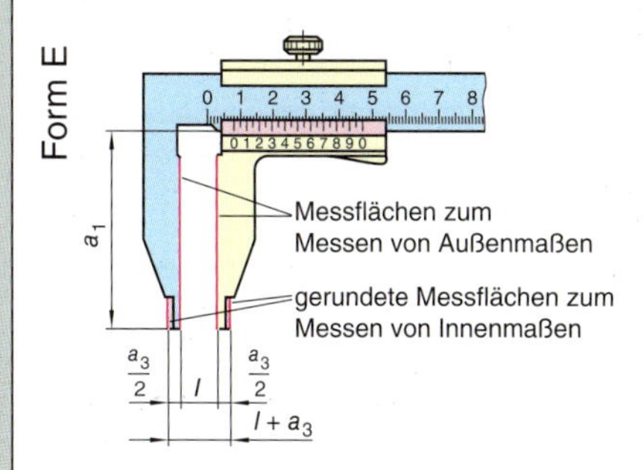

e) Messschieber zum Messen von Tiefenmaßen

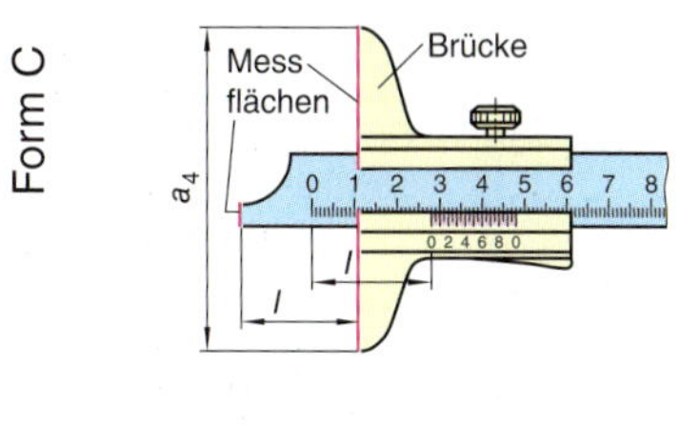

Mess- und Prüftechnik

Grundsätze der Längenprüftechnik und Messgeräte

Anzeigearten

Anzeige durch Strichskalen

Hauptteilung auf der Schiene und *Noniusteilung* auf dem Nonius. Vorwiegend Ausführung als 1/20-Nonius (20 Teilstriche auf 39 mm Länge).

Noniusteilung auf
– der abgeschrägten Fläche des verschiebbaren Messschenkels (Kennbuchstabe N),
– der waagerechten Fläche des verschiebbaren Messschenkels (Kennbuchstabe P).

Noniusablesung
Der Noniusstrich, der sich mit einem Skalenstrich der Hauptteilung deckt, zeigt die Anzahl der Zehntelmillimeter an.

Strich- und Rundskale

Anzeige durch Strich- und Rundskale
Hauptteilung auf der Schiene und Rundskale auf dem verschiebbaren Messschenkel (Kennbuchstabe R).

Ziffernanzeige
Ziffernanzeige am verschiebbaren Messschenkel (Kennbuchstabe Z).

Bezeichnung eines Messschiebers der Form B mit Strich- und Rundskale:
Messschieber DIN 862 – BR

a) Noniusanzeige

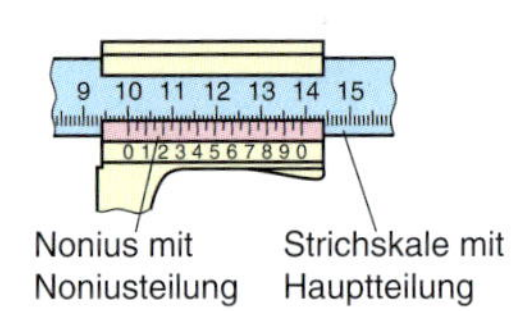

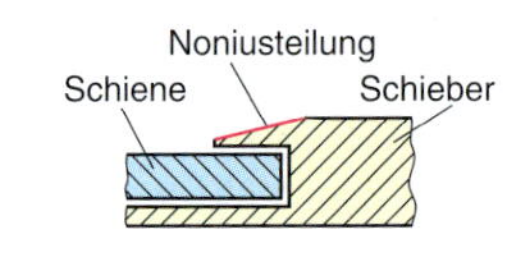

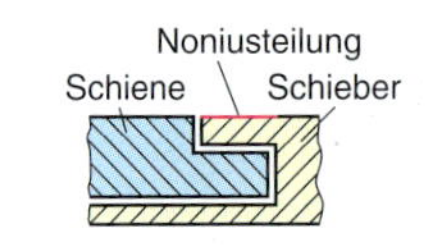

b) Rundskale

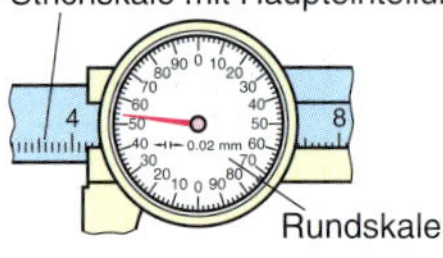

c) Ziffernanzeige

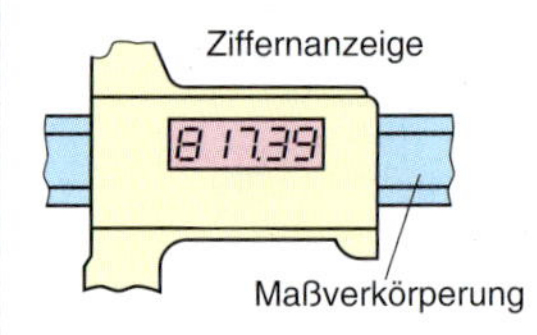

Der konstruktive Aufbau von Messschiebern (Ausnahme Tiefenmessschieber) entspricht nicht dem Abbeschen Grundsatz. Spiel im Lauf des Schiebers und starkes Andrücken des beweglichen Messschenkels an den Prüfgegenstand bewirken ein *Abkippen des Schiebers* und eine elastische Verbiegung der Schiene.

Dadurch entstehen Winkelfehler, die den Messwert und die Messunsicherheit beeinflussen. Um die Winkelfehler klein zu halten, soll der Prüfgegenstand *nahe der Schiene* an den Messflächen des Messschiebers anliegen.

Mess-schrauben DIN 863

- Bügelmessschraube, Normalausführung Form N
- Bügelmessschraube, Sonderausführungen Form D
- Innenmessschraube Formen A, B und C
- Einbaumessschraube Form E mit Einspannschaft zum Einbauen in Messvorrichtungen sowie als Einstell- und Kontrollelement an Werkzeugmaschinen
- Tiefenmessschraube Form T

Innenmessschraube

Form A

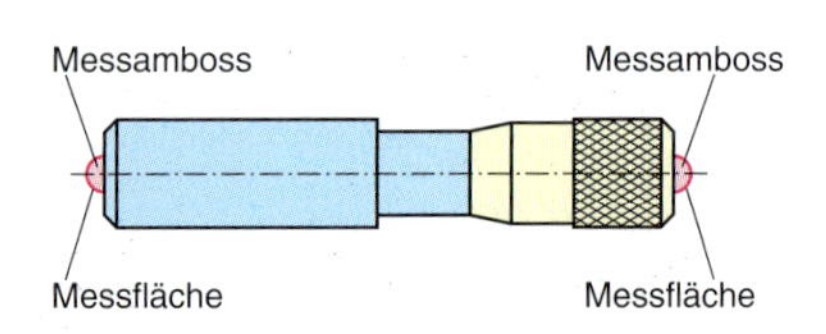

Mess- und Prüftechnik

Grundsätze der Längenprüftechnik und Messgeräte

Mess-schrauben DIN 863

Bügelmessschraube

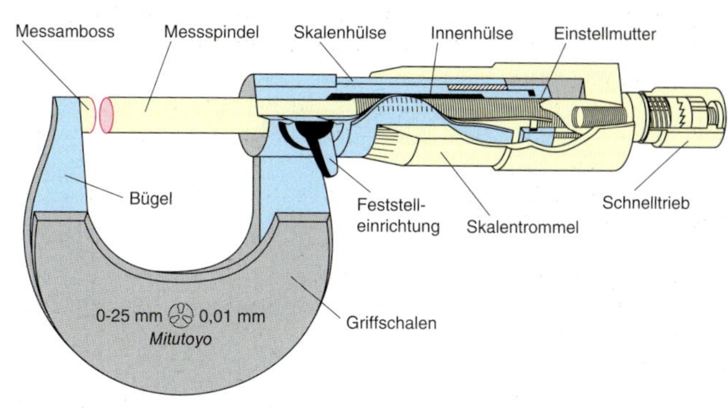

Einbaumessschraube

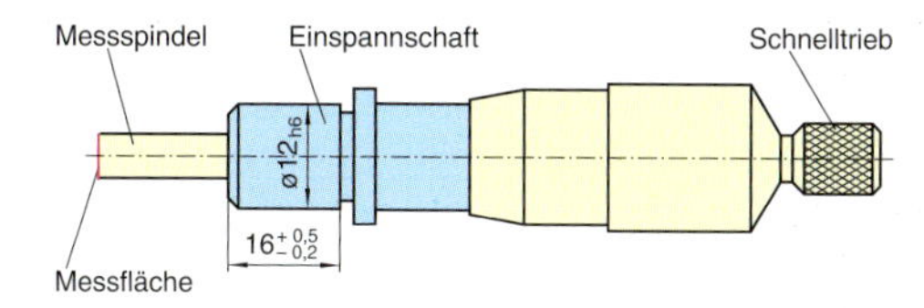

Tiefenmessschraube

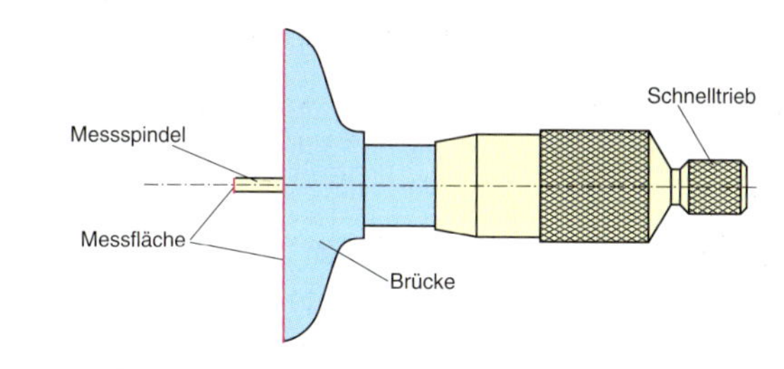

Sonderaus-führungen von Mess-schrauben

Messschraube mit kleinem Bügel
Form D2

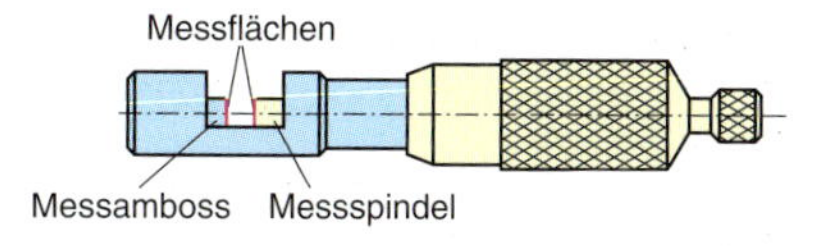

Messen von Drahtdicken und Kugeldurchmessern

Bügelmessschraube mit schmalen Messflächen
Form D4

Messamboss Messspindel

Messflächen

b r l

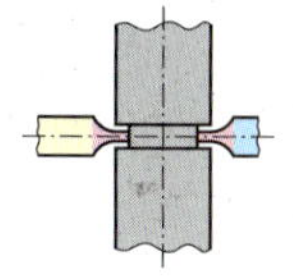

Messungen an schmalen Einstichen (z. B. für Sicherungsringe)

Mess- und Prüftechnik

Grundsätze der Längenprüftechnik und Messgeräte

Sonderausführungen von Messschrauben

Bügelmessschraube für Zahnweitenmessungen
Form D7

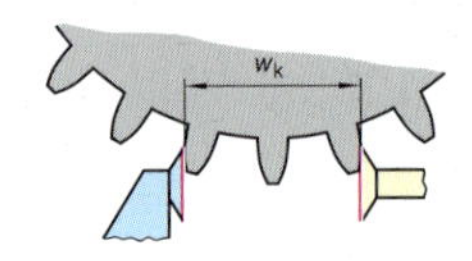

Messen von Zahnweiten w_k und Einstichabständen

Bügelmessschraube für Rohrwanddicken
Form D12

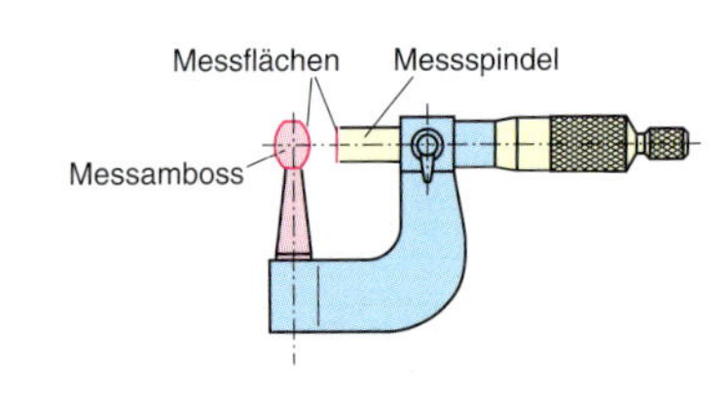

Zum Messen von Wanddicken an gekrümmten Teilen

Feinzeigermessschraube
Form D13

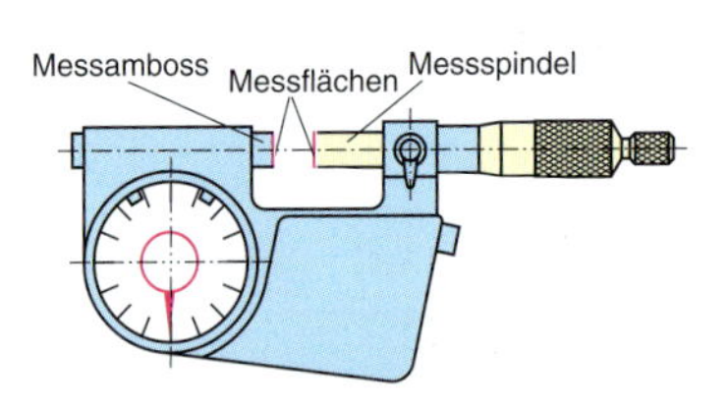

Für Serienprüfungen

Vorteil beim Messen:
Das Nennmaß wird mit der Messspindel an der Anzeige eingestellt und die Abweichung des Istmaßes vom Nennmaß am Feinzeiger abgelesen.

Bügelmessschraube mit auswechselbaren Kugelmesseinsätzen
Form D17

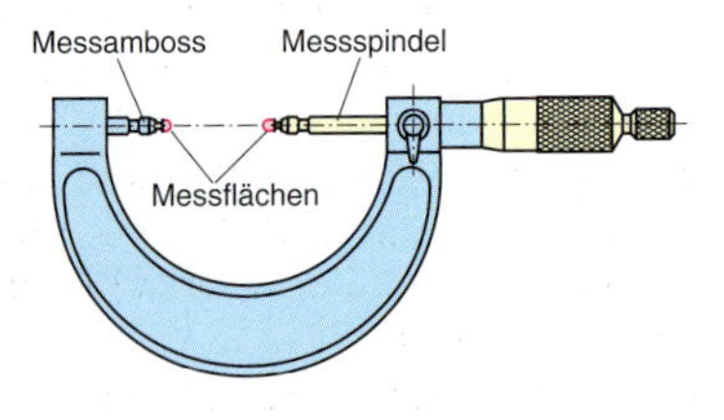

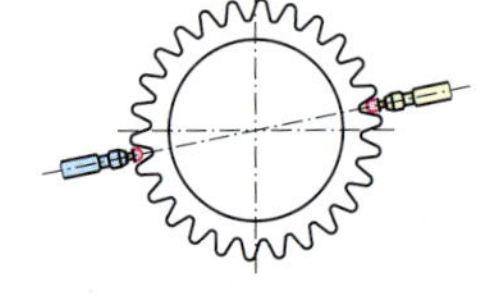

Zur Messung des Teilkreises bzw. (indirekt) der Zahndicke an Gerad- oder Schrägverzahnung

Bügelmessschraube für Gewindemessungen
Form D18

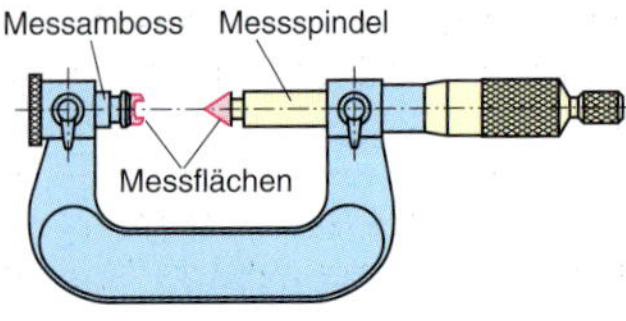

Ambossseitig längsverstellbare Aufnahmen für Messeinsatz mit prismatischen Messflächen, Verstellung über Gewinde, mit Feststelleinrichtung

Messung des Flankendurchmessers

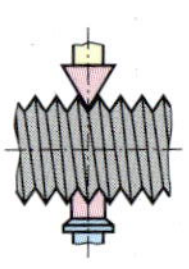

Auswechselbare Messeinsätze entsprechend der Gewindeart und Gewindegröße sowie Messaufgabe

Mess- und Prüftechnik

Grundsätze der Längenprüftechnik und Messgeräte

Innenmess-schrauben

2-Punktberührung mit Messuhr

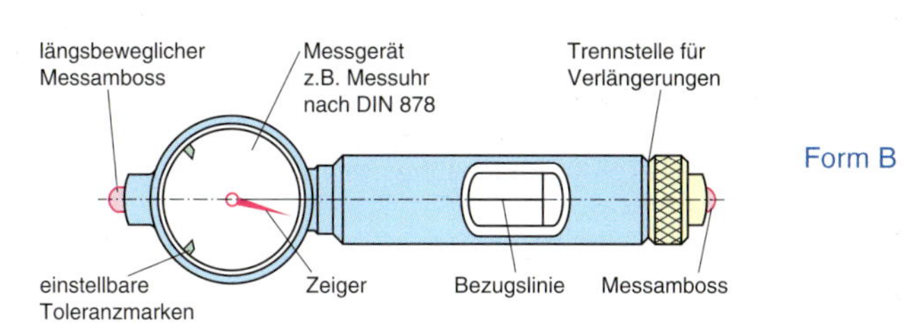

Form B

3-Punktberührung für Durchgangsbohrungen

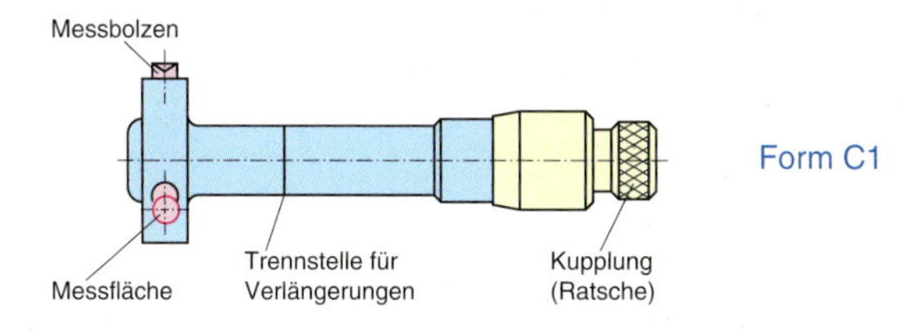

Form C1

3-Punktberührung für Grundlochbohrungen

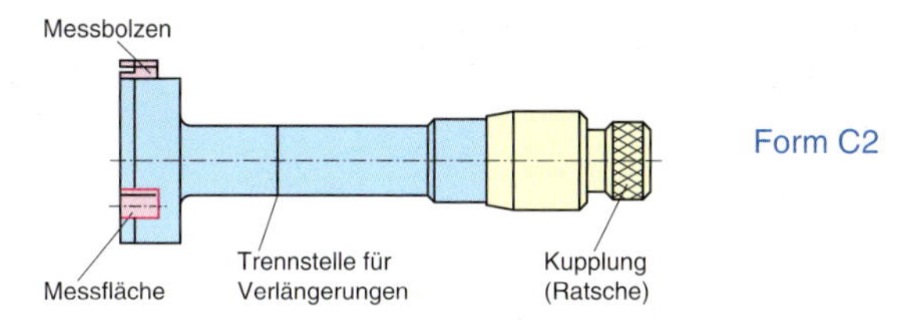

Form C2

Innenmessschrauben werden zum Messen von **Innenmaßen** eingesetzt.

Es gibt Innenmessschrauben der *Formen A* und B mit *2-Punktberührung* und der *Form C* mit *3-Punktberührung* am Prüfgegenstand (Formen C1 und C2).

Bei Innenmessschrauben der Form C wird die Umlenkung der Horizontalbewegung der Messschrauben in die Radialbewegung der drei um 120° versetzten Messbolzen durch einen gehärteten Messkegel erzeugt. Durch die 3-Punktberührung der z. B. zu messenden Bohrung zentriert sich die Messschraube selbst.

Die Messbolzen der Form C1 werden für Durchgangsbohrungen eingesetzt, die Messbolzen der Form C2 für Sacklochbohrungen. Außerdem gibt es Spezial-Messeinsätze für Innengewinde, Eindrehungen und Hinterstechungen, Wälzlagerbahnen und andere Eindrehungsprofile.

Innenmessschrauben mit selbstzentrierender 3-Punktmessung (Form C), auch als Innen-Feinmessgeräte bezeichnet, werden auch mit Digitalanzeige hergestellt. Die Ziffernschrift beträgt 0,001 mm oder 0,0005 mm.

Messprinzip der Mess-schrauben

Zur Längenmessung wird das Gewinde der Messspindel benutzt. Die Messspindel dreht sich mit der Skalentrommel im Muttergewinde der mit dem Bügel verbundenen Skalenhülse.

Bei jeder Umdrehung der Messspindel bewegt sich deren Messfläche um die Spindelsteigung in Längsrichtung. Dabei überfährt die Skalentrommel eine Strichskala auf der Skalenhülse. Die Spindelsteigung beträgt 0,5 mm oder 1 mm.

Mess- und Prüftechnik

Grundsätze der Längenprüftechnik und Messgeräte

Messprinzip der Messschrauben

Das Längenmaß zwischen den Messflächen an Messspindel und Messamboss ergibt sich aus der Stellung der Skalentrommel auf der Skalenhülse.

Spindelsteigung 1 mm
Trommelskale 100 Teilstriche, Teilungswert 0,01 mm, Hülsenskale 1 mm Teilstrichabstand

Spindelsteigung 0,5 mm
Trommelskale 50 Teilstriche, Teilungswert 0,01 mm, Hülsenskale 0,5 mm Teilstrichabstand

Eine Sicherheitskupplung im Schnelltrieb begrenzt die Messkraft auf 5 bis 10 N.

a)

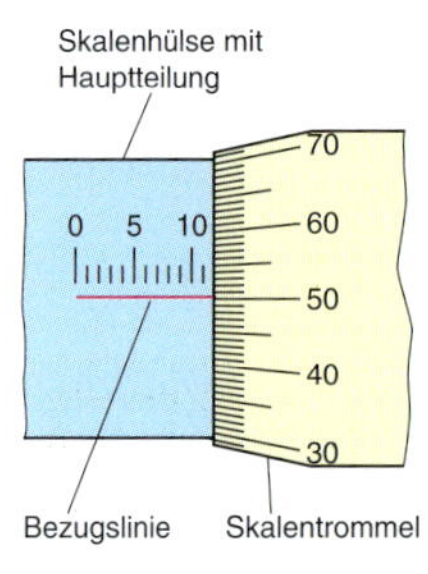

1 mm Spindelsteigung

b)

10 15 20
5
0
45

0,5 mm Spindelsteigung

Messwert-Ablesung

Das Ablesen einer üblichen Messschraube mit Spindelsteigung 0,5 mm erfolgt in drei Schritten:

1. **Ablesen der ganzen Millimeter** auf der Skale über der Bezugslinie und der halben Millimeter auf der Skale unterhalb der Bezugslinie. Ablesemarke ist der linke Rand der Skalentrommel. Im Bild ergibt sich ein Ablesewert von 1,5 mm.
2. **Ablesen der Hundertstelmillimeter** auf der Trommelskale. Ablesemarke ist die Bezugslinie auf der Skalenhülse.
   Im Bild ist dargestellt: 35 Hundertstel = 0,35 mm.
3. **Addieren** der beiden abgelesenen Werte: 1,5 mm + 0,35 mm = 1,85 mm

Die Einstellung in Bild b ergibt einen Messwert von 2,49 mm.

Ablesung an einer Messschraube mit 0,5 mm Steigung

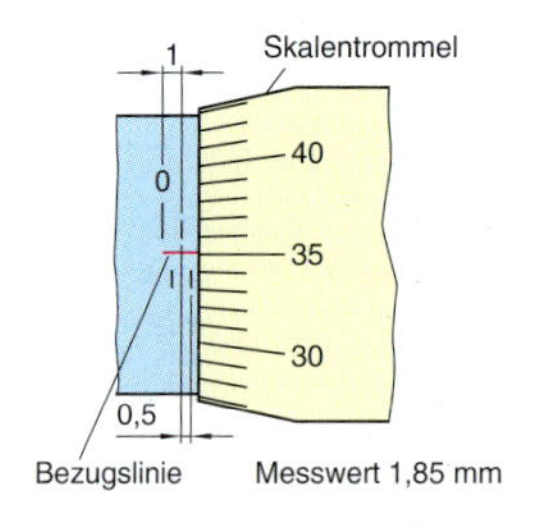

Messwert 1,85 mm

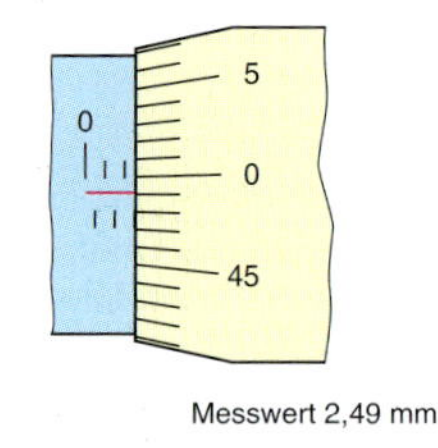

Messwert 2,49 mm

Anwendung

Um möglichst zuverlässige Messwerte zu erhalten, sollte beim Messen die Messspindel ohne Schwung mit Hilfe der Kupplung gedreht werden.

Damit der Messwert durch übertragene Handwärme nicht verfälscht wird, sollte die Bügelmessschraube möglichst an den isolierten Griffschalen gehalten werden.

In periodischen Zeitabständen – den Einsatzbedingungen und der Einsatzhäufigkeit entsprechend – sollte die Messschraube einer Prüfung unterzogen werden, um Abnutzungserscheinungen oder Funktionsstörungen zu erkennen.

Ruckweise Bewegungen der Messspindel deuten auf Schmutz im Gewinde hin. Schwergängigkeit kann außerdem durch Koaxialitätsfehler von Muttergewinde und dem zylindrischen Führungsteil im Messbügel verursacht werden. Abwechselndes Klemmen und Leichtgehen der Messspindel während der Drehung ist auf eine Verbiegung der Messspindel und/oder Koaxialitätsfehler von Skalentrommel und Skalenhülse zurückzuführen.

Mess- und Prüftechnik

Grundsätze der Längenprüftechnik und Messgeräte

Messuhren DIN 878

Eine Messuhr ist ein anzeigendes Messgerät, bei dem der Weg des Messbolzens über ein mechanisches System auf einen Zeiger übertragen wird, wobei sich der Zeiger in der Regel um mindestens 360° vor einer gleichmäßig geteilten Rundskale bewegt.

Der Skalenwert der Messuhr beträgt vorwiegend 0,01 mm. Die Messuhren unterscheiden sich durch Außenringdurchmesser und Messspanne (Anzeigebereich):

- Außenringdurchmesser 55 bis 60 mm, Messspanne 10 mm (A) und 5 mm (B)
- Außenringdurchmesser 40 mm, Messspanne 3 mm (D) und 5 mm (E)

Bei der dargestellten Messuhr führt der Große Zeiger 1 Umdrehung aus, wenn der Messbolzen um 1 mm verschoben wird (100 x 0,01 mm).

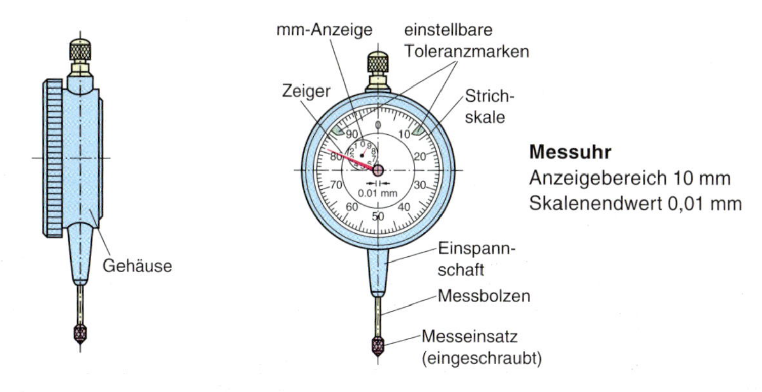

Messuhr
Anzeigebereich 10 mm
Skalenendwert 0,01 mm

Die zwei einstellbaren Toleranzmarken dienen dazu, die zulässige Abweichung des zu prüfenden Maßes auf der Skale zu kennzeichnen. Die Toleranzmarken ermöglichen sofort das Prüfungsergebnis „Gut“, „Ausschuss“ oder „Nacharbeit“.

Unterschiedsmessung mit Messuhr und Endmaß

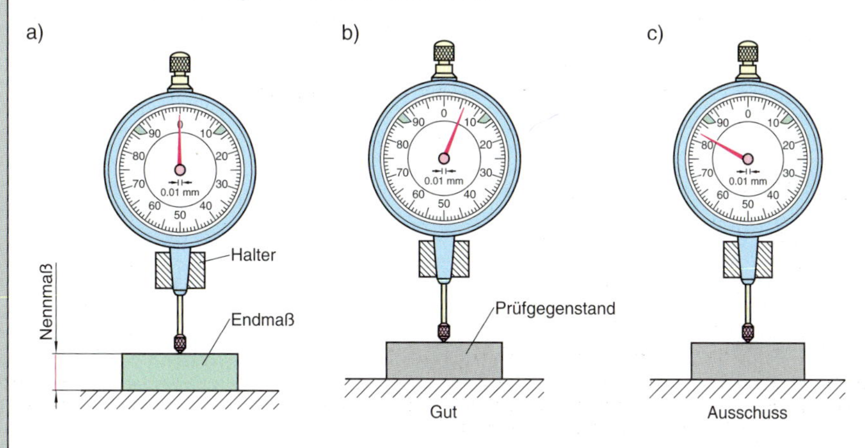

Messuhren werden in der Hauptsache zum Unterschiedsmessen von Außen- und Innenmaßen, zum Prüfen von Rundlauf, Parallelität und Ebenheit sowie zum Einstellen von Werkzeugen verwendet. Sie können aber auch zur direkten Messung, z. B. zur Dickenmessung oder zur Tiefenmessung verwendet werden.

Fühlhebelmessgeräte

Zum Einstellen von Werkzeugen sowie zum Ausrichten und Zentrieren von Werkstücken auf Werkzeugmaschinen werden oft Messuhren mit schwenkbarem Messfühler verwendet (Fühlhebelmessgeräte, DIN 2270). Diese Messgeräte sind robust, klein und handlich.

Mess- und Prüftechnik

Grundsätze der Längenprüftechnik und Messgeräte

Fühlhebel-messgeräte

Tiefenmessung mit Messuhr

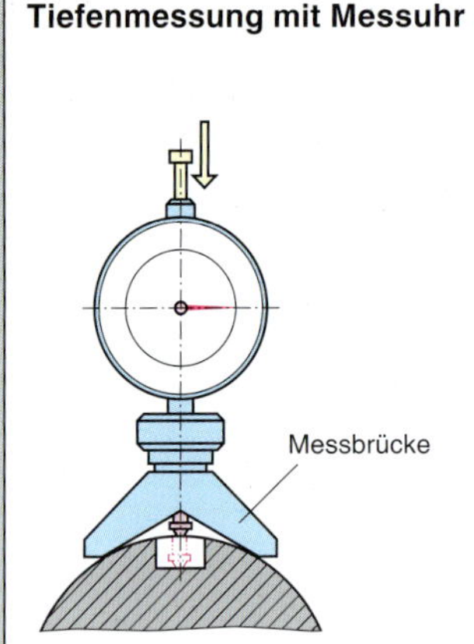

Füllhebelmessgerät

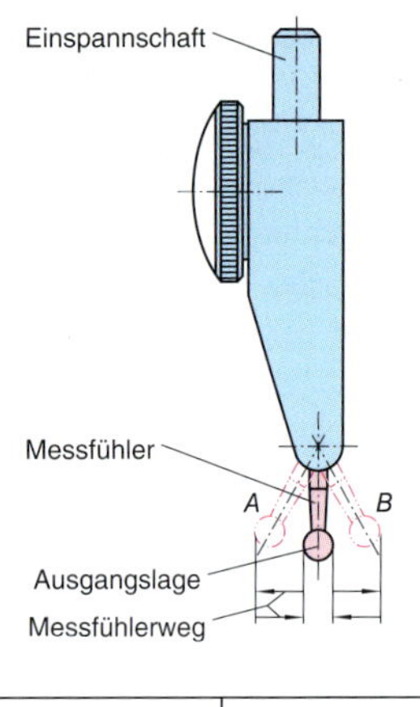

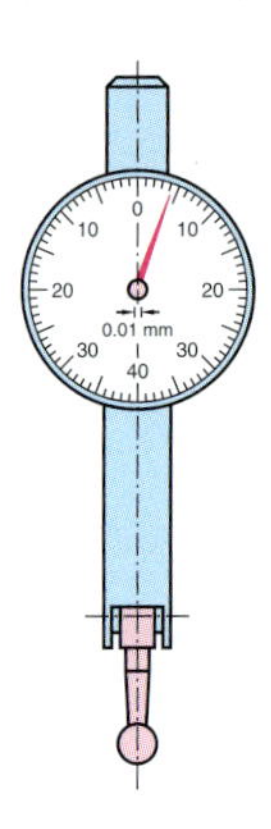

Innenmess-geräte

Wirkungsprinzip eines Innenmessgeräts

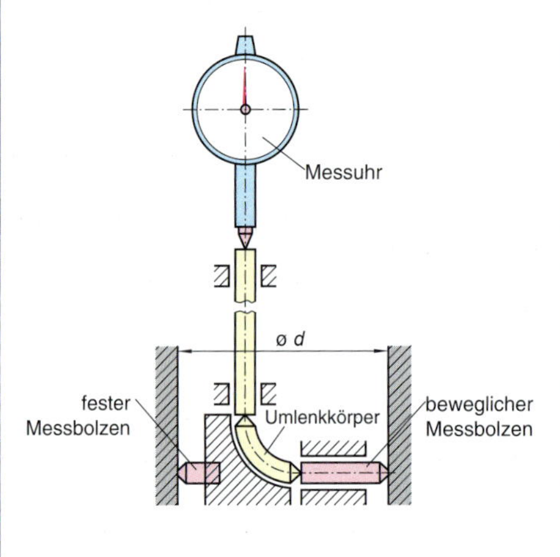

Beim **Innenmessgerät** oder **Innen-Feinmessgerät** wird die Messuhr zum Vergleichsmessen von Innenmaßen (z. B. von Bohrungen) eingesetzt.

Das Gerät besteht aus Messuhr, Oberteil und zentrierendem Unterteil mit festem und beweglichem Messbolzen.

Die Horizontalbewegung des beweglichen Messbolzens wird durch einen Umlenkkörper in die Vertikalbewegung des Uhr-Messbolzens umgewandelt. Der Übertragungsfehler liegt bei 0,002 mm. Vor dem Messen wird das Gerät unter Verwendung eines der mitgelieferten festen Messbolzen mit Parallel-Endmaßen auf das zu prüfende Sollmaß eingestellt. Beim Schwenken des in die Bohrung eingeführten Gerätes in der Ebene der Messbolzenachse ergibt sich ein Umkehrpunkt des Messuhrzeigers, der die Istmaßabweichung vom Sollmaß kennzeichnet.

Anwendungs-hinweise für Messuhren

Es ist darauf zu achten, dass beim Einspannen der Messuhr am Einspannschaft der Messbolzen nicht verklemmt wird. Der Messbolzen darf **weder geölt noch gefettet** werden, da anderenfalls die Wiederholbarkeit und die Messwertumkehrspanne negativ beeinflusst werden. In periodischen Zeitabständen (oder entsprechend der Einsatzhäufigkeit und den Einsatzbedingungen) sollte die Messuhr einer Prüfung unterzogen werden, um Abnutzungserscheinungen oder Funktionsstörungen zu erkennen.

Die Form der Messfläche des auswechselbaren Messeinsatzes soll nach messtechnischen Gesichtspunkten entsprechend der Form der anzutastenden Flächen gewählt werden.

Eine **ebene Fläche** wird in der Regel mit einer **Kugelfläche** angetastet. Zur **Rundlaufprüfung** einer Welle sollte ein **schneidenförmiger Messeinsatz** oder ein **Messeinsatz mit querliegendem Zylinder** verwendet werden.

Feinzeiger DIN 879-1

Ebenso wie die Messuhr ist der Feinzeiger ein anzeigendes Messgerät, bei dem der Weg des Messbolzens über ein mechanisches System auf einen Zeiger übertragen wird.
Die Zeigerbewegung vor einer gleichmäßig geteilten Skale ist jedoch kleiner als 360°, meistens 180°.

Mess- und Prüftechnik

Grundsätze der Längenprüftechnik und Messgeräte

Feinzeiger DIN 879-1

Der Skalenwert eines Feinzeigers ist vorzugsweise 1 µm = 0,001 mm. Der Anzeigebereich des dargestellten Feinzeigers beträgt ± 0,05 mm.

Verglichen mit einer Messuhr hat der Feinzeiger also einen sehr viel kleineren Anzeigebereich. Daher eignet er sich *nicht* zum direkten Messen.

Feinzeiger, Anzeigebereich ± 0,05 mm, Skalenwert 0,001 mm

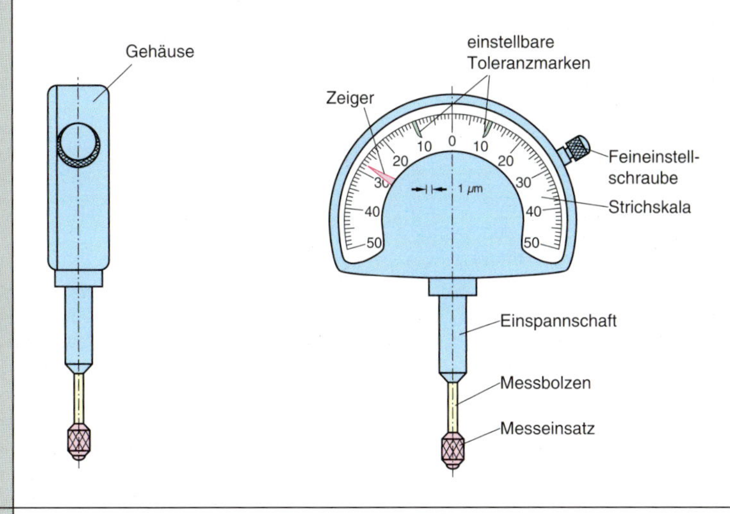

Elektronische Längenprüfung

Prinzip:
Ein Messtaster erfasst den Längen-Messwert und wandelt ihn in ein elektrisches Signal um. Das Messsignal wird entweder in einem Analoggerät verstärkt, gleichgerichtet, angezeigt und analog weiterverarbeitet oder in einem Digitalgerät digitalisiert, angezeigt und zur digitalen Weiterverarbeitung ausgegeben.

Vorwiegend verwendet werden:
- Induktive Messtaster für kurze Messwege (≤ 10 mm)
- Inkrementale Messtaster für lange Messwege (> 10 mm)

Das induktive Messprinzip hat von allen vergleichbaren Wegmesssystemen die höchste Empfindlichkeit und Auflösung.

Winkelmessgeräte

Einfacher Winkelmesser

Winkelmessung mit einem einfachen Winkelmesser.

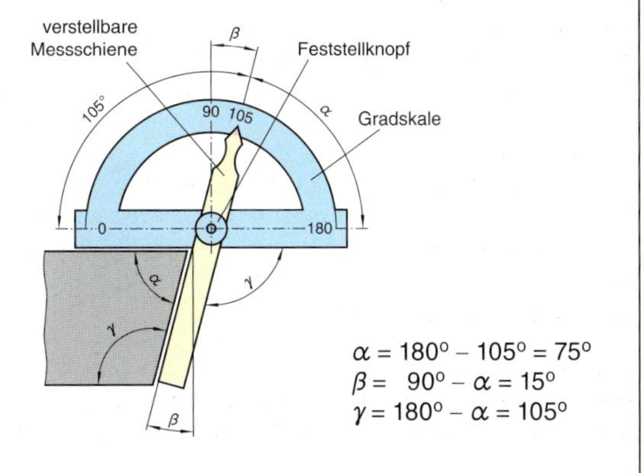

$\alpha = 180° - 105° = 75°$
$\beta = 90° - \alpha = 15°$
$\gamma = 180° - \alpha = 105°$

Dargestellt ist ein einfacher, verstellbarer Winkelmesser mit halbkreisförmiger Winkelskale, Skalenwert 1°.

Je nach Art der Messung und Lage des gesuchten Winkels muss der Ablesewert von 90° oder 180° subtrahiert werden.

Mess- und Prüftechnik

Winkelmessgeräte

Universal-Winkelmesser

Der Nonius ermöglicht eine sehr genaue Winkelablesung. Auf dem Nonius sind beidseitig 23° in 12 Teile unterteilt. Der Teilstrichabstand beträgt 23°/12 = 1,9167° = 1°55´.

Universalwinkelmesser mit 1/12°-Nonus

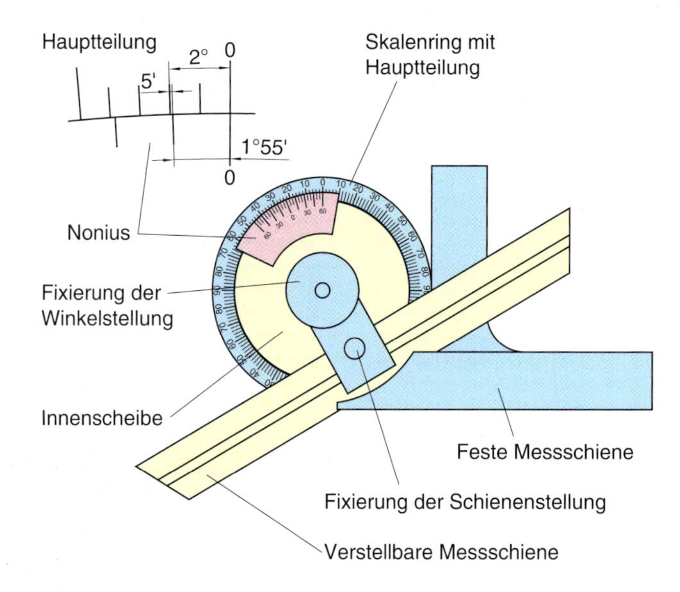

Der Unterschied zwischen Teilstrichabstand auf Hauptteilung und Nonius ist:

2° – 1,9167° = 0,0833°   0,0833° · 60´/1° = 5´

Der Teilstrichabstand auf dem Nonius ist um 5´ kleiner als 2° auf der Hauptteilung.

Wenn sich der erste Noniusstrich mit einem Strich der Hauptteilung deckt, dann ist der Winkel um 5´ größer als die am Nullstrich des Nonius abgelesene volle Gradzahl. Die Hauptteilung ist viermal von 0° bis 90° beziffert. Dadurch lässt sich jeder beliebige Winkel einstellen und ablesen.

Zu beachten ist:
Beim Aufsuchen des sich deckenden Noniusstrichs geht man (vom Nullstrich des Nonius aus) in der gleichen Richtung weiter, in der die Winkelgrade auf der Hauptteilung zunehmen. Der abgelesene Wert gilt möglicherweise nicht für den zu prüfenden Winkel, sondern für dessen Ergänzungswinkel.

Zwei Messbeispiele zum Universalwinkelmesser

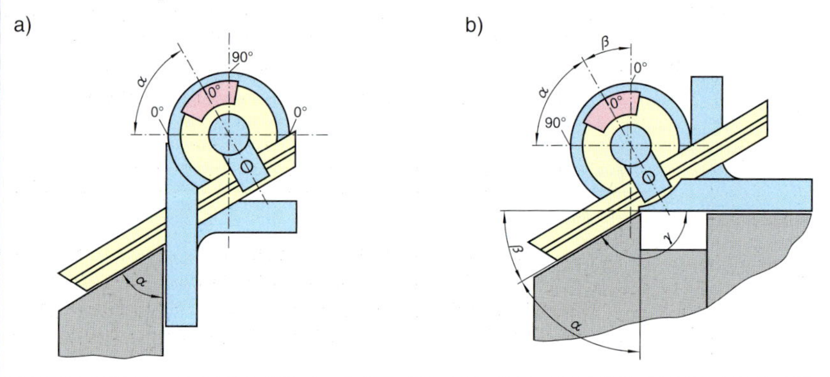

Mess- und Prüftechnik

Winkelmessgeräte

Universal-Winkelmesser

Zwei Messbeispiele zum Universalwinkelmesser

Anzeige zu a) α = 65°35´

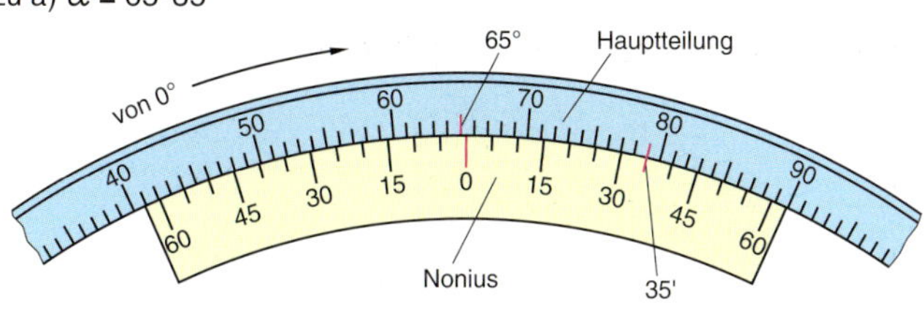

Anzeige zu b) α = 54°40´, β = 35°20´, γ = 144°40´

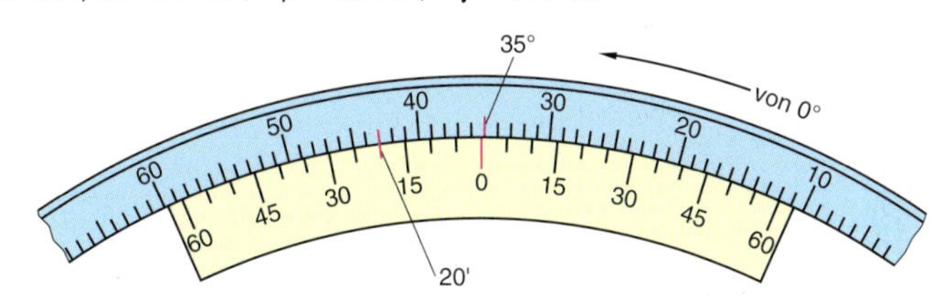

Optischer Winkelmesser

Anzeige am optischen Winkelmesser

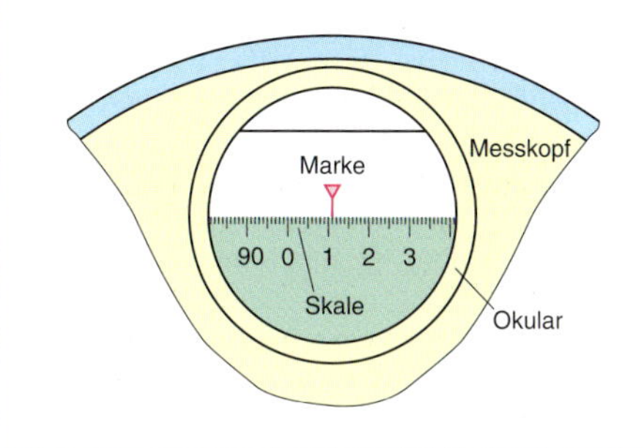

Der optische Winkelmesser hat eine feste und eine verstellbare Messschiene. Die feste Schiene ist mit dem Messkopf verbunden. Eine im Messkopf untergebrachte Glasscheibe ist mit einer Skale von 4 mal 90° versehen. Die Glasscheibe wird von der beweglichen Schiene gedreht.

Jeder Grad der Skale ist nochmals in 12 Teile zu je 5´ unterteilt. Der Skalenwert beträgt also 5´. Die Skale wird durch ein Okular mit Vergrößerung ohne Nonius direkt an einer Marke abgelesen.

Maßverkörperungen

Maßverkörperungen

Maßverkörperungen sind Messgeräte, die eine Messgröße verkörpern. Die Messgröße (Länge oder Winkel) kann verkörpert werden durch:

- *den festen Abstand von Strichen bei Strichmaßstäben*
- *den festen Abstand von Flächen bei Parallelendmaßen*
- *die feste Winkellage von Flächen bei Winkelendmaßen*

Maßverkörperungen werden vorwiegend zum Unterschiedsmessen verwendet.
Beim Unterschiedsmessen wird der Maßunterschied zwischen dem Nennmaß einer Maßverkörperung und dem Istmaß des Prüfgegenstandes bestimmt.

Lehren verkörpern auch die Messgröße, sie werden aber nicht den Maßverkörperungen zugeordnet.

Parallelendmaße DIN EN ISO 3650

Parallelendmaße (kurz Endmaße) sind quaderförmige Maßverkörperungen der Länge aus verschleißfestem Werkstoff mit zwei ebenen, zueinander parallelen Messflächen (Abbildung siehe Seite 750).

Die Messflächen müssen von solcher Oberflächenbeschaffenheit sein, dass sie an Messflächen anderer Endmaße zur Bildung von Kombinationen angeschoben werden können.

Die **Anschiebbarkeit** ist die Eigenschaft der Messflächen von Endmaßen, an anderen Messflächen oder an Flächen gleicher Oberflächenbeschaffenheit durch molekulare Kräfte vollständig zu haften.

Mess- und Prüftechnik

Maßverkörperungen

Parallel-endmaße DIN EN ISO 3650

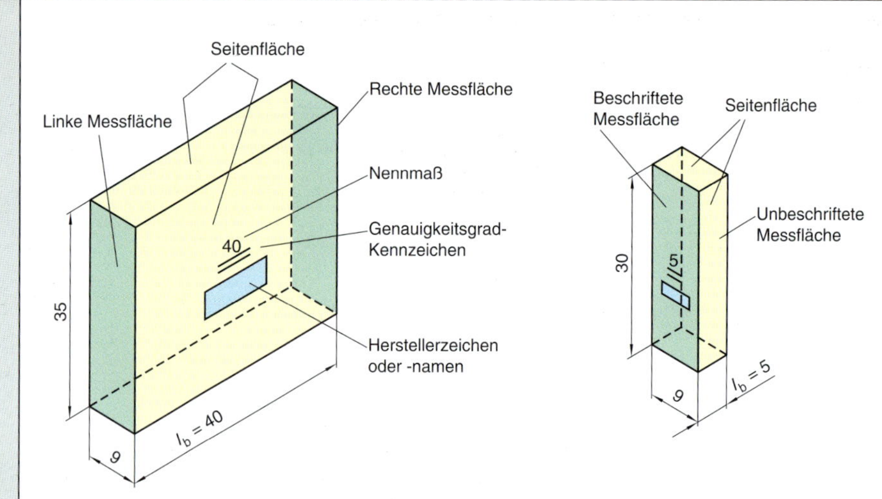

Parallelendmaße, Nennmaße 40 und 4 mm, Genauigkeitsgrad 2

Parallelendmaße werden als Endmaßsätze in bestimmter Stufung aus Stahl oder aus Hartmetall geliefert. **Voll-Hartmetall-Endmaße** sind verschleißfester und korrosionsbeständiger als **Stahl-Endmaße**, ihr Ausdehnungskoeffizient ist etwa halb so groß.

Die Messflächen von Stahlendmaßen sollen eine Vickershärte von mindestens 800 HV haben.

Endmaße müssen mit dem Nennmaß und dem Namen oder Zeichen des Herstellers gekennzeichnet sein. Endmaße unter 6 mm Nennmaß dürfen auf einer Messfläche gekennzeichnet sein. Parallelendmaße über 100 mm Nennmaß sind mit zwei Verbindungsbohrungen ∅10 mm versehen.

Endmaße werden in Stufungen von 0,001; 0,01; 0,5 und 10 mm zu Endmaßsätzen zusammengestellt geliefert. Daher kann jedes beliebige Längenmaß innerhalb eines bestimmten Maßbereichs auf 1/1000 mm durch eine Endmaßkombination dargestellt werden.

Messflächengüte und **Messabweichung** vom Nennmaß werden durch **vier Genauigkeitsgrade** gekennzeichnet: **00**; **0**; **1** und **2**.

Vergleichsmaße zum Kalibrieren anderer Endmaße werden mit Kalibriergrad ausgeführt. Unter **Kalibrieren** versteht man das Ermitteln der vorhandenen Abweichungen eines Messgerätes vom Sollwert.

Endmaßzubehör: Endmaßhalter, Messschenkel, Anreiß-, Zentrier- und Kontrollspitzen

Endmaßsatz (46 Teile) als Beispiel

Reihe	Endmaße in mm	Reihenstufung in mm
1	1,001 – 1,009	0,001
2	1,01 – 1,09	0,01
3	1,1 – 1,9	0,1
4	1 – 9	1
5	10 – 90	10
	100	

Beispiel
Kombination für das Maß 57,321

1. Endmaß: 1,001 mm
2. Endmaß: 1,02 mm
3. Endmaß: 1,3 mm
4. Endmaß: 4 mm
5. Endmaß: 50 mm

Es ergibt sich in der Summe das Maß 57,321 mm

Mess- und Prüftechnik

Maßverkörperungen

Parallelendmaße DIN EN ISO 3650

Herstellen von Lehr- mit Endmaßkombinationen

a) Wellenlehre

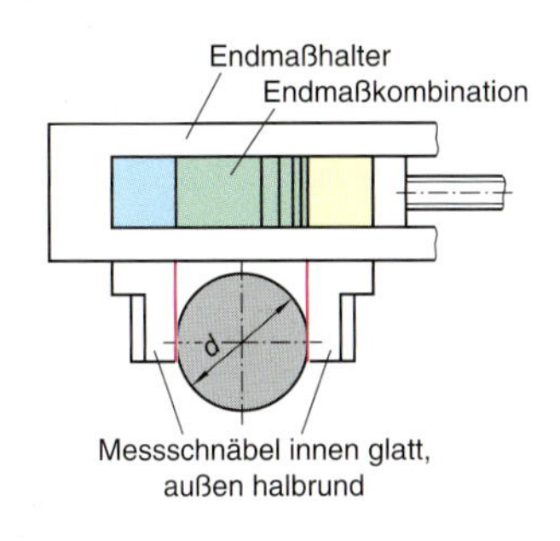

b) Bohrungslehre

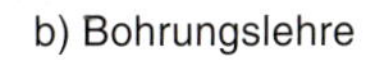

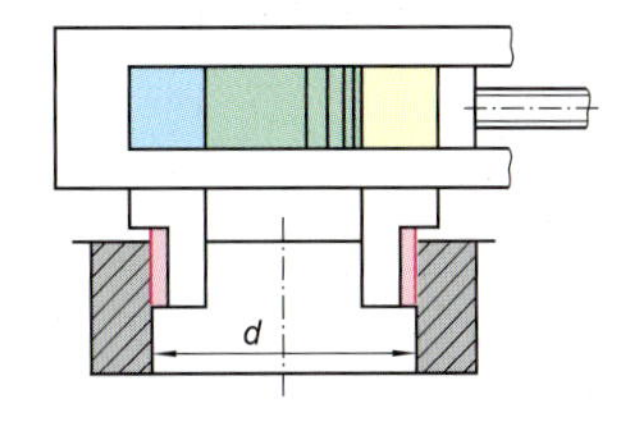

Winkelendmaße

Für Winkel werden Messkörper (Winkelendmaße) verwendet.
Durch Addition und Subtraktion lässt sich in Stufen von 10 zu 10 Sekunden (′) jeder gewünschte Winkel zusammenstellen.

Genauigkeitsgrade von Parallelendmaßen (Nennmaßbereich 10–25 mm)

Genauigkeitsgrad	Kennzeichen auf Endmaß	zul. Abweichung vom Nennmaß in µm	Anwendung
00	00	± 0,07	Einstellmaße für Messmaschinen, Kontrolle von Prüflehren
0	0	± 0,14	Einstellmaße für Messgeräte, Prüflehren, Prüfmaße
1	–	± 0,30	Einstellen von Messuhren, Einzeigern, Arbeitslehren
2	=	± 0,60	Arbeitsmaße oder Einstellmaß in der Werkstatt

Neben der Prüfung von Lehren, Werkzeugen und Werkstücken finden diese Winkelendmaße auch zum Einstellen von Maschinen bei der Montage Anwendung; außerdem bei Anreiß- und Teilarbeiten. Die Herstelltoleranz beträgt ± 2′.

Lehren — DIN 2239

Lehren

In der industriellen Längenprüftechnik (DIN 2239) werden Lehren für Bohrungen und Wellen, Gewindelehren und Kegellehren eingesetzt. **Arbeitslehren** werden zur Prüfung von Werkstücken bei der Fertigung eingesetzt. Zur Prüfung der Arbeitslehren (Prüfung von Werkstücken) dienen **Prüflehren**.

Lehren sind Prüfmittel, die das **Maß und die Form** bzw. das **Maß oder die Form** des Prüfgegenstandes verkörpern. Beim Prüfen mit Lehren wird festgestellt, ob die Abmessungen innerhalb des Toleranzfeldes liegen. Dazu wird eine **Gutlehre** und eine **Ausschusslehre** benötigt. Wenn Gutlehre und Ausschusslehre zu einer einzigen Lehre vereinigt werden, dann spricht man von einer **Grenzlehre**.

Arbeitslehren für Bohrungen heißen **Lehrdorne**. Nach der Form wird zwischen **Gutlehrdorne**, **Ausschusslehrdorne** und **Grenzlehrdorne** unterscheiden.

Arbeitslehren für Wellen sind **Lehrringe** und **Rachenlehren**.

Mess- und Prüftechnik

Lehren DIN 2239

Lehren

a) Bohrung ist gut

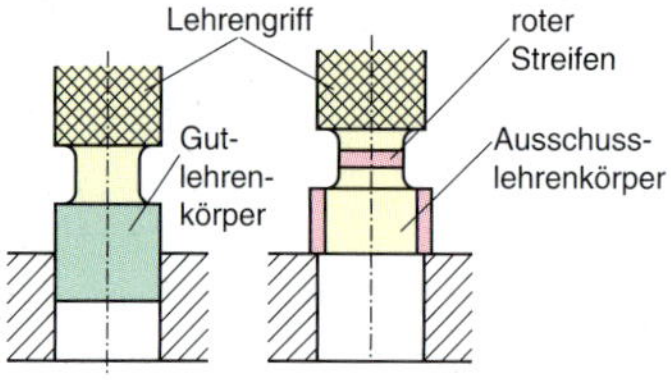

b) Bohrung ist nachzuarbeiten

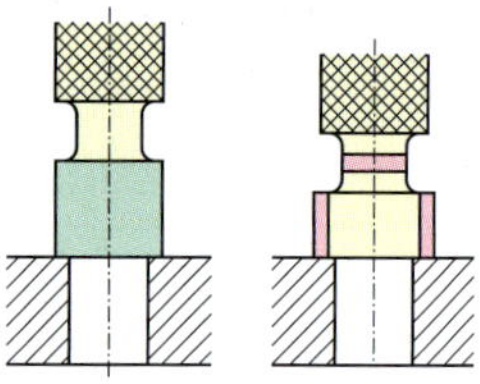

c) Bohrung ist Ausschuss

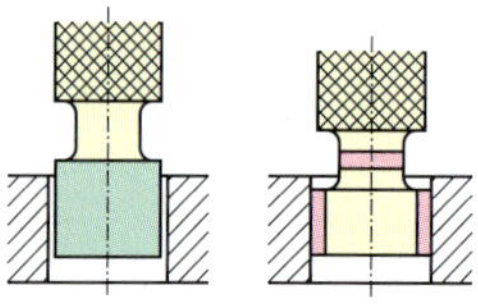

Lehrdorne

Lehrdorne werden auf dem Lehrengriff beschriftet. Bei Lehren über 25-mm-Nenndurchmesser kann statt der Beschriftung auf dem *Lehrengriff* diese auf dem *Lehrenkörper* erfolgen. Angegeben werden die **Abmaße** und das **Nennmaß** mit dem **Toleranzfeld**.

Der Ausschusslehrenkörper wird mit einem roten Ring gekennzeichnet.

Gliederung der Arbeitslehren

Arbeitslehren für Bohrungen und Wellen

- Lehrdorne zur Bohrungsprüfung
  - Grenzlehrdorne (DIN 2245)
  - Gutlehrdorne (DIN 2246)
  - Ausschlusslehrdorne (DIN 2247)
- Lehrringe zur Wellenprüfung
  - Gutlehrringe (DIN 2250)
  - Ausschusslehrringe (DIN 2254)
- Rachenlehren zur Wellenprüfung
  - Grenzrachenlehren (DIN 2231)
  - Gutrachenlehren (DIN 2232)
  - Ausschussrachenlehren (DIN 2233)

Arbeitslehren für Bohrungen DIN 2259

Benennung Form	Beschriftungsbeispiel und Kennzeichnungsangabe	Nenndurchmesser in mm	Beschriftung	Baumaße nach
Gutlehrdorn Form Z	 +6 1F8	1 bis 5	Nennmaß mit Toleranzfeld und unteres Abmaß in µm	DIN 2246 Teil 1
	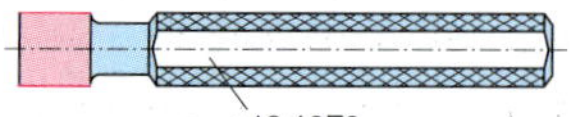 +13 10F8	über 5 bis 40		

Mess- und Prüftechnik

Lehren — DIN 2239

Lehrdorne

Arbeitslehren für Bohrungen — DIN 2259

Benennung Form	Beschriftungsbeispiel und Kennzeichnungsangabe	Nenndurchmesser in mm	Beschriftung	Baumaße nach
Gutlehrdorn Form ZG	0 120 H8	über 40 bis 120	Nennmaß mit Toleranzfeld und unteres Abmaß in µm	DIN 2246 Teil 3
Ausschusslehrdorn Form Z	rot; +10 3H7	1 bis 5	Nennmaß mit Toleranzfeld und oberes Abmaß in µm	DIN 2247 Teil 1
	rot; +61 8E9	über 5 bis 40		
Ausschusslehrdorn Form ZA	rot; +54 105H8	über 40 bis 120		DIN 2247 Teil 3
Grenzlehrdorn Form Z	rot; 0 3H7 +10	1 bis 5	Nennmaß mit Toleranzfeld und oberes und unteres Abmaß in µm	DIN 2245 Teil 1
	rot; -20 6P7 -8	über 5 bis 40		
Grenzlehrdorn Form S	rot; -20 50M6 -4	über 40 bis 65		

Beim Prüfen mit Bohrungslehren muss sich der **Gutlehrenkörper** ohne besonderen Kraftaufwand in die Bohrung einführen lassen. Der **Ausschusslehrenkörper** darf hingegen nicht in die Bohrung hineingehen, er darf höchstes „anschnäbeln".

Vollzylindrische Gutlehrdorne werden wegen der großen Masse für Bohrungen über ca. 120 mm nicht mehr hergestellt. Hierfür gibt es Ausführungen mit **Flachlehrenkörpern**.

Mess- und Prüftechnik

Lehren DIN 2239

Lehrringe

Lehr- und Einstellringe DIN 2259

Benennung Form	Beschriftungsbeispiel und Kennzeichnungsangabe	Nenndurchmesser in mm	Beschriftung	Baumaße nach
Gutlehrring	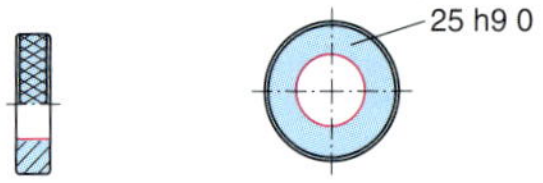 25 h9 0	1 bis 100	Auf einer Stirnfläche: Nennmaß mit Toleranzfeld und oberes Abmaß in µm	DIN 2250 Teil 1
	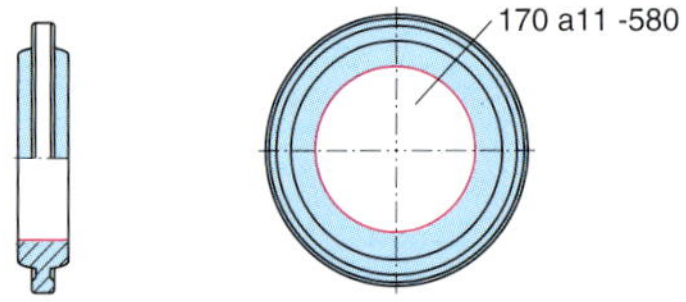 170 a11 -580	über 100 bis 315		
Ausschusslehrring	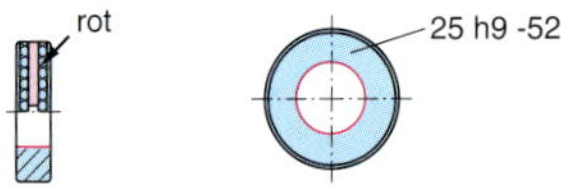 rot; 25 h9 -52	1 bis 100	Auf einer Stirnfläche: Nennmaß mit Toleranzfeld und unteres Abmaß in µm	DIN 2254 Teil 1
	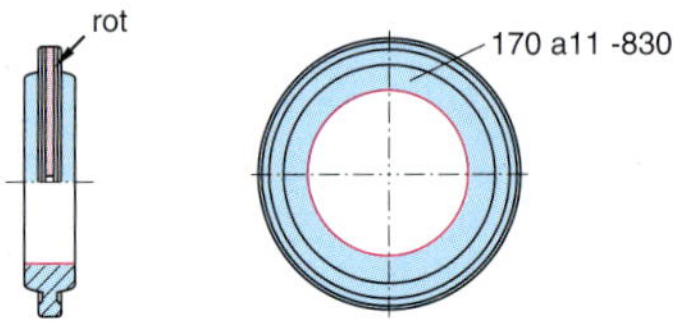 rot; 170 a11 -830	über 100 bis 315		
Einstellring zum Einstellen anzeigender und pneumatischer Messgeräte	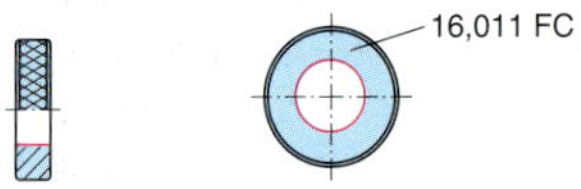 16,011 FC	1 bis 100		DIN 2250 Teil 1
	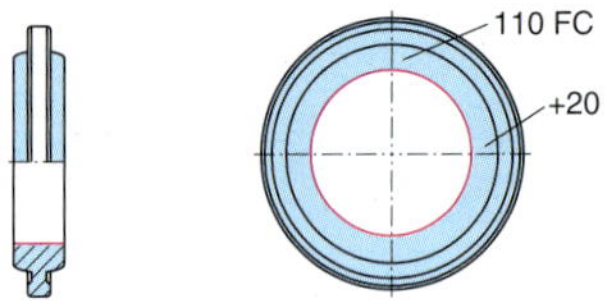 110 FC; +20	über 100 bis 315	**Auf einer Stirnfläche:** Istmaß in mm bis auf 3 Stellen nach dem Komma und Kennbuchstabe des Einstellrings (B, C, FC) oder Nennmaß in mm und Kennbuchstabe (B, C, FC) sowie das Istabmaß in µm	

Lehrringe werden als *Gutlehrringe* zur Prüfung des Gutmaßes und als *Ausschusslehrringe* zur Prüfung des Ausschussmaßes eingesetzt.

Der Gutlehrring muss sich leicht auf die Welle schieben lassen, der Ausschusslehrring darf sich nicht auf die Welle schieben lassen.

Mess- und Prüftechnik

Lehren DIN 2239

Rachenlehren

Benennung Form	Beschriftungsbeispiel und Kennzeichnungsangabe	Nenndurchmesser in mm	Beschriftung	Baumaße nach
Gutrachenlehre	90 h6; 0; 5	über 3 bis 100	**Auf der Beschriftungsfläche:** Nennmaß mit Toleranzfeld **Auf einer Prüfbacke:** oberes Abmaß in µm	DIN 2232
Ausschussrachenlehre	rot; 90 h6; -22; 5	über 3 bis 100	**Auf der Beschriftungsfläche:** Nennmaß mit Toleranzfeld **Auf einer Prüfbacke:** unteres Abmaß in µm	DIN 2233
Grenzrachenlehre	90 h6; 0 -22; 2 — einmäulige Grenzrachenlehre	über 3 bis 100	**Auf der Beschriftungsfläche:** Nennmaß mit Toleranzfeld **Auf einer Prüfbacke:** oberes und unteres Abmaß in µm	DIN 2231
	90 h6; rot; -22; 0 — zweimäulige Grenzrachenlehre		**Auf der Beschriftungsfläche:** Nennmaß mit Toleranzfeld **Auf je einer Prüfbacke:** oberes bzw. unteres Abmaß in µm	Baumaße nicht festgelegt

Rachenlehren werden vorwiegend zur Prüfung von Wellen, Achsen, Bolzen und anderen zylindrischen Teilen verwendet. Die **Gutseite** der Rachenlehre muss sich leicht über das Werkstück schieben lassen, die **Ausschussseite** darf höchstens „anschnäbeln".

Neben den zweimäuligen Grenzrachenlehren werden oft einmäulige Grenzrachenlehren verwendet. Für Messbereiche über 100 mm wird nur die **einmäulige Ausführung** verwendet. Dabei ist die linke Messbacke in eine Gutseite und eine Ausschussseite unterteilt. Gutseite und Ausschussseite liegen in einem Rachen hintereinander. Die Gutseite ist länger als die Ausschussseite. Die Rille dazwischen ist **rot** gefärbt.

Prüfung von Außenmaßen mit der Grenzrachenlehre

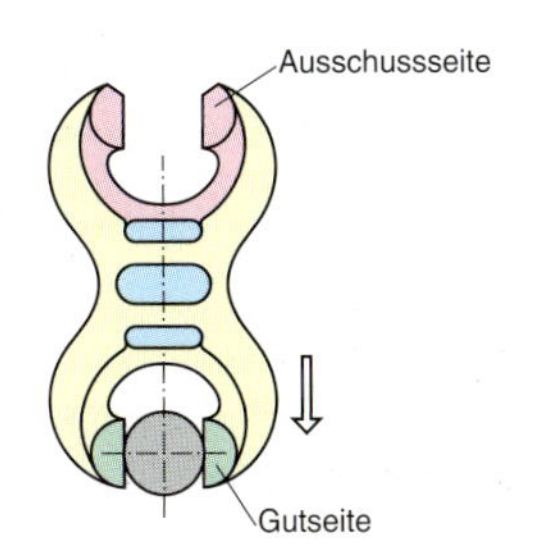

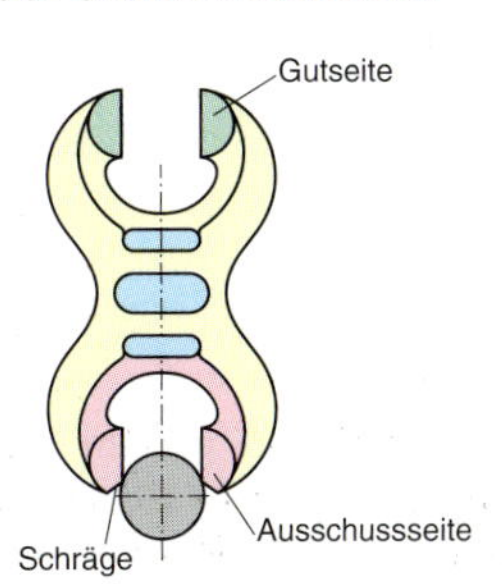

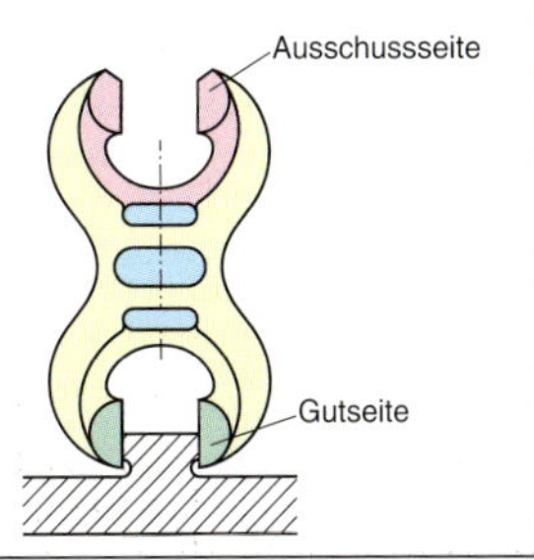

Mess- und Prüftechnik

Lehren DIN 2239

Kegellehren

Arten und Anwendung von Kegellehren

Lehre	Lehrenteile	DIN	Zum Prüfen von
Metrische Kegellehre zum Prüfen von Kegeln nach DIN 228	Kegellehrdorn	234 Teil 1	Kegelhülsen auf Kegelsitz
	Kegellehrhülse	235 Teil 1	Kegelschäften ohne Zapfen auf Kegelsitz und Schaftlänge
	Kegellehrdorn für Kegelhülse mit Austreibschlitz	235 Teil 2	Kegelhülsen auf Kegelsitz und Einhaltung der Abmessungen zum Austreibschlitz
	Kegellehrhülse für Kegelschaft mit Austreiblappen	235 Teil 2	Kegelschäfte auf Kegelsitz und Einhaltung der Abmessungen zum Austreiblappen
Morsekegellehre zum Prüfen von Kegeln nach DIN 228	Kegellehrdorn	229 Teil 1	Kegelhülsen auf Kegelsitz
	Kegellehrhülse	229 Teil 2	Kegelschäfte auf Kegelsitz und Schaftlänge
	Kegellehrdorn für Kegelhülse mit Austreibschlitz	230 Teil 1	Kegelhülsen auf Kegelsitz und Einhaltung der Abmessungen zum Austreibschlitz
	Kegellehrhülse für Kegelschaft mit Austreiblappen	230 Teil 2	Kegelschäfte auf Kegelsitz und Einhaltung der Abmessungen zum Austreiblappen
Kegellehre zum Prüfen von Bohrfutterkegeln nach DIN 238	Kegellehrdorn	2221	Kegelhülsen auf Kegel
	Kegellehrring	2222	Kegelschäfte auf Kegelsitz und Schaftlänge
Kegellehre zum Prüfen von ISO-Steilkegeln	Kegellehrdorn für Steilkegel	2079	Steilkegelhülsen auf Kegelsitz
	Kegellehrring für Steilkegel	2080	Steilkegelschäften auf Kegelsitz und Schaftlänge

Anwendung von Kegellehren:

Prüfung einer Kegelhülse und eines Kegelschafts

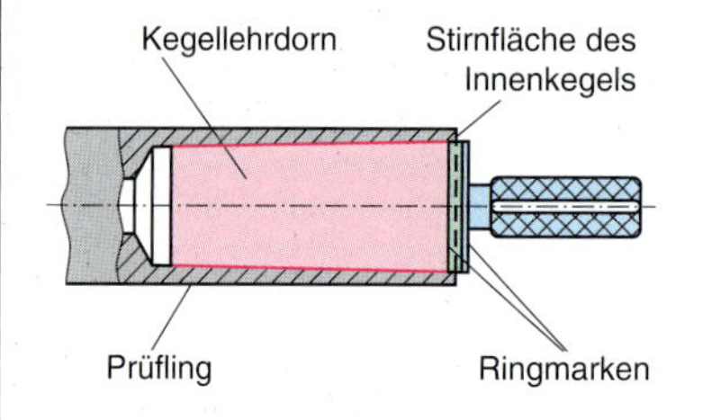

Die Stirnfläche des Innenkegels am Prüfling muss bei eingeführtem Kegellehrdorn zwischen den beiden Ringmarken liegen.

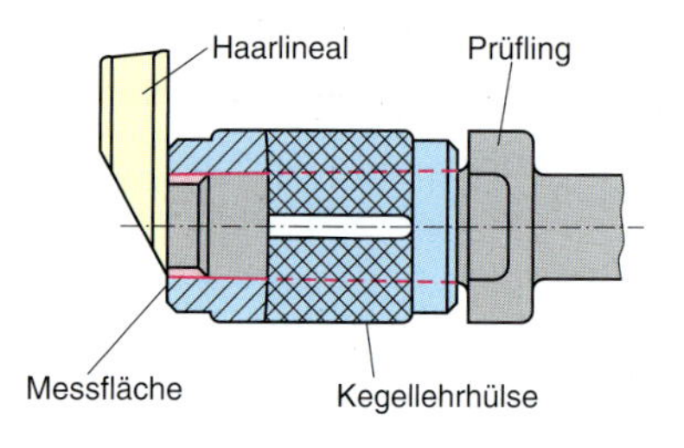

Die Stirnfläche am Kegelschaft des Prüflings darf bei aufgeschobener Kegellehrhülse nicht vorstehen.

Mess- und Prüftechnik

Lehren DIN 2239

Gewindeprüfung

Gewindeprüfung kann durch **Messen der Gewindegrößen** oder durch **Prüfen mit Gewindelehren** erfolgen. Außendurchmesser, Kerndurchmesser und Flankendurchmesser lassen sich mit Messschrauben unter Verwendung geeigneter Messeinsätze bestimmen.

Bekannte Verfahren sind für **Bügelmessschrauben** bei Außengewinden:

- *Kern- oder Flankendurchmessermessung mit Kimme und Kegel*
- *Flankendurchmessermessung mit dem Dreidrahtverfahren*

Kerndurchmesser-Messung

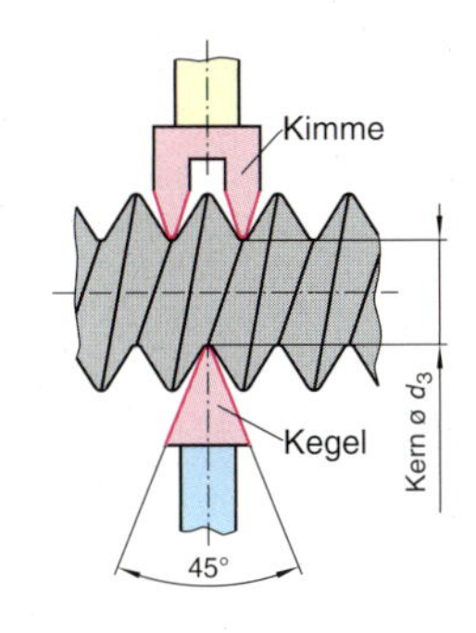

Flankendurchmesser-Messung

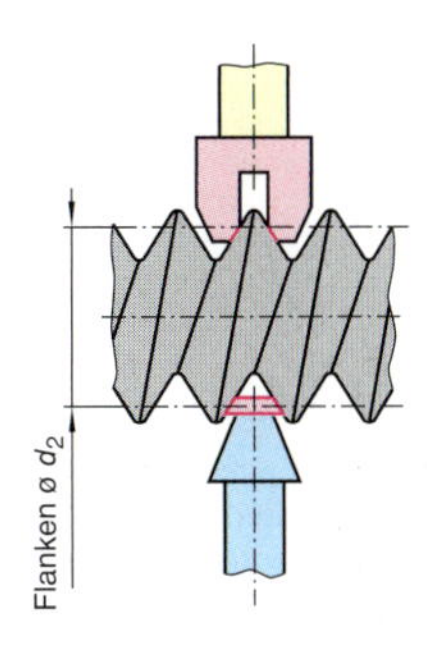

Flankendurchmesser-Messung nach dem Dreidrahtverfahren

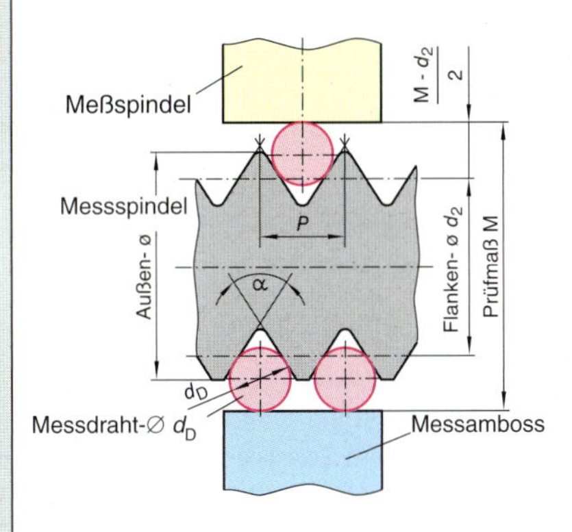

Bei **Innengewinden** wird der Flankendurchmesser mit **Innenmessschrauben** und speziellen Messeinsätzen gemessen.

Bei der Gewindeprüfung mit **Lehren** werden Innengewinde (Muttergewinde) mit Gewindegrenzlehrdornen oder mit getrennten Gut- und Ausschuss-Lehrdornen geprüft.

Der Gewinde-Gutlehrenkörper ist länger als der Ausschusslehrenkörper. Der **Gutlehrenkörper** hat ein vollständiges Gewinde, dessen Flanken- und Außendurchmesser dem zulässigen Kleinstmaß des zu prüfenden Gewindes, Innengewindes entspricht.

Der **Gewinde-Ausschusslehrenkörper** hat nur drei Gewindegänge mit stark verkürzten Flanken, sodass nur der mittlere Teil der Gewindeflanken zur Messanlage kommt. Er trägt einen roten Farbring oder eine rote Farbrille.

Der **Gutlehrenkörper** muss sich leicht in das zu prüfende Muttergewinde einschrauben lassen. Der **Ausschusslehrenkörper** darf sich nicht mehr als zwei Gewindegänge tief einschrauben lassen.

Für **Außengewinde** werden **Gewindelehrringe** und **Gewinde-Grenzrollenrachenlehren** eingesetzt. Die Paarungsfähigkeit eines Bolzengewindes mit einem Muttergewinde lässt sich mit den unhandlicheren Gewindelehrringen genauer prüfen als mit einer Grenzrollenrachenlehre (Taylorscher Grundsatz).

Gewinde-Grenzlehrdorn

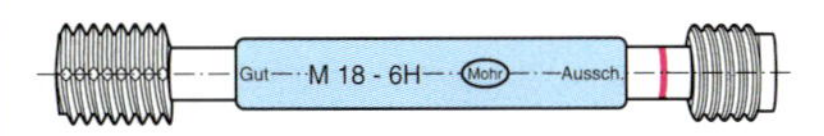

Gewinde-Lehrringe

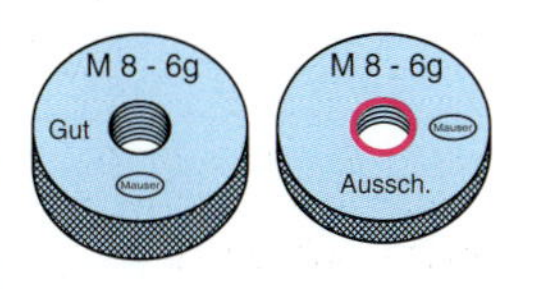

Mess- und Prüftechnik

Lehren DIN 2239

Gewinde-prüfung

Gewinde-Grenzrollenrachenlehre

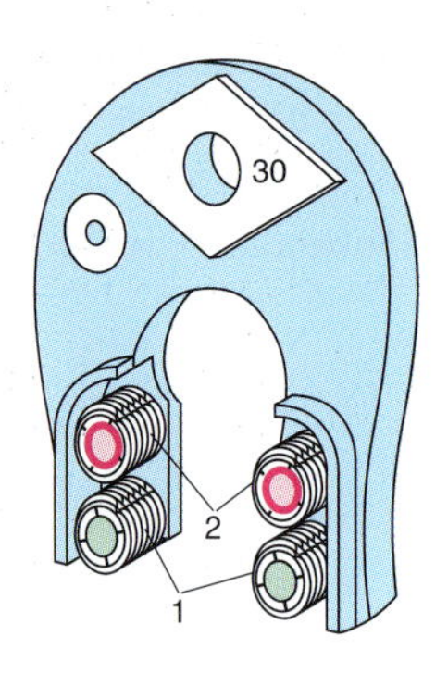

1 Gutrollenpaar
2 Ausschussrollenpaar

Gewinde-Grenzrollenrachenlehren bestehen aus zwei übereinander liegenden Rollenpaaren, dem **Gut-Rollenpaar** und dem **Ausschuss-Rollenpaar**. Die Gutrollen haben volles Gewindeprofil. Von den Ausschussrollen hat die eine nur einen einzigen Gewindegang, die andere hat zwei Gewindegänge. Die Gewindeflanken der Ausschussrollen sind stark verkürzt, sodass nur der mittlere Teil der Gewindeflanken zur Messanlage kommt.

Die Gut- und Ausschussrollen der Gewinde-Grenzrollenrachenlehre prüfen das Außengewinde in *einem* Arbeitsgang.

Das geprüfte Außengewinde ist lehrenhaltig, wenn das Gut-Rollenpaar durch das Eigengewicht der Lehre leicht darüber gleitet und wenn das Ausschuss-Rollenpaar nicht über den Gewindebolzen geht. Die Rollenpaare sind einstellbar.

Normung von Arbeitslehren für Gewindeprüfung (metrische ISO-Gewinde)

Gewinde-Gutlehrdorn	DIN 2281
Gewinde-Ausschusslehrdorn	DIN 2283
Gewinde-Grenzlehrdorn	DIN 2280
Gewinde-Gutlehrring	DIN 2285
Gewinde-Ausschusslehrring	DIN 2299
Gewinde-Genzrollenrachenlehre	nicht genormt

Oberflächenprüftechnik DIN EN ISO 13565

Oberflächen-Prüfverfahren

In der Fertigung werden vorwiegend *zwei Oberflächenprüfverfahren* eingesetzt: Prüfung mithilfe von **Oberflächenvergleichsmustern** und Messung mit **elektronischen Tastschnittgeräten**.

Oberflächen-vergleichs-muster

Oberflächenvergleichsmuster sind kleine Rechteckplatten (25 x 10 x 5), die zu einem Mustersatz zusammengefasst sind. Die **Vergleichsmuster** sind meist galvanoplastische Kopien von Einzelstücken.

Jedes Vergleichsmuster verkörpert eine bestimmte Oberflächenform, die durch die betreffenden Oberflächenmessgrößen gekennzeichnet ist.

Die Prüfung wird durch Tast- und Sichtvergleich der erzeugten Oberfläche mit dem Vergleichsmuster (Normal) vorgenommen. Beim **Sichtvergleich** soll das Licht quer zum Rillenverlauf der Oberflächen von Werkstück und Vergleichsmuster einfallen.
Beim **Tastvergleich** (z. B. mit dem Fingernagel) sollte man zusätzlich zum Vergleichsmuster, das der vorgeschriebenen Rauheit entspricht, noch das nächstgröbere und nächstfeinere Vergleichsmuster heranziehen. Bei genügender Erfahrung lassen sich noch Unterschiede der gemittelten Rautiefe von 1 – 2 µm feststellen.

Oberflächenvergleichsmuster für das Längsdrehen

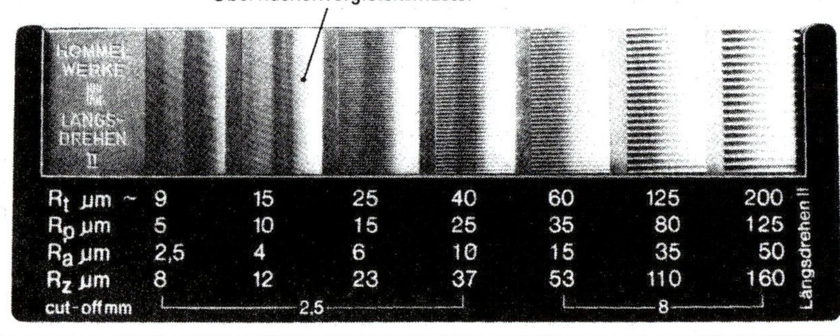

Oberflächenvergleichsmuster
Rt µm ~ 9 15 25 40 60 125 200
Rp µm 5 10 15 25 35 80 125
Ra µm 2,5 4 6 10 15 35 50
Rz µm 8 12 23 37 53 110 160
cut-off mm 2,5 8
Längsdrehen II

Mess- und Prüftechnik

Oberflächenprüftechnik — DIN EN ISO 13565

Oberflächenprüfung mit Messgeräten

Tastsystem eines Tastschnittgeräts

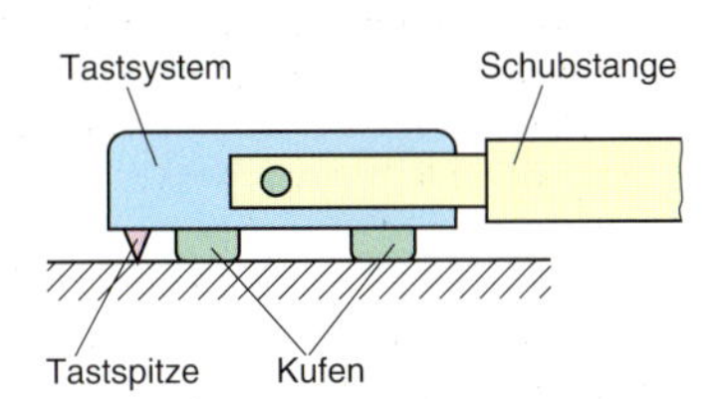

Die meisten Oberflächenmessgeräte sind elektrische Tastschnittgeräte nach DIN EN ISO 3274.
Eine Tastspitze, die an einem Messtaster befestigt ist, wird mit geringem Messdruck über die zu prüfende Oberfläche geführt. Die senkrechten Bewegungen der Spitze, die beim Überfahren der Oberfläche auftreten, werden in elektrische Spannungswerte umgewandelt, verstärkt und auf einer Skale in der Einheit der Rauheitskenngröße (z. B. µm) angezeigt und eventuell aufgezeichnet.

Rauheitskenngrößen DIN 4768

Rauheitsprofil einer Messstrecke

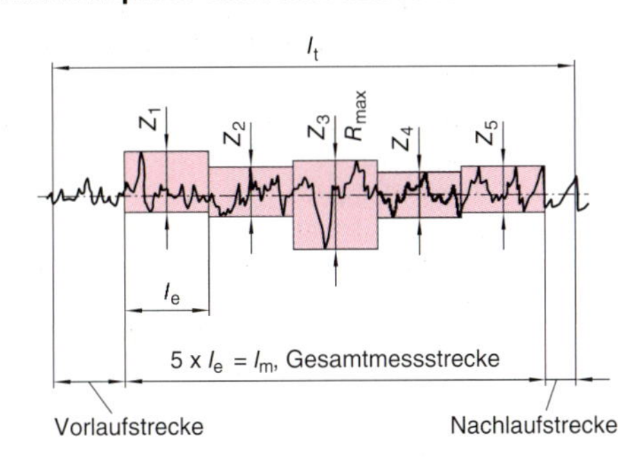

Die Rauheitskenngrößen werden aus dem Rauheitsprofil ermittelt.

Arithmetischer Mittenrauwert R_a

Der arithmetische Mittenrauwert ist der Mittelwert der absoluten Werte der Profilabweichungen innerhalb einer Bezugsstrecke. Gleichbedeutend mit der Höhe eines Rechtecks, dessen Länge gleich der Bezugsstrecken, das flächengleich mit der Summe der zwischen Rauheitsprofil und mittlerer Linie eingeschlossenen Fläche ist.

Darstellung des Mittenrauhwerts durch die Höhe eines flächengleichen Rechtecks

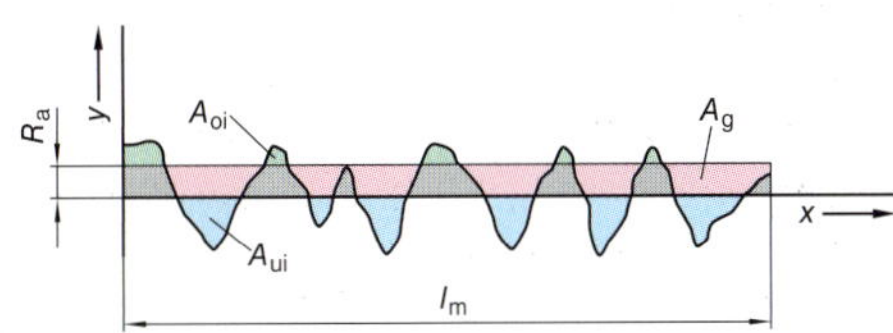

Üblicherweise wird der R_a-Wert innerhalb einer Gesamtmessstrecke l_m ermittelt, die aus 5 aneinender gereihten Einzelmessstrecken l_e besteht.

Einzelrautiefe Z_i

Abstand zweier Parallelen zur mittleren Linie, die innerhalb der Einzelmessstrecke das Rauheitsprofil am höchsten bzw. am tiefsten Punkt berühren.
Sie entspricht Z_1 bis Z_5 innerhalb $l_m = 5 \cdot l_e$.

Gemittelte Rautiefe R_z

Arithmetisches Mittel der Einzelrautiefen 5 aneinander grenzender Einzelmessstrecken:

$$R_z = \frac{Z_1 + Z_2 + Z_3 + Z_4 + Z_5}{5}$$

Maximale Rautiefe R_{max}

Die größte auf der Gesamtmessstrecke l_m vorkommende Einzelrautiefe Z_i.
In technischen Zeichnungen wird bei der Oberflächenkennzeichnung oft anstelle der Rauheitskenngröße R_a in µm die entsprechende Rauheitsklasse N angegeben.

Rauheitsklassen

R_a	0,025	0,05	0,1	0,2	0,4	0,8	1,6	3,2	6,3	12,5	25	50
N	1	2	3	4	5	6	7	8	9	10	11	12

Qualitätsmanagement

Qualitätssicherung

Maßgebend für die Wettbewerbsfähigkeit eines Produktes ist seine Qualität.

Qualität ist die Übereinstimmung der Produkteigenschaften mit den Anforderungen an das Produkt.

Maß für die Qualität ist die Abweichung der **Sollbeschaffenheit** (Forderung) von der **Istbeschaffenheit** (Prozessergebnis).

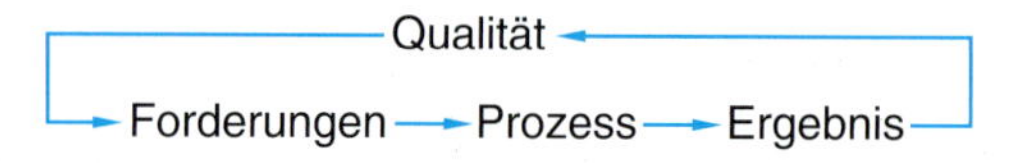

Qualitätsmerkmale

Die Qualität ist die Summe einzelner für den Wettbewerb maßgebender **Qualitätselemente**, z. B. Entwurfsqualität, Fertigungsqualität, Versandqualität, Servicequalität, die in den verschiedenen Bereichen der Produktherstellung zu erreichen sind. Verdeutlicht wird das durch den **Qualitätsregelkreis**.

Zur Festlegung und Kontrolle dienen **Qualitätsmerkmale**, deren Werte gemessen, gezählt oder bewertet werden.

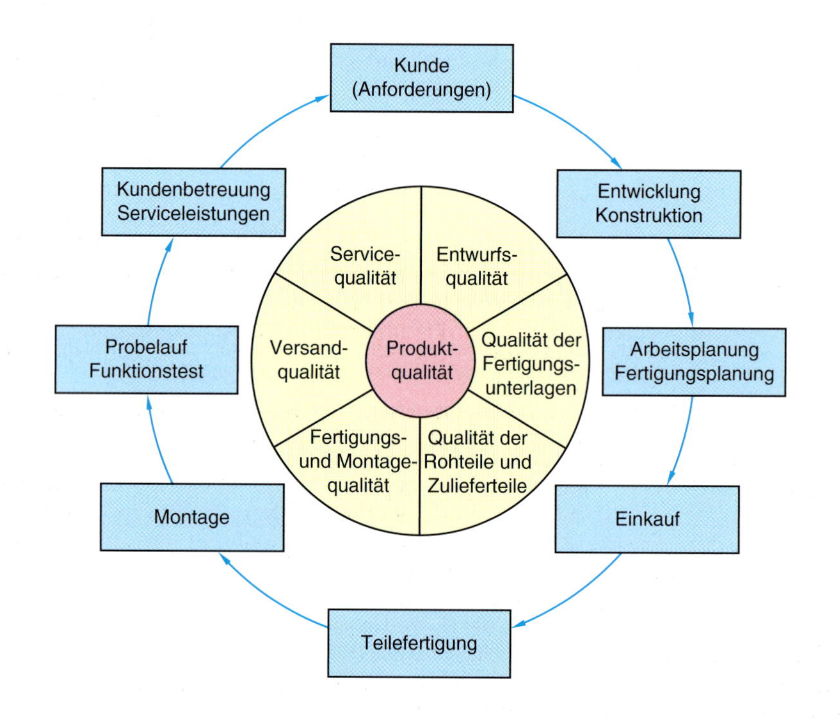

Messbare und *zählbare* Qualitätsmerkmale bezeichnet man als *quantitativ*, *bewertbare* Qualitätsmerkmale als *qualitativ*.

Qualitätsmerkmal	Art	Merkmalswerte
Bohrungsdurchmesser	quantitativ, messbar	10, 20, 30, 40 ... mm
Mittlere Rautiefe	quantitativ, messbar	1,6; 6,3; 10; 16 ... µm
Porendichte	quantitativ, zählbar	10, 50, 100 ... Poren je mm^2
Bedienbarkeit	qualitativ, bewertbar	leicht, mittel, schwer
Störungsanfälligkeit	qualitativ, bewertbar	gering, mittel, hoch

Qualitätsmanagement

Qualitätssicherungsmaßnahmen

Aufgabe der **Qualitätssicherung** ist es, geeignete Maßnahmen zur Erfüllung der Qualitätsanforderungen zu entwickeln und durchzuführen. Diese Maßnahmen sind folgenden Bereichen des Qualitätswesens zugeordnet:

- Qualitätsplanung
- Qualitätslenkung (Qualitätssteuerung)
- Qualitätsprüfung
- Qualitätsförderung

Bereich	Qualitätssicherungsmaßnahmen
Qualitätsplanung	Umsetzen der Produktanforderung in *Qualitätsmerkmale*. Festlegen der erforderlichen *Toleranzen* für die Merkmalswerte unter Berücksichtigung der Fertigungsmöglichkeiten und Kosten. Aufstellen von *Prüfplänen* mit detaillierten Prüfanweisungen.
Qualitätslenkung	*Veranlassen* und *Überwachen* der von der Qualitätsplanung festgelegten Maßnahmen und Anforderungen. Einleitung *korrigierender* und *steuernder Maßnahmen*, wenn die Qualitätsanforderungen nicht eingehalten werden.
Qualitätsprüfung	Durchführung der in der Qualitätsplanung festgelegten *Prüfungen*. *Auswerten* der Prüfungsergebnisse, *Weitergabe* der Auswertungen an die Qualitätsplanung und Qualitätslenkung.
Qualitätsförderung	Schulung und Motivation der Mitarbeiter. Erstellen von Qualitätsberichten und Qualitätsrichtlinien. Schaffung von qualitätsverbessernden Arbeitsbedingungen.

Die **Qualitätssicherungsmaßnahmen** werden in einem vom Unternehmen festgelegten und organisierten Qualitätssicherungssystem durchgeführt.

Die Wirksamkeit des Qualitätssicherungssystems und seiner Elemente wird regelmäßig von einer unabhängigen Organisation (TÜV, Germ. Lloyd) in einem **Qualitätsaudit** *überprüft* und *zertifiziert*.

Normen zu Qualitätssicherung, Qualitätsmanagement und Qualitätsaudit sind:
DIN 55350-11, DIN EN ISO 9000, DIN EN 60300-1

Qualitätslenkung

Sieben Einflussgrößen, die so genannten **„7M"** bestimmen die Produktqualität:
Mensch, Material, Methode, Maschine, Milieu (Umwelt), Management, Messung

Um die Qualität der in einem Prozess hergestellten Produkte zu gewährleisten, gibt es im Wesentlichen zwei Möglichkeiten:

- *Qualitätprüfung durch Endkontrolle*
- *Statistische Prozesslenkung (SPC)*

Qualitätsprüfung durch Endkontrolle

An allen Teilen eines Fertigungsloses werden die Qualitätsmerkmale geprüft.
Drei Ergebnisse sind möglich:

- Das Teil ist *bedingt brauchbar*, Nacharbeit ist erforderlich.
- Das Teil ist *brauchbar*, das Qualitätsmerkmal ist erfüllt.
- Das Teil ist *unbrauchbar*, Ausschuss.

Den Prüfungsergebnissen entsprechend, müssen Ausschussteile und nachzubearbeitende Teile *aussortiert* werden. Bei zu hoher **Ausschuss-** und **Nachbearbeitungsrate** sind Maßnahmen unumgänglich, den Prozess für das nächste Los zu korrigieren.

Nachteil: Fehler lassen sich erst *nach* dem Prozessablauf feststellen und korrigieren.

Beispiele

- Prüfung von Wellendurchmessern mit der Grenzrachenlehre
- Prüfung von Nuttiefen mit der Messuhr

Qualitätsmanagement

Statistische Qualitätslenkung (SPC)	Bei der **SPC** (engl.: **S**tatistical **P**rozess **C**ontrol) wird die **Qualitätsprüfung** während des Fertigungsprozesses in *regelmäßigen Abständen* durch Entnahme von **Stichproben** vorgenommen. Bei jeder Stichprobe wird an $n = 2$ bis $n = 25$ Teilen ein bestimmter Merkmalswert x geprüft, zum Beispiel ein bestimmtes Längenmaß. Von den n Merkmalswerten x_1 bis x_n werden dann der **arithmetische Mittelwert** $\bar{x}$ und die **Standardabweichung** s berechnet.
Arithmetischer Mittelwert $\bar{x}$	Der **arithmetische Mittelwert** ergibt sich durch Addition aller Einzelwerte und anschließender Division der Summe durch die Anzahl der Einzelwerte. $\bar{x} = \frac{x_1 + x_2 + ... + x_n}{n}$ $\bar{x} = \frac{1}{n} \sum_{i=1}^{n} x_i$ $\bar{x}$ arithmetisches Mittel (Mittelwert) x_1, x_2 Messwerte einer Stichprobe x_i einzelner Messwert n Zahl der Einzelmessungen, Erhebungs-, Stichprobenwerte
Zentralwert $\tilde{x}$ (Median)	Der Median ist der in der Mitte liegende Einzelwert einer Messreihe, wenn die Einzelwerte der Größe nach geordnet sind. Ist die Anzahl der Einzelwerte eine gerade Zahl, dann ist der Median das arithmetische Mittel der beiden in der Mitte liegenden Einzelwerte. Fall a): Anzahl der Einzelwerte **ungerade** $x_1;\ x_2;\ x_3;\ x_4;\ x_5$ $\tilde{x}_a = x_3$ Fall b): Anzahl der Einzelwerte **gerade:** $x_1;\ x_2;\ x_3;\ x_4;\ x_5$ $\tilde{x}_b = \frac{x_2 + x_3}{2}$ $\tilde{x}$ Zentralwert x_1, x_2 Messwerte einer Stichprobe x_i einzelner Messwert $\tilde{x}_a$ Zentralwert, Fall a) $\tilde{x}_b$ Zentralwert, Fall b)
Spannweitenmitte R_M Spannweite R	Die **Spannweitenmitte** ist der Mittelwert zwischen dem größten und dem kleinsten Einzelwert einer Messreihe. Die **Spannweite** ist die Differenz von dem größten und dem kleinsten Einzelwert einer Messreihe. $R_M = \frac{x_{max} - x_{min}}{2}$ $R = x_{max} - x_{min}$ x_{max} Größtwert einer Messreihe x_{min} Kleinstwert einer Messreihe R_M Spannweitenmitte R Spannweite
Mittelwert $\bar{s}$ der Standardabweichung Standardabweichung s	Die Standardabweichung gibt die durchschnittliche Abweichung der Einzelwerte vom arihmetischen Mittelwert an. $\bar{s} = \frac{s_1 + s_2 + ... + s_n}{n}$ $s = \pm \sqrt{\frac{1}{n-1} \sum_{i=1}^{n} (x_i - \bar{x})^2}$ $\bar{s}$ Mittelwert der Standardabweichung s Standardabweichung, bezogen auf $\bar{x}$ n Anzahl der Einzelmessungen x_i Einzelwert $\bar{x}$ arithmetischer Mittelwert
Grundstandardabweichung σ	*Gaußsche Normalverteilung* Die Normalverteilung zeigt die Verteilung der Einzelwerte in Diagrammform. Die Standardabweichung der Einzelwerte wird **Grundstandardabweichung** genannt.

Qualitätsmanagement

Grundstandardabweichung σ

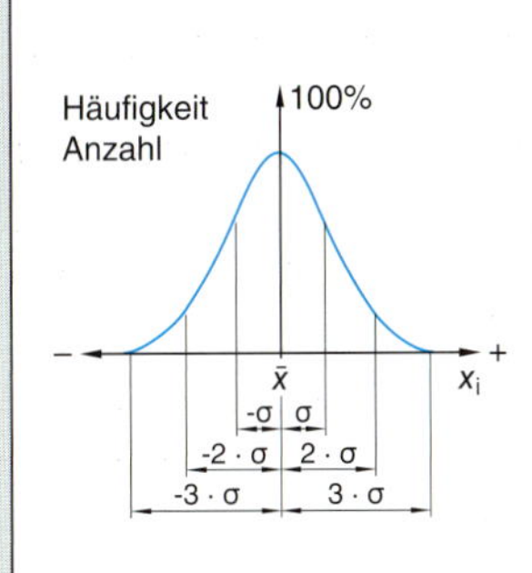

Alle Einzelwerte (100 %) und damit alle zufälligen Schwankungen (Fehler) werden durch die Fläche unter der Kurve erfasst.

Eine große Anzahl von Einzelwerten entspricht dem Mittelwert oder weicht nur gering vom Mittelwert ab.

Bei einer großen Abweichung der Einzelwerte vom Mittelwert ist die Anzahl der Einzelwerte gering.

Es liegt eventuell ein systematischer Fehler vor.

Im Bereich

$\bar{x} \pm 1 \cdot \sigma$
liegen 68,26 % der Messwerte

$\bar{x} \pm 2 \cdot \sigma$
liegen 95,44 % der Messwerte

$\bar{x} \pm 3 \cdot \sigma$
liegen 99,73 % der Messwerte

Bei entsprechender Anzahl von Einzelmessungen kann also vorhergesagt werden, wie viel Prozent der gefertigten Werkstücke in einem bestimmten Toleranzbereich liegen.

Obere Vertrauensgrenze G_o
Untere Vertrauensgrenze G_u

Die Vertrauensgrenzen sind die Grenzen (des Toleranzbereiches) für das arithmetische Mittel *x*.

$$G_o = \bar{x} + s \cdot \frac{t}{\sqrt{n}} \qquad G_u = \bar{x} - s \cdot \frac{t}{\sqrt{n}}$$

Korrekturfaktor *t*

n	*t* bei statistischer Sicherheit			
	68,26 %	95,44 %	99 %	99,7 %
4	1,15	2,8	4,6	6,6
10	1,06	2,3	3,2	4,1
20	1,03	2,1	3,0	3,4
50	1,01	2,0	2,7	3,1
100	1,00	1,97	2,6	3,04
200	1,00	1,96	2,58	3,0

Qualitätsregelkarte (Shewhart-Regelkarte)

Qualitätsregelkarten werden eingesetzt, wenn ein als befriedigend erkannter, beherrschbarer Zustand eines Fertigungsprozesses (Sollzustand) beibehalten werden soll.

Prozessüberwachung: Zeigt Prozessänderungen an, die einen *systematischen* Ursprung haben.

Die gebräuchlichste Qualitätsregelkarte ist die **$\bar{x}$/*R*-Karte**. Die $\bar{x}$/*s*-Karte ist genauer, aber auch aufwendiger.

Bei der **Shewhart-Regelkarte** werden die *Eingriffsgrenzen* aufgrund des Prozessverhaltens nach fertigungstechnischen Gesichtspunkten *engstmöglich* festgelegt.

Die **Eingriffsgrenzen** beschreiben den 99,73-%-Zufallsstreubereich ($\pm 3 \cdot \sigma$).
Der ungestörte Prozess bewegt sich also zufallsverteilt innerhalb der Einflussgrenzen.

Die **Warngrenzen** begrenzen den 95,44-%-Zufallsstreubereich ($\pm 2 \cdot \sigma$).

Beispiel: Qualitätsregelkarte (ORK)		
OEG	obere Eingriffsgrenze	15,86 mm
OWG	obere Warngrenze	15,83 mm
UEG	untere Eingriffsgrenze	15,58 mm
UWG	untere Warngrenze	15,61 mm
M	Mittellinie (Sollwert)	15,72 mm

Qualitätsmanagement

Qualitätsregelkarte (Shewhart-Regelkarte)

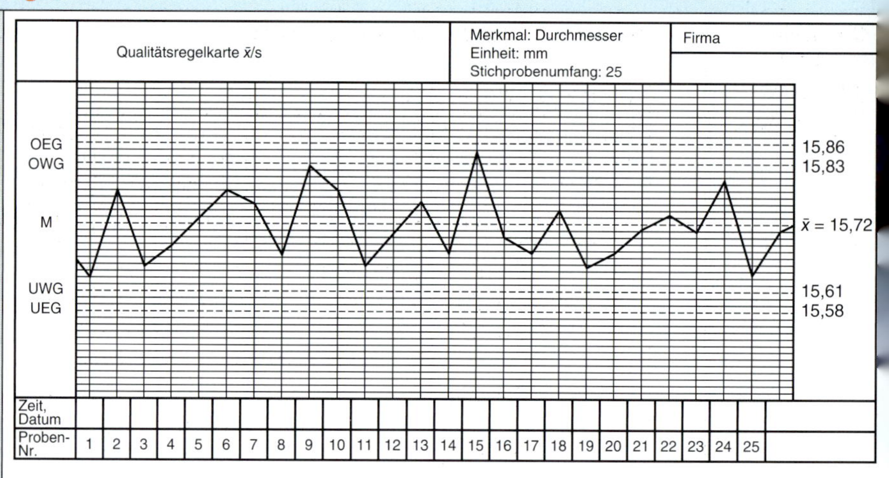

Alle auftretenden Maßabweichungen vom Sollwert *x* liegen bei dieser Stichprobenauswertung innerhalb der zulässigen Grenzen (Eingriffsgrenzen). Der Fertigungsprozess verläuft stabil.

Die Überwachung eines Prozesses wird bei der *statistischen Prozesslenkung* durch **Prozessregelkarten** vorgenommen. In einer Prozessregelkarte werden für jede der genommenen Stichproben die Merkmalswerte, der arithmetische Mittelwert und die Standardabweichung oder die Spannweite eingetragen.

An einem **Vorlos** werden anhand der gemessenen Merkmalswerte von Stichproben die obere Eingriffsgrenze (OEG) und die untere Eingriffsgrenze (UEG) für den arithmetischen Mittelwert und die obere Eingriffsgrenze für die Standardabweichung festgelegt (Vorstudie).

Wenn sich dann im Prozess der arithmetische Mittelwert und die Standardabweichung bzw. die Spannweite der Stichproben innerhalb der Eingriffsgrenzen bewegen, läuft die Fertigung fehlerfrei ab. Das gefertigte Los kann zur Weiterbearbeitung freigegeben werden.

Wird jedoch eine der Grenzen verletzt, dann muss nach Fehlern gesucht und in den Prozess durch entsprechende Korrekturen eingegriffen werden. Das hergestellte Los wird vor der Weiterbearbeitung *vollständig* geprüft und sortiert.

Ablaufplan der Qualitätsregelung durch SPC

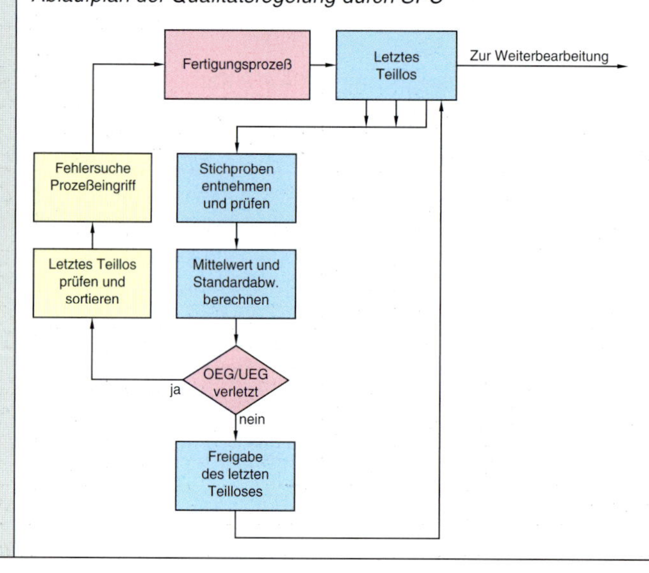

Qualitätsmanagement

Qualitäts-regelkarte (Shewhart-Regelkarte)

Prozessregelkarte der statistischen Prozesslenkung

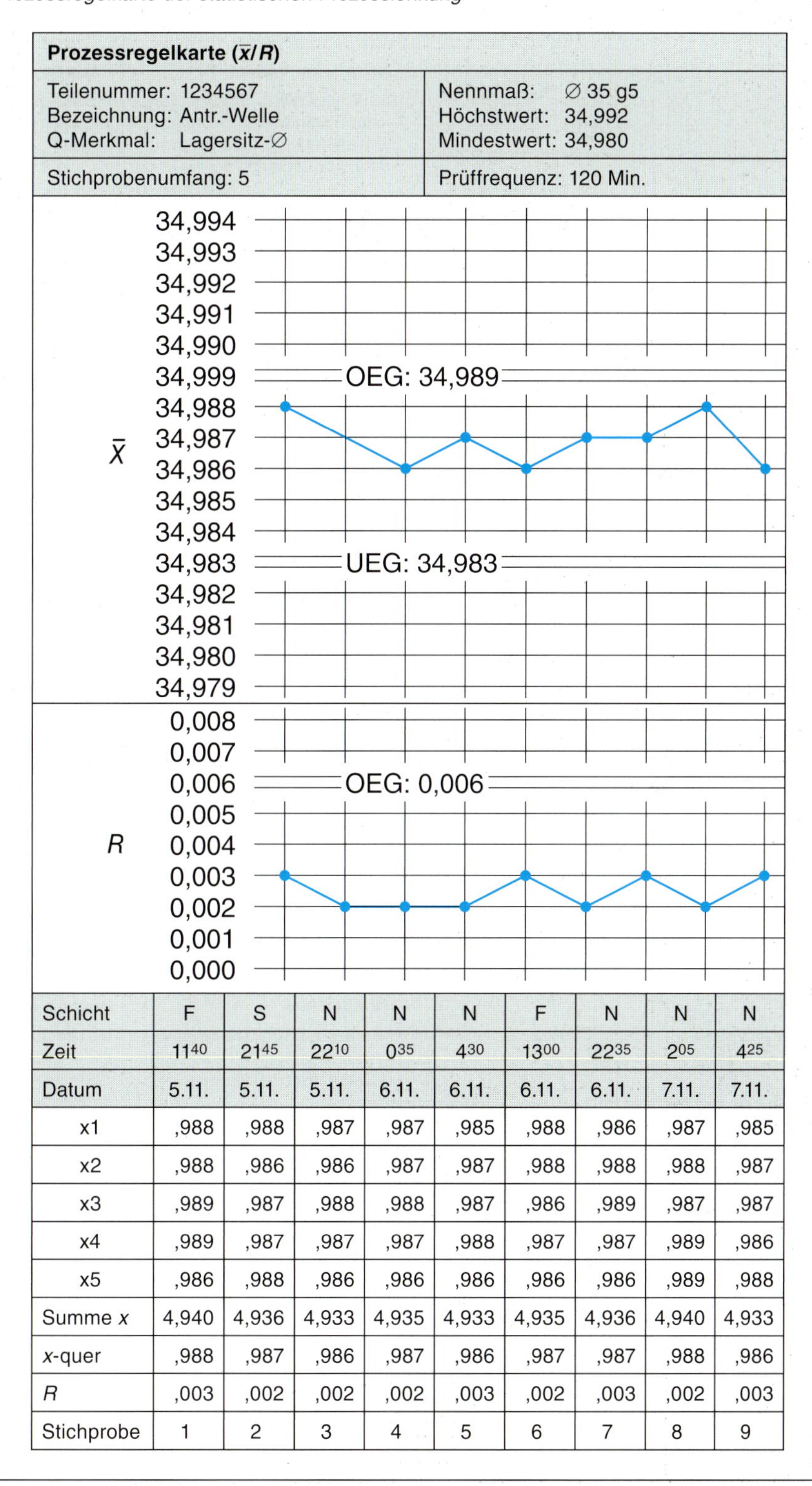

Schicht	F	S	N	N	N	F	N	N	N
Zeit	11⁴⁰	21⁴⁵	22¹⁰	0³⁵	4³⁰	13⁰⁰	22³⁵	2⁰⁵	4²⁵
Datum	5.11.	5.11.	5.11.	6.11.	6.11.	6.11.	6.11.	7.11.	7.11.
x1	,988	,988	,987	,987	,985	,988	,986	,987	,985
x2	,988	,986	,986	,987	,987	,988	,988	,988	,987
x3	,989	,987	,988	,988	,987	,986	,989	,987	,987
x4	,989	,987	,987	,987	,988	,987	,987	,989	,986
x5	,986	,988	,986	,986	,986	,986	,986	,989	,988
Summe *x*	4,940	4,936	4,933	4,935	4,933	4,935	4,936	4,940	4,933
x-quer	,988	,987	,986	,987	,986	,987	,987	,988	,986
R	,003	,002	,002	,002	,003	,002	,003	,002	,003
Stichprobe	1	2	3	4	5	6	7	8	9

Qualitätsmanagemet

Prozess-verläufe

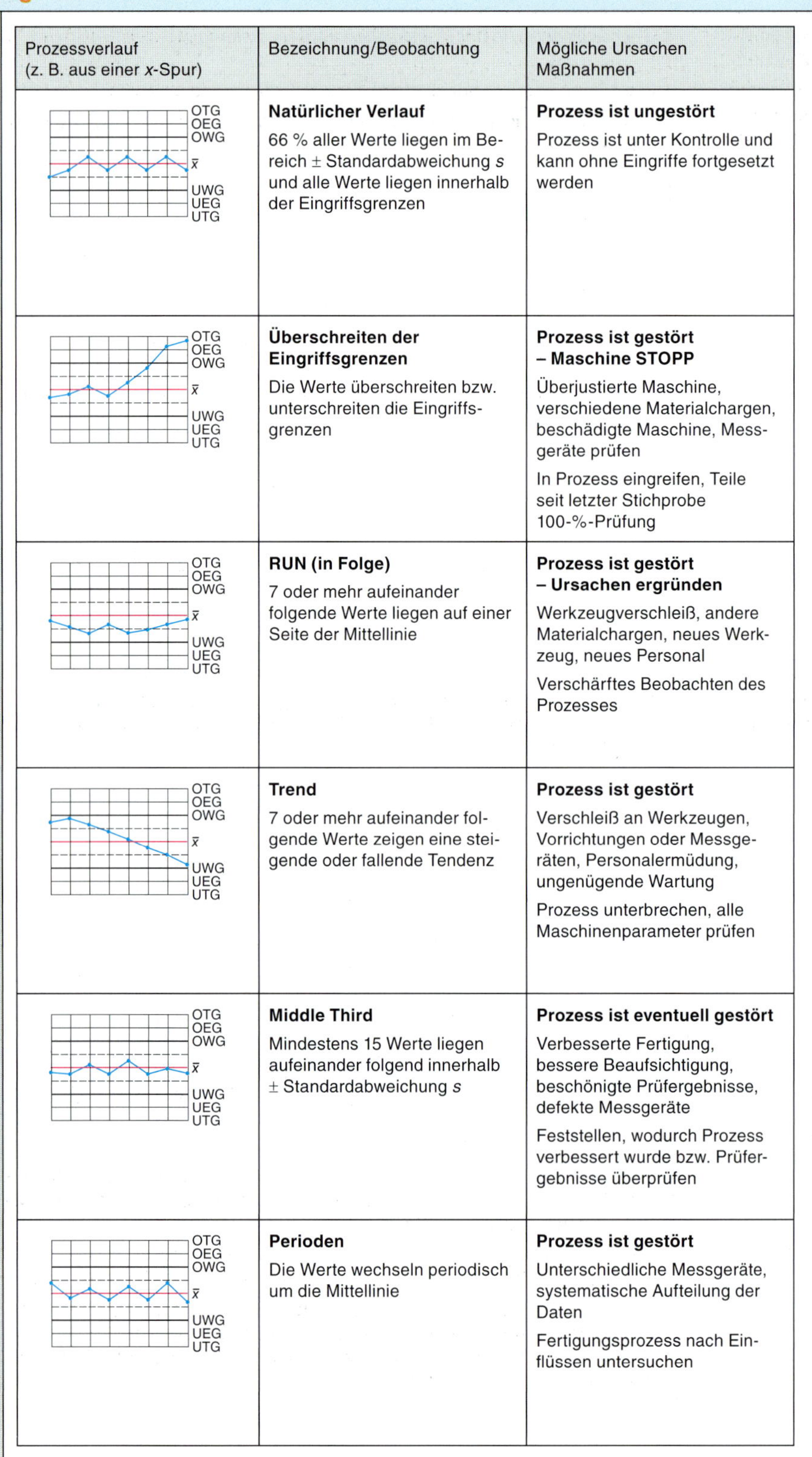

Prozessverlauf (z. B. aus einer *x*-Spur)	Bezeichnung/Beobachtung	Mögliche Ursachen Maßnahmen
OTG OEG OWG $\bar{x}$ UWG UEG UTG	**Natürlicher Verlauf** 66 % aller Werte liegen im Bereich ± Standardabweichung *s* und alle Werte liegen innerhalb der Eingriffsgrenzen	**Prozess ist ungestört** Prozess ist unter Kontrolle und kann ohne Eingriffe fortgesetzt werden
OTG OEG OWG $\bar{x}$ UWG UEG UTG	**Überschreiten der Eingriffsgrenzen** Die Werte überschreiten bzw. unterschreiten die Eingriffsgrenzen	**Prozess ist gestört – Maschine STOPP** Überjustierte Maschine, verschiedene Materialchargen, beschädigte Maschine, Messgeräte prüfen In Prozess eingreifen, Teile seit letzter Stichprobe 100-%-Prüfung
OTG OEG OWG $\bar{x}$ UWG UEG UTG	**RUN (in Folge)** 7 oder mehr aufeinander folgende Werte liegen auf einer Seite der Mittellinie	**Prozess ist gestört – Ursachen ergründen** Werkzeugverschleiß, andere Materialchargen, neues Werkzeug, neues Personal Verschärftes Beobachten des Prozesses
OTG OEG OWG $\bar{x}$ UWG UEG UTG	**Trend** 7 oder mehr aufeinander folgende Werte zeigen eine steigende oder fallende Tendenz	**Prozess ist gestört** Verschleiß an Werkzeugen, Vorrichtungen oder Messgeräten, Personalermüdung, ungenügende Wartung Prozess unterbrechen, alle Maschinenparameter prüfen
OTG OEG OWG $\bar{x}$ UWG UEG UTG	**Middle Third** Mindestens 15 Werte liegen aufeinander folgend innerhalb ± Standardabweichung *s*	**Prozess ist eventuell gestört** Verbesserte Fertigung, bessere Beaufsichtigung, beschönigte Prüfergebnisse, defekte Messgeräte Feststellen, wodurch Prozess verbessert wurde bzw. Prüfergebnisse überprüfen
OTG OEG OWG $\bar{x}$ UWG UEG UTG	**Perioden** Die Werte wechseln periodisch um die Mittellinie	**Prozess ist gestört** Unterschiedliche Messgeräte, systematische Aufteilung der Daten Fertigungsprozess nach Einflüssen untersuchen

Qualitätsmanagement

Ursachen-Wirkungs-Diagramm (Ishikawa-Diagramm)

Die möglichen Ursachen und Wirkungen werden in **Haupt-** und **Nebenursachen** unterteilt.

Durch die Diagrammstruktur können sowohl negative als auch positive Einflussgrößen identifiziert und ihre Abhängigkeiten zur Zielgröße dargestellt werden.

In der Bewertung ergeben sich einige *Ursachenschwerpunkte*, die dann näher untersucht werden können.

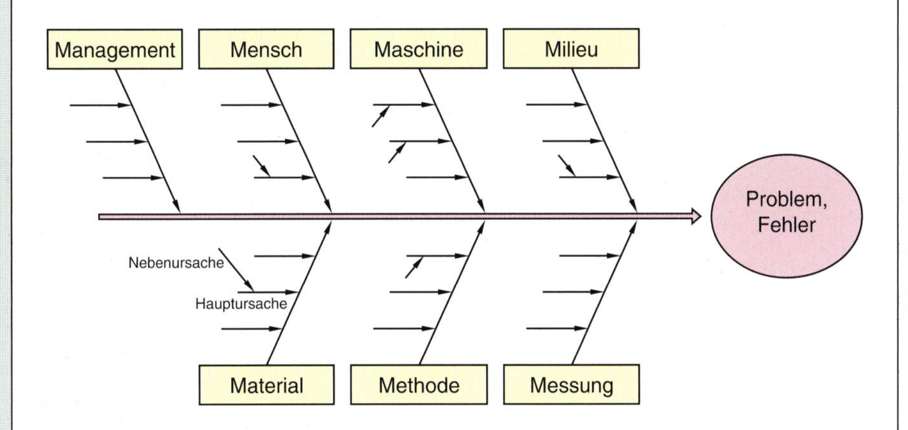

Pareto-Diagramm

Das Pareto-Diagramm basiert auf der festgestellten Tatsache, dass die meisten Auswirkungen eines Problems (80 %) häufig nur auf eine kleine Anzahl von Ursachen (20 %) zurückzuführen sind.

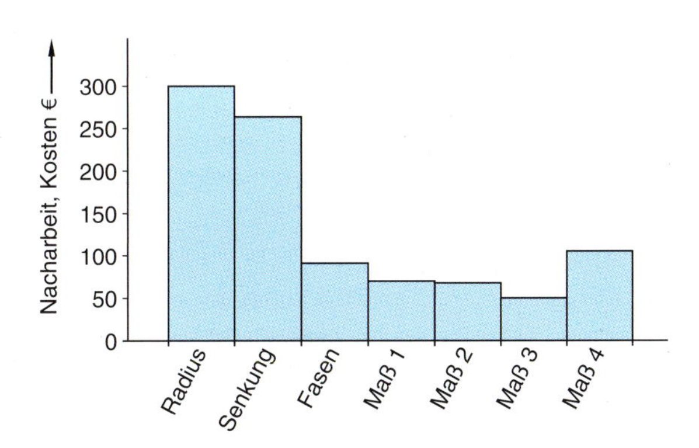

Es ist ein *Säulendiagramm*, das *Problemursachen* nach ihrer Bedeutung ordnet. Je größer die Säule im Diagramm, umso wichtiger ist diese Kategorie. Sie zu beheben, bedeutet die größte Verbesserungsmöglichkeit.

Eine steile Summenkurve deutet darauf hin, dass es sehr wenige wichtige Ursachen für das Problem gibt. Eine flache Kurve zeigt an, dass viele gleichwertige Ursachen vorliegen.

Somit gibt das Pareto-Diagramm eine wertvolle Entscheidungshilfe, indem es diejenigen Ursachen klar herausstellt, die den größten Einfluss ausüben. Es wird so verhindert, dass mit großem Zeit- und Kostenaufwand unwichtige Ursachen beseitigt werden und das Problem dennoch bestehen bleibt.

Qualitätsmanagement

Fehler-Sammelliste

Mithilfe von Fehlersammellisten können beobachtete oder festgestellte Fehler auf einfache Weise erfasst werden. Durch eine übersichtliche Darstellung nach Art und Anzahl der Fehler können Trends erkannt werden, nach denen die Fehler auftreten.

Um die Anzahl der Fehlerarten zu begrenzen, aber dennoch eine vollständige Erfassung zu ermöglichen, sollte eine Kategorie „sonstige Fehler“ aufgenommen werden.

Werden die Daten über längere Zeiträume gesammelt, sollte gewährleistet sein, dass sie immer bei den gleichen Arbeitsbedingungen aufgenommen werden.

Die Menge der untersuchten Objekte sollte begrenzt sein, damit die Übersichtlichkeit nicht verloren geht.

Produkt-Nr.			Prüfart	jedes 20. Teil	
Bezeichnung			Prüfer	Mayer	
Nr.	Fehlerart	19.09.	20.09.	21.09.	Summe
1	Radius	III	IIII	III	
2	Senkung	II	II	I	
3	Fase	I	II	II	
4	Maß 1	I	II	I	
5	Maß 2	I	I	II	
6	Maß 3	I	I	I	
7	Maß 4		I	I	

Histogramm

Das **Histogramm** ist ein Säulendiagramm, in dem gesammelte Daten zu Klassen zusammengefasst werden. Die Größe einer Säule entspricht dabei der Anzahl der Daten in einer Klasse. Die Seitenfläche ist proportional zur jeweiligen Klassenhäufigkeit.

Anhand des fertigen Histogramms lässt sich leicht erkennen, ob sich die gemessenen Werte innerhalb der Toleranzgrenzen befinden und in welchem Bereich bzw. welcher Klasse die meisten Messwerte liegen.

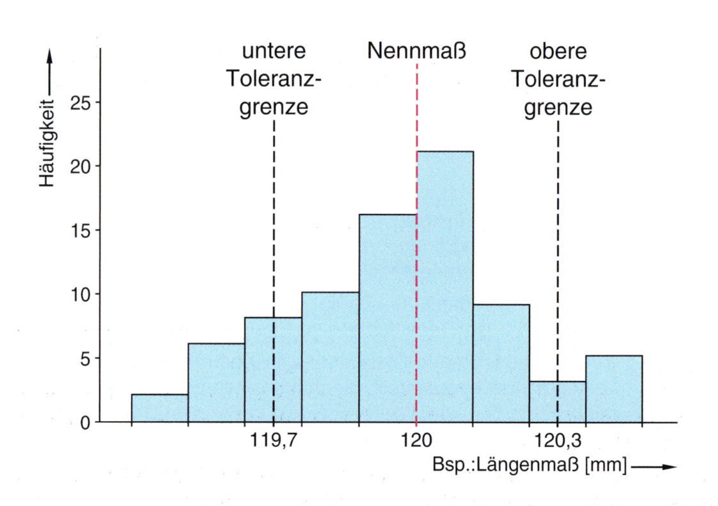

Qualitätsmanagement

Korrelations-Diagramm

Das **Korrelations-Diagramm** ist eine grafische Darstellung, durch die die Beziehung zwischen zwei Merkmalen dargestellt wird, die paarweise an einem Objekt aufgenommen werden. Aus deren Muster können Rückschlüsse auf einen statistischen Zusammenhang zwischen den beiden Merkmalen gezogen werden.

Aus dem größten und kleinsten ermittelten Wert eines Merkmals ergibt sich die sinnvolle Einteilung der Achsen. Die Wertepaare werden als Punkte eingetragen, sodass eine **Punktwolke** entsteht.

Je näher die Punkte an der *Ausgleichsgeraden* liegen, umso stärker ist der Zusammenhang der beiden Merkmale.

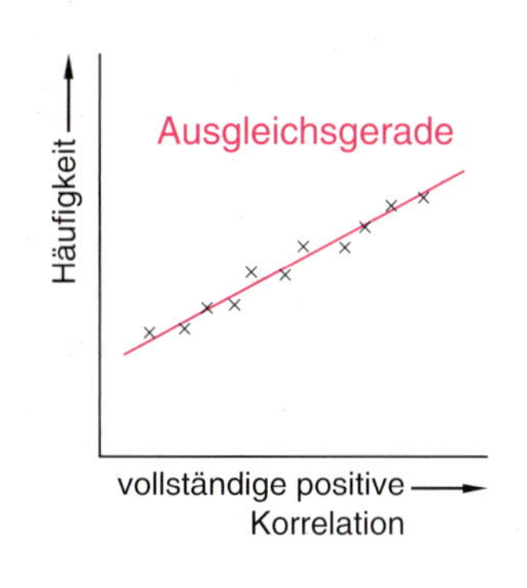

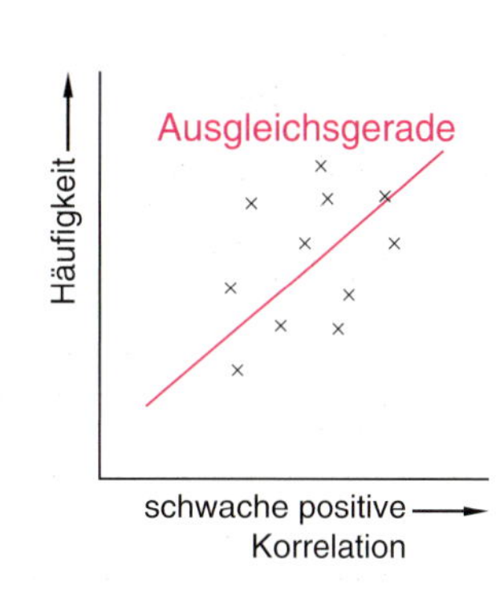

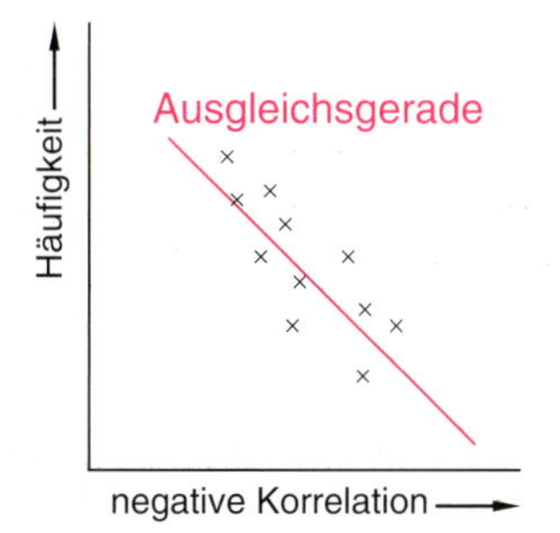

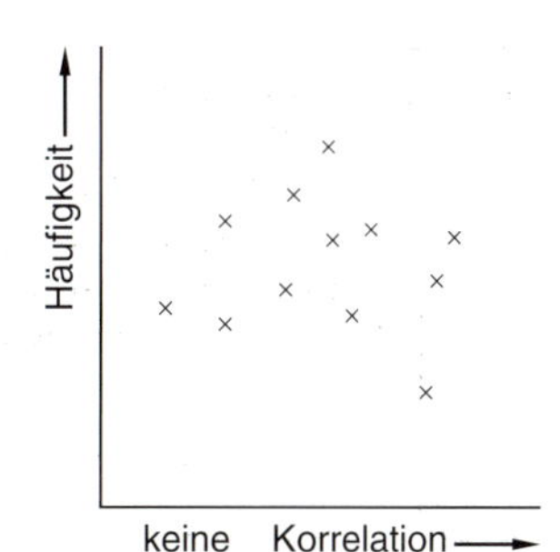

Qualitätsmanagementsysteme

DIN EN ISO 9000

DIN EN ISO 9000 und die Normen der Reihe DIN 53350 dienen dazu, Benennungen und Definitionen der im Qualitätsmanagement und in der Statistik angewendeten Begriffe zu vereinheitlichen und zur Verständigung auf diesem Gebiet beizutragen.

DIN EN ISO 9000 legt die Begriffe für die in den Normen der **ISO 9000-Familie** beschriebenen *Qualitätsmanagementsysteme* fest und beschreibt die zugehörigen Grundlagen.

Qualitätsmanagementsysteme

Grundlagen und Begriffe

Organisationen	Sie versprechen sich von der Einführung eines Qualitätsmanagementssystems ökonomische Vorteile.
	Sie wollen von ihren Lieferanten die Gewissheit haben, dass ihre Produktionsanforderungen erfüllt werden.
Benutzer	Wollen von den Unternehmen in diesem Sinne normgerechte Produkte erwerben.
Lieferanten, Kunden, Regulierungsbehörden	Sie gehen von einem gemeinsamen Verständnis der im Qualitätsmanagement verwendeten Begriffe aus.
Mitarbeiter	Alle innerhalb und außerhalb der Organisation, die dem Qualitätsmanagementsystem im Hinblick auf die Einhaltung der Anforderungen der DIN EN ISO 9001 bewerten oder auditieren (Auditoren, Regierungsbehörden, Zertifizierungs- und Zulassungsstellen).
	Alle innerhalb und außerhalb der Organisation, die bei der Schaffung eines geeigneten Qualitätsmanagementsystems beratend und unterstützend mitwirken.

Qualitätsbezogene Begriffe

Qualität	Das Vermögen einer Gesamtheit inhärenter Merkmale eines Produktes, Systems oder Prozesses zur Erfüllung der Anforderungen von Kunden und anderen interessanten Parteien.
Anforderung	Als Ergebnis oder Erwartung an die Merkmale einer Einheit (z. B. Nennmaße mit Toleranz) angegeben, üblicherweise vorausgesetzt oder vorgeschrieben.
Qualitätsanforderung	Anforderungen bezüglich der inhärenten Merkmale eines Produktes, eines Prozesses oder eines Systems. *Beispiel:* Inhärente Merkmale sind Teil eines Produktes, eines Prozesses oder Systems (Technisches Merkmal: Durchmesser einer Schraube).
Kundenzufriedenheit	Meinung des Kunden zu dem Maß, wie ein Vorgang die Erfordernisse und Erwartungen eines Kunden erfüllt hat.

Managementbezogene Begriffe

Managementsystem	Darunter versteht man ein System zur Festlegung von Politik und Zielen zur Erreichung dieser Ziele. *Beispiel:* Managementsysteme einer Organisation können verschiedene Managementsysteme beinhalten (Qualitäts-, Finanz-, Umweltmanagementsysteme).
Qualitätsmanagementsystem	Ein System zur Festlegung der Qualitätspolitik, von Qualitätszielen und zum Erreichen dieser Ziele.
Qualitätspolitik	Übergeordnete Absichten und Ausrichtung einer Organisation zur Qualität, wie sie von der obersten Leitung formell ausgedrückt wird.
Qualitätsziel	Etwas bezüglich Qualität Angestrebtes oder zu Erreichendes.
Management	Aufeinander abgestimmte Tätigkeiten zur Lenkung und Steuerung einer Organisation.
Qualitätssicherung	Teil des Qualitätsmanagements, der auf die Schaffung von Vertrauen gerichtet ist.
Qualitätsverbesserung	Teil des Qualitätsmanagements, der auf die Erhöhung der Wirksamkeit und Effizienz gerichtet ist.

Qualitätsmanagementsysteme

Organisationsbezogene Begriffe

Organisation	Gruppe von Personen und Einrichtungen mit einem geordneten Gefüge von Verantwortungen, Befugnissen und Beziehungen. *Beispiele:* Unternehmen, Gesellschaften, Körperschaften, Organisation, Verbände
Kunde	Organisation oder Person, die ein Produkt empfängt. *Beispiele:* Verbraucher, Klienten, Endanwender, Einzelhändler, Käufer
Lieferant	Organisation oder Person, die ein Produkt herstellt bzw. liefert. Beispiele: Hersteller, Vertriebseinrichtung, Einzelhändler, Verkäufer eines Produktes oder Erbringer einer Dienstleistung

Prozess- und produktbezogene Begriffe

Prozess	System von Tätigkeiten, das Eingaben mithilfe von Mitteln in Ergebnisse umwandelt. Ein Prozess, bei dem die Konformität des dabei erzeugten Produktes nicht ohne weiteres oder in wirtschaftlicher Weise verifiziert werden kann, wird häufig als „Spezieller Prozess“ bezeichnet.
Produkt	Ein Produkt ist das Ergebnis eines Prozesses, z. B. Bauteil, Baugruppe, Dienstleistung.
Dienstleistung	Immaterielles Produkt, das das Ergebnis mindesten einer Tätigkeit ist, die an der Schnittstelle zwischen dem Lieferanten und dem Kunden ausgeführt wird.
Projekt	Einmaliger Prozess, der aus einer Gesamtheit von abgestimmten und gelenkten Tätigkeiten mit Anfangs- und Endterminen besteht. Er wird durchgeführt, um ein speziellen Anforderungen genügendes Ziel zu erreichen.
Entwicklung	Gesamtheit von Prozessen, die Anforderungen in festgelegte Merkmale des Realisierungsprozesses umwandelt.
Verfahren	Festgelegte Art und Weise, wie eine Tätigkeit oder ein Prozess auszuführen ist.

Merkmalbezogene Begriffe

Merkmal	Die kennzeichnende Eigenschaft eines Produktes oder Prozesses.
Qualitätsmerkmal	Inhärentes Merkmal eines Produktes, Prozesses oder Systems, das aus einer Anforderung abgeleitet ist. Die Norm unterscheidet verschieden Klassen von Merkmalen: – **physikalisch**: mechanisch, elektrisch, chemisch, biologisch – **sensorisch**: Geruch, Berührung, Geschmack, Sehvermögen, Gehör – **zeitbezogen**: Rechtzeitigkeit, Zuverlässigkeit, Verfügbarkeit
Rückverfolgbarkeit (allgemein)	Fähigkeit, den Werdegang, die Verwendung oder den Ort des Produktes zu verfolgen. – Herkunft vorn Werkstoffen und Teilen – Ablauf der Verarbeitung – Verteilung der Position des Produktes nach Auslieferung

Konformitätsbezogene Begriffe

Konformität	Erfüllung einer Anforderung.
Fehler	Nichterfüllung einer festgelegten Anforderung, z. B. Nichteinhalten von Toleranzen.
Mangel	Nichterfüllung einer Anforderung hinsichtlich eines beabsichtigten oder festgelegten Gebrauchs.
Fehlerbehebung	Maßnahme zur Behebung eines erkannten Fehlers.
Reparatur	Maßnahme, die an einem fehlerhaften Produkt vorgenommen wird, damit es für den Verwendungszweck annehmbar ist.

Qualitätsmanagementsysteme

Dokumentenbezogene Begriffe

Dokument	Information und ihr Unterstützungsmedium. *Beispiel:* Aufzeichnung, Spezifikation, Zeichnung, Skizze, Bericht, Norm, Anweisung
Spezifikation	Dokument, das Anforderungen angibt.
Leitfaden	Dokument, das Empfehlungen oder Anregungen gibt; Qualitätsmanagement-Handbuch.

Untersuchungsbezogene Begriffe

Nachweis	Daten, die die Existenz oder Wahrheit von etwas bestätigen. Nachweise können z. B. durch Beobachtung, Messung erbracht werden.
Prüfung	Konformitätsbewertung durch Beobachten und Beurteilen. Soweit möglich durch Messen, Testen und Vergleichen.
Test	Technischer Vorgang, der aus dem Ermitteln eines oder mehrerer Merkmale eines Produktes, Prozesses oder einer Dienstleistung nach einem festgelegten Verfahren besteht.
Verifizierung	Bestätigung und Bereitstellung eines Nachweises, dass festgelegte Anforderungen erfüllt sind.
Bewertung	Tätigkeit zur Sicherstellung der Eignung, Gebrauchstauglichkeit, Wirksamkeit und Effizienz der Betrachtungseinheit zur Erreichung festgelegter Ziele.

Auditbezogene Begriffe

Audit	Systematischer, unabhängiger und dokumentierter Prozess zur Erlangung von Nachweisen und zu deren objektiver Auswertung, um festzustellen, inwieweit Auditkriterien erfüllt wurden.
Auditor	Person, die für die Durchführung von Audits qualifiziert ist.
Audit-Sachverständiger	Person, die spezielle Kenntnisse und Fachwissen zu einem Sachgebiet zur Verfügung stellen kann.

Auf Qualitätssicherung bezogene Begriffe (bei Messprozessen)

Messung	Gesamtheit der Tätigkeiten zur Ermittlung von Größenwerten.
Messprozess	Gesamtheit der Mittel, Tätigkeiten und Einflüsse im Verlauf einer Messung.
Messmittel	Messgeräte, Messmaterial und Hilfsmittel, die zur Ausführung einer festgelegten und definierten Messung erforderlich sind.

Begriffe der Qualitätssicherung und Statistik

Merkmalsbezogene Begriffe

Merkmal	Eine Eigenschaft zum Erkennen und Unterscheiden von Eigenschaften.
Merkmalswert	Der Erscheinungsform eines Merkmals zugeordneter Wert.
Qualitatives Merkmal Ordinal-Merkmale	Merkmal, dessen Werte einer Skala (geordneter Wertebereich) zugeordnet sind, auf der Abstände definiert sind. Alle (physikalischen) Größen sind qualitative Merkmale. Mit Ordnungsbezeichnung, z. B. hellrot, rot, dunkelrot.
Qualitatives Merkmal Nominal-Merkmale	Merkmal, dessen Werte einer Skala zugeordnet sind, auf der keine Abstände definiert sind. Keine Ordnungsbezeichnung z. B. gut–schlecht, rot–grün.

Begriffe der Qualitätssicherung und Statistik

Merkmalsbezogene Begriffe

Begriff	Definition
Kontinuierliches Merkmal	Quantitatives Merkmal mit Messwert, z. B. Länge, Lage, Masse.
Diskretes Merkmal	Quantitatives Merkmal, dessen Wertebereich endlich und abzählbar ist, z. B. Stückzahl.
Abweichung	Allgemein der Unterschied zwischen einem Merkmalswert oder einem dem Merkmal zugeordneten Wert oder einem Bezugswert. Bei einem quantitativen Merkmal: Merkmalswert oder ein dem Merkmal zugeordneter Wert minus Bezugswert.
Prüfmerkmal	Merkmal, anhand dessen eine Prüfung durchgeführt wird.
Nennwert	Wert eines quantitativen Merkmals zur Gliederung des Anwendungsbereiches.
Bemessungswert	Für vorgegebene Anwendungsbedingungen vorgegebener Wert eines quantitativen Merkmals, der von dem festgelegt wird, der die Qualitätsanforderung an die Einheit festlegt.
Sollwert	Wert eines quantitativen Merkmals, von dem die Istwerte dieses Merkmals so wenig wie möglich abweichen sollen.
Richtwert	Wert eines quantitativen Merkmals, dessen Einhaltung durch die Istwerte empfohlen wird, ohne dass Grenzwerte vorgegeben sind.
Grenzwert	Mindestwert oder Höchstwert.
Grenz-abweichung	Untere und obere Grenzabweichung.
Untere Grenzab-weichung	Mindestwert minus Bezugswert.
Obere Grenzab-weichung	Höchstwert minus Bezugswert.
Toleranz	Höchstwert minus Mindestwert und auch obere Grenzabweichung minus untere Grenzabweichung.
Istwert	Beobachtungswert eines qualitativen Merkmals.
Qualitätsprüfung	Feststellung, inwieweit eine Einheit die gestellten Qualitätsanforderungen erfüllt.
Prüfplan, Prüfanweisung	Festlegung und Beschreibung von Art und Umfang der Prüfungen, z. B. Prüfmittel, Prüfhäufigkeit, Prüfperson, Prüfort.
Vollständige Prüfung	Prüfung einer Einheit hinsichtlich aller festgelegten Qualitätsmerkmale, z. B. vollständige Überprüfung eines Einzelwerkstückes hinsichtlich aller Forderungen.
100-%-Prüfung	Prüfung aller Einheiten eines Prüfloses, z. B. Sichtprüfung aller gelieferten Bauteile.
Statistische Prüfung (Stichproben-prüfung)	Qualitätsprüfung mithilfe statistischer Methoden, z. B. Beurteilung einer großen Anzahl von Werkstücken durch Auswertung entnommener Stichproben.
Prüflos (Stichproben-prüfung)	Gesamtheit der in Betracht gezogenen Einheiten, z. B. eine Produktion von 5000 gleichen Werkstücken.
Stichprobe	Eine oder mehrere Einheiten, die aus der Grundgesamtheit oder einer Teilgesamtheit entnommen werden; z. B. 50 Teile aus der Tagesproduktion von 400 Teilen.

Fluidtechnik

Fluidtechnik

Pneumatik

Der *Energieträger Luft* ist durch die drei Zustandsgrößen *Druck*, *Volumen* und *Temperatur* gekennzeichnet. Der Zusammenhang zwischen diesen Größen wird durch die *allgemeine Gasgleichung* beschrieben.

Allgemeine Gasgleichung

$$\frac{p_1 \cdot V_1}{T_1} = \frac{p_2 \cdot V_2}{T_2}$$

p absoluter Druck in bar
V Volumen in m^3
T absolute Temperatur in K

1 bar = 10 $\frac{N}{cm^2}$; K = Kelvin; 0 K = –273 °C; 0 °C = 273 K
absoluter Druck = Überdruck (Betriebsdruck) + Luftdruck

Wenn eine der drei Größen (p, V, T) *konstant* gehalten wird, vereinfacht sich die allgemeine Gasgleichung. In der Praxis ist entweder der *Druck* oder die *Temperatur* konstant.

Konstante Temperatur – Boyle Mariotte

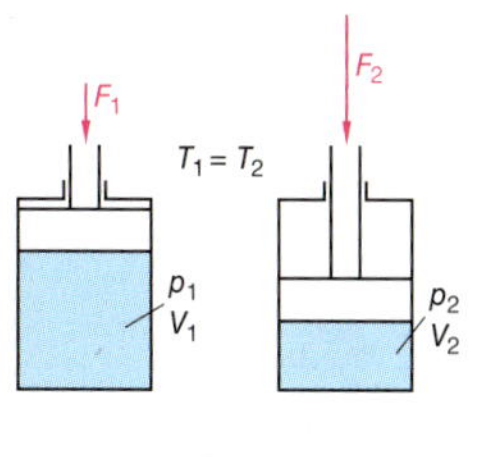

Das *Volumen* einer abgeschlossenen Gasmenge ist umso kleiner, je größer der darauf lastende *Druck* ist.

$$p_1 \cdot V_1 = p_2 \cdot V_2$$

Das Produkt von Druck und Volumen bleibt konstant, wenn sich die Temperatur der Luft nicht ändert.

$$\frac{V_2}{V_1} = \frac{p_1}{p_2} = \frac{F_1}{F_2}$$

Konstanter Druck – Gay-Lussac

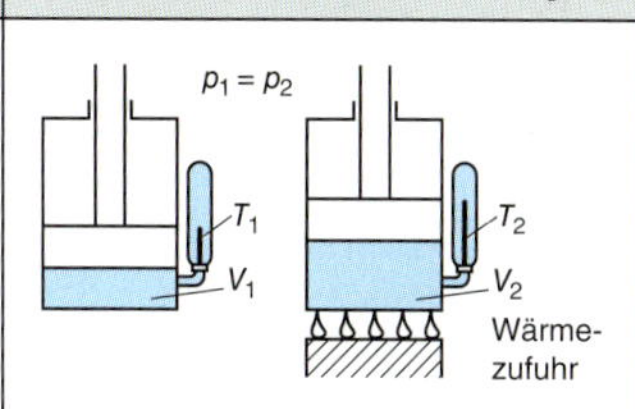

Bei *konstantem Druck* ist das *Volumen* einer Gasmenge umso höher, je höher die *Temperatur* ist.

$$\frac{V_1}{T_1} = \frac{V_2}{T_2}$$

oder

$$\frac{V_1}{V_2} = \frac{T_1}{T_2}$$

Normalzustand

In der Pneumatik werden die Angaben über die *Luftmenge* auf den *Normalzustand* bezogen:

- *Normaltemperatur:* T_n = 273 K = 0 °C
- *Normaldruck:* p_n = 1,01325 bar ≈ 1 bar

Zur Umrechnung des Gasvolumens auf den *Normalzustand* werden nacheinander die Gesetzte von **Boyle-Mariotte** und **Gay-Lussac** angewendet (Umrechnungsbeispiel siehe rechts).

1. Schritt: Umrechnung des gegebenen Volumens auf den Normaldruck.

2. Schritt: Umrechnung des neuen Volumens auf die Normaltemperatur.

Umrechnungsbeispiel

In einem Druckbehälter von 3 m^3 Inhalt befindet sich Luft von 27 °C unter 8 bar Überdruck.

Wie groß ist das auf den Normzustand bezogene Luftvolumen?

1. Schritt:

$$V_{n1} = V \cdot \frac{p}{p_n} \qquad V_{n1} = 3\ m^3 \cdot \frac{(8+1)\ bar}{8\ bar} = 27\ m^3$$

2. Schritt:

$$V_n = V_{n1} \cdot \frac{T_n}{T} \qquad V_n = 27\ m^3 \cdot \frac{273\ K}{300\ K} = 24{,}57\ m^3$$

Drucklufterzeugung

Die erzeugte Druckluft wird gekühlt und im Druckluftbehälter gespeichert. Der **Druckluftbehälter** stabilisiert die Druckluftversorgung. Er gibt dem Druckluftnetz eine genügende Reserve und nimmt die Druckstöße des Verdichters auf. Er wirkt als **Druckluftspeicher**.

Das notwendige *Volumen des Speichers* richtet sich nach dem Förderstrom des Verdichters und nach der Speicher-Füllregelung.

Bei **Ausschaltregelung** wird bei Überschreiten der oberen Druckgrenze der Verdichterantrieb abgeschaltet und bei Unterschreiten wieder eingeschaltet.

Bei **Aussetzregelung** wird der Verdichter auf Leerlauf bzw. volle Leistung geschaltet.

Wichtig ist die *Abscheidung des* **Kondenswassers** aus Druckbehälter und Verbindungsleitungen. Je höher die Lufttemperatur, umso größer ist der **Wassergehalt** der Druckluft.

Fluid-
technik

Fluid-
technik

Fluidtechnik

Pneumatik

Drucklufterzeugung

Wassergehalt der Luft bei einer relativen Luftfeuchtigkeit von 100 %[1]

Temperatur in °C	– 10	0	5	10	15	20	30	50	70	90
Wasserdampf in g/m³	2,1	4,9	6,8	9,5	12,7	17,1	30	82,3	196,2	417,9

[1] Bei x % relativer Luftfeuchtigkeit ist der Wasserdampfgehalt mit $x/100$ zu multiplizieren.

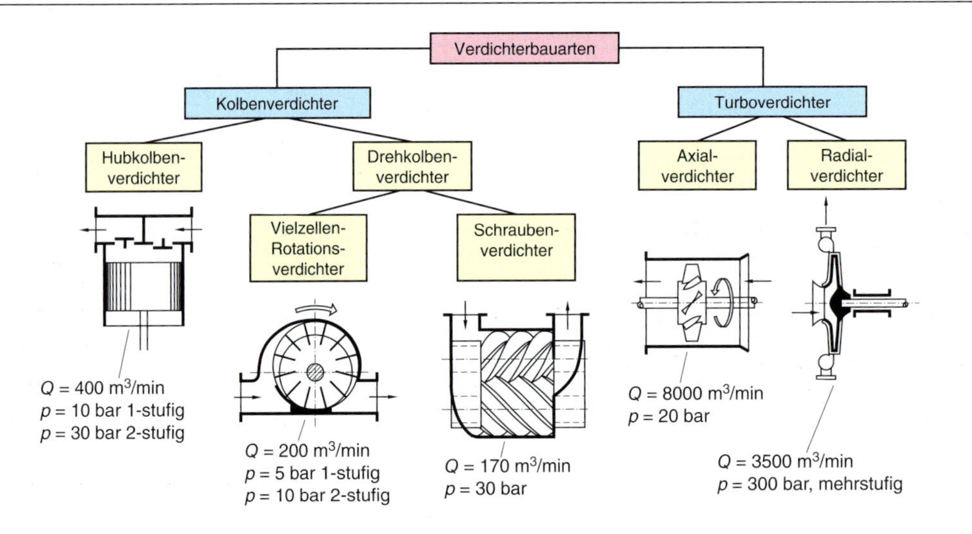

Abzweigung und Wartungseinheit

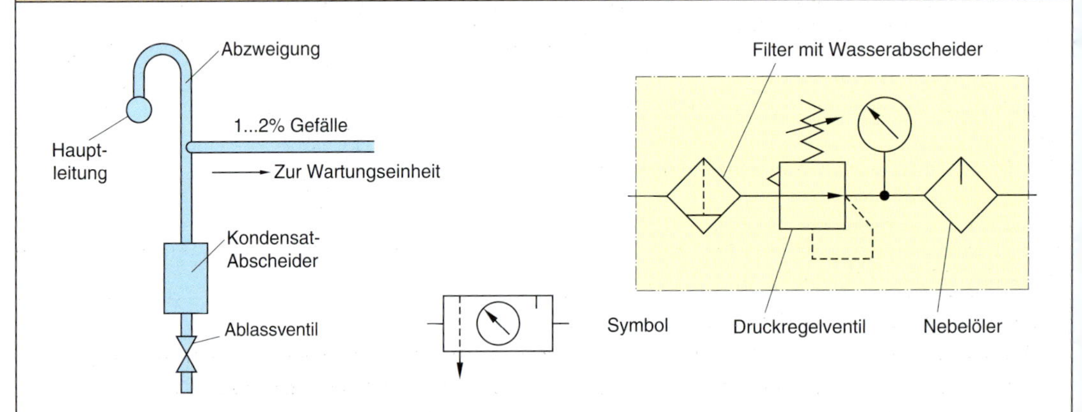

Druckluftaufbereitung

Zweck der Druckluftaufbereitung: Abscheidung von Kondenswasser und Verunreinigungen, Konstanthaltung des Luftdrucks und eventuell Vermischung mit einem Ölnebel. Die Druckluftaufbereitung wird durch *Wartungseinheiten* vorgenommen. Diese bestehen aus **Druckluftfilter**, **Druckluftregler** und eventuell **Nebelöler**.

Bei der Auswahl der Wartungseinheit sind *Luftdurchsatz* und *Betriebsdruck* maßgebend.
Der vorhandene Betriebsdruck darf den auf der Wartungseinheit angegebenen Wert nicht übersteigen.

Der **Kondenswasserspiegel** im Luftdruckfilter muss regelmäßig überprüft werden. Keinesfalls darf Kondenswasser in die Druckluftleitung mitgerissen werden. Die Filterpatrone ist bei Verschmutzung zu reinigen.

Fluidtechnik

Pneumatik

Druckluftaufbereitung

Druckluftfilter

Die seitlich in das Filter einströmende Luft wird verwirbelt. Durch Fliehkraft werden grobe Schmutz- und Flüssigkeitsteilchen an die Behälterwand geschleudert.

Filtereinsätze: Messing-, Bronze- oder Stahlsiebe

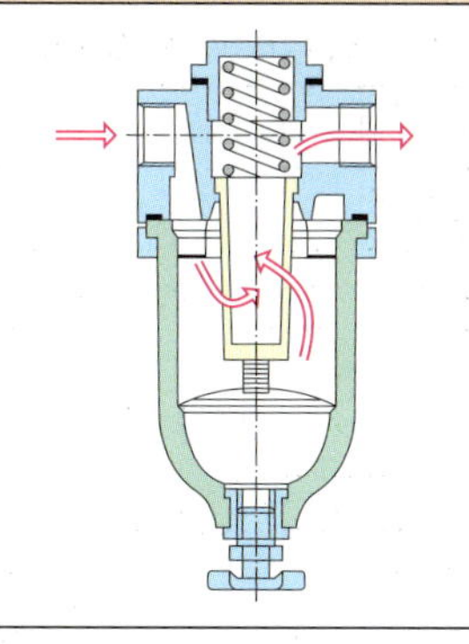

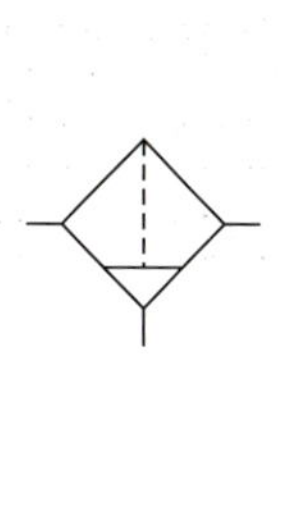

Druckregelventil

Regelung durch den großen Ventilteller. Eine Seite wird durch eine stellbare Feder, die andere Seite durch den Arbeitsdruck beaufschlagt.

Wenn der Arbeitsdruck unter den eingestellten Wert sinkt, drückt die Feder über dem Ventilteller den Stift nach unten. Das Ventil wird geöffnet. Nun kann Druckluft einströmen, bis der Arbeitsdruck wieder erreicht ist und das Ventil wieder geschlossen wird.

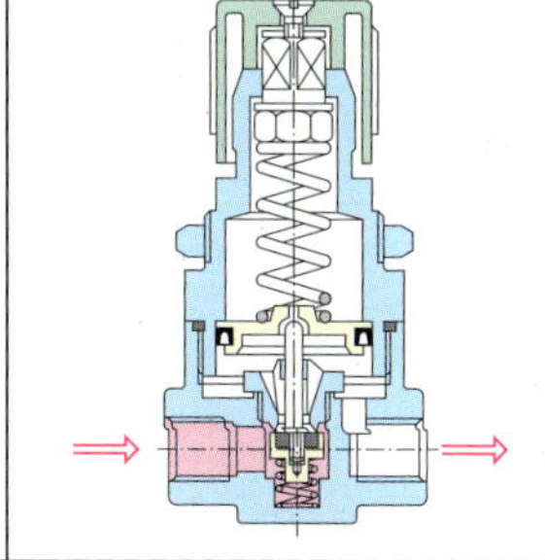

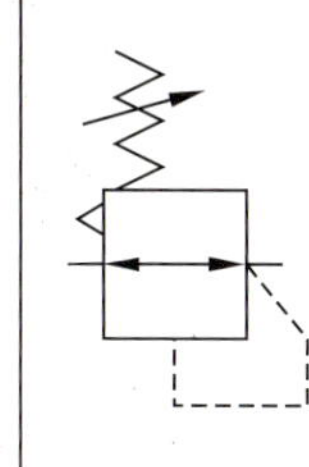

Druckluftöler

Erzeugt wird ein ununterbrochener Ölnebel. An den Engstellen (durch Verringering des Leitungsquerschnittes) erhöht sich die Strömungsgeschwindigkeit, wodurch ein Unterdruck hervorgerufen wird. Dadurch wird aus dem unteren Behälter Öl durch ein Steigrohr nach oben gedrückt, tropft dort in die Strömung und wird vernebelt.

Eine Drosselmöglichkeit erlaubt die Dosierung der Öltropfenanzahl.

Der Trend geht zu **ölfreien** Pneumatikkomponenten.

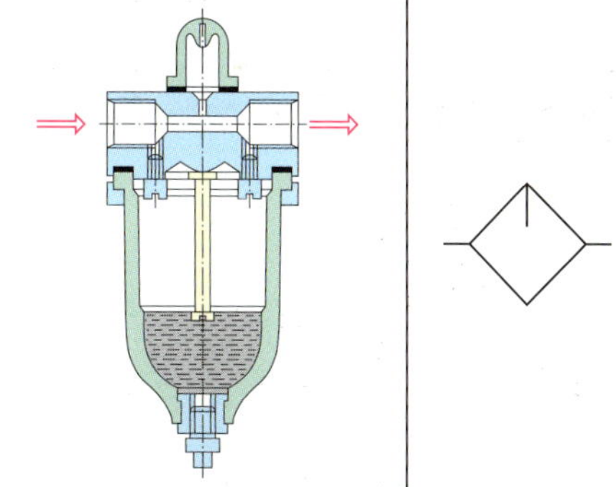

Rohrleitungsverlegung

Bei der Verlegung von **Druckluftleitungen** *ist zu beachten:*

- Druckluftleitungen aus Gründen der Überwachung nicht im Mauerwerk oder engen Rohrkanälen verlegen.
- Bei senkrecht hochführenden Leitungen Wasserabscheider an den tiefsten Stellen anbringen.
- Abzweigungen der Hauptleitung von oben abgehend verlegen; Mindest-Krümmungsradius am Abzweig $r = 5 \cdot d$.
- Hauptleitung als Ringleitung verlegen, Stichleitungen zu den Verbrauchern, Verbraucheranschluss durch Schnellkupplungen.
- Einbau eines Druckluftspeichers vor Verbrauchern mit kurzzeitig starkem Luftbedarf.
- Einbau eines Zwischenspeichers in der Ringleitungshälfte.
- Als Leitungsmaterial dünnwandige, nahtlos gezogene Stahlrohre (DIN EN 10305-1) verwenden und durch Schneidringverschraubungen miteinander verbinden.
- Für flexible Leitungen Polyethylenschläuche verwenden.

Fluidtechnik

Pneumatik

Pneumatikzylinder

Bauart	Verwendung	Symbol
Einfach wirkender Zylinder	Ausführung als Kolben oder Membranzylinder Rückhub durch Feder, daher kann der Zylinder nur auf einer Seite Arbeit verrichten spannen, auswerfen, heben, einpressen	
Doppelt wirkender Zylinder	Der Kolben wird wechselseitig mit Druckluft beaufschlagt. Auf beiden Kolbenseiten ist ein Arbeitshub möglich. Die Kolbengeschwindigkeiten können in beiden Richtungen eingestellt werden (mit Dämpfung). Allerdings entstehen beim Aus- und Einfahren unterschiedlich große Kräfte (mit einstellbarer Dämpfung).	
Zylinder mit beidseitiger Kolbenstange	Gute Führung der Kolbenstange, daher auch seitliche Belastung möglich	
Tandemzylinder	Anwendung bei großen Kräften	
Drehzylinder, Schwenkantrieb	Drehbewegung zum Wenden und Biegen	

Endlagendämpfung
Die Endlagendämpfung wird mit einem **Dämpfungskolben** ermöglicht. Vor Erreichen der Endlage verschließt er den direkten Weg der Abluft ins Freie. Es verbleibt nur der kleine Abluftquerschnitt. Dadurch wird im letzten Teil des Zylinderraums ein Überdruck aufgebaut, der wie ein **Luftpolster** wirkt. Der Kolben fährt dadurch langsam in die Endlage ein.

Luftverbrauch

Einfach wirkender Zylinder	$Q = A \cdot s \cdot n \cdot \frac{p_e + p_{amb}}{p_{amb}}$	Q Luftverbrauch in cm^3/min A Kolbenfläche in cm^2 s Kolbenhub in cm p_e Überdruck im Zylinder in bar p_{amb} Luftdruck in bar n Schaltspiele in 1/min
Doppelt wirkender Zylinder	$Q = 2 \cdot A \cdot s \cdot n \cdot \frac{p_e + p_{amb}}{p_{amb}}$	

Schaltspiel eines Zylinders
Die einmalige, aus Ausfahren und Einfahren bestehende hin- und hergehende Bewegung. In der Minute führt der Zylinder *n*-Schaltspiele aus. Bei jedem Schaltspiel muss das Hubvolumen *V* des einfach wirkenden Zylinders einmal und des doppelt wirkenden Zylinders zweimal gefüllt werden.
Die in der Minute benötigte Luftmenge muss auf den *Ansaugluftdruck* p_o bezogen werden, weil der Luftbedarf in erster Linie zur Auslegung der Verdichterstation benötigt wird.

Spezifischer Luftverbrauch

Beachten Sie:

$1\ bar = 10^5 \frac{N}{m^2} = 100\,000 \frac{N}{m^2}$

$1\ bar = 10 \frac{N}{cm^2}$

$10 \frac{N}{cm^2} = 0{,}1 \frac{N}{mm^2}$

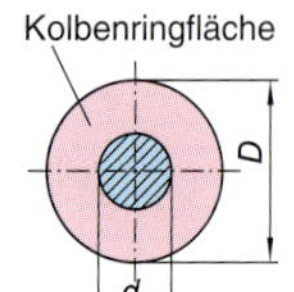

$A = \frac{D^2 \cdot \pi}{4} - \frac{d^2 \cdot \pi}{4}$

$A = (D^2 - d^2) \cdot \frac{\pi}{4}$

Fluidtechnik

Pneumatik

Luftverbrauch

Spezifischer Luftverbrauch

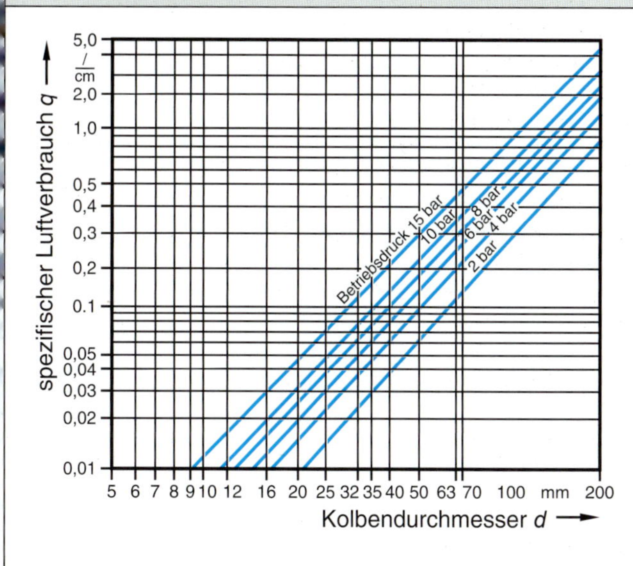

Durch die Füllung der Toträume kann der tatsächliche Luftverbrauch bis zu 25 % höher sein als der errechnete oder dem Diagramm entnommene Wert.

Toträume können beispielsweise Druckluftleitungen zwischen Zylinder und Wegeventil oder nicht nutzbare Räume in der Kolbenendstellung sein.

Kolbenkraft

Einfach wirkender Zylinder

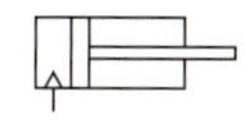

$$F_W \approx p_e \cdot A = F - F_N$$

Berücksichtigung der Federkraft F_F

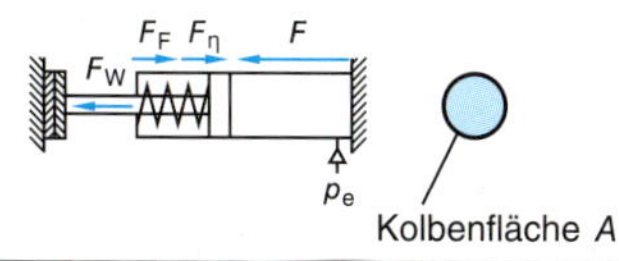

$$F_W = F - F_N - F_F \approx 0{,}75 \cdot F$$

F Kolbenkraft in N
F_W wirksame Kolbenkraft in N
F_F Federkraft in N
F_R Rückkraft in N
F_V Vorschubkraft in N
F_N Verlustkraft durch Reibung in N
A Kolbenfläche in mm²
A_1 Kolbenfläche, Kolbenseite in mm²
A_2 Kolbenfläche, Stangenseite in mm²
d_1 Kolbendurchmesser in mm
d_2 Stangendurchmesser in mm

Doppelt wirkender Zylinder

- *Vorhub*

$$F_V = p_{e_1} \cdot A_1 \cdot \eta_1$$

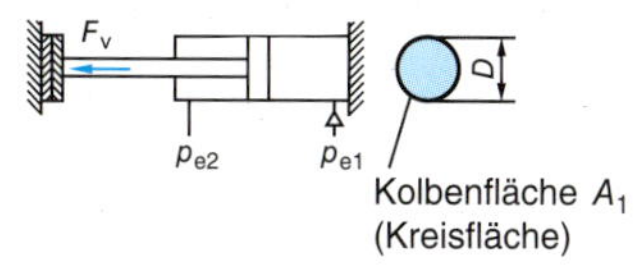

$$F_V = 0{,}9 \cdot p_{e_1} \cdot D_1^2 \cdot \frac{\pi}{4}$$

- *Rückhub*

$$F_R = p_{e_2} \cdot A_2 \cdot \eta_2$$

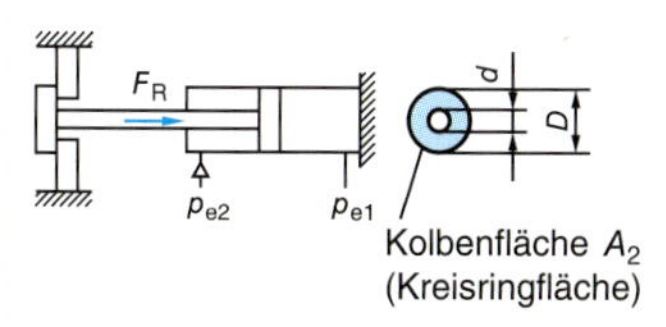

$$F_R = 0{,}85 \cdot p_{e_2} \cdot \frac{\pi}{4} \cdot \left(D^2 - d^2\right)$$

p_e Arbeitsdruck in N/mm²
p_{e_1} Arbeitsdruck, Kolbenseite in N/mm²
p_{e_2} Arbeitsdruck, Stangenseite in N/mm²
η Wirkungsgrad
η_1 Wirkungsgrad Kolbenseite
η_2 Wirkungsgrad Stangenseite

$\eta_1 \approx 0{,}9$ bis $0{,}95$
$\eta_2 \approx 0{,}85$ bis $0{,}9$

Zylinderberechnungen → 489

Fluidtechnik

Pneumatik

Bestimmung der Kolbenkraft

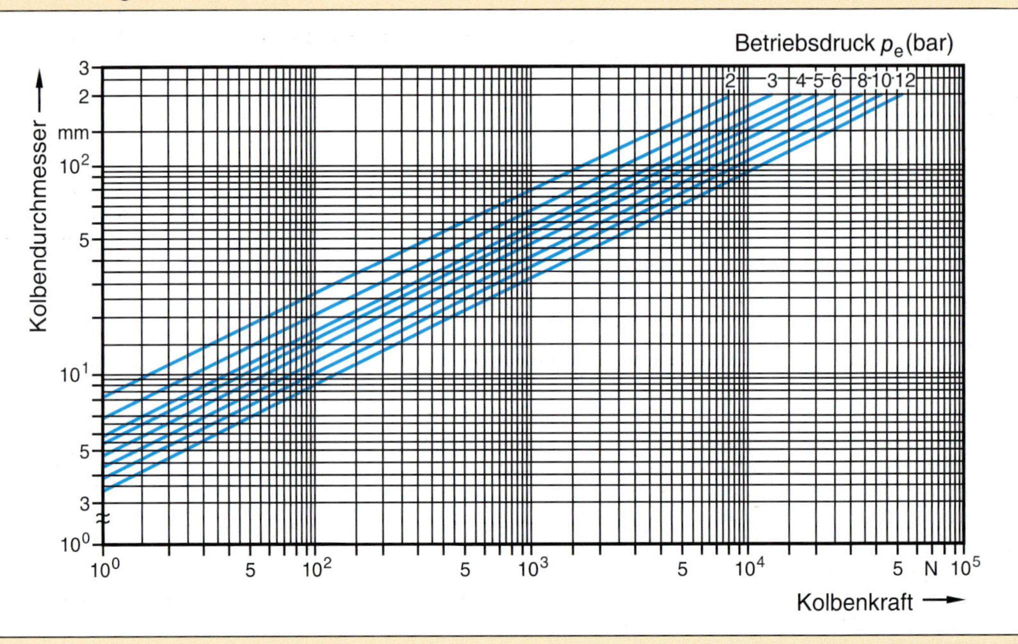

Mittlere Kolbengeschwindigkeit in mm/s bei $p = 6$ bar

Zylinderdurchmesser	Anschluss-NW		Gegenkraft in % der Kolbenkraft				
in mm	in mm	in Zoll	0	20	40	60	80
25	4	G1/8	580	530	450	380	300
32	7	G1/8	980	885	785	690	600
50	7	G1/4	480	440	400	360	320
63	7	G1/4	230	215	200	180	150
80	9	G3/8	530	470	425	380	310
100	7	G1/2	120	110	90	80	60
100	9	G3/8	260	230	205	180	130
140	9	G3/8	130	120	110	90	70
140	12	G1/2	300	260	230	200	170
200	9	G3/8	65	60	55	50	40
200	12	G1/2	145	130	120	105	85
200	19	G3/4	330	300	280	250	215
250	19	G3/4	240	220	185	165	115

Die *wirtschaftliche Kolbengeschwindigkeit* üblicher Pneumatikzylinder liegt zwischen 30 mm/s und 600 mm/s.

Die Kolbengeschwindigkeit ist in erster Linie vom *Betriebsdruck*, dem *Leitungsquerschnitt* und von der *Gegenkraft* abhängig.

Fluidtechnik

Pneumatik

Pneumatikventile

Pneumatikventile beeinflussen den Druck, den Durchfluss, den Start und das Ende sowie die Richtung des Durchflusses.

Man unterscheidet: *Wegeventile*, *Sperrventile*, *Druckventile*, *Stromventile* und *Absperrventile*.

Wegeventile

Wegeventile beeinflussen die *Richtung* der Druckluft. Die Bezeichnung besteht aus zwei Zahlen. Die *erste Zahl* gibt die *Anzahl der* **steuerbaren Anschlüsse** und die *zweite Zahl* die *Anzahl der* **Schaltstellungen** an.

Kennzeichnung und Anschlussbezeichnung

DIN ISO 1219-1

Häufig werden in der Pneumatik *Wegeventile* mit *drei* gesteuerten *Arbeitsanschlüssen* (1, 2, 4) und *zwei* gesteuerten *Entlüftungsanschlüssen* (3 für 2 und 5 für 4) eingesetzt. Dargestellt ist ein solches *5/2-Wegeventil* als *pneumatisch betätigtes Impulsventil* (a) und als *elektromagnetisch betätigtes Impulsventil* (b).

Ein *Impulsventil* wird durch wechselseitige *pneumatische* oder *elektrische Impulse* auf Anschluss 12 oder 14 umgesteuert. Der *Schaltzustand* bleibt nach Wegnahme des Signals *erhalten* (bis zum Eintreffen eines Gegensignals). Das Impulsventil hat *Speicherfunktion*.

Durch unterschiedliche Wirkflächen an den Signaleingängen wird ein *dominierendes* Signal erreicht (z. B. bei 14), wenn *beide* Eingänge *gleichzeitig* mit Druckluft beaufschlagt sind.

a) 14, 4, 2, 12, 5, 1, 3

b) M1, 4, 2, M2, 5, 1, 3

- **Funktion eines 5/2-Wege-Impulsventils**

Schaltstellung	Impuls an	Luftwege im Ventil
1	12	Durchfluss von 1 nach 2, 4 über 5 entlüftet, 3 gesperrt
2	14 oder 14 *und* 12	Durchfluss von 1 nach 4, 2 über 3 entlüftet, 5 gesperrt

- **Verzögerungsventile**

Das *3/2-Wege-Verzögerungsventil* kann sowohl als Ventil mit ***Sperr-Nullstellung*** als auch mit ***Durchfluss-Nullstellung*** verwendet werden.

Die Umschaltung von Schaltstellung b auf a erfolgt *zeitverzögert*, nachdem sich im Speicher der erforderliche Steuerdruck aufgebaut hat.

Die *Verzögerungszeit* ist am Drossel-Rückschlagelement *einstellbar.*

Die Umschaltung von a auf b ist *nicht* zeitverzögert, weil die Drossel über das Rückschlagventil umgangen wird. Die Rückstellung in a erfolgt zwangsläufig, wenn der Steuerdruck bei 11 weggenommen wird.

Verzögerungszeiten: 0,1–10 Sekunden (ohne Zusatzvolumen)

Bei längeren Verzögerungszeiten besteht die Gefahr der *schleichenden Umschaltung.*

Dann werden zwei 3/2-Wegeventile hintereinander geschaltet.

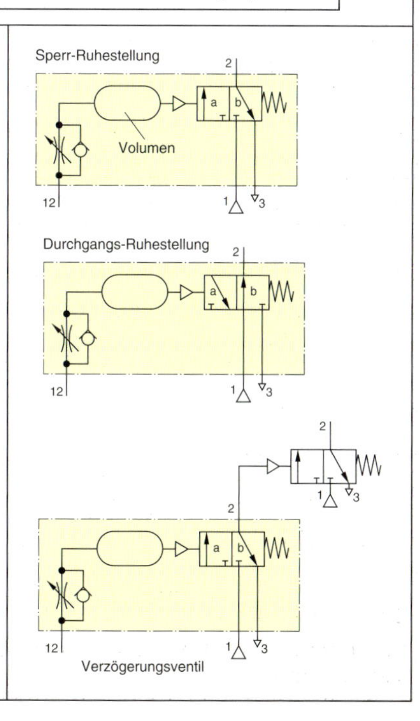

Fluidtechnik

Pneumatik

Pneumatikventile

Wegeventile

Arten von Wegeventilen

Symbol	Bezeichnung	Symbol	Bezeichnung
	2/2-Wegeventil, geschlossen		4/2-Wegeventil, 1 Leitung belüftet, 1 Leitung entlüftet
	2/2-Wegeventil, geöffnet		4/3-Wegeventil, Mittelstellung geschlossen
	3/2-Wegeventil, geschlossen		5/2-Wegeventil, 1 Leitung entlüftet
	3/2-Wegeventil, geöffnet		5/3-Wegeventil, Sperrmittelstellung

Druckventile

Ventil	Darstellung	Symbol	Beschreibung
Drossel-Rückschlag-ventil	frei, gedrosselt	2, 1	Kombination von Drosselventil und Rückschlagventil. In einer Richtung ist eine stufenlose Einstellung des Durchflusses möglich. In der anderen Richtung kann die Druckluft ungehindert durchströmen. Einsatz: Geschwindigkeitsteuerung
Wechsel-ventil		2, 11, 10	Funktion eines ODER-Gliedes, zwei Steuerungsanschlüsse und ein Arbeitsanschluss. Druckluft strömt zum Arbeitsanschluss, wenn eine der beiden Eingangsleitungen oder beide unter Druck stehen. Wenn die Drücke unterschiedlich sind, schließt der höhere das Ventil und der geringere Steuerdruck gelangt zum Ausgang.
Zweidruck-ventil		2, 11, 10	Funktion eines UND-Gliedes, zwei Steueranschlüsse und ein Arbeitsanschluss. Druckluft strömt nur dann zum Arbeitsanschluss, wenn beide Eingangsleitungen gleichzeitig unter Druck stehen. Wenn die beiden Drücke unterschiedlich sind, schließt der höhere Druck das Ventil und der geringere Steuerdruck gelangt zum Ausgang.
Schnellent-lüftungs-ventil		2, 1, 3	Eingesetzt, um lange Rücklaufzeiten bei einfach wirkenden Zylindern zu vermeiden. Die Rücklaufgeschwindigkeit der Kolben kann erhöht werden. Zur Lärmminderung beim Druckluftaustritt können **Schalldämpfer** eingesetzt werden.

Fluid-technik

Fluidtechnik

Pneumatik

Pneumatikventile

Druckventile

Druckregelventil	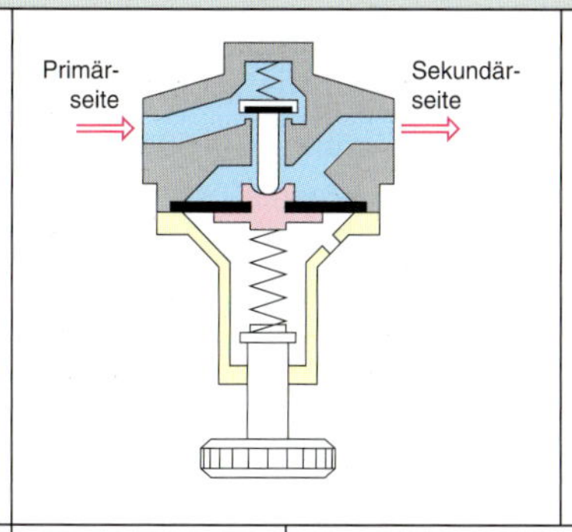	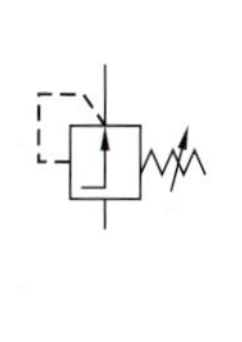	Der Systemdruck wird konstant gehalten. Die Arbeitsglieder werden dann stets mit gleichem Druck betrieben. Der Eingangsdruck muss immer größer als der Ausgangsdruck sein.
Druckbegrenzungsventil		Erfüllen ihre Aufgabe als Sicherheitsventile. Wenn am Ventileingang der mit der Feder eingestellte maximale Druck erreicht wird, öffnet das Ventil und die Luft kann ins Freie entweichen.	
Pneumatisch-elektrischer-Wandler (PE-Wandler)	Wandelt ein pneumatisches Signal in ein elektrisches Signal um. Das pneumatische Signal beaufschlagt z. B. eine Membrane, die einen Mikroschalter betätigt.		

Druckluftmotoren

Kleine, robuste und leicht bedienbare Antriebsaggregate, z. B. für Handwerkzeuge, Handhabungsgeräte, Spanngeräte, Schieber und Ventile sowie Förderbänder.

Vorteile

- über Druckregler stufenlos einstellbares Drehmoment (50–100 %)
- über Drosselventil stufenlos einstellbare Drehzahl (20–100 %)
- problemlos bis zum Stillstand belastbar
- hohe Einschalthäufigkeit (100 % ED)

Nachteile:

- starke Geräuschentwicklung
- geringer Wirkungsgrad
- Leistungsbegrenzung durch Betriebsdruck

Bauarten

Kolbenmotor 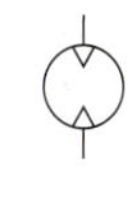	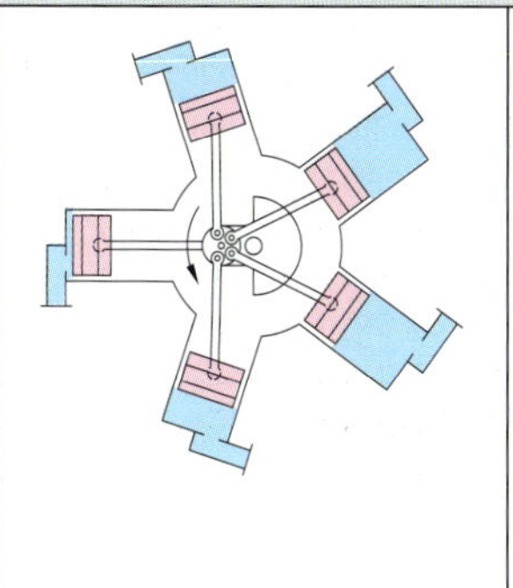	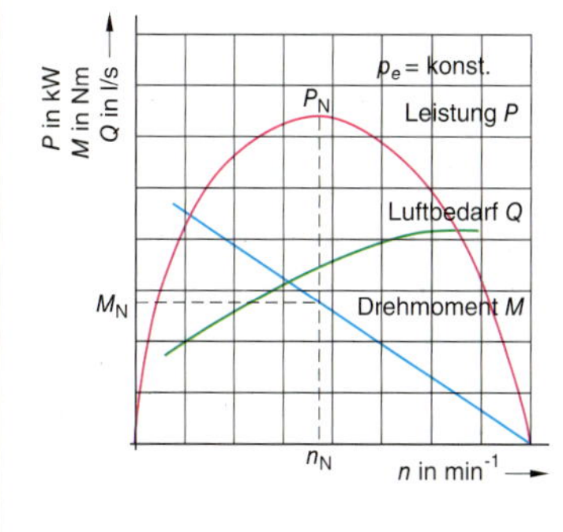	Betriebsdruck: 8–10 bar Leistung: 1,5–10 kW Drehzahl: 3000–6000 1/min Luftverbrauch: 15–50 l/s bei 1,5 kW und 500–1500 1/min Die Bemessungsdrehzahl liegt in Nähe der halben Leerlaufdrehzahl. Druckeinstellung am Druckregler der Wartungseinheit.

Fluidtechnik

Pneumatik

Druckluftmotoren

Bauarten

Lamellenmotor  	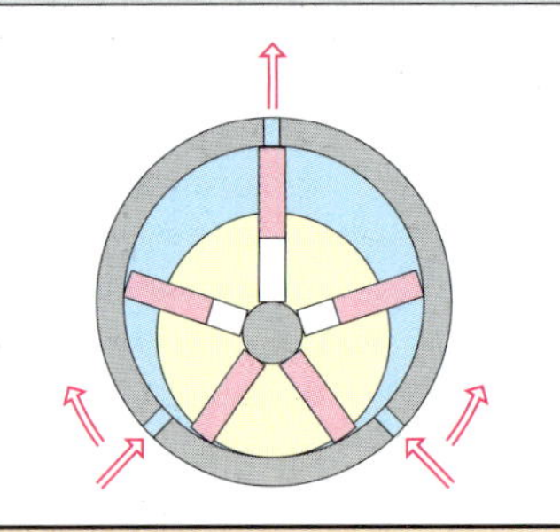	Betriebsdruck: 6–8 bar Leistung: 0,5–5 kW Drehzahl: 3000–5000 1/min Luftverbrauch: 20–45 l/s bei 1,5 kW und 2000 1/min Schmierung mit Arbeitsluft

Pumpen

Schraubenpumpe 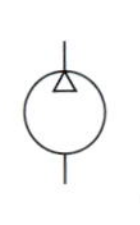	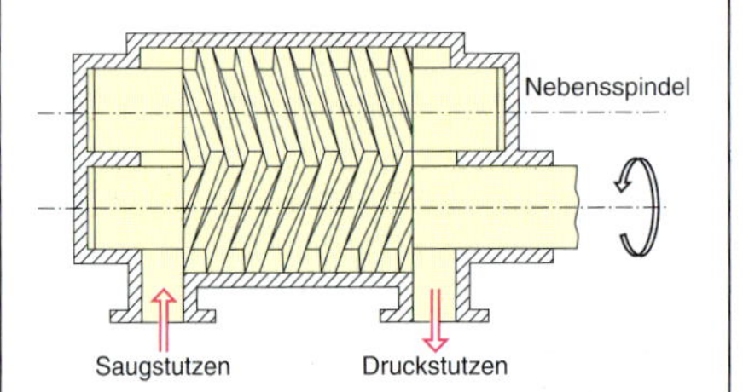	Mehrere Spindeln, die wie schrägverzahnte Zahnräder das Medium in den Gewindelücken entlang der Gehäusewand fördern. • geringe Laufgeräusche • pulsationsfreier Förderstrom • geringer Wirkungsgrad • relativ hoher Preis
Zahnradpumpe 	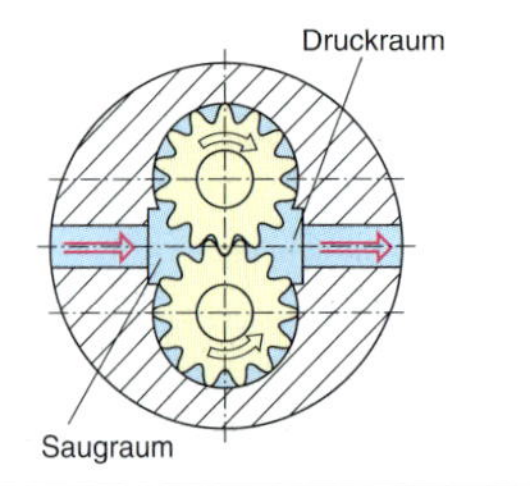	Ein angetriebenes Zahnrad dreht ein weiteres mit. Dabei werden stets neue Zahnkammern frei und das Medium wird von der Saug- zur Druckseite gefördert. • preiswerte Standardpumpe • hoher Wirkungsgrad • hoher Geräuschpegel
Lamellenpumpe 	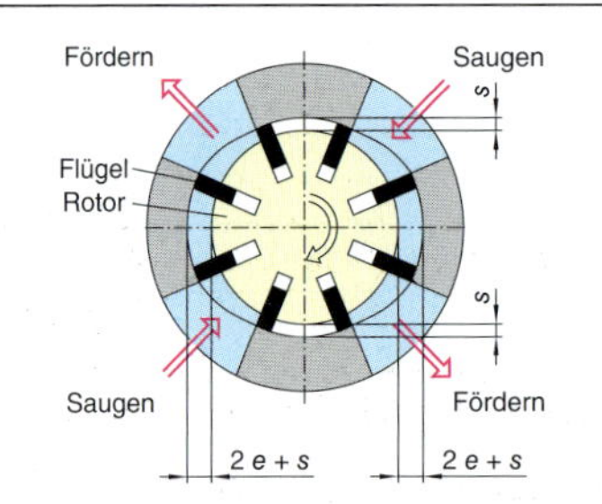	Ein Rotor dreht sich exzentrisch in einem Gehäuse. Die in den Schlitzen radial bewegten Schieber werden durch die Zentrifugalkraft nach außen gedrückt und dichten dabei die einzelnen Zellen ab. • geringer Geräuschpegel • geringer Förderstrom und Druckpulsation • relativ geringer Wirkungsgrad • schmutzempfindlich

Logische Verknüpfungen mit Pneumatikelementen

Funktion	Symbol, Gleichung	Pneumatik	Funktion	Symbol, Gleichung	Pneumatik
UND	E1, E2, &, A $A = E1 \wedge E2$	A, E1, E2	**ODER**	E1, E2, ≥ 1, A $A = E1 \vee E2$	A, E1, E2

Fluidtechnik

Pneumatik

Logische Verknüpfungen mit Pneumatikelementen

Funktion	Symbol, Gleichung	Pneumatik	Funktion	Symbol, Gleichung	Pneumatik
NICHT	$A = \overline{E}$		Äquivalenz	$A = (E1 \wedge E2) \vee (\overline{E1} \wedge \overline{E2})$	
NAND	$A = \overline{E1 \wedge E2}$		Antivalenz	$A = (\overline{E1} \wedge E2) \vee (E1 \wedge \overline{E2})$	
NOR	$A = \overline{E1 \vee E2}$		Speicher	S Setzen R Rücksetzen	
Implikation	$A = \overline{E1} \vee E2$		Speicher, vorrangiges Rücksetzen		

Kennzeichnung der Schaltplanbauteile in der Fluidtechnik DIN EN 81346-2, ISO 1219-2

Bezeichnungsschlüssel für Bauteile

Anlagenbezeichnung – Medienschlüssel Schaltkreisnummer . Bauteilnummer

Anlagenbezeichnung	Wenn ein Kreislauf der Fluidtechnik aus *mehr als einer* Anlage besteht, ist die Anlagenbezeichnung (eine Zahl oder ein Buchstabe) zu verwenden. Bei nur *einer* Anlage kann die Bezeichnung entfallen.
Medienschlüssel	Notwendig, wenn in einer Anlage der Fluidtechnik *unterschiedliche* Medien verwendet werden. Bei nur *einem* Medium kann die Bezeichnung entfallen. **H**: Hydraulik, **P**: Pneumatik, **C**: Kühlung, **K**: Kühlschmiermittel, **L**: Schmierung, **G**: Gastechnik
Schaltkreisnummer	Alle Komponeneten, die am Aggregat oder der Druckluftversorgung angeschlossen sind, müssen eine Schaltkreisnummer erhalten. Vorzugsweise ist mit 0 zu beginnen und mit 1, 2, 3, usw. fortzufahren.
Bauteilnummer	Innerhalb der Schaltkreise erhalten die Bauteiler jeweils eine Nummer (beginnend mit der Ziffer 1).
Beispiel	1–P1.4 Das Medium ist hier Pneumatik, Anlagennummer ist hier 1. Eine farbige Darstellung ist natürlich nicht notwendig. Dient hier nur der Veranschaulichung.

Fluidtechnik

Pneumatik

Kennzeichnung der Schaltplanbauteile in der Fluidtechnik — DIN ISO 1219-2

Beispiel für einen Kennzeichnungsschlüssel

Anwendungsbeispiele

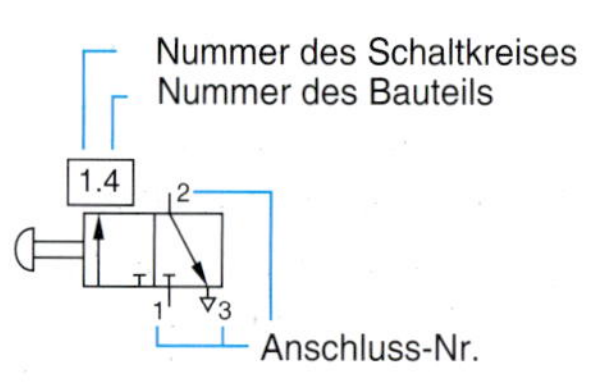

Leitungen werden mit folgenden Großbuchstaben gekennzeichnet		Ventilanschlüsse werden mit Ziffern gekennzeichnet	
L	Leckstrom	1	Druckanschlüsse, Zuleitung
P	Druckleitung	2, 4, 6 ...	Arbeitsanschlüsse, Vorlauf
T	Tankrücklauf	3, 5, 7 ...	Abflüsse, Entlüftungen
		12, 14, 16 ...	Steueranschlüsse

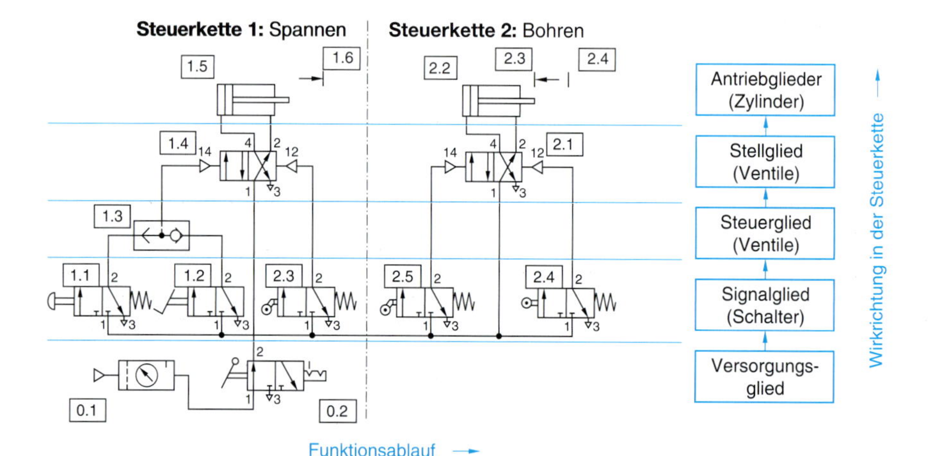

Ein pneumatischer und hydraulischer Schaltplan wird in *Wirkrichtung* von unten nach oben gezeichnet. Die Anlage wird in *Ausgangsstellung* dargestellt; unter Druck, jedoch vor dem Start.

Pneumatische Grundsteuerungen

Wegabhängige Steuerungen

Bei den *wegabhängigen Steuerungen* betätigt das Arbeitselement (z. B. die Kolbenstange) ein oder mehrere *Signalglieder* und führt dadurch eine *Bewegungsänderung* herbei.

Beispiel einer wegabhängigen Steuerung

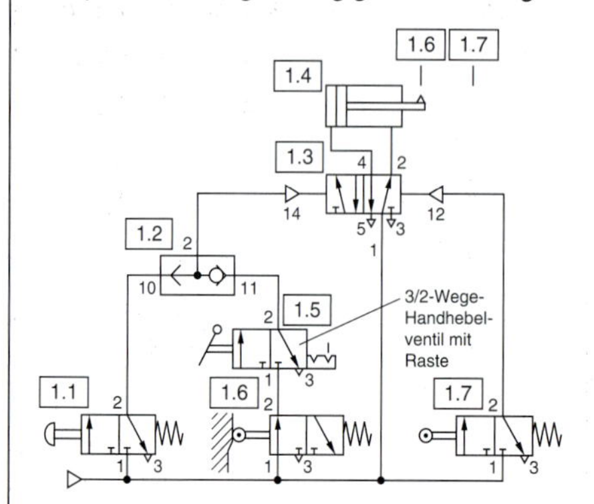

Einzelbetrieb und Dauerbetrieb

Die wegabhängige Umsteuerung erfolgt durch die Rollenhebel 1.6 und 1.7, deren Steuerluft das Impulsventil 1.3 betätigt.

Gestartet wird die Steuerung durch 1.1.

Ventil 1.5 schaltet die Steuerung auf Dauerbetrieb.

Bei Einzelbetrieb muss jedes Schaltspiel durch 1.1 gestartet werden.

Fluidtechnik

Pneumatik

Pneumatische Grundsteuerungen

Druckabhängige Steuerungen

Die Betätigung des Steuergliedes wird durch Druckaufbau erreicht. Das Steuerglied schaltet nur, wenn ein bestimmter Steuerdruck erreicht wird.

Beispiel einer druckabhängigen Steuerung

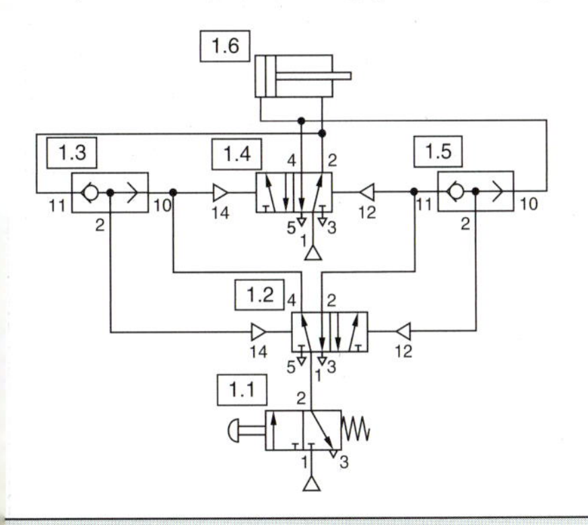

Wechselsteuerung
Wird das Signalglied 1.1 betätigt, wechselt die Bewegungsrichtung des Pneumatikzylinders.

Während der Bewegung schiebt der sich aufbauende Druck das Ventil 1.2 in die andere Schaltstellung, wodurch bei erneuter Betätigung von 1.1 das Steuerventil 1.4 umgeschaltet wird.

Zeitabhängige Steuerungen

Bei zeitabhängigen Steuerungen ist das Signalglied ein *Zeitelement*.

Beispiel einer zeitabhängigen Steuerung

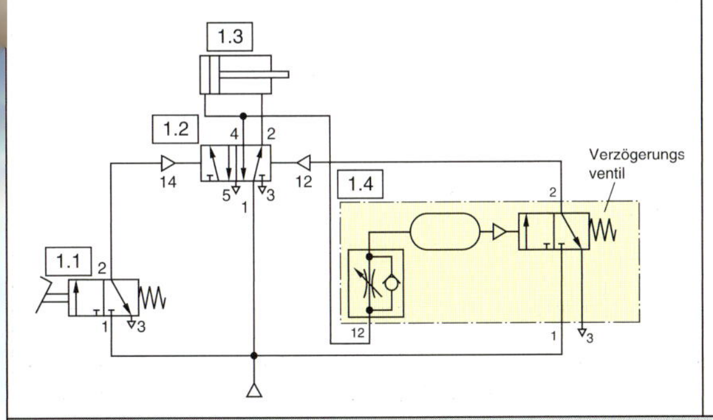

Endschalterlose Umschaltsteuerung
Der Vorlauf wird über das 3/2-Wegeventil 1S1 eingeleitet. Die Umsteuerung in den Rücklauf erfolgt über das Verzögerungsventil 1V1.

Die Verzögerungszeit muss größer als die Ausfahrzeit des Kolbens sein.

Geschwindigkeitsteuerungen

Beeinflussung der *Kolbengeschwindigkeit* durch *Luftstromdrosselung*. Unterschieden wird zwischen **Zuluft-** und **Abluftdrosselung**. Bevorzugt wird die *Abluftdrosselung* eingesetzt, weil sie eine *gleichmäßigere* Kolbenbewegung ermöglicht (kein slip-stick-Effekt). Gemeinsam mit der *Endlagendämpfung* bewirkt die *Abluftdrosselung* eine deutliche *Verbesserung* der *Endlagenverzögerung*.

Drosselrückschlagventil zwischen Wegeventil und Zylinder: Geschwindigkeit entweder für den *Vorlauf* oder den *Rücklauf* einstellbar. Zur *getrennten* Einstellung von Vor- und Rücklauf sind *zwei* Drosselrückschlagventile notwendig.

- **Kolbengeschwindigkeit beim Vorlauf**

Zuluftdrosselung

a)

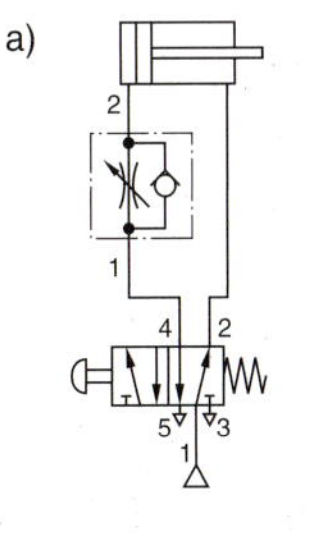

Abluftdrosselung

b)

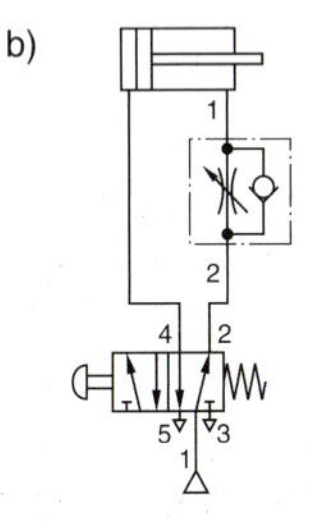

Elektropneumatik → 791

Fluidtechnik

Pneumatik

Pneumatische Grundsteuerungen

Geschwindigkeitsteuerungen – Stromventil

- **Doppelt wirkender Zylinder**

a) *Einschraubdrosseln* an den Arbeitsanschlüssen 3 und 5: Die Einstellschrauben sind nur in *einer* Richtung durchströmbar.

b) *Drosselrückschlagventile* zwischen Wegeventil und Zylinder: Geschwindigkeiten beim Aus- und Einfahren des Zylinders sind *unabhängig* voneinander einstellbar.

c) *Mechanisch verstellbares Drosselrückschlagventil:* Durch die Kontur einer *Steuerscheibe* kann die Geschwindigkeit beim Aus- und Einfahren *stufenlos* eingestellt werden.

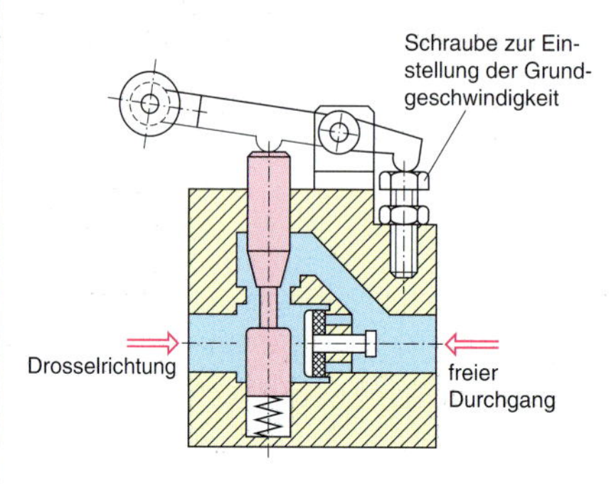

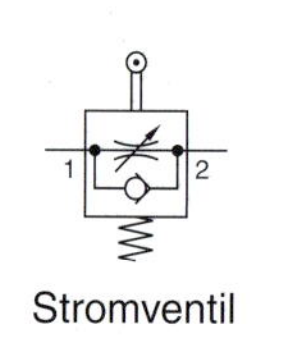

Stromventil

Verdrosselung
Grundgeschwindigkeit der Kolbenbewegung, die nur bei unbetätigtem Ventil vorhanden ist, kann von Hand eingestellt werden.

Ventil arbeitet als Öffner
Bei Betätigung des Ventils wächst die Geschwindigkeit mit zunehmendem Öffnungsweg an.

Ventil arbeitet als Schließer
Geschwindigkeit nimmt mit zunehmendem Schließweg ab.

a)

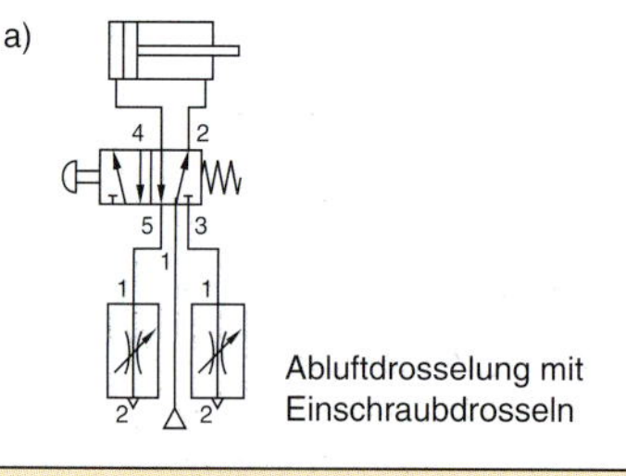

Abluftdrosselung mit Einschraubdrosseln

b)

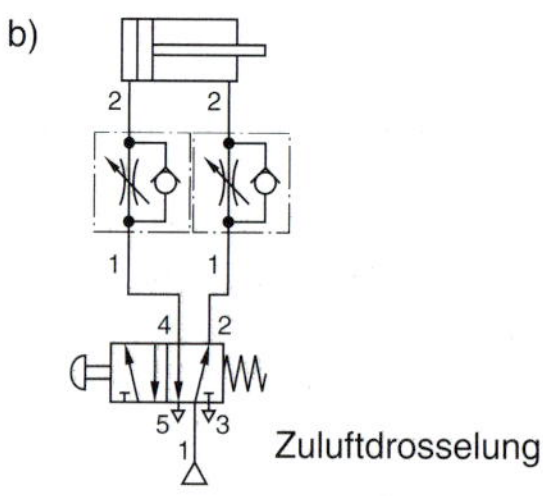

Zuluftdrosselung

c)

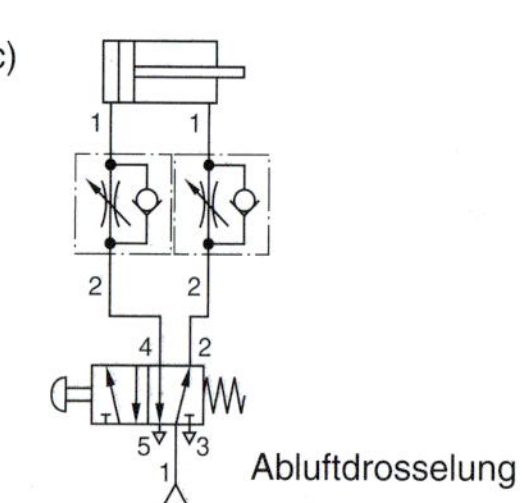

Abluftdrosselung

Funktionsdiagramme

Symbole und Darstellungen

Handbetätigung von Signalgliedern	
	EIN
	AUS
	EIN-AUS
	Automatik-EIN
	Tippen
	Zwei-Hand-EIN

1 2	Wahlschalter
E A	Umschalter, Automatik/ Einzelschaltung
	NOT-AUS
Signalglieder	
	mechanisch betätigt
p 8 bar	durch Druck betätigt
t 2 s	Zeitglied

Signalverknüpfungen	
	Signal-verzweigung
	UND-Verknüpfung
	ODER-Verknüpfung
$\bar{S}$	NICHT-Verknüpfung des Signals S

Fluidtechnik

Pneumatik

Funktionsdiagramme

Symbole und Darstellungen

Signale	
⏚ (Symbol)	Signale zu einer anderen Maschine
Y (Symbol)	Signale von einer anderen Maschine

Bewegungen	
——	Arbeitsbewegungen
- - -	Leerbewegungen
——→	geradlinie Bewegung
(Symbol)	nicht geradlinie Bewegung
⌒	Schwenken
○	Drehen

Wegbegrenzungen	
—→	Wegbegrenzung, allgemein
—→•	Wegbegrenzung über Signalglied
—→|	Wegbegrenzung über – Festanschlag – Wegmesssteuerung

Darstellung handbetätigter Signalglieder

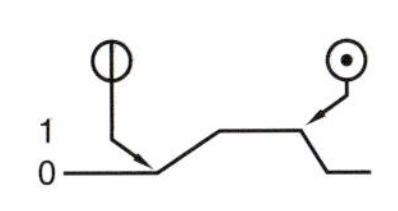

Handbetätigungen werden durch einen Kreis gekennzeichnet.

Die *Richtung des Signalflusses* wird durch Pfeile angegeben.

Darstellung mechanisch betätigter Signalglieder

Kurzsignal Dauersignal
B1 B2
1
0

Mechanische Betätigungen werden durch einen *Punkt* an der Stelle eingezeichnet, an der sie geschaltet werden.

Die *ausgelösten Signale* werden mit B1, B2, B3 usw. gekennzeichnet.

Signal B1 wird kurzzeitig beim Überfahren des Sensors betätigt. Signal B2 wird in Endlage betätigt und bleibt bestehen, solange das Arbeitselement (Aktor) im Zustand 1 ist.

nicht betätigt dann Weitergabe des Signals
$\overline{B3}$
1
0

Eine **NICHT-Betätigung** eines Signalgliedes (vergleichbar mit dem Öffner) wird durch einen *waagerechten Querstrich* über der Signalkennzeichnung angegeben.

Darstellungen von Verknüpfungen, Verzweigungen und Verzögerungen

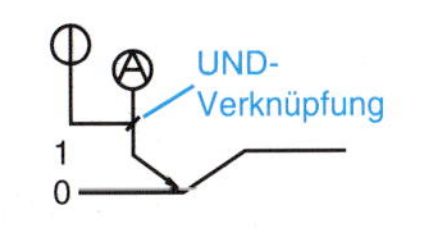

Und-Verknüpfung von Signalen:
Signal „EIN“ und Signal „Automatik-EIN“ erforderlich

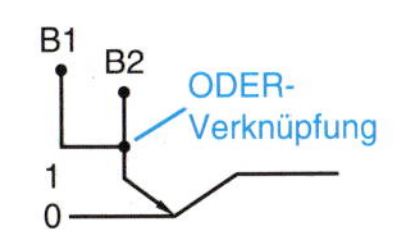

ODER-Verknüpfungen von Signalen:

Signal B1 oder Signal B2 erforderlich

Fluidtechnik

Pneumatik

Funktionsdiagramme

Symbole und Darstellungen

Darstellungen von Verknüpfungen, Verzweigungen und Verzögerungen

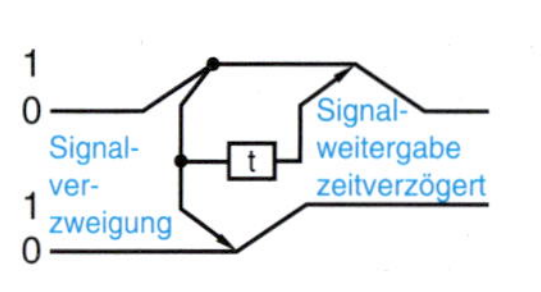

Signalverzweigungen werden an den Verzweigungsstellen durch einen Punkt gekennzeichnet.

Zeitverzögerte Signale stellt man durch eine Linie dar, die parallel zur Weg-Schritt-Linie verläuft.

In diese Signallinie wird ein Rechteck mit dem Funktionszeichen *t* eingezeichnet. Verzögerungszeiten werden an das Rechteck geschrieben.

Funktionsdiagramm, Beispiel

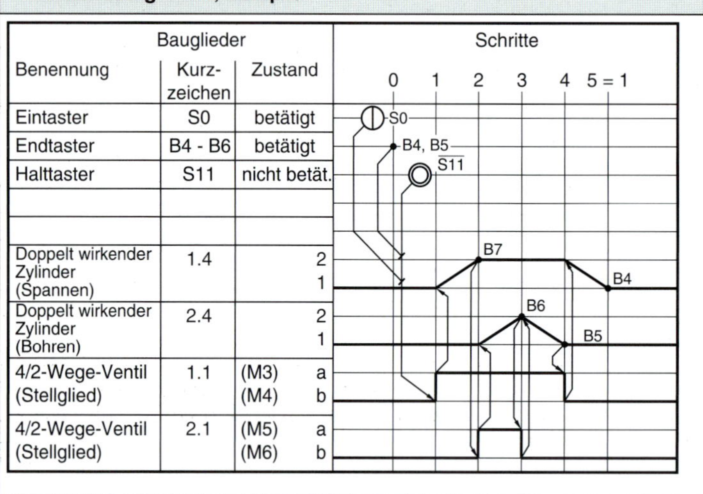

Bauglieder			
Benennung	Kurzzeichen	Zustand	
Eintaster	S0	betätigt	
Endtaster	B4 - B6	betätigt	
Halttaster	S11	nicht betät.	
Doppelt wirkender Zylinder (Spannen)	1.4		2 1
Doppelt wirkender Zylinder (Bohren)	2.4		2 1
4/2-Wege-Ventil (Stellglied)	1.1	(M3) (M4)	a b
4/2-Wege-Ventil (Stellglied)	2.1	(M5) (M6)	a b

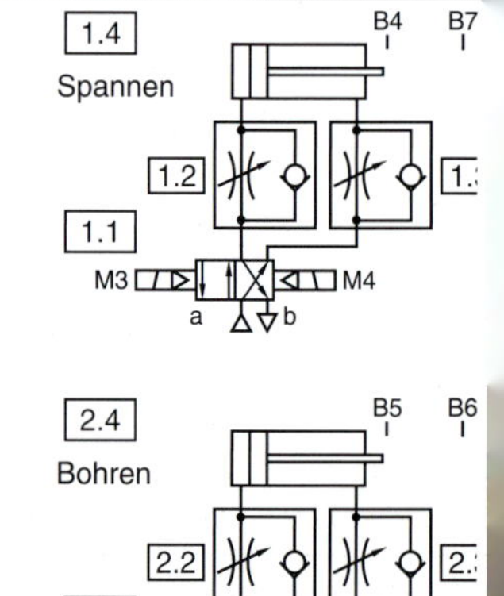

Wegabhängige Ablaufsteuerungen

Steuerung mit *zwangsweise schrittweisem Ablauf*, bei der das *Weiterschalten* (der Übergang) von einem Schritt auf den Folgeschritt vom *zurückgelegten Weg* der Arbeits- oder Stellglieder abhängig ist.

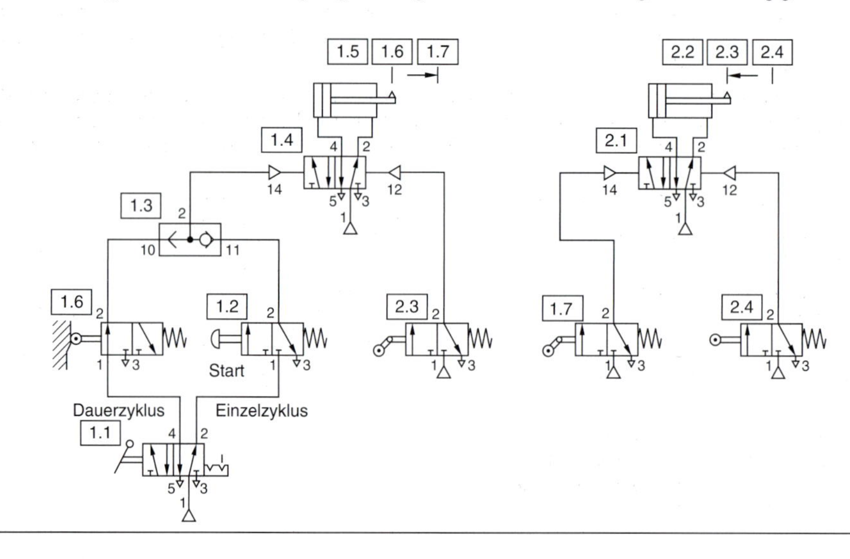

Fluidtechnik

Pneumatik

Weg-Schritt-Diagramm

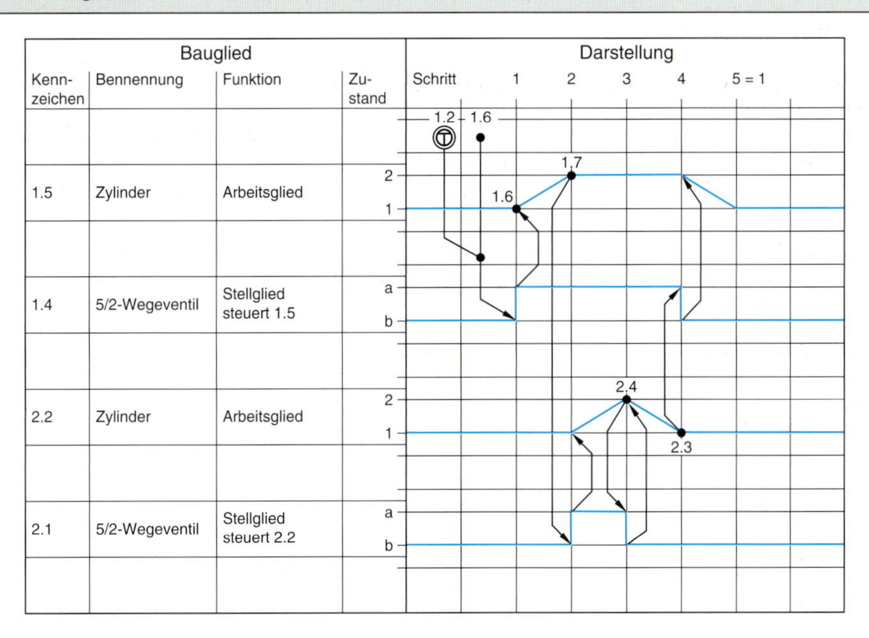

Elektropneumatische Steuerungen

Elektropneumatische Steuerungen sind gekennzeichnet durch die Verbindung von elektrischer *Signaleingabe* und *Signalverarbeitung* in Verbindung mit pneumatischer Bewegungs- und Krafterzeugung. Die Schnittstelle beider Systeme bilden im Allgemeinen Magnetventile.

Magnetventile

Magnetventile haben die Aufgabe, elektrische Eingangssignale in **pneumatische Ausgangssignale** umzuwandeln. Sie bestehen aus einem Pneumatikventil und einem elektromagnetischen Schaltteil, dem Magnetkopf. Der **Magnetkopf** besteht aus Magnetspule und Anker.

Wird Spannung an die Magnetspule gelegt, erzeugt die Spule ein Magnetfeld, das den Anker anzieht. Dadurch wird der Ventilsitz oder Ventilkolben des Pneumatikventils verstellt. Der Stelleingriff am Ventil steuert das Arbeitselement, z. B. den Zylinder.

Die Abmessungen der Magnetspulen sind begrenzt. Daher werden Magnetventile mit **pneumatischer Vorsteuerung** eingesetzt. Der Ventilkolben wird pneumatisch betätigt. Die Vorsteuerluft zur Ventilkolbenverstellung wird vom Anker der Magnetspule gesteuert. Zum Beispiel durch Öffnen oder Schließen eines Ventilsitzes.

Eingesetzt werden zwei Arten von Magnetventilen:

- *Magnetventil mit einseitiger Betätigung und Federrückstellung*
- *Magnetventil mit beidseitiger Betätigung (Impulsbetätigung)*

Magnetventile mit beidseitiger elektrischer Betätigung werden **Magnet-Impulsventile** genannt.

Solche Ventile werden durch wechselseitiges Anlegen der Spannungen an die Magnetspulen umgesteuert. Auch in *spannungslosem* Zustand wird die Schaltstellung *beibehalten.*

Beispiel: 5/2-Wegeventil
(Impulsventil mit Handhilfsbetätigung)

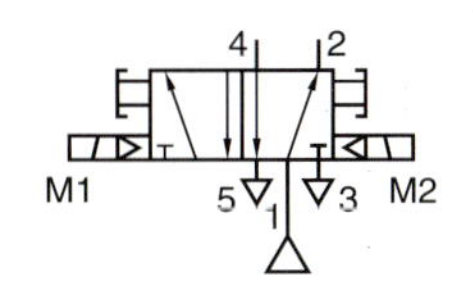

1 Druckluftanschluss
2,4 Arbeitsleitungen
3,5 Entlüftungen

Fluidtechnik

Pneumatik

Magnetventile

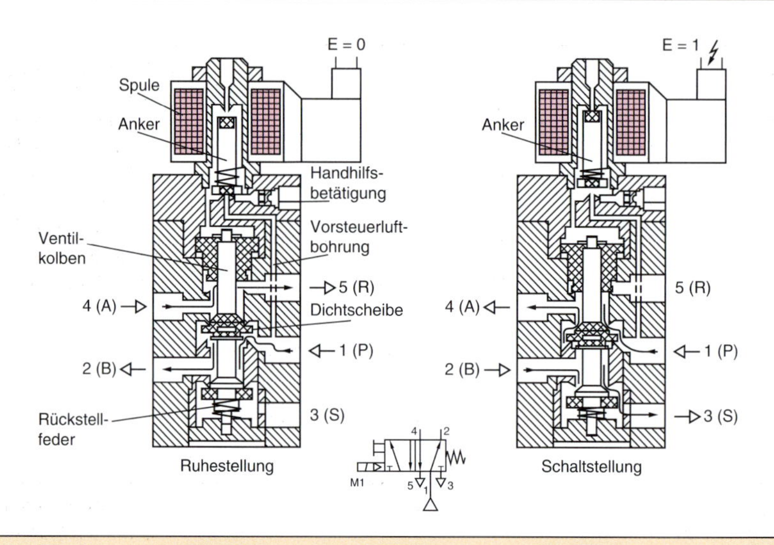

Fluid-
technik

Grundschaltungen der Elektropneumatik

Schaltung		
Steuerung eines einfach wirkenden Zylinders	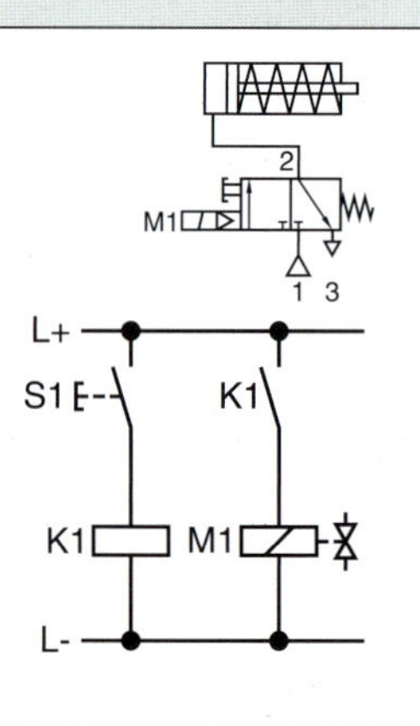	• Bei Betätigung des Tasters S1 fährt der Kolben aus. Wird S1 losgelassen, kehrt der Kolben durch Federkraft in die hintere Endlage zurück. • Der Zylinder wird über ein 3/2-Wegeventil mit Federrückstellung gesteuert. • Die in der Schaltung dargestellte Position entspricht dem spannungslosen Zustand der Spule M1.
Steuerung eines doppelt wirkenden Zylinders	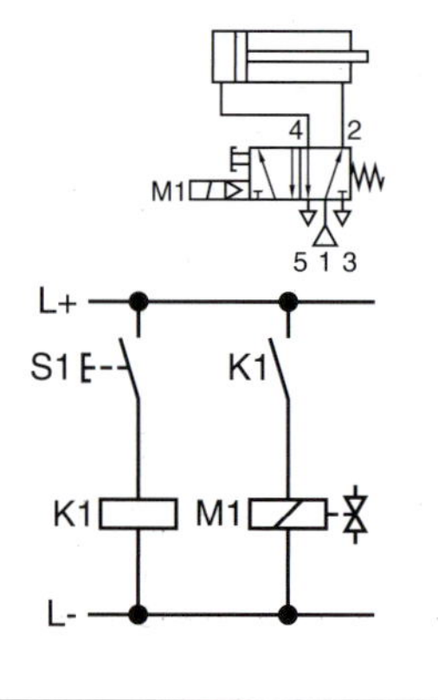	• Bei Betätigung des Tasters S1 fährt der Kolben des Zylinders aus. Wird S1 losgelassen, schaltet das 5/2-Wegeventil um und der Kolben des Zylinders kehrt in die hintere Endlage zurück. • Der Zylinder wird über ein 5/2-Wegeventil gesteuert. • Die in der Schaltung dargestellte Position entspricht dem spannungslosen Zustand der Spule M1.

Fluidtechnik

Pneumatik

Grundschaltungen der Elektropneumatik

Schaltung		
Selbstätige Rücksteuerung eines doppelt wirkenden Zylinders	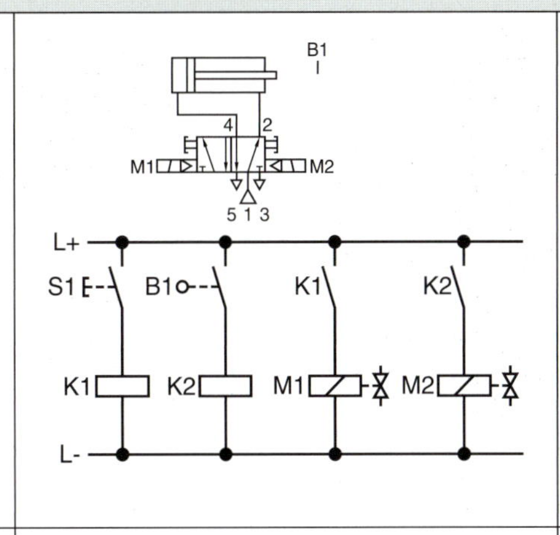	• Durch kurze Betätigung des Tasters S1 fährt der Zylinder in die vordere Endlage. Bei Erreichen dieser vorderen Endlage kehrt er selbsttätig wieder in die hintere Endlage zurück. • Verwendet wird 5/2-Wegeventil (Impulsventil).
Oszillierende Bewegung eines doppelt wirkenden Zylinders	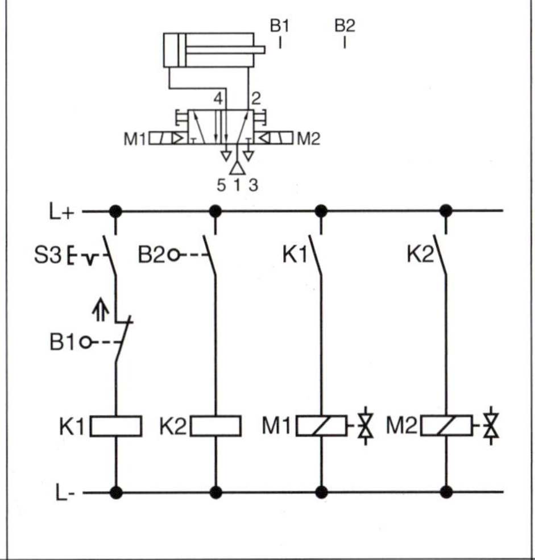	• Beim Einschalten des Schalters S3 fährt der Kolben des Zylinders so lange ein und aus, bis der Schalter S3 wieder ausgeschaltet wird. • Dann nimmt der Kolben seine eingefahrene Grundstellung wieder an. • Verwendet wird ein 5/2-Wegeventil.
Doppeltwirkender Zylinder mit Selbsthalteschaltung	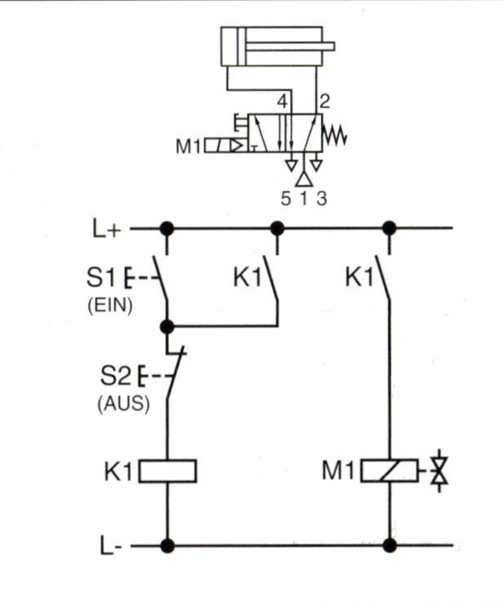	• Bei kurzer Betätigung von S1 fährt der Kolben des Zylinders aus. Er soll so lange in der vorderen Endlage verbleiben, bis ein zweites Signal (S2) den Kolben wieder in Ausgangsstellung bringt. • Bei Verwendung eines Wegeventils mit Federrückstellung muss die Signalspeicherung elektrisch erfolgen.

Fluidtechnik

Pneumatik

Grundschaltungen der Elektropneumatik

Schaltung		
Zeitabhängige Zylindersteuerung ohne Selbsthaltung (Anzugsverzögerung)	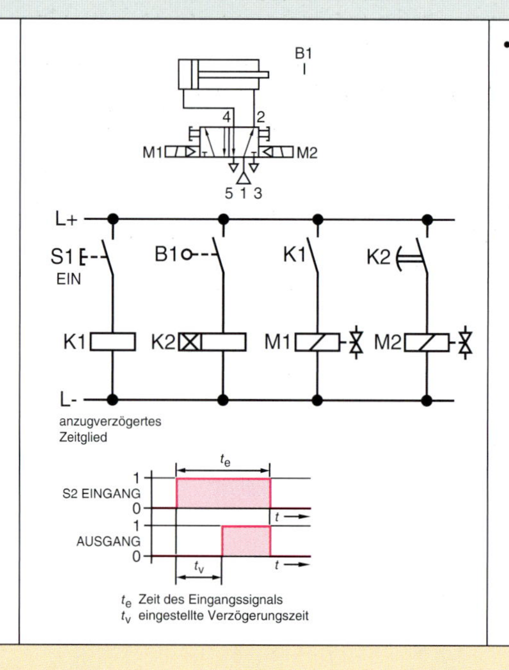	•

Hydraulik

Hydraulik ist im engeren Sinne die Anwendung der *Druckenergie einer Flüssigkeit* zur Übertragung von Kräften und zur Erzeugung von Bewegungen. **Hydraulikflüssigkeiten** sind nicht nur *Energieträger*, sondern auch *Schmier-* und *Korrosionsschutzmittel*. Vorwiegend werden Hydrauliköle auf Mineralölbasis eingesetzt.

Hydrauliköle

DIN 51524-1-3

Eigenschaft \ Öl		HL 10 HLP 10	HL 22 HLP 22	HL 32 HLP 32	HL 46 HLP 46	HL 68 HLP 68	HL 100 HLP 100
Kinematische Viskosität in mm²/s bei	**– 20 °C**	600	–	–	–	–	–
	0 °C	90	300	420	780	1400	2560
	40 °C	10	22	32	46	68	100
	100 °C	2,4	4,1	5,0	6,1	7,8	9,9
Pourpoint[1] in °C		≤ – 30	≤ – 21	≤ – 18	≤ – 15	≤ – 12	≤ – 12
Flammpunkt in °C		> 125	> 165	> 175	> 185	> 195	> 205
ISO-Viskositätsklasse		VG 10	VG 22	VG 32	VG 46	VG 68	VG 100

[1] engl.: Fließpunkt; Temperatur, bei der das Hydrauliköl unter Schwerkrafteinfluss gerade noch nicht fließt.

HL (DIN 51524-1)	Druckflüssigkeiten mit Wirkstoffen zur Erhöhung von Korrosionsschutz und Alterungsbeständigkeit. Verwendung in Hydraulikanlagen mit Drücken bis 200 bar.
HLP (DIN 51524-2)	Zusätzliche Wirkstoffe mindern den Verschleiß im Mischreibungsbereich. Verwendung in Hydraulikanlagen mit Drücken über 200 bar.

Fluidtechnik

Hydraulik

Hydrauliköle DIN 51524

Viskosität: Zähigkeit oder innere Reibung einer Flüssigkeit.

Viskositätsklassen für Hydraulikflüssigkeiten

Viskositätsklasse	Viskosität in mm^2/s bei 40 °C	Einsatz
ISO VG 22	19,8 – 24,2	arktische Verhältnisse, sehr lange Leitungen
ISO VG 32	28,8 – 35,2	winterliche Verhältnisse
ISO VG 46	41,4 – 50,5	geschlossene Räume, sommerliche Verhältnisse
ISO VG 68	61,2 – 74,8	warme Räume, Tropen
ISO VG 100	90 – 110	hohe Betriebstemperaturen

Temperatur und Viskosität

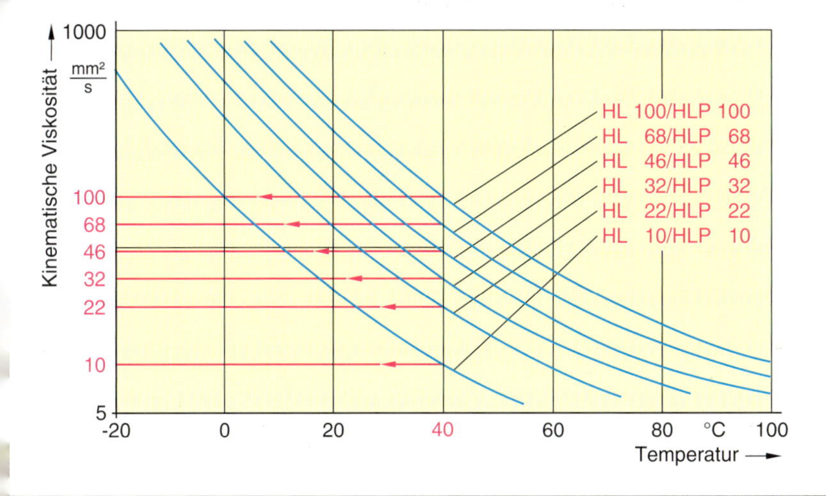

Schwerentflammbare Hydraulikflüssigkeiten

Benennung	Viskositätsklasse (ISO)	Temperatur-bereich	Eigenschaften	Anwendung
HFAE	(nicht festgelegt)	+ 5 – 55 °C	Öl-in-Wasser-Emulsion, Ölanteil 2 – 3 %, geringe Viskosität, geringe Schmierfähigkeit	Grubenausbau
HFAS	(nicht festgelegt)	+ 5 – 55 °C	Lösungen von Flüssigkonzentraten in Wasser, Eigenschaften entsprechend HFAE	Grubenausbau
HFC	15, 22, 32,46, 68, 100	– 20 – + 60 °C	Wässrige Monomer- und/ oder Polymerlösungen, besserer Verschleißschutz als bei HFE	Schmiedepressen, Stahlindustrie, Schweißautomaten, Bergbau
HFD	15, 22, 32,46, 68, 100	– 20 – + 150 °C	Wasserfreie synthetische Flüssigkeiten, alterungsbeständig und schmierfähig	bei hohen Betriebstemperaturen hydraulischer Anlagen

Fluidtechnik

Hydraulik

Berechnung hydraulischer Anlagen

Hydrostatischer Druck	$p_e = h \cdot \rho \cdot g$ Der hydraulische Druck übt eine Kraft auf den Boden des Behälters aus.	p_e hydrostatischer Druck in bar h Höhe der Flüssigkeitssäule in m ρ Dichte der Flüssigkeit in kg/m³ g Fallbeschleunigung in m/s² $g = 9{,}81\ \frac{m}{s^2}$
Druck durch äußere Kräfte 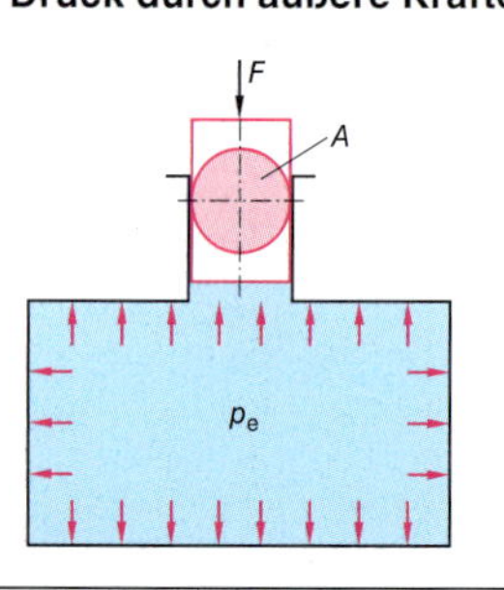	$p_e = \frac{F}{A}$	p_e Druck in bar (Überdruck) F Kraft in N A Fläche in cm² $1\ \text{bar} = 10^5\ \frac{N}{m^2}$ $1\ \text{bar} = 10\ \frac{N}{cm^2}$
Hydraulische Kraftübersetzung 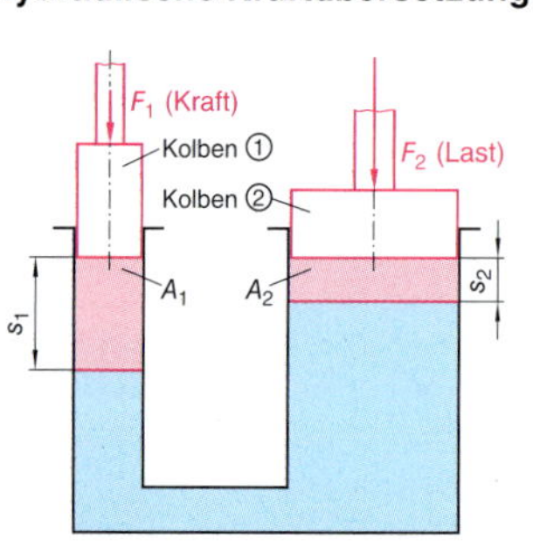	$\frac{s_1}{s_2} = \frac{F_2}{F_1} = \frac{A_2}{A_1}$ $i = \frac{F_1}{F_2} = \frac{A_1}{A_2} = \frac{s_2}{s_1}$	F_1 Kraft, Kolben 1 in N F_2 Kraft, Kolben 2 in N A_1 Querschnitt, Kolben 1 in cm² A_2 Querschnitt, Kolben 2 in cm² s_1 Hub, Kolben 1 in cm s_2 Hub, Kolben 2 in cm i hydraulisches Übersetzungsverhältnis
Druckübersetzer 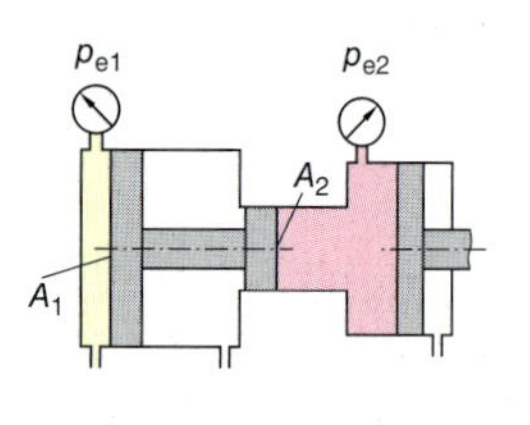	$p_{e_2} = p_{e_1} \cdot \frac{A_1}{A_2} \cdot \eta$ $i = \frac{p_{e1}}{p_{e2}} = \frac{A_2}{A_1}$	p_{e_1} Überdruck an Kolbenfläche A_1 in bar p_{e_2} Überdruck an Kolbenfläche A_2 in bar η Übersetzungswirkungsgrad A_1, A_2 Kolbenflächen in cm²
Durchflussgeschwindigkeit, Volumenstrom 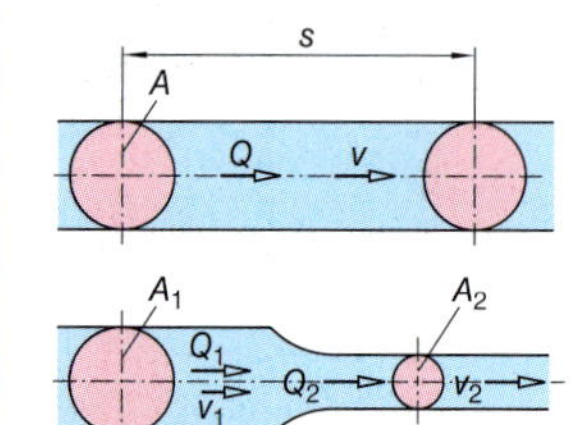	$Q = A \cdot v$ $Q_1 = Q_2$ $\frac{v_1}{v_2} = \frac{A_2}{A_1}$ $Q = \frac{A \cdot s}{t}$	Q Volumenstrom in l/min A Fläche, Querschnitt in cm² v Geschwindigkeit in m/s s Weg in cm t Zeit in s

Fluidtechnik

Hydraulik

Berechnung hydraulischer Anlagen

Kolbenkräfte Ausfahren 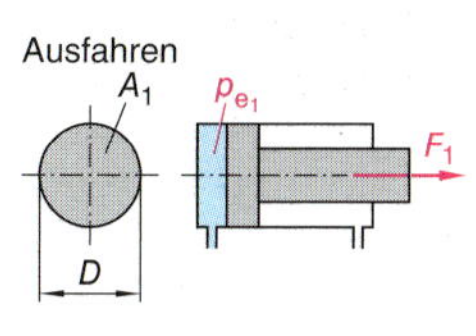 Einfahren 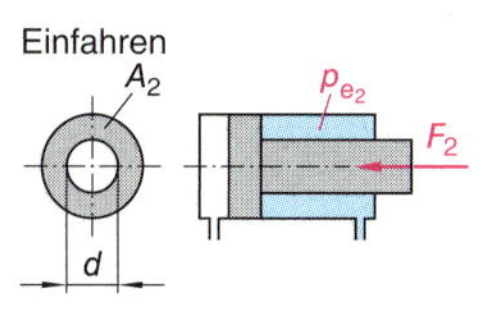	$F = p_e \cdot A \cdot \eta$	F Kolbenkraft in N p_e Überdruck in bar, N/cm² A wirksame Kolbenfläche in cm² η Wirkungsgrad $1\ \text{Pa} = 1\ \frac{\text{N}}{\text{m}^2} = 10^{-5}\ \text{bar}$ $1\ \text{bar} = 10\ \frac{\text{N}}{\text{cm}^2} = 0{,}1\ \frac{\text{N}}{\text{mm}^2}$
Kolbengeschwindigkeiten Ausfahren 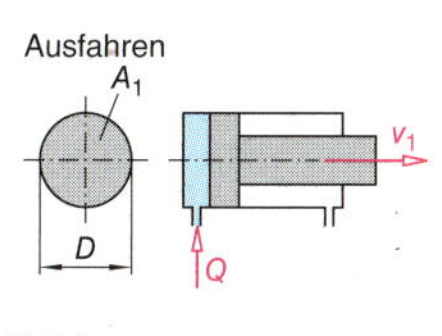 Einfahren 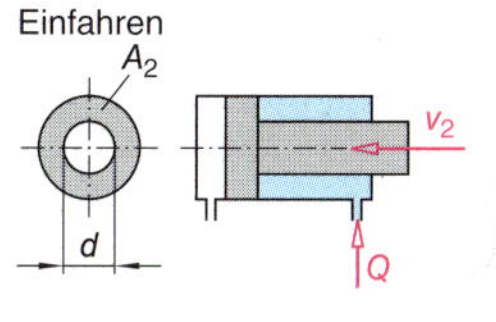	$v = \frac{Q}{A}$	v Kolbengeschwindigkeit in m/min Q Volumenstrom in cm³/min A wirksame Kolbenfläche in cm²
Leistung, Pumpen und Zylinder 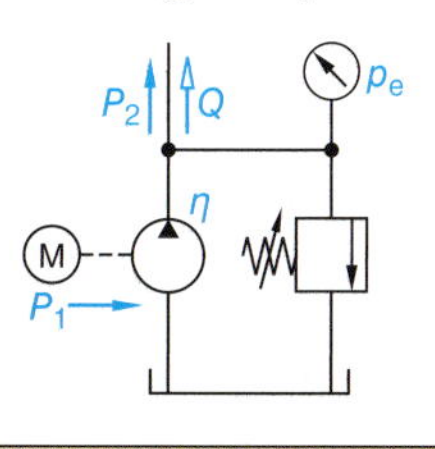	$P_2 = p_e \cdot \frac{Q}{600}$ $P_1 = \frac{P_2}{\eta}$ $P_1 = \frac{M \cdot n}{9550}$	P_1 zugeführte Leistung in kW P_2 abgegebene Leistung in kW M Drehmoment in Nm n Drehzahl in 1/min p_e Überdruck in bar, N/cm² Q Volumenstrom in l/min, cm³/min η Wirkungsgrad

Vor- und Nachteile der Hydraulik

Vorteile der Hydraulik	Nachteile der Hydraulik
Übertragung großer Kräfte und Leistungen auf kleinem Raum. Feinfühlige stufenlose Regelbarkeit von Geschwindigkeiten. Relativ einfache Geschwindigkeitsregelung innerhalb eines großen Verstellbereiches unter Last. Ruhiger Verlauf, schnelle und weiche Bewegungsumkehr. Einfacher und sicherer Überlastungsschutz. Hohe Abschaltgeschwindigkeit beim Stoppen des Arbeitsgliedes. Hohe Lebensdauer und geringe Wartung der Anlage wegen Selbstschmierung.	Führung der Hydraulikflüssigkeit in einem Kreislauf mit Kühler und Filter. Löslichkeit von Luft in Hydraulikflüssigkeit, Entstehung von Luftblasen bei Druckabfall, wodurch die Steuergenauigkeit beeinträchtigt wird. Dichtungsprobleme, vor allem bei hohen Betriebsdrücken und Betriebstemperaturen.

Formeln zur Kolbengeschwindigkeit, Zylinder, Luftverbrauch → 489

Fluidtechnik

Hydraulik

Bauelemente einer Hydraulikanlage

Hydraulikanlagen bestehen aus einer Vielzahl von Funktionsgruppen: *Hydropumpen* und *Hydromotoren*, *Hydrozylinder*, *Ventile*, *Hydrospeicher*, *Leitungen*, *Behälter* und *Filter*.

- **Prinzipdarstellung einer Hydraulikanlage**

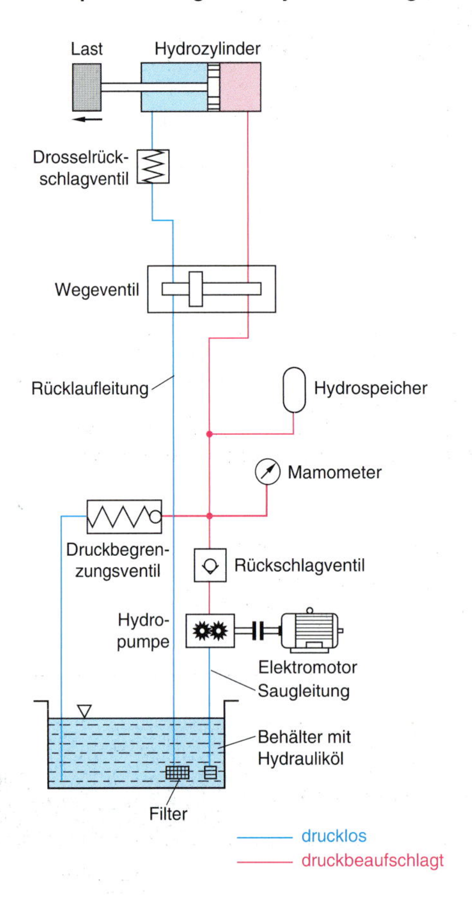

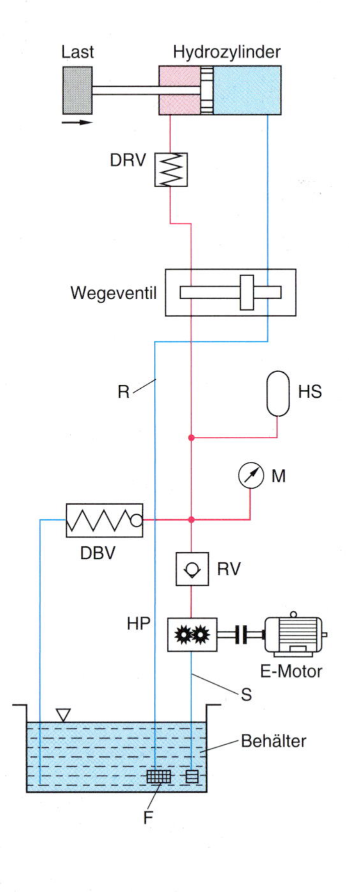

Einzylindersteuerung

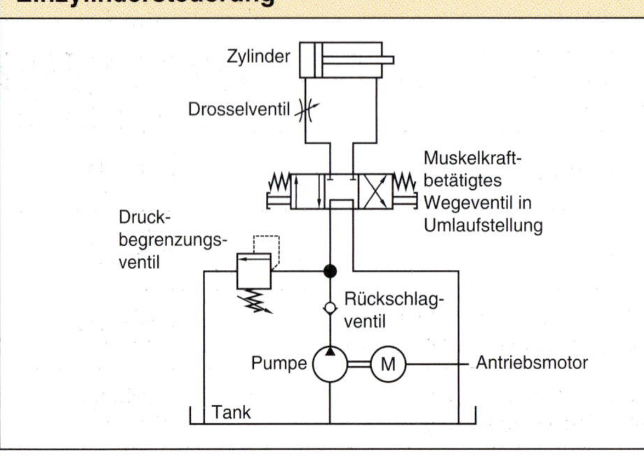

Das Wegeventil ist hier handbetätigt. Im unbetätigten Zustand wird es durch Federkraft in der Mittelstellung festgehalten; es ist *federzentriert*.

In dieser Stellung kommt es zu einem nahezu drucklosen Umlauf der Hydraulikflüssigkeit von der Pumpe zum Tank.

Fluid-technik

Fluidtechnik

Hydraulik

Hydraulikzylinder

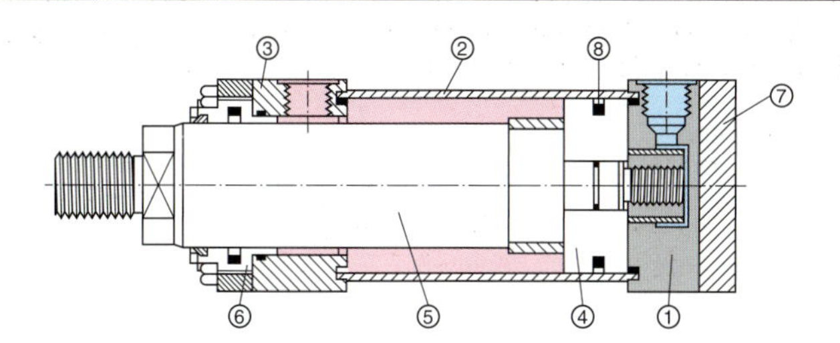

1 Zylinderboden
2 Zylinderrohr
3 Zylinderkopf
4 Kolben
5 Kolbenstange
6 Führungsbuchse
7 Befestigungsflansch
8 Kolbendichtung

Einfach wirkender Zylinder

Kann nur in einer Richtung Kraft abgeben, Rückstellung durch Federkraft.

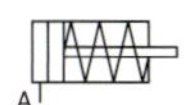

Doppelt wirkender Zylinder

- **Differenzialzylinder**
  Die Kraft ist beim Ausfahren des Kolbens größer als beim Einfahren.
  Die Geschwindigkeit ist beim Einfahren höher als beim Ausfahren.

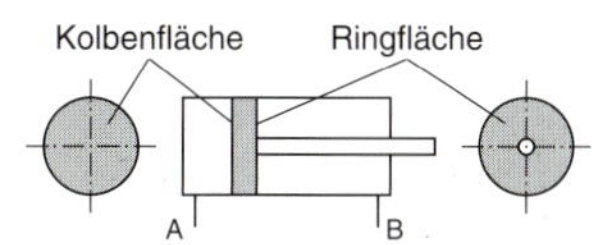

- **Gleichgangzylinder**
  Kräfte und Geschwindigkeiten sind in beiden Richtungen gleich groß (gleiche Wirkflächen).

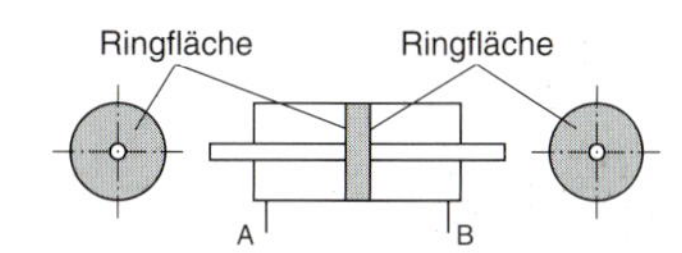

Hydraulikzylinder, Symbole

Benennung	Definition	Sinnbild
Einfach wirkender Zylinder	Die vom Fluid ausgeübte Kraft bewegt den Kolben in eine Richtung	
	Rückhub durch äußere Kraft	
	Rückhub durch Federkraft	
Doppelt wirkender Zylinder	Die vom Fluid ausgeübte Kraft bewegt den Kolben in beiden Richtungen	
	Mit einseitiger Kolbenstange	
	Mit beidseitiger Kolbenstange	
Zylinder mit Dämpfung, nicht verstellbar	Doppeltwirkender Zylinder z. B. mit nicht verstellbarer Dämpfung auf der Kolbenseite	
verstellbar	Doppeltwirkender Zylinder z. B. mit beidseitiger verstellbarer Dämpfung	

Fluidtechnik

Hydraulik

Hydraulikzylinder, Symbole

Benennung	Definition	Sinnbild
Differenzialzylinder	Doppeltwirkender Zylinder mit einseitiger Kolbenstange, wenn auf die Differenzialwirkung besonders hingewiesen werden soll	
Teleskopzylinder	Zylinder mit mehreren ineinander geführten Kolben, deren Hübe sich addieren	
einfach wirkend	Rückhub nur durch äußere Kraft	
doppelt wirkend	Vor- und Rückhub durch das Fluid	

Hydraulische Ventile

Hydraulische Ventile steuern die *Richtung*, die *Größe* und den *Druck* des Volumenstroms. Sie beeinflussen dabei den *Weg*, die *Geschwindigkeit* und die *Kraft* des Hydraulikzylinders.

Die Betätigung kann von Hand (manuell), pneumatisch, hydraulisch oder elektromagnetisch erfolgen.

Vorgesteuertes Wegeventil

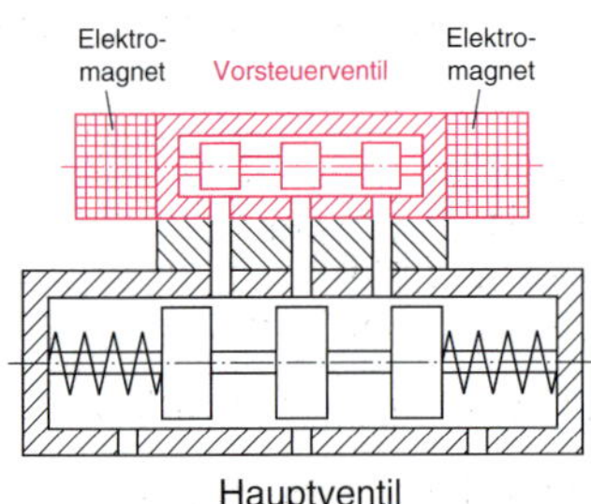

Hauptventil

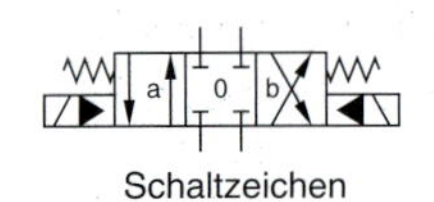

Schaltzeichen

4/3-Wege-Schieberventil

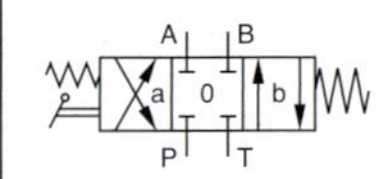

Kleinbuchstaben (a, b)
Schaltstellungen

Mittelstellung (0)
Grundstellung, Sperrnullstellung

A,**B**: Arbeitsanschlüsse
P: Druckanschluss
T: Rücklauf zum Behälter

Beachten Sie:
Anschlüsse „ortsfest",
Schaltstellungen „beweglich"

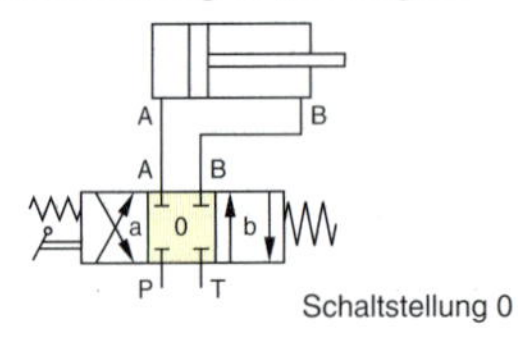

Schaltstellung 0

A B a 0 b P T

Schaltstellung a (Einfahren)

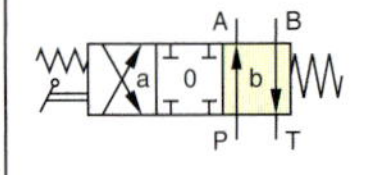

Schaltstellung b (Ausfahren)

Beispiele für Wegeventile

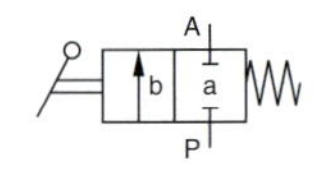

2/2 Wegeventil,
Hebel betätigt,
Federrückstellung

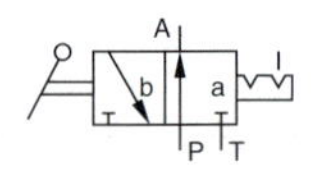

3/2 Wegeventil,
Hebel betätigt,
mit Raste

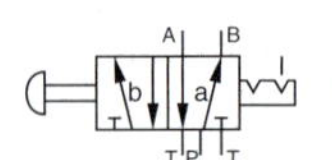

5/2 Wegeventil,
Knopf betätigt,
mit Raste

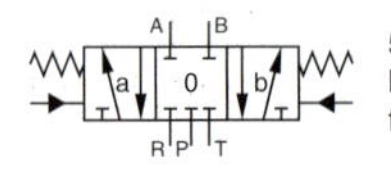

5/3 Wegeventil,
hydraulisch betätigt,
federzentriert

Fluidtechnik

Hydraulik

Schaltung von Hydraulikventilen

Sämtliche Schaltstellungen, die ein Ventil einnehmen kann, werden dargestellt.

- **2/2-Wegeventil**

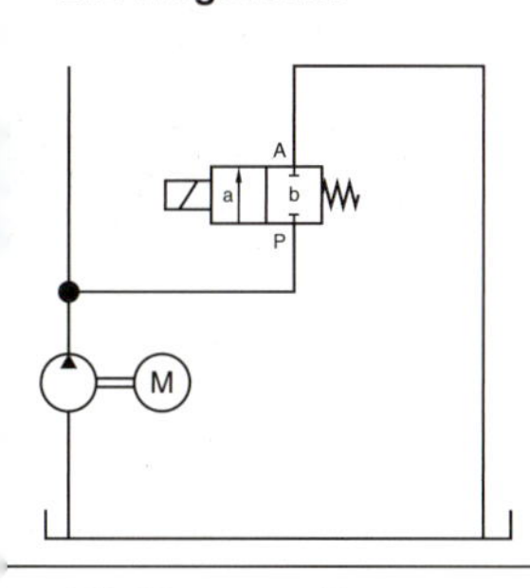

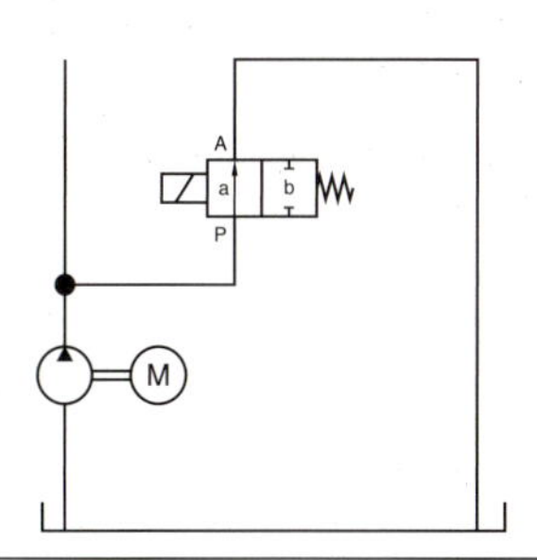

A Arbeitsanschluss
P Druckanschluss
2 Schaltpositionen (a, b)

Schaltposition b durch Federkraft festgelegt

Schaltposition a durch Betätigungskraft bewirkt

- **3/2-Wegeventil**

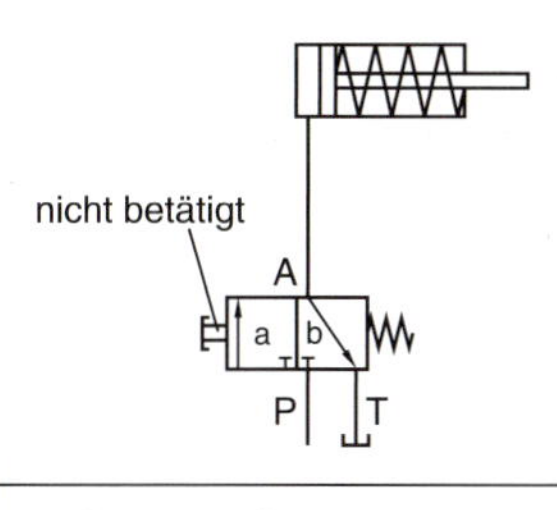

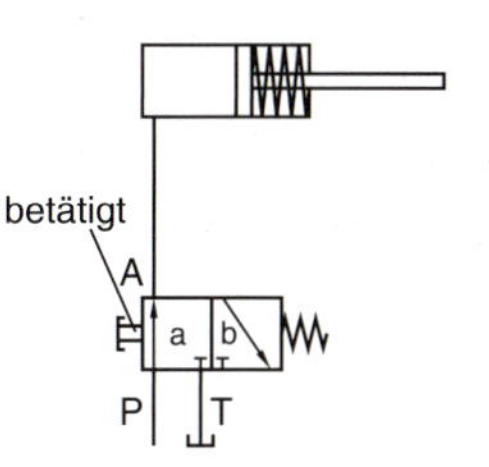

A Arbeitsanschluss
P Druckanschluss
T Rücklauf zum Behälter
2 Schaltpositionen (a, b)

Schaltposition b durch Federkraft festgelegt

Schaltposition a durch Betätigungskraft bewirkt

- **4/2- und 4/3-Wegeventil**

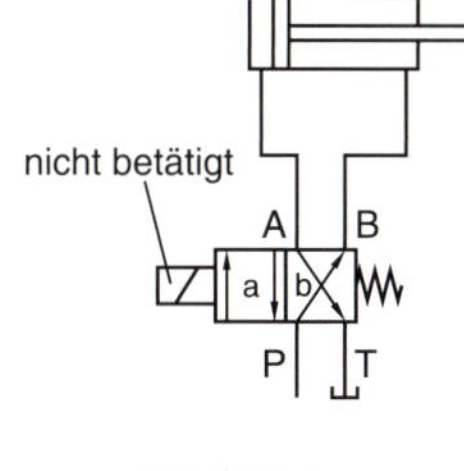

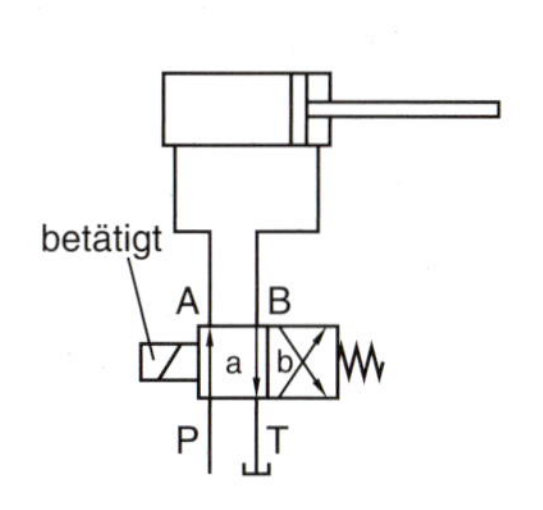

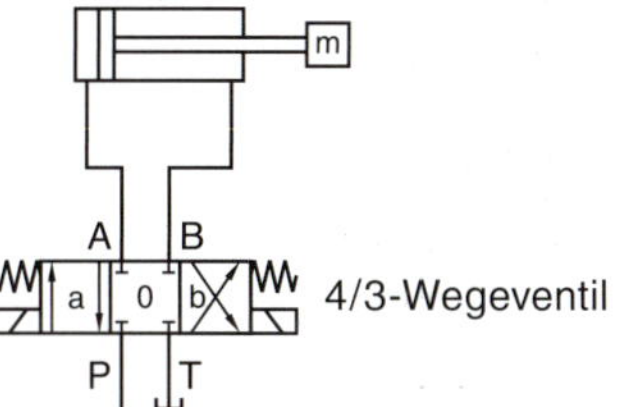

4/3-Wegeventil

A, **B** Arbeitsanschlüsse
P Druckanschluss
T Rücklauf zum Behälter

2 oder 3 Schaltpositionen (a, b, 0)

Schaltposition b: rückwärts
Schaltposition a: vorwärts
Schaltposition 0: „Stopp" oder „Umlauf"

Schieberprinzip

Beim **Längsschieberprinzip** bewegt sich ein Ventilschieber mit unterschiedlichen Durchmessern in einem Gehäuse mit mehreren Ringnuten.

Beim **Drehschieberprinzip** dreht sich ein Kolben in einer Bohrung.

- *Leckölstrom*
- *empfindlich gegen Schmutz*
- *einfacher Aufbau*
- *Druck ausgeglichen*
- *großer Betätigungsweg*

Fluidtechnik

Hydraulik

Schaltung von Hydraulikventilen

Sitzprinzip

Beim **Sitzventil** ist das Dichtelement eine Kugel, ein Kegel oder ein Teller. Diese Ventile können maximal 3 Wege öffnen oder schließen.

- *dicht schließend*
- *unempfindlich gegen Schmutz*
- *aufwändiger Aufbau von Mehrstellungsventilen*
- *Druckausgleich muss geschaffen werden*
- *kurzer Betätigungsweg*

Kolbenüberdeckung bei Schieberventilen

Hierdurch wird neben der *Leckölrate* das *Schaltverhalten* des Ventils bestimmt.

- **Positive Schaltüberdeckung**
  Beim Umschalten sind kurzzeitig *alle Anschlüsse* gegeneinander *abgesperrt*. Der Druck bleibt erhalten, es entstehen aber *Druckspitzen* und das Arbeitsglied spricht heftig an.
- **Negative Schaltüberdeckung**
  Beim Umschalten sind *alle Anschlüsse* kurzzeitig miteinander *verbunden*. Der Druck fällt kurzzeitig ab. Keine Druckschläge und Schaltschläge beim Umschalten. Eine Last kann sich aber absenken.
- **Nullüberdeckung**
  Bei der *Druckvoröffnung* werden zunächst Pumpe und Zulauf verbunden, bevor der Ablauf zum Tank öffnet. Bei der Ablaufvoröffnung wird zuerst der Ablauf des Arbeitsgliedes zum Tank entlastet, danach werden Zulauf und Pumpe verbunden.

Druckventile

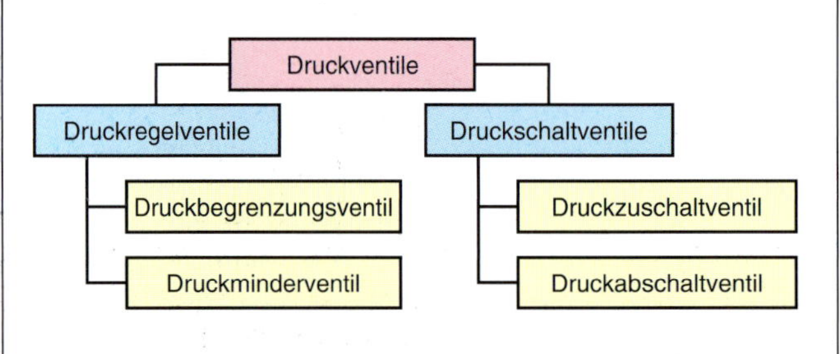

Einstellung des Druckes in der hydraulischen Anlage oder in Teilbereichen der Anlage.

Der Volumenstrom wird durch einen engen Spalt geleitet und dadurch *gedrosselt*. Vor und hinter der Drosselstelle entsteht ein *Druckunterschied*.

Druckbegrenzungsventil (DBV)

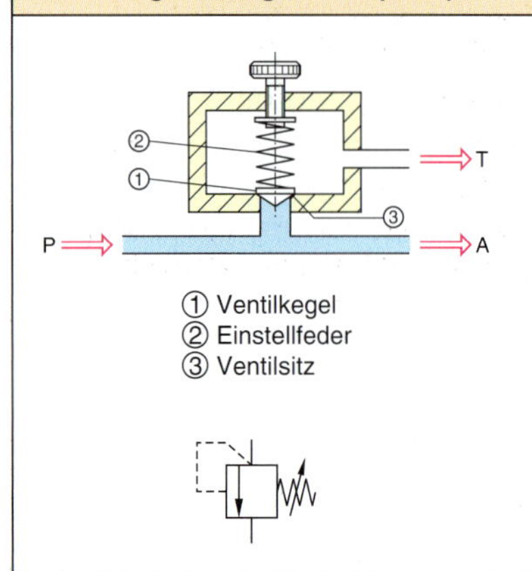

① Ventilkegel
② Einstellfeder
③ Ventilsitz

- *Regelgröße:* Eingangsseitiger Druck
- *Führungsgröße:* Vorgegeben durch Federkraft der Einstellfeder oder durch einstellbaren hydraulischen Druck auf den Regelkolben
- *Stellgröße:* Drosselquerschnitt im Ventil
- *Störgrößen:* Veränderlicher Durchflussstrom durch das Ventil, veränderlicher Ausgangsdruck

Innerhalb des Regelbereiches ist die Regelgröße p_{max} vom Durchflussstrom durch das Ventil abhängig. Wegen der bleibenden Regelabweichung hat das DBV das Verhalten eines Proportionalreglers.

Fluidtechnik

Hydraulik

Druckventile

Druckbegrenzungsventil (DBV)

Direktgesteuertes (DBV)

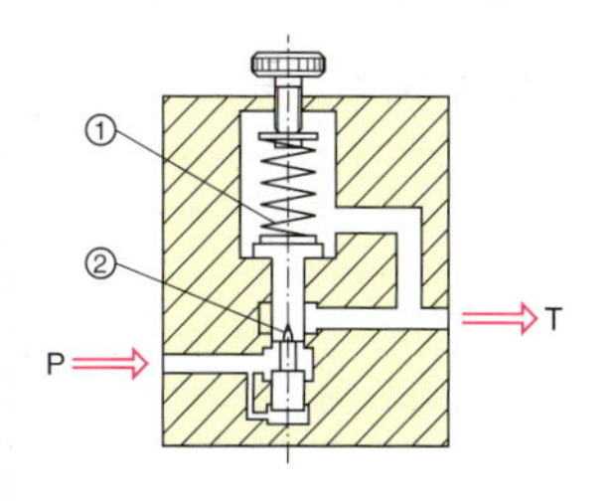

① Einstellfeder

② Regelkolben mit Kerbe

Indirekt gesteuertes (DBV)

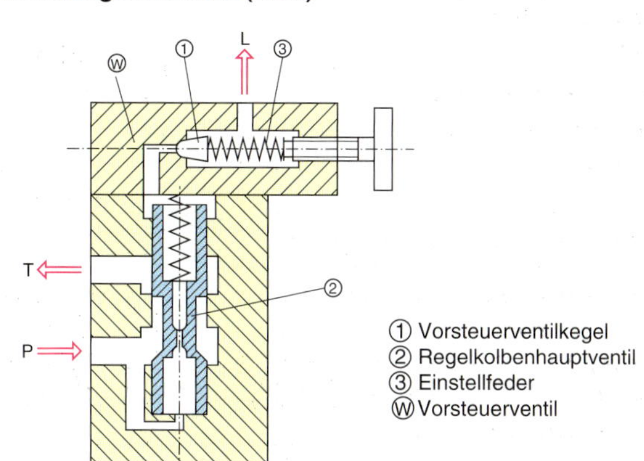

① Vorsteuerventilkegel
② Regelkolbenhauptventil
③ Einstellfeder
Ⓦ Vorsteuerventil

- DBV als Überlastschutz bei Erreichen der Endlage oder bei zu großer Kraft *F*

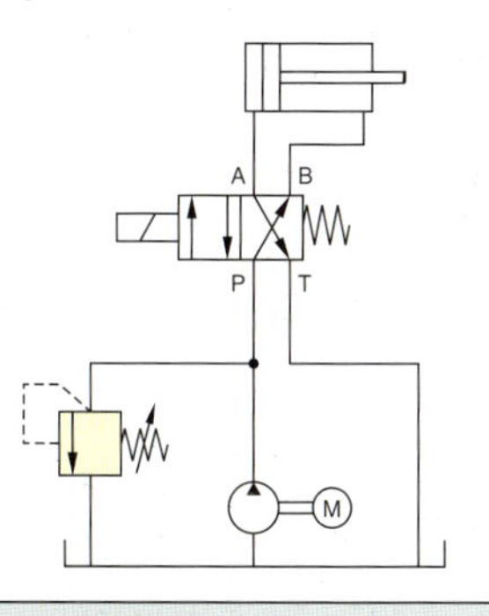

- DBV zur Gegenhaltung bei Änderung von Betrag und Richtung der Kraft *F*

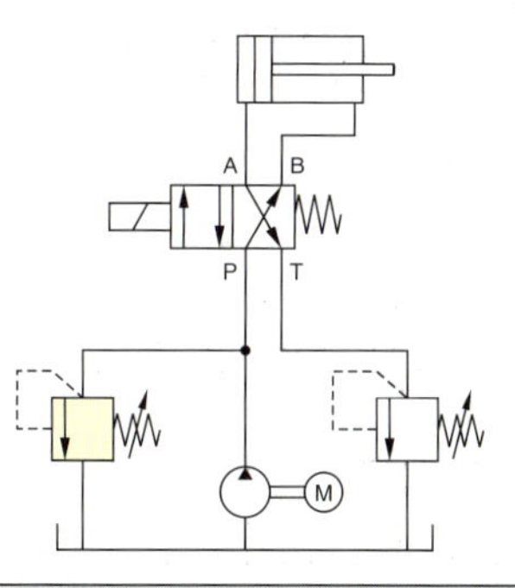

Druckminderventil (DMV)

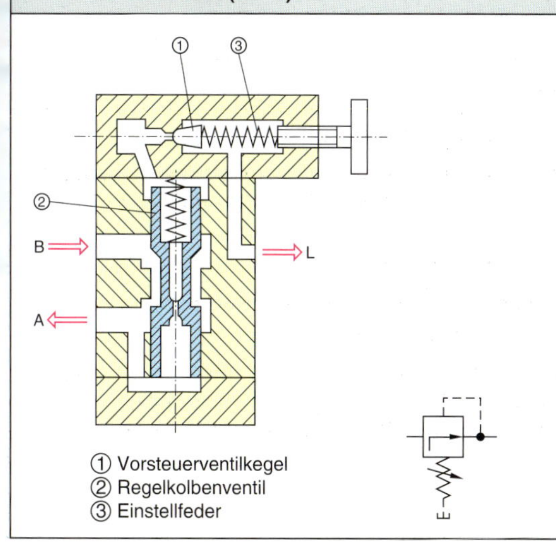

① Vorsteuerventilkegel
② Regelkolbenventil
③ Einstellfeder

- *Regelgröße:* Ausgangsseitiger Druck
- *Führungsgröße:* Vorgegeben durch Federkraft der Einstellfeder oder durch einstellbaren hydraulischen Druck auf den Regelkolben
- *Stellgröße:* Drosselquerschnitt im Ventil
- *Störgrößen:* Veränderlicher Durchflussstrom durch das Ventil, veränderlicher Eingangsdruck

Entsprechend der *Federkonstanten* ist das DMV ein *Proportionalregler*, der mit *bleibender Regelabweichung* arbeitet.

Fluidtechnik

Hydraulik

Stromventile, Drosselventile

Stromventile beeinflussen den Durchflussstrom im System und damit die **Vorschubgeschwindigkeit** der Zylinder. Da das Fluid *inkompressibel* ist, müssen Stromventile für die *Teilung* des Pumpenförderstromes sorgen.

Drosselventile drosseln den Durchflussstrom mit einer einstellbaren Blende in beiden Durchflussrichtungen.

- *Drosselventil*
- *Prinzip der Förderstromdrosselung*

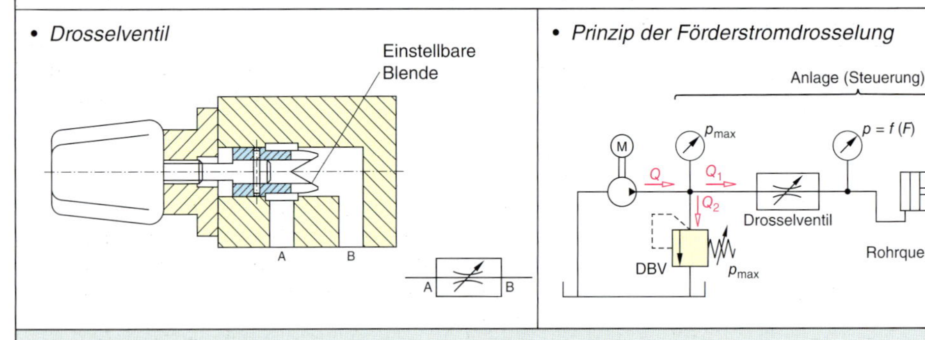

Sperrventile

Sperrung des Volumenstromes in eine Richtung, *Durchlass* in der anderen Richtung.

Rückschlagventile trennen Systemteile mit unterschiedlichem Druck. Sie erzeugen geringe Vorspanndrücke in Rücklaufleitungen, um deren Leerlaufen zu vermeiden.

- *Rückschlagventil*

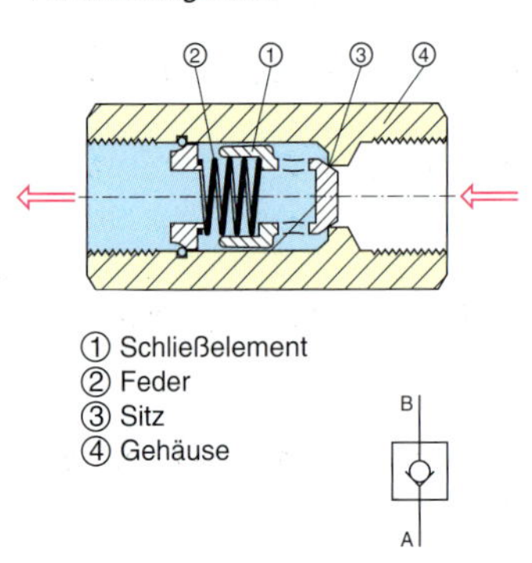

- *Entsperrbares Rückschlagventil*

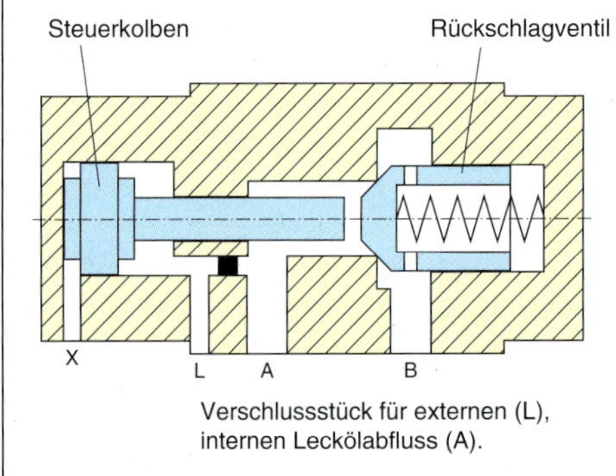

Wenn die Pumpe von A nach B fördert, entspricht die Funktion einem herkömmlichen Rückschlagventil.

Der Rücklauf von B nach A ist erst nach Entsperrung durch Steuerdruck bei X möglich.

Anwendungsbeispiel

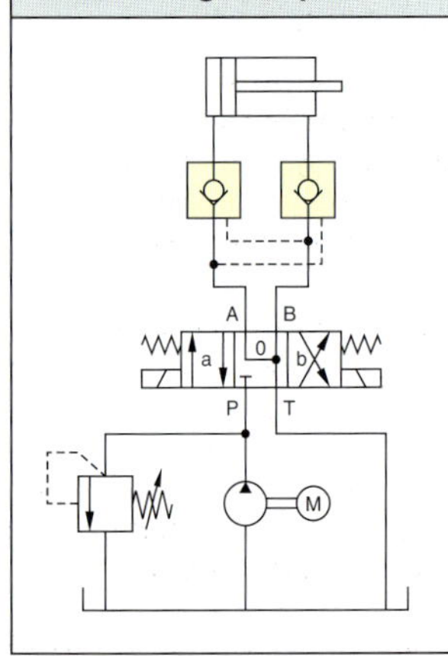

Zwei entsperrbare Rückschlagventile, die den Zylinder bei Angriff von Kräften in beliebiger Richtung fixieren.

Fluid-technik

Fluidtechnik

Hydraulik

Hydrospeicher

Durch *Verdichtung eines Gasvolumens* in einem *Hydrospeicher* durch das Fördervolumen der Pumpe lässt sich hydrostatische Energie in begrenztem Maße speichern, um zu einem beliebigen Zeitpunkt im System wieder zur Verfügung zu stehen.

Bauarten und Anwendungsbereiche von Hydrospeichern

Kolben-speicher	Gasraum (Stickstoff) Hydrauliköl	Für große Ölvolumina und Ölströme. Bei Nachschaltung von Gasbehältern kann das Speichervolumen voll als Ölvolumen genutzt werden. $V = 2$ bis 1500 l $p_{max} = 800$ bar Durch Reibung der Dichtungen ist der Wirkungsgrad relativ niedrig. Der Mindestspeicherdruck muss mindestens 20 bar über dem notwendigen Systemdruck liegen. Bei sehr kleinen Volumenströmen kann ein Slip-Stick-Effekt des Kolbens auftreten. *Anwendung:* Vorwiegend zur Abdeckung von Verbrauchsspitzen
Blasen-speicher	Gasraum (Stickstoff) Hydrauliköl	Für alle Bereiche geeignet. $V = 0{,}2$ bis 450 l $p_{max} = 1000$ bar Hoher Wirkungsgrad, da der Speicher weitgehend reibungsfrei arbeitet. Der Mindestspeicherdruck muss nur ca. 5 bar über dem notwendigen Systemdruck liegen. *Anwendung:* Zur Abdeckung von Verbrauchsspitzen und zur Dämpfung von Druckstößen
Membran-speicher 	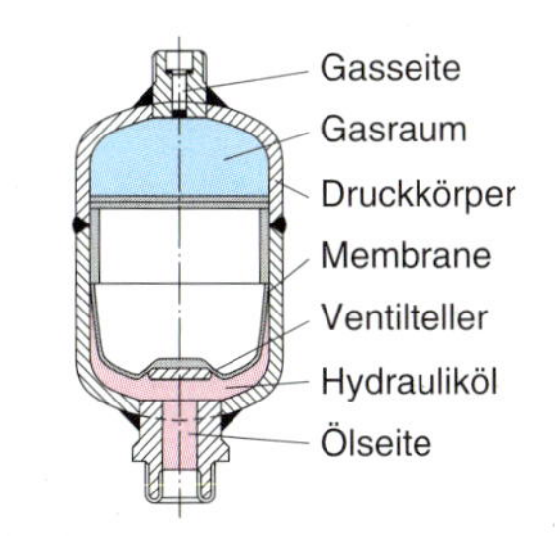	Für kleine Ölvolumina und kleine Ölströme geeignet. $V = 0{,}1$ bis 50 l $p_{max} = 750$ bar Der Wirkungsgrad ist relativ hoch, da der Speicher weitgehend reibungsfrei arbeitet. *Anwendung:* Zur Druckhaltung, z. B. beim Spannen, Ausgleich von Lecköl in Systemen, Pulsationsdämpfung in Systemen; z. B. bei hydropneumatischer Federung.

Wenn auf einen *hohen Anlagenwirkungsgrad* Wert gelegt wird, dann ist der **Ladedruck des Speichers** so niedrig wie möglich zu wählen, da die Antriebsleistung der Pumpe auf diesen Wert ausgelegt werden muss. Das **Gasvolumen** muss möglichst groß gewählt werden, damit der Druckanstieg beim Laden des Speichers möglichst gering ist. Zur Vergrößerung des Gasvolumens werden häufig ein oder mehrere Speicher nachgeschaltet.

Hoher Speicherladedruck stellt zwar eine hohe gespeicherte Energie dar, die jedoch zur Anpassung an die Lastdrücke der Verbraucher in den Stromregelventilen nutzlos in Wärme umgesetzt werden muss.

Schläuche und Rohre

Die Hydraulikaggregate werden durch *Schläuche* und *Rohre* miteinander verbunden. Damit die **Strömungsverluste** so gering wie möglich gehalten werden, darf die **Strömungsgeschwindigkeit** bestimmte Werte nicht überschreiten.

Fluidtechnik

Hydraulik

Schläuche und Rohre

Maximale Strömungsgeschwindigkeit (H_2O)

Betriebsdruck in bar	Strömungsgeschwindigkeit in m/s
≤ 50	4,0
≤ 100	4,5
≤ 150	5,0
≤ 200	5,5
≤ 300	6,0

Zulässige Strömungsgeschwindigkeit

$$Q_V = v \cdot A$$

Q_V Volumenstrom in m^3/s
v Strömungsgeschwindigkeit in m/s
A Strömungsquerschnitt in m^2

$$v_{zul} = \frac{Q_V}{d^2 \cdot \frac{\pi}{4}}$$

d Durchmesser in m
Q_V Volumenstrom in m^3/s
v Strömungsgeschwindigkeit in m/s

Rohrverbindungen

Nahtlos gezogene *Präzisionsrohre* nach DIN EN 10305-1. Die zugelassenen Drücke in Abhängigkeit von der Rohr-Wandstärke sind in DIN 2445 festgelegt. Angegeben sind dort der **Nenndruck** p_{nom} sowie der **maximal zulässige Druck** p_{max}. Der **Berstdruck** beträgt etwa 2 – 3 · p_{nom}.

Hydraulikrohre, Drücke

Durchmesser *D* in mm	p_{nom} = 100 bar p_{max} = 145 bar s	p_{nom} = 160 bar p_{max} = 205 bar s	p_{nom} = 250 bar p_{max} = 295 bar s	p_{nom} = 320 bar p_{max} = 365 bar s	p_{nom} = 400 bar p_{max} = 445 bar s
6	1	1	1	1	1,5
8	1	1	1,5	1,5	2
10	1	1	1,5	1,5	2
12	1	1,5	2	2	2,5
16	1,5	1,5	2	2,5	3
20	1,5	2	2,5	3	4
25	2	2,5	3	4	5
30	2,5	3	4	5	6
38	3	4	5	6	8
50	4	5	6	8	10

Hydraulikschläuche

Flexible Verbindungen zwischen den Hydraulikaggregaten, Verbindung untereinander oder mit Armaturen mit *Verschraubungen* oder *Schnellverschlusskupplungen*.

Die Schläuche müssen die richtige Länge haben, der Biegeradius muss ausreichend sein und sie dürfen nicht auf Zug beansprucht werden. Ihr Lebenszyklus ist zu beachten.

Hydrauliksteuerungen

- *Folgeschaltung mit Endschalter* (Seite 491)

1. Start: M1 an Spannung, Wegeventil 1 nach rechts, Kolben von Zylinder 1 fährt nach rechts.
2. Endschalter 2 betätigt: M1 spannungslos, M3 an Spannung, Wegeventil 2 nach rechts, Kolben von Zylinder 2 fährt nach rechts.

Fluidtechnik

Hydraulik

Hydrauliksteuerungen

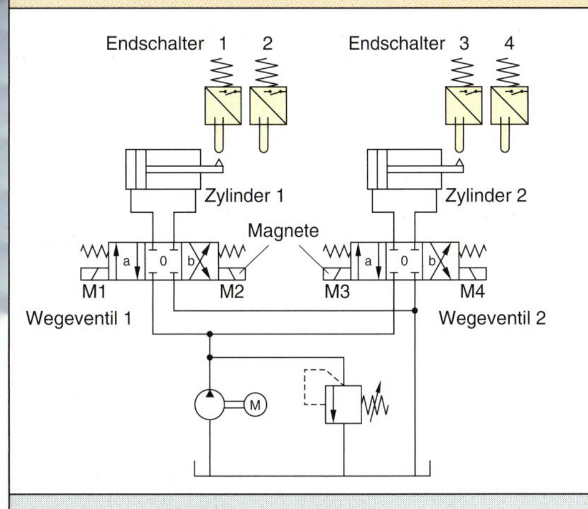

- *Folgeschaltung mit Endschalter*

3. Endschalter 4 betätigt: M3 spannungslos, M2 an Spannung, Wegeventil 1 nach links, Kolben von Zylinder 1 fährt nach links.
4. Endschalter 1 betätigt: M2 spannungslos, M4 an Spannung, Wegeventil 2 nach links, Kolben von Zylinder 2 fährt nach links.
5. Endschalter 3 betätigt: M4 spannungslos, M1 an Spannung, Wegeventil 1 nach rechts, Kolben von Zylinder 1 fährt nach rechts usw.

Die Kolben der Zylinder fahren nacheinander aus und ein.

Schaltung mit Folgeventilen

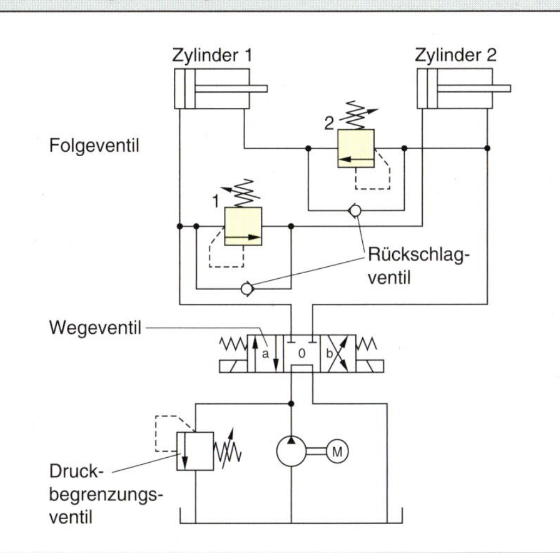

Die *Folgeventile* 1 und 2 sind *Druckventile*, die bei einem einstellbaren Druck öffnen.
Wenn der Druck unter einen bestimmten Wert abfällt, schießen sie wieder.

Wegeventil nach links:
Kolbenseite von Zylinder 1 wird beaufschlagt, der Kolben fährt aus.
Bei Anschlag des Kolbens steigt der Druck an, Folgeventil 1 wird dadurch geöffnet.
Zylinder 2 fährt dann ebenfalls aus.

Wegeventil nach rechts:
Stangenseite von Zylinder 2 wird beaufschlagt, der Kolben fährt ein.
Beim Anschlag öffnet der ansteigende Druck im Stangenraum Folgeventil 2.
Dadurch wird Zylinder 1 angeströmt und der Kolben fährt ebenfalls ein.

Gleichlaufschaltung

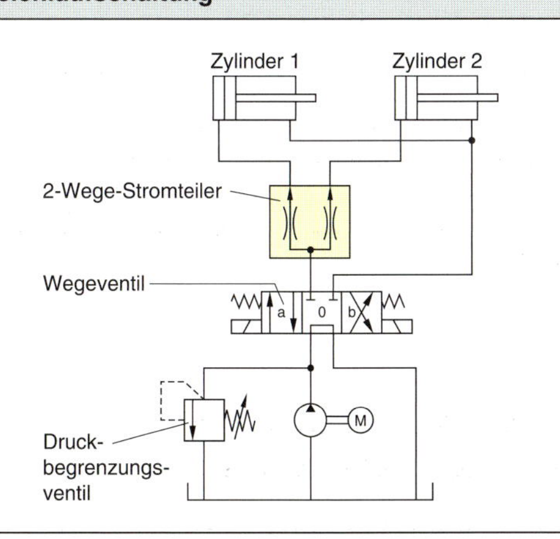

Die Kolben der beiden Zylinder sollen *gleichzeitig* aus- und einfahren, was durch ein *Stromteilerventil* erreicht wird.

Das Fluid wird beim *Ausfahren* gleichmäßig auf die Zylinder aufgeteilt.

Beim *Einfahren* wird der Rücklaufstrom beider Zylinder im Stromteilerventil vereinigt.

Fluid-
technik

Fluidtechnik

Hydraulik

Hydrauliksteuerungen

Parallelschaltung von Hydrozylindern

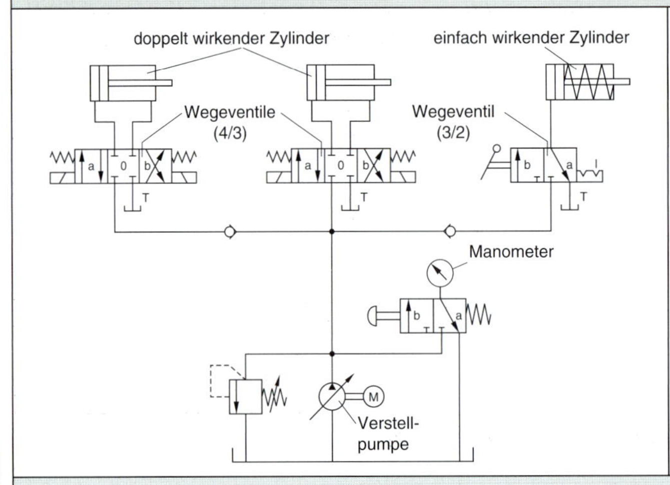

Die Ölversorgung erfolgt über *eine* Leitungsverzweigung. Es muss genügend Fluid zur Verfügung stehen, damit der notwendige Systemdruck aufrecht erhalten werden kann.

Zur Anpassung der Fluidmenge wird eine Pumpe mit *verstellbarem* Förderstrom verwendet.

Differenzialschaltung

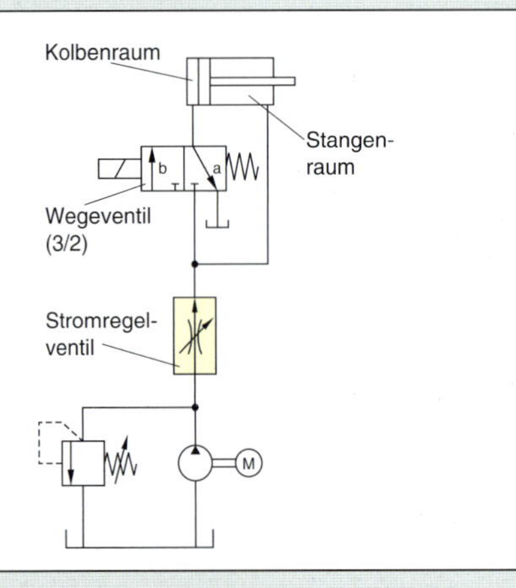

Der *Stangenraum* des Zylinders ist ständig mit Druckflüssigkeit beaufschlagt. Der *Kolbenraum* ist mit einem Wegeventil (3/2-Wegeventil) verbunden.

Die an der Kolbenstange wirkende Kraft ist vom Verhältnis Kolbenfläche zu Stangenfläche (bzw. Ringfläche) abhängig.

Verwendet wird eine *Differenzialschaltung*, wenn der Kolben hydraulisch eingespannt und die Pumpe möglichst klein sein soll.
Wenn nämlich der Kolben ausfährt, wird das von der Ringfläche verdrängte Fluid vor dem Wegeventil mit dem Pumpenförderstrom vereinigt und der Kolbenseite des Zylinders zugeführt.

Geschwindigkeitssteuerung

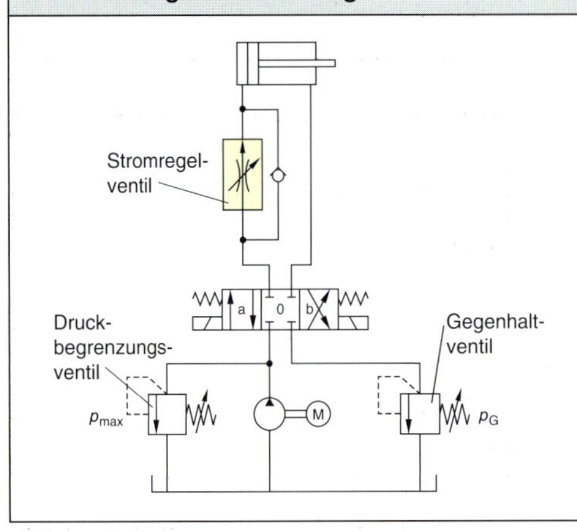

Eingesetzt werden *Stromventile*. Dargestellt ist eine Geschwindigkeitssteuerung mit *Stromregelventil im Zulauf* (Primärsteuerung). Gesteuert wird hier nur die Ausfahrgeschwindigkeit des Kolbens. Soll auch die Einfahrgeschwindigkeit gesteuert werden, müssen *zwei* Stromregelventile eingebaut werden.

Nachteilig wirkt sich aus, dass bei plötzlich abfallendem Arbeitswiderstand der Kolben springt.

Wenn an der Kolbenstange eine *Zugkraft* wirkt, ist die **Primärsteuerung** nur anwendbar, wenn ein *Druckventil* zur *Aufrechterhaltung* des notwendigen *Gegendrucks* zwischen Wegeventil und Tank eingebaut wird.

Diesen Nachteil hat die **Sekundärsteuerung** nicht. Ein Gegendruckventil ist nicht notwendig, da der *Rücklaufstrom gedrosselt* wird.

Fluidtechnik

Hydraulik

Hydrauliksteuerungen

Geschwindigkeitssteuerung

- **Primärsteuerung** (Zulaufdrosselung)

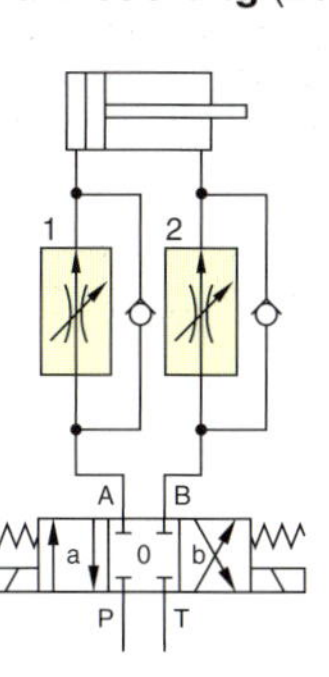

- **Sekundärsteuerung** (Rücklaufdrosselung)

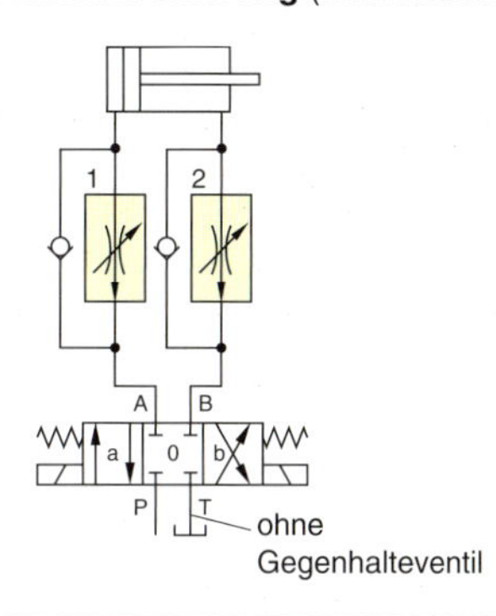

- **Schaltplan und Blockschaltbild einer Geschwindigkeitssteuerung**

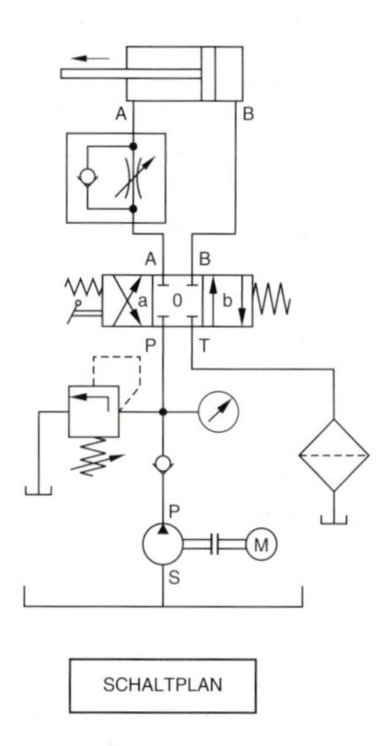

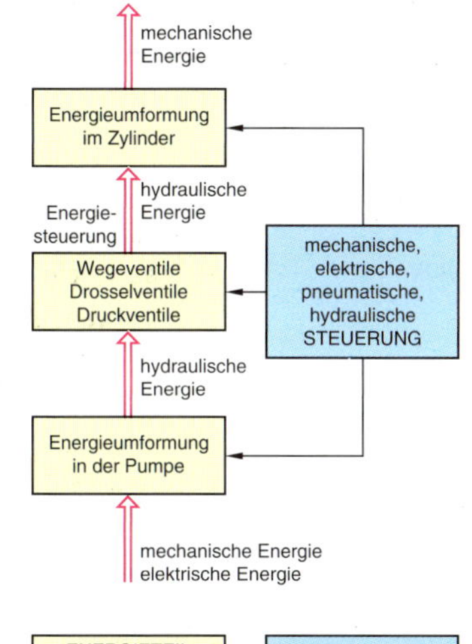

Steuerung von zwei Zylindern mit Druckzuschaltung

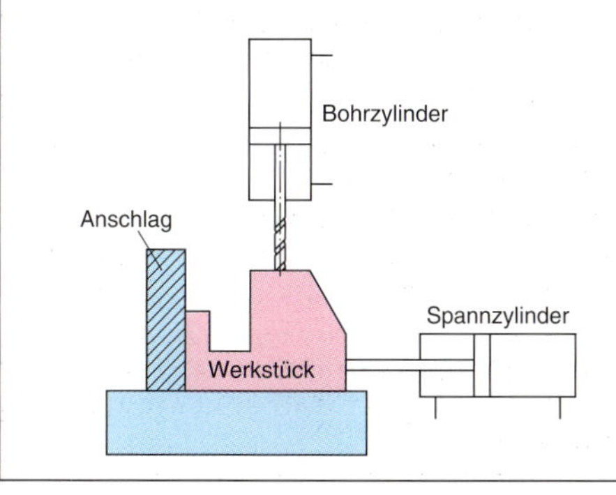

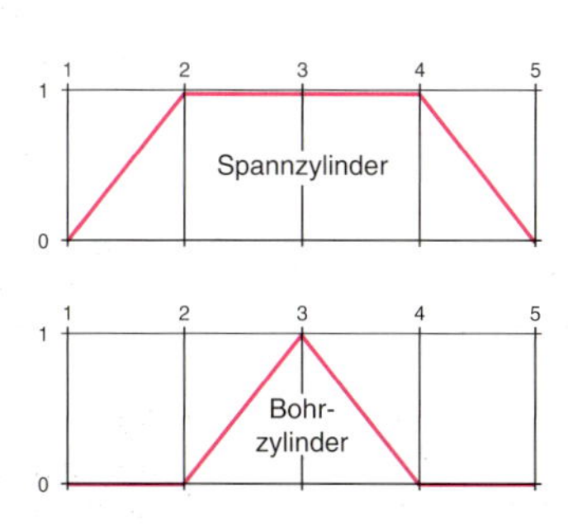

Fluidtechnik

Hydraulik

Hydrauliksteuerungen

Steuerung von zwei Zylindern mit Druckzuschaltung

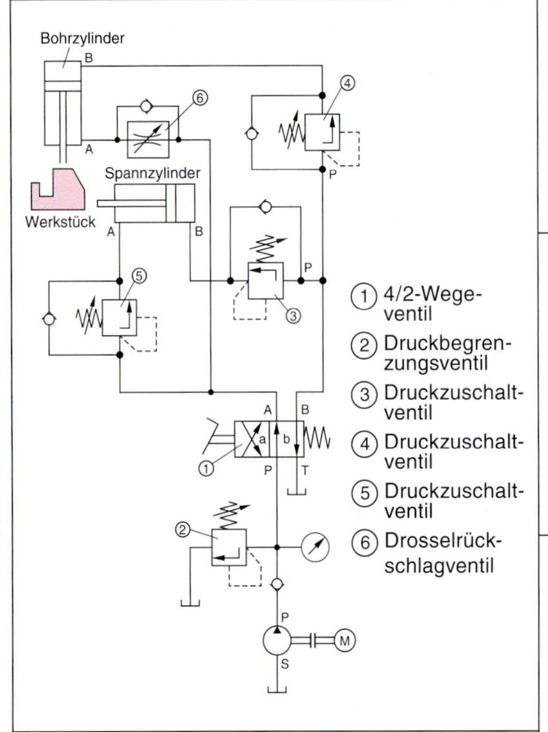

4/2- und 4/3-Wegeventile

- **Normalausführung**

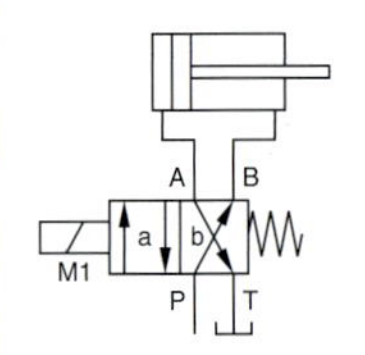

b: Zylinder zurück
a: Zylinder vor

Für Schaltstellung a:
Elektrisches Dauersignal auf M1

- **Impulsventil**

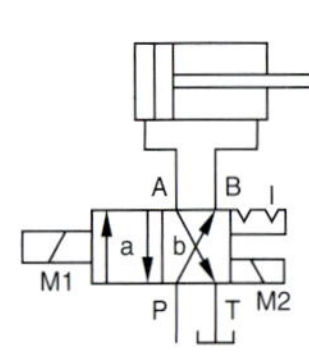

a: Impuls auf M1
b: Impuls auf M2

Schaltstellung wird durch eine mechanische Verrastung gespeichert

- **Notstopp**

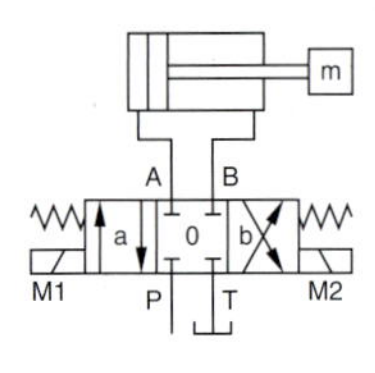

a: Dauersignal auf M1
b: Dauersignal auf M2

In 0-Stellung (federzentriert):
Stopp des Zylinders in jeder Lage, wichtig bei Notstopp.
Bei Einwirkung einer äußeren Kraft kann diese Position wegen des Lecköls am Ventil nicht exakt gehalten werden.

- **Druckloser Umlauf**

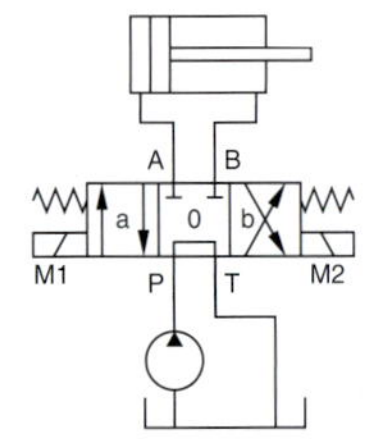

Elektrische Schaltung wie zuvor.

0-Stellung: Umlauf zum Behälter bei geringem Druck; Energieeinsparung, wenn kein Öl im System gebraucht wird. Gleichzeitig Stopp des Zylinders.

- **Freie Beweglichkeit**

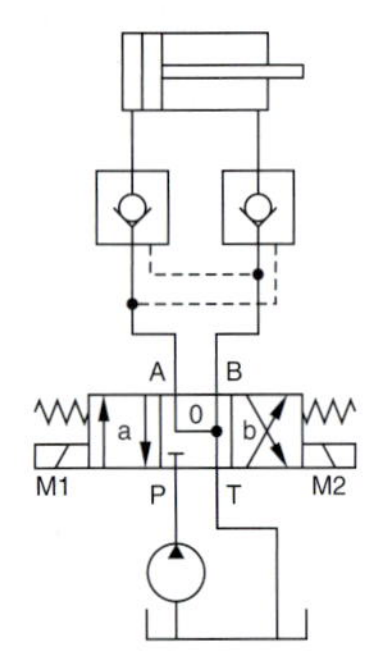

Elektrische Schaltung wie zuvor.

0-Stellung: Zylinder durch äußere Kräfte frei beweglich.

- **Eilgang**

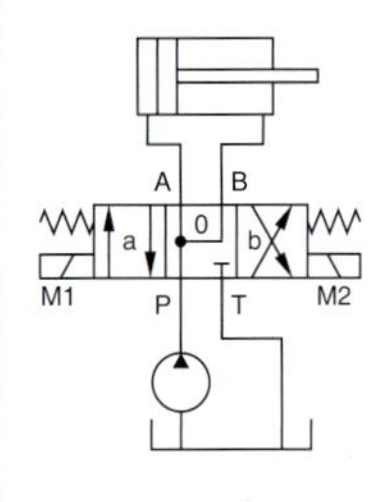

Elektrische Schaltung wie zuvor.

0-Stellung: Eilgang im Vorhub, weil sich im Ventil der Pumpenförderstrom Q und der Rücklaufstrom Q_R addieren. Der Zylinder wird mit $Q + Q_R$ beschickt. Da Q_R verdrängt wird, muss die Pumpe nur das Volumen $\frac{\pi}{4} \cdot d_S^2 \cdot s$ auffüllen.

$$v = \frac{Q}{\frac{\pi}{4} \cdot d_S^2}$$

Zweck der Schaltung ist eine *Förderstromeinsparung*, die aber nur dann sinnvoll ist, wenn die äußere Kraft klein und damit die Drücke nicht zu groß werden.

Fluidtechnik

Hydraulik

Hydrauliksteuerungen

Proportionalventile

Proportional (verhältnisgleich) zu einem Eingangssignal (z. B. eine elektrische Spannung) wird mithilfe eines Proportionalventils ein entsprechendes Ausgangssignal hervorgerufen (z. B. Durchflussmenge).

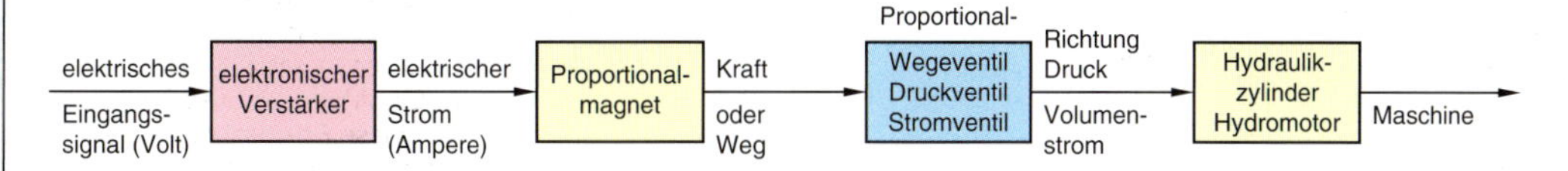

Bei **Proportional-Wegeventilen** können die Steuerkolben nicht nur eine definierte Mittel- oder Endstellung annehmen, sondern auch *jede beliebige Zwischenposition* halten. Ein Proportionalmagnet positioniert dabei den Steuerkolben.

- **Direkt gesteuertes Proportionalventil**

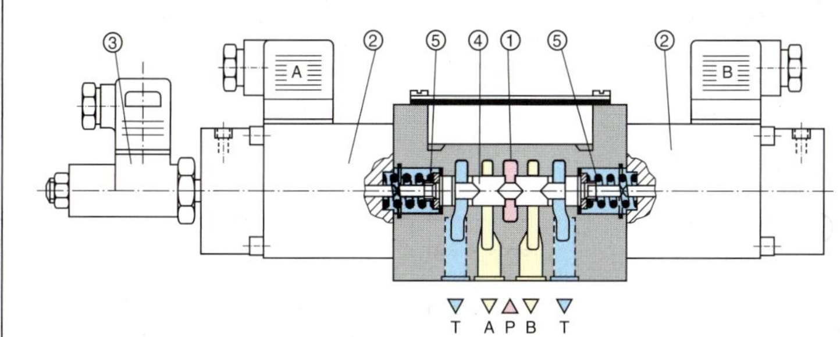

1. Gehäuse
2. Proportionalmagnet
3. induktiver Wegaufnehmer
4. Steuerkolben
5. Rückstellfedern

Es gibt auch **vorgesteuerte** Proportionalventile.

Der induktive Wegaufnehmer erfasst die Ist-Stellung des Steuerkolbens und meldet sie als elektrisches Signal an die Ansteuerelektronik (elektrische Rückführung).

- **4/3-Proportional-Wegeventil**
  mit einstellbarem Magneten, induktivem Wegaufnehmer und Drosselstellen

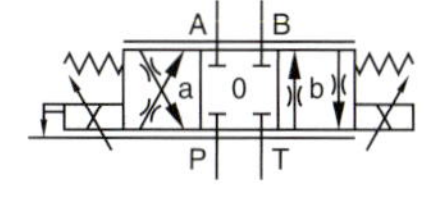

- **Schaltplan mit vorgesteuertem Proportional-Wegeventil**

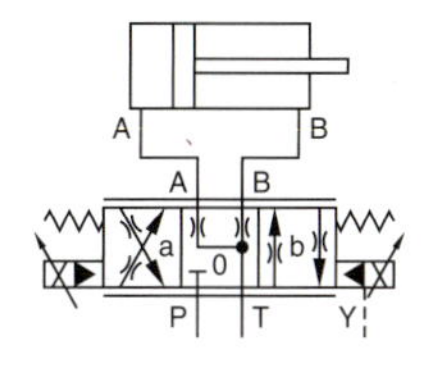

Einstellbarer Magnet

Induktiver Wegaufnehmer

Drosselstelle

Neben dem Proportional-Wegeventil gibt es auch *Proportional-Druckventile* und *Proportional-Stromventile*.

Vorteile der **Proportionaltechnik**:

- *keine hohen Druckspitzen beim Schalten,*
- *unterschiedliche Geschwindigkeiten der Arbeitselemente möglich,*
- *beherrschbare Beschleunigungs- und Verzögerungsvorgänge bei großen Massen.*

Maschinenelemente

Maschinenelemente

Gewinde

Gewindearten

DIN 202

Spitzengewinde	**überwiegend als Befestigungsgewinde**		
Trapezgewinde	**Übertragung großer Kräfte**	**Achsrichtungen**	**2**
Sägengewinde			**1**
Rundgewinde	**Übertragung von Kräften**		**2**

Benennung	Profil	Kennbuchstabe	Kurzzeichen (Beispiel)	Nenngröße	Norm	Anwendung
Metrisches ISO-Gewinde	60°	M	M 0,8	0,3 – 0,9 mm	DIN 14-1 bis DIN 14-4	Uhren- und Feinwerktechnik
			M 30	1 – 68 mm	DIN 13-1	allgemein (Regelgewinde)
			M 20x1	1 – 1000 mm	DIN 13-2 bis DIN 13-11	allgemein (wenn Steigung des Regelgewindes zu groß)
Metrisches kegeliges Außengewinde	60° 1:16	M	DIN 158 – M 30x2 keg	6 – 60 mm	DIN 158	Verschlussschrauben und Schmiernippel
			DIN 158 – M 30x2 keg kurz			
Metrisches MJ-Gewinde Vergrößerter Kernradius bzw. Kern-∅	60°	MJ	MJ 6x1 – 4h6h	1,6 – 39 mm	DIN ISO 5855-1 und DIN ISO 5855-2	Luft- und Raumfahrt
			MJ 6x1 – 4H5H			
Whitworthgewinde (kegelig)	55° 3:25	W	DIN 477 – W 19,8x$\frac{1}{14}$ W 28,8x$\frac{1}{14}$ keg W 31,3x$\frac{1}{14}$ keg	19,8 mm 28,8 mm 31,3 mm	DIN 477-1	Gasflaschenventile
Whitworthgewinde (zylindrisch)	55°		DIN 477 – W 21,8x$\frac{1}{14}$ W 24,32x$\frac{1}{14}$	21,8 mm 24,32 mm 25,4 mm		
Zylindrisches Rohrgewinde für nicht im Gewinde dichtende Verbindungen (zylindrisch)	Rp 55°	G	G 1$\frac{1}{2}$A G 1$\frac{1}{2}$B	$\frac{1}{16}$ – 6	DIN EN ISO 228-1	Außengewinde für Rohre und Rohrverbindungen, nicht dichtend
			G 1$\frac{1}{2}$			Innengewinde für Rohre und Rohrverbindungen, nicht dichtend
Whitworth-Rohrgewinde (zylindrisch)	R					
Kegeliges Whitworth-Rohrgewinde R	55° 1:16	R oder Rp	DIN EN 10226-1 – Rp$\frac{1}{2}$ R$\frac{1}{2}$	$\frac{1}{16}$ – 6	DIN EN 10226-1	Gewinderohre und Fittings, dichtend
Zylindrisches Innengewinde Rp			DIN 3858 – R$\frac{1}{8}$ Rp$\frac{1}{8}$	$\frac{1}{8}$ – 1$\frac{1}{2}$	DIN 3858	Rohrverschraubungen, dichtend

Darstellung von Gewinden → 411

Maschinenelemente

Gewinde

Gewindearten DIN 202

Benennung	Profil	Kennbuchstabe	Kurzzeichen (Beispiel)	Nenngröße	Norm	Anwendung
Metrisches ISO-Trapezgewinde (ein- und mehrgängig)	30°	Tr	Tr 40x7 – LH Tr 40x14 P7	8 – 300 mm	DIN 103-1 bis 103-8	allgemein
Flaches Metrisches Trapezgewinde (ein- und mehrgängig)			DIN 380 – Tr 40x8 Tr 40x16 P8		DIN 380-1 DIN 380-2	
Trapezgewinde (ein- und zweigängig) mit Spiel			DIN 263 – Tr 48x12 Tr 40x16 P8	48 mm 40 mm	DIN 263-1 DIN 263-2	Schienenfahrzeuge
Metrisches Sägengewinde (ein- und mehrgängig)	30°, 3°	S	S 48x8 S40x14 P7	10 – 640 mm	DIN 513-1 bis 513-3	allgemein
Sägengewinde 45°	45°		DIN 2781 – S 630x20	100 – 1250 mm	DIN 2781	hydraulische Pressen
Rundgewinde	30°	Rd	Rd 40x1/6 Rd 40x1/3 P1/6	8 – 200 mm	DIN 405-1 DIN 405-2	allgemein
			Rd 40x5	10 – 300 mm	DIN 20400	Rundgewinde mit großer Tragtiefe
			DIN 15403 – Rd 80x10	50 – 320 mm	DIN 15403	Lasthaken
	15°56′		DIN 7273 – Rd 70	20 – 100 mm	DIN 7273-1	Teile aus Blech, zugehörige Verschraubungen
			DIN 262 – Rd 59x7 Rd 59x7 links	34 – 79 mm	DIN 262-1 DIN 262-2	Schienenfahrzeuge
	30°		DIN 264 – Rd 50x7 Rd 50x7 links	50 mm	DIN 264-1 DIN 264-2	
Elektrogewinde		E	DIN 40400 – E27	E14, E16, E18, E27, E33	DIN 40400	Sicherungen, Lampensockel und Fassungen
		–	DIN 46689 – 28x2	28 mm 40 mm	DIN EN 60399	Außengewinde, Lampenfassungen und Innengewinde Schirmträgerringe
Blechschraubengewinde	60°	ST	DIN EN ISO 1478 – ST 3,5	1,5 – 9,5 mm	DIN EN ISO 1478	Blechschrauben
Holzschraubengewinde		–	DIN 7998-4	1,6 – 20 mm	DIN 7998	Holzschrauben

Darstellung von Gewinden → 411

Maschinenelemente

Gewinde

Gewindearten

DIN 202

Benennung	Profil	Kenn-buchstabe	Kurzzeichen (Beispiel)	Nenngröße	Norm	Anwendung
Fahrradgewinde	60°	FG	FG 9,5	2 – 34,9 mm	DIN 79012	Fahrräder und Zweiräder
Ventilgewinde	60°	Vg	DIN 7756 – Vg 12	5 – 12 mm	DIN 7756	Ventile für Fahrzeug-bereifung

Zusätzliche Eigenschaften von Gewinden

DIN ISO 965-1

Zusätzliche Eigenschaft	Zusätzliche Angabe hinter der Maßangabe	Beispiel für Maßangabe	Hinweise
Gewindetoleranzen der genormten Güteklasse	**f** (fein), **c** (grob), **m** (mittel) oder Kurzzeichen der Gewindetoleranz	M 30, M 24 f Tr 32x6m entspricht Tr 32x6 M 39-4 h M 30-5 h	Die Toleranzklasse m muss nicht gesondert eingetragen werden.
Linksgewinde [1]	LH	M 30-LH Tr 32x6-4 g-LH	**LH**: engl.: left hand
mehrgängige Gewinde	Hinter dem Kennbuchstaben und dem Gewindedurchmesser folgt die Steigung P_h und Teilung P	Tr 60x14 P 7 Tr 60x14 P 7-8 e Tr 32x9 P 3-LH	Das Maß der Teilung wird zusammen mit dem Buchstaben **P** hinter das Maß der Steigung gesetzt. $\text{Gangzahl} = \frac{\text{Steigung}}{\text{Teilung}}$

[1] Werkstücke mit Rechts- und Linksgewinde erhalten hinter der Gewindebezeichnung des Rechtsgewindes das Kurzzeichen **RH** (right hand) und hinter das Linksgewinde den Zusatz **LH** (left hand).

Um die Anzahl der Werkzeuge und Lehren zu begrenzen, sollten vorzugsweise die **Toleranzklassen** aus den folgenden Tabellen gewählt werden. Jede Toleranzklasse für Innengewinde kann mit jeder beliebigen Toleranzklasse für Außengewinde kombiniert werden. Um eine ausreichende **Flankenüberdeckung** sicherzustellen, sollten die fertigen Teile so zusammengestellt werden, dass sie die **Passung** H/g, H/h oder G/h bilden.

Empfohlene Toleranzklassen für Außengewinde

Tole-ranz-klasse	Toleranzfeldlage e			Toleranzfeldlage f			Toleranzfeldlage g			Toleranzfeldlage h		
	S	N	L	S	N	L	S	N	L	S	N	L
fein	–	–	–	–	–	–	–	(4g)	(5g4g)	(3h4h)	4h	(5h4h)
mittel	–	**6e**	(7e6e)	–	**6f**	–	(5g6g)	**6g**	(7g6g)	(5g6h)	6h	(7h6h)
grob	–	8e	(9e8e)	–	–	–		8g	(9g8g)	–	–	–

Empfohlene Toleranzklassen für Innengewinde

Toleranzklasse	Toleranzfeldlage G			Toleranzfeldlage H		
	S	N	L	S	N	L
fein	–	–	–	4H	5H	6H
grob	(5G)	**6G**	(7G)	**5H**	**6H**	**7H**
mittel	–	(7G)	(8G)	–	7H	8H

Toleranzen → 380

Maschinenelemente

Gewinde

Metrisches ISO-Gewinde

DIN 13-1 bis 19

Regelgewinde

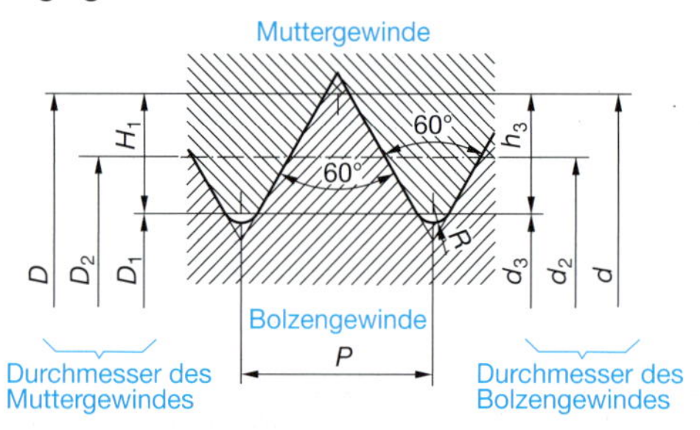

Nenndurchmesser	$d = D$
Steigung	P
Flankenwinkel	60°
Flankendurchmesser	$d_2 = D_2 = d - 0{,}6495 \cdot P$
Kerndurchmesser:	
– des Bolzengewindes	$d_3 = d - 1{,}2269 \cdot P$
– des Muttergewindes	$D_1 = d - 1{,}0825 \cdot P$
Gewindetiefe:	
– des Bolzengewindes	$h_3 = 0{,}6134 \cdot P$
– des Muttergewindes	$H_1 = 0{,}5413 \cdot P$
Rundung	$R = 0{,}14434 \cdot P$
Spanungsquerschnitt	$S = \frac{\pi}{4} \cdot \left(\frac{d_2 + d_3}{2}\right)^2$

Gewindebezeichnung Reihe 1[1]	Steigung	Flankendurchmesser	Kerndurchmesser		Gewindetiefe		Rundung	Spanungsquerschnitt	Bohrungen		SW[3]
			Bolzen	Mutter	Bolzen	Mutter			Kernloch-∅	Durchgangsloch-∅[2]	
$d = D$	P	$d_2 = D_2$	d_3	D_1	h_3	H_1	R	S in mm²	$d \cdot P$		
M 2	0,4	1,740	1,509	1,567	0,245	0,217	0,058	2,07	1,6	2,4	4
M 3	0,5	2,675	2,387	2,459	0,307	0,271	0,072	5,03	2,5	3,4	5,5
M 4	0,7	3,545	3,141	3,242	0,429	0,379	0,101	8,78	3,3	4,5	7
M 5	0,8	4,480	4,019	4,134	0,491	0,433	0,115	14,2	4,2	5,5	8
M 6	1	5,350	4,773	4,917	0,613	0,541	0,144	20,2	5	6,6	10
M 8	1,25	7,188	6,466	6,647	0,767	0,677	0,180	36,6	6,8	9	13
M 10	1,5	9,026	8,160	8,376	0,920	0,812	0,217	58,1	8,5	11	16
M 12	1,75	10,863	9,853	10,106	1,074	0,947	0,253	84,3	10,2	13,5	18
M 16	2	14,701	13,546	13,835	1,227	1,083	0,289	157	14	17,5	24
M 20	2,5	18,376	16,933	17,294	1,534	1,353	0,361	245	17,5	22	30
M 24	3	22,051	20,319	20,752	1,840	1,624	0,433	353	21	26	36
M 30	3,5	27,727	25,706	26,211	2,147	1,895	0,505	561	26,5	33	46
M 36	4	33,402	31,093	31,670	2,454	2,165	0,577	817	32	39	55
M 42	4,5	39,077	36,479	37,129	2,760	2,436	0,650	1121	37,5	45	65
M 48	5	44,752	41,866	42,587	3,067	2,706	0,722	1473	43	52	75
M 56	5,5	52,428	49,252	50,046	3,374	2,977	0,794	2030	50,5	62	85
M 64	6	60,103	56,639	57,505	3,681	3,248	0,866	2676	58	70	95

Feingewinde

DIN 13-2 bis 10

Gewindebezeichnung Reihe[1]	Flankendurchmesser	Kerndurchmesser		Gewindebezeichnung Reihe[1]	Flankendurchmesser	Kerndurchmesser		Gewindebezeichnung Reihe[1]	Flankendurchmesser	Kerndurchmesser	
$d \times P$	$d_2 = D_2$	d_3	D_1	$d \times P$	$d_2 = D_2$	d_3	D_1	$d \times P$	$d_2 = D_2$	d_3	D_1
M 3x0,35	2,773	2,571	2,621	**M 24x1,5**	23,026	22,160	22,375	**M 48x3**	46,051	44,319	44,751
M 4x0,5	3,675	3,387	3,459	**M 24x2**	22,701	21,546	21,835	**M 56x2**	54,701	53,546	53,835
M 5x0,5	4,675	4,387	4,459	**M 30x1,5**	29,025	28,160	28,376	**M 56x3**	54,051	52,319	52,752
M 6x0,75	5,513	5,080	5,188	**M 30x2**	28,701	27,546	27,835	**M 64x2**	62,701	61,546	61,835
M 8x1	7,350	6,773	6,917	**M 36x1,5**	35,026	34,160	34,375	**M 64x3**	62,051	60,319	60,752
M 10x1	9,350	8,774	8,918	**M 36x2**	34,701	33,545	33,835	**M 72x2**	70,701	69,546	60,835
M 12x1,25	11,188	10,465	10,645	**M 42x1,5**	41,026	40,160	40,376	**M 72x3**	70,051	68,319	68,752
M 16x1,5	15,026	14,160	14,376	**M 42x2**	40,701	39,546	39,835	**M 80x2**	78,701	77,546	77,835
M 20x1,5	19,026	18,160	18,376	**M 48x2**	46,701	45,546	45,835	**M 80x4**	77,402	75,092	75,671

[1] Die Reihen 2 und 3 erhalten weitere Abstufungen (z. B. 4,5; 7; 9; 14)

[2] Durchgangslöscher für Schrauben (mittel), DIN EN 20273

[3] Schlüsselweiten für Sechskantschrauben und Sechskantmuttern DIN ISO 272

Maschinenelemente

Gewinde

Rohrgewinde für nicht im Gewinde dichtende Verbindungen DIN EN ISO 228-1

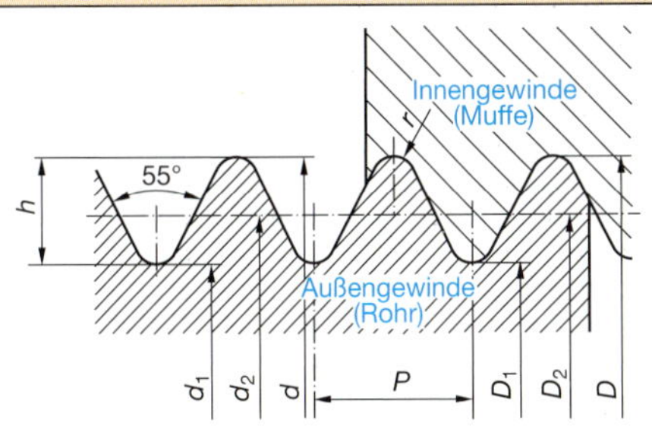

Außendurchmesser	$d = D$
Steigung	$P = \frac{25{,}4}{z}$
Gangzahl auf 25,4 mm	z
Flankenwinkel	55°
Flankendurchmesser	$d_2 = D_2 = d - 0{,}640327 \cdot P$
Kerndurchmesser:	
– des Außengewindes	$d_1 = d - 1{,}280654 \cdot P$
– des Innengewindes	$D_1 = D - 1{,}280654 \cdot P$
Gewindetiefe	$h = 0{,}640327 \cdot P$
Rundung	$r = R = 0{,}137278 \cdot P$

Bezeichnung	Gangzahl auf 25,4 mm z	Steigung P	Gewindetiefe h	Außen-∅ $d = D$	Flanken-∅ $d_2 = D_2$	Kern-∅ $d_1 = D_1$	Bezeichnung	Gangzahl auf 25,4 mm z	Steigung P	Gewindetiefe h	Außen-∅ $d = D$	Flanken-∅ $d_2 = D_2$	Kern-∅ $d_1 = D_1$
G 1/8	28	0,907	0,581	9,728	9,147	8,566	**G 1 1/2**	11	2,309	1,479	47,803	46,324	44,845
G 1/4	19	1,337	0,856	13,157	12,301	11,445	**G 1 3/4**	11	2,309	1,479	53,746	52,267	50,788
G 3/8	19	1,337	0,856	16,662	15,806	14,950	**G 2**	11	2,309	1,479	59,614	58,135	56,656
G 1/2	14	1,814	1,162	20,955	19,793	18,631	**G 2 1/4**	11	2,309	1,479	65,710	64,231	62,752
G 5/8	14	1,814	1,162	22,911	21,749	20,587	**G 2 1/2**	11	2,309	1,479	75,184	73,705	72,226
G 3/4	14	1,814	1,162	26,441	25,279	24,117	**G 2 3/4**	11	2,309	1,479	81,534	80,055	78,576
G 7/8	14	1,814	1,162	30,201	29,039	27,877	**G 3**	11	2,309	1,479	87,884	86,405	84,926
G 1	11	2,309	1,479	33,249	31,770	30,291	**G 3 1/2**	11	2,309	1,479	100,33	98,851	97,372
G 1 1/4	11	2,309	1,479	41,910	40,431	38,952	**G4**	11	2,309	1,479	113,03	111,551	110,072

Whitworth-Rohrgewinde

Zylindrisches Innengewinde (Rp)

Profil identisch mit DIN ISO 228

Kegeliges Außengewinde (R, Kegel 1:16)

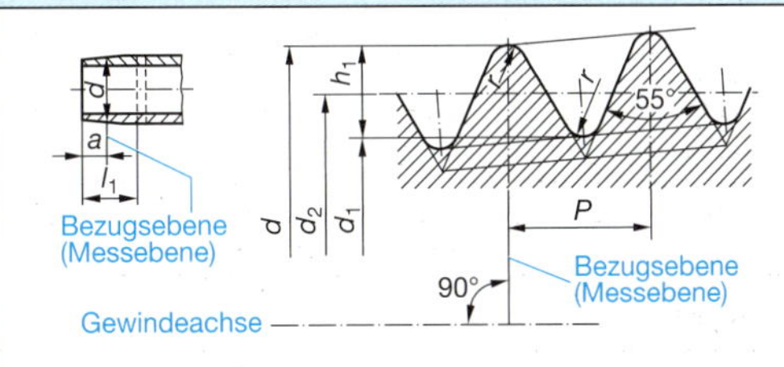

Bezeichnung Außengewinde	Bezeichnung Innengewinde	Nennweite der Rohre	Abstand der Bezugsebene a	Achsen-∅ $d = D$	Flanken-∅ $d_2 = D_2$	Kern-∅ $d_1 = D_1$	Steigung P	Gangzahl auf 25,4 mm z	Gewindetiefe $h_1 = H_1$	Rundung $r = R$	nutzbare Gewindelänge l_1
R 1/16	**Rp 1/16**	3	4	7,723	7,142	6,561	0,907	28	0,581	0,125	6,5
R 1/8	**Rp 1/8**	6	4	9,728	9,147	8,566	0,907	28	0,581	0,125	6,5
R 1/4	**Rp 1/4**	8	6	13,157	12,301	11,445	1,337	19	0,856	0,184	9,7
R 3/8	**Rp 3/8**	10	6,4	16,662	15,806	14,950	1,337	19	0,856	0,184	10,1
R 1/2	**Rp 1/2**	15	8,2	20,955	19,793	18,631	1,814	14	1,162	0,249	13,2
R 3/4	**Rp 3/4**	20	9,5	26,411	25,279	24,117	1,814	14	1,162	0,249	14,5
R 1	**Rp 1**	25	10,4	33,249	31,770	30,291	2,309	11	1,479	0,317	16,8
R 1 1/4	**Rp 1 1/4**	32	12,7	41,910	40,431	38,952	2,309	11	1,479	0,317	19,1
R 1 1/2	**Rp 1 1/2**	40	12,7	47,803	46,324	44,845	2,309	11	1,479	0,317	19,1
R 2	**Rp 2**	50	15,9	59,614	58,135	56,656	2,309	11	1,479	0,317	23,4
R 2 1/2	**Rp 2 1/2**	65	17,5	75,184	73,705	72,226	2,309	11	1,479	0,317	26,7
R 3	**Rp 3**	80	20,4	87,884	86,405	84,926	2,309	11	1,479	0,317	29,8

Maschinenelemente

Gewinde

Metrisches ISO-Trapezgewinde DIN 103-1

Eingängiges Gewinde

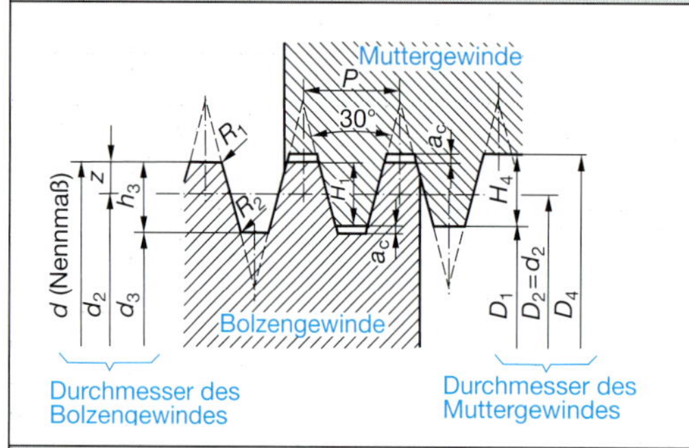

Mehrgängiges Gewinde

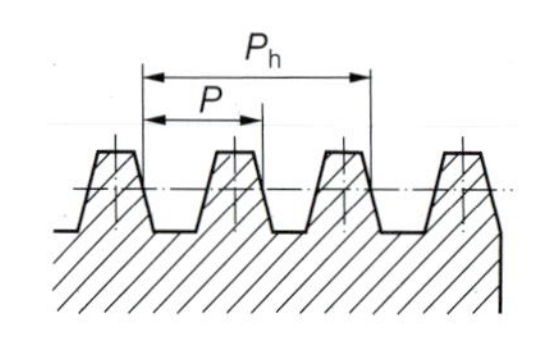

Mehrgängige Gewinde haben das gleiche Profil wie eingängige Gewinde.

Außendurchmesser
- des Bolzengewindes (Nenndurchmesser) d
- des Muttergewindes $D_1 = d - 2 \cdot H_1 = d - P$

Flankenüberdeckung

Steigung
- eingängiges Gewinde P
- mehrgängiges Gewinde $P_h = n \cdot P$

Flankenwinkel 30°

Gangzahl n

Flankendurchmesser $d_2 = D_2 = d - 2 \cdot z = d - 0{,}5 \cdot P$

Kerndurchmesser
- des Bolzengewindes $d_3 = d - 2 \cdot h_3$
- des Muttergewindes $D_4 = d + 2 \cdot a_c$

Spitzenspiel a_c

Gewindetiefe $h_3 = H_4 = H_1 + a_c = 0{,}5 \cdot P + a_c$

$z = 0{,}25 \cdot P = \frac{H_1}{2}$

Rundungen $R_1 = \text{max. } 0{,}5 \cdot a_c$

$R_2 = \text{max. } a_c$

P	1,5	2 bis 5	6 bis 12	14 bis 44
a_c	0,15	0,25	0,5	1
R_1	0,075	0,125	0,25	0,5
R_2	0,15	0,25	0,5	1

Bezeichnung	Flanken-∅	Außen-∅	Kern-∅	
		Mutter	Bolzen	Mutter
$d \times P$	$d_2 = D_2$	D_4	d_3	D_1
Tr 8x1,5	7,25	8,3	6,2	6,5
Tr 10x2	9	10,5	7,5	8
Tr 12x3	10,5	12,5	8,5	9
Tr 16x4	14	16,5	11,5	12
Tr 20x4	18	20,5	15,5	16
Tr 24x5	21,5	24,5	18,5	19
Tr 28x5	25,5	28,5	22,5	23
Tr 32x6	29	33	25	26
Tr 36x6	33	37	29	30
Tr 40x7	36,5	41	32	33
Tr 44x7	40,5	45	36	37
Tr 48 x8	44	49	39	40
Tr 52x8	48	53	43	44
Tr 60x9	55,5	61	50	51
Tr 70x10	65	71	59,5	60
Tr 80x10	75	81	69	70
Tr 90x12	84	91	77	78
Tr 100x12	94	101	87	88

Gewindeausläufe und Gewindefreistiche DIN 76-1

Maße für Außengewinde (Form A: Regelfall)

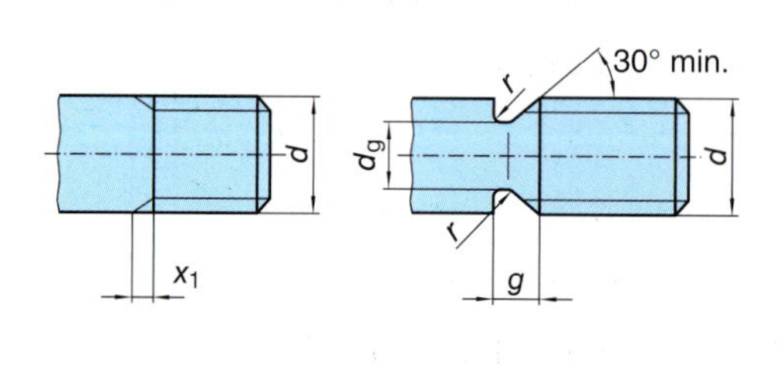

Maße für Innengewinde (Form C: Regelfall)

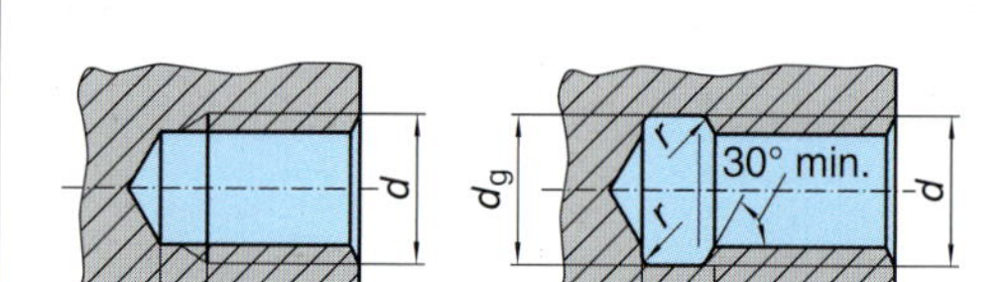

Masch. Elemente

Maschinenelemente

Gewindeausläufe und Gewindefreistiche

DIN 76-1

Außengewinde						Innengewinde					
d	P	$x_{1\,max}$	d_g h13	g	r	d	P	$e_{1\,min}$	d_g H13	g	r
M1	0,25	0,6	0,6	0,9	0,12	M1	0,25	1,5	1,1	1,4	0,12
M2	0,4	1	1,3	1,4	0,2	M2	0,4	2,3	2,2	2,2	0,2
M3	0,5	1,25	2,2	1,75	0,2	M3	0,5	2,8	3,3	2,7	0,2
M4	0,7	1,75	2,9	2,45	0,4	M4	0,7	3,8	4,3	3,8	0,4
M5	0,8	2	3,7	2,8	0,4	M5	0,8	4,2	5,3	4,2	0,4
M6	1	2,5	4,4	3,5	0,6	M6	1	5,1	6,5	5,2	0,6
M8	1,25	3,2	6	4,4	0,6	M8	1,25	6,2	8,5	6,7	0,6
M10	1,5	3,8	7,7	5,2	0,8	M10	1,5	7,3	10,5	7,8	0,8
M12	1,75	4,3	9,4	6,1	1	M12	1,75	8,3	12,5	9,1	1
M16	2	5	13	7	1	M16	2	9,3	16,5	10,3	1
M20	2,5	6,3	16,4	8,7	1,2	M20	2,5	11,2	20,5	13	1,2
M24	3	7,5	19,6	10,5	1,6	M24	3	13,1	24,5	15,2	1,6
M30	3,5	9	25	12	1,6	M30	3,5	15,2	30,5	17,7	1,6
M36	4	10	30,3	14	2	M36	4	16,8	36,5	20	2
M42	4,5	11	35,6	16	2	M42	4,5	18,4	42,5	23	2
M48	5	12,5	41	17,5	2,5	M48	5	20,8	48,5	26	2,5
M56	5,5	14	48,3	19	3,2	M56	5,5	22,4	56,5	28	3,2
M64	6	15	55,7	21	3,2	M64	6	24	64,5	30	3,2

Bezeichnung von Gewinden (Beispiele)

M 30	Metrisches ISO-Gewinde, Regelgewinde, 30 mm Nenndurchmesser
M 30x1	Metrisches ISO-Gewinde, Feingewinde, 30 mm Nenndurchmesser, Steigung 1 mm
M 30 - LH	Metrisches ISO-Gewinde, Regelgewinde, 30 mm Nenndurchmesser, Linksgewinde
Tr 40x14 P7	Metrisches ISO-Trapezgewinde, mehrgängig, 40 mm Nenndurchmesser, Steigung 14 mm, Teilung 7 mm, Gangzahl = Steigung/Teilung = 14/7 = 2 (zweigängiges Gewinde)

Schrauben

Schraubenformen – Übersicht

Sechskantschrauben

DIN EN ISO 4014	d, l	Schaft- und Regelgewinde	M1,6 – M64	Maschinenbau, Gerätebau, Fahrzeugbau
DIN EN ISO 4017	d, l	Regelgewinde bis Kopf	M1,6 – M64	
DIN EN ISO 8765	d, l	Schaft- und Feingewinde	M8×1 bis M64×4	
DIN EN ISO 8676	d, l	Feingewinde bis Kopf	M8×1 bis M64×4	

Schraubensicherung → 854, Schraubenverbindung → 830

Maschinenelemente

Schrauben

Schraubenformen – Übersicht

Sechskantschrauben				
DIN EN 24015	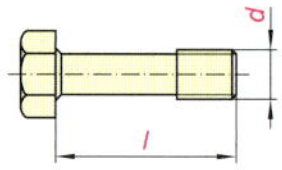	Dünnschaft	M3 – M20	Dynamische Belastungen
DIN 609	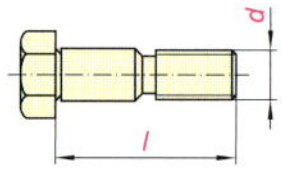	Passschraube	M8 – M48	Lagefixierung
Zylinderschrauben				
DIN EN ISO 4762	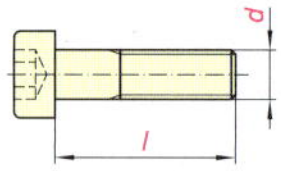	Innensechskant, Regelgewinde	M1,6 – M36	• DIN 6912 niedriger Kopf • ISO 7380 • Linsenschraube mit Innensechskant Maschinenbau, Gerätebau, Fahrzeugbau • ISO 7339
DIN 7984	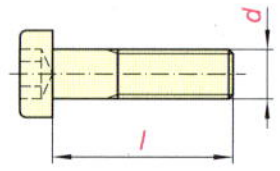	Innensechskant, niedriger Kopf	M6 – M16	
DIN 34821	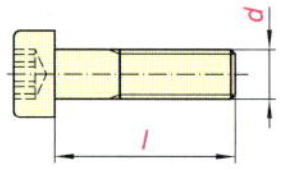	Innenvielzahn, Regel-/Feingew.	M6 – M16	
DIN EN ISO 1207	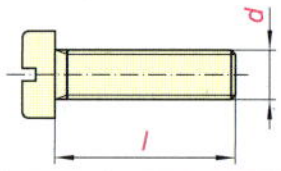	Schlitz, Regelgewinde	M1,6 – M10	
Senkschrauben				
DIN EN ISO 2009	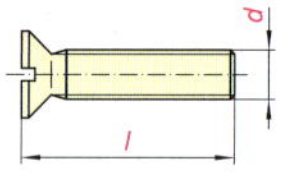	Schlitz	M1,6 – M10	Maschinenbau, Gerätebau, Fahrzeugbau • DIN EN ISO 7046 Gewindefurchende Schrauben
DIN EN ISO 10642	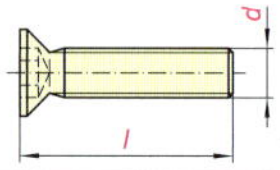	Innensechskant	M3 – M20	
DIN EN ISO 2010	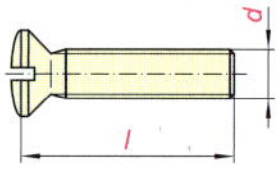	Schlitz, Linsensenkkopf	M1,6 – M10	
DIN EN ISO 7047	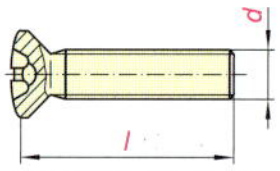	Kreuzschlitz, Linsensenkkopf	M1,6 – M10	
Gewindestifte				
DIN EN ISO 7435	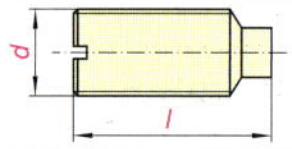	Zapfen, Schlitz	M1,6 – M12	Lagesicherung, Übertragung von Torsionsmomenten. Geringe Belastbarkeit bei Schrauben mit niedrigem Kopf und mit Schlitz. Gute Drehmomentübertragung bei Schrauben mit Innenvielzahn.
ISO 4028	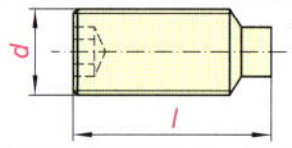	Zapfen, Innensechskant	M1,6 – M24	
DIN EN ISO 7434	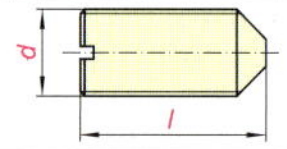	Spitze, Innensechkant	M1,6 – M12	
ISO 4027	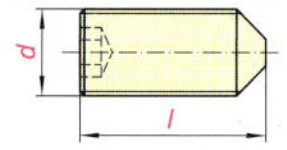	Spitze, Innensechskant	M1,6 – M24	

Masch. Elemente

Maschinenelemente

Schrauben

Schraubenformen – Übersicht

Gewindestifte				
DIN EN ISO 4766		Kegelkuppe, Schlitz	M1,6 – M12	
DIN EN ISO 4026		Kegelkuppe, Innensechskant	M1,6 – M24	
Blechschrauben				
DIN EN ISO 7049		Linsenkopf	ST2,2 – ST9,5	Karosseriebau, Blechbau DIN ISO 1479 DIN ISO 1481 DIN ISO 1482 DIN ISO 1483 Blechschrauben mit Schlitz
DIN EN ISO 7050		Senkschraube	ST2,2 – ST6,3	
DIN EN ISO 7051		Linsenschraube	ST2,2 – ST9,9	
Bohrschrauben				
DIN EN ISO 15481		Kreuzschlitz, Flachkopf	ST2,2 – ST6,3	Karosseriebau, Blechbau DIN EN ISO 15480, 15482 DIN 7513 DIN 7516 Gewindeschneidschr.
DIN EN ISO 15483		Kreuzschlitz, Linsenkopf	ST2,2 – ST6,3	
Stiftschrauben				
DIN 835		$l_E \approx 2 \cdot d$	M4 – M24	Al-Legierungen l_E: Länge Einschraubende
DIN 835		$l_E \approx 1{,}25 \cdot d$	M4 – M48	Gusseisen l_E: Länge Einschraubende
DIN 938		$l_E \approx d$	M3 – M48	Stahl l_E: Länge Einschraubende

Kombischrauben	Vierkantansatzschrauben	Schrauben mit Nase	Holzschrauben
DIN EN ISO 10644	DIN 603	DIN 604	DIN 571
DIN EN ISO 10510	DIN 605, 608	DIN 607	DIN 95, 96, 97

Vorspannkräfte, Anziehdrehmomente → 831

Maschinenelemente

Schrauben

Schraubenformen – Übersicht

Flügelschraube	Vierkantschraube	Rändelschraube
DIN 316	DIN 479	DIN 464, 653
Schaftschraube	**Vierkantschraube**	**Ringschraube**
DIN 2510	DIN 478, 479, 480	DIN 580, 582 (Mutter)
Verschlussschraube	**Hammerschraube mit Vierkant**	**Augenschraube**
DIN 908, 909, 910, 7604	DIN 186	DIN 444

Bezeichnung von Schrauben

DIN 962

Bezeichnung **Sechskantschraube ISO 4014 - M 10 × 80 - 8.8**

- Bezeichnung, Schraubenart
- ISO-Nummer
- Gewindeart
- Gewindenenndurchmesser *d*
- Schaftlänge *l*
- Festigkeitsklasse

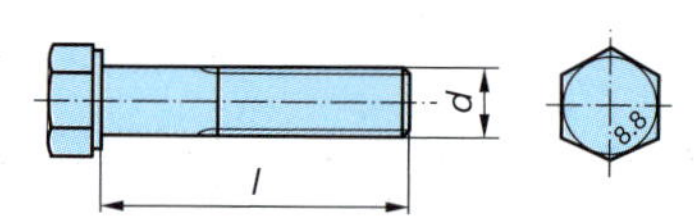

Wenn Schrauben nach DIN EN, DIN ISO oder DIN EN ISO genormt sind, dann wird die Schraubenbezeichnung mithilfe der ***ISO-Hauptnummer*** angegeben. Die ISO-Nummer erhält man durch Subtraktion der Zahl 20000 von der jeweiligen DIN-EN-Nummer. Nachfolgend sind einige Bezeichnungsbeispiele angegeben.

Norm	Schraubenart		ISO-Hauptnummer
DIN EN ISO 4014	Sechskantschrauben	– 20000	4014
DIN EN ISO 7049	Blechschrauben		7049
DIN EN ISO 4762	Zylinderschrauben mit Innensechskant		4762

Festigkeitsklassen von Stahlschrauben

DIN EN ISO 898-1

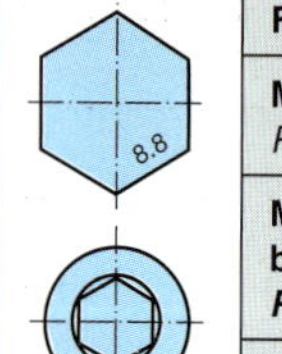

Festigkeitsklasse	3.6	4.6	4.8	5.6	5.8	6.8	8.8	9.8	10.9	12.9
Mindestzugfestigkeit R_m in N/mm²	300	400		500		600	800	900	1000	1200
Mindeststreckgrenze R_{eH} bzw. 0,2 %-Dehngrenze $R_{p0,2}$ in N/mm²	180	240	320	300	400	480	640	720	900	1080
Bruchdehnung A in %	25	22	14	20	10	8	12	10	9	8

Bezeichnungsbeispiel:
Ermittlung der Zugfestigkeit und der Mindeststreckgrenze einer Schraube mit der Kennzeichnung 8.8:

$R_m = 8 \cdot 100 \frac{N}{mm^2} = 800 \frac{N}{mm^2}$ $R_{eH} = 8 \cdot 8 \cdot 10 \frac{N}{mm^2} = 640 \frac{N}{mm^2}$

Maschinenelemente

Schrauben

Feingewinde mF = m Regelgewinde · 1,25

Mindesteinschraubtiefen

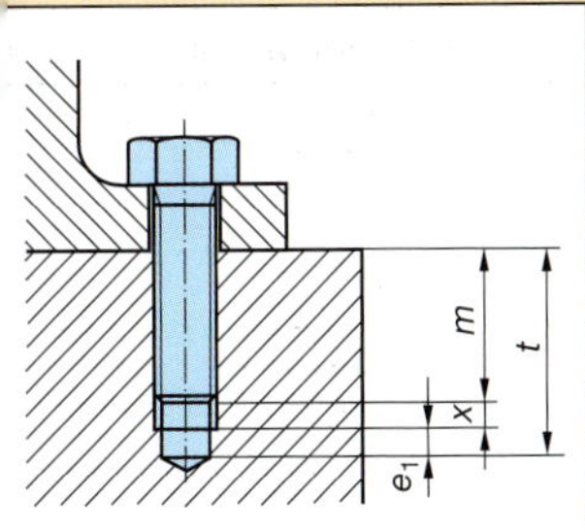

$X = 3 \cdot P$
$e_1 = (4 \text{ bis } 6{,}3) \cdot P$
gemäß DIN 76-1

Werkstoff des Muttergewindes	Mindesteinschraubtiefe m bei Festigkeitsklasse 3.6, 4.6	4.8–6.8	8.8	10.9–12-9
Stahl (St) bis R_m = 400 N/mm²	$0{,}8 \cdot d$	$1{,}2 \cdot d$	–	–
R_m = 400–600 N/mm²	$0{,}8 \cdot d$	$1{,}2 \cdot d$	$1{,}2 \cdot d$	–
R_m = 600–800 N/mm²	$0{,}8 \cdot d$	$1{,}2 \cdot d$	$1{,}2 \cdot d$	$1{,}2 \cdot d$
R_m über 800 N/mm²	$0{,}8 \cdot d$	$1{,}2 \cdot d$	$1{,}0 \cdot d$	$1{,}0 \cdot d$
Grauguss (GG)	$1{,}3 \cdot d$	$1{,}5 \cdot d$	$1{,}5 \cdot d$	–
Aluminiumleg., ausgehärtet	$0{,}8 \cdot d$	$1{,}2 \cdot d$	$1{,}6 \cdot d$	–
Kunststoffe (PE, PP)	$(2–3) \cdot d$	–	–	–

Durchgangsbohrungen für Schrauben

DIN EN 20273

Gewindebezeichnung		M 3	M 4	M 5	M 6	M 8	M 10	M 12	M 16	M 20	M 24	M 30
d_h Bohrungsdurchmesser bei Toleranzklasse	**fein**	3,2	4,3	5,3	6,4	8,4	10,5	13	17	21	25	31
	mittel	3,4	4,5	5,5	6,6	9	11	13,5	17,5	22	26	33
	grob	3,6	4,8	5,8	7	10	12	14,5	18,5	24	28	35

Qualitätsreihen (Toleranzklassen) Reihe: **fein** (H12), **mittel** (H13), **grob** (H14)

Mechanische Eigenschaften nicht rostender Schrauben und Muttern

DIN EN ISO 3506-1

Stahlsorten, austenitisch	Festigkeitsklassen	Gewinde-∅ Schraube	Zugfestigkeit R_m [1] in N/mm² min.	0,2 %-Dehngrenze $R_{p0,2}$ [1] in N/mm² min.	Bruchdehnung A [2] in N/mm² min.
A1, A2, A3, A4, A5	50	≤ M 39	500	210	$0{,}6 \cdot d$
	70	≤ M 24 [3]	700	450	$0{,}4 \cdot d$
	80	≤ M 24 [3]	800	600	$0{,}3 \cdot d$

Stahlsorten, austenitisch	Festigkeitsklasse: Muttern Typ 1 $m \geq 0{,}8 \cdot d$	Festigkeitsklasse: niedrige Muttern $0{,}5 \cdot d \leq m < 0{,}8 \cdot d$	Mutter-∅ d in mm	Prüfspannung S_p in N/mm²: Muttern Typ 1 $m \geq 0{,}8 \cdot d$	Prüfspannung S_p in N/mm²: niedrige Muttern $0{,}5 \cdot d \leq m < 0{,}8 \cdot d$
A1	50	25	≤ 39	500	250
A2, A3	70	35	≤ 24 [3]	700	350
A4, A5	80	40	≤ 24 [3]	800	400

A: austenitischer Stahl, **C**: martensitischer Stahl, **F**: ferritischer Stahl

[1] Die Zugspannung ist auf den Spannungsquerschnitt bezogen berechnet.

[2] Die Bruchdehnung ist an der jeweiligen Schraubenlänge zu bestimmen.

[3] Für Verbindungselemente mit Gewinde-Nenndurchmesser $d > 24$ mm müssen die mechanischen Eigenschaften zwischen Anwender und Hersteller vereinbart werden. Sie müssen mit der Stahlsorte und Festigkeitsklasse nach dieser Tabelle gekennzeichnet werden.

Maschinenelemente

Schrauben

Kennzeichen auf Stahlschrauben und Muttern

DIN EN ISO 3506-1

Schraube	Mutter Typ 1	Zylinderschraube	Bezeichnungsbeispiel
XYZ, A2-70 1) Herstellerzeichen 2) Stahlsorte 3) Festigkeitsklasse	XYZ, A4-80	XYZ, A2-70	**Sechskantmutter ISO 3506 - M20 - A2 - 1** Sechskantmutter DIN EN ISO 3506, metrisch M 20 mm, Festigkeitsklasse 70 (A2), Mutter Typ 1

Kopfformen von Schrauben

Sechskantkopf	Vierkantkopf	Innensechskantkopf	Flachrundkopf	Rändelkopf	Zylinderkopf	Halbrundkopf	Senkkopf	Linsensenkkopf mit Kreuzschlitz

Gewindearten und Bolzenenden

Spitzgewinde	Gewindearten		Blechschraubengewinde	Bolzenenden				
	Spitzgewinde als Schneidgewinde	Holzschraubengewinde		Kegelkuppe	Linsenkuppe	Zapfen	Ringschneide	Spitze

Sechskantschrauben

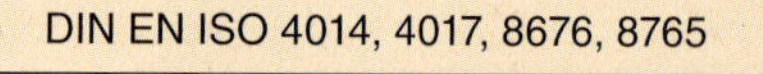
DIN EN ISO 4014, 4017, 8676, 8765

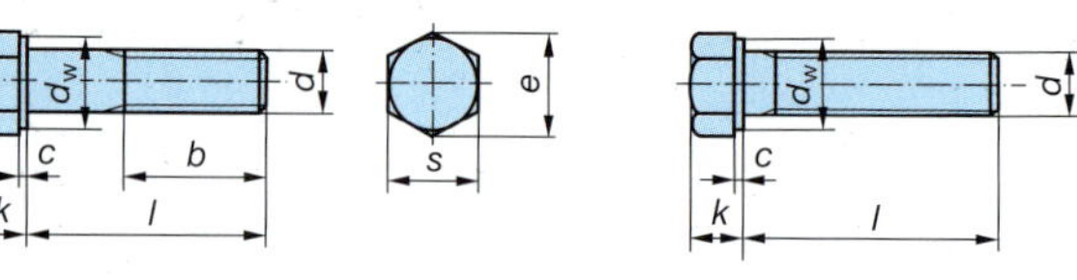

Gewinde und Schaft DIN EN ISO 4014, 8765

Gewinde annähernd bis Kopf DIN EN ISO 4017, 8676

gültige Norm DIN EN ISO	Ersatz für DIN EN	Ersatz für DIN
4014	24014	931
4017	24017	933
8765	28765	960
8676	28676	961

d	*d* x *P*	*c*	d_w	*k*	*s*	*e*	*b*	*l*	*l*
4014, 4017	**8676 8765**	**4014, 4017, 8765, 8676**						**4014, 8765**	**4017, 8676**
M 4	–	0,4	5,9	2,8	7	7,7	14	25 – 40	8 – 40
M 5	–	0,5	6,9	3,5	8	8,9	16	25 – 50	10 – 50
M 6	–	0,5	8,9	4	10	11	18	30 – 60	12 – 60

Masch. Elemente

Maschinenelemente

Schrauben

Sechskantschrauben

DIN EN ISO 4014, 4017, 8676, 8765

d	*d* x *P*	*c*	d_w	*k*	*s*	*e*	*b*	*l*	
4014, 4017	**8676 8765**	**4014, 4017, 8765, 8676**						**4014, 8765**	**4017, 8676**
M 8	**M 8x1**	0,6	11,6	5,3	13	14,4	22	40 – 80	16 – 80
M 10	**M 10x1,25**	0,6	14,6	6,4	16/17	17,8	26	45 – 100	20 – 100
M 12	**M 12x1,5**	0,6	16,6	7,5	18/19	20	30	50 – 120	25 – 120
M 16	**M 16x1,5**	0,8	22,5	10	24	26,8	38	65 – 160	30 – 200
M 20	**M 20x2**	0,8	28,2	12,5	30	33,5	46	80 – 200	40 – 200
M 24	**M 24x2**	0,8	33,6	15	36	40	54	90 – 240	50 – 200
M 30	**M 30x2**	0,8	42,8	18,7	46	50,8	66	110 – 300	60 – 200
Lieferlängen *l*		8, 10, 12, 16, 20 5er-Stufung bis 70 10er-Stufung bis 200 20er-Stufung über 200							
Festigkeitsklassen		5.6, 8.8, 9.8, 10.3		**Produktklassen: A** für $l \le 150$, für $l > 150$					

Bezeichnungsbeispiel:

Sechskantschraube ISO 4017 - M10x80 - 8.8
Sechskantschraube nach DIN EN ISO 4017, Gewinde annähernd bis Kopf,
Gewinde M10, *d* = 10 mm,
Länge *l* = 80 mm, Festigkeitsklasse 8.8

Sechskant-Passschrauben mit langem Gewindezapfen

DIN 609

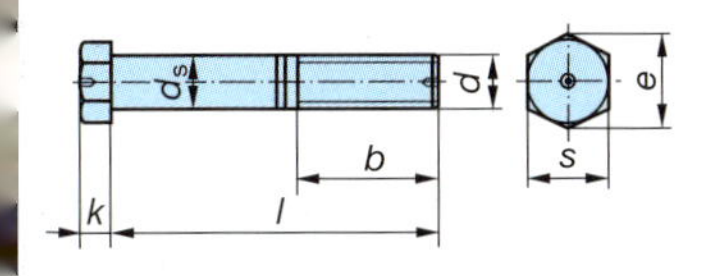

d	*d* x *P*	d_s k6	*k*	*s*	*e*	*b* bis 50	*b* bis 150	*b* über 150	*l*
M 8	**M8x1**	9	5,3	13	14,4	14,5	16,5	21,5	25 – 80
M 10	**M10x1**	11	6,4	16/17	17,8	17,5	19,5	24,5	30 – 100
M 12	**M12x1,5**	13	7,5	18/19	19,9	20,5	22,5	27,5	32 – 120
M 16	**M16x1,5**	17	10	24	26,2	25	27	32	38 – 150
M 20	**M20x1,5**	21	12,5	30	33	28,5	30,5	35,5	45 – 150
M 24	**M24x2**	25	15	36	39,6	–	36,5	41,5	55 – 150
M 30	**M30x2**	32	19	46	50,9	–	43	48	65 – 200
Lieferlängen *l*		25, 28, 30, 32, 35, 38, 40, 42, 45, 48, 50, 5er-Stufung bis 150, 10er-Stufung bis 200							
Festigkeitsklasse		8.8	**Produktklassen: A** für M8, M10, **B** für M12–M13						

Bezeichnungsbeispiel:

Sechskant-Passschraube DIN 609 - M12x80 - 8.8
Gewinde M12, *d* = 12 mm, Länge *l* = 80 mm,
Festigkeitsklasse 8.8

Maschinenelemente

Schrauben

Zylinderschrauben mit Innensechskant — DIN EN ISO 4762

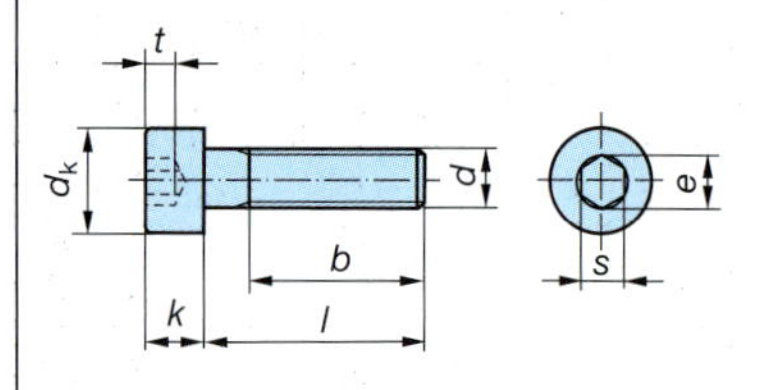

mit Regel- und Feingewinde
DIN EN ISO 4762

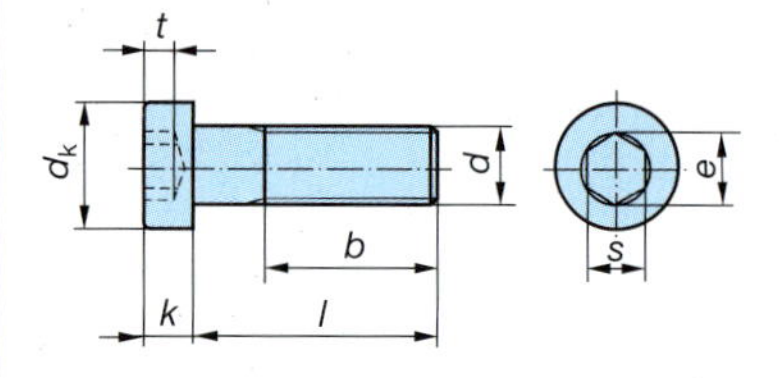

mit niedrigem Kopf, mit Regelgewinde
DIN 7984

d	d x P	d_k	k	s	e	t	b	l	k	s	e	t	b	l
			4762						7984					
M 4	–	7	4	3	3,4	2	20	6 – 40	2,8	2,5	2,9	22,3	14	10 – 50
M 5	–	8,5	5	4	4,6	2,5	22	8 – 50	3,5	3	3,5	2,7	16	10 – 60
M 6	–	10,5	6	5	5,7	3	24	10 – 60	4	4	4,6	3,2	18	10 – 70
M 8	M8x1	13	8	6	6,9	4	28	12 – 80	5	5	5,8	4,2	22	12 – 80
M 10	M10x1,25	16	10	8	9,1	5	32	16 – 100	6	7	8,0	4,8	26	16 – 90
M 12	M12x1,25	18	12	10	11,4	6	36	20 – 120	7	8	9,2	5,3	30	16 – 100
M 16	M16x1,5	24	16	14	16	8	44	25 – 160	9	12	13,7	6	38	20 – 140
M 20	M20x1,5	30	20	17	19,4	10	52	30 – 200	11	14	16,0	7,5	46	30 – 180
M 24	M24x2	36	24	19	21,7	12	60	40 – 200	13	17	19,4	8	54	–
M 30	M30x2	45	30	22	25,2	15,5	72	45 – 200	15	20	23,5	10,5	64	–
Lieferlängen *l*		5, 6, 8, 10, 12, 20, 5er-Stufung bis 70, 10er-Stufung bis 160, 20er-Stufung bis 160												
Festigkeitsklasse		8.8 für DIN ISO 4762, 8.8, 10.9, 12.9 für 7984							**Produktklasse: A**					

Bezeichnungsbeispiel: **Zylinderschraube DIN EN ISO 4762 - M8x60 - 8.8**

Gewinde M8, $d = 8$ mm, Länge $l = 60$ mm,
Festigkeitsklasse 8.8

Zylinderschrauben mit Schlitz — DIN EN ISO 1207

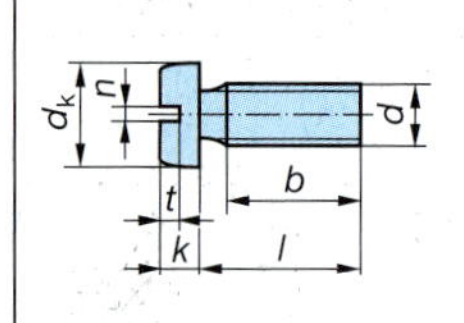

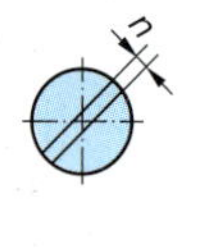

d	d_k	k	t	b	n	l
M 2	3,8	1,4	0,6	25	0,5	3 – 20
M 2,5	4,5	1,8	0,7	25	0,6	3 – 25
M 3	5,5	2	0,9	25	0,8	4 – 30
M 4	7	2,6	1,1	38	1,0	5 – 40
M 5	8,5	3,3	1,3	38	1,2	6 – 50
M 6	10	3,9	1,6	38	1,6	8 – 60
M 8	13	5	2	38	2	10 – 80
M 10	16	6	2,4	38	2,5	12 – 80
Lieferlängen *l*		3, 4, 5, 6, 8, 10, 12, 16, 20, 5er-Stufung bis 60				
Festigkeitsklassen		4.8, 5.8, 8.8 A2-50 A4-50		**Produktklasse:** A		

Bezeichnungsbeispiel: **Zylinderschraube ISO 1207 – M10×40 – 5.8:**

Zylinderschraube nach DIN EN ISO 1207, Gewinde M10, $d = 10$ mm,
Länge $l = 40$ mm, Festigkeitsklasse 8.8

Masch. Elemente

Maschinenelemente

Schrauben

Senkschrauben mit Schlitz/Kreuzschlitz — DIN EN ISO 2009 DIN EN ISO 7046-1

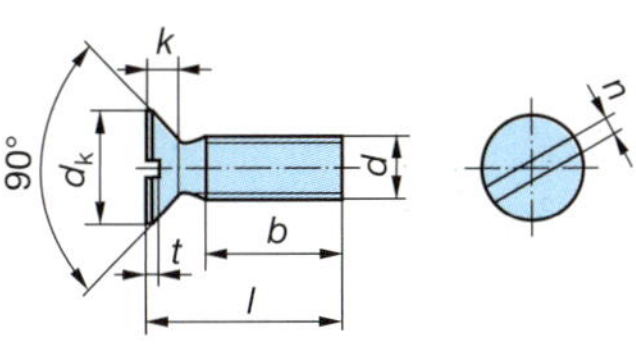
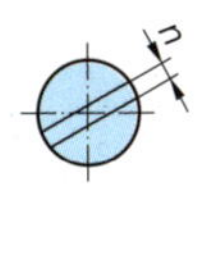
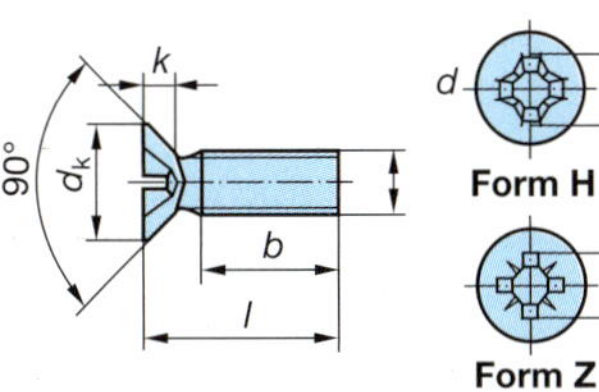
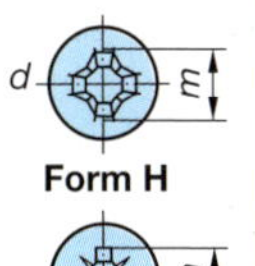

Form H

Form Z

d	d_k	*k*	*t*	*n*	*b*	*l*	*m*	*l*
2009, 7046	2009, 7046					2009	7046	
M 3	5,5	1,7	0,9	0,8	25	4 – 30	2,9	5 – 30
M 4	8,4	2,7	1,3	1,0	38	5 – 40	4,4	6 – 40
M 5	9,3	2,7	1,4	1,2	38	6 – 50	5,6	8 – 50
M 6	11,3	3,3	1,6	1,6	38	8 – 50	6,6	8 – 60
M 8	15,8	4,7	2,3	2	38	10 – 55	8,7	10 – 89
M 10	18,3	5	2,6	2,5	38	12 – 60	9,6	12 – 80
M 12	27	6	2,4	3	46	20 – 80	–	–
M 16	29	8	3,2	4	58	25 – 100	–	–
M 20	36	10	4	6	70	30 – 100	–	–
Lieferlängen *l*	4, 5, 6, 8, 10, 12, 16, 20, 25, 30, 35, 40, 45, 50, 55, 60, 70, 80, 90, 100							
Festigkeitsklassen	4.8, 5.8, 8.8					**Produktklasse:** A		

Senkschrauben mit Innensechskant — DIN EN ISO 10642

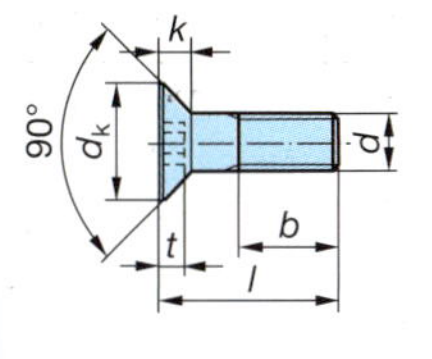
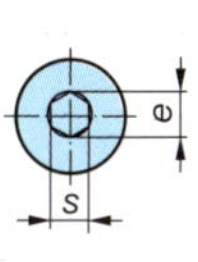

d	d_k	*k*	*s*	*e*	*t*	*b*	*l*
M 4	7,5	2,5	2,5	2,9	1,8	20	8 – 40
M 5	9,4	3,1	3	3,4	2,3	22	8 – 50
M6	11,3	3,7	4	4,6	2,5	24	8 – 60
M 8	15,2	5	5	5,7	3,5	28	10 – 80
M 10	19,2	6,2	6	6,9	4,4	32	12 – 100
M 12	23,1	7,4	8	9,3	4,6	36	20 – 100
M 16	29	8,8	10	11,4	5,3	44	30 – 100
M 20	36	10,2	12	13,8	5,9	52	35 – 100
M 24	39	14	14	16,4	6,5	54	50 – 180
Lieferlängen *l*	8, 10, 12, 16, 20, 25, 30 bis 70, 10er-Stufung bis 160						
Festigkeitsklassen	8.8, 10.9, 12.9				**Produktklasse:** A		

Bezeichnungsbeispiel:
Senkschraube
ISO 10642 – M10×50 – 8.8:
Gewinde M10, *d* = 10 mm,
Länge *l* = 50 mm,
Festigkeitsklasse 8.8

Linsensenkschrauben mit Schlitz/Kreuzschlitz — DIN EN ISO 2010 DIN EN ISO 7047

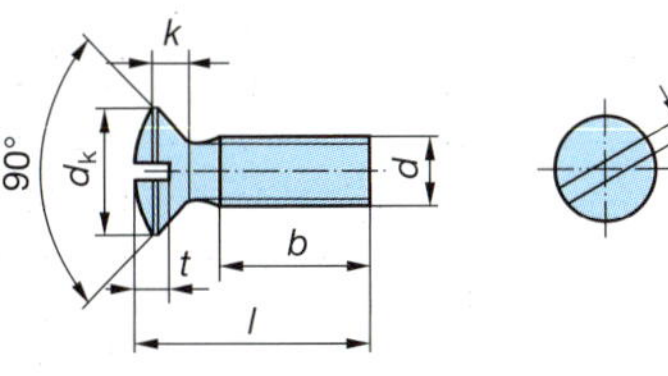

mit Schlitz, DIN EN ISO 2010

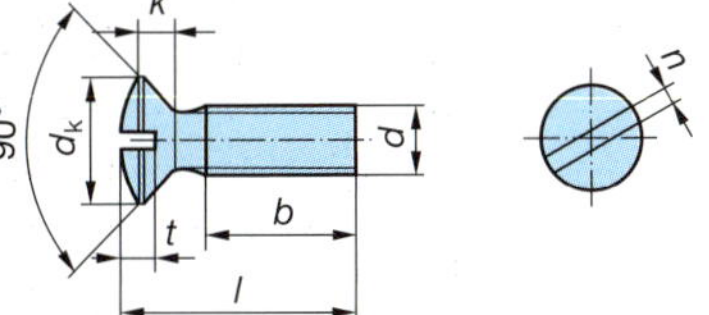

Form H

Form Z

mit Kreuzschlitz, DIN EN ISO 7047

d	d_k	*k*	*t* min	*n*	*m* min	*b* min	*l*
M 2	3,8	1,2	0,8	0,5	2,0	25	3 – 20
M 2,5	4,7	1,5	1,0	0,6	3,0	25	4 – 25
M 3	5,5	1,7	1,2	0,8	3,4	25	5 – 30
M 4	8,4	2,7	1,6	1,2	5,2	38	6 – 40
M 5	9,3	2,7	2,0	1,2	5,4	38	8 – 50
M 6	11,3	3,3	2,4	1,6	7,3	38	8 – 60
M 8	15,8	4,7	3,2	2,0	9,6	38	10 – 80
M 10	18,3	5	3,8	2,5	10,4	38	12 – 80
Lieferlängen *l*	3, 4, 5, 6, 8, 10, 12, 16, 20, 25, 30, 35, 40, 45, 50, 55, 50						
Festigkeitsklassen	4.8, 5.8, 8.8 A2-50 A2-70				**Produktklasse:** A		

Maschinenelemente

Schrauben

Stiftschrauben

DIN 835 DIN 938 DIN 939

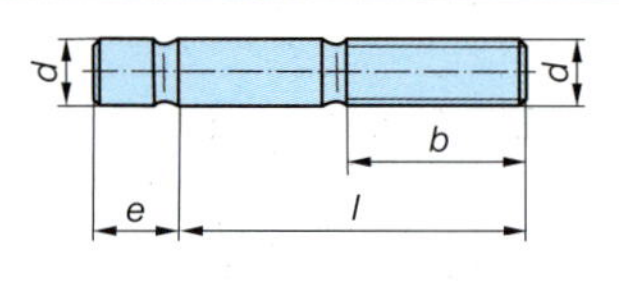

Hinweis: Einschraubtiefe nach

DIN 835
Einschrauben in Al-Legierung, $e \approx 2 \cdot d$

DIN 838
Einschrauben in St, $e \approx 1 \cdot d$

DIN 939
Einschrauben in GG-Legierung, $e \approx 1{,}25 \cdot d$

d	*d* x *P*	Einschraubtiefe *e*			*b*		*l*
835, 938, 939		835	938	939	*l* < 125 (835, 938, 939)	*l* > 125	
M 6	–	12	6	7,5	18	24	25 – 60
M 8	M8x1	16	8	10	22	28	30 – 80
M 10	M10x1,25	20	10	12	26	32	35 – 100
M 12	M12x1,25	24	12	15	30	36	40 – 120
M 16	M16x1,5	32	16	20	38	44	50 – 160
M 20	M20x1,5	40	20	25	46	52	60 – 200
M 24	M24x2	48	24	30	54	60	70 – 200

Lieferlängen *l*	20, 25, 5er-Stufung bis 80, 10er-Stufung bis 200	
Festigkeitsklassen	5.6, 8.8, 10.9	**Produktklasse: A**

Hammerschrauben mit Vierkant

DIN 186

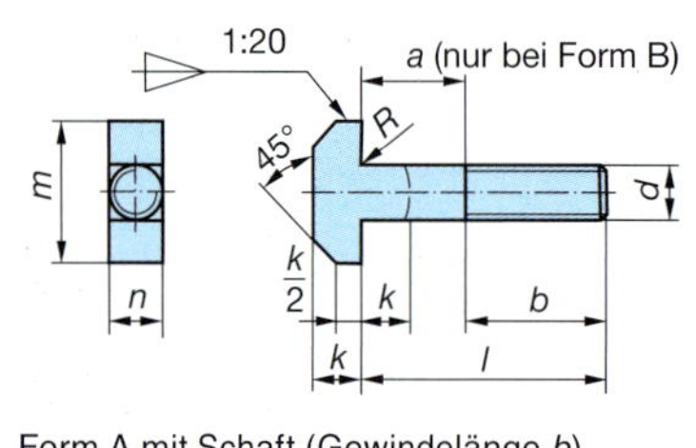

Form A mit Schaft (Gewindelänge *b*)
Form B mit langem Gew. (bis Maß *a*)

d	*b*	*a*	*k*	*m*	*n*	*R*	*l*
M 6	18	10	4,5	16	6	0,5	40 – 60
M 8	22	13	5,5	18	8	0,5	40 – 60
M 10	26	16	7	21	10	0,5	50 – 100
M12	30	19	8	26	12	1	55 – 120
M 16	38	25	10,5	30	16	1	70 – 160
M 20	46	31	13	36	20	1	80 – 200
M 24	54	37	15	43	24	1,6	110 – 200

Lieferlängen *l*	30, 40, 10er-Stufung bis 100, 20er-Stufung bis 200	
Festigkeitsklassen	4.6, A2, A4	**Produktklasse: C**

Verschlussschrauben (Bund-, Außen-, Innensechskant)

DIN 908, 909, 910

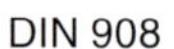

DIN 908
mit Innensechskant (zylindrisch)

DIN 909
d_1 kegelig

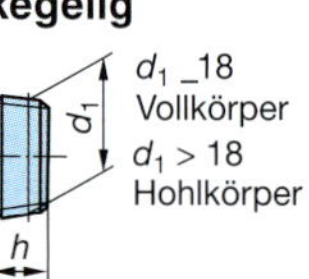

DIN 910
mit Außensechskant (zylindrisch)

d2 d1 Einschraubzapfen Form A nach DIN 3852-1, 2 m c i l

Gewinde d_1	d_2	Länge *l* 908	909	910	*m*	*c*	*i*	Schlüsselweite *s* 908	909	910
M 10x1	14	11	12,5	17	6	3	8	5	7	10
M 12x1,5	17	15	15	21	6	3	12	6	7	13
M 16x1,5	21	15	16	21	6	3	12	8	10	17
M 20x1,5	25	18	17	26	8	4	14	10	13	19
M 24x1,5	29	18	20	27	9	4	14	12	17	22
M 30x1,5	36	20	22	30	10	4	16	17	19	24
M 36x1,5	42	21	27	32	11	5	16	19	24	27
M 42x1,5	49	21	30	33	12	5	16	22	24	30
M 45x1,5	52	21	30	33	12	5	16	22	24	30
M 48x1,5	55	21	35	33	12	5	16	24	30	30

Maschinenelemente

Schrauben

Gewindestifte mit Schlitz / Gewindestifte mit Innensechskant

DIN EN ISO 4766, 7434, 7435, 7436
ISO 4026, 4027, 4028, 4029

DIN EN ISO 4766 (ISO 4766)

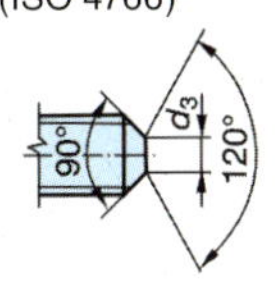

DIN EN ISO 7434 (ISO 7434)

DIN EN ISO 7435 (ISO 7435)

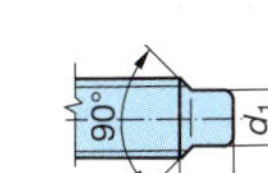

DIN EN ISO 7436 (ISO 7436)

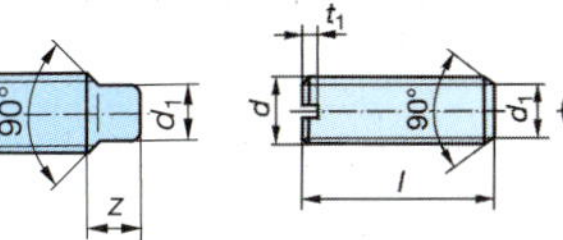

Gültige Norm	Ersatz für
DIN EN 27434	DIN 553
DIN EN 27435	DIN 417
DIN EN 27436	DIN 438
DIN EN 24766	DIN 551

Bezeichnungsbeispiel
Gewindestift
ISO 4027 – M10×40 – 45H:
Gewindestift nach ISO 4027 (mit Innensechskant und Spitze), Gewinde M10 ≙ d = 10 mm, Länge l = 40 mm, Festigkeitsklasse 45H

mit Kegelkuppe ISO 4026

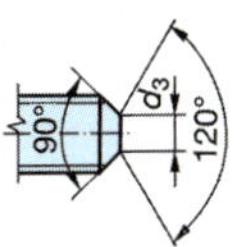

mit Spitze ISO 4027

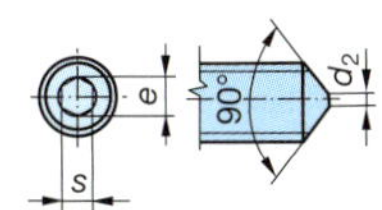

mit Zapfen ISO 4028

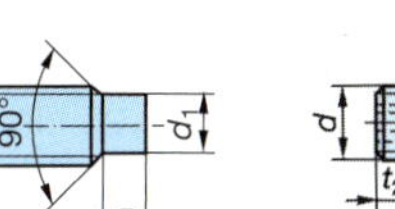

mit Ringschneide ISO 4029

d	d_1	d_2	d_3	z	s	e	t_1	t_2	n	l
M 3	2	0,3	1,4	1,5	1,5	1,7	1,1	1,2	0,4	3 – 16
M 4	2,5	0,4	2	2	2	2,3	1,4	1,5	0,6	4 – 20
M 5	3,5	0,5	2,5	2,5	2,5	2,9	1,6	2,0	0,8	5 – 25
M 6	4,3	1,5	3	3	3	3,4	2,0	2,5	1	6 – 30
M 8	5,5	2	5	4	4	4,6	2,5	3,0	1.2	8 – 40
M 10	7	2,5	6	5	5	5,7	3,0	4,0	1,6	10 – 50
M 12	8,5	3	8	6	6	6,9	3,6	4,8	2,0	12 – 60
M 16	12	4	10	8	8	9,2	4,0	6,5	2,4	20 – 40
Lieferlängen l	3, 4, 5, 6, 8, 10, 12, 16, 20, 25, 30, 35, 40, 45, 50, 55, 60									
Festigkeitsklasse	45H (Vergütungsstahl ≥ 45 HRC)						**Produktklasse: A**			

Linsen-Blechschrauben, Senk-Blechschrauben / Linsen-Senk-Blechschrauben

DIN EN ISO 7049, 7050
DIN EN ISO 7051

DIN ISO 7049

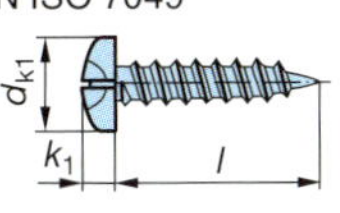

Form H1)

DIN ISO 7050

Form Z1)

Spitze[1]
Form C

DIN ISO 7051

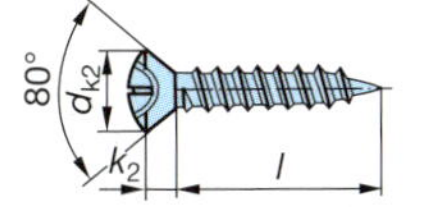

Zapfen[1]
Form F

Gewindegröße	d_{k1}	d_{k2}	k_1	k_2	k_3[3]	m	l
ST 2.2	4,0	3,8	1,6	1,1	bis 1	1,9	4,5 – 16
ST 2.9	5,6	5,5	2,4	1,7	bis 2	3,0	6,5 – 19
ST 3.5	7	7,3	2,6	2,4	bis 2	3,9	9,5 – 25
ST 4.2	8	8,5	3,1	2,6	bis 2	4,4	9,5 – 32/38[2]
ST 4.8	9,5	9,3	3,7	2,8	bis 2	4,9	9,5 – 32
ST 5.5	11	10,3	4	3	bis 3	6,4	13 – 38
ST 6.3	12	11,3	4,6	3,2	bis 3	6,9	13 – 38
Lieferlängen		DIN EN ISO 7049, 7050, 7051: 4,5; 6,5; 9,5; 13; 16; 19; 22; 25; 32; 38					
Werkstoffe		Einsatzstahl DIN EN10084 Vergütungsstahl DIN EN 10083, Härte ≥ 560 HV			**Produktklasse:** A		

[1] Die Schrauben sind jeweils in der Form H oder Z mit Spitze oder Zapfen erhältlich.

[2] l = 32 für DIN EN ISO 7050, 7051, l = 38 für DIN EN ISO 7049

[3] k_3: Blechdicke für DIN EN ISO 7050, 7051

Maschinenelemente

Schrauben

Flachkopf-Bohrschrauben mit Blechschraubengewinde

Kopfmaße nach DIN EN ISO 7049

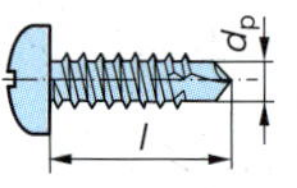

d_1 Bohrloch-Ø

Bohrschraube		DIN EN ISO
Sechskantkopf mit zylindrischem Bund		15480
Flachkopf Senkkopf Linsensenkkopf	mit Kreuz- schlitz	15481 15482 15483

Gewindegröße	d_p	d_1	Blechdicke s		l von	l bis
St 2.9	2,3	2,4	bis	1,9	9	19
St 3.5	2,8	2,9		2,3	9	25
St 4.2	3,6	3,5		3	13	38
St 4.8	4,1	4,1		4,4	13	50
St 5.5	4,8	4,7		5,5	19	50
St 6.3	5,8	5,3		6	19	50
Lieferlängen l	9, 5, 13, 16 bis 45, 50					
Werkstoff	Stahl DIN EN ISO 10666					

Kräfte in einer Schraubenverbindung

Betriebskraft F_B und Vorspannkraft F_V

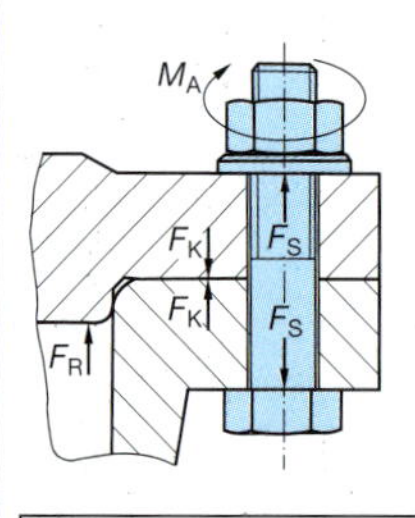

Verspannungsschaubild

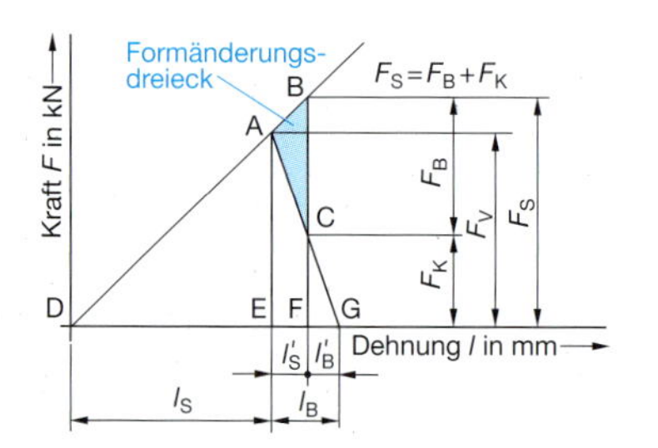

M_A	Anziehmoment	Nm
F_S	Gesamtkraft	N
F_V	Vorspannkraft	N
F_K	Klemmkraft	N
F_B	Betriebskraft	N
l_S	Dehnung der Schraube	mm
l_B	Stauchung der Flansche	mm
l'_S	Dehnung der Schraube unter Betriebslast	mm
l'_B	ständige Stauchung der Flansche	mm
R	Federrate der Schraube ($\tan \alpha$)	N/mm

Vorspannverhältnis y (Richtwerte)

Belastung	y_1	Anzahl der Trennfugen	y_2	Oberflächen-beschaffenheit	y_3	Schrauben-länge	y_4
ruhend	1,5	3	1,5	feingeschlichtet	1,5	$l > 5 \cdot d$	1,5
schwellend – gering	3	3	3	geschlichtet rau geölt	3 4	$l \approx 5 \cdot d$	3
– stark	3	3	5	geschruppt	5	$l < 5 \cdot d$	5

Vorspannkraft

$$F_V = y \cdot F_B$$

Vorspannverhältnis (Mittelwert)

$$y = \frac{y_1 + y_2 + y_3 + y_4}{4}$$

Mechanische Eigenschaften von Schrauben

DIN EN ISO 898-1

Mechanische Eigenschaft		Festigkeitsklasse 3.6	4.6	4.8	5.6	5.8	6.8	8.8 M16	8.8 > M16	9.8	10.9	12.9
Zugfestigkeit R_m in N/mm²	**Nennwert**	300	400	500			600	800		900	1000	1200
	min.	330	400	420	500	520	600	800	830	900	1040	1220
Streckgrenze R_{eL} in N/mm²	**Nennwert**	180	240	320	300	400	480	–	–	–	900	1080
	min.	190	240	340	300	420	480	–	–	–	–	–
0,2 %-Dehngrenze $R_{p0,2}$ in N/mm²	**Nennwert**	–	–	–	–	–	–	640	640	720	900	1080
	min.	–	–	–	–	–	–	640	640	720	940	1100
Bruchdehnung As in %	**min.**	25	22	14	20	10	8	12	12	10	9	8
Mindestschraubtiefe bei	**St**	$0{,}8 \cdot d$		$1{,}0 \cdot d$				$1{,}2 \cdot d$		$1{,}2 \cdot d$	$1{,}0 \cdot d$ bis $1{,}4 \cdot d$	
	GG	$1{,}3 \cdot d$		$1{,}5 \cdot d$				$1{,}5 \cdot d$		$1{,}4 \cdot d$	$1{,}4 \cdot d$	
	Al-Leg.	$1{,}2 \cdot d$		$1{,}4 \cdot d$				$1{,}6 \cdot d$		$1{,}6 \cdot d$	–	

Maschinenelemente

Schrauben

Vorspannkräfte und Anziehdrehmomente (Richtwerte)[3]

Gewinde	Festigkeitsklassen der Schraube	A_D[1] in mm²	Dehnschrauben		A_S[2] in mm²	Schaftschrauben	
			Vorspannkraft F_V in kN	Anziehdrehmoment $M_{A\,max}$ in Nm		Vorspannkraft F_V in kN	Anziehdrehmoment $M_{A\,max}$ in Nm
			Gleitreibung			Gleitreibung	
			im Gewinde μ_G $0{,}1..{}_{(+0{,}02)}..0{,}16$	Bauteil – Kopf/Mutter $\mu_{K/M}$ $0{,}1..{}_{(+0{,}02)}..0{,}2$		im Gewinde μ_G $0{,}1..{}_{(+0{,}02)}..0{,}16$	Bauteil – Kopf/Mutter $\mu_{K/M}$ $0{,}1..{}_{(+0{,}02)}..0{,}2$
M 8		26,5	a) 13 – 11 b) 18 – 15,5 c) 21,5 – 19	15 – 22 21 – 31 26 – 37	36,5	18 – 16 25 – 22,4 30 – 27	20 – 30 30 – 45 36 – 54
M 8x1		29,2	a) 14,5 – 12,1 b) 21,5 – 18,2 c) 25,1 – 20,5	14 – 22 21 – 31 24 – 38	39,2	19,5 – 17,5 27,5 – 24,5 33 – 29,5	22 – 34 34 – 48 40 – 58
M10		42,2	a) 20,2 – 17,9 b) 28,5 – 25 c) 34 – 35	30 – 43 42 – 60 51 – 73	58	28,5 – 25,6 40 – 35,5 48 – 43	42 – 62 60 – 86 72 – 104
M 10x1,25		45,5	a) 22,2 – 19,7 b) 31,8 – 28,5 c) 38,5 – 33,4	33 – 47 46 – 66 55 – 79	61,2	31 – 27 43 – 39 52 – 45	45 – 65 64 – 92 76 – 110
M 12		62,1	a) 30,2 – 26,4 b) 42,4 – 37,5 c) 50,8 – 45,5	53 – 76 75 – 108 90 – 130	84,5	42 – 37 58 – 53 70 – 62	75 – 105 105 – 150 125 – 180
M 12x1,5		65,5	a) 32 – 29 b) 45 – 40 c) 54 – 48	55 – 80 80 – 112 95 – 135	88	45 – 40 62 – 55 75 – 65	76 – 112 108 – 154 130 – 184
M 16	a) 8.8 b) 10.9 c) 12.9	113	a) 56 – 50 b) 78 – 70 c) 95 – 83	130 – 185 180 – 260 215 – 315	157	78 – 70 110 – 99 132 – 119	180 – 250 260 – 360 320 – 450
M 16x1,5		123	a) 62 – 54 b) 87 – 78 c) 105 – 93	145 – 200 195 – 280 230 – 340	167	85 – 75 120 – 106 145 – 128	195 – 280 275 – 380 330 – 480
M 20		177	a) 88 – 77 b) 125 – 110 c) 145 – 130	250 – 355 350 – 500 410 – 600	245	122 – 110 172 – 155 205 – 185	350 – 520 500 – 720 600 – 860
M 20x1,5		214	a) 110 – 97 b) 155 – 137 c) 185 – 165	300 – 450 430 – 630 520 – 750	272	140 – 125 197 – 176 238 – 210	380 – 560 550 – 800 650 – 950
M 24		269	a) 132 – 118 b) 188 – 165 c) 225 – 199	450 – 650 650 – 920 760 – 1100	353	175 – 158 248 – 220 300 – 265	620 – 870 850 – 1250 1050 – 1450
M 24x2		298	a) 150 – 135 b) 210 – 190 c) 255 – 225	500 – 720 710 – 1030 840 – 1240	385	198 – 176 275 – 245 330 – 295	650 – 950 950 – 1350 1120 – 1600
M 30		415	a) 206 – 182 b) 290 – 255 c) 345 – 305	880 – 1250 1240 – 1800 1500 – 2150	560	285 – 250 400 – 360 480 – 430	1220 – 1750 1700 – 2460 2060 – 2960

[1] Dehnschraube mit Spannungsquerschnitt $S_T = A_D$, $d_D = 0{,}9 \cdot d_{Kern}$ des Gewindes.
[2] Schaftschraube mit Spannungsquerschnitt $S = A_S$.
[3] Die Tabellenwerte nutzen 90 % der Schraubenstreckgrenze aus.

Maschinenelemente

Schrauben

Vorspannkräfte und Anziehdrehmomente (Richtwerte)

Reibungsverhältnisse, Gleitreibungszahlen μ (Richtwerte)

Oberflächenbehandlung	**Reibungsverhältnisse** trocken	gefettet, geölt	MoS_2-Paste
unbehandelt	0,18 – 0,20	0,10 – 0,16	0,08 – 0,12
phosphatiert	0,16		
Galvanische Behandlung			
verzinkt	0,10 – 0,16	0,12	0,08
verkadmet	0,08 – 0,14	0,10	

Auswahl von Schaftschrauben (Richtwerte)

Betriebskraft	**Belastungsart** statisch	dynamisch	**Festigkeitsklassen** 4.8	5.6	5.8	6.8	8.8	10.9	12.9
F_B in kN	2,5	1,6	M 6		M 5			M 4	
	4,0	2,5	M 8		M 6			M 5	
	6,3	4,0	M 10		M 8			M 6	M 5
	10	6,3	M 12		M 10		M 8		
	16	10	M 16		M 12		M 10		M 8
	25	16	M 20		M 16			M 12	M 10
	40	25	M 24		M 20			M 16	M 12
	63	40	M 30		M 24			M 20	M 16

Gewinde

Metrisches ISO-Gewinde und Toleranzen

DIN ISO 965-1

Toleranzangaben von Gewinden bestehen aus einem Buchstaben (Lage des Toleranzfeldes) und einer Zahl (Größe des Toleranzfeldes). **Kleinbuchstaben** (g) beschreiben **Bolzengewinde**, **Großbuchstaben** (H) **Muttergewinde.**
Qualitätsunterschiede und die Lage der Toleranzfelder werden durch drei Toleranzklassen **fein**, **mittel** und **grob** festgelegt.

Toleranzfelder für Gewinde handelsüblicher Befestigungselemente

Toleranzklasse	**Gewindedurchmesser**	**Muttergewinde Toleranzfeld H** S	N	L	**Bolzengewinde Toleranzfeld g** S	N	L
fein	1 – 1,4	4H	5H	6H	–	4g	4g – 5g
mittel	> 1,4	5H	6H	7H	5g – 6g	6g	6g – 7g
grob	> 2,5 und Feingewinde mit (0,5 bis 8) · *P*	–	7H	8H	–	8g	8g – 9g

Gewinde ohne Toleranzhinweise: Mutter 6H, Bolzen 6g, Einschraubgruppe N
Einschraubgruppen und *Einschraublängen* werden durch Kennzeichnung **S** (short), **N** (normal), **L** (long) angegeben. Oberflächenqualitäten werden durch Zusatzhinweise *blank*, *phosphatiert* bzw. *galvanisiert* angegeben.

Maschinenelemente

Gewinde

Metrisches ISO-Gewinde und Toleranzen — DIN ISO 965-1

Bestimmung der Einschraublängen

Einschraubgruppen	Einschraublängen in mm	
	Regelgewinde	Metrisches Feingewinde
S	$< 0{,}5 \cdot d$	$< 2{,}24 \cdot P \cdot d^{0,2}$
L	$(0{,}5 \text{ bis } 1{,}5) \cdot d$	$(2{,}24 \text{ bis } 6{,}7) \cdot P \cdot d^{0,2}$
N	$> 1{,}5 \cdot d$	$> 6{,}7 \cdot P \cdot d^{0,2}$

P Steigung
d Außendurchmesser des Gewindes

Grenzmaße für Außen- und Innengewinde — DIN ISO 965-2

Gewindebezeichnung	Bolzengewinde (6g)						Muttergewinde (6H)				
	Außen-∅		Flanken-∅		Kern-∅		Außen-∅	Flanken-∅		Kern-∅	
	max.	min.	max.	min.	max.	min.	min.	min.	max.	min.	max.
M 3	2,98	2,87	2,66	2,58	2,37	2,27	3	2,68	2,78	2,46	2,60
M 4	3,98	3,84	3,52	3,43	3,12	3,00	4	3,55	3,66	3,24	3,42
M 5	4,98	4,83	4,46	4,36	3,99	3,87	5	4,48	4,61	4,13	4,33
M 6	5,97	5,79	5,32	5,21	4,75	4,60	6	5,35	5,50	4,92	5,15
M 8	7,97	7,76	7,16	7,04	6,44	6,27	8	7,19	7,35	6,65	6,91
M 8x1	7,97	7,79	7,32	7,21	6,75	6,56	8	7,35	7,50	6,92	7,15
M 10	9,97	9,73	8,99	8,86	8,13	7,94	10	9,03	9,21	8,38	8,68
M 10x1	9,97	9,79	9,32	9,21	8,75	8,56	10	9,35	9,00	8,92	9,15
M 12	11,97	11,70	10,83	10,68	9,82	9,60	12	10,86	11,06	10,11	10,44
M 12x1,25	11,97	11,76	11,16	11,03	10,44	10,22	12	11,19	11,37	10,65	10,91
M 14	13,96	13,68	12,66	12,50	11,51	11,27	14	12,70	12,91	11,84	12,21
M 14x1,5	13,97	13,73	12,99	12,85	12,13	11,88	14	13,03	13,22	12,38	12,68
M 16	15,96	15,68	14,66	14,50	13,51	13,27	16	14,70	14,91	13,84	14,21
M 16x1,5	15,97	15,73	14,99	14,85	14,13	13,88	16	15,03	15,22	14,38	14,68
M 20	19,96	19,62	18,33	18,16	16,89	16,63	20	18,38	18,60	17,29	17,74
M 20x1,5	19,97	19,73	18,99	18,85	18,13	17,88	20	19,03	19,22	18,38	18,68
M 30	29,95	29,52	27,67	27,46	25,65	25,31	30	27,73	28,01	26,21	26,77
M 30x2	29,96	29,68	28,66	28,49	27,51	27,19	30	28,70	28,93	27,84	28,21

Einschraublängen — DIN ISO 965-2

Einschraublänge N in mm	Gewinde-∅	**M 3**	**M 4**	**M 6**	**M 6**	**M 8**	**M 8x1**	**M 10**	**M 10x1**
	von	1,5	2	2,5	3	4	3	5	3
	bis	4,5	6	7,5	9	12	9	15	9
	Gewinde-∅	**M 12**	**M 12x1,5**	**M 14**	**M 14x1,5**	**M 16**	**M 16x1,5**	**M 20**	**M 20x1,5**
	von	6	5,6	8	5,6	8	5,6	10	5,6
	bis	18	16	24	16	24	16	30	16

Maschinenelemente

Stifte

Einschraublängen, Einschraubgruppen

Gewinde-Nenn-∅ *d* = *D*	Steigung *P*	Einschraublängen für Einschraubgruppen S[1]	N[1)2)]	L[1]	Gewinde-Nenn-∅ *d* = *D*	Steigung *P*	Einschraublängen für Einschraubgruppen S[1]	N[1)2)]	L[1]
> **2,8 – 5,6**	0,35 0,50	≤ 1 ≤ 1,5	1 – 3 1,5 – 4,5	> 3 > 4,5	> **22,4 – 45**	2 3 4	≤ 8,5 ≤ 12 ≤ 18	8,5 – 25 12 – 36 18 – 53	> 25 > 36 > 53
> **5,6 – 11,2**	0,50 0,75 1	≤ 1,6 ≤ 2,4 ≤ 3	1,6 – 4,7 2,4 – 7,1 3 – 9	> 4,7 > 7,1 > 9	> **45 – 90**	3 4 5	≤ 15 ≤ 19 ≤ 24	15 – 45 19 – 56 24 – 71	> 45 > 56 > 71
> **11,2 – 22,4**	1 1,25 1,50	≤ 3,8 ≤ 4,5 ≤ 5,6	3,8 – 11 4,5 – 13 5,6 – 16	> 11 > 913 > 16	> **90 – 180**	3 4 6	≤ 18 ≤ 24 ≤ 36	18 – 53 24 – 71 36 – 106	> 53 > 71 > 106

1) S (short), N (normal), L (long)
2) Einschraublänge für Schrauben und Bolzen der Einschraubgruppe N: (0,5 bis 1,5) · *d*

Muttern

Bezeichnung von Muttern DIN 962

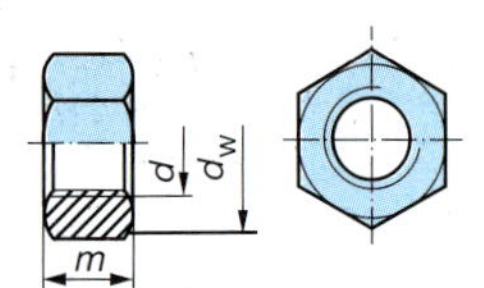

Sechskantmutter ISO 4023 - M 8 - 10

Mutternart – ISO-Nummer – Gewindeart – Gewindedurchmesser *d* – Festigkeitsklasse

Wenn Muttern nach DIN genormt sind, dann wird in der Bezeichnung die DIN-Nr. angegeben. Sind Muttern nach DIN EN genormt, dann wird die EN- oder die ISO-Hauptnummer angegeben.

Wenn Muttern nach DIN EN ISO genormt sind, wird die ISO Hauptnummer bei der Mutterbezeichnung angegeben. Die ISO-Hauptnummer ergibt sich durch Subtraktion der Zahl 20 000 von der jeweiligen DIN-EN-Nr.

Bezeichnungsbeispiele

Norm		Mutternart		Hauptnummer	
DIN EN	24032	Sechskantmutter	– 20 000	ISO	4032
DIN EN	1661	Sechskantmutter mit Flansch		DIN EN	1661
DIN EN ISO	7040	Sechskantmutter mit Klemmteil		ISO	7040
DIN	935	Kronenmutter		DIN	935

Festigkeitsklassen von Muttern mit Regelgewinde DIN EN ISO 898-2

Festigkeitsklassen	**04**	**05**	**4**	**5**	**6**	**8**	**9**	**10**	**12**
Mutterhöhe	(0,5 bis 0,8) · *d*		≥ 0,8 · *d*						
Nenn-Prüfspannung[1] in N/mm²	400	500	400	500	600	800	900	1000	1200
Härte HV max.	302	353	302					353	
Festigkeitsklassen zugehöriger Schrauben	–		3.6, 4.6, 4.8		6.8 für ≤ M39	8.8 für ≤ M39	8.8 für M16 bis M39	10.9 für ≤ M39	12.9 bis M39
			> M16	≤ M16					
			–	5.6, 5.8 für ≤ M39			9.8 bis M16		

1) Durch Prüfkraftversuche nach DIN EN ISO 889-1 für Muttern DIN EN 20898-1 für Schrauben wird sichergestellt, dass Muttern bis zu einer vorgegebenen Prüfspannung innerhalb der Festigkeitsklasse sicher standhalten.

Maschinenelemente

Muttern

Festigkeitsklassen von Muttern

Muttern der Festigkeitsklassen 04 und 05 werden auf der Auflagefläche mit 04 bzw. 05 gekennzeichnet. Muttern mit Linksgewinde tragen zur Kennzeichnung auf der Auflagefläche einen Pfeil entgegen dem Uhrzeigersinn oder eine Kerbe in den Ecken am Umfang.

Kennzahl der Festigkeitsklasse

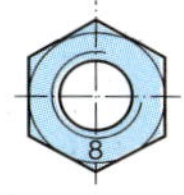

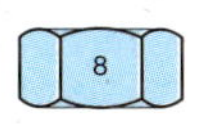

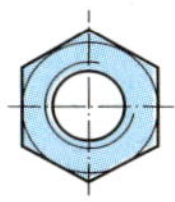
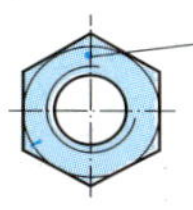

Kennzeichnung (Symbole) für Muttern mit Festigkeitsklassen

Festigkeitsklasse	4	5	6	8	9	10	12[1]
Kennzeichnung der Festigkeitsklasse	4	5	6	8	9	10	12
Symbol der Festigkeitsklasse im Uhrzeigersinn							

[1] Der Kennzeichnungspunkt kann in diesem Fall nicht durch das Herstellerzeichen ersetzt werden.

Kombination Muttern mit Schrauben DIN EN ISO 885

Festigkeitsklassen			Regelgewinde		Feingewinde		Höhe der Mutter m
Muttern	Schrauben		Typ 1	Typ 2[1]	Typ 1	Typ 2[1]	
04	–	–	–	–	–	–	bis $0,8 \cdot d$
05	–	–	–	–	–	–	
4	bis	4.8	> M16	–	–	–	über $0,8 \cdot d$
5		5.8	bis M39	–	–	–	
6		6.8		–	M8x1 – M36x3		
8		8.8		M16 – M39		M8x1 – M16x1,5	
9		9.8		M5 – M16	–	–	
10		10.8		–	M8x1 – M16x1,5	M8x1 – M36x3	
12		12.8	bis M16	M5 – M39	–	M8x1 – M16x1,5	

[1] Höhe der Mutter von Typ 2 etwa $1,1 \cdot m$ (Typ 1).

Abstreiffestigkeit von Muttern DIN EN ISO 889

Gewinde	M5	M6	M8	M8x1	M10	M10x1	M12	M12x1,5	M16	M16x1,5	M20	M20x1,5	M24	M30
Festigkeitsklassen der Schrauben	zulässige Längskräfte an Schrauben und Muttern F in kN													
4.8	4,4	6,2	11,4	12,2	18	20	26,1	28,6	48,7	51,8	76	84	109	174
5.8	5,4	7,6	13,9	14,9	22	24,5	32	35	59,7	63,5	93,1	103	134	213
6.8	6,3	8,8	16,1	17,2	25,5	28,4	37,1	40,5	69,1	73,5	108	120	155	247
8.8	8,2	11,6	21,2	22,7	33,7	37,5	49	53,4	91	97	147	163	212	337
9.8	9,2	13,1	23,8	25,5	37,7	42	54,8	60	102	109	–	–	–	–
10.9	11,8	16,7	30,4	32,5	48,1	53,5	70	76,4	130	139	203	226	293	466
12.9	13,8	19,5	35,5	38,1	56,3	62,7	81,8	89,3	152	162	238	264	342	544

Die in der Tabelle angegebenen Längskräfte stellen sicher, dass die Mutter bis zu dieser Belastung nicht abgestreift wird. Die dabei vorgesehene Mutternhöhe beträgt $m \geq 0,8 \cdot d$.

Masch. Elemente

Schraubensicherungen → 854, Schlüsselweiten → 841

Maschinenelemente

Muttern

Ausführungsformen von Muttern

Sechskantmuttern	Hutmuttern	Bundmuttern	Zentriermuttern
DIN EN ISO 4032, 4034, 8673, 8674, 13754, DIN EN 14369-4, 30386 (Feingewinde)	DIN 917 (niedrige Form)	DIN EN 13411-5 DIN 6331, 74361	DIN 6330
DIN EN ISO 4036 DIN 30389	DIN 986 (mit Klemmteil)	DIN EN 1661	DIN 6330
DIN 439, 2950, 46320, 80705, DIN EN ISO 4035, 8675 (niedrige Form)	DIN 1587	DIN EN 1663, 1664 (mit Klemmteil)	DIN 74361

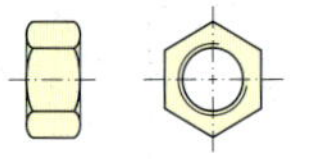

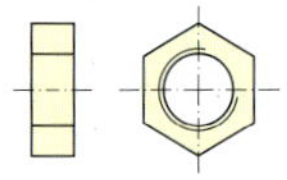

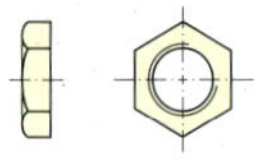

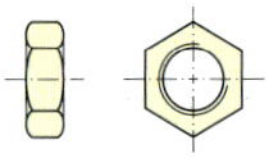

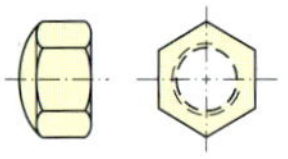

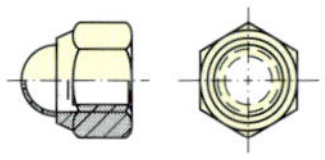

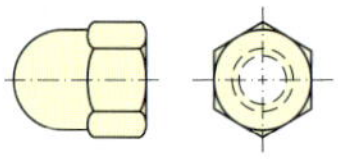

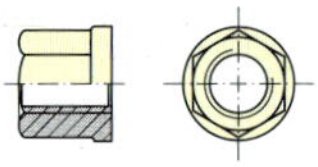

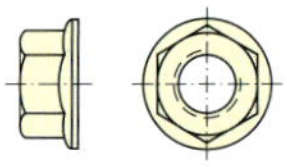

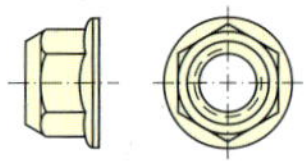

Sechskantmuttern	Rändelmuttern	Vierkantmuttern	Schweißmuttern
DIN EN ISO 4035, 8675 DIN 44879	DIN 467, 58521	DIN 562	DIN 928
DIN 6330B, DIN 30389	DIN 466, 6303, 58521	DIN 557	DIN 929

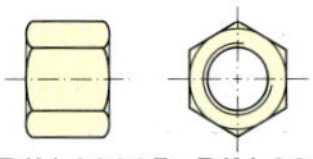

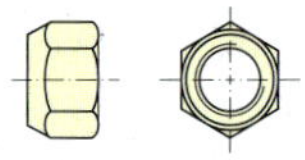

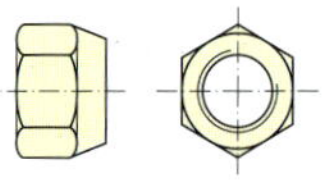

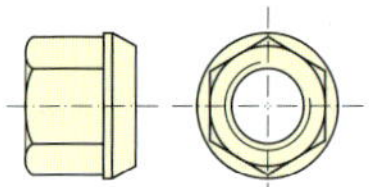

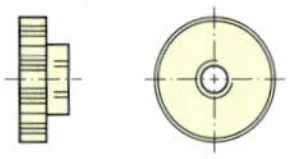

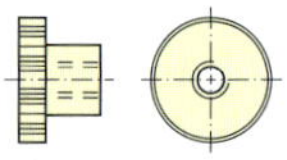

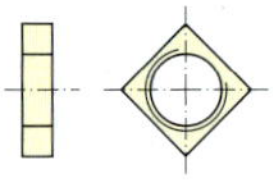

Kronenmuttern	Selbstsichernde Muttern	Schlitzmutter	Sicherungsmutter
DIN 935 ≥ M12	DIN EN ISO 7040, 7042, 10511/2	DIN 546	DIN 7967

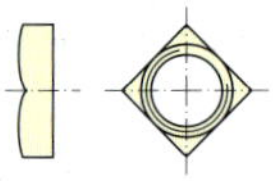

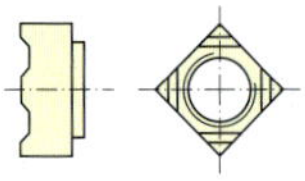

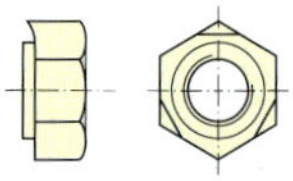

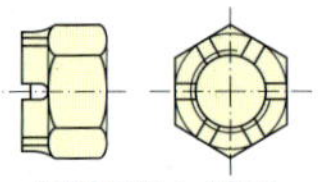

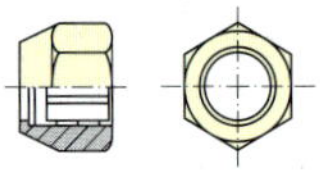

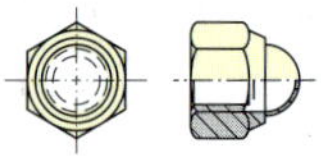

Kronenmuttern	Selbstsichernde Muttern	Zweilochmutter	Rohrmutter
DIN 937, 979, 70617 (niedrige Form)	DIN 917, 986	DIN 547	DIN 431, 80705

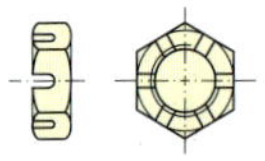

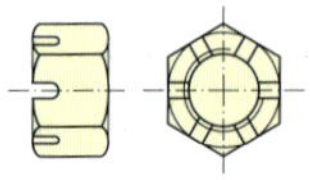

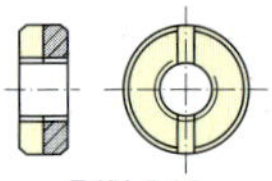

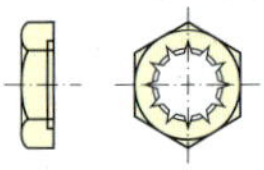

Kronenmuttern	Nutmutter	Kreuzlochmutter	Ankermutter
DIN 935 ≤ M10	DIN 981, 1804	DIN 1816, 548	DIN 789

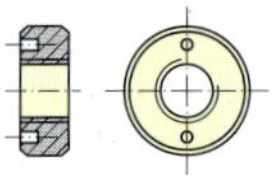

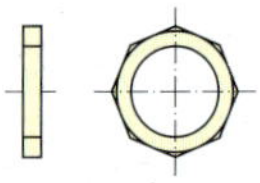

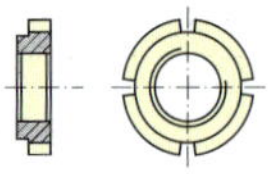

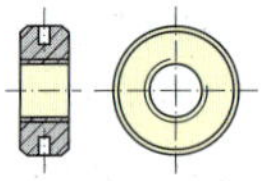

Flügelmutter	Ringmutter	Kapselmutter	Einschraubmutter
DIN 315	DIN 582	DIN 2510	DIN 7965

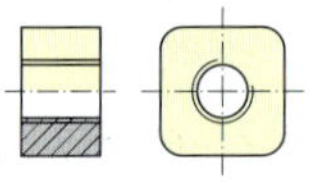

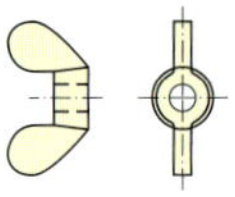

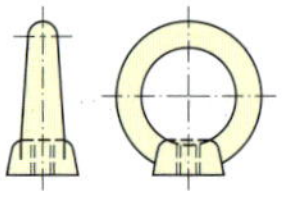

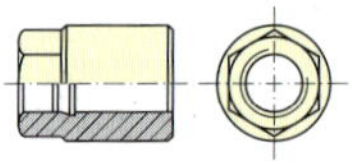

Darstellung von Löchern, Gewinden und Senkungen → 411

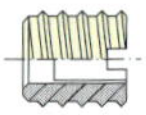

Maschinenelemente

Muttern

Sechskantmuttern

DIN EN ISO 4032, 4034, 4035, 4036, 8673, 8675

ISO 4032, 4034, 8673

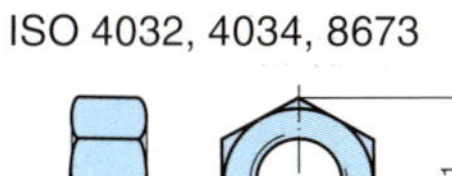

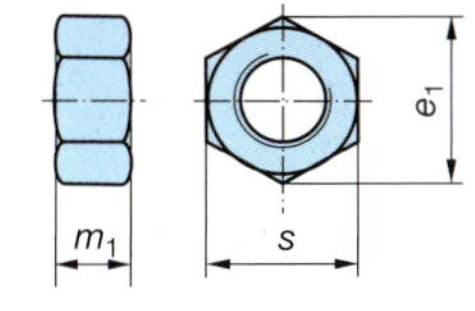

DIN EN ISO 4035, 8675

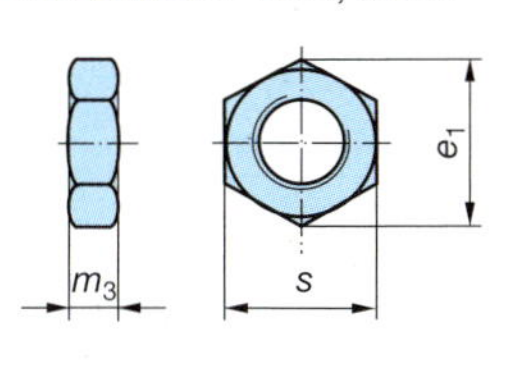

DIN EN ISO 4036

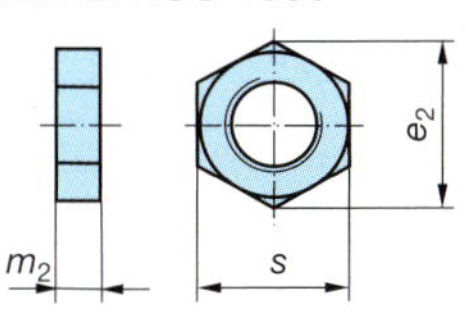

d	d x P	m_1	m_2	m_3	s	e_1	e_2
4032, 4034, 4035, 4036	8673, 8675	4032, 4034, 8673	4036	4035, 8675		4032, 4034, 4035, 8673, 8675	4036
M 3	–	2,4	1,4	1,55	5,5	6	5,9
M 4	–	3,2	1,8	1,95	7	7,7	7,5
M 5	–	4,7	2,3	2,45	8	8,8	8,6
M 6	–	5,2	2,7	2,9	10	11,1	11
M 8	M 8x1	6,8	3,5	3,7	13	14,4	14,2
M 10	M 10x1,5	8,4	4,5	4,7	16	17,8	17,6
M 12	M 12x1,5	10,8	–	5,7	18	20	–
M 16	M 16x1,5	14,8	–	7,42	24	26,8	–
M 20	M 20x2	18	–	9,1	30	33	–
M 24	M 24x2	21,5	–	10,9	36	39,6	–
M 30	M 30x2	25,6	–	13,9	46	51	–

Festigkeitsklassen	DIN EN ISO 4032, 8673: 6.8, 10 DIN EN ISO 4034, 8675: 04, 0,5 DIN EN ISO 4035: 4,5 DIN EN ISO 4036: St
Produktklassen	**A** bis M16, **B** ab M20

Bezeichnungsbeispiel: **Sechskantmutter ISO 4032 - A M8 - 10**
Sechskantmutter nach DIN EN ISO 4032, Produktklasse A, Gewinde M8 (*d* = 8 mm), Festigkeitsklasse 10

Kronenmutter

DIN 935-1, 979

DIN 935-1

$r = \frac{n}{2}$

≤ M 10

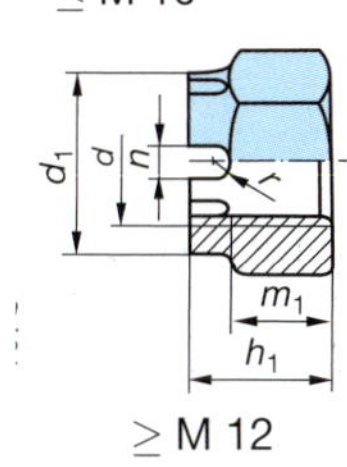

≥ M 12

DIN 979 (flache Form)

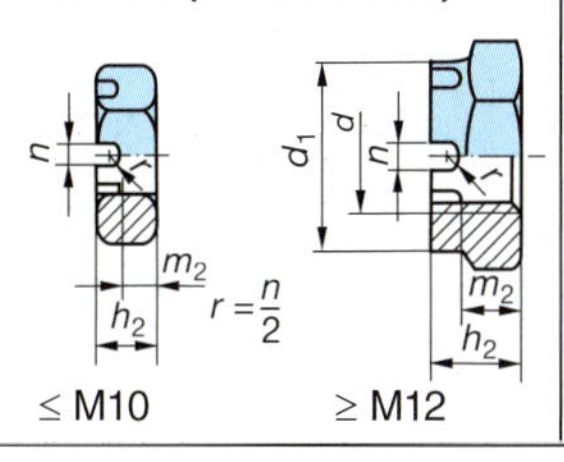

≤ M10 ≥ M12

d	d x P	935		979		935 979	n	e	s	DIN EN ISO 1234	
		m_1	h_1	m_2	h_2	d_1				Ø	l
M 4	–	3,2	5	–	–	6	1,2	7,7	7	1	10
M 5	–	4	6	–	–	7	1,4	8,8	8	1,2	12
M 6	–	5	7,5	2,5	5	9	2	11	10	1,6	14
M 8	M 8x1	6,5	9,5	3,5	6,5	11,6	2,5	14,4	13	2	16
M 10	M 10x1,25	8	12	4	8	14,6	2,8	18 [1)]/19	16 [1)]/17	2,5	20
M 12	M 12x1,5	10	15	5	10	16,6	3,5	20 [1)]/21	18 [1)]/19	3,2	22
M 16	M 16x1,5	13	19	7	13	22,5	4,5	26,8	24	4	28
M 20	M 20x2	16	22	10	16	28	4,5	33	30	4	36
M 24	M 24x2	19	27	11	19	33	5,5	39,8	36	5	40
M 30	M 30x2	24	33	15	24	42,7	7	51	66	6,3	50

Festigkeitsklassen	935: 6, 8, 10 979: 04, 05
Produktklassen	**A**, **B**

Bezeichnungsbeispiel
Kronenmutter DIN 935 - M10x1,25 - 8
Gewinde M10 (*d* = 10 mm),
Steigung *P* = 1,25 mm,

[1)] Empfohlen für Neukonstruktionen gemäß DIN ISO 272

Scheiben → 842, Schraubensicherungen → 854, Schlüsselweiten → 841

Maschinenelemente

Muttern

Sechskantmuttern mit Klemmteil (selbstsichernd) Typ 1 — DIN EN ISO 7040 und 10512

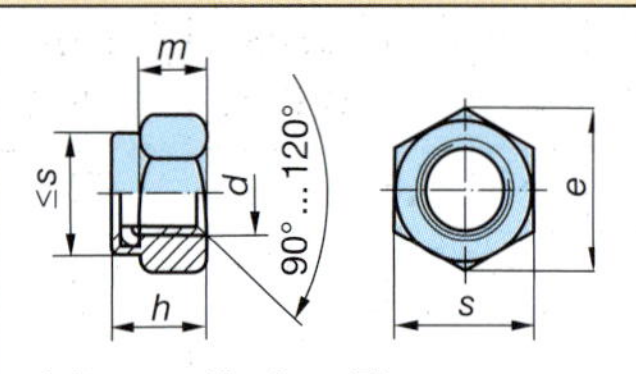

nichtmetallischer Einsatz

d	d x P	m_{min}	h_{max}	s_{max}	e_{min}
7040	**10512**				
M 3	–	2,2	4,5	5,5	6
M 4	–	2,9	6,0	7	7,7
M 5	–	4,4	6,8	8	8,8
M 6	–	4,9	8,0	10	11,1
M 8	**M 8x1**	6,4	9,5	13	14,4
M 10	**M 10x1**	8,0	11,9	16 [1]/17	17,8
M 12	**M 12x1,5**	10,4	14,9	18 [1]/19	20
M 16	**M 16x1,5**	14,1	19,1	24	26,8
M 20	**M 20x1,5**	16,9	22,8	30	33
M 24	**M 24x2**	20,2	27,1	36	39,6
M 30	**M 30x2**	24,3	32,6	46	50,9
Festigkeitsklassen	5, 8, 10 für Regelgewinde, 8 für Feingewinde				
Produktklassen	**A** bis M16, **B** ab M20				

[1] Empfohlen für Neukonstruktionen gemäß DIN ISO 272

Bezeichnungsbeispiel:
Sechskantmutter
ISO 7040 - M20 - 8 - B
Gewinde M20 (d = 20 mm),
Festigkeitsklasse 8,
Produktklassen B

Sechskant-Hutmuttern (hohe Form) — DIN 1587

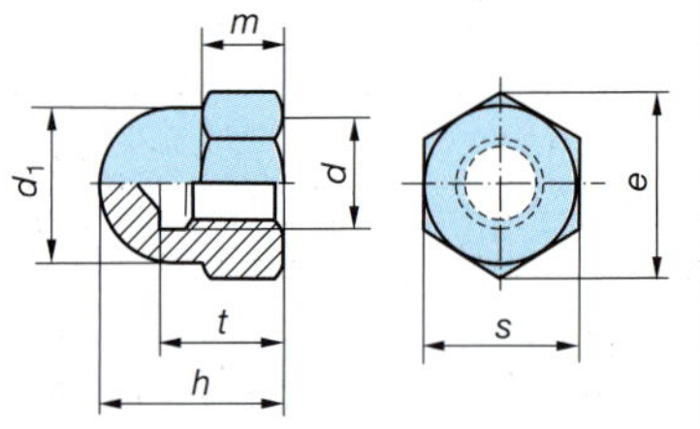

d	d x P	m_{max}	d_1	h_{max}	t_{min}	s_{max}	e_{min}
M 6	**–**	5	9,5	12	7,8	10	11,1
M 8	**M 8x1**	6,5	12,5	15	10,7	13	14,4
M 10	**M 10x1**	8	15	18	12,7	16	17,8
M 12	**M 12x1,5**	10	17	22	15,7	18	20
M 16	**M 16x1,5**	13	23	28	20,6	24	26,8
M 20	**M 20x2**	16	28	34	25,6	30	33,5
M 24	**M 24x2**	19	34	42	30,5	36	40
Festigkeits-klasse	6, A1-50						

bis M10: mit Gewindeauslauf DIN 76
bis M12: mit Gewindefreistich DIN 76 C

Bezeichnungsbeispiel:
Hutmutter DIN 1587 - M16x1,5
Gewinde M16 (d = 16 mm), Steigung P= 1,5 mm

Schweißmuttern — DIN 928 DIN 929

Vierkant-Schweißmuttern DIN 928

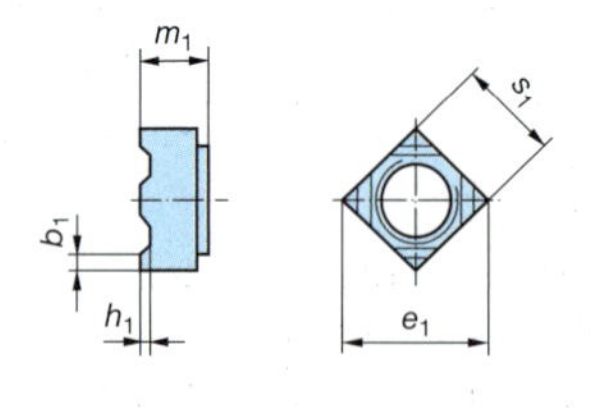

Sechskant-Schweißmuttern DIN 929

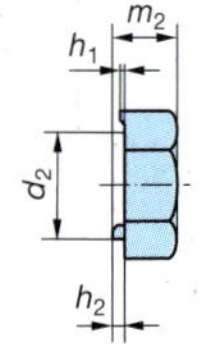

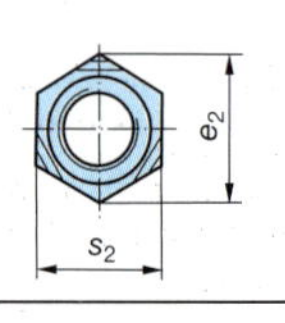

d	m_1	h_1	b_1	s_1	e_1	m_2	h_2	d_2	s_2	e_2
928, 929	**928**					**929**				
M 3	–	–	–	–	–	3	0,55	4,5	7,5	8,2
M 4	3,5	0,6	0,8	7	9	3,5	0,65	6	9	9,8
M 5	4,2	0,8	1	9	12	4	0,70	7	10	11
M 6	5	0,8	1,2	10	13	5	0,75	8	11	12
M 8	6,5	1	1,5	14	18	6,5	0,90	10,5	14	15,4
M 10	8	1,2	1,8	17	22	8	1,15	12,5	17	18,7
M 12	9,5	1,4	2	19	25	10	1,4	14,8	19	21
M 16	13	1,6	2,5	24	32	13	1,8	18,8	24	26,5

Werkstoff: Stahl (St), C $\le$ 0,25 % — **Produktklasse: A**

Bezeichnungsbeispiel:
Schweißmutter DIN 928 - M8 - St
Gewinde M8 **(**d = 8 mm), Werkstoff Stahl

Maschinenelemente

Muttern

Ringschrauben und Ringmuttern — DIN 580 DIN 582

DIN 580 Ringschraube — **DIN 582 Ringmutter**

d H11	M 8	M 10	M12	M16	M 20 M 20x2	M 24 M 24x2	M 30 M 30x2	M 36 M 36x3
d_1	20	25	30	35	40	50	60	70
d_2	36	45	54	63	72	90	108	126
d_3	20	25	30	35	40	50	65	75
l	13	17	20,5	27	30	36	45	54
h	36	45	53	62	71	90	109	128

Zugrichtung	zulässige Anhängelast F in kN							
eine Schraube oder eine Mutter	1,4	2,3	3,4	7,0	12	18	32	46
zwei Schrauben oder zwei Muttern (45°)	1,0	1,7	2,4	5,0	8,6	12,9	23	33

Werkstoff	Stahl C15 nach DIN EN 10084 oder A2 (Edelstahl 1.4301)
Liefergrößen	bis M100x6, M100x4
Ausführung	im Gesenk geschmiedet und nachfolgend geglüht

Bezeichnungsbeispiel: **Ringschraube DIN 580 - M20x2**

Sechskantmuttern ($m = 1{,}5 \cdot d$) — DIN 6330

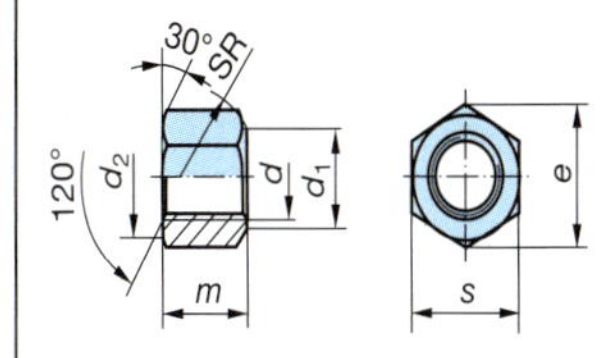

Form B mit einseitig kugeliger Auflagefläche
Form G für Kegelpfanne nach DIN 6319

Hinweis: Kegelpfanne nach DIN 6319 oder Kegelsenkung von 120° zum Ausgleich von Lageabweichung bei Spannelementen

d	d_1	d_2	m	s	e	SR
M 6	7	7	9	10	11,1	9
M 8	9	9	12	13	14,4	11
M 10	11,5	11	15	16	17,8	15
M 12	14	13	18	18	20	17
M 16	18	17	24	24	26,8	22
M 20	22	21	30	30	33,5	27
M 24	26	25	36	36	40	32
M 30	32	31	45	46	51,3	41

Festigkeitsklasse	8, 10	**Produktklasse**	A

Bezeichnungsbeispiel: **Sechskantmutter DIN 6330 - BM20 - 10**
Form B, mit einseitiger kugeliger Auflagefläche, Gewinde M20, Festigkeitsklasse 10

Sechskantmuttern mit Bund ($m = 1{,}5 \cdot d$) — DIN 6331

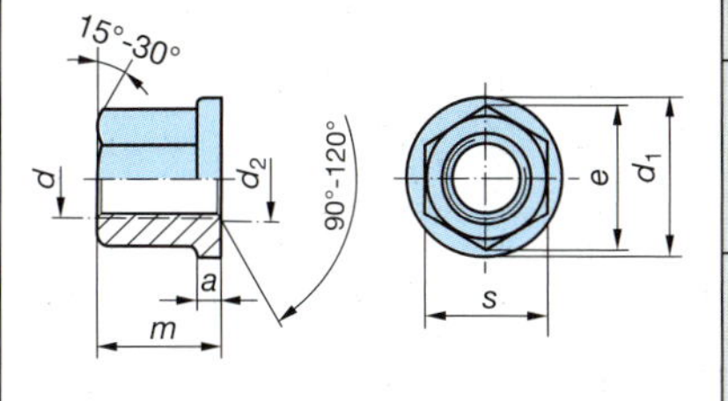

d	a	d_1	d_{2max}	m	s	e
M 6	3	14	6,8	9	10	11,1
M 8	3,5	18	8,8	12	13	14,4
M 10	4	22	10,8	15	16	17,8
M 12	4	25	13	18	18	20
M 16	5	31	14,3	24	24	26,8
M 20	6	37	21,6	30	30	33,5
M 24	6	45	25,9	36	36	40
M 30	8	58	32,4	45	46	51,3

Festigkeitsklasse	8, 10	**Produktklasse**	A

Bezeichnungsbeispiel: **Sechskantmutter DIN 6331 - M12 - 10**
Sechskantmutter mit Bund, Gewinde M12, Festigkeitsklasse 10

Scheiben → 842

Maschinenelemente

Muttern

Nutmuttern, Kreuzlochmuttern — DIN 1804, 1816

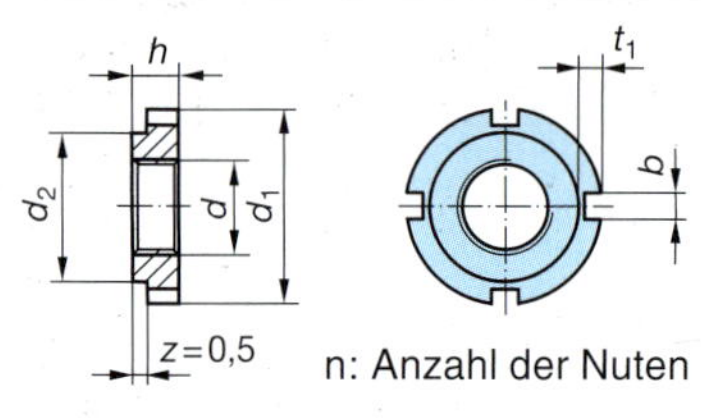

n: Anzahl der Nuten

passendes Sicherungsblech DIN 462 oder 463
Nutmutter DIN 1804

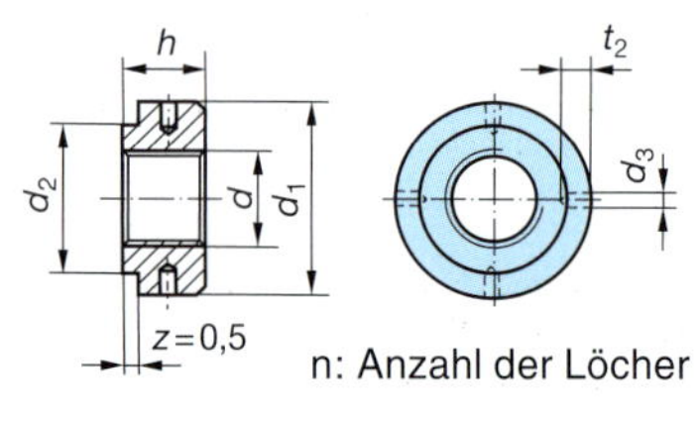

n: Anzahl der Löcher

Kreuzlochnutmutter DIN 1816

Gewinde $d \times P$	d_1 h11	d_2	h h14	n Nuten, Löcher	b	t_1	d_3	t_2
	1804, 1816				1804		1816	
M 12x1,5	28	23	6	4	5	2	3	5
M 16x1,5	32	27	7	4	5	2	4	6
M 20x1,5	36	30	8	4	6	2,5	4	6
M 24x1,5	42	36	9	4	6	2,5	4	6
M 30x1,5	50	43	10	4	7	3	5	7
M 35x1,5	55	48	11	4	7	3	5	7
M 40x1,5	62	54	12	4	8	3,5	6	8
M 48x1,5	75	67	13	6	8	3,5	6	8
M 50x1,5	75	67	13	6	8	3,5	6	10
M 55x1,5	80	70	13	6	10	4	6	10
M 60x1,5	90	80	13	6	10	4	6	10
M 65x1,5	95	85	14	6	10	4	8	12
Festigkeitsklasse			6					
Ausführungen			h – hart, gehärtet, plangeschliffen w – weich, ungehärtet, ungeschliffen					

Sicherungsbleche für Nutmuttern DIN 1804 — DIN 462

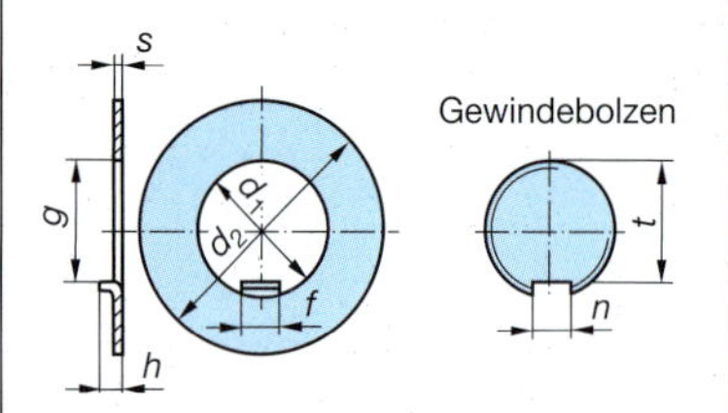

Werkstoff: Stahlblech DIN EN 10140

Bezeichnungsbeispiel:
Sicherungsblech DIN 462 – 24
d_1 = 24 mm

d_1 (H11)	d_2	f (c11)	g	h	s	t_{max}	n (H11)
12	28	5	9,3	3	0,8	9,2	5
16	32	5	13,5	3	1	13,5	5
20	36	6	17,5	4	1	17,4	6
24	42	6	21,6	4	1	21,5	6
30	50	7	27,5	5	1,2	27,5	7
35	55	7	32,6	5	1,2	32,5	7
40	62	8	37,3	5	1,2	37,2	8
45	68	8	42,4	5	1,2	42,4	8
50	75	8	47,4	5	1,2	47,2	8
55	80	10	52,3	6	1,2	52,1	8
60	90	10	57,3	6	1,5	57,1	10
65	95	10	62,3	6	1,5	62,1	10

Nutmuttern für Wälzlager — DIN 981

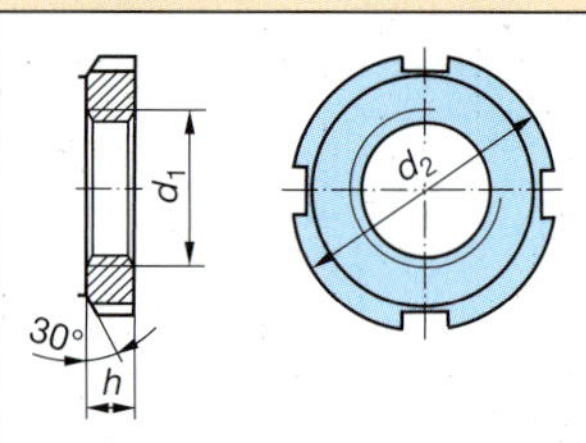

Werkstoff: Stahl, $R_m \geq 350$ N/mm²

Bezeichnungsbeispiel:
Nutmutter DIN 981 – KM 10
für Sicherungsblech MB 10

Kurzzeichen KM	d_1	d_2	h	Kurzzeichen KM	d_1	d_2	h
KM1	M 12x1	22	4	KM11	M 55x2	75	11
KM2	M 15x1	25	5	KM12	M 60x2	80	11
KM3	M 17x1	28	5	KM13	M 65x2	85	12
KM4	M 20x1	32	6	KM14	M 70x2	92	12
KM5	M 25x1,5	38	7	KM15	M 75x2	98	13
KM6	M 30x1,5	45	7	KM16	M 80x2	105	15
KM7	M 35x1,5	52	8	KM17	M 85x2	110	16
KM8	M 40x1,5	58	9	KM18	M 90x2	120	16
KM9	M 45x1,5	65	10	KM20	M 100x2	130	18
KM10	M 50x1,5	70	11	KM22	M 110x2	145	19

Maschinenelemente

Muttern

Sicherungsbleche für Wälzlager-Nutmuttern — DIN 5406

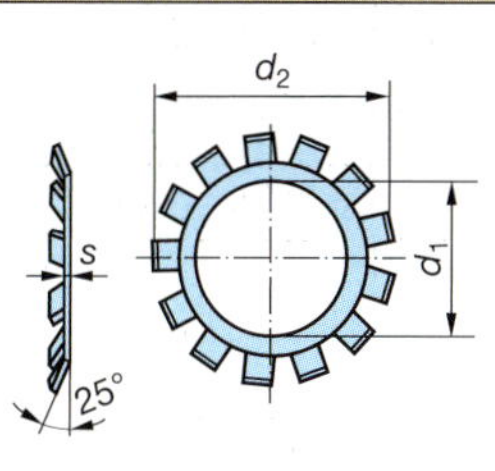

Werkstoff: Stahl
$R_m \geq 300$ N/mm²

Kurzzeichen Blech	d_1 C11	d_2 js17	b H11	s min	Kurzzeichen Mutter	Kurzzeichen Blech	d_1 C11	d_2 js17	b H11	s min	Kurzzeichen Mutter
MB 1	12	25	4	1	**KM 1**	**MB 13**	65	92	9	1,5	**KM 13**
MB 2	15	28	5	1	**KM 2**	**MB 14**	70	98	9	1,5	**KM 14**
MB 3	17	32	5	1	**KM 3**	**MB 15**	75	104	9	1,5	**KM 15**
MB 4	20	36	5	1,25	**KM 4**	**MB 16**	80	112	11	1,75	**KM 16**
MB 5	25	42	6	1,25	**KM 5**	**MB 18**	90	126	11	1,75	**KM 18**
MB 6	30	49	6	1,25	**KM 6**	**MB 20**	100	142	14	1,75	**KM 20**
MB 7	35	57	7	1,25	**KM 7**	**MB 22**	110	154	14	1,75	**KM 22**
MB 8	40	62	7	1,25	**KM 8**						
MB 9	45	69	7	1,25	**KM 9**						
MB 10	50	74	7	1,25	**KM 10**						
MB 11	55	81	9	1,25	**KM 11**						
MB 12	60	86	9	1,5	**KM 12**						

Bezeichnungsbeispiel: **Sicherungsblech DIN 5405 - MB 10**
Sicherungsblech für Nutmutter KM 10

Schlüsselweiten

Schlüsselweiten (SW) für Schrauben, Armaturen und Fittings — DIN 475-1

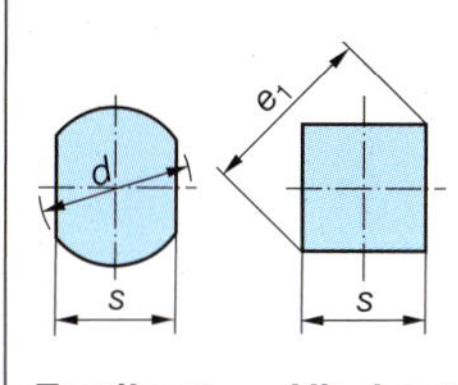

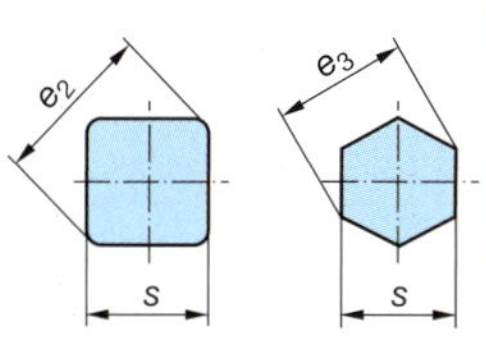

SW Nennmaß s_{max}	Anzahl der Kanten n				SW Nennmaß s_{max}	Anzahl der Kanten n			
	2	4	4	6		2	4	4	6
	d	e_1	e_{2min}	e_{3min}		d	e_1	e_{2min}	e_{3min}
3	3,5	4,2	4,1	3,3	**19**	22	26,9	25	21,1
3,2 [1)]	3,7	4,5	4,3	3,5	**20**	23	28,3	26	22,2
3,5	4	4,9	4,6	3,8	**21** [1)]	24	29,7	27	23,4
4 [1)]	4,5	5,7	5,3	4,4	**22**	25	31,1	28	24,5
4,5	5	6,4	5,9	4,9	**23**	26	32,5	30,5	25,6
5 [1)]	6	7,1	6,5	5,5	**24** [1)]	28	33,9	32	26,8
5,5 [1)]	7	7,8	7,1	6	**25**	29	35,5	33,5	27,9
6	7	8,5	8	6,6	**26**	31	36,8	34,5	29,0
7 [1)]	8	9,9	9	7,7	**27** [1)]	32	38,2	36	30,1
8 [1)]	9	11,3	10	8,8	**28**	33	39,6	37,5	32,3
9	10	12,7	12	9,9	**30** [1)]	35	42,4	40	33,5
10 [1)]	12	14,1	13	11,1	**36** [1)]	42	50,9	48	40
11 [1)]	13	15,6	14	12,1	**46** [1)]	52	65,1	60	51,3
12	14	17,0	16	13,3	**50** [1)]	58	70,7	65	55,8
13 [1)]	15	18,4	17	14,4	**55** [1)]	65	77,8	72	61,3
14	16	19,8	18	15,5	**60** [1)]	70	84,8	80	67
15 [1)]	17	21,2	20	16,6	**80** [1)]	92	113	105	89,6
16	18	22,6	21	17,8	**90** [1)]	105	127	118	100,7
17	19	24	22	18,9	**100** [1)]	115	141	132	112
18 [1)]	21	25,5	23,5	20	**120** [1)]	140	170	160	134,6

Es gelten folgende *Toleranzfelder* (Reihe 1): *s* bis 4: h12, *s* über 4 bis 32: h13, *s* über 32: h14.

[1)] Die gekennzeichneten Schlüsselweiten sind bevorzugt einzusetzen (DIN ISO 272).

Bezeichnungsbeispiel: **Schlüsselweite DIN 475 - SW 20 - 1**
Schlüsselweite 20 mm, Reihe 1

Hinweis: Die Vierkante und die Vierkantlöcher für Spindeln, Handräder und Kurbeln sind nach DIN 79, die Vierkante für Werkzeuge nach DIN 10 Teil 1 zu wählen.

Maschinenelemente

Muttern

Vierkante von Zylinderschäften für rotierende Werkzeuge — DIN 10

Innenvierkante

Außenvierkante

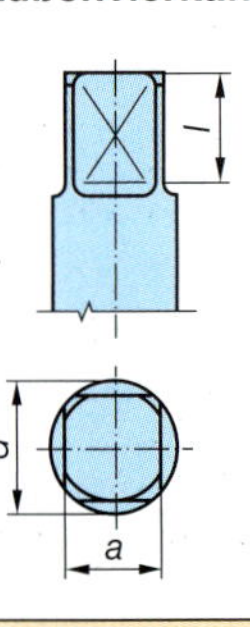

Nennmaß	Grenzmaße Innenvierkant			Grenzmaße Außenvierkant			Zylinderschaft Durchmesser	Durchmesserbereich d	
a	a_{max}	a_{min}	e_{min}	a_{max}	a_{min}	l js16	d	über	bis
2,7	2,86	2,72	3,67	2,7	2,61	6	**3,5**	3,20	3,60
3,0	3,16	3,02	4,08	3,0	2,91	6	**4**	3,60	4,01
3,8	4,01	3,83	5,15	3,8	3,68	7	**5**	4,53	5,08
4,9	5,11	4,93	6,61	4,9	4,78	8	**6**	5,79	6,53
6,2	6,46	6,24	8,35	6,2	6,05	9	**8**	7,33	8,27
8	8,26	8,04	10,77	8,0	7,85	11	**10**	9,46	10,67
10	10,26	10,04	13,43	10	9,85	13	**12**	12,00	13,33
11	11,32	11,05	14,77	11	10,82	14	**14**	13,33	14,67
12	12,32	12,05	16,10	12	11,82	15	**15**	14,67	16,00
16	16,32	16,05	21,44	16	15,82	19	**20**	19,33	21,33
18	18,32	18,05	24,11	18	17,82	21	**22**	21,33	24,00
20	20,40	20,07	26,78	20	19,79	23	**25**	24,00	26,67

Bezeichnungsbeispiel: **Vierkant DIN 10 - 18**
Vierkant mit Nennmaß a = 18 mm

Scheiben

Bezeichnungen: Wenn Scheibenabmessungen nach DIN EN ... genormt sind, dann wird die Scheibenbezeichnung mittels ISO-Nr. ... angegeben. Diese ISO-Nr. erhält man durch Subtraktion der Zahl 20000 von der jeweiligen DIN-EN-Nummer.

Beispiel: **DIN EN 28736** entspricht **ISO 8738**

Flache Scheiben für Sechskantschrauben und Sechskantmuttern — DIN EN ISO 7090

normale Reihe

für Gewinde	d_1	d_2	h	für Gewinde	d_1	d_2	h
M 5	5,3	10	1	**M 12**	13	24	2,5
M 6	6,4	12	1,6	**M 16**	17	30	3
M 8	8,4	16	1,6	**M 20**	21	37	3
M 10	10,5	20	2	**M 30**	31	56	4
Werkstoff	Stahl (St) mit 200 HV, 300 HV						

Bezeichnungsbeispiel: **Scheibe ISO 7090 - 10 - 200 HV**
Scheibe für Nenngröße M10, Härteklasse 200 HV, Stahl

Flache Scheiben für Zylinderschrauben — DIN EN ISO 7092

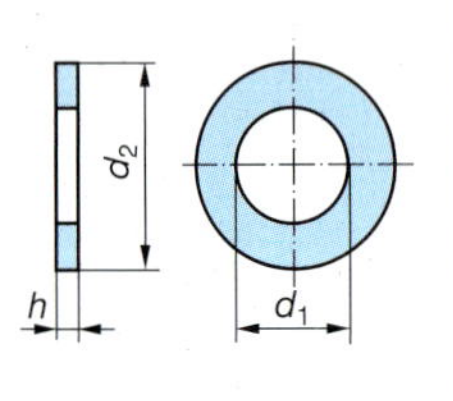

kleine Reihe

für Gewinde	d_1	d_2	h	für Gewinde	d_1	d_2	h
M 2	2,2	4,5	0,3	M 8	8,4	15	1,6
M 2,5	2,7	5	0,5	M 10	10,5	18	1,6
M 3	3,2	6	0,5	M 12	13	20	2,0
M 4	4,3	8	0,5	M 16	17	28	2,5
M 5	5,3	9	1,0	M 20	21	34	3,0
M 6	6,4	11	1,6	M 30	31	50	4,0
Werkstoff	Stahl (St) mit 200 HV, 300 HV						

Bezeichnungsbeispiel: **Scheibe ISO 7092 - 20 - 200 HV - A4**
Scheibe für Nenngröße M20, Härteklasse 200 HV,
nicht rostender Stahl A2, A4, F1, C1, C4 kleine Reihe

Maschinenelemente

Scheiben

Scheiben für Bolzen — DIN EN 28738

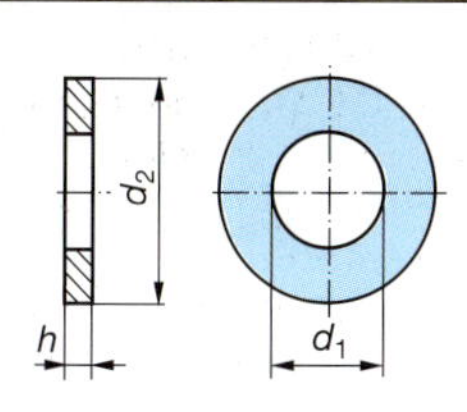

Bolzen-∅	d_1 H11	d_2	h	Bolzen-∅	d_1 H11	d_2	h	Bolzen-∅	d_1 H11	d_2	h
3	3	6	0,8	**8**	8	15	2	**20**	20	30	4
4	4	8	0,8	**10**	10	18	2,5	**24**	24	37	4
5	5	10	1,0	**12**	12	20	3	**30**	30	44	5
6	6	12	1,6	**16**	16	24	3	**36**	36	50	6

Werkstoff	Stahl (St) mit 160 HV bis 250 HV	**Produktklasse**	**A**

Bezeichnungsbeispiel: **Scheibe ISO 8738 - 8 - 160 HV**
Nenndurchmesser 8 mm, Härteklasse 160 HV

Scheiben für Stahlkonstruktionen (ohne Fase) — DIN 7989-1

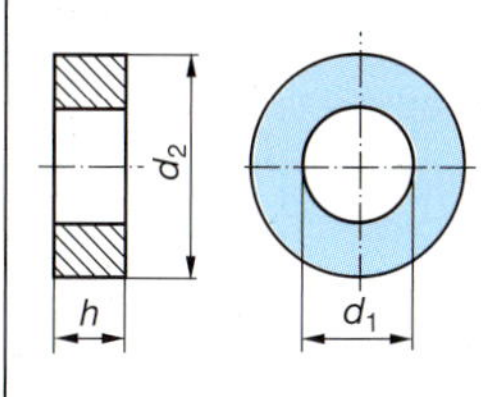

Gewinde	$d_{1\,min.}$	$d_{2\,max.}$	$h \pm 1{,}0$	Gewinde	d_1	d_2	h
M 10	11	20	8	**M 22**	24	29	8
M 12	13,5	24	8	**M 24**	26	44	8
M 16	17,5	30	8	**M 27**	30	50	8
M 20	22	37	8	**M 30**	33	56	8

Werkstoff	Stahl (St) mit 100 HV	**Produktklasse**	**A**: Ausführung gedreht **C**: Ausführung gestanzt

Bezeichnungsbeispiel: **Scheibe DIN 7989 - A12 - A- 100 HV**
Ausführung gedreht, Nenndurchmesser 18 mm, Werkstoff Stahl, Härteklasse 100 HV

Kugelscheiben und Kegelpfannen — DIN 6319

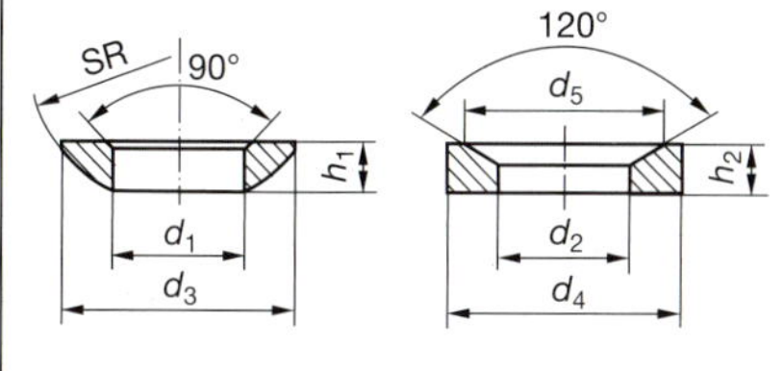

Form C Kugelscheibe **Form D** Kegelpfanne

d_1 h13	d_2 H13	Bolzen-∅	$d_3 = d_4$	d_5	h_1	h_2	SR
6,4	7,1	6	12	11	2,3	2,8	9
8,4	9,6	8	17	14,5	3,2	3,5	12
10,5	12	10	21	18,5	4	4,2	15
13	14,2	12	24	20	4,6	5	17
17	19	16	30	26	5,3	6,2	22
21	23,2	20	36	31	6,3	7,5	27
25	28	24	44	37	8,2	9,5	32

Werkstoff	Stahl (St) gehärtet

Bezeichnungsbeispiel: **Kugelscheibe DIN 6319 - C21 - St**
Form C, Nenndurchmesser 21 mm, Werkstoff Stahl, gehärtet

Scheiben, vierkant, keilförmig für U-Täger — DIN 434
Scheiben, vierkant, keilförmig für I-Täger — DIN 435

für U-Träger DIN 434

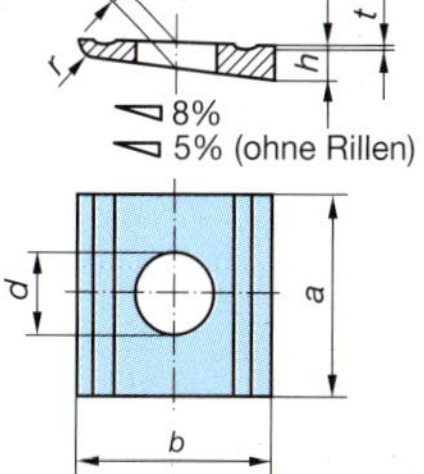

für Gewinde	d	a	b	t	e	h	r	e	h	r
	DIN 434, DIN 435				**DIN 434**			**DIN 435**		
M 8	9	22	22	0,5	2,9	3,8	1,6	3,0	4,6	1,2
M 10	11	22	22	0,5	2,9	3,8	1,6	3,0	4,6	1,2
M 12	13,5	26	30	0,7	3,7	4,9	2,0	4,1	6,2	1,6
M 16	17,5	32	36	0,8	4,5	5,9	2,4	5,0	7,5	2,0

Bezeichnungsbeispiel: **U-Scheibe DIN 434 - 18 - St**
Nenndurchmesser 18 mm, Werkstoff Stahl

Maschinenelemente

Scheiben, Federringe

Scheiben, vierkant, keilförmig für U-Täger — DIN 434
Scheiben, vierkant, keilförmig für I-Täger — DIN 435

für I-Träger DIN 435

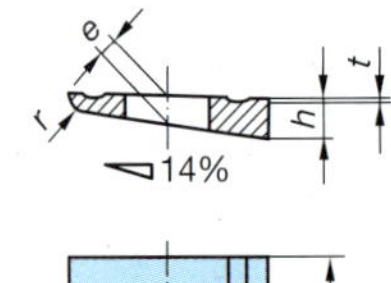

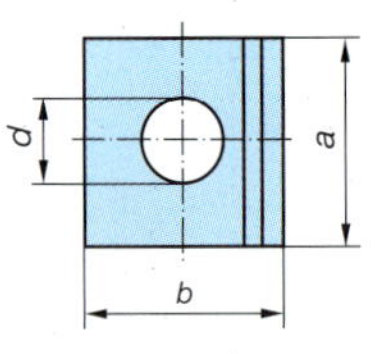

für Gewinde	d	a	b	t	e	h	r	e	h	r
DIN 434, DIN 435					**DIN 434**			**DIN 435**		
M 20	22	40	44	0,9	5,25	7,0	2,8	6,1	9,2	2,4
M 22	24	44	50	1,0	6,0	8,0	3,2	6,5	10,0	2,4
M 24	26	56	56	1,0	6,3	8,5	3,2	6,9	10,8	2,4
M 27	30	56	56	1,0	6,3	8,5	3,2	6,9	10,8	2,4

Werkstoff: Stahl nach Wahl des Herstellers
Härte 100 HV 10 bis 250 HV 10

Spannscheiben für Schraubenverbindungen — DIN 6796

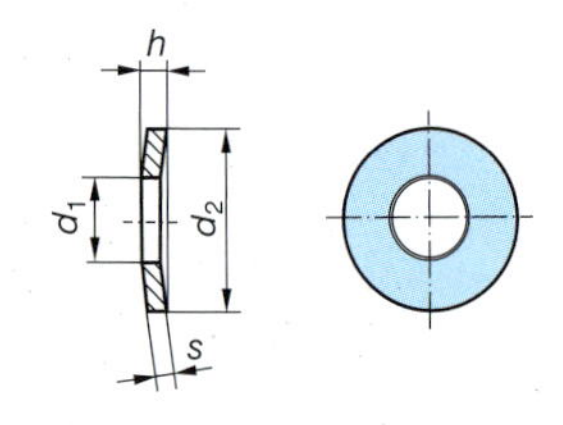

Hinweis: Spannscheiben für Schraubenverbindungen der Festigkeitsklassen 8.8 bis 10.9

Nenngröße	für Gewinde	d_1 (H14)	d_2 (h14)	h_{max}	h_{min}	s
3	M 3	3,2	7	0,85	0,72	0,6
4	M 4	4,3	9	1,3	1,12	1
5	M 5	5,3	11	1,55	1,35	1,2
6	M 6	6,4	14	2	1,7	1,5
8	M 8	8,4	18	2,6	2,24	2
10	M 10	10,5	23	3,2	2,8	2,5
12	M 12	13	29	3,95	3,43	3
16	M 16	17	39	5,25	4,6	4
20	M 20	21	45	6,4	5,6	5
24	M 24	25	56	7,75	6,8	6
30	M 30	31	70	9,2	8	7

Werkstoff: Federstahl (FSt) gemäß DIN 267-2

Bezeichnungsbeispiel: **Spannscheibe DIN 6796 - 10 - FSt**
Nenngröße 10 mm, Werkstoff: Federstahl

Federscheiben, gewellt — DIN 137

Form B gewellt

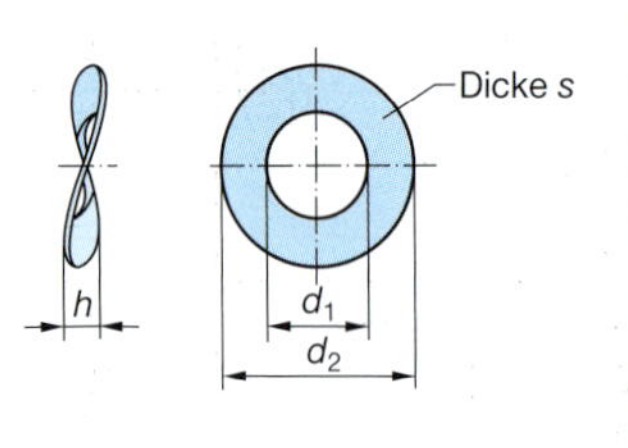

Nenngröße	für Gewinde-∅	d_1 H14	d_2 js16	$h_{min.}$	$h_{max.}$	s
4	M 4	4,3	9	1,0	2,0	0,5
5	M 5	5,3	11	1,1	2,2	0,5
6	M 6	6,4	12	1,3	2,6	0,5
8	M 8	8,4	15	1,5	3,0	0,8
10	M 10	10,5	21	2,1	4,2	1,0
12	M 12	13	24	2,5	5,0	1,2
16	M 16	17	30	3,2	6,4	1,6
20	M 20	21	36	3,7	7,4	1,6
24	M 24	25	44	4,1	8,2	1,8
30	M 30	31	56	5,0	10,0	2,2

Werkstoff: Federstahl (FSt) gemäß DIN 267-26

Bezeichnungsbeispiel: **Federscheibe DIN 137 - B20 - FSt**
Nenngröße 20 mm, Federstahl, Form B

Maschinenelemente

Scheiben, Federringe

Federringe, gewölbt — DIN 128

DIN 128 Federringe
Nennmaße 2 bis 100 mm

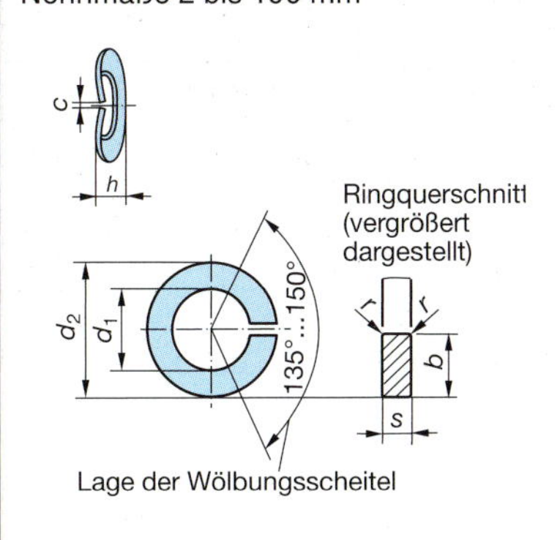

Nenngröße	für Gewinde-∅	d_1 min.	d_2 max.	h max.	s
4	M 4	4,1	7,6	1,4	0,8
5	M 5	5,1	9,2	1,7	1,0
6	M 6	6,1	11,8	2,2	1,3
8	M 8	8,1	14,8	2,75	1,6
10	M 10	10,2	18,1	3,15	1,8
12	M 12	12,2	21,1	3,65	2,1
16	M 16	16,2	27,4	5,1	2,8
20	M 20	20,2	33,6	5,9	3,2
24	M 24	24,5	40,0	7,5	4,0
30	M 30	30,5	48,2	10,5	6,0
Werkstoff	Federstahl (FSt) gemäß DIN 267-26				

Zahnscheiben, Fächerscheiben — DIN 6797, DIN 6798

Zahnscheiben
$h \geq 2 \cdot s_1$
DIN 6797

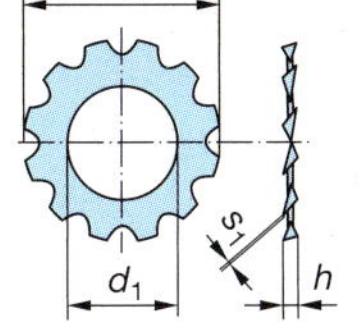

Form A
außengezahnt

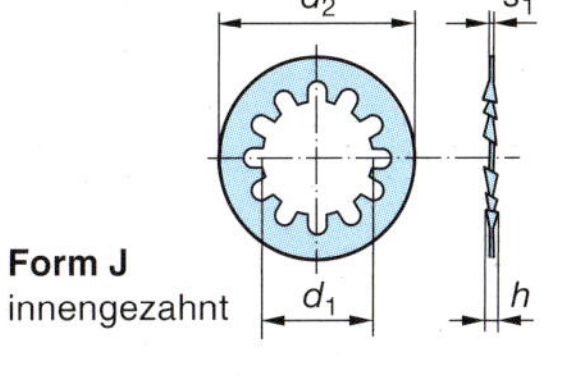

Form J
innengezahnt

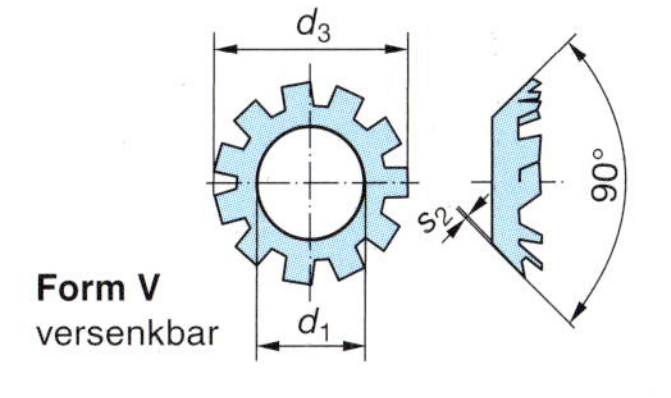

Form V
versenkbar

Fächerscheiben
$h \approx 3 \cdot s_1$
DIN 6798

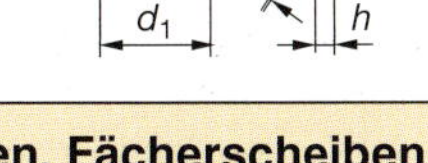

Form A
außengezahnt

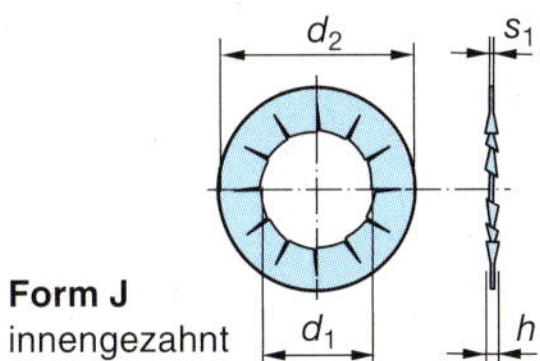

Form J
innengezahnt

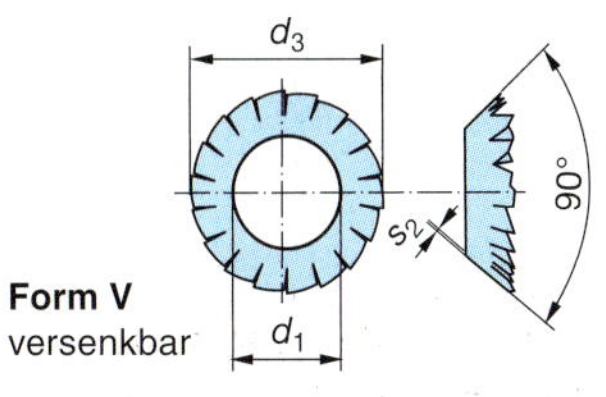

Form V
versenkbar

Zahnscheiben, Fächerscheiben — DIN 6797, DIN 6798

für Gewinde-durchmesser	d_1 Form A, J, V	d_2 Form A, J	d_3 Form V	s_1 Form A, J	s_2 Form V	Zähnezahl DIN 6797 Form A, J	Zähnezahl DIN 6797 Form V
M 3	3,2	6	6	0,4	0,2	6	6
M 4	4,3	8	8	0,5	0,25	8	8
M 5	5,3	10	9,8	0,6	0,3	8	8
M 6	6,4	11	11,8	0,7	0,4	8	10
M 8	8,4	15	15,3	0,8	0,4	8	10
M 10	10,5	18	19	0,9	0,5	9	10
M 12	13	20,5	23	1,0	0,5	10	10
M 16	17	26	30,2	1,2	0,6	12	12
M 20	21	33	–	1,4	–	12	–
M 24	25	38	–	1,5	–	14	–
M 30	31	48	–	1,6	–	14	–
Werkstoff	Federstahl (FSt) gemäß DIN EN 10089, 10123-4, Härte: 350 bis 425 HV 10						

Masch. Elemente

Maschinenelemente

Scheiben

Stifte, Kerbnägel, Blindniete

Bezeichnungen: Wenn Stiftabmessungen nach DIN EN ... genormt sind, dann wird die Stiftbezeichnung mittels ISO-Nr. ... angegeben. Die ISO-Nr. erhält man durch Subtraktion der Zahl 20000 von der jeweiligen DIN EN Nummer.

Zylinderstifte, ungehärtet — DIN EN ISO 2338

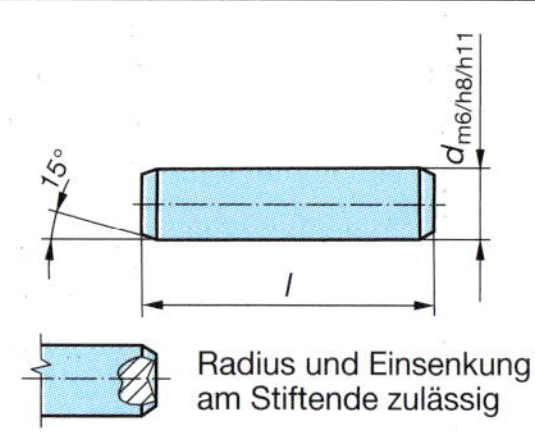

Bezeichnungsbeispiel:
Zylinderstift ISO 2338 - A-6x50 - St
Zylinderstift nach DIN EN ISO 2338, Form A, Durchmesser 6 mm, Länge 5 mm, Automatenstahl

d m6/h8	*l*	*d* m6/h6	*l*	*d* m6/h6	*l*
2	6 – 20	**6**	12 – 60	**16**	26 – 180
3	8 – 30	**8**	14 – 80	**20**	35 – 200
4	8 – 40	**10**	18 – 95	**25**	50 – 200
5	10 – 50	**12**	22 – 140	**30**	60 – 200

Werkstoff	Stahl (St), Härte 125 HV 30 bis 245 HV 30, austenitischer nicht rostender Stahl nach DIN EN ISO 3506-1, Härte 210 HV bis 280 HV 30
Lieferlängen	3, 4, 5, 6, 8, 10, 2er-Stufung bis 32, 35, 40, 5er-Stufung bis 100, 120 bis 200, 20er-Stufung

Zylinderstifte, gehärtet — DIN EN ISO 8734

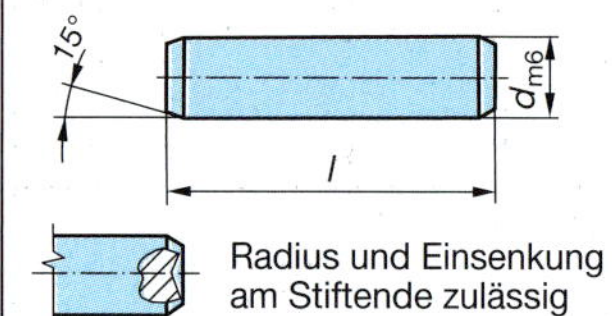

Bezeichnungsbeispiel:
Zylinderstift ISO 8734 - B - 10x100 - St
Zylinderstift nach DIN EN ISO 8734, Form B, Durchmesser 10 mm, Länge 100 mm, Einsatzstahl, gehärtet

d (m6/h6)	*l*	*d* (m6/h6)	*l*	*d* (m6/h6)	*l*
3	8 – 30	**6**	14 – 60	**12**	26 – 100
4	10 – 40	**8**	18 – 80	**16**	40 – 100
5	12 – 50	**10**	22 – 100	**20**	50 – 100

Werkstoff	Stahl (St), Typ A: Stift durchgehärtet < 650 HV 30 Typ B: Stift einsatzgehärtet < 700 HV 1, Martensitischer nicht rostender Stahl C1 nach DIN EN ISO 3506-1, gehärtet und angelassen auf 560 HV 30
Lieferlängen	3, 4, 5, 6 ,8, 10, 2er-Stufung bis 32, 35, 40, 5er-Stufung bis 100

Zylinderstifte, gehärtet mit Innengewinde — DIN EN ISO 8735

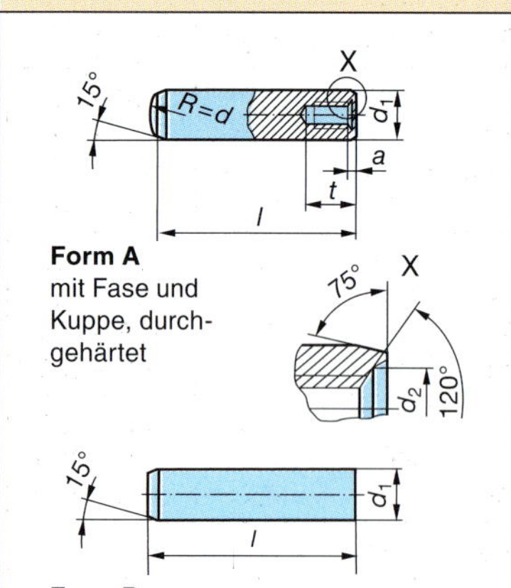

Form A
mit Fase und Kuppe, durchgehärtet

Form B
mit Fase, einsatzgehärtet, fehlende Maße s. Form A

d_1 (m6)	mit Innengewinde	d_2	*t*	*a*	*l*
6	M 4	4,3	6	0,8	16 – 60
8	M 5	5,3	8	1	18 – 80
10	M 6	6,4	10	1,2	22 – 100
12	M 6	6,4	12	1,6	26 – 120
16	M 8	8,4	16	2	32 – 160
20	M 10	10,5	18	2,5	40 – 200
25	M 16	17	24	3	50 – 220
30	M 20	21	30	4	60 – 240
40	M 20	21	30	5	80 – 260
50	M 24	25	36	6,3	100 – 280

Werkstoff	St = Einsatzstahl, gehärtet, Form A: Härte 550 bis 650 HV 30, Form B: Härte 600 bis 700 HV1 1
Lieferlängen	16, 18, 22, 2er-Stufung bis 32, 5er-Stufung 35 bis 100, 20er-Stufung 120 bis 200
Bezeichnungsbeispiel	**Zylinderstift ISO 8735 - A - 12x85 - St** Zylinderstift mit Innengewinde, Typ A, Durchmesser 12 mm, Länge 85 mm, Einsatzstahl, gehärtet

Maschinenelemente

Stifte, Kerbnägel, Blindniete

Kegelstifte mit Innengewinde, ungehärtet — DIN EN 28736

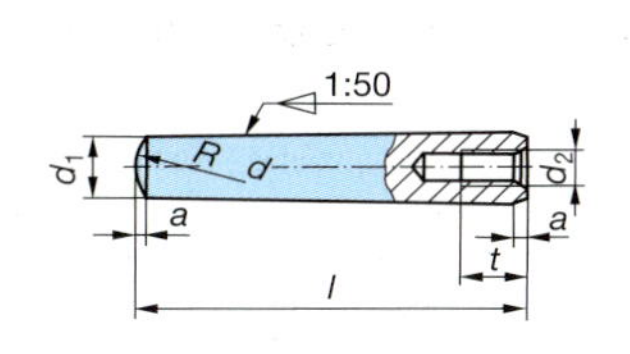

Typ A geschliffen
Typ B gedreht

Bezeichnungsbeispiel:
Kegelstift ISO 8736 - A - 12x85 - St
Innengewinde, Typ A, Durchmesser 12 mm, Länge 85 mm, Automatenstahl, ungehärtet

d_1 (h10)	d_2 mit Innengewinde	t	l
6	M 4	6	16 – 60
8	M 5	8	18 – 80
10	M 6	10	22 – 100
12	M 8	12	26 – 120
16	M 10	16	32 – 160
20	M 12	18	40 – 200
25	M 16	24	50 – 220
30	M 20	30	60 – 240
40	M 20	30	80 – 260
50	M 24	36	100 – 280
Werkstoff	Automatenstahl 125 bis 245 HV		
Lieferlängen	16, 18, 22, 2er-Stufung bis 32, 5er-Stufung 35 bis 100, 20er-Stufung 120 bis 200		

Kegelstifte, ungehärtet — DIN EN 22339

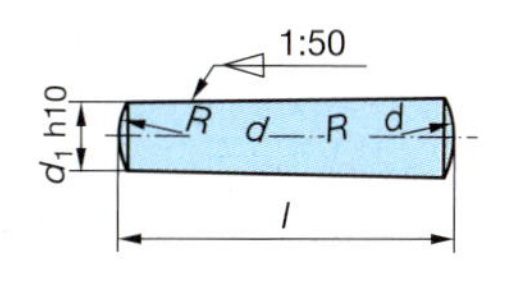

Typ
A geschliffen
B gedreht

d_1 (h10)	l	d_1 (h10)	l	d_1 (h10)	l
2	10 – 35	6	22 – 90	16	40 – 200
3	12 – 45	8	22 – 120	20	45 – 200
4	14 – 55	10	26 – 160	25	50 – 200
5	18 – 60	12	32 – 180	30	55 – 200
Werkstoff	Automatenstahl, Härte 125 bis 245 HV				
Lieferlängen	10 – 32 in 2er-Stufung, 35 – 100 in 5er-Stufung, 150 – 200 in 20er-Stufung				

Bezeichnungsbeispiel: **Kegelstift ISO 2339 - B - 6x30 - St**
Kegelstift, ungehärtet, Typ B, Durchmesser 6 mm, Länge 30 mm, Automatenstahl

Kegelstifte mit Gewindezapfen, ungehärtet — DIN EN 28737

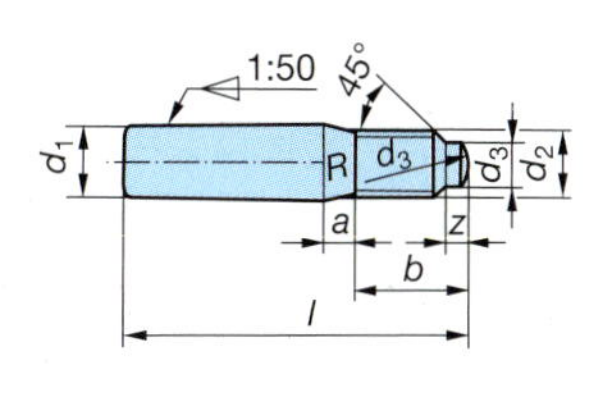

d_1 (h10)	d_2	a	b_{max}	d_{3max}	z_{max}	l
5	M 5	2,4	15,6	3,5	1,5	40 – 50
6	M 6	3	20	4	1,75	45 – 60
8	M 8	4	24,5	5,5	2,25	55 – 75
10	M 10	4,5	27	7	2,75	65 – 100
12	M 12	5,3	30,5	8,5	3,25	85 – 120
16	M 16	6	39	12	4,3	100 – 160
20	M 16	6	39	12	4,3	120 – 190
25	M 20	7,5	45	15	5,3	140 – 250
30	M 24	9	52	18	6,3	160 – 280
40	M 30	10,5	65	23	7,5	190 – 320
50	M 36	12	78	28	9,4	220 – 400
Werkstoff	Automatenstahl 125 bis 245 HV					
Lieferlängen	40 – 65 in 5er-Stufung, 120 – 160 in 20er-Stufung, 190, 220, 250, 280, 320, 360, 400					

Bezeichnungsbeispiel: **Kegelstift ISO 8737 - 12x85 – St**
Durchmesser 12 mm, Länge 85 mm, Automatenstahl

Maschinenelemente

Stifte, Kerbnägel, Blindniete

Spannstifte (Spannhülsen), geschlitzt, schwere Ausführung, Form A — DIN EN ISO 8752

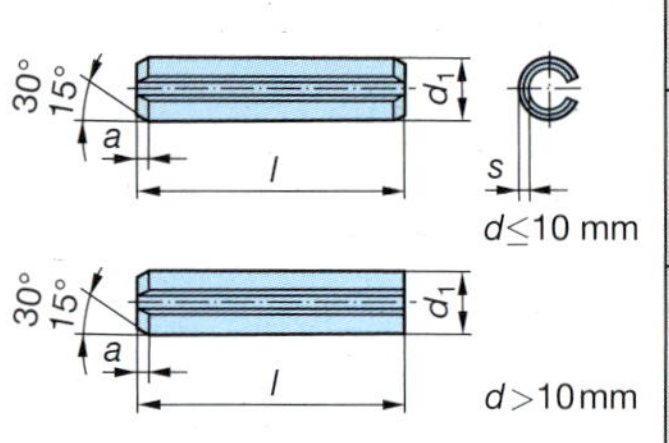

Der Durchmesser der Aufnahmebohrung (Toleranzklasse H12) am Werkstück ist gleich dem Nenndurchmesser d des Spannstiftes.

Der Schlitz darf nach dem Einbau nicht geschlossen sein.

Nenndurchmesser d_1	d_1 min.	a	s	l
2	2,3	0,45	0,4	4 – 30
3	3,3	0,6	0,6	4 – 40
4	4,4	0,75	0,8	4 – 50
5	5,4	1,0	1,0	5 – 80
6	6,4	1,3	1,2	10 – 100
8	8,5	1,8	1,5	10 – 120
10	10,5	2,2	2,0	10 – 160
12	12,5	2,2	2,5	10 – 180
16	16,5	2,2	3,0	10 – 200
20	20,5	3,2	4,0	10 – 200
30	30,5	3,2	6,0	14 – 200
Werkstoff	Stahl (St), Kohlenstoff- oder Silizium-Mangan-Stahl vergütet auf max. 560 HV 30. Austenitischer nicht rostender Stahl (A), martensitischer nicht rostender Stahl (C), Legierungen siehe Norm, vergütet auf max. 560 HV 30.			
Lieferlängen	6 – 32, 2er-Stufung, 35 – 100 5er-Stufung, 120 – 200, 20er-Stufung			

Bezeichnungsbeispiel: **Spannstift ISO 8752 - A - 10x60 - FSt**
Form A, Durchmesser 10 mm, Länge 60 mm, Federstahl

Kerbstifte — DIN EN ISO 8739, 8740, 8741, 8742, 8743, 8744, 8745

Zylinderkerbstifte mit Einführende
DIN EN ISO 8739

Zylinderkerbstifte mit Fase
DIN EN ISO 8740

Kegelkerbstifte
DIN EN ISO 8744

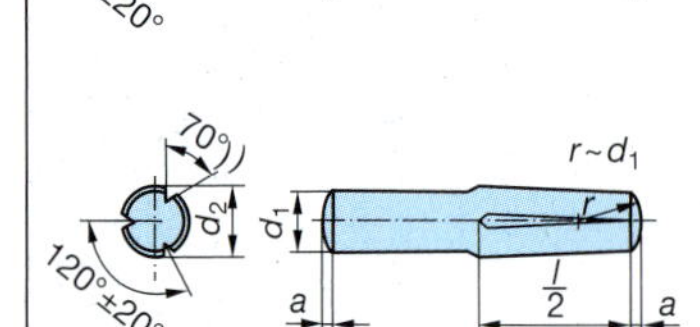

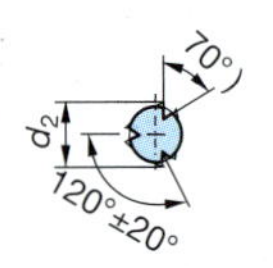

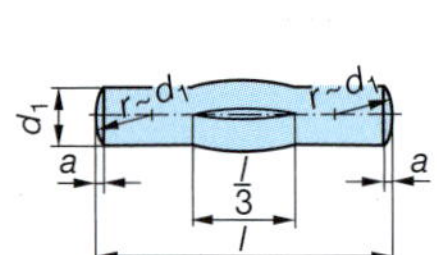

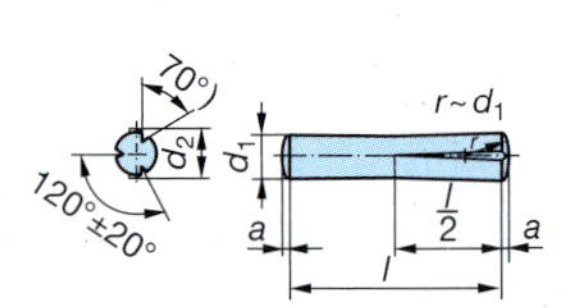

Steckkerbstifte
DIN EN ISO 8741

Knebelkerbstifte mit kurzen/langen Kerben
DIN EN ISO 8742 (DIN EN ISO 8743)

Passkerbstifte
DIN EN ISO 8745

d_1 [1]	d_1 (Auswahl)	d_1 [1]	d_1 (Auswahl)	d_1 [1]	d_1 (Auswahl)
2	8–30	**6**	14–80	**16**	22–100
3	10–40	**8**	14–100	**20**	26–200
4	10–60	**10**	14–100		
5	14–60	**12**	18–100		
Werkstoff	Stahl (St), Härte 125 bis 245 HV 30, austenitischer nichtrostender Stahl (A), Härte 210 bis 280 HV 30				
Lieferlängen	8, 10, 2er-Stufung bis 32, 35, 40, 50, 5er-Stufung bis 100, 20er-Stufung bis 200				

[1] Aufnahmebohrung H11

Bezeichnungsbeispiel **Kerbstift ISO 8739-6x50-St**
Zylinderkerbstift mit Einführende, aus Stahl,
mit Nenndurchmesser d_1 = 6 mm, Nennlänge l = 50 mm

Maschinenelemente

Stifte, Kerbnägel, Blindniete

Kerbstifte

d_1	Nennmaß	**2**	**3**	**4**	**5**	**6**	**8**	**10**	**12**	**16**	**20**	**25**
	Toleranz	**h9**		**h11**								
c	DIN EN ISO 8739 max.	2	2,5	3	3	4	4	5	5	5	7	7
c_1	DIN EN ISO 8740	0,18	0,3	0,4	0,5	0,6	0,8	1	1,2	1,6	2	2,5
c_2		0,8	1,2	1,4	1,7	2,1	2,6	3	3,8	4,6	6	7,5
a		0,25	0,4	0,5	0,63	0,8	1	1,2	1,6	2	2,5	3
Mindest-Abscherkraft, zweischnittig [1]		2,84	6,4	11,3	17,6	25,4	45,2	70,4	101,8	181	283	444
l [2] Nennmaß		**+0,05 0**	**± 0,05**							**± 0,10**		
8 10 12												
14 16 18		**2,15**										
20 22 24			**3,20**	**4,25**								
26 28 30					**5,25**							
32 35 40						**6,30**	**8,30**					
45 50 55								**10,5**	**12,35**	**16,40**	**20,50**	**25,50**
60 65 70												
75 80 85												
90 95 100												

[1] Gilt nur für Kerbstifte aus Stahl.

[2] Die handelsüblichen Längen liegen zwischen den Stufenlinien. In DIN EN ISO 8739 bis DIN EN ISO 8745 sind zusätzlich folgende Längen genormt: 120, 140, 160, 180, 200.

Kerbstifte sind *form-* und *kraftschlüssige* Verbindungselemente. Sie werden als **Verbindungsstifte** verwendet. Dabei sitzt der Stift fest in der Aufnahmebohrung, für die Toleranzklasse H11 empfohlen wird.

Werkstoff: St = Automatenstahl, Härte 125 bis 245 HV 30, austenitischer Stahl A1 nach DIN EN ISO 3506-1, Härte 210 – 280 HV 30.

Oberflächenbeschaffenheit: Wie hergestellt, im Regelfall blank, mit Schutzöl behandelt. Zur Prüfung der Scherfestigkeit ist der Scherversuch nach ISO 8749 (DIN EN 28749) durchzuführen.

Maschinenelemente

Kerbnägel, Blindniete

Kerbnägel — DIN EN ISO 8746, 8747

Halbrundkerbnägel
DIN EN ISO 8746

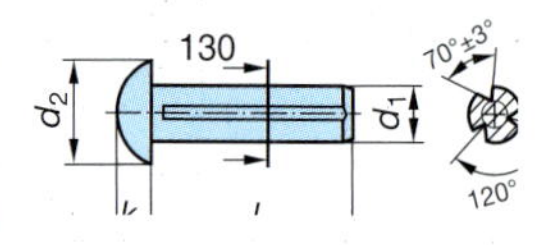

Senkkerbnägel DIN EN ISO 8747

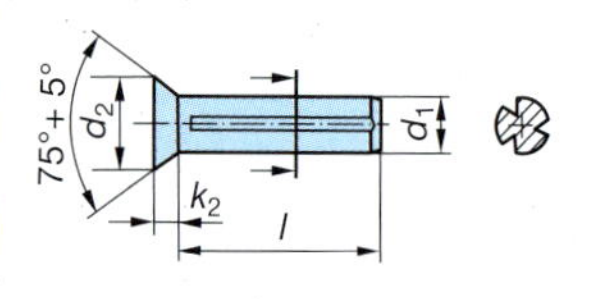

∅ Aufnahmebohrung = d_1 mit Toleranzklasse H11

d_1 [1]	d_2	k_1	k_2	l	l
	ISO 8746, 8747			ISO 8746	ISO 8747
2	3,5	1,2	1	3 – 10	3 – 10
3	5,2	1,8	1,4	4 – 16	4 – 16
4	7	2,4	2	5 – 20	5 – 20
5	8,8	3	2,5	6 – 25	6 – 25
6	10,5	3,6	3	8 – 30	8 – 30
8	14	4,8	3,9	10 – 35	10 – 35
10	15,5	7	4	12 – 40	12 – 40
12	18,4	8	4,4	16 – 40	16 – 40
Werkstoff	Stahl (St), Härte 125 bis 245 HV 30				
Lieferlänge	3, 4, 5,6, 8,10,12, 16, 20, 25, 30, 35, 40				

Bezeichnungsbeispiel: **Kerbnagel ISO 8746 - 5x20 - St**
Kerbnagel mit Halbrundkopf nach DIN EN 28746, Nenndurchmesser 5 mm, Länge 20 mm, Werkstoff Stahl

[1] bis d_1 = 2: Toleranzklasse H9, ab d_1 = 3: Toleranzklasse H11

Halbrundniet – Nenndurchmesser 1 – 8 mm — DIN 660

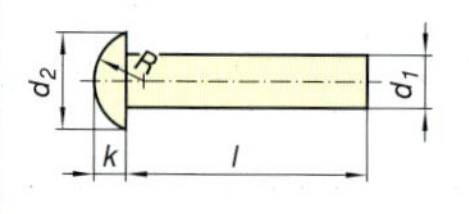

Bezeichnungsbeispiel:
Niet DIN 660 - 4x25 - St
d_1 = 4 mm, l = 25 mm, Stahl
d H12: Nietlochdurchmesser

d_1	1	1,2	1,6	2	2,5	3	4	5	6	8
d_2	1,8	2,1	2,8	3,5	4,4	5,2	7	8,8	10,5	14
R	1	1,2	1,6	1,9	2,4	2,8	3,8	4,6	5,7	7,5
l	2 – 6	2 – 8	2 – 12	2 – 20	3 – 25	3 – 30	4 – 40	5 – 40	6 – 40	8 – 40
d H12	1,05	1,25	1,65	2,1	2,6	3,1	4,2	5,2	6,3	8,4
Werkstoff	Stahl, SF-Cu, CuZn37, Al99,5									
Lieferlänge	2, 3, 4, 5, 6, 8, 10 bis 22, 25, 28, 30, 32, 35, 38, 40									

Halbrundniet – Nenndurchmesser 10 – 36 mm — DIN 124

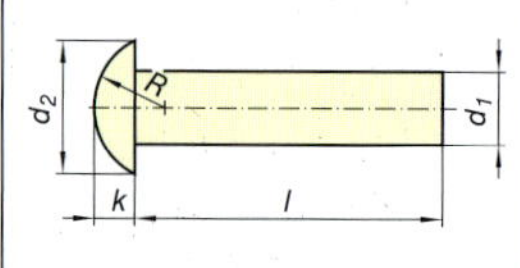

Bezeichnungsbeispiel:
Niet DIN 124 - 12x20 - St
d_1 = 12 mm, l = 20 mm, Stahl
d H12: Nietlochdurchmesser

d_1	10	12	16	20	24	30	36
d_2	16	19	25	32	40	48	58
k	6,5	7,5	10	13	16	19	23
R	8	9,5	13	16,5	20,5	24,5	30
l	10 – 50	18 – 60	24 – 80	30 – 100	38 – 120	50 – 150	62 – 160
Werkstoff	Stahl						
Lieferlänge	10, 12, 14, 16, 18, 20,22, 24, 26, 28, 30, 32, 34, 36, 38, 40, 42, 45, 48, 50, 52, 55, 58, 60, 62, 65, 68, 70, 72, 75, 78, 5er-Stufung 80 bis 160						

Senkniet – Nenndurchmesser 1 – 8 mm — DIN 661

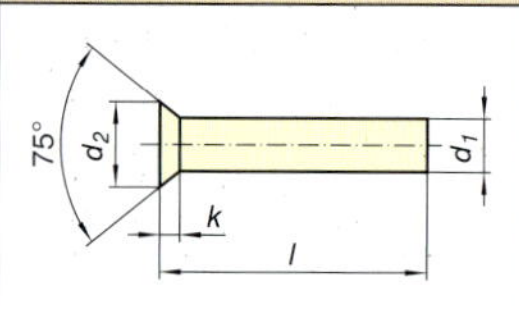

Bezeichnungsbeispiel:
Niet DIN 661 - 3x6 - St
d_1 = 3 mm, l = 6 mm, Stahl
d H12: Nietlochdurchmesser

d_1	1	1,2	1,6	2	2,5	3	4	5	6	8
d_2	1,8	2,1	2,8	3,5	4,4	5,2	7	8,8	10,5	14
k	0,5	0,6	0,8	1	1,2	1,4	2	2,5	3	4
l	2 – 5	2 – 6	2 – 8	3 – 10	4 – 12	5 – 16	6 – 20	8 – 25	10 – 30	12 – 40
d H12	1,05	1,25	1,65	2,1	2,6	3,1	4,3	5,2	6,3	6,4
Werkstoff	Stahl, SF-Cu, CuZn37, Al99,5									
Lieferlänge	2, 3, 4, 5, 6, 8, 10, 12, 14, 16, 18, 20, 22, 25, 28, 30, 32, 35, 38, 40									

Maschinenelemente

Kerbnägel, Blindniete

Senkniet – Nenndurchmesser 10 – 36 mm DIN 302

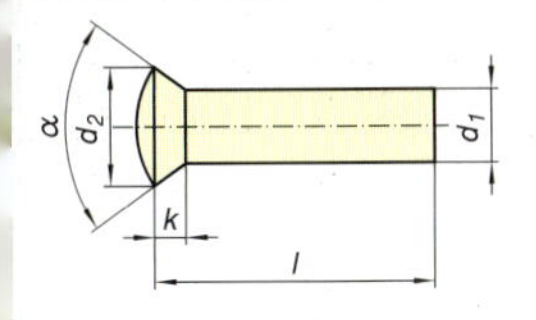

Bezeichnungsbeispiel:
Niet DIN 302 - 12x40 - St
d_1 = 20 mm, l = 40 mm, Stahl
d H12: Nietlochdurchmesser

d_1	10	12	16	20	24	30	36
d_2	14,5	18	26	31,5	38	42,5	51
k	3	4	6,5	10	12	15	18
R	32	45	85	120	85	120	170
$\alpha°$	75	75	75	60	60	45	45
l	10 – 52	14 – 60	24 – 80	30 – 100	36 – 120	45 – 150	55 – 160
d H12	10,5	13	17	21	25	31	37
Werkstoff	Stahl						
Lieferlänge	10, 12, 14, 16, 18, 20, 22, 24, 26, 28, 30, 32, 34, 36, 40, 42, 45, 48, 50, 52, 55, 58, 62, 65, 68, 70, 72, 75, 78, 5er-Stufung 80 bis 160						

Halbhohlniet mit Senkkopf DIN 6792

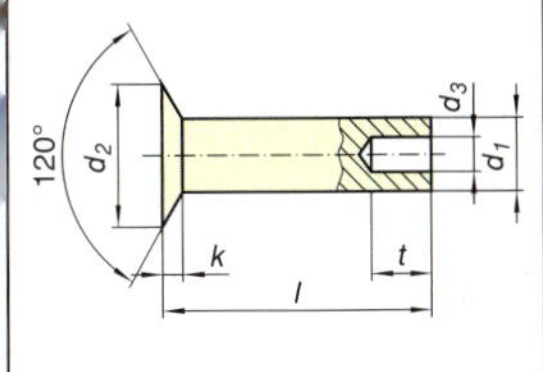

Bezeichnungsbeispiel:
Niet DIN 6792 - 8x30 - CuZn
d_1 = 9 mm, l = 30 mm, Werkstoff CuZn
d H12: Nietlochdurchmesser

d_1	1,6	2	2,5	3	4	5	6	8	10
d_2	3,2	4	5	6	8	10	12	16	20
d_3	0,9	1,2	1,7	1,9	2,7	3,5	4,2	6	7,6
t	1,5	2,5	2,5	3	4	5	6,5	8	10
k	0,45	0,6	0,7	0,9	1,2	1,4	1,7	2,3	3
l	3 – 8	4 – 10	5 – 12	6 – 16	8 – 20	10 – 25	12 – 30	14 – 40	20 – 50
d H12	1,65	2,1	2,6	3,1	4,2	5,2	6,3	8,4	10,5
Werkstoff	Stahl, SF-Cu, CuZn37, Al99,5								
Lieferlänge	3, 4, 5, 6, 8, 10, 12, 14, 16, 20, 25, 30, 35, 40, 45, 50								

Blindniet mit Sollbruchdorn DIN EN ISO 14589

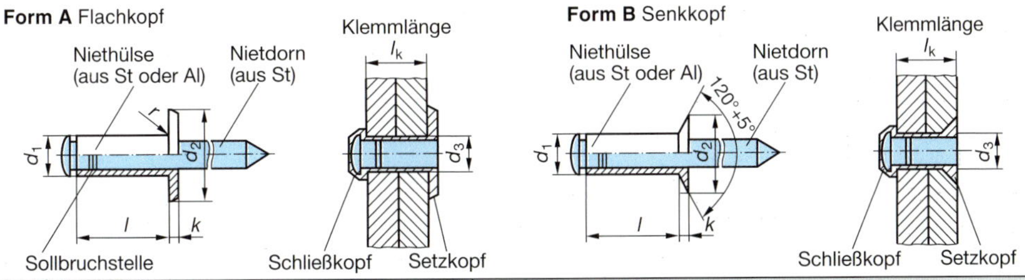

Nenn-∅ d_1 Reihe 1	Nenn-∅ d_1 Reihe 2	Niet-loch-∅ d_3	Nietkopf d_2 Form A	d_2 Form B	k Form A	k Form B	Klemmlänge l_k bei Nietlänge l (Niethülse Al, Nietdorn St oder A2): 6	8	10	12	16	20
3	–	3,1	6,5	6	0,8	0,9	1,5 – 3,5	3,5 – 5,5	5,5 – 7	7 – 9	9 – 13	13 – 17
–	3,2	3,2	6,5	6	0,8	0,9	1,5 – 3,5	3,5 – 5,5	5,5 – 7	7 – 9	9 – 13	13 – 17
4	–	4,1	8	7,5	1	1	1,5 – 3,0	3 – 5	5,0 – 6,5	6,5 – 8,5	8,5 – 12,5	12,5 – 16,5
–	4,8	4,9	9,5	9	1,1	1,2	2 – 3	3 – 4,5	4,5 – 6	6 – 8	8 – 12	12 – 16
5	–	5,1	9,5	9	1,1	1,2	2 – 3	3 – 4,5	4,5 – 6	6 – 8	8 – 12	12 – 16
6	–	6,1	12	11	1,5	1,5	–	2 – 4	4 – 6	6 – 8	8 – 11	11 – 15
–	6,4	6,5	13	12	1,8	1,6	–	–	–	2 – 6	6 – 10	10 – 14

Werkstoffe	**Niethülse:** Stahl (St), nicht rostender Stahl (A2), NiCu, Aluminium (Al) – blank (bk), **Nietdorn:** Stahl (St) – verzinkt (A1P)
Lieferlängen	4, 6, 8, 10, 12, 16, 20, 25, 30, 35, 40, 45, 50
Bezeichnungs-beispiel:	**Blindniet DIN 7337 - B5x10 - Al - St- A1P** Form B, Senkkopf, Nenn-Ø 5 mm, Nietl. 10 mm, Hülse Al, Dorn St u. verzinkt (phosphatiert), Qualität A1P

Maschinenelemente

Bolzen, Splinte

Bolzen ohne und mit Kopf

DIN EN 22340, 22341

Bolzen ohne Kopf
DIN EN 22340

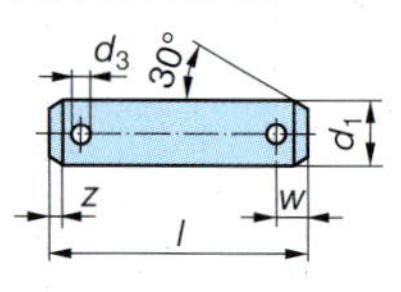

Bolzen mit Kopf
DIN EN 22341

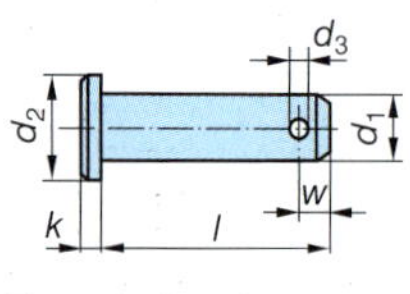

Form A ohne Splintloch
Form B mit Splintloch

Scheiben für Bolzen: DIN EN 28738
Splinte: ISO 1234

d_1 h11	d_2 h14	d_3 H13	k js14	w min.	z max.	l
3	5	0,8	1	1,6	1	6 – 30
4	6	1	1	2,2	1	8 – 40
5	8	1,2	1,6	2,9	2	10 – 50
6	10	1,6	2	3,2	2	12 – 60
8	14	2	3	3,5	2	16 – 80
10	18	3,2	4	4,5	2	20 – 100
12	20	3,2	4	5,5	3	24 – 120
16	25	4	4,5	6	3	32 – 160
20	30	5	5	8	4	40 – 200

Werkstoff	Stahl (St), Automatenstahl, Härte 125 bis 245 HV
Lieferlängen	6,8, 2er-Stufung bis 32, 35, 5er-Stufung bis 100, 20er-Stufung bis 200

Bezeichnungsbeispiel: **Bolzen ISO 22340 - B- 10x50x3,2 - St**
Bolzen nach DIN EN 22340, Form B, mit Splintlöchern, Nenndurchmesser 10 mm, Länge 50 mm, Splintloch-durchmesser 3,2 mm, Werkstoff Stahl

Bolzen mit Kopf und Gewindezapfen

DIN 1445

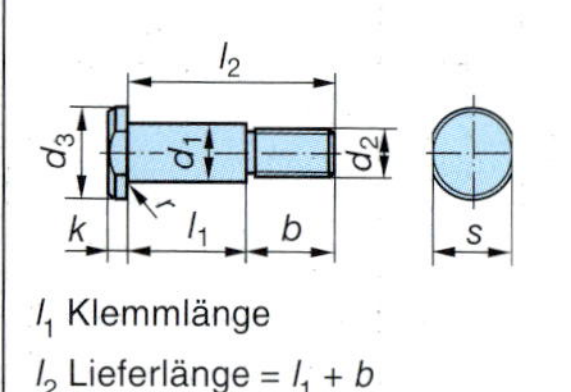

l_1 Klemmlänge
l_2 Lieferlänge = $l_1 + b$

d_1 h11	d_2	d_3 h14	b min.	k js 14	s	r	d_1 h11	d_2	d_3 h14	b min.	k js 14	s	r
8	M 6	14	11	3	11	0,6	**18**	M 12	28	20	5	24	1
10	M 8	18	14	4	13	0,6	**20**	M 16	30	25	5	27	1
12	M 10	20	17	4	17	0,6	**24**	M 20	36	29	6	32	1
14	M 12	22	20	4	19	0,6	**30**	M 24	44	36	8	36	1
16	M 12	25	20	4,5	22	0,6							

Werkstoff	Stahl (St), Automatenstahl, Härte 125 bis 245 HV
Lieferlängen	16, 20, 5er-Stufung bis 90, 10er-Stufung bis 200

Bezeichnungsbeispiel: **Bolzen DIN 1445 - 16 h11x50x70 - St**
Nenndurchmesser 16 mm, Toleranzfeld h11, Klemmlänge 50 mm, Bolzenlänge 70 mm, Werkstoff Stahl

Splinte

DIN EN ISO 1234

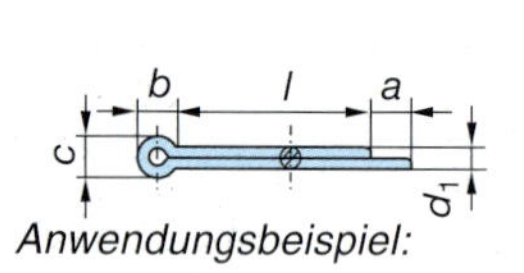

Anwendungsbeispiel:

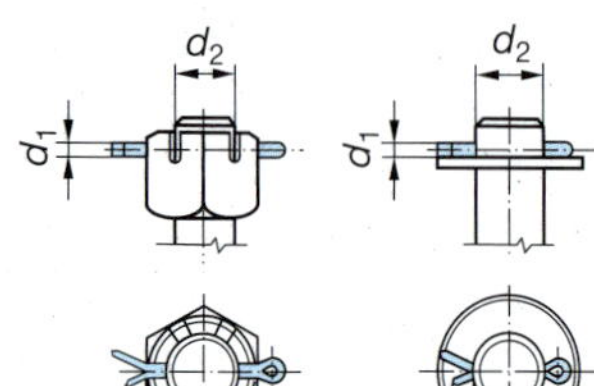

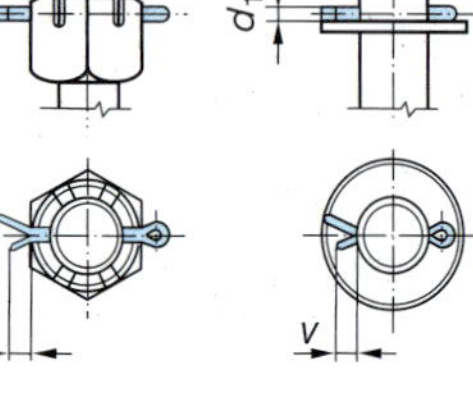

Nenn-∅ d_1	a max.	b	c max.	d_2 für Bolzen über – bis	d_2 für Schrauben über – bis	v min.	l von – bis
1,6	2,5	3,2	2,8	5 – 6	5,5 – 7	5	8 – 32
2	2,5	4	3,6	6 – 8	7 – 9	6	10 – 40
2,5	2,5	5	4,6	8 – 9	9 – 11	6	12 – 50
3,2	3,2	6,4	5,8	9 – 12	11 – 14	8	14 – 63
4	4	8	7,4	12 – 17	14 – 20	8	18 – 80
5	4	10	9,2	17 – 23	20 – 27	10	22 – 100
6,3	4	12,6	11,8	23 – 29	27 – 39	12	32 – 125
8	4	16	15	29 – 44	39 – 56	14	40 – 160
10	6,3	20	19	44 – 69	56 – 80	16	45 – 200

Werkstoff	Stahl (St), austenitischer nicht rostender Stahl (A)
Lieferlängen	4, 5, 6, 8, 2er-Stufung bis 22, 25,28, 32, 36, 40, 45, 50, 56, 63, 71, 80, 90, 100, 112, 125, 140, 160, 180, 200, 224, 250, 280

Maschinenelemente

Sicherungselemente, Pass- und Stützscheiben

Sicherungsringe für Wellen, Regelausführung

DIN 471

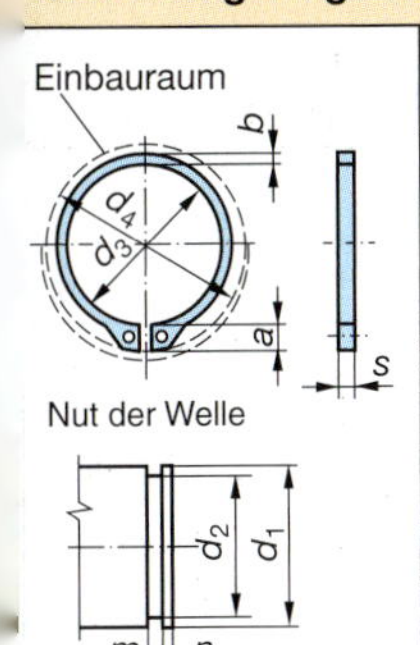

Werkstoff C67, C75 oder CK45
Härte 40 bis 54 HRC

Nenn-∅	Ring					Nut			Nenn-∅	Ring					Nut		
d_1	s h11	d_3	a max.	b ≈	d_4	d_2[1]	m H13	n min.	d_1	s h11	d_3	a max.	b ≈	d_4	d_2[1]	m H13	n min.
10	1	9,3	3,3	1,8	17	9,6	1,1	0,6	**40**	1,75	36,5	6	4,4	52,6	37,5	1,85	3,8
12	1	11	3,3	1,8	19	11,5	1,1	0,8	**42**	1,75	38,5	6,5	4,5	55,7	39,5	1,85	3,8
15	1	13,8	3,6	2,2	22,6	14,3	1,1	1,1	**45**	1,75	41,5	6,7	4,7	59,1	42,5	1,85	3,8
18	1,2	16,5	3,9	2,4	26,8	17	1,3	1,5	**48**	1,75	44,5	6,9	5	62,5	45,5	1,85	3,8
20	1,2	18,5	4	2,6	28,4	19	1,3	1,5	**50**	2	45,8	6,9	5,1	64,5	47	2,15	4,5
22	1,2	20,5	4,2	2,8	30,8	21	1,3	1,5	**60**	2	55,8	7,4	5,8	75,6	57	2,15	4,5
25	1,2	23,2	4,4	3	34,2	23,9	1,3	1,7	**65**	2,5	60,8	7,8	6,3	81,4	62	2,65	4,5
28	1,5	25,9	4,7	3,2	37,9	26,6	1,6	2,1	**70**	2,5	65,5	8,1	6,6	87	67	2,65	4,5
30	1,5	27,9	5	3,5	40,5	28,6	1,6	2,1	**75**	2,5	70,5	8,4	7	92,7	72	2,65	4,5
32	1,5	29,9	5,2	3,6	43	30,3	1,6	2,6	**80**	2,5	74,5	8,6	7,4	98,1	76,5	2,65	5,3
35	1,5	32,2	5,6	3,9	46,8	33	1,6	3	**90**	3	84,5	8,8	8,2	108,5	86,5	3,15	5,3
38	1,75	35,2	5,8	4,2	50,2	36	1,85	3	**100**	3	94,5	9,6	9	120,2	96,5	3,15	5,3

[1] Toleranzklassen: h10 für ∅ 3 bis 10, h11 für ∅ 12 bis 22, h12 für ∅ 24 bis 100, h13 für ∅ 150 bis 200

Sicherungsringe für Bohrungen, Regelausführung

DIN 472

Einbauraum

Nut der Bohrung

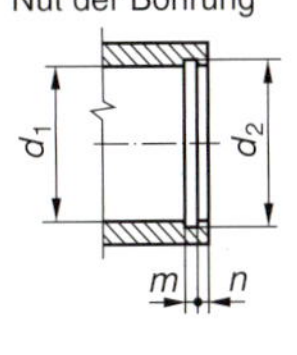

Werkstoff und Härte wie oben.

Nenn-∅	Ring					Nut			Nenn-∅	Ring					Nut		
d_1	s h11	d_3	a max.	b ≈	d_4	d_2[1]	m H13	n min.	d_1	s h11	d_3	a max.	b ≈	d_4	d_2[1]	m H13	n min.
10	1	10,8	3,2	1,4	3,3	10,4	1,1	0,6	**40**	1,75	43,5	5,8	3,9	27,8	42,5	1,85	3,8
12	1	13	3,4	1,7	4,9	12,5	1,1	0,8	**42**	1,75	45,5	5,9	4,1	29,6	44,5	1,85	3,8
15	1	16,2	3,7	2	7,2	15,7	1,1	1,1	**45**	1,75	48,5	6,2	4,3	32	47,5	1,85	3,8
18	1	19,5	4,1	2,2	9,4	19	1,1	1,5	**48**	1,75	51,5	6,4	4,5	34,5	50,5	1,85	3,8
20	1	21,5	4,2	2,3	11,2	21	1,1	1,5	**50**	2	54,2	6,5	4,6	36,3	53	2,15	4,5
22	1	23,5	4,2	2,5	13,2	23	1,1	1,5	**60**	2	64,2	7,3	5,4	44,7	63	2,15	4,5
25	1,2	26,9	4,5	2,7	15,5	26,2	1,3	1,8	**65**	2,5	69,2	7,6	5,8	49	68	2,65	4,5
28	1,2	30,1	4,8	2,9	17,9	29,4	1,3	2,1	**70**	2,5	74,5	7,8	6,2	53,6	73	2,65	4,5
30	1,2	32,1	4,8	3	19,9	31,4	1,3	2,1	**75**	2,5	58,6	7,8	6,6	58,6	78	2,65	4,5
32	1,2	34,4	5,4	3,2	20,6	33,7	1,3	2,6	**80**	2,5	85,5	8,5	7	62,1	83,5	2,65	5,3
35	1,5	37,8	5,4	3,4	23,6	37	1,6	3	**90**	3	95,5	8,6	7,6	71,9	93,5	3,15	5,3
38	1,5	40,8	5,5	3,7	26,4	40	1,6	3	**100**	3	105,5	9,2	8,4	80,6	103,5	3,15	5,3

[1] Toleranzklassen: h11 für ∅ 8 bis 22, h12 für ∅ 24 bis 100, h13 für ∅ 150 bis 200

Sicherungsscheiben für Wellen

DIN 6799

Nut der Welle

Nenn-∅	Scheibe			Nut			Nenn-∅	Scheibe			Nut		
d_1 h11	d_3 gesp.	a ungesp.	s	m	n min.	d_2	d_1 h11	d_3 gesp.	a ungesp.	s	m	n min.	d_2
3,2	7,3	2,7	0,6	0,64	1	4 – 5	**10**	20,4	8,3	1,2	1,25	2	11 – 15
4	9,3	3,34	0,7	0,74	1,2	5 – 7	**12**	23,4	10,5	1,3	1,35	2,5	13 – 18
5	11,3	4,11	0,7	0,74	1,2	6 – 8	**15**	29,4	12,6	1,5	1,55	3	16 – 24
6	12,3	5,3	0,7	0,74	1,2	7 – 9	**19**	37,6	15,9	1,75	1,8	3,5	20 – 31
8	16,3	6,5	1	1,05	1,8	9 – 12	**24**	44,6	21,9	2	2,05	4	25 – 38
9	18,8	7,6	1,1	1,15	2	10 – 14	**30**	52,6	25,8	2,5	2,55	4,5	32 – 42

Bezeichnungsbeispiel: **Sicherungsscheibe DIN 6799 - 5**
Nenndurchmeser d_1 = 5
Werkstoff C67, C75 oder CK45 Härte 46 bis 54 HRC

Maschinenelemente

Sicherungselemente, Pass- und Stützscheiben

Sicherungsbleche mit zwei Lappen

DIN 463

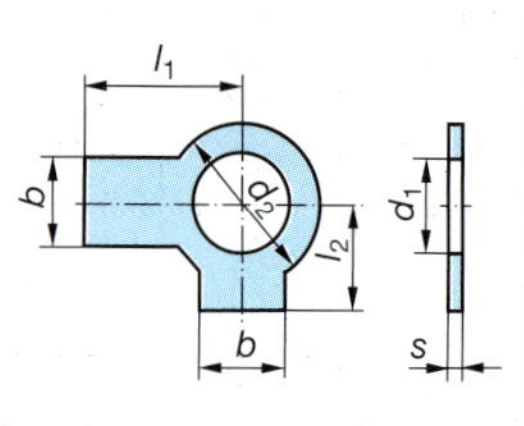

Nenn-∅ d_1	d_2	b	l_1	l_2	s	Nenn-∅ d_1	d_2	b	l_1	l_2	s
4,3	9	5	14	6,5	0,38	**23**	39	20	42	23	1
6,4	12,5	7	18	9	0,5	**28**	50	23	48	29	1,6
8,4	17	8	20	11	0,75	**34**	60	28	56	34	1,6
10,5	21	10	22	13	0,75	**37**	66	30	60	38	1,6
15	28	12	28	16	1	**40**	72	32	64	41	1,6
17	30	15	32	18	1	**46**	85	38	75	48	1,6
21	37	18	36	21	1	**50**	92	40	80	50	1,6

Werkstoff Stahlblech (St), Messing (MS)

Bezeichnungsbeispiel: **Sicherungsblech DIN 463 - 21 - St**
Nenndurchmesser 21 mm

Pass- und Stützscheiben

DIN 988

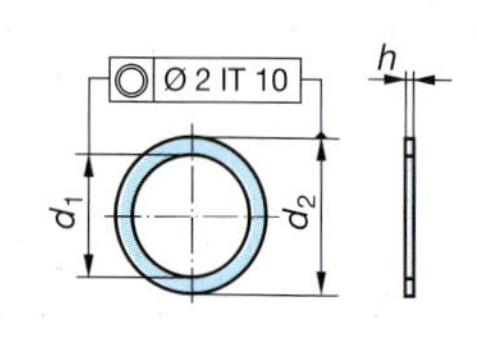

Härte: 440 bis 500 HV 10

Nenn-∅ d_1 D12	d_2 d12	Passscheibe h	Stützscheibe h	Nenn-∅ d_1 D12	d_2 d12	Passscheibe h	Stützscheibe h
4	8	0,1 – 1,2	1	**20**	28	0,1 – 2	2
5	10	0,1 – 1,2	1	**25**	35/36	0,1 – 2	2
6	12	0,1 – 1,4	1,2	**30**	42	0,1 – 2	2,5
8	14	0,1 – 1,6	1,2	**40**	50	0,1 – 2	2,5
10	16	0,1 – 1,8	1,2	**42**	52	0,1 – 2	2,5
12	18	0,1 – 1,8	1,2	**45**	55/56	0,1 – 2	3
14	20	0,1 – 2	1,5	**48**	60	0,1 – 2	3
16	22	0,1 – 2	1,5	**50**	62/63	0,1 – 2	3

Werkstoff	Passscheiben: Stahl (St), Stützscheiben: Federstahl HRC 44 bis 49
Stufung Höhe *h*	0,1; 0,15; 0,2; 0,3; 0,5; 1; 1,1; 1,2; 1,3; 1,4; 1,5; 1,6; 1,7; 1,8; 1,9; 2

Bezeichnungsbeispiel: **Passscheibe DIN 988 - 20x28x1,5**
Nenndurchmesser 10 mm, Außendurchmesser 28 mm, Dicke 1,5 mm

Schraubensicherungen

Art der Verbindung	Sicherung	Wirkung
mitverspannt, federnd	Federring, Federscheibe, Zahnscheibe, Fächerscheibe, Tellerfeder	unwirksam
formschlüssige Verbindung	Sicherungsblech, Kronenmutter mit Splint, Drahtsicherung, wendelförmiger Gewindeeinsatz	Verliersicherung
kraftschlüssige (klemmende) Verbindung	Kontermutter	unwirksam, Losdrehen möglich
	Schrauben/Muttern mit klemmender Polyamid-Beschichtung, Ganzmetallmuttern, Kontermuttern	Verliersicherung, geringe Losdrehsicherung
kraft- und formschlüssige Verbindung (sperrend)	Verzahnte Schrauben unter dem Kopf	Sicherung gegen Losdrehen (nicht bei gehärteten Bauteilen)
	Sperrkantringe, Sperrkantscheiben, selbsthemmendes Scheibenpaar	Sicherung gegen Losdrehen
stoffschlüssige Verbindung	Klebstoffe (mikroverkapselte) im Gewinde, Silikonpaste im Gewinde	Sicherung gegen Losdrehen, dichtende Verbindung
	Flüssigklebstoff	Sicherung gegen Losdrehen

Maschinenelemente

Dichtelemente

Filzringe DIN 5419

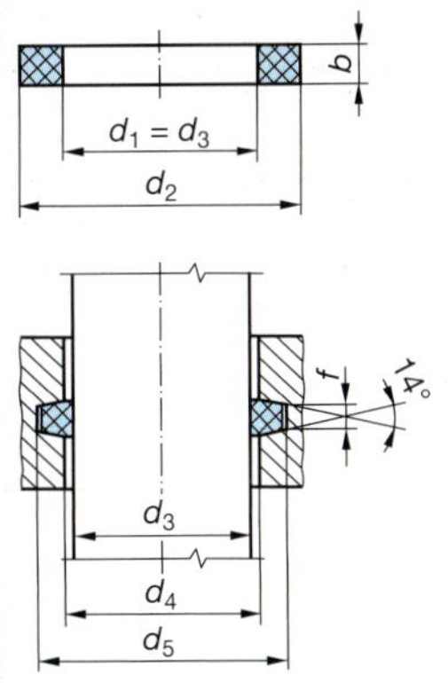

Filzhärte:

M5 für $d_1 \leq 38$ mm

F2 für $d_1 \geq 40$ mm

Filzstreifen

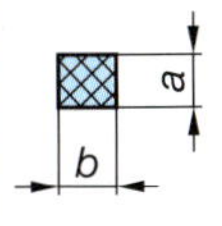

Wellen-Ø d_1	Filzring d_2	Filzring d_2 zul. Abw.	Filzring b	Nut der Welle d_3 h11	Nut der Welle d_4 H12	Nut der Welle d_5 H12	Nut der Welle f H13
17	27	± 0,5	4	17	18	28	3
20	30		4	20	21	31	3
25	37		5	25	26	38	4
28	40		5	28	29	41	4
30	42		5	30	31	43	4
35	47		5	35	36	48	4
38	50		5	38	39	51	4
40	52	± 0,6	5	40	41	53	4
45	57		5	45	46	58	4
50	66		6,5	50	51	67	5
55	71		6,5	55	56	72	5
60	76		6,5	60	61,5	77	5
65	81	± 0,7	6,5	65	66,5	82	5
70	88		7,5	70	71,5	89	6
75	93		7,5	75	76,5	94	6
80	98		7,5	80	81,5	99	6
85	103		7,5	85	86,5	104	6
90	110		8,5	90	92	111	7
100	124		10	100	102	125	8
120	144	± 0,8	10	120	122	145	8

Bezeichnungsbeispiel: **Filzring DIN 5419 - 30 - M5 oder 8x6x150-F2**
Nenndurchmesser 30 mm, Filzhärte M5

O-Ringe (Fluidtechnik), Maße beispielhaft DIN ISO 3601-1

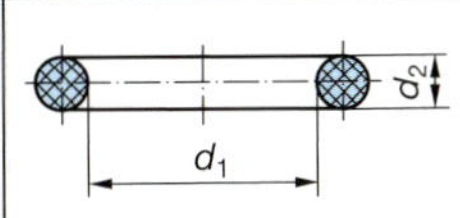

Werkstoff
NBR, FPM, EPDM, ACM, MVQ

Qualitätsmerkmale:

N
allgemeine Anforderungen

S
höhere Anforderungen an Form und Oberflächenbeschaffenheit

Nenn-Ø d_1	d_2		Nenn-Ø d_1	d_2		Nenn-Ø d_1	d_2		Nenn-Ø d_1	d_2	
4	1,8	–	**20**	2,65	3,55	**50**	3,55	5,3	**118**	3,55	5,3
5	1,8	–	**25**	2,65	3,55	**53**	3,55	5,3	**125**	3,55	5,3
6	1,8	–	**30**	2,65	3,55	**60**	3,55	5,3	**140**	3,55	5,3
8	1,8	–	**35,5**	2,65	3,55	**75**	3,55	5,3	**145**	3,55	5,3
10	1,8	–	**40**	3,55	5,3	**80**	3,55	5,3	**170**	3,55	5,3
12,5	1,8	–	**42,5**	3,55	5,3	**90**	3,55	5,3	**180**	3,55	5,3
15	1,8	2,65	**45**	3,55	5,3	**100**	3,55	5,3	**190**	3,55	5,3
18	2,65	2,65	**47,5**	3,55	5,3	**112**	3,55	5,3	> **200**	5,3	7

Bezeichnungsbeispiel: **O-Ring DIN ISO 3601-1 - 10x1,8 - S - EPDM70**
Nenndurchmesser 10 mm, Querschnittsdurchmesser 1,8 mm, Qualitätsmerkmal S für höhere Anforderungen, Werkstoff EPDM, Gummihärtegrad 70

Bewegte Abdichtung	Ruhende Abdichtung	
d_1	d_1	d_2
2,9 – 17,2	2,9 – 133	1,78
9,2 – 37,8	9,2 – 247,3	2,62
18,6 – 190,1	18,6 – 456,1	3,53
37,5 – 240,7	37,5 – 658,9	5,33
196,2 – 240,7	113,7 – 658,9	7

Maschinenelemente

Dichtelemente

O-Ringe (Fluidtechnik)

DIN ISO 3601-1

Werkstoff-Kurzzeichen	Elastomer	*b* IRHD-Härte
NBR	Nitril-Butadien-Kautschuk	50 – 80
ACM	Acryl-Kautschuk	70 – 80
EPDM	Ethylen-Propylen-Terpolymer-Kautschuk	60 – 90
FPM	Fluor-Kautschuk	85
CR	Polychloroprenkautschuk	70
VMQ	Silikon	50 – 60 Shore
FVMQ	Fluorsilikon	70 – 80 Shore
FKM	Fluorkarbon	60 – 90 Shore

IRHD
International **R**ubber **H**ardness **D**egree

Gummihärtegrad entspricht etwa der Shore-Härte A nach DIN EN ISO 868

O-Ringe, Einbaumaße

DIN ISO 3601-1

Durchmesser und Radien der Bauteile				Hydraulik (beweglich, innen und außen dichtend)				Pneumatik (beweglich, innen und außen dichtend)				Hydraulik und Pneumatik, ruhend				Hydraulik und Pneumatik, axial dichtend			
d_2		r_1	r_2	b		h		b		h		b		h		b		h	
1,8	2,65	0,3	0,2	2,4	3,6	1,3	2,0	2,2	3,4	1,4	2,1	2,4	3,6	1,3	2,0	2,6	3,8	1,28	1,97
3,55	5,3	0,6		4,8	7,1	2,8	4,3	4,6	6,9	2,9	4,5	4,8	7,1	2,7	4,0	5,0	7,3	2,75	4,24

Dichtungsarten

innen

0°...5°
r_1
r_2
$h+0{,}1$
$b+0{,}25$

außen

$b+0{,}25$
r_2
$h+0{,}1$
r_2
0...0,5

axial

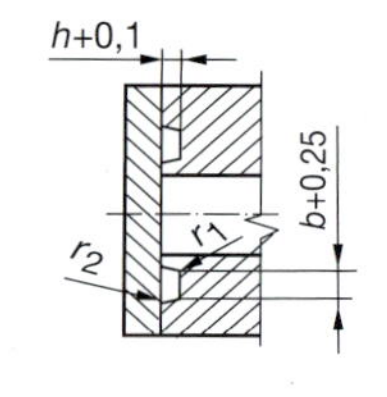

Radial-Wellendichtung (WDR)

DIN 3760

Wellen-∅ d_1 h11	Bohrung d_2 H8	b ± 0,2	d_3 [1]	Wellen-∅ d_1 h11	Bohrung d_2 H8	b ± 0,2	d_3 [1]	Wellen-∅ d_1 h11	Bohrung d_2 H8	b ± 0,2	d_3 [1]
8	22 24	7	6,6	**25**	35 47 40 52	7	22,5	**60**	75 85 80 –	8	56,1
10	22 26 25 –	7	8,4	**28**	40 52 47 –	7	25,3	**65**	85 90	10	61
12	22 30 25 –	7	10,2	**30**	40 52 42 47	7	27,3	**70**	90 95	10	65,8
14	24 30	7	12,1	**35**	47 52 50 55	7	32	**75**	95 100	10	70,7
16	30 35	7	14	**40**	52 62 55 –	7	36,8	**80**	100 110	10	75,5
18	30 35	7	15,8	**45**	60 65 62 –	8	41,6	**100**	120 130 125 –	12	95
20	30 40 35 –	7	17,7	**50**	65 72 68 –	8	46,4	**120**	150	12	114,5

[1] Anschrägung der Welle nach Wahl des Herstellers.

Masch. Elemente

Maschinenelemente

Dichtelemente

Radial-Wellendichtung (WDR) — DIN 3760

Form A

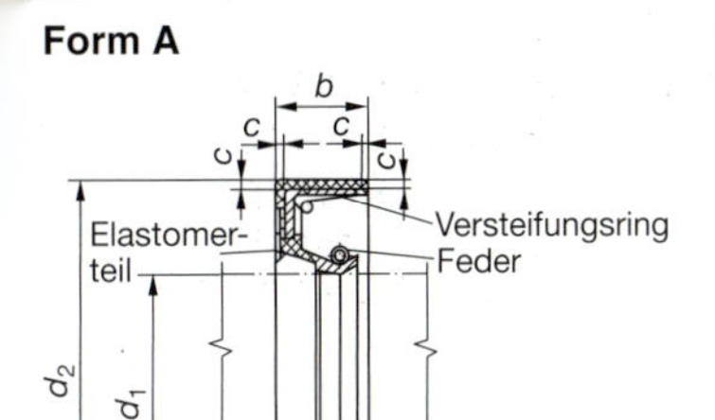

Form AS
mit Schutzlippe, gegen Verschmutzung der Dichtfläche, fehlende Maße und Angaben wie Form A

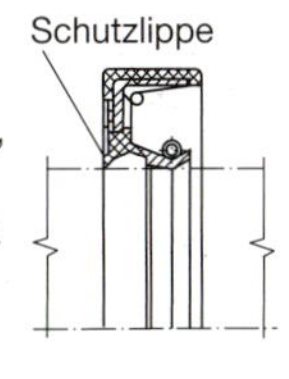

b
Kante gerundet und poliert
Z
d_2 H8
d_3
15°...25°
Y
0,6...1
5°...10° Anfasung der Bohrung
t_1
t_2
Z und Y = Einbaurichtung der Welle

Bezeichnungsbeispiel:

Wellendichtring DIN 3760 – A30×47×7 – FP:
Form A, Nenndurchmesser d_1 = 30 mm, Außendurchmesser d_2 = 47 mm, Breite b = 7 mm, Werkstoff der Schutzlippe: FP

NB Nitril-Butadien-Kautschuk
AC Acryl-Kautschuk
Si Silicon-Kautschuk
FP Flour-Kautschuk

Passfedern, Scheibenfedern, Nuten

Passfedern (hohe Form), Nuten — DIN 6885-1

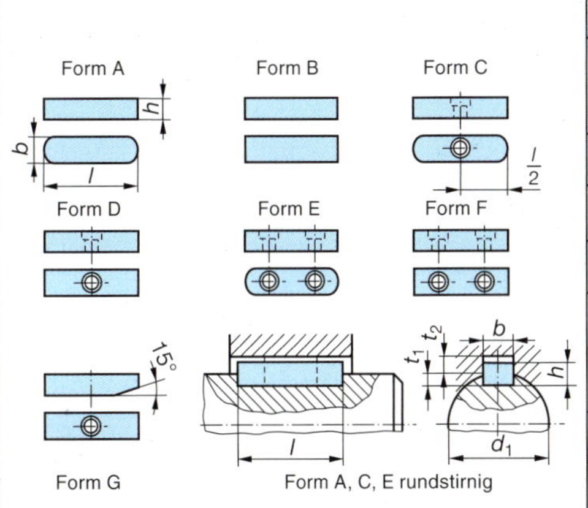

Toleranzen für Passfedernuten

Nutbreite b	Passungsart des Sitzes		
	fest	leicht	
Welle	P9	N9	
Nabe	P9	JS9	
Wellen-∅ in mm	bis 22	22 – 130	über 130
Toleranz Wellen- und Nabennuttiefe t_1, t_2	+ 0,1	+ 0,2	+ 0,3
Passfederlänge l Toleranzen Feder | Nut	bis 28 ± 0,2	32 – 80 ± 0,3	90 – 400 ± 0,5

Passfedern (hohe Form), Nuten — DIN 6885-1

Passfeder-querschnitt b	h	Wellen-∅ d_1 über – bis	Nuttiefe t_1 Welle	t_2 Nabe	l von – bis	Passfeder-querschnitt b	h	Wellen-∅ d_1 über – bis	Nuttiefe t_1 Welle	t_2 Nabe	l von – bis
4	**4**	10 – 12	2,5	1,8	8 – 45	**16**	**10**	50 – 58	6	4,3	45 – 180
5	**5**	12 – 17	3	2,3	10 – 56	**18**	**11**	58 – 65	7	4,4	50 – 200
6	**6**	17 – 22	3,5	2,8	14 – 70	**20**	**12**	65 – 75	7,5	4,9	56 – 220
8	**7**	22 – 30	4	3,3	18 – 90	**22**	**14**	75 – 85	9	5,4	63 – 250
10	**8**	30 – 38	5	3,3	22 – 110	**25**	**14**	85 – 95	9	5,4	70 – 280
12	**8**	38 – 44	5	3,3	28 – 140	**28**	**16**	95 – 110	10	6,4	80 – 320
14	**9**	44 – 50	5,5	3,8	36 – 160	**32**	**18**	110 – 130	11	7,4	90 – 360

Werkstoff	C45K nach DIN EN 10083
Längenstufungen	6, 8, 10, 2er-Stufung bis 22, 25, 28, 32, 36, 40, 45, 50, 56, 63, 70, 80, 90, 100, 110, 125, 140, 20er-Stufung bis 220, 250, 280, 40-er-Stufung bis 400
Bezeichnungsbeispiel:	**Passfeder DIN 6885 - A30x10x50** Form A, Nenndurchmesser der Welle 30 mm, Federbreite 10 mm, Federlänge 50 mm

12 x 8 x 50 -> Länge
Breite, Höhe

Maschinenelemente

Passfedern, Scheibenfedern, Nuten, Keile

Scheibenfedern, Nuten — DIN 6888

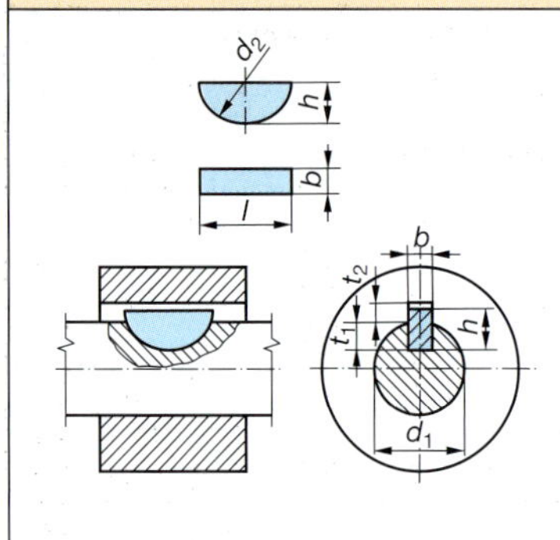

Toleranzen für Scheibenfedernuten

Nutbreite[1] b	Passungsart des Sitzes fest	leicht
Welle	P9, P8	N9, N8
Nabe	P9, P8	J9, J8

Scheibenfeder						
Breite b	bis 5	5	6	6	8	10
Höhe h	bis 7,5	über 7,5 bis 9		über 9	–	–

Toleranzen					
Wellen- und Nabennuttiefe t_1	+ 0,1	+ 0,2	+ 0,1	+0,2	
t_2	+ 0,1				+0,2

Scheibenfeder-∅ b	h	Wellen-∅ Reihe I[1] über – bis	Reihe II[2] über – bis	Feder d_2	Länge l	Nuttiefe t_1 Welle	t_2 Nabe
3	3,7	8 – 10	12 – 17	10	9,7	2,5	1,4
	5	8 – 10		13	12,7	3,8	
	6,5	–		16	15,7	5,3	
4	5	10 – 12	17 – 22	13	12,7	3,5	1,7
	6,5	10 – 12		16	15,7	5	
	7,5	–		19	18,6	6	
5	6,5	12 – 17	22 – 30	16	15,7	4,5	2,2
	7,5	12 – 17		19	18,6	5,5	
	9	–		22	21,6	7	
6	7,5	17 – 22	30 – 38	19	18,6	5,1	2,6
	9	17 – 22		22	21,6	6,6	
	11	–		28	27,4	8,6	
8	9	22 – 30	über 38	22	21,6	6,2	3
	11	22 – 30		28	27,4	8,2	
	13	–		32	31,4	10,2	
10	11	30 – 38	über 38	28	27,4	7,8	3,4
	13	30 – 38		32	31,4	9,8	
	16	–		45	43,1	12,8	
Werkstoff	E335 nach DIN 10025						

Bezeichnungsbeispiel: **Scheibenfeder DIN 6888 - 8x9**
Federbreite 8 mm, Federhöhe 9 mm

[1] Anwendung dort, wo die Scheibenfeder wie eine Passfeder verwendet wird. Übertragung des gesamten Drehmomentes.

[2] Anwendung dort, wo die Scheibenfeder nur zur Feststellung der Lage des Antriebselementes dient. Übertragung des Drehmomentes über Kegel etc.

Hohlkeile, Nasenhohlkeile, Nuten — DIN 6881, DIN 6889

Hohlkeil DIN 6881

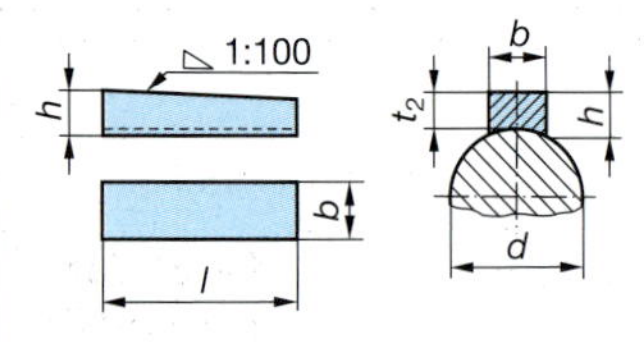

Nasenhohlkeil DIN 6889

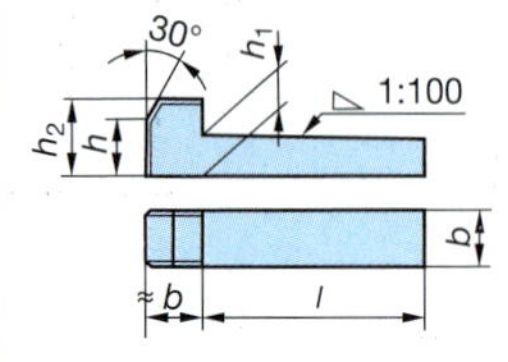

Bezeichnungsbeispiel:
Hohlkeil DIN 6881 - 16x5x80
Keilbreite 16 mm, Keilhöhe 5 mm, Keillänge 80 mm

Keilquerschnitt b D10 h9	h	Wellen-∅ d über – bis	Nuttiefe t_2 + 0,2 Nabe	Nasenhohlkeil h_1	h_2	l von – bis
8	3,5	22 – 30	3,2	3,7	7,5	20 – 90
10	4	30 – 38	3,7	4,2	8	25 – 110
12	4	38 – 44	3,7	4,2	8	32 – 140
14	4,5	44 – 50	4	4,7	9	40 – 160
16	5	50 – 58	4,5	5,2	11	45 – 180
18	5	58 – 65	4,5	5,2	11	50 – 200
20	6	65 – 75	5,5	6,2	14	56 – 220
22	7	75 – 85	6,5	7,2	15	63 – 250
25	7	85 – 95	6,5	7,2	18	70 – 280
32	8,5	110 – 130	7,9	8,8	22	90 – 355
Werkstoff	E335 nach DIN EN 10025					
Längenstufungen	20, 22, 25, 28, 32, 36, 40, 45, 50, 56, 63, 70, 80, 90, 100, 110, 125, 140, 160, 180, 200, 220, 250, 280, 315, 355, 400					

Maschinenelemente

Keile, Nuten

Einlegekeile, Treibkeile, Nasenkeile, Nuten

DIN 6886, DIN 6887, DIN 6883

Form A Einlegekeil DIN 6886

Form B Treibkeil DIN 6886

Nasenkeil DIN 6887

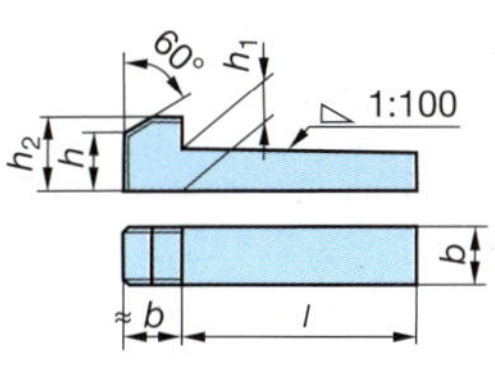

Flachkeil DIN 6883
für d > 22 bis 230 mm

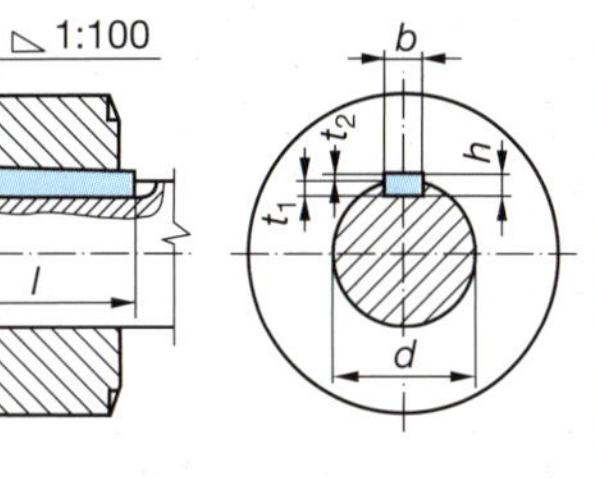

Keilquerschnitt b D10 h9	Keilquerschnitt h	Wellen-∅ d über – bis	Nuttiefe t_1 Welle	Nuttiefe t_2 Nabe	Nasenkeil h_1	Nasenkeil h_2	l von – bis
4	**4**	10 – 12	2,5	1,2	4,1	7	10 – 45
5	**5**	12 – 17	3	1,7	5,1	8	12 – 56
6	**6**	17 – 22	3,5	2,2	6,1	10	16 – 70
8	**7**	22 – 30	4	2,4	7,2	11	20 – 90
10	**8**	30 – 38	5	2,4	8,2	12	25 – 110
12	**8**	38 – 44	5	2,4	8,2	12	32 – 140
14	**9**	44 – 50	5,5	2,9	9,2	14	40 – 160
16	**10**	50 – 58	6	3,4	10,2	16	45 – 180
18	**11**	58 – 65	7	3,4	11,2	18	50 – 200
20	**12**	65 – 75	7,5	3,9	12,2	20	56 – 220
22	**14**	75 – 85	9	4,4	14,2	22	63 – 250
25	**14**	85 – 95	9	4,4	14,2	22	70 – 280
32	**18**	110 – 130	11	6,4	18,3	28	90 – 360
40	**22**	150 – 170	13	8,1	22,4	36	110 – 400

Werkstoff	E335 nach DIN EN 10025
Längenstufungen	6, 8, 10, 2er-Stufung bis 22, 25,28, 32, 36, 40, 45, 50, 56, 63, 70, 80, 90, 100, 110, 125, 140, 20er-Stufung bis 220, 250, 280, 40er-Stufung bis 400

Bezeichnungsbeispiel: **Flachkeil DIN 6883 - 16x10x100**
Keilbreite 16 mm, Keilhöhe 10 mm, Keillänge 100 mm

Toleranzen für Keile, Nasenkeile

Keillänge in mm		6 – 28		32 – 80		90 – 400	
Längentoleranzen							
Keil	Nut	– 0,2	+ 0,2	– 0,3	+ 0,3	– 0,5	+ 0,5

Wellenenden, Keilwellen-Verbindungen

Wellenenden

DIN 748-1, DIN 1448-1

Wellen-∅ d_1 k6	Gewinde-∅ DIN 1448 d_2	Gewinde-∅ DIN 1448 d_2 x P	l_1 DIN 748 lang	l_1 DIN 748 kurz	l_2 lang	l_2 kurz	l_3	R max.	t	Passfederquerschnitt b	Passfederquerschnitt h
8	M 6	–	20	–	12	–	8	0,6	1,2	2	2
10	M 6	–	23	15	15	–	8	0,6	1,8	3	3
12	–	M 8x1	30	18	18	–	12	0,6	2,5	4	4
16	–	M 10x1,25	40	28	28	16	12	0,6	3	5	5
20	–	M 12x1,5	50	36	36	22	14	0,6	3,5	6	6
25	–	M 16x1,5	60	42	42	24	18	1	4	8	7
30	–	M 20x1,5	80	58	58	36	22	1	4	8	7
35	–	M 20x1,5	80	58	58	36	22	1	5	10	8
40	–	M 24x2	110	82	82	54	28	1	5	12	8
50	–	M 36x3	110	82	82	54	28	1,6	5,5	14	9
60	–	M 42x3	140	105	105	70	35	1,6	7	18	11
80	–	M 56x4	170	130	130	90	40	1,6	9	22	14

Maschinenelemente

Wellenenden, Keilwellen-Verbindungen

Wellenenden

DIN 748-1, DIN 1448-1

Wellenende zylindrisch
DIN 748

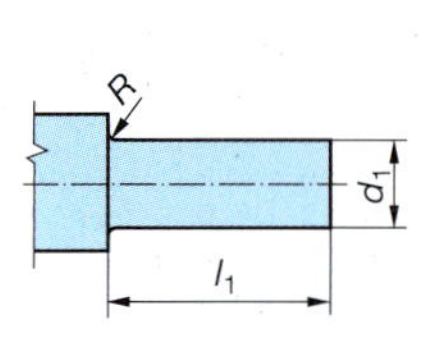

Wellenende kegelig
DIN 1448

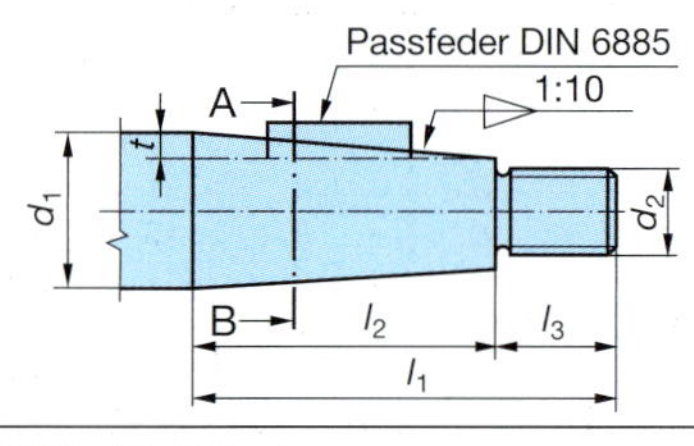

Nut, Passfeder
nach DIN 6885-1

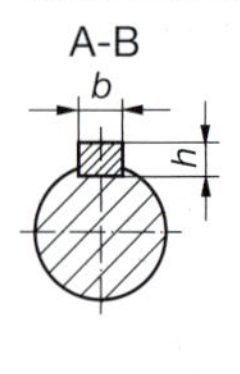

Bezeichnungs-beispiel: **Wellenende DIN 1448 - 80x170**
kegelig, Wellendurchmesser 80 mm, Länge 170 mm, lang

Keilwellen-Verbindungen mit geraden Flanken

DIN ISO 14

Welle **Nabe**

Bezeichnungsbeispiel:
Keilwelle DIN ISO 14 - 6x23x26
Anzahl der Keile: 6, Nabendurchmesser 23 mm, Außendurchmesser 26 mm

Keil-wellen-∅ *d*	leichte Reihe *N*[1)]	*D*	*B*	mittlere Reihe *N*[1)]	*D*	*B*	Keil-wellen-∅ *d*	leichte Reihe *N*[1)]	*D*	*B*	mittlere Reihe *N*[1)]	*D*	*B*
23	6	26	6	6	28	6	**46**	8	50	9	8	54	9
26	6	30	6	6	32	6	**52**	8	58	10	8	60	10
28	6	32	7	6	34	7	**56**	8	62	10	8	65	10
32	8	36	6	8	38	6	**62**	8	68	12	8	72	12
36	8	40	7	8	42	7	**72**	10	78	12	10	82	12
42	8	46	8	8	48	8	**92**	10	98	14	10	102	14

1) Bei *N* = 6: Innenzentrierung, bei *N* = 8 und *N* = 10: Innen- und Flankenzentrierung

Toleranzklassen für Keilwellen-Verbindungen

DIN 5464

Maße	Nabe: Innen-/Flanken-zentrierung	Nabe: wärmebehandelt	Welle: Innenzentrierung bewegl.	Welle: Innenzentrierung fest	Welle: Flankenzentrierung bewegl.	Welle: Flankenzentrierung fest	Verbindungsart: Gleitsitz	Verbindungsart: Übergangssitz	Verbindungsart: Festsitz
B	H9	H11	e8 h8	h6 p6	e8 h8	k6 u6	d10	f9	h10
d	H7	H7	f7	j6	–	–	f7	g7	h7
D	H10	H10	a11	a11	a11	a11	a11	a11	a11

Werkzeugkegel

Metrische Kegel, Morsekegel

DIN 228-1-2

Form A Kegelschaft mit Anzugewinde **Form B** Kegelschaft mit Austreiblappen **Form C** Kegelhülse für Kegelschäfte mit Anzuggewinde

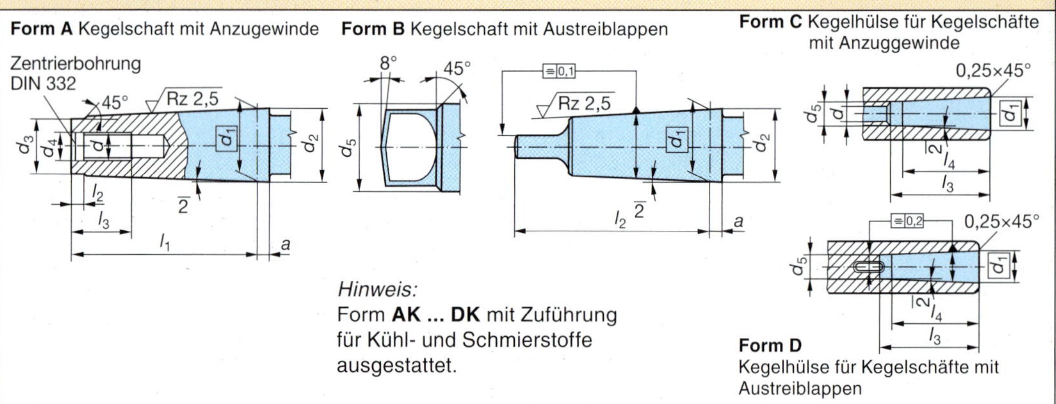

Hinweis:
Form **AK ... DK** mit Zuführung für Kühl- und Schmierstoffe ausgestattet.

Form D
Kegelhülse für Kegelschäfte mit Austreiblappen

Maschinenelemente

Werkzeugkegel

Metrische Kegel, Morsekegel

DIN 228-1-2

Kegeltyp	Größe	Kegelschaft								Kegelhülse			Verjüngung	$\frac{\alpha}{2}$
		d_4	a	d_1	d_2	d_3	d_6	l_1	l_2	d_5 H11	l_3	l_4		
metr. Kegel (ME)	4	–	2	4	4,1	2,9	–	23	–	3	25	20	1:20 = 0,05	1°25′56″
	6	–	3	6	6,2	4,4	–	32	–	4,6	34	28	1.20	1°25′56″
Morsekegel (MK)	0	–	3	9,045	9,2	6,4	6,1	50	56,5	6,7	52	45	1:19,212	1°29′27″
	1	M 6	3,5	12,065	12,2	9,4	9	53,5	62	9,7	56	47	1:20,047	1°25′43″
	2	M 10	5	17,78	18	14,6	14	64	75	14,9	67	58	1:20,020	1°25′50″
	3	M 12	5	23,825	24,1	19,8	19,1	81	94	20,2	84	72	1:19,922	1°26′16″
	4	M 16	6,5	31,267	31,6	25,9	25,2	102,5	117,5	26,5	107	92	1:19,254	1°29′15″
	5	M 20	6,5	44,399	44,7	37,6	36,5	129,5	149,5	38,2	135	118	1:19,002	1°30′36″
	6	M 24	8	63,348	63,8	53,9	52,4	182	210	54,8	188	164	1:19,180	1°29′26″
metr. Kegel (ME)	80	M 30	8	80	80,4	70,2	69	196	220	71,5	202	170	1:20 = 0,05	1°25′56″
	100	M 36	10	100	100,5	88,4	87	232	260	90	240	200	1.20	1°25′56″

Bezeichnungsbeispiel: **Kegelschaft DIN 228 - ME - B100 AT6**
Metrischer Kegel ME, Form B, Kegelschaft mit Austreiblappen, Größe 100, Toleranzqualität des metrischen Kegels AT6

Steilkegelschäfte für Werkzeuge und Spannzeuge

DIN 2080-1

Form A Steilkegelschaft mit Anzuggewinde

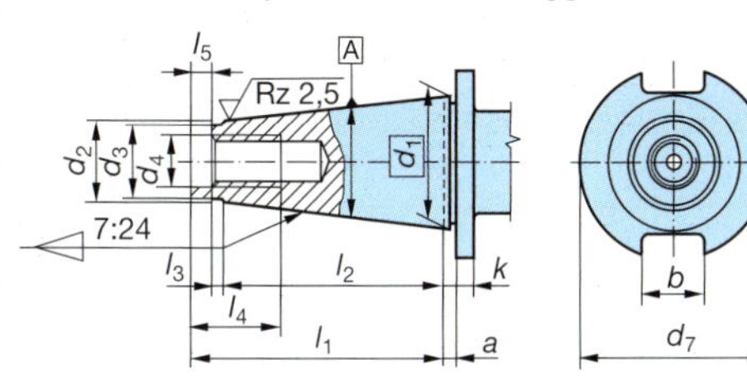

Form B Steilkegelschaft für Frontbefestigung
fehlende Maße wie Form A

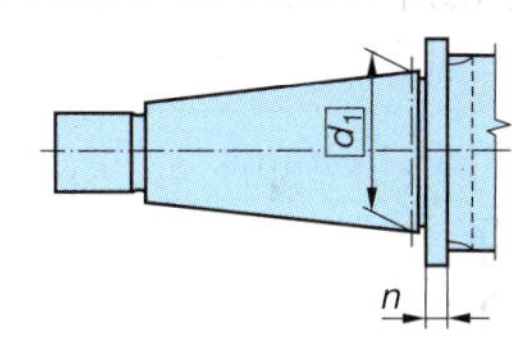

Kegel-Nr.	a ± 0,2	b H12	d_1	d_2	d_3	d_4	d_5	d_7	n	k	l_1	l_2	l_3	l_4	l_5
30	1,6	16,1	31,75	17,4	16,5	M 12	13	50	9	8	68,4	48,4	3	24	5,5
40	1,6	16,1	44,45	25,3	24	M 16	17	63	11	10	93,4	65,4	5	32	8,2
45	3,2	19,3	57,15	32,4	30	M 20	21	80	13	12	106,8	82,8	6	40	10
50	3,2	25,7	69,85	39,6	38	M 24	26	97,5	16	12	126,8	101,8	8	47	11,5
60	3,2	25,7	107,95	60,2	58	M 30	32	156	16	16	206,8	161,8	10	59	14

Bezeichnungsbeispiel: **Steilkegelschaft DIN 2080 - A60 AT4**
Form A, Kegel-Nr. 60, Toleranzqualität des Kegels AT4

Wälzlager

Bezeichnung von Wälzlagern

DIN 623-1

Lagerbezeichnung	DIN-Nr.	Vorsetzzeichen	Basiszeichen	Nachsetzzeichen	Ergänzungszeichen
Rillenkugellager	625	S	6206	2 Z	herstellerabhängig
Kegelrollenlager	720		30210	M	
Zylinderrollenlager	5412	NU	214	E	

Darstellung von Wälzlagern → 429

Masch. Elemente

Maschinenelemente

Wälzlager

Bezeichnung von Wälzlagern

DIN 623-1

Auswahl einiger Zeichen

Vorsetzzeichen (Auswahl)		Nachsetzzeichen (Auswahl)	
K	Hinweise auf besondere Bauformen, Käfig mit Wälzkörpern	**A, B, C, D**	geänderte Innenkonstruktion, z. B. vergrößerter Druckwinkel bei Kegelrollenlagern
L	freier Ring, zerlegbares Lager	**C2, CN, C3**	Radialluft kleiner (C2), größer (C3) als normal (CN)
N	Innenring mit festem Bord	**E**	verstärkte Ausführung
NU	Außenring mit festem Bord	**K, K30**	Lager mit kegeliger Bohrung, Kegel 1:12 bzw. 1:30
R	Ring mit Wälzkörpersatz	**J, M, L**	Massivkäfig aus St, MS, Al, kugelgeführt
S	nicht rostender Stahl	**P4, P5**	Lager mit besonderen Qualitätsansprüchen (ISO-Toleranzklasse 4 oder 5)
		2RS	zwei Dichtscheiben
		2Z	zwei Deckscheiben

Aufbau der Basiszeichen

Basiszeichen Kegelrollenlager [1]			30210				
Lagerart [1]	3	Breitenreihe	0	∅-Reihe	2	Bohrungskennzahl	10
		Maßreihe 02				Bohrungsdurchmesser $d = 10 \times 5$, $d = 50$ mm	
Lagerreihe 302							

[1] Lagerarten siehe Seite 864 – 867, Bezeichnungen, Kennzeichen

Kennzahlen und Bohrungsdurchmesser

Kennzahl	00	01	02	03	$d/5$
Bohrungs-∅	10	12	15	17	20 – 480

Maßreihen von Wälzlager

DIN 616

	Durchmesserreihe 0	Durchmesserreihe 2	Durchmesserreihe 3	Durchmesserreihe 4
Breitenreihe	0, 1, 2, 3, 4	0, 1, 2, 3	0, 1, 2, 3	0, 2
Maßreihe	00, 10, 20, 30, 40	02, 12, 22, 32	03, 13, 23, 33	04, 24

Maschinenelemente

Wälzlager

Auswahl und Verwendung von Wälzlagern (Auswahl)

Bauform DIN-Nummer	Verwendbar für							
	Radial-belastung	Axial-belastung in beiden Richtungen	Ausgleich von Flucht-fehlern	Eignung für hohe Dreh-zahlen	geräusch-armer Lauf	hohe Steifigkeit	Festlager	Loslager
Rillenkugellager DIN 625	+ +	+	–	+ + +	+ + +	+	+ +	+
	+ +	+	– –	– –	+	+	+ +	+
Schulterkugellager DIN 615	+	+	–	– –	+ +	+	+	– –
Schrägkugellager DIN 628	+ +	+ +	– –	+ + +[1]	+ +	+ +[2]	+ + +[2]	+[2]
Schrägkugellager zweireihig DIN 628	+ +	+ +	– –	+	–	+ +	+ +	+
Pendelkugellager DIN 630	+ +	–	+ + +	+ +	–	–	+	+
Zylinderrollenlager DIN 5412 NU, N	+ + +	– –	–	+ + +	+	+ +	– –	+ + +
NJ	+ + +	+	–	+ +	–	+ +	+	+
NUP	+ + +	+	–	+ +	–	+ +	+ +	–
Kegelrollenlager DIN 720	+ + +	+ + +	–	+ +[1]	–	+ + +[2]	+ + +[2]	–[2]
Tonnenlager DIN 635	+ + +	+	+ + +	+	–	+ +	+ +	+
Pendelrollenlager DIN 635	+ + +	+ +	+ + +	+	–	+ +	+ +	+
Axial-Rillenkugellager DIN 711	– –	+ +	+	+	–	+	+	– –
Nadellager DIN 617	+ + +	– –	– –	+ +	+		– –	+ + +

Eignung der Lager:

+ + + sehr gut + + gut + normal – mit Einschränkungen verwendbar – – nicht geeignet

[1] verminderte Eignung bei paarweisem Einbau
[2] bei paarweisem Einbau

Darstellung von Wälzlagern → 429

Maschinenelemente

Wälzlager

Toleranzklassen von Wälzlagern (Loslagern)

Lagerart	Belastungsart	Bohrung Verschiebbarkeit Belastungshöhe Lagerart	Toleranzklasse	Welle Verschiebbarkeit Wellendurchmesser *d* Belastungsfall	Toleranzklasse
Radiallager	**Punktlast**	Lager leicht verschiebbar	G7, H7	Lager leicht verschiebbar	g6, h6
	Umfangslast	Lager schwer verschiebbar	H6, J6, K7	Lager schwer verschiebbar	h5, j5, j6
		niedrige Belastung	J7, K7	$d = 0–100$ mm	j6, k6
		mittlere Belastung	M7	$d = 100–200$ mm	k6, m6
		hohe Belastung	N7	$d = 200–500$ mm	m6, n6
		sehr hohe Belastung (Stöße)	P7, R7	$d > 500$ mm	n6, p6
Axiallager	**Axiallast**	Kugellager	E8, H8	Für allgemein übliche Belastungsfälle	j6, k6
		Rollenlager	E7, G7		

Bezeichnungsbeispiel

Rillenkugellager DIN 625 - 6205

Lagerart

DIN-Nummer

Kurzzeichen

62 Maßreihe (6 Breitenreihe, 2 Durchmesserreihe)

05 Bohrungskennzahl
(Die Bohrungskennzahl mal 5 ergibt den Bohrungsdurchmesser; $d = 5 \cdot 5 = 25$ mm; gültig ab Kennzahl 04)

d D B

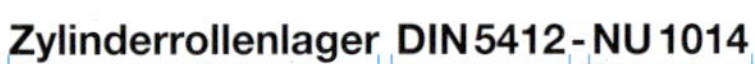
Zylinderrollenlager DIN 5412 - NU 1014

Lagerart

DIN-Nummer

NU Bauform

10 Maßreihe (1 Breitenreihe, 0 Durchmesserreihe)

14 Bohrungskennzahl ($d = 5 \cdot 14 = 70$ mm)

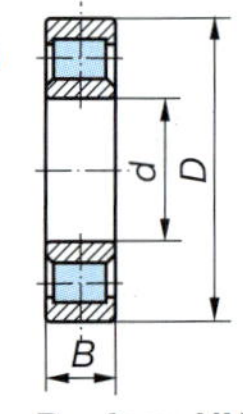

Bauform NU

Wälzlager, Bezeichnungen, Kennzeichen

DIN 623-1

Lagerart		Lagerausführung	Lagerart	Maßreihe		Lagerreihe		DIN-Nr.
Rillenkugellager		Radial-Rillenkugellager, einreihig	6 6 6 6 6 6	18 00 10 02 03 04	28 38 19 39	618 160 2) 60 2) 62 2) 63 2) 64 2)	 628 638 619 639	625-1
		Radial-Rillenkugellager, zweireihig, ohne oder mit Füllnut	4	22		42 2)		625-3
Schrägkugellager		Radial-Schrägkugellager, einreihig, ohne Füllnut, nicht zerlegbar	7 7	02 03		72 2) 73 2)		628-1
		Schrägkugellager, einreihig, geteilter Innenring, Drei- oder Vierpunktlager	QJ	02 03		QJ 2 2) QJ 3 2)		628-1

Maschinenelemente

Wälzlager

Wälzlager, Bezeichnungen, Kennzeichen

DIN 623-1

Lagerart		Lagerausführung	Lagerart	Maßreihe	Lagerreihe	DIN-Nr.
Schrägkugellager		Schrägkugellager, zweireihig, geteilter Außenring mit Trennkugeln	UK UL UM	20 02 03	UK [9] UL [9] UM [9]	628-1
		Radial-Schrägkugellager, zweireihig, ohne oder mit Füllnut	0 [1] 0 [1]	32 33	32 33	628-3
Pendelkugellager		Radial-Pendelkugellager, zweireihig	1 1 1 1	02 22 03 23	12 [2] 22 [3] 13 [2] 23 [3]	630
		Radial-Pendelkugellager, zweireihig, mit Klemmhülse	1 1	[5] [5]	115 115	630
Spannlager		Spannlager mit einseitig verbreitertem Innenring, kugelförmiger Außenringmantelfläche und exzentrischem Spannring	YEN	2	YEN 2 [4]	626-1
Zylinderrollenlager		Radial-Zylinderrollenlager, einreihig, zwei feste Borde am Innenring, bordfreier Außenring	N N N	02 03 04	N 2 [2] N 3 [2] N 4 [2]	5412-1
		Radial-Zylinderrollenlager, einreihig, zwei feste Borde am Außenring, ein fester Bord am Innenring	NJ NJ NJ NJ NJ	02 22 03 23 04	NJ 2 [2] Nj 22 NJ 3 [7] NJ 23 NJ 4 [2]	5412-1
		Radial-Zylinderrollenlager, einreihig, zwei feste Borde am Außenring, eine lose Bordscheibe am Innenring	NJP NJP	10 02	NJP 10 NJP 2 [2]	5412-1
		Radial-Zylinderrollenlager, zweireihig, drei feste Borde am Außenring, bordfreier Innenring	NNU	49	NNU 49	5412-4
		Radial-Zylinderrollenlager, einreihig, zwei feste Borde am Außenring, bordfreier Innenring	NU NU NU NU NU NU NU NU	49 10 20 02 22 03 23 04	NU 49 NU 10 NU 20 NU 2 [2] NU 22 NU 3 [2] NU 23 NU 4 [2]	5412-1
		Radial-Zylinderrollenlager, einreihig, zwei feste Borde am Außenring, bordfreier Innenring, verstärkte Ausführung (E)	NU NU NU NU NU	02 03 20 22 23	NU 2..E [2) 8] NU 3..E [2) 5] NU 20..E [8] NU 22..E [8] NU 23..E [8]	5412-1

Masch. Elemente

Darstellung von Wälzlagern → 429

Maschinenelemente

Wälzlager

Wälzlager, Bezeichnungen, Kennzeichen

DIN 623-1

Lagerart		Lagerausführung	Lagerart	Maßreihe	Lagerreihe	DIN-Nr.
Zylinderrollenlager		Radial-Zylinderrollenlager, einreihig, zwei feste Borde am Außenring, ein fester Bord und eine lose Bordscheibe am Innenring	NUP NUP NUP NUP NUP	02 22 03 23 04	NUP 2 [2)] NUP 22 NUP 3 [2)] NUP 23 NUP 4 [2)]	5412-1
		Radial-Zylinderrollenlager, zweireihig, drei feste Borde am Innenring, bordfreier Außenring	NN	30	NN 30	5412-4
		Radial-Zylinderrollenlager, zweireihig, vollrollig, nicht zerlegbar, Bordanordnung erlaubt, Übernahme axialer Kräfte in beiden Richtungen	NNC NNC	48 49	NNC 48 NNC 49	5412-9
Tonnenlager		Radial-Pendelrollenlager, Tonnenlager, einreihig	2 2 2	02 03 04	202 203 204	635-1
Pendelrollenlager		Radial-Pendelrollenlager, zweireihig	2 2 2 2 2 2 2 2	30 40 31 41 22 32 03 23	230 239 240 231 241 222 232 213 [6)] 223	635-2
Axial-Rillenkugellager		Axial-Rillenkugellager, einseitig wirkend, mit ebener Gehäusescheibe	5 5 5 5	11 12 13 14	511 512 513 514	711
		Axial-Rillenkugellager, einseitig wirkend, mit kugeliger Gehäusescheibe	5 5 5	2 [4)] 3 [4)] 4 [4)]	532 533 534	711
		Axial-Rillenkugellager, zweiseitig wirkend, mit ebener Gehäusescheibe	5 5 5	22 23 24	522 523 524 542 543/544	715
Axial-Zylinderrollenlager		Axial-Zylinderrollenlager, einseitig wirkend	8 8	11 12	811 812	722
Axial-Pendelrollenlager		Axial-Pendelrollenlager, asymmetrische Rollen	2 2 2	92 93 94	292 293 294	728
Kegelrollenlager		Kegelrollenlager, einreihig	3 3 3 3 3 3 3 3 3 3	29 20 30 31 02 22 32 03 13 23	329 320 330 331 301 322 332 303 313 323	720

Maschinenelemente

Wälzlager

Wälzlager, Bezeichnungen, Kennzeichen

DIN 623-1

Lagerart	Lagerausführung	Lagerart	Maßreihe	Lagerreihe	DIN-Nr.
Nadellager	Nadellager aus zwei Ringen, mit einem Käfig	NA	48 49	NA 48 NA 49	617
	oder ohne Innenring	RNA			ISO 1206

Fußnoten zu den Tabellen auf Seite 864 bis 867

1) Das Zeichen für Lagerart „0“ wird bei der Bildung der Zeichengruppe für die Lagerreihe unterdrückt.

2) Das Zeichen für die Breitenreihe wird bei der Bildung der Zeichengruppe für die Lagerreihe unterdrückt.

3) Das Zeichen für die Lagerart „1“ wird bei der Bildung der Zeichengruppe für die Lagerreihe unterdrückt.

4) Entspricht dem Maßplan der Durchmesserreihe.

5) Das Verhältnis von Bohrungsdurchmesser der Hülse zum Manteldurchmesser ist nicht durch den Maßplan festgelegt.

6) Die Lagerreihenbezeichnung wäre theoretisch 203. Sie ist in 213 geändert, um eine Unterscheidung von Tonnenlagern gleicher Maßreihe zu ermöglichen.

7) Sollen die Lager dieser Ausführung einschließlich zugehöriger Unterlegscheiben bezeichnet werden, dann wird dem Basiszeichen ein „U“ angehängt.

8) Es wird zur Hervorhebung einer verstärkten Ausführung benutzt, die sich durch abweichende Maße der Hüllkreisdurchmesser unterscheiden kann. Die Punkte stehen für die Bohrungskennzahl.

9) Die Zeichen für die Maßreihe werden bei der Bildung der Zeichengruppe für die Lagerreihe unterdrückt.

Bezeichnungsbeispiele:

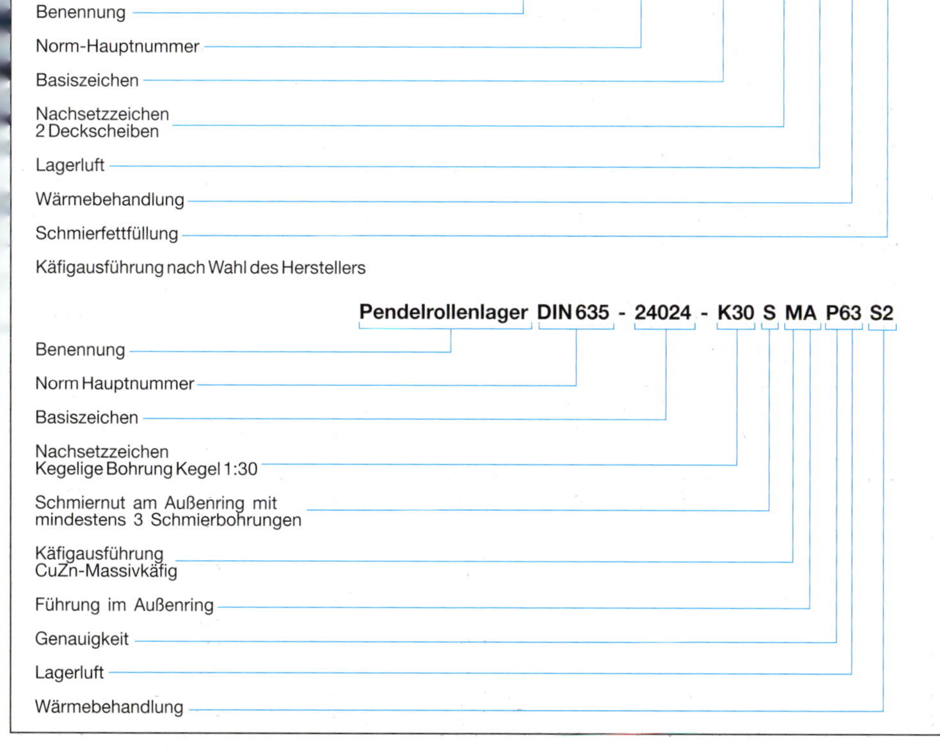

Masch. Elemente

Darstellung von Wälzlagern → 429

Maschinenelemente

Wälzlager

Axial-Rillenkugellager

DIN 711

Axial-Rillenkugellager, einseitig wirkend
Reihe 512 DIN 711

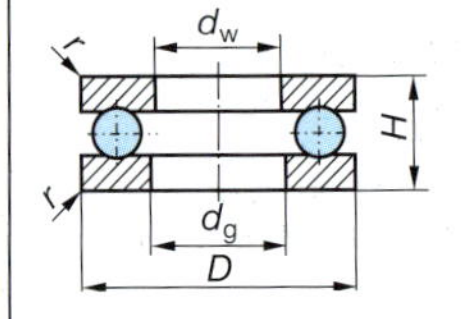

Axial-Rillenkugellager mit kugeliger Scheibe
Reihe 512 DIN 711

Einbaumaße
DIN 5418

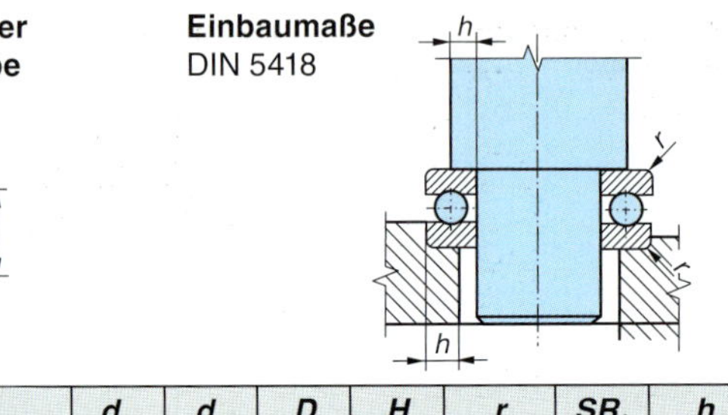

Bezeichnungsbeispiel

Axial-Rillenkugellager DIN 711 - 51208

Kurzzeichen 51208, Baureihe 512, Maßreihe 12 (1: Breitenreihe, 2: Durchmesserreihe), Bohrungskennzahl 08 (Bohrungsdurchmesser $d_w = 08 \cdot 5 = 40$ mm)

Kurzzeichen Reihe 512	Kurzzeichen Reihe 532	d_w	d_g	D	H	r max.	SR_1	h min.
51202	53202	15	17	32	12	0,6	28	4
51204	53204	20	22	40	14	0,6	36	4
51205	53205	25	27	47	15	0,6	40	6
51206	53206	30	32	52	16	0,6	45	6
51207	53207	35	37	62	18	1,0	50	7
51208	53208	40	42	68	19	1,0	56	7
51209	53209	45	47	73	20	1,0	56	7
51210	53210	50	52	78	22	1,0	64	7
51211	53211	55	57	90	25	1,0	72	9
51212	53212	60	62	95	26	1,0	72	9
51214	53214	70	72	105	27	1,0	80	9
51216	53216	80	82	140	44	1,5	112	9

Rillenkugellager, Schrägkugellager, Pendelkugellager

DIN 625-1, DIN 628-1, DIN 630-1

Rillenkugellager, einreihig
Reihe 62
DIN 625

Pendelkugellager, zweireihig
Reihe 12
DIN 630

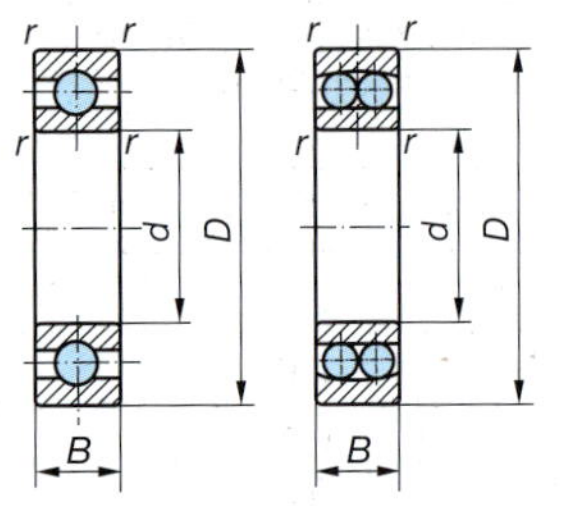

Schrägkugellager, einreihig
Reihe 72
DIN 628

Schrägkugellager, zweireihig
Reihe 32
DIN 628

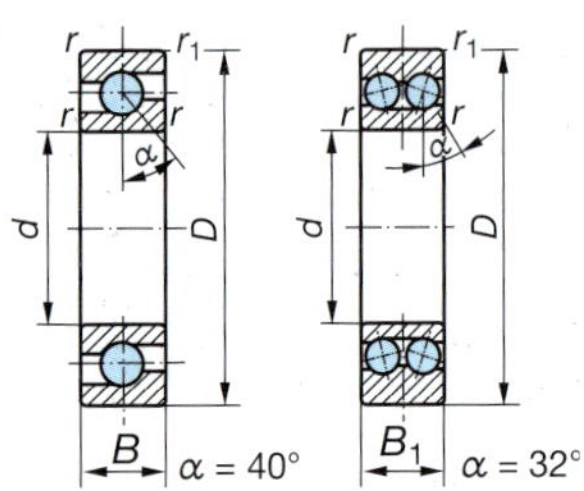

Kurzzeichen DIN 625	DIN 630	DIN 628	DIN 628	d	D	B	r	B_1	r_1
6200	1200	7200	3200	10	30	9	0,6	14	0,5
6201	1201	7201	3201	12	32	10	0,6	15,9	0,5
6202	1202	7202	3202	15	35	11	0,6	15,9	0,5
6203	1203	7203	3203	17	40	12	0,6	17,5	0,8
6204	1204	7204	3204	20	47	14	1,0	20,6	0,8
6205	1205	7205	3205	25	52	15	1,0	20,6	0,8
6206	1206	7206	3206	30	62	16	1.0	23,8	0,8
6207	1207	7207	3207	35	72	17	1,1	27	1,0
6208	1208	7208	3208	40	80	18	1,1	30,2	1,0
6209	1209	7209	3209	45	85	19	1,1	30,2	1,0
6210	1210	7210	3210	50	90	20	1,1	30,2	1,0
6211	1211	7211	3211	55	100	21	1,5	33,3	1,2
6212	1212	7211	3212	60	110	22	1,5	36,5	1,2
6213	1213	7213	3213	65	120	23	1,5	38,1	1,2
6214	1214	7214	3214	70	125	24	1,5	39,7	1,2
6216	1216	7216	3216	80	140	26	2,0	42,9	2,1
6220	1220	7220	3220	100	180	34	2,1	60,3	2,1

Gestaltung der Anschlussteile (Kurzzeichen)

Deckscheibe 1	Deckscheibe 2	Dichtscheiben 1	Dichtscheiben 2	Nut Außenring
Z	2 Z	RS, RSR	2 RS	N

Bezeichnungsbeispiel

Pendelkugellager DIN 630 - 1209

Kurzzeichen 1209, Maßreihe 12 (1: Breitenreihe, 2: Durchmesserreihe), Bohrungskennzahl 09 (Bohrungsdurchmesser $d = 09 \cdot 5 = 45$ mm)

Maschinenelemente

Wälzlager

Kegelrollenlager

DIN 720, DIN 5418

Kegelrollenlager
Reihe 302
DIN 720

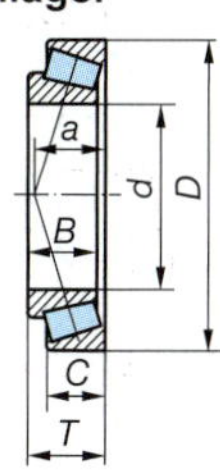

Einbaumaße

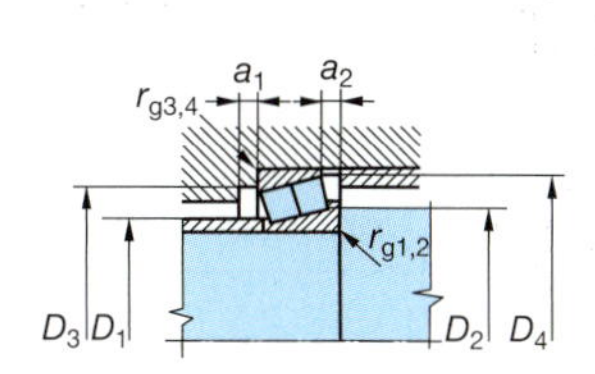

Bezeichnungsbeispiel

Kegelkugellager DIN 720 - 30208
Kurzzeichen 30208, Baureihe 302,
Maßreihe 02 (0: Breitenreihe,
2: Durchmesserreihe), Bohrungskennzahl 08
(Bohrungsdurchmesser $d = 08 \cdot 5 = 40$ mm)

Kurzzeichen	d	D	B	C	T	$a \approx$	r	r_1	Lagerreihe 302, Einbaumaße								
									D_1 max.	D_2 min.	D_3 min.	D_3 max.	D_4 min.	a_1 min.	a_2 min.	r_g 1; 2	r_g 3; 4
39204	20	47	14	12	15,25	11	1,0	1,0	27	26	40	41	43	2	3	1	1
30205	25	52	15	13	16,25	13	1,0	1,0	31	31	44	46	48	2	3	1	1
30206	30	62	16	14	17,25	14	1,0	1,0	37	36	53	56	57	2	3	1	1
30207	35	72	17	15	18,25	15	1,5	1,5	44	42	62	65	67	3	3	1,5	1,5
30208	40	80	18	16	19,75	17	1,5	1,5	49	47	69	73	74	3	3,5	1,5	1,5
30209	45	85	19	17	20,75	18	1,5	1,5	54	52	74	78	80	3	4,5	1,5	1,5
30210	50	90	20	18	21,75	20	1,5	1,5	58	57	79	83	85	3	4,5	1,5	1,5
30211	55	100	21	19	22,75	21	2,0	1,5	64	64	88	91	94	4	4,5	2	1,5
30212	60	110	22	20	23,75	22	2,0	1,5	70	69	96	101	103	4	4,5	2	1,5
30213	65	120	23	21	24,75	23	2,0	1,5	77	74	106	111	113	4	4,5	2	1,5
30214	70	125	24	22	26,25	25	2,0	1,5	81	79	110	116	118	4	5	2	1,5
30215	75	130	25	23	27,25	27	2,0	1,5	86	84	115	121	124	4	5	2	1,5
30216	80	140	26	24	28,25	28	2,5	2,0	91	90	124	130	132	4	6	2,5	2
30218	90	160	30	26	32,50	32	2,5	2,0	103	100	140	150	150	5	6,5	2,5	2
30220	100	180	34	29	37	36	3,0	2,5	116	112	157	168	168	5	8	3	2,5

Zylinderrollenlager, Einbaumaße

DIN 5418

Rundungen und Schulterhöhen für Radial- und Axiallager

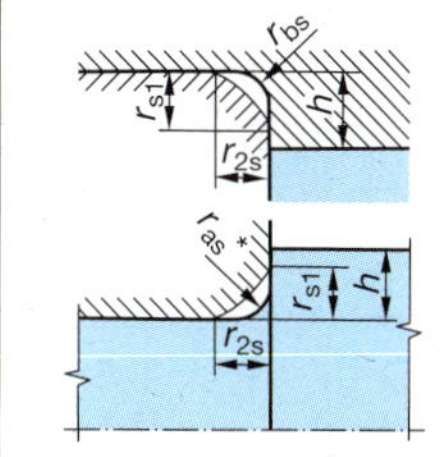

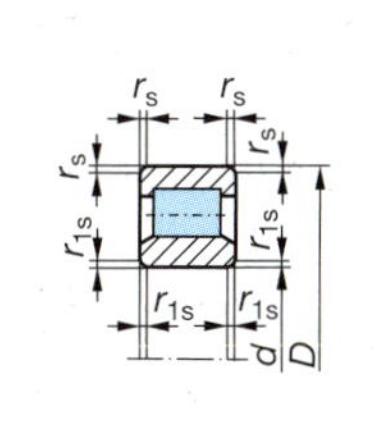

Form N

Form NU

ohne Bord

mit festem Bord

Kantenabstand am Lager r_{1s}, r_{2s} min.	für Hohlkehle an Welle und Gehäuse r_{sa}, r_{bs} [1) 3)] max.	Schulterhöhe für Welle und Gehäuse h_{min} [2)] Durchmesserreihe [3)] nach DIN 5416		
		8, 9, 0	1, 2, 3	4
0,1	0,1	0,3	0,6	–
0,15	0,15	0,4	0,7	–
0,2	0,2	0,7	0,9	–
0,3	0,3	1	1,2	–
0,6	0,6	1,6	2,1	–
1,1	1	2,3	2,8	–
1,1	1	3	3,5	4,5
1,5	1,6 [1)]	3,5	4,5	5,5
2	2	4,4	5,5	6,5
2,1	2,1	5,1	6	7
3	2,5	6,2	7	8
4	3	7,3	8,5	10

[1)] Für Radial- und Axiallager. Maß 1,6 bei Anwendungen von Freistichen nach DIN 505.

[2)] Die Werte sind nicht mehr Bestandteil der Norm.

[3)] Bei Freistich Form F nach DIN 509 muss gelten: $h - h_1 \geq h_{min} - r_{1s}$ max. h_{min}.

Darstellung von Wälzlagern → 429

Maschinenelemente

Wälzlager

Zylinderrollenlager

DIN 5412-1

Bauformen:

N NU

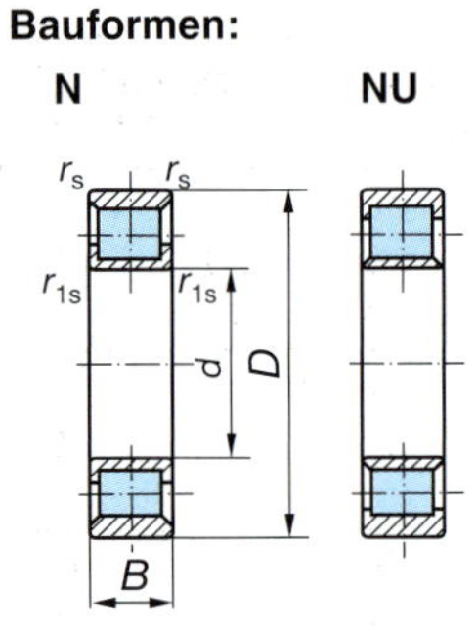

Bauformen:

NJ NUP

Kurzzeichen	Maßreihe 02 d	d	B	r_s	r_{1s}	h_1	h_2	Maßreihe 03 D	B	r_s	r_{1s}	h_1 [2]	h_2 [2]
203	17	40	12	0,6	0,3	2,1	1,2	47	14	1	0,6	2,8	2,8
204	20	47	14	1	0,6	2,8	2,1	52	15	1,1	0,6	3,5	2,8
205	25 [1]	52 [1]	15	1	0,6	2,8	2,1	62	17	1,1	1,1	3,5	2,8
206	30	62	16	1	0,6	2,8	2,1	72	19	1,1	1,1	3,5	2,8
207	35	72	17	1	0,6	2,8	2,1	80	21	1,5	1,1	4,5	2,8
208	40	80	18	1,1	1,1	3,5	3,5	90	23	1,5	1,5	4,5	5,5
209	45	85	19	1,1	1,1	3,5	3,5	100	25	1,5	1,5	4,5	5,5
210	50	90	20	1,1	1,1	3,5	3,5	110	27	2	2	5,5	5,5
211	55	100	21	1,5	1,1	4,5	3,5	120	29	2	2	5,5	5,5
212	60	110	22	1,5	1,5	4,5	4,5	130	31	2,1	2,1	6	5,5
213	65	120	23	1,5	1,5	4,5	4,5	140	33	2,1	2,1	6	5,5
214	70	125	24	1,5	1,5	4,5	4,5	150	35	2,1	2,1	6	5,5
215	75	130	25	1,5	1,5	4,5	4,5	160	37	2,1	2,1	6	5,5
216	80	140	26	2	2	5,5	5,5	170	39	2,1	2,1	6	5,5
217	85	150	28	2	2	5,5	5,5	180	41	3	3	7	7
218	90	160	30	2	2	5,5	5,5	190	43	3	3	7	7
220	100	180	34	2,1	2,1	6,0	6,0	215	47	3	3	7	7

[1] Bauform nicht genormt NUP

[2] h_1, h_2 siehe Seite 879

Bezeichnungsbeispiel: **Zylinderrollenlager DIN 5412 - N 212**
Kurzzeichen N 212, Bauform N, Maßreihe 2,
Bohrungskennzahl 12
Bohrungsdurchmesser $d = 12 \cdot 5 = 60$ mm

Tonnenlager, Pendelrollenlager

DIN 635-1-2

Tonnenlager, einreihig
Reihe 203
DIN 635 T1

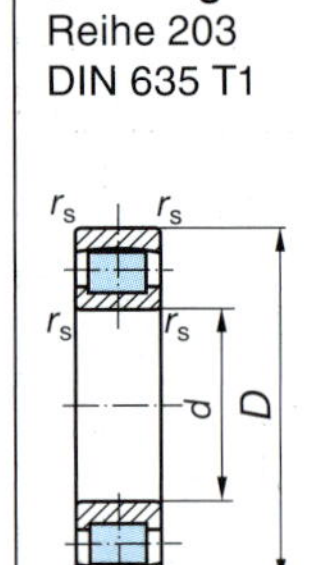

Pendelrollenlager, zweireihig
Reihe 213
DIN 635 T1

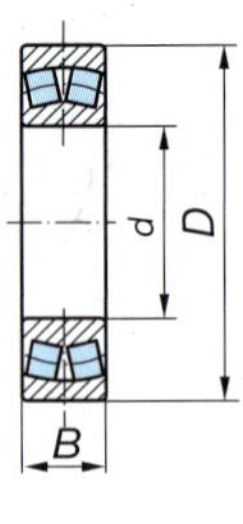

Kurzzeichen DIN 635-1	DIN 635-2	d	D	B	r_s
20304	**21304**	20	52	15	2
20305	**21305**	25	62	17	2
20306	**21306**	30	72	19	2
20307	**21307**	35	80	21	2,5
20308	**21308**	40	90	23	2,5
20309	**21309**	45	100	25	2,5
20310	**21310**	50	110	27	3
20311	**21311**	55	120	29	3
20312	**21312**	60	130	31	3,5
20311	**21311**	70	150	35	3,5
20316	**21316**	80	170	39	3,5
20320	**21320**	100	215	47	4

Bezeichnungsbeispiel: **Tonnenlager DIN - 20312**
Kurzzeichen 20312, Baureihe 203, Maßreihe 03
(0: Breitenreihe, 3: Durchmesserreihe),
Bohrungskennzahl 12
(Bohrungsdurchmesser $d = 12 \cdot 5 = 60$ mm)

Maschinenelemente

Wälzlager

Nadellager

DIN 617

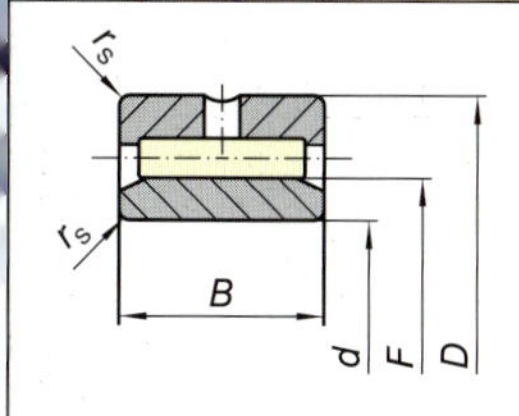

Einbaumaße nach DIN 5418

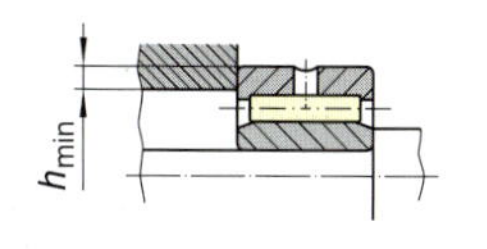

d	D	F	r_s	h min.	Reihe NA49 B		Reihe NA 69 B[1)]	
20	37	25	0,3	1	17	04	30	04
25	42	30	0,3	1	17	05	30	05
30	47	35	0,3	1	17	06	30	06
35	55	42	0,6	1,6	20	07	36	07
40	62	48	0,6	1,6	22	08	40	08
45	68	52	0,6	1,6	22	09	40	09
50	72	58	0,6	1,6	22	10	40	10
55	80	63	1	2,3	25	11	45	11
60	85	68	1	2,3	25	12	45	12
65	90	72	1	2,3	25	13	45	13
70	100	80	1	2,3	30	14	54	14
75	105	85	1	2,3	30	15	54	15

1) doppelreihig ab NA 6907

Gleitlager

Buchsen für Gleitlager aus Cu-Legierungen

DIN ISO 4379

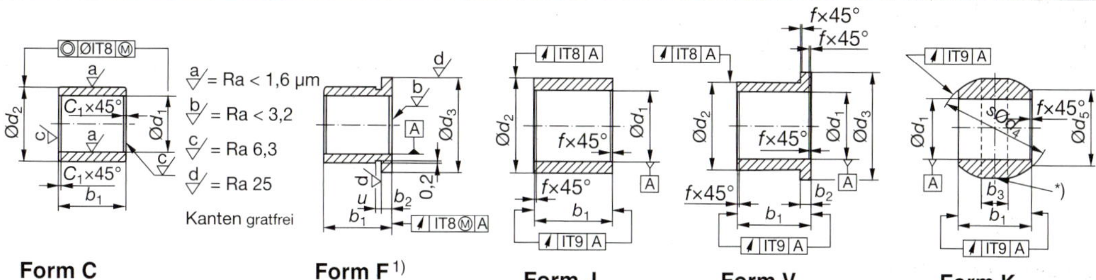

Form C **Form F** [1)] **Form J** **Form V** **Form K**

1) sonstige Maße und Einzelheiten wie Form C

Maße Form C									Maße Form K					
d_1	d_2 s6			b_1 h13			Fasen 45° C_1, C_2 max.	Fasen 15° C_1 max.	d_1 H6	d_4 h11	d_5 ≈	c_{max}	f_{max}	b_1
20	23	24	26	15	20	30	0,5	2	**1**	3	2,2	0,7	0,2	2
25	28	30	32	20	30	40	0,5	2	**2**	5	4	1,2	0,3	3
30	34	36	38	20	30	40	0,5	2	**3**	8	5,3	2	0,3	6
35	39	41	45	30	40	50	0,8	3	**5**	12	7,9	3,5	0,3	9
40	44	48	50	30	40	60	0,8	3	**7**	16	11,6	4	0,3	11
45	50	53	55	30	40	60	0,8	3	**8**	16	11,6	4	0,3	11
50	55	58	60	40	50	60	0,8	3	**9**	18	13,4	4,5	0,4	12
60	65	70	75	40	60	80	0,8	3	**10**	18	13,4	4,5	0,4	12
70	75	80	85	50	70	90	1	4	**12**	22	16,1	4,5	0,4	15
80	85	90	95	60	80	100	1	4	**15**	27	18,1	6	0,4	20
90	100	105	110	60	80	120	1	4	**18**	30	22,4	7	0,4	20
100	110	115	120	80	100	120	1	4	**20**	36	25,9	8	0,4	25

Maschinenelemente

Gleitlager

Buchsen für Gleitlager aus Cu-Legierungen

DIN ISO 4379

Maße Form J

d_1	d_2 r6		b_1			f_{max}	
	Reihe					Reihe	
G7	a	b	js13			a	b
1	3	–	1	2	–	0,2	–
1,5	4	–	1	2	–	0,2	–
2	5	–	2	3	–	0,3	–
2,5	6	–	2	3	–	0,3	–
3	6	5	3	4	–	0,3	0,2
4	8	7	3	4	6	0,3	0,3
5	9	8	4	5	8	0,3	0,3
6	10	9	4	6	10	0,3	0,3
7	11	10	5	8	10	0,3	0,3
8	12	11	6	8	12	0,3	0,3
9	14	12	6	10	14	0,4	0,3
10	16	14	8	10	16	0,4	0,3

Maße Form V

d_1	d_2	d_3	b_1			f_{max}	r_{max}
G7	r6	js13	js13				
1	3	5	2	–	–	0,2	0,3
1,5	4	6	2	–	–	0,3	0,3
2	5	8	3	–	–	0,3	0,3
2,5	6	9	3	–	–	0,3	0,3
3	6	9	4	–	–	0,3	0,3
4	8	12	3	4	6	0,3	0,3
5	9	13	4	5	8	0,3	0,3
6	10	14	4	6	10	0,3	0,3
7	11	15	5	8	10	0,3	0,3
8	12	16	6	8	12	0,3	0,3
9	14	19	6	10	14	0,4	0,6
10	16	22	8	10	16	0,4	0,6

Bezeichnungsbeispiel: **Buchse ISO 4379 - C18x22x20 Y - CuSn 8 P**

Buchsen für Gleitlager aus Kunstkohle

DIN 1850-4

d_1 = 3 bis 100 m, Kunstkohle

Form M **Form N**

d_1	d_2	d_3	b	$f = r$	d_1	d_2	d_3	b	$f = r$
3	9	12	2	0,2	**12**	18	22	4	0,3
4	10	13	2	0,2	**14**	20	25	4	0,3
6	12	16	3	0,2	**16**	22	28	5	0,4
8	14	18	3	0,3	**18**	24	30	5	0,4
10	16	20	3	0,3	**20**	26	32	5	0,4

Bezeichnungsbeispiel: **Buchse DIN 1850 - M18 D8x24xz8x18**

Buchsen für Gleitlager aus Kunststoff

DIN 1850-1, DIN 1850-6

Thermoplast d_1 = 6 bis 200 mm

Form S **Form T**

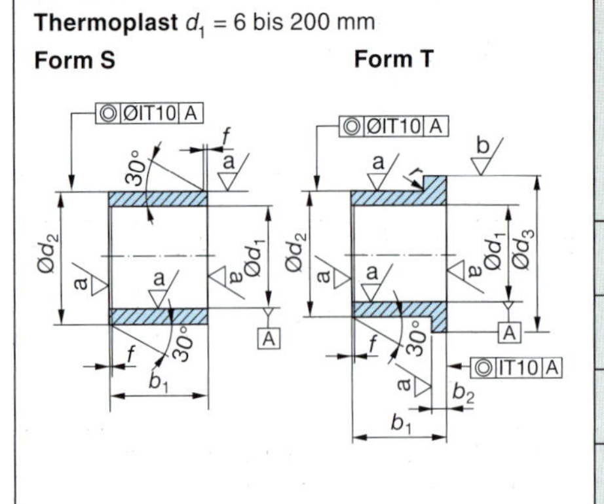

d_1 Nennmaß	d_2 Nennmaß	Grenzabmaße Toleranzgruppe		d_3	b_1			b_2	f max.	r ≈
D12		A	B	d13	h13			h13		
6	12	+0,21 +0,07	zb11	14	6	10	–	3	0,5	0,3
10	16	+0,27 +0,09		20	6	10	–	3	0,5	0,3
20	26	+0,45 +0,15		32	15	20	30	3	0,8	0,5
30	38	+0,60 +0,20		44	20	30	40	4	0,8	0,5
35	45	+0,69 +0,23		50	30	40	50	5	1,2	0,8
45	55	+0,90 +0,30		63	30	40	60	5	1,2	0,8

Masch. Elemente

Maschinenelemente

Gleitlager

Buchsen für Gleitlager aus Kunststoff

DIN 1850-1, DIN 1850-6

d_1 Nennmaß D12	d_2 Nennmaß	d_2 Grenzabmaße Toleranzgruppe A	d_2 Grenzabmaße Toleranzgruppe B	d_3 d13	b_1 h13			b_2 h13	f max.	r ≈
60	75	nach Verein-barung	zb11	83	40	60	80	7,5	1,2	0,8
80	95			105	60	80	100	7,5	1,5	1
100	120		za11	130	80	100	120	10	1,5	1
120	140			150	100	120	150	10	1,5	1

Duroplast d_1 = 3 bis 250 mm

Form P **Form R**

d_1	d_2	d_3 d13	b_1 js13			b_2	f_{max} r_{max}
3	6	9	3	4	–	1,5	0,2
4	8	12	4	6	–	2	0,2
5	9	13	4	6	–	2	0,2
6	10	14	6	10	–	2	0,3
8	12	16	6	10	–	2	0,3
10	16	20	6	10	–	3	0,3
12	18	22	10	15	20	3	0,5
14	20	25	10	15	20	3	0,5
15	21	27	10	15	20	3	0,5
16	22	28	12	15	20	3	0,5
18	24	30	12	20	30	3	0,5
20	26	32	15	20	30	3	0,5

Bezeichnungsbeispiel: **Buchse DIN 1850 - P20x20 - FS 74**

Schmiernippel

Kegelschmiernippel

DIN 71412

Form A **Form B** **Form C** **selbstformendes Gewinde**

Form	d	s h13	Form	d	l	s	Form	d	l	s
A	M 6 M 8x1 M 10x1	7 9 11	**B**	M 6 M 8x1 M 10x1	10 10 11	9 9 11	**C**	M 6 M 8x1 M 10x1	14,3 14,3 15,3	9 9 11

Werkstoff	Stahl (St) – verzinkt, Messing (MS)
Festigkeitsklasse	5.8 nach DIN EN ISO 898
Ausführung	verzinkt, Kopf gehärtet (Oberflächenhärte nach DIN EN ISO 6507-1, min. 550 HV für Schmiernippel mit metrischem Gewinde und Whitworth-Rohrgewinde, min. 650 HV bei selbstformendem Gewinde). Die Verschlusskugel muss annähernd bündig mit der Oberfläche des Kopfes abschließen.

Das *Innengewinde* zur Aufnahme eines Kegelschmiernippels ist zylindrisch: metrisches Gewinde DIN 13-1 bzw. metrisches Gewinde DIN 13-5.

Maschinenelemente

Schmiernippel, Kugelöler

Flachschmiernippel — DIN 3404

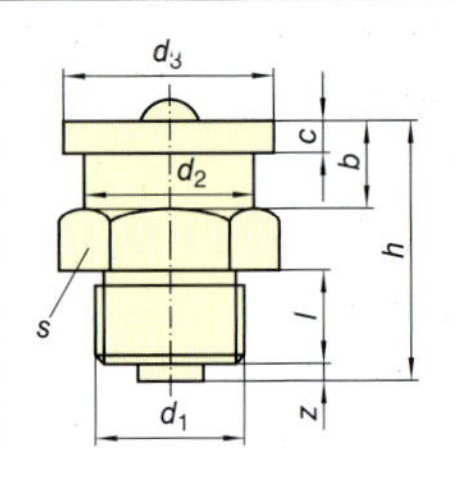

Bezeichnungsbeispiel:
Flachschschmiernippel DIN 3404 - A M16x1,5 - St
Gewinde M10x1, Stahl

Kurzzeichen	d_1	b	c	d_2	d_3	h_{max}	l	s	r
A M10x1	M10x1	6,5	2	12	16	17,6	5,5	17	1
A M16x1,5	M16x1,5	8,5	2	18	22	23,1	7,5	22	1,5
A G1/8	G1/8	6,5	2	12	16	17,6	5,5	17	1
A G1/4	G1/4	6,5	2	12	16	17,6	7,5	17	1
A G3/8	G3/8	8,5	2	18	22	23,1	7,5	22	1,5
Werkstoff	Stahl, verzinkt 5.8, nicht rostender Stahl, Ms								

Bei Neuanlagen sollen keine Rohrgewinde verwendet werden.

Staufferbuchsen — DIN 3411

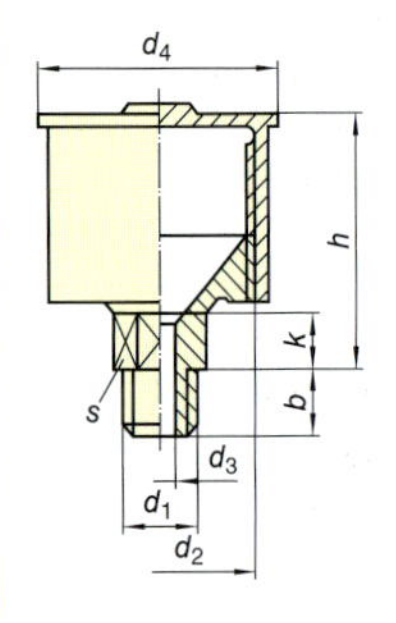

Bezeichnungsbeispiel:
Staufferbuchse DIN 3411 - B2M-St
Form B, Größe 2,
metr. Gewinde, Stahl

Größe	d_1		d_2	d_3	d_4	b	h	k	s
00	–	M6	M10x1	2	14	6	26	6	7
0	G1/8	M8x1	M12x1	2,5	16	8	30	7	10
1	G1/8	M10x1	M16x1	3	24	9	35	7	12
2	G1/4	M12x1,5	M22x1	4	28	11	38	10	17
3	G1/4	M12x1,5	M30x1,5	4	38	11	42	10	17
4	G1/4	M12x1,5	M36x1,5	4	45	11	45	10	17
5	G1/4	M12x1,5	M48x1,5	4	58	11	52	10	17
Werkstoff	Stahl								

Form A: Kappe und Unterteil gezogen (Größe 1–5), **Form B**: Kappe und Unterteil gedreht (Größe 00–1),
Form D: Kappe gezogen, Unterteil gedreht (Größe 2–5)

Einschlag-Kugelöler — DIN 3410

Form F

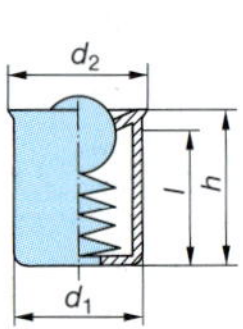

Bezeichnungsbeispiel:
Öler DIN 3410 F6 M6 - St
oder **Öler DIN 3410 C3 - 6 - St**

Kurzzeichen	d_1 [1]	d_2	l	h	Kurzzeichen	d_1 [1]	d_2	l	h
F4	4	4,5	3	5	**F10**	10	11	9,5	11,5
F6	6	6,5	5	7	**F14**	14	15	14,5	16,5
F8	8	9	7	9	**F16**	16	17	15	18

Werkstoff (bei Bestellung angeben)
Gehäuse: St = Stahl DIN EN 10025,
Ms = Kupfer-Zink-Gusslegierung nach DIN EN 1982
Federn: Stahl DIN EN 10270-1, Sorte nach Wahl des Herstellers
Kugeln: Stahl (St)

- Die Enden der Einschraubzapfen sind unter 45° bis auf den Gewinde-Kerndurchmesser gefast.
- Gewindelänge der Einschraublöcher für M 5 und M 6: 8 mm (für Feingewinde nach DIN 3852).

[1] Wird mit Übermaß geliefert, um eine einwandfreie Aufnahme in eine Bohrung mit dem Toleranzfeld H11 zu gewährleisten. Wenn Öler mit toleriertem Einschlagzapfen d_1 gewünscht werden, ist dies gesondert zu vereinbaren.

Maschinenelemente

Federn

Zylindrische Schraubendruckfedern — DIN EN 15800, DIN 2098-1-2

Federkräfte und Federlängen

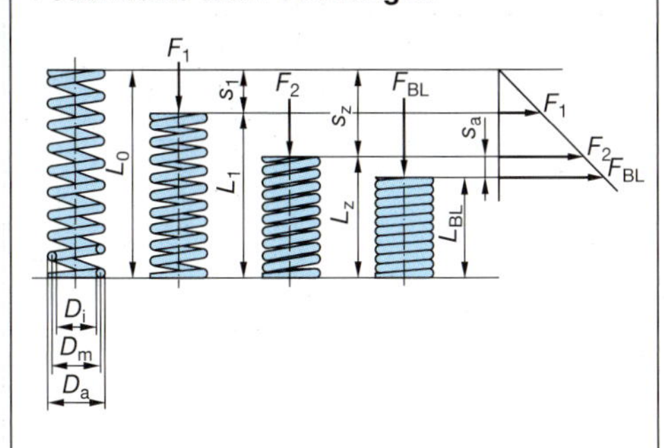

Korrekturbeiwert *x* in Abhängigkeit vom Wickelverhältnis *w*

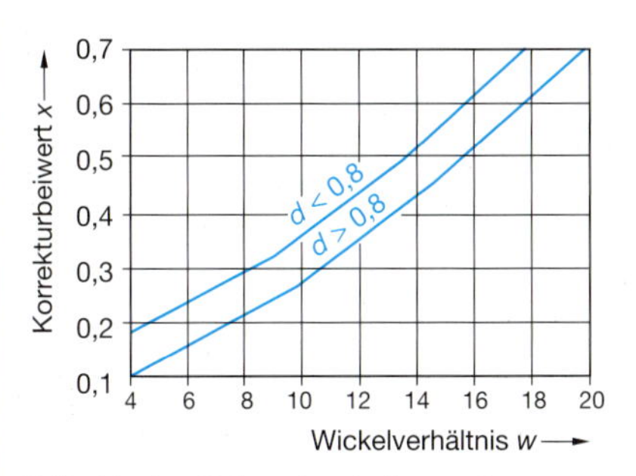

Zylindrische Schraubenfedern mit Kreisquerschnitt

$$R = \frac{F_2 - F_1}{s}$$

$$R = \frac{G \cdot d^4}{8 \cdot i_f \cdot D_m^3}$$

$$D_m = \frac{D_i + D_a}{2}$$

$$D_m = \frac{R}{p}$$

$$w = \frac{D_m}{d}$$

$$L_z = L_{BL} + s_a$$

$$L_{BL} = i_g \cdot d$$

Für kaltgeformte Federn mit plangeschliffenen und angelegten Enden

$$s_a = d \cdot i_f \cdot x$$

R	Federrate	N/mm
F_1, F_2	Federkraft	N
F_{BL}	Blockkraft	N
s	Federweg, Federhub	mm
s_a	Sicherheitsabstand	mm
s_z	max. zul. Federweg	mm
d	Drahtdurchmesser	mm
D_i	Innendurchmesser	mm
D_a	Außendurchmesser	mm
D_m	mittlerer Windungsdurchmesser	mm
L_z	zul. Federlänge (unter Last)	mm
L_{BL}	Blocklänge	mm
L_0	Ausgangslänge	mm
i_f	Anzahl der federnden Windungen	
i_g	Gesamtzahl der Windungen	
p	Anpressdruck	N/mm²
w	Wickelverhältnis	
x	Korrekturbeiwert	
G	Schubmodul (Gleitmodul)	N/mm²

Zylindrische Schraubenzugfedern — DIN 2097

Federkräfte und Federlängen

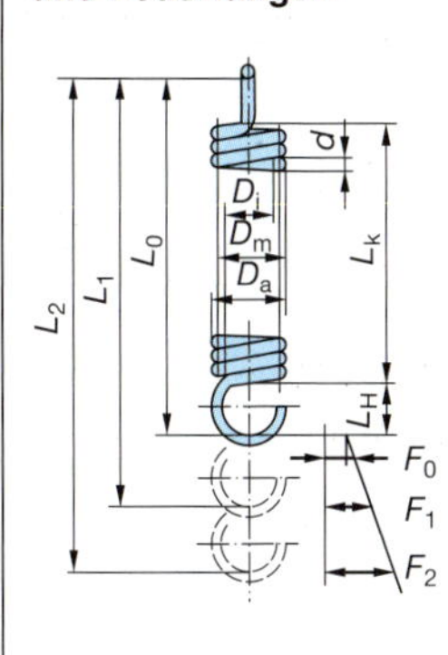

Bei Vorspannung

$$R = \frac{F_2 - F_1}{s} = \frac{F - F_0}{s}$$

$$R = \frac{G \cdot d^4}{8 \cdot i_f \cdot D_m^3}$$

$$w = \frac{D_m}{d}$$

$$D_m = \frac{D_i + D_a}{2}$$

$$L_k = d \cdot (i_f + 1)$$

$$L_H = k_H \cdot D_i$$

$$L_0 = L_k + 2 \cdot L_H$$

$$i_f = i_g$$

R	Federrate	N/mm
F_1, F_2	Federkraft	N
F_0	Vorspannkraft	N
s	Federweg, Federhub	mm
d	Drahtdurchmesser	mm
D_i	Innendurchmesser	mm
D_a	Außendurchmesser	mm
D_m	mittlerer Windungsdurchmesser	mm
L_0	Ausgangslänge	mm
L_k	Länge des Federkörpers, unbelastet, aber mit Vorspannung	mm
L_H	Höhe der Ösen (innen)	mm
i	Anzahl der federnden Windungen (i_f entspricht i_g)	
i_g	Gesamtzahl der Windungen	
k_H	Korrekturbeiwert für Ösen	
w	Wickelverhältnis	
G	Schubmodul (Gleitmodul) ≈ 81 000 N/mm²	N/mm²

Masch. Elemente

Darstellung von Federn → 430

Maschinenelemente

Federn

Korrekturbeiwert k_H

Deutsche Öse					Hakenöse		engl. Öse
halbe deutsche Öse	ganze deutsche Öse	doppelte deutsche Öse	ganze deutsche Öse, seitlich hochgestellt	doppelte Öse, seitlich hochgestellt	normale Öse	normale Öse, seitlich hochgestellt, Hakenöse	geschlossene Öse
$k_H \approx 0{,}5$	$k_H \approx 0{,}8$	$k_H \approx 0{,}8$	$k_H \approx 1$	$k_H \approx 1$	$k_H \geq 1$	$k_H \geq 1$	$k_H \approx 1$

Zylindrische Schraubendruckfedern — DIN 2098-1

d	D_m	D_h	D_d	F_z	$i_f = 3{,}5$			$i_f = 5{,}5$			$i_f = 8{,}5$		
		min.	max.	N	L_0	s_z	R N/mm²	L_0	s_z	R N/mm²	L_0	s_z	R N/mm²
0,5	6,3	7,5	5,3	6,7	13,5	9,2	0,74	20	14	0,47	30	21,3	0,31
	4	5	3,1	9,5	7	3,3	2,89	10	4,9	1,85	15	7,9	1,19
	2,5	3,4	1,7	10,6	4,4	0,9	11,8	6,1	1,4	7,57	8,7	2,2	4,89
0,8	10	11,6	8,6	15,7	20	13,1	1,22	30	20,2	0,77	45,5	31,2	0,5
	6,3	7,7	5	24,5	10,5	4,9	4,86	15,5	7,8	3,09	23	12,1	2
	4	5,3	2,8	32,5	6,9	1,7	18,9	9,7	2,7	12,1	14	4,2	7,82
1	12,5	14,4	10,8	22,4	24	14,6	1,52	36,5	23,1	0,97	55,5	36,1	0,62
	8	9,6	6,5	33,8	13	5,7	5,79	19	8,9	3,68	28,5	14,2	2,38
	5	6,5	3,6	44,6	8,5	1,9	23,2	12	3	15,0	17	4,4	9,57
1,6	20	22,6	17,5	86,5	48	35,6	2,43	73,5	55,9	1,55	110	84,5	1,01
	12,5	14,7	10,3	138	24	14	9,95	36	21,9	6,35	53,5	33,4	4,12
	8	10,1	5,9	216	14,5	5,5	38	21,5	8,9	24,2	31,5	13,6	15,7
2	25	28	22	130	58	43	3,04	88,5	67,1	1,94	135	104	1,25
	16	18,6	13,4	202	30	17,5	11,6	45	27,3	7,38	68	42,5	4,78
	10	12,5	7,5	324	18	6,8	47,5	26,5	10,9	30,3	38,5	16,5	19,6
2,5	32	36	28,3	186	71,5	52,2	3,55	110	82,1	2,26	170	129	1,46
	20	23,5	16,8	298	36	20,5	14,5	54	32,1	9,23	81,5	50	5,97
	12,5	15,6	9,4	477	22	8	59,5	32	12,5	37,9	47,5	19,7	24,5
3,2	40	44,6	35,6	294	82	60,8	4,85	125	95,3	3,09	190	148	2
	25	28,9	21,1	470	42,5	23,4	19,8	63,5	37,2	12,6	94,5	57,4	8,18
	16	19,8	12,2	735	27,5	9,7	75,8	40	15,1	48,3	59	23,6	31,3
4	50	56	44	435	99	71,6	6,07	150	111	3,86	230	175	2,5
	32	37	27	679	53,5	29,5	23,2	79,5	46,2	14,7	120	72,8	9,53
	20	24,7	15,3	1090	33,5	11,3	94,9	49	18	60,4	72	27,8	39,1
5	63	70	56	635	120	87,7	7,41	180	135	4,72	275	210	3,05
	40	46	34	1000	64	34,4	28,9	95,5	54,4	18,4	140	81,6	11,9
	25	30,7	19,3	1600	41	13,4	119	60	21,5	75,5	87,5	32,6	48,8
6,3	80	89	71	950	145	103	9,13	220	160	5,81	335	250	3,76
	50	58	42	1510	80	42	37,4	115	62	23,8	175	100	15,4
	32	39,5	24,6	2360	50	15	143	75	26	90,9	110	41	58,8
8	100	111	89	1440	170	118	12,1	260	187	7,73	390	286	5
	63	73	53	2280	95	48	48,6	140	74	30,9	205	112	20
	40	49	31,2	3600	65	21	189	90	28,8	121	135	48	78,2

Maschinenelemente

Federn

Zylindrische Schraubendruckfedern — DIN 2098-1

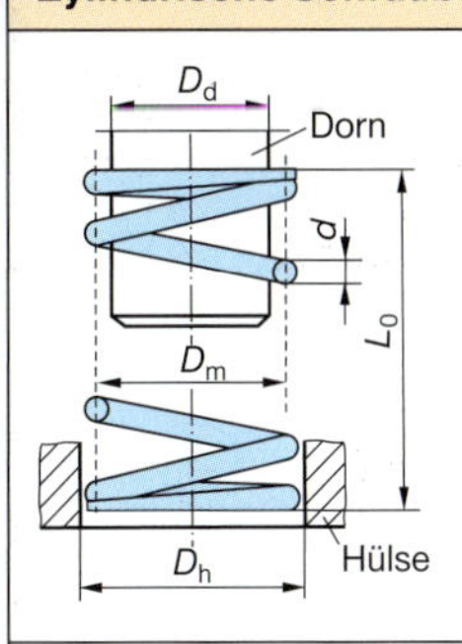

R	Federrate	N/mm
F_z	max. zul. Federkraft	N
s_z	max. zul. Federweg	mm
d	Drahtdurchmesser	mm
D_m	mittlerer Windungsdurchmesser	mm
D_d	Dorndurchmesser	mm
D_h	Hülsendurchmesser	mm
L_0	Ausgangslänge (Ruhelage unbelastet)	mm
i_g	Gesamtzahl der Windungen, für plangeschliffene Enden ($i_g = i_f + 2$)	
i_f	Anzahl der federnden Windungen	

Bezeichnungsbeispiel:

Druckfeder DIN 2098 – 2,5×20×81,5:
Drahtdurchmesser $d = 2{,}5$ mm, mittlerer Windungsdurchmesser $D_m = 20$ mm, Ausgangslänge $L_0 = 81{,}5$ mm
(bei $i_f = 8{,}5$, $S_z = 50$ mm und $R = 5{,}97$ N/mm[2])

Tellerfedern — DIN 2093

D_i	Innendurchmesser	mm
D_e	Außendurchmesser	mm
L_0	Gesamthöhe des Federpakets (unbelastet)	mm
l_0	Höhe des Einzeltellers (unbelastet)	mm
h_0	Federhöhe (max. Federweg des Einzeltellers)	mm
t	Dicke	mm
s	Federweg Einzelteller ($s \approx 0{,}75 \cdot h_0$)	mm
s_{ges}	Gesamtfederweg	mm
F	Federkraft, Einzelteller	N
F_R	Reibungskraft	N
F_{ges}	Gesamtfederkraft ohne Reibung	N
F_{Rges}	Gesamtfederkraft mit Reibung	N
k	Reibungzahl	
n	Anzahl der Einzelteller, gleichsinnig geschichtet	
i	Anzahl der Einzelteller, wechselsinnig geschichtet	

Einzelteller

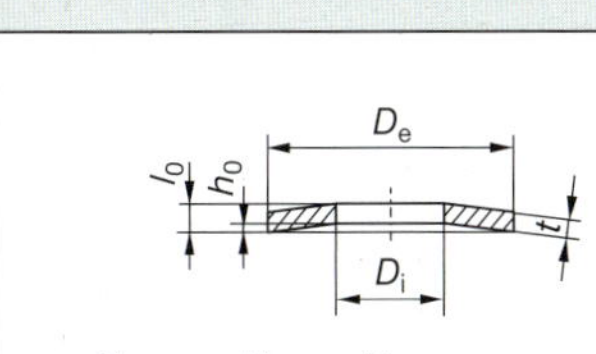

$$F_{Rges} = F_{ges} + F_R$$
$$F_{Rges} = F_{ges} \cdot (1 + k \cdot n)$$

Federpaket gleichsinnig geschichtet

$n = 8$
$i = 1$
$F_{ges} = n \cdot F$
$s_{ges} = s$
$L_0 = l_0 + (n - 1) \cdot t$

Federpaket wechselsinnig geschichtet

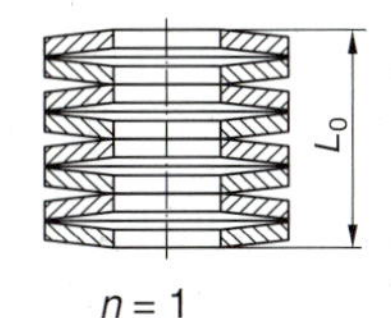

$n = 1$
$i = 8$
$F_{ges} = F$
$s_{ges} = i \cdot s$
$L_0 = i \cdot l_0$

	D_e h12	D_i H12	Reihe A: harte Federn					Reihe B: mittelharte Federn					Reihe C: weiche Federn				
1	8	4,2	0,4	0,2	0,6	0,2	0,15	0,3	0,25	0,55	0,12	0,2	0,2	0,3	0,45	0,04	0,2
	10	5,2	0,5	0,25	0,75	0,33	0,2	0,4	0,3	0,7	0,21	0,23	0,25	0,35	0,55	0,06	0,23
	14	7,2	0,8	0,3	1,1	0,8	0,25	0,5	0,4	0,9	0,28	0,3	0,35	0,5	0,8	0,12	0,35
	16	8,2	0,9	0,35	1,25	1	0,26	0,6	0,45	1,05	0,4	0,35	0,4	0,55	0,9	0,16	0,38
	18	9,2	1	0,4	1,4	1,3	0,3	0,7	0,5	1,2	0,57	0,4	0,45	0,6	1,05	0,22	0,45
	20	10,2	1,1	0,45	1,55	1,5	0,35	0,8	0,55	1,35	0,75	0,4	0,5	0,65	1,15	0,25	0,5
	25	12,2	1,5	0,55	2,05	2,9	0,4	0,9	0,7	1,6	0,86	0,53	0,7	0,85	1,6	0,6	0,68
	28	14,2	1,5	0,65	2,15	2,8	0,5	1	0,8	1,8	1,1	0,6	0,8	0,95	1,8	0,81	0,75
	40	20,4	2,25	0,9	3,15	6,5	0,7	1,5	1,15	2,65	2,6	0,85	1	1,4	2,3	1,02	0,98

Darstellung von Federn → 430

Maschinenelemente

Federn

Tellerfedern DIN 2093

	D_e h12	D_i H12	Reihe A: harte Federn					Reihe B: mittelharte Federn					Reihe C: weiche Federn				
2	45	22,4	2,5	1	3,5	7,7	0,75	1,75	1,3	3,05	3,7	1	1,25	1,6	2,85	1,9	1,2
	50	25,4	3	1,1	4,1	12	0,83	2	1,4	3,4	4,8	1,05	1,25	1,7	2,85	1,6	1,25
	63	31	3,5	1,4	4,9	15	1,05	2,5	1,75	4,25	7,2	1,3	1,8	2,35	4,15	4,24	1,76
	80	41	5	1,7	6,7	33,6	1,3	3	2,3	5,3	10,5	1,75	2,25	2,9	5,2	6,61	2,21
	100	51	6	2,2	8,2	48	1,65	3,5	2,8	6,3	13	2,1	2,7	3,4	6,2	8,6	2,65
	125	64	8	2,6	10,6	8,6	1,95	5	3,5	8,5	30	2,63	–	–	–	–	–
	140	72	8	3,2	11,2	8,52	2,4	5	4	9	28	3	–	–	–	–	–
	160	82	10	3,5	13,5	13,8	2,6	6	4,5	10,5	41	3,4	–	–	–	–	–
	200	102	12	4,2	16,2	18,3	3,15	8	5,6	13,6	76,5	4,2	–	–	–	–	–

	Reihe A	Reihe B	Reihe C
Reibungszahl	$k = 0{,}03 - 0{,}05$	$k = 0{,}02 - 0{,}04$	$k = 0{,}01 - 0{,}03$
Kennzahlen	$\frac{D_e}{t} \approx 18,\ \frac{h_0}{t} \approx 0{,}4$	$\frac{D_e}{t} \approx 28,\ \frac{h_0}{t} \approx 0{,}75$	$\frac{D_e}{t} \approx 40,\ \frac{h_0}{t} \approx 1{,}35$
Werkstoff	Federstahl DIN EN 10089 und 10132-4, $E = 206\,000$ N/mm²		

Herstellungsart der Tellerfedern: **F** feingeschliffen, **G** gedreht

Bezeichnungsbeispiel:

Tellerfeder DIN 2093 - A40G Reihe A, Außendurchmesser 40 mm, gedreht

Scheibenkupplungen DIN 116

Form A
mit Zentrieransatz

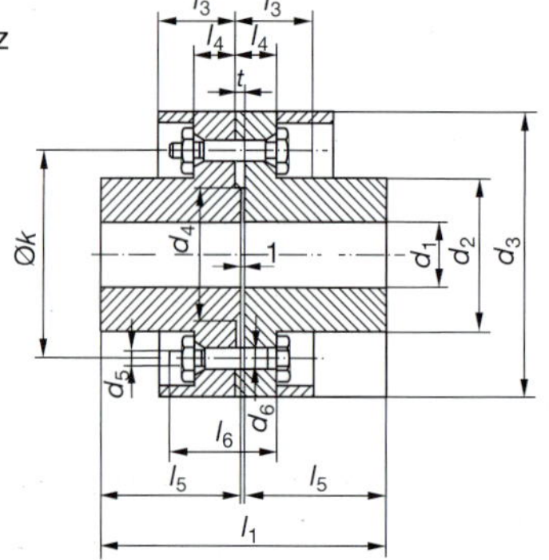

Form B
mit zweiteiliger Scheibe

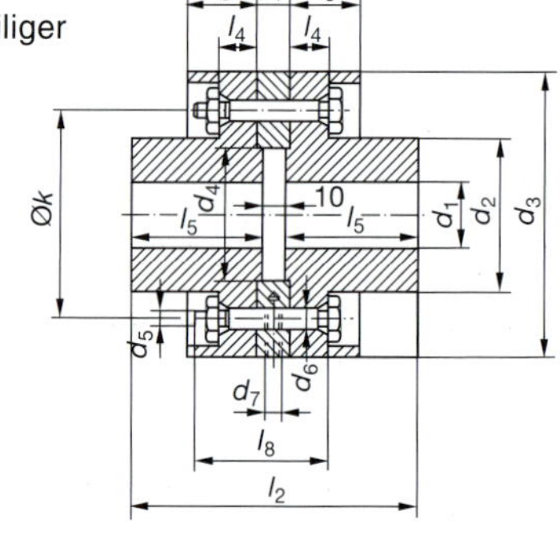

Wellen-Ø d_1 N7	Ø k	d_2	d_3	d_4 H7 h8	d_6 H7	d_7	l_1	l_2	l_3	l_4	l_5	l_7	t	Passschrauben DIN 609[1] d_5	l_6	l_8	Z[2]	M_d Nm	M_{max} min⁻¹
25	90	58	125	50	11	M10	101	110	31	16	50	16	3	M10	45	60	3	46,2	2120
30	90	58	125	50	11	M10	101	110	31	16	50	16	3	M10	45	60	3	87,5	2120
35	100	72	140	65	11	M10	121	130	31	16	60	16	3	M10	45	60	3	150	2000
40	100	72	140	65	11	M10	121	130	31	16	60	16	3	M10	45	60	3	236	2000
50	125	95	160	75	11	M10	141	150	34	18	70	16	3	M10	50	65	3	515	1900
60	140	110	180	90	13	M10	171	180	37	18	85	16	3	M12	50	70	4	795	1800
80	180	145	224	115	13	M10	221	230	41	23	110	18	4	M12	60	80	8	2650	1600
100	224	180	280	150	17	M10	261	270	54	30	130	18	4	M16	80	100	8	5800	1400

Werkstoff Stahl nach Vereinbarung EN-GJL-200

Bezeichnungsbeispiel: **Scheibenkupplung DIN 116 - A100 - EN-GJL-200**

[1] Sechskant-Passschrauben siehe Seite 825.
[2] Anzahl der Passschrauben

Darstellung von Federn → 430

Maschinenelemente

Schalenkupplungen

DIN 115-1, -2

Form A
gleiche Wellendurchmesser

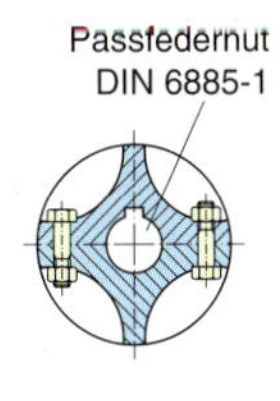

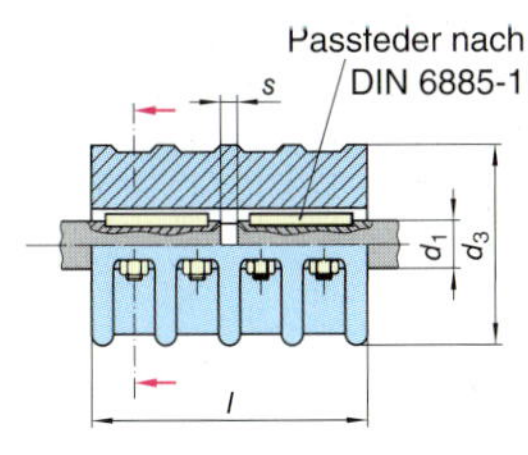

Form B
ungleiche Wellendurchmesser

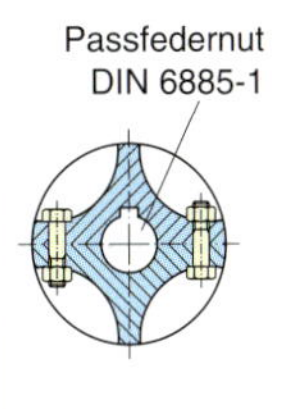

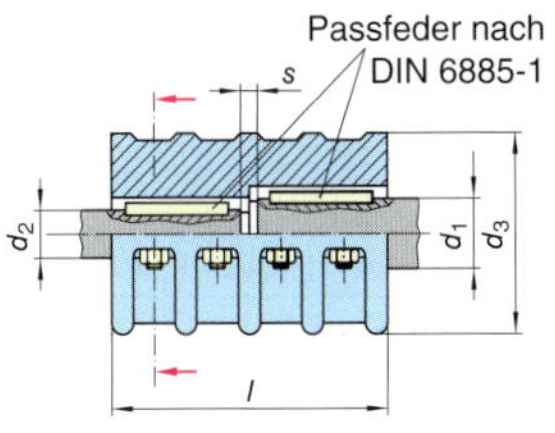

Formen AS und BS wie A und B, jedoch mit Stahlblechmantel

d_1	d_2	d_3	l	s	M in Nm	n_{max} in 1/min
30	je nach Anwendung angeben	100	130	4	60	1500
40		110	160	4	100	1420
50		130	190	4	150	1300
55		150	220	4	500	1200
60		150	220	4	850	1200
70		170	250	4	1700	1120
80		190	280	4	2500	1060
90		215	310	4	3800	1000
100		250	350	4	5400	920
Werkstoff	EN-GJL-200					

Bezeichnungsbeispiel:

Schalenkupplung DIN 115 - A40 - EN-GJL-200
Form A, d_1 = 40 mm, Werkstoff EN-GJL-200

Normteile für den Vorrichtungsbau

Bohrbuchsen

Bohrbuchsen Form A und Form B

DIN 179

Form A **Form B**

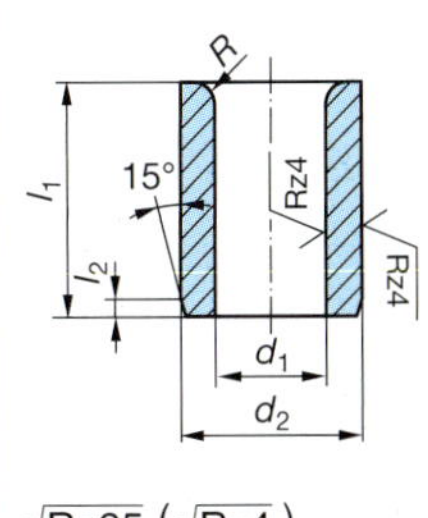

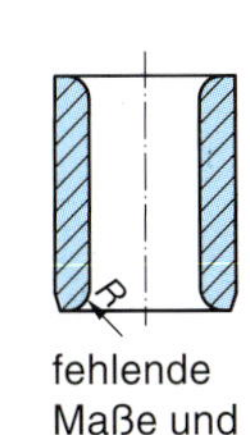

fehlende Maße und Angaben wie Form A

$\sqrt{Rz25}$ ($\sqrt{Rz4}$)

Bohrbuchsen DIN 179 sind nur mit Steckbohrbuchsen DIN 173 T1 kombinierbar.

Bezeichnungsbeispiel:

Bohrbuchse DIN 179 – A22×36:
Form A, Bohrungsdurchmesser d_1 = 22 mm, Länge d_1 = 36 mm

d_1 F7	d_2	l_1			l_2	R
über – bis	n6	kurz	mittel	lang		
2,6 – 3,3	6	8	12	16	1	1
3,3 – 4	7	8	12	16	1	1
4 – 5	8	8	12	16	1	1
5 – 6	10	10	16	20	1,25	1,5
6 – 8	12	10	16	20	1,25	1,5
8 – 10	15	12	20	25	1,5	2
10 – 12	18	12	20	25	1,5	2
12 – 15	22	16	28	36	1,5	2
15 – 18	26	16	28	36	1,5	2
18 – 22	30	20	36	45	2,5	2
22 – 26	35	20	36	45	2,5	3
26 – 30	42	25	45	56	2,5	3
30 – 35	48	25	45	56	2,5	3
35 – 42	55	30	56	67	3	3,5
Werkstoff	Einsatzstahl, gehärtet, Härte 740 + 80 HV 10					

Masch. Elemente

Maschinenelemente

Normteile für den Vorrichtungsbau

Bohrbuchsen

Bundbohrbuchsen

DIN 172

Form A Härte 740 + 80 HV 10

Form B

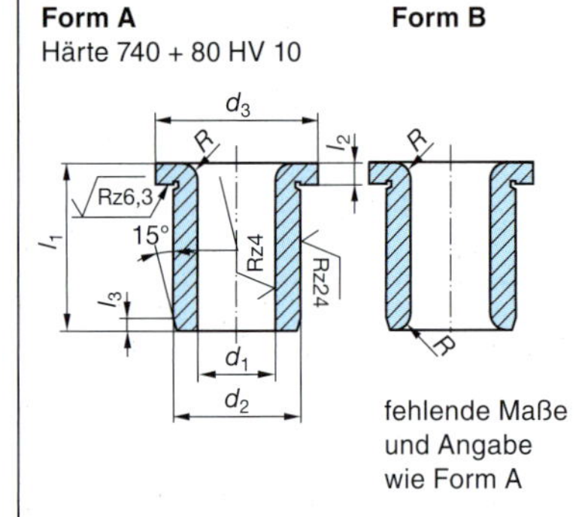

fehlende Maße und Angabe wie Form A

Bohrbuchsen DIN 172 sind nur mit Steckbohrbuchsen DIN 173 T1 kombinierbar.

√Rz25 (√Rz24/√Rz6,3)

d_1 F7 über – bis	d_2 n6	d_3	l_1 kurz	l_1 mittel	l_1 lang	l_2	R
2,6 – 3,3	6	9	8	12	16	1	1
3,3 – 4	7	10	8	12	16	1	1
4 – 5	8	11	8	12	16	1	1
5 – 6	10	13	10	16	20	1,25	1,5
6 – 8	12	15	10	16	20	1,25	1,5
8 – 10	15	18	12	20	25	1,5	2
10 – 12	18	22	12	20	25	1,5	2
12 – 15	22	26	16	28	36	1,5	2
15 – 18	26	30	16	28	36	1,5	2
18 – 22	30	34	20	36	45	2,5	3
22 – 26	35	39	20	36	45	2,5	3
26 – 30	42	46	25	45	56	2,5	3
30 – 35	48	52	25	45	56	2,5	3
35 – 42	55	59	30	56	67	3	3,5
Werkstoff	Einsatzstahl, gehärtet, Härte 740 + 80 HV 10						

Bezeichnungsbeispiel: **Bohrbuchse DIN 172 – A22×36:** Form A, Bohrungsdurchmesser d_1 = 22 mm, Länge d_1 = 36 mm

Steckbohrbuchsen

DIN 173-1

Form K: Steckbohrbuchse für rechtsschneidende Werkzeuge, Härte 740 + 80 HV 10

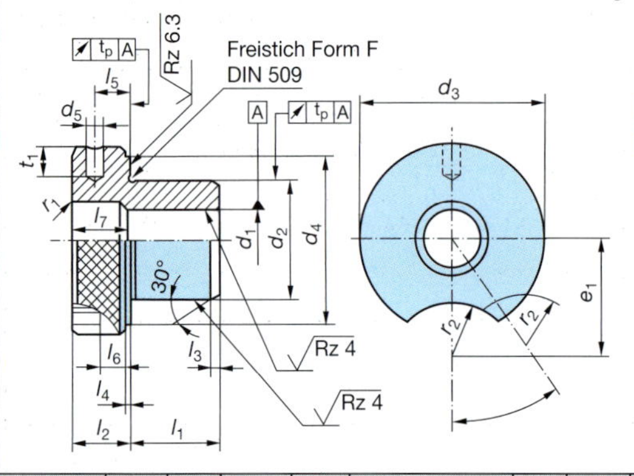

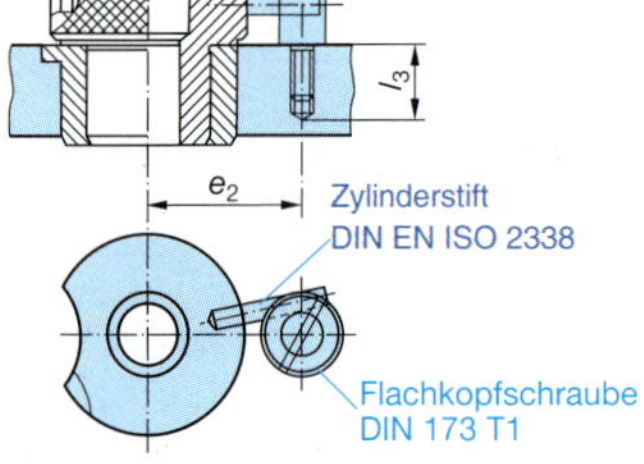

Einbaubeispiel

√Rz25 (√Rz24/√Rz6,3)

Bezeichnungsbeispiel:
Bohrbuchse DIN 173 - K14x22x36
Form K, Bohrungsdurchmesser d_1 = 14 mm,
Außendurchmesser d_2 = 22 mm,
Länge l_1 = 36 mm

d_1 F7 über – bis	d_2 m6	d_3	d_4 0/–0,25	d_5 [1] H7	l_1 k	l_1 m	l_1 l	l_2	l_3	l_4 0/–0,2	l_5	l_6 0/–0,2	l_7 m	l_7 l	e_1	r_1	r_2 +0,5/–0,2	t_1	α°	e_2
0 – 4	8	15	12	2,5	10	16	–	8	1,25	1	4,25	3	6	–	11,5	1,5	7	4	65	15
4 – 6	10	18	15	2,5	12	20	25	8	1,5	1	4,25	3	8	13	13	2	7	4	65	17
6 – 8	12	22	18	3	12	20	25	10	1,5	1	6	4	8	13	16,5	2	8,5	4	60	20
8 – 12	15	26	22	3	16	28	36	10	1,5	1	6	4	12	20	18	2	8,5	5	50	22
10 – 12	18	30	26	3	16	28	36	10	1,5	1	6	4	12	20	20	2	8,5	6	50	24
12 – 15	22	34	30	5	20	36	45	12	2,5	1	7	5,5	16	25	23,5	2	10,5	7	35	28
15 – 18	26	39	35	5	20	36	45	12	2,5	1	7	5,5	16	25	26	3	10,5	8	35	31
18 – 22	30	46	42	5	25	45	56	12	2,5	1	7	5,5	20	31	29,5	3	10,5	8	30	35
22 – 26	35	52	46	6	25	45	56	12	2,5	1,5	7	5,5	20	31	32,5	3	10,5	9	30	37
26 – 30	42	59	53	6	30	56	67	12	3	1,5	7	5,5	26	37	36	3	10,5	10	30	41
30 – 35	48	66	60	6	30	56	67	16	3	2	9	7	26	37	41,5	3	12,5	12	30	45
35 – 42	55	74	68	6	30	56	67	16	3	2	9	7	26	37	45,5	3,5	12,5	12	25	48

[1] Aufnahmebohrung für Zylinderstift

k: kurz, **m**: mittel, **l**: lang

Maschinenelemente

Normteile für den Vorrichtungsbau

Muttern für T-Nuten, T-Nuten für Werkzeugmaschinen — DIN 508, DIN 650

Muttern für T-Nuten DIN 508 — **T-Nuten für Werkzeugmaschinen** DIN 650

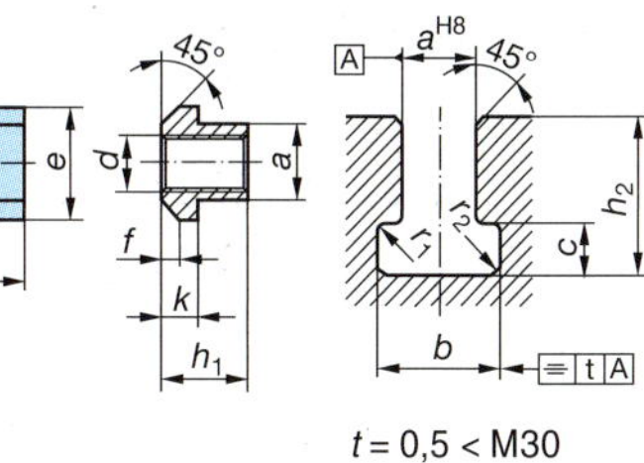

$t = 0{,}5 < M30$
$t = 1 \geq M30$

Festigkeitsklasse: 8
Produktklasse: A

Abmaße:
5–10: −0,3 / −0,5 — 12–28: −0,3 / −0,6 — >28: −0,4 / −0,7

d	*a* H8	*e* −0,5	h_1	*k*	*f*	*b*	*c*	h_2 min.	h_2 max.	*n*	r_1	r_2
508	508 650	508				650						
						min.				max.		
M4	5	9	6,5	3	1	10	3,5	8	10	1	0,6	1
M5	6	10	8	4	1,6	11	5	11	13	1	0,6	1
M6	8	13	10	6	1,6	14,5	7	15	18	1	0,6	1
M8	10	15	12	6	1,6	16	7	17	21	1	0,6	1
M10	12	18	14	7	2,5	19	8	20	25	1	0,6	1
M12	14	22	16	8	2,5	23	9	23	28	1,6	0,6	1,6
M16	18	28	20	10	2,5	30	12	30	36	1,6	1	1,6
M20	22	35	28	14	2,5	37	16	38	45	1,6	1	2,5
M24	28	44	36	18	4	46	20	48	56	1,6	1	2,5
M30	36	54	44	22	6	56	25	61	71	2,5	1	2,5

Bezeichnungsbeispiel: **Mutter DIN 508 - M20x22**
Gewinde M20, Durchmesser 20 mm, Nutbreite 22 mm

T-Nutenschrauben — DIN 787

Kopfform nach Wahl des Herstellers $e_2 \geq e_1$

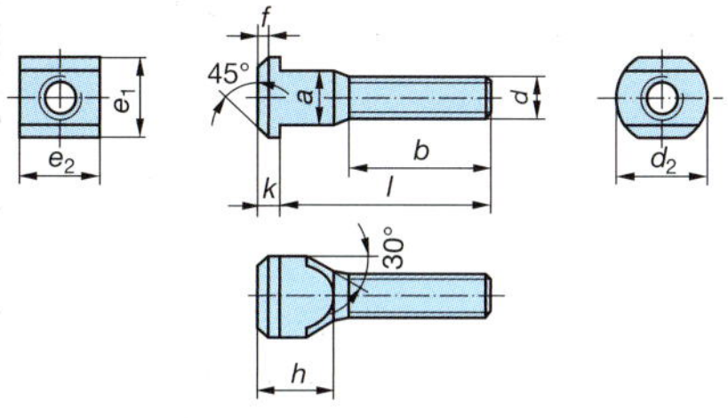

ab M12x14 — bis M12x12

Bezeichnungsbeispiel:
T-Nutenschraube DIN 787 - M12x14x80 - 8.8
Gewinde M12, Durchmesser 12 mm, Breite 14 m, Länge 80 mm, Festigkeitklassse 8.8

a	*d*	*h*	*k*	$e_1 - 0{,}5$	*b*	*f*	d_2
6	M6	8	4	10	15 – 40	1,6	12
8	M8	12	6	13	22 – 50	1,6	16
10	M10	14	6	15	30 – 60	1,6	20
12	M12	16	7	18	35 – 120	2,5	25
14	M14	20	8	22	35 – 120	2,5	28
16	M16	24	10	28	45 – 150	2,5	36
20	M20	32	14	35	55 – 190	2,5	45
24	M24	41	18	44	70 – 240	4	56

Lieferlängen	25, 32, 40, 50, 63, 80, 100, 125, 160, 200, 320, 400, 500
Festigkeitsklasse	8.8, 12.9
Produktklasse	A

Ringschrauben, Ringmuttern — DIN 580, DIN 582

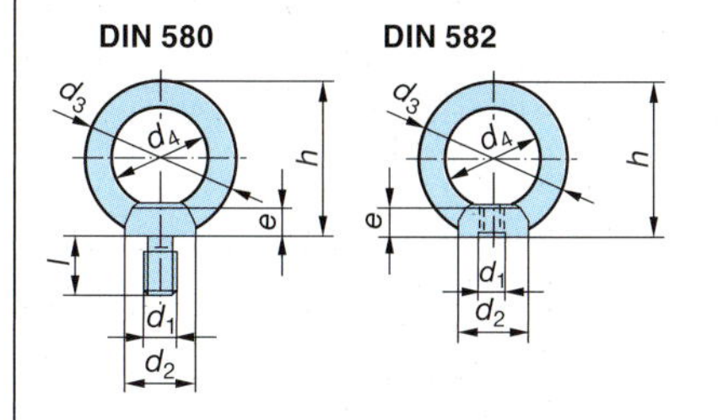

Ringschraube und Mutter müssen stets fest auf die Auflagefläche angezogen sein.

Die höchstzulässige Kraft ist abhängig von der Angriffsrichtung und der Anzahl der Schrauben.

d_1	$d_1 \times P$	d_2	d_3	d_4	$e \approx$	*h*	*l*	höchstzulässige Zugkraft in kN
M 8	–	20	36	20	8,5	36	13	0,95 – 1,4
M 10	–	25	45	25	10	45	17	1,7 – 2,3
M 12	–	30	54	30	11	53	20,5	2,4 – 3,4
M 16	–	35	63	35	13	62	27	5 – 7
M 20	M 20 × 2	40	72	40	16	71	30	8,3 – 12
M 24	M 24 × 2	50	90	50	20	90	36	12,7 – 18
M 30	M 30 × 2	65	108	60	25	109	45	26 – 36
M 36	M 36 × 3	75	126	70	30	128	54	50 – 51
M 42	M 42 × 3	85	144	80	35	147	63	49 – 70

Werkstoff: Einsatzstahl C15 DIN 17210

Bezeichnungsbeispiel: **Ringschraube DIN 580 - M30**
Gewinde M8, Durchmesser 8 mm

Masch. Elemente

Maschinenelemente

Normteile für den Vorrichtungsbau

Flügelschrauben, Flügelmuttern — DIN 315, DIN 316

Flügelmutter DIN 315 **Flügelschraube** DIN 316

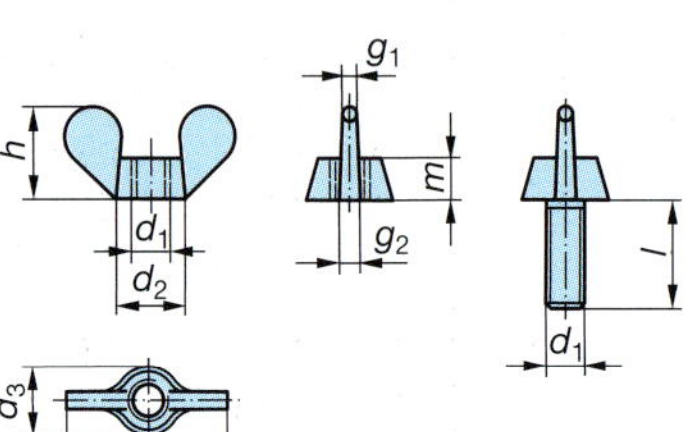

d_1	d_2 max.	d_3 max.	e max.	h max.	m max.	g_1 max.	g_2 max.	l
M4	8	7	20	10,5	4,6	1,9	2,3	6 – 20
M5	11	9	26	13	6,5	2,3	2,8	8 – 30
M6	13	11	33	17	8	2,3	3,3	8 – 40
M8	16	12,5	39	20	10	2,8	4,4	10 – 50
M10	20	16,5	51	25	12	4,4	5,4	16 – 60
M12	23	19,5	65	33,5	14	4,9	6,4	16 – 60
M16	29	23	73	37,5	17	6,4	7,5	20 – 60
M20	35	29	90	46,5	21	6,9	8	30 – 60

Lieferlänge	6, 8, 10, 12, 16, 20, 25, 30, 35, 40, 50, 60	
Werkstoff	Schraube: St, GT, MS	Mutter: St, GT, MS
Festigkeitsklasse	4.6, 5.6 für Stahl	5 für Stahl
Produktklasse	B, C	

Bezeichnungsbeispiel: **Flügelmutter DIN 135 - M6 - GT - C**
Gewinde M6, Durchmesser 6 mm,
Werkstoff: Temperguss, Produktklasse C

Füße mit Gewindezapfen — DIN 6320

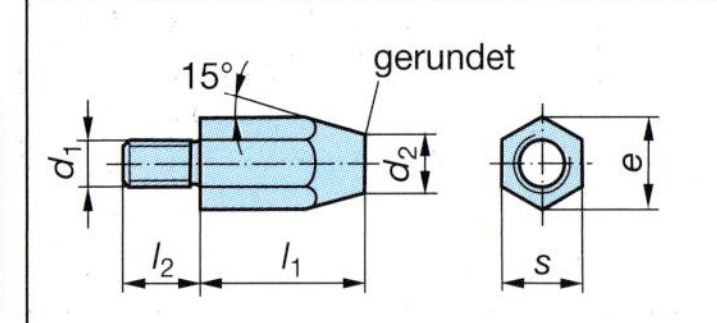

l_1	d_1 6g	l_2	d_2	e	s	l_1	d_1	l_2	d_2	e	s
10	M6	11	8	11,5	10	**20**	M10	16	13	20	17
20	M6	11	6	11,5	10	**40**	M10	16	13	20	17
15	M8	13	10	15	13	**25**	M12	20	15	22	19
30	M8	13	9	15	13	**50**	M12	20	15	22	19

Werkstoff Stahl S235JR, gehärtete Fußflächen d_2

Bezeichnungsbeispiel: **Fuß DIN 6320 - 40xM10**
Fußlänge 40 mm,
Gewindedurchmesser 10 mm

Aufnahme- und Auflagebolzen — DIN 6321

Form A **Form B** **Form C**

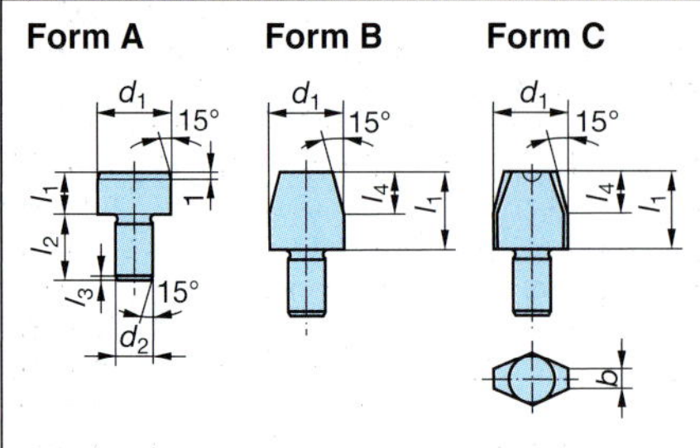

Fehlende Maße Form B und C s. Form A

d_1 g6	l_1 Form A h9	Form B kurz	Form C lang	l_2	l_3	l_4	d_2 n6	b
6	5	7	12	6	1,2	4	4	1
8	–	10	16	9	1,6	6	6	1,6
10	6	10	18	9	1,6	6	6	2,5
12	–	10	18	9	1,6	6	6	2,5
16	8	13	22	12	2	8	8	3,5
20	–	15	25	18	2,5	9	12	5
25	10	15	25	18	2,5	9	12	5

Werkstoff Stahl, gehärtet, Härte 56 ± 2 HRC

Bezeichnungsbeispiel: **Bolzen DIN 6321 - C20x25**
Form C, Bolzendurchmesser d_1 = 20 mm,
Bolzenlänge l_1 = 25 mm

Maschinenelemente

Normteile für den Vorrichtungsbau

Gewindestift mit Druckzapfen — DIN 6332

Form S

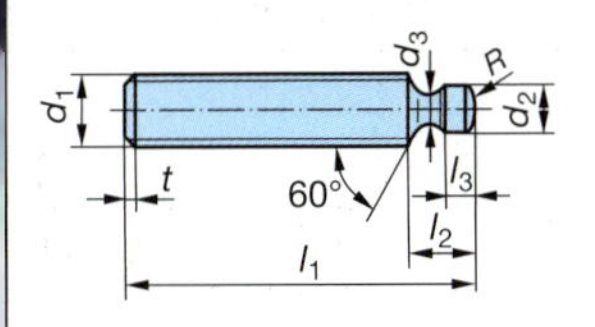

geeignet für Druckstück Form S DIN 6311, mit Sprengring

d_1	d_2 h11	d_3 −0,1	l_2	l_3	R	t	l_1	Druckstück DIN 6311 d_1
M6	4,5	4	6	2,5	3	1,5	30 – 50	12
M8	6	5,4	7,5	3	5	1,8	40 – 60	16
M10	8	7,2	9	4,5	6	2,2	60 – 80	20
M12	8	7,2	10	4,5	6	2,5	60 – 100	25
M16	12	11	12	5	9	3,0	80 – 125	32
M20	15,5	14,4	14	5,5	13	3,5	100 – 150	40

Werkstoff Stahl (St), Festigkeitskl. 5.8, Druckfläche gehärtet, 550-650 HV 10

Bezeichnungsbeispiel: **Gewindestift DIN 6332 - S M8x50**
Form S, Durchmesser 8 mm, Länge 50 mm

Druckstücke — DIN 6311

Form S

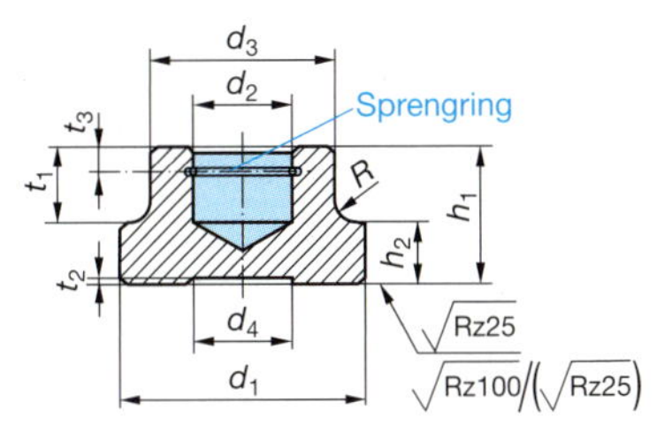

mit Sprengring

d_1	d_2 H12	d_3	d_4	h_1	h_2	R	t_1	t_2	t_3	Runddraht-Sprengring DIN 7993	Gewindestift DIN 6332 d_1
12	4,6	10	5	7	2,5	1,5	4	0,5	1,8	–	M6
16	6,1	12	7	9	4	2	5	0,5	2	–	M8
20	8,1	15	8	11	5	2	6	0,5	2	8	M10
25	8,1	18	10	13	6	2	7	0,5	3	8	M12
32	12,1	22	14	15	7	3	7,5	0,7	3,5	12	M16
40	15,6	28	18	16	9	3	8	1	3,5	16	M20

Werkstoff Einsatzstahl (St) Härte 550 + 100 HV 10

Bezeichnungsbeispiel: **Druckstücke DIN 6311 - S32**
Form S, Außendurchmesser d_1 = 32 mm

Rändelschrauben — DIN 464, DIN 653

DIN 464
Form Sz
mit Schlitz

DIN 653
fehlende Maße
wie DIN 464

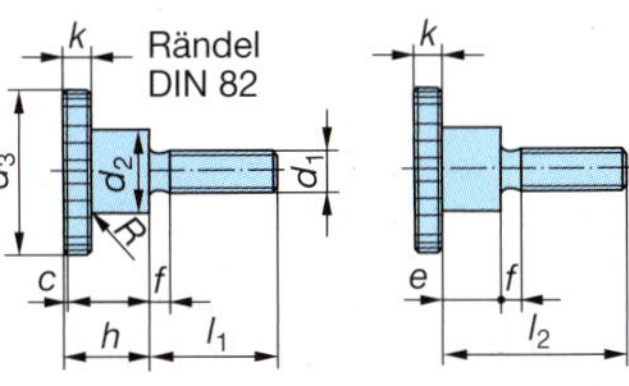

d_1	d_2	d_3	c	e ab l_2	f	h	k	R	l_1	l_2
M4	8	16	0,4	3 ab 20	1,9	9,5	3,5	0,5	6 – 16	8 – 25
M5	10	20	0,4	3 ab 20	2,8	11,5	4	1	6 – 20	10 – 30
M6	12	24	0,5	4 ab 20	3,5	15	5	1	8 – 25	12 – 30
M8	16	30	0,6	5 ab 25	4,4	18	6	2	12 – 25	16 – 35
M10	20	36	0,8	6 ab 30	5,2	23	8	2	20 – 40	20 – 40

Lieferlängen	l_1, l_2	5, 6, 8, 10, 12, 16, 20, 25, 30, 35, 40
Werkstoff	Automatenstahl	**Produktklasse:** A

Bezeichnungsbeispiel: **Rändelschraube DIN 464 - M8x25 - St**
Gewindedurchmesser 8 mm,
Gewindelänge 25 mm, Stahl

Maschinenelemente

Normteile für den Vorrichtungsbau

Rändelmuttern DIN 6303

Form A ohne Stiftloch

Form B mit Stiftloch, fehlende Maße wie Form A

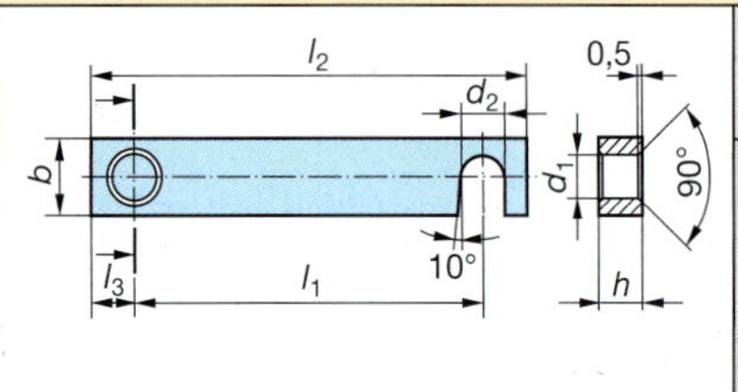

d_1	d_2	d_3 max.	d_4 min.	d_5 H7	e	h	l	t	Zylinderstift DIN EN ISO 2338
M5	20	14	15	1,5	2,5	12	8	5	1,5 m 6 × 14
M6	24	16	18	1,5	2,5	14	10	6	1,5 m 6 × 16
M8	30	20	24	2	3	17	12	7	2 m 6 × 20
M10	36	28	30	3	4	20	14	8	3 m 6 × 28

Werkstoff Stahl (St), Messing (Ms), nicht rostender Stahl, Automatenstahl — **Produktklasse:** A

Bezeichnungsbeispiel: **Rändelmutter DIN 6303 - A M5 - St**
Form A, Gewindedurchmesser 5 mm, Stahl

Spannriegel für Vorrichtungen DIN 6376

b	h	l_1	l_2	l_3	d_1 H13	d_2	Linsenschraube mit Schlitz DIN 929
12	6	50	65	7	7,4	8	M5
16	8	75	95	9	8,4	9	M6
20	10	100	125	11	10,5	11	M8
20	12	125	150	11	10,5	11	M8
25	16	160	190	13	14	14	M10

Werkstoff Stahl (St) S235 JR

Bezeichnungsbeispiel: **Spannriegel DIN 6376 - 20x12**
Breite 20 mm, Höhe 12 mm, Gesamtlänge 150 mm

Schnapper mit Druckfeder DIN 6310

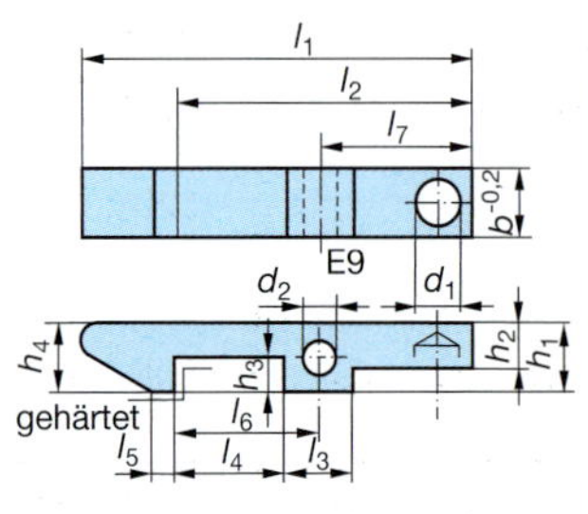

l_1	b −0,2	d_1	d_2 E9	l_2	l_3	l_4	l_5	l_6 ±0,1	l_7	h_1	h_2	h_3	h_4	Druckfeder DIN 2098
45	8	5	4	30	9	10	2	15	11	9,5	5,5	2,5	8	0,63x4x14
60	10	6,3	5	40	11	14	3	20	15	12	7	3	10	0,8x5x17,5
80	14	8	6	60	14	22	5	30	23	15	9	5	15	1,0x6,3x21,5

Werkstoff Stahl (St) S235 JR

Bezeichnungsbeispiel: **Schnapper DIN 6310 - 60**
b = 10 mm, h_1 = 12 mm, Gesamtlänge 60 mm

Kugelknöpfe DIN 319

Form C mit Gewinde

Form E mit Gewindebuchse

Form L mit Klemmhülse

Form K und KN mit zylindrischer Bohrung

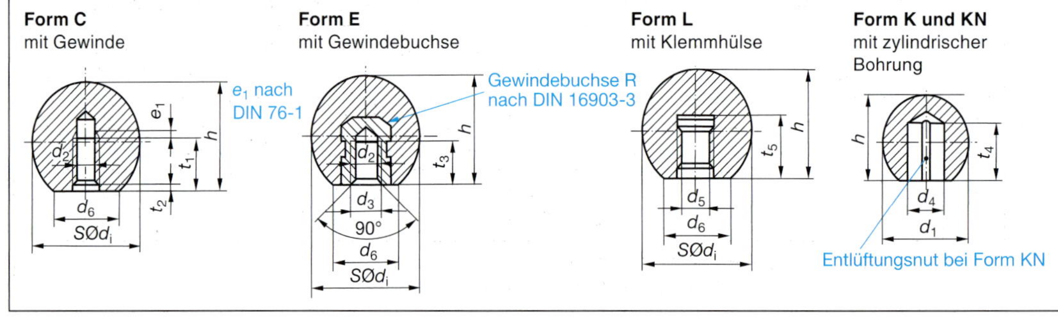

Masch. Elemente

Maschinenelemente

Normteile für den Vorrichtungsbau

Kugelköpfe DIN 319

d_1	d_2	d_3	d_5	d_6	h	t_1	t_2	t_3	t_5
12	M3,5	–	–	6	11,2	6,5	1,2	–	–
16	M4	4,5	4	8	15	7,2	1,2	6	11
20	M5	5,5	5	12	18	9,1	1,6	7,5	13
25	M6	6,8	8	15	22,5	11	2	9	15
32	M8	8,8	10	18	29	14,5	2,5	12	20
40	M10	11	12	22	37	18	3	15	23
50	M12	13	16	28	46	21	3	18	23

Werkstoff Form C: Stahl (St), Sorte nach Wahl des Herstellers
Form C, E, L: Kunststoff FS31 nach DIN 7708-1 bis 7708-3 oder anderer geeigneter Werkstoff mit gleichwertigen Eigenschaften

Bezeichnungsbeispiel: **Kugelkopf DIN 319 - E 32 FS**
Form E, Durchmesser 32 mm, Kunststoff (FS)

Kreuzgriffe DIN 6335

Metall

Form A Rohteil

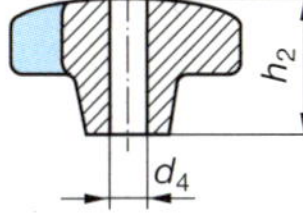

Form B mit Bohrung

Form C übrige Maße wie Form B mit nicht durchgehender Bohrung

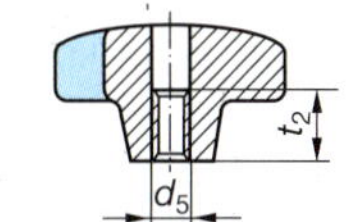

Form D mit Gewinde übrige Maße wie Form B

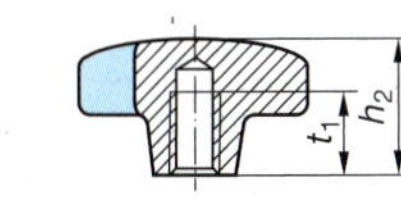

Form E mit nicht durchgehender Gewindebohrung

Kunststoff

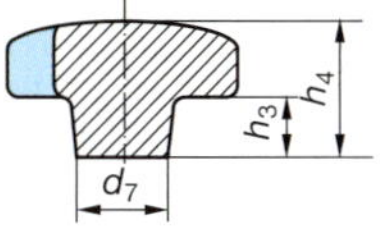

Grundabmessungen mit Bohrung

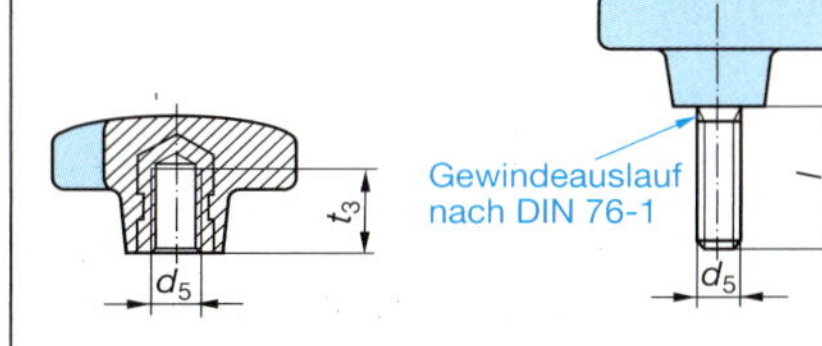

Form K mit Gewindebuchse

Form L mit Gewindebolzen

d_1	d_2	d_3	d_4	d_5	h_1	h_2	h_3	t_1	t_2	h_3	d_1	d_5	h_4	l	t_3 min
Formen A bis E Metallgriffe										**Formen K und L aus Faserstoff**					
32	12	18	6	M6	21	20	10	12	10	**10**	14	M6	20	20/30	12
40	14	21	8	M8	26	25	14	15	13	**13**	18	M8	25	20/30	14
50	18	25	10	M10	34	32	20	18	16	**20**	22	M10	32	25/30	18
63	20	32	12	M12	42	40	25	22	20	**25**	26	M12	40	30/40	22
80	25	40	16	M16	52	52	30	28	20	**30**	35	M16	50	30/40	30
100	32	48	20	M20	65	65	38	36	25						

Bezeichnungsbeispiel: **Kreuzgriff DIN 6335 - D50 Al**
Kreuzgriff Form D, d_1 = 50 mm, Aluminium

Masch. Elemente

Maschinenelemente

Normteile für den Vorrichtungsbau

Sterngriffe — DIN 6336

Formen A bis E Metallgriffe

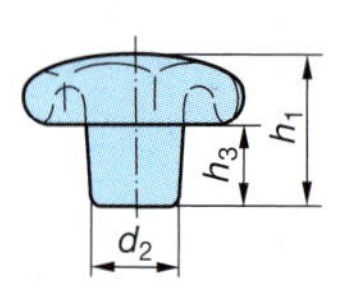

Form A

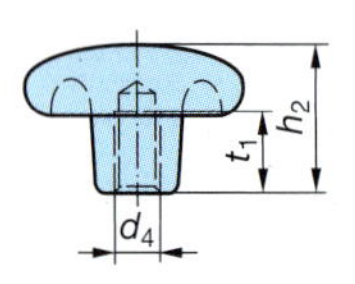

Form E

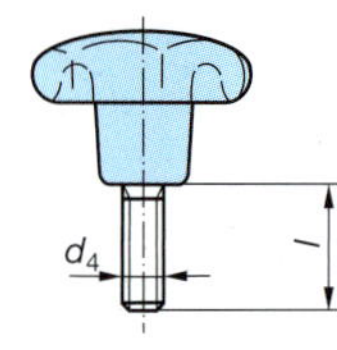

Form L

d_1	d_2	d_3	d_4	h_1	h_3	t_1	l
32	12	6	M6	21	10	12	20/30
40	14	8	M8	26	13	15	20/30
50	18	10	M10	34	17	18	25/30
63	20	12	M12	42	21	22	30/40
80	25	16	M16	52	25	28	30/40
Werkstoff	Gusseisen, Aluminium, Formmasse PF 31 N						

Weitere Abmessungen wie bei Kreuzgriffen DIN 6335.

Formen K und L aus Kunststoff
A–E und K-L siehe Kreuzgrifffe

Bezeichnungsbeispiel:

Sterngriff DIN 6336 - E50 Al
Sterngriff Form E, d_1 = 50 mm, Aluminium

Sterngriff DIN 6336 - L50-30
Sterngriff Form L, d_1 = 50 mm, l = 30 mm

Ballengriff (fest, drehbar) — DIN 39, DIN 98

DIN 39
Feste Ballengriffe d_1 = 10 bis 36
Form D zylindrischer Ballengriff

Zapfen Griffteil

DIN 98
Drehbare Ballengriffe d_1 = 10 bis 36
Form D zylindrischer Zapfen

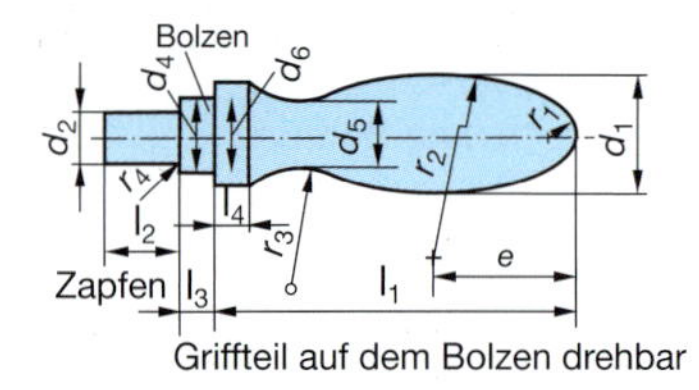

Griffteil auf dem Bolzen drehbar

DIN 39 und 98

Form E Gewindezapfen

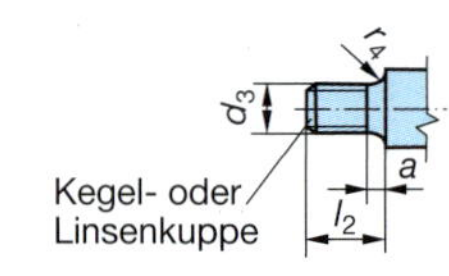

Alle übrigen Maße wie Form D DIN 39 und DIN 98

r_4 (gilt nur für St) für $d_1 \leq 16$: 0,4 und ≥ 20: 0,6 m

d_1	a ≤	d_2 h8	d_3	d_4 h13	d_5	e	l_1 ≈	l_2 [1]	l_3	r_1 ≈	r_2	r_3 ≈
10	1,4	4	M4	7	5	12	32	7	4	2	20	9,5
13	1,6	5	M5	8	6,5	15	40	9	5	2,5	24	14,5
16	2,0	7	M6	10	8	18	50	11	7	3	28	19
20	2,5	8	M8	13	10	24	64	13	8	4	40,5	21
25	3,0	10	M10	16	13	30	80	14	10	5	50	31
32	3,0	13	M12	20	16	36	100	21	13	6	56	40,5
36	3,5	16	M16	22	18	42	112	26	14	7	68	41

Werkstoff Griffteil aus Kunststoff FS31 oder Stahl (St). Bei festen Ballengriffen ist der Bolzen in den Ballengriff eingepresst.

[1] Wird im Sonderfall Form D oder E mit einer anderen Zapfenlänge l_2 benötigt, lautet die Bezeichnung wie nachstehend (Länge l_1 bleibt unverändert).

Bezeichnungsbeispiel: **Ballengriff DIN 39 - D13 - St**
Form D, Ballendurchmesser 13 mm, Stahl

Maschinenelemente

Normteile für den Vorrichtungsbau

Einspannzapfen mit Gewindeschaft

DIN ISO 10243-1

Form A

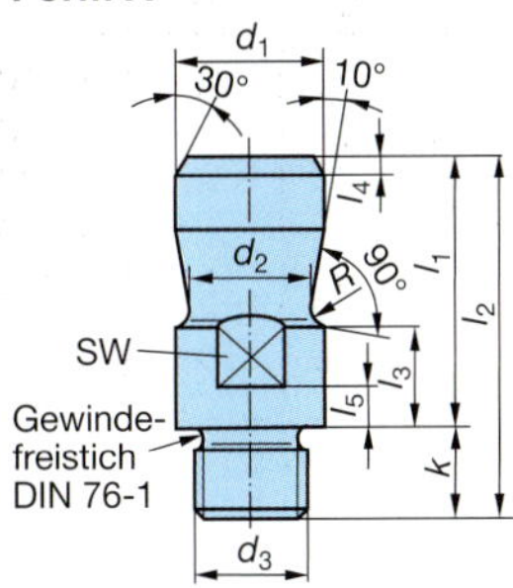

Bezeichnungsbeispiel:
Einspannzapfen ISO 10242 - CE40 - M30x2
Form CE, Zapfendurchmesser 40 mm, Gewinde M30

d_1 d9	d_3 x P	d_2	l_1	l_2	l_3	l_4	k	R	SW
20	M16x1,5	15	40	58	12	3	18	2,5	17
25	M16x1,5 M20x1,5	20	45	68	16	4	23	2,5	21
32	M20x1,5 M24x1,5	25	56	79	16	4	23	2,5	27
40	M24x1,5 M30x2	32	70	93	26	5	23	4	36
50	M30x2	42	80	108	26	6	28	4	41
Werkstoff	E295 (St50)								
Ausführung	Form A, AC mit Nietschaft Form C, CE mit Gewindeschaft								

Einspannzapfen mit runder Kopfplatte

DIN ISO 10242-2

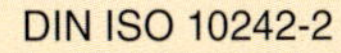

Form EE

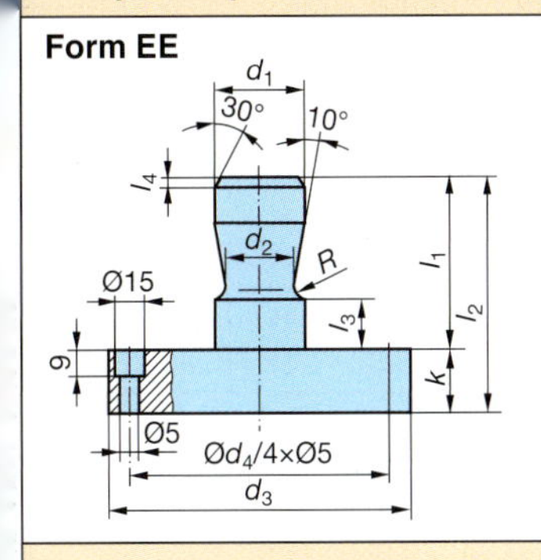

d_1 f9	d_2	d_3	d_4	l_1	l_2	l_3	l_4	k	R
20	15	67	50	40	58	12	2	18	2,5
25	20	82	65	45	63	16	2,5	18	2,5
32	25	97	80	56	79	16	3	23	2,5
40	32	122	105	70	96	26	4	23	4
Werkstoff	E295 (St50)								

Bezeichnungsbeispiel: **Einspannzapfen DIN ISO 10242-2 - EE32**
Form EE, runde Kopfplatte, Zapfendurchmesser 32 mm mit Kopfplattendurchmesser 97 mm

Runde Schneidstempel

DIN 9861-1

Form D
mit Passmaß d_1 h6 bis Kopf

Form DA
mit zulässiger Verdickung d_3 unterhalb des Kopfes

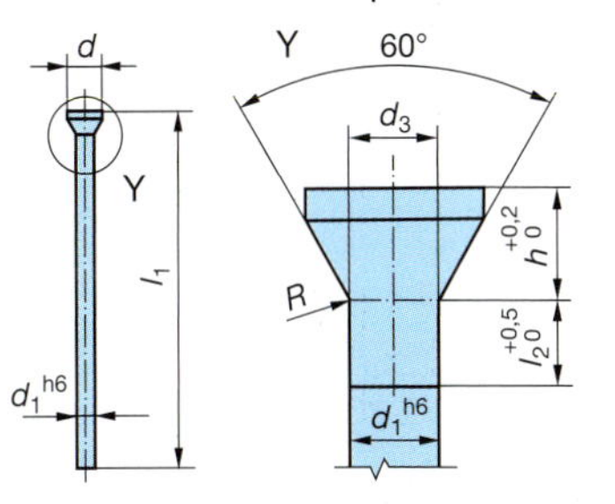

Legierungsgruppe	Härte	
	Schaft	Kopf
WS	(62 ± 2) HRC	(45 ± 5) HRC
HWS	(62 ± 2) HRC	(50 ± 5) HRC
HSS	(64 ± 2) HRC	

d_1	l_1			l_2	d_2	h	R	d_3
1	71	80	–	5	1,8 ± 0,05	1,19	0,4	1,03
1,5	71	80	–	5	2,2 ± 0,05	1,21	0,4	1,53
2	71	80	–	5	3,0 ± 0,05	1,37	0,4	2,03
3	71	80	–	5	4,5 ± 0,05	1,80	0,6	3,03
4	71	80	100	5	5,5 ± 0,1	1,80	0,6	4,03
5	71	80	100	6	6,5 ± 0,1	1,80	0,6	5,03
6	71	80	100	6	8,0 ± 0,1	2,73	1,0	6,03
8	71	80	100	8	10,0 ± 0,1	2,73	1,0	8,04
10	71	80	100	10	12,0 ± 0,2	2,73	1,0	10,04
12	71	80	100	10	14,0 ± 0,2	2,73	1,0	12,04
15	71	80	100	12	17,0 ± 0,2	3,23	1,5	15,04
20	71	80	100	15	22,0 ± 0,2	3,23	1,5	20,04
Werkstoff	WS, HWS, HSS (gehärtet)							

Bezeichnungsbeispiel: **Schneidstempel DIN 9861 - D5x71 - HWS**
Form D, Stempeldurchmesser 5 mm, Gesamtlänge 71 mm, Werkstoff HWS

Masch. Elemente

Maschinenelemente

Normteile für den Vorrichtungsbau

Säulengestelle mit mittig stehenden Führungssäulen — DIN 9812

Form C ohne Gewinde — **Form CG** mit Gewinde

d_1 x b_1	e	d_1	d_2	d_3 x P	c_1	c_2	c_3	h	a_2	b_2
100x 80	155	25	24	M20x1,5	50	80	30	160	275	120
160x 80	215	25	24	M20x1,5	50	80	30	160	335	120
125x100	180	25	24	M20x1,5	50	90	40	170	300	120
250x100	315	32	30	M24x1,5	56	90	40	180	445	140
160x125	225	32	30	M24x1,5	56	90	40	180	355	165
250x125	315	32	30	M24x1,5	56	90	40	180	445	165
200x160	265	32	30	M30x2	56	100	50	200	400	200
250x160	315	32	30	M30x2	56	100	50	200	445	200
250x200	330	40	38	M30x2	63	100	50	220	490	250
315x200	395	40	38	M30x2	63	100	50	220	560	250

Werkstoff: Stahl (St), Grauguss (GG-20)

Bezeichnungsbeispiel: **Säulengestell DIN 9812 - C250x160 - GG**
Form C, Arbeitsfläche 250 mm x 160 mm, Werkstoff GG-20

Säulengestelle mit mittig stehenden Führungssäulen und dicker Säulenführungsplatte — DIN 9816

Form DF

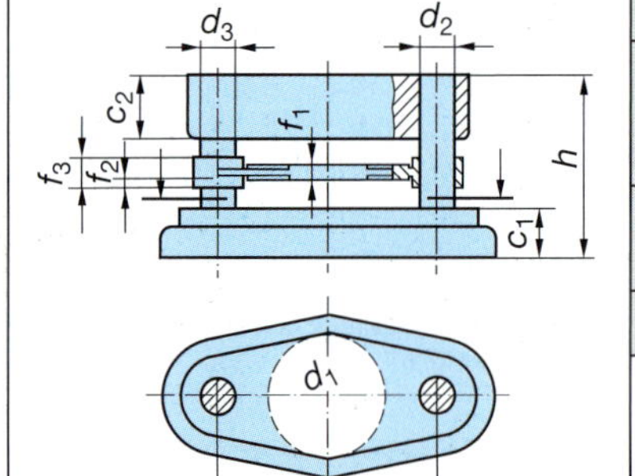

d_1	e min.	d_2	d_3	c_1	c max.	f_1	f_2	f_3	h
80	125	19	18	50	80	16	10	36	170
100	155	25	23	50	85	18	11	40	180
125	180	25	23	50	90	18	11	40	190
160	225	32	30	56	100	23	11	45	220
200	265	32	30	56	110	23	11	45	240

Werkstoff: Stahl (St), Grauguss (GG-20)

Bezeichnungsbeispiel: **Säulengestell DIN 9816 - DF200 - GG**
Form DF, Durchmesser der Arbeitsfläche 200 mm, Werkstoff GG-20

Säulengestelle mit übereck stehenden Führungssäulen — DIN 9819

Form C ohne Gewinde — **Form CG** mit Gewinde

a_1 x b_1	e_1	e_2	d_2	d_3 x P	c_1	c_2	c_3	h	a_2	b_2
80x 63	75	103	19	M20x1,5	50	30	80	160	135	180
125x 80	120	128	25	M24x1,5	50	30	80	160	190	215
125x100	120	148	25	M24x1,5	50	40	90	170	190	235
250x100	245	158	32	M24x1,5	56	40	90	180	325	255
160x125	155	183	32	M24x1,5	56	40	90	180	335	280
315x125	310	183	32	M24x1,5	56	40	90	180	390	280

Werkstoff: Stahl (St), Grauguss (GG-20)

Bezeichnungsbeispiel: **Säulengestell DIN 9819 - C250x100 - GG**
Form C, Arbeitsfläche 250 mm x 100 mm, Werkstoff GG-20

Maschinenelemente

Zahnradtriebe

a, a_a, a_i	Achsabstand	mm
b	Breite des Zahnrades	mm
c	Zahnkopfspiel Maschinenbau = 0,167 mm	mm
d, d_1, d_2	Teilkreisdurchmesser	mm
d_a, d_{a1}, d_{a2}	Kopfkreisdurchmesser	mm
d_f, d_{f1}, d_{f2}	Fußkreisdurchmesser	mm
d_{m1}	Mittenkreisdurchmesser	mm
e	Zahnlückenweite	mm
i	Übersetzungsverhältnis	
h	Zahnhöhe	mm
h_a	Zahnkopfhöhe	mm
h_f	Zahnfußhöhe	mm
m, m_1, m_2	Modul	mm
m_n	Normalmodul (m)	mm
m_s	Stirnmodul	mm
p	Teilung	mm
p_n	Normalteilung	mm
p_s	Stirnteilung	mm
p_x	Axialteilung, Schnecke	mm
p_z	Steigungshöhe, Schnecke	mm
R_k	Kopfradius	mm
s	Zahndicke	mm
z, z_1, z_2	Zähnezahl	
z_i	ideelle Zähnezahl	
β_1, β_2	Schrägungswinkel	° (Grad)
γ_m	Mittensteigungswinkel, Schnecke	° (Grad)
γ_1, γ_2	Kegelwinkel	° (Grad)
δ	Achsenwinkel	° (Grad)
δ_1, δ_2	Teilkreiswinkel	° (Grad)

Gradverzahnte Stirnräder, außenverzahnt

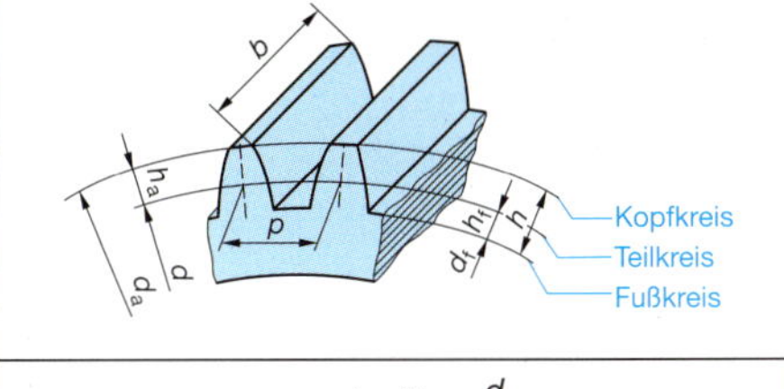

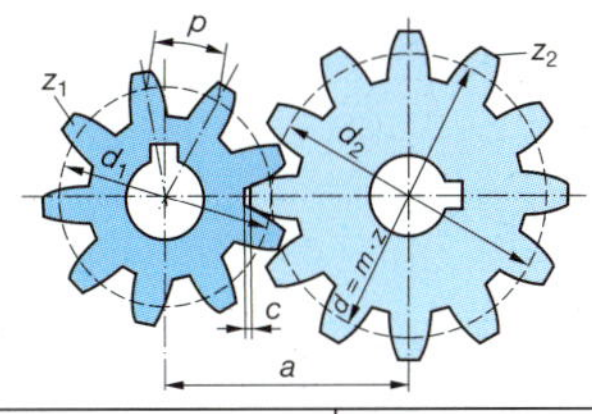

Modul $m = \frac{d}{z} = \frac{p}{\pi} = \frac{d_a}{2+z} = h_f - c$

Teilkreis-Ø $d = m \cdot z = d_f + 2 \cdot (m + c) = \frac{p}{\pi} \cdot z$

Kopfkreis-Ø $d_a = d + 2 \cdot m = m \cdot z + 2 \cdot m$

$d_a = m \cdot (2 + z)$

Fußkreis-Ø $d_f = d - 2 \cdot (m + c)$

Teilung $p = m \cdot \pi = \frac{d \cdot \pi}{z} = e + s$

Zähnezahl $z = \frac{d}{m} = \frac{d_a - 2 \cdot m}{m} = \frac{d \cdot \pi}{p}$

Zahndicke $s = \frac{p}{2} = \frac{m \cdot \pi}{2}$

Zahnlückenweite $e = s$

Zahnkopfhöhe $h_a = m$

Zahnfußhöhe $h_f = m + c$

Zahnhöhe $h = 2 \cdot m + c = h_a + h_f$

Zahnkopfspiel $c = (0{,}1 \text{ bis } 0{,}3) \cdot m$

Maschinenbau $c = 0{,}167 \cdot m$

Zähnezahl $z = \frac{d_a - 2 \cdot h_a}{m} = \frac{d}{m}$

$z = \frac{d_a - 2 \cdot m}{m} = \frac{d \cdot \pi}{p}$

Zahnbreite $b \approx 10 \cdot m$

Übersetzungsverhältnis $i = \frac{z_2}{z_1} = \frac{d_2}{d_1} = \frac{n_1}{n_2}$

Achsabstand

$a = \frac{d_1 + d_2}{2} = \frac{m}{2} \cdot (z_1 + z_2)$

$a = \frac{m_1 \cdot z_1 + m_2 \cdot z_2}{2}$

$d_1 = 2 \cdot a - d_2$

$d_2 = 2 \cdot a - d_1$

$m = m_1 = m_2$

$m = 2 \cdot \frac{a}{z_1 + z_2}$

$z_1 = \frac{2a}{m} - z_2$

Gradverzahnte Stirnräder, innenverzahnt

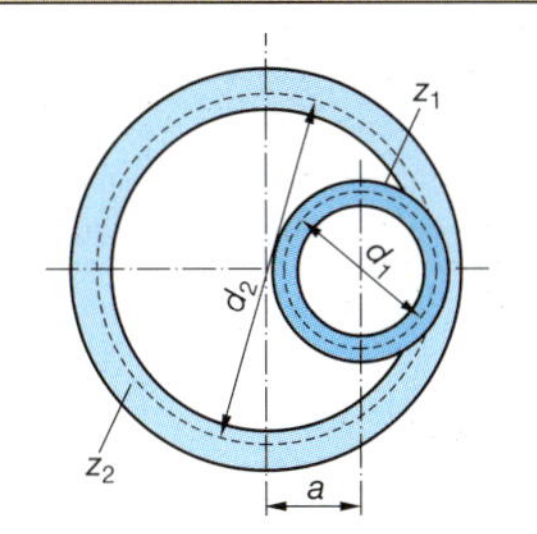

Zähnezahl $z = \frac{d}{m} = \frac{d_a + 2 \cdot m}{m}$

$z = \frac{d_a - 2 \cdot h_a}{m}$

Achsabstand
außenliegendes Gegenrad

$a_a = \frac{d_1 + d_2}{2} = \frac{m}{2} \cdot (z_1 + z_2)$

Achsabstand
innenliegendes Gegenrad

$a_i = \frac{d_2 - d_1}{2} = \frac{m}{2} \cdot (z_2 - z_1)$

Kopfkreis-Ø $d_a = d - 2 \cdot m = m \cdot (z - 2)$

Fußkreis-Ø $d_f = d + 2 \cdot (m + c)$

Teilkreis-Ø $d_1 = d_2 - 2\,a_i$ $d_2 = d_1 + 2\,a_i$

Modul für Stirn- und Kegelräder, Reihe 1 — DIN 780-1

0,05	0,06	0,08	0,1	0,12	0,16	0,2	0,25	0,3	0,4	0,5	0,6	0,7	0,8	0,9	1	1,25
1,5	2	2,5	3	4	5	6	8	10	12	16	20	25	32	40	50	60

Masch. Elemente

Maschinenelemente

Zahnradtriebe

Schrägverzahnte Stirnräder (Reihe 1)

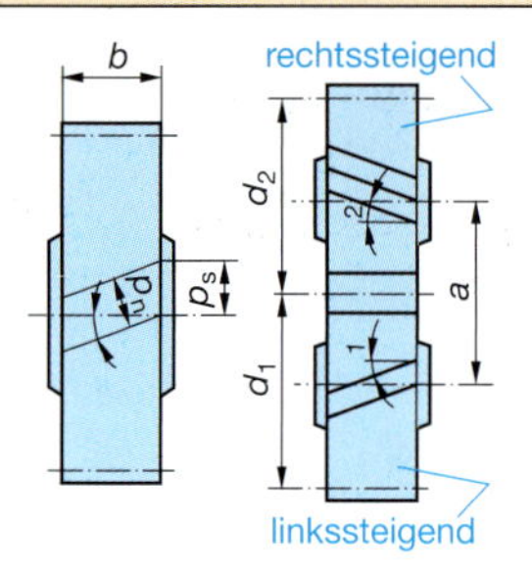

$\beta = 8^\circ \ldots 25^\circ$ $\beta_1 = \beta_2 \leq 20^\circ$

Schrägungswinkel (siehe auch „Gradverzahnte Stirnräder")

Zähnezahl

$$z = \frac{d}{m_s} = \frac{\pi \cdot d}{p_s}$$

Teilung

$$p_n = p = \pi \cdot m_n = p_s \cdot \cos\beta$$

Achsabstand

$$a = \frac{d_1 + d_2}{2} = \frac{z_1 + z_2}{2} \cdot \frac{m_n}{\cos\beta}$$

Kopfkreis-∅

$$d_a = d + 2 \cdot m_n$$

Normalmodul

$$m_n = m = \frac{p_n}{\pi} = m_s \cdot \cos\beta$$

Übersetzungsverhältnis

$$i = \frac{z_2}{z_1} = \frac{d_2}{d_1} = \frac{n_1}{n_2}$$

Stirnmodul

$$m_s = \frac{m_n}{\cos\beta} = \frac{p_s}{\pi}$$

Stirnteilung

$$p_s = \frac{p_n}{\cos\beta} = \frac{\pi \cdot m_n}{\cos\beta}$$

Teilkreisdurchmesser

$$d = m_s \cdot z = \frac{z \cdot m_n}{\cos\beta}$$

Fußkreis-∅

$$d_f = d - 2{,}4 \cdot m_n$$

ideelle Zähnezahl

$$z_i = \frac{z}{\cos^3\beta}$$

Kopfhöhe

$$h_a = m_n$$

Fußhöhe

$$h_f = 1{,}2 \cdot m_n$$

Gradverzahnte Kegelräder

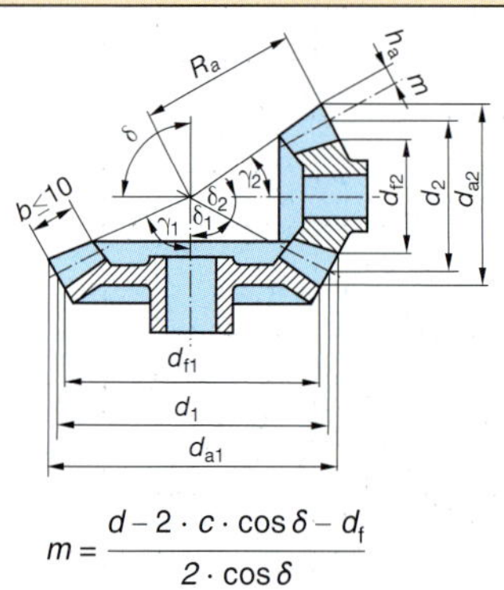

$$m = \frac{d - 2 \cdot c \cdot \cos\delta - d_f}{2 \cdot \cos\delta}$$

$$m = \frac{d_a - d}{2 \cdot \cos\delta}$$

Achsenwinkel $\delta = \delta_1 + \delta_2$, **Regelfall**: $\delta = 90^\circ$
(siehe auch „Gradverzahnte Stirnräder")

Modul

$$m = \frac{d}{z} = \frac{p_t}{\pi}$$

$$m = h_a$$

Teilkreis-∅

$$d = m \cdot z$$

Kopfkreisdurchmesser

$$d_a = d + 2 \cdot m \cdot \cos\delta$$

Fußkreisdurchmesser

$$d_f = d - 2 \cdot (m + c) \cdot \cos\delta$$

Teilkreiswinkel

$$\tan\delta_1 = \frac{d_1}{d_2} = \frac{z_1}{z_2} = \frac{1}{i} \quad \text{(treibendes Rad)}$$

Teilkreiswinkel

$$\tan\delta_2 = \frac{d_2}{d_1} = \frac{z_2}{z_1} = i \quad \text{(getriebenes Rad)}$$

Kegelwinkel

$$\tan\gamma_1 = \frac{z_1 + 2 \cdot \cos\delta_1}{z_2 - 2 \cdot \sin\delta_1}$$

$$\tan\gamma_2 = \frac{z_2 + 2 \cdot \cos\delta_2}{z_1 - 2 \cdot \sin\delta_2}$$

Riementriebe

d_{w1}	Wirkdurchmesser, treibende Scheibe	mm
d_{w2}	Wirkdurchmesser, getriebene Scheibe	mm
n_1	Drehzahl, treibende Scheibe	1/min
n_2	Drehzahl, getriebene Scheibe	1/min
v	Riemengeschwindigkeit	m/s
c_1	Winkelfaktor (Tabelle)	
c_2	Betriebsfaktor (Tabelle)	
c_3	Längenfaktor (Tabelle)	
z	Riemenzahl	
e	Achsabstand	mm
β	Umschlingungswinkel, kleine Scheibe	° (Grad)
L_W	Wirklänge	mm
F_N	Umfangskraft, statisch	N
F_A	Achskraft	N
f_B	Anzahl der Riemenbiegungen/Sekunde	1/s
P	zu übertragende Gesamtleistung	kW
P_N	Nennleistung des Einzelriemens	kW
s_v	Verstellweg für Riemenmontage	mm
s_s	Spannweg	mm

Maschinenelemente

Riementriebe

Wirklänge des Riemens

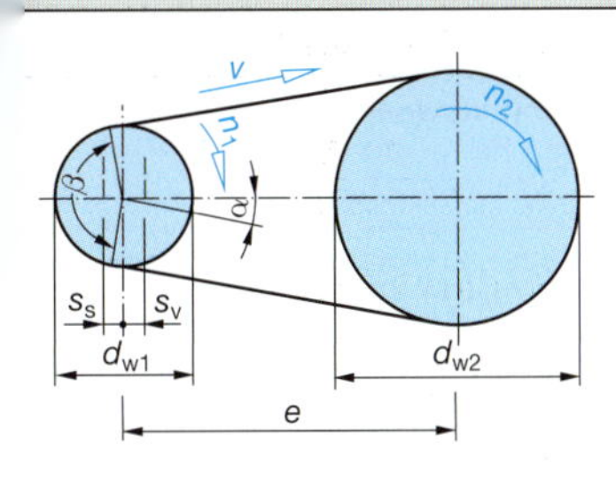

$$L_W = 2 \cdot e \cdot \sin\left(\frac{\beta}{2}\right) + \frac{\pi}{2} \cdot (d_{w1} + d_{w2}) + \frac{\pi}{2} \cdot \left(1 - \frac{\beta}{180^\circ}\right) \cdot (d_{w2} - d_{w1})$$

Achsabstand e: $e \approx (0{,}8 \text{ bis } 2) \cdot (d_{w1} + d_{w2})$ $\quad \beta = 2 \cdot \arccos\left(\frac{d_{w2} - d_{w1}}{2 \cdot e}\right)$

Riemenzahl $z = \frac{P}{P_N} \cdot \frac{c_2}{c_1 \cdot c_3}$

Riemengeschwindigkeit $v = \frac{d_{w1} \cdot n_1}{19100} = \frac{d_{w2} \cdot n_2}{19100}$

Umfangskraft $F_N = \frac{1000 \cdot P}{v}$

Riemenbiegungen $f_B = \frac{2 \cdot v}{L_w}$ Richtwert: $f_B < 50 - 80 \, \frac{1}{s}$

Verstellweg: $s \geq (0{,}01 \text{ bis } 0{,}02) \cdot L_w$ Spannweg: $s_s \geq (0{,}02 \text{ bis } 0{,}03) \cdot L_w$
Achskraft: $F_A = (1{,}5 \text{ bis } 2) \cdot F_N$

Wahl des Riemenprofils nach Drehzahl und Leistung

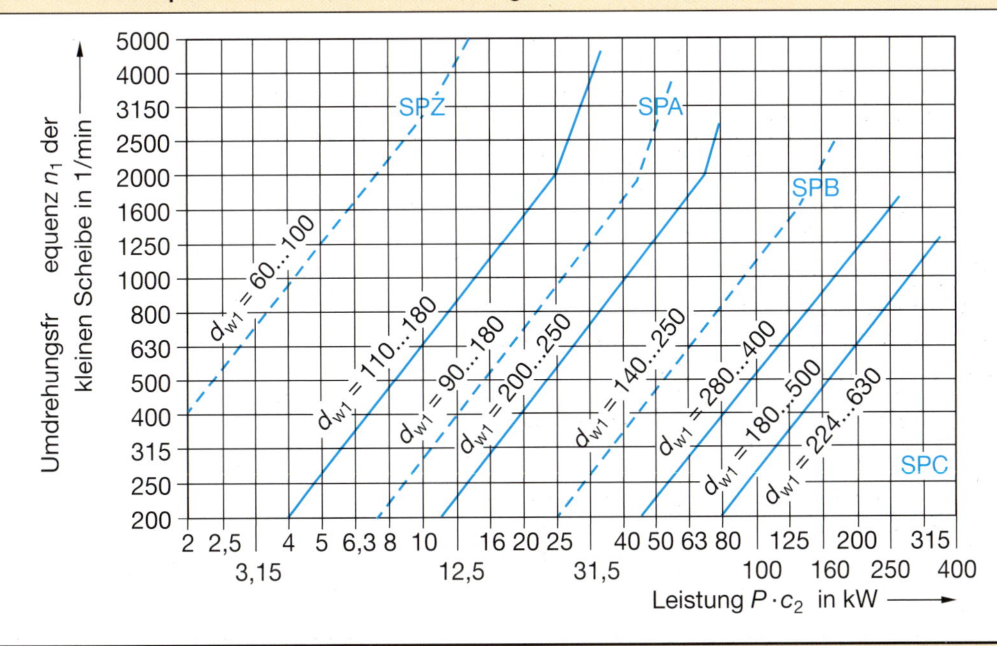

Korrekturfaktoren

Winkelfaktor c_1 (berücksichtigt den Umschlingungswinkel β an der kleineren Scheibe) $180^\circ > \beta > 70^\circ$

c_1	$\frac{d_{w2} - d_{w1}}{e}$	$\beta \approx$	c_1	$\frac{d_{w2} - d_{w1}}{e}$	$\beta \approx$	c_1	$\frac{d_{w2} - d_{w1}}{e}$	$\beta \approx$
1	0	180°	**0,89**	0,7	140°	**0,73**	1,3	100°
0,98	0,15	170°	**0,86**	0,85	130°	**0,68**	1,45	90°
0,95	0,35	160°	**0,82**	1	120°	**0,63**	1,53	80°
0,92	0,5	150°	**0,78**	1,15	110°	**0,58**	1,64	70°

Maschinenelemente

Riementriebe

Korrekturfaktoren

Betriebsfaktor c_2 (berücksichtigt die tägliche Betriebsdauer und die Belastungsart)

Betriebsfaktor c_2 für tägliche Betriebsdauer in h						Verwendung
normale Belastung			hohe Belastung			
bis 10	über 10 bis 16	über 16	bis 10	über 10 bis 16	über 16	
1	1,1	1,2	1,1	1,2	1,3	**Leichte Antriebe:** Kreiselpumpen und Kreiselkompressoren, Bandförderer, Ventilatoren und Pumpen bis 7,5 kW
1,1	1,2	1,3	1,2	1,3	1,4	**Mittelschwere Antriebe:** Blechscheren, Pressen, Werkzeugmaschinen, Ventilatoren und Pumpen über 7,5 kW
1,2	1,3	1,4	1,4	1,5	1,6	**Schwere Antriebe:** Mahlwerke, Kolbenkompressoren, Aufzüge, Kolbenpumpen, Hammermühlen
1,3	1,4	1,5	1,5	1,6	1,8	**Sehr schwere Antriebe:** Hoch belastete Mahlwerke, Steinbrecher, Mischer, Bagger

Längenfaktor c_3 (berücksichtigt die Wirklänge L_W des Keilriemens für das Riemenprofil SPZ)

L_W	630	710	800	900	1000	1120	1250	1400	1600	1800	2000	2240	2500	2800	3150	3550
c_3	0,82	0,84	0,86	0,88	0,9	0,93	0,94	0,96	1	1,01	1,02	1,05	1,07	1,09	1,11	1,13

Keilriemenscheiben

DIN 2211, DIN 2217-1

einrillig, z = 1 **mehrrillig,** z. B. z = 2
DIN 2217 für **Normalkeilriemen** nach DIN 2215

einrillig, z = 1 **mehrrillig,** z. B. z = 2
DIN 2211 für **Schmalkeilriemen** nach DIN 7753

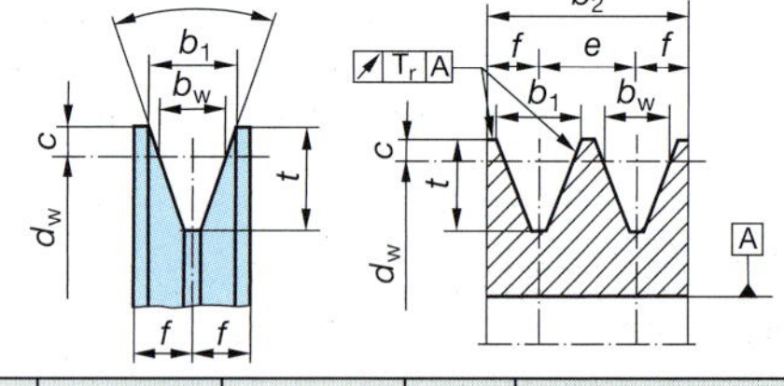

Keilriemenprofil		b_1	b_2	b_w	c	d_w	e	f	t +0,6/0	α° 32°	34°	36°	38°
Kurzzeichen (DIN 2215)													
ISO	DIN[1)]		Kranzbreite										
Y	**6**	6,3	$b_2 = e \cdot (z-1) + 2 \cdot f$	5,3	1,6	28	8	6	7	≤ 63	–	> 63	–
Z	**10**	9,7	z = Rillenzahl	8,5	2	50	12	8	11	–	≤ 80	–	> 80
A	**13**	12,7		11	2,8	75	15	10	13,8	–	≤ 118	–	> 118
B	**17**	16,3		14	3,5	125	19	12,5	17,5	–	≤ 190	–	> 190
C	**22**	22		19	4,8	200	25,5	17	24	–	≤ 315	–	> 315
D	**32**	32		27	8,1	355	37	24	33	–	–	≤ 500	> 500
E	**40**	40		32	12	500	44,5	29	38	–	–	≤ 630	> 630
ISO-Kurzzeichen (DIN 2211)													
SPZ		9,7	Kranzbreite	8,5	2	63	12 ± 0,3	8 ± 0,6	11	–	≤ 80	–	> 80
SPA		12,7	$b_2 = e \cdot (z-1) + 2 \cdot f$	11	2,8	90	15 ± 0,3	10 ± 0,6	13,8	–	≤ 118	–	> 118
SPB		16,3	z = Rillenzahl	14	3,5	140	19 ± 0,4	12,5 ± 0,8	17,5	–	≤ 190	–	> 190
SPC		22	$d_w = d_a - 2 \cdot c$	19	4,8	224	25,5 ± 0,5	17 ± 1	23,8	–	≤ 315	–	> 315

Bezeichnungsbeispiel: **Scheibe DIN 2217 - 40E - 500x5x50 PN**
Profil 40/E, Wirklänge 500 mm, Rillenzahl 5, Nabenbohrung 50 mm, PN: Ausführung mit Passfedernut

[1)] DIN 2215, 2216 Riemenprofilkurzzeichen (6 bis 40) nicht mehr für Neukonstruktionen verwenden.

Maschinenelemente

Riementriebe

Normalkeilriemen, Schmalkeilriemen

DIN 2215, DIN 7753-1

Normalkeilriemen
DIN 2215

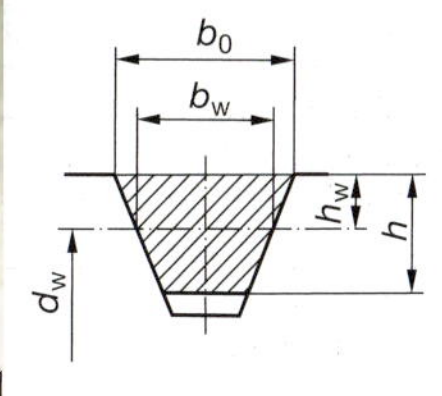

Schmalkeilriemen
DIN 7753

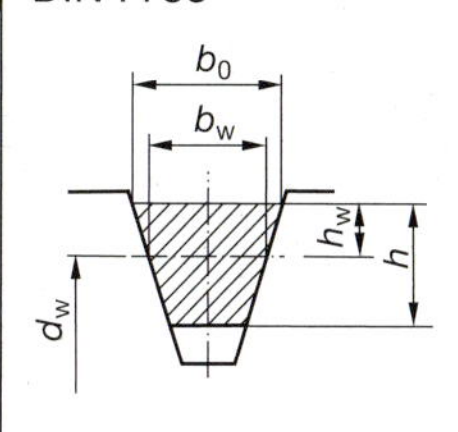

Keilriemenprofil		b_0	b_w	h	h_w	d_w	L_w	L_{wN} [1] (R20)
Kurzzeichen								DIN 2215
ISO	**DIN**							
Y	**6**	6	5,3	4	1,6	50	200 – 865	320
Z	**10**	10	8,5	6	2,5	80	320 – 2820	825
A	**13**	13	11	8	3,3	100	590 – 5330	1730
B	**17**	17	14	11	4,2	140	710 – 7140	2280
C	**22**	22	19	14	5,7	224	1230 – 18050	3810
D	**32**	32	27	20	8,1	355	2075 – 18075	6380
E	**40**	40	32	25	12	500	3080 – 18080	7185
ISO-Kurzzeichen								DIN 7753
SPZ		9,7	8,5	8	2	63	630 – 3550	1600
SPA		12,7	11	10	2,8	90	800 – 4500	2500
SPB		16,3	14	13	3,5	140	1250 – 8000	3550
SPC		22	19	18	4,8	224	2000 – 12500	5600

[1] Handelsübliche Nennlängen, gestuft nach der Normzahlreihe R20

Bezeichnungsbeispiel: **Schmalkeilriemen DIN 7753 - SPC - 2000**
Profil SPC, Wirklänge 2000 mm

Leistungswerte für Schmalkeilriemen

DIN 7753-2

Keilriemenprofil	SPZ			SPA			SPB			SPC		
d_w **kleine Scheibe**	63	100	180	90	160	250	140	250	400	224	400	630
n_1 **kleine Scheibe**	Nennleistung P_N je Riemen in kW											
400	0,36	0,79	1,71	0,75	2,04	3,62	1,92	4,86	8,64	5,19	12,56	21,42
700	0,54	1,28	2,81	1,17	3,30	5,88	3,02	7,84	13,82	8,13	19,79	32,27
950	0,68	1,66	3,65	1,48	4,27	7,60	3,83	10,04	17,39	10,19	24,52	37,37
1450	0,93	2,36	5,19	2,02	6,01	10,53	5,19	13,66	22,02	13,22	29,46	31,74
2000	1,17	3,05	6,63	2,49	7,60	12,85	6,31	16,19	22,07	14,58	25,81	–
2800	1,45	3,90	8,20	3,00	9,24	14,13	7,15	16,44	29,37	11,89	–	–

Synchronriementriebe, metrische Teilung

DIN 7721-1

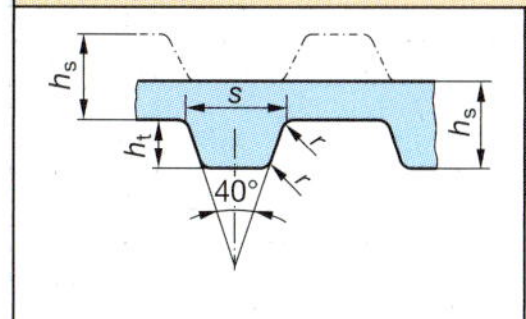

Teilungs-kurz-zeichen	s	h_t	r	h_s	Wirklänge von – bis	Wirksonderlänge bis	Riemenbreite b
T 2,5	1,5	0,7	0,2	1,3	120 – 950	–	– 4 6 10
T 5	2,65	1,2	0,4	2,2	100 – 1380	7500	6 10 16 25
T 10	5,3	2,5	0,6	4,5	260 – 4780	25000	16 25 32 50
T 20	10,15	5,0	0,8	8,0	1260 – 3620	25000	32 50 75 100

Bezeichnungsbeispiel: **Riemen DIN 7721 - 10 T 5x500 D**
Endloser Riemen, Breite 10 mm, Zahnteilung T 5, Wirklänge 500 mm, Doppelverzahnung

Maschinenelemente

Riementriebe, Schneckentrieb

Zahnlückenprofil für Synchronscheiben

DIN 7721-2

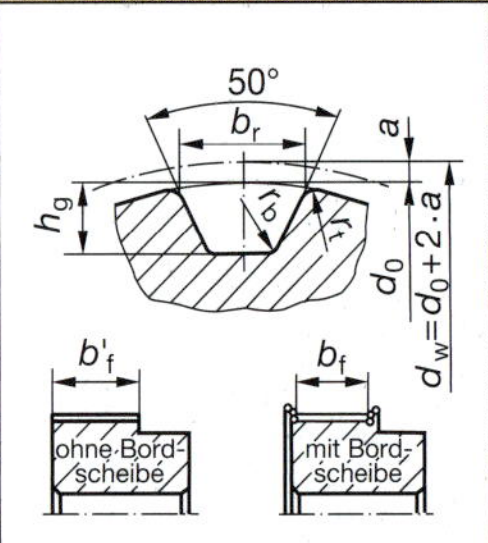

Teilungskurzzeichen	SE	N	SE	N	r_b	r_t	$2 \cdot a$	Scheibenbreite		Außen-∅ d_0	
	b_r	b_r	h_g	h_g				b_f'	b_f	von	bis
T 2,5	1,75	1,82	0,75	1	0,2	0,3	0,6	b + 4 mm	b + 1,5 mm	6,45	75,90
T 5	2,96	3,32	1,25	1,95	0,4	0,6	1		b + 1,5 mm	15,05	152,00
T 10	6,02	6,57	2,6	3,4	0,6	0,8	2	b + 5 mm	b + 2 mm	35,35	303,70
T 20	11,65	12,6	5,2	6	0,8	1,2	3	b + 6 mm	b + 2 mm	92,65	608,30

Bezeichnungsbeispiel: **Zahnlückenprofil DIN 7721 - 10 T 5x20 N2**
Breite 10 mm, Zahnteilung T5 mit 20 Zahnlücken, Zahnlückenform N2, 2 Bordscheiben

Zahnlückenprofil: SE für ≤ 20 Lücken, N für > 20 Lücken

Schneckentrieb

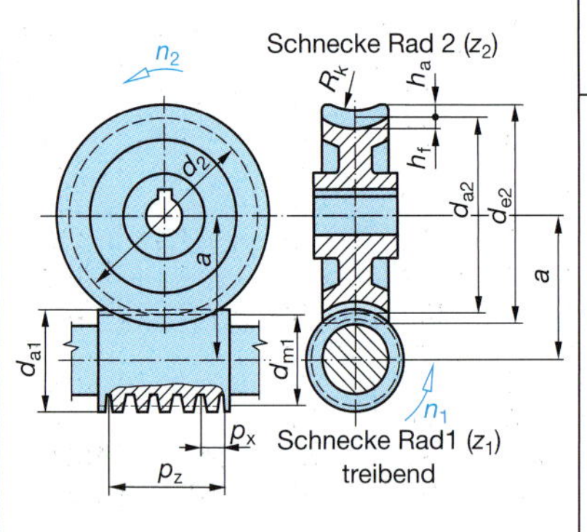

Mittensteigungswinkel der Schnecke: γ_m = 15° bis 25° (siehe „Gradverzahnte Stirnräder")

Günstige Übersetzung/Gangzahl

i	5 – 10	10 – 15	15 – 30	> 30
z_1	4	3	2	1

Schneckentrieb

$$m = \frac{p_x}{\pi} \qquad p_x = m \cdot \pi$$

$$a = \frac{d_{m1} + d_2}{2} \qquad d_{m1} = 2 \cdot a - d_2$$

$$d_2 = 2 \cdot a - d_{m1}$$

$$p_n = p_x \cdot \cos \gamma_m$$

$$m_n = m \cdot \cos \gamma_m$$

$$h = 2 \cdot m + c$$

$$h_a = m$$

$$h_f = m + c = 1{,}2 \cdot m$$

$$c = 0{,}2 \cdot m$$

$$d_{m1} = \frac{z_1 \cdot m}{\tan \gamma_m}$$

$$p = \frac{d \cdot \pi}{z}$$

$$i = \frac{z_2}{z_1} = \frac{n_1}{n_2}$$

Schnecke

$$d_{m1} = \frac{z_1 \cdot m}{\tan \gamma_m}$$

$$d_{a1} = d_{m1} + 2 \cdot m \qquad m = \frac{d_{a1} - d_{m1}}{2}$$

$$d_{f1} = d_{m1} - 2 \cdot (m + c)$$

$$m = \frac{d_{m1} - d_{f1} - 2 \cdot c}{2}$$

$$z_1 = \frac{p_{z1}}{p_x} \qquad p_{z1} = z_1 \cdot p_x$$

$$p_x = \frac{p_{z1}}{z_1}$$

$$\gamma_m = \frac{m \cdot z_1}{d_{m1}}$$

Schneckenrad

$$d_{e2} \approx d_{a2} + 2 \cdot m$$

$$d_2 = m \cdot z_2 \qquad m = \frac{d_2}{z_2} \qquad z_2 = \frac{d_2}{m}$$

$$R_K = \frac{d_{m1}}{2} - m$$

$$d_a = d_2 + 2 \cdot m$$

$$d_{f2} = d_2 - 2 \cdot (m + c)$$

$$a = \frac{d_{m1} + d_2}{2}$$

$$p_2 = \frac{d_2 \cdot \pi}{z_2}$$

Modul für Schneckenräder

DIN 780-2

1	1,25	1,6	2	2,5	3,15	4	5	6,3	8	10	12,5	16	20
0,1	0,12	0,16	0,2	0,25	0,3	0,4	0,5	0,6	0,7	0,8	0,9		

Maschinenelemente

Rollenketten

Rollenketten DIN ISO 606

einfach

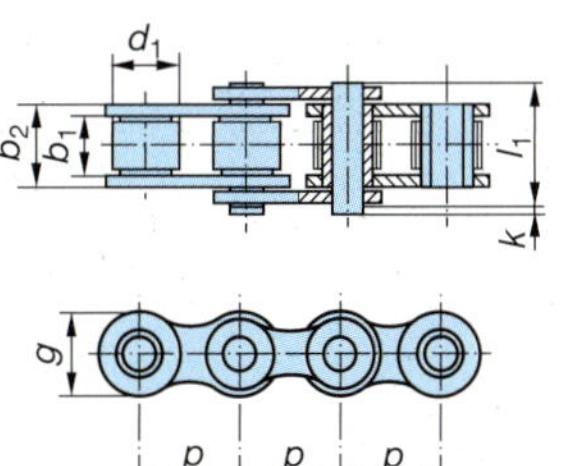

zweifach

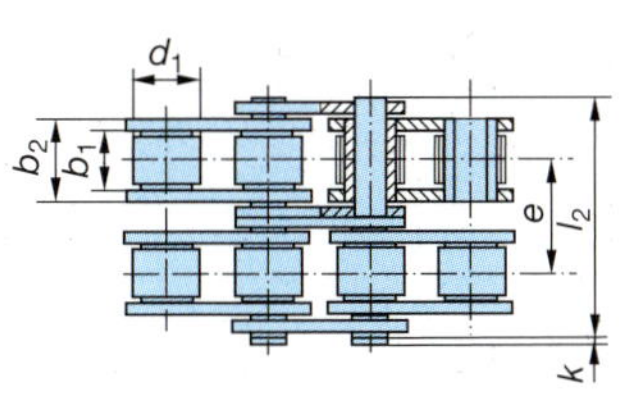

dreifach

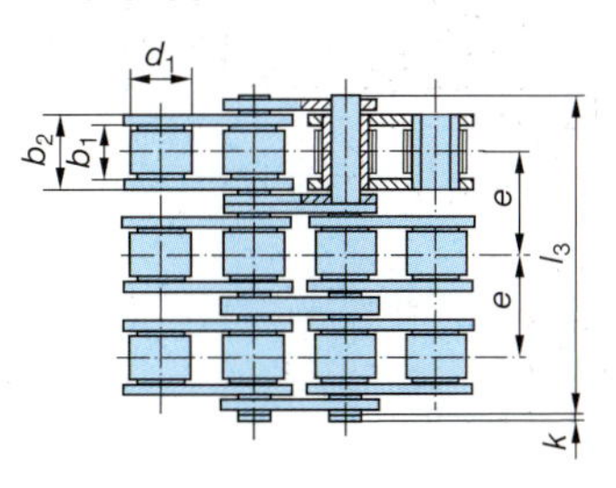

Ketten-Nr.	p	b_1	b_2	d_1	e	g	k	einfach		zweifach		dreifach	
								l_1	F [1]	l_2	F [1]	l_3	F [1]
		min.	max.	max.		max.	max.	max.	kN	max.	kN	max.	kN
05 B	8	3	4,77	5	5,64	7,1	3,1	8,6	5	14,3	7,5	19,9	13,2
06 B	9,53	5,72	8,53	6,35	10,24	8,2	3,3	13,5	9	23,8	16	34	23,6
08 B	12,7	7,75	11,3	8,51	13,92	11,8	3,9	17	18	31	32	44,9	47,5
10 B	15,9	9,65	13,28	10,16	16,59	14,7	4,1	19,6	22,4	36,2	40	52,8	60
12 B	19,05	11,68	15,62	12,07	19,46	16,1	4,6	22,7	29	42,2	53	61,7	80
16 B	25,4	17,02	25,4	15,88	31,88	21	5,4	36,1	60	68	106	99,9	160
20 B	31,75	19,56	29	19,05	36,45	26,4	6,1	43,2	95	79	170	116	250
24 B	38,1	25,4	37,9	25,4	48,36	33,4	6,6	53,4	160	101	280	150	425
32 B	50,8	31	45,5	29,21	58,55	42,2	7,9	67,4	250	126	450	184	670
40 B	63,6	38,1	55,7	39,37	72,29	52,9	10	82,6	355	154	630	227	950
48 B	76,2	45,2	70,5	48,26	91,21	63,8	10	99,1	560	190	1000	281	1500
56 B	88,9	53,34	81,3	53,98	106,6	77,8	11	114	850	221	1600	330	2240

Bezeichnungsbeispiel: **Rollenkette DIN ISO 606 - 10B - 2x100**
Kettennummer 10B, Zweifachkette, 100 Kettenglieder [2]

[1] Mindestbruchkraft
[2] Die Zahl der Kettenglieder (Kettenlänge) muss errechnet und an die Kettenbezeichnung nach DIN ISO 606 angehängt werden.

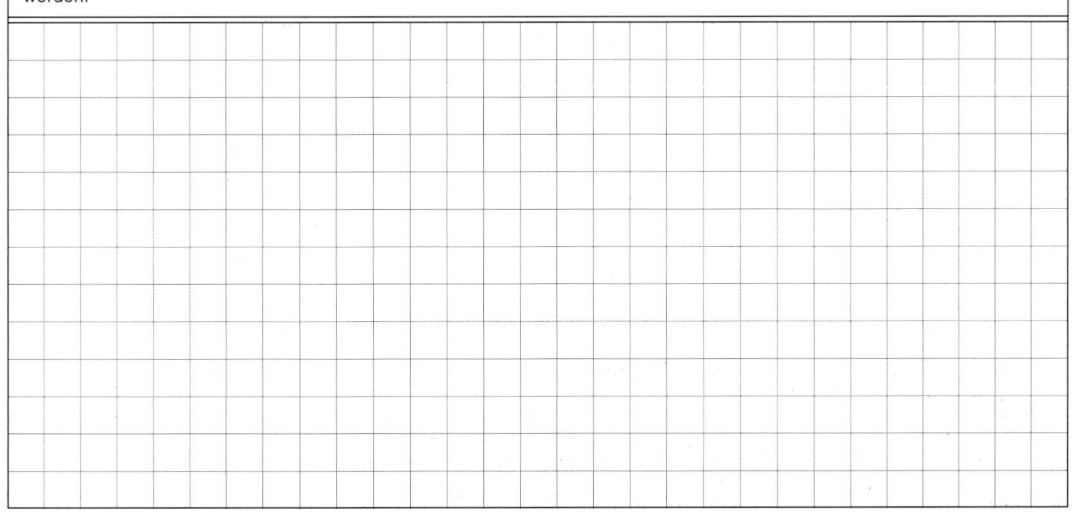

Arbeits- und Umweltschutz, Instandhaltung

Arbeits- und Umweltschutz

Kennzeichnung von Rohrleitungen

Rohrleitungen werden aus Gründen der *Sicherheit*, der *Brandbekämpfung* und der fachgerechten *Instandsetzung* farblich gekennzeichnet.

Farbzuordnung nach Durchflussstoffen in Rohrleitungen

Stoff	Gruppe	Farbe	RAL	Zusatzfarbe	RAL	Schriftfarbe	RAL
Wasser	1	grün	6032	–	–	weiß	9003
Wasserdampf	2	rot	3001	–	–	weiß	9003
Luft	3	grau	7004	–	–	schwarz	9004
brennbare Gase	4	gelb	1003	rot	3001	schwarz	9004
nicht brennbare Gase	5	gelb	1003	schwarz	9004	schwarz	9004
Säuren	6	orange	2010	–	–	schwarz	9004
Laugen	7	violett	4008	–	–	weiß	9003
brennbare Flüssigkeiten und Feststoffe	8	braun	8002	schwarz	9004	weiß	9003
nicht brennbare Flüssigkeiten und Feststoffe	9	braun	8002	schwarz	9004	weiß	9003
Sauerstoff	0	blau	5005	–	–	weiß	9003

- *Die Kennzeichnung muss deutlich sichtbar und dauerhaft sein.*
- *Die Kennzeichnung ist nach max. 10 m Leitungslänge zu wiederholen.*
- *An betriebswichtigen Punkten, Abzweigungen, Wanddurchführungen ist die Kennzeichnung anzubringen.*
- *Die Durchflussrichtung wird durch einen Pfeil angegeben.*
- *Bei Gefahrstoffen erfolgt zusätzlich die Angabe der Gefahrensymbole, bei allgemeinen Gefahren die Angabe der Warnzeichen.*

Trinkwasserleitungen

Trinwasserleitung, Trinkwasserleitung, kalt	PW PWC	grün grün	Trinkwasserleitung, warm, zirkulierend	PWH-C	violett
Tinkwasserleitung, warm	PWM	rot	Nichttrinkwasserleitung	NPW	weiß

Arbeitsplatzgrenzwert (AWG)

Der *Arbeitsplatzgrenzwert* gibt an, bei welcher Konzentration eines Stoffes akute bzw. chronische schädliche Wirkung auf die Gesundheit i. Allg. *nicht* zu erwarten sind.

Dies bezieht sich auf einen gegebenen *Referenzzeitraum*. Zum Beispiel bei täglich 8-stündiger Einwirkung an 5 Tagen pro Woche während der Dauer der Lebensarbeitszeit.

Für kurzzeitige Einwirkungen sind *Spitzenbegrenzungen* (Höhe und Dauer) festgeschrieben.

Biologischer Grenzwert (BGW)

Der *biologische Grenzwert* bestimmt die toxikologisch, arbeitsmedizinisch abgeleitete Stoffkonzentration, seiner Metaboliten oder eines Beanspruchungsindikators im biologischen Material, bei der sich i. Allg. *keine* gesundheitliche Beeinträchtigung ergibt.

Biologischer Wert (BW_k)

Der biologische Wert gibt die Körperreaktion eines nur inhalativ aufgenommenen krebserregenden Stoffes im Blut oder im Urin an.

Arbeits- und Umweltschutz

Schutz vor Gefahrstoffen am Arbeitsplatz

Ermittlungspflicht

Vor dem Einsatz eines Stoffes, einer Zubereitung oder eines Erzeugnisses muss der *Arbeitgeber* in seinem Betrieb ermitteln, ob es sich um einen Gefahrstoff handelt.

Der Arbeitsgeber hat ein *Verzeichnis* über die eingesetzten Gefahrstoffe zu führen.

Auf *Verlangen* muss der *Hersteller* oder Importeur die gefährlichen Inhaltsstoffe sowie die vom Stoff ausgehenden Gefahren un die notwendigen Schutzmaßnahmen mitteilen.

Kennzeichnungspflicht

Gefährliche Stoffe, Zubereitungen und Erzeugnisse sind (auch bei ihrer Verwendung) *verpackungs-* und *kennzeichnungspflichtig*.

Kennzeichnung bedeutet stets Gefahr!
Keine Kennzeichnung schließt eine Gefährdung allerdings nicht in jedem Fall aus!

Auskunftspflicht

Ein *Sicherheitsdatenblatt* gibt genaue Auskunft über die Gefahren, die ein Produkt für Mensch und Umwelt bedeutet. Es ist dem Verwender spätestens bei der ersten Lieferung auszuhändigen.

Rangfolge

Wenn beim Umgang mit Gefahrstoffen *Schutzmaßnahmen* notwendig werden, so ist diesen stets der *Vorzug* vor der persönlichen Schutzausrüstung zu geben.

1. Verhinderung der Freisetzung von Gefahrstoffen

2. Gefahrstoffe am Ort der Entstehung absaugen

3. Wirksame Lüftungsmaßnahmen ergreifen

4. Persönliche Schutzausrüstung zur Verfügung stellen

Betriebsanweisung

Für den Arbeitsplatz ist eine *schriftliche* arbeitsbereich- und stoffbezogene *Betriebsanweisung* zu erstellen. Sie muss den Umgang mit dem durch den Gefahrstoff auftretenden Gefahren für Mensch und Umwelt und die notwendigen Schutzmaßnahmen und Verhaltensregeln festlegen.

Auch auf die *Entsorgung* von gefährlichen Abfällen ist hinzuweisen.

Unterweisung im jährlichen Abstand notwendig. Diese Unterweisung ist zu dokumentieren.

Aufnahme von Gefahrstoffen

Aufnahme	Schutzmaßnahmen
Eindringen: Gase, Dämpfe, Stäube	Augen- und Ohrenschutz
Einatmen: Gase, Dämpfe, Stäube, Aerosole	Absaugung, Belüftung, geeigneter Atemschutz (Filtereinsatz)
Verschlucken: Stäube, Flüssigkeiten	Nicht trinken, essen und rauchen am Arbeitsplatz
Hautresorption: Stäube, Flüssigkeiten	Hand- und/oder Arbeitsschutzkleidung, eventuell Vollschutzanzug

Lärmschutz

Lärm	Schall im Frequenzbereich 16 Hz bis 16 kHz kann zu einer Beeinträchtigung des Hörvermögens oder anderen mittelbaren oder unmittelbaren Beeinträchtigungen von Sicherheit und Gesundheit führen.
Lärmbereich	Arbeitsbereich, in dem ortsbezogene Lärmexpositionspegel oder Spitzenschalldruckpegel einen der oberen Auslösewerte erreicht oder überschreitet. Der **Spitzenschalldruckpegel** ist der Höchstwert für das lauteste Schallereignis innerhalb einer Arbeitsschicht.

Arbeits- und Umweltschutz

Lärmschutz

Maximal zulässige Werte

Die maximal zulässigen Expositionswerte (der Tages-Lärmexpositionspegel) dürfen nicht überschritten werden.

Untere Auslösewerte		Obere Auslösewerte	
Tages-Lärmexpositionspegel $L_{EX,8h}$	Spitzenschalldruckpegel $L_{pC,peak}$	Tages-Lärmexpositionspegel $L_{EX,8h}$	Spitzenschalldruckpegel $L_{pC,peak}$
80 db(A)	135 dB(A)	85 dB(A)	137 dB(A)

Maßnahmen

Folgende Maßnahmen sind erforderlich:

$L_{EX,8h} \geq 80$ dB(A)	Beschäftigte informieren und unterweisen
$L_{EX,8h} > 80$ dB(A)	Gehörschutz, Vorsorgeuntersuchungen anbieten
$L_{EX,8h} \geq 85$ dB(A)	Lärmbereiche kennzeichnen, Zugang einschränken, Vorsorgeuntersuchungen veranlassen, Vorsorgekartei anlegen, Gehörschutz verwenden
$L_{EX,8h} > 85$ dB(A)	Lärmminderungsprogramme durchführen

Lärmminderungsprogramme

- Verringerung bzw. zeitliche Dehnung von Krafteinwirkungen
- Versteifung von Konstruktionen
- Beeinflussung der Schallabstrahlung
- Minderung von Druckschwankungen
- Vermeidung von Turbulenzen
- Einsatz von Schwingungselementen (Maschinen)
- Kapselung und Schalldämpfung
- Schallschutzkabinen

Abfälle

AbfG 2007–07

Abfallvermeidung	Einsatz reststoffarmer Verfahren bzw. Rücknahem von Reststoffen
Abfallverwertung	Wiederaufbereitung von Reststoffen
Abfallentsorgung	Vermeidung der Beeinträchtigung des Allgemeinwohls

Entsorgung von Sonderabfällen

KrW–/AbfG

Ermittlung des Entsorgungsweges (Formblatt: „Verantwortliche Erklärung") in Zusammenarbeit mit dem Entsorger.

- *Art des Abfalls*
- *Herkunft/Entstehung des Abfalls*
- *Begründung der Nichtverwertbarbeit*
- *Unter Umständen chemische Analyse des Abfalls*

Bestätigung des Entsorgers, dass er den Sonderabfall entsorgen kann.

Zustimmung der zuständigen Behörde zum Entsorgungsweg, Ausstellung eines Entsorgungsnachweises

Mit Beförderungsgenehmigung ausgestatteter Transporteur übernimmt den Sonderabfall mit 6 farblich unterschiedlichen Begleitscheinen.

Wenn die Entsorgung erfolgt ist, wird der goldfarbene Durchschlag (Begleitschein) dem Auftraggeber der Entsorgung ausgehändigt und muss von ihm aufbewahrt werden (Nachweisbuch).

Arbeits- und Umweltschutz

Entsorgung von Sonderabfällen

Sonderabfall	Hinweise
Akkumuatoren von Handwerkzeugen (Nickel-Cadmium)	Rückgabe an den Lieferanten (SE)
Knopfzellen, Monozellen	Rückgabe an den Lieferanten (SE)
Leuchtstofflampen, Quecksilberdampf-lampem	Verwertung von unbrauchbaren Lampen, unzerstört zum Handel bringen (SE)
Ölfilter	Rückgabe an den Lieferanten (SE
Sand- und Strahlschrottstrahlmittel	Zum Beispiel mit Cd oder Cr; Sondermüll
Leere Kanister, Dosen mit Öl bzw. Lack	Entleerte Behälter sind kein Sonderabfall, abgeben beim Schrotthändler
Bohr-, Schmier- und Schneidöle	Rückgabe an den Lieferanten zur Verwertung (SE)
Altöl aus Maschinen und Fahrzeugen	Rückgabe an den Lieferanten zur Verwertung (SE)
Mit öl bzw. Fett verschmutzte Lappen und Pinsel	Mietputzlappenservice nutzen (SE)
Lösungsmittelgemische, Wasch- oder Testbenzine, Gemische mit Tri oder Per	Tri und Per nicht mit chlorfreien mischen; Aufarbeitung problematisch
Terpentin, Testbenzin, Alkohol, Aceton, Nitro- und Waschverdünner	Keine CKW-haltigen Lösungsmittel oder Abbeizer wie Tri, Per dazu-mischen; können aufgearbeitet werden
Kunststoffbehälter mit schädlichen Verunreinigungen	Entleerte Behälter sind kein Sonderabfall
Synthetische Kühl- und Schmiermittel	Rückgabe an den Lieferanten zur Verwertung (SE)

Verpackungsverordnung

Damit eine sortenreine Sammlung möglich ist, werden Produkte durch einen **Recyclingcode** gekennzeichnet.

Code		Bedeutung
01	PET	Polyethylenterephtalat
02	HDPE	Polyethylen hoher Dichte
03	PVC	Polyvinylchlorid
04	LDPE	Polyethylen niedriger Dichte
05	PP	Polypropylen
06	PS	Polystyrol
07	O	andere Kunststoffe
20	PAP	Wellpappe
21	PAP	sonstige Pappe
22	PAP	Papier
40	FE	Stahl

Arbeits- und Umweltschutz

Verpackungsverordnung

Code		Bedeutung
41	ALU	Aluminium
50	FOR	Holz
51	FOR	Kork
60	TEX	Baumwolle
61	TEX	Jute
70	GL	Farbloses Glas
71	GL	Grünes Glas
72	GL	Braunes Glas
80		Papier und Pappe, verschiedene Materialien
81		Papier und Pappe, Kunststoffe
82		Papier und Pappe, Aluminium
83		Papier und Pappe, Weißblech
84		Papier und Pappe, Kunststoff, Aluminium
85		Papier und Pappe, Kunststoff, Aluminium, Weißblech
90		Kunststoff, Aluminium
91		Kunststoff, Weißblech
92		Kunststoff, verschiedene Metalle
95		Glas, Kunststoff
96		Glas, Aluminium
97		Glas, Weißblech
98		Glas, verschiedene Metalle

Recycling von Kunststoffen und Metallen

Werkstoffliches Recycling (Kunststoffe)

Sammlung und sortenreine Sortierung
Waschen und zerkleinern (Granulieren)
Einschmelzen durch Extrudieren
Verwendung zur Herstellung neuer Produkte

Rohstoffliches Recycling (Kunststoffe)

Chemische Zerlegung in die Ausgangprodukte (Öle)
Verwendung der Öle für unterschiedliche chemische Produktionsvorgänge

Recycling von Metallen

Sortenreine Sortierung → Einschmelzung → Herstellung neuer Produkte

Arbeits- und Umweltschutz

Hinweisschilder zur Arbeitssicherheit

Bedeutung der Schilder

Die *Form und Farbgestaltung* der Schilder verdeutlicht ihre Bedeutung:

Verbotszeichen:
Schwarzes Bildzeichen auf weißem Untergrund mit roter Kennung.

Gebotszeichen:
Weißes Bildzeichen auf blauem Grund.

Warnzeichen:
Schwarzes Bildzeichen auf gelbem Grund

Rettungszeichen:
Weißes Bildzeichen auf grünem Grund.

Sicherheitskennzeichen

DIN 4844-1, BGV 8

Farben und Formen

Farbe	Bedeutung	Beispiel	Form
rot	Verbot, Halt, Brandschutz	Not-Aus, Haltezeichen, Verbotszeichen, Brandschutzzeichen	Kontrastfarbe weiß
gelb	Gefahr, Warnung, Vorsicht	Hinweise auf Gefahren wie z. B. Feuer, Strahlung, Explosion Kennzeichnung von Hindernissen	Kontrastfarbe schwarz
blau	Gebot, Hinweis	Tragen von Schutzausrüstungen, besondere Tätigkeiten	Kontrastfarbe weiß
grün	Erste Hilfe, Gefahrlosigkeit	Rettungszeichen, Notausgänge, Rettungsstationen	Kontrastfarbe weiß

Verbotszeichen

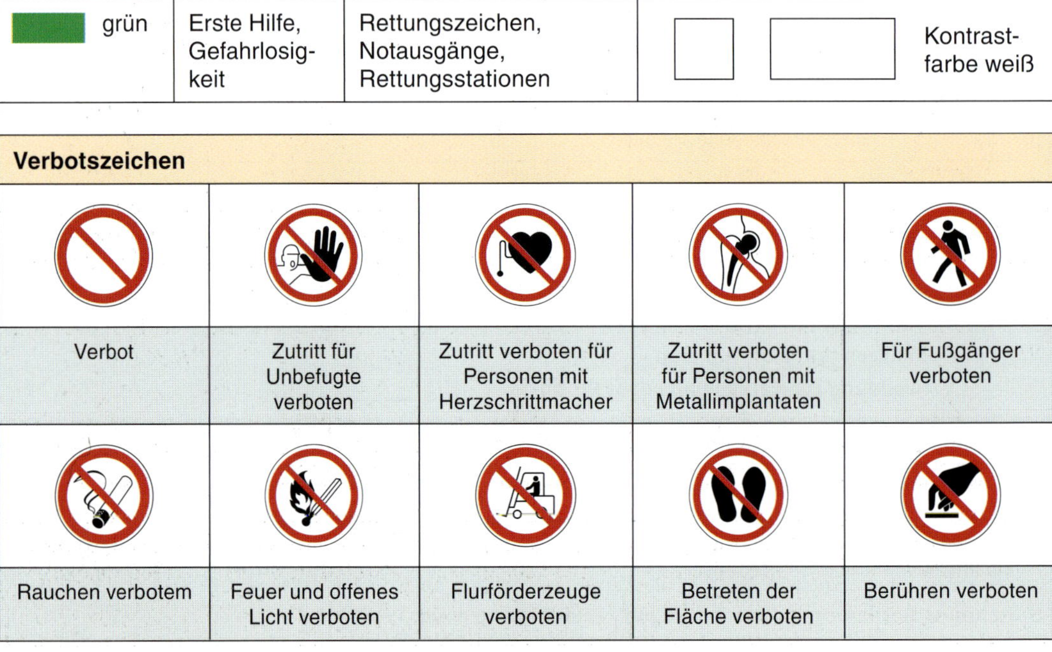

Verbot	Zutritt für Unbefugte verboten	Zutritt verboten für Personen mit Herzschrittmacher	Zutritt verboten für Personen mit Metallimplantaten	Für Fußgänger verboten
Rauchen verbotem	Feuer und offenes Licht verboten	Flurförderzeuge verboten	Betreten der Fläche verboten	Berühren verboten

Arbeits- und Umweltschutz

Sicherheitskennzeichen

DIN 4844-1, BGV 8

Verbotszeichen

Nicht berühren, Gehäuse steht unter Spannung	Nicht schalten	Mit Wasser löschen verboten	Mobilfunk verboten	Mit Wasser spritzen verboten

Kein Trinkwasser	Essen und Trinken verboten	Personenbeförderung verboten	Nichts abstellen oder lagern	Mitführen von Tieren verboten

Warnzeichen

W 00	W 11	W 01	W 02	W21
 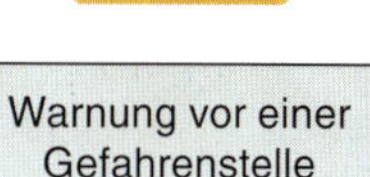			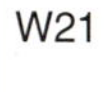	
Warnung vor einer Gefahrenstelle	Warnung vor brandfördernden Stoffen	Warnung vor feuergefährlichen Stoffen	Warnung vor explosionsgefährlichen Stoffen	Warnung vor explosionsfähiger Atmosphäre
W 06	W 07	W24	W 29	W 03
 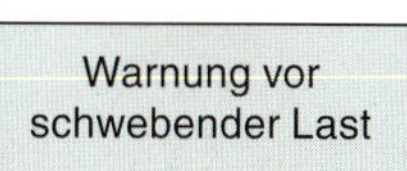 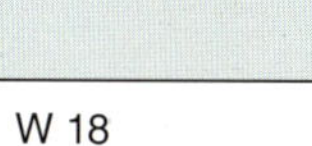				
Warnung vor schwebender Last	Warnung vor Flurförderfahrzeugen	Warnung vor Kippgefahr beim Walzen	Warnung vor Gefahr durch eine Förderanlage im Gleis	Warnung vor giftigen Stoffen
W 18	W 05	W 10	W 04	W 16
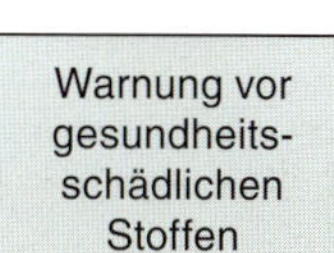				
Warnung vor gesundheitsschädlichen Stoffen	Warnung vor radioaktiven Stoffen	Warnung vor Laserstrahlen	Warnung vor ätzenden Stoffen	Warnung vor Biogefährdung

Arbeits- und Umweltschutz

Sicherheitskennzeichen

DIN 4844-1, BGV 8

Warnzeichen

W 27	W 14	W 28	W 15	W 25

Warnung vor Handverletzungen	Warnung vor Stolpergefahr	Warnung vor Rutschgefahr	Warnung vor Absturzgefahr	Warnung vor automatischem Anlauf
W 08	W 12	W 13	W 09	W 20

Warnung vor gefährlicher elektrischer Spannung	Warnung vor elektromagnetischem Feld	Warnung vor magnetischem Feld	Warnung vor optischer Strahlung	Warnung vor Gefahren durch Batterien

Brandschutzzeichen

F 06	F 05	F 03	F 07	F 08	F 04	F 01	F 02
		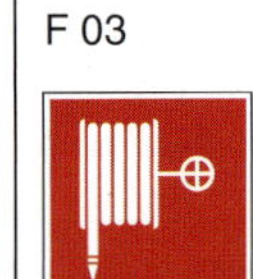					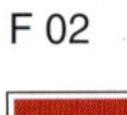
Brandmeldetelefon	Feuerlöscher	Löschschlauch	Mittel zur Brandbekämpfung	Brandmelder manuell	Leiter	Richtungsangabe [1]	Richtungsangabe [1]

[1] Richtungspfeile nur kombiniert mit einem weiteren Brandschutzzeichen

Gebotszeichen

M 01	M 08	M 03	M 02	M 04	M 06	M 05
		 			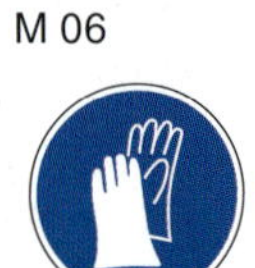	
Augenschutz benutzen	Gesichtsschutz benutzen	Gehörschutz benutzen	Schutzhelm benutzen	Atemschutz benutzen	Handschutz benutzen	Fußschutz benutzen

Arbeits- und Umweltschutz

Sicherheitskennzeichen

DIN 4844-1, BGV 8

Gebotszeichen

M 07	M 15	M 14	M 13	M 11	M 10	M 09
		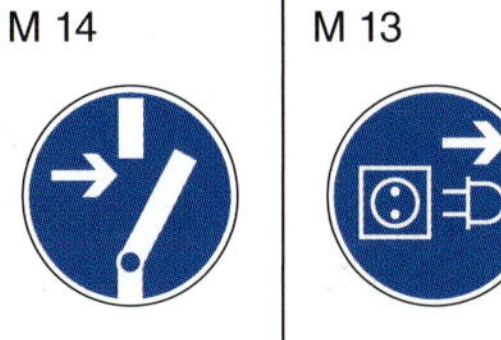				
Schutz-bekleidung	Rettungs-weste	Vor Arbeiten freischalten	Vor Öffnen Netzstecker ziehen	Sicher-heitsgurt benutzen	Für Fußgänger	Auffanggurt benutzen

Rettungszeichen

E 10	E 09	E 11	E 03	E 07	E 08	E 04	E 05
	 			 		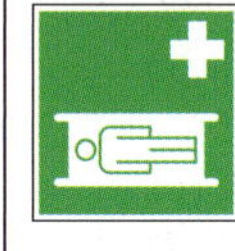	
Rettungs-weg/ Notaus-gang 1)	Rettungs-weg/ Notaus-gang 1)	Sammel-stelle	Erste Hilfe	Notruf-telefon	Arzt	Kranken-trage	Augen-spülein-richtung

E 01	E 02	E 13	E 12	E 16	E 15
		 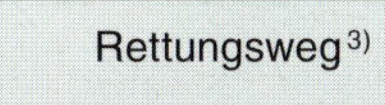		 	
Richtungs-angabe 2)	Richtungs-angabe 2)	Rettungsweg 3)	Rettungs-weg 3)	Notausgang	Notausgang

1) nur in Kombination mit einem Richtungspfeil
2) nur in Kombination mit einem anderen Rettungszeichen
3) Pfeil darf in Richtung weisen, die den Rettungswegverlauf anzeigt

Gefahrensymbole

Symbol	Kennzeichen Hinweis auf besondere Gefahren	Erläuterung
F	**F** Flammable R11–13, R15, R17	**Leicht entzündlich** Niedriger Flammpunkt (< 21 °C). Stoffe erhitzen sich an Luft und entzünden sich. Zusammen mit Feuchtigkeit können hochentzündliche Gase gebildet werden. Zum Beispiel: Ethanol
F+	**F +** Flammable R12	**Hochentzündlich** Flüssige Stoffe mit einem sehr niedrigen Flammpunkt (< 0 °C) bzw. Siedepunkt (< 35 °C) können als Gas ein explosives Gemisch bilden. Zum Beispiel: Butan, Acetylen

Arbeits- und Umweltschutz

Sicherheitskennzeichen

DIN 4844-1, BGV 8

Gefahrensymbole

Symbol	Kennzeichen Hinweis auf besondere Gefahren	Erläuterung
	E Explosive R2, R3	**Explosionsgefährlich** Durch Reibung, Feuer, Erwärmung oder andere Zündquellen können Stoffe ohne Sauerstoff explodieren. Zum Beispiel: Ethylnitrat
	O Oxidizing R8, R9, R11	**Brandfördernd** Solche Stoffe können bei Berührung mit brennbaren Stoffen die Brandgefahr und die Heftigkeit eines Brandes deutlich erhöhen. Zum Beispiel: Kaliumchlorat
	Xn Noxious R20–22, R40, R42, R48	**Mindergiftig** Einatmen, Berühren oder Verschlucken kann zu Gesundheitsstörungen oder zum Tode führen oder Krebs erregen. Zum Beispiel: Glykol
	T Toxic R23–25, R39, R48	**Giftig** Einatmen, Berühren oder Verschlucken kann zu Gesundheitsstörungen oder zum Tode führen (auch bei kleinen Mengen). Außerdem kann das Krebsrisiko gesteigert werden. Zum Beispiel: Arsen, Methanol
	T + Toxic R26–28, R39	**Sehr giftig** Einatmen, Berühren oder Verschlucken kann zu Gesundheitsstörungen oder zum Tode führen. Zum Beispiel: Blausäure
	N Noxious R54–56	**Umweltgefährlich** Solche Stoffe können Wasser, Boden, Luft, Klima, Pflanzen oder Mikroorganismen so verändern, dass Umweltgefahren entstehen. Zum Beispiel: Lindan
	C Corrosive R34, R35	**Ätzend** Stoffe zerstören lebendes Gewebe. Zum Beispiel: Salzsäure ≥ 25 %

Maximale Arbeitsplatzkonzentration – MAK-Werte

MAK: Maximal zulässige Konzentration eines Arbeitsstoffes als Gas, Dampf oder Schwebstoff (Aerosol) in der Luft am Arbeitsplatz bei einer durchschnittlichen Wochenarbeitszeit von 40 Stunden. Dabei wird die Gesundheit der Beschäftigten nicht beeinträchtigt; auch werden die Beschäftigten nicht unangenehm belästigt.

Stoff	MAK-Wert		Stoff	MAK-Wert		Stoff	MAK-Wert	
	in ml/m³	in mg/m³		in ml/m³	in mg/m³		in ml/m³	in mg/m³
Aceton	500	1200	Chlorbenzol	10	47	Quecksilber	–	0,02
Acrylnitrit	20	34	Ethanol	500	960	Salpetersäure	1	2,6
Ammoniak	20	14	Fluor	1	1,6	Salzsäure	2	3
Benzol	1	3,3	Fluorwasserstoff	1	0,83	Schwefeldioxid	0,5	11,33
Blei; Pb-Verb.	–	0,1E	Kohlenstoffdioxid	5000	9100	Styrol	20	86
Bleitetraethyl	–	0,05	Kohlenstoffmonoxid	30	35	Tetrachlorethylen	0,5	3,2
Brom	0,1	0,66	Methanol	200	270	Toluol	50	190
Butan	1000	2400	Nikotin	0,07	0,47	Vinylacetat	5	18
Chlor	0,5	1,5	Propan	1000	1800	Xylol	100	440

Arbeits- und Umweltschutz

Sicherheitskennzeichen

DIN 4844-1, BGV 8

Prüfzeichen

VDE-Zeichen	VDE Zeichen für harmonisierte Kabel und Leitungen	Geprüfte Sicherheit	Funkschutz-zeichen	Recycling
	◁VDE▷			

Bezeichnung der besonderen Gefahren (R-Sätze)

Zeichen	Bedeutung
	Explosionsgefahr
R1	– im trockenen Zustand
R2	– durch Schlag, Reibung, Feuer
R4	– durch hochempfindliche Metall-verbindungen
R5	– beim Erwärmen
R6	– mit und ohne Luft
R9	– bei Mischung mit brennbaren Stoffen
R16	– in Mischung mit brandfördernden Stoffen
R19	– beim Bilden von bestimmten Peroxiden
R44	– bei Erhitzen unter Einschluss
	Besondere Explosionsgefahr
R3	– durch Schlag, Reibung Feuer
	Entzündlichkeit/Feuergefahr
R7	– kann Brand verursachen
R8	– bei Berührung mit brennbaren Stoffen
R10	– entzündlich
R11	– leichtentzündlich
R12	– hochentzündlich
R13	– hochentzündliches Flüssiggas
R17	– selbstentzündlich an Luft
R18	– leichtentzündlich, explosionsfähig (bei Gebrauch)
R30	– leichtentzündlich (bei Gebrauch)

Zeichen	Bedeutung
	Reagiert
R14	– heftig mit Wasser
R15	– mit Wasser unter Bildung leichtentzündliche Gase
	Gesundheitsschädlich
R20	– beim Einatmen
R21	– bei Berührung mit der Haut
R22	– beim Verschlucken
	Giftig
R23	– beim Einatmen
R24	– bei Berührung mit der Haut
R25	– beim Verschlucken
	– **Sehr giftig**
R26	– beim Einatmen
R27	– bei Berührung mit der Haut
R28	– beim Verschlucken
	Giftige Gase
R29	– in Verbindung mit Wasser
R31	– bei Berührung mit Säure
R32	– sehr giftige Gase mit Säure
	Ätzungen
R34	– ruft Ätzungen hervor
R35	– ruft schwere Ätzungen hervor

Arbeits- und Umweltschutz

R-Sätze

Bezeichnung der besonderen Gefahren

Zeichen	Bedeutung	Zeichen	Bedeutung
R36	**Reizungen** – der Augen	R39	**Besondere Gesundheitsgefahren** – ernste irreversible Schadensgef.
R37	– der Atmungsorgane	R40	– irreversibler Schaden möglich
R38	– der Haut	R45	– kann Krebs hervorrufen
R41	**Besondere Gesundheitsgefahren** – ernste Augenschäden	R46	– kann vererbbare Schäden hervorrufen
R42	– Sensibilisierung durch Einatmen	R47	– kann Missbildungen verursachen
R43	– durch Hautkontakt ist möglich	R48	– bei längeren Expositen

Sicherheitsratschläge (S-Sätze)

Zeichen	Bedeutung	Zeichen	Bedeutung
S1	**Aufbewahrung** – unter Verschluss	S17	**Fernhalten** – von Zündquellen (nicht rauchen)
S3	– kühl aufbewahren	S18	– von brennbaren Stoffen
S5	– unter (geeigneter Flüssigkeit)	S24	**Berührung** – mit der Haut vermeiden
S6	– unter (inertes Gas)	S25	– mit den Augen vermeiden
S2	– darf nicht in Kinderhände kommen	S26	– mit den Augen (gründlich ausspülen und Arzt aufsuchen)
S4	– muss von Wohnplätzen ferngehalten werden	S28	– mit der Haut (sofort abwaschen)
S7	**Behälter** – dicht abgeschlossen halten	S22	**Nicht einatmen** – Staub nicht einatmen
S8	– trocken halten	S23	– Gas/Aerosol usw. nicht einatmen
S9	– an einem gut gelüfteten Ort lagern	S41	– Explosionsgase, Brandgase nicht einatmen
S12	– nicht gasdicht verschließen	S20	**Bei der Arbeit** – nicht essen oder trinken
S18	– nur mit Vorsicht handhaben	S21	– nicht rauchen
S49	– nur im Originalbehälter aufbewahren	S36	– geeignete Schutzkleidung tragen
S13	**Fernhalten** – von Nahrungsmitteln, Getränken etc.	S37	– geeignete Schutzhandschuhe tragen
S14	– von bestimmten Substanzen	S38	– Atemschutzgerät tragen
S15	– vor Hitze schützen		

Arbeits- und Umweltschutz

Sicherheitsratschläge (S-Sätze)

Zeichen	Bedeutung
S39	**Bei der Arbeit** – Schutzbrille/Gesichtsschutz tragen
S42	– geeignetes Atemschutzgerät tragen
S44	**Arzt hinzuziehen** – bei Unwohlsein
S45	– bei Unfall oder Unwohlsein
S46	– bei Verschlucken
S29	**Handhabung** – nicht in die Kanalisation ablassen
S30	– keinesfalls Wasser hinzugeben
S34	– Schlag und Reibung vermeiden
S43	– Zum Löschen *xxx* verwenden

Zeichen	Bedeutung
S50	**Handhabung** – nicht mit *xxx* mischen
S33	**Anwendung** – Maßnahmen gegen elektrostatische Aufladung treffen
S35	– Behälter und Abfälle in gesicherter Weise beseitigen
S40	– Verunreinigte Gegenstände und Fußboden mit *xxx* reinigen
S51	– nur in gut belüfteten Bereichen
S52	– nicht großflächig für Wohn- und Aufenthaltsräume verwenden
S53	– Explosion vermeiden; vor Gebrauch besondere Anweisungen einholen

GHS/CLP — VO (EG) Nr. 1272/2008

GHS: **G**lobally **H**armonided **S**ystem of Classification and Labelling of Chemicals
CLP: **C**lassification, **L**abelling and **P**ackaging
Weltweit einheitliche Einstufung und Kennzeichnung von Chemikalien.

GHS-Symbole

Explosionsgefährlich	Leicht-/Hochentzündlich	Brandfördernd	Komprimierte Gase	Ätzend
Sehr giftig/giftig	Gesundheitsgefährdend	Gesundheitsschädlich	Umweltgefährdend	

Hinweise

- **Signalwörter**

GEFAHR	Für schwerwiegende Gefahrenkategorien
ACHTUNG	Für weniger schwerwiegende Gefahrenkategorien

Arbeit und Umwelt

Arbeits- und Umweltschutz

GHS/CLP — VO (EG) Nr. 1272/2008

Hinweise

- **Gefahrenhinweis**

  H 4 01
  - 01 — Nummer, den R-Sätzen entsprechend
  - 4 — 2 Physikalische Gefahren, 3 Gesundheitsgefahren, 4 Umweltgefahren
  - H — Hazard Statement (Gefahrenhinweis)

- **Sicherheitshinweis**

  P 4 01
  - 01 — Nummer, den S-Sätzen entsprechend
  - 4 — 1 Allgemein, 2 Vorsorgemaßnahmen, 3 Empfehlungen, 4 Lagerhinweise, 5 Entsorgung
  - P — Precautionary Statement (Sicherheitshinweis)

Gefahrenkennzeichnung nach GHS

Begriff nach GHS	Gefahrenkennzeichnung nach GHS	
Akute Toxizität **Tödlich** beim Einatmen, Verschlucken und bei Hautkontakt. **Akute Toxizität** **Giftig** beim Einatmen, Verschlucken und bei Hautkontakt.	H330 H310 H300 H331 H311 H301	GEFAHR
Spezifische Zielorgan-Toxizität bei einmaliger/wiederholter Gefährdung für den Organismus. Karziogenität, Keimzell-Mutagenität, Reproduktionstoxität.	H370 H372 H350 H340 H360 H334 H304	GEFAHR
Spezifische Zielorgan-Toxizität bei einmaliger/wiederholter Gefährdung für den Organismus. Karziogenität, Keimzell-Mutagenität, Reproduktionstoxität.	H371 H373 H351 H341 H361	ACHTUNG
Akute Toxizität **Gesundheitsschädlich** beim Einatmen, Verschlucken und bei Hautkontakt.	H332 H312 H302	ACHTUNG
Ätzung der Haut Wirkung irreversibel **Schwere Augenschädigung** Wirkung irreversibel	H314 H318	GEFAHR

Arbeits- und Umweltschutz

GHS/CLP — VO (EG) Nr. 1272/2008

Gefahrenkennzeichnung nach GHS

Begriff nach GHS	Gefahrenkennzeichnung nach GHS	
Augenreizung, spezifische Zielorgan-Toxizität Reizung der Atemwege Hautreizung, Sensibilisierung der Haut	H319 H335 H315 H317	ACHTUNG
Spezifische Zielorgan-Toxizität betäubende Wirkung	H336	ACHTUNG

Verhalten in Notfällen

Notfall-Rettungskette

1. Sofortmaßnahmen → 2. Notruf → 3. Erste Hilfe → 4. Rettungsdienst → 5. Krankenhaus

Notruf	Behandlung des Verletzten		
• **Wo** geschah der Unfall? • **Was** ist geschehen? • **Wie viele** Verletzte? • **Welche** Verletzungen? • **Warten** auf Rückfragen!	**Ist der Verletzte ansprechbar?**	*ja:* *nein:*	Hilfeleistung nach Notwendigkeit Atemkontrolle
	Atmung feststellbar?	*ja:* *nein:*	Stabile Seitenlage herstellen, Bewusstsein, Atmung, Kreislauf kontrollieren Atemspende, Pulskontrolle am Hals
	Puls festellbar?	*ja:* *nein:*	Atemspende fortsetzen Herz-Lungen-Wiederbelebung

Symptome	Maßnahmen
Starke Blutung Wenn Schlagader verletzt, pulsierender Austritt des Blutes; hellrote Farbe des Blutes	Druckverband mit steriler Auflage anlegen, dabei Einmalhandschuhe benutzen.
Leichte Nasenblutung	Den Kopf des Verletzten nach vorne neigen, Kinn in die Hand stützen lassen und kalten Umschlag auf den Nacken legen.
Kreislaufversagen, Schock Schwacher und beschleunigter Puls, blasse kalte und feuchte Haut, Unruhe, Angst	Schocklage herstellen: Oberkörper flach legen, Beine schräg nach oben legen. Nicht bei Verletzung der Beine oder der Wirbelsäule! Vor Unterkühlung schützen, durch Ansprache beruhigen, Atmung und Puls kontrollieren.
Atemstillstand Flache, unregelmäßige Atmung, bläuliche Hautverfärbung, bzw. Verfärbung von Lippen oder Ohrläppchen, Bewusstlosigkeit	Verletzten in stabile Seitenlage bringen. Mund und Rachenraum von Fremdkörpern säubern, Atmung überwachen, evtl. Atemspende.
Herzversagen/Herzstillstand Bewusstlosigkeit, erweiterte Pupillen, blaue oder weißliche Hautverfärbung	Handdruckmasse (nur mit Ersthelferausbildung)

Arbeits- und Umweltschutz

Instandhaltung

Zweck und Aufgaben der Instandhaltung

Die Aufgabe der Instandhaltung beschränkt sich längst nicht mehr darauf, zu reparieren und zu entstören. Moderne Produktionsanlagen stellen weit höhere Anforderungen, da Aufall- und Stillstandskosten von Maschinen und Anlagen wesentlich höher als die Instandhaltungskosten sein können.

Vorrangiges Ziel muss es sein, die durch Schäden verursachten Ausfallverluste durch Maschinen- und Anlagenstillstände zu minimieren.

Natürlich erfordert diese Zielsetzung auch Investitionen. Wenn aber eine hohe Maschinen- und Anlagenverfügbarkeit bei vergleichsweise niedrigem Kostenaufwand erreicht werden kann, dann rechnen sich diese Ausgaben.

Eine *optimale Instandhaltung*

- senkt die Produktionskosten,
- erhöht die Maschinen- und Anlagenauslastung,
- sichert die Funktionsfähigkeit des Betriebes.

Eine *geplante Instandhaltung* ist immer eine Zukunftsinvestition, die mit zunehmendem Automatisierungsgrad der Fertigung immer mehr an Bedeutung gewinnt.

Zentrale Aspekte der geplanten Instandhaltung sind vor allem:

- Systematische Planung der Maschinen- und Anlagenstillstände
- Vermeidung unvorhergesehener Stillstände (soweit wie möglich)
- Vermeidung von Personen- und Sachschäden

Definition der Instandhaltung — DIN 31051

Maßnahmen zur *Bewahrung* und *Wiederherstellung* des Sollzustandes und zur *Feststellung* und *Beurteilung* des Istzustandes von technischen Systemen.

Inspektion	Wartung	Instandsetzung
Feststellung und Beurteilung des Istzustandes zwecks Vermeidung von Störungen.	Maßnahmen zur Bewahrung des Sollzustandes zur Vermeidung von Störungen.	Maßnahmen zur Wiederherstellung des Sollzustandes mit Aufbereitung oder Ersatz von Teilen entsprechend dem Inspektionsergebnis.

Die Instandhaltung muss den *Istzustand* beurteilen und den *Sollzustand* bewahren oder wiederherstellen.

Wichtige Begriffe

- **Zuverlässigkeit**
  Fähigkeit eines technischen Systems, seine Funktion zu erfüllen.
  Beeinflussungsfaktoren sind:
  – Konstruktion,
  – Werkstoffe,
  – Umgebungsbedingungen,
  – Instandhaltung.

- **Abnutzung**
  Vorgang, der sich auf die Veränderung der stofflich-technischen Beschaffenheit bezieht.
  – *Natürliche Abnutzung*
  Alterung, Ermüdung, Korrosion, Verschleiß

- **Anfallbedingte Instandsetzung**
  Maßnahme wird erst eingeleitet, wenn das technische System ausgefallen ist.
  Das kann Zeitdruck und hohe Kosten verursachen.

Arbeits- und Umweltschutz

Instandhaltung

Wichtige Begriffe

- **Verfügbarkeit**
  Maß für die Dauer der Einsatzbereitschaft, wird in Prozent angegeben:

  $$\text{Verfügbarkeit} = \frac{\text{gesamte Einsatzzeit}}{\text{geplante Betriebszeit}} \cdot 100\ \%$$

- **Abnutzung**
  – *Nicht natürliche Abnutzung*
  Menschliches Fehlverhalten, z. B. Bedienungsfehler

  Häufigste Abnutzungsursache ist der Verschleiß durch Reibung.

  Jedes technische System hat einen *Abnutzungsvorrat*.

- **Zustandsbedingte Instandsetzung**
  Zustand von technischen Systemen wird bei der *Inspektion* beurteilt.

  Instandsetzungsmaßnahmen sind *planbar*, das System hat eine *hohe Verfügbarkeit*.

- **Abnutzungvorrat**

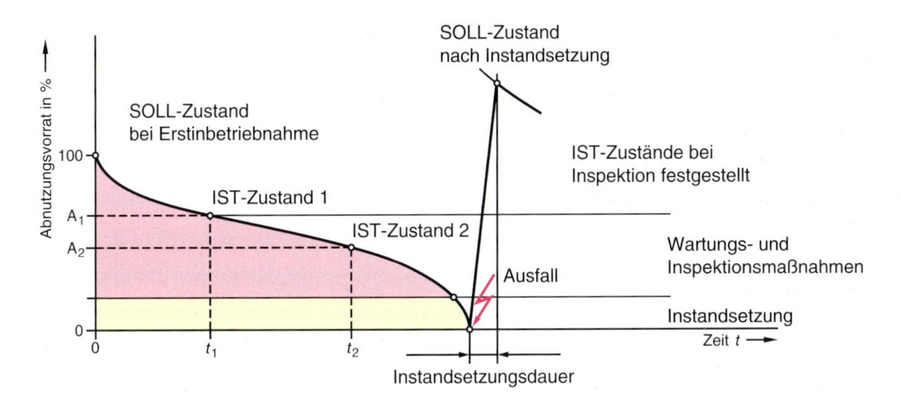

- **Vorbeugende Instandsetzung**
  Wird nach einer bestimmten Zeit oder einer bestimmten Produktionsmenge *unabhängig* von der Abnutzung durchgeführt.

  Ermöglicht die Einhaltung von *Mindestqualitätsanforderungen* der hergestellten Produkte.

  Eine exakte Planung ist möglich, hohe Verfügbarkeit durch Verringerung unvorhergesehener Ausfälle.

- **Verfügbarkeitsgrad**
  Der Nachweis erfolgt durch einen *Verfügbarkeitstest* während des Probebetriebes.
  98 % bedeutet dabei z. B., dass die Summe aller Störungszeiten maximal 2 % der Produktionszeit betragen darf.

- **Diagnose**
  Ständige Kontrolle des gesamten technischen Systems durch Überprüfung aller Komponenten.

  Durch *Diagnose* sind Aussagen darüber möglich, wie lange das technische System die geforderte Genauigkeit erfüllen wird.

- **Periodische Diagnose**
  Wird in festgelegten Zeitabständen durchgeführt.

- **Diagnose auf Anforderung**
  Wird bei unvorhergesehenen Ausfällen durchgeführt, zunächst vom Bedienungspersonal.

- **Ferndiagnose**
  Diagnose des technischen Systems über Telekommunikationsleitung.

- **Instandhaltungsdokumentation**
  Instandhaltungsmaßnahmen müssen dokumentiert werden.
  Durch Auswertung der Dokumentation lässt sich die *betriebliche Instandhaltung* optimieren (Schwachstellenanalyse).

Arbeits- und Umweltschutz

Instandhaltung

Wichtige Begriffe

- **Fehlermanagement**

  Die systematische Fehlererfassung setzt eine eindeutige und umfassende Beschreibung des Fehlerereignisses voraus.

  Fehlerbeschreibung
  - **Fehlerart**
    Beschreibung des Fehlers nach dem Verursacherprinzip.
  - **Fehlerfolge**
    Auswirkungen des Fehlers werden beschrieben.
  - **Fehlerursache**
    Die Fehlererscheinung wird beschrieben.

  Vorgehensweise beim Fehlermanagement:
  - Fehlererkennung,
  - Fehlerbeschreibung,
  - Fehlereingrenzung,
  - Fehlerbehebung,
  - Fehlervorbeugung.

- **Fehlersuche**
  1. Störfallmeldung
  2. Fehlerbeschreibung an Instandsetzer
  3. Einarbeitung in die Funktion des Systems
  4. Analyse des Istzustandes
  5. Einkreisung des Fehlerortes
  6. Fehlerursache
  7. Fehlerbehebung
  8. Funktionsprüfung und Wiederinbetriebnahme
  9. Schreiben eines Schadensberichtes
  10. Eventuell Änderungen in die Dokumentation eintragen

Total Productive Maintenance (TMP)

Dem Maschinenführer wird nicht nur die *Durchführung der Instandhaltung*, auch die *Verantwortung für den einwandfreien Zustand* des gesamten Arbeitsplatzes übertragen. Dies bezieht auch die benötigten Werkzeuge mit ein.
Ziel ist es, bei flacher Organisationsstruktur die Auslastungsverluste, Verfügbarkeitsverluste durch Stillstandszeiten weitmöglichst zu vermeiden.

TMP-Maßnahmen

	OM bedienen	MM überwachen	CM Fehler beheben	IM verbessern
was ...	reinigen schmieren geringfügige Reparaturen	Inspektion in festen Intervallen Auswertung von Schwachstellen	geplante und ungeplante Reparaturen	Verbesserung der Konstruktion an vorhandenen Anlagen
wer ...	Maschinenführer Serviceteam	Serviceteam	Instandhaltung	Konstruktion Einkauf
wie ...	Reinigungsanleitung Schmieranleitung Reparaturanleitung	Inspektionskartei	Instandhaltungskartei	Maschinenfähigkeitsuntersuchung Einkaufsroutinen

OM: Operator Maintenance
MM: Monitoring Maintenance
CM: Corrective Maintenance
IM: Improvement Maintenance

Berufsübergreifende Qualifikationen

Berufsübergreifende Qualifikationen

Produktionsfaktoren

Um *Sachgüter* und *Dienstleistungen* herstellen zu können, benötigt man bestimmte Faktoren und muss diese sinnvoll miteinander kombinieren. Diese Faktoren heißen **Produktionsfaktoren**.

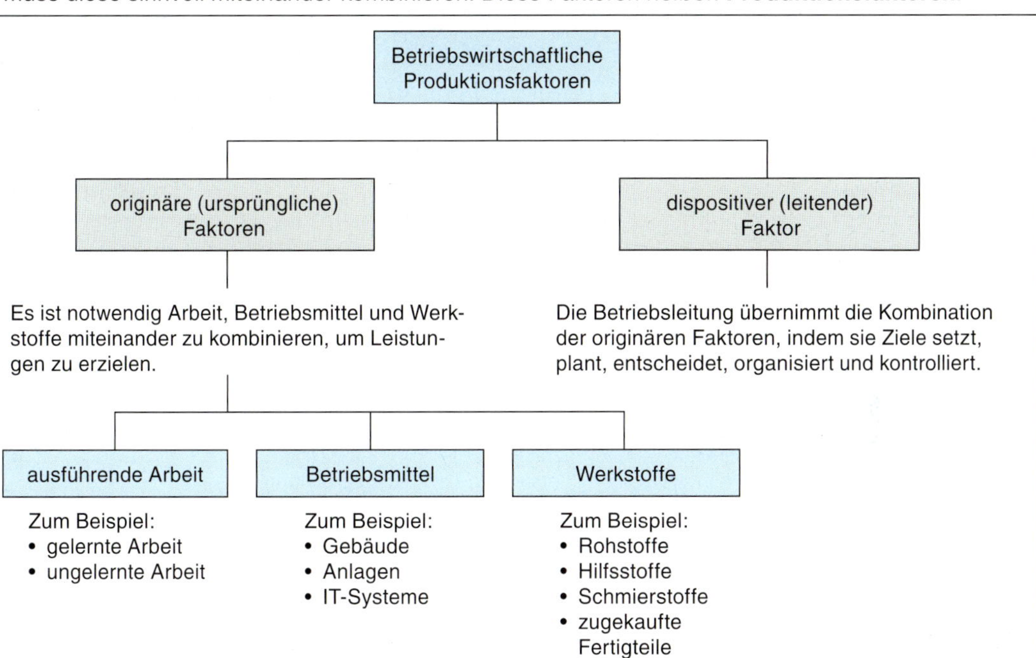

Betrieb und Unternehmung

Betrieb	Unternehmung
Die *Aufgaben* des Betriebes bestehen in der *Bereitstellung von Sachgütern und Dienstleistungen.* Der *Industriebetrieb* ist die *Produktionsstätte.*	Die *Aufgabe* der Unternehmung besteht in der *Erreichung der Unternehmensziele* (z. B. Gewinn) und in der *Schaffung der Produktionsvoraussetzungen.* Die Industrieunternehmung bildet neben der betrieblichen Seite auch noch den *rechtlichen* und *finanziellen* Rahmen.

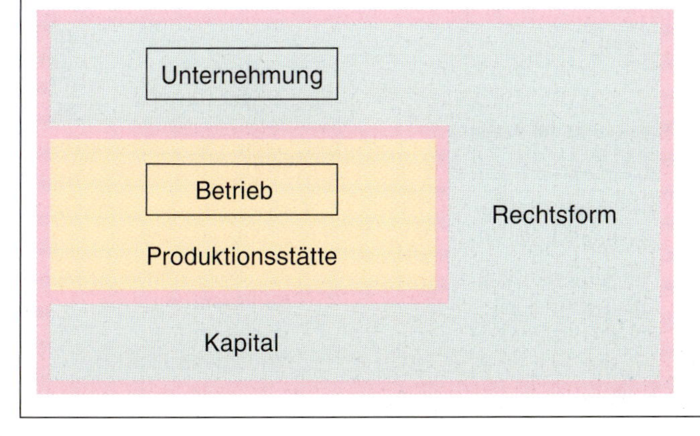

Berufsübergreifende Qualifikationen

Betrieb und Unternehmung

Modell: Industriebetrieb

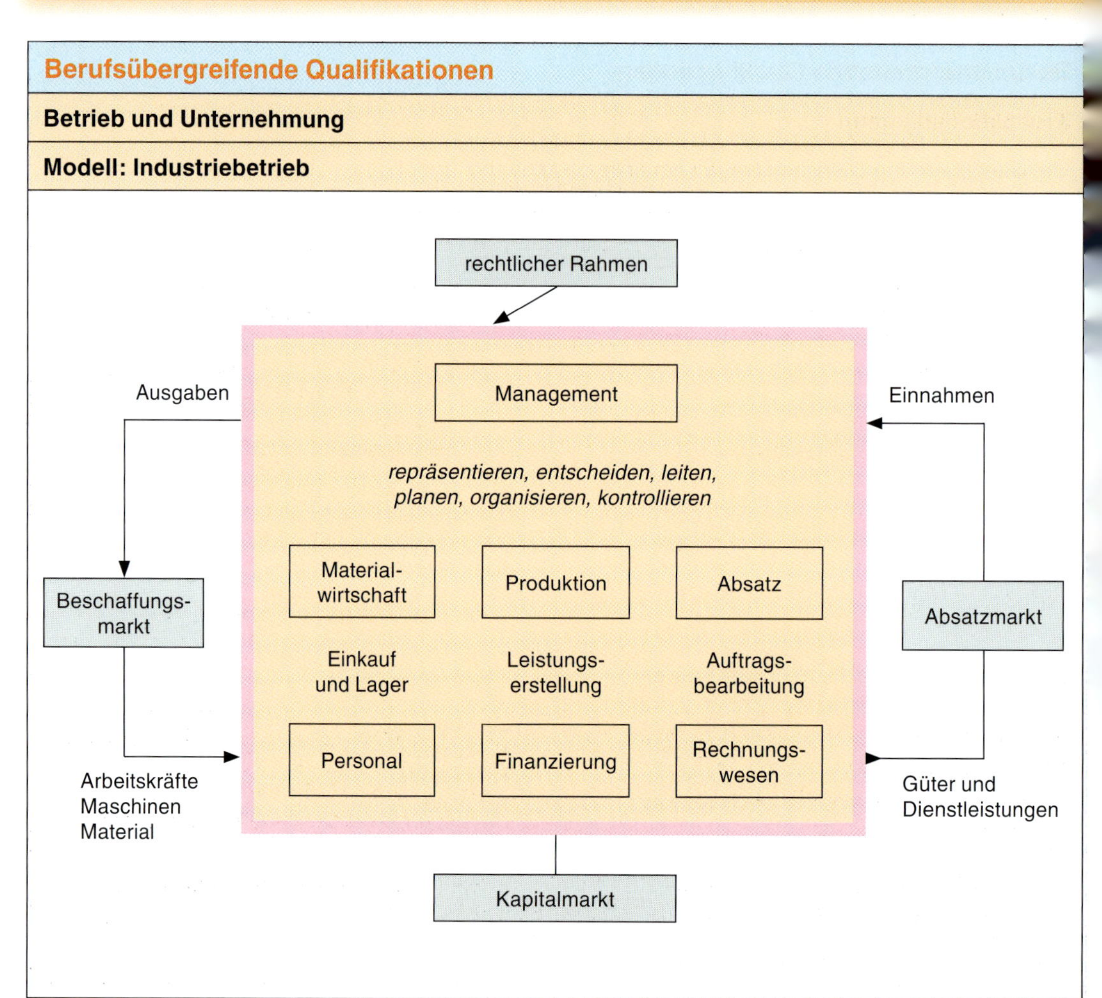

Umwelt und Betrieb

Jedes Unternehmen muss allein aus *wirtschaftlichen* Gründen daran interessiert sein, *umweltbewusst* zu handeln. Hierdurch können zum einen *Wettbewerbsvorteile* erzielt, zum anderen *Kostenreduzierungen* erreicht werden. Unternehmen, die dies nicht tun, gehen dadurch erhebliche Risiken ein.

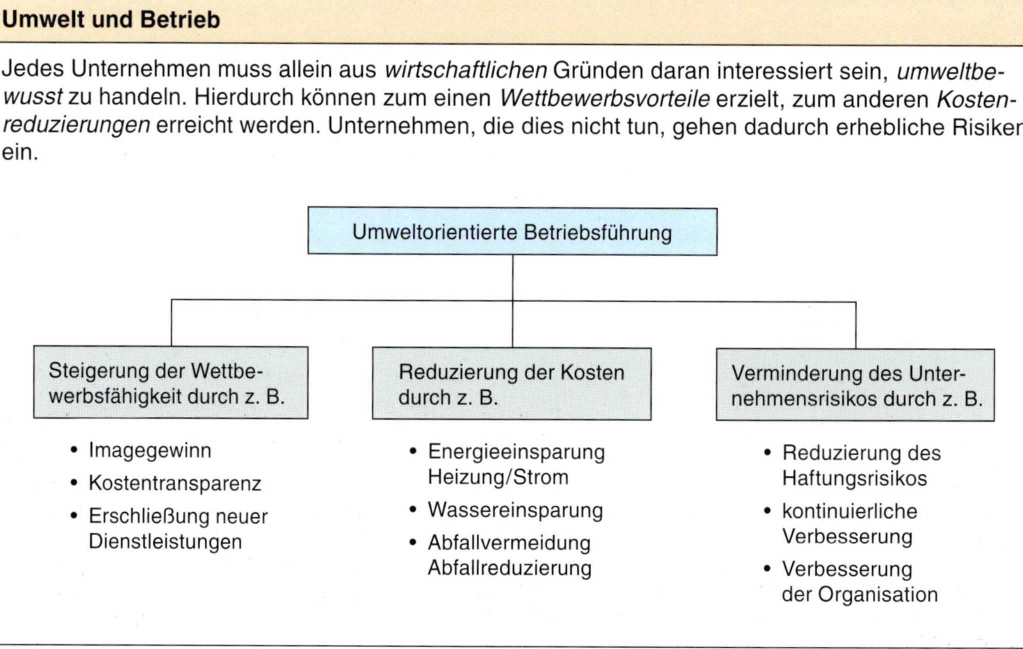

Berufsübergreifende Qualifikationen

Kernqualifikationen

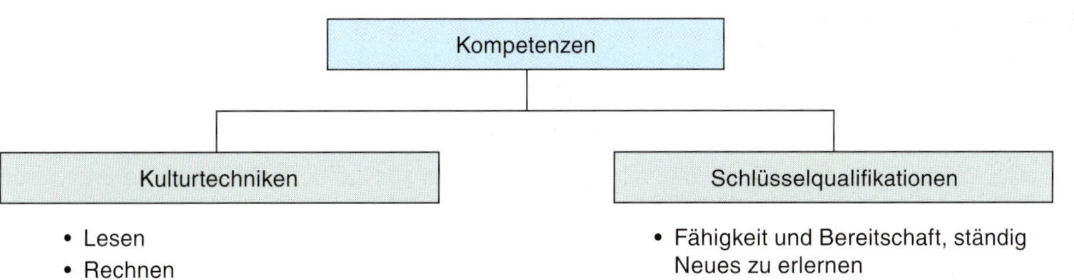

- Lesen
- Rechnen
- Schreiben
- Umgang mit neuen Medien

- Fähigkeit und Bereitschaft, ständig Neues zu erlernen
- selbstständiges Lernen
- Konflikte konstruktiv lösen
- Teamarbeit: kommunikativ mit anderen zusammenarbeiten
- Zuverlässigkeit
- Leistungsbereitschaft
- Verantwortungsbewusstsein

Arbeitsvertrag

Der *Arbeitsvertrag* bedarf *zunächst keiner Schriftform*. Das Nachweisgesetz (NachwG) verpflichtet den *Arbeitgeber* jedoch, die wesentlichen Bestimmungen des Arbeitsvertrages *binnen Monatsfrist schriftlich niederzuschreiben* und dem Arbeitnehmer zu übergeben. Dadurch werden unnötige Streitigkeiten verhindert und vereinbarte Ansprüche können ohne Beweismangel durchgesetzt werden.

Für den Arbeitsvertrag besteht grundsätzlich *inhaltliche Gestaltungsfreiheit*. Es gibt allerdings durch *Arbeitsschutzgesetze* bzw. *Rechtsprechung* Einschränkungen.

Inhalt der Niederschrift des Arbeitsvertrages gem. NachwHG

- *Namen und Anschrift der Vertragsparteien*
- *Beginn des Arbeitsverhältnisses*
- *Beschäftigungsort*
- *Arbeitszeit*
- *Höhe des Entgeltes*
- *Urlaub*
- *Kündigungsfristen*
- *Tätigkeitsbeschreibung*
- *Gültige Tarifverträge und Betriebsvereinbarungen*

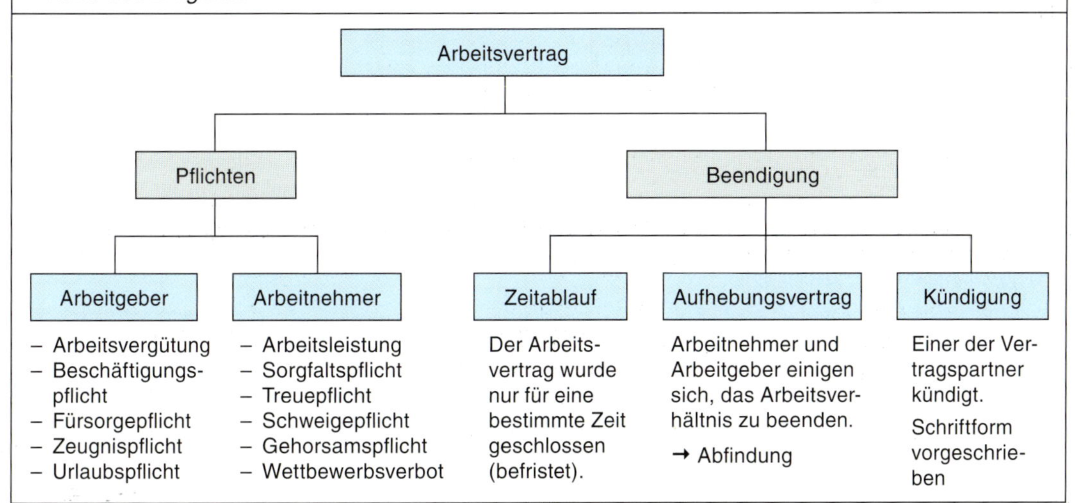

Berufsübergreifende Qualifikationen

Arbeitszeit

Definition
Arbeitszeit ist die Zeit vom Beginn bis zum Ende der Arbeitszeit ohne Ruhepausen.

Gesetzliche Grundlage ist die **Arbeitszeitverordnung**, die – bis auf wenige Ausnahmen – für alle Arbeitnehmer über 18 Jahre gilt. Danach beträgt die regelmäßige Arbeitszeit 8 Stunden am Werktag. Die tägliche Arbeitszeit kann allerdings auf bis zu 10 Stunden verlängert werden, wenn innerhalb von 6 Monaten bzw. 24 Wochen das Mittel von 8 Arbeitsstunden am Werktag nicht überschritten wird.

Wichtige Ausnahmeregelungen
- *Tarifvertragliche Vereinbarungen können festlegen, dass die Arbeitszeit auf über 10 Stunden ohne Zeitausgleich angehoben werden kann, wenn in der Arbeitszeit regelmäßig Zeiten von Arbeitsbereitschaft anfallen.*
- *In Betrieben, die stets mit Schichtdienst arbeiten, kann von der Regel abgewichen werden.*
- *Die werktägliche Arbeitszeit kann auf über 8 Stunden ohne Ausgleich verlängert werden, wenn erhebliche Bereitschaftszeiten anfallen.*

Ruhezeiten und Pausen
Nach Beendigung der täglichen Arbeitszeit hat der Arbeitnehmer einen Anspruch auf 11 Stunden **Ruhezeit**. Bei einer Arbeitszeitdauer von 6 – 9 Stunden sind 30 Minuten und bei einer Dauer von mehr als 9 Stunden sind 45 Minuten Pausen zu gewähren. Die Pausen müssen mindestens 15 Minuten lang sein. Eine *ununterbrochene* Arbeitszeit von mehr als 6 Stunden ist nicht erlaubt.

Arbeitszeugnis

Gesetzliche Grundlage für das Arbeitszeugnis ist §630 BGB.
Im übrigen gelten hohe Formanforderungen:
Firmenbriefbogen von hoher Papierqualität, einheitliche Maschinenschrift mit Unterschrift und sauber und ordentlich geschrieben mit Ausstellungsdatum.
Zwei Arten:

Arbeitszeugnis

einfaches Arbeitszeugnis	qualifiziertes Arbeitszeugnis
Es enthält nur die Art (Aufgaben und Verantwortungsbereiche) und Dauer (Beginn und Ende) der Beschäftigung.	Wird *nur auf Verlangen des Arbeitnehmers* ausgestellt. Es enthält *zusätzlich* Angaben zu dessen *Führung und Leistung.* Entsprechend der Rechtsprechung des Bundesarbeitsgerichtes ist bei der Beurteilung „verständiges Wohlwollen" geboten.

Geheimcodes in Arbeitszeugnissen
Die übertragenen Arbeiten wurden:

stets zur vollsten Zufriedenheit erledigt .... sehr gute Leistung
stets zur vollen Zufriedenheit erledigt .... gute Leistung
zur vollen Zufriedenheit erledigt .... befriedigende Leistung
zur Zufriedenheit erledigt .... ausreichende Leistung
im Großen und Ganzen zur Zufriedenheit erledigt .... mangelhafte Leistung
Er/sie hat sich bemüht, die Arbeiten zu unserer Zufriedenheit zu erledigen .... ungenügende Leistung

Berufsübergreifende Qualifikationen

Arbeitsschutz

Der Arbeitsschutz beinhaltet Maßnahmen, Mittel und Methoden zum Schutz der Arbeitnehmer vor *arbeitsbedingten Sicherheits-* und *Gesundheitsgefährdungen*.

Überwacht wird der Arbeitsschutz durch die Berufsgenossenschaften, Gewerbeaufsichtsämter, Betriebsräte und Fachkräfte für Arbeitssicherheit. Man unterscheidet:

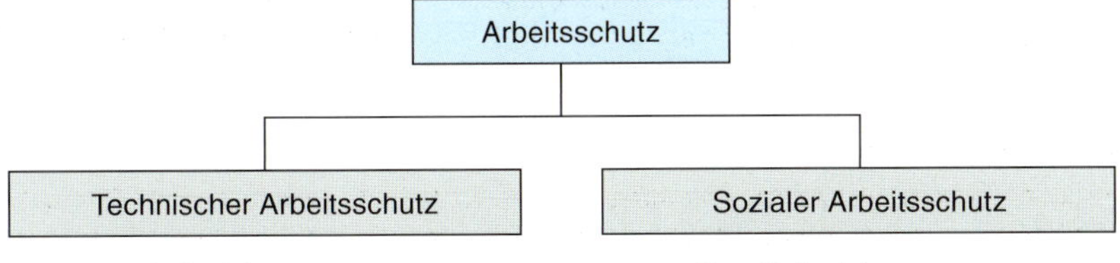

Zum Beispiel:
- Gewerbeordnung
- Arbeitsstättenverordnung
- Unfallverhütungsvorschriften
- Gerätesicherheitsgesetz
- Arbeitssicherheitsgesetz

Zum Beispiel:
- Bundesurlaubsgesetz
- Arbeitsgesetz
- Mutterschutzgesetz
- Schwerbehindertengesetz
- Jugendarbeitsschutzgesetz

Weiterbildung

Neue Verfahren und Techniken sowie der Einsatz der Informationstechnologie zwingen den heutigen Arbeitnehmer, seinen Kenntnissstand ständig anzupassen.

Nur *Fort- und Weiterbildung* nach der Ausbildung garantieren einen gut bezahlten und verantwortungsvollen Arbeitsplatz.

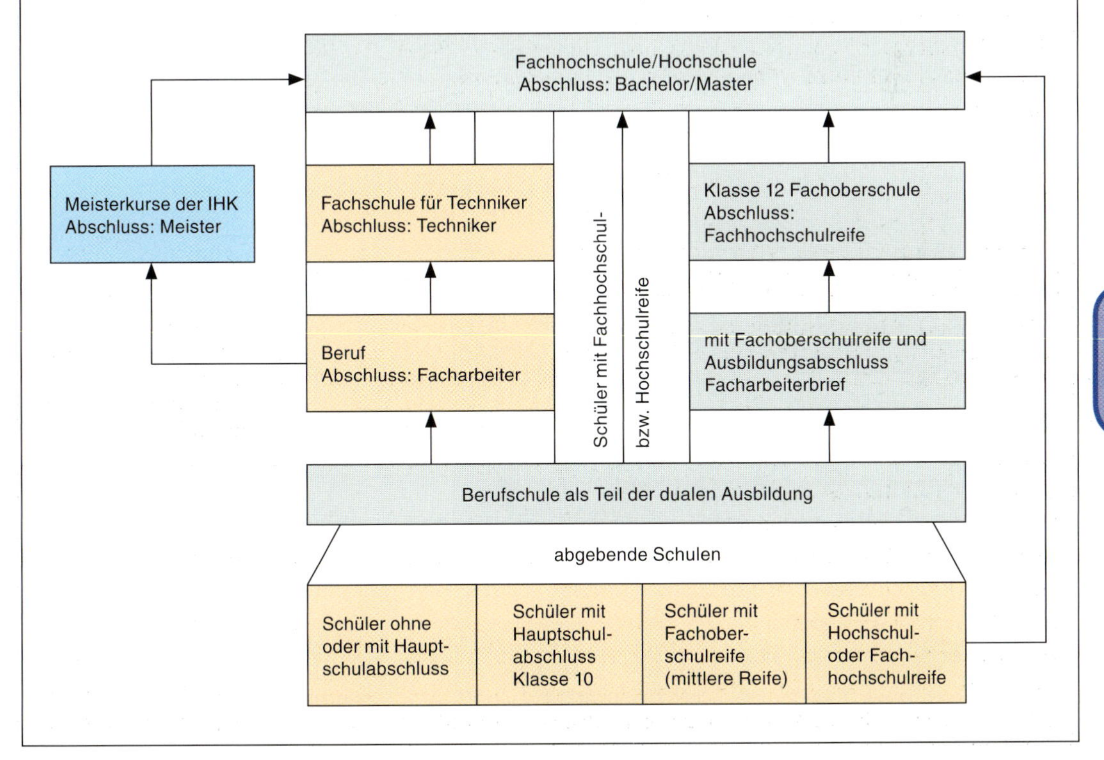

Berufsübergreifende Qualifikationen

Kündigung und Kündigungsschutz

Für die Arbeitnehmer stellt der Arbeitsplatz meist die Basis zur Sicherung der materiellen und sozialen Existenz dar. *Kündigungen* durch den Arbeitgeber in Betrieben mit mehr als 10 Arbeitnehmern (ohne Azubis) unterliegen dem *Kündigungsschutzgesetz* (KSchG); gilt seit Anfang 2004. Für die vor 2004 Beschäftigten greift der Kündigungsschutz bereits ab dem 6. Arbeitnehmer (ohne Azubis). Es dient dem *Schutz des Arbeitnehmers vor sozial ungerechtfertigter Kündigung.*

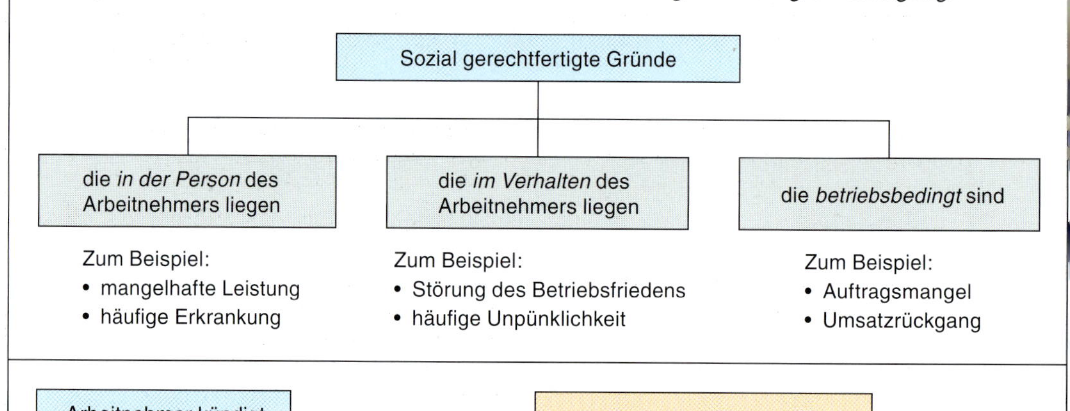

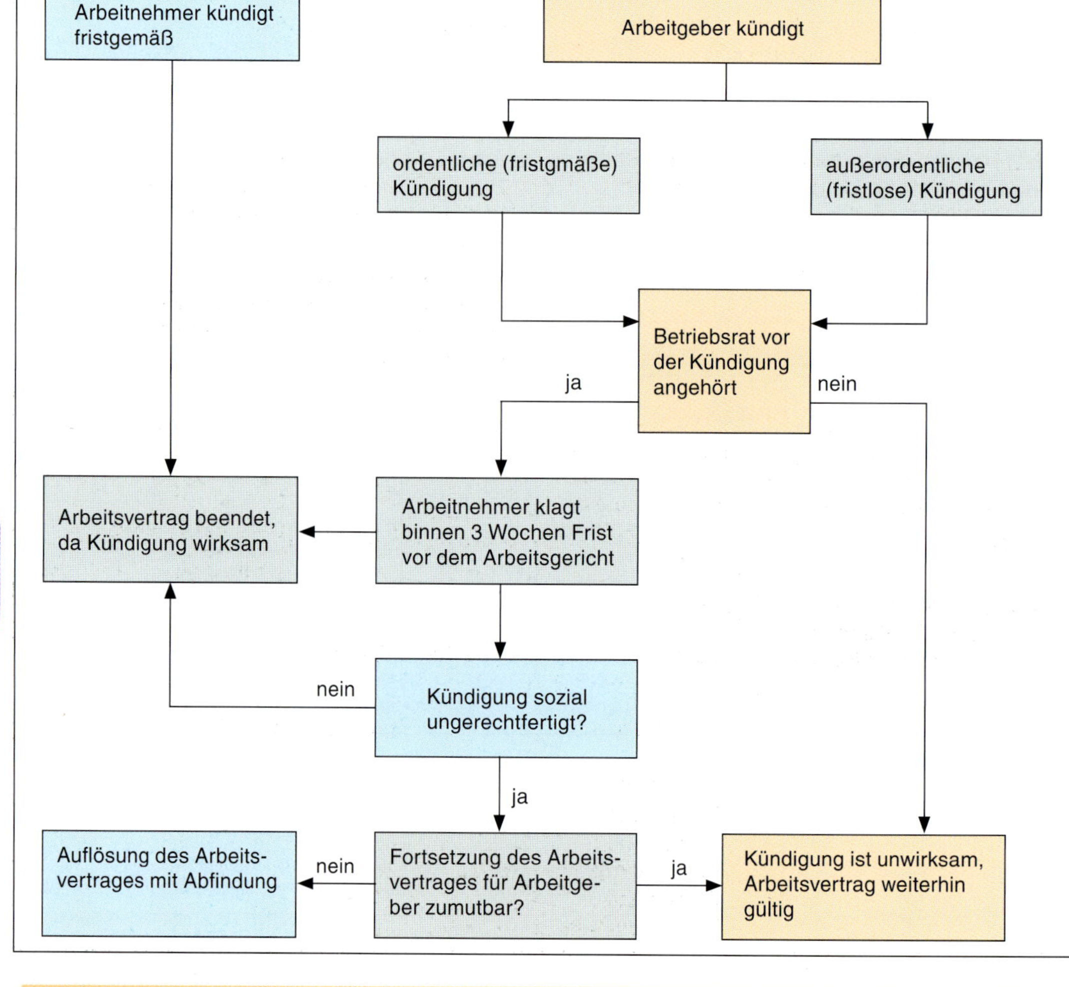

Berufsübergreifende Qualifikationen

Versicherungsarten, Versicherungsprinzipien

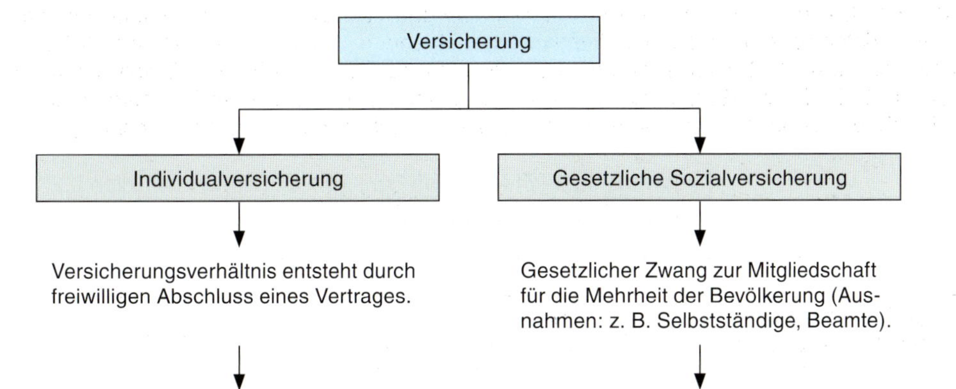

Beispiele für private Versicherungen

- Private Krankenversicherung
- Private Pflegeversicherung
- Private Unfallversicherung
- Lebensversicherung
- Haftpflichtversicherung
- Rechtsschutzversicherung

5 Säulen der sozialen Sicherung:

- Krankenversicherung (1883)
- Unfallversicherung (1884)
- Rentenversicherung (1889)
- Arbeitslosenversicherung (1927)
- Pflegeversicherung (1995)

Äquivalenzprinzip
Individuelles Risiko und gewünschter Leistungsumfang bestimmen die Höhe des Betrages.

Solidaritätsprinzip
„Einer für alle, alle für einen"
Leistungsanspruch richtet sich nach der Bedürftigkeit und nicht nach dem individuellen Risiko der Versicherten.

Subsidiaritätsprinzip
Der Staat kommt dann zur Hilfe, wenn der Einzelne oder eine Gemeinschaft überfordert ist.

Gesetzliche Sozialversicherung (Stand: 2014)

Krankenversicherung	**Versicherungspflicht**
Träger AOK, Innungskrankenkassen, Betriebskrankenkassen und Ersatzkrankenkassen	Alle Arbeitnehmer bis Versicherungspflichtgrenze 4.442,50 Euro (W + O) **Beiträge** Arbeitgeber: 7,3 % gesetzlich fixiert Arbeitnehmer: 8,2 % Beitragsbemessungsgrenze 4050,00 Euro (W + O) **Leistungen** – Krankenhilfe – Krankengeld – Vorsorgeuntersuchungen – Familienhilfe – Mutterschaftshilfe

Berufsübergreifende Qualifikationen

Gesetzliche Sozialversicherung (Stand: 2014)	
Pflegeversicherung *Träger* Pflegekassen der jeweiligen Krankenkasse des Versicherten	**Versicherungspflicht** Wie Krankenversicherung **Beiträge** Arbeitgeber 1,025 % Arbeitnehmer mit Kindern 1,025 % *Zusammen:* 2,05 % Arbeitnehmer kinderlos (ab dem 23. Lebenjahr) zusätzlich 0,25 % **Beitragsbemessungsgrenze** wie Krankenversicherung. **Leistungen** – Häusliche Pflege bzw. Pflegegeld – Stationäre Pflege – Pflegehilfsmittel
Rentenversicherung *Träger* Deutsche Rentenversicherung	**Versicherungspflicht** Alle Arbeitnehmer und Azubis **Beträge** Arbeitgeber 9,45 % Arbeitnehmer 9,45 % *Zusammen:* 18,9 % **Beitragsbemessungsgrenzen** 5.950,-- Euro mtl. (W) 5.000,-- Euro mtl. (O) **Leistungen** – Altersruhegeld – Berufs- oder Erwerbsunfähigkeitsrente – Hinterbliebenenrente – Rehabilitationsmaßnahmen
Arbeitslosenversicherung *Träger* Bundesagentur für Arbeit	**Versicherungspflicht** Wie Rentenversicherung **Beiträge** Arbeitgeber 1,5 % Arbeitnehmer 1,5 % *Zusammen:* 3,0 % **Leistungen** – Arbeitslosengeld I und II – Kurzarbeitergeld – Umschulungen – Arbeitsvermittlung, Berufsberatung Beitragsbemessungsgrenzen wie bei der Rentenversicherung.
Unfallversicherung *Träger* Berufsgenossenschaften	**Versicherungspflicht** Alle Beschäftigten **Beiträge** Arbeitgeber zahlt allein. Beitragssatz bemisst sich nach Unfallgefahren. **Leistungen** – Unfallverhütung – Heilbehandlungen – Renten an Verletzte und Hinterbliebene – Übergangsgeld

Berufsübergreifende Qualifikationen

Lohn- und Gehaltsabrechnung

Bruttolohn/Bruttogehalt
+ evtl. vermögenswirksame Leistungen des Arbeitgebers
+ evtl. Sonderzahlungen (z. B. Weihnachts-/Urlaubsgeld)
+ evtl. dem geldwerten Vorteil unterliegender Sachbezug (PKW)

Steuer- und sozialversicherungspflichtiger Bruttolohn/-gehalt
– Lohnsteuer
– evtl. Kirchensteuer (Prozentbetrag von Lohnsteuer)
– Solidaritätszuschlag (Prozentbetrag von Lohnsteuer)
– Krankenversicherung
– Pflegeversicherung
– Rentenversicherung
– Arbeitslosenversicherung

= Nettolohn/Nettogehalt
– evtl. vermögenswirksame Anlage
– evtl. Sachbezug
– evtl. Lohn- bzw. Gehaltspfändung

= Auszahlungsbetrag (auf das Girokonto überwiesener Betrag)

Arbeitsgericht

Die *Arbeitsgerichtsbarkeit* ist zuständig für Rechtsstreitigkeiten aus Arbeits-, Ausbildungs- und Tarifverträgen. Außerdem verhandelt sie Fälle, die sich aus dem Gebiet des Betriebsverfassungsrechts und des Mitbestimmungsrechts ergeben.

Aufbau der Arbeitsgerichtsbarkeit

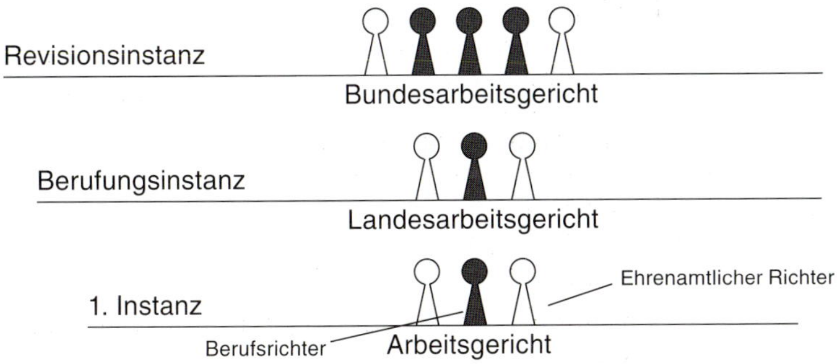

Vor dem eigentlichen Gerichtstermin wird zunächst nach einer Klageeinreichung eine *Güteverhandlung* angesetzt, um durch einen Vergleich den Konflikt zu schlichten.

Berufsübergreifende Qualifikationen

Sozialgericht

Sozialgerichte sind ähnlich wie die Arbeitsgerichte aufgebaut. Die Sozialgerichtsbarkeit ist zuständig bei Rechtsstreitigkeiten aus den folgenden Bereichen:

- Sozialversicherungen
- Kriegsopferversorgung
- Kassenarztrecht
- Sozialhilfe

Tarifrecht

Gesetzliche Grundlage bildet das *Tarifvertragsgesetz* (TVG) von 1969. Es regelt den Ablauf der *Auseinandersetzungen* zwischen den *Tarifparteien* und die neuen Arbeitsbedingungen bzw. den neuen Tarifvertrag. Die Voraussetzungen für das Zustandekommen und die Gültigkeit von Tarifverträgen sind im Grundgesetz (GG) verankert:

Koalitionsfreiheit
Durch sie ist jedem das Recht garantiert, Vereinigungen, folglich auch Gewerkschaften und Arbeitgeberverbände, zu gründen, ihnen beizutreten oder aus ihnen auszutreten.

Tarifautonomie
Durch sie können die Tarifpartner selbstständig Tarifverträge abschließen, und zwar ohne die Einflussnahme Dritter, insbesondere staatlicher Wirtschaftspolitik, auf die Verhandlungen.

Tarifverhandlungen

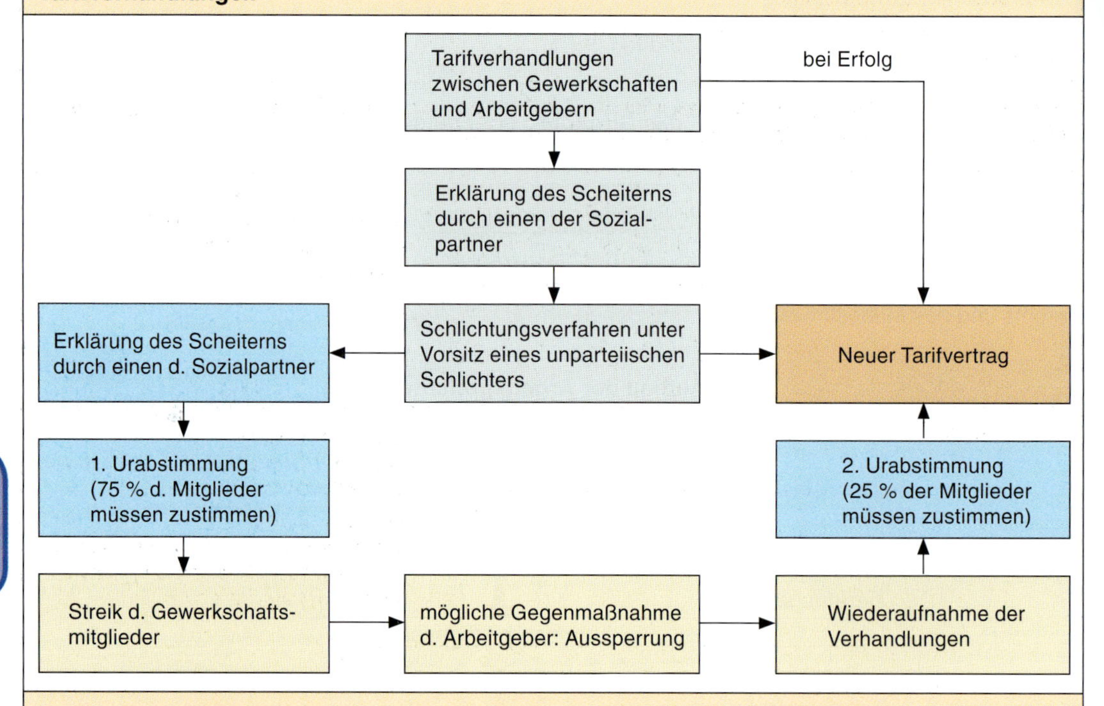

Tarifvertragsarten

Die *Sozialpartner* vereinbaren die jeweiligen Rechte und Pflichten sowie die Vorschriften über den Inhalt, den Abschluss und die Beendigung von Arbeitsverhältnissen und über betriebliche und betriebsverfassungsrechtliche Fragen. Während der Arbeitsvertrag zwischen dem einzelnen Arbeitnehmer und Arbeitgeber geschlossen wird, gilt der *Tarifvertrag* für eine ganze Gruppe von Arbeitnehmern (Kollektivarbeitsvertrag).

Berufsübergreifende Qualifikationen

Tarifvertragsarten

- **Nach Tarifvertragsparteien**

– *Firmen oder Haustarifvertrag*
Vertrag zwischen Einzelgewerkschaft und einzelnem Arbeitgeber.

– *Verbandstarifvertrag*
Vertrag zwischen Einzelgewerkschaft und Arbeitgeber-Fachverband.

- **Nach Vertragsinhalt**

– *Entgelttarifvertrag*
Inhalt: Entgelthöhe
Laufzeit: ca. 1 Jahr

– *Mantel- oder Rahmentarifvertrag*
Inhalt: Allgemeine Arbeitsbedingungen wie Arbeitszeit, Urlaubsdauer, Urlaubsgeld, Kündigungsfristen.
Laufzeit: ca. 3 Jahre

- **Tarifgebiet**

– *Bundes- oder Ländertarifvertrag*
für gesamtes Bundesgebiet oder bestimmtes Bundesland.

– *Bezirkstarifvertrag*
für bestimmte Tarifbezirke.

Betriebsrat

Als Interessenvertretung der Arbeitnehmer kann in Betrieben, die dem Betriebsverfassungsgesetz (BetrVfG) unterliegen, ein Betriebsrat eingerichtet werden.

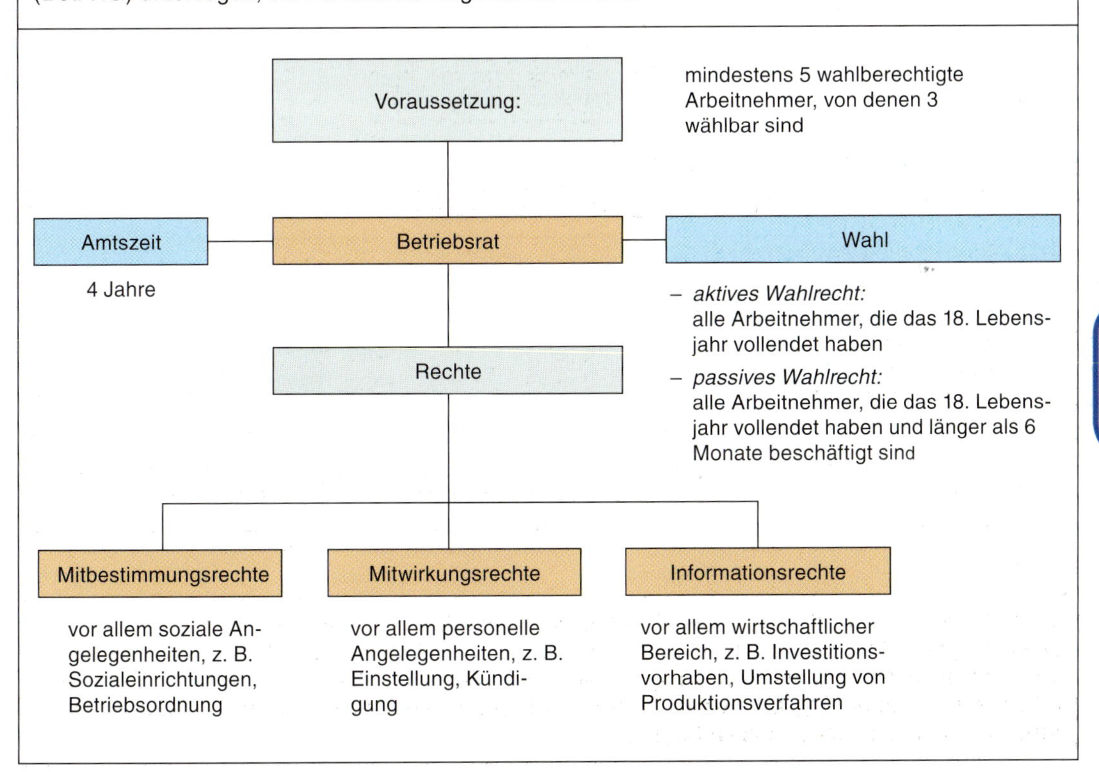

Berufsübergreifende Qualifikationen

Jugend- und Auszubildendenvertretung

Die *Jugend- und Auszubildendenvertretung* ist kein selbstständiges Organ der Betriebsverfassung (BetrVG §60), sondern bleibt *dem Betriebsrat nachgeordnet*, d. h. nur durch dessen Vermittlung kann sie auf den Arbeitgeber einwirken.

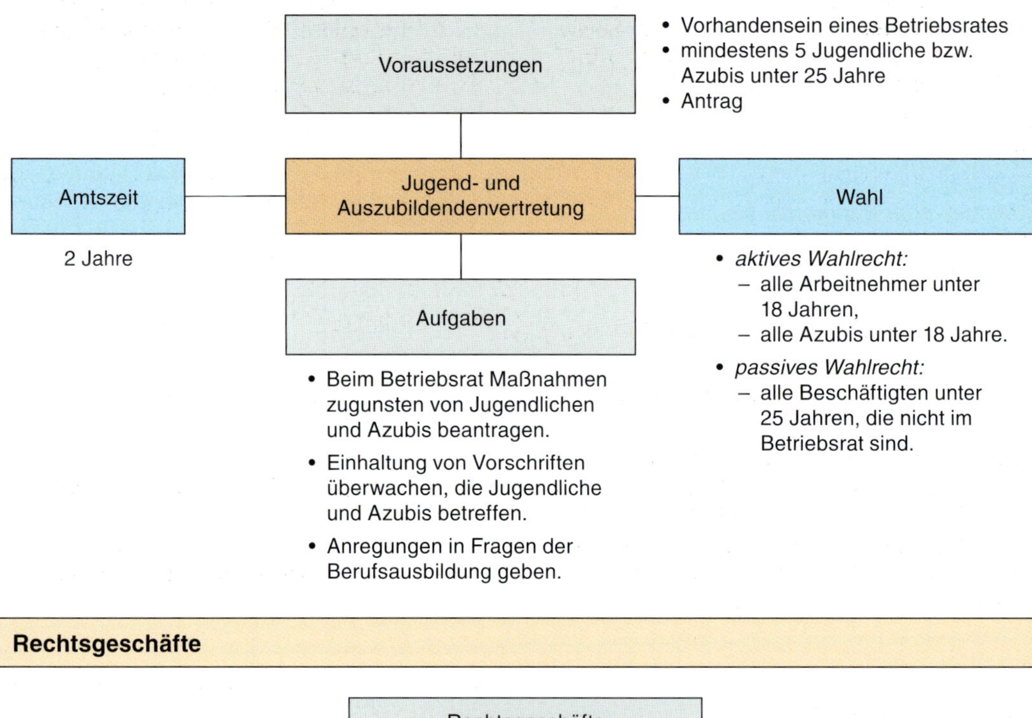

Voraussetzungen
• Vorhandensein eines Betriebsrates
• mindestens 5 Jugendliche bzw. Azubis unter 25 Jahre
• Antrag
Amtszeit
2 Jahre
Jugend- und Auszubildendenvertretung
Wahl
• aktives Wahlrecht:
– alle Arbeitnehmer unter 18 Jahren,
– alle Azubis unter 18 Jahre.
• passives Wahlrecht:
– alle Beschäftigten unter 25 Jahren, die nicht im Betriebsrat sind.
Aufgaben
• Beim Betriebsrat Maßnahmen zugunsten von Jugendlichen und Azubis beantragen.
• Einhaltung von Vorschriften überwachen, die Jugendliche und Azubis betreffen.
• Anregungen in Fragen der Berufsausbildung geben.

Rechtsgeschäfte

Rechtsgeschäfte

entstehen durch die Abgabe von Willenserklärungen

- **einseitige Rechtsgeschäfte** – Abgabe *einer* Willenserklärung
  - empfangsbedürftig – z. B. Kündigung
  - nicht empfangsbedürftig – z. B. Testament
- **zweiseitige Rechtsgeschäfte** – Abgabe von *zwei übereinstimmenden* Willenserklärungen
  - einseitig verpflichtend – z. B. Schenkung
  - zweiseitig verpflichtend – z. B. Kaufvertrag

Besitz und Eigentum

Eigentümer und *Besitzer* sind meist identisch, d. h. eine Person. In den nicht unerheblichen Ausnahmen, wenn es sich um zwei unterschiedliche Personen handelt, besteht z. B. ein Miet- oder Pachtvertrag.

Qualifikationen

Berufsübergreifende Qualifikationen

Besitz und Eigentum

Besitz ⟷ Eigentum

Der Besitzer hat die tatsächliche Gewalt über eine Sache. Er kann mit der Sache nur gemäß der mit dem Eigentümer getroffenen Vereinbarungen verfahren.

Der Eigentümer hat die rechtliche Gewalt über eine Sache. Er kann mit der Sache beliebig verfahren, sofern dadurch nicht Rechte Dritter verletzt werden.

Rechtsfähigkeit

Rechtsfähigkeit ist die Fähigkeit, *Träger von Rechten und Pflichten* zu sein (z. B. Grundrecht, Steuerpflicht).

Man unterscheidet:

- **Natürliche Personen**
  sind *alle* Menschen von der Geburt bis zum Tode.
- **Juristische Personen**
  sind Personenvereinigungen oder Zweckvermögen, die aufgrund gesetzlicher Anerkennung rechtsfähig sind.

  Juristische Personen des privaten Rechts:
  Zum Beispiel GmbH oder AG erlangen Rechtsfähigkeit durch Eintragung in ein Register (z. B. Handelsregister) und verlieren diese durch Löschung aus dem Register.

  Juristische Personen des öffentlichen Rechts
  Zum Beispiel Länder oder Gemeinden erlangen Rechtsfähigkeit durch staatliche Verleihung und verlieren diese durch staatlichen Entzug.

Geschäftsfähigkeit

- **Geschäftsfähigkeit**
  ist die Fähigkeit, Rechtsgeschäfte selbstständig und voll wirksam abzuschließen.

  Geschäftsunfähigkeit
  liegt bei Kindern bis zum vollendeten 7. Lebensjahr und dauernd geisteskranken Personen vor.
  In der Folge sind Rechtsgeschäfte **nichtig**.

  Beschränkte Geschäftsfähigkeit
  liegt bei natürlichen Personen zwischen dem vollendeten 7. und 18. Lebensjahr vor.
  Rechtsgeschäfte sind **schwebend unwirksam**.
  Ausnahmen:
  – eigene Mittel (Taschengeld),
  – rechtlicher Vorteil,
  – Arbeitsverhältnis.

  Volle Geschäftsfähigkeit
  liegt vor bei Personen, die das 18. Lebensjahr vollendet haben und sich im Besitz ihrer geistigen Kräfte befinden.
  Rechtsgeschäfte sind **voll gültig**.

Betriebliche Kennzahlen

Kennzahlen fassen betriebliche Gegebenheiten kurz zusammen und ermöglichen eine Kontrolle betrieblicher Prozesse.

Die *Produktivität* als technische Größe gibt Auskunft über die *technische, mengenmäßige Ergiebigkeit* des Produktionsfaktoreinsatzes. Es sind mehrere Messzahlen möglich.

Berufsübergreifende Qualifikationen

Betriebliche Kennzahlen

$$\text{Produktivität} = \frac{\text{Ausbringungsmenge (Output)}}{\text{Faktoreinsatzmenge (Input)}}$$

$$\text{Arbeitsproduktivität} = \frac{\text{Ausbringungsmenge}}{\text{Arbeitsstunden}}$$

$$\text{Kapitalproduktivität} = \frac{\text{Ausbringungsmenge}}{\text{Kapitaleinsatz}}$$

Die *Wirtschaftlichkeit* zeigt, wie das Verhältnis zwischen *wertmäßig* erbrachter Leistung zum Wert der eingesetzten Produktionsfaktoren ist.

$$\text{Wirtschaftlichkeit (W)} = \text{Leistung/Kosten}$$

$W > 1 \rightarrow$ wirtschaftlich
$W = 1 \rightarrow$ ohne Gewinn
$W < 1 \rightarrow$ unwirtschaftlich

Die *Rentabilität* des eingesetzten Kapitals erhält man, in dem man den erwirtschafteten Gewinn prozentual ins Verhältnis zum eingesetzten Kapital setzt.

$$\text{Rentabilität des Eigenkapitals} = \frac{\text{Gewinn} \cdot 100}{\text{Eigenkapital}}$$

$$\text{Umsatzrentabilität} = \frac{\text{Gewinn} \cdot 100}{\text{Umsatzerlöse}}$$

$$\text{Gesamtkapitalrentabilität} = \frac{\text{Gewinn} + \text{Fremdkapitalzinsen} \cdot 100}{\text{Gesamtkapital}}$$

Kalkulation

Kalkulation dient der Berechnung der Selbstkosten- und Angebotspreise. Entsprechend des Zeitpunktes, an dem die Kalkulation vorgenommen wird, unterscheidet man:

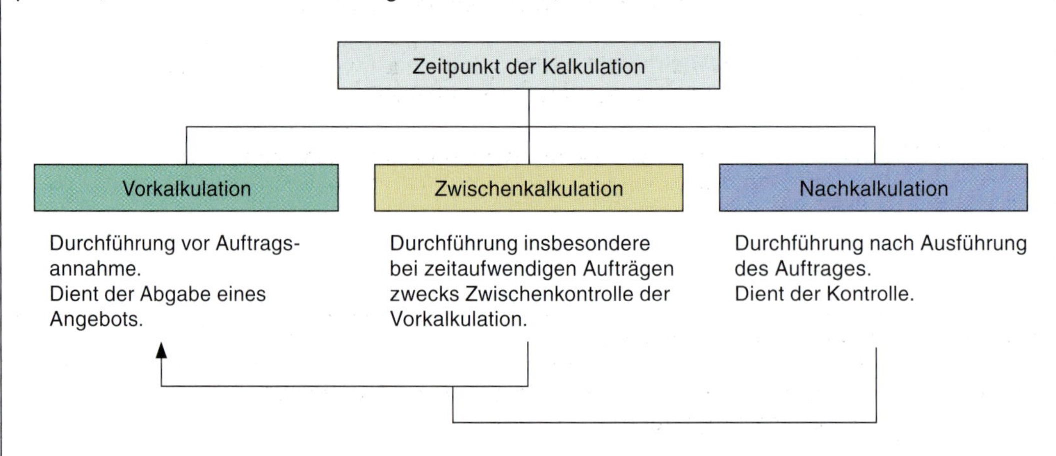
Zeitpunkt der Kalkulation
Vorkalkulation
Zwischenkalkulation
Nachkalkulation
Durchführung vor Auftragsannahme. Dient der Abgabe eines Angebots.
Durchführung insbesondere bei zeitaufwendigen Aufträgen zwecks Zwischenkontrolle der Vorkalkulation.
Durchführung nach Ausführung des Auftrages. Dient der Kontrolle.

Abweichungen müssen interpretiert und bei der Kostenkontrolle und Preisgestaltung berücksichtigt werden.

Berufsübergreifende Qualifikationen

Beispiel: Kalkulationsschema Handel

1.		Listeneinkaufspreis (netto)	Einkaufskalkulation
2.	–	Lieferrabatt	
3.	–	Bonus	
4.	+	Mindermengenzuschlag	
5.	=	Zieleinkaufspreis (netto)	
6.	–	Liefererskonto	
7.	=	Bareinkaufspreis (netto)	
8.	+	Bezugskosten (z. B. Verpackung, Zoll)	
9.	=	Einkaufspreis (netto) bzw. Bezugspreis	
10.	+	Handlungskosten (z. B. Verwaltungskosten)	Verkaufskalkulation
11.	=	Selbstkostenpreis	
12.	+	Gewinn	
13.	=	Barverkaufspreis (netto)	
14.	+	Kundenskonto	
15.	+	Vertriebsprosvision	
16.	=	Zielverkaufspreis (netto)	
17.	+	Kundenrabatt	
18.	=	Listenverkaufspreis (netto) bzw. Angebotspreis	

Aus Gründen der Vereinfachung können die einzelnen Positionen zwischen Bezugspreis und Angebotspreis wie folgt zusammengefasst werden:

Kalkulationszuschlag: Unterschied zwischen Angebotspreis und Bezugspreis, ausgedrückt in Prozent des Bezugspreises.

Kalkulationsfaktor: Zahl, die mit dem Bezugspreis multipliziert werden muss, um den Angebotspreis zu erhalten.

Handelsspanne: Unterschied zwischen Angebotspreis und Bezugspreis, ausgedrückt in Prozent des Angebotspreises.

Beispiel: Kalkulationsschema Industrie

Einzelkosten = Kosten, die dem hergestellten Produkt direkt zurechenbar sind (z. B. Fertigungsmaterial).

Gemeinkosten = Kosten, die dem hergestellten Produkt nicht direkt zurechenbar sind (z. B. Hilfs- und Betriebsstoffverbrauch in der Industrieproduktion).

Berufsübergreifende Qualifikationen

Beispiel: Kalkulationsschema Industrie

Berechnung der Gemeinkosten-Zuschlagssätze:

$$\text{Materialgemeinkostenzuschlag} = \frac{\text{Materialgemeinkosten}}{\text{Materialeinzelkosten}} \cdot 100\ \%$$

$$\text{Fertigungskostenzuschlag} = \frac{\text{Fertigungsgemeinkosten}}{\text{Fertigungseinzelkosten}} \cdot 100\ \%$$

$$\text{Verwaltungskostenzuschlag} = \frac{\text{Verwaltungsgemeinkosten}}{\text{Herstellkosten}} \cdot 100\ \%$$

$$\text{Vertriebskostenzuschlag} = \frac{\text{Vertriebsgemeinkosten}}{\text{Herstellkosten}} \cdot 100\ \%$$

1.		Materialeinzelkosten	Herstellungspreis (1.–8.); Selbstkostenpreis (1.–17.)
2.	+	Materialgemeinkosten	
3.	=	Materialkosten (1. + 2.)	
4.		Fertigungseinzelkosten	
5.	+	Fertigungsgemeinkosten	
6.	+	Sondereinzelkosten Fertigung	
7.	=	Fertigungskosten (4. + 5. + 6.)	
8.	=	Herstellkosten der Erzeugung (3. + 7.)	
9.	+	Minderbestand Fertigerzeugnisse	
10.	+	Minderbestand unfertige Erzeugnisse	
11.	–	Mehrbestand Fertigerzeugnisse	
12.	–	Mehrbestand unfertige Erzeugnisse	
13.	=	Herstellkosten des Umsatzes (8. + 9. + 10. – 11. – 12.)	
14.	+	Verwaltungsgemeinkosten	
15.	+	Vertriebsgemeinkosten	
16.	+	Sondereinzelkosten des Vertriebs	
17.	=	Selbstkosten des Umsatzes (13. + 14. + 15. + 16.)	
18.	+	Gewinnaufschlag	
19.	=	Barverkaufspreis (17. + 18.)	
20.	+	Kundenskonto (in % von 21.)	
21.	=	Zielverkaufspreis (19. + 20.)	
22.	+	Kundenrabatt (in % von 23.)	
23.	=	Netto-Verkaufspreis (21. + 22.)	
24.	+	Umsatzsteuer (in % von 23.)	
25.	=	Brutto-Verkaufspreis (23. + 24.)	

Berufsübergreifende Qualifikationen

Kaufvertrag

Kaufverträge entstehen durch zwei übereinstimmende Willenserklärungen, nämlich den Antrag und dessen Annahme, die sowohl durch den Käufer als auch den Verkäufer erfolgen können.

Abschluss des Kaufvertrages = Verpflichtungsgeschäft

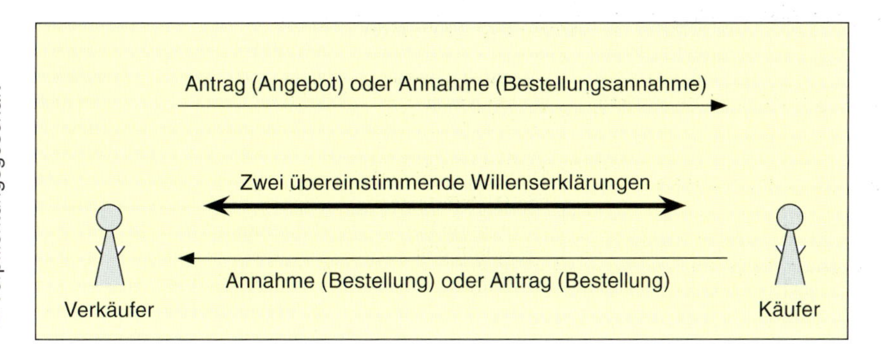

Erfüllung des Kaufvertrages = Erfüllungsgeschäft

Verkäufer		Käufer
Pflichten:		**Pflichten:**
• rechtzeitige, mangelfreie Lieferung des Kaufgegenstandes		• rechtzeitige Zahlung des Kaufpreises
• Eigentumsübertragung	Leistung	
• Annahme des Kaufpreises	Annahme	• Abnahme des Kaufgegenstandes

Abschreibung

Die planmäßige Abschreibung im Steuerrecht umfasst die *Absetzung für Abnutzung* (AFA): Verteilung der Anschaffungskosten bzw. Herstellungskosten auf den Zeitraum der üblichen Nutzungsdauer.

Die *übliche Nutzungsdauer* wird durch *Schätzung* ermittelt. Oftmals ist sie in den *AFA-Tabellen* festgeschrieben. Der sich ergebende Betrag ist dann steuerlich als *Betriebausgabe* (bzw. Werbungskosten) zu berücksichtigen. Der *Marktwert* des Wirtschaftsgutes ist dabei *unerheblich*.

Abschreibung dient der *planmäßigen* bzw. *außerplanmäßigen* Erfassung von *Werteverzehr* an Vermögensständen. Dabei kann der *Wertverlust* durch allgemeine Gründe wie Alterung und Verschleiß oder durch spezielle Gründe wie Unfallschaden oder Preisverfall hervorgerufen werden.

Abschreibungen auf Vermögensstände unterliegen einem *Wahlrecht* in der Abschreibungsmethode. Es kann *linear* (= jährlich gleicher Betrag) oder geometrisch *degressiv* (= jährlich gleicher Prozentsatz) mit Übergang zur linearen Methode abgeschrieben werden, wenn der Betrag der degressiven Abschreibung unter dem der linearen liegt.

Vermögensgegenstände bis 410,00 Euro Nettopreis (geringwertige Wirtschaftsgüter) können *im Jahr der Anschaffung* abgeschrieben werden (Sofortabschreibung).

Vermögensgegenstände bis 1.000,00 Euro Nettopreis (Poolbildung) können über einen Zeitraum von 5 Jahren abgeschrieben werden.
Dazu wird ein *Sammelposten* über mehrere Wirtschaftsgüter gebildet, bis die notwendige Summe von 1.000,00 Euro erreicht ist.

Berufsübergreifende Qualifikationen

Rechtsformen der Unternehmung

Merkmale	Einzelunternehmung	OHG	KG	BGB-Gesellschaft GbR
Kapital und Gründung	Keinerlei Formvorschriften, kein Mindestgründungskapital, mindestens eine Person bei Gründung (Inhaber).	Gründung üblicherweise mit schriftlichem Gesellschaftsvertrag, aber keine Vorschrift, kein Mindestgründungskapital, mindestens 2 Personen bei Gründung (Gesellschafter).	Gründung üblicherweise mit schriftlichem Gesellschaftsvertrag, aber keine Vorschrift, kein Mindestgründungskapital, mindestens 2 Personen bei Gründung: Komplementär (Vollhafter) und Kommanditist (Teilhafter) .	Gründung üblicherweise mit Gesellschaftsvertrag, kein Mindestgründungskapital, mindestens 2 Personen bei Gründung.
Haftung	Inhaber haftet allein und unbeschränkt mit seinem Geschäfts- und Privatvermögen.	Gesellschafter haften gesamtschuldnerisch, d. h. unmittelbar, unbeschränkt, solidarisch.	Komplementär mit Gesamtvermögen, Kommanditisten bis zur Höhe ihrer Einlage.	gemeinschaftliche Haftung
Leitung (Geschäftsführung und Vertretung) und Gesellschaftsorgane	Geschäftsführung und Vertretung liegen beim Inhaber, keine Gesellschaftsorgane.	Geschäftsführung und Vertretung richten sich nach Vertrag, sonst alle gleichberechtigt. Gesellschaftsorgan ist die Gesellschaftsversammlung.	Geschäftsführung und Vertretung liegen beim Komplementär. Gesellschaftsorgan ist die Gesellschaftsversammlung.	Geschäftsführung und Vertretung richten sich nach Vertrag, sonst alle gemeinschaftlich. Gesellschaftsorgan ist die Gesellschaftsversammlung.
Ergebnisverteilung	Der Inhaber bestimmt über die Gewinnverteilung. Bei Verlust ist der Inhaber allein beteiligt.	Entweder nach Vertrag, ansonsten bei Gewinn 4 % auf die Einlage, Rest nach Köpfen, bei Verlust nach Köpfen.	Entweder nach Vertrag, ansonsten bei Gewinn 4 % auf Einlage, Rest in angemessenem Verhältnis. Verluste werden in angemessenem Verhältnis zwischen den Gesellschaftern verteilt.	Gewinnverteilung nach Vertrag, Verlustbeteiligung nach Vertrag, sonst Solidargemeinschaft.
Rechtspersönlichkeit/ Firma	Keine eigene Rechtspersönlichkeit Personal-/Sach-Phantasie- oder gemischte Firma evtl. mit Zusatz e. K., e. Kfm., e. Kfr.	Keine eigene Rechtspersönlichkeit Personal-, Sach-, Phantasie- oder gemischte Firma mit Zusatz OHG.	Keine eigene Rechtspersönlichkeit Personal-, Sach-, Phantasie- oder gemischte Firma mit Zusatz KG.	Keine eigene Rechtspersönlichkeit, kein Firmenname möglich.

Berufsübergreifende Qualifikationen

Rechtsformen der Unternehmung

Merkmale	Unternehmergesellschaft (UG-haftungsbeschränkt) auch: Mini-GmbH	GmbH	AG	Genossenschaft
Kapital und Gründung	Gründung mittels notariellem Musterprotokoll (Gesellschaftsvertrag, Geschäftsführerbestellung). Mindeststammkapital: 1,-- Euro, aber 25 %iger Rücklagenbildung vom Gewinn bis 25.000,-- Euro Stammkapital erreicht, mindestens eine bis max. drei Personen bei Gründung.	Gründung mittels notariell beurkundetem Gesellschaftsvertrag, Mindeststammkapital 25.000 Euro. (Bar- bzw. Sacheinlage bei Gründung mindestens 12.500 Euro). Eine oder mehrere Personen bei Gründung.	Gründung mittels notariell beurkundetem Vertrag (Satzung), Mindestkapital 50.000,-- Euro, Mindestnennwert 1,-- Euro. Eine oder mehrere Personen bei Gründung (Aktionär).	Gründung durch Aufstellung eines Statuts und Unterzeichnung durch die Gründer (Genossen), kein Mindestgründungskapital vorgeschrieben. Mindestens 3 Personen bei Gründung.
Haftung	Haftung mit Gesellschaftsvermögen, mindestens Stammkapital, evtl. Nachschusspflicht, Haftung des Geschäftsführers bei Verschulden.	Haftung mit Gesellschaftsvermögen, mindestens Stammkapital, evtl. Nachschusspflicht.	Haftung mit Gesellschaftsvermögen, mindestens Grundkapital.	Haftung mit Haftungssumme (Geschäftsguthaben und ausstehende Pflichtanteile), evtl. Nachschusspflicht.
Leitung (Geschäftsführung und Vertretung) und Gesellschaftsorgane	Geschäftsführung und Vertretung liegen beim Geschäftsführer. Gesellschaftsorgan ist die Gesellschaftsversammlung.	Geschäftsführung und Vertretung liegen beim Geschäftsführer. Gesellschaftsorgan ist die Gesellschaftsversammlung.	Geschäftsführung und Vertretung durch den Vorstand. 3 Gesellschaftsorgane: Hauptversammlung, Aufsichtsrat, Vorstand.	Geschäftsführung und Vertretung durch den Vorstand, der aus mindestens 2 Personen besteht 3 Organe: Generalversammlung, Aufsichtsrat, Vorstand.
Ergebnisverteilung	Gewinn: nach dem Verhältnis der Geschäftsanteile. Verlust: beschränkte oder unbeschränkte Nachschusspflicht.	Gewinn: nach dem Verhältnis der Geschäftsanteile. Verlust: beschränkte oder unbeschränkte Nachschusspflicht.	Gewinn: Dividendenzahlung gemäß Hauptversammlungsbeschluss. Verlust: keine Beteiligung.	Gewinn: nach dem Verhältnis der Geschäftsguthaben gemäß Beschluss. Verlust: Abzug vom Geschäftsguthaben.
Rechtspersönlichkeit/ Firma	Juristische Person, Personal-, Phantasie- oder Sachfirma mit Zusatz „haftungsbeschränkt“.	Juristische Person, Personal-, Phantasie- oder Sachfirma mit Zusatz „GmbH“.	Juristische Person, Personal-, Sach- und Phantasiefirma mit Zusatz „AG“.	Juristische Person, Personal-, Sach- und Phantasiefirma mit Zusatz „e. G.“

Anhang

Anhang

Spezifischer Widerstand, spezifische Leitfähigkeit, Temperaturbeiwert bei 20 °C

Werkstoff	Spezifischer Widerstand ρ in $\frac{\Omega \cdot mm^2}{m}$	Spezifische Leifähigkeit γ in $\frac{m}{\Omega \cdot mm^2}$	Temperaturbeiwert α in $\frac{1}{K}$ $(\cdot 10^{-3})$
Aluminium 99,5 % Al. weich	0,0278	36	4
E-AlMgSi	0,03 ... 0,033	33 ... 30	3,6
Al-Bronze 90 % Cu, Al	0,13	7,7	3,2
Bismut (Wismut)	1,2	0,83	4,5
Blei	0,208	4,8	4,0
Kupfer-Zinn-Leg. CuBr12 Bronze	0,18	5,56	0,5
Cadmium	0,077	13	4,2
CrAl20 5	1,37	0,73	0,05
CrAl30 5	1,44	0,69	0,01
Dynamoblech leg. (1 ... 5 % -Si)	0,13 0,27 ... 0,67	77 3,7 ... 1,5	4,5
Gold	0,0222	45	3,8
Gusseisen	0,60 ... 1,60	1,67 ... 0,625	1,9
Grafit	13	0,077	– 0,2 ... – 0,7
Kohle	50 ... 100	0,02 ... 0,01	– 0,2 ... – 4
Konstantan	0,49	2,04	– 0,04
Kupfer Leitungs-, weich Leitungs-, hart	 0,01754 0,01786	 57 56	 3,9 3,8
Magnesium	0,046	21,6	3,8
Manganin	0,43	2,33	0,01
Kupfer-Zink-Leg. CuZn... (Messing)	0,07	14,3	1,3 ... 4
Molybdän	0,054	18,5	4,3
Neusilber	0,15 ... 0,4	6,67 ... 2,5	3 ... 3,5
NiCr3020 [1]	1,04	0,96	0,24
NiCr6015 [1]	1,11	0,90	0,13
NiCr8020 [1]	1,09	0,92	0,04
Nickel	0,09	11,1	4
Nickelin (CuNi30Mn)	0,4	2,5	0,15
Platin	0,1	10	2,5 ... 3,8
Quecksilber	0,958	1,04	0,90
Silber	0,0165	60,5	3,8
Stahl 0,1 % C, 0,5 % Mn 0,25 %C 0,3 % Si	 0,13 ... 0,15 0,18	 7,7 ... 6,7 5,5	 4 ... 5 4 ... 5
Tantal	0,16	6,25	3,5
Wolfram	0,05	18,2	4,6
Zink	0,063	15,9	3,7
Zinn	0,12	8,33	4,4

Der spezifische Widerstand ist der Widerstand eines Leiters von 1 m Länge und 1 mm² Querschnitt bei 20 °C.

Die spezifische Leitfähigkeit ist der Kehrwert des spezifischen Widerstandes: $\gamma = \frac{1}{\rho}$

Lesebeispiel Temperaturbeiwert:

Aluminium: $\alpha = 4 \cdot 10^{-3} \frac{1}{K} = 0{,}004 \frac{1}{K}$

[1] Heizleiterlegierung nach DIN 17470

Die Buchstaben und Zahlen geben die Zusammensetzung in % an; Rest Fe

Zum Beispiel:

NiCr6015: 60 % Ni, 15 % Cr, 25 % Fe

Anhang

Beziehung zwischen den Einheiten wichtiger Größen

Größe	Einheiten		Beziehung
	Einheitenname	Einheitenzeichen	
Fläche	Ar Hektar Quadratkilometer	a ha km^2	$1\ a = 100\ m^2$ $1\ ha = 100\ a = 10\,000\ m^2$ $1\ km^2 = 100\ ha = 10\,000\ a = 1\,000\,000\ m^2$
Volumen	Liter Milliliter Hektoliter	l ml hl	$1\ l = 1\ dm^3 = 1\,000\ cm^3$ $1\ ml = 0{,}001\ l = 1\ cm^3$ $1\ hl = 100\ l$
Zeit	Sekunde Minute Stunde Tag Jahr	s min h d a	$1\ s = \frac{1}{60}\ min$ $1\ min = 60\ s$ $1\ h = 60\ min = 3600\ s$ $1\ d = 24\ h$ $1\ a \approx 365\ d$
Umdrehungsfrequenz (Drehzahl)	1 durch Sekunde 1 durch Minute	s^{-1} min^{-1}	$1\ s^{-1} = 60\ min^{-1}$ $1\ min^{-1} = \frac{1}{60}\ s^{-1}$
Geschwindigkeit	Meter durch Sekunde Meter durch Minute Kilometer durch Stunde	$\frac{m}{s}$ $\frac{m}{min}$ $\frac{km}{h}$	$1\ \frac{m}{s} = 60\ \frac{m}{min} = 3{,}6\ \frac{km}{h}$ $1\ \frac{m}{min} = \frac{1}{60}\ \frac{m}{s}$ $1\ \frac{km}{h} = \frac{1}{3{,}6}\ \frac{m}{s}$
Masse (Gewicht)	Gramm Tonne	g t	$1\ g = 1\,000\ mg = 0{,}001\ kg$ $1\ t = 1\,000\ kg$
Dichte	Kilogramm durch Kubikdezimeter	$\frac{kg}{dm^3}$	$1\ \frac{kg}{dm^3} = 1\ \frac{g}{cm^3} = 1\ \frac{t}{m^3}$
Druck	Pascal Bar Newton durch Quadratzentimeter	Pa bar $\frac{N}{cm^2}$	$1\ Pa = 1\ \frac{N}{m^2} = 0{,}0001\ \frac{N}{cm^2} = 0{,}00001\ bar$ $1\ bar = 1\,000\,000\ Pa = 10\ \frac{N}{cm^2} = 0{,}1\ \frac{N}{mm^2}$ $1\ \frac{N}{cm^2} = 0{,}01\ \frac{N}{mm^2} = 0{,}1\ bar$
Arbeit, Energie	Joule Kilowattstunde	J kWh	$1\ J = 1\ Nm = 1\ Ws = 1\ \frac{kg \cdot m^2}{s^2}$ $1\ kWh = 3\,600\,000\ Ws = 3\,600\,000\ J = 3600\ kJ$
Leistung	Watt	W	$1\ W = 1\ \frac{J}{s} = 1\ \frac{Nm}{s} = 1\ \frac{kg \cdot m^2}{s^3} = 1\ VA$
Temperatur	Kelvin Grad Celsius	K °C	$1\ K = 1\ °C$ $0\ °C = 273\ K$
Winkel	Grad	°	$1° = 60' = 3600''$

Anhang

Längeneinheiten

	Millimeter mm	Zentimeter cm	Meter m	Inches in	Feet ft	Yards yd
1 Millimeter	1	0,1	0,001	0,0393701	0,00328084	0,00109361
1 Zentimeter	10	1	0,01	0,393701	0,0328084	0,0109361
1 Meter	1000	100	1	39,3701	3,28084	1,0936133
1 inch	25,4	2,54	0,0254	1	0,083333	0,0277778
1 foot	304,8	30,48	0,3048	12	1	0,333333
1 yard	914,4	91,44	0,9144	36	3	1
	Meter m	**Kilometer km**	**Feet ft**	**Furlongs fur**	**Miles mile**	**Nautical Miles n mile**
1 Meter	1	0,001	3,28084	0,00497097	0,00062137	0,000539957
1 Kilometer	1000	1	3280,84	4,97097	0,62137	0,539957
1 feet	0,3048	0,0003048	1	0,0015152	0,000189394	0,00016458
1 furlong	201168	0,201168	660	1	0,125	0,1086220
1 mile	1609,344	1,609344	5280	8	1	0,868976
1 nautical mile, Seemeile	1852	1,852	6076,12	9,20624	1,150779	1

Flächeneinheiten

Die Einheit der Fläche (Formelzeichen *A*, *S*, *q*) ist **Quadratmeter** (m^2).

Folgende gesetzliche Flächeneinheiten sind gebräuchlich:

1 Quadratkilometer: $1\ km^2 = 1\,000\,000\ m^2$
1 Quadratmeter: $1\ m^2 = 100\ dm^2 = 10\,000\ cm^2 = 1\,000\,000\ mm^2$
1 Quadratdezimeter: $1\ dm^2 = 10\ cm^2 = 10\,000\ mm^2$
1 Quadratzentimeter: $1\ cm^2 = 100\ mm^2$
1 Quadratmillimeter: $1\ mm^2$

Für die Fläche von Grundstücken sind die Einheiten **Ar** (a) und **Hektar** (ha) zulässig.

$1\ a = 100\ m^2$, $1\ ha = 100\ a = 10^4\ m^2$; $10\ ha = 1\ km^2$

Englische Flächeneinheiten

1 square inch ($1\ in^2$) $= 6{,}4516\ cm^2$
1 square foot ($1\ ft^2$) $= 929{,}0304\ cm^2$
1 square yard ($1\ yd^2$) $= 0{,}836\,127\,36\ m^2$

1 square mile = 640 acres = 258,999 Hektar

1 circular mile $= \frac{\pi}{4}\ 10^{-6}\ in^2$

1 MCM = 1 000 CM = 0,506 7 mm^2 (übl. Einheit in USA für Kabel- und Leitungsquerschnitte)
1 acre = 4 roods = 10 square chains = 4 840 square yards
1 square chain = 16 square perches = 484 square yards = 404,686 m^2

Anhang

Umrechnung für Flächeneinheiten

	Quadratzentimeter cm^2	Quadratmeter m^2	Square inches in^2	Square feet ft^2	Square yards yd^2
1 Quadratzentimeter	1	$0{,}1 \cdot 10^{-3}$	0,1550003	$1{,}07639 \cdot 10^{-3}$	$0{,}119599 \cdot 10^{-3}$
1 Quadratmeter	10000	1	1550,003	0,76392	1,195990
1 square inch	6,4516	$0{,}64516 \cdot 10^{-3}$	1	$6{,}94444 \cdot 10^{-3}$	$0{,}771605 \cdot 10^{-3}$
1 square foot	929,0304	0,09290304	144	1	0,111111
1 square yard	8361,2736	0,83612736	1296	9	1

	Quadratmeter m^2	Hektar ha^2	Square yards yd^2	Acres acre
1 Quadratmeter	1	0,0001	1,19599	$0{,}247105 \cdot 10^{-3}$
1 Hektar	10000	1	11959,9	2,47105
1 square yard	0,836127	$0{,}0836127 \cdot 10^{-3}$	1	$0{,}206612 \cdot 10^{-3}$
1 acre	4046,86	0,404686	4840	1

Volumeneinheiten

Technische und physikalische Volumeneinheiten

Kubikmeter: $1\ m^3 = 1000\ dm^3 = 1000\ l$
Kubikdezimeter: $1\ dm^3 = 1000\ cm^3 = 1\ l$
Kubikzentimeter: $1\ cm^3 = 1000\ mm^3$
Kubikmillimeter: $1\ mm^3$

Hohlmaße zum Messen von Flüssigkeiten und Gasen

Hektoliter: $1\ hl = 100\ l = 100\ dm^3 = 0{,}1\ m^3$
Liter: $1\ l = 1\ dm^3 = 1000\ cm^3$
Deziliter: $1\ dl = 0{,}1\ l = 100\ cm^3$
Zentiliter: $1\ cl = 0{,}01\ l = 10\ cm^3$
Millililter: $1\ ml = 0{,}001\ l = 1\ cm^3$

Umrechnung für Volumeneinheiten

	Kubikzentimeter cm^3	Cubic inches in^3	Minims (UK) min	Fluid drachms (UK) fl dr	Fluid ounces (UK) fl oz
1 Kubikzentimeter	1	0,0610236	16,8936	0,281563	0,035195
1 cubic inch	16,387064	1	276,837	4,61394	0,57674
1 minim (UK)	0,0591938	0,0036122	1	0,0166667	0,00208333
1 fluid drachm (UK)	3,55163	0,216733	60	1	0,125
1 fluid ounce (UK)	28,4130	1,7339	480	8	1

Anhang

Umrechnungstabelle für Volumeneinheiten

	Kubikdezimeter dm^3	Cubic feet ft^3	UK Pints pt	UK Quarts qt	UK gallons gal
1 Kubikdezimeter	1	0,0353147	1,75975	0,879877	0,219969
1 cubic foot	28,316847	1	49,8307	24,9153	6,22882
1 pint	0,568261	0,0200680	1	0,5	0,125
1 quart	1,13622	0,040130	2	1	0,25
1 UK gallon	4,564609	0,1605439	8	4	1

	Kubikmeter m^3	Cubic yards yd^3	US gallons gal (US)	UK gallons gal (UK)	Cubic inches in^3
1 Kubikmeter	1	1,30795	264,17	219,969	61023,7
1 cubic yard	0,7645549	1	201,974	168,178	46656
1 US gallon	$3,7854 \cdot 10^{-3}$	$4,9511 \cdot 10^{-3}$	1	0,83267	231,001
1 UK gallon	$4,5461 \cdot 10^{-3}$	$5,9461 \cdot 10^{-3}$	1,20095	1	277,42
1 cubic inch	$0,0163871 \cdot 10^{-3}$	$0,0214335 \cdot 10^{-3}$	$4,32898 \cdot 10^{-3}$	$3,60464 \cdot 10^{-3}$	1

1 barrel (für Petroleum) = 42 gallons

1 Liter (1000 Millilitres) = 1 Kubikdezimeter
1 fluid ounce (UK) = 0,960754 US fluid ounce
1 fluid drachm (UK) = 0,960754 US fluid drachm
1 minim (UK) = 0,960754 US minim

1 US fluid ounce = 1,04085 fluid ounces (UK)
1 US fluid drachm = 1,04085 fluid drachms (UK)
1 US minim = 1,04085 minims (UK)

UK: United Kingdom; englische Einheiten

US: amerikanische Einheiten

Masseeinheiten

Die Eigenschaft der *Masse* eines Körpers äußert sich:

- als Trägheit gegenüber einer Änderung eines dem Körper aufgezwungenen Bewegungszustandes (träge Masse),
- durch Ausübung einer Anziehungskraft (Gewichtskraft, Gravitation) auf andere benachbarte Körper (schwere Masse).

Die Bestimmung der Masse erfolgt durch Vergleich mit Körpern bekannter Masse, z. B. mit der des Internationalen Kilogramm-Prototyps.

Masse-Einheit: kg Kilogramm
Gramm: g $1\text{ g} = 0{,}001\text{ kg} = 10^{-3}\text{ kg}$
Tonne: t $1\text{ t} = 1000\text{ kg} = 10^{3}\text{ kg}$

Umrechnungstabelle für Masseeinheiten

Einheit	Tonne t	ton ton	short ton sh tn	hundred-weight cwt
1 t	1	0,9842	1,1023	19,6841
1 ton	1,0160	1	1,12	20
1 sh tn	0,9072	0,8929	1	17,8571
1 cwt	$50,8023 \cdot 10^{-3}$	$50 \cdot 10^{-3}$	$56 \cdot 10^{-3}$	1

Anhang

Umrechnungstabelle für Masseeinheiten

Einheit	Kilogramm kg	pound (av) lb (ab)	pound (tr) lb (tr)	slug
1 kg	1	2,2046	2,6792	$68{,}5218 \cdot 10^{-3}$
1 lb (av)	0,4536	1	1,2153	$31{,}0809 \cdot 10^{-3}$
1 lb (tr)	0,3732	0,8229	1	$25{,}5752 \cdot 10^{-3}$
1 slug	14,5939	32,1740	39,1004	1
Einheit	**Gramm g**	**metr. Karat Kt**	**ounce (av) oz (av)**	**ounce (tr) oz (tr)**
1 g	1	5	$35{,}2740 \cdot 10^{-3}$	$32{,}1507 \cdot 10^{-3}$
1 Kt	0,2	1	$7{,}05848 \cdot 10^{-3}$	$6{,}4301 \cdot 10^{-3}$
1 oz (av)	28,3495	141,748	1	0,9115
1 oz (tr)	31,1035	155,517	1,0971	1

av: Avoirdupois-System für allgemeine Handelsgewichte
tr: Troy-System für Edelmetallgewichte

1 ton = 2240 lb (av); 1 sh tn = 2000 lb (av); 1 cwt = 112 lb (av);
1 lb (av) = 16 oz (av); 1 oz (av) = 437,5 grain (av) = 16 dram (av);
1 dram (av) = 1,7718 g; 1 grain (av) = 1/7000 lb (av) = 64,7989 mg;
1 drachm = 60 grain (av) = 60/7000 lb (av) = 3,8879 g;
1oz (tr) = 480/7000 lb (av); 1 lb (tr) = 5760/7000 lb (av);

tdw: ton-deadweight, Einheit der Masse für Trag- und Ladefähigkeit von Schiffen.
1 tdw = 1016 kg

Geschwindigkeits- und Beschleunigungseinheiten

Geschwindigkeit		Beschleunigung	
Translatorische Geschwindigkeit	Winkelgeschwindigkeit	Translatorische Beschleunigung	Winkelbeschleunigung
Quotient aus Länge und Zeit	Quotient aus ebenem Winkel und Zeit	Quotient aus translatorischer Geschwindigkeit und Zeit	Quotient aus Winkelgeschwindigkeit und Zeit
SI-Einheit m/s Weitere Einheiten: cm/s, m/min, km/h 1 km/h = $\frac{1}{3{,}6}$ m/s	SI-Einheit rad/s oder s^{-1}	SI-Einheit m/s^2 Weitere Einheiten: cm/s^2, km/h s 1 km/h s = $\frac{1}{3{,}6}$ m/s^2	SI-Einheit rad/s^2 oder s^{-2}

Weitere Geschwindigkeitseinheiten

Größe	Einheit		Weit. zul. Einheiten bzw. Beziehungen
	Name	Zeichen	
Frequenz (Periodenfrequenz)	Hertz	Hz	1 Hz = 1 s^{-1}
Drehzahl (Umdrehungsfrequenz)	Reziproke Sekunde	s^{-1}	min^{-1} 1 min^{-1} = 60 s^{-1}
Kreisfrequenz (Winkelfrequenz)	Reziproke Sekunde	s^{-1}	–

Anhang

Umrechnung für Geschwindigkeiten

Einheit	Meter durch Sekunde m/s	Kilometer durch Stunde km/h	mile per hour mile/h	Knoten kn
1 m/s	1	3,6	2,2369	1,9438
1 km/h	$0{,}277\overline{7}$	1	0,6214	0,5400
1 mile/h	0,4470	1,6093	1	0,8690
1 kn	$0{,}514\overline{4}$	1,852	1,1508	1

1 Knoten = 1 int. Seemeile durch Sekunde
1 foot per second = 0,3048 m/s

Dielektrizitätszahlen fester und flüssiger Stoffe

Stoff	Dielektrizitätszahl ε_r	Stoff	Dielektrizitätszahl ε_r	Stoff	Dielektrizitätszahl ε_r
Azeton	21,5	Hartgewebe	5 ... 6	Plexigum (Acrylharz)	3,3 ... 4,5
Asphalt	2,7	Hartgummi	2,8	Polystyrol	2,6
Bariumtitanat	1000 ... 2000	Hartpapier	5 ... 6	Quarz	3,8 ... 5
Basalt	9	Harzöl	2	Quarzglas (50 Hz) (800 Hz) (100 kHz)	 3,5 ... 4,2 4,2 4,4
Benzol	2,25	Hölzer	1 ... 7	Rizinusöl	4,6
Bernstein	2,8	Kabelisolation Starkstromkabel[3] Fernmeldekabel[4]	 4,3 1,6	Schellack	3,1
Buna	2,7	Kautschuk	2,4	Schiefer	6 ... 10
Canadabalsam	2,7	Kunstharze	4 ... 8	Schwefel	2 ... 4
Crownglas	6 ... 7	Marmor	8,3	Terpentinöl	2,3
Diamant	16,5	Mineralöl	2,2	Toluol	2,35
Ebonit	2,6	Minosglas	8,4	Wasser dest.	80
Eis[1]	16,0	Papier	1,6 ... 2	Zellon	3,5
Flintglas	7	Paraffin	2,1 ... 2,2	Zellulose	6,6
Glas, gewöhnlich	5 ... 7	Pertinax (Phenoplast)	4,8		
Glas, Sonder-	8 ... 12	Petroleum	2,1		
Glimmer	5 ... 8	Phenolpressharz	4 ... 5		
Gummi	2,7	Phosphor	4,1		
Guttapercha, rein	3				
–, Handelsware[2]	4,1				

[1] bei – 20 °C
[2] bei 1000 Hz
[3] Jute und getränktes Papier
[4] Papier und Luft

Anhang

Permeabilitätszahlen einiger Werkstoffe

Werkstoff	μ_r	Werkstoff	μ_r
Gusseisen	70 ... 600	Platin	$1 + 310 \cdot 2^{-6}$
Stahl	40 ... 7000	Kupfer	$1 - 10 \cdot 10^{-6}$
Luft	1	Silber	$1 - 25 \cdot 10^{-6}$
Aluminium	$1 + 22 \cdot 10^{-6}$	Wismut	$1 - 160 \cdot 10^{-6}$

Magnetisierungskurven von Blechen, Stahlguss und Gusseisen

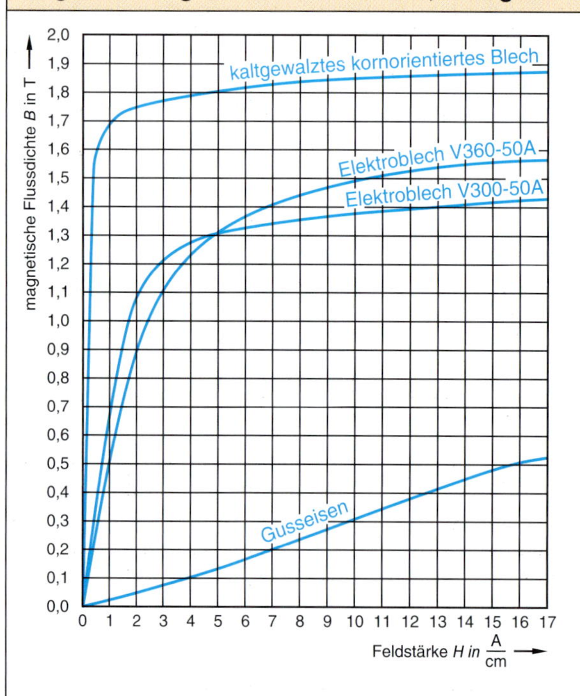

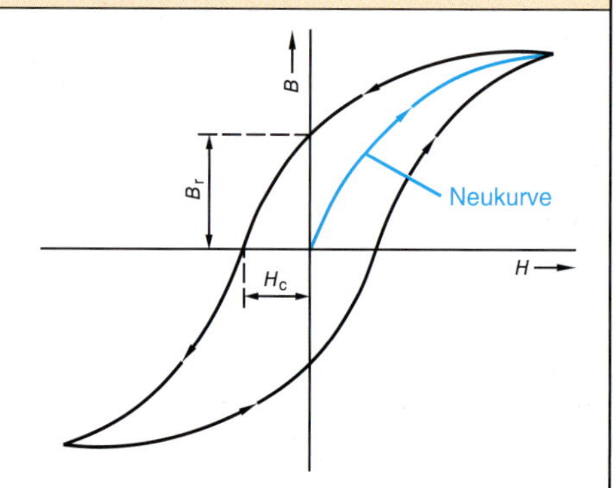

H_C: Koerzitivfeldstärke
B_r: remanante Flussdichte

Koerzitivfeldstärken magnetisch harter Werkstoffe

Werkstoff	Koerzitivfeldstärke in A/cm
Stahl C 100 (1 % C)	50
Chromstahl	50
Alnico (12 % Al, 20 % Ni, 5 % Co, 63 % Fe)	340
Oerstit 900 (20 % Ni, 30 % Co, 20 % Ti, 30 % Fc)	650
Barium-Ferrit	bis 2500
Samarium-Cobalt ($SmCo_5$, $Sm2Co_{17}$)	6000 bis 8000
Neodym-Eisen-Bor ($Nd_2Fe_{14}B$)	7000 bis 10000

Hartmagnetischer Werkstoff: Große Koerzitivfeldstärke

Anhang

Koerzitivfeldstärken magnetisch weicher Werkstoffe

Werkstoff	Koerzitivfeldstärke in A/cm
Dynamoblech IV (4 % Si)	0,4
Reines Eisen (in Wasserstoff geglüht)	0,04
Permalloy A (78,5 % Ni, 21,5 % Fe)	0,04
Supermalloy (79 % Ni, 15 % Fe, 5 % Mo, 0,5 % Mn)	0,004

Weichmagnetischer Werkstoff: kleine Koerzitivfeldstärke

Eigenschaften von Eisenblechkernen (weichmagnetisiert)

Bezeichnung	Zusammensetzung	Anfangspermeabilität $\frac{Vs}{Am} \cdot 10^{-6}$	Maximalpermeabilität $\frac{Vs}{Am} \cdot 10^{-6}$	Ummagnetisierungsverluste in W/kg bei		Magnetische Induktion in T bei	
				$B = 1{,}0$ T	$B = 1{,}5$ T	$H = 25$ A/cm	Sättigung
Elektroblech V360–50 A	99,5 % Eisen 0,23 % Kohlenstoff 0,04 % Silizium 0,23 % Mangan Phosphor u. Schwefel	190	2500 bis 6300	3,6	8,6	1,53	2,1
Elektroblech V300–50 A	98,6 % Eisen 0,25 % Kohlenstoff 1,03 % Silizium 0,12 % Mangan Phosphor u. Schwefel	230	2500 bis 6300	3,0	7,2	1,50	2,0
Permalloy A	21,5 % Eisen 78,5 % Nickel	12000	95000				
Superpermalloy	18,5 % Eisen 78,5 % Nickel 3,0 % Chrom	70000	120000		0,018		0,68 ... 0,8
Mu-Metall	50 bis 76 % Nickel 5 bis 10 % Kupfer 0 bis 10 % Chrom 0 bis 0,8 % Mangan Rest Eisen	bis 25000	bis 100000	0,055			0,8

Bei Eisenkernen, die aus Vollmaterial bestehen, treten unter dem Einfluss zeitlich veränderlicher Magnetfelder (Wechselstrommaschinen) **Wirbelstromverluste** auf, die den Eisenkern unzulässig stark erwärmen.

Um diese Verluste zu verringern, werden Eisenkerne für elektrische Maschinen als lamellierte und isolierte Bleche in Paketen oder als gewickelte Schnittbandkerne eingesetzt. Man spricht dann von einem **geblechten** Eisenkern bzw. Elektoblech.

Elektrobleche bestehen i. Allg. aus einer Eisen-Silizium-Legierung. Angestrebt werden neben möglichst geringen *Wirbelstromverlusten* auch geringe *Ummagnetisierungsverluste*. Elektrobleche haben somit eine *geringe* **Remanenz** (einen geringen Restmagnetismus). Sie sind dann mit geringem Energieaufwand (geringen Verlusten) ummagnetisierbar, was bei Einsatz an Wechselspannung von großer Bedeutung ist. Bei der **Ummagnetisierung** ist Energie für die veränderte Ausrichtung der innern **Elementarstrukturen** (Weisssche Bezirke) aufzuwenden.

Diese Ausrichtung verursacht Wärme im Eisen.

Anhang

Dauermagnetwerkstoffe

	Werkstoff		Massenanteile in %			Dichte	Energiedichte	Remanenz	Koerzitivfeldstärke	Permeabilitätszahl	Curie-Temperatur
	Kurzname	Werkstoff-Nr.	Al	Co	Ni	ρ in g/cm³	$B \cdot H$ in kJ/m³	B_T in mT	H_C in kA/m	μ_r	in K
Metallische Magnete											
isotrop	AlNiCo 9/5	1.3728	11 ... 13	0 ... 5	21 ... 28	6,8	9,0	550	47	4,0 ... 5,0	1030 bis 1180
isotrop	AlNiCo 18/9	1.3756	6 ... 8	24 ... 34	13 ... 19	7,2	18,0	600	86	3,0 ... 4,0	
isotrop	AlNiCo 7/8p	1.3715	6 ... 8	24 ... 34	13 ... 19	5,5	7,0	340	84	2,0 ... 3,0	
anisotrop	AlNiCo 35/5	1.3761	8 ... 9	23 ... 26	13 ... 16	7,2	35,0	1120	58	3,0 ... 4,5	1030 bis 1180
anisotrop	AlNiCo 44/5	1.3757	8 ... 9	23 ... 26	13 ... 16	7,2	44,0	1200	53	2,5 ... 4,0	
anisotrop	AlNiCo 52/6	1.3759	8 ... 9	23 ... 26	13 ... 16	7,2	52,0	1250	56	1,5 ... 3,0	
anisotrop	AlNiCo 60/11	1.3763	6 ... 8	35 ... 39	13 ... 15	7,2	60,0	900	112	1,5 ... 2,5	
anisotrop	AlNiCo 30/14	1.3765	6 ... 8	38 ... 42	13 ... 15	7,2	30.0	680	144	1,5 ... 2,5	
Kermaische Magnete											
isotrop	Hartferrit 7/21	1.3641	Gesinterte, kunststoffgebundene Magnete			4,9	6,5	190	210	1,2	723
isotrop	Hartferrit 3/18p	1.3614				3,9	3,2	135	175	1,1	
anisotrop	Hartferrit 20/19	1.3643				4,8	20,0	320	190	1,1	
anisotrop	Hartferrit 20/28	1.3645				4,6	20,0	320	280	1,1	
anisotrop	Hartferrit 24/23	1.3647				4,8	24,0	350	230	1,1	
anisotrop	Hartferrit 25/25	1.3651				4,8	25,0	370	250	1,1	
anisotrop	Hartferrit 9/19p	1.3616				3,4	9,0	220	190	1,1	

Anhang

Werkstoffe für Gleichstromkreise

Werkstoffsorte Kurzname	Werkstoff-Nr.	Legierungsbestandteile Massenanteil %	Dichte ρ in g/cm³	Härte HV	Remanenz B_r in T	Permeabilitätszahl μ_r	Spez. el. Widerstand $\frac{\Omega \cdot mm^2}{m}$	Koerzitivfeldstärke H_C in A/m	Magnetische Induktion B_{min} in T bei Feldstärke H in A/m: 20	50	100	200	300	500	1000	4000
Unlegierte Stähle																
RFe160	1.1011				–	–	0,15	160	–	–	–	–	1,15	1,30	–	1,60
RFe80	1.1014				1,10	–	0,15	80	–	–	–	1,10	1,20	1,30	1,45	1,60
RFe60	1.1015	–	7,85	max. 150	1,20	–	0,12	60	–	–	–	1,15	1,25	1,35	1,45	1,60
RFe20	1.1017				1,20	≈ 20000	0,10	20	–	–	1,15	1,25	1,30	1,40	1,45	1,60
RFe12	1.1018				1,20		0,10	12	–	–	1,15	1,25	1,30	1,40	1,45	1,60
Siliziumstähle																
RSi48	1.3840	2,5 Si	7,55	130	0,50	–	0,42	48	–	–	0,60	–	1,10	1,20	–	1,50
RSi24	1.3843	–	–	–	1,00	≈ 20000	–	24	–	–	1,20	–	1,30	1,35	–	1,50
RSi12	1.3845	4 Si	7,75	200	1,00	≈ 10000	0,60	12	–	–	1,20	–	1,30	1,35	–	1,50
Nickelstähle und Legierungen																
RNi24	1.3911	≈ 36 Ni	8,2	130 ... 180	0,45	≈ 5000	0,75	24	0,20	0,45	0,70	–	0,90	1,00	–	1,18
RNi12	1.3926	≈ 50 Ni	8,3	130 ... 180	0,60	≈ 30000	0,45	12	0,50	0,90	1,10	–	1,25	1,35	–	1,45
RNi8	1.3927	≈ 50 Ni	8,3	130 ... 180	0,60	30000 ... 100000	0,45	8	0,50	0,90	1,10	–	1,25	1,35	–	1,45
RNi5	2.4596	70 ... 80 Ni	8,7	120 ... 170	0,30	≈ 40000	0,55	5	0,50	0,65	0,70	–	–	–	–	0,75
RNi2	2.4595	kleine Mengen Cu, Cr, Mo	8,7	120 ... 170	0,30	≈ 100000	0,55	2	0,50	0,65	0,70	–	–	–	–	0,75

Anhang

Stoffabscheidung durch Elektrolyse (Galvanisierung)

Metall	Kurzzeichen	Wertigkeit	Dichte in $\frac{g}{cm^3}$	elektrochemisches Äquivalent in $\frac{g}{Ah}$
Aluminium	Al	III	2,7	0,3356
Blei	Pb	II	11,34	3,8655
Cadmium	Cd	II	8,64	2,0969
Chrom	Cr	III	7,1	0,6467
Eisen	Fe	II	7,87	1,0419
Gold	Au	I	19,3	7,3490
Gold	Au	III	19,3	2,4497
Kobalt	Co	II	8,9	1,0994
Kupfer	Cu	I	8,93	2,3707
Kupfer	Cu	II	8,93	1,1854
Magnesium	Mg	II	1,74	0,4535
Mangan	Mn	II	7,43	1,0249
Nickel	Ni	II	8,9	1,0954
Platin	Pt	IV	21,4	1,8195
Selen	Se	IV	4,8	0,7365
Silber	Ag	I	10,5	4,0247
Zink	Zn	II	7,13	1,2197
Zinn	Sn	II	7,29	2,2142

Masse:

$m = c \cdot I \cdot t$

m Masse
I Stromstärke
t Zeit
c elektrochemisches Äquivalent in g/Ah

Schichtdicke:

$s = \frac{m}{\rho \cdot A}$ $s = \frac{c \cdot I \cdot t}{\rho \cdot A}$

s Schichtdicke
ρ Dichte
A Fläche

Anhang

Sachwortverzeichnis

C

D

Sach-worte

F

G

H

I

P

Q

R

S

Sach-
worte

W

Z

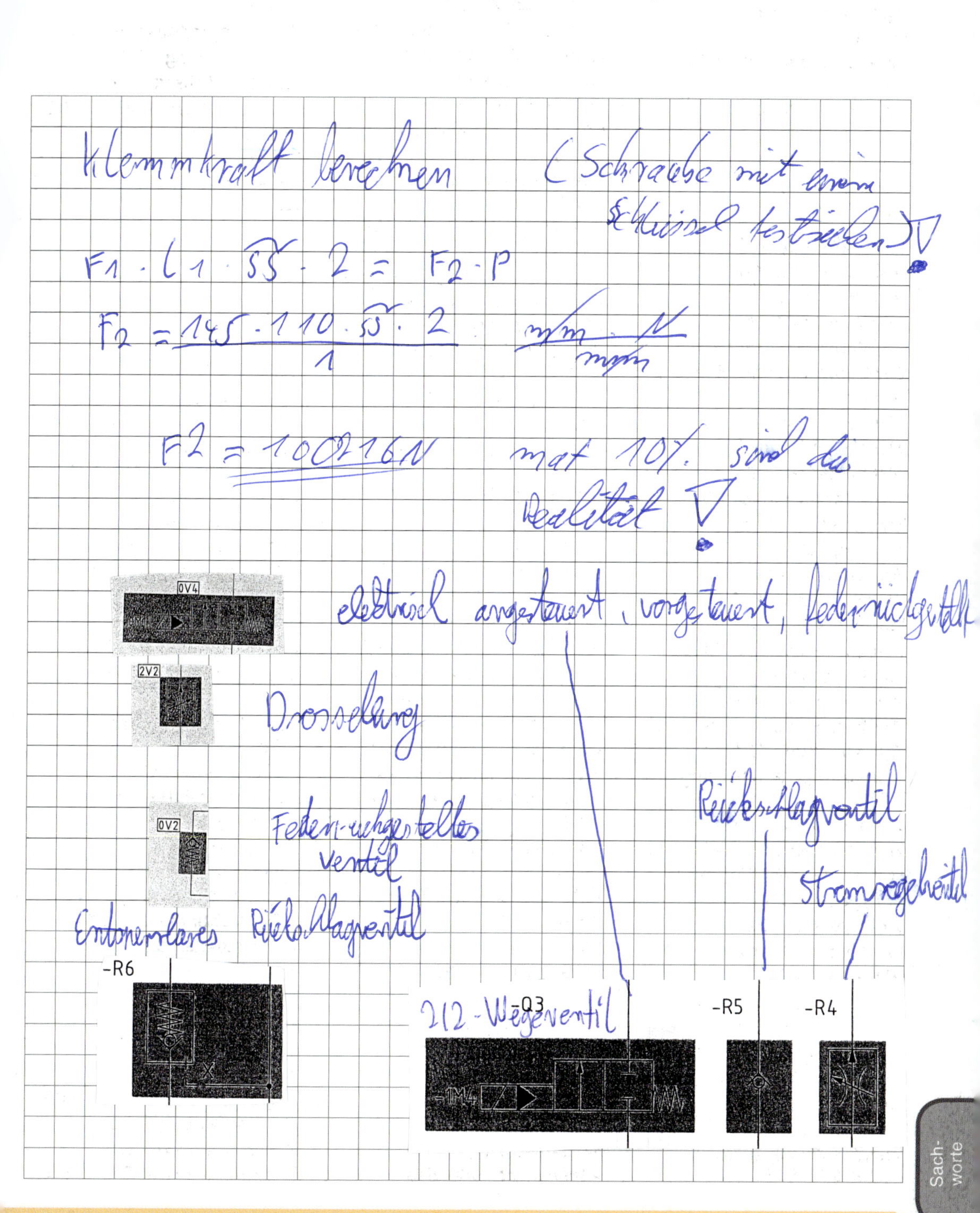
Klemmkraft berechnen
0V4
2V2
Drosselung
0V2
Rückschlagventil
Stromregelventil
-R6
2/2-Wegeventil
-Q3
-R5
-R4

Normenverzeichnis

AbfG 2007-07	Kreislaufwirtschafts- und Abfallgesetz 899
DIN 10, -1	Vierkante von Zylinderschäften für rotierende Werkzeuge 841, 842
DIN 1022	Stabstahl - warmgewalzter gleichschenkliger scharfkantiger Winkelstahl (LS-Stahl) - Maße, Masse und Toleranzen 545, 547
DIN 1025, 1, -2, 3, -4, -5	Warmgewalzte I-Träger 545, 549, 550, 551
DIN 1026, -1	Warmgewalzter U-Profilstahl - T. 1: U-Profilstahl mit geneigten Flanschflächen Maße, Masse u. statische Werte 545, 547
DIN 1027	Stabstahl - Warmgewalzter rundkantiger Z-Stahl - Maße, Masse, Toleranzen, statische Werte 545, 551
DIN 103, -1, -8	Metrisches ISO-Trapezgewinde 814, 818
DIN 115, -1, -2	Antriebselemente; Schalenkupplungen, Maße, Drehmomente, Drehzahlen 879
DIN 116	Antriebselemente; Scheibenkupplungen, Maße, Drehmomente, Drehzahlen 878
DIN 124	Halbrundniete - Nenndurchmesser 10 mm bis 36 mm 850
DIN 128	Federscheiben, gewölbt 536, 845
DIN 13, -1 -19	Metrisches ISO-Gewinde allgemeiner Anwendung 813, 816, 873
DIN 1319, -1	Grundlagen der Messtechnik - T. 1: Grundbegriffe 731, 732, 733, 734
DIN 137	Federscheiben, gewellt 436, 844 [1)]
DIN 14, -1, -4	Metrisches ISO-Gewinde 813
DIN 1412	Spiralbohrer aus Schnellarbeitsstahl - Anschliffformen 620
DIN 1445	Bolzen mit Kopf u. Gewindezapfen 852
DIN 1448, -1	Kegelige Wellenenden mit Außengewinde; Abmessungen 859, 860
DIN 15403	Lasthaken für Hebezeuge; Rundgewinde 814
DIN 158	Metrisches kegeliges Außengewinde mit zugehörigem zylindrischen Innengewinde 813
DIN 1587	Sechskant-Hutmuttern, hohe Form 836, 838
DIN 16903, -3	Gewindebuchsen für Kunststoff-Formteile, geschlossen 884
DIN 1700	Nichteisenmetalle - systematische Bezeichnung 566 [1)]
DIN 17007, -1, -4	Werkstoffnummern; Systematik der Hauptgruppen 526, 567
DIN 172	Bundbohrbuchsen 880 [1)]
DIN 173, -1	Steckbohrbuchsen 879, 880 [1)]
DIN 17640, -1	Bleilegierungen für allgemeine Verwendung 580
DIN 1771	Profile aus Aluminium 578 [1)]
DIN 17851	Titanlegierungen; chemische Zusammensetzung 579
DIN 179	Bohrbuchsen, Form A und Form B 879 [1)]
DIN 1804	Nutmuttern; metrisches ISO-Feingewinde 836, 840
DIN 1816	Kreuzlochmuttern; metrisches ISO-Feingewinde 836, 840
DIN 1836	Werkzeug-Anwendungsgruppen zum Zerspanen 615
DIN 1850	Gleitlager 872, 873
DIN 186	Hammerschrauben mit Vierkant 822, 828
DIN 1910, -3	Schweißen; Schweißen von Kunststoffen, Verfahren 684
DIN 202	Gewinde - Übersicht 813, 814, 815
DIN 20400	Rundgewinde für den Bergbau; Gewinde mit großer Tragtiefe 814
DIN 2079	Werkzeugmaschinen; Spindelköpfe mit Steilkegel 756

[1)] zurückgezogen

DIN 2080	Steilkegelschäfte für Werkzeuge u. Spannzeuge 861, 756
DIN 2093	Tellerfedern - Qualitätsanforderungen - Maße 877, 878
DIN 2097	Zylindrische Schraubenfedern aus runden Drähten; Gütevorschriften für kaltgeformte Zugfedern 875
DIN 2098, -1, -2	Zylindrische Schraubenfedern aus runden Drähten 875, 876, 877, 884
DIN 2211	Antriebselemente; Schmalkeilriemenscheiben; Maße, Werkstoff 892
DIN 2215	Endlose Keilriemen - klassische Keilriemen - Maße 892, 893
DIN 2216	Endliche Keilriemen; Maße 892
DIN 2217, -1	Antriebselemente; Keilriemenscheiben, Maße, Werkstoff 892
DIN 2221	Kegellehrdorne für Bohrfutterkegel 756
DIN 2222	Kegellehrringe für Bohrfutterkegel 756
DIN 2231	Geometrische Produktspezifikation (GPS) - Grenzrachenlehren u. geschmiedete Lehrenkörper 752, 755
DIN 2232	Geometrische Produktspezifikation (GPS) - Gutrachenlehren mit geschmiedetem Lehrenkörper 752, 755
DIN 2233	Geometrische Produktspezifikation (GPS) - Ausschussrachenlehren mit geschmiedetem Lehrenkörper 752, 755
DIN 2239	Geometrische Produktspezifikation (GPS) - Lehren der Längenprüftechnik - Anforderungen u. Prüfung 751, 752, 753, 754, 755, 756, 757, 758
DIN 2245	Geometrische Produktspezifikation (GPS) - Grenzlehrdorne 752, 753
DIN 2246	Geometrische Produktspezifikation (GPS) - Gutlehrdorne 752, 753
DIN 2247	Geometrische Produktspezifikation (GPS) - Ausschusslehrdorne 752, 753
DIN 2250	Geometrische Produktspezifikation (GPS) - Gutlehrringe und Einstellringe 752, 754
DIN 2254	Prüfen geometrischer Größen - Ausschusslehrringe 752, 754
DIN 2259	Geometrische Produktspezifikation (GPS) - Lehren für Rund- und Flachpassungen - Übersicht, Beschriftung 752, 753, 754
DIN 2270	Fühlhebelmessgeräte 745
DIN 228, -1, -2	Morsekegel u. metrische Kegel 860, 861, 747
DIN 2280	Geometrische Produktspezifikation (GPS) - Gewinde-Grenzlehrdorne für metrisches ISO-Gewinde allgemeiner Anwendung 758
DIN 2281	Geometrische Produktspezifikation (GPS) - Gewinde-Gutlehrdorne 758
DIN 2283	Geometrische Produktspezifikation (GPS) - Gewinde-Ausschusslehrdorne 758
DIN 2285	Geometrische Produktspezifikation (GPS) - Gewinde-Gutlehrringe für metrisches ISO-Gewinde 758
DIN 229, -1, -2	Morsekegellehren; Kegellehrdorne 756
DIN 2299	Geometrische Produktspezifikation (GPS) - Gewinde-Ausschusslehrringe für metrisches ISO-Gewinde allgemeiner Anwendung 758
DIN 230, -1, -2	Morsekegellehren; Kegellehrdorne für Kegelhülsen mit Austreibschlitz 756
DIN 234, -1	Metrische Kegellehren; Kegellehrdorne 756
DIN 235, -1, -2	Metrische Kegellehren; Kegellehrdorne für Kegelhülsen mit Austreibschlitz 756
DIN 238	Bohrfutteraufnahme - Kegeldorne 756
DIN 2445	Nahtlose Stahlrohre für schwellende Beanspruchungen 806
DIN 2510	Schraubenverbindungen mit Dehnschaft 822, 826
DIN 262, -1, -2	Rundgewinde mit Spiel und steiler Flanke 814
DIN 263, -1, -2	Trapezgewinde, ein- und zweigängig, mit Spiel, für Schienenfahrzeuge 814
DIN 264, -1, -2	Rundgewinde mit Spiel u. flacher Flanke 814
DIN 267, -2	Mechanische Verbindungselemente 844, 845
DIN 2781	Werkzeugmaschinen; Sägengewinde 45°, eingängig, für hydraulische Pressen 814

[1] zurückgezogen

DIN 302	Senkniete 851
DIN 30386	Sechskantmuttern - Gerundetes Trapezgewinde 836
DIN 30389	Sechskant- und Kronenmuttern mit Rundgewinde 836
DIN 30910, -1, -2	Sintermetalle; Werkstoff-Leistungsblätter 582
DIN 31051	Grundlagen der Instandhaltung 912
DIN 3112	Steckschlüssel, massiv und aus Rohr - Prüfdrehmomente nach Reihe A 437
DIN 3124	Steckschlüsseleinsätze mit Innenvierkant für Schrauben mit Sechskant, handbetätigt 437
DIN 3129	Schraubwerkzeuge - Steckschlüsseleinsätze mit Innenvierkant für Sechskantschrauben, maschinenbetätigt und Zubehör 437
DIN 315	Flügelmuttern, runde Flügelform 836, 882
DIN 316	Flügelschrauben, runde Flügelform 822, 882
DIN 319	Kugelknöpfe 884, 885
DIN 332	Zentrierbohrungen 60°; Form R, A, B und C 860
DIN 336	Durchmesser für Bohrer für Gewindekerndurchmesser von geschnittenen Gewinden 627
DIN 3404	Flachschmiernippel 874
DIN 3410	Öler; Haupt- und Anschlussmaße 874
DIN 3411	Staufferbuchsen; leichte Bauart 874
DIN 34821	Zylinderschrauben mit Innenvielzahn mit Gewinde bis Kopf 820
DIN 3760	Radial-Wellendichtringe 856, 857
DIN 380, -1, -2	Flaches metrisches Trapezgewinde; Gewindeprofile 814
DIN 3852, -1, -2	Einschraubzapfen - Einschraublöcher für Rohrverschraubungen, Armaturen 828, 874
DIN 3858	Whitworth-Rohrgewinde für Rohrverschraubungen - zylindrisches Innengewinde u. kegeliges Außengewinde - Maße 813
DIN 39	Feste Ballengriffe 886
DIN 40400	Elektrogewinde für D-Sicherungen; Grenzmaße 814
DIN 405, -2	Rundgewinde allgemeiner Anwendung - T. 2: Abmaße u. Toleranzen 814
DIN 431	Rohrmuttern mit Rohrgewinde 836
DIN 434	Scheiben, vierkant, keilförmig für U-Träger 843, 844
DIN 435	Scheiben, vierkant, keilförmig für I-Träger 843, 844
DIN 444	Augenschrauben 822
DIN 44879	Sechskantmutter, niedrig, für Nippel und Schraubköpfe zu elektrischen Rohrheizkörpern mit Metallmantel 836
DIN 462	Werkzeugmaschinen; Sicherungsbleche mit Innennase 840
DIN 463	Sicherungsblech mit zwei Lappen 840
DIN 464	Rändelschrauben, hohe Form 822, 883
DIN 466	Rändelmuttern, hohe Form 836
DIN 467	Rändelmuttern, niedrige Form 836
DIN 471	Sicherungsringe (Halteringe) für Wellen - Regelausführung u. schwere Ausführung 853
DIN 472	Sicherungsringe (Halteringe) für Bohrungen - Regelausführung u. schwere Ausführung 853
DIN 475, -1	Schlüsselweiten für Schrauben, Armaturen, Fittings 841
DIN 4766, -1	Fertigungsverfahren und Oberflächenbeschaffenheit 400, 401 [1)]
DIN 4768	Rauheitskenngrößen 759 [1)]
DIN 477, -1	Gasflaschenventile für Flaschenprüfdrücke bis einschließlich 300 bar 813, 667
DIN 478	Vierkantschrauben mit Bund 822

DIN 479	Vierkantschrauben mit Kernansatz 822
DIN 480	Vierkantschrauben mit Bund u. Ansatzkuppe 822
DIN 4844, -1, BGV 8	Grafische Symbole - Sicherheitsfarben und Sicherheitszeichen 902, 903, 904, 905, 906, 907
DIN 4971	Gerade Drehmeißel mit Schneidplatte aus Hartmetall 629
DIN 4972	Gebogene Drehmeißel mit Schneidplatte aus Hartmetall 629
DIN 4973	Innen-Drehmeißel mit Schneidplatte aus Hartmetall 629
DIN 4974	Innen-Eckdrehmeißel mit Schneidplatte aus Hartmetall 629
DIN 4975	Spitze Drehmeißel mit Schneidplatte aus Hartmetall 629
DIN 4976	Breite Drehmeißel mit Schneidplatte aus Hartmetall 629
DIN 4977	Abgesetzte Stirndrehmeißel mit Schneidplatte aus Hartmetall 629
DIN 4978	Abgesetzte Eckdrehmeißel mit Schneidplatte aus Hartmetall 629
DIN 4980	Abgesetzte Seitendrehmeißel mit Schneidplatte aus Hartmetall 629
DIN 4981	Stechdrehmeißel mit Schneidplatte aus Hartmetall 629
DIN 4983	Klemmhalter mit Vierkantschaft und Kurzklemmhalter für Wendeschneidplatten - Aufbau der Bezeichnung 636, 637
DIN 50100	Werkstoffprüfung; Dauerschwingversuch, Begriffe, Zeichen, Durchführung, Auswertung 603, 604
DIN 50106	Prüfung metallischer Werkstoffe; Druckversuch 602
DIN 50115	Prüfung metallischer Werkstoffe; Kerbschlagbiegeversuch 603
DIN 50125	Prüfung metallischer Werkstoffe - Zugproben 601
DIN 50141	Scherversuch 603 1)
DIN 505	Gleitlager - Deckellager, Lagerschalen - Lagerbefestigung mit zwei Schrauben 869
DIN 508	Muttern für T-Nuten 881
DIN 509	Technische Zeichnungen - Freistiche - Formen, Maße 421, 432, 433, 869, 880, 703
DIN 513, -1, -2	Metrisches Sägengewinde; Gewindeprofile 814
DIN 51385	Schmierstoffe; Kühlschmierstoffe; Begriffe 585, 566
DIN 51501	Schmierstoffe 684 1)
DIN 51502	Schmierstoffe u. verwandte Stoffe 684, 685, 686, 687, 688, 689
DIN 51503	Schmierstoffe - Kältemaschinenöle 684
DIN 51506	Schmierstoffe - Schmieröle VB ohne Wirkstoffe u. mit Wirkstoffen u. Schmieröle VDL 685
DIN 51517	Schmierstoffe - Schmieröle 684
DIN 51524	Druckflüssigkeiten - Hydrauliköle 685, 688, 794, 795
DIN 51807, -1	Prüfung von Schmierstoffen; Prüfung des Verhaltens von Schmierfetten gegenüber Wasser 687, 688
DIN 51818	Schmierstoffe; Konsistenz-Einteilung für Schmierfette; NLGI-Klassen 688
DIN 51821, -2	Prüfung von Schmierstoffen; Prüfung von Schmierfetten 689
DIN 5405	Wälzlager - Nadellager 841
DIN 5406	Wälzlager - Muttersicherungen; Sicherungsblech, Sicherungsbügel 841
DIN 5412	Wälzlager - Zylinderrollenlager 861, 863, 864, 865, 866, 870
DIN 5416	Wälzlager - Abziehhülsen 869
DIN 5418	Wälzlager; Maße für den Einbau 868, 869
DIN 5419	Wälzlager - Abdichtungen für Wälzlager - Maße für Filzringe u. Filzstreifen 855, 871
DIN 546	Schlitzmuttern 836
DIN 5464	Passverzahnungen mit Keilflanken - schwere Reihe 860
DIN 547	Zweilochmuttern 836
DIN 55350, -11	Begriffe zum Qualitätsmanagement 761, 769

1) zurückgezogen

[1] zurückgezogen

[1] zurückgezogen

Norm	Titel und Seiten
DIN 7993	Runddraht-Sprengringe u. -Sprengringnuten für Wellen und Bohrungen 883
DIN 7995	Linsensenk-Holzschrauben mit Kreuzschlitz 434
DIN 7997	Senk-Holzschrauben mit Kreuzschlitz 434
DIN 7998	Gewinde und Schraubenenden für Holzschrauben 814
DIN 8024	Klemmhalter zum Innendrehen, mit Zylinderschaft, für Wendeschneidplatten 637, 638
DIN 8025, -1	Klemmhalter zum Innendrehen, mit Zylinderschaft, für Wendeschneidplatten - T. 1: Formen, Maße, Korrekturberechnungen 637, 638
DIN 80705	Flache Muttern mit kleinen Schlüsselweiten; Regelgewinde, Feingewinde 836
DIN 82	Rändel 420, 883
DIN 835	Stiftschrauben - Einschraubende $\approx 2\,d$ 821, 822, 828
DIN 838	Tief gekröpfte Doppelringschlüssel - Prüfdrehmomente nach Reihe A 437
DIN 8580	Fertigungsverfahren - Begriffe, Einteilung 400, 401, 613
DIN 862	Geometrische Produktspezifikation (GPS) - Messschieber - Grenzwerte für Messabweichung 739, 740
DIN 863	Geometrische Produktspezifikation (GPS) - Messschrauben 740, 741
DIN 8659, -2	Werkzeugmaschinen; Schmierung von Werkzeugmaschinen, Schmierstoffauswahl für spanende Werkzeugmaschinen 684
DIN 878	Geometrische Produktspezifikation (GPS) - mechanische Messuhren - Grenzwerte für messtechnische Merkmale 743, 745
DIN 879, -1	Prüfen geometrischer Größen - Feinzeiger - T. 1: Mit mechanischer Anzeige 746, 747
DIN 896	Doppelsteckschlüssel, massiv u. aus Rohr - Maße u. Prüfdrehmomente nach Reihe A 437
DIN 897	Flach gekröpfte Doppelringschlüssel - Maße u. Prüfdrehmomente nach Reihe A 437
DIN 908	Verschlussschrauben mit Bund u. Innenantrieb - zylindrisches Gewinde 828
DIN 909	Verschlussschrauben mit Außensechskant - kegeliges Gewinde 828
DIN 910	Verschlussschrauben mit Bund u. Außensechskant - zylindrisches Gewinde 828
DIN 917	Sechskant-Hutmuttern, niedrige Form 836
DIN 928	Vierkant-Schweißmuttern 836, 838
DIN 929	Sechskant-Schweißmuttern 836, 838, 884
DIN 931	Sechskantschrauben mit Schaft 824
DIN 935	Kronenmuttern 834, 836, 837
DIN 938	Stiftschrauben 821, 822, 828 [1)]
DIN 939	Stiftschrauben - Einschraubende $\approx 1{,}25\,d$ 822, 828
DIN 940	Stiftschrauben - Einschraubende 814, 822
DIN 95	Linsensenk-Holzschrauben mit Schlitz 434
DIN 96	Halbrund-Holzschrauben mit Schlitz 821
DIN 962	Schrauben u. Muttern - Bezeichnungsangaben, Formen u. Ausführungen 822, 824
DIN 97	Senk-Holzschrauben mit Schlitz 434
DIN 9713	Gewindestifte mit Schlitz und mit Innensechskant, U-Profil 578 [1)]
DIN 9714	Profile aus Aluminium, Aluminium-Knetlegierungen, T-Profil 578 [1)]
DIN 9715	Halbzeug aus Magnesium-Knetlegierungen; Eigenschaften 579
DIN 974, -1, -2	Senkdurchmesser - Konstruktionsmaße 419, 435, 436, 437
DIN 979	Niedrige Kronenmuttern - metrisches Regel- und Feingewinde 836, 837
DIN 98	Drehbare Ballengriffe 886
DIN 981	Wälzlager - Nutmuttern 836, 840
DIN 9812	Säulengestelle mit mittigstehenden Führungssäulen 888
DIN 9816	Säulengestelle mit mittigstehenden Führungssäulen u. dicker Säulenführungsplatte 888

[1)] zurückgezogen

DIN 9819 Säulengestelle mit übereckstehenden Führungssäulen 888
DIN 986 Sechskant-Hutmuttern mit Klemmteil, mit nicht metallischem Einsatz 836
DIN 9861, -1 Runde Schneidstempel mit durchgehendem Schaft bis 20 mm Schneiddurchmesser 887
DIN 988 Passscheiben und Stützscheiben 854
DIN 997 Anreißmaße (Wurzelmaße) für Formstahl und Stabstahl 547, 548, 549, 550, 551
DIN EN 10017 Walzdraht aus Stahl zum Ziehen u./o. Kaltwalzen - Maße u. Grenzabmaße 565
DIN EN 10020 Begriffsbestimmungen für die Einteilung der Stähle 528
DIN EN 10025 Warmgewalzte Erzeugnisse aus Baustählen 858, 859, 874, 520, 529, 532, 545, 546, 547, 548, 549, 550, 551
DIN EN 10027, -1, -2 Bezeichnungssysteme für Stähle 518, 520, 522, 523, 524, 525, 526, 527, 528, 529, 543
DIN EN 10028 Flacherzeugnisse aus Druckbehälterstählen 535, 560
DIN EN 10029 Warmgew. Stahlblech von 3 mm Dicke an - Grenzabmaße u. Formtoleranzen 520
DIN EN 10048 Warmgewalzter Bandstahl - Grenzabmaße u. Formtoleranzen 565
DIN EN 10052 Begriffe der Wärmebehandlung von Eisenwerkstoffen 555, 556, 557
DIN EN 10055 Warmgewalzter gleichschenkliger T-Stahl mit gerundeten Kanten u. Übergängen - Maße, Grenzabmaße u. Formtoleranzen 545, 548
DIN EN 10056, -1 Gleichschenklige u. ungleichschenklige Winkel aus Stahl - T. 1: Maße 545, 546, 548, 549
DIN EN 10058 Warmgewalzte Flachstäbe aus Stahl für allgemeine Verwendung - Maße, Formtoleranzen u. Grenzabmaße 544, 565
DIN EN 10059 Warmgewalzte Vierkantstäbe aus Stahl für allgemeine Verwendung - Maße, Formtoleranzen u. Grenzabmaße 544, 545
DIN EN 10060 Warmgewalzte Rundstäbe aus Stahl - Maße, Formtoleranzen u. Grenzabmaße 544, 545, 565
DIN EN 10061 Warmgewalzte Sechskantstäbe aus Stahl - Maße, Formtoleranzen u. Grenzabmaße 544, 546
DIN EN 10083 Vergütungsstähle 829, 857, 532, 630, 546, 558, 565
DIN EN 10084 Einsatzstähle - Technische Lieferbedingungen 829, 839, 559
DIN EN 10085 Nitrierstähle - technische Lieferbedingungen 565
DIN EN 10087 Automatenstähle - technische Lieferbedingungen für Halbzeug, warmgewalzte Stäbe u. Walzdraht 530, 564
DIN EN 10088, -2 Nicht rostende Stähle - T. 2: technische Lieferbedingungen für Blech u. Band aus korrosionsbeständigen Stählen für allgemeine Verwendung 534, 536, 558
DIN EN 10089 Warmgewalzte Stähle für vergütbare Federn - technische Lieferbedingungen 845, 878, 533, 555
DIN EN 10092, 1, -2 Warmgewalzte Flachstäbe aus Federstahl 555
DIN EN 10132, -4 Kaltband aus Stahl für eine Wärmebehandlung - technische Lieferbedingungen 845, 878, 565
DIN EN 10140 Kaltband - Grenzabmaße u. Formtoleranzen 840, 565
DIN EN 10143 Kontinuierlich schmelztauchveredeltes Blech u. Band aus Stahl - Grenzabmaße u. Formtoleranzen 520
DIN EN 10151 Federband aus nichtrostenden Stählen - technische Lieferbedingungen 565
DIN EN 10210, -2 Warmgefertigte Hohlprofile für den Stahlbau aus unlegierten Baustählen u. aus Feinkornbaustählen 544, 553
DIN EN 10213 Stahlguss für Druckbehälter 540
DIN EN 10216, -2 Nahtlose Stahlrohre für Druckbeanspruchungen - technische Lieferbedingungen 535
DIN EN 10218, -2 Stahldraht und Drahterzeugnisse - Allgemeines - T. 2: Drahtmaße u. Toleranzen 565
DIN EN 10219, -2 Kaltgefertigte geschweißte Hohlprofile für den Stahlbau aus unlegierten Baustählen u. aus Feinkornbaustählen 552, 553

[1] zurückgezogen

DIN EN 1022	Wohnmöbel - Sitzmöbel - Bestimmung der Standsicherheit 545
DIN EN 10226, -1	Rohrgewinde für im Gewinde dichtende Verbindungen 813
DIN EN 10240	Innere u./o. äußere Schutzüberzüge für Stahlrohre - Festlegungen für durch Schmelztauchverzinken in automatisierten Anlagen hergestellte Überzüge 551
DIN EN 10241	Stahlfittings mit Gewinde 551, 552
DIN EN 10255	Rohre aus unlegiertem Stahl mit Eignung zum Schweißen u. Gewindeschneiden - technische Lieferbedingungen 551, 552
DIN EN 1027	Fenster und Türen - Schlagregendichtheit - Prüfverfahren 545
DIN EN 10270, -1	Stahldraht für Federn - T. 1: Patentiert gezogener unlegierter Federstahldraht 874, 534
DIN EN 10278	Maße u. Grenzabmaße von Blankstahlerzeugnissen 397, 565
DIN EN 10305, -1	Präzisionsstahlrohre - Technische Lieferbedingungen 777, 806
DIN EN 10346	Kontinuierlich schmelztauchveredelte Flacherzeugnisse aus Stahl - technische Lieferbedingungen 520
DIN EN 1045	Hartlöten - Flußmittel zum Hartlöten - Einteilung u. technische Lieferbedingungen 680
DIN EN 1089, -3	Ortsbewegliche Gasflaschen - Gasflaschen-Kennzeichnung 667, 668, 660, 672, 906
DIN EN 1173	Kupfer und Kupferlegierungen - Zustandsbezeichnungen 566, 567
DIN EN 12413	Sicherheitsanforderungen für Schleifkörper aus gebundenem Schleifmittel 648
DIN EN 12536	Schweißzusätze - Stäbe zum Gasschweißen von unlegierten u. warmfesten Stählen - Einteilung 669
DIN EN 13411, -5	Endverbindungen für Drahtseile aus Stahldraht - Sicherheit - T. 5: Drahtseilklemmen mit U-förmigem Klemmbügel 836
DIN EN 13835	Gießereiwesen - Austenitische Gusseisen 543
DIN EN 1403	Korrosionsschutz von Metallen - galvanische Überzüge - Verfahren für die Spezifizierung allgemeiner Anforderungen 580, 590
DIN EN 1412	Kupfer und Kupferlegierungen - europäisches Werkstoffnummernsystem 567
DIN EN 14399, -4	Hochfeste planmäßig vorspannbare Schraubenverbindungen für den Metallbau 863
DIN EN 1560	Gießereiwesen - Bezeichnungssystem für Gusseisen - Werkstoffkurzzeichen u. Werkstoffnummern 539, 541, 542, 543, 554, 555
DIN EN 1561	Gießereiwesen - Gusseisen mit Lamellengrafit 539, 542
DIN EN 1562	Gießereiwesen - Temperguss 541
DIN EN 1563	Gießereiwesen - Gusseisen mit Kugelgrafit 542
DIN EN 1564	Gießereiwesen - ausferritisches Gusseisen mit Kugelgrafit 543
DIN EN 15800	Zylindrische Schraubenfedern aus runden Drähten - Gütevorschriften für kaltgeformte Druckfedern 875
DIN EN 1661	Sechskantmuttern mit Flansch 834, 836
DIN EN 1663	Sechskantmuttern mit Klemmteil und Flansch (mit nichtmetallischem Einsatz) 836
DIN EN 1664	Sechskantmuttern mit Klemmteil und Flansch - Ganzmetallmuttern 836
DIN EN 1753	Magnesium u. Magnesiumlegierungen - Blockmetalle u. Gussstücke aus Magnesiumlegierungen 579
DIN EN 1780, -1, -2	Aluminium u. Aluminiumlegierungen - Bezeichnung von legiertem Aluminium in Masseln, Vorlegierungen und Gussstücken 526, 568
DIN EN 1982	Kupfer u. Kupferlegierungen - Blockmetalle und Gussstücke 874
DIN EN 20273	Mechanische Verbindungselemente; Durchgangslöcher für Schrauben 435, 436, 437, 816, 823
DIN EN 22339	Kegelstifte, ungehärtet 847
DIN EN 22340	Bolzen ohne Kopf 852
DIN EN 22341	Bolzen mit Kopf 852
DIN EN 22553	Schweiß- und Lötnähte - Symbolische Darstellung in Zeichnungen 406, 407, 408, 410

DIN EN 24015	Sechskantschrauben mit Schaft, Dünnschaft 820
DIN EN 27434	Gewindestifte mit Schlitz u. Spitze 820, 829
DIN EN 27435	Gewindestifte mit Schlitz u. Zapfen 820, 829
DIN EN 27436	Gewindestifte mit Schlitz u. Ringschneide 829
DIN EN 27721	Senkschrauben; Gestaltung u. Prüfung von Senkköpfen 434, 435
DIN EN 28736	Kegelstifte mit Innengewinde, ungehärtet 842, 847
DIN EN 28737	Kegelstifte mit Gewindezapfen, ungehärtet 847
DIN EN 28738	Scheiben für Bolzen; Produktklasse A 843, 852
DIN EN 28749	Stifte und Kerbstifte; Scherversuch 849
DIN EN 29454, -1	Flussmittel zum Weichlöten; Einteilung u. Anforderungen 679
DIN EN 485	Aluminium und Aluminiumlegierungen - Bänder, Bleche u. Platten - T. 2: mechanische Eigenschaften 653, 571, 574
DIN EN 515	Aluminium und Aluminiumlegierungen; Halbzeug; Bezeichnungen der Werkstoffzustände 568, 569, 571, 573
DIN EN 573, -1, -2, -3, -4	Aluminium und Aluminiumlegierungen - chemische Zusammensetzung und Form von Halbzeug 526, 568, 571, 572, 573, 574
DIN EN 60300, -1	Zuverlässigkeitsmanagement - T. 1: Zuverlässigkeitsmanagementsysteme 761
DIN EN 60399	Mantelgewinde für Lampenfassungen mit Schirmträgerring 814
DIN EN 754, -2	Aluminium und Aluminiumlegierungen - gezogene Stangen und Rohre - T. 2: mechanische Eigenschaften 574, 575, 576, 577
DIN EN 755, -2	Aluminium und Aluminiumlegierungen - stranggepresste Stangen, Rohre und Profile - T. 2: mechanische Eigenschaften 574, 575
DIN EN ISO 1043, -1	Kunststoffe - Kennbuchstaben u. Kurzzeichen 592, 593, 594, 595, 596
DIN EN ISO 10510	Kombi-Blechschrauben mit flachen Scheiben 821
DIN EN ISO 10511	Sechskantmuttern mit Klemmteil - niedrige Form (mit nichtmetallischem Einsatz) 836
DIN EN ISO 10512	Sechskantmuttern mit Klemmteil (mit nichtmetallischem Einsatz) 838
DIN EN ISO 10642	Senkschrauben mit Innensechskant 434, 820, 827
DIN EN ISO 10644	Kombi-Schrauben aus Stahl mit flachen Scheiben - Härteklassen der Scheiben 200 HV u. 300 HV 821
DIN EN ISO 10666	Bohrschrauben mit Blechschraubengewinde - mechanische u. funktionelle Eigenschaften 830
DIN EN ISO 10673	Flache Scheiben für Kombi-Schrauben - kleine, normale u. große Reihe - Produktklasse A 436
DIN EN ISO 1207	Zylinderschrauben mit Schlitz - Produktklasse A 826
DIN EN ISO 1234	Splinte 873, 852
DIN EN ISO 12944	Beschichtungsstoffe - Korrosionsschutz von Stahlbauten durch Beschichtungssysteme 589
DIN EN ISO 1302	Geometrische Produktspezifikation (GPS) 403, 404, 405
DIN EN ISO 13565	Geometrische Produktspezifikationen (GPS) - Oberflächenbeschaffenheit: Tastschnittverfahren 758, 759
DIN EN ISO 13919, -1	Schweißen - Elektronen- u. Laserstrahl-Schweißverbindungen; Leitfaden für Bewertungsgruppen für Unregelmäßigkeiten 407
DIN EN ISO 13920	Schweißen - Allgemeintoleranzen für Schweißkonstruktionen - Längen- u. Winkelmaße; Form u. Lage 410
DIN EN ISO 14171	Schweißzusätze - Massivdrahtelektroden, Fülldrahtelektroden u. Draht-Pulver-Kombinationen zum Unterpulverschweißen von unlegierten Stählen u. Feinkornstählen 406
DIN EN ISO 14175	Schweißzusätze - Gase u. Mischgase für das Lichtbogenschweißen u. verwandte Prozesse 672, 673
DIN EN ISO 14341	Schweißzusätze - Drahtelektroden u. Schweißgut zum Metall-Schutzgasschweißen von unlegierten Stählen u. Feinkornstählen 675
DIN EN ISO 14589	Blindniete - mechanische Prüfung 851

DIN EN ISO 4957 Werkzeugstähle 537, 538, 561, 562, 563
DIN EN ISO 527, -2, -3 Kunststoffe - Bestimmung der Zugeigenschaften 609
DIN EN ISO 5817 Schweißen - Schmelzschweißverbindungen an Stahl, Nickel, Titan u. deren Legierungen 664, 665
DIN EN ISO 6506, -1 Metallische Werkstoffe - Härteprüfung nach Brinell - T. 1: Prüfverfahren 604, 605
DIN EN ISO 6507, -1 Metallische Werkstoffe - Härteprüfung nach Vickers - T. 1: Prüfverfahren 873, 607
DIN EN ISO 6508, -1 Metallische Werkstoffe - Härteprüfung nach Rockwell - T. 1: Prüfverfahren 605, 606
DIN EN ISO 6892, -1 Metallische Werkstoffe - Zugversuch - T. 1: Prüfverfahren bei Raumtemperatur 601
DIN EN ISO 6947 Schweißen u. verwandte Prozesse - Schweißpositionen 410, 663
DIN EN ISO 7040 Sechskantmuttern mit Klemmteil (mit nichtmetallischem Einsatz) 834, 836, 838
DIN EN ISO 7042 Sechskantmuttern mit Klemmteil (Ganzmetallmuttern) 836
DIN EN ISO 7045 Flachkopfschrauben mit Kreuzschlitz Form H oder Form Z 436
DIN EN ISO 7046 Senkschrauben (Einheitskopf) mit Kreuzschlitz Form H oder Form Z - Produktklasse A 435, 827
DIN EN ISO 7047 Linsensenkschrauben (Einheitskopf) mit Kreuzschlitz Form H oder Form Z - Produktklasse A 435, 820, 827
DIN EN ISO 7049 Linsenkopf-Blechschrauben mit Kreuzschlitz 821, 822, 829, 830
DIN EN ISO 7050 Senk-Blechschrauben mit Kreuzschlitz 435, 821, 829
DIN EN ISO 7051 Linsensenk-Blechschrauben mit Kreuzschlitz 435, 821, 829
DIN EN ISO 7089 Flache Scheiben - Normale Reihe, Produktklasse A 436
DIN EN ISO 7090 Flache Scheiben mit Fase - normale Reihe, Produktklasse A 436, 842
DIN EN ISO 7092 Flache Scheiben - kleine Reihe, Produktklasse A 436, 842
DIN EN ISO 7225 Ortsbewegliche Gasflaschen - Gefahrgutaufkleber 666, 667, 668
DIN EN ISO 8044 Korrosion von Metallen u. Legierungen - Grundbegriffe u. Definitionen 590
DIN EN ISO 8673 Sechskantmuttern, Typ 1, mit metrischem Feingewinde - Produktklassen A u. B 836, 837
DIN EN ISO 8675 Niedrige Sechskantmuttern (mit Fase) mit metrischem Feingewinde - Produktklassen A u. B 836, 837
DIN EN ISO 8676 Sechskantschrauben mit Gewinde bis Kopf und metrischem Feingewinde - Produktklassen A u. B 819, 824, 825
DIN EN ISO 868 Kunststoffe u. Hartgummi - Bestimmung der Eindruckhärte mit einem Durometer 856
DIN EN ISO 8734 Zylinderstifte aus gehärtetem Stahl u. martensitischem nicht rostendem Stahl 846
DIN EN ISO 8735 Zylinderstifte mit Innengewinde aus gehärtetem Stahl u. martensitischem nicht rostendem Stahl 846
DIN EN ISO 8739 Zylinderkerbstifte mit Einführende 848, 849
DIN EN ISO 8740 Zylinderkerbstifte mit Fase 848, 849
DIN EN ISO 8741 Steckkerbstifte 848
DIN EN ISO 8742 Knebelkerbstifte mit kurzen Kerben 848
DIN EN ISO 8743 Knebelkerbstifte mit langen Kerben 848
DIN EN ISO 8744 Kegelkerbstifte 848
DIN EN ISO 8745 Passkerbstifte 848, 849
DIN EN ISO 8746 Halbrundkerbnägel 850
DIN EN ISO 8747 Senkkerbnägel 850
DIN EN ISO 8752 Spannstifte (-hülsen) - geschlitzt, schwere Ausführung 848
DIN EN ISO 8765 Sechskantschrauben mit Schaft u. metrischem Feingewinde - Produktklassen A u. B 819, 824, 825
DIN EN ISO 898 Mechanische Eigenschaften von Verbindungselementen aus Kohlenstoffstahl u. legiertem Stahl 822, 830, 834, 835, 873
DIN EN ISO 9000 Qualitätsmanagementsysteme - Grundlagen u. Begriffe 761, 769
DIN EN ISO 9001 Qualitätsmanagementsysteme - Anforderungen 770
DIN EN ISO 9453 Weichlote - chemische Zusammensetzung u. Lieferformen 678

DIN EN ISO 9692, -1 Schweißen u. verwandte Prozesse - Empfehlungen zur Schweißnahtvorbereitung 666
DIN ISO 10242, 2 Werkzeuge der Stanztechnik - Einspannzapfen - T. 2: Form C 887
DIN ISO 10243, -1 Werkzeuge der Stanztechnik - Druckfedern mit rechteckigem Querschnitt - Einbaumaße u. Farbcodierung 887
DIN ISO 11529, -2 Fräswerkzeuge - Bezeichnung - T. 2: Schaftfräser u. Fräswerkzeuge mit Bohrung u. Wendeschneidplatten 643
DIN ISO 1219, -1, -2 Fluidtechnik - Grafische Symbole u. Schaltpläne 781, 785, 786
DIN ISO 128, -24, -50 Technische Zeichnungen - allgemeine Grundlagen der Darstellung 421
DIN ISO 14 Keilwellen-Verbindungen mit geraden Flanken u. Innenzentrierung; Maße, Toleranzen, Prüfung 860
DIN ISO 1832 Wendeschneidplatten für Zerspanwerkzeuge - Bezeichnung 635, 636
DIN ISO 2162, -1 Technische Produktdokumentation - Federn - T. 1: vereinfachte Darstellung 430, 431
DIN ISO 2203 Technische Zeichnungen; Darstellung von Zahnrädern 425, 426
DIN ISO 272 Mechanische Verbindungselemente; Schlüsselweiten für Sechskantschrauben u. -muttern 816, 837, 838, 841
DIN ISO 2768, -1, -2 Allgemeintoleranzen; Toleranzen für Längen- u. Winkelmaße ohne einzelne Toleranzeintragung 380, 381, 384, 388
DIN ISO 3448 Flüssige Industrie-Schmierstoffe - ISO-Viskositätsklassifikation 686
DIN ISO 3601, -1 Fluidtechnik - O-Ringe 855, 856
DIN ISO 4379 Gleitlager - Buchsen aus Kupferlegierungen 871, 872
DIN ISO 4381 Gleitlager - Blei- und Zinn-Gusslegierungen für Verbundgleitlager 580, 581
DIN ISO 4382, -2 Gleitlager; Kupferlegierungen; Kupfer-Knetlegierungen für Massivgleitlager 581
DIN ISO 4383 Gleitlager - Verbundwerkstoffe für dünnwandige Gleitlager 580
DIN ISO 4384 Gleitlager - Härteprüfung an Lagermetallen 580
DIN ISO 513 Klassifizierung u. Anwendung von harten Schneidstoffen für die Metallzerspanung mit geometrisch bestimmten Schneiden 616, 636, 583, 584
DIN ISO 525 Schleifkörper aus gebundenem Schleifmittel - allgemeine Anforderungen 647, 649
DIN ISO 5855, -1, -2 Luft- u. Raumfahrt - MJ-Gewinde 813
DIN ISO 603, -1 Schleifkörper aus gebundenem Schleifmittel - Maße - T. 1: Schleifscheiben für Außenrundschleifen zwischen Spitzen 649
DIN ISO 606 Kurzgliedrige Präzisions-Rollen- u. Buchsenketten, Befestigungslaschen u. zugehörige Kettenräder 895
DIN ISO 6410, -1, -3 Technische Zeichnungen; Gewinde u. Gewindeteile 411, 412
DIN ISO 6411 Technische Zeichnungen - vereinfachte Darstellung von Zentrierbohrungen 419, 420, 433
DIN ISO 6691 Thermoplastische Polymere für Gleitlager - Klassifizierung u. Bezeichnung 595
DIN ISO 6987 Wendeschneidplatten aus Hartmetall mit Eckenrundungen u. teilweiser zylindrischer Befestigungsbohrung - Maße 635
DIN ISO 8826, -1, -2 Technische Zeichnungen; Wälzlager 428, 429, 430
DIN ISO 9222, -1 Technische Zeichnungen; Dichtungen für dynamische Belastung 426
DIN ISO 965, -1, -2 Metrisches ISO-Gewinde allgemeiner Anwendung - Toleranzen 815, 832, 833
ISO 15 Wälzlager - Radiallager, Maßplan 429
ISO 104 Wälzlager - Axiallager - Außenmaße, Maßplan 429, 430
ISO 1206 Wälzlager - Nadellager, Maßreihen 48, 49 u. 69 - Hauptmaße u. Toleranzen 867
ISO 1234 Splinte 852
ISO 1629 Kautschuk u. Latizes - Kurzzeichen 594
ISO 2137 Mineralölerzeugnisse u. Schmierstoffe - Bestimmung der Konuspenetration von Schmierfetten u. Petrolatum 688
ISO 2338 Zylinderstifte, ungehärteter Stahl u. austenitischer nicht rostender Stahl 846
ISO 2339 Kegelstifte, ungehärtet 847
ISO 240 Fräswerkzeuge - Anschlussmaße für Fräsdorne bzw. -futter 837

ISO 2540	Zentrierbohrer für Zentrierbohrungen mit Schutzsenkung; Form B 420
ISO 2541	Zentrierbohrer für Zentrierbohrungen mit gewölbten Laufflächen; Form R 420
ISO 3031	Wälzlager - Axial-Nadelkränze, Axialscheiben - Anschlussmaße u. Toleranzen 430
ISO 355	Wälzlager - metrische Kegelrollenlager - Grenzabmaße u. Serienbezeichnungen 430
ISO 4014	Sechskantschrauben mit Schaft - Produktklassen A und B 822
ISO 4032	Sechskantmuttern, Typ 1 - Produktklassen A u. B 824
ISO 4766	Gewindestifte mit Schlitz u. Kegelstumpf 829
DIN ISO 5597	Fluidtechnik; Hydraulikzylinder; Einbauräume für Kolben- u. Stangendichtungen für hin- u. hergehende Anwendungen 428
ISO 6194, -1	Radial-Wellendichtringe mit elastomeren Dichtelementen - T. 1: Nennmaße u. Toleranzen 428
ISO 6462	Fräsköpfe für Wendeschneidplatten - Maße 643
ISO 6547	Fluidtechnik, Hydraulik; Zylinder; Einbauräume für Kolbendichtungen mit Führungsringen; Maße u. Toleranzen 428
ISO 7434	Gewindestifte mit Schlitz u. Spitze 829
ISO 7435	Gewindestifte mit Schlitz u. Zapfen 829
ISO 7436	Gewindestifte mit Schlitz u. Ringschneide 829
ISO 8443	Wälzlager - Radiallager mit Flansch am Außenring - Flansch - Abmessungen 429
ISO 866	Zentrierbohrer für Zentrierbohrungen ohne Schutzsenkung, Form A 420
ISO 8734	Zylinderstifte aus gehärtetem Stahl u. martensitischem nicht rostendem Stahl 846
ISO 8737	Kegelstifte mit Gewindezapfen, ungehärtet 847
ISO 8738	Flache Scheiben für Bolzen; Produktklasse A 843
ISO 8746	Halbrundkerbnägel 850
ISO 8749	Stifte u. Kerbstifte; Scherversuch 849
ISO 8752	Spannstifte (-hülsen) - geschlitzt, schwere Ausführung 848
ISO 9628	Wälzlager - Spannlager u. exzentrischer Spannring - Grenzmaße u. Toleranzen 745
VDI 1000	VDI-Richtlinienarbeit - Grundsätze u. Anleitungen 728
VDI 2853	Sicherheitstechnische Anforderungen an Handhabungsgeräte und Industrieroboter 728[1)]
VDI 2856	Vereinheitlichte Angaben zu Anfrage u. Angebot für Werkzeugmaschinen 728
VDI 3229	Technische Ausführungsrichtlinien für Werkzeugmaschinen u. andere Fertigungsmittel 728[1)]
VDI 3230	Technische Ausführungsrichtlinien für Werkzeugmaschinen u. andere Fertigungsmittel 728[1)]
VDI 3231	Technische Ausführungsrichtlinien für Werkzeugmaschinen u. andere Fertigungsmittel 728[1)]
VO (EG) Nr. 1272/2008	Europäische Verordnung über die Einstufung , Kennzeichnung u. Verpackung von Stoffen u. Gemischen 909, 910, 911

[1)] zurückgezogen

Inhaltsverzeichnis Elektrotechnik/IT

Elektrolyse	948	Allgemeinwissen	
Elektromotoren	184	Formeln	
Elektromotoren	184	Allgemeinwissen	
Elemente/Zahlen	514	Anhänge	
EMV	309	Allgemeinwissen	
E-normen-Neu	1001	Anhänge	
Fehlerarten	109	Allgemeinwissen	
Flächenberechnungen	26	Formeln	
Flächenberechnungen	465	Formeln	
Fototransistor	75/82	Allgemeinwissen	
Fotovoltaik	104	Allgemeinwissen	
Freilaufdiode	253	Allgemeinwissen	
Frequenzumrichter	329	Allgemeinwissen	
Galvanisierung	948	Allgemeinwissen	
Gefahrenstoffe	898	Allgemeinwissen	
Gefahrensymbole	905	Allgemeinwissen	
Gleichrichter	313	Allgemeinwissen	
Gleichstrom	35	Formeln	
Grafcet	270	Allgemeinwissen	
Grafcet	266	Allgemeinwissen	
Halbleiter/Temperatur	99	Formeln	
Inbetriebnahme	215	Allgemeinwissen	
Inbetriebnahme	143	Allgemeinwissen	
Induktivität	39	Formeln	
Installationsrohre	338	Allgemeinwissen	
Instandhaltung	912	Allgemeinwissen	
Isolationsmessung	144	Allgemeinwissen	
Kippglieder	93	Allgemeinwissen	
Koeffizienten	517	Anhänge	
Kompensation	157	Formeln	
Kompensation	51	Formeln	

Inhaltsverzeichnis Metalltechnik

I

K

L

M

G

H

C

D

E

F

T

U

A

B

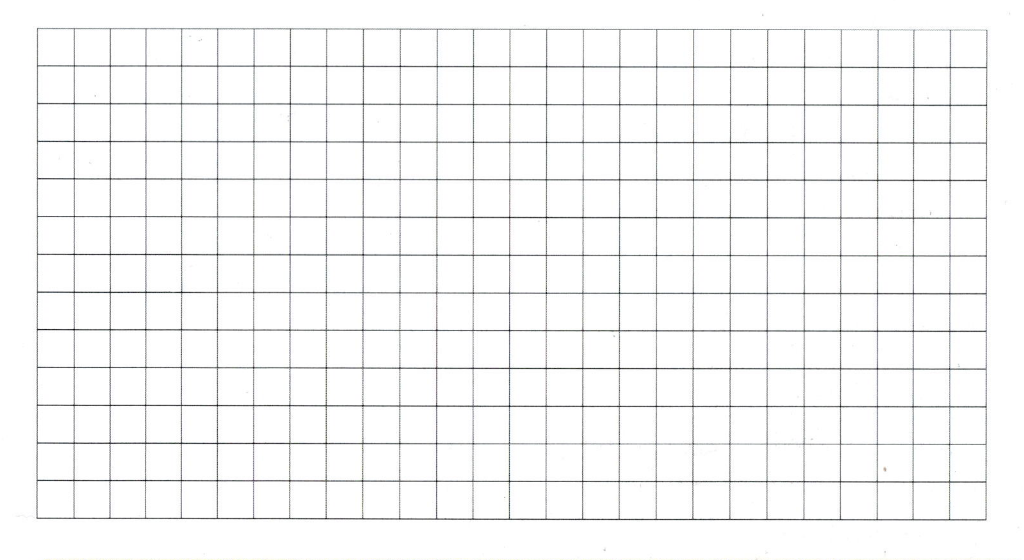

H

I

J

K

L

M

N

C

D

E

S

T

U

V

W

Z

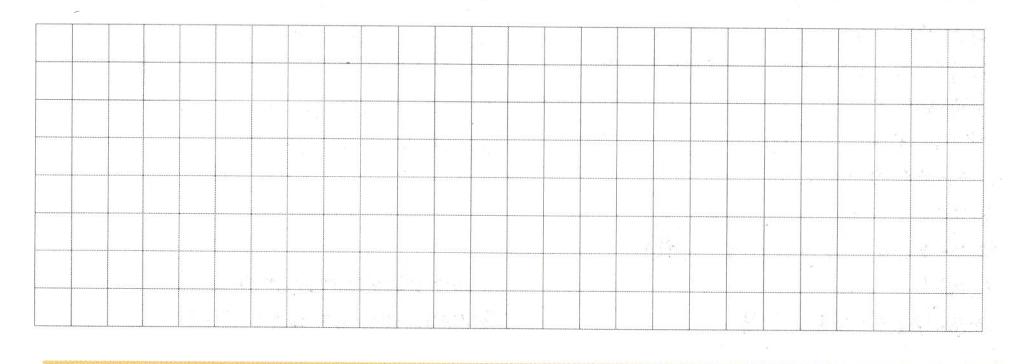

sin cos tan costa

G a g a → Gaga

H H A G → Hamburger Hochbahn Aktien Gesellschaft

H = Hypothenuse

A = Ankatete

G = Gegenkatete